2027 마더텅 수능기출문제집

미적분

MOTHERTONGUE
마더텅출판사
since 1999.4.1.

4주 28일 완성 학습계획표

2027 마더텅 수능기출문제집 미적분

- 마더텅 기출문제집을 100% 활용할 수 있도록 도와주는 학습계획표입니다. 계획표를 활용하여 학습 일정을 계획하고 자신의 성적을 체크해 보세요.
  꼭 4주 완성을 목표로 하지 않더라도, 스스로 학습 현황을 체크하면서 공부하는 습관은 문제집을 끝까지 푸는 데 도움을 줍니다.
- 날짜별로 정해진 분량에 맞춰 공부하고 학습 결과를 기록합니다.
- 계획은 도중에 틀어질 수 있습니다. 하지만 계획을 세우고 지키는 과정은 그 자체로 효율적인 학습에 큰 도움이 됩니다.
  학습 중 계획이 변경될 경우에 대비해 마더텅 홈페이지에서 학습계획표 PDF 파일을 제공하고 있습니다.

주차	Day	학습 내용		성취도				
				100%	99~75%	74~50%	49~25%	24~0%
1주차	1일차	Ⅰ. 수열의 극한	p.4 ~ p.17					
	2일차		p.18 ~ p.27					
	3일차		p.28 ~ p.39					
	4일차		p.40 ~ p.51					
	5일차		p.52 ~ p.65					
	6일차		p.66 ~ p.81					
	7일차		p.82 ~ p.91					
2주차	8일차	Ⅱ. 미분법	p.92 ~ p.109					
	9일차		p.110 ~ p.125					
	10일차		p.126 ~ p.139					
	11일차		p.140 ~ p.153					
	12일차		p.154 ~ p.167					
	13일차		p.168 ~ p.179					
	14일차		p.180 ~ p.191					
3주차	15일차		p.192 ~ p.199					
	16일차		p.200 ~ p.215					
	17일차		p.216 ~ p.227					
	18일차		p.228 ~ p.239					
	19일차		p.240 ~ p.251					
	20일차		p.252 ~ p.261					
	21일차	Ⅲ. 적분법	p.262 ~ p.275					
4주차	22일차		p.276 ~ p.287					
	23일차		p.288 ~ p.299					
	24일차		p.300 ~ p.313					
	25일차		p.314 ~ p.331					
	26일차		p.332 ~ p.345					
	27일차		p.346 ~ p.353					
	28일차	미니모의고사	p.354 ~ p.368					

미적분 주요 개념

1. 수열의 극한에 대한 기본 성질

수렴하는 두 수열 $\{a_n\}$, $\{b_n\}$에 대하여 $\lim\limits_{n\to\infty} a_n = \alpha$, $\lim\limits_{n\to\infty} b_n = \beta$

(α, β는 실수)이면 다음 성질이 성립한다.

① $\lim\limits_{n\to\infty} ca_n = c\alpha$ (단, c는 상수)

② $\lim\limits_{n\to\infty} (a_n \pm b_n) = \alpha \pm \beta$ (복호동순)

③ $\lim\limits_{n\to\infty} a_n b_n = \lim\limits_{n\to\infty} a_n \times \lim\limits_{n\to\infty} b_n = \alpha\beta$

④ $\lim\limits_{n\to\infty} \dfrac{a_n}{b_n} = \dfrac{\lim\limits_{n\to\infty} a_n}{\lim\limits_{n\to\infty} b_n} = \dfrac{\alpha}{\beta}$ (단, $b_n \neq 0$, $\beta \neq 0$)

2. 등비수열 $\{r^n\}$의 수렴과 발산

① $r > 1$일 때, $\lim\limits_{n\to\infty} r^n = \infty$ (발산)

② $r = 1$일 때, $\lim\limits_{n\to\infty} r^n = 1$ (수렴)

③ $|r| < 1$일 때, $\lim\limits_{n\to\infty} r^n = 0$ (수렴)

④ $r \leq -1$일 때, 수열 $\{r^n\}$은 진동한다. (발산)

3. 급수

수열 $\{a_n\}$이 각 항을 차례로 덧셈 기호를 사용하여 연결한 식

$$a_1 + a_2 + a_3 + \cdots + a_n + \cdots$$

을 급수라 하고, 이를 $\sum\limits_{n=1}^{\infty} a_n$과 같이 나타낸다.

4. 급수의 수렴, 발산과 수열의 극한값의 관계

① 급수 $\sum\limits_{n=1}^{\infty} a_n$이 수렴하면 $\lim\limits_{n\to\infty} a_n = 0$이다.

② $\lim\limits_{n\to\infty} a_n \neq 0$이면 급수 $\sum\limits_{n=1}^{\infty} a_n$은 발산한다.

(단, ①, ② 모두 역은 성립하지 않는다.)

5. 급수의 성질

두 급수 $\sum\limits_{n=1}^{\infty} a_n$, $\sum\limits_{n=1}^{\infty} b_n$이 수렴하고, 그 합이 각각 A, B일 때

① $\sum\limits_{n=1}^{\infty} ca_n = c\sum\limits_{n=1}^{\infty} a_n = cA$ (단, c는 상수)

② $\sum\limits_{n=1}^{\infty} (a_n + b_n) = \sum\limits_{n=1}^{\infty} a_n + \sum\limits_{n=1}^{\infty} b_n = A + B$ (복호동순)

6. 등비급수의 수렴과 발산

등비급수 $\sum\limits_{n=1}^{\infty} ar^{n-1}$ ($a \neq 0$)은

① $|r| < 1$일 때, 수렴하고 그 합은 $\dfrac{a}{1-r}$이다.

② $|r| \geq 1$일 때, 발산한다.

7. 무리수 e

$$\lim\limits_{x\to 0} (1+x)^{\frac{1}{x}} = \lim\limits_{x\to\infty} \left(1 + \dfrac{1}{x}\right)^{x} = e$$

8. 지수함수와 로그함수의 도함수

(1) 지수함수의 도함수

① $y = e^x$이면 $y' = e^x$

② $y = a^x$ ($a > 0$, $a \neq 1$)이면 $y' = a^x \ln a$

(2) 로그함수의 도함수

① $y = \ln x$이면 $y' = \dfrac{1}{x}$

② $y = \log_a x$ ($a > 0$, $a \neq 1$)이면 $y' = \dfrac{1}{x \ln a}$

9. 삼각함수의 덧셈정리

① $\sin(\alpha + \beta) = \sin\alpha\cos\beta + \cos\alpha\sin\beta$

$\sin(\alpha - \beta) = \sin\alpha\cos\beta - \cos\alpha\sin\beta$

② $\cos(\alpha + \beta) = \cos\alpha\cos\beta - \sin\alpha\sin\beta$

$\cos(\alpha - \beta) = \cos\alpha\cos\beta + \sin\alpha\sin\beta$

③ $\tan(\alpha + \beta) = \dfrac{\tan\alpha + \tan\beta}{1 - \tan\alpha\tan\beta}$

$\tan(\alpha - \beta) = \dfrac{\tan\alpha - \tan\beta}{1 + \tan\alpha\tan\beta}$

10. 삼각함수의 극한

x의 단위가 라디안일 때

① $\lim\limits_{x\to 0} \dfrac{\sin x}{x} = 1$
② $\lim\limits_{x\to 0} \dfrac{\tan x}{x} = 1$

11. 삼각함수의 도함수

① $y = \sin x$이면 $y' = \cos x$

② $y = \cos x$이면 $y' = -\sin x$

12. 함수의 몫의 미분법

두 함수 $f(x)$, $g(x)$ ($g(x) \neq 0$)가 미분가능할 때

① $y = \dfrac{1}{g(x)}$이면 $y' = -\dfrac{g'(x)}{\{g(x)\}^2}$

② $y = \dfrac{f(x)}{g(x)}$이면 $y' = \dfrac{f'(x)g(x) - f(x)g'(x)}{\{g(x)\}^2}$

13. 합성함수의 미분법

두 함수 $y = f(u)$, $u = g(x)$가 미분가능할 때,

합성함수 $y = f(g(x))$의 도함수는

$$\dfrac{dy}{dx} = \dfrac{dy}{du} \times \dfrac{du}{dx} \text{ 또는 } y' = f'(g(x))g'(x)$$

14. 매개변수로 나타낸 함수의 미분법

매개변수로 나타낸 함수 $x = f(t)$, $y = g(t)$가 t에 대하여 미분가

능하고 $f'(t) \neq 0$일 때

$$\dfrac{dy}{dx} = \dfrac{\frac{dy}{dt}}{\frac{dx}{dt}} = \dfrac{g'(t)}{f'(t)}$$

미적분 주요 개념

15. 음함수의 미분법

음함수 표현 $f(x, y)=0$에서 y를 x의 함수로 보고 각 항을 x에 대하여 미분하여 $\dfrac{dy}{dx}$ 를 구한다.

16. 역함수의 미분법

미분가능한 함수 $f(x)$의 역함수 $g(x)$가 존재하고 미분가능할 때 역함수 $y=g(x)$의 도함수는

$$\frac{dy}{dx}=\frac{1}{\dfrac{dx}{dy}} \ \text{또는} \ g'(x)=\frac{1}{f'(g(x))}$$

17. 이계도함수

함수 $f(x)$의 도함수 $f'(x)$가 미분가능할 때, $f'(x)$의 도함수

$$\lim_{\Delta x \to 0}\frac{f'(x+\Delta x)-f'(x)}{\Delta x}$$

를 함수 $f(x)$의 이계도함수라 하고, 기호로

$$f''(x),\ y'',\ \frac{d^2y}{dx^2},\ \frac{d^2}{dx^2}f(x)$$

와 같이 나타낸다.

18. 함수의 극대와 극소

이계도함수를 갖는 함수 $f(x)$에 대하여 $f'(a)=0$일 때

① $f''(a)<0$이면 $f(x)$는 $x=a$에서 극대이며, 극댓값은 $f(a)$이다.
② $f''(a)>0$이면 $f(x)$는 $x=a$에서 극소이며, 극솟값은 $f(a)$이다.

19. 곡선의 오목과 볼록의 판정

함수 $f(x)$가 어떤 구간에서

① $f''(x)>0$이면 곡선 $y=f(x)$는 이 구간에서 아래로 볼록하다.
② $f''(x)<0$이면 곡선 $y=f(x)$는 이 구간에서 위로 볼록하다.

20. 변곡점

함수 $f(x)$에서 $f''(a)=0$이고 $x=a$의 좌우에서 $f''(x)$의 부호가 바뀌면 점 $(a, f(a))$는 곡선 $y=f(x)$의 변곡점이다.

21. 평면 운동에서의 속도와 가속도

좌표평면 위를 움직이는 점 P의 시각 t에서의 위치가 (x, y)이고, x, y가 t에 대한 함수일 때, 시각 t에서의

① 점 P의 속도 : $\left(\dfrac{dx}{dt},\ \dfrac{dy}{dt}\right)$

② 점 P의 가속도 : $\left(\dfrac{d^2x}{dt^2},\ \dfrac{d^2y}{dt^2}\right)$

22. 함수 $y=x^n$ (n은 실수)의 부정적분

① $n\neq -1$일 때, $\displaystyle\int x^n dx=\frac{1}{n+1}x^{n+1}+C$

② $n=-1$일 때, $\displaystyle\int x^{-1}dx=\int \frac{1}{x}dx=\ln|x|+C$

23. 지수함수의 부정적분

$a>0$, $a\neq 1$일 때,

① $\displaystyle\int e^x dx=e^x+C$ 　　② $\displaystyle\int a^x dx=\frac{a^x}{\ln a}+C$

24. 삼각함수의 부정적분

① $\displaystyle\int \sin x\, dx=-\cos x+C$ 　② $\displaystyle\int \cos x\, dx=\sin x+C$

③ $\displaystyle\int \sec^2 x\, dx=\tan x+C$ 　④ $\displaystyle\int \csc^2 x\, dx=-\cot x+C$

⑤ $\displaystyle\int \sec x \tan x\, dx=\sec x+C$

⑥ $\displaystyle\int \csc x \cot x\, dx=-\csc x+C$

25. 치환적분법

미분가능한 함수 $g(x)$에 대하여 $g(x)=t$로 놓으면

$$\int f(g(x))g'(x)dx=\int f(t)dt$$

26. 부분적분법

두 함수 $f(x), g(x)$가 미분가능할 때

$$\int f(x)g'(x)dx=f(x)g(x)-\int f'(x)g(x)dx$$

27. 정적분과 급수의 합 사이의 관계

함수 $f(x)$가 닫힌구간 $[a, b]$에서 연속일 때,

$$\lim_{n \to \infty}\sum_{k=1}^{n}f(x_k)\Delta x=\int_a^b f(x)dx$$

$$\left(\text{단, } \Delta x=\frac{b-a}{n},\ x_k=a+k\Delta x\right)$$

28. 입체도형의 부피

닫힌구간 $[a, b]$에서 x좌표가 x인 점을 지나고 x축에 수직인 평면으로 자른 단면의 넓이가 $S(x)$인 입체도형의 부피 V는

$$V=\int_a^b S(x)dx \ (\text{단, } S(x)\text{는 닫힌구간 } [a, b]\text{에서 연속이다.})$$

29. 평면 위에서 점이 움직인 거리

시각 $t=a$에서 $t=b$까지 점 P가 움직인 거리 s는

$$s=\int_a^b \sqrt{\left(\frac{dx}{dt}\right)^2+\left(\frac{dy}{dt}\right)^2}\,dt$$

30. 곡선의 길이

$x=a$에서 $x=b$까지의 곡선 $y=f(x)$의 길이 l은

$$l=\int_a^b \sqrt{1+\{f'(x)\}^2}\,dx$$

 정답표

086	④	087	②	088	②	089	⑤	090	4
091	④	092	④	093	①	094	4	095	①
096	④	097	③	098	①	099	③	100	②
101	②	102	5	103	①	104	①	105	③
106	④	107	5	108	④	109	③	110	10
111	11	112	④	113	32	114	45	115	40
116	②	117	15	118	70	119	48	120	①
121	③	122	③	123	①	124	④	125	11
126	①	127	③	128	30				

5. 도함수의 활용
문제편 p.200 해설편 p.303

001	④	002	④	003	①	004	13	005	①
006	②	007	⑤	008	①	009	③	010	④
011	③	012	16	013	①	014	32	015	50
016	10	017	④	018	④	019	④	020	③
021	②	022	②	023	①	024	④	025	③
026	③	027	16	028	26	029	⑤	030	①
031	4	032	15	033	3	034	⑤	035	①
036	⑤	037	②	038	②	039	②	040	⑤
041	③	042	②	043	①	044	③	045	③
046	⑤	047	①	048	①	049	④	050	②
051	①	052	③	053	⑤	054	②	055	17
056	④	057	②	058	①	059	③	060	①
061	③	062	⑤	063	96	064	④	065	3
066	②	067	①	068	⑤	069	④	070	2
071	①	072	③	073	③	074	④	075	⑤
076	⑤	077	③	078	②	079	①	080	11
081	③	082	③	083	④	084	③	085	④
086	④	087	②	088	④	089	④	090	34
091	90	092	②	093	⑤	094	18	095	②
096	④	097	③	098	③	099	③	100	⑤
101	⑤	102	③	103	⑤	104	②	105	④
106	⑤	107	21	108	③	109	②	110	⑤
111	4	112	④	113	8	114	③	115	4
116	④	117	⑤	118	⑤	119	6	120	①
121	⑤	122	⑤	123	⑤	124	⑤	125	③
126	17	127	④	128	②	129	91	130	⑤
131	②	132	①	133	③	134	②	135	②
136	24	137	④	138	55	139	①	140	④
141	72	142	⑤	143	40	144	64	145	43
146	②	147	8	148	71	149	30	150	11
151	④	152	③	153	72	154	16	155	5
156	208	157	50	158	216	159	25	160	129
161	31	162	①	163	⑤	164	①	165	9
166	77	167	95	168	29	169	331	170	9
171	③	172	4	173	25	174	6	175	④
176	30	177	⑤	178	③	179	15	180	74
181	64	182	③	183	49	184	6	185	②

Ⅲ. 적분법

1. 여러 가지 적분법
문제편 p.262 해설편 p.432

001	13	002	④	003	②	004	②	005	④
006	③	007	23	008	②	009	①	010	①
011	②	012	6	013	①	014	③	015	④
016	①	017	④	018	②	019	①	020	12
021	①	022	⑤	023	②	024	④	025	⑤
026	③	027	①	028	②	029	⑤	030	④
031	③	032	⑤	033	④	034	②	035	4
036	③	037	①	038	④	039	②	040	④
041	⑤	042	⑤	043	④	044	3	045	④
046	④	047	②	048	④	049	④	050	51
051	④	052	②	053	②	054	12	055	⑤
056	325	057	12	058	①	059	①	060	②
061	⑤	062	⑤	063	②	064	2	065	②
066	④	067	②	068	②	069	③	070	④
071	⑤	072	④	073	④	074	④	075	72
076	①	077	③	078	6	079	②	080	①
081	③	082	31	083	12	084	④	085	②
086	①	087	64	088	②	089	③	090	①

091	9	092	④	093	④	094	⑤	095	④
096	⑤	097	③	098	③	099	③	100	①
101	③	102	④	103	①	104	①	105	⑤
106	④	107	④	108	①	109	②	110	④
111	⑤	112	125	113	24	114	25	115	144
116	72	117	①	118	93	119	⑤	120	②
121	⑤	122	36	123	14	124	②	125	④
126	⑤	127	②	128	12	129	48	130	②
131	③	132	④	133	16	134	21	135	②
136	⑤	137	143	138	⑤	139	350	140	283
141	125	142	128	143	115	144	586	145	49
146	83	147	26	148	25	149	12	150	①
151	16	152	⑤	153	④	154	④	155	8
156	⑤	157	②	158	⑤	159	19	160	④

2. 정적분의 활용
문제편 p.314 해설편 p.516

001	②	002	①	003	③	004	4	005	⑤
006	③	007	①	008	④	009	242	010	①
011	12	012	19	013	①	014	⑤	015	①
016	①	017	5	018	①	019	①	020	①
021	②	022	③	023	①	024	①	025	①
026	14	027	②	028	②	029	③	030	①
031	10	032	①	033	32	034	①	035	①
036	②	037	②	038	①	039	①	040	①
041	②	042	④	043	③	044	100	045	11
046	①	047	①	048	①	049	①	050	①
051	④	052	④	053	②	054	②	055	②
056	⑤	057	③	058	27	059	50	060	①
061	7	062	⑤	063	④	064	③	065	③
066	①	067	26	068	24	069	⑤	070	96
071	⑤	072	②	073	①	074	④	075	③
076	⑤	077	④	078	④	079	④	080	340
081	③	082	④	083	③	084	①	085	②
086	⑤	087	①	088	④	089	①	090	⑤
091	56	092	78	093	①	094	④	095	①
096	②	097	109	098	54	099	127	100	⑤
101	80	102	③	103	②	104	④	105	①
106	②	107	①	108	④	109	13	110	①
111	⑤	112	④	113	③	114	①	115	①
116	②	117	④	118	④	119	①	120	①
121	9	122	④						

미니모의고사

1회
문제편 p.354 해설편 p.579

01	③	02	②	03	⑤	04	③	05	①
06	①	07	15	08	17				

2회
문제편 p.357 해설편 p.584

01	⑤	02	③	03	②	04	②	05	①
06	③	07	120	08	35				

3회
문제편 p.360 해설편 p.590

01	①	02	②	03	⑤	04	①	05	④
06	①	07	12	08	6				

4회
문제편 p.363 해설편 p.596

01	①	02	②	03	①	04	⑤	05	②
06	④	07	14	08	16				

5회
문제편 p.366 해설편 p.602

01	③	02	①	03	③	04	⑤	05	③
06	①	07	15	08	27				

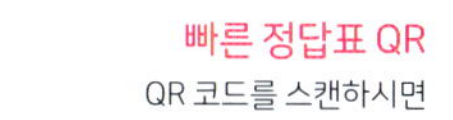
빠른 정답표 QR

QR 코드를 스캔하시면
정답표 PDF를 다운로드하실 수 있습니다.

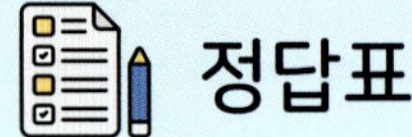

정답표

I. 수열의 극한
1. 수열의 극한
문제편 p.4 해설편 p.2

No	Ans	No	Ans	No	Ans	No	Ans	No	Ans
001	4	002	④	003	①	004	④	005	①
006	②	007	⑤	008	④	009	③	010	④
011	①	012	③	013	③	014	⑤	015	④
016	①	017	③	018	④	019	①	020	①
021	②	022	③	023	②	024	②	025	②
026	②	027	④	028	②	029	⑤	030	①
031	③	032	②	033	③	034	②	035	④
036	①	037	110	038	50	039	10	040	①
041	2	042	③	043	④	044	②	045	④
046	④	047	⑤	048	3	049	⑤	050	②
051	⑤	052	①	053	③	054	①	055	②
056	⑤	057	②	058	⑤	059	③	060	⑤
061	④	062	④	063	④	064	33	065	18
066	④	067	④	068	②	069	③	070	④
071	③	072	28	073	③	074	90	075	④
076	21	077	4	078	⑤	079	12	080	②
081	③	082	7	083	6	084	12	085	33
086	①	087	③	088	21	089	⑤	090	⑤
091	③	092	③	093	⑤	094	②	095	②
096	③	097	①	098	①	099	④	100	③
101	①	102	5	103	②	104	⑤	105	①
106	③	107	③	108	②	109	③	110	③
111	①	112	③	113	③	114	②	115	2
116	④	117	④	118	③	119	⑤	120	①
121	②	122	⑤	123	④	124	5	125	⑤
126	④	127	12	128	270	129	2	130	③
131	16	132	③	133	④	134	20	135	①
136	⑤	137	④	138	⑤	139	①	140	5
141	③	142	192	143	13	144	80	145	③
146	②	147	③	148	②	149	②	150	④
151	③	152	⑤	153	③	154	⑤	155	24
156	3	157	①	158	20	159	84	160	④
161	25	162	⑤	163	10	164	13	165	5
166	25	167	9	168	②	169	50	170	25
171	⑤	172	50	173	①	174	⑤	175	②
176	9	177	30	178	⑤				

2. 급수
문제편 p.52 해설편 p.76

No	Ans	No	Ans	No	Ans	No	Ans	No	Ans
001	③	002	③	003	⑤	004	③	005	②
006	21	007	⑤	008	5	009	③	010	③
011	②	012	②	013	①	014	④	015	②
016	②	017	4	018	①	019	②	020	④
021	1	022	14	023	②	024	①	025	②
026	①	027	④	028	①	029	①	030	9
031	⑤	032	⑤	033	③	034	⑤	035	②
036	③	037	19	038	57	039	27	040	③
041	⑤	042	①	043	②	044	④	045	32
046	③	047	16	048	19	049	④	050	24
051	16	052	③	053	①	054	⑤	055	②
056	⑤	057	16	058	②	059	①	060	①
061	④	062	⑤	063	③	064	①	065	②
066	③	067	15	068	97	069	91	070	②
071	④	072	②	073	④	074	⑤	075	⑤
076	③	077	④	078	②	079	①	080	②
081	①	082	③	083	⑤	084	②	085	⑤
086	②	087	③	088	②	089	④	090	①
091	②	092	③	093	③	094	②	095	②
096	⑤	097	③	098	②	099	③	100	③
101	③	102	25	103	109	104	686	105	24
106	162	107	138	108	12	109	15	110	120
111	①	112	②	113	③	114	①	115	⑤

II. 미분법
1. 지수함수와 로그함수의 미분
문제편 p.92 해설편 p.147

No	Ans	No	Ans	No	Ans	No	Ans	No	Ans
001	⑤	002	④	003	③	004	①	005	③
006	①	007	③	008	①	009	⑤	010	②
011	②	012	②	013	②	014	①	015	⑤
016	③	017	③	018	②	019	②	020	①
021	③	022	③	023	④	024	④	025	②
026	④	027	③	028	③	029	②	030	③
031	③	032	③	033	①	034	①	035	②
036	⑤	037	③	038	③	039	①	040	②
041	①	042	⑤	043	①	044	②	045	①
046	②	047	①	048	①	049	②	050	②
051	②	052	⑤	053	①	054	①	055	⑤
056	①	057	①	058	④	059	⑤	060	10
061	4	062	①	063	①	064	②	065	②
066	③	067	①	068	107	069	③	070	②
071	23								

2. 삼각함수의 덧셈정리
문제편 p.110 해설편 p.170

No	Ans	No	Ans	No	Ans	No	Ans	No	Ans
001	①	002	①	003	①	004	④	005	⑤
006	49	007	7	008	26	009	④	010	99
011	③	012	⑤	013	①	014	②	015	③
016	⑤	017	11	018	15	019	②	020	①
021	④	022	④	023	④	024	32	025	⑤
026	①	027	①	028	④	029	32	030	③
031	⑤	032	⑤	033	④	034	5	035	20
036	⑤	037	④	038	⑤	039	⑤	040	②
041	18	042	61	043	⑤	044	①	045	25
046	79	047	9	048	11	049	18	050	②

3. 삼각함수의 미분
문제편 p.126 해설편 p.191

No	Ans	No	Ans	No	Ans	No	Ans	No	Ans
001	③	002	③	003	①	004	⑤	005	⑤
006	③	007	2	008	20	009	8	010	④
011	①	012	①	013	⑤	014	③	015	④
016	③	017	14	018	④	019	⑤	020	②
021	③	022	①	023	②	024	④	025	③
026	③	027	③	028	④	029	③	030	③
031	③	032	②	033	③	034	⑤	035	③
036	③	037	30	038	④	039	2	040	③
041	⑤	042	30	043	60	044	④	045	50
046	②	047	④	048	6	049	③	050	②
051	③	052	④	053	②	054	④	055	④
056	9	057	18	058	②	059	④	060	③
061	④	062	②	063	④	064	③	065	①
066	25	067	③	068	②	069	②	070	②
071	4	072	20	073	23	074	①	075	①
076	①	077	④	078	15	079	②	080	①
081	100	082	①	083	④	084	①	085	③
086	2	087	⑤	088	④	089	②	090	⑤
091	②	092	⑤	093	③	094	135	095	25
096	②	097	20	098	41	099	②	100	11
101	40	102	②	103	④	104	8	105	③
106	20	107	49	108	④	109	⑤	110	②
111	②	112	5	113	⑤				

4. 여러 가지 미분법
문제편 p.168 해설편 p.256

No	Ans	No	Ans	No	Ans	No	Ans	No	Ans
001	③	002	12	003	②	004	②	005	③
006	①	007	①	008	16	009	①	010	8
011	②	012	③	013	④	014	②	015	②
016	49	017	6	018	③	019	12	020	3
021	③	022	2	023	1	024	1	025	8
026	28	027	3	028	48	029	③	030	2
031	①	032	①	033	④	034	4	035	④
036	②	037	⑤	038	③	039	④	040	④
041	①	042	②	043	10	044	①	045	⑤
046	④	047	③	048	⑤	049	③	050	④
051	83	052	④	053	②	054	⑤	055	①
056	③	057	④	058	⑤	059	3	060	60
061	①	062	③	063	②	064	17	065	25
066	⑤	067	②	068	⑤	069	5	070	②
071	①	072	④	073	①	074	④	075	①
076	①	077	①	078	④	079	⑤	080	2
081	③	082	⑤	083	④	084	⑤	085	③

2027 마더텅 수능기출문제집

누적판매 950만 부, 2025년 한 해 동안 95만 부가 판매된 베스트셀러 기출문제집
전 단원 필수 개념 동영상 강의, 체계적인 단원별 구성

전 유형, 전 문항 동영상 강의 무료 제공

2026.1.31.
업로드 완료 예정

- **수학 1등급**을 위한 기출문제 정복 프로젝트
- 마더텅 기출문제집의 **친절하고 자세한 해설**에 동영상 강의를 더했습니다.

강의 구성 과목별로 유형 개념 설명과 문제 풀이 동영상 강의 제공 ※ 강의 수는 당사 사정에 따라 변경될 수 있습니다.

과목	수학Ⅰ	수학Ⅱ	확률과 통계	미적분	기하	합계
강의 수	1,526	1,366	1,153	1,255	858	6,158

응용력을 기르는 풀이!
오늘부터 수학에서 Free

우수종 선생님
현 마더텅 수학 인터넷 강사
현 각인모의고사 해설강의
현 각인학원
전 대치상상학원
전 메가스터디학원
마더텅 수능기출문제집
수학Ⅰ, 수학Ⅱ, 확률과 통계, 미적분, 기하 감수

믿고 따라온다면,
반드시 1등급으로 만들어 드리겠습니다.

손광현 선생님
현 마더텅 수학 인터넷 강사
현 구주이배수학학원 다산본원
전 지성학원 부원장
전 현앤장수학학원 고등부
전 에이션학원 수학과 팀장
성균관대학교 교육대학원 수학교육과 졸업
정교사 2급(수학)
마더텅 수능기출문제집
수학Ⅰ, 수학Ⅱ, 확률과 통계, 미적분, 기하 감수

동영상 강의 수강 방법

방법 1

교재 곳곳에 있는 QR 코드를 찍으세요!

교재에 있는 QR 코드가 인식이 안 될 경우
화면을 확대해서 찍으시면 인식이 더 잘 됩니다.

방법 2 유튜브 www.youtube.com 에
[마더텅]+문항출처 또는
[마더텅]+유형명으로 검색하세요!

키워드 예시

[마더텅] 2025년 7월학평 미적 30번 OR [마더텅] 극대와 극소

방법 3 동영상 강의 전체 한 번에 보기

[휴대폰 등 모바일 기기] QR 코드

다음 중 하나를 찾아 QR을 찍으세요.
① 겉표지 QR ② 문제편 1쪽 동영상 광고 우측 상단 QR
③ 문제편 4쪽 첫 단원 우측 상단 QR
④ 해설편 1쪽 교재 소개 페이지 QR

[PC] 주소창에 URL 입력

다음 단계에 따라 접속하세요.
① www.toptutor.co.kr로 접속
② 학습자료실에서 무료동영상강의 클릭
③ 학년 시리즈 과목 교재 선택
④ 원하는 동영상 강의 수강

문의전화 1661-1064 07:00~22:00 **www.toptutor.co.kr** 포털에서 마더텅 검색

2027 마더텅 수능기출문제집 미적분은
총 1,162문항을 단계적으로 구성하였습니다.

- 3개 대단원, 9개 중단원, 93개 유형으로 나누어 체계적 코너별 문제 배치
- 최신 5개년 (2021~2025 시행) 수능, 모의평가, 고3 학력평가 전 문항 수록
- 1993~2020 시행 수능, 평가원, 교육청 기출 우수 문항 수록
- 사관학교 기출 우수 문항 수록!

 **▶ 2026학년도 수능 분석**
동영상 강의 QR

단원별 문항 구성표

단원	기본개념 문제	유형정복 문제	최고난도 문제	사관학교 기출문제	미니 모의고사	합계
Ⅰ-1단원	5	153	14	6	5	183
Ⅰ-2단원	5	96	8	6	5	120
Ⅱ-1단원	4	61	3	3	1	72
Ⅱ-2단원	4	40	5	1	1	51
Ⅱ-3단원	3	89	9	12	4	117
Ⅱ-4단원	6	100	13	9	3	131
Ⅱ-5단원	4	138	27	16	6	191
Ⅲ-1단원	4	109	36	11	9	169
Ⅲ-2단원	5	89	7	21	6	128
합계	40	875	122	85	40	1,162

2026학년도 6월/9월 모의평가 및 대학수학능력시험
미적분 문항 배치표

6월 모의평가		9월 모의평가		수능	
문항 번호	수록 번호	문항 번호	수록 번호	문항 번호	수록 번호
23	p.13 052	23	p.105 056	23	p.127 001
24	p.170 004	24	p.272 043	24	p.273 045
25	p.57 027	25	p.10 034	25	p.25 107
26	p.183 070	26	p.330 047	26	p.341 084
27	p.178 049	27	p.183 071	27	p.189 100
28	p.239 132	28	p.240 135	28	p.303 136
29	p.85 103	29	p.68 069	29	p.68 068
30	p.251 159	30	p.282 082	30	p.247 150

연도별 문항 구성표

시행 년도	3월 교육청	4, 5월 교육청	6월 평가원	7월 교육청	9월 평가원	10월 교육청	수능 평가원	사관학교	연도별 문항 수
2025	8	8	8	8	8	8	8	8	64
2024	8	8	8	8	8	8	8	8	64
2023	8	8	8	8	8	8	8	8	64
2022	8	8	8	8	8	8	8	8	64
2021	8	8	8	8	8	8	8	8	64
2020	2	6	10	12	12	12	12	9	75
2019	22	19	18	14	16	11	15	9	124
2018	23	18	16	11	12	13	13	9	115
2017	19	12	15	12	11	10	13	9	101
2016	18	9	12	11	11	8	10	8	87
2015	4	5	9	5	11	3	12	3	52
2014	6	4	5	2	6		7	2	32
2013	6	4	7	2	3	4	5	3	34
2012	5	2	6	4	1	4	2	2	26
2011	2	6	7	2	4	2	3		26
2010	2	5	3	4	5	4	3		26
2009	2	1	7	3	3	3	4		23
2009이전	5	8	20	6	16	7	33	2	97
그 외 평가원, 교육청				19					
기출 예상 문제				5					
총 수록 문항 수									1,162

목차

01 수열의 극한

평가원 모의평가 (2003~2026학년도) **대학수학능력시험** (1994~2026학년도) **교육청 학력평가** (2001~2025년 시행) **사관학교 입학시험** (2002~2026학년도)

---

1. 수열 $\{a_n\}$의 수렴과 발산 | 유형 01, 02   `21, 19, 15 수능출제`

(1) **수렴** : $\lim\limits_{n\to\infty} a_n = \alpha$ (α는 상수)

(2) **발산** :
$\begin{cases} \lim\limits_{n\to\infty} a_n = \infty & \text{(양의 무한대로 발산)} \\ \lim\limits_{n\to\infty} a_n = -\infty & \text{(음의 무한대로 발산)} \\ \text{진동} \end{cases}$

2. 수열의 극한에 대한 기본 성질 | 유형 07, 09   `25 수능출제`

수렴하는 두 수열 $\{a_n\}$, $\{b_n\}$에 대하여 $\lim\limits_{n\to\infty} a_n = \alpha$, $\lim\limits_{n\to\infty} b_n = \beta$일 때

(1) $\lim\limits_{n\to\infty} ca_n = c\lim\limits_{n\to\infty} a_n = c\alpha$ (단, c는 상수)

(2) $\lim\limits_{n\to\infty} (a_n \pm b_n) = \lim\limits_{n\to\infty} a_n \pm \lim\limits_{n\to\infty} b_n = \alpha \pm \beta$ (복호동순)

(3) $\lim\limits_{n\to\infty} a_n b_n = \lim\limits_{n\to\infty} a_n \cdot \lim\limits_{n\to\infty} b_n = \alpha\beta$

(4) $\lim\limits_{n\to\infty} \dfrac{a_n}{b_n} = \dfrac{\lim\limits_{n\to\infty} a_n}{\lim\limits_{n\to\infty} b_n} = \dfrac{\alpha}{\beta}$ (단, $b_n \neq 0$, $\beta \neq 0$)

3. 극한값의 계산 | 유형 01, 02   `22, 21, 20, 19, 18, 17, 16, 15, 13, 12, 11, 10, 09, 08, 05 수능출제`

(1) $\dfrac{\infty}{\infty}$ **꼴**: 분모의 최고차항으로 분모, 분자를 나눈다.

(2) $\infty - \infty$ **꼴**: 최고차항으로 묶어 낸다.

  ① 유리식인 경우: 최고차항으로 묶어 낸다.

  ② 무리식인 경우: 근호가 있는 쪽을 유리화한다.

4. 수열의 극한값의 대소 관계 | 유형 08   `26, 16 수능출제`

수렴하는 두 수열 $\{a_n\}$, $\{b_n\}$에 대하여 $\lim\limits_{n\to\infty} a_n = \alpha$, $\lim\limits_{n\to\infty} b_n = \beta$일 때

(1) 모든 자연수 n에 대하여 $a_n \leq b_n$이면 $\alpha \leq \beta$이다.

(2) 수열 $\{c_n\}$과 모든 자연수 n에 대하여 $a_n \leq c_n \leq b_n$이고 $\alpha = \beta$이면 수열 $\{c_n\}$은 수렴하고 $\lim\limits_{n\to\infty} c_n = \alpha$이다.

5. 등비수열의 수렴과 발산 | 유형 03, 04, 05   `23, 21, 18, 16, 15, 14, 12, 11, 09 수능출제`

(1) **등비수열 $\{r^n\}$의 수렴과 발산**

  ① $r > 1$일 때, $\lim\limits_{n\to\infty} r^n = \infty$ (발산)   ② $r = 1$일 때, $\lim\limits_{n\to\infty} r^n = 1$ (수렴)

  ③ $-1 < r < 1$일 때, $\lim\limits_{n\to\infty} r^n = 0$ (수렴)

  ④ $r \leq -1$일 때, 수열 $\{r^n\}$은 진동한다. (발산)

(2) **등비수열의 수렴 조건**

  ① 등비수열 $\{r^n\}$이 수렴하기 위한 조건은 $-1 < r \leq 1$

  ② 등비수열 $\{ar^{n-1}\}$이 수렴하기 위한 조건은 $a = 0$ 또는 $-1 < r \leq 1$

보 충 설 명

- α가 상수일 때 $\lim\limits_{n\to\infty} a_n = \alpha$이면 $\lim\limits_{n\to\infty} a_{n+1} = \alpha$이다.

- 수열의 극한에 대한 기본 성질은 각각의 수열이 수렴할 때에만 이용할 수 있다.

- $\dfrac{\infty}{\infty}$ 꼴의 극한값

  ① (분자의 차수) > (분모의 차수)
    ⇨ ∞ 또는 $-\infty$로 발산

  ② (분자의 차수) = (분모의 차수)
    ⇨ 최고차항의 계수의 비로 수렴

  ③ (분자의 차수) < (분모의 차수)
    ⇨ 0으로 수렴

- $a_n \leq b_n$일 때, $\lim\limits_{n\to\infty} a_n = \infty$이면 $\lim\limits_{n\to\infty} b_n = \infty$이다.

- $a_n < b_n$일 때, $\lim\limits_{n\to\infty} a_n = \lim\limits_{n\to\infty} b_n$이 성립하는 경우가 있다.

  예 $a_n = 1 - \dfrac{1}{n}$, $b_n = 1 + \dfrac{1}{n}$일 때, 모든 자연수 n에 대하여 $a_n < b_n$이지만 $\lim\limits_{n\to\infty} a_n = \lim\limits_{n\to\infty} b_n = 1$이다.

기출로 확인하는
기본 개념 문제

269-1-1-Y00

▶ 문제 풀이 **동영상 강의**

---

001 | 2. 수열의 극한에 대한 기본 성질 | 2018년 4월학평 나형 22번

두 수열 $\{a_n\}$, $\{b_n\}$에 대하여

$$\lim_{n\to\infty} a_n = 2, \quad \lim_{n\to\infty} b_n = 1$$

일 때, $\lim_{n\to\infty}(a_n + 2b_n)$의 값을 구하시오. (3점)

---

002 | 3. 극한값의 계산 | 2023년 3월학평 미적 23번

$\displaystyle\lim_{n\to\infty}\frac{(2n+1)(3n-1)}{n^2+1}$의 값은? (2점)

① 3   ② 4   ③ 5

④ 6   ⑤ 7

---

003 | 3. 극한값의 계산 | 2023학년도 6월모평 미적 23번

$\displaystyle\lim_{n\to\infty}\frac{1}{\sqrt{n^2+3n}-\sqrt{n^2+n}}$의 값은? (2점)

① 1   ② $\dfrac{3}{2}$ ③ 2

④ $\dfrac{5}{2}$ ⑤ 3

---

004 | 4. 수열의 극한값의 대소 관계 | 2020학년도 9월모평 나형 10번

모든 항이 양수인 수열 $\{a_n\}$이 모든 자연수 n에 대하여 부등식

$$\sqrt{9n^2+4} < \sqrt{na_n} < 3n+2$$

를 만족시킬 때, $\lim_{n\to\infty}\dfrac{a_n}{n}$의 값은? (3점)

① 6   ② 7   ③ 8

④ 9   ⑤ 10

---

005 | 5. 등비수열의 수렴과 발산 | 2019년 3월학평 나형 13번

$\displaystyle\lim_{n\to\infty}\frac{\left(\dfrac{m}{5}\right)^{n+1}+2}{\left(\dfrac{m}{5}\right)^{n}+1}=2$가 되도록 하는 자연수 m의 개수는?

(3점)

① 5   ② 6   ③ 7

④ 8   ⑤ 9

유형 01 극한값의 계산 – 유리식

동영상강의 ▶

269-1-1-Y01

☑ **출제경향**

쉬운 단순 계산 문제부터 복잡한 개념 복합 문제까지 폭넓게 자주 출제된다.

✐ **접근방법**

분수식인 경우 분모의 최고차항으로 분모, 분자를 각각 나눈다.

 **단골공식**

$\dfrac{\infty}{\infty}$ 꼴의 극한값

① (분자의 차수)>(분모의 차수) → ∞ 또는 $-\infty$로 발산
② (분자의 차수)=(분모의 차수) → 최고차항의 계수의 비로 수렴
③ (분자의 차수)<(분모의 차수) → 0으로 수렴

---

006 ★☆☆ 2018년 3월학평 나형 3번

$\displaystyle\lim_{n\to\infty}\left(\dfrac{2}{n}+\dfrac{1}{2}\right)$의 값은? (2점)

① 0 　　　② $\dfrac{1}{2}$ 　　　③ 1

④ $\dfrac{3}{2}$ 　　　⑤ 2

---

007 ★☆☆ 2022학년도 수능 미적 23번

$\displaystyle\lim_{n\to\infty}\dfrac{\dfrac{5}{n}+\dfrac{3}{n^2}}{\dfrac{1}{n}-\dfrac{2}{n^3}}$의 값은? (2점)

① 1 　　　② 2 　　　③ 3
④ 4 　　　⑤ 5

---

008 ★☆☆ 2023년 10월학평 미적 23번

$\displaystyle\lim_{n\to\infty}\dfrac{2n^2+3n-5}{n^2+1}$의 값은? (2점)

① $\dfrac{1}{2}$ 　　　② 1 　　　③ $\dfrac{3}{2}$

④ 2 　　　⑤ $\dfrac{5}{2}$

---

009 ★☆☆ 2019학년도 6월모평 나형 2번

$\displaystyle\lim_{n\to\infty}\dfrac{3n^2+n+1}{2n^2+1}$의 값은? (2점)

① $\dfrac{1}{2}$ 　　　② 1 　　　③ $\dfrac{3}{2}$

④ 2 　　　⑤ $\dfrac{5}{2}$

---

010 ★☆☆ 2020년 4월학평 가형 2번

$\displaystyle\lim_{n\to\infty}\dfrac{8n^2-3}{2n^2+7n-9}$의 값은? (2점)

① 1 　　　② 2 　　　③ 3
④ 4 　　　⑤ 5

---

011 ★☆☆ 2025년 3월학평 미적 23번

$\displaystyle\lim_{n\to\infty}\dfrac{n^2-n+2}{4n^2-1}$의 값은? (2점)

① $\dfrac{1}{4}$ 　　　② $\dfrac{1}{2}$ 　　　③ 1
④ 2 　　　⑤ 4

---

012 ★☆☆ 2019학년도 수능 나형 3번

$\displaystyle\lim_{n\to\infty}\dfrac{6n^2-3}{2n^2+5n}$의 값은? (2점)

① 5 　　　② 4 　　　③ 3
④ 2 　　　⑤ 1

정답과 해설 　006 p.3 　007 p.3 　008 p.3 　009 p.4 　010 p.4 　011 p.4 　012 p.4

013 ★☆☆ 2020년 10월학평 가형 1번

$\lim\limits_{n \to \infty} \dfrac{n(9n-5)}{3n^2+1}$ 의 값은? (2점)

① 1   ② 2   ③ 3

④ 4   ⑤ 5

014 ★☆☆ 2021년 3월학평 미적 23번

$\lim\limits_{n \to \infty} \dfrac{10n^3-1}{(n+2)(2n^2+3)}$ 의 값은? (2점)

① 1   ② 2   ③ 3

④ 4   ⑤ 5

015 ★☆☆ 2021학년도 9월모평 가형 2번

$\lim\limits_{n \to \infty} \dfrac{(2n+1)^2-(2n-1)^2}{2n+5}$ 의 값은? (2점)

① 1   ② 2   ③ 3

④ 4   ⑤ 5

016 ★☆☆ 2022년 10월학평 미적 23번

첫째항이 1이고 공차가 2인 등차수열 $\{a_n\}$에 대하여

$\lim\limits_{n \to \infty} \dfrac{a_n}{3n+1}$ 의 값은? (2점)

① $\dfrac{2}{3}$ ② 1   ③ $\dfrac{4}{3}$

④ $\dfrac{5}{3}$ ⑤ 2

017 ★★☆ 2023년 3월학평 미적 25번

등차수열 $\{a_n\}$에 대하여

$$\lim\limits_{n \to \infty} \dfrac{a_{2n}-6n}{a_n+5}=4$$

일 때, a_2-a_1의 값은? (3점)

① -1 ② -2 ③ -3

④ -4 ⑤ -5

018 ★★☆ 2024년 3월학평 미적 26번

수열 $\{a_n\}$이 모든 자연수 n에 대하여

$$a_{n+1}-a_n=a_1+2$$

를 만족시킨다. $\lim\limits_{n \to \infty} \dfrac{2a_n+n}{a_n-n+1}=3$일 때, a_{10}의 값은?

(단, $a_1>0$) (3점)

① 35   ② 36   ③ 37

④ 38   ⑤ 39

019 ★☆☆ 2016년 10월학평 나형 8번

모든 항이 양수인 수열 $\{a_n\}$에 대하여 $\dfrac{1+a_n}{a_n}=n^2+2$가

성립할 때, $\lim\limits_{n\to\infty} n^2 a_n$의 값은? (3점)

① 1 ② 2 ③ 3
④ 4 ⑤ 5

020 ★☆☆ 2010학년도 6월모평 나형 7번

수열 $\{a_n\}$에서 $a_n=\log\dfrac{n+1}{n}$일 때, $\lim\limits_{n\to\infty}\dfrac{n}{10^{a_1+a_2+\cdots+a_n}}$의

값은? (3점)

① 1 ② 2 ③ 3
④ 4 ⑤ 5

021 ★★★ 2009학년도 6월모평 나형 29번

자연수 n에 대하여 집합 $\{k\,|\,1\le k\le 2n,\ k$는 자연수$\}$의

세 원소 $a,\ b,\ c\ (a<b<c)$가 등차수열을 이루는 집합

$\{a,\ b,\ c\}$의 개수를 T_n이라 하자. $\lim\limits_{n\to\infty}\dfrac{T_n}{n^2}$의 값은? (4점)

① $\dfrac{1}{2}$ ② 1 ③ $\dfrac{3}{2}$

④ 2 ⑤ $\dfrac{5}{2}$

동영상강의 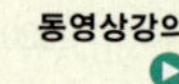
269-1-1-Y02

☑ 출제경향

쉬운 단순 계산 문제부터 복잡한 개념 복합 문제까지 폭넓게
자주 출제된다.

✎ 접근방법

$\infty-\infty$ 꼴의 무리식의 경우 무리식을 유리화하여 $\dfrac{\infty}{\infty}$ 꼴로 변형한

후, $\dfrac{\infty}{\infty}$ 꼴의 해법을 따른다.

🖥 단골공식

$$\frac{A}{\sqrt{a}-\sqrt{b}}=\frac{A(\sqrt{a}+\sqrt{b})}{(\sqrt{a}-\sqrt{b})(\sqrt{a}+\sqrt{b})}=\frac{A(\sqrt{a}+\sqrt{b})}{(\sqrt{a})^2-(\sqrt{b})^2}$$
$$=\frac{A(\sqrt{a}+\sqrt{b})}{a-b}$$

022 ★☆☆ 2020학년도 수능 나형 3번

$\lim\limits_{n\to\infty}\dfrac{\sqrt{9n^2+4}}{5n-2}$의 값은? (2점)

① $\dfrac{1}{5}$ ② $\dfrac{2}{5}$ ③ $\dfrac{3}{5}$

④ $\dfrac{4}{5}$ ⑤ 1

023 ★☆☆ 2016년 3월학평 나형 2번

$\lim\limits_{n\to\infty}\dfrac{\sqrt{4n^2+4n+3}}{n}$의 값은? (2점)

① $\sqrt{2}$ ② 2 ③ $2\sqrt{2}$
④ 4 ⑤ $4\sqrt{2}$

024 ★☆☆ 2021학년도 **수능** 기형 2번

$\lim\limits_{n\to\infty}\dfrac{1}{\sqrt{4n^2+2n+1}-2n}$의 값은? (2점)

① 1   ② 2   ③ 3
④ 4   ⑤ 5

025 ★☆☆ 2022학년도 6월모평 미적 23번

$\lim\limits_{n\to\infty}\dfrac{1}{\sqrt{n^2+n+1}-n}$의 값은? (2점)

① 1   ② 2   ③ 3
④ 4   ⑤ 5

026 ★☆☆ 2021학년도 6월모평 가형 2번

$\lim\limits_{n\to\infty}(\sqrt{9n^2+12n}-3n)$의 값은? (2점)

① 1   ② 2   ③ 3
④ 4   ⑤ 5

027 ★☆☆ 2022년 7월학평 미적 23번

$\lim\limits_{n\to\infty}(\sqrt{n^4+5n^2+5}-n^2)$의 값은? (2점)

① $\dfrac{7}{4}$ ② 2   ③ $\dfrac{9}{4}$
④ $\dfrac{5}{2}$ ⑤ $\dfrac{11}{4}$

028 ★☆☆ 2023년 4월학평 미직 23번

$\lim\limits_{n\to\infty}(\sqrt{4n^2+3n}-\sqrt{4n^2+1})$의 값은? (2점)

① $\dfrac{1}{2}$ ② $\dfrac{3}{4}$ ③ 1
④ $\dfrac{5}{4}$ ⑤ $\dfrac{3}{2}$

029 ★☆☆ 2024학년도 6월모평 미적 23번

$\lim\limits_{n\to\infty}(\sqrt{n^2+9n}-\sqrt{n^2+4n})$의 값은? (2점)

① $\dfrac{1}{2}$ ② 1   ③ $\dfrac{3}{2}$
④ 2   ⑤ $\dfrac{5}{2}$

030 ★☆☆ 2020년 3월학평 가형 3번

$\lim\limits_{n\to\infty}(\sqrt{4n^2+2n+1}-\sqrt{4n^2-2n-1})$의 값은? (2점)

① 1   ② 2   ③ 3
④ 4   ⑤ 5

031 ★☆☆ 2023년 7월학평 미적 23번

$\displaystyle\lim_{n\to\infty} 2n(\sqrt{n^2+4}-\sqrt{n^2+1})$의 값은? (2점)

① 1   ② 2   ③ 3

④ 4   ⑤ 5

032 ★☆☆ 2017년 10월학평 나형 13번

등차수열 $\{a_n\}$이 $a_3=5$, $a_6=11$일 때,
$\displaystyle\lim_{n\to\infty}\sqrt{n}(\sqrt{a_{n+1}}-\sqrt{a_n})$의 값은? (3점)

① $\dfrac{1}{2}$ ② $\dfrac{\sqrt{2}}{2}$ ③ 1

④ $\sqrt{2}$ ⑤ 2

033 ★☆☆ 2025년 10월학평 미적 25번

등차수열 $\{a_n\}$에 대하여 $\displaystyle\lim_{n\to\infty}(\sqrt{a_n^2+2n}-a_n)=\dfrac{1}{3}$일 때, 수열 $\{a_n\}$의 공차는? (3점)

① 1   ② 2   ③ 3

④ 4   ⑤ 5

034 ★☆☆ 2026학년도 9월모평 미적 25번

두 실수 a, b에 대하여 $\displaystyle\lim_{n\to\infty}\dfrac{an^b}{\sqrt{n^4+4n}-\sqrt{n^4+n}}=6$일 때, $a+b$의 값은? (3점)

① 6   ② 8   ③ 10

④ 12   ⑤ 14

035 ★★☆ 2022년 3월학평 미적 25번

$\displaystyle\lim_{n\to\infty}(\sqrt{an^2+n}-\sqrt{an^2-an})=\dfrac{5}{4}$를 만족시키는 모든 양수 a의 값의 합은? (3점)

① $\dfrac{7}{2}$ ② $\dfrac{15}{4}$ ③ 4

④ $\dfrac{17}{4}$ ⑤ $\dfrac{9}{2}$

036 ★★☆ 2025년 5월학평 미적 25번

두 양수 a, b에 대하여
$$\lim_{n\to\infty}(\sqrt{an^2+bn}-bn)=\lim_{n\to\infty}\dfrac{(bn-1)^2}{(b+6)n^2+1}$$
일 때, $a+b$의 값은? (3점)

① 6   ② 12   ③ 18

④ 24   ⑤ 30

037 ★★☆ 2016학년도 9월모평 A형 27번

양수 a와 실수 b에 대하여 $\lim\limits_{n\to\infty}(\sqrt{an^2+4n}-bn)=\dfrac{1}{5}$일 때, $a+b$의 값을 구하시오. (4점)

038 ★★★ 2023년 3월학평 미적 29번

자연수 n에 대하여 x에 대한 부등식 $x^2-4nx-n<0$을 만족시키는 정수 x의 개수를 a_n이라 하자. 두 상수 p, q에 대하여

$$\lim_{n\to\infty}(\sqrt{na_n}-pn)=q$$

일 때, $100pq$의 값을 구하시오. (4점)

유형 03 등비수열의 수렴·발산 조건

동영상강의 ▶

269-1-1-Y03

☑ **출제경향**

개념을 이용하는 평이한 수준의 문제가 출제된다.

✒ **접근방법**

등비수열의 공비 r의 값의 범위를 먼저 파악하고, 그에 따른 등비수열의 수렴·발산을 조사한다.

💡 **단골공식**

등비수열 $\{r^n\}$의 수렴과 발산

① $r>1$이면 $\lim\limits_{n\to\infty}r^n=\infty$ (발산)

② $r=1$이면 $\lim\limits_{n\to\infty}r^n=1$ (수렴)

③ $-1<r<1$이면 $\lim\limits_{n\to\infty}r^n=0$ (수렴)

④ $r\leq-1$이면 수열 $\{r^n\}$은 진동 (발산)

⇨ 등비수열 $\{r^n\}$의 수렴 조건 : $-1<r\leq1$

039 ★☆☆ 2013년 3월학평 A형 25번

등비수열 $\left\{\left(\dfrac{2x-3}{5}\right)^n\right\}$이 수렴하도록 하는 모든 정수 x의 합을 구하시오. (3점)

040 ★★☆ 2021년 3월학평 미적 24번

수열 $\{a_n\}$의 일반항이

$$a_n=\left(\dfrac{x^2-4x}{5}\right)^n$$

일 때, 수열 $\{a_n\}$이 수렴하도록 하는 모든 정수 x의 개수는? (3점)

① 7   ② 8   ③ 9

④ 10   ⑤ 11

041 ★★☆ 2010년 4월학평 나형 19번

수열 $\{(x+2)(x^2-4x+3)^{n-1}\}$이 수렴하도록 하는 모든 정수 x의 합을 구하시오. (3점)

042 ★★☆ 2022학년도 수능예시문항 미적 24번

정수 k에 대하여 수열 $\{a_n\}$의 일반항을

$$a_n=\left(\frac{|k|}{3}-2\right)^n$$

이라 하자. 수열 $\{a_n\}$이 수렴하도록 하는 모든 정수 k의 개수는? (3점)

① 4   ② 8   ③ 12
④ 16   ⑤ 20

043 ★★☆ 2008년 3월학평 나형 26번

등비수열 $\left\{\left(-\sin\frac{k\pi}{4}\right)^n\right\}$이 수렴하도록 하는 10 이하의 자연수 k의 개수는? (3점)

① 5   ② 6   ③ 7
④ 8   ⑤ 9

044 ★★☆ 2020년 4월학평 가형 8번

수열 $\left\{\dfrac{(4x-1)^n}{2^{3n}+3^{2n}}\right\}$이 수렴하도록 하는 모든 정수 x의 개수는? (3점)

① 2   ② 4   ③ 6
④ 8   ⑤ 10

045 ★★☆ 2025년 3월학평 미적 25번

자연수 k에 대하여 수열 $\{a_n\}$의 일반항을

$$a_n=\frac{(k^2+9)^n+30^n}{(10k)^n}$$

이라 하자. 수열 $\{a_n\}$이 수렴하도록 하는 모든 자연수 k의 개수는? (3점)

① 4   ② 5   ③ 6
④ 7   ⑤ 8

046 ★★☆ 2009년 3월학평 나형 8번

수열 $\{\sqrt{16^n+a^n}-4^n\}$이 수렴하도록 하는 자연수 a의 개수는? (3점)

① 1   ② 2   ③ 3
④ 4   ⑤ 5

정답과 해설 041 p.11 | 042 p.11 | 043 p.11 | 044 p.12 | 045 p.12 | 046 p.12

유형 04 등비수열의 극한 ★중요

동영상강의

269-1-1-Y04

☑ **출제경향**

단순 계산 문제로 자주 출제된다.

✎ **접근방법**

분모와 분자의 등비수열을 확인하고 밑의 절댓값이 가장 큰 항으로 분모, 분자를 각각 나눈다.

---

047 ★☆☆ 2017학년도 6월모평 나형 8번

$\lim\limits_{n\to\infty}\left(2+\dfrac{1}{3^n}\right)\left(a+\dfrac{1}{2^n}\right)=10$일 때, 상수 a의 값은? (3점)

① 1　　　　② 2　　　　③ 3
④ 4　　　　⑤ 5

---

048 ★☆☆ 2016학년도 수능 A형 23번

$\lim\limits_{n\to\infty}\dfrac{3\times 9^n-13}{9^n}$의 값을 구하시오. (3점)

---

049 ★☆☆ 2018학년도 9월모평 나형 4번

$\lim\limits_{n\to\infty}\dfrac{4\times 3^{n+1}+1}{3^n}$의 값은? (3점)

① 8　　　　② 9　　　　③ 10
④ 11　　　　⑤ 12

---

050 ★☆☆ 2018학년도 6월모평 나형 3번

$\lim\limits_{n\to\infty}\dfrac{8^{n+1}-4^n}{8^n+3}$의 값은? (2점)

① 6　　　　② 8　　　　③ 10
④ 12　　　　⑤ 14

---

051 ★☆☆ 2021년 4월학평 미적 23번

$\lim\limits_{n\to\infty}\dfrac{2^n+3^{n+1}}{3^n+1}$의 값은? (2점)

① $\dfrac{5}{3}$　　　　② 2　　　　③ $\dfrac{7}{3}$
④ $\dfrac{8}{3}$　　　　⑤ 3

---

052 ★☆☆ 2026학년도 6월모평 미적 23번

$\lim\limits_{n\to\infty}\dfrac{4\times 3^{n+1}}{2^n+3^n}$의 값은? (2점)

① 12　　　　② 13　　　　③ 14
④ 15　　　　⑤ 16

---

053 ★☆☆ 2022학년도 9월모평 미적 23번

$\lim\limits_{n\to\infty}\dfrac{2\times 3^{n+1}+5}{3^n+2^{n+1}}$의 값은? (2점)

① 2　　　　② 4　　　　③ 6
④ 8　　　　⑤ 10

$\lim\limits_{n \to \infty} \dfrac{2^{n+1}+3^{n-1}}{2^n-3^n}$ 의 값은? (2점)

① $-\dfrac{1}{3}$　　　② $-\dfrac{1}{6}$　　　③ 0

④ $\dfrac{1}{6}$　　　⑤ $\dfrac{1}{3}$

$\lim\limits_{n \to \infty} \dfrac{2^{n+1}+3^{n-1}}{(-2)^n+3^n}$ 의 값은? (2점)

① $\dfrac{1}{9}$　　　② $\dfrac{1}{3}$　　　③ 1

④ 3　　　⑤ 9

$\lim\limits_{n \to \infty} \dfrac{a+\left(\dfrac{1}{4}\right)^n}{5+\left(\dfrac{1}{2}\right)^n}=3$ 일 때, 상수 a의 값은? (3점)

① 11　　　② 12　　　③ 13

④ 14　　　⑤ 15

$\lim\limits_{n \to \infty} \dfrac{\left(\dfrac{1}{2}\right)^n+\left(\dfrac{1}{3}\right)^{n+1}}{\left(\dfrac{1}{2}\right)^{n+1}+\left(\dfrac{1}{3}\right)^n}$ 의 값은? (2점)

① 1　　　② 2　　　③ 3

④ 4　　　⑤ 5

$\lim\limits_{n \to \infty} \dfrac{3n-1}{n+1}=a$ 일 때, $\lim\limits_{n \to \infty} \dfrac{a^{n+2}+1}{a^n-1}$ 의 값은?

(단, a는 상수이다.) (4점)

① 1　　　② 3　　　③ 5

④ 7　　　⑤ 9

$\lim\limits_{n \to \infty} \dfrac{a \times 6^{n+1}-5^n}{6^n+5^n}=4$ 일 때, 상수 a의 값은? (2점)

① $\dfrac{1}{3}$　　　② $\dfrac{1}{2}$　　　③ $\dfrac{2}{3}$

④ $\dfrac{4}{3}$　　　⑤ $\dfrac{3}{2}$

등비수열 $\{a_n\}$에 대하여 $\lim\limits_{n \to \infty} \dfrac{a_n+1}{3^n+2^{2n-1}}=3$ 일 때,

a_2의 값은? (3점)

① 16　　　② 18　　　③ 20

④ 22　　　⑤ 24

061 ★☆☆ 2025학년도 9월모평 미적 25번

등비수열 $\{a_n\}$에 대하여

$$\lim_{n \to \infty} \frac{4^n \times a_n - 1}{3 \times 2^{n+1}} = 1$$

일 때, $a_1 + a_2$의 값은? (3점)

① $\dfrac{3}{2}$ ② $\dfrac{5}{2}$ ③ $\dfrac{7}{2}$

④ $\dfrac{9}{2}$ ⑤ $\dfrac{11}{2}$

062 ★★☆ 2024년 10월학평 미적 25번

수열 $a_n = \left(\dfrac{k}{2}\right)^n$이 수렴하도록 하는 모든 자연수 k에 대하여

$$\lim_{n \to \infty} \frac{a \times a_n + \left(\dfrac{1}{2}\right)^n}{a_n + b \times \left(\dfrac{1}{2}\right)^n} = \frac{k}{2}$$

일 때, $a+b$의 값은? (단, a와 b는 상수이다.) (3점)

① 1   ② 2   ③ 3

④ 4   ⑤ 5

063 ★★☆ 2021년 3월학평 미적 25번

모든 항이 양수인 수열 $\{u_n\}$이 모든 자연수 n에 대하여

$$a_{n+1} = a_1 a_n$$

을 만족시킨다. $\lim_{n \to \infty} \dfrac{3a_{n+3} - 5}{2a_n + 1} = 12$일 때, a_1의 값은? (3점)

① $\dfrac{1}{2}$ ② 1   ③ $\dfrac{3}{2}$

④ 2   ⑤ $\dfrac{5}{2}$

064 ★★☆ 2015학년도 수능 A형 28번

자연수 k에 대하여

$$a_k = \lim_{n \to \infty} \frac{\left(\dfrac{6}{k}\right)^{n+1}}{\left(\dfrac{6}{k}\right)^n + 1}$$

이라 할 때, $\displaystyle\sum_{k=1}^{10} ka_k$의 값을 구하시오. (4점)

065 ★★☆ 2024학년도 9월모평 미적 29번

두 실수 $a, b\,(a>1, b>1)$이

$$\lim_{n \to \infty} \frac{3^n + a^{n+1}}{3^{n+1} + a^n} = a, \quad \lim_{n \to \infty} \frac{a^n + b^{n+1}}{a^{n+1} + b^n} = \frac{9}{a}$$

를 만족시킬 때, $a+b$의 값을 구하시오. (4점)

유형 05 x^n을 포함한 극한으로 정의된 함수

☑ **출제경향**

함수의 성질과 등비수열의 극한을 복합한 문제가 종종 출제된다.

🔎 **접근방법**

함수가 정의된 x의 값의 범위를 등비수열의 공비처럼 생각하여 각각의 범위에서 극한값을 구한다. x^n을 포함한 함수의 연속성을 묻는 문제일 경우 함수가 연속일 조건을 고려한다.

📋 **단골공식**

함수 $f(x)$가 $x=a$에서 연속이기 위한 조건

① $x=a$에서 함수 $f(x)$가 정의된다.

② $\lim_{x \to a} f(x)$의 값이 존재한다. 즉, $\lim_{x \to a-} f(x) = \lim_{x \to a+} f(x)$

③ $\lim_{x \to a} f(x) = f(a)$

함수

$$f(x)=\lim_{n\to\infty}\frac{3\times\left(\frac{x}{2}\right)^{2n+1}-1}{\left(\frac{x}{2}\right)^{2n}+1}$$

에 대하여 $f(k)=k$를 만족시키는 모든 실수 k의 값의 합은?

(3점)

① -6 ② -5 ③ -4
④ -3 ⑤ -2

자연수 r에 대하여 $\lim\limits_{n\to\infty}\dfrac{3^n+r^{n+1}}{3^n+7\times r^n}=1$이 성립하도록 하는
모든 r의 값의 합은? (3점)

① 7 ② 8 ③ 9
④ 10 ⑤ 11

함수

$$f(x)=\begin{cases} x+a & (x\le 1) \\ \lim\limits_{n\to\infty}\dfrac{2x^{n+1}+3x^n}{x^n+1} & (x>1) \end{cases}$$

이 실수 전체의 집합에서 연속일 때, 상수 a의 값은? (3점)

① 2 ② 4 ③ 6
④ 8 ⑤ 10

$x>0$에서 정의된 함수 $f(x)$가

$$f(x)=\lim_{n\to\infty}\frac{\left(\frac{x}{5}\right)^{n+1}+2x}{\left(\frac{x}{5}\right)^{n}+1}$$

일 때, $f(k)=5$를 만족시키는 모든 양수 k의 값의 합은?

(3점)

① $\dfrac{51}{2}$ ② $\dfrac{53}{2}$ ③ $\dfrac{55}{2}$
④ $\dfrac{57}{2}$ ⑤ $\dfrac{59}{2}$

070 ★★☆ 2024년 5월학평 미적 26번

열린구간 $(0, \infty)$에서 정의된 함수

$$f(x)=\lim_{n \to \infty}\frac{x^{n+1}+\left(\dfrac{4}{x}\right)^{n}}{x^{n}+\left(\dfrac{4}{x}\right)^{n+1}}$$

이 있다. $x>0$일 때, 방정식 $f(x)=2x-3$의 모든 실근의 합은? (3점)

① $\dfrac{41}{7}$ ② $\dfrac{43}{7}$ ③ $\dfrac{45}{7}$

④ $\dfrac{47}{7}$ ⑤ 7

071 ★★☆ 2021학년도 수능 가형 18번

실수 a에 대하여 함수 $f(x)$를

$$f(x)=\lim_{n \to \infty}\frac{(a-2)x^{2n+1}+2x}{3x^{2n}+1}$$

라 하자. $(f \circ f)(1)=\dfrac{5}{4}$가 되도록 하는 모든 a의 값의 합은? (4점)

① $\dfrac{11}{2}$ ② $\dfrac{13}{2}$ ③ $\dfrac{15}{2}$

④ $\dfrac{17}{2}$ ⑤ $\dfrac{19}{2}$

072 ★★★ 2022년 3월학평 미적 29번

실수 t에 대하여 직선 $y=tx-2$가 함수

$$f(x)=\lim_{n \to \infty}\frac{2x^{2n+1}-1}{x^{2n}+1}$$

의 그래프와 만나는 점의 개수를 $g(t)$라 하자. 함수 $g(t)$가 $t=a$에서 불연속인 모든 a의 값을 작은 수부터 크기순으로 나열한 것을 $a_1, a_2, \cdots, a_m$ (m은 자연수)라 할 때, $m \times a_m$의 값을 구하시오. (4점)

073 ★★★ 2009학년도 수능 가형 6번

함수 $f(x)=x^2-4x+a$와 함수 $g(x)=\lim_{n \to \infty}\dfrac{2|x-b|^{n}+1}{|x-b|^{n}+1}$에 대하여 $h(x)=f(x)g(x)$라 하자. 함수 $h(x)$가 모든 실수 x에서 연속이 되도록 하는 두 상수 a, b의 합 $a+b$의 값은? (3점)

① 3 ② 4 ③ 5

④ 6 ⑤ 7

074 ★★★ 2010학년도 6월모평 가형 23번

최고차항의 계수가 1인 이차함수 $f(x)$와 두 함수

$$g(x)=\lim_{n\to\infty}\frac{x^{2n-1}-1}{x^{2n}+1},\quad h(x)=\begin{cases}\dfrac{|x|}{x} & (x\neq0)\\[2mm] 0 & (x=0)\end{cases}$$

에 대하여 함수 $f(x)g(x)$와 함수 $f(x)h(x)$가 모두
연속함수일 때, $f(10)$의 값을 구하시오. (4점)

075 ★★★ 2010년 4월학평 가형 12번

두 실수 a, b에 대하여 함수

$$f(x)=\lim_{n\to\infty}\frac{-a|x|-|x|^n+b}{|x|^n+1}$$

가 모든 실수 x에서 연속일 때, [보기]에서 옳은 것만을 있는
대로 고른 것은? (4점)

> [보기]
> ㄱ. $a-b=1$
> ㄴ. 함수 $f(x)$의 최솟값은 -1이다.
> ㄷ. $a<1$일 때, 함수 $f(x)$의 그래프는 x축과 만나지
> 않는다.

① ㄴ   ② ㄷ   ③ ㄱ, ㄴ
④ ㄱ, ㄷ   ⑤ ㄱ, ㄴ, ㄷ

076 ★★☆ 2009학년도 6월모평 가형 19번

자연수 a, b에 대하여

함수 $f(x)=\lim_{n\to\infty}\dfrac{ax^{n+b}+2x-1}{x^n+1}\ (x>0)$이 $x=1$에서

미분가능할 때, $a+10b$의 값을 구하시오. (3점)

**유형 06 수열의 일반항 a_n과
합 S_n의 관계를 이용한 극한**   동영상강의 

269-1-1-Y06

☑ **출제경향**

꾸준히 출제되는 유형이며 다양한 수학적 개념과 혼합하기 용이하여
복잡한 문제가 출제된다.

✏ **접근방법**

수열의 합과 일반항 사이의 관계를 이용하여 일반항 a_n을 구한 후
극한값을 구한다.

🔢 **단골공식**

$a_1=S_1,\ S_n-S_{n-1}=a_n\ (단,\ n\geq2)$

077 ★★☆ 2016학년도 수능 B형 25번

첫째항이 1이고 공비가 $r\ (r>1)$인 등비수열 $\{a_n\}$에 대하여

$S_n=\sum\limits_{k=1}^{n} a_k$일 때, $\lim\limits_{n\to\infty}\dfrac{a_n}{S_n}=\dfrac{3}{4}$이다. r의 값을 구하시오.

(3점)

078 ★★☆ 2025년 3월학평 미적 26번

수열 $\{a_n\}$이 모든 자연수 n에 대하여

$$\sum_{k=1}^{n} \frac{a_k - k^2}{k+1} = 2n^2 - n$$

을 만족시킬 때, $\lim_{n \to \infty} \dfrac{a_n}{n^2 + 1}$의 값은? (3점)

① 1   ② 2   ③ 3

④ 4   ⑤ 5

079 ★★☆ 2013년 3월학평 B형 27번

수열 $\{a_n\}$이 자연수 n에 대하여

$$\sum_{k=1}^{n} (-1)^k a_k = n^3$$

을 만족시킬 때, $\lim_{n \to \infty} \dfrac{a_{2n-1} + a_{2n}}{n}$ 의 값을 구하시오. (4점)

080 ★★☆ 2024년 3월학평 미적 27번

$a_1 = 3$, $a_2 = 6$인 등차수열 $\{a_n\}$과 모든 항이 양수인 수열 $\{b_n\}$이 모든 자연수 n에 대하여

$$\sum_{k=1}^{n} a_k (b_k)^2 = n^3 - n + 3$$

을 만족시킬 때, $\lim_{n \to \infty} \dfrac{a_n}{b_n b_{2n}}$의 값은? (3점)

① $\dfrac{3}{2}$ ② $\dfrac{3\sqrt{2}}{2}$ ③ 3

④ $3\sqrt{2}$ ⑤ 6

081 ★★☆ 2021년 3월학평 미적 27번

수열 $\{a_n\}$이 모든 자연수 n에 대하여

$$\sum_{k=1}^{n} \frac{a_k}{(k-1)!} = \frac{3}{(n+2)!}$$

을 만족시킨다. $\lim_{n \to \infty} (a_1 + n^2 a_n)$의 값은? (3점)

① $-\dfrac{7}{2}$ ② -3 ③ $-\dfrac{5}{2}$

④ -2 ⑤ $-\dfrac{3}{2}$

082 ★★☆ 2010년 10월학평 나형 24번

자연수 n에 대하여

$$S_n = \sum_{k=1}^{n} k(k+1), \quad T_n = \sum_{k=1}^{n} (n+k)(n+k+1)$$

일 때, $\lim_{n \to \infty} \dfrac{T_n}{S_n}$의 값을 구하시오. (4점)

083 ★★☆ 2014년 3월학평 A형 27번

첫째항이 1이고 공차가 6인 등차수열 $\{a_n\}$에 대하여

$$S_n = a_1 + a_2 + a_3 + \cdots + a_n$$
$$T_n = -a_1 + a_2 - a_3 + \cdots + (-1)^n a_n$$

이라 할 때, $\lim_{n \to \infty} \dfrac{a_{2n} T_{2n}}{S_{2n}}$의 값을 구하시오. (4점)

유형 07 수열의 극한의 기본 성질의 활용 동영상강의

269-1-1-Y07

☑ **출제경향**

수열의 극한의 기본 성질을 응용하여 묻는 문제들이 출제된다.

✎ **접근방법**

이미 주어진 극한값을 이용해 새로운 극한을 구하는 문제에서는 치환 또는 식의 변형을 이용한다.

🖥 **단골공식**

수열 $\{a_n\}$, $\{b_n\}$이 모두 수렴하고, $\lim\limits_{n\to\infty} a_n=\alpha$, $\lim\limits_{n\to\infty} b_n=\beta$일 때,

① $\lim\limits_{n\to\infty} ka_n=k\lim\limits_{n\to\infty} a_n=k\alpha$ (k는 상수)

② $\lim\limits_{n\to\infty}(a_n\pm b_n)=\lim\limits_{n\to\infty} a_n\pm\lim\limits_{n\to\infty} b_n=\alpha\pm\beta$ (복호동순)

③ $\lim\limits_{n\to\infty} a_nb_n=\lim\limits_{n\to\infty} a_n\cdot\lim\limits_{n\to\infty} b_n=\alpha\beta$

④ $\lim\limits_{n\to\infty}\dfrac{a_n}{b_n}=\dfrac{\lim\limits_{n\to\infty} a_n}{\lim\limits_{n\to\infty} b_n}=\dfrac{\alpha}{\beta}$ ($b_n\neq0$, $\beta\neq0$)

---

084 ★☆☆ 2017년 3월학평 나형 24번

두 수열 $\{a_n\}$, $\{b_n\}$이
$$\lim_{n\to\infty}(a_n-1)=2, \quad \lim_{n\to\infty}(a_n+2b_n)=9$$
를 만족시킬 때, $\lim\limits_{n\to\infty} a_n(1+b_n)$의 값을 구하시오. (3점)

---

085 ★☆☆ 2019년 3월학평 나형 24번

두 수열 $\{a_n\}$, $\{b_n\}$에 대하여
$$\lim_{n\to\infty}(a_n+2b_n)=9, \quad \lim_{n\to\infty}(2a_n+b_n)=90$$
일 때, $\lim\limits_{n\to\infty}(a_n+b_n)$의 값을 구하시오. (3점)

---

086 ★☆☆ 2018년 3월학평 나형 8번

모든 항이 양수인 수열 $\{a_n\}$에 대하여 $\lim\limits_{n\to\infty}\dfrac{1}{a_n}=0$일 때, $\lim\limits_{n\to\infty}\dfrac{-2a_n+1}{a_n+3}$의 값은? (3점)

① -2　　　② -1　　　③ 0

④ 1　　　⑤ 2

---

087 ★☆☆ 2010학년도 6월모평 나형 28번

수열 $\{a_n\}$에 대하여 $\lim\limits_{n\to\infty}\dfrac{5^n a_n}{3^n+1}$이 0이 아닌 상수일 때, $\lim\limits_{n\to\infty}\dfrac{a_n}{a_{n+1}}$의 값은? (3점)

① $\dfrac{2}{3}$　　　② $\dfrac{4}{5}$　　　③ $\dfrac{5}{3}$

④ $\dfrac{9}{5}$　　　⑤ $\dfrac{8}{3}$

---

088 ★☆☆ 2020년 3월학평 가형 25번

두 수열 $\{a_n\}$, $\{b_n\}$이
$$\lim_{n\to\infty} n^2 a_n=3, \quad \lim_{n\to\infty}\dfrac{b_n}{n}=5$$
를 만족시킬 때, $\lim\limits_{n\to\infty} na_n(b_n+2n)$의 값을 구하시오. (3점)

정답과 해설 **084** p.26 | **085** p.27 | **086** p.27 | **087** p.27 | **088** p.28

089 ★★☆ 2023년 3월학평 미적 26번

두 수열 $\{a_n\}$, $\{b_n\}$에 대하여
$$\lim_{n \to \infty}(n^2+1)a_n=3, \quad \lim_{n \to \infty}(4n^2+1)(a_n+b_n)=1$$
일 때, $\lim_{n \to \infty}(2n^2+1)(a_n+2b_n)$의 값은? (3점)

① -3 ② $-\dfrac{7}{2}$ ③ -4

④ $-\dfrac{9}{2}$ ⑤ -5

090 ★☆☆ 2023학년도 9월모평 미적 25번

수열 $\{a_n\}$에 대하여 $\lim_{n \to \infty}\dfrac{a_n+2}{2}=6$일 때, $\lim_{n \to \infty}\dfrac{na_n+1}{a_n+2n}$의 값은? (3점)

① 1 ② 2 ③ 3
④ 4 ⑤ 5

091 ★☆☆ 2024년 3월학평 미적 24번

두 수열 $\{a_n\}$, $\{b_n\}$에
$$\lim_{n \to \infty}na_n=1, \quad \lim_{n \to \infty}\dfrac{b_n}{n}=3$$
을 만족시킬 때, $\lim_{n \to \infty}\dfrac{n^2a_n+b_n}{1+2b_n}$의 값은? (3점)

① $\dfrac{1}{3}$ ② $\dfrac{1}{2}$ ③ $\dfrac{2}{3}$

④ $\dfrac{5}{6}$ ⑤ 1

092 ★☆☆ 2025년 3월학평 미적 24번

수열 $\{a_n\}$에 대하여 $\lim_{n \to \infty}\dfrac{(2n+3)a_n}{n^2}=3$일 때, $\lim_{n \to \infty}\dfrac{na_n}{3n^2+1}$의 값은? (3점)

① $\dfrac{1}{6}$ ② $\dfrac{1}{3}$ ③ $\dfrac{1}{2}$

④ $\dfrac{2}{3}$ ⑤ $\dfrac{5}{6}$

093 ★☆☆ 2022년 3월학평 미적 24번

수열 $\{a_n\}$이 $\lim_{n \to \infty}(3a_n-5n)=2$를 만족시킬 때, $\lim_{n \to \infty}\dfrac{(2n+1)a_n}{4n^2}$의 값은? (3점)

① $\dfrac{1}{6}$ ② $\dfrac{1}{3}$ ③ $\dfrac{1}{2}$

④ $\dfrac{2}{3}$ ⑤ $\dfrac{5}{6}$

094 ★☆☆ 2024년 7월학평 미적 25번

모든 항이 양수인 수열 $\{a_n\}$에 대하여
$$\lim_{n \to \infty}\{a_n \times (\sqrt{n^2+4}-n)\}=6$$
일 때, $\lim_{n \to \infty}\dfrac{2a_n+6n^2}{na_n+5}$의 값은? (3점)

① $\dfrac{3}{2}$ ② 2 ③ $\dfrac{5}{2}$

④ 3 ⑤ $\dfrac{7}{2}$

095 ★☆☆ 2025학년도 수능 미적 25번

수열 $\{a_n\}$에 대하여 $\lim\limits_{n\to\infty}\dfrac{na_n}{n^2+3}=1$일 때,
$\lim\limits_{n\to\infty}(\sqrt{a_n^2+n}-a_n)$의 값은? (3점)

① $\dfrac{1}{3}$　　　　② $\dfrac{1}{2}$　　　　③ 1

④ 2　　　　⑤ 3

096 ★★☆ 2022년 3월학평 미적 26번

첫째항이 1인 두 수열 $\{a_n\}$, $\{b_n\}$이 모든 자연수 n에 대하여

$$a_{n+1}-a_n=3,\ \sum_{k=1}^{n}\frac{1}{b_k}=n^2$$

을 만족시킬 때, $\lim\limits_{n\to\infty}a_nb_n$의 값은? (3점)

① $\dfrac{7}{6}$　　　　② $\dfrac{4}{3}$　　　　③ $\dfrac{3}{2}$

④ $\dfrac{5}{3}$　　　　⑤ $\dfrac{11}{6}$

097 ★★☆ 2023년 3월학평 미적 27번

$a_1=3$, $a_2=-4$인 수열 $\{a_n\}$과 등차수열 $\{b_n\}$이 모든
자연수 n에 대하여

$$\sum_{k=1}^{n}\frac{a_k}{b_k}=\frac{6}{n+1}$$

을 만족시킬 때, $\lim\limits_{n\to\infty}a_nb_n$의 값은? (3점)

① -54　　　　② $-\dfrac{75}{2}$　　　　③ -24

④ $-\dfrac{27}{2}$　　　　⑤ -6

098 ★★★ 2015년 3월학평 A형 17번

두 수열 $\{a_n\}$, $\{b_n\}$이 다음 조건을 만족시킨다.

(가) $\displaystyle\sum_{k=1}^{n}(a_k+b_k)=\dfrac{1}{n+1}$ $(n\geq1)$

(나) $\lim\limits_{n\to\infty}n^2b_n=2$

$\lim\limits_{n\to\infty}n^2a_n$의 값은? (4점)

① -3　　　　② -2　　　　③ -1

④ 0　　　　⑤ 1

099 ★★★ 2019년 3월학평 나형 18번

자연수 n에 대하여 원점을 지나는 직선과 곡선
$y=-(x-n)(x-n-2)$가 제1사분면에서 접할 때, 접점의
x좌표를 a_n, 직선의 기울기를 b_n이라 하자.
다음은 $\lim\limits_{n\to\infty} a_n b_n$의 값을 구하는 과정이다.

원점을 지나고 기울기가 b_n인 직선의 방정식은
$y=b_n x$이다.
이 직선이 곡선 $y=-(x-n)(x-n-2)$에 접하므로
이차방정식 $b_n x=-(x-n)(x-n-2)$의 근 $x=a_n$은
중근이다.
그러므로 이차방정식
$$x^2+\{b_n-2(n+1)\}x+n(n+2)=0$$
에서 이차식
$$x^2+\{b_n-2(n+1)\}x+n(n+2)$$
는 완전제곱식으로 나타내어진다.
그런데 $a_n>0$이므로
$$x^2+\{b_n-2(n+1)\}x+n(n+2)=\{x-\sqrt{n(n+2)}\}^2$$
에서
$$a_n=\boxed{\text{(가)}},\quad b_n=\boxed{\text{(나)}}$$
이다.
따라서 $\lim\limits_{n\to\infty} a_n b_n=\boxed{\text{(다)}}$이다.

위의 (가)와 (나)에 알맞은 식을 각각 $f(n)$, $g(n)$이라 하고,
(다)에 알맞은 값을 α라 할 때, $2f(\alpha)+g(\alpha)$의 값은? (4점)

① 1   ② 2   ③ 3
④ 4   ⑤ 5

100 ★★☆ 2005학년도 6월모평 나형 15번

수렴하는 두 수열 $\{a_n\}$, $\{b_n\}$이
$$a_{n+1}=-\frac{1}{2}b_n+\frac{3}{2}$$
$$b_{n+1}=-\frac{1}{2}a_n+\frac{3}{2} \quad (n=1,\ 2,\ 3,\ \cdots)$$
을 만족시킬 때, [보기]에서 옳은 것을 모두 고른 것은? (4점)

[보기]
ㄱ. $a_1=b_1$일 때, $a_n=b_n$
ㄴ. $a_1=0$, $b_1=1$일 때, $a_{n+1}>a_n$
ㄷ. $\lim\limits_{n\to\infty} a_n=\lim\limits_{n\to\infty} b_n=1$

① ㄱ   ② ㄴ   ③ ㄱ, ㄷ
④ ㄴ, ㄷ   ⑤ ㄱ, ㄴ, ㄷ

유형 08 수열의 극한과 대소 관계

동영상강의 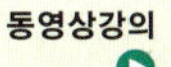 
269-1-1-Y08

☑ 출제경향
모의평가 또는 학력평가에 간간이 출제되고 있다.

✏ 접근방법
부등식의 양변에 $\lim\limits_{n\to\infty}$ 를 취하게 되면 $<$이 $\le$로 바뀜에 유의한다.

📖 단골공식
수열 $\{a_n\}$, $\{b_n\}$이 수렴하고, $\lim\limits_{n\to\infty} a_n=\alpha$, $\lim\limits_{n\to\infty} b_n=\beta$일 때,

① $a_n\le b_n$이면 $\lim\limits_{n\to\infty} a_n\le \lim\limits_{n\to\infty} b_n$

② 수열 $\{c_n\}$에 대하여
$a_n\le c_n\le b_n$이고 $\lim\limits_{n\to\infty} a_n=\lim\limits_{n\to\infty} b_n$, 즉 $\alpha=\beta$이면 $\lim\limits_{n\to\infty} c_n=\alpha$

101 ★☆☆ 2020년 7월학평 가형 3번

수열 $\{a_n\}$이 모든 자연수 n에 대하여
$$\frac{3n-1}{n^2+1}<a_n<\frac{3n+2}{n^2+1}$$
를 만족시킬 때, $\lim\limits_{n\to\infty} na_n$의 값은? (2점)

① 3   ② 4   ③ 5
④ 6   ⑤ 7

102 ★☆☆ 2018년 10월학평 나형 24번

수열 $\{a_n\}$이 모든 자연수 n에 대하여 부등식

$$\frac{10}{2n^2+3n}<a_n<\frac{10}{2n^2+n}$$

을 만족시킬 때, $\lim\limits_{n\to\infty}n^2a_n$의 값을 구하시오. (3점)

103 ★☆☆ 2023년 3월학평 미적 24번

수열 $\{a_n\}$이 모든 자연수 n에 대하여

$$3^n-2^n<a_n<3^n+2^n$$

을 만족시킬 때, $\lim\limits_{n\to\infty}\dfrac{a_n}{3^{n+1}+2^n}$의 값은? (3점)

① $\dfrac{1}{6}$ ② $\dfrac{1}{3}$ ③ $\dfrac{1}{2}$

④ $\dfrac{2}{3}$ ⑤ $\dfrac{5}{6}$

104 ★☆☆ 2024년 3월학평 미적 25번

수열 $\{a_n\}$이 모든 자연수 n에 대하여

$$2n+3<a_n<2n+4$$

를 만족시킬 때, $\lim\limits_{n\to\infty}\dfrac{(a_n+1)^2+6n^2}{na_n}$의 값은? (3점)

① 1 ② 2 ③ 3

④ 4 ⑤ 5

105 ★★☆ 2022년 3월학평 미적 27번

수열 $\{a_n\}$이 모든 자연수 n에 대하여

$$a_n^2<4na_n+n-4n^2$$

을 만족시킬 때, $\lim\limits_{n\to\infty}\dfrac{a_n+3n}{2n+4}$의 값은? (3점)

① $\dfrac{5}{2}$ ② 3 ③ $\dfrac{7}{2}$

④ 4 ⑤ $\dfrac{9}{2}$

106 ★☆☆ 2010학년도 6월모평 나형 5번

두 수열 $\{a_n\}$, $\{b_n\}$이 모든 자연수 n에 대하여 다음 조건을 만족시킬 때, $\lim\limits_{n\to\infty}b_n$의 값은? (3점)

> (가) $20-\dfrac{1}{n}<a_n+b_n<20+\dfrac{1}{n}$
>
> (나) $10-\dfrac{1}{n}<a_n-b_n<10+\dfrac{1}{n}$

① 3 ② 4 ③ 5

④ 6 ⑤ 7

정답과 해설 102 p.33 | 103 p.33 | 104 p.33 | 105 p.33 | 106 p.34

107 ★☆☆ 2026학년도 수능 미적 25번

수열 $\{a_n\}$이 모든 자연수 n에 대하여

$$\sqrt{9n^2-5}+2n<a_n<5n+1$$

을 만족시킬 때, $\displaystyle\lim_{n\to\infty}\frac{(a_n+2)^2}{na_n+5n^2-2}$ 의 값은? (3점)

① $\dfrac{1}{2}$ ② $\dfrac{3}{2}$ ③ $\dfrac{5}{2}$

④ $\dfrac{7}{2}$ ⑤ $\dfrac{9}{2}$

108 ★★☆ 2021년 3월학평 미적 26번

수열 $\{a_n\}$이 모든 자연수 n에 대하여

$$2n^2-3<a_n<2n^2+4$$

를 만족시킨다. 수열 $\{a_n\}$의 첫째항부터 제n항까지의 합을 S_n이라 할 때, $\displaystyle\lim_{n\to\infty}\frac{S_n}{n^3}$의 값은? (3점)

① $\dfrac{1}{2}$ ② $\dfrac{2}{3}$ ③ $\dfrac{5}{6}$

④ 1 ⑤ $\dfrac{7}{6}$

109 ★★☆ 2014년 3월학평 A형 20번

두 수열 $\{a_n\}$, $\{b_n\}$이 모든 자연수 n에 대하여 다음 조건을 만족시킨다.

> (가) $4^n<a_n<4^n+1$
>
> (나) $2+2^2+2^3+\cdots+2^n<b_n<2^{n+1}$

$\displaystyle\lim_{n\to\infty}\frac{4a_n+b_n}{2a_n+2^nb_n}$의 값은? (4점)

① $\dfrac{1}{4}$ ② $\dfrac{1}{2}$ ③ 1

④ 2 ⑤ 4

110 ★☆☆ 2014년 4월학평 B형 5번

모든 항이 양수인 수열 $\{a_n\}$이 모든 자연수 n에 대하여

$$1+2\log_3 n<\log_3 a_n<1+2\log_3(n+1)$$

을 만족시킬 때, $\displaystyle\lim_{n\to\infty}\frac{a_n}{n^2}$의 값은? (3점)

① 1 ② 2 ③ 3

④ 4 ⑤ 5

☑ **출제경향**

기본 개념을 묻는 평이한 수준으로 가끔 출제된다.

✎ **접근방법**

수열의 극한의 기본 성질을 이용하여 거짓인 보기를 제거한다.

269-1-1-Y09

---

111 ★★☆ 2004년 3월학평 나형 11번

두 수열 $\{a_n\}$, $\{b_n\}$의 극한에 대한 [보기]의 설명 중 옳은 것을 모두 고르면? (4점)

[보기]

ㄱ. $a_n < b_n$이고 $\displaystyle\lim_{n\to\infty} a_n = \infty$이면 $\displaystyle\lim_{n\to\infty} b_n = \infty$이다.

ㄴ. 두 수열 $\{a_n\}$, $\{b_n\}$이 수렴할 때 $a_n < b_n$이면 $\displaystyle\lim_{n\to\infty} a_n < \lim_{n\to\infty} b_n$이다.

ㄷ. $\displaystyle\lim_{n\to\infty} a_n b_n = 0$이면 $\displaystyle\lim_{n\to\infty} a_n = 0$ 또는 $\displaystyle\lim_{n\to\infty} b_n = 0$이다.

① ㄱ   ② ㄴ   ③ ㄷ

④ ㄱ, ㄴ   ⑤ ㄱ, ㄷ

---

112 ★★☆ 2010년 4월학평 나형 12번

두 수열 $\{a_n\}$, $\{b_n\}$에 대하여 [보기]에서 옳은 것만을 있는 대로 고른 것은? (3점)

[보기]

ㄱ. $\displaystyle\lim_{n\to\infty} |b_n| = 0$이면 $\displaystyle\lim_{n\to\infty} b_n = 0$이다.

ㄴ. $\displaystyle\lim_{n\to\infty} (3n+1) a_n = 6$이면 $\displaystyle\lim_{n\to\infty} n a_n = 2$이다.

ㄷ. 수열 $\{a_n b_n\}$이 수렴하면 수열 $\{a_n\}$, $\{b_n\}$은 각각 수렴한다.

① ㄱ   ② ㄷ   ③ ㄱ, ㄴ

④ ㄴ, ㄷ   ⑤ ㄱ, ㄴ, ㄷ

---

113 ★★☆ 2018년 3월학평 나형 20번

두 수열 $\{a_n\}$, $\{b_n\}$의 일반항이

$$a_n = \frac{(-1)^n + 3}{2}, \quad b_n = p \times (-1)^{n+1} + q$$

일 때, [보기]에서 옳은 것만을 있는 대로 고른 것은?

(단, p, q는 실수이다.) (4점)

[보기]

ㄱ. 수열 $\{a_n\}$은 발산한다.

ㄴ. 수열 $\{b_n\}$이 수렴하도록 하는 실수 p가 존재한다.

ㄷ. 두 수열 $\{a_n + b_n\}$, $\{a_n b_n\}$이 모두 수렴하면 $\displaystyle\lim_{n\to\infty} \{(a_n)^2 + (b_n)^2\} = 6$이다.

① ㄱ   ② ㄴ   ③ ㄱ, ㄴ

④ ㄱ, ㄷ   ⑤ ㄱ, ㄴ, ㄷ

---

114 ★★☆ 2006년 3월학평 나형 28번

세 수열 $\{a_n\}$, $\{b_n\}$, $\{c_n\}$에 대한 옳은 설명을 [보기]에서 모두 고른 것은? (3점)

[보기]

ㄱ. 두 수열 $\{a_n\}$, $\{a_n b_n\}$이 모두 수렴하면, 수열 $\{b_n\}$은 수렴한다.

ㄴ. $\displaystyle\lim_{n\to\infty} (a_n - 2b_n) = 0$이고 $\displaystyle\lim_{n\to\infty} b_n = 1$이면, $\displaystyle\lim_{n\to\infty} a_n = 2$이다.

ㄷ. $a_n < b_n < c_n$이고 $\displaystyle\lim_{n\to\infty} (c_n - a_n) = 0$이면, 수열 $\{b_n\}$은 수렴한다.

① ㄱ   ② ㄴ   ③ ㄱ, ㄴ

④ ㄱ, ㄷ   ⑤ ㄴ, ㄷ

유형 10 수열의 극한의 활용 (1) – 다항식, 함수와 방정식

동영상강의

269-1-1-Y10

☑ 출제경향

다항식, 함수와 방정식 등에 수열의 극한을 활용한 문제가 자주 출제된다.

✎ 접근방법

방정식의 근과 계수의 관계, 실근의 개수, 나머지정리 등에 대한 기본 개념과 공식을 이용한다.

🖥 단골공식

(1) 계수가 실수인 이차방정식 $ax^2+bx+c=0$의 판별식을
$D=b^2-4ac$라 할 때
① $D>0 \iff$ 서로 다른 두 실근을 갖는다.
② $D=0 \iff$ 중근을 갖는다.
③ $D<0 \iff$ 서로 다른 두 허근을 갖는다.

(2) 이차방정식의 근과 계수의 관계
이차방정식 $ax^2+bx+c=0$의 두 근을 α, β라 하면
$\alpha+\beta=-\dfrac{b}{a}$, $\alpha\beta=\dfrac{c}{a}$

(3) 나머지정리
① 다항식 $P(x)$를 일차식 $x-a$로 나누었을 때의 나머지는 $P(a)$이다.
② 다항식 $P(x)$를 일차식 $ax+b$로 나누었을 때의 나머지는 $P\left(-\dfrac{b}{a}\right)$이다.

---

115 ★☆☆ 2016학년도 9월모평 B형 24번

자연수 n에 대하여 x에 대한 이차방정식
$$x^2+2nx-4n=0$$
의 양의 실근을 a_n이라 하자. $\lim\limits_{n\to\infty} a_n$의 값을 구하시오. (3점)

---

116 ★★☆ 2008년 5월학평 나형 8번

$n \geq 2$인 자연수 n에 대하여 다항식 $(x+1)^n$을 x^2-3x+2로 나눈 나머지를 $R(x)$라 할 때, $\lim\limits_{n\to\infty} \dfrac{R(0)}{3^n+2^n}$의 값은? (4점)

① 2   ② 1   ③ 0
④ -1 ⑤ -2

---

117 ★☆☆ 2006학년도 6월모평 나형 26번

자연수 n에 대하여 다항식 $f(x)=2^n x^2+3^n x+1$을 $x-1$, $x-2$로 나눈 나머지를 각각 a_n, b_n이라 할 때, $\lim\limits_{n\to\infty} \dfrac{a_n}{b_n}$의 값은? (3점)

① 0   ② $\dfrac{1}{4}$ ③ $\dfrac{1}{3}$
④ $\dfrac{1}{2}$ ⑤ 1

---

118 ★★☆ 2019년 10월학평 나형 9번

두 수열 $\{a_n\}$, $\{b_n\}$에 대하여 이차방정식 $a_n x^2+2a_{n+1}x+a_{n+2}=0$의 두 근이 -1, b_n일 때, $\lim\limits_{n\to\infty} b_n$의 값은? (3점)

① -2 ② $-\sqrt{3}$ ③ -1
④ $\sqrt{3}$ ⑤ 2

---

119 ★★☆ 2005학년도 수능예비평가 나형 11번

첫째항이 2이고 모든 항이 양수인 수열 $\{a_n\}$이 있다.
다음 이차방정식은 모든 자연수 n에 대하여 중근을 갖는다.

$$x^2-\sqrt{a_n}\,x+(a_{n+1}-1)=0$$

이때, 극한 $\lim\limits_{n\to\infty}a_n$의 값은? (4점)

① 0 ② $\dfrac{1}{2}$ ③ $\dfrac{2}{3}$

④ 1 ⑤ $\dfrac{4}{3}$

120 ★★☆ 2009학년도 9월모평 나형 29번

자연수 n에 대하여 이차함수 $f(x)=\sum\limits_{k=1}^{n}\left(x-\dfrac{k}{n}\right)^2$의

최솟값을 a_n이라 할 때, $\lim\limits_{n\to\infty}\dfrac{a_n}{n}$의 값은? (4점)

① $\dfrac{1}{12}$ ② $\dfrac{1}{6}$ ③ $\dfrac{1}{3}$

④ $\dfrac{1}{2}$ ⑤ 1

121 ★★☆ 2025년 3월학평 미적 27번

모든 항이 양수인 수열 $\{a_n\}$이 모든 자연수 n에 대하여 다음
조건을 만족시킨다.

> $0<x<3$일 때, x에 대한 방정식 $\sin\left(\dfrac{\pi}{a_n}x\right)=1$의 서로
> 다른 실근의 개수는 $2n$이다.

$\lim\limits_{n\to\infty}na_n$의 값은? (3점)

① $\dfrac{2}{3}$ ② $\dfrac{3}{4}$ ③ 1

④ $\dfrac{4}{3}$ ⑤ $\dfrac{3}{2}$

122 ★★☆ 2005학년도 6월모평 가형 14번

모든 실수 x에 대하여 $f(x)$는 $f(x+1)=f(x)$를
만족시키고, 0과 1 사이에서 다음과 같이 정의된다.

$$f(x)=\begin{cases} x & \left(0\le x\le\dfrac{1}{2}\right) \\ 1-x & \left(\dfrac{1}{2}<x\le 1\right) \end{cases}$$

[보기]에서 옳은 것을 모두 고른 것은? (4점)

> **[보기]**
>
> ㄱ. $f\left(f\left(\dfrac{2}{3}\right)\right)=f\left(\dfrac{2}{3}\right)$
>
> ㄴ. $\lim\limits_{n\to\infty}f\left(\dfrac{1}{2}+\dfrac{1}{2n}\right)=\dfrac{1}{2}$
>
> ㄷ. 수열 $\left\{f\left(\dfrac{1}{4}+\dfrac{n}{2}\right)\right\}$은 수렴한다.

① ㄱ   ② ㄴ   ③ ㄱ, ㄷ

④ ㄴ, ㄷ   ⑤ ㄱ, ㄴ, ㄷ

유형 11 수열의 극한의 활용 (2) ⭐중요
− 선분과 도형, 함수의 그래프

동영상강의 

269-1-1-Y11

✅ 출제경향

선분과 도형, 함수의 그래프 등과 연계하여 고난도 문제로 자주 출제된다.

✏️ 접근방법

좌표평면에서의 거리, 접선, 삼각형의 넓이, 직선의 기울기 등에 대한 기본 개념과 공식을 활용한다.

💻 단골공식

① 두 점 $A(x_1, y_1)$, $B(x_2, y_2)$ 사이의 거리
$$\Rightarrow \overline{AB}=\sqrt{(x_2-x_1)^2+(y_2-y_1)^2}$$

② 점 $A(x_1, y_1)$에서 직선 $ax+by+c=0$까지의 거리
$$\Rightarrow \frac{|ax_1+by_1+c|}{\sqrt{a^2+b^2}}$$

③ 원 $x^2+y^2=r^2$ 위의 점 (x_1, y_1)에서의 접선의 방정식
$$\Rightarrow x_1x+y_1y=r^2$$

④ 원 $x^2+y^2=r^2$에 접하고 기울기가 m인 접선의 방정식
$$\Rightarrow y=mx\pm r\sqrt{1+m^2}$$

---

123 ★★☆ 2016학년도 6월모평 B형 10번

자연수 n에 대하여 직선 $y=2nx$ 위의 점 $P(n, 2n^2)$을 지나고 이 직선과 수직인 직선이 x축과 만나는 점을 Q라 할 때, 선분 OQ의 길이를 l_n이라 하자. $\displaystyle\lim_{n\to\infty}\frac{l_n}{n^3}$의 값은?

(단, O는 원점이다.) (3점)

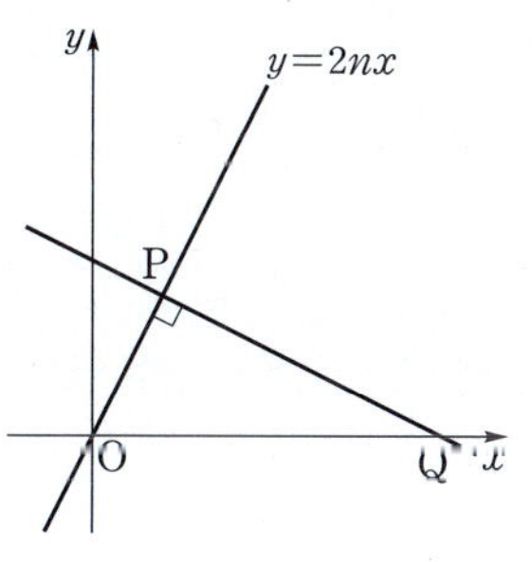

① 1   ② 2   ③ 3
④ 4   ⑤ 5

---

124 ★★☆ 2020년 10월학평 가형 26번

자연수 n에 대하여 좌표평면 위에 두 점 $A_n(n, 0)$, $B_n(n, 3)$이 있다. 점 $P(1, 0)$을 지나고 x축에 수직인 직선이 직선 OB_n과 만나는 점을 C_n이라 할 때,
$$\lim_{n\to\infty}\frac{\overline{PC_n}}{\overline{OB_n}-\overline{OA_n}}=\frac{q}{p}$$
이다. $p+q$의 값을 구하시오.

(단, O는 원점이고, p와 q는 서로소인 자연수이다.) (4점)

---

125 ★★☆ 2016년 4월학평 나형 15번

그림과 같이 자연수 n에 대하여 곡선 $y=x^2$ 위의 점 $A_n(n, n^2)$을 지나고 기울기가 $-\sqrt{3}$인 직선이 x축과 만나는 점을 B_n이라 할 때, $\displaystyle\lim_{n\to\infty}\frac{\overline{OB_n}}{\overline{OA_n}}$의 값은?

(단, O는 원점이다.) (4점)

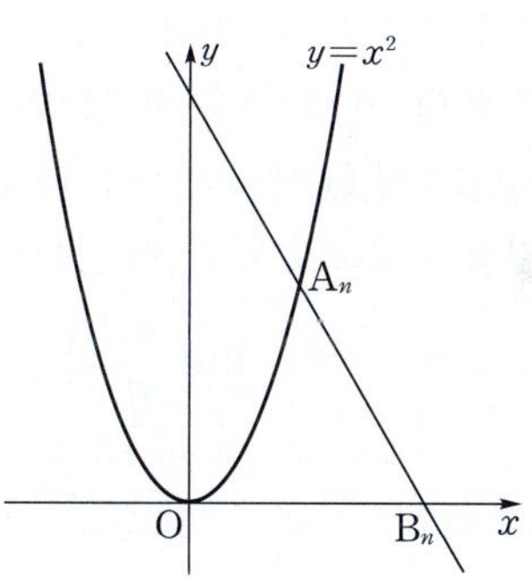

① $\dfrac{\sqrt{3}}{7}$ ② $\dfrac{\sqrt{3}}{6}$ ③ $\dfrac{\sqrt{3}}{5}$

④ $\dfrac{\sqrt{3}}{4}$ ⑤ $\dfrac{\sqrt{3}}{3}$

그림과 같이 자연수 n에 대하여 직선 $y=\dfrac{1}{n}$과 원 $x^2+(y-1)^2=1$의 두 교점을 각각 A_n, B_n이라 하자. 선분 A_nB_n의 길이를 l_n이라 할 때, $\displaystyle\lim_{n\to\infty}n(l_n)^2$의 값은? (4점)

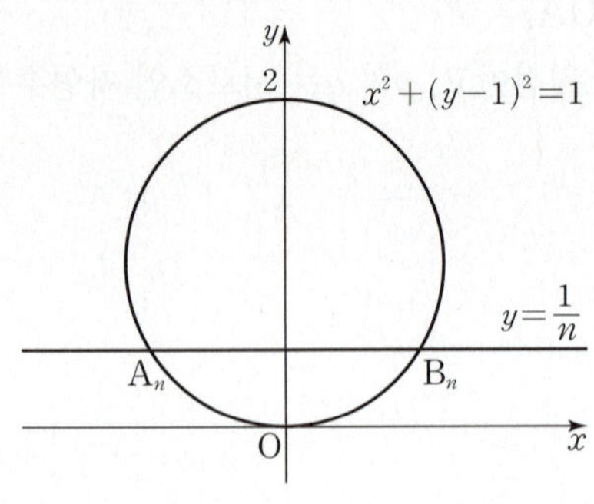

① 2   ② 4   ③ 6
④ 8   ⑤ 10

자연수 n에 대하여 곡선 $y=x^2$ 위의 점 $P_n(2n,\ 4n^2)$에서의 접선과 수직이고 점 $Q_n(0,\ 2n^2)$을 지나는 직선을 l_n이라 하자. 점 P_n을 지나고 점 Q_n에서 직선 l_n과 접하는 원을 C_n이라 할 때, 원점을 지나고 원 C_n의 넓이를 이등분하는 직선의 기울기를 a_n이라 하자. $\displaystyle\lim_{n\to\infty}\dfrac{a_n}{n}$의 값을 구하시오.

(4점)

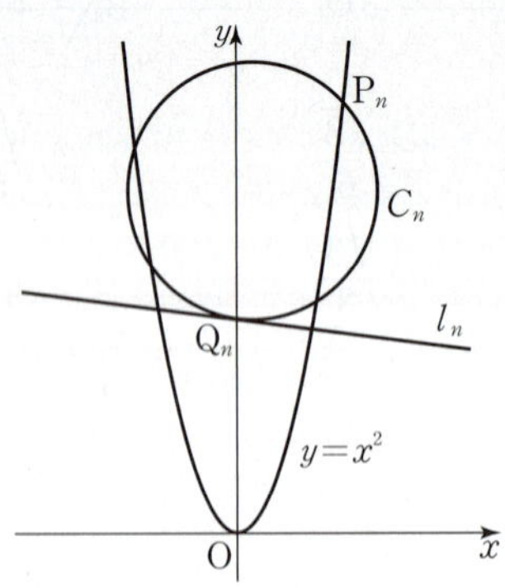

자연수 n에 대하여 함수 $f(x)$를

$$f(x)=\dfrac{4}{n^3}x^3+1$$

이라 하자. 원점에서 곡선 $y=f(x)$에 그은 접선을 l_n, 접선 l_n의 접점을 P_n이라 하자. x축과 직선 l_n에 동시에 접하고 점 P_n을 지나는 원 중 중심의 x좌표가 양수인 것을 C_n이라 하자. 원 C_n의 반지름의 길이를 r_n이라 할 때, $40\times\displaystyle\lim_{n\to\infty}n^2(4r_n-3)$의 값을 구하시오. (4점)

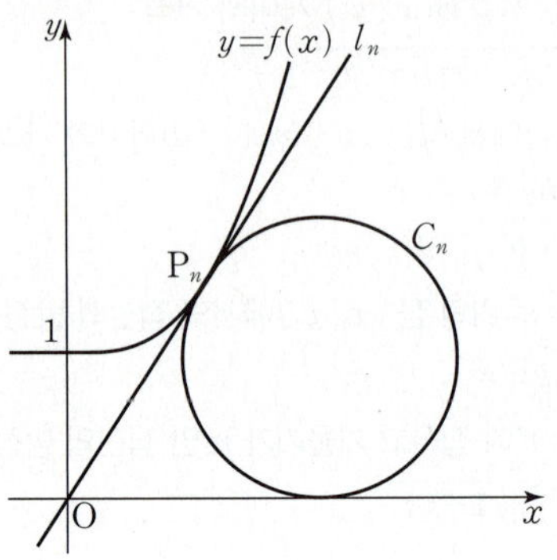

정답과 해설 **126** p.42 | **127** p.42 | **128** p.43

129 ★★☆ 2020년 4월학평 가형 27번

자연수 n에 대하여 점 $(1, 0)$을 지나고 점 (n, n)에서 직선 $y=x$와 접하는 원의 중심의 좌표를 (a_n, b_n)이라 할 때, $\lim\limits_{n \to \infty} \dfrac{a_n - b_n}{n^2}$의 값을 구하시오. (4점)

131 ★★☆ 2017학년도 수능 나형 28번

자연수 n에 대하여 직선 $x=4^n$이 곡선 $y=\sqrt{x}$와 만나는 점을 P_n이라 하자. 선분 $P_n P_{n+1}$의 길이를 L_n이라 할 때, $\lim\limits_{n \to \infty} \left(\dfrac{L_{n+1}}{L_n} \right)^2$의 값을 구하시오. (4점)

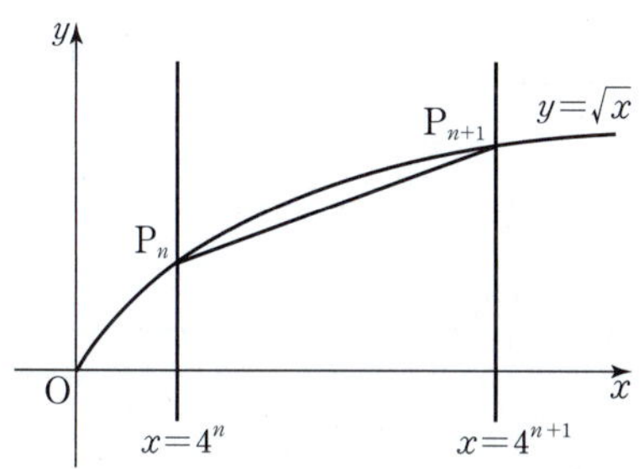

130 ★★☆ 2024년 3월학평 미적 28번

자연수 n에 대하여 직선 $y=2nx$가 곡선 $y=x^2+n^2-1$과 만나는 두 점을 각각 A_n, B_n이라 하자. 원 $(x-2)^2+y^2=1$ 위의 점 P에 대하여 삼각형 $A_n B_n P$의 넓이가 최대가 되도록 하는 점 P를 P_n이라 할 때, 삼각형 $A_n B_n P_n$의 넓이를 S_n이라 하자. $\lim\limits_{n \to \infty} \dfrac{S_n}{n}$의 값은? (4점)

① 2   ② 4   ③ 6
④ 8   ⑤ 10

132 ★★☆ 2019년 4월학평 나형 17번

그림과 같이 자연수 n에 대하여 직선 $x=n$이 두 곡선 $y=\sqrt{5x+4}$, $y=\sqrt{2x-1}$과 만나는 점을 각각 A_n, B_n이라 하자. 선분 OA_n의 길이를 a_n, 선분 OB_n의 길이를 b_n이라 할 때, $\lim\limits_{n \to \infty} \dfrac{12}{a_n - b_n}$의 값은? (단, O는 원점이다.) (4점)

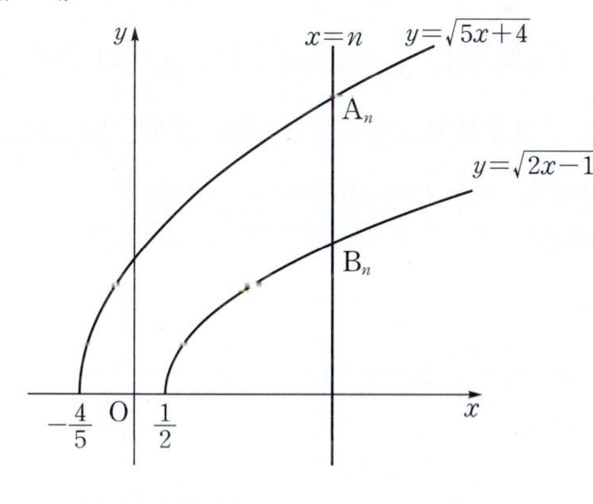

① 4   ② 6   ③ 8
④ 10   ⑤ 12

자연수 n에 대하여 원 $x^2+y^2=4n^2$과 직선 $y=\sqrt{n}$이 제1사분면에서 만나는 점의 x좌표를 a_n이라 할 때, $\lim\limits_{n\to\infty}(2n-a_n)$의 값은? (4점)

① $\dfrac{1}{16}$ ② $\dfrac{1}{8}$ ③ $\dfrac{3}{16}$

④ $\dfrac{1}{4}$ ⑤ $\dfrac{5}{16}$

자연수 n에 대하여 곡선 $y=x^2-\left(4+\dfrac{1}{n}\right)x+\dfrac{4}{n}$와 직선 $y=\dfrac{1}{n}x+1$이 만나는 두 점을 각각 P_n, Q_n이라 하자. 삼각형 OP_nQ_n의 무게중심의 y좌표를 a_n이라 할 때, $30\lim\limits_{n\to\infty}a_n$의 값을 구하시오. (단, O는 원점이다.) (4점)

자연수 n에 대하여 좌표평면 위의 점 A_n을 다음 규칙에 따라 정한다.

> (가) A_1은 원점이다.
> (나) n이 홀수이면 A_{n+1}은 점 A_n을 x축의 방향으로 a만큼 평행이동한 점이다.
> (다) n이 짝수이면 A_{n+1}은 점 A_n을 y축의 방향으로 $a+1$만큼 평행이동한 점이다.

$\lim\limits_{n\to\infty}\dfrac{\overline{A_1A_{2n}}}{n}=\dfrac{\sqrt{34}}{2}$일 때, 양수 a의 값은? (4점)

① $\dfrac{3}{2}$ ② $\dfrac{7}{4}$ ③ 2

④ $\dfrac{9}{4}$ ⑤ $\dfrac{5}{2}$

136 ★★★ 2010학년도 9월모평 나형 17번

자연수 n에 대하여 점 A_n이 함수 $y=4^x$의 그래프 위의 점일 때, 점 A_{n+1}을 다음 규칙에 따라 정한다.

(가) 점 A_1의 좌표는 $(a,\ 4^a)$이다.
(나) (1) 점 A_n을 지나고 x축에 평행한 직선이 직선 $y=2x$와 만나는 점을 P_n이라 한다.
　　(2) 점 P_n을 지나고 y축에 평행한 직선이 곡선 $y=\log_4 x$와 만나는 점을 B_n이라 한다.
　　(3) 점 B_n을 지나고 x축에 평행한 직선이 직선 $y=2x$와 만나는 점을 Q_n이라 한다.
　　(4) 점 Q_n을 지나고 y축에 평행한 직선이 곡선 $y=4^x$과 만나는 점을 A_{n+1}이라 한다.

점 A_n의 x좌표를 x_n이라 할 때, $\lim\limits_{n\to\infty} x_n$의 값은? (4점)

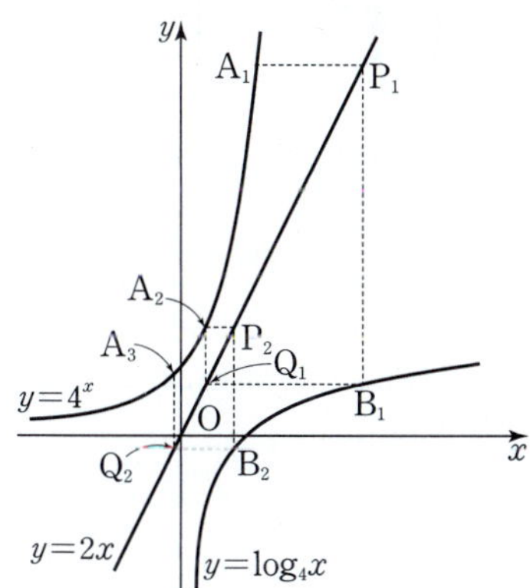

① $-\dfrac{3}{4}$　　　② $-\dfrac{11}{16}$　　　③ $-\dfrac{5}{8}$

④ $-\dfrac{9}{16}$　　　⑤ $-\dfrac{1}{2}$

137 ★★☆ 2014학년도 수능 B형 18번

자연수 n에 대하여 직선 $y=n$과 함수 $y=\tan x$의 그래프가 제1사분면에서 만나는 점의 x좌표를 작은 수부터 크기순으로 나열할 때, n번째 수를 a_n이라 하자. $\lim\limits_{n\to\infty}\dfrac{a_n}{n}$의 값은? (4점)

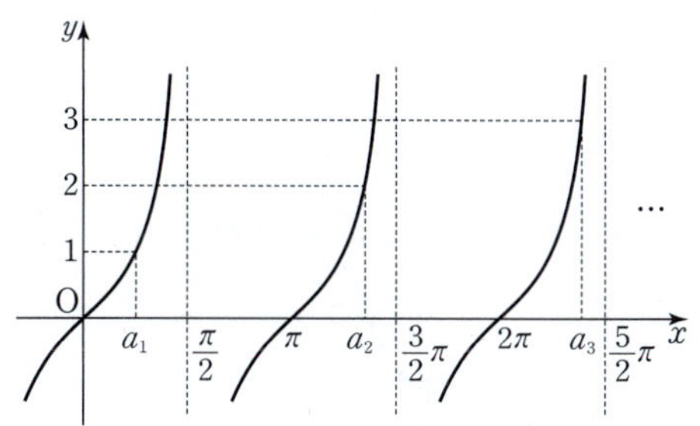

① $\dfrac{\pi}{4}$　　　② $\dfrac{\pi}{2}$　　　③ $\dfrac{3}{4}\pi$

④ π　　　⑤ $\dfrac{5}{4}\pi$

138 ★★☆ 2016학년도 수능 A형 14번

자연수 n에 대하여 좌표가 $(0,\ 2n+1)$인 점을 P라 하고, 함수 $f(x)=nx^2$의 그래프 위의 점 중 y좌표가 1이고 제1사분면에 있는 점을 Q라 하자. 다음 물음에 답하시오.

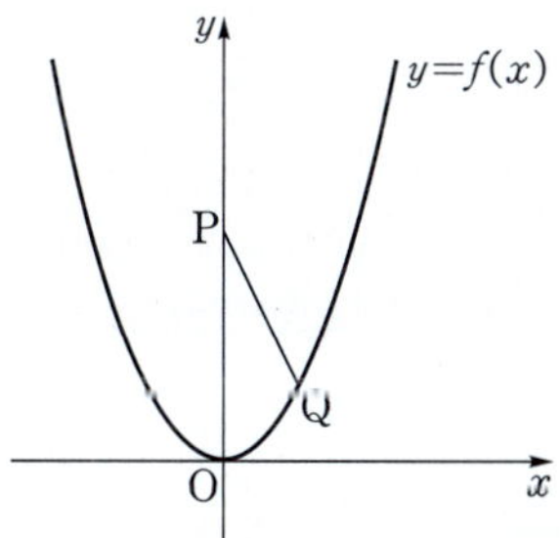

점 R$(0,\ 1)$에 대하여 삼각형 PRQ의 넓이를 S_n, 선분 PQ의 길이를 l_n이라 할 때, $\lim\limits_{n\to\infty}\dfrac{S_n^{\,?}}{l_n}$의 값은? (4점)

① $\dfrac{3}{2}$　　　② $\dfrac{5}{4}$　　　③ 1

④ $\dfrac{3}{4}$　　　⑤ $\dfrac{1}{2}$

자연수 n에 대하여 좌표가 $(0,\ 3n+1)$인 점을 P_n, 함수 $f(x)=x^2\ (x\geq 0)$이라 하자. 점 P_n을 지나고 x축과 평행한 직선이 곡선 $y=f(x)$와 만나는 점을 Q_n이라 할 때, 다음 물음에 답하시오.

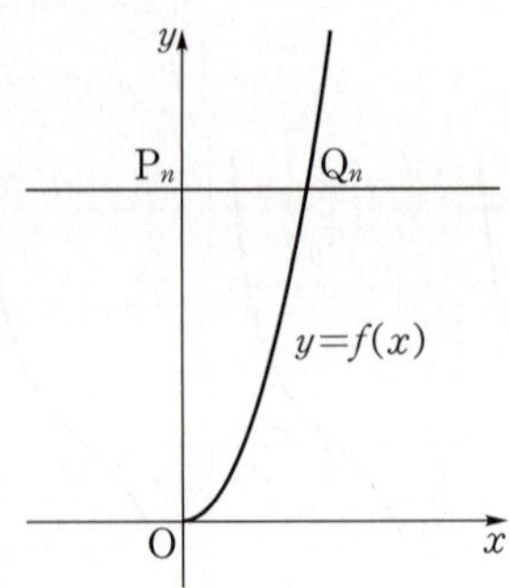

곡선 $y=f(x)$ 위의 점 R_n은 직선 P_nR_n의 기울기가 음수이고 y좌표가 자연수인 점이다. 삼각형 P_nOQ_n의 넓이를 S_n, 삼각형 P_nOR_n의 넓이가 최대일 때 삼각형 P_nOR_n의 넓이를 T_n이라 하자. $\displaystyle\lim_{n\to\infty}\frac{S_n-T_n}{\sqrt{n}}$의 값은?

(단, O는 원점이다.) (4점)

① $\dfrac{\sqrt{3}}{4}$ ② $\dfrac{1}{2}$ ③ $\dfrac{\sqrt{5}}{4}$

④ $\dfrac{\sqrt{6}}{4}$ ⑤ $\dfrac{\sqrt{7}}{4}$

그림과 같이 직선 $x=1$이 두 곡선 $y=\dfrac{4}{x}$, $y=-\dfrac{6}{x}$과 만나는 점을 각각 A, B라 하자. 자연수 n에 대하여 직선 $x=n+1$이 두 곡선 $y=\dfrac{4}{x}$, $y=-\dfrac{6}{x}$과 만나는 점을 각각 P_n, Q_n이라 할 때, 사다리꼴 ABQ_nP_n의 넓이를 S_n이라 하자. $\displaystyle\lim_{n\to\infty}\frac{S_n}{n}$의 값을 구하시오. (4점)

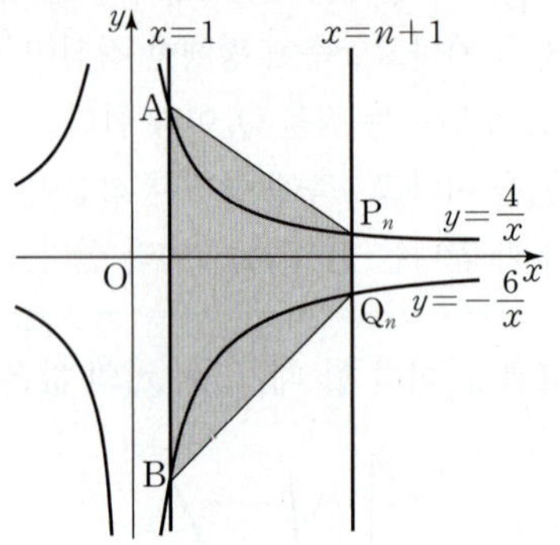

141 ★★★ 2021년 3월학평 미적 28번

자연수 n에 대하여 $\angle A = 90°$, $\overline{AB} = 2$, $\overline{CA} = n$인 삼각형 ABC에서 $\angle A$의 이등분선이 선분 BC와 만나는 점을 D라 하자. 선분 CD의 길이를 a_n이라 할 때, $\lim\limits_{n \to \infty}(n - a_n)$의 값은? (4점)

① 1   ② $\sqrt{2}$ ③ 2

④ $2\sqrt{2}$ ⑤ 4

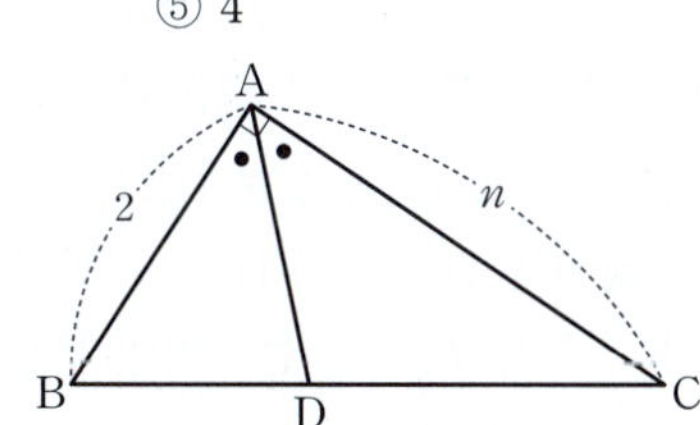

142 ★★★ 2016년 7월학평 나형 29번

그림과 같이 한 변의 길이가 4인 정삼각형 ABC와 점 A를 지나고 직선 BC와 평행한 직선 l이 있다. 자연수 n에 대하여 중심 O_n이 변 AC 위에 있고 반지름의 길이가 $\sqrt{3}\left(\dfrac{1}{2}\right)^{n-1}$인 원이 직선 AB와 직선 l에 모두 접한다. 이 원과 직선 AB가 접하는 점을 P_n, 직선 O_nP_n과 직선 l이 만나는 점을 Q_n이라 하자. 삼각형 BO_nQ_n의 넓이를 S_n이라 할 때, $\lim\limits_{n \to \infty} 2^n S_n = k$이다. k^2의 값을 구하시오. (4점)

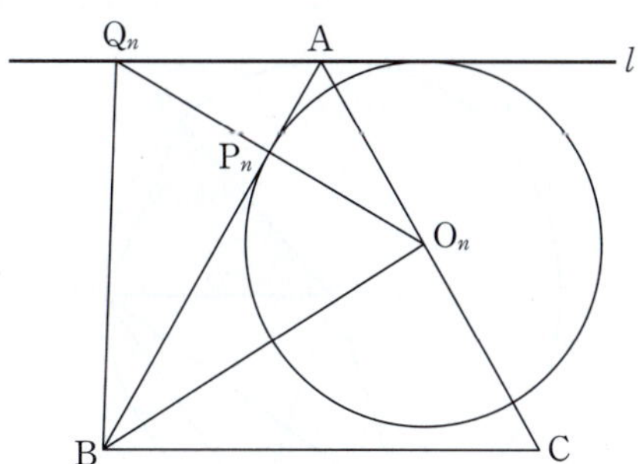

그림과 같이 자연수 n $(n \geq 2)$에 대하여 중심이 C이고 반지름의 길이가 n인 원 O와 $\overline{AB}=2$를 만족시키는 원 O 위의 두 점 A, B가 있다. $\angle BAC$를 이등분하는 직선이 원 O와 만나는 점 중 A가 아닌 점을 D라 하자. 점 B를 포함하지 않는 호 AD 위의 점 E에 대하여 $\overline{BD} : \overline{DE} = \sqrt{2} : 1$일 때, 삼각형 CDE의 넓이를 S_n이라 하면 $\lim\limits_{n \to \infty} \left(\dfrac{\sqrt{3}}{4} n - \dfrac{S_n}{n} \right) = \dfrac{q}{p} \sqrt{3}$이다. $p+q$의 값을 구하시오.

(단, p와 q는 서로소인 자연수이다.) (4점)

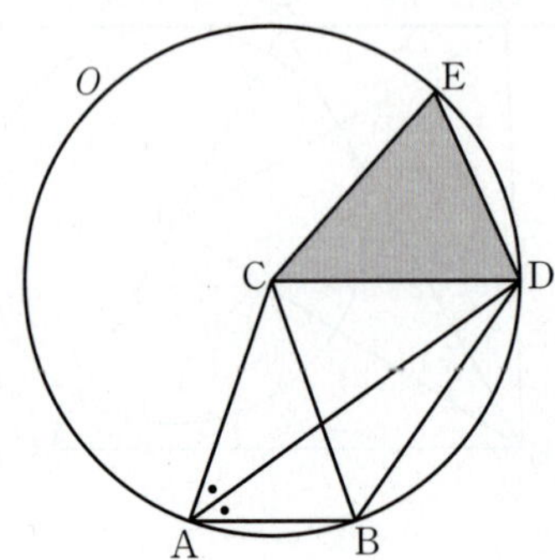

그림과 같이 자연수 n에 대하여 곡선

$$T_n : y = \frac{\sqrt{3}}{n+1} x^2 \ (x \geq 0)$$

위에 있고 원점 O와의 거리가 $2n+2$인 점을 P_n이라 하고, 점 P_n에서 x축에 내린 수선의 발을 H_n이라 하자. 중심이 P_n이고 점 H_n을 지나는 원을 C_n이라 할 때, 곡선 T_n과 원 C_n의 교점 중 원점에 가까운 점을 Q_n, 원점에서 원 C_n에 그은 두 접선의 접점 중 H_n이 아닌 점을 R_n이라 하자. 점 R_n을 포함하지 않는 호 $Q_n H_n$과 선분 $P_n H_n$, 곡선 T_n으로 둘러싸인 부분의 넓이를 $f(n)$, 점 H_n을 포함하지 않는 호 $R_n Q_n$과 선분 OR_n, 곡선 T_n으로 둘러싸인 부분의 넓이를 $g(n)$이라 할 때, $\lim\limits_{n \to \infty} \dfrac{f(n)-g(n)}{n^2} = \dfrac{\pi}{2} + k$이다. $60k^2$의 값을 구하시오. (단, k는 상수이다.) (4점)

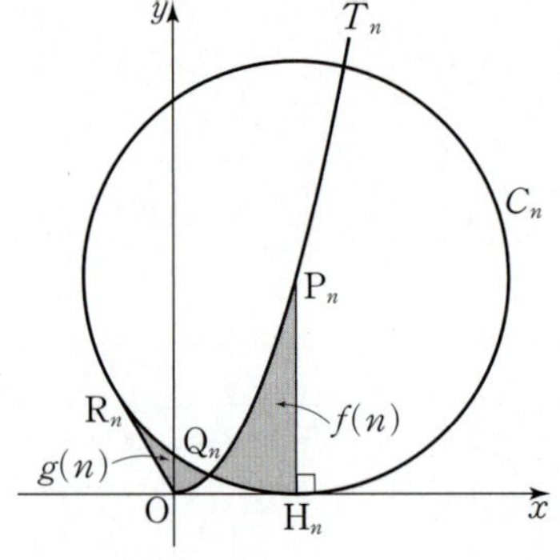

145 ★★☆ 2012학년도 6월모평 나형 20번

자연수 n에 대하여 직선 $x=n$이 두 곡선 $y=2^x$, $y=3^x$과 만나는 점을 각각 P_n, Q_n이라 하자. 삼각형 $P_nQ_nP_{n-1}$의 넓이를 S_n이라 하고, $T_n=\sum_{k=1}^{n}S_k$라 할 때, $\lim_{n\to\infty}\dfrac{T_n}{3^n}$의 값은?

(단, 점 P_0의 좌표는 $(0,\ 1)$이다.) (4점)

① $\dfrac{5}{8}$　　② $\dfrac{11}{16}$　　③ $\dfrac{3}{4}$

④ $\dfrac{13}{16}$　　⑤ $\dfrac{7}{8}$

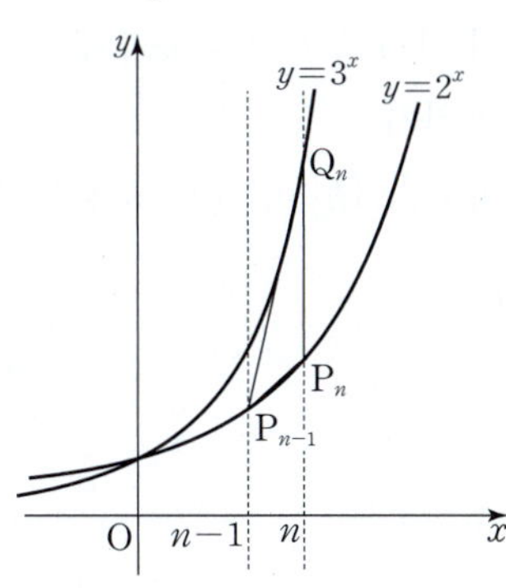

146 ★★★ 2023년 3월학평 미적 28번

$a>0$, $a\neq1$인 실수 a와 자연수 n에 대하여 직선 $y=n$이 y축과 만나는 점을 A_n, 직선 $y=n$이 곡선 $y=\log_a(x-1)$과 만나는 점을 B_n이라 하자. 사각형 $A_nB_nB_{n+1}A_{n+1}$의 넓이를 S_n이라 할 때,

$$\lim_{n\to\infty}\frac{\overline{B_nB_{n+1}}}{S_n}=\frac{3}{2a+2}$$

을 만족시키는 모든 a의 값의 합은? (4점)

① 2　　② $\dfrac{9}{4}$　　③ $\dfrac{5}{2}$

④ $\dfrac{11}{4}$　　⑤ 3

147 ★★☆ 2016년 3월학평 나형 12번

그림과 같이 곡선 $y=f(x)$와 직선 $y=g(x)$가 원점과
점 $(3, 3)$에서 만난다. $h(x)=\lim_{n\to\infty}\dfrac{\{f(x)\}^{n+1}+5\{g(x)\}^n}{\{f(x)\}^n+\{g(x)\}^n}$
일 때, $h(2)+h(3)$의 값은? (3점)

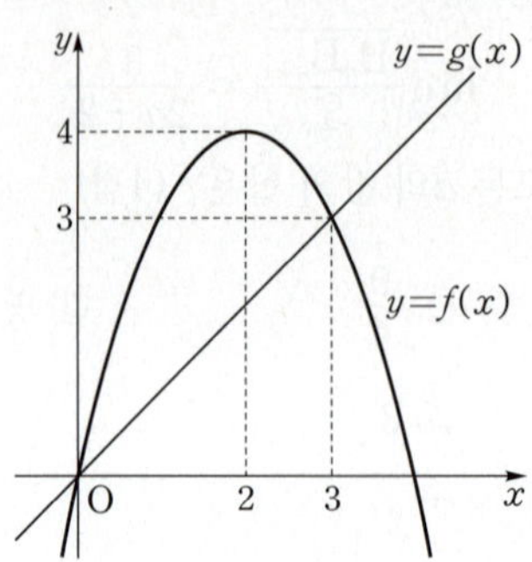

① 6   ② 7   ③ 8
④ 9   ⑤ 10

148 ★★☆ 2016학년도 6월모평 A형 14번

함수 $f(x)$가 $f(x)=(x-3)^2$일 때, 다음 물음에 답하시오.

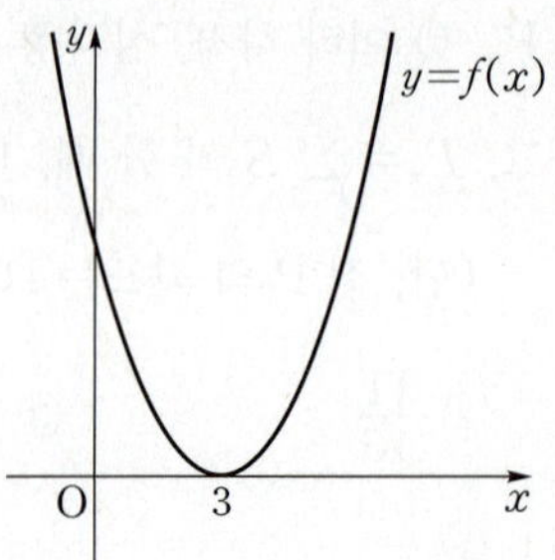

자연수 n에 대하여 방정식 $f(x)=n$의 두 근이 α, β일 때
$h(n)=|\alpha-\beta|$라 하자.
$$\lim_{n\to\infty}\sqrt{n}\{h(n+1)-h(n)\}$$
의 값은? (4점)

① $\dfrac{1}{2}$ ② 1 ③ $\dfrac{3}{2}$
④ 2 ⑤ $\dfrac{5}{2}$

149 ★★☆ 2013학년도 6월모평 나형 20번

닫힌구간 $[-2, 5]$에서 정의된 함수 $y=f(x)$의 그래프가 그림과 같다.

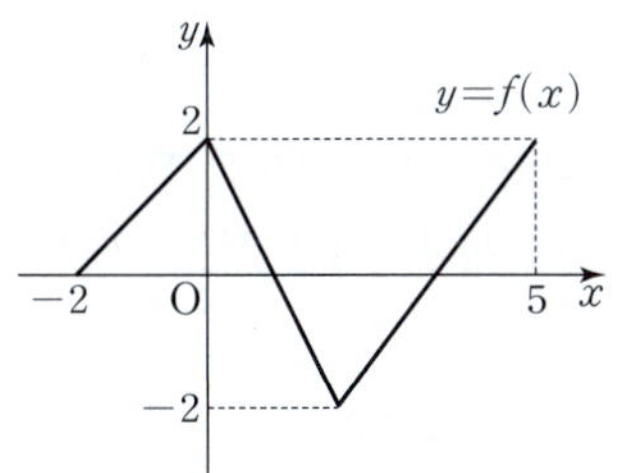

$\lim\limits_{n \to \infty} \dfrac{|nf(a)-1|-nf(a)}{2n+3}=1$을 만족시키는 상수 a의 개수는? (4점)

① 1   ② 2   ③ 3
④ 4   ⑤ 5

150 ★★☆ 2014학년도 6월모평 A형 14번

함수 $f(x)=\begin{cases} x+2 & (x \le 0) \\ -\dfrac{1}{2}x & (x>0) \end{cases}$ 의 그래프가 그림과 같다.

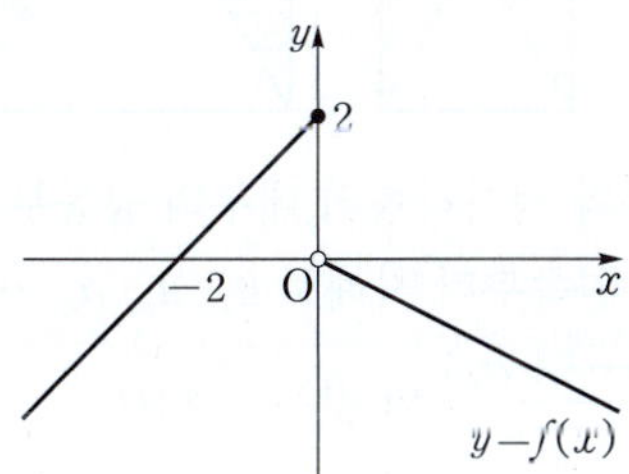

수열 $\{a_n\}$은 $a_1=1$이고 $a_{n+1}=f(f(a_n))\,(n \ge 1)$을 만족시킬 때, $\lim\limits_{n \to \infty} a_n$의 값은? (4점)

① $\dfrac{1}{3}$ ② $\dfrac{2}{3}$ ③ 1
④ $\dfrac{4}{3}$ ⑤ $\dfrac{5}{3}$

151 ★☆☆ 2015학년도 수능 B형 13번

$a>3$인 상수 a에 대하여 두 곡선 $y=a^{x-1}$과 $y=3^x$이 점 P에서 만난다. 점 P의 x좌표를 k라 할 때, 다음 물음에 답하시오.

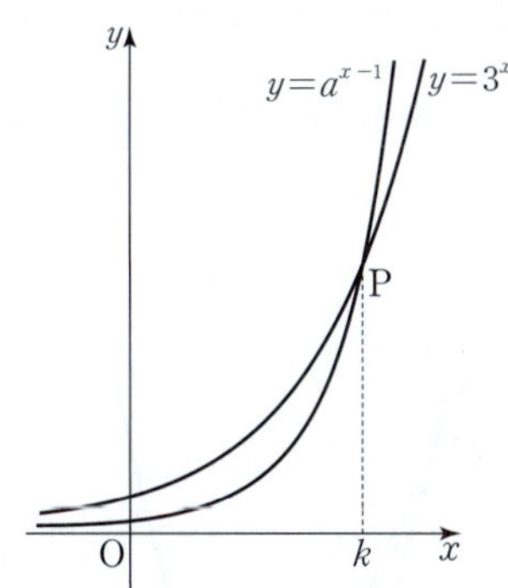

$\lim\limits_{n \to \infty} \dfrac{\left(\dfrac{a}{3}\right)^{n+k}}{\left(\dfrac{a}{3}\right)^{n+1}+1}$의 값은? (3점)

① 1   ② 2   ③ 3
④ 4   ⑤ 5

152 ★★☆ 2018년 3월학평 나형 18번

좌표평면에서 자연수 n에 대하여 곡선 $y=(x-2n)^2$이 x축, y축과 만나는 점을 각각 P_n, Q_n이라 하자.
두 점 P_n, Q_n을 지나는 직선과 곡선 $y=(x-2n)^2$으로 둘러싸인 영역(경계선 포함)에 속하고 x좌표와 y좌표가 모두 자연수인 점의 개수를 a_n이라 하자. 다음은 $\lim\limits_{n\to\infty}\dfrac{a_n}{n^3}$의 값을 구하는 과정이다.

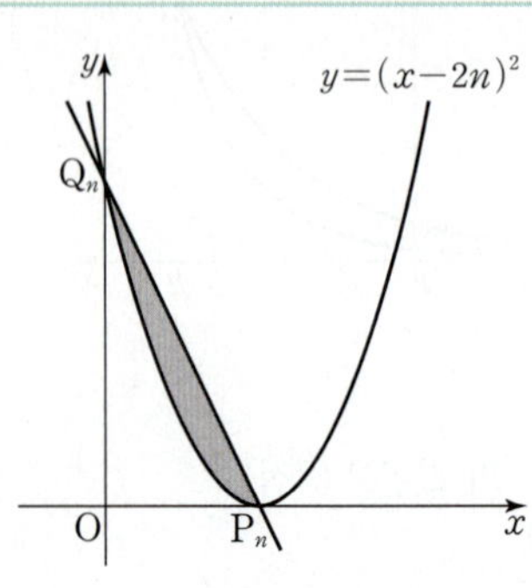

두 점 P_n, Q_n을 지나는 직선의 방정식은
$$y=\boxed{\text{(가)}}\times x+4n^2$$
이다.

주어진 영역에 속하는 점 중에서 x좌표가 k (k는 $2n-1$ 이하의 자연수)이고 y좌표가 자연수인 점의 개수는
$$\boxed{\text{(나)}}+2nk$$
이므로
$$a_n=\sum_{k=1}^{2n-1}\left(\boxed{\text{(나)}}+2nk\right)$$
이다.

따라서 $\lim\limits_{n\to\infty}\dfrac{a_n}{n^3}=\boxed{\text{(다)}}$이다.

위의 (가), (나)에 알맞은 식을 각각 $f(n)$, $g(k)$라 하고, (다)에 알맞은 수를 p라 할 때, $p\times f(3)\times g(4)$의 값은? (4점)

① 100   ② 105   ③ 110
④ 115   ⑤ 120

유형 12 수열의 극한의 활용 (3) – 무한히 반복하는 도형

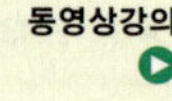

☑ 출제경향

도형의 기본 성질과 수열의 극한이 연결되어 출제된다.

✏ 접근방법

닮은 두 도형의 닮음비를 문제에 주어진 조건을 이용하여 찾아낸 후 등비수열의 공비로 사용하여 수열의 극한을 구한다.

💻 단골공식

닮음비가 $m:n$인 닮은 두 도형의
① 길이의 비 $m:n$
② 넓이의 비 $m^2:n^2$
③ 부피의 비 $m^3:n^3$
a, b (단, $a<b$)가 자연수일 때 부등식을 만족하는 자연수 x의 개수는
① $a<x<b : b-a-1$(개)
② $a\le x<b : b-a$(개)
③ $a<x\le b : b-a$(개)
④ $a\le x\le b : b-a+1$(개)

---

153 ★★☆ 2008년 3월학평 나형 29번

넓이가 1, 3, 9, 27, …인 등비수열을 이루는 정사각형들을 그림과 같이 왼쪽부터 차례로 배열하고, 각 정사각형의 내부에 정사각형과 한 변을 공유하는 정삼각형을 그린다.

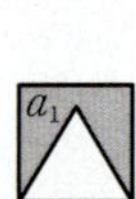
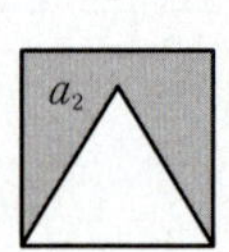
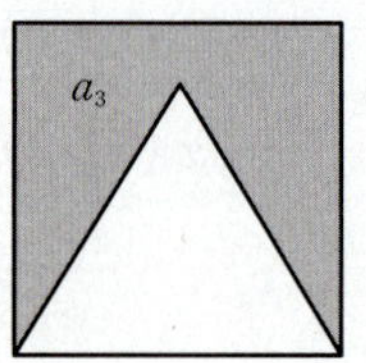

정삼각형의 외부와 정사각형의 내부의 공통부분(어두운 부분)의 넓이를 왼쪽부터 차례로 a_1, a_2, a_3, …이라 할 때, $\lim\limits_{n\to\infty}\dfrac{8(a_1+a_2+\cdots+a_n)}{3^n}$의 값은? (4점)

① $2-\sqrt{3}$ ② $3-\sqrt{3}$ ③ $4-\sqrt{3}$
④ $\dfrac{2-\sqrt{3}}{2}$ ⑤ $\dfrac{4-\sqrt{3}}{2}$

154 ★★☆ 2007년 5월학평 나형 15번

중심이 원점이고 반지름의 길이가 1, 2, 3, $\cdots$, $2n$인 동심원이 있다.

[1단계] 반지름의 길이가 1인 원 내부의 제1사분면에 검은색을 칠하고, 반지름의 길이가 1인 원과 반지름의 길이가 2인 원 사이의 제2, 3, 4사분면에도 검은색을 칠한다.

[2단계] 반지름의 길이가 2인 원과 반지름의 길이가 3인 원 사이의 제1사분면에 검은색을 칠하고, 반지름의 길이가 3인 원과 반지름의 길이가 4인 원 사이의 제2, 3, 4사분면에도 검은색을 칠한다.

$\vdots$

[n단계] 반지름의 길이가 $2n-2$인 원과 반지름의 길이가 $2n-1$인 원 사이의 제1사분면에 검은색을 칠하고, 반지름의 길이가 $2n-1$인 원과 반지름의 길이가 $2n$인 원 사이의 제2, 3, 4사분면에도 검은색을 칠한다.

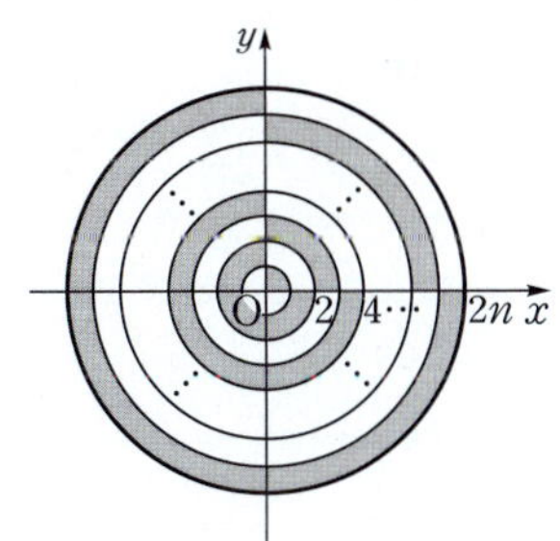

이와 같이 n단계까지 검은색으로 칠한 넓이의 합을 S_n이라 할 때, $\lim\limits_{n \to \infty} \dfrac{S_n}{n^2}$의 값은? (4점)

① $\dfrac{3}{4}\pi$ ② π ③ $\dfrac{4}{3}\pi$

④ $\dfrac{3}{2}\pi$ ⑤ 2π

155 ★★★ 2005년 3월학평 나형 25번

그림과 같이 자연수 n에 대하여 가로의 길이가 n, 세로의 길이가 48인 직사각형 OAB_nC_n이 있다. 대각선 AC_n과 선분 B_1C_1의 교점을 D_n이라 한다.

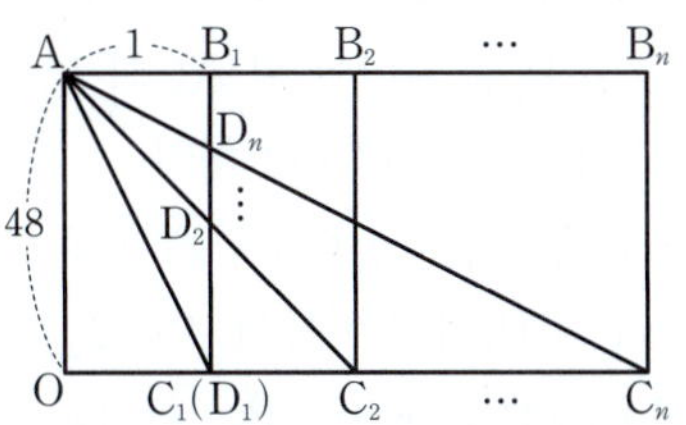

이때, $\lim\limits_{n \to \infty} \dfrac{\overline{AC_n} - \overline{OC_n}}{\overline{B_1D_n}}$의 값을 구하시오. (4점)

156 ★★☆ 2012년 10월학평 나형 28번

한 변의 길이가 1인 정삼각형 ABC가 있다. 변 BC 위에 양 끝점이 아닌 한 점 P_0을 잡는다. 그림과 같이 P_0을 지나고 변 AB와 평행한 직선을 그어 변 AC와 만나는 점을 P_1, 점 P_1을 지나고 변 BC와 평행한 직선을 그어 변 AB와 만나는 점을 P_2, 점 P_2를 지나고 변 AC와 평행한 직선을 그어 변 BC와 만나는 점을 P_3이라 하자.

이와 같은 과정을 계속하여 n번째 얻은 점을 P_n이라 하고, 점 P_0을 출발하여 점 P_n까지 이동한 거리 l_n을

$$l_n=\overline{P_0P_1}+\overline{P_1P_2}+\overline{P_2P_3}+\cdots+\overline{P_{n-1}P_n}\ (n=1,\ 2,\ 3,\ \cdots)$$

이라 하자.

$$\lim_{n\to\infty}\frac{l_{2n}}{2n+1}=\frac{b}{a}$$ 일 때, $a+b$의 값을 구하시오.

(단, a, b는 서로소인 자연수이다.) (4점)

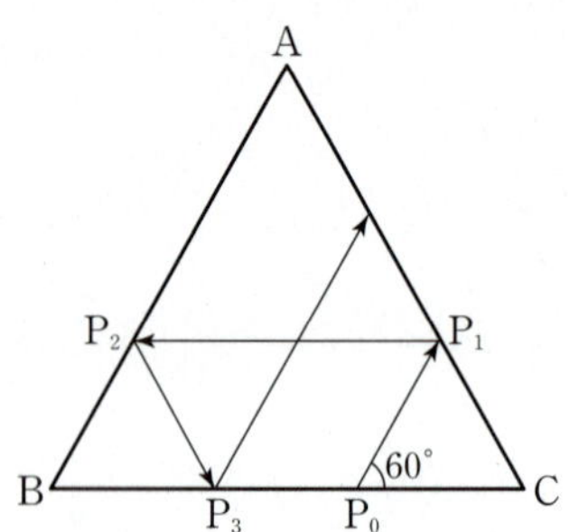

157 ★★★ 2008학년도 6월모평 나형 17번

한 변의 길이가 2인 정사각형과 한 변의 길이가 1인 정삼각형 ABC가 있다. [그림 1]과 같이 정사각형 둘레를 따라 시계 방향으로 정삼각형 ABC를 회전시킨다. 정삼각형 ABC가 처음 위치에서 출발한 후 정사각형 둘레를 n바퀴 도는 동안, 변 BC가 정사각형의 변 위에 놓이는 횟수를 a_n이라 하자. 예를 들어 $n=1$일 때, [그림 2]와 같이 변 BC가 2회 놓이므로 $a_1=2$이다. 이때, $\displaystyle\lim_{n\to\infty}\frac{a_{3n-2}}{n}$의 값은? (4점)

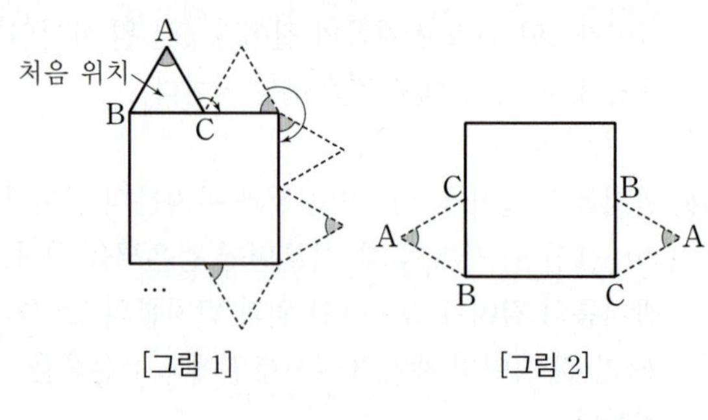

① 8 ② 10 ③ 12
④ 14 ⑤ 16

정답과 해설 156 p.58 157 p.59

158 ★★★ 2009년 4월학평 나형 30번

[그림 1]과 같이 한 개의 넓이가 1인 정사각형 5개로 이루어진 ✛ 모양의 도형에서 네 꼭짓점을 연결하여 만든 정사각형의 넓이를 S_1이라 하자.

[그림 2]와 같이 [그림 1]의 ✛ 모양의 도형에 한 개의 넓이가 1인 정사각형 4개를 붙여 만든 ✛ 모양의 도형에서 네 꼭짓점을 연결하여 만든 정사각형의 넓이를 S_2라 하자.

[그림 3]과 같이 [그림 2]의 ✛ 모양의 도형에 한 개의 넓이가 1인 정사각형 4개를 붙여 만든 ✛ 모양의 도형에서 네 꼭짓점을 연결하여 만든 정사각형의 넓이를 S_3이라 하자.

이와 같은 과정을 계속하여 n번째 얻어진 ✛ 모양의 도형에서 네 꼭짓점을 연결하여 만든 정사각형의 넓이를 S_n이라 할 때, $\lim\limits_{n\to\infty}\dfrac{10S_n}{n^2}$의 값을 구하시오. (4점)

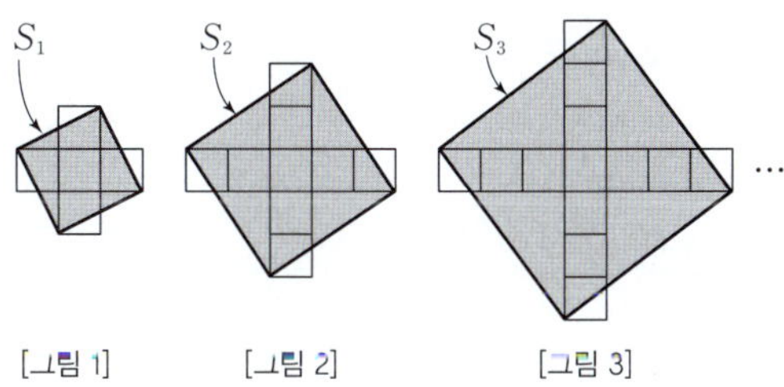

159 ★★★★ 2024년 3월학평 미적 30번

최고차항의 계수가 1인 삼차함수 $f(x)$와 자연수 m에 대하여 구간 $(0,\infty)$에서 정의된 함수 $g(x)$를

$$g(x)=\lim_{n\to\infty}\frac{f(x)\left(\dfrac{x}{m}\right)^n+x}{\left(\dfrac{x}{m}\right)^n+1}$$

라 하자. 함수 $g(x)$는 다음 조건을 만족시킨다.

> (가) 함수 $g(x)$는 구간 $(0,\infty)$에서 미분가능하고, $g'(m+1)\le 0$이다.
> (나) $g(k)g(k+1)=0$을 만족시키는 자연수 k의 개수는 3이다.
> (다) $g(l)\ge g(l+1)$을 만족시키는 자연수 l의 개수는 3이다.

$g(12)$의 값을 구하시오. (4점)

삼차함수 $f(x)=ax^3+bx(a>0)$이 다음 조건을 만족시킨다.

> 모든 실수 x에 대하여 $\lim\limits_{n\to\infty}\dfrac{2x^{2n+2}+x^n+f(x)}{x^{2n}+x^n+1}$ 의 값이 존재한다.

실수 전체의 집합에서 정의된 함수 $g(x)$를
$$g(x)=\lim_{n\to\infty}\frac{2x^{2n+2}+x^n+f(x)}{x^{2n}+x^n+1}$$
라 하자. 함수 $y=g(x)$의 그래프와 직선 $y=k$가 만나는 점의 개수가 1이 되도록 하는 자연수 k가 존재할 때, $g\left(-\dfrac{1}{2}\right)\times g(2)$의 값은? (단, a, b는 상수이다.) (4점)

① $6\sqrt{3}$ ② $7\sqrt{3}$ ③ $8\sqrt{3}$
④ $9\sqrt{3}$ ⑤ $10\sqrt{3}$

함수
$$f(x)=\lim_{n\to\infty}\frac{x^{2n+1}-x}{x^{2n}+1}$$
에 대하여 실수 전체의 집합에서 정의된 함수 $g(x)$가 다음 조건을 만족시킨다.

> $2k-2\leq|x|<2k$일 때,
> $$g(x)=(2k-1)\times f\left(\frac{x}{2k-1}\right)$$
> 이다. (단, k는 자연수이다.)

$0<t<10$인 실수 t에 대하여 직선 $y=t$가 함수 $y=g(x)$의 그래프와 만나지 않도록 하는 모든 t의 값의 합을 구하시오.
(4점)

162 ★★★★ 2019년 4월학평 나형 21번

함수

$$f(x)=\lim_{n\to\infty}\frac{\left(\dfrac{x-1}{k}\right)^{2n}-1}{\left(\dfrac{x-1}{k}\right)^{2n}+1}\ (k>0)$$

에 대하여 함수

$$g(x)=\begin{cases}(f\circ f)(x) & (x=k)\\(x-k)^2 & (x\neq k)\end{cases}$$

가 실수 전체의 집합에서 연속이다. 상수 k에 대하여 $(g\circ f)(k)$의 값은? (4점)

① 1 　　② 3 　　③ 5

④ 7 　　⑤ 9

163 ★★★★ 2007학년도 6월모평 가형 21번

두 함수 $f(x)=\lim\limits_{n\to\infty}\dfrac{2x^{2n+2}+1}{x^{2n}+2}$, $g(x)=\sin(k\pi x)$에 대하여 방정식 $f(x)=g(x)$가 실근을 갖지 않을 때, $60k$의 최댓값을 구하시오. (4점)

함수 $f(x)$를

$$f(x)=\lim_{n\to\infty}\frac{ax^{2n}+bx^{2n-1}+x}{x^{2n}+2}\ (a,\ b\text{는 양의 상수})$$

라 하자. 자연수 m에 대하여 방정식 $f(x)=2(x-1)+m$의 실근의 개수를 c_m이라 할 때, $c_k=5$인 자연수 k가 존재한다. $k+\sum\limits_{m=1}^{\infty}(c_m-1)$의 값을 구하시오. (4점)

자연수 n에 대하여 삼차함수 $f(x)=x(x-n)(x-3n^2)$이 극대가 되는 x를 a_n이라 하자. x에 대한 방정식 $f(x)=f(a_n)$의 근 중에서 a_n이 아닌 근을 b_n이라 할 때, $\lim\limits_{n\to\infty}\dfrac{a_nb_n}{n^3}=\dfrac{q}{p}$이다. $p+q$의 값을 구하시오.

(단, p와 q는 서로소인 자연수이다.) (4점)

166 ★★★★ 2025년 3월학평 미지 30번

함수 $f(x)$는 $0 \leq x < 2$일 때 $f(x) = x(2-x)$이고 모든 실수 x에 대하여 $f(x+2) = f(x)$이다. 공비가 r인 등비수열 $\{a_n\}$이 수렴하고 다음 조건을 만족시킨다.

(가) r은 유리수이다.

(나) 함수 $f(x)$가 $x = a_k$에서 극값을 갖고 $0 < a_k < 10$인 자연수 k의 개수는 3이다.

$\lim\limits_{n \to \infty} \dfrac{a_1 a_{n+1} + a_{2n}}{a_{n+1} + a_n} = \dfrac{81}{10}$일 때, $a_7 = \dfrac{q}{p}$이다. $p+q$의 값을 구하시오. (단, p와 q는 서로소인 자연수이다.) (4점)

167 ★★★★ 2018학년도 수능 나형 30번

이차함수 $f(x) = \dfrac{3x - x^2}{2}$에 대하여 구간 $[0, \infty)$에서 정의된 함수 $g(x)$가 다음 조건을 만족시킨다.

(가) $0 \leq x < 1$일 때, $g(x) = f(x)$이다.

(나) $n \leq x < n+1$일 때,
$$g(x) = \frac{1}{2^n}\{f(x-n) - (x-n)\} + x$$
이다. (단, n은 자연수이다.)

어떤 자연수 k $(k \geq 6)$에 대하여 함수 $h(x)$는
$$h(x) = \begin{cases} g(x) & (0 \leq x < 5 \text{ 또는 } x \geq k) \\ 2x - g(x) & (5 \leq x < k) \end{cases}$$
이다. 수열 $\{a_n\}$을 $a_n = \displaystyle\int_0^n h(x)dx$라 할 때,

$\lim\limits_{n \to \infty}(2a_n - n^2) = \dfrac{241}{768}$이다. k의 값을 구하시오. (4점)

168 ★★★★

자연수 n에 대하여 집합 $S_n=\{x\,|\,x$는 $3n$ 이하의 자연수$\}$의
부분집합 중에서 원소의 개수가 두 개이고, 이 두 원소의
차가 $2n$보다 큰 원소로만 이루어진 모든 집합의 개수를
a_n이라 하자. $\displaystyle\lim_{n\to\infty}\frac{1}{n^3}\sum_{k=1}^{n}a_k$의 값은? (4점)

① $\dfrac{1}{7}$　　② $\dfrac{1}{6}$　　③ $\dfrac{1}{5}$

④ $\dfrac{1}{4}$　　⑤ $\dfrac{1}{3}$

169 ★★★★

그림과 같이 자연수 n에 대하여 곡선 $y=x^2$ 위의 점
$P_n(n,\,n^2)$에서의 접선을 l_n이라 하고, 직선 l_n이 y축과
만나는 점을 Y_n이라 하자. x축에 접하고 점 P_n에서 직선
l_n에 접하는 원을 C_n, y축에 접하고 점 P_n에서 직선 l_n에
접하는 원을 $C_n{}'$이라 할 때, 원 C_n과 x축과의 교점을 Q_n,
원 $C_n{}'$과 y축과의 교점을 R_n이라 하자.

$\displaystyle\lim_{n\to\infty}\frac{\overline{OQ_n}}{\overline{Y_nR_n}}=\alpha$라 할 때, 100α의 값을 구하시오.

(단, O는 원점이고, 점 Q_n의 x좌표와 점 R_n의 y좌표는
양수이다.) (4점)

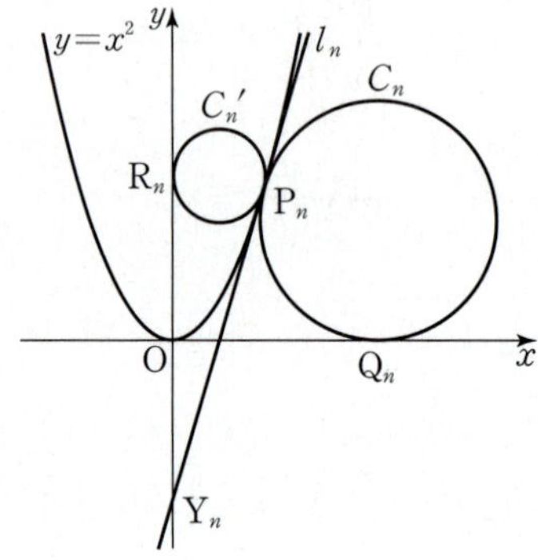

170 ★★★★ 2014년 3월학평 A형 30번

좌표평면 위에 직선 $y=\sqrt{3}x$가 있다. 자연수 n에 대하여 x축 위의 점 중에서 x좌표가 n인 점을 P_n, 직선 $y=\sqrt{3}x$ 위의 점 중에서 x좌표가 $\dfrac{1}{n}$인 점을 Q_n이라 하자. 삼각형 OP_nQ_n의 내접원의 중심에서 x축까지의 거리를 a_n, 삼각형 OP_nQ_n의 외접원의 중심에서 x축까지의 거리를 b_n이라 할 때, $\lim\limits_{n\to\infty} a_n b_n = L$이다. $100L$의 값을 구하시오.

(단, O는 원점이다.) (4점)

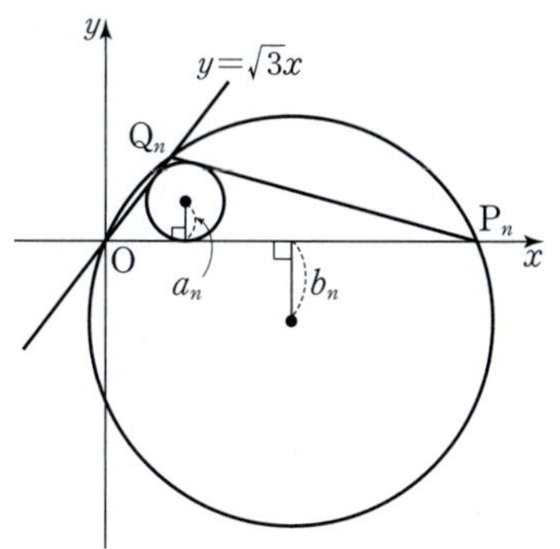

171 ★★★★ 2010년 4월학평 기하 17번

그림과 같이 크기가 $60°$인 $\angle AOB$의 이등분선 위에 $\overline{OC_1}=2$인 점 C_1을 잡아 점 C_1을 중심으로 하고 반직선 OA와 OB에 접하는 원 C_1을 그릴 때, 원 C_1과 반직선 OA, OB와의 접점을 각각 P_1, Q_1이라 하자. 점 C_1을 지나고 반직선 OA와 OB에 접하는 두 원 중에서 큰 원의 중심을 C_2, 원 C_2와 반직선 OA, OB와의 접점을 각각 P_2, Q_2라 하고, 원 C_1과 원 C_2가 만나는 점을 각각 A_1, B_1이라 할 때, 사각형 $A_1C_1B_1C_2$의 넓이를 S_1이라 하자.

점 C_2를 지나고 반직선 OA와 OB에 접하는 두 원 중에서 큰 원의 중심을 C_3, 원 C_3과 반직선 OA, OB와의 접점을 각각 P_3, Q_3이라 하고, 원 C_2와 원 C_3이 만나는 점을 각각 A_2, B_2라 할 때, 사각형 $A_2C_2B_2C_3$의 넓이를 S_2라 하자. 이와 같은 과정을 계속하여 n번째 얻은 도형의 넓이를 S_n이라 할 때, $\lim\limits_{n\to\infty}\dfrac{S_n}{4^n+3^n}$의 값은? (4점)

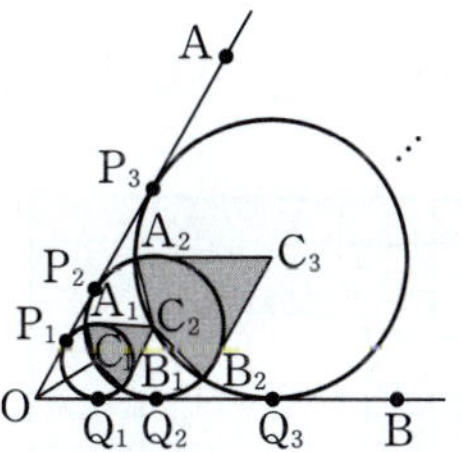

① $\dfrac{1}{4}$ 　　② $\dfrac{\sqrt{2}}{2}$ 　　③ $\dfrac{3}{8}$

④ $\dfrac{\sqrt{3}}{4}$ 　　⑤ $\dfrac{\sqrt{15}}{8}$

172 ★★★★ 2010학년도 수능 나형 25번

그림과 같이 한 변의 길이가 2인 정사각형 A와 한 변의 길이가 1인 정사각형 B는 변이 서로 평행하고, A의 두 대각선의 교점과 B의 두 대각선의 교점이 일치하도록 놓여 있다. A와 A의 내부에서 B의 내부를 제외한 영역을 R이라 하자. 2 이상인 자연수 n에 대하여 한 변의 길이가 $\dfrac{1}{n}$인 작은 정사각형을 다음 규칙에 따라 R에 그린다.

> (가) 작은 정사각형의 한 변은 A의 한 변에 평행하다.
> (나) 작은 정사각형들의 내부는 서로 겹치지 않도록 한다.

이와 같은 규칙에 따라 R에 그릴 수 있는 한 변의 길이가 $\dfrac{1}{n}$인 작은 정사각형의 최대 개수를 a_n이라 하자.

예를 들어, $a_2 = 12$, $a_3 = 20$이다.

$\displaystyle\lim_{n\to\infty}\dfrac{a_{2n+1}-a_{2n}}{a_{2n}-a_{2n-1}}=c$라 할 때, $100c$의 값을 구하시오. (4점)

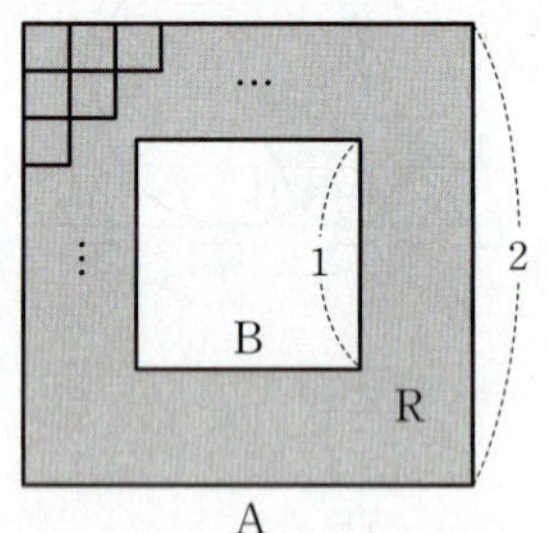

173 ★☆☆ 2025학년도 사관학교 미적 23번

$\displaystyle\lim_{n\to\infty} n\left(\sqrt{4+\dfrac{1}{n}}-2\right)$의 값은? (2점)

① $\dfrac{1}{4}$　　② $\dfrac{1}{2}$　　③ $\dfrac{3}{4}$

④ 1　　⑤ $\dfrac{5}{4}$

174 ★★☆ 2022학년도 사관학교 미적 23번

$\displaystyle\lim_{n\to\infty}\left(\sqrt{an^2+bn}-\sqrt{2n^2+1}\right)=1$일 때, ab의 값은?

(단, a, b는 상수이다.) (2점)

① $\sqrt{2}$　　② 2　　③ $2\sqrt{2}$

④ 4　　⑤ $4\sqrt{2}$

175 ★☆☆ 2023학년도 사관학교 미적 23번

$\displaystyle\lim_{n\to\infty}\dfrac{1}{\sqrt{an^2+bn}-\sqrt{n^2-1}}=4$일 때, ab의 값은?

(단, a, b는 상수이다.) (2점)

① $\dfrac{1}{4}$　　　② $\dfrac{1}{2}$　　　③ $\dfrac{3}{4}$

④ 1　　　⑤ $\dfrac{5}{4}$

176 ★☆☆ 2021학년도 사관학교 가형 24번

수열 $\{(x^2-6x+9)^n\}$이 수렴하도록 하는 모든 정수 x의 값의 합을 구하시오. (3점)

177 ★★★ 2025학년도 사관학교 미적 30번

양수 k와 이차함수 $f(x)$에 대하여 함수

$$g(x)=\begin{cases}\displaystyle\lim_{n\to\infty}\dfrac{|x-2|^{2n+1}+f(x)}{|x-2|^{2n}+k} & (|x-2|\neq 1)\\[4mm]\dfrac{|f(x+1)|}{k+1} & (|x-2|=1)\end{cases}$$

이 실수 전체의 집합에서 연속이다. 닫힌구간 $[1, 3]$에서 함수 $f(g(x))$의 최댓값과 최솟값을 각각 M, m이라 할 때, $10(M+m)$의 값을 구하시오. (4점)

178 ★☆☆ 2024학년도 사관학교 미적 23번

수열 $\{a_n\}$의 첫째항부터 제n항까지의 합을 S_n이라 하자. $S_n=4^{n+1}-3n$일 때, $\displaystyle\lim_{n\to\infty}\dfrac{a_n}{4^{n-1}}$의 값은? (2점)

① 4　　　② 6　　　③ 8

④ 10　　　⑤ 12

02 급수

평가원 모의평가 (2003~2026학년도) **대학수학능력시험** (1994~2026학년도) **교육청 학력평가** (2001~2025년 시행) **사관학교 입학시험** (2002~2026학년도)

1. 급수의 수렴과 발산 | 유형 01, 02   13, 08 수능출제

급수 $\sum\limits_{n=1}^{\infty} a_n$의 제$n$항까지의 부분합 S_n에 대하여

(1) 수열 $\{S_n\}$이 일정한 수 S에 수렴할 때, 즉 $\lim\limits_{n\to\infty} S_n = \lim\limits_{n\to\infty} \sum\limits_{k=1}^{n} a_k = S$일 때,

　급수 $\sum\limits_{n=1}^{\infty} a_n$은 S에 수렴한다고 한다. 이때 S를 급수의 합이라 하고,

　$a_1 + a_2 + a_3 + \cdots + a_n + \cdots = S$ 또는 $\sum\limits_{n=1}^{\infty} a_n = S$와 같이 나타낸다.

(2) 수열 $\{S_n\}$이 발산할 때, 급수 $\sum\limits_{n=1}^{\infty} a_n$은 발산한다고 한다.

2. 급수의 수렴과 $\lim\limits_{n\to\infty} a_n$의 관계 | 유형 01   13 수능출제

(1) 급수 $\sum\limits_{n=1}^{\infty} a_n$이 수렴하면 $\lim\limits_{n\to\infty} a_n = 0$이다. (단, 역은 성립하지 않는다.)

(2) $\lim\limits_{n\to\infty} a_n \neq 0$이면 급수 $\sum\limits_{n=1}^{\infty} a_n$은 발산한다. ((1)의 대우이다.)

3. 급수의 성질 | 유형 01, 04   13, 05 수능출제

두 급수 $\sum\limits_{n=1}^{\infty} a_n$, $\sum\limits_{n=1}^{\infty} b_n$이 수렴할 때,

(1) $\sum\limits_{n=1}^{\infty} (a_n + b_n) = \sum\limits_{n=1}^{\infty} a_n + \sum\limits_{n=1}^{\infty} b_n$

(2) $\sum\limits_{n=1}^{\infty} (a_n - b_n) = \sum\limits_{n=1}^{\infty} a_n - \sum\limits_{n=1}^{\infty} b_n$

(3) $\sum\limits_{n=1}^{\infty} c a_n = c \sum\limits_{n=1}^{\infty} a_n$ (단, c는 상수)

4. 등비급수의 수렴과 발산 | 유형 04, 05, 06, 07   25, 24, 22, 15, 10, 09 수능출제

첫째항이 $a(a \neq 0)$, 공비가 r인 등비급수

$\sum\limits_{n=1}^{\infty} ar^{n-1} = a + ar + ar^2 + \cdots + ar^{n-1} + \cdots$은

(1) $-1 < r < 1$일 때 수렴하고, 그 합은 $\dfrac{a}{1-r}$이다.

(2) $r \leq -1$ 또는 $r \geq 1$일 때 발산한다.

5. 등비급수의 활용 | 유형 08, 09   26, 23, 21, 20, 19, 18, 17, 16, 10, 09, 06, 05 수능출제

(1) 순환소수에서의 활용

무한소수 중 소수점 아래의 숫자가 일정한 규칙으로 반복되는 소수를 순환소수
라 한다. 순환소수는 등비급수의 방법으로 분수로 고칠 수 있다.

$$\Rightarrow 0.\underbrace{\dot{a_1} a_2 \cdots \dot{a_n}}_{n\text{개}} = \frac{a_1 a_2 \cdots a_n}{\underbrace{99 \cdots 9}_{n\text{개}}}$$

(2) 등비급수의 활용

① 점의 좌표 : x좌표와 y좌표를 각각 나눠서 구한다.
② 반복되는 도형 : 규칙성을 찾거나 닮음비를 이용한다.

보 충 설 명

- 수열 $\{a_n\}$의 각 항을 차례로 덧셈 기호 $+$로
연결한 식 $a_1 + a_2 + a_3 + \cdots + a_n + \cdots$을 급수
라 한다. 이때 a_n을 급수의 제n항이라 하고,
이 급수를 기호 $\sum$를 사용하여 $\sum\limits_{n=1}^{\infty} a_n$과 같이
나타낸다.

- 급수 $\sum\limits_{n=1}^{\infty} a_n$에서 첫째항부터 제$n$항까지의
합 S_n, 즉
$S_n = a_1 + a_2 + a_3 + \cdots + a_n = \sum\limits_{k=1}^{n} a_k$를 이
급수의 제n항까지의 부분합이라 한다.

- $\sum\limits_{n=1}^{\infty} a_n = \lim\limits_{n\to\infty} \sum\limits_{k=1}^{n} a_k = \lim\limits_{n\to\infty} S_n$

- 발산하는 급수에 대해서는 그 합을 생각하지
않는다.

- 주의해야 할 급수의 성질

　(1) $\sum\limits_{n=1}^{\infty} a_n b_n \neq \sum\limits_{n=1}^{\infty} a_n \cdot \sum\limits_{n=1}^{\infty} b_n$

　(2) $\sum\limits_{n=1}^{\infty} \dfrac{a_n}{b_n} \neq \dfrac{\sum\limits_{n=1}^{\infty} a_n}{\sum\limits_{n=1}^{\infty} b_n}$

- 첫째항이 $a(a \neq 0)$, 공비가 r인 등비수열
$\{ar^{n-1}\}$에서 얻은 급수
$\sum\limits_{n=1}^{\infty} ar^{n-1} = a + ar + ar^2 + \cdots + ar^{n-1} + \cdots$
을 첫째항이 a, 공비가 r인 등비급수라 한다.

- 등비급수 $\sum\limits_{n=1}^{\infty} ar^{n-1}$의 수렴 조건
$a = 0$ 또는 $-1 < r < 1$

- $0.\dot{a}\dot{b} = 0.ab + 0.00ab + 0.0000ab + \cdots$
$= \dfrac{0.ab}{1 - 0.01} = \dfrac{ab}{99}$

- 닮은꼴에서 길이의 닮음비가 $m : n$이면 넓이
의 비는 $m^2 : n^2$이고 부피의 비는 $m^3 : n^3$이
다.

기출로 확인하는
기본 개념 문제

269-1-2-Y00

▶ 문제 풀이 **동영상 강의**

---

001   2. 급수의 수렴과 $\lim\limits_{n\to\infty} a_n$의 관계   2025학년도 6월모평 미적 25번

수열 $\{a_n\}$이

$$\sum_{n=1}^{\infty}\left(a_n - \frac{3n^2-n}{2n^2+1}\right)=2$$

를 만족시킬 때, $\lim\limits_{n\to\infty}(a_n{}^2+2a_n)$의 값은? (3점)

① $\dfrac{17}{4}$ ② $\dfrac{19}{4}$ ③ $\dfrac{21}{4}$

④ $\dfrac{23}{4}$ ⑤ $\dfrac{25}{4}$

---

002   2. 급수의 수렴과 $\lim\limits_{n\to\infty} a_n$의 관계   2023학년도 6월모평 미적 27번

첫째항이 4인 등차수열 $\{a_n\}$에 대하여 급수

$$\sum_{n=1}^{\infty}\left(\frac{a_n}{n} - \frac{3n+7}{n+2}\right)$$

이 실수 S에 수렴할 때, S의 값은? (3점)

① $\dfrac{1}{2}$ ② 1 ③ $\dfrac{3}{2}$

④ 2 ⑤ $\dfrac{5}{2}$

---

003   4. 등비급수의 수렴과 발산   2019학년도 6월모평 나형 11번

급수 $\sum\limits_{n=1}^{\infty}\left(\dfrac{x}{5}\right)^n$이 수렴하도록 하는 모든 정수 x의 개수는?

(3점)

① 1 ② 3 ③ 5

④ 7 ⑤ 9

---

004   4. 등비급수의 수렴과 발산   2019년 3월학평 나형 5번

수열 $\{a_n\}$은 첫째항이 3이고 공비가 $\dfrac{1}{2}$인 등비수열이다.

$\sum\limits_{n=1}^{\infty} a_n$의 값은? (3점)

① 4 ② 5 ③ 6

④ 7 ⑤ 8

---

005   5. 등비급수의 활용   2016학년도 9월모평 A형 20번

자연수 n에 대하여 직선 $y=\left(\dfrac{1}{2}\right)^{n-1}(x-1)$과 이차함수 $y=3x(x-1)$의 그래프가 만나는 두 점을 $A(1,\ 0)$과 P_n이라 하자. 점 P_n에서 x축에 내린 수선의 발을 H_n이라 할 때, $\sum\limits_{n=1}^{\infty} \overline{P_n H_n}$의 값은? (4점)

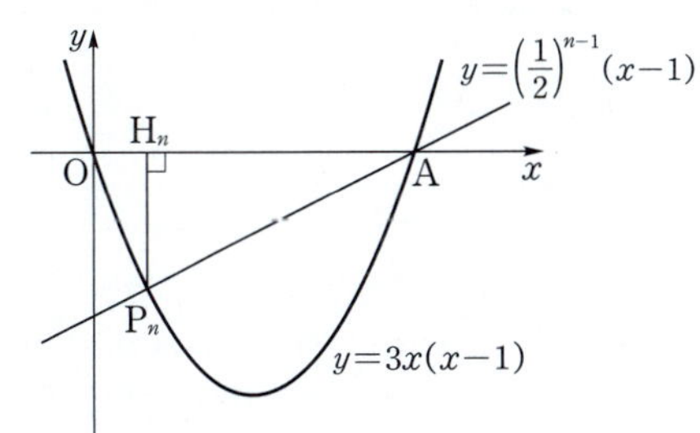

① $\dfrac{3}{2}$ ② $\dfrac{14}{9}$ ③ $\dfrac{29}{18}$

④ $\dfrac{5}{3}$ ⑤ $\dfrac{31}{18}$

유형 01 급수의 수렴과 수열의 극한

동영상강의

269-1-2-Y01

☑ **출제경향**

급수의 수렴, 발산에 대한 성질은 꾸준히 출제되고 있다.

✎ **접근방법**

급수가 수렴할 때, 수열의 일반항은 0으로 수렴함을 기억한다.

또는 급수의 부분합 S_n을 구하여 $\lim\limits_{n\to\infty} S_n = \lim\limits_{n\to\infty} \sum\limits_{k=1}^{n} a_k$의 값을 구해 본다.

💻 **단골공식**

① $\sum\limits_{n=1}^{\infty} a_n$이 수렴하면 $\lim\limits_{n\to\infty} a_n = 0$이다. (단, 역은 성립하지 않는다.)

② $\lim\limits_{n\to\infty} a_n \neq 0$이면 급수 $\sum\limits_{n=1}^{\infty} a_n$은 발산한다.

③ 급수 $\sum\limits_{n=1}^{\infty} a_n$, $\sum\limits_{n=1}^{\infty} b_n$이 모두 수렴하고, p와 q가 상수일 때

$$\sum\limits_{n=1}^{\infty} (pa_n \pm qb_n) = p\sum\limits_{n=1}^{\infty} a_n \pm q\sum\limits_{n=1}^{\infty} b_n \text{ (복호동순)}$$

---

006 ★☆☆ 2018년 3월학평 나형 24번

수열 $\{a_n\}$의 첫째항부터 제 n항까지의 합을 S_n이라 하자. $\lim\limits_{n\to\infty} S_n = 7$일 때, $\lim\limits_{n\to\infty} (2a_n + 3S_n)$의 값을 구하시오. (3점)

---

007 ★☆☆ 2017년 3월학평 나형 5번

수열 $\{a_n\}$에 대하여 $\sum\limits_{n=1}^{\infty} (2a_n - 5) = 2017$일 때, $\lim\limits_{n\to\infty} a_n$의 값은? (3점)

① $\dfrac{1}{2}$ ② 1   ③ $\dfrac{3}{2}$

④ 2   ⑤ $\dfrac{5}{2}$

---

008 ★☆☆ 2015학년도 6월모평 A형 25번

수열 $\{a_n\}$에 대하여 급수 $\sum\limits_{n=1}^{\infty} \left(a_n - \dfrac{5n}{n+1} \right)$이 수렴할 때, $\lim\limits_{n\to\infty} a_n$의 값을 구하시오. (3점)

---

009 ★☆☆ 2021년 10월학평 미적 24번

수열 $\{a_n\}$에 대하여 $\sum\limits_{n=1}^{\infty} \dfrac{a_n - 4n}{n} = 1$일 때, $\lim\limits_{n\to\infty} \dfrac{5n + a_n}{3n - 1}$의 값은? (3점)

① 1   ② 2   ③ 3

④ 4   ⑤ 5

---

010 ★★☆ 2020학년도 6월모평 나형 11번

수열 $\{a_n\}$에 대하여 $\sum\limits_{n=1}^{\infty} (2a_n - 3) = 2$를 만족시킨다.

$\lim\limits_{n\to\infty} a_n = r$일 때, $\lim\limits_{n\to\infty} \dfrac{r^{n+2} - 1}{r^n + 1}$의 값은? (3점)

① $\dfrac{7}{4}$ ② 2   ③ $\dfrac{9}{4}$

④ $\dfrac{5}{2}$ ⑤ $\dfrac{11}{4}$

정답과 해설 006 p.78 | 007 p.78 | 008 p.79 | 009 p.79 | 010 p.79

011 ★☆☆ 2020년 4월학평 가형 6번

두 수열 $\{a_n\}$, $\{b_n\}$에 대하여 $\lim\limits_{n\to\infty} a_n=3$이고

급수 $\sum\limits_{n=1}^{\infty}(a_n+2b_n-7)$이 수렴할 때, $\lim\limits_{n\to\infty} b_n$의 값은? (3점)

① 1   ② 2   ③ 3

④ 4   ⑤ 5

012 ★☆☆ 2011학년도 9월모평 나형 11번

두 수열 $\{a_n\}$, $\{b_n\}$에 대하여 급수 $\sum\limits_{n=1}^{\infty}\left(a_n-\dfrac{3n}{n+1}\right)$과

$\sum\limits_{n=1}^{\infty}(a_n+b_n)$이 모두 수렴할 때, $\lim\limits_{n\to\infty}\dfrac{3-b_n}{a_n}$의 값은?

$$\text{(단, } a_n\neq 0\text{) (3점)}$$

① 1   ② 2   ③ 3

④ 4   ⑤ 5

013 ★☆☆ 2021학년도 6월모평 가형 5번

수열 $\{u_n\}$에 대하여 $\sum\limits_{n=1}^{\infty}\dfrac{a_n}{n}=10$일 때, $\lim\limits_{n\to\infty}\dfrac{a_n+2a_n^2+3n^2}{a_n^2+n^2}$

의 값은? (3점)

① 3   ② $\dfrac{7}{2}$ ③ 4

④ $\dfrac{9}{2}$ ⑤ 5

014 ★★☆ 2021년 4월학평 미적 25번

수열 $\{a_n\}$에 대하여 $\sum\limits_{n=1}^{\infty}\left(\dfrac{a_n}{n}-2\right)=5$일 때,

$\lim\limits_{n\to\infty}\dfrac{2n^2+3na_n}{n^2+4}$의 값은? (3점)

① 2   ② 4   ③ 6

④ 8   ⑤ 10

015 ★☆☆ 2015년 10월학평 B형 9번

수열 $\{a_n\}$이 $\sum\limits_{n=1}^{\infty}\left(\dfrac{a_n}{n}-\dfrac{2n}{n+3}\right)=5$를 만족시킬 때,

$\lim\limits_{n\to\infty}\dfrac{5a_n-2n}{a_n+2n+1}$의 값은? (3점)

① 1   ② 2   ③ 3

④ 4   ⑤ 5

016 ★★☆ 2013학년도 수능 나형 19번

수열 $\{a_n\}$에 대하여

$$\sum\limits_{n=1}^{\infty}\left(na_n-\dfrac{n^2+1}{2n+1}\right)=3$$

일 때, $\lim\limits_{n\to\infty}(a_n^2+2a_n+2)$의 값은? (4점)

① $\dfrac{13}{4}$ ② 3   ③ $\dfrac{11}{4}$

④ $\dfrac{5}{2}$ ⑤ $\dfrac{9}{4}$

017 ★☆☆ 2011학년도 6월모평 나형 21번

모든 항이 양수인 수열 $\{a_n\}$에 대하여 $\sum\limits_{n=1}^{\infty}(3^n a_n - 2)$가

수렴할 때, $\lim\limits_{n \to \infty} \dfrac{6a_n + 5 \cdot 4^{-n}}{a_n + 3^{-n}}$의 값을 구하시오. (3점)

018 ★☆☆ 2023년 4월학평 미적 25번

수열 $\{a_n\}$에 대하여 급수 $\sum\limits_{n=1}^{\infty}\left(a_n - \dfrac{2^{n+1}}{2^n+1}\right)$이 수렴할 때,

$\lim\limits_{n \to \infty} \dfrac{2^n \times a_n + 5 \times 2^{n+1}}{2^n + 3}$의 값은? (3점)

① 6   ② 8   ③ 10

④ 12   ⑤ 14

019 ★☆☆ 2017년 4월학평 나형 16번

수열 $\{a_n\}$에 대하여

$\sum\limits_{n=1}^{\infty} \dfrac{2^n a_n - 2^{n+1}}{2^n + 1} = 1$일 때, $\lim\limits_{n \to \infty} a_n$의 값은? (4점)

① 1   ② 2   ③ 3

④ 4   ⑤ 5

020 ★☆☆ 2013년 4월학평 A형 10번

두 수열 $\{a_n\}$, $\{b_n\}$이 다음 조건을 만족시킬 때, $\lim\limits_{n \to \infty} a_n$의

값은? (3점)

> (가) $\dfrac{2n^3 + 3}{1^2 + 2^2 + 3^2 + \cdots + n^2} < a_n < 2b_n \ (n=1, 2, 3, \cdots)$
>
> (나) $\sum\limits_{n=1}^{\infty}(b_n - 3) = 2$

① 3   ② 4   ③ 5

④ 6   ⑤ 7

유형 02 부분분수를 이용하는 급수

동영상강의 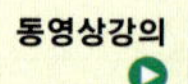 

☑ **출제경향**

급수의 계산 유형 중 하나로 자주 출제된다.

✏ **접근방법**

부분분수 분해를 이용하여 부분합을 구한 후 $\lim\limits_{n \to \infty}$를 취하여 극한값

을 계산한다.

🔢 **단골공식**

분모가 0이 아닌 두 수의 곱으로 되어 있을 때

$$\dfrac{C}{AB} = \dfrac{C}{B-A}\left(\dfrac{1}{A} - \dfrac{1}{B}\right) \ (\text{단, } A \ne B)$$

021 ★☆☆ 2018년 4월학평 나형 23번

$\sum\limits_{n=1}^{\infty} \dfrac{2}{(n+1)(n+2)}$의 값을 구하시오. (3점)

022 ★☆☆ 2015년 7월학평 A형 25번

$\displaystyle\sum_{n=1}^{\infty}\dfrac{84}{(2n+1)(2n+3)}$의 값을 구하시오. (3점)

023 ★★☆ 2007년 5월학평 나형 27번

다음 [보기]의 급수 중 수렴하는 것을 모두 고르면? (3점)

> [보기]
>
> ㄱ. $1+\dfrac{2}{3}+\dfrac{3}{5}+\dfrac{4}{7}+\cdots$
>
> ㄴ. $1+\dfrac{1}{1+2}+\dfrac{1}{1+2+3}+\dfrac{1}{1+2+3+4}+\cdots$
>
> ㄷ. $\dfrac{1}{1+\sqrt{3}}+\dfrac{1}{\sqrt{2}+\sqrt{4}}+\dfrac{1}{\sqrt{3}+\sqrt{5}}+\dfrac{1}{\sqrt{4}+\sqrt{6}}+\cdots$

① ㄱ   ② ㄴ   ③ ㄱ, ㄷ

④ ㄴ, ㄷ   ⑤ ㄱ, ㄴ, ㄷ

024 ★☆☆ 2024년 5월학평 미적 24번

첫째항이 1이고 공차가 $d\ (d>0)$인 등차수열 $\{a_n\}$에 대하여 $\displaystyle\sum_{n=1}^{\infty}\left(\dfrac{n}{a_n}-\dfrac{n+1}{a_{n+1}}\right)=\dfrac{2}{3}$일 때, d의 값은? (3점)

① 1   ② 2   ③ 3

④ 4   ⑤ 5

025 ★☆☆ 2016학년도 9월모평 A형 9번

등차수열 $\{a_n\}$에 대하여 $a_1=4$, $a_4-a_2=4$일 때, $\displaystyle\sum_{n=1}^{\infty}\dfrac{2}{na_n}$의 값은? (3점)

① 1   ② $\dfrac{3}{2}$ ③ 2

④ $\dfrac{5}{2}$ ⑤ 3

026 ★☆☆ 2010년 10월학평 나형 26번

수열 $\{a_n\}$의 첫째항부터 제 n항까지의 합 S_n이 $S_n=n^2+2n$일 때, 급수 $\displaystyle\sum_{n=1}^{\infty}\dfrac{2}{a_n a_{n+1}}$의 값은? (3점)

① $\dfrac{1}{3}$ ② $\dfrac{1}{4}$ ③ $\dfrac{1}{5}$

④ $\dfrac{1}{6}$ ⑤ $\dfrac{1}{7}$

027 ★★☆ 2026학년도 6월모평 미적 25번

양수 a에 대하여 급수 $\displaystyle\sum_{n=1}^{\infty}\left(\dfrac{a-3n}{n}+\dfrac{an+6}{n+a}\right)$이 실수 S에 수렴할 때, $a+S$의 값은? (3점)

① 7   ② $\dfrac{15}{2}$ ③ 8

④ $\dfrac{17}{2}$ ⑤ 9

☑️ **출제경향**

약수의 개수, 나머지정리, 근과 계수의 관계 등과 연계되어 출제된다.

✏️ **접근방법**

복합된 개념을 활용하여 급수의 부분합을 구한 후 $\lim\limits_{n \to \infty}$ 를 취하여 극한값을 계산한다.

---

028 ★☆☆ 2015학년도 9월모평 A형 12번

자연수 n에 대하여 $3^n \cdot 5^{n+1}$의 모든 양의 약수의 개수를 a_n이라 할 때, $\sum\limits_{n=1}^{\infty} \dfrac{1}{a_n}$의 값은? (3점)

① $\dfrac{1}{2}$ ② $\dfrac{7}{12}$ ③ $\dfrac{2}{3}$

④ $\dfrac{3}{4}$ ⑤ $\dfrac{5}{6}$

---

029 ★★☆ 2009학년도 6월모평 나형 9번

자연수 n에 대하여 x에 관한 이차방정식 $(4n^2-1)x^2-4nx+1=0$의 두 근이 $\alpha_n,\ \beta_n\,(\alpha_n > \beta_n)$일 때, $\sum\limits_{n=1}^{\infty}(\alpha_n-\beta_n)$의 값은? (3점)

① 1 ② 2 ③ 3

④ 4 ⑤ 5

---

030 ★★☆ 2012년 3월학평 나형 27번

수열 $\{a_n\}$의 첫째항부터 제 n항까지의 합을 S_n이라 할 때, $S_n = \dfrac{6n}{n+1}$이다. $\sum\limits_{n=1}^{\infty}(a_n+a_{n+1})$의 값을 구하시오. (4점)

---

031 ★★☆ 2013년 7월학평 A형 10번

모든 자연수 n에 대하여 수열 $\{a_n\}$은 다음 두 조건을 만족시킨다. 이때 $\sum\limits_{n=1}^{\infty} a_n$의 값은? (3점)

(가) $a_n \neq 0$
(나) x에 대한 다항식 $a_n x^2 + a_n x + 2$를 $x-n$으로 나눈 나머지가 20이다.

① 10 ② 12 ③ 14

④ 16 ⑤ 18

---

032 ★★☆ 2020년 4월학평 가형 15번

첫째항이 양수이고 공차가 3인 등차수열 $\{a_n\}$과 모든 항이 양수인 수열 $\{b_n\}$이 다음 조건을 만족시킬 때, a_1의 값은? (4점)

(가) 모든 자연수 n에 대하여
$$\log a_n + \log a_{n+1} + \log b_n = 0$$
(나) $\sum\limits_{n=1}^{\infty} b_n = \dfrac{1}{12}$

① 2 ② $\dfrac{5}{2}$ ③ 3

④ $\dfrac{7}{2}$ ⑤ 4

---

033 ★★☆ 2012년 3월학평 나형 19번

좌표평면에서 자연수 n에 대하여 네 직선 $x=1$, $x=n+1$, $y=x$, $y=2x$로 둘러싸인 사각형의 넓이를 S_n이라 할 때, $\displaystyle\sum_{n=1}^{\infty}\frac{1}{S_n}$의 값은? (4점)

① $\dfrac{1}{2}$ ② 1 ③ $\dfrac{3}{2}$

④ 2 ⑤ $\dfrac{5}{2}$

034 ★★☆ 2025년 5월학평 미적 26번

자연수 n에 대하여 곡선 $y=x^2+5x+3$과 직선 $x=n$이 만나는 점을 P_n이라 하고, 점 P_n을 지나고 기울기가 -1인 직선이 x축과 만나는 점을 Q_n, y축과 만나는 점을 R_n이라 하자. $\displaystyle\sum_{n=1}^{\infty}\frac{3\sqrt{2}}{\overline{P_nQ_n}-\overline{P_nR_n}}$의 값은? (3점)

① $\dfrac{1}{4}$ ② $\dfrac{1}{2}$ ③ $\dfrac{3}{4}$

④ 1 ⑤ $\dfrac{5}{4}$

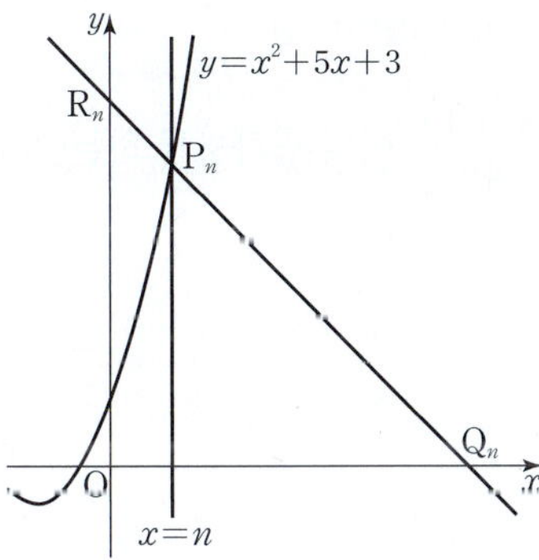

035 ★★☆ 2022년 4월학평 미적 27번

자연수 n에 대하여 곡선 $y=x^2-2nx-2n$이 직선 $y=x+1$과 만나는 두 점을 각각 P_n, Q_n이라 하자. 선분 P_nQ_n을 대각선으로 하는 정사각형의 넓이를 a_n이라 할 때, $\displaystyle\sum_{n=1}^{\infty}\frac{1}{a_n}$의 값은? (3점)

① $\dfrac{1}{10}$ ② $\dfrac{2}{15}$ ③ $\dfrac{1}{6}$

④ $\dfrac{1}{5}$ ⑤ $\dfrac{7}{30}$

036 ★★☆ 2006학년도 9월모평 나형 26번

좌표평면에서 직선 $x-3y+3=0$ 위에 있는 점 중에서 x좌표와 y좌표가 자연수인 모든 점의 좌표를 각각

$$(a_1, b_1), (a_2, b_2), \cdots, (a_n, b_n), \cdots$$

이라 할 때, 급수 $\displaystyle\sum_{n=1}^{\infty}\frac{1}{a_nb_n}$의 값은?

$$(\text{단, } a_1<a_2<\cdots<a_n<\cdots \text{이다.}) \text{ (3점)}$$

① 1 ② $\dfrac{1}{2}$ ③ $\dfrac{1}{3}$

④ $\dfrac{1}{4}$ ⑤ $\dfrac{1}{5}$

037 ★★★ 2008학년도 수능 나형 24번

$n \geq 2$인 자연수 n에 대하여 중심이 원점이고 반지름의 길이가 1인 원 C를 x축의 방향으로 $\dfrac{2}{n}$만큼 평행이동시킨 원을 C_n이라 하자. 원 C와 원 C_n의 공통현의 길이를 l_n이라 할 때, $\displaystyle\sum_{n=2}^{\infty} \dfrac{1}{(nl_n)^2} = \dfrac{q}{p}$이다. $p+q$의 값을 구하시오.

(단, p, q는 서로소인 자연수이다.) (4점)

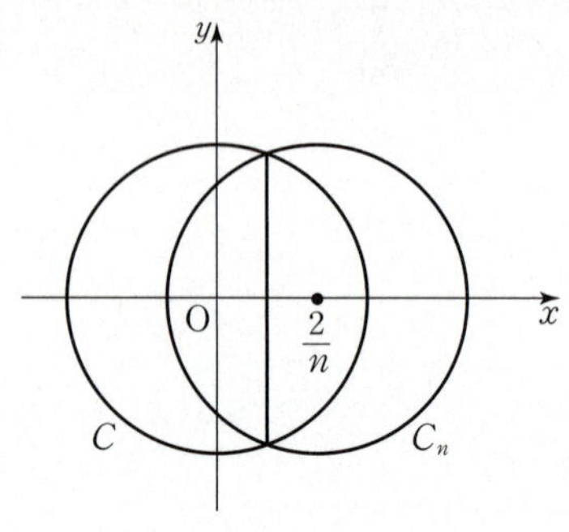

038 ★★☆ 2025학년도 9월모평 미적 29번

수열 $\{a_n\}$의 첫째항부터 제m항까지의 합을 S_m이라 하자. 모든 자연수 m에 대하여

$$S_m = \sum_{n=1}^{\infty} \dfrac{m+1}{n(n+m+1)}$$

일 때, $a_1 + a_{10} = \dfrac{q}{p}$이다. $p+q$의 값을 구하시오.

(단, p와 q는 서로소인 자연수이다.) (4점)

유형 04 등비급수의 수렴 · 발산 조건   동영상강의

☑ 출제경향

기본 개념을 활용한 문제가 평이한 수준으로 출제된다.

✎ 접근방법

주어진 등비급수가 수렴하도록 하는 공비 r의 범위를 찾는다.

💻 단골공식

$a + ar + ar^2 + ar^3 + \cdots + ar^{n-1} + \cdots = \displaystyle\sum_{n=1}^{\infty} ar^{n-1}\,(a \neq 0)$에서

$-1 < r < 1$이면 등비급수는 수렴한다.

※ 등비수열 $\{ar^{n-1}\}$의 수렴 조건은 $a = 0$ 또는 $-1 < r \leq 1$이다.

039 ★☆☆ 2008년 4월학평 나형 21번

등비급수 $\displaystyle\sum_{n=1}^{\infty} (x+1)\left(1 - \dfrac{x}{4}\right)^{n-1}$의 합이 존재하도록 하는 모든 정수 x의 합을 구하시오. (3점)

040 ★☆☆ 2012년 4월학평 나형 6번

등비급수 $\displaystyle\sum_{n=1}^{\infty} \dfrac{(3^a+1)^n}{6^{3n}}$이 수렴하도록 하는 자연수 a의 개수는? (3점)

① 2 ② 3 ③ 4
④ 5 ⑤ 6

041 ★☆☆ 1994학년도 수능 2차 5번

등비급수 $\sum\limits_{n=1}^{\infty} r^n$이 수렴할 때, 다음 중 반드시 수렴한다고 할 수 없는 것은? (2점)

① $\sum\limits_{n=1}^{\infty} (r^n + r^{2n})$

② $\sum\limits_{n=1}^{\infty} (r^n - 2r^{2n})$

③ $\sum\limits_{n=1}^{\infty} \dfrac{r^n + (-r)^n}{2}$

④ $\sum\limits_{n=1}^{\infty} \left(\dfrac{r-1}{2}\right)^n$

⑤ $\sum\limits_{n=1}^{\infty} \left(\dfrac{r}{2} - 1\right)^n$

이 문항은 7차 교육과정 이전에 출제되었지만 다시 출제될 수 있는 기본적인 문제로 개념을 익히는 데 도움이 됩니다.

유형 05 등비급수의 계산값

동영상강의

269-1-2-Y05

☑ **출제경향**

급수의 계산 유형 중 하나로 간간이 출제된다.

✎ **접근방법**

등비급수 공식을 이용한다.

💻 **단골공식**

$-1 < r < 1$일 때, $\sum\limits_{n=1}^{\infty} ar^{n-1} = \dfrac{a}{1-r}$

---

042 ★☆☆ 2015학년도 수능 A형 11번

등비수열 $\{a_n\}$에 대하여 $a_1 = 3$, $a_2 = 1$일 때, $\sum\limits_{n=1}^{\infty} (a_n)^2$이 값은? (3점)

① $\dfrac{81}{8}$

② $\dfrac{83}{8}$

③ $\dfrac{85}{8}$

④ $\dfrac{87}{8}$

⑤ $\dfrac{89}{8}$

---

043 ★☆☆ 2013년 3월학평 A형 9번

급수 $\sum\limits_{n=1}^{\infty} \dfrac{1 + (-1)^n}{3^n}$의 합은? (3점)

① $\dfrac{1}{8}$

② $\dfrac{1}{4}$

③ $\dfrac{3}{8}$

④ $\dfrac{1}{2}$

⑤ $\dfrac{5}{8}$

---

044 ★☆☆ 2014년 3월학평 A형 9번

수열 $\{a_n\}$이 $a_1 = 1$이고 $2a_{n+1} = 7a_n$ $(n \geq 1)$을 만족시킬 때, 급수 $\sum\limits_{n=1}^{\infty} \dfrac{10}{a_n}$의 값은? (3점)

① 11

② 12

③ 13

④ 14

⑤ 15

---

045 ★★☆ 2017년 3월학평 나형 26번

수열 $\{a_n\}$이 모든 자연수 n에 대하여

$$a_1 = 3, \quad a_{n+1} = \dfrac{2}{3} a_n$$

을 만족시킬 때, $\sum\limits_{n=1}^{\infty} a_{2n-1} = \dfrac{q}{p}$이다. $p + q$의 값을 구하시오.

(단, p와 q는 서로소인 자연수이다.) (4점)

수열 $\{a_n\}$에서 $a_1=1$이고, 자연수 n에 대하여

$$a_n a_{n+1}=\left(\frac{1}{5}\right)^n$$

이다. $\displaystyle\sum_{n=1}^{\infty} a_{2n}$의 값은? (4점)

① $\dfrac{1}{6}$ ② $\dfrac{1}{5}$ ③ $\dfrac{1}{4}$

④ $\dfrac{1}{3}$ ⑤ $\dfrac{1}{2}$

수열 $\{a_n\}$이 $a_1=\dfrac{1}{8}$이고,

$$a_n a_{n+1}=2^n \quad (n \geq 1)$$

을 만족시킬 때, $\displaystyle\sum_{n=1}^{\infty} \dfrac{1}{a_{2n-1}}$의 값을 구하시오. (4점)

등비수열 $\{a_n\}$이 $a_2=\dfrac{1}{2}$, $a_5=\dfrac{1}{6}$을 만족시킨다.

$\displaystyle\sum_{n=1}^{\infty} a_n a_{n+1} a_{n+2}=\dfrac{q}{p}$일 때, $p+q$의 값을 구하시오.

(단, p, q는 서로소인 자연수이다.) (4점)

첫째항이 1이고 공비가 $\dfrac{1}{3}$인 등비수열 $\{a_n\}$에 대하여

대각선의 길이가 a_n인 정사각형의 넓이를 S_n이라 하자.

$\displaystyle\sum_{n=1}^{\infty} S_n=\dfrac{q}{p}$라 할 때, $p+q$의 값은?

(단, p, q는 서로소인 자연수이다.) (4점)

① 22 ② 23 ③ 24

④ 25 ⑤ 26

등비급수 $\cos^2\theta+\cos^2\theta\sin\theta+\cos^2\theta\sin^2\theta+\cdots$의 합이

$\dfrac{18}{13}$일 때, $\dfrac{10}{\tan\theta}$의 값을 구하시오. $\left(\text{단, } 0<\theta<\dfrac{\pi}{2}\right)$ (4점)

🌟중요 유형 06 급수의 값이 주어진 등비급수

동영상강의 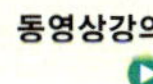 

269-1-2-Y06

☑ 출제경향

문제의 조건을 통해 등비수열의 일반항을 구하거나, 구한 일반항으로 등비급수를 계산하는 문제가 출제된다.

🖋 접근방법

등비수열의 첫째항과 공비를 알아내어 일반항을 구한 후, 등비급수 공식을 이용한다.

---

051 ★☆☆ 2015학년도 6월모평 B형 25번

공비가 양수인 등비수열 $\{a_n\}$이

$$a_1+a_2=20, \quad \sum_{n=3}^{\infty} a_n=\frac{4}{3}$$

를 만족시킬 때, a_1의 값을 구하시오. (3점)

---

052 ★☆☆ 2011년 3월학평 나형 12번

첫째항이 1인 등비수열 $\{a_n\}$에 대하여 $\displaystyle\sum_{n=1}^{\infty} a_n=3$일 때,

$\displaystyle\sum_{n=1}^{\infty} (a_{3n-2}-a_{3n-1})$의 값은? (3점)

① $\dfrac{7}{19}$ ② $\dfrac{8}{19}$ ③ $\dfrac{9}{19}$

④ $\dfrac{10}{19}$ ⑤ $\dfrac{11}{19}$

---

053 ★☆☆ 2015년 3월학평 A형 12번

모든 항이 양의 실수인 수열 $\{a_n\}$이

$$a_1=k, \quad a_na_{n+1}+a_{n+1}=ka_n{}^2+ka_n \ (n\geq1)$$

을 만족시키고 $\displaystyle\sum_{n=1}^{\infty} a_n=5$일 때, 실수 k의 값은? (단, $0<k<1$)

(3점)

① $\dfrac{5}{6}$ ② $\dfrac{4}{5}$ ③ $\dfrac{3}{4}$

④ $\dfrac{2}{3}$ ⑤ $\dfrac{1}{2}$

---

054 ★★☆ 2023년 10월학평 미적 27번

모든 항이 자연수인 등비수열 $\{a_n\}$에 대하여

$$\sum_{n=1}^{\infty} \frac{a_n}{3^n}=4$$

이고 급수 $\displaystyle\sum_{n=1}^{\infty} \frac{1}{a_{2n}}$이 실수 S에 수렴할 때, S의 값은? (3점)

① $\dfrac{1}{6}$ ② $\dfrac{1}{5}$ ③ $\dfrac{1}{4}$

④ $\dfrac{1}{3}$ ⑤ $\dfrac{1}{2}$

등비수열 $\{a_n\}$에 대하여

$$\sum_{n=1}^{\infty}(a_{2n-1}-a_{2n})=3,\quad \sum_{n=1}^{\infty}a_n{}^2=6$$

일 때, $\sum_{n=1}^{\infty}a_n$의 값은? (3점)

① 1   ② 2   ③ 3

④ 4   ⑤ 5

공차가 양수인 등차수열 $\{a_n\}$과 등비수열 $\{b_n\}$에 대하여 $a_1=b_1=1$, $a_2b_2=1$이고

$$\sum_{n=1}^{\infty}\left(\frac{1}{a_na_{n+1}}+b_n\right)=2$$

일 때, $\sum_{n=1}^{\infty}b_n$의 값은? (3점)

① $\dfrac{7}{6}$ ② $\dfrac{6}{5}$ ③ $\dfrac{5}{4}$

④ $\dfrac{4}{3}$ ⑤ $\dfrac{3}{2}$

첫째항이 자연수이고 공비가 $-\dfrac{1}{2}$인 등비수열 $\{a_n\}$이

$$\sum_{n=1}^{\infty}(\,|a_n+1|-a_n-1)=26$$

을 만족시킨다. $\sum_{n=1}^{\infty}a_n$의 값을 구하시오. (4점)

유형 07 급수의 수렴·발산의 진위 판정   동영상강의 ▶

☑ **출제경향**

급수의 수렴·발산은 수열의 극한의 수렴·발산과 등비급수의 수렴 조건과 연계되어 출제된다.

✏ **접근방법**

급수, 수열의 극한, 등비급수의 공비에 따른 수렴·발산 조건을 명확히 이해하여 거짓인 보기를 소거한다.

058 ★☆☆ 2009년 3월학평 가형 20번

두 수열 $\{a_n\}$, $\{b_n\}$에 대하여

$$a_n+b_n=2+\frac{1}{n} \quad (n=1,\ 2,\ 3,\ \cdots)$$

일 때, 옳은 것만을 [보기]에서 있는 대로 고른 것은? (4점)

[보기]

ㄱ. $\lim\limits_{n\to\infty}(a_n+b_n)=2$

ㄴ. 수열 $\{a_n\}$이 수렴하면 수열 $\{b_n\}$도 수렴한다.

ㄷ. $\sum\limits_{n=1}^{\infty}a_n$이 수렴하면 $\sum\limits_{n=1}^{\infty}b_n$도 수렴한다.

① ㄱ 　　② ㄱ, ㄴ 　　③ ㄱ, ㄷ
④ ㄴ, ㄷ 　　⑤ ㄱ, ㄴ, ㄷ

059 ★★☆ 2008년 4월학평 나형 13번

수열 $\{a_n\}$에 대하여 [보기]에서 옳은 것을 모두 고른 것은?

(4점)

[보기]

ㄱ. $\lim\limits_{n\to\infty}a_{2n}$이 수렴하면 $\lim\limits_{n\to\infty}a_n$도 수렴한다.

ㄴ. $\lim\limits_{n\to\infty}a_n$이 수렴하면 $\lim\limits_{n\to\infty}a_{2n}=\lim\limits_{n\to\infty}a_{2n-1}$이다.

ㄷ. 급수 $\sum\limits_{n=1}^{\infty}a_n$이 수렴하면 $\sum\limits_{n=1}^{\infty}a_{2n}$도 수렴한다.

① ㄱ 　　② ㄴ 　　③ ㄱ, ㄴ
④ ㄴ, ㄷ 　　⑤ ㄱ, ㄴ, ㄷ

060 ★★☆ 2010년 3월학평 가형 29번

두 수열 $\{a_n\}$, $\{b_n\}$에 대하여 옳은 것만을 [보기]에서 있는 대로 고른 것은? (4점)

[보기]

ㄱ. $\sum\limits_{n=1}^{\infty}a_n=1$, $\sum\limits_{n=1}^{\infty}b_n=2$이면 $\lim\limits_{n\to\infty}a_n<\lim\limits_{n\to\infty}b_n$이다.

ㄴ. 두 급수 $\sum\limits_{n=1}^{\infty}(a_n+b_n)$, $\sum\limits_{n=1}^{\infty}(a_n-b_n)$이 모두 수렴하면 두 수열 $\{a_n\}$, $\{b_n\}$도 모두 수렴한다.

ㄷ. 두 수열 $\{|a_n+b_n|\}$, $\{|a_n-b_n|\}$이 모두 수렴하면 두 수열 $\{a_n\}$, $\{b_n\}$도 모두 수렴한다.

① ㄴ 　　② ㄷ 　　③ ㄱ, ㄴ
④ ㄱ, ㄷ 　　⑤ ㄴ, ㄷ

061 ★★☆ 2007년 7월학평 나형 27번

수열의 극한값과 급수의 성질이다. [보기]에서 항상 옳은 것을 모두 고른 것은? (4점)

[보기]

ㄱ. $\sum\limits_{n=1}^{\infty}a_n=\alpha$, $\lim\limits_{n\to\infty}b_n=\beta$이면 $\lim\limits_{n\to\infty}a_nb_n=0$이다.

(단, α, β는 상수)

ㄴ. $\sum\limits_{n=1}^{\infty}(2a_n+b_n)$과 $\sum\limits_{n=1}^{\infty}(a_n-2b_n)$이 수렴하면 $\sum\limits_{n=1}^{\infty}a_n$과 $\sum\limits_{n=1}^{\infty}b_n$이 수렴한다.

ㄷ. $\lim\limits_{n\to\infty}a_nb_n=\alpha$이면 $\lim\limits_{n\to\infty}a_n$ 또는 $\lim\limits_{n\to\infty}b_n$이 수렴한다.

(단, α는 상수)

① ㄱ 　　② ㄴ 　　③ ㄷ
④ ㄱ, ㄴ 　　⑤ ㄴ, ㄷ

062 ★★☆ 2010학년도 9월모평 나형 13번

첫째항과 공차가 같은 등차수열 $\{a_n\}$에 대하여 $S_n = \sum_{k=1}^{n} a_k$라 할 때, 옳은 것만을 [보기]에서 있는 대로 고른 것은?

$($단, $a_1 > 0)$ (3점)

[보기]

ㄱ. 수열 $\{S_n\}$이 수렴한다.

ㄴ. 급수 $\sum_{n=1}^{\infty} \dfrac{1}{S_n}$이 수렴한다.

ㄷ. $\lim\limits_{n \to \infty} (\sqrt{S_{n+1}} - \sqrt{S_n})$이 존재한다.

① ㄴ   ② ㄷ   ③ ㄱ, ㄴ
④ ㄱ, ㄷ   ⑤ ㄴ, ㄷ

063 ★☆☆ 2005학년도 수능 나형 26번

등비수열 $\{a_n\}$에 대하여 옳은 것을 [보기]에서 모두 고른 것은? (3점)

[보기]

ㄱ. 등비급수 $\sum_{n=1}^{\infty} a_n$이 수렴하면 $\sum_{n=1}^{\infty} a_{2n}$도 수렴한다.

ㄴ. 등비급수 $\sum_{n=1}^{\infty} a_n$이 발산하면 $\sum_{n=1}^{\infty} a_{2n}$도 발산한다.

ㄷ. 등비급수 $\sum_{n=1}^{\infty} a_n$이 수렴하면 $\sum_{n=1}^{\infty} \left(a_n + \dfrac{1}{2}\right)$도 수렴한다.

① ㄱ   ② ㄴ   ③ ㄱ, ㄴ
④ ㄱ, ㄷ   ⑤ ㄴ, ㄷ

유형 08 등비급수의 활용   동영상강의 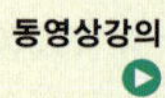

269-1-2-Y08

☑ **출제경향**

주기성, 규칙성과 등비수열이 연계되어 출제된다.

✎ **접근방법**

수열 a_n의 n에 숫자를 차례로 대입하여 규칙 또는 주기를 파악한다.

⌨ **단골공식**

거듭제곱의 일의 자리 수의 주기성

① $2^1 = 2$, $2^2 = 4$, $2^3 = 8$, $2^4 = 16$, $2^5 = 32$, $2^6 = 64$, $2^7 = 128$, $\cdots$

② $3^1 = 3$, $3^2 = 9$, $3^3 = 27$, $3^4 = 81$, $3^5 = 243$, $3^6 = 729$, $\cdots$

③ $7^1 = 7$, $7^2 = 49$, $7^3 = 343$, $7^4 = 2401$, $7^5 = 16807$, $7^6 = 117649$, $\cdots$

064 ★★☆ 2013학년도 6월모평 나형 18번

2보다 큰 자연수 n에 대하여 $(-3)^{n-1}$의 n제곱근 중 실수인 것의 개수를 a_n이라 할 때, $\sum_{n=3}^{\infty} \dfrac{a_n}{2^n}$의 값은? (4점)

① $\dfrac{1}{6}$ ② $\dfrac{1}{4}$ ③ $\dfrac{1}{3}$
④ $\dfrac{5}{12}$ ⑤ $\dfrac{1}{2}$

065 ★★★ 2005학년도 6월모평 나형 10번

한 변의 길이가 1인 정삼각형 ABC가 있다. 양수 r에 대하여 점 P_n을 다음 규칙에 따라 정한다.

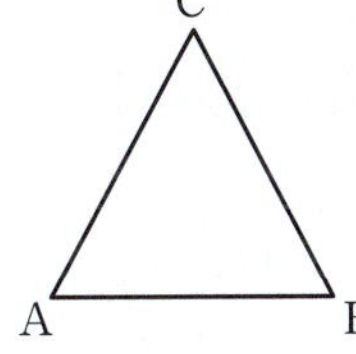

> (가) 점 P_1은 꼭짓점 A이다.
> (나) 점 P_{n+1}은 점 P_n에서 정삼각형 ABC의 변을 따라 시계 반대 방향으로 r^n만큼 이동한 점이다.

집합 S를 $S=\{P_n \mid n$은 자연수$\}$라 할 때, [보기]에서 옳은 것을 모두 고른 것은? (4점)

> [보기]
> ㄱ. $r=2$이면 점 P_3은 꼭짓점 C이다.
> ㄴ. $r=\dfrac{4}{5}$이면 변 CA 위에 S의 원소가 무수히 많다.
> ㄷ. $0<r<\dfrac{1}{2}$이면 변 AB 위에 S의 원소가 무수히 많다.

① ㄴ ② ㄷ ③ ㄱ, ㄴ
④ ㄱ, ㄷ ⑤ ㄴ, ㄷ

066 ★★★ 2011년 7월학평 나형 16번

그림과 같이 중심이 $A(0, 1)$이고 반지름의 길이가 1인 원 위의 점 P_n과 x축 위의 점 Q_n은 다음 규칙을 만족한다.

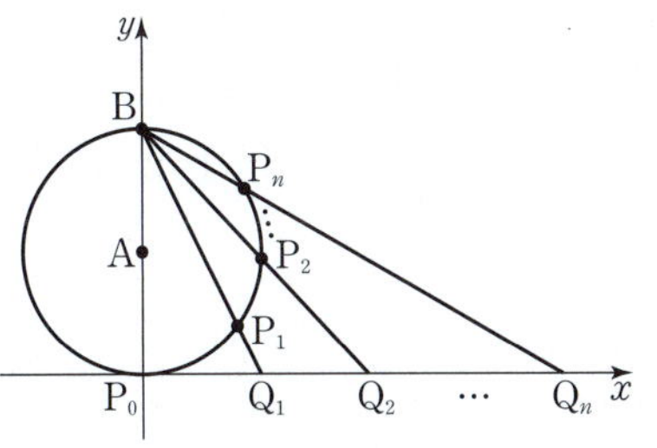

> (가) 점 P_0은 원점이고, 점 P_n은 제1사분면의 점이다.
> (나) 호 $P_{n-1}P_n$의 길이를 l_n이라 할 때, $l_{n+1}=rl_n$이다.
> (다) 점 Q_n은 점 $B(0, 2)$와 점 P_n을 이은 직선이 x축과 만나는 점이다.

$Q_2(2, 0)$이고 $\displaystyle\sum_{n=1}^{\infty} l_n = \dfrac{8}{15}\pi$일 때, 상수 r의 값은? (3점)

① $\dfrac{1}{6}$ ② $\dfrac{1}{5}$ ③ $\dfrac{1}{4}$

④ $\dfrac{1}{3}$ ⑤ $\dfrac{1}{2}$

067 ★★☆ 2010년 3월학평 가형 24번

수열 $\{a_n\}$을 다음과 같이 정의한다.

> (가) $a_1=2$
> (나) $a_{n+1}=(a_n{}^2+a_n$을 5로 나눈 나머지$)$
> $(n=1, 2, 3, \cdots)$

$\displaystyle\sum_{n=1}^{\infty} \dfrac{a_n}{3^n} = \dfrac{q}{p}$일 때, $p+q$의 값을 구하시오.

(단, p, q는 서로소인 자연수이다.) (4점)

068 ★★★ 2026학년도 <u>수능</u> 미적 29번

첫째항과 공차가 같은 등차수열 $\{a_n\}$과 등비수열 $\{b_n\}$이 다음 조건을 만족시킨다.

> 어떤 자연수 k에 대하여
> $$b_{k+i}=\frac{1}{a_i}-1 \ (i=1,\ 2,\ 3)$$
> 이다.

부등식

$$0<\sum_{n=1}^{\infty}\left(b_n-\frac{1}{a_n a_{n+1}}\right)<30$$

이 성립할 때, $a_2\times\sum_{n=1}^{\infty}b_{2n}=\dfrac{q}{p}$이다. $p+q$의 값을 구하시오.

(단, $a_1\neq 0$이고, p와 q는 서로소인 자연수이다.) (4점)

069 ★★★ 2026학년도 9월모평 미적 29번

첫째항이 양수이고 공비가 유리수인 등비수열 $\{a_n\}$에 대하여 급수 $\displaystyle\sum_{n=1}^{\infty}a_n$이 수렴하고, 수열 $\{a_n\}$이 다음 조건을 만족시킨다.

> (가) $a_1+a_2<10$
> (나) 수열 $\{a_n\}$의 정수인 항의 개수는 3이고, 이 세 항의 곱은 216이다.

$\displaystyle\sum_{n=1}^{\infty}a_n=\dfrac{q}{p}$일 때, $p+q$의 값을 구하시오.

(단, p와 q는 서로소인 자연수이다.) (4점)

유형 09 급수의 활용 – 무한히 반복하는 도형 ☆중요   동영상강의 ▶

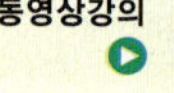

☑ **출제경향**

반복하는 도형과 등비급수를 연계한 고난도 유형이다.

✏ **접근방법**

주어진 그림을 이용하여 닮음비와 규칙성을 파악하여 급수를 계산한다.

🔢 **단골공식**

닮음비가 $m:n\ (m>n)$인 도형의

① 길이의 합 : 공비가 $\dfrac{n}{m}$인 등비급수

② 넓이의 합 : 공비가 $\dfrac{n^2}{m^2}$인 등비급수

※ 등비급수의 합 $S=\dfrac{a}{1-r}$ (첫째항 : a, 공비 : r, $-1<r<1$)

070 ★★☆ 2023학년도 6월모평 미적 26번

그림과 같이 $\overline{A_1B_1}=2$, $\overline{B_1A_2}=3$이고 $\angle A_1B_1A_2=\dfrac{\pi}{3}$인

삼각형 $A_1A_2B_1$과 이 삼각형의 외접원 O_1이 있다.

점 A_2를 지나고 직선 A_1B_1에 평행한 직선이 원 O_1과 만나는

점 중 A_2가 아닌 점을 B_2라 하자. 두 선분 A_1B_2, B_1A_2가

만나는 점을 C_1이라 할 때, 두 삼각형 $A_1A_2C_1$, $B_1C_1B_2$로

만들어진 $\gtrless$ 모양의 도형에 색칠하여 얻은 그림을 R_1이라

하자. 그림 R_1에서 점 B_2를 지나고 직선 B_1A_2에 평행한

직선이 직선 A_1A_2와 만나는 점을 A_3이라 할 때, 삼각형

$A_2A_3B_2$의 외접원을 O_2라 하자. 그림 R_1을 얻은 것과 같은

방법으로 두 점 B_3, C_2를 잡아 원 O_2에 $\gtrless$ 모양의 도형을

그리고 색칠하여 얻은 그림을 R_2라 하자.

이와 같은 과정을 계속하여 n번째 얻은 그림 R_n에 색칠되어

있는 부분의 넓이를 S_n이라 할 때, $\lim\limits_{n\to\infty} S_n$의 값은? (3점)

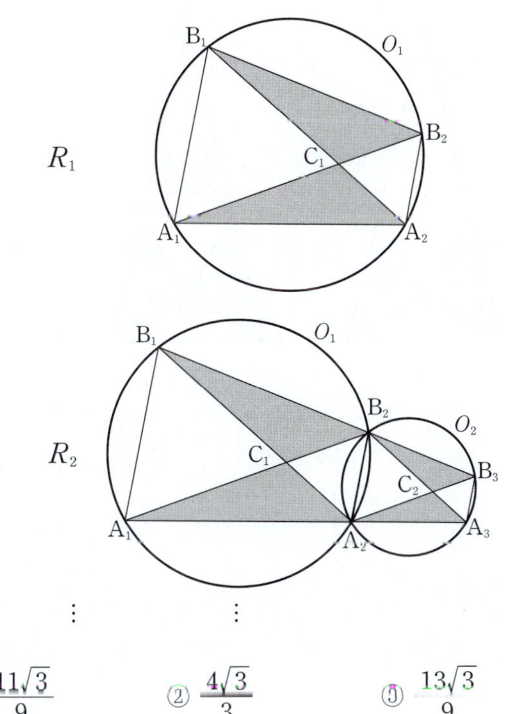

① $\dfrac{11\sqrt{3}}{9}$ ② $\dfrac{4\sqrt{3}}{3}$ ③ $\dfrac{13\sqrt{3}}{9}$

④ $\dfrac{14\sqrt{3}}{9}$ ⑤ $\dfrac{5\sqrt{3}}{3}$

071 ★★★ 2023년 4월학평 미적 28번

그림과 같이 $\overline{AB_1}=2$, $\overline{B_1C_1}=\sqrt{3}$, $\overline{C_1D_1}=1$이고

$\angle C_1B_1A=\dfrac{\pi}{2}$인 사다리꼴 $AB_1C_1D_1$이 있다. 세 점 A, B_1,

D_1을 지나는 원이 선분 B_1C_1과 만나는 점 중 B_1이 아닌 점을

E_1이라 할 때, 두 선분 C_1D_1, C_1E_1과 호 E_1D_1로 둘러싸인

부분과 선분 B_1E_1과 호 B_1E_1로 둘러싸인 부분인 γ 모양의

도형에 색칠하여 얻은 그림을 R_1이라 하자.

그림 R_1에서 선분 AB_1 위의 점 B_2, 호 E_1D_1 위의 점 C_2,

선분 AD_1 위의 점 D_2와 점 A를 꼭짓점으로 하고

$\overline{B_2C_2}:\overline{C_2D_2}=\sqrt{3}:1$이고 $\angle C_2B_2A=\dfrac{\pi}{2}$인 사다리꼴

$AB_2C_2D_2$를 그린다. 그림 R_1을 얻은 것과 같은 방법으로

점 E_2를 잡고, 사다리꼴 $AB_2C_2D_2$에 γ 모양의 도형을

그리고 색칠하여 얻은 그림을 R_2라 하자.

이와 같은 과정을 계속하여 n번째 얻은 그림 R_n에 색칠되어

있는 부분의 넓이를 S_n이라 할 때, $\lim\limits_{n\to\infty} S_n$의 값은? (4점)

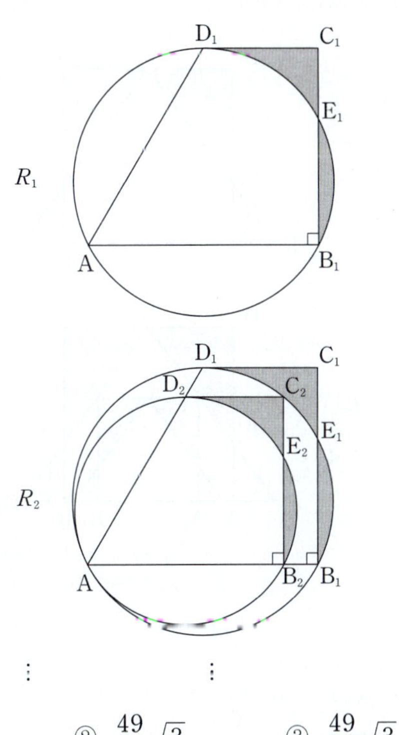

① $\dfrac{49}{144}\sqrt{3}$ ② $\dfrac{49}{122}\sqrt{3}$ ③ $\dfrac{49}{100}\sqrt{3}$

④ $\dfrac{49}{78}\sqrt{3}$ ⑤ $\dfrac{7}{8}\sqrt{3}$

그림과 같이 한 변의 길이가 4인 정사각형 $A_1B_1C_1D_1$이 있다. 선분 C_1D_1의 중점을 E_1이라 하고, 직선 A_1B_1 위에 두 점 F_1, G_1을 $\overline{E_1F_1}=\overline{E_1G_1}$, $\overline{E_1F_1}:\overline{F_1G_1}=5:6$이 되도록 잡고 이등변삼각형 $E_1F_1G_1$을 그린다. 선분 D_1A_1과 선분 E_1F_1의 교점을 P_1, 선분 B_1C_1과 선분 G_1E_1의 교점을 Q_1이라 할 때, 네 삼각형 $E_1D_1P_1$, $P_1F_1A_1$, $Q_1B_1G_1$, $E_1Q_1C_1$로 만들어진 ⊓ 모양의 도형에 색칠하여 얻은 그림을 R_1이라 하자.

그림 R_1에 선분 F_1G_1 위의 두 점 A_2, B_2와 선분 G_1E_1 위의 점 C_2, 선분 E_1F_1 위의 점 D_2를 꼭짓점으로 하는 정사각형 $A_2B_2C_2D_2$를 그리고, 그림 R_1을 얻는 것과 같은 방법으로 정사각형 $A_2B_2C_2D_2$에 ⊓ 모양의 도형을 그리고 색칠하여 얻은 그림을 R_2라 하자. 이와 같은 과정을 계속하여 n번째 얻은 그림 R_n에 색칠되어 있는 부분의 넓이를 S_n이라 할 때, $\lim_{n\to\infty} S_n$의 값은? (4점)

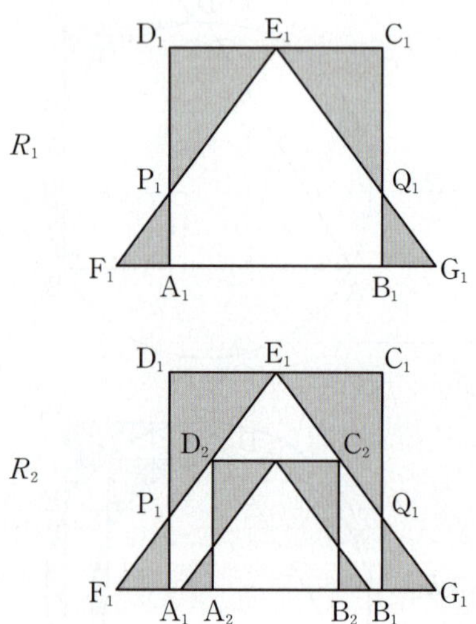

① $\dfrac{61}{6}$　　② $\dfrac{125}{12}$　　③ $\dfrac{32}{3}$

④ $\dfrac{131}{12}$　　⑤ $\dfrac{67}{6}$

그림과 같이 $\overline{AB_1}=\overline{AC_1}=\sqrt{17}$, $\overline{B_1C_1}=2$인 삼각형 AB_1C_1이 있다. 선분 AB_1 위의 점 B_2, 선분 AC_1 위의 점 C_2, 삼각형 AB_1C_1의 내부의 점 D_1을

$$\overline{B_1D_1}=\overline{B_2D_1}=\overline{C_1D_1}=\overline{C_2D_1},\ \angle B_1D_1B_2=\angle C_1D_1C_2=\frac{\pi}{2}$$

가 되도록 잡고, 두 삼각형 $B_1D_1B_2$, $C_1D_1C_2$에 색칠하여 얻은 그림을 R_1이라 하자. 그림 R_1에서 선분 AB_2 위의 점 B_3, 선분 AC_2 위의 점 C_3, 삼각형 AB_2C_2의 내부의 점 D_2를

$$\overline{B_2D_2}=\overline{B_3D_2}=\overline{C_2D_2}=\overline{C_3D_2},\ \angle B_2D_2B_3=\angle C_2D_2C_3=\frac{\pi}{2}$$

가 되도록 잡고, 두 삼각형 $B_2D_2B_3$, $C_2D_2C_3$에 색칠하여 얻은 그림을 R_2라 하자. 이와 같은 과정을 계속하여 n번째 얻은 그림 R_n에 색칠되어 있는 부분의 넓이를 S_n이라 할 때, $\lim_{n\to\infty} S_n$의 값은? (3점)

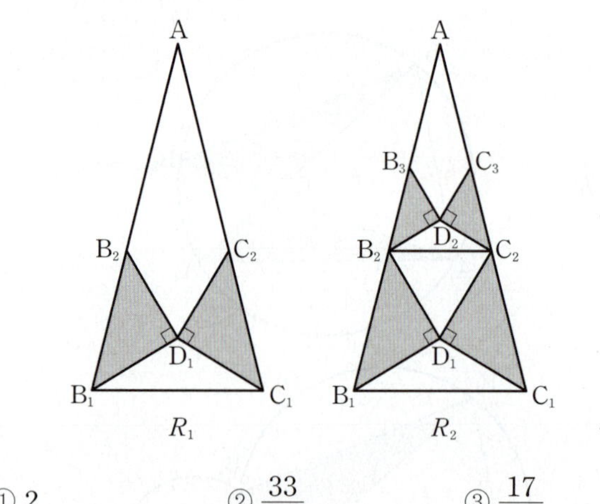

① 2　　② $\dfrac{33}{16}$　　③ $\dfrac{17}{8}$

④ $\dfrac{35}{16}$　　⑤ $\dfrac{9}{4}$

074 ★★★ 2021년 4월학평 미적 28번

그림과 같이 길이가 4인 선분 A_1B_1을 지름으로 하는 원 O_1이 있다. 원 O_1의 외부에 $\angle B_1A_1C_1 = \dfrac{\pi}{2}$, $\overline{A_1B_1} : \overline{A_1C_1} = 4 : 3$이 되도록 점 C_1을 잡고 두 선분 A_1C_1, B_1C_1을 그린다. 원 O_1과 선분 B_1C_1의 교점 중 B_1이 아닌 점을 D_1이라 하고, 점 D_1을 포함하지 않는 호 A_1B_1과 두 선분 A_1D_1, B_1D_1로 둘러싸인 부분에 색칠하여 얻은 그림을 R_1이라 하자.

그림 R_1에서 호 A_1D_1과 두 선분 A_1C_1, C_1D_1에 동시에 접하는 원 O_2를 그리고 선분 A_1C_1과 원 O_2의 교점을 A_2, 점 A_2를 지나고 직선 A_1B_1과 평행한 직선이 원 O_2와 만나는 점 중 A_2가 아닌 점을 B_2라 하자. 그림 R_1에서 얻은 것과 같은 방법으로 두 점 C_2, D_2를 잡고, 점 D_2를 포함하지 않는 호 A_2B_2와 두 선분 A_2D_2, B_2D_2로 둘러싸인 부분에 색칠하여 얻은 그림을 R_2라 하자.

이와 같은 과정을 계속하여 n번째 얻은 그림 R_n에 색칠되어 있는 부분의 넓이를 S_n이라 할 때, $\lim\limits_{n \to \infty} S_n$의 값은? (4점)

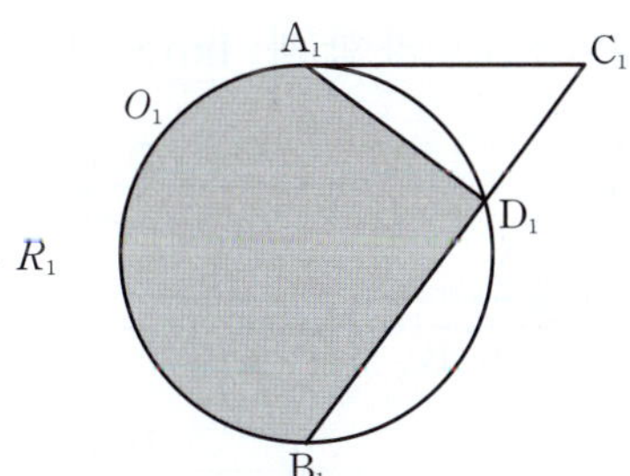

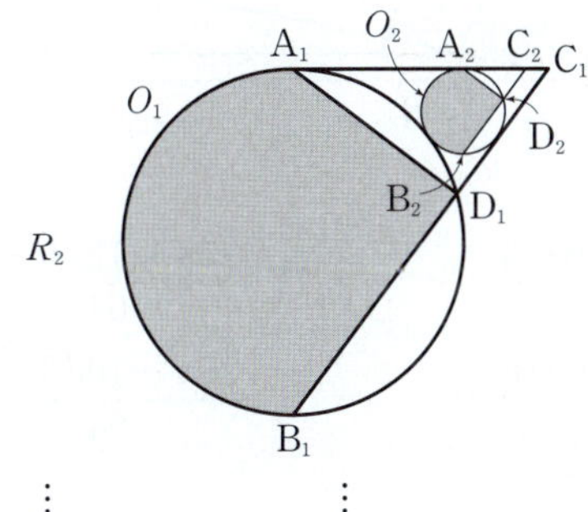

① $\dfrac{32}{15}\pi + \dfrac{256}{125}$ ② $\dfrac{9}{4}\pi + \dfrac{54}{25}$ ③ $\dfrac{32}{15}\pi + \dfrac{512}{125}$

④ $\dfrac{9}{4}\pi + \dfrac{108}{25}$ ⑤ $\dfrac{8}{3}\pi + \dfrac{128}{25}$

075 ★★★ 2020년 4월학평 가형 18번

그림과 같이 두 선분 A_1B_1, C_1D_1이 서로 평행하고 $\overline{A_1B_1} = 10$, $\overline{B_1C_1} = \overline{C_1D_1} = \overline{D_1A_1} = 6$인 사다리꼴 $A_1B_1C_1D_1$이 있다. 세 선분 B_1C_1, C_1D_1, D_1A_1의 중점을 각각 E_1, F_1, G_1이라 하고 두 개의 삼각형 $C_1F_1E_1$, $D_1G_1F_1$을 색칠하여 얻은 그림을 R_1이라 하자.

그림 R_1에 선분 A_1B_1 위의 두 점 A_2, B_2와 선분 E_1F_1 위의 점 C_2, 선분 F_1G_1 위의 점 D_2를 꼭짓점으로 하고 두 선분 A_2B_2, C_2D_2가 서로 평행하며 $\overline{B_2C_2} = \overline{C_2D_2} = \overline{D_2A_2}$, $\overline{A_2B_2} : \overline{B_2C_2} = 5 : 3$인 사다리꼴 $A_2B_2C_2D_2$를 그린다.

그림 R_1을 얻는 것과 같은 방법으로 사다리꼴 $A_2B_2C_2D_2$에 두 개의 삼각형을 그리고 색칠하여 얻은 그림을 R_2라 하자.

이와 같은 과정을 계속하여 n번째 얻은 그림 R_n에 색칠되어 있는 부분의 넓이를 S_n이라 할 때, $\lim\limits_{n \to \infty} S_n$의 값은? (4점)

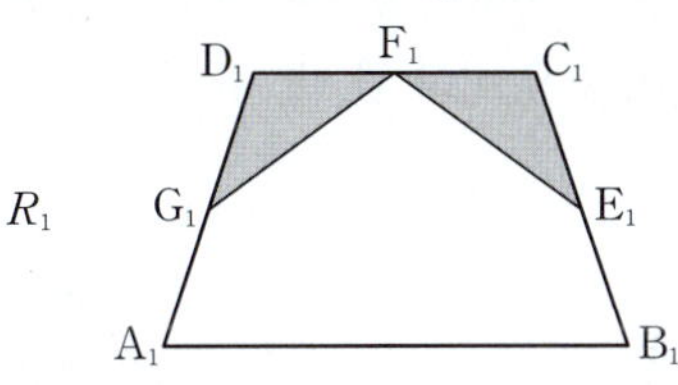

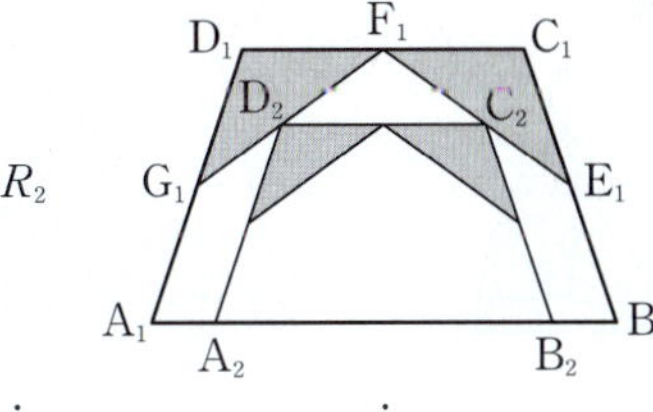

① $\dfrac{234}{19}\sqrt{2}$ ② $\dfrac{236}{19}\sqrt{2}$ ③ $\dfrac{238}{19}\sqrt{2}$

④ $\dfrac{240}{19}\sqrt{2}$ ⑤ $\dfrac{242}{19}\sqrt{2}$

그림과 같이 중심이 O_1, 반지름의 길이가 1이고 중심각의 크기가 $\dfrac{5\pi}{12}$인 부채꼴 $O_1A_1O_2$가 있다. 호 A_1O_2 위에 점 B_1을 $\angle A_1O_1B_1=\dfrac{\pi}{4}$가 되도록 잡고, 부채꼴 $O_1A_1B_1$에 색칠하여 얻은 그림을 R_1이라 하자.

그림 R_1에서 점 O_2를 지나고 선분 O_1A_1에 평행한 직선이 직선 O_1B_1과 만나는 점을 A_2라 하자. 중심이 O_2이고 중심각의 크기가 $\dfrac{5\pi}{12}$인 부채꼴 $O_2A_2O_3$을 부채꼴 $O_1A_1B_1$과 겹치지 않도록 그린다. 호 A_2O_3 위에 점 B_2를 $\angle A_2O_2B_2=\dfrac{\pi}{4}$가 되도록 잡고, 부채꼴 $O_2A_2B_2$에 색칠하여 얻은 그림을 R_2라 하자.

이와 같은 과정을 계속하여 n번째 얻은 그림 R_n에 색칠되어 있는 부분의 넓이를 S_n이라 할 때, $\displaystyle\lim_{n\to\infty}S_n$의 값은? (3점)

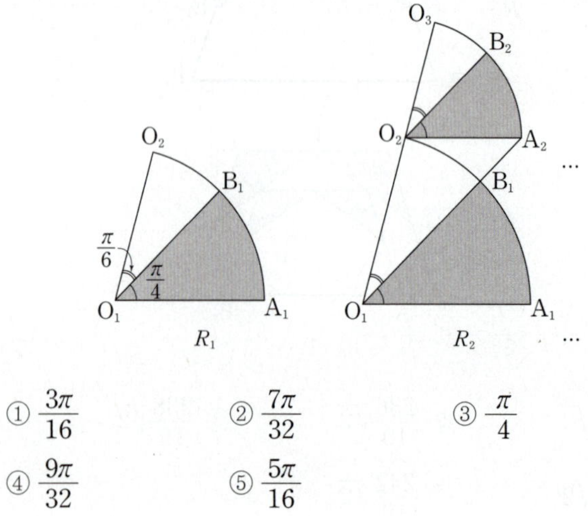

① $\dfrac{3\pi}{16}$　　② $\dfrac{7\pi}{32}$　　③ $\dfrac{\pi}{4}$

④ $\dfrac{9\pi}{32}$　　⑤ $\dfrac{5\pi}{16}$

그림과 같이 $\overline{A_1B_1}=1$, $\overline{B_1C_1}=2\sqrt{6}$인 직사각형 $A_1B_1C_1D_1$이 있다. 중심이 B_1이고 반지름의 길이가 1인 원이 선분 B_1C_1과 만나는 점을 E_1이라 하고, 중심이 D_1이고 반지름의 길이가 1인 원이 선분 A_1D_1과 만나는 점을 F_1이라 하자. 선분 B_1D_1이 호 A_1E_1, 호 C_1F_1과 만나는 점을 각각 B_2, D_2라 하고, 두 선분 B_1B_2, D_1D_2의 중점을 각각 G_1, H_1이라 하자. 두 선분 A_1G_1, G_1B_2와 호 B_2A_1로 둘러싸인 부분인 ◣ 모양의 도형과 두 선분 D_2H_1, H_1F_1과 호 F_1D_2로 둘러싸인 부분인 ◥ 모양의 도형에 색칠하여 얻은 그림을 R_1이라 하자.

그림 R_1에서 선분 B_2D_2가 대각선이고 모든 변이 선분 A_1B_1 또는 선분 B_1C_1에 평행한 직사각형 $A_2B_2C_2D_2$를 그린다. 직사각형 $A_2B_2C_2D_2$에 그림 R_1을 얻은 것과 같은 방법으로 ◣ 모양의 도형과 ◥ 모양의 도형을 그리고 색칠하여 얻은 그림을 R_2라 하자.

이와 같은 과정을 계속하여 n번째 얻은 그림 R_n에 색칠되어 있는 부분의 넓이를 S_n이라 할 때, $\displaystyle\lim_{n\to\infty}S_n$의 값은? (3점)

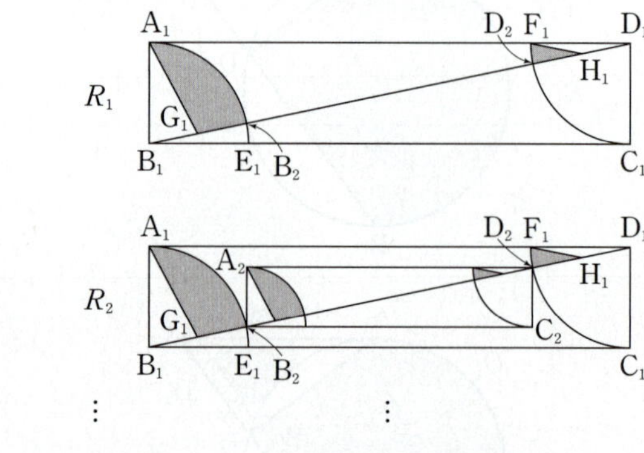

① $\dfrac{25\pi-12\sqrt{6}-5}{64}$　　② $\dfrac{25\pi-12\sqrt{6}-4}{64}$

③ $\dfrac{25\pi-10\sqrt{6}-6}{64}$　　④ $\dfrac{25\pi-10\sqrt{6}-5}{64}$

⑤ $\dfrac{25\pi-10\sqrt{6}-4}{64}$

그림과 같이 $\overline{A_1B_1}=2$, $\overline{B_1C_1}=2\sqrt{3}$인 직사각형 $A_1B_1C_1D_1$이 있다. 선분 A_1D_1을 $1:2$로 내분하는 점을 E_1이라 하고 선분 B_1C_1을 지름으로 하는 반원의 호 B_1C_1이 두 선분 B_1E_1, B_1D_1과 만나는 점 중 점 B_1이 아닌 점을 각각 F_1, G_1이라 하자. 세 선분 F_1E_1, E_1D_1, D_1G_1과 호 F_1G_1로 둘러싸인 ▱ 모양의 도형에 색칠하여 얻은 그림을 R_1이라 하자. 그림 R_1에 선분 B_1G_1 위의 점 A_2, 호 G_1C_1 위의 점 D_2와 선분 B_1C_1 위의 두 점 B_2, C_2를 꼭짓점으로 하고 $\overline{A_2B_2}:\overline{B_2C_2}=1:\sqrt{3}$인 직사각형 $A_2B_2C_2D_2$를 그린다. 직사각형 $A_2B_2C_2D_2$에 그림 R_1을 얻은 것과 같은 방법으로 ▱ 모양의 도형을 그리고 색칠하여 얻은 그림을 R_2라 하자. 이와 같은 과정을 계속하여 n번째 얻은 그림 R_n에 색칠되어 있는 부분의 넓이를 S_n이라 할 때, $\lim\limits_{n\to\infty} S_n$의 값은?

(4점)

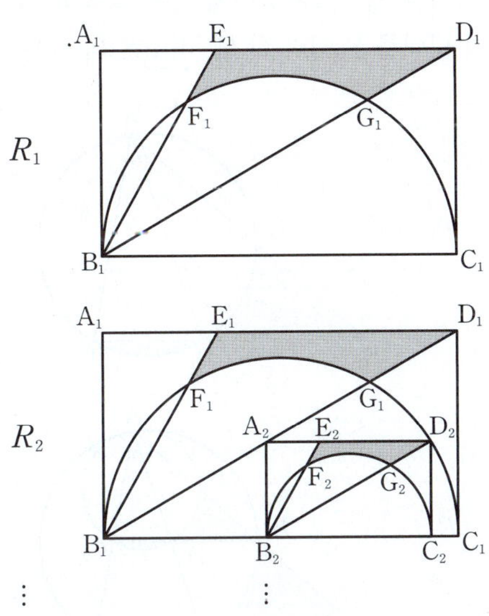

① $\dfrac{169}{864}(8\sqrt{3}-3\pi)$

② $\dfrac{169}{798}(8\sqrt{3}-3\pi)$

③ $\dfrac{169}{720}(8\sqrt{3}-3\pi)$

④ $\dfrac{169}{864}(16\sqrt{3}-3\pi)$

⑤ $\dfrac{169}{798}(16\sqrt{3}-3\pi)$

그림과 같이 한 변의 길이가 2인 정삼각형 $A_1B_1C_1$이 있다. 세 선분 A_1B_1, B_1C_1, C_1A_1의 중점을 각각 L_1, M_1, N_1이라 하고, 중심이 M_1, 반지름의 길이가 $\overline{M_1N_1}$이고 중심각의 크기가 $60°$인 부채꼴 $M_1N_1L_1$을 그린 후 부채꼴 $M_1N_1L_1$의 호 N_1L_1과 두 선분 A_1L_1, A_1N_1로 둘러싸인 부분인 △ 모양의 도형을 T_1이라 하자. 두 정삼각형 $L_1B_1M_1$과 $N_1M_1C_1$에 도형 T_1을 얻은 것과 같은 방법으로 만들어지는 각각의 부채꼴의 호와 두 선분으로 둘러싸인 부분인 △ 모양의 도형을 각각 T_2, T_3이라 하자. 정삼각형 $A_1B_1C_1$에서 세 도형 T_1, T_2, T_3으로 이루어진 △ 모양의 도형에 색칠하여 얻은 그림을 R_1이라 하자.
그림 R_1에서 부채꼴 $M_1N_1L_1$의 호 N_1L_1을 이등분하는 점을 A_2라 할 때, 부채꼴 $M_1N_1L_1$에 내접하는 정삼각형 $A_2B_2C_2$를 그리고 그림 R_1을 얻은 것과 같은 방법으로 만들어지는 △ 모양의 도형에 색칠하여 얻은 그림을 R_2라 하자.
이와 같은 과정을 계속하여 n번째 얻은 그림 R_n에 색칠되어 있는 부분의 넓이를 S_n이라 할 때, $\lim\limits_{n\to\infty} S_n$의 값은? (4점)

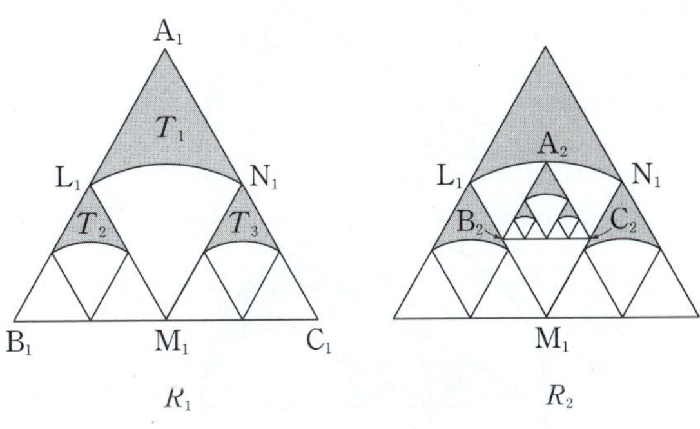

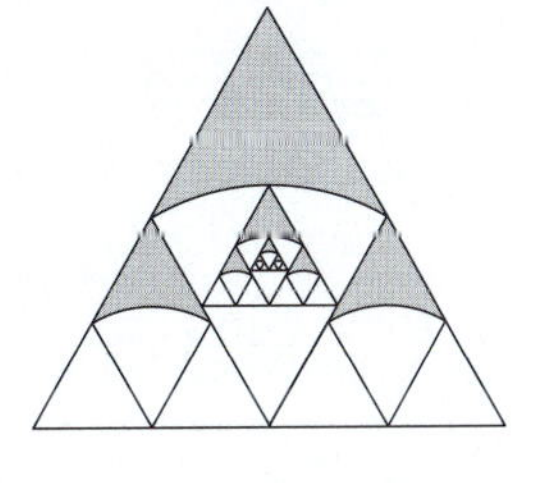

① $\dfrac{3(3\sqrt{3}-\pi)}{11}$

② $\dfrac{13(3\sqrt{3}-\pi)}{44}$

③ $\dfrac{7(3\sqrt{3}-\pi)}{22}$

④ $\dfrac{15(3\sqrt{3}-\pi)}{44}$

⑤ $\dfrac{4(3\sqrt{3}-\pi)}{11}$

그림과 같이 길이가 2인 선분 A_1B를 지름으로 하는 반원 O_1이 있다. 호 BA_1 위에 점 C_1을 $\angle BA_1C_1=\dfrac{\pi}{6}$가 되도록 잡고, 선분 A_2B를 지름으로 하는 반원 O_2가 선분 A_1C_1과 접하도록 선분 A_1B 위에 점 A_2를 잡는다. 반원 O_2와 선분 A_1C_1의 접점을 D_1이라 할 때, 두 선분 A_1A_2, A_1D_1과 호 D_1A_2로 둘러싸인 부분과 선분 C_1D_1과 두 호 BC_1, BD_1로 둘러싸인 부분인 ⌒ 모양의 도형에 색칠하여 얻은 그림을 R_1이라 하자.

그림 R_1에서 호 BA_2 위에 점 C_2를 $\angle BA_2C_2=\dfrac{\pi}{6}$가 되도록 잡고, 선분 A_3B를 지름으로 하는 반원 O_3이 선분 A_2C_2와 접하도록 선분 A_2B 위에 점 A_3을 잡는다. 반원 O_3과 선분 A_2C_2의 접점을 D_2라 할 때, 두 선분 A_2A_3, A_2D_2와 호 D_2A_3으로 둘러싸인 부분과 선분 C_2D_2와 두 호 BC_2, BD_2로 둘러싸인 부분인 ⌒ 모양의 도형에 색칠하여 얻은 그림을 R_2라 하자.

이와 같은 과정을 계속하여 n번째 얻은 그림 R_n에 색칠되어 있는 부분의 넓이를 S_n이라 할 때, $\displaystyle\lim_{n\to\infty}S_n$의 값은? (3점)

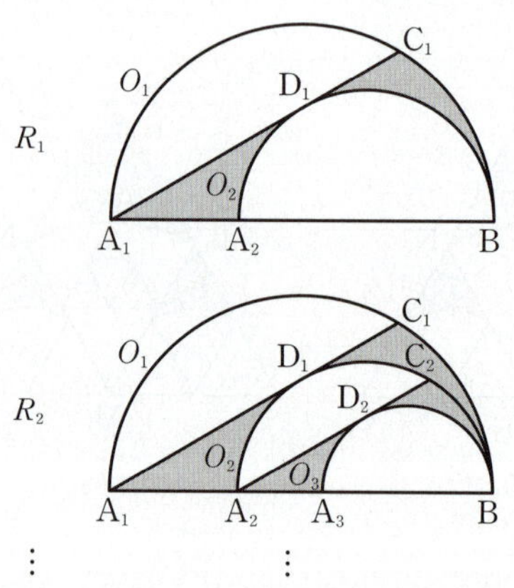

① $\dfrac{4\sqrt{3}-\pi}{10}$　② $\dfrac{9\sqrt{3}-2\pi}{20}$　③ $\dfrac{8\sqrt{3}-\pi}{20}$

④ $\dfrac{5\sqrt{3}-\pi}{10}$　⑤ $\dfrac{9\sqrt{3}-\pi}{20}$

그림과 같이 $\overline{AB_1}=3$, $\overline{AC_1}=2$이고 $\angle B_1AC_1=\dfrac{\pi}{3}$인 삼각형 AB_1C_1이 있다. $\angle B_1AC_1$의 이등분선이 선분 B_1C_1과 만나는 점을 D_1, 세 점 A, D_1, C_1을 지나는 원이 선분 AB_1과 만나는 점 중 A가 아닌 점을 B_2라 할 때, 두 선분 B_1B_2, B_1D_1과 호 B_2D_1로 둘러싸인 부분과 선분 C_1D_1과 호 C_1D_1로 둘러싸인 부분인 △ 모양의 도형에 색칠하여 얻은 그림을 R_1이라 하자.

그림 R_1에서 점 B_2를 지나고 직선 B_1C_1에 평행한 직선이 두 선분 AD_1, AC_1과 만나는 점을 각각 D_2, C_2라 하자. 세 점 A, D_2, C_2를 지나는 원이 선분 AB_2와 만나는 점 중 A가 아닌 점을 B_3이라 할 때, 두 선분 B_2B_3, B_2D_2와 호 B_3D_2로 둘러싸인 부분과 선분 C_2D_2와 호 C_2D_2로 둘러싸인 부분인 △ 모양의 도형에 색칠하여 얻은 그림을 R_2라 하자.

이와 같은 과정을 계속하여 n번째 얻은 그림 R_n에 색칠되어 있는 부분의 넓이를 S_n이라 할 때, $\displaystyle\lim_{n\to\infty}S_n$의 값은? (4점)

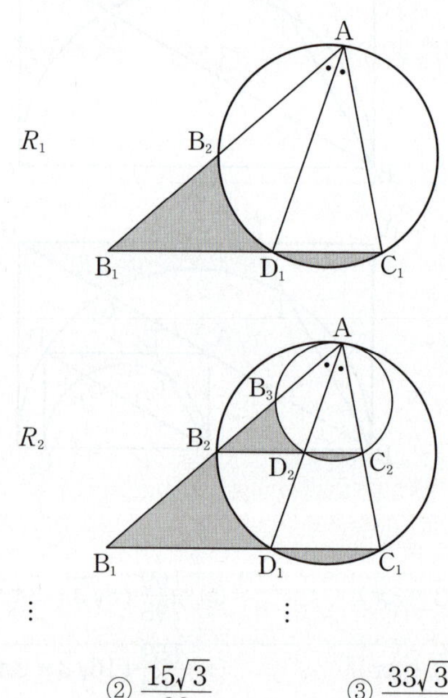

① $\dfrac{27\sqrt{3}}{46}$　② $\dfrac{15\sqrt{3}}{23}$　③ $\dfrac{33\sqrt{3}}{46}$

④ $\dfrac{18\sqrt{3}}{23}$　⑤ $\dfrac{39\sqrt{3}}{46}$

그림과 같이 한 변의 길이가 6인 정삼각형 ABC가 있다. 정삼각형 ABC의 외심을 O라 할 때, 중심이 A이고 반지름의 길이가 $\overline{AO}$인 원을 O_A, 중심이 B이고 반지름의 길이가 $\overline{BO}$인 원을 O_B, 중심이 C이고 반지름의 길이가 $\overline{CO}$인 원을 O_C라 하자. 원 O_A와 원 O_B의 내부의 공통부분, 원 O_A와 원 O_C의 내부의 공통부분, 원 O_B와 원 O_C의 내부의 공통부분 중 삼각형 ABC 내부에 있는 ⅄ 모양의 도형에 색칠하여 얻은 그림을 R_1이라 하자.

그림 R_1에 원 O_A가 두 선분 AB, AC와 만나는 점을 각각 D, E, 원 O_B가 두 선분 AB, BC와 만나는 점을 각각 F, G, 원 O_C가 두 선분 BC, AC와 만나는 점을 각각 H, I 라 하고, 세 정삼각형 AFI, BHD, CEG에서 R_1을 얻는 과정과 같은 방법으로 각각 만들어지는 ⅄ 모양의 도형 3개에 색칠하여 얻은 그림을 R_2라 하자.

그림 R_2에 새로 만들어진 세 개의 정삼각형에 각각 R_1에서 R_2를 얻는 과정과 같은 방법으로 만들어지는 ⅄ 모양의 도형 9개에 색칠하여 얻은 그림을 R_3이라 하자.

이와 같은 과정을 계속하여 n번째 얻은 그림 R_n에 색칠되어 있는 부분의 넓이를 S_n이라 할 때, $\lim\limits_{n \to \infty} S_n$의 값은? (4점)

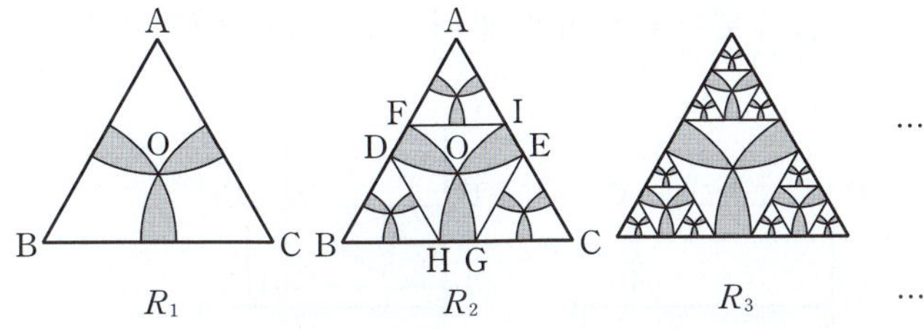

① $(2\pi - 3\sqrt{3})(\sqrt{3}+3)$ ② $(\pi - \sqrt{3})(\sqrt{3}+3)$

③ $(2\pi - 3\sqrt{3})(2\sqrt{3}+3)$ ④ $(\pi - \sqrt{3})(2\sqrt{3}+3)$

⑤ $(2\pi - 2\sqrt{3})(\sqrt{3}+3)$

그림과 같이 $\overline{OA_1}=\sqrt{3}$, $\overline{OC_1}=1$인 직사각형 $OA_1B_1C_1$이 있다. 선분 B_1C_1 위의 $\overline{B_1D_1}=2\overline{C_1D_1}$인 점 D_1에 대하여 중심이 B_1이고 반지름의 길이가 $\overline{B_1D_1}$인 원과 선분 OA_1의 교점을 E_1, 중심이 C_1이고 반지름의 길이가 $\overline{C_1D_1}$인 원과 선분 OC_1의 교점을 C_2라 하자. 부채꼴 $B_1D_1E_1$의 내부와 부채꼴 $C_1C_2D_1$의 내부로 이루어진 ⑄ 모양의 도형에 색칠하여 얻은 그림을 R_1이라 하자.

그림 R_1에서 선분 OA_1 위의 점 A_2, 호 D_1E_1 위의 점 B_2와 점 C_2, 점 O를 꼭짓점으로 하는 직사각형 $OA_2B_2C_2$를 그리고, 그림 R_1을 얻은 것과 같은 방법으로 직사각형 $OA_2B_2C_2$에 ⑄ 모양의 도형을 그리고 색칠하여 얻은 그림을 R_2라 하자.

이와 같은 과정을 계속하여 n번째 얻은 그림 R_n에 색칠되어 있는 부분의 넓이를 S_n이라 할 때, $\lim\limits_{n \to \infty} S_n$의 값은? (3점)

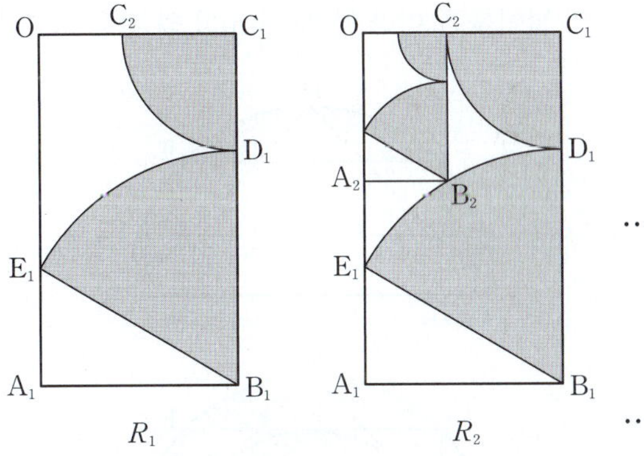

① $\dfrac{5+2\sqrt{3}}{12}\pi$ ② $\dfrac{2+\sqrt{3}}{6}\pi$ ③ $\dfrac{3+2\sqrt{3}}{12}\pi$

④ $\dfrac{1+\sqrt{3}}{6}\pi$ ⑤ $\dfrac{1+2\sqrt{3}}{12}\pi$

그림과 같이 길이가 4인 선분 A_1B_1을 지름으로 하는 반원 O_1의 호 A_1B_1을 4등분하는 점을 점 A_1에서 가까운 순서대로 각각 C_1, D_1, E_1이라 하고, 두 점 C_1, E_1에서 선분 A_1B_1에 내린 수선의 발을 각각 A_2, B_2라 하자. 사각형 $C_1A_2B_2E_1$의 외부와 삼각형 $D_1A_1B_1$의 외부의 공통부분 중 반원 O_1의 내부에 있는 ⌒ 모양의 도형에 색칠하여 얻은 그림을 R_1이라 하자.

그림 R_1에서 선분 A_2B_2를 지름으로 하는 반원 O_2를 반원 O_1의 내부에 그리고, 반원 O_2의 호 A_2B_2를 4등분하는 점을 점 A_2에서 가까운 순서대로 각각 C_2, D_2, E_2라 하고, 두 점 C_2, E_2에서 선분 A_2B_2에 내린 수선의 발을 각각 A_3, B_3이라 하자. 사각형 $C_2A_3B_3E_2$의 외부와 삼각형 $D_2A_2B_2$의 외부의 공통부분 중 반원 O_2의 내부에 있는 ⌒ 모양의 도형에 색칠을 하여 얻은 그림을 R_2라 하자.

이와 같은 과정을 계속하여 n번째 얻은 그림 R_n에 색칠되어 있는 부분의 넓이를 S_n이라 할 때, $\lim\limits_{n\to\infty} S_n$의 값은? (4점)

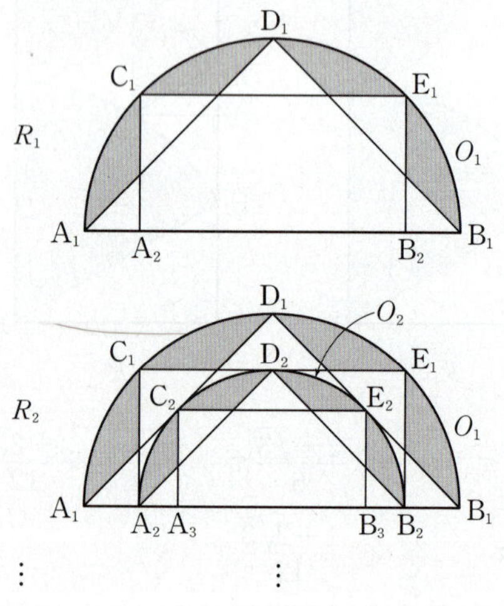

① $4\pi+4\sqrt{2}-16$

② $4\pi+16\sqrt{2}-32$

③ $4\pi+8\sqrt{2}-20$

④ $2\pi+16\sqrt{2}-24$

⑤ $2\pi+8\sqrt{2}-12$

그림과 같이 한 변의 길이가 5인 정사각형 $ABCD$에 중심이 A이고 중심각의 크기가 $90°$인 부채꼴 ABD를 그린다. 선분 AD를 $3:2$로 내분하는 점을 A_1, 점 A_1을 지나고 선분 AB에 평행한 직선이 호 BD와 만나는 점을 B_1이라 하자. 선분 A_1B_1을 한 변으로 하고 선분 DC와 만나도록 정사각형 $A_1B_1C_1D_1$을 그린 후, 중심이 D_1이고 중심각의 크기가 $90°$인 부채꼴 $D_1A_1C_1$을 그린다. 선분 DC가 호 A_1C_1, 선분 B_1C_1과 만나는 점을 각각 E_1, F_1이라 하고, 두 선분 DA_1, DE_1과 호 A_1E_1로 둘러싸인 부분과 두 선분 E_1F_1, F_1C_1과 호 E_1C_1로 둘러싸인 부분인 ⌐ 모양의 도형에 색칠하여 얻은 그림을 R_1이라 하자.

그림 R_1에서 정사각형 $A_1B_1C_1D_1$에 중심이 A_1이고 중심각의 크기가 $90°$인 부채꼴 $A_1B_1D_1$을 그린다. 선분 A_1D_1을 $3:2$로 내분하는 점을 A_2, 점 A_2를 지나고 선분 A_1B_1에 평행한 직선이 호 B_1D_1과 만나는 점을 B_2라 하자. 선분 A_2B_2를 한 변으로 하고 선분 D_1C_1과 만나도록 정사각형 $A_2B_2C_2D_2$를 그린 후, 그림 R_1을 얻은 것과 같은 방법으로 정사각형 $A_2B_2C_2D_2$에 ⌐ 모양의 도형을 그리고 색칠하여 얻은 그림을 R_2라 하자.

이와 같은 과정을 계속하여 n번째 얻은 그림 R_n에 색칠되어 있는 부분의 넓이를 S_n이라 할 때, $\lim\limits_{n\to\infty} S_n$의 값은? (4점)

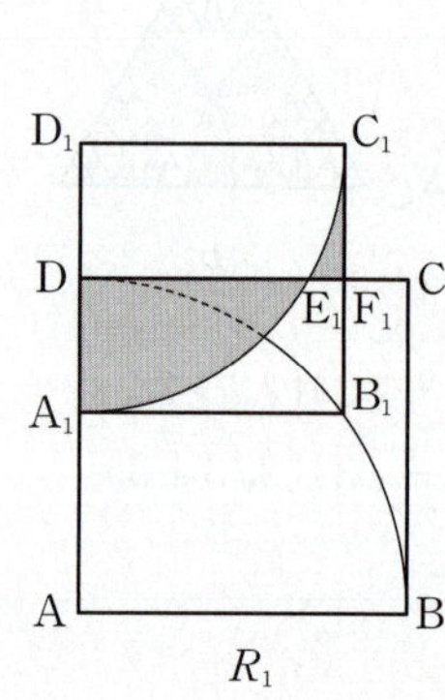
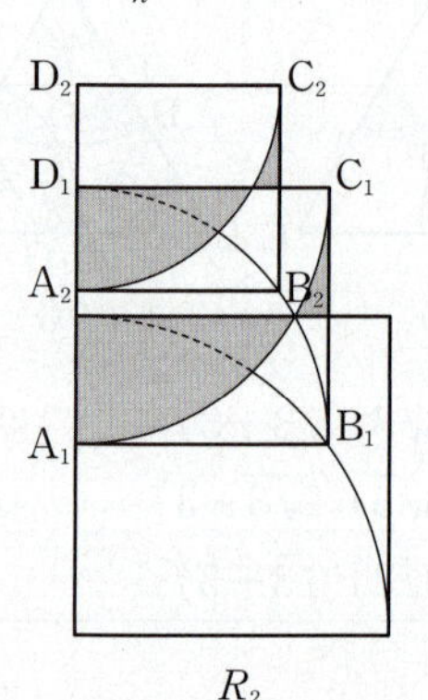

① $\dfrac{50}{3}\left(3-\sqrt{3}+\dfrac{\pi}{6}\right)$

② $\dfrac{100}{9}\left(3-\sqrt{3}+\dfrac{\pi}{3}\right)$

③ $\dfrac{50}{3}\left(2-\sqrt{3}+\dfrac{\pi}{3}\right)$

④ $\dfrac{100}{9}\left(3-\sqrt{3}+\dfrac{\pi}{6}\right)$

⑤ $\dfrac{100}{9}\left(2-\sqrt{3}+\dfrac{\pi}{3}\right)$

그림과 같이 한 변의 길이가 2인 정사각형 $A_1B_1C_1D_1$이 있다. 세 변 A_1B_1, B_1C_1, D_1A_1의 중점을 각각 E_1, F_1, G_1이라 하자. 선분 G_1F_1을 지름으로 하고 선분 D_1C_1에 접하는 반원의 호 G_1F_1과 두 선분 G_1E_1, E_1F_1로 둘러싸인 ◯ 모양의 도형의 외부와 정사각형 $A_1B_1C_1D_1$의 내부의 공통부분을 색칠하여 얻은 그림을 R_1이라 하자.

그림 R_1에서 선분 G_1E_1 위의 점 A_2, 선분 E_1F_1 위의 점 B_2와 호 G_1F_1 위의 두 점 C_2, D_2를 꼭짓점으로 하고 선분 A_2B_2가 선분 A_1B_1과 평행한 정사각형 $A_2B_2C_2D_2$를 그린다. 정사각형 $A_2B_2C_2D_2$에 그림 R_1을 얻는 것과 같은 방법으로 그린 ◯ 모양의 도형의 외부와 정사각형 $A_2B_2C_2D_2$의 내부의 공통부분을 색칠하여 얻은 그림을 R_2라 하자.

이와 같은 과정을 계속하여 n번째 얻은 그림 R_n에 색칠되어 있는 부분의 넓이를 S_n이라 할 때, $\lim\limits_{n\to\infty} S_n$의 값은? (4점)

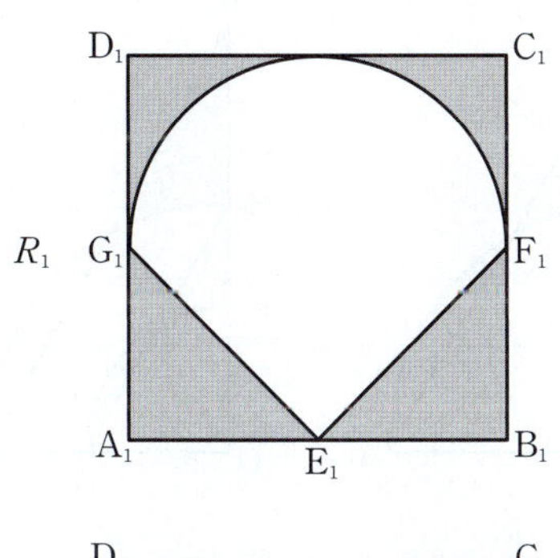

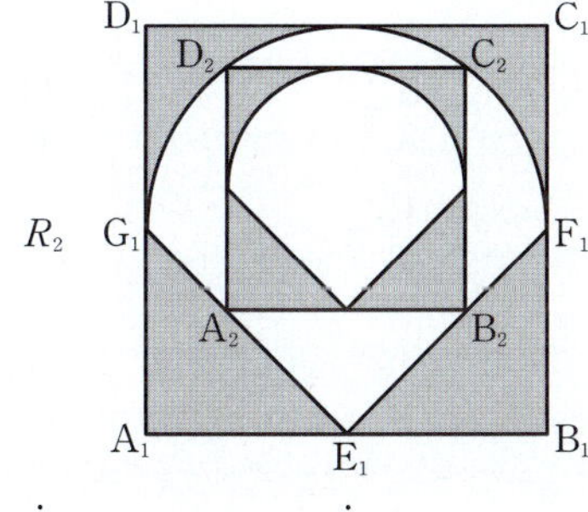

① $\dfrac{25(6-\pi)}{42}$ ② $\dfrac{25(6-\pi)}{32}$ ③ $\dfrac{25(6-\pi)}{24}$

④ $\dfrac{25(6-\pi)}{21}$ ⑤ $\dfrac{5(6-\pi)}{4}$

그림과 같이 한 변의 길이가 4인 정사각형 $OA_1B_1C_1$의 대각선 OB_1을 $3:1$로 내분하는 점을 D_1이라 하고, 네 선분 A_1B_1, B_1C_1, C_1D_1, D_1A_1로 둘러싸인 ⌐ 모양의 도형에 색칠하여 얻은 그림을 R_1이라 하자.

그림 R_1에서 중심이 O이고 두 직선 A_1D_1, C_1D_1에 동시에 접하는 원과 선분 OB_1이 만나는 점을 B_2라 하자.

선분 OB_2를 대각선으로 하는 정사각형 $OA_2B_2C_2$를 그리고 정사각형 $OA_2B_2C_2$에 그림 R_1을 얻는 것과 같은 방법으로 ⌐ 모양의 도형을 그리고 색칠하여 얻은 그림을 R_2라 하자.

이와 같은 과정을 계속하여 n번째 얻은 그림 R_n에 색칠되어 있는 부분의 넓이를 S_n이라 할 때, $\lim\limits_{n\to\infty} S_n$의 값은? (3점)

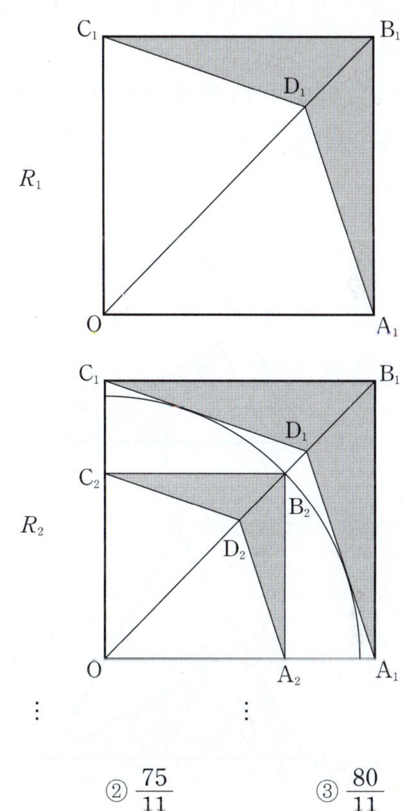

① $\dfrac{70}{11}$ ② $\dfrac{75}{11}$ ③ $\dfrac{80}{11}$

④ $\dfrac{80}{9}$ ⑤ $\dfrac{85}{9}$

그림과 같이 한 변의 길이가 1인 정삼각형 $A_1B_1C_1$이 있다. 선분 A_1B_1의 중점을 D_1이라 하고, 선분 B_1C_1 위의 $\overline{C_1D_1}=\overline{C_1B_2}$인 점 B_2에 대하여 중심이 C_1인 부채꼴 $C_1D_1B_2$를 그린다. 점 B_2에서 선분 C_1D_1에 내린 수선의 발을 A_2, 선분 C_1B_2의 중점을 C_2라 하자. 두 선분 B_1B_2, B_1D_1과 호 D_1B_2로 둘러싸인 영역과 삼각형 $C_1A_2C_2$의 내부에 색칠하여 얻은 그림을 R_1이라 하자.

그림 R_1에서 선분 A_2B_2의 중점을 D_2라 하고, 선분 B_2C_2 위의 $\overline{C_2D_2}=\overline{C_2B_3}$인 점 B_3에 대하여 중심이 C_2인 부채꼴 $C_2D_2B_3$을 그린다. 점 B_3에서 선분 C_2D_2에 내린 수선의 발을 A_3, 선분 C_2B_3의 중점을 C_3이라 하자. 두 선분 B_2B_3, B_2D_2와 호 D_2B_3으로 둘러싸인 영역과 삼각형 $C_2A_3C_3$의 내부에 색칠하여 얻은 그림을 R_2라 하자.

이와 같은 과정을 계속하여 n번째 얻은 그림 R_n에 색칠되어 있는 부분의 넓이를 S_n이라 할 때, $\lim\limits_{n\to\infty}S_n$의 값은? (4점)

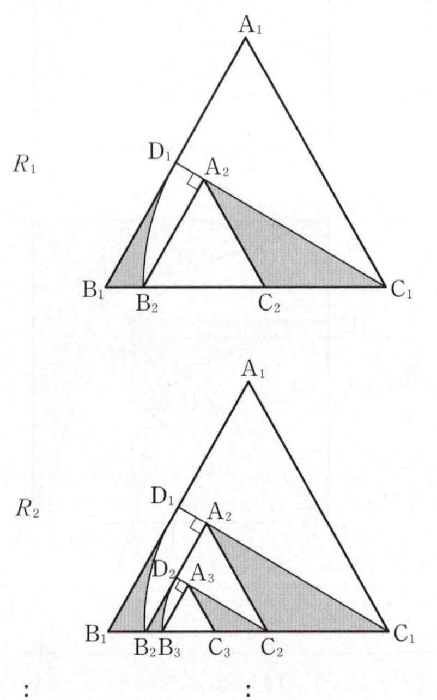

① $\dfrac{11\sqrt{3}-4\pi}{56}$
② $\dfrac{11\sqrt{3}-4\pi}{52}$
③ $\dfrac{15\sqrt{3}-6\pi}{56}$
④ $\dfrac{15\sqrt{3}-6\pi}{52}$
⑤ $\dfrac{15\sqrt{3}-4\pi}{52}$

그림과 같이 $\overline{OA_1}=4$, $\overline{OB_1}=4\sqrt{3}$인 직각삼각형 OA_1B_1이 있다. 중심이 O이고 반지름의 길이가 $\overline{OA_1}$인 원이 선분 OB_1과 만나는 점을 B_2라 하자. 삼각형 OA_1B_1의 내부와 부채꼴 OA_1B_2의 내부에서 공통된 부분을 제외한 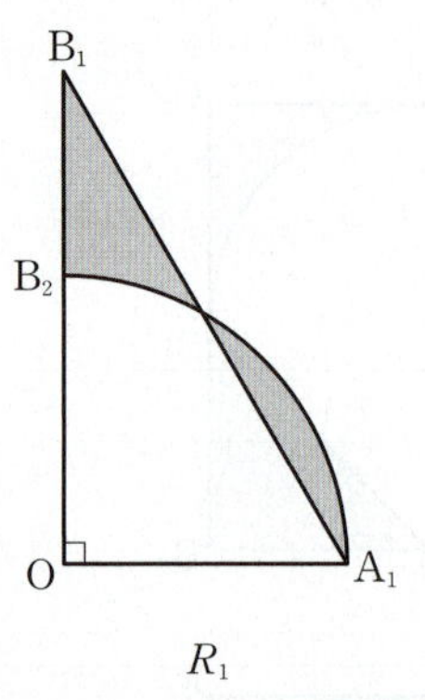 모양의 도형에 색칠하여 얻은 그림을 R_1이라 하자.

그림 R_1에서 점 B_2를 지나고 선분 A_1B_1에 평행한 직선이 선분 OA_1과 만나는 점을 A_2, 중심이 O이고 반지름의 길이가 $\overline{OA_2}$인 원이 선분 OB_2와 만나는 점을 B_3이라 하자. 삼각형 OA_2B_2의 내부와 부채꼴 OA_2B_3의 내부에서 공통된 부분을 제외한 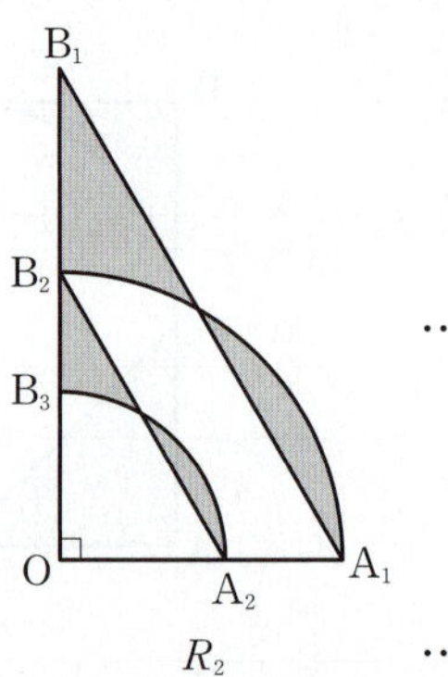 모양의 도형에 색칠하여 얻은 그림을 R_2라 하자.

이와 같은 과정을 계속하여 n번째 얻은 그림 R_n에 색칠되어 있는 부분의 넓이를 S_n이라 할 때, $\lim\limits_{n\to\infty}S_n$의 값은? (4점)

① $\dfrac{3}{2}\pi$
② $\dfrac{5}{3}\pi$
③ $\dfrac{11}{6}\pi$
④ 2π
⑤ $\dfrac{13}{6}\pi$

그림과 같이 중심이 O, 반지름의 길이가 2이고 중심각의 크기가 90°인 부채꼴 OAB가 있다. 선분 OA의 중점을 C, 선분 OB의 중점을 D라 하자. 점 C를 지나고 선분 OB와 평행한 직선이 호 AB와 만나는 점을 E, 점 D를 지나고 선분 OA와 평행한 직선이 호 AB와 만나는 점을 F라 하자. 선분 CE와 선분 DF가 만나는 점을 G, 선분 OE와 선분 DG가 만나는 점을 H, 선분 OF와 선분 CG가 만나는 점을 I라 하자. 사각형 OIGH를 색칠하여 얻은 그림을 R_1이라 하자.

그림 R_1에 중심이 C, 반지름의 길이가 $\overline{CI}$, 중심각의 크기가 90°인 부채꼴 CJI와 중심이 D, 반지름의 길이가 $\overline{DH}$, 중심각의 크기가 90°인 부채꼴 DHK를 그린다. 두 부채꼴 CJI, DHK에 그림 R_1을 얻는 것과 같은 방법으로 두 개의 사각형을 그리고 색칠하여 얻은 그림을 R_2라 하자.

이와 같은 과정을 계속하여 n번째 얻은 그림 R_n에 색칠되어 있는 부분의 넓이를 S_n이라 할 때, $\lim_{n \to \infty} S_n$의 값은? (4점)

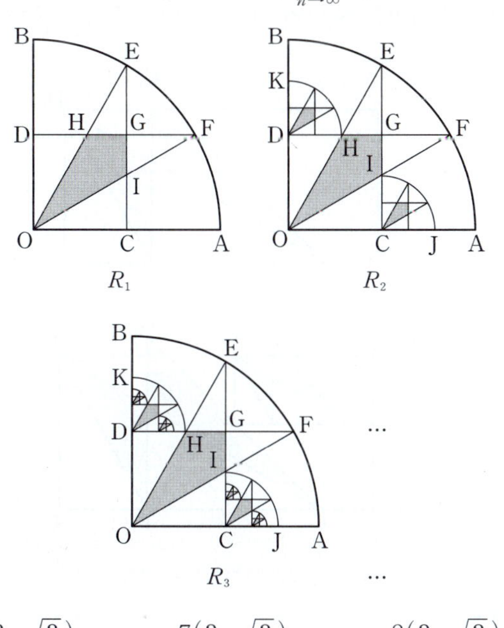

① $\dfrac{2(3-\sqrt{3})}{5}$ ② $\dfrac{7(3-\sqrt{3})}{15}$ ③ $\dfrac{8(3-\sqrt{3})}{15}$

④ $\dfrac{3(3-\sqrt{3})}{5}$ ⑤ $\dfrac{2(3-\sqrt{3})}{3}$

그림과 같이 한 변의 길이가 5인 정사각형 ABCD의 대각선 BD의 5등분점을 점 B에서 가까운 순서대로 각각 P_1, P_2, P_3, P_4라 하고, 선분 BP_1, P_2P_3, P_4D를 각각 대각선으로 하는 정사각형과 선분 P_1P_2, P_3P_4를 각각 지름으로 하는 원을 그린 후, 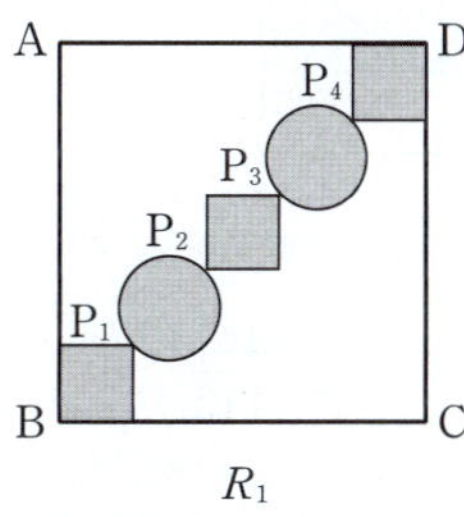 모양의 도형에 색칠하여 얻은 그림을 R_1이라 하자.

그림 R_1에서 선분 P_2P_3을 대각선으로 하는 정사각형의 꼭짓점 중 점 A와 가장 가까운 점을 Q_1, 점 C와 가장 가까운 점을 Q_2라 하자. 선분 AQ_1을 대각선으로 하는 정사각형과 선분 CQ_2를 대각선으로 하는 정사각형을 그리고, 새로 그려진 2개의 정사각형 안에 그림 R_1을 얻는 것과 같은 방법으로 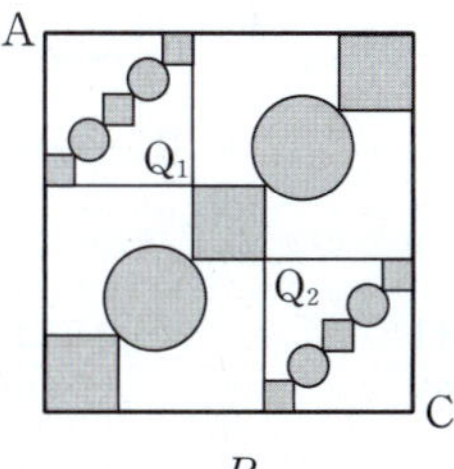 모양의 도형을 각각 그리고 색칠하여 얻은 그림을 R_2라 하자.

그림 R_2에서 선분 AQ_1을 대각선으로 하는 정사각형과 선분 CQ_2를 대각선으로 하는 정사각형에 그림 R_1에서 그림 R_2를 얻는 것과 같은 방법으로 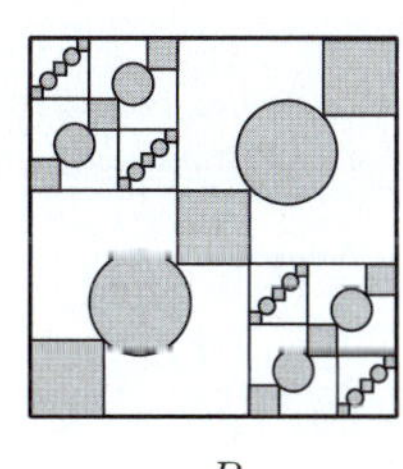 모양의 도형을 각각 그리고 색칠하여 얻은 그림을 R_3이라 하자.

이와 같은 과정을 계속하여 n번째 얻은 그림 R_n에 색칠되어 있는 부분의 넓이를 S_n이라 할 때, $\lim_{n \to \infty} S_n$의 값은? (4점)

① $\dfrac{24}{17}(\pi+3)$ ② $\dfrac{25}{17}(\pi+3)$ ③ $\dfrac{26}{17}(\pi+3)$

④ $\dfrac{24}{17}(2\pi+1)$ ⑤ $\dfrac{25}{17}(2\pi+1)$

그림과 같이 $\overline{AB_1}=2$, $\overline{AD_1}=4$인 직사각형 $AB_1C_1D_1$이
있다. 선분 AD_1을 $3:1$로 내분하는 점을 E_1이라 하고,
직사각형 $AB_1C_1D_1$의 내부에 점 F_1을 $\overline{F_1E_1}=\overline{F_1C_1}$,
$\angle E_1F_1C_1=\dfrac{\pi}{2}$가 되도록 잡고 삼각형 $E_1F_1C_1$을 그린다.

사각형 $E_1F_1C_1D_1$을 색칠하여 얻은 그림을 R_1이라 하자.
그림 R_1에서 선분 AB_1 위의 점 B_2, 선분 E_1F_1 위의 점 C_2,
선분 AE_1 위의 점 D_2와 점 A를 꼭짓점으로 하고
$\overline{AB_2}:\overline{AD_2}=1:2$인 직사각형 $AB_2C_2D_2$를 그린다.
그림 R_1을 얻은 것과 같은 방법으로 직사각형 $AB_2C_2D_2$에
삼각형 $E_2F_2C_2$를 그리고 사각형 $E_2F_2C_2D_2$를 색칠하여 얻은
그림을 R_2라 하자.
이와 같은 과정을 계속하여 n번째 얻은 그림 R_n에 색칠되어
있는 부분의 넓이를 S_n이라 할 때, $\lim\limits_{n\to\infty} S_n$의 값은? (4점)

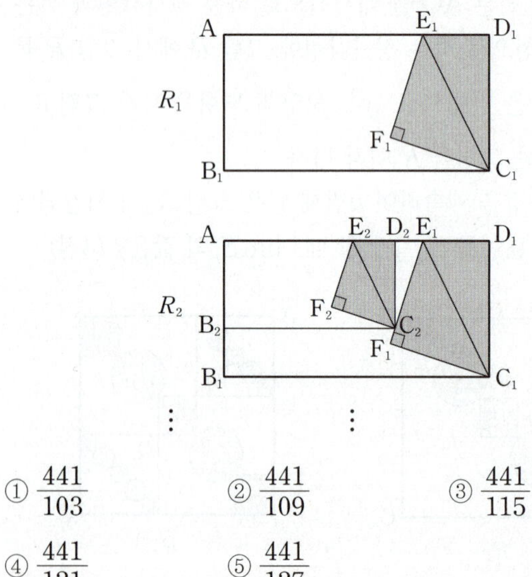

① $\dfrac{441}{103}$ ② $\dfrac{441}{109}$ ③ $\dfrac{441}{115}$

④ $\dfrac{441}{121}$ ⑤ $\dfrac{441}{127}$

그림과 같이 $\overline{AB_1}=1$, $\overline{B_1C_1}=2$인 직사각형 $AB_1C_1D_1$이
있다. $\angle AD_1C_1$을 삼등분하는 두 직선이 선분 B_1C_1과
만나는 점 중 점 B_1에 가까운 점을 E_1, 점 C_1에 가까운 점을
F_1이라 하자. $\overline{E_1F_1}=\overline{F_1G_1}$, $\angle E_1F_1G_1=\dfrac{\pi}{2}$이고 선분 AD_1과
선분 F_1G_1이 만나도록 점 G_1을 잡아 삼각형 $E_1F_1G_1$을
그린다.
선분 E_1D_1과 선분 F_1G_1이 만나는 점을 H_1이라 할 때,
두 삼각형 $G_1E_1H_1$, $H_1F_1D_1$로 만들어진 ⧄ 모양의 도형에
색칠하여 얻은 그림을 R_1이라 하자.
그림 R_1에 선분 AB_1 위의 점 B_2, 선분 E_1G_1 위의 점 C_2,
선분 AD_1 위의 점 D_2와 점 A를 꼭짓점으로 하고
$\overline{AB_2}:\overline{B_2C_2}=1:2$인 직사각형 $AB_2C_2D_2$를 그린다.
직사각형 $AB_2C_2D_2$에 그림 R_1을 얻은 것과 같은 방법으로
⧄ 모양의 도형을 그리고 색칠하여 얻은 그림을 R_2라 하자.
이와 같은 과정을 계속하여 n번째 얻은 그림 R_n에 색칠되어
있는 부분의 넓이를 S_n이라 할 때, $\lim\limits_{n\to\infty} S_n$의 값은? (3점)

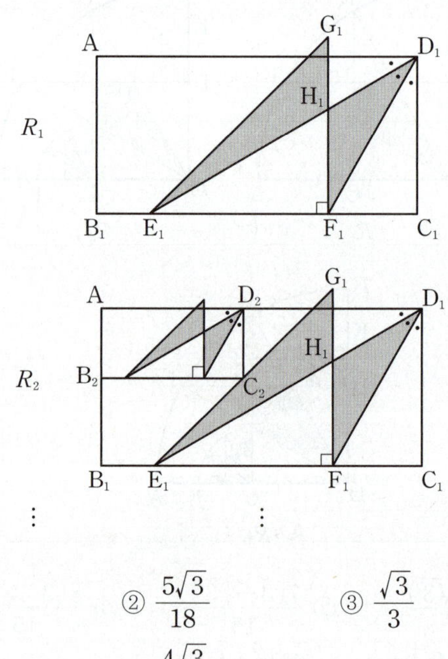

① $\dfrac{2\sqrt{3}}{9}$ ② $\dfrac{5\sqrt{3}}{18}$ ③ $\dfrac{\sqrt{3}}{3}$

④ $\dfrac{7\sqrt{3}}{18}$ ⑤ $\dfrac{4\sqrt{3}}{9}$

094 ★★☆ 2022년 7월학평 미적 27번

그림과 같이 $\overline{A_1B_1}=1$, $\overline{B_1C_1}=2$인 직사각형 $A_1B_1C_1D_1$이 있다. 선분 A_1D_1의 중점 E_1에 대하여 두 선분 B_1D_1, C_1E_1이 만나는 점을 F_1이라 하자. $\overline{G_1E_1}=\overline{G_1F_1}$이 되도록 선분 B_1D_1 위에 점 G_1을 잡아 삼각형 $G_1F_1E_1$을 그린다. 두 삼각형 $C_1D_1F_1$, $G_1F_1E_1$로 만들어진 $\bowtie$ 모양의 도형에 색칠하여 얻은 그림을 R_1이라 하자.

그림 R_1에서 선분 B_1F_1 위의 점 A_2, 선분 B_1C_1 위의 두 점 B_2, C_2, 선분 C_1F_1 위의 점 D_2를 꼭짓점으로 하고 $\overline{A_2B_2}:\overline{B_2C_2}=1:2$인 직사각형 $A_2B_2C_2D_2$를 그린다. 직사각형 $A_2B_2C_2D_2$에 그림 R_1을 얻은 것과 같은 방법으로 $\bowtie$ 모양의 도형에 색칠하여 얻은 그림을 R_2라 하자.

이와 같은 과정을 계속하여 n번째 얻은 그림 R_n에 색칠되어 있는 부분의 넓이를 S_n이라 할 때, $\lim_{n \to \infty} S_n$의 값은? (3점)

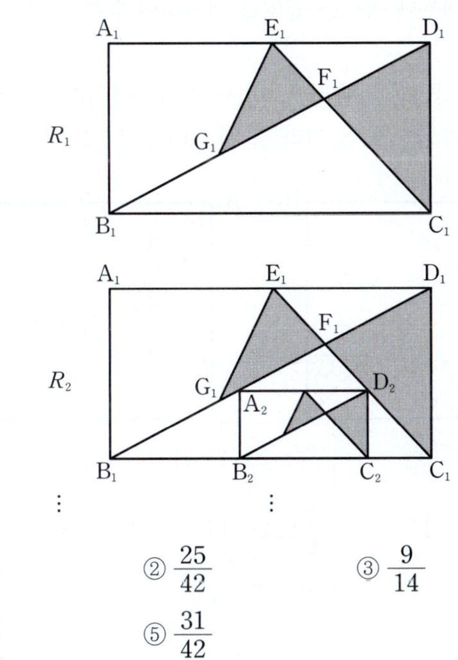

① $\dfrac{23}{42}$ ② $\dfrac{25}{42}$ ③ $\dfrac{9}{14}$

④ $\dfrac{29}{42}$ ⑤ $\dfrac{31}{42}$

095 ★★☆ 2020년 7월학평 기하 18번

그림과 같이 한 변의 길이가 8인 정삼각형 $A_1B_1C_1$의 세 선분 A_1B_1, B_1C_1, C_1A_1의 중점을 각각 D_1, E_1, F_1이라 하고, 세 선분 A_1D_1, B_1E_1, C_1F_1의 중점을 각각 G_1, H_1, I_1이라 하고, 세 선분 G_1D_1, H_1E_1, I_1F_1의 중점을 각각 A_2, B_2, C_2라 하자. 세 사각형 $A_2C_2F_1G_1$, $B_2A_2D_1H_1$, $C_2B_2E_1I_1$에 모두 색칠하여 얻은 그림을 R_1이라 하자.

그림 R_1에서 삼각형 $A_2B_2C_2$에 그림 R_1을 얻은 것과 같은 방법으로 세 사각형 $A_3C_3F_2G_2$, $B_3A_3D_2H_2$, $C_3B_3E_2I_2$에 모두 색칠하여 얻은 그림을 R_2라 하자.

이와 같은 과정을 계속하여 n번째 얻은 그림 R_n에 색칠되어 있는 부분의 넓이를 S_n이라 할 때, $\lim_{n \to \infty} S_n$의 값은? (4점)

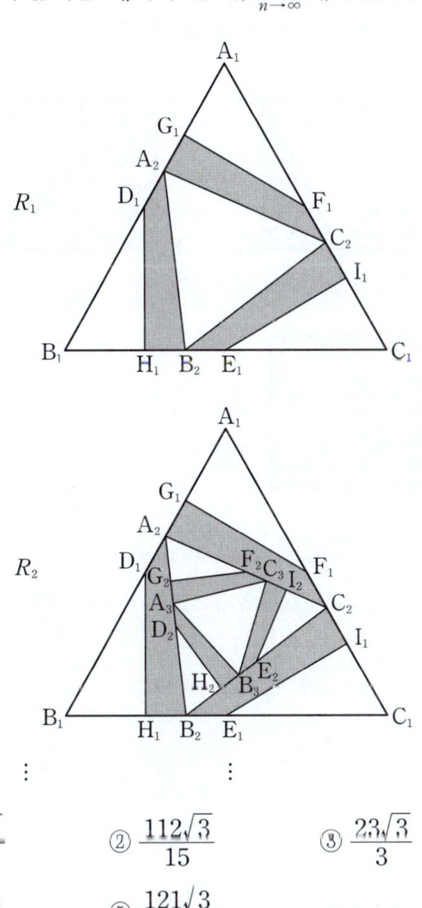

① $\dfrac{109\sqrt{3}}{15}$ ② $\dfrac{112\sqrt{3}}{15}$ ③ $\dfrac{23\sqrt{3}}{3}$

④ $\dfrac{118\sqrt{3}}{15}$ ⑤ $\dfrac{121\sqrt{3}}{15}$

그림과 같이 한 변의 길이가 2인 정사각형 $A_1B_1C_1D_1$에서 선분 A_1B_1과 선분 B_1C_1의 중점을 각각 E_1, F_1이라 하자. 정사각형 $A_1B_1C_1D_1$의 내부와 삼각형 $E_1F_1D_1$의 외부의 공통부분에 색칠하여 얻은 그림을 R_1이라 하자.

그림 R_1에 선분 D_1E_1 위의 점 A_2, 선분 D_1F_1 위의 점 D_2와 선분 E_1F_1 위의 두 점 B_2, C_2를 꼭짓점으로 하는 정사각형 $A_2B_2C_2D_2$를 그리고, 정사각형 $A_2B_2C_2D_2$에 그림 R_1을 얻은 것과 같은 방법으로 삼각형 $E_2F_2D_2$를 그리고 정사각형 $A_2B_2C_2D_2$의 내부와 삼각형 $E_2F_2D_2$의 외부의 공통부분에 색칠하여 얻은 그림을 R_2라 하자.

이와 같은 과정을 계속하여 n번째 얻은 그림 R_n에 색칠되어 있는 부분의 넓이를 S_n이라 할 때, $\lim\limits_{n\to\infty} S_n$의 값은? (4점)

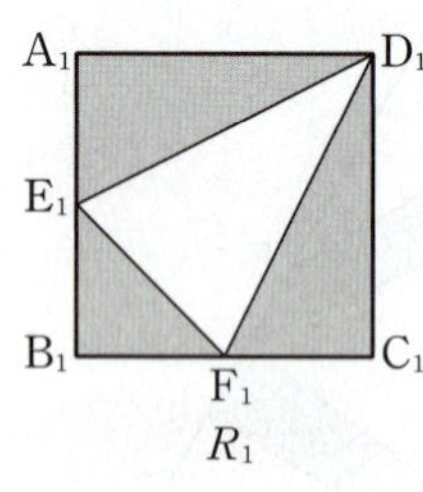 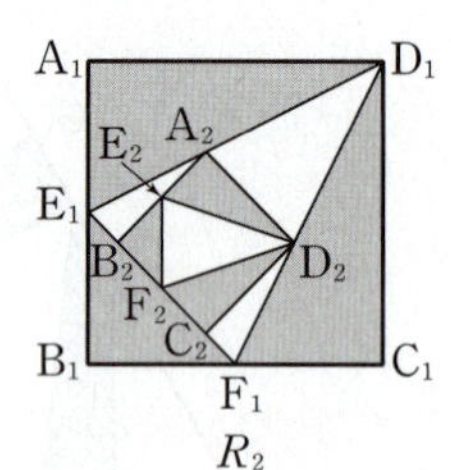

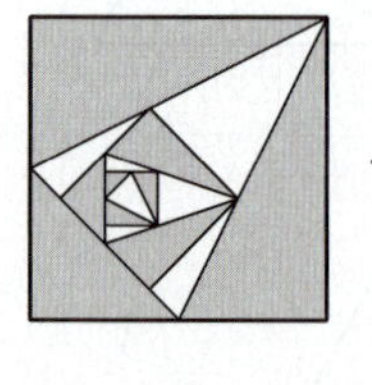

① $\dfrac{125}{37}$ ② $\dfrac{125}{38}$ ③ $\dfrac{125}{39}$

④ $\dfrac{25}{8}$ ⑤ $\dfrac{125}{41}$

그림과 같이 한 변의 길이가 1인 정사각형 $A_1B_1C_1D_1$ 안에 꼭짓점 A_1, C_1을 중심으로 하고 선분 A_1B_1, C_1D_1을 반지름으로 하는 사분원을 각각 그린다. 선분 A_1C_1이 두 사분원과 만나는 점 중 점 A_1과 가까운 점을 A_2, 점 C_1과 가까운 점을 C_2라 하자. 선분 A_1D_1에 평행하고 점 A_2를 지나는 직선이 선분 A_1B_1과 만나는 점을 E_1, 선분 B_1C_1에 평행하고 점 C_2를 지나는 직선이 선분 C_1D_1과 만나는 점을 F_1이라 하자. 삼각형 $A_1E_1A_2$와 삼각형 $C_1F_1C_2$를 그린 후 두 삼각형의 내부에 속하는 영역을 색칠하여 얻은 그림을 R_1이라 하자.

그림 R_1에 선분 A_2C_2를 대각선으로 하는 정사각형을 그리고, 새로 그려진 정사각형 안에 그림 R_1을 얻는 것과 같은 방법으로 두 개의 사분원과 두 개의 삼각형을 그리고 두 삼각형의 내부에 속하는 영역을 색칠하여 얻은 그림을 R_2라 하자.

이와 같은 과정을 계속하여 n번째 얻은 그림 R_n에 색칠되어 있는 부분의 넓이를 S_n이라 할 때, $\lim\limits_{n\to\infty} S_n$의 값은? (4점)

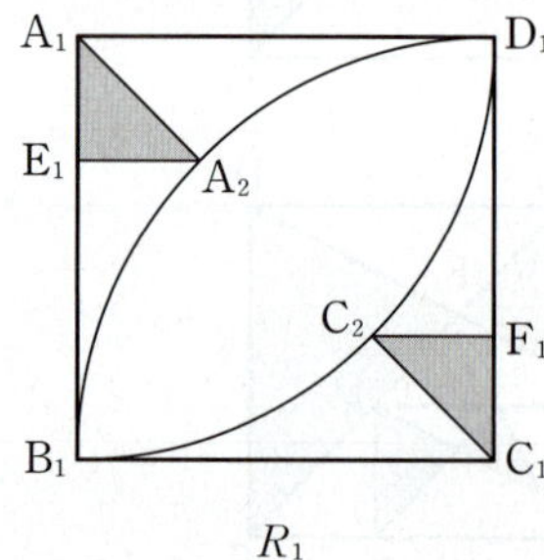 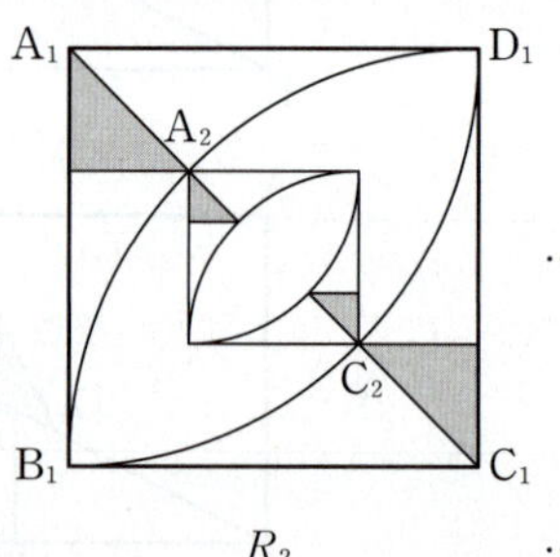

① $\dfrac{1}{12}(\sqrt{2}-1)$ ② $\dfrac{1}{6}(\sqrt{2}-1)$ ③ $\dfrac{1}{4}(\sqrt{2}-1)$

④ $\dfrac{1}{3}(\sqrt{2}-1)$ ⑤ $\dfrac{5}{12}(\sqrt{2}-1)$

그림과 같이 $\overline{A_1B_1}=3$, $\overline{B_1C_1}=1$인 직사각형 $OA_1B_1C_1$이 있다. 중심이 C_1이고 반지름의 길이가 $\overline{B_1C_1}$인 원과 선분 OC_1의 교점을 D_1, 중심이 O이고 반지름의 길이가 $\overline{OD_1}$인 원과 선분 A_1B_1의 교점을 E_1이라 하자. 직사각형 $OA_1B_1C_1$에 호 B_1D_1, 호 D_1E_1, 선분 B_1E_1로 둘러싸인 ∨ 모양의 도형을 그리고 색칠하여 얻은 그림을 R_1이라 하자.

그림 R_1에 선분 OA_1 위의 점 A_2와 호 D_1E_1 위의 점 B_2, 선분 OD_1 위의 점 C_2와 점 O를 꼭짓점으로 하고 $\overline{A_2B_2}:\overline{B_2C_2}=3:1$인 직사각형 $OA_2B_2C_2$를 그리고, 그림 R_1을 얻은 것과 같은 방법으로 직사각형 $OA_2B_2C_2$에 ∨ 모양의 도형을 그리고 색칠하여 얻은 그림을 R_2라 하자. 이와 같은 과정을 계속하여 n번째 얻은 그림 R_n에 색칠되어 있는 부분의 넓이를 S_n이라 할 때, $\lim\limits_{n\to\infty} S_n$의 값은? (4점)

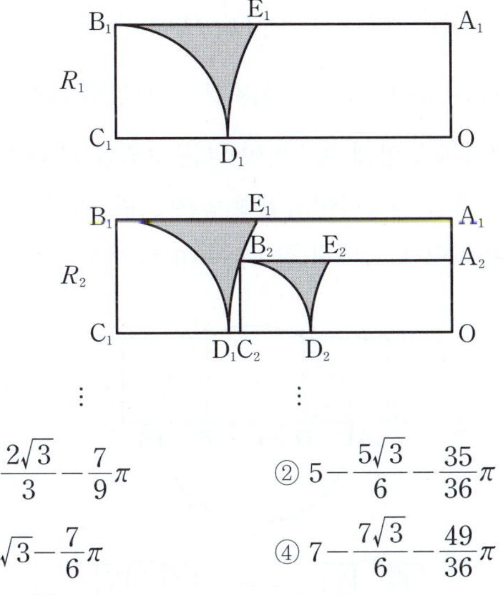

① $4-\dfrac{2\sqrt{3}}{3}-\dfrac{7}{9}\pi$ ② $5-\dfrac{5\sqrt{3}}{6}-\dfrac{35}{36}\pi$

③ $6-\sqrt{3}-\dfrac{7}{6}\pi$ ④ $7-\dfrac{7\sqrt{3}}{6}-\dfrac{49}{36}\pi$

⑤ $8-\dfrac{4\sqrt{3}}{3}-\dfrac{14}{9}\pi$

그림과 같이 한 변의 길이가 2인 정사각형 ABCD가 있다. 이 정사각형에 내접하는 원을 C_1이라 하자. 원 C_1이 변 BC, CD와 접하는 점을 각각 E, F라 하고, 점 F를 중심으로 하고 점 E를 지나는 원을 C_2라 하자. 원 C_1의 내부와 원 C_2의 외부의 공통부분인 ◡ 모양의 도형과, 원 C_1의 외부와 원 C_2의 내부 및 정사각형 ABCD의 내부의 공통부분인 ◠ 모양의 도형에 색칠하여 얻은 그림을 R_1이라 하자.

그림 R_1에서 두 꼭짓점이 변 CD 위에 있고 나머지 두 꼭짓점이 정사각형 ABCD의 외부에 있으면서 원 C_2 위에 있는 정사각형 PQRS를 그리고, 이 정사각형 안에 그림 R_1을 얻는 것과 같은 방법으로 만들어지는 ◡ 모양과 ◠ 모양의 도형에 색칠하여 얻은 그림을 R_2라 하자.

이와 같은 과정을 계속하여 n번째 얻은 그림 R_n에 색칠되어 있는 부분의 넓이를 S_n이라 할 때, $\lim\limits_{n\to\infty} S_n$의 값은? (4점)

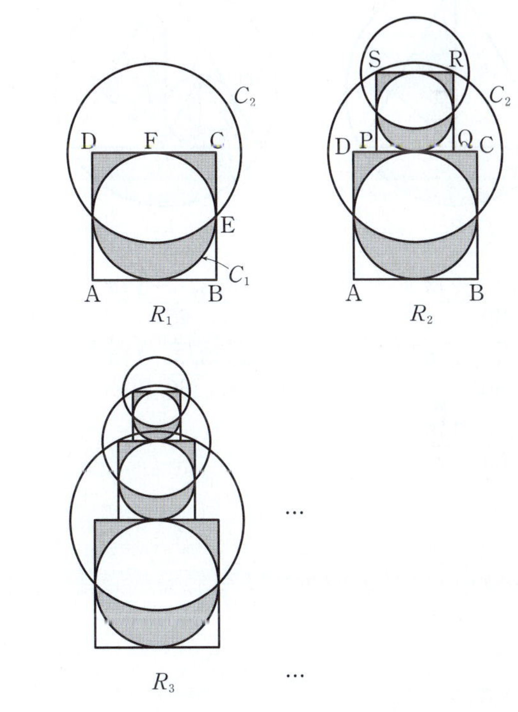

① $\dfrac{26-5\pi}{6}$ ② $\dfrac{28-5\pi}{6}$ ③ $\dfrac{30-5\pi}{6}$

④ $\dfrac{32-5\pi}{6}$ ⑤ $\dfrac{34-5\pi}{6}$

그림과 같이 반지름의 길이가 2인 원 O_1에 내접하는
정삼각형 $A_1B_1C_1$이 있다. 점 A_1에서 선분 B_1C_1에 내린
수선의 발을 D_1이라 하고, 선분 A_1C_1을 $2:1$로 내분하는
점을 E_1이라 하자. 점 A_1을 포함하지 않는 호 B_1C_1과
선분 B_1C_1로 둘러싸인 도형의 내부와 삼각형 $A_1D_1E_1$의
내부를 색칠하여 얻은 그림을 R_1이라 하자.
그림 R_1에 삼각형 $A_1B_1D_1$에 내접하는 원 O_2와 원 O_2에
내접하는 정삼각형 $A_2B_2C_2$를 그리고, 점 A_2에서
선분 B_2C_2에 내린 수선의 발을 D_2, 선분 A_2C_2를 $2:1$로
내분하는 점을 E_2라 하자. 점 A_2를 포함하지 않는 호 B_2C_2와
선분 B_2C_2로 둘러싸인 도형의 내부와 삼각형 $A_2D_2E_2$의
내부를 색칠하여 얻은 그림을 R_2라 하자.
이와 같은 과정을 계속하여 n번째 얻은 그림 R_n에 색칠되어
있는 부분의 넓이를 S_n이라 할 때, $\lim\limits_{n\to\infty}S_n$의 값은? (4점)

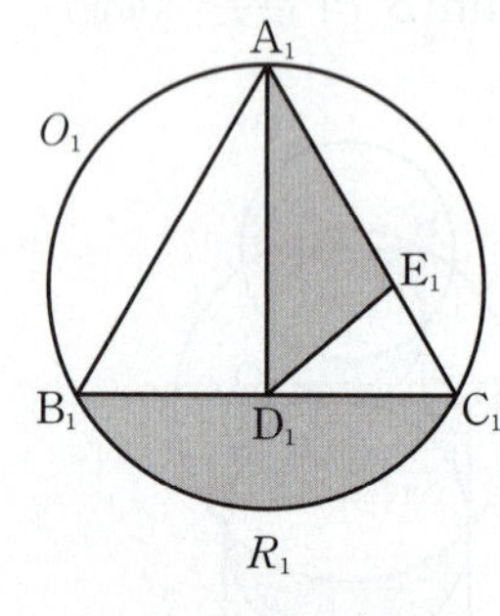
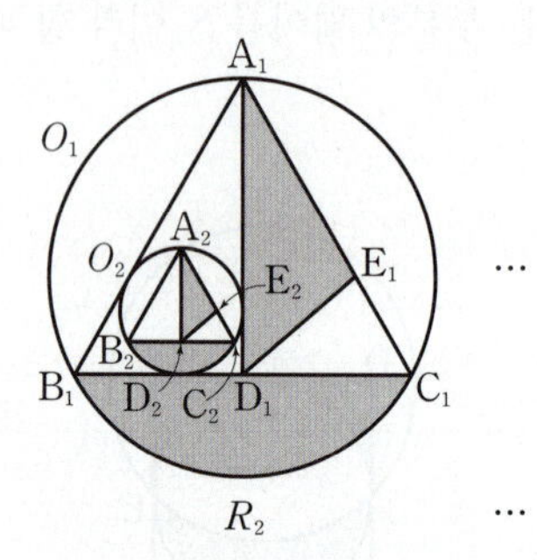

① $\dfrac{16(3\sqrt{3}-2)\pi}{69}$

② $\dfrac{16(3\sqrt{3}-1)\pi}{65}$

③ $\dfrac{32(3\sqrt{3}-2)\pi}{69}$

④ $\dfrac{32(3\sqrt{3}-1)\pi}{69}$

⑤ $\dfrac{32(3\sqrt{3}-1)\pi}{65}$

그림과 같이 길이가 4인 선분 AB를 지름으로 하는 원 O가
있다. 원의 중심을 C라 하고, 선분 AC의 중점과 선분 BC의
중점을 각각 D, P라 하자. 선분 AC의 수직이등분선과 선분
BC의 수직이등분선이 원 O의 위쪽 반원과 만나는 점을 각각
E, Q라 하자. 선분 DE를 한 변으로 하고 원 O와 점 A에서
만나며 선분 DF가 대각선인 정사각형 DEFG를 그리고,
선분 PQ를 한 변으로 하고 원 O와 점 B에서 만나며 선분
PR이 대각선인 정사각형 PQRS를 그린다. 원 O의 내부와
정사각형 DEFG의 내부의 공통부분인 ◁ 모양의 도형과 원
O의 내부와 정사각형 PQRS의 내부의 공통부분인 ▷
모양의 도형에 색칠하여 얻은 그림을 R_1이라 하자.
그림 R_1에서 점 F를 중심으로 하고 반지름의 길이가
$\dfrac{1}{2}\overline{DE}$인 원 O_1, 점 R을 중심으로 하고 반지름의 길이가
$\dfrac{1}{2}\overline{PQ}$인 원 O_2를 그린다. 두 원 O_1, O_2에 각각 그림 R_1을
얻은 것과 같은 방법으로 만들어지는 ◁ 모양의 2개의 도형과
▷ 모양의 2개의 도형에 색칠하여 얻은 그림을 R_2라 하자.
이와 같은 과정을 계속하여 n번째 얻은 그림 R_n에 색칠되어
있는 부분의 넓이를 S_n이라 할 때, $\lim\limits_{n\to\infty}S_n$의 값은? (4점)

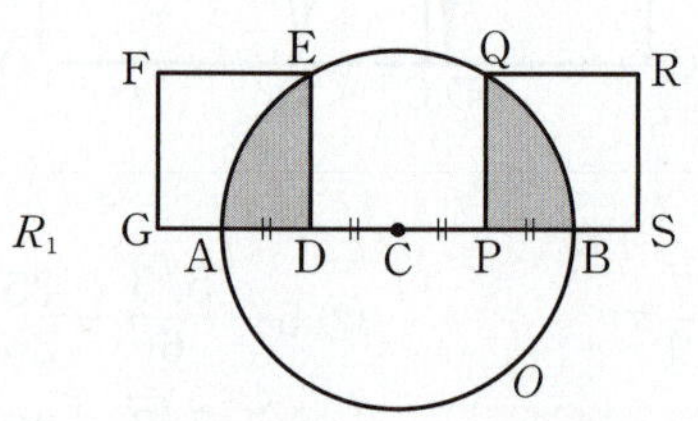
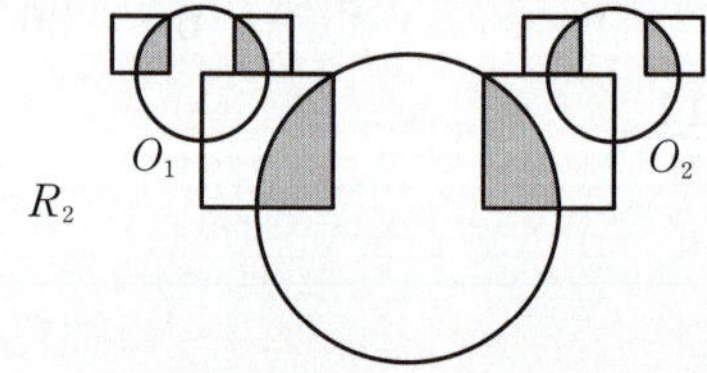
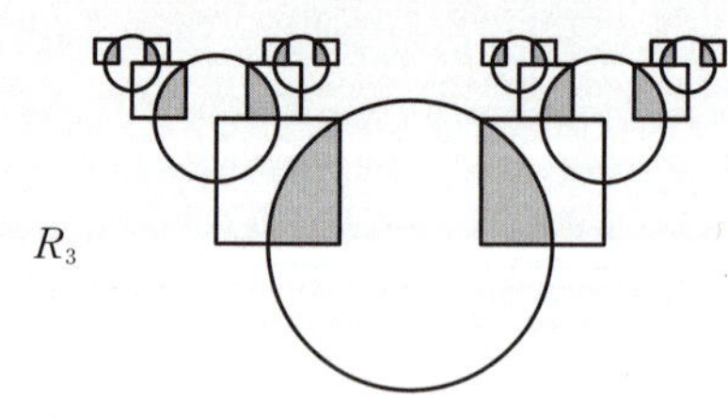

① $\dfrac{12\pi-9\sqrt{3}}{10}$

② $\dfrac{8\pi-6\sqrt{3}}{5}$

③ $\dfrac{32\pi-24\sqrt{3}}{15}$

④ $\dfrac{28\pi-21\sqrt{3}}{10}$

⑤ $\dfrac{16\pi-12\sqrt{3}}{5}$

1등급에 도전하는
최고난도 문제

269-1-2-Y99

▶ 문제 풀이 **동영상 강의**

102 ★★★★ 2025학년도 **수능** 미적 29번

등비수열 $\{a_n\}$이

$$\sum_{n=1}^{\infty}(|a_n|+a_n)=\frac{40}{3}, \quad \sum_{n=1}^{\infty}(|a_n|-a_n)=\frac{20}{3}$$

을 만족시킨다. 부등식

$$\lim_{n\to\infty}\sum_{k=1}^{2n}\left((-1)^{\frac{k(k+1)}{2}}\times a_{m+k}\right)>\frac{1}{700}$$

을 만족시키는 모든 자연수 m의 값의 합을 구하시오. (4점)

103 ★★★★ 2026학년도 6월모평 미적 29번

두 정수 α, $\beta\,(\alpha>\beta)$에 대하여 다음 조건을 만족시키는 수열 $\{a_n\}$이 있다.

> 모든 자연수 n에 대하여
> $$a_n=\alpha\times\sin\frac{n}{2}\pi+\beta\times\cos\frac{n}{2}\pi$$
> 이고, $a_1\times a_2\times a_3\times a_4=4$이다.

수열 $\{a_n\}$과 $b_1>0$인 등비수열 $\{b_n\}$에 대하여

$$\sum_{n=1}^{\infty}(a_{4n-2}b_n)=\sum_{n=1}^{\infty}(a_{4n-3}b_{2n})=6$$

일 때, $b_1\times b_3=\dfrac{q}{p}$이다. $p+q$의 값을 구하시오.

(단, p와 q는 서로소인 자연수이다.) (4점)

104 ★★★★ 2025년 10월학평 미적 29번

등비수열 $\{a_n\}$에 대하여

$$\sum_{n=1}^{\infty}(a_n+a_{n+1})=5,\ \sum_{n=1}^{\infty}\left(|a_{n+1}+a_{n+2}|\times\sin\frac{n\pi}{2}\right)=2$$

일 때, $\sum_{n=1}^{\infty}(100a_n-ma_{3n})$의 값이 자연수가 되도록 하는 자연수 m의 최댓값을 구하시오. (4점)

105 ★★★★ 2024학년도 6월모평 미적 30번

수열 $\{a_n\}$은 등비수열이고, 수열 $\{b_n\}$을 모든 자연수 n에 대하여

$$b_n=\begin{cases}-1 & (a_n\leq-1)\\ a_n & (a_n>-1)\end{cases}$$

이라 할 때, 수열 $\{b_n\}$은 다음 조건을 만족시킨다.

> (가) 급수 $\sum_{n=1}^{\infty}b_{2n-1}$은 수렴하고 그 합은 -3이다.
> (나) 급수 $\sum_{n=1}^{\infty}b_{2n}$은 수렴하고 그 합은 8이다.

$b_3=-1$일 때, $\sum_{n=1}^{\infty}|a_n|$의 값을 구하시오. (4점)

106 ★★★★ 2024학년도 수능 미적 29번

첫째항과 공비가 각각 0이 아닌 두 등비수열 $\{a_n\}$, $\{b_n\}$에 대하여 두 급수 $\sum\limits_{n=1}^{\infty} a_n$, $\sum\limits_{n=1}^{\infty} b_n$이 각각 수렴하고

$$\sum_{n=1}^{\infty} a_n b_n = \left(\sum_{n=1}^{\infty} a_n\right) \times \left(\sum_{n=1}^{\infty} b_n\right),$$

$$3 \times \sum_{n=1}^{\infty} |a_{2n}| = 7 \times \sum_{n=1}^{\infty} |a_{3n}|$$

이 성립한다. $\sum\limits_{n=1}^{\infty} \dfrac{b_{2n-1} + b_{3n+1}}{b_n} = S$일 때, $120S$의 값을 구하시오. (4점)

107 ★★★★ 2024년 5월학평 미적 30번

수열 $\{a_n\}$은 공비가 0이 아닌 등비수열이고, 수열 $\{b_n\}$을 모든 자연수 n에 대하여

$$b_n = \begin{cases} a_n & (|a_n| < \alpha) \\ -\dfrac{5}{a_n} & (|a_n| \geq \alpha) \end{cases} \quad (\alpha \text{는 양의 상수})$$

라 할 때, 두 수열 $\{a_n\}$, $\{b_n\}$과 자연수 p가 다음 조건을 만족시킨다.

(가) $\sum\limits_{n=1}^{\infty} a_n = 4$

(나) $\sum\limits_{n=1}^{m} \dfrac{a_n}{b_n}$의 값이 최소가 되도록 하는 자연수 m은 p이고, $\sum\limits_{n=1}^{p} b_n = 51$, $\sum\limits_{n=p+1}^{\infty} b_n = \dfrac{1}{64}$이다.

$32 \times (a_3 + p)$의 값을 구하시오. (4점)

108 ★★★★ 2024년 7월학평 미적 29번

첫째항이 1이고 공비가 0이 아닌 등비수열 $\{a_n\}$에 대하여

급수 $\sum\limits_{n=1}^{\infty} a_n$이 수렴하고

$$\sum_{n=1}^{\infty}\left(20a_{2n}+21\,|a_{3n-1}|\right)=0$$

이다. 첫째항이 0이 아닌 등비수열 $\{b_n\}$에 대하여

급수 $\sum\limits_{n=1}^{\infty}\dfrac{3\,|a_n|+b_n}{a_n}$이 수렴할 때, $b_1\times\sum\limits_{n=1}^{\infty} b_n$의 값을

구하시오. (4점)

109 ★★★★ 2025년 5월학평 미적 30번

수열 $\{a_n\}$은 모든 항이 양수인 등비수열이고, 수열 $\{b_n\}$을
모든 자연수 n에 대하여

$$b_n=\begin{cases}(-1)^n & (a_n<1)\\ a_n & (a_n\geq1)\end{cases}$$

이라 할 때, 수열 $\{b_n\}$이 다음 조건을 만족시킨다.

> (가) 급수 $\sum\limits_{n=1}^{\infty}(3b_{3n-2}-7b_{3n-1}+2b_{3n})$은 수렴한다.
>
> (나) $b_5{}^2=b_4 b_6-\dfrac{9}{4}$

$90a_3$의 값을 구하시오. (4점)

정답과 해설 108 p.141 | 109 p.141

사관학교 기출문제

▶ 문제 풀이 **동영상 강의**

110 ★★★ 2026학년도 사관학교 미적 29번

첫째항과 공비가 각각 0이 아닌 두 등비수열 $\{a_n\}$, $\{b_n\}$에 대하여 두 급수 $\sum\limits_{n=1}^{\infty} a_n$, $\sum\limits_{n=1}^{\infty} b_n$이 각각 수렴하고

$$\sum_{n=1}^{\infty} \frac{b_{2n}}{a_{2n}} = \frac{5}{3}, \quad \left|\sum_{n=1}^{\infty}(a_n - b_n)\right| = \left|\sum_{n=1}^{\infty} a_n\right|$$

이 성립한다. $b_1 = \dfrac{5}{2}a_1$일 때, $25 \times \dfrac{a_2}{b_3}$의 값을 구하시오.

(4점)

111 ★★☆ 2024학년도 사관학교 미적 20번

그림과 같이 중심이 O, 반지름의 길이가 1이고 중심각의 크기가 $\dfrac{\pi}{2}$인 부채꼴 OA_1B_1이 있다. 호 A_1B_1의 삼등분점 중 점 A_1에 가까운 점을 C_1, 점 B_1에 가까운 점을 D_1이라 하고, 사각형 $A_1C_1D_1B_1$에 색칠하여 얻은 그림을 R_1이라 하자. 그림 R_1에서 중심이 O이고 선분 A_1B_1에 접하는 원이 선분 OA_1과 만나는 점을 A_2, 선분 OB_1과 만나는 점을 B_2라 하고, 중심이 O, 반지름의 길이가 $\overline{OA_2}$, 중심각의 크기가 $\dfrac{\pi}{2}$인 부채꼴 OA_2B_2를 그린다. 그림 R_1을 얻은 것과 같은 방법으로 두 점 C_2, D_2를 잡고, 사각형 $A_2C_2D_2B_2$에 색칠하여 얻은 그림을 R_2라 하자. 이와 같은 과정을 계속하여 n번째 얻은 그림 R_n에 색칠되어 있는 부분의 넓이를 S_n이라 할 때, $\lim\limits_{n\to\infty} S_n$의 값은? (3점)

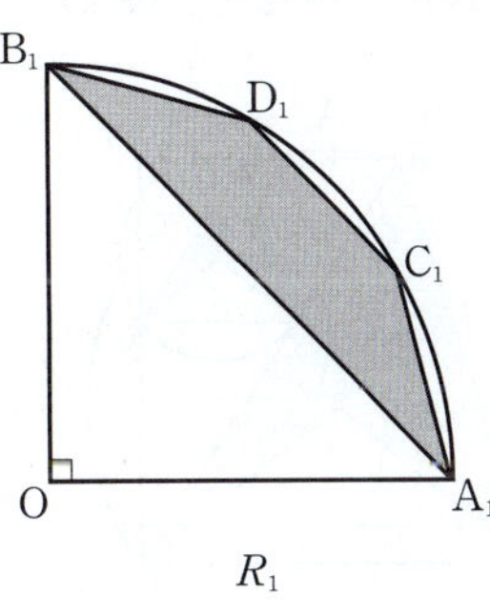 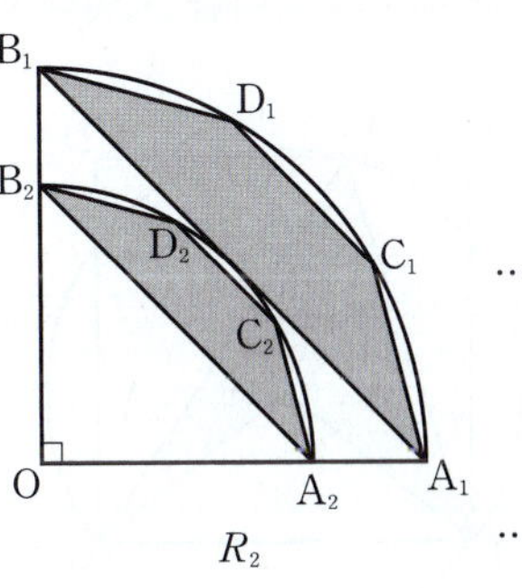

① $\dfrac{1}{2}$ ② $\dfrac{13}{24}$ ③ $\dfrac{7}{12}$

④ $\dfrac{5}{8}$ ⑤ $\dfrac{2}{3}$

그림과 같이 한 변의 길이가 6인 정사각형 $A_1B_1C_1D$에서 선분 A_1D를 $1:2$로 내분하는 점을 E_1이라 하고, 세 점 B_1, C_1, E_1을 지나는 원의 중심을 O_1이라 하자. 삼각형 $E_1B_1C_1$의 내부와 삼각형 $O_1B_1C_1$의 외부의 공통부분에 색칠하여 얻은 그림을 R_1이라 하자.

그림 R_1에서 선분 E_1D 위의 점 A_2, 선분 E_1C_1 위의 점 B_2, 선분 C_1D 위의 점 C_2와 점 D를 꼭짓점으로 하는 정사각형 $A_2B_2C_2D$를 그린다. 정사각형 $A_2B_2C_2D$에서 선분 A_2D를 $1:2$로 내분하는 점을 E_2라 하고, 세 점 B_2, C_2, E_2를 지나는 원의 중심을 O_2라 하자. 삼각형 $E_2B_2C_2$의 내부와 삼각형 $O_2B_2C_2$의 외부의 공통부분에 색칠하여 얻은 그림을 R_2라 하자.

이와 같은 과정을 계속하여 n번째 얻은 그림 R_n에 색칠되어 있는 부분의 넓이를 S_n이라 할 때, $\lim_{n\to\infty} S_n$의 값은? (4점)

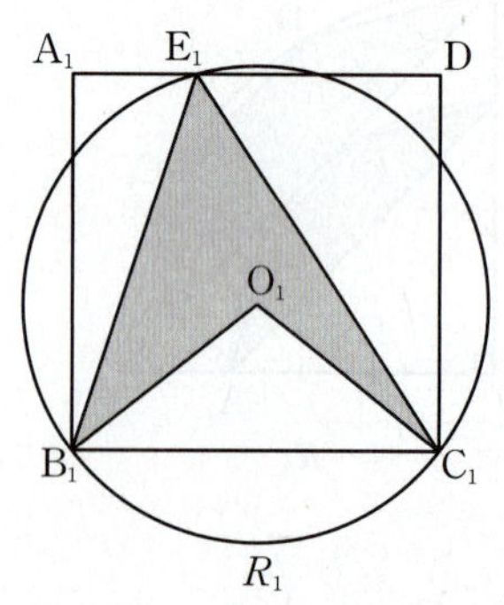
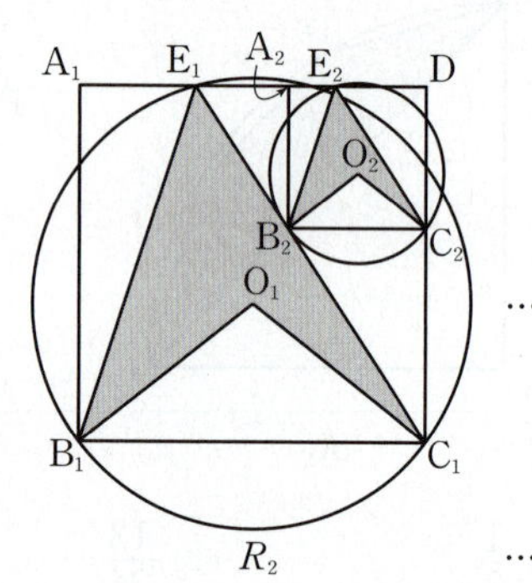

① $\dfrac{90}{7}$　　② $\dfrac{275}{21}$　　③ $\dfrac{40}{3}$

④ $\dfrac{95}{7}$　　⑤ $\dfrac{290}{21}$

그림과 같이 $\overline{AB_1}=2$, $\overline{AD_1}=\sqrt{5}$인 직사각형 $AB_1C_1D_1$이 있다. 중심이 A이고 반지름의 길이가 $\overline{AD_1}$인 원과 선분 B_1C_1의 교점을 E_1, 중심이 C_1이고 반지름의 길이가 $\overline{C_1D_1}$인 원과 선분 B_1C_1의 교점을 F_1이라 하자. 호 D_1F_1과 두 선분 D_1E_1, F_1E_1로 둘러싸인 부분에 색칠하여 얻은 그림을 R_1이라 하자.

그림 R_1에서 선분 AB_1 위의 점 B_2, 호 D_1F_1 위의 점 C_2, 선분 AD_1 위의 점 D_2와 점 A를 꼭짓점으로 하고 $\overline{AB_2}:\overline{AD_2}=2:\sqrt{5}$인 직사각형 $AB_2C_2D_2$를 그린다. 중심이 A이고 반지름의 길이가 $\overline{AD_2}$인 원과 선분 B_2C_2의 교점을 E_2, 중심이 C_2이고 반지름의 길이가 $\overline{C_2D_2}$인 원과 선분 B_2C_2의 교점을 F_2라 하자. 호 D_2F_2와 두 선분 D_2E_2, F_2E_2로 둘러싸인 부분에 색칠하여 얻은 그림을 R_2라 하자.

이와 같은 과정을 계속하여 n번째 얻은 그림 R_n에 색칠되어 있는 부분의 넓이를 S_n이라 할 때, $\lim_{n\to\infty} S_n$의 값은? (3점)

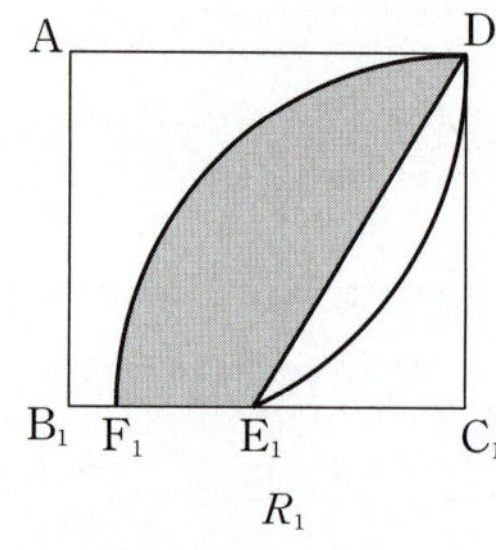
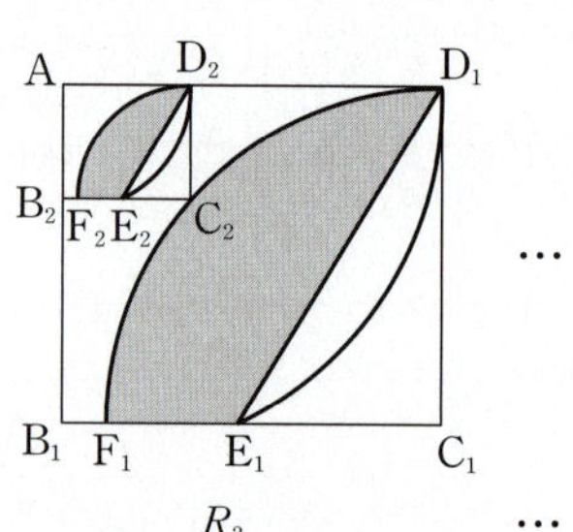

① $\dfrac{8\pi+8-8\sqrt{5}}{7}$　　② $\dfrac{8\pi+8-7\sqrt{5}}{7}$

③ $\dfrac{9\pi+9-9\sqrt{5}}{8}$　　④ $\dfrac{9\pi+9-8\sqrt{5}}{8}$

⑤ $\dfrac{10\pi+10-10\sqrt{5}}{9}$

그림과 같이 한 변의 길이가 4인 정사각형 $A_1B_1C_1D_1$이 있다. 4개의 선분 A_1B_1, B_1C_1, C_1D_1, D_1A_1을 $1:3$으로 내분하는 점을 각각 E_1, F_1, G_1, H_1이라 하고, 정사각형 $A_1B_1C_1D_1$의 내부에 점 E_1, F_1, G_1, H_1 각각을 중심으로 하고 반지름의 길이가 $\dfrac{1}{4}\overline{A_1B_1}$인 4개의 반원을 그린 후 이 4개의 반원의 내부에 색칠하여 얻은 그림을 R_1이라 하자.

그림 R_1에서 점 A_1을 지나고 중심이 H_1인 색칠된 반원의 호에 접하는 직선과 점 B_1을 지나고 중심이 E_1인 색칠된 반원의 호에 접하는 직선의 교점을 A_2, 점 B_1을 지나고 중심이 E_1인 색칠된 반원의 호에 접하는 직선과 점 C_1을 지나고 중심이 F_1인 색칠된 반원의 호에 접하는 직선의 교점을 B_2, 점 C_1을 지나고 중심이 F_1인 색칠된 반원의 호에 접하는 직선과 점 D_1을 지나고 중심이 G_1인 색칠된 반원의 호에 접하는 직선의 교점을 C_2, 점 D_1을 지나고 중심이 G_1인 색칠된 반원의 호에 접하는 직선과 점 A_1을 지나고 중심이 H_1인 색칠된 반원의 호에 접하는 직선의 교점을 D_2라 하자. 정사각형 $A_2B_2C_2D_2$의 내부에 그림 R_1을 얻은 것과 같은 방법으로 4개의 반원을 그리고 이 4개의 반원의 내부에 색칠하여 얻은 그림을 R_2라 하자.

이와 같은 과정을 계속하여 n번째 얻은 그림 R_n에 색칠되어 있는 부분의 넓이를 S_n이라 할 때, $\lim\limits_{n\to\infty} S_n$의 값은? (4점)

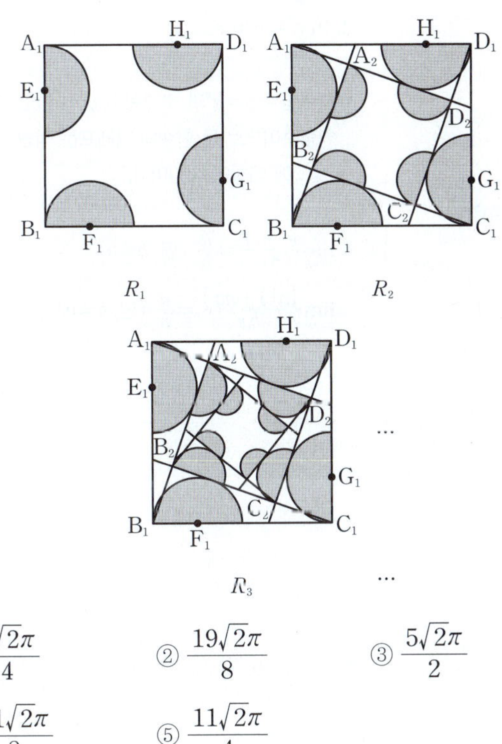

R_1 R_2

R_3

① $\dfrac{9\sqrt{2}\pi}{4}$ ② $\dfrac{19\sqrt{2}\pi}{8}$ ③ $\dfrac{5\sqrt{2}\pi}{2}$

④ $\dfrac{21\sqrt{2}\pi}{8}$ ⑤ $\dfrac{11\sqrt{2}\pi}{4}$

그림과 같이 $\overline{A_1B_1}=4$, $\overline{A_1D_1}=3$인 직사각형 $A_1B_1C_1D_1$이 있다. 선분 A_1D_1을 $1:2$, $2:1$로 내분하는 점을 각각 E_1, F_1이라 하고, 두 선분 A_1B_1, D_1C_1을 $1:3$으로 내분하는 점을 각각 G_1, H_1이라 하자. 두 삼각형 $C_1E_1G_1$, $B_1H_1F_1$로 만들어진 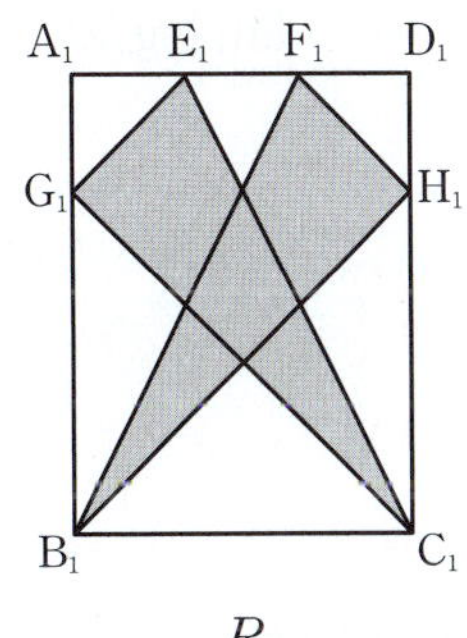 모양의 도형에 색칠하여 얻은 그림을 R_1이라 하자. 그림 R_1에서 두 선분 B_1H_1, C_1G_1이 만나는 점을 I_1이라 하자. 선분 B_1I_1 위의 점 A_2, 선분 C_1I_1 위의 점 D_2, 선분 B_1C_1 위의 두 점 B_2, C_2를 $\overline{A_2B_2}:\overline{A_2D_2}=4:3$인 직사각형 $A_2B_2C_2D_2$가 되도록 잡는다. 그림 R_1을 얻은 것과 같은 방법으로 직사각형 $A_2B_2C_2D_2$에 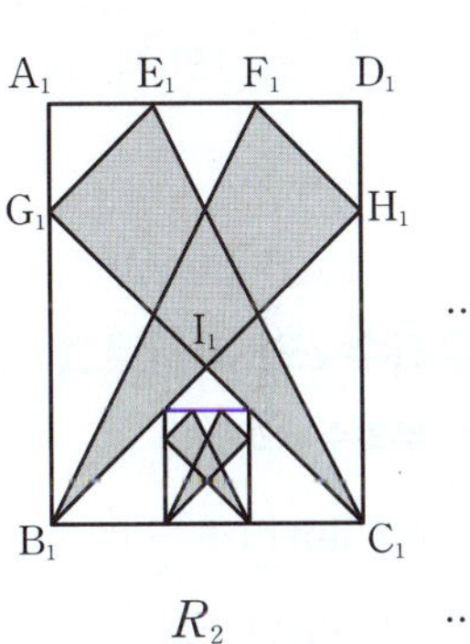 모양의 도형을 그리고 색칠하여 얻은 그림을 R_2라 하자.

이와 같은 과정을 계속하여 n번째 얻은 그림 R_n에 색칠되어 있는 부분의 넓이를 S_n이라 할 때, $\lim\limits_{n\to\infty} S_n$의 값은? (3점)

R_1 R_2

① $\dfrac{347}{64}$ ② $\dfrac{351}{64}$ ③ $\dfrac{355}{64}$

④ $\dfrac{359}{64}$ ⑤ $\dfrac{363}{64}$

01 지수함수와 로그함수의 미분

평가원 모의평가 (2003~2026학년도) 대학수학능력시험 (1994~2026학년도) 교육청 학력평가 (2001~2025년 시행) 사관학교 입학시험 (2002~2026학년도)

1. 지수함수와 로그함수의 극한

(1) 지수함수의 극한

지수함수 $y=a^x(a>0,\ a\neq1)$에서

① $a>1$일 때, $\lim\limits_{x\to\infty}a^x=\infty$, $\lim\limits_{x\to-\infty}a^x=0$

② $0<a<1$일 때, $\lim\limits_{x\to\infty}a^x=0$, $\lim\limits_{x\to-\infty}a^x=\infty$

(2) 로그함수의 극한

로그함수 $y=\log_a x(a>0,\ a\neq1)$에서

① $a>1$일 때, $\lim\limits_{x\to\infty}\log_a x=\infty$, $\lim\limits_{x\to0+}\log_a x=-\infty$

② $0<a<1$일 때, $\lim\limits_{x\to\infty}\log_a x=-\infty$, $\lim\limits_{x\to0+}\log_a x=\infty$

2. 무리수 e와 자연로그 ㅣ 유형 01

(1) 무리수 e의 정의

$$e=\lim_{x\to\infty}\left(1+\frac{1}{x}\right)^x$$
$$=\lim_{x\to0}(1+x)^{\frac{1}{x}}\ (e=2.71828182845904\cdots)$$

(2) 자연로그

무리수 e를 밑으로 하는 로그 $\log_e x$를 자연로그라 하며 $\ln x$로 나타낸다.

3. 여러 가지 지수함수와 로그함수의 극한 ㅣ 유형 02, 05 │ 24, 23, 20, 19, 18, 17, 14, 13 수능출제

(1) $\lim\limits_{x\to0}\dfrac{e^x-1}{x}=1$

(2) $\lim\limits_{x\to0}\dfrac{a^x-1}{x}=\ln a$ (단, $a>0,\ a\neq1$)

(3) $\lim\limits_{x\to0}\dfrac{\ln(1+x)}{x}=1$

(4) $\lim\limits_{x\to0}\dfrac{\log_a(1+x)}{x}=\dfrac{1}{\ln a}$ (단, $a>0,\ a\neq1$)

4. 지수함수와 로그함수의 도함수 ㅣ 유형 06, 07 │ 20 수능출제

(1) 지수함수의 도함수

① $(e^x)'=e^x$

② $(a^x)'=a^x\ln a$ (단, $a>0,\ a\neq1$)

(2) 로그함수의 도함수

① $(\ln x)'=\dfrac{1}{x}$

② $(\log_a x)'=\dfrac{1}{x\ln a}$ (단, $a>0,\ a\neq1$)

보 충 설 명

• 자연로그의 성질

$x>0,\ y>0$일 때

① $\ln1=0,\ \ln e=1$

② $\ln xy=\ln x+\ln y$

③ $\ln\dfrac{x}{y}=\ln x-\ln y$

④ $\ln x^n=n\ln x$

• 지수함수 $y=e^x$과 로그함수 $y=\ln x$는 서로 역함수이므로 두 함수의 그래프는 직선 $y=x$에 대하여 대칭이다.

• $\lim\limits_{x\to0}\dfrac{e^{ax}-1}{bx}=\dfrac{a}{b}$ (단, $b\neq0$)

$\lim\limits_{x\to0}\dfrac{\ln(1+ax)}{bx}=\dfrac{a}{b}$ (단, $b\neq0$)

• $\{e^{f(x)}\}'=e^{f(x)}\cdot f'(x)$

$\{a^{f(x)}\}'=a^{f(x)}\cdot\ln a\cdot f'(x)$

(단, $a>0,\ a\neq1$)

---

001 2. 무리수 e와 자연로그 | 2018년 3월학평 가형 3번

$\lim\limits_{x \to 0}(1+2x)^{\frac{1}{x}}$의 값은? (2점)

① $\dfrac{1}{e^2}$ ② $\dfrac{1}{2e}$ ③ $\dfrac{1}{e}$

④ $2e$ ⑤ e^2

002 3. 지수함수의 극한 | 2024학년도 9월모평 미적 23번

$\lim\limits_{x \to 0}\dfrac{e^{7x}-1}{e^{2x}-1}$의 값은? (2점)

① $\dfrac{1}{2}$ ② $\dfrac{3}{2}$ ③ $\dfrac{5}{2}$

④ $\dfrac{7}{2}$ ⑤ $\dfrac{9}{2}$

003 3. 로그함수의 극한 | 2022년 4월학평 미적 25번

$\lim\limits_{x \to 0+}\dfrac{\ln(2x^2+3x)-\ln 3x}{x}$의 값은? (3점)

① $\dfrac{1}{3}$ ② $\dfrac{1}{2}$ ③ $\dfrac{2}{3}$

④ $\dfrac{5}{6}$ ⑤ 1

004 4. 로그함수의 도함수 | 2021년 4월학평 미적 24번

함수 $f(x)=\log_3 6x$에 대하여 $f'(9)$의 값은? (3점)

① $\dfrac{1}{9\ln 3}$ ② $\dfrac{1}{6\ln 3}$ ③ $\dfrac{2}{9\ln 3}$

④ $\dfrac{5}{18\ln 3}$ ⑤ $\dfrac{1}{3\ln 3}$

유형 01 무리수 e의 정의

동영상강의

269-2-1-Y01

☑ 출제경향

기본 공식을 적용하거나 변형하는 문제들이 출제된다.

✏ 접근방법

무리수 e의 정의를 이용하도록 주어진 식을 변형한다.

💻 단골공식

$\lim\limits_{x\to\infty}\left(1+\dfrac{1}{x}\right)^{x}=e,\ \lim\limits_{x\to0}(1+x)^{\frac{1}{x}}=e$

유형 02 e의 정의와 지수·로그함수의 극한

동영상강의

269-2-1-Y02

☑ 출제경향

기본 공식을 적용하는 문제들이 출제된다.

✏ 접근방법

지수, 로그, 자연로그의 극한의 기본 공식을 정확히 적용한다.

💻 단골공식

(1) $\lim\limits_{x\to0}\dfrac{e^{x}-1}{x}=1,\ \lim\limits_{x\to0}\dfrac{a^{x}-1}{x}=\ln a\ (a>0,\ a\neq1)$

(2) $\lim\limits_{x\to0}\dfrac{\ln(1+x)}{x}=1,\ \lim\limits_{x\to0}\dfrac{\log_{a}(1+x)}{x}=\dfrac{1}{\ln a}\ (a>0,\ a\neq1)$

(3) $\lim\limits_{x\to0}\dfrac{e^{mx}-1}{nx}=\dfrac{m}{n},\ \lim\limits_{x\to0}\dfrac{\ln(mx+1)}{nx}=\dfrac{m}{n}$

---

005 ★☆☆ 2012학년도 6월모평 가형 2번

$\lim\limits_{x\to0}(1+3x)^{\frac{1}{6x}}$의 값은? (2점)

① $\dfrac{1}{e^{2}}$ ② $\dfrac{1}{e}$ ③ $\sqrt{e}$

④ e ⑤ e^{2}

006 ★☆☆ 2011년 4월학평 가형 3번

$\lim\limits_{x\to\infty}\left(1+\dfrac{1}{x}\right)^{-2x}$의 값은? (2점)

① $\dfrac{1}{e^{2}}$ ② $\dfrac{1}{e}$ ③ 1

④ e ⑤ e^{2}

007 ★★☆ 2016년 3월학평 가형 6번

자연수 n에 대하여 함수 $y=e^{-x}-\dfrac{n-1}{e}$의 그래프와 함수 $y=|\ln x|$의 그래프가 만나는 점의 개수를 $f(n)$이라 할 때, $f(1)+f(2)$의 값은? (3점)

① 1 ② 2 ③ 3

④ 4 ⑤ 5

008 ★☆☆ 2025년 7월학평 미적 23번

$\lim\limits_{x\to0}\dfrac{e^{7x}-1}{x}$의 값은? (2점)

① 7 ② 8 ③ 9

④ 10 ⑤ 11

009 ★☆☆ 2018년 4월학평 가형 1번

$\lim\limits_{x\to0}\dfrac{e^{3x}-1}{2x}$의 값은? (2점)

① $\dfrac{1}{2}$ ② $\dfrac{3}{4}$ ③ 1

④ $\dfrac{5}{4}$ ⑤ $\dfrac{3}{2}$

010 ★☆☆ 2019년 4월학평 가형 1번

$\lim\limits_{x\to0}\dfrac{e^{4x}-1}{3x}$의 값은? (2점)

① 1 ② $\dfrac{4}{3}$ ③ $\dfrac{5}{3}$

④ 2 ⑤ $\dfrac{7}{3}$

정답과 해설 005 p.147 | 006 p.148 | 007 p.148 | 008 p.148 | 009 p.148 | 010 p.148

011 ★☆☆ 2019년 3월학평 가형 3번

$\lim\limits_{x \to 0} \dfrac{e^{5x}-1}{3x}$의 값은? (2점)

① $\dfrac{4}{3}$　　　② $\dfrac{5}{3}$　　　③ 2

④ $\dfrac{7}{3}$　　　⑤ $\dfrac{8}{3}$

012 ★☆☆ 2019학년도 9월모평 가형 2번

$\lim\limits_{x \to 0} \dfrac{e^x-1}{x(x^2+2)}$의 값은? (2점)

① 1　　　② $\dfrac{1}{2}$　　　③ $\dfrac{1}{3}$

④ $\dfrac{1}{4}$　　　⑤ $\dfrac{1}{5}$

013 ★☆☆ 2018년 10월학평 가형 2번

$\lim\limits_{x \to 0} \dfrac{e^{3x}-1}{x(x+2)}$의 값은? (2점)

① 1　　　② $\dfrac{3}{2}$　　　③ 2

④ $\dfrac{5}{2}$　　　⑤ 3

014 ★☆☆ 2020학년도 9월모평 가형 2번

$\lim\limits_{x \to 0} \dfrac{e^{6x}-e^{4x}}{2x}$의 값은? (2점)

① 1　　　② 2　　　③ 3

④ 4　　　⑤ 5

015 ★☆☆ 2020학년도 6월모평 가형 3번

$\lim\limits_{x \to 0} \dfrac{e^{2x}+e^{3x}-2}{2x}$의 값은? (2점)

① $\dfrac{1}{2}$　　　② 1　　　③ $\dfrac{3}{2}$

④ 2　　　⑤ $\dfrac{5}{2}$

016 ★☆☆ 2019년 7월학평 가형 2번

$\lim\limits_{x \to 0} \dfrac{x^3+2x}{e^{3x}-1}$의 값은? (2점)

① $\dfrac{1}{3}$　　　② $\dfrac{1}{2}$　　　③ $\dfrac{2}{3}$

④ $\dfrac{5}{6}$　　　⑤ 1

017 ★☆☆ 2020학년도 수능 가형 2번

$\lim\limits_{x \to 0} \dfrac{6x}{e^{4x}-e^{2x}}$의 값은? (2점)

① 1　　　② 2　　　③ 3

④ 4　　　⑤ 5

018 ★☆☆ 2018년 3월학평 가형 5번

함수 $f(x)=e^x-e^{-x}$에 대하여 $\lim_{x\to 0}\dfrac{f(x)}{x}$의 값은? (3점)

① 1   ② 2   ③ 3
④ 4   ⑤ 5

019 ★☆☆ 2025년 5월학평 미적 23번

$\lim_{x\to 0}\dfrac{4^x-1}{x}$의 값은? (2점)

① $\ln 2$ ② $2\ln 2$ ③ $3\ln 2$
④ $4\ln 2$ ⑤ $5\ln 2$

020 ★☆☆ 2023학년도 9월모평 미적 23번

$\lim_{x\to 0}\dfrac{4^x-2^x}{x}$의 값은? (2점)

① $\ln 2$ ② 1   ③ $2\ln 2$
④ 2   ⑤ $3\ln 2$

021 ★☆☆ 2024년 7월학평 미적 23번

$\lim_{x\to 0}\dfrac{5^{2x}-1}{e^{3x}-1}$의 값은? (2점)

① $\dfrac{\ln 5}{3}$ ② $\dfrac{1}{\ln 5}$ ③ $\dfrac{2}{3}\ln 5$
④ $\dfrac{2}{\ln 5}$ ⑤ $\ln 5$

022 ★☆☆ 2018학년도 6월모평 가형 3번

$\lim_{x\to 0}\dfrac{\ln(1+3x)}{x}$의 값은? (2점)

① 1   ② 2   ③ 3
④ 4   ⑤ 5

023 ★☆☆ 2019학년도 6월모평 가형 2번

$\lim_{x\to 0}\dfrac{\ln(1+12x)}{3x}$의 값은? (2점)

① 1   ② 2   ③ 3
④ 4   ⑤ 5

024 ★☆☆ 2023학년도 수능 미적 23번

$\lim_{x\to 0}\dfrac{\ln(x+1)}{\sqrt{x+4}-2}$의 값은? (2점)

① 1   ② 2   ③ 3
④ 4   ⑤ 5

025 ★☆☆ 2024년 10월학평 미적 23번

$\lim_{x\to 0}\dfrac{e^{3x}-1}{\ln(1+2x)}$의 값은? (2점)

① 1   ② $\dfrac{3}{2}$ ③ 2
④ $\dfrac{5}{2}$ ⑤ 3

정답과 해설 018 p.150 | 019 p.150 | 020 p.150 | 021 p.150 | 022 p.151 | 023 p.151 | 024 p.151 | 025 p.151

026 ★☆☆ 2018학년도 수능 가형 2번

$\displaystyle\lim_{x \to 0}\frac{\ln(1+5x)}{e^{2x}-1}$의 값은? (2점)

① 1   ② $\dfrac{3}{2}$ ③ 2

④ $\dfrac{5}{2}$ ⑤ 3

027 ★☆☆ 2019학년도 수능 가형 2번

$\displaystyle\lim_{x \to 0}\frac{x^2+5x}{\ln(1+3x)}$의 값은? (2점)

① $\dfrac{7}{3}$ ② 2   ③ $\dfrac{5}{3}$

④ $\dfrac{4}{3}$ ⑤ 1

028 ★☆☆ 2024학년도 수능 미적 23번

$\displaystyle\lim_{x \to 0}\frac{\ln(1+3x)}{\ln(1+5x)}$의 값은? (2점)

① $\dfrac{1}{5}$ ② $\dfrac{2}{5}$ ③ $\dfrac{3}{5}$

④ $\dfrac{4}{5}$ ⑤ 1

029 ★☆☆ 2020년 7월학평 기형 0번

$\displaystyle\lim_{x \to 0}\frac{x^2+4x}{\ln(x^2+x+1)}$의 값은? (3점)

① 3   ② 4   ③ 5

④ 6   ⑤ 7

030 ★☆☆ 2022년 10월학평 미적 24번

미분가능한 함수 $f(x)$에 대하여

$$\lim_{x \to 0}\frac{f(x)-f(0)}{\ln(1+3x)}=2$$

일 때, $f'(0)$의 값은? (3점)

① 4   ② 5   ③ 6

④ 7   ⑤ 8

031 ★☆☆ 2019년 3월학평 가형 7번

함수 $f(x)=\ln(ax+b)$에 대하여 $\displaystyle\lim_{x \to 0}\frac{f(x)}{x}=2$일 때, $f(2)$의 값은? (단, a, b는 상수이다.) (3점)

① $\ln 3$ ② $2\ln 2$ ③ $\ln 5$

④ $\ln 6$ ⑤ $\ln 7$

032 ★☆☆ 2013학년도 6월모평 가형 8번

함수 $f(x)$가 $x>-1$인 모든 실수 x에 대하여 부등식

$$\ln(1+x)\le f(x)\le \frac{1}{2}(e^{2x}-1)$$

을 만족시킬 때, $\displaystyle\lim_{x \to 0}\frac{f(3x)}{x}$의 값은? (3점)

① 1   ② e ③ 3

④ 4   ⑤ $2e$

동영상강의 

출제경향

함수의 연속의 성질을 이용하는 문제가 출제된다.

접근방법

함수 $f(x)=\begin{cases} \dfrac{e^{mx}-1}{nx} & (x\neq 0) \\ k & (x=0) \end{cases}$

가 실수 전체의 집합에서 연속일 때, 함수 $f(x)$가 $x=0$에서 연속이

므로 $\lim\limits_{x\to 0}\dfrac{e^{mx}-1}{nx}=\dfrac{m}{n}=k$임을 이용한다.

함수 $f(x)=\begin{cases} \dfrac{\ln(mx+1)}{nx} & (x\neq 0) \\ k & (x=0) \end{cases}$

가 $x=0$에서 연속일 때,

$\lim\limits_{x\to 0}\dfrac{\ln(mx+1)}{nx}=\dfrac{m}{n}=k$임을 이용한다.

단골공식

(1) 함수 $f(x)$가 $x=a$에서 연속이면 $\lim\limits_{x\to a+}f(x)=\lim\limits_{x\to a-}f(x)=f(a)$
이다.

(2) 두 함수 $f(x),\ g(x)$가 $x=a$에서 연속이면 함수 $f(x)\pm g(x)$,
$f(x)g(x),\ \dfrac{f(x)}{g(x)}$ (단, $g(a)\neq 0$)도 $x=a$에서 연속이다.

033 ★☆☆ 2014학년도 수능예비시행 B형 2번

함수

$$f(x)=\begin{cases} \dfrac{e^{2x}+a}{x} & (x\neq 0) \\ b & (x=0) \end{cases}$$

이 $x=0$에서 연속이 되도록 두 상수 $a,\ b$의 값을 정할 때,
$a+b$의 값은? (2점)

① 1 ② $e-1$ ③ 2
④ e ⑤ 3

034 ★☆☆ 2017년 7월학평 가형 6번

함수 $f(x)=\begin{cases} \dfrac{e^{ax}-1}{3x} & (x<0) \\ x^2+3x+2 & (x\geq 0) \end{cases}$ 이 실수 전체의 집합에서

연속일 때, 상수 a의 값은? (단, $a\neq 0$) (3점)

① 6 ② 7 ③ 8
④ 9 ⑤ 10

035 ★★☆ 2014학년도 수능 B형 12번

이차항의 계수가 1인 이차함수 $f(x)$와 함수

$$g(x)=\begin{cases} \dfrac{1}{\ln(x+1)} & (x\neq 0) \\ 8 & (x=0) \end{cases}$$

에 대하여 함수 $f(x)g(x)$가 구간 $(-1,\ \infty)$에서 연속일 때,
$f(3)$의 값은? (3점)

① 6 ② 9 ③ 12
④ 15 ⑤ 18

036 ★★☆ 2016학년도 6월모평 B형 16번

두 함수

$$f(x)=\begin{cases} ax & (x<1) \\ -3x+4 & (x\geq 1) \end{cases},\ g(x)=2^x+2^{-x}$$

에 대하여 합성함수 $(g\circ f)(x)$가 실수 전체의 집합에서 연속이 되도록 하는 모든 실수 a의 값의 곱은? (4점)

① -5　　　　② -4　　　　③ -3

④ -2　　　　⑤ -1

☑ 출제경향

지수함수, 로그함수의 극한의 성질을 이용하여 보기의 참, 거짓을 판단하는 문제가 주로 출제된다.

✎ 접근방법

극한의 성질을 이용한다.

🖥 단골공식

두 함수 $f(x)$, $g(x)$에 대하여 $\lim\limits_{x\to a}f(x)=\alpha$, $\lim\limits_{x\to a}g(x)=\beta$일 때

(1) $\lim\limits_{x\to a}\{f(x)\pm g(x)\}=\lim\limits_{x\to a}f(x)\pm\lim\limits_{x\to a}g(x)=\alpha\pm\beta$ (복호동순)

(2) $\lim\limits_{x\to a}kf(x)=k\lim\limits_{x\to a}f(x)=k\alpha$ (k는 상수)

(3) $\lim\limits_{x\to a}f(x)g(x)=\lim\limits_{x\to a}f(x)\times\lim\limits_{x\to a}g(x)=\alpha\beta$

(4) $\lim\limits_{x\to a}\dfrac{f(x)}{g(x)}=\dfrac{\lim\limits_{x\to a}f(x)}{\lim\limits_{x\to a}g(x)}=\dfrac{\alpha}{\beta}$ $(\beta\neq 0)$

037 ★★☆ 2010학년도 6월모평 가형 미적 29번

함수 $f(x)$에 대하여 옳은 것만을 [보기]에서 있는 대로 고른 것은? (4점)

[보기]

ㄱ. $f(x)=x^2$이면 $\lim\limits_{x\to 0}\dfrac{e^{f(x)}-1}{x}=0$이다.

ㄴ. $\lim\limits_{x\to 0}\dfrac{e^x-1}{f(x)}=1$이면 $\lim\limits_{x\to 0}\dfrac{3^x-1}{f(x)}=\ln 3$이다.

ㄷ. $\lim\limits_{x\to 0}f(x)=0$이면 $\lim\limits_{x\to 0}\dfrac{e^{f(x)}-1}{x}$이 존재한다.

① ㄱ　　　　② ㄷ　　　　③ ㄱ, ㄴ

④ ㄴ, ㄷ　　　　⑤ ㄱ, ㄴ, ㄷ

함수 $f(x)=\left(\dfrac{x}{x-1}\right)^{x}$ $(x>1)$에 대하여 [보기]에서 옳은 것을 모두 고른 것은? (3점)

[보기]

ㄱ. $\displaystyle\lim_{x\to\infty} f(x)=e$

ㄴ. $\displaystyle\lim_{x\to\infty} f(x)f(x+1)=e^{2}$

ㄷ. $k\geq 2$일 때, $\displaystyle\lim_{x\to\infty} f(kx)=e^{k}$이다.

① ㄱ ② ㄷ ③ ㄱ, ㄴ

④ ㄴ, ㄷ ⑤ ㄱ, ㄴ, ㄷ

유형 05 지수·로그함수의 극한 활용

동영상강의

269-2-1-Y05

☑ **출제경향**

기본 공식을 변형해서 해결하는 문제들이 출제된다.

✦ **접근방법**

기본 공식을 사용할 수 있도록 치환하거나 변형해야 한다.

---

039 ★★☆ 2009년 7월학평 가형 미적 26번

$\displaystyle\lim_{x\to 0}\dfrac{a^{x}+b}{\ln(x+1)}=\ln 3\,(a>0,\ a\neq 1)$을 만족하는 상수 $a-b$의 값은? (3점)

① 1 ② 2 ③ 3

④ 4 ⑤ 5

---

040 ★★☆ 2011학년도 6월모평 가형 미적 29번

세 양수 $a,\ b,\ c$에 대하여

$$\lim_{x\to\infty} x^{a}\ln\left(b+\dfrac{c}{x^{2}}\right)=2$$

일 때, $a+b+c$의 값은? (4점)

① 5 ② 6 ③ 7

④ 8 ⑤ 9

---

041 ★★☆ 2013년 10월학평 B형 9번

연속함수 $f(x)$에 대하여

$$\lim_{x\to 0}\dfrac{\ln\{1+f(2x)\}}{x}=10$$

일 때, $\displaystyle\lim_{x\to 0}\dfrac{f(x)}{x}$의 값은? (3점)

① 1 ② 2 ③ 3

④ 4 ⑤ 5

---

042 ★★☆ 2013년 11월학평 B형 14번(고2)

함수 $f(x)=\log_2(x+3)$의 역함수를 $g(x)$라 할 때,

$\displaystyle\lim_{x\to 0}\frac{f(x-2)}{g(x)+2}$ 의 값은? (4점)

① $(\ln 2)^2$ ② $\ln 2$ ③ 1

④ $\dfrac{1}{\ln 2}$ ⑤ $\dfrac{1}{(\ln 2)^2}$

044 ★★☆ 2018년 4월학평 가형 17번

$a>e$인 실수 a에 대하여 두 곡선 $y=e^{x-1}$과 $y=a^x$이

만나는 점의 x좌표를 $f(a)$라 할 때, $\displaystyle\lim_{a\to e+}\frac{1}{(e-a)f(a)}$의

값은? (4점)

① $\dfrac{1}{e^2}$ ② $\dfrac{1}{e}$ ③ 1

④ e ⑤ e^2

043 ★★☆ 2010년 10월학평 가형 미적 27번

양의 실수 전체의 집합에서 정의된 함수 $f(x)=\ln\sqrt[3]{x}$의

역함수를 $g(x)$라 할 때, $\displaystyle\lim_{x\to 0+}\frac{f(g(x))}{g(x)-1}$의 값은? (3점)

① $\dfrac{1}{6}$ ② $\dfrac{1}{4}$ ③ $\dfrac{1}{3}$

④ $\dfrac{2}{3}$ ⑤ $\dfrac{3}{2}$

045 ★★☆ 2024학년도 6월모평 미적 25번

$\displaystyle\lim_{x\to 0}\frac{2^{ax+b}-8}{2^{bx}-1}=16$일 때, $a+b$의 값은?

(단, a와 b는 0이 아닌 상수이다.) (3점)

① 9 ② 10 ③ 11

④ 12 ⑤ 13

2보다 큰 실수 a에 대하여 두 곡선 $y=2^x$, $y=-2^x+a$가 y축과 만나는 점을 각각 A, B라 하고, 두 곡선의 교점을 C라 하자.

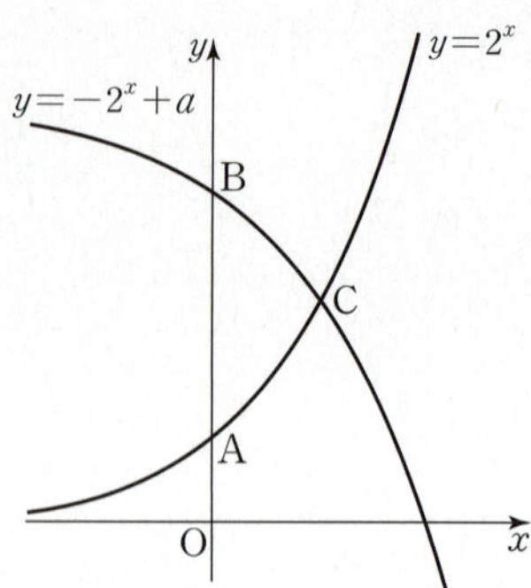

직선 AC의 기울기를 $f(a)$, 직선 BC의 기울기를 $g(a)$라 할 때, $\displaystyle\lim_{a \to 2+} \{f(a)-g(a)\}$의 값은? (4점)

① $\dfrac{1}{\ln 2}$ ② $\dfrac{2}{\ln 2}$ ③ $\ln 2$

④ $2 \ln 2$ ⑤ 2

좌표평면 위의 한 점 $P(t, 0)$을 지나는 직선 $x=t$와 두 곡선 $y=\ln x$, $y=-\ln x$가 만나는 점을 각각 A, B라 하자. 삼각형 AQB의 넓이가 1이 되도록 하는 x축 위의 점을 Q라 할 때, 선분 PQ의 길이를 $f(t)$라 하자. $\displaystyle\lim_{t \to 1+}(t-1)f(t)$의 값은? (단, 점 Q의 x좌표는 t보다 작다.) (3점)

① $\dfrac{1}{2}$ ② 1 ③ $\dfrac{3}{2}$

④ 2 ⑤ $\dfrac{5}{2}$

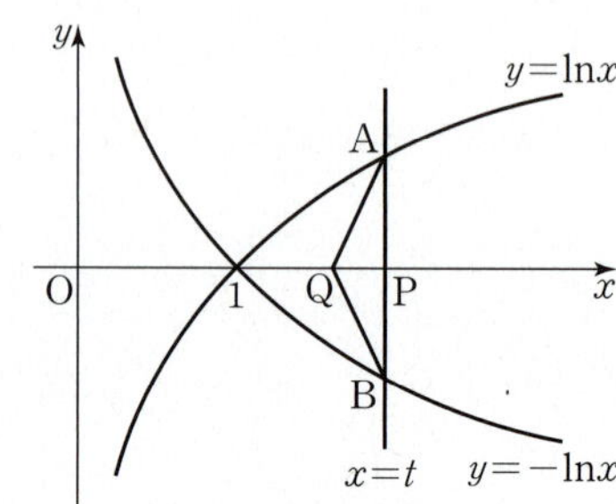

048 ★★☆ 2024년 5월학평 미적 25번

곡선 $y=e^{2x}-1$ 위의 점 $P(t, e^{2t}-1)$ $(t>0)$에 대하여 $\overline{PQ}=\overline{OQ}$를 만족시키는 x축 위의 점 Q의 x좌표를 $f(t)$라 할 때, $\displaystyle\lim_{t\to 0+}\frac{f(t)}{t}$의 값은? (단, O는 원점이다.) (3점)

① 1　　　　② $\dfrac{3}{2}$　　　　③ 2

④ $\dfrac{5}{2}$　　　　⑤ 3

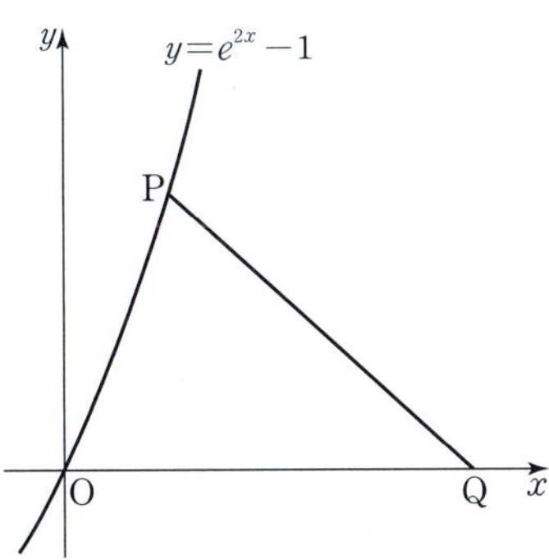

049 ★★☆ 2021년 4월학평 미적 26번

좌표평면에서 양의 실수 t에 대하여 직선 $x=t$가 두 곡선 $y=e^{2x+k}$, $y=e^{-3x+k}$과 만나는 점을 각각 P, Q라 할 때, $\overline{PQ}=t$를 만족시키는 실수 k의 값을 $f(t)$라 하자. 함수 $f(t)$에 대하여 $\displaystyle\lim_{t\to 0+}e^{f(t)}$의 값은? (3점)

① $\dfrac{1}{6}$　　　　② $\dfrac{1}{5}$　　　　③ $\dfrac{1}{4}$

④ $\dfrac{1}{3}$　　　　⑤ $\dfrac{1}{2}$

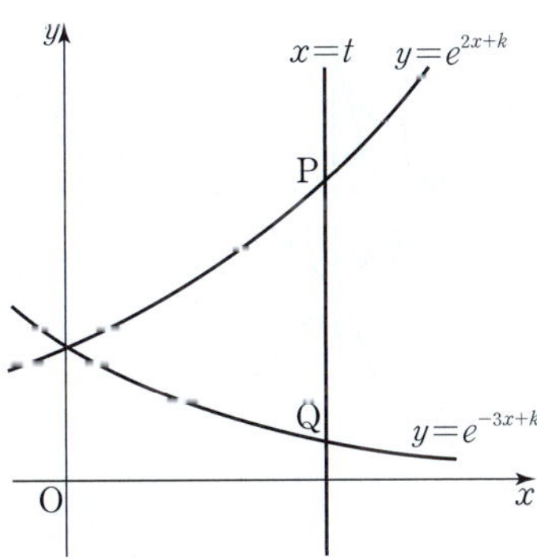

050 ★★☆ 2025학년도 6월모평 미적 26번

양수 t에 대하여 곡선 $y=e^{x^2}-1$ $(x\geq 0)$이 두 직선 $y=t$, $y=5t$와 만나는 점을 각각 A, B라 하고, 점 B에서 x축에 내린 수선의 발을 C라 하자. 삼각형 ABC의 넓이를 $S(t)$라 할 때, $\displaystyle\lim_{t\to 0+}\frac{S(t)}{t\sqrt{t}}$의 값은? (3점)

① $\dfrac{5}{4}(\sqrt{5}-1)$　　　② $\dfrac{5}{2}(\sqrt{5}-1)$　　　③ $5(\sqrt{5}-1)$

④ $\dfrac{5}{4}(\sqrt{5}+1)$　　　⑤ $\dfrac{5}{2}(\sqrt{5}+1)$

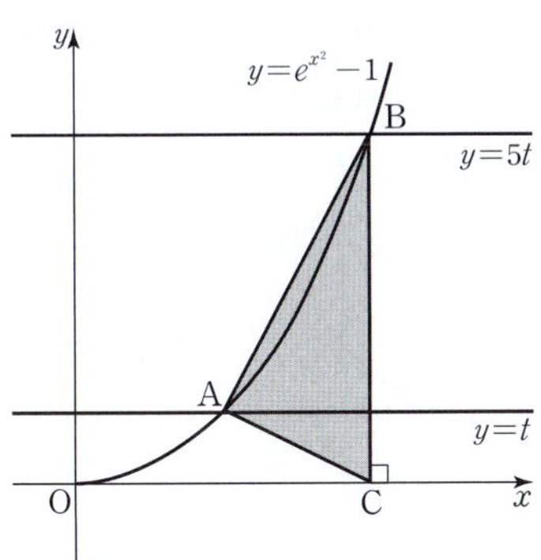

양수 t에 대하여 다음 조건을 만족시키는 실수 k의 값을 $f(t)$라 하자.

> 직선 $x=k$와 두 곡선 $y=e^{\frac{x}{2}}$, $y=e^{\frac{x}{2}+3t}$이 만나는 점을 각각 P, Q라 하고, 점 Q를 지나고 y축에 수직인 직선이 곡선 $y=e^{\frac{x}{2}}$과 만나는 점을 R이라 할 때, $\overline{PQ}=\overline{QR}$이다.

함수 $f(t)$에 대하여 $\lim\limits_{t\to 0+} f(t)$의 값은? (4점)

① $\ln 2$ ② $\ln 3$ ③ $\ln 4$

④ $\ln 5$ ⑤ $\ln 6$

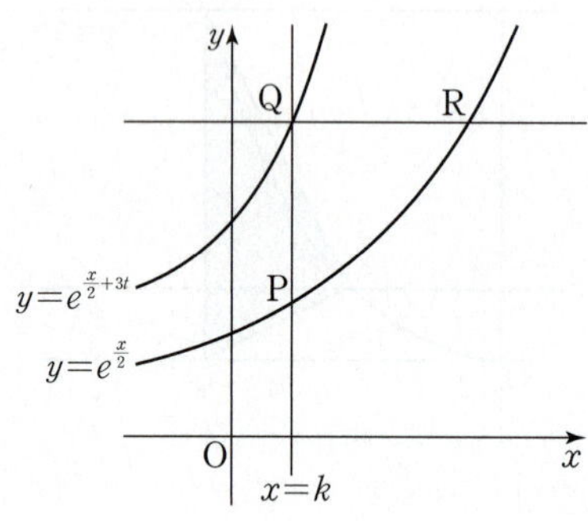

함수 $f(x)$가

$$f(x)=\begin{cases} e^x & (x\le 0,\ x\ge 2) \\ \ln(x+1) & (0<x<2) \end{cases}$$

이고, 함수 $y=g(x)$의 그래프가 그림과 같다.

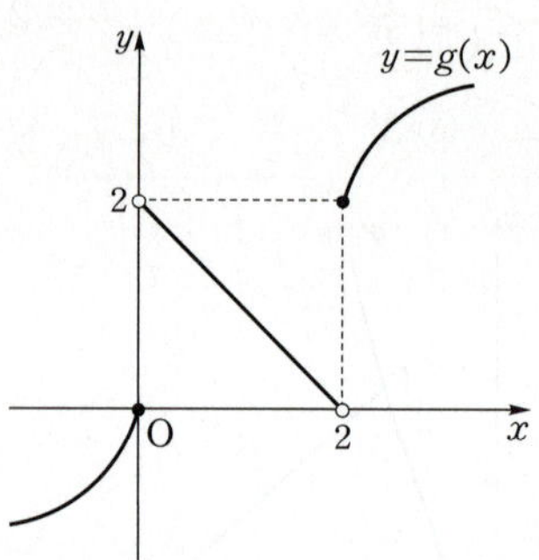

$\lim\limits_{x\to 2+} f(g(x)) + \lim\limits_{x\to 0+} g(f(x))$의 값은? (3점)

① e ② $e+1$ ③ $e+2$

④ e^2+1 ⑤ e^2+2

$t<1$인 실수 t에 대하여 곡선 $y=\ln x$와 직선 $x+y=t$가 만나는 점을 P라 하자. 점 P에서 x축에 내린 수선의 발을 H, 직선 PH와 곡선 $y=e^x$이 만나는 점을 Q라 할 때, 삼각형 OHQ의 넓이를 $S(t)$라 하자. $\lim\limits_{t\to 0+}\dfrac{2S(t)-1}{t}$의 값은? (4점)

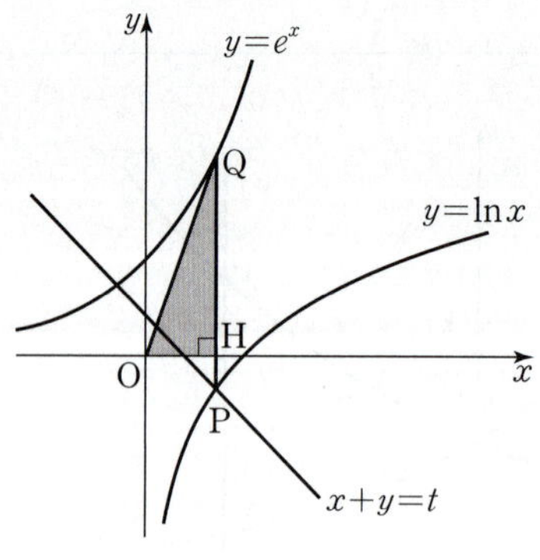

① 1   ② $e-1$ ③ 2

④ e ⑤ 3

054 ★★☆ 2008년 10월학평 가형 미적 28번

그림과 같이 두 곡선 $y=ax^2(a>0)$, $y=\ln(2x+1)$이 제1사분면에서 만나는 점을 A라 하자. 원점 O와 두 점 B$(1, 0)$, C$(0, 1)$에 대하여 삼각형 OAB의 넓이를 S_1, 삼각형 OAC의 넓이를 S_2라 하자. a의 값이 한없이 커질 때, $\dfrac{S_1}{S_2}$의 값은 α에 한없이 가까워진다. α의 값은? (3점)

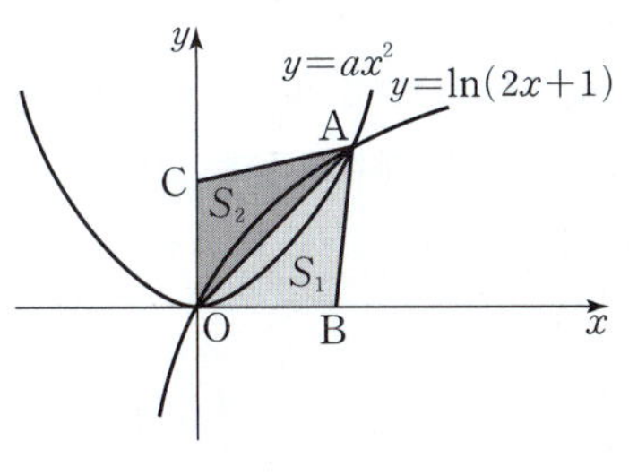

① $\dfrac{1}{e}$ ② $\dfrac{1}{2}$ ③ 1

④ 2   ⑤ e

055 ★★☆ 2020학년도 9월모평 가형 15번

함수 $y=e^x$의 그래프 위의 x좌표가 양수인 점 A와 함수 $y=-\ln x$의 그래프 위의 점 B가 다음 조건을 만족시킨다.

> (가) $\overline{\text{OA}}=2\overline{\text{OB}}$
> (나) $\angle\text{AOB}=90°$

직선 OA의 기울기는? (단, O는 원점이다.) (4점)

① e ② $\dfrac{3}{\ln 3}$ ③ $\dfrac{2}{\ln 2}$

④ $\dfrac{5}{\ln 5}$ ⑤ $\dfrac{e^2}{2}$

유형 06 지수함수의 미분법과 미분가능성 동영상강의

☑ 출제경향

지수함수의 미분 공식을 적용하는 문제들과 미분가능성의 정의를 이용하는 문제들이 출제된다.

✎ 접근방법

미분가능한 두 함수 $g(x)$, $h(x)$에 대하여

함수 $f(x)=\begin{cases} g(x) & (x<0) \\ h(x) & (x\geq0) \end{cases}$ 이 $x=0$에서 미분가능할 때

(1) $f(x)$가 $x=0$에서 연속이므로 $\displaystyle\lim_{x\to0-}g(x)=\lim_{x\to0+}h(x)=h(0)$

(2) $f(x)$의 $x=0$에서의 미분계수가 존재하므로

$$\lim_{x\to0-}g'(x)=\lim_{x\to0+}h'(x)$$

📖 단골공식

(1) 함수 $f(x)=e^x$의 도함수 $f'(x)=e^x$이다.

(2) 함수 $f(x)=a^x(a>0, a\neq1)$의 도함수 $f'(x)=a^x\ln a$이다.

269-2-1-Y06

056 ★☆☆ 2026학년도 9월모평 미적 23번

$\displaystyle\lim_{x\to1}\dfrac{e^x-e}{x-1}$의 값은? (2점)

① e ② $2e$ ③ $3e$

④ $4e$ ⑤ $5e$

057 ★☆☆ 2018학년도 6월모평 가형 5번

함수 $f(x)=e^x(2x+1)$에 대하여 $f'(1)$의 값은? (3점)

① $8e$ ② $7e$ ③ $6e$
④ $5e$ ⑤ $4e$

058 ★☆☆ 2017학년도 6월모평 가형 5번

함수 $f(x)=(2x+7)e^x$에 대하여 $f'(0)$의 값은? (3점)

① 6   ② 7   ③ 8
④ 9   ⑤ 10

059 ★☆☆ 2022년 4월학평 미적 23번

함수 $f(x)=(x+a)e^x$에 대하여 $f'(2)=8e^2$일 때, 상수 a의 값은? (2점)

① 1   ② 2   ③ 3
④ 4   ⑤ 5

060 ★☆☆ 2017년 10월학평 가형 25번

함수 $f(x)=\begin{cases} x+1 & (x<0) \\ e^{ax+b} & (x\geq 0) \end{cases}$ 은 $x=0$에서 미분가능하다.

$f(10)=e^k$일 때, 상수 k의 값을 구하시오.

(단, a와 b는 상수이다.) (3점)

유형 07 로그함수의 미분법과 미분가능성   동영상강의 ▶ 

☑ 출제경향

로그함수의 미분 공식을 적용하는 문제들과 미분가능성의 정의를 이용하는 문제들이 출제된다.

✎ 접근방법

미분가능한 두 함수 $g(x)$, $h(x)$에 대하여

함수 $f(x)=\begin{cases} g(x) & (x<0) \\ h(x) & (x\geq 0) \end{cases}$ 이 $x=0$에서 미분가능할 때

(1) $f(x)$가 $x=0$에서 연속이므로 $\displaystyle\lim_{x\to 0-} g(x)=\lim_{x\to 0+} h(x)=h(0)$

(2) $f(x)$의 $x=0$에서의 미분계수가 존재하므로

$$\lim_{x\to 0-} g'(x)=\lim_{x\to 0+} h'(x)$$

🖥 단골공식

(1) 함수 $f(x)=\ln x$의 도함수 $f'(x)=\dfrac{1}{x}$이다.

(2) 함수 $f(x)=\log_a x\,(a>0,\ a\neq 1)$의 도함수 $f'(x)=\dfrac{1}{x\ln a}$이다.

061 ★☆☆ 2020학년도 수능 가형 22번

함수 $f(x)=x^3\ln x$에 대하여 $\dfrac{f'(e)}{e^2}$의 값을 구하시오.

(3점)

062 ★☆☆ 2018년 7월학평 가형 5번

함수 $f(x)=x\ln x$에 대하여 $\displaystyle\lim_{h\to 0}\dfrac{f(1+h)-f(1)}{h}$의 값은?

(3점)

① 1   ② 2   ③ 3
④ 4   ⑤ 5

---

063 ★★☆ 2012년 10월학평 가형 4번

함수 $f(x)=x^2+x\ln x$에 대하여
$\displaystyle\lim_{h\to 0}\frac{f(1+2h)-f(1-h)}{h}$의 값은? (3점)

① 6　　　　② 7　　　　③ 8
④ 9　　　　⑤ 10

064 ★★☆ 2017학년도 9월모평 가형 11번

함수 $f(x)=\log_3 x$에 대하여 $\displaystyle\lim_{h\to 0}\frac{f(3+h)-f(3-h)}{h}$의
값은? (3점)

① $\dfrac{1}{2\ln 3}$　　　② $\dfrac{2}{3\ln 3}$　　　③ $\dfrac{5}{6\ln 3}$

④ $\dfrac{1}{\ln 3}$　　　⑤ $\dfrac{7}{6\ln 3}$

065 ★★☆ 2023년 4월학평 미적 26번

두 함수 $f(x)=a^x$, $g(x)=2\log_b x$에 대하여
$$\lim_{x\to e}\frac{f(x)-g(x)}{x-e}=0$$
일 때, $a\times b$의 값은? (단, a와 b는 1보다 큰 상수이다.) (3점)

① $e^{\frac{1}{e}}$　　　② $e^{\frac{2}{e}}$　　　③ $e^{\frac{3}{e}}$
④ $e^{\frac{1}{e}}$　　　⑤ $e^{\frac{5}{e}}$

1등급에 도전하는
최고난도 문제

▶ 문제 풀이 **동영상 강의**

066 ★★★★ 2009학년도 9월모평 가형 미적 29번

$a>0$, $b>0$, $a\neq 1$, $b\neq 1$일 때, 함수
$$f(x)=\frac{b^x+\log_a x}{a^x+\log_b x}$$
에 대하여 [보기]에서 옳은 것만을 있는 대로 고른 것은?

(4점)

[보기]

ㄱ. $1<a<b$이면 $x>1$인 모든 x에 대하여
　　$f(x)>1$이다.

ㄴ. $b<a<1$이면 $\displaystyle\lim_{x\to\infty}f(x)=0$이다.

ㄷ. $\displaystyle\lim_{x\to 0+}f(x)=\log_a b$

① ㄱ　　　　② ㄴ　　　　③ ㄱ, ㄷ
④ ㄴ, ㄷ　　　　⑤ ㄱ, ㄴ, ㄷ

지수함수 $f(x)=a^x\,(0<a<1)$의 그래프가 직선 $y=x$와 만나는 점의 x좌표를 b라 하자. 함수

$$g(x)=\begin{cases} f(x) & (x\le b) \\ f^{-1}(x) & (x>b) \end{cases}$$

가 실수 전체의 집합에서 미분가능할 때, ab의 값은? (4점)

① e^{-e-1} ② $e^{-e-\frac{1}{e}}$ ③ $e^{-e+\frac{1}{e}}$
④ e^{e-1} ⑤ e^{e+1}

$x\ge 0$에서 정의된 함수 $f(x)$가 다음 조건을 만족시킨다.

(가) $f(x)=\begin{cases} 2^x-1 & (0\le x\le 1) \\ 4\times\left(\dfrac{1}{2}\right)^x-1 & (1<x\le 2) \end{cases}$

(나) 모든 양의 실수 x에 대하여 $f(x+2)=-\dfrac{1}{2}f(x)$
  이다.

$x>0$에서 정의된 함수 $g(x)$를

$$g(x)=\lim_{h\to 0+}\frac{f(x+h)-f(x-h)}{h}$$

라 할 때,

$$\lim_{t\to 0+}\{g(n+t)-g(n-t)\}+2g(n)=\frac{\ln 2}{2^{24}}$$

를 만족시키는 모든 자연수 n의 값의 합을 구하시오. (4점)

사관학교 기출문제

▶ 문제 풀이 **동영상 강의**

069 ★☆☆ 2026학년도 사관학교 미적 23번

두 양수 a, b에 대하여 $\lim\limits_{x \to 0} \dfrac{e^{ax}-1}{\ln(x+b)}=2$일 때, $a+b$의 값은? (2점)

① 1 ② 2 ③ 3
④ 4 ⑤ 5

070 ★★☆ 2018학년도 사관학교 가형 9번

함수 $f(x)$가 $\lim\limits_{x \to \infty}\left\{f(x)\ln\left(1+\dfrac{1}{2x}\right)\right\}=4$를 만족시킬 때,

$\lim\limits_{x \to \infty}\dfrac{f(x)}{x-3}$ 의 값은? (3점)

① 6 ② 8 ③ 10
④ 12 ⑤ 14

071 ★★★ 2016학년도 사관학교 B형 26번

이차함수 $f(x)$가

$$f(1)=2,\quad f'(1)=\lim_{x \to 0}\frac{\ln f(x)}{x}+\frac{1}{2}$$

을 만족시킬 때, $f(8)$의 값을 구하시오. (4점)

02 삼각함수의 덧셈정리

평가원 모의평가 (2003~2026학년도) 대학수학능력시험 (1994~2026학년도) 교육청 학력평가 (2001~2025년 시행) 사관학교 입학시험 (2002~2026학년도)

1. 삼각함수 $\csc\theta$, $\sec\theta$, $\cot\theta$ | 유형 01

[19 수능출제]

(1) 삼각함수의 정의

$$\csc\theta=\frac{r}{y}\,(y\neq0),\ \sec\theta=\frac{r}{x}\,(x\neq0),\ \cot\theta=\frac{x}{y}\,(y\neq0)$$

$$\csc\theta=\frac{1}{\sin\theta},\ \sec\theta=\frac{1}{\cos\theta},\ \cot\theta=\frac{1}{\tan\theta}$$

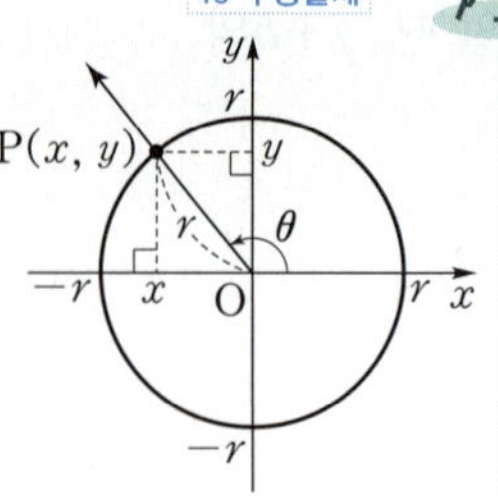

(2) 삼각함수 사이의 관계

① $1+\tan^2\theta=\sec^2\theta$ ② $1+\cot^2\theta=\csc^2\theta$

2. 삼각함수의 덧셈정리 | 유형 02, 03, 04

[20, 18, 07 수능출제]

(1) 삼각함수의 덧셈정리

① $\sin(\alpha+\beta)=\sin\alpha\cos\beta+\cos\alpha\sin\beta$

② $\sin(\alpha-\beta)=\sin\alpha\cos\beta-\cos\alpha\sin\beta$

③ $\cos(\alpha+\beta)=\cos\alpha\cos\beta-\sin\alpha\sin\beta$

④ $\cos(\alpha-\beta)=\cos\alpha\cos\beta+\sin\alpha\sin\beta$

⑤ $\tan(\alpha+\beta)=\dfrac{\tan\alpha+\tan\beta}{1-\tan\alpha\tan\beta}$

⑥ $\tan(\alpha-\beta)=\dfrac{\tan\alpha-\tan\beta}{1+\tan\alpha\tan\beta}$

(2) 삼각함수의 덧셈정리의 활용 − 배각

① $\sin2\theta=2\sin\theta\cos\theta$

② $\cos2\theta=\cos^2\theta-\sin^2\theta$

  $\qquad=2\cos^2\theta-1=1-2\sin^2\theta$

③ $\tan2\theta=\dfrac{2\tan\theta}{1-\tan^2\theta}$

3. 삼각함수의 합성

(1) $a\sin\theta+b\cos\theta=\sqrt{a^2+b^2}\sin(\theta+\alpha)$

$$\left(\text{단},\ \sin\alpha=\frac{b}{\sqrt{a^2+b^2}},\ \cos\alpha=\frac{a}{\sqrt{a^2+b^2}}\right)$$

(2) $a\sin\theta+b\cos\theta=\sqrt{a^2+b^2}\cos(\theta-\beta)$

$$\left(\text{단},\ \cos\beta=\frac{b}{\sqrt{a^2+b^2}},\ \sin\beta=\frac{a}{\sqrt{a^2+b^2}}\right)$$

보충설명

- 삼각함수의 덧셈정리의 활용 − 반각

① $\sin^2\dfrac{\theta}{2}=\dfrac{1-\cos\theta}{2}$

② $\cos^2\dfrac{\theta}{2}=\dfrac{1+\cos\theta}{2}$

③ $\tan^2\dfrac{\theta}{2}=\dfrac{1-\cos\theta}{1+\cos\theta}$

- 삼각함수 $y=a\sin x+b\cos x$ $(a\neq0,\ b\neq0)$의 주기와 최대 · 최소 삼각함수의 합성에 의하여

$y=a\sin x+b\cos x$

  $=\sqrt{a^2+b^2}\sin(x+\alpha)$

$$\left(\text{단},\ \sin\alpha=\frac{b}{\sqrt{a^2+b^2}},\ \cos\alpha=\frac{a}{\sqrt{a^2+b^2}}\right)$$

이므로

주기 : 2π,

최댓값 : $\sqrt{a^2+b^2}$,

최솟값 : $-\sqrt{a^2+b^2}$

기본 개념 문제

269-2-2-Y00

▶ 문제 풀이 동영상 강의

---

001   1. csc θ, sec θ, cot θ   2021년 7월학평 미적 23번

$0<\theta<\dfrac{\pi}{2}$인 θ에 대하여 $\sin\theta=\dfrac{\sqrt{5}}{5}$일 때, $\sec\theta$의 값은?

(2점)

① $\dfrac{\sqrt{5}}{2}$ ② $\dfrac{3\sqrt{5}}{4}$ ③ $\sqrt{5}$

④ $\dfrac{5\sqrt{5}}{4}$ ⑤ $\dfrac{3\sqrt{5}}{2}$

---

002   1. csc θ, sec θ, cot θ   2022년 4월학평 미적 24번

$\sec\theta=\dfrac{\sqrt{10}}{3}$일 때, $\sin^2\theta$의 값은? (3점)

① $\dfrac{1}{10}$ ② $\dfrac{3}{20}$ ③ $\dfrac{1}{5}$

④ $\dfrac{1}{4}$ ⑤ $\dfrac{3}{10}$

---

003   2. 삼각함수의 덧셈정리   2019년 10월학평 가형 8번

$0<\alpha<\beta<2\pi$이고 $\cos\alpha=\cos\beta=\dfrac{1}{3}$일 때, $\sin(\beta-\alpha)$의 값은? (3점)

① $-\dfrac{4\sqrt{2}}{9}$ ② $-\dfrac{4}{9}$ ③ 0

④ $\dfrac{4}{9}$ ⑤ $\dfrac{4\sqrt{2}}{9}$

---

004   2. 삼각함수의 덧셈정리   2016학년도 9월모평 B형 11번

좌표평면에서 두 직선 $x-y-1=0$, $ax-y+1=0$이 이루는 예각의 크기를 θ라 하자. $\tan\theta=\dfrac{1}{6}$일 때, 상수 a의 값은?

(단, $a>1$) (3점)

① $\dfrac{11}{10}$ ② $\dfrac{6}{5}$ ③ $\dfrac{13}{10}$

④ $\dfrac{7}{5}$ ⑤ $\dfrac{3}{2}$

유형 01 삼각함수의 역수의 정의와 관계 동영상강의
$-\csc\theta,\ \sec\theta,\ \cot\theta$

269-2-2-Y01

☑ 출제경향
기본 공식을 종합한 단순 계산 문제가 출제된다.

✏ 접근방법
삼각함수의 제곱 관계, 역수 관계를 정확히 적용한다.

📖 단골공식

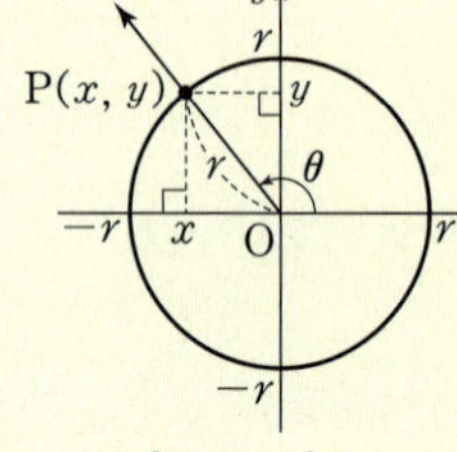

$$\csc\theta=\frac{1}{\sin\theta}=\frac{r}{y}\ (y\neq0)$$

$$\sec\theta=\frac{1}{\cos\theta}=\frac{r}{x}\ (x\neq0)$$

$$\cot\theta=\frac{1}{\tan\theta}=\frac{\cos\theta}{\sin\theta}=\frac{x}{y}\ (y\neq0)$$

$$\sin^2\theta+\cos^2\theta=1,\ 1+\tan^2\theta=\sec^2\theta,\ 1+\cot^2\theta=\csc^2\theta$$

---

005 ★☆☆ 2019년 3월학평 가형 2번

$\cos\theta=\dfrac{2}{3}$일 때, $\sec\theta$의 값은? (2점)

① 1 　　② $\dfrac{5}{4}$ 　　③ $\dfrac{3}{2}$

④ $\dfrac{7}{4}$ 　　⑤ 2

---

006 ★☆☆ 2019학년도 6월모평 가형 23번

$\cos\theta=\dfrac{1}{7}$일 때, $\sec^2\theta$의 값을 구하시오. (3점)

---

007 ★☆☆ 2020학년도 6월모평 가형 23번

$\cos\theta=\dfrac{1}{7}$일 때, $\csc\theta\times\tan\theta$의 값을 구하시오. (3점)

---

008 ★☆☆ 2019학년도 수능 가형 23번

$\tan\theta=5$일 때, $\sec^2\theta$의 값을 구하시오. (3점)

---

009 ★☆☆ 2018년 3월학평 가형 4번

$\tan\theta=-3$일 때, $\sec^2\theta$의 값은? (3점)

① 7 　　② 8 　　③ 9

④ 10 　　⑤ 11

---

010 ★☆☆ 2019년 7월학평 가형 23번

$\sec\theta=10$일 때, $\tan^2\theta$의 값을 구하시오. (3점)

---

011 ★☆☆ 2020학년도 9월모평 가형 9번

$\dfrac{\pi}{2}<\theta<\pi$인 θ에 대하여 $\cos\theta=-\dfrac{3}{5}$일 때, $\csc(\pi+\theta)$의 값은? (3점)

① $-\dfrac{5}{2}$ 　　② $-\dfrac{5}{3}$ 　　③ $-\dfrac{5}{4}$

④ $\dfrac{5}{4}$ 　　⑤ $\dfrac{5}{3}$

정답과 해설　005 p.171　006 p.171　007 p.172　008 p.172　009 p.172　010 p.172　011 p.172

012 ★★☆ 2008년 6월학평 가형 5번(고2)

x에 대한 이차방정식 $x^2-px+q=0$의 서로 다른 두 실근이 $\cos\alpha$, $\cos\beta$이고, $x^2-rx+s=0$의 두 근이 $\sec\alpha$, $\sec\beta$이다. rs를 p, q의 식으로 나타내면? (단, $pq\neq0$) (3점)

① pq ② $\dfrac{1}{pq}$ ③ $\dfrac{p}{q}$

④ $\dfrac{q}{p^2}$ ⑤ $\dfrac{p}{q^2}$

013 ★☆☆ 2016년 7월학평 가형 6번

$\sin\theta-\cos\theta=\dfrac{\sqrt{3}}{2}$일 때, $\tan\theta+\cot\theta$의 값은? (3점)

① 6   ② 7   ③ 8

④ 9   ⑤ 10

✓ **출제경향**

기본 공식을 적용해서 해결하는 문제가 출제된다.

✎ **접근방법**

삼각함수의 덧셈정리 공식을 적용하기 위해 주어진 식을 변형한다.

📖 **단골공식**

(1) $\sin(\alpha+\beta)=\sin\alpha\cos\beta+\cos\alpha\sin\beta$

(2) $\sin(\alpha-\beta)=\sin\alpha\cos\beta-\cos\alpha\sin\beta$

(3) $\cos(\alpha+\beta)=\cos\alpha\cos\beta-\sin\alpha\sin\beta$

(4) $\cos(\alpha-\beta)=\cos\alpha\cos\beta+\sin\alpha\sin\beta$

(5) $\tan(\alpha+\beta)=\dfrac{\tan\alpha+\tan\beta}{1-\tan\alpha\tan\beta}$

(6) $\tan(\alpha-\beta)=\dfrac{\tan\alpha-\tan\beta}{1+\tan\alpha\tan\beta}$

014 ★☆☆ 2018년 10월학평 가형 7번

$\sin\alpha=\dfrac{3}{5}$, $\cos\beta=\dfrac{\sqrt{5}}{5}$일 때, $\sin(\beta-\alpha)$의 값은?

(단, α, β는 예각이다.) (3점)

① $\dfrac{3\sqrt{5}}{20}$ ② $\dfrac{\sqrt{5}}{5}$ ③ $\dfrac{\sqrt{5}}{4}$

④ $\dfrac{3\sqrt{5}}{10}$ ⑤ $\dfrac{7\sqrt{5}}{20}$

015 ★☆☆ 2016년 4월학평 가형 8번

$\sin\theta=\dfrac{\sqrt{3}}{3}$일 때, $2\sin\left(\theta-\dfrac{\pi}{6}\right)+\cos\theta$의 값은?

$\left(\text{단, }0<\theta<\dfrac{\pi}{2}\right)$ (3점)

① $\dfrac{1}{2}$ ② $\dfrac{\sqrt{3}}{3}$ ③ 1

④ $\sqrt{3}$ ⑤ 2

함수 $f(x)=\cos 2x \cos x-\sin 2x \sin x$의 주기는? (3점)

① 2π ② $\dfrac{5}{3}\pi$ ③ $\dfrac{4}{3}\pi$

④ π ⑤ $\dfrac{2}{3}\pi$

$\tan\alpha=4$, $\tan\beta=-2$일 때, $\tan(\alpha+\beta)=\dfrac{q}{p}$이다. $p+q$의 값을 구하시오. (단, p와 q는 서로소인 자연수이다.) (3점)

$\tan(\alpha-\beta)=\dfrac{7}{8}$, $\tan\beta=1$일 때, $\tan\alpha$의 값을 구하시오.

$$\left(\text{단, } 0<\alpha<\frac{\pi}{2},\ 0<\beta<\frac{\pi}{2}\right)\ (3점)$$

$2\cos\alpha=3\sin\alpha$이고 $\tan(\alpha+\beta)=1$일 때, $\tan\beta$의 값은? (3점)

① $\dfrac{1}{6}$ ② $\dfrac{1}{5}$ ③ $\dfrac{1}{4}$

④ $\dfrac{1}{3}$ ⑤ $\dfrac{1}{2}$

$\tan\left(\alpha+\dfrac{\pi}{4}\right)=2$일 때, $\tan\alpha$의 값은? (3점)

① $\dfrac{1}{3}$ ② $\dfrac{4}{9}$ ③ $\dfrac{5}{9}$

④ $\dfrac{2}{3}$ ⑤ $\dfrac{7}{9}$

$\tan\alpha=-\dfrac{5}{12}\left(\dfrac{3}{2}\pi<\alpha<2\pi\right)$이고 $0\le x<\dfrac{\pi}{2}$일 때, 부등식

$$\cos x \le \sin(x+\alpha)\le 2\cos x$$

를 만족시키는 x에 대하여 $\tan x$의 최댓값과 최솟값의 합은? (4점)

① $\dfrac{31}{12}$ ② $\dfrac{37}{12}$ ③ $\dfrac{43}{12}$

④ $\dfrac{49}{12}$ ⑤ $\dfrac{55}{12}$

022 ★★☆ 2018학년도 9월모평 가형 15번

곡선 $y=1-x^2$ $(0<x<1)$ 위의 점 P에서 y축에 내린
수선의 발을 H라 하고, 원점 O와 점 $A(0, 1)$에 대하여
$\angle APH=\theta_1$, $\angle HPO=\theta_2$라 하자. $\tan\theta_1=\dfrac{1}{2}$일 때,
$\tan(\theta_1+\theta_2)$의 값은? (4점)

① 2   ② 4   ③ 6

④ 8   ⑤ 10

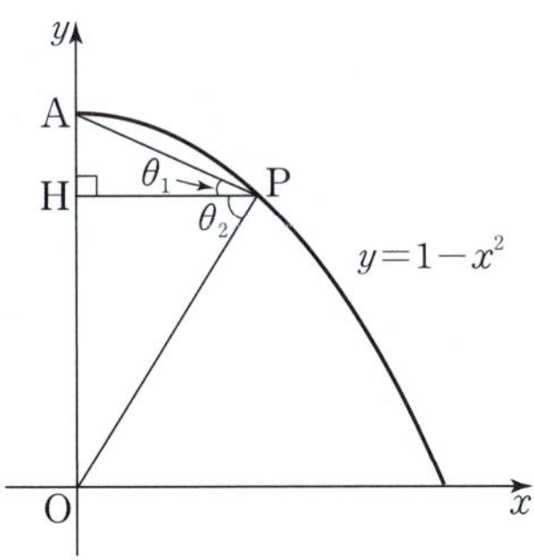

유형 03 삼각함수의 활용 (1)
– 기울기와 $\tan\theta$의 덧셈정리 ⭐중요

동영상강의 ▶

269-2-2-Y03

☑ **출제경향**

직선의 기울기와 $\tan\theta$ 사이의 관계를 이용하는 문제가 출제된다.

✏ **접근방법**

좌표평면 위의 두 직선에 대하여
두 직선의 기울기를 이용하여 두 직선이 이루는 각의 크기에 대한 식
을 세운다.

📖 **단골공식**

$\alpha-\beta=\theta$일 때 $\tan\theta=\dfrac{\tan\alpha-\tan\beta}{1+\tan\alpha\tan\beta}$

023 ★☆☆ 2012학년도 9월모평 가형 5번

좌표평면에서 두 직선 $y=x$, $y=-2x$가 이루는 예각의
크기를 θ라 할 때, $\tan\theta$의 값은? (3점)

① 2   ② $\dfrac{7}{3}$ ③ $\dfrac{8}{3}$

④ 3   ⑤ $\dfrac{10}{3}$

024 ★★☆ 2001년 5월학평 가형 미석 30번

두 점 $A(0, 1)$, $B(2, 0)$을 이은 선분 AB를 사등분하는
점을 각각 P, Q, R이라 하자. $\angle POR=\theta$라 할 때,
$30\tan\theta$의 값을 구하시오. (4점)

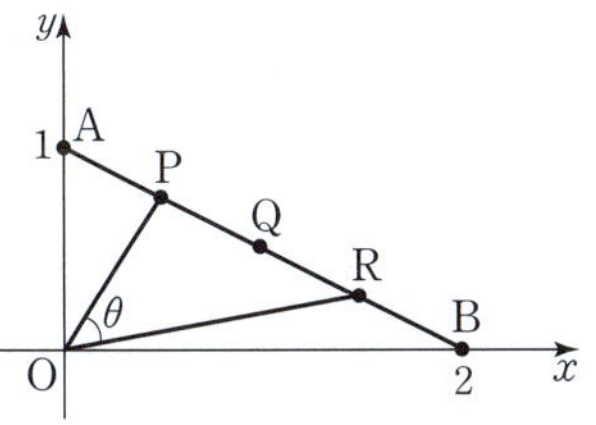

025 ★★☆ 2006학년도 6월모평 가형 미적 28번

오른쪽 그림과 같이 y축 위의 두 점
$A(0, 4)$, $B(0, 2)$와 x축 위의
점 $C(1, 0)$에 대하여
$\angle CAO=\alpha$, $\angle CBO=\beta$라 하자.
양의 y축 위의 점 $P(0, y)$에 대하여
$\angle CPO=\gamma$라 할 때, $\alpha+\beta=\gamma$가 되는
점 P의 y좌표는? (4점)

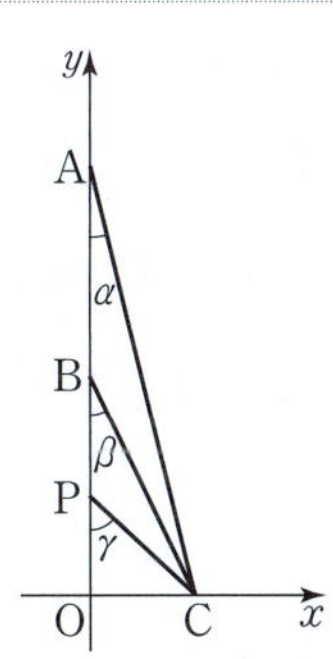

① $\dfrac{5}{4}$ ② $\dfrac{6}{5}$ ③ $\dfrac{7}{6}$

④ $\dfrac{8}{7}$ ⑤ $\dfrac{9}{8}$

그림과 같이 두 직선 $y=\dfrac{1}{3}x$, $y=2x+10$ 위의 두 점 A, B와 교점 P를 세 꼭짓점으로 하는 삼각형 PAB가 있다. $\angle B=90°$이고 $\overline{\text{PB}}=12$일 때, $\overline{\text{PA}}$의 값은? (3점)

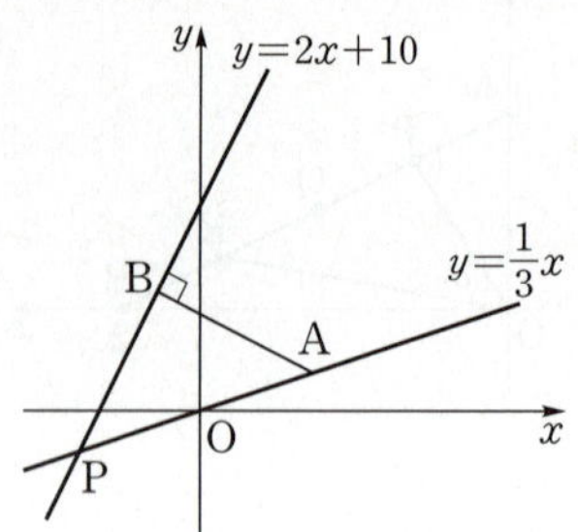

① $12\sqrt{2}$　　② $12\sqrt{3}$　　③ 18
④ $18\sqrt{2}$　　⑤ $18\sqrt{3}$

그림과 같이 곡선 $y=e^x$ 위의 두 점 $\text{A}(t,\ e^t)$, $\text{B}(-t,\ e^{-t})$에서의 접선을 각각 l, m이라 하자. 두 직선 l과 m이 이루는 예각의 크기가 $\dfrac{\pi}{4}$일 때, 두 점 A, B를 지나는 직선의 기울기는? (단, $t>0$) (4점)

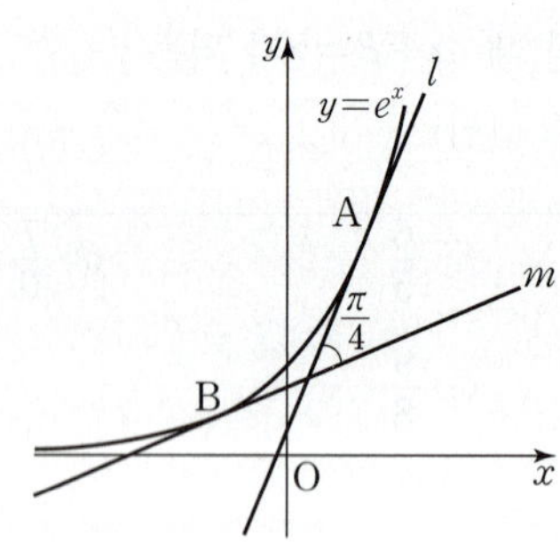

① $\dfrac{1}{\ln(1+\sqrt{2})}$　　② $\dfrac{1}{\ln 2}$　　③ $\dfrac{4}{3\ln(1+\sqrt{2})}$

④ $\dfrac{7}{6\ln 2}$　　⑤ $\dfrac{3}{2\ln(1+\sqrt{2})}$

그림과 같이 직선 $y=1$ 위의 점 P에서 원 $x^2+y^2=1$에 그은 접선이 x축과 만나는 점을 A라 하고, $\angle \text{AOP}=\theta$라 하자. $\overline{\text{OA}}=\dfrac{5}{4}$일 때, $\tan 3\theta$의 값은? $\left(\text{단, } 0<\theta<\dfrac{\pi}{4}\text{이다.}\right)$ (4점)

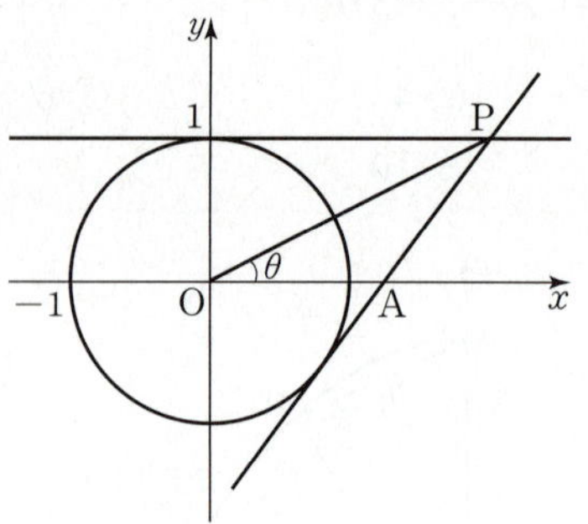

① 4　　② $\dfrac{9}{2}$　　③ 5
④ $\dfrac{11}{2}$　　⑤ 6

좌표평면에 함수 $f(x)=\sqrt{3}\ln x$의 그래프와 직선 $l:y=-\dfrac{\sqrt{3}}{2}x+\dfrac{\sqrt{3}}{2}$이 있다. 곡선 $y=f(x)$ 위의 서로 다른 두 점 $\text{A}(\alpha,\ f(\alpha))$, $\text{B}(\beta,\ f(\beta))$에서의 접선을 각각 m, n이라 하자. 세 직선 l, m, n으로 둘러싸인 삼각형이 정삼각형일 때, $6(\alpha+\beta)$의 값을 구하시오. (4점)

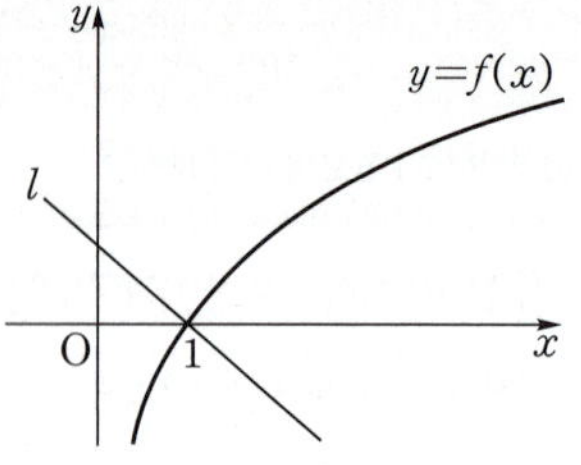

정답과 해설　**026** p.177　**027** p.177　**028** p.178　**029** p.178

030 ★★☆ 2007학년도 수능 가형 미적 28번

그림과 같이 원 $x^2+y^2=1$ 위의 점 P_1에서의 접선이 x축과 만나는 점을 Q_1이라 할 때, 삼각형 P_1OQ_1의 넓이는 $\dfrac{1}{4}$이다.

점 P_1을 원점 O를 중심으로 $\dfrac{\pi}{4}$만큼 회전시킨 점을 P_2라 하고, 점 P_2에서의 접선이 x축과 만나는 점을 Q_2라 하자. 삼각형 P_2OQ_2의 넓이는?

(단, 점 P_1은 제1사분면 위의 점이다.) (3점)

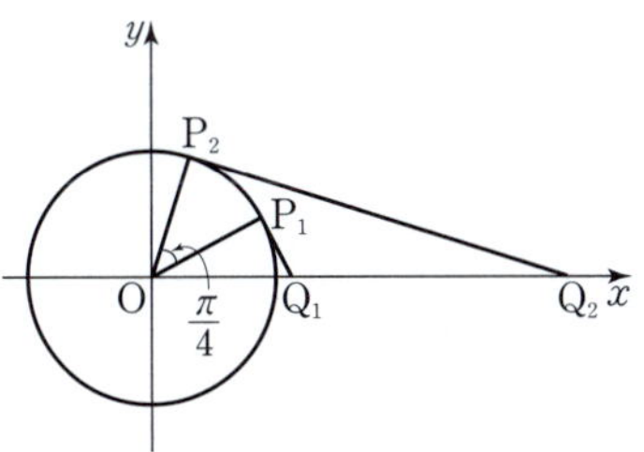

① 1
② $\dfrac{5}{4}$
③ $\dfrac{3}{2}$

④ $\dfrac{7}{4}$
⑤ 2

031 ★★☆ 2016년 3월학평 가형 18번

좌표평면에 중심이 원점 O이고 반지름의 길이가 3인 원 C_1과 중심이 점 $A(t, 6)$이고 반지름의 길이가 3인 원 C_2가 있다. 그림과 같이 기울기가 양수인 직선 l이 선분 OA와 만나고, 두 원 C_1, C_2에 각각 접할 때, 다음은 직선 l의 기울기를 t에 대한 식으로 나타내는 과정이다. (단, $t>6$)

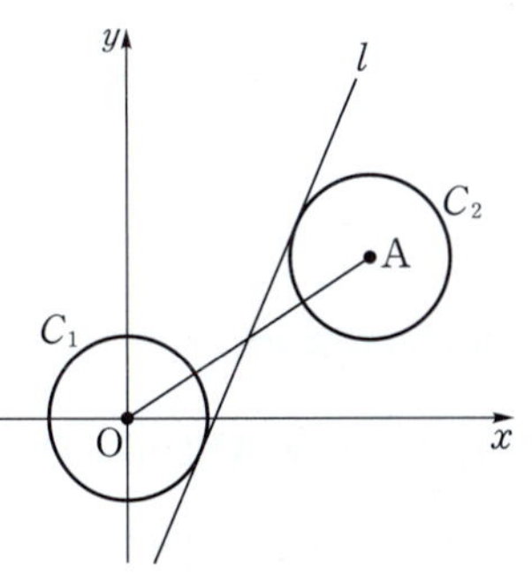

직선 OA가 x축의 양의 방향과 이루는 각의 크기를 α, 점 O를 지나고 직선 l에 평행한 직선 m이 직선 OA와 이루는 예각의 크기를 β라 하면

$$\tan \alpha = \frac{6}{t}$$

$$\tan \beta = \boxed{\ (가)\ }$$

이다.

직선 l이 x축의 양의 방향과 이루는 각의 크기를 θ라 하면

$$\theta = \alpha + \beta$$

이므로

$$\tan \theta = \boxed{\ (나)\ }$$

이다.

따라서 직선 l의 기울기는 $\boxed{\ (나)\ }$이다.

위의 (가), (나)에 알맞은 식을 각각 $f(t)$, $g(t)$라 할 때, $\dfrac{g(8)}{f(7)}$의 값은? (4점)

① 2
② $\dfrac{5}{2}$
③ 3

④ $\dfrac{7}{2}$
⑤ 4

동영상강의

269-2-2-Y04

☑ **출제경향**

삼각함수를 이용하는 도형 문제(원 또는 삼각형)가 어렵게 출제된다.

✏ **접근방법**

문제의 조건에 맞게 그림을 정확히 그리고 중학교 때 배웠던 도형의 성질을 이용하여 보조선을 그린 다음 식을 세운다. 세운 식은 **삼각함수의 기본 공식들**을 이용하여 해결한다.

032 ★★☆ 2016년 10월학평 가형 7번

그림과 같이 평면에 정삼각형 ABC와 $\overline{\mathrm{CD}}=1$이고 $\angle\mathrm{ACD}=\dfrac{\pi}{4}$인 점 D가 있다. 점 D와 직선 BC 사이의 거리는? (단, 선분 CD는 삼각형 ABC의 내부를 지나지 않는다.) (3점)

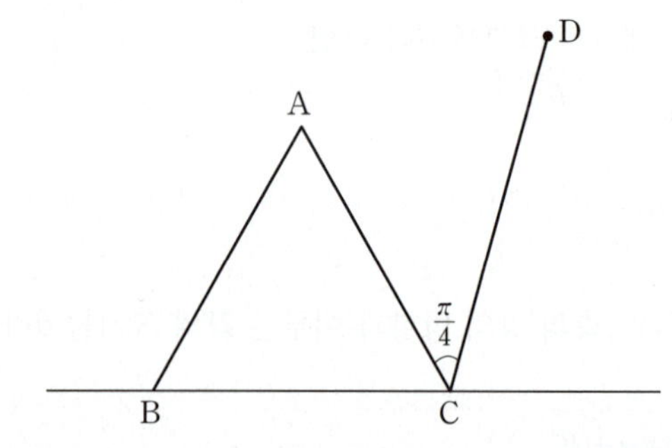

① $\dfrac{\sqrt{6}-\sqrt{2}}{6}$ ② $\dfrac{\sqrt{6}-\sqrt{2}}{4}$ ③ $\dfrac{\sqrt{6}-\sqrt{2}}{3}$

④ $\dfrac{\sqrt{6}+\sqrt{2}}{6}$ ⑤ $\dfrac{\sqrt{6}+\sqrt{2}}{4}$

033 ★★☆ 2020학년도 수능 가형 10번

$\overline{\mathrm{AB}}=\overline{\mathrm{AC}}$인 이등변삼각형 ABC에서 $\angle\mathrm{A}=\alpha$, $\angle\mathrm{B}=\beta$라 하자. $\tan(\alpha+\beta)=-\dfrac{3}{2}$일 때, $\tan\alpha$의 값은? (3점)

① $\dfrac{21}{10}$ ② $\dfrac{11}{5}$ ③ $\dfrac{23}{10}$

④ $\dfrac{12}{5}$ ⑤ $\dfrac{5}{2}$

034 ★★☆ 2020년 7월학평 가형 26번

삼각형 ABC에 대하여 $\angle\mathrm{A}=\alpha$, $\angle\mathrm{B}=\beta$, $\angle\mathrm{C}=\gamma$라 할 때, α, β, γ가 이 순서대로 등차수열을 이루고 $\cos\alpha$, $2\cos\beta$, $8\cos\gamma$가 이 순서대로 등비수열을 이룰 때, $\tan\alpha\tan\gamma$의 값을 구하시오. (단, $\alpha<\beta<\gamma$) (4점)

정답과 해설 032 p.180 033 p.181 034 p.181

035 ★★★ 2016년 3월학평 가형 26번

그림과 같이 기울기가 $-\dfrac{1}{3}$인 직선 l이 원 $x^2+y^2=1$과 점 A에서 접하고, 기울기가 1인 직선 m이 원 $x^2+y^2=1$과 점 B에서 접한다. $100\cos^2(\angle AOB)$의 값을 구하시오.

(단, O는 원점이다.) (4점)

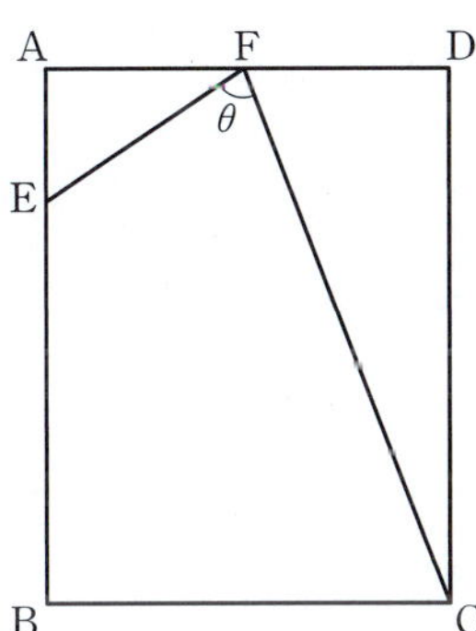

036 ★★☆ 2017년 4월학평 가형 16번

그림과 같이 선분 AB의 길이가 8, 선분 AD의 길이가 6인 직사각형 ABCD가 있다. 선분 AB를 $1:3$으로 내분하는 점을 E, 선분 AD의 중점을 F라 하자. $\angle EFC=\theta$라 할 때, $\tan\theta$의 값은? (4점)

① $\dfrac{22}{7}$ ② $\dfrac{26}{7}$ ③ $\dfrac{30}{7}$

④ $\dfrac{34}{7}$ ⑤ $\dfrac{38}{7}$

037 ★★☆ 2024년 7월학평 미적 26번

그림과 같이 $\overline{AB}=\overline{BC}=1$이고 $\angle ABC=\dfrac{\pi}{2}$인 삼각형 ABC가 있다. 선분 AB 위의 점 D와 선분 BC 위의 점 E가

$$\overline{AD}=2\overline{BE} \quad (0<\overline{AD}<1)$$

을 만족시킬 때, 두 선분 AE, CD가 만나는 점을 F라 하자. $\tan(\angle CFE)=\dfrac{16}{15}$일 때, $\tan(\angle CDB)$의 값은?

$$\left(\text{단, } \dfrac{\pi}{4}<\angle CDB<\dfrac{\pi}{2}\right) \text{(3점)}$$

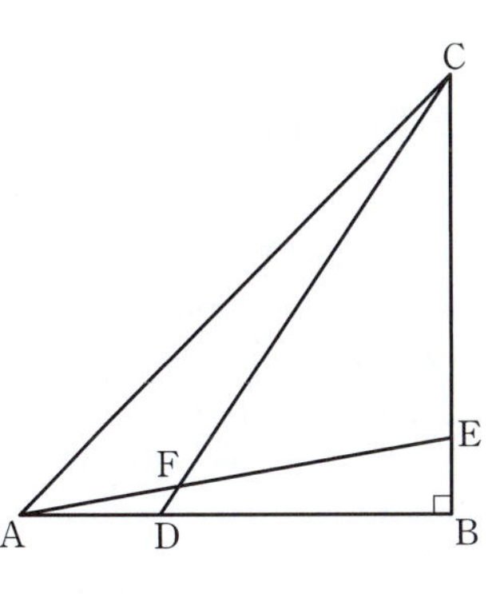

① $\dfrac{9}{7}$ ② $\dfrac{4}{3}$ ③ $\dfrac{7}{5}$

④ $\dfrac{3}{2}$ ⑤ $\dfrac{5}{3}$

038 ★★☆ 2017년 3월학평 가형 10번

점 O를 중심으로 하고 반지름의 길이가 각각 1, $\sqrt{2}$인 두 원 C_1, C_2가 있다. 원 C_1 위의 두 점 P, Q와 원 C_2 위의 점 R에 대하여 $\angle QOP=\alpha$, $\angle ROQ=\beta$라 하자. $\overline{OQ}\perp\overline{QR}$이고 $\sin\alpha=\dfrac{4}{5}$일 때, $\cos(\alpha+\beta)$의 값은?

$$\left(\text{단, } 0<\alpha<\frac{\pi}{2},\ 0<\beta<\frac{\pi}{2}\right) \text{(3점)}$$

① $-\dfrac{\sqrt{6}}{10}$ ② $-\dfrac{\sqrt{5}}{10}$ ③ $-\dfrac{1}{5}$

④ $-\dfrac{\sqrt{3}}{10}$ ⑤ $-\dfrac{\sqrt{2}}{10}$

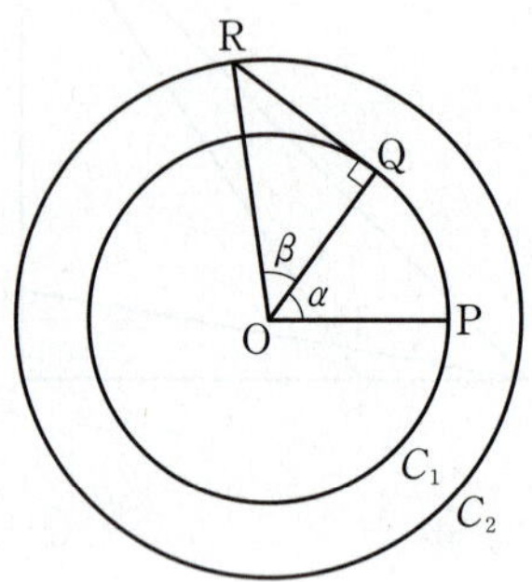

039 ★★☆ 2018학년도 수능 가형 14번

그림과 같이 $\overline{AB}=5$, $\overline{AC}=2\sqrt{5}$인 삼각형 ABC의 꼭짓점 A에서 선분 BC에 내린 수선의 발을 D라 하자.
선분 AD를 $3:1$로 내분하는 점 E에 대하여 $\overline{EC}=\sqrt{5}$이다.
$\angle ABD=\alpha$, $\angle DCE=\beta$라 할 때, $\cos(\alpha-\beta)$의 값은?

(4점)

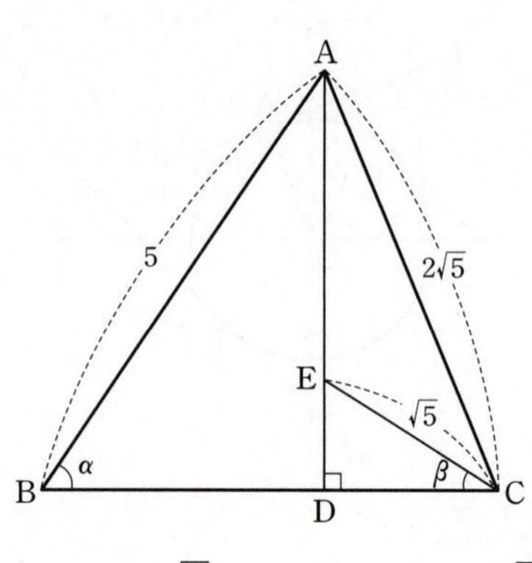

① $\dfrac{\sqrt{5}}{5}$ ② $\dfrac{\sqrt{5}}{4}$ ③ $\dfrac{3\sqrt{5}}{10}$

④ $\dfrac{7\sqrt{5}}{20}$ ⑤ $\dfrac{2\sqrt{5}}{5}$

정답과 해설 **038** p.183 **039** p.184

∠B가 직각인 이등변삼각형 ABC가 있다. 그림과 같이 선분 BC 위의 점 D와 선분 BC의 연장선 위의 점 E를 ∠CAD=∠CAE=θ가 되도록 잡는다.

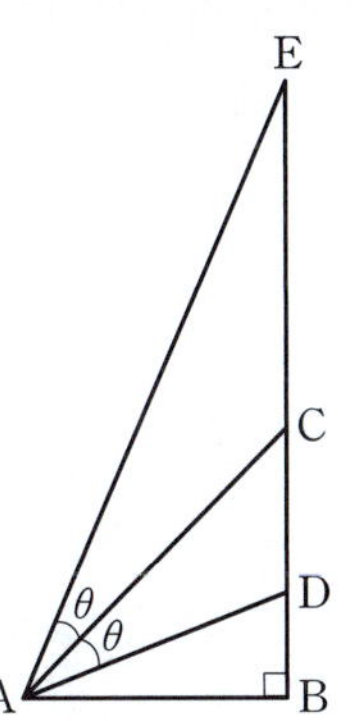

$\dfrac{\overline{AE}-\overline{AD}}{\overline{AC}}=2$일 때, $\sin\theta$의 값은? (3점)

① $\dfrac{1}{3}$ ② $\dfrac{1}{2}$ ③ $\dfrac{2-\sqrt{2}}{4}$

④ $\dfrac{\sqrt{6}-\sqrt{2}}{4}$ ⑤ $\dfrac{\sqrt{5}-\sqrt{3}}{4}$

그림과 같이 ∠BAC=$\dfrac{2}{3}\pi$이고 $\overline{AB}>\overline{AC}$인 삼각형 ABC가 있다. $\overline{BD}=\overline{CD}$인 선분 AB 위의 점 D에 대하여 ∠CBD=α, ∠ACD=β라 하자, $\cos^2\alpha=\dfrac{7+\sqrt{21}}{14}$일 때, $54\sqrt{3}\times\tan\beta$의 값을 구하시오. (4점)

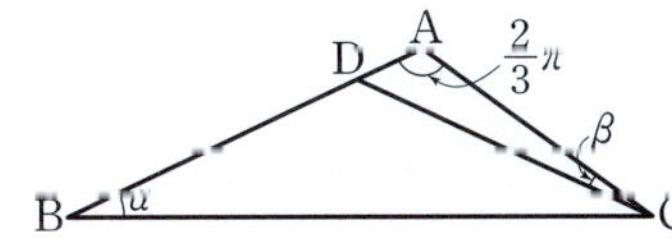

$\overline{AC}=3$, $\overline{BC}=1$, ∠C=90°인 직각삼각형 ABC가 있다. 선분 AB를 4 : 1로 내분하는 점을 P, 선분 AB를 2 : 3으로 내분하는 점을 Q라 하자. 점 P에서 선분 BC에 내린 수선의 발을 R, 점 Q에서 선분 AC에 내린 수선의 발을 S라 하자. ∠CPR=α, ∠CQS=β라 할 때, $\tan(\beta-\alpha)=\dfrac{q}{p}$이다. $p+q$의 값을 구하시오.

（단, p와 q는 서로소인 자연수이다.）(4점)

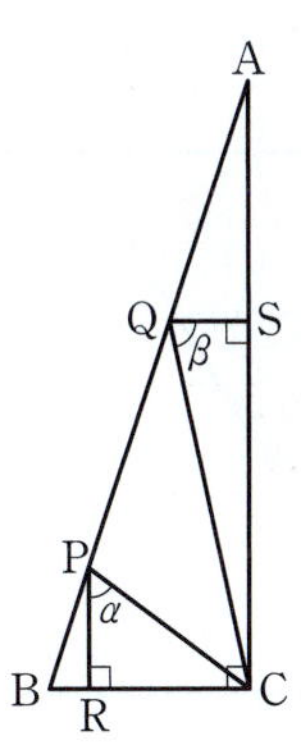

정답과 해설　**040** p.184　**041** p.185　**042** p.185

DAY
9

Ⅱ

2. 삼각함수의 덧셈정리

그림과 같이 한 변의 길이가 1인 정사각형 ABCD가 있다. 선분 AD 위의 점 E와 정사각형 ABCD의 내부에 있는 점 F가 다음 조건을 만족시킨다.

> (가) 두 삼각형 ABE와 FBE는 서로 합동이다.
>
> (나) 사각형 ABFE의 넓이는 $\dfrac{1}{3}$이다.

$\tan(\angle ABF)$의 값은? (4점)

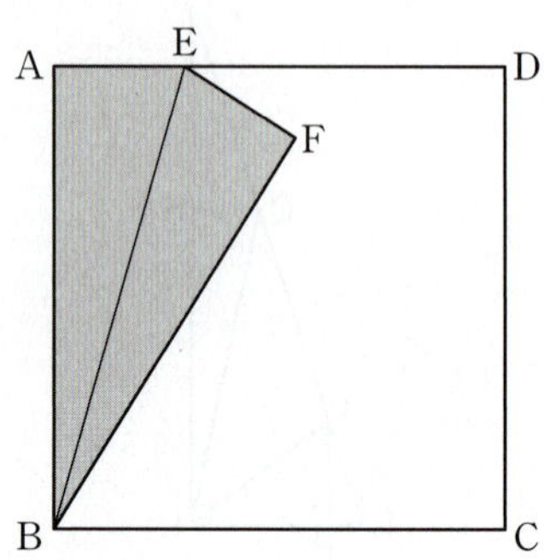

① $\dfrac{5}{12}$ ② $\dfrac{1}{2}$ ③ $\dfrac{7}{12}$

④ $\dfrac{2}{3}$ ⑤ $\dfrac{3}{4}$

눈높이가 1 m인 어린이가 나무로부터 7 m 떨어진 지점에서 나무의 꼭대기를 바라본 선과 나무가 지면에 닿는 지점을 바라본 선이 이루는 각이 θ이었다. 나무로부터 2 m 떨어진 지점까지 다가가서 나무를 바라보았더니 나무의 꼭대기를 바라본 선과 나무가 지면에 닿는 지점을 바라본 선이 이루는 각이 $\theta+\dfrac{\pi}{4}$가 되었다. 나무의 높이는 $a(\mathrm{m})$ 또는 $b(\mathrm{m})$이다. $a+b$의 값은? (4점)

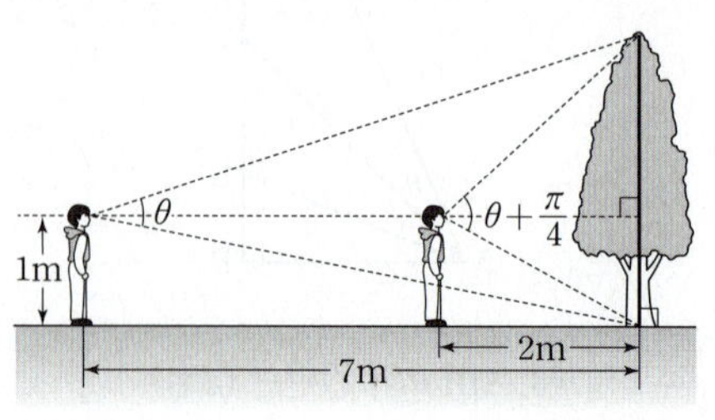

① 12 ② 14 ③ 16

④ 18 ⑤ 20

최고난도 문제

269-2-2-Y99

▶ 문제 풀이 **동영상 강의**

045 ★★★★ 2025학년도 6월모평 미적 30번

함수 $y=\dfrac{\sqrt{x}}{10}$ 의 그래프와 함수 $y=\tan x$의 그래프가 만나는 모든 점의 x좌표를 작은 수부터 크기순으로 나열할 때, n번째 수를 a_n이라 하자.

$$\frac{1}{\pi^2}\times\lim_{n\to\infty}a_n{}^3\tan^2\left(a_{n+1}-a_n\right)$$

의 값을 구하시오. (4점)

046 ★★★★ 2023년 4월학평 미적 29번

그림과 같이 중심이 O, 반지름의 길이가 8이고 중심각의 크기가 $\dfrac{\pi}{2}$인 부채꼴 OAB가 있다. 호 AB 위의 점 C에 대하여 점 B에서 선분 OC에 내린 수선의 발을 D라 하고, 두 선분 BD, CD와 호 BC에 동시에 접하는 원을 C라 하자. 점 O에서 원 C에 그은 접선 중 점 C를 지나지 않는 직선이 호 AB와 만나는 점을 E라 할 때, $\cos\left(\angle COE\right)=\dfrac{7}{25}$이다. $\sin(\angle AOE)=p+q\sqrt{7}$일 때, $200\times(p+q)$의 값을 구하시오.

(단, p와 q는 유리수이고, 점 C는 점 B가 아니다.) (4점)

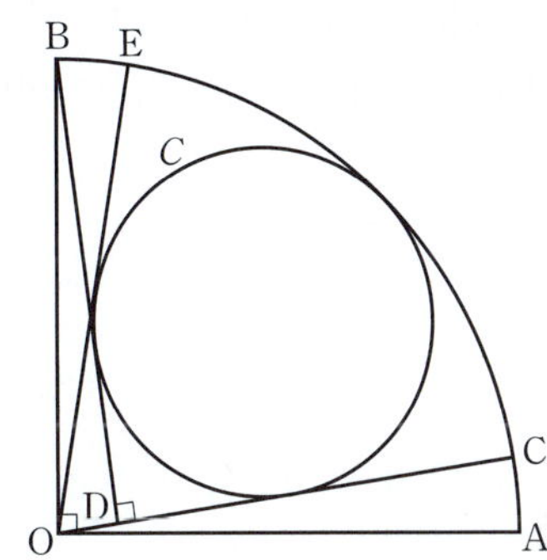

원점과 점 $(1, 1)$을 이은 선분이 x축의 양의 방향과 이루는 각을 θ_1, 원점과 점 $(2, 1)$을 이은 선분이 x축의 양의 방향과 이루는 각을 θ_2, $\cdots$, 원점과 점 $(n, 1)$을 이은 선분이 x축의 양의 방향과 이루는 각을 θ_n이라 하자.

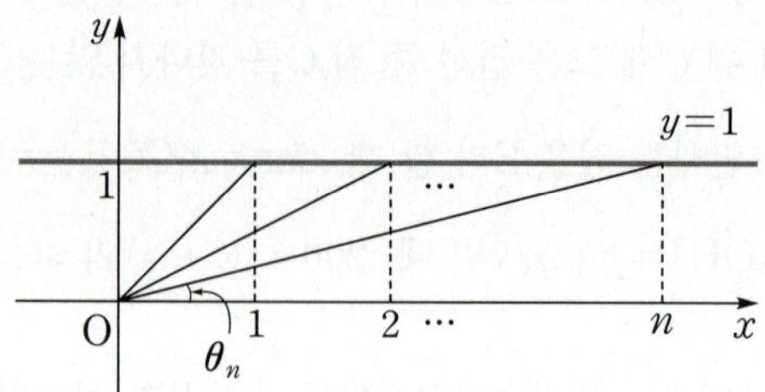

$\theta_1-\theta_2=\theta_p-\theta_q$가 되도록 하는 p, q에 대하여 $p+q$의 값을 구하시오. (단, $1<p<q$이고 p, q는 자연수이다.) (4점)

그림과 같이 중심이 점 $A(1, 0)$이고 반지름의 길이가 1인 원 C_1과 중심이 점 $B(-2, 0)$이고 반지름의 길이가 2인 원 C_2가 있다. y축 위의 점 $P(0, a)(a>\sqrt{2})$에서 원 C_1에 그은 접선 중 y축이 아닌 직선이 원 C_1과 접하는 점을 Q, 원 C_2에 그은 접선 중 y축이 아닌 직선이 원 C_2와 접하는 점을 R이라 하고 $\angle RPQ=\theta$라 하자. $\tan\theta=\dfrac{4}{3}$일 때, $(a-3)^2$의 값을 구하시오. (4점)

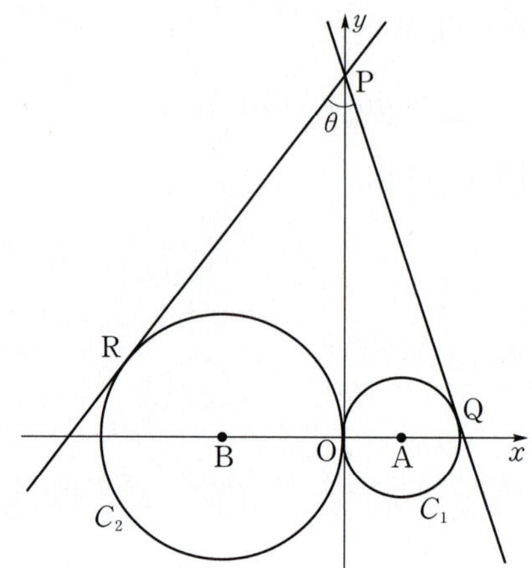

049 ★★★★ 2022년 4월학평 미적 29번

그림과 같이 좌표평면 위의 제2사분면에 있는 점 A를
지나고 기울기가 각각 m_1, m_2 $(0<m_1<m_2<1)$인
두 직선을 l_1, l_2라 하고, 직선 l_1을 y축에 대하여 대칭이동한
직선을 l_3이라 하자. 직선 l_3이 두 직선 l_1, l_2와 만나는 점을
각각 B, C라 하면 삼각형 ABC가 다음 조건을 만족시킨다.

> (가) $\overline{AB}=12$, $\overline{AC}=9$
>
> (나) 삼각형 ABC의 외접원의 반지름의 길이는 $\dfrac{15}{2}$이다.

$78\times m_1\times m_2$의 값을 구하시오. (4점)

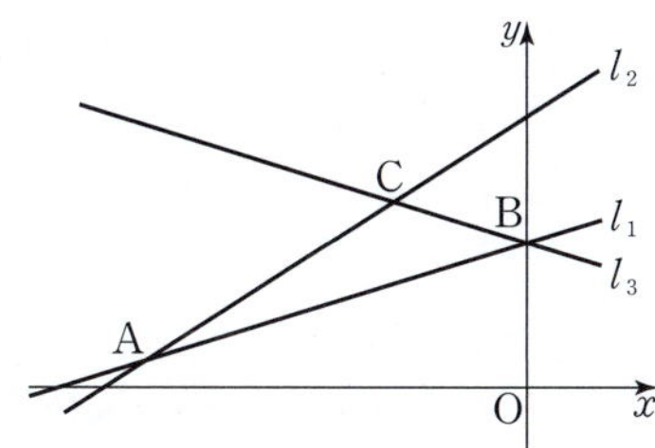

050 ★☆☆ 2018학년도 사관학교 가형 8번

그림과 같이 직선 $3x+4y-2=0$이 x축의 양의 방향과
이루는 각의 크기를 θ라 할 때, $\tan\left(\dfrac{\pi}{4}+\theta\right)$의 값은? (3점)

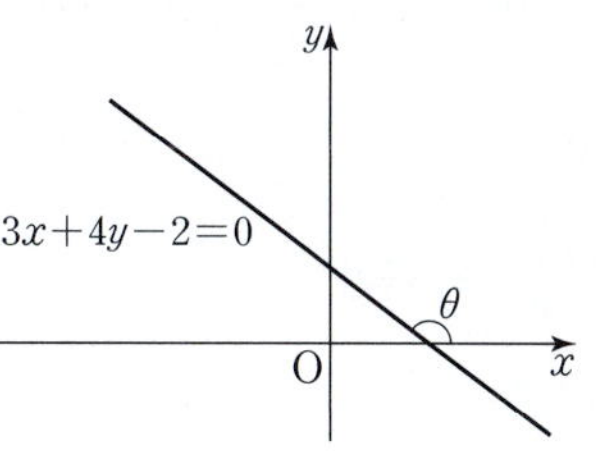

① $\dfrac{1}{14}$ ② $\dfrac{1}{7}$ ③ $\dfrac{3}{14}$

④ $\dfrac{2}{7}$ ⑤ $\dfrac{5}{14}$

03 삼각함수의 미분

평가원 모의평가 (2003~2026학년도) 대학수학능력시험 (1994~2026학년도) 교육청 학력평가 (2001~2025년 시행) 사관학교 입학시험 (2002~2026학년도)

1. 삼각함수의 극한 | 유형 01, 02, 03, 04, 07

26, 25, 23, 22, 21, 20, 19, 18, 17, 16, 15, 11 수능출제

보 충 설 명

(1) 삼각함수의 극한

① $\displaystyle\lim_{x \to a} \sin x = \sin a$ (단, a는 실수)

② $\displaystyle\lim_{x \to a} \cos x = \cos a$ (단, a는 실수)

③ $\displaystyle\lim_{x \to a} \tan x = \tan a$ $\left(\text{단, } a \neq n\pi + \dfrac{\pi}{2} \ (n\text{은 정수})\text{인 실수}\right)$

(2) $\dfrac{\sin x}{x}$, $\dfrac{\tan x}{x}$의 극한

① $\displaystyle\lim_{x \to 0} \frac{\sin x}{x} = 1$

② $\displaystyle\lim_{x \to 0} \frac{\tan x}{x} = 1$

③ $\displaystyle\lim_{x \to 0} \frac{\sin nx}{mx} = \frac{n}{m}$ (단, $m \neq 0$)

④ $\displaystyle\lim_{x \to 0} \frac{\tan nx}{mx} = \frac{n}{m}$ (단, $m \neq 0$)

예 삼각함수의 극한의 도형에의 활용

(1) $\overline{AB} = 1$이고 $\angle C = \dfrac{\pi}{2}$인 직각삼각형 ABC에서

$\angle ABC = \theta \left(0 < \theta < \dfrac{\pi}{2}\right)$라 하면

$\overline{AC} = \overline{AB} \sin\theta = \sin\theta$, $\overline{BC} = \overline{AB}\cos\theta = \cos\theta$

따라서 삼각형 ABC의 넓이를 $S(\theta)$라 하면

$S(\theta) = \dfrac{1}{2} \times \overline{AC} \times \overline{BC} = \dfrac{1}{2} \times \sin\theta \times \cos\theta$

$\displaystyle\lim_{\theta \to 0+} \frac{S(\theta)}{\theta} = \lim_{\theta \to 0+} \left(\frac{1}{2} \times \frac{\sin\theta}{\theta} \times \cos\theta\right)$

$\qquad\qquad = \dfrac{1}{2} \times 1 \times 1 = \dfrac{1}{2}$

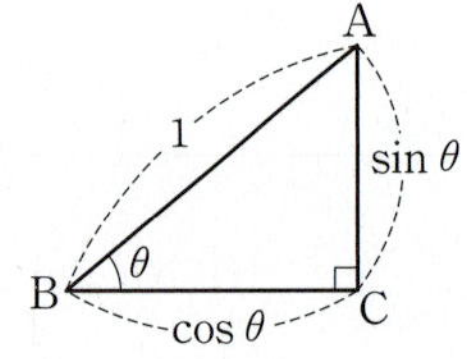

(2) 곡선 $y = \tan x$ 위의 점 $P\left(t, \tan t\right)\left(0 < t < \dfrac{\pi}{2}\right)$를

중심으로 하고 y축에 접하는 원과 원점 O에 대하여

선분 OP가 원과 만나는 점을 X라 하자.

선분 OP의 길이는 $\overline{OP} = \sqrt{t^2 + \tan^2 t}$

원의 반지름의 길이는 t이므로 선분 OX의 길이는

$\overline{OX} = \overline{OP} - \overline{PX} = \sqrt{t^2 + \tan^2 t} - t$

$\displaystyle\lim_{t \to 0+} \frac{\overline{OX}}{t} = \lim_{t \to 0+} \frac{\sqrt{t^2 + \tan^2 t} - t}{t}$

$\qquad\qquad = \displaystyle\lim_{t \to 0+} \left(\sqrt{\frac{t^2 + \tan^2 t}{t^2}} - 1\right)$

$\qquad\qquad = \displaystyle\lim_{t \to 0+} \left\{\sqrt{1 + \left(\frac{\tan t}{t}\right)^2} - 1\right\} = \sqrt{2} - 1$

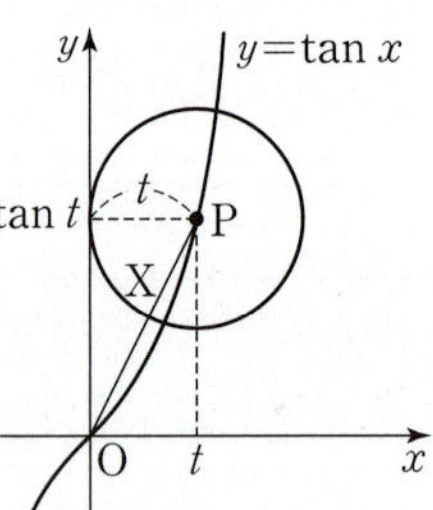

2. 삼각함수의 미분 | 유형 08

(1) $(\sin x)' = \cos x$

(2) $(\cos x)' = -\sin x$

보충설명

• 함수 $y = \sin x$, $y = \cos x$, $y = \tan x$는 주기함수이므로 $x \to \infty$ 또는 $x \to -\infty$일 때 어떤 일정한 값에 가까워지지 않는다.

따라서 $\displaystyle\lim_{x \to \infty} \sin x$, $\displaystyle\lim_{x \to -\infty} \sin x$, $\displaystyle\lim_{x \to \infty} \cos x$, $\displaystyle\lim_{x \to -\infty} \cos x$, $\displaystyle\lim_{x \to \infty} \tan x$, $\displaystyle\lim_{x \to -\infty} \tan x$의 값은 존재하지 않는다.

• $\displaystyle\lim_{x \to a} f(x) = f(a)$
$\iff$ 함수 $f(x)$가 $x = a$에서 연속이다.

• $\displaystyle\lim_{x \to 0} \frac{\cos x}{x}$는 발산한다.

• $\dfrac{0}{0}$ 꼴의 삼각함수의 극한은

$\displaystyle\lim_{\triangle \to 0} \frac{\sin \triangle}{\triangle}$ 또는 $\displaystyle\lim_{\square \to 0} \frac{\tan \square}{\square}$의 꼴로 변형한다.

예 $\displaystyle\lim_{x \to \pi} \frac{\sin x}{\pi - x}$에서 $\pi - x = t$로 치환하면

$x \to \pi$일 때 $t \to 0$이므로

$\displaystyle\lim_{x \to \pi} \frac{\sin x}{\pi - x} = \lim_{t \to 0} \frac{\sin(\pi - t)}{t}$

$\qquad\qquad = \displaystyle\lim_{t \to 0} \frac{\sin t}{t} = 1$

• $1 - \cos kx$의 꼴이 포함된 삼각함수의 극한은 분모, 분자에 $1 + \cos kx$를 곱해 $1 - \cos^2 kx = \sin^2 kx$임을 이용한다.

• 삼각함수의 도함수는 미분계수의 정의인

$(\sin x)' = \displaystyle\lim_{h \to 0} \frac{\sin(x+h) - \sin x}{h}$

$(\cos x)' = \displaystyle\lim_{h \to 0} \frac{\cos(x+h) - \cos x}{h}$

를 이용하여 구한다. 이때 $\sin(x+h)$, $\cos(x+h)$의 식은 삼각함수의 덧셈정리를 이용하여 변형한다.

001
1. 삼각함수의 극한 | 2026학년도 **수능** 미적 23번

$\displaystyle\lim_{x \to 0}\frac{\tan 6x}{2x}$ 의 값은? (2점)

① 1　　　　② 2　　　　③ 3

④ 4　　　　⑤ 5

002
1. 삼각함수의 극한 | 2016학년도 수능 B형 2번

$\displaystyle\lim_{x \to 0}\frac{\ln(1+5x)}{\sin 3x}$ 의 값은? (2점)

① 1　　　　② $\dfrac{4}{3}$　　　　③ $\dfrac{5}{3}$

④ 2　　　　⑤ $\dfrac{7}{3}$

003
2. 실가함수의 미분 | 2023년 4월학평 미적 24번

함수 $f(x)=e^x(2\sin x+\cos x)$에 대하여 $f'(0)$의 값은?

(3점)

① 3　　　　② 4　　　　③ 5

④ 6　　　　⑤ 7

유형 01 삼각함수의 극한

동영상강의

269-2-3-Y01

☑ **출제경향**

기본 개념과 기본 공식을 이용해서 해결하는 계산 문제
위주로 출제된다.

✎ **접근방법**

(1) $\lim\limits_{x \to a} \sin x = \sin a$, $\lim\limits_{x \to a} \cos x = \cos a$, $\lim\limits_{x \to a} \tan x = \tan a$

$$\left(\text{단, 모든 정수 } n \text{에 대하여 } a \neq n\pi + \frac{\pi}{2}\right)$$

임을 이용한다.

(2) 삼각함수의 극한 공식을 이용하여 주어진 식을 변형해서 해결한다.

📖 **단골공식**

$$\lim_{x \to 0} \frac{\sin x}{x} = 1, \ \lim_{x \to 0} \frac{\tan x}{x} = 1$$

$$\lim_{x \to 0} \frac{\sin nx}{mx} = \frac{n}{m}, \ \lim_{x \to 0} \frac{\tan nx}{mx} = \frac{n}{m} \ (\text{단, } m \neq 0)$$

004 ★☆☆ 2025학년도 9월모평 미적 23번

$\lim\limits_{x \to 0} \dfrac{\sin 5x}{x}$ 의 값은? (2점)

① 1 　　　　② 2 　　　　③ 3

④ 4 　　　　⑤ 5

005 ★☆☆ 2018학년도 9월모평 가형 2번

$\lim\limits_{x \to 0} \dfrac{\sin 7x}{4x}$ 의 값은? (2점)

① $\dfrac{3}{4}$ 　　　　② 1 　　　　③ $\dfrac{5}{4}$

④ $\dfrac{3}{2}$ 　　　　⑤ $\dfrac{7}{4}$

006 ★☆☆ 2025학년도 수능 미적 23번

$\lim\limits_{x \to 0} \dfrac{3x^2}{\sin^2 x}$ 의 값은? (2점)

① 1 　　　　② 2 　　　　③ 3

④ 4 　　　　⑤ 5

007 ★☆☆ 2015년 7월학평 B형 22번

$\lim\limits_{x \to 0} \dfrac{\sin^2 x}{1 - \cos x}$ 의 값을 구하시오. (3점)

008 ★★☆ 2017년 3월학평 가형 23번

함수 $f(\theta) = 1 - \dfrac{1}{1 + 2\sin\theta}$ 일 때, $\lim\limits_{\theta \to 0} \dfrac{10f(\theta)}{\theta}$ 의 값을 구하시오. (3점)

009 ★★☆ 2015년 4월학평 B형 24번

함수 $f(x)$ 에 대하여 $\lim\limits_{x \to 0} f(x)\left(1 - \cos\dfrac{x}{2}\right) = 1$ 일 때, $\lim\limits_{x \to 0} x^2 f(x)$ 의 값을 구하시오. (3점)

정답과 해설 | 004 p.192 | 005 p.192 | 006 p.192 | 007 p.192 | 008 p.192 | 009 p.193

010 ★★☆ 2006학년도 수능 가형 미적 26번

$\lim\limits_{\theta \to 0} \dfrac{\sec 2\theta - 1}{\sec \theta - 1}$ 의 값은? (3점)

① 1   ② 2   ③ 3
④ 4   ⑤ 5

011 ★☆☆ 2011년 3월학평 나형 3번

$\lim\limits_{n \to \infty} \dfrac{n(n + \cos n\pi)}{n^2 + 1}$ 의 값은? (2점)

① 1   ② 2   ③ 3
④ 4   ⑤ 5

012 ★☆☆ 2016학년도 9월모평 B형 2번

$\lim\limits_{x \to 0} \dfrac{\tan x}{xe^x}$ 의 값은? (2점)

① 1   ② 2   ③ 3
④ 4   ⑤ 5

013 ★☆☆ 2025년 10월학평 미적 23번

$\lim\limits_{x \to 0} \dfrac{\tan 5x}{e^x - 1}$ 의 값은? (2점)

① 1   ② 2   ③ 3
④ 4   ⑤ 5

014 ★☆☆ 2011학년도 6월모평 가형 미적 26번

$\lim\limits_{x \to 0} \dfrac{e^{2x^2} - 1}{\tan x \sin 2x}$ 의 값은? (3점)

① $\dfrac{1}{4}$ ② $\dfrac{1}{2}$ ③ 1
④ 2   ⑤ 4

유형 02 초월함수의 극한

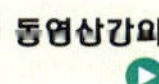 동영상강의 

☑ **출제경향**

기본 공식을 이용해서 해결하는 계산 문제 위주로 출제된다.

269-2-3-Y02

✎ **접근방법**

지수, 로그, 삼각함수의 극한 공식을 이용하기 위해 주어진 식을 적절히 변형한다.

🖥 **단골공식**

(1) $\lim\limits_{x \to 0} \dfrac{e^{mx} - 1}{nx} = \dfrac{m}{n}$, $\lim\limits_{x \to 0} \dfrac{\ln(mx + 1)}{nx} = \dfrac{m}{n}$ (단, $n \neq 0$)

(2) $\lim\limits_{x \to 0} \dfrac{\sin mx}{nx} = \dfrac{m}{n}$, $\lim\limits_{x \to 0} \dfrac{\tan mx}{nx} = \dfrac{m}{n}$ (단, $n \neq 0$)

유형 03 치환을 이용한 삼각함수의 극한

동영상강의 

☑ **출제경향**

$\dfrac{\sin x}{x}$, $\dfrac{\tan x}{x}$ 의 극한을 이용하는 문제가 주로 출제된다.

269-2-3-Y03

✎ **접근방법**

삼각함수의 극한 공식을 이용하기 위해 식의 일부분을 적절히 치환한다.

$\lim\limits_{x \to 0}\dfrac{e^{1-\sin x}-e^{1-\tan x}}{\tan x-\sin x}$의 값은? (3점)

① $\dfrac{1}{e}$ 　　② $\dfrac{2}{e}$ 　　③ 1

④ e 　　⑤ $2e$

$\lim\limits_{x \to 0}\dfrac{e^{x\sin x}+e^{x\sin 2x}-2}{x\ln(1+x)}$의 값은? (3점)

① 1 　　② 2 　　③ 3

④ 4 　　⑤ 5

유형 04 삼각함수의 극한과 미정계수　　동영상강의 

☑ **출제경향**

$\dfrac{0}{0}$ 꼴의 극한의 성질을 이용하는 문제들이 출제된다.

✎ **접근방법**

$\lim\limits_{x \to k}\dfrac{f(x)}{g(x)}=a$ (a는 상수)이고 $\lim\limits_{x \to k}g(x)=0$일 때, $\lim\limits_{x \to k}f(x)=0$임을 이용한다.

두 양수 a, b가 $\lim\limits_{x \to 0}\dfrac{\sin 7x}{2^{x+1}-a}=\dfrac{b}{2\ln 2}$를 만족시킬 때, ab의 값을 구하시오. (4점)

$\lim\limits_{x \to a}\dfrac{2^x-1}{3\sin(x-a)}=b\ln 2$를 만족시키는 두 상수 a, b에 대하여 $a+b$의 값은? (3점)

① $\dfrac{1}{6}$ 　　② $\dfrac{1}{5}$ 　　③ $\dfrac{1}{4}$

④ $\dfrac{1}{3}$ 　　⑤ $\dfrac{1}{2}$

실수 전체의 집합에서 연속인 함수 $f(x)$가 모든 실수 x에 대하여

$$(e^{2x}-1)^2 f(x)=a-4\cos\dfrac{\pi}{2}x$$

를 만족시킬 때, $a \times f(0)$의 값은? (단, a는 상수이다.) (3점)

① $\dfrac{\pi^2}{6}$ 　　② $\dfrac{\pi^2}{5}$ 　　③ $\dfrac{\pi^2}{4}$

④ $\dfrac{\pi^2}{3}$ 　　⑤ $\dfrac{\pi^2}{2}$

연속함수 $f(x)$가 $\lim\limits_{x \to 0}\dfrac{f(x)}{1-\cos(x^2)}=2$를 만족시킬 때, $\lim\limits_{x \to 0}\dfrac{f(x)}{x^p}=q$이다. $p+q$의 값은?

(단, $p>0$, $q>0$이다.) (3점)

① 4 　　② 5 　　③ 6

④ 7 　　⑤ 8

유형 05 삼각함수의 연속성

☑ 출제경향

삼각함수의 극한을 이용하여 주어진 함수가 연속이 되도록 하는 문제가 출제된다.

✎ 접근방법

함수가 불연속인 점에서 함수의 극한값을 구한다. 함수가 범위에 따라 여러 가지로 표현된 경우 그림을 그려 해결한다.

🖥 단골공식

함수 $f(x)$가 실수 a에 대하여 다음 조건을 만족시키면 함수 $f(x)$는 $x=a$에서 연속이라 한다.

① 함수 $f(x)$는 $x=a$에서 정의되어 있다. (즉, $f(a)$의 값이 존재)

② 극한값 $\lim\limits_{x \to a} f(x)$가 존재한다.

③ $\lim\limits_{x \to a} f(x) = f(a)$

021 ★★☆ 2005학년도 6월모평 가형 미적 27번

실수 x에 대하여 함수 $f(x)$를

$$f(x) = \begin{cases} \dfrac{\sin 2(x-1)}{x-1} & (x \neq 1) \\ u & (x-1) \end{cases}$$

로 정의한다. $x=1$에서 $f(x)$가 연속일 때, a의 값은? (3점)

① 0   ② 1   ③ 2

④ $\dfrac{1}{2}$ ⑤ $\dfrac{3}{2}$

022 ★★☆ 2008년 7월학평 가형 미적 27번

함수

$$f(x) = \begin{cases} \dfrac{\sin x - a}{x - \dfrac{\pi}{2}} & \left(x \neq \dfrac{\pi}{2}\right) \\ b & \left(x - \dfrac{\pi}{2}\right) \end{cases}$$

가 $x=\dfrac{\pi}{2}$에서 연속일 때, 상수 a, b의 합 $a+b$의 값은?

(3점)

① 1   ② 2   ③ 3

④ 4   ⑤ 5

023 ★★☆ 2013년 4월학평 B형 10번

함수

$$f(x) = \begin{cases} \dfrac{e^x - \sin 2x - a}{3x} & (x \neq 0) \\ b & (x = 0) \end{cases}$$

가 $x=0$에서 연속일 때, 두 상수 a, b에 대하여 $a+b$의 값은? (3점)

① $\dfrac{1}{3}$ ② $\dfrac{2}{3}$ ③ 1

④ $\dfrac{4}{3}$ ⑤ $\dfrac{5}{3}$

024 ★★☆ 2019년 3월학평 가형 13번

$0 \leq x \leq \pi$에서 정의된 함수

$$f(x) = \begin{cases} 2 \cos x \tan x + a & \left(x \neq \dfrac{\pi}{2}\right) \\ 3a & \left(x = \dfrac{\pi}{2}\right) \end{cases}$$

가 $x=\dfrac{\pi}{2}$에서 연속일 때, 함수 $f(x)$의 최댓값과 최솟값의 합은? (단, a는 상수이다.) (3점)

① $\dfrac{5}{2}$ ② 3   ③ $\dfrac{7}{2}$

④ 4   ⑤ $\dfrac{9}{2}$

함수 $y=f(x)$의 그래프의 일부가 그림과 같을 때, 합성함수
$f(g(x))$가 $x=0$에서 연속이 되도록 하는 함수 $g(x)$를
[보기]에서 있는 대로 고른 것은? (4점)

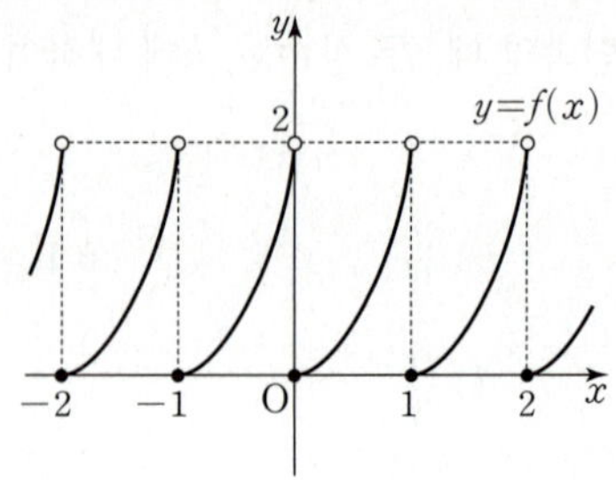

[보기]

ㄱ. $g(x)=x^2$

ㄴ. $g(x)=|\sin x|$

ㄷ. $g(x)=\cos x$

① ㄱ   ② ㄷ   ③ ㄱ, ㄴ

④ ㄴ, ㄷ   ⑤ ㄱ, ㄴ, ㄷ

함수

$$f(x)=\begin{cases} x^2 & (|x|<1) \\ x^2-4|x|+3 & (|x|\geq 1) \end{cases}$$

에 대하여 옳은 것만을 [보기]에서 있는 대로 고른 것은?

(4점)

[보기]

ㄱ. 함수 $f(x)$가 불연속인 점은 2개이다.

ㄴ. 함수 $y=f(x)\cos\dfrac{\pi}{2}x$는 $x=-1$과 $x=1$에서
연속이다.

ㄷ. 함수 $y=f(x)f(x-a)$가 실수 전체의 집합에서
연속이 되도록 하는 상수 a는 없다.

① ㄱ   ② ㄷ   ③ ㄱ, ㄴ

④ ㄴ, ㄷ   ⑤ ㄱ, ㄴ, ㄷ

269-2-3-Y06

☑ **출제경향**

삼각함수의 극한의 성질을 이용하여 보기의 참, 거짓을
판단하는 문제가 주로 출제된다.

✏ **접근방법**

극한의 성질을 이용한다.

🖥 **단골공식**

두 함수 $f(x)$, $g(x)$에 대하여 $\lim_{x \to a} f(x) = \alpha$, $\lim_{x \to a} g(x) = \beta$일 때

(1) $\lim_{x \to a} \{f(x) \pm g(x)\} = \lim_{x \to a} f(x) \pm \lim_{x \to a} g(x) = \alpha \pm \beta$

(2) $\lim_{x \to a} kf(x) = k \lim_{x \to a} f(x) = k\alpha$

(3) $\lim_{x \to a} f(x)g(x) = \lim_{x \to a} f(x) \times \lim_{x \to a} g(x) = \alpha\beta$

(4) $\lim_{x \to a} \dfrac{f(x)}{g(x)} = \dfrac{\lim\limits_{x \to a} f(x)}{\lim\limits_{x \to a} g(x)} = \dfrac{\alpha}{\beta}$ (단, $\beta \neq 0$)

027 ★★☆ 2008학년도 9월모평 가형 미적 29번

두 실수 $a = \lim\limits_{t \to 0} \dfrac{\sin t}{2t}$, $b = \lim\limits_{t \to 0} \dfrac{e^{2t} - 1}{t}$에 대하여

함수 $f(x)$가

$$f(x) = \begin{cases} a & (x \geq 1) \\ b & (x < 1) \end{cases}$$

일 때, [보기]에서 옳은 것을 모두 고른 것은? (4점)

[보기]

ㄱ. $f(1) = \dfrac{1}{2}$

ㄴ. $f(f(1)) = 2$

ㄷ. $\lim\limits_{x \to 1-} f(f(x)) = \lim\limits_{x \to 1+} f(f(x))$

① ㄱ　　　② ㄴ　　　③ ㄱ, ㄴ

④ ㄴ, ㄷ　　　⑤ ㄱ, ㄴ, ㄷ

028 ★★☆ 2007학년도 6월모평 가형 미적 28번

함수 $f(x)$가

$$\lim_{x \to 0} \frac{f(x)}{\ln(1+x)} = 1$$

을 만족시킬 때, [보기]에서 항상 옳은 것을 모두 고른 것은?

(3점)

[보기]

ㄱ. $\lim\limits_{x \to 0} \dfrac{\sin x}{f(x)} = 0$

ㄴ. $\lim\limits_{x \to 0} \dfrac{f(x) + x}{\ln(1+x)} = 2$

ㄷ. $\lim\limits_{x \to 0} \dfrac{\{f(x)\}^2}{\ln(1+x)} = 0$

① ㄱ　　　② ㄴ　　　③ ㄷ

④ ㄴ, ㄷ　　　⑤ ㄱ, ㄴ, ㄷ

029 ★★☆ 2005학년도 9월모평 가형 미적 28번

실수에서 정의된 함수 $f(x)$가 $\lim\limits_{x \to 0} xf(x) = 1$을 만족할 때,

$\lim\limits_{x \to 0} f(x)g(x)$가 존재하는 $g(x)$를 [보기]에서 모두 고르면?

(3점)

[보기]

ㄱ. $g(x) = \sin x$

ㄴ. $g(x) = \cos x$

ㄷ. $g(x) = \ln(1+x)$

① ㄱ　　　② ㄴ　　　③ ㄱ, ㄷ

④ ㄴ, ㄷ　　　⑤ ㄱ, ㄴ, ㄷ

[보기]의 함수 중에서 극한값 $\lim\limits_{x \to 0} \dfrac{e^x - 1}{f(x)}$ 이 존재하는 것을 모두 고른 것은? (3점)

[보기]

ㄱ. $f(x) = 2x$

ㄴ. $f(x) = e^{2x} - 1$

ㄷ. $f(x) = 1 - \cos x$

① ㄱ 　　② ㄷ 　　③ ㄱ, ㄴ
④ ㄴ, ㄷ 　　⑤ ㄱ, ㄴ, ㄷ

다항함수 $g(x)$에 대하여 함수 $f(x) = e^{-x}\sin x + g(x)$가

$$\lim_{x \to 0} \frac{f(x)}{x} = 1, \quad \lim_{x \to \infty} \frac{f(x)}{x^2} = 1$$

을 만족시킬 때, [보기]에서 옳은 것을 모두 고른 것은? (4점)

[보기]

ㄱ. $g(0) = 0$

ㄴ. $\lim\limits_{x \to \infty} \dfrac{g(x)}{x^2} = 1$

ㄷ. $\lim\limits_{x \to 0} \dfrac{f(x)}{g(x)} = 1$

① ㄱ 　　② ㄴ 　　③ ㄱ, ㄴ
④ ㄴ, ㄷ 　　⑤ ㄱ, ㄴ, ㄷ

실수 전체의 집합에서 정의된 두 함수 f, g가

$$f(x) = \begin{cases} 2 & (x > 0) \\ 1 & (x = 0) \\ 0 & (x < 0) \end{cases} \text{이고 } g(x) = \sin \pi x$$

일 때, [보기]에서 옳은 것을 모두 고르면? (4점)

[보기]

ㄱ. $f(f(x))$는 상수함수이다.

ㄴ. $\lim\limits_{x \to 0} f(g(x))$의 값이 존재한다.

ㄷ. $g(f(x))$는 $x = 0$에서 연속이다.

① ㄴ 　　② ㄷ 　　③ ㄱ, ㄴ
④ ㄱ, ㄷ 　　⑤ ㄴ, ㄷ

실수 전체의 집합에서 정의된 함수 $y = f(x)$의 그래프의 일부가 그림과 같을 때, 옳은 것만을 [보기]에서 있는 대로 고른 것은? (4점)

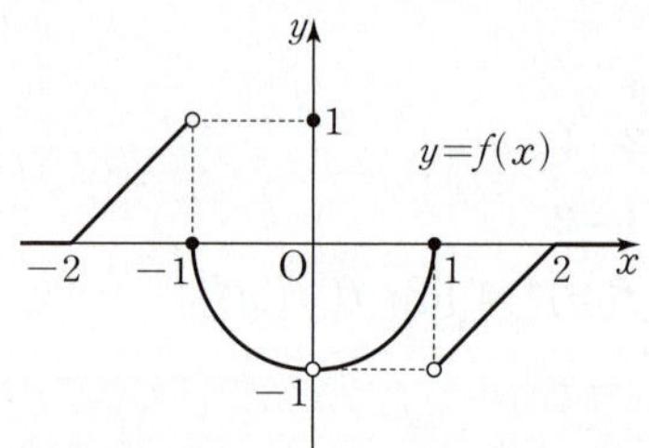

[보기]

ㄱ. $\lim\limits_{x \to 0} f(x) = -1$

ㄴ. $\lim\limits_{x \to 1+} \{ f(x) - f(-x) \} = 0$

ㄷ. 함수 $|f(x)| \cdot \sin \pi x$는 열린구간 $(-2, 2)$에서 연속이다.

① ㄱ 　　② ㄴ 　　③ ㄱ, ㄷ
④ ㄴ, ㄷ 　　⑤ ㄱ, ㄴ, ㄷ

034 ★★☆ 2013년 4월학평 B형 15번

열린구간 $(-2, 2)$에서 정의된 함수 $y=f(x)$의 그래프가 그림과 같을 때, 옳은 것만을 [보기]에서 있는 대로 고른 것은? (4점)

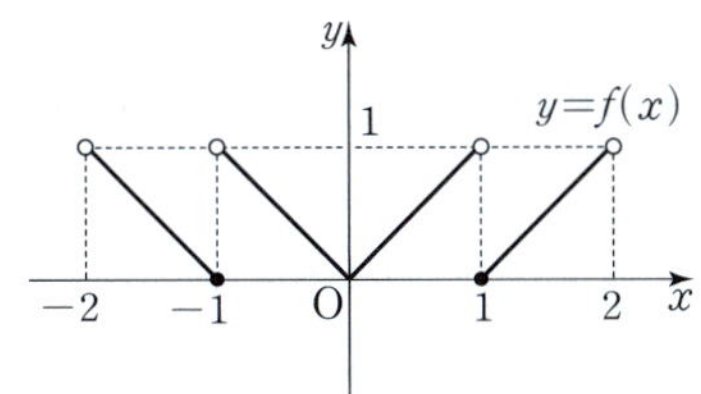

[보기]

ㄱ. $\lim\limits_{x \to 1+} \{f(x)+f(-x)\}=0$

ㄴ. $\lim\limits_{x \to 0} f(x) \sin \dfrac{1}{x}=0$

ㄷ. $g(x)=\sin \pi x$라 할 때, 함수 $(g \circ f)(x)$는 열린구간 $(-2, 2)$에서 연속이다.

① ㄱ   ② ㄷ   ③ ㄱ, ㄴ
④ ㄴ, ㄷ   ⑤ ㄱ, ㄴ, ㄷ

유형 07 삼각함수의 극한의 활용 🔥승보   동영상강의 ▶

269-2-3-Y07

✅ **출제경향**

삼각함수의 극한을 이용하여 도형의 길이 또는 넓이를 구하는 고난도 문제가 출제된다.

✏️ **접근방법**

주로 원이나 삼각형의 문제가 출제되므로 도형의 기본적인 성질을 이용하고, 필요한 경우 보조선을 긋는다. 구하려는 도형의 길이 또는 넓이를 삼각함수를 이용하여 나타낸 다음 삼각함수의 극한 공식을 이용한다.

035 ★★☆ 2024학년도 6월모평 미적 27번

실수 $t(0<t<\pi)$에 대하여 곡선 $y=\sin x$ 위의 점 $P(t, \sin t)$에서의 접선과 점 P를 지나고 기울기가 -1인 직선이 이루는 예각의 크기를 θ라 할 때, $\lim\limits_{t \to \pi-} \dfrac{\tan \theta}{(\pi-t)^2}$의 값은? (3점)

① $\dfrac{1}{16}$ ② $\dfrac{1}{8}$ ③ $\dfrac{1}{4}$

④ $\dfrac{1}{2}$ ⑤ 1

036 ★★☆ 2021년 4월학평 미적 27번

그림과 같이 곡선 $y=x\sin x$ 위의
점 $P(t,\,t\sin t)\,(0<t<\pi)$를 중심으로 하고 y축에 접하는
원이 선분 OP와 만나는 점을 Q라 하자. 점 Q의 x좌표를
$f(t)$라 할 때, $\displaystyle\lim_{t\to 0+}\frac{f(t)}{t^3}$의 값은? (단, O는 원점이다.) (3점)

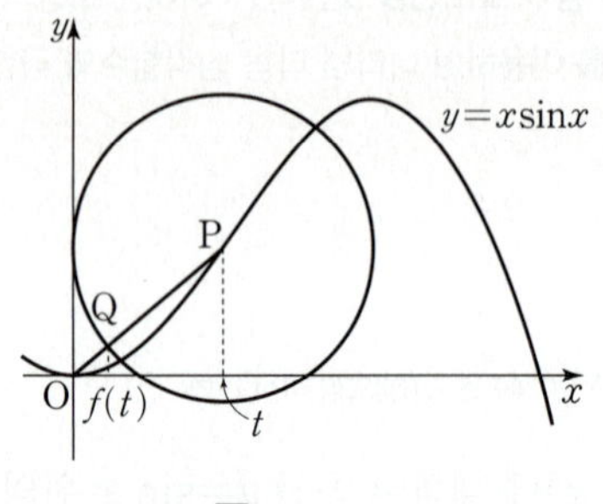

① $\dfrac{1}{4}$ ② $\dfrac{\sqrt{2}}{4}$ ③ $\dfrac{1}{2}$

④ $\dfrac{\sqrt{2}}{2}$ ⑤ 1

037 ★★☆ 2016학년도 수능 B형 28번

그림과 같이 좌표평면에서 원 $x^2+y^2=1$과 곡선
$y=\ln\,(x+1)$이 제1사분면에서 만나는 점을 A라 하자. 점
$B(1,\,0)$에 대하여 호 AB 위의 점 P에서 y축에 내린 수선의
발을 H, 선분 PH와 곡선 $y=\ln\,(x+1)$이 만나는 점을 Q라
하자. $\angle POB=\theta$라 할 때, 삼각형 OPQ의 넓이를 $S(\theta)$,
선분 HQ의 길이를 $L(\theta)$라 하자. $\displaystyle\lim_{\theta\to 0+}\frac{S(\theta)}{L(\theta)}=k$일 때,
$60k$의 값을 구하시오.

$$\left(\text{단, } 0<\theta<\frac{\pi}{6}\text{이고, O는 원점이다.}\right)\ (4점)$$

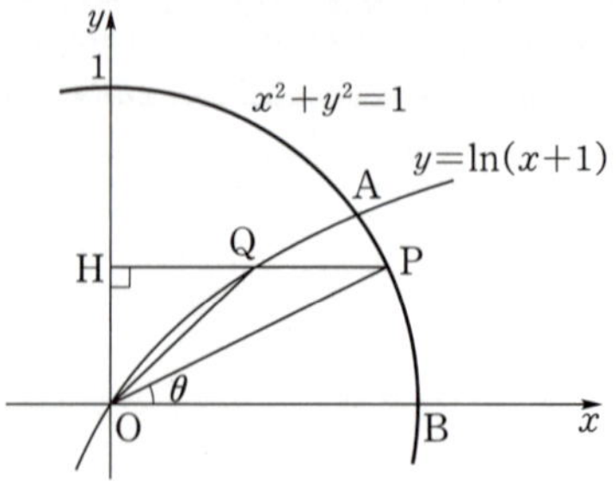

038 ★★★ 2016년 3월학평 가형 21번

그림과 같이 중심이 원점 O이고 반지름의 길이가 1인 원
C가 있다. 원 C가 x축의 양의 방향과 만나는 점을 A, 원 C
위에 있고 제1사분면에 있는 점 P에서 x축에 내린 수선의
발을 H, $\angle POA=\theta$라 하자. 삼각형 APH에 내접하는 원의
반지름의 길이를 $r(\theta)$라 할 때, $\displaystyle\lim_{\theta\to 0+}\frac{r(\theta)}{\theta^2}$의 값은? (4점)

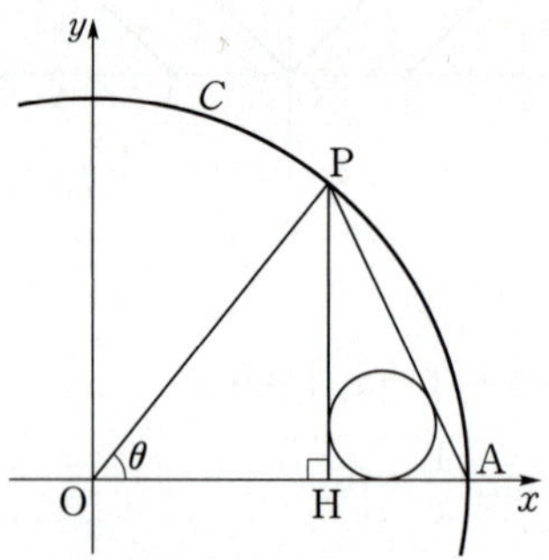

① $\dfrac{1}{10}$ ② $\dfrac{1}{8}$ ③ $\dfrac{1}{6}$

④ $\dfrac{1}{4}$ ⑤ $\dfrac{1}{2}$

좌표평면에서 곡선 $y=\sin x$ 위의 점 $\mathrm{P}(t,\ \sin t)$
$(0<t<\pi)$를 중심으로 하고 x축에 접하는 원을 C라 하자.
원 C가 x축에 접하는 점을 Q, 선분 OP와 만나는 점을 R이
라 하자. $\displaystyle\lim_{t\to 0+}\frac{\overline{\mathrm{OQ}}}{\overline{\mathrm{OR}}}=a+b\sqrt{2}$일 때, $a+b$의 값을 구하시오.

(단, O는 원점이고, $a,\ b$는 정수이다.) (3점)

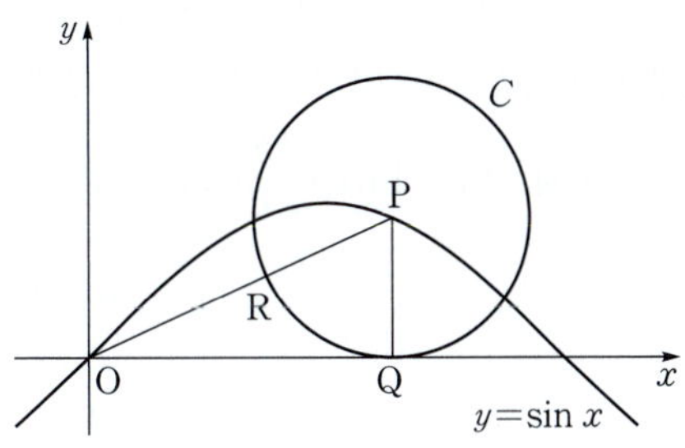

그림과 같이 한 변의 길이가 1인 마름모 ABCD가 있다.
점 C에서 선분 AB의 연장선에 내린 수선의 발을 E,
점 E에서 선분 AC에 내린 수선의 발을 F, 선분 EF와
선분 BC의 교점을 G라 하자. $\angle\mathrm{DAB}=\theta$일 때,
삼각형 CFG의 넓이를 $S(\theta)$라 하자.

$\displaystyle\lim_{\theta\to 0+}\frac{S(\theta)}{\theta^5}$의 값은? $\left(\text{단, } 0<\theta<\dfrac{\pi}{2}\right)$ (4점)

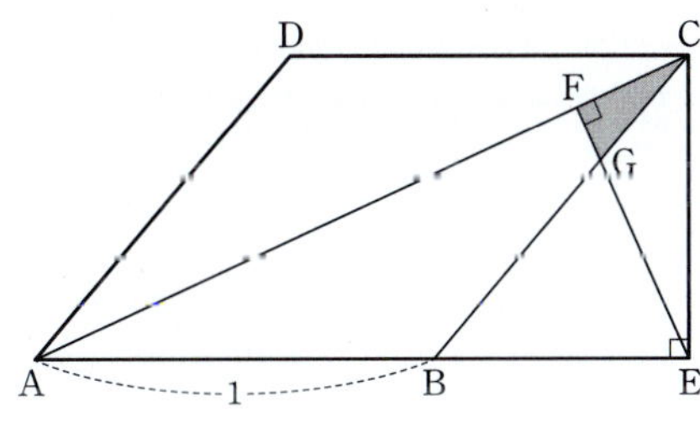

① $\dfrac{1}{24}$　　② $\dfrac{1}{20}$　　③ $\dfrac{1}{16}$

④ $\dfrac{1}{12}$　　⑤ $\dfrac{1}{8}$

오른쪽 그림과 같이 한 변의
길이가 2인 정사각형
ABCD에서 변 AB의 중점을
E, 변 CD의 중점을 F라 하자.
선분 AD 위의 양 끝점이 아닌
임의의 점 P에 대하여 선분
BP와 선분 EF의 교점을 G,
선분 CP와 선분 EF의 교점을 H라 하자. $\angle\mathrm{BGE}=\alpha$,
$\angle\mathrm{CHF}=\beta$라 할 때, [보기]에서 옳은 것을 모두 고른 것은?

(4점)

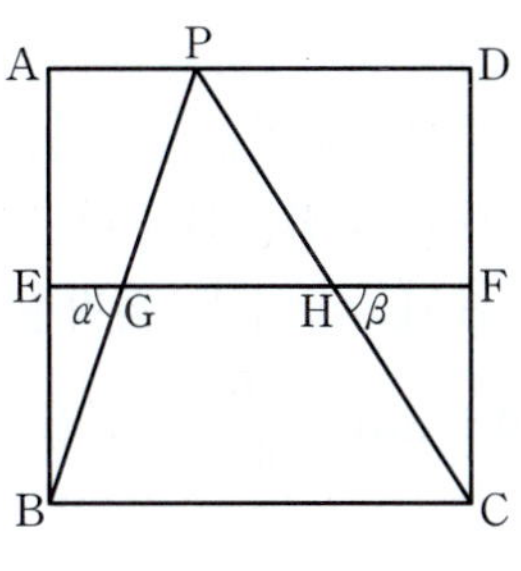

[보기]

ㄱ. $\overline{\mathrm{GH}}$는 점 P의 위치에 관계없이 일정하다.

ㄴ. $\alpha+\beta$는 점 P의 위치에 관계없이 일정하다.

ㄷ. $\displaystyle\lim_{\alpha\to\frac{\pi}{2}}\frac{\overline{\mathrm{AP}}}{\frac{\pi}{2}-\alpha}=2$

① ㄱ　　② ㄴ　　③ ㄷ

④ ㄱ, ㄴ　　⑤ ㄱ, ㄷ

그림과 같이 $\overline{AB}=\overline{AC}$, $\overline{BC}=2$인 삼각형 ABC에 대하여 선분 AB를 지름으로 하는 원이 선분 AC와 만나는 점 중 A가 아닌 점을 D라 하고, 선분 AB의 중점을 E라 하자. $\angle BAC=\theta$일 때, 삼각형 CDE의 넓이를 $S(\theta)$라 하자. $60\times\lim\limits_{\theta\to 0+}\dfrac{S(\theta)}{\theta}$의 값을 구하시오. $\left(\text{단, }0<\theta<\dfrac{\pi}{2}\right)$ (4점)

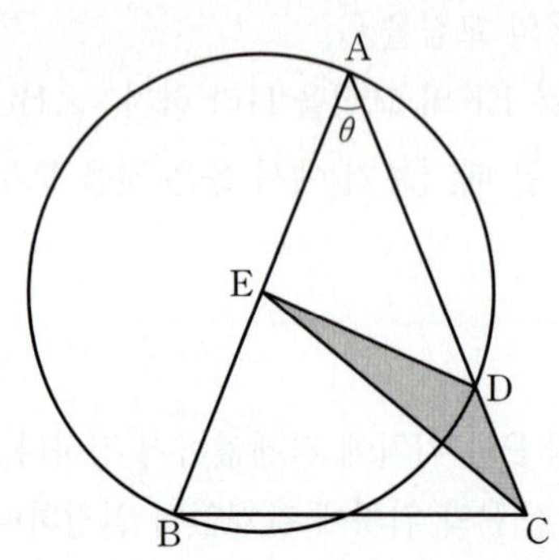

그림과 같이 $\overline{AB}=2$, $\angle B=\dfrac{\pi}{2}$인 직각삼각형 ABC에서 중심이 A, 반지름의 길이가 1인 원이 두 선분 AB, AC와 만나는 점을 각각 D, E라 하자. 호 DE의 삼등분점 중 점 D에 가까운 점을 F라 하고, 직선 AF가 선분 BC와 만나는 점을 G라 하자. $\angle BAG=\theta$라 할 때, 삼각형 ABG의 내부와 부채꼴 ADF의 외부의 공통부분의 넓이를 $f(\theta)$, 부채꼴 AFE의 넓이를 $g(\theta)$라 하자. $40\times\lim\limits_{\theta\to 0+}\dfrac{f(\theta)}{g(\theta)}$의 값을 구하시오.

$\left(\text{단, }0<\theta<\dfrac{\pi}{6}\right)$ (3점)

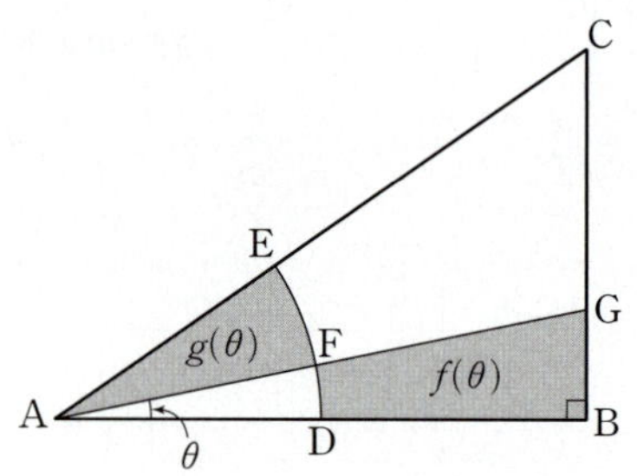

그림과 같이 반지름의 길이가 1이고 중심각의 크기가 $\dfrac{\pi}{2}$인 부채꼴 OAB가 있다. 호 AB 위의 점 P에 대하여 $\overline{PA}=\overline{PC}=\overline{PD}$가 되도록 호 PB 위에 점 C와 선분 OA 위에 점 D를 잡는다. 점 D를 지나고 선분 OP와 평행한 직선이 선분 PA와 만나는 점을 E라 하자. $\angle POA=\theta$일 때, 삼각형 CDP의 넓이를 $f(\theta)$, 삼각형 EDA의 넓이를 $g(\theta)$라 하자. $\displaystyle\lim_{\theta\to 0+}\dfrac{g(\theta)}{\theta^2\times f(\theta)}$의 값은? $\left(\text{단, } 0<\theta<\dfrac{\pi}{4}\right)$ (4점)

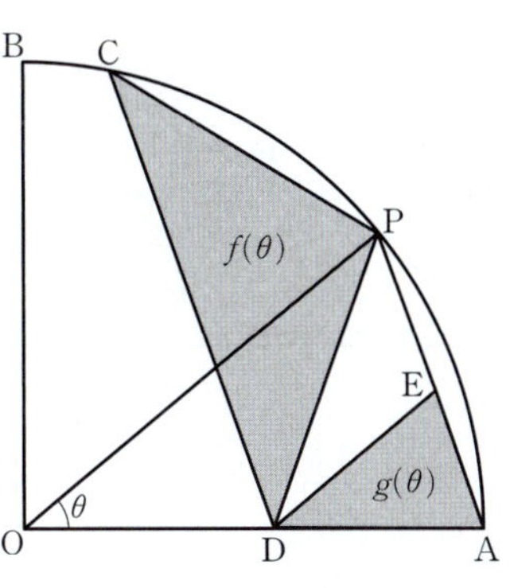

① $\dfrac{1}{8}$ ② $\dfrac{1}{4}$ ③ $\dfrac{3}{8}$

④ $\dfrac{1}{2}$ ⑤ $\dfrac{5}{8}$

그림과 같이 반지름의 길이가 1이고 중심각의 크기가 $\dfrac{\pi}{2}$인 부채꼴 OAB가 있다. 호 AB 위의 점 P에서 선분 OA에 내린 수선의 발을 H라 하고, $\angle OAP$를 이등분하는 직선과 세 선분 HP, OP, OB의 교점을 각각 Q, R, S라 하자. $\angle APH=\theta$일 때, 삼각형 AQH의 넓이를 $f(\theta)$, 삼각형 PSR의 넓이를 $g(\theta)$라 하자. $\displaystyle\lim_{\theta\to 0+}\dfrac{\theta^3\times g(\theta)}{f(\theta)}=k$일 때, $100k$의 값을 구하시오.

$\left(\text{단, } 0<\theta<\dfrac{\pi}{4}\right)$ (4점)

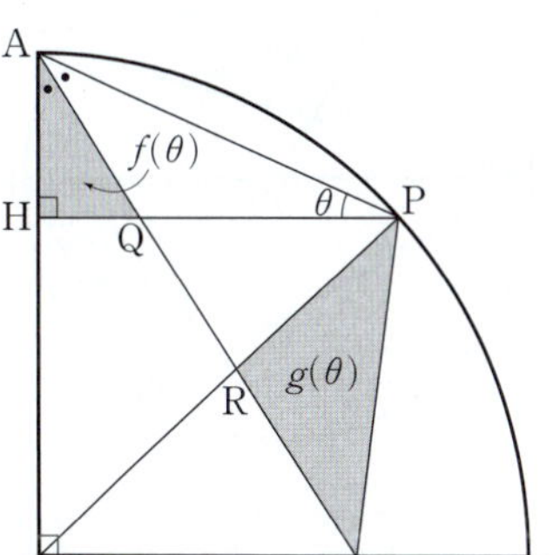

046 ★★☆ 2023년 7월학평 미적 28번

그림과 같이 중심이 O이고 길이가 2인 선분 AB를 지름으로
하는 원이 있다. 원 위에 점 P를 $\angle PAB=\theta$가 되도록 잡고,
점 P를 포함하지 않는 호 AB 위에 점 Q를 $\angle QAB=2\theta$가
되도록 잡는다. 직선 OQ가 원과 만나는 점 중 Q가 아닌
점을 R, 두 선분 PA와 QR이 만나는 점을 S라 하자. 삼각형
BOQ의 넓이를 $f(\theta)$, 삼각형 PRS의 넓이를 $g(\theta)$라 할 때,
$\displaystyle\lim_{\theta\to 0+}\frac{g(\theta)}{f(\theta)}$의 값은? $\left(\text{단, } 0<\theta<\dfrac{\pi}{6}\right)$ (4점)

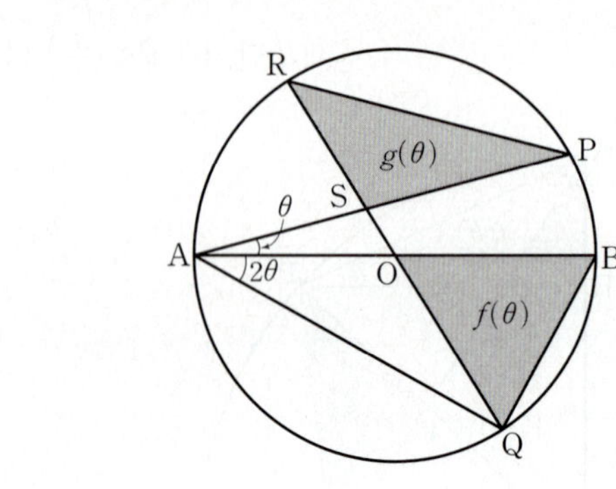

① $\dfrac{11}{10}$ ② $\dfrac{6}{5}$ ③ $\dfrac{13}{10}$

④ $\dfrac{7}{5}$ ⑤ $\dfrac{3}{2}$

047 ★★★ 2019년 4월학평 가형 19번

그림과 같이 $\overline{AB}=1$, $\angle B=\dfrac{\pi}{2}$인 직각삼각형 ABC에서
선분 AB 위에 $\overline{AD}=\overline{CD}$가 되도록 점 D를 잡는다. 점 D
에서 선분 AC에 내린 수선의 발을 E, 점 D를 지나고 직선
AC에 평행한 직선이 선분 BC와 만나는 점을 F라 하자.
$\angle BAC=\theta$일 때, 삼각형 DEF의 넓이를 $S(\theta)$라 하자.
$\displaystyle\lim_{\theta\to 0+}\frac{S(\theta)}{\theta}$의 값은? $\left(\text{단, } 0<\theta<\dfrac{\pi}{4}\right)$ (4점)

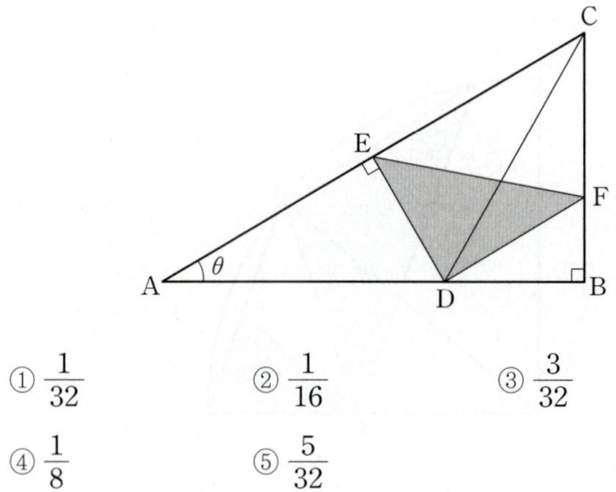

① $\dfrac{1}{32}$ ② $\dfrac{1}{16}$ ③ $\dfrac{3}{32}$

④ $\dfrac{1}{8}$ ⑤ $\dfrac{5}{32}$

048 ★★★ 2015학년도 9월모평 B형 28번

그림과 같이 서로 평행한 두 직선 l_1과 l_2 사이의 거리가
1이다. 직선 l_1 위의 점 A에 대하여 직선 l_2 위에 점 B를
선분 AB와 직선 l_1이 이루는 각의 크기가 θ가 되도록 잡고,
직선 l_1 위에 점 C를 $\angle ABC=4\theta$가 되도록 잡는다. 직선 l_2
위에 점 D를 $\angle BCD=2\theta$이고 선분 CD가 선분 AB와
만나지 않도록 잡는다. 삼각형 ABC의 넓이를 T_1, 삼각형
BCD의 넓이를 T_2라 할 때, $\displaystyle\lim_{\theta\to 0+}\frac{T_1}{T_2}$의 값을 구하시오.

$$\left(\text{단, } 0<\theta<\dfrac{\pi}{10}\right) \text{ (4점)}$$

정답과 해설 **046** p.211 | **047** p.211 | **048** p.212

049 ★★★ 2021년 10월학평 미적 28번

그림과 같이 $\overline{AB}=1$, $\overline{BC}=2$인 삼각형 ABC에 대하여 선분 AC의 중점을 M이라 하고, 점 M을 지나고 선분 AB에 평행한 직선이 선분 BC와 만나는 점을 D라 하자. ∠BAC의 이등분선이 두 직선 BC, DM과 만나는 점을 각각 E, F라 하자. ∠CBA=θ일 때, 삼각형 ABE의 넓이를 $f(\theta)$, 삼각형 DFC의 넓이를 $g(\theta)$라 하자.

$\displaystyle\lim_{\theta\to0+}\frac{g(\theta)}{\theta^2\times f(\theta)}$의 값은? (단, $0<\theta<\pi$) (4점)

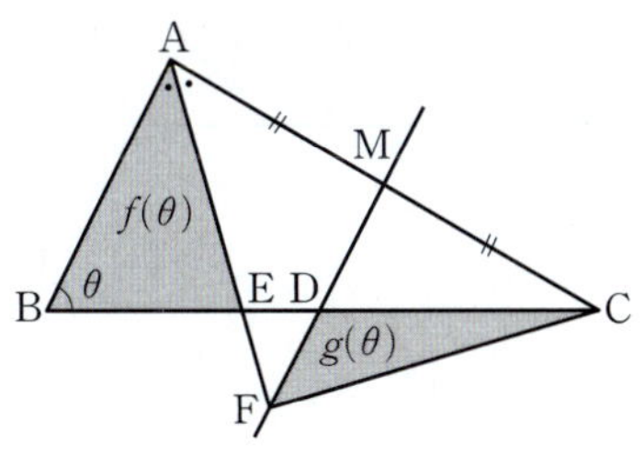

① $\dfrac{1}{8}$　　② $\dfrac{1}{4}$　　③ $\dfrac{1}{2}$

④ 1　　⑤ 2

050 ★★☆ 2008학년도 수능 가형 미적 28번

그림과 같이 양수 θ에 대하여 ∠ABC=∠ACB=θ이고 $\overline{BC}=2$인 이등변삼각형 ABC가 있다. 삼각형 ABC의 내접원의 중심을 O, 선분 AB와 내접원이 만나는 점을 D, 선분 AC와 내접원이 만나는 점을 E라 하자. 삼각형 OED의 넓이를 $S(\theta)$라 할 때, $\displaystyle\lim_{\theta\to0+}\frac{S(\theta)}{\theta^3}$의 값은? (3점)

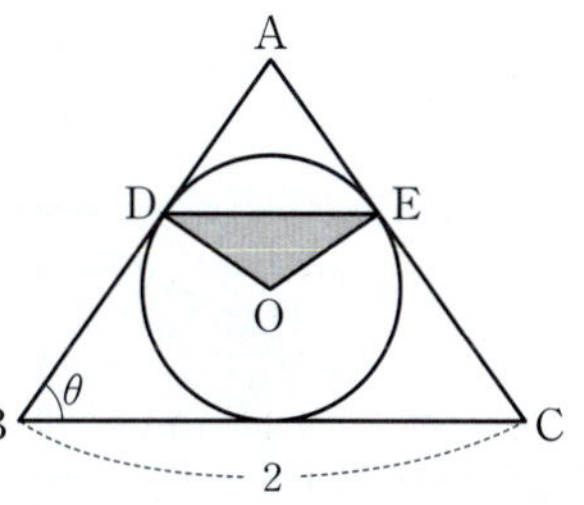

① $\dfrac{1}{8}$　　② $\dfrac{1}{4}$　　③ $\dfrac{3}{8}$

④ $\dfrac{1}{2}$　　⑤ $\dfrac{5}{8}$

051 ★★☆ 2014년 7월학평 B형 21번

$\overline{AB}=8$, $\overline{AC}=\overline{BC}$, ∠ABC=$\theta$인 이등변삼각형 ABC가 있다. 그림과 같이 선분 BC의 연장선 위에 $\overline{AC}=\overline{AD}$인 점 D를 잡는다. 삼각형 ABC에 내접하는 원의 반지름의 길이를 r_1, 삼각형 ACD에 내접하는 원의 반지름의 길이를 r_2라 할 때, $\displaystyle\lim_{\theta\to0+}\frac{r_1r_2}{\theta^2}$의 값은? (4점)

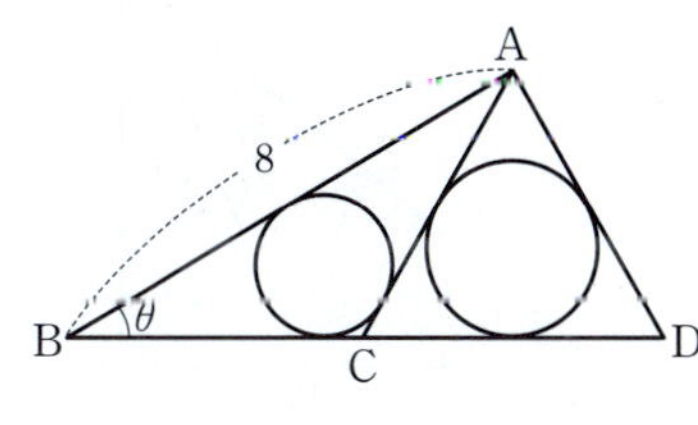

① 6　　② 7　　③ 8

④ 9　　⑤ 10

그림과 같이 빗변 AC의 길이가 1이고 ∠BAC=θ인
직각삼각형 ABC가 있다. 점 B를 중심으로 하고 점 C를
지나는 원이 선분 AC와 만나는 점 중 점 C가 아닌 점을 D라
하고, 점 D에서 선분 AB에 내린 수선의 발을 E라 하자.
사각형 BCDE의 넓이를 $S(\theta)$라 할 때, $\displaystyle\lim_{\theta\to 0+}\frac{S(\theta)}{\theta^3}$의 값은?

$$\left(\text{단, } 0<\theta<\frac{\pi}{4}\right) \text{(4점)}$$

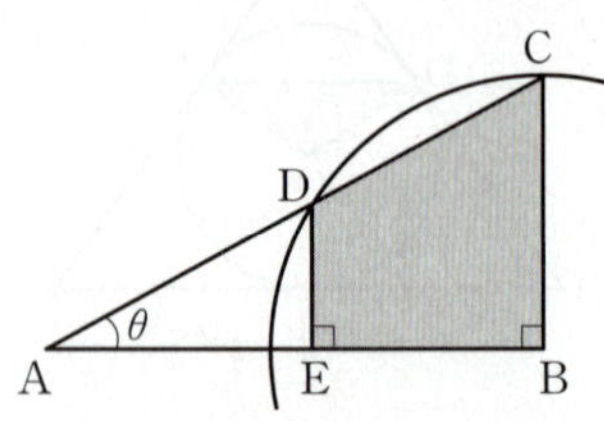

① $\dfrac{1}{4}$ ② $\dfrac{1}{2}$ ③ 1

④ 2 ⑤ 4

그림과 같이 $\overline{AB}=1$, $\angle B=\dfrac{\pi}{2}$인 직각삼각형 ABC에서
∠C를 이등분하는 직선과 선분 AB의 교점을 D, 중심이
A이고 반지름의 길이가 $\overline{AD}$인 원과 선분 AC의 교점을 E라
하자. ∠A=θ일 때, 부채꼴 ADE의 넓이를 $S(\theta)$, 삼각형
BCE의 넓이를 $T(\theta)$라 하자. $\displaystyle\lim_{\theta\to 0+}\frac{\{S(\theta)\}^2}{T(\theta)}$의 값은? (4점)

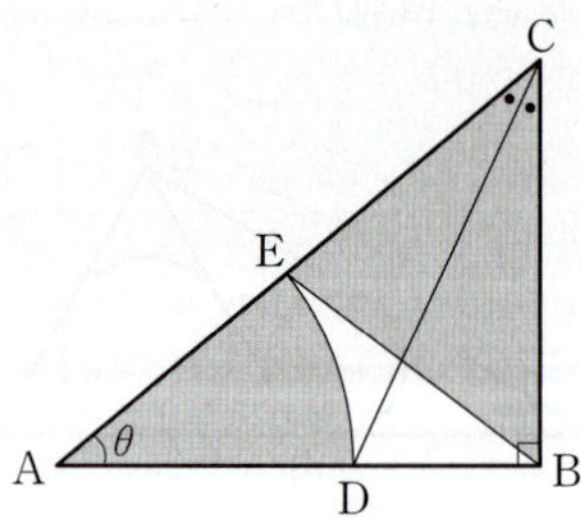

① $\dfrac{1}{4}$ ② $\dfrac{1}{2}$ ③ $\dfrac{3}{4}$

④ 1 ⑤ $\dfrac{5}{4}$

그림과 같이 반지름의 길이가 1인 원에 외접하고
∠CAB=∠BCA=θ인 이등변삼각형 ABC가 있다. 선분
AB의 연장선 위에 점 A가 아닌 점 D를 ∠DCB=θ가
되도록 잡는다. 삼각형 BDC의 넓이를 $S(\theta)$라 할 때,
$\displaystyle\lim_{\theta\to 0+}\{\theta\times S(\theta)\}$의 값은? $\left(\text{단, } 0<\theta<\dfrac{\pi}{4}\right)$ (4점)

① $\dfrac{2}{3}$ ② $\dfrac{8}{9}$ ③ $\dfrac{10}{9}$

④ $\dfrac{4}{3}$ ⑤ $\dfrac{14}{9}$

그림과 같이 한 변의 길이가 1인 정사각형 ABCD가 있다.
변 CD 위의 점 E에 대하여 선분 DE를 지름으로 하는 원과
직선 BE가 만나는 점 중 E가 아닌 점을 F라 하자.
$\angle EBC = \theta$라 할 때, 점 E를 포함하지 않는 호 DF를
이등분하는 점과 선분 DF의 중점을 지름의 양 끝점으로
하는 원의 반지름의 길이를 $r(\theta)$라 하자. $\displaystyle\lim_{\theta \to \frac{\pi}{4}-} \frac{r(\theta)}{\frac{\pi}{4}-\theta}$의
값은? $\left(단, \ 0<\theta<\dfrac{\pi}{4}\right)$ (4점)

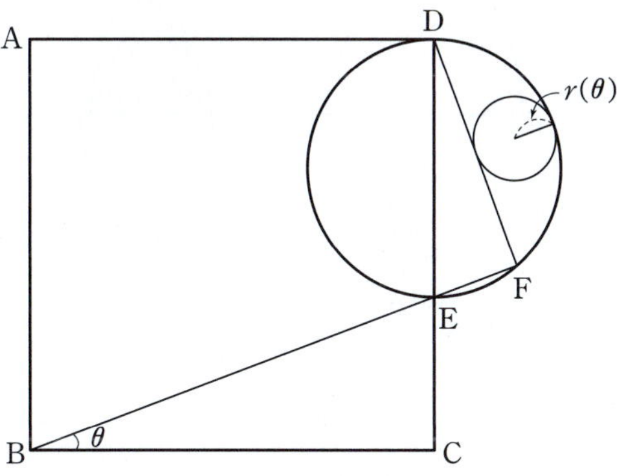

① $\dfrac{1}{7}(2-\sqrt{2})$　　② $\dfrac{1}{6}(2-\sqrt{2})$　　③ $\dfrac{1}{5}(2-\sqrt{2})$

④ $\dfrac{1}{4}(2-\sqrt{2})$　　⑤ $\dfrac{1}{3}(2-\sqrt{2})$

그림과 같이 한 변의 길이가 3인 정사각형 ABCD 안에
중심각의 크기가 $\dfrac{\pi}{2}$이고 반지름의 길이가 3인 부채꼴
BCA가 있다. 호 AC 위의 점 P에서의 접선이 선분 CD와
만나는 점을 Q, 선분 BP의 연장선이 선분 CD와 만나는
점을 R이라 하자. $\angle PBC = \theta$일 때, 삼각형 PQR의 넓이를
$f(\theta)$라 하자. $\displaystyle\lim_{\theta \to 0+} \frac{8f(\theta)}{\theta^3}$의 값을 구하시오.

$\left(단, \ 0<\theta<\dfrac{\pi}{4}\right)$ (4점)

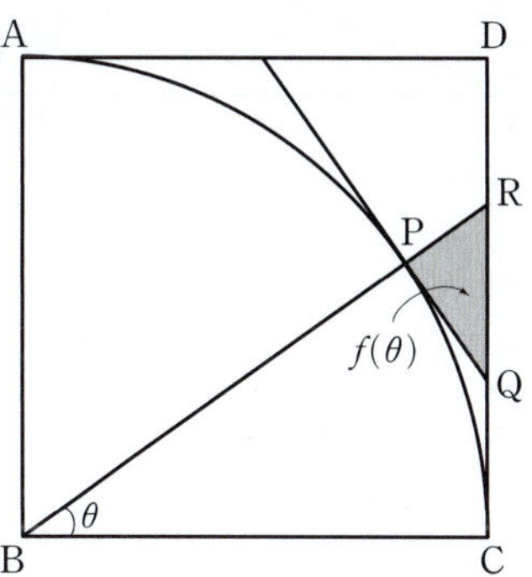

그림과 같이 길이가 12인 선분 AB를 지름으로 하는 반원의 호 AB 위에 $\angle PAB = \theta\left(0 < \theta < \dfrac{\pi}{6}\right)$인 점 P가 있다.

$\angle APQ = 3\theta$가 되도록 선분 AB 위의 점 Q를 잡을 때, 두 선분 PQ, QB와 호 BP로 둘러싸인 부분의 넓이를 $S(\theta)$라 하자. $\displaystyle\lim_{\theta \to 0+} \dfrac{S(\theta)}{\theta}$의 값을 구하시오. (4점)

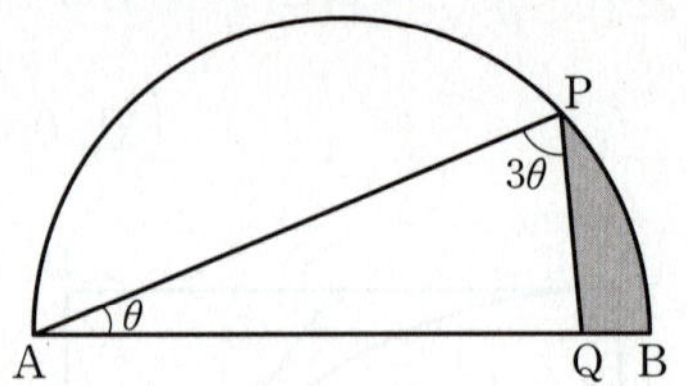

그림과 같이 길이가 2인 선분 AB를 지름으로 하는 반원이 있다. 선분 AB 위의 점 P에 대하여 $\overline{QB} = \overline{QP}$를 만족시키는 반원 위의 점을 Q라 할 때, $\angle BQP = \theta\left(0 < \theta < \dfrac{\pi}{2}\right)$라 하자.

삼각형 QPB의 넓이를 $S(\theta)$라 할 때, $\displaystyle\lim_{\theta \to 0+} \dfrac{S(\theta)}{\theta^3}$의 값은? (4점)

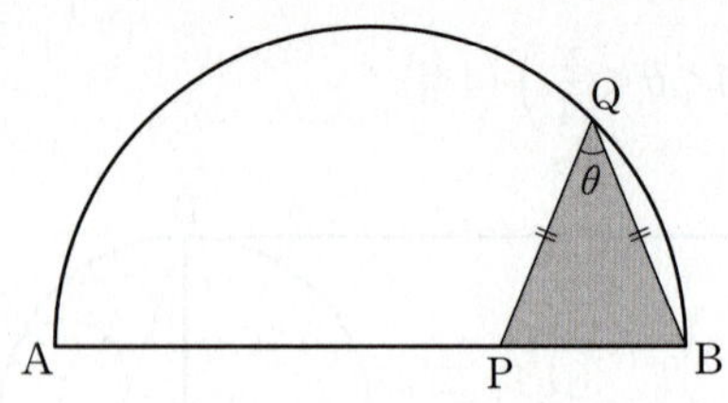

① $\dfrac{1}{4}$　　② $\dfrac{1}{2}$　　③ 1

④ 2　　⑤ 4

그림과 같이 지름의 길이가 2이고, 두 점 A, B를 지름의 양 끝점으로 하는 반원 위에 점 C가 있다. 삼각형 ABC의 내접원의 중심을 O, 중심 O에서 선분 AB와 선분 BC에 내린 수선의 발을 각각 D, E라 하자. $\angle ABC = \theta$이고, 호 AC의 길이를 l_1, 호 DE의 길이를 l_2라 할 때, $\lim\limits_{\theta \to 0} \dfrac{l_1}{l_2}$의 값은? $\left(\text{단, } 0 < \theta < \dfrac{\pi}{2} \text{이다.}\right)$ (3점)

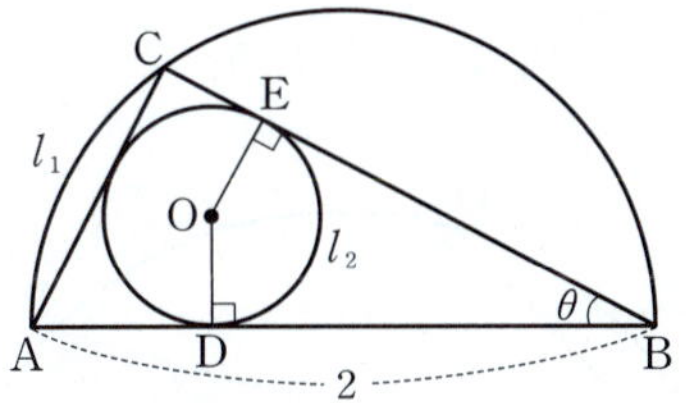

① 1

② $\dfrac{\pi}{4}$

③ $\dfrac{\pi}{3}$

④ $\dfrac{2}{\pi}$

⑤ $\dfrac{3}{\pi}$

그림과 같이 길이가 2인 선분 AB를 지름으로 하는 반원의 호 위에 점 P가 있고, 선분 AB 위에 점 Q가 있다.

$\angle PAB = \theta$이고 $\angle APQ = \dfrac{\theta}{3}$일 때, 삼각형 PAQ의 넓이를 $S(\theta)$, 선분 PB의 길이를 $l(\theta)$라 하자. $\lim\limits_{\theta \to 0+} \dfrac{S(\theta)}{l(\theta)}$의 값은?

$\left(\text{단, } 0 < \theta < \dfrac{\pi}{4}\right)$ (4점)

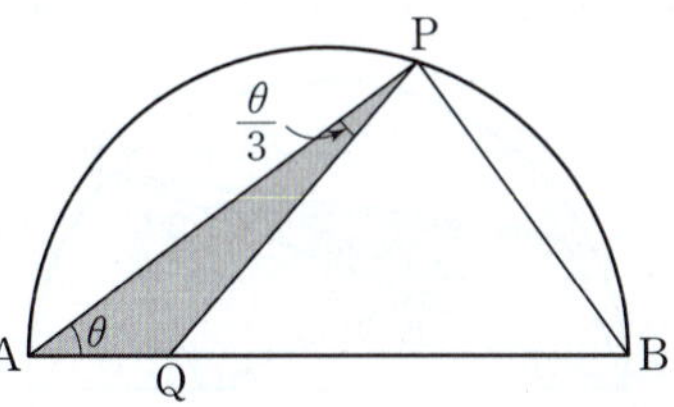

① $\dfrac{1}{12}$

② $\dfrac{1}{6}$

③ $\dfrac{1}{4}$

④ $\dfrac{1}{3}$

⑤ $\dfrac{5}{12}$

그림과 같이 길이가 2인 선분 AB를 지름으로 하는 반원이 있다. 호 AB 위의 점 P와 선분 AB 위의 점 C에 대하여 $\angle\text{PAC}=\theta$일 때, $\angle\text{APC}=2\theta$이다.

$\angle\text{ADC}=\angle\text{PCD}=\dfrac{\pi}{2}$인 점 D에 대하여 두 선분 AP와 CD가 만나는 점을 E라 하자. 삼각형 DEP의 넓이를 $S(\theta)$라 할 때, $\displaystyle\lim_{\theta\to0+}\dfrac{S(\theta)}{\theta}$의 값은? $\left(\text{단, }0<\theta<\dfrac{\pi}{6}\right)$ (4점)

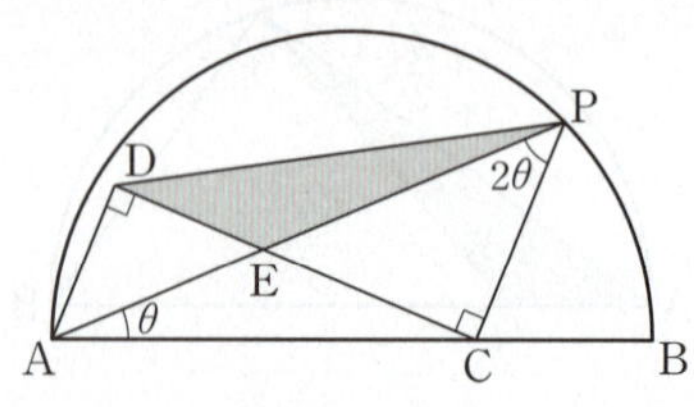

① $\dfrac{5}{9}$ 　② $\dfrac{2}{3}$ 　③ $\dfrac{7}{9}$

④ $\dfrac{8}{9}$ 　⑤ 1

그림과 같이 중심이 O이고 길이가 2인 선분 AB를 지름으로 하는 반원이 있다. 호 AB 위의 점 P에서 선분 AB에 내린 수선의 발을 H라 하고, 점 H를 지나고 선분 OP에 수직인 직선이 선분 OP, 호 AB와 만나는 점을 각각 I, Q라 하자. 점 Q를 지나고 직선 OP에 평행한 직선이 호 AB와 만나는 점 중 Q가 아닌 점을 R이라 하자. $\angle\text{POB}=\theta$일 때, 두 삼각형 RIP, IHP의 넓이를 각각 $S(\theta)$, $T(\theta)$라 하자.

$\displaystyle\lim_{\theta\to0+}\dfrac{S(\theta)-T(\theta)}{\theta^3}$의 값은? $\left(\text{단, }0<\theta<\dfrac{\pi}{2}\right)$ (4점)

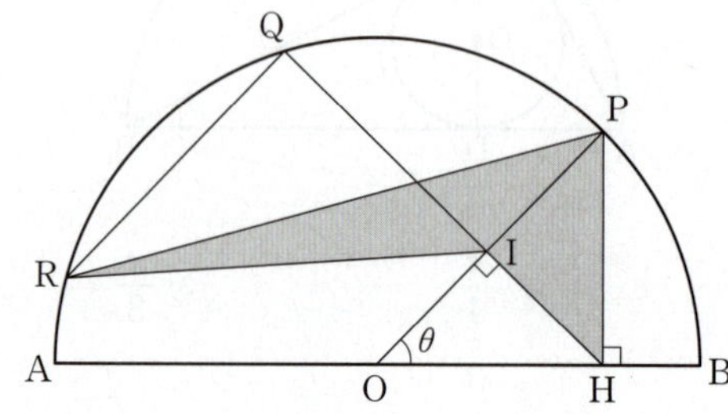

① $\dfrac{\sqrt{2}-1}{4}$ 　② $\dfrac{\sqrt{2}-1}{2}$ 　③ $\sqrt{2}-1$

④ $\dfrac{2\sqrt{2}-1}{4}$ 　⑤ $\dfrac{2\sqrt{2}-1}{2}$

그림과 같이 길이가 2인 선분 AB를 지름으로 하고 중심이
O인 반원이 있다. 호 AB 위를 움직이는 점 P에 대하여
$\angle POB = \theta$일 때, 삼각형 PAO에 내접하는 원의 넓이를
$f(\theta)$라 하자. $\displaystyle\lim_{\theta \to 0+} \frac{f(\theta)}{\theta^2}$의 값은? (단, $0 < \theta < \pi$이다.) (4점)

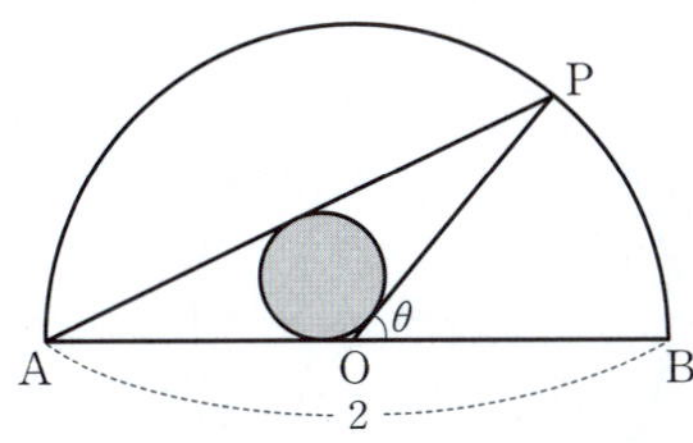

① $\dfrac{\pi}{2}$ ② $\dfrac{\pi}{4}$ ③ $\dfrac{\pi}{8}$

④ $\dfrac{\pi}{16}$ ⑤ $\dfrac{\pi}{32}$

그림과 같이 길이가 2인 선분 AB를 지름으로 하는 반원
위에 점 P가 있다. 점 B를 지나고 선분 AB에 수직인 직선이
직선 AP와 만나는 점을 Q라 하고, 점 P에서 이 반원에
접하는 직선과 선분 BQ가 만나는 점을 R이라 하자.

$\angle PAB = \theta$라 하고 삼각형 PRQ의 넓이를 $S(\theta)$라 할 때,
$\displaystyle\lim_{\theta \to 0+} \frac{S(\theta)}{\theta^3}$의 값은? $\left(\text{단, } 0 < \theta < \dfrac{\pi}{4}\text{이다.}\right)$ (4점)

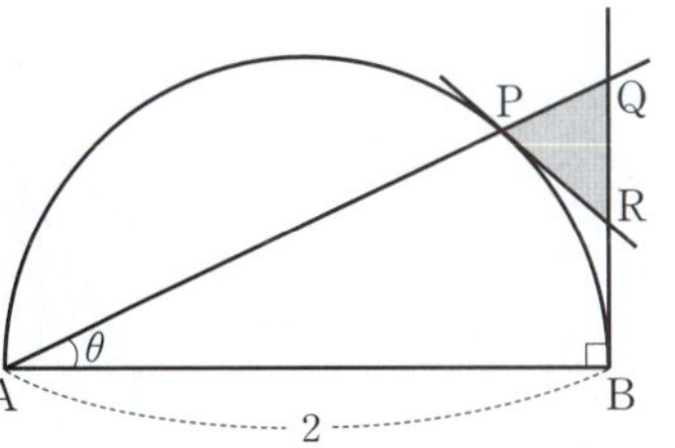

① $\dfrac{1}{2}$ ② $\dfrac{3}{4}$ ③ 1

④ $\dfrac{5}{4}$ ⑤ 2

그림과 같이 길이가 2인 선분 AB를 지름으로 하는 반원의
호 AB 위에 점 P가 있다. 선분 AB의 중점을 O라 할 때,
점 B를 지나고 선분 AB에 수직인 직선이 직선 OP와
만나는 점을 Q라 하고, ∠OQB의 이등분선이 직선 AP와
만나는 점을 R이라 하자. ∠OAP=θ일 때, 삼각형 OAP의
넓이를 $f(\theta)$, 삼각형 PQR의 넓이를 $g(\theta)$라 하자.
$\displaystyle\lim_{\theta\to0+}\frac{g(\theta)}{\theta^4\times f(\theta)}$의 값은? $\left(\text{단, }0<\theta<\dfrac{\pi}{4}\right)$ (4점)

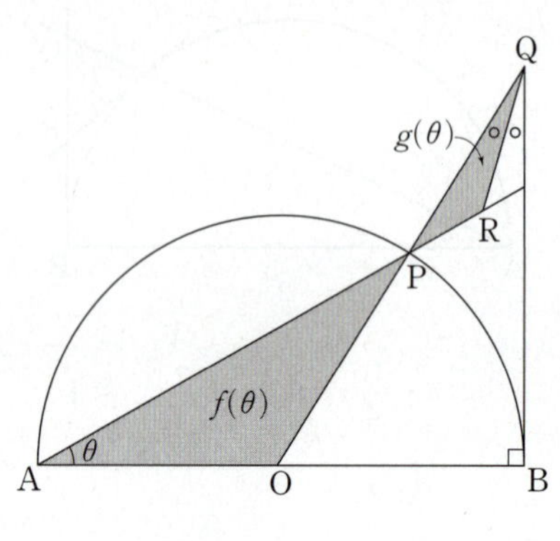

① 2 ② $\dfrac{5}{2}$ ③ 3

④ $\dfrac{7}{2}$ ⑤ 4

그림과 같이 $\overline{BC}=1$, $\angle A=\dfrac{\pi}{2}$, $\angle B=\theta\left(0<\theta<\dfrac{\pi}{2}\right)$인
삼각형 ABC가 있다. 선분 AC 위의 점 D에 대하여
선분 AD를 지름으로 하는 원이 선분 BC와 접할 때,
$\displaystyle\lim_{\theta\to0+}\frac{\overline{CD}}{\theta^3}=k$라 하자. $100k$의 값을 구하시오. (4점)

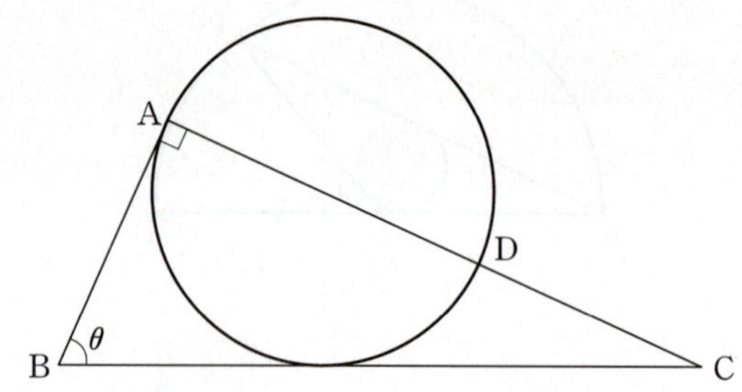

067 ★★☆ 2023년 4월학평 미적 27번

그림과 같이 좌표평면 위에 점 A(0, 1)을 중심으로 하고 반지름의 길이가 1인 원 C가 있다. 원점 O를 지나고 x축의 양의 방향과 이루는 각의 크기가 θ인 직선이 원 C와 만나는 점 중 O가 아닌 점을 P라 하고, 호 OP 위에 점 Q를 $\angle OPQ = \dfrac{\theta}{3}$가 되도록 잡는다. 삼각형 POQ의 넓이를 $f(\theta)$라 할 때, $\displaystyle\lim_{\theta\to 0+}\dfrac{f(\theta)}{\theta^3}$의 값은?

(단, 점 Q는 제1사분면 위의 점이고, $0<\theta<\pi$이다.) (3점)

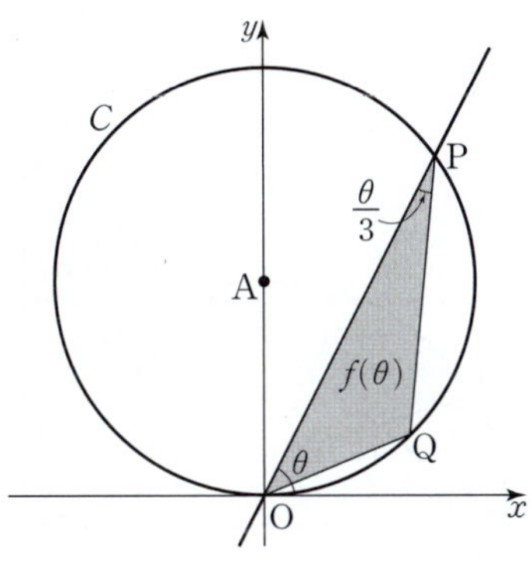

① $\dfrac{2}{9}$ 　　② $\dfrac{1}{3}$ 　　③ $\dfrac{4}{9}$

④ $\dfrac{5}{9}$ 　　⑤ $\dfrac{2}{3}$

068 ★★★ 2021년 7월학평 미적 28번

그림과 같이 반지름의 길이가 5인 원에 내접하고, $\overline{AB}=\overline{AC}$인 삼각형 ABC가 있다. $\angle BAC=\theta$라 하고, 점 B를 지나고 직선 AB에 수직인 직선이 원과 만나는 점 중 B가 아닌 점을 D, 직선 BD와 직선 AC가 만나는 점을 E라 하자. 삼각형 ABC의 넓이를 $f(\theta)$, 삼각형 CDE의 넓이를 $g(\theta)$라 할 때, $\displaystyle\lim_{\theta\to 0+}\dfrac{g(\theta)}{\theta^2\times f(\theta)}$의 값은? $\left(\text{단, } 0<\theta<\dfrac{\pi}{2}\right)$ (4점)

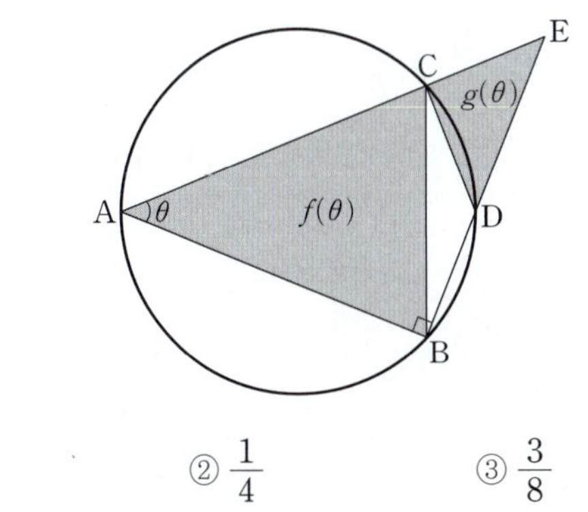

① $\dfrac{1}{8}$ 　　② $\dfrac{1}{4}$ 　　③ $\dfrac{3}{8}$

④ $\dfrac{1}{2}$ 　　⑤ $\dfrac{5}{8}$

069 ★★☆ 2018년 3월학평 가형 19번

그림과 같이 길이가 1인 선분 AB를 지름으로 하는 반원 위의 점 P에 대하여 $\angle ABP$를 삼등분하는 두 직선이 선분 AP와 만나는 점을 각각 Q, R이라 하자. $\angle PAB=\theta$일 때, 삼각형 BRQ의 넓이를 $S(\theta)$라 하자. $\displaystyle\lim_{\theta\to 0+}\dfrac{S(\theta)}{\theta^2}$의 값은?

$\left(\text{단, } 0<\theta<\dfrac{\pi}{2}\right)$ (4점)

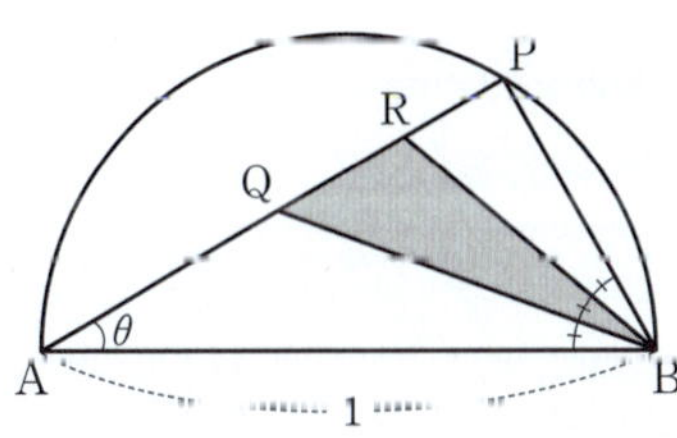

① $\dfrac{1}{3}$ 　　② $\dfrac{\sqrt{3}}{3}$ 　　③ 1

④ $\sqrt{3}$ 　　⑤ 3

그림과 같이 중심이 O이고 길이가 2인 선분 AB를 지름으로 하는 반원 위에 $\angle AOC = \dfrac{\pi}{2}$인 점 C가 있다. 호 BC 위에 점 P와 호 CA 위에 점 Q를 $\overline{PB} = \overline{QC}$가 되도록 잡고, 선분 AP 위에 점 R을 $\angle CQR = \dfrac{\pi}{2}$가 되도록 잡는다. 선분 AP와 선분 CO의 교점을 S라 하자. $\angle PAB = \theta$일 때, 삼각형 POB의 넓이를 $f(\theta)$, 사각형 CQRS의 넓이를 $g(\theta)$라 하자. $\displaystyle\lim_{\theta \to 0+} \dfrac{3f(\theta) - 2g(\theta)}{\theta^2}$의 값은?

$$\left(\text{단, } 0 < \theta < \dfrac{\pi}{4}\right) \text{(4점)}$$

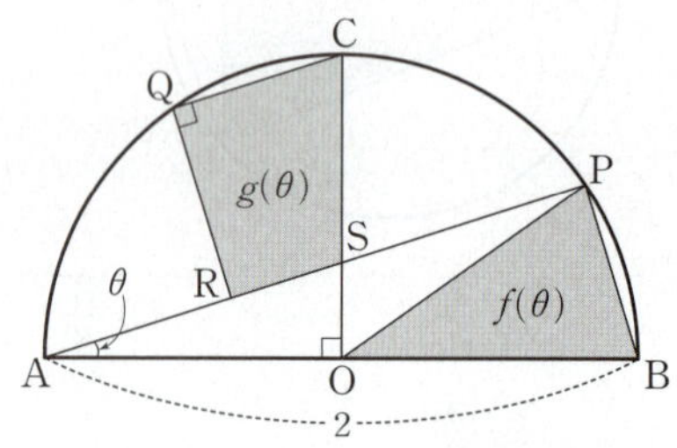

① 1   ② 2   ③ 3
④ 4   ⑤ 5

그림과 같이 길이가 2인 선분 AB를 지름으로 하는 반원의 호 AB 위에 점 P가 있다. 호 AP 위에 점 Q를 호 PB와 호 PQ의 길이가 같도록 잡을 때, 두 선분 AP, BQ가 만나는 점을 R이라 하고 점 B를 지나고 선분 AB에 수직인 직선이 직선 AP와 만나는 점을 S라 하자. $\angle BAP = \theta$라 할 때, 두 선분 PR, QR과 호 PQ로 둘러싸인 부분의 넓이를 $f(\theta)$, 두 선분 PS, BS와 호 BP로 둘러싸인 부분의 넓이를 $g(\theta)$라 하자. $\displaystyle\lim_{\theta \to 0+} \dfrac{f(\theta) + g(\theta)}{\theta^3}$의 값을 구하시오.

$$\left(\text{단, } 0 < \theta < \dfrac{\pi}{4}\right) \text{(4점)}$$

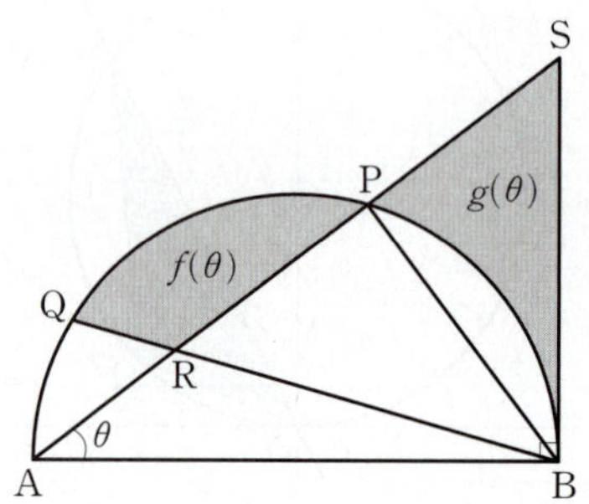

그림과 같이 길이가 2인 선분 AB를 지름으로 하는 반원이 있다. 선분 AB의 중점을 O라 하고 호 AB 위에 두 점 P, Q를

$$\angle BOP = \theta, \quad \angle BOQ = 2\theta$$

가 되도록 잡는다. 점 Q를 지나고 선분 AB에 평행한 직선이 호 AB와 만나는 점 중 Q가 아닌 점을 R이라 하고, 선분 BR이 두 선분 OP, OQ와 만나는 점을 각각 S, T라 하자. 세 선분 AO, OT, TR과 호 RA로 둘러싸인 부분의 넓이를 $f(\theta)$라 하고, 세 선분 QT, TS, SP와 호 PQ로 둘러싸인 부분의 넓이를 $g(\theta)$라 하자. $\displaystyle\lim_{\theta \to 0+} \frac{g(\theta)}{f(\theta)} = a$일 때, $80a$의 값을 구하시오. $\left($ 단, $0 < \theta < \dfrac{\pi}{4}\right)$ (4점)

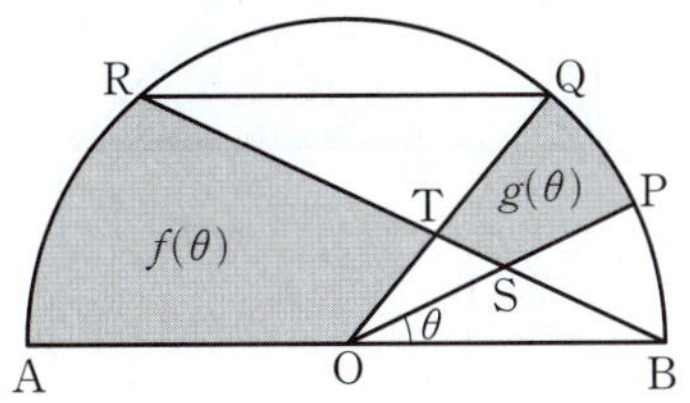

그림과 같이 길이가 2인 선분 AB를 지름으로 하는 반원이 있다. 선분 AB의 중점을 O라 할 때, 호 AB 위에 두 점 P, Q를 $\angle POA = \theta$, $\angle QOB = 2\theta$가 되도록 잡는다. 두 선분 PB, OQ의 교점을 R이라 하고, 점 R에서 선분 PQ에 내린 수선의 발을 H라 하자. 삼각형 POR의 넓이를 $f(\theta)$, 두 선분 RQ, RB와 호 QB로 둘러싸인 부분의 넓이를 $g(\theta)$라 할 때, $\displaystyle\lim_{\theta \to 0+} \frac{f(\theta) + g(\theta)}{\overline{RH}} = \frac{q}{p}$이다. $p + q$의 값을 구하시오. $\left($ 단, $0 < \theta < \dfrac{\pi}{3}$이고, p와 q는 서로소인 자연수이다.$\right)$ (4점)

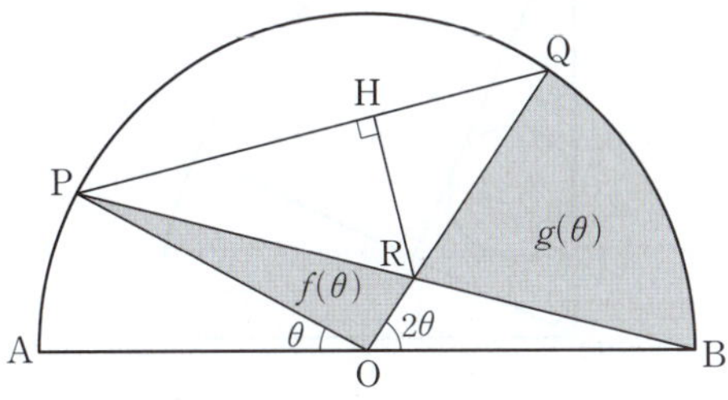

그림과 같이 반지름의 길이가 1이고 중심각의 크기가 $\dfrac{\pi}{2}$인 부채꼴 OAB가 있다. 호 AB 위의 점 P에 대하여 점 B에서 선분 OP에 내린 수선의 발을 Q, 점 Q에서 선분 OB에 내린 수선의 발을 R이라 하자. $\angle \mathrm{BOP}=\theta$일 때, 삼각형 RQB에 내접하는 원의 반지름의 길이를 $r(\theta)$라 하자. $\displaystyle\lim_{\theta\to 0+}\dfrac{r(\theta)}{\theta^2}$의 값은? $\left(\text{단, } 0<\theta<\dfrac{\pi}{2}\right)$ (4점)

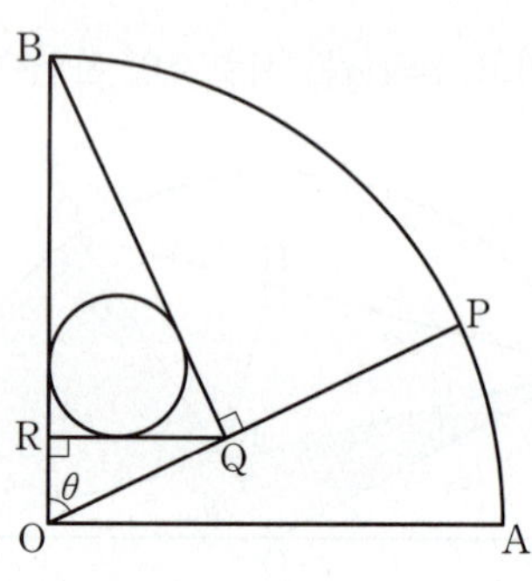

① $\dfrac{1}{2}$ ② 1 ③ $\dfrac{3}{2}$

④ 2 ⑤ $\dfrac{5}{2}$

그림과 같이 반지름의 길이가 1이고 중심각의 크기가 $\dfrac{\pi}{2}$인 부채꼴 OAB가 있다. 호 AB 위의 점 P에서 선분 OA에 내린 수선의 발을 H라 하고, 호 BP 위에 점 Q를 $\angle \mathrm{POH}=\angle \mathrm{PHQ}$가 되도록 잡는다. $\angle \mathrm{POH}=\theta$일 때, 삼각형 OHQ의 넓이를 $S(\theta)$라 하자. $\displaystyle\lim_{\theta\to 0+}\dfrac{S(\theta)}{\theta}$의 값은?

$\left(\text{단, } 0<\theta<\dfrac{\pi}{6}\right)$ (4점)

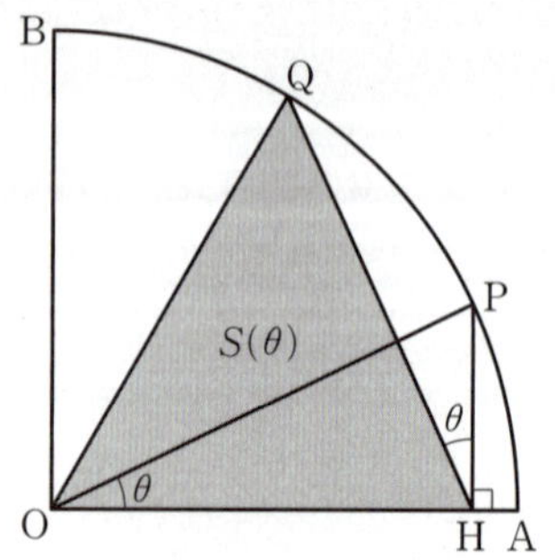

① $\dfrac{1+\sqrt{2}}{2}$ ② $\dfrac{2+\sqrt{2}}{2}$ ③ $\dfrac{3+\sqrt{2}}{2}$

④ $\dfrac{4+\sqrt{2}}{2}$ ⑤ $\dfrac{5+\sqrt{2}}{2}$

그림과 같이 반지름의 길이가 1이고 중심각의 크기가 $\dfrac{\pi}{2}$인 부채꼴 OAB가 있다. 호 AB 위의 점 P에서 선분 OA에 내린 수선의 발을 H, 선분 PH와 선분 AB의 교점을 Q라 하자. $\angle \mathrm{POH}=\theta$일 때, 삼각형 AQH의 넓이를 $S(\theta)$라 하자. $\displaystyle\lim_{\theta\to 0+}\dfrac{S(\theta)}{\theta^4}$의 값은? $\left(\text{단, } 0<\theta<\dfrac{\pi}{2}\right)$ (4점)

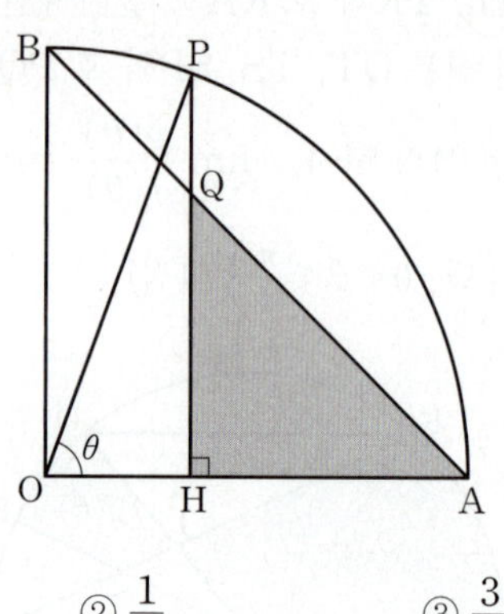

① $\dfrac{1}{8}$ ② $\dfrac{1}{4}$ ③ $\dfrac{3}{8}$

④ $\dfrac{1}{2}$ ⑤ $\dfrac{5}{8}$

그림과 같이 반지름의 길이가 1이고 중심각의 크기가 $\dfrac{\pi}{2}$인 부채꼴 OAB가 있다. 호 AB 위의 점 P에서 선분 OA에 내린 수선의 발을 H, 점 P에서 호 AB에 접하는 직선과 직선 OA의 교점을 Q라 하자. 점 Q를 중심으로 하고 반지름의 길이가 $\overline{\mathrm{QA}}$인 원과 선분 PQ의 교점을 R라 하자. $\angle \mathrm{POA}=\theta$일 때, 삼각형 OHP의 넓이를 $f(\theta)$, 부채꼴 QRA의 넓이를 $g(\theta)$라 하자. $\displaystyle\lim_{\theta\to 0+}\dfrac{\sqrt{g(\theta)}}{\theta\times f(\theta)}$의 값은? $\left(\text{단, } 0<\theta<\dfrac{\pi}{2}\right)$ (4점)

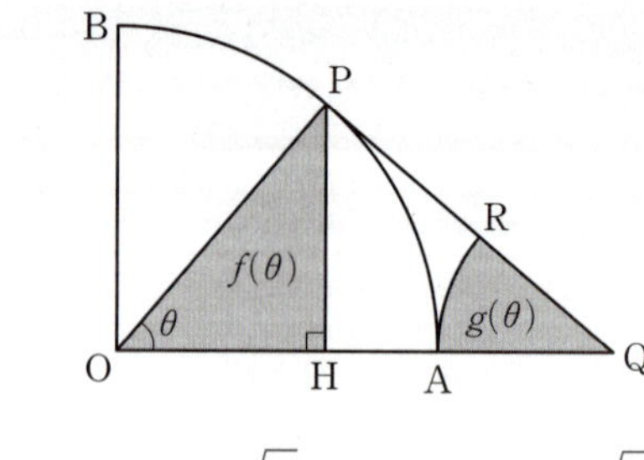

① $\dfrac{\sqrt{\pi}}{5}$ ② $\dfrac{\sqrt{\pi}}{4}$ ③ $\dfrac{\sqrt{\pi}}{3}$

④ $\dfrac{\sqrt{\pi}}{2}$ ⑤ $\sqrt{\pi}$

정답과 해설 **074** p.230 **075** p.231 **076** p.232 **077** p.232

078 ★★★ 2021학년도 6월모평 가형 28번

그림과 같이 $\overline{AB}=1$, $\overline{BC}=2$인 두 선분 AB, BC에 대하여 선분 BC의 중점을 M, 점 M에서 선분 AB에 내린 수선의 발을 H라 하자. 중심이 M이고 반지름의 길이가 $\overline{MH}$인 원이 선분 AM과 만나는 점을 D, 선분 HC가 선분 DM과 만나는 점을 E라 하자. $\angle ABC=\theta$라 할 때, 삼각형 CDE의 넓이를 $f(\theta)$, 삼각형 MEH의 넓이를 $g(\theta)$라 하자.

$\lim\limits_{\theta \to 0+} \dfrac{f(\theta)-g(\theta)}{\theta^3}=a$일 때, $80a$의 값을 구하시오.

$$\left(\text{단, } 0<\theta<\dfrac{\pi}{2}\right) \text{(4점)}$$

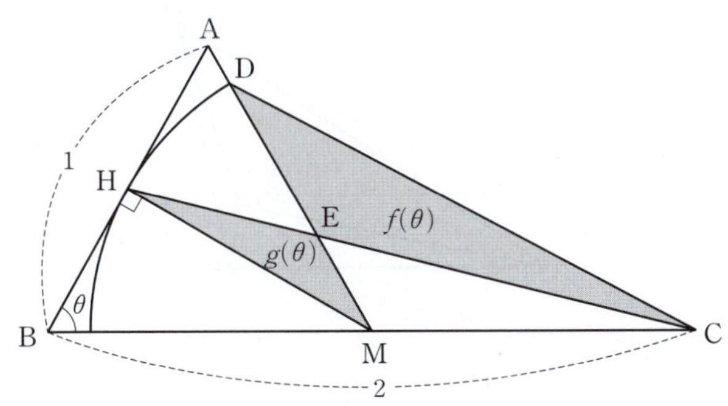

079 ★★☆ 2011년 7월학평 가형 18번

그림과 같이 반지름의 길이가 1인 원 위에 한 점 A가 있다. $\overline{AP}=\overline{AQ}=\overline{AR}$이 되는 원 위의 두 점을 P, Q, 지름 AB 위의 점을 R이라 하자. $\angle PAQ=\theta$에 대하여 사각형 APRQ의 넓이를 $S(\theta)$라 할 때, $\lim\limits_{\theta \to 0}\dfrac{S(\theta)}{\tan\theta}$의 값은? (4점)

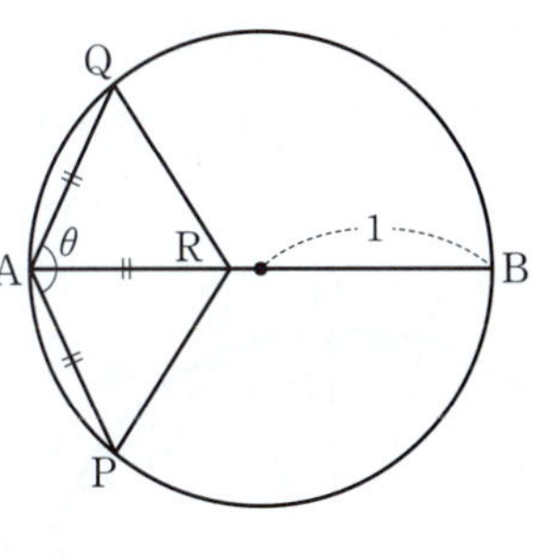

① 1   ② 2   ③ 3

④ 4   ⑤ 5

그림과 같이 중심이 O이고 반지름의 길이가 1인 원의 둘레를
$n(n≥4)$등분한 점을 A_1, A_2, ⋯, A_n이라 하자.
호 $A_iA_{i+1}(i=1, 2, ⋯, n)$을 이등분한 점을 M_i라 하고
사각형 $A_iM_iA_{i+1}N_i$가 마름모가 되도록 하는 선분 OM_i 위의
점을 N_i라 하자. n개의 사각형
$A_1M_1A_2N_1$, $A_2M_2A_3N_2$, $A_3M_3A_4N_3$, ⋯, $A_nM_nA_{n+1}N_n$
의 넓이의 합을 S_n이라 할 때, $\lim\limits_{n\to\infty}(n^2\times S_n)$의 값은?

(단, $A_{n+1}=A_1$) (4점)

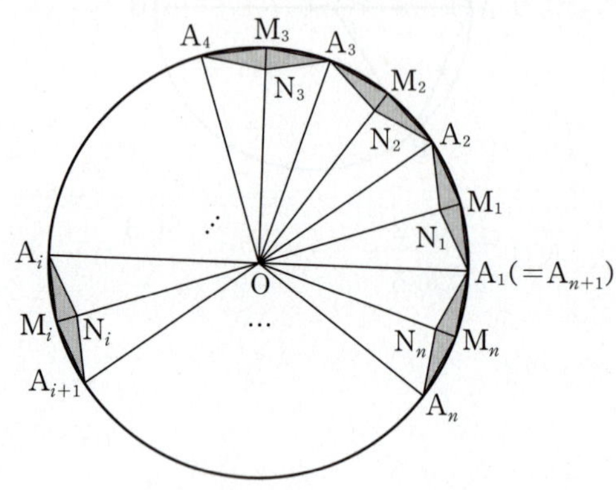

① π^3 ② $2\pi^3$ ③ $3\pi^3$

④ $4\pi^3$ ⑤ $5\pi^3$

그림과 같이 길이가 1인 선분 AB를 빗변으로 하고
$\angle BAC=\theta\left(0<\theta<\dfrac{\pi}{6}\right)$인 직각삼각형 ABC에 대하여
점 D를

$$\angle ACD=\frac{2}{3}\pi, \quad \angle CAD=2\theta$$

가 되도록 잡는다. 삼각형 BCD의 넓이를 $S(\theta)$라 할 때,
$\lim\limits_{\theta\to 0+}\dfrac{S(\theta)}{\theta^2}=p$이다. $300p^2$의 값을 구하시오.

(단, 네 점 A, B, C, D는 한 평면 위에 있다.) (4점)

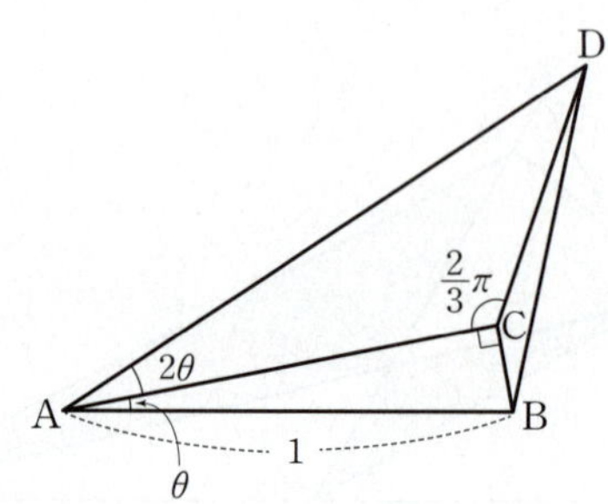

082 ★★☆ 2019년 10월학평 가형 16번

그림과 같이 길이가 2인 선분 AB를 지름으로 하는 원 C_1과
점 B를 중심으로 하고 원 C_1 위의 점 P를 지나는 원 C_2가
있다. 원 C_1의 중심 O에서 원 C_2에 그은 두 접선의 접점을
각각 Q, R이라 하자. $\angle PAB = \theta$일 때, 사각형 ORBQ의
넓이를 $S(\theta)$라 하자. $\lim\limits_{\theta \to 0+} \dfrac{S(\theta)}{\theta}$의 값은?

$$\left(\text{단, } 0 < \theta < \frac{\pi}{6}\right) \text{(4점)}$$

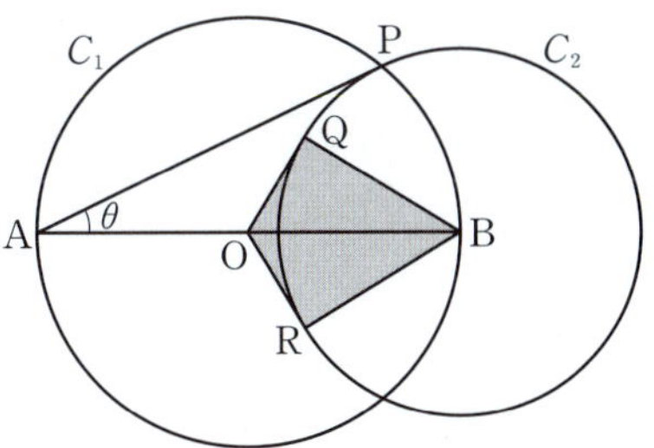

① 2 　　　② $\sqrt{3}$ 　　　③ 1

④ $\dfrac{\sqrt{3}}{2}$ 　　　⑤ $\dfrac{1}{2}$

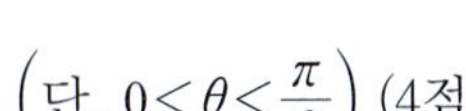

☑ 출제경향

기본 공식을 이용한 계산 문제와 미분가능성의 정의를
이용하는 문제들이 출제된다.

✎ 접근방법

미분법의 공식과 삼각함수의 도함수를 이용하여 문제를 해결한다.
미분가능한 두 함수 $g(x)$, $h(x)$에 대하여

함수 $f(x) = \begin{cases} g(x) & (x < 0) \\ h(x) & (x \geq 0) \end{cases}$이 $x=0$에서 미분가능할 때

(1) $f(x)$가 $x=0$에서 연속이므로 $\lim\limits_{x \to 0-} g(x) = \lim\limits_{x \to 0+} h(x) = h(0)$

(2) $f(x)$의 $x=0$에서의 미분계수가 존재하므로

$$\lim\limits_{x \to 0-} g'(x) = \lim\limits_{x \to 0+} h'(x)$$

🖥 단골공식

$(\sin x)' = \cos x, \ (\cos x)' = -\sin x$

---

083 ★☆☆ 2016년 4월학평 가형 3번

$f(x) = \sin x$일 때, $f'\left(\dfrac{\pi}{3}\right)$의 값은? (2점)

① -1 　　　② $-\dfrac{1}{2}$ 　　　③ 0

④ $\dfrac{1}{2}$ 　　　⑤ 1

---

084 ▲▲▲ 2017년 4월학평 기형 5번

함수 $f(x) = \cos x$에 대하여 $f'\left(\dfrac{\pi}{2}\right)$의 값은? (3점)

① -1 　　　② $-\dfrac{1}{2}$ 　　　③ 0

④ $\dfrac{1}{2}$ 　　　⑤ 1

269-2-3-Y08

085 ★☆☆ 2018년 3월학평 가형 2번

함수 $f(x)=x+2\sin x$에 대하여 $f'\left(\dfrac{\pi}{3}\right)$의 값은? (2점)

① 1   ② $\dfrac{3}{2}$ ③ 2

④ $\dfrac{5}{2}$ ⑤ 3

086 ★☆☆ 2019년 10월학평 가형 23번

함수 $f(x)=\sin x-\sqrt{3}\cos x$에 대하여 $f'\left(\dfrac{\pi}{3}\right)$의 값을 구하시오. (3점)

087 ★☆☆ 2019년 3월학평 가형 4번

함수 $f(x)=\dfrac{x}{2}+\sin x$에 대하여 $\displaystyle\lim_{x\to\pi}\dfrac{f(x)-f(\pi)}{x-\pi}$의 값은? (3점)

① $-\dfrac{5}{2}$ ② -2 ③ $-\dfrac{3}{2}$

④ -1 ⑤ $-\dfrac{1}{2}$

088 ★★☆ 2020학년도 6월모평 가형 12번

함수 $f(x)=\sin(x+\alpha)+2\cos(x+\alpha)$에 대하여 $f'\left(\dfrac{\pi}{4}\right)=0$일 때, $\tan\alpha$의 값은? (단, α는 상수이다.) (3점)

① $-\dfrac{5}{6}$ ② $-\dfrac{2}{3}$ ③ $-\dfrac{1}{2}$

④ $-\dfrac{1}{3}$ ⑤ $-\dfrac{1}{6}$

089 ★★☆ 2016년 3월학평 가형 8번

함수 $f(x)=\sin x+a\cos x$에 대하여 $\displaystyle\lim_{x\to\frac{\pi}{2}}\dfrac{f(x)-1}{x-\dfrac{\pi}{2}}=3$일 때, $f\left(\dfrac{\pi}{4}\right)$의 값은?

(단, a는 상수이다.) (3점)

① $-2\sqrt{2}$ ② $-\sqrt{2}$ ③ 0

④ $\sqrt{2}$ ⑤ $2\sqrt{2}$

090 ★★☆ 2011년 4월학평 가형 15번

함수 $f(x)$가

$$f(x)=\begin{cases}\dfrac{x^2\sin 2x}{1-\cos x} & (x\neq 0) \\ 0 & (x=0)\end{cases}$$

일 때, $f'(0)$의 값은? (단, $-\pi<x<\pi$) (3점)

① 0   ② 1   ③ 2

④ 3   ⑤ 4

091 ★ ★ ☆

두 상수 $a\,(a>0)$, b에 대하여 두 함수 $f(x)$, $g(x)$를
$$f(x)=a\sin x-\cos x,\quad g(x)=e^{2x-b}-1$$
이라 하자. 두 함수 $f(x)$, $g(x)$가 다음 조건을 만족시킬 때, $\tan b$의 값은? (4점)

(가) $f(k)=g(k)=0$을 만족시키는 실수 k가

　　열린구간 $\left(-\dfrac{\pi}{2},\ \dfrac{\pi}{2}\right)$에 존재한다.

(나) 열린구간 $\left(-\dfrac{\pi}{2},\ \dfrac{\pi}{2}\right)$에서

　　방정식 $\{f(x)g(x)\}'=2f(x)$의 모든 해의 합은

　　$\dfrac{\pi}{4}$이다.

---

① $\dfrac{5}{2}$　　　　② 3　　　　③ $\dfrac{7}{2}$

④ 4　　　　⑤ $\dfrac{9}{2}$

---

092 ★ ★ ★

그림과 같이 좌표평면 위의 두 점 A$(1,\ 0)$, B$(2,\ 0)$을 잇는 선분을 한 변으로 하는 정사각형 ABCD를 꼭짓점 B를 중심으로 시계방향으로 θ만큼 회전시켰다. 이때 점 C가 이동한 점을 C′이라 하고, 함수 $f(\theta)$를

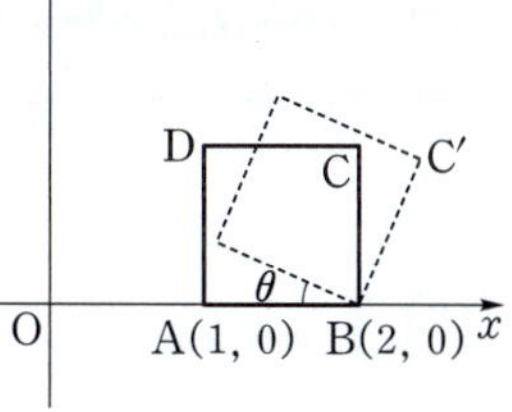

$$f(\theta)=\overline{OC'}^{\,2}$$

으로 정의하자. 다음 중 도함수 $y=\dfrac{d}{d\theta}f(\theta)$의 그래프의 개형으로 가장 적당한 것은?

$$\left(\text{단, } 0\le\theta\le\dfrac{\pi}{2}\text{이고, 점 O는 원점이다.}\right)\ (3점)$$

① 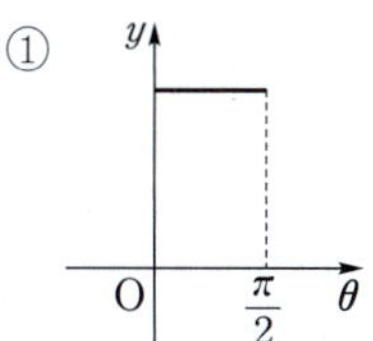　　② 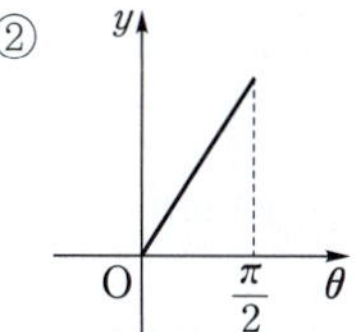

③ 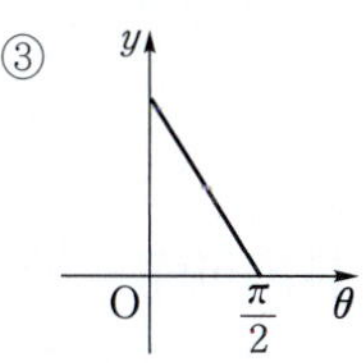　　④ 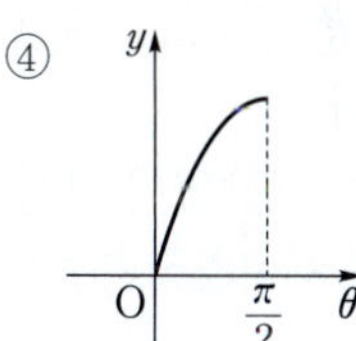

⑤ 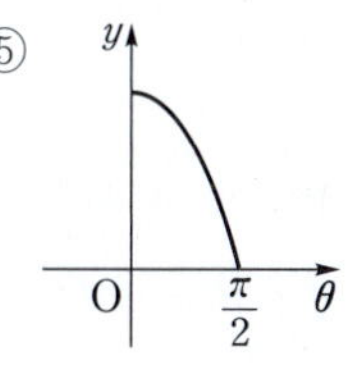

269-2-3-Y99

▶ 문제 풀이 동영상 강의

093 ★★★★ 2015년 3월학평 B형 21번

실수 전체의 집합에서 정의된 두 함수

$$f(x)=\sin^2 x+a\cos x, \quad g(x)=\begin{cases} 0 & \left(x<-\dfrac{\pi}{2}\right) \\ x & \left(-\dfrac{\pi}{2}\leq x<\pi\right) \\ bx & (x\geq\pi) \end{cases}$$

에 대하여 [보기]에서 옳은 것만을 있는 대로 고른 것은?

(단, a, b는 실수이다.) (4점)

[보기]

ㄱ. $\displaystyle\lim_{x\to-\frac{\pi}{2}-} g(x)=0$

ㄴ. $a=2$이면 합성함수 $(f\circ g)(x)$는 $x=-\dfrac{\pi}{2}$에서 연속이다.

ㄷ. a의 값에 관계없이 합성함수 $(f\circ g)(x)$가 $x=\pi$에서 연속이면 $b=2n-1$ (n은 정수)이다.

① ㄱ   ② ㄴ   ③ ㄱ, ㄷ

④ ㄴ, ㄷ   ⑤ ㄱ, ㄴ, ㄷ

094 ★★★★ 2022년 4월학평 미적 30번

함수 $f(x)=a\cos x+x\sin x+b$와 $-\pi<\alpha<0<\beta<\pi$인 두 실수 α, β가 다음 조건을 만족시킨다.

(가) $f'(\alpha)=f'(\beta)=0$

(나) $\dfrac{\tan\beta-\tan\alpha}{\beta-\alpha}+\dfrac{1}{\beta}=0$

$\displaystyle\lim_{x\to0}\dfrac{f(x)}{x^2}=c$일 때, $f\left(\dfrac{\beta-\alpha}{3}\right)+c=p+q\pi$이다.

두 유리수 p, q에 대하여 $120\times(p+q)$의 값을 구하시오.

(단, a, b, c는 상수이고, $a<1$이다.) (4점)

095 ★★★★ 2010학년도 6월모평 B형 29번

그림과 같이 길이가 1인 선분 AB를 지름으로 하는 반원
위에 점 C를 잡고 ∠BAC=θ라 하자. 호 BC와 두 선분
AB, AC에 동시에 접하는 원의 반지름의 길이를 $f(\theta)$라 할
때,

$$\lim_{\theta \to 0+} \frac{\tan\dfrac{\theta}{2} - f(\theta)}{\theta^2} = \alpha$$

이다. 100α의 값을 구하시오. $\left(\text{단, } 0 < \theta < \dfrac{\pi}{4}\right)$ (4점)

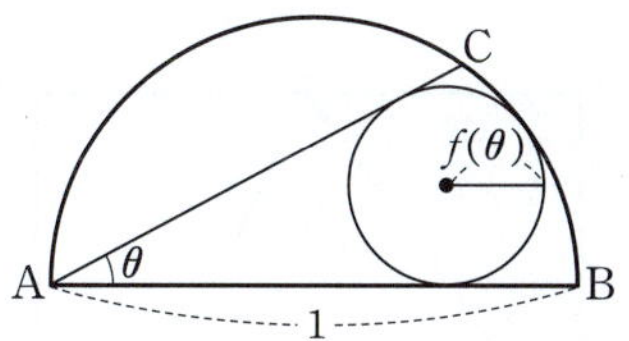

096 ★★★★ 2018년 7월학평 가형 21번

그림과 같이 좌표평면 위에 중심이 O(0, 0)이고
점 A(1, 0)을 지나는 원 C_1 위의 제1사분면 위의 점을 P라
하자. 점 P를 원점에 대하여 대칭이동시킨 점을 Q, x축에
대하여 대칭이동시킨 점을 R이라 하자. 선분 QR을
지름으로 하는 원 C_2와 두 선분 PQ, AQ와의 교점을 각각
M, N이라 하자. ∠POA=θ라 할 때, 두 삼각형 MQN,
PNR의 넓이를 각각 $S(\theta)$, $T(\theta)$라 하자.

$$\lim_{\theta \to 0+} \frac{\theta^2 \times S(\theta)}{T(\theta)} \text{의 값은? (4점)}$$

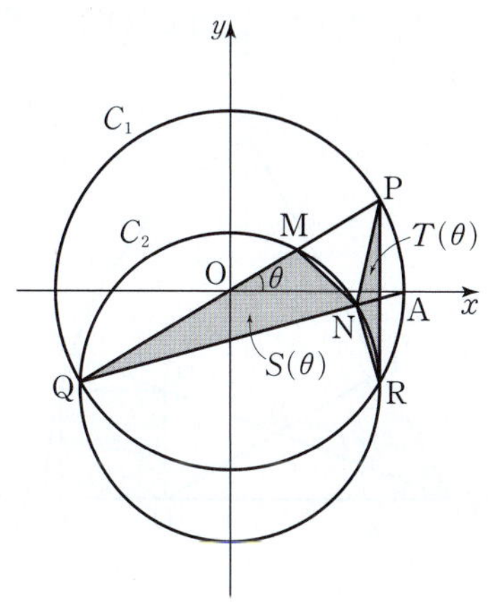

① 1   ② 2   ③ 3
④ 4   ⑤ 5

그림과 같이 반지름의 길이가 1이고 중심각의 크기가 θ인 부채꼴 OAB에서 호 AB의 삼등분점 중 점 A에 가까운 점을 C라 하자. 변 DE가 선분 OA 위에 있고, 꼭짓점 G, F가 각각 선분 OC, 호 AC 위에 있는 정사각형 DEFG의 넓이를 $f(\theta)$라 하자. 점 D에서 선분 OB에 내린 수선의 발을 P, 선분 DP와 선분 OC가 만나는 점을 Q라 할 때, 삼각형 OQP의 넓이를 $g(\theta)$라 하자. $\displaystyle\lim_{\theta\to0+}\dfrac{f(\theta)}{\theta\times g(\theta)}=k$일 때, $60k$의 값을 구하시오.

$$\left(\text{단, } 0<\theta<\dfrac{\pi}{2}\text{이고, } \overline{\text{OD}}<\overline{\text{OE}}\text{이다.}\right) \text{(4점)}$$

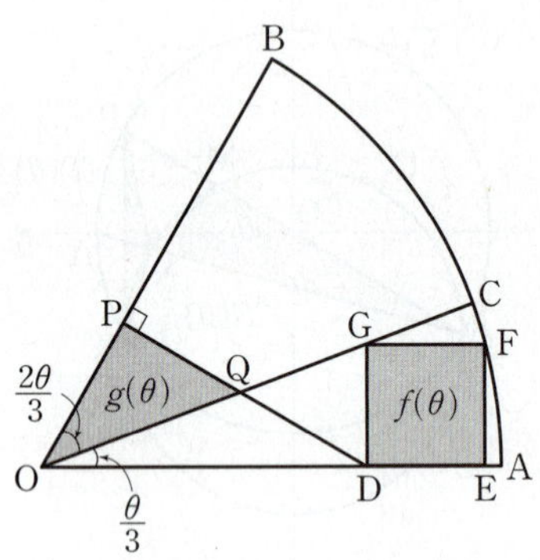

한 변의 길이가 1인 정사각형 ABCD의 변 AB 위의 점 P에 대하여 $\angle\text{BCP}=\theta$라 하고, 변 AD 위의 점 Q를 $\angle\text{PCQ}=\dfrac{\pi}{4}$가 되도록 잡는다. 삼각형 APQ의 넓이를 $f(\theta)$, 삼각형 BCP의 내접원의 넓이를 $g(\theta)$라 할 때,

$$\lim_{\theta\to0+}\frac{g(\theta)}{\theta\times f(\theta)}=\frac{q}{p}\pi$$

이다. $10p+q$의 값을 구하시오.

$$\text{(단, } p\text{와 } q\text{는 서로소인 자연수이다.)} \text{(4점)}$$

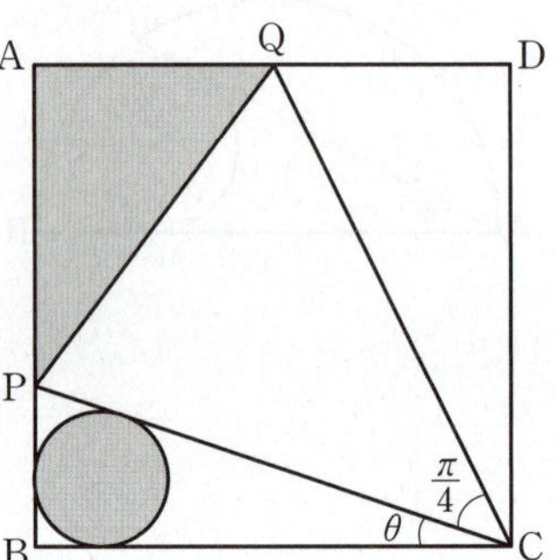

099 ★★★★ 2017년 4월학평 가형 21번

그림과 같이 길이가 1인 선분 AB를 지름으로 하는 반원이
있다. 호 AB 위의 점 P에 대하여 $\overline{BP}=\overline{BC}$가 되도록
선분 AB 위의 점 C를 잡고, $\overline{AC}=\overline{AD}$가 되도록 선분 AP
위의 점 D를 잡는다. $\angle PAB=\theta$에 대하여 선분 CD를
반지름으로 하고 중심각의 크기가 $\angle PCD$인 부채꼴의
넓이를 $S(\theta)$, 선분 CP를 반지름으로 하고 중심각의 크기가
$\angle PCD$인 부채꼴의 넓이를 $T(\theta)$라 할 때,

$\displaystyle\lim_{\theta\to 0+}\dfrac{T(\theta)-S(\theta)}{\theta^2}$의 값은?

$\left(\text{단, } 0<\theta<\dfrac{\pi}{2}\text{이고 } \angle PCD\text{는 예각이다.}\right)$ (4점)

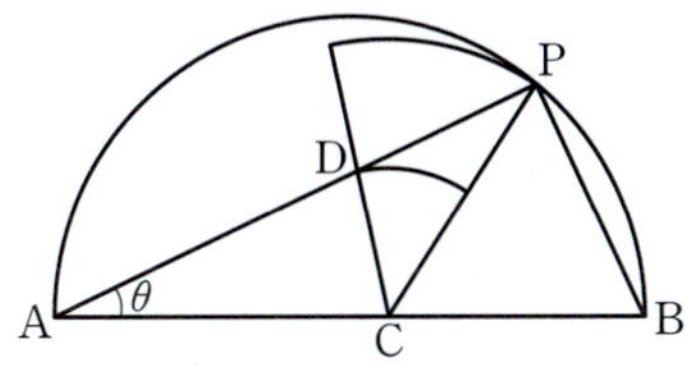

① $\dfrac{\pi}{16}$　　② $\dfrac{\pi}{8}$　　③ $\dfrac{3}{16}\pi$

④ $\dfrac{\pi}{4}$　　⑤ $\dfrac{5}{16}\pi$

100 ★★★★ 2022학년도 수능 미적 29번

그림과 같이 길이가 2인 선분 AB를 지름으로 하는 반원이
있다. 호 AB 위에 두 점 P, Q를 $\angle PAB=\theta$, $\angle QBA=2\theta$가
되도록 잡고, 두 선분 AP, BQ의 교점을 R이라 하자.
선분 AB 위의 점 S, 선분 BR 위의 점 T, 선분 AR 위의
점 U를 선분 UT가 선분 AB에 평행하고 삼각형 STU가
정삼각형이 되도록 잡는다. 두 선분 AR, QR과 호 AQ로
둘러싸인 부분의 넓이를 $f(\theta)$, 삼각형 STU의 넓이를 $g(\theta)$
라 할 때, $\displaystyle\lim_{\theta\to 0+}\dfrac{g(\theta)}{\theta\times f(\theta)}=\dfrac{q}{p}\sqrt{3}$이다. $p+q$의 값을 구하시오.

$\left(\text{단, } 0<\theta<\dfrac{\pi}{6}\text{이고 } p\text{와 } q\text{는 서로소인 자연수이다.}\right)$ (4점)

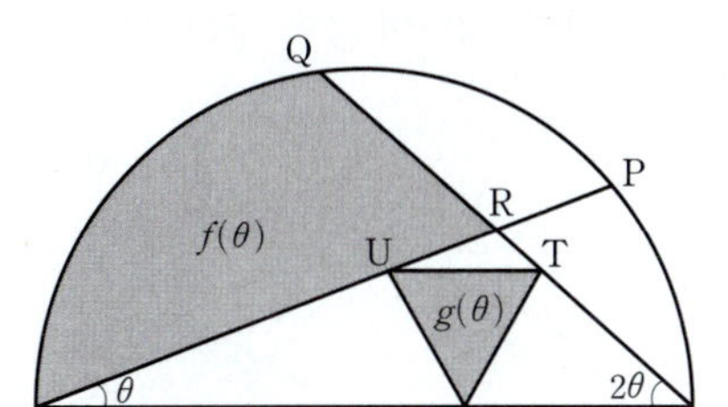

그림과 같이 길이가 2인 선분 AB를 지름으로 하는 반원의 호 AB 위에 점 P가 있다. 중심이 A이고 반지름의 길이가 $\overline{\text{AP}}$인 원과 선분 AB의 교점을 Q라 하자.

호 PB 위에 점 R을 호 PR과 호 RB의 길이의 비가 3 : 7이 되도록 잡는다. 선분 AB의 중점을 O라 할 때, 선분 OR과 호 PQ의 교점을 T, 점 O에서 선분 AP에 내린 수선의 발을 H라 하자.

세 선분 PH, HO, OT와 호 TP로 둘러싸인 부분의 넓이를 S_1, 두 선분 RT, QB와 두 호 TQ, BR로 둘러싸인 부분의 넓이를 S_2라 하자. ∠PAB=θ라 할 때,

$$\lim_{\theta \to 0+} \frac{S_1 - S_2}{\overline{\text{OH}}} = a$$

이다. 50a의 값을 구하시오.

$$\left(\text{단, } 0 < \theta < \frac{\pi}{4}\right) \text{ (4점)}$$

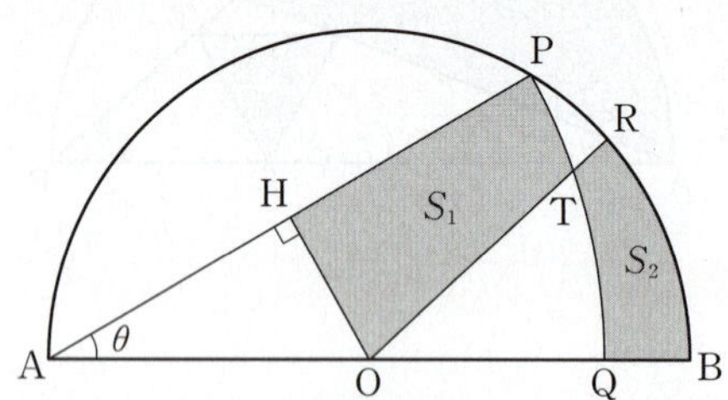

사관학교 기출문제

269-2-3-YGS

▶ 문제 풀이 **동영상 강의**

$\lim\limits_{x \to \frac{\pi}{2}} (1 - \cos x)^{\sec x}$의 값은? (3점)

① $\dfrac{1}{e^2}$ 　　② $\dfrac{1}{e}$ 　　③ 1

④ e 　　⑤ e^2

$0<t<\pi$인 실수 t에 대하여 점 $A(t,\,0)$을 지나고 y축에 평행한 직선이 두 곡선 $y=\sin\dfrac{x}{2}$, $y=\tan\dfrac{x}{2}$와 만나는 점을 각각 B, C라 하고, 점 B를 지나고 x축에 평행한 직선이 선분 OC와 만나는 점을 D라 하자. 삼각형 OAB의 넓이를 $f(t)$, 삼각형 ACD의 넓이를 $g(t)$라 할 때, $\displaystyle\lim_{t\to 0+}\dfrac{g(t)}{\{f(t)\}^2}$의 값은? (단, O는 원점이다.) (3점)

① $\dfrac{1}{8}$　　　② $\dfrac{1}{4}$　　　③ $\dfrac{3}{8}$

④ $\dfrac{1}{2}$　　　⑤ $\dfrac{5}{8}$

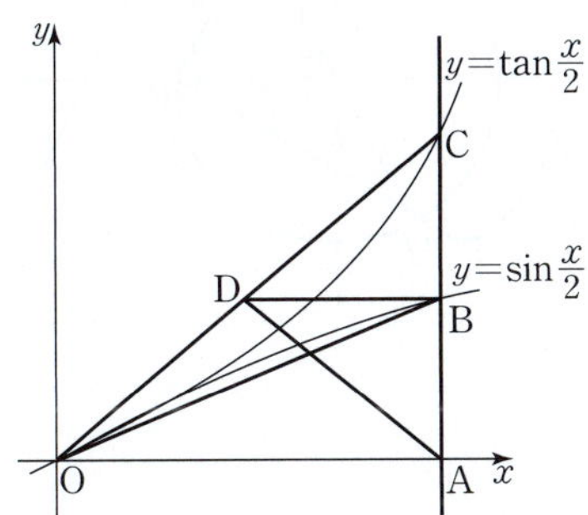

그림과 같이 $\overline{AB}=\overline{AC}=4$인 이등변삼각형 ABC에 외접하는 원 O가 있다. 점 C를 지나고 원 O에 접하는 직선과 직선 AB의 교점을 D라 하자. $\angle CAB=\theta$라 할 때, 삼각형 BDC의 넓이를 $S(\theta)$라 하자. $\displaystyle\lim_{\theta\to 0+}\dfrac{S(\theta)}{\theta^3}$의 값을 구하시오.

$$\left(\text{단, }0<\theta<\dfrac{\pi}{3}\right)\text{ (4점)}$$

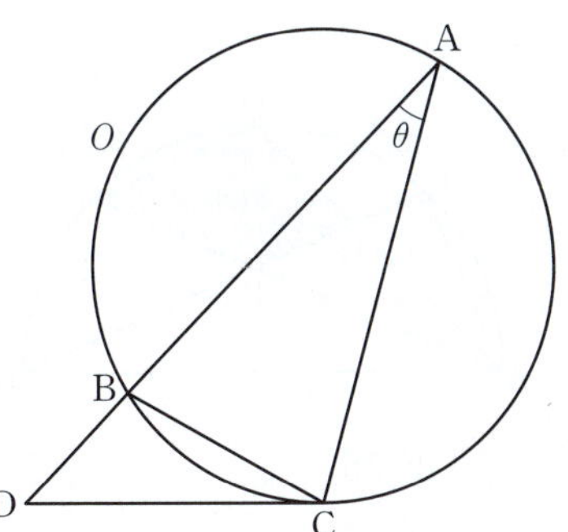

그림과 같이 $\overline{\text{AB}}=3$인 선분 AB를 지름으로 하는 반원의 호 AB 위에 서로 다른 세 점 C, D, E를 $\angle \text{BAC}=\angle \text{CAD}=\angle \text{DAE}=\theta$가 되도록 잡는다. 두 선분 AC, AD가 선분 BE와 만나는 점을 각각 P, Q라 할 때, 사각형 CDQP의 넓이를 $S(\theta)$라 하자. $\displaystyle\lim_{\theta \to 0+}\frac{S(\theta)}{\theta^3}$의 값은?

$\left(\text{단, } 0<\theta<\dfrac{\pi}{6}\right)$ (4점)

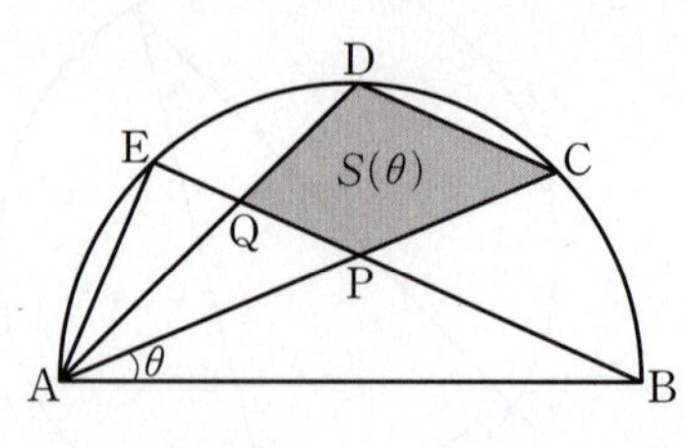

① 12   ② 15   ③ 18
④ 21   ⑤ 24

$0<t<\dfrac{\pi}{6}$인 실수 t에 대하여 곡선 $y=\sin 2x$ 위의 점 $(t,\ \sin 2t)$를 P라 하자. 원점 O를 중심으로 하고 점 P를 지나는 원이 곡선 $y=\sin 2x$와 만나는 점 중 P가 아닌 점을 Q라 하고, 이 원이 x축과 만나는 점 중 x좌표가 양수인 점을 R이라 하자. 곡선 $y=\sin 2x$와 두 선분 PR, QR로 둘러싸인 부분의 넓이를 $S(t)$라 할 때, $\displaystyle\lim_{t \to 0+}\frac{S(t)}{t^2}=k$이다. k^2의 값을 구하시오. (4점)

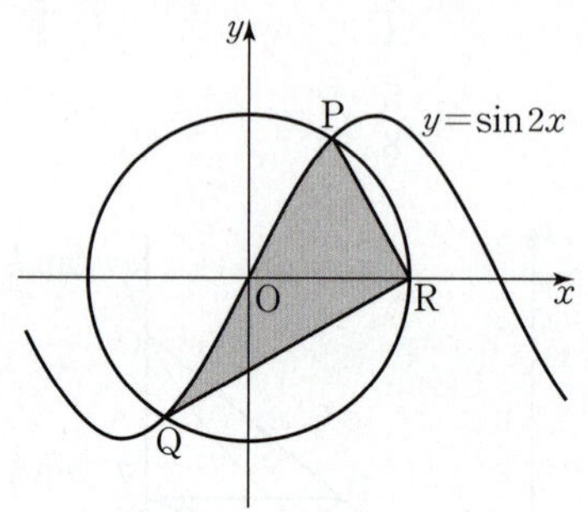

그림과 같이 반지름의 길이가 5이고 중심각의 크기가 $\dfrac{\pi}{2}$인

부채꼴 OAB에서 선분 OB를 2 : 3으로 내분하는 점을 C라 하자. 점 P에서 호 AB에 접하는 직선과 직선 OB의 교점을 Q라 하고, 점 C에서 선분 PB에 내린 수선의 발을 R, 점 R에서 선분 PQ에 내린 수선의 발을 S라 하자. $\angle \mathrm{POB}=\theta$일 때, 삼각형 OCP의 넓이를 $f(\theta)$, 삼각형 PRS의 넓이를 $g(\theta)$라 하자.

$80 \times \lim\limits_{\theta \to 0+} \dfrac{g(\theta)}{\theta^2 \times f(\theta)}$의 값을 구하시오. $\left(\text{단, } 0<\theta<\dfrac{\pi}{2}\right)$ (4점)

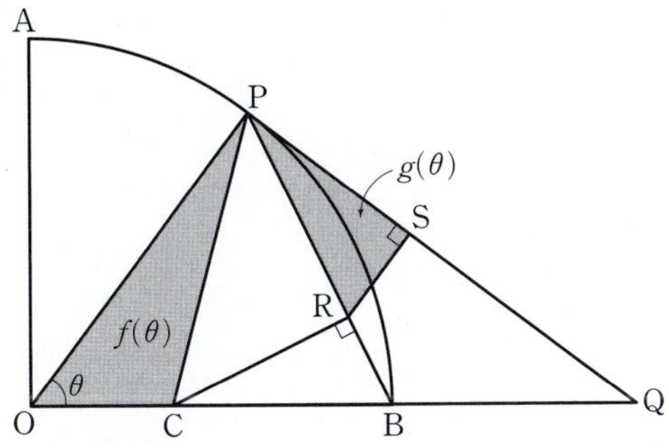

그림과 같이 길이가 4인 선분 AB의 중점 O에 대하여 선분 OB를 반지름으로 하는 사분원 OBC가 있다. 호 BC 위를 움직이는 점 P에 대하여 선분 OB 위의 점 Q가 $\angle \mathrm{APC}=\angle \mathrm{PCQ}$를 만족시킨다. 선분 AP가 두 선분 CO, CQ와 만나는 점을 각각 R, S라 하자. $\angle \mathrm{PAB}=\theta$일 때, 삼각형 RQS의 넓이를 $S(\theta)$라 하자. $\lim\limits_{\theta \to 0+} \dfrac{S(\theta)}{\theta^2}$의 값은?

$$\left(\text{단, } 0<\theta<\dfrac{\pi}{4}\right) \text{ (4점)}$$

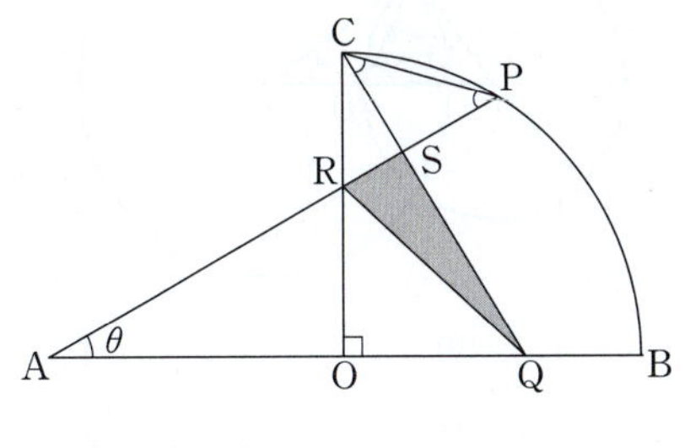

① $\dfrac{1}{4}$　　② $\dfrac{1}{2}$　　③ 1

④ 2　　⑤ 4

그림과 같이 선분 BC를 빗변으로 하고, $\overline{BC}=8$인 직각삼각형 ABC가 있다. 점 B를 중심으로 하고 반지름의 길이가 $\overline{AB}$인 원이 선분 BC와 만나는 점을 D, 점 C를 중심으로 하고 반지름의 길이가 $\overline{AC}$인 원이 선분 BC와 만나는 점을 E라 하자. $\angle ACB=\theta$라 할 때, 삼각형 AED의 넓이를 $S(\theta)$라 하자. $\lim\limits_{\theta\to 0+}\dfrac{S(\theta)}{\theta^2}$의 값은? (4점)

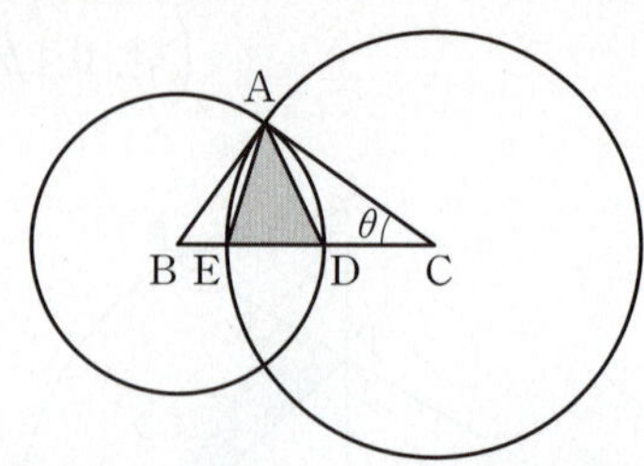

① 16   ② 20   ③ 24
④ 28   ⑤ 32

다항함수 $f(x)$에 대하여 함수 $g(x)=f(x)\sin x$가 다음 조건을 만족시킬 때, $f(4)$의 값은? (4점)

$$\text{(가)} \lim_{x\to\infty}\frac{g(x)}{x^2}=0 \qquad \text{(나)} \lim_{x\to 0}\frac{g'(x)}{x}=6$$

① 11   ② 12   ③ 13
④ 14   ⑤ 15

함수

$$f(x)=\begin{cases} 1+\sin x & (x\le 0) \\ -1+\sin x & (x>0) \end{cases}$$

에 대하여 [보기]에서 옳은 것만을 있는 대로 고른 것은?

(4점)

[보기]

ㄱ. $\lim\limits_{x\to 0}f(x)f(-x)=-1$

ㄴ. 함수 $f(f(x))$는 $x=\dfrac{\pi}{2}$에서 연속이다.

ㄷ. 함수 $\{f(x)\}^2$은 $x=0$에서 미분가능하다.

① ㄱ   ② ㄱ, ㄴ   ③ ㄱ, ㄷ
④ ㄴ, ㄷ   ⑤ ㄱ, ㄴ, ㄷ

그림과 같이 반지름의 길이가 1이고 중심각의 크기가 $\dfrac{\pi}{3}$인 부채꼴 OAB가 있다. 호 AB 위의 점 P를 지나고 선분 OB와 평행한 직선이 선분 OA와 만나는 점을 Q라 하고 $\angle$AOP$=\theta$라 하자. 점 A를 지름의 한 끝점으로 하고 지름이 선분 AQ 위에 있으며 선분 PQ에 접하는 반원의 반지름의 길이를 $r(\theta)$라 할 때, $\displaystyle\lim_{\theta\to0+}\dfrac{r(\theta)}{\theta}=a+b\sqrt{3}$이다. a^2+b^2의 값을 구하시오.

$$\left(\text{단, } 0<\theta<\dfrac{\pi}{3}\text{이고, } a,\ b\text{는 유리수이다.}\right)\ (4점)$$

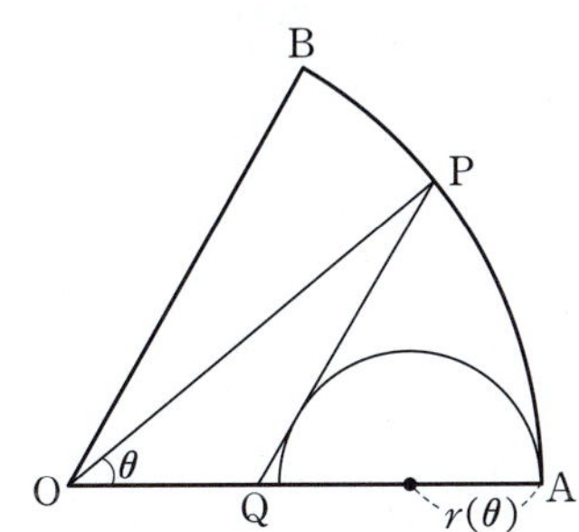

그림과 같이 $\overline{AB}=2$, $\overline{BC}=2\sqrt{3}$, $\angle$ABC$=\dfrac{\pi}{2}$인 직각삼각형 ABC가 있다. 선분 CA 위의 점 P에 대하여 $\angle$ABP$=\theta$라 할 때, 선분 AB 위의 점 O를 중심으로 하고 두 선분 AP, BP에 동시에 접하는 원의 넓이를 $f(\theta)$라 하자. 이 원과 선분 PO가 만나는 점을 Q라 할 때, 선분 PQ를 지름으로 하는 원의 넓이를 $g(\theta)$라 하자. $\displaystyle\lim_{\theta\to0+}\dfrac{f(\theta)+g(\theta)}{\theta^2}$의 값은? (4점)

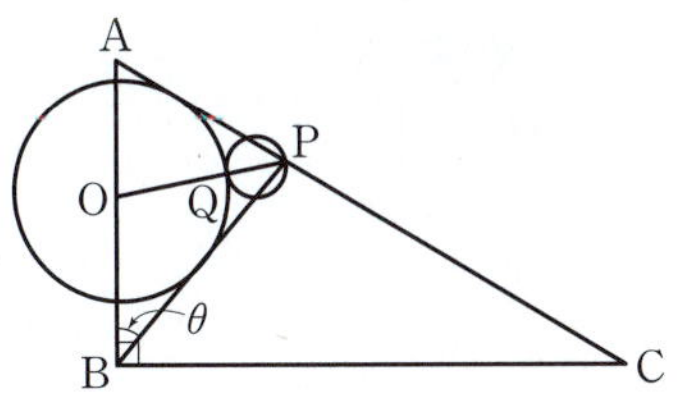

① $\dfrac{17-5\sqrt{3}}{3}\pi$　　② $\dfrac{18-5\sqrt{3}}{3}\pi$　　③ $\dfrac{19-5\sqrt{3}}{3}\pi$

④ $\dfrac{18-4\sqrt{3}}{3}\pi$　　⑤ $\dfrac{19-4\sqrt{3}}{3}\pi$

04 여러 가지 미분법

평가원 모의평가 (2003~2026학년도) **대학수학능력시험** (1994~2026학년도) **교육청 학력평가** (2001~2025년 시행) **사관학교 입학시험** (2002~2026학년도)

1. 함수의 몫의 미분법 | 유형 01, 02

21, 18 수능출제

두 함수 $f(x)$, $g(x)$ $(g(x)\neq0)$가 미분가능할 때

(1) $\left\{\dfrac{f(x)}{g(x)}\right\}'=\dfrac{f'(x)g(x)-f(x)g'(x)}{\{g(x)\}^2}$

(2) $\left\{\dfrac{1}{g(x)}\right\}'=-\dfrac{g'(x)}{\{g(x)\}^2}$

보 충 설 명

- $y=\dfrac{f(x)}{g(x)}$에서 $f(x)=1$일 때

  $f'(x)=0$이므로

  $y'=-\dfrac{g'(x)}{\{g(x)\}^2}$

2. 삼각함수의 도함수 | 유형 03

16, 15 수능출제

(1) $y=\sin x$이면 $y'=\cos x$

(2) $y=\cos x$이면 $y'=-\sin x$

(3) $y=\tan x$이면 $y'=\sec^2 x$

(4) $y=\sec x$이면 $y'=\sec x\tan x$

(5) $y=\csc x$이면 $y'=-\csc x\cot x$

(6) $y=\cot x$이면 $y'=-\csc^2 x$

3. 합성함수의 미분법 | 유형 03, 04

22, 18, 16, 15, 08, 07, 06 수능출제

(1) **합성함수의 미분법**

두 함수 $y=f(u)$, $u=g(x)$가 미분가능할 때, 합성함수 $y=f(g(x))$는
미분가능하며 그 도함수는

$$\dfrac{dy}{dx}=\dfrac{dy}{du}\cdot\dfrac{du}{dx}\ \text{또는}\ y'=f'(g(x))g'(x)$$

(2) **지수함수의 도함수**

미분가능한 함수 $f(x)$ $(f(x)\neq0)$에 대하여

① $(e^x)'=e^x$ ② $(a^x)'=a^x\ln a$ (단, $a>0$, $a\neq1$)

③ $(e^{f(x)})'=e^{f(x)}f'(x)$ ④ $(a^{f(x)})'=a^{f(x)}f'(x)\ln a$ (단, $a>0$, $a\neq1$)

(3) **로그함수의 도함수**

미분가능한 함수 $f(x)$ $(f(x)\neq0)$에 대하여

① $(\ln|x|)'=\dfrac{1}{x}$ ② $(\log_a|x|)'=\dfrac{1}{x\ln a}$ (단, $a>0$, $a\neq1$)

③ $(\ln|f(x)|)'=\dfrac{f'(x)}{f(x)}$ ④ $(\log_a|f(x)|)'=\dfrac{f'(x)}{f(x)\ln a}$ (단, $a>0$, $a\neq1$)

(4) **함수 $y=x^n$의 도함수**

n이 실수일 때 $(x^n)'=nx^{n-1}$

- 함수 $f(x)$가 미분가능할 때

  ① $y=f(ax+b)$ (a, b는 상수)이면

  $y'=af'(ax+b)$

  ② $y=\{f(x)\}^n$ (n은 정수)이면

  $y'=n\{f(x)\}^{n-1}f'(x)$

- $y=x^n$ (n은 실수)의 도함수를 구할 때,
  양변에 절댓값을 취한 후 자연로그를 취한
  식 $\ln|y|=n\ln|x|$에서 합성함수의 미분을
  이용하여 구한다.

4. 매개변수로 나타낸 함수의 미분 | 유형 06

(1) 매개변수로 나타낸 함수

두 변수 x와 y 사이의 관계가 변수 t를 매개로 하여

$$\begin{cases} x=f(t) \\ y=g(t) \end{cases}$$ 의 꼴로 나타날 때, 변수 t를 매개변수라 하고,

이 함수를 매개변수로 나타낸 함수라 한다.

(2) 매개변수로 나타낸 함수의 미분법

$x=f(t)$, $y=g(t)$가 t에 대하여 미분가능하고 $f'(t)\neq0$일 때

$$\frac{dy}{dx}=\frac{\dfrac{dy}{dt}}{\dfrac{dx}{dt}}=\frac{g'(t)}{f'(t)}$$

5. 음함수와 역함수의 미분법 | 유형 05, 07

(1) 음함수

x의 함수 y가 방정식 $f(x, y)=0$의 꼴로 주어졌을 때, 함수 y는 x의 음함수의 꼴로 표현되었다고 한다.

(2) 음함수의 미분법

x의 함수 y가 음함수 $f(x, y)=0$의 꼴로 주어질 때에는 y를 x의 함수로 보고 각 항을 x에 대하여 미분하여 $\dfrac{dy}{dx}$를 구한다.

(3) 역함수의 미분법

미분가능한 함수 $f(x)$의 역함수 $g(x)$가 존재하고 미분가능하면 다음이 성립한다.

$$g'(x)=\frac{1}{f'(g(x))}\,(\text{단}, f'(g(x))\neq0)$$

6. 이계도함수 | 유형 08

함수 $y=f(x)$의 도함수 $f'(x)$가 미분가능할 때, 함수 $f'(x)$의 도함수

$$\lim_{\Delta x\to0}\frac{f'(x+\Delta x)-f'(x)}{\Delta x}$$

를 $y=f(x)$의 이계도함수라 하고, 기호로 $f''(x)$, y'', $\dfrac{d^2y}{dx^2}$, $\dfrac{d^2}{dx^2}f(x)$와 같이 나타낸다.

보 충 설 명

- $x=f(t)$, $y=g(t)$를 각각 t에 대하여 미분하여 $\dfrac{dx}{dt}$, $\dfrac{dy}{dt}$를 구할 수 있다.

- 음함수의 미분법은 y를 x에 내한 식으로 나타내기 어려울 때 사용하면 편리하다.

- 함수 $f(x)$의 도함수 $f'(x)$가 미분가능할 때
  함수 $y=f(x)$
  $\downarrow$ 미분
  도함수 $y'=f'(x)$
  $\downarrow$ 미분
  이계도함수 $y''=f''(x)$

001 · 1. 함수의 몫의 미분법 | 2021학년도 6월모평 가형 11번

실수 전체의 집합에서 미분가능한 함수 $f(x)$에 대하여 함수 $g(x)$를

$$g(x)=\frac{f(x)}{(e^x+1)^2}$$

라 하자. $f'(0)-f(0)=2$일 때, $g'(0)$의 값은? (3점)

① $\dfrac{1}{4}$ ② $\dfrac{3}{8}$ ③ $\dfrac{1}{2}$

④ $\dfrac{5}{8}$ ⑤ $\dfrac{3}{4}$

002 · 3. 합성함수의 미분법 | 2020학년도 사관학교 가형 22번

함수 $f(x)=(3x+e^x)^3$에 대하여 $f'(0)$의 값을 구하시오.

(3점)

003 · 4. 매개변수로 나타낸 함수의 미분 | 2024학년도 9월모평 미적 24번

매개변수 t로 나타내어진 곡선

$$x=t+\cos 2t,\ y=\sin^2 t$$

에서 $t=\dfrac{\pi}{4}$일 때, $\dfrac{dy}{dx}$의 값은? (3점)

① -2 ② -1 ③ 0

④ 1 ⑤ 2

004 · 5. 음함수와 역함수의 미분법 | 2026학년도 6월모평 미적 24번

곡선 $3x+y+\cos(xy)=2$ 위의 점 $(0,\ 1)$에서의 접선의 x절편은? (3점)

① $\dfrac{1}{6}$ ② $\dfrac{1}{3}$ ③ $\dfrac{1}{2}$

④ $\dfrac{2}{3}$ ⑤ $\dfrac{5}{6}$

005 · 5. 음함수와 역함수의 미분법 | 2019년 7월학평 가형 9번

함수 $f(x)=e^{x^2+2x-2}$의 역함수를 $g(x)$라 할 때, $g'(e)$의 값은? (3점)

① $\dfrac{1}{e}$ ② $\dfrac{1}{3e}$ ③ $\dfrac{1}{5e}$

④ $\dfrac{1}{7e}$ ⑤ $\dfrac{1}{9e}$

006 · 6. 이계도함수 | 2024년 5월학평 미적 23번

함수 $f(x)=\sin 2x$에 대하여 $f''\left(\dfrac{\pi}{4}\right)$의 값은? (2점)

① -4 ② -2 ③ 0

④ 2 ⑤ 4

유형 01 함수의 몫의 미분법

동영상강의 

269-2-4-Y01

☑ **출제경향**

단독으로 자주 출제되는 것은 아니지만 기본 공식이므로 숙지하여야 한다.

✎ **접근방법**

함수의 몫의 미분법을 적용하여 계산한다.

🖥 **단골공식**

두 함수 $f(x), g(x)\,(g(x)\neq0)$가 미분가능할 때

(1) $\left\{\dfrac{1}{g(x)}\right\}'=-\dfrac{g'(x)}{\{g(x)\}^2}$

(2) $\left\{\dfrac{f(x)}{g(x)}\right\}'=\dfrac{f'(x)g(x)-f(x)g'(x)}{\{g(x)\}^2}$

---

007 ★☆☆ 2019년 4월학평 가형 5번

함수 $f(x)=\dfrac{1}{x-2}$에 대하여 $\displaystyle\lim_{h\to0}\dfrac{f(a+h)-f(a)}{h}=-\dfrac{1}{4}$을 만족시키는 양수 a의 값은? (3점)

① 4   ② $\dfrac{9}{2}$ ③ 5

④ $\dfrac{11}{2}$ ⑤ 6

---

008 ★★☆ 2018년 4월학평 가형 25번

함수 $f(x)=\dfrac{x}{x^2+x+8}$에 대하여 부등식 $f'(x)>0$의 해가 $\alpha<x<\beta$일 때, $\alpha^2+\beta^2$의 값을 구하시오. (3점)

---

009 ★☆☆ 2016년 3월학평 가형 3번

함수 $f(x)=\dfrac{e^x}{x}$에 대하여 $f'(2)$의 값은? (2점)

① $\dfrac{e^2}{4}$ ② $\dfrac{e^2}{2}$ ③ e^2

④ $2e^2$ ⑤ $4e^2$

---

010 ★☆☆ 2021학년도 수능 가형 23번

함수 $f(x)=\dfrac{x^2-2x-6}{x-1}$에 대하여 $f'(0)$의 값을 구하시오. (3점)

---

011 ★★☆ 2018학년도 수능 가형 9번

실수 전체의 집합에서 미분가능한 함수 $f(x)$에 대하여 함수 $g(x)$를

$$g(x)=\dfrac{f(x)}{e^{x-2}}$$

라 하자. $\displaystyle\lim_{x\to2}\dfrac{f(x)-3}{x-2}=5$일 때, $g'(2)$의 값은? (3점)

① 1   ② 2   ③ 3

④ 4   ⑤ 5

☑ 출제경향

도형의 성질과 연계하여 함수의 몫의 미분법을 활용하는 문제가 출제된다.

✎ 접근방법

도형의 성질을 이용하여 구하려는 값을 함수로 표현한다.

012 ★★☆ 2021학년도 사관학교 가형 11번

함수 $f(x) = \dfrac{e^x}{\sin x + \cos x}$ 에 대하여 $-\dfrac{\pi}{4} < x < \dfrac{3}{4}\pi$ 에서 방정식 $f(x) - f'(x) = 0$ 의 실근은? (3점)

① $-\dfrac{\pi}{6}$ ② $\dfrac{\pi}{6}$ ③ $\dfrac{\pi}{4}$

④ $\dfrac{\pi}{3}$ ⑤ $\dfrac{\pi}{2}$

013 ★★☆ 2020학년도 6월모평 가형 16번

실수 전체의 집합에서 미분가능한 함수 $f(x)$ 에 대하여 함수 $g(x)$ 를

$$g(x) = \frac{f(x)\cos x}{e^x}$$

라 하자. $g'(\pi) = e^\pi g(\pi)$ 일 때, $\dfrac{f'(\pi)}{f(\pi)}$ 의 값은?

(단, $f(\pi) \neq 0$) (4점)

① $e^{-2\pi}$ ② 1 ③ $e^{-\pi} + 1$

④ $e^\pi + 1$ ⑤ $e^{2\pi}$

014 ★★☆ 2015년 4월학평 B형 13번

1보다 큰 실수 t 에 대하여 그림과 같이 점 $P\left(t + \dfrac{1}{t},\ 0\right)$ 에서 원 $x^2 + y^2 = \dfrac{1}{2t^2}$ 에 접선을 그었을 때, 원과 접선이 제1사분면에서 만나는 점을 Q, 원 위의 점 $\left(0,\ -\dfrac{1}{\sqrt{2t}}\right)$ 을 R이라 하자.

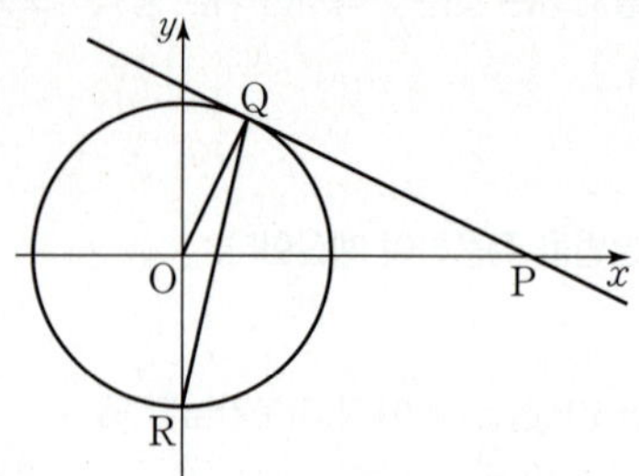

$\overline{OP} \times \overline{OQ}$ 를 $f(t)$ 라 할 때, $f'(\sqrt{2})$ 의 값은?

(단, O는 원점이다.) (3점)

① -1 ② $-\dfrac{1}{2}$ ③ $-\dfrac{1}{4}$

④ $-\dfrac{1}{8}$ ⑤ $-\dfrac{1}{16}$

015 ★★☆ 2017년 10월학평 가형 12번

그림과 같이 $\overline{BC} = 1$, $\angle ABC = \dfrac{\pi}{3}$, $\angle ACB = 2\theta$ 인 삼각형 ABC에 내접하는 원의 반지름의 길이를 $r(\theta)$ 라 하자. $h(\theta) = \dfrac{r(\theta)}{\tan\theta}$ 일 때, $h'\left(\dfrac{\pi}{6}\right)$ 의 값은? $\left(단,\ 0 < \theta < \dfrac{\pi}{3}\right)$ (3점)

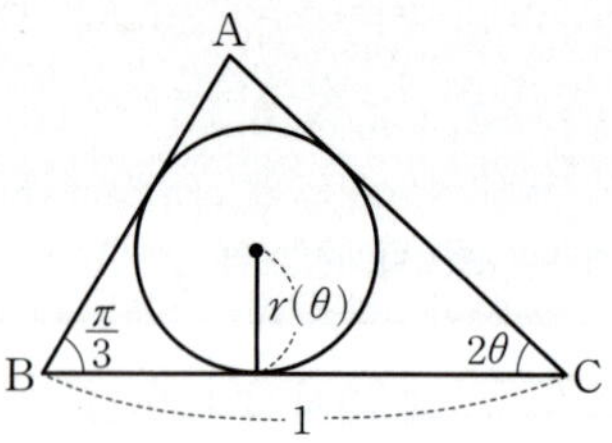

① $-\sqrt{3}$ ② $-\dfrac{\sqrt{3}}{3}$ ③ $\dfrac{\sqrt{3}}{6}$

④ $\dfrac{\sqrt{3}}{3}$ ⑤ $\sqrt{3}$

유형 03 합성함수의 미분법  종유

동영상강의

☑ 출제경향

합성함수의 미분법을 적용하는 단순 계산 문제들이 출제된다. [269-2-4-Y03]

🖋 접근방법

합성함수의 미분법을 정확히 적용한다.

📖 단골공식

① 미분가능한 두 함수 $y=f(u)$, $u=g(x)$에 대하여 합성함수
$y=f(g(x))$의 도함수는 $y'=f'(g(x))g'(x)$

② n이 실수일 때, $y=x^n$이면 $y'=nx^{n-1}$

③ $y=\sqrt{f(x)}$ $(f(x)>0)$에 대하여 $y'=\dfrac{f'(x)}{2\sqrt{f(x)}}$

④ $y=e^{f(x)}$이면 $y'=e^{f(x)}f'(x)$

⑤ $y=\log_a|f(x)|$이면 $y'=\dfrac{f'(x)}{f(x)\ln a}\,(a>0,\ a\neq1)$

---

016 ★☆☆ 2019년 4월학평 가형 23번

함수 $f(x)=x^3+4\sqrt{x}$에 대하여 $f'(4)$의 값을 구하시오.

(3점)

---

017 ★☆☆ 2018년 4월학평 가형 23번

함수 $f(x)=x\sqrt{x}$에 대하여 $f'(16)$의 값을 구하시오. (3점)

---

018 ★☆☆ 2019학년도 6월모평 가형 3번

함수 $f(x)=e^{3x-3}$에 대하여 $f'(1)$의 값은? (2점)

① e ② $2e$ ③ $3e$
④ $4e$ ⑤ $5e$

---

019 ★☆☆ 2018년 10월학평 가형 23번

함수 $f(x)=4e^{3x-3}$에 대하여 $f'(1)$의 값을 구하시오. (3점)

---

020 ★☆☆ 2019년 3월학평 가형 22번

함수 $f(x)=e^{3x-3}+1$에 대하여 $f'(1)$의 값을 구하시오.

(3점)

---

021 ★☆☆ 2016학년도 9월모평 B형 5번

함수 $f(x)=(2e^x+1)^3$에 대하여 $f'(0)$의 값은? (3점)

① 48   ② 51   ③ 54
④ 57   ⑤ 60

---

022 ★☆☆ 2021학년도 9월모평 가형 23번

함수 $f(x)=x\ln(2x-1)$에 대하여 $f'(1)$의 값을 구하시오.

(3점)

---

023 ★☆☆ 2018학년도 수능 가형 23번

함수 $f(x)=\ln(x^2+1)$에 대하여 $f'(1)$의 값을 구하시오.

(3점)

함수 $f(x) = -\cos^2 x$에 대하여 $f'\left(\dfrac{\pi}{4}\right)$의 값을 구하시오.

(3점)

함수 $f(x) = \cos x + 4e^{2x}$에 대하여 $f'(0)$의 값을 구하시오.

(3점)

함수 $f(x) = 4\sin 7x$에 대하여 $f'(2\pi)$의 값을 구하시오.

(3점)

함수 $f(x) = \sin(3x - 6)$에 대하여 $f'(2)$의 값을 구하시오.

(3점)

함수 $f(x) = 6\tan 2x$에 대하여 $f'\left(\dfrac{\pi}{6}\right)$의 값을 구하시오.

(3점)

함수 $f(x) = \dfrac{x}{2} + 2\sin x$에 대하여 함수 $g(x)$를
$g(x) = (f \circ f)(x)$라 할 때, $g'(\pi)$의 값은? (3점)

① -1　　　② $-\dfrac{7}{8}$　　　③ $-\dfrac{3}{4}$

④ $-\dfrac{5}{8}$　　　⑤ $-\dfrac{1}{2}$

함수 $f(x) = \sqrt{x^3 + 1}$에 대하여 $f'(2)$의 값을 구하시오. (3점)

함수 $f(x) = \tan 2x + 3\sin x$에 대하여
$\displaystyle\lim_{h \to 0} \dfrac{f(\pi + h) - f(\pi - h)}{h}$의 값은? (3점)

① -2　　　② -4　　　③ -6

④ -8　　　⑤ -10

032 ★★☆ 2014학년도 6월모평 B형 6번

다항함수 $f(x)$가
$$\lim_{x \to 0} \frac{x}{f(x)} = 1, \ \lim_{x \to 1} \frac{x-1}{f(x)} = 2$$
를 만족시킬 때, $\displaystyle\lim_{x \to 1} \frac{f(f(x))}{2x^2 - x - 1}$의 값은? (3점)

① $\dfrac{1}{6}$　　　② $\dfrac{1}{3}$　　　③ $\dfrac{1}{2}$

④ $\dfrac{2}{3}$　　　⑤ $\dfrac{5}{6}$

033 ★★☆ 2017학년도 6월모평 가형 15번

두 함수 $f(x) = \sin^2 x$, $g(x) = e^x$에 대하여
$\displaystyle\lim_{x \to \frac{\pi}{4}} \frac{g(f(x)) - \sqrt{e}}{x - \frac{\pi}{4}}$의 값은? (4점)

① $\dfrac{1}{e}$　　　② $\dfrac{1}{\sqrt{e}}$　　　③ 1

④ $\sqrt{e}$　　　⑤ e

034 ★★☆ 2017년 7월학평 가형 25번

두 함수 $f(x) = kx^2 - 2x$, $g(x) = e^{3x} + 1$이 있다. 함수 $h(x) = (f \circ g)(x)$에 대하여 $h'(0) = 42$일 때, 상수 k의 값을 구하시오. (3점)

035 ★☆☆ 2020학년도 6월모평 가형 9번

함수 $f(x) = \dfrac{2^x}{\ln 2}$과 실수 전체의 집합에서 미분가능한 함수 $g(x)$가 다음 조건을 만족시킬 때, $g(2)$의 값은? (3점)

> (가) $\displaystyle\lim_{h \to 0} \frac{g(2 + 4h) - g(2)}{h} = 8$
> (나) 함수 $(f \circ g)(x)$의 $x = 2$에서의 미분계수는 10이다.

① 1　　　② $\log_2 3$　　　③ 2

④ $\log_2 5$　　　⑤ $\log_2 6$

036 ★☆☆ 2023년 7월학평 미적 24번

함수 $f(x) = \ln(x^2 - x + 2)$와 실수 전체의 집합에서 미분가능한 함수 $g(x)$가 있다. 실수 전체의 집합에서 정의된 합성함수 $h(x)$를 $h(x) = f(g(x))$라 하자.
$\displaystyle\lim_{x \to 2} \frac{g(x) - 4}{x - 2} = 12$일 때, $h'(2)$의 값은? (3점)

① 4　　　② 6　　　③ 8

④ 10　　　⑤ 12

037 ★☆☆ 2019년 10월학평 가형 12번

실수 전체의 집합에서 미분가능한 두 함수 $f(x)$, $g(x)$에 대하여 함수 $h(x)$를 $h(x) = (f \circ g)(x)$라 하자.
$$\lim_{x \to 1} \frac{g(x) + 1}{x - 1} = 2, \ \lim_{x \to 1} \frac{h(x) - 2}{x - 1} = 12$$
일 때, $f(-1) + f'(-1)$의 값은? (3점)

① 4　　　② 5　　　③ 6

④ 7　　　⑤ 8

실수 전체의 집합에서 미분가능한 두 함수 $f(x)$, $g(x)$에 대하여 함수 $h(x)$를
$$h(x)=(g \circ f)(x)$$
라 할 때, 두 함수 $f(x)$, $h(x)$가 다음 조건을 만족시킨다.

> (가) $f(1)=2$, $f'(1)=3$
> (나) $\lim\limits_{x \to 1} \dfrac{h(x)-5}{x-1}=12$

$g(2)+g'(2)$의 값은? (3점)

① 5   ② 7   ③ 9
④ 11   ⑤ 13

실수 전체의 집합에서 미분가능한 함수 $f(x)$가 모든 실수 x에 대하여 $f(5x-1)=e^{x^2-1}$을 만족시킬 때, $f'(4)$의 값은? (3점)

① $\dfrac{1}{10}$ ② $\dfrac{1}{5}$ ③ $\dfrac{3}{10}$

④ $\dfrac{2}{5}$ ⑤ $\dfrac{1}{2}$

실수 전체의 집합에서 미분가능한 함수 $f(x)$가 모든 실수 x에 대하여
$$f(x^3+x)=e^x$$
을 만족시킬 때, $f'(2)$의 값은? (3점)

① e ② $\dfrac{e}{2}$ ③ $\dfrac{e}{3}$

④ $\dfrac{e}{4}$ ⑤ $\dfrac{e}{5}$

함수 $f(x)$가
$$f(\cos x)=\sin 2x+\tan x \left(0<x<\dfrac{\pi}{2}\right)$$
를 만족시킬 때, $f'\left(\dfrac{1}{2}\right)$의 값은? (4점)

① $-2\sqrt{3}$ ② $-\sqrt{3}$ ③ 0
④ $\sqrt{3}$ ⑤ $2\sqrt{3}$

실수 전체의 집합에서 미분가능한 함수 $f(x)$가 모든 실수 x에 대하여
$$f(x)+f\left(\dfrac{1}{2}\sin x\right)=\sin x$$
를 만족시킬 때, $f'(\pi)$의 값은? (3점)

① $-\dfrac{5}{6}$ ② $-\dfrac{2}{3}$ ③ $-\dfrac{1}{2}$

④ $-\dfrac{1}{3}$ ⑤ $-\dfrac{1}{6}$

함수 $f(x)=(x+1)^{\frac{3}{2}}$과 실수 전체의 집합에서 미분가능한 함수 $g(x)$에 대하여 함수 $h(x)$를 $h(x)=(g \circ f)(x)$라 하자. $h'(0)=15$일 때, $g'(1)$의 값을 구하시오. (4점)

미분가능한 함수 $y=f(x)$의 그래프 위의 점 $(2, f(2))$에서의 접선의 기울기가 2이다. 양의 실수 전체의 집합에서 정의된 함수 $y=f(\sqrt{x})$의 $x=4$에서의 미분계수는? (3점)

① $\dfrac{1}{2}$ ② $\dfrac{\sqrt{2}}{2}$ ③ 1

④ $\sqrt{2}$ ⑤ 2

곡선 $y=x\sqrt{x}$ 위의 점 $(4, 8)$에서의 접선의 기울기는? (3점)

① $\sqrt{2}$ ② $\sqrt{3}$ ③ 2

④ $2\sqrt{2}$ ⑤ 3

실수 전체의 집합에서 미분가능한 함수 $f(x)$가 다음 조건을 만족시킨다.

> (가) $x>0$일 때, $f(x)=axe^{2x}+bx^2$
> (나) $x_1<x_2<0$인 임의의 두 실수 x_1, x_2에 대하여
> $$f(x_2)-f(x_1)=3x_2-3x_1$$

$f\left(\dfrac{1}{2}\right)=2e$일 때, $f'\left(\dfrac{1}{2}\right)$의 값은? (단, a, b는 상수이다.)

(4점)

① $2e$ ② $4e$ ③ $6e$

④ $8e$ ⑤ $10e$

7π보다 작은 두 양수 a, b에 대하여 함수
$$f(x)=\sin(a+b\cos x)$$
가 다음 조건을 만족시킬 때, $a+b$의 값은? (4점)

> (가) 방정식 $f'(x)=b$의 해가 존재한다.
> (나) $\displaystyle\lim_{x\to 0}\frac{1}{x}\sin\left(f(a)\left(\pi+\frac{x}{4}\right)\right)=\frac{b}{a}$

① 5π ② $\dfrac{25}{4}\pi$ ③ $\dfrac{15}{2}\pi$

④ $\dfrac{35}{4}\pi$ ⑤ 10π

DAY
13

Ⅱ

4. 여러 가지 미분법

048 ★☆☆ 2014학년도 6월모평 B형 8번

점 $A(1, 0)$을 지나고 기울기가 양수인 직선 l이 곡선
$y=2\sqrt{x}$와 만나는 점을 B, 점 B에서 x축에 내린 수선의
발을 C, 직선 l이 y축과 만나는 점을 D라 하자. 다음 물음에
답하시오.

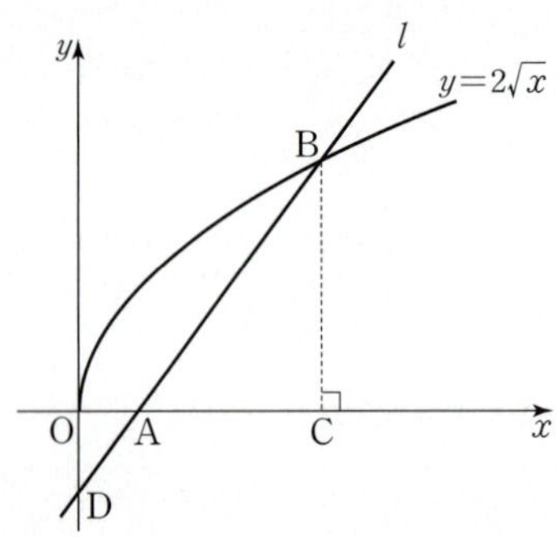

점 $B(t, 2\sqrt{t})$에 대하여 삼각형 BAC의 넓이를 $f(t)$라 할
때, $f'(9)$의 값은? (3점)

① 3
② $\dfrac{10}{3}$
③ $\dfrac{11}{3}$
④ 4
⑤ $\dfrac{13}{3}$

049 ★★☆ 2026학년도 6월모평 미적 27번

그림과 같이 길이가 2인 선분 AB를 지름으로 하는 반원의
호 AB 위의 점 P에 대하여 $\angle BAP=\theta\left(\dfrac{\pi}{4}<\theta<\dfrac{\pi}{2}\right)$라
하고, 점 P를 지나고 선분 AB에 평행한 직선이 호 AB와
만나는 점 중 P가 아닌 점을 Q라 하자. 사각형 ABQP의
넓이를 $f(\theta)$라 하고, $\overline{AP} : \overline{BP}=1 : 3$이 되도록 하는 θ의
값을 a라 할 때, $f'(a)$의 값은? (3점)

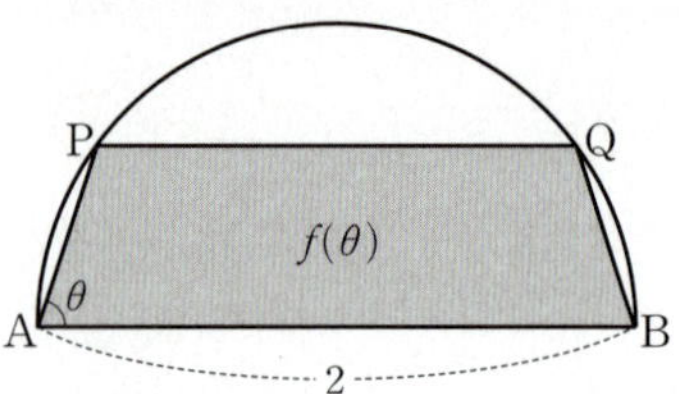

① $-\dfrac{64}{25}$
② $-\dfrac{59}{25}$
③ $-\dfrac{54}{25}$
④ $-\dfrac{49}{25}$
⑤ $-\dfrac{44}{25}$

좌표평면 위에 그림과 같이 중심각의 크기가 90°이고 반지름의 길이가 10인 부채꼴 OAB가 있다. 점 P가 점 A에서 출발하여 호 AB를 따라 매초 2의 일정한 속력으로 움직일 때, $\angle AOP = 30°$가 되는 순간 점 P의 y좌표의 시간(초)에 대한 변화율은? (3점)

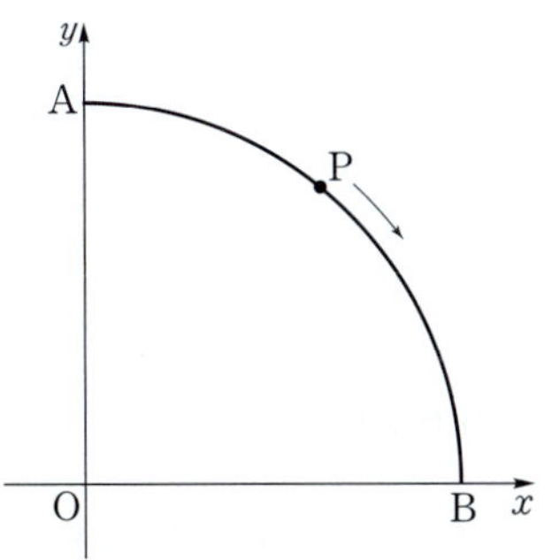

① $-\dfrac{1}{2}$ ② $-\dfrac{\sqrt{2}}{2}$ ③ $-\dfrac{\sqrt{3}}{2}$

④ -1 ⑤ -2

그림과 같이 좌표평면에서 원 $x^2+y^2=1$ 위의 점 P가 점 $(1,\ 0)$에서 출발하여 원점을 중심으로 매초 $\dfrac{1}{40}$(라디안)의 일정한 속력으로 원 위를 시계 반대 방향으로 움직이고 있다. 점 P에서 x축에 평행한 직선을 그을 때, 원과 직선으로 둘러싸인 어두운 부분의 넓이를 S라 하자. 점 P가 점 $\left(\dfrac{\sqrt{3}}{2},\ \dfrac{1}{2}\right)$을 지나는 순간, 넓이 S의 시간(초)에 대한 변화율은 $\dfrac{b}{a}$이다. $a+b$의 값을 구하시오.

(단, a와 b는 서로소인 자연수이다.) (4점)

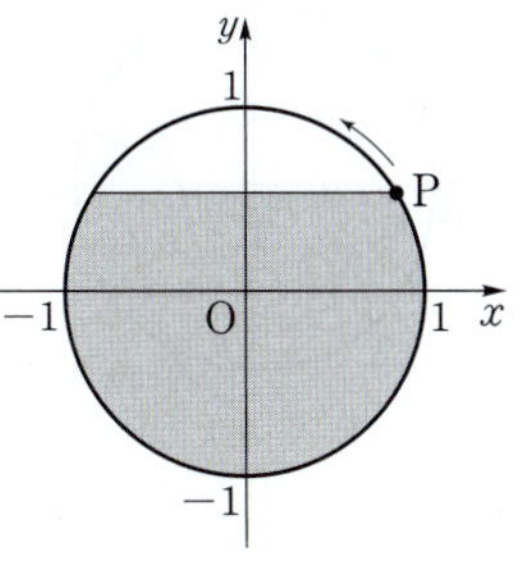

052 ★★★ 2008학년도 수능 가형 미적 29번

그림과 같이 좌표평면에서 원 $x^2+y^2=1$ 위의 점 P는 점 A$(1,\,0)$에서 출발하여 원 둘레를 따라 시계 반대 방향으로 매초 $\dfrac{\pi}{2}$의 일정한 속력으로 움직이고 있다. 점 Q는 점 A에서 출발하여 점 B$(-1,\,0)$을 향하여 매초 1의 일정한 속력으로 x축 위를 움직이고 있다. 점 P와 점 Q가 동시에 점 A에서 출발하여 t초가 되는 순간, 선분 PQ, 선분 QA, 호 AP로 둘러싸인 어두운 부분의 넓이를 S라 하자. 출발한 지 1초가 되는 순간, 넓이 S의 시간(초)에 대한 변화율은? (4점)

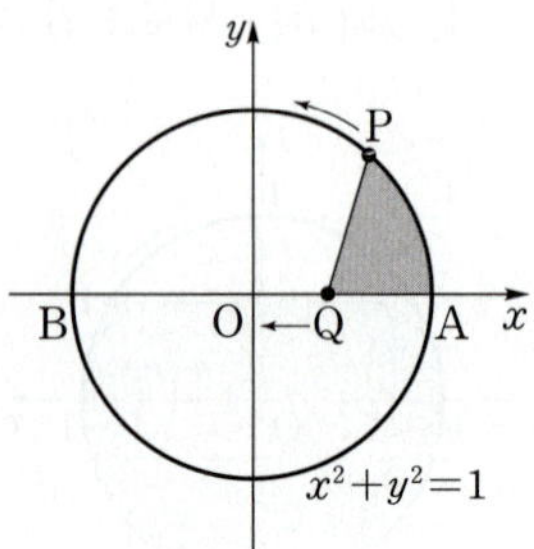

① $\dfrac{\pi}{4}-1$

② $\dfrac{\pi}{4}$

③ $\dfrac{\pi}{4}+\dfrac{1}{3}$

④ $\dfrac{\pi}{4}+\dfrac{1}{2}$

⑤ $\dfrac{\pi}{4}+1$

☑ 출제경향

공식을 적용하면 해결되는 계산 문제가 출제된다.

✏ 접근방법

역함수의 미분법을 정확히 적용한다.

▦ 단골공식

미분가능한 함수 $f(x)$의 역함수 $g(x)$가 존재하고 미분가능하면

$$g'(x)=\dfrac{1}{f'(g(x))}\,(\text{단},\,f'(g(x))\neq 0)$$

053 ★★☆ 2023학년도 6월모평 미적 25번

함수 $f(x)=x^3+2x+3$의 역함수를 $g(x)$라 할 때, $g'(3)$의 값은? (3점)

① 1

② $\dfrac{1}{2}$

③ $\dfrac{1}{3}$

④ $\dfrac{1}{4}$

⑤ $\dfrac{1}{5}$

054 ★☆☆ 2017학년도 수능 가형 6번

함수 $f(x)=x^3+x+1$의 역함수를 $g(x)$라 할 때, $g'(1)$의 값은? (3점)

① $\dfrac{1}{3}$

② $\dfrac{2}{5}$

③ $\dfrac{2}{3}$

④ $\dfrac{4}{5}$

⑤ 1

055 ★★☆ 2017년 4월학평 가형 8번

함수 $f(x)=x^3+3x$의 역함수를 $g(x)$라 할 때,

$$\lim_{x \to 4}\frac{g(x)-g(4)}{x-4}$$

의 값은? (3점)

① $\dfrac{1}{6}$ ② $\dfrac{1}{5}$ ③ $\dfrac{1}{4}$

④ $\dfrac{1}{3}$ ⑤ $\dfrac{1}{2}$

056 ★☆☆ 2018학년도 9월모평 가형 11번

함수 $f(x)=x^3+5x+3$의 역함수를 $g(x)$라 할 때, $g'(3)$의 값은? (3점)

① $\dfrac{1}{7}$ ② $\dfrac{1}{6}$ ③ $\dfrac{1}{5}$

④ $\dfrac{1}{4}$ ⑤ $\dfrac{1}{3}$

057 ★☆☆ 2020년 10월학평 가형 9번

함수 $f(x)=\dfrac{1}{e^x+2}$의 역함수 $g(x)$에 대하여 $g'\left(\dfrac{1}{4}\right)$의 값은? (3점)

① -5 ② -6 ③ -7

④ -8 ⑤ -9

058 ★☆☆ 2019학년도 수능 가형 9번

함수 $f(x)=\dfrac{1}{1+e^{-x}}$의 역함수를 $g(x)$라 할 때, $g'(f(-1))$의 값은? (3점)

① $\dfrac{1}{(1+e)^2}$ ② $\dfrac{e}{1+e}$ ③ $\left(\dfrac{1+e}{e}\right)^2$

④ $\dfrac{e^2}{1+e}$ ⑤ $\dfrac{(1+e)^2}{e}$

059 ★★☆ 2016년 10월학평 가형 24번

함수 $f(x)=e^{x-1}$의 역함수 $g(x)$에 대하여

$$\lim_{h \to 0}\frac{g(1+h)-g(1-2h)}{h}$$의 값을 구하시오. (3점)

060 ★☆☆ 2017년 3월학평 가형 24번

구간 $(-1, \infty)$에서 정의된 함수 $f(x)=xe^x+e$의 역함수를 $g(x)$라 할 때, $60g'(e)$의 값을 구하시오. (3점)

061 ★★☆ 2019학년도 9월모평 가형 6번

$x \geq \dfrac{1}{e}$에서 정의된 함수 $f(x)=3x \ln x$의 그래프가
점 $(e,\ 3e)$를 지난다. 함수 $f(x)$의 역함수를 $g(x)$라고 할
때, $\displaystyle\lim_{h \to 0} \dfrac{g(3e+h)-g(3e-h)}{h}$의 값은? (3점)

① $\dfrac{1}{3}$ ② $\dfrac{1}{2}$ ③ $\dfrac{2}{3}$

④ $\dfrac{5}{6}$ ⑤ 1

062 ★☆☆ 2021학년도 9월모평 가형 15번

열린구간 $\left(-\dfrac{\pi}{2},\ \dfrac{\pi}{2}\right)$에서 정의된 함수

$$f(x)=\ln\left(\dfrac{\sec x+\tan x}{a}\right)$$

의 역함수를 $g(x)$라 하자. $\displaystyle\lim_{x \to -2} \dfrac{g(x)}{x+2}=b$일 때,
두 상수 $a,\ b$의 곱 ab의 값은? (단, $a>0$) (4점)

① $\dfrac{e^2}{4}$ ② $\dfrac{e^2}{2}$ ③ e^2

④ $2e^2$ ⑤ $4e^2$

063 ★★☆ 2018년 7월학평 가형 14번

함수 $f(x)=\dfrac{x^2-1}{x}$ $(x>0)$의 역함수 $g(x)$에 대하여
$g'(0)$의 값은? (4점)

① $\dfrac{1}{4}$ ② $\dfrac{1}{2}$ ③ $\dfrac{3}{4}$

④ 1 ⑤ $\dfrac{5}{4}$

064 ★☆☆ 2019학년도 6월모평 가형 25번

함수 $f(x)=3e^{5x}+x+\sin x$의 역함수를 $g(x)$라 할 때,
곡선 $y=g(x)$는 점 $(3,\ 0)$을 지난다. $\displaystyle\lim_{x \to 3} \dfrac{x-3}{g(x)-g(3)}$의
값을 구하시오. (3점)

065 ★☆☆ 2020학년도 9월모평 가형 24번

정의역이 $\left\{x \,\middle|\, -\dfrac{\pi}{4}<x<\dfrac{\pi}{4}\right\}$인 함수 $f(x)=\tan 2x$의 역함
수를 $g(x)$라 할 때, $100 \times g'(1)$의 값을 구하시오. (3점)

066 ★★☆ 2016년 4월학평 가형 9번

실수 전체의 집합에서 증가하고 미분가능한 함수 $f(x)$가
$\displaystyle\lim_{x \to 1} \dfrac{f(x)-2}{x-1}=\dfrac{1}{3}$을 만족시킨다. $f(x)$의 역함수를 $g(x)$라
할 때, $g(2)+g'(2)$의 값은? (3점)

① $\dfrac{4}{3}$ ② 2 ③ $\dfrac{8}{3}$

④ $\dfrac{10}{3}$ ⑤ 4

양의 실수 전체의 집합에서 정의된 미분가능한 두 함수
$f(x)$, $g(x)$에 대하여 $f(x)$가 함수 $g(x)$의 역함수이고,
$\lim\limits_{x \to 2} \dfrac{f(x)-2}{x-2} = \dfrac{1}{3}$이다. 함수 $h(x) = \dfrac{g(x)}{f(x)}$라 할 때,
$h'(2)$의 값은? (3점)

① $\dfrac{7}{6}$ ② $\dfrac{4}{3}$ ③ $\dfrac{3}{2}$

④ $\dfrac{5}{3}$ ⑤ $\dfrac{11}{6}$

068 ★★☆ 2023년 10월학평 미적 26번

함수 $f(x) = e^{2x} + e^x - 1$의 역함수를 $g(x)$라 할 때, 함수
$g(5f(x))$의 $x=0$에서의 미분계수는? (3점)

① $\dfrac{1}{2}$ ② $\dfrac{3}{4}$ ③ 1

④ $\dfrac{5}{4}$ ⑤ $\dfrac{3}{2}$

069 ★★☆ 2020학년도 수능 가형 26번

함수 $f(x) = (x^2+2)e^{\,x}$에 대하여 함수 $g(x)$가
미분가능하고

$$g\left(\dfrac{x+8}{10}\right) = f^{-1}(x), \quad g(1) = 0$$

을 만족시킬 때, $|g'(1)|$의 값을 구하시오. (4점)

070 ★★☆ 2026학년도 6월모평 미적 26번

함수 $f(x) = e^{3x} - 3e^{2x} + 4e^x$의 역함수를 $g(x)$라 하자.
$g'(a) = \dfrac{1}{8}$이 되도록 하는 실수 a에 대하여 $a + f'(g(a))$의
값은? (3점)

① 11 ② 12 ③ 13

④ 14 ⑤ 15

071 ★★☆ 2026학년도 9월모평 미적 27번

실수 전체의 집합에서 미분가능한 함수 $f(x)$가 모든 실수
x에 대하여 $f'(x) > 0$이다. 함수 $f(x^3+x)$의 역함수를
$g(x)$라 할 때, $f(2) = 1$, $f'(2) = 8g'(1) - 1$이다.
$g(1) + g'(1)$의 값은? (3점)

① $\dfrac{5}{4}$ ② $\dfrac{11}{8}$ ③ $\dfrac{3}{2}$

④ $\dfrac{13}{8}$ ⑤ $\dfrac{7}{4}$

072 ★★☆ 2025년 5월학평 미적 27번

실수 전체의 집합에서 미분가능한 함수 $f(x)$가 역함수 $g(x)$를 갖고, 모든 실수 x에 대하여

$$e^{2f(x)} - e^{f(2x)} - 2e^{3x} = 0$$

을 만족시킨다. $g'(f(0))$의 값은? (3점)

① $\dfrac{1}{6}$ ② $\dfrac{1}{3}$ ③ $\dfrac{1}{2}$

④ $\dfrac{2}{3}$ ⑤ $\dfrac{5}{6}$

073 ★★★ 2025학년도 수능 미적 27번

최고차항의 계수가 1인 삼차함수 $f(x)$에 대하여 함수 $g(x)$를

$$g(x) = f(e^x) + e^x$$

이라 하자. 곡선 $y = g(x)$ 위의 점 $(0, g(0))$에서의 접선이 x축이고 함수 $g(x)$가 역함수 $h(x)$를 가질 때, $h'(8)$의 값은? (3점)

① $\dfrac{1}{36}$ ② $\dfrac{1}{18}$ ③ $\dfrac{1}{12}$

④ $\dfrac{1}{9}$ ⑤ $\dfrac{5}{36}$

유형 06 여러 가지 함수의 미분법 (2) — 매개변수를 이용하여 나타낸 함수

동영상강의

269-2-4-Y06

✓ **출제경향**

단순 계산 위주의 문제가 출제된다.

✏ **접근방법**

매개변수로 나타낸 함수의 미분법 공식을 이용하여 해결한다.

📋 **단골공식**

$x = f(t)$, $y = g(t)$가 t에 대하여 미분가능하고 $f'(t) \neq 0$일 때

$$\frac{dy}{dx} = \frac{\dfrac{dy}{dt}}{\dfrac{dx}{dt}} = \frac{g'(t)}{f'(t)}$$

074 ★☆☆ 2018학년도 6월모평 가형 6번

매개변수 t로 나타내어진 곡선

$$x = t^2 + 2, \quad y = t^3 + t - 1$$

에서 $t = 1$일 때, $\dfrac{dy}{dx}$의 값은? (3점)

① $\dfrac{1}{2}$ ② 1 ③ $\dfrac{3}{2}$

④ 2 ⑤ $\dfrac{5}{2}$

075 ★☆☆ 2017학년도 9월모평 가형 14번

매개변수 $t\,(t > 0)$으로 나타내어진 함수

$$x = t - \frac{2}{t}, \quad y = t^2 + \frac{2}{t^2}$$

에서 $t = 1$일 때, $\dfrac{dy}{dx}$의 값은? (4점)

① $-\dfrac{2}{3}$ ② -1 ③ $-\dfrac{4}{3}$

④ $-\dfrac{5}{3}$ ⑤ -2

076 ★☆☆ 2020년 10월학평 기형 0번

매개변수 $t\,(t>0)$으로 나타내어진 곡선
$$x=t^2+1,\ y=4\sqrt{t}$$
에서 $t=4$일 때, $\dfrac{dy}{dx}$의 값은? (3점)

① $\dfrac{1}{8}$ ② $\dfrac{1}{4}$ ③ $\dfrac{3}{8}$

④ $\dfrac{1}{2}$ ⑤ $\dfrac{5}{8}$

077 ★☆☆ 2024년 7월학평 미적 24번

매개변수 $t\,(t>0)$으로 나타내어진 함수
$$x=3t-\dfrac{1}{t},\ y=te^{t-1}$$
에서 $t=1$일 때, $\dfrac{dy}{dx}$의 값은? (3점)

① $\dfrac{1}{2}$ ② $\dfrac{2}{3}$ ③ $\dfrac{5}{6}$

④ 1 ⑤ $\dfrac{7}{6}$

078 ★☆☆ 2022학년도 9월모평 미적 25번

매개변수 t로 나타내어진 곡선
$$x=e^t-4e^{-t},\ y=t+1$$
에서 $t=\ln 2$일 때, $\dfrac{dy}{dx}$의 값은? (3점)

① 1 ② $\dfrac{1}{2}$ ③ $\dfrac{1}{3}$

④ $\dfrac{1}{4}$ ⑤ $\dfrac{1}{5}$

079 ★☆☆ 2018년 7월학평 가형 7번

매개변수 t로 나타내어진 곡선
$$x=e^{2t-6},\ y=t^2-t+5$$
에서 $t=3$일 때, $\dfrac{dy}{dx}$의 값은? (3점)

① $\dfrac{1}{2}$ ② 1 ③ $\dfrac{3}{2}$

④ 2 ⑤ $\dfrac{5}{2}$

080 ★☆☆ 2018년 10월학평 가형 25번

매개변수 $t\,(t>0)$로 나타내어진 함수
$$x=\ln t,\ y=\ln(t^2+1)$$
에 대하여 $\displaystyle\lim_{t\to\infty}\dfrac{dy}{dx}$의 값을 구하시오. (3점)

081 ★☆☆ 2022년 7월학평 미적 25번

매개변수 $t\,(t>0)$으로 나타내어진 곡선
$$x=t^2\ln t+3t,\ y=6te^{t-1}$$
에서 $t=1$일 때, $\dfrac{dy}{dx}$의 값은? (3점)

① 1 ② 2 ③ 3

④ 4 ⑤ 5

매개변수 $t(t>0)$으로 나타내어진 함수
$$x=t^2+\ln t,\ y=t^3+6t$$
에서 $t=1$일 때, $\dfrac{dy}{dx}$의 값은? (3점)

① 1　　　　② $\dfrac{3}{2}$　　　　③ 2

④ $\dfrac{5}{2}$　　　　⑤ 3

매개변수 t로 나타내어진 곡선
$$x=\dfrac{5t}{t^2+1},\ y=3\ln(t^2+1)$$
에서 $t=2$일 때, $\dfrac{dy}{dx}$의 값은? (3점)

① -1　　　　② -2　　　　③ -3

④ -4　　　　⑤ -5

매개변수 $t(t>0)$으로 나타내어진 함수
$$x=\ln t+t,\ y=-t^3+3t$$
에 대하여 $\dfrac{dy}{dx}$가 $t=a$에서 최댓값을 가질 때, a의 값은? (3점)

① $\dfrac{1}{6}$　　　　② $\dfrac{1}{5}$　　　　③ $\dfrac{1}{4}$

④ $\dfrac{1}{3}$　　　　⑤ $\dfrac{1}{2}$

매개변수 $t(t>0)$으로 나타내어진 곡선
$$x=e^{2t-2},\ y=\dfrac{\ln t}{t}$$
에서 $t=1$일 때, $\dfrac{dy}{dx}$의 값은? (3점)

① $\dfrac{1}{6}$　　　　② $\dfrac{1}{3}$　　　　③ $\dfrac{1}{2}$

④ $\dfrac{2}{3}$　　　　⑤ $\dfrac{5}{6}$

매개변수 t로 나타내어진 곡선
$$x=t+\sin t,\ y=-4\cos t+2\sin^2 t$$
에서 $t=\dfrac{\pi}{3}$일 때, $\dfrac{dy}{dx}$의 값은? (3점)

① $\dfrac{\sqrt{3}}{2}$　　　　② $\sqrt{3}$　　　　③ $\dfrac{3\sqrt{3}}{2}$

④ $2\sqrt{3}$　　　　⑤ $\dfrac{5\sqrt{3}}{2}$

매개변수 t로 나타내어진 곡선
$$x=e^t+\cos t,\ y=\sin t$$
에서 $t=0$일 때, $\dfrac{dy}{dx}$의 값은? (3점)

① $\dfrac{1}{2}$　　　　② 1　　　　③ $\dfrac{3}{2}$

④ 2　　　　⑤ $\dfrac{5}{2}$

088 ★☆☆ 2024학년도 수능 미적 24번

매개변수 $t\,(t>0)$으로 나타내어진 곡선
$$x=\ln(t^3+1),\ y=\sin \pi t$$
에서 $t=1$일 때, $\dfrac{dy}{dx}$의 값은? (3점)

① $-\dfrac{1}{3}\pi$ ② $-\dfrac{2}{3}\pi$ ③ $-\pi$

④ $-\dfrac{4}{3}\pi$ ⑤ $-\dfrac{5}{3}\pi$

089 ★★☆ 2024년 5월학평 미적 27번

함수 $f(x)=x^3+x+1$의 역함수를 $g(x)$라 하자. 매개변수 t로 나타내어진 곡선
$$x=g(t)+t,\ y=g(t)-t$$
에서 $t=3$일 때, $\dfrac{dy}{dx}$의 값은? (3점)

① $-\dfrac{1}{5}$ ② $-\dfrac{3}{10}$ ③ $-\dfrac{2}{5}$

④ $-\dfrac{1}{2}$ ⑤ $-\dfrac{3}{5}$

유형 07 여러 가지 함수의 미분법 (3) – 음함수 ☆중요

☑ 출제경향

공식을 적용하면 해결되는 계산 문제가 출제된다

✏ 접근방법

음함수의 미분법 공식을 이용하여 문제를 해결한다.

🔢 단골공식

음함수의 미분법

x의 함수 y가 음함수 $f(x,\,y)=0$의 꼴로 주어질 때에는 각 항을 x에 대하여 미분하여 $\dfrac{dy}{dx}$를 구한다.

이때 $\dfrac{d}{dx}y^k=\dfrac{d}{dy}y^k\cdot\dfrac{dy}{dx}$를 이용하면 된다.

---

090 ★☆☆ 2018학년도 9월모평 가형 24번

곡선 $5x+xy+y^2=5$ 위의 점 $(1,\,-1)$에서의 접선의 기울기를 구하시오. (3점)

091 ★☆☆ 2018년 4월학평 가형 8번

곡선 $x^3+xy-y^2=0$ 위의 점 $(2,\,4)$에서의 접선의 기울기는? (3점)

① $\dfrac{13}{6}$ ② $\dfrac{7}{3}$ ③ $\dfrac{5}{2}$

④ $\dfrac{8}{3}$ ⑤ $\dfrac{17}{6}$

092 ★☆☆ 2020학년도 수능 가형 5번

곡선 $x^2-3xy+y^2=x$ 위의 점 $(1,\,0)$에서의 접선의 기울기는? (3점)

① $\dfrac{1}{12}$ ② $\dfrac{1}{6}$ ③ $\dfrac{1}{4}$

④ $\dfrac{1}{3}$ ⑤ $\dfrac{5}{12}$

093 ★☆☆ 2011년 10월학평 가형 5번

곡선 $x^3+xy+y^3-8=0$과 x축이 만나는 점에서의 접선의 기울기는? (3점)

① -6 ② -5 ③ -4

④ -3 ⑤ -2

---

094 ★☆☆ 2021학년도 6월모평 가형 25번

곡선 $x^3-y^3=e^{xy}$ 위의 점 $(a,\,0)$에서의 접선의 기울기가 b일 때, $a+b$의 값을 구하시오. (3점)

095 ★★☆ 2023학년도 6월모평 미적 24번

곡선 $x^2-y\ln x+x=e$ 위의 점 $(e,\,e^2)$에서의 접선의 기울기는? (3점)

① $e+1$ ② $e+2$ ③ $e+3$
④ $2e+1$ ⑤ $2e+2$

096 ★☆☆ 2019년 7월학평 가형 8번

곡선 $xy-y^3\ln x=2$에 대하여 $x=1$일 때, $\dfrac{dy}{dx}$의 값은?

(3점)

① 0 ② 2 ③ 4
④ 6 ⑤ 8

097 ★☆☆ 2019학년도 수능 가형 7번

곡선 $e^x-xe^y=y$ 위의 점 $(0,\,1)$에서의 접선의 기울기는?

(3점)

① $3-e$ ② $2-e$ ③ $1-e$
④ $-e$ ⑤ $-1-e$

098 ★★☆ 2023년 7월학평 미적 25번

곡선 $2e^{x+y-1}=3e^x+x-y$ 위의 점 $(0,\,1)$에서의 접선의 기울기는? (3점)

① $\dfrac{2}{3}$ ② 1 ③ $\dfrac{4}{3}$
④ $\dfrac{5}{3}$ ⑤ 2

099 ★☆☆ 2025학년도 6월모평 미적 24번

곡선 $x\sin 2y+3x=3$ 위의 점 $\left(1,\,\dfrac{\pi}{2}\right)$에서의 접선의 기울기는? (3점)

① $\dfrac{1}{2}$ ② 1 ③ $\dfrac{3}{2}$
④ 2 ⑤ $\dfrac{5}{2}$

정답과 해설   094 p.283   095 p.284   096 p.284   097 p.284   098 p.284   099 p.284

100 ★★☆ 2020학년도 **수능** 미적 27번

매개변수 t로 나타내어진 곡선

$$x=e^{4t}(1+\sin^2 \pi t), \quad y=e^{4t}(1-3\cos^2 \pi t)$$

를 C라 하자. 곡선 C가 직선 $y=3x-5e$와 만나는 점을 P라 할 때, 곡선 C 위의 점 P에서의 접선의 기울기는? (3점)

① $\dfrac{3\pi-4}{\pi+4}$ ② $\dfrac{3\pi-2}{\pi+6}$ ③ $\dfrac{3\pi}{\pi+8}$

④ $\dfrac{3\pi+2}{\pi+10}$ ⑤ $\dfrac{3\pi+4}{\pi+12}$

101 ★★☆ 2025년 10월학평 미적 27번

세 실수 $k\,(k<-1)$, a, $b\,(1<a<b)$에 대하여 두 점 A$(a,\ b)$, B$(b,\ a)$가 곡선 $C:x^2-xy+y^2+k=0$ 위에 있다. 곡선 C 위의 점 A에서의 접선과 곡선 C 위의 점 B에서의 접선이 이루는 예각의 크기를 θ라 하자.

$$\overline{\text{AB}}=2\sqrt{2}, \quad \tan\theta=\frac{4}{3}$$

일 때, $k+a+b$의 값은? (3점)

① -35 ② -27 ③ -19
④ -11 ⑤ -3

102 ★★★ 2024학년도 6월모평 미적 29번

세 실수 a, b, k에 대하여 두 점 A$(a,\ a+k)$, B$(b,\ b+k)$가 곡선 $C:x^2-2xy+2y^2=15$ 위에 있다. 곡선 C 위의 점 A에서의 접선과 곡선 C 위의 점 B에서의 접선이 서로 수직일 때, k^2의 값을 구하시오.

(단, $a+2k\neq 0$, $b+2k\neq 0$) (4점)

---

103 ★★☆ 2018학년도 6월모평 가형 9번

함수 $f(x)=\dfrac{1}{x+3}$에 대하여 $\displaystyle\lim_{h\to 0}\dfrac{f'(a+h)-f'(a)}{h}=2$를 만족시키는 실수 a의 값은? (3점)

① -2 ② -1 ③ 0
④ 1 ⑤ 2

104 ★★☆ 2008년 10월학평 가형 미적 27번

실수 전체의 집합에서 이계도함수를 갖는 함수 $f(x)$가 다음 조건을 만족시킨다.

> (가) $f(1)=2$, $f'(1)=3$
> (나) $\lim\limits_{x \to 1} \dfrac{f'(f(x))-1}{x-1}=3$

$f''(2)$의 값은? (3점)

① 1　　　　② 2　　　　③ 3
④ 4　　　　⑤ 5

105 ★★☆ 2012년 3월학평 가형 15번

열린구간 $\left(0, \dfrac{\pi}{2}\right)$에서 정의된 미분가능한 함수 $f(x)$는 다음 조건을 만족시킨다.

> (가) $f'(x)=1+\{f(x)\}^2$
> (나) $f\left(\dfrac{\pi}{4}\right)=1$

함수 $g(x)=\ln f'(x)$에 대하여 $g'\left(\dfrac{\pi}{4}\right)$의 값은? (3점)

① 1　　　　② $\dfrac{3}{2}$　　　　③ 2
④ $\dfrac{5}{2}$　　　　⑤ 3

106 ★★★ 2018년 3월학평 가형 21번

함수 $f(x)=(x^2+ax+b)e^x$과 함수 $g(x)$가 다음 조건을 만족시킨다.

> (가) $f(1)=e$, $f'(1)=e$
> (나) 모든 실수 x에 대하여 $g(f(x))=f'(x)$이다.

함수 $h(x)=f^{-1}(x)g(x)$에 대하여 $h'(e)$의 값은?
(단, a, b는 상수이다.) (4점)

① 1　　　　② 2　　　　③ 3
④ 4　　　　⑤ 5

107 ★★★★ 2024년 10월학평 미적 29번

점 $(0, 1)$을 지나고 기울기가 양수인 직선 l과 곡선 $y=e^{\frac{x}{a}}-1\ (a>0)$이 있다. 직선 l이 x축의 양의 방향과 이루는 각의 크기가 θ일 때, 직선 l이 곡선 $y=e^{\frac{x}{a}}-1\ (a>0)$과 제1사분면에서 만나는 점의 x좌표를 $f(\theta)$라 하자. $f\left(\dfrac{\pi}{4}\right)=a$일 때, $\sqrt{f'\left(\dfrac{\pi}{4}\right)}=pe+q$이다. p^2+q^2의 값을 구하시오. (단, a는 상수이고, p, q는 정수이다.) (4점)

108 ★★★★ 2018학년도 6월모평 가형 21번

최고차항의 계수가 1인 사차함수 $f(x)$에 대하여
$$F(x)=\ln|f(x)|$$
라 하고, 최고차항의 계수가 1인 삼차함수 $g(x)$에 대하여
$$G(x)=\ln|g(x)\sin x|$$
라 하자.
$$\lim_{x\to 1}(x-1)F'(x)=3,\quad \lim_{x\to 0}\frac{F'(x)}{G'(x)}=\frac{1}{4}$$
일 때, $f(3)+g(3)$의 값은? (4점)

① 57   ② 55   ③ 53

④ 51   ⑤ 49

삼차함수 $y=f(x)$가 다음 조건을 만족시킨다.

> (가) 방정식 $f(x)-x=0$이 서로 다른 세 실근 α, β, γ를 갖는다.
> (나) $x=3$일 때, 극값 7을 갖는다.
> (다) $f(f(3))=5$

$f(f(x))$를 $f(x)-x$로 나눈 몫을 $g(x)$, 나머지를 $h(x)$라 할 때, 옳은 것만을 [보기]에서 있는 대로 고른 것은? (4점)

> [보기]
> ㄱ. α, β, γ는 방정식 $f(f(x))-x=0$의 근이다.
> ㄴ. $h(x)=x$
> ㄷ. $g'(3)=1$

① ㄱ
② ㄷ
③ ㄱ, ㄴ
④ ㄴ, ㄷ
⑤ ㄱ, ㄴ, ㄷ

서로 다른 두 양수 a, b에 대하여 함수 $f(x)$를

$$f(x)=-\frac{ax^3+bx}{x^2+1}$$

라 하자. 모든 실수 x에 대하여 $f'(x)\neq0$이고, 두 함수 $g(x)=f(x)-f^{-1}(x)$, $h(x)=(g\circ f)(x)$가 다음 조건을 만족시킨다.

> (가) $g(2)=h(0)$
> (나) $g'(2)=-5h'(2)$

$4(b-a)$의 값을 구하시오. (4점)

$t > \dfrac{1}{2}\ln 2$인 실수 t에 대하여 곡선 $y = \ln(1 + e^{2x} - e^{-2t})$과 직선 $y = x + t$가 만나는 서로 다른 두 점 사이의 거리를 $f(t)$라 할 때, $f'(\ln 2) = \dfrac{q}{p}\sqrt{2}$이다. $p + q$의 값을 구하시오.

(단, p와 q는 서로소인 자연수이다.) (4점)

$0 < t < 41$인 실수 t에 대하여 곡선 $y = x^3 + 2x^2 - 15x + 5$와 직선 $y = t$가 만나는 세 점 중에서 x좌표가 가장 큰 점의 좌표를 $(f(t), t)$, x좌표가 가장 작은 점의 좌표를 $(g(t), t)$라 하자. $h(t) = t \times \{f(t) - g(t)\}$라 할 때, $h'(5)$의 값은? (4점)

① $\dfrac{79}{12}$ ② $\dfrac{85}{12}$ ③ $\dfrac{91}{12}$

④ $\dfrac{97}{12}$ ⑤ $\dfrac{103}{12}$

길이가 10인 선분 AB를 지름으로 하는 원과 선분 AB 위에 $\overline{AC}=4$인 점 C가 있다. 이 원 위의 점 P를 $\angle PCB=\theta$가 되도록 잡고, 점 P를 지나고 선분 AB에 수직인 직선이 이 원과 만나는 점 중 P가 아닌 점을 Q라 하자. 삼각형 PCQ의 넓이를 $S(\theta)$라 할 때, $-7 \times S'\!\left(\dfrac{\pi}{4}\right)$의 값을 구하시오.

$$\left(\text{단, } 0<\theta<\frac{\pi}{2}\right) \text{ (4점)}$$

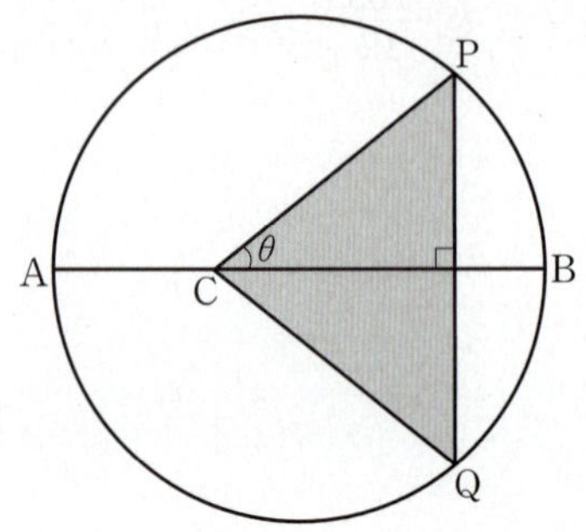

그림과 같이 $\overline{AB}=\sqrt{3}$, $\overline{BC}=2$이고 $\angle CBA=\dfrac{\pi}{2}$인 직각삼각형 ABC와 선분 BC를 지름으로 하는 반원이 있다. 호 BC 위의 점 P에 대하여 $\angle BAP=\theta$일 때, 삼각형 ABP의 넓이를 $f(\theta)$라 하자. $20f'\!\left(\dfrac{\pi}{6}\right)$의 값을 구하시오.

$$(\text{단, 점 P는 점 B가 아니다.}) \text{ (4점)}$$

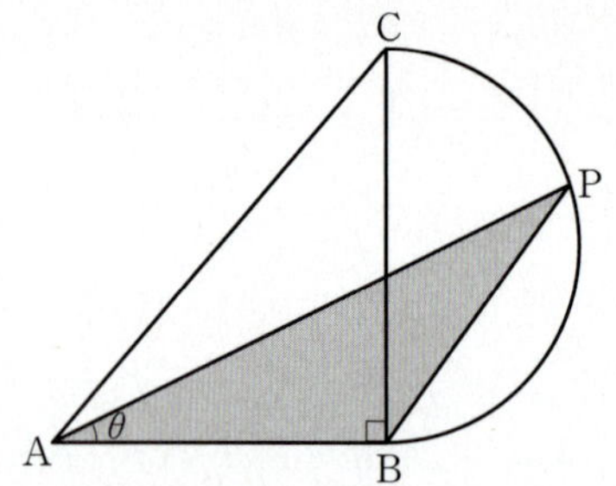

115 ★★★★ 2024년 5월학평 미적 29번

그림과 같이 길이가 3인 선분 AB를 삼등분하는 점 중 A와
가까운 점을 C, B와 가까운 점을 D라 하고, 선분 BC를
지름으로 하는 원을 O라 하자. 원 O 위의 점 P를
$\angle \mathrm{BAP} = \theta \left(0 < \theta < \dfrac{\pi}{6} \right)$가 되도록 잡고, 두 점 P, D를
지나는 직선이 원 O와 만나는 점 중 P가 아닌 점을 Q라
하자. 선분 AQ의 길이를 $f(\theta)$라 할 때, $\cos \theta_0 = \dfrac{7}{8}$인 θ_0에
대하여 $f'(\theta_0) = k$이다. k^2의 값을 구하시오.

$$\left(\text{단, } \angle \mathrm{APD} < \dfrac{\pi}{2} \text{이고 } 0 < \theta_0 < \dfrac{\pi}{6} \text{이다.} \right) \text{ (4점)}$$

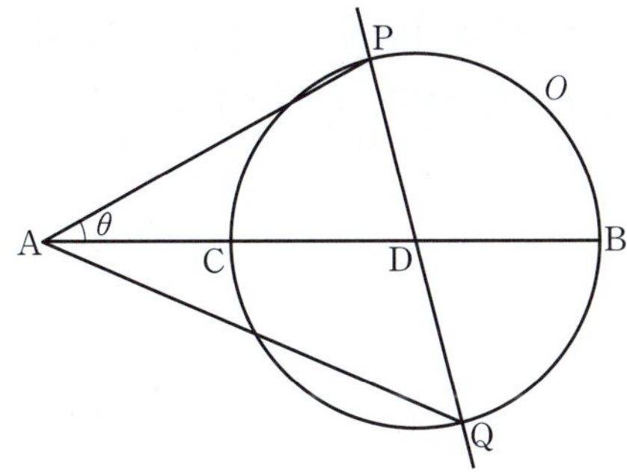

116 ★★★★ 2018년 10월학평 가형 21번

함수 $f(x) = -\dfrac{kx^3}{x^2+1}$ $(k>1)$에 대하여 곡선 $y=f(x)$와
곡선 $y=f^{-1}(x)$가 만나는 점의 x좌표 중 가장 작은 값을 α,
가장 큰 값을 β라 하자. 함수 $y=f(x-2\beta)+2\alpha$의 역함수
$g(x)$에 대하여 $f'(\beta) = 2g'(\alpha)$일 때, 상수 k의 값은? (4점)

① $\dfrac{5+2\sqrt{2}}{7}$ 　② $\dfrac{6+2\sqrt{2}}{7}$ 　③ $\dfrac{4+2\sqrt{2}}{5}$

④ $\dfrac{5+2\sqrt{2}}{5}$ 　⑤ $\dfrac{6+2\sqrt{2}}{5}$

117 ★★★★

함수 $f(x)=x^3-x$와 실수 전체의 집합에서 미분가능한
역함수가 존재하는 삼차함수 $g(x)=ax^3+x^2+bx+1$이
있다. 함수 $g(x)$의 역함수 $g^{-1}(x)$에 대하여 함수 $h(x)$를

$$h(x)=\begin{cases}(f\circ g^{-1})(x) & (x<0 \text{ 또는 } x>1) \\ \dfrac{1}{\pi}\sin\pi x & (0\leq x\leq 1)\end{cases}$$

이라 하자. 함수 $h(x)$가 실수 전체의 집합에서 미분가능할
때, $g(a+b)$의 값을 구하시오. (단, a, b는 상수이다.) (4점)

118 ★★★★

지면에서 회전 중심축까지의
높이가 10 m이고, 길이가 2 m인
풍력 발전기의 날개가 축을
중심으로 일정한 속력으로 시계
반대방향으로 돌고 있다. 지면에서
날개 끝까지의 높이가 9 m가 될
때, 시간(초)에 따른 높이의
변화율이 4π (m/s)이고, 풍력
발전기의 날개가 한 바퀴 도는 데

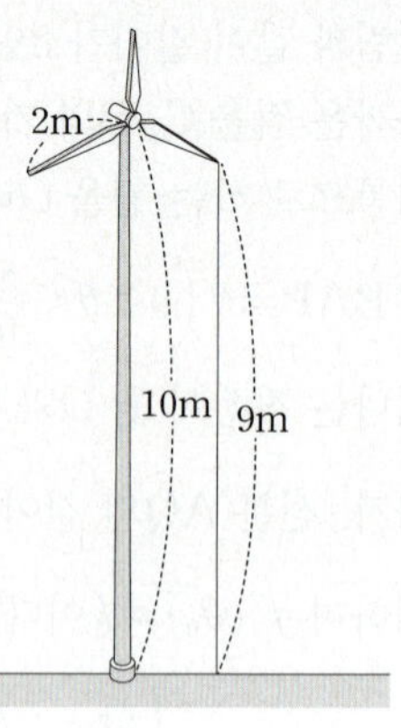

걸리는 시간을 k초라 하자. $k^2=\dfrac{q}{p}$

(p, q는 서로소)일 때, $10(p+q)$의 값을 구하시오.
(단, 축은 지면과 평행하고 축과 날개의 두께는 고려하지
않는다.) (4점)

최고차항의 계수가 1인 사차함수 $f(x)$와 함수
$$g(x) = |2\sin(x+2|x|)+1|$$
에 대하여 함수 $h(x)=f(g(x))$는 실수 전체의 집합에서 이계도함수 $h''(x)$를 갖고, $h''(x)$는 실수 전체의 집합에서 연속이다. $f'(3)$의 값을 구하시오. (4점)

사관학교 기출문제

269-2-4-YGS

▶ 문제 풀이 동영상 강의

120 ★★☆ 2020학년도 사관학교 가형 10번

함수 $f(x) = \dfrac{6x^3}{x^2+1}$의 역함수를 $g(x)$라 할 때, $g'(3)$의 값은? (3점)

① $\dfrac{1}{6}$　　　② $\dfrac{1}{3}$　　　③ $\dfrac{1}{2}$

④ $\dfrac{2}{3}$　　　⑤ $\dfrac{5}{6}$

121 ★☆☆ 2025학년도 사관학교 미적 25번

함수 $f(x) = \ln(e^x+2)$의 역함수를 $g(x)$라 하자. 함수 $h(x) = \{g(x)\}^2$에 대하여 $h'(\ln 4)$의 값은? (3점)

① $2\ln 2$　　　② $3\ln 2$　　　③ $4\ln 2$

④ $5\ln 2$　　　⑤ $6\ln 2$

함수 $f(x)=x^3+3x+1$의 역함수를 $g(x)$라 하자.
함수 $h(x)=e^x$에 대하여 $(h \circ g)'(5)$의 값은? (3점)

① $\dfrac{e}{8}$ ② $\dfrac{e}{7}$ ③ $\dfrac{e}{6}$

④ $\dfrac{e}{5}$ ⑤ $\dfrac{e}{4}$

양의 실수 t에 대하여 곡선 $y=\ln(2x^2+2x+1)\,(x>0)$과
직선 $y=t$가 만나는 점의 x좌표를 $f(t)$라 할 때,
$f'(2\ln 5)$의 값은? (3점)

① $\dfrac{25}{14}$ ② $\dfrac{13}{7}$ ③ $\dfrac{27}{14}$

④ 2 ⑤ $\dfrac{29}{14}$

곡선 $2\ln y=x^2+2x+2$ 위의 점 $(-2,\ e)$에서의 접선의
x절편은? (3점)

① $-\dfrac{5}{2}$ ② -2 ③ $-\dfrac{3}{2}$

④ -1 ⑤ $-\dfrac{1}{2}$

곡선 $x^2+y^3-2xy+9x=19$ 위의 점 $(2,\ 1)$에서의 접선의
기울기를 구하시오. (3점)

126 ★☆☆ 2021학년도 사관학교 가형 7번

곡선 $x^2-2xy+3y^3=5$ 위의 점 $(2,\ -1)$에서의 접선의 기울기는? (3점)

① $-\dfrac{6}{5}$ ② $-\dfrac{5}{4}$ ③ $-\dfrac{4}{3}$

④ $-\dfrac{3}{2}$ ⑤ -2

127 ★☆☆ 2024학년도 사관학교 미적 25번

곡선 $\pi \cos y + y \sin x = 3x$가 x축과 만나는 점을 A라 할 때, 이 곡선 위의 점 A에서의 접선의 기울기는? (3점)

① 2 ② $2\sqrt{2}$ ③ $2\sqrt{3}$

④ 4 ⑤ $2\sqrt{5}$

128 ★★★ 2018학년도 사관학교 가형 30번

함수 $f(x)=x^3+ax^2-ax-a$의 역함수가 존재할 때, $f(x)$의 역함수를 $g(x)$라 하자. 자연수 n에 대하여 $n \times g'(n)=1$을 만족시키는 실수 a의 개수를 a_n이라 할 때, $\displaystyle\sum_{n=1}^{27} a_n$의 값을 구하시오. (4점)

05 도함수의 활용

평가원 모의평가 (2003~2026학년도) **대학수학능력시험** (1994~2026학년도) **교육청 학력평가** (2001~2025년 시행) **사관학교 입학시험** (2002~2026학년도)

1. 접선의 방정식 | 유형 01, 02, 05, 06   26, 24, 19, 16, 15, 12, 10 수능출제

(1) 곡선 위의 점에서 그은 접선의 방정식

함수 $y=f(x)$가 $x=a$에서 미분가능할 때, 곡선 $y=f(x)$ 위의 점 $(a, f(a))$에서의 접선의 방정식은 $y-f(a)=f'(a)(x-a)$

(2) 기울기가 주어진 경우 접선의 방정식

기울기를 이용하여 접점의 좌표를 구한다.

(3) 곡선 밖의 한 점에서 그은 접선의 방정식

접점의 x좌표를 t로 놓고 접선의 방정식을 세워 구한다.

(4) 매개변수로 나타낸 곡선의 접선의 방정식

매개변수로 나타낸 함수의 미분법을 이용하여 접선의 기울기와 접점의 좌표를 구한다.

(5) 곡선 $f(x, y)=0$의 접선의 방정식

음함수의 미분법을 이용하여 $\dfrac{dy}{dx}$를 구하고, 곡선 위의 한 점의 좌표를 대입하여 기울기를 구한다.

2. 함수의 증가와 감소, 극대와 극소 | 유형 07, 08, 09, 10   25, 22, 21, 19, 14, 05, 03 수능출제

(1) 함수의 증가, 감소와 도함수의 부호 (단, 역은 성립하지 않는다.)

함수 $f(x)$가 어떤 열린구간에서 미분가능할 때, 그 구간의 모든 x에 대하여
① $f'(x)>0$이면 $f(x)$는 그 구간에서 증가한다.
② $f'(x)<0$이면 $f(x)$는 그 구간에서 감소한다.

(2) 극값을 가질 필요조건

함수 $f(x)$가 $x=a$에서 미분가능하고 $x=a$에서 극값을 가지면 $f'(a)=0$이다. (단, 역은 성립하지 않는다.)

(3) 함수의 극대와 극소의 판정

함수 $f(x)$가 미분가능하고 $f'(a)=0$일 때, $x=a$의 좌우에서 $f'(x)$의 부호가
① 양($+$)에서 음($-$)으로 바뀌면 $f(x)$는 $x=a$에서 극대이고, 극댓값 $f(a)$를 갖는다.
② 음($-$)에서 양($+$)으로 바뀌면 $f(x)$는 $x=a$에서 극소이고, 극솟값 $f(a)$를 갖는다.

(4) 이계도함수를 이용한 함수의 극대와 극소의 판정

이계도함수를 갖는 함수 $f(x)$에 대하여 $f'(a)=0$일 때
① $f''(a)<0$이면 $f(x)$는 $x=a$에서 극대이다.
② $f''(a)>0$이면 $f(x)$는 $x=a$에서 극소이다.

3. 함수의 그래프의 개형 | 유형 11   20, 19, 17, 14, 12, 07, 03 수능출제

(1) 곡선의 오목과 볼록

함수 $f(x)$가 어떤 구간에서
① $f''(x)>0$이면 곡선 $y=f(x)$는 그 구간에서 아래로 볼록하다.
② $f''(x)<0$이면 곡선 $y=f(x)$는 그 구간에서 위로 볼록하다.

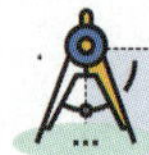

보충설명

- 곡선 $y=f(x)$ 위의 점 $(a, f(a))$에서의 접선의 기울기는 $x=a$에서의 미분계수 $f'(a)$와 같다.

- 점 (a, b)를 지나고 기울기가 m인 직선의 방정식은
$$y-b=m(x-a)$$

- 함수의 증가와 감소
함수 $f(x)$가 어떤 구간에 속하는 임의의 두 실수 x_1, x_2에 대하여
$x_1<x_2$일 때 $f(x_1)<f(x_2)$이면 $f(x)$는 이 구간에서 증가한다고 하며,
$x_1<x_2$일 때 $f(x_1)>f(x_2)$이면 $f(x)$는 이 구간에서 감소한다고 한다.

- 함수의 극대와 극소
① 함수 $f(x)$가 $x=a$에서 연속이고, $x=a$의 좌우에서 $f(x)$가 증가하다가 감소하면 함수 $f(x)$는 $x=a$에서 극대라고 하며, 함숫값 $f(a)$를 극댓값이라 한다.
② 함수 $f(x)$가 $x=b$에서 연속이고, $x=b$의 좌우에서 $f(x)$가 감소하다가 증가하면 함수 $f(x)$는 $x=b$에서 극소라고 하며, 함숫값 $f(b)$를 극솟값이라 한다.
③ 극댓값과 극솟값을 통틀어 극값이라 한다.

(2) **변곡점**

① 곡선 $y=f(x)$ 위의 점 $\mathrm{P}(a, f(a))$를 경계로 하여 곡선의 모양이 위로 볼록
  에서 아래로 볼록으로 바뀌거나 아래로 볼록에서 위로 볼록으로 바뀔 때,
  점 P를 곡선 $y=f(x)$의 변곡점이라 한다.

② 변곡점의 판정 : 함수 $f(x)$에서 $f''(a)=0$이고, $x=a$의 좌우에서 $f''(x)$의
  부호가 바뀌면 점 $(a, f(a))$는 곡선 $y=f(x)$의 변곡점이다.

4. 함수의 그래프와 함수의 최대·최소 | 유형 13, 14   `18, 17, 08, 06 수능출제`

(1) **함수의 그래프의 개형은 다음 조건을 조사하여 그린다.**

① 함수의 정의역과 치역   ② 곡선의 대칭성(우함수, 기함수)과 주기

③ 좌표축과의 교점   ④ 함수의 증가와 감소, 극대와 극소

⑤ 곡선의 오목과 볼록, 변곡점   ⑥ $\lim\limits_{x \to \infty} f(x)$, $\lim\limits_{x \to -\infty} f(x)$, 점근선

(2) **함수의 최댓값과 최솟값**

닫힌구간 $[a, b]$에서 정의된 연속함수 $f(x)$가 극값을 가질 때,

① 함수 $f(x)$의 최댓값은 극댓값, $f(a)$, $f(b)$ 중에서 가장 큰 값이다.

② 함수 $f(x)$의 최솟값은 극솟값, $f(a)$, $f(b)$ 중에서 가장 작은 값이다.

5. 방정식과 부등식에의 활용 | 유형 16, 17   `23, 12, 09, 03, 02 수능출제`

(1) **방정식 $f(x)=0$의 실근의 개수**

방정식 $f(x)=0$의 실근은 함수 $y=f(x)$의 그래프와 x축과의 교점의 x좌표와
같다. 따라서 함수 $y=f(x)$의 그래프의 개형을 그려 x축과의 교점의 개수를
구한다.

(2) **방정식 $f(x)=g(x)$의 실근의 개수**

방정식 $f(x)=g(x)$의 실근은 두 함수 $y=f(x)$, $y=g(x)$의 그래프의 교점의
x좌표와 같다. 따라서 두 함수 $y=f(x)$, $y=g(x)$의 그래프의 개형을 그려 교
점의 개수를 구하거나 $y=f(x)-g(x)$의 그래프의 개형을 그려 x축과의 교점
의 개수를 구한다.

(3) **부등식의 증명**

① 어떤 구간에서 부등식 $f(x) \geq 0$이 성립함을 증명할 때에는 그 구간에서
  함수 $f(x)$의 최솟값을 구하여 (최솟값)≥ 0임을 보이면 된다.

② 어떤 구간에서 부등식 $f(x) \geq g(x)$가 성립함을 증명할 때에는
  $h(x)=f(x)-g(x)$라 하고, 그 구간에서 함수 $h(x)$의 최솟값을 구하여
  (최솟값)≥ 0임을 보이면 된다.

6. 속도와 가속도 | 유형 18   `20, 19, 17 수능출제`

(1) **직선 운동에서의 속도와 가속도**

수직선 위를 움직이는 점 P의 시각 t에서의 위치 x가 $x=f(t)$일 때

① 속도 : $v(t)=\lim\limits_{\Delta t \to 0}\dfrac{\Delta x}{\Delta t}=\lim\limits_{\Delta t \to 0}\dfrac{f(t+\Delta t)-f(t)}{\Delta t}=\dfrac{dx}{dt}=f'(t)$

② 가속도 : $a(t)=\lim\limits_{\Delta t \to 0}\dfrac{\Delta v}{\Delta t}=\dfrac{dv}{dt}=v'(t)=\dfrac{d}{dt}f'(t)$

(2) **평면 운동에서의 속도와 가속도**

좌표평면 위를 움직이는 점 P의 시각 t에서의 위치 (x, y)가 $x=f(t)$,
$y=g(t)$일 때,

① (속도)$=(v_x, v_y)=\left(\dfrac{dx}{dt}, \dfrac{dy}{dt}\right)=(f'(t), g'(t))$

② (가속도)$=(a_x, a_y)=\left(\dfrac{d^2x}{dt^2}, \dfrac{d^2y}{dt^2}\right)=(f''(t), g''(t))$

보 충 설 명

- 함수 $y=f(x)$의 그래프에서
  ① $f(-x)=f(x)$이면
    $\Rightarrow$ y축에 대하여 대칭
  ② $f(-x)=-f(x)$이면
    $\Rightarrow$ 원점에 대하여 대칭

- 주어진 닫힌구간에서 함수 $f(x)$가 연속이면
  극댓값과 극솟값은 여러 개 존재할 수 있지
  만 최댓값과 최솟값은 오직 한 개씩만 존재
  한다.

- 삼차함수 $y=f(x)$의 극값에 대한 삼차방정
  식 $f(x)=0$의 근의 판별
  ① 극값이 존재하지 않는 경우
    $\Rightarrow$ 한 실근과 두 허근 또는 삼중근
  ② 극댓값과 극솟값의 부호가 같은 경우
    $\Rightarrow$ 한 실근과 두 허근
  ③ 극댓값과 극솟값의 부호가 다른 경우
    $\Rightarrow$ 서로 다른 세 실근
  ④ 극댓값이 0이거나 극솟값이 0인 경우
    $\Rightarrow$ 중근과 다른 한 실근
    (서로 다른 두 실근)

- 수직선 위를 움직이는 점 P의 좌표가
  $x=f(t)$로 나타내어질 때,
  $f'(t)>0$이면 양의 방향으로 움직인다.
  $f'(t)<0$이면 음의 방향으로 움직인다.
  $f'(a)=0$이고 $t=a$의 앞뒤에서 $f'(t)$의
  부호가 바뀌면 $t=a$에서 운동 방향이
  바뀐다.

- 속도의 절댓값 $|v|$를 속력이라 한다.

- 위치(거리) $\overset{\text{미분}}{\longrightarrow}$ 속도(v) $\overset{\text{미분}}{\longrightarrow}$ 가속도(a)

- v_x, v_y는 각각 점 P의 x축 방향, y축 방향의
  속도이다.

- 속력 $|v|=\sqrt{\left(\dfrac{dx}{dt}\right)^2+\left(\dfrac{dy}{dt}\right)^2}$
  $=\sqrt{\{f'(t)\}^2+\{g'(t)\}^2}$

- 가속도의 크기 $|a|=\sqrt{\left(\dfrac{d^2x}{dt^2}\right)^2+\left(\dfrac{d^2y}{dt^2}\right)^2}$
  $=\sqrt{\{f''(t)\}^2+\{g''(t)\}^2}$

DAY 16 / Ⅱ / 5. 도함수의 활용

269-2-5-Y00

▶ 문제 풀이 **동영상 강의**

001 　1. 접선의 방정식 ｜ 2022학년도 6월모평 미적 25번

원점에서 곡선 $y=e^{|x|}$에 그은 두 접선이 이루는 예각의 크기를 θ라 할 때, $\tan \theta$의 값은? (3점)

① $\dfrac{e}{e^2+1}$ 　　② $\dfrac{e}{e^2-1}$ 　　③ $\dfrac{2e}{e^2+1}$

④ $\dfrac{2e}{e^2-1}$ 　　⑤ 1

002 　2. 함수의 극대와 극소 ｜ 2020학년도 9월모평 가형 11번

함수 $f(x)=(x^2-3)e^{-x}$의 극댓값과 극솟값을 각각 a, b라 할 때, $a \times b$의 값은? (3점)

① $-12e^2$ 　　② $-12e$ 　　③ $-\dfrac{12}{e}$

④ $-\dfrac{12}{e^2}$ 　　⑤ $-\dfrac{12}{e^3}$

003 　3. 함수의 그래프의 개형 ｜ 2018년 4월학평 가형 6번

곡선 $y=x^2-2x\ln x$의 변곡점의 x좌표는? (3점)

① 1 　　② $\sqrt{e}$ 　　③ 2

④ e 　　⑤ 3

004 　6. 속도와 가속도 ｜ 2020년 7월학평 가형 25번

좌표평면 위를 움직이는 점 P의 시각 $t(t>0)$에서의 위치 (x, y)가

$$x=3t-\dfrac{2}{\pi}\cos \pi t, \quad y=6\ln t-\dfrac{2}{\pi}\sin \pi t$$

이다. 시각 $t=\dfrac{1}{2}$에서 점 P의 속력을 구하시오. (3점)

유형 01 접선의 방정식
– 곡선 위의 점, 곡선 밖의 점

동영상강의 

269-2-5-Y01

☑ **출제경향**

점이 주어졌을 때, 접선의 방정식을 구하는 문제가 출제된다.

✎ **접근방법**

미분을 이용하여 접선의 방정식을 구한다.

🖥 **단골공식**

곡선 $y=f(x)$ 위의 점 $(a, f(a))$에서의 접선의 방정식은
$y-f(a)=f'(a)(x-a)$

---

005 ★☆☆ 2017학년도 6월모평 가형 11번

곡선 $y=\ln(x-3)+1$ 위의 점 $(4, 1)$에서의 접선의
방정식이 $y=ax+b$일 때, 두 상수 a, b의 합 $a+b$의 값은?

(3점)

① -2 ② -1 ③ 0

④ 1 ⑤ 2

---

006 ★★☆ 2010학년도 수능 가형 미적 27번

곡선 $y=e^x$ 위의 점 $(1, e)$에서의 접선이 곡선 $y=2\sqrt{x-k}$에
접할 때, 실수 k의 값은? (3점)

① $\dfrac{1}{e}$ ② $\dfrac{1}{e^2}$ ③ $\dfrac{1}{e^4}$

④ $\dfrac{1}{1+e}$ ⑤ $\dfrac{1}{1+e^2}$

---

007 ★★☆ 2016학년도 수능 B형 7번

곡선 $y=3e^{x-1}$ 위의 점 A에서의 접선이 원점 O를 지날 때,
선분 OA의 길이는? (3점)

① $\sqrt{6}$ ② $\sqrt{7}$ ③ $2\sqrt{2}$

④ 3 ⑤ $\sqrt{10}$

---

008 ★☆☆ 2019년 3월학평 가형 8번

좌표평면에서 곡선 $y=\dfrac{1}{x-1}$ 위의 점 $\left(\dfrac{3}{2}, 2\right)$에서의 접선과
x축 및 y축으로 둘러싸인 부분의 넓이는? (3점)

① 8 ② $\dfrac{17}{2}$ ③ 9

④ $\dfrac{19}{2}$ ⑤ 10

---

009 ★★☆ 2017년 4월학평 가형 11번

좌표평면에서 곡선 $y=e^{x-2}$ 위의 점 $(3, e)$에서의 접선이
x축, y축과 만나는 점을 각각 A, B라 하자. 삼각형 OAB의
넓이는? (단, O는 원점이다.) (3점)

① e ② $\dfrac{3}{2}e$ ③ $2e$

④ $\dfrac{5}{2}e$ ⑤ $3e$

---

010 ★★☆ 2018년 3월학평 가형 13번

$0 < x < \dfrac{\pi}{2}$에서 정의된 함수 $f(x) = \ln(\tan x)$의 그래프와

x축이 만나는 점을 P라 하자. 곡선 $y = f(x)$ 위의 점 P에서의

접선의 y절편은? (3점)

① $-\pi$ ② $-\dfrac{5}{6}\pi$ ③ $-\dfrac{2}{3}\pi$

④ $-\dfrac{\pi}{2}$ ⑤ $-\dfrac{\pi}{3}$

011 ★☆☆ 2020년 7월학평 가형 10번

함수 $f(x) = \tan 2x + \dfrac{\pi}{2}$의 그래프 위의

점 $\mathrm{P}\left(\dfrac{\pi}{8},\ f\left(\dfrac{\pi}{8}\right)\right)$에서의 접선의 y절편은? (3점)

① $\dfrac{1}{2}$ ② $\dfrac{3}{4}$ ③ 1

④ $\dfrac{5}{4}$ ⑤ $\dfrac{3}{2}$

012 ★★☆ 2018학년도 사관학교 가형 23번

직선 $y = -4x$가 곡선 $y = \dfrac{1}{x-2} - a$에 접하도록 하는 모든

실수 a의 값의 합을 구하시오. (3점)

013 ★★☆ 2020학년도 9월모평 가형 13번

양수 k에 대하여 두 곡선 $y = ke^x + 1$, $y = x^2 - 3x + 4$가 점
P에서 만나고, 점 P에서 두 곡선에 접하는 두 직선이 서로
수직일 때, k의 값은? (3점)

① $\dfrac{1}{e}$ ② $\dfrac{1}{e^2}$ ③ $\dfrac{2}{e^2}$

④ $\dfrac{2}{e^3}$ ⑤ $\dfrac{3}{e^3}$

014 ★★☆ 2016년 3월학평 가형 23번

곡선 $y = \ln(x-7)$에 접하고 기울기가 1인 직선이 x축,
y축과 만나는 점을 각각 A, B라 할 때, 삼각형 AOB의
넓이를 구하시오. (단, O는 원점이다.) (3점)

유형 02 접선의 방정식
— 기울기, 수직, 평행

동영상강의 

269-2-5-Y02

☑ 출제경향

기울기가 주어졌을 때, 접선의 방정식을 구하는 문제가 출제된다.

✎ 접근방법

주어진 접선의 기울기를 이용하여 접점을 찾는다.

🖥 단골공식

두 직선 $y = mx + n$, $y = m'x + n'$ $(m \neq 0,\ m' \neq 0)$이 서로
① 평행할 때 : $m = m'\ (n \neq n')$ ② 수직일 때 : $mm' = -1$

정답과 해설 **010** p.306 | **011** p.307 | **012** p.307 | **013** p.307 | **014** p.308

양의 실수 전체의 집합에서 미분가능한 함수 $f(x)$에 대하여 함수 $g(x)$를

$$g(x)=f(x)\ln x^4$$

이라 하자. 곡선 $y=f(x)$ 위의 점 $(e,\ -e)$에서의 접선과 곡선 $y=g(x)$ 위의 점 $(e,\ -4e)$에서의 접선이 서로 수직일 때, $100f'(e)$의 값을 구하시오. (4점)

실수 전체의 집합에서 미분가능한 함수 $f(x)$에 대하여 곡선 $y=f(x)$ 위의 점 $(4,\ f(4))$에서의 접선 l이 다음 조건을 만족시킨다.

> (가) 직선 l은 제2사분면을 지나지 않는다.
> (나) 직선 l과 x축 및 y축으로 둘러싸인 도형은 넓이가 2인 직각이등변삼각형이다.

함수 $g(x)=xf(2x)$에 대하여 $g'(2)$의 값은? (4점)

① 3   ② 4   ③ 5
④ 6   ⑤ 7

유형 03 접선의 방정식의 활용 ⭐중요   동영상강의 ▶

☑ **출제경향**
접선의 방정식과 연계된 다양한 문제가 출제된다.

✏ **접근방법**
주어진 조건을 이용하여 접선의 방정식을 구한다.

269-2-5-Y03

미분가능한 함수 $f(x)$와 함수 $g(x)=\sin x$에 대하여 합성함수 $y=(g\circ f)(x)$의 그래프 위의 점 $(1,\ (g\circ f)(1))$에서의 접선이 원점을 지난다.

$$\lim_{x\to 1}\frac{f(x)-\dfrac{\pi}{6}}{x-1}-k$$

일 때, 상수 k에 대하여 $30k^2$의 값을 구하시오. (4점)

$a>3$인 상수 a에 대하여 두 곡선 $y=a^{x-1}$과 $y=3^x$이 점 P에서 만난다. 점 P의 x좌표를 k라 할 때, 다음 물음에 답하시오.

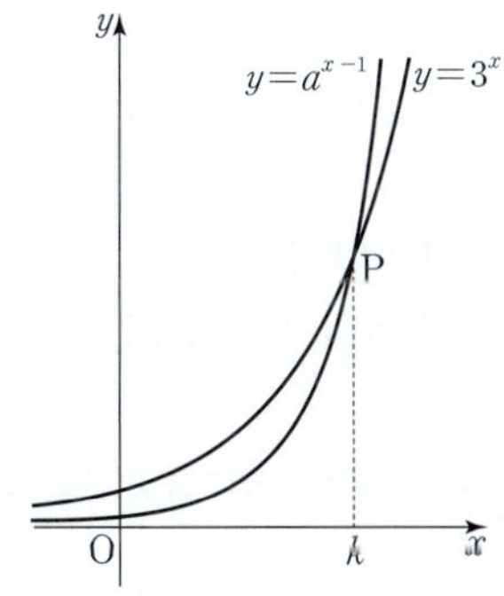

점 P에서 곡선 $y=3^x$에 접하는 직선이 x축과 만나는 점을 A, 점 P에서 곡선 $y=a^{x-1}$에 접하는 직선이 x축과 만나는 점을 R라 하자. 점 $H(k,\ 0)$에 대하여 $\overline{AH}=2\overline{BH}$일 때, a의 값은? (4점)

① 6   ② 7   ③ 8
④ 9   ⑤ 10

019 ★★★ 2018학년도 6월모평 가형 16번

실수 k에 대하여 함수 $f(x)$는

$$f(x) = \begin{cases} x^2 + k & (x \leq 2) \\ \ln(x-2) & (x > 2) \end{cases}$$

이다. 실수 t에 대하여 직선 $y = x + t$와 함수 $y = f(x)$의 그래프가 만나는 점의 개수를 $g(t)$라 하자. 함수 $g(t)$가 $t = a$에서 불연속인 a의 값이 한 개일 때, k의 값은? (4점)

① -2 　　② $-\dfrac{9}{4}$ 　　③ $-\dfrac{5}{2}$

④ $-\dfrac{11}{4}$ 　　⑤ -3

020 ★★★ 2019년 10월학평 가형 21번

정수 n에 대하여 점 $(a, 0)$에서 곡선 $y = (x-n)e^x$에 그은 접선의 개수를 $f(n)$이라 하자. [보기]에서 옳은 것만을 있는 대로 고른 것은? (4점)

[보기]

ㄱ. $a = 0$일 때, $f(4) = 1$이다.

ㄴ. $f(n) = 1$인 정수 n의 개수가 1인 정수 a가 존재한다.

ㄷ. $\displaystyle\sum_{n=1}^{5} f(n) = 5$를 만족시키는 정수 a의 값은 -1 또는 3이다.

① ㄱ 　　② ㄱ, ㄴ 　　③ ㄱ, ㄷ

④ ㄴ, ㄷ 　　⑤ ㄱ, ㄴ, ㄷ

021 ★★★ 2020학년도 6월모평 가형 21번

함수 $f(x) = \dfrac{\ln x}{x}$와 양의 실수 t에 대하여 기울기가 t인 직선이 곡선 $y = f(x)$에 접할 때 접점의 x좌표를 $g(t)$라 하자. 원점에서 곡선 $y = f(x)$에 그은 접선의 기울기가 a일 때, 미분가능한 함수 $g(t)$에 대하여 $a \times g'(a)$의 값은? (4점)

① $-\dfrac{\sqrt{e}}{3}$ 　　② $-\dfrac{\sqrt{e}}{4}$ 　　③ $-\dfrac{\sqrt{e}}{5}$

④ $-\dfrac{\sqrt{e}}{6}$ 　　⑤ $-\dfrac{\sqrt{e}}{7}$

022 ★★☆ 2019년 7월학평 가형 21번

$0 < t < 1$인 실수 t에 대하여 직선 $y = t$와 함수 $f(x) = \sin x \left(0 < x < \dfrac{\pi}{2} \right)$의 그래프가 만나는 점을 P라 할 때, 곡선 $y = f(x)$ 위의 점 P에서 그은 접선의 x절편을 $g(t)$라 하자. $g'\left(\dfrac{2\sqrt{2}}{3} \right)$의 값은? (4점)

① -28 　　② -24 　　③ -20

④ -16 　　⑤ -12

실수 t에 대하여 원점을 지나고 곡선 $y=\dfrac{1}{e^x}+e^t$에 접하는 직선의 기울기를 $f(t)$라 하자. $f(a)=-e\sqrt{e}$를 만족시키는 상수 a에 대하여 $f'(a)$의 값은? (3점)

① $-\dfrac{1}{3}e\sqrt{e}$ 　　② $-\dfrac{1}{2}e\sqrt{e}$ 　　③ $-\dfrac{2}{3}e\sqrt{e}$

④ $-\dfrac{5}{6}e\sqrt{e}$ 　　⑤ $-e\sqrt{e}$

함수 $f(x)=\ln\dfrac{x}{k}$ (k는 자연수)의 역함수를 $y=g(x)$라 할 때, 곡선 $y=f(x)$ 위의 점과 곡선 $y=g(x)$ 위의 점 사이의 최단 거리를 l_k라 하자. $l_k\geq 3\sqrt{2}$를 만족시키는 k의 최솟값은? (단, $e=2.7$로 계산한다.) (3점)

① 11 　　② 10 　　③ 9

④ 8 　　⑤ 7

그림과 같이 함수 $f(x)=\log_2\left(x+\dfrac{1}{2}\right)$의 그래프와 함수 $g(x)=a^x$ ($a>1$)의 그래프가 있다. 곡선 $y=g(x)$가 y축과 만나는 점을 A, 점 A를 지나고 x축에 평행한 직선이 곡선 $y=f(x)$와 만나는 점 중 점 A가 아닌 점을 B, 점 B를 지나고 y축에 평행한 직선이 곡선 $y=g(x)$와 만나는 점을 C라 하자.

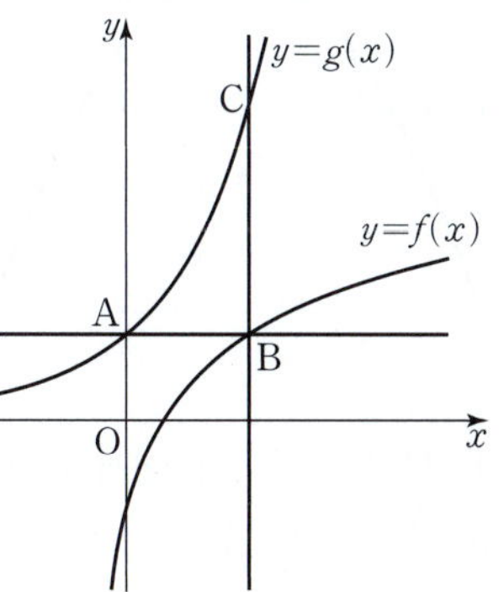

곡선 $y=g(x)$ 위의 점 C에서의 접선이 x축과 만나는 점을 D라 하자. $\overline{AD}=\overline{BD}$일 때, $g(2)$의 값은? (4점)

① $e^{\frac{2}{3}}$ 　　　　② $e^{\frac{5}{3}}$ 　　　　③ $e^{\frac{8}{3}}$

④ $e^{\frac{11}{3}}$ 　　　　⑤ $e^{\frac{14}{3}}$

닫힌구간 $[0, 4]$에서 정의된 함수

$$f(x) = 2\sqrt{2}\sin\frac{\pi}{4}x$$

의 그래프가 그림과 같고, 직선 $y=g(x)$가 $y=f(x)$의 그래프 위의 점 $A(1, 2)$를 지난다.

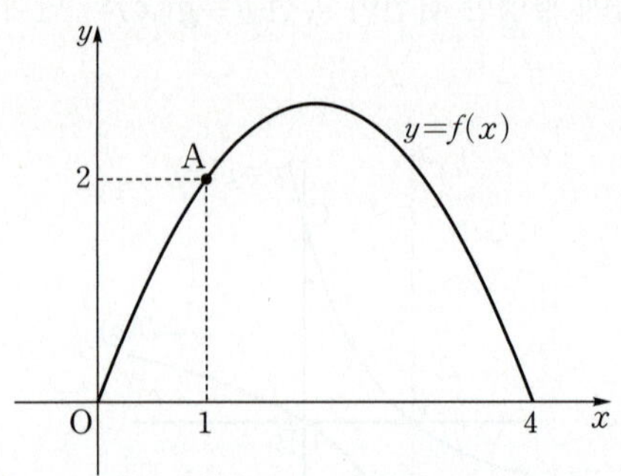

일차함수 $g(x)$가 닫힌구간 $[0, 4]$에서 $f(x) \le g(x)$를 만족시킬 때, $g(3)$의 값은? (4점)

① π ② $\pi+1$ ③ $\pi+2$

④ $\pi+3$ ⑤ $\pi+4$

그림과 같이 곡선 $y=\sqrt{x}$의 접선 l과 x축 및 두 직선 $x=0$과 $x=8$로 둘러싸인 사다리꼴의 넓이의 최솟값을 구하시오.

(4점)

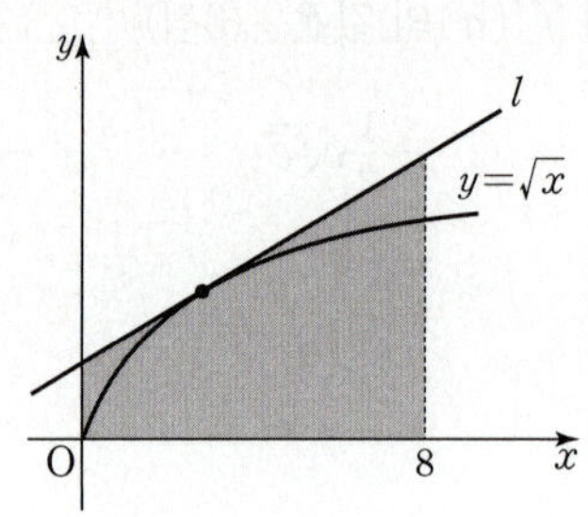

원 $x^2+y^2=1$ 위의 임의의 점 P와 곡선 $y=\sqrt{x}-3$ 위의 임의의 점 Q에 대하여 $\overline{PQ}$의 최솟값은 $\sqrt{a}-b$이다. 자연수 a, b에 대하여 a^2+b^2의 값을 구하시오. (4점)

동영상강의 

269-2-5-Y04

☑ 출제경향
역함수의 미분법을 이용한 접선의 방정식 문제가 출제된다.

✎ 접근방법
역함수의 미분법을 정확히 적용한다.

---

029 ★★☆ 2019년 3월학평 가형 14번

함수 $f(x)=x^3-5x^2+9x-5$의 역함수를 $g(x)$라 할 때,
곡선 $y=g(x)$ 위의 점 $(4,\ g(4))$에서의 접선의 기울기는?

(4점)

① $\dfrac{1}{18}$ ② $\dfrac{1}{12}$ ③ $\dfrac{1}{9}$

④ $\dfrac{5}{36}$ ⑤ $\dfrac{1}{6}$

---

030 ★★☆ 2017년 7월학평 가형 16번

함수 $f(x)=\tan^3 x\left(-\dfrac{\pi}{2}<x<\dfrac{\pi}{2}\right)$의 역함수를 $g(x)$라 할
때, 곡선 $y=g(x)$ 위의 점 $(1,\ g(1))$에서의 접선의 기울기는?

(4점)

① $\dfrac{1}{6}$ ② $\dfrac{1}{3}$ ③ $\dfrac{1}{2}$

④ $\dfrac{2}{3}$ ⑤ $\dfrac{5}{6}$

---

031 ★★☆ 2017학년도 9월모평 가형 26번

함수 $f(x)=2x+\sin x$의 역함수를 $g(x)$라 할 때, 곡선
$y=g(x)$ 위의 점 $(4\pi,\ 2\pi)$에서의 접선의 기울기는 $\dfrac{q}{p}$이다.
$p+q$의 값을 구하시오.

(단, p와 q는 서로소인 자연수이다.) (4점)

---

032 ★★☆ 2013학년도 6월모평 가형 26번

실수 전체의 집합에서 증가하고 미분가능한 함수 $f(x)$가
있다. 곡선 $y=f(x)$ 위의 점 $(2,\ 1)$에서의 접선의 기울기는
1이다. 함수 $f(2x)$의 역함수를 $g(x)$라 할 때, 곡선
$y=g(x)$ 위의 점 $(1,\ a)$에서의 접선의 기울기는 b이다.
$10(a+b)$의 값을 구하시오. (4점)

정답과 해설 029 p.316 030 p.316 031 p.317 032 p.317

033 ★★★ 2023학년도 9월모평 미적 29번

함수 $f(x)=e^x+x$가 있다. 양수 t에 대하여 점 $(t,\ 0)$과
점 $(x,\ f(x))$ 사이의 거리가 $x=s$에서 최소일 때,
실수 $f(s)$의 값을 $g(t)$라 하자. 함수 $g(t)$의 역함수를
$h(t)$라 할 때, $h'(1)$의 값을 구하시오. (4점)

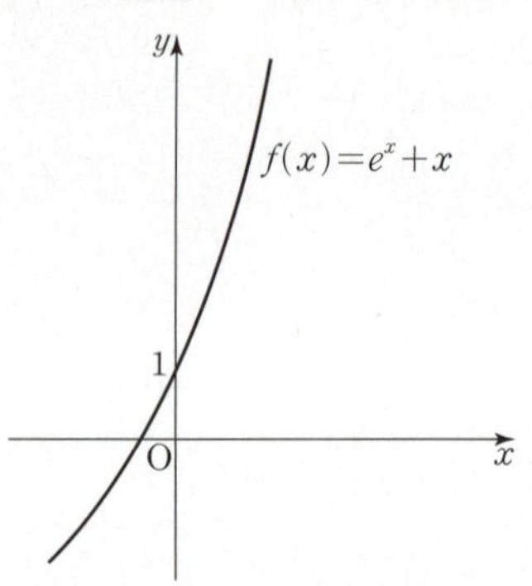

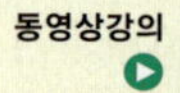
269-2-5-Y05

유형 05 여러 가지 함수의 접선의 방정식 (2) – 음함수

동영상강의

☑ 출제경향

주로 접선의 기울기를 묻는 문제가 출제된다.

✎ 접근방법

접선의 기울기가 그 점에서의 미분계수이므로 음함수 꼴로 표현되어
있을 때에는 음함수의 미분법을 이용하여 해결한다.

🖥 단골공식

음함수의 미분법

x의 함수 y가 음함수 $f(x,\ y)=0$의 꼴로 주어질 때에는 각 항을 x에
대하여 미분하여 $\dfrac{dy}{dx}$를 구한다.

이때 $\dfrac{d}{dx}y^k=\dfrac{d}{dy}y^k\cdot\dfrac{dy}{dx}$를 이용하면 된다.

034 ★☆☆ 2020학년도 6월모평 가형 6번

곡선 $x^2+xy+y^3=7$ 위의 점 $(2,\ 1)$에서의 접선의
기울기는? (3점)

① -5 　　② -4 　　③ -3

④ -2 　　⑤ -1

035 ★☆☆ 2016년 10월학평 가형 14번

곡선 $x^2+5xy-2y^2+11=0$ 위의 점 $(1,\ 4)$에서의 접선과
x축 및 y축으로 둘러싸인 부분의 넓이는? (4점)

① 1 　　② 2 　　③ 3

④ 4 　　⑤ 5

036 ★☆☆ 2019학년도 9월모평 기형 11번

곡선 $e^y \ln x = 2y+1$ 위의 점 $(e, 0)$에서의 접선의 방정식을 $y=ax+b$라 할 때, ab의 값은? (단, a, b는 상수이다.)

(3점)

① $-2e$ ② $-e$ ③ -1

④ $-\dfrac{2}{e}$ ⑤ $-\dfrac{1}{e}$

유형 06 여러 가지 함수의 접선의 방정식 (3) — 매개변수를 이용하여 나타낸 함수 

동영상강의

269-2-5-Y06

☑ **출제경향**

자주 출제되는 유형은 아니지만 단순 계산 문제 위주로 출제된다.

✏ **접근방법**

매개변수로 나타낸 함수의 접선의 방정식 공식을 이용하여 접선의 방정식을 구한다.

▦ **단골공식**

매개변수로 나타낸 곡선 $x=f(t)$, $y=g(t)$에서 두 함수 $f(t)$, $g(t)$가 t에 대하여 미분가능하고 $f'(t) \neq 0$일 때, $t=t_1$에 대응하는 점에서의 접선의 방정식은

$$y-g(t_1) = \frac{g'(t_1)}{f'(t_1)}\{x-f(t_1)\}$$

---

037 ★☆☆ 2016년 7월학평 가형 11번

좌표평면 위를 움직이는 점 P의 좌표 (x, y)가 $t(t>0)$을 매개변수로 하여

$$x=2t+1, \ y=t+\frac{3}{t}$$

으로 나타내어진다. 점 P가 그리는 곡선 위의 한 점 (a, b)에서의 접선의 기울기가 -1일 때, $a+b$의 값은? (3점)

① 6   ② 7   ③ 8

④ 9   ⑤ 10

---

038 ★★☆ 2011년 4월학평 가형 20번

매개변수 θ로 나타내어진 함수

$$x=\tan\theta, \ y=\cos^2\theta \left(\text{단, } -\frac{\pi}{2}<\theta<\frac{\pi}{2}\right)$$

에 대하여 이 곡선 위의 점 $\left(1, \dfrac{1}{2}\right)$에서의 접선의 기울기는?

(3점)

① -1 ② $-\dfrac{1}{2}$ ③ 0

④ $\dfrac{1}{2}$ ⑤ 1

---

039 ★☆☆ 2022학년도 수능예시문항 미적 25번

매개변수 t로 나타낸 곡선

$$x=e^t+2t, \ y=e^{-t}+3t$$

에 대하여 $t=0$에 대응하는 점에서의 접선이 점 $(10, a)$를 지날 때, a의 값은? (3점)

① 6   ② 7   ③ 8

④ 9   ⑤ 10

040 ★★☆ 2022년 10월학평 미적 25번

매개변수 $t\,(0<t<\pi)$로 나타내어진 곡선
$$x=\sin t-\cos t,\ y=3\cos t+\sin t$$
위의 점 $(a,\,b)$에서의 접선의 기울기가 3일 때, $a+b$의
값은? (3점)

① 0 ② $-\dfrac{\sqrt{10}}{10}$ ③ $-\dfrac{\sqrt{10}}{5}$

④ $-\dfrac{3\sqrt{10}}{10}$ ⑤ $-\dfrac{2\sqrt{10}}{5}$

041 ★★★

매개변수 θ에 대하여 $0<\theta<\dfrac{\pi}{2}$에서 정의되고
$$x=2\theta+1,\ y=\theta+\sin 2\theta$$
로 나타내어진 함수 위의 점에서의 접선이 x축과 만나는
점의 좌표를 $(f(\theta),\,0)$이라 할 때, $\displaystyle\lim_{\theta\to 0+}\dfrac{f(\theta)-1}{\theta}$의 값은?

(4점)

① -2 ② -1 ③ 0

④ 1 ⑤ 2

042 ★★★

원점을 지나는 직선 l이 매개변수 t로 나타내어지는 곡선
$$x=2^{t+1}+2^{-t+1},\ y=2^{-t}-2^{t}-1$$
과 $t=k$에서 접할 때, $2^{k}-2^{-k}$의 값은? (3점)

① 2 ② 4 ③ 6

④ 8 ⑤ 10

유형 07 함수의 증가 · 감소   동영상강의 ▶

269-2-5-Y07

☑ **출제경향**

주어진 함수를 미분하여 함수의 증가와 감소를 묻는 문제가
출제된다.

🖋 **접근방법**

주어진 함수를 미분하여 $f'(x)=0$이 되는 값을 기준으로 부호를 조
사하여 그래프의 개형을 그릴 수 있다.

📖 **단골공식**

함수 $f(x)$가 어떤 구간에서 미분가능할 때, 그 구간의 모든 x에 대하
여

① $f'(x)>0$이면 $f(x)$는 증가한다.
② $f'(x)<0$이면 $f(x)$는 감소한다.

043 ★★☆ 2016년 3월학평 가형 9번

실수 전체의 집합에서 함수 $f(x)=(x^{2}+2ax+11)e^{x}$이
증가하도록 하는 자연수 a의 최댓값은? (3점)

① 3 ② 4 ③ 5

④ 6 ⑤ 7

044 ★☆☆ 2016년 10월학평 가형 13번

함수 $f(x)=e^{x+1}(x^2+3x+1)$이 구간 (a, b)에서 감소할 때, $b-a$의 최댓값은? (3점)

① 1   ② 2   ③ 3
④ 4   ⑤ 5

045 ★★☆ 2017년 7월학평 가형 17번

함수 $f(x)=\dfrac{1}{2}x^2-3x-\dfrac{k}{x}$가 열린구간 $(0, \infty)$에서 증가할 때, 실수 k의 최솟값은? (4점)

① 3   ② $\dfrac{7}{2}$ ③ 4
④ $\dfrac{9}{2}$ ⑤ 5

046 ★★☆ 2014학년도 수능예비시행 B형 20번

열린구간 $(0, 5)$에서 미분가능한 두 함수 $f(x)$, $g(x)$의 그래프가 그림과 같다. 합성함수 $h(x)=(f \circ g)(x)$에 대하여 옳은 것만을 [보기]에서 있는 대로 고른 것은? (4점)

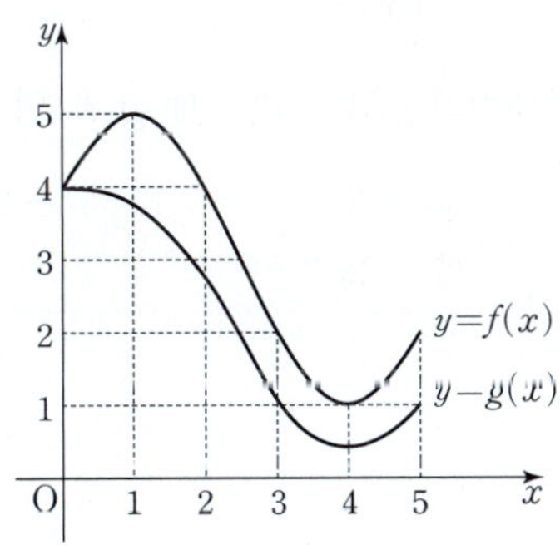

[보기]

ㄱ. $h(3)=4$
ㄴ. $h'(2) \geq 0$
ㄷ. 함수 $h(x)$는 구간 $(3, 4)$에서 감소한다.

① ㄱ   ② ㄴ   ③ ㄷ
④ ㄱ, ㄴ   ⑤ ㄴ, ㄷ

유형 08 극대와 극소

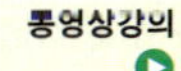

269-2-5-Y08

☑ **출제경향**

주어진 함수를 미분하여 함수의 극댓값과 극솟값을 묻는 문제가 출제된다.

🖊 **접근방법**

주어진 함수를 미분하여 극값을 판정한다.

📖 **단골공식**

함수 $f(x)$가 미분가능하고 $f'(a)=0$일 때, $x=a$의 좌우에서 $f'(x)$의 부호가

① 양 $(+)$에서 음 $(-)$으로 바뀌면 $f(x)$는 $x=a$에서 극대이고, 극댓값 $f(a)$를 갖는다.
② 음 $(-)$에서 양 $(+)$으로 바뀌면 $f(x)$는 $x=a$에서 극소이고, 극솟값 $f(a)$를 갖는다.

047 ★☆☆ 2021학년도 수능 가형 7번

함수 $f(x)=(x^2-2x-7)e^x$의 극댓값과 극솟값을 각각 a, b라 할 때, $a \times b$의 값은? (3점)

① -32 ② -30 ③ -28
④ -26 ⑤ -24

048 ★★☆ 2013년 4월학평 B형 5번

열린구간 $(0, 2\pi)$에서 정의된 함수 $f(x)=e^x(\sin x+\cos x)$의 극댓값을 M, 극솟값을 m이라 할 때, Mm의 값은? (3점)

① $-e^{2\pi}$ ② $-e^{\pi}$ ③ $\dfrac{1}{e^{3\pi}}$
④ $\dfrac{1}{e^{2\pi}}$ ⑤ $\dfrac{1}{e^{\pi}}$

함수

$$f(x)=\frac{1}{2}x^2-a\ln x \ (a>0)$$

의 극솟값이 0일 때, 상수 a의 값은? (3점)

① $\dfrac{1}{e}$　　　　② $\dfrac{2}{e}$　　　　③ $\sqrt{e}$

④ e　　　　⑤ $2e$

함수 $f(x)=\tan(\pi x^2+ax)$가 $x=\dfrac{1}{2}$에서 극솟값 k를 가질 때, k의 값은? (단, a는 상수이다.) (3점)

① $-\sqrt{3}$　　　　② -1　　　　③ $-\dfrac{\sqrt{3}}{3}$

④ 0　　　　⑤ $\dfrac{\sqrt{3}}{3}$

열린구간 $(0,\ 2\pi)$에서 정의된 함수 $f(x)=\dfrac{\sin x}{e^{2x}}$가 $x=a$에서 극솟값을 가질 때, $\cos a$의 값은? (4점)

① $-\dfrac{2\sqrt{5}}{5}$　　　　② $-\dfrac{\sqrt{5}}{5}$　　　　③ 0

④ $\dfrac{\sqrt{5}}{5}$　　　　⑤ $\dfrac{2\sqrt{5}}{5}$

함수 $f(x)=\dfrac{x-1}{x^2-x+1}$의 극댓값과 극솟값의 합은? (3점)

① -1　　　　② $-\dfrac{5}{6}$　　　　③ $-\dfrac{2}{3}$

④ $-\dfrac{1}{2}$　　　　⑤ $-\dfrac{1}{3}$

최고차항의 계수가 1인 이차함수 $f(x)$가 실수 $k\ (k\neq 0)$에 대하여 $f(3-2k)=f(3)$을 만족시킨다. 함수

$$g(x)=\frac{f(x)+k}{e^{f(x)}}$$

가 $x=3$에서 극대이고 $g(3)=e$일 때, $g(k)$의 값은? (3점)

① $-2e^6$　　　　② $-3e^5$　　　　③ $-2e^5$

④ $-3e^4$　　　　⑤ $-2e^4$

054 ★★☆ 2022학년도 수능 미적 28번

함수 $f(x)=6\pi(x-1)^2$에 대하여 함수 $g(x)$를
$$g(x)=3f(x)+4\cos f(x)$$
라 하자. $0<x<2$에서 함수 $g(x)$가 극소가 되는 x의 개수는? (4점)

① 6   ② 7   ③ 8
④ 9   ⑤ 10

055 ★★★ 2022학년도 6월모평 미적 29번

$t>2e$인 실수 t에 대하여 함수 $f(x)=t(\ln x)^2-x^2$이 $x=k$에서 극대일 때, 실수 k의 값을 $g(t)$라 하면 $g(t)$는 미분가능한 함수이다. $g(a)=e^2$인 실수 a에 대하여
$$a\times\{g'(a)\}^2=\frac{q}{p}$$
일 때, $p+q$의 값을 구하시오.

(단, p와 q는 서로소인 자연수이다.) (4점)

056 ★★★ 2003학년도 수능 자연계 24번

어떤 제품의 생산량이 x일 때 생산비를 $f(x)$라고 하자.

이때, $\dfrac{f(x)}{x}$를 평균생산비라 하고, AC로 나타낸다.

또, $f(x)$가 미분가능하면 $f'(x)$를 생산량이 x일 때의 한계생산비라 하고 MC로 나타낸다.

평균생산비 $\text{AC}=\dfrac{f(x)}{x}$의 그래프가 그림과 같고 $x=q$에서 극솟값을 가질 때, $x=q$ 근방에서 한계생산비 $\text{MC}=f'(x)$의 그래프의 개형은? (3점)

① 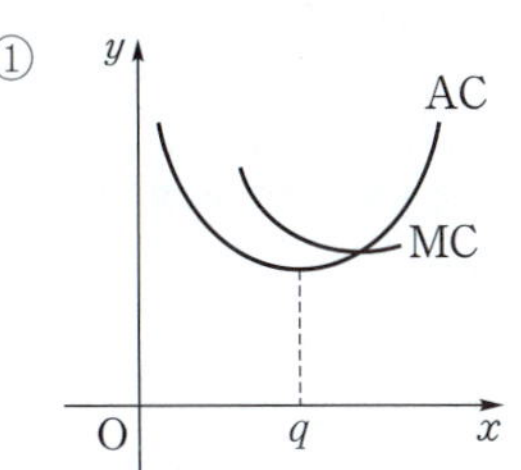 ② 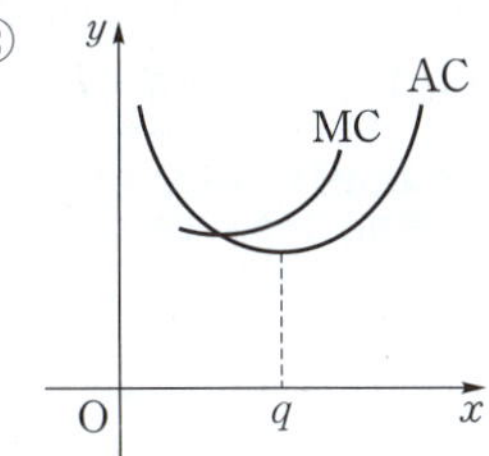

③ 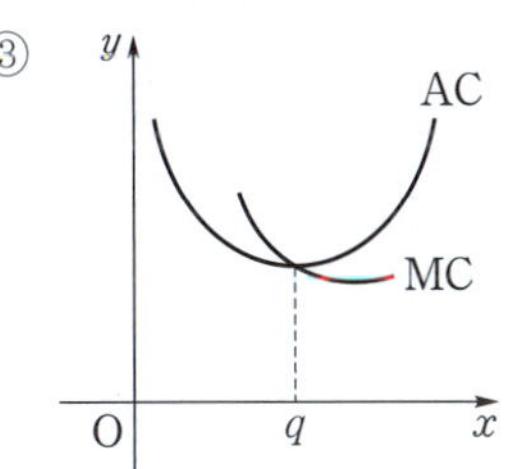 ④ 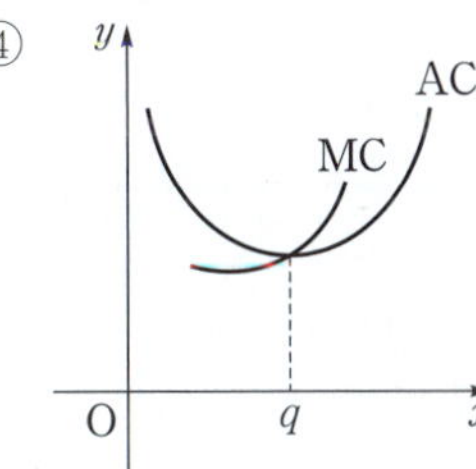

⑤ 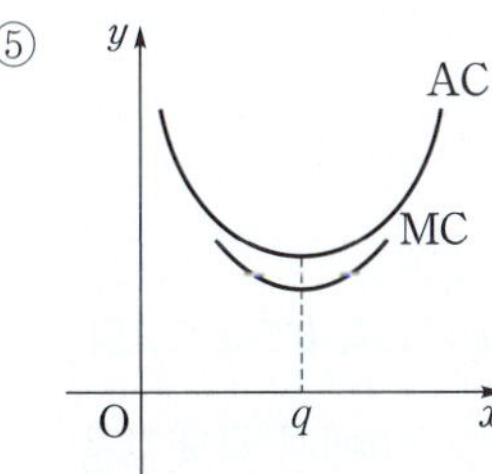

이 문항은 7차 교육과정 이전에 출제되었지만 창의적, 복합적 사고를 요하는 문제로 신유형, 고난도 문제에 대한 적응력을 키워줄 수 있습니다.

☑ **출제경향**

함수 $f(x)$가 극값을 가질 조건에 대해 묻는 문제가 출제된다.

✎ **접근방법**

함수 $f(x)$가 $x=a$에서 극값을 가질 때, $f'(a)=0$임을 이용한다.
반드시 $x=a$의 좌우에서 $f'(x)$의 부호가 바뀌는지 확인해야 한다.

057 ★★☆ 2001년 9월학평 자연계 21번

함수 $f(x)=x+k\sin x$가 항상 극값을 갖기 위한 상수 k의 값의 범위는? (3점)

① $0<k<1$ ② $|k|>1$ ③ $|k|<1$
④ $|k|\geq 1$ ⑤ $|k|\leq 1$

이 문항은 7차 교육과정 이전에 출제되었지만 창의적, 복합적 사고를 요하는 문제로 신유형, 고난도 문제에 대한 적응력을 키워줄 수 있습니다.

058 ★★★ 2017년 3월학평 가형 14번

모든 실수 x에 대하여 $f(x+2)=f(x)$이고, $0\leq x<2$일 때 $f(x)=\dfrac{(x-a)^2}{x+1}$인 함수 $f(x)$가 $x=0$에서 극댓값을 갖는다. 구간 $[0,\ 2)$에서 극솟값을 갖도록 하는 모든 정수 a의 값의 곱은? (4점)

① -3 ② -2 ③ -1
④ 1 ⑤ 2

☑ **출제경향**

함수 $f(x)$가 $x=a$에서 극값을 갖는지 판단하는 문제가 출제된다.

✎ **접근방법**

주어진 문제와 보기를 활용하여 문제를 해결한다.

059 ★★☆ 2007년 7월학평 가형 미적 29번

함수 $f(x)=e^{\frac{2}{x}}$에 대하여 [보기]의 설명 중 옳은 것을 모두 고른 것은? (4점)

[보기]

ㄱ. $\lim\limits_{x\to\infty}f(x)=1$

ㄴ. 함수 $f(x)$는 극값을 갖지 않는다.

ㄷ. $x>0$에서 함수 $f(x)$는 증가함수이다.

① ㄱ   ② ㄷ   ③ ㄱ, ㄴ
④ ㄴ, ㄷ   ⑤ ㄱ, ㄴ, ㄷ

060 ★★☆ 2005학년도 수능 가형 미적 28번

이계도함수를 갖는 함수 $f(x)$가 모든 실수 x에 대하여 $f(-x)=-f(x)$를 만족시킬 때, [보기]에서 항상 옳은 것을 모두 고른 것은? (3점)

[보기]

ㄱ. $f'(-x)=f'(x)$

ㄴ. $\lim\limits_{x\to 0}f'(x)=0$

ㄷ. $f(x)$의 도함수 $f'(x)$가 $x=a(a\neq 0)$에서 극댓값을 가지면 $f'(x)$는 $x=-a$에서 극솟값을 갖는다.

① ㄱ   ② ㄴ   ③ ㄱ, ㄴ
④ ㄱ, ㄷ   ⑤ ㄱ, ㄴ, ㄷ

061 ★★☆ 2003학년도 모평 자연계 6번

함수 $f(x)=x^n e^{-x}$에 대한 [보기]의 설명 중 옳은 것을 모두 고르면? (단, n은 자연수) (3점)

[보기]

ㄱ. n이 짝수일 때, $f(x)$의 최솟값은 0이다.
ㄴ. n이 짝수일 때, $f(x)$는 $x=0$에서 극솟값을 갖고 $x=n$에서 극댓값을 갖는다.
ㄷ. n이 홀수일 때, $f(x)$는 $x=0$에서 극댓값을 갖고 $x=n$에서 극솟값을 갖는다.

① ㄱ ② ㄴ ③ ㄱ, ㄴ
④ ㄴ, ㄷ ⑤ ㄱ, ㄴ, ㄷ

이 문항은 7차 교육과정 이전에 출제되었지만 다시 출제될 가능성이 있어 수록하였습니다.

062 ★★☆ 2014학년도 사관학교 B형 20번

함수 $f(x)=x\sin x$에 대하여 옳은 것만을 [보기]에서 있는 대로 고른 것은? (4점)

[보기]

ㄱ. 함수 $f(x)$는 $x=0$에서 극솟값을 갖는다.
ㄴ. 직선 $y=x$는 곡선 $y=f(x)$에 접한다.
ㄷ. 함수 $f(x)$가 $x=a$에서 극댓값을 갖는 a가 구간 $\left(\dfrac{\pi}{2},\ \dfrac{3}{4}\pi\right)$에 존재한다.

① ㄱ ② ㄱ, ㄴ ③ ㄱ, ㄷ
④ ㄴ, ㄷ ⑤ ㄱ, ㄴ, ㄷ

유형 11 변곡점

동영상강의

269-2-5-Y11

☑ 출제경향

변곡점을 구하거나 변곡점을 이용해 그래프의 개형을 유추하는 문제가 출제된다.

✦ 접근방법

함수 $f(x)$에서 $f''(a)=0$인 a의 값을 구한다. 반드시 $x=a$의 좌우에서 $f''(x)$의 부호가 바뀌는지 확인하여야 한다.

063 ★☆☆ 2019학년도 6월모평 가형 26번

좌표평면에서 점 $(2,\ a)$가 곡선 $y=\dfrac{2}{x^2+b}$ $(b>0)$의 변곡점일 때, $\dfrac{b}{a}$의 값을 구하시오. (단, a, b는 상수이다.)

(4점)

064 ★☆☆ 2020학년도 6월모평 가형 11번

함수 $f(x)=xe^x$에 대하여 곡선 $y=f(x)$의 변곡점의 좌표가 $(a,\ b)$일 때, 두 수 a, b의 곱 ab의 값은? (3점)

① $4e^2$ ② e ③ $\dfrac{1}{e}$
④ $\dfrac{4}{e^2}$ ⑤ $\dfrac{9}{e^3}$

065 ★☆☆ 2019년 4월학평 가형 25번

곡선 $y=\dfrac{1}{3}x^3+2\ln x$의 변곡점에서의 접선의 기울기를
구하시오. (3점)

066 ★☆☆ 2017년 3월학평 가형 8번

곡선 $y=(\ln x)^2-x+1$의 변곡점에서의 접선의 기울기는?

(3점)

① $\dfrac{1}{e}-1$ ② $\dfrac{2}{e}-1$ ③ $\dfrac{1}{e}$

④ $\dfrac{2}{e}+1$ ⑤ $\dfrac{5}{2}$

067 ★★☆ 2021년 7월학평 미적 27번

곡선 $y=xe^{-2x}$의 변곡점을 A라 하자. 곡선 $y=xe^{-2x}$ 위의
점 A에서의 접선이 x축과 만나는 점을 B라 할 때, 삼각형
OAB의 넓이는? (단, O는 원점이다.) (3점)

① e^{-2} ② $3e^{-2}$ ③ 1
④ e^2 ⑤ $3e^2$

068 ★☆☆ 2011학년도 9월모평 가형 미적 27번

곡선 $y=\left(\ln\dfrac{1}{ax}\right)^2$의 변곡점이 직선 $y=2x$ 위에 있을 때,
양수 a의 값은? (3점)

① e ② $\dfrac{5}{4}e$ ③ $\dfrac{3}{2}e$

④ $\dfrac{7}{4}e$ ⑤ $2e$

069 ★★☆ 2020학년도 수능 가형 11번

곡선 $y=ax^2-2\sin 2x$가 변곡점을 갖도록 하는 정수 a의
개수는? (3점)

① 4 ② 5 ③ 6
④ 7 ⑤ 8

070 ★★☆ 2020학년도 9월모평 가형 26번

함수 $f(x)=3\sin kx+4x^3$의 그래프가 오직 하나의 변곡점
을 가지도록 하는 실수 k의 최댓값을 구하시오. (4점)

정답과 해설 065 p.330 066 p.331 067 p.331 068 p.331 069 p.332 070 p.332

071 ★★☆ 2020년 7월학평 가형 15번

두 함수 $f(x)$, $g(x)$가 실수 전체의 집합에서 이계도함수를
갖고 $g(x)$가 증가함수일 때, 함수 $h(x)$를
$$h(x)=(f \circ g)(x)$$
라 하자. 점 $(2, 2)$가 곡선 $y=g(x)$의 변곡점이고
$\dfrac{h''(2)}{f''(2)}=4$이다. $f'(2)=4$일 때, $h'(2)$의 값은? (4점)

① 8   ② 10   ③ 12

④ 14   ⑤ 16

072 ★★☆ 2015학년도 9월모평 B형 20번

3 이상의 자연수 n에 대하여 함수 $f(x)$가
$$f(x)=x^n e^{-x}$$
일 때, [보기]에서 옳은 것만을 있는 대로 고른 것은? (4점)

[보기]

ㄱ. $f\left(\dfrac{n}{2}\right)=f'\left(\dfrac{n}{2}\right)$

ㄴ. 함수 $f(x)$는 $x=n$에서 극댓값을 갖는다.

ㄷ. 점 $(0, 0)$은 곡선 $y=f(x)$의 변곡점이다.

① ㄴ   ② ㄷ   ③ ㄱ, ㄴ

④ ㄱ, ㄷ   ⑤ ㄱ, ㄴ, ㄷ

073 ★★★ 2011학년도 9월모평 가형 미적 29번

다항함수 $f(x)$에 대하여 다음 표는 x의 값에 따른
$f(x)$, $f'(x)$, $f''(x)$의 변화 중 일부를 나타낸 것이다.

x	$x<1$	$x=1$	$1<x<3$	$x=3$
$f'(x)$		0		1
$f''(x)$	+		+	0
$f(x)$		$\dfrac{\pi}{2}$		π

함수 $g(x)=\sin(f(x))$에 대하여 옳은 것만을 [보기]에서
있는 대로 고른 것은? (4점)

[보기]

ㄱ. $g'(3)=-1$

ㄴ. $1<a<b<3$이면 $-1<\dfrac{g(b)-g(a)}{b-a}<0$이다.

ㄷ. 점 $\mathrm{P}(1, 1)$은 곡선 $y=g(x)$의 변곡점이다.

① ㄱ   ② ㄷ   ③ ㄱ, ㄴ

④ ㄴ, ㄷ   ⑤ ㄱ, ㄴ, ㄷ

074 ★★☆ 2012학년도 수능 가형 19번

실수 m에 대하여 점 $(0, 2)$를 지나고 기울기가 m인 직선이
곡선 $y=x^3-3x^2+1$과 만나는 점의 개수를 $f(m)$이라 하자.
함수 $f(m)$이 구간 $(-\infty, a)$에서 연속이 되게 하는 실수
a의 최댓값은? (4점)

① -3 ② $-\dfrac{3}{4}$ ③ $\dfrac{3}{2}$

④ $\dfrac{15}{4}$ ⑤ 6

075 ★★☆ 2011년 4월학평 가형 19번

그림과 같이 좌표평면에서 최고차항의 계수가 양수이고
원점을 지나는 삼차함수 $y=f(x)$의 그래프가 있다. 곡선
$y=f(x)$의 변곡점을 $A(a, f(a))$라 하고 원점을 지나는
직선 $y=g(x)$가 점 $B(b, f(b))$에서 곡선 $y=f(x)$에 접할
때, 옳은 것만을 [보기]에서 있는 대로 고른 것은?

(단, $0<a<b$) (4점)

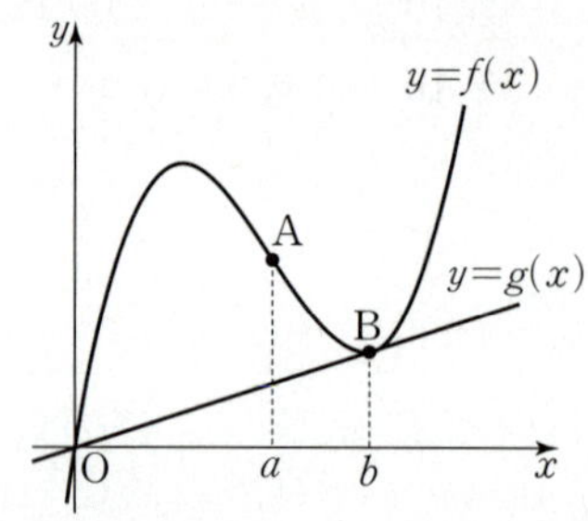

[보기]

ㄱ. 곡선 $y=f(x)-g(x)$의 변곡점의 x좌표는 a이다.

ㄴ. 함수 $f(x)-g(x)$는 $x=\dfrac{b}{3}$에서 극댓값을 갖는다.

ㄷ. $\dfrac{b-a}{a}=\dfrac{1}{2}$

① ㄱ   ② ㄷ   ③ ㄱ, ㄴ

④ ㄴ, ㄷ   ⑤ ㄱ, ㄴ, ㄷ

076 ★☆☆ 2002학년도 사관학교 이과 12번

다음 그림은 다항함수 $f(x)$의 도함수 $y=f'(x)$의
그래프이다. 함수 $f(x)$의 극대가 되는 점, 극소가 되는 점,
변곡점의 개수를 차례로 나열하면? (3점)

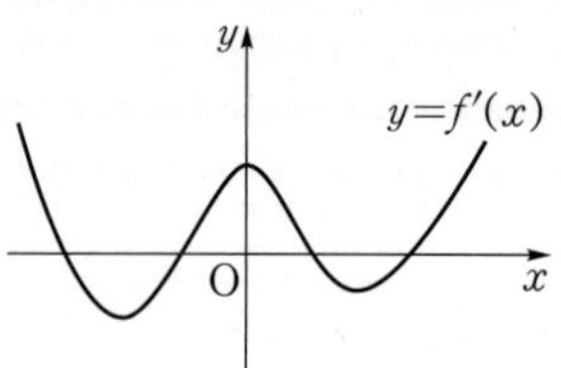

① 1, 2, 3   ② 2, 1, 3   ③ 2, 1, 2

④ 2, 2, 2   ⑤ 2, 2, 3

함수 $f(x)=x^2+ax+b\left(0<b<\dfrac{\pi}{2}\right)$에 대하여 함수
$g(x)=\sin(f(x))$가 다음 조건을 만족시킨다.

> (가) 모든 실수 x에 대하여 $g'(-x)=-g'(x)$이다.
> (나) 점 $(k,\,g(k))$는 곡선 $y=g(x)$의 변곡점이고,
> $2kg(k)=\sqrt{3}g'(k)$이다.

두 상수 a, b에 대하여 $a+b$의 값은? (4점)

① $\dfrac{\pi}{3}-\dfrac{\sqrt{3}}{2}$ ② $\dfrac{\pi}{3}-\dfrac{\sqrt{3}}{3}$ ③ $\dfrac{\pi}{3}-\dfrac{\sqrt{3}}{6}$

④ $\dfrac{\pi}{2}-\dfrac{\sqrt{3}}{3}$ ⑤ $\dfrac{\pi}{2}-\dfrac{\sqrt{3}}{6}$

유형 13 함수의 최대 · 최소

동영상강의 

☑ **출제경향**

함수 $f(x)$의 x의 값의 범위가 주어지고 최댓값, 최솟값을 구하는 문제가 출제된다.

✐ **접근방법**

함수의 극값과 함수의 양 끝 값을 비교한다.

269-2-5-Y13

---

078 ★★☆ 1998학년도 수능 자연계 4번

함수 $y=\dfrac{\ln x}{x}$가 최댓값을 가질 때의 x의 값은? (2점)

① 1 ② e ③ $\dfrac{1}{e}$

④ $2e$ ⑤ e^2

이 문항은 7차 교육과정 이전에 출제되었지만 다시 출제될 가능성이 있어 수록하였습니다.

---

079 ★★☆ 2013학년도 사관학교 이과 13번

모든 실수 x에서 정의된 함수
$$f(x)=2\sin 2x+4\sin x-4\cos x+1$$
의 최댓값과 최솟값의 합은? (3점)

① $4-4\sqrt{2}$ ② $4-3\sqrt{2}$ ③ $4-2\sqrt{2}$

④ $5-2\sqrt{2}$ ⑤ $5-\sqrt{2}$

---

080 ★★☆ 2006학년도 수능 가형 미적 30번

양수 a에 대하여 닫힌구간 $[-a,\,a]$에서 함수
$$f(x)=\dfrac{x-5}{(x-5)^2+36}$$
의 최댓값을 M, 최솟값을 m이라 할 때, $M+m=0$이 되도록 하는 a의 최솟값을 구하시오. (4점)

---

081 ★★☆ 2005학년도 수능예비평가 가형 미적 27번

어떤 사건이 일어날 확률이 p일 때, 이 사건에 대한 불확실 정도를 나타내는 값, 즉 엔트로피 S를 다음과 같이 정의한다.
$$S=-k\{p\ln p+(1-p)\ln(1-p)\}\;(\text{단, } k\text{는 양의 상수})$$
이때, 엔트로피 S가 최대가 되는 p의 값은? (3점)

① $\dfrac{1}{4}$ ② $\dfrac{1}{3}$ ③ $\dfrac{1}{2}$

④ $\dfrac{3}{5}$ ⑤ $\dfrac{5}{6}$

☑ **출제경향**

단순히 함수의 최댓값, 최솟값 뿐만 아니라 다양한 값을
구하는 문제가 출제된다.

✏ **접근방법**

여러 가지 함수의 미분법을 이용하여 문제를 해결한다.

---

082 ★★☆ 2009년 7월학평 가형 미적 28번

함수 $f(x)=\dfrac{\sin x+\cos x}{\sin x+\cos x-2}$ 에 대하여 [보기]에서 옳은
것만을 있는 대로 고른 것은? (3점)

[보기]

ㄱ. 최솟값은 $-1-\sqrt{2}$이다.

ㄴ. $x=\dfrac{\pi}{4}$에서 최댓값을 갖는다.

ㄷ. $x=\dfrac{5}{4}\pi$에서 극댓값을 갖는다.

① ㄱ　　　　② ㄴ　　　　③ ㄱ, ㄷ
④ ㄴ, ㄷ　　　⑤ ㄱ, ㄴ, ㄷ

---

083 ★★☆ 2011년 10월학평 가형 17번

양의 실수 전체의 집합에서 정의된 함수 $f(x)=e^x+\dfrac{1}{x}$이
$x=a$에서 극값을 가질 때, 옳은 것만을 [보기]에서 있는 대로
고른 것은? (단, e는 자연로그의 밑이다.) (4점)

[보기]

ㄱ. $e^a=\dfrac{1}{a^2}$

ㄴ. 곡선 $y=f(x)$의 변곡점이 존재한다.

ㄷ. 함수 $f(x)$는 $x=a$에서 최솟값을 갖는다.

① ㄱ　　　　② ㄴ　　　　③ ㄱ, ㄴ
④ ㄱ, ㄷ　　　⑤ ㄱ, ㄴ, ㄷ

---

084 ★★☆ 2012년 7월학평 가형 13번

다항함수 $y=f(x)$의 도함수 $y=f'(x)$의 그래프가 그림과
같을 때, 옳은 것만을 [보기]에서 있는 대로 고른 것은? (4점)

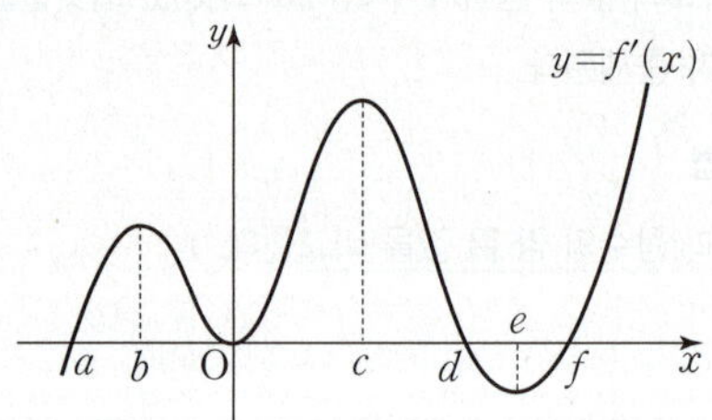

[보기]

ㄱ. 구간 $[a, f]$에서 $f(x)$의 변곡점은 4개이다.

ㄴ. 구간 $[a, e]$에서 $f(x)$가 극대가 되는 x의 개수는
　　1이다.

ㄷ. 구간 $[a, e]$에서 $f(x)$의 최댓값은 $f(c)$이다.

① ㄱ　　　　② ㄷ　　　　③ ㄱ, ㄴ
④ ㄴ, ㄷ　　　⑤ ㄱ, ㄴ, ㄷ

☑ 출제경향

그래프 또는 도형과 연관된 최댓값, 최솟값을 구하는
고난도 문제가 출제된다.

✎ 접근방법

도형의 성질을 이용하여 구하려는 값을 함수로 표현한 후 미분법을
이용한다.

085 ★★☆ 1995학년도 수능 자연계 30번

사각형 모양의 철판 세 장을 구입하여,
두 장은 원 모양으로 오려 아랫면과
윗면으로, 나머지 한 장은 몸통으로 하여
오른쪽 그림과 같은 원기둥 모양의 보일러를
제작하려 한다. 철판은 사각형의 가로와
세로의 길이를 임의로 정해서 구입할 수
있고, 철판의 가격은 $1\ m^2$당 1만 원이다.
보일러의 부피가 $64\ m^3$가 되도록 만들기 위해 필요한 철판을
구입하는 데 드는 최소 비용은? (2점)

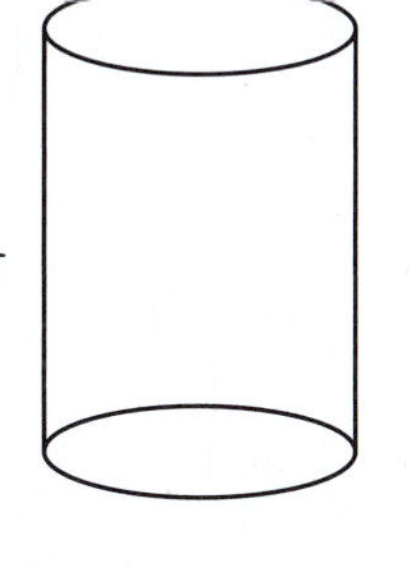

① 110만 원　　② 104만 원　　③ 100만 원

④ 96만 원　　⑤ 90만 원

이 문항은 7차 교육과정 이전에 출제되었지만 다시 출제될 수 있는 기본적인 문제로 개념을 익히는 데
도움이 됩니다.

086 ★★☆ 2017학년도 수능 가형 15번

곡선 $y=2e^{-x}$ 위의 점 $P(t,\ 2e^{-t})\ (t>0)$에서 y축에 내린
수선의 발을 A라 하고, 점 P에서의 접선이 y축과 만나는
점을 B라 하자. 삼각형 APB의 넓이가 최대가 되도록 하는
t의 값은? (4점)

① 1　　　　② $\dfrac{e}{2}$　　　　③ $\sqrt{2}$

④ 2　　　　⑤ e

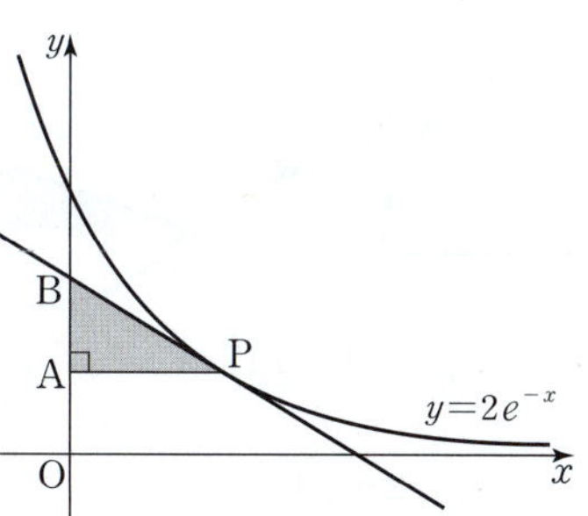

087 ★★☆ 2025학년도 6월모평 미적 27번

상수 $a\ (a>1)$과 실수 $t\ (t>0)$에 대하여 곡선 $y=a^x$ 위의
점 $A(t,\ a^t)$에서의 접선을 l이라 하자. 점 A를 지나고 직선
l에 수직인 직선이 x축과 만나는 점을 B, y축과 만나는 점을
C라 하자, $\dfrac{\overline{AC}}{\overline{AB}}$의 값이 $t=1$에서 최대일 때, a의 값은?

(3점)

① $\sqrt{2}$　　　　② $\sqrt{e}$　　　　③ 2

④ $\sqrt{2e}$　　　　⑤ e

088 ★★★ 2017년 10월학평 가형 21번

그림과 같이 길이가 2인 선분 AB를 지름으로 하는 반원 모양의 색종이가 있다. 호 AB 위의 점 P에 대하여 두 점 A, P를 연결하는 선을 접는 선으로 하여 색종이를 접는다. $\angle \text{PAB}=\theta$일 때, 포개어지는 부분의 넓이를 $S(\theta)$라 하자. $\theta=\alpha$에서 $S(\theta)$가 최댓값을 갖는다고 할 때, $\cos 2\alpha$의 값은?

$$\left(\text{단, } 0<\theta<\frac{\pi}{4}\right) \text{(4점)}$$

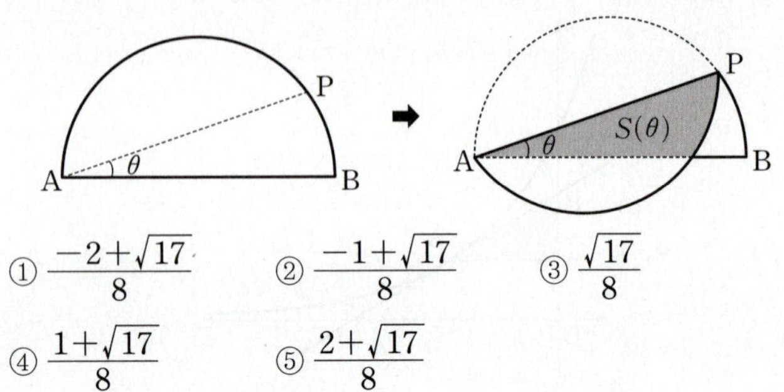

① $\dfrac{-2+\sqrt{17}}{8}$　② $\dfrac{-1+\sqrt{17}}{8}$　③ $\dfrac{\sqrt{17}}{8}$

④ $\dfrac{1+\sqrt{17}}{8}$　⑤ $\dfrac{2+\sqrt{17}}{8}$

089 ★★☆ 2014년 4월학평 B형 21번

그림과 같이 좌표평면 위에 네 점 A(1, 0), B(3, 0), C(3, 2), D(1, 2)를 꼭짓점으로 하는 정사각형 ABCD가 있다. 한 변의 길이가 2인 정사각형 EFGH의 두 대각선의 교점이 원 $x^2+y^2=1$ 위에 있을 때, 두 정사각형의 내부의 공통부분의 넓이의 최댓값은? (단, 정사각형의 모든 변은 x축 또는 y축에 수직이다.) (4점)

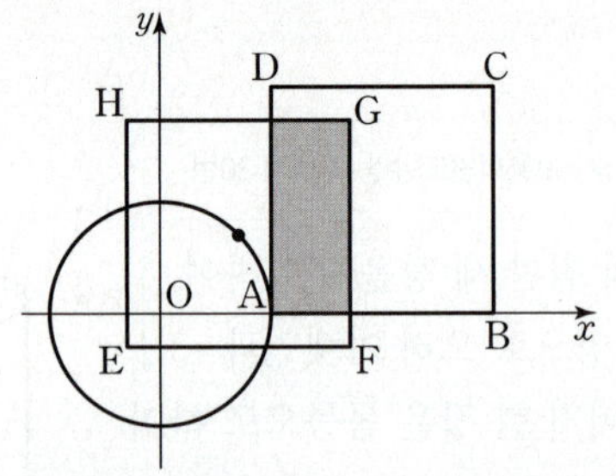

① $\dfrac{2+\sqrt{3}}{4}$　② $\dfrac{1+\sqrt{2}}{2}$　③ $\dfrac{2+\sqrt{2}}{2}$

④ $\dfrac{3\sqrt{3}}{4}$　⑤ $\dfrac{5\sqrt{2}}{4}$

정답과 해설　088 p.343 | 089 p.344

그림과 같이 좌표평면에 점 A$(1, 0)$을 중심으로 하고 반지름의 길이가 1인 원이 있다. 원 위의 점 Q에 대하여 $\angle \mathrm{AOQ} = \theta \left(0 < \theta < \dfrac{\pi}{3} \right)$라 할 때, 선분 OQ 위에 $\overline{\mathrm{PQ}} = 1$인 점 P를 정한다. 점 P의 y좌표가 최대가 될 때 $\cos\theta = \dfrac{a + \sqrt{b}}{8}$이다. $a + b$의 값을 구하시오.

（ 단, O는 원점이고, a와 b는 자연수이다.) (4점)

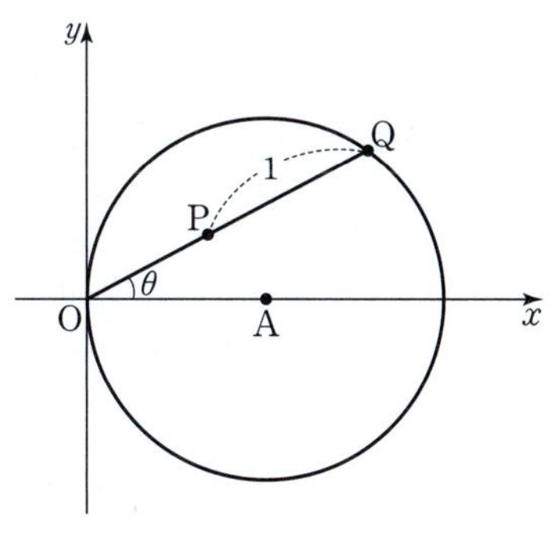

그림과 같이 제1사분면에 있는 점 P$(a, 2a)$에서 곡선 $y = -\dfrac{2}{x}$에 그은 두 접선의 접점을 각각 A, B라 할 때, $\overline{\mathrm{PA}}^2 + \overline{\mathrm{PB}}^2 + \overline{\mathrm{AB}}^2$의 최솟값을 구하시오. (4점)

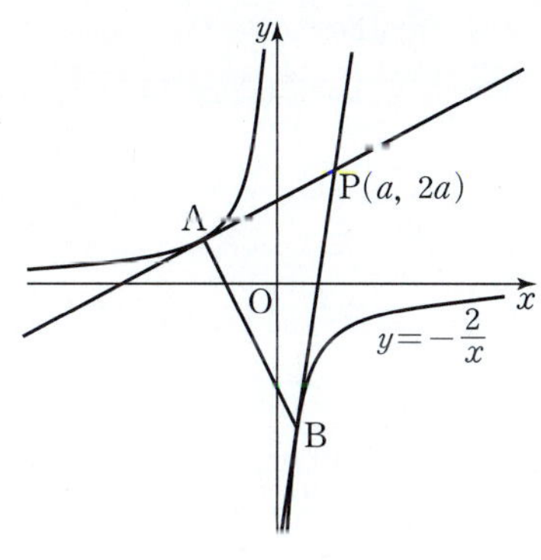

그림과 같이 지점 P에서 서로 수직으로 만나는 두 직선 도로가 있다. 두 직선 도로 PA, PB에서 각각 16 km, 2 km 떨어진 마을을 지나고 두 직선 도로를 연결하는 새 직선 도로를 건설하려고 한다.

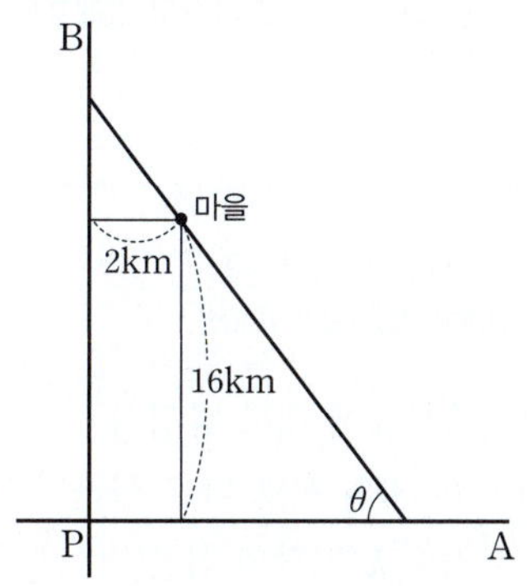

새 직선 도로와 도로 PA가 이루는 예각의 크기를 θ라고 할 때, 새 직선 도로의 길이가 최소이기 위한 $\tan\theta$의 값은? (4점)

① 1　　　　② 2　　　　③ $\sqrt{5}$
④ $\sqrt{6}$　　　⑤ $2\sqrt{2}$

동영상강의 ▶

269-2-5-Y16

☑ 출제경향

방정식의 실근의 개수와 그 외 다양한 값을 묻는 문제가
출제된다.

✎ 접근방법

주어진 함수를 미분한 후 부호를 조사하여 그래프의 개형을 그린 뒤,
각 조건을 판단한다.

093 ★★☆ 2016년 7월학평 가형 16번

닫힌구간 $[0,\ 2\pi]$에서 x에 대한 방정식
$\sin x - x \cos x - k = 0$의 서로 다른 실근의 개수가 2가
되도록 하는 모든 정수 k의 값의 합은? (4점)

① -6 ② -3 ③ 0
④ 3 ⑤ 6

094 ★★☆ 2003학년도 수능 자연계 29번

x에 대한 방정식 $\ln x - x + 20 - n = 0$이 서로 다른 두
실근을 갖도록 하는 자연수 n의 개수를 구하시오. (3점)

이 문항은 7차 교육과정 이전에 출제되었지만 다시 출제될 수 있는 기본적인 문제로 개념을 익히는 데
도움이 됩니다.

095 ★★☆ 2024학년도 6월모평 미적 26번

x에 대한 방정식 $x^2 - 5x + 2\ln x = t$의 서로 다른 실근의
개수가 2가 되도록 하는 모든 실수 t의 값의 합은? (3점)

① $-\dfrac{17}{2}$ ② $-\dfrac{33}{4}$ ③ -8
④ $-\dfrac{31}{4}$ ⑤ $-\dfrac{15}{2}$

096 ★★☆ 2022학년도 6월모평 미적 27번

두 함수
$$f(x) = e^x,\ g(x) = k \sin x$$
에 대하여 방정식 $f(x) = g(x)$의 서로 다른 양의 실근의
개수가 3일 때, 양수 k의 값은? (3점)

① $\sqrt{2}e^{\frac{3\pi}{2}}$ ② $\sqrt{2}e^{\frac{7\pi}{4}}$ ③ $\sqrt{2}e^{2\pi}$
④ $\sqrt{2}e^{\frac{9\pi}{4}}$ ⑤ $\sqrt{2}e^{\frac{5\pi}{2}}$

097 ★★★ 2017년 3월학평 가형 18번

그림은 함수 $f(x)=x^2 e^{-x+2}$의 그래프이다.

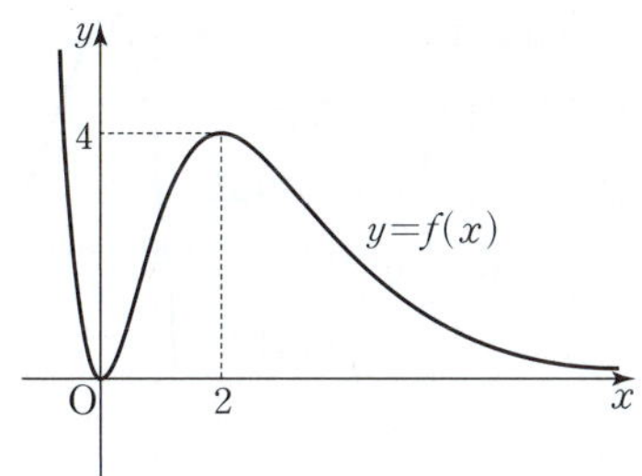

함수 $y=(f \circ f)(x)$의 그래프와 직선 $y=\dfrac{15}{e^2}$의 교점의

개수는? (단, $\lim\limits_{x \to \infty} f(x)=0$) (4점)

① 2   ② 3   ③ 4

④ 5   ⑤ 6

098 ★★☆ 2009학년도 수능 가형 미적 28번

함수 $f(x)=4 \ln x + \ln (10-x)$에 대하여 [보기]에서 옳은
것만을 있는 대로 고른 것은? (3점)

> [보기]
> ㄱ. 함수 $f(x)$의 최댓값은 $13 \ln 2$이다.
> ㄴ. 방정식 $f(x)=0$은 서로 다른 두 실근을 갖는다.
> ㄷ. 함수 $y=e^{f(x)}$의 그래프는 구간 $(4, 8)$에서 위로
>   볼록하다.

① ㄱ   ② ㄷ   ③ ㄱ, ㄴ

④ ㄴ, ㄷ   ⑤ ㄱ, ㄴ, ㄷ

099 ★★☆ 2011년 4월학평 가형 8번

함수 $f(x)=2 \ln (5-x)+\dfrac{1}{4}x^2$에 대하여 옳은 것만을
[보기]에서 있는 대로 고른 것은? (4점)

> [보기]
> ㄱ. 함수 $f(x)$는 $x=4$에서 극댓값을 갖는다.
> ㄴ. 곡선 $y=f(x)$의 변곡점의 개수는 2이다.
> ㄷ. 방정식 $f(x)-\dfrac{1}{4}$이 실근이 개수는 1이다.

① ㄱ   ② ㄴ   ③ ㄱ, ㄷ

④ ㄴ, ㄷ   ⑤ ㄱ, ㄴ, ㄷ

정의역이 $\{x \mid 0 \le x \le \pi\}$인 함수 $f(x) = 2x\cos x$에 대하여 옳은 것만을 [보기]에서 있는 대로 고른 것은? (4점)

[보기]

ㄱ. $f'(a) = 0$이면 $\tan a = \dfrac{1}{a}$이다.

ㄴ. 함수 $f(x)$가 $x = a$에서 극댓값을 가지는 a가 구간 $\left(\dfrac{\pi}{4}, \dfrac{\pi}{3}\right)$에 있다.

ㄷ. 구간 $\left[0, \dfrac{\pi}{2}\right]$에서 방정식 $f(x) = 1$의 서로 다른 실근의 개수는 2이다.

① ㄱ   ② ㄷ   ③ ㄱ, ㄴ
④ ㄴ, ㄷ   ⑤ ㄱ, ㄴ, ㄷ

오른쪽 그림은 5차 다항함수 $f(x)$의 도함수 $f'(x)$의 그래프이다. [보기]에서 옳은 것을 모두 고른 것은? (단, $f'(4) = 0$이고 $f''(1) = f''(4) = f''(6) = 0$이다.) (4점)

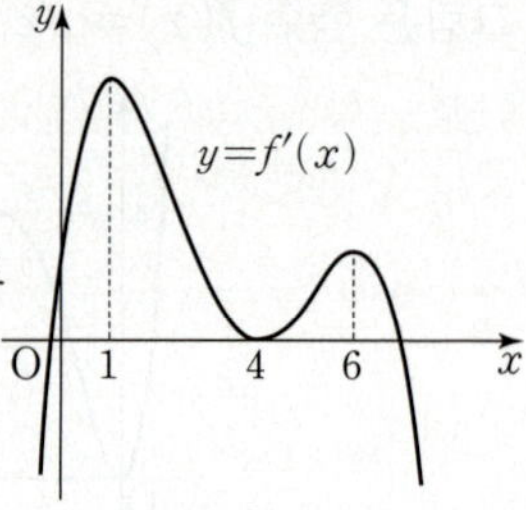

[보기]

ㄱ. $f(x)$는 서로 다른 세 점에서 극값을 갖는다.

ㄴ. $4 < x_1 < x_2 < 6$인 x_1, x_2에 대하여 $f\left(\dfrac{x_1 + x_2}{2}\right) < \dfrac{f(x_1) + f(x_2)}{2}$이다.

ㄷ. $f(0) = 0$일 때, 양의 실수 a에 대하여 $y = f(x)$의 그래프와 $y = a$의 그래프가 서로 다른 두 점에서 만나면 $f(x)$의 극댓값은 a이다.

① ㄱ   ② ㄴ   ③ ㄷ
④ ㄱ, ㄴ   ⑤ ㄴ, ㄷ

102 ★★☆ 2018년 7월학평 가형 19번

자연수 n에 대하여 함수 $f(x)$와 $g(x)$는 $f(x)=x^n-1$, $g(x)=\log_3(x^4+2n)$이다.
함수 $h(x)$가 $h(x)=g(f(x))$일 때, [보기]에서 옳은 것만을 있는 대로 고른 것은? (4점)

> [보기]
> ㄱ. $h'(1)=0$
> ㄴ. 열린구간 $(0,\,1)$에서 함수 $h(x)$는 증가한다.
> ㄷ. $x>0$일 때, 방정식 $h(x)=n$의 서로 다른 실근의 개수는 1이다.

① ㄱ   ② ㄴ   ③ ㄱ, ㄷ
④ ㄴ, ㄷ   ⑤ ㄱ, ㄴ, ㄷ

103 ★★☆ 2010년 7월학평 가형 미적 29번

함수 $f(x)=\dfrac{x-\dfrac{1}{2}}{(x^2-2x+2)^2}$에 대한 설명으로 옳은 것만을 [보기]에서 있는 대로 고른 것은? (4점)

> [보기]
> ㄱ. 곡선 $y=f(x)$ 위의 점 $\left(1,\,\dfrac{1}{2}\right)$에서의 접선과 원점 사이의 거리는 $\dfrac{\sqrt{2}}{4}$이다.
> ㄴ. 함수 $f(x)$의 최솟값은 $-\dfrac{1}{8}$이다.
> ㄷ. 방정식 $f(x)-f(10)=0$의 서로 다른 실근의 개수는 2이다.

① ㄱ   ② ㄴ   ③ ㄱ, ㄷ
④ ㄴ, ㄷ   ⑤ ㄱ, ㄴ, ㄷ

104 ★★★ 2020년 10월학평 가형 20번

자연수 n에 대하여 실수 전체의 집합에서 정의된 함수 $f(x)$
가

$$f(x)=\begin{cases} \dfrac{nx}{x^n+1} & (x\neq -1) \\ -2 & (x=-1) \end{cases}$$

일 때, [보기]에서 옳은 것만을 있는 대로 고른 것은? (4점)

[보기]

ㄱ. $n=3$일 때, 함수 $f(x)$는 구간 $(-\infty,-1)$에서 증
　가한다.
ㄴ. 함수 $f(x)$가 $x=-1$에서 연속이 되도록 하는 n에
　대하여 방정식 $f(x)=2$의 서로 다른 실근의 개수는
　2이다.
ㄷ. 구간 $(-1,\,\infty)$에서 함수 $f(x)$가 극솟값을 갖도록
　하는 10 이하의 모든 자연수 n의 값의 합은 24이다.

① ㄱ　　　　　② ㄱ, ㄴ　　　　③ ㄱ, ㄷ
④ ㄴ, ㄷ　　　⑤ ㄱ, ㄴ, ㄷ

---

105 ★★☆ 2005학년도 9월모평 가형 미적 26번

$0<x<\dfrac{\pi}{4}$인 모든 x에 대하여 부등식 $\tan 2x > ax$를

만족하는 a의 최댓값은? (3점)

① $\dfrac{1}{2}$　　　　　② 1　　　　　③ $\dfrac{3}{2}$

④ 2　　　　　⑤ $\dfrac{5}{2}$

106 ★★☆ 2002학년도 수능 자연계 9번

$1\leq x\leq 2$인 모든 실수 x에 대하여 부등식

$$\alpha x \leq e^x \leq \beta x$$

가 성립하도록 상수 $\alpha,\ \beta$를 정할 때, $\beta-\alpha$의 최솟값은?

(3점)

① $\dfrac{e}{2}$　　　　　② e　　　　　③ $e\left(\dfrac{e^3}{4}-1\right)$

④ $e\left(\dfrac{e^2}{3}-1\right)$　　　⑤ $e\left(\dfrac{e}{2}-1\right)$

이 문항은 7차 교육과정 이전에 출제되었지만 다시 출제될 가능성이 있어 수록하였습니다.

107 ★★☆ 2015학년도 사관학교 B형 25번

자연수 n에 대하여 함수 $f(x)=x^n \ln x$의 최솟값을 $g(n)$이라 하자. $g(n) \leq -\dfrac{1}{6e}$을 만족시키는 모든 n의 값의 합을 구하시오. (3점)

108 ★★☆ 2016년 4월학평 가형 14번

다음은 모든 실수 x에 대하여 $2x-1 \geq ke^{x^2}$을 성립시키는 실수 k의 최댓값을 구하는 과정이다.

$f(x)=(2x-1)e^{-x^2}$이라 하자.

$f'(x)=(\boxed{\ (가)\ }) \times e^{-x^2}$

$f'(x)=0$에서 $x=-\dfrac{1}{2}$ 또는 $x=1$

함수 $f(x)$의 증가와 감소를 조사하면

함수 $f(x)$의 극솟값은 $\boxed{\ (나)\ }$이다.

또한 $\lim\limits_{x \to \infty} f(x)=0$, $\lim\limits_{x \to -\infty} f(x)=0$이므로

함수 $y=f(x)$의 그래프의 개형을 그리면

함수 $f(x)$의 최솟값은 $\boxed{\ (나)\ }$이다.

따라서 $2x-1 \geq ke^{x^2}$을 성립시키는 실수 k의 최댓값은 $\boxed{\ (나)\ }$이다.

위의 (가)에 알맞은 식을 $g(x)$, (나)에 알맞은 수를 p라 할 때, $g(2) \times p$의 값은? (4점)

① $\dfrac{10}{e}$ ② $\dfrac{15}{e}$ ③ $\dfrac{20}{\sqrt[4]{e}}$

④ $\dfrac{25}{\sqrt[4]{e}}$ ⑤ $\dfrac{30}{\sqrt[4]{e}}$

유형 18 도함수의 활용 – 속도와 가속도   동영상강의 

☑ 출제경향

기본 공식을 이용하면 해결되는 단순 문제부터 도형을 이용한 어려운 문제까지 출제된다.

✎ 접근방법

속도와 가속도 공식을 이용한다.

📖 단골공식

좌표평면 위를 움직이는 점 P의 시각 t에서의 위치 (x, y)가 $x=f(t)$, $y=g(t)$일 때, 시각 t에서의 점 P의 속도와 가속도는

(1) (속도)$=\left(\dfrac{dx}{dt}, \dfrac{dy}{dt}\right)=(f'(t), g'(t))$

(속력)$=\sqrt{\left(\dfrac{dx}{dt}\right)^2+\left(\dfrac{dy}{dt}\right)^2}=\sqrt{\{f'(t)\}^2+\{g'(t)\}^2}$

(2) (가속도)$=\left(\dfrac{d^2x}{dt^2}, \dfrac{d^2y}{dt^2}\right)=(f''(t), g''(t))$

(가속도의 크기)$=\sqrt{\left(\dfrac{d^2x}{dt^2}\right)^2+\left(\dfrac{d^2y}{dt^2}\right)^2}$
$=\sqrt{\{f''(t)\}^2+\{g''(t)\}^2}$

109 ★★☆ 1999학년도 수능 자연계 24번

차량들이 고속도로를 차선의 변경 없이 모두 같은 속력 $v(m/초)$를 유지하면서 달리고 있다고 하자. 제동거리를 고려한 최소 차간거리는

$$f(v)=\dfrac{1}{20}v^2+\dfrac{1}{2}v+5\,(\mathrm{m})$$

로 나타낼 수 있다. 60초 동안 한 차선의 일정 지점을 통과할 수 있는 차량의 수는 최대 몇 대인가?

(단, 차량의 길이는 무시한다.) (3점)

① 16   ② 40   ③ 60

④ 90   ⑤ 225

이 문항은 7차 교육과정 이전에 출제되었지만 다시 출제될 가능성이 있어 수록하였습니다.

좌표평면 위를 움직이는 점 P의 시각 t에서의 위치 (x, y)가
$$x=2t+\sin t,\ y=1-\cos t$$
이다. 시각 $t=\dfrac{\pi}{3}$에서 점 P의 속력은? (3점)

① $\sqrt{3}$ ② 2 ③ $\sqrt{5}$
④ $\sqrt{6}$ ⑤ $\sqrt{7}$

좌표평면 위를 움직이는 점 P의 시각 $t\ (t>0)$에서의 위치 (x, y)가
$$x=\frac{1}{2}e^{2(t-1)}-at,\ y=be^{t-1}$$
이다. 시각 $t=1$에서의 점 P의 속도가 $(-1, 2)$일 때, $a+b$의 값을 구하시오. (단, a와 b는 상수이다.) (3점)

좌표평면 위를 움직이는 점 P의 시각 $t(t>2)$에서의 위치 (x, y)가
$$x=t\ln t,\ y=\frac{4t}{\ln t}$$
이다. 시각 $t=e^2$에서 점 P의 속력은? (3점)

① $\sqrt{7}$ ② $2\sqrt{2}$ ③ 3
④ $\sqrt{10}$ ⑤ $\sqrt{11}$

좌표평면 위를 움직이는 점 P의 시각 $t\ (t>0)$에서의 위치 P(x, y)가
$$x=t+\ln t,\ y=\frac{1}{2}t^2+t$$
이다. $\dfrac{dx}{dt}=\dfrac{dy}{dt}$일 때, 점 P의 속도의 크기는 α이다. α^2의 값을 구하시오. (3점)

좌표평면 위를 움직이는 점 P의 시각 $t\left(0<t<\dfrac{\pi}{2}\right)$에서의 위치 (x, y)가
$$x=t+\sin t\cos t,\ y=\tan t$$
이다. $0<t<\dfrac{\pi}{2}$에서 점 P의 속력의 최솟값은? (3점)

① 1 ② $\sqrt{3}$ ③ 2
④ $2\sqrt{2}$ ⑤ $2\sqrt{3}$

좌표평면 위를 움직이는 점 P의 시각 $t(t\geq 0)$에서의 위치 (x, y)가
$$x=1-\cos 4t,\ y=\frac{1}{4}\sin 4t$$
이다. 점 P의 속력이 최대일 때, 점 P의 가속도의 크기를 구하시오. (3점)

좌표평면 위를 움직이는 점 P의 시각 $t\,(t\geq0)$에서의 위치 $(x,\ y)$가
$$x=3t-\sin t,\ y=4-\cos t$$
이다. 점 P의 속력의 최댓값을 M, 최솟값을 m이라 할 때, $M+m$의 값은? (3점)

① 3   ② 4   ③ 5
④ 6   ⑤ 7

좌표평면 위를 움직이는 점 P의 시각 $t\ (t>0)$에서의 위치 $(x,\ y)$가
$$x=2\sqrt{t+1},\ y=t-\ln(t+1)$$
이다. 점 P의 속력의 최솟값은? (4점)

① $\dfrac{\sqrt{3}}{8}$ ② $\dfrac{\sqrt{6}}{8}$ ③ $\dfrac{\sqrt{3}}{4}$
④ $\dfrac{\sqrt{6}}{4}$ ⑤ $\dfrac{\sqrt{3}}{2}$

원점 O를 중심으로 하고 두 점 A$(1,\ 0)$, B$(0,\ 1)$을 지나는 사분원이 있다. 그림과 같이 점 P는 점 A에서 출발하여 호 AB를 따라 점 B를 향하여 매초 1의 일정한 속력으로 움직인다. 선분 OP와 선분 AB가 만나는 점을 Q라 하자. 점 P의 x좌표가 $\dfrac{4}{5}$인 순간 점 Q의 속도는 $(a,\ b)$이다. $b-a$의 값은? (4점)

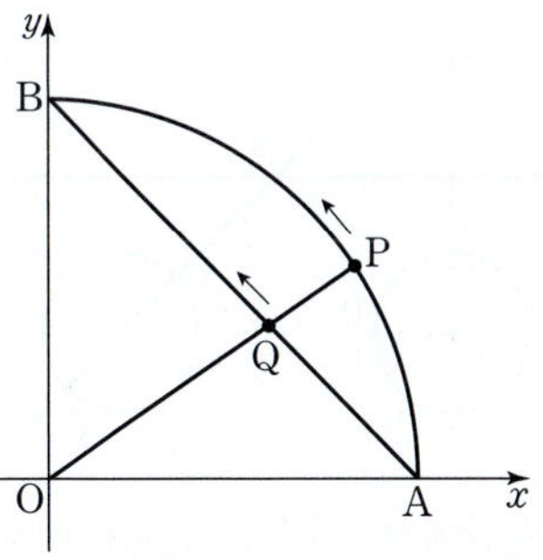

① $\dfrac{2}{49}$ ② $\dfrac{8}{49}$ ③ $\dfrac{18}{49}$
④ $\dfrac{32}{49}$ ⑤ $\dfrac{50}{49}$

119 ★★★ 2009년 10월학평 가형 미적 30번

좌표평면 위의 반지름의 길이가 1인 원 C와 이 원 위를 움직이는 점 P가 다음 조건을 만족시킨다.

> (가) 점 P는 원 C 위를 시계 반대 방향으로 매초 1의 속력으로 움직인다.
> (나) 원 C는 x축의 양의 방향으로 매초 10의 속력으로 움직인다.

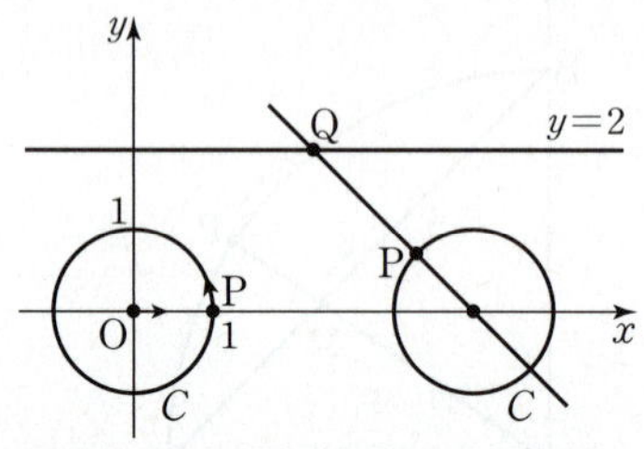

원 C는 중심이 원점에서, 점 P는 점 $(1,\,0)$에서 동시에 출발할 때, 원 C의 중심과 점 P를 지나는 직선이 직선 $y=2$와 만나는 점을 Q라 하자.

출발한 후 $\dfrac{3}{4}\pi$초가 되는 순간, 점 Q는 직선 $y=2$ 위를 매초 a의 속력으로 움직인다. a의 값을 구하시오. (4점)

120 ★★☆ 2024년 10월학평 미적 27번

함수 $f(x)=e^{3x}-ax$ (a는 상수)와 상수 k에 대하여 함수

$$g(x)=\begin{cases} f(x) & (x\geq k) \\ -f(x) & (x<k) \end{cases}$$

가 실수 전체의 집합에서 연속이고 역함수를 가질 때, $a\times k$의 값은? (3점)

① e ② $e^{\frac{3}{2}}$ ③ e^2
④ $e^{\frac{5}{2}}$ ⑤ e^3

121 ★★☆ 2016년 7월학평 가형 20번

두 함수 $f(x)=\ln x$, $g(x)=\ln\dfrac{1}{x}$의 그래프가 만나는 점을 P라 할 때 [보기]에서 옳은 것만을 있는 대로 고른 것은? (4점)

> [보기]
> ㄱ. 점 P의 좌표는 $(1,\,0)$이다.
> ㄴ. 두 곡선 $y=f(x)$, $y=g(x)$ 위의 점 P에서의 각각의 접선은 서로 수직이다.
> ㄷ. $t>1$일 때, $-1<\dfrac{f(t)g(t)}{(t-1)^2}<0$이다.

① ㄱ   ② ㄷ   ③ ㄱ, ㄴ
④ ㄴ, ㄷ   ⑤ ㄱ, ㄴ, ㄷ

⭐중요

유형 19 **도함수의 활용 – 미분법 종합**   동영상강의 

269-2-5-Y19

☑ **출제경향**

미분법과 도함수의 활용법이 종합된 고난도 문제가 출제된다.

✏ **접근방법**

미분법의 여러 가지 공식과, 다양한 도함수의 활용법을 이용하여 문제를 해결한다.

정답과 해설 119 p.362 | 120 p.362 | 121 p.363

122 ★★☆ 2000학년도 수능 기형 미적 27번

함수 $f(x)=x+\sin x$에 대하여 함수 $g(x)$를
$$g(x)=(f\circ f)(x)$$
로 정의할 때, [보기]에서 옳은 것을 모두 고른 것은? (3점)

[보기]

ㄱ. 함수 $f(x)$의 그래프는 열린구간 $(0,\,\pi)$에서 위로
　　볼록하다.

ㄴ. 함수 $g(x)$는 열린구간 $(0,\,\pi)$에서 증가한다.

ㄷ. $g'(x)=1$인 실수 x가 열린구간 $(0,\,\pi)$에 존재한다.

① ㄱ　　　　　　② ㄷ　　　　　　③ ㄱ, ㄴ

④ ㄴ, ㄷ　　　　⑤ ㄱ, ㄴ, ㄷ

123 ★★★ 2007학년도 수능 가형 미적 29번

실수 전체의 집합에서 이계도함수를 갖는 함수 $f(x)$에
대하여 점 $\mathrm{A}(a,\,f(a))$를 곡선 $y=f(x)$의 변곡점이라 하고,
곡선 $y=f(x)$ 위의 점 A에서의 접선의 방정식을
$y=g(x)$라 하자. 직선 $y=g(x)$가 함수 $f(x)$의 그래프와
점 $\mathrm{B}(b,\,f(b))$에서 접할 때, 함수 $h(x)$를
$h(x)=f(x)-g(x)$라 하자. [보기]에서 항상 옳은 것을
모두 고른 것은? (단, $a\neq b$이다.) (4점)

[보기]

ㄱ. $h'(b)=0$

ㄴ. 방정식 $h'(x)=0$은 3개 이상의 실근을 갖는다.

ㄷ. 점 $(a,\,h(a))$는 곡선 $y=h(x)$의 변곡점이다.

① ㄱ　　　　　　② ㄴ　　　　　　③ ㄱ, ㄴ

④ ㄱ, ㄷ　　　　⑤ ㄱ, ㄴ, ㄷ

124 ★★★ 2019학년도 수능 가형 20번

점 $\left(-\dfrac{\pi}{2},\,0\right)$에서 곡선 $y=\sin x\ (x>0)$에 접선을 그어

접점의 x좌표를 작은 수부터 크기순으로 모두 나열할 때,
n번째 수를 a_n이라 하자. 모든 자연수 n에 대하여 [보기]에서
옳은 것만을 있는 대로 고른 것은? (4점)

[보기]

ㄱ. $\tan a_n=a_n+\dfrac{\pi}{2}$

ㄴ. $\tan a_{n+2}-\tan a_n>2\pi$

ㄷ. $a_{n+1}+a_{n+2}>a_n+a_{n+3}$

① ㄱ　　　　　　② ㄱ, ㄴ　　　　③ ㄱ, ㄷ

④ ㄴ, ㄷ　　　　⑤ ㄱ, ㄴ, ㄷ

125 ★★☆ 2016년 3월학평 가형 19번

함수 $f(x)=\dfrac{x}{x^2+1}$에 대하여 [보기]에서 옳은 것만을 있는
대로 고른 것은? (4점)

[보기]

ㄱ. $f'(0)=1$

ㄴ. 모든 실수 x에 대하여 $f(x)\geq -\dfrac{1}{2}$이다

ㄷ. $0<a<b<1$일 때, $\dfrac{f(b)-f(a)}{b-a}>1$이다.

① ㄱ　　　　　　② ㄷ　　　　　　③ ㄱ, ㄴ

④ ㄴ, ㄷ　　　　⑤ ㄱ, ㄴ, ㄷ

126 ★★★

두 상수 a $(1 \leq a \leq 2)$, b에 대하여 함수
$f(x) = \sin(ax + b + \sin x)$가 다음 조건을 만족시킨다.

> (가) $f(0) = 0$, $f(2\pi) = 2\pi a + b$
> (나) $f'(0) = f'(t)$인 양수 t의 최솟값은 4π이다.

함수 $f(x)$가 $x = \alpha$에서 극대인 α의 값 중 열린구간
$(0, 4\pi)$에 속하는 모든 값의 집합을 A라 하자. 집합 A의
원소의 개수를 n, 집합 A의 원소 중 가장 작은 값을 α_1이라
하면, $n\alpha_1 - ab = \dfrac{q}{p}\pi$이다. $p + q$의 값을 구하시오.

(단, p와 q는 서로소인 자연수이다.) (4점)

127 ★★☆

함수 $f(x)$가
$$f(x) = \begin{cases} (x - a - 2)^2 e^x & (x \geq a) \\ e^{2a}(x - a) + 4e^a & (x < a) \end{cases}$$
일 때, 실수 t에 대하여 $f(x) = t$를 만족시키는 x의 최솟값을
$g(t)$라 하자. 함수 $g(t)$가 $t = 12$에서만 불연속일 때,
$\dfrac{g'(f(a+2))}{g'(f(a+6))}$의 값은? (단, a는 상수이다.) (4점)

① $6e^4$ ② $9e^4$ ③ $12e^4$
④ $8e^6$ ⑤ $10e^6$

정답과 해설 **126** p.367 | **127** p.368

실수 a에 대하여 함수 $f(x)$가

$$f(x)=\begin{cases} \dfrac{\ln(-x)}{x} & (x<0) \\ -x^2+2x+a & (x\geq 0) \end{cases}$$

이다. 실수 $t\,(0<t<2)$에 대하여 $f'(x)=t$를 만족시키는 음수 x의 값을 $g(t)$라 하고, 함수 $f(x)$가 다음 조건을 만족시키도록 하는 a의 값을 $h(t)$라 하자.

$k\geq a$인 모든 실수 k에 대하여 함수 $y=f(x)$의 그래프와 직선 $y=tx+k$가 만나는 서로 다른 점의 개수는 2이다.

$g(1)+h'(1)$의 값은? $\left(\text{단, } \lim_{x\to\infty} \dfrac{\ln x}{x}=0\right)$ (4점)

① $\dfrac{1}{3}$ ② $\dfrac{1}{2}$ ③ $\dfrac{2}{3}$

④ $\dfrac{5}{6}$ ⑤ 1

두 정수 a, b에 대하여 함수

$$f(x)=(x^2+ax+b)e^{-x}$$

이 다음 조건을 만족시킨다.

(가) 함수 $f(x)$는 극값을 갖는다.
(나) 함수 $|f(x)|$가 $x=k$에서 극대 또는 극소인 모든 k의 값의 합은 3이다.

$f(10)=pe^{-10}$일 때, p의 값을 구하시오. (4점)

최고차항의 계수가 $\dfrac{1}{2}$인 삼차함수 $f(x)$에 대하여
함수 $g(x)$가

$$g(x) = \begin{cases} \ln|f(x)| & (f(x) \neq 0) \\ 1 & (f(x) = 0) \end{cases}$$

이고 다음 조건을 만족시킬 때, 함수 $g(x)$의 극솟값은? (4점)

(가) 함수 $g(x)$는 $x \neq 1$인 모든 실수 x에서 연속이다.

(나) 함수 $g(x)$는 $x=2$에서 극대이고, 함수 $|g(x)|$는 $x=2$에서 극소이다.

(다) 방정식 $g(x)=0$의 서로 다른 실근의 개수는 3이다.

---

① $\ln \dfrac{13}{27}$ ② $\ln \dfrac{16}{27}$ ③ $\ln \dfrac{19}{27}$

④ $\ln \dfrac{22}{27}$ ⑤ $\ln \dfrac{25}{27}$

두 상수 $a\,(a>0)$, b에 대하여 실수 전체의 집합에서 연속인
함수 $f(x)$가 다음 조건을 만족시킬 때, $a \times b$의 값은? (4점)

(가) 모든 실수 x에 대하여
$$\{f(x)\}^2 + 2f(x) = a\cos^3 \pi x \times e^{\sin^2 \pi x} + b$$
이다.

(나) $f(0) = f(2) + 1$

---

① $-\dfrac{1}{16}$ ② $-\dfrac{7}{64}$ ③ $-\dfrac{5}{32}$

④ $-\dfrac{13}{64}$ ⑤ $-\dfrac{1}{4}$

132 ★★★ 2020학년도 6월모평 미적 28번

실수 전체의 집합에서 이계도함수를 갖는 함수 $f(x)$와 두 상수 a, b가 다음 조건을 만족시킬 때, $a \times e^b$의 값은? (4점)

> (가) 모든 실수 x에 대하여
> $$\{f(x)\}^5 + \{f(x)\}^3 + ax + b = \ln\left(x^2 + x + \frac{5}{2}\right)$$
> 이다.
> (나) $f(-3)f(3) < 0,\ f'(2) > 0$

① $-3e^{-\frac{4}{3}}$ ② $-\dfrac{5}{3}e^{-\frac{4}{3}}$ ③ $-\dfrac{1}{3}e^{-\frac{4}{3}}$

④ $e^{-\frac{4}{3}}$ ⑤ $\dfrac{7}{3}e^{-\frac{4}{3}}$

133 ★★★ 2018학년도 6월모평 가형 20번

양수 a와 실수 b에 대하여 함수 $f(x) = ae^{3x} + be^x$이 다음 조건을 만족시킬 때, $f(0)$의 값은? (4점)

> (가) $x_1 < \ln \dfrac{2}{3} < x_2$를 만족시키는 모든 실수 x_1, x_2에 대하여 $f''(x_1)f''(x_2) < 0$이다.
> (나) 구간 $[k, \infty)$에서 함수 $f(x)$의 역함수가 존재하도록 하는 실수 k의 최솟값을 m이라 할 때, $f(2m) = -\dfrac{80}{9}$이다.

① -15 ② -12 ③ -9

④ -6 ⑤ -3

134 ★★★

최고차항의 계수가 1이고 역함수가 존재하는 삼차함수 $f(x)$에 대하여 함수 $f(x)$의 역함수를 $g(x)$라 하자. 실수 $k\ (k>0)$에 대하여 함수 $h(x)$는

$$h(x)=\begin{cases}\dfrac{g(x)-k}{x-k} & (x\neq k) \\[2mm] \dfrac{1}{3} & (x=k)\end{cases}$$

이다. 함수 $h(x)$가 다음 조건을 만족시키도록 하는 모든 함수 $f(x)$에 대하여 $f'(0)$의 값이 최대일 때, k의 값을 α라 하자.

(가) $h(0)=1$
(나) 함수 $h(x)$는 실수 전체의 집합에서 연속이다.

$k=\alpha$일 때, $\alpha\times h(9)\times g'(9)$의 값은? (4점)

① $\dfrac{1}{84}$ ② $\dfrac{1}{42}$ ③ $\dfrac{1}{28}$

④ $\dfrac{1}{21}$ ⑤ $\dfrac{5}{84}$

135 ★★★

삼차함수 $f(x)$와 실수 전체의 집합에서 미분가능한 함수 $g(x)$가 모든 실수 x에 대하여

$$f(x)=g(x)-\tan g(x)$$

이고 다음 조건을 만족시킬 때, $g'(0)\times(g(0))^2$의 값은?

(4점)

(가) $f(0)=0$, $f''(\pi)=0$
(나) $\sin g(\pi)=0$, $\displaystyle\lim_{x\to\infty}g(x)=\dfrac{3\pi}{2}$

① -12 ② -6 ③ -1
④ 3 ⑤ 9

이차함수 $f(x)$에 대하여 함수 $g(x)=\{f(x)+2\}e^{f(x)}$이
다음 조건을 만족시킨다.

> (가) $f(a)=6$인 a에 대하여 $g(x)$는 $x=a$에서 최댓값을
>   갖는다.
> (나) $g(x)$는 $x=b$, $x=b+6$에서 최솟값을 갖는다.

방정식 $f(x)=0$의 서로 다른 두 실근을 α, β라 할 때,
$(\alpha-\beta)^2$의 값을 구하시오. (단, a, b는 실수이다.) (4점)

☆ 중요

유형 20 도함수의 활용 – 미분가능

동영상강의 ▶

269-2-5-Y20

☑ **출제경향**

미분가능성에 대해 묻는 문제가 가끔 출제된다.

🖊 **접근방법**

함수 $y=f(x)$가 $x=a$에서 미분가능할 조건을 이용하여 문제를 해결
한다.

---

137 ★★☆ 2016년 4월학평 가형 16번

함수 $f(x)=xe^{-2x+1}$에 대하여 함수

$$g(x)=\begin{cases} f(x)-a & (x>b) \\ 0 & (x\leq b) \end{cases}$$

가 실수 전체에서 미분가능할 때, 두 상수 a, b의 곱 ab의
값은? (4점)

① $\dfrac{1}{10}$　　　② $\dfrac{1}{8}$　　　③ $\dfrac{1}{6}$

④ $\dfrac{1}{4}$　　　⑤ $\dfrac{1}{2}$

138 ★★★ 2025학년도 6월모평 미적 29번

함수 $f(x)=\dfrac{1}{3}x^3-x^2+\ln(1+x^2)+a$ (a는 상수)와

두 양수 b, c에 대하여 함수

$$g(x)=\begin{cases} f(x) & (x\geq b) \\ -f(x-c) & (x<b) \end{cases}$$

는 실수 전체의 집합에서 미분가능하다.
$a+b+c=p+q\ln 2$일 때, $30(p+q)$의 값을 구하시오.
　　　(단, p, q는 유리수이고, $\ln 2$는 무리수이다.) (4점)

139 ★★★ 2015년 4월학평 B형 21번

함수 $f(x)=\begin{cases} (x-2)^2e^x+k & (x\geq 0) \\ -x^2 & (x<0) \end{cases}$ 에 대하여

함수 $g(x)=|f(x)|-f(x)$가 다음 조건을 만족하도록 하는
정수 k의 개수는? (4점)

> (가) 함수 $g(x)$는 모든 실수에서 연속이다.
> (나) 함수 $g(x)$는 미분가능하지 않은 점이 2개이다.

① 3　　　② 4　　　③ 5
④ 6　　　⑤ 7

열린구간 $\left(-\dfrac{\pi}{2}, \dfrac{3\pi}{2}\right)$ 에서 정의된 함수

$$f(x)=\begin{cases} 2\sin^3 x & \left(-\dfrac{\pi}{2}<x<\dfrac{\pi}{4}\right) \\[2mm] \cos x & \left(\dfrac{\pi}{4}\le x<\dfrac{3\pi}{2}\right) \end{cases}$$

가 있다. 실수 t에 대하여 다음 조건을 만족시키는 모든 실수 k의 개수를 $g(t)$라 하자.

> (가) $-\dfrac{\pi}{2}<k<\dfrac{3\pi}{2}$
>
> (나) 함수 $\sqrt{|f(x)-t|}$ 는 $x=k$에서 미분가능하지 않다.

함수 $g(t)$에 대하여 합성함수 $(h\circ g)(t)$가 실수 전체의 집합에서 연속이 되도록 하는 최고차항의 계수가 1인 사차함수 $h(x)$가 있다. $g\!\left(\dfrac{\sqrt{2}}{2}\right)=a$, $g(0)=b$, $g(-1)=c$라 할 때, $h(a+5)-h(b+3)+c$의 값은? (4점)

① 96   ② 97   ③ 98

④ 99   ⑤ 100

두 상수 a, b $(a<b)$에 대하여 함수 $f(x)$를

$$f(x)=(x-a)(x-b)^2$$

이라 하자. 함수 $g(x)=x^3+x+1$의 역함수 $g^{-1}(x)$에 대하여 합성함수 $h(x)=(f\circ g^{-1})(x)$가 다음 조건을 만족시킬 때, $f(8)$의 값을 구하시오. (4점)

> (가) 함수 $(x-1)|h(x)|$가 실수 전체의 집합에서 미분가능하다.
>
> (나) $h'(3)=2$

142 ★★☆ 2012학년도 6월모평 기하 21번

양의 실수 전체의 집합을 정의역으로 하는 함수

$$f(x)=\frac{1}{27}(x^4-6x^3+12x^2+19x)$$

에 대하여 $f(x)$의 역함수를 $g(x)$라 하자. [보기]에서 옳은 것만을 있는 대로 고른 것은? (4점)

> [보기]
> ㄱ. 점 $(2, 2)$는 곡선 $y=f(x)$의 변곡점이다.
> ㄴ. 방정식 $f(x)=x$의 실근 중 양수인 것은 $x=2$ 하나뿐이다.
> ㄷ. 함수 $|f(x)-g(x)|$는 $x=2$에서 미분가능하다.

① ㄱ   ② ㄴ   ③ ㄱ, ㄴ

④ ㄱ, ㄷ   ⑤ ㄱ, ㄴ, ㄷ

1등급에 도전하는
최고난도 문제

269-2-5-Y99

▶ 문제 풀이 **동영상 강의**

143 ★★★★ 2024년 10월학평 미적 30번

두 상수 $a\,(a>0)$, b에 대하여 함수 $f(x)=(ax^2+bx)e^{-x}$ 이 다음 조건을 만족시킬 때, $60\times(a+b)$의 값을 구하시오.
(4점)

> (가) $\{x\,|\,f(x)=f'(t)\times x\}=\{0\}$을 만족시키는 실수 t의 개수가 1이다.
> (나) $f(2)=2e^{-2}$

144 ★★★★ 2020학년도 수능 가형 30번

양의 실수 t에 대하여 곡선 $y=t^3 \ln(x-t)$가 곡선 $y=2e^{x-a}$과 오직 한 점에서 만나도록 하는 실수 a의 값을 $f(t)$라 하자. $\left\{f'\left(\dfrac{1}{3}\right)\right\}^2$의 값을 구하시오. (4점)

145 ★★★★ 2021학년도 9월모평 가형 30번

다음 조건을 만족시키는 실수 a, b에 대하여 ab의 최댓값을 M, 최솟값을 m이라 하자.

> 모든 실수 x에 대하여 부등식
> $$-e^{-x+1} \leq ax+b \leq e^{x-2}$$
> 이 성립한다.

$\left| M \times m^3 \right| = \dfrac{q}{p}$ 일 때, $p+q$의 값을 구하시오.

(단, p와 q는 서로소인 자연수이다.) (4점)

146 ★★★★

자연수 n에 대하여 함수 $y=f(x)$를 매개변수 t로 나타내면

$$\begin{cases} x=e^t \\ y=(2t^2+nt+n)e^t \end{cases}$$

이고, $x \geq e^{-\frac{n}{2}}$일 때, 함수 $y=f(x)$는 $x=a_n$에서 최솟값 b_n을 갖는다. $\dfrac{b_3}{a_3}+\dfrac{b_4}{a_4}+\dfrac{b_5}{a_5}+\dfrac{b_6}{a_6}$의 값은? (4점)

① $\dfrac{23}{2}$ 　② 12 　③ $\dfrac{25}{2}$

④ 13 　⑤ $\dfrac{27}{2}$

147 ★★★★

함수 $f(x)=ax^3-2ax^2+bx-b-2$가 다음 조건을 만족시키도록 하는 두 정수 $a\,(a\neq 0)$, b에 대하여 $h'(-\sqrt{2})$의 최댓값이 $\dfrac{k}{\pi}$일 때, k^2의 값을 구하시오. (4점)

> 실수 전체의 집합에서 정의된 함수
> $$g(x)=\begin{cases} f(x)+2 & (x<0 \text{ 또는 } x>2) \\ -2\cos\left(\dfrac{\pi}{4}f(x)\right) & (0 \leq x \leq 2) \end{cases}$$
> 는 역함수 $h(x)$를 갖는다.

상수항을 포함한 모든 항의 계수가 유리수인 이차함수 $f(x)$가 있다. 함수 $g(x)$가
$$g(x)=|f'(x)|\,e^{f(x)}$$
일 때, 함수 $g(x)$는 다음 조건을 만족시킨다.

> (가) 함수 $g(x)$는 $x=2$에서 극솟값을 갖는다.
> (나) 함수 $g(x)$의 최댓값은 $4\sqrt{e}$이다.
> (다) 방정식 $g(x)=4\sqrt{e}$의 근은 모두 유리수이다.

$|f(-1)|$의 값을 구하시오. (4점)

최고차항의 계수가 $\dfrac{1}{2}$이고 최솟값이 0인 사차함수 $f(x)$와 함수 $g(x)=2x^4 e^{-x}$에 대하여 합성함수 $h(x)=(f\circ g)(x)$가 다음 조건을 만족시킨다.

> (가) 방정식 $h(x)=0$의 서로 다른 실근의 개수는 4이다.
> (나) 함수 $h(x)$는 $x=0$에서 극소이다.
> (다) 방정식 $h(x)=8$의 서로 다른 실근의 개수는 6이다.

$f'(5)$의 값을 구하시오. (단, $\displaystyle\lim_{x\to\infty}g(x)=0$) (4점)

실수 전체의 집합에서 증가하는 연속함수 $f(x)$의 역함수 $f^{-1}(x)$가 다음 조건을 만족시킨다.

> (가) $|x|\leq 1$일 때, $4\times (f^{-1}(x))^2=x^2(x^2-5)^2$이다.
> (나) $|x|>1$일 때, $|f^{-1}(x)|=e^{|x|-1}+1$이다.

실수 m에 대하여 기울기가 m이고 점 $(1,\ 0)$을 지나는 직선이 곡선 $y=f(x)$와 만나는 점의 개수를 $g(m)$이라 하자. 함수 $g(m)$이 $m=a$, $m=b$ $(a<b)$에서 불연속일 때, $g(a)\times\left(\displaystyle\lim_{m\to a+}g(m)\right)+g(b)\times\left(\dfrac{\ln b}{b}\right)^2$의 값을 구하시오.

$$\left(\text{단, } \lim_{x\to\infty}\frac{\ln x}{x}=0\right) \text{(4점)}$$

양수 t에 대하여 구간 $[1,\ \infty)$에서 정의된 함수 $f(x)$가

$$f(x)=\begin{cases} \ln x & (1\leq x<e) \\ -t+\ln x & (x\geq e) \end{cases}$$

일 때, 다음 조건을 만족시키는 일차함수 $g(x)$ 중에서 직선 $y=g(x)$의 기울기의 최솟값을 $h(t)$라 하자.

> 1 이상의 모든 실수 x에 대하여
> $(x-e)\{g(x)-f(x)\}\geq 0$ 이다.

미분가능한 함수 $h(t)$에 대하여 양수 a가 $h(a)=\dfrac{1}{e+2}$을 만족시킨다. $h'\left(\dfrac{1}{2e}\right)\times h'(a)$의 값은? (4점)

① $\dfrac{1}{(e+1)^2}$

② $\dfrac{1}{e(e+1)}$

③ $\dfrac{1}{e^2}$

④ $\dfrac{1}{(e-1)(e+1)}$

⑤ $\dfrac{1}{e(e-1)}$

좌표평면 위에 원 $x^2+y^2=9$와 직선 $y=4$가 있다. $t\neq-3$, $t\neq3$인 실수 t에 대하여 직선 $y=4$ 위의 점 $\mathrm{P}(t,\,4)$에서 원 $x^2+y^2=9$에 그은 두 접선의 기울기의 곱을 $f(t)$라 할 때, [보기]에서 옳은 것만을 있는 대로 고른 것은? (4점)

[보기]

ㄱ. $f(\sqrt{2})=-1$

ㄴ. 열린구간 $(-3,\,3)$에서 $f''(t)<0$이다.

ㄷ. 방정식 $9f(x)=3^{x+2}-7$의 서로 다른 실근의 개수는 2이다.

① ㄱ   ② ㄷ   ③ ㄱ, ㄴ

④ ㄴ, ㄷ   ⑤ ㄱ, ㄴ, ㄷ

이차함수 $f(x)$에 대하여 함수 $g(x)=f(x)e^{-x}$이 다음 조건을 만족시킨다.

(가) 점 $(1,\,g(1))$과 점 $(4,\,g(4))$는 곡선 $y=g(x)$의 변곡점이다.

(나) 점 $(0,\,k)$에서 곡선 $y=g(x)$에 그은 접선의 개수가 3인 k의 값의 범위는 $-1<k<0$이다.

$g(-2)\times g(4)$의 값을 구하시오. (4점)

양수 a에 대하여 함수 $f(x)$는

$$f(x)=\frac{x^2-ax}{e^x}$$

이다. 실수 t에 대하여 x에 대한 방정식

$$f(x)=f'(t)(x-t)+f(t)$$

의 서로 다른 실근의 개수를 $g(t)$라 하자.

$g(5)+\lim\limits_{t\to5}g(t)=5$일 때, $\lim\limits_{t\to k-}g(t)\neq\lim\limits_{t\to k+}g(t)$를

만족시키는 모든 실수 k의 값의 합은 $\dfrac{q}{p}$이다. $p+q$의 값을

구하시오. (단, p와 q는 서로소인 자연수이다.) (4점)

두 양수 a, $b\,(b<1)$에 대하여 함수 $f(x)$를

$$f(x)=\begin{cases} -x^2+ax & (x\leq0) \\ \dfrac{\ln(x+b)}{x} & (x>0) \end{cases}$$

이라 하자. 양수 m에 대하여 직선 $y=mx$와 함수

$y=f(x)$의 그래프가 만나는 서로 다른 점의 개수를

$g(m)$이라 할 때, 함수 $g(m)$은 다음 조건을 만족시킨다.

> $\lim\limits_{m\to a-}g(m)-\lim\limits_{m\to a+}g(m)=1$을 만족시키는 양수 a가
>
> 오직 하나 존재하고, 이 a에 대하여 점 $(b,\,f(b))$는
>
> 직선 $y=ax$와 곡선 $y=f(x)$의 교점이다.

$ab^2=\dfrac{q}{p}$일 때, $p+q$의 값을 구하시오.

(단, p와 q는 서로소인 자연수이고, $\lim\limits_{x\to\infty}f(x)=0$이다.) (4점)

156 ★★★★ 2023년 7월학평 미적 30번

최고차항의 계수가 1인 삼차함수 $f(x)$에 대하여 함수 $g(x)$를

$$g(x)=\sin|\pi f(x)|$$

라 하자. 함수 $y=g(x)$의 그래프와 x축이 만나는 점의 x좌표 중 양수인 것을 작은 수부터 크기순으로 모두 나열할 때, n번째 수를 a_n이라 하자. 함수 $g(x)$와 자연수 m이 다음 조건을 만족시킨다.

> (가) 함수 $g(x)$는 $x=a_4$와 $x=a_8$에서 극대이다.
> (나) $f(a_m)=f(0)$

$f(a_k)\leq f(m)$을 만족시키는 자연수 k의 최댓값을 구하시오.

(4점)

157 ★★★★ 2017년 4월학평 가형 30번

최고차항의 계수가 1인 다항함수 $f(x)$와 함수

$$g(x)=x-\frac{f(x)}{f'(x)}$$

가 다음 조건을 만족시킨다.

> (가) 방정식 $f(x)=0$의 실근은 0과 2뿐이고 허근은 존재하지 않는다.
> (나) $\displaystyle\lim_{x\to2}\frac{(x-2)^3}{f(x)}$이 존재한다.
> (다) 함수 $\left|\dfrac{g(x)}{x}\right|$는 $x=\dfrac{5}{4}$에서 연속이고 미분가능하지 않다.

함수 $g(x)$의 극솟값을 k라 할 때, $27k$의 값을 구하시오.

(4점)

정답과 해설 156 p.400 | 157 p.402

158 ★★★★ 2017학년도 수능 가형 30번

$x>a$에서 정의된 함수 $f(x)$와 최고차항의 계수가 -1인 사차함수 $g(x)$가 다음 조건을 만족시킨다.

(단, a는 상수이다.)

> (가) $x>a$인 모든 실수 x에 대하여
> $(x-a)f(x)=g(x)$이다.
> (나) 서로 다른 두 실수 α, β에 대하여 함수 $f(x)$는
> $x=\alpha$와 $x=\beta$에서 동일한 극댓값 M을 갖는다.
>   (단, $M>0$)
> (다) 함수 $f(x)$가 극대 또는 극소가 되는 x의 개수는
>   함수 $g(x)$가 극대 또는 극소가 되는 x의 개수보다
>   많다.

$\beta-\alpha=6\sqrt{3}$일 때, M의 최솟값을 구하시오. (4점)

159 ★★★★ 2026학년도 6월모평 미적 30번

최고차항의 계수가 1인 삼차함수 $f(x)$에 대하여 함수

$$g(x)=\left|f\left(\frac{2}{1+e^{-x}}\right)\right|$$

가 실수 전체의 집합에서 미분가능하고 다음 조건을 만족시킨다.

> (가) 함수 $g(x)$는 $x=0$에서 극소이고, $g(0)>0$이다.
> (나) $g'(\ln 3)<0$, $|g'(-\ln 3)|=\dfrac{3}{8}g(-\ln 3)$

$g(0)$의 최솟값을 $\dfrac{q}{p}$라 할 때, $p+q$의 값을 구하시오.

(단, p와 q는 서로소인 자연수이다.) (4점)

최고차항의 계수가 3보다 크고 실수 전체의 집합에서
최솟값이 양수인 이차함수 $f(x)$에 대하여 함수 $g(x)$가

$$g(x)=e^x f(x)$$

이다. 양수 k에 대하여 집합 $\{x \,|\, g(x)=k,\ x$는 실수$\}$의
모든 원소의 합을 $h(k)$라 할 때, 양의 실수 전체의 집합에서
정의된 함수 $h(k)$는 다음 조건을 만족시킨다.

> (가) 함수 $h(k)$가 $k=t$에서 불연속인 t의 개수는 1이다.
> (나) $\displaystyle\lim_{k \to 3e+} h(k) - \lim_{k \to 3e-} h(k) = 2$

$g(-6) \times g(2)$의 값을 구하시오. (단, $\displaystyle\lim_{x \to -\infty} x^2 e^x = 0$) (4점)

최고차항의 계수가 양수인 삼차함수 $f(x)$와 함수
$g(x)=e^{\sin \pi x}-1$에 대하여 실수 전체의 집합에서 정의된
합성함수 $h(x)=g(f(x))$가 다음 조건을 만족시킨다.

> (가) 함수 $h(x)$는 $x=0$에서 극댓값 0을 갖는다.
> (나) 열린구간 $(0,\ 3)$에서 방정식 $h(x)=1$의 서로 다른
>   실근의 개수는 7이다.

$f(3)=\dfrac{1}{2}$, $f'(3)=0$일 때, $f(2)=\dfrac{q}{p}$이다. $p+q$의 값을
구하시오. (단, p와 q는 서로소인 자연수이다.) (4점)

162 ★★★★ 2019년 4월학평 가형 21번

자연수 n에 대하여 열린구간 $(3n-3,\ 3n)$에서 함수
$$f(x)=(2x-3n)\sin 2x-(2x^2-6nx+4n^2-1)\cos 2x$$
가 $x=\alpha$에서 극대 또는 극소가 되는 모든 α의 값의 합을
a_n이라 하자. $\cos a_m=0$이 되도록 하는 자연수 m의

최솟값을 l이라 할 때, $\displaystyle\sum_{k=1}^{l+2}a_k$의 값은? (4점)

① $7+\dfrac{45}{2}\pi$ 　　② $8+\dfrac{45}{2}\pi$ 　　③ $7+\dfrac{47}{2}\pi$

④ $8+\dfrac{47}{2}\pi$ 　　⑤ $7+\dfrac{49}{2}\pi$

163 ★★★★ 2008년 7월학평 가형 미적 28번

두 다항함수 $f(x)$, $g(x)$가 모든 실수 x에 대하여
$f(-x)=-f(x)$, $g(-x)=g(x)$를 만족하고
$h(x)=f(x)+xg(x)$로 정의할 때, [보기]에서 옳은 것을
모두 고른 것은? (3점)

> [보기]
> ㄱ. $h(0)=0$
> ㄴ. $h'(-x)=h'(x)$
> ㄷ. $h(x)$의 이계도함수 $h''(x)$가 $x=1$에서 극댓값 1을
> 　　 가질 때, 방정식 $h''(x)-x=0$의 실근은 적어도
> 　　 3개이다.

① ㄱ 　　　② ㄷ 　　　③ ㄱ, ㄴ

④ ㄴ, ㄷ 　　⑤ ㄱ, ㄴ, ㄷ

164 ★★★★ 2017학년도 6월모평 가형 21번

실수 전체의 집합에서 미분가능한 함수 $f(x)$가 모든 실수 x에 대하여 다음 조건을 만족시킨다.

(가) $f(x) \neq 1$
(나) $f(x) + f(-x) = 0$
(다) $f'(x) = \{1 + f(x)\}\{1 + f(-x)\}$

[보기]에서 옳은 것만을 있는 대로 고른 것은? (4점)

[보기]

ㄱ. 모든 실수 x에 대하여 $f(x) \neq -1$이다.
ㄴ. 함수 $f(x)$는 어떤 열린구간에서 감소한다.
ㄷ. 곡선 $y = f(x)$는 세 개의 변곡점을 갖는다.

① ㄱ   ② ㄴ   ③ ㄱ, ㄷ
④ ㄴ, ㄷ   ⑤ ㄱ, ㄴ, ㄷ

165 ★★★★ 2019년 4월학평 가형 30번

삼차함수 $f(x) = x^3 + ax^2 + bx$ (a, b는 정수)에 대하여 함수 $g(x) = e^{f(x)} - f(x)$는
$x = \alpha$, $x = -1$, $x = \beta$ ($\alpha < -1 < \beta$)에서만 극값을 갖는다. 함수 $y = |g(x) - g(\alpha)|$가 미분가능하지 않은 점의 개수가 2일 때, $\{f(-1)\}^2$의 최댓값을 구하시오. (4점)

166 ★★★★ 2019년 3월학평 가형 30번

다음 조건을 만족시키며 최고차항의 계수가 1인 모든
사차함수 $f(x)$에 대하여 $f(0)$의 최댓값과 최솟값의 합을
구하시오. $\left(\text{단, } \lim\limits_{x\to\infty}\dfrac{x}{e^x}=0\right)$ (4점)

> (가) $f(1)=0$, $f'(1)=0$
> (나) 방정식 $f(x)=0$의 모든 실근은 10 이하의 자연수
>   이다.
> (다) 함수 $g(x)=\dfrac{3x}{e^{x-1}}+k$에 대하여 함수 $|(f\circ g)(x)|$
>   가 실수 전체의 집합에서 미분가능하도록 하는
>   자연수 k의 개수는 4이다.

167 ★★★★ 2019년 7월학평 가형 30번

$x=a\,(a>0)$에서 극댓값을 갖는 사차함수 $f(x)$에 대하여
함수 $g(x)$가

$$g(x)=\begin{cases}\dfrac{1-\cos\pi x}{f(x)} & (f(x)\neq 0)\\[2mm] \dfrac{7}{128}\pi^2 & (f(x)=0)\end{cases}$$

일 때, 함수 $g(x)$는 실수 전체의 집합에서 미분가능하고
다음 조건을 만족시킨다.

> (가) $g'(0)\times g'(2a)\neq 0$
> (나) 함수 $g(x)$는 $x=a$에서 극값을 갖는다.

$g(1)=\dfrac{2}{7}$일 때, $g(-1)=\dfrac{q}{p}$이다. $p+q$의 값을 구하시오.

(단, p와 q는 서로소인 자연수이다.) (4점)

최고차항의 계수가 1인 삼차함수 $f(x)$에 대하여 실수 전체의 집합에서 정의된 함수 $g(x)=f(\sin^2 \pi x)$가 다음 조건을 만족시킨다.

> (가) $0<x<1$에서 함수 $g(x)$가 극대가 되는 x의 개수가 3이고, 이때 극댓값이 모두 동일하다.
>
> (나) 함수 $g(x)$의 최댓값은 $\dfrac{1}{2}$이고 최솟값은 0이다.

$f(2)=a+b\sqrt{2}$일 때, a^2+b^2의 값을 구하시오.

(단, a와 b는 유리수이다.) (4점)

실수 전체의 집합에서 정의된 함수 $f(x)$는 $0\leq x<3$일 때 $f(x)=|x-1|+|x-2|$이고, 모든 실수 x에 대하여 $f(x+3)=f(x)$를 만족시킨다. 함수 $g(x)$를

$$g(x)=\lim_{h\to 0+}\left|\frac{f(2^{x+h})-f(2^x)}{h}\right|$$

이라 하자. 함수 $g(x)$가 $x=a$에서 불연속인 a의 값 중에서 열린구간 $(-5,\,5)$에 속하는 모든 값을 작은 수부터 크기순으로 나열한 것을 $a_1,\,a_2,\,\cdots,\,a_n(n$은 자연수$)$라 할 때, $n+\displaystyle\sum_{k=1}^{n}\dfrac{g(a_k)}{\ln 2}$의 값을 구하시오. (4점)

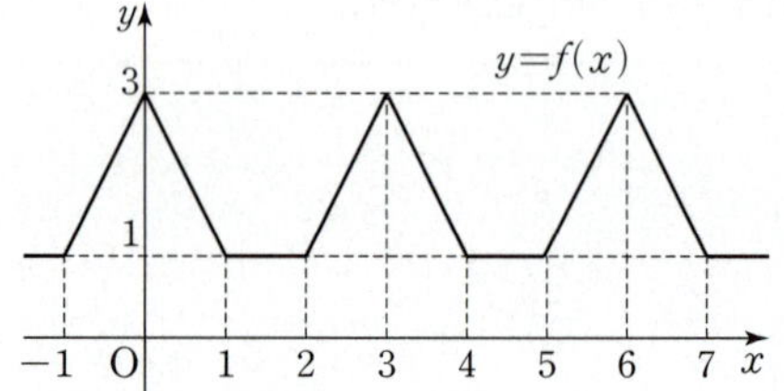

사관학교 기출문제

269-2-5-YGS
문제 풀이 동영상 강의

170 ★★☆ 2019학년도 사관학교 가형 26번

함수 $f(x)=\dfrac{2x}{x+1}$의 그래프 위의 두 점 $(0, 0)$, $(1, 1)$

에서의 접선을 각각 l, m이라 하자. 두 직선 l, m이 이루는
예각의 크기를 θ라 할 때, $12\tan\theta$의 값을 구하시오. (4점)

171 ★★☆ 2024학년도 사관학교 미적 28번

양의 실수 t와 상수 $k(k>0)$에 대하여 곡선
$y=(ax+b)e^{x-k}$이 직선 $y=tx$와 점 (t, t^2)에서 접하도록
하는 두 실수 a, b의 값을 각각 $f(t)$, $g(t)$라 하자.
$f(k)=-6$일 때, $g'(k)$의 값은? (4점)

①　-2　　　　②　-1　　　　③ 0
④ 1　　　　　⑤ 2

172 ★★★ 2023학년도 사관학교 미적 30번

최고차항의 계수가 -2인 이차함수 $f(x)$와 두 실수
$a\,(a>0)$, b에 대하여 함수

$$g(x)=\begin{cases}\dfrac{f(x+1)}{x} & (x<0) \\ f(x)e^{x-a}+b & (x\geq0)\end{cases}$$

이 다음 조건을 만족시킨다.

> (가) $\displaystyle\lim_{x\to0-}g(x)=2$이고 $g'(a)=-2$이다.
>
> (나) $s<0\leq t$이면 $\dfrac{g(t)-g(s)}{t-s}\leq-2$이다.

$a-b$의 최솟값을 구하시오. (4점)

173 ★☆☆ 2017학년도 사관학교 가형 25번

매개변수 $t(t>0)$으로 나타내어진 함수
$$x=t^3,\ y=2t-\sqrt{2t}$$
의 그래프 위의 점 $(8, a)$에서의 접선의 기울기는 b이다.
$100ab$의 값을 구하시오. (3점)

매개변수 t로 나타내어진 곡선
$$x=2\sqrt{2}\sin t+\sqrt{2}\cos t,\ y=\sqrt{2}\sin t+2\sqrt{2}\cos t$$
가 있다. 이 곡선 위의 $t=\dfrac{\pi}{4}$에 대응하는 점에서의 접선의
y절편을 구하시오. (3점)

175 ★★☆ 2020학년도 사관학교 가형 19번

함수 $f(x)=xe^{2x}-(4x+a)e^{x}$이 $x=-\dfrac{1}{2}$에서 극댓값을
가질 때, $f(x)$의 극솟값은? (단, a는 상수이다.) (4점)

① $1-\ln 2$ ② $2-2\ln 2$ ③ $3-3\ln 2$
④ $4-4\ln 2$ ⑤ $5-5\ln 2$

176 ★★☆ 2017학년도 사관학교 가형 26번

곡선 $y=\sin^{2}x(0\le x\le\pi)$의 두 변곡점을 각각 A, B라 할
때, 점 A에서의 접선과 점 B에서의 접선이 만나는 점의
y좌표는 $p+q\pi$이다. $40(p+q)$의 값을 구하시오.
(단, p, q는 유리수이다.) (4점)

177 ★★★ 2020학년도 사관학교 가형 21번

두 함수
$$f(x)=4\sin\dfrac{\pi}{6}x,$$
$$g(x)=|2\cos kx+1|$$
이 있다. $0<x<2\pi$에서 정의된 함수
$$h(x)=(f\circ g)(x)$$
에 대하여 [보기]에서 옳은 것만을 있는 대로 고른 것은?
(단, k는 자연수이다.) (4점)

> [보기]
>
> ㄱ. $k=1$일 때, 함수 $h(x)$는 $x=\dfrac{2}{3}\pi$에서 미분가능하지
>   않다.
> ㄴ. $k=2$일 때, 방정식 $h(x)=2$의 서로 다른 실근의
>   개수는 6이다.
> ㄷ. 함수 $|h(x)-k|$가 $x=a\ (0<a<2\pi)$에서
>   미분가능하지 않은 실수 a의 개수를 a_k라 할 때,
> $\displaystyle\sum_{k=1}^{4}a_k=34$이다.

① ㄱ   ② ㄱ, ㄴ   ③ ㄱ, ㄷ
④ ㄴ, ㄷ   ⑤ ㄱ, ㄴ, ㄷ

178 ★★☆ 2019학년도 사관학교 가형 7번

좌표평면 위를 움직이는 점 P의 시각 $t(0<t<\pi)$에서의
위치 $P(x, y)$가

$$x=\cos t+2,\ y=3\sin t+1$$

이다. 시각 $t=\dfrac{\pi}{6}$에서 점 P의 속력은? (3점)

① $\sqrt{5}$ ② $\sqrt{6}$ ③ $\sqrt{7}$
④ $2\sqrt{2}$ ⑤ 3

179 ★★★ 2025학년도 사관학교 미적 29번

두 실수 a, b에 대하여 x에 대한 방정식 $x^2+ax+b=0$의
두 근을 α, β라 하자. $(\alpha-\beta)^2=\dfrac{34}{3}\pi$일 때,

함수 $f(x)=\sin(x^2+ax+b)$가 $x=c$에서 극값을 갖도록
하는 c의 값 중에서 열린구간 (α, β)에 속하는 모든 값을
작은 수부터 크기순으로 나열한 것을 $c_1, c_2, \cdots, c_n$ (n은
자연수)라 하자. $(1-n)\times\displaystyle\sum_{k=1}^{n}f(c_k)$의 값을 구하시오.

(단, $\alpha<\beta$) (4점)

180 ★★★ 2020학년도 사관학교 미적 30번

최고차항의 계수가 1이고 극값을 갖는 삼차함수 $f(x)$와
상수 $p\ (p>0)$에 대하여 함수

$$g(x)=\{\ln(|f(x)|+p)\}^2$$

이 다음 조건을 만족시킨다.

> (가) 함수 $g(x)$는 실수 전체의 집합에서 미분가능하고,
> $x=2$에서 극대이다.
> (나) x에 대한 방정식 $g'(x)=0$은 서로 다른 세 실근을
>   갖고, 이 세 실근은 크기 순서대로 공비가 2인
>   등비수열을 이룬다.

$g(p)>0$일 때, $f(p+5)$의 값을 구하시오. (4점)

최고차항의 계수가 1인 삼차함수 $f(x)$에 대하여 함수

$$g(x)=\begin{cases} f(x) & (0\leq x\leq 2) \\ \dfrac{f(x)}{x-1} & (x<0 \text{ 또는 } x>2) \end{cases}$$

가 다음 조건을 만족시킨다.

> (가) 함수 $g(x)$는 실수 전체의 집합에서 연속이고,
> $g(2)\neq 0$이다.
> (나) 함수 $g(x)$가 $x=a$에서 미분가능하지 않은 실수
> a의 개수는 1이다.
> (다) $g(k)=0$, $g'(k)=\dfrac{16}{3}$인 실수 k가 존재한다.

함수 $g(x)$의 극솟값이 p일 때, p^2의 값을 구하시오. (4점)

세 상수 a, b, c $(a>0,\ c>0)$에 대하여 함수

$$f(x)=\begin{cases} -ax^2+6ex+b & (x<c) \\ a(\ln x)^2-6\ln x & (x\geq c) \end{cases}$$

가 다음 조건을 만족시킨다.

> (가) 함수 $f(x)$는 실수 전체의 집합에서 연속이다.
> (나) 함수 $f(x)$의 역함수가 존재한다.

$f\left(\dfrac{1}{2e}\right)$의 값은? (4점)

① $-4\left(e^2+\dfrac{1}{4e^2}\right)$ ② $-4\left(e^2-\dfrac{1}{4e^2}\right)$

③ $-3\left(e^2+\dfrac{1}{4e^2}\right)$ ④ $-3\left(e^2-\dfrac{1}{4e^2}\right)$

⑤ $-2\left(e^2+\dfrac{1}{4e^2}\right)$

함수 $f(x)=(x^3-a)e^x$과 실수 t에 대하여 방정식
$f(x)=t$의 실근의 개수를 $g(t)$라 하자. 함수 $g(t)$가
불연속인 점의 개수가 2가 되도록 하는 10 이하의 모든
자연수 a의 값의 합을 구하시오. (단, $\lim\limits_{x\to-\infty} f(x)=0$) (4점)

두 함수 $f(x)=x^2-ax+b\,(a>0)$, $g(x)=x^2e^{-\frac{x}{2}}$에 대하여
상수 k와 함수 $h(x)=(f\circ g)(x)$가 다음 조건을
만족시킨다.

> (가) $h(0)<h(4)$
> (나) 방정식 $|h(x)|=k$의 서로 다른 실근의 개수는
>   7이고, 그중 가장 큰 실근을 α라 할 때 함수
> $h(x)$는 $x=\alpha$에서 극소이다.

$f(1)=-\dfrac{7}{32}$일 때, 두 상수 a, b에 대하여 $a+16b$의 값을
구하시오. $\left(\text{단, }\dfrac{5}{2}<e<3\text{이고, }\lim\limits_{x\to\infty} g(x)=0\text{이다.}\right)$ (4점)

함수 $f(x)=|x^2-x|e^{4-x}$이 있다. 양수 k에 대하여
함수 $g(x)$를

$$g(x)=\begin{cases} f(x) & (f(x)\le kx) \\ kx & (f(x)>kx) \end{cases}$$

라 하자. 구간 $(-\infty,\,\infty)$에서 함수 $g(x)$가 미분가능하지
않은 x의 개수를 $h(k)$라 할 때, [보기]에서 옳은 것만을 있는
대로 고른 것은? (4점)

> [보기]
> ㄱ. $k=2$일 때, $g(2)=4$이다.
> ㄴ. 함수 $h(k)$의 최댓값은 4이다.
> ㄷ. $h(k)=2$를 만족시키는 k의 값의 범위는
> $e^2\le k<e^4$이다.

① ㄱ   ② ㄱ, ㄴ   ③ ㄱ, ㄷ
④ ㄴ, ㄷ   ⑤ ㄱ, ㄴ, ㄷ

01 여러 가지 적분법

평가원 모의평가 (2003~2026학년도) 대학수학능력시험 (1994~2026학년도) 교육청 학력평가 (2001~2025년 시행) 사관학교 입학시험 (2002~2026학년도)

1. 여러 가지 적분법 | 유형 01, 02

21, 17 수능출제

(1) 함수 $y=x^n$ (n은 실수)의 부정적분

① $n\neq -1$일 때, $\displaystyle\int x^n\,dx=\dfrac{1}{n+1}x^{n+1}+C$

② $n=-1$일 때, $\displaystyle\int x^{-1}\,dx=\int \dfrac{1}{x}\,dx=\ln|x|+C$

(2) 지수함수의 부정적분

① $\displaystyle\int e^x\,dx=e^x+C$　　② $\displaystyle\int a^x\,dx=\dfrac{a^x}{\ln a}+C$ (단, $a>0$, $a\neq 1$)

(3) 삼각함수의 부정적분

① $\displaystyle\int \sin x\,dx=-\cos x+C$　　② $\displaystyle\int \cos x\,dx=\sin x+C$

③ $\displaystyle\int \sec^2 x\,dx=\tan x+C$　　④ $\displaystyle\int \csc^2 x\,dx=-\cot x+C$

⑤ $\displaystyle\int \sec x\tan x\,dx=\sec x+C$　　⑥ $\displaystyle\int \csc x\cot x\,dx=-\csc x+C$

2. 치환적분법 | 유형 04, 05, 06

26, 25, 24, 19, 18, 16, 10, 07 수능출제

(1) 치환적분법

미분가능한 함수 $g(t)$에 대하여 $x=g(t)$로 놓으면

$$\int f(x)dx=\int f(g(t))g'(t)dt$$

(2) 유리함수의 부정적분

① $\displaystyle\int \dfrac{1}{ax+b}\,dx=\dfrac{1}{a}\ln|ax+b|+C$　② $\displaystyle\int \dfrac{f'(x)}{f(x)}\,dx=\ln|f(x)|+C$

(3) 정적분의 치환적분법

닫힌구간 $[a,\,b]$에서 연속인 함수 $f(x)$에 대하여 미분가능한 함수 $x=g(t)$의 도함수 $g'(t)$가 닫힌구간 $[\alpha,\,\beta]$에서 연속이고, $a=g(\alpha)$, $b=g(\beta)$이면

$$\int_a^b f(x)dx=\int_\alpha^\beta f(g(t))g'(t)dt$$

3. 부분적분법 | 유형 08

22, 20, 19, 18, 17, 11 수능출제

(1) 부분적분법

두 함수 $f(x)$, $g(x)$가 미분가능할 때

$$\int f'(x)g(x)dx=f(x)g(x)-\int f(x)g'(x)dx$$

(2) 정적분의 부분적분법

두 함수 $f(x)$, $g(x)$가 미분가능하고, $f'(x)$, $g'(x)$가 닫힌구간 $[a,\,b]$에서 연속일 때

$$\int_a^b f'(x)g(x)dx=\Big[\,f(x)g(x)\,\Big]_a^b-\int_a^b f(x)g'(x)dx$$

4. 정적분으로 표현된 함수의 극한 | 유형 13

24, 16, 14, 12, 11, 09 수능출제

(1) $\displaystyle\lim_{x\to a}\dfrac{1}{x-a}\int_a^x f(t)dt=f(a)$

(2) $\displaystyle\lim_{x\to 0}\dfrac{1}{x}\int_a^{x+a} f(t)dt=f(a)$

보 충 설 명

- 일반적으로 부정적분에서 적분상수는 C로 나타낸다.

- 정적분으로 정의된 함수의 미분

① $\dfrac{d}{dx}\displaystyle\int_a^x f(t)dt=f(x)$

② $\dfrac{d}{dx}\displaystyle\int_x^{x+a} f(t)dt=f(x+a)-f(x)$

③ $\dfrac{d}{dx}\displaystyle\int_a^x xf(t)dt=\int_a^x f(t)dt+xf(x)$

- 그래프의 대칭을 이용한 정적분

① $f(x)$가 기함수이면 $\displaystyle\int_{-a}^a f(x)dx=0$

② $f(x)$가 우함수이면

$$\int_{-a}^a f(x)dx=2\int_0^a f(x)dx$$

- 삼각함수를 이용한 치환적분법

① $\sqrt{a^2-x^2}$ ($a>0$) 꼴인 함수를 적분하는 경우

$x=a\sin\theta\left(-\dfrac{\pi}{2}\leq\theta\leq\dfrac{\pi}{2}\right)$로 치환

② $\dfrac{1}{a^2+x^2}$ ($a>0$) 꼴인 함수를 적분하는 경우

$x=a\tan\theta\left(-\dfrac{\pi}{2}<\theta<\dfrac{\pi}{2}\right)$로 치환

- 부분적분법에서 $f'(x)$, $g(x)$의 설정
부분적분법을 이용하여 부정적분을 구할 때 미분한 결과가 간단한 함수(다항함수, 로그함수)를 $g(x)$, 적분하기 쉬운 함수(삼각함수, 지수함수)를 $f'(x)$로 놓는다.

$$\int f'(x)g(x)dx$$

적분하기 쉬운 함수　　미분한 결과가 간단한 함수

$f'(x)$　　　　　$g(x)$

- 정적분으로 정의된 함수의 미분

① $\dfrac{d}{dx}\displaystyle\int_a^x (x-t)f(t)dt=\int_a^x f(t)dt$

② $\dfrac{d}{dx}\displaystyle\int_{h(x)}^{g(x)} f(t)dt$
$=f(g(x))g'(x)-f(h(x))h'(x)$

기본 개념 문제

269-3-1-Y00

▶ 문제 풀이 **동영상 강의**

---

001 1. 여러 가지 적분법 | 2019년 3월학평 가형 24번

함수 $f(x)$의 도함수가 $f'(x)=\dfrac{1}{x}$이고 $f(1)=10$일 때, $f(e^3)$의 값을 구하시오. (3점)

---

002 1. 여러 가지 적분법 | 2022학년도 수능예시문항 미적 23번

$\displaystyle\int_{-\frac{\pi}{2}}^{\frac{\pi}{2}}\sin x\,dx$의 값은? (2점)

① -2　　　② -1　　　③ 0

④ 1　　　⑤ 2

---

003 2. 치환적분법 | 2024학년도 9월모평 미적 25번

함수 $f(x)=x+\ln x$에 대하여 $\displaystyle\int_1^e\left(1+\dfrac{1}{x}\right)f(x)dx$의 값은? (3점)

① $\dfrac{e^2}{2}+\dfrac{e}{2}$　　　② $\dfrac{e^2}{2}+e$　　　③ $\dfrac{e^2}{2}+2e$

④ e^2+e　　　⑤ e^2+2e

---

004 3. 부분적분법 | 2023학년도 9월모평 미적 24번

$\displaystyle\int_0^\pi x\cos\left(\dfrac{\pi}{2}-x\right)dx$의 값은? (3점)

① $\dfrac{\pi}{2}$　　　② π　　　③ $\dfrac{3\pi}{2}$

④ 2π　　　⑤ $\dfrac{5\pi}{2}$

유형 01 여러 가지 함수의 부정적분

동영상강의

269-3-1-Y01

☑ 출제경향
단순 계산 문제들이 출제된다.

✒ 접근방법
여러 가지 함수의 적분 공식을 적용하여 계산한다.

🖾 단골공식
부정적분의 기본 공식 (단, C는 적분상수)

$\int x^n\,dx=\dfrac{1}{n+1}x^{n+1}+C$ (단, $n\neq-1$)

$\int x^{-1}\,dx=\int\dfrac{1}{x}\,dx=\ln|x|+C$

$\int e^x\,dx=e^x+C,\ \int a^x\,dx=\dfrac{a^x}{\ln a}+C$ (단, $a>0,\ a\neq1$)

$\int e^{mx+n}\,dx=\dfrac{e^{mx+n}}{m}+C$ (단, $m\neq0,\ m,\ n$은 상수)

$\int a^{mx+n}\,dx=\dfrac{a^{mx+n}}{m\ln a}+C$ (단, $m\neq0,\ m,\ n$은 상수)

$\int\sin x\,dx=-\cos x+C,\ \int\cos x\,dx=\sin x+C$

$\int\sec^2 x\,dx=\tan x+C,\ \int\csc^2 x\,dx=-\cot x+C$

$\int\sec x\tan x\,dx=\sec x+C,\ \int\csc x\cot x\,dx=-\csc x+C$

$\int\dfrac{1}{ax+b}\,dx=\dfrac{1}{a}\ln|ax+b|+C,\ \int\dfrac{f'(x)}{f(x)}\,dx=\ln|f(x)|+C$

005 ★☆☆ 2025학년도 9월모평 미적 24번

양의 실수 전체의 집합에서 정의된 미분가능한 함수 $f(x)$가 있다. 양수 t에 대하여 곡선 $y=f(x)$ 위의 점 $(t,\ f(t))$에서의 접선의 기울기는 $\dfrac{1}{t}+4e^{2t}$이다. $f(1)=2e^2+1$일 때, $f(e)$의 값은? (3점)

① $2e^{2e}-1$ ② $2e^{2e}$ ③ $2e^{2e}+1$
④ $2e^{2e}+2$ ⑤ $2e^{2e}+3$

006 ★★☆ 2016년 7월학평 가형 8번

연속함수 $f(x)$의 도함수 $f'(x)$가

$$f'(x)=\begin{cases}\dfrac{1}{x^2} & (x<-1)\\[2mm] 3x^2+1 & (x>-1)\end{cases}$$

이고 $f(-2)=\dfrac{1}{2}$일 때, $f(0)$의 값은? (3점)

① 1 ② 2 ③ 3
④ 4 ⑤ 5

007 ★★☆ 2015년 4월학평 B형 25번

모든 실수 x에서 연속인 함수 $f(x)$에 대하여

$$f'(x)=\begin{cases}3\sqrt{x} & (x>1)\\ 2x & (x<1)\end{cases}$$

이다. $f(4)=13$일 때, $f(-5)$의 값을 구하시오. (3점)

008 ★★☆ 2021학년도 수능 가형 15번

$x>0$에서 미분가능한 함수 $f(x)$에 대하여

$$f'(x)=2-\dfrac{3}{x^2},\ f(1)=5$$

이다. $x<0$에서 미분가능한 함수 $g(x)$가 다음 조건을 만족시킬 때, $g(-3)$의 값은? (4점)

> (가) $x<0$인 모든 실수 x에 대하여 $g'(x)=f'(-x)$이다.
> (나) $f(2)+g(-2)=9$

① 1 ② 2 ③ 3
④ 4 ⑤ 5

269-3-1-Y02

유형 02 여러 가지 함수의 정적분

☑ **출제경향**

다항함수, 지수함수, 로그함수, 삼각함수 등 여러 가지
함수의 정적분을 구하는 문제가 출제된다.

✐ **접근방법**

함수 $f(x)$가 닫힌구간 $[a, b]$에서 연속이고 $f(x)$의 한 부정적분을
$F(x)$라고 할 때,

$$\int_a^b f(x)dx = \Big[\, F(x)\, \Big]_a^b = F(b) - F(a)$$

🖳 **단골공식**

(1) 정적분의 기본 정리

① $\displaystyle\int_a^a f(x)dx = F(a) - F(a) = 0$

② $\displaystyle\int_a^b f(x)dx = F(b) - F(a) = -\{F(a) - F(b)\}$

$$= -\int_b^a f(x)dx$$

(2) 우함수 · 기함수의 성질

① $f(-x) = f(x) \rightarrow y$축에 대해 대칭인 함수 (우함수)

$$\int_{-a}^a f(x)dx = \int_{-a}^0 f(x)dx + \int_0^a f(x)dx = 2\int_0^a f(x)dx$$

② $f(-x) = -f(x) \rightarrow$ 원점에 대해 대칭인 함수 (기함수)

$$\int_{-a}^a f(x)dx = \int_{-a}^0 f(x)dx + \int_0^a f(x)dx = 0$$

(3) 주기함수의 성질

① $f(x+p) = f(x) \Longrightarrow f\left(x - \dfrac{p}{2}\right) = f\left(x + \dfrac{p}{2}\right)$

② 한 주기의 정적분의 값은 항상 같다.

$$\int_a^{a+p} f(x)dx = \int_b^{b+p} f(x)dx = \int_{a+p}^{a+2p} f(x)dx = \cdots$$

③ 닫힌구간 $[a, b]$의 정적분의 값은 그 구간에 주기 p만큼 더하
거나 빼도 항상 같다.

$$\int_a^b f(x)dx = \int_{a+p}^{b+p} f(x)dx = \int_{a-p}^{b-p} f(x)dx = \cdots$$

009 ★☆☆ 2021년 10월학평 미적 23번

$\displaystyle\int_2^4 \dfrac{6}{x^2} dx$의 값은? (2점)

① $\dfrac{3}{2}$　　② $\dfrac{7}{4}$　　③ 2

④ $\dfrac{9}{4}$　　⑤ $\dfrac{5}{2}$

010 ★☆☆ 2018년 7월학평 가형 9번

$\displaystyle\int_3^6 \dfrac{2}{x^2 - 2x} dx$의 값은? (3점)

① $\ln 2$　　② $\ln 3$　　③ $\ln 4$

④ $\ln 5$　　⑤ $\ln 6$

011 ★☆☆ 2017년 7월학평 가형 5번

$\displaystyle\int_0^4 (5x - 3)\sqrt{x}\, dx$의 값은? (3점)

① 47　　② 48　　③ 49

④ 50　　⑤ 51

012 ★☆☆ 2016학년도 9월모평 B형 22번

$\displaystyle\int_1^{16} \dfrac{1}{\sqrt{x}}\, dx$의 값을 구하시오. (3점)

$\displaystyle\int_1^{16} \dfrac{1}{x\sqrt{x}}dx$의 값은? (3점)

① $\dfrac{3}{2}$ ② $\dfrac{4}{3}$ ③ $\dfrac{5}{4}$

④ $\dfrac{6}{5}$ ⑤ $\dfrac{7}{6}$

$\displaystyle\int_0^1 (e^x+1)dx$의 값은? (2점)

① $e-2$ ② $e-1$ ③ e

④ $e+1$ ⑤ $e+2$

$\displaystyle\int_0^{\ln 3} e^{x+3}dx$의 값은? (3점)

① $\dfrac{e^3}{2}$ ② e^3 ③ $\dfrac{3}{2}e^3$

④ $2e^3$ ⑤ $\dfrac{5}{2}e^3$

$\displaystyle\int_0^1 e^{x+4}dx$의 값은? (3점)

① e^5-e^4 ② e^5 ③ e^5+e^4

④ e^5+2e^4 ⑤ e^5+3e^4

$\displaystyle\int_0^{\frac{\pi}{3}} \tan x \cos x \, dx$의 값은? (3점)

① $\dfrac{3}{4}$ ② $\dfrac{4-\sqrt{2}}{4}$ ③ $\dfrac{4-\sqrt{3}}{4}$

④ $\dfrac{1}{2}$ ⑤ $\dfrac{4-\sqrt{5}}{4}$

다음 정적분 중 그 값이 $\displaystyle\int_a^b \dfrac{1}{x}dx$와 같은 것은?

(단, $0<a<b$) (3점)

① $\displaystyle\int_{a+1}^{b+1} \dfrac{1}{x}dx$ ② $\displaystyle\int_{2a}^{2b} \dfrac{1}{x}dx$ ③ $\displaystyle\int_{a^2}^{b^2} \dfrac{1}{x}dx$

④ $\displaystyle\int_{\sqrt{a}}^{\sqrt{b}} \dfrac{1}{x}dx$ ⑤ $\displaystyle\int_{\frac{1}{a}}^{\frac{1}{b}} \dfrac{1}{x}dx$

☑ **출제경향**

주로 그래프를 이용하여 적분을 해결하는 등 다양한 형태의
문제들이 어렵게 출제된다.

✎ **접근방법**

그래프를 그려 도형의 넓이 등을 이용하여 적분을 해결한다.

019 ★★☆ 2018년 3월학평 가형 14번

뉴턴의 냉각법칙에 따르면 온도가 20으로 일정한 실내에
있는 어떤 물질의 시각 $t\,(분)$에서의 온도를 $T(t)$라 할 때,
함수 $T(t)$의 도함수 $T'(t)$에 대하여 다음 식이 성립한다고
한다.

$$\int \frac{T'(t)}{T(t)-20}\,dt = kt+C \ (단,\ k,\ C는\ 상수이다.)$$

$T(0)=100$, $T(3)=60$일 때, k의 값은?

(단, 온도의 단위는 ℃이다.) (4점)

① $-\dfrac{\ln 2}{3}$ ② $-\dfrac{2\ln 2}{3}$ ③ $-\ln 2$

④ $-\dfrac{4\ln 2}{3}$ ⑤ $-\dfrac{5\ln 2}{3}$

020 ★★☆ 2016년 4월학평 가형 27번

모든 실수 x에 대하여 연속인 함수 $f(x)$가 다음 조건을
만족시킨다.

(가) 모든 실수 x에 대하여 $f(x+2)=f(x)$이다.
(나) $0 \le x \le 1$일 때, $f(x)=\sin \pi x+1$이다.
(다) $1 < x < 2$일 때, $f'(x) \ge 0$이다.

$\displaystyle\int_0^6 f(x)dx = p+\dfrac{q}{\pi}$일 때, $p+q$의 값을 구하시오.

(단, p, q는 정수이다.) (4점)

021 ★★☆ 2017년 10월학평 가형 14번

미분가능한 두 함수 $f(x)$, $g(x)$에 대하여 $g(x)$는 $f(x)$의
역함수이다. $f(1)=3$, $g(1)=3$일 때,

$$\int_1^3 \left\{ \frac{f(x)}{f'(g(x))} + \frac{g(x)}{g'(f(x))} \right\}dx$$

의 값은? (4점)

① -8 ② -4 ③ 0
④ 4 ⑤ 8

그림과 같이 세 점 A$(1, 1)$, B$(4, 1)$, C$(4, 5)$를 꼭짓점으로 하는 삼각형 ABC가 있다. 점 P는 점 A를 출발하여 삼각형 ABC의 변을 따라 점 B를 지나 점 C까지 매초 1의 일정한 속력으로 움직이고 이차함수 $f(x)=kx^2$의 그래프가 점 P를 지난다. t초 후 곡선 $y=f(x)$ 위의 점 P에서의 접선의 기울기를 $g(t)$라 하자. [보기]에서 옳은 것만을 있는 대로 고른 것은?
(단, 점 P는 한 번 지나간 점은 다시 지나가지 않는다.) (4점)

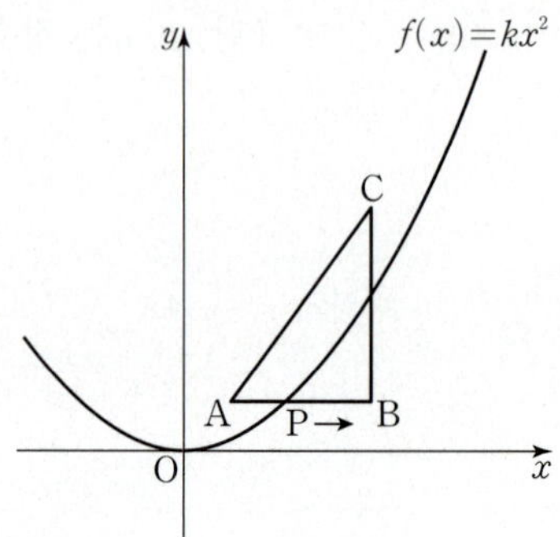

[보기]

ㄱ. $0\leq t<3$일 때 점 P의 좌표는 $(t+1, 1)$

ㄴ. $g(t)=\dfrac{2}{t+1}$ $(0\leq t<3)$

ㄷ. $\displaystyle\int_0^7 g(t)dt=6+4\ln 2$

① ㄱ
② ㄱ, ㄴ
③ ㄱ, ㄷ
④ ㄴ, ㄷ
⑤ ㄱ, ㄴ, ㄷ

닫힌구간 $[0, 4\pi]$에서 연속이고 다음 조건을 만족시키는 모든 함수 $f(x)$에 대하여 $\displaystyle\int_0^{4\pi}|f(x)|dx$의 최솟값은? (4점)

(가) $0\leq x\leq\pi$일 때, $f(x)=1-\cos x$이다.
(나) $1\leq n\leq 3$인 각각의 자연수 n에 대하여
　　　$f(n\pi+t)=f(n\pi)+f(t)$ $(0<t\leq\pi)$
　　　또는
　　　$f(n\pi+t)=f(n\pi)-f(t)$ $(0<t\leq\pi)$
　　　이다.
(다) $0<x<4\pi$에서 곡선 $y=f(x)$의 변곡점의 개수는 6이다.

① 4π
② 6π
③ 8π
④ 10π
⑤ 12π

024 ★★★ 2017학년도 6월모평 가형 20번

함수 $f(x)=\dfrac{5}{2}-\dfrac{10x}{x^2+4}$ 와 함수 $g(x)=\dfrac{4-|x-4|}{2}$ 의
그래프가 그림과 같다.

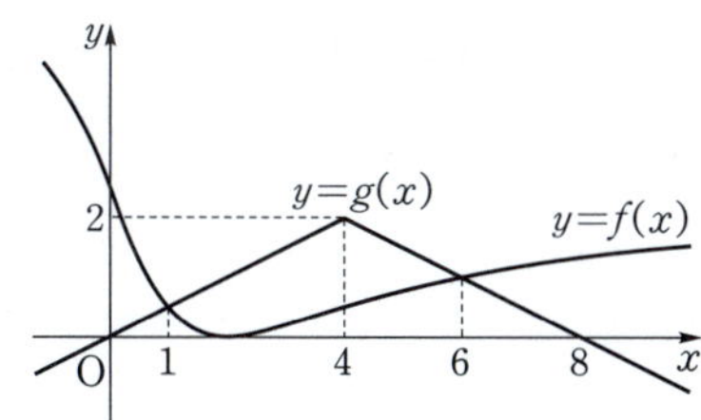

$0 \le a \le 8$ 인 a에 대하여 $\displaystyle\int_0^a f(x)dx+\int_a^8 g(x)dx$ 의
최솟값은? (4점)

① $14-5\ln 5$ ② $15-5\ln 10$ ③ $15-5\ln 5$

④ $16-5\ln 10$ ⑤ $16-5\ln 5$

유형 04 치환적분법(1)
– 다항함수, 유리함수, 무리함수

269-3-1-Y04

☑ 출제경향

단순 계산 문제들이 출제된다.

✐ 접근방법

치환적분법을 이용하여 적분한다. 치환할 때 적분구간을 반드시
바꿔주어야 한다.

🖩 단골공식

① $f(x)=t$로 치환하고 양변을 x에 대해 미분한다.

② $\displaystyle\int_a^b \dfrac{f'(x)}{f(x)}dx=\int_{f(a)}^{f(b)}\dfrac{1}{t}dt=\Big[\ln|t|\Big]_{f(a)}^{f(b)}$

③ $\dfrac{f'(x)}{f(x)}$ 꼴이 아니면 부분분수로 분해하거나, 간단한 치환적분을
이용한다.

025 ★☆☆ 2016년 4월학평 가형 7번

$\displaystyle\int_{\frac{1}{2}}^{1} \sqrt{2x-1}\,dx$ 의 값은? (3점)

① $\dfrac{1}{15}$ ② $\dfrac{2}{15}$ ③ $\dfrac{1}{5}$

④ $\dfrac{4}{15}$ ⑤ $\dfrac{1}{3}$

026 ★☆☆ 2019년 3월학평 가형 6번

$\displaystyle\int_0^{\sqrt{3}} 2x\sqrt{x^2+1}\,dx$ 의 값은? (3점)

① 4 ② $\dfrac{13}{3}$ ③ $\dfrac{14}{3}$

④ 5 ⑤ $\dfrac{16}{3}$

---

027 ★★☆ 2018년 3월학평 가형 7번

$\int_1^2 x\sqrt{x^2-1}\,dx$의 값은? (3점)

① $\sqrt{3}$ ② 2 ③ $\sqrt{5}$

④ $\sqrt{6}$ ⑤ $\sqrt{7}$

028 ★☆☆ 2019학년도 6월모평 가형 11번

$\int_1^{\sqrt{2}} x^3\sqrt{x^2-1}\,dx$의 값은? (3점)

① $\dfrac{7}{15}$ ② $\dfrac{8}{15}$ ③ $\dfrac{3}{5}$

④ $\dfrac{2}{3}$ ⑤ $\dfrac{11}{15}$

029 ★☆☆ 2016학년도 수능 B형 4번

$\int_0^e \dfrac{5}{x+e}\,dx$의 값은? (3점)

① $\ln 2$ ② $2\ln 2$ ③ $3\ln 2$

④ $4\ln 2$ ⑤ $5\ln 2$

030 ★☆☆ 2025학년도 수능 미적 24번

$\int_0^{10} \dfrac{x+2}{x+1}\,dx$의 값은? (3점)

① $10+\ln 5$ ② $10+\ln 7$ ③ $10+2\ln 3$

④ $10+\ln 11$ ⑤ $10+\ln 13$

031 ★☆☆ 2017학년도 9월모평 가형 6번

$\int_0^3 \dfrac{2}{2x+1}\,dx$의 값은? (3점)

① $\ln 5$ ② $\ln 6$ ③ $\ln 7$

④ $3\ln 2$ ⑤ $2\ln 3$

032 ★★☆ 2020년 7월학평 가형 12번

$x>1$인 모든 실수 x의 집합에서 정의되고 미분가능한 함수 $f(x)$가

$$\sqrt{x-1}\,f'(x)=3x-4$$

를 만족시킬 때, $f(5)-f(2)$의 값은? (3점)

① 4 ② 6 ③ 8

④ 10 ⑤ 12

033 ★★☆ 2018년 3월학평 가형 17번

실수 전체의 집합에서 미분가능한 함수 $f(x)$의 역함수를 $g(x)$라 하자. 두 함수 $f(x)$, $g(x)$가 다음 조건을 만족시킨다.

(가) $f(0)=1$

(나) 모든 실수 x에 대하여 $f(x)g'(f(x))=\dfrac{1}{x^2+1}$ 이다.

$f(3)$의 값은? (4점)

① e^3 ② e^6 ③ e^9

④ e^{12} ⑤ e^{15}

유형 05 치환적분법(2) – 지수함수, 로그함수

동영상강의 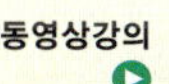 

269-3-1-Y05

☑ **출제경향**

대부분 쉬운 문제들로 출제된다.

✐ **접근방법**

① $\ln x$와 $\dfrac{1}{x}$의 곱의 꼴로 되어있으면 $\ln x=t$로 치환한다.

② $e^{f(x)}$과 $f'(x)$의 곱의 꼴로 되어있으면 $f(x)=t$로 치환한다.

③ $f(a^x)$과 a^x의 곱의 꼴로 되어있으면 $a^x=t$로 치환한다.

---

034 ★☆☆ 2003학년도 보평 자연계 4번

정적분 $2\displaystyle\int_0^1 xe^{-x^2}dx$의 값은? (2점)

① $\dfrac{1}{e}$ ② $\dfrac{e-1}{e}$ ③ $\dfrac{e+1}{e}$

④ $e-1$ ⑤ $e+1$

이 문항은 7차 교육과정 이전에 출제되었지만 다시 출제될 수 있는 기본적인 문제로 개념을 익히는 데 도움이 됩니다.

---

035 ★☆☆ 2018학년도 6월모평 가형 24번

$\displaystyle\int_2^4 2e^{2x-4}dx=k$일 때, $\ln(k+1)$의 값을 구하시오. (3점)

---

036 ★☆☆ 2022년 7월학평 미적 24번

$\displaystyle\int_1^e\left(\dfrac{3}{x}+\dfrac{2}{x^2}\right)\ln x\,dx-\int_1^e\dfrac{2}{x^2}\ln x\,dx$의 값은? (3점)

① $\dfrac{1}{2}$ ② 1 ③ $\dfrac{3}{2}$

④ 2 ⑤ $\dfrac{5}{2}$

---

037 ★☆☆ 2018학년도 9월모평 가형 8번

$\displaystyle\int_1^e\dfrac{3(\ln x)^2}{x}dx$의 값은? (3점)

① 1 ② $\dfrac{1}{2}$ ③ $\dfrac{1}{3}$

④ $\dfrac{1}{4}$ ⑤ $\dfrac{1}{5}$

---

038 ★☆☆ 2017년 3월학평 가형 4번

$\displaystyle\int_1^e \frac{(\ln x)^3}{x}\,dx$의 값은? (3점)

① $2\ln 2$ ② 2 ③ $4\ln 2$
④ 4 ⑤ $6\ln 2$

039 ★★☆ 2007학년도 수능 가형 미적 27번

1보다 큰 실수 a에 대하여 $f(a)=\displaystyle\int_1^a \frac{\sqrt{\ln x}}{x}\,dx$라 할 때, $f(a^4)$과 같은 것은? (3점)

① $4f(a)$ ② $8f(a)$ ③ $12f(a)$
④ $16f(a)$ ⑤ $20f(a)$

유형 06 치환적분법(3) – 삼각함수

동영상강의 

269-3-1-Y06

☑ **출제경향**

삼각함수의 성질과 공식들을 숙지하고 있어야 해결할 수 있는 문제들이 출제된다.

✐ **접근방법**

주어진 식을 치환적분법을 이용할 수 있도록 적절히 변형한다.

040 ★☆☆ 2018년 4월학평 가형 5번

$\displaystyle\int_0^{\frac{\pi}{6}} \cos 3x\,dx$의 값은? (3점)

① $\dfrac{1}{6}$ ② $\dfrac{1}{4}$ ③ $\dfrac{1}{3}$
④ $\dfrac{5}{12}$ ⑤ $\dfrac{1}{2}$

041 ★☆☆ 2024년 10월학평 미적 24번

$\displaystyle\int_0^{\frac{\pi}{3}} \cos\left(\frac{\pi}{3}-x\right)dx$의 값은? (3점)

① $\dfrac{1}{3}$ ② $\dfrac{1}{2}$ ③ $\dfrac{\sqrt{3}}{3}$
④ $\dfrac{\sqrt{2}}{2}$ ⑤ $\dfrac{\sqrt{3}}{2}$

042 ★☆☆ 2021년 7월학평 미적 24번

$\displaystyle\int_0^{\frac{\pi}{4}} 2\cos 2x\sin^2 2x\,dx$의 값은? (3점)

① $\dfrac{1}{9}$ ② $\dfrac{1}{6}$ ③ $\dfrac{2}{9}$
④ $\dfrac{5}{18}$ ⑤ $\dfrac{1}{3}$

043 ★☆☆ 2026학년도 9월모평 미적 24번

$\displaystyle\int_{\frac{\pi}{4}}^{\frac{3\pi}{4}} \cos\left(x-\frac{\pi}{4}\right)e^{\sin\left(x-\frac{\pi}{4}\right)}dx$의 값은? (3점)

① $e-2$ ② $\dfrac{e-1}{2}$ ③ $\dfrac{e}{2}$
④ $e-1$ ⑤ $\dfrac{e+1}{2}$

정답과 해설   038 p.444   039 p.444   040 p.445   041 p.445   042 p.445   043 p.445

044 ★★☆ 2019학년도 9월모평 가형 25번

$\displaystyle\int_0^{\frac{\pi}{2}}(\cos x+3\cos^3 x)\,dx$의 값을 구하시오. (3점)

045 ★☆☆ 2026학년도 수능 미적 24번

$\displaystyle\int_0^{\frac{\pi}{2}}\sqrt{\sin x-\sin^3 x}\,dx$의 값은? (3점)

① $\dfrac{1}{6}$ ② $\dfrac{1}{3}$ ③ $\dfrac{1}{2}$

④ $\dfrac{2}{3}$ ⑤ $\dfrac{5}{6}$

046 ★★☆ 2014년 4월학평 B형 15번

$\displaystyle\int_{e^2}^{e^3}\frac{a+\ln x}{x}\,dx-\int_0^{\frac{\pi}{2}}(1+\sin x)\cos x\,dx$가 성립할 때, 상수 a의 값은? (4점)

① -2 ② -1 ③ 0

④ 1 ⑤ 2

유형 07 치환적분법의 활용 ⭐중요

농염상강의

269-3-1-Y07

☑ **출제경향**

다양한 개념들과 치환적분법을 복합적으로 이용해야 하는 문제가 출제된다.

✎ **접근방법**

복잡한 식이나 조건이 주어져 있거나, 참과 거짓을 판별해야 하는 문제, 빈칸을 채우는 문제 등 다양한 유형으로 출제되므로 문제에 따라 다르게 접근하는 융통성이 필요하다.

047 ★★☆ 2019학년도 수능 가형 16번

$x>0$에서 정의된 연속함수 $f(x)$가 모든 양수 x에 대하여

$$2f(x)+\frac{1}{x^2}f\left(\frac{1}{x}\right)=\frac{1}{x}+\frac{1}{x^2}$$

을 만족시킬 때, $\displaystyle\int_{\frac{1}{2}}^{2}f(x)\,dx$의 값은? (4점)

① $\dfrac{\ln 2}{3}+\dfrac{1}{2}$ ② $\dfrac{2\ln 2}{3}+\dfrac{1}{2}$ ③ $\dfrac{\ln 2}{3}+1$

④ $\dfrac{2\ln 2}{3}+1$ ⑤ $\dfrac{2\ln 2}{3}+\dfrac{3}{2}$

048 ★★☆ 2017년 10월학평 가형 16번

연속함수 $f(x)$가 다음 조건을 만족시킨다.

> (가) $x\neq 0$인 실수 x에 대하여 $\{f(x)\}^2 f'(x)=\dfrac{2x}{x^2+1}$
>
> (나) $f(0)=0$

$\{f(1)\}^3$의 값은? (4점)

① $2\ln 2$ ② $3\ln 2$ ③ $1+2\ln 2$

④ $4\ln 2$ ⑤ $1+3\ln 2$

함수 $f(x)$가

$$f(x)=\int_0^x \frac{1}{1+e^{-t}}dt$$

일 때, $(f \circ f)(a)=\ln 5$를 만족시키는 실수 a의 값은? (4점)

① $\ln 11$ ② $\ln 13$ ③ $\ln 15$
④ $\ln 17$ ⑤ $\ln 19$

함수 $f(x)=\dfrac{e^{\cos x}}{1+e^{\cos x}}$에 대하여

$$a=f(\pi-x)+f(x),\ b=\int_0^\pi f(x)dx$$

일 때, $a+\dfrac{100}{\pi}b$의 값을 구하시오. (4점)

실수 전체의 집합에서 연속인 함수 $f(x)$가 모든 실수 t에 대하여

$$\int_0^2 xf(tx)dx=4t^2$$

을 만족시킬 때, $f(2)$의 값은? (3점)

① 1 ② 2 ③ 3
④ 4 ⑤ 5

연속함수 $f(x)$가 다음 조건을 만족시킬 때, $\int_0^a \{f(2x)+f(2a-x)\}dx$의 값은? (단, a는 상수이다.) (4점)

(가) 모든 실수 x에 대하여 $f(a-x)=f(a+x)$이다.

(나) $\int_0^a f(x)dx=8$

① 12 ② 16 ③ 20
④ 24 ⑤ 28

053 ★★☆ 2024학년도 **수능** 미적 25번

양의 실수 전체의 집합에서 정의되고 미분가능한 두 함수 $f(x)$, $g(x)$가 있다. $g(x)$는 $f(x)$의 역함수이고, $g'(x)$는 양의 실수 전체의 집합에서 연속이다.

모든 양수 a에 대하여

$$\int_1^a \frac{1}{g'(f(x))f(x)}\,dx = 2\ln a + \ln(a+1) - \ln 2$$

이고 $f(1)=8$일 때, $f(2)$의 값은? (3점)

① 36   ② 40   ③ 44

④ 48   ⑤ 52

054 ★★☆ 2019년 4월학평 가형 27번

실수 전체의 집합에서 미분가능한 두 함수 $f(x)$, $g(x)$가 있다. $g(x)$가 $f(x)$의 역함수이고 $g(2)=1$, $g(5)=5$일 때,

$$\int_1^5 \frac{40}{g'(f(x))\{f(x)\}^2}\,dx$$의 값을 구하시오. (4점)

055 ★★★ 2019년 7월학평 가형 20번

실수 전체의 집합에서 미분가능한 함수 $f(x)$가 모든 실수 x에 대하여

$$f(1+x)=f(1-x),\quad f(2+x)=f(2-x)$$

를 만족시킨다. 실수 전체의 집합에서 $f'(x)$가 연속이고, $\int_2^5 f'(x)\,dx=4$일 때, [보기]에서 옳은 것만을 있는 대로 고른 것은? (4점)

[보기]

ㄱ. 모든 실수 x에 대하여 $f(x+2)=f(x)$이다.

ㄴ. $f(1)-f(0)=4$

ㄷ. $\int_0^1 f(f(x))f'(x)\,dx=6$일 때, $\int_1^{10} f(x)\,dx = \dfrac{27}{2}$ 이다.

① ㄱ   ② ㄷ   ③ ㄱ, ㄴ

④ ㄴ, ㄷ   ⑤ ㄱ, ㄴ, ㄷ

자연수 n에 대하여 양의 실수 전체의 집합에서 정의된 함수

$$f(x)=\int_1^x \frac{n-\ln t}{t}\,dt$$

의 최댓값을 $g(n)$이라 하자. $\sum\limits_{n=1}^{12} g(n)$의 값을 구하시오. (4점)

057 ★★★ 2023년 7월학평 미적 29번

함수 $f(x)$는 실수 전체의 집합에서 도함수가 연속이고 다음 조건을 만족시킨다.

> (가) $x<1$일 때, $f'(x)=-2x+4$이다.
> (나) $x\geq 0$인 모든 실수 x에 대하여
> $\quad f(x^2+1)=ae^{2x}+bx$이다. (단, a, b는 상수이다.)

$\int_0^5 f(x)dx=pe^4-q$일 때, $p+q$의 값을 구하시오.

(단, p, q는 유리수이다.) (4점)

 동영상강의 ▶

269-3-1-Y08

☑ **출제경향**

단순 계산 문제 위주로 출제된다.

✏ **접근방법**

어떤 함수를 미분할 함수로 설정할지 판단하여 문제를 해결한다.

🖥 **단골공식**

$$\int_a^b f'(x)g(x)dx=\Big[f(x)g(x)\Big]_a^b-\int_a^b f(x)g'(x)dx$$

058 ★☆☆ 2021학년도 9월모평 가형 6번

$\int_1^2 (x-1)e^{-x}dx$의 값은? (3점)

① $\dfrac{1}{e}-\dfrac{2}{e^2}$ ② $\dfrac{1}{e}-\dfrac{1}{e^2}$ ③ $\dfrac{1}{e}$

④ $\dfrac{2}{e}-\dfrac{2}{e^2}$ ⑤ $\dfrac{2}{e}-\dfrac{1}{e^2}$

059 ★☆☆ 2018년 10월학평 가형 9번

$\int_1^e (1+\ln x)\,dx$의 값은? (3점)

① e ② $e+1$ ③ $e+2$
④ $2e$ ⑤ $2e+1$

060 ★☆☆ 2018학년도 6월모평 가형 14번

$\int_2^6 \ln(x-1)dx$의 값은? (4점)

① $4\ln 5-4$ ② $4\ln 5-3$ ③ $5\ln 5-4$
④ $5\ln 5-3$ ⑤ $6\ln 5-4$

061 ★★☆ 2017학년도 6월모평 가형 16번

$\int_1^e x(1-\ln x)\,dx$의 값은? (4점)

① $\dfrac{1}{4}(e^2-7)$ ② $\dfrac{1}{4}(e^2-6)$ ③ $\dfrac{1}{4}(e^2-5)$

④ $\dfrac{1}{4}(e^2-4)$ ⑤ $\dfrac{1}{4}(e^2-3)$

062 ★★☆ 2020학년도 수능 가형 8번

$\int_e^{e^2} \dfrac{\ln x-1}{x^2}\,dx$의 값은? (3점)

① $\dfrac{e+2}{e^2}$ ② $\dfrac{e+1}{e^2}$ ③ $\dfrac{1}{e}$

④ $\dfrac{e-1}{e^2}$ ⑤ $\dfrac{e-2}{e^2}$

063 ★★☆ 2020학년도 6월모평 가형 10번

$\int_1^e x^3 \ln x\,dx$의 값은? (3점)

① $\dfrac{3e^4}{16}$ ② $\dfrac{3e^4+1}{16}$ ③ $\dfrac{3e^4+2}{16}$

④ $\dfrac{3e^4+3}{16}$ ⑤ $\dfrac{3e^4+4}{16}$

064 ★☆☆ 2019학년도 수능 가형 25번

$\int_0^\pi x\cos(\pi-x)\,dx$의 값을 구하시오. (3점)

065 ★☆☆ 2017년 4월학평 가형 15번

$\int_0^{\frac{\pi}{2}} (x+1)\cos x\,dx$의 값은? (4점)

① $\dfrac{\pi}{4}$ ② $\dfrac{\pi}{2}$ ③ $\dfrac{3}{4}\pi$

④ π ⑤ $\dfrac{5}{4}\pi$

066 ★★☆ 2017년 3월학평 가형 16번

연속함수 $f(x)$가

$$\int_{-1}^1 f(x)\,dx=12, \quad \int_0^1 xf(x)\,dx=\int_0^{-1} xf(x)\,dx$$

를 만족시킨다. $\int_1^x f(t)\,dt=F(x)$라 할 때,

$$\int_{-1}^1 F(x)\,dx$$의 값은? (4점)

① 6   ② 8   ③ 10

④ 12   ⑤ 14

067 ★★☆ 2025년 7월학평 미적 26번

양수 t에 대하여 곡선 $y=\dfrac{\ln x}{x}$ 위의 한 점 $P\left(t, \dfrac{\ln t}{t}\right)$와 점 $A(0, 1)$을 지나는 직선의 기울기를 $f(t)$라 할 때, $\displaystyle\int_1^e f(t)dt$의 값은? (3점)

① $-\dfrac{1}{e}$ ② $-\dfrac{2}{e}$ ③ $-\dfrac{3}{e}$

④ $-\dfrac{4}{e}$ ⑤ $-\dfrac{5}{e}$

068 ★★☆ 2024년 7월학평 미적 27번

양수 t에 대하여 곡선 $y=2\ln(x+1)$ 위의 점 $P(t, 2\ln(t+1))$에서 x축, y축에 내린 수선의 발을 각각 Q, R이라 할 때, 직사각형 OQPR의 넓이를 $f(t)$라 하자. $\displaystyle\int_1^3 f(t)dt$의 값은? (단, O는 원점이다.) (3점)

① $-2+12\ln 2$ ② $-1+12\ln 2$
③ $-2+16\ln 2$ ④ $-1+16\ln 2$
⑤ $-2+20\ln 2$

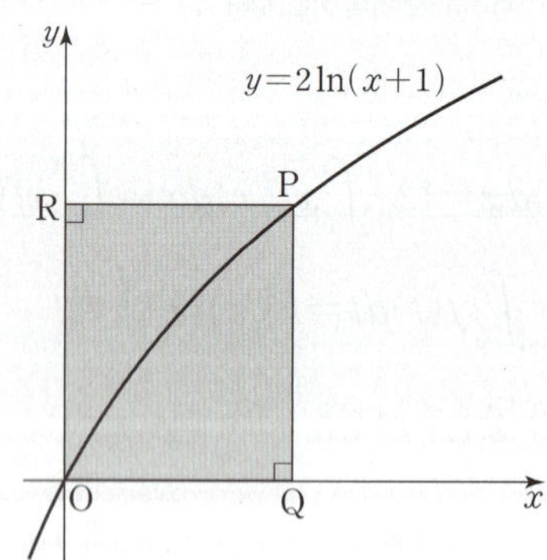

069 ★★☆ 2016년 3월학평 가형 16번

함수 $f(x)=\displaystyle\lim_{n\to\infty}\dfrac{x^{2n}+\cos 2\pi x}{x^{2n}+1}$에 대하여 함수 $g(x)$를

$$g(x)=\int_{-x}^2 f(t)dt+\int_2^x tf(t)dt$$

라 할 때, $g(-2)+g(2)$의 값은? (4점)

① -2 ② 0 ③ 2
④ 4 ⑤ 6

070 ★★☆ 2023년 7월학평 미적 26번

함수 $f(x)$는 실수 전체의 집합에서 도함수가 연속이고

$$\int_1^2 (x-1)f'\left(\dfrac{x}{2}\right)dx=2$$

를 만족시킨다. $f(1)=4$일 때, $\displaystyle\int_{\frac{1}{2}}^1 f(x)dx$의 값은? (3점)

① $\dfrac{3}{4}$ ② 1 ③ $\dfrac{5}{4}$

④ $\dfrac{3}{2}$ ⑤ $\dfrac{7}{4}$

071 ★★☆ 2021년 10월학평 미적 27번

미분가능한 함수 $f(x)$가 다음 조건을 만족시킨다.

> (가) $x_1 < x_2$인 임의의 두 실수 x_1, x_2에 대하여
> $f(x_1) > f(x_2)$이다.
> (나) 닫힌구간 $[-1, 3]$에서 함수 $f(x)$의 최댓값은
>   1이고 최솟값은 -2이다.

$\displaystyle\int_{-1}^{3} f(x)dx = 3$일 때, $\displaystyle\int_{-2}^{1} f^{-1}(x)dx$의 값은? (3점)

① 4   ② 5   ③ 6

④ 7   ⑤ 8

072 ★★☆ 2012학년도 6월모평 가형 19번

정의역이 $\{x \mid x > -1\}$인 함수 $f(x)$에 대하여

$f'(x) = \dfrac{1}{(1+x^3)^2}$이고, 함수 $g(x) = x^2$일 때,

$\displaystyle\int_{0}^{1} f(x)g'(x)dx = \dfrac{1}{6}$이다. $f(1)$의 값은? (4점)

① $\dfrac{1}{6}$ ② $\dfrac{2}{9}$ ③ $\dfrac{5}{18}$

④ $\dfrac{1}{3}$ ⑤ $\dfrac{7}{18}$

073 ★★★ 2011학년도 수능 가형 미적 28번

실수 전체의 집합에서 미분가능한 함수 $f(x)$가 있다. 모든 실수 x에 대하여 $f(2x) = 2f(x)f'(x)$이고,

$$f(a) = 0, \quad \int_{2a}^{4a} \frac{f(x)}{x}dx = k \ (a > 0, \ 0 < k < 1)$$

일 때, $\displaystyle\int_{a}^{2a} \frac{\{f(x)\}^2}{x^2}dx$의 값을 k로 나타낸 것은? (3점)

① $\dfrac{k^2}{4}$ ② $\dfrac{k^2}{2}$ ③ k^2

④ k ⑤ $2k$

074 ★★★ 2023년 10월학평 미적 28번

함수

$$f(x) = \sin x \cos x \times e^{a \sin x + b \cos x}$$

이 다음 조건을 만족시키도록 하는 서로 다른 두 실수 a, b의 순서쌍 (a, b)에 대하여 $a - b$의 최솟값은? (4점)

> (가) $ab = 0$
> (나) $\displaystyle\int_{0}^{\frac{\pi}{2}} f(x)dx = \dfrac{1}{a^2 + b^2} - 2e^{a+b}$

① $-\dfrac{5}{2}$ ② -2 ③ $-\dfrac{3}{2}$

④ -1 ⑤ $-\dfrac{1}{2}$

075 ★★☆ 2019년 7월학평 가형 26번

실수 전체의 집합에서 미분가능한 함수 $f(x)$가 다음 조건을 만족시킨다.

> (가) $f(1)=0$
> (나) 0이 아닌 모든 실수 x에 대하여
> $$\dfrac{xf'(x)-f(x)}{x^2}=xe^x \text{이다.}$$

$f(3)\times f(-3)$의 값을 구하시오. (4점)

076 ★★☆ 2015년 7월학평 B형 19번

구간 $(0,\ \infty)$에서 연속인 함수 $f(x)$의 한 부정적분을 $F(x)$라 할 때, 함수 $F(x)$가 다음 조건을 만족시킨다.

> (가) 모든 양수 x에 대하여 $F(x)+xf(x)=(2x+2)e^x$
> (나) $F(1)=2e$

$F(3)$의 값은? (4점)

① $\dfrac{1}{4}e^3$ ② $\dfrac{1}{2}e^3$ ③ e^3

④ $2e^3$ ⑤ $4e^3$

077 ★★☆ 2012년 7월학평 가형 6번

양의 실수를 정의역으로 하는 두 함수 $f(x)=x$, $h(x)=\ln x$에 대하여 다음 두 조건을 모두 만족하는 함수 $g(x)$가 있다. 이때, $g(e)$의 값은? (3점)

> (가) $f'(x)g(x)+f(x)g'(x)=h(x)$
> (나) $g(1)=-1$

① -2 ② -1 ③ 0

④ 1 ⑤ 2

078 ★★☆ 2015년 10월학평 B형 27번

실수 전체의 집합에서 미분가능한 함수 $f(x)$가 다음 조건을 만족시킨다.

> (가) $f(1)=2$
> (나) $\displaystyle\int_0^1 (x-1)f'(x+1)\,dx=-4$

$\displaystyle\int_1^2 f(x)\,dx$의 값을 구하시오. (단, $f'(x)$는 연속함수이다.)

(4점)

정답과 해설 075 p.457 | 076 p.457 | 077 p.457 | 078 p.458

079 ★★☆ 2020학년도 9월모평 가형 17번

두 함수 $f(x)$, $g(x)$는 실수 전체의 집합에서 도함수가 연속이고 다음 조건을 만족시킨다.

> (가) 모든 실수 x에 대하여 $f(x)g(x)=x^4-1$이다.
> (나) $\displaystyle\int_{-1}^{1}\{f(x)\}^2 g'(x)\,dx=120$

$\displaystyle\int_{-1}^{1} x^3 f(x)\,dx$의 값은? (4점)

① 12   ② 15   ③ 18

④ 21   ⑤ 24

080 ★★★ 2022년 7월학평 미적 28번

실수 전체의 집합에서 도함수가 연속인 함수 $f(x)$가 모든 실수 x에 대하여 다음 조건을 만족시킨다.

> (가) $f(-x)=f(x)$
> (나) $f(x+2)=f(x)$

$\displaystyle\int_{-1}^{5} f(x)(x+\cos 2\pi x)\,dx=\frac{47}{2}$, $\displaystyle\int_{0}^{1} f(x)\,dx=2$일 때,

$\displaystyle\int_{0}^{1} f'(x)\sin 2\pi x\,dx$의 값은? (4점)

① $\dfrac{\pi}{6}$ ② $\dfrac{\pi}{4}$ ③ $\dfrac{\pi}{3}$

④ $\dfrac{5}{12}\pi$ ⑤ $\dfrac{\pi}{2}$

함수 $f(x)$는 실수 전체의 집합에서 연속인 이계도함수를 갖고, 실수 전체의 집합에서 정의된 함수 $g(x)$를

$$g(x)=f'(2x)\sin \pi x+x$$

라 하자. 함수 $g(x)$는 역함수 $g^{-1}(x)$를 갖고,

$$\int_0^1 g^{-1}(x)dx=2\int_0^1 f'(2x)\sin \pi x\,dx+\frac{1}{4}$$

을 만족시킬 때, $\int_0^2 f(x)\cos \frac{\pi}{2}x\,dx$의 값은? (4점)

① $-\dfrac{1}{\pi}$ ② $-\dfrac{1}{2\pi}$ ③ $-\dfrac{1}{3\pi}$

④ $-\dfrac{1}{4\pi}$ ⑤ $-\dfrac{1}{5\pi}$

실수 전체의 집합에서 미분가능한 함수 $f(x)$와 실수 전체의 집합에서 연속인 함수 $g(x)$는 모든 실수 x에 대하여

$$f(x)=\ln\left(\frac{g(x)}{1+xf'(x)}\right)$$

를 만족시킨다. $f(1)=4\ln 2$이고

$$\int_1^2 g(x)dx=34, \quad \int_1^2 xg(x)dx=53$$

일 때, $\int_1^2 xe^{f(x)}dx$의 값을 구하시오. (4점)

동영상강의 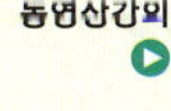 

269-3-1-Y10

☑ 출제경향

적분구간에 상수가 있을 때, 적분의 결과도 상수임을 이용한 간단한 계산문제가 출제된다.

✎ 접근방법

$f(x)=g(x)+\int_{a}^{\beta}f(t)dt$의 꼴에서 $\int_{a}^{\beta}f(t)dt=a$ (a는 상수)로 놓고, $f(x)=g(x)+a$를 $\int_{a}^{\beta}f(t)dt=a$ (a는 상수)에 대입해 문제를 푼다.

083 ★★☆ 2017년 7월학평 가형 27번

함수 $f(x)$가

$$f(x)=e^x+\int_{0}^{1}tf(t)dt$$

를 만족시킬 때, $f(\ln 10)$의 값을 구하시오. (4점)

084 ★★☆ 2013학년도 수능 가형 12번

연속함수 $f(x)$가

$$f(x)=e^{x^2}+\int_{0}^{1}tf(t)dt$$

를 만족시킬 때, $\int_{0}^{1}xf(x)dx$의 값은? (3점)

① $e-2$　　　　② $\dfrac{e-1}{2}$　　　　③ $\dfrac{e}{2}$

④ $e-1$　　　　⑤ $\dfrac{e+1}{2}$

⭐중요

동영상강의  

269-3-1-Y11

☑ 출제경향

양변을 미분하는 전형적인 문제들이 주로 출제된다.

✎ 접근방법

적분구간에 x가 있는 경우 주어진 식의 양변을 x에 대하여 미분하여 해결한다.

🔢 단골공식

① $\dfrac{d}{dx}\int_{a}^{x}f(t)dt=f(x)$

② $\dfrac{d}{dx}\int_{x}^{x+a}f(t)dt=f(x+a)-f(x)$

③ $\dfrac{d}{dx}\int_{a}^{x}xf(t)dt=\int_{a}^{x}f(t)dt+xf(x)$

④ $\dfrac{d}{dx}\int_{a}^{x}(x-t)f(t)dt=\int_{a}^{x}f(t)dt$

⑤ $\dfrac{d}{dx}\int_{h(x)}^{g(x)}f(t)dt=f(g(x))g'(x)-f(h(x))h'(x)$

085 ★☆☆ 2019년 7월학평 가형 10번

실수 전체의 집합에서 연속인 함수 $f(x)$가

$$\int_{a}^{x}f(t)dt=(x+a-4)e^x$$

을 만족시킬 때, $f(a)$의 값은? (단, a는 상수이다.) (3점)

① e　　　　② e^2　　　　③ e^3

④ e^4　　　　⑤ e^5

086 ★☆☆ 2013학년도 6월모평 가형 10번

연속함수 $f(x)$가 모든 실수 x에 대하여

$$\int_{0}^{x}f(t)dt=e^x+ax+a$$

를 만족시킬 때, $f(\ln 2)$의 값은? (단, a는 상수이다.) (3점)

① 1　　　　② 2　　　　③ e

④ 3　　　　⑤ $2e$

087 ★★☆ 2018년 3월학평 가형 27번

실수 전체의 집합에서 연속인 함수 $f(x)$가 모든 실수 x에 대하여

$$x\int_0^x f(t)dt - \int_0^x tf(t)dt = ae^{2x} - 4x + b$$

를 만족시킬 때, $f(a)f(b)$의 값을 구하시오.

(단, a, b는 상수이다.) (4점)

088 ★☆☆ 2018학년도 6월모평 가형 12번

양의 실수 전체의 집합에서 연속인 함수 $f(x)$가

$$\int_1^x f(t)dt = x^2 - a\sqrt{x} \ (x>0)$$

을 만족시킬 때, $f(1)$의 값은? (단, a는 상수이다.) (3점)

① 1   ② $\dfrac{3}{2}$ ③ 2

④ $\dfrac{5}{2}$ ⑤ 3

089 ★★☆ 2003학년도 수능 자연계 8번

함수 $f(x)$는 연속함수이고 모든 실수 x에 대하여 다음 등식이 성립한다.

$$f(x) - 2\int_0^x e^t f(t)dt = 1$$

이때, $f''(0)$의 값은? (단, e는 자연로그의 밑이고, $f''(x)$는 $f(x)$의 이계도함수이다.) (3점)

① 2   ② 4   ③ 6
④ 8   ⑤ 10

이 문항은 7차 교육과정 이전에 출제되었지만 창의적, 복합적 사고를 요하는 문제로 신유형, 고난도 문제에 대한 적응력을 키워줄 수 있습니다.

090 ★★☆ 2002학년도 수능 자연계 19번

두 함수 $f(x) = ax + b$와 $g(x) = e^x$가

$$f(g(x)) = \int_0^x f(t)g(t)dt - xe^x + 3$$

을 만족할 때, $f(2)$의 값은? (3점)

① 4   ② 2   ③ 0
④ -2 ⑤ -4

이 문항은 7차 교육과정 이전에 출제되었지만 다시 출제될 가능성이 있어 수록하였습니다.

091 ★★☆ 2014학년도 6월모평 B형 27번

함수 $f(x) = \dfrac{1}{1+x}$에 대하여

$$F(x) = \int_0^x tf(x-t)dt \ (x\geq 0)$$

일 때, $F'(a) = \ln 10$을 만족시키는 상수 a의 값을 구하시오. (4점)

정답과 해설   087 p.462   088 p.462   089 p.462   090 p.463   091 p.463

092 ★★☆ 2019년 4월학평 가형 13번

실수 전체의 집합에서 미분가능한 함수 $f(x)$가

$$xf(x)=3^x+a+\int_0^x tf'(t)dt$$

를 만족시킬 때, $f(a)$의 값은? (단, a는 상수이다.) (3점)

① $\dfrac{\ln 2}{6}$ ② $\dfrac{\ln 2}{3}$ ③ $\dfrac{\ln 2}{2}$

④ $\dfrac{\ln 3}{3}$ ⑤ $\dfrac{\ln 3}{2}$

093 ★★☆ 2005년 10월학평 가형 미적 28번

실수 전체의 집합에서 미분가능한 함수 $f(x)$가

$$f(x)=e^x-1+\int_0^x f(t)dt$$

를 만족할 때, [보기]의 설명 중 옳은 것을 모두 고른 것은?
(단, e는 자연로그의 밑) (4점)

[보기]
ㄱ. $f(0)=0$이다.
ㄴ. $f'(0)=0$이다.
ㄷ. 모든 실수 x에 대하여 $f'(x)>f(x)$이다.

① ㄱ   ② ㄴ   ③ ㄱ, ㄴ
④ ㄱ, ㄷ   ⑤ ㄴ, ㄷ

094 ★★☆ 2018년 3월학평 가형 20번

함수 $f(x)=\int_0^x \sin(\pi\cos t)dt$에 대하여 [보기]에서 옳은 것만을 있는 대로 고른 것은? (4점)

[보기]
ㄱ. $f'(0)=0$
ㄴ. 함수 $y=f(x)$의 그래프는 원점에 대하여 대칭이다.
ㄷ. $f(\pi)=0$

① ㄱ   ② ㄷ   ③ ㄱ, ㄴ
④ ㄴ, ㄷ   ⑤ ㄱ, ㄴ, ㄷ

095 ★★★ 2012년 10월학평 가형 15번

두 함수 $f(x)$, $g(x)$가 모든 실수 x에 대하여 다음 조건을 만족시킬 때, $f(0)$의 값은? (단, a는 상수이다.) (4점)

(가) $\int_{\frac{\pi}{2}}^x f(t)dt=\{g(x)+a\}\sin x-2$

(나) $g(x)=\int_0^{\frac{\pi}{2}} f(t)dt \cos x+3$

① 1   ② 2   ③ 3
④ 4   ⑤ 5

096 ★★★ 2020학년도 6월모평 가형 20번

실수 전체의 집합에서 미분가능한 함수 $f(x)$가 모든 실수 x에 대하여 다음 조건을 만족시킨다.

> (가) $f(x)>0$
>
> (나) $\ln f(x)+2\displaystyle\int_0^x (x-t)f(t)dt=0$

[보기]에서 옳은 것만을 있는 대로 고른 것은? (4점)

> [보기]
>
> ㄱ. $x>0$에서 함수 $f(x)$는 감소한다.
>
> ㄴ. 함수 $f(x)$의 최댓값은 1이다.
>
> ㄷ. 함수 $F(x)$를 $F(x)=\displaystyle\int_0^x f(t)dt$라 할 때,
> $f(1)+\{F(1)\}^2=1$이다.

① ㄱ   ② ㄱ, ㄴ   ③ ㄱ, ㄷ

④ ㄴ, ㄷ   ⑤ ㄱ, ㄴ, ㄷ

유형 12 정적분으로 정의된 함수(3) – 극값, 최댓값, 최솟값

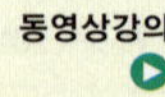
동영상강의

269-3-1-Y12

☑ 출제경향

적분과 미분의 개념을 복합적으로 사용해 값을 계산하는 문제가 출제된다.

✒ 접근방법

함수 $f(x)$를 미분하여 $f'(x)=0$이 되는 x값을 구하고, 함수 $f(x)$의 증가, 감소를 조사하여 극댓값과 극솟값을 찾는다. 이를 통해 함수 $f(x)$의 최댓값과 최솟값을 구한다.

097 ★★☆ 2018년 10월학평 가형 13번

실수 전체의 집합에서 정의된 함수

$$f(x)=\int_0^x \frac{2t-1}{t^2-t+1}dt$$

의 최솟값은? (3점)

① $\ln \dfrac{1}{2}$ ② $\ln \dfrac{2}{3}$ ③ $\ln \dfrac{3}{4}$

④ $\ln \dfrac{4}{5}$ ⑤ $\ln \dfrac{5}{6}$

098 ★★☆ 2019년 10월학평 가형 20번

함수 $f(x)=\displaystyle\int_x^{x+2} |2^t-5|\,dt$의 최솟값을 m이라 할 때, 2^m의 값은? (4점)

① $\left(\dfrac{5}{4}\right)^8$ ② $\left(\dfrac{5}{4}\right)^9$ ③ $\left(\dfrac{5}{4}\right)^{10}$

④ $\left(\dfrac{5}{4}\right)^{11}$ ⑤ $\left(\dfrac{5}{4}\right)^{12}$

실수 전체의 집합에서 미분가능하고, 다음 조건을 만족시키는 모든 함수 $f(x)$에 대하여 $\int_0^2 f(x)dx$의 최솟값은? (4점)

> (가) $f(0)=1$, $f'(0)=1$
> (나) $0<a<b<2$이면 $f'(a)\leq f'(b)$이다.
> (다) 구간 $(0, 1)$에서 $f''(x)=e^x$이다.

① $\dfrac{1}{2}e-1$　　② $\dfrac{3}{2}e-1$　　③ $\dfrac{5}{2}e-1$

④ $\dfrac{7}{2}e-2$　　⑤ $\dfrac{9}{2}e-2$

실수 전체의 집합에서 $f(x)>0$이고 도함수가 연속인 함수 $f(x)$가 있다. 실수 전체의 집합에서 함수 $g(x)$가

$$g(x)=\int_0^x \ln f(t)dt$$

일 때, 함수 $g(x)$와 $g(x)$의 도함수 $g'(x)$는 다음 조건을 만족시킨다.

> (가) 함수 $g(x)$는 $x=1$에서 극값 2를 갖는다.
> (나) 모든 실수 x에 대하여 $g'(-x)=g'(x)$이다.

$\displaystyle\int_{-1}^1 \dfrac{xf'(x)}{f(x)}dx$의 값은? (4점)

① -4　　② -2　　③ 0

④ 2　　⑤ 4

269-3-1-Y13

☑ 출제경향

앞에 나왔던 다양한 개념들을 종합적으로 이용하여
조건들이나 그래프가 주어져 있는 문제들이 출제된다.

✎ 접근방법

그래프나 조건들을 먼저 분석하고 문제에 한 단계씩 접근한다.

101 ★★☆ 2020년 10월학평 가형 12번

연속함수 $f(x)$가 모든 양의 실수 t에 대하여

$$\int_0^{\ln t} f(x)dx = (t\ln t + a)^2 - a$$

를 만족시킬 때, $f(1)$의 값은? (단, a는 0이 아닌 상수이다.)

(3점)

① $2e^2 + 2e$ 　　② $2e^2 + 4e$ 　　③ $4e^2 + 4e$
④ $4e^2 + 8e$ 　　⑤ $8e^2 + 8e$

102 ★★★ 2009학년도 수능 가형 미적 29번

함수 $f(x)$를

$$f(x) = \int_a^x \{2 + \sin(t^2)\}dt$$

라 하자. $f''(a) = \sqrt{3}a$일 때, $(f^{-1})'(0)$의 값은?

$$\left(\text{단, } a\text{는 } 0 < a < \sqrt{\frac{\pi}{2}}\text{인 상수이다.}\right)$$ (4점)

① $\dfrac{1}{10}$ 　　② $\dfrac{1}{5}$ 　　③ $\dfrac{3}{10}$
④ $\dfrac{2}{5}$ 　　⑤ $\dfrac{1}{2}$

103 ★★★ 2014학년도 수능 B형 21번

연속함수 $y = f(x)$의 그래프가 원점에 대하여 대칭이고,
모든 실수 x에 대하여

$$f(x) = \frac{\pi}{2}\int_1^{x+1} f(t)dt$$

이다. $f(1) = 1$일 때, $\pi^2 \int_0^1 xf(x+1)dx$의 값은? (4점)

① $2(\pi - 2)$ 　　② $2\pi - 3$ 　　③ $2(\pi - 1)$
④ $2\pi - 1$ 　　⑤ 2π

104 ★★☆ 2018년 7월학평 가형 20번

양의 실수 전체의 집합에서 미분가능한 두 함수 $f(x)$와
$g(x)$가 다음 조건을 만족시킨다.

> (가) 모든 양의 실수 x에 대하여
> $$g(x) = \int_1^x \frac{f(t^2+1)}{t}dt$$
> (나) $\int_2^5 f(x)\,dx = 16$

$g(2) = 3$일 때, $\int_1^2 xg(x)\,dx$의 값은? (4점)

① 2 　　② 4 　　③ 6
④ 8 　　⑤ 10

105 ★★☆ 2019학년도 6월모평 가형 15번

함수 $f(x)=a\cos(\pi x^2)$에 대하여
$$\lim_{x\to 0}\left\{\frac{x^2+1}{x}\int_1^{x+1}f(t)dt\right\}=3$$
일 때, $f(a)$의 값은? (단, a는 상수이다.) (4점)

① 1　　　　② $\dfrac{3}{2}$　　　　③ 2

④ $\dfrac{5}{2}$　　　　⑤ 3

106 ★★☆ 2017년 7월학평 가형 20번

최고차항의 계수가 1인 이차함수 $f(x)$에 대하여 함수 $g(x)$가
$$g(x)=\int_0^x \frac{t}{f(t)}dt$$
일 때, 함수 $g(x)$는 다음 조건을 만족시킨다.

> (가) 모든 실수 x에 대하여 $g'(-x)=-g'(x)$이다.
> (나) 점 $(1, g(1))$은 곡선 $y=g(x)$의 변곡점이다.

$g(1)$의 값은? (4점)

① $\dfrac{1}{5}\ln 2$　　② $\dfrac{1}{4}\ln 2$　　③ $\dfrac{1}{3}\ln 2$

④ $\dfrac{1}{2}\ln 2$　　⑤ $\ln 2$

107 ★★★ 2012학년도 9월모평 가형 20번

구간 $\left[0, \dfrac{\pi}{2}\right]$에서 연속인 함수 $f(x)$가 다음 조건을 만족시킬 때, $f\left(\dfrac{\pi}{4}\right)$의 값은? (4점)

> (가) $\displaystyle\int_0^{\frac{\pi}{2}}f(t)dt=1$
> (나) $\cos x\displaystyle\int_0^x f(t)dt=\sin x\int_x^{\frac{\pi}{2}}f(t)dt$ $\left(\text{단}, 0\le x\le\dfrac{\pi}{2}\right)$

① $\dfrac{1}{5}$　　　　② $\dfrac{1}{4}$　　　　③ $\dfrac{1}{3}$

④ $\dfrac{1}{2}$　　　　⑤ 1

108 ★★★ 2021학년도 9월모평 가형 20번

함수 $f(x)=\sin(\pi\sqrt{x})$에 대하여 함수
$$g(x)=\int_0^x tf(x-t)dt \ (x\ge 0)$$
이 $x=a$에서 극대인 모든 a를 작은 수부터 크기순으로 나열할 때, n번째 수를 a_n이라 하자.
$k^2<a_6<(k+1)^2$인 자연수 k의 값은? (4점)

① 11　　　　② 14　　　　③ 17
④ 20　　　　⑤ 23

함수

$$f(x)=\begin{cases} 0 & (x\leq 0) \\ \{\ln(1+x^4)\}^{10} & (x>0) \end{cases}$$

에 대하여 실수 전체의 집합에서 정의된 함수 $g(x)$를

$$g(x)=\int_0^x f(t)f(1-t)dt$$

라 하자. [보기]에서 옳은 것만을 있는 대로 고른 것은? (4점)

[보기]

ㄱ. $x\leq 0$인 모든 실수 x에 대하여 $g(x)=0$이다.

ㄴ. $g(1)=2g\left(\dfrac{1}{2}\right)$

ㄷ. $g(a)\geq 1$인 실수 a가 존재한다.

① ㄱ 　　② ㄱ, ㄴ 　　③ ㄱ, ㄷ

④ ㄴ, ㄷ 　　⑤ ㄱ, ㄴ, ㄷ

구간 $[0,\ 1]$에서 정의된 연속함수 $f(x)$에 대하여 함수

$$F(x)=\int_0^x f(t)dt\ (0\leq x\leq 1)$$

은 다음 조건을 만족시킨다.

(가) $F(x)=f(x)-x$

(나) $\displaystyle\int_0^1 F(x)dx=e-\dfrac{5}{2}$

[보기]에서 옳은 것만을 있는 대로 고른 것은? (4점)

[보기]

ㄱ. $F(1)=e$

ㄴ. $\displaystyle\int_0^1 xF(x)dx=\dfrac{1}{6}$

ㄷ. $\displaystyle\int_0^1 \{F(x)\}^2 dx=\dfrac{1}{2}e^2-2e+\dfrac{11}{6}$

① ㄴ 　　② ㄷ 　　③ ㄱ, ㄴ

④ ㄴ, ㄷ 　　⑤ ㄱ, ㄴ, ㄷ

111 ★★★ 2010년 10월학평 가형 미적 29번

다항함수 $f(x)$가 모든 실수 x에 대하여 $f(-x)=-f(x)$를 만족시킨다. 함수 $g(x)$를

$$g(x)=\frac{d}{dx}\int_{-\frac{\pi}{2}}^{x}\cos x\cdot f(t)dt$$

라 할 때, 옳은 것만을 [보기]에서 있는 대로 고른 것은?

(4점)

[보기]

ㄱ. $g(0)=0$

ㄴ. 모든 실수 x에 대하여 $g(-x)=-g(x)$이다.

ㄷ. $g'(c)=0$인 실수 c가 열린구간 $\left(-\frac{\pi}{2},\frac{\pi}{2}\right)$에서 적어도 두 개 존재한다.

① ㄱ   ② ㄱ, ㄴ   ③ ㄱ, ㄷ

④ ㄴ, ㄷ   ⑤ ㄱ, ㄴ, ㄷ

112 ★★★ 2024학년도 수능 미적 30번

실수 전체의 집합에서 미분가능한 함수 $f(x)$의 도함수 $f'(x)$가

$$f'(x)=|\sin x|\cos x$$

이다. 양수 a에 대하여 곡선 $y=f(x)$ 위의 점 $(a,f(a))$에서의 접선의 방정식을 $y=g(x)$라 하자. 함수

$$h(x)=\int_{0}^{x}\{f(t)-g(t)\}dt$$

가 $x=a$에서 극대 또는 극소가 되도록 하는 모든 양수 a를 작은 수부터 크기순으로 나열할 때, n번째 수를 a_n이라 하자. $\dfrac{100}{\pi}\times(a_6-a_2)$의 값을 구하시오. (4점)

113 ★★☆ 2012학년도 수능 가형 28번

함수 $f(x)=3(x-1)^2+5$에 대하여 함수 $F(x)$를 $F(x)=\displaystyle\int_{0}^{x}f(t)\,dt$라 하자. 미분가능한 함수 $g(x)$가 모든 실수 x에 대하여

$$F(g(x))=\frac{1}{2}F(x)$$

를 만족시킨다. $g'(2)=p$일 때, $30p$의 값을 구하시오. (4점)

114 ★★★★ 2025학년도 9월모평 미적 30번

양수 k에 대하여 함수 $f(x)$를
$$f(x)=(k-|x|)e^{-x}$$
이라 하자. 실수 전체의 집합에서 미분가능하고 다음 조건을 만족시키는 모든 함수 $F(x)$에 대하여 $F(0)$의 최솟값을 $g(k)$라 하자.

> 모든 실수 x에 대하여 $F'(x)=f(x)$이고 $F(x)\geq f(x)$이다.

$g\left(\dfrac{1}{4}\right)+g\left(\dfrac{3}{2}\right)=pe+q$일 때, $100(p+q)$의 값을 구하시오.

(단, $\lim\limits_{x\to\infty}xe^{-x}=0$이고, p와 q는 유리수이다.) (4점)

115 ★★★★ 2024년 7월학평 미적 30번

상수 $a(0<a<1)$에 대하여 함수 $f(x)$를
$$f(x)=\int_0^x \ln(e^{|t|}-a)dt$$
라 하자. 함수 $f(x)$와 상수 k는 다음 조건을 만족시킨다.

> (가) 함수 $f(x)$는 $x=\ln\dfrac{3}{2}$에서 극값을 갖는다.
>
> (나) $f\left(-\ln\dfrac{3}{2}\right)=\dfrac{f(k)}{6}$

$\displaystyle\int_0^k \dfrac{|f'(x)|}{f(x)-f(-k)}dx=p$일 때, $100\times a\times e^p$의 값을 구하시오. (4점)

함수 $f(x)=\displaystyle\int_0^x e^{\cos \pi t}\,dt$의 역함수를 $g(x)$라 할 때, 실수 전체의 집합에서 도함수가 연속인 함수 $h(x)$가 모든 실수 x에 대하여

$$h(g(x)+2)=2x^3+6f(1)x^2+1$$

을 만족시킨다. $\displaystyle\int_3^7 \frac{h'(x)}{f(x)}\,dx=k\times\{f(1)\}^2$일 때, 실수 k의 값을 구하시오. (4점)

좌표평면에서 원점을 중심으로 하고 반지름의 길이가 2인 원 C와 두 점 $A(2,\,0)$, $B(0,\,-2)$가 있다. 원 C 위에 있고 x좌표가 음수인 점 P에 대하여 $\angle PAB=\theta$라 하자. 점 $Q(0,\,2\cos\theta)$에서 직선 BP에 내린 수선의 발을 R이라 하고, 두 점 P와 R 사이의 거리를 $f(\theta)$라 할 때, $\displaystyle\int_{\frac{\pi}{6}}^{\frac{\pi}{3}} f(\theta)\,d\theta$의 값은? (4점)

① $\dfrac{2\sqrt{3}-3}{2}$ ② $\sqrt{3}-1$ ③ $\dfrac{3\sqrt{3}-3}{2}$

④ $\dfrac{2\sqrt{3}-1}{2}$ ⑤ $\dfrac{4\sqrt{3}-3}{2}$

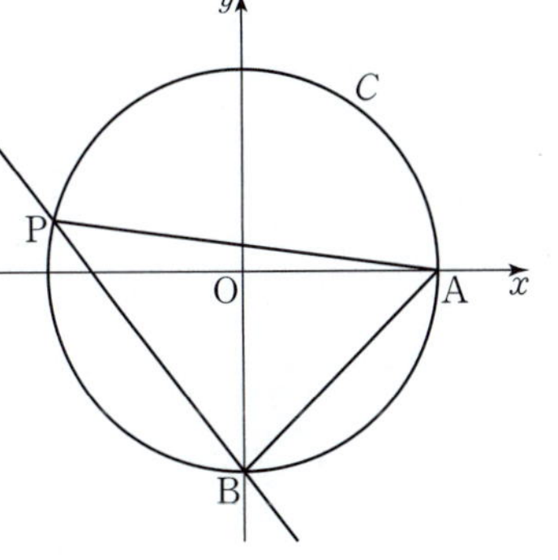

118 ★★★★

실수 전체의 집합에서 미분가능한 함수 $f(x)$가 모든 실수 x에 대하여

$$f'(x^2+x+1)=\pi f(1)\sin \pi x+f(3)x+5x^2$$

을 만족시킬 때, $f(7)$의 값을 구하시오. (4점)

119 ★★★★

$\dfrac{3}{5}<x<4$에서 정의된 미분가능한 함수 $f(x)$가 $f(1)=2$이고

$$f'(x)=\dfrac{1-x^2\{f(x)\}^3}{x^3\{f(x)\}^2}$$

을 만족시킨다. 함수 $f(x)$의 역함수 $g(x)$가 존재하고 미분가능할 때, [보기]에서 옳은 것만을 있는 대로 고른 것은? (4점)

[보기]

ㄱ. $g'(2)=-\dfrac{4}{7}$

ㄴ. $g(x)=\dfrac{1}{3}x^3\{g(x)\}^3-\dfrac{5}{3}$

ㄷ. $2<g(1)<\dfrac{5}{2}$

① ㄱ   ② ㄱ, ㄴ   ③ ㄱ, ㄷ
④ ㄴ, ㄷ   ⑤ ㄱ, ㄴ, ㄷ

최고차항의 계수가 1인 이차함수 $f(x)$가 모든 실수 x에 대하여 $f(x)>0$이다. 상수 k에 대하여 함수 $g(x)$를

$$g(x)=\int_k^x f'(t)\ln f(t)\,dt$$

라 하자. 함수 $g(x)$가 $x=a$에서 극대 또는 극소인 모든 a를 작은 수부터 크기순으로 나열하면 a_1, a_2, a_3이다. 두 함수 $f(x)$와 $g(x)$가 다음 조건을 만족시킬 때, $f(a_2)$의 값은?

(4점)

> (가) 모든 실수 x에 대하여 $g(x)\geq 0$이다.
>
> (나) $\displaystyle\int_{a_1}^{a_3}\left(g(x)+f(x)-f(x)\ln f(x)\right)dx=\dfrac{3}{2}$

① $\dfrac{3}{8}$ 　　② $\dfrac{7}{16}$ 　　③ $\dfrac{1}{2}$

④ $\dfrac{9}{16}$ 　　⑤ $\dfrac{5}{8}$

함수 $f(x)=\pi\sin 2\pi x$에 대하여 정의역이 실수 전체의 집합이고 치역이 집합 $\{0,\,1\}$인 함수 $g(x)$와 자연수 n이 다음 조건을 만족시킬 때, n의 값은? (4점)

> 함수 $h(x)=f(nx)g(x)$는 실수 전체의 집합에서 연속이고
>
> $$\int_{-1}^{1}h(x)dx=2,\quad \int_{-1}^{1}xh(x)dx=-\dfrac{1}{32}$$
>
> 이다.

① 8 　　② 10 　　③ 12

④ 14 　　⑤ 16

함수

$$f(x)=\begin{cases} e^x & (0\le x<1) \\ e^{2-x} & (1\le x\le 2) \end{cases}$$

에 대하여 열린구간 $(0, 2)$에서 정의된 함수

$$g(x)=\int_0^x |f(x)-f(t)|\, dt$$

의 극댓값과 극솟값의 차는 $ae+b\sqrt[3]{e^2}$이다. $(ab)^2$의 값을 구하시오. (단, a, b는 유리수이다.) (4점)

함수 $f(x)=\sin(ax)\,(a\ne 0)$에 대하여 다음 조건을 만족시키는 모든 실수 a의 값의 합을 구하시오. (4점)

(가) $\displaystyle\int_0^{\frac{\pi}{a}} f(x)\,dx \ge \frac{1}{2}$

(나) $0<t<1$인 모든 실수 t에 대하여

$$\int_0^{3\pi} |f(x)+t|\, dx = \int_0^{3\pi} |f(x)-t|\, dx$$

이다.

124 ★★★★ 2018학년도 9월모평 가형 21번

수열 $\{a_n\}$이

$$a_1=-1, \ a_n=2-\frac{1}{2^{n-2}} \ (n\geq 2)$$

이다. 구간 $[-1, 2)$에서 정의된 함수 $f(x)$가 모든 자연수 n에 대하여

$$f(x)=\sin(2^n\pi x) \ (a_n\leq x\leq a_{n+1})$$

이다. $-1<\alpha<0$인 실수 α에 대하여 $\int_\alpha^t f(x)dx=0$을 만족시키는 $t \ (0<t<2)$의 값의 개수가 103일 때, $\log_2 (1-\cos(2\pi\alpha))$의 값은? (4점)

① -48 ② -50 ③ -52

④ -54 ⑤ -56

125 ★★★★ 2019학년도 수능 가형 21번

실수 전체의 집합에서 미분가능한 함수 $f(x)$가 다음 조건을 만족시킬 때, $f(-1)$의 값은? (4점)

> (가) 모든 실수 x에 대하여
> $$2\{f(x)\}^2 f'(x)=\{f(2x+1)\}^2 f'(2x+1)\text{이다.}$$
> (나) $f\left(-\frac{1}{8}\right)=1, \ f(6)=2$

① $\dfrac{\sqrt[3]{3}}{6}$ ② $\dfrac{\sqrt[3]{3}}{3}$ ③ $\dfrac{\sqrt[3]{3}}{2}$

④ $\dfrac{2\sqrt[3]{3}}{3}$ ⑤ $\dfrac{5\sqrt[3]{3}}{6}$

실수 t에 대하여 곡선 $y=e^x$ 위의 점 $(t,\ e^t)$에서의 접선의
방정식을 $y=f(x)$라 할 때, 함수 $y=|f(x)+k-\ln x|$가
양의 실수 전체의 집합에서 미분가능하도록 하는 실수 k의
최솟값을 $g(t)$라 하자. 두 실수 a, $b\ (a<b)$에 대하여
$\displaystyle\int_a^b g(t)dt=m$이라 할 때, [보기]에서 옳은 것만을 있는
대로 고른 것은? (4점)

[보기]

ㄱ. $m<0$이 되도록 하는 두 실수 a, $b(a<b)$가
　　존재한다.

ㄴ. 실수 c에 대하여 $g(c)=0$이면 $g(-c)=0$이다.

ㄷ. $a=\alpha$, $b=\beta(\alpha<\beta)$일 때 m의 값이 최소이면
　　$\dfrac{1+g'(\beta)}{1+g'(\alpha)}<-e^2$이다.

① ㄱ　　　　　② ㄴ　　　　　③ ㄱ, ㄴ

④ ㄱ, ㄷ　　　⑤ ㄱ, ㄴ, ㄷ

실수 전체의 집합에서 연속인 함수 $f(x)$가 모든 실수 x에
대하여 $f(x)\geq0$이고, $x<0$일 때 $f(x)=-4xe^{4x^2}$이다.
모든 양수 t에 대하여 x에 대한 방정식 $f(x)=t$의 서로 다른
실근의 개수는 2이고, 이 방정식의 두 실근 중 작은 값을
$g(t)$, 큰 값을 $h(t)$라 하자.
두 함수 $g(t)$, $h(t)$는 모든 양수 t에 대하여
$$2g(t)+h(t)=k\ (k\text{는 상수})$$
를 만족시킨다. $\displaystyle\int_0^7 f(x)dx=e^4-1$일 때, $\dfrac{f(9)}{f(8)}$의 값은?

(4점)

① $\dfrac{3}{2}e^5$　　　　② $\dfrac{4}{3}e^7$　　　　③ $\dfrac{5}{4}e^9$

④ $\dfrac{6}{5}e^{11}$　　　　⑤ $\dfrac{7}{6}e^{13}$

상수 a, b에 대하여 함수 $f(x)=a\sin^3 x+b\sin x$가

$$f\left(\frac{\pi}{4}\right)=3\sqrt{2},\ f\left(\frac{\pi}{3}\right)=5\sqrt{3}$$

을 만족시킨다. 실수 $t\,(1<t<14)$에 대하여 함수 $y=f(x)$의 그래프와 직선 $y=t$가 만나는 점의 x좌표 중 양수인 것을 작은 수부터 크기순으로 모두 나열할 때, n번째 수를 x_n이라 하고

$$c_n=\int_{3\sqrt{2}}^{5\sqrt{3}}\frac{t}{f'(x_n)}dt$$

라 하자. $\displaystyle\sum_{n=1}^{101}c_n=p+q\sqrt{2}$일 때, $q-p$의 값을 구하시오.

(단, p와 q는 유리수이다.) (4점)

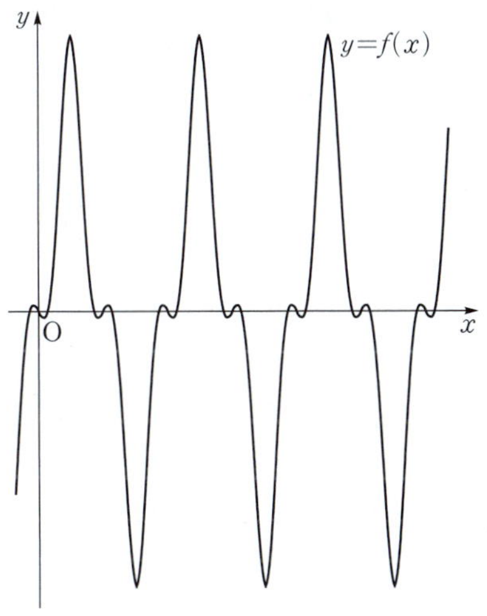

함수 $f(x)=\sin\dfrac{\pi}{2}x$와 0이 아닌 두 실수 a, b에 대하여 함수 $g(x)$를

$$g(x)=e^{af(x)}+bf(x)\ (0<x<12)$$

라 하자. 함수 $g(x)$가 $x=\alpha$에서 극대 또는 극소인 모든 α를 작은 수부터 크기순으로 나열한 것을 α_1, α_2, α_3, $\cdots$, α_m(m은 자연수)라 할 때, m 이하의 자연수 n에 대하여 α_n은 다음 조건을 만족시킨다.

> (가) n이 홀수일 때, $\alpha_n=n$이다.
> (나) n이 짝수일 때, $g(\alpha_n)=0$이다.

함수 $g(x)$가 서로 다른 두 개의 극댓값을 갖고 그 합이 e^3+e^{-3}일 때, $m\pi\displaystyle\int_{\alpha_3}^{\alpha_1}g(x)\cos\dfrac{\pi}{2}x\,dx=pe^3+qe$이다. $p-q$의 값을 구하시오. (단, p와 q는 정수이다.) (4점)

실수 a $(0<a<2)$에 대하여 함수 $f(x)$를

$$f(x)=\begin{cases} 2|\sin 4x| & (x<0) \\ -\sin ax & (x\geq 0) \end{cases}$$

이라 하자. 함수

$$g(x)=\left| \int_{-a\pi}^{x} f(t)dt \right|$$

가 실수 전체의 집합에서 미분가능할 때, a의 최솟값은? (4점)

① $\dfrac{1}{2}$ ② $\dfrac{3}{4}$ ③ 1

④ $\dfrac{5}{4}$ ⑤ $\dfrac{3}{2}$

양의 실수 전체의 집합에서 미분가능한 두 함수 $f(x)$와 $g(x)$가 모든 양의 실수 x에 대하여 다음 조건을 만족시킨다.

> (가) $\left(\dfrac{f(x)}{x} \right)' = x^2 e^{-x^2}$
>
> (나) $g(x) = \dfrac{4}{e^4} \int_{1}^{x} e^{t^2} f(t)dt$

$f(1)=\dfrac{1}{e}$일 때, $f(2)-g(2)$의 값은? (4점)

① $\dfrac{16}{3e^4}$ ② $\dfrac{6}{e^4}$ ③ $\dfrac{20}{3e^4}$

④ $\dfrac{22}{3e^4}$ ⑤ $\dfrac{8}{e^4}$

닫힌구간 $[0, 1]$에서 증가하는 연속함수 $f(x)$가

$$\int_0^1 f(x)dx=2, \quad \int_0^1 |f(x)|dx=2\sqrt{2}$$

를 만족시킨다. 함수 $F(x)$가

$$F(x)=\int_0^x |f(t)|dt \ (0\leq x\leq 1)$$

일 때, $\int_0^1 f(x)F(x)dx$의 값은? (4점)

① $4-\sqrt{2}$ ② $2+\sqrt{2}$ ③ $5-\sqrt{2}$
④ $1+2\sqrt{2}$ ⑤ $2+2\sqrt{2}$

실수 전체의 집합에서 미분가능한 함수 $f(x)$에 대하여
곡선 $y=f(x)$ 위의 점 $(t, f(t))$에서의 접선의 y절편을
$g(t)$라 하자. 모든 실수 t에 대하여

$$(1+t^2)\{g(t+1)-g(t)\}=2t$$

이고, $\int_0^1 f(x)dx=-\dfrac{\ln 10}{4}$, $f(1)=4+\dfrac{\ln 17}{8}$일 때,

$2\{f(4)+f(-4)\}-\displaystyle\int_{-4}^4 f(x)dx$의 값을 구하시오. (4점)

실수 t에 대하여 함수 $f(x)$를

$$f(x)=\begin{cases} 1-|x-t| & (|x-t|\leq 1) \\ 0 & (|x-t|>1) \end{cases}$$

이라 할 때, 어떤 홀수 k에 대하여 함수

$$g(t)=\int_{k}^{k+8} f(x)\cos(\pi x)dx$$

가 다음 조건을 만족시킨다.

> 함수 $g(t)$가 $t=\alpha$에서 극소이고 $g(\alpha)<0$인 모든 α를 작은 수부터 크기순으로 나열한 것을 $\alpha_1, \alpha_2, \cdots, \alpha_m$ (m은 자연수)라 할 때, $\displaystyle\sum_{i=1}^{m}\alpha_i=45$이다.

$k-\pi^2\displaystyle\sum_{i=1}^{m}g(\alpha_i)$의 값을 구하시오. (4점)

양의 실수 전체의 집합에서 정의된 함수 $f(x)=\dfrac{4x^2}{x^2+3}$에 대하여 $f(x)$의 역함수를 $g(x)$라 할 때, 함수 $h(x)$를

$$h(x)=f(x)-g(x)\ (0<x<4)$$

라 하자. [보기]에서 옳은 것만을 있는 대로 고른 것은? (4점)

> [보기]
>
> ㄱ. $h(1)=0$
>
> ㄴ. 두 양수 a, b $(a<b<4)$에 대하여 $\displaystyle\int_{a}^{b} h(x)dx$의 값이 최대일 때, $b-a=2$이다.
>
> ㄷ. $h(x)$의 도함수 $h'(x)$의 최댓값은 $\dfrac{7}{6}$이다.

① ㄱ 　　② ㄱ, ㄴ 　　③ ㄱ, ㄷ
④ ㄴ, ㄷ 　　⑤ ㄱ, ㄴ, ㄷ

정답과 해설 **134** p.493 | **135** p.497

함수

$$f(x)=\frac{1}{2}x^2-x+\ln(1+x)$$

와 양수 t에 대하여 점 $(s,\ f(s))(s>0)$에서 y축에 내린 수선의 발과 곡선 $y=f(x)$ 위의 점 $(s,\ f(s))$에서의 접선이 y축과 만나는 점 사이의 거리가 t가 되도록 하는 s의 값을 $g(t)$라 하자. $\int_{\frac{1}{2}}^{\frac{27}{4}} g(t)dt$의 값은? (4점)

① $\dfrac{161}{12}+\ln 3$ ② $\dfrac{40}{3}+\ln 3$ ③ $\dfrac{53}{4}+\ln 2$

④ $\dfrac{79}{6}+\ln 2$ ⑤ $\dfrac{157}{12}+\ln 2$

실수 전체의 집합에서 증가하고 미분가능한 함수 $f(x)$가 다음 조건을 만족시킨다.

> (가) $f(1)=1,\ \int_{1}^{2} f(x)dx=\dfrac{5}{4}$
>
> (나) 함수 $f(x)$의 역함수를 $g(x)$라 할 때, $x\geq1$인 모든 실수 x에 대하여 $g(2x)=2f(x)$이다.

$\int_{1}^{8} xf'(x)dx=\dfrac{q}{p}$일 때, $p+q$의 값을 구하시오.

(단, p와 q는 서로소인 자연수이다.) (4점)

0이 아닌 세 정수 l, m, n이

$$|l|+|m|+|n|\leq 10$$

을 만족시킨다. $0\leq x\leq\dfrac{3}{2}\pi$에서 정의된 연속함수 $f(x)$가

$f(0)=0$, $f\left(\dfrac{3}{2}\pi\right)=1$이고

$$f'(x)=\begin{cases} l\cos x & \left(0<x<\dfrac{\pi}{2}\right) \\[2mm] m\cos x & \left(\dfrac{\pi}{2}<x<\pi\right) \\[2mm] n\cos x & \left(\pi<x<\dfrac{3}{2}\pi\right) \end{cases}$$

를 만족시킬 때, $\displaystyle\int_0^{\frac{3}{2}\pi} f(x)\,dx$의 값이 최대가 되도록 하는 l, m, n에 대하여 $l+2m+3n$의 값은? (4점)

① 12 ② 13 ③ 14
④ 15 ⑤ 16

함수

$$f(x)=\begin{cases} -x-\pi & (x<-\pi) \\ \sin x & (-\pi\leq x\leq\pi) \\ -x+\pi & (x>\pi) \end{cases}$$

가 있다. 실수 t에 대하여 부등식 $f(x)\leq f(t)$를 만족시키는 실수 x의 최솟값을 $g(t)$라 하자. 예를 들어, $g(\pi)=-\pi$이다. 함수 $g(t)$가 $t=\alpha$에서 불연속일 때,

$$\int_{-\pi}^{\alpha} g(t)\,dt=-\dfrac{7}{4}\pi^2+p\pi+q$$

이다. $100\times|p+q|$의 값을 구하시오.

(단, p, q는 유리수이다.) (4점)

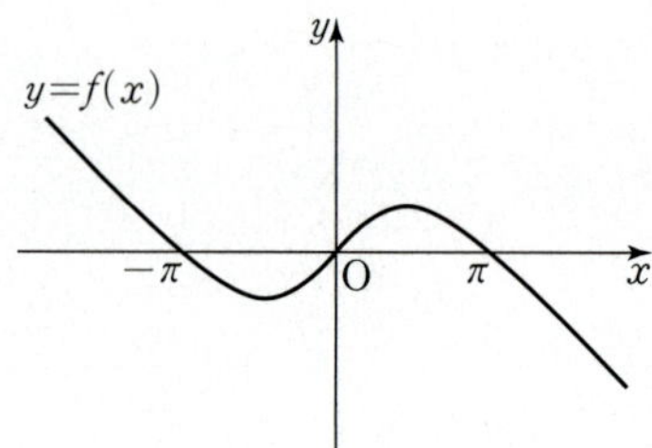

최고차항의 계수가 1인 사차함수 $f(x)$와 구간 $(0, \infty)$에서 $g(x) \geq 0$인 함수 $g(x)$가 다음 조건을 만족시킨다.

> (가) $x \leq -3$인 모든 실수 x에 대하여
> $\quad f(x) \geq f(-3)$이다.
> (나) $x > -3$인 모든 실수 x에 대하여
> $\quad g(x+3)\{f(x)-f(0)\}^2 = f'(x)$이다.

$\displaystyle\int_4^5 g(x)\,dx = \dfrac{q}{p}$일 때, $p+q$의 값을 구하시오.

$\qquad$ (단, p와 q는 서로소인 자연수이다.) (4점)

$ab < 0$인 상수 a, b에 대하여 함수 $f(x)$는 $f(x) = (ax+b)e^{-\frac{x}{2}}$이고 함수 $g(x)$는 $g(x) = \displaystyle\int_0^x f(t)\,dt$ 이다. 실수 $k\,(k>0)$에 대하여 부등식

$$g(x) - k \geq xf(x)$$

를 만족시키는 양의 실수 x가 존재할 때, 이 x의 값 중 최솟값을 $h(k)$라 하자.

함수 $g(x)$와 $h(k)$는 다음 조건을 만족시킨다.

> (가) 함수 $g(x)$는 극댓값 α를 갖고 $h(\alpha) = 2$이다.
> (나) $h(k)$의 값이 존재하는 k의 최댓값은 $8e^{-2}$이다.

$100(a^2+b^2)$의 값을 구하시오. $\left(\text{단, } \lim\limits_{x \to \infty} f(x) = 0\right)$ (4점)

정의역이 $\{x\,|\,0\leq x\leq 8\}$이고 다음 조건을 만족시키는 모든 연속함수 $f(x)$에 대하여 $\int_0^8 f(x)dx$의 최댓값은 $p+\dfrac{q}{\ln 2}$이다. $p+q$의 값을 구하시오.

(단, p, q는 자연수이고, $\ln 2$는 무리수이다.) (4점)

> (가) $f(0)=1$이고 $f(8)\leq 100$이다.
> (나) $0\leq k\leq 7$인 각각의 정수 k에 대하여
> $\quad f(k+t)=f(k)\ (0<t\leq 1)$ 또는
> $\quad f(k+t)=2^t\times f(k)\ (0<t\leq 1)$이다.
> (다) 열린구간 $(0,\,8)$에서 함수 $f(x)$가 미분가능하지
> $\quad$ 않은 점의 개수는 2이다.

최고차항의 계수가 9인 삼차함수 $f(x)$가 다음 조건을 만족시킨다.

> (가) $\displaystyle\lim_{x\to 0}\dfrac{\sin(\pi\times f(x))}{x}=0$
> (나) $f(x)$의 극댓값과 극솟값의 곱은 5이다.

함수 $g(x)$는 $0\leq x<1$일 때 $g(x)=f(x)$이고 모든 실수 x에 대하여 $g(x+1)=g(x)$이다.
$g(x)$가 실수 전체의 집합에서 연속일 때,
$\int_0^5 xg(x)dx=\dfrac{q}{p}$이다. $p+q$의 값을 구하시오.

(단, p와 q는 서로소인 자연수이다.) (4점)

두 자연수 a, b에 대하여 이차함수 $f(x)=ax^2+b$가 있다.
함수 $g(x)$를

$$g(x)=\ln f(x)-\frac{1}{10}\{f(x)-1\}$$

이라 하자. 실수 t에 대하여 직선 $y=|g(t)|$와 함수
$y=|g(x)|$의 그래프가 만나는 점의 개수를 $h(t)$라 하자.
두 함수 $g(x)$, $h(t)$가 다음 조건을 만족시킨다.

> (가) 함수 $g(x)$는 $x=0$에서 극솟값을 갖는다.
> (나) 함수 $h(t)$가 $t=k$에서 불연속인 k의 값의 개수는
>   7이다.

$\int_0^a e^x f(x)dx=me^a-19$일 때, 자연수 m의 값을 구하시오.

(4점)

함수 $f(x)=e^x(ax^3+bx^2)$과 양의 실수 t에 대하여
닫힌구간 $[-t,\ t]$에서 함수 $f(x)$의 최댓값을 $M(t)$,
최솟값을 $m(t)$라 할 때, 두 함수 $M(t)$, $m(t)$는 다음
조건을 만족시킨다.

> (가) 모든 양의 실수 t에 대하여 $M(t)=f(t)$이다.
> (나) 양수 k에 대하여 닫힌구간 $[k,\ k+2]$에 있는
>   임의의 실수 t에 대해서만 $m(t)=f(-t)$가
>   성립한다.
> (다) $\int_1^5 \{e^t \times m(t)\}\,dt=\dfrac{7}{3}-8e$

$f(k+1)=\dfrac{q}{p}e^{k+1}$일 때, $p+q$의 값을 구하시오.

$\left(\text{단, } a\text{와 } b\text{는 0이 아닌 상수, } p\text{와 } q\text{는 서로소인 자연수이고,}\right.$

$\left.\lim\limits_{x\to\infty}\dfrac{x^3}{e^x}=0\text{이다.}\right)$ (4점)

실수 전체의 집합에서 미분가능한 함수 $f(x)$가 상수 $a\,(0<a<2\pi)$와 모든 실수 x에 대하여 다음 조건을 만족시킨다.

> (가) $f(x)=f(-x)$
>
> (나) $\displaystyle\int_x^{x+a} f(t)\,dt=\sin\left(x+\dfrac{\pi}{3}\right)$

닫힌구간 $\left[0,\dfrac{a}{2}\right]$에서 두 실수 $b,\ c$에 대하여

$f(x)=b\cos(3x)+c\cos(5x)$일 때 $abc=-\dfrac{q}{p}\pi$이다.

$p+q$의 값을 구하시오.

(단, p와 q는 서로소인 자연수이다.) (4점)

실수 전체의 집합에서 미분가능한 두 함수 $f(x),\ g(x)$가 모든 실수 x에 대하여 다음 조건을 만족시킨다.

> (가) $g(x+1)-g(x)=-\pi(e+1)e^x\sin(\pi x)$
>
> (나) $\displaystyle g(x+1)=\int_0^x \{f(t+1)e^t-f(t)e^t+g(t)\}\,dt$

$\displaystyle\int_0^1 f(x)\,dx=\dfrac{10}{9}e+4$일 때, $\displaystyle\int_1^{10} f(x)\,dx$의 값을 구하시오.

(4점)

148 ★★★★ 2020년 10월학평 가형 30번

최고차항의 계수가 $k(k>0)$인 이차함수 $f(x)$에 대하여 $f(0)=f(-2)$, $f(0)\neq0$이다. 함수 $g(x)=(ax+b)e^{f(x)}$ $(a<0)$이 다음 조건을 만족시킨다.

> (가) 모든 실수 x에 대하여
> $\quad (x+1)\{g(x)-mx-m\}\leq0$을 만족시키는 실수 m의 최솟값은 -2이다.
> (나) $\displaystyle\int_0^1 g(x)dx=\int_{-2f(0)}^1 g(x)dx=\dfrac{e-e^4}{k}$

$f(ab)$의 값을 구하시오. (단, a, b는 상수이다.) (4점)

149 ★★★★ 2022년 10월학평 미적 30번

최고차항의 계수가 1인 이차함수 $f(x)$에 대하여 실수 전체의 집합에서 정의된 함수

$$g(x)=\ln\{f(x)+f'(x)+1\}$$

이 있다. 상수 a와 함수 $g(x)$가 다음 조건을 만족시킨다.

> (가) 모든 실수 x에 대하여 $g(x)>0$이고
> $$\int_{2a}^{3a+x}g(t)dt=\int_{3a-x}^{2a+2}g(t)dt$$
> 이다.
> (나) $g(4)=\ln 5$

$\displaystyle\int_3^5\{f'(x)+2a\}g(x)dx=m+n\ln 2$일 때, $m+n$의 값을 구하시오. (단, m, n은 정수이고, $\ln 2$는 무리수이다.) (4점)

▶ 문제 풀이 **동영상 강의**

150 ★★★ 2020학년도 사관학교 가형 20번

두 상수 a, b와 함수 $f(x)=\dfrac{|x|}{x^2+1}$에 대하여 함수

$$g(x)=\begin{cases} f(x) & (x<a) \\ f(b-x) & (x\geq a) \end{cases}$$

가 실수 전체의 집합에서 미분가능할 때, $\displaystyle\int_a^{a-b} g(x)\,dx$의 값은? (4점)

① $\dfrac{1}{2}\ln 5$ ② $\ln 5$ ③ $\dfrac{3}{2}\ln 5$

④ $2\ln 5$ ⑤ $\dfrac{5}{2}\ln 5$

151 ★★★ 2020학년도 사관학교 가형 30번

최고차항의 계수가 1인 삼차함수 $f(x)$에 대하여 함수

$$g(x)=\int_0^x \frac{f(t)}{|t|+1}\,dt$$

가 다음 조건을 만족시킨다.

> (가) $g'(2)=0$
> (나) 모든 실수 x에 대하여 $g(x)\geq 0$이다.

$g'(-1)$의 값이 최대가 되도록 하는 함수 $f(x)$에 대하여 $f(-1)=\dfrac{n}{m-3\ln 3}$일 때, $|m\times n|$의 값을 구하시오.

(단, m, n은 정수이고, $\ln 3$은 $1<\ln 3<1.1$인 무리수이다.) (4점)

실수 전체의 집합에서 연속인 함수 $f(x)$에 대하여

$$\int_1^{e^2} \frac{f(1+2\ln x)}{x}\,dx=5$$

일 때, $\int_1^5 f(x)\,dx$의 값은? (3점)

① 6   ② 7   ③ 8

④ 9   ⑤ 10

자연수 n에 대하여

$$S_n=1-\frac{1}{3}+\frac{1}{5}-\frac{1}{7}+\cdots+(-1)^{n-1}\cdot\frac{1}{2n-1}$$

이라 할 때, 다음은 $\lim_{n\to\infty} S_n$의 값을 구하는 과정이다.

$$1-x^2+x^4-x^6+\cdots+(-1)^{n-1}\cdot x^{2n-2}$$

$$=\boxed{(\text{가})}-(-1)^n\cdot\frac{x^{2n}}{1+x^2}\text{이므로}$$

$$S_n=1-\frac{1}{3}+\frac{1}{5}-\frac{1}{7}+\cdots+(-1)^{n-1}\cdot\frac{1}{2n-1}$$

$$=\int_0^1\{1-x^2+x^4-x^6+\cdots+(-1)^{n-1}\cdot x^{2n-2}\}\,dx$$

$$=\int_0^1 \boxed{(\text{가})}\,dx-(-1)^n\int_0^1\frac{x^{2n}}{1+x^2}\,dx$$

이다. 한편, $0\le\dfrac{x^{2n}}{1+x^2}\le x^{2n}$이므로

$$0\le\int_0^1\frac{x^{2n}}{1+x^2}\,dx\le\int_0^1 x^{2n}\,dx=\boxed{(\text{나})}$$

이다. 따라서 $\lim\limits_{n\to\infty}\int_0^1\dfrac{x^{2n}}{1+x^2}\,dx=0$이므로

$$\lim_{n\to\infty} S_n=\int_0^1 \boxed{(\text{가})}\,dx\text{이다.}$$

$x=\tan\theta\left(-\dfrac{\pi}{2}<\theta<\dfrac{\pi}{2}\right)$로 놓으면

$$\lim_{n\to\infty} S_n=\int_0^1 \boxed{(\text{가})}\,dx$$

$$=\int_0^{\frac{\pi}{4}}\frac{\sec^2\theta}{1+\tan^2\theta}\,d\theta=\boxed{(\text{다})}$$

이다.

위의 (가), (나)에 알맞은 식을 각각 $f(x)$, $g(n)$, (다)에 알맞은 수를 k라 할 때, $k\times f(2)\times g(2)$의 값은? (4점)

① $\dfrac{\pi}{40}$ ② $\dfrac{\pi}{60}$ ③ $\dfrac{\pi}{80}$

④ $\dfrac{\pi}{100}$ ⑤ $\dfrac{\pi}{120}$

154 ★★☆ 2023학년도 사관학교 미적 26번

구간 $(0, \infty)$에서 정의된 미분가능한 함수 $f(x)$가 있다. 모든 양수 t에 대하여 곡선 $y=f(x)$ 위의 점 $(t, f(t))$ 에서의 접선의 기울기는 $\dfrac{\ln t}{t^2}$이다. $f(1)=0$일 때, $f(e)$의 값은? (3점)

① $\dfrac{e-2}{3e}$ ② $\dfrac{e-2}{2e}$ ③ $\dfrac{e-1}{3e}$

④ $\dfrac{e-2}{e}$ ⑤ $\dfrac{e-1}{e}$

155 ★★★ 2018학년도 사관학교 가형 25번

도함수가 실수 전체의 집합에서 연속인 함수 $f(x)$가 다음 조건을 만족시킨다.

> (가) 모든 실수 x에 대하여 $f(-x)=-f(x)$이다.
> (나) $f(\pi)=0$
> (다) $\displaystyle\int_0^\pi x^2 f'(x)dx=-8\pi$

$\displaystyle\int_{-\pi}^{\pi}(x+\cos x)f(x)dx=k\pi$일 때, k의 값을 구하시오.

(3점)

156 ★★☆ 2018학년도 사관학교 가형 7번

실수 전체의 집합에서 연속인 함수 $f(x)$가 모든 실수 x에 대하여

$$\int_1^x (x-t)f(t)dt=e^{x-1}+ax^2-3x+1$$

을 만족시킬 때, $f(a)$의 값은? (단, a는 상수이다.) (3점)

① -3 ② -1 ③ 0
④ 1 ⑤ 3

157 ★★☆ 2019학년도 사관학교 가형 12번

실수 전체의 집합에서 미분가능한 함수 $f(x)$가 모든 실수 x에 대하여

$$xf(x)=x^2 e^{-x}+\int_1^x f(t)\,dt$$

를 만족시킬 때, $f(2)$의 값은? (3점)

① $\dfrac{1}{e}$ ② $\dfrac{e+1}{e^2}$ ③ $\dfrac{e+2}{e^2}$

④ $\dfrac{e+3}{e^2}$ ⑤ $\dfrac{e+4}{e^2}$

함수 $f(x) = \int_1^x e^{t^2} dt$에 대하여 $\int_0^1 xf(x)dx$의 값은? (4점)

① $\dfrac{1-e}{2}$ ② $\dfrac{1-e}{3}$ ③ $\dfrac{1-e}{4}$

④ $\dfrac{1-e}{5}$ ⑤ $\dfrac{1-e}{6}$

실수 전체의 집합에서 연속인 함수 $f(x)$가 다음 조건을 만족시킨다.

(가) $-1 \leq x \leq 1$에서 $f(x) < 0$이다.

(나) $\displaystyle\int_{-1}^0 |f(x)\sin x|dx = 2$, $\displaystyle\int_0^1 |f(x)\sin x|dx = 3$

함수 $g(x) = \displaystyle\int_{-1}^x |f(t)\sin t|dt$에 대하여

$\displaystyle\int_{-1}^1 f(-x)g(-x)\sin x\, dx = \dfrac{q}{p}$이다. $p+q$의 값을 구하시오. (단, p와 q는 서로소인 자연수이다.) (4점)

실수 전체의 집합에서 미분가능한 함수 $f(x)$가 다음 조건을 만족시킨다.

(가) $f(0) = 0$, $f'(0) = 1$

(나) 모든 실수 x, y에 대하여
$$f(x+y) = \dfrac{f(x)+f(y)}{1+f(x)f(y)}\text{이다.}$$

$f(-1) = k \ (-1 < k < 0)$일 때, $\displaystyle\int_0^1 \{f(x)\}^2 dx$의 값을 k로 나타낸 것은? (4점)

① $1-k^2$ ② $1-2k$ ③ $1-k$

④ $1+k$ ⑤ $1+k^2$

02 정적분의 활용

평가원 모의평가 (2003~2026학년도) 대학수학능력시험 (1994~2026학년도) 교육청 학력평가 (2001~2025년 시행) 사관학교 입학시험 (2002~2026학년도)

1. 정적분과 급수의 관계 | 유형 01, 02
23, 22, 21, 20, 15, 14, 09, 01 수능출제

(1) 정적분

함수 $f(x)$가 닫힌구간 $[a, b]$에서 연속일 때

$$\int_a^b f(x)dx = \lim_{n \to \infty} \sum_{k=1}^n f(x_k)\Delta x \left(\text{단, } \Delta x = \frac{b-a}{n}, \ x_k = a + k\Delta x\right)$$

(2) 정적분과 급수

연속함수 $f(x)$에 대하여

$$\lim_{n \to \infty} \sum_{k=1}^n f\left(a + \frac{b-a}{n}k\right) \times \frac{b-a}{n} = \int_a^b f(x)dx$$

$$\lim_{n \to \infty} \sum_{k=1}^n f\left(a + \frac{p}{n}k\right) \times \frac{p}{n} = \int_a^{a+p} f(x)dx$$

$$\lim_{n \to \infty} \sum_{k=1}^n f\left(\frac{p}{n}k\right) \times \frac{p}{n} = \int_0^p f(x)dx$$

2. 곡선과 좌표축 사이의 넓이 | 유형 03, 04
21, 18, 15, 05, 04 수능출제

(1) 곡선과 x축 사이의 넓이

함수 $y=f(x)$가 닫힌구간 $[a, b]$에서 연속일 때, 곡선 $y=f(x)$와 x축 및 두 직선 $x=a$, $x=b$로 둘러싸인 도형의 넓이 S는

$$S = \int_a^b |f(x)|dx$$

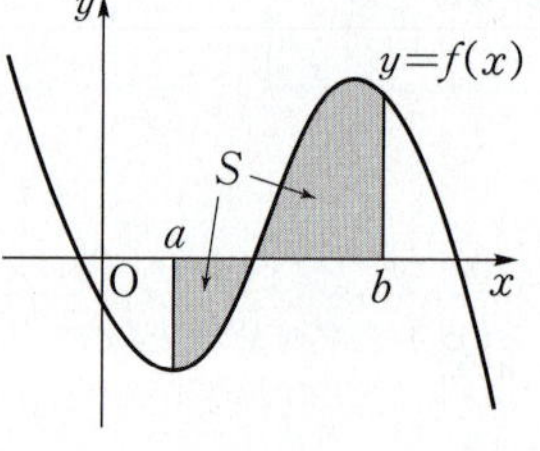

(2) 곡선과 y축 사이의 넓이

함수 $x=g(y)$가 닫힌구간 $[c, d]$에서 연속일 때, 곡선 $x=g(y)$와 y축 및 두 직선 $y=c$, $y=d$로 둘러싸인 도형의 넓이 S는

$$S = \int_c^d |g(y)|dy$$

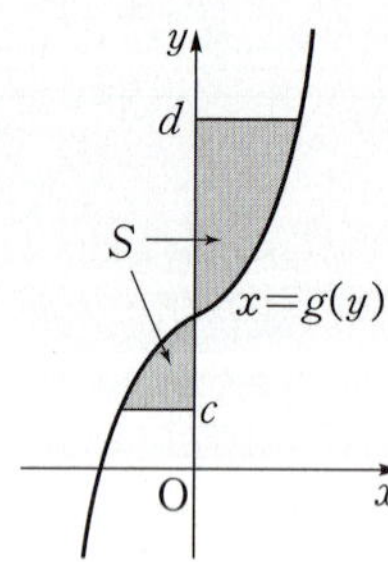

3. 두 곡선 사이의 넓이 | 유형 05, 06, 07, 08
25, 23, 18, 06 수능출제

(1) 두 함수 $y=f(x)$, $y=g(x)$가 닫힌구간 $[a, b]$에서 연속일 때, 두 곡선 $y=f(x)$, $y=g(x)$와 두 직선 $x=a$, $x=b$로 둘러싸인 도형의 넓이 S는

$$S = \int_a^b |f(x)-g(x)|dx$$

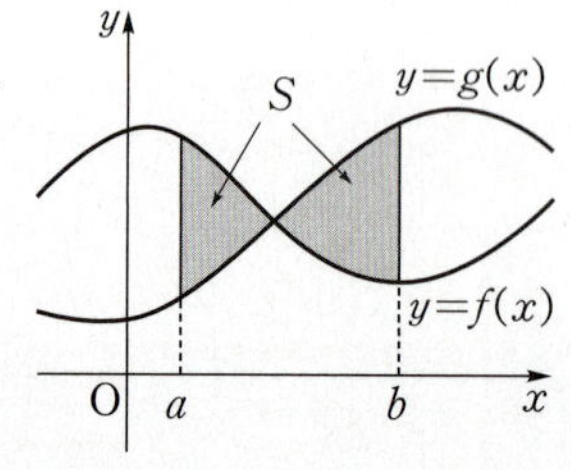

보 충 설 명

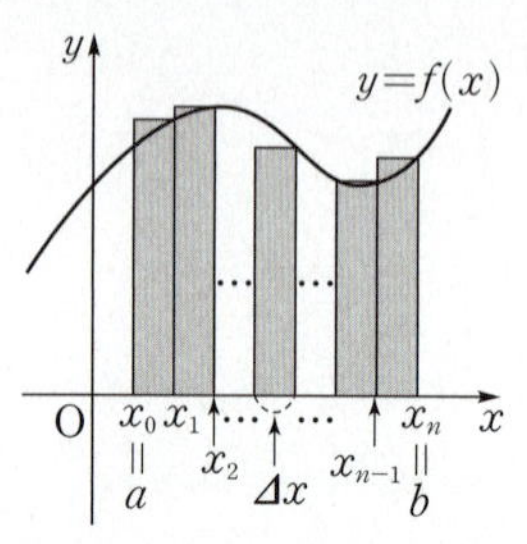

• 포물선 $y=a(x-\alpha)(x-\beta)\,(a \neq 0)$와 x축으로 둘러싸인 도형의 넓이는

$$\frac{|a|(\beta-\alpha)^3}{6} \ (\text{단, } \alpha < \beta)$$

• 함수 $y=f(x)$와 역함수 $y=f^{-1}(x)$의 그래프로 둘러싸인 부분의 넓이는 함수의 그래프와 직선 $y=x$ 사이의 넓이의 2배이다.

$$S_1 = S_2$$

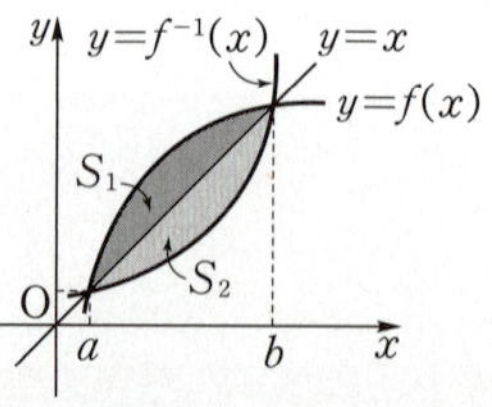

(2) 두 함수 $x=f(y)$, $x=g(y)$가 닫힌구간 $[c, d]$에서 연속일 때, 두 곡선 $x=f(y)$, $x=g(y)$와 두 직선 $y=c$, $y=d$로 둘러싸인 도형의 넓이 S는

$$S=\int_c^d |f(y)-g(y)|\,dy$$

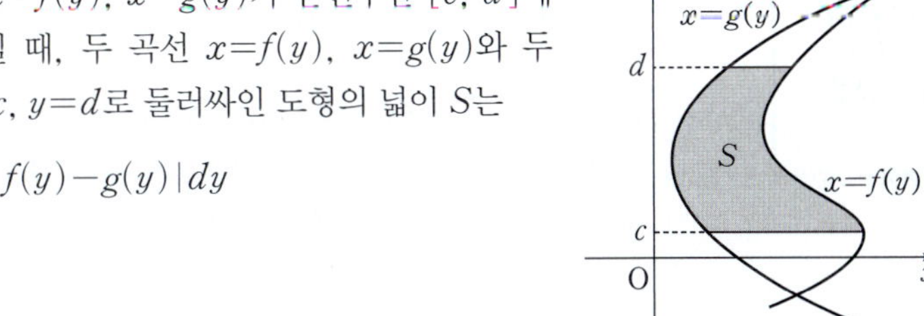

4. 입체도형의 부피 | 유형 10

닫힌구간 $[a, b]$에서 x좌표가 x인 점을 지나 x축에 수직인 평면으로 자른 단면의 넓이가 $S(x)$인 입체도형의 부피 V는

$$V=\int_a^b S(x)dx$$

(단, $S(x)$는 닫힌구간 $[a, b]$에서 연속)

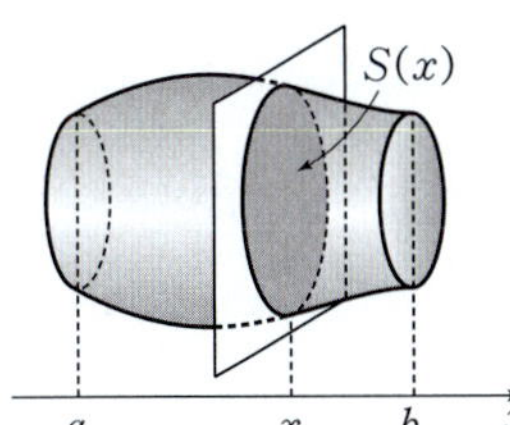

5. 속도와 거리 | 유형 11

(1) **수직선 위를 움직이는 점의 위치**

수직선 위를 움직이는 점 P의 시각 t에서의 속도가 $v(t)$이고 $t=a$에서의 위치가 x_0일 때

① 점 P의 시각 t에서의 위치 x는

$$x=x_0+\int_a^t v(t)dt$$

② 점 P의 $t=a$에서 $t=b$까지의 위치의 변화량은

$$\int_a^b v(t)dt$$

(2) **수직선 위를 움직이는 점의 움직인 거리**

수직선 위를 움직이는 점 P의 시각 t에서의 속도가 $v(t)$일 때, 시각 $t=a$에서 $t=b$까지 점 P가 실제로 움직인 거리 s는

$$s=\int_a^b |v(t)|\,dt$$

(3) **평면 운동에서 점이 움직인 거리**

좌표평면 위를 움직이는 점 P의 시각 t에서의 좌표 (x, y)가 $x=f(t)$, $y=g(t)$일 때, $t=a$에서 $t=b$까지 점 P가 움직인 거리 s는

$$s=\int_a^b |v|\,dt=\int_a^b \sqrt{\left(\frac{dx}{dt}\right)^2+\left(\frac{dy}{dt}\right)^2}\,dt$$

$$=\int_a^b \sqrt{\{f'(t)\}^2+\{g'(t)\}^2}\,dt$$

6. 곡선의 길이 | 유형 12

(1) 곡선 $x=f(t)$, $y=g(t)$ $(a\le t\le b)$의 길이 l은

$$l=\int_a^b \sqrt{\left(\frac{dx}{dt}\right)^2+\left(\frac{dy}{dt}\right)^2}\,dt=\int_a^b \sqrt{\{f'(t)\}^2+\{g'(t)\}^2}\,dt$$

(2) 곡선 $y=f(x)$ $(a\le x\le b)$의 길이 l은

$$l=\int_a^b \sqrt{1+\{f'(x)\}^2}\,dx$$

보충설명

- 어떤 구간에서 두 곡선으로 둘러싸인 도형의 넓이를 구할 때에는 좌표축의 위치는 고려하지 않는다.

- x좌표가 x_k인 점을 지나 x축에 수직인 평면으로 자른 단면의 넓이가 $S(x_k)$일 때, 부피는

$$\lim_{n\to\infty}\sum_{k=1}^n S(x_k)\Delta x=\int_a^b S(x)dx$$

$$\left(\text{단, } \Delta x=\frac{b-a}{n},\ x_k=a+k\Delta x\right)$$

- 좌표평면 위를 움직이는 점 P의 시각 t에서의 좌표 (x, y)가 $x=f(t)$, $y=g(t)$일 때, 시각 t에서의 점 P의

① 속도 $v=\left(\dfrac{dx}{dt}, \dfrac{dy}{dt}\right)=(f'(t), g'(t))$

② 속력 $|v|=\sqrt{\{f'(t)\}^2+\{g'(t)\}^2}$

- 곡선 $y=f(x)$에서 $x=t$, $y=f(t)$로 나타내면 $\dfrac{dx}{dt}=1$, $\dfrac{dy}{dt}=f'(t)$이므로

$$l=\int_a^b \sqrt{\left(\frac{dx}{dt}\right)^2+\left(\frac{dy}{dt}\right)^2}\,dt$$

$$=\int_a^b \sqrt{1+\{f'(t)\}^2}\,dt$$

$$=\int_a^b \sqrt{1+\{f'(x)\}^2}\,dx$$

269-3-2-Y00

▶ 문제 풀이 **동영상 강의**

001 　1. 정적분과 급수의 관계　2023년 10월학평 미적 24번

$\displaystyle\lim_{n\to\infty}\frac{2\pi}{n}\sum_{k=1}^{n}\sin\frac{\pi k}{3n}$ 의 값은? (3점)

① $\dfrac{5}{2}$　　　② 3　　　③ $\dfrac{7}{2}$

④ 4　　　⑤ $\dfrac{9}{2}$

002 　2. 곡선과 좌표축 사이의 넓이　2022학년도 수능예시문항 미적 27번

곡선 $y=x\ln(x^2+1)$과 x축 및 직선 $x=1$로 둘러싸인 부분의 넓이는? (3점)

① $\ln 2-\dfrac{1}{2}$　　　② $\ln 2-\dfrac{1}{4}$　　　③ $\ln 2-\dfrac{1}{6}$

④ $\ln 2-\dfrac{1}{8}$　　　⑤ $\ln 2-\dfrac{1}{10}$

003 　2. 곡선과 좌표축 사이의 넓이　2015학년도 6월모평 B형 9번

함수 $y=e^x$의 그래프와 x축, y축 및 직선 $x=1$로 둘러싸인 영역의 넓이가 직선 $y=ax\ (0<a<e)$에 의하여 이등분될 때, 상수 a의 값은? (3점)

① $e-\dfrac{1}{3}$　　　② $e-\dfrac{1}{2}$　　　③ $e-1$

④ $e-\dfrac{4}{3}$　　　⑤ $e-\dfrac{3}{2}$

004 　5. 속도와 거리

좌표평면에서 시각 t에서의 점 P의 위치가

$$x=\frac{\pi}{2}t+\sin\frac{\pi}{2}t,\ y=\cos\frac{\pi}{2}t$$

일 때, $t=0$에서 $t=2$까지 점 P가 움직인 거리를 구하시오.

(3점)

005 　6. 곡선의 길이

매개변수 t로 나타내어지는 곡선

$$x=e^{-t}\cos t,\ y=e^{-t}\sin t$$

에 대하여 $t=0$에서 $t=2\pi$까지의 곡선의 길이는? (4점)

① $\sqrt{6}\,(1-e^{-6\pi})$　　　② $\sqrt{5}\,(1-e^{-6\pi})$

③ $2(1-e^{-24\pi})$　　　④ $\sqrt{3}\,(1-e^{-3\pi})$

⑤ $\sqrt{2}\,(1-e^{-2\pi})$

정답과 해설　001 p.516　002 p.516　003 p.516　004 p.517　005 p.517

유형 01 정적분과 급수의 관계 ☆중요

동영상강의

269-3-2-Y01

☑ 출제경향

개념을 이해하고 공식을 적용하면 어렵지 않게 해결할 수 있는 유형이다.

✏ 접근방법

주어진 급수를 정적분으로 바꿔 해결한다.

🖥 단골공식

① $\lim\limits_{n\to\infty}\sum\limits_{k=1}^{n}f\left(a+\dfrac{b-a}{n}k\right)\times\dfrac{b-a}{n}=\displaystyle\int_{a}^{b}f(x)dx$

② $\lim\limits_{n\to\infty}\sum\limits_{k=1}^{n}f\left(a+\dfrac{p}{n}k\right)\times\dfrac{p}{n}=\displaystyle\int_{a}^{a+p}f(x)dx$

③ $\lim\limits_{n\to\infty}\sum\limits_{k=1}^{n}f\left(\dfrac{p}{n}k\right)\times\dfrac{p}{n}=\displaystyle\int_{0}^{p}f(x)dx$

006 ★☆☆ 2023학년도 수능 미적 24번

$\lim\limits_{n\to\infty}\dfrac{1}{n}\sum\limits_{k=1}^{n}\sqrt{1+\dfrac{3k}{n}}$ 의 값은? (3점)

① $\dfrac{4}{3}$　　　② $\dfrac{13}{9}$　　　③ $\dfrac{14}{9}$

④ $\dfrac{5}{3}$　　　⑤ $\dfrac{16}{9}$

007 ★☆☆ 2025년 10월학평 미적 24번

$\lim\limits_{n\to\infty}\sum\limits_{k=1}^{n}\dfrac{1}{2n+k}$ 의 값은? (3점)

① $\ln\dfrac{3}{2}$　　　② $\ln 2$　　　③ $\ln\dfrac{5}{2}$

④ $\ln 3$　　　⑤ $\ln\dfrac{7}{2}$

008 ★★☆ 2020학년도 수능 나형 11번

함수 $f(x)=4x^3+x$에 대하여 $\lim\limits_{n\to\infty}\sum\limits_{k=1}^{n}\dfrac{1}{n}f\left(\dfrac{2k}{n}\right)$의 값은?

(3점)

① 6　　　② 7　　　③ 8

④ 9　　　⑤ 10

009 ★★☆ 2021학년도 9월모평 가형 25번

$\lim\limits_{n\to\infty}\sum\limits_{k=1}^{n}\dfrac{2}{n}\left(1+\dfrac{2k}{n}\right)^{4}=a$일 때, $5a$의 값을 구하시오. (3점)

010 ★★★ 2020학년도 9월모평 나형 19번

함수 $f(x)=4x^4+4x^3$에 대하여 $\lim\limits_{n\to\infty}\sum\limits_{k=1}^{n}\dfrac{1}{n+k}f\left(\dfrac{k}{n}\right)$의

값은? (4점)

① 1　　　② 2　　　③ 3

④ 4　　　⑤ 5

함수 $f(x)=3x^2-ax$가

$$\lim_{n\to\infty}\frac{1}{n}\sum_{k=1}^{n}f\left(\frac{3k}{n}\right)=f(1)$$

을 만족시킬 때, 상수 a의 값을 구하시오. (4점)

함수 $f(x)=4x^2+6x+32$에 대하여

$$\lim_{n\to\infty}\sum_{k=1}^{n}\frac{k}{n^2}f\left(\frac{k}{n}\right)$$

의 값을 구하시오. (4점)

이차함수 $f(x)=x^2+1$에 대하여

$\displaystyle\lim_{n\to\infty}\sum_{k=1}^{n}f\left(1+\frac{k}{n}\right)\frac{k^2+2nk}{n^3}$ 의 값은? (4점)

① $\dfrac{26}{5}$ ② $\dfrac{31}{5}$ ③ $\dfrac{36}{5}$

④ $\dfrac{41}{5}$ ⑤ $\dfrac{46}{5}$

연속함수 $f(x)$가 다음 조건을 만족시킨다.

> (가) $f(2)=1$
>
> (나) $\displaystyle\int_0^2 f(x)dx=\frac{1}{4}$

$\displaystyle\lim_{n\to\infty}\sum_{k=1}^{n}\left\{f\left(\frac{2k}{n}\right)-f\left(\frac{2k-2}{n}\right)\right\}\frac{k}{n}$ 의 값은? (4점)

① $\dfrac{3}{4}$ ② $\dfrac{4}{5}$ ③ $\dfrac{5}{6}$

④ $\dfrac{6}{7}$ ⑤ $\dfrac{7}{8}$

그림과 같이 곡선 $y=f(x)$와 x축 및 두 직선 $x=1$, $x=3$ 으로 둘러싸인 부분의 넓이를 A라 하자.

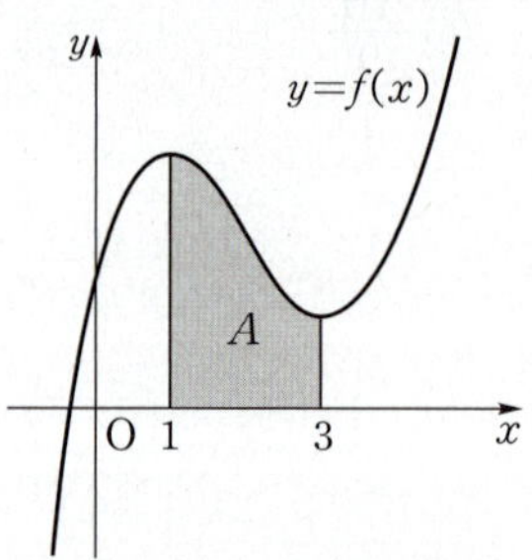

이때 $\displaystyle\lim_{n\to\infty}\sum_{k=1}^{n}f\left(1+\frac{2k}{n}\right)\frac{1}{n}$ 의 값을 A로 나타내면? (3점)

① $\dfrac{A}{2}$ ② A ③ $\sqrt{2}A$

④ $2A$ ⑤ $4A$

이 문항은 7차 교육과정 이전에 출제되었지만 다시 출제될 수 있는 기본적인 문제로 개념을 익히는 데 도움이 됩니다.

이차함수 $y=f(x)$의 그래프는 그림과 같고, $f(0)=f(3)=0$이다.

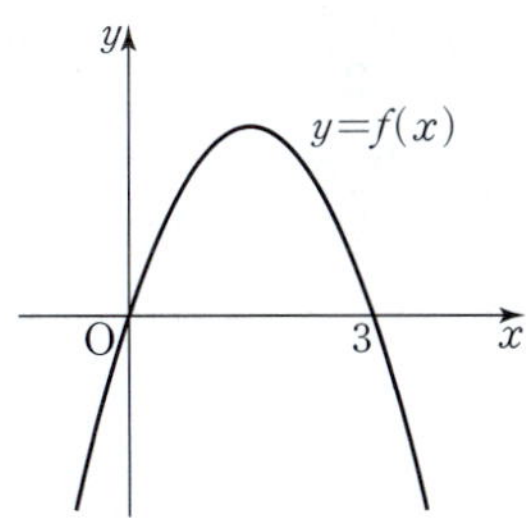

$\displaystyle\lim_{n\to\infty}\frac{1}{n}\sum_{k=1}^{n}f\left(\frac{k}{n}\right)=\frac{7}{6}$일 때, $f'(0)$의 값은? (4점)

① $\dfrac{5}{2}$ ② 3 ③ $\dfrac{7}{2}$

④ 4 ⑤ $\dfrac{9}{2}$

함수 $f(x)=\ln x$에 대하여 $\displaystyle\lim_{n\to\infty}\sum_{k=1}^{n}\frac{k}{n^2}f\left(1+\frac{k}{n}\right)=\frac{q}{p}$일 때, $p+q$의 값을 구하시오.

(단, p와 q는 서로소인 자연수이다.) (4점)

$\displaystyle\lim_{n\to\infty}\frac{1}{n}\sum_{k=1}^{n}\sqrt{\frac{3n}{3n+k}}$의 값은? (3점)

① $4\sqrt{3}-6$ ② $\sqrt{3}-1$ ③ $5\sqrt{3}-8$

④ $2\sqrt{3}-3$ ⑤ $3\sqrt{3}-5$

함수 $f(x)=\sin(3x)$에 대하여 $\displaystyle\lim_{n\to\infty}\sum_{k=1}^{n}\frac{\pi}{n}f\left(\frac{k\pi}{n}\right)$의 값은?

(3점)

① $\dfrac{2}{3}$ ② 1 ③ $\dfrac{4}{3}$

④ $\dfrac{5}{3}$ ⑤ 2

함수 $f(x)=\cos x$에 대하여 $\displaystyle\lim_{n\to\infty}\sum_{k=1}^{n}\frac{k\pi}{n^2}f\left(\frac{\pi}{2}+\frac{k\pi}{n}\right)$의 값은? (4점)

① $-\dfrac{5}{2}$ 　　② -2 　　③ $-\dfrac{3}{2}$

④ -1 　　⑤ $-\dfrac{1}{2}$

$\displaystyle\lim_{n\to\infty}\sum_{k=1}^{n}\frac{k}{(2n-k)^2}$의 값은? (3점)

① $\dfrac{3}{2}-2\ln 2$ 　　② $1-\ln 2$ 　　③ $\dfrac{3}{2}-\ln 3$

④ $\ln 2$ 　　⑤ $2-\ln 3$

$\displaystyle\lim_{n\to\infty}\sum_{k=1}^{n}\frac{k^2+2kn}{k^3+3k^2n+n^3}$의 값은? (3점)

① $\ln 5$ 　　② $\dfrac{\ln 5}{2}$ 　　③ $\dfrac{\ln 5}{3}$

④ $\dfrac{\ln 5}{4}$ 　　⑤ $\dfrac{\ln 5}{5}$

함수 $f(x)=\dfrac{1}{x^2+x}$의 그래프는 그림과 같다.

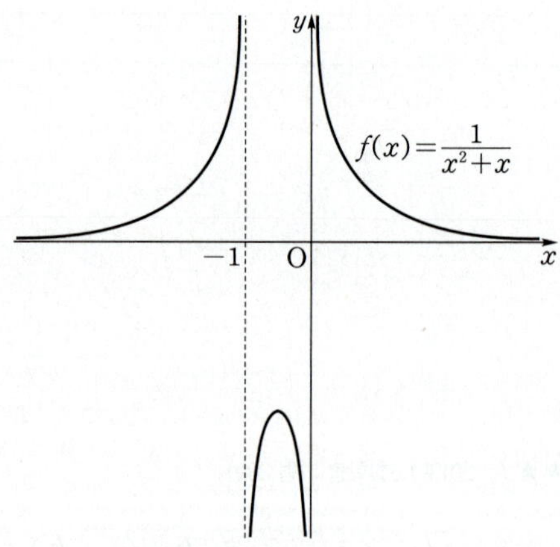

$\displaystyle\lim_{n\to\infty}\frac{2}{n}\sum_{k=1}^{n}f\left(1+\frac{2k}{n}\right)$의 값은? (4점)

① $\ln\dfrac{9}{8}$ 　　② $\ln\dfrac{5}{4}$ 　　③ $\ln\dfrac{11}{8}$

④ $\ln\dfrac{3}{2}$ 　　⑤ $\ln\dfrac{13}{8}$

☑ **출제경향**

다른 개념들과 정적분과 급수를 복합적으로 사용해야
하는 문제가 어렵게 출제된다.

✎ **접근방법**

정적분과 급수의 공식 외에도 다양한 공식을 이용한다.

024 ★★☆ 2013학년도 6월모평 가형 19번

사차함수 $y=f(x)$의 그래프가 그림과 같을 때,

$$\lim_{n \to \infty} \frac{1}{n} \sum_{k=1}^{n} f\left(m+\frac{k}{n}\right) < 0$$

을 만족시키는 정수 m의 개수는? (4점)

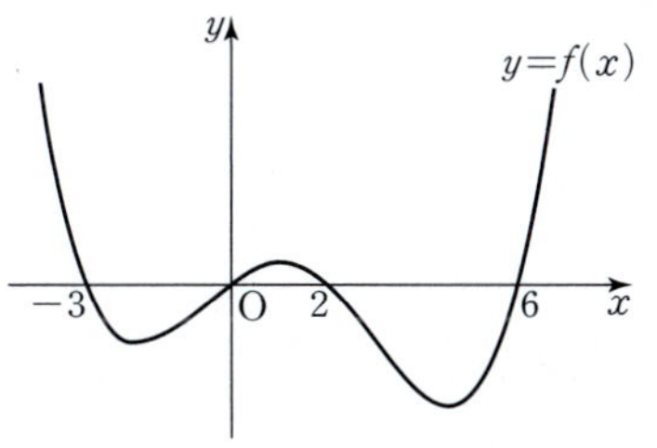

① 3 　　② 4 　　③ 5

④ 6 　　⑤ 7

025 ★★☆ 2007학년도 9월모평 가형 12번

함수 $f(x)=x^2$에 대하여 그림과 같이 구간 $[0, 1]$을
$2n$등분한 후, 구간 $\left[\dfrac{k-1}{2n}, \dfrac{k}{2n}\right]$를 밑변으로 하고 높이가
$f\left(\dfrac{k}{2n}\right)$인 직사각형의 넓이를 S_k라 하자.

(단, n은 자연수이고 $k=1, 2, 3, \cdots, 2n$이다.)

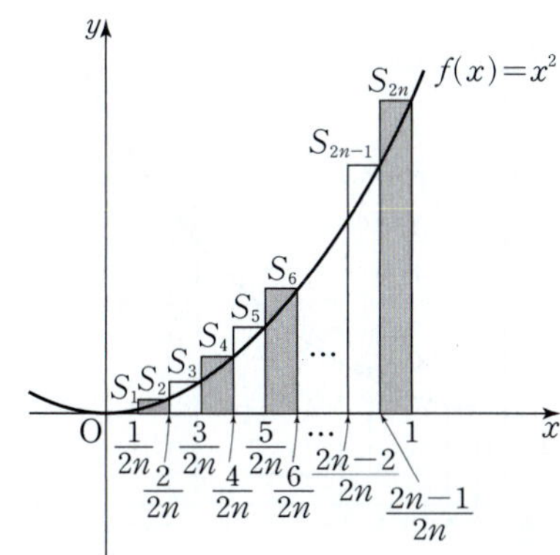

[보기]에서 옳은 것을 모두 고른 것은? (4점)

> **[보기]**
>
> ㄱ. $\displaystyle\lim_{n \to \infty} \sum_{k=1}^{n} S_k = \int_0^{\frac{1}{2}} x^2 dx$
>
> ㄴ. $\displaystyle\lim_{n \to \infty} \sum_{k=1}^{n} (S_{2k}-S_{2k-1})=0$
>
> ㄷ. $\displaystyle\lim_{n \to \infty} \sum_{k=1}^{n} S_{2k}=\frac{1}{2}\int_0^1 x^2 dx$

① ㄱ 　　② ㄱ, ㄴ 　　③ ㄱ, ㄷ

④ ㄴ, ㄷ 　　⑤ ㄱ, ㄴ, ㄷ

함수 $f(x)=x^2+ax+b$ $(a\geq 0,\ b>0)$가 있다. 그림과 같이 2 이상인 자연수 n에 대하여 닫힌구간 $[0,\ 1]$을 n등분한 각 분점(양 끝점도 포함)을 차례로

$$0=x_0,\ x_1,\ x_2,\ \cdots,\ x_{n-1},\ x_n=1$$

이라 하자. 닫힌구간 $[x_{k-1},\ x_k]$를 밑변으로 하고 높이가 $f(x_k)$인 직사각형의 넓이를 A_k라 하자. $(k=1,\ 2,\ \cdots,\ n)$

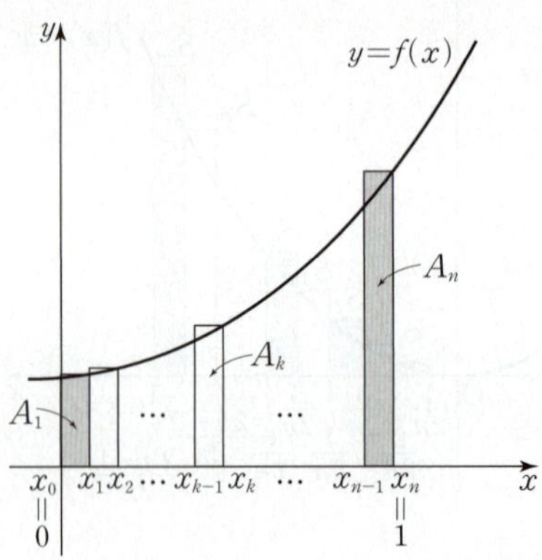

양 끝에 있는 두 직사각형의 넓이의 합이

$$A_1+A_n=\frac{7n^2+1}{n^3}$$

일 때, $\displaystyle\lim_{n\to\infty}\sum_{k=1}^{n}\frac{8k}{n}A_k$의 값을 구하시오. (4점)

닫힌구간 $[0,\ 1]$에서 정의된 연속함수 $f(x)$가 $f(0)=0$, $f(1)=1$이며, 열린구간 $(0,\ 1)$에서 이계도함수를 갖고 $f'(x)>0$, $f''(x)>0$일 때, $\displaystyle\int_0^1\{f^{-1}(x)-f(x)\}dx$의 값과 같은 것은? (3점)

① $\displaystyle\lim_{n\to\infty}\sum_{k=1}^{n}\left\{\frac{k}{n}-f\left(\frac{k}{n}\right)\right\}\frac{1}{2n}$

② $\displaystyle\lim_{n\to\infty}\sum_{k=1}^{n}\left\{\frac{k}{n}-f\left(\frac{k}{n}\right)\right\}\frac{2}{n}$

③ $\displaystyle\lim_{n\to\infty}\sum_{k=1}^{n}\left\{\frac{k}{n}-f\left(\frac{k}{n}\right)\right\}\frac{1}{n}$

④ $\displaystyle\lim_{n\to\infty}\sum_{k=1}^{n}\left\{\frac{k}{2n}-f\left(\frac{k}{n}\right)\right\}\frac{1}{n}$

⑤ $\displaystyle\lim_{n\to\infty}\sum_{k=1}^{n}\left\{\frac{2k}{n}-f\left(\frac{k}{n}\right)\right\}\frac{1}{n}$

$F'(x)=f(x)$인 이차함수 $y=f(x)$와 임의의 두 실수 a, c에 대하여 서로 다른 두 점 $A(a, F(a))$, $B(a+c, F(a+c))$를 지나는 직선의 기울기와 같은 값을 갖는 것은? (3점)

① $\lim\limits_{n\to\infty}\sum\limits_{k=1}^{n}f\left(\dfrac{k}{2n}\right)\dfrac{c}{n}$

② $\lim\limits_{n\to\infty}\sum\limits_{k=1}^{n}f\left(a+\dfrac{ck}{n}\right)\dfrac{1}{n}$

③ $\lim\limits_{n\to\infty}\sum\limits_{k=1}^{n}f\left(a+c+\dfrac{k}{n}\right)\dfrac{1}{n}$

④ $\lim\limits_{n\to\infty}\sum\limits_{k=0}^{n-1}f\left(c+\dfrac{ak}{n}\right)\dfrac{1}{2n}$

⑤ $\lim\limits_{n\to\infty}\sum\limits_{k=0}^{n-1}f\left(a+\dfrac{k}{n}\right)\dfrac{2}{n}$

다음은 연속함수 $y=f(x)$의 그래프이다.

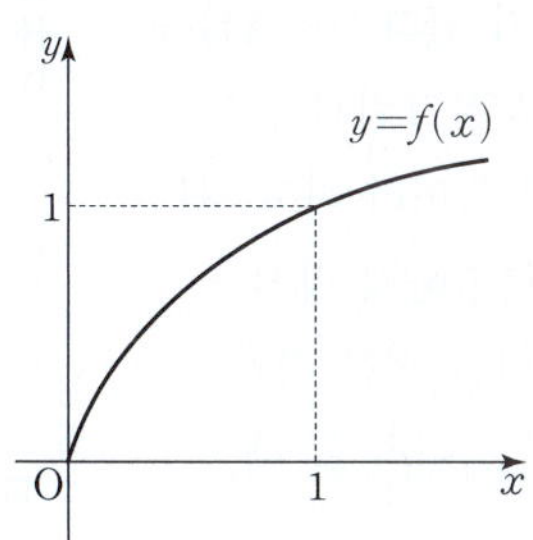

구간 $[0, 1]$에서 함수 $f(x)$의 역함수 $g(x)$가 존재하고 연속일 때, 극한값

$$\lim_{n\to\infty}\sum_{k=1}^{n}\left\{g\left(\dfrac{k}{n}\right)-g\left(\dfrac{k-1}{n}\right)\right\}\dfrac{k}{n}$$

와 같은 값을 갖는 것은? (4점)

① $\displaystyle\int_{0}^{1}g(x)dx$

② $\displaystyle\int_{0}^{1}xg(x)dx$

③ $\displaystyle\int_{0}^{1}f(x)dx$

④ $\displaystyle\int_{0}^{1}xf(x)dx$

⑤ $\displaystyle\int_{0}^{1}\{f(x)-g(x)\}dx$

$\overline{AB}=2$, $\overline{BC}=1$, $\angle B=90°$인 직각삼각형 ABC가 있다. 변 AB를 n등분한 점을 오른쪽 그림과 같이 B_1, B_2, B_3, $\cdots$, B_{n-1}이라 하고, 각 점에서 변 BC에 평행하게 직선을 그어 변 AC와 만나는 점을 각각 C_1, C_2, C_3, $\cdots$, C_{n-1}이라 할 때,

$$\lim_{n\to\infty}\frac{2\pi}{n}\sum_{k=1}^{n-1}\overline{B_kC_k}^2$$의 값은? (1점)

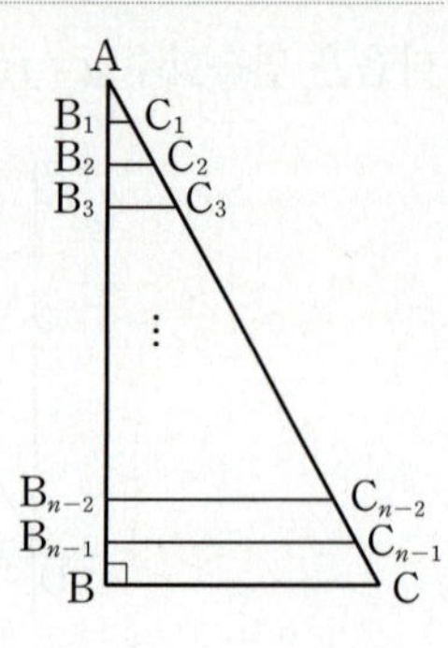

① $\dfrac{\pi}{6}$
② $\dfrac{\pi}{3}$
③ $\dfrac{\pi}{2}$
④ $\dfrac{2}{3}\pi$
⑤ π

이 문항은 7차 교육과정 이전에 출제되었지만 다시 출제될 가능성이 있어 수록하였습니다.

$\overline{AD}=1$, $\overline{AB}=\sqrt{2}$, $\overline{BC}=3$인 등변사다리꼴 ABCD에서 변 AB를 n등분한 점을 각각 P_1, P_2, P_3, $\cdots$, P_{n-1}이라 하고 각 점에서 변 BC에 평행한 직선을 그어 변 CD와 만나는 점을 각각 Q_1, Q_2, $\cdots$, Q_{n-1}이라 할 때,

$$\lim_{n\to\infty}\frac{1}{n}\left(\overline{P_1Q_1}^3+\overline{P_2Q_2}^3+\overline{P_3Q_3}^3+\cdots+\overline{P_nQ_n}^3\right)$$

의 값을 구하시오. (4점)

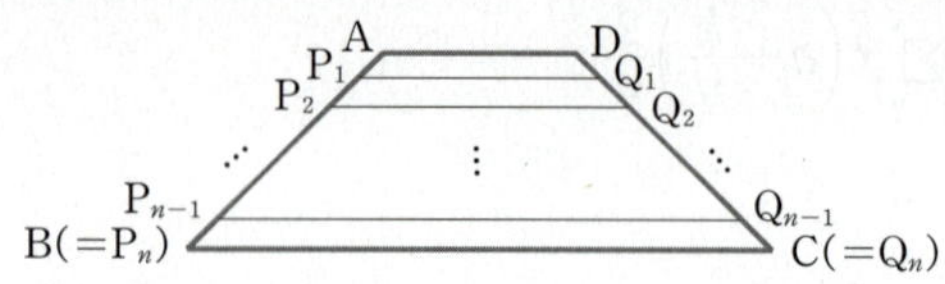

함수 $f(x)=e^x$이 있다. 2 이상인 자연수 n에 대하여 닫힌구간 $[1, 2]$를 n등분한 각 분점(양 끝점도 포함)을 차례로

$$1=x_0,\ x_1,\ x_2,\ \cdots,\ x_{n-1},\ x_n=2$$

라 하자. 세 점 $(0, 0)$, $(x_k, 0)$, $(x_k, f(x_k))$를 꼭짓점으로 하는 삼각형의 넓이를 $A_k\ (k=1, 2, \cdots, n)$이라 할 때, $\displaystyle\lim_{n\to\infty}\frac{1}{n}\sum_{k=1}^{n}A_k$의 값은? (4점)

① $\dfrac{1}{2}e^2-e$ ② $\dfrac{1}{2}(e^2-e)$ ③ $\dfrac{1}{2}e^2$

④ e^2-e ⑤ $e^2-\dfrac{1}{2}e$

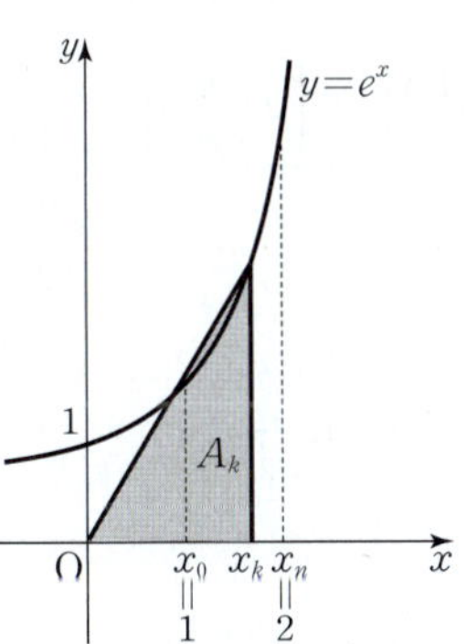

그림과 같이 중심각의 크기가 $\dfrac{\pi}{2}$이고, 반지름의 길이가 8인 부채꼴 OAB가 있다. 2 이상의 자연수 n에 대하여 호 AB를 n등분한 각 분점을 점 A에서 가까운 것부터 차례로 P_1, P_2, P_3, $\cdots$, P_{n-1}이라 하자. $1\le k\le n-1$인 자연수 k에 대하여 점 B에서 선분 OP_k에 내린 수선의 발을 Q_k라 하고, 삼각형 OQ_kB의 넓이를 S_k라 하자. $\displaystyle\lim_{n\to\infty}\frac{1}{n}\sum_{k=1}^{n-1}S_k=\frac{\alpha}{\pi}$일 때, α의 값을 구하시오. (4점)

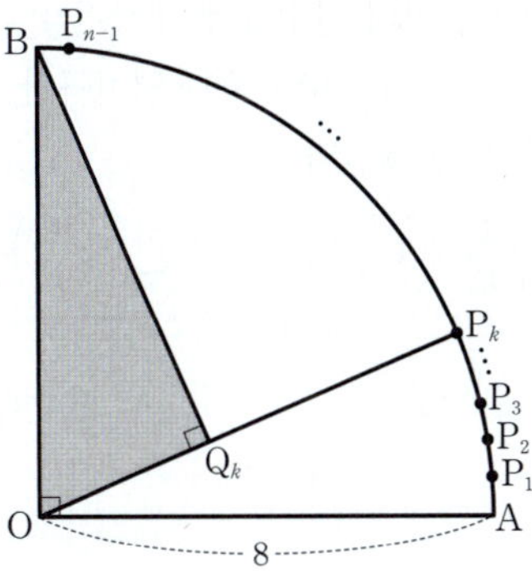

034 ★★☆ 2008년 7월학평 가형 17번

$0 \leq x \leq 1$에서 정의된 다항함수 $f(x)$가 다음 두 조건을 만족한다.

> Ⅰ. $1 < f(x) < 2$
> Ⅱ. $x_1 < x_2$이면 $f(x_1) < f(x_2)$

이때, [보기]에서 옳은 것을 모두 고른 것은? (4점)

> [보기]
> ㄱ. $0 < x < 1$인 임의의 실수 x에 대하여 $f'(x) \geq 0$이다.
> ㄴ. 방정식 $f(x) - 2x = 0$의 해가 열린구간 $(0, 1)$에 적어도 한 개 존재한다.
> ㄷ. $\displaystyle\sum_{k=0}^{n-1} f\left(\frac{k}{n}\right)\frac{1}{n} < \int_0^1 f(x)dx < \sum_{k=1}^{n} f\left(\frac{k}{n}\right)\frac{1}{n}$

① ㄱ   ② ㄴ   ③ ㄱ, ㄷ
④ ㄴ, ㄷ   ⑤ ㄱ, ㄴ, ㄷ

035 ★★★ 2011년 4월학평 가형 14번

실수 전체의 집합에서 이계도함수를 갖는 함수 $f(x)$가 다음 조건을 만족시킨다.

> (가) $f(0) = 1$, $f(1) = 2$
> (나) $f'(x) > 0$, $f''(x) > 0$ (단, $0 < x < 1$)

옳은 것만을 [보기]에서 있는 대로 고른 것은? (4점)

> [보기]
> ㄱ. 함수 $y = \{f(x)\}^2$의 그래프는 구간 $(0, 1)$에서 아래로 볼록하다.
> ㄴ. $\displaystyle\int_0^1 \{f(x) + f(1-x)\}dx < 3$
> ㄷ. $\displaystyle\sum_{k=1}^{n} \frac{\left\{f\left(\frac{k-1}{n}\right)\right\}^2 + \left\{f\left(\frac{k}{n}\right)\right\}^2}{2} \times \frac{1}{n} \geq \int_0^1 \{f(x)\}^2 dx$

① ㄱ   ② ㄷ   ③ ㄱ, ㄴ
④ ㄴ, ㄷ   ⑤ ㄱ, ㄴ, ㄷ

036 ★★★ 2011학년도 9월모평 가형 11번

실수 전체의 집합에서 연속인 함수 $f(x)$가 있다. 2 이상인 자연수 n에 대하여 닫힌구간 $[0, 1]$을 n등분한 각 분점 (양 끝점도 포함)을 차례대로

$$0=x_0,\ x_1,\ x_2,\ \cdots,\ x_{n-1},\ x_n=1$$

이라 할 때, 옳은 것만을 [보기]에서 있는 대로 고른 것은? (3점)

[보기]

ㄱ. $n=2m$ (m은 자연수)이면

$$\sum_{k=0}^{m-1}\frac{f(x_{2k})}{m} \leq \sum_{k=0}^{n-1}\frac{f(x_k)}{n}$$이다.

ㄴ. $\displaystyle\lim_{n\to\infty}\sum_{k=1}^{n}\frac{1}{n}\left\{\frac{f(x_{k-1})+f(x_k)}{2}\right\}=\int_0^1 f(x)dx$

ㄷ. $\displaystyle\sum_{k=0}^{n-1}\frac{f(x_k)}{n} \leq \int_0^1 f(x)dx \leq \sum_{k=1}^{n}\frac{f(x_k)}{n}$

① ㄱ   ② ㄴ   ③ ㄷ

④ ㄱ, ㄴ   ⑤ ㄴ, ㄷ

유형 03 정적분과 도형의 넓이 (1) 
– 곡선과 x축(또는 y축)사이의 넓이

269-3-2-Y03

✅ **출제경향**

적분을 이용하여 곡선과 x축(또는 y축) 사이의 넓이를 구하는 문제가 출제된다.

✒️ **접근방법**

주어진 함수의 그래프를 그린 뒤 공식을 이용하여 넓이를 구한다.

📖 **단골공식**

(1) 함수 $y=f(x)$가 닫힌구간 $[a, b]$에서 연속일 때, 곡선 $y=f(x)$와 x축 및 두 직선 $x=a$, $x=b$로 둘러싸인 도형의 넓이 S는

$$S=\int_a^b |f(x)|\,dx$$

(2) 함수 $x=g(y)$가 닫힌구간 $[c, d]$에서 연속일 때, 곡선 $x=g(y)$와 y축 및 두 직선 $y=c$, $y=d$로 둘러싸인 도형의 넓이 S는

$$S=\int_c^d |g(y)|\,dy$$

---

037 ★☆☆ 2019년 10월학평 가형 9번

모든 실수 x에 대하여 $f(x)>0$인 연속함수 $f(x)$에 대하여 $\int_3^5 f(x)dx=36$일 때, 곡선 $y=f(2x+1)$과 x축 및 두 직선 $x=1$, $x=2$로 둘러싸인 부분의 넓이는? (3점)

① 16   ② 18   ③ 20

④ 22   ⑤ 24

---

038 ★☆☆ 2017년 4월학평 가형 10번

좌표평면 위의 곡선 $y=\sqrt{x}-3$과 x축 및 y축으로 둘러싸인 부분의 넓이는? (3점)

① 7   ② $\dfrac{15}{2}$ ③ 8

④ $\dfrac{17}{2}$ ⑤ 9

---

039 ★☆☆ 2017학년도 9월모평 가형 13번

함수 $y=\cos 2x$의 그래프와 x축, y축 및 직선 $x=\dfrac{\pi}{12}$로

둘러싸인 영역의 넓이가 직선 $y=a$에 의하여 이등분될 때,
상수 a의 값은? (3점)

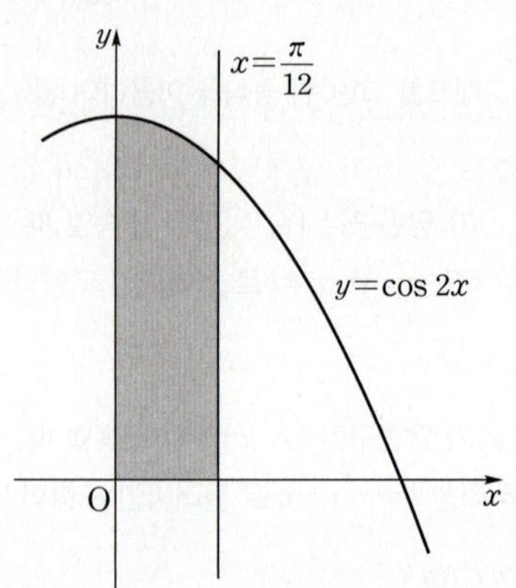

① $\dfrac{1}{2\pi}$　　② $\dfrac{1}{\pi}$　　③ $\dfrac{3}{2\pi}$

④ $\dfrac{2}{\pi}$　　⑤ $\dfrac{5}{2\pi}$

040 ★★☆ 2017년 3월학평 가형 9번

곡선 $y=\sin^2 x \cos x \left(0\le x\le \dfrac{\pi}{2}\right)$와 x축으로 둘러싸인

도형의 넓이는? (3점)

① $\dfrac{1}{4}$　　② $\dfrac{1}{3}$　　③ $\dfrac{1}{2}$

④ 1　　⑤ 2

041 ★★☆ 2018년 4월학평 가형 15번

곡선 $y=\dfrac{1}{x}$과 두 직선 $x=1$, $x=2$ 및 x축으로 둘러싸인

부분의 넓이를 S라 하자. 곡선 $y=\dfrac{1}{x}$과 두 직선 $x=1$, $x=a$

및 x축으로 둘러싸인 부분의 넓이가 $2S$가 되도록 하는 모든
양수 a의 값의 합은? (4점)

① $\dfrac{15}{4}$　　② $\dfrac{17}{4}$　　③ $\dfrac{19}{4}$

④ $\dfrac{21}{4}$　　⑤ $\dfrac{23}{4}$

042 ★★☆ 2019년 7월학평 가형 14번

함수 $f(x)=\dfrac{2x-2}{x^2-2x+2}$에 대하여 곡선 $y=f(x)$와 x축 및

y축으로 둘러싸인 영역을 A, 곡선 $y=f(x)$와 x축 및 직선
$x=3$으로 둘러싸인 영역을 B라 하자. 영역 A의 넓이와
영역 B의 넓이의 합은? (4점)

① $2\ln 2$　　② $\ln 6$　　③ $3\ln 2$

④ $\ln 10$　　⑤ $\ln 12$

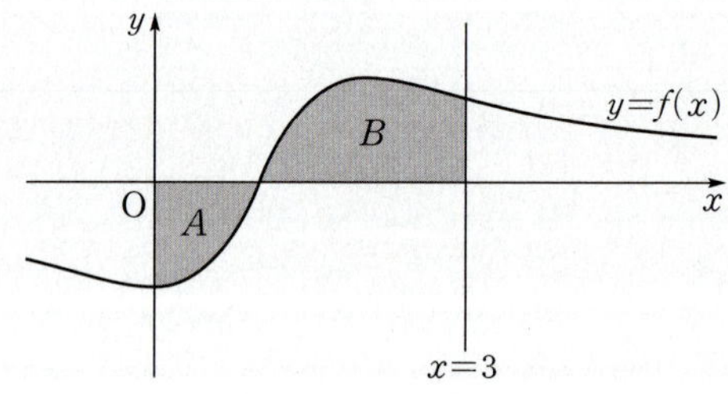

043 ★☆☆ 2019학년도 6월모평 가형 8번

곡선 $y=|\sin 2x|+1$과 x축 및 두 직선 $x=\dfrac{\pi}{4}$, $x=\dfrac{5\pi}{4}$로 둘러싸인 부분의 넓이는? (3점)

① $\pi+1$ ② $\pi+\dfrac{3}{2}$ ③ $\pi+2$

④ $\pi+\dfrac{5}{2}$ ⑤ $\pi+3$

044 ★★★ 2007학년도 9월모평 가형 미적 30번

자연수 n에 대하여 구간 $[(n-1)\pi,\ n\pi]$에서 곡선 $y=\left(\dfrac{1}{2}\right)^{n}\sin x$와 x축으로 둘러싸인 부분의 넓이를 S_n이라 하자. $\displaystyle\sum_{n=1}^{\infty} S_n=\alpha$일 때, 50α의 값을 구하시오. (4점)

045 ★★★ 2012년 7월학평 나형 30번

좌표평면 위의 두 점 $O(0, 0)$, $A(2, 0)$이 있다. 자연수 n에 대하여 $\overline{OA}$를 n등분한 점을 차례로 A_1, A_2, $\cdots$, A_{n-1}이라 하고, 점 O는 A_0, 점 A는 A_n이라 하자. 점 A_k를 지나고 x축과 수직인 직선이 함수 $f(x)=x^3-2x^2-5x+6$의 그래프와 만나는 점을 B_k라 하자. $(k=1, 2, 3, \cdots, n)$
$\overline{A_{k-1}A_k}$를 밑변으로 하고, $\overline{A_kB_k}$를 높이로 하는 직사각형 n개의 넓이의 합을 S_n이라 할 때, $2\displaystyle\lim_{n\to\infty} S_n$의 값을 구하시오.

(4점)

**유형 04 정적분과 도형의 넓이(2)
 – 곡선과 직선 사이의 넓이**

동영상강의 

269-3-2-Y04

☑ **출제경향**
기본 공식을 적용하는 문제들이 출제된다.

🖊 **접근방법**
곡선과 직선의 교점을 구하고 주어진 그래프를 정확히 그려 문제를 해결한다.

📖 **단골공식**
닫힌구간 $[a, b]$에서 곡선 $y=f(x)$와 직선 $y=g(x)$로 둘러싸인 부분의 넓이를 S라 하면

$$S=\int_a^b |f(x)-g(x)|\,dx$$

046 ★☆☆ 2016학년도 6월모평 B형 13번

닫힌구간 $[0,\ 4]$에서 정의된 함수

$$f(x)=2\sqrt{2}\sin\frac{\pi}{4}x$$

의 그래프가 그림과 같고, 직선 $y=g(x)$가 $y=f(x)$의
그래프 위의 점 $A(1,\ 2)$를 지난다.

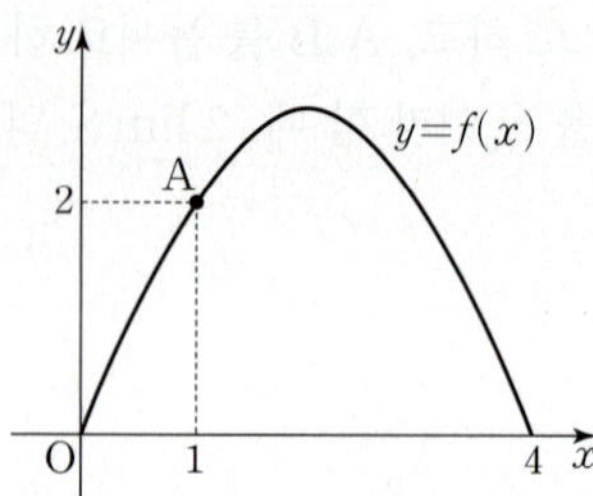

직선 $y=g(x)$가 x축에 평행할 때, 곡선 $y=f(x)$와 직선
$y=g(x)$에 의해 둘러싸인 부분의 넓이는? (3점)

① $\dfrac{16}{\pi}-4$ ② $\dfrac{17}{\pi}-4$ ③ $\dfrac{18}{\pi}-4$

④ $\dfrac{16}{\pi}-2$ ⑤ $\dfrac{17}{\pi}-2$

047 ★☆☆ 2026학년도 9월모평 미적 26번

곡선 $y=\dfrac{3}{x-1}$ $(x>1)$이 두 직선 $y=1$, $y=3$과 만나는

점을 각각 A, B라 하자. 곡선 $y=\dfrac{3}{x-1}$ $(x>1)$과 직선

AB로 둘러싸인 부분의 넓이는? (3점)

① $4-3\ln 3$ ② $3-3\ln 2$ ③ $4-2\ln 3$

④ $3+3\ln 2$ ⑤ $3+3\ln 3$

048 ★★★ 2009학년도 9월모평 가형 미적 28번

좌표평면에서 곡선 $y=\dfrac{xe^{x^2}}{e^{x^2}+1}$과 직선 $y=\dfrac{2}{3}x$로 둘러싸인 두
부분의 넓이의 합은? (3점)

① $\dfrac{5}{3}\ln 2-\ln 3$ ② $2\ln 3-\dfrac{5}{3}\ln 2$

③ $\dfrac{5}{3}\ln 2+\ln 3$ ④ $2\ln 3+\dfrac{5}{3}\ln 2$

⑤ $\dfrac{7}{3}\ln 2-\ln 3$

정답과 해설   046 p.537   047 p.538   048 p.538

049 ★★☆ 2013년 10월학평 B형 14번

자연수 n에 대하여 곡선 $y=\dfrac{2n}{x}$과 직선 $y=-\dfrac{x}{n}+3$의

두 교점을 A_n, B_n이라 하자.

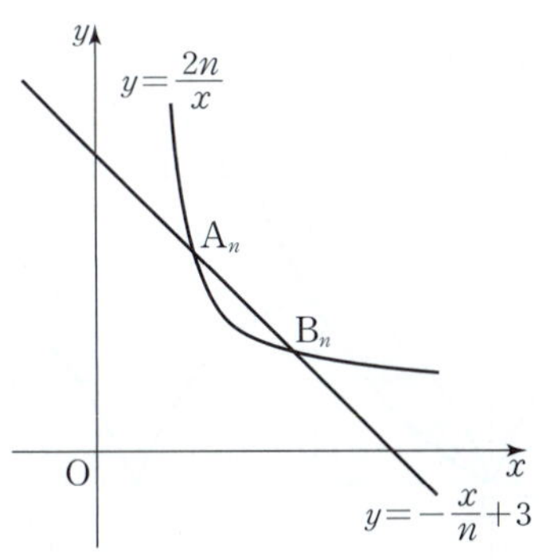

곡선 $y=\dfrac{2n}{x}$과 직선 $y=-\dfrac{x}{n}+3$으로 둘러싸인 부분의

넓이를 S_n이라 할 때, $S_{n+1}-S_n$의 값은? (4점)

① $\dfrac{3}{2}-2\ln 2$ ② $1-\ln 2$ ③ $\dfrac{3}{2}-\ln 2$

④ $1+\ln 2$ ⑤ $\dfrac{3}{2}+2\ln 2$

050 ★★☆ 2009년 10월학평 가형 미적 27번

곡선 $y=\ln(x+1)$과 두 직선
$x=0$, $y=a$로 둘러싸인 부분의
넓이와 곡선 $y=\ln(x+1)$과 두
직선 $x=e-1$, $y=a$로 둘러싸인
부분의 넓이가 서로 같을 때,
실수 a의 값은? (3점)

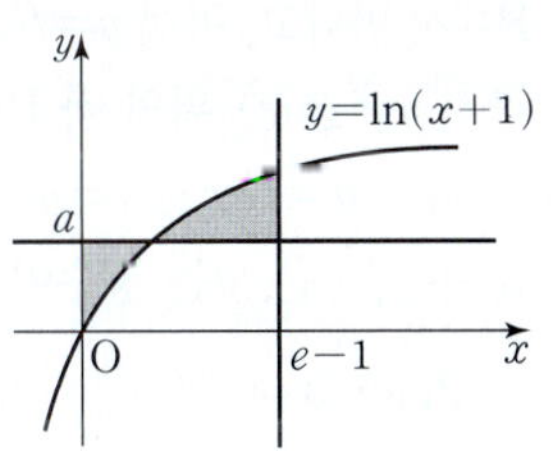

① $\dfrac{1}{e-1}$ ② $\dfrac{2}{e-1}$ ③ $\dfrac{2}{e}$

④ $\dfrac{1}{e+1}$ ⑤ $\dfrac{2}{e+1}$

유형 05 정적분과 도형의 넓이 (3) – 두 곡선 사이의 넓이

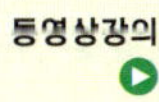

동영상강의

269-3-2-Y05

☑ 출제경향
문제 해결 방법이 유사한 전형적인 문제들이 출제된다.

✎ 접근방법
두 곡선을 좌표평면에 나타내어 위치 관계를 파악하고 문제를 풀어야
한다.

📖 단골공식
닫힌구간 $[a,\,b]$에서 곡선 $y=f(x)$와 곡선 $y=g(x)$로 둘러싸인 부
분의 넓이를 S라 하면

$$S=\int_a^b |f(x)-g(x)|\,dx$$

051 ★☆☆ 2016년 3월학평 가형 13번

좌표평면에 두 함수 $f(x)=2^x$의 그래프와 $g(x)=\left(\dfrac{1}{2}\right)^x$의

그래프가 있다. 두 곡선 $y=f(x)$, $y=g(x)$가 직선
$x=t\,(t>0)$과 만나는 점을 각각 A, B라 하자.

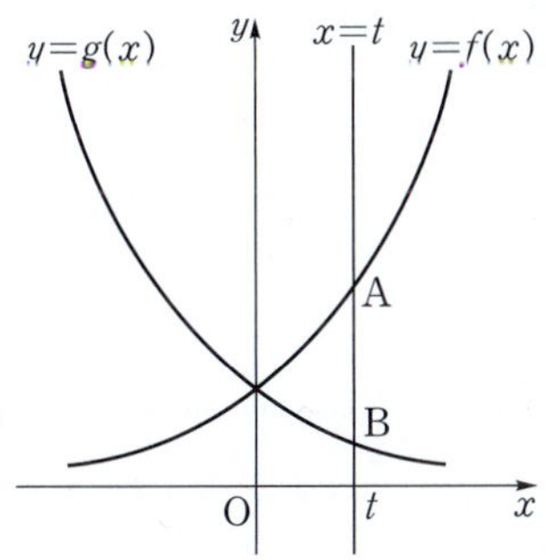

$t=1$일 때, 두 곡선 $y=f(x)$, $y=g(x)$와 지선 AB로
둘러싸인 부분의 넓이는? (3점)

① $\dfrac{5}{4\ln 2}$ ② $\dfrac{1}{\ln 2}$ ③ $\dfrac{3}{4\ln 2}$

④ $\dfrac{1}{2\ln 2}$ ⑤ $\dfrac{1}{4\ln 2}$

두 곡선 $y=(\sin x)\ln x$, $y=\dfrac{\cos x}{x}$ 와 두 직선 $x=\dfrac{\pi}{2}$, $x=\pi$ 로 둘러싸인 부분의 넓이는? (4점)

① $\dfrac{1}{4}\ln \pi$　　　② $\dfrac{1}{2}\ln \pi$　　　③ $\dfrac{3}{4}\ln \pi$

④ $\ln \pi$　　　⑤ $\dfrac{5}{4}\ln \pi$

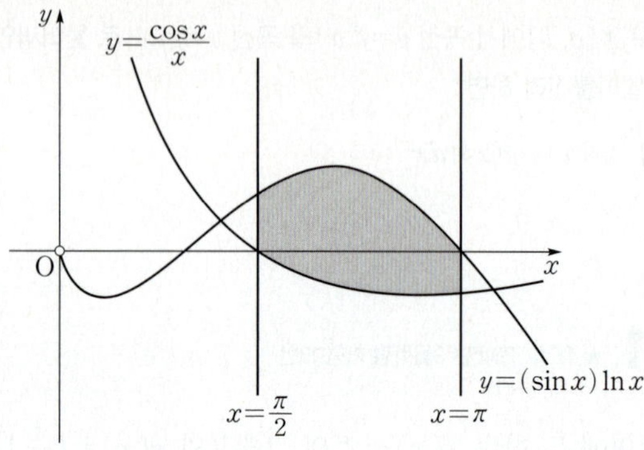

그림과 같이 두 곡선 $y=2^x-1$, $y=\left|\sin\dfrac{\pi}{2}x\right|$ 가 원점 O와 점 $(1,\,1)$에서 만난다. 두 곡선 $y=2^x-1$, $y=\left|\sin\dfrac{\pi}{2}x\right|$ 로 둘러싸인 부분의 넓이는? (3점)

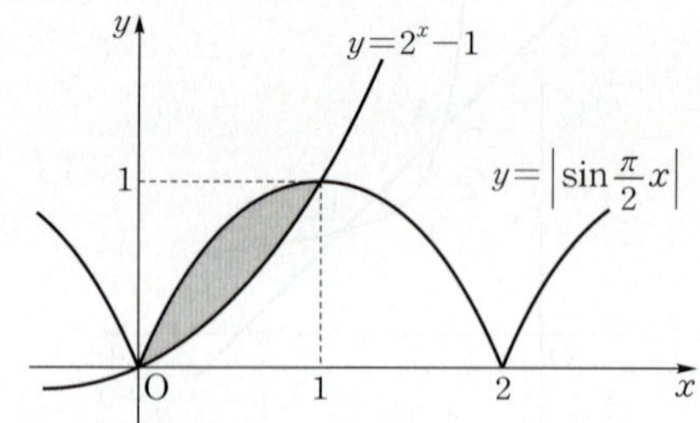

① $-\dfrac{1}{\pi}+\dfrac{1}{\ln 2}-1$　　　② $\dfrac{2}{\pi}-\dfrac{1}{\ln 2}+1$

③ $\dfrac{2}{\pi}+\dfrac{1}{2\ln 2}-1$　　　④ $\dfrac{1}{\pi}-\dfrac{1}{2\ln 2}+1$

⑤ $\dfrac{1}{\pi}+\dfrac{1}{\ln 2}-1$

두 함수 $f(x)=ax^2\,(a>0)$, $g(x)=\ln x$의 그래프가 한 점 P에서 만나고, 곡선 $y=f(x)$ 위의 점 P에서의 접선의 기울기와 곡선 $y=g(x)$ 위의 점 P에서의 접선의 기울기가 서로 같다. 두 곡선 $y=f(x)$, $y=g(x)$와 x축으로 둘러싸인 부분의 넓이는? (단, a는 상수이다.) (4점)

① $\dfrac{2\sqrt{e}-3}{6}$　　　② $\dfrac{2\sqrt{e}-3}{3}$　　　③ $\dfrac{\sqrt{e}-1}{2}$

④ $\dfrac{4\sqrt{e}-3}{6}$　　　⑤ $\sqrt{e}-1$

055 ★★★ 2023학년도 사관학교 미적 28번

$0<a<1$인 실수 a에 대하여 구간 $\left[0, \dfrac{\pi}{2}\right)$에서 정의된
두 함수

$$y=\sin x,\ y=a\tan x$$

의 그래프로 둘러싸인 부분의 넓이를 $f(a)$라 할 때, $f'\left(\dfrac{1}{e^2}\right)$
의 값은? (4점)

① $-\dfrac{5}{2}$ ② -2 ③ $-\dfrac{3}{2}$

④ -1 ⑤ $-\dfrac{1}{2}$

☑ **출제경향**

접선을 직접 구해야 하는 문제들이 출제된다.

✎ **접근방법**

미분을 이용하여 접선의 방정식을 먼저 구한 후, 위치 관계를 파악하
며 문제에 접근해야 한다.

🔢 **단골공식**

닫힌구간 $[a, b]$에서 곡선 $y=f(x)$와 직선 $y=g(x)$로 둘러싸인 부
분의 넓이를 S라 하면

$$S=\int_a^b |f(x)-g(x)|\,dx$$

---

056 ★★☆ 2018년 7월학평 가형 13번

점 $(1, 0)$에서 곡선 $y=e^x$에 그은 접선을 l이라 하자. 곡선
$y=e^x$과 y축 및 직선 l로 둘러싸인 부분의 넓이는? (3점)

① $\dfrac{1}{2}e^2-2$ ② $\dfrac{1}{2}e^2-1$ ③ e^2-3

④ e^2-2 ⑤ e^2-1

---

057 ★☆☆ 2019학년도 사관학교 가형 10번

곡선 $y=e^{\frac{x}{3}}$과 이 곡선 위의 점 $(3, e)$에서의 접선 및
y축으로 둘러싸인 도형의 넓이는? (3점)

① $\dfrac{e}{2}-1$ ② $e-2$ ③ $\dfrac{3}{2}e-3$

④ $2e-4$ ⑤ $\dfrac{5}{2}e-5$

058 ★☆☆ 2005학년도 수능 가형 미적 30번

곡선 $y=3\sqrt{x-9}$와 이 곡선 위의 점 $(18, 9)$에서의 접선 및 x축으로 둘러싸인 영역의 넓이를 구하시오. (4점)

059 ★★☆ 2015년 7월학평 B형 28번

양의 실수 k에 대하여 곡선 $y=k\ln x$와 직선 $y=x$가 접할 때, 곡선 $y=k\ln x$, 직선 $y=x$ 및 x축으로 둘러싸인 부분의 넓이는 ae^2-be이다. $100ab$의 값을 구하시오.

(단, a와 b는 유리수이다.) (4점)

유형 07 정적분과 도형의 넓이(5)
– 도형의 넓이를 두 부분으로 나누는 경우

동영상강의 

269-3-2-Y07

☑ 출제경향

비교적 평이한 문제들이 주로 출제된다.

✎ 접근방법

나눠진 두 부분의 넓이가 같은 경우가 주로 출제되므로 그 공식들을 잘 알고 접근하는 것이 중요하다.

📖 단골공식

곡선 $y=f(x)$와 x축으로 둘러싸인 도형의 넓이를 곡선 $y=g(x)$가 이등분하면

$$\int_a^b \{f(x)-g(x)\}dx=\frac{1}{2}\int_a^b f(x)dx$$

060 ★★☆ 2012년 10월학평 가형 9번

연속함수 $f(x)$의 그래프가 x축과 만나는 세 점의 x좌표는 $0, 3, 4$이다. 그림과 같이 곡선 $y=f(x)$와 x축으로 둘러싸인 두 부분 A, B의 넓이가 각각 $6, 2$일 때, $\int_0^2 f(2x)dx$의 값은? (3점)

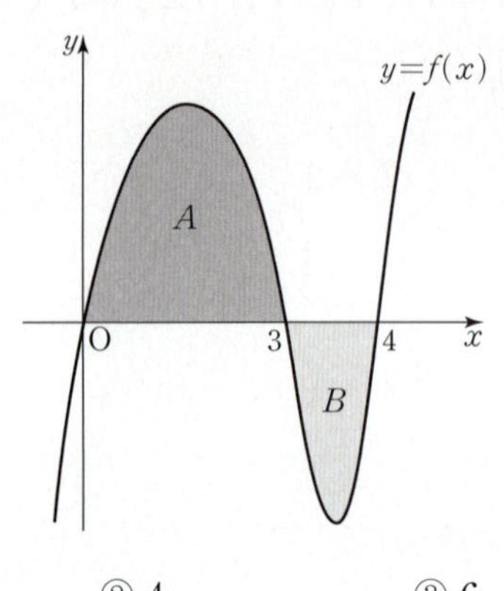

① 2   ② 4   ③ 6   ④ 8   ⑤ 10

061 ★★☆ 2020년 10월학평 가형 27번

실수 전체의 집합에서 도함수가 연속인 함수 $f(x)$에 대하여 $f(0)=0$, $f(2)=1$이다. 그림과 같이 $0\le x\le 2$에서 곡선 $y=f(x)$와 x축 및 직선 $x=2$로 둘러싸인 두 부분의 넓이를 각각 A, B라 하자. $A=B$일 때, $\int_0^2 (2x+3)f'(x)dx$의 값을 구하시오. (4점)

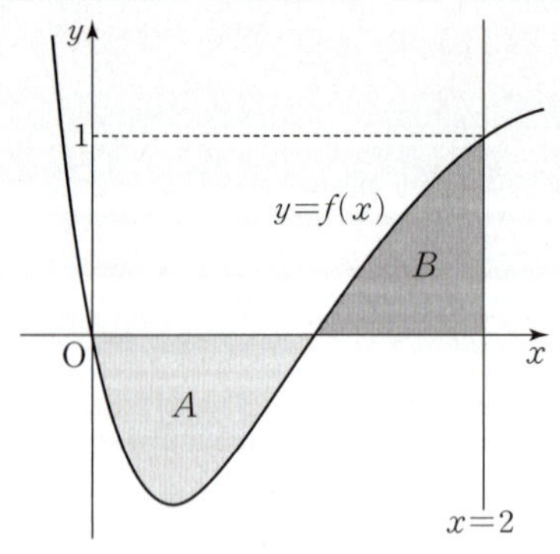

연속함수 $f(x)$의 그래프는 그림과 같다. 이 곡선과 x축으로 둘러싸인 두 부분 A, B의 넓이가 각각 α, β일 때, 정적분 $\int_0^p xf(2x^2)dx$의 값은? $\left(\text{단, } p>\dfrac{1}{2}\right)$ (4점)

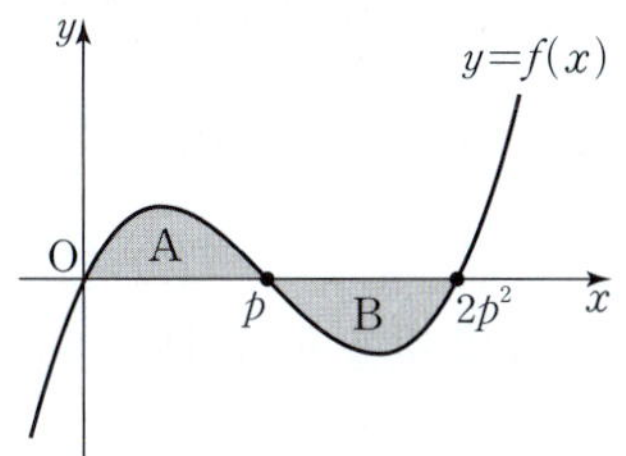

① $\dfrac{1}{2}(\alpha+\beta)$ 　② $\dfrac{1}{2}(\alpha-\beta)$ 　③ $\alpha+\beta$

④ $\dfrac{1}{4}(\alpha+\beta)$ 　⑤ $\dfrac{1}{4}(\alpha-\beta)$

063 ★☆☆ 2003년 10월학평 자연계 7번

그림과 같이 곡선 $y=\dfrac{1}{x}$과 x축 및 두 직선 $x=1$, $x=8$로 둘러싸인 도형의 넓이를 직선 $x=a$가 이등분할 때, 상수 a의 값은? (2점)

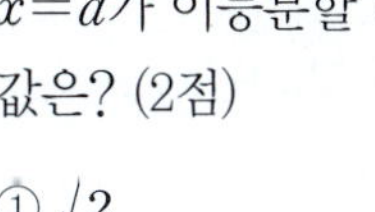

① $\sqrt{2}$ 　　② $\sqrt{3}$

③ 2 　　④ $2\sqrt{2}$

⑤ 3

이 문항은 7차 교육과정 이전에 출제되었지만 다시 출제될 수 있는 기본적인 문제로 개념을 익히는 데 도움이 됩니다.

064 ★★☆ 2012학년도 9월모평 가형 16번

그림과 같이 곡선 $y=x\sin x\left(0\le x\le\dfrac{\pi}{2}\right)$에 대하여 이 곡선과 x축, 직선 $x=k$로 둘러싸인 영역을 A, 이 곡선과 직선 $x=k$, 직선 $y=\dfrac{\pi}{2}$로 둘러싸인 영역을 B라 하자. A의 넓이와 B의 넓이가 같을 때, 상수 k의 값은?

$\left(\text{단, } 0\le k\le\dfrac{\pi}{2}\right)$ (4점)

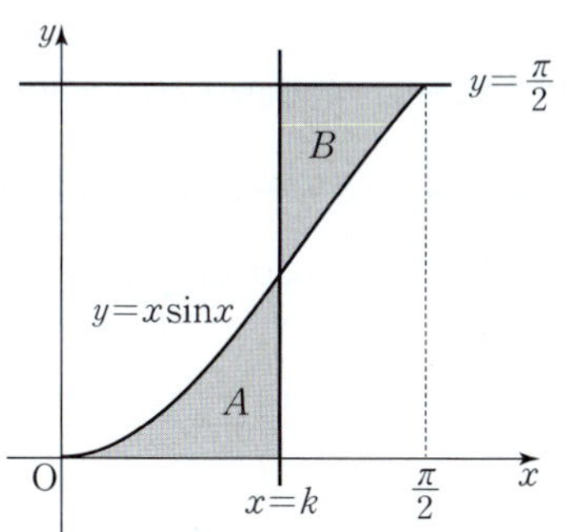

① $\dfrac{\pi}{4}-\dfrac{1}{\pi}$ 　② $\dfrac{\pi}{4}$ 　③ $\dfrac{\pi}{2}-\dfrac{2}{\pi}$

④ $\dfrac{\pi}{4}+\dfrac{1}{\pi}$ 　⑤ $\dfrac{\pi}{2}-\dfrac{1}{\pi}$

065 ★★☆ 1998학년도 수능 자연계 19번

그림과 같이 두 직선 $x=p$, $x=q$와 x축 및 곡선 $y=\log_a x$로 둘러싸인 부분을 곡선 $y=\log_b x$가 두 부분 A와 B로 나눈다. A와 B의 넓이를 각각 α, β라 할 때, $\dfrac{\alpha}{\beta}$의 값은?

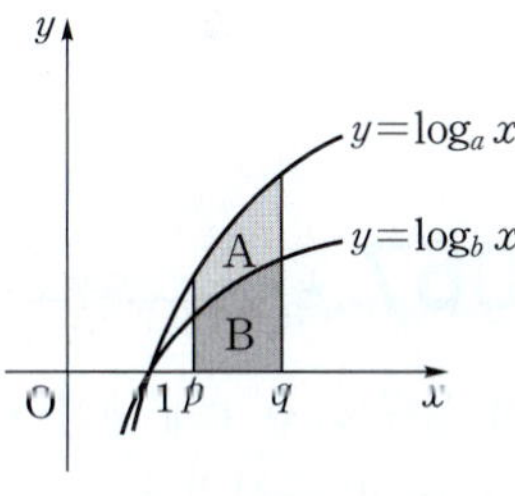

$(\text{단, } 1<a<b,\ 1<p<q)$ (3점)

① $\left(\dfrac{b}{a}-1\right)(q-p)$ 　　② $\dfrac{a}{b}-1$

③ $\log_a b-1$ 　　④ $\log_b a-1$

⑤ $(q-p)\log_b a$

이 문항은 7차 교육과정 이전에 출제되었지만 다시 출제될 수 있는 기본적인 문제로 개념을 익히는 데 도움이 됩니다.

동영상강의 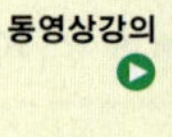 

269-3-2-Y08

출제경향

그래프의 위치 관계를 정확히 파악해야 하는 문제들이 출제된다.

접근방법

곡선 $y=f(x)$와 곡선 $y=g(x)$가 서로 역함수 관계이면 두 곡선은 직선 $y=x$에 대하여 대칭이다.

066 ★★☆ 2005학년도 수능예비평가 가형 미적 28번

그림은 함수 $f(x)=xe^x\,(0\le x\le 1)$의 그래프이다. 함수 $f(x)$의 역함수를 $g(x)$라 할 때, 정적분 $\displaystyle\int_0^e g(x)dx$의 값은? (3점)

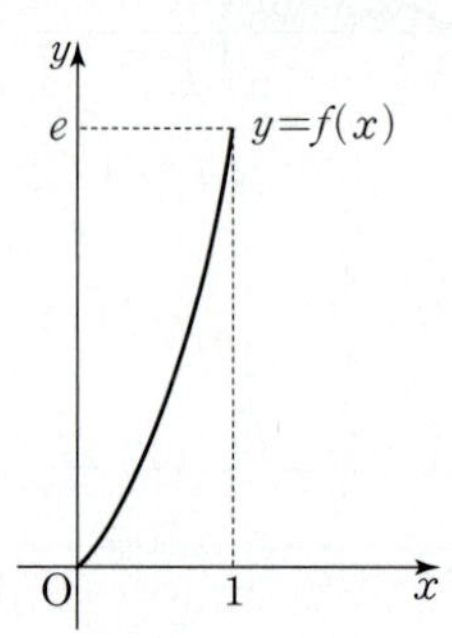

① $e-1$ ② $e-2$ ③ $\dfrac{3}{2}e-1$

④ $2e-1$ ⑤ $2e-2$

067 ★★★ 2023학년도 수능 미적 29번

세 상수 a, b, c에 대하여 함수 $f(x)=ae^{2x}+be^x+c$가 다음 조건을 만족시킨다.

(가) $\displaystyle\lim_{x\to-\infty}\dfrac{f(x)+6}{e^x}=1$

(나) $f(\ln 2)=0$

함수 $f(x)$의 역함수를 $g(x)$라 할 때,
$\displaystyle\int_0^{14}g(x)dx=p+q\ln 2$이다. $p+q$의 값을 구하시오.

(단, p, q는 유리수이고, $\ln 2$는 무리수이다.) (4점)

068 ★★☆ 2017년 3월학평 가형 28번

연속함수 $f(x)$와 그 역함수 $g(x)$가 다음 조건을 만족시킨다.

(가) $f(1)=1$, $f(3)=3$, $f(7)=7$

(나) $x\ne 3$인 모든 실수 x에 대하여 $f''(x)<0$이다.

(다) $\displaystyle\int_1^7 f(x)dx=27$, $\displaystyle\int_1^3 g(x)dx=3$

$12\displaystyle\int_3^7 |\,f(x)-x\,|dx$의 값을 구하시오. (4점)

069 ★★★ 2012학년도 6월모평 가형 18번

2 이상의 자연수 n에 대하여 곡선 $y=(\ln x)^n\,(x\ge 1)$과 x축, y축 및 직선 $y=1$로 둘러싸인 도형의 넓이를 S_n이라 하자. [보기]에서 옳은 것만을 있는 대로 고른 것은? (4점)

[보기]

ㄱ. $1\le x\le e$일 때, $(\ln x)^n\ge(\ln x)^{n+1}$이다.

ㄴ. $S_n<S_{n+1}$

ㄷ. 함수 $f(x)=(\ln x)^n\,(x\ge 1)$의 역함수를 $g(x)$라 하면 $S_n=\displaystyle\int_0^1 g(x)dx$이다.

① ㄱ ② ㄱ, ㄴ ③ ㄱ, ㄷ

④ ㄴ, ㄷ ⑤ ㄱ, ㄴ, ㄷ

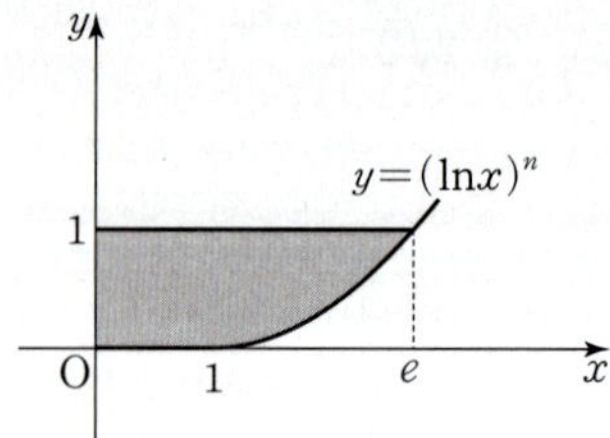

정답과 해설 066 p.548 067 p.548 068 p.549 069 p.549

070 ★★☆ 2015학년도 수능 B형 28번

양수 a에 대하여 함수 $f(x)=\int_0^x (a-t)e^t dt$의 최댓값이 32이다. 곡선 $y=3e^x$과 두 직선 $x=a$, $y=3$으로 둘러싸인 부분의 넓이를 구하시오. (4점)

071 ★★★ 2006학년도 수능 가형 미적 28번

함수 $f(x)=e^{-x}$과 자연수 n에 대하여 점 P_n, Q_n을 각각 $\mathrm{P}_n(n,\ f(n))$, $\mathrm{Q}_n(n+1,\ f(n))$이라 하자. 삼각형 $\mathrm{P}_n\mathrm{P}_{n+1}\mathrm{Q}_n$의 넓이를 A_n, 선분 $\mathrm{P}_n\mathrm{P}_{n+1}$과 함수 $y=f(x)$의 그래프로 둘러싸인 도형의 넓이를 B_n이라 할 때, [보기]에서 옳은 것을 모두 고른 것은? (4점)

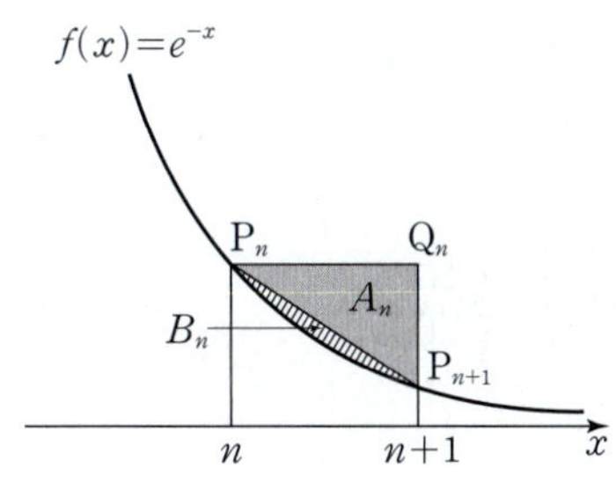

[보기]

ㄱ. $\int_n^{n+1} f(x)dx=f(n)-(A_n+B_n)$

ㄴ. $\sum_{n=1}^{\infty} A_n=\dfrac{1}{2e}$

ㄷ. $\sum_{n=1}^{\infty} B_n=\dfrac{3-e}{2e(e-1)}$

① ㄱ　　　② ㄱ, ㄴ　　　③ ㄱ, ㄷ
④ ㄴ, ㄷ　　　⑤ ㄱ, ㄴ, ㄷ

DAY 26
Ⅲ
2. 정적분의 활용

닫힌구간 $\left[0, \dfrac{\pi}{2}\right]$에서 정의된 함수 $f(x)=\sin x$의 그래프

위의 한 점 $\mathrm{P}\left(a, \sin a\right)\left(0<a<\dfrac{\pi}{2}\right)$에서의 접선을 l이라 하자.

곡선 $y=f(x)$와 x축 및 직선 l로 둘러싸인 부분의 넓이와

곡선 $y=f(x)$와 x축 및 직선 $x=a$로 둘러싸인 부분의

넓이가 같을 때, $\cos a$의 값은? (4점)

① $\dfrac{1}{6}$　　　　② $\dfrac{1}{3}$　　　　③ $\dfrac{1}{2}$

④ $\dfrac{2}{3}$　　　　⑤ $\dfrac{5}{6}$

실수 전체의 집합에서 미분가능한 함수 $f(x)$가

$f(0)=0$이고 모든 실수 x에 대하여 $f'(x)>0$이다. 곡선

$y=f(x)$ 위의 점 $\mathrm{A}(t, f(t))$ $(t>0)$에서 x축에 내린

수선의 발을 B라 하고, 점 A를 지나고 점 A에서의 접선과

수직인 직선이 x축과 만나는 점을 C라 하자. 모든 양수 t에

대하여 삼각형 ABC의 넓이가 $\dfrac{1}{2}(e^{3t}-2e^{2t}+e^{t})$일 때, 곡선

$y=f(x)$와 x축 및 직선 $x=1$로 둘러싸인 부분의 넓이는?

(4점)

① $e-2$　　　　② e　　　　③ $e+2$

④ $e+4$　　　　⑤ $e+6$

함수 $f(x)=\sin \dfrac{x^2}{2}$에 대한 설명으로 옳은 것만을

[보기]에서 있는 대로 고른 것은? (4점)

> **[보기]**
>
> ㄱ. $0<x<1$일 때, $x^2 \sin \dfrac{x^2}{2}<f(x)<\cos \dfrac{x^2}{2}$이다.
>
> ㄴ. 구간 $(0, 1)$에서 곡선 $y=f(x)$는 위로 볼록하다.
>
> ㄷ. $\displaystyle\int_0^1 f(x)dx \leq \dfrac{1}{2}\sin\dfrac{1}{2}$

① ㄱ　　　　② ㄴ　　　　③ ㄱ, ㄴ

④ ㄱ, ㄷ　　　　⑤ ㄴ, ㄷ

유형 10　입체도형의 부피 🌸중요　　　동영상강의 ▶

☑ **출제경향**

최근 꾸준히 출제되고 있다.

✐ **접근방법**

입체도형을 평면으로 자른 단면의 넓이를 구하고 이를 알맞은 구간에 맞추어 적분해야 한다.

🔢 **단골공식**

① 밑면(x축)과 평행한 평면으로 잘랐을 때 —

　밑면으로부터의 높이가 x인 곳에서의 단면의 넓이를 $S(x)$라

　하면 밑면으로부터의 높이가 a일 때의 부피 $V(x)$는

$$\int_0^a S(x)dx \text{이다.}$$

② x축과 수직인 평면으로 잘랐을 때 —

　x축에 수직인 평면으로 잘린 입체의 단면의 넓이 $S(x)$를 구하고,

　이를 필요한 구간 $[a, b]$에서 적분하면

$$V=\int_a^b S(x)dx \text{ (단, } S(x)\text{는 구간 } [a, b]\text{에서 연속)}$$

그림과 같이 곡선 $y=\dfrac{2}{\sqrt{x}}$ 와 x축 및 두 직선 $x=1$, $x=4$로 둘러싸인 부분을 밑면으로 하고 x축에 수직인 평면으로 자른 단면이 모두 정사각형인 입체도형의 부피는? (3점)

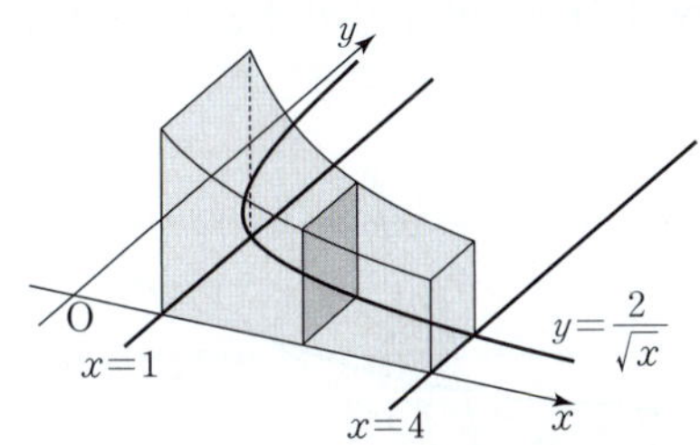

① $6\ln 2$ ② $7\ln 2$ ③ $8\ln 2$

④ $9\ln 2$ ⑤ $10\ln 2$

그림과 같이 곡선 $y=\sqrt{\dfrac{3x+1}{x^2}}\ (x>0)$ 과 x축 및 두 직선 $x=1$, $x=2$로 둘러싸인 부분을 밑면으로 하고 x축에 수직인 평면으로 자른 단면이 모두 정사각형인 입체도형의 부피는? (3점)

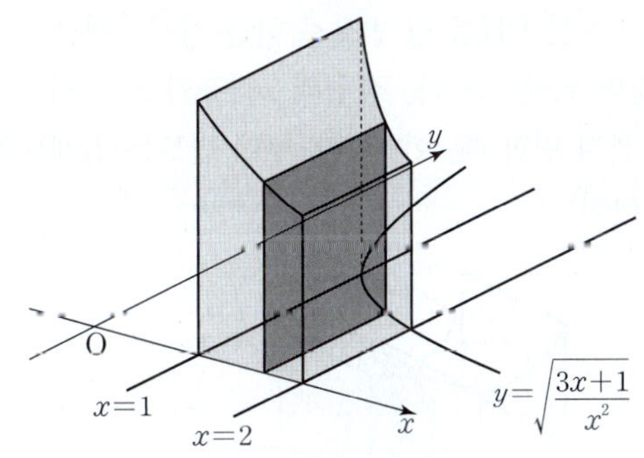

① $3\ln 2$ ② $\dfrac{1}{2}+3\ln 2$ ③ $1+3\ln 2$

④ $\dfrac{1}{2}+4\ln 2$ ⑤ $1+4\ln 2$

그림과 같이 양수 k에 대하여 곡선 $y=\sqrt{\dfrac{kx}{2x^2+1}}$ 와 x축 및 두 직선 $x=1$, $x=2$로 둘러싸인 부분을 밑면으로 하고 x축에 수직인 평면으로 자른 단면이 모두 정사각형인 입체도형의 부피가 $2\ln 3$일 때, k의 값은? (3점)

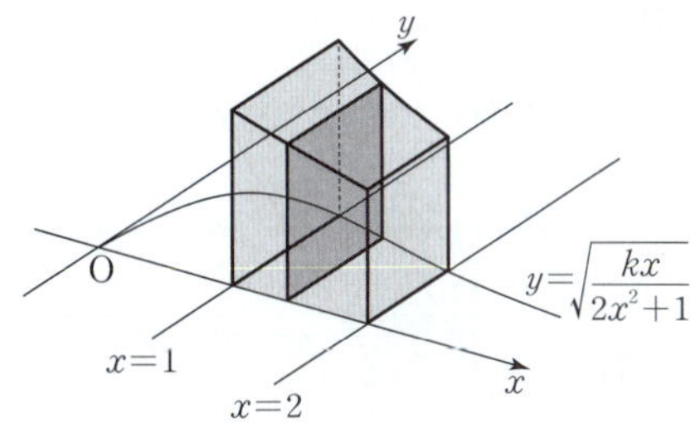

① 6   ② 7   ③ 8

④ 9   ⑤ 10

그림과 같이 곡선 $y=2\sqrt{x}e^{-x^2}$ 과 x축 및 두 직선 $x=\dfrac{1}{2}$, $x=1$로 둘러싸인 부분을 밑면으로 하는 입체도형이 있다. 이 입체도형을 x축에 수직인 평면으로 자른 단면이 모두 정사각형일 때, 이 입체도형의 부피는? (3점)

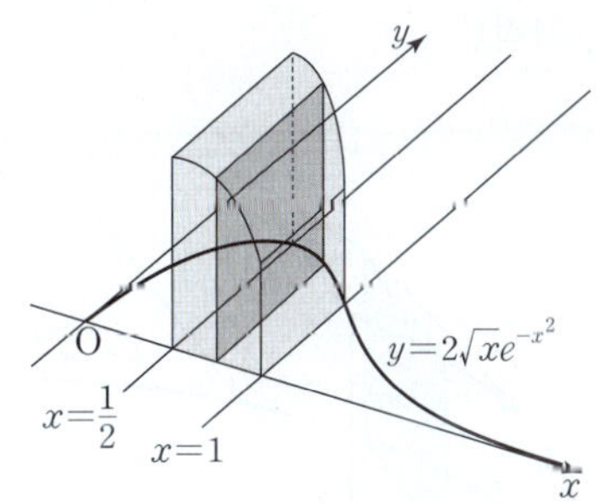

① $e^{-1}-e^{-2}$ ② $e^{-\frac{1}{2}}-e^{-1}$ ③ $e^{-\frac{1}{2}}-2e^{-2}$

④ $e^{-\frac{1}{2}}-e^{-2}$ ⑤ $2e^{-\frac{1}{2}}-e^{-2}$

079 ★★☆ 2024학년도 수능 미적 26번

그림과 같이 곡선 $y=\sqrt{(1-2x)\cos x}\left(\dfrac{3}{4}\pi \le x \le \dfrac{5}{4}\pi\right)$ 와 x축 및 두 직선 $x=\dfrac{3}{4}\pi$, $x=\dfrac{5}{4}\pi$로 둘러싸인 부분을 밑면으로 하는 입체도형이 있다. 이 입체도형을 x축에 수직인 평면으로 자른 단면이 모두 정사각형일 때, 이 입체도형의 부피는? (3점)

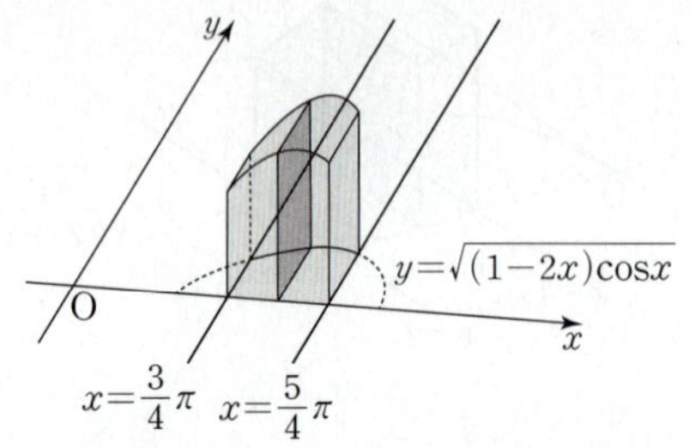

① $\sqrt{2}\pi-\sqrt{2}$ ② $\sqrt{2}\pi-1$ ③ $2\sqrt{2}\pi-\sqrt{2}$

④ $2\sqrt{2}\pi-1$ ⑤ $2\sqrt{2}\pi$

080 ★★☆ 2019년 3월학평 가형 28번

그림과 같이 두 곡선 $y=2\sqrt{2x}+1$, $y=\sqrt{2x}$ 와 y축 및 직선 $x=2$로 둘러싸인 도형을 밑면으로 하는 입체도형이 있다. 이 입체도형을 x축에 수직인 평면으로 자른 단면이 모두 정사각형일 때, 이 입체도형의 부피를 V라 하자. $30V$의 값을 구하시오. (4점)

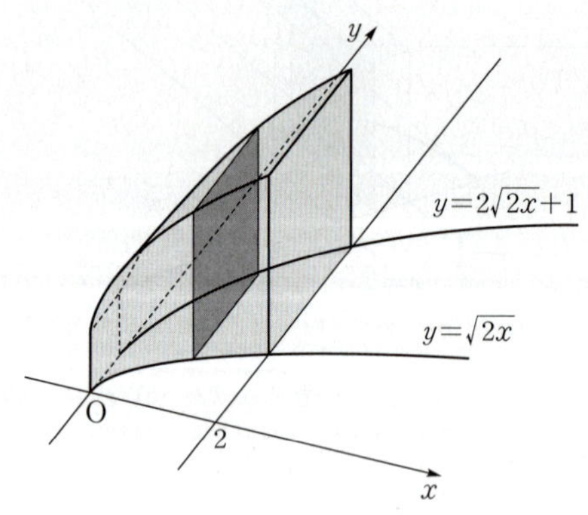

081 ★★☆ 2020학년도 9월모평 가형 14번

그림과 같이 양수 k에 대하여 함수 $f(x)=2\sqrt{x}\,e^{kx^2}$의 그래프와 x축 및 두 직선 $x=\dfrac{1}{\sqrt{2k}}$, $x=\dfrac{1}{\sqrt{k}}$로 둘러싸인 부분을 밑면으로 하고 x축에 수직인 평면으로 자른 단면이 모두 정삼각형인 입체도형의 부피가 $\sqrt{3}(e^2-e)$일 때, k의 값은? (4점)

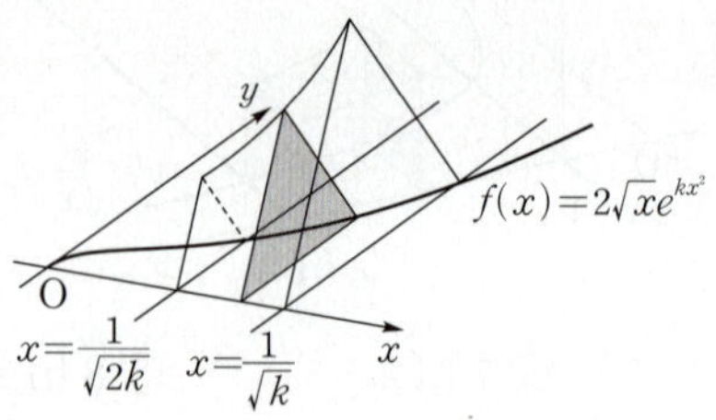

① $\dfrac{1}{12}$ ② $\dfrac{1}{6}$ ③ $\dfrac{1}{4}$

④ $\dfrac{1}{3}$ ⑤ $\dfrac{1}{2}$

082 ★★☆ 2016년 3월학평 가형 20번

그림과 같이 함수

$$f(x)=\begin{cases} e^{-x} & (x<0) \\ \sqrt{\ln(x+1)+1} & (x\ge 0) \end{cases}$$

의 그래프 위의 점 $P(x,\ f(x))$에서 x축에 내린 수선의 발을 H라 하고, 선분 PH를 한 변으로 하는 정사각형을 x축에 수직인 평면 위에 그린다. 점 P의 x좌표가 $x=-\ln 2$에서 $x=e-1$까지 변할 때, 이 정사각형이 만드는 입체도형의 부피는? (4점)

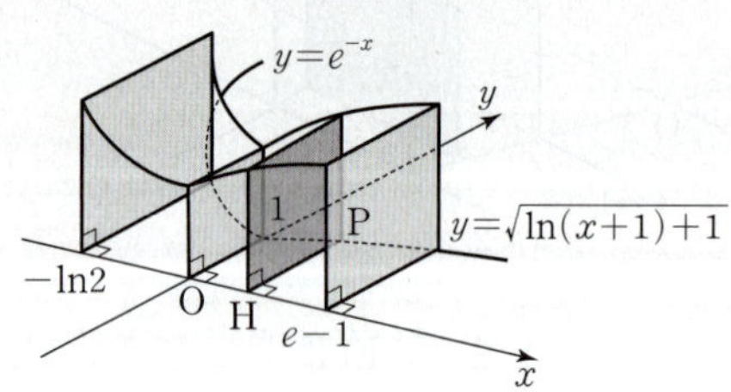

① $e-\dfrac{3}{2}$ ② $e+\dfrac{2}{3}$ ③ $2e-\dfrac{3}{2}$

④ $e+\dfrac{3}{2}$ ⑤ $2e-\dfrac{2}{3}$

그림과 같이 곡선 $y=\sqrt{(5-x)\ln x}$ $(2\leq x\leq 4)$와 x축 및 두 직선 $x=2$, $x=4$로 둘러싸인 부분을 밑면으로 하는 입체도형이 있다. 이 입체도형을 x축에 수직인 평면으로 자른 단면이 모두 정사각형일 때, 이 입체도형의 부피는?

(3점)

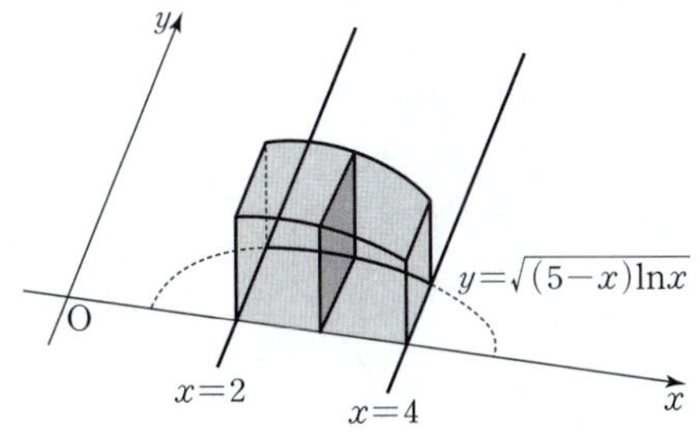

① $14\ln 2-7$ ② $14\ln 2-6$ ③ $16\ln 2-7$
④ $16\ln 2-6$ ⑤ $16\ln 2-5$

그림과 같이 곡선 $y=\sqrt{x+x\ln x}$와 x축 및 두 직선 $x=1$, $x=2$로 둘러싸인 부분을 밑면으로 하는 입체도형이 있다. 이 입체도형을 x축에 수직인 평면으로 자른 단면이 모두 정삼각형일 때, 이 입체도형의 부피는? (3점)

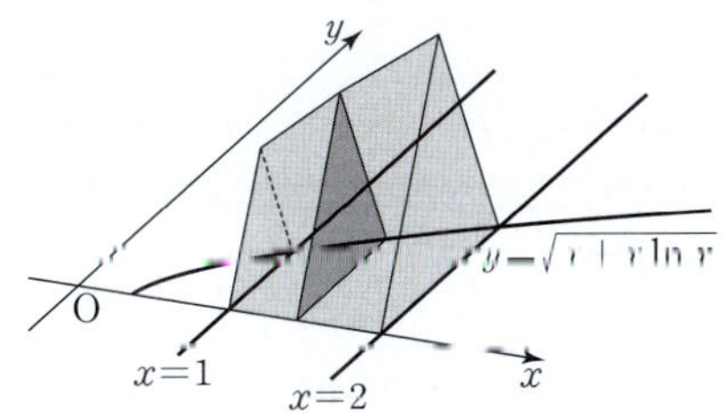

① $\dfrac{\sqrt{3}(3+8\ln 2)}{16}$ ② $\dfrac{\sqrt{3}(5+12\ln 2)}{24}$

③ $\dfrac{\sqrt{3}(1+12\ln 2)}{16}$ ④ $\dfrac{\sqrt{3}(1+2\ln 2)}{4}$

⑤ $\dfrac{\sqrt{3}(1+9\ln 2)}{12}$

그림과 같이 곡선 $y=\sqrt{\sec^2 x+\tan x}$ $\left(0\leq x\leq\dfrac{\pi}{3}\right)$와

x축, y축 및 직선 $x=\dfrac{\pi}{3}$로 둘러싸인 부분을 밑면으로 하는

입체도형이 있다. 이 입체도형을 x축에 수직인 평면으로 자른 단면이 모두 정사각형일 때, 이 입체도형의 부피는? (3점)

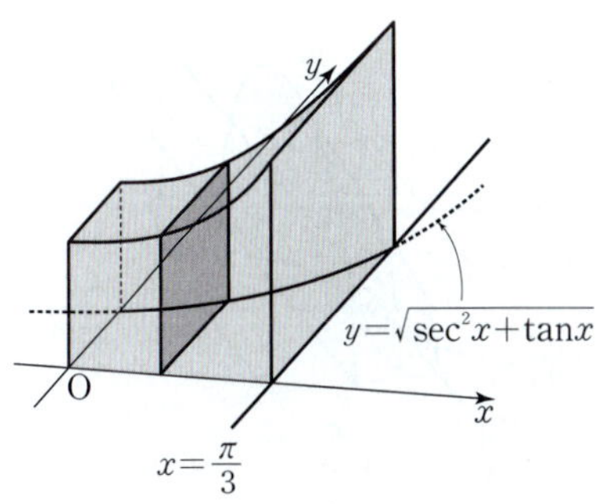

① $\dfrac{\sqrt{3}}{2}+\dfrac{\ln 2}{2}$ ② $\dfrac{\sqrt{3}}{2}+\ln 2$ ③ $\sqrt{3}+\dfrac{\ln 2}{2}$

④ $\sqrt{3}+\ln 2$ ⑤ $\sqrt{3}+2\ln 2$

086 ★★☆ 2025학년도 9월모평 미적 26번

그림과 같이 곡선 $y=2x\sqrt{x\sin x^2}\ (0\le x\le\sqrt{\pi})$와 x축 및 두 직선 $x=\sqrt{\dfrac{\pi}{6}}$, $x=\sqrt{\dfrac{\pi}{2}}$로 둘러싸인 부분을 밑면으로 하는 입체도형이 있다. 이 입체도형을 x축에 수직인 평면으로 자른 단면이 모두 반원일 때, 이 입체도형의 부피는? (3점)

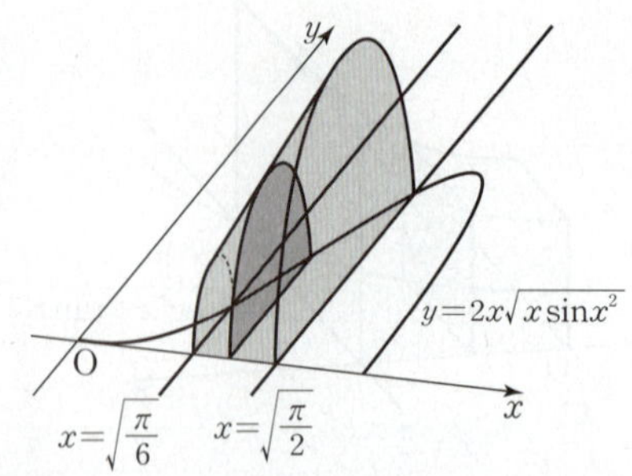

① $\dfrac{\pi^2+6\pi}{48}$ ② $\dfrac{\sqrt{2}\pi^2+6\pi}{48}$ ③ $\dfrac{\sqrt{3}\pi^2+6\pi}{48}$

④ $\dfrac{\sqrt{2}\pi^2+12\pi}{48}$ ⑤ $\dfrac{\sqrt{3}\pi^2+12\pi}{48}$

087 ★★☆ 2025학년도 수능 미적 26번

그림과 같이 곡선 $y=\sqrt{\dfrac{x+1}{x(x+\ln x)}}$과 x축 및 두 직선 $x=1$, $x=e$로 둘러싸인 부분을 밑면으로 하는 입체도형이 있다. 이 입체도형을 x축에 수직인 평면으로 자른 단면이 모두 정사각형일 때, 이 입체도형의 부피는? (3점)

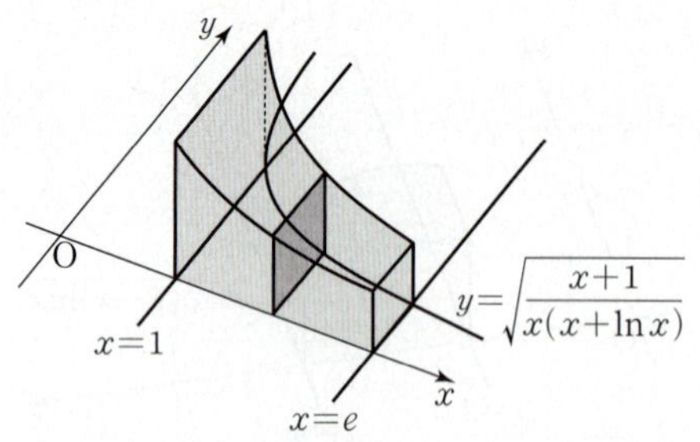

① $\ln(e+1)$ ② $\ln(e+2)$ ③ $\ln(e+3)$

④ $\ln(2e+1)$ ⑤ $\ln(2e+2)$

☑ 출제경향

기본 공식을 이용하면 해결되는 단순 계산 위주의 문제들이 출제된다.

◆ 접근방법

점의 위치와 움직인 거리 공식을 이용한다.

🖥 단골공식

(1) 수직선 위를 움직이는 점 P의 시각 t에서의 속도를 $v(t)$, 시각 $t=a$에서의 위치를 x_0라 할 때,

① 시각 t에서의 점 P의 위치 x

$$x=x_0+\int_a^t v(t)dt$$

② 시각 $t=a$에서 $t=b$까지 점 P의 위치의 변화량

$$\int_a^b v(t)dt$$

③ 시각 $t=a$에서 $t=b$까지 점 P가 실제로 움직인 거리

$$\int_a^b |v(t)|dt$$

(2) 평면 운동에서 점이 움직인 거리

좌표평면 위를 움직이는 점 P의 시각 t에서의 좌표 (x, y)가 $x=f(t)$, $y=g(t)$일 때, $t=a$에서 $t=b$까지 점 P가 움직인 거리 s는

$$s=\int_a^b |v|dt=\int_a^b \sqrt{\left(\frac{dx}{dt}\right)^2+\left(\frac{dy}{dt}\right)^2}dt$$
$$=\int_a^b \sqrt{\{f'(t)\}^2+\{g'(t)\}^2}dt$$

088 ★★☆

좌표평면 위를 움직이는 점 P의 시각 t에서의 위치 (x, y)가 $x=\dfrac{3}{2}t^2$, $y=\dfrac{4}{3}t^3$으로 나타내어진다. $t=0$에서 $t=1$까지 점 P가 움직인 거리는? (4점)

① $\dfrac{23}{12}$　　② $\dfrac{47}{24}$　　③ 2

④ $\dfrac{49}{24}$　　⑤ $\dfrac{25}{12}$

089 ★★☆ 2022학년도 수능 미적 27번

좌표평면 위를 움직이는 점 P의 시각 t $(t>0)$에서의 위치가 곡선 $y=x^2$과 직선 $y=t^2x-\dfrac{\ln t}{8}$가 만나는 서로 다른 두 점의 중점일 때, 시각 $t=1$에서 $t=e$까지 점 P가 움직인 거리는?

(3점)

① $\dfrac{e^4}{2}-\dfrac{3}{8}$　　② $\dfrac{e^4}{2}-\dfrac{5}{16}$　　③ $\dfrac{e^4}{2}-\dfrac{1}{4}$

④ $\dfrac{e^4}{2}-\dfrac{3}{16}$　　⑤ $\dfrac{e^4}{2}-\dfrac{1}{8}$

090 ★★☆ 2017년 7월학평 가형 19번

좌표평면 위를 움직이는 점 P의 시각 t $(0\leq t\leq 2\pi)$에서의 위치 (x, y)가

$$x=t+2\cos t, \quad y=\sqrt{3}\sin t$$

일 때, [보기]에서 옳은 것만을 있는 대로 고른 것은? (4점)

> [보기]
>
> ㄱ. $t=\dfrac{\pi}{2}$일 때, 점 P의 속도는 $(-1, 0)$이다.
>
> ㄴ. 점 P의 속도의 크기의 최솟값은 1이다.
>
> ㄷ. 점 P가 $t=\pi$에서 $t=2\pi$까지 움직인 거리는 $2\pi+2$이다.

① ㄱ　　② ㄷ　　③ ㄱ, ㄴ

④ ㄴ, ㄷ　　⑤ ㄱ, ㄴ, ㄷ

동영상강의 

269-3-2-Y12

✅ 출제경향

기본 공식을 이용하면 해결되는 단순 문제들이 출제된다.

✏️ 접근방법

곡선의 길이 공식을 이용한다.

💻 단골공식

(1) 곡선 $x=f(t)$, $y=g(t)$ $(a \leq t \leq b)$의 길이 l은

$$l=\int_a^b \sqrt{\left(\frac{dx}{dt}\right)^2+\left(\frac{dy}{dt}\right)^2}\,dt=\int_a^b \sqrt{\{f'(t)\}^2+\{g'(t)\}^2}\,dt$$

(2) 곡선 $y=f(x)$ $(a \leq x \leq b)$의 길이 l은

$$l=\int_a^b \sqrt{1+\{f'(x)\}^2}\,dx$$

---

091 ★☆☆ 2016년 7월학평 가형 25번

좌표평면 위의 곡선 $y=\dfrac{1}{3}x\sqrt{x}$ $(0 \leq x \leq 12)$에 대하여

$x=0$에서 $x=12$까지의 곡선의 길이를 l이라 할 때, $3l$의 값을 구하시오. (3점)

---

092 ★★☆ 2008학년도 수능 가형 미적 30번

$x=0$에서 $x=6$까지 곡선 $y=\dfrac{1}{3}(x^2+2)^{\frac{3}{2}}$의 길이를 구하시오. (4점)

---

093 ★★☆ 2024학년도 9월모평 미적 27번

$x=-\ln 4$에서 $x=1$까지의 곡선 $y=\dfrac{1}{2}(\,|e^x-1|-e^{|x|}+1\,)$

의 길이는? (3점)

① $\dfrac{23}{8}$　　② $\dfrac{13}{4}$　　③ $\dfrac{29}{8}$

④ 4　　⑤ $\dfrac{35}{8}$

---

094 ★☆☆ 2022학년도 사관학교 미적 25번

매개변수 t로 나타내어진 곡선

$$x=e^t \cos(\sqrt{3}t)-1,\ y=e^t \sin(\sqrt{3}t)+1\ (0 \leq t \leq \ln 7)$$

의 길이는? (3점)

① 9　　② 10　　③ 11

④ 12　　⑤ 13

095 ★★★★ 2024년 10월학평 미적 28번

함수 $y=\dfrac{2\pi}{x}$ 의 그래프와 함수 $y=\cos x$ 의 그래프가 만나는 점의 x 좌표 중 양수인 것을 작은 수부터 크기순으로 모두 나열할 때, m 번째 수를 a_m 이라 하자.

$\displaystyle\lim_{n\to\infty}\sum_{k=1}^{n}\{n\times\cos^2(a_{n+k})\}$ 의 값은? (4점)

① $\dfrac{3}{2}$ ② 2 ③ $\dfrac{5}{2}$

④ 3 ⑤ $\dfrac{7}{2}$

096 ★★★★ 2025학년도 수능 미적 28번

실수 전체의 집합에서 미분가능한 함수 $f(x)$ 의 도함수 $f'(x)$ 가

$$f'(x)=-x+e^{1-x^2}$$

이다. 양수 t 에 대하여 곡선 $y=f(x)$ 위의 점 $(t,\ f(t))$ 에서의 접선과 곡선 $y=f(x)$ 및 y 축으로 둘러싸인 부분의 넓이를 $g(t)$ 라 하자. $g(1)+g'(1)$ 의 값은? (4점)

① $\dfrac{1}{2}e+\dfrac{1}{2}$ ② $\dfrac{1}{2}e+\dfrac{2}{3}$ ③ $\dfrac{1}{2}e+\dfrac{5}{6}$

④ $\dfrac{2}{3}e+\dfrac{1}{2}$ ⑤ $\dfrac{2}{3}e+\dfrac{2}{3}$

097 ★★★★ 2014학년도 6월모평 B형 30번

좌표평면에서 곡선 $y=x^2+x$ 위의 두 점 A, B의 x좌표를
각각 s, t $(0<s<t)$라 하자. 양수 k에 대하여 두 직선 OA,
OB와 곡선 $y=x^2+x$로 둘러싸인 부분의 넓이가 k가 되도록
하는 점 (s, t)가 나타내는 곡선을 C라 하자. 곡선 C 위의 점
중에서 점 $(1, 0)$과의 거리가 최소인 점의 x좌표가 $\dfrac{2}{3}$일 때,

$k=\dfrac{q}{p}$이다. $p+q$의 값을 구하시오.

   (단, O는 원점이고, p와 q는 서로소인 자연수이다.) (4점)

098 ★★★★ 2016년 7월학평 나형 28번

$f(1)=1$인 이차함수 $f(x)$와 함수 $g(x)=x^2$이 다음 조건을
만족시킨다.

> (가) 모든 실수 x에 대하여 $f(-x)=f(x)$이다.
>
> (나) $\displaystyle\lim_{n\to\infty}\frac{1}{n}\sum_{k=1}^{n}\left\{f\left(\frac{k}{n}\right)-g\left(\frac{k}{n}\right)\right\}=27$

두 곡선 $y=f(x)$와 $y=g(x)$로 둘러싸인 부분의 넓이를
구하시오. (4점)

양의 실수 전체의 집합에서 감소하고 연속인 함수 $f(x)$가 다음 조건을 만족시킨다.

(가) 모든 양의 실수 x에 대하여 $f(x) > 0$이다.
(나) 임의의 양의 실수 t에 대하여 세 점
$$(0, 0),\ (t, f(t)),\ (t+1, f(t+1))$$
을 꼭짓점으로 하는 삼각형의 넓이가 $\dfrac{t+1}{t}$이다.

(다) $\displaystyle\int_1^2 \dfrac{f(x)}{x}dx = 2$

$\displaystyle\int_{\frac{7}{2}}^{\frac{11}{2}} \dfrac{f(x)}{x}dx = \dfrac{q}{p}$라 할 때, $p+q$의 값을 구하시오.

(단, p와 q는 서로소인 자연수이다.) (4점)

함수 $f(x) = e^{-x}\displaystyle\int_0^x \sin(t^2)dt$에 대하여 [보기]에서 옳은 것만을 있는 대로 고른 것은? (4점)

[보기]

ㄱ. $f(\sqrt{\pi}) > 0$
ㄴ. $f'(a) > 0$을 만족시키는 a가 열린구간 $(0, \sqrt{\pi})$에 적어도 하나 존재한다.
ㄷ. $f'(b) = 0$을 만족시키는 b가 열린구간 $(0, \sqrt{\pi})$에 적어도 하나 존재한다.

① ㄱ   ② ㄷ   ③ ㄱ, ㄴ
④ ㄴ, ㄷ   ⑤ ㄱ, ㄴ, ㄷ

그림과 같이 길이가 2인 선분 AB 위의 점 P를 지나고 선분 AB에 수직인 직선이 선분 AB를 지름으로 하는 반원과 만나는 점을 Q라 하자.

$\overline{\mathrm{AP}}=x$라 할 때, $S(x)$를 다음과 같이 정의한다.

$0<x<2$일 때 $S(x)$는 두 선분 AP, PQ와 호 AQ로 둘러싸인 도형의 넓이이고, $x=2$일 때 $S(x)$는 선분 AB를 지름으로 하는 반원의 넓이이다.

$$\int_{\frac{\pi}{4}}^{\frac{3}{4}\pi}\{S(1+\sin\theta)-S(1+\cos\theta)\}d\theta=p+q\pi^2$$

일 때, $\dfrac{30p}{q}$의 값을 구하시오. (단, p와 q는 유리수이다.)

(4점)

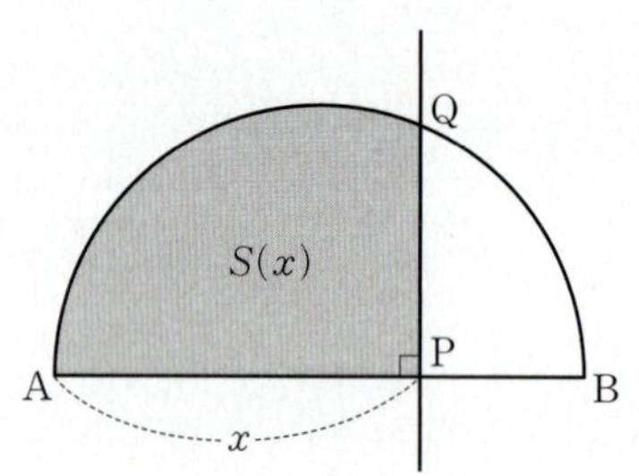

269-3-2-YGS

사관학교 기출문제

▶ 문제 풀이 **동영상 강의**

102 ★★☆ 2025학년도 사관학교 미적 24번

함수 $f(x)=e^{x^2}$에 대하여 $\displaystyle\lim_{n\to\infty}\sum_{k=1}^{n}\dfrac{k}{n^2}f\left(\dfrac{k}{n}\right)$의 값은? (3점)

① $\dfrac{1}{4}e-\dfrac{1}{2}$ ② $\dfrac{1}{4}e-\dfrac{1}{4}$ ③ $\dfrac{1}{2}e-\dfrac{1}{2}$

④ $\dfrac{1}{2}e-\dfrac{1}{4}$ ⑤ $\dfrac{3}{4}e-\dfrac{1}{4}$

103 ★★☆ 2024학년도 사관학교 미적 24번

함수 $f(x)=\dfrac{x+1}{x^2}$에 대하여 $\displaystyle\lim_{n\to\infty}\dfrac{1}{n}\sum_{k=1}^{n}f\left(\dfrac{n+k}{n}\right)$의 값은?

(3점)

① $\dfrac{1}{2}+\dfrac{1}{2}\ln 2$ ② $\dfrac{1}{2}+\ln 2$ ③ $1+\dfrac{1}{2}\ln 2$

④ $1+\ln 2$ ⑤ $\dfrac{3}{2}+\dfrac{1}{2}\ln 2$

정답과 해설 **101** p.568 | **102** p.569 | **103** p.569

104 ★★☆ 2021학년도 사관학교 가형 14번

함수 $f(x)=\ln x$에 대하여 $\displaystyle\lim_{n\to\infty}\sum_{k=1}^{n}\frac{1}{n+k}f\left(1+\frac{k}{n}\right)$의
값은? (4점)

① $\ln 2$ ② $(\ln 2)^2$ ③ $\dfrac{\ln 2}{2}$

④ $\dfrac{(\ln 2)^2}{2}$ ⑤ $\dfrac{(\ln 2)^2}{4}$

105 ★★☆ 2023학년도 사관학교 미적 25번

함수 $f(x)=x^2 e^{x^2-1}$에 대하여
$\displaystyle\lim_{n\to\infty}\sum_{k=1}^{n}\frac{2}{n+k}f\left(1+\frac{k}{n}\right)$의 값은? (3점)

① e^3-1 ② $e^3-\dfrac{1}{e}$ ③ e^4-1

④ $e^4-\dfrac{1}{e}$ ⑤ e^5-1

106 ★☆☆ 2022학년도 사관학교 미적 24번

$\displaystyle\lim_{n\to\infty}\sum_{k=1}^{n}\frac{1}{n+3k}$의 값은? (3점)

① $\dfrac{1}{3}\ln 2$ ② $\dfrac{2}{3}\ln 2$ ③ $\ln 2$

④ $\dfrac{4}{3}\ln 2$ ⑤ $\dfrac{5}{3}\ln 2$

107 ★★☆ 2002학년도 사관학교 이과 19번

다음의 극한값을 구하면? (4점)

$$\lim_{n\to\infty}\left(\frac{1^2}{n^3+1^3}+\frac{2^2}{n^3+2^3}+\frac{3^2}{n^3+3^3}+\cdots+\frac{n^2}{n^3+n^3}\right)$$

① $2\ln 2$ ② $\ln 2$ ③ $\dfrac{1}{3}\ln 2$

④ $\dfrac{1}{2}\ln 2$ ⑤ $3\ln 2$

108 ★★★ 2016학년도 사관학교 B형 14번

$x\geq 0$에서 정의된 함수 $f(x)=\dfrac{4}{1+x^2}$의 역함수를 $g(x)$라

할 때, $\displaystyle\lim_{n\to\infty}\frac{1}{n}\sum_{k=1}^{n}g\left(1+\frac{3k}{n}\right)$의 값은? (4점)

① $\dfrac{\pi-\sqrt{3}}{3}$ ② $\dfrac{\pi+\sqrt{3}}{3}$ ③ $\dfrac{4\pi-3\sqrt{3}}{9}$

④ $\dfrac{4\pi+3\sqrt{3}}{9}$ ⑤ $\dfrac{2\pi-\sqrt{3}}{3}$

109 ★★★ 2024학년도 사관학교 미적 30번

양의 실수 전체의 집합에서 정의된 함수 $f(x)$가 다음 조건을 만족시킨다.

> (가) 모든 양의 실수 x에 대하여 $f'(x) = \dfrac{\ln x + k}{x}$이다.
>
> (나) 곡선 $y = f(x)$는 x축과 두 점 $\left(\dfrac{1}{e^2},\, 0\right)$, $(1,\, 0)$에서 만난다.

$t > -\dfrac{1}{2}$인 실수 t에 대하여 직선 $y = t$가 곡선 $y = f(x)$와 만나는 두 점의 x좌표 중 작은 값을 $g(t)$라 하자. 곡선 $y = g(x)$와 x축, y축 및 직선 $x = \dfrac{3}{2}$으로 둘러싸인 부분의 넓이는 $\dfrac{ae+b}{e^3}$이다. $a^2 + b^2$의 값을 구하시오.

(단, k는 상수이고, a, b는 유리수이다.) (4점)

110 ★☆☆ 2026학년도 사관학교 미적 24번

곡선 $y = e^{-x}$과 두 직선 $x = 1$, $y = e^{-4}$으로 둘러싸인 부분의 넓이는? (3점)

① $\dfrac{1}{e} - \dfrac{4}{e^4}$ ② $\dfrac{1}{e} - \dfrac{3}{e^4}$ ③ $\dfrac{1}{e} - \dfrac{2}{e^4}$

④ $\dfrac{2}{e} - \dfrac{4}{e^4}$ ⑤ $\dfrac{2}{e} - \dfrac{3}{e^4}$

111 ★★☆ 2025학년도 사관학교 미적 28번

실수 전체의 집합에서 연속인 함수 $f(x)$가 모든 실수 x에 대하여

$$\int_0^x (x-t)f(t)\,dt = e^{2x} - 2x + a$$

를 만족시킨다. 곡선 $y = f(x)$ 위의 점 $(a,\, f(a))$에서의 접선을 l이라 할 때, 곡선 $y = f(x)$와 직선 l 및 y축으로 둘러싸인 부분의 넓이는? (단, a는 상수이다.) (4점)

① $2 - \dfrac{6}{e^2}$ ② $2 - \dfrac{7}{e^2}$ ③ $2 - \dfrac{8}{e^2}$

④ $2 - \dfrac{9}{e^2}$ ⑤ $2 - \dfrac{10}{e^2}$

112 ★★☆ 2014학년도 사관학교 B형 10번

그림과 같이 곡선 $y = \sin\dfrac{\pi}{2}x \ (0 \le x \le 2)$와 직선 $y = k \ (0 < k < 1)$가 있다. 곡선 $y = \sin\dfrac{\pi}{2}x$와 직선 $y = k$, y축으로 둘러싸인 부분의 넓이를 S_1, 곡선 $y = \sin\dfrac{\pi}{2}x$와 직선 $y = k$로 둘러싸인 부분의 넓이를 S_2라 하자. $S_2 = 2S_1$일 때, 상수 k의 값은? (3점)

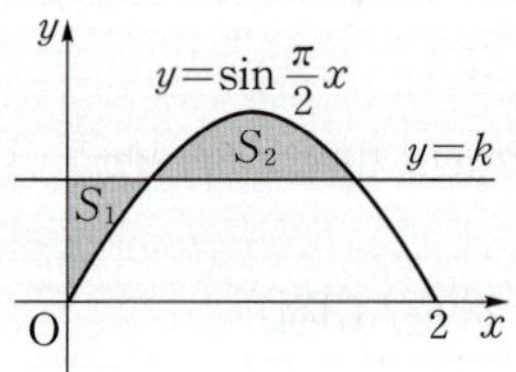

① $\dfrac{1}{2\pi}$ ② $\dfrac{1}{\pi}$ ③ $\dfrac{3}{2\pi}$

④ $\dfrac{2}{\pi}$ ⑤ $\dfrac{5}{2\pi}$

$0 \leq x \leq \pi$에서 정의된 함수 $f(x) = \dfrac{\cos x}{\sin x + 2}$에 대하여
곡선 $y=f(x)$와 x축, y축으로 둘러싸인 부분의 넓이를 S_1,
곡선 $y=f(x)$와 x축 및 직선 $x=\pi$로 둘러싸인 부분의
넓이를 S_2라 하자. S_1+S_2의 값은? (4점)

① $\ln \dfrac{3}{2}$ ② $\ln \dfrac{4}{3}$ ③ $2 \ln \dfrac{3}{2}$

④ $2 \ln \dfrac{4}{3}$ ⑤ $4 \ln \dfrac{3}{2}$

닫힌구간 $\left[0, \dfrac{\pi}{2} \right]$에서 정의된 함수 $f(x) = \dfrac{\sin 2x}{1 + \sin x}$에
대하여 옳은 것만을 [보기]에서 있는 대로 고른 것은? (4점)

[보기]

ㄱ. $f(x) \geq 0$

ㄴ. $f'(c)=0$인 c가 열린구간 $\left(0, \dfrac{\pi}{2} \right)$에 존재한다.

ㄷ. 함수 $f(x)$의 그래프와 x축으로 둘러싸인 부분의
넓이는 $2 - 2 \ln 2$이다.

① ㄱ   ② ㄴ   ③ ㄱ, ㄴ

④ ㄱ, ㄷ   ⑤ ㄱ, ㄴ, ㄷ

함수 $f(x)$를

$$f(x) = \int_0^x |t \sin t| \, dt - \left| \int_0^x t \sin t \, dt \right|$$

라 할 때, [보기]에서 옳은 것만을 있는 대로 고른 것은? (4점)

[보기]

ㄱ. $f(2\pi) = 2\pi$

ㄴ. $\pi < \alpha < 2\pi$인 α에 대하여 $\displaystyle\int_0^\alpha t \sin t \, dt = 0$이면
$f(\alpha) = \pi$이다.

ㄷ. $2\pi < \beta < 3\pi$인 β에 대하여 $\displaystyle\int_0^\beta t \sin t \, dt = 0$이면
$\displaystyle\int_\beta^{3\pi} f(x) \, dx = 6\pi(3\pi - \beta)$이다.

① ㄱ   ② ㄱ, ㄴ   ③ ㄱ, ㄷ

④ ㄴ, ㄷ   ⑤ ㄱ, ㄴ, ㄷ

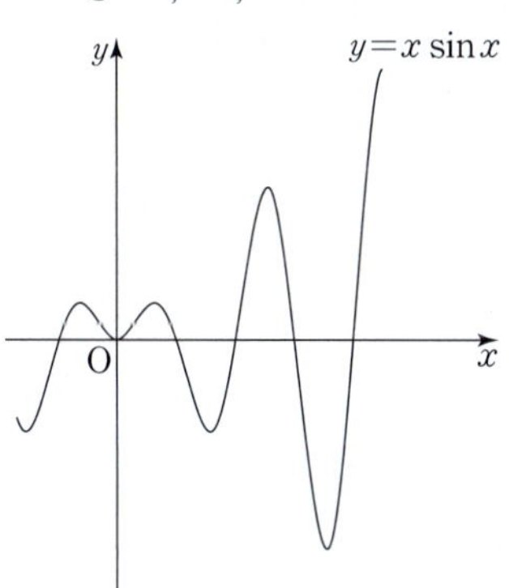

그림과 같이 곡선 $y=\dfrac{1}{\sqrt{x\ln x}}$ $(\sqrt{e}\le x\le e)$와 x축 및

두 직선 $x=\sqrt{e}$, $x=e$로 둘러싸인 부분을 밑면으로 하는
입체도형이 있다. 이 입체도형을 x축에 수직인 평면으로
자른 단면이 모두 정삼각형일 때, 이 입체도형의 부피는?

(3점)

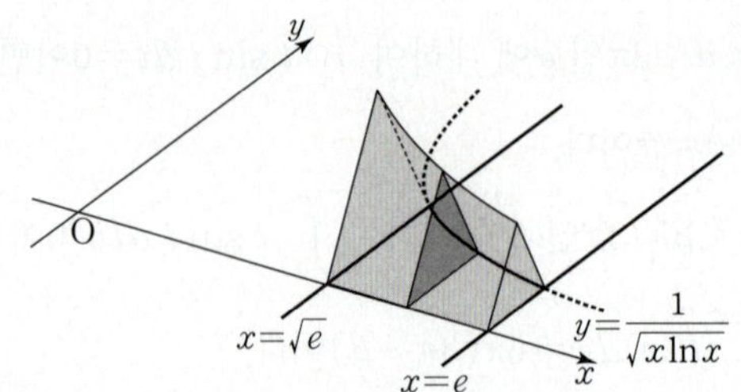

① $\dfrac{\sqrt{3}}{8}\ln 2$ ② $\dfrac{\sqrt{3}}{4}\ln 2$ ③ $\dfrac{3\sqrt{3}}{8}\ln 2$

④ $\dfrac{\sqrt{3}}{2}\ln 2$ ⑤ $\dfrac{5\sqrt{3}}{8}\ln 2$

그림과 같이 곡선 $y=\dfrac{\sqrt{\ln(x+1)}}{x}$ $(x>0)$과 x축 및

두 직선 $x=1$, $x=3$으로 둘러싸인 부분을 밑면으로 하는
입체도형이 있다. 이 입체도형을 x축에 수직인 평면으로
자른 단면이 모두 정사각형일 때, 이 입체도형의 부피는?

(3점)

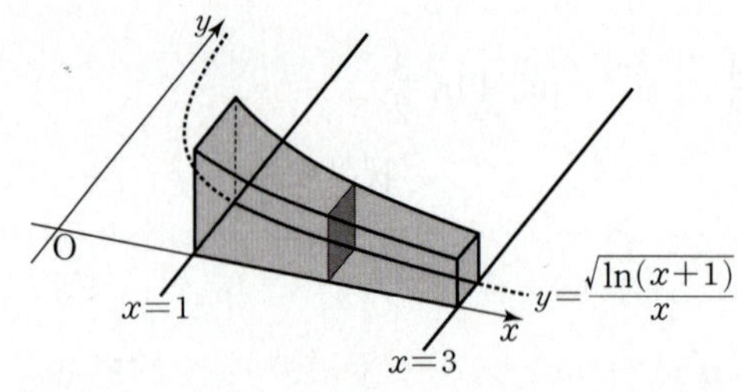

① $\dfrac{1}{3}\ln\dfrac{9}{8}$ ② $\dfrac{1}{3}\ln\dfrac{3}{2}$ ③ $\dfrac{1}{3}\ln\dfrac{9}{2}$

④ $\dfrac{1}{3}\ln\dfrac{27}{4}$ ⑤ $\dfrac{1}{3}\ln\dfrac{27}{2}$

그림과 같이 곡선 $y=\ln\dfrac{1}{x}$ $\left(\dfrac{1}{e}\le x\le 1\right)$과 직선 $x=\dfrac{1}{e}$,

직선 $x=1$ 및 직선 $y=2$로 둘러싸인 도형을 밑면으로 하는
입체도형이 있다. 이 입체도형을 x축 위의

$x=t$ $\left(\dfrac{1}{e}\le t\le 1\right)$인 점을 지나고 x축에 수직인 평면으로

자른 단면이 한 변의 길이가 t인 직사각형일 때,
이 입체도형의 부피는? (3점)

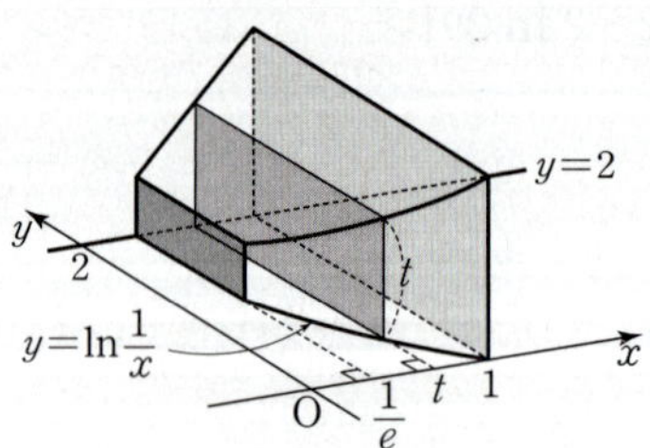

① $\dfrac{1}{2}-\dfrac{1}{3e^2}$ ② $\dfrac{1}{2}-\dfrac{1}{4e^2}$ ③ $\dfrac{3}{4}-\dfrac{1}{3e^2}$

④ $\dfrac{3}{4}-\dfrac{1}{4e^2}$ ⑤ $\dfrac{3}{4}-\dfrac{1}{5e^2}$

정답과 해설 **116** p.575 | **117** p.576 | **118** p.576

그림과 같이 곡선 $y=(1+\cos x)\sqrt{\sin x}\left(\dfrac{\pi}{3}\leq x\leq\dfrac{\pi}{2}\right)$와

x축 및 두 직선 $x=\dfrac{\pi}{3}$, $x=\dfrac{\pi}{2}$로 둘러싸인 부분을 밑면으로

하는 입체도형이 있다. 이 입체도형을 x축에 수직인

평면으로 자른 단면이 모두 정사각형일 때, 이 입체도형의

부피는? (3점)

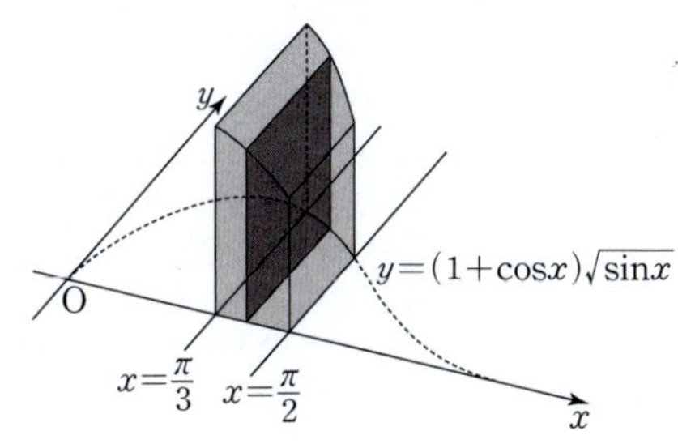

① $\dfrac{5}{12}$ ② $\dfrac{13}{24}$ ③ $\dfrac{2}{3}$

④ $\dfrac{19}{24}$ ⑤ $\dfrac{11}{12}$

그림과 같이 두 곡선 $y=\dfrac{3}{x}$, $y=\sqrt{\ln x}$와 두 직선 $x=1$,

$x=e$로 둘러싸인 도형을 밑면으로 하는 입체도형이 있다. 이

입체도형을 x축에 수직인 평면으로 자른 단면이 모두

정사각형일 때, 이 입체도형의 부피는? (4점)

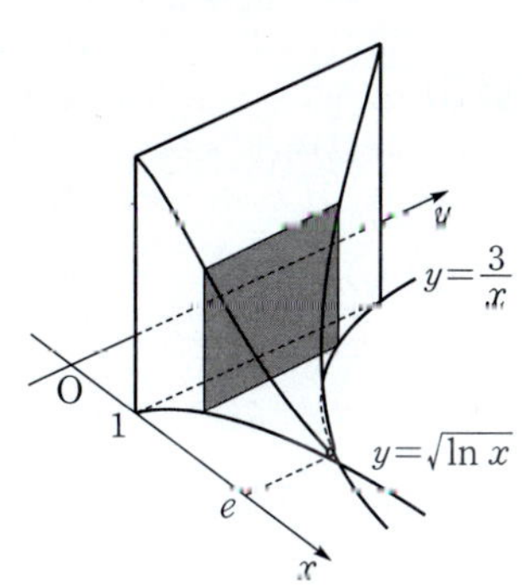

① $5-\dfrac{9}{e}$ ② $5-\dfrac{8}{e}$ ③ $5-\dfrac{7}{e}$

④ $6-\dfrac{9}{e}$ ⑤ $6-\dfrac{8}{e}$

함수 $f(x)=-xe^{2-x}$과 상수 a가 다음 조건을 만족시킨다.

> 곡선 $y=f(x)$ 위의 점 $(a,\ f(a))$에서의 접선의
> 방정식을 $y=g(x)$라 할 때, $x<a$이면
> $f(x)>g(x)$이고, $x>a$이면 $f(x)<g(x)$이다.

곡선 $y=f(x)$와 접선 $y=g(x)$ 및 y축으로 둘러싸인 부분의

넓이는 $k-e^2$이다. k의 값을 구하시오. (4점)

매개변수 t로 나타내어진 곡선

$$x=2t-\sin 2t\cos 2t,\quad y=\sin^2 2t$$

에 대하여 $0\leq t\leq\dfrac{3}{8}\pi$에서 이 곡선의 길이는? (3점)

① $2-\dfrac{\sqrt{2}}{2}$ ② 2 ③ $2+\dfrac{\sqrt{2}}{2}$

④ $2+\sqrt{2}$ ⑤ $2+\dfrac{3\sqrt{2}}{2}$

5지 선다형

01 ★☆☆ 2020학년도 6월모평 나형 2번

$\lim\limits_{n\to\infty}\dfrac{\sqrt{9n^2+4n+1}}{2n+5}$의 값은? (2점)

① $\dfrac{1}{2}$ ② 1 ③ $\dfrac{3}{2}$

④ 2 ⑤ $\dfrac{5}{2}$

02 ★☆☆ 2017학년도 수능 가형 9번

$\displaystyle\int_1^e \ln\dfrac{x}{e}\,dx$의 값은? (3점)

① $\dfrac{1}{e}-1$ ② $2-e$ ③ $\dfrac{1}{e}-2$

④ $1-e$ ⑤ $\dfrac{1}{2}-e$

03 ★☆☆ 2020학년도 9월모평 가형 8번

함수 $f(x)=\dfrac{\ln x}{x^2}$에 대하여 $\lim\limits_{h\to 0}\dfrac{f(e+h)-f(e-2h)}{h}$의 값은? (3점)

① $-\dfrac{2}{e}$ ② $-\dfrac{3}{e^2}$ ③ $-\dfrac{1}{e}$

④ $-\dfrac{2}{e^2}$ ⑤ $-\dfrac{3}{e^3}$

04 ★☆☆ 2021학년도 9월모평 가형 8번

등비수열 $\{a_n\}$에 대하여 $\lim\limits_{n\to\infty}\dfrac{3^n}{a_n+2^n}=6$일 때,

$\displaystyle\sum_{n=1}^{\infty}\dfrac{1}{a_n}$의 값은? (3점)

① 1 ② 2 ③ 3

④ 4 ⑤ 5

그림과 같이 중심이 O, 반지름의 길이가 1이고 중심각의 크기가 $\dfrac{\pi}{2}$인 부채꼴 OAB가 있다.

자연수 n에 대하여 호 AB를 $2n$등분한 각 분점(양 끝점도 포함)을 차례로 $P_0(=A)$, P_1, P_2, $\cdots$, P_{2n-1}, $P_{2n}(=B)$라 하자.

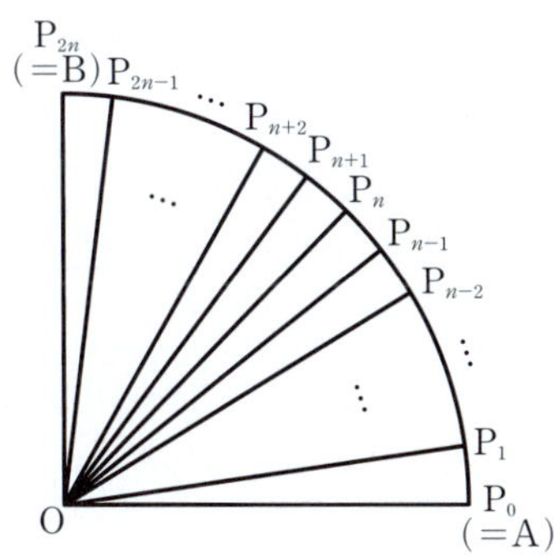

주어진 자연수 n에 대하여 $S_k\ (1 \le k \le n)$을 삼각형 $OP_{n-k}P_{n+k}$의 넓이라 할 때, $\displaystyle\lim_{n \to \infty} \dfrac{1}{n} \sum_{k=1}^{n} S_k$의 값은?

(3점)

① $\dfrac{1}{\pi}$ ② $\dfrac{13}{12\pi}$ ③ $\dfrac{7}{6\pi}$

④ $\dfrac{5}{4\pi}$ ⑤ $\dfrac{4}{3\pi}$

그림과 같이 $\overline{AB}=2$이고 $\angle ABC = 2\angle BAC$를 만족하는 삼각형 ABC가 있다. 선분 AC를 지름으로 하는 원과 직선 AB가 만나는 점 중 A가 아닌 점을 P, 점 P를 지나고 선분 BC에 평행한 직선이 선분 AC와 만나는 점을 Q라 하자.

$\angle BAC = \theta$라 할 때, 삼각형 APQ의 넓이를 $S(\theta)$라 하자.

$\displaystyle\lim_{\theta \to 0+} \dfrac{S(\theta)}{\theta}$의 값은? $\left(\text{단, } 0 < \theta < \dfrac{\pi}{4}\right)$ (4점)

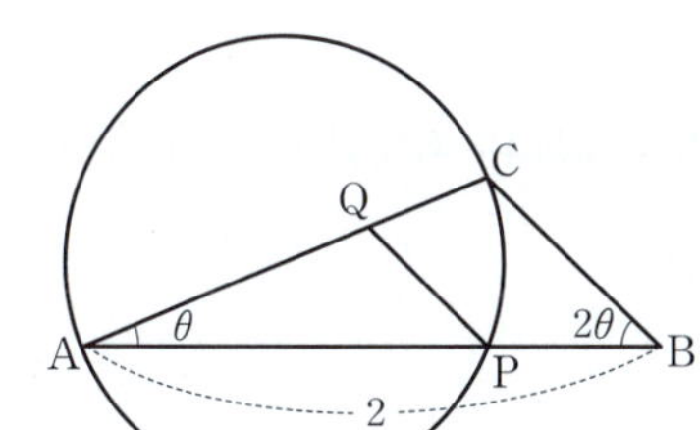

① $\dfrac{16}{27}$ ② $\dfrac{17}{27}$ ③ $\dfrac{2}{3}$

④ $\dfrac{19}{27}$ ⑤ $\dfrac{20}{27}$

07 ★★★ 2016학년도 9월모평 B형 30번

양수 a와 두 실수 b, c에 대하여 함수
$f(x)=(ax^2+bx+c)e^x$은 다음 조건을 만족시킨다.

> (가) $f(x)$는 $x=-\sqrt{3}$과 $x=\sqrt{3}$에서 극값을 갖는다.
> (나) $0\le x_1<x_2$인 임의의 두 실수 x_1, x_2에 대하여
> $f(x_2)-f(x_1)+x_2-x_1\ge0$이다.

세 수 a, b, c의 곱 abc의 최댓값을 $\dfrac{k}{e^3}$라 할 때, $60k$의 값을 구하시오. (4점)

08 ★★★ 2014학년도 9월모평 B형 30번

두 연속함수 $f(x)$, $g(x)$가
$$g(e^x)=\begin{cases} f(x) & (0\le x<1) \\ g(e^{x-1})+5 & (1\le x\le2) \end{cases}$$
를 만족시키고, $\displaystyle\int_1^{e^2} g(x)dx=6e^2+4$이다.

$\displaystyle\int_1^e f(\ln x)dx=ae+b$일 때, a^2+b^2의 값을 구하시오.

(단, a, b는 정수이다.) (4점)

2회 미적분 기출 미니모의고사

출제 범위 | 미적분 전범위

---

01 ★☆☆ 2017학년도 수능 가형 3번

$\displaystyle\int_{0}^{\frac{\pi}{2}} 2\sin x\,dx$의 값은? (2점)

① 0   ② $\dfrac{1}{2}$ ③ 1

④ $\dfrac{3}{2}$ ⑤ 2

02 ★☆☆ 2018학년도 수능 가형 11번

실수 전체의 집합에서 미분가능한 두 함수 $f(x)$, $g(x)$가 있다. $f(x)$가 $g(x)$의 역함수이고 $f(1)=2$, $f'(1)=3$이다. 함수 $h(x)=xg(x)$라 할 때, $h'(2)$의 값은? (3점)

① 1   ② $\dfrac{4}{3}$ ③ $\dfrac{5}{3}$

④ 2   ⑤ $\dfrac{7}{3}$

03 ★★☆ 2021학년도 6월모평 가형 7번

함수

$$f(x)=\lim_{n\to\infty}\frac{2\times\left(\dfrac{x}{4}\right)^{2n+1}-1}{\left(\dfrac{x}{4}\right)^{2n}+3}$$

에 대하여 $f(k)=-\dfrac{1}{3}$을 만족시키는 정수 k의 개수는? (3점)

① 5   ② 7   ③ 9

④ 11   ⑤ 13

04 ★★☆ 2020학년도 수능 가형 12번

그림과 같이 양수 k에 대하여 곡선 $y=\sqrt{\dfrac{e^x}{e^x+1}}$과 x축, y축 및 직선 $x=k$로 둘러싸인 부분을 밑면으로 하고 x축에 수직인 평면으로 자른 단면이 모두 정사각형인 입체도형의 부피가 $\ln 7$일 때, k의 값은? (3점)

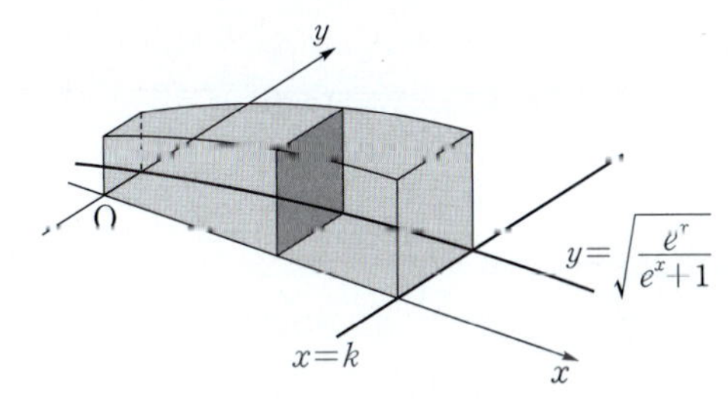

① $\ln 11$ ② $\ln 13$ ③ $\ln 15$

④ $\ln 17$ ⑤ $\ln 19$

그림과 같이 $\overline{A_1B_1}=4$, $\overline{A_1D_1}=1$인 직사각형 $A_1B_1C_1D_1$에서 두 대각선의 교점을 E_1이라 하자.

$\overline{A_2D_1}=\overline{D_1E_1}$, $\angle A_2D_1E_1=\dfrac{\pi}{2}$이고 선분 D_1C_1과 선분 A_2E_1이 만나도록 점 A_2를 잡고, $\overline{B_2C_1}=\overline{C_1E_1}$, $\angle B_2C_1E_1=\dfrac{\pi}{2}$이고 선분 D_1C_1과 선분 B_2E_1이 만나도록 점 B_2를 잡는다. 두 삼각형 $A_2D_1E_1$, $B_2C_1E_1$을 그린 후 △◁ 모양의 도형에 색칠하여 얻은 그림을 R_1이라 하자.

그림 R_1에서 $\overline{A_2B_2} : \overline{A_2D_2}=4 : 1$이고 선분 D_2C_2가 두 선분 A_2E_1, B_2E_1과 만나지 않도록 직사각형 $A_2B_2C_2D_2$를 그린다. 그림 R_1을 얻은 것과 같은 방법으로 세 점 E_2, A_3, B_3을 잡고 두 삼각형 $A_3D_2E_2$, $B_3C_2E_2$를 그린 후 △◁ 모양의 도형에 색칠하여 얻은 그림을 R_2라 하자.

이와 같은 과정을 계속하여 n번째 얻은 그림 R_n에 색칠되어 있는 부분의 넓이를 S_n이라 할 때, $\lim\limits_{n\to\infty} S_n$의 값은? (3점)

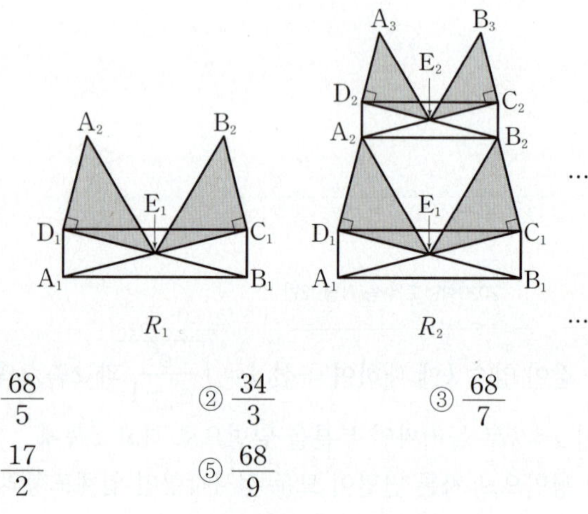

① $\dfrac{68}{5}$　　　② $\dfrac{34}{3}$　　　③ $\dfrac{68}{7}$

④ $\dfrac{17}{2}$　　　⑤ $\dfrac{68}{9}$

열린구간 $(0,\ 2\pi)$에서 정의된 함수 $f(x)=\cos x+2x\sin x$가 $x=\alpha$와 $x=\beta$에서 극값을 가진다. [보기]에서 옳은 것만을 있는 대로 고른 것은?

(단, $\alpha < \beta$) (4점)

[보기]

ㄱ. $\tan(\alpha+\pi)=-2\alpha$

ㄴ. $g(x)=\tan x$라 할 때, $g'(\alpha+\pi) < g'(\beta)$이다.

ㄷ. $\dfrac{2(\beta-\alpha)}{\alpha+\pi-\beta} < \sec^2\alpha$

① ㄱ　　　② ㄷ　　　③ ㄱ, ㄴ

④ ㄴ, ㄷ　　　⑤ ㄱ, ㄴ, ㄷ

07 ★★★ 2020년 7월학평 가형 29번

그림과 같이 길이가 4인 선분 AB를 지름으로 하고 중심이 O인 원 C가 있다. 원 C 위를 움직이는 점 P에 대하여 $\angle PAB=\theta$라 할 때, 선분 AB 위에 $\angle APQ=2\theta$를 만족시키는 점을 Q라 하자. 직선 PQ가 원 C와 만나는 점 중 P가 아닌 점을 R이라 할 때, 중심이 삼각형 AQP의 내부에 있고 두 선분 PA, PR에 동시에 접하는 원을 C'이라 하자. 원 C'이 점 O를 지날 때, 원 C'의 반지름의 길이를 $r(\theta)$, 삼각형 BQR의 넓이를 $S(\theta)$라 하자. $\displaystyle\lim_{\theta\to0+}\frac{S(\theta)}{r(\theta)}=a$일 때, $45a$의 값을 구하시오. $\left($단, $0<\theta<\dfrac{\pi}{4}\right)$ (4점)

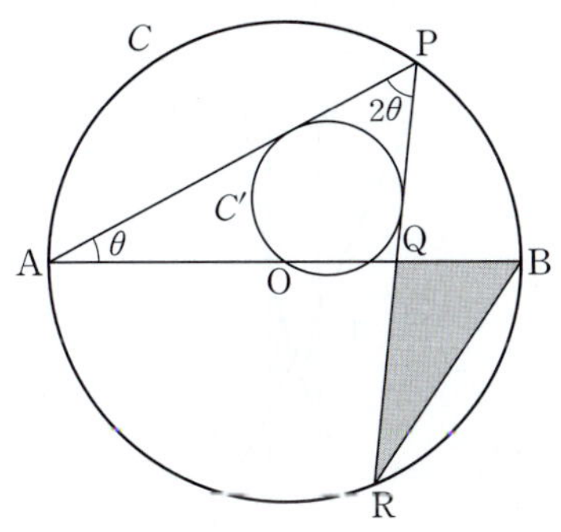

08 ★★★ 2010학년도 수능 가형 20번

실수 전체의 집합에서 연속인 함수 $f(x)$가 다음 조건을 만족시킨다.

> (가) $x\leq b$일 때, $f(x)=a(x-b)^2+c$이다.
> (단, a, b, c는 상수이다.)
> (나) 모든 실수 x에 대하여 $f(x)=\displaystyle\int_0^x\sqrt{4-2f(t)}\,dt$
> 이다.

$\displaystyle\int_0^6 f(x)dx=\frac{q}{p}$일 때, $p+q$의 값을 구하시오.
(단, p와 q는 서로소인 자연수이다.) (4점)

3회 미적분 기출 미니모의고사

출제 범위 | 미적분 전범위

---

01 ★☆☆ 2020학년도 6월모평 가형 2번

함수 $f(x)=7+3\ln x$에 대하여 $f'(3)$의 값은? (2점)

① 1 　　② 2 　　③ 3

④ 4 　　⑤ 5

02 ★☆☆ 2021학년도 9월모평 가형 4번

$\displaystyle\sum_{n=1}^{\infty}\frac{2}{n(n+2)}$의 값은? (3점)

① 1 　　② $\dfrac{3}{2}$ 　　③ 2

④ $\dfrac{5}{2}$ 　　⑤ 3

03 ★★☆ 2016학년도 수능 A형 10번

수열 $\{a_n\}$에 대하여 곡선 $y=x^2-(n+1)x+a_n$은 x축과 만나고, 곡선 $y=x^2-nx+a_n$은 x축과 만나지 않는다. $\displaystyle\lim_{n\to\infty}\frac{a_n}{n^2}$의 값은? (3점)

① $\dfrac{1}{20}$ 　　② $\dfrac{1}{10}$ 　　③ $\dfrac{3}{20}$

④ $\dfrac{1}{5}$ 　　⑤ $\dfrac{1}{4}$

04 ★★☆ 2018학년도 수능 가형 12번

곡선 $y=e^{2x}$과 y축 및 직선 $y=-2x+a$로 둘러싸인 영역을 A, 곡선 $y=e^{2x}$과 두 직선 $y=-2x+a$, $x=1$로 둘러싸인 영역을 B라 하자. A의 넓이와 B의 넓이가 같을 때, 상수 a의 값은? (단, $1<a<e^2$) (3점)

① $\dfrac{e^2+1}{2}$ 　　② $\dfrac{2e^2+1}{4}$ 　　③ $\dfrac{e^2}{2}$

④ $\dfrac{2e^2-1}{4}$ 　　⑤ $\dfrac{e^2-1}{2}$

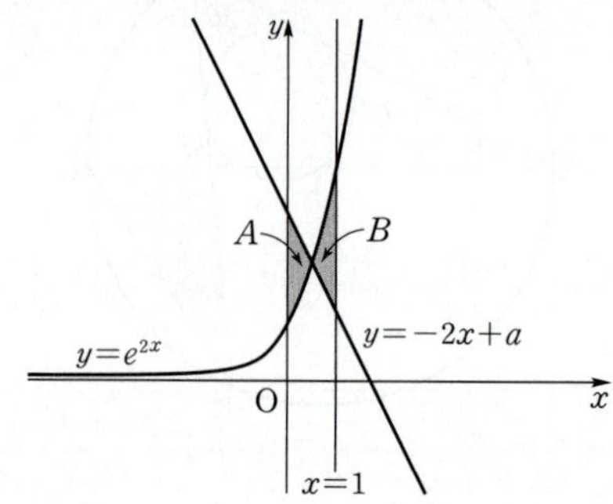

실수 전체의 집합에서 연속인 함수 $f(x)$의 도함수 $f'(x)$가

$$f'(x)=\begin{cases}2x+3 & (x<1)\\ \ln x & (x>1)\end{cases}$$

이다. $f(e)=2$일 때, $f(-6)$의 값은? (3점)

① 9   ② 11   ③ 13

④ 15   ⑤ 17

자연수 n에 대하여 중심이 원점 O이고 점 $P(2^n, 0)$을 지나는 원 C가 있다. 원 C 위에 점 Q를 호 PQ의 길이가 π가 되도록 잡는다. 점 Q에서 x축에 내린 수선의 발을 H라 할 때, $\lim_{n \to \infty} (\overline{OQ} \times \overline{HP})$의 값은? (4점)

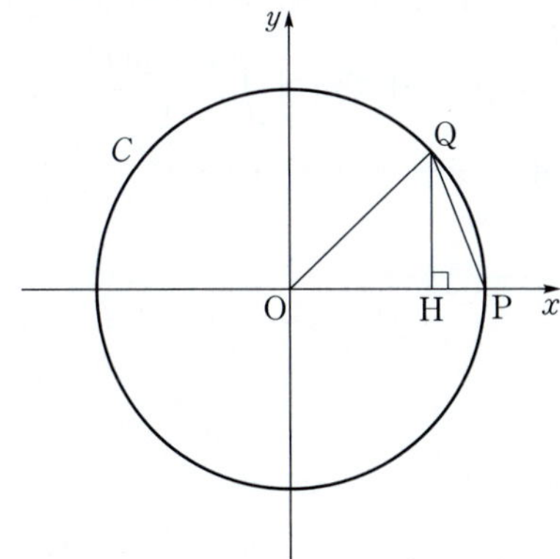

① $\dfrac{\pi^2}{2}$ ② $\dfrac{3}{4}\pi^2$ ③ π^2

④ $\dfrac{5}{4}\pi^2$ ⑤ $\dfrac{3}{2}\pi^2$

07 ★★★ 2022학년도 수능예시문항 미적 29번

함수 $f(x)=e^x+x-1$과 양수 t에 대하여 함수

$$F(x)=\int_0^x \{t-f(s)\}\,ds$$

가 $x=\alpha$에서 최댓값을 가질 때, 실수 α의 값을 $g(t)$라 하자.

미분가능한 함수 $g(t)$에 대하여 $\displaystyle\int_{f(1)}^{f(5)} \frac{g(t)}{1+e^{g(t)}}\,dt$의 값을

구하시오. (4점)

08 ★★★ 2018학년도 9월모평 가형 30번

함수 $f(x)=\ln(e^x+1)+2e^x$에 대하여 이차함수 $g(x)$와
실수 k는 다음 조건을 만족시킨다.

함수 $h(x)=|g(x)-f(x-k)|$는 $x=k$에서 최솟값
$g(k)$를 갖고, 닫힌구간 $[k-1,\ k+1]$에서 최댓값
$2e+\ln\left(\dfrac{1+e}{\sqrt{2}}\right)$를 갖는다.

$g'\left(k-\dfrac{1}{2}\right)$의 값을 구하시오. $\left(\text{단},\ \dfrac{5}{2}<e<3\text{이다.}\right)$ (4점)

정답과 해설 07 p.592 | 08 p.592

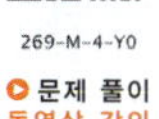

미적분 기출 미니모의고사

4회

출제 범위 | 미적분 전범위

5지 선다형

01 ★☆☆ 2018학년도 수능 나형 3번

$\lim\limits_{n \to \infty} \dfrac{5^n - 3}{5^{n+1}}$ 의 값은? (2점)

① $\dfrac{1}{5}$ ② $\dfrac{1}{4}$ ③ $\dfrac{1}{3}$

④ $\dfrac{1}{2}$ ⑤ 1

02 ★☆☆ 2021학년도 수능 가형 8번

곡선 $y = e^{2x}$과 x축 및 두 직선 $x = \ln\dfrac{1}{2}$, $x = \ln 2$로

둘러싸인 부분의 넓이는? (3점)

① $\dfrac{5}{3}$ ② $\dfrac{15}{8}$ ③ $\dfrac{15}{7}$

④ $\dfrac{5}{2}$ ⑤ 3

03 ★★☆ 2019학년도 6월모평 가형 9번

곡선 $e^x - e^y = y$ 위의 점 (a, b)에서의 접선의 기울기가 1일

때, $a + b$의 값은? (3점)

① $1 + \ln(e+1)$ ② $2 + \ln(e^2 + 2)$ ③ $3 + \ln(e^3 + 3)$

④ $4 + \ln(e^4 + 4)$ ⑤ $5 + \ln(e^5 + 5)$

04 ★★☆ 2013학년도 9월모평 가형 13번

삼차함수 $y = f(x)$의 그래프가 그림과 같고, $f(x)$는

$$\int_a^b f(x)\,dx = 3, \quad \int_a^c f(x)\,dx = 0$$

을 만족시킨다. 함수 $f(x)$의 한 부정적분을 $F(x)$라 할 때,
옳은 것만을 [보기]에서 있는 대로 고른 것은? (3점)

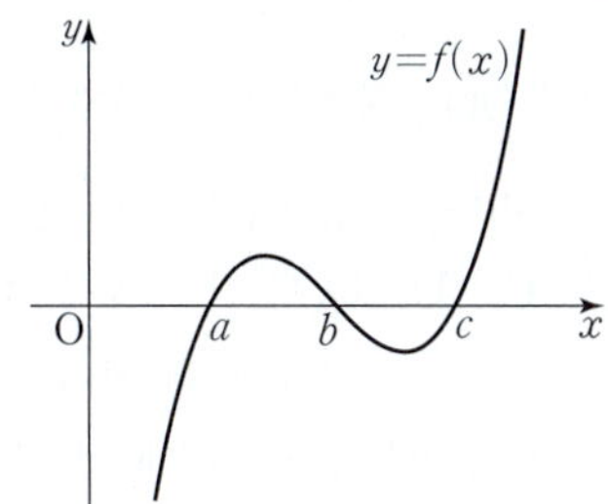

[보기]

ㄱ. $F(b) = F(a) + 3$

ㄴ. 점 $(c, F(c))$는 곡선 $y = F(x)$의 변곡점이다.

ㄷ. $-3 < F(a) < 0$이면 방정식 $F(x) = 0$은 서로 다른
    네 실근을 갖는다.

① ㄱ   ② ㄴ   ③ ㄱ, ㄷ

④ ㄴ, ㄷ   ⑤ ㄱ, ㄴ, ㄷ

그림과 같이 중심이 O, 반지름의 길이가 1이고 중심각의

크기가 $\dfrac{\pi}{2}$인 부채꼴 OA_1B_1이 있다. 호 A_1B_1 위에 점 P_1,

선분 OA_1 위에 점 C_1, 선분 OB_1 위에 점 D_1을 사각형

$OC_1P_1D_1$이 $\overline{OC_1} : \overline{OD_1} = 3 : 4$인 직사각형이 되도록 잡는다.

부채꼴 OA_1B_1의 내부에 점 Q_1을 $\overline{P_1Q_1} = \overline{A_1Q_1}$,

$\angle P_1Q_1A_1 = \dfrac{\pi}{2}$가 되도록 잡고, 이등변삼각형 $P_1Q_1A_1$에

색칠하여 얻은 그림을 R_1이라 하자.

그림 R_1에서 선분 OA_1 위의 점 A_2와 선분 OB_1 위의

점 B_2를 $\overline{OQ_1} = \overline{OA_2} = \overline{OB_2}$가 되도록 잡고, 중심이

O, 반지름의 길이가 $\overline{OQ_1}$, 중심각의 크기가 $\dfrac{\pi}{2}$인

부채꼴 OA_2B_2를 그린다. 그림 R_1을 얻은 것과 같은

방법으로 네 점 P_2, C_2, D_2, Q_2를 잡고, 이등변삼각형

$P_2Q_2A_2$에 색칠하여 얻은 그림을 R_2라 하자. 이와 같은

과정을 계속하여 n번째 얻은 그림 R_n에 색칠되어 있는

부분의 넓이를 S_n이라 할 때, $\displaystyle\lim_{n \to \infty} S_n$의 값은? (3점)

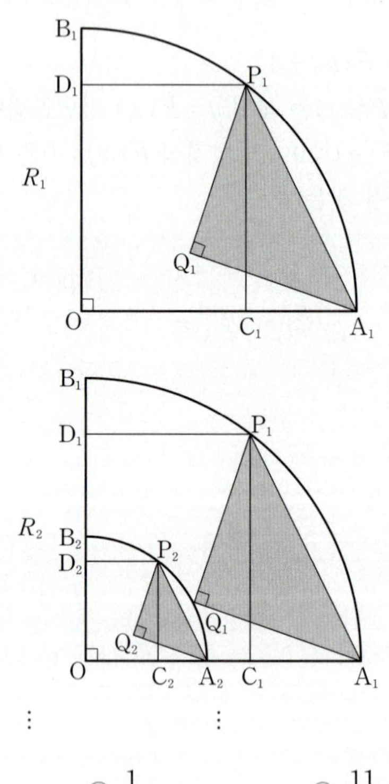

① $\dfrac{9}{40}$

② $\dfrac{1}{4}$

③ $\dfrac{11}{40}$

④ $\dfrac{3}{10}$

⑤ $\dfrac{13}{40}$

2 이상의 자연수 n에 대하여 실수 전체의 집합에서 정의된
함수

$$f(x) = e^{x+1}\{x^2 + (n-2)x - n + 3\} + ax$$

가 역함수를 갖도록 하는 실수 a의 최솟값을 $g(n)$이라 하자.

$1 \le g(n) \le 8$을 만족시키는 모든 n의 값의 합은? (4점)

① 43　　　② 46　　　③ 49

④ 52　　　⑤ 55

07 ★★★ 2015학년도 6월모평 B형 29번

그림과 같이 사다리꼴 ABCD에서 변 AD와 변 BC가
평행하고 $\angle B = 2\theta$, $\angle C = 3\theta$, $\overline{BC} = 2\sin\theta$, $\overline{AD} = \sin\theta$
이다. 사다리꼴 ABCD의 넓이를 $S(\theta)$라 할 때,
$\displaystyle\lim_{\theta \to 0+} \frac{S(\theta)}{\theta^3} = \frac{q}{p}$ 이다. $p+q$의 값을 구하시오.

$\left(\text{단, } 0 < \theta < \dfrac{\pi}{6} \text{이고, } p\text{와 } q\text{는 서로소인 자연수이다.}\right)$ (4점)

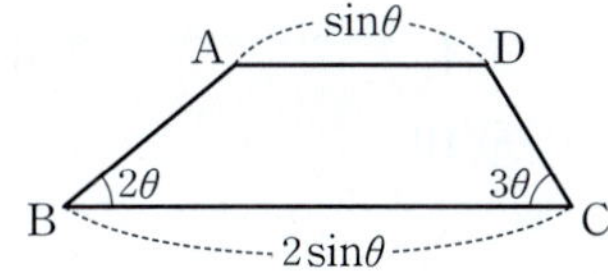

08 ★★★ 2010학년도 6월모평 기형 30번

실수 a와 함수 $f(x) = \ln(x^4 + 1) - c$ ($c > 0$인 상수)에
대하여 함수 $g(x)$를

$$g(x) = \int_a^x f(t)\,dt$$

라 하자. 함수 $y = g(x)$의 그래프가 x축과 만나는 서로 다른
점의 개수가 2가 되도록 하는 모든 a의 값을 작은 수부터
크기순으로 나열하면 a_1, a_2, $\cdots$, a_m (m은 자연수)이다.
$a = a_1$일 때, 함수 $g(x)$와 상수 k는 다음 조건을 만족시킨다.

(가) 함수 $g(x)$는 $x=1$에서 극솟값을 갖는다.

(나) $\displaystyle\int_{a_1}^{a_m} g(x)\,dx = k a_m \int_0^1 |f(x)|\,dx$

$mk \times e^c$의 값을 구하시오. (4점)

269-M-5-Y0
▶ 문제 풀이 동영상 강의

[5지 선다형]

01 ★☆☆ 2017학년도 6월모평 나형 3번

$\lim\limits_{n\to\infty}\dfrac{7n^2-n}{2n^2+3}$ 의 값은? (2점)

① $\dfrac{5}{2}$
② 3
③ $\dfrac{7}{2}$
④ 4
⑤ $\dfrac{9}{2}$

02 ★☆☆ 2017학년도 9월모평 가형 5번

$\cos(\alpha+\beta)=\dfrac{5}{7}$, $\cos\alpha\cos\beta=\dfrac{4}{7}$ 일 때, $\sin\alpha\sin\beta$의 값은? (3점)

① $-\dfrac{1}{7}$
② $-\dfrac{2}{7}$
③ $-\dfrac{3}{7}$
④ $-\dfrac{4}{7}$
⑤ $-\dfrac{5}{7}$

03 ★☆☆ 2018년 3월학평 나형 11번

등비급수 $\sum\limits_{n=1}^{\infty}\left(\dfrac{2x-3}{7}\right)^n$ 이 수렴하도록 하는 정수 x의 개수는? (3점)

① 2
② 4
③ 6
④ 8
⑤ 10

04 ★★☆ 2019학년도 6월모평 가형 12번

$x=0$ 에서 $x=\ln 2$ 까지의 곡선 $y=\dfrac{1}{8}e^{2x}+\dfrac{1}{2}e^{-2x}$ 의 길이는? (3점)

① $\dfrac{1}{2}$
② $\dfrac{9}{16}$
③ $\dfrac{5}{8}$
④ $\dfrac{11}{16}$
⑤ $\dfrac{3}{4}$

좌표평면에서 곡선

$$y=\cos^n x \left(0<x<\frac{\pi}{2},\ n=2,\ 3,\ 4,\ \cdots\right)$$

의 변곡점의 y좌표를 a_n이라 할 때, $\lim\limits_{n\to\infty} a_n$의 값은? (3점)

① $\dfrac{1}{e^2}$　　　② $\dfrac{1}{e}$　　　③ $\dfrac{1}{\sqrt{e}}$

④ $\dfrac{1}{2e}$　　　⑤ $\dfrac{1}{\sqrt{2e}}$

함수 $f(x)$를

$$f(x)=\begin{cases} |\sin x|-\sin x & \left(-\dfrac{7}{2}\pi \le x < 0\right) \\[2mm] \sin x-|\sin x| & \left(0 \le x \le \dfrac{7}{2}\pi\right) \end{cases}$$

라 하자. 닫힌구간 $\left[-\dfrac{7}{2}\pi,\ \dfrac{7}{2}\pi\right]$에 속하는 모든 실수 x에 대하여 $\displaystyle\int_a^x f(t)\,dt \ge 0$이 되도록 하는 실수 a의 최솟값을 α, 최댓값을 β라 할 때, $\beta-\alpha$의 값은?

$$\left(\text{단},\ -\frac{7}{2}\pi \le a \le \frac{7}{2}\pi\right) \text{(4점)}$$

① $\dfrac{\pi}{2}$　　　② $\dfrac{3}{2}\pi$　　　③ $\dfrac{5}{2}\pi$

④ $\dfrac{7}{2}\pi$　　　⑤ $\dfrac{9}{2}\pi$

07 ★★★ 2017학년도 6월모평 가형 29번

양의 실수 전체의 집합에서 이계도함수를 갖는 함수 $f(t)$에 대하여 좌표평면 위를 움직이는 점 P의 시각 $t(t\geq1)$에서의 위치 (x, y)가

$$\begin{cases} x=2\ln t \\ y=f(t) \end{cases}$$

이다. 점 P가 점 $(0, f(1))$로부터 움직인 거리가 s가 될 때 시각 t는 $t=\dfrac{s+\sqrt{s^2+4}}{2}$이고, $t=2$일 때 점 P의 속도는 $\left(1, \dfrac{3}{4}\right)$이다. 시각 $t=2$일 때 점 P의 가속도를 $\left(-\dfrac{1}{2},\ a\right)$라 할 때, $60a$의 값을 구하시오. (4점)

08 ★★★ 2019학년도 수능 가형 30번

최고차항의 계수가 6π인 삼차함수 $f(x)$에 대하여 함수 $g(x)=\dfrac{1}{2+\sin(f(x))}$이 $x=\alpha$에서 극대 또는 극소이고, $\alpha\geq0$인 모든 α를 작은 수부터 크기순으로 나열한 것을 α_1, α_2, α_3, α_4, α_5, $\cdots$라 할 때, $g(x)$는 다음 조건을 만족시킨다.

> (가) $\alpha_1=0$이고 $g(\alpha_1)=\dfrac{2}{5}$이다.
>
> (나) $\dfrac{1}{g(\alpha_5)}=\dfrac{1}{g(\alpha_2)}+\dfrac{1}{2}$

$g'\left(-\dfrac{1}{2}\right)=a\pi$라 할 때, a^2의 값을 구하시오.

$$\left(\text{단, } 0<f(0)<\dfrac{\pi}{2}\right) \text{(4점)}$$

DAY 1일차

번호	page
001~073	p.4~17
학습내용	
I. 수열의 극한 1. 수열의 극한	

문번	답란
001	
002	① ② ③ ④ ⑤
003	① ② ③ ④ ⑤
004	① ② ③ ④ ⑤
005	① ② ③ ④ ⑤
006	① ② ③ ④ ⑤
007	① ② ③ ④ ⑤
008	① ② ③ ④ ⑤
009	① ② ③ ④ ⑤
010	① ② ③ ④ ⑤
011	① ② ③ ④ ⑤
012	① ② ③ ④ ⑤
013	① ② ③ ④ ⑤
014	① ② ③ ④ ⑤

문번	답란
015	① ② ③ ④ ⑤
016	① ② ③ ④ ⑤
017	① ② ③ ④ ⑤
018	① ② ③ ④ ⑤
019	① ② ③ ④ ⑤
020	① ② ③ ④ ⑤
021	① ② ③ ④ ⑤
022	① ② ③ ④ ⑤
023	① ② ③ ④ ⑤
024	① ② ③ ④ ⑤
025	① ② ③ ④ ⑤
026	① ② ③ ④ ⑤
027	① ② ③ ④ ⑤
028	① ② ③ ④ ⑤
029	① ② ③ ④ ⑤
030	① ② ③ ④ ⑤
031	① ② ③ ④ ⑤
032	① ② ③ ④ ⑤
033	① ② ③ ④ ⑤
034	① ② ③ ④ ⑤

문번	답란
035	① ② ③ ④ ⑤
036	① ② ③ ④ ⑤
037	
038	
039	
040	① ② ③ ④ ⑤
041	
042	① ② ③ ④ ⑤
043	① ② ③ ④ ⑤
044	① ② ③ ④ ⑤
045	① ② ③ ④ ⑤
046	① ② ③ ④ ⑤
047	① ② ③ ④ ⑤
048	
049	① ② ③ ④ ⑤
050	① ② ③ ④ ⑤
051	① ② ③ ④ ⑤
052	① ② ③ ④ ⑤
053	① ② ③ ④ ⑤
054	① ② ③ ④ ⑤

문번	답란
055	① ② ③ ④ ⑤
056	① ② ③ ④ ⑤
057	① ② ③ ④ ⑤
058	① ② ③ ④ ⑤
059	① ② ③ ④ ⑤
060	① ② ③ ④ ⑤
061	① ② ③ ④ ⑤
062	① ② ③ ④ ⑤
063	① ② ③ ④ ⑤
064	
065	
066	① ② ③ ④ ⑤
067	① ② ③ ④ ⑤
068	① ② ③ ④ ⑤
069	① ② ③ ④ ⑤
070	① ② ③ ④ ⑤
071	① ② ③ ④ ⑤
072	
073	① ② ③ ④ ⑤

DAY 2일차

번호	page
074~118	p.18~27
학습내용	
I. 수열의 극한 1. 수열의 극한	

문번	답란
074	
075	① ② ③ ④ ⑤
076	
077	
078	① ② ③ ④ ⑤
079	
080	① ② ③ ④ ⑤
081	① ② ③ ④ ⑤
082	

문번	답란
083	
084	
085	
086	① ② ③ ④ ⑤
087	① ② ③ ④ ⑤
088	
089	① ② ③ ④ ⑤
090	① ② ③ ④ ⑤
091	① ② ③ ④ ⑤
092	① ② ③ ④ ⑤
093	① ② ③ ④ ⑤
094	① ② ③ ④ ⑤
095	① ② ③ ④ ⑤
096	① ② ③ ④ ⑤

문번	답란
097	① ② ③ ④ ⑤
098	① ② ③ ④ ⑤
099	① ② ③ ④ ⑤
100	① ② ③ ④ ⑤
101	① ② ③ ④ ⑤
102	
103	① ② ③ ④ ⑤
104	① ② ③ ④ ⑤
105	
106	
107	
108	① ② ③ ④ ⑤
109	① ② ③ ④ ⑤
110	① ② ③ ④ ⑤

문번	답란
111	① ② ③ ④ ⑤
112	① ② ③ ④ ⑤
113	① ② ③ ④ ⑤
114	① ② ③ ④ ⑤
115	
116	① ② ③ ④ ⑤
117	① ② ③ ④ ⑤
118	① ② ③ ④ ⑤

마더텅 연습용 답안지
미적분

DAY 3일차

번호	page
119~151	p.28~39
학습내용	

Ⅰ. 수열의 극한
1. 수열의 극한

문번	답 란
119	① ② ③ ④ ⑤
120	① ② ③ ④ ⑤
121	① ② ③ ④ ⑤
122	① ② ③ ④ ⑤
123	① ② ③ ④ ⑤
124	
125	① ② ③ ④ ⑤
126	① ② ③ ④ ⑤
127	

문번	답 란
128	
129	
130	① ② ③ ④ ⑤
131	
132	① ② ③ ④ ⑤
133	① ② ③ ④ ⑤
134	
135	① ② ③ ④ ⑤
136	① ② ③ ④ ⑤
137	① ② ③ ④ ⑤
138	① ② ③ ④ ⑤
139	① ② ③ ④ ⑤
140	
141	① ② ③ ④ ⑤

문번	답 란
142	
143	
144	
145	① ② ③ ④ ⑤
146	① ② ③ ④ ⑤
147	① ② ③ ④ ⑤
148	① ② ③ ④ ⑤
149	① ② ③ ④ ⑤
150	① ② ③ ④ ⑤
151	① ② ③ ④ ⑤

마더텅 연습용 답안지
미적분

DAY 4일차

번호	page
152~178	p.40~51
학습내용	

Ⅰ. 수열의 극한
1. 수열의 극한

문번	답 란
152	① ② ③ ④ ⑤
153	① ② ③ ④ ⑤
154	① ② ③ ④ ⑤
155	
156	
157	① ② ③ ④ ⑤
158	
159	
160	① ② ③ ④ ⑤

문번	답 란
161	
162	① ② ③ ④ ⑤
163	
164	
165	
166	
167	
168	① ② ③ ④ ⑤
169	
170	
171	① ② ③ ④ ⑤
172	
173	① ② ③ ④ ⑤
174	① ② ③ ④ ⑤

문번	답 란
175	① ② ③ ④ ⑤
176	
177	
178	① ② ③ ④ ⑤

DAY 5일차

번호	page
001~061	p.52~65
학습내용	
Ⅰ. 수열의 극한 2. 급수	

문번	답 란
001	① ② ③ ④ ⑤
002	① ② ③ ④ ⑤
003	① ② ③ ④ ⑤
004	① ② ③ ④ ⑤
005	① ② ③ ④ ⑤
006	
007	① ② ③ ④ ⑤
008	
009	① ② ③ ④ ⑤
010	① ② ③ ④ ⑤
011	① ② ③ ④ ⑤

문번	답 란
012	① ② ③ ④ ⑤
013	① ② ③ ④ ⑤
014	① ② ③ ④ ⑤
015	① ② ③ ④ ⑤
016	① ② ③ ④ ⑤
017	
018	① ② ③ ④ ⑤
019	① ② ③ ④ ⑤
020	① ② ③ ④ ⑤
021	
022	
023	① ② ③ ④ ⑤
024	① ② ③ ④ ⑤
025	① ② ③ ④ ⑤
026	① ② ③ ④ ⑤
027	① ② ③ ④ ⑤
028	① ② ③ ④ ⑤

문번	답 란
029	① ② ③ ④ ⑤
030	
031	① ② ③ ④ ⑤
032	① ② ③ ④ ⑤
033	① ② ③ ④ ⑤
034	① ② ③ ④ ⑤
035	① ② ③ ④ ⑤
036	① ② ③ ④ ⑤
037	
038	
039	
040	① ② ③ ④ ⑤
041	① ② ③ ④ ⑤
042	① ② ③ ④ ⑤
043	① ② ③ ④ ⑤
044	① ② ③ ④ ⑤
045	

문번	답 란
046	① ② ③ ④ ⑤
047	
048	
049	① ② ③ ④ ⑤
050	
051	
052	① ② ③ ④ ⑤
053	① ② ③ ④ ⑤
054	① ② ③ ④ ⑤
055	① ② ③ ④ ⑤
056	① ② ③ ④ ⑤
057	
058	① ② ③ ④ ⑤
059	① ② ③ ④ ⑤
060	① ② ③ ④ ⑤
061	① ② ③ ④ ⑤

마더텅 연습용 답안지
미적분

OMR 카드가 추가로 필요한 수험생분들은 마더텅 홈페이지에서 OMR 카드의 PDF 파일을 내려받을 수 있습니다.
이용방법 ① 주소창에 www.toptutor.co.kr 입력 또는 포털에서 [마더텅] 검색
② 학습자료실 → 교재관련자료 → [고등] [까만책] [과목] [교재] 선택 → OMR 카드 내려받기

MOTHERTONGUE 마더텅출판사 since1999.4.1.

DAY 6일차

번호	page
062~095	p.66~81
학습내용	
Ⅰ. 수열의 극한 2. 급수	

문번	답 란
062	① ② ③ ④ ⑤
063	① ② ③ ④ ⑤
064	① ② ③ ④ ⑤
065	① ② ③ ④ ⑤
066	① ② ③ ④ ⑤
067	
068	
069	
070	① ② ③ ④ ⑤

문번	답 란
071	① ② ③ ④ ⑤
072	① ② ③ ④ ⑤
073	① ② ③ ④ ⑤
074	① ② ③ ④ ⑤
075	① ② ③ ④ ⑤
076	① ② ③ ④ ⑤
077	① ② ③ ④ ⑤
078	① ② ③ ④ ⑤
079	① ② ③ ④ ⑤
080	① ② ③ ④ ⑤
081	① ② ③ ④ ⑤
082	① ② ③ ④ ⑤
083	① ② ③ ④ ⑤
084	① ② ③ ④ ⑤

문번	답 란
085	① ② ③ ④ ⑤
086	① ② ③ ④ ⑤
087	① ② ③ ④ ⑤
088	① ② ③ ④ ⑤
089	① ② ③ ④ ⑤
090	① ② ③ ④ ⑤
091	① ② ③ ④ ⑤
092	① ② ③ ④ ⑤
093	① ② ③ ④ ⑤
094	① ② ③ ④ ⑤
095	① ② ③ ④ ⑤

마더텅 연습용 답안지
미적분

DAY 7일차

번호	page
096~115	p.82~91

학습내용
Ⅰ. 수열의 극한
2. 급수

문번	답 란
096	① ② ③ ④ ⑤
097	① ② ③ ④ ⑤
098	① ② ③ ④ ⑤
099	① ② ③ ④ ⑤
100	① ② ③ ④ ⑤
101	① ② ③ ④ ⑤
102	
103	
104	

문번	답 란
105	
106	
107	
108	
109	
110	
111	① ② ③ ④ ⑤
112	① ② ③ ④ ⑤
113	① ② ③ ④ ⑤
114	① ② ③ ④ ⑤
115	① ② ③ ④ ⑤

마더텅 연습용 답안지
미적분

DAY 8일차

번호	page
001~071	p.92~109

학습내용
Ⅱ. 미분법
1. 지수함수와 로그함수의 미분

문번	답 란
001	① ② ③ ④ ⑤
002	① ② ③ ④ ⑤
003	① ② ③ ④ ⑤
004	① ② ③ ④ ⑤
005	① ② ③ ④ ⑤
006	① ② ③ ④ ⑤
007	① ② ③ ④ ⑤
008	① ② ③ ④ ⑤
009	① ② ③ ④ ⑤
010	① ② ③ ④ ⑤
011	① ② ③ ④ ⑤

문번	답 란
012	① ② ③ ④ ⑤
013	① ② ③ ④ ⑤
014	① ② ③ ④ ⑤
015	① ② ③ ④ ⑤
016	① ② ③ ④ ⑤
017	① ② ③ ④ ⑤
018	① ② ③ ④ ⑤
019	① ② ③ ④ ⑤
020	① ② ③ ④ ⑤
021	① ② ③ ④ ⑤
022	① ② ③ ④ ⑤
023	① ② ③ ④ ⑤
024	① ② ③ ④ ⑤
025	① ② ③ ④ ⑤
026	① ② ③ ④ ⑤
027	① ② ③ ④ ⑤
028	① ② ③ ④ ⑤
029	① ② ③ ④ ⑤
030	① ② ③ ④ ⑤
031	① ② ③ ④ ⑤

문번	답 란
032	① ② ③ ④ ⑤
033	① ② ③ ④ ⑤
034	① ② ③ ④ ⑤
035	① ② ③ ④ ⑤
036	① ② ③ ④ ⑤
037	① ② ③ ④ ⑤
038	① ② ③ ④ ⑤
039	① ② ③ ④ ⑤
040	① ② ③ ④ ⑤
041	① ② ③ ④ ⑤
042	① ② ③ ④ ⑤
043	① ② ③ ④ ⑤
044	① ② ③ ④ ⑤
045	① ② ③ ④ ⑤
046	① ② ③ ④ ⑤
047	① ② ③ ④ ⑤
048	① ② ③ ④ ⑤
049	① ② ③ ④ ⑤
050	① ② ③ ④ ⑤
051	① ② ③ ④ ⑤

문번	답 란
052	① ② ③ ④ ⑤
053	① ② ③ ④ ⑤
054	① ② ③ ④ ⑤
055	① ② ③ ④ ⑤
056	① ② ③ ④ ⑤
057	① ② ③ ④ ⑤
058	① ② ③ ④ ⑤
059	① ② ③ ④ ⑤
060	
061	
062	① ② ③ ④ ⑤
063	① ② ③ ④ ⑤
064	① ② ③ ④ ⑤
065	① ② ③ ④ ⑤
066	① ② ③ ④ ⑤
067	① ② ③ ④ ⑤
068	
069	① ② ③ ④ ⑤
070	① ② ③ ④ ⑤
071	

마더텅 연습용 답안지
미적분

DAY 9일차

번호	page
001~050	p.110~125

학습내용
Ⅱ. 미분법
2. 삼각함수의 덧셈정리

문번	답란
001	① ② ③ ④ ⑤
002	① ② ③ ④ ⑤
003	① ② ③ ④ ⑤
004	① ② ③ ④ ⑤
005	① ② ③ ④ ⑤
006	
007	
008	
009	① ② ③ ④ ⑤

문번	답란
010	
011	① ② ③ ④ ⑤
012	① ② ③ ④ ⑤
013	① ② ③ ④ ⑤
014	① ② ③ ④ ⑤
015	① ② ③ ④ ⑤
016	① ② ③ ④ ⑤
017	
018	
019	① ② ③ ④ ⑤
020	① ② ③ ④ ⑤
021	① ② ③ ④ ⑤
022	① ② ③ ④ ⑤
023	① ② ③ ④ ⑤

문번	답란
024	
025	① ② ③ ④ ⑤
026	① ② ③ ④ ⑤
027	① ② ③ ④ ⑤
028	① ② ③ ④ ⑤
029	
030	① ② ③ ④ ⑤
031	① ② ③ ④ ⑤
032	① ② ③ ④ ⑤
033	① ② ③ ④ ⑤
034	
035	
036	① ② ③ ④ ⑤
037	① ② ③ ④ ⑤

문번	답란
038	① ② ③ ④ ⑤
039	① ② ③ ④ ⑤
040	① ② ③ ④ ⑤
041	
042	
043	① ② ③ ④ ⑤
044	① ② ③ ④ ⑤
045	
046	
047	
048	
049	
050	① ② ③ ④ ⑤

마더텅 연습용 답안지
미적분

DAY 10일차

번호	page
001~045	p.126~139

학습내용
Ⅱ. 미분법
3. 삼각함수의 미분

문번	답란
001	① ② ③ ④ ⑤
002	① ② ③ ④ ⑤
003	① ② ③ ④ ⑤
004	① ② ③ ④ ⑤
005	① ② ③ ④ ⑤
006	① ② ③ ④ ⑤
007	
008	
009	

문번	답란
010	① ② ③ ④ ⑤
011	① ② ③ ④ ⑤
012	① ② ③ ④ ⑤
013	① ② ③ ④ ⑤
014	① ② ③ ④ ⑤
015	① ② ③ ④ ⑤
016	① ② ③ ④ ⑤
017	
018	① ② ③ ④ ⑤
019	① ② ③ ④ ⑤
020	① ② ③ ④ ⑤
021	① ② ③ ④ ⑤
022	① ② ③ ④ ⑤
023	① ② ③ ④ ⑤

문번	답란
024	① ② ③ ④ ⑤
025	① ② ③ ④ ⑤
026	① ② ③ ④ ⑤
027	① ② ③ ④ ⑤
028	① ② ③ ④ ⑤
029	① ② ③ ④ ⑤
030	① ② ③ ④ ⑤
031	① ② ③ ④ ⑤
032	① ② ③ ④ ⑤
033	① ② ③ ④ ⑤
034	① ② ③ ④ ⑤
035	① ② ③ ④ ⑤
036	① ② ③ ④ ⑤
037	

문번	답란
038	① ② ③ ④ ⑤
039	
040	① ② ③ ④ ⑤
041	① ② ③ ④ ⑤
042	
043	
044	① ② ③ ④ ⑤
045	

마더텅 연습용 답안지
미적분

DAY 11일차

번호	page
046~079	p.140~153

학습내용
Ⅱ. 미분법 3. 삼각함수의 미분

문번	답 란
046	① ② ③ ④ ⑤
047	① ② ③ ④ ⑤
048	
049	① ② ③ ④ ⑤
050	① ② ③ ④ ⑤
051	① ② ③ ④ ⑤
052	① ② ③ ④ ⑤
053	① ② ③ ④ ⑤
054	① ② ③ ④ ⑤

문번	답 란
055	① ② ③ ④ ⑤
056	
057	
058	① ② ③ ④ ⑤
059	① ② ③ ④ ⑤
060	① ② ③ ④ ⑤
061	① ② ③ ④ ⑤
062	① ② ③ ④ ⑤
063	① ② ③ ④ ⑤
064	① ② ③ ④ ⑤
065	① ② ③ ④ ⑤
066	
067	① ② ③ ④ ⑤
068	① ② ③ ④ ⑤

문번	답 란
069	① ② ③ ④ ⑤
070	① ② ③ ④ ⑤
071	
072	
073	
074	① ② ③ ④ ⑤
075	① ② ③ ④ ⑤
076	① ② ③ ④ ⑤
077	① ② ③ ④ ⑤
078	
079	① ② ③ ④ ⑤

마더텅 연습용 답안지
미적분

DAY 12일차

번호	page
080~113	p.154~167

학습내용
Ⅱ. 미분법 3. 삼각함수의 미분

문번	답 란
080	① ② ③ ④ ⑤
081	
082	① ② ③ ④ ⑤
083	① ② ③ ④ ⑤
084	① ② ③ ④ ⑤
085	① ② ③ ④ ⑤
086	
087	① ② ③ ④ ⑤
088	① ② ③ ④ ⑤

문번	답 란
089	① ② ③ ④ ⑤
090	① ② ③ ④ ⑤
091	① ② ③ ④ ⑤
092	① ② ③ ④ ⑤
093	① ② ③ ④ ⑤
094	
095	
096	① ② ③ ④ ⑤
097	
098	
099	① ② ③ ④ ⑤
100	
101	
102	① ② ③ ④ ⑤

문번	답 란
103	① ② ③ ④ ⑤
104	
105	① ② ③ ④ ⑤
106	
107	
108	① ② ③ ④ ⑤
109	① ② ③ ④ ⑤
110	① ② ③ ④ ⑤
111	① ② ③ ④ ⑤
112	
113	① ② ③ ④ ⑤

OMR 카드가 추가로 필요한 수험생분들은 마더텅 홈페이지에서 OMR 카드의 PDF 파일을 내려받을 수 있습니다.
이용방법 ① 주소창에 www.toptutor.co.kr 입력 또는 포털에서 [마더텅] 검색
② 학습자료실 → 교재관련자료 → [고등] [까만책] [과목] [교재] 선택 → OMR 카드 내려받기

DAY 13일차

번호	page
001~051	p.168~179

학습내용

Ⅱ. 미분법
4. 여러 가지 미분법

문번	답란
001	① ② ③ ④ ⑤
002	
003	① ② ③ ④ ⑤
004	① ② ③ ④ ⑤
005	① ② ③ ④ ⑤
006	① ② ③ ④ ⑤
007	① ② ③ ④ ⑤
008	
009	① ② ③ ④ ⑤

문번	답란
010	
011	① ② ③ ④ ⑤
012	① ② ③ ④ ⑤
013	① ② ③ ④ ⑤
014	① ② ③ ④ ⑤
015	① ② ③ ④ ⑤
016	
017	
018	① ② ③ ④ ⑤
019	
020	
021	① ② ③ ④ ⑤
022	
023	

문번	답란
024	
025	
026	
027	
028	
029	① ② ③ ④ ⑤
030	
031	① ② ③ ④ ⑤
032	① ② ③ ④ ⑤
033	① ② ③ ④ ⑤
034	
035	① ② ③ ④ ⑤
036	① ② ③ ④ ⑤
037	① ② ③ ④ ⑤

문번	답란
038	① ② ③ ④ ⑤
039	① ② ③ ④ ⑤
040	① ② ③ ④ ⑤
041	① ② ③ ④ ⑤
042	① ② ③ ④ ⑤
043	
044	① ② ③ ④ ⑤
045	① ② ③ ④ ⑤
046	① ② ③ ④ ⑤
047	① ② ③ ④ ⑤
048	① ② ③ ④ ⑤
049	① ② ③ ④ ⑤
050	① ② ③ ④ ⑤
051	

OMR 카드가 추가로 필요한 수험생분들은 마더텅 홈페이지에서 OMR 카드의 PDF 파일을 내려받을 수 있습니다.
이용방법 ① 주소창에 www.toptutor.co.kr 입력 또는 포털에서 [마더텅] 검색
② 학습자료실 → 교재관련자료 → [고등] [까만책] [과목] [교재] 선택 → OMR 카드 내려받기

DAY 14일차

번호	page
052~108	p.180~191

학습내용

Ⅱ. 미분법
4. 여러 가지 미분법

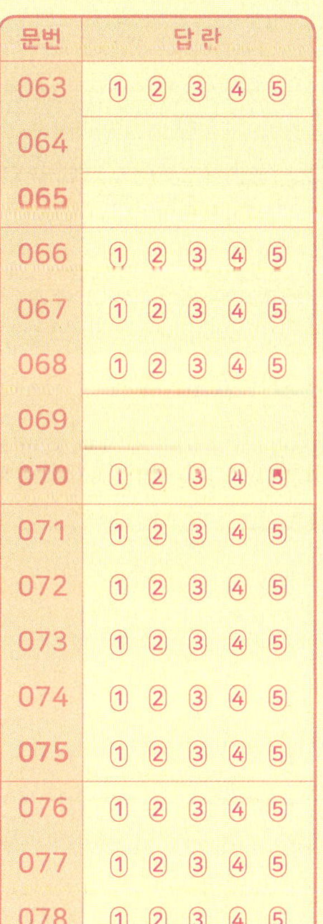

문번	답란
052	① ② ③ ④ ⑤
053	① ② ③ ④ ⑤
054	① ② ③ ④ ⑤
055	① ② ③ ④ ⑤
056	① ② ③ ④ ⑤
057	① ② ③ ④ ⑤
058	① ② ③ ④ ⑤
059	
060	
061	① ② ③ ④ ⑤
062	① ② ③ ④ ⑤

문번	답란
063	① ② ③ ④ ⑤
064	
065	
066	① ② ③ ④ ⑤
067	① ② ③ ④ ⑤
068	① ② ③ ④ ⑤
069	
070	① ② ③ ④ ⑤
071	① ② ③ ④ ⑤
072	① ② ③ ④ ⑤
073	① ② ③ ④ ⑤
074	① ② ③ ④ ⑤
075	① ② ③ ④ ⑤
076	① ② ③ ④ ⑤
077	① ② ③ ④ ⑤
078	① ② ③ ④ ⑤

문번	답란
079	① ② ③ ④ ⑤
080	
081	① ② ③ ④ ⑤
082	① ② ③ ④ ⑤
083	① ② ③ ④ ⑤
084	① ② ③ ④ ⑤
085	① ② ③ ④ ⑤
086	① ② ③ ④ ⑤
087	① ② ③ ④ ⑤
088	① ② ③ ④ ⑤
089	① ② ③ ④ ⑤
090	
091	① ② ③ ④ ⑤
092	① ② ③ ④ ⑤
093	① ② ③ ④ ⑤
094	

문번	답란
095	① ② ③ ④ ⑤
096	① ② ③ ④ ⑤
097	① ② ③ ④ ⑤
098	① ② ③ ④ ⑤
099	① ② ③ ④ ⑤
100	① ② ③ ④ ⑤
101	① ② ③ ④ ⑤
102	
103	① ② ③ ④ ⑤
104	① ② ③ ④ ⑤
105	① ② ③ ④ ⑤
106	① ② ③ ④ ⑤
107	
108	① ② ③ ④ ⑤

마더텅 연습용 답안지
미적분

DAY 15일차

번호	page
109~128	p.192~199
학습내용	

Ⅱ. 미분법
4. 여러 가지 미분법

문번	답란
109	① ② ③ ④ ⑤
110	
111	
112	① ② ③ ④ ⑤
113	
114	
115	
116	① ② ③ ④ ⑤
117	

문번	답란
118	
119	
120	① ② ③ ④ ⑤
121	① ② ③ ④ ⑤
122	① ② ③ ④ ⑤
123	① ② ③ ④ ⑤
124	① ② ③ ④ ⑤
125	
126	① ② ③ ④ ⑤
127	① ② ③ ④ ⑤
128	

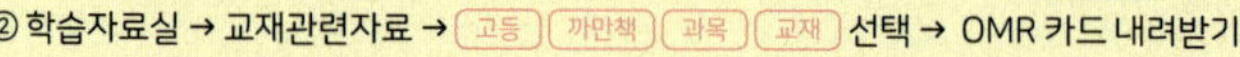

마더텅 연습용 답안지
미적분

DAY 16일차

번호	page
001~056	p.200~215
학습내용	

Ⅱ. 미분법
5. 도함수의 활용

문번	답란
001	① ② ③ ④ ⑤
002	① ② ③ ④ ⑤
003	① ② ③ ④ ⑤
004	
005	① ② ③ ④ ⑤
006	
007	
008	① ② ③ ④ ⑤
009	① ② ③ ④ ⑤
010	① ② ③ ④ ⑤

문번	답란
011	① ② ③ ④ ⑤
012	
013	① ② ③ ④ ⑤
014	
015	
016	
017	① ② ③ ④ ⑤
018	① ② ③ ④ ⑤
019	① ② ③ ④ ⑤
020	① ② ③ ④ ⑤
021	① ② ③ ④ ⑤
022	① ② ③ ④ ⑤
023	① ② ③ ④ ⑤
024	① ② ③ ④ ⑤
025	① ② ③ ④ ⑤
026	① ② ③ ④ ⑤

문번	답란
027	
028	
029	① ② ③ ④ ⑤
030	① ② ③ ④ ⑤
031	
032	
033	
034	① ② ③ ④ ⑤
035	① ② ③ ④ ⑤
036	① ② ③ ④ ⑤
037	① ② ③ ④ ⑤
038	
039	
040	① ② ③ ④ ⑤
041	① ② ③ ④ ⑤
042	① ② ③ ④ ⑤

문번	답란
043	① ② ③ ④ ⑤
044	① ② ③ ④ ⑤
045	① ② ③ ④ ⑤
046	① ② ③ ④ ⑤
047	① ② ③ ④ ⑤
048	① ② ③ ④ ⑤
049	① ② ③ ④ ⑤
050	① ② ③ ④ ⑤
051	① ② ③ ④ ⑤
052	① ② ③ ④ ⑤
053	① ② ③ ④ ⑤
054	① ② ③ ④ ⑤
055	
056	① ② ③ ④ ⑤

마더텅 연습용 답안지
미적분

DAY 17일차

번호	page
057~099	p.216~227
학습내용	
Ⅱ. 미분법	
5. 도함수의 활용	

문번	답 란
057	① ② ③ ④ ⑤
058	① ② ③ ④ ⑤
059	① ② ③ ④ ⑤
060	① ② ③ ④ ⑤
061	① ② ③ ④ ⑤
062	① ② ③ ④ ⑤
063	
064	① ② ③ ④ ⑤
065	

문번	답 란
066	① ② ③ ④ ⑤
067	① ② ③ ④ ⑤
068	① ② ③ ④ ⑤
069	① ② ③ ④ ⑤
070	
071	① ② ③ ④ ⑤
072	① ② ③ ④ ⑤
073	① ② ③ ④ ⑤
074	① ② ③ ④ ⑤
075	① ② ③ ④ ⑤
076	① ② ③ ④ ⑤
077	
078	① ② ③ ④ ⑤
079	① ② ③ ④ ⑤

문번	답 란
080	
081	① ② ③ ④ ⑤
082	① ② ③ ④ ⑤
083	① ② ③ ④ ⑤
084	① ② ③ ④ ⑤
085	① ② ③ ④ ⑤
086	① ② ③ ④ ⑤
087	① ② ③ ④ ⑤
088	① ② ③ ④ ⑤
089	① ② ③ ④ ⑤
090	
091	
092	① ② ③ ④ ⑤
093	① ② ③ ④ ⑤

문번	답 란
094	
095	① ② ③ ④ ⑤
096	① ② ③ ④ ⑤
097	① ② ③ ④ ⑤
098	① ② ③ ④ ⑤
099	① ② ③ ④ ⑤

마더텅 연습용 답안지
미적분

DAY 18일차

번호	page
100~133	p.228~239
학습내용	
Ⅱ. 미분법	
5. 도함수의 활용	

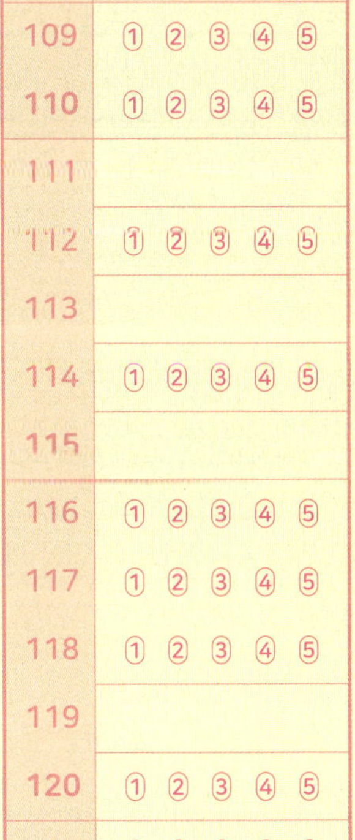

문번	답 란
100	① ② ③ ④ ⑤
101	① ② ③ ④ ⑤
102	① ② ③ ④ ⑤
103	① ② ③ ④ ⑤
104	① ② ③ ④ ⑤
105	① ② ③ ④ ⑤
106	① ② ③ ④ ⑤
107	
108	① ② ③ ④ ⑤

문번	답 란
109	① ② ③ ④ ⑤
110	① ② ③ ④ ⑤
111	
112	① ② ③ ④ ⑤
113	
114	① ② ③ ④ ⑤
115	
116	① ② ③ ④ ⑤
117	① ② ③ ④ ⑤
118	① ② ③ ④ ⑤
119	
120	① ② ③ ④ ⑤
121	① ② ③ ④ ⑤
122	① ② ③ ④ ⑤

문번	답 란
123	① ② ③ ④ ⑤
124	① ② ③ ④ ⑤
125	① ② ③ ④ ⑤
126	
127	① ② ③ ④ ⑤
128	① ② ③ ④ ⑤
129	
130	① ② ③ ④ ⑤
131	① ② ③ ④ ⑤
132	① ② ③ ④ ⑤
133	

마더텅 연습용 답안지
미적분

DAY 19일차

번호	page
134~159	p.240~251
학습내용	
Ⅱ. 미분법 5. 도함수의 활용	

문번	답 란
134	① ② ③ ④ ⑤
135	① ② ③ ④ ⑤
136	
137	① ② ③ ④ ⑤
138	
139	① ② ③ ④ ⑤
140	① ② ③ ④ ⑤
141	
142	① ② ③ ④ ⑤

문번	답 란
143	
144	
145	
146	① ② ③ ④ ⑤
147	
148	
149	
150	
151	① ② ③ ④ ⑤
152	① ② ③ ④ ⑤
153	
154	
155	
156	

문번	답 란
157	
158	
159	

마더텅 연습용 답안지
미적분

DAY 20일차

번호	page
160~185	p.252~261
학습내용	
Ⅱ. 미분법 5. 도함수의 활용	

문번	답 란
160	
161	
162	① ② ③ ④ ⑤
163	① ② ③ ④ ⑤
164	① ② ③ ④ ⑤
165	
166	
167	
168	

문번	답 란
169	
170	
171	① ② ③ ④ ⑤
172	
173	
174	
175	① ② ③ ④ ⑤
176	
177	① ② ③ ④ ⑤
178	① ② ③ ④ ⑤
179	
180	
181	
182	① ② ③ ④ ⑤

문번	답 란
183	
184	
185	① ② ③ ④ ⑤

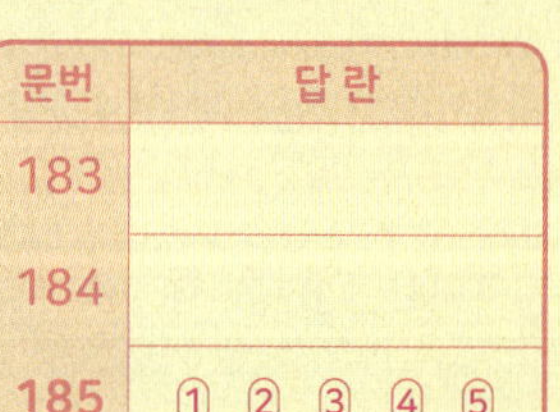

마더텅 연습용 답안지
미적분

DAY 21일차

번호	page
001~055	p.262~275
학습내용	

Ⅲ. 적분법
1. 여러 가지 적분법

문번	답란
001	
002	① ② ③ ④ ⑤
003	① ② ③ ④ ⑤
004	① ② ③ ④ ⑤
005	① ② ③ ④ ⑤
006	① ② ③ ④ ⑤
007	
008	① ② ③ ④ ⑤
009	① ② ③ ④ ⑤
010	① ② ③ ④ ⑤

문번	답란
011	① ② ③ ④ ⑤
012	
013	① ② ③ ④ ⑤
014	① ② ③ ④ ⑤
015	① ② ③ ④ ⑤
016	① ② ③ ④ ⑤
017	① ② ③ ④ ⑤
018	① ② ③ ④ ⑤
019	① ② ③ ④ ⑤
020	
021	① ② ③ ④ ⑤
022	① ② ③ ④ ⑤
023	① ② ③ ④ ⑤
024	① ② ③ ④ ⑤
025	① ② ③ ④ ⑤
026	① ② ③ ④ ⑤

문번	답란
027	① ② ③ ④ ⑤
028	① ② ③ ④ ⑤
029	① ② ③ ④ ⑤
030	① ② ③ ④ ⑤
031	① ② ③ ④ ⑤
032	① ② ③ ④ ⑤
033	① ② ③ ④ ⑤
034	① ② ③ ④ ⑤
035	
036	① ② ③ ④ ⑤
037	① ② ③ ④ ⑤
038	① ② ③ ④ ⑤
039	① ② ③ ④ ⑤
040	① ② ③ ④ ⑤
041	① ② ③ ④ ⑤
042	① ② ③ ④ ⑤

문번	답란
043	① ② ③ ④ ⑤
044	
045	① ② ③ ④ ⑤
046	① ② ③ ④ ⑤
047	① ② ③ ④ ⑤
048	① ② ③ ④ ⑤
049	① ② ③ ④ ⑤
050	
051	① ② ③ ④ ⑤
052	① ② ③ ④ ⑤
053	① ② ③ ④ ⑤
054	
055	① ② ③ ④ ⑤

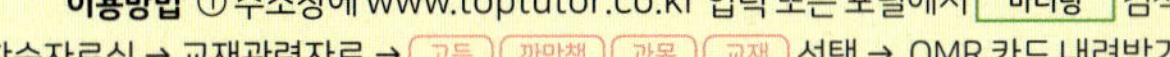

마더텅 연습용 답안지
미적분

DAY 22일차

번호	page
056~100	p.276~287
학습내용	

Ⅲ. 적분법
1. 여러 가지 적분법

문번	답란
056	
057	
058	① ② ③ ④ ⑤
059	① ② ③ ④ ⑤
060	① ② ③ ④ ⑤
061	① ② ③ ④ ⑤
062	① ② ③ ④ ⑤
063	① ② ③ ④ ⑤
064	

문번	답란
065	① ② ③ ④ ⑤
066	① ② ③ ④ ⑤
067	① ② ③ ④ ⑤
068	① ② ③ ④ ⑤
069	① ② ③ ④ ⑤
070	① ② ③ ④ ⑤
071	① ② ③ ④ ⑤
072	① ② ③ ④ ⑤
073	① ② ③ ④ ⑤
074	① ② ③ ④ ⑤
075	
076	① ② ③ ④ ⑤
077	① ② ③ ④ ⑤
078	

문번	답란
079	① ② ③ ④ ⑤
080	① ② ③ ④ ⑤
081	① ② ③ ④ ⑤
082	
083	
084	① ② ③ ④ ⑤
085	① ② ③ ④ ⑤
086	① ② ③ ④ ⑤
087	
088	① ② ③ ④ ⑤
089	
090	① ② ③ ④ ⑤
091	
092	① ② ③ ④ ⑤

문번	답란
093	① ② ③ ④ ⑤
094	① ② ③ ④ ⑤
095	① ② ③ ④ ⑤
096	① ② ③ ④ ⑤
097	① ② ③ ④ ⑤
098	① ② ③ ④ ⑤
099	① ② ③ ④ ⑤
100	① ② ③ ④ ⑤

마더텅 연습용 답안지
미적분

DAY 23일차

번호	page
101~129	p.288~299
학습내용	

Ⅲ. 적분법
1. 여러 가지 적분법

문번	답란
101	① ② ③ ④ ⑤
102	① ② ③ ④ ⑤
103	① ② ③ ④ ⑤
104	① ② ③ ④ ⑤
105	① ② ③ ④ ⑤
106	① ② ③ ④ ⑤
107	① ② ③ ④ ⑤
108	① ② ③ ④ ⑤
109	① ② ③ ④ ⑤

문번	답란
110	① ② ③ ④ ⑤
111	① ② ③ ④ ⑤
112	
113	
114	
115	
116	
117	① ② ③ ④ ⑤
118	
119	① ② ③ ④ ⑤
120	① ② ③ ④ ⑤
121	① ② ③ ④ ⑤
122	
123	

문번	답란
124	① ② ③ ④ ⑤
125	① ② ③ ④ ⑤
126	① ② ③ ④ ⑤
127	① ② ③ ④ ⑤
128	
129	

마더텅 연습용 답안지
미적분

DAY 24일차

번호	page
130~160	p.300~313
학습내용	

Ⅲ. 적분법
1. 여러 가지 적분법

문번	답란
130	① ② ③ ④ ⑤
131	① ② ③ ④ ⑤
132	① ② ③ ④ ⑤
133	
134	
135	① ② ③ ④ ⑤
136	① ② ③ ④ ⑤
137	
138	① ② ③ ④ ⑤

문번	답란
139	
140	
141	
142	
143	
144	
145	
146	
147	
148	
149	
150	① ② ③ ④ ⑤
151	
152	① ② ③ ④ ⑤

문번	답란
153	① ② ③ ④ ⑤
154	① ② ③ ④ ⑤
155	
156	① ② ③ ④ ⑤
157	① ② ③ ④ ⑤
158	① ② ③ ④ ⑤
159	
160	① ② ③ ④ ⑤

미적분

DAY 25일차

번호	page
001~051	p.314~331
학습내용	

Ⅲ. 적분법
2. 정적분의 활용

문번	답란
001	① ② ③ ④ ⑤
002	① ② ③ ④ ⑤
003	① ② ③ ④ ⑤
004	
005	① ② ③ ④ ⑤
006	① ② ③ ④ ⑤
007	① ② ③ ④ ⑤
008	① ② ③ ④ ⑤
009	
010	① ② ③ ④ ⑤
011	
012	
013	① ② ③ ④ ⑤
014	① ② ③ ④ ⑤
015	① ② ③ ④ ⑤
016	① ② ③ ④ ⑤
017	
018	① ② ③ ④ ⑤
019	① ② ③ ④ ⑤
020	① ② ③ ④ ⑤
021	① ② ③ ④ ⑤
022	① ② ③ ④ ⑤
023	① ② ③ ④ ⑤
024	① ② ③ ④ ⑤
025	① ② ③ ④ ⑤
026	
027	① ② ③ ④ ⑤
028	① ② ③ ④ ⑤
029	① ② ③ ④ ⑤
030	① ② ③ ④ ⑤
031	
032	① ② ③ ④ ⑤
033	
034	① ② ③ ④ ⑤
035	① ② ③ ④ ⑤
036	① ② ③ ④ ⑤
037	① ② ③ ④ ⑤
038	① ② ③ ④ ⑤
039	① ② ③ ④ ⑤
040	① ② ③ ④ ⑤
041	① ② ③ ④ ⑤
042	① ② ③ ④ ⑤
043	① ② ③ ④ ⑤
044	
045	
046	① ② ③ ④ ⑤
047	① ② ③ ④ ⑤
048	① ② ③ ④ ⑤
049	① ② ③ ④ ⑤
050	① ② ③ ④ ⑤
051	① ② ③ ④ ⑤

미적분

DAY 26일차

번호	page
052~096	p.332~345
학습내용	

Ⅲ. 적분법
2. 정적분의 활용

문번	답란
052	① ② ③ ④ ⑤
053	① ② ③ ④ ⑤
054	① ② ③ ④ ⑤
055	① ② ③ ④ ⑤
056	① ② ③ ④ ⑤
057	① ② ③ ④ ⑤
058	
059	
060	① ② ③ ④ ⑤
061	
062	① ② ③ ④ ⑤
063	① ② ③ ④ ⑤
064	① ② ③ ④ ⑤
065	① ② ③ ④ ⑤
066	① ② ③ ④ ⑤
067	
068	
069	① ② ③ ④ ⑤
070	
071	① ② ③ ④ ⑤
072	① ② ③ ④ ⑤
073	① ② ③ ④ ⑤
074	① ② ③ ④ ⑤
075	① ② ③ ④ ⑤
076	① ② ③ ④ ⑤
077	① ② ③ ④ ⑤
078	① ② ③ ④ ⑤
079	① ② ③ ④ ⑤
080	
081	① ② ③ ④ ⑤
082	① ② ③ ④ ⑤
083	① ② ③ ④ ⑤
084	① ② ③ ④ ⑤
085	① ② ③ ④ ⑤
086	① ② ③ ④ ⑤
087	① ② ③ ④ ⑤
088	① ② ③ ④ ⑤
089	① ② ③ ④ ⑤
090	① ② ③ ④ ⑤
091	
092	
093	① ② ③ ④ ⑤
094	① ② ③ ④ ⑤
095	① ② ③ ④ ⑤
096	① ② ③ ④ ⑤

마더텅 연습용 답안지
미적분

DAY 27일차

번호	page
097~122	p.346~353
학습내용	
Ⅲ. 적분법	
2. 정적분의 활용	

문번	답 란
097	
098	
099	
100	① ② ③ ④ ⑤
101	
102	① ② ③ ④ ⑤
103	① ② ③ ④ ⑤
104	① ② ③ ④ ⑤
105	① ② ③ ④ ⑤

문번	답 란
106	① ② ③ ④ ⑤
107	① ② ③ ④ ⑤
108	① ② ③ ④ ⑤
109	
110	① ② ③ ④ ⑤
111	① ② ③ ④ ⑤
112	① ② ③ ④ ⑤
113	① ② ③ ④ ⑤
114	① ② ③ ④ ⑤
115	① ② ③ ④ ⑤
116	① ② ③ ④ ⑤
117	① ② ③ ④ ⑤
118	① ② ③ ④ ⑤
119	① ② ③ ④ ⑤

문번	답 란
120	① ② ③ ④ ⑤
121	
122	① ② ③ ④ ⑤

마더텅 연습용 답안지
미적분

DAY 28일차

미니모의고사 1회　p.354

문번	답 란
01	① ② ③ ④ ⑤
02	① ② ③ ④ ⑤
03	① ② ③ ④ ⑤
04	① ② ③ ④ ⑤
05	① ② ③ ④ ⑤
06	① ② ③ ④ ⑤
07	
08	

미니모의고사 2회　p.357

문번	답 란
01	① ② ③ ④ ⑤
02	① ② ③ ④ ⑤
03	① ② ③ ④ ⑤
04	① ② ③ ④ ⑤
05	① ② ③ ④ ⑤
06	① ② ③ ④ ⑤
07	
08	

미니모의고사 3회　p.360

문번	답 란
01	① ② ③ ④ ⑤
02	① ② ③ ④ ⑤
03	① ② ③ ④ ⑤
04	① ② ③ ④ ⑤
05	① ② ③ ④ ⑤
06	① ② ③ ④ ⑤
07	
08	

미니모의고사 4회　p.363

문번	답 란
01	① ② ③ ④ ⑤
02	① ② ③ ④ ⑤
03	① ② ③ ④ ⑤
04	① ② ③ ④ ⑤
05	① ② ③ ④ ⑤
06	① ② ③ ④ ⑤
07	
08	

미니모의고사 5회　p.366

문번	답 란
01	① ② ③ ④ ⑤
02	① ② ③ ④ ⑤
03	① ② ③ ④ ⑤
04	① ② ③ ④ ⑤
05	① ② ③ ④ ⑤
06	① ② ③ ④ ⑤
07	
08	

Ⅰ. 수열의 극한

1. 수열의 극한 문제편 p.4 해설편 p.2

번호	답	번호	답	번호	답	번호	답	번호	답
001	4	002	④	003	①	004	④	005	①
006	②	007	⑤	008	④	009	③	010	④
011	①	012	③	013	③	014	⑤	015	④
016	①	017	③	018	④	019	①	020	①
021	②	022	③	023	②	024	②	025	②
026	②	027	④	028	②	029	⑤	030	①
031	③	032	②	033	③	034	②	035	④
036	①	037	110	038	50	039	10	040	①
041	2	042	③	043	④	044	②	045	④
046	④	047	⑤	048	3	049	⑤	050	②
051	⑤	052	①	053	③	054	①	055	②
056	⑤	057	②	058	⑤	059	③	060	⑤
061	④	062	④	063	④	064	33	065	18
066	④	067	④	068	②	069	③	070	④
071	③	072	28	073	③	074	90	075	④
076	21	077	4	078	⑤	079	12	080	②
081	③	082	7	083	6	084	12	085	33
086	①	087	③	088	21	089	⑤	090	⑤
091	③	092	③	093	⑤	094	②	095	②
096	③	097	①	098	①	099	④	100	③
101	①	102	5	103	②	104	⑤	105	①
106	③	107	③	108	②	109	③	110	③
111	①	112	③	113	③	114	②	115	2
116	④	117	④	118	③	119	⑤	120	①
121	②	122	⑤	123	④	124	5	125	⑤
126	④	127	12	128	270	129	2	130	③
131	16	132	③	133	④	134	20	135	①
136	⑤	137	④	138	⑤	139	①	140	5
141	③	142	192	143	13	144	80	145	③
146	②	147	③	148	②	149	②	150	④
151	③	152	⑤	153	③	154	⑤	155	24
156	3	157	①	158	20	159	84	160	④
161	25	162	⑤	163	10	164	13	165	5
166	25	167	9	168	②	169	50	170	25
171	⑤	172	50	173	①	174	⑤	175	②
176	9	177	30	178	⑤				

2. 급수 문제편 p.52 해설편 p.76

번호	답	번호	답	번호	답	번호	답	번호	답
001	③	002	③	003	⑤	004	③	005	②
006	21	007	⑤	008	5	009	③	010	③
011	②	012	②	013	①	014	④	015	②
016	①	017	4	018	④	019	②	020	④
021	1	022	14	023	②	024	③	025	①
026	①	027	④	028	①	029	①	030	9
031	⑤	032	⑤	033	③	034	⑤	035	②
036	③	037	19	038	57	039	27	040	③
041	⑤	042	①	043	②	044	④	045	32
046	③	047	16	048	19	049	④	050	24
051	16	052	③	053	①	054	①	055	②
056	⑤	057	16	058	②	059	②	060	①
061	④	062	⑤	063	③	064	①	065	②
066	④	067	15	068	97	069	91	070	②
071	④	072	②	073	③	074	③	075	③
076	③	077	④	078	②	079	①	080	②
081	①	082	③	083	⑤	084	②	085	⑤
086	②	087	③	088	②	089	④	090	①
091	②	092	③	093	③	094	②	095	②
096	⑤	097	③	098	②	099	③	100	③
101	③	102	25	103	109	104	686	105	24
106	162	107	138	108	12	109	15	110	120
111	①	112	②	113	③	114	①	115	⑤

Ⅱ. 미분법

1. 지수함수와 로그함수의 미분 문제편 p.92 해설편 p.147

번호	답	번호	답	번호	답	번호	답	번호	답
001	⑤	002	④	003	③	004	①	005	③
006	①	007	③	008	①	009	⑤	010	②
011	②	012	②	013	②	014	①	015	⑤
016	③	017	③	018	②	019	②	020	①
021	③	022	③	023	④	024	④	025	②
026	④	027	③	028	③	029	②	030	③
031	③	032	③	033	①	034	①	035	②
036	⑤	037	③	038	③	039	④	040	①
041	⑤	042	④	043	④	044	②	045	①
046	④	047	②	048	④	049	②	050	④
051	③	052	⑤	053	①	054	④	055	④
056	①	057	④	058	④	059	④	060	10
061	4	062	①	063	④	064	②	065	③
066	③	067	①	068	107	069	②	070	④
071	23								

2. 삼각함수의 덧셈정리 문제편 p.110 해설편 p.170

번호	답	번호	답	번호	답	번호	답	번호	답
001	②	002	②	003	①	004	④	005	③
006	49	007	7	008	26	009	④	010	99
011	③	012	⑤	013	④	014	②	015	③
016	⑤	017	11	018	15	019	②	020	①
021	④	022	④	023	④	024	32	025	③
026	①	027	①	028	④	029	32	030	③
031	⑤	032	⑤	033	④	034	5	035	20
036	③	037	④	038	⑤	039	⑤	040	②
041	18	042	61	043	⑤	044	①	045	25
046	79	047	9	048	11	049	18	050	②

3. 삼각함수의 미분 문제편 p.126 해설편 p.191

번호	답	번호	답	번호	답	번호	답	번호	답
001	②	002	③	003	①	004	②	005	②
006	③	007	2	008	20	009	8	010	④
011	①	012	①	013	⑤	014	③	015	④
016	③	017	14	018	④	019	③	020	②
021	③	022	①	023	②	024	④	025	②
026	③	027	③	028	④	029	③	030	③
031	③	032	②	033	③	034	⑤	035	③
036	③	037	30	038	④	039	2	040	③
041	⑤	042	30	043	60	044	④	045	50
046	②	047	④	048	6	049	③	050	②
051	③	052	④	053	②	054	④	055	③
056	9	057	18	058	②	059	③	060	③
061	④	062	②	063	②	064	④	065	②
066	25	067	③	068	②	069	②	070	②
071	4	072	20	073	23	074	①	075	①
076	①	077	④	078	15	079	②	080	①
081	100	082	①	083	④	084	①	085	③
086	2	087	⑤	088	④	089	②	090	⑤
091	②	092	②	093	③	094	135	095	25
096	②	097	20	098	41	099	②	100	11
101	40	102	②	103	④	104	8	105	③
106	20	107	49	108	④	109	⑤	110	②
111	②	112	5	113	⑤				

4. 여러 가지 미분법 문제편 p.168 해설편 p.256

번호	답	번호	답	번호	답	번호	답	번호	답
001	③	002	12	003	②	004	②	005	④
006	①	007	①	008	16	009	②	010	8
011	②	012	③	013	④	014	②	015	②
016	49	017	6	018	③	019	12	020	3
021	③	022	2	023	1	024	1	025	8
026	28	027	3	028	48	029	②	030	2
031	①	032	①	033	④	034	4	035	②
036	②	037	⑤	038	⑤	039	④	040	④
041	①	042	②	043	10	044	②	045	②
046	④	047	⑤	048	⑤	049	③	050	②
051	83	052	②	053	②	054	⑤	055	②
056	③	057	⑤	058	②	059	3	060	60
061	①	062	②	063	②	064	17	065	25
066	②	067	②	068	⑤	069	5	070	②
071	①	072	④	073	①	074	②	075	②
076	①	077	②	078	④	079	⑤	080	2
081	③	082	⑤	083	④	084	⑤	085	

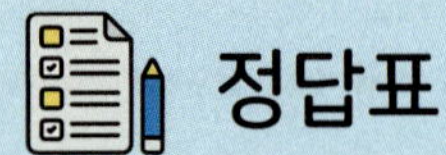

086	④	087	②	088	②	089	⑤	090	4
091	④	092	④	093	①	094	4	095	①
096	④	097	③	098	①	099	③	100	②
101	②	102	5	103	①	104	①	105	③
106	④	107	5	108	④	109	③	110	10
111	11	112	④	113	32	114	45	115	40
116	②	117	15	118	70	119	48	120	①
121	③	122	③	123	①	124	④	125	11
126	①	127	③	128	30				

5. 도함수의 활용

문제편 p.200 해설편 p.303

001	④	002	④	003	①	004	13	005	①
006	②	007	⑤	008	①	009	③	010	④
011	③	012	16	013	①	014	32	015	50
016	10	017	④	018	④	019	④	020	③
021	②	022	②	023	①	024	④	025	③
026	③	027	16	028	26	029	⑤	030	①
031	4	032	15	033	3	034	⑤	035	①
036	⑤	037	②	038	②	039	②	040	⑤
041	③	042	②	043	①	044	③	045	③
046	⑤	047	①	048	①	049	④	050	②
051	①	052	③	053	⑤	054	②	055	17
056	④	057	②	058	①	059	③	060	①
061	③	062	⑤	063	96	064	④	065	3
066	②	067	①	068	⑤	069	④	070	2
071	①	072	③	073	③	074	④	075	⑤
076	⑤	077	③	078	②	079	①	080	11
081	③	082	③	083	④	084	③	085	④
086	④	087	②	088	④	089	④	090	34
091	90	092	②	093	⑤	094	18	095	②
096	④	097	③	098	③	099	③	100	⑤
101	⑤	102	③	103	⑤	104	④	105	④
106	⑤	107	21	108	④	109	②	110	⑤
111	4	112	④	113	8	114	③	115	4
116	④	117	⑤	118	⑤	119	6	120	①
121	⑤	122	⑤	123	④	124	⑤	125	③
126	17	127	④	128	②	129	91	130	⑤
131	②	132	①	133	③	134	②	135	④
136	24	137	④	138	55	139	①	140	④
141	72	142	⑤	143	40	144	64	145	43
146	②	147	8	148	71	149	30	150	11
151	④	152	①	153	72	154	16	155	5
156	208	157	50	158	216	159	25	160	129
161	31	162	①	163	⑤	164	①	165	9
166	77	167	95	168	29	169	331	170	9
171	③	172	4	173	25	174	6	175	④
176	30	177	⑤	178	④	179	15	180	74
181	64	182	③	183	49	184	6	185	②

Ⅲ. 적분법

1. 여러 가지 적분법

문제편 p.262 해설편 p.432

001	13	002	④	003	②	004	②	005	④
006	③	007	23	008	②	009	①	010	①
011	②	012	6	013	①	014	③	015	④
016	①	017	④	018	②	019	①	020	12
021	①	022	⑤	023	②	024	④	025	⑤
026	③	027	①	028	②	029	⑤	030	④
031	③	032	⑤	033	④	034	②	035	4
036	③	037	①	038	④	039	②	040	③
041	⑤	042	⑤	043	④	044	3	045	④
046	④	047	②	048	④	049	④	050	51
051	④	052	④	053	④	054	12	055	⑤
056	325	057	12	058	①	059	④	060	②
061	⑤	062	⑤	063	②	064	2	065	②
066	⑤	067	④	068	③	069	③	070	④
071	⑤	072	④	073	④	074	④	075	72
076	④	077	③	078	6	079	②	080	①
081	④	082	31	083	12	084	④	085	②
086	①	087	64	088	②	089	③	090	①

091	9	092	④	093	④	094	⑤	095	④
096	⑤	097	③	098	③	099	③	100	①
101	③	102	④	103	①	104	①	105	⑤
106	④	107	④	108	①	109	②	110	④
111	⑤	112	125	113	24	114	25	115	144
116	72	117	①	118	93	119	⑤	120	②
121	⑤	122	36	123	14	124	②	125	④
126	⑤	127	②	128	12	129	48	130	②
131	③	132	④	133	16	134	21	135	②
136	⑤	137	143	138	⑤	139	350	140	283
141	125	142	128	143	115	144	586	145	49
146	83	147	26	148	25	149	12	150	①
151	16	152	⑤	153	④	154	④	155	8
156	⑤	157	②	158	⑤	159	19	160	④

2. 정적분의 활용

문제편 p.314 해설편 p.516

001	②	002	①	003	③	004	4	005	⑤
006	③	007	①	008	④	009	242	010	①
011	12	012	19	013	①	014	⑤	015	①
016	②	017	5	018	①	019	①	020	④
021	②	022	③	023	④	024	⑤	025	①
026	14	027	②	028	②	029	③	030	④
031	10	032	③	033	32	034	①	035	⑤
036	②	037	②	038	⑤	039	③	040	①
041	③	042	④	043	③	044	100	045	11
046	①	047	①	048	①	049	①	050	①
051	①	052	④	053	②	054	④	055	②
056	⑤	057	③	058	27	059	50	060	①
061	7	062	⑤	063	④	064	④	065	②
066	①	067	26	068	24	069	⑤	070	96
071	④	072	②	073	①	074	④	075	④
076	③	077	③	078	②	079	③	080	340
081	③	082	④	083	③	084	①	085	④
086	④	087	①	088	②	089	①	090	②
091	56	092	78	093	①	094	④	095	②
096	②	097	109	098	54	099	127	100	⑤
101	80	102	③	103	④	104	④	105	③
106	③	107	③	108	④	109	13	110	④
111	⑤	112	①	113	③	114	⑤	115	④
116	④	117	④	118	④	119	④	120	④
121	9	122	④						

미니모의고사

1회

문제편 p.354 해설편 p.579

01	③	02	②	03	⑤	04	③	05	①
06	①	07	15	08	17				

2회

문제편 p.357 해설편 p.584

01	⑤	02	③	03	②	04	⑤	05	②
06	③	07	120	08	35				

3회

문제편 p.360 해설편 p.590

01	①	02	②	03	⑤	04	①	05	④
06	①	07	12	08	6				

4회

문제편 p.363 해설편 p.596

01	①	02	②	03	①	04	③	05	②
06	④	07	14	08	16				

5회

문제편 p.366 해설편 p.602

01	③	02	①	03	③	04	⑤	05	③
06	①	07	15	08	27				

빠른 정답표 QR
QR 코드를 스캔하시면
정답표 PDF를 다운로드하실 수 있습니다.

2026 마더텅 10기
성적 우수·성적 향상 학습수기 공모전

수능 및 전국연합 학력평가 기출문제집 ▪ 까만책, ▪ 빨간책, ▪ 노란책, ▪ 파란책 등

2026년에도 마더텅 고등 교재와 함께 우수한 성적을 거두신
학습자님들께 장학금을 드립니다.

마더텅 고등 교재로 공부한 해당 과목 ※1인 1개 과목 이상 지원 가능하며, 여러 과목 지원 시 가산점이 부여됩니다.

아래 조건에 해당한다면 마더텅 고등 교재로 공부하면서 #느낀 점과 #공부 방법, #학업 성취, #성적 변화 등에 관한 자신만의 수기를 작성해서 마더텅으로 보내 주세요. 우수한 글을 보내 주신 학습자님을 선발해 학습수기 공모 장학금을 드립니다!

성적 우수·성적 향상 분야 동시 지원 가능합니다.(단, 선발은 하나의 분야에서 이뤄집니다.)

성적 우수 분야
고3/N수생 수능 1등급
고1/고2 전국연합 학력평가 1등급 또는 내신 95점 이상

성적 향상 분야
고3/N수생 수능 1등급 이상 향상
고1/고2 전국연합 학력평가 1등급 이상 향상 또는 내신 성적 10점 이상 향상
*전체 과목 중 과목별 향상 등급(혹은 점수)의 합계로 응모해 주시면 감사하겠습니다.

마더텅 역대 수상자님들

제1기 2018년 2월 24일 총 55명	제2기 2019년 1월 18일 총 51명	제3기 2020년 1월 10일 총 150명
제4기 2021년 1월 29일 총 383명	제5기 2022년 1월 25일 총 210명	제6기 2023년 1월 20일 총 168명
제7기 2024년 1월 31일 총 270명	제8기 2025년 2월 6일 총 149명	제9기 2026년 2월 12일 총 000명

응모 대상 마더텅 고등 교재로 공부한 고1, 고2, 고3, N수생

마더텅 수능기출문제집, 마더텅 수능기출 모의고사, 마더텅 전국연합 학력평가 기출문제집, 예비 고1 마더텅 3월 전국연합 학력평가 기출 모의고사 4개년 24회, 마더텅 전국연합 학력평가 기출 모의고사 3개년, 마더텅 수능기출 전국연합 학력평가 20분 미니모의고사 24회, 마더텅 수능기출 20분 미니모의고사 24회, 마더텅 수능기출 고난도 미니모의고사, 마더텅 수능기출 유형별 20분 미니모의고사 24회 등 마더텅 고등 교재 중 1권 이상 신청 가능

선발 일정 접수기한 2026년 12월 28일 월요일   수상자 발표일 2027년 1월 11일 월요일   장학금 수여일 2027년 2월 18일 목요일

응모 방법 
① 마더텅 홈페이지 www.toptutor.co.kr [커뮤니티 - 이벤트] 게시판에 접속
② [2026 마더텅 10기 학습수기 공모전 안내] 클릭 후 [2026 마더텅 10기 학습수기 공모전 지원서 양식]을 다운로드
③ [2026 마더텅 10기 학습수기 공모전 지원서 양식] 작성 후 mothert.marketing@gmail.com 메일 발송

2027 마더텅 수능기출문제집 시리즈

출제 원리를 파악할 수 있도록 수능 유형을 철저히 분석한 기출문제집
최신 경향에 맞는 실전 문항으로 빈틈없이 구성한 단원별(유형별) 기출문제집

마더텅은 1999년 창업 이래 2025년까지 3,642만 부의 교재를 판매했습니다. 2025년 판매량은 322만 부로 자사 교재의 품질은 학원 강의와 온/오프라인 서점 판매량으로 검증받았습니다. [마더텅 수능기출문제집 시리즈]는 친절하고 자세한 해설로 수험생님들의 전폭적인 지지를 받으며 누적 판매 950만 부, 2025년 한 해에만 95만 부가 판매된 베스트셀러입니다. 또한 [중학영문법 3800제]는 2007년부터 2025년까지 19년 동안 중학 영문법 부문 판매 1위를 지키며 명실공히 대한민국 최고의 영문법 교재로 자리매김했습니다. 그리고 2018년 출간된 [뿌리깊은 초등국어 독해력 시리즈]는 2025년까지 323만 부가 판매되면서 초등 국어 부문 판매 1위를 차지하였습니다.(교보문고/YES24 판매량 기준, EBS 제외) 이처럼 마더텅은 초·중·고 학습 참고서를 대표하는 대한민국 제일의 교육 브랜드로 자리잡게 되었습니다. 이와 같은 성원에 감사드리며, 앞으로도 효율적인 학습에 보탬이 되는 교재로 보답하겠습니다.

18차 개정판 1쇄 2025년 12월 12일 (초판 1쇄 발행일 2008년 1월 7일) **발행처** (주)마더텅 **발행인** 문숙영 **책임편집** 김진국, 이혜림

STAFF 김연형, 박태호, 송시영, 윤혜진, 천우현, 김소미, 박소영, 오혜원, 이예인, 정재원

감수 손광현(구주이배수학학원), 우수종(각인학원)

원고 및 조판 교정 김진영, 박한솔, 박현미, 신현진, 이미옥, 한승희

기획 자문 고광범(펜타곤에듀케이션), 김백규(뉴-스터디학원), 김응태(스카이에듀학원), 김환철(김환철수학), 민명기(우리수학), 박상보(와이앤딥학원), 백승대(백박사학원), 박태호(프라임수학), 양구근(매쓰피아수학학원), 유아현(수학마루), 이병도(콜럼비아학원), 이보형(숨수학), 이재근(고대수학교습소), 장나영(혜일수학), 전용우(동성고등학교), 조신희(불링거수학학원), 최희철(Speedmath학원), 한승택(스터디케어학원), 황삼철(멘토수학공부방)

디자인 김연실, 양은선 **컷** 유수미 **인디자인 편집** 박경아 제작 이주영 홍보 정반석 주소 서울시 금천구 가마산로 96, 708호 등록번호 제1-2423호(1999년 1월 8일)

*이 책의 내용은 (주)마더텅의 사전 동의 없이 어떠한 형태나 수단으로도 전재, 복사, 배포되거나 정보검색시스템에 저장될 수 없습니다.

*잘못 만들어진 책은 구입처에서 바꾸어 드립니다.   *교재 및 기타 문의 사항은 이메일(mothert1004@toptutor.co.kr)로 보내 주시면 감사하겠습니다.

*이 책에는 네이버에서 제공한 나눔글꼴이 적용되어 있습니다.   *교재 구입 시 온/오프라인 서점에 교재가 없는 경우 고객센터 전화 1661-1064(07:00~22:00)로 문의해 주시기 바랍니다.

마더텅 교재를 풀면서 궁금한 점이 생기셨나요? 교재 관련 내용 문의나 오류신고 사항이 있으면 아래 문의처로 보내 주세요! 문의하신 내용에 대해 성심성의껏 답변해 드리겠습니다. 또한 **교재의 내용 오류 또는 오·탈자, 그 외 수정이 필요한 사항에 대해 가장 먼저** 신고해 주신 분께는 감사의 마음을 담아 `네이버페이 포인트 1천 원` 을 보내 드립니다!

*기한: 2026년 12월 31일 *오류신고 이벤트는 당사 사정에 따라 조기 종료될 수 있습니다.
*홈페이지에 게시된 정오표 기준으로 최초 신고된 오류에 한하여 상품권을 보내 드립니다.

🏠 홈페이지 www.toptutor.co.kr 📘 교재Q&A게시판 💬 카카오톡 mothertongue ✉ 이메일 mothert1004@toptutor.co.kr

🎧 고객센터 전화 1661-1064(07:00~22:00) ✉ 문자 010-6640-1064(문자수신전용)

book.toptutor.co.kr
구하기 어려운 교재는 마더텅
모바일(인터넷)을 이용하세요.
즉시 배송해 드립니다.

마더텅 학습 교재 이벤트에 참여해 주세요. 참여해 주신 분께 선물을 드립니다.

이벤트 1   1분 간단 교재 사용 후기 이벤트

마더텅은 고객님의 소중한 의견을 반영하여 보다 좋은 책을 만들고자 합니다. 교재 구매 후, <교재 사용 후기 이벤트>에 참여해 주신 모든 분께 감사의 마음을 담아 `네이버페이 포인트 1천 원` 을 보내 드립니다. **지금 바로 QR 코드를 스캔**해 소중한 의견을 보내 주세요!

이벤트 2   마더텅 기출문제집 인증샷 이벤트

SNS에 <마더텅 기출문제집> 인증샷을 올려 주시면 참여해 주신 모든 분께 감사의 마음을 담아 `네이버페이 포인트 2천 원` 을 보내 드립니다. **지금 바로 QR 코드를 스캔**해 작성한 게시물의 URL을 입력해 주세요!

필수 태그 #마더텅 #마더텅기출

이벤트 3   마더텅 우편 이벤트

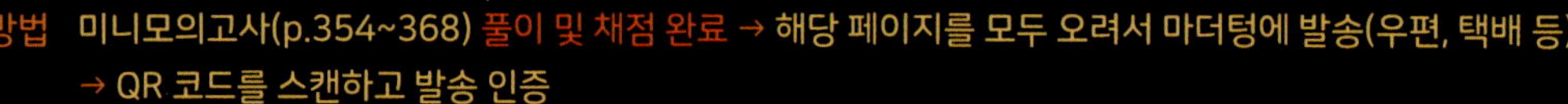

본 교재의 미니모의고사 문제편 페이지를 오려서 마더텅으로 보내 주세요! 추첨을 통해 소정의 상품을 보내 드립니다.

참여 방법   미니모의고사(p.354~368) 풀이 및 채점 완료 → 해당 페이지를 모두 오려서 마더텅에 발송(우편, 택배 등) → QR 코드를 스캔하고 발송 인증

주소 (08501) 서울특별시 금천구 가마산로 96, 대륭테크노타운 8차 708호, 마더텅 이벤트 담당자 앞 / 010-6640-1064

※ 이벤트 기간: 2026년 12월 31일까지 (*해당 이벤트는 당사 사정에 따라 조기 종료될 수 있습니다.)

※ 자세한 사항은 해당 QR 코드를 스캔하거나 홈페이지 이벤트 공지 글을 참고해 주세요.   ※ 당사 사정에 따라 이벤트의 내용이나 상품이 변경될 수 있으며 변경 시 홈페이지에 공지합니다.

※ 상품은 이벤트 참여일로부터 4~5일(영업일 기준) 내에 발송됩니다. (단, 이벤트 3은 예외)   ※ 동일 교재로 세 가지 이벤트 모두 참여 가능합니다. (단, 같은 이벤트 중복 참여는 불가합니다.)

2027 마더텅 수능기출문제집

미적분

정답과 해설편

마더텅출판사
since 1999.4.1.

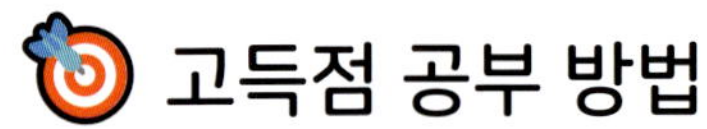

고득점 공부 방법

박○진 님 연세대학교 전기전자공학과
2025학년도 수능 수학 영역(미적분) 1등급(표준 점수 140)
사용 교재 까만책 국어 독서, 국어 문학, 수학Ⅰ, 수학Ⅱ, 미적분, 물리학Ⅰ, 생명과학Ⅰ
파란책 영어 영역

2024 마더텅 제8기 성적 우수 동상

저는 특히 복습이 필요하다고 느낀 문제들을 따로 노트에 정리해 다니며 외웠습니다. 이때 문제와 풀이과정, 사고방식을 함께 적어두었고, 예를 들어 2024학년도 수능 미적분 28번의 경우에는 어떤 단서로부터 아이디어를 생각해야 했는지를 마더텅 해설뿐만 아니라 저만의 생각을 곁들여 정리했습니다.

풀이에 어려움을 겪었던 문제나 비효율적으로 풀었던 문제들은 다시 풀어보며 정복하려 노력했습니다. 이때 기존 풀이 과정을 완전히 가린 채 새롭게 풀어보며, 이전 풀이와의 차이점을 비교해 보완할 수 있었습니다.

또한, 비슷한 아이디어나 그래프 개형을 다루는 문제들을 하나의 유형으로 묶어 정리했습니다. 문제 위에 그 유형을 풀기 위한 핵심 사고방식을 간단히 적어 낯선 문제에서도 빠르게 접근할 수 있도록 대비했습니다.

반○연 님 전남대학교 의예과
2025학년도 수능 수학 영역(미적분) 1등급(표준 점수 134)
사용 교재 까만책 국어 독서, 국어 문학, 국어 언어와 매체, 미적분
빨간책 영어 영역, 생명과학Ⅰ, 지구과학Ⅰ

2024 마더텅 제8기 성적 우수 은상

저는 **마더텅 수능기출문제집 미적분**을 푼 후 고난도 문제를 중심으로 해설지를 활용하여 풀이 과정에서 필요한 사고 과정을 정리하였습니다.

1	문제에서 특정 개념이 등장할 때 떠올려야 할 사고 과정 기록 예 이등변삼각형이 나오면 → (1) 보조선으로 수선 긋기 → (2) 직각삼각형을 찾아 삼각비·피타고라스 정리 활용
2	이후 그 문제를 다시 풀 때는 필기한 내용을 가리고 풀이하여, 스스로 개념을 떠올리는 연습을 반복
3	복습 시 부족한 부분을 명확히 파악하고, 시간을 단축할 수 있도록 학습

또한, 수학 실력 향상을 위해 해설지를 단순히 읽는 것이 아니라, 해설이 선택한 풀이 방식을 스스로 설명할 수 있도록 연습하였습니다.

- 해설지를 보고 풀이 과정을 익힌 후, 처음부터 혼자 설명하며 복습
- 이 과정을 통해 새로운 문제를 만났을 때도 익힌 풀이법을 스스로 적용할 수 있도록 학습

강○서 님 계명대학교 의예과
2025학년도 수능 수학 영역(미적분) 1등급(표준 점수 134)
사용 교재 까만책 수학Ⅰ, 수학Ⅱ, 미적분 **핑크책** 영어 독해 **파란책** 영어 영역

2024 마더텅 제8기 성적 우수 은상

저는 매일 **마더텅 수능기출문제집 미적분**을 평균 30문제씩 풀었습니다. **난이도별 문제 풀이 조절 → 풀이 과정 점검 → 체계적인 오답 정리**의 학습 루틴을 확립하였습니다. 실전에서 빠르게 풀이 방향을 설정할 수 있도록 훈련하고, 반복 학습을 통해 개념을 체계적으로 정리하여 고득점 대비를 철저히 할 수 있었습니다.

난이도별 학습량 조절
- 기본 문제 → 빠르게 풀이 가능하므로 50문제 풀이
- 고난도 문제 → 하루 2~3문제 풀이 목표 수정
- 고난도 문제, 풀이 시간이 오래 걸린 문제는 따로 표시한 후, 맞았더라도 해설지와 대조하여 풀이 방법을 점검하고 보완

채점 및 풀이 과정 점검
- 빠른 정답지로 정오답만 확인한 후, 틀린 문제는 정답을 바로 확인하지 않고 혼자 다시 고민하는 시간 확보
- 다시 풀어본 후, 해설지를 활용하여 풀이 과정 비교 및 오답 분석(문제 풀이 시작 과정, 잘못된 개념이나 풀이 접근 방식 확인 및 수정, 참고 내용까지 꼼꼼히 읽으며 학습에 활용)

오답 정리 및 복습 시스템 구축
- 틀린 문제를 태블릿 노트에 스크랩하여 오답 정리
- 풀이 과정 및 보완 내용을 정리하면서 중요한 포인트를 색깔별로 구분
  - 빨간색 → 중요한 식, 틀린 부분 강조
  - 초록색 → 헷갈렸던 개념, 기억해야 할 팁 정리
- 시간 날 때마다 스크랩했던 문제를 보며 다시 복습하고, 반복 풀이를 통해 개념을 확실히 정착

2027 마더텅 수능기출문제집

미적분

정답과 해설편

대학수학능력시험 대비를 위한 최고의 기출문제집
풀면 풀수록 수학의 개념과 수능의 원리가 정리되는 기출문제집

풍부하고 다양한 **문항구성**

33개년 (1994-2026학년도) 수능·모의평가 수록	**+**	25개년 (2001-2025년) 전국연합 학력평가 수록

- 총 1,162문항 93개 유형을 단계적으로 배치하여 시험 준비에 최적화

체계적 학습에 최적화된 **문제편**

단원별 구성

① 기본 개념 문제
② 유형 정복 문제
③ 최고난도 문제
④ 사관학교 기술

학습 습관 형성을 도와주는 28일 학습계획표 제공

+

미니모의고사 총 **5**회

- 체계적인 코너별 문제 배치로 순서대로 풀면 시험 준비가 저절로!

신절하고 자세한 **해설편**

- 부족한 부분을 채워주는 자세한 첨삭 해설
- 해설편에도 문제가 수록되어 편하게 확인 가능
- 문제보는 폭이 넓어지는 다양한 그림과 다른 풀이
- 곳곳에 배치된 개념 설명, 참고 코너로 편리한 복습이 가능
- 다양한 접근과 문제 이해를 깊어지게 하는 수능포인트 코너 수록

Ⅰ. 수열의 극한

01. 수열의 극한

001	4	002	④	003	①	004	④	005	①
006	②	007	⑤	008	④	009	③	010	④
011	①	012	③	013	③	014	⑤	015	④
016	①	017	③	018	④	019	①	020	①
021	②	022	③	023	②	024	②	025	②
026	②	027	④	028	②	029	⑤	030	①
031	③	032	②	033	③	034	②	035	④
036	①	037	110	038	50	039	10	040	①
041	2	042	③	043	④	044	②	045	④
046	④	047	⑤	048	3	049	⑤	050	②
051	⑤	052	①	053	③	054	①	055	②
056	⑤	057	②	058	⑤	059	③	060	⑤
061	④	062	④	063	④	064	33	065	18
066	④	067	④	068	②	069	③	070	④
071	③	072	28	073	③	074	90	075	④
076	21	077	4	078	⑤	079	12	080	②
081	③	082	7	083	6	084	12	085	33
086	①	087	③	088	21	089	⑤	090	⑤
091	③	092	③	093	⑤	094	②	095	②
096	③	097	①	098	①	099	④	100	③
101	①	102	5	103	②	104	⑤	105	①
106	③	107	③	108	②	109	③	110	③
111	①	112	③	113	③	114	②	115	2
116	④	117	④	118	③	119	⑤	120	①
121	②	122	⑤	123	④	124	5	125	⑤
126	④	127	12	128	270	129	2	130	③
131	16	132	③	133	④	134	20	135	①
136	⑤	137	④	138	⑤	139	①	140	5
141	③	142	192	143	13	144	80	145	③
146	②	147	③	148	②	149	②	150	④
151	③	152	⑤	153	③	154	⑤	155	24
156	3	157	①	158	20	159	84	160	④
161	25	162	⑤	163	10	164	13	165	5
166	25	167	9	168	②	169	50	170	25
171	⑤	172	50	173	①	174	⑤	175	②
176	9	177	30	178	⑤				

001 [정답률 92%]   정답 4

두 수열 $\{a_n\}$, $\{b_n\}$에 대하여

$$\lim_{n\to\infty} a_n = 2, \ \lim_{n\to\infty} b_n = 1$$

일 때, $\lim_{n\to\infty}(a_n + 2b_n)$의 값을 구하시오. (3점)

Step 1 수열의 극한의 성질을 이용한다.

$$\lim_{n\to\infty}(a_n + 2b_n) = \lim_{n\to\infty} a_n + \lim_{n\to\infty} 2b_n$$

각각의 극한값이 수렴하니까 이와 같이 나눌 수 있는 거야.

$$= \lim_{n\to\infty} a_n + 2\lim_{n\to\infty} b_n$$
$$= 2 + 2 \times 1 = 4$$

002 [정답률 95%]   정답 ④

$\lim\limits_{n\to\infty} \dfrac{(2n+1)(3n-1)}{n^2+1}$의 값은? (2점)

① 3   ② 4   ③ 5
④ 6   ⑤ 7

Step 1 분모, 분자를 각각 n^2으로 나눈다.

$$\lim_{n\to\infty} \frac{(2n+1)(3n-1)}{n^2+1} = \lim_{n\to\infty} \frac{6n^2+n-1}{n^2+1}$$

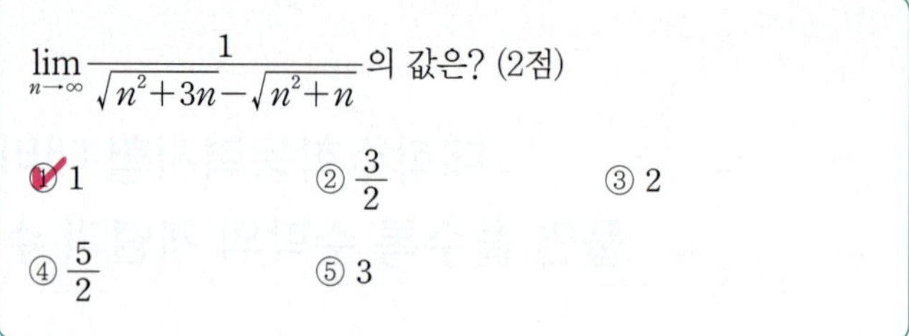

$$= \lim_{n\to\infty} \frac{6+\dfrac{1}{n}-\dfrac{1}{n^2}}{1+\dfrac{1}{n^2}} = 6$$

$\lim\limits_{n\to\infty}\dfrac{1}{n}=0, \ \lim\limits_{n\to\infty}\dfrac{1}{n^2}=0$

003 [정답률 96%]   정답 ①

$\lim\limits_{n\to\infty} \dfrac{1}{\sqrt{n^2+3n}-\sqrt{n^2+n}}$의 값은? (2점)

① 1   ② $\dfrac{3}{2}$ ③ 2
④ $\dfrac{5}{2}$ ⑤ 3

Step 1 주어진 식을 계산한다.

$$\lim_{n\to\infty} \frac{1}{\sqrt{n^2+3n}-\sqrt{n^2+n}}$$
$$= \lim_{n\to\infty} \frac{\sqrt{n^2+3n}+\sqrt{n^2+n}}{(\sqrt{n^2+3n}-\sqrt{n^2+n})(\sqrt{n^2+3n}+\sqrt{n^2+n})}$$

분모를 유리화

$$= \lim_{n\to\infty} \frac{\sqrt{n^2+3n}+\sqrt{n^2+n}}{2n}$$

$(n^2+3n)-(n^2+n)$

$$= \lim_{n\to\infty} \frac{\sqrt{1+\dfrac{3}{n}}+\sqrt{1+\dfrac{1}{n}}}{2}$$
$$= 1$$

004 [정답률 92%]   정답 ④

모든 항이 양수인 수열 $\{a_n\}$이 모든 자연수 n에 대하여 부등식

$$\sqrt{9n^2+4} < \sqrt{na_n} < 3n+2$$

를 만족시킬 때, $\lim\limits_{n\to\infty}\dfrac{a_n}{n}$의 값은? (3점)

① 6   ② 7   ③ 8
④ 9   ⑤ 10

Step 1 주어진 부등식을 변형한다.

$\sqrt{9n^2+4} < \sqrt{na_n} < 3n+2$
의 각 변을 제곱하면

각 변이 모두 양수이므로 제곱해도 부등호는 바뀌지 않아.

$9n^2+4 < na_n < (3n+2)^2$
위 식의 각 변을 n^2으로 나누면
$$\frac{9n^2+4}{n^2} < \frac{a_n}{n} < \frac{(3n+2)^2}{n^2}$$

이때 $\lim\limits_{n\to\infty}\dfrac{9n^2+4}{n^2}=9$, $\lim\limits_{n\to\infty}\dfrac{(3n+2)^2}{n^2}=9$ $\left[\lim\limits_{n\to\infty}\dfrac{9n^2+12n+4}{n^2}\right]$

이므로 $\lim\limits_{n\to\infty}\dfrac{9n^2+4}{n^2}\le\lim\limits_{n\to\infty}\dfrac{a_n}{n}\le\lim\limits_{n\to\infty}\dfrac{(3n+2)^2}{n^2}$

에서 $\lim\limits_{n\to\infty}\dfrac{a_n}{n}=9$

005 [정답률 72%]   정답 ①

$$\lim_{n\to\infty}\dfrac{\left(\dfrac{m}{5}\right)^{n+1}+2}{\left(\dfrac{m}{5}\right)^{n}+1}=2$$ 가 되도록 하는 자연수 m의 개수는?

m의 값에 따라 $\lim\limits_{n\to\infty}\left(\dfrac{m}{5}\right)^{n}$의 값이 달라져.   (3점)

① 5   ② 6   ③ 7
④ 8   ⑤ 9

Step 1 공비의 범위에 따라 경우를 나누어 주어진 식의 극한값을 구한다.

(ⅰ) $\dfrac{m}{5}>1$일 때

$m>5$이고 $\lim\limits_{n\to\infty}\left(\dfrac{m}{5}\right)^{n}=\lim\limits_{n\to\infty}\left(\dfrac{m}{5}\right)^{n+1}=\infty$

$$\lim_{n\to\infty}\dfrac{\left(\dfrac{m}{5}\right)^{n+1}+2}{\left(\dfrac{m}{5}\right)^{n}+1}=\lim_{n\to\infty}\dfrac{\dfrac{m}{5}+\dfrac{2}{\left(\dfrac{m}{5}\right)^{n}}}{1+\dfrac{1}{\left(\dfrac{m}{5}\right)^{n}}}$$

$\lim\limits_{n\to\infty}r^{n}=\infty$이면 $\lim\limits_{n\to\infty}\dfrac{1}{r^{n}}=0$

$$=\lim_{n\to\infty}\dfrac{\dfrac{m}{5}+0}{1+0}=\dfrac{m}{5}$$

이므로 $\dfrac{m}{5}=2$를 만족하는 m은 10이다.

(ⅱ) $\dfrac{m}{5}=1$일 때

$m=5$이고 $\lim\limits_{n\to\infty}\left(\dfrac{m}{5}\right)^{n}=\lim\limits_{n\to\infty}\left(\dfrac{m}{5}\right)^{n+1}=1$

$$\lim_{n\to\infty}\dfrac{\left(\dfrac{m}{5}\right)^{n+1}+2}{\left(\dfrac{m}{5}\right)^{n}+1}=\dfrac{1+2}{1+1}=\dfrac{3}{2}$$

그런데 $\dfrac{3}{2}\ne2$이므로 $m\ne5$

(ⅲ) $0<\dfrac{m}{5}<1$일 때

$0<m<5$이고 $\lim\limits_{n\to\infty}\left(\dfrac{m}{5}\right)^{n}=\lim\limits_{n\to\infty}\left(\dfrac{m}{5}\right)^{n+1}=0$

$$\lim_{n\to\infty}\dfrac{\left(\dfrac{m}{5}\right)^{n+1}+2}{\left(\dfrac{m}{5}\right)^{n}+1}=\dfrac{0+2}{0+1}=2$$

이므로 만족하는 자연수 m은 1, 2, 3, 4이다.

(ⅰ)~(ⅲ)에서 $\lim\limits_{n\to\infty}\dfrac{\left(\dfrac{m}{5}\right)^{n+1}+2}{\left(\dfrac{m}{5}\right)^{n}+1}=2$가 되도록 하는 자연수 m의 개수는 1, 2, 3, 4, 10의 5이다.

등비수열 $\{r^{n}\}$의 수렴과 발산

(ⅰ) $r>1$일 때, $\lim\limits_{n\to\infty}r^{n}=\infty$ (발산)

(ⅱ) $r=1$일 때, $\lim\limits_{n\to\infty}r^{n}=1$ (수렴)

(ⅲ) $-1<r<1$일 때, $\lim\limits_{n\to\infty}r^{n}=0$ (수렴)

(ⅳ) $r\le-1$일 때, 수열 $\{r^{n}\}$은 진동한다. (발산)

006 [정답률 90%]   정답 ②

$\lim\limits_{n\to\infty}\left(\dfrac{2}{n}+\dfrac{1}{2}\right)$의 값은? (2점)

① 0   ② $\dfrac{1}{2}$ ③ 1
④ $\dfrac{3}{2}$ ⑤ 2

Step 1 수열의 극한을 계산한다.

$$\lim_{n\to\infty}\left(\dfrac{2}{n}+\dfrac{1}{2}\right)=\lim_{n\to\infty}\dfrac{2}{n}+\lim_{n\to\infty}\dfrac{1}{2}$$
$$=0+\dfrac{1}{2}=\dfrac{1}{2}$$

007 [정답률 96%]   정답 ⑤

$\lim\limits_{n\to\infty}\dfrac{\dfrac{5}{n}+\dfrac{3}{n^2}}{\dfrac{1}{n}-\dfrac{2}{n^3}}$의 값은? (2점)

① 1   ② 2   ③ 3
④ 4   ⑤ 5

Step 1 극한의 성질을 이용한다.

주어진 식의 분자, 분모에 n을 각각 곱하면

$$\lim_{n\to\infty}\dfrac{\left(\dfrac{5}{n}+\dfrac{3}{n^2}\right)\times n}{\left(\dfrac{1}{n}-\dfrac{2}{n^3}\right)\times n}=\lim_{n\to\infty}\dfrac{5+\dfrac{3}{n}}{1-\dfrac{2}{n^2}}=5$$

008 [정답률 97%]   정답 ④

$\lim\limits_{n\to\infty}\dfrac{2n^2+3n-5}{n^2+1}$의 값은? (2점)

① $\dfrac{1}{2}$ ② 1   ③ $\dfrac{3}{2}$
④ 2   ⑤ $\dfrac{5}{2}$

Step 1 수열의 극한값을 구한다.

$$\lim_{n\to\infty}\dfrac{2n^2+3n-5}{n^2+1}=\lim_{n\to\infty}\dfrac{2+\dfrac{3}{n}-\dfrac{5}{n^2}}{1+\dfrac{1}{n^2}}=2$$

$\lim\limits_{n\to\infty}\dfrac{3}{n}=\lim\limits_{n\to\infty}\dfrac{5}{n^2}=\lim\limits_{n\to\infty}\dfrac{1}{n^2}=0$

009 [정답률 91%] 정답 ③

$$\lim_{n\to\infty}\frac{3n^2+n+1}{2n^2+1} \text{의 값은? (2점)}$$

$n\to\infty$일 때에는 분자와 분모의 차수부터 확인해준 후 같으면 최고차항의 계수만 비교해도 빠르게 구할 수 있어.

① $\dfrac{1}{2}$ ② 1 ③ $\dfrac{3}{2}$

④ 2 ⑤ $\dfrac{5}{2}$

Step 1 분자와 분모를 분모의 최고차항으로 나눈다.

$$\lim_{n\to\infty}\frac{3n^2+n+1}{2n^2+1}=\lim_{n\to\infty}\frac{3+\dfrac{1}{n}+\dfrac{1}{n^2}}{2+\dfrac{1}{n^2}}=\frac{3+0+0}{2+0}$$
$$=\frac{3}{2}$$

$\lim_{n\to\infty}\dfrac{1}{n}=0,\ \lim_{n\to\infty}\dfrac{1}{n^2}=0$이야.

010 [정답률 96%] 정답 ④

$\dfrac{\infty}{\infty}$ 꼴의 극한

$$\lim_{n\to\infty}\frac{8n^2-3}{2n^2+7n-9} \text{의 값은? (2점)}$$

분모와 분자의 최고차항의 차수가 같아.

① 1 ② 2 ③ 3

④ 4 ⑤ 5

Step 1 분모의 최고차항인 n^2으로 분모, 분자를 각각 나눈다.

분모와 분자를 각각 n^2으로 나누면

$$\lim_{n\to\infty}\frac{8n^2-3}{2n^2+7n-9}=\lim_{n\to\infty}\frac{8-\dfrac{3}{n^2}}{2+\dfrac{7}{n}-\dfrac{9}{n^2}}$$

$$=\frac{\lim_{n\to\infty}\left(8-\dfrac{3}{n^2}\right)}{\lim_{n\to\infty}\left(2+\dfrac{7}{n}-\dfrac{9}{n^2}\right)}$$

$\lim_{n\to\infty}\dfrac{1}{n}=0,\ \lim_{n\to\infty}\dfrac{1}{n^2}=0$

$$=\frac{8-0}{2+0-0}$$
$$=4$$

011 [정답률 97%] 정답 ①

$$\lim_{n\to\infty}\frac{n^2-n+2}{4n^2-1} \text{의 값은? (2점)}$$

① $\dfrac{1}{4}$ ② $\dfrac{1}{2}$ ③ 1

④ 2 ⑤ 4

Step 1 주어진 극한값을 계산한다.

$$\lim_{n\to\infty}\frac{n^2-n+2}{4n^2-1}=\lim_{n\to\infty}\frac{1-\dfrac{1}{n}+\dfrac{2}{n^2}}{4-\dfrac{1}{n^2}}=\frac{1-0+0}{4-0}=\frac{1}{4}$$

$\lim_{n\to\infty}\dfrac{1}{n^2}=\lim_{n\to\infty}\dfrac{1}{n}=0$

012 [정답률 96%] 정답 ③

$$\lim_{n\to\infty}\frac{6n^2-3}{2n^2+5n} \text{의 값은? (2점)}$$

분모, 분자를 각각 n^2으로 나눈다.

① 5 ② 4 ③ 3

④ 2 ⑤ 1

Step 1 분모, 분자를 각각 n^2으로 나눈다.

$$\lim_{n\to\infty}\frac{6n^2-3}{2n^2+5n}=\lim_{n\to\infty}\frac{6-\dfrac{3}{n^2}}{2+\dfrac{5}{n}}=\frac{6-0}{2+0}=3$$

$\lim_{n\to\infty}\dfrac{3}{n^2}=0,\ \lim_{n\to\infty}\dfrac{5}{n}=0$

$n\to\infty$일 때, 분모와 분자의 차수가 같으면 최고차항의 계수만 비교하여 답을 구할 수도 있어. 이 문제에서도 분모와 분자의 차수가 2로 같으므로 최고차항의 계수의 비인 $\dfrac{6}{2}=3$이 극한값이 돼.

013 [정답률 96%] 정답 ③

$$\lim_{n\to\infty}\frac{n(9n-5)}{3n^2+1} \text{의 값은? (2점)}$$

① 1 ② 2 ③ 3

④ 4 ⑤ 5

Step 1 수열의 극한값을 구한다.

$$\lim_{n\to\infty}\frac{n(9n-5)}{3n^2+1}=\lim_{n\to\infty}\frac{9n^2-5n}{3n^2+1}=\lim_{n\to\infty}\frac{9-\dfrac{5}{n}}{3+\dfrac{1}{n^2}}=3$$

분자, 분모의 최고차항의 계수를 이용해 바로 계산할 수도 있어.

014 [정답률 95%] 정답 ⑤

$$\lim_{n\to\infty}\frac{10n^3-1}{(n+2)(2n^2+3)} \text{의 값은? (2점)}$$

① 1 ② 2 ③ 3

④ 4 ⑤ 5

Step 1 수열의 극한값을 구한다.

$$\lim_{n\to\infty}\frac{10n^3-1}{(n+2)(2n^2+3)}$$

$$=\lim_{n\to\infty}\frac{10-\dfrac{1}{n^3}}{\left(1+\dfrac{2}{n}\right)\left(2+\dfrac{3}{n^2}\right)}$$

$$=\frac{10}{1\times 2}=5$$

$n^3=n\times n^2$이므로 분자, 분모를 각각 n^3으로 나누었어.

015 [정답률 96%] 정답 ④

$$\lim_{n\to\infty}\frac{(2n+1)^2-(2n-1)^2}{2n+5} \text{의 값은? (2점)}$$

① 1 ② 2 ③ 3

④ 4 ⑤ 5

Step 1 주어진 식을 정리하여 극한을 구한다.

$$\lim_{n\to\infty}\frac{(2n+1)^2-(2n-1)^2}{2n+5}$$

$$=\lim_{n\to\infty}\frac{(4n^2+4n+1)-(4n^2-4n+1)}{2n+5}$$

$$=\lim_{n\to\infty}\frac{8n}{2n+5}$$

분모, 분자를 각각 n으로 나눠주었어.

$$=\lim_{n\to\infty}\frac{8}{2+\dfrac{5}{n}}$$

$$=\frac{8}{2}=4$$

016 [정답률 96%] 　　　　　　　　　　　정답 ①

첫째항이 1이고 공차가 2인 등차수열 $\{a_n\}$에 대하여

$\displaystyle\lim_{n\to\infty}\dfrac{a_n}{3n+1}$의 값은? (2점)

① $\dfrac{2}{3}$ 　　　② 1 　　　③ $\dfrac{4}{3}$

④ $\dfrac{5}{3}$ 　　　⑤ 2

Step 1 등차수열 $\{a_n\}$의 일반항을 구한다.

수열 $\{a_n\}$은 첫째항이 1이고 공차가 2인 등차수열이므로

$a_n=2(n-1)+1=2n-1$

Step 2 극한값을 구한다.

$$\lim_{n\to\infty}\frac{a_n}{3n+1}=\lim_{n\to\infty}\frac{2n-1}{3n+1}=\lim_{n\to\infty}\frac{2-\dfrac{1}{n}}{3+\dfrac{1}{n}}=\frac{2}{3}$$

$\displaystyle\lim_{n\to\infty}\frac{1}{n}=0$

017 [정답률 82%] 　　　　　　　　　　　정답 ③

등차수열 $\{a_n\}$에 대하여

$$\lim_{n\to\infty}\frac{a_{2n}-6n}{a_n+5}=4$$

일 때, a_2-a_1의 값은? (3점)

① 1 　　　② -2 　　　③ -3

④ -4 　　　⑤ -5

Step 1 등차수열 $\{a_n\}$의 공차를 구한다.

등차수열 $\{a_n\}$의 첫째항을 a, 공차를 d라 하면 $a_n=a+(n-1)d$

이므로 $a_{2n}=a+(2n-1)d$

$a_n=a+(n-1)d$에 n 대신 $2n$ 대입

이때 $\displaystyle\lim_{n\to\infty}\frac{a_{2n}-6n}{a_n+5}=4$에서

$$\lim_{n\to\infty}\frac{a_{2n}-6n}{a_n+5}=\lim_{n\to\infty}\frac{a+(2n-1)d-6n}{a+(n-1)d+5}$$

$$=\lim_{n\to\infty}\frac{\dfrac{a}{n}+\left(2-\dfrac{1}{n}\right)d-6}{\dfrac{a}{n}+\left(1-\dfrac{1}{n}\right)d+\dfrac{5}{n}}=\frac{2d-6}{d}$$

$\dfrac{2d-6}{d}=4$이므로 $2d-6=4d$ 　　$\therefore d=-3$

$\displaystyle\lim_{n\to\infty}\frac{a}{n}=0,\ \lim_{n\to\infty}\frac{1}{n}=0,$ $\displaystyle\lim_{n\to\infty}\frac{5}{n}=0$

Step 2 a_2-a_1의 값을 구한다.

따라서 a_2-a_1의 값은 $a_2-a_1=(a+d)-a=d=-3$

018 [정답률 83%] 　　　　　　　　　　　정답 ④

수열 $\{a_n\}$이 모든 자연수 n에 대하여

$$a_{n+1}-a_n=a_1+2$$

를 만족시킨다. $\displaystyle\lim_{n\to\infty}\dfrac{2a_n+n}{a_n-n+1}=3$일 때, a_{10}의 값은?

(단, $a_1>0$) (3점)

① 35 　　　② 36 　　　③ 37

④ 38 　　　⑤ 39

Step 1 수열 $\{a_n\}$의 일반항을 구한다.

모든 자연수 n에 대하여 $a_{n+1}-a_n=a_1+2$이므로 수열 $\{a_n\}$은

공차가 a_1+2인 등차수열이다.

$\therefore a_n=a_1+(n-1)(a_1+2)=(a_1+2)n-2$

공차가 d인 등차수열 $\{a_n\}$의 일반항은 $a_n=a_1+(n-1)d$와 같이 놓을 수 있다.

Step 2 주어진 극한값을 이용하여 a_n을 구한다.

$$\lim_{n\to\infty}\frac{2a_n+n}{a_n-n+1}=\lim_{n\to\infty}\frac{\{2(a_1+2)n-4\}+n}{\{(a_1+2)n-2\}-n+1}$$

$$=\lim_{n\to\infty}\frac{(2a_1+5)n-4}{(a_1+1)n-1}$$

(극한값)=(최고차항의 계수의 비)임을 이용한다.

$$=\frac{2a_1+5}{a_1+1}=3$$

에서 $2a_1+5=3(a_1+1)$ 　　$\therefore a_1=2$

따라서 $a_n=4n-2$이므로 $a_{10}=4\times10-2=38$

019 [정답률 89%] 　　　　　　　　　　　정답 ①

모든 항이 양수인 수열 $\{a_n\}$에 대하여 $\dfrac{1+a_n}{a_n}=n^2+2$가

성립할 때, $\displaystyle\lim_{n\to\infty}n^2a_n$의 값은? (3점)

이 식을 정리하면 수열 $\{a_n\}$의 일반항 a_n을 구할 수 있어.

① 1 　　　② 2 　　　③ 3

④ 4 　　　⑤ 5

Step 1 주어진 식을 적절히 변형하여 수열 $\{a_n\}$의 일반항 a_n을 구한다.

$$\frac{1+a_n}{a_n}=\frac{1}{a_n}+1=n^2+2$$

$$\frac{1}{a_n}=n^2+1$$이므로

$$a_n=\frac{1}{n^2+1}$$

역수를 취한 거야.

Step 2 극한값을 구한다.

분자의 차수와 분모의 차수가 같은 $\dfrac{\infty}{\infty}$ 꼴의 극한값은 분모, 분자의

최고차항의 계수의 비와 같으므로

$$\lim_{n\to\infty} n^2 a_n = \lim_{n\to\infty} \frac{n^2}{n^2+1} = 1$$

020 [정답률 85%]   정답 ①

> 수열 $\{a_n\}$에서 $a_n = \log \dfrac{n+1}{n}$일 때, $\lim\limits_{n\to\infty} \dfrac{n}{10^{a_1+a_2+\cdots+a_n}}$의
> 값은? (3점)
>
> 로그의 성질을 알고 있으면 $a_1+a_2+\cdots+a_n$에서 진수 자리에 있는 수들이 서로 곱해지면서 소거된다는 것을 알 수 있을 거야!
>
> ✓① 1   ② 2   ③ 3
> ④ 4   ⑤ 5

Step 1 로그의 성질을 이용한다.

$a_n = \log \dfrac{n+1}{n}$이므로

$$a_1+a_2+\cdots+a_n = \log \frac{2}{1} + \log \frac{3}{2} + \cdots + \log \frac{n+1}{n}$$
$$= \log\left(\frac{2}{1} \times \frac{3}{2} \times \cdots \times \frac{n+1}{n}\right)$$
$$= \log(n+1)$$

> $\log a + \log b = \log ab$

Step 2 극한값을 구한다.

$$\lim_{n\to\infty} \frac{n}{10^{a_1+a_2+\cdots+a_n}} = \lim_{n\to\infty} \frac{n}{10^{\log(n+1)}}$$
$$= \lim_{n\to\infty} \frac{n}{n+1} = 1$$

> $10^{\log a} = a^{\log_a 10} = a$

💡 알아야 할 기본개념

로그의 성질

$a>0$, $a \neq 1$이고 $x>0$, $y>0$일 때

(1) $\log_a a = 1$, $\log_a 1 = 0$

(2) $\log_a xy = \log_a x + \log_a y$

(3) $\log_a \dfrac{x}{y} = \log_a x - \log_a y$

(4) $\log_a x^n = n \log_a x$ (단, n은 실수)

021 [정답률 44%]   정답 ②

> 자연수 n에 대하여 집합 $\{k \mid 1 \le k \le 2n, \ k$는 자연수$\}$의
> 세 원소 a, b, c $(a<b<c)$가 등차수열을 이루는 집합
> $2b = a+c$
> $\{a, b, c\}$의 개수를 T_n이라 하자. $\lim\limits_{n\to\infty} \dfrac{T_n}{n^2}$의 값은? (4점)
> 가능한 공차를 생각하고, 각 경우를 만족하는 $\{a,b,c\}$를 나열
>
> ① $\dfrac{1}{2}$ ✓② 1   ③ $\dfrac{3}{2}$
> ④ 2   ⑤ $\dfrac{5}{2}$

Step 1 $n=1, 2, 3, \cdots$일 때, $T_1, T_2, T_3, \cdots$을 구하여 규칙을 찾는다.

$n=1$일 때, $1 \le k \le 2$이므로 등차수열을 이루는 집합은 없다.

$\therefore T_1 = 0$

$n=2$일 때, $1 \le k \le 4$이므로 등차수열을 이루는 집합은 공차가 1인 경우 $\{1, 2, 3\}$, $\{2, 3, 4\}$로 2개이다.

$\therefore T_2 = 2$

$n=3$일 때, $1 \le k \le 6$이므로 등차수열을 이루는 집합은 공차가 1인 경우 $\{1, 2, 3\}$, $\{2, 3, 4\}$, $\{3, 4, 5\}$, $\{4, 5, 6\}$, 공차가 2인 경우 $\{1, 3, 5\}$, $\{2, 4, 6\}$으로 6개이다.

$\therefore T_3 = 4 + 2 = 6$ ($2 \times 2 + 2 \times 1$)

같은 방법으로 구하면

$n=4$일 때,   ($2 \times 3 + 2 \times 2 + 2 \times 1$)

$T_4 = 6 + 4 + 2 = 12$

$n=5$일 때,   ($2 \times 4 + 2 \times 3 + 2 \times 2 + 2 \times 1$)

$T_5 = 8 + 6 + 4 + 2 = 20$

Step 2 T_n을 구한다.

이와 같은 방법으로 규칙을 찾아보면

$$T_n = 2(n-1) + 2(n-2) + \cdots + 2 \cdot 2 + 2 \cdot 1$$
$$= \sum_{k=1}^{n-1} 2k = 2 \times \frac{n(n-1)}{2} = n^2 - n$$

> $2\sum\limits_{k=1}^{n-1} k$

Step 3 극한값을 구한다.

$$\therefore \lim_{n\to\infty} \frac{T_n}{n^2} = \lim_{n\to\infty} \frac{n^2-n}{n^2} = 1$$

> $\sum\limits_{k=1}^{n} k = \dfrac{n(n+1)}{2}$에 n 대신 $n-1$을 대입하면 $\sum\limits_{k=1}^{n-1} k = \dfrac{n(n-1)}{2}$

★ 다른 풀이   조합의 성질을 이용하는 풀이

Step 1 등차수열의 성질을 이용한다.

a, b, c가 등차수열을 이루므로 $b = \dfrac{a+c}{2}$이다.

따라서 a, c만 결정해주면 b는 $b = \dfrac{a+c}{2}$로 자동으로 결정된다.

이때 a, b, c 모두 자연수이므로 $a+c$는 짝수가 되어야 한다.

Step 2 경우를 나누어 T_n을 구한다.

> $b = \dfrac{a+c}{2}$에서 b가 자연수이므로 $a+c$는 2의 배수이다.

$a+c$가 짝수가 되는 경우는 (ⅰ) a, c 모두 홀수일 때, (ⅱ) a, c 모두 짝수일 때로 나눌 수 있다.

> 두 수의 대소 관계는 자동으로 정해지니까 a, c도 동시에 결정되므로 두 수를 뽑은 후 배열할 필요가 없어. 따라서 조합을 이용하는 거야.

(ⅰ) a, c 모두 홀수일 때

홀수 중에서 두 개를 뽑으면 된다.

1부터 $2n$까지의 자연수 중 홀수의 개수는 n이므로 만족하는 경우의 수는 ${}_n C_2 = \dfrac{n(n-1)}{2}$

> ${}_n C_r = \dfrac{n(n-1)\cdots(n-r+1)}{r!}$

(ⅱ) a, c 모두 짝수일 때

짝수 중에서 두 개를 뽑으면 된다.

1부터 $2n$까지의 자연수 중 짝수의 개수는 n이므로 만족하는 경우의 수는 ${}_n C_2 = \dfrac{n(n-1)}{2}$

(ⅰ), (ⅱ)에서 $T_n = \dfrac{n(n-1)}{2} + \dfrac{n(n-1)}{2} = n(n-1)$

Step 3 극한값을 구한다.

$$\lim_{n\to\infty} \frac{T_n}{n^2} = \lim_{n\to\infty} \frac{n(n-1)}{n^2} = 1$$

> $= n^2 - n$이므로 분자의 최고차항은 n^2이다.

> **참고**
>
> 위에서 경우의 수를 구할 때 n개 중에서 두 개를 뽑아 각각 a, c에 배열해야 하므로 ${}_n C_2 \times 2!$이라고 생각할 수 있지만, 문제의 조건에서 $a<b<c$이므로 두 개를 뽑으면 큰 값이 c, 작은 값이 a가 된다. 따라서 $2!$은 곱하지 않아야 한다.

I
1. 수열의 극한

022 [정답률 95%] 정답 ③

$$\lim_{n \to \infty} \frac{\sqrt{9n^2+4}}{5n-2} \text{의 값은? (2점)}$$

① $\dfrac{1}{5}$　　② $\dfrac{2}{5}$　　③ $\dfrac{3}{5}$

④ $\dfrac{4}{5}$　　⑤ 1

Step 1 분모, 분자를 각각 n으로 나누어 본다.

$$\lim_{n \to \infty} \frac{\sqrt{9n^2+4}}{5n-2} = \lim_{n \to \infty} \frac{\sqrt{9+\dfrac{4}{n^2}}}{5-\dfrac{2}{n}} = \frac{\sqrt{9+0}}{5-0} = \frac{3}{5}$$

근호 안에 들어갈 때는 n이 아닌 n^2으로 나누어야 해.

023 [정답률 86%] 정답 ②

$$\lim_{n \to \infty} \frac{\sqrt{4n^2+4n+3}}{n} \text{의 값은? (2점)}$$

$n = \sqrt{n^2}$임을 이용하여 식을 변형

① $\sqrt{2}$　　② 2　　③ $2\sqrt{2}$

④ 4　　⑤ $4\sqrt{2}$

Step 1 수열의 극한을 계산한다.

$$\lim_{n \to \infty} \frac{\sqrt{4n^2+4n+3}}{n} = \lim_{n \to \infty} \sqrt{\frac{4n^2+4n+3}{n^2}} \quad (\because n = \sqrt{n^2})$$
$$= \lim_{n \to \infty} \sqrt{4+\frac{4}{n}+\frac{3}{n^2}}$$
$$= \sqrt{4+0+0} = 2$$

$\lim\limits_{n \to \infty} \dfrac{4}{n} = 0, \ \lim\limits_{n \to \infty} \dfrac{3}{n^2} = 0$

024 [정답률 95%] 정답 ②

$$\lim_{n \to \infty} \frac{1}{\sqrt{4n^2+2n+1}-2n} \text{의 값은? (2점)}$$

① 1　　② 2　　③ 3

④ 4　　⑤ 5

Step 1 주어진 식의 분모를 유리화하여 극한값을 구한다.

$$\lim_{n \to \infty} \frac{1}{\sqrt{4n^2+2n+1}-2n}$$
$$= \lim_{n \to \infty} \frac{\sqrt{4n^2+2n+1}+2n}{\left(\sqrt{4n^2+2n+1}-2n\right)\left(\sqrt{4n^2+2n+1}+2n\right)}$$

$= \left(\sqrt{4n^2+2n+1}\right)^2 - (2n)^2$

$$= \lim_{n \to \infty} \frac{\sqrt{4n^2+2n+1}+2n}{(4n^2+2n+1)-4n^2}$$
$$= \lim_{n \to \infty} \frac{\sqrt{4n^2+2n+1}+2n}{2n+1}$$
$$= \lim_{n \to \infty} \frac{\sqrt{4+\dfrac{2}{n}+\dfrac{1}{n^2}}+2}{2+\dfrac{1}{n}}$$

극한값을 구하기 위해 분모, 분자를 각각 n으로 나눠주었어.

$$= \frac{\sqrt{4}+2}{2+0} = 2$$

025 [정답률 96%] 정답 ②

$$\lim_{n \to \infty} \frac{1}{\sqrt{n^2+n+1}-n} \text{의 값은? (2점)}$$

① 1　　② 2　　③ 3

④ 4　　⑤ 5

Step 1 수열의 극한값을 계산한다.

$$\lim_{n \to \infty} \frac{1}{\sqrt{n^2+n+1}-n}$$
$$= \lim_{n \to \infty} \frac{\sqrt{n^2+n+1}+n}{\left(\sqrt{n^2+n+1}-n\right)\left(\sqrt{n^2+n+1}+n\right)}$$
$$= \lim_{n \to \infty} \frac{\sqrt{n^2+n+1}+n}{n+1}$$

분모의 유리화

$(n^2+n+1)-n^2 = n+1$

$$= \lim_{n \to \infty} \frac{\sqrt{1+\dfrac{1}{n}+\dfrac{1}{n^2}}+1}{1+\dfrac{1}{n}}$$
$$= \frac{1+1}{1} = 2$$

026 [정답률 95%] 정답 ②

$$\lim_{n \to \infty} \left(\sqrt{9n^2+12n}-3n\right) \text{의 값은? (2점)}$$

① 1　　② 2　　③ 3

④ 4　　⑤ 5

Step 1 주어진 식을 변형하여 수열의 극한을 구한다.

$$\lim_{n \to \infty} \left(\sqrt{9n^2+12n}-3n\right)$$
$$= \lim_{n \to \infty} \frac{\left(\sqrt{9n^2+12n}-3n\right)\left(\sqrt{9n^2+12n}+3n\right)}{\sqrt{9n^2+12n}+3n}$$
$$= \lim_{n \to \infty} \frac{(9n^2+12n)-9n^2}{\sqrt{9n^2+12n}+3n}$$

$(3n)^2$

$$= \lim_{n \to \infty} \frac{12n}{\sqrt{9n^2+12n}+3n}$$
$$= \lim_{n \to \infty} \frac{12}{\sqrt{9+\dfrac{12}{n}}+3}$$

분모, 분자를 각각 n으로 나눠주었어.

$$= \frac{12}{\sqrt{9}+3} = 2$$

$\lim\limits_{n \to \infty} \dfrac{12}{n} = 0$

027 [정답률 96%] 정답 ④

$$\lim_{n \to \infty} \left(\sqrt{n^4+5n^2+5}-n^2\right) \text{의 값은? (2점)}$$

분모가 1이라 생각하고 분자를 유리화한다.

① $\dfrac{7}{4}$　　② 2　　③ $\dfrac{9}{4}$

④ $\dfrac{5}{2}$　　⑤ $\dfrac{11}{4}$

Step 1 분자를 유리화하여 수열의 극한값을 계산한다.

$$\lim_{n \to \infty}\left(\sqrt{n^4+5n^2+5}-n^2\right)$$
$$=\lim_{n \to \infty}\frac{\left(\sqrt{n^4+5n^2+5}-n^2\right)\left(\sqrt{n^4+5n^2+5}+n^2\right)}{\sqrt{n^4+5n^2+5}+n^2}$$
분자, 분모에 각각 $\sqrt{n^4+5n^2+5}+n^2$을 곱한다.
$$=\lim_{n \to \infty}\frac{(n^4+5n^2+5)-n^4}{\sqrt{n^4+5n^2+5}+n^2}$$
$$=\lim_{n \to \infty}\frac{5n^2+5}{\sqrt{n^4+5n^2+5}+n^2}$$
분자, 분모를 각각 n^2으로 나눈다.
$$=\lim_{n \to \infty}\frac{5+\dfrac{5}{n^2}}{\sqrt{1+\dfrac{5}{n^2}+\dfrac{5}{n^4}}+1}$$
$$=\frac{5}{1+1}=\frac{5}{2}$$

028 [정답률 94%]   정답 ②

$$\lim_{n \to \infty}\left(\sqrt{4n^2+3n}-\sqrt{4n^2+1}\right)$$의 값은? (2점)

① $\dfrac{1}{2}$ ② $\dfrac{3}{4}$ ③ 1

④ $\dfrac{5}{4}$ ⑤ $\dfrac{3}{2}$

Step 1 주어진 식을 변형하여 수열의 극한값을 계산한다.

$$\lim_{n \to \infty}\left(\sqrt{4n^2+3n}-\sqrt{4n^2+1}\right)$$
$$=\lim_{n \to \infty}\frac{\left(\sqrt{4n^2+3n}-\sqrt{4n^2+1}\right)\left(\sqrt{4n^2+3n}+\sqrt{4n^2+1}\right)}{\sqrt{4n^2+3n}+\sqrt{4n^2+1}}$$
분자의 유리화
$$=\lim_{n \to \infty}\frac{(4n^2+3n)-(4n^2+1)}{\sqrt{4n^2+3n}+\sqrt{4n^2+1}}$$
$$=\lim_{n \to \infty}\frac{3n-1}{\sqrt{4n^2+3n}+\sqrt{4n^2+1}}$$
분모, 분자를 각각 n으로 나눈다.
$$=\lim_{n \to \infty}\frac{3-\dfrac{1}{n}}{\sqrt{4+\dfrac{3}{n}}+\sqrt{4+\dfrac{1}{n^2}}}$$
$$=\frac{3}{\sqrt{4}+\sqrt{4}}=\frac{3}{4}$$

029 [정답률 92%]   정답 ⑤

$$\lim_{n \to \infty}\left(\sqrt{n^2+9n}-\sqrt{n^2+4n}\right)$$의 값은? (2점)

① $\dfrac{1}{2}$ ② 1 ③ $\dfrac{3}{2}$

④ 2 ⑤ $\dfrac{5}{2}$

Step 1 수열의 극한값을 계산한다.

$$\lim_{n \to \infty}\left(\sqrt{n^2+9n}-\sqrt{n^2+4n}\right)$$
$$=\lim_{n \to \infty}\frac{\left(\sqrt{n^2+9n}-\sqrt{n^2+4n}\right)\left(\sqrt{n^2+9n}+\sqrt{n^2+4n}\right)}{\sqrt{n^2+9n}+\sqrt{n^2+4n}}$$

$$=\lim_{n \to \infty}\frac{5n}{\sqrt{n^2+9n}+\sqrt{n^2+4n}}$$
분모, 분자를 각각 n으로 나눈다.
$$=\lim_{n \to \infty}\frac{5}{\sqrt{1+\dfrac{9}{n}}+\sqrt{1+\dfrac{4}{n}}}$$
$$=\frac{5}{2}$$
$\lim\limits_{n \to \infty}\dfrac{1}{n}=0$

030 [정답률 92%]   정답 ①

$$\lim_{n \to \infty}\left(\sqrt{4n^2+2n+1}-\sqrt{4n^2-2n-1}\right)$$의 값은? (2점)

① 1 ② 2 ③ 3

④ 4 ⑤ 5

Step 1 수열의 극한값을 계산한다.

$$\lim_{n \to \infty}\left(\sqrt{4n^2+2n+1}-\sqrt{4n^2-2n-1}\right)$$
$$=\lim_{n \to \infty}\frac{(4n^2+2n+1)-(4n^2-2n-1)}{\sqrt{4n^2+2n+1}+\sqrt{4n^2-2n-1}}$$
분자, 분모에 각각 $\sqrt{4n^2+2n+1}+\sqrt{4n^2-2n-1}$을 곱해.
$$=\lim_{n \to \infty}\frac{4n+2}{\sqrt{4n^2+2n+1}+\sqrt{4n^2-2n-1}}$$
분자, 분모를 각각 n으로 나눠. 이때 상수 a에 대하여 $\lim\limits_{n \to \infty}\dfrac{a}{n}=0$, $\lim\limits_{n \to \infty}\dfrac{a}{n^2}=0$이 돼.
$$=\lim_{n \to \infty}\frac{4+\dfrac{2}{n}}{\sqrt{4+\dfrac{2}{n}+\dfrac{1}{n^2}}+\sqrt{4-\dfrac{2}{n}-\dfrac{1}{n^2}}}$$
$$=\frac{4}{\sqrt{4}+\sqrt{4}}=1$$

031 [정답률 90%]   정답 ③

$$\lim_{n \to \infty}2n\left(\sqrt{n^2+4}-\sqrt{n^2+1}\right)$$의 값은? (2점)

① 1 ② 2 ③ 3

④ 4 ⑤ 5

Step 1 수열의 극한을 계산한다.

$$\lim_{n \to \infty}2n\left(\sqrt{n^2+4}-\sqrt{n^2+1}\right)$$
$$=\lim_{n \to \infty}\frac{2n\left(\sqrt{n^2+4}-\sqrt{n^2+1}\right)\left(\sqrt{n^2+4}+\sqrt{n^2+1}\right)}{\sqrt{n^2+4}+\sqrt{n^2+1}}$$
$$=\lim_{n \to \infty}\frac{6n}{\sqrt{n^2+4}+\sqrt{n^2+1}}$$
$$=\lim_{n \to \infty}\frac{6}{\sqrt{1+\dfrac{4}{n^2}}+\sqrt{1+\dfrac{1}{n^2}}}=3$$
$$=\frac{6}{\sqrt{1+0}+\sqrt{1+0}}=\frac{6}{2}=3$$

032 [정답률 80%]   정답 ②

등차수열 $\{a_n\}$이 $a_3=5$, $a_6=11$일 때, $\lim\limits_{n \to \infty}\sqrt{n}\left(\sqrt{a_{n+1}}-\sqrt{a_n}\right)$의 값은? (3점)

① $\dfrac{1}{2}$ ② $\dfrac{\sqrt{2}}{2}$ ③ 1

④ $\sqrt{2}$ ⑤ 2

Step 1 등차수열 $\{a_n\}$의 일반항 a_n을 n에 대하여 나타낸다.

등차수열 $\{a_n\}$의 첫째항을 a, 공차를 d라 하면

$a_3=a+2d=5$,

$a_6=a+5d=11$

에서 $a=1$, $d=2$이므로 $a_n=2n-1$

$\therefore \lim_{n\to\infty}\sqrt{n}(\sqrt{a_{n+1}}-\sqrt{a_n})=\lim_{n\to\infty}\sqrt{n}(\sqrt{2n+1}-\sqrt{2n-1})$

$a_{n+1}=2(n+1)-1$
$\quad\quad =2n+2-1$

$=\lim_{n\to\infty}\dfrac{2\sqrt{n}}{\sqrt{2n+1}+\sqrt{2n-1}}$

$=\lim_{n\to\infty}\dfrac{2}{\sqrt{2+\dfrac{1}{n}}+\sqrt{2-\dfrac{1}{n}}}$

$(a+5d)-(a+2d)=11-5$
에서 $3d=6$ $\quad\therefore d=2$
또한 $a+2\times 2=5$ $\quad\therefore a=1$

$=\dfrac{2}{2\sqrt{2}}$

$=\dfrac{\sqrt{2}}{2}$

$a_n=a+(n-1)d$에서
$a=1$, $d=2$이므로
$a_n=1+2(n-1)$이야.

$\dfrac{\infty}{\infty}$ 꼴로 변형하기 위해 분자를 유리화해야 하므로 분모, 분자에 $\sqrt{2n+1}+\sqrt{2n-1}$을 곱해줘야 해.

분모, 분자를 $\sqrt{n}$으로 나눈다.

$\lim_{n\to\infty}\dfrac{1}{n}=0$임을 이용

033 [정답률 88%] 정답 ③

등차수열 $\{a_n\}$에 대하여 $\lim_{n\to\infty}(\sqrt{a_n^2+2n}-a_n)=\dfrac{1}{3}$일 때, 수열 $\{a_n\}$의 공차는? (3점)

① 1 ② 2 ③ 3
④ 4 ⑤ 5

Step 1 $\lim_{n\to\infty}\dfrac{a_n}{n}$의 값을 구한다.

등차수열 $\{a_n\}$의 공차를 d라 하면 $a_n=a_1+(n-1)d$

$\therefore \lim_{n\to\infty}\dfrac{a_n}{n}=\lim_{n\to\infty}\dfrac{a_1+(n-1)d}{n}=d$ $\quad=dn+(a_1-d)$

Step 2 수열 $\{a_n\}$의 공차를 구한다.

$\lim_{n\to\infty}(\sqrt{a_n^2+2n}-a_n)$

$=\lim_{n\to\infty}\dfrac{(\sqrt{a_n^2+2n}-a_n)(\sqrt{a_n^2+2n}+a_n)}{\sqrt{a_n^2+2n}+a_n}$

$=\lim_{n\to\infty}\dfrac{2n}{\sqrt{a_n^2+2n}+a_n}$

$=\lim_{n\to\infty}\dfrac{2}{\sqrt{\left(\dfrac{a_n}{n}\right)^2+\dfrac{2}{n}}+\dfrac{a_n}{n}}$

분모, 분자를 각각 n으로 나누었다.

$=\dfrac{2}{\sqrt{d^2+0}+d}=\dfrac{1}{d}$

$\dfrac{1}{d}=\dfrac{1}{3}$이므로 $d=3$

따라서 수열 $\{a_n\}$의 공차는 3이다.

034 [정답률 92%] 정답 ②

두 실수 a, b에 대하여 $\lim_{n\to\infty}\dfrac{an^b}{\sqrt{n^4+4n}-\sqrt{n^4+n}}=6$일 때, $a+b$의 값은? (3점)

① 6 ② 8 ③ 10
④ 12 ⑤ 14

Step 1 주어진 식을 정리한 후, $\dfrac{\infty}{\infty}$ 꼴의 극한값이 존재함을 이용한다.

주어진 등식에서

$\lim_{n\to\infty}\dfrac{an^b}{\sqrt{n^4+4n}-\sqrt{n^4+n}}$

$=\lim_{n\to\infty}\dfrac{an^b(\sqrt{n^4+4n}+\sqrt{n^4+n})}{(\sqrt{n^4+4n}-\sqrt{n^4+n})(\sqrt{n^4+4n}+\sqrt{n^4+n})}$

$=\lim_{n\to\infty}\dfrac{an^b(\sqrt{n^4+4n}+\sqrt{n^4+n})}{n^4+4n-(n^4+n)}$

$=\lim_{n\to\infty}\dfrac{an^b\left(\sqrt{1+\dfrac{4}{n^3}}+\sqrt{1+\dfrac{1}{n^3}}\right)}{\dfrac{3}{n}}$

$=\lim_{n\to\infty}\dfrac{a}{3}n^{b+1}\left(\sqrt{1+\dfrac{4}{n^3}}+\sqrt{1+\dfrac{1}{n^3}}\right)=6$

Step 2 $a+b$의 값을 구한다.

이때 $a_n=\dfrac{a}{3}n^{b+1}$, $b_n=\sqrt{1+\dfrac{4}{n^3}}+\sqrt{1+\dfrac{1}{n^3}}$이라 하면

$\lim_{n\to\infty}b_n=2$, $\lim_{n\to\infty}a_nb_n=6$이므로

$\lim_{n\to\infty}a_n=\lim_{n\to\infty}\dfrac{a_nb_n}{b_n}=3$

즉, $\lim_{n\to\infty}\dfrac{a}{3}n^{b+1}=3$이므로 $a=9$, $b=-1$

$\therefore a+b=9+(-1)=8$

$\lim_{n\to\infty}n^0=1$, 양수 k에 대하여 $\lim_{n\to\infty}n^k=\infty$, $\lim_{n\to\infty}n^{-k}=0$ 이고 극한값이 0이 아닌 값에 수렴하므로 $b+1=0$

035 [정답률 83%] 정답 ④

$\lim_{n\to\infty}(\sqrt{an^2+n}-\sqrt{an^2-an})=\dfrac{5}{4}$를 만족시키는 모든 양수 a의 값의 합은? (3점)

① $\dfrac{7}{2}$ ② $\dfrac{15}{4}$ ③ 4
④ $\dfrac{17}{4}$ ⑤ $\dfrac{9}{2}$

Step 1 주어진 등식의 좌변을 정리한다.

$\lim_{n\to\infty}(\sqrt{an^2+n}-\sqrt{an^2-an})$

$=\lim_{n\to\infty}\dfrac{(an^2+n)-(an^2-an)}{\sqrt{an^2+n}+\sqrt{an^2-an}}$

$=\lim_{n\to\infty}\dfrac{(a+1)n}{\sqrt{an^2+n}+\sqrt{an^2-an}}$

$=\lim_{n\to\infty}\dfrac{a+1}{\sqrt{a+\dfrac{1}{n}}+\sqrt{a-\dfrac{a}{n}}}$

$=\dfrac{a+1}{2\sqrt{a}}$

Step 2 a의 값을 구한다.

$\lim_{n\to\infty}(\sqrt{an^2+n}-\sqrt{an^2-an})=\dfrac{5}{4}$이므로

$\dfrac{a+1}{2\sqrt{a}}=\dfrac{5}{4}$, $\dfrac{a^2+2a+1}{4a}=\dfrac{25}{16}$

$4(a^2+2a+1)=25a$, $4a^2-17a+4=0$

$(4a-1)(a-4)=0$

$\therefore a=\dfrac{1}{4}$ 또는 $a=4$

Step 3 모든 양수 a의 값의 합을 구한다.

따라서 구하는 양수 a의 값의 합은 $\dfrac{1}{4}+4=\dfrac{17}{4}$

036 [정답률 89%]   정답 ①

> 두 양수 a, b에 대하여
> $$\lim_{n\to\infty}(\sqrt{an^2+bn}-bn)=\lim_{n\to\infty}\frac{(bn-1)^2}{(b+6)n^2+1}$$
> 일 때, $a+b$의 값은? (3점)
>
> ① 6 ② 12 ③ 18
> ④ 24 ⑤ 30

Step 1 유리화를 이용하여 극한값을 구한다.

$\lim_{n\to\infty}(\sqrt{an^2+bn}-bn)$ → 분자를 유리화한다.

$=\lim_{n\to\infty}\dfrac{(\sqrt{an^2+bn}-bn)(\sqrt{an^2+bn}+bn)}{\sqrt{an^2+bn}+bn}$

$=\lim_{n\to\infty}\dfrac{an^2+bn-b^2n^2}{\sqrt{an^2+bn}+bn}=\lim_{n\to\infty}\dfrac{(a-b^2)n^2+bn}{\sqrt{an^2+bn}+bn}$

$\lim_{n\to\infty}\dfrac{(bn-1)^2}{(b+6)n^2+1}=\lim_{n\to\infty}\dfrac{\left(b-\dfrac{1}{n}\right)^2}{b+6+\dfrac{1}{n^2}}=\dfrac{b^2}{b+6}$

→ $a-b^2\ne0$이면 주어진 극한은 발산한다.

Step 2 극한값이 존재함을 이용하여 a, b의 값을 구한다.

$\lim_{n\to\infty}\dfrac{(a-b^2)n^2+bn}{\sqrt{an^2+bn}+bn}=\dfrac{b^2}{b+6}$ 이므로 $a-b^2=0$, 즉 $a=b^2$

→ 극한값이 존재

$\lim_{n\to\infty}\dfrac{bn}{\sqrt{an^2+bn}+bn}=\lim_{n\to\infty}\dfrac{b}{\sqrt{a+\dfrac{b}{n}}+b}=\dfrac{b}{\sqrt{a}+b}=\dfrac{b}{2b}=\dfrac{1}{2}$

→ $a=b^2$

에서 $\dfrac{b^2}{b+6}=\dfrac{1}{2}$ 이므로 $2b^2=b+6$

$2b^2-b-6=0$, $(2b+3)(b-2)=0$

$\therefore b=2\ (\because b>0)$ → b는 양수로 주어졌다.

$a=b^2$이므로 $a=4$

따라서 $a=4$, $b=2$이므로 $a+b=4+2=6$

037 [정답률 64%]   정답 110

> $b\le0$이면 문제에 주어진 극한은 발산하므로 극한값이 존재하지 않아. 따라서 $b>0$이어야 해.
>
> 양수 a와 실수 b에 대하여 $\lim_{n\to\infty}(\sqrt{an^2+4n}-bn)=\dfrac{1}{5}$ 일 때,
> $a+b$의 값을 구하시오. (4점)
>
> → $\infty-\infty$ 꼴이므로 분모를 1로 생각하고 분자를 유리화

Step 1 주어진 극한이 $\dfrac{1}{5}$로 수렴할 조건을 찾는다.

$\lim_{n\to\infty}(\sqrt{an^2+4n}-bn)=\lim_{n\to\infty}\dfrac{(an^2+4n)-b^2n^2}{\sqrt{an^2+4n}+bn}$

$(\sqrt{a}-b)(\sqrt{a}+b)=a-b^2$

$=\lim_{n\to\infty}\dfrac{(a-b^2)n+4}{\sqrt{a+\dfrac{4}{n}}+b}$

→ $a-b^2\ne0$이면 (분모의 차수) < (분자의 차수)가 되어서 발산하므로

가 수렴하려면 $a-b^2=0$, 즉 $a=b^2$ ······ ㉠

을 만족하여야 한다. 이때

→ 극한값이 존재하지 않아. 따라서 $a-b^2=0$이어야 해.

→ $\lim_{n\to\infty}\sqrt{\dfrac{1}{n}}=0$

$\lim_{n\to\infty}\dfrac{(a-b^2)n+4}{\sqrt{a+\dfrac{4}{n}}+b}=\dfrac{4}{\sqrt{a}+b}=\dfrac{1}{5}$ ······ ㉡

→ $b\ne-\sqrt{a}$이므로 $\sqrt{a}+b\ne0$이다.

Step 2 ㉠, ㉡을 연립하여 a, b의 값을 구한다.

㉠을 ㉡에 대입하면

$\dfrac{4}{\sqrt{b^2}+b}=\dfrac{1}{5}$, $\dfrac{4}{|b|+b}=\dfrac{1}{5}$

$\dfrac{4}{2b}=\dfrac{1}{5}\ (\because b>0)$ → $b\le0$이면 분모가 0이 되어 극한값이 존재하지 않는다.

$\therefore b=10$, $a=100\ (\because ㉠)$

$\therefore a+b=110$

038 [정답률 32%]   정답 50

> 자연수 n에 대하여 x에 대한 부등식 $x^2-4nx-n<0$을 만족시키는 정수 x의 개수를 a_n이라 하자. 두 상수 p, q에 대하여
> $$\lim_{n\to\infty}(\sqrt{na_n}-pn)=q$$
> 일 때, $100pq$의 값을 구하시오. (4점)

Step 1 수열 $\{a_n\}$의 일반항을 구한다. → 근의 공식 사용

x에 대한 이차방정식 $x^2-4nx-n=0$의 해는 $x=2n-\sqrt{4n^2+n}$ 또는 $x=2n+\sqrt{4n^2+n}$이므로 주어진 부등식의 해는

$2n-\sqrt{4n^2+n}<x<2n+\sqrt{4n^2+n}$

$2n<\sqrt{4n^2+n}<2n+1$이므로 $-1<2n-\sqrt{4n^2+n}<0$,

$4n<2n+\sqrt{4n^2+n}<4n+1$ → $(2n)^2<4n^2+n<(2n+1)^2$

즉, 부등식 $x^2-4nx-n<0$을 만족시키는 정수 x의 개수는 0, 1, $\cdots$, $4n$의 $4n+1$이므로 $a_n=4n+1$

→ $2n-\sqrt{4n^2+n}<x<2n+\sqrt{4n^2+n}$에서 $2n-\sqrt{4n^2+n}=-0\times\times\times,$

Step 2 주어진 식이 수렴함을 이용한다. → $2n+\sqrt{4n^2+n}=4n+0\times\times\times$ 라 하면 $-0\times\times\times<x<4n+0\times\times\times$

$\lim_{n\to\infty}(\sqrt{na_n}-pn)=q$에서 $\lim_{n\to\infty}\sqrt{na_n}=\infty$이므로 $p>0$이어야 한다.

$\lim_{n\to\infty}(\sqrt{na_n}-pn)=\lim_{n\to\infty}(\sqrt{4n^2+n}-pn)$

→ $p\le0$이면 $\lim_{n\to\infty}(-pn)=\infty$이므로 $\lim_{n\to\infty}(\sqrt{na_n}-pn)=\infty$

→ 분자의 유리화

$=\lim_{n\to\infty}\dfrac{(4n^2+n)-p^2n^2}{\sqrt{4n^2+n}+pn}$

$=\lim_{n\to\infty}\dfrac{(4-p^2)n^2+n}{\sqrt{4n^2+n}+pn}$ ······ ㉠

이 q로 수렴하므로 $4-p^2=0$ $\therefore p=2\ (\because p>0)$

이를 ㉠에 대입하면   → $4-p^2\ne0$이면 (분모의 차수) < (분자의 차수)이므로 극한이 발산한다.

$\lim_{n\to\infty}\dfrac{n}{\sqrt{4n^2+n}+2n}=\lim_{n\to\infty}\dfrac{1}{\sqrt{4+\dfrac{1}{n}}+2}=\dfrac{1}{2+2}=\dfrac{1}{4}$ $\therefore q=\dfrac{1}{4}$

따라서 $p=2$, $q=\dfrac{1}{4}$이므로 $100pq=100\times2\times\dfrac{1}{4}=50$

→ $\lim_{n\to\infty}\dfrac{1}{n}=0$

039 [정답률 52%]   정답 10

> 등비수열 $\left\{\left(\dfrac{2x-3}{5}\right)^n\right\}$이 수렴하도록 하는 모든 정수 x의
> 합을 구하시오. (3점) → 등비수열 $\{a_n\}$의 일반항 a_1r^{n-1}이 수렴하기 위해서는 $a_1=0$이거나 $-1<r\le1$이어야 한다.

Step 1 등비수열이 수렴하기 위한 조건을 구한다.

등비수열 $\left\{\left(\dfrac{2x-3}{5}\right)^n\right\}$ 이 수렴해야 하므로 $-1<\dfrac{2x-3}{5}\leq 1$ 이어야 한다.

$\dfrac{2x-3}{5}=-1$ 이면 등비수열이 진동(발산)하게 된다. 따라서 -1은 범위에서 제외한다.

Step 2 x의 값의 범위를 구한다.

$-1<\dfrac{2x-3}{5}\leq 1$ 에서 $-5<2x-3\leq 5$

$-2<2x\leq 8$ $\quad\therefore -1<x\leq 4$

따라서 구하는 모든 정수 x의 값은 0, 1, 2, 3, 4이므로 그 합은

$0+1+2+3+4=10$

---

040 [정답률 90%] 정답 ①

> 수열 $\{a_n\}$의 일반항이
>
> $$a_n=\left(\dfrac{x^2-4x}{5}\right)^n$$
>
> 일 때, 수열 $\{a_n\}$이 수렴하도록 하는 모든 정수 x의 개수는? (3점)
>
> ① 7 ② 8 ③ 9
> ④ 10 ⑤ 11

Step 1 등비수열이 수렴할 조건을 생각한다.

수열 $\{a_n\}$이 수렴하려면

$-1<\dfrac{x^2-4x}{5}\leq 1$ 이어야 하므로 $-5<x^2-4x\leq 5$

등비수열 $\{r^n\}$이 수렴할 조건은 $-1<r\leq 1$

$x^2-4x+5>0$에서 $(x-2)^2+1>0$이므로 모든 정수 x에 대하여 성립한다.

$x^2-4x-5\leq 0$에서 $(x+1)(x-5)\leq 0$

$\therefore -1\leq x\leq 5$

부등식의 양쪽에 등호가 있으므로 정수의 개수는 $5-(-1)+1$

따라서 정수 x의 개수는 7이다.

---

041 [정답률 43%] 정답 2

등비수열 $\{a_n\}$의 일반항 $a_1 r^{n-1}$이 수렴하기 위해서는 $a_1=0$이거나 $-1<r\leq 1$이어야 한다.

> 수열 $\{(x+2)(x^2-4x+3)^{n-1}\}$이 수렴하도록 하는 모든 정수 x의 합을 구하시오. (3점)

Step 1 수열의 수렴 조건을 구한다.

수열 $\{(x+2)(x^2-4x+3)^{n-1}\}$은 첫째항이 $x+2$, 공비가 x^2-4x+3인 등비수열이므로 수열 $\{(x+2)(x^2-4x+3)^{n-1}\}$이 수렴하기 위해서는 $x+2=0$ 또는 $-1<x^2-4x+3\leq 1$을 만족해야 한다.

Step 2 조건을 만족하는 x의 값을 구한다.

위 조건을 만족하는 x의 값을 구해 보자.

$x+2=0$일 때, $x=-2$ ← 생략 주의!

$-1<x^2-4x+3\leq 1$일 때

$-1<x^2-4x+3$과 $x^2-4x+3\leq 1$을 동시에 만족해야 돼!

(i) $-1<x^2-4x+3$인 경우

$x^2-4x+4>0$이므로 $(x-2)^2>0$

따라서 x는 $x\neq 2$인 모든 실수이다.

$x^2-4x+2=0$을 만족하는 해는 근의 공식에 의하여 $x=\dfrac{4\pm\sqrt{16-8}}{2}=2\pm\sqrt{2}$

(ii) $x^2-4x+3\leq 1$인 경우

$x^2-4x+2\leq 0$이므로 만족하는 x의 값의 범위는 $2-\sqrt{2}\leq x\leq 2+\sqrt{2}$

$x^2-4x+2\leq 0$이려면 $2-\sqrt{2}\leq x\leq 2+\sqrt{2}$

그러므로 (i), (ii)를 동시에 만족하는 정수 x는 1, 3이다.

따라서 조건을 만족하는 모든 정수 x는 -2, 1, 3이므로 그 합은

$-2+1+3=2$

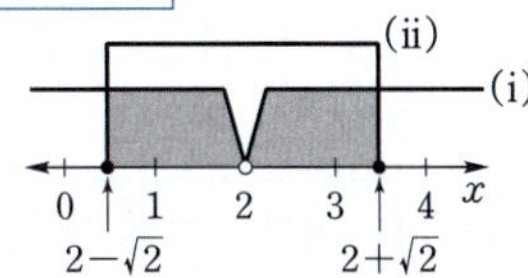

수능포인트

등비수열 $\{a_n\}$의 일반항 $a_1 r^{n-1}$이 수렴하기 위한 조건은 $a_1=0$ 또는 $-1<r\leq 1$입니다. 또 등비수열 $\{a_n\}$의 첫째항부터 제n항까지의 합 S_n이 수렴하기 위한 조건은 $a_1=0$ 또는 $-1<r<1$입니다.

---

042 정답 ③

> 정수 k에 대하여 수열 $\{a_n\}$의 일반항을
>
> $$a_n=\left(\dfrac{|k|}{3}-2\right)^n$$
>
> 이라 하자. 수열 $\{a_n\}$이 수렴하도록 하는 모든 정수 k의 개수는? (3점)

등비수열 꼴이므로 등비수열의 수렴 조건을 생각

> ① 4 ② 8 ③ 12
> ④ 16 ⑤ 20

Step 1 수열 $\{a_n\}$이 수렴할 조건을 파악한다.

수열 $\{a_n\}$은 첫째항과 공비가 $\dfrac{|k|}{3}-2$인 등비수열이므로

공비가 r인 등비수열이 수렴하려면 $-1<r\leq 1$이어야 해.

수열 $\{a_n\}$이 수렴하려면 $-1<\dfrac{|k|}{3}-2\leq 1$이어야 한다.

Step 2 수열 $\{a_n\}$이 수렴하도록 하는 정수 k의 개수를 구한다.

$-1<\dfrac{|k|}{3}-2\leq 1$에서 $1<\dfrac{|k|}{3}\leq 3$

$3<|k|\leq 9$

$3<|k|$이면 $k>3$ 또는 $k<-3$, $|k|\leq 9$이면 $-9\leq k\leq 9$

$\therefore -9\leq k<-3$ 또는 $3<k\leq 9$

따라서 구하는 정수 k는

-9, -8, $\cdots$, -4와 4, 5, $\cdots$, 9이므로 k의 개수는 12이다.

---

043 [정답률 34%] 정답 ④

> 등비수열 $\left\{\left(-\sin\dfrac{k\pi}{4}\right)^n\right\}$이 수렴하도록 하는 **10 이하의** 자연수 k의 개수는? (3점)
>
> ① 5 ② 6 ③ 7
> ④ 8 ⑤ 9

$k=1, 2, 3, \cdots, 10$일 때의 $-\sin\dfrac{k\pi}{4}$의 값을 생각해.

헷갈린다면 함수 $y=\sin x$의 그래프를 이용하도록 해!

Step 1 등비수열이 수렴할 조건을 이용한다.

등비수열 $\left\{\left(-\sin\dfrac{k\pi}{4}\right)^n\right\}$ 이 수렴하므로 $-1 < -\sin\dfrac{k\pi}{4} \leq 1$

$\therefore -1 \leq \sin\dfrac{k\pi}{4} < 1$ ...... ㉠

주의 부등식의 각 변에 -1을 곱한 거야! 이때 부등호의 방향 변화에 유의해야 해.

Step 2 $-1 \leq \sin\dfrac{k\pi}{4} \leq 1$임을 이용하여 답을 구한다.

k의 값에 관계없이 $-1 \leq \sin\dfrac{k\pi}{4} \leq 1$ ...... ㉡

㉠, ㉡에서 $\sin\dfrac{k\pi}{4} = 1$일 때 등비수열이 수렴하지 않는다.

이때 $\sin\dfrac{k\pi}{4} = 1$인 10 이하의 자연수 k는 2, 10이므로

10 이하의 자연수 중 등비수열이 수렴하도록 하는 자연수 k는 2, 10을 제외한 $10-2=8$(개)이다.

$\sin\dfrac{2\pi}{4} = \sin\dfrac{\pi}{2} = 1$, $\sin\dfrac{10\pi}{4} = \sin\left(2\pi+\dfrac{\pi}{2}\right) = 1$

k가 자연수일 때 $\sin\dfrac{k\pi}{4}$가 될 수 있는 값은 -1, $-\dfrac{1}{\sqrt{2}}$, 0, $\dfrac{1}{\sqrt{2}}$, 1이야.

이 중 $-1 \leq \sin\dfrac{k\pi}{4} < 1$을 만족시키지 않는 값은 $\sin\dfrac{k\pi}{4} = 1$뿐이야.

수능포인트

등비수열 $\{a_n\}$에 대하여 $a_n = ar^{n-1}$이 수렴하기 위한 조건은 $a=0$ 또는 $-1 < r \leq 1$입니다. 그런데 이 문제에서는 첫째항이 공비와 같게 되어 $a=0$은 $-1 < r \leq 1$의 범위 안에 포함되므로 따로 확인해주지 않았습니다.

---

044 [정답률 68%]

정답 ②

수열 $\left\{\dfrac{(4x-1)^n}{2^{3n}+3^{2n}}\right\}$ 이 수렴하도록 하는 모든 정수 x의 개수는?

(3점)

① 2 ② 4 ③ 6
④ 8 ⑤ 10

Step 1 주어진 수열을 정리하여 수렴하는 경우를 찾는다.

9^n으로 분모, 분자를 각각 나누어 주었어.

$\lim\limits_{n\to\infty}\dfrac{(4x-1)^n}{2^{3n}+3^{2n}} = \lim\limits_{n\to\infty}\dfrac{(4x-1)^n}{8^n+9^n} = \lim\limits_{n\to\infty}\dfrac{\left(\dfrac{4x-1}{9}\right)^n}{\left(\dfrac{8}{9}\right)^n+1}$

이때 $\lim\limits_{n\to\infty}\left\{\left(\dfrac{8}{9}\right)^n+1\right\} = 0+1 = 1$이므로

주어진 수열이 수렴하려면 수열 $\left\{\left(\dfrac{4x-1}{9}\right)^n\right\}$이 수렴해야 한다.

Step 2 수열 $\left\{\left(\dfrac{4x-1}{9}\right)^n\right\}$이 수렴할 조건을 구한다.

수열 $\left\{\left(\dfrac{4x-1}{9}\right)^n\right\}$은 공비가 $\dfrac{4x-1}{9}$인 등비수열이므로

$-1 < \dfrac{4x-1}{9} \leq 1$일 때 수렴한다.

등비수열 $\{r^n\}$에 대하여 $-1 < r \leq 1$일 때 수열 $\{r^n\}$이 수렴해!

따라서 $-2 < x \leq \dfrac{5}{2}$일 때 수렴하므로 구하는 정수 x의 개수는 -1, 0, 1, 2의 4이다.

$-9 < 4x-1 \leq 9$, $-8 < 4x \leq 10$ $\therefore -2 < x \leq \dfrac{5}{2}$

---

045 [정답률 76%]

정답 ④

자연수 k에 대하여 수열 $\{a_n\}$의 일반항을

$$a_n = \dfrac{(k^2+9)^n+30^n}{(10k)^n}$$

이라 하자. 수열 $\{a_n\}$이 수렴하도록 하는 모든 자연수 k의 개수는? (3점)

① 4 ② 5 ③ 6
④ 7 ⑤ 8

Step 1 등비수열의 수렴 조건을 이용하여 자연수 k의 개수를 구한다.

$a_n = \dfrac{(k^2+9)^n+30^n}{(10k)^n} = \left(\dfrac{k^2+9}{10k}\right)^n + \left(\dfrac{3}{k}\right)^n$

에서 k가 자연수이므로 $\dfrac{k^2+9}{10k} > 0$, $\dfrac{3}{k} > 0$

등비수열 $\{a_n\}$이 수렴하려면 두 등비수열 $\left\{\left(\dfrac{k^2+9}{10k}\right)^n\right\}$, $\left\{\left(\dfrac{3}{k}\right)^n\right\}$이 모두 수렴하여야 한다.

두 등비수열 $\left\{\left(\dfrac{k^2+9}{10k}\right)^n\right\}$, $\left\{\left(\dfrac{3}{k}\right)^n\right\}$ 중 하나라도 발산하면 수열 $\{a_n\}$도 발산한다.

$\dfrac{k^2+9}{10k} \leq 1$에서 $k^2-10k+9 \leq 0$

$(k-1)(k-9) \leq 0$, $1 \leq k \leq 9$

등비수열 $\{r^n\}$이 수렴할 조건은 $-1 < r \leq 1$

$\dfrac{3}{k} \leq 1$에서 $k \geq 3$

즉, $3 \leq k \leq 9$

따라서 구하는 자연수 k의 개수는 7이다.

---

046 [정답률 45%]

정답 ④

수열 $\left\{\sqrt{16^n+a^n}-4^n\right\}$ 이 수렴하도록 하는 자연수 a의 개수는?

$\lim\limits_{n\to\infty}\left(\sqrt{16^n+a^n}-4^n\right)$에서 분모를 1이라 생각하고 분자를 유리화한다.

(3점)

① 1 ② 2 ③ 3
④ 4 ⑤ 5

Step 1 $\infty-\infty$ 꼴이므로 분자를 유리화한다.

$\lim\limits_{n\to\infty}\left(\sqrt{16^n+a^n}-4^n\right) = \lim\limits_{n\to\infty}\dfrac{16^n+a^n-16^n}{\sqrt{16^n+a^n}+4^n}$

$= \lim\limits_{n\to\infty}\dfrac{a^n}{\sqrt{16^n+a^n}+4^n}$

$= \lim\limits_{n\to\infty}\dfrac{\left(\dfrac{a}{4}\right)^n}{\sqrt{1+\left(\dfrac{a}{16}\right)^n}+1}$

이 둘의 범위에 따라 극한값이 달라지므로 범위를 나눠서 극한값을 알아봐야 해.

Step 2 주어진 수열이 수렴할 a의 범위를 구한다.

(ⅰ) $\dfrac{a}{16} > 1$, 즉 $a > 16$일 때

자연수 a를 구하는 것이므로 a가 양수일 때만 생각한다.

극한식에서 분모, 분자를 각각 $\left(\dfrac{a}{4}\right)^n$으로 나누면

$\lim\limits_{n\to\infty}\dfrac{1}{\sqrt{\left(\dfrac{16}{a^2}\right)^n+\left(\dfrac{1}{a}\right)^n}+\left(\dfrac{4}{a}\right)^n}$

$\lim\limits_{n\to\infty}\left(\dfrac{a}{16}\right)^n = \infty$

$\lim\limits_{n\to\infty}\left(\dfrac{a}{4}\right)^n = \infty$

$n\to\infty$일 때, (분모) $\to 0$이므로 ∞로 발산한다.

(ii) $\dfrac{a}{4}>1$, $0<\dfrac{a}{16}\leq1$, 즉 $4<a\leq16$일 때

$$\lim_{n\to\infty}\frac{\left(\dfrac{a}{4}\right)^n}{\sqrt{1+\left(\dfrac{a}{16}\right)^n}+1}$$

에서 (분자) $\to\infty$이고 (분모) $\to2$ 또는

$\lim_{n\to\infty}\left(\dfrac{a}{4}\right)^n=\infty$

$\left(\dfrac{a}{4}\right)^n$ → $\lim_{n\to\infty}\left(\dfrac{a}{16}\right)^n=0$이거나 $\lim_{n\to\infty}\left(\dfrac{a}{16}\right)^n=1$ (단, $\dfrac{a}{16}=1$일 때)

$0<\dfrac{a}{16}<1$일 때

$\sqrt{2}+1$이므로 ∞로 발산한다.

(iii) $\dfrac{a}{4}=1$, 즉 $a=4$일 때

$\dfrac{a}{16}=1$일 때

$\lim_{n\to\infty}\left(\dfrac{a}{4}\right)^n=1$, $\lim_{n\to\infty}\left(\dfrac{a}{16}\right)^n=\lim_{n\to\infty}\left(\dfrac{1}{4}\right)^n=0$

$$\lim_{n\to\infty}\frac{\left(\dfrac{a}{4}\right)^n}{\sqrt{1+\left(\dfrac{a}{16}\right)^n}+1}=\frac{1}{\sqrt{1+0}+1}=\frac{1}{2}$$

(iv) $0<\dfrac{a}{4}<1$, 즉 $0<a<4$일 때

$\lim_{n\to\infty}\left(\dfrac{a}{4}\right)^n=\lim_{n\to\infty}\left(\dfrac{a}{16}\right)^n=0$

$$\lim_{n\to\infty}\frac{\left(\dfrac{a}{4}\right)^n}{\sqrt{1+\left(\dfrac{a}{16}\right)^n}+1}=\frac{0}{\sqrt{1+0}+1}=0$$

Step 3 주어진 수열이 수렴하도록 하는 자연수 a의 개수를 구한다.

(iii), (iv)에서 주어진 수열이 수렴하도록 하는 a의 값의 범위는 $0<a\leq4$이고, 이 중 자연수 a의 개수는 1, 2, 3, 4의 4이다.

047 [정답률 80%]   정답 ⑤

$\lim_{n\to\infty}\left(2+\dfrac{1}{3^n}\right)\left(a+\dfrac{1}{2^n}\right)=10$일 때, 상수 a의 값은? (3점)

① 1   ② 2   ③ 3
④ 4   ⑤ 5

Step 1 수열의 극한값을 구한다.

$\lim_{n\to\infty}\dfrac{1}{3^n}=0$, $\lim_{n\to\infty}\dfrac{1}{2^n}=0$이므로

암기 $-1<r<1$일 때 $\lim_{n\to\infty}r^n=0$

$\lim_{n\to\infty}\left(2+\dfrac{1}{3^n}\right)\left(a+\dfrac{1}{2^n}\right)=(2+0)(a+0)=2a$

따라서 $2a=10$이므로 $a=5$

048 [정답률 91%]   정답 3

$\lim_{n\to\infty}\dfrac{3\times9^n-13}{9^n}$의 값을 구하시오. (3점)

Step 1 극한값을 계산한다.

$\lim_{n\to\infty}\dfrac{3\times9^n-13}{9^n}$에서 분자, 분모를 각각 9^n으로 나누면

$\lim_{n\to\infty}\dfrac{3-13\times\left(\dfrac{1}{9}\right)^n}{1}=3$

$-1<r<1$일 때, $\lim_{n\to\infty}r^n=0$

$\lim_{n\to\infty}\left(\dfrac{1}{9}\right)^n=0$

049 [정답률 91%]   정답 ⑤

$\lim_{n\to\infty}\dfrac{4\times3^{n+1}+1}{3^n}$의 값은? (3점)

① 8   ② 9   ③ 10
④ 11   ⑤ 12

Step 1 분모, 분자를 각각 3^n으로 나눈다.

$\lim_{n\to\infty}\dfrac{4\times3^{n+1}+1}{3^n}=\lim_{n\to\infty}\dfrac{4\times3+\left(\dfrac{1}{3}\right)^n}{1}$ → 분모, 분자를 3^n으로 나누어 주었어.

$\lim_{n\to\infty}\left(\dfrac{1}{3}\right)^n=0$

$=\dfrac{4\times3+0}{1}=12$

050 [정답률 88%]   정답 ②

$\lim_{n\to\infty}\dfrac{8^{n+1}-4^n}{8^n+3}$의 값은? (2점)

① 6   ② 8   ③ 10
④ 12   ⑤ 14

Step 1 분모에서 밑이 가장 큰 거듭제곱으로 분모, 분자를 각각 나눈다.

$\lim_{n\to\infty}\dfrac{8^{n+1}-4^n}{8^n+3}=\lim_{n\to\infty}\dfrac{8-\left(\dfrac{1}{2}\right)^n}{1+3\times\left(\dfrac{1}{8}\right)^n}$

$\lim_{n\to\infty}\left(\dfrac{1}{2}\right)^n=0$

$\lim_{n\to\infty}\left(\dfrac{1}{8}\right)^n=0$

분모, 분자를 각각 8^n으로 나누어. $=\dfrac{8-0}{1+0}=8$

051 [정답률 95%]   정답 ⑤

$\lim_{n\to\infty}\dfrac{2^n+3^{n+1}}{3^n+1}$의 값은? (2점)

① $\dfrac{5}{3}$ ② 2   ③ $\dfrac{7}{3}$
④ $\dfrac{8}{3}$ ⑤ 3

Step 1 수열의 극한을 계산한다.

$\lim_{n\to\infty}\dfrac{2^n+3^{n+1}}{3^n+1}=\lim_{n\to\infty}\dfrac{\left(\dfrac{2}{3}\right)^n+3}{1+\left(\dfrac{1}{3}\right)^n}=\dfrac{0+3}{1+0}=3$

분모, 분자를 각각 3^n으로 나누었어.

052 [정답률 98%]   정답 ①

$\lim_{n\to\infty}\dfrac{4\times3^{n+1}}{2^n+3^n}$의 값은? (2점)

① 12   ② 13   ③ 14
④ 15   ⑤ 16

Step 1 분모, 분자를 각각 3^n으로 나누어 극한값을 구한다.

$=3\times3^n$

$\lim_{n\to\infty}\dfrac{4\times3^{n+1}}{2^n+3^n}=\lim_{n\to\infty}\dfrac{4\times3}{\left(\dfrac{2}{3}\right)^n+1}=\dfrac{12}{0+1}=12$

$\lim_{n\to\infty}\left(\dfrac{2}{3}\right)^n=0$

053 [정답률 94%]　　　　　　　　　　정답 ③

$$\lim_{n\to\infty}\frac{2\times 3^{n+1}+5}{3^n+2^{n+1}}$$ 의 값은? (2점)

① 2　　　　　② 4　　　　　③ 6
④ 8　　　　　⑤ 10

Step 1 분모, 분자를 각각 3^n으로 나눈다.

$$\lim_{n\to\infty}\frac{2\times 3^{n+1}+5}{3^n+2^{n+1}}=\lim_{n\to\infty}\frac{2\times 3+\dfrac{5}{3^n}}{1+2\times\left(\dfrac{2}{3}\right)^n}$$

$$=\frac{6+0}{1+2\times 0}=6 \quad\to\quad \lim_{n\to\infty}\left(\frac{2}{3}\right)^n=0,\ \lim_{n\to\infty}\frac{5}{3^n}=0$$

054 [정답률 93%]　　　　　　　　　　정답 ①

$$\lim_{n\to\infty}\frac{2^{n+1}+3^{n-1}}{2^n-3^n}$$ 의 값은? (2점)

① $-\dfrac{1}{3}$　　　　② $-\dfrac{1}{6}$　　　　③ 0
④ $\dfrac{1}{6}$　　　　⑤ $\dfrac{1}{3}$

Step 1 등비수열의 극한을 이용한다.

$$\lim_{n\to\infty}\frac{2^{n+1}+3^{n-1}}{2^n-3^n}=\lim_{n\to\infty}\frac{2\times\left(\dfrac{2}{3}\right)^n+\dfrac{1}{3}}{\left(\dfrac{2}{3}\right)^n-1}=\frac{0+\dfrac{1}{3}}{0-1}=-\frac{1}{3}$$

$\to \lim_{n\to\infty}\left(\dfrac{2}{3}\right)^n=0$

분모, 분자를 각각 3^n으로 나눠주었다.

055 [정답률 90%]　　　　　　　　　　정답 ②

$$\lim_{n\to\infty}\frac{2^{n+1}+3^{n-1}}{(-2)^n+3^n}$$ 의 값은? (2점)

① $\dfrac{1}{9}$　　　　② $\dfrac{1}{3}$　　　　③ 1
④ 3　　　　⑤ 9

Step 1 등비수열의 극한값을 이용한다.

$$\lim_{n\to\infty}\frac{2^{n+1}+3^{n-1}}{(-2)^n+3^n}=\lim_{n\to\infty}\frac{2\times\left(\dfrac{2}{3}\right)^n+\dfrac{1}{3}}{\left(\dfrac{-2}{3}\right)^n+1}$$

분모, 분자를 각각 3^n으로 나눈다.

$$=\frac{2\times 0+\dfrac{1}{3}}{0+1} \quad\to\quad \lim_{n\to\infty}\left(\frac{2}{3}\right)^n=0,\ \lim_{n\to\infty}\left(-\frac{2}{3}\right)^n=0$$

$$=\frac{1}{3}$$

056 [정답률 91%]　　　　　　　　　　정답 ⑤

$$\lim_{n\to\infty}\frac{a+\left(\dfrac{1}{4}\right)^n}{5+\left(\dfrac{1}{2}\right)^n}=3$$ 일 때, 상수 a의 값은? (3점)

① 11　　　　② 12　　　　③ 13
④ 14　　　　⑤ 15

Step 1 $|r|<1$일 때, $\lim_{n\to\infty}r^n=0$임을 이용한다.

$$\lim_{n\to\infty}\left(\frac{1}{4}\right)^n=0,\ \lim_{n\to\infty}\left(\frac{1}{2}\right)^n=0$$ 이므로

$\to$ $|r|<1$에서 $\lim_{n\to\infty}r^n=0$이야.

$$\lim_{n\to\infty}\frac{a+\left(\dfrac{1}{4}\right)^n}{5+\left(\dfrac{1}{2}\right)^n}=\frac{a+0}{5+0}=\frac{a}{5} \to \frac{\lim\limits_{n\to\infty}a+\lim\limits_{n\to\infty}\left(\dfrac{1}{4}\right)^n}{\lim\limits_{n\to\infty}5+\lim\limits_{n\to\infty}\left(\dfrac{1}{2}\right)^n}=\frac{a+0}{5+0}=\frac{a}{5}$$

따라서 $\dfrac{a}{5}=3$이므로 $a=15$

057 [정답률 94%]　　　　　　　　　　정답 ②

$$\lim_{n\to\infty}\frac{\left(\dfrac{1}{2}\right)^n+\left(\dfrac{1}{3}\right)^{n+1}}{\left(\dfrac{1}{2}\right)^{n+1}+\left(\dfrac{1}{3}\right)^n}$$ 의 값은? (2점)

① 1　　　　② 2　　　　③ 3
④ 4　　　　⑤ 5

Step 1 분모, 분자에 2^n을 곱해준다.

$$\lim_{n\to\infty}\frac{\left(\dfrac{1}{2}\right)^n+\left(\dfrac{1}{3}\right)^{n+1}}{\left(\dfrac{1}{2}\right)^{n+1}+\left(\dfrac{1}{3}\right)^n}=\lim_{n\to\infty}\frac{1+\dfrac{1}{3}\left(\dfrac{2}{3}\right)^n}{\dfrac{1}{2}+\left(\dfrac{2}{3}\right)^n}=\frac{1+\dfrac{1}{3}\times 0}{\dfrac{1}{2}+0}=\frac{1}{\dfrac{1}{2}}=2$$

$\to$ $|r|<1$일 때 $\lim_{n\to\infty}r^n=0$

058 [정답률 88%]　　　　　　　　　　정답 ⑤

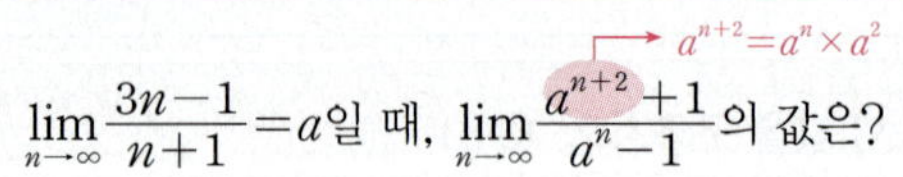

$$\lim_{n\to\infty}\frac{3n-1}{n+1}=a$$ 일 때, $$\lim_{n\to\infty}\frac{a^{n+2}+1}{a^n-1}$$ 의 값은?

$\to a^{n+2}=a^n\times a^2$

(단, a는 상수이다.) (4점)

① 1　　　　② 3　　　　③ 5
④ 7　　　　⑤ 9

Step 1 a의 값을 구한다.

$$\lim_{n\to\infty}\frac{3n-1}{n+1}=\lim_{n\to\infty}\frac{3-\dfrac{1}{n}}{1+\dfrac{1}{n}}=\frac{3-0}{1+0}=3$$ 이므로 $a=3$

$\lim_{n\to\infty}\dfrac{1}{n}=0$

분모, 분자를 각각 n으로 나눠 주었어.

Step 2 주어진 극한의 값을 구한다.

$$\therefore \lim_{n\to\infty}\frac{a^{n+2}+1}{a^n-1}=\lim_{n\to\infty}\frac{3^{n+2}+1}{3^n-1}$$

암기 $b^{x+y}=b^x\times b^y$

$\to a=3$을 대입

$$=\lim_{n\to\infty}\frac{3^2\times 3^n+1}{3^n-1}$$

$$= \lim_{n \to \infty} \frac{3^2 + \dfrac{1}{3^n}}{1 - \dfrac{1}{3^n}} \qquad \lim_{n \to \infty} \frac{1}{3^n} = 0$$

$$= 3^2 = 9$$

059 [정답률 91%]   정답 ③

만약 5^n으로 분모, 분자를 각각 나누면 $\left(\dfrac{6}{5}\right)^n$이 생겨.

$\dfrac{6}{5} > 1$이므로 $-1 < r < 1$일 때,

$\lim_{n \to \infty} r^n = 0$이 됨을 이용할 수 없기 때문에

6^n으로 분모, 분자를 각각 나누어 주는 거야!

$\lim_{n \to \infty} \dfrac{a \times 6^{n+1} - 5^n}{6^n + 5^n} = 4$일 때, 상수 a의 값은? (2점)

① $\dfrac{1}{3}$ ② $\dfrac{1}{2}$ ③ $\dfrac{2}{3}$

④ $\dfrac{4}{3}$ ⑤ $\dfrac{3}{2}$

Step 1 분모, 분자를 각각 6^n으로 나누어 극한값을 구한다.

$$\lim_{n \to \infty} \frac{a \times 6^{n+1} - 5^n}{6^n + 5^n} = \lim_{n \to \infty} \frac{a \times 6 - \left(\dfrac{5}{6}\right)^n}{1 + \left(\dfrac{5}{6}\right)^n}$$

$-1 < r < 1$일 때, $\lim_{n \to \infty} r^n = 0$

$$= 6a = 4$$

$$\therefore a = \frac{2}{3}$$

수능포인트

물론 $x^n + y^n$의 식을 x^n으로 나누어 $1 + \left(\dfrac{y}{x}\right)^n$으로 표현할 수도 있고, y^n으로 나누어 $\left(\dfrac{x}{y}\right)^n + 1$로 표현할 수도 있습니다. 하지만 우리는 n이 ∞로 발산할 때, 0이 되는 꼴을 원하므로 x^n과 y^n 중 밑의 절댓값이 더 큰 항으로 분모와 분자를 각각 나누는 것입니다.

060 [정답률 89%]   정답 ⑤

등비수열 $\{a_n\}$에 대하여 $\lim_{n \to \infty} \dfrac{a_n + 1}{3^n + 2^{2n-1}} = 3$일 때, a_2의 값은?

(3점)

① 16   ② 18   ③ 20

④ 22   ⑤ 24

Step 1 분모, 분자를 각각 4^n으로 나누어 수열 $\{a_n\}$의 일반항을 구한다.

$2^{2n-1} = \dfrac{1}{2} \times 4^n$이므로 $\lim_{n \to \infty} \dfrac{a_n + 1}{3^n + \dfrac{1}{2} \times 4^n} = \lim_{n \to \infty} \dfrac{\dfrac{a_n}{4^n} + \left(\dfrac{1}{4}\right)^n}{\left(\dfrac{3}{4}\right)^n + \dfrac{1}{2}} = 3$

즉 $\lim_{n \to \infty} \dfrac{a_n}{4^n} = \dfrac{3}{2}$이므로 $a_n = \dfrac{3}{2} \times 4^n$

$$\therefore a_2 = \frac{3}{2} \times 4^2 = 24$$

061 [정답률 89%]   정답 ④

등비수열 $\{a_n\}$에 대하여

$$\lim_{n \to \infty} \frac{4^n \times a_n - 1}{3 \times 2^{n+1}} = 1$$

일 때, $a_1 + a_2$의 값은? (3점)

① $\dfrac{3}{2}$ ② $\dfrac{5}{2}$ ③ $\dfrac{7}{2}$

④ $\dfrac{9}{2}$ ⑤ $\dfrac{11}{2}$

Step 1 등비수열 $\{a_n\}$의 공비를 r로 놓고 주어진 극한을 정리한다.

등비수열 $\{a_n\}$의 공비를 r이라 하면 $a_n = a_1 \times r^{n-1}$이므로

$$\lim_{n \to \infty} \frac{4^n \times a_n - 1}{3 \times 2^{n+1}} = \lim_{n \to \infty} \frac{a_n - \left(\dfrac{1}{4}\right)^n}{6 \times \left(\dfrac{1}{2}\right)^n} = \lim_{n \to \infty} \frac{a_1 \times r^{n-1} - \left(\dfrac{1}{4}\right)^n}{6 \times \left(\dfrac{1}{2}\right)^n}$$

분모와 분자를 4^n으로 나눈다.

$$\therefore \lim_{n \to \infty} \frac{a_1 \times r^{n-1} - \left(\dfrac{1}{4}\right)^n}{6 \times \left(\dfrac{1}{2}\right)^n} = 1 \qquad \cdots\cdots \ \bigcirc$$

Step 2 r의 값의 범위를 나누어 a_1과 r의 값을 구한다.

(i) $|r| < \dfrac{1}{2}$일 때,

$\bigcirc$에서

$$\lim_{n \to \infty} \frac{a_1 \times r^{n-1} - \left(\dfrac{1}{4}\right)^n}{6 \times \left(\dfrac{1}{2}\right)^n} = \lim_{n \to \infty} \frac{\dfrac{a_1}{r} \times (2r)^n - \left(\dfrac{1}{2}\right)^n}{6}$$

$|2r| < 1$이므로 $\lim_{n \to \infty} (2r)^n = 0$

$$= \frac{0 + 0}{6} = 0$$

그러므로 $\bigcirc$을 만족시키지 않는다.

(ii) $|r| > \dfrac{1}{2}$일 때,

$\bigcirc$에서

$$\lim_{n \to \infty} \frac{a_1 \times r^{n-1} - \left(\dfrac{1}{4}\right)^n}{6 \times \left(\dfrac{1}{2}\right)^n} = \lim_{n \to \infty} \frac{\dfrac{a_1}{r} \times (2r)^n - \left(\dfrac{1}{2}\right)^n}{6} \qquad \cdots\cdots \ \bigcirc\!\!\bigcirc$$

이때 $|2r| > 1$이므로 $\lim_{n \to \infty} (2r)^n$은 발산한다.

즉, ㉡이 발산하므로 $\bigcirc$을 만족시키지 않는다.

(iii) $r = \dfrac{1}{2}$일 때,

$\bigcirc$에서

$r = \dfrac{1}{2}$이므로 $(2r)^n = \left(\dfrac{2}{2}\right)^n = 1^n$

$$\lim_{n \to \infty} \frac{a_1 \times r^{n-1} - \left(\dfrac{1}{4}\right)^n}{6 \times \left(\dfrac{1}{2}\right)^n} = \lim_{n \to \infty} \frac{\dfrac{a_1}{r} \times (2r)^n - \left(\dfrac{1}{2}\right)^n}{6}$$

$$= \lim_{n \to \infty} \frac{2a_1 - \left(\dfrac{1}{2}\right)^n}{6} = \frac{a_1}{3} = 1$$

$$\therefore a_1 = 3$$

(iv) $r = -\dfrac{1}{2}$일 때,

$\bigcirc$에서

$$\lim_{n\to\infty}\frac{a_1\times r^{n-1}-\left(\frac{1}{4}\right)^n}{6\times\left(\frac{1}{2}\right)^n}=\lim_{n\to\infty}\frac{\dfrac{a_1}{r}\times(2r)^n-\left(\frac{1}{2}\right)^n}{6}$$

$$=\lim_{n\to\infty}\frac{-2a_1\times(-1)^n-\left(\frac{1}{2}\right)^n}{6}$$

이므로 주어진 극한은 발산한다.

그러므로 ㉠을 만족시키지 않는다. → 수열 $\left\{\dfrac{-2a_1\times(-1)^n}{6}\right\}$이 $\dfrac{a_1}{3}$,

$-\dfrac{a_1}{3}$, $\dfrac{a_1}{3}$, $-\dfrac{a_1}{3}$, $\cdots$으로 진동한다.

Step 3 a_1+a_2의 값을 구한다.

따라서 (i)~(iv)에 의하여 $a_1=3$, $r=\dfrac{1}{2}$이므로

$$a_1+a_2=a_1+a_1r=3+\frac{3}{2}=\frac{9}{2}$$

062 [정답률 76%]   정답 ④

> 수열 $a_n=\left(\dfrac{k}{2}\right)^n$이 수렴하도록 하는 모든 자연수 k에 대하여
>
> $$\lim_{n\to\infty}\frac{a\times a_n+\left(\frac{1}{2}\right)^n}{a_n+b\times\left(\frac{1}{2}\right)^n}=\frac{k}{2}$$
>
> 일 때, $a+b$의 값은? (단, a와 b는 상수이다.) (3점)
>
> ① 1   ② 2   ③ 3
> ④ 4   ⑤ 5

Step 1 수열 $\{a_n\}$이 수렴하도록 하는 자연수 k의 값을 구한다.

수열 $\{a_n\}$이 수렴하려면 $-1<\dfrac{k}{2}\le 1$에서 $-2<k\le 2$이므로

자연수 k의 값은 1 또는 2이다. → 등비수열이 수렴할 조건

Step 2 $a+b$의 값을 구한다.

(i) $k=1$일 때,

$$\lim_{n\to\infty}\frac{a\times a_n+\left(\frac{1}{2}\right)^n}{a_n+b\times\left(\frac{1}{2}\right)^n}=\lim_{n\to\infty}\frac{a\times\left(\frac{1}{2}\right)^n+\left(\frac{1}{2}\right)^n}{\left(\frac{1}{2}\right)^n+b\times\left(\frac{1}{2}\right)^n}=\frac{a+1}{1+b}=\frac{1}{2}$$

$$\therefore 2a-b=-1$$

(ii) $k=2$일 때, → $a_n=\left(\dfrac{2}{2}\right)^n=1$

분모, 분자에 2^n을 곱해준다.

$$\lim_{n\to\infty}\frac{a\times a_n+\left(\frac{1}{2}\right)^n}{a_n+b\times\left(\frac{1}{2}\right)^n}=\frac{a}{1}=1$$

(i), (ii)에서 $a=1$, $b=3$ → $\lim_{n\to\infty}\left(\dfrac{1}{2}\right)^n=0$

$$\therefore a+b=1+3=4$$

063 [정답률 80%]   정답 ④

> 모든 항이 양수인 수열 $\{a_n\}$이 모든 자연수 n에 대하여
>
> $$a_{n+1}=a_1a_n$$
>
> 을 만족시킨다. $\lim_{n\to\infty}\dfrac{3a_{n+3}-5}{2a_n+1}=12$일 때, a_1의 값은? (3점)
>
> ① $\dfrac{1}{2}$ ② 1   ③ $\dfrac{3}{2}$
> ④ 2   ⑤ $\dfrac{5}{2}$

Step 1 $a_{n+1}=a_1a_n$의 의미를 생각한다.

$a_{n+1}=a_1a_n$이므로 수열 $\{a_n\}$은 첫째항과 공비가 모두 a_1인 등비수열이다. → $a_2=a_1\times a_1$, $a_3=a_1\times(a_1)^2$, $\cdots$

$\therefore a_n=(a_1)^n$ $(a_1>0)$ → 모든 항이 양수야.

Step 2 a_1의 값의 범위에 따라 경우를 나눈다.

(i) $0<a_1<1$일 때 → $\lim_{n\to\infty}a_n=\lim_{n\to\infty}a_{n+3}=0$

$\lim_{n\to\infty}a_n=0$이므로 $\lim_{n\to\infty}\dfrac{3a_{n+3}-5}{2a_n+1}=-5$

따라서 문제의 조건에 모순이다. → 문제에서 12라고 했어.

(ii) $a_1=1$일 때

$\lim_{n\to\infty}a_n=1$이므로 $\lim_{n\to\infty}\dfrac{3a_{n+3}-5}{2a_n+1}=-\dfrac{2}{3}$ → $\lim_{n\to\infty}a_{n+3}=1$

따라서 문제의 조건에 모순이다.

(iii) $a_1>1$일 때

$$\lim_{n\to\infty}\frac{3a_{n+3}-5}{2a_n+1}=\lim_{n\to\infty}\frac{3(a_1)^3-\dfrac{5}{a_n}}{2+\dfrac{1}{a_n}}$$

→ $a_{n+3}=a_n\times(a_1)^3$

$=\dfrac{3}{2}(a_1)^3=12$ → $\lim_{n\to\infty}\dfrac{1}{a_n}=0$

$(a_1)^3=8$ $\therefore a_1=2$

(i)~(iii)에 의하여 $a_1=2$이다.

064 [정답률 45%]   정답 33

> 자연수 k에 대하여
>
> $$a_k=\lim_{n\to\infty}\frac{\left(\frac{6}{k}\right)^{n+1}}{\left(\frac{6}{k}\right)^n+1}$$
>
> 이라 할 때, $\displaystyle\sum_{k=1}^{10}ka_k$의 값을 구하시오. (4점)

→ 거듭제곱의 밑인 $\dfrac{6}{k}$의 범위를 적절히 나누어 a_k를 구해.

Step 1 $\dfrac{6}{k}$의 값이 범위에 따라 극한이 달라지므로 k의 값의 범위를 각각 구하여 극한을 계산한다. $\rightarrow$ k는 자연수이므로 $\dfrac{6}{k}>0$인 경우만 생각한다.

(i) $\dfrac{6}{k}>1$, 즉 $k<6$일 때 $\lim\limits_{n\to\infty}\dfrac{1}{\left(\frac{6}{k}\right)^n}=0$을 이용하기 위하여 $\left(\dfrac{6}{k}\right)^n$으로

$\lim\limits_{n\to\infty}\left(\dfrac{6}{k}\right)^n=\infty$이므로   분모, 분자를 각각 나누어.

$$a_k=\lim_{n\to\infty}\dfrac{\left(\frac{6}{k}\right)^{n+1}}{\left(\frac{6}{k}\right)^n+1}=\lim_{n\to\infty}\dfrac{\frac{6}{k}}{1+\left(\frac{k}{6}\right)^n}=\dfrac{6}{k}$$

$\therefore ka_k=6$ $\rightarrow 0<\dfrac{k}{6}<1$이므로 $\lim\limits_{n\to\infty}\left(\dfrac{k}{6}\right)^n=0$

(ii) $\dfrac{6}{k}=1$, 즉 $k=6$일 때 $\rightarrow \lim\limits_{n\to\infty}\left(\dfrac{6}{k}\right)^n=1$

$$a_k=\lim_{n\to\infty}\dfrac{\left(\frac{6}{k}\right)^{n+1}}{\left(\frac{6}{k}\right)^n+1}=\dfrac{1}{1+1}=\dfrac{1}{2}$$

$\rightarrow ka_k=6\times\dfrac{1}{2}=3$

(iii) $\dfrac{6}{k}<1$, 즉 $k>6$일 때

$\lim\limits_{n\to\infty}\left(\dfrac{6}{k}\right)^n=0$이므로

$$a_k=\lim_{n\to\infty}\dfrac{\left(\frac{6}{k}\right)^{n+1}}{\left(\frac{6}{k}\right)^n+1}=\dfrac{0}{0+1}=0$$

$\rightarrow ka_k=0$

Step 2 $\sum\limits_{k=1}^{10}ka_k$의 값을 구한다.

$$\sum_{k=1}^{10}ka_k=a_1+2a_2+3a_3+4a_4+5a_5+6a_6+7a_7+8a_8+9a_9+10a_{10}$$

$$=6+6+6+6+6+6\cdot\dfrac{1}{2}+0+0+0+0$$

$$=33$$

065 [정답률 62%]   정답 18

> 두 실수 a, $b(a>1,\ b>1)$이
> $$\lim_{n\to\infty}\dfrac{3^n+a^{n+1}}{3^{n+1}+a^n}=a,\quad \lim_{n\to\infty}\dfrac{a^n+b^{n+1}}{a^{n+1}+b^n}=\dfrac{9}{a}$$
> 를 만족시킬 때, $a+b$의 값을 구하시오. (4점)

Step 1 $\lim\limits_{n\to\infty}\dfrac{3^n+a^{n+1}}{3^{n+1}+a^n}=a$임을 이용한다.

(i) $1<a<3$일 때

$$\lim_{n\to\infty}\dfrac{3^n+a^{n+1}}{3^{n+1}+a^n}=\lim_{n\to\infty}\dfrac{1+a\times\left(\frac{a}{3}\right)^n}{3+\left(\frac{a}{3}\right)^n}=\dfrac{1+a\times0}{3+0}=\dfrac{1}{3}=a$$

$\rightarrow \lim\limits_{n\to\infty}\left(\dfrac{a}{3}\right)^n=0$

이때 $a=\dfrac{1}{3}<1$이므로 모순이다. $\rightarrow a<3$이므로 분모, 분자를 각각 3^n으로 나눈다.

(ii) $a=3$일 때

$$\lim_{n\to\infty}\dfrac{3^n+a^{n+1}}{3^{n+1}+a^n}=\lim_{n\to\infty}\dfrac{3^n+3^{n+1}}{3^{n+1}+3^n}=\lim_{n\to\infty}1=1=a$$

이므로 모순이다. $\rightarrow a=3$이므로 불가능

(iii) $a>3$일 때

$$\lim_{n\to\infty}\dfrac{3^n+a^{n+1}}{3^{n+1}+a^n}=\lim_{n\to\infty}\dfrac{\left(\frac{3}{a}\right)^n+a}{3\times\left(\frac{3}{a}\right)^n+1}=\dfrac{0+a}{3\times0+1}=a$$

이므로 조건을 만족시킨다. $\rightarrow \lim\limits_{n\to\infty}\left(\dfrac{3}{a}\right)^n=0$

(i)~(iii)에 의하여 $a>3$이다.

Step 2 $\lim\limits_{n\to\infty}\dfrac{a^n+b^{n+1}}{a^{n+1}+b^n}=\dfrac{9}{a}$임을 이용한다.

(i) $3<a<b$일 때 $\rightarrow a<b$이므로 분모, 분자를 각각 b^n으로 나눈다.

$$\lim_{n\to\infty}\dfrac{a^n+b^{n+1}}{a^{n+1}+b^n}=\lim_{n\to\infty}\dfrac{\left(\frac{a}{b}\right)^n+b}{a\times\left(\frac{a}{b}\right)^n+1}=\dfrac{0+b}{a\times0+1}=b=\dfrac{9}{a}$$

$\rightarrow \lim\limits_{n\to\infty}\left(\dfrac{a}{b}\right)^n=0$

$\rightarrow a>3,\ b>3$이므로 $ab>9$

이때 $ab=9$이므로 모순이다.

(ii) $3<a=b$일 때

$$\lim_{n\to\infty}\dfrac{a^n+b^{n+1}}{a^{n+1}+b^n}=\lim_{n\to\infty}\dfrac{a^n+a^{n+1}}{a^{n+1}+a^n}=1=\dfrac{9}{a}$$

$\therefore a=b=9$ $\rightarrow a=9$

(iii) $3<b<a$일 때

$$\lim_{n\to\infty}\dfrac{a^n+b^{n+1}}{a^{n+1}+b^n}=\lim_{n\to\infty}\dfrac{1+b\times\left(\frac{b}{a}\right)^n}{a+\left(\frac{b}{a}\right)^n}=\dfrac{1+b\times0}{a+0}=\dfrac{1}{a}\neq\dfrac{9}{a}$$

이므로 등식을 만족시키지 않는다. $\rightarrow \lim\limits_{n\to\infty}\left(\dfrac{b}{a}\right)^n=0$

(i)~(iii)에 의하여 $a=9$, $b=9$이므로 $a+b=18$

066 [정답률 72%]   정답 ④

> 함수
> $$f(x)=\lim_{n\to\infty}\dfrac{3\times\left(\frac{x}{2}\right)^{2n+1}-1}{\left(\frac{x}{2}\right)^{2n}+1}$$
> $\rightarrow$ 이런 형태의 문제는 항상 x의 값의 범위에 따라 경우를 나누어야 한다.
>
> 에 대하여 $f(k)=k$를 만족시키는 모든 실수 k의 값의 합은?   (3점)
>
> ① 6   ② -5 ③ -4
> ④ -3 ⑤ -2

Step 1 x의 값의 범위에 따라 경우를 나누어 $f(x)$를 구한다.

(i) $\left|\dfrac{x}{2}\right|>1$, 즉 $|x|>2$일 때,

$$f(x)=\lim_{n\to\infty}\dfrac{3\times\left(\frac{x}{2}\right)^{2n+1}-1}{\left(\frac{x}{2}\right)^{2n}+1}$$

$$=\lim_{n\to\infty}\dfrac{3\times\frac{x}{2}-\left(\frac{2}{x}\right)^{2n}}{1+\left(\frac{2}{x}\right)^{2n}}$$

$$=\dfrac{\frac{3}{2}x-0}{1+0}=\dfrac{3}{2}x$$

$\rightarrow$ 분모, 분자를 각각 $\left(\dfrac{x}{2}\right)^{2n}$으로 나누었다.

$\rightarrow \lim\limits_{n\to\infty}\left(\dfrac{2}{x}\right)^{2n}=0$

(ii) $\left|\dfrac{x}{2}\right|<1$, 즉 $|x|<2$일 때, $f(x)=\dfrac{3\times 0-1}{0+1}=-1$

(iii) $\dfrac{x}{2}=1$, 즉 $x=2$일 때, $f(2)=\dfrac{3-1}{1+1}=1$ $\quad\to\quad \lim\limits_{n\to\infty}\left(\dfrac{x}{2}\right)^{2n}=0,\ \lim\limits_{n\to\infty}\left(\dfrac{x}{2}\right)^{2n+1}=0$

(iv) $\dfrac{x}{2}=-1$, 즉 $x=-2$일 때, $f(-2)=\dfrac{3\times(-1)-1}{1+1}=-2$

(i)~(iv)에 의하여 $f(x)=\begin{cases}\dfrac{3}{2}x & (|x|>2)\\ -1 & (|x|<2)\\ 1 & (x=2)\\ -2 & (x=-2)\end{cases}$ $\quad\to\quad \left(\dfrac{x}{2}\right)^{2n}=(-1)^{2n}=1,\ \left(\dfrac{x}{2}\right)^{2n+1}=(-1)^{2n+1}=-1$

Step 2 $f(k)=k$를 만족시키는 k의 값을 모두 구한다.

함수 $y=f(x)$의 그래프는 다음과 같다.

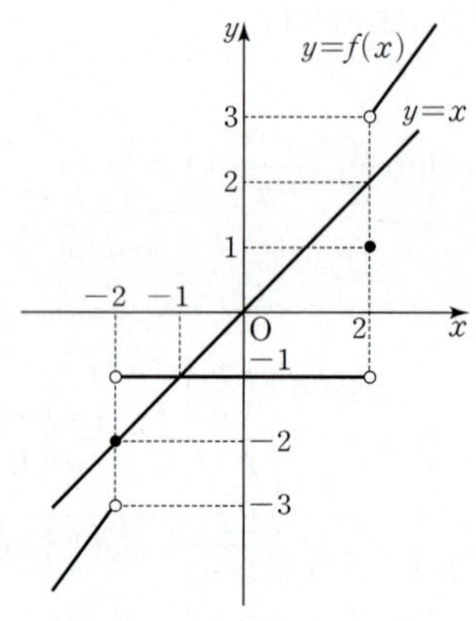

따라서 $f(k)=k$를 만족시키는 모든 실수 k의 값의 합은
$-2+(-1)=-3$
$\quad\to\quad$ 그래프에서 알 수 있다.

067 [정답률 87%]　　　　　　　　정답 ④

자연수 r에 대하여 $\lim\limits_{n\to\infty}\dfrac{3^n+r^{n+1}}{3^n+7\times r^n}=1$이 성립하도록 하는
모든 r의 값의 합은? (3점)

① 7　　　　② 8　　　　③ 9
✔ 10　　　⑤ 11

Step 1 r의 값의 범위에 따라 극한값을 구한다.

(i) $1\le r<3$일 때, $\quad\to\quad r=3$을 기준으로 범위를 나누면 돼.

$\lim\limits_{n\to\infty}\left(\dfrac{r}{3}\right)^n=0$이므로 주어진 식의 분모, 분자를 각각 3^n으로
나누면

$\lim\limits_{n\to\infty}\dfrac{1+r\times\left(\dfrac{r}{3}\right)^n}{1+7\times\left(\dfrac{r}{3}\right)^n}=1 \quad\to\quad =\dfrac{1+0}{1+0}=1$

따라서 자연수 r의 값은 1, 2이다.

(ii) $r=3$일 때, 주어진 식에 $r=3$을 대입하면

$\lim\limits_{n\to\infty}\dfrac{3^n+3^{n+1}}{3^n+7\times 3^n}=\lim\limits_{n\to\infty}\dfrac{4\times 3^n}{8\times 3^n}=\dfrac{1}{2}\neq 1$ $\quad\to\quad 3\times 3^n$

따라서 주어진 식은 성립하지 않는다.

(iii) $r>3$일 때,

$\lim\limits_{n\to\infty}\left(\dfrac{3}{r}\right)^n=0$이므로 주어진 식의 분모, 분자를 각각 r^n으로
나누면

$\lim\limits_{n\to\infty}\dfrac{\left(\dfrac{3}{r}\right)^n+r}{\left(\dfrac{3}{r}\right)^n+7}=\dfrac{r}{7}=1 \qquad \therefore r=7$ $\quad\to\quad =\dfrac{0+r}{0+7}=\dfrac{r}{7}$

(i)~(iii)에 의하여 주어진 식을 만족시키는 r의 값은 1, 2, 7이다.
따라서 모든 r의 값의 합은 $1+2+7=10$

068 [정답률 82%]　　　　　　　　정답 ②

함수 $\quad\to\quad x>1$일 때 함수 $f(x)$의 식을 간단히 한다.

$$f(x)=\begin{cases}x+a & (x\le 1)\\ \lim\limits_{n\to\infty}\dfrac{2x^{n+1}+3x^n}{x^n+1} & (x>1)\end{cases}$$

이 실수 전체의 집합에서 연속일 때, 상수 a의 값은? (3점)

① 2　　　　✔ 4　　　　③ 6
④ 8　　　　⑤ 10

Step 1 등비수열의 극한을 통해 $\lim\limits_{n\to\infty}\dfrac{2x^{n+1}+3x^n}{x^n+1}$을 간단히 한다.

함수 $f(x)=\begin{cases}x+a & (x\le 1)\\ \lim\limits_{n\to\infty}\dfrac{2x^{n+1}+3x^n}{x^n+1} & (x>1)\end{cases}$에서

$x>1$일 때, $\lim\limits_{n\to\infty}x^n=\infty$이므로 $\quad\to\quad$ 분자, 분모를 x^n으로 나눈다.

$\lim\limits_{n\to\infty}\dfrac{2x^{n+1}+3x^n}{x^n+1}=\lim\limits_{n\to\infty}\dfrac{2x+3}{1+\dfrac{1}{x^n}}=\dfrac{2x+3}{1+0}=2x+3$ $\quad\left(\dfrac{1}{x^n}\to 0\right)$

Step 2 $x=1$에서 함수 $f(x)$의 연속성을 조사한다.

이때 함수 $f(x)$가 실수 전체의 집합에서 연속이므로
$x=1$에서도 연속이어야 한다. $\quad\to\quad$ 끊어진 곳이 $x=1$뿐이니까 $x=1$에서만 연속이면 $f(x)$가 실수 전체의 집합에서 연속

즉, $\lim\limits_{x\to 1-}f(x)=\lim\limits_{x\to 1+}f(x)=f(1)$이어야 하므로

$\lim\limits_{x\to 1-}f(x)=\lim\limits_{x\to 1-}(x+a)=1+a$ $\quad\to\quad$ 좌극한

$\lim\limits_{x\to 1+}f(x)=\lim\limits_{x\to 1+}(2x+3)=2+3=5$

$f(1)=1+a$에서 $1+a=5$ $\quad\to\quad$ 우극한

$\therefore a=4$ $\quad\to\quad$ 함숫값

이 문제의 경우 $\lim\limits_{n\to\infty}\dfrac{2x^{n+1}+3x^n}{x^n+1}\ (x>1)$에서 $n\to\infty$이므로 밑이
$x\ (x>1)$인 지수함수 x^n의 극한이라고 생각하면 편합니다. 만약 x의
값의 범위가 나와 있지 않으면 $|x|<1$, $x=-1$, $x=1$, $|x|>1$의 네
구간으로 x의 값의 범위를 직접 나누어서 풀어야 합니다.

069 [정답률 93%]   정답 ③

$x>0$에서 정의된 함수 $f(x)$가

$$f(x)=\lim_{n\to\infty}\frac{\left(\dfrac{x}{5}\right)^{n+1}+2x}{\left(\dfrac{x}{5}\right)^{n}+1}$$

일 때, $f(k)=5$를 만족시키는 모든 양수 k의 값의 합은? (3점)

① $\dfrac{51}{2}$ ② $\dfrac{53}{2}$ ✔ $\dfrac{55}{2}$

④ $\dfrac{57}{2}$ ⑤ $\dfrac{59}{2}$

Step 1 $\dfrac{x}{5}$의 값의 범위에 따라 경우를 나누어 $f(x)$를 구한다.

(i) $0<\dfrac{x}{5}<1$일 때 ($\lim_{n\to\infty}\left(\dfrac{x}{5}\right)^n=0$)

$$f(x)=\lim_{n\to\infty}\frac{\left(\dfrac{x}{5}\right)^{n+1}+2x}{\left(\dfrac{x}{5}\right)^{n}+1}=\frac{2x}{1}=2x$$

(ii) $\dfrac{x}{5}=1$일 때 ($x=5$)

$$f(x)=\lim_{n\to\infty}\frac{1^{n+1}+2\times5}{1^{n}+1}=\frac{11}{2}$$

(iii) $\dfrac{x}{5}>1$일 때

$$f(x)=\lim_{n\to\infty}\frac{\left(\dfrac{x}{5}\right)^{n+1}+2x}{\left(\dfrac{x}{5}\right)^{n}+1}=\lim_{n\to\infty}\frac{\dfrac{x}{5}+\dfrac{2x}{\left(\dfrac{x}{5}\right)^{n}}}{1+\dfrac{1}{\left(\dfrac{x}{5}\right)^{n}}}=\frac{\dfrac{x}{5}}{1}=\frac{x}{5}$$

($\lim_{n\to\infty}\dfrac{1}{\left(\dfrac{x}{5}\right)^{n}}=0$)

Step 2 $f(k)=5$를 만족시키는 양수 k를 모두 구한다.

(i)~(iii)에 의하여

$$f(x)=\begin{cases}2x & (0<x<5)\\[2mm]\dfrac{11}{2} & (x=5)\\[2mm]\dfrac{x}{5} & (x>5)\end{cases}$$

$0<k<5$일 때 $f(k)=2k=5$에서 $k=\dfrac{5}{2}$, $k>5$일 때

$f(k)=\dfrac{k}{5}=5$에서 $k=25$이므로 $f(k)=5$를 만족시키는 모든 양수

k의 값의 합은 $\dfrac{5}{2}+25=\dfrac{55}{2}$

070 [정답률 74%]   정답 ④

열린구간 $(0,\infty)$에서 정의된 함수

$$f(x)=\lim_{n\to\infty}\frac{x^{n+1}+\left(\dfrac{4}{x}\right)^{n}}{x^{n}+\left(\dfrac{4}{x}\right)^{n+1}}$$

이 있다. $x>0$일 때, 방정식 $f(x)=2x-3$의 모든 실근의 합은? (3점)

① $\dfrac{41}{7}$ ② $\dfrac{43}{7}$ ③ $\dfrac{45}{7}$

✔ $\dfrac{47}{7}$ ⑤ 7

Step 1 x의 값에 따라 경우를 나누어 함수 $f(x)$의 식을 구한다.

$0<x<2$에서 $x<\dfrac{4}{x}$, $x=2$일 때 $x=\dfrac{4}{x}$, $x>2$일 때 $x>\dfrac{4}{x}$이므로 x의 값에 따라 경우를 나누어 $f(x)$의 식과 방정식의 실근을 구해보면 다음과 같다. (x^n보다 $\left(\dfrac{4}{x}\right)^n$이 더 빨리 커진다.)

(i) $0<x<2$일 때 (분모, 분자를 각각 $\left(\dfrac{4}{x}\right)^n$으로 나누었다.)

$$f(x)=\lim_{n\to\infty}\frac{x^{n+1}+\left(\dfrac{4}{x}\right)^{n}}{x^{n}+\left(\dfrac{4}{x}\right)^{n+1}}=\lim_{n\to\infty}\frac{x\times\left(\dfrac{x^2}{4}\right)^{n}+1}{\left(\dfrac{x^2}{4}\right)^{n}+\dfrac{4}{x}}=\frac{x}{4}$$

방정식 $f(x)=2x-3$에서 $\dfrac{x}{4}=2x-3$ ($\lim_{n\to\infty}\left(\dfrac{x^2}{4}\right)^n=0$)

$\dfrac{7}{4}x=3$ ∴ $x=\dfrac{12}{7}$

(ii) $x=2$일 때 (분모, 분자를 각각 x^n으로 나누었다.)

$$f(x)=\lim_{n\to\infty}\frac{x^{n+1}+\left(\dfrac{4}{x}\right)^{n}}{x^{n}+\left(\dfrac{4}{x}\right)^{n+1}}=\lim_{n\to\infty}\frac{x+1}{1+x}=1$$

($\dfrac{4}{x}=x$이므로 $\dfrac{\left(\dfrac{4}{x}\right)^n}{x^n}=1$)

이때 $x=2$는 방정식 $f(x)=2x-3$의 해이다.

(iii) $x>2$일 때

$$f(x)=\lim_{n\to\infty}\frac{x^{n+1}+\left(\dfrac{4}{x}\right)^{n}}{x^{n}+\left(\dfrac{4}{x}\right)^{n+1}}=\lim_{n\to\infty}\frac{x+\left(\dfrac{4}{x^2}\right)^{n}}{1+\dfrac{4}{x}\times\left(\dfrac{4}{x^2}\right)^{n}}=x$$

방정식 $f(x)=2x-3$에서 $x=2x-3$ ∴ $x=3$ ($\lim_{n\to\infty}\left(\dfrac{4}{x^2}\right)^n=0$)

따라서 (i)~(iii)에서 방정식의 모든 실근의 합은 $\dfrac{12}{7}+2+3=\dfrac{47}{7}$

071 [정답률 80%]

정답 ③

> 실수 a에 대하여 함수 $f(x)$를
> $$f(x)=\lim_{n\to\infty}\frac{(a-2)x^{2n+1}+2x}{3x^{2n}+1}$$
> 라 하자. $(f\circ f)(1)=\dfrac{5}{4}$가 되도록 하는 모든 a의 값의
> 합은? (4점)
>
> ① $\dfrac{11}{2}$ ② $\dfrac{13}{2}$ ✓ $\dfrac{15}{2}$
>
> ④ $\dfrac{17}{2}$ ⑤ $\dfrac{19}{2}$

Step 1 $f(1)$의 값을 구한다.

함수 $f(x)$에 대하여 $f(1)$의 값을 구하면

$$f(1)=\lim_{n\to\infty}\frac{(a-2)\times 1^{2n+1}+2\times 1}{3\times 1^{2n}+1}=\frac{a-2+2}{3+1}=\frac{a}{4}$$

Step 2 a의 값의 범위를 나눈 후, 극한의 성질을 이용하여
$(f\circ f)(1)=\dfrac{5}{4}$가 되도록 하는 모든 a의 값의 합을 구한다.

$$(f\circ f)(1)=f(f(1))=f\left(\frac{a}{4}\right)\quad \longrightarrow f(1)\text{에 }\tfrac{a}{4}\text{를 대입했어.}$$

이 값이 $\dfrac{5}{4}$가 되도록 하는 실수 a의 값을 구하기 위해 실수 a의 값
의 범위를 다음과 같이 나눈다.

(ⅰ) $\dfrac{a}{4}=1$일 때

$$f\left(\frac{a}{4}\right)=f(1)=\lim_{n\to\infty}\frac{2\times 1^{2n+1}+2\times 1}{3\times 1^{2n}+1}=\frac{2+2}{3+1}=1$$

따라서 $(f\circ f)(1)\neq\dfrac{5}{4}$이다.

(ⅱ) $\dfrac{a}{4}=-1$일 때

$\longrightarrow (-1)^{2n}=1,\ (-1)^{2n+1}=-1$이야.

$$f\left(\frac{a}{4}\right)=f(-1)=\lim_{n\to\infty}\frac{-6\times(-1)^{2n+1}+2\times(-1)}{3\times(-1)^{2n}+1}$$
$$=\frac{6-2}{3+1}=1$$

따라서 $(f\circ f)(1)\neq\dfrac{5}{4}$이다.

(ⅲ) $-1<\dfrac{a}{4}<1$일 때

$$\lim_{n\to\infty}\left(\frac{a}{4}\right)^{2n}=0$$이므로

$$f\left(\frac{a}{4}\right)=\lim_{n\to\infty}\frac{(a-2)\times\left(\frac{a}{4}\right)^{2n+1}+2\times\frac{a}{4}}{3\times\left(\frac{a}{4}\right)^{2n}+1}=\frac{a}{2}$$

따라서 $(f\circ f)(1)=\dfrac{a}{2}=\dfrac{5}{4}$인 실수 a의 값은 $\dfrac{5}{2}$이다.

(ⅳ) $\dfrac{a}{4}<-1$ 또는 $\dfrac{a}{4}>1$일 때

$$\lim_{n\to\infty}\frac{1}{\left(\frac{a}{4}\right)^{n}}=0$$이므로

$$f\left(\frac{a}{4}\right)=\lim_{n\to\infty}\frac{(a-2)\times\left(\frac{a}{4}\right)^{2n+1}+2\times\frac{a}{4}}{3\times\left(\frac{a}{4}\right)^{2n}+1}$$

$\longrightarrow$ 분자, 분모를 각각 $\left(\dfrac{a}{4}\right)^{2n+1}$으로 나눠.

$$=\lim_{n\to\infty}\frac{(a-2)+2\times\left(\frac{a}{4}\right)^{-2n}}{3\times\left(\frac{a}{4}\right)^{-1}+\left(\frac{a}{4}\right)^{-(2n+1)}}$$

$$=\frac{a-2}{\frac{12}{a}}=\frac{a^2-2a}{12}$$

$\dfrac{a^2-2a}{12}=\dfrac{15}{12}$,
즉 $a^2-2a-15=(a-5)(a+3)=0$이므로
$a=5$ 또는 $a=-3$일 때 이 식이 성립해.

따라서 $(f\circ f)(1)=\dfrac{a^2-2a}{12}=\dfrac{5}{4}$인 실수 a의 값은
$a=5$ 또는 $a=-3$이다.

이때 $a<-4$ 또는 $a>4$인 실수 a의 값은 5이다.

그러므로 함수 $f(x)$에 대하여 $(f\circ f)(1)=\dfrac{5}{4}$가 되도록 하는 모든

a의 값의 합은 $\dfrac{5}{2}+5=\dfrac{15}{2}$

072 [정답률 20%]

정답 28

> 실수 t에 대하여 직선 $y=tx-2$가 함수
> $$f(x)=\lim_{n\to\infty}\frac{2x^{2n+1}-1}{x^{2n}+1}$$
> 의 그래프와 만나는 점의 개수를 $g(t)$라 하자. 함수 $g(t)$가
> $t=a$에서 불연속인 모든 a의 값을 작은 수부터 크기순으로
> 나열한 것을 $a_1,\ a_2,\ \cdots,\ a_m$ (m은 자연수)라 할 때, $m\times a_m$의
> 값을 구하시오. (4점)

이런 형태가 나오면 $|x|<1,\ x=-1,$ $x=1,\ |x|>1$인 경우로 나누어 정리해야 한다.

Step 1 $|x|<1,\ x=-1,\ x=1,\ |x|>1$인 경우로 나눈다.

$$f(x)=\lim_{n\to\infty}\frac{2x^{2n+1}-1}{x^{2n}+1}$$에서

(ⅰ) $|x|<1$일 때,

$$\lim_{n\to\infty}\frac{2x^{2n+1}-1}{x^{2n}+1}=\frac{2\times 0-1}{0+1}=-1$$
$$\therefore f(x)=-1\qquad \longrightarrow |x|<1\text{일 때, }\lim_{n\to\infty}x^{2n}=\lim_{n\to\infty}x^{2n+1}=0$$

(ⅱ) $x=-1$일 때,

$$\lim_{n\to\infty}\frac{2x^{2n+1}-1}{x^{2n}+1}=\frac{2\times(-1)-1}{1+1}=-\frac{3}{2}$$
$$\therefore f(x)=-\frac{3}{2}\qquad \longrightarrow x=-1\text{일 때, }\lim_{n\to\infty}x^{2n}=1,\ \lim_{n\to\infty}x^{2n+1}=-1$$

(ⅲ) $x=1$일 때,

$$\lim_{n\to\infty}\frac{2x^{2n+1}-1}{x^{2n}+1}=\frac{2\times 1-1}{1+1}=\frac{1}{2}$$
$$\therefore f(x)=\frac{1}{2}\qquad \longrightarrow x=1\text{일 때, }\lim_{n\to\infty}x^{2n}=\lim_{n\to\infty}x^{2n+1}=1$$

(ⅳ) $|x|>1$일 때,

$$\lim_{n\to\infty}\frac{2x^{2n+1}-1}{x^{2n}+1}=\lim_{n\to\infty}\frac{2x-\frac{1}{x^{2n}}}{1+\frac{1}{x^{2n}}}=2x$$
$$\therefore f(x)=2x\qquad \longrightarrow |x|>1\text{일 때, }\lim_{n\to\infty}\left(\frac{1}{x}\right)^{2n}=0$$

(i)~(iv)에서

$$f(x) = \begin{cases} 2x & (x<-1) \\ -\dfrac{3}{2} & (x=-1) \\ -1 & (-1<x<1) \\ \dfrac{1}{2} & (x=1) \\ 2x & (x>1) \end{cases}$$

Step 2 함수 $y=f(x)$의 그래프를 그리고 직선 $y=tx-2$의 기울기 t의 값의 범위에 따른 교점의 개수 $g(t)$를 구한다.
함수 $y=f(x)$의 그래프는 다음과 같다.

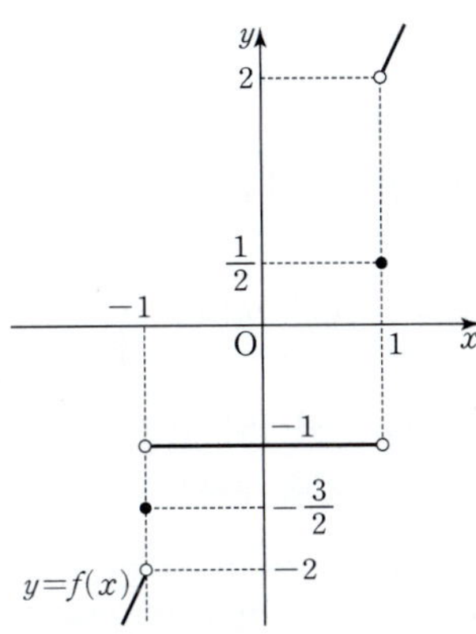

이때 직선 $y=tx-2$는 t의 값에 관계없이 점 $(0,\ -2)$를 지난다.
(i) $t\le 0$일 때, t의 값에 따라 직선 $y=tx-2$와 함수 $y=f(x)$의 그래프의 위치 관계는 다음 그림과 같다.

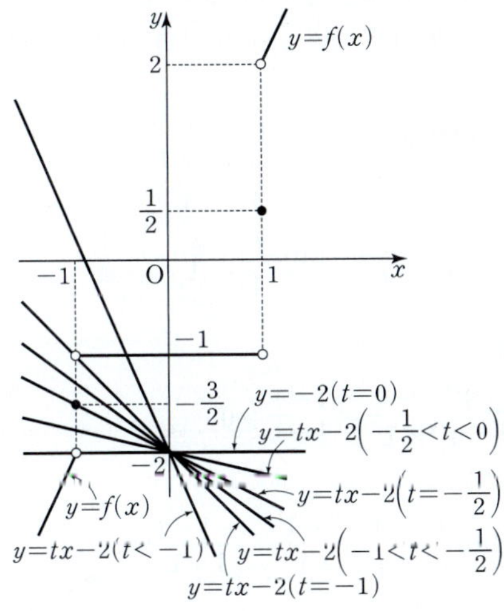

$y=tx-2$에 $x=-1$, $y=-\dfrac{3}{2}$을 대입하면

$-\dfrac{3}{2}=-t-2$ ∴ $t=-\dfrac{1}{2}$

$y=tx-2$에 $x=-1$, $y=-1$을 대입하면

$-1=-t-2$ ∴ $t=-1$

$$\therefore g(t) = \begin{cases} 0 & \left(-1\le t<-\dfrac{1}{2} \text{ 또는 } -\dfrac{1}{2}<t\le 0\right) \\ 1 & \left(t<-1 \text{ 또는 } t=-\dfrac{1}{2}\right) \end{cases}$$

(ii) $t>0$일 때, t의 값에 따라 직선 $y=tx-2$와 함수 $y=f(x)$의 그래프의 위치 관계는 다음 그림과 같다.

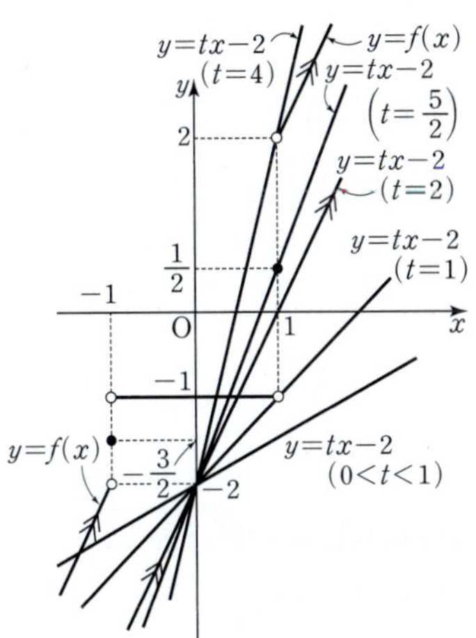

$y=tx-2$에 $x=1$, $y=-1$을 대입하면

$-1=t-2$ ∴ $t=1$

$y=tx-2$에 $x=1$, $y=\dfrac{1}{2}$을 대입하면

$\dfrac{1}{2}=t-2$ ∴ $t=\dfrac{5}{2}$

$y=tx-2$에 $x=1$, $y=2$를 대입하면

$2=t-2$ ∴ $t=4$

$$\therefore g(t) = \begin{cases} 1 & (0<t\le 1 \text{ 또는 } t=2 \text{ 또는 } t\ge 4) \\ 2 & \left(1<t<2 \text{ 또는 } 2<t<\dfrac{5}{2} \text{ 또는 } \dfrac{5}{2}<t<4\right) \\ 3 & \left(t=\dfrac{5}{2}\right) \end{cases}$$

Step 3 함수 $g(t)$가 불연속인 a의 값을 나열하여 $m,\ a_m$의 값을 구한다.
따라서 (i), (ii)에서 함수 $g(t)$가 $t=a$에서 불연속인 a의 값을 작은 수부터 크기순으로 나열하면 $-1,\ -\dfrac{1}{2},\ 0,\ 1,\ 2,\ \dfrac{5}{2},\ 4$이므로
$m=7$, $a_m=4$이다.
∴ $m\times a_m=7\times 4=28$

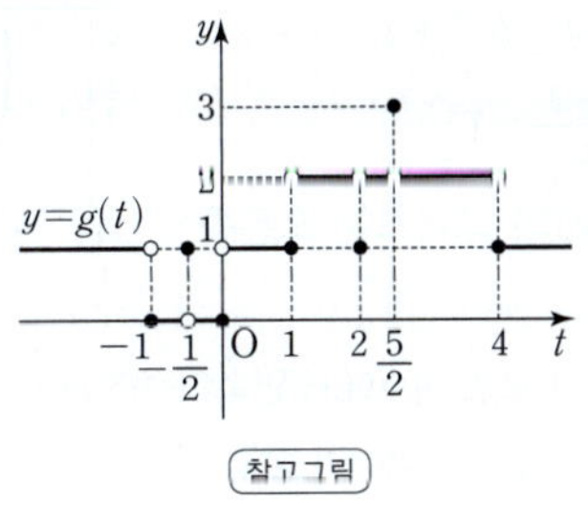

참고그림

073 [정답률 51%]　　　　　　정답 ③

> → 함수 $f(x)$가 다항함수이므로
> 　모든 실수 x에 대하여 연속이다.
> → $n \to \infty$ 이기 때문에 $|x-b|$의 값의
> 　범위에 따라 $g(x)$가 달라진다.
>
> 함수 $f(x)=x^2-4x+a$와 함수 $g(x)=\lim\limits_{n\to\infty}\dfrac{2|x-b|^n+1}{|x-b|^n+1}$ 에
> 대하여 $h(x)=f(x)g(x)$라 하자. 함수 $h(x)$가 모든 실수
> x에서 연속이 되도록 하는 두 상수 a, b의 합 $a+b$의 값은?
> → $f(x)$는 모든 실수에 대하여 연속이므로
> 　$g(x)$의 불연속점에 대해서 $h(x)$가 연속인지만 판별하면 된다.
> (3점)
>
> ① 3　　　② 4　　　❸ 5
> ④ 6　　　⑤ 7

Step 1 x의 값의 범위에 따른 $g(x)$를 구한다.

함수 $g(x)=\lim\limits_{n\to\infty}\dfrac{2|x-b|^n+1}{|x-b|^n+1}$ 에서

(ⅰ) $|x-b|>1$일 때

$\lim\limits_{n\to\infty}|x-b|^n=\infty$이므로

$g(x)=\lim\limits_{n\to\infty}\dfrac{2|x-b|^n+1}{|x-b|^n+1}$

$=\lim\limits_{n\to\infty}\dfrac{2+\dfrac{1}{|x-b|^n}}{1+\dfrac{1}{|x-b|^n}}$

$=\dfrac{2+0}{1+0}=2$

> **x^n을 포함하는 식의 극한**
> ① $|x|<1$일 때, $\lim\limits_{n\to\infty}x^n=0$
> ② $x>1$일 때, $\lim\limits_{n\to\infty}x^n=\infty$
> ③ $x=1$일 때, $\lim\limits_{n\to\infty}x^n=1$
> ④ $x\le-1$일 때, $\lim\limits_{n\to\infty}x^n$은 진동

(ⅱ) $|x-b|=1$, 즉 $x=b\pm1$일 때

$\lim\limits_{n\to\infty}|x-b|^n=1$이므로

$g(x)=\lim\limits_{n\to\infty}\dfrac{2|x-b|^n+1}{|x-b|^n+1}$

$=\dfrac{2\cdot1+1}{1+1}=\dfrac{3}{2}$

(ⅲ) $|x-b|<1$일 때

$\lim\limits_{n\to\infty}|x-b|^n=0$이므로

$g(x)=\lim\limits_{n\to\infty}\dfrac{2|x-b|^n+1}{|x-b|^n+1}$

$=\dfrac{2\times0+1}{0+1}=1$

이때 함수 $y=g(x)$의 그래프는 오른쪽
그림과 같다.

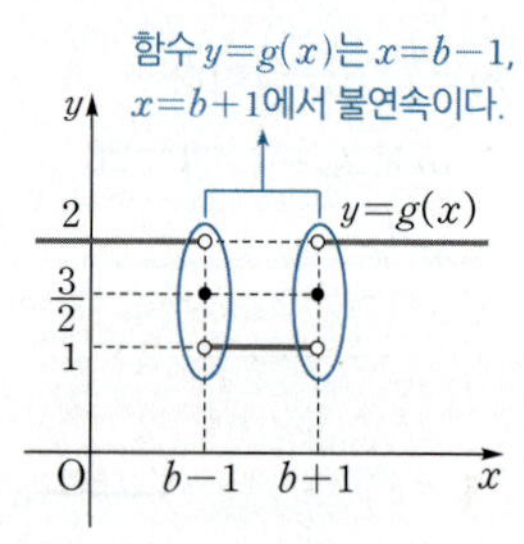

Step 2 함수 $h(x)$가 모든 실수에서 연속이려면 $g(x)$가 불연속인
점에서의 $f(x)$의 함숫값은 0이어야 함을 이용한다.

함수 $g(x)$가 $x=b-1$, $x=b+1$에서 불연속이므로
함수 $h(x)=f(x)g(x)$가 모든 실수에서 연속이려면 $x=b-1$,
$x=b+1$에서 연속이어야 한다.

$\lim\limits_{x\to(b+1)+}h(x)=\lim\limits_{x\to(b+1)+}f(x)g(x)=f(b+1)\cdot2=2f(b+1)$

$\lim\limits_{x\to(b+1)-}h(x)=\lim\limits_{x\to(b+1)-}f(x)g(x)=f(b+1)\cdot1=f(b+1)$

$h(b+1)=f(b+1)g(b+1)=f(b+1)\cdot\dfrac{3}{2}=\dfrac{3}{2}f(b+1)$

즉, $f(b+1)=0$이어야 한다.
같은 방법으로 $f(b-1)=0$이어야 한다.

> 함수 $h(x)$가 $x=b+1$에서
> 연속이려면 좌극한값, 우극한값,
> 함숫값이 서로 같아야 한다.

Step 3 a, b의 값을 구한다.

함수 $f(x)=x^2-4x+a=(x-2)^2+a-4$의 그래프에서
대칭축이 직선 $x=2$이므로 $x=2=b$
$\therefore f(1)=f(3)=0$
$f(1)=1-4+a=0$이므로 $a=3$
$\therefore a+b=3+2=5$

074 [정답률 46%]　　　　　　정답 90

> 최고차항의 계수가 1인 이차함수 $f(x)$와 두 함수
>
> $g(x)=\lim\limits_{n\to\infty}\dfrac{x^{2n-1}-1}{x^{2n}+1}$, $h(x)=\begin{cases}\dfrac{|x|}{x} & (x\ne0) \\ 0 & (x=0)\end{cases}$
>
> 에 대하여 함수 $f(x)g(x)$와 함수 $f(x)h(x)$가 모두
> 연속함수일 때, $f(10)$의 값을 구하시오. (4점)
>
> **중요** 두 함수 $f(x)g(x)$, $f(x)h(x)$가 연속함수이려면 각각의 함수
> $f(x)$, $g(x)$, $h(x)$의 불연속점에서 연속인지 확인해야 해!

Step 1 x의 범위에 따른 $g(x)$를 구한다.

함수 $f(x)$가 최고차항의 계수가 1인 이차함수이므로
$f(x)=x^2+ax+b$ (a, b는 상수)로 놓는다.
함수 $g(x)$를 x의 범위에 따라 간단히 하면 다음과 같다.

(ⅰ) $|x|>1$일 때

$\lim\limits_{n\to\infty}x^{2n}=\infty$이므로

$g(x)=\lim\limits_{n\to\infty}\dfrac{x^{2n-1}-1}{x^{2n}+1}=\lim\limits_{n\to\infty}\dfrac{\dfrac{1}{x}-\dfrac{1}{x^{2n}}}{1+\dfrac{1}{x^{2n}}}=\dfrac{1}{x}$

(ⅱ) $x=1$일 때

$g(1)=\lim\limits_{n\to\infty}\dfrac{1^{2n-1}-1}{1^{2n}+1}=\dfrac{1-1}{1+1}=0$

(ⅲ) $x=-1$일 때

$g(-1)=\lim\limits_{n\to\infty}\dfrac{(-1)^{2n-1}-1}{(-1)^{2n}+1}=\dfrac{-1-1}{1+1}=-1$

(ⅳ) $|x|<1$일 때

$\lim\limits_{n\to\infty}x^n=0$이므로

$g(x)=\lim\limits_{n\to\infty}\dfrac{x^{2n-1}-1}{x^{2n}+1}=\dfrac{0-1}{0+1}=-1$

$\therefore g(x)=\begin{cases}\dfrac{1}{x} & (x<-1,\ x>1) \\ 0 & (x=1) \\ -1 & (-1\le x<1)\end{cases}$

> 함수 $g(x)$가 $x=1$에서
> 불연속이기 때문에
> 함수 $f(x)g(x)$가
> 연속함수이려면 $x=1$에서
> 연속이어야 한다.

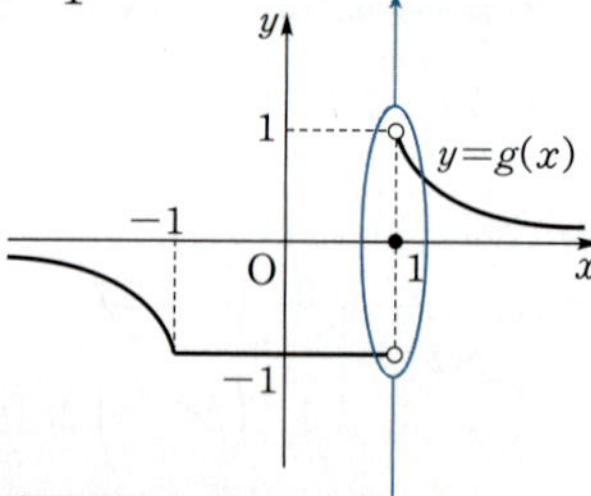

함수 $y=g(x)$의 그래프는 오른쪽
그림과 같고 $x=1$에서 불연속이다.

Step 2 $f(x)g(x)$가 $x=1$에서 연속이기 위한 조건을 구한다.

이때 함수 $f(x)g(x)$가 연속함수이므로
$x=1$에서도 연속이어야 한다.

즉, $\displaystyle\lim_{x\to1+}f(x)g(x)-\lim_{x\to1-}f(x)g(x)=f(1)g(1)$이므로

$$\lim_{x\to1+}f(x)g(x)=\lim_{x\to1+}(x^2+ax+b)\cdot1$$
$$=1+a+b$$
$$\lim_{x\to1-}f(x)g(x)=\lim_{x\to1-}(x^2+ax+b)\cdot(-1)$$
$$=-1-a-b$$

$f(1)g(1)=(1+a+b)\cdot0=0$에서
$$1+a+b=-1-a-b=0$$
$$\therefore a+b=-1 \quad \cdots\cdots \text{㉠}$$

Step 3 $f(x)h(x)$가 $x=0$에서 연속이기 위한 조건을 구한다.

또, $h(x)=\begin{cases} \dfrac{|x|}{x} & (x\neq0) \\ 0 & (x=0) \end{cases}=\begin{cases} 1 & (x>0) \\ 0 & (x=0) \\ -1 & (x<0) \end{cases}$

이므로 함수 $y=h(x)$의 그래프는 오른쪽
그림과 같고 $x=0$에서 불연속이다.
이때 함수 $f(x)h(x)$가 연속함수이므로
$x=0$에서도 연속이어야 한다. 즉,
$$\lim_{x\to0+}f(x)h(x)=\lim_{x\to0-}f(x)h(x)$$
$$=f(0)h(0)$$

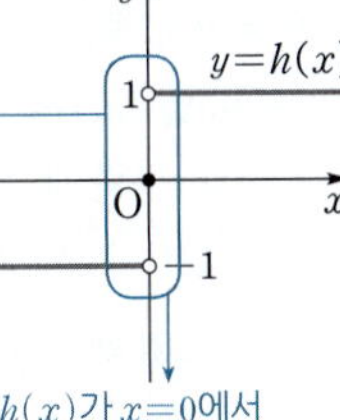

함수 $h(x)$가 $x=0$에서
불연속이기 때문에 함수
$f(x)h(x)$가 연속함수이려면
$x=0$에서 연속이어야 한다.

이므로
$$\lim_{x\to0+}f(x)h(x)=\lim_{x\to0+}(x^2+ax+b)\cdot1=b$$
$$\lim_{x\to0-}f(x)h(x)=\lim_{x\to0-}(x^2+ax+b)\cdot(-1)=-b$$

$f(0)h(0)=b\cdot0=0$에서
$$b=-b=0$$
$$\therefore b=0$$

중요 함수 $g(x)$, $h(x)$가 각각 $x=1$, $x=0$에서 불연속이기 때문에 함수 $f(x)g(x)$, $f(x)h(x)$가 연속함수가 되려면 $f(x)$가 $x=1$, $x=0$에서 0의 함숫값을 가지면 된다. 즉, $f(x)$는 최고차항의 계수가 1이고 그래프가 x축과 $x=0$, $x=1$에서 만나는 이차함수이다.

$b=0$을 ㉠에 대입하면 $a=-1$
따라서 $f(x)=x^2-x$이므로
$$f(10)=10^2-10=90$$

💡 알아야 할 기본개념

함수의 연속의 정의

함수 $f(x)$가 $x=a$에서
① 함숫값 $f(a)$가 정의되어 있고
② $\displaystyle\lim_{x\to a}f(x)$가 존재하며
③ $\displaystyle\lim_{x\to a}f(x)=f(a)$

일 때, 이 함수는 $x=a$에서 연속이라 한다.

---

075 [정답률 47%] 정답 ④

두 실수 a, b에 대하여 함수

$$f(x)=\lim_{n\to\infty}\frac{-a|x|-|x|^n+b}{|x|^n+1}$$

가 모든 실수 x에서 연속일 때, [보기]에서 옳은 것만을 있는 대로 고른 것은? (4점)

$n\to\infty$ 이기 때문에 $|x|<1$, $|x|=1$, $|x|>1$에 따라 $f(x)$가 달라진다.

> **[보기]**
> ㄱ. $a-b=1$
> ㄴ. 함수 $f(x)$의 최솟값은 -1이다.
> ㄷ. $a<1$일 때, 함수 $f(x)$의 그래프는 x축과 만나지 않는다.

① ㄴ ② ㄷ ③ ㄱ, ㄴ
④ ㄱ, ㄷ ⑤ ㄱ, ㄴ, ㄷ

Step 1 x의 값의 범위에 따른 함수 $f(x)$를 구한다.

(i) $|x|<1$일 때
$\displaystyle\lim_{n\to\infty}|x|^n=0$이므로
$$f(x)=\lim_{n\to\infty}\frac{-a|x|-|x|^n+b}{|x|^n+1}$$
$$=-a|x|+b$$

(ii) $|x|=1$일 때
$$f(x)=\lim_{n\to\infty}\frac{-a|x|-|x|^n+b}{|x|^n+1}$$
$$=\frac{-a-1+b}{2}$$

(iii) $|x|>1$일 때
$\displaystyle\lim_{n\to\infty}\frac{1}{|x|^n}=0$이므로
$$f(x)=\lim_{n\to\infty}\frac{-a|x|-|x|^n+b}{|x|^n+1}$$
$$=\lim_{n\to\infty}\frac{-\dfrac{a}{|x|^{n-1}}-1+\dfrac{b}{|x|^n}}{1+\dfrac{1}{|x|^n}}=-1$$

$$\therefore f(x)=\begin{cases} -a|x|+b & (|x|<1) \\ \dfrac{-a-1+b}{2} & (|x|=1) \\ -1 & (|x|>1) \end{cases}$$

$f(x)$가 모든 실수 x에서 연속이기 때문에 $x=\pm1$에서 연속이다.
즉, $-a+b=\dfrac{-a-1+b}{2}=-1$

Step 2 함수의 연속을 이용하여 함수 $y=f(x)$의 그래프를 생각한다.

ㄱ. 함수 $f(x)$가 연속함수이므로 $\displaystyle\lim_{x\to1}f(x)=f(1)$
$$\frac{-a-1+b}{2}=-1, \quad -a+b-1=-2$$
$$\therefore a-b=1 \text{ (참)}$$

ㄴ. [반례] $a=-1$, $b=-2$일 때,
함수 $f(x)$의 최솟값은 -2이다.
(거짓)

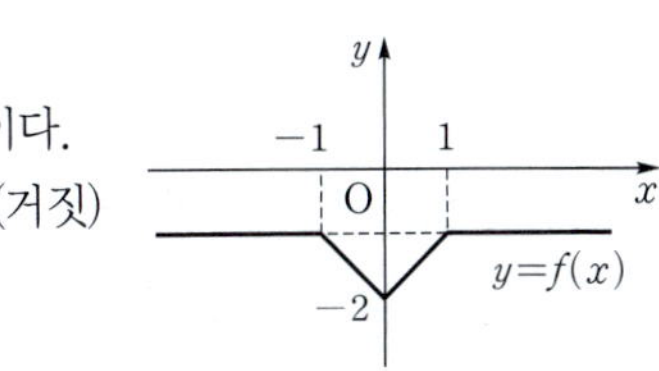

ㄷ. $0<a<1$이면 ㄱ에서
$b=a-1$이므로 $-1<b<0$
따라서 오른쪽 그래프와 같이
x축과 만나지 않는다.
$a\leq0$이면 함수 $f(x)$의
최댓값이 -1이므로
x축과 만나지 않는다.
즉, $a<1$일 때 함수 $f(x)$의 그래프는 x축과 만나지 않는다. (참)

그러므로 옳은 것은 ㄱ, ㄷ이다.
→ $a=1$일 때 x축과 원점에서 만나고, $a>1$일 때 x축과 두 점에서 만난다.

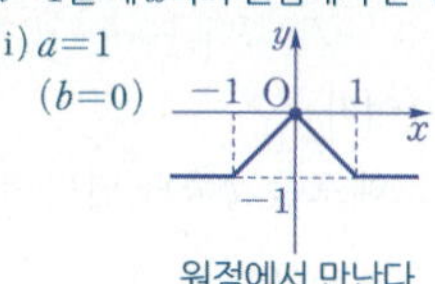

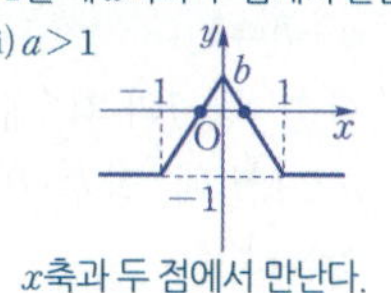

수능포인트

간단한 등비수열을 이용한 문제이기 때문에 공비의 범위에 따라서 함수를 나타내는 것은 별로 어렵지 않습니다. 절댓값 함수는 기본적으로 범위를 나누어 각 범위에서 일차함수들로 나타내지만 거의 이차함수의 성질을 가지고 있다고 보면 됩니다. 왜냐하면 $y=a|x-p|+q$ 꼴의 함수에서 $(x-p)$부분은 마치 $y=a(x-p)^2+q$의 $x-p$처럼 그 부호가 무의미해지고 단지 x가 p로부터 얼마나 떨어져 있느냐에 따라서 함숫값이 결정된다는 것을 의미하기 때문입니다.

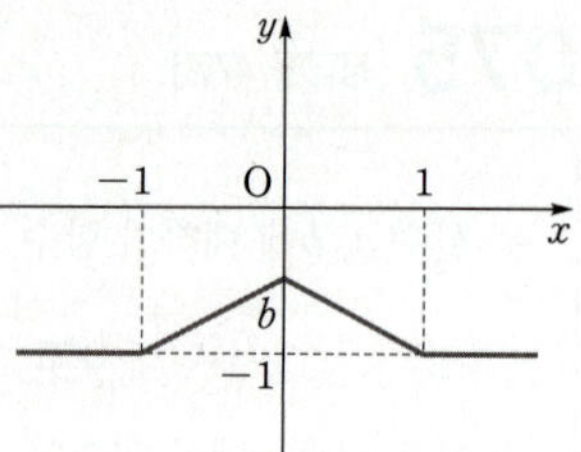

Step 2 함수 $f(x)$의 $x=1$에서의 연속성을 확인한다.

함수 $f(x)$가 $x=1$에서 미분가능할 때 $x=1$에서 연속이므로
$$\lim_{x\to1+}f(x)=\lim_{x\to1-}f(x)=f(1)$$
→ $x=1$에서 미분가능하려면 일단 $x=1$에서 연속이어야 한다.
$$\underset{(i)}{a\times1^b}=\underset{(ii)}{1}=\underset{(iii)}{\frac{a+1}{2}}$$
$$\therefore a=1$$

Step 3 함수 $f(x)$의 $x=1$에서의 미분가능성을 확인한다.

$$f'(x)=\begin{cases}bx^{b-1} & (x>1)\\2 & (0<x<1)\end{cases}$$ 이고, $x=1$에서 미분가능하므로
$$\lim_{x\to1+}f'(x)=\lim_{x\to1-}f'(x)$$
→ $x=1$에서의 미분계수가 존재한다.
$$b\times1^{b-1}=2 \quad \therefore b=2$$
$$\therefore a+10b=1+10\times2=21$$

수능포인트

등비수열 $\{a_n\}$의 일반항이 $a_n=a_1\cdot r^{n-1}$ $(a_1\neq0)$이면 그 극한은
① $r\leq-1$일 때, $\lim\limits_{n\to\infty}a_n$은 발산 (진동)
② $-1<r<1$일 때, $\lim\limits_{n\to\infty}a_n=0$
③ $r=1$일 때, $\lim\limits_{n\to\infty}a_n=a_1$
④ $r>1$일 때, $\lim\limits_{n\to\infty}a_n$은 발산

이고 이 문제에서는 $x>0$이므로 $0<x<1$, $x=1$, $x>1$일 때로 범위를 나누어야 합니다.

076 [정답률 56%]   정답 21

→ x^n이 포함된 식의 극한은 $|x|>1$, $|x|<1$, $x=1$, $x=-1$일 때로 나누어 구해 주어야 해. 이 문제에서는 $x>0$이라고 했으므로 $x\leq0$인 경우는 제외해.

자연수 a, b에 대하여 함수 $f(x)=\lim\limits_{n\to\infty}\dfrac{ax^{n+b}+2x-1}{x^n+1}$ $(x>0)$이 $x=1$에서 미분가능할 때, $a+10b$의 값을 구하시오. (3점)
→ 먼저 $x>1$, $0<x<1$, $x=1$일 때의 $f(x)$를 구한 후 $x=1$에서 미분가능할 조건을 찾아.

Step 1 $x>1$, $0<x<1$, $x=1$일 때의 $f(x)$를 각각 구한다.

(i) $x>1$일 때
$$\lim_{n\to\infty}x^n=\infty$$이므로

분모, 분자를 각각 x^n으로 나눈다.
$$f(x)=\lim_{n\to\infty}\frac{ax^{n+b}+2x-1}{x^n+1}$$
$$=\lim_{n\to\infty}\frac{ax^b+\dfrac{2}{x^{n-1}}-\dfrac{1}{x^n}}{1+\dfrac{1}{x^n}}=ax^b$$

등비수열의 수렴과 발산
① $r>1$일 때 $\lim\limits_{n\to\infty}r^n=\infty$
② $r=1$일 때 $\lim\limits_{n\to\infty}r^n=1$
③ $-1<r<1$일 때 $\lim\limits_{n\to\infty}r^n=0$
④ $r\leq-1$일 때 $\lim\limits_{n\to\infty}r^n$은 진동

(ii) $0<x<1$일 때
$$\lim_{n\to\infty}x^n=0$$이므로
$$f(x)=\lim_{n\to\infty}\frac{ax^{n+b}+2x-1}{x^n+1}=2x-1$$

(iii) $x=1$일 때
$$\lim_{n\to\infty}x^n=1$$이므로
$$f(x)=\lim_{n\to\infty}\frac{ax^{n+b}+2x-1}{x^n+1}$$
$$=\frac{a+2-1}{1+1}=\frac{a+1}{2}$$

$$f(x)=\begin{cases}ax^b & (x>1)\\2x-1 & (0<x<1)\\\dfrac{a+1}{2} & (x=1)\end{cases}$$

077 [정답률 89%]   정답 4

첫째항이 1이고 공비가 r $(r>1)$인 등비수열 $\{a_n\}$에 대하여 $S_n=\sum\limits_{k=1}^{n}a_k$일 때, $\lim\limits_{n\to\infty}\dfrac{a_n}{S_n}=\dfrac{3}{4}$이다. r의 값을 구하시오. (3점)
→ 첫째항이 a_1, 공비가 r인 등비수열 $\{a_n\}$의 첫째항부터 제n항까지의 합 S_n은 $S_n=\dfrac{a_1(r^n-1)}{r-1}$ $(r\neq1)$이다.

Step 1 등비수열 $\{a_n\}$의 일반항 a_n과 S_n을 구한다.

$$a_n=1\cdot r^{n-1}=r^{n-1}$$
$$S_n=\frac{1\cdot(r^n-1)}{r-1}=\frac{r^n-1}{r-1}$$

Step 2 r의 값을 구한다.

$$\lim_{n\to\infty}\frac{a_n}{S_n}=\lim_{n\to\infty}\frac{r^{n-1}}{\dfrac{r^n-1}{r-1}}=\lim_{n\to\infty}\frac{\dfrac{1}{r}(r-1)}{1-\dfrac{1}{r^n}}=\frac{r-1}{r}=\frac{3}{4}\ (\because r>1)$$
$$4(r-1)=3r$$
→ $\lim\limits_{n\to\infty}\dfrac{r^{n-1}(r-1)}{r^n-1}$ → $\lim\limits_{n\to\infty}\left(\dfrac{1}{r}\right)^n=0$ (단, $|r|>1$)
$$\therefore r=4$$

078 [정답률 69%] 정답 ⑤

수열 $\{a_n\}$이 모든 자연수 n에 대하여

$$\sum_{k=1}^{n}\frac{a_k-k^2}{k+1}=2n^2-n$$

을 만족시킬 때, $\lim\limits_{n\to\infty}\dfrac{a_n}{n^2+1}$의 값은? (3점)

① 1 ② 2 ③ 3
④ 4 ✔ 5

Step 1 $\sum\limits_{k=1}^{n}\dfrac{a_k-k^2}{k+1}-\sum\limits_{k=1}^{n-1}\dfrac{a_k-k^2}{k+1}=\dfrac{a_n-n^2}{n+1}$임을 이용하여 a_n을 구한다.

모든 자연수 n에 대하여 $S_n=\sum\limits_{k=1}^{n}\dfrac{a_k-k^2}{k+1}$이라 하자.

$n\geq2$일 때,

$$\frac{a_n-n^2}{n+1}=S_n-S_{n-1}=(2n^2-n)-\{2(n-1)^2-(n-1)\}=4n-3$$

$\qquad\qquad\qquad\qquad\qquad = 2(n^2-2n+1)-n+1=2n^2-5n+3$

$a_n-n^2=(4n-3)(n+1)\qquad \rightarrow =4n^2+n-3$

$a_n=5n^2+n-3\ (n\geq2)$이므로

$$\lim_{n\to\infty}\frac{a_n}{n^2+1}=\lim_{n\to\infty}\frac{5n^2+n-3}{n^2+1}=\lim_{n\to\infty}\frac{5+\dfrac{1}{n}-\dfrac{3}{n^2}}{1+\dfrac{1}{n^2}}=5$$

079 [정답률 40%] 정답 12

수열 $\{a_n\}$이 자연수 n에 대하여

이걸 새로운 수열로 생각하고 주어진 이 수열의 첫째항부터 제n항까지의 합을 이용하여 수열 $\{a_n\}$의 일반항을 구해.

$$\sum_{k=1}^{n}(-1)^k a_k=n^3$$

을 만족시킬 때, $\lim\limits_{n\to\infty}\dfrac{a_{2n-1}+a_{2n}}{n}$의 값을 구하시오. (4점)

Step 1 수열의 합과 일반항 사이의 관계를 이용한다.

$\sum\limits_{k=1}^{n}(-1)^k a_k=n^3$에 $n=1$을 대입하면

$\qquad\begin{cases}a_n=S_n-S_{n-1}\ (n\geq2)\\a_1=S_1\end{cases}$

$\qquad -a_1=1$

$\therefore a_1=-1$

한편, $S_n=\sum\limits_{k=1}^{n}(-1)^k a_k=n^3$이라 하면 수열의 합과 일반항 사이의 관계에 의해

$(-1)^n a_n=S_n-S_{n-1}\quad\rightarrow S_k$에 n 대신 $n-1$을 대입

$\qquad\quad =n^3-(n-1)^3$

$\qquad\quad =3n^2-3n+1\ (n\geq2)$

$\qquad\qquad\qquad\rightarrow$ 이 식에 $n=1$을 대입해도 $a_1=-1$이므로

따라서 $a_n=\dfrac{3n^2-3n+1}{(-1)^n}\ (n\geq2)$, $a_1=-1$이므로

$a_n=\dfrac{3n^2-3n+1}{(-1)^n}\ (n\geq1)$

Step 2 a_k를 $k=2n$, $k=2n-1$일 때로 나누어서 생각한다.

$a_{2n-1}=-\{3(2n-1)^2-3(2n-1)+1\}$

$\qquad\quad =-12n^2+18n-7\qquad\rightarrow a_n$에 n 대신 $2n-1$을 대입

$a_{2n}=3(2n)^2-3\cdot2n+1$

$\qquad\quad =12n^2-6n+1\qquad\rightarrow a_n$에 n 대신 $2n$ 대입

$\therefore \lim\limits_{n\to\infty}\dfrac{a_{2n-1}+a_{2n}}{n}=\lim\limits_{n\to\infty}\dfrac{(-12n^2+18n-7)+(12n^2-6n+1)}{n}$

$\qquad\qquad\qquad\qquad =\lim\limits_{n\to\infty}\dfrac{12n-6}{n}=12$

$\dfrac{\infty}{\infty}$ 꼴이므로 분모의 최고차항인 n으로 분모, 분자를 각각 나누어 주면 $\lim\limits_{n\to\infty}\dfrac{12-\dfrac{6}{n}}{1}=12$

🔆 알아야 할 기본개념

수열의 합과 일반항 사이의 관계

수열 $\{a_n\}$의 첫째항부터 제 n항까지의 합을 S_n이라 하면

$$\begin{cases}a_1=S_1\\a_n=S_n-S_{n-1}\ (n\geq2)\end{cases}$$

080 [정답률 70%] 정답 ②

$a_1=3$, $a_2=6$인 등차수열 $\{a_n\}$과 모든 항이 양수인 수열 $\{b_n\}$이 모든 자연수 n에 대하여

$$\sum_{k=1}^{n}a_k(b_k)^2=n^3-n+3$$

을 만족시킬 때, $\lim\limits_{n\to\infty}\dfrac{a_n}{b_n b_{2n}}$의 값은? (3점)

① $\dfrac{3}{2}$ ✔ $\dfrac{3\sqrt{2}}{2}$ ③ 3
④ $3\sqrt{2}$ ⑤ 6

Step 1 수열 $\{a_n\}$의 일반항을 구한다.

등차수열 $\{a_n\}$의 공차는 $a_2-a_1=6-3=3$이므로

$a_n=\underset{=a_1}{3}+(n-1)\times\underset{=(공차)}{3}=3n$

Step 2 수열 $\{b_n\}$의 일반항을 구한다.

$S_n=\sum\limits_{k=1}^{n}a_k(b_k)^2$이라 하면 $n\geq2$일 때

$a_n(b_n)^2=S_n-S_{n-1}$

$\qquad\quad =(n^3-n+3)-\{(n-1)^3-(n-1)+3\}$

$\qquad\quad =(n^3-n+3)-(n^3-3n^2+2n+3)$

$\qquad\quad =3n^2-3n=3n(n-1)$

$\therefore b_n=\sqrt{n-1}\ (n\geq2)$

$(b_n)^2=n-1$이고, $b_n>0$이므로 $n\geq2$일 때 $b_n=\sqrt{n-1}$이다

$n=1$일 때 $a_1(b_1)^2=3$이므로 $b_1=1$

$\qquad\qquad =3\times(b_1)^2$

Step 3 극한값을 구한다.

$$\lim_{n\to\infty}\frac{a_n}{b_n b_{2n}}=\lim_{n\to\infty}\frac{3n}{\sqrt{n-1}\sqrt{2n-1}}$$

$$=\lim_{n\to\infty}\frac{3}{\sqrt{1-\dfrac{1}{n}}\sqrt{2-\dfrac{1}{n}}}$$

$$=\frac{3}{\sqrt{1}\times\sqrt{2}}=\frac{3\sqrt{2}}{2}$$

$\dfrac{\sqrt{n-1}\sqrt{2n-1}}{n}=\dfrac{\sqrt{n-1}\sqrt{2n-1}}{\sqrt{n}\times\sqrt{n}}=\sqrt{\dfrac{n-1}{n}}\times\sqrt{\dfrac{2n-1}{n}}=\sqrt{1-\dfrac{1}{n}}\sqrt{2-\dfrac{1}{n}}$

081 [정답률 59%]　　　　　　　　　　정답 ③

> 수열 $\{a_n\}$이 모든 자연수 n에 대하여
> $$\sum_{k=1}^{n} \frac{a_k}{(k-1)!} = \frac{3}{(n+2)!}$$
> 을 만족시킨다. $\lim\limits_{n\to\infty}(a_1+n^2 a_n)$의 값은? (3점)
>
> ① $-\dfrac{7}{2}$　　② -3　　❸ $-\dfrac{5}{2}$
>
> ④ -2　　⑤ $-\dfrac{3}{2}$

Step 1 주어진 식을 이용하여 a_1의 값과 수열 $\{a_n\}$의 일반항을 구한다.

$\sum\limits_{k=1}^{n} \dfrac{a_k}{(k-1)!} = \dfrac{3}{(n+2)!}$ 에서

$n=1$일 때, $\dfrac{a_1}{0!} = \dfrac{3}{3!}$　　∴ $a_1 = \dfrac{1}{2}$

$n\geq 2$일 때, $\quad \rightarrow 0!=1$

$\dfrac{a_n}{(n-1)!} = \sum\limits_{k=1}^{n}\dfrac{a_k}{(k-1)!} - \sum\limits_{k=1}^{n-1}\dfrac{a_k}{(k-1)!}$

$\qquad = \dfrac{3}{(n+2)!} - \dfrac{3}{(n+1)!}$

∴ $a_n = \dfrac{3(n-1)!}{(n+2)!} - \dfrac{3(n-1)!}{(n+1)!}$ $\quad\rightarrow \dfrac{3}{(n+2)!}$에서 n 대신 $n-1$을 대입했어.

$\qquad = \dfrac{3}{(n+2)(n+1)n} - \dfrac{3}{(n+1)n}$ $\quad\rightarrow \dfrac{3\times(n-1)\times(n-2)\times(n-3)\times\cdots\times1}{(n+2)\times(n+1)\times n\times(n-1)\times\cdots\times1}$

$\qquad = -\dfrac{3}{n(n+2)}$ $\quad\rightarrow \dfrac{3-3(n+2)}{(n+2)(n+1)n}$

Step 2 $\lim\limits_{n\to\infty}(a_1+n^2 a_n)$의 값을 구한다.

$\lim\limits_{n\to\infty}(a_1+n^2 a_n) = \lim\limits_{n\to\infty}\left(\dfrac{1}{2} - \dfrac{3n}{n+2}\right)$

$\qquad = \lim\limits_{n\to\infty}\dfrac{1}{2} - \lim\limits_{n\to\infty}\dfrac{3}{1+\frac{2}{n}}$

$\qquad = \dfrac{1}{2} - 3 = -\dfrac{5}{2}$

082 [정답률 58%]　　　　　　　　　　정답 7

> 자연수 n에 대하여
> $$S_n = \sum_{k=1}^{n} k(k+1), \quad T_n = \sum_{k=1}^{n}(n+k)(n+k+1)$$
> 일 때, $\lim\limits_{n\to\infty}\dfrac{T_n}{S_n}$의 값을 구하시오. (4점)

Step 1 S_n, T_n을 정리한다.

$S_n = \sum\limits_{k=1}^{n} k(k+1) = \sum\limits_{k=1}^{n}(k^2+k) = \sum\limits_{k=1}^{n}k^2 + \sum\limits_{k=1}^{n}k$ $\quad\rightarrow \sum\limits_{k=1}^{n}(a_k+b_k)=\sum\limits_{k=1}^{n}a_k+\sum\limits_{k=1}^{n}b_k$

$\qquad = \dfrac{n(n+1)(2n+1)}{6} + \dfrac{n(n+1)}{2}$ $\quad\rightarrow$ 자연수의 거듭제곱의 합

$\qquad = \dfrac{n(n+1)(n+2)}{3}$ $\qquad \sum\limits_{k=1}^{n}k=\dfrac{n(n+1)}{2}$

$\qquad\qquad\qquad\qquad\qquad \sum\limits_{k=1}^{n}k^2=\dfrac{n(n+1)(2n+1)}{6}$

$T_n = \sum\limits_{k=1}^{n}(n+k)(n+k+1) = \sum\limits_{k=1}^{n}\{k^2+(2n+1)k+n^2+n\}$ $\quad\rightarrow k$의 거듭제곱의 합을 구해야 하므로

$\qquad = \sum\limits_{k=1}^{n}k^2 + \sum\limits_{k=1}^{n}(2n+1)k + \sum\limits_{k=1}^{n}(n^2+n)$ $\quad\rightarrow k$에 대한 내림차순으로 정리해 준다.

$\qquad = \dfrac{n(n+1)(2n+1)}{6} + \dfrac{n(n+1)(2n+1)}{2} + n(n^2+n)$

$\qquad = \dfrac{n(n+1)(7n+2)}{3}$ $\quad\rightarrow \sum\limits_{k=1}^{n}c=cn$, 여기서 상수 c는 n^2+n과 같다.

Step 2 극한값을 구한다. $\qquad\rightarrow =(2n+1)\sum\limits_{k=1}^{n}k$

$\lim\limits_{n\to\infty}\dfrac{T_n}{S_n} = \lim\limits_{n\to\infty}\dfrac{7n+2}{n+2} = 7$ $\qquad = (2n+1)\cdot\dfrac{n(n+1)}{2}$

$\qquad\qquad\qquad\qquad\qquad\qquad = \dfrac{n(n+1)(2n+1)}{2}$

> **수능포인트**
>
> 분모, 분자가 다항식인 분수식의 극한에서 분모와 분자의 차수가 같을 때에는 최고차항의 계수의 비로 극한값이 정해지므로 최고차항의 계수만으로 계산하면 시간을 더 단축할 수 있습니다.

083 [정답률 33%]　　　　　　　　　　정답 6

$\quad\rightarrow$ 일반항 a_n은 $a_n=1+(n-1)6=6n-5$ 임을 알 수 있어!

> 첫째항이 1이고 공차가 6인 등차수열 $\{a_n\}$에 대하여
> $$S_n = a_1+a_2+a_3+\cdots+a_n$$
> $$T_n = -a_1+a_2-a_3+\cdots+(-1)^n a_n$$
> 이라 할 때, $\lim\limits_{n\to\infty}\dfrac{a_{2n}T_{2n}}{S_{2n}}$의 값을 구하시오. (4점)
>
> $\rightarrow$ 조건식의 T_n에 n 대신 $2n$을 대입하면 돼.
> $\rightarrow$ 조건식의 S_n에 n 대신 $2n$을 대입하면 돼.

Step 1 등차수열의 정의를 이용하여 a_n, S_n, T_n을 각각 구한다.

등차수열 $\{a_n\}$의 일반항을 a_n이라 하면

$a_n = 1+(n-1)6 = 6n-5$에서 $a_{2n}=12n-5$

$S_{2n} = \dfrac{2n\{2+(2n-1)\times 6\}}{2} = n(12n-4) = 12n^2-4n$

$T_{2n} = -a_1+a_2-a_3+a_4\cdots-a_{2n-1}+a_{2n}$

$\qquad = (-a_1+a_2)+(-a_3+a_4)+\cdots+(-a_{2n-1}+a_{2n})$ $\rightarrow$ 공차가 6인 등차수열이므로

$\qquad = 6+6+\cdots+6 = 6n$ $\qquad\qquad a_n-a_{n-1}=6$

Step 2 극한값을 구한다.

$\lim\limits_{n\to\infty}\dfrac{a_{2n}T_{2n}}{S_{2n}} = \lim\limits_{n\to\infty}\dfrac{(12n-5)\times 6n}{12n^2-4n} = \lim\limits_{n\to\infty}\dfrac{72n^2-30n}{12n^2-4n}$

$\qquad\qquad\qquad\qquad\qquad \rightarrow \dfrac{\infty}{\infty}$ 꼴이므로 분모, 분자를 각각

$\qquad = \lim\limits_{n\to\infty}\dfrac{72-\frac{30}{n}}{12-\frac{4}{n}} = 6$ $\qquad n^2$으로 나누어 준다.

084 [정답률 76%]　　　　　　　　　　정답 12

> 두 수열 $\{a_n\}$, $\{b_n\}$이
> $$\lim\limits_{n\to\infty}(a_n-1)=2, \quad \lim\limits_{n\to\infty}(a_n+2b_n)=9$$
> 를 만족시킬 때, $\lim\limits_{n\to\infty}a_n(1+b_n)$의 값을 구하시오. (3점)

Step 1 수열 $\{a_n\}$, $\{b_n\}$의 극한값을 구한다.

$a_n-1=x_n$이라 하면

$$\lim_{n\to\infty} x_n,\ \lim_{n\to\infty}(u_n-1)=2$$

이때 $a_n=x_n+1$이므로

$$\lim_{n\to\infty}a_n=\lim_{n\to\infty}(x_n+1)=\lim_{n\to\infty}x_n+1=2+1=3$$

마찬가지로 $a_n+2b_n=y_n$이라 하면

$$\lim_{n\to\infty}y_n=\lim_{n\to\infty}(a_n+2b_n)=9$$

이때 $2b_n=y_n-a_n$이므로 $b_n=\dfrac{1}{2}(y_n-a_n)$

$$\therefore\ \lim_{n\to\infty}b_n=\lim_{n\to\infty}\frac{1}{2}(y_n-a_n)=\frac{1}{2}(9-3)=3$$

Step 2 $\lim_{n\to\infty}a_n(1+b_n)$의 값을 구한다.

$$\lim_{n\to\infty}a_n(1+b_n)=\lim_{n\to\infty}a_n\times\lim_{n\to\infty}(1+b_n)$$
$$=3(1+3)=12$$

085 [정답률 74%]   정답 33

> 두 수열 $\{a_n\}$, $\{b_n\}$에 대하여
> $$\lim_{n\to\infty}(a_n+2b_n)=9,\ \lim_{n\to\infty}(2a_n+b_n)=90$$
> 일 때, $\lim_{n\to\infty}(a_n+b_n)$의 값을 구하시오. (3점)

Step 1 수열의 극한에 관한 성질을 이용한다.

$a_n+2b_n=c_n$ …… ㉠

$2a_n+b_n=d_n$ …… ㉡

$$\lim_{n\to\infty}c_n=\lim_{n\to\infty}(a_n+2b_n)=9$$

$$\lim_{n\to\infty}d_n=\lim_{n\to\infty}(2a_n+b_n)=90$$

㉠+㉡을 하면

$$3a_n+3b_n=c_n+d_n$$

$$a_n+b_n=\frac{1}{3}(c_n+d_n)$$

이므로

$$\lim_{n\to\infty}(a_n+b_n)=\lim_{n\to\infty}\frac{1}{3}(c_n+d_n)$$
$$=\frac{1}{3}\lim_{n\to\infty}(c_n+d_n)$$
$$=\frac{1}{3}\left(\lim_{n\to\infty}c_n+\lim_{n\to\infty}d_n\right)$$
$$=\frac{1}{3}(9+90)=\frac{1}{3}\times 99=33$$

두 수열 $\{a_n\}$, $\{b_n\}$ 이 각각 수렴하는지 모르기 때문에 수렴하는 두 수열 $\{c_n\}$, $\{d_n\}$을 이용하여 식을 변형시켜야 해.

$$\lim_{n\to\infty}(x_n+y_n)=\lim_{n\to\infty}x_n+\lim_{n\to\infty}y_n$$

✪ 다른 풀이 두 수열 $\{a_n+2b_n\}$, $\{2a_n+b_n\}$을 더하는 풀이

Step 1 수열의 극한에 관한 성질을 이용한다.

$$\lim_{n\to\infty}(a_n+2b_n)+\lim_{n\to\infty}(2a_n+b_n)=9+90=99$$

$$\lim_{n\to\infty}\{(a_n+2b_n)+(2a_n+b_n)\}=99$$

$$\lim_{n\to\infty}3(a_n+b_n)=99$$

$$3\lim_{n\to\infty}(a_n+b_n)=99$$

$$\therefore\ \lim_{n\to\infty}(a_n+b_n)=\frac{1}{3}\times 99=33$$

두 수열 $\{a_n+2b_n\}$, $\{2a_n+b_n\}$이 각각 수렴하므로 수열의 극한의 성질에 의해 그 합도 수렴해.

086 [정답률 89%]   정답 ①

> 모든 항이 양수인 수열 $\{a_n\}$에 대하여 $\lim_{n\to\infty}\dfrac{1}{a_n}=0$일 때,
> $\lim_{n\to\infty}\dfrac{-2a_n+1}{a_n+3}$의 값은? (3점)
>
> ① -2 ② -1 ③ 0
> ④ 1 ⑤ 2

$a_k=0$이 되는 항이 없다는 뜻이야.

$\lim_{n\to\infty}\dfrac{1}{a_n}=0$을 이용할 수 있도록 식을 변형한다.

Step 1 주어진 조건을 이용할 수 있도록 식을 변형한다.

$\lim_{n\to\infty}\dfrac{1}{a_n}=0$이고, 모든 항에 대하여 $a_n>0$이므로

$a_n\neq 0$이므로 분모, 분자를 a_n으로 나누어 줄 수 있어.

$$\lim_{n\to\infty}\frac{-2a_n+1}{a_n+3}=\lim_{n\to\infty}\frac{a_n\left(-2+\dfrac{1}{a_n}\right)}{a_n\left(1+\dfrac{3}{a_n}\right)}$$

$$=\lim_{n\to\infty}\frac{-2+\dfrac{1}{a_n}}{1+\dfrac{3}{a_n}}$$

$$=\frac{-2+0}{1+3\times 0}=-2$$

087 [정답률 73%]   정답 ③

> 수열 $\{a_n\}$에 대하여 $\lim_{n\to\infty}\dfrac{5^n a_n}{3^n+1}$이 0이 아닌 상수일 때,
> $\lim_{n\to\infty}\dfrac{a_n}{a_{n+1}}$의 값은? (3점)
>
> ① $\dfrac{2}{3}$ ② $\dfrac{4}{5}$ ③ $\dfrac{5}{3}$
> ④ $\dfrac{9}{5}$ ⑤ $\dfrac{8}{3}$

이런 문제는 주어진 극한값을 미지수 α로 놓고 풀면 편해.

a_n은 수렴하는지 알 수 없다. $\dfrac{5^n a_n}{3^n+1}$은 0이 아닌 값으로 수렴하므로 이 수열로 구하는 극한식 $\dfrac{a_n}{a_{n+1}}$을 나타내야 한다.

Step 1 주어진 수열을 수렴하는 꼴로 변형한다.

$\lim_{n\to\infty}\dfrac{5^n a_n}{3^n+1}=\alpha$($\alpha$는 0이 아닌 상수)라 하고 $\dfrac{5^n a_n}{3^n+1}=b_n$으로 놓으면

$$a_n=\frac{3^n+1}{5^n}b_n,\quad \lim_{n\to\infty}b_n=\alpha$$이므로

$$a_{n+1}=\frac{3^{n+1}+1}{5^{n+1}}b_{n+1}$$이고 $\lim_{n\to\infty}b_{n+1}=\alpha$이다.

a_n에 n 대신 $n+1$을 대입

$$\lim_{n\to\infty}b_n=\lim_{n\to\infty}b_{n+1}$$

Step 2 극한값을 구한다.

$$\therefore\ \lim_{n\to\infty}\frac{a_n}{a_{n+1}}=\lim_{n\to\infty}\frac{\dfrac{3^n+1}{5^n}b_n}{\dfrac{3^{n+1}+1}{5^{n+1}}b_{n+1}}$$

분모, 분자를 각각 $5^n\times 3^n$으로 나눈다.

$$=\lim_{n\to\infty}\left\{\frac{5^{n+1}(3^n+1)}{5^n(3^{n+1}+1)}\times\frac{b_n}{b_{n+1}}\right\}$$

$$=\lim_{n\to\infty}\frac{5\left\{1+\left(\dfrac{1}{3}\right)^n\right\}}{3+\left(\dfrac{1}{3}\right)^n}\times\lim_{n\to\infty}\frac{b_n}{b_{n+1}}$$

$|r|<1$일 때 $\lim_{n\to\infty}r^n=0$

$$\therefore\ \lim_{n\to\infty}\left(\frac{1}{3}\right)^n=0$$

$$=\frac{5(1+0)}{3+0}\times\frac{\alpha}{\alpha}=\frac{5}{3}$$

088 [정답률 88%]   정답 21

두 수열 $\{a_n\}$, $\{b_n\}$이
$$\lim_{n\to\infty} n^2 a_n = 3, \quad \lim_{n\to\infty} \frac{b_n}{n} = 5$$
를 만족시킬 때, $\lim_{n\to\infty} na_n(b_n+2n)$의 값을 구하시오. (3점)

Step 1 수열의 극한의 성질을 이용하여 극한값을 계산한다.

$\lim_{n\to\infty} na_n(b_n+2n)$

$= \lim_{n\to\infty}(na_nb_n + 2n^2a_n)$

$= \lim_{n\to\infty}\left\{(n^2a_n)\times\left(\dfrac{b_n}{n}\right)+2n^2a_n\right\}$

$= \left(\lim_{n\to\infty} n^2 a_n\right)\times\left(\lim_{n\to\infty}\dfrac{b_n}{n}\right)+2\lim_{n\to\infty}n^2a_n$

$= 3\times5+2\times3$

$= 21$

두 수열 $\{a_n\}$, $\{b_n\}$에 대하여 $\lim_{n\to\infty}n^2a_n$, $\lim_{n\to\infty}\dfrac{b_n}{n}$의 값이 각각 존재하므로 두 항으로 나누어 극한값을 구할 수 있는 거야.

---

089 [정답률 78%]   정답 ⑤

두 수열 $\{a_n\}$, $\{b_n\}$에 대하여
$$\lim_{n\to\infty}(n^2+1)a_n=3, \quad \lim_{n\to\infty}(4n^2+1)(a_n+b_n)=1$$
일 때, $\lim_{n\to\infty}(2n^2+1)(a_n+2b_n)$의 값은? (3점)

① -3 ② $-\dfrac{7}{2}$ ③ -4

④ $-\dfrac{9}{2}$ ⑤ -5

Step 1 수열의 극한의 성질을 이용하여 극한값을 계산한다.

$\lim_{n\to\infty}(n^2+1)a_n=3$에서 $(n^2+1)a_n=c_n$,

$\lim_{n\to\infty}(4n^2+1)(a_n+b_n)=1$에서 $(4n^2+1)(a_n+b_n)=d_n$이라 하자.

$\lim_{n\to\infty}c_n=3$, $\lim_{n\to\infty}d_n=1$이고 $a_n=\dfrac{c_n}{n^2+1}$, $b_n=\dfrac{d_n}{4n^2+1}-\dfrac{c_n}{n^2+1}$

이므로

$\lim_{n\to\infty}(2n^2+1)(a_n+2b_n)$

$= \lim_{n\to\infty}(2n^2+1)\left(\dfrac{c_n}{n^2+1}+\dfrac{2d_n}{4n^2+1}-\dfrac{2c_n}{n^2+1}\right)$

$= \lim_{n\to\infty}\left(\dfrac{4n^2+2}{4n^2+1}d_n-\dfrac{2n^2+1}{n^2+1}c_n\right)$

$= \lim_{n\to\infty}\left(\dfrac{4+\dfrac{2}{n^2}}{4+\dfrac{1}{n^2}}d_n-\dfrac{2+\dfrac{1}{n^2}}{1+\dfrac{1}{n^2}}c_n\right)=1\times1-2\times3=1-6=-5$

$a_n+b_n=\dfrac{d_n}{4n^2+1}$에서 $b_n=\dfrac{d_n}{4n^2+1}-a_n$

---

090 [정답률 87%]   정답 ⑤

수열 $\{a_n\}$에 대하여 $\lim_{n\to\infty}\dfrac{a_n+2}{2}=6$일 때, $\lim_{n\to\infty}\dfrac{na_n+1}{a_n+2n}$의 값은? (3점)

① 1   ② 2   ③ 3

④ 4   ⑤ 5

Step 1 $\dfrac{a_n+2}{2}=b_n$이라 두고 $\lim_{n\to\infty}b_n$의 값을 구한다.

$\lim_{n\to\infty}\dfrac{a_n+2}{2}=6$에서 $\dfrac{a_n+2}{2}=b_n$이라 하면 $a_n=2b_n-2$이고

$\lim_{n\to\infty}b_n=6$

$\therefore \lim_{n\to\infty}\dfrac{na_n+1}{a_n+2n}$

$= \lim_{n\to\infty}\dfrac{n(2b_n-2)+1}{(2b_n-2)+2n}$

$= \lim_{n\to\infty}\dfrac{2b_n-2+\dfrac{1}{n}}{\dfrac{2b_n}{n}-\dfrac{2}{n}+2}$

$= \dfrac{2\times6-2+0}{0-0+2}=5$

분모, 분자를 n으로 나눈다.

$\lim_{n\to\infty}\dfrac{1}{n}=0$, $\lim_{n\to\infty}\dfrac{b_n}{n}=0$

---

091 [정답률 93%]   정답 ③

두 수열 $\{a_n\}$, $\{b_n\}$이
$$\lim_{n\to\infty}na_n=1, \quad \lim_{n\to\infty}\frac{b_n}{n}=3$$
을 만족시킬 때, $\lim_{n\to\infty}\dfrac{n^2a_n+b_n}{1+2b_n}$의 값은? (3점)

① $\dfrac{1}{3}$ ② $\dfrac{1}{2}$ ③ $\dfrac{2}{3}$

④ $\dfrac{5}{6}$ ⑤ 1

Step 1 주어진 극한의 분모, 분자를 각각 n으로 나누어 정리한다.

$\lim_{n\to\infty}\dfrac{n^2a_n+b_n}{1+2b_n}=\lim_{n\to\infty}\dfrac{na_n+\dfrac{b_n}{n}}{\dfrac{1}{n}+\dfrac{2b_n}{n}}=\dfrac{1+3}{0+6}=\dfrac{2}{3}$

분모, 분자를 각각 n으로 나눠주었다.

$\lim_{n\to\infty}\dfrac{2b_n}{n}=\lim_{n\to\infty}\left(2\times\dfrac{b_n}{n}\right)=2\times3=6$

---

092 [정답률 95%]   정답 ③

수열 $\{a_n\}$에 대하여 $\lim_{n\to\infty}\dfrac{(2n+3)a_n}{n^2}=3$일 때, $\lim_{n\to\infty}\dfrac{na_n}{3n^2+1}$의 값은? (3점)

① $\dfrac{1}{6}$ ② $\dfrac{1}{3}$ ③ $\dfrac{1}{2}$

④ $\dfrac{2}{3}$ ⑤ $\dfrac{5}{6}$

Step 1 주어진 식을 변형하여 극한값을 구한다.

$\lim_{n\to\infty}\dfrac{(2n+3)a_n}{n^2}=3$이므로

$$\lim_{n\to\infty}\frac{na_n}{3n^2+1}=\lim_{n\to\infty}\left\{\frac{(2n+3)a_n}{n^2}\times\frac{n^3}{(2n+3)(3n^2+1)}\right\}$$
$$=\lim_{n\to\infty}\frac{(2n+3)a_n}{n^2}\times\lim_{n\to\infty}\frac{1}{\left(2+\dfrac{3}{n}\right)\left(3+\dfrac{1}{n^2}\right)}$$

분모, 분자를 각각 n^3으로 나누었다.

$$=3\times\frac{1}{2\times3}=\frac{1}{2}$$

093 [정답률 87%] 정답 ⑤

수열 $\{a_n\}$이 $\lim\limits_{n\to\infty}(3a_n-5n)=2$를 만족시킬 때,
$\lim\limits_{n\to\infty}\dfrac{(2n+1)a_n}{4n^2}$의 값은? (3점)

① $\dfrac{1}{6}$ ② $\dfrac{1}{3}$ ③ $\dfrac{1}{2}$

④ $\dfrac{2}{3}$ ⑤ $\dfrac{5}{6}$

Step 1 $3a_n-5n=b_n$이라 하고 a_n을 n, b_n으로 나타낸다.

$3a_n-5n=b_n$이라 하면 $\lim\limits_{n\to\infty}b_n=2$이고

$3a_n-5n=b_n$에서 $a_n=\dfrac{b_n+5n}{3}$

Step 2 $\lim\limits_{n\to\infty}b_n=2$임을 이용하여 수열의 극한값을 구한다.

$$\lim_{n\to\infty}\frac{(2n+1)a_n}{4n^2}=\lim_{n\to\infty}\left(\frac{2n+1}{4n^2}\times\frac{b_n+5n}{3}\right)$$
$$=\lim_{n\to\infty}\frac{(2n+1)(b_n+5n)}{12n^2}$$
$$=\lim_{n\to\infty}\frac{\left(2+\dfrac{1}{n}\right)\left(\dfrac{b_n}{n}+5\right)}{12}$$

분모, 분자를 각각 n^2으로 나눈다.

$$=\frac{(2+0)(2\times0+5)}{12}$$

$\lim\limits_{n\to\infty}b_n=2$이므로 $\lim\limits_{n\to\infty}\dfrac{b_n}{n}=0$

$$=\frac{5}{6}$$

094 [정답률 89%] 정답 ②

모든 항이 양수인 수열 $\{a_n\}$에 대하여
$$\lim_{n\to\infty}\{a_n\times(\sqrt{n^2+4}-n)\}=6$$
일 때, $\lim\limits_{n\to\infty}\dfrac{2a_n+6n^2}{na_n+5}$의 값은? (3점)

① $\dfrac{3}{2}$ ② 2 ③ $\dfrac{5}{2}$

④ 3 ⑤ $\dfrac{7}{2}$

Step 1 $a_n\times(\sqrt{n^2+4}-n)=b_n$이라 하고 a_n을 n, b_n으로 나타낸다.

$b_n=a_n\times(\sqrt{n^2+4}-n)$이라 하면 $\lim\limits_{n\to\infty}b_n=6$이고

$$a_n=\frac{b_n}{\sqrt{n^2+4}-n}=\frac{b_n(\sqrt{n^2+4}+n)}{(\sqrt{n^2+4}-n)(\sqrt{n^2+4}+n)}$$

분모의 유리화

$$=\frac{b_n}{4}(\sqrt{n^2+4}+n)$$

Step 2 $\lim\limits_{n\to\infty}\dfrac{2a_n+6n^2}{na_n+5}$의 값을 구한다.

$$\lim_{n\to\infty}\frac{2a_n+6n^2}{na_n+5}=\lim_{n\to\infty}\frac{\dfrac{b_n}{2}(\sqrt{n^2+4}+n)+6n^2}{\dfrac{nb_n}{4}(\sqrt{n^2+4}+n)+5}$$
$$=\lim_{n\to\infty}\frac{2b_n(\sqrt{n^2+4}+n)+24n^2}{b_n(n\sqrt{n^2+4}+n^2)+20}$$
$$=\lim_{n\to\infty}\frac{2b_n\left(\dfrac{\sqrt{n^2+4}+n}{n^2}\right)+24}{b_n\left(\dfrac{\sqrt{n^2+4}}{n}+1\right)+\dfrac{20}{n^2}}$$

분모와 분자를 각각 n^2으로 나눈다.

$$=\frac{12\times0+24}{6\times2+0}=\frac{24}{12}=2$$

$\lim\limits_{n\to\infty}\left(\dfrac{\sqrt{n^2+4}}{n}+1\right)=\lim\limits_{n\to\infty}\left(\sqrt{1+\dfrac{4}{n^2}}+1\right)=1+1=2$

095 [정답률 90%] 정답 ②

수열 $\{a_n\}$에 대하여 $\lim\limits_{n\to\infty}\dfrac{na_n}{n^2+3}=1$일 때,
$\lim\limits_{n\to\infty}(\sqrt{a_n^2+n}-a_n)$의 값은? (3점)

① $\dfrac{1}{3}$ ② $\dfrac{1}{2}$ ③ 1

④ 2 ⑤ 3

Step 1 $\lim\limits_{n\to\infty}\dfrac{na_n}{n^2+3}=1$임을 이용한다.

$$\lim_{n\to\infty}(\sqrt{a_n^2+n}-a_n)$$
$$=\lim_{n\to\infty}\frac{(\sqrt{a_n^2+n}-a_n)(\sqrt{a_n^2+n}+a_n)}{\sqrt{a_n^2+n}+a_n}$$

분자의 유리화

$$=\lim_{n\to\infty}\frac{n}{\sqrt{a_n^2+n}+a_n}$$
$$=\lim_{n\to\infty}\frac{\dfrac{n^2}{n^2+3}}{\dfrac{n(\sqrt{a_n^2+n}+a_n)}{n^2+3}}$$

분모, 분자에 $\dfrac{n}{n^2+3}$을 곱해준다.

$$=\lim_{n\to\infty}\frac{\dfrac{n^2}{n^2+3}}{\sqrt{\dfrac{n^2a_n^2}{(n^2+3)^2}+\dfrac{n^3}{(n^2+3)^2}}+\dfrac{na_n}{n^2+3}}$$
$$=\frac{1}{\sqrt{1^2+0}+1}=\frac{1}{2}$$

❖ 다른 풀이 $\lim\limits_{n\to\infty}\dfrac{a_n}{n}=1$임을 이용하는 풀이

Step 1 $\lim\limits_{n\to\infty}\dfrac{a_n}{n}$의 값을 구한다.

$\dfrac{na_n}{n^2+3}=b_n$이라 하면 $a_n=\dfrac{(n^2+3)b_n}{n}$

$$\therefore\lim_{n\to\infty}\frac{a_n}{n}=\lim_{n\to\infty}\frac{(n^2+3)b_n}{n^2}=\lim_{n\to\infty}\left(\frac{n^2+3}{n^2}\times b_n\right)=1\times1=1$$

$\lim\limits_{n\to\infty}b_n=\lim\limits_{n\to\infty}\dfrac{na_n}{n^2+3}=1$

Step 2 극한값을 구한다.

$$\lim_{n\to\infty}\left(\sqrt{a_n{}^2+n}-a_n\right)$$

$$=\lim_{n\to\infty}\frac{\left(\sqrt{a_n{}^2+n}-a_n\right)\left(\sqrt{a_n{}^2+n}+a_n\right)}{\sqrt{a_n{}^2+n}+a_n}$$

$$=\lim_{n\to\infty}\frac{n}{\sqrt{a_n{}^2+n}+a_n}=\lim_{n\to\infty}\frac{1}{\sqrt{\dfrac{a_n{}^2}{n^2}+\dfrac{1}{n}}+\dfrac{a_n}{n}}$$

$$\lim_{n\to\infty}\frac{a_n{}^2}{n^2}=\lim_{n\to\infty}\left(\frac{a_n}{n}\right)^2=1$$

$$=\frac{1}{\sqrt{1+0+1}}=\frac{1}{2}$$

096 [정답률 84%] 정답 ③

첫째항이 1인 두 수열 $\{a_n\}$, $\{b_n\}$이 모든 자연수 n에 대하여

$$a_{n+1}-a_n=3,\ \sum_{k=1}^{n}\frac{1}{b_k}=n^2$$

→ 등차수열임을 바로 알 수 있어야 한다.

을 만족시킬 때, $\lim\limits_{n\to\infty}a_nb_n$의 값은? (3점)

① $\dfrac{7}{6}$ ② $\dfrac{4}{3}$ ③ $\dfrac{3}{2}$

④ $\dfrac{5}{3}$ ⑤ $\dfrac{11}{6}$

Step 1 수열 $\{a_n\}$의 일반항을 구한다.

수열 $\{a_n\}$은 $a_1=1$이고 $a_{n+1}-a_n=3$에서 공차가 3인 등차수열이므로 $a_n=3n-2$

→ $a_n=1+3(n-1)=3n-2$

Step 2 수열 $\{b_n\}$의 일반항을 구한다.

$$\frac{1}{b_n}=\sum_{k=1}^{n}\frac{1}{b_k}-\sum_{k=1}^{n-1}\frac{1}{b_k}=n^2-(n-1)^2=2n-1\ (n\ge2)$$

따라서 $b_n=\dfrac{1}{2n-1}$ (단, $n\ge2$)이고 $b_1=1$이므로 모든 자연수 n에

대하여 $b_n=\dfrac{1}{2n-1}$

→ $b_n=\dfrac{1}{2n-1}$에 $n=1$을 대입하여도 $b_1=1$을 만족시킨다.

Step 3 $\lim\limits_{n\to\infty}a_nb_n$의 값을 구한다.

$$\lim_{n\to\infty}a_nb_n=\lim_{n\to\infty}\frac{3n-2}{2n-1}=\lim_{n\to\infty}\frac{3-\dfrac{2}{n}}{2-\dfrac{1}{n}}=\frac{3}{2}$$

→ $\dfrac{3-0}{2-0}=\dfrac{3}{2}$

097 [정답률 54%] 정답 ①

$a_1=3$, $a_2=-4$인 수열 $\{a_n\}$과 등차수열 $\{b_n\}$이 모든 자연수 n에 대하여

$$\sum_{k=1}^{n}\frac{a_k}{b_k}=\frac{6}{n+1}$$

을 만족시킬 때, $\lim\limits_{n\to\infty}a_nb_n$의 값은? (3점)

① -54 ② $-\dfrac{75}{2}$ ③ -24

④ $-\dfrac{27}{2}$ ⑤ -6

Step 1 등차수열 $\{b_n\}$의 일반항을 구한다.

등차수열 $\{b_n\}$의 공차를 d라 하자.

$\sum\limits_{k=1}^{n}\dfrac{a_k}{b_k}=\dfrac{6}{n+1}$에 $n=1$을 대입하면

$$\sum_{k=1}^{1}\frac{a_k}{b_k}=\frac{a_1}{b_1}=3\qquad\therefore b_1=\frac{a_1}{3}=1$$

→ $a_1=3$

$\sum\limits_{k=1}^{n}\dfrac{a_k}{b_k}=\dfrac{6}{n+1}$에 $n=2$를 대입하면 $\sum\limits_{k=1}^{2}\dfrac{a_k}{b_k}=\dfrac{a_1}{b_1}+\dfrac{a_2}{b_2}=2$

$$\frac{3}{1}+\frac{-4}{b_2}=2\qquad\therefore b_2=4$$

이때 $b_2=b_1+d=1+d$이므로 $d=3$

$\therefore b_n=1+(n-1)\times3=3n-2$

Step 2 $\lim\limits_{n\to\infty}a_nb_n$의 값을 구한다.

수열의 합과 일반항 사이의 관계에 의하여

→ $a_n=S_n-S_{n-1}\ (n\ge2)$

$$\frac{a_n}{b_n}=\sum_{k=1}^{n}\frac{a_k}{b_k}-\sum_{k=1}^{n-1}\frac{a_k}{b_k}=\frac{6}{n+1}-\frac{6}{n}=-\frac{6}{n(n+1)}\ (n\ge2)$$

$b_n=3n-2$이므로 $a_n=-\dfrac{6(3n-2)}{n(n+1)}\ (n\ge2)$

→ $a_n=-\dfrac{6}{n(n+1)}b_n$

$$\therefore \lim_{n\to\infty}a_nb_n=\lim_{n\to\infty}\left\{-\frac{6(3n-2)^2}{n(n+1)}\right\}=\lim_{n\to\infty}\left\{-\frac{6\left(3-\dfrac{2}{n}\right)^2}{1\times\left(1+\dfrac{1}{n}\right)}\right\}$$

$$=-\frac{6\times3^2}{1}=-54$$

098 [정답률 31%] 정답 ①

두 수열 $\{a_n\}$, $\{b_n\}$이 다음 조건을 만족시킨다.

(가) $\sum\limits_{k=1}^{n}(a_k+b_k)=\dfrac{1}{n+1}\ (n\ge1)$

(나) $\lim\limits_{n\to\infty}n^2b_n=2$

$\lim\limits_{n\to\infty}n^2a_n$의 값은? (4점)

① -3 ② -2 ③ -1

④ 0 ⑤ 1

Step 1 a_n+b_n을 구한다.

→ 이 수열을 $\{c_n\}$으로 정의

$$\sum_{k=1}^{n}(a_k+b_k)=\frac{1}{n+1}\qquad\cdots\cdots\ \ㄱ$$

$$\sum_{k=1}^{n-1}(a_k+b_k)=\frac{1}{n}\ (n\ge2)\qquad\cdots\cdots\ \ㄴ$$

→ 수열 $\{c_n\}$의 첫째항부터 제n항까지의 합

ㄱ−ㄴ을 하면 → 수열 $\{c_n\}$의 첫째항부터 제$(n-1)$항까지의 합

$$a_n+b_n=\frac{1}{n+1}-\frac{1}{n}=-\frac{1}{n(n+1)}\ (n\ge2)$$

$a_n+b_n=c_n$이라 할 때 $\sum\limits_{k=1}^{n}c_k=S_n$, $\sum\limits_{k=1}^{n-1}c_k=S_{n-1}$이라 할 수 있어. 이때 $S_n-S_{n-1}=c_n=a_n+b_n$ $(n\ge2)$이야.

Step 2 $\lim\limits_{n\to\infty} n^2 a_n$의 값을 구한다.

$n \geq 2$일 때 $a_n + b_n = -\dfrac{1}{n(n+1)}$이므로

$$\lim_{n\to\infty} n^2(a_n + b_n) = \lim_{n\to\infty} \frac{-n^2}{n(n+1)} = -1$$

$n^2 a_n$의 극한값을 구해야 하기 때문에 n^2을 곱해 주었어.

$$\therefore \lim_{n\to\infty} n^2 a_n = \lim_{n\to\infty}\{n^2(a_n+b_n) - n^2 b_n\}$$
$$= \lim_{n\to\infty} n^2(a_n+b_n) - \lim_{n\to\infty} n^2 b_n$$
$$= -1 - 2$$
$$= -3$$

$\lim\limits_{n\to\infty} a_n = \alpha$, $\lim\limits_{n\to\infty} b_n = \beta$일 때 $\lim\limits_{n\to\infty}(a_n \pm b_n) = \alpha \pm \beta$ (복호동순)

O99 [정답률 56%]   정답 ④

자연수 n에 대하여 원점을 지나는 직선과 곡선
$y = -(x-n)(x-n-2)$가 제1사분면에서 접할 때, 접점의
x좌표를 a_n, 직선의 기울기를 b_n이라 하자.
다음은 $\lim\limits_{n\to\infty} a_n b_n$의 값을 구하는 과정이다.

> 원점을 지나고 기울기가 b_n인 직선의 방정식은
> $y = b_n x$이다.
> 이 직선이 곡선 $y = -(x-n)(x-n-2)$에 접하므로
> 이차방정식 $b_n x = -(x-n)(x-n-2)$의 근 $x = a_n$은
> 중근이다.
> 그러므로 이차방정식
> $$x^2 + \{b_n - 2(n+1)\}x + n(n+2) = 0$$
> 에서 이차식
> $$x^2 + \{b_n - 2(n+1)\}x + n(n+2)$$
> 는 완전제곱식으로 나타내어진다.
> 그런데 $a_n > 0$이므로
> $$x^2 + \{b_n - 2(n+1)\}x + n(n+2) = \{x - \sqrt{n(n+2)}\}^2$$
> 에서
> $$a_n = \boxed{\text{(가)}}, \quad b_n = \boxed{\text{(나)}}$$
> 이다.
> 따라서 $\lim\limits_{n\to\infty} a_n b_n = \boxed{\text{(다)}}$이다.

위의 (가)와 (나)에 알맞은 식을 각각 $f(n)$, $g(n)$이라 하고,
(다)에 알맞은 값을 α라 할 때, $2f(\alpha) + g(\alpha)$의 값은? (4점)

① 1   ② 2   ③ 3
④ 4   ⑤ 5

Step 1 이차방정식이 중근을 가질 조건을 이용하여 a_n, b_n을 구한다.

원점을 지나고 기울기가 b_n인 직선의 방정식은
$y = b_n x$이다.

두 식 $y = b_n x$와 $y = -(x-n)(x-n-2)$를 연립

이 직선이 곡선 $y = -(x-n)(x-n-2)$에 접하므로
이차방정식 $b_n x = -(x-n)(x-n-2)$의 근 $x = a_n$은 중근이다.

이차방정식 $b_n x = -(x-n)(x-n-2)$를 정리하면
$$b_n x = -(x^2 - nx - 2x - nx + n^2 + 2n)$$
$$= -\{x^2 - 2(n+1)x + n(n+2)\}$$
$$= -x^2 + 2(n+1)x - n(n+2)$$

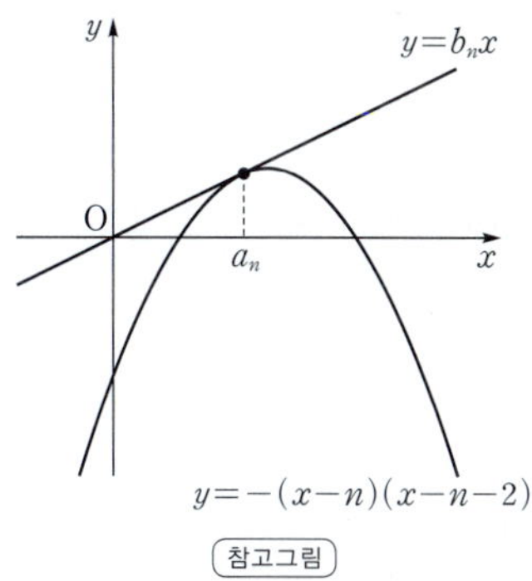

그러므로 이차방정식
$$x^2 + \{b_n - 2(n+1)\}x + n(n+2) = 0$$
에서 이차식
$$x^2 + \{b_n - 2(n+1)\}x + n(n+2)$$
는 완전제곱식으로 나타내어진다. 즉,

x의 계수인 $b_n - 2(n+1)$의 부호를 모르기 때문에 두 가지 모두 가능해.

$$x^2 + \{b_n - 2(n+1)\}x + n(n+2) = \{x + \sqrt{n(n+2)}\}^2$$
또는 $x^2 + 2ax + a^2 = (x+a)^2$
$$x^2 + \{b_n - 2(n+1)\}x + n(n+2) = \{x - \sqrt{n(n+2)}\}^2$$
접점은 제1사분면에 위치한 점이므로 $a_n > 0$
$$x^2 + \{b_n - 2(n+1)\}x + n(n+2) = \{x - \sqrt{n(n+2)}\}^2 = 0$$
에서 $a_n = \boxed{\text{(가)}\ \sqrt{n(n+2)}}$이고,
x항의 계수에서 $b_n - 2(n+1) = -2\sqrt{n(n+2)}$, 즉

$\{x - \sqrt{n(n+2)}\}^2$을 전개하면 $x^2 - 2\sqrt{n(n+2)}x + n(n+2)$

$$b_n = \boxed{\text{(나)}\ 2\{n+1 - \sqrt{n(n+2)}\}}$$
이다.

Step 2 수열의 극한의 성질을 이용하여 $\lim\limits_{n\to\infty} a_n b_n$의 값을 구한다.

$$\lim_{n\to\infty} a_n b_n = \lim_{n\to\infty} 2\sqrt{n(n+2)}\{n+1 - \sqrt{n(n+2)}\}$$
$$= \lim_{n\to\infty} \frac{2\sqrt{n(n+2)}\{n+1 - \sqrt{n(n+2)}\}\{n+1 + \sqrt{n(n+2)}\}}{n+1 + \sqrt{n(n+2)}}$$
$$= \lim_{n\to\infty} \frac{2\sqrt{n(n+2)}\{(n+1)^2 - n(n+2)\}}{n+1 + \sqrt{n(n+2)}}$$
$$= \lim_{n\to\infty} \frac{2\sqrt{n(n+2)}(n^2 + 2n + 1 - n^2 - 2n)}{n+1 + \sqrt{n(n+2)}}$$
$$= \lim_{n\to\infty} \frac{2\sqrt{n(n+2)}}{n+1 + \sqrt{n(n+2)}}$$
$$= \lim_{n\to\infty} \frac{2\sqrt{1 + \dfrac{2}{n}}}{1 + \dfrac{1}{n} + \sqrt{1 + \dfrac{2}{n}}} = \boxed{\text{(다)}\ 1}$$

이다. $\lim\limits_{n\to\infty} \dfrac{c}{n} = 0$ (단, c는 상수)

Step 3 (가), (나), (다)를 이용하여 $2f(\alpha) + g(\alpha)$의 값을 구한다.

(가), (나), (다)에서
$f(n) = \sqrt{n(n+2)}$, $g(n) = 2\{n+1 - \sqrt{n(n+2)}\}$, $\alpha = 1$이므로
$f(1) = \sqrt{3}$, $g(1) = 2(2 - \sqrt{3})$
$$\therefore 2f(1) + g(1) = 2\sqrt{3} + 2(2 - \sqrt{3}) = 4$$

100 [정답률 41%] 정답 ③

수렴하는 두 수열 $\{a_n\}$, $\{b_n\}$이 → **중요** $\lim\limits_{n \to \infty} a_n$, $\lim\limits_{n \to \infty} b_n$의 값이 존재한다는 뜻이야.

$$a_{n+1} = -\frac{1}{2}b_n + \frac{3}{2}$$
$$b_{n+1} = -\frac{1}{2}a_n + \frac{3}{2} \quad (n = 1, 2, 3, \cdots)$$

을 만족시킬 때, [보기]에서 옳은 것을 모두 고른 것은? (4점)

[보기]

ㄱ. $a_1 = b_1$일 때, $a_n = b_n$
ㄴ. $a_1 = 0$, $b_1 = 1$일 때, $a_{n+1} > a_n$
ㄷ. $\lim\limits_{n \to \infty} a_n = \lim\limits_{n \to \infty} b_n = 1$

① ㄱ   ② ㄴ   ❸ ㄱ, ㄷ
④ ㄴ, ㄷ   ⑤ ㄱ, ㄴ, ㄷ

Step 1 $a_n - b_n$을 n에 대한 식으로 나타낸다.

문제에서

$$a_{n+1} = -\frac{1}{2}b_n + \frac{3}{2} \quad \cdots\cdots ㉠$$
$$b_{n+1} = -\frac{1}{2}a_n + \frac{3}{2} \quad \cdots\cdots ㉡$$

이므로 ㉠−㉡을 하면

$$a_{n+1} - b_{n+1} = -\frac{1}{2}b_n + \frac{3}{2} + \frac{1}{2}a_n - \frac{3}{2}$$
$$= \frac{1}{2}(a_n - b_n)$$

$a_n - b_n = c_n$이라 하면 $c_{n+1} = \frac{1}{2}c_n$

중요 수열 $\{d_n\}$이 $d_{n+1} = r \times d_n$을 만족할 때, 수열 $\{d_n\}$은 공비가 r인 등비수열이다.

따라서 수열 $\{c_n\}$은 첫째항이 $a_1 - b_1$이고 공비가 $\frac{1}{2}$인 등비수열이다.

$$\therefore a_n - b_n = c_n = (a_1 - b_1)\left(\frac{1}{2}\right)^{n-1} \quad \cdots\cdots ㉢$$

→ 이제 이 식을 이용해 ㄱ, ㄴ의 참, 거짓을 확인

Step 2 구한 식을 이용하여 [보기]의 참, 거짓을 판별한다.

ㄱ. $a_1 = b_1$이면 $a_1 - b_1 = 0$이므로

㉢에서 $a_n - b_n = (a_1 - b_1)\left(\frac{1}{2}\right)^{n-1} = 0$

$\therefore a_n = b_n$ (참)

ㄴ. **반례** $a_1 = 0$, $b_1 = 1$이면

$$a_2 = -\frac{1}{2}b_1 + \frac{3}{2} = 1$$
$$b_2 = -\frac{1}{2}a_1 + \frac{3}{2} = \frac{3}{2}$$
$$a_3 = -\frac{1}{2}b_2 + \frac{3}{2} = -\frac{1}{2} \times \frac{3}{2} + \frac{3}{2} = \frac{3}{4}$$

주의 계산을 잘못하면 반례임을 확인하지 못할 수도 있기 때문에 조심해야 해.

$\therefore a_2 > a_3$

따라서 $n = 2$일 때 $a_{n+1} < a_n$이다. (거짓)

ㄷ. 문제에서 두 수열 $\{a_n\}$, $\{b_n\}$이 모두 수렴한다고 했으므로

$\lim\limits_{n \to \infty} a_n = \alpha$, $\lim\limits_{n \to \infty} b_n = \beta$라 하자.

㉠의 양변에 극한을 취하면

$$\lim_{n \to \infty} a_{n+1} = \lim_{n \to \infty}\left(-\frac{1}{2}b_n + \frac{3}{2}\right)$$

→ $\lim\limits_{n \to \infty} a_{n+1} = \lim\limits_{n \to \infty} a_n = \alpha$

$$\therefore \alpha = -\frac{1}{2}\beta + \frac{3}{2} \quad \cdots\cdots ㉣$$

㉡의 양변에 극한을 취하면

$$\lim_{n \to \infty} b_{n+1} = \lim_{n \to \infty}\left(-\frac{1}{2}a_n + \frac{3}{2}\right)$$

→ $\lim\limits_{n \to \infty} b_{n+1} = \lim\limits_{n \to \infty} b_n = \beta$

$$\therefore \beta = -\frac{1}{2}\alpha + \frac{3}{2} \quad \cdots\cdots ㉤$$

㉣, ㉤을 연립하면 $\alpha = 1$, $\beta = 1$

$\therefore \lim\limits_{n \to \infty} a_n = \lim\limits_{n \to \infty} b_n = 1$ (참)

따라서 옳은 것은 ㄱ, ㄷ이다.

참고

수열 $\{a_n\}$의 일반항을 직접 구하는 방법
ㄴ. (**Step 1** 은 동일)

㉠+㉡을 하면

$$a_{n+1} + b_{n+1} = -\frac{1}{2}(a_n + b_n) + 3$$

위 식을 $a_{n+1} + b_{n+1} - p = -\frac{1}{2}(a_n + b_n - p)$라 하면

$a_{n+1} + b_{n+1} = -\frac{1}{2}(a_n + b_n) + \frac{3}{2}p$이므로 $p = 2$

이를 위 식에 대입하면 $a_{n+1} + b_{n+1} - 2 = -\frac{1}{2}(a_n + b_n - 2)$

따라서 수열 $\{a_n + b_n - 2\}$는 첫째항이 $a_1 + b_1 - 2 = -1$,
공비가 $-\frac{1}{2}$인 등비수열이다.

$$a_n + b_n - 2 = -\left(-\frac{1}{2}\right)^{n-1} \quad \therefore a_n + b_n = -\left(-\frac{1}{2}\right)^{n-1} + 2$$

㉢에서 $a_n - b_n = -\left(\frac{1}{2}\right)^{n-1}$이므로 두 식을 더하면

$$2a_n = -\left(-\frac{1}{2}\right)^{n-1} - \left(\frac{1}{2}\right)^{n-1} + 2$$
$$= -(-1)^{n-1}\left(\frac{1}{2}\right)^{n-1} - \left(\frac{1}{2}\right)^{n-1} + 2$$

n이 홀수일 때, $2a_n = -\left(\frac{1}{2}\right)^{n-1} - \left(\frac{1}{2}\right)^{n-1} + 2$에서

$$a_n = 1 - \left(\frac{1}{2}\right)^{n-1}$$

n이 짝수일 때, $2a_n = 2$에서 $a_n = 1$

$$\therefore a_n = \begin{cases} 1 - \left(\frac{1}{2}\right)^{n-1} & (n\text{이 홀수}) \\ 1 & (n\text{이 짝수}) \end{cases}$$

따라서 n의 값에 따라 a_n의 값은 커졌다가 작아짐을 반복한다.

---

101 [정답률 95%] 정답 ①

수열 $\{a_n\}$이 모든 자연수 n에 대하여

$$\frac{3n-1}{n^2+1} < a_n < \frac{3n+2}{n^2+1}$$

를 만족시킬 때, $\lim\limits_{n \to \infty} na_n$의 값은? (2점)

❶ 3   ② 4   ③ 5
④ 6   ⑤ 7

Step 1 수열의 극한값의 대소 관계를 이용하여 $\lim\limits_{n\to\infty} na_n$의 값을 구한다.

$\dfrac{3n-1}{n^2+1} < a_n < \dfrac{3n+2}{n^2+1}$에서 $n>0$이므로 각 변에 n을 곱해도 부등호 방향은 그대로

$\dfrac{3n^2-n}{n^2+1} < na_n < \dfrac{3n^2+2n}{n^2+1}$

이때 $\lim\limits_{n\to\infty}\dfrac{3n^2-n}{n^2+1}=3$, $\lim\limits_{n\to\infty}\dfrac{3n^2+2n}{n^2+1}=3$이므로 수열의 극한값의

대소 관계에 의하여 $\lim\limits_{n\to\infty}\dfrac{3n^2-n}{n^2+1} \le \lim\limits_{n\to\infty} na_n \le \lim\limits_{n\to\infty}\dfrac{3n^2+2n}{n^2+1}$

$\lim\limits_{n\to\infty} na_n = 3$

---

102 [정답률 89%]   정답 5

수열 $\{a_n\}$이 모든 자연수 n에 대하여 부등식

$$\dfrac{10}{2n^2+3n} < a_n < \dfrac{10}{2n^2+n}$$

을 만족시킬 때, $\lim\limits_{n\to\infty} n^2 a_n$의 값을 구하시오. (3점)

→ 주어진 부등식을 변형하여 $n^2 a_n$의 꼴을 만들어.

Step 1 수열의 극한의 대소 관계를 이용한다.

주어진 부등식의 각 변에 n^2을 곱하면

$\dfrac{10n^2}{2n^2+3n} < n^2 a_n < \dfrac{10n^2}{2n^2+n}$ → $n^2 a_n$의 꼴로 만들기 위해서야.

이때 $\lim\limits_{n\to\infty}\dfrac{10n^2}{2n^2+3n} = \lim\limits_{n\to\infty}\dfrac{10n^2}{2n^2+n} = 5$이므로

수열의 극한의 대소 관계에 의하여 → n^2의 계수의 비인 $\dfrac{10}{2}=5$가 극한값이야.

$\lim\limits_{n\to\infty} n^2 a_n = 5$

---

103 [정답률 94%]   정답 ②

수열 $\{a_n\}$이 모든 자연수 n에 대하여

$$3^n - 2^n < a_n < 3^n + 2^n$$

을 만족시킬 때, $\lim\limits_{n\to\infty}\dfrac{a_n}{3^{n+1}+2^n}$의 값은? (3점)

① $\dfrac{1}{6}$ ✓② $\dfrac{1}{3}$ ③ $\dfrac{1}{2}$

④ $\dfrac{2}{3}$ ⑤ $\dfrac{5}{6}$

Step 1 수열의 극한값의 대소 관계를 이용한다.

$3^n - 2^n < a_n < 3^n + 2^n$에서 $\dfrac{3^n-2^n}{3^{n+1}+2^n} < \dfrac{a_n}{3^{n+1}+2^n} < \dfrac{3^n+2^n}{3^{n+1}+2^n}$

→ $3^{n+1}+2^n>0$이므로 각 변을 $3^{n+1}+2^n$으로 나누어도 부등호 방향은 같다.

이때 $\lim\limits_{n\to\infty}\dfrac{3^n-2^n}{3^{n+1}+2^n} = \lim\limits_{n\to\infty}\dfrac{1-\left(\frac{2}{3}\right)^n}{3+\left(\frac{2}{3}\right)^n} = \dfrac{1}{3}$,

$\lim\limits_{n\to\infty}\dfrac{3^n+2^n}{3^{n+1}+2^n} = \lim\limits_{n\to\infty}\dfrac{1+\left(\frac{2}{3}\right)^n}{3+\left(\frac{2}{3}\right)^n} = \dfrac{1}{3}$ → $\lim\limits_{n\to\infty}\left(\dfrac{2}{3}\right)^n = 0$

이므로 수열의 극한값의 대소 관계에 의하여

$\lim\limits_{n\to\infty}\dfrac{a_n}{3^{n+1}+2^n} = \dfrac{1}{3}$

---

104 [정답률 91%]   정답 ⑤

수열 $\{a_n\}$이 모든 자연수 n에 대하여

$$2n+3 < a_n < 2n+4$$

를 만족시킬 때, $\lim\limits_{n\to\infty}\dfrac{(a_n+1)^2+6n^2}{na_n}$의 값은? (3점)

① 1   ② 2   ③ 3

④ 4   ✓⑤ 5

Step 1 $\lim\limits_{n\to\infty}\dfrac{a_n}{n}$의 값을 구한다.

$2n+3 < a_n < 2n+4$에서 각 변을 n으로 나누면

$2+\dfrac{3}{n} < \dfrac{a_n}{n} < 2+\dfrac{4}{n}$ → n은 자연수이므로 부등호의 방향은 바뀌지 않는다.

$\lim\limits_{n\to\infty}\left(2+\dfrac{3}{n}\right) = \lim\limits_{n\to\infty}\left(2+\dfrac{4}{n}\right) = 2$이므로 수열의 극한의 대소 관계에

의하여 $\lim\limits_{n\to\infty}\dfrac{a_n}{n} = 2$

Step 2 극한값을 구한다.   → $\dfrac{(a_n+1)^2}{n^2} = \left(\dfrac{a_n+1}{n}\right)^2 = \left(\dfrac{a_n}{n}+\dfrac{1}{n}\right)^2$

$\lim\limits_{n\to\infty}\dfrac{(a_n+1)^2+6n^2}{na_n} = \lim\limits_{n\to\infty}\dfrac{\left(\dfrac{a_n}{n}+\dfrac{1}{n}\right)^2+6}{\dfrac{a_n}{n}} = \dfrac{(2+0)^2+6}{2} = 5$

분모, 분자를 각각 n^2으로 나누었다.

---

105 [정답률 68%]   정답 ①

수열 $\{a_n\}$이 모든 자연수 n에 대하여

$$a_n^2 < 4na_n + n - 4n^2$$

을 만족시킬 때, $\lim\limits_{n\to\infty}\dfrac{a_n+3n}{2n+4}$의 값은? (3점)

✓① $\dfrac{5}{2}$ ② 3   ③ $\dfrac{7}{2}$

④ 4   ⑤ $\dfrac{9}{2}$

Step 1 주어진 부등식을 변형하여 $\lim\limits_{n\to\infty}\dfrac{a_n}{n}$의 값을 구한다.

$a_n^2 < 4na_n + n - 4n^2$에서 $a_n^2 - 4na_n + 4n^2 < n$

$(a_n - 2n)^2 < n$, $-\sqrt{n} < a_n - 2n < \sqrt{n}$

$2n - \sqrt{n} < a_n < 2n + \sqrt{n}$

$2 - \dfrac{1}{\sqrt{n}} < \dfrac{a_n}{n} < 2 + \dfrac{1}{\sqrt{n}}$

이때 $\lim\limits_{n\to\infty}\left(2-\dfrac{1}{\sqrt{n}}\right) = \lim\limits_{n\to\infty}\left(2+\dfrac{1}{\sqrt{n}}\right) = 2$

이므로 수열의 극한의 대소 관계에 의하여 $\lim\limits_{n\to\infty}\dfrac{a_n}{n} = 2$

Step 2 $\lim\limits_{n\to\infty}\dfrac{a_n}{n} = 2$임을 이용하여 주어진 수열의 극한값을 구한다.

$\lim\limits_{n\to\infty}\dfrac{a_n+3n}{2n+4} = \lim\limits_{n\to\infty}\dfrac{\dfrac{a_n}{n}+3}{2+\dfrac{4}{n}} = \dfrac{2+3}{2+0} = \dfrac{5}{2}$

---

106 [정답률 86%]　　　　　　　　　　정답 ③

두 수열 $\{a_n\}$, $\{b_n\}$이 모든 자연수 n에 대하여 다음 조건을 만족시킬 때, $\lim\limits_{n\to\infty} b_n$의 값은? (3점)

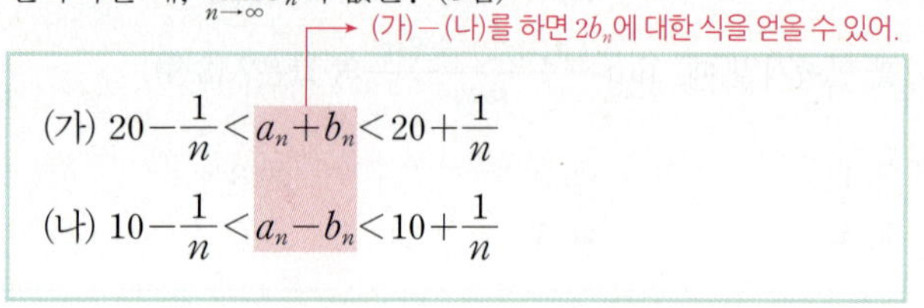

$$\text{(가)}\ \ 20-\frac{1}{n}<a_n+b_n<20+\frac{1}{n}$$

$$\text{(나)}\ \ 10-\frac{1}{n}<a_n-b_n<10+\frac{1}{n}$$

① 3　　　　　② 4　　　　　✔ 5
④ 6　　　　　⑤ 7

Step 1 (가), (나)에서 b_n의 범위를 구한다.

$$20-\frac{1}{n}<a_n+b_n<20+\frac{1}{n}\ \ \cdots\cdots ㉠$$

$$10-\frac{1}{n}<a_n-b_n<10+\frac{1}{n}\ \ \cdots\cdots ㉡$$

부등식 $a<x<b,\ c<y<d$일 때,
$$\begin{array}{l} a<\ \ x\ \ <b \\ -)\ \ c<\ \ y\ \ <d \\ \hline a-d<x-y<b-c \end{array}$$

$㉠-㉡$을 하면

$$\left(20-\frac{1}{n}\right)-\left(10+\frac{1}{n}\right)<2b_n<\left(20+\frac{1}{n}\right)-\left(10-\frac{1}{n}\right)$$ — 계산 주의

$$10-\frac{2}{n}<2b_n<10+\frac{2}{n}$$

$$\therefore\ 5-\frac{1}{n}<b_n<5+\frac{1}{n}$$

Step 2 수열의 극한값의 대소 관계를 이용한다.

$$\lim_{n\to\infty}\left(5-\frac{1}{n}\right)\le\lim_{n\to\infty}b_n\le\lim_{n\to\infty}\left(5+\frac{1}{n}\right)$$

수열 $\{c_n\}$이 모든 자연수 n에 대하여 $a_n\le c_n\le b_n$이고, $\lim\limits_{n\to\infty}a_n=\lim\limits_{n\to\infty}b_n=\alpha$($\alpha$는 실수)이면 $\lim\limits_{n\to\infty}c_n=\alpha$

$$\lim_{n\to\infty}\left(5-\frac{1}{n}\right)=\lim_{n\to\infty}\left(5+\frac{1}{n}\right)=5$$이므로

$$\lim_{n\to\infty}b_n=5$$

107 [정답률 92%]　　　　　　　　　　정답 ③

수열 $\{a_n\}$이 모든 자연수 n에 대하여

$$\sqrt{9n^2-5}+2n<a_n<5n+1$$

을 만족시킬 때, $\lim\limits_{n\to\infty}\dfrac{(a_n+2)^2}{na_n+5n^2-2}$의 값은? (3점)

①　$\dfrac{1}{2}$　　　　　②　$\dfrac{3}{2}$　　　　　✔　$\dfrac{5}{2}$
④　$\dfrac{7}{2}$　　　　　⑤　$\dfrac{9}{2}$

Step 1 $\lim\limits_{n\to\infty}\dfrac{a_n}{n}$의 값을 구한다.

수열 $\{a_n\}$이 모든 자연수 n에 대하여 $\sqrt{9n^2-5}+2n<a_n<5n+1$을 만족시키므로

$$\sqrt{\frac{9n^2-5}{n^2}}+2<\frac{a_n}{n}<5+\frac{1}{n}$$

$$\lim_{n\to\infty}\left(\sqrt{\frac{9n^2-5}{n^2}}+2\right)=\lim_{n\to\infty}\left(5+\frac{1}{n}\right)=5$$이므로 수열의 극한의

$=\sqrt{9}+2=3+2=5$

대소 관계에 의하여 $\lim\limits_{n\to\infty}\dfrac{a_n}{n}=5$

Step 2 $\lim\limits_{n\to\infty}\dfrac{(a_n+2)^2}{na_n+5n^2-2}$의 값을 구한다.

$$\lim_{n\to\infty}\frac{(a_n+2)^2}{na_n+5n^2-2}=\lim_{n\to\infty}\frac{\left(\dfrac{a_n}{n}+\dfrac{2}{n}\right)^2}{\dfrac{a_n}{n}+5-\dfrac{2}{n^2}}=\frac{(5+0)^2}{5+5-0}=\frac{5}{2}$$

분모, 분자를 n^2으로 각각 나누었다.

108 [정답률 82%]　　　　　　　　　　정답 ②

수열 $\{a_n\}$이 모든 자연수 n에 대하여

$$2n^2-3<a_n<2n^2+4$$

를 만족시킨다. 수열 $\{a_n\}$의 첫째항부터 제n항까지의 합을 S_n이라 할 때, $\lim\limits_{n\to\infty}\dfrac{S_n}{n^3}$의 값은? (3점)

①　$\dfrac{1}{2}$　　　　　✔　$\dfrac{2}{3}$　　　　　③　$\dfrac{5}{6}$
④　1　　　　　⑤　$\dfrac{7}{6}$

Step 1 주어진 부등식을 이용하여 $\dfrac{S_n}{n^3}$에 대한 부등식을 세운다.

$2n^2-3<a_n<2n^2+4$에서 $\sum\limits_{k=1}^{n}(2k^2-3)<S_n<\sum\limits_{k=1}^{n}(2k^2+4)$

$\sum\limits_{k=1}^{n}a_k$와 같아.

$$\sum_{k=1}^{n}(2k^2-3)=2\sum_{k=1}^{n}k^2-\sum_{k=1}^{n}3$$

$$=2\times\frac{n(n+1)(2n+1)}{6}-3n$$

$$=\frac{n(2n^2+3n-8)}{3}$$

$\dfrac{n(n+1)(2n+1)-9n}{3}=\dfrac{n\{(n+1)(2n+1)-9\}}{3}$

$$\sum_{k=1}^{n}(2k^2+4)=2\sum_{k=1}^{n}k^2+\sum_{k=1}^{n}4$$

$$=2\times\frac{n(n+1)(2n+1)}{6}+4n$$

$$=\frac{n(2n^2+3n+13)}{3}$$

$\dfrac{n(n+1)(2n+1)+12n}{3}=\dfrac{n\{(n+1)(2n+1)+12\}}{3}$

즉, $\dfrac{n(2n^2+3n-8)}{3}<S_n<\dfrac{n(2n^2+3n+13)}{3}$의 각 변을 n^3으로 나누면

$$\frac{2n^2+3n-8}{3n^2}<\frac{S_n}{n^3}<\frac{2n^2+3n+13}{3n^2}$$

$$\lim_{n\to\infty}\frac{2n^2+3n-8}{3n^2}=\lim_{n\to\infty}\frac{2n^2+3n+13}{3n^2}=\frac{2}{3}$$이므로

$$\lim_{n\to\infty}\frac{S_n}{n^3}=\frac{2}{3}$$이다. 　분자, 분모의 최고차항의 계수의 비

109 [정답률 51%]   정답 ③

두 수열 $\{a_n\}$, $\{b_n\}$이 모든 자연수 n에 대하여 다음 조건을 만족시킨다.

> (가) $4^n < a_n < 4^n + 1$ $\sum\limits_{k=1}^{n} 2^k$
> (나) $2 + 2^2 + 2^3 + \cdots + 2^n < b_n < 2^{n+1}$

$\lim\limits_{n\to\infty} \dfrac{4a_n + b_n}{2a_n + 2^n b_n}$ 의 값은? (4점)

① $\dfrac{1}{4}$ ② $\dfrac{1}{2}$ ③ 1

④ 2 ⑤ 4

→ 등비수열로 이루어진 $\dfrac{\infty}{\infty}$ 꼴의 극한이므로 분자와 분모에서 밑의 절댓값이 가장 큰 r^n 꼴로 분모, 분자를 각각 나누어 준다.

Step 1 수열의 극한의 성질을 이용하여 $\dfrac{a_n}{4^n}$, $\dfrac{b_n}{2^n}$의 극한값을 구한다.

조건 (가)에서 각 변을 4^n으로 나누면 $1 < \dfrac{a_n}{4^n} < 1 + \dfrac{1}{4^n}$

$\lim\limits_{n\to\infty} 1 \leq \lim\limits_{n\to\infty} \dfrac{a_n}{4^n} \leq \lim\limits_{n\to\infty}\left(1 + \dfrac{1}{4^n}\right)$

→ 수열의 극한값의 대소 관계를 이용하기 위해 양쪽의 변이 수렴하도록 만들기 위해서야!

→ 수열의 극한값의 대소 관계를 이용

$\lim\limits_{n\to\infty} 1 = \lim\limits_{n\to\infty}\left(1 + \dfrac{1}{4^n}\right) = 1$이므로 $\lim\limits_{n\to\infty} \dfrac{a_n}{4^n} = 1$

$2 + 2^2 + \cdots + 2^n = \dfrac{2(2^n - 1)}{2 - 1} = 2^{n+1} - 2$

→ 첫째항이 2, 공비가 2인 등비수열의 첫째항부터 제 n항까지의 합

조건 (나)에서 각 변을 2^n으로 나누면 $2 - \dfrac{2}{2^n} < \dfrac{b_n}{2^n} < 2$

→ $2^{n+1} - 2 < b_n < 2^{n+1}$

$\lim\limits_{n\to\infty}\left(2 - \dfrac{2}{2^n}\right) \leq \lim\limits_{n\to\infty} \dfrac{b_n}{2^n} \leq \lim\limits_{n\to\infty} 2$

→ 수열의 극한값의 대소 관계를 이용

$\lim\limits_{n\to\infty}\left(2 - \dfrac{2}{2^n}\right) = \lim\limits_{n\to\infty} 2 = 2$이므로 $\lim\limits_{n\to\infty} \dfrac{b_n}{2^n} = 2$

Step 2 $\lim\limits_{n\to\infty} \dfrac{4a_n + b_n}{2a_n + 2^n b_n}$의 값을 구한다.

> $|r| > 1$일 때 $\lim\limits_{n\to\infty}\left(\dfrac{1}{r}\right)^n = 0$

$\therefore \lim\limits_{n\to\infty} \dfrac{4a_n + b_n}{2a_n + 2^n b_n} = \lim\limits_{n\to\infty} \dfrac{\dfrac{4a_n}{4^n} + \dfrac{b_n}{4^n}}{\dfrac{2a_n}{4^n} + \dfrac{2^n b_n}{4^n}} = \lim\limits_{n\to\infty} \dfrac{4 \cdot \dfrac{a_n}{4^n} + \dfrac{1}{2^n} \cdot \dfrac{b_n}{2^n}}{2 \cdot \dfrac{a_n}{4^n} + \dfrac{b_n}{2^n}}$

$= \dfrac{4 \cdot 1 + 0 \cdot 2}{2 \cdot 1 + 2} = 1$

앞에서 구한 $\dfrac{a_n}{4^n}$, $\dfrac{b_n}{2^n}$의 극한값을 사용하기 위하여 4^n으로 분모, 분자를 각각 나누어 주었어.

---

110 [정답률 90%]   정답 ③

→ 밑이 1보다 큰 로그함수의 그래프가 어떤 개형을 갖는지 알고 있어야 해!

모든 항이 양수인 수열 $\{a_n\}$이 모든 자연수 n에 대하여

$$1 + 2\log_3 n < \log_3 a_n < 1 + 2\log_3 (n+1)$$

을 만족시킬 때, $\lim\limits_{n\to\infty} \dfrac{a_n}{n^2}$의 값은? (3점)

① 1 ② 2 ③ 3

④ 4 ⑤ 5

Step 1 로그부등식을 이용하여 $\dfrac{a_n}{n^2}$에 대하여 정리한다.

부등식 $1 + 2\log_3 n < \log_3 a_n < 1 + 2\log_3 (n+1)$에서

$\log_3 3 + \log_3 n^2 < \log_3 a_n < \log_3 3 + \log_3 (n+1)^2$

$\log_3 3n^2 < \log_3 a_n < \log_3 3(n+1)^2$

→ **로그의 성질**
> $a > 0$, $a \neq 1$, $x > 0$, $y > 0$일 때
> (i) $\log_a xy = \log_a x + \log_a y$
> (ii) $\log_a \dfrac{x}{y} = \log_a x - \log_a y$
> (iii) $\log_a x^k = k \log_a x$ (k는 실수)

밑이 1보다 크므로

$3n^2 < a_n < 3(n+1)^2$

각 변을 n^2으로 나누면

$3 < \dfrac{a_n}{n^2} < \dfrac{3(n+1)^2}{n^2}$

→ 밑이 1보다 클 때 로그함수는 증가함수이므로 로그를 없애더라도 부등호의 방향은 변하지 않는다.

Step 2 수열의 극한값의 대소 관계를 이용하여 $\lim\limits_{n\to\infty} \dfrac{a_n}{n^2}$의 값을 구한다.

이때 $\lim\limits_{n\to\infty} 3 = \lim\limits_{n\to\infty} \dfrac{3(n+1)^2}{n^2} = 3$이므로 수열의 극한값의 대소

관계에 의하여 $\lim\limits_{n\to\infty} \dfrac{a_n}{n^2} = 3$

> **수능포인트**
>
> 수열 $\{a_n\}$, $\{b_n\}$, $\{c_n\}$이 모든 자연수 n에 대하여 $a_n < b_n < c_n$일 때 $\lim\limits_{n\to\infty} a_n = \lim\limits_{n\to\infty} c_n = \alpha$ (α는 상수)이면 $\lim\limits_{n\to\infty} b_n = \alpha$를 만족하게 됩니다.

---

111   정답 ①

두 수열 $\{a_n\}$, $\{b_n\}$의 극한에 대한 [보기]의 설명 중 옳은 것을 모두 고르면? (4점)

> **[보기]**
>
> ㄱ. $a_n < b_n$이고 $\lim\limits_{n\to\infty} a_n = \infty$이면 $\lim\limits_{n\to\infty} b_n = \infty$이다.
>
> ㄴ. 두 수열 $\{a_n\}$, $\{b_n\}$이 수렴할 때 $a_n < b_n$이면 $\lim\limits_{n\to\infty} a_n < \lim\limits_{n\to\infty} b_n$이다. → $\lim\limits_{n\to\infty} a_n = \lim\limits_{n\to\infty} b_n$인 경우도 존재해!
>
> ㄷ. $\lim\limits_{n\to\infty} a_n b_n = 0$이면 $\lim\limits_{n\to\infty} a_n = 0$ 또는 $\lim\limits_{n\to\infty} b_n = 0$이다.

① ㄱ   ② ㄴ   ③ ㄷ

④ ㄱ, ㄴ   ⑤ ㄱ, ㄷ

Step 1 수열의 극한의 기본 성질을 이용한다.

ㄱ. $a_n < b_n$이므로 $\lim\limits_{n\to\infty} a_n \leq \lim\limits_{n\to\infty} b_n$이다.

그런데 $\lim\limits_{n\to\infty} a_n = \infty$이므로 $\lim\limits_{n\to\infty} b_n = \infty$이다. (참)

ㄴ. [반례] $a_n=\dfrac{1}{n}$, $b_n=\dfrac{3}{n}$이면 → 두 수열 $\{a_n\}$, $\{b_n\}$이 수렴할 때
$a_n<b_n$이면 $\lim\limits_{n\to\infty}a_n\leq\lim\limits_{n\to\infty}b_n$

$\dfrac{1}{n}<\dfrac{3}{n}$이지만 $\lim\limits_{n\to\infty}\dfrac{1}{n}=\lim\limits_{n\to\infty}\dfrac{3}{n}=0$이다. (거짓)

ㄷ. [반례] $\{a_n\}$: 0, 1, 0, 1, 0, 1, $\cdots$ → 많이 사용되는 반례니까 외워둬.
$\{b_n\}$: 1, 0, 1, 0, 1, 0, $\cdots$

이면 $a_nb_n=0$이므로 $\lim\limits_{n\to\infty}a_nb_n=0$이지만 a_n, b_n 모두 극한값이

존재하지 않는다. (거짓)

따라서 옳은 것은 ㄱ이다.

112 [정답률 67%] 정답 ③

두 수열 $\{a_n\}$, $\{b_n\}$에 대하여 [보기]에서 옳은 것만을 있는 대로 고른 것은? (3점)

[보기] → 수열의 대소 관계를 이용.

ㄱ. $\lim\limits_{n\to\infty}|b_n|=0$이면 $\lim\limits_{n\to\infty}b_n=0$이다.

ㄴ. $\lim\limits_{n\to\infty}(3n+1)a_n=6$이면 $\lim\limits_{n\to\infty}na_n=2$이다.

ㄷ. 수열 $\{a_nb_n\}$이 수렴하면 수열 $\{a_n\}$, $\{b_n\}$은 각각 수렴한다.
$\lim\limits_{n\to\infty}(3n+1)a_n=6$ 을 이용할 수 있도록 극한식을 변형한다.

① ㄱ   ② ㄷ   ③ ㄱ, ㄴ
④ ㄴ, ㄷ   ⑤ ㄱ, ㄴ, ㄷ

[Step 1] 수열의 극한의 기본 성질을 이용한다.

ㄱ. b_n에 대하여 $-|b_n|\leq b_n\leq|b_n|$이 성립한다.

$\lim\limits_{n\to\infty}(-|b_n|)\leq\lim\limits_{n\to\infty}b_n\leq\lim\limits_{n\to\infty}|b_n|$에서

$\lim\limits_{n\to\infty}(-|b_n|)=\lim\limits_{n\to\infty}|b_n|=0$이므로

$\lim\limits_{n\to\infty}b_n=0$ (참)

수열 $\{c_n\}$이 모든 자연수 n에 대하여 $a_n\leq c_n\leq b_n$이고, $\lim\limits_{n\to\infty}a_n=\lim\limits_{n\to\infty}b_n=a$ 이면 $\lim\limits_{n\to\infty}c_n=a$이다.

ㄴ. $\lim\limits_{n\to\infty}na_n=\lim\limits_{n\to\infty}\left\{\dfrac{n}{3n+1}\cdot(3n+1)a_n\right\}$

$\lim\limits_{n\to\infty}c_n=\alpha$, $\lim\limits_{n\to\infty}d_n=\beta$
(α, β는 실수)일 때
$\lim\limits_{n\to\infty}(c_n\times d_n)=\alpha\beta$

$=\lim\limits_{n\to\infty}\dfrac{n}{3n+1}\cdot\lim\limits_{n\to\infty}(3n+1)a_n$

$=\dfrac{1}{3}\times6=2$ (참)

ㄷ. [반례] $\begin{cases}a_n : 0,\ 1,\ 0,\ 1,\ 0,\ 1,\ \cdots\\ b_n : 1,\ 0,\ 1,\ 0,\ 1,\ 0,\ \cdots\end{cases}$
자주 나오는 반례로 외워두고 있으면 편해.

수열 $\{a_nb_n\}$은 0으로 수렴하지만 수열 $\{a_n\}$, $\{b_n\}$은 각각

발산한다. (거짓)

따라서 옳은 것은 ㄱ, ㄴ이다.

113 [정답률 51%] 정답 ③

두 수열 $\{a_n\}$, $\{b_n\}$의 일반항이

$$a_n=\dfrac{(-1)^n+3}{2},\ b_n=p\times(-1)^{n+1}+q$$

일 때, [보기]에서 옳은 것만을 있는 대로 고른 것은?
(단, p, q는 실수이다.) (4점)

[보기] → 몇 개 항만 직접 구해 보면 금방 알 수 있어.

ㄱ. 수열 $\{a_n\}$은 발산한다.

ㄴ. 수열 $\{b_n\}$이 수렴하도록 하는 실수 p가 존재한다.

ㄷ. 두 수열 $\{a_n+b_n\}$, $\{a_nb_n\}$이 모두 수렴하면
$\lim\limits_{n\to\infty}\{(a_n)^2+(b_n)^2\}=6$이다.

① ㄱ   ② ㄴ   ③ ㄱ, ㄴ
④ ㄱ, ㄷ   ⑤ ㄱ, ㄴ, ㄷ

[Step 1] 수열 $\{a_n\}$의 발산 여부를 확인한다.

ㄱ. $a_n=\dfrac{(-1)^n+3}{2}=\dfrac{1}{2}\times(-1)^n+\dfrac{3}{2}$에서
이렇게 두면 형태가 좀 더 명확해지지.

n이 홀수일 때는 1, n이 짝수일 때는 2이므로

수열 $\{a_n\}$은 발산한다. (참)
수열 $\{a_n\}$은 1, 2, 1, 2, $\cdots$로 진동해.
진동도 발산의 한 형태야.

[Step 2] 수열 $\{b_n\}$의 수렴 조건을 확인한다.

ㄴ. 수열 $\{b_n\}$은

$p+q$, $-p+q$, $p+q$, $-p+q$, $\cdots$

이므로 $p=0$인 경우

q, q, q, q, $\cdots$

가 되어 수렴한다. (참)

[Step 3] 수열 $\{a_n+b_n\}$, $\{a_nb_n\}$이 수렴할 때, $\lim\limits_{n\to\infty}\{(a_n)^2+(b_n)^2\}$의

값을 확인한다.

ㄷ. 수열 $\{a_n+b_n\}$은

$1+p+q$, $2-p+q$, $1+p+q$, $2-p+q$, $\cdots$

이므로 $1+p=2-p$, 즉 $p=\dfrac{1}{2}$이면

$\dfrac{3}{2}+q$, $\dfrac{3}{2}+q$, $\dfrac{3}{2}+q$, $\dfrac{3}{2}+q$, $\cdots$

가 되어 수렴한다.
또한 수열 $\{a_nb_n\}$은

$1\times(p+q)$, $2\times(-p+q)$, $1\times(p+q)$, $2\times(-p+q)$, $\cdots$

이므로

$1\times(p+q)=2\times(-p+q)$, $p+q=-2p+2q$에서 $3p=q$이면

$4p$, $4p$, $4p$, $4p$, $\cdots$

가 되어 수렴한다.

이때 $p=\dfrac{1}{2}$, $3p=q$이므로 $q=\dfrac{3}{2}$

그러므로 $\lim\limits_{n\to\infty}(a_n+b_n)=\dfrac{3}{2}+q=\dfrac{3}{2}+\dfrac{3}{2}=3$이고,

$\lim\limits_{n\to\infty}a_nb_n=4p=4\times\dfrac{1}{2}=2$

$$\cdot \lim_{n \to \infty}\{(a_n)^2+(b_n)^2\}$$
$$=\lim_{n \to \infty}\{(a_n+b_n)^2-2a_nb_n\}$$
$$=\lim_{n \to \infty}(a_n+b_n)\lim_{n \to \infty}(a_n+b_n)-2\lim_{n \to \infty}a_nb_n$$
$$=3^2-2\times2=5 \text{ (거짓)}$$

따라서 옳은 것은 ㄱ, ㄴ이다.

⭐ **다른 풀이** 수열 $\{a_n+b_n\}$과 수열 $\{a_nb_n\}$의 일반항을 이용하는 풀이

Step 1 **Step 2** 동일

Step 3 수열 $\{a_n+b_n\}$과 수열 $\{a_nb_n\}$의 일반항을 이용하여 p, q의 값을 구한다.

ㄷ. $a_n+b_n=\left\{\dfrac{1}{2}\times(-1)^n+\dfrac{3}{2}\right\}+\{p\times(-1)^{n+1}+q\}$
$$=\dfrac{1}{2}\times(-1)^n-p\times(-1)^n+\dfrac{3}{2}+q$$
$$=\left(\dfrac{1}{2}-p\right)\times(-1)^n+\dfrac{3}{2}+q$$

이므로 수열 $\{a_n+b_n\}$이 수렴하려면

$\dfrac{1}{2}-p=0$, 즉 $p=\dfrac{1}{2}$이어야 한다.
$\quad\rightarrow \dfrac{1}{2}-p\neq0$이면 진동하기 때문이야.

또한 $p=\dfrac{1}{2}$일 때,

$a_nb_n=\left\{\dfrac{1}{2}\times(-1)^n+\dfrac{3}{2}\right\}\left\{\dfrac{1}{2}\times(-1)^{n+1}+q\right\}$
$$=-\dfrac{1}{4}\times(-1)^{2n}+\left(\dfrac{q}{2}-\dfrac{3}{4}\right)\times(-1)^n+\dfrac{3}{2}q$$
$\qquad\qquad \underset{=1}{\underbrace{\quad}}$
$$=\left(\dfrac{q}{2}-\dfrac{3}{4}\right)\times(-1)^n-\dfrac{1}{4}+\dfrac{3}{2}q$$

이므로 수열 $\{a_nb_n\}$이 수렴하려면

$\dfrac{q}{2}-\dfrac{3}{4}=0$, 즉 $q=\dfrac{3}{2}$이어야 한다.

(이하 동일)

114 [정답률 22%]　　　　　　　　　　정답 ②

세 수열 $\{a_n\}$, $\{b_n\}$, $\{c_n\}$에 대한 옳은 설명을 [보기]에서 모두 고른 것은? (3점)

[보기]
ㄱ. 두 수열 $\{a_n\}$, $\{a_nb_n\}$이 모두 수렴하면, 수열 $\{b_n\}$은 수렴한다.
ㄴ. $\lim\limits_{n \to \infty}(a_n-2b_n)=0$이고 $\lim\limits_{n \to \infty}b_n=1$이면, $\lim\limits_{n \to \infty}a_n=2$이다.
ㄷ. $a_n<b_n<c_n$이고 $\lim\limits_{n \to \infty}(c_n-a_n)=0$이면, 수열 $\{b_n\}$은 수렴한다.
$\quad\rightarrow \lim\limits_{n \to \infty}c_n$과 $\lim\limits_{n \to \infty}a_n$이 수렴하는지 알 수 없으므로 $\lim\limits_{n \to \infty}c_n=\lim\limits_{n \to \infty}a_n$이라 할 수 없어.

① ㄱ　　　　　❷ ㄴ　　　　　③ ㄱ, ㄴ
④ ㄱ, ㄷ　　　⑤ ㄴ, ㄷ

Step 1 수열의 극한의 성질을 이용한다.

ㄱ. 반례 $a_n=\dfrac{1}{n}$이고 $b_n=n$이면 수열 $\{a_nb_n\}$은 1로 수렴하고 수열 $\{a_n\}$은 0으로 수렴하지만 수열 $\{b_n\}$은 발산한다. (거짓)

ㄴ. 두 수열 $\{a_n-2b_n\}$, $\{b_n\}$의 극한값이 수렴하므로→ 두 수열이 수렴하면 수열의 극한의 성질을 이용할 수 있어!
$\lim\limits_{n \to \infty}a_n=\lim\limits_{n \to \infty}\{(a_n-2b_n)+2b_n\}$
$$=\lim_{n \to \infty}(a_n-2b_n)+2\lim_{n \to \infty}b_n=0+2=2 \text{ (참)}$$

ㄷ. 반례 $a_n=n-\dfrac{1}{n}$, $b_n=n$, $c_n=n+\dfrac{1}{n}$이면 $a_n<b_n<c_n$이고

$\lim\limits_{n \to \infty}(c_n-a_n)=\lim\limits_{n \to \infty}\dfrac{2}{n}=0$이지만 수열 $\{b_n\}$은 발산한다. (거짓)

따라서 옳은 것은 ㄴ뿐이다.

수능포인트
ㄴ에서 $\lim\limits_{n \to \infty}(a_n-2b_n)$을 $\lim\limits_{n \to \infty}a_n-2\lim\limits_{n \to \infty}b_n$이라고 바로 나타낼 수 없는 데 그 이유는 아직 수열 $\{a_n\}$이 수렴하는지 알 수 없기 때문입니다.
$\quad\rightarrow$ 만약 $\lim\limits_{n \to \infty}a_n=a$ (a는 실수)로 수렴하면
$\lim\limits_{n \to \infty}(a_n-2b_n)=\lim\limits_{n \to \infty}a_n-2\lim\limits_{n \to \infty}b_n=a-2$라 할 수 있어.

115 [정답률 88%]　　　　　　　　　　정답 2

자연수 n에 대하여 x에 대한 이차방정식
$$x^2+2nx-4n=0$$
의 양의 실근을 a_n이라 하자. $\lim\limits_{n \to \infty}a_n$의 값을 구하시오. (3점)
$\quad\rightarrow$ 근의 공식을 이용하여 a_n을 구한다.

Step 1 a_n을 구한다.

$x^2+2nx-4n=0 \quad\cdots\cdots \text{㉠}$에서
$x=-n\pm\sqrt{n^2+4n}$
방정식 ㉠의 양의 실근이 a_n이므로
$a_n=-n+\sqrt{n^2+4n}$

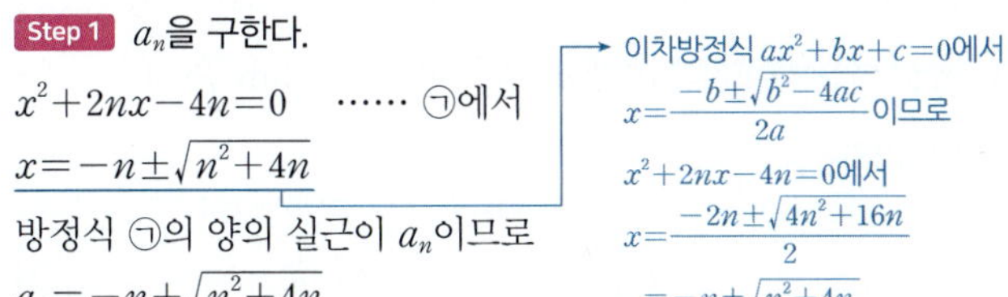

Step 2 $\lim\limits_{n \to \infty}a_n$의 값을 구한다.

$\lim\limits_{n \to \infty}a_n=\lim\limits_{n \to \infty}(\sqrt{n^2+4n}-n)$
$$=\lim_{n \to \infty}\dfrac{(\sqrt{n^2+4n}-n)(\sqrt{n^2+4n}+n)}{\sqrt{n^2+4n}+n}$$
$$=\lim_{n \to \infty}\dfrac{4n}{\sqrt{n^2+4n}+n}=\lim_{n \to \infty}\dfrac{4}{\sqrt{1+\dfrac{4}{n}}+1}$$
$$=\dfrac{4}{1+1}=2$$

$\infty-\infty$ 꼴이므로 분모를 1로 생각하고 분자를 유리화하기 위하여 분모, 분자에 각각 $(\sqrt{n^2+4n}+n)$을 곱해 주었어!

$\dfrac{\infty}{\infty}$ 꼴이므로 분모의 최고차항인 $n(=\sqrt{n^2})$으로 분모, 분자를 각각 나누어 주었어.

116　　　　　　　　　　정답 ④

인수분해하면 $x^2-3x+2=(x-1)(x-2)$이다. ←
$n\geq2$인 자연수 n에 대하여 다항식 $(x+1)^n$을 x^2-3x+2로 나눈 나머지를 $R(x)$라 할 때, $\lim\limits_{n \to \infty}\dfrac{R(0)}{3^n+2^n}$의 값은? (4점)

① 2　　　　　② 1　　　　　③ 0
❹ -1　　　　⑤ -2

→ 이차식으로 나누었으므로 $R(x)$는 1차 이하의 다항식임을 알 수 있어.

Step 1 나머지정리를 이용해 $R(x)$를 구한다.

다항식 $(x+1)^n$을 x^2-3x+2로 나누었을 때의 몫을 $Q(x)$라 하고, x^2-3x+2가 이차식이므로 나머지는 1차 이하의 다항식이 된다.

따라서 $R(x)=ax+b$ (a, b는 상수)라 하면
$(x+1)^n=(x-1)(x-2)Q(x)+ax+b$

$x=1$을 대입하면 $2^n=a+b$ $\cdots\cdots$ ㉠

$x=2$를 대입하면 $3^n=2a+b$ $\cdots\cdots$ ㉡

a, b를 구하려면 나누는 식이 0이 되는 x의 값을 대입해 $Q(x)$를 없애야 해.

㉡$-$㉠ 을 하면 $a=3^n-2^n$이고 이를 ㉠에 대입하면 $b=2^{n+1}-3^n$

$\therefore R(x)=(3^n-2^n)x+2^{n+1}-3^n$

Step 2 극한값을 구한다.

$R(x)=(3^n-2^n)x+2^{n+1}-3^n$이므로
$R(0)=2^{n+1}-3^n$

$$\lim_{n\to\infty}\frac{R(0)}{3^n+2^n}=\lim_{n\to\infty}\frac{2^{n+1}-3^n}{3^n+2^n}$$

> 분모에서 밑의 절댓값이 더 큰 항으로 분자, 분모를 각각 나눈다.

에서 분모, 분자를 각각 3^n으로 나누면

$$\lim_{n\to\infty}\frac{R(0)}{3^n+2^n}=\lim_{n\to\infty}\frac{2^{n+1}-3^n}{3^n+2^n}=\lim_{n\to\infty}\frac{2\left(\frac{2}{3}\right)^n-1}{1+\left(\frac{2}{3}\right)^n}$$

> $-1<\frac{2}{3}<1$이므로 $\lim_{n\to\infty}\left(\frac{2}{3}\right)^n=0$

$$=\frac{0-1}{1+0}=-1$$

117 [정답률 67%]　　　정답 ④

> 나머지정리에 의해 $f(1)=a_n$, $f(2)=b_n$이다.

자연수 n에 대하여 다항식 $f(x)=2^nx^2+3^nx+1$을 $x-1$, $x-2$로 나눈 나머지를 각각 a_n, b_n이라 할 때, $\lim\limits_{n\to\infty}\dfrac{a_n}{b_n}$의 값은? (3점)

① 0　　　　② $\dfrac{1}{4}$　　　　③ $\dfrac{1}{3}$

④ $\dfrac{1}{2}$　　　　⑤ 1

Step 1 나머지정리를 이용하여 a_n, b_n을 각각 구한다.

$f(x)=2^nx^2+3^nx+1$을 $x-a$로 나눈 나머지는 $f(a)$이므로
$a_n=f(1)=2^n+3^n+1$
$b_n=f(2)=4\cdot2^n+2\cdot3^n+1$

> 분모, 분자에 r^n꼴이 있는 형태의 극한은 분모에서 밑의 절댓값이 더 큰 항으로 분모, 분자를 각각 나누어 줘야 해. 따라서 이 경우 3^n으로 분모, 분자를 각각 나누어 주었어.

Step 2 극한값을 구한다.

$$\therefore \lim_{n\to\infty}\frac{a_n}{b_n}=\lim_{n\to\infty}\frac{2^n+3^n+1}{4\cdot2^n+2\cdot3^n+1}$$

$$=\lim_{n\to\infty}\frac{\left(\frac{2}{3}\right)^n+1+\frac{1}{3^n}}{4\left(\frac{2}{3}\right)^n+2+\frac{1}{3^n}}$$

> $-1<r<1$일 때, $\lim\limits_{n\to\infty}r^n=0$
> $\therefore \lim\limits_{n\to\infty}\left(\frac{2}{3}\right)^n=0$, $\lim\limits_{n\to\infty}\left(\frac{1}{3}\right)^n=0$

$$=\frac{0+1+0}{4\cdot0+2+0}=\frac{1}{2}$$

수능포인트

다항식 $f(x)$를 $x-1$로 나누었을 때 몫을 $Q(x)$, 나머지를 a_n이라 하면, $f(x)=(x-1)Q(x)+a_n$이라고 식을 세울 수 있습니다. 이때 x에 1을 대입하면 $f(1)=a_n$이 됩니다.

118 [정답률 64%]　　　정답 ③

두 수열 $\{a_n\}$, $\{b_n\}$에 대하여 이차방정식 $a_nx^2+2a_{n+1}x+a_{n+2}=0$의 두 근이 -1, b_n일 때, $\lim\limits_{n\to\infty}b_n$의 값은? (3점)

① -2　　　　② $-\sqrt{3}$　　　　③ -1

④ $\sqrt{3}$　　　　⑤ 2

Step 1 수열 $\{a_n\}$이 등차수열임을 파악한다.

$x=-1$이 이차방정식 $a_nx^2+2a_{n+1}x+a_{n+2}=0$의 한 근이므로
$a_n-2a_{n+1}+a_{n+2}=0$

> 이차방정식에 $x=-1$을 대입하면 등식이 성립해.

$\therefore 2a_{n+1}=a_n+a_{n+2}$ → a_{n+1}은 등차중항!

따라서 수열 $\{a_n\}$은 등차수열이다.

Step 2 b_n의 식을 구한다.

등차수열 $\{a_n\}$의 공차를 d라 하면
$a_n=a_1+(n-1)d$

이때 주어진 이차방정식에서 근과 계수의 관계를 이용하면

(두 근의 곱)$=(-1)\times b_n=\dfrac{a_{n+2}}{a_n}$

$$\therefore b_n=-\frac{a_{n+2}}{a_n}=-\frac{a_1+(n+1)d}{a_1+(n-1)d}$$

> 등차수열 $\{a_n\}$의 일반항에 n 대신 $n+2$ 대입!

Step 3 $\lim\limits_{n\to\infty}b_n$의 값을 구한다.

(i) $d=0$일 때

> $a_1=0$이면 $n=1$일 때 주어진 이차방정식에서 이차항의 계수가 0이니까 모순이 돼. 즉, $a_1\neq0$임을 알 수 있어.

$$\lim_{n\to\infty}b_n=\lim_{n\to\infty}\left(-\frac{a_1}{a_1}\right)=-1$$

(ii) $d\neq0$일 때

$$\lim_{n\to\infty}b_n=\lim_{n\to\infty}\left(-\frac{dn+a_1+d}{dn+a_1-d}\right)=-\frac{d}{d}=-1$$

> 계수의 비로 비교!

따라서 (i), (ii)에서 $\lim\limits_{n\to\infty}b_n=-1$

119　　　정답 ⑤

> $a_n>0$ (n은 자연수)

첫째항이 2이고 모든 항이 양수인 수열 $\{a_n\}$이 있다. 다음 이차방정식은 모든 자연수 n에 대하여 중근을 갖는다.
$$x^2-\sqrt{a_n}x+(a_{n+1}-1)=0$$

> 판별식이 0이다.

이때, 극한 $\lim\limits_{n\to\infty}a_n$의 값은? (4점)

① 0　　　　② $\dfrac{1}{2}$　　　　③ $\dfrac{2}{3}$

④ 1　　　　⑤ $\dfrac{4}{3}$

Step 1 판별식을 이용한다.

이차방정식 $x^2-\sqrt{a_n}x+(a_{n+1}-1)=0$이 중근을 가지므로 판별식 D에 대하여

> 이차방정식 $ax^2+bx+c=0$에서 판별식은 $D=b^2-4ac$이다.

$D=(-\sqrt{a_n})^2-4(a_{n+1}-1)=0$

$\therefore 4a_{n+1}=a_n+4$

I

1. 수열의 극한

Step 2 수열 $\{a_n\}$이 수렴하면 $\lim\limits_{n\to\infty} a_{n+1} = \lim\limits_{n\to\infty} a_n$임을 이용한다.

수열 $\{a_n\}$이 수렴할 때, $\lim\limits_{n\to\infty} a_{n+1} = \lim\limits_{n\to\infty} a_n = \alpha$라 하면

$4a_{n+1} = a_n + 4$에서

$\lim\limits_{n\to\infty} 4a_{n+1} = \lim\limits_{n\to\infty}(a_n+4) \rightarrow = \lim\limits_{n\to\infty} a_n + \lim\limits_{n\to\infty} 4 = \lim\limits_{n\to\infty} a_n + 4$

$4\alpha = \alpha + 4$, $3\alpha = 4$ ∴ $\alpha = \dfrac{4}{3}$

∴ $\lim\limits_{n\to\infty} a_n = \alpha = \dfrac{4}{3}$

참고

$a_1 = 2$, $4a_{n+1} = a_n + 4$를 만족하는 수열 $\{a_n\}$의 일반항은

$a_n = \dfrac{2}{3} \times \left(\dfrac{1}{4}\right)^{n-1} + \dfrac{4}{3}$이다.

120 [정답률 25%] 정답 ①

자연수 n에 대하여 이차함수 $f(x) = \sum\limits_{k=1}^{n}\left(x - \dfrac{k}{n}\right)^2$의 최솟값을

a_n이라 할 때, $\lim\limits_{n\to\infty} \dfrac{a_n}{n}$의 값은? (4점)

→ $\sum$의 성질을 이용하여 x에 대한 이차방정식으로 정리한 후 최솟값을 구한다.

① $\dfrac{1}{12}$ ② $\dfrac{1}{6}$ ③ $\dfrac{1}{3}$

④ $\dfrac{1}{2}$ ⑤ 1

$\displaystyle\sum_{k=1}^{n} k = \dfrac{n(n+1)}{2}$

$\displaystyle\sum_{k=1}^{n} k^2 = \dfrac{n(n+1)(2n+1)}{6}$

Step 1 $\sum$의 성질과 자연수의 거듭제곱의 합을 이용해 $f(x)$를 정리한다.

$f(x) = \sum\limits_{k=1}^{n}\left(x - \dfrac{k}{n}\right)^2$

$= \sum\limits_{k=1}^{n}\left(x^2 - \dfrac{2k}{n}x + \dfrac{k^2}{n^2}\right)$

$(a \pm b)^2 = a^2 \pm 2ab + b^2$

∴ $\left(x - \dfrac{k}{n}\right)^2 = x^2 - 2 \times x \times \dfrac{k}{n} + \left(\dfrac{k}{n}\right)^2$
$= x^2 - \dfrac{2k}{n}x + \dfrac{k^2}{n^2}$

$= \sum\limits_{k=1}^{n} x^2 - \dfrac{2x}{n}\sum\limits_{k=1}^{n} k + \dfrac{1}{n^2}\sum\limits_{k=1}^{n} k^2$

k에 관한 식이 아니므로 x^2은 상수로 봐도 무관해!

$= nx^2 - \dfrac{2x}{n} \times \dfrac{n(n+1)}{2} + \dfrac{1}{n^2} \times \dfrac{n(n+1)(2n+1)}{6}$

$= nx^2 - (n+1)x + \dfrac{(n+1)(2n+1)}{6n}$

$= n\left\{x^2 - \dfrac{n+1}{n}x + \left(\dfrac{n+1}{2n}\right)^2\right\} + \dfrac{(n+1)(2n+1)}{6n} - \dfrac{(n+1)^2}{4n}$

$= n\left(x - \dfrac{n+1}{2n}\right)^2 + \dfrac{(n+1)(n-1)}{12n}$

→ $x^2 - ax + b$에서 $b = \left(\dfrac{a}{2}\right)^2$이면 $x^2 - ax + b = \left(x - \dfrac{a}{2}\right)^2$인 완전제곱식 형태로 변형이 가능해.

Step 2 $f(x)$의 최솟값 a_n을 구하고 $\dfrac{a_n}{n}$의 극한값을 구한다.

따라서 $f(x)$는 $x = \dfrac{n+1}{2n}$일 때 최솟값 $\dfrac{(n+1)(n-1)}{12n}$을 갖는다.

즉, $a_n = \dfrac{(n+1)(n-1)}{12n}$이므로

→ 이차함수 $y = f(x)$의 그래프는 x^2의 계수가 자연수 $n(n>0)$이므로 아래로 볼록한 형태야. 따라서 이 함수의 그래프의 꼭짓점의 y좌표가 바로 최솟값이지!

$\lim\limits_{n\to\infty} \dfrac{a_n}{n} = \lim\limits_{n\to\infty} \dfrac{n^2-1}{12n^2} = \dfrac{1}{12}$

121 [정답률 58%] 정답 ②

모든 항이 양수인 수열 $\{a_n\}$이 모든 자연수 n에 대하여 다음 조건을 만족시킨다.

$0 < x < 3$일 때, x에 대한 방정식 $\sin\left(\dfrac{\pi}{a_n}x\right) = 1$의 서로 다른 실근의 개수는 $2n$이다.

$\lim\limits_{n\to\infty} na_n$의 값은? (3점)

① $\dfrac{2}{3}$ ② $\dfrac{3}{4}$ ③ 1

④ $\dfrac{4}{3}$ ⑤ $\dfrac{3}{2}$

Step 1 삼각함수의 주기를 이용하여 a_n의 범위를 n에 대하여 나타낸다.

함수 $y = \sin\left(\dfrac{\pi}{a_n}x\right)$의 주기는 $2a_n$이므로 함수 $y = \sin\left(\dfrac{\pi}{a_n}x\right)$의 그래프의 개형은 다음과 같다.

→ $a_n > 0$이므로 $\dfrac{2\pi}{\left|\dfrac{\pi}{a_n}\right|} = \dfrac{2\pi}{\dfrac{\pi}{a_n}}$

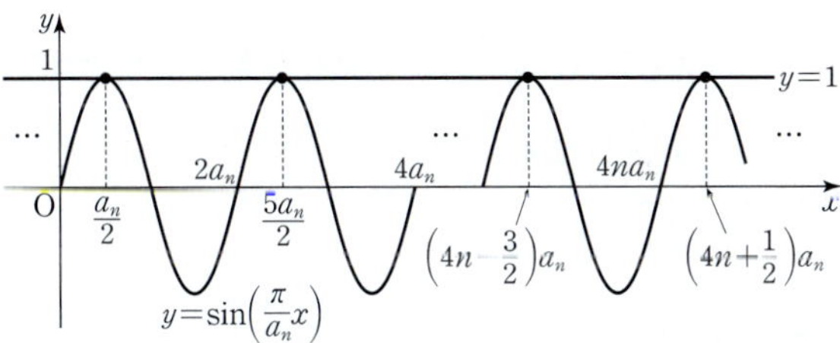

$0 < x < 3$일 때, x에 대한 방정식 $\sin\left(\dfrac{\pi}{a_n}x\right) = 1$의 서로 다른 실근의 개수가 $2n$이므로 $0 < x < 3$에서 함수 $y = \sin\left(\dfrac{\pi}{a_n}x\right)$의 그래프와 직선 $y = 1$의 교점의 개수가 $2n$이어야 한다.

$\left(4n - \dfrac{3}{2}\right)a_n < 3 \leq \left(4n + \dfrac{1}{2}\right)a_n$

∴ $\dfrac{3}{4n + \dfrac{1}{2}} \leq a_n < \dfrac{3}{4n - \dfrac{3}{2}}$

Step 2 $\lim\limits_{n\to\infty} na_n$의 값을 구한다.

$\dfrac{3n}{4n + \dfrac{1}{2}} \leq na_n < \dfrac{3n}{4n - \dfrac{3}{2}}$에서

→ $\lim\limits_{n\to\infty} \dfrac{3}{4 - \dfrac{3}{2n}} = \dfrac{3}{4-0}$

$\lim\limits_{n\to\infty} \dfrac{3n}{4n + \dfrac{1}{2}} = \lim\limits_{n\to\infty} \dfrac{3n}{4n - \dfrac{3}{2}} = \dfrac{3}{4}$이므로

수열의 극한의 대소 관계에 의하여 $\lim\limits_{n\to\infty} na_n = \dfrac{3}{4}$

→ $\lim\limits_{n\to\infty} \dfrac{3}{4 + \dfrac{1}{2n}} = \dfrac{3}{4+0}$

122 [정답률 66%]　　　　　　　　정답 ⑤

모든 실수 x에 대하여 $f(x)$는 $f(x+1)=f(x)$를
만족시키고, 0과 1 사이에서 다음과 같이 정의된다.

$$f(x)=\begin{cases} x & \left(0\le x\le \dfrac{1}{2}\right) \\[2mm] 1-x & \left(\dfrac{1}{2}<x\le 1\right) \end{cases}$$

[보기]에서 옳은 것을 모두 고른 것은? (4점)

[보기]

ㄱ. $f\left(f\left(\dfrac{2}{3}\right)\right)=f\left(\dfrac{2}{3}\right)$

ㄴ. $\displaystyle\lim_{n\to\infty} f\left(\dfrac{1}{2}+\dfrac{1}{2n}\right)=\dfrac{1}{2}$　→ $\dfrac{1}{2}<\dfrac{1}{2}+\dfrac{1}{2n}\le 1$임을 이용

ㄷ. 수열 $\left\{ f\left(\dfrac{1}{4}+\dfrac{n}{2}\right)\right\}$은 수렴한다.

① ㄱ　　　　② ㄴ　　　　③ ㄱ, ㄷ
④ ㄴ, ㄷ　　　⑤ ㄱ, ㄴ, ㄷ

Step 1 주어진 함수의 성질을 이용하여 [보기]의 참, 거짓을 판별한다.

ㄱ. $f(x)=\begin{cases} x & \left(0\le x\le \dfrac{1}{2}\right) \\[2mm] 1-x & \left(\dfrac{1}{2}<x\le 1\right) \end{cases}$에서

$f\left(\dfrac{2}{3}\right)=1-\dfrac{2}{3}=\dfrac{1}{3}$, $f\left(f\left(\dfrac{2}{3}\right)\right)=f\left(\dfrac{1}{3}\right)=\dfrac{1}{3}$이므로

$f\left(f\left(\dfrac{2}{3}\right)\right)=f\left(\dfrac{2}{3}\right)$ (참)

ㄴ. n이 한없이 커질 때 $\dfrac{1}{2}<\dfrac{1}{2}+\dfrac{1}{2n}\le 1$이므로

$\displaystyle\lim_{n\to\infty} f\left(\dfrac{1}{2}+\dfrac{1}{2n}\right)=\lim_{n\to\infty}\left\{1-\left(\dfrac{1}{2}+\dfrac{1}{2n}\right)\right\}$　→ $f(x)=1-x$에
$$=\lim_{n\to\infty}\left(\dfrac{1}{2}-\dfrac{1}{2n}\right)=\dfrac{1}{2} \text{ (참)}$$ $x=\dfrac{1}{2}+\dfrac{1}{2n}$을 대입

ㄷ. 모든 실수 x에 대하여 $f(x+1)=f(x)$이므로 n의 값이 홀수, 짝수일 때로 경우를 나누어 보면 다음과 같다.

(i) $n=2k-1$(k는 자연수)일 때

$$f\left(\dfrac{1}{4}+\dfrac{n}{2}\right)=f\left(\dfrac{1}{4}+\dfrac{2k-1}{2}\right)$$
$$=f\left(\dfrac{1}{4}+k-\dfrac{1}{2}\right)$$
$$=f\left(\dfrac{1}{4}+\dfrac{1}{2}+(k-1)\right)$$
$$=f\left(\dfrac{3}{4}\right)$$ 　→ $f\left(\dfrac{3}{4}+(k-1)\right)=f\left(\dfrac{3}{4}+(k-2)\right)$
$$=1-\dfrac{3}{4}=\dfrac{1}{4}$$ 　$=\cdots=f\left(\dfrac{3}{4}\right)$

(ii) $n=2k$(k는 자연수)일 때　→ $f\left(\dfrac{1}{4}+k\right)=f\left(\dfrac{1}{4}+(k-1)\right)=\cdots=f\left(\dfrac{1}{4}\right)$

$$f\left(\dfrac{1}{4}+\dfrac{n}{2}\right)=f\left(\dfrac{1}{4}+k\right)=f\left(\dfrac{1}{4}\right)=\dfrac{1}{4}$$

위의 (i), (ii)에서 모든 자연수 n에 대하여 $f\left(\dfrac{1}{4}+\dfrac{n}{2}\right)=\dfrac{1}{4}$

이므로 수열 $\left\{ f\left(\dfrac{1}{4}+\dfrac{n}{2}\right)\right\}$은 $\dfrac{1}{4}$로 수렴한다. (참)

따라서 옳은 것은 ㄱ, ㄴ, ㄷ이다.

---

123 [정답률 90%]　　　　　　　　정답 ④

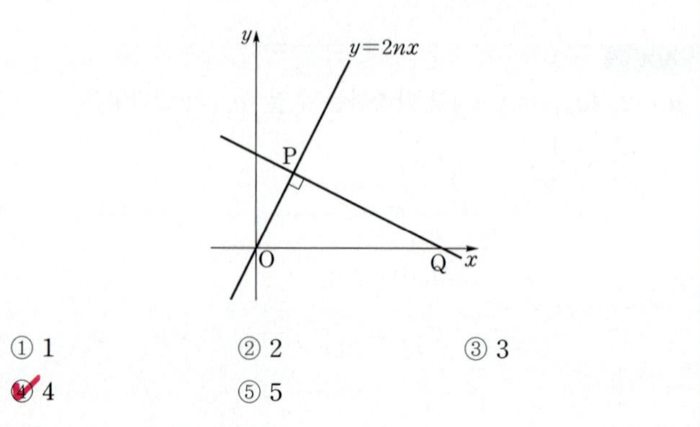

→ 기울기가 l인 직선과 기울기가 m인
직선이 서로 수직일 때 $l\times m=-1$

자연수 n에 대하여 직선 $y=2nx$ 위의 점 $\mathrm{P}(n,\,2n^2)$을 지나고
이 직선과 수직인 직선이 x축과 만나는 점을 Q라 할 때,　→ 직선 $y=0$과 만난다.
선분 OQ의 길이를 l_n이라 하자. $\displaystyle\lim_{n\to\infty}\dfrac{l_n}{n^3}$의 값은?
　→ (점 Q의 x좌표)$=l_n$
　　　　　　　　　　　　　　　　　　(단, O는 원점이다.) (3점)

① 1　　　　② 2　　　　③ 3
④ 4　　　　⑤ 5

Step 1 직선 PQ의 방정식을 구한다.

직선 $y=2nx$와 직선 PQ가 수직이므로

$2n\times(\text{직선 PQ의 기울기})=-1$

$\therefore (\text{직선 PQ의 기울기})=-\dfrac{1}{2n}$　→ 기울기가 m이고 점 (a,b)를 지나는
직선의 방정식 $y=m(x-a)+b$

따라서 직선 PQ는 기울기가 $-\dfrac{1}{2n}$이고 점 $\mathrm{P}(n,\,2n^2)$을 지나므로

직선 PQ의 방정식은 $y=-\dfrac{1}{2n}(x-n)+2n^2$ ……㉠

→ 점 Q는 x축 위의 점이므로 y좌표는 0이야.
따라서 ㉠의 식에 $y=0$을 대입하면
점 Q의 x좌표가 나오게 돼.

Step 2 l_n을 구한다.

점 Q의 좌표를 구하기 위해 $y=0$을 ㉠에 대입하면

$$0=-\dfrac{1}{2n}(x-n)+2n^2$$
$$x-n=4n^3 \quad \therefore x=4n^3+n$$

따라서 점 Q의 좌표가 $(4n^3+n,\,0)$이므로

$$\overline{\mathrm{OQ}}=4n^3+n=l_n$$

Step 3 $\displaystyle\lim_{n\to\infty}\dfrac{l_n}{n^3}$의 값을 구한다.

$$\therefore \lim_{n\to\infty}\dfrac{l_n}{n^3}=\lim_{n\to\infty}\dfrac{4n^3+n}{n^3}$$
$$=\lim_{n\to\infty}\left(4+\dfrac{1}{n^2}\right)$$
$$=4+0=4$$

124 [성답률 83%] 정답 5

자연수 n에 대하여 좌표평면 위에 두 점 $A_n(n, 0)$, $B_n(n, 3)$이 있다. 점 $P(1, 0)$을 지나고 x축에 수직인 직선이 직선 OB_n과 만나는 점을 C_n이라 할 때,

$$\lim_{n \to \infty} \frac{\overline{PC_n}}{\overline{OB_n} - \overline{OA_n}} = \frac{q}{p}$$

이다. $p+q$의 값을 구하시오.

(단, O는 원점이고, p와 q는 서로소인 자연수이다.) (4점)

Step 1 점 C_n의 좌표를 구한다.

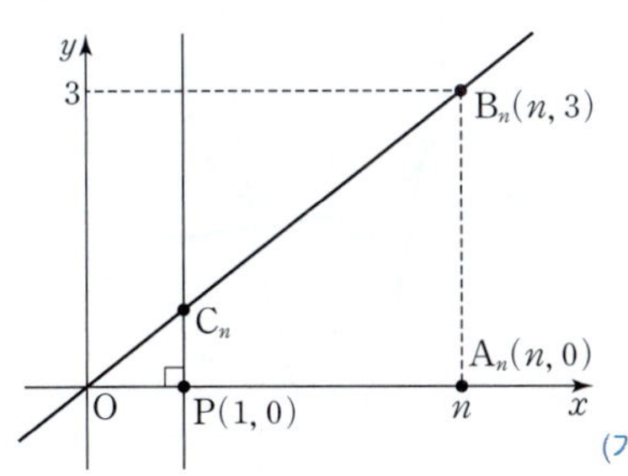

두 점 $O(0, 0)$, $B_n(n, 3)$에 대하여 직선 OB_n의 방정식은 $y = \dfrac{3}{n}x$

(기울기)$= \dfrac{3-0}{n-0}$으로 계산!

이때 점 C_n은 x좌표가 1이고 직선 $y = \dfrac{3}{n}x$ 위의 점이므로

$$C_n\left(1, \frac{3}{n}\right)$$

Step 2 각 선분의 길이를 구한다.

이를 이용하여 각 선분의 길이를 구해보면

$\overline{OA_n} = n$ ← 두 점 O, A_n의 x좌표의 차

$\overline{OB_n} = \sqrt{(n-0)^2 + (3-0)^2} = \sqrt{n^2+9}$

$\overline{PC_n} = \dfrac{3}{n}$ ← 두 점 P, C_n의 y좌표의 차

Step 3 주어진 극한값을 구한다.

$$\lim_{n \to \infty} \frac{\overline{PC_n}}{\overline{OB_n} - \overline{OA_n}}$$

$$= \lim_{n \to \infty} \frac{\dfrac{3}{n}}{\sqrt{n^2+9} - n}$$

$$= \lim_{n \to \infty} \frac{\dfrac{3}{n}(\sqrt{n^2+9}+n)}{(\sqrt{n^2+9}-n)(\sqrt{n^2+9}+n)}$$

분모를 유리화

$$= \lim_{n \to \infty} \frac{\dfrac{3}{n}(\sqrt{n^2+9}+n)}{9}$$

$(\sqrt{n^2+9})^2 - n^2 = (n^2+9) - n^2 = 9$

$$= \lim_{n \to \infty} \frac{\sqrt{n^2+9}+n}{3n}$$

분모, 분자를 각각 n으로 나눠주었어

$$= \lim_{n \to \infty} \frac{\sqrt{1+\dfrac{9}{n^2}}+1}{3}$$

$$= \frac{\sqrt{1}+1}{3} = \frac{2}{3}$$

따라서 $p=3$, $q=2$이므로

$p+q = 3+2 = 5$

125 [진답률 72%] 정답 ⑤

그림과 같이 자연수 n에 대하여 곡선 $y=x^2$ 위의 점 $A_n(n, n^2)$을 지나고 기울기가 $-\sqrt{3}$인 직선이 x축과 만나는 점을 B_n이라 할 때, $\displaystyle\lim_{n \to \infty} \frac{\overline{OB_n}}{\overline{OA_n}}$의 값은?

$\overline{OA_n}$, $\overline{OB_n}$의 길이를 n에 대한 식으로 나타내.

(단, O는 원점이다.) (4점)

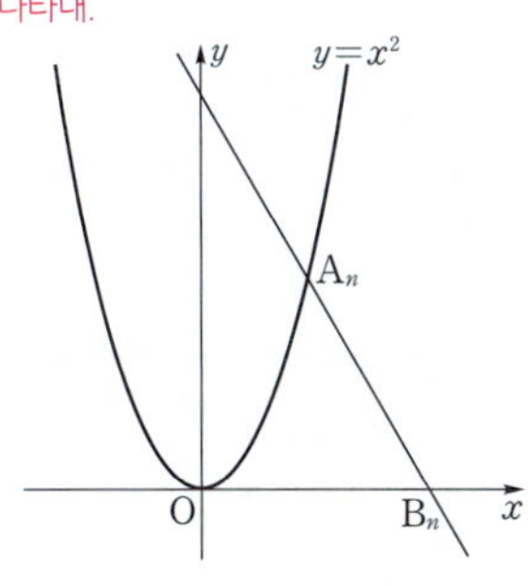

① $\dfrac{\sqrt{3}}{7}$ ② $\dfrac{\sqrt{3}}{6}$ ③ $\dfrac{\sqrt{3}}{5}$

④ $\dfrac{\sqrt{3}}{4}$ ⑤ $\dfrac{\sqrt{3}}{3}$

Step 1 점 $A_n(n, n^2)$을 지나고 기울기가 $-\sqrt{3}$인 직선의 방정식을 구한다.

점 $A_n(n, n^2)$을 지나고 기울기가 $-\sqrt{3}$인 직선의 방정식은

$y = -\sqrt{3}(x-n) + n^2$ → 암기 점 (a, b)를 지나고 기울기가 m인 직선의 방정식은 $y = m(x-a)+b$

Step 2 점 B_n의 좌표를 구한다.

이 직선의 x절편을 구하기 위해 $y=0$을 대입하면

$0 = -\sqrt{3}(x-n) + n^2$ → x절편은 그래프와 x축이 만나는 점의 x좌표야.

$\sqrt{3}(x-n) = n^2$

$\therefore x = \dfrac{n^2}{\sqrt{3}} + n$

따라서 점 B_n의 좌표는 $B_n\left(\dfrac{n^2}{\sqrt{3}}+n, 0\right)$이다.

Step 3 선분 OA_n, OB_n의 길이를 이용하여 극한값을 구한다.

$\overline{OA_n} = \sqrt{(n-0)^2 + (n^2-0)^2}$
$= \sqrt{n^2+n^4}$ → 암기 두 점 $A(x_1, y_1)$과 $B(x_2, y_2)$에 대하여 선분 AB의 길이는 $\overline{AB} = \sqrt{(x_2-x_1)^2 + (y_2-y_1)^2}$

$\overline{OB_n} = \dfrac{n^2}{\sqrt{3}} + n$

$$\therefore \lim_{n \to \infty} \frac{\overline{OB_n}}{\overline{OA_n}} = \lim_{n \to \infty} \frac{\dfrac{n^2}{\sqrt{3}}+n}{\sqrt{n^2+n^4}}$$

분자, 분모를 각각 n^2으로 나눈다.

$$= \lim_{n \to \infty} \frac{\dfrac{1}{\sqrt{3}} + \dfrac{1}{n}}{\sqrt{1+\dfrac{1}{n^2}}}$$

$\lim\limits_{n\to\infty}\dfrac{1}{n}=0$, $\lim\limits_{n\to\infty}\dfrac{1}{n^2}=0$

$$= \frac{\dfrac{1}{\sqrt{3}}}{1} = \frac{\sqrt{3}}{3}$$

126 [정답률 63%] 정답 ④

그림과 같이 자연수 n에 대하여 직선 $y=\dfrac{1}{n}$과 원 $x^2+(y-1)^2=1$의 두 교점을 각각 A_n, B_n이라 하자. 선분 A_nB_n의 길이를 l_n이라 할 때, $\displaystyle\lim_{n\to\infty}n(l_n)^2$의 값은? (4점)

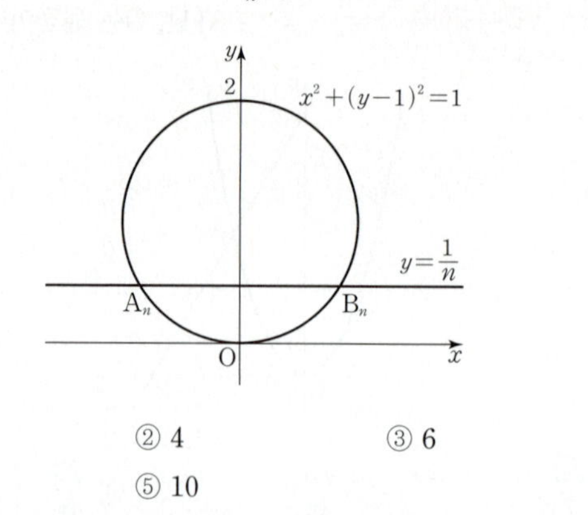

① 2 ② 4 ③ 6
④ 8 ⑤ 10

Step 1 $(l_n)^2$을 구한다.

오른쪽 그림과 같이
원 $x^2+(y-1)^2=1$의 중심을 C,
직선 $y=\dfrac{1}{n}$이 y축과 만나는 점을
M이라 하자.

이때 $C(0,\,1)$, $M\left(0,\,\dfrac{1}{n}\right)$이므로

$\overline{CM}=1-\dfrac{1}{n}$ → (점 C의 y좌표) − (점 M의 y좌표)

$\overline{CA_n}=1$ → 원 $x^2+(y-1)^2=1$의 반지름의 길이야.

직각삼각형 CA_nM에서 피타고라스 정리에 의하여

$$\overline{A_nM}^2=\overline{CA_n}^2-\overline{CM}^2$$
$$=1^2-\left(1-\dfrac{1}{n}\right)^2$$
$$=1-\left\{1-\dfrac{2}{n}+\left(\dfrac{1}{n}\right)^2\right\}$$
$$=\dfrac{2}{n}-\dfrac{1}{n^2}$$

이때 $\overline{A_nB_n}=2\overline{A_nM}$에서 $\overline{A_nB_n}^2=(2\overline{A_nM})^2=4\overline{A_nM}^2$이므로

$$\overline{A_nB_n}^2=4\left(\dfrac{2}{n}-\dfrac{1}{n^2}\right)=\dfrac{8}{n}-\dfrac{4}{n^2}$$

주의 실수로 $\overline{A_nB_n}^2=2\overline{A_nM}^2$이라 하면 안 돼!

$$\therefore (l_n)^2=\dfrac{8}{n}-\dfrac{4}{n^2}$$

→ 문제에서 l_n이 선분 A_nB_n의 길이라고 했어.

Step 2 $\displaystyle\lim_{n\to\infty}n(l_n)^2$의 값을 구한다.

$$\lim_{n\to\infty}n(l_n)^2=\lim_{n\to\infty}n\left(\dfrac{8}{n}-\dfrac{4}{n^2}\right)$$
$$=\lim_{n\to\infty}\left(8-\dfrac{4}{n}\right)=8-0=8$$

→ 분모가 무한대로 발산하니까, 이 값은 0으로 수렴

127 [정답률 21%] 정답 12

자연수 n에 대하여 곡선 $y=x^2$ 위의 점 $P_n(2n,\,4n^2)$에서의 접선과 수직이고 점 $Q_n(0,\,2n^2)$을 지나는 직선을 l_n이라 하자. 점 P_n을 지나고 점 Q_n에서 직선 l_n과 접하는 원을 C_n이라 할 때, 원점을 지나고 원 C_n의 넓이를 이등분하는 직선의 기울기를 a_n이라 하자. $\displaystyle\lim_{n\to\infty}\dfrac{a_n}{n}$의 값을 구하시오. (4점)

원 C_n의 중심을 지나야 해.

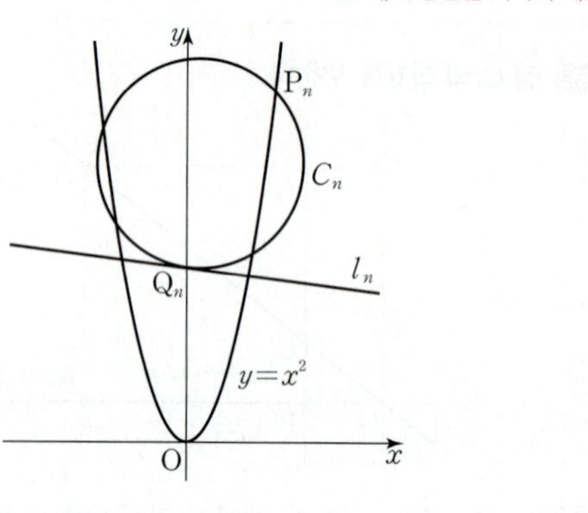

Step 1 점 Q_n을 지나고 직선 l_n에 수직인 직선의 방정식을 구한다.

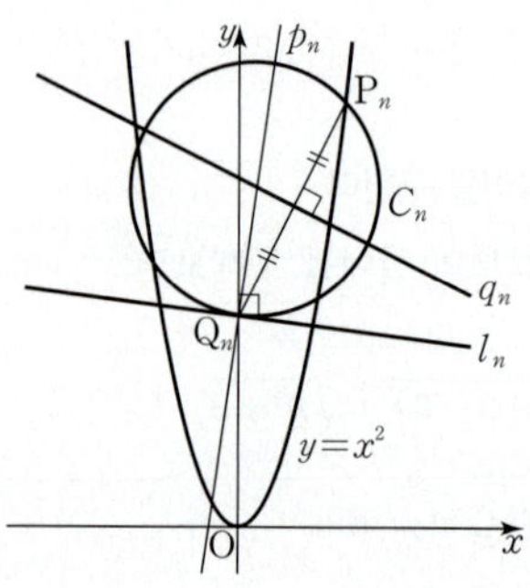

점 Q_n을 지나고 직선 l_n에 수직인 직선을 p_n이라 하면 원 C_n의 중심은 직선 p_n 위에 존재한다. → $y'=2x$에서 $2\times 2n=4n$

곡선 $y=x^2$ 위의 점 $P_n(2n,\,4n^2)$에서의 접선의 기울기는 $4n$이고, 직선 p_n은 이 접선과 평행하므로 직선 p_n의 기울기는 $4n$이다.

따라서 직선 p_n의 방정식은 $y=4nx+2n^2$ → 점 $Q_n(0,\,2n^2)$을 지나므로 y절편은 $2n^2$이야.

Step 2 선분 P_nQ_n의 수직이등분선을 나타내는 직선의 방정식을 구한다.

선분 P_nQ_n의 수직이등분선을 q_n이라 하면 원 C_n의 중심은 직선 q_n 위에 존재한다. → 원에서 현의 수직이등분선은 항상 원의 중심을 지나.

직선 P_nQ_n의 기울기는 $\dfrac{4n^2-2n^2}{2n-0}=n$이고, 선분 P_nQ_n의 중점의 좌표는 $(n,\,3n^2)$이므로 직선 q_n의 방정식은

$$y=-\dfrac{1}{n}(x-n)+3n^2 \qquad \therefore y=-\dfrac{1}{n}x+3n^2+1$$

Step 3 원 C_n의 중심의 좌표를 구한다.

원 C_n의 중심은 두 직선 p_n, q_n의 교점이므로 원 C_n의 중심의 좌표를 $(x_n,\,y_n)$이라 하면 → 서로 수직인 두 직선의 기울기의 곱은 -1이므로 $n\times$(직선 q_n의 기울기)$=-1$ $\therefore$ (직선 q_n의 기울기)$=-\dfrac{1}{n}$

$$4nx_n+2n^2=-\dfrac{1}{n}x_n+3n^2+1$$

$$\left(4n+\dfrac{1}{n}\right)x_n=n^2+1$$ → $x_n=\dfrac{n^2+1}{4n+\dfrac{1}{n}}$에서 분모, 분자에 각각 n을 곱하였어.

$$\therefore x_n=\dfrac{n^3+n}{4n^2+1},\ y_n=\dfrac{12n^4+6n^2}{4n^2+1}$$ → $4n\times\dfrac{n^3+n}{4n^2+1}+2n^2$

Step 4 $\lim\limits_{n\to\infty}\dfrac{a_n}{n}$의 값을 구한다.

구하는 직선은 원점과 원 C_n의 중심을 지나므로

$$a_n=\frac{\dfrac{12n^4+6n^2}{4n^2+1}}{\dfrac{n^3+n}{4n^2+1}}=\frac{12n^3+6n}{n^2+1}$$

→ 직선이 원의 넓이를 이등분할 때 직선은 원의 중심을 지나.

$$\therefore\ \lim_{n\to\infty}\frac{a_n}{n}=\lim_{n\to\infty}\frac{12n^2+6}{n^2+1}=12$$

128 [정답률 14%]　　　　　정답 270

자연수 n에 대하여 함수 $f(x)$를

$$f(x)=\frac{4}{n^3}x^3+1$$

이라 하자. 원점에서 곡선 $y=f(x)$에 그은 접선을 l_n, 접선 l_n의 접점을 P_n이라 하자. x축과 직선 l_n에 동시에 접하고 점 P_n을 지나는 원 중 중심의 x좌표가 양수인 것을 C_n이라 하자. 원 C_n의 반지름의 길이를 r_n이라 할 때, $40\times\lim\limits_{n\to\infty}n^2(4r_n-3)$의 값을 구하시오. (4점)

접점의 좌표를 임의로 놓고, 직선 l_n이 원점을 지남을 이용한다.

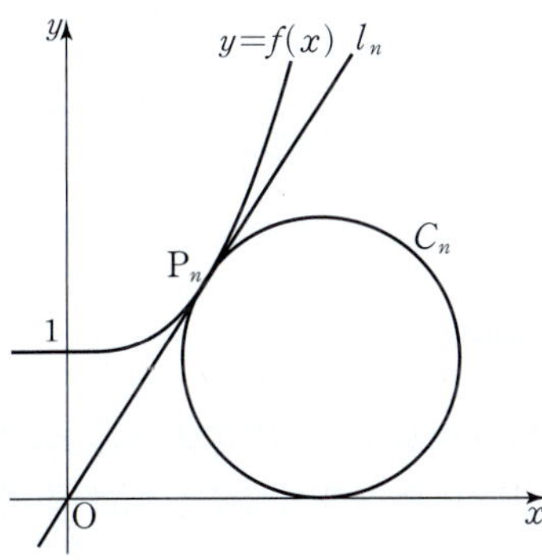

Step 1 점 P_n의 좌표와 직선 l_n의 방정식을 구한다.

함수 $f(x)=\dfrac{4}{n^3}x^3+1$에서 $f'(x)=\dfrac{12}{n^3}x^2$

→ $\dfrac{4}{n^3}$는 상수로 생각하고 미분한다.

점 P_n의 좌표를 $\mathrm{P}_n(t,\ f(t))$라 하면 직선 l_n이 곡선 $y=f(x)$와 점 P_n에서 접하므로 직선 l_n의 방정식은

$$y-f(t)=f'(t)(x-t)\quad\therefore\ l_n:y=f'(t)(x-t)+f(t)$$

직선 l_n이 원점을 지나므로

→ 직선 l_n은 곡선 $y=f(x)$의 점 P_n에서의 접선이다.

$$0=f'(t)(0-t)+f(t),\ tf'(t)=f(t)$$

$$\frac{12}{n^3}t^3=\frac{4}{n^3}t^3+1,\ \frac{8}{n^3}t^3=1$$

$$t^3=\frac{n^3}{8}\qquad\therefore\ t=\frac{n}{2}$$

따라서 $\mathrm{P}_n\!\left(\dfrac{n}{2},\ \dfrac{3}{2}\right)$이고 $l_n:y=\dfrac{3}{n}x$이다.

→ $f'\!\left(\dfrac{n}{2}\right)\!\left(x-\dfrac{n}{2}\right)+f\!\left(\dfrac{n}{2}\right)$
$=\dfrac{3}{n}\!\left(x-\dfrac{n}{2}\right)+\dfrac{3}{2}=\dfrac{3}{n}x$

Step 2 r_n을 구한다.

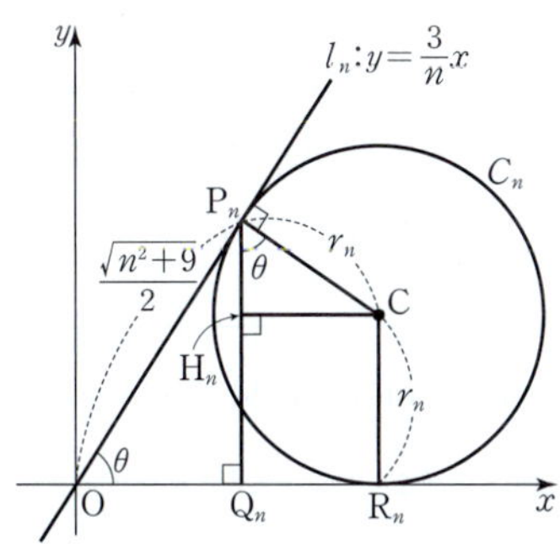

그림과 같이 원 C_n의 중심을 C, 두 점 P_n, C에서 x축에 내린 수선의 발을 각각 Q_n, R_n이라 하고, 점 C에서 선분 $\mathrm{P}_n\mathrm{Q}_n$에 내린 수선의 발을 H_n이라 하자.

$\angle\mathrm{P}_n\mathrm{OQ}_n=\theta$라 하면 $\angle\mathrm{CP}_n\mathrm{O}=\angle\mathrm{OQ}_n\mathrm{P}_n=\dfrac{\pi}{2}$이므로

→ $\angle\mathrm{P}_n\mathrm{OQ}_n+\angle\mathrm{OP}_n\mathrm{Q}_n=\dfrac{\pi}{2}$

$\angle\mathrm{CP}_n\mathrm{Q}_n=\angle\mathrm{P}_n\mathrm{OQ}_n=\theta$

→ $\angle\mathrm{OP}_n\mathrm{Q}_n+\angle\mathrm{CP}_n\mathrm{Q}_n=\dfrac{\pi}{2}$

$$\overline{\mathrm{OP}_n}=\sqrt{\left(\frac{n}{2}-0\right)^2+\left(\frac{3}{2}-0\right)^2}=\sqrt{\frac{n^2+9}{4}}=\frac{\sqrt{n^2+9}}{2}$$이므로

직각삼각형 $\mathrm{P}_n\mathrm{OQ}_n$에서

$$\cos\theta=\frac{\overline{\mathrm{OQ}_n}}{\overline{\mathrm{OP}_n}}=\frac{\dfrac{n}{2}}{\dfrac{\sqrt{n^2+9}}{2}}=\frac{n}{\sqrt{n^2+9}}$$

→ =(점 P_n의 x좌표)

직각삼각형 $\mathrm{P}_n\mathrm{H}_n\mathrm{C}$에서 $\cos\theta=\dfrac{\overline{\mathrm{P}_n\mathrm{H}_n}}{\overline{\mathrm{CP}_n}}=\dfrac{\overline{\mathrm{P}_n\mathrm{H}_n}}{r_n}$

→ 원 C_n의 반지름의 길이

$$\therefore\ \overline{\mathrm{P}_n\mathrm{H}_n}=r_n\cos\theta$$

→ =(점 P_n의 y좌표)

$$\overline{\mathrm{P}_n\mathrm{Q}_n}=\overline{\mathrm{P}_n\mathrm{H}_n}+\overline{\mathrm{H}_n\mathrm{Q}_n}=r_n\cos\theta+r_n=\frac{3}{2}$$

$r_n(1+\cos\theta)=\dfrac{3}{2}$이므로

$$r_n=\frac{3}{2(1+\cos\theta)}=\frac{3}{2\times\dfrac{\sqrt{n^2+9}+n}{\sqrt{n^2+9}}}=\frac{3\sqrt{n^2+9}}{2(\sqrt{n^2+9}+n)}$$

Step 3 극한값을 구한다.

$$\lim_{n\to\infty}n^2(4r_n-3)$$

$$=\lim_{n\to\infty}n^2\left(\frac{6\sqrt{n^2+9}}{\sqrt{n^2+9}+n}-3\right)$$

$$=\lim_{n\to\infty}\left(n^2\times\frac{3\sqrt{n^2+9}-3n}{\sqrt{n^2+9}+n}\right)$$

$$=\lim_{n\to\infty}\left(3n^2\times\frac{\sqrt{n^2+9}-n}{\sqrt{n^2+9}+n}\right)$$

→ $(\sqrt{n^2+9}-n)(\sqrt{n^2+9}+n)=(\sqrt{n^2+9})^2-n^2=9$

$$=\lim_{n\to\infty}\left\{3n^2\times\frac{9}{(\sqrt{n^2+9}+n)^2}\right\}$$

$$=\lim_{n\to\infty}\frac{27n^2}{(\sqrt{n^2+9}+n)^2}$$

$$=\lim_{n\to\infty}\frac{27}{\left(\sqrt{1+\dfrac{9}{n^2}}+1\right)^2}=\frac{27}{4}$$

→ (분모) $=\dfrac{(\sqrt{n^2+9}+n)^2}{n^2}$
$=\left(\dfrac{\sqrt{n^2+9}+n}{n}\right)^2$
$=\left(\dfrac{\sqrt{n^2+9}}{\sqrt{n^2}}+1\right)^2$
$=\left(\sqrt{1+\dfrac{9}{n^2}}+1\right)^2$

$$\therefore\ 40\times\lim_{n\to\infty}n^2(4r_n-3)=40\times\frac{27}{4}=270$$

129 [정답률 46%]　　　　　　정답 2

> 자연수 n에 대하여 점 $(1, 0)$을 지나고 점 (n, n)에서 직선 $y=x$와 접하는 원의 중심의 좌표를 (a_n, b_n)이라 할 때, $\lim\limits_{n\to\infty}\dfrac{a_n-b_n}{n^2}$의 값을 구하시오. (4점)

Step 1 주어진 조건을 이용하여 a_n과 b_n 사이의 관계식을 구한다.

점 (n, n)에서 직선 $y=x$와 접하는 원의 중심 (a_n, b_n)은 직선 $y=-x+2n$ 위에 있으므로
$b_n=-a_n+2n$ ...... ㉠

→ 원이 직선 $y=x$와 접하므로 원의 중심은 기울기가 -1이고 점 (n, n)을 지나는 직선 위에 있어.

Step 2 수열의 극한의 성질을 이용하여 $\lim\limits_{n\to\infty}\dfrac{a_n-b_n}{n^2}$의 값을 구한다.

원의 중심이 두 점 (n, n), $(1, 0)$으로부터 같은 거리만큼 떨어져 있으므로
→ 원의 반지름의 길이와 같아.

$\sqrt{(a_n-n)^2+(b_n-n)^2}=\sqrt{(a_n-1)^2+b_n{}^2}$에서
$(a_n-n)^2+(b_n-n)^2=(a_n-1)^2+b_n{}^2$

위의 식에 ㉠을 대입하면
$(a_n-n)^2+(-a_n+n)^2=(a_n-1)^2+(-a_n+2n)^2$
$a_n{}^2-2na_n+n^2+a_n{}^2-2na_n+n^2=a_n{}^2-2a_n+1+a_n{}^2-4na_n+4n^2$
$2a_n=2n^2+1$

$\therefore a_n=\dfrac{2n^2+1}{2}$, $b_n=-\dfrac{2n^2+1}{2}+2n$

→ ㉠에 $a_n=\dfrac{2n^2+1}{2}$을 대입했어.

$\therefore \lim\limits_{n\to\infty}\dfrac{a_n-b_n}{n^2}=\lim\limits_{n\to\infty}\dfrac{2n^2-2n+1}{n^2}=2$

---

130 [정답률 45%]　　　　　　정답 ③

> 자연수 n에 대하여 직선 $y=2nx$가 곡선 $y=x^2+n^2-1$과 만나는 두 점을 각각 A_n, B_n이라 하자. 원 $(x-2)^2+y^2=1$ 위의 점 P에 대하여 삼각형 A_nB_nP의 넓이가 최대가 되도록 하는 점 P를 P_n이라 할 때, 삼각형 $A_nB_nP_n$의 넓이를 S_n이라 하자. $\lim\limits_{n\to\infty}\dfrac{S_n}{n}$의 값은? (4점)
>
> ① 2　　　　② 4　　　　✔ 6
> ④ 8　　　　⑤ 10

Step 1 선분 A_nB_n의 길이를 구한다.

두 점 A_n, B_n의 좌표를 구하기 위해 직선 $y=2nx$의 식과 곡선 $y=x^2+n^2-1$의 식을 연립하면
$2nx=x^2+n^2-1$에서 $x^2-2nx+n^2-1=0$
$(x-n+1)(x-n-1)=0$　　→ $=(n+1)(n-1)$
$\therefore x=n-1$ 또는 $x=n+1$

따라서 두 그래프의 교점의 좌표는 $(n-1, 2n^2-2n)$, $(n+1, 2n^2+2n)$이므로

→ $y=2nx$에 $x=n-1$을 대입하면 $y=2n(n-1)=2n^2-2n$

$\overline{A_nB_n}=\sqrt{2^2+(4n)^2}=\sqrt{16n^2+4}=2\sqrt{4n^2+1}$

→ $(2n^2+2n)-(2n^2-2n)=4n$

Step 2 S_n을 구한다.

→ $(n+1)-(n-1)=2$

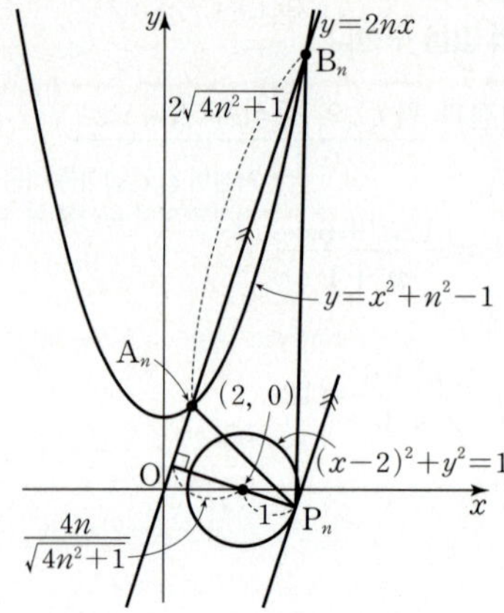

원의 중심 $(2, 0)$과 직선 $2nx-y=0$ 사이의 거리는
$$\dfrac{|2\times2n+0\times(-1)|}{\sqrt{(2n)^2+(-1)^2}}=\dfrac{4n}{\sqrt{4n^2+1}}$$
따라서 삼각형 $A_nB_nP_n$의 넓이는
$$S_n=\dfrac{1}{2}\times\overline{A_nB_n}\times\left(\dfrac{4n}{\sqrt{4n^2+1}}+1\right)$$

→ 원 $(x-2)^2+y^2=1$의 반지름의 길이

$$=\dfrac{1}{2}\times2\sqrt{4n^2+1}\times\left(\dfrac{4n}{\sqrt{4n^2+1}}+1\right)$$
$$=4n+\sqrt{4n^2+1}$$

Step 3 $\lim\limits_{n\to\infty}\dfrac{S_n}{n}$의 값을 구한다.

$$\lim\limits_{n\to\infty}\dfrac{S_n}{n}=\lim\limits_{n\to\infty}\dfrac{4n+\sqrt{4n^2+1}}{n}$$
$$=\lim\limits_{n\to\infty}\left(4+\dfrac{\sqrt{4n^2+1}}{n}\right)$$

→ $\dfrac{\sqrt{4n^2+1}}{n}=\dfrac{\sqrt{4n^2+1}}{\sqrt{n^2}}$

$$=\lim\limits_{n\to\infty}\left(4+\sqrt{4+\dfrac{1}{n^2}}\right)$$

→ $=\sqrt{\dfrac{4n^2+1}{n^2}}=\sqrt{4+\dfrac{1}{n^2}}$

$$=4+2=6$$

→ $\lim\limits_{n\to\infty}\dfrac{1}{n^2}=0$

---

131 [정답률 59%]　　　　　　정답 16

> 자연수 n에 대하여 직선 $x=4^n$이 곡선 $y=\sqrt{x}$와 만나는 점을 P_n이라 하자. 선분 P_nP_{n+1}의 길이를 L_n이라 할 때, $\lim\limits_{n\to\infty}\left(\dfrac{L_{n+1}}{L_n}\right)^2$의 값을 구하시오. (4점)

→ 두 선분의 길이 L_n, L_{n+1}을 n에 대한 식으로 나타낸 후 극한값을 구해봐.

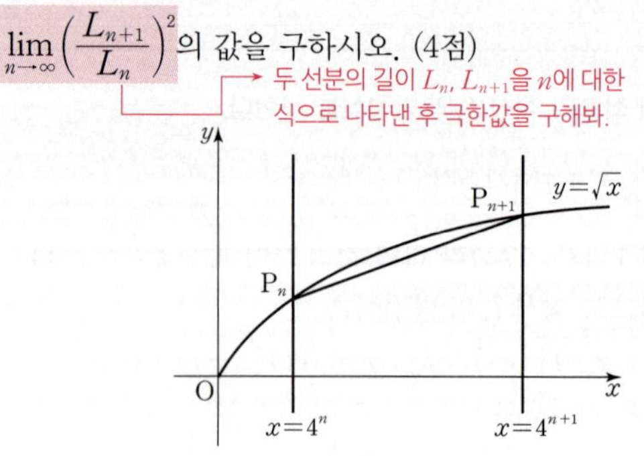

Step 1 두 점 P_n, P_{n+1}의 좌표를 구한다.

점 P_n은 직선 $x=4^n$과 곡선 $y=\sqrt{x}$의 교점이므로
$y=\sqrt{4^n}=\sqrt{2^{2n}}=2^n$
$\therefore P_n(4^n, 2^n)$　→ $y=\sqrt{x}$에 $x=4^n$을 대입하면 점 P_n의 y좌표를 찾을 수 있어.

마찬가지로 점 P_{n+1}은 직선 $x=4^{n+1}$과 곡선 $y=\sqrt{x}$의 교점이므로
$P_{n+1}(4^{n+1}, 2^{n+1})$　→ $y=\sqrt{x}$에 $x=4^{n+1}$을 대입하면 점 P_{n+1}의 y좌표를 찾을 수 있어.

Step 2 선분 $P_n P_{n+1}$의 길이를 이용하여 $\lim\limits_{n\to\infty}\left(\dfrac{L_{n+1}}{L_n}\right)^2$의 값을 구한다.

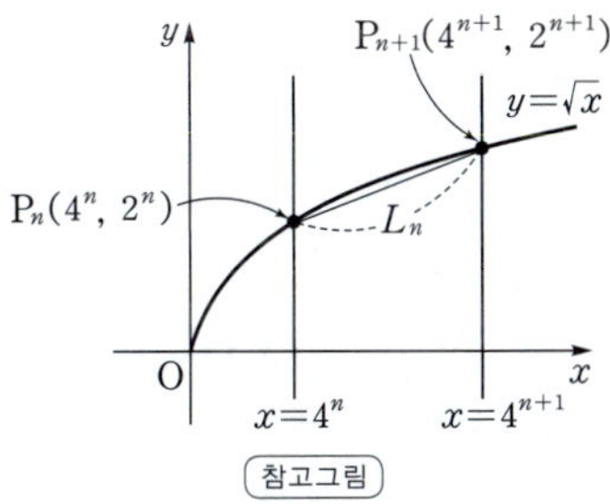

참고그림

L_n은 선분 $P_n P_{n+1}$의 길이, 즉 두 점 P_n, P_{n+1} 사이의 거리이므로

$$L_n=\sqrt{(4^{n+1}-4^n)^2+(2^{n+1}-2^n)^2}$$
$$=\sqrt{\{4^n(4-1)\}^2+\{2^n(2-1)\}^2}$$
$$=\sqrt{(3\times4^n)^2+(2^n)^2}$$
$$=\sqrt{9\times16^n+4^n}$$

피타고라스 정리를 이용

$$L_{n+1}=\sqrt{9\times16^{n+1}+4^{n+1}}$$

$L_n=\sqrt{9\times16^n+4^n}$에 n 대신 $n+1$을 대입

$$\therefore \lim_{n\to\infty}\left(\frac{L_{n+1}}{L_n}\right)^2=\lim_{n\to\infty}\left(\frac{\sqrt{9\times16^{n+1}+4^{n+1}}}{\sqrt{9\times16^n+4^n}}\right)^2$$
$$=\lim_{n\to\infty}\frac{9\times16^{n+1}+4^{n+1}}{9\times16^n+4^n}$$
$$=\lim_{n\to\infty}\frac{9\times16+4\times\left(\dfrac{4}{16}\right)^n}{9+\left(\dfrac{4}{16}\right)^n}$$

분모, 분자를 각각 16^n으로 나누었어.

$$=\frac{9\times16+4\times0}{9+0}=16$$

$\lim\limits_{n\to\infty}\left(\dfrac{4}{16}\right)^n=0$

Step 2 수열의 극한을 이용하여 $\lim\limits_{n\to\infty}\dfrac{12}{a_n-b_n}$의 값을 구한다.

$$\lim_{n\to\infty}\frac{12}{a_n-b_n}=\lim_{n\to\infty}\frac{12}{\sqrt{n^2+5n+4}-\sqrt{n^2+2n-1}}$$

분모의 유리화

$$=\lim_{n\to\infty}\frac{12(\sqrt{n^2+5n+4}+\sqrt{n^2+2n-1})}{(n^2+5n+4)-(n^2+2n-1)}$$

분모와 분자를 각각 n으로 나누었어.

$$=\lim_{n\to\infty}\frac{12(\sqrt{n^2+5n+4}+\sqrt{n^2+2n-1})}{3n+5}$$
$$=\lim_{n\to\infty}\frac{12\left(\sqrt{1+\dfrac{5}{n}+\dfrac{4}{n^2}}+\sqrt{1+\dfrac{2}{n}-\dfrac{1}{n^2}}\right)}{3+\dfrac{5}{n}}$$

$$=\frac{12(1+1)}{3+0}$$
$$=8$$

$\dfrac{12\times2}{3}=\dfrac{24}{3}=8$

---

132 [정답률 70%]

정답 ③

그림과 같이 자연수 n에 대하여 직선 $x=n$이 두 곡선 $y=\sqrt{5x+4}$, $y=\sqrt{2x-1}$과 만나는 점을 각각 A_n, B_n이라 하자. 선분 OA_n의 길이를 a_n, 선분 OB_n의 길이를 b_n이라 할 때, $\lim\limits_{n\to\infty}\dfrac{12}{a_n-b_n}$의 값은? (단, O는 원점이다.) (4점)

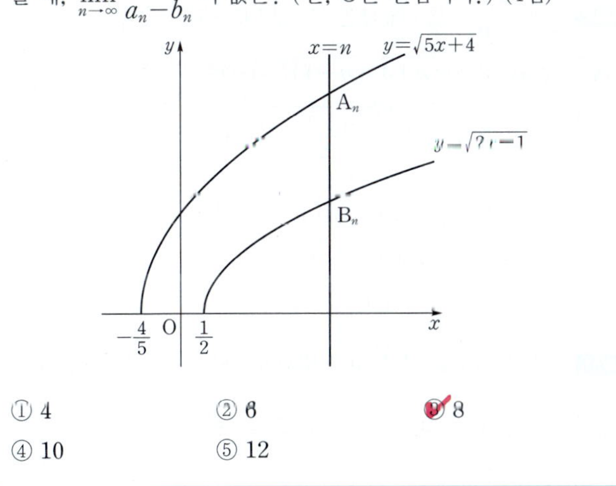

① 4 　　② 6 　　③ 8
④ 10 　　⑤ 12

Step 1 a_n, b_n을 n에 대한 식으로 나타낸다.

$A_n(n,\ \sqrt{5n+4})$이므로

$\sqrt{(n-0)^2+(\sqrt{5n+4}-0)^2}=\sqrt{n^2+5n+4}$

$$a_n=\overline{OA_n}=\sqrt{n^2+5n+4}$$

두 점 $(x_1,\ y_1)$, $(x_2,\ y_2)$ 사이의 거리는 $\sqrt{(x_1-x_2)^2+(y_1-y_2)^2}$이야.

$B_n(n,\ \sqrt{2n-1})$이므로

$$b_n=\overline{OB_n}=\sqrt{n^2+2n-1}$$

$\sqrt{(n-0)^2+(\sqrt{2n-1}-0)^2}=\sqrt{n^2+2n-1}$

---

133 [정답률 72%]

정답 ④

자연수 n에 대하여 원 $x^2+y^2=4n^2$과 직선 $y=\sqrt{n}$이 제1사분면에서 만나는 점의 x좌표를 a_n이라 할 때, $\lim\limits_{n\to\infty}(2n-a_n)$의 값은? (4점)

점 $(a_n,\ \sqrt{n})$은 원 $x^2+y^2=4n^2$ 위의 점

① $\dfrac{1}{16}$ 　　② $\dfrac{1}{8}$ 　　③ $\dfrac{3}{16}$

④ $\dfrac{1}{4}$ 　　⑤ $\dfrac{5}{16}$

Step 1 a_n을 구한다.

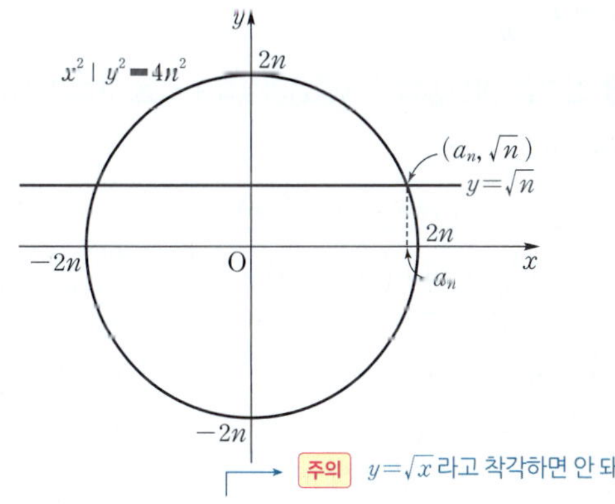

원 $x^2+y^2=4n^2$과 직선 $y=\sqrt{n}$이 제1사분면에서 만나는 점의 x좌표가 a_n이므로

$x=a_n,\ y=\sqrt{n}$을 원의 방정식에 대입

$$a_n^2+(\sqrt{n})^2=4n^2,\quad a_n^2=4n^2-n$$

이때 $a_n>0$이므로 $a_n=\sqrt{4n^2-n}$

제1사분면 위의 점의 x좌표는 0보다 커야 해.

Step 2 $\lim\limits_{n\to\infty}(2n-a_n)$의 값을 구한다.

$$\therefore \lim_{n\to\infty}(2n-a_n)=\lim_{n\to\infty}(2n-\sqrt{4n^2-n})$$

$\to =(2n)^2-(\sqrt{4n^2-n})^2$

$$=\lim_{n\to\infty}\frac{(2n-\sqrt{4n^2-n})(2n+\sqrt{4n^2-n})}{2n+\sqrt{4n^2-n}}$$

$$=\lim_{n\to\infty}\frac{4n^2-(4n^2-n)}{2n+\sqrt{4n^2-n}}$$

$$=\lim_{n\to\infty}\frac{n}{2n+\sqrt{4n^2-n}}$$

분모, 분자를 각각 n으로 나눠 주었어.

$$=\lim_{n\to\infty}\frac{1}{2+\sqrt{4-\dfrac{1}{n}}}$$

$$=\frac{1}{2+2}=\frac{1}{4}$$

134 [정답률 24%] 　　　　정답 20

자연수 n에 대하여 곡선 $y=x^2-\left(4+\dfrac{1}{n}\right)x+\dfrac{4}{n}$와 직선 $y=\dfrac{1}{n}x+1$이 만나는 두 점을 각각 P_n, Q_n이라 하자. 삼각형 OP_nQ_n의 무게중심의 y좌표를 a_n이라 할 때, $30\lim\limits_{n\to\infty}a_n$의 값을 구하시오. (단, O는 원점이다.) (4점)

Step 1 두 점 P_n, Q_n의 x좌표가 방정식 $x^2-\left(4+\dfrac{1}{n}\right)x+\dfrac{4}{n}=\dfrac{1}{n}x+1$ 의 두 근임을 이용한다. → 이차방정식의 근과 계수의 관계를 이용

곡선 $y=x^2-\left(4+\dfrac{1}{n}\right)x+\dfrac{4}{n}$와 직선 $y=\dfrac{1}{n}x+1$의 두 교점이 P_n, Q_n이므로 두 점 P_n, Q_n의 x좌표를 각각 α_n, β_n이라 하면

$$P_n\left(\alpha_n,\ \frac{\alpha_n}{n}+1\right),\ Q_n\left(\beta_n,\ \frac{\beta_n}{n}+1\right)$$

이때 α_n, β_n은 방정식 $x^2-\left(4+\dfrac{1}{n}\right)x+\dfrac{4}{n}=\dfrac{1}{n}x+1$, 즉

$$x^2-\left(4+\frac{2}{n}\right)x+\left(\frac{4}{n}-1\right)=0의\ 두\ 근이다.$$

→ 곡선과 직선의 방정식을 연립하여 이차방정식을 세운 거야.

이차방정식의 근과 계수의 관계에 의해

$$\alpha_n+\beta_n=4+\frac{2}{n} \quad\cdots\cdots\ \bigcirc$$

Step 2 삼각형 OP_nQ_n의 무게중심의 y좌표 a_n을 구하고 $30\lim\limits_{n\to\infty}a_n$의 값을 계산한다.

삼각형 OP_nQ_n의 무게중심의 y좌표는

$$a_n=\frac{1}{3}\left\{0+\left(\frac{\alpha_n}{n}+1\right)+\left(\frac{\beta_n}{n}+1\right)\right\}$$

암기 세 점 (x_1,y_1), (x_2,y_2), (x_3,y_3)을 꼭짓점으로 하는 삼각형의 무게중심의 좌표는 $\left(\dfrac{x_1+x_2+x_3}{3},\ \dfrac{y_1+y_2+y_3}{3}\right)$ 이야.

$$=\frac{1}{3}\left(\frac{\alpha_n+\beta_n}{n}+2\right)$$

$$=\frac{1}{3}\left(\frac{4+\dfrac{2}{n}}{n}+2\right)(\because \bigcirc)$$

$$=\frac{1}{3}\left(\frac{4}{n}+\frac{2}{n^2}+2\right)$$

$$\therefore 30\lim_{n\to\infty}a_n=30\lim_{n\to\infty}\frac{1}{3}\left(\frac{4}{n}+\frac{2}{n^2}+2\right)$$

$$=10(0+0+2)=20$$

→ $\lim\limits_{n\to\infty}\dfrac{4}{n}=0,\ \lim\limits_{n\to\infty}\dfrac{2}{n^2}=0$

135 [정답률 58%] 　　　　정답 ①

자연수 n에 대하여 좌표평면 위의 점 A_n을 다음 규칙에 따라 정한다.

(가) A_1은 원점이다.
(나) n이 홀수이면 A_{n+1}은 점 A_n을 x축의 방향으로 a만큼 평행이동한 점이다.
(다) n이 짝수이면 A_{n+1}은 점 A_n을 y축의 방향으로 $a+1$만큼 평행이동한 점이다.

$\lim\limits_{n\to\infty}\dfrac{\overline{A_1A_{2n}}}{n}=\dfrac{\sqrt{34}}{2}$일 때, 양수 a의 값은? (4점)

① $\dfrac{3}{2}$　　　　② $\dfrac{7}{4}$　　　　③ 2

④ $\dfrac{9}{4}$　　　　⑤ $\dfrac{5}{2}$

Step 1 점 A_{2n}의 좌표를 구한다.

규칙 (가)에서 $A_1(0,0)$
규칙 (나)에서 $A_2(a,0)$
규칙 (다)에서 $A_3(a,a+1)$
규칙 (나)에서 $A_4(2a,a+1)$
규칙 (다)에서 $A_5(2a,2(a+1))$
규칙 (나)에서 $A_6(3a,2(a+1))$
규칙 (다)에서 $A_7(3a,3(a+1))$
규칙 (나)에서 $A_8(4a,3(a+1))$
$$\vdots$$

따라서 점 A_{2n}의 좌표를 (x_{2n},y_{2n})이라 하면 수열 $\{x_{2n}\}$은 첫째항이 a, 공차가 a인 등차수열이고 수열 $\{y_{2n}\}$은 첫째항이 0, 공차가 $a+1$인 등차수열이다.

$$\therefore A_{2n}(an,\ (a+1)(n-1))$$

→ $a+(n-1)\times a=a+na-a$

Step 2 $\lim\limits_{n\to\infty}\dfrac{\overline{A_1A_{2n}}}{n}$을 a에 대한 식으로 나타낸다.

$\overline{A_1A_{2n}}=\sqrt{(an)^2+\{(a+1)(n-1)\}^2}$이므로

$$\lim_{n\to\infty}\frac{\overline{A_1A_{2n}}}{n}=\lim_{n\to\infty}\frac{\sqrt{a^2n^2+(a+1)^2(n-1)^2}}{n}$$

$$=\lim_{n\to\infty}\sqrt{a^2+(a+1)^2\left(1-\frac{1}{n}\right)^2}$$

$$=\sqrt{a^2+(a+1)^2}$$

$$=\sqrt{2a^2+2a+1}$$

Step 3 $\sqrt{2a^2+2a+1}=\dfrac{\sqrt{34}}{2}$를 만족시키는 양수 a의 값을 구한다.

$\lim\limits_{n\to\infty}\dfrac{\overline{A_1A_{2n}}}{n}=\dfrac{\sqrt{34}}{2}$에서 $\sqrt{2a^2+2a+1}=\dfrac{\sqrt{34}}{2}$

$$2a^2+2a+1=\frac{34}{4},\ 4a^2+4a+2=17$$

$$4a^2+4a-15=0,\ (2a+5)(2a-3)=0$$

$$\therefore a=\frac{3}{2}\ (\because a>0)$$

→ $a=-\dfrac{5}{2}$ 또는 $a=\dfrac{3}{2}$

136 [정답률 31%] 정답 ⑤

자연수 n에 대하여 점 A_n이 함수 $y=4^x$의 그래프 위의 점일 때, 점 A_{n+1}을 다음 규칙에 따라 정한다.

> (가) 점 A_1의 좌표는 $(a, 4^a)$이다.
>
> (나) (1) 점 A_n을 지나고 x축에 평행한 직선이 직선 $y=2x$와
> 만나는 점을 P_n이라 한다.
>
> $y=$(점 A_n의 y좌표)
> 점 P_n의 y좌표는 점 A_n의 y좌표와 같아!
>
> (2) 점 P_n을 지나고 y축에 평행한 직선이 곡선
> $y=\log_4 x$와 만나는 점을 B_n이라 한다.
>
> $x=$(점 P_n의 x좌표)
> 점 B_n의 x좌표는 점 P_n의 x좌표와 같아!
>
> (3) 점 B_n을 지나고 x축에 평행한 직선이 직선 $y=2x$와
> 만나는 점을 Q_n이라 한다.
>
> $y=$(점 B_n의 y좌표)
> 점 Q_n의 y좌표는 점 B_n의 y좌표와 같아!
>
> (4) 점 Q_n을 지나고 y축에 평행한 직선이 곡선 $y=4^x$과
> 만나는 점을 A_{n+1}이라 한다.
>
> $x=$(점 Q_n의 x좌표)
> 점 A_{n+1}의 x좌표는 점 Q_n의 x좌표와 같아!

점 A_n의 x좌표를 x_n이라 할 때, $\displaystyle\lim_{n\to\infty} x_n$의 값은? (4점)

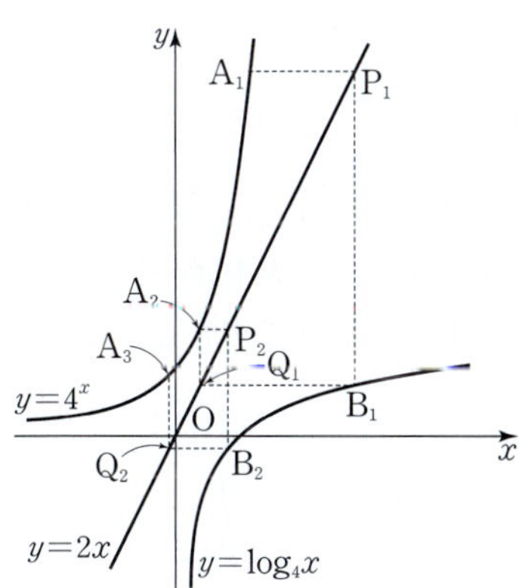

① $-\dfrac{3}{4}$ ② $-\dfrac{11}{16}$ ③ $-\dfrac{5}{8}$

④ $-\dfrac{9}{16}$ ⑤ $-\dfrac{1}{2}$

Step 1 점 $A_n(x_n, 4^{x_n})$을 이용하여 세 점 P_n, B_n, Q_n의 좌표를 구한다.

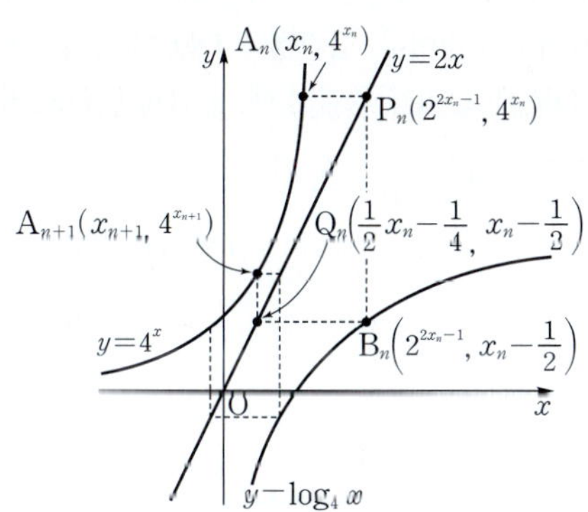

점 A_n의 좌표가 $A_n(x_n, 4^{x_n})$이므로

(나) (1) $4^{x_n}=2x$에서 $x=\dfrac{4^{x_n}}{2}=2^{2x_n-1}$
규칙에 따라 직선 $y=2x$ 위에 있는 점 P_n과 점 A_n의 y좌표가 같기 때문에 이 등식이 성립해!

$\therefore P_n(2^{2x_n-1}, 4^{x_n})$

(2) $y=\log_4 2^{2x_n-1}=(2x_n-1)\log_4 2$
$=\dfrac{1}{2}(2x_n-1)=x_n-\dfrac{1}{2}$
규칙에 따라 점 B_n의 x좌표는 점 P_n의 x좌표와 같기 때문에 점 P_n의 x좌표를 $y=\log_4 x$에 대입하여 점 B_n의 y좌표를 구한 거야!

$\therefore B_n\!\left(2^{2x_n-1}, x_n-\dfrac{1}{2}\right)$

(3) $x_n-\dfrac{1}{2}=2x$에서 $x=\dfrac{1}{2}x_n-\dfrac{1}{4}$
규칙에 따라 직선 $y=2x$ 위에 있는 점 Q_n과 점 B_n의 y좌표가 같기 때문에 이 등식이 성립해!

$\therefore Q_n\!\left(\dfrac{1}{2}x_n-\dfrac{1}{4}, x_n-\dfrac{1}{2}\right)$

Step 2 두 점 A_{n+1}과 Q_n의 x좌표가 같음을 이용하여 극한값을 구한다.

이때 (나)의 (4)에 의하여 두 점 A_{n+1}과 Q_n의 x좌표가 같으므로

$$x_{n+1}=\frac{1}{2}x_n-\frac{1}{4}$$

$\displaystyle\lim_{n\to\infty} x_n=\alpha$ (α는 상수)라 하면 $\displaystyle\lim_{n\to\infty} x_{n+1}=\lim_{n\to\infty} x_n=\alpha$이므로

$\displaystyle\lim_{n\to\infty} x_{n+1}=\lim_{n\to\infty}\left(\frac{1}{2}x_n-\frac{1}{4}\right)=\frac{1}{2}\lim_{n\to\infty} x_n-\frac{1}{4}$에서

$\alpha=\dfrac{1}{2}\alpha-\dfrac{1}{4}$ $\therefore \alpha=-\dfrac{1}{2}$

n이 한없이 커질 때 x_n의 값이 일정한 수 α에 수렴하기 때문에 n이 $2n$이 되든 $3n$이 되든 $n+1$이 되든 극한값은 같다.
즉, $\displaystyle\lim_{n\to\infty} x_{2n}=\lim_{n\to\infty} x_{3n}=\lim_{n\to\infty} x_{n+1}=\alpha$이다.

$\therefore \displaystyle\lim_{n\to\infty} x_n=-\dfrac{1}{2}$

> **참고**
>
> $x_{n+1}=\dfrac{1}{2}x_n-\dfrac{1}{4}$에서
>
> $x_{n+1}-\alpha=\dfrac{1}{2}(x_n-\alpha)$이므로 $\dfrac{1}{2}\alpha=-\dfrac{1}{4}$ $\therefore \alpha=-\dfrac{1}{2}$
>
> $x_{n+1}+\dfrac{1}{2}=\dfrac{1}{2}\left(x_n+\dfrac{1}{2}\right)$
>
> 수열 $\left\{x_n+\dfrac{1}{2}\right\}$은 첫째항이 $x_1+\dfrac{1}{2}$, 공비가 $\dfrac{1}{2}$인
> 등비수열이므로
>
> $x_n+\dfrac{1}{2}=\left(x_1+\dfrac{1}{2}\right)\cdot\left(\dfrac{1}{2}\right)^{n-1}$
>
> $\therefore x_n=\left(x_1+\dfrac{1}{2}\right)\cdot\left(\dfrac{1}{2}\right)^{n-1}-\dfrac{1}{2}$
>
> 그러므로 $\displaystyle\lim_{n\to\infty} x_n=\lim_{n\to\infty}\left\{\left(x_1+\dfrac{1}{2}\right)\left(\dfrac{1}{2}\right)^{n-1}-\dfrac{1}{2}\right\}=-\dfrac{1}{2}$이다.

137 [정답률 62%] 정답 ④

자연수 n에 대하여 직선 $y=n$과 함수 $y=\tan x$의 그래프가 제1사분면에서 만나는 점의 x좌표를 작은 수부터 크기순으로 나열할 때, n번째 수를 a_n이라 하자. $\displaystyle\lim_{n\to\infty}\dfrac{a_n}{n}$의 값은? (4점)

→ 주어진 그래프와 문제를 함께 읽는 습관을 들여!

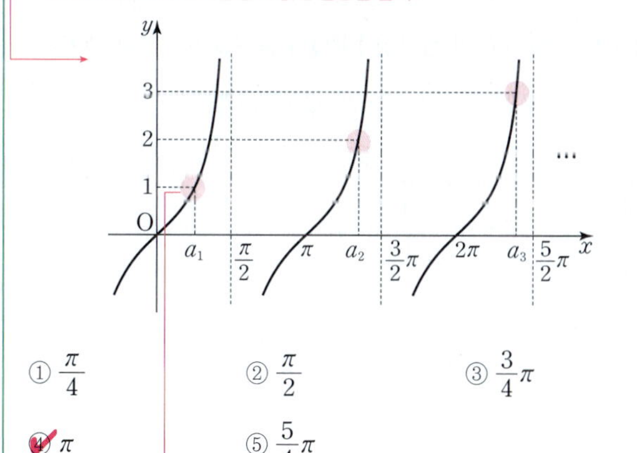

① $\dfrac{\pi}{4}$ ② $\dfrac{\pi}{2}$ ③ $\dfrac{3}{4}\pi$

④ π ⑤ $\dfrac{5}{4}\pi$

직선 $y=1$과 함수 $y=\tan x$의 그래프의 제1사분면에서의 교점 중 x좌표의 값이 가장 작은 점이야!

Step 1 a_n의 값의 범위를 구한다.

주어진 그래프에서 $a_1,\ a_2,\ a_3,\ \cdots$의 값의 범위를 구하면

$$0<a_1<\frac{\pi}{2}$$

└▶ 문제에서 주어진 그래프를 보면 $a_1,\ a_2,\ a_3,\ \cdots$의 값의 각각의 범위를 쉽게 구할 수 있어!

$$\pi<a_2<\frac{3}{2}\pi$$

$$2\pi<a_3<\frac{5}{2}\pi$$

└▶ 여러 개의 식을 나열하여 일반화된 식을 알아내는 것은 수열 문제에서 매우 중요한 과정이야! 이때 헷갈리지 않도록 주의해야 해.

$$\vdots$$

$$(n-1)\pi<a_n<(n-1)\pi+\frac{\pi}{2}$$

$$\therefore\ (n-1)\pi<a_n<\frac{(2n-1)\pi}{2}$$

Step 2 $\lim\limits_{n\to\infty}\dfrac{a_n}{n}$의 값을 구한다.

부등식의 각 변에 $\dfrac{1}{n}$을 곱하면

$$\frac{(n-1)\pi}{n}<\frac{a_n}{n}<\frac{(2n-1)\pi}{2n}$$

└▶ $n>0$이므로 $\dfrac{1}{n}>0$이라서 부등식의 각 변에 $\dfrac{1}{n}$을 곱해도 부등호의 방향은 바뀌지 않아.

이때 $\lim\limits_{n\to\infty}\dfrac{(n-1)\pi}{n}=\lim\limits_{n\to\infty}\dfrac{(2n-1)\pi}{2n}=\pi$이므로 수열의 극한값의

대소 관계에 의하여 $\lim\limits_{n\to\infty}\dfrac{a_n}{n}=\pi$

└▶ $\dfrac{(n-1)\pi}{n}<\dfrac{a_n}{n}<\dfrac{(2n-1)\pi}{2n}$에서 부등식의 각 변에 극한값을 취하면
$\lim\limits_{n\to\infty}\dfrac{(n-1)\pi}{n}=\pi\le\lim\limits_{n\to\infty}\dfrac{a_n}{n}\le\lim\limits_{n\to\infty}\dfrac{(2n-1)\pi}{2n}=\pi$

---

138 [정답률 77%] 정답 ⑤

자연수 n에 대하여 좌표가 $(0,\ 2n+1)$인 점을 P라 하고, 함수 $f(x)=nx^2$의 그래프 위의 점 중 y좌표가 1이고 제1사분면에 있는 점을 Q라 하자. 다음 물음에 답하시오.

└▶ 점 Q의 x좌표를 n에 대한 식으로 나타낼 수 있다.

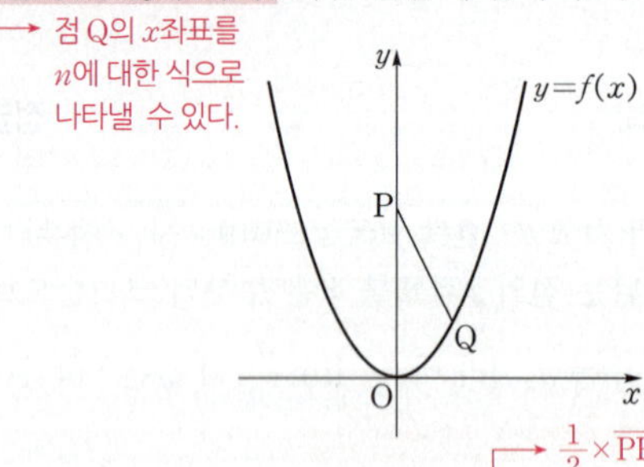

점 R$(0,\ 1)$에 대하여 삼각형 PRQ의 넓이를 S_n, 선분 PQ의

└▶ $\dfrac{1}{2}\times\overline{PR}\times(점\ Q의\ x좌표)$

길이를 l_n이라 할 때, $\lim\limits_{n\to\infty}\dfrac{S_n^{\,2}}{l_n}$의 값은? (4점)

① $\dfrac{3}{2}$　　② $\dfrac{5}{4}$　　③ 1

④ $\dfrac{3}{4}$　　⑤ $\dfrac{1}{2}$

Step 1 S_n과 l_n을 n에 대한 식으로 나타낸다.

점 Q의 y좌표가 1이므로 $nx^2=1,\ x^2=\dfrac{1}{n}$

$x=\pm\dfrac{1}{\sqrt{n}}$　$\therefore\ Q\left(\dfrac{1}{\sqrt{n}},\ 1\right)$ ($\because$ 점 Q는 제1사분면 위의 점)

점 Q와 점 R의 y좌표가 서로 같으므로 삼각형 PQR은 $\angle PRQ=90°$인 직각삼각형이다.

따라서 P$(0,\ 2n+1)$, Q$\left(\dfrac{1}{\sqrt{n}},\ 1\right)$에서

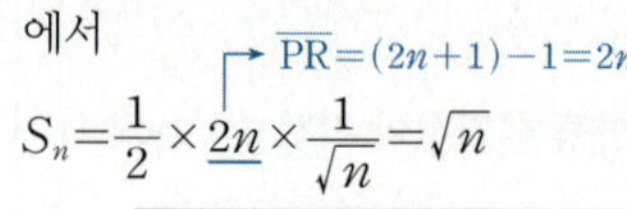
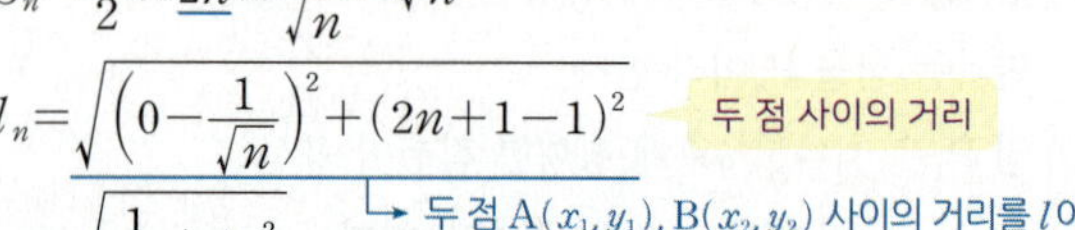

└▶ $\overline{PR}=(2n+1)-1=2n$

$$S_n=\frac{1}{2}\times 2n\times\frac{1}{\sqrt{n}}=\sqrt{n}$$

$$l_n=\sqrt{\left(0-\frac{1}{\sqrt{n}}\right)^2+(2n+1-1)^2}$$

└ 두 점 사이의 거리

$$=\sqrt{\frac{1}{n}+4n^2}$$

└▶ 두 점 $A(x_1,\ y_1)$, $B(x_2,\ y_2)$ 사이의 거리를 l이라 하면 $l=\sqrt{(x_2-x_1)^2+(y_2-y_1)^2}$ 이다.

Step 2 수열의 극한을 계산한다.

└▶ 분모, 분자를 각각 n으로 나눠주었다.

$$\lim_{n\to\infty}\frac{S_n^{\,2}}{l_n}=\lim_{n\to\infty}\frac{n}{\sqrt{4n^2+\frac{1}{n}}}=\lim_{n\to\infty}\frac{1}{\sqrt{4+\frac{1}{n^3}}}=\frac{1}{2}$$

---

139 [정답률 56%] 정답 ①

자연수 n에 대하여 좌표가 $(0,\ 3n+1)$인 점을 P_n, 함수 $f(x)=x^2\ (x\ge 0)$이라 하자. 점 P_n을 지나고 x축과 평행한 직선이 곡선 $y=f(x)$와 만나는 점을 Q_n이라 할 때, 다음 물음에 답하시오.

└▶ 점 Q_n의 좌표는 $Q_n(\sqrt{3n+1},\ 3n+1)$

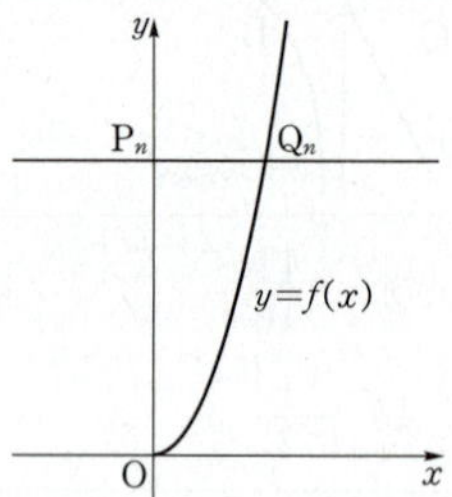

곡선 $y=f(x)$ 위의 점 R_n은 직선 P_nR_n의 기울기가 음수이고 y좌표가 자연수인 점이다. 삼각형 P_nOQ_n의 넓이를 S_n, 삼각형 P_nOR_n의 넓이가 최대일 때, 삼각형 P_nOR_n의 넓이를 T_n이라 하자. $\lim\limits_{n\to\infty}\dfrac{S_n-T_n}{\sqrt{n}}$의 값은?

└▶ $S_n,\ T_n$을 n에 대한 식으로 나타내 봐.

(단, O는 원점이다.) (4점)

① $\dfrac{\sqrt{3}}{4}$　　② $\dfrac{1}{2}$　　③ $\dfrac{\sqrt{5}}{4}$

④ $\dfrac{\sqrt{6}}{4}$　　⑤ $\dfrac{\sqrt{7}}{4}$

Step 1 주어진 그래프와 조건을 이용하여 $S_n,\ T_n$을 구한다.

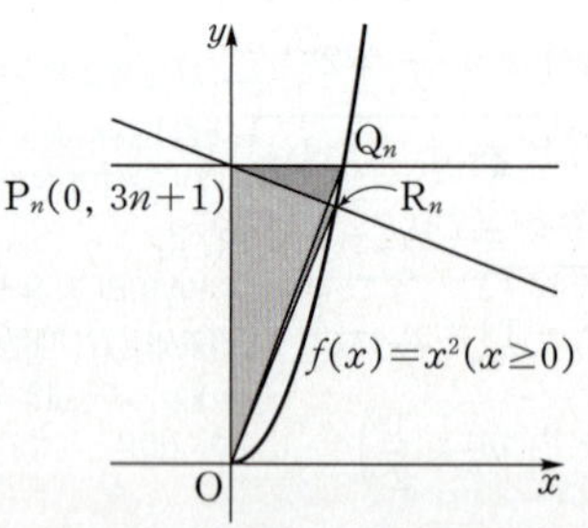

점 Q_n의 y좌표는 점 P_n의 y좌표와 같고 점 Q_n은
곡선 $y=f(x)$ 위에 있으므로 $Q_n(\sqrt{3n+1},\ 3n+1)$
삼각형 P_nOQ_n의 넓이 S_n은

$$S_n=\frac{1}{2}\overline{OP_n}\cdot\overline{P_nQ_n}=\frac{1}{2}(3n+1)\sqrt{3n+1}$$

점 R_n은 곡선 $y=f(x)$ 위의 점이고 y좌표가 자연수이므로
자연수 a에 대하여 $R_n(\sqrt{a},\ a)$로 놓을 수 있다.
그런데 직선 P_nR_n의 기울기가 음수이므로 $a<3n+1$
삼각형 P_nOR_n의 넓이가 최대가 되기 위해서는 점 R_n의 x좌표
$\underline{\sqrt{a}}$가 최대일 때이므로 $a=3n$일 때이고, 이때 점 R_n의 좌표는
$(\sqrt{3n},\ 3n)$이다.

점 R_n에서 y축까지의
거리가 최대가 되어야
하기 때문이야.

즉, $T_n=\frac{1}{2}\overline{OP_n}\cdot\sqrt{3n}=\frac{1}{2}(3n+1)\sqrt{3n}$

Step 2 $\displaystyle\lim_{n\to\infty}\frac{S_n-T_n}{\sqrt{n}}$의 값을 구한다.

$$\lim_{n\to\infty}\frac{S_n-T_n}{\sqrt{n}}=\lim_{n\to\infty}\frac{1}{\sqrt{n}}\left\{\frac{1}{2}(3n+1)\sqrt{3n+1}-\frac{1}{2}(3n+1)\sqrt{3n}\right\}$$

$$=\lim_{n\to\infty}\frac{3n+1}{2\sqrt{n}}(\sqrt{3n+1}-\sqrt{3n})$$

$$=\lim_{n\to\infty}\left\{\frac{3n+1}{2\sqrt{n}}\times\frac{(\sqrt{3n+1}-\sqrt{3n})(\sqrt{3n+1}+\sqrt{3n})}{\sqrt{3n+1}+\sqrt{3n}}\right\}$$

분모, 분자를
각각 n으로
나눈다.

$$=\lim_{n\to\infty}\frac{3n+1}{2(\sqrt{3n^2+n}+\sqrt{3n^2})}$$

$$=\lim_{n\to\infty}\frac{3+\frac{1}{n}}{2\left(\sqrt{3+\frac{1}{n}}+\sqrt{3}\right)}=\frac{3}{4\sqrt{3}}=\frac{\sqrt{3}}{4}$$

---

140 [정답률 71%]   정답 5

그림과 같이 직선 $x=1$이 두 곡선 $y=\dfrac{4}{x}$, $y=-\dfrac{6}{x}$과 만나는
점을 각각 A, B라 하자. 자연수 n에 대하여 직선 $x=n+1$이
두 곡선 $y=\dfrac{4}{x}$, $y=-\dfrac{6}{x}$과 만나는 점을 각각 P_n, Q_n이라 할
때, 사다리꼴 ABQ_nP_n의 넓이를 S_n이라 하자. $\displaystyle\lim_{n\to\infty}\frac{S_n}{n}$의
값을 구하시오. (4점)

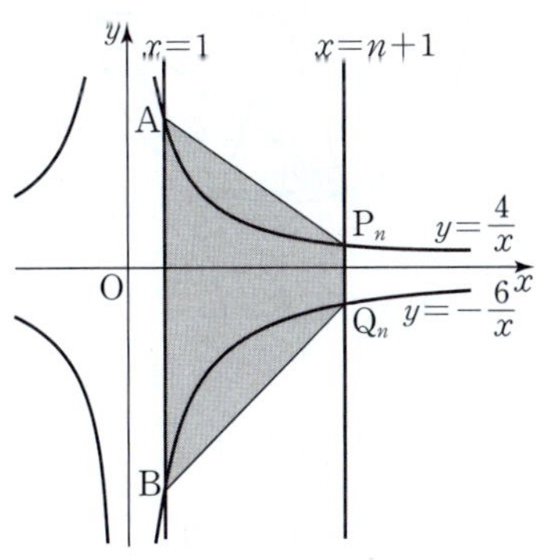

Step 1 두 점 P_n, Q_n의 좌표를 각각 구한다.

두 점 A, B는 직선 $x=1$이 두 곡선 $y=\dfrac{4}{x}$, $y=-\dfrac{6}{x}$과 각각 만나
는 점이므로 A$(1,\ 4)$, B$(1,\ -6)$

$y=-\frac{6}{1}=-6$
$y=\frac{4}{1}=4$
$x=n+1$을 대입해.

두 점 P_n, Q_n은 직선 $x=n+1$이 두 곡선 $y=\dfrac{4}{x}$, $y=-\dfrac{6}{x}$과 각각

만나는 점이므로 $P_n\left(n+1,\ \dfrac{4}{n+1}\right)$, $Q_n\left(n+1,\ -\dfrac{6}{n+1}\right)$

Step 2 사다리꼴 ABQ_nP_n의 넓이 S_n을 구한다.

따라서 사다리꼴 ABQ_nP_n의 넓이 S_n은

$$S_n=\frac{1}{2}\times(\overline{AB}+\overline{P_nQ_n})\times\{(n+1)-1\}$$

$\overline{AB}=4-(-6)=10$
$\overline{P_nQ_n}=\dfrac{4}{n+1}-\left(-\dfrac{6}{n+1}\right)=\dfrac{10}{n+1}$

$$=\frac{1}{2}\times\left(10+\frac{10}{n+1}\right)\times n$$

$$=5n+\frac{5n}{n+1}=5n\left(1+\frac{1}{n+1}\right)$$

Step 3 $\displaystyle\lim_{n\to\infty}\frac{S_n}{n}$의 값을 구한다.

$$\lim_{n\to\infty}\frac{S_n}{n}=\lim_{n\to\infty}\frac{5n\left(1+\frac{1}{n+1}\right)}{n}=\lim_{n\to\infty}5\left(1+\frac{1}{n+1}\right)=5$$

$\displaystyle\lim_{n\to\infty}\frac{1}{n+1}=0$

---

141 [정답률 68%]   정답 ③

자연수 n에 대하여 $\angle A=90^\circ$, $\overline{AB}=2$, $\overline{CA}=n$인 삼각형
ABC에서 $\angle A$의 이등분선이 선분 BC와 만나는 점을 D라
하자. 선분 CD의 길이를 a_n이라 할 때, $\displaystyle\lim_{n\to\infty}(n-a_n)$의 값은?

(4점)

① 1   ② $\sqrt{2}$ ③ 2

④ $2\sqrt{2}$ ⑤ 4

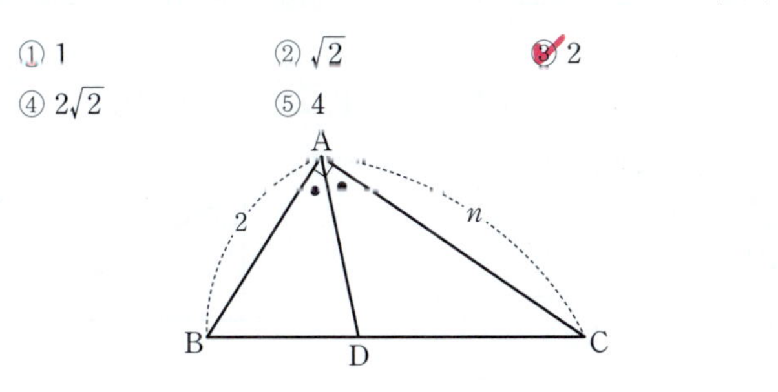

Step 1 삼각형의 중선정리를 이용하여 a_n을 구한다.

직각삼각형 ABC에서 피타고라스 정리에 의하여

$$\overline{BC}^2=\overline{AB}^2+\overline{CA}^2=4+n^2 \qquad \therefore\ \overline{BC}=\sqrt{n^2+4}$$

선분 AD가 ∠A의 이등분선이므로 $\overline{AB}:\overline{AC}=\overline{BD}:\overline{CD}=2:n$

$\therefore a_n=\overline{BC}\times\dfrac{n}{2+n}=\dfrac{n\sqrt{n^2+4}}{n+2}$

삼각형 ABC에서 ∠A의 이등분선이 선분 BC와 만나는 점을 D라 하면 $\overline{AB}:\overline{AC}=\overline{BD}:\overline{CD}$가 성립해.

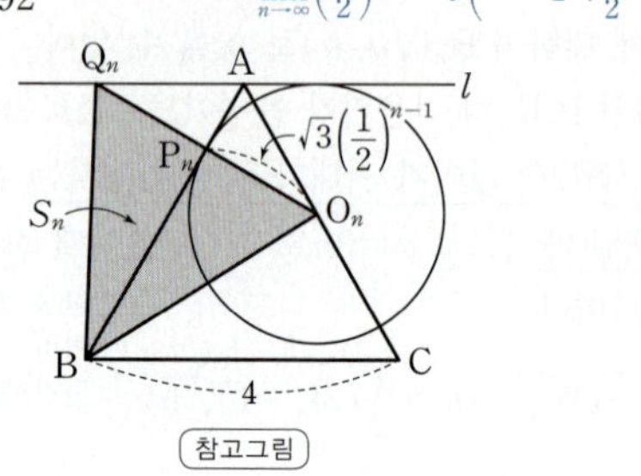

Step 2 $\lim\limits_{n\to\infty}(n-a_n)$의 값을 구한다.

$$\lim_{n\to\infty}(n-a_n)=\lim_{n\to\infty}\left(n-\dfrac{n\sqrt{n^2+4}}{n+2}\right)$$

$$=\lim_{n\to\infty}\dfrac{n(n+2-\sqrt{n^2+4})}{n+2}$$

$$=\lim_{n\to\infty}\left\{\dfrac{n}{n+2}\times\dfrac{(n+2)^2-(n^2+4)}{n+2+\sqrt{n^2+4}}\right\}$$

$$=\lim_{n\to\infty}\left(\dfrac{n}{n+2}\times\dfrac{4n}{n+2+\sqrt{n^2+4}}\right)$$

분자의 유리화를 위하여 분모, 분자에 각각 $n+2+\sqrt{n^2+4}$를 곱하였어.

$$=\lim_{n\to\infty}\left(\dfrac{1}{1+\dfrac{2}{n}}\times\dfrac{4}{1+\dfrac{2}{n}+\sqrt{1+\dfrac{4}{n^2}}}\right)$$

$$=1\times\dfrac{4}{2}=2$$

142 [정답률 21%] 정답 192

그림과 같이 한 변의 길이가 4인 정삼각형 ABC와 점 A를 지나고 직선 BC와 평행한 직선 l이 있다. 자연수 n에 대하여 중심 O_n이 변 AC 위에 있고 반지름의 길이가 $\sqrt{3}\left(\dfrac{1}{2}\right)^{n-1}$인 원이 직선 AB와 직선 l에 모두 접한다. 이 원과 직선 AB가 접하는 점을 P_n, 직선 O_nP_n과 직선 l이 만나는 점을 Q_n이라 하자. 삼각형 BO_nQ_n의 넓이를 S_n이라 할 때, $\lim\limits_{n\to\infty}2^nS_n=k$이다. k^2의 값을 구하시오. (4점)

k의 값을 구하기 위하여 S_n을 먼저 구해봐.

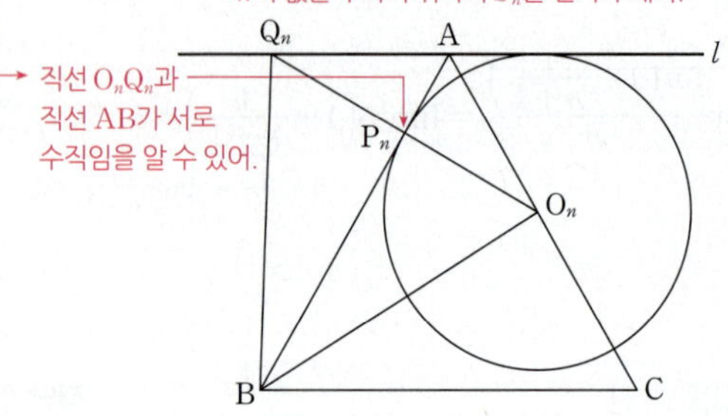

직선 O_nQ_n과 직선 AB가 서로 수직임을 알 수 있어.

삼각형 BO_nQ_n의 넓이를 구하기 위해서야.

Step 1 선분 Q_nO_n과 선분 BP_n의 길이를 구한다.

중심이 O_n인 원이 직선 AB와 점 P_n에서 접하므로 직선 O_nQ_n과 직선 AB는 서로 수직이다. 또 직선 l과 직선 BC가 평행하므로

$\angle Q_nAB=\angle ABC=60°$ → 엇각

$\angle AP_nQ_n=\angle AP_nO_n=90°$, $\overline{AP_n}$은 공통, $\angle P_nAQ_n=\angle P_nAO_n=60°$이므로 ASA 합동

두 직각삼각형 AP_nQ_n과 AP_nO_n은 합동이므로

$\overline{Q_nO_n}=2\overline{P_nO_n}=2\times\sqrt{3}\left(\dfrac{1}{2}\right)^{n-1}$ $(\because \overline{P_nO_n}$은 원의 반지름$)$

직각삼각형 AP_nO_n에서

$\dfrac{\overline{P_nO_n}}{\overline{AP_n}}=\sqrt{3}$ → $\tan 60°=\sqrt{3}$

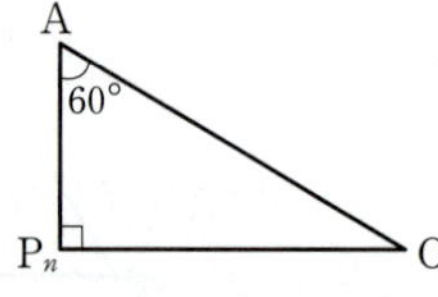

$\overline{AP_n}=\dfrac{1}{\sqrt{3}}\times\sqrt{3}\left(\dfrac{1}{2}\right)^{n-1}=\left(\dfrac{1}{2}\right)^{n-1}$

$\overline{BP_n}=\overline{AB}-\overline{AP_n}=4-\left(\dfrac{1}{2}\right)^{n-1}$

$\overline{AB}$는 정삼각형 ABC의 한 변이므로 그 길이는 4야.

Step 2 S_n을 이용하여 $\lim\limits_{n\to\infty}2^nS_n$의 값을 구한다.

S_n은 삼각형 BO_nQ_n의 넓이이므로

$S_n=\dfrac{1}{2}\times\overline{Q_nO_n}\times\overline{BP_n}=\dfrac{1}{2}\times\left\{2\sqrt{3}\left(\dfrac{1}{2}\right)^{n-1}\right\}\times\left\{4-\left(\dfrac{1}{2}\right)^{n-1}\right\}$

$=\sqrt{3}\left(\dfrac{1}{2}\right)^{n-1}\times\left\{4-\left(\dfrac{1}{2}\right)^{n-1}\right\}$

$\therefore \lim\limits_{n\to\infty}2^nS_n=\lim\limits_{n\to\infty}2\sqrt{3}\left\{4-\left(\dfrac{1}{2}\right)^{n-1}\right\}=8\sqrt{3}=k$

$\lim\limits_{n\to\infty}\left(\dfrac{1}{2}\right)^{n-1}=0\ \left(\because -1<\dfrac{1}{2}<1\right)$

$\therefore k^2=(8\sqrt{3})^2=192$

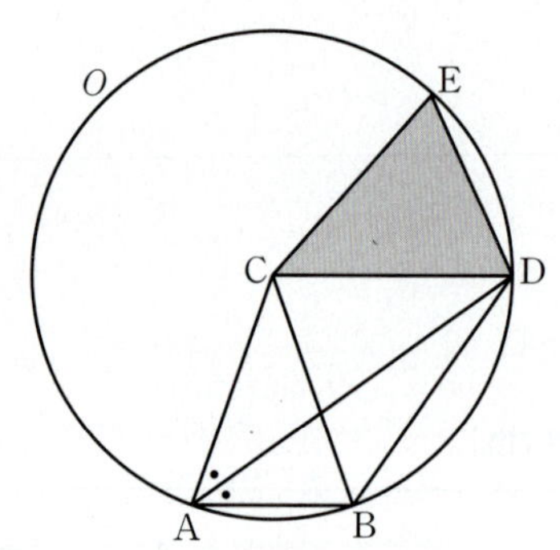

(참고그림)

143 [정답률 22%] 정답 13

그림과 같이 자연수 $n\ (n\geq2)$에 대하여 중심이 C이고 반지름의 길이가 n인 원 O와 $\overline{AB}=2$를 만족시키는 원 O 위의 두 점 A, B가 있다. ∠BAC를 이등분하는 직선이 원 O와 만나는 점 중 A가 아닌 점을 D라 하자. 점 B를 포함하지 않는 호 AD 위의 점 E에 대하여 $\overline{BD}:\overline{DE}=\sqrt{2}:1$일 때, 삼각형 CDE의 넓이를 S_n이라 하면 $\lim\limits_{n\to\infty}\left(\dfrac{\sqrt{3}}{4}n-\dfrac{S_n}{n}\right)=\dfrac{q}{p}\sqrt{3}$이다. $p+q$의 값을 구하시오.

(단, p와 q는 서로소인 자연수이다.) (4점)

Step 1 삼각형 BCD에서 코사인법칙을 이용하여 선분 BD의 길이를 구한다.

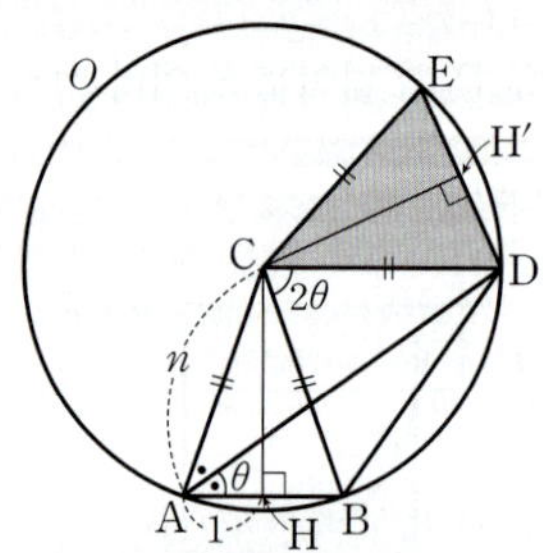

∠BAD$=\theta$라 하면 ∠BAC$=2\theta$

점 C에서 선분 AB에 내린 수선의 발을 H라 하면 삼각형 ABC는 이등변삼각형이므로 $\overline{AH}=\dfrac{1}{2}\overline{AB}=1$

$\therefore \cos(\angle BAC)=\cos 2\theta=\dfrac{\overline{AH}}{\overline{CA}}=\dfrac{1}{n}$

각 BAD는 호 BD에 대한 원주각이고 각 BCD는 호 BD에 대한 중심각이므로 $\angle BCD = 2\angle BAD = 2\theta$

삼각형 BCD에서 코사인법칙에 의해

$$\overline{BD}^2 = \overline{CB}^2 + \overline{CD}^2 - 2 \times \overline{CB} \times \overline{CD} \times \cos 2\theta = 2n^2 - 2n$$

$$\therefore \overline{BD} = \sqrt{2n^2 - 2n}$$

$$\qquad \rightarrow = n^2 + n^2 - 2 \times n \times n \times \frac{1}{n}$$
$$\qquad \rightarrow = \sqrt{2(n^2-n)} = \sqrt{2} \times \sqrt{n^2 - n}$$

Step 2 S_n을 구한다.

$\overline{BD} : \overline{DE} = \sqrt{2} : 1$이므로 $\overline{DE} = \dfrac{1}{\sqrt{2}} \overline{BD} = \sqrt{n^2 - n}$

점 C에서 선분 DE에 내린 수선의 발을 H′이라 하면 삼각형 CDE는 이등변삼각형이므로 $\overline{DH'} = \dfrac{1}{2}\overline{DE} = \dfrac{\sqrt{n^2-n}}{2}$

삼각형 CDH′에서 피타고라스 정리에 의하여

$$\overline{CH'}^2 = \overline{CD}^2 - \overline{DH'}^2 = \frac{3n^2 + n}{4} \quad \rightarrow = n^2 - \frac{n^2 - n}{4}$$

$\overline{CH'} = \dfrac{\sqrt{3n^2 + n}}{2}$이므로 $S_n = \dfrac{1}{2} \times \overline{DE} \times \overline{CH'} = \dfrac{n\sqrt{3n^2 - 2n - 1}}{4}$

$$\qquad \rightarrow = \frac{1}{2} \times \sqrt{n}\sqrt{n-1} \times \frac{\sqrt{n}\sqrt{3n+1}}{2}$$

Step 3 $\displaystyle\lim_{n\to\infty}\left(\dfrac{\sqrt{3}}{4}n - \dfrac{S_n}{n}\right)$의 값을 구한다.

$$\lim_{n\to\infty}\left(\frac{\sqrt{3}}{4}n - \frac{S_n}{n}\right)$$

$$= \lim_{n\to\infty} \frac{\sqrt{3}n - \sqrt{3n^2 - 2n - 1}}{4}$$

$$= \lim_{n\to\infty} \frac{(\sqrt{3}n - \sqrt{3n^2 - 2n - 1})(\sqrt{3}n + \sqrt{3n^2 - 2n - 1})}{4(\sqrt{3}n + \sqrt{3n^2 - 2n - 1})}$$

$$= \lim_{n\to\infty} \frac{2n + 1}{4(\sqrt{3}n + \sqrt{3n^2 - 2n - 1})}$$

$$= \lim_{n\to\infty} \frac{2 + \dfrac{1}{n}}{4\left(\sqrt{3} + \sqrt{3 - \dfrac{2}{n} - \dfrac{1}{n^2}}\right)}$$

$$= \frac{1}{4\sqrt{3}} = \frac{1}{12}\sqrt{3}$$

따라서 $p = 12$, $q = 1$이므로 $p + q = 13$

그림과 같이 자연수 n에 대하여 곡선

$$T_n : y = \frac{\sqrt{3}}{n+1}x^2 \ (x \geq 0)$$

위에 있고 원점 O와의 거리가 $2n + 2$인 점을 P_n이라 하고, 점 P_n에서 x축에 내린 수선의 발을 H_n이라 하자. 중심이 P_n이고 점 H_n을 지나는 원을 C_n이라 할 때, 곡선 T_n과 원 C_n의 교점 중 원점에 가까운 점을 Q_n, 원점에서 원 C_n에 그은 두 접선의 접점 중 H_n이 아닌 점을 R_n이라 하자. 점 R_n을 포함하지 않는 호 Q_nH_n과 선분 P_nH_n, 곡선 T_n으로 둘러싸인 부분의 넓이를 $f(n)$, 점 H_n을 포함하지 않는 호 R_nQ_n과 선분 OR_n, 곡선 T_n으로 둘러싸인 부분의 넓이를 $g(n)$이라 할 때,

$$\lim_{n\to\infty} \frac{f(n) - g(n)}{n^2} = \frac{\pi}{2} + k$$

이다. $60k^2$의 값을 구하시오.

(단, k는 상수이다.) (4점)

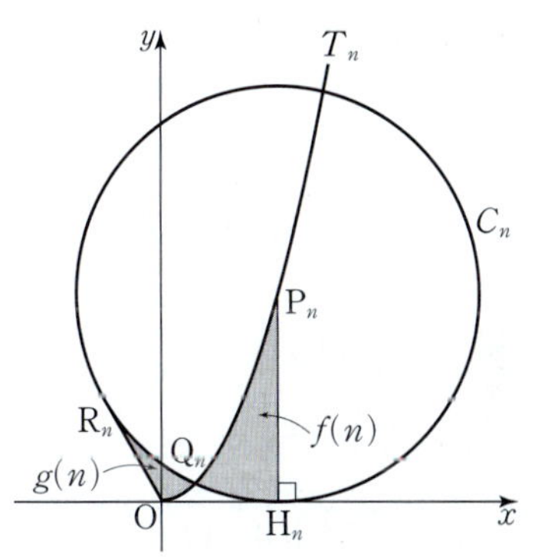

Step 1 점 P_n의 좌표를 구한다.

점 P_n의 x좌표를 a라 하면 점 P_n은 곡선 $T_n : y = \dfrac{\sqrt{3}}{n+1}x^2 \ (x \geq 0)$ 위의 점이므로

$$P_n\left(a, \frac{\sqrt{3}}{n+1}a^2\right) \text{(단, } a \geq 0)$$

이때 $\overline{OP_n} = 2n + 2$이므로 $\overline{OP_n} = \sqrt{a^2 + \left(\dfrac{\sqrt{3}}{n+1}a^2\right)^2} = 2n + 2$

$$a^2 + \frac{3}{(n+1)^2}a^4 = 4(n+1)^2$$

$$3a^4 + (n+1)^2 a^2 - 4(n+1)^4 = 0$$

$$\{3a^2 + 4(n+1)^2\}\{a^2 - (n+1)^2\} = 0$$

$\therefore a = n + 1 \ (\because a \geq 0)$

$\rightarrow a^2 - (n+1)^2 = 0$에서 $a^2 = (n+1)^2$이므로 $a = \pm(n+1)$
이때 $a \geq 0$이므로 $a = n+1$이다.

$\therefore P_n(n+1, \sqrt{3}(n+1))$

$\rightarrow n$이 자연수이고 $a \geq 0$이므로 $3a^2 + 4(n+1)^2 \neq 0$

Step 2 점 R_n을 포함하지 않는 호 Q_nH_n과 선분 OH_n, 곡선 T_n으로 이루어진 도형의 넓이를 $h(n)$이라 하고 $f(n) + h(n)$의 식을 구한다.

오른쪽 그림과 같이 점 R_n을 포함하지 않는 호 Q_nH_n과 선분 OH_n, 곡선 T_n으로 이루어진 도형의 넓이를 $h(n)$이라 하면

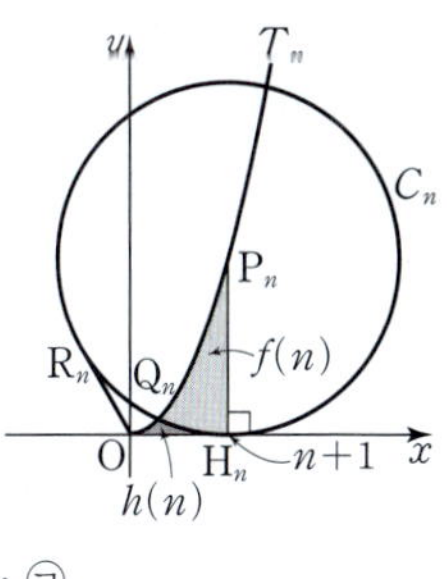

$$f(n) + h(n) = \int_0^{n+1} \frac{\sqrt{3}}{n+1}x^2 \, dx$$

$$= \left[\frac{\sqrt{3}}{3(n+1)}x^3\right]_0^{n+1}$$

$$= \frac{\sqrt{3}}{3}(n+1)^2 \qquad \cdots\cdots \ \bigcirc$$

Step 3 $\angle P_nOH_n$의 크기를 구하여 $\angle R_nP_nH_n$의 크기를 구하고 $g(n)+h(n)$의 식을 구한다.

$\overline{OP_n}=2n+2$이고 $\overline{OH_n}=n+1$이므로

삼각형 P_nOH_n에서

$\cos(\angle P_nOH_n)=\dfrac{\overline{OH_n}}{\overline{OP_n}}=\dfrac{n+1}{2(n+1)}=\dfrac{1}{2}$

$\therefore \ \angle P_nOH_n=\dfrac{\pi}{3}$

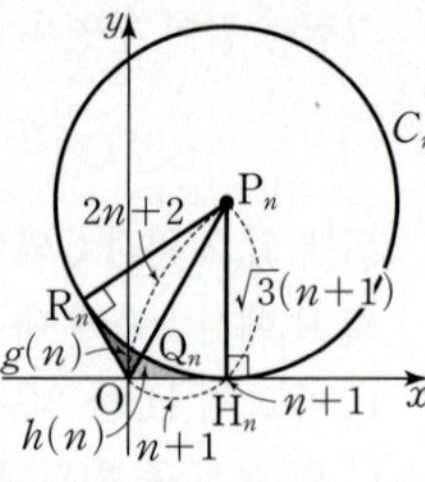

$\angle OP_nH_n=\dfrac{\pi}{2}-\angle P_nOH_n=\dfrac{\pi}{6}$

$\underline{\angle R_nP_nH_n=2\angle OP_nH_n=\dfrac{\pi}{3}}$ → $\overline{OH_n}=\overline{OR_n}$에서 두 삼각형 OP_nR_n, OP_nH_n 은 합동이므로 $\angle OP_nR_n=\angle OP_nH_n$

이때 $g(n)+h(n)$의 식은 사각형 $OH_nP_nR_n$의 넓이에서 중심각의 크기가 $\dfrac{\pi}{3}$인 부채꼴 $P_nR_nH_n$의 넓이를 뺀 것과 같다.

$g(n)+h(n)$

$=2\times\dfrac{1}{2}\times(n+1)\times\sqrt{3}(n+1)-\dfrac{1}{2}\times\{\sqrt{3}(n+1)\}^2\times\dfrac{\pi}{3}$

→ $\triangle OH_nP_n$ → 부채꼴 넓이는 $\dfrac{1}{2}r^2\theta$

$=\sqrt{3}(n+1)^2-\dfrac{\pi}{2}(n+1)^2$

$=\left(\sqrt{3}-\dfrac{\pi}{2}\right)(n+1)^2$ …… ㉡

Step 4 ㉠, ㉡을 이용하여 $f(n)-g(n)$을 구한다.

㉠, ㉡에서

$\{f(n)+h(n)\}-\{g(n)+h(n)\}$

$=\dfrac{\sqrt{3}}{3}(n+1)^2-\left(\sqrt{3}-\dfrac{\pi}{2}\right)(n+1)^2$ → $\left(\dfrac{\sqrt{3}}{3}-\sqrt{3}+\dfrac{\pi}{2}\right)(n+1)^2$

$\therefore \ f(n)-g(n)=\left(\dfrac{\pi}{2}-\dfrac{2\sqrt{3}}{3}\right)(n+1)^2$ $=\left(\dfrac{\pi}{2}-\dfrac{2\sqrt{3}}{3}\right)(n+1)^2$

Step 5 $\displaystyle\lim_{n\to\infty}\dfrac{f(n)-g(n)}{n^2}$의 값을 구한다.

$\displaystyle\lim_{n\to\infty}\dfrac{f(n)-g(n)}{n^2}=\lim_{n\to\infty}\dfrac{\left(\dfrac{\pi}{2}-\dfrac{2\sqrt{3}}{3}\right)(n+1)^2}{n^2}$

$\displaystyle =\lim_{n\to\infty}\left(\dfrac{\pi}{2}-\dfrac{2\sqrt{3}}{3}\right)\left(1+\dfrac{1}{n}\right)^2$

$=\dfrac{\pi}{2}-\dfrac{2\sqrt{3}}{3}$

따라서 $k=-\dfrac{2\sqrt{3}}{3}$이므로 $60k^2=60\times\left(-\dfrac{2\sqrt{3}}{3}\right)^2=60\times\dfrac{12}{9}=80$

---

145 [정답률 64%]   (삼각형의 넓이)$=\dfrac{1}{2}\times$(밑변의 길이)$\times$(높이)   **정답 ③**

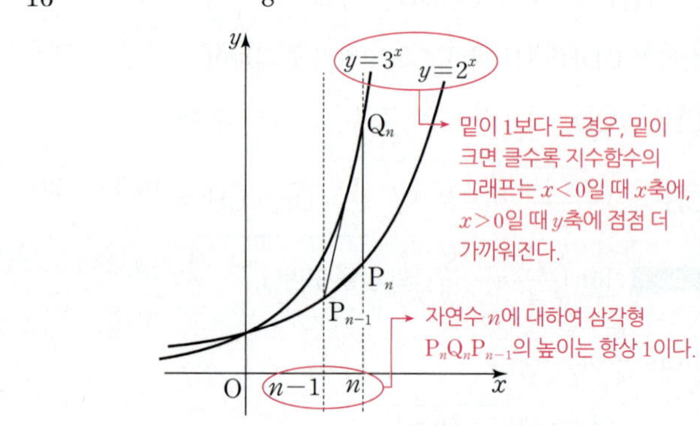

자연수 n에 대하여 직선 $x=n$이 두 곡선 $y=2^x$, $y=3^x$과 만나는 점을 각각 P_n, Q_n이라 하자. 삼각형 $P_nQ_nP_{n-1}$의 넓이를 S_n이라 하고, $T_n=\displaystyle\sum_{k=1}^{n}S_k$라 할 때, $\displaystyle\lim_{n\to\infty}\dfrac{T_n}{3^n}$의 값은?

두 점 P_n, Q_n의 좌표를 알아내서 S_n의 일반항을 표현할 수 있어야 해! (단, 점 P_0의 좌표는 $(0, 1)$이다.) (4점)

① $\dfrac{5}{8}$ ② $\dfrac{11}{16}$ ✔ ③ $\dfrac{3}{4}$

④ $\dfrac{13}{16}$ ⑤ $\dfrac{7}{8}$

밑이 1보다 큰 경우, 밑이 크면 클수록 지수함수의 그래프는 $x<0$일 때 x축에, $x>0$일 때 y축에 점점 더 가까워진다.

자연수 n에 대하여 삼각형 $P_nQ_nP_{n-1}$의 높이는 항상 1이다.

Step 1 $\overline{P_nQ_n}$의 길이를 구하여 $\triangle P_nQ_nP_{n-1}$의 넓이를 구한다.

→ 밑변의 길이이다.

$\overline{P_nQ_n}=3^n-2^n$이므로 $\triangle P_nQ_nP_{n-1}$의 넓이는

$S_n=\dfrac{1}{2}\times\overline{P_nQ_n}\times 1=\dfrac{1}{2}(3^n-2^n)$

→ 높이는 항상 1이다.

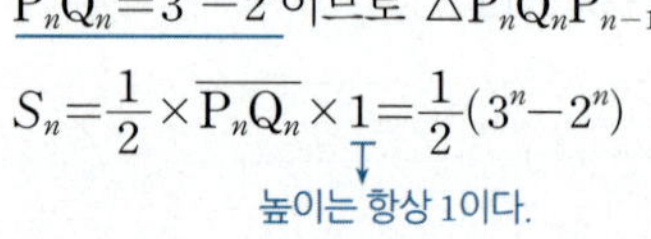

Step 2 T_n을 구하여 주어진 극한값을 구한다.

$T_n=\displaystyle\sum_{k=1}^{n}S_k=\sum_{k=1}^{n}\dfrac{1}{2}(3^k-2^k)$ → 합의 기호 $\sum$의 성질 $\displaystyle\sum_{k=1}^{n}(a_k-b_k)=\sum_{k=1}^{n}a_k-\sum_{k=1}^{n}b_k$ 를 이용

$=\dfrac{1}{2}\left(\displaystyle\sum_{k=1}^{n}3^k-\sum_{k=1}^{n}2^k\right)$

$=\dfrac{1}{2}\left\{\dfrac{3(3^n-1)}{3-1}-\dfrac{2(2^n-1)}{2-1}\right\}$ → $\displaystyle\sum_{k=1}^{n}3^k$은 첫째항이 3, 공비가 3인 등비수열의 첫째항부터 제n항까지의 합이고 $\displaystyle\sum_{k=1}^{n}2^k$도 마찬가지로 첫째항이 2, 공비가 2인 등비수열의 첫째항부터 제n항까지의 합이다.

$=\dfrac{3}{4}(3^n-1)-(2^n-1)$

$=\dfrac{3}{4}\cdot 3^n-2^n+\dfrac{1}{4}$

$\therefore \ \displaystyle\lim_{n\to\infty}\dfrac{T_n}{3^n}=\lim_{n\to\infty}\dfrac{\dfrac{3}{4}\cdot 3^n-2^n+\dfrac{1}{4}}{3^n}$

$=\displaystyle\lim_{n\to\infty}\left\{\dfrac{3}{4}-\left(\dfrac{2}{3}\right)^n+\dfrac{1}{4}\cdot\left(\dfrac{1}{3}\right)^n\right\}$

$=\dfrac{3}{4}$ 분모, 분자를 각각 3^n으로 나눈 거야!

→ $0<a<1$일 때 $\displaystyle\lim_{n\to\infty}a^n=0$임을 이용하여 $\displaystyle\lim_{n\to\infty}\left(\dfrac{2}{3}\right)^n=0$, $\displaystyle\lim_{n\to\infty}\left(\dfrac{1}{3}\right)^n=0$을 적용한 거야!

등비수열의 합의 공식

$a_n=ar^{n-1}$일 때 첫째항부터 제n항까지의 합 S_n은

① $r\neq1$일 때, $S_n=\dfrac{a(r^n-1)}{r-1}$ ② $r=1$일 때, $S_n=na$

수능포인트

좌표평면 위의 다각형의 넓이를 구할 때에 다각형의 변이 좌표축과 평행한 경우 넓이를 어렵지 않게 구할 수 있습니다.

146 [정답률 34%]

$a>0$, $a\neq1$인 실수 a와 자연수 n에 대하여 직선 $y=n$이 y축과 만나는 점을 A_n, 직선 $y=n$이 곡선 $y=\log_a(x-1)$과 만나는 점을 B_n이라 하자. 사각형 $A_nB_nB_{n+1}A_{n+1}$의 넓이를 S_n이라 할 때,

$$\lim_{n\to\infty}\frac{\overline{B_nB_{n+1}}}{S_n}=\frac{3}{2a+2}$$

을 만족시키는 모든 a의 값의 합은? (4점)

① 2 ② $\dfrac{9}{4}$ ③ $\dfrac{5}{2}$

④ $\dfrac{11}{4}$ ⑤ 3

Step 1 선분 B_nB_{n+1}의 길이와 사각형 $A_nB_nB_{n+1}A_{n+1}$의 넓이를 구한다.

직선 $y=n$이 y축과 만나는 점의 좌표는 $(0,\,n)$이므로 $A_n(0,\,n)$

직선 $y=n$이 곡선 $y=\log_a(x-1)$과 만나는 점의 좌표는 $(a^n+1,\,n)$이므로 $B_n(a^n+1,\,n)$ — $n=\log_a(x-1)$에서 $x-1=a^n$

즉, 점 B_{n+1}의 좌표는 $(a^{n+1}+1,\,n+1)$이므로

$$\begin{aligned}\overline{B_nB_{n+1}}&=\sqrt{\{(a^{n+1}+1)-(a^n+1)\}^2+\{(n+1)-n\}^2}\\&=\sqrt{(a^{n+1}-a^n)^2+1}\\&=\sqrt{\{(a-1)a^n\}^2+1}\\&=\sqrt{(a^2-2a+1)a^{2n}+1}\end{aligned}$$

점 B_n에서 n 대신 $n+1$ 대입

또한, 다음 그림과 같이 사각형 $A_nB_nB_{n+1}A_{n+1}$은 사다리꼴이므로

$$S_n=\frac{1}{2}\times1\times\{(a^{n+1}+1)+(a^n+1)\}=\frac{a^{n+1}+a^n+2}{2}$$

$0<a<1$일 때 $a>1$일 때

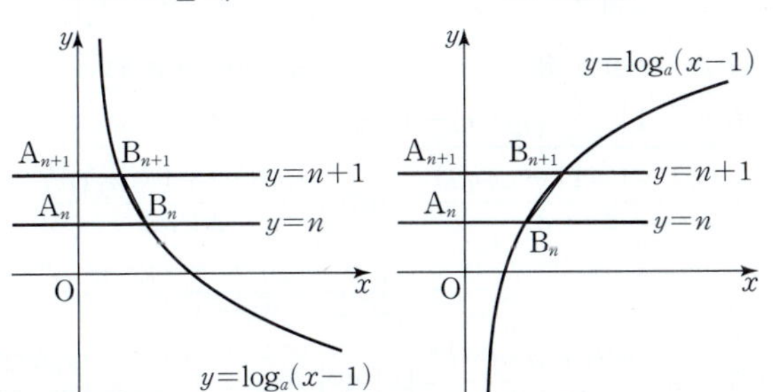

Step 2 경우를 나누어 a의 값을 구한다.

$$\begin{aligned}\therefore\lim_{n\to\infty}\frac{\overline{B_nB_{n+1}}}{S_n}&=\lim_{n\to\infty}\frac{\sqrt{(a^2-2a+1)a^{2n}+1}}{\dfrac{a^{n+1}+a^n+2}{2}}\\&=\lim_{n\to\infty}\frac{2\sqrt{(a^2-2a+1)a^{2n}+1}}{a^{n+1}+a^n+2}\end{aligned}$$

(i) $0<a<1$일 때,

$\lim\limits_{n\to\infty}a^n=0$이므로

$$\lim_{n\to\infty}\frac{\overline{B_nB_{n+1}}}{S_n}=\lim_{n\to\infty}\frac{2\sqrt{(a^2-2a+1)a^{2n}+1}}{a^{n+1}+a^n+2}=\frac{2\sqrt{1}}{2}=1$$

이때 $\lim\limits_{n\to\infty}\dfrac{\overline{B_nB_{n+1}}}{S_n}=\dfrac{3}{2a+2}$이므로

$$1=\frac{3}{2a+2},\ 2a+2=3\qquad\therefore a=\frac{1}{2}$$

$2a=1$

(ii) $a>1$일 때,

$\lim\limits_{n\to\infty}\dfrac{1}{a^n}=0$이므로

$$\begin{aligned}\lim_{n\to\infty}\frac{\overline{B_nB_{n+1}}}{S_n}&=\lim_{n\to\infty}\frac{2\sqrt{(a^2-2a+1)a^{2n}+1}}{a^{n+1}+a^n+2}\\&=\lim_{n\to\infty}\frac{2\sqrt{a^2-2a+1+\dfrac{1}{a^{2n}}}}{a+1+\dfrac{2}{a^n}}\\&=\frac{2\sqrt{a^2-2a+1}}{a+1}\\&=\frac{2\sqrt{(a-1)^2}}{a+1}\\&=\frac{2(a-1)}{a+1}\end{aligned}$$

$a>1$이므로 $\sqrt{(a-1)^2}=a-1$

이때 $\lim\limits_{n\to\infty}\dfrac{\overline{B_nB_{n+1}}}{S_n}=\dfrac{3}{2a+2}$이므로 $\dfrac{2(a-1)}{a+1}=\dfrac{3}{2a+2}$

$$4(a-1)=3,\ a-1=\frac{3}{4}\qquad\therefore a=\frac{7}{4}$$

양변에 $2(a+1)$을 곱한다.

(i), (ii)에 의하여 구하는 a의 값의 합은 $\dfrac{1}{2}+\dfrac{7}{4}=\dfrac{9}{4}$

147 [정답률 57%]

그림과 같이 곡선 $y=f(x)$와 직선 $y=g(x)$가 원점과 점 $(3,\,3)$에서 만난다. $h(x)=\lim\limits_{n\to\infty}\dfrac{\{f(x)\}^{n+1}+5\{g(x)\}^n}{\{f(x)\}^n+\{g(x)\}^n}$ 일 때, $h(2)+h(3)$의 값은? (3점)

직선 $y=g(x)$는 $y=x$가 돼.

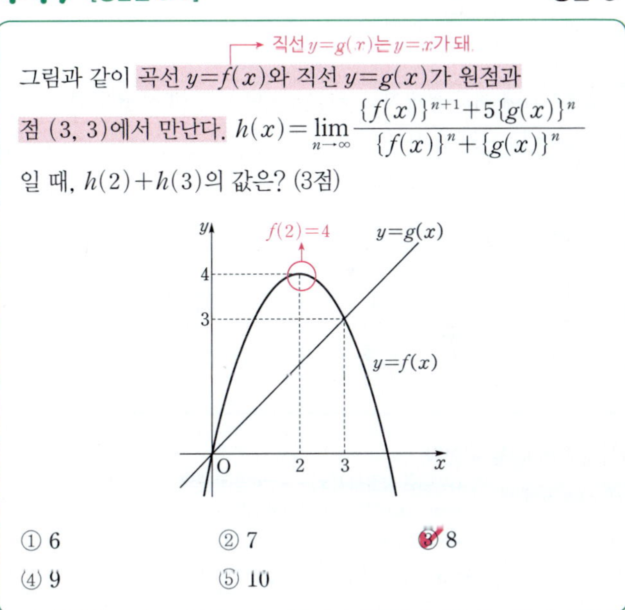

① 6 ② 7 ③ 8

④ 9 ⑤ 10

Step 1 주어진 그래프를 이용하여 직선 $y=g(x)$의 방정식을 구한다.

직선 $y=g(x)$는 원점과 점 $(3,\,3)$을 지나므로 직선의 방정식은 $y=x$이다. — 점 $(0,0)$

Step 2 등비수열의 극한을 이용하여 $h(2)$, $h(3)$의 값을 구한다.

$f(2)=4$, $g(2)=2$이므로

$$\begin{aligned}h(2)&=\lim_{n\to\infty}\frac{\{f(2)\}^{n+1}+5\{g(2)\}^n}{\{f(2)\}^n+\{g(2)\}^n}\\&=\lim_{n\to\infty}\frac{4^{n+1}+5\times2^n}{4^n+2^n}\\&=\lim_{n\to\infty}\frac{4+5\times\left(\dfrac{2}{4}\right)^n}{1+\left(\dfrac{2}{4}\right)^n}=4\end{aligned}$$

분모, 분자를 각각 4^n으로 나누었어.

마찬가지로 $f(3)=3$, $g(3)=3$이므로
$$h(3)=\lim_{n\to\infty}\frac{\{f(3)\}^{n+1}+5\{g(3)\}^n}{\{f(3)\}^n+\{g(3)\}^n}$$
$$=\lim_{n\to\infty}\frac{3^{n+1}+5\times3^n}{3^n+3^n} \quad \rightarrow 3^{n+1}=3\times3^n$$
$$=\lim_{n\to\infty}\frac{8\times3^n}{2\times3^n}=4$$
$$\therefore\ h(2)+h(3)=8$$

148 [정답률 59%] 정답 ②

함수 $f(x)$가 $f(x)=(x-3)^2$일 때, 다음 물음에 답하시오.

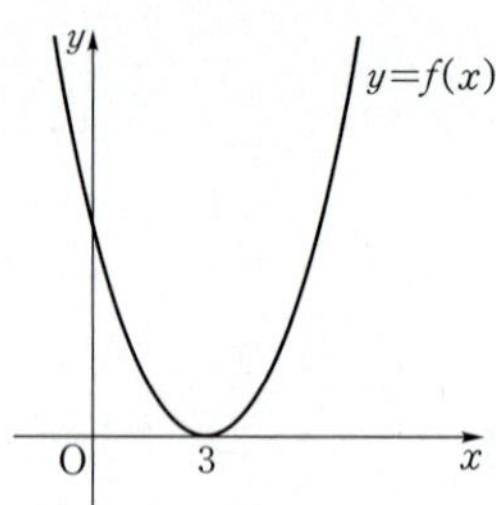

자연수 n에 대하여 방정식 $f(x)=n$의 두 근이 α, β일 때
$h(n)=|\alpha-\beta|$ 라 하자.
$\qquad\qquad\rightarrow f(\alpha)=n,\ f(\beta)=n$
$$\lim_{n\to\infty}\sqrt{n}\{h(n+1)-h(n)\}$$
의 값은? (4점)

① $\dfrac{1}{2}$　　　② 1　　　③ $\dfrac{3}{2}$

④ 2　　　⑤ $\dfrac{5}{2}$

Step 1 $h(n)$을 구한다.

$f(x)=n$에서 　$\rightarrow x$에 대한 방정식 $f(x)-n=0$의 두 근의 차이다. 일단 두 근을 구해야 한다.
$(x-3)^2=n$, $x-3=\pm\sqrt{n}$
$\therefore\ x=3+\sqrt{n}$ 또는 $x=3-\sqrt{n}$
$\alpha=3+\sqrt{n}$, $\beta=3-\sqrt{n}$이라 하면
$h(n)=|\alpha-\beta|=|2\sqrt{n}|=2\sqrt{n}\ \rightarrow h(n+1)=2\sqrt{n+1}$

Step 2 $\lim\limits_{n\to\infty}\sqrt{n}\{h(n+1)-h(n)\}$의 값을 구한다.

$\lim\limits_{n\to\infty}\sqrt{n}\{h(n+1)-h(n)\}$
$\qquad\qquad\qquad\rightarrow \infty-\infty$ 꼴이므로 분자를 유리화한다.
$=\lim\limits_{n\to\infty}\sqrt{n}(2\sqrt{n+1}-2\sqrt{n})$
$=\lim\limits_{n\to\infty}\dfrac{2\sqrt{n}(\sqrt{n+1}-\sqrt{n})(\sqrt{n+1}+\sqrt{n})}{\sqrt{n+1}+\sqrt{n}}$　$(\sqrt{a}-\sqrt{b})(\sqrt{a}+\sqrt{b})=a-b$
$=\lim\limits_{n\to\infty}\dfrac{2\sqrt{n}}{\sqrt{n+1}+\sqrt{n}}$
$=\lim\limits_{n\to\infty}\dfrac{2}{\sqrt{1+\dfrac{1}{n}}+1}=\dfrac{2}{2}=1$

$\rightarrow$ 분모, 분자를 각각 $\sqrt{n}$으로 나누어 주었어.

149 [정답률 65%] 정답 ②

닫힌구간 $[-2,\ 5]$에서 정의된 함수 $y=f(x)$의 그래프가 그림과 같다.

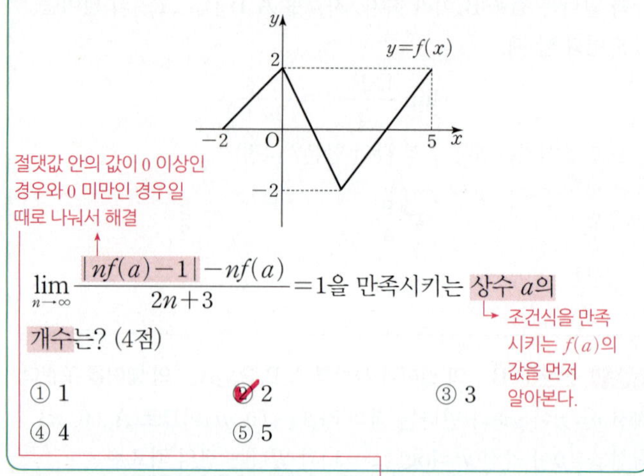

절댓값 안의 값이 0 이상인 경우와 0 미만인 경우일 때로 나눠서 해결

$$\lim_{n\to\infty}\frac{|nf(a)-1|-nf(a)}{2n+3}=1$$을 만족시키는 상수 a의 개수는? (4점)
$\rightarrow$ 조건식을 만족시키는 $f(a)$의 값을 먼저 알아본다.

① 1　　　② 2　　　③ 3
④ 4　　　⑤ 5

Step 1 주어진 식의 절댓값을 푼다.

$\lim\limits_{n\to\infty}\dfrac{|nf(a)-1|-nf(a)}{2n+3}=1$에서 $nf(a)-1\geq0$, $nf(a)-1<0$
인 경우로 나누어 생각한다.

(ⅰ) $nf(a)-1\geq0$인 경우
$\quad|nf(a)-1|=nf(a)-1$에서
$$\lim_{n\to\infty}\frac{|nf(a)-1|-nf(a)}{2n+3}=\lim_{n\to\infty}\frac{nf(a)-1-nf(a)}{2n+3}$$
$$=\lim_{n\to\infty}\frac{-1}{2n+3}=0\neq1$$
이므로 주어진 식을 만족하는 상수 a는 존재하지 않는다.

(ⅱ) $nf(a)-1<0$인 경우　$\rightarrow$ 절댓값의 정의에 의하여 $x<0$이면 $|x|=-x$
$\quad|nf(a)-1|=-\{nf(a)-1\}$에서
$$\lim_{n\to\infty}\frac{|nf(a)-1|-nf(a)}{2n+3}=\lim_{n\to\infty}\frac{-nf(a)+1-nf(a)}{2n+3}$$
$$=\lim_{n\to\infty}\frac{-2nf(a)+1}{2n+3}$$
인데, $\lim\limits_{n\to\infty}\dfrac{-2nf(a)+1}{2n+3}=1$이어야 하므로
$f(a)=-1$이다.

$\rightarrow f(a)$는 상수이므로 분모, 분자를 각각 n으로 나누면
$\lim\limits_{n\to\infty}\dfrac{-2f(a)+\dfrac{1}{n}}{2+\dfrac{3}{n}}=-f(a)=1$

Step 2 조건을 만족하는 상수 a의 개수를 구한다.

$f(a)=-1$을 만족하는 a의 개수는 함수 $y=f(x)$의 그래프와 직선 $y=-1$의 교점의 개수와 같으므로 오른쪽 그래프에서 조건을 만족하는 상수 a는 2개 존재한다.

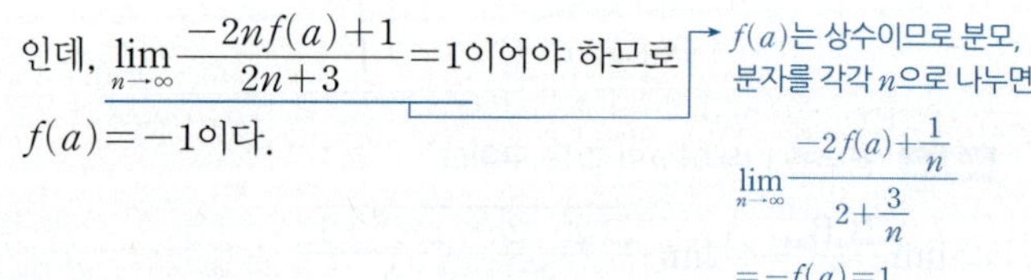

✪ **다른 풀이** 절댓값을 없애지 않고 푸는 풀이

Step 1 주어진 식을 변형한다.
$\qquad\qquad\qquad =\left|n\left(f(a)-\dfrac{1}{n}\right)\right|=n\left|f(a)-\dfrac{1}{n}\right|$
$|nf(a)-1|=n\left|f(a)-\dfrac{1}{n}\right|$이므로　$(\because n>0$이므로 $|n|=n)$

$$\lim_{n\to\infty}\frac{|\,nf(a)-1\,|-nf(a)}{2n+3}=\lim_{n\to\infty}\frac{n\left|f(a)-\dfrac{1}{n}\right|-nf(a)}{2n+3}$$

$$=\lim_{n\to\infty}\frac{\left|f(a)-\dfrac{1}{n}\right|-f(a)}{2+\dfrac{3}{n}}$$

분모, 분자를 각각 n으로 나눈다.

$$=\frac{|f(a)|-f(a)}{2}=1$$

$\therefore\ |f(a)|-f(a)=2\to$ $f(a)\geq 0$이면 $|f(a)|=f(a)$이므로 좌변의 값은 0이 돼. 따라서 $f(a)<0$이야.

Step 2 조건을 만족하는 상수 a의 개수를 구한다.

$|f(a)|=b\ (b\geq 0)$라 하면

(i) $f(a)\geq 0$인 경우

　$f(a)=b$이므로

　$|f(a)|-f(a)$
　$=b-b=0\neq 2$

(ii) $f(a)<0$인 경우

　$f(a)=-b$이므로 → 절댓값의 정의에 의하여 $f(a)<0$이면 $|f(a)|=-f(a)$이다.

　$|f(a)|-f(a)=b-(-b)=2b=2$　$\therefore\ b=1$

그러므로 $f(a)=-1$을 만족하는 상수 a의 개수는 2이다.

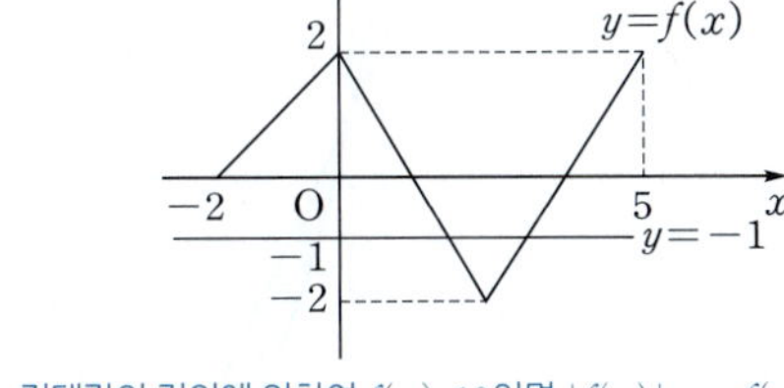

Step 1 수열 $\{a_n\}$의 규칙성을 파악한다.

먼저 $a_1=1$이고,

$$a_2=f(f(a_1))=f\left(-\frac{1}{2}a_1\right)=-\frac{1}{2}a_1+2\ \left(\because\ -\frac{1}{2}a_1\leq 0\right)$$

$\quad a_1>0$이므로 $f(a_1)=-\dfrac{1}{2}a_1$

$$a_3=f(f(a_2))=f\left(-\frac{1}{2}a_2\right)=-\frac{1}{2}a_2+2\ \left(\because\ -\frac{1}{2}a_2\leq 0\right)$$

$\quad a_2=-\dfrac{1}{2}a_1+2=\dfrac{3}{2}>0$이므로

$\qquad\vdots\qquad f(a_2)=-\dfrac{1}{2}a_2$

$$a_{n+1}=f(f(a_n))=f\left(-\frac{1}{2}a_n\right)=-\frac{1}{2}a_n+2\quad\cdots\cdots\ \text{㉠}$$

Step 2 위 식의 양변에 극한을 취하여 $\displaystyle\lim_{n\to\infty}a_n$의 값을 구한다.

이때 $\displaystyle\lim_{n\to\infty}a_n=\alpha$라 하면 $\displaystyle\lim_{n\to\infty}a_{n+1}=\alpha$이다.

㉠의 양변에 극한을 취하면

$$\lim_{n\to\infty}a_{n+1}=\lim_{n\to\infty}\left(-\frac{1}{2}a_n+2\right)$$

$$\alpha=-\frac{1}{2}\alpha+2$$

$\quad\lim_{n\to\infty}\left(-\dfrac{1}{2}a_n\right)+\lim 2$

$$\therefore\ \alpha=\frac{4}{3}$$

따라서 $\displaystyle\lim_{n\to\infty}a_n=\frac{4}{3}$이다.

참고

수열 $\{a_n\}$의 관계식 ㉠의 증명

수열 $\{a_n\}$에서 $0<a_n<4$이면 $f(a_n)=-\dfrac{1}{2}a_n$이므로

$-2<f(a_n)<0$이 성립한다.

이때 $f(f(a_n))=f(a_n)+2$이므로 $0<f(f(a_n))<2$가 성립한다. → $x\leq 0$일 때 $f(x)=x+2$

즉, $0<a_{n+1}<2$이다.

따라서 $a_1=1$이면 $0<a_1<4$이므로

$f(a_n)<0,\ a_n>0$이 항상 성립한다.

이를 이용하면

$$a_{n+1}=f(f(a_n))=f\left(-\frac{1}{2}a_n\right)=-\frac{1}{2}a_n+2$$임을 확인할 수 있다.

---

150 [정답률 60%]　　　　정답 ④

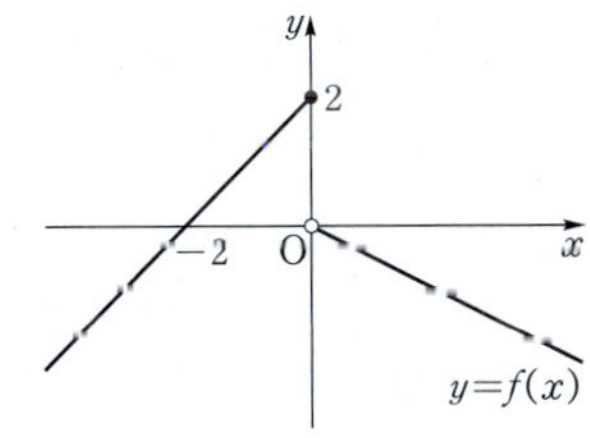

함수 $f(x)=\begin{cases} x+2 & (x\leq 0) \\ -\dfrac{1}{2}x & (x>0) \end{cases}$의 그래프가 그림과 같다.

수열 $\{a_n\}$은 $a_1=1$이고 $a_{n+1}=f(f(a_n))\,(n\geq 1)$을 만족시킬 때, $\displaystyle\lim_{n\to\infty}a_n$의 값은? (4점)

→ n에 $1,2,3,\cdots$을 대입하면서 규칙성을 찾아.

① $\dfrac{1}{3}$　　　② $\dfrac{2}{3}$　　　③ 1

④ $\dfrac{4}{3}$　　　⑤ $\dfrac{5}{3}$

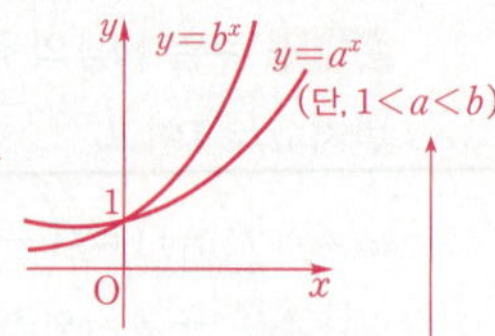

$a>3$이므로 밑이 1보다 클 때의 지수함수의 특징을 잘 알아야 한다. 밑이 1보다 큰 경우, 지수함수는 증가함수이며 밑이 커지면 커질수록 지수함수의 그래프는 $x<0$일 때는 x축에, $x>0$일 때는 y축에 점점 가까워진다.

151 [정답률 88%]

정답 ③

$a>3$인 상수 a에 대하여 두 곡선 $y=a^{x-1}$과 $y=3^x$이 점 P에서 만난다. 점 P의 x좌표를 k라 할 때, 다음 물음에 답하시오.

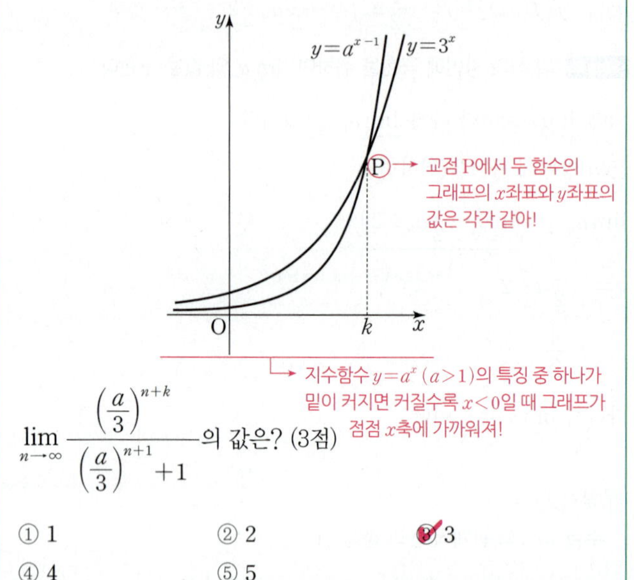

교점 P에서 두 함수의 그래프의 x좌표와 y좌표의 값은 각각 같아!

지수함수 $y=a^x\ (a>1)$의 특징 중 하나가 밑이 커지면 커질수록 $x<0$일 때 그래프가 점점 x축에 가까워져!

$\displaystyle \lim_{n\to\infty} \dfrac{\left(\dfrac{a}{3}\right)^{n+k}}{\left(\dfrac{a}{3}\right)^{n+1}+1}$의 값은? (3점)

① 1　　　　② 2　　　　❸ 3
④ 4　　　　⑤ 5

Step 1 두 함수의 그래프의 교점에서 x좌표, y좌표가 각각 같음을 이용하여 a와 k의 관계식을 구한다.

두 곡선 $y=a^{x-1}$과 $y=3^x$의 교점의 x좌표가 k이므로

$a^{k-1}=3^k$, $\dfrac{1}{a}\left(\dfrac{a}{3}\right)^k=1$ → 두 점 (k, a^{k-1})과 $(k, 3^k)$의 y좌표가 같다.

$\therefore \left(\dfrac{a}{3}\right)^k=a$　　……㉠

Step 2 극한값을 구한다.

$a>3$이므로 $\dfrac{a}{3}>1$

분모, 분자를 각각 $\left(\dfrac{a}{3}\right)^n$으로 나눈 거야!

$\therefore \displaystyle\lim_{n\to\infty}\dfrac{\left(\dfrac{a}{3}\right)^{n+k}}{\left(\dfrac{a}{3}\right)^{n+1}+1}=\lim_{n\to\infty}\dfrac{\left(\dfrac{a}{3}\right)^k\cdot\left(\dfrac{a}{3}\right)^n}{\dfrac{a}{3}\cdot\left(\dfrac{a}{3}\right)^n+1}=\lim_{n\to\infty}\dfrac{\left(\dfrac{a}{3}\right)^k}{\dfrac{a}{3}+\dfrac{1}{\left(\dfrac{a}{3}\right)^n}}$

지수법칙 $a^{m+n}=a^m\cdot a^n$을 이용하여 $\left(\dfrac{a}{3}\right)^{n+1}=\left(\dfrac{a}{3}\right)^n\cdot\dfrac{a}{3}$로 변형시킨 거야!

$=\dfrac{\left(\dfrac{a}{3}\right)^k}{\dfrac{a}{3}}=\dfrac{a}{\dfrac{a}{3}}$ ($\because$ ㉠)

a가 3보다 크기 때문에 $\dfrac{a}{3}$는 1보다 커.

그러니까 $\displaystyle\lim_{n\to\infty}\dfrac{1}{\left(\dfrac{a}{3}\right)^n}=0$인 거야!

$=3$

152 [정답률 53%]

정답 ⑤

좌표평면에서 자연수 n에 대하여 곡선 $y=(x-2n)^2$이 x축, y축과 만나는 점을 각각 P_n, Q_n이라 하자. → 두 점 P_n, Q_n의 좌표를 알아낼 수 있어.

두 점 P_n, Q_n을 지나는 직선과 곡선 $y=(x-2n)^2$으로 둘러싸인 영역(경계선 포함)에 속하고 x좌표와 y좌표가 모두 자연수인 점의 개수를 a_n이라 하자. 다음은 $\displaystyle\lim_{n\to\infty}\dfrac{a_n}{n^3}$의 값을 구하는 과정이다.

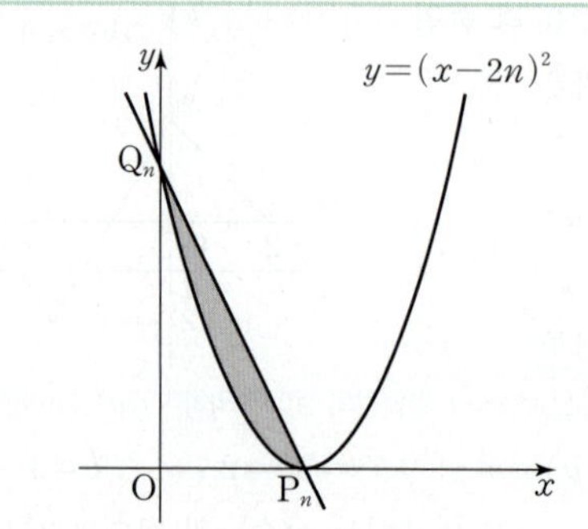

두 점 P_n, Q_n을 지나는 직선의 방정식은

$y=\boxed{\text{(가)}}\times x+4n^2$ → 두 점 P_n, Q_n의 좌표를 통해 쉽게 구할 수 있어.

이다.

주어진 영역에 속하는 점 중에서 x좌표가 k (k는 $2n-1$ 이하의 자연수)이고 y좌표가 자연수인 점의 개수는

$\boxed{\text{(나)}}+2nk$이므로

$a_n=\displaystyle\sum_{k=1}^{2n-1}\left(\boxed{\text{(나)}}+2nk\right)$

이다.

직선과 곡선으로 둘러싸인 영역에서 $x=k$일 때, y좌표가 자연수인 점의 개수를 묻는 거야.

따라서 $\displaystyle\lim_{n\to\infty}\dfrac{a_n}{n^3}=\boxed{\text{(다)}}$이다.

위의 (가), (나)에 알맞은 식을 각각 $f(n)$, $g(k)$라 하고, (다)에 알맞은 수를 p라 할 때, $p\times f(3)\times g(4)$의 값은? (4점)

① 100　　　　② 105　　　　③ 110
④ 115　　　　❺ 120

Step 1 (가), (나), (다)에 알맞은 식을 찾는다.

$P_n(2n, 0)$, $Q_n(0, 4n^2)$이므로 직선 P_nQ_n의 기울기는 $\dfrac{0-4n^2}{2n-0}=\dfrac{-4n^2}{2n}=-2n$이고, y절편은 $4n^2$이다.

따라서 두 점 P_n, Q_n을 지나는 직선의 방정식은

$y=\boxed{\text{(가)} -2n}\times x+4n^2$

이다.

주어진 영역에 속하는 점 중에서 x좌표가 k (k는 $2n-1$ 이하의 자연수)이고, y좌표가 자연수인 점의 개수는

$\boxed{\text{(가)} -2n}\times k+4n^2-(k-2n)^2+1=\boxed{\text{(나)} -k^2+1}+2nk$

이므로

$$a_n=\sum_{k=1}^{2n-1}\left(\boxed{(\text{나})\ -k^2+1}+2nk\right)$$

> $k=2n$일 때에는 y좌표가 0이 되므로 $2n-1$까지만 계산하는 거야.

$$=-\frac{(2n-1)\times 2n\times(4n-1)}{6}+(2n-1)+2n\times\frac{(2n-1)\times 2n}{2}$$

$$=-\frac{n(2n-1)(4n-1)}{3}+(2n-1)+2n^2(2n-1)$$

$$=(2n-1)\left\{-\frac{n(4n-1)}{3}+1+2n^2\right\}$$

$$=(2n-1)\left(\frac{2}{3}n^2+\frac{n}{3}+1\right)$$

따라서 $\displaystyle\lim_{n\to\infty}\frac{a_n}{n^3}=\lim_{n\to\infty}\frac{(2n-1)\left(\frac{2}{3}n^2+\frac{n}{3}+1\right)}{n^3}=\boxed{(\text{다})\ \frac{4}{3}}$ 이다.

Step 2 $p\times f(3)\times g(4)$의 값을 구한다.

$f(n)=-2n,\ g(k)=-k^2+1,\ p=\dfrac{4}{3}$이므로

$$p\times f(3)\times g(4)=\frac{4}{3}\times(-2\times 3)\times(-4^2+1)$$

$$=\frac{4}{3}\times(-6)\times(-15)$$

$$=120$$

---

153 [정답률 51%] 　　　정답 ③

> 정사각형의 넓이는 첫째항이 1이고 공비가 3인 등비수열을 이룬다.

넓이가 $1,\ 3,\ 9,\ 27,\ \cdots$인 등비수열을 이루는 정사각형들을 그림과 같이 왼쪽부터 차례로 배열하고, 각 정사각형의 내부에 정사각형과 한 변을 공유하는 정삼각형을 그린다.

> (정사각형의 한 변의 길이)=(정삼각형의 한 변의 길이)

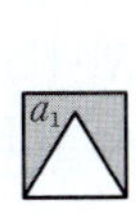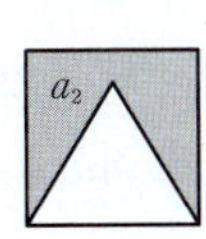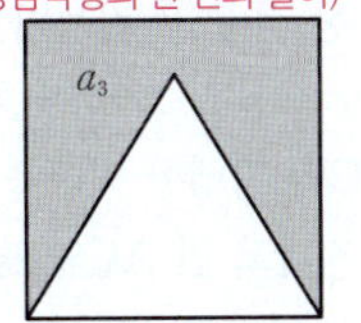

정삼각형의 외부와 정사각형의 내부의 공통부분(어두운 부분)의 넓이를 왼쪽부터 차례로 $a_1,\ a_2,\ a_3,\ \cdots$이라 할 때,

> (정사각형의 넓이) − (정삼각형의 넓이)

$\displaystyle\lim_{n\to\infty}\frac{8(a_1+a_2+\cdots+a_n)}{3^n}$의 값은? (4점)

① $2-\sqrt{3}$ 　　② $3-\sqrt{3}$ 　　❸ $4-\sqrt{3}$

④ $\dfrac{2-\sqrt{3}}{2}$ 　　⑤ $\dfrac{4-\sqrt{3}}{2}$

Step 1 주어진 조건을 이용하여 수열 $\{a_n\}$의 일반항을 구한다.

주어진 조건에서 정사각형의 넓이가 3배씩 증가하므로 a_n의 넓이도 3배씩 증가한다.

> 각 정사각형의 어두운 부분은 서로 닮음이고, 닮음비는 정사각형의 닮음비와 같으므로 a_n의 넓이의 증가율도 정사각형의 넓이의 증가율과 같다.

따라서 수열 $\{a_n\}$의 공비는 3이다.

처음 한 변의 길이는 1이고, 정사각형 내부의 정삼각형의 넓이는 $\dfrac{\sqrt{3}}{4}$이므로

> 한 변의 길이가 a인 정삼각형의 넓이는 $\dfrac{\sqrt{3}}{4}a^2$이다.

$$a_1=1-\frac{\sqrt{3}}{4}$$

그러므로 수열 $\{a_n\}$은 첫째항이 $a_1=1-\dfrac{\sqrt{3}}{4}$이고, 공비가 3인 등비수열이다.

Step 2 a_n의 부분합 S_n을 구하고, $\dfrac{8S_n}{3^n}$에 대입하여 극한값을 구한다.

$a_1+a_2+\cdots+a_n=S_n$이라 하면

$$S_n=\sum_{k=1}^{n}a_k=\frac{\left(1-\frac{\sqrt{3}}{4}\right)(3^n-1)}{3-1}$$

> 첫째항이 a, 공비가 r인 등비수열 $\{a_n\}$의 첫째항부터 제 n항까지의 합 S_n은 $S_n=\dfrac{a(r^n-1)}{r-1}$ (단, $r\neq 1$)

$$=\frac{4-\sqrt{3}}{8}(3^n-1)$$

$$\therefore \lim_{n\to\infty}\frac{8S_n}{3^n}=\lim_{n\to\infty}\frac{(4-\sqrt{3})(3^n-1)}{3^n}=\lim_{n\to\infty}\left\{(4-\sqrt{3})\left(1-\frac{1}{3^n}\right)\right\}$$

$$=4-\sqrt{3}$$

154 　　　정답 ⑤

> [2단계]까지만 봐도 이 문제의 규칙을 알 수 있는 문제야!
> 즉, 반지름의 길이가 $(2n-2)$인 원과 $(2n-1)$인 원 사이에 검은색으로 칠해진 넓이는 두 원의 넓이의 차의 $\dfrac{1}{4}$이고, 반지름의 길이가 $(2n-1)$인 원과 $2n$인 원 사이의 검은색으로 칠해진 넓이는 두 원의 넓이의 차의 $\dfrac{3}{4}$이야!

중심이 원점이고 반지름의 길이가 $1,\ 2,\ 3,\ \cdots,\ 2n$인 동심원이 있다.

[1단계] 반지름의 길이가 1인 원 내부의 제1사분면에 검은색을 칠하고, 반지름의 길이가 1인 원과 반지름의 길이가 2인 원 사이의 제2, 3, 4사분면에도 검은색을 칠한다.

[2단계] 반지름의 길이가 2인 원과 반지름의 길이가 3인 원 사이의 제1사분면에 검은색을 칠하고, 반지름의 길이가 3인 원과 반지름의 길이가 4인 원 사이의 제2, 3, 4사분면에도 검은색을 칠한다.

$\vdots$

[n단계] 반지름의 길이가 $2n-1$인 원과 반지름의 길이가 $2n-1$인 원 사이의 제1사분면에 검은색을 칠하고, 반지름의 길이가 $2n-1$인 원과 반지름의 길이가 $2n$인 원 사이의 제2, 3, 4사분면에도 검은색을 칠한다.

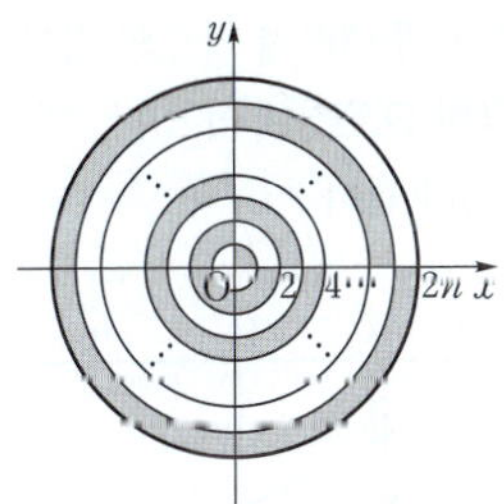

이와 같이 n단계까지 검은색으로 칠한 넓이의 합을 S_n이라 할 때, $\displaystyle\lim_{n\to\infty}\frac{S_n}{n^2}$의 값은? (4점)

① $\dfrac{3}{4}\pi$ 　　② π 　　③ $\dfrac{4}{3}\pi$

④ $\dfrac{3}{2}\pi$ 　　❺ 2π

Step 1 n단계에서 색칠하는 부분의 넓이를 a_n이라 하고, a_n을 구한다.

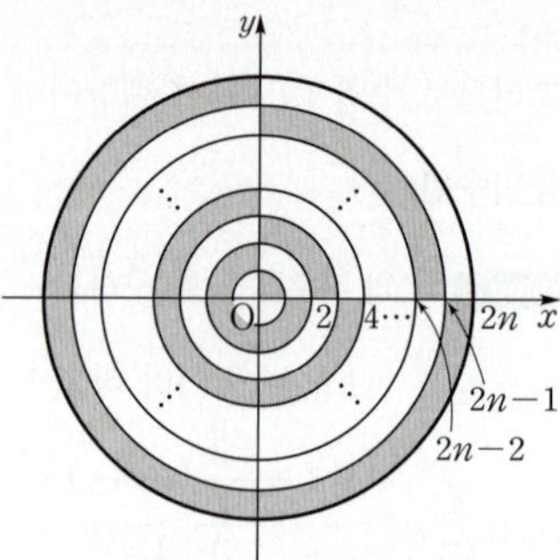

n단계에서 색칠하는 부분의 넓이를 a_n이라 하면 반지름의 길이가 $(2n-2)$인 원과 반지름의 길이가 $(2n-1)$인 원 사이의 넓이는 $\pi\{(2n-1)^2-(2n-2)^2\}$인데 이 중 제1사분면에만 검은색을 칠했으므로 이 부분의 넓이는

$\dfrac{\pi}{4}\{(2n-1)^2-(2n-2)^2\}$ ← 두 원 사이의 넓이의 $\dfrac{1}{4}$

← 두 원 사이의 넓이의 $\dfrac{3}{4}$

또, 반지름의 길이가 $(2n-1)$인 원과 반지름의 길이가 $2n$인 원 사이의 넓이는 $\pi\{(2n)^2-(2n-1)^2\}$인데 이 중 제2, 3, 4사분면에만 검은색을 칠했으므로 이 부분의 넓이는 $\dfrac{3}{4}\pi\{(2n)^2-(2n-1)^2\}$

$\therefore a_n=\dfrac{\pi}{4}\{(2n-1)^2-(2n-2)^2\}+\dfrac{3}{4}\pi\{(2n)^2-(2n-1)^2\}$

$\quad =\dfrac{\pi}{4}(4n-3)+\dfrac{3}{4}\pi(4n-1)$

$\quad =\dfrac{\pi(16n-6)}{4}$

$\quad =\dfrac{\pi(8n-3)}{2}$

Step 2 S_n을 구하고, $\displaystyle\lim_{n\to\infty}\dfrac{S_n}{n^2}$을 구한다.

$S_n=\displaystyle\sum_{k=1}^{n}a_k=\dfrac{\pi}{2}\sum_{k=1}^{n}(8k-3)$

$\quad =\dfrac{\pi}{2}\left\{8\times\dfrac{n(n+1)}{2}-3n\right\}$

$\quad =\dfrac{\pi}{2}(4n^2+n)$

$\therefore \displaystyle\lim_{n\to\infty}\dfrac{S_n}{n^2}=\lim_{n\to\infty}\dfrac{\dfrac{\pi}{2}(4n^2+n)}{n^2}=\dfrac{\pi}{2}\times4=2\pi$

155 [정답률 23%]　　　　　정답 24

그림과 같이 자연수 n에 대하여 가로의 길이가 n, 세로의 길이가 48인 직사각형 OAB_nC_n이 있다. 대각선 AC_n과 선분 B_1C_1의 교점을 D_n이라 한다.

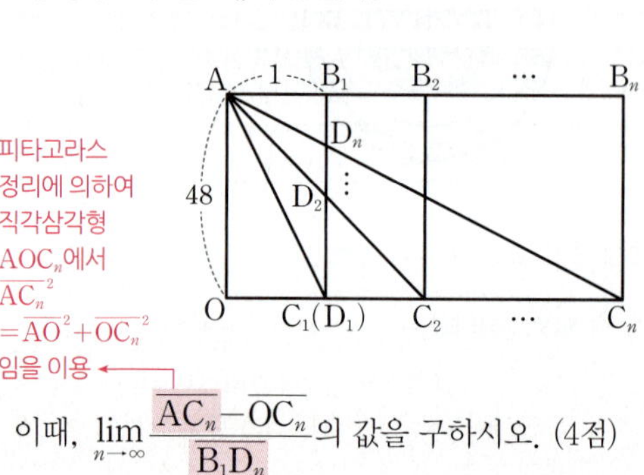

피타고라스 정리에 의하여 직각삼각형 AOC_n에서 $\overline{AC_n}^2=\overline{AO}^2+\overline{OC_n}^2$ 임을 이용

이때, $\displaystyle\lim_{n\to\infty}\dfrac{\overline{AC_n}-\overline{OC_n}}{\overline{B_1D_n}}$의 값을 구하시오. (4점)

→ 삼각형 AOC_n과 삼각형 D_nB_1A가 서로 닮음임을 이용하여 닮음비로 선분 B_1D_n의 길이를 구해봐.

Step 1 $\overline{AC_n}$, $\overline{OC_n}$, $\overline{B_1D_n}$의 길이를 구한다.

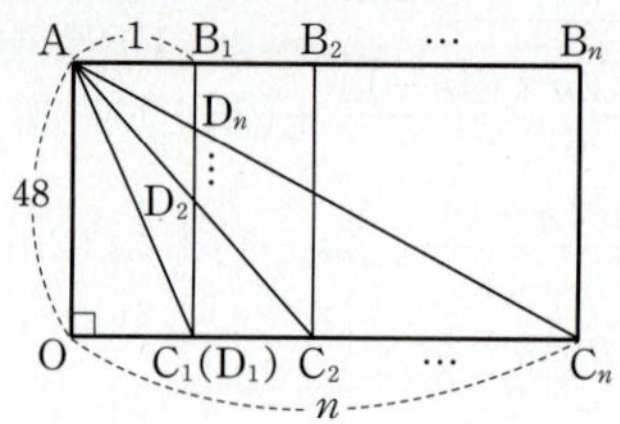

직사각형 OAB_nC_n의 가로의 길이가 n이므로 $\overline{OC_n}=n$이다. 직각삼각형 AOC_n에서 $\overline{AO}=48$이므로 피타고라스 정리에 의하여

$\overline{AC_n}=\sqrt{n^2+48^2}$

∠$AOC_n=$∠D_nB_1A이고 ∠$AC_nO=$∠D_nAB_1이므로 AA 닮음

또, 삼각형 AOC_n과 삼각형 D_nB_1A가 서로 닮음이므로

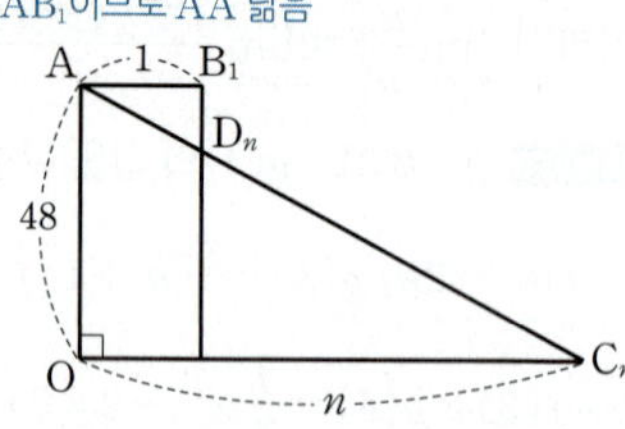

$\overline{AO}:\overline{OC_n}=\overline{B_1D_n}:\overline{AB_1}$에서

$48:n=\overline{B_1D_n}:1$

$\overline{B_1D_n}=\dfrac{48}{n}$

Step 2 극한값을 구한다.

$\displaystyle\lim_{n\to\infty}\dfrac{\overline{AC_n}-\overline{OC_n}}{\overline{B_1D_n}}=\lim_{n\to\infty}\dfrac{\sqrt{n^2+48^2}-n}{\dfrac{48}{n}}$

← ∞-∞ 꼴이므로 분자를 유리화해 줘야 해.

$(\sqrt{a}-b)(\sqrt{a}+b)=a-b^2$

$\quad =\displaystyle\lim_{n\to\infty}\dfrac{(\sqrt{n^2+48^2}-n)(\sqrt{n^2+48^2}+n)}{\dfrac{48}{n}(\sqrt{n^2+48^2}+n)}$

$\quad =\displaystyle\lim_{n\to\infty}\dfrac{48^2}{48\left(\sqrt{1+\dfrac{48^2}{n^2}}+1\right)}$

$\quad =\dfrac{48}{1+1}=24$

156 [정답률 55%]　　　　　정답 3

한 변의 길이가 1인 정삼각형 ABC가 있다. 변 BC 위에 양 끝점이 아닌 한 점 P_0을 잡는다. 그림과 같이 P_0을 지나고 변 AB와 평행한 직선을 그어 변 AC와 만나는 점을 P_1, 점 P_1을 지나고 변 BC와 평행한 직선을 그어 변 AB와 만나는 점을 P_2, 점 P_2를 지나고 변 AC와 평행한 직선을 그어 변 BC와 만나는 점을 P_3이라 하자.

이와 같은 과정을 계속하여 n번째 얻은 점을 P_n이라 하고, 점 P_0을 출발하여 점 P_n까지 이동한 거리 l_n을

$l_n=\overline{P_0P_1}+\overline{P_1P_2}+\overline{P_2P_3}+\cdots+\overline{P_{n-1}P_n}\ (n=1,\ 2,\ 3,\ \cdots)$

이라 하자.

$\displaystyle\lim_{n\to\infty}\dfrac{l_{2n}}{2n+1}=\dfrac{b}{a}$일 때, $a+b$의 값을 구하시오.

（단, a, b는 서로소인 자연수이다.） (4점)

$\overline{P_0P_1}\,/\!/\,\overline{BA}$,
$\overline{P_1P_2}\,/\!/\,\overline{CB}$,
$\overline{P_2P_3}\,/\!/\,\overline{AC}$
임을 이용

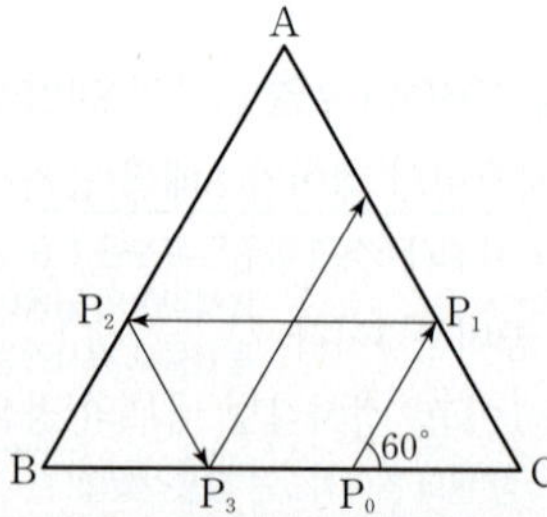

Step 1 정삼각형과 평행사변형의 성질을 이용하여 l_n을 구한다.

선분 CP_0의 길이를 $\alpha(0<\alpha<1)$라 하면 삼각형 CP_1P_0은 정삼각형이므로
$$\overline{P_0P_1}=\overline{CP_0}=\alpha$$
$\to$ $\overline{BA}/\!/\overline{P_0P_1}$이니까 $\angle CP_1P_0=\angle CAB=60°$

같은 방법으로
$$\overline{P_0P_1}=\overline{P_2P_3}=\overline{P_4P_5}=\cdots=\alpha$$
또한 $\overline{BP_3}=\alpha$, $\overline{CP_3}=1-\alpha$이고, 사각형 $P_1P_2P_3C$는 평행사변형이므로
$$\overline{P_1P_2}=\overline{CP_3}=1-\alpha$$
$\to$ $\overline{P_2P_3}/\!/\overline{AC}$이고 $\overline{P_1P_2}/\!/\overline{CB}$

같은 방법으로
$$\overline{P_1P_2}=\overline{P_3P_4}=\overline{P_5P_6}=\cdots=1-\alpha$$

따라서
$$l_{2n}=\overline{P_0P_1}+\overline{P_1P_2}+\overline{P_2P_3}+\cdots+\overline{P_{2n-1}P_{2n}}$$
$$=(\overline{P_0P_1}+\overline{P_2P_3}+\overline{P_4P_5}+\cdots+\overline{P_{2n-2}P_{2n-1}})$$
$$+(\overline{P_1P_2}+\overline{P_3P_4}+\overline{P_5P_6}+\cdots+\overline{P_{2n-1}P_{2n}})$$
$\to$ $\overline{P_{2n-2}P_{2n-1}}$과 $\overline{P_{2n-1}P_{2n}}$ (n은 자연수)의 두 경우로 각각 나누어 계산
$$=n\alpha+n(1-\alpha)$$
$$=n$$

Step 2 극한값을 구한다.

$$\therefore \lim_{n\to\infty}\frac{l_{2n}}{2n+1}=\lim_{n\to\infty}\frac{n}{2n+1}=\frac{1}{2}$$
따라서 $a=2$, $b=1$이므로 $a+b=3$

---

157 [정답률 51%]　　　　　　　정답 ①

정삼각형이 정사각형의 둘레를 3바퀴 돌면 정삼각형의 세 변은 정사각형과 8번씩 만나는 사실을 이용

한 변의 길이가 2인 정사각형과 한 변의 길이가 1인 정삼각형 ABC가 있다. [그림 1]과 같이 정사각형 둘레를 따라 시계 방향으로 정삼각형 ABC를 회전시킨다. 정삼각형 ABC가 처음 위치에서 출발한 후 정사각형 둘레를 n바퀴 도는 동안, 변 BC가 정사각형의 변 위에 놓이는 횟수를 a_n이라 하자. 예를 들어 $n=1$일 때, [그림 2]와 같이 변 BC가 2회 놓이므로 $a_1=2$이다. 이때, $\lim\limits_{n\to\infty}\dfrac{a_{3n-2}}{n}$의 값은? (4점)

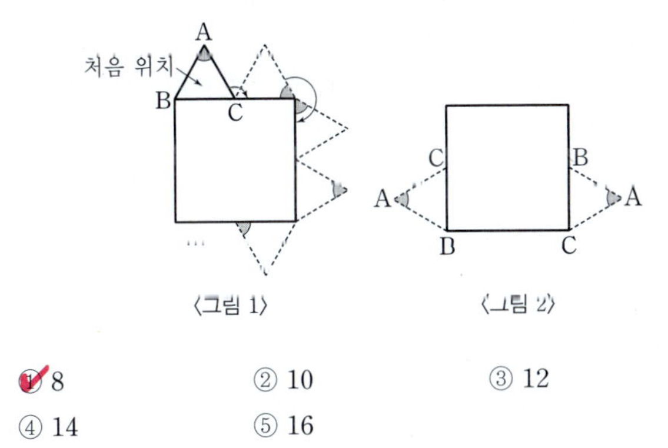

① 8　　　　② 10　　　　③ 12
④ 14　　　　⑤ 16

Step 1 규칙성을 파악한다.

정사각형의 한 변의 길이는 2이므로 둘레의 길이는 $2\times4=8$
정삼각형 ABC의 한 변의 길이는 1이므로 둘레의 길이는 $1\times3=3$
따라서 정삼각형 ABC가 정사각형 둘레를 3바퀴 돌면 정삼각형의

세 변 AB, BC, CA는 정사각형과 8번씩 만나게 되고 [그림 1]과 같이 처음 상태로 돌아온다.
즉, 모든 자연수 n에 대하여 $a_{3n}=8n$이다.

Step 2 바퀴 수에 따라 경우를 나누어 생각해본다.

이때 정삼각형 ABC가 정사각형의 둘레를 돌 때, 바퀴 수에 따라 세 바퀴를 주기로 다음을 반복한다.

(ⅰ) 1바퀴째

변 BC는 정사각형과 2번 만난다.
$\to$ 오른쪽 그림의 빗금친 부분에서 만나는 거야.

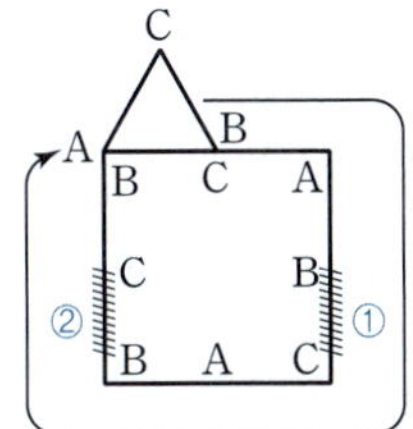

(ⅱ) 2바퀴째

변 BC는 정사각형과 3번 만난다.

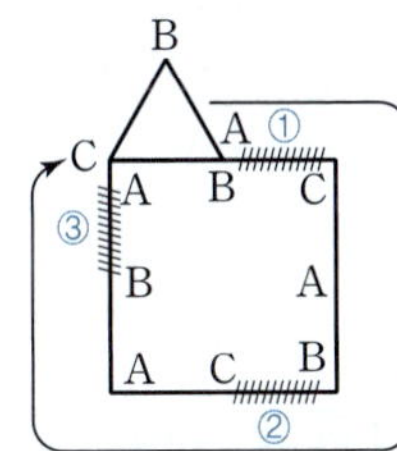

(ⅲ) 3바퀴째

변 BC는 정사각형과 3번 만난다.

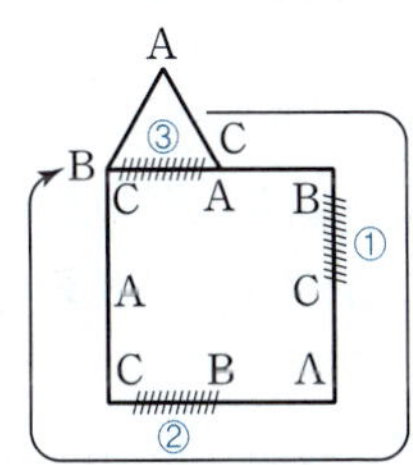

따라서 n이 자연수일 때
$$\begin{cases}a_{3n-2}=a_{3(n-1)+1}=8(n-1)+2=8n-6\\ a_{3n-1}=a_{3(n-1)+2}=8(n-1)+5=8n-3\\ a_{3n}=8n\end{cases}$$
$\to$ 첫 번째 바퀴
$\to$ (첫 번째 바퀴)+(두 번째 바퀴)

이다.

Step 3 극한값을 구한다. 분자, 분모를 각각 n으로 나눈다.

$$\therefore \lim_{n\to\infty}\frac{a_{3n-2}}{n}=\lim_{n\to\infty}\frac{8n-6}{n}=\lim_{n\to\infty}\frac{8-\dfrac{6}{n}}{1}=8$$

★ 다른 풀이 　가우스 기호를 이용하는 풀이

Step 1 가우스 기호를 이용하여 a_n을 구한다.

정삼각형 ABC가 정사각형 둘레를 1바퀴 도는 동안 정삼각형의 세 변은 정사각형과 8번 만나게 된다. $\to$ 정사각형의 한 변과 2번 만나므로 정사각형과 $4\times2=8$(번) 만나게 돼.
이때 변 BC는 3번마다 한 번씩 정사각형과 만나므로 n바퀴 도는 동안 $\left[\dfrac{8n}{3}\right]$번 만나게 된다. (단, $[x]$는 x를 넘지 않는 최대 정수)

$$\therefore a_n=\left[\frac{8n}{3}\right]$$
$\to$ 변 BC가 정사각형의 변 위에 놓이는 횟수

Step 2 극한값을 구한다.

$a_n=\left[\dfrac{8n}{3}\right]$에서 $a_{3n-2}=\left[\dfrac{8(3n-2)}{3}\right]=8n-6$
이므로
$$\lim_{n\to\infty}\frac{a_{3n-2}}{n}=\lim_{n\to\infty}\frac{8n-6}{n}=8$$
$\to$ $\dfrac{8(3n-2)}{3}=8n-\dfrac{16}{3}$이고
$8n-6<8n-\dfrac{16}{3}<8n-5$이므로
$\left[\dfrac{8(3n-2)}{3}\right]=8n-6$

참고

실수 x에 대하여 x를 넘지 않는 최대의 정수를 기호 $[x]$로 나타낸 것을 가우스 기호라 한다. 즉,

$$a_1=\left[\frac{8\times1}{3}\right]=2$$

$$a_4=\left[\frac{8\times4}{3}\right]=10$$

$$a_7=\left[\frac{8\times7}{3}\right]=18$$

$$a_{10}=\left[\frac{8\times10}{3}\right]=26$$

$$\vdots$$

수열 $\{a_{3n-2}\}$는 첫째항이 2이고, 공차가 8인 등차수열이므로

$$a_{3n-2}=2+(n-1)\times8=8n-6$$

[그림 1]의 정사각형의 한 변의 길이는 $\sqrt{2^2+1^2}=\sqrt{5}$
[그림 2]의 정사각형의 한 변의 길이는 $\sqrt{3^2+2^2}=\sqrt{13}$
[그림 3]의 정사각형의 한 변의 길이는 $\sqrt{4^2+3^2}=5$

$$\vdots$$

[그림 n]의 정사각형의 한 변의 길이는
$$\sqrt{(n+1)^2+n^2}=\sqrt{2n^2+2n+1}$$
따라서 $S_n=2n^2+2n+1$이므로 $\rightarrow \lim\limits_{n\to\infty}\left(20+\frac{20}{n}+\frac{10}{n^2}\right)$

$$\lim_{n\to\infty}\frac{10S_n}{n^2}=\lim_{n\to\infty}\frac{10(2n^2+2n+1)}{n^2}=10\times2=20$$

💡 알아야 할 기본개념

$$\lim_{n\to\infty}\frac{g(n)}{f(n)}\text{의 극한값}$$

n에 대한 두 다항식 $f(n)$, $g(n)$에 대하여 $\lim\limits_{n\to\infty}\dfrac{g(n)}{f(n)}$의 값은 다음과 같다. (단, $f(n)\neq0$)

⑴ $(g(n)$의 차수$)>(f(n)$의 차수$)$이면 극한값은 ∞ 또는 $-\infty$로 발산한다.

⑵ $(g(n)$의 차수$)<(f(n)$의 차수$)$이면 극한값은 0으로 수렴한다.

⑶ $(g(n)$의 차수$)=(f(n)$의 차수$)$이면 극한값은 $\dfrac{(g(n)\text{의 최고차항의 계수})}{(f(n)\text{의 최고차항의 계수})}$이다.

---

158 [정답률 21%]　　　　　정답 20

[그림 1]과 같이 한 개의 넓이가 1인 정사각형 5개로 이루어진 ✚ 모양의 도형에서 네 꼭짓점을 연결하여 만든 정사각형의 넓이를 S_1이라 하자.

[그림 2]와 같이 [그림 1]의 ✚ 모양의 도형에 한 개의 넓이가 1인 정사각형 4개를 붙여 만든 ✚ 모양의 도형에서 네 꼭짓점을 연결하여 만든 정사각형의 넓이를 S_2라 하자.

[그림 3]과 같이 [그림 2]의 ✚ 모양의 도형에 한 개의 넓이가 1인 정사각형 4개를 붙여 만든 ✚ 모양의 도형에서 네 꼭짓점을 연결하여 만든 정사각형의 넓이를 S_3이라 하자.

이와 같은 과정을 계속하여 n번째 얻어진 ✚ 모양의 도형에서 네 꼭짓점을 연결하여 만든 정사각형의 넓이를 S_n이라 할 때, $\lim\limits_{n\to\infty}\dfrac{10S_n}{n^2}$의 값을 구하시오. (4점)

↳ 넓이를 구하려면 피타고라스 정리를 이용하여 정사각형의 한 변의 길이를 먼저 구해야 해.

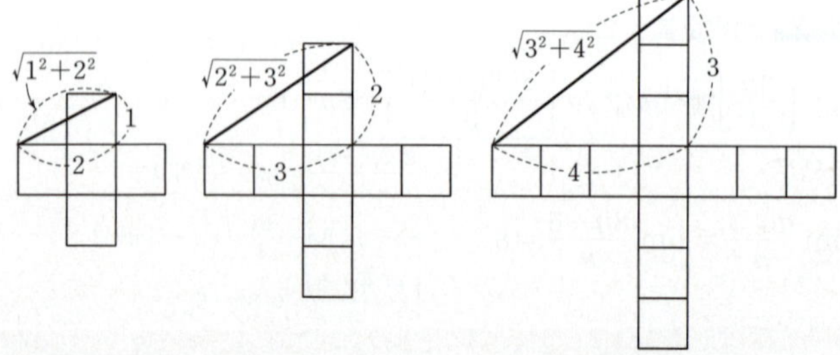

[그림 1]　　[그림 2]　　[그림 3]

Step 1 n번째 정사각형의 한 변의 길이를 구한다.

---

159 [정답률 9%]　　　　　정답 84

최고차항의 계수가 1인 삼차함수 $f(x)$와 자연수 m에 대하여 구간 $(0,\infty)$에서 정의된 함수 $g(x)$를

$$g(x)=\lim_{n\to\infty}\frac{f(x)\left(\dfrac{x}{m}\right)^n+x}{\left(\dfrac{x}{m}\right)^n+1}$$

$\rightarrow \dfrac{x}{m}$의 값에 따라 $\lim\limits_{n\to\infty}\left(\dfrac{x}{m}\right)^n$의 값이 달라짐을 이용한다.

라 하자. 함수 $g(x)$는 다음 조건을 만족시킨다.

> (가) 함수 $g(x)$는 구간 $(0,\infty)$에서 미분가능하고, $g'(m+1)\leq0$이다.
> ↳ $g(x)$의 식이 $x=m$에서 달라지므로 $x=m$에서의 미분가능성을 파악한다.
> (나) $g(k)g(k+1)=0$을 만족시키는 자연수 k의 개수는 3이다.
> (다) $g(l)\geq g(l+1)$을 만족시키는 자연수 l의 개수는 3이다.

$g(12)$의 값을 구하시오. (4점)

Step 1 x의 값의 범위에 따른 함수 $g(x)$의 식을 파악한다.

구간 $(0,\infty)$에서 정의된 함수 $g(x)$를 구해보면 다음과 같다.

(ⅰ) $0<x<m$일 때　　　　　→ 0으로 수렴

↳ $0<r<1$일 때 $\lim\limits_{n\to\infty}r^n=0$

$\lim\limits_{n\to\infty}\left(\dfrac{x}{m}\right)^n=0$이므로 $g(x)=\lim\limits_{n\to\infty}\dfrac{f(x)\left(\dfrac{x}{m}\right)^n+x}{\left(\dfrac{x}{m}\right)^n+1}=x$

(ii) $x=m$일 때

$$\lim_{n\to\infty}\left(\frac{x}{m}\right)^n=1$$이므로

$$g(x)=\lim_{n\to\infty}\frac{f(x)\left(\frac{x}{m}\right)^n+x}{\left(\frac{x}{m}\right)^n+1}=\frac{f(x)+x}{2}$$

$$\therefore\ g(m)=\frac{f(m)+m}{2}$$

(iii) $x>m$일 때

$$\lim_{n\to\infty}\left(\frac{x}{m}\right)^n=\infty$$이므로 $\rightarrow$ $r>1$일 때 $\lim r^n=\infty$

$$g(x)=\lim_{n\to\infty}\frac{f(x)\left(\frac{x}{m}\right)^n+x}{\left(\frac{x}{m}\right)^n+1}=\lim_{n\to\infty}\frac{f(x)+\dfrac{x}{\left(\frac{x}{m}\right)^n}}{1+\dfrac{1}{\left(\frac{x}{m}\right)^n}}=f(x)$$

$\dfrac{(상수)}{\infty}$ 꼴이므로 0으로 수렴

따라서 (i)~(iii)에서

$$g(x)=\begin{cases} x & (0<x<m) \\[4pt] \dfrac{f(m)+m}{2} & (x=m) \\[4pt] f(x) & (x>m) \end{cases}$$

Step 2 함수 $g(x)$가 구간 $(0,\infty)$에서 미분가능할 조건을 파악한다.

함수 $g(x)$가 구간 $(0,\infty)$에서 미분가능하려면 $x=m$에서 미분가능해야 한다. $\rightarrow$ $x=m$을 기준으로 함수 $g(x)$의 식이 달라지기 때문이다.

먼저 함수 $g(x)$가 $x=m$에서 연속이어야 하므로

$$\lim_{x\to m+}g(x)=\lim_{x\to m-}g(x)=g(m)$$
$$\lim_{x\to m+}g(x)=\lim_{x\to m+}f(x)=f(m),$$
$$\lim_{x\to m-}g(x)=\lim_{x\to m-}x=m,$$ $\rightarrow$ $0<x<m$일 때 $g(x)=x$
$$g(m)=\frac{f(m)+m}{2}$$

세 값이 모두 같아야 하므로 $f(m)=m$

함수 $g(x)$를 미분하면 $g'(x)=\begin{cases} 1 & (0<x<m) \\ f'(x) & (x>m) \end{cases}$

$x=m$에서 미분가능해야 하므로 $f'(m)=1$ $\rightarrow$ $x=m$에서의 $g(x)$의 좌미분계수 / $x=m$에서의 $g(x)$의 우미분계수

Step 3 조건 (나)가 성립하는 경우를 파악한다.

$g(k)g(k+1)=0$을 만족시키는 자연수 k의 개수가 3이므로 함수 $y=g(x)$의 그래프는 x축과 적어도 두 점에서 만나야 한다.

이때 자연수 m에 대하여 $f(m)=m$, $f'(m)=1$이므로 함수 $y=g(x)$의 그래프는 다음과 같이 x축과 두 점에서 만나게 된다.

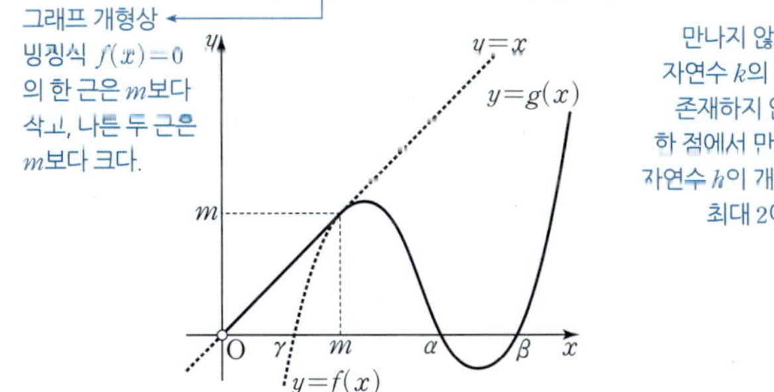

방정식 $g(x)=0$의 두 실근을 α, β $(\alpha<\beta)$라 하면 방정식 $g(x+1)=0$의 두 실근은 $\alpha-1$, $\beta-1$이다. 이때 조건 (나)가 성립하려면 α, β가 자연수이고 $\beta-1=\alpha$이어야 한다.

따라서 $\beta=\alpha+1$이므로 방정식 $g(x)=0$의 실근은 연속하는 두 자연수이다.

Step 4 $g(m)$, $g(m+1)$의 값의 대소 관계에 따라 경우를 나누어본다.

방정식 $f(x)=0$의 α, $\alpha+1$이 아닌 다른 한 근을 γ라 하면
$$f(x)=(x-\alpha)(x-\alpha-1)(x-\gamma)$$

(i) $g(m)<g(m+1)$일 때

$g'(m+1)\leq0$이므로 조건 (다)를 만족시키는 세 자연수 l은 $m+1$, $m+2$, $m+3$이어야 한다. 즉, $\alpha=m+3$이다.

$$f'(x)=(x-\alpha-1)(x-\gamma)+(x-\alpha)(x-\gamma)$$ $\rightarrow$ $g(m+3)\geq g(m+4)$
$$+(x-\alpha)(x-\alpha-1)$$
$$=(x-m-4)(x-\gamma)+(x-m-3)(x-\gamma)$$ $\leftarrow$ $\alpha=m+3$ 대입
$$+(x-m-3)(x-m-4)$$
$$\therefore\ f'(m)=-4(m-\gamma)+(-3)\times(m-\gamma)+(-3)\times(-4)$$
$$=-7(m-\gamma)+12$$

이때 $f'(m)=1$이므로 $-7(m-\gamma)+12=1$

$$7(m-\gamma)=11\quad\therefore\ m-\gamma=\frac{11}{7}$$

$$\therefore\ m=f(m)=\underline{(m-\alpha)(m-\alpha-1)(m-\gamma)}$$
$$=(-3)\times(-4)\times\frac{11}{7}=\frac{132}{7}$$ $\rightarrow$ $m-\alpha=m-(m+3)=-3$, $m-\alpha-1=(m-\alpha)-1=-4$

즉, m이 자연수가 아니므로 모순이다.

(ii) $g(m)\geq g(m+1)$일 때

조건 (다)를 만족시키는 세 자연수 l은 m, $m+1$, $m+2$이어야 한다. 즉, $\alpha=m+2$이다.

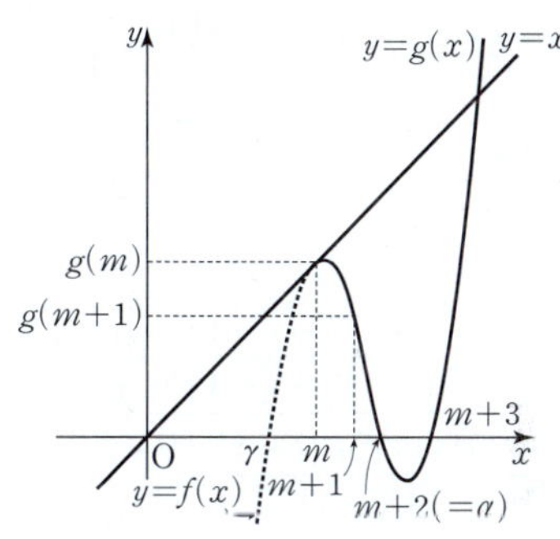

$$f'(x)=(x-\alpha-1)(x-\gamma)+(x-\alpha)(x-\gamma)$$
$$+(x-\alpha)(x-\alpha-1)$$
$$=(x-m-3)(x-\gamma)+(x-m-2)(x-\gamma)$$ $\leftarrow$ $\alpha=m+2$ 대입
$$+(x-m-2)(x-m-3)$$
$$\therefore\ f'(m)=-3(m-\gamma)+(-2)\times(m-\gamma)+(-2)\times(-3)$$
$$=-5(m-\gamma)+6$$

이때 $f'(m)=1$이므로 $-5(m-\gamma)+6=1$

$$5(m-\gamma)=5\quad\therefore\ m-\gamma=1$$

$$\therefore\ m=f(m)=(m-\alpha)(m-\alpha-1)(m-\gamma)$$
$$=(-2)\times(-3)\times1=6$$ $\rightarrow$ $\alpha=m+2=8$ / $\alpha+1=m+3=9$

이때 $\gamma=5$이므로 $f(x)=(x-5)(x-\underline{8})(x-\underline{9})$

따라서 (i), (ii)에서 $f(x)=(x-5)(x-8)(x-9)$이다.

Step 5 $g(12)$의 값을 구한다.

$$g(x)=\begin{cases} x & (0<x<6) \\ 6 & (x=6) \\ f(x) & (x>6) \end{cases}$$

이므로 $g(12)=f(12)=7\times4\times3=84$

160 [정답률 42%] 정답 ④

삼차함수 $f(x)=ax^3+bx\,(a>0)$이 다음 조건을 만족시킨다.

> 모든 실수 x에 대하여 $\displaystyle\lim_{n\to\infty}\frac{2x^{2n+2}+x^n+f(x)}{x^{2n}+x^n+1}$의 값이 존재한다.

실수 전체의 집합에서 정의된 함수 $g(x)$를

$$g(x)=\lim_{n\to\infty}\frac{2x^{2n+2}+x^n+f(x)}{x^{2n}+x^n+1}$$

→ x의 값의 범위에 따라 극한값이 달라진다.

라 하자. 함수 $y=g(x)$의 그래프와 직선 $y=k$가 만나는 점의 개수가 1이 되도록 하는 자연수 k가 존재할 때, $g\!\left(-\dfrac{1}{2}\right)\times g(2)$의 값은? (단, a, b는 상수이다.) (4점)

① $6\sqrt{3}$ ② $7\sqrt{3}$ ③ $8\sqrt{3}$
④ $9\sqrt{3}$ ⑤ $10\sqrt{3}$

Step 1 x의 값의 범위에 따라 경우를 나누어 $g(x)$를 구한다.

(ⅰ) $|x|<1$일 때,

$$g(x)=\lim_{n\to\infty}\frac{2x^{2n+2}+x^n+f(x)}{x^{2n}+x^n+1}=\frac{0+0+f(x)}{0+0+1}=f(x)$$

(ⅱ) $|x|>1$일 때, $\left(\displaystyle\lim_{n\to\infty}x^{2n+2}=\lim_{n\to\infty}x^n=\lim_{n\to\infty}x^{2n}=0\right)$

$$g(x)=\lim_{n\to\infty}\frac{2x^{2n+2}+x^n+f(x)}{x^{2n}+x^n+1}=\lim_{n\to\infty}\frac{2x^2+\dfrac{1}{x^n}+\dfrac{f(x)}{x^{2n}}}{1+\dfrac{1}{x^n}+\dfrac{1}{x^{2n}}}$$

$$=\frac{2x^2+0+0}{1+0+0}=2x^2$$

$\left(\displaystyle\lim_{n\to\infty}\frac{1}{x^n}=\lim_{n\to\infty}\frac{1}{x^{2n}}=0\right)$

(ⅲ) $x=-1$일 때,

$$g(-1)=\lim_{n\to\infty}\frac{2\times(-1)^{2n+2}+(-1)^n+f(-1)}{(-1)^{2n}+(-1)^n+1}$$

$$=\lim_{n\to\infty}\frac{2+(-1)^n+f(-1)}{2+(-1)^n}$$

$\left((-1)^{2n+2}=1,\ (-1)^{2n}=1\right)$

수열 $\left\{\dfrac{2+(-1)^n+f(-1)}{2+(-1)^n}\right\}$의 값은 $1+f(-1)$과

$1+\dfrac{f(-1)}{3}$이 번갈아 나열된다.

이때 모든 실수 x에 대하여 함수 $g(x)$가 정의되므로

$$1+f(-1)=1+\frac{f(-1)}{3}$$

$$\therefore f(-1)=0,\ g(-1)=1 \qquad \cdots\cdots\ \bigcirc$$

(ⅳ) $x=1$일 때,

$$g(1)=\lim_{n\to\infty}\frac{2\times1^{2n+2}+1^n+f(1)}{1^{2n}+1^n+1}=\frac{3+f(1)}{3}$$

$\bigcirc$에서 $f(-1)=-a-b=0$이므로 $b=-a$

$f(1)=a+b=0$, $g(1)=1$

Step 2 조건을 만족시키는 함수 $y=g(x)$의 그래프의 개형을 생각한다.

(ⅰ)~(ⅳ)에 의하여 함수 $g(x)$는 $g(x)=\begin{cases} f(x) & (|x|<1) \\ 2x^2 & (|x|>1) \\ 1 & (|x|=1) \end{cases}$

$f(x)=ax^3+bx\,(a>0)$에서 $b=-a$이므로

$$\underline{f(x)=ax(x+1)(x-1)} \quad \rightarrow\ f(x)=ax^3-ax=ax(x^2-1)$$

$$f'(x)=3ax^2-a=3a\left(x^2-\frac{1}{3}\right)$$

$$f'(x)=0에서\ x=-\frac{\sqrt{3}}{3}\ 또는\ x=\frac{\sqrt{3}}{3}$$

함수 $f(x)$의 증가와 감소를 표로 나타내면 다음과 같다.

x	$\cdots$	$-\dfrac{\sqrt{3}}{3}$	$\cdots$	$\dfrac{\sqrt{3}}{3}$	$\cdots$
$f'(x)$	$+$	0	$-$	0	$+$
$f(x)$	↗	극대	↘	극소	↗

따라서 함수 $f(x)$는 $x=-\dfrac{\sqrt{3}}{3}$에서 극대이고 $x=\dfrac{\sqrt{3}}{3}$에서 극소이다.

함수 $y=g(x)$의 그래프와 직선 $y=k$가 만나는 점의 개수가 1이 되도록 하는 자연수 k가 존재하려면 함수 $y=g(x)$의 그래프의 개형은 다음과 같아야 한다.

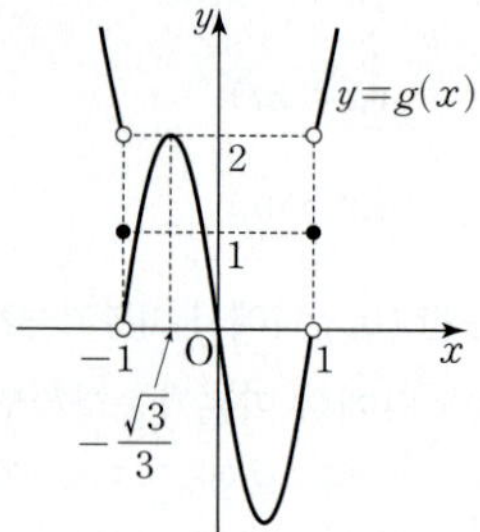

Step 3 $g\!\left(-\dfrac{1}{2}\right)\times g(2)$의 값을 구한다.

$g\!\left(-\dfrac{\sqrt{3}}{3}\right)=f\!\left(-\dfrac{\sqrt{3}}{3}\right)=2$이므로

$$-\frac{\sqrt{3}a}{9}+\frac{\sqrt{3}a}{3}=\frac{2\sqrt{3}a}{9}=2 \qquad \therefore a=3\sqrt{3}$$

$f(x)=3\sqrt{3}x(x^2-1)$이므로

$$g\!\left(-\frac{1}{2}\right)\times g(2)=f\!\left(-\frac{1}{2}\right)\times 8=\frac{9\sqrt{3}}{8}\times 8=9\sqrt{3}$$

$\left(=3\sqrt{3}\times\left(-\dfrac{1}{2}\right)\times\left(-\dfrac{3}{4}\right)\right)$

161 [정답률 9%]　　　　　정답 25

함수

$$f(x)=\lim_{n\to\infty}\frac{x^{2n+1}-x}{x^{2n}+1}$$

에 대하여 실수 전체의 집합에서 정의된 함수 $g(x)$가 다음 조건을 만족시킨다.

> $2k-2\le|x|<2k$일 때,
>
> $$g(x)=(2k-1)\times f\left(\frac{x}{2k-1}\right)$$
>
> 이다. (단, k는 자연수이다.)

$0<t<10$인 실수 t에 대하여 직선 $y=t$가 함수 $y=g(x)$의 그래프와 만나지 않도록 하는 모든 t의 값의 합을 구하시오.

(4점)

Step 1 x의 값의 범위를 나누어 함수 $f(x)$를 구한다.

$f(x)=\lim\limits_{n\to\infty}\dfrac{x^{2n+1}-x}{x^{2n}+1}$에서

(i) $|x|<1$일 때, ⟶ $-1<x<1$

$\lim\limits_{n\to\infty}x^{2n}=\lim\limits_{n\to\infty}x^{2n+1}=0$이므로

$$f(x)=\lim_{n\to\infty}\frac{x^{2n+1}-x}{x^{2n}+1}=\frac{-x}{1}=-x$$

(ii) $x=1$일 때,

$$f(x)=\lim_{n\to\infty}\frac{x^{2n+1}-x}{x^{2n}+1}=\frac{1-1}{1+1}=0$$

(iii) $x=-1$일 때,

$$f(x)=\lim_{n\to\infty}\frac{x^{2n+1}-x}{x^{2n}+1}=\frac{-1-(-1)}{1+1}=0$$

$|x|=1$일 때, $f(x)=0$

(iv) $|x|>1$일 때, ⟶ $x<-1$ 또는 $x>1$

$\lim\limits_{n\to\infty}\dfrac{1}{x^{2n}}=0$이므로

$$f(x)=\lim_{n\to\infty}\frac{x^{2n+1}-x}{x^{2n}+1}=\lim_{n\to\infty}\frac{x-\dfrac{x}{x^{2n}}}{1+\dfrac{1}{x^{2n}}}=x$$

(i)~(iv)에서 $f(x)=\begin{cases}x & (|x|>1)\\ 0 & (|x|=1)\\ -x & (|x|<1)\end{cases}$

Step 2 경우를 나누어 함수 $g(x)$를 구한다.

자연수 k에 대하여 $2k-2\ge0$, $2k>0$이므로 $\dfrac{x}{2k-1}$의 값은 다음과 같이 경우를 나누어 생각할 수 있다.

(i) $2k-2\le|x|<2k-1$일 때,

부등식의 각 변을 $2k-1$로 나누면　$0\le\dfrac{2k-2}{2k-1}<1$

$$\frac{2k-2}{2k-1}\le\frac{|x|}{2k-1}<1$$

$\therefore\left|\dfrac{x}{2k-1}\right|<1$　　$\dfrac{|x|}{2k-1}=\dfrac{|x|}{|2k-1|}=\left|\dfrac{x}{2k-1}\right|$

$\therefore g(x)=(2k-1)\times f\left(\dfrac{x}{2k-1}\right)=(2k-1)\times\left(-\dfrac{x}{2k-1}\right)$

$\qquad=-x$　　$|x|<1$에서 $f(x)=-x$

(ii) $|x|=2k-1$일 때,

$\dfrac{|x|}{2k-1}=1$이므로 $\left|\dfrac{x}{2k-1}\right|=1$

$\therefore g(x)=(2k-1)\times f\left(\dfrac{x}{2k-1}\right)=(2k-1)\times0=0$

$|x|=1$이면 $f(x)=0$

(iii) $2k-1<|x|<2k$일 때,

부등식의 각 변을 $2k-1$로 나누면

$$1<\frac{|x|}{2k-1}<\frac{2k}{2k-1}\qquad\therefore\left|\frac{x}{2k-1}\right|>1$$

$\dfrac{2k}{2k-1}>1$

$\therefore g(x)=(2k-1)\times f\left(\dfrac{x}{2k-1}\right)=(2k-1)\times\left(\dfrac{x}{2k-1}\right)=x$

$|x|>1$에서 $f(x)=x$

(i)~(iii)에 의하여 함수 $y=g(x)$의 그래프는 다음 그림과 같다.

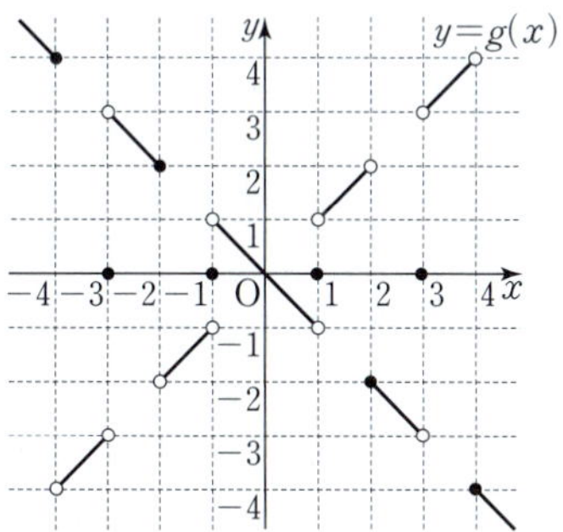

Step 3 조건을 만족시키는 t의 값을 구한다.

즉, $t=2m-1$ (m은 정수)일 때, 직선 $y=t$는 함수 $y=g(x)$의 그래프와 만나지 않고 $t=2m$ (m은 0이 아닌 정수)일 때, 직선 $y=t$는 함수 $y=g(x)$의 그래프와 한 점에서 만난다.

따라서 구하는 t의 값의 합은 $1+3+5+7+9=25$

162 [정답률 35%]　　　　　정답 ⑤

함수

$$f(x)=\lim_{n\to\infty}\frac{\left(\dfrac{x-1}{k}\right)^{2n}-1}{\left(\dfrac{x-1}{k}\right)^{2n}+1}\ (k>0)$$

에 대하여 함수

$$g(x)=\begin{cases}(f\circ f)(x) & (x=k)\\ (x-k)^2 & (x\ne k)\end{cases}$$

가 실수 전체의 집합에서 연속이다. 양수 k에 대하여 $(g\circ f)(k)$의 값은? (4점)

① 1　　　　② 3　　　　③ 5

④ 7　　　　⑤ 9

Step 1 x의 값의 범위에 따른 함수 $f(x)$를 구한다.

$f(x)=\lim\limits_{n\to\infty}\dfrac{\left(\dfrac{x-1}{k}\right)^{2n}-1}{\left(\dfrac{x-1}{k}\right)^{2n}+1}$에서 양수 k에 대하여

$\left|\dfrac{x-1}{k}\right|<1,\left|\dfrac{x-1}{k}\right|=1,$

(i) $\left|\dfrac{x-1}{k}\right|<1$일 때 ⟶ $\lim\limits_{n\to\infty}\left|\dfrac{x-1}{k}\right|^{2n}=0$이야.

$\left|\dfrac{x-1}{k}\right|>1$로 경우를 나누어야 해.

$-1<\dfrac{x-1}{k}<1$에서 $1-k<x<1+k$

$\lim\limits_{n\to\infty}\left(\dfrac{x-1}{k}\right)^{2n}=0$이므로

$\left|\dfrac{x-1}{k}\right|<1$에서 $-1<\dfrac{x-1}{k}<1$

$-k<x-1<k$　　$\therefore 1-k<x<1+k$

$$f(x)=\lim_{n\to\infty}\frac{\left(\dfrac{x-1}{k}\right)^{2n}-1}{\left(\dfrac{x-1}{k}\right)^{2n}+1}=\frac{0-1}{0+1}=-1$$

(ii) $\left|\dfrac{x-1}{k}\right|=1$일 때

$\dfrac{x-1}{k}=1$ 또는 $\dfrac{x-1}{k}=-1$에서 $x=1+k$ 또는 $x=1-k$

$\displaystyle\lim_{n\to\infty}\left(\dfrac{x-1}{k}\right)^{2n}=1$이므로

$$f(x)=\lim_{n\to\infty}\frac{\left(\dfrac{x-1}{k}\right)^{2n}-1}{\left(\dfrac{x-1}{k}\right)^{2n}+1}=\frac{1-1}{1+1}=0$$

(iii) $\left|\dfrac{x-1}{k}\right|>1$일 때

$\dfrac{x-1}{k}>1$ 또는 $\dfrac{x-1}{k}<-1$에서 $x>1+k$ 또는 $x<1-k$

$\displaystyle\lim_{n\to\infty}\left(\dfrac{x-1}{k}\right)^{2n}=\infty$이고 $\displaystyle\lim_{n\to\infty}\frac{1}{\left(\dfrac{x-1}{k}\right)^{2n}}=\lim_{n\to\infty}\left(\dfrac{k}{x-1}\right)^{2n}=0$

이므로

$$f(x)=\lim_{n\to\infty}\frac{\left(\dfrac{x-1}{k}\right)^{2n}-1}{\left(\dfrac{x-1}{k}\right)^{2n}+1}=\lim_{n\to\infty}\frac{1-\left(\dfrac{k}{x-1}\right)^{2n}}{1+\left(\dfrac{k}{x-1}\right)^{2n}}$$
$$=\frac{1-0}{1+0}=1$$

분모와 분자를 각각 $\left(\dfrac{x-1}{k}\right)^{2n}$으로 나누면

$$\lim_{n\to\infty}\frac{1-\dfrac{1}{\left(\dfrac{x-1}{k}\right)^{2n}}}{1+\dfrac{1}{\left(\dfrac{x-1}{k}\right)^{2n}}}=\lim_{n\to\infty}\frac{1-\left(\dfrac{k}{x-1}\right)^{2n}}{1+\left(\dfrac{k}{x-1}\right)^{2n}}$$

(i)~(iii)에서 함수 $f(x)$는 다음과 같다.

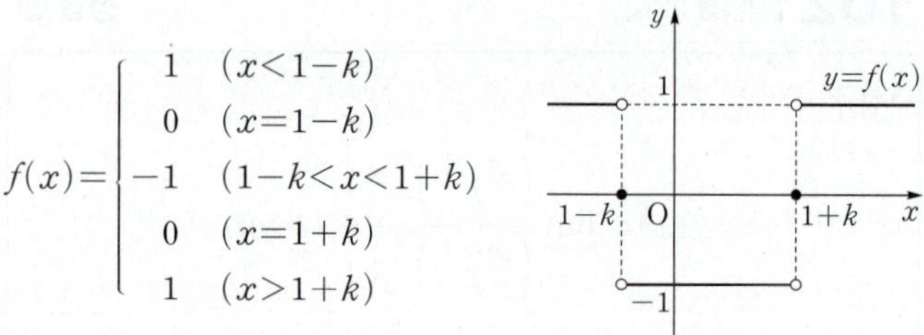

$$f(x)=\begin{cases}1 & (x<1-k)\\ 0 & (x=1-k)\\ -1 & (1-k<x<1+k)\\ 0 & (x=1+k)\\ 1 & (x>1+k)\end{cases}$$

Step 2 함수 $g(x)$가 실수 전체의 집합에서 연속임을 이용한다.

$$g(x)=\begin{cases}(f\circ f)(x) & (x=k)\\ (x-k)^2 & (x\neq k)\end{cases}$$

에서 $y=(x-k)^2$은 다항함수이므로 $x\neq k$에서 연속함수이다.
따라서 함수 $g(x)$가 실수 전체의 집합에서 연속이려면
$\displaystyle\lim_{x\to k}g(x)=g(k)$이어야 한다.
$\displaystyle\lim_{x\to k}g(x)=\lim_{x\to k}(x-k)^2=0$,
$g(k)=(f\circ f)(k)=f(f(k))$
에서 $f(f(k))=0$

$\displaystyle\lim_{x\to k}g(x)=g(k)$에서 $0=f(f(k))$

Step 3 함수 $f(x)$의 그래프와 $f(f(k))=0$임을 이용하여 $f(k)$를 k에 대한 식으로 나타낸다.

위의 그림에서
$f(1-k)=0$ 또는 $f(1+k)=0$이므로
$f(f(k))=0$에서

$f(k)=a$라 하면 $f(f(k))=0$에서 $f(a)=0$
$f(1-k)=f(1+k)=0$이므로 $a=1-k,\ a=1+k$야.
따라서 $f(k)=1-k$ 또는 $f(k)=1+k$

$f(k)=1-k$ 또는 $f(k)=1+k$
이때 $k>0$에서 $1+k>1$이고
함수 $f(x)$의 치역은 $\{-1,\ 0,\ 1\}$이므로 $1+k$는 $f(x)$의 치역이 될 수 없다.

1보다 크므로 함수 $f(x)$의 치역 $-1,\ 0,\ 1$ 중 하나가 될 수 없어.

$\therefore f(k)=1-k$

Step 4 $1-k=-1,\ 1-k=0,\ 1-k=1$인 경우로 나누어 상수 k의 값을 구한다.

(i) $1-k=-1$인 경우

$1-k=-1$에서 $k=2$이므로

$$f(x)=\begin{cases}1 & (x<-1 \text{ 또는 } x>3)\\ 0 & (x=-1 \text{ 또는 } x=3)\\ -1 & (-1<x<3)\end{cases}$$

$f(f(2))=f(-1)=0$ → $f(f(k))=0$을 만족시키는지 확인해야 해!

(ii) $1-k=0$인 경우

$1-k=0$에서 $k=1$

$$f(x)=\begin{cases}1 & (x<0 \text{ 또는 } x>2)\\ 0 & (x=0 \text{ 또는 } x=2)\\ -1 & (0<x<2)\end{cases}$$

$f(f(1))=f(-1)=1\neq 0$이므로 조건을 만족시키지 않는다.

(iii) $1-k=1$인 경우

$1-k=1$에서 $k=0$이므로 $k>0$의 조건을 만족시키지 않는다.

(i)~(iii)에서 $k=2$이고

$$f(x)=\begin{cases}1 & (x<-1 \text{ 또는 } x>3)\\ 0 & (x=-1 \text{ 또는 } x=3)\\ -1 & (-1<x<3)\end{cases},\quad g(x)=\begin{cases}(f\circ f)(x) & (x=2)\\ (x-2)^2 & (x\neq 2)\end{cases}$$

Step 5 $(g\circ f)(k)$의 값을 구한다.

$(g\circ f)(k)=(g\circ f)(2)=g(f(2))$

$f(2)=-1$

$=g(-1)=(-1-2)^2$
$=9$

$-1\neq 2$이므로 $g(x)=(x-2)^2$에 $x=-1$을 대입하여 $g(-1)$의 값을 구할 수 있어.

163 [정답률 52%]   정답 10

> 두 함수 $f(x)=\lim\limits_{n\to\infty}\dfrac{2x^{2n+2}+1}{x^{2n}+2}$, $g(x)=\sin(k\pi x)$에 대하여 방정식 $f(x)=g(x)$가 실근을 갖지 않을 때, $60k$의 최댓값을 구하시오. (4점)

식에 등비수열 $\{x^{2n}\}$이 포함되어 있으니, x의 값의 범위에 따라 경우를 나누어 생각해야 해.

함수 $y=f(x)$의 그래프와 함수 $y=g(x)$의 그래프가 만나지 않는다는 (교점이 없다는) 의미야.

Step 1 x의 값의 범위를 나누어 $f(x)$를 구하고 함수 $y=f(x)$의 그래프를 그려본다.

함수 $y=\sin(k\pi x)$의 치역은 $\{y\mid -1\le y\le 1\}$이고, 주기는 $\dfrac{2\pi}{|k\pi|}=\dfrac{2}{|k|}$야. 이때, $k\ne 0$

$f(x)=\lim\limits_{n\to\infty}\dfrac{2x^{2n+2}+1}{x^{2n}+2}$에서

(i) $|x|<1$일 때 → $-1<x<1$일 때

$\lim\limits_{n\to\infty}x^{2n+2}=\lim\limits_{n\to\infty}x^{2n}=0$이므로

$f(x)=\lim\limits_{n\to\infty}\dfrac{2x^{2n+2}+1}{x^{2n}+2}$

$\quad=\dfrac{2\times 0+1}{0+2}=\dfrac{1}{2}$ → $|x|<1$, 즉 $-1<x<1$의 범위에서는 x의 값에 관계없이 $f(x)$의 값이 $\dfrac{1}{2}$인 거야!

(ii) $|x|=1$일 때

$\lim\limits_{n\to\infty}x^{2n+2}=\lim\limits_{n\to\infty}x^{2n}=1$이므로

$x^{2n+2}=(x^2)^{n+1}$이므로 $x=-1$일 때도 수렴

$f(x)=\lim\limits_{n\to\infty}\dfrac{2x^{2n+2}+1}{x^{2n}+2}$

$\quad=\dfrac{2\times 1+1}{1+2}=1$

$x=-1$일 때 $\lim\limits_{n\to\infty}x^n$은 진동(발산)하지만, $(-1)^2=1$이므로 $\lim\limits_{n\to\infty}x^{2n}=1$과 같이 수렴하게 돼.

(iii) $|x|>1$일 때

$\lim\limits_{n\to\infty}x^{2n+2}=\lim\limits_{n\to\infty}x^{2n}=\infty$이므로

$f(x)=\lim\limits_{n\to\infty}\dfrac{2x^{2n+2}+1}{x^{2n}+2}$

$\quad=\lim\limits_{n\to\infty}\dfrac{2x^2+\dfrac{1}{x^{2n}}}{1+\dfrac{2}{x^{2n}}}$

$\quad=2x^2$

$\dfrac{\infty}{\infty}$ 꼴의 분수식의 극한값은 분모, 분자를 분모의 최고차항으로 나눈다.

분모의 최고차항인 x^{2n}으로 나누었어.

$\lim\limits_{n\to\infty}\dfrac{1}{x^{2n}}=0$이므로

(i) ~ (iii)에서 $f(x)=\begin{cases}2x^2 & (|x|>1)\\ 1 & (|x|=1)\\ \dfrac{1}{2} & (|x|<1)\end{cases}$

따라서 함수 $y=f(x)$의 그래프는 오른쪽 그림과 같다.

주의 각 범위를 헷갈리지 않도록 주의해야 해!

함수 $y=g(x)$의 그래프의 개형을 파악하는 것이 우선이야! 일반적인 삼각함수의 그래프를 응용할 줄 알아야 해.

Step 2 함수 $y=f(x)$의 그래프가 함수 $y=g(x)$의 그래프와 만나지 않기 위한 조건을 생각해 본다.

방정식 $f(x)=g(x)$가 실근을 갖지 않으려면 두 함수 $y=f(x)$, $y=g(x)$의 그래프가 만나지 않아야 한다.

즉, $|x|<1$에서 $g(x)<\dfrac{1}{2}$을 만족해야 하므로 다음 그림과 같이 함수 $y=g(x)$의 그래프가 $|x|\le 1$에서 증가하고, $g(1)=\dfrac{1}{2}$일 때 k의 값이 최대가 된다.

$|x|\le 1$에서 감소하면 $k<0$이어야 하므로, k가 최대가 될 수 없어.

즉, $k_{최대}\pi\times 1=\dfrac{\pi}{6}$이므로 $k_{최대}=\dfrac{1}{6}$

k의 최댓값을 의미하는 거야!

$g(1)=\sin k\pi=\dfrac{1}{2}$에서 $\sin\dfrac{\pi}{6}=\dfrac{1}{2}$임을 이용한 거야!

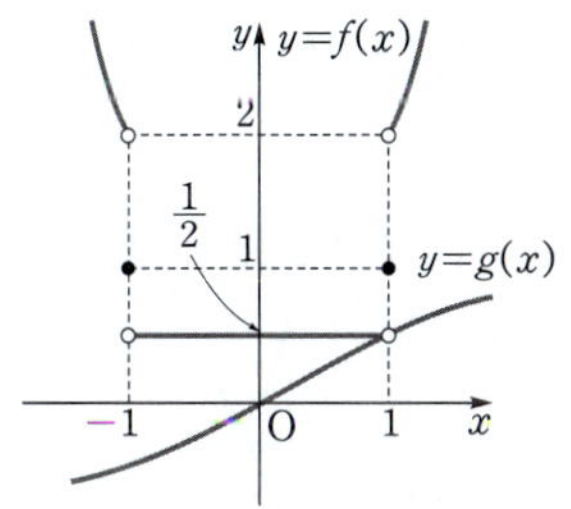

따라서 k의 최댓값은 $\dfrac{1}{6}$이므로 $60k$의 최댓값은 10이다.

164 [정답률 9%]   정답 13

> 함수 $f(x)$를
> $$f(x)=\lim_{n\to\infty}\frac{ax^{2n}+bx^{2n-1}+x}{x^{2n}+2}\ (a,\ b\text{는 양의 상수})$$
> 라 하자. 자연수 m에 대하여 방정식 $f(x)=2(x-1)+m$의 실근의 개수를 c_m이라 할 때, $c_k=5$인 자연수 k가 존재한다. $k+\sum\limits_{m=1}^{\infty}(c_m-1)$의 값을 구하시오. (4점)

Step 1 x의 값의 범위에 따라 $f(x)$를 구한다.

$|x|>1$일 때, $\lim\limits_{n\to\infty}\dfrac{1}{x^{2n}}=0$이므로

$f(x)=\lim\limits_{n\to\infty}\dfrac{a+\dfrac{b}{x}+\dfrac{1}{x^{2n-1}}}{1+\dfrac{2}{x^{2n}}}=a+\dfrac{b}{x}$

분모, 분자를 각각 x^{2n}으로 나누었어.

$x=1$일 때, $f(1)=\dfrac{a+b+1}{3}$

$\lim\limits_{n\to\infty}1^{2n}=1$

$x=-1$일 때, $f(-1)=\dfrac{a-b-1}{3}$

$|x|<1$일 때, $\lim\limits_{n\to\infty}x^{2n}=0$이므로

$f(x)=\lim\limits_{n\to\infty}\dfrac{ax^{2n}+bx^{2n-1}+x}{x^{2n}+2}=\dfrac{0+0+x}{0+2}=\dfrac{x}{2}$

따라서 함수 $f(x)$는

$$f(x)=\begin{cases}a+\dfrac{b}{x} & (|x|>1)\\[4pt] \dfrac{a+b+1}{3} & (x=1)\\[4pt] \dfrac{a-b-1}{3} & (x=-1)\\[4pt] \dfrac{x}{2} & (|x|<1)\end{cases}$$

Step 2 함수 $y=f(x)$의 그래프와 직선 $y=2(x-1)+m$의 교점의 개수가 5일 때를 생각한다.

방정식 $f(x)=2(x-1)+m$의 실근의 개수는 함수 $y=f(x)$의 그래프와 직선 $y=2(x-1)+m$이 만나는 점의 개수와 같다.

$|x|>1$에서 함수 $f(x)$는 감소하므로 곡선과 직선의 교점의 개수의 최댓값은 2이고, $|x|<1$에서 함수 $f(x)$는 최고차항의 계수가 $\dfrac{1}{2}$인 일차함수이므로 직선 $y=2(x-1)+m$과 만나는 점의 개수의 최댓값은 1이다.

따라서 $c_k=5$인 자연수 k가 존재하려면 직선 $y=2(x-1)+k$와
함수 $y=f(x)$의 그래프의 개형은 다음 그림과 같아야 한다.

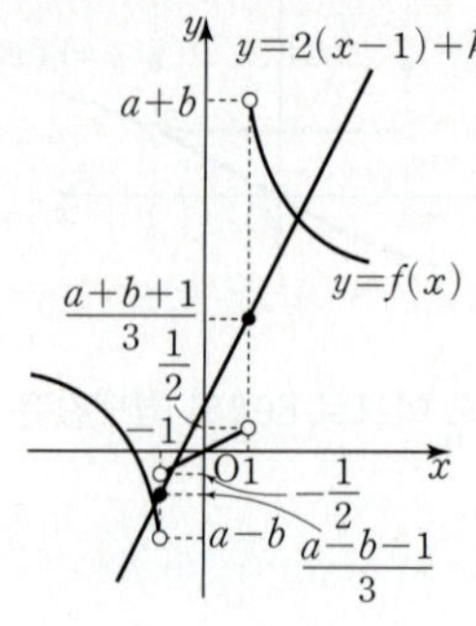

즉, 직선 $y=2(x-1)+k$는

두 점 $\left(1,\ \dfrac{a+b+1}{3}\right)$, $\left(-1,\ \dfrac{a-b-1}{3}\right)$을 지나야 하므로

$\dfrac{a+b+1}{3}=k$, $\dfrac{a-b-1}{3}=k-4$에서 $b=5$

$\left(\dfrac{a+b+1}{3}-4=\dfrac{a-b-1}{3},\right.$
$\left. b-11=-b-1, 2b=10\right)$

이때 $k=\dfrac{a}{3}+2$가 자연수이므로 a는 3의 배수이다. $\quad\cdots\cdots$ ㉠

$\displaystyle\lim_{x\to-1-}f(x)<f(-1)<\lim_{x\to-1+}f(x)$이어야 하므로

$a-5<\dfrac{a}{3}-2<-\dfrac{1}{2}$

$a-5<\dfrac{a}{3}-2$에서 $a<\dfrac{9}{2}$이고, $\dfrac{a}{3}-2<-\dfrac{1}{2}$에서 $a<\dfrac{9}{2}$이므로

$a<\dfrac{9}{2}$ $\quad\cdots\cdots$ ㉡

또한 $a>0$이므로 $\dfrac{1}{2}<\dfrac{a}{3}+2<a+5$가 성립하며

$\displaystyle\lim_{x\to1-}f(x)<f(1)<\lim_{x\to1+}f(x)$를 만족시킨다.

㉠, ㉡에 의해 $0<a<\dfrac{9}{2}$이므로 $a=3$, $k=3$
$\left(=\dfrac{3}{3}+2=3\right)$

Step 3 m의 값에 따라 c_m의 값을 구한다.

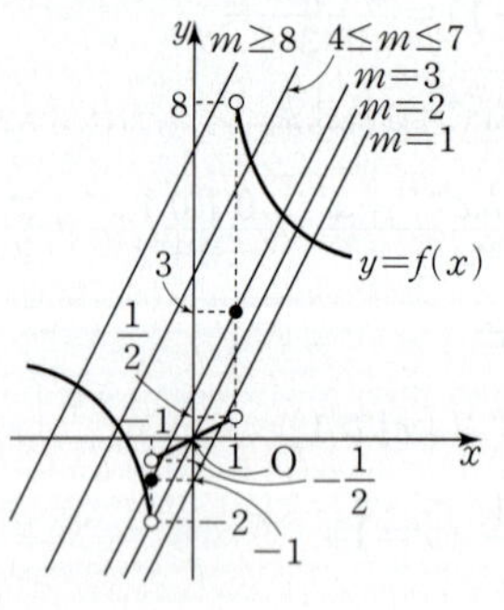

$g(x)=2(x-1)+m$이라 하자.

(ⅰ) $m=1$일 때
$g(x)=2x-1$에서 $g(-1)=-3$, $g(1)=1$이므로
두 함수 $y=f(x)$, $y=g(x)$의 그래프는 $-1<x<1$, $x>1$에서
각각 1개씩 교점을 갖는다.
$\therefore c_1=2$

(ⅱ) $m=2$일 때
$g(x)=2x$에서 $g(-1)=-2$, $g(1)=2$이므로 두 함수
$y=f(x)$, $y=g(x)$의 그래프는 $x=0$, $x>1$에서 각각 1개씩
교점을 갖는다.
$\therefore c_2=2$

(ⅲ) $m=3$일 때
$m=k=3$이므로 $c_3=5$

(ⅳ) $4\le m\le7$일 때
$g(-1)>\displaystyle\lim_{x\to-1+}f(x)=-\dfrac{1}{2}$, $g(1)<\displaystyle\lim_{x\to1+}f(x)=8$이므로
($g(1)=m$이므로 $4\le g(1)\le7$)
두 함수 $y=f(x)$, $y=g(x)$의 그래프는 $x<-1$, $x>1$에서
각각 1개씩 교점을 갖는다.
$\therefore c_m=2$ ($g(-1)=m-4$이므로 $0\le g(-1)\le3$)

(ⅴ) $m\ge8$일 때
$g(-1)>\displaystyle\lim_{x\to-1+}f(x)=-\dfrac{1}{2}$, $g(1)\ge\displaystyle\lim_{x\to1+}f(x)=8$이므로
($g(1)=m$이므로 $g(1)\ge8$)
두 함수 $y=f(x)$, $y=g(x)$의 그래프는 $x<-1$에서 1개의 교점
을 갖는다.
$\therefore c_m=1$

(ⅰ)~(ⅴ)에 의해 $k+\displaystyle\sum_{m=1}^{\infty}(c_m-1)=3+1+1+4+1\times4=13$

165 [정답률 18%]   정답 5

자연수 n에 대하여 삼차함수 $f(x)=x(x-n)(x-3n^2)$이
극대가 되는 x를 a_n이라 하자. x에 대한 방정식
(먼저 $f'(x)$부터 구해.)
$f(x)=f(a_n)$의 근 중에서 a_n이 아닌 근을 b_n이라 할 때,
$\displaystyle\lim_{n\to\infty}\dfrac{a_nb_n}{n^3}=\dfrac{q}{p}$이다. $p+q$의 값을 구하시오.

(단, p와 q는 서로소인 자연수이다.) (4점)

Step 1 a_n을 구한다.

$f(x)=x(x-n)(x-3n^2)=x^3-(3n^2+n)x^2+3n^3x$

에서 $f'(x)=3x^2-2(3n^2+n)x+3n^3$

$f'(x)=0$에서 $x=\dfrac{3n^2+n\pm\sqrt{9n^4-3n^3+n^2}}{3}$

삼차함수 $f(x)$의 최고차항의 계수가 1이므로 (근의 공식을 이용했어.)

$x=\dfrac{3n^2+n-\sqrt{9n^4-3n^3+n^2}}{3}$에서 극댓값을 갖는다.

$\therefore a_n=\dfrac{3n^2+n-\sqrt{9n^4-3n^3+n^2}}{3}$
(최고차항의 계수가 양수인 삼차함수의 그래프의 개형을 생각해.)

Step 2 삼차함수 $y=f(x)$의 그래프를 이용하여 $\dfrac{a_nb_n}{n^3}$의 식을 구한다.

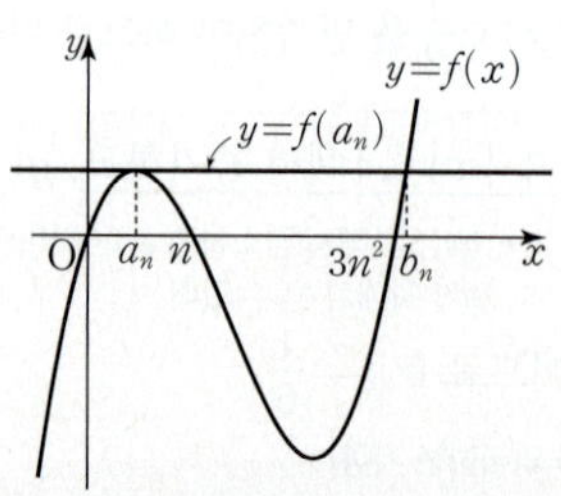

방정식 $f(x)-f(a_n)=0$은 $x=a_n$을 중근으로 가지고, $x=b_n$을
나머지 한 근으로 가지므로

$f(x)-f(a_n)=(x-a_n)^2(x-b_n)$ $f(a_n)$은 상수이므로 최고차항의 계수는 $f(x)$의 최고차항의 계수와 같아.

$f(0)=0$이므로 위 식에 $x=0$을 대입하면 $f(a_n)=a_n^2b_n$

$a_n^3-(3n^2+n)a_n^2+3n^3a_n=a_n^2b_n$

$\therefore \dfrac{a_nb_n}{n^3}=\dfrac{a_n^2-(3n^2+n)a_n+3n^3}{n^3}$ 양변을 n^3a_n으로 나누었어.

Step 3 $\lim\limits_{n\to\infty}\dfrac{a_n}{n}$의 값을 구한다.

$$\lim_{n\to\infty}\frac{a_n}{n}=\lim_{n\to\infty}\frac{3n^2+n-\sqrt{9n^4-3n^3+n^2}}{3n}$$

$$=\lim_{n\to\infty}\frac{3n+1-\sqrt{9n^2-3n+1}}{3}$$ 분모, 분자를 각각 n으로 나누었어.

$$=\lim_{n\to\infty}\frac{(3n+1)^2-(9n^2-3n+1)}{3(3n+1+\sqrt{9n^2-3n+1})}$$

$$=\lim_{n\to\infty}\frac{3n}{3n+1+\sqrt{9n^2-3n+1}}$$ 분자의 유리화를 위하여 분모, 분자에 각각 $3n+1+\sqrt{9n^2-3n+1}$을 곱하였어.

$$=\lim_{n\to\infty}\frac{3}{3+\dfrac{1}{n}+\sqrt{9-\dfrac{3}{n}+\dfrac{1}{n^2}}}$$

$$=\frac{1}{2}$$ $=\dfrac{3}{3+0+3}$

Step 4 $\lim\limits_{n\to\infty}\dfrac{a_nb_n}{n^3}$의 값을 구한다.

$$\lim_{n\to\infty}\frac{a_nb_n}{n^3}=\lim_{n\to\infty}\frac{a_n^2-(3n^2+n)a_n+3n^3}{n^3}$$ $\lim\limits_{n\to\infty}\dfrac{3n^2+n}{n^2}=3$

$$=\lim_{n\to\infty}\left\{\frac{1}{n}\times\left(\frac{a_n}{n}\right)^2-\frac{3n^2+n}{n^2}\times\frac{a_n}{n}+3\right\}$$

$$=0-3\times\frac{1}{2}+3=\frac{3}{2}$$ $\lim\limits_{n\to\infty}\dfrac{1}{n}=0$

따라서 $p=2$, $q=3$이므로 $p+q=5$

166 [정답률 13%]   정답 25

> 함수 $f(x)$는 $0\le x<2$일 때 $f(x)=x(2-x)$이고 모든 실수 x에 대하여 $f(x+2)=f(x)$이다. 공비가 r인 등비수열 $\{a_n\}$이 수렴하고 다음 조건을 만족시킨다. $a_1=0$ 또는 $-1<r\le1$
>
> (가) r은 유리수이다.
> (나) 함수 $f(x)$가 $x=a_k$에서 극값을 갖고 $0<a_k<10$인 자연수 k의 개수는 3이다.
>
> $\lim\limits_{n\to\infty}\dfrac{a_1a_{n+1}+a_{2n}}{a_{n+1}+a_n}=\dfrac{81}{10}$일 때, $a_7=\dfrac{q}{p}$이다. $p+q$의 값을 구하시오. (단, p와 q는 서로소인 자연수이다.) (4점)

Step 1 조건 (나)를 만족시키는 r의 값을 생각한다.

함수 $y=f(x)$의 그래프의 개형은 다음 그림과 같으므로 함수 $f(x)$는 $x=t$ (t는 정수)에서 극값을 갖는다. $x=2,4,6,8$에서 함수 $f(x)$는 미분가능하지 않지만 극솟값을 갖는다.

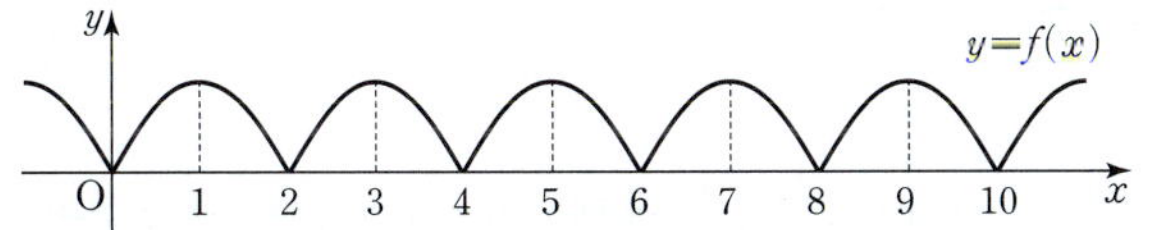

등비수열 $\{a_n\}$이 수렴하므로 $a_1=0$ 또는 $-1<r\le1$

조건 (나)를 만족시키는 3개의 자연수 k를 각각 i,j,l $(i<j<l)$이라 하면 $a_i\ne a_j$이므로 $r\ne1$이고, $a_1\ne0$이다. $r=1$이면 $a_1=a_2=a_3=a_4=\cdots$이므로 조건 (나)를 만족시키지 않는다.

$r=\dfrac{n}{m}$ (m,n은 서로소인 두 자연수, $m\ge2$)이라 하면

a_i,a_l은 모두 자연수이므로 a_i는 m^2의 배수이다.

$0<a_i<10$에서 $m=2$ 또는 $m=3$이므로 $r=\dfrac{1}{2},\dfrac{1}{3},\dfrac{2}{3}$ $a_l=a_i\times\left(\dfrac{n}{m}\right)^{l-i}$

Step 2 $\lim\limits_{n\to\infty}\dfrac{a_1a_{n+1}+a_{2n}}{a_{n+1}+a_n}=\dfrac{81}{10}$임을 이용하여 a_1을 r에 대하여 나타낸다.

$$\lim_{n\to\infty}\frac{a_1a_{n+1}+a_{2n}}{a_{n+1}+a_n}=\lim_{n\to\infty}\frac{a_1^2r^n+a_1r^{2n-1}}{a_1r^n+a_1r^{n-1}}$$ r이 음수이면 $r=-\dfrac{n}{m}$ 꼴이고, 이때 a_l이 m^4의 배수가 되어야 하므로 조건을 만족시키는 경우가 없다.

$$=\lim_{n\to\infty}\frac{a_1r+r^n}{r+1}$$ $\lim\limits_{n\to\infty}r^n=0$

$$=\frac{a_1r}{r+1}=\frac{81}{10}=\frac{3^4}{10}$$

에서 $a_1=\dfrac{3^4(r+1)}{10r}$

Step 3 $r=\dfrac{1}{2},\dfrac{1}{3},\dfrac{2}{3}$일 때 조건을 만족시키는 세 자연수 i,j,l이 존재하는지 확인한다.

(ⅰ) $r=\dfrac{1}{2}$일 때, $a_1\ne4$이면 $a_n=8$인 자연수 n이 존재하게 되어 $x=a_k$에서 극값을 갖는 k가 $a_k=8$, $a_k=4$, $a_k=2$, $a_k=1$일 때로 4개가 된다.

$(a_i,a_j,a_l)=(4,2,1)$이고 $a_1=4$이어야 한다.

이때 $a_1=\dfrac{3^4(r+1)}{10r}=\dfrac{243}{10}$이므로 조건을 만족시키지 않는다.

(ⅱ) $r=\dfrac{1}{3}$일 때, 분모의 5가 약분되지 않으므로 이 값은 1이 될 수 없다.

$(a_i,a_j,a_l)=(9,3,1)$

이때 $a_1=\dfrac{3^4(r+1)}{10r}=\dfrac{2\times3^4}{5}$에서 $a_l=a_1\times\left(\dfrac{1}{3}\right)^{l-1}=1$인 자연수 l이 존재하지 않으므로 조건을 만족시키지 않는다.

(ⅲ) $r=\dfrac{2}{3}$일 때,

$(a_i,a_j,a_l)=(9,6,4)$

$a_1=\dfrac{3^4(r+1)}{10r}=\dfrac{3^4}{4}$에서 $i=3,j=4,l=5$ $a_i=a_1\times\left(\dfrac{2}{3}\right)^{i-1}=3^{5-i}\times2^{i-3}=3^2$

(ⅰ)~(ⅲ)에 의하여 $r=\dfrac{2}{3}$

$a_7=a_1r^6=\dfrac{3^4}{4}\times\left(\dfrac{2}{3}\right)^6=\dfrac{16}{9}$이므로 $p=9$, $q=16$

$\therefore p+q=25$

167 [정답률 8%] 정답 9

이차함수 $f(x)=\dfrac{3x-x^2}{2}$에 대하여 구간 $[0,\ \infty)$에서 정의된 함수 $g(x)$가 다음 조건을 만족시킨다.

> (가) $0\le x<1$일 때, $g(x)=f(x)$이다.
> (나) $n\le x<n+1$일 때, [$n=1, 2, \cdots$를 각각 대입하여 $g(x)$가 어떤 함수인지 구한다.]
> $$g(x)=\dfrac{1}{2^n}\{f(x-n)-(x-n)\}+x$$
> 이다. (단, n은 자연수이다.)

어떤 자연수 k $(k\ge6)$에 대하여 함수 $h(x)$는
$$h(x)=\begin{cases} g(x) & (0\le x<5 \text{ 또는 } x\ge k) \\ 2x-g(x) & (5\le x<k) \end{cases}$$
이다. 수열 $\{a_n\}$을 $a_n=\displaystyle\int_0^n h(x)dx$라 할 때, $\displaystyle\lim_{n\to\infty}(2a_n-n^2)=\dfrac{241}{768}$이다. k의 값을 구하시오. (4점)

Step 1 조건 (가)를 이용하여 $0\le x<1$일 때 $g(x)$를 구한다.

$0\le x<1$일 때 $g(x)=f(x)=\dfrac{3x-x^2}{2}$이다.

$0\le x<1$일 때 $y=g(x)$의 그래프는 다음 그림과 같다.

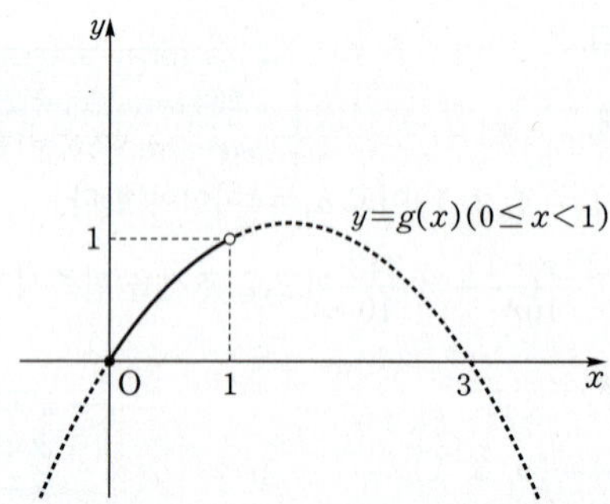

Step 2 조건 (나)를 이용하여 $n\le x<n+1$일 때 $g(x)$를 구한다.

$n=1$일 때, $1\le x<2$이고 [$y=f(x)-x$의 그래프를 x축의 방향으로 1만큼 평행이동한 그래프]
$$g(x)=\dfrac{1}{2}\{f(x-1)-(x-1)\}+x$$

$n=2$일 때, $2\le x<3$이고 [$y=f(x)-x$의 그래프를 x축의 방향으로 2만큼 평행이동한 그래프]
$$g(x)=\dfrac{1}{4}\{f(x-2)-(x-2)\}+x$$

$\vdots$

$n\le x<n+1$일 때 [$y=f(x)-x$의 그래프를 x축의 방향으로 n만큼 평행이동한 그래프]
$$g(x)=\dfrac{1}{2^n}\{f(x-n)-(x-n)\}+x$$

Step 3 수열 $\{a_n\}$을 구한다.

$$h(x)=\begin{cases} g(x) & (0\le x<5 \text{ 또는 } x\ge k) \\ 2x-g(x) & (5\le x<k) \end{cases}$$

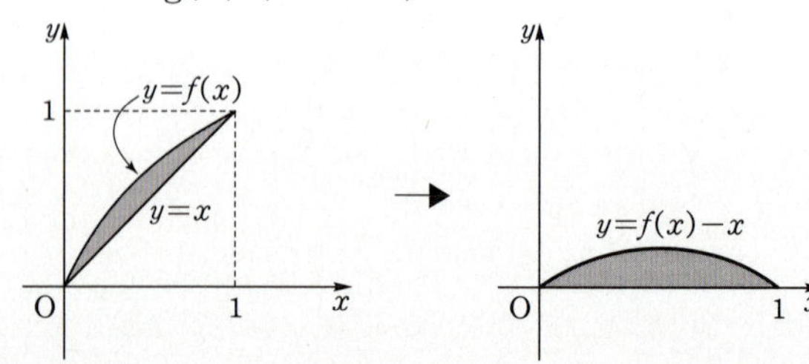

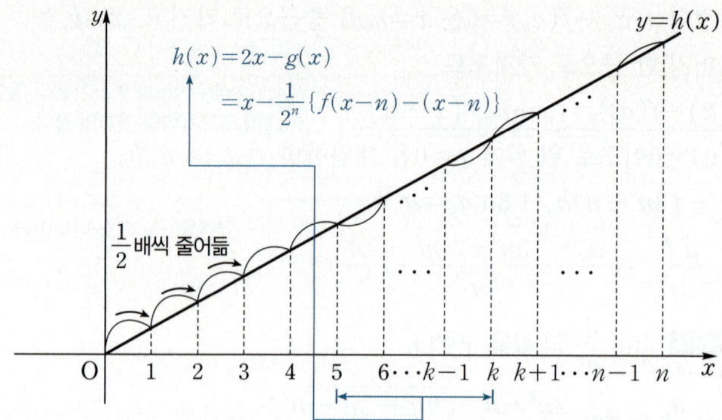

즉, $\displaystyle\int_0^n h(x)dx$의 값은 직선 $y=x$ $(0\le x\le n)$ 아래의 넓이에

$$\underbrace{(f(x)-x\text{의 넓이})}_{\substack{0\le x<1\text{일 때}\\ f(x)-x\text{의 넓이를 의미해!}}}\times\left\{1+\dfrac{1}{2}+\cdots+\dfrac{1}{2^4}-\left(\dfrac{1}{2^5}+\cdots+\dfrac{1}{2^{k-1}}\right)+\dfrac{1}{2^k}+\cdots+\dfrac{1}{2^{n-1}}\right\}$$

을 더한 값이 된다.

$f(x)-x=\dfrac{3x-x^2}{2}-x=\dfrac{x-x^2}{2}$이므로

$$\int_0^1\{f(x)-x\}dx=\int_0^1\dfrac{x-x^2}{2}dx=\left[\dfrac{x^2}{4}-\dfrac{x^3}{6}\right]_0^1=\dfrac{1}{4}-\dfrac{1}{6}=\dfrac{1}{12}$$

$$\underbrace{1+\dfrac{1}{2}+\cdots+\dfrac{1}{2^4}}_{\text{(i)}}-\underbrace{\left(\dfrac{1}{2^5}+\cdots+\dfrac{1}{2^{k-1}}\right)}_{\text{(ii)}}+\underbrace{\dfrac{1}{2^k}+\cdots+\dfrac{1}{2^{n-1}}}_{\text{(iii)}}$$에서

[등비수열의 합 공식을 이용했어.]

(i) $1+\dfrac{1}{2}+\cdots+\dfrac{1}{2^4}=\dfrac{1-\left(\dfrac{1}{2}\right)^5}{1-\dfrac{1}{2}}=\dfrac{\dfrac{31}{32}}{\dfrac{1}{2}}=\dfrac{62}{32}=\dfrac{31}{16}$

(ii) $\dfrac{1}{2^5}+\dfrac{1}{2^6}+\cdots+\dfrac{1}{2^{k-1}}=\dfrac{\dfrac{1}{2^5}\left\{1-\left(\dfrac{1}{2}\right)^{k-5}\right\}}{1-\dfrac{1}{2}}=\dfrac{\dfrac{1}{32}-\dfrac{1}{2^k}}{\dfrac{1}{2}}$
$\qquad=\dfrac{1}{16}-\dfrac{1}{2^{k-1}}$

(iii) $\dfrac{1}{2^k}+\dfrac{1}{2^{k+1}}+\cdots+\dfrac{1}{2^{n-1}}=\dfrac{\dfrac{1}{2^k}\left\{1-\left(\dfrac{1}{2}\right)^{n-k}\right\}}{1-\dfrac{1}{2}}=\dfrac{\dfrac{1}{2^k}-\dfrac{1}{2^n}}{\dfrac{1}{2}}$
$\qquad=\dfrac{1}{2^{k-1}}-\dfrac{1}{2^{n-1}}$

$\therefore$ (i)$-$(ii)$+$(iii)$=\dfrac{31}{16}-\dfrac{1}{16}+\dfrac{1}{2^{k-1}}+\dfrac{1}{2^{k-1}}-\dfrac{1}{2^{n-1}}$
$\qquad=\dfrac{15}{8}+\dfrac{1}{2^{k-2}}-\dfrac{1}{2^{n-1}}$

$\therefore a_n=\displaystyle\int_0^n h(x)dx=\int_0^n x\,dx+\dfrac{1}{12}\left(\dfrac{15}{8}+\dfrac{1}{2^{k-2}}-\dfrac{1}{2^{n-1}}\right)$
$\qquad=\dfrac{n^2}{2}+\dfrac{1}{12}\left(\dfrac{15}{8}+\dfrac{1}{2^{k-2}}-\dfrac{1}{2^{n-1}}\right)$ [$\displaystyle\int_0^n x\,dx=\left[\dfrac{x^2}{2}\right]_0^n=\dfrac{n^2}{2}$]

Step 4 주어진 극한값을 이용하여 k의 값을 구한다.

$$\lim_{n\to\infty}(2a_n-n^2)=\lim_{n\to\infty}\left\{n^2+\dfrac{1}{6}\left(\dfrac{15}{8}+\dfrac{1}{2^{k-2}}-\dfrac{1}{2^{n-1}}\right)-n^2\right\}$$
[$n\to\infty$일 때 0으로 수렴해.]
$$=\dfrac{1}{6}\left(\dfrac{15}{8}+\dfrac{1}{2^{k-2}}\right)=\dfrac{241}{768}$$

양변에 6을 곱하면 $\dfrac{15}{8}+\dfrac{1}{2^{k-2}}=\dfrac{241}{128}$

$\dfrac{1}{2^{k-2}}=\dfrac{241}{128}-\dfrac{15}{8}=\dfrac{241-240}{128}=\dfrac{1}{128}$

$2^{k-2}=128=2^7$이므로 $k-2=7$ $\qquad\therefore k=9$

⭐ 다른 풀이 새로운 함수를 정의하여 해결하는 풀이

Step 1 $H(x)=h(x)-x$로 놓고 $H(x)$를 구한다.

$h(x)=\begin{cases} g(x) & (0\le x<5 \text{ 또는 } x\ge k) \\ 2x-g(x) & (5\le x<k) \end{cases}$ 에서

$H(x)=h(x)-x$라 하면

$H(x)=h(x)-x=\begin{cases} g(x)-x & (0\le x<5 \text{ 또는 } x\ge k) \\ x-g(x) & (5\le x<k) \end{cases}$

Step 2 x의 값의 범위에 따라 $g(x)-x$를 구한다.

(ⅰ) $0\le x<1$일 때 $0\le x<1$일 때 $g(x)=f(x)$

조건 (가)에 의하여

$g(x)-x=f(x)-x=\dfrac{3x-x^2}{2}-x=\dfrac{1}{2}(x-x^2)$ …… ㉠

(ⅱ) $n\le x<n+1$ (n은 자연수)일 때

조건 (나)에 의하여

$\begin{aligned} g(x)-x&=\dfrac{1}{2^n}\{f(x-n)-(x-n)\} \\ &=\dfrac{1}{2^n}\left\{\dfrac{3}{2}(x-n)-\dfrac{1}{2}(x-n)^2-(x-n)\right\} \\ &=\dfrac{1}{2^n}\left\{\dfrac{1}{2}(x-n)-\dfrac{1}{2}(x-n)^2\right\} \quad \dfrac{1}{2}(x-n)(1-x+n) \\ &=\dfrac{1}{2^{n+1}}(x-n)(1-x+n) \\ &=-\dfrac{1}{2^{n+1}}(x-n)\{x-(n+1)\} \end{aligned}$

Step 3 $\displaystyle\int_n^{n+1}\{g(x)-x\}dx$를 구한다.

함수 $y=-\dfrac{1}{2^{n+1}}(x-n)\{x-(n+1)\}$의 그래프는 함수

$y=-\dfrac{1}{2^{n+1}}x(x-1)$의 그래프를 x축의 방향으로 n만큼 평행이동한

것이므로

$\begin{aligned} &\int_n^{n+1}\{g(x)-x\}dx \\ &=\int_n^{n+1}\left[-\dfrac{1}{2^{n+1}}(x-n)\{x-(n+1)\}\right]dx \\ &=\int_0^1\left\{-\dfrac{1}{2^{n+1}}x(x-1)\right\}dx \quad \text{위 식에서 } x\text{축의 방향으로} \\ &=-\dfrac{1}{2^{n+1}}\int_0^1 x(x-1)dx \quad -n\text{만큼 평행이동했어.} \\ &=-\dfrac{1}{2^{n+1}}\left[\dfrac{1}{3}x^3-\dfrac{1}{2}x^2\right]_0^1 \\ &=-\dfrac{1}{2^{n+1}}\times\left(-\dfrac{1}{6}\right)=\dfrac{1}{6}\times\left(\dfrac{1}{2}\right)^{n+1} \quad …… ㉡ \end{aligned}$

$\begin{aligned} \int_0^1\{g(x)-x\}dx&=\int_0^1\dfrac{1}{2}(x-x^2)dx \quad (\because ㉠) \\ &=\dfrac{1}{2}\left[\dfrac{1}{2}x^2-\dfrac{1}{3}x^3\right]_0^1=\dfrac{1}{12} \end{aligned}$

이고 ㉡에 $n=0$을 대입하면 $\dfrac{1}{6}\times\dfrac{1}{2}=\dfrac{1}{12}$이므로

㉡은 $n=0$일 때도 성립한다.

Step 4 $\displaystyle\int_0^n H(x)dx$를 이용하여 $2a_n-n^2$을 구한다.

$\begin{aligned} \int_0^n H(x)dx &=\int_0^n\{h(x)-x\}dx \\ &=\int_0^1\{g(x)-x\}dx+\cdots+\int_4^5\{g(x)-x\}dx \\ &\quad +\int_5^6\{x-g(x)\}dx+\cdots+\int_{k-1}^k\{x-g(x)\}dx \\ &\quad +\int_k^{k+1}\{g(x)-x\}dx+\cdots+\int_{n-1}^n\{g(x)-x\}dx \\ &=\int_0^1\{g(x)-x\}dx+\cdots+\int_4^5\{g(x)-x\}dx \\ &\quad -\int_5^6\{g(x)-x\}dx-\cdots-\int_{k-1}^k\{g(x)-x\}dx \\ &\quad +\int_k^{k+1}\{g(x)-x\}dx+\cdots+\int_{n-1}^n\{g(x)-x\}dx \\ &=\dfrac{1}{6}\times\dfrac{1}{2}+\dfrac{1}{6}\times\left(\dfrac{1}{2}\right)^2+\cdots+\dfrac{1}{6}\times\left(\dfrac{1}{2}\right)^5 \\ &\quad -\left\{\dfrac{1}{6}\times\left(\dfrac{1}{2}\right)^6+\dfrac{1}{6}\times\left(\dfrac{1}{2}\right)^7+\cdots+\dfrac{1}{6}\times\left(\dfrac{1}{2}\right)^k\right\} \\ &\quad +\left\{\dfrac{1}{6}\times\left(\dfrac{1}{2}\right)^{k+1}+\dfrac{1}{6}\times\left(\dfrac{1}{2}\right)^{k+2}+\cdots+\dfrac{1}{6}\times\left(\dfrac{1}{2}\right)^n\right\} \\ &=\left\{\dfrac{1}{6}\times\dfrac{1}{2}+\dfrac{1}{6}\times\left(\dfrac{1}{2}\right)^2+\cdots+\dfrac{1}{6}\times\left(\dfrac{1}{2}\right)^n\right\} \\ &\quad -2\left\{\dfrac{1}{6}\times\left(\dfrac{1}{2}\right)^6+\dfrac{1}{6}\times\left(\dfrac{1}{2}\right)^7+\cdots+\dfrac{1}{6}\times\left(\dfrac{1}{2}\right)^k\right\} \\ &=\dfrac{1}{6}\left\{\dfrac{1}{2}+\left(\dfrac{1}{2}\right)^2+\cdots+\left(\dfrac{1}{2}\right)^n\right\} \\ &\quad -\dfrac{1}{3}\left\{\left(\dfrac{1}{2}\right)^6+\left(\dfrac{1}{2}\right)^7+\cdots+\left(\dfrac{1}{2}\right)^k\right\} \end{aligned}$

이때 $\left\{\dfrac{1}{6}\times\left(\dfrac{1}{2}\right)^6+\dfrac{1}{6}\times\left(\dfrac{1}{2}\right)^7+\cdots+\dfrac{1}{6}\times\left(\dfrac{1}{2}\right)^k\right\}$ 만큼 더해 주고 다시 뺐어.

$\begin{aligned} \int_0^n H(x)dx &=\int_0^n\{h(x)-x\}dx \\ &=\int_0^n h(x)dx-\int_0^n x dx \\ &=\int_0^n h(x)dx-\left[\dfrac{1}{2}x^2\right]_0^n \quad \text{문제에서 } a_n\text{이라 했어} \\ &=a_n-\dfrac{n^2}{2}=\dfrac{1}{2}(2a_n-n^2) \end{aligned}$

이므로

$\dfrac{1}{2}(2a_n-n^2)$

$=\dfrac{1}{6}\left\{\dfrac{1}{2}+\left(\dfrac{1}{2}\right)^2+\cdots+\left(\dfrac{1}{2}\right)^n\right\}-\dfrac{1}{3}\left\{\left(\dfrac{1}{2}\right)^6+\left(\dfrac{1}{2}\right)^7+\cdots+\left(\dfrac{1}{2}\right)^k\right\}$

$\therefore 2a_n-n^2$

$=\dfrac{1}{3}\left\{\dfrac{1}{2}+\left(\dfrac{1}{2}\right)^2+\cdots+\left(\dfrac{1}{2}\right)^n\right\}-\dfrac{2}{3}\left\{\left(\dfrac{1}{2}\right)^6+\left(\dfrac{1}{2}\right)^7+\cdots+\left(\dfrac{1}{2}\right)^k\right\}$

$=\dfrac{1}{3}\times\dfrac{\dfrac{1}{2}\times\left\{1-\left(\dfrac{1}{2}\right)^n\right\}}{1-\dfrac{1}{2}}-\dfrac{2}{3}\times\dfrac{\left(\dfrac{1}{2}\right)^6\times\left\{1-\left(\dfrac{1}{2}\right)^{k-5}\right\}}{1-\dfrac{1}{2}}$

$=\dfrac{1}{3}\times\left\{1-\left(\dfrac{1}{2}\right)^n\right\}-\dfrac{1}{48}\times\left\{1-\left(\dfrac{1}{2}\right)^{k-5}\right\}$ 등비수열의 합을 이용

Step 5 $\lim\limits_{n\to\infty}(2a_n-n^2)$의 값을 이용하여 k의 값을 구한다.

$$\therefore \lim_{n\to\infty}(2a_n-n^2)$$
$$=\lim_{n\to\infty}\left[\frac{1}{3}\times\left\{1-\left(\frac{1}{2}\right)^n\right\}-\frac{1}{48}\times\left\{1-\left(\frac{1}{2}\right)^{k-5}\right\}\right]$$
$$=\frac{1}{3}-\frac{1}{48}\times\left\{1-\left(\frac{1}{2}\right)^{k-5}\right\}$$
$$=\frac{15}{48}+\frac{1}{48}\times\left(\frac{1}{2}\right)^{k-5}$$

따라서 $\frac{15}{48}+\frac{1}{48}\times\left(\frac{1}{2}\right)^{k-5}=\frac{241}{768}$이므로

$$15+\left(\frac{1}{2}\right)^{k-5}=\frac{241}{16},\ \left(\frac{1}{2}\right)^{k-5}=\frac{1}{16}=\left(\frac{1}{2}\right)^4$$

$k-5=4 \qquad \therefore k=9$

168 [정답률 56%]

정답 ②

> 자연수 n에 대하여 집합 $S_n=\{x\,|\,x$는 $3n$ 이하의 자연수$\}$의 부분집합 중에서 원소의 개수가 두 개이고, 이 두 원소의 차가 $2n$보다 큰 원소로만 이루어진 모든 집합의 개수를 a_n이라 하자. $\lim\limits_{n\to\infty}\dfrac{1}{n^3}\sum\limits_{k=1}^{n}a_k$의 값은? (4점)
>
> → 먼저 a_n을 n에 대한 식으로 나타내 봐.
>
> ① $\dfrac{1}{7}$ ✓② $\dfrac{1}{6}$ ③ $\dfrac{1}{5}$
>
> ④ $\dfrac{1}{4}$ ⑤ $\dfrac{1}{3}$

Step 1 경우를 나누어 집합의 개수가 어떻게 변하는지 파악하여 a_n을 구한다.

> → 집합 S_n의 원소는 $1, 2, 3, \cdots, 3n-1, 3n$이야.

집합 $S_n=\{x\,|\,x$는 $3n$ 이하의 자연수$\}$의 부분집합 중 원소가 두 개인 집합에 대하여 두 원소를 각각 $x,\ y\ (x<y)$라 하자.

먼저, 두 원소의 차가 $2n$보다 커야 하므로 $y-x>2n$

$\therefore y>x+2n$ ...... ㉠

두 원소가 모두 집합 S_n의 원소이므로 $1\le x<y\le 3n$ ...... ㉡

이를 이용하여 x의 값에 따라 경우를 나누어 보면 다음과 같다.

(i) $x=1$일 때

> $a<b$인 자연수 a, b에 대하여 $a\le x\le b$를 만족시키는 자연수 x의 개수는 $b-a+1$

㉠에서 $y>2n+1$이므로 $2n+2\le y\le 3n\ (\because$ ㉡$)$

위 부등식을 만족시키는 y의 개수는 $3n-(2n+2)+1=n-1$

(ii) $x=2$일 때

㉠에서 $y>2n+2$이므로 $2n+3\le y\le 3n\ (\because$ ㉡$)$

위 부등식을 만족시키는 y의 개수는 $3n-(2n+3)+1=n-2$

$$\vdots$$

(iii) $x=n-1$일 때

㉠에서 $y>(n-1)+2n=3n-1$이므로 $y=3n$(1개)

(iv) $n\le x<3n$일 때

㉠, ㉡을 모두 만족시키는 y의 값은 존재하지 않는다.

따라서 자연수 n에 대하여 원소가 두 개이고, 두 원소의 차가 $2n$보다 큰 S_n의 부분집합의 개수 a_n은

> → x, y의 순서쌍 (x, y)의 개수

$$a_n=(n-1)+(n-2)+\cdots+1=\sum_{k=1}^{n-1}k=\frac{(n-1)n}{2}$$

Step 2 $\sum\limits_{k=1}^{n}a_k$의 값을 구한다.

> 암기 $\sum\limits_{k=1}^{n}k=\dfrac{n(n+1)}{2}$, $\sum\limits_{k=1}^{n}k^2=\dfrac{n(n+1)(2n+1)}{6}$

$$\therefore \sum_{k=1}^{n}a_k=\sum_{k=1}^{n}\frac{k(k-1)}{2}=\sum_{k=1}^{n}\left(\frac{k^2}{2}-\frac{k}{2}\right)$$
$$=\frac{1}{2}\times\frac{n(n+1)(2n+1)}{6}-\frac{1}{2}\times\frac{n(n+1)}{2}$$
$$=\frac{1}{2}\left\{\frac{n(n+1)(2n+1)}{6}-\frac{n(n+1)}{2}\right\}$$
$$=\frac{1}{2}\times\frac{n(n+1)(2n+1-3)}{6}$$
$$=\frac{1}{2}\times\frac{n(n+1)(2n-2)}{6}$$
$$=\frac{n(n+1)(n-1)}{6}=\frac{n^3-n}{6}$$

> 주의 식을 정리할 때 실수하지 않도록 조심해!

Step 3 $\lim\limits_{n\to\infty}\dfrac{1}{n^3}\sum\limits_{k=1}^{n}a_k$의 값을 구한다.

$$\therefore \lim_{n\to\infty}\frac{1}{n^3}\sum_{k=1}^{n}a_k=\lim_{n\to\infty}\left(\frac{1}{n^3}\times\frac{n^3-n}{6}\right)$$
$$=\lim_{n\to\infty}\frac{n^3-n}{6n^3}$$
$$=\lim_{n\to\infty}\frac{1-\dfrac{1}{n^2}}{6}=\frac{1}{6}$$

❂ **다른 풀이** 직접 대입하는 풀이

Step 1 $n=1, 2, 3, \cdots$을 대입하여 규칙을 찾는다.

$n=1, 2, 3, \cdots$일 때의 a_n은 다음과 같다.

(i) $n=1$일 때

> → $3n=3\times1=3$

집합 $S_1=\{1, 2, \underline{3}\}$이므로 원소의 개수가 두 개인 부분집합 중 두 원소의 차가 2보다 큰 집합의 개수는

$\underline{a_1=0}$

> → $2n=2\times1=2$
> $3-1=2$이므로 두 원소의 차가 2보다 클 수 없어.

(ii) $n=2$일 때

> → $3n=3\times2=6$

집합 $S_2=\{1, 2, 3, 4, 5, \underline{6}\}$이므로 원소의 개수가 두 개인 부분집합 중 두 원소의 차가 4보다 큰 집합의 개수는

$\underline{a_2=1}$

> → $2n=2\times2=4$
> $\{1, 6\}$

(iii) $n=3$일 때

> → $3n=3\times3=9$

집합 $S_3=\{1, 2, 3, 4, 5, 6, 7, 8, \underline{9}\}$이므로 원소의 개수가 두 개인 부분집합 중 두 원소의 차가 6보다 큰 집합의 개수는

$\underline{a_3=3}=1+2$

> → $2n=2\times3=6$
> $\{1, 8\}, \{1, 9\}, \{2, 9\}$

(iv) $n=4$일 때

> → $3n=3\times4=12$

집합 $S_4=\{1, 2, 3, 4, 5, 6, \cdots, 11, \underline{12}\}$이므로 원소의 개수가 두 개인 부분집합 중 두 원소의 차가 8보다 큰 집합의 개수는

$\underline{a_4=6}=1+2+3$

> → $2n=2\times4=8$
> $\{1, 10\}, \{1, 11\}, \{1, 12\}, \{2, 11\}, \{2, 12\}, \{3, 12\}$

$$\vdots$$

따라서 집합 S_n에 대하여 원소의 개수가 두 개인 부분집합 중 두 원소의 차가 $2n$보다 큰 집합의 개수는

$$a_n=1+2+3+\cdots+(n-1)=\frac{(n-1)n}{2}$$

> $\sum\limits_{k=1}^{n-1}k$

Step 2, **Step 3** 동일

169 [정답률 24%] 정답 50

그림과 같이 자연수 n에 대하여 곡선 $y=x^2$ 위의 점
$P_n(n,\ n^2)$에서의 접선을 l_n이라 하고, 직선 l_n이 y축과 만나는
점을 Y_n이라 하자. x축에 접하고 점 P_n에서 직선 l_n에 접하는
원을 C_n, y축에 접하고 점 P_n에서 직선 l_n에 접하는 원을
$C_n{}'$이라 할 때, 원 C_n과 x축과의 교점을 Q_n, 원 $C_n{}'$과 y축과의
교점을 R_n이라 하자.
$\displaystyle\lim_{n\to\infty}\dfrac{\overline{OQ_n}}{\overline{Y_nR_n}}=\alpha$라 할 때, 100α의 값을 구하시오.
(단, O는 원점이고, 점 Q_n의 x좌표와 점 R_n의 y좌표는
양수이다.) (4점)

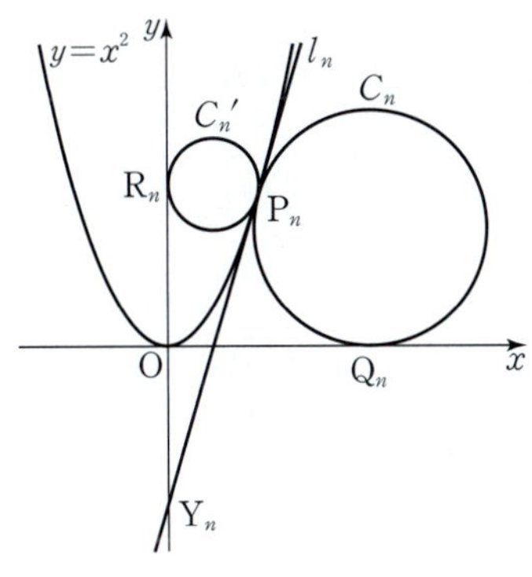

Step 1 직선 l_n의 방정식을 구한 후 직선 l_n의 x축, y축과의 교점을
구한다.

$y=x^2$을 x에 대하여 미분하면 $y'=2x$
→ $y'=2x$에서 x에 점 P_n의 x좌표인 n을 대입한 값이야.
곡선 $y=x^2$ 위의 점 $P_n(n,\ n^2)$에서의 접선 l_n의 기울기는
$2n$이므로 직선 l_n의 방정식은
$y=2n(x-n)+n^2$
→ 기울기가 $2n$이고, 점 $P_n(n,\ n^2)$을 지나는 직선이야.
$\quad=2nx-2n^2+n^2$
$\quad=2nx-n^2$ → 직선 l_n의 y절편
직선 l_n의 y절편은 $-n^2$이므로 점 Y_n의 좌표는 $Y_n(0,\ -n^2)$이다.
직선 l_n의 x축과의 교점을 X_n이라 하자.
$y=2nx-n^2$에 $y=0$을 대입하면
$0=2nx-n^2$
$-2nx=-n^2$
$\therefore x=\dfrac{-n^2}{-2n}=\dfrac{n}{2}$

따라서 점 X_n의 좌표는 $X_n\left(\dfrac{n}{2},\ 0\right)$이다.

Step 2 $\overline{Y_nR_n}=\overline{Y_nP_n}$, $\overline{X_nP_n}=\overline{X_nQ_n}$임을 이용하여 두 선분 Y_nR_n, OQ_n
의 길이를 구한다.

$Y_n(0,\ -n^2)$, $P_n(n,\ n^2)$이므로
$\overline{Y_nP_n}=\sqrt{(n-0)^2+\{n^2-(-n^2)\}^2}$
$\qquad=\sqrt{n^2+(2n^2)^2}$ → 두 점 $A(x_1,y_1)$, $B(x_2,y_2)$ 사이의 거리는 $\overline{AB}=\sqrt{(x_2-x_1)^2+(y_2-y_1)^2}$
$\qquad=\sqrt{n^2+4n^4}$

이때 두 선분 Y_nR_n, Y_nP_n은 점 Y_n에서 원 $C_n{}'$에 그은 접선이므로
$\overline{Y_nR_n}=\overline{Y_nP_n}=\sqrt{n^2+4n^4}$
→ 원 외부의 점에서 원에 그은 두 접선의 길이는 서로 같아.
$X_n\left(\dfrac{n}{2},\ 0\right)$, $P_n(n,\ n^2)$이므로
$\overline{X_nP_n}=\sqrt{\left(n-\dfrac{n}{2}\right)^2+(n^2-0)^2}$
$\qquad=\sqrt{\left(\dfrac{n}{2}\right)^2+n^4}$ → 두 점 $A(x_1,y_1)$, $B(x_2,y_2)$ 사이의 거리는 $\overline{AB}=\sqrt{(x_2-x_1)^2+(y_2-y_1)^2}$
$\qquad=\sqrt{\dfrac{n^2}{4}+n^4}$

이때 두 선분 X_nP_n, X_nQ_n은 점 X_n에서 원 C_n에 그은 접선이므로
$\overline{X_nQ_n}=\overline{X_nP_n}=\sqrt{\dfrac{n^2}{4}+n^4}$

$\overline{OX_n}=\dfrac{n}{2}$이므로 → 점 X_n의 x좌표와 같아.
$\overline{OQ_n}=\overline{OX_n}+\overline{X_nQ_n}$
$\qquad=\dfrac{n}{2}+\sqrt{\dfrac{n^2}{4}+n^4}$

Step 3 $\displaystyle\lim_{n\to\infty}\dfrac{\overline{OQ_n}}{\overline{Y_nR_n}}$의 값을 구한다.

$\displaystyle\lim_{n\to\infty}\dfrac{\overline{OQ_n}}{\overline{Y_nR_n}}=\lim_{n\to\infty}\dfrac{\dfrac{n}{2}+\sqrt{\dfrac{n^2}{4}+n^4}}{\sqrt{n^2+4n^4}}$
→ 분자, 분모를 모두 n^2으로 나눠 줘.
$\qquad=\lim_{n\to\infty}\dfrac{\dfrac{1}{2n}+\sqrt{\dfrac{1}{4n^2}+1}}{\sqrt{\dfrac{1}{n^2}+4}}$
(0으로 수렴 ← $\dfrac{1}{2n}$, $\dfrac{1}{4n^2}+1$ → 0으로 수렴, $\dfrac{1}{n^2}+4$ → 0으로 수렴)
$\qquad=\dfrac{0+\sqrt{0+1}}{\sqrt{0+4}}=\dfrac{\sqrt{1}}{\sqrt{4}}=\dfrac{1}{2}$

따라서 $\alpha=\dfrac{1}{2}$이므로 $100\alpha=100\times\dfrac{1}{2}=50$

170 [정답률 11%] 정답 25

좌표평면 위에 직선 $y=\sqrt{3}x$가 있다. 자연수 n에 대하여 x축 위의 점 중에서 x좌표가 n인 점을 P_n, 직선 $y=\sqrt{3}x$ 위의 점 중에서 x좌표가 $\dfrac{1}{n}$인 점을 Q_n이라 하자. 삼각형 OP_nQ_n의 내접원의 중심에서 x축까지의 거리를 a_n, 삼각형 OP_nQ_n의 외접원의 중심에서 x축까지의 거리를 b_n이라 할 때, $\lim\limits_{n\to\infty}a_nb_n=L$이다. $100L$의 값을 구하시오.

(단, O는 원점이다.) (4점)

$P_n(n,0)$

$Q_n\left(\dfrac{1}{n},\dfrac{\sqrt{3}}{n}\right)$

a_n은 내접원의 반지름의 길이와 같다.

외접원의 중심의 y좌표는 $-b_n$이다.

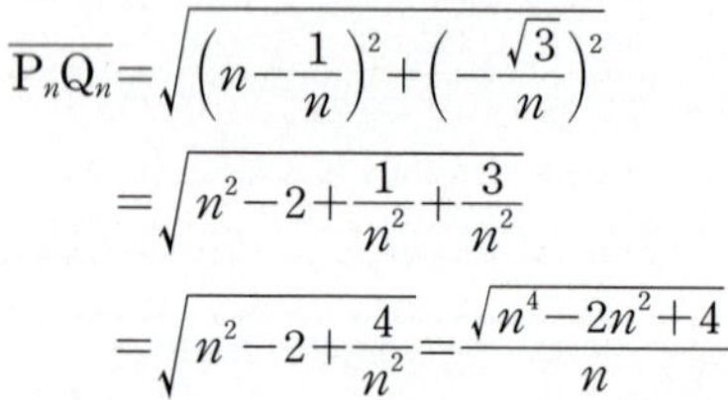

Step 1 내접원과 외접원의 성질을 이용하여 a_n과 b_n을 구한다.

a_n은 내접원의 반지름의 길이이므로 삼각형 OP_nQ_n의 넓이를 이용해서 a_n을 구한다.

점 Q_n은 직선 $y=\sqrt{3}x$ 위의 점이므로

$Q_n\left(\dfrac{1}{n},\dfrac{\sqrt{3}}{n}\right)$

두 점 (x_1,y_1), (x_2,y_2) 사이의 거리 l
$l=\sqrt{(x_2-x_1)^2+(y_2-y_1)^2}$

$\overline{OQ_n}=\sqrt{\left(\dfrac{1}{n}\right)^2+\left(\dfrac{\sqrt{3}}{n}\right)^2}=\sqrt{\dfrac{4}{n^2}}=\dfrac{2}{n}$ ($\because$ n은 자연수)

$\overline{OP_n}=n$이므로 $P_n(n,0)$

$\overline{P_nQ_n}=\sqrt{\left(n-\dfrac{1}{n}\right)^2+\left(-\dfrac{\sqrt{3}}{n}\right)^2}$

$\qquad=\sqrt{n^2-2+\dfrac{1}{n^2}+\dfrac{3}{n^2}}$

$\qquad=\sqrt{n^2-2+\dfrac{4}{n^2}}=\dfrac{\sqrt{n^4-2n^2+4}}{n}$

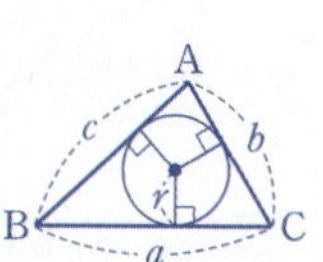

삼각형의 세 변의 길이가 a, b, c이고 내접원의 반지름의 길이가 r일 때, 삼각형 ABC의 넓이 S는

$$S=\dfrac{1}{2}\times r\times(a+b+c)$$

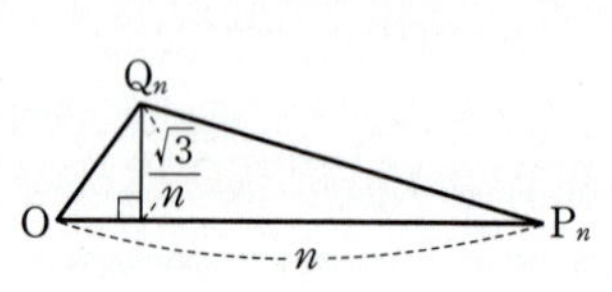

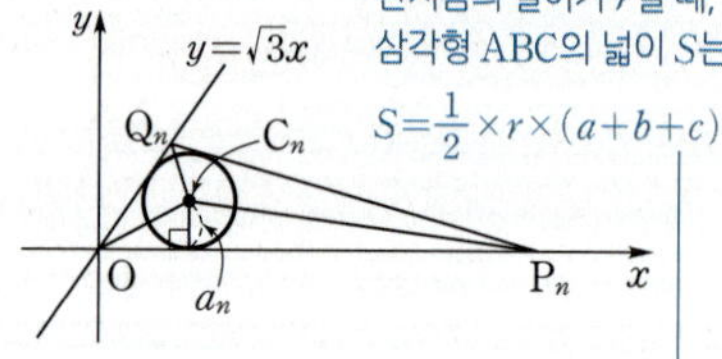

내접원의 중심을 C_n이라 하면

$\triangle OP_nQ_n=\triangle OC_nP_n+\triangle OC_nQ_n+\triangle C_nP_nQ_n$이므로

$\dfrac{1}{2}\times n\times\dfrac{\sqrt{3}}{n}=\dfrac{1}{2}a_n\left(n+\dfrac{2}{n}+\dfrac{\sqrt{n^4-2n^2+4}}{n}\right)$에서

$\dfrac{1}{2}\times\overline{OP_n}\times(\text{점 }Q_n\text{의 }y\text{좌표})$

$=\dfrac{1}{2}\times a_n\times(\overline{OP_n}+\overline{OQ_n}+\overline{P_nQ_n})$

$a_n=\dfrac{\sqrt{3}}{n+\dfrac{2}{n}+\dfrac{\sqrt{n^4-2n^2+4}}{n}}=\dfrac{\sqrt{3}\,n}{n^2+2+\sqrt{n^4-2n^2+4}}$

외접원의 중심의 좌표를 $R_n(x_n,y_n)$이라 하자.

현의 수직이등분선의 성질에 의하여 외접원의 중심의 x좌표는 선분 OP_n의 중점의 x좌표와 같으므로 $x_n=\dfrac{n}{2}$이다.

원의 중심에서 현에 내린 수선은 그 현을 이등분한다. $\therefore x_n=\dfrac{n}{2}$

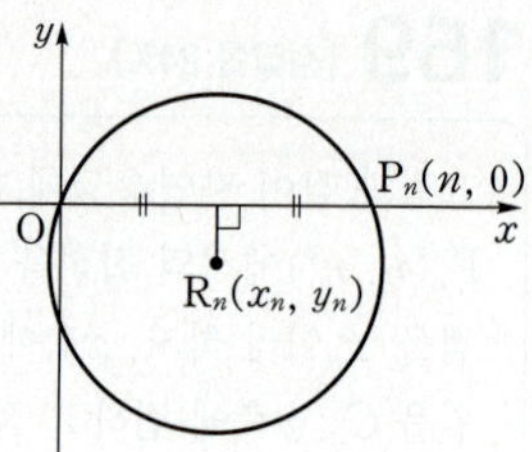

$b_n=|y_n|$이므로 $\overline{R_nO}=\overline{R_nQ_n}$을 이용해서 구하면

거리는 절댓값의 개념으로 생각하면 돼! 즉, 절댓값이 거리가 돼.

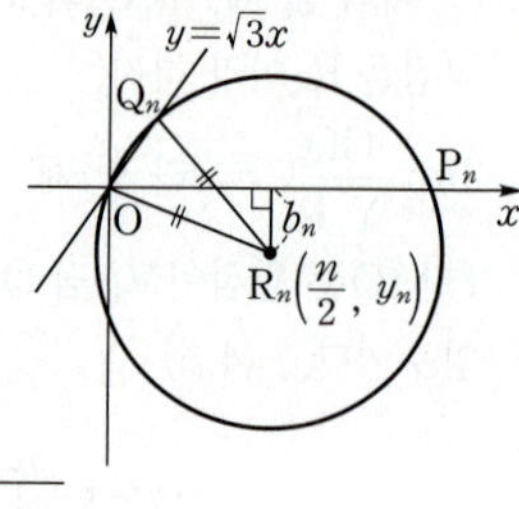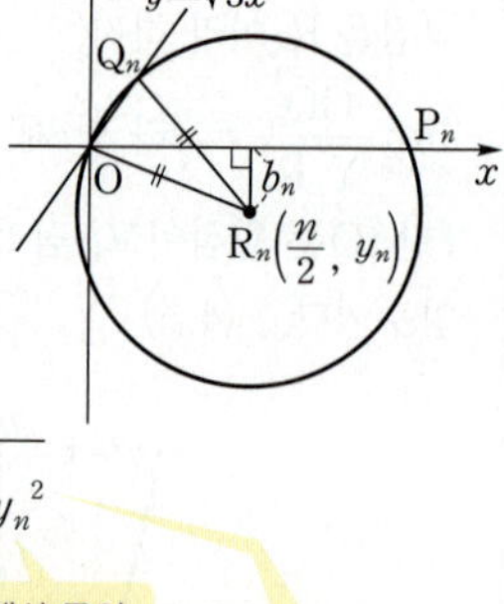

$\overline{R_nO}=\sqrt{\left(\dfrac{n}{2}\right)^2+y_n^2}=\sqrt{\dfrac{n^2}{4}+y_n^2}$

$\overline{R_nQ_n}=\sqrt{\left(\dfrac{1}{n}-\dfrac{n}{2}\right)^2+\left(\dfrac{\sqrt{3}}{n}-y_n\right)^2}$

$\qquad=\sqrt{\dfrac{1}{n^2}-1+\dfrac{n^2}{4}+\dfrac{3}{n^2}-\dfrac{2\sqrt{3}y_n}{n}+y_n^2}$

$\qquad=\sqrt{\dfrac{4}{n^2}-1+y_n^2+\dfrac{n^2}{4}-\dfrac{2\sqrt{3}y_n}{n}}$

계산 주의

두 점 (x_1,y_1), (x_2,y_2) 사이의 거리 l은
$l=\sqrt{(x_2-x_1)^2+(y_2-y_1)^2}$

$\overline{R_nO}^2=\overline{R_nQ_n}^2$이므로

$\dfrac{n^2}{4}+y_n^2=\dfrac{4}{n^2}-1+y_n^2+\dfrac{n^2}{4}-\dfrac{2\sqrt{3}y_n}{n}$

$\dfrac{2\sqrt{3}}{n}y_n=\dfrac{4}{n^2}-1$

$\therefore y_n=\dfrac{4-n^2}{2\sqrt{3}\,n}$

$b_n=|y_n|$이므로 $b_n=\dfrac{n^2-4}{2\sqrt{3}\,n}$ ($n\geq2$)

Step 2 수열의 극한의 성질을 이용하여 $\lim\limits_{n\to\infty}a_nb_n$을 구한다.

$L=\lim\limits_{n\to\infty}a_nb_n=\lim\limits_{n\to\infty}\left(\dfrac{\sqrt{3}\,n}{n^2+2+\sqrt{n^4-2n^2+4}}\times\dfrac{n^2-4}{2\sqrt{3}\,n}\right)$

$\quad=\lim\limits_{n\to\infty}\dfrac{n^2-4}{2n^2+4+2\sqrt{n^4-2n^2+4}}$

$\quad=\lim\limits_{n\to\infty}\dfrac{1-\dfrac{4}{n^2}}{2+\dfrac{4}{n^2}+2\sqrt{1-\dfrac{2}{n^2}+\dfrac{4}{n^4}}}$

$\quad=\dfrac{1}{2+2}=\dfrac{1}{4}$

$\dfrac{\infty}{\infty}$ 꼴의 극한이므로 n^2으로 분모, 분자를 각각 나눈다.

$\therefore 100L=100\times\dfrac{1}{4}=25$

171 [정답률 31%] 정답 ⑤

그림과 같이 크기가 60°인 $\angle AOB$의 이등분선 위에 $\overline{OC_1}=2$인 점 C_1을 잡아 점 C_1을 중심으로 하고 반직선 OA와 OB에 접하는 원 C_1을 그릴 때, 원 C_1과 반직선 OA, OB와의 접점을 각각 P_1, Q_1이라 하자. 점 C_1을 지나고 반직선 OA와 OB에 접하는 두 원 중에서 큰 원의 중심을 C_2, 원 C_2와 반직선 OA, OB와의 접점을 각각 P_2, Q_2라 하고, 원 C_1과 원 C_2가 만나는 점을 각각 A_1, B_1이라 할 때, 사각형 $A_1C_1B_1C_2$의 넓이를 S_1이라 하자. 점 C_2를 지나고 반직선 OA와 OB에 접하는 두 원 중에서 큰 원의 중심을 C_3, 원 C_3과 반직선 OA, OB와의 접점을 각각 P_3, Q_3이라 하고, 원 C_2와 원 C_3이 만나는 점을 각각 A_2, B_2라 할 때, 사각형 $A_2C_2B_2C_3$의 넓이를 S_2라 하자. 이와 같은 과정을 계속하여 n번째 얻은 도형의 넓이를 S_n이라 할 때,

$$\lim_{n\to\infty}\frac{S_n}{4^n+3^n}$$의 값은? (4점)

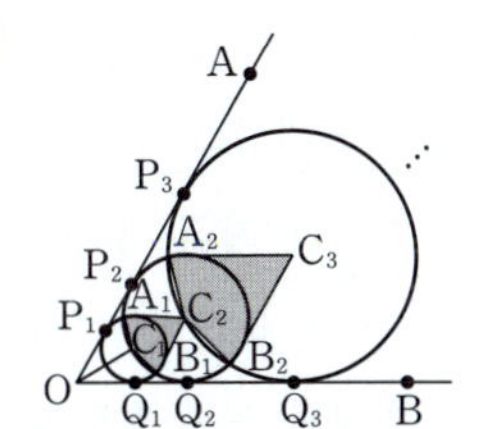

사각형 $A_1C_1B_1C_2$를 직접 그려서 S_1을 어떻게 구해야 할지 생각해.

① $\dfrac{1}{4}$ ② $\dfrac{\sqrt{2}}{2}$ ③ $\dfrac{3}{8}$

④ $\dfrac{\sqrt{3}}{4}$ ⑤ $\dfrac{\sqrt{15}}{8}$

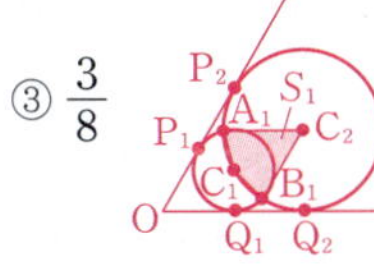

같은 과정을 반복하며 사각형을 만드므로 수열 $\{S_n\}$은 등비수열임을 짐작할 수 있어.

Step 1 S_n이 등비수열임을 확인하고 공비를 구한다.

원 C_n의 반지름의 길이를 r_n이라 하면 $\overline{C_nQ_n}=r_n$이고, $\overline{C_{n+1}Q_{n+1}}=r_{n+1}$이다.

→ S_n의 공비는 $\dfrac{r_{n+1}^2}{r_n^2}$이다.

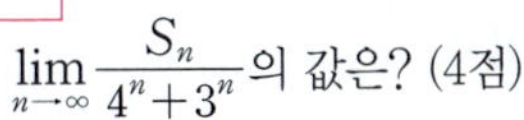

삼각형 C_nOQ_n은 $\angle C_nOQ_n=30°$인 직각삼각형이므로

→ $\triangle OC_nP_n\equiv\triangle OC_nQ_n$이므로 선분 OC_n은 각 P_nOQ_n을 이등분한다.

$\sin 30°=\dfrac{\overline{C_nQ_n}}{\overline{OC_n}}=\dfrac{r_n}{\overline{OC_n}}=\dfrac{1}{2}$에서

$\overline{OC_n}=2r_n$

삼각형 $C_{n+1}OQ_{n+1}$은 $\angle C_{n+1}OQ_{n+1}=30°$인 직각삼각형이므로

$\sin 30°=\dfrac{\overline{C_{n+1}Q_{n+1}}}{\overline{OC_{n+1}}}=\dfrac{r_{n+1}}{\overline{OC_{n+1}}}=\dfrac{1}{2}$에서

$\overline{OC_{n+1}}=2r_{n+1}$

$\overline{C_nC_{n+1}}$은 원 C_{n+1}의 반지름이므로

$\overline{C_nC_{n+1}}=r_{n+1}$

→ 두 원 C_n, C_{n+1}은 두 반직선 OA와 OB에 접하기 때문에 각각의 반지름은 $\overline{C_nQ_n}$, $\overline{C_{n+1}Q_{n+1}}$이 돼. 그리고 $\overline{C_nC_{n+1}}$도 원 C_{n+1}의 반지름이므로 $\overline{C_nC_{n+1}}=\overline{C_{n+1}Q_{n+1}}=r_{n+1}$이야.

그림에서 $\overline{C_nC_{n+1}}=\overline{OC_{n+1}}-\overline{OC_n}$이므로

$r_{n+1}=2r_{n+1}-2r_n$

$\therefore r_{n+1}=2r_n$ …… ㉠ → 공비가 2인 등비수열

따라서 원 C_n의 반지름의 길이가 두 배씩 증가하므로 넓이는 4배씩 증가한다.

→ 원 C_n의 넓이는 등비수열을 이룬다.

S_1, S_2, $\cdots$, S_n이 증가하는 비율은 원 C_1, C_2, $\cdots$, C_n의 넓이가 증가하는 비율과 같으므로

→ S_1, S_2, $\cdots$, S_n은 각각 원 C_1, C_2, $\cdots$, C_n에 그려지는 서로 닮음인 도형의 넓이이기 때문이야.

$S_{n+1}=4S_n$ …… ㉡

따라서 S_n은 공비가 4인 등비수열을 이룬다.

→ 공비는 구했으니 S_n의 일반항을 구하려면 이제 첫째항인 S_1을 구해.

Step 2 S_1을 구하고, S_n의 일반항을 구한다.

삼각형 C_1OQ_1에서 $\angle C_1OQ_1=30°$인 직각삼각형이므로 $\sin 30°=\dfrac{\overline{C_1Q_1}}{\overline{OC_1}}=\dfrac{r_1}{2}=\dfrac{1}{2}$에서

$r_1=1$ → 특수각에 대한 삼각비는 외워둬.

$\therefore \overline{A_1C_1}=r_1=1$

$\overline{A_1C_2}$, $\overline{C_1C_2}$는 원 C_2의 반지름이므로 $\overline{A_1C_2}=\overline{C_1C_2}=r_2$

㉠에 의해 $r_2=2$이므로

$\overline{A_1C_2}=\overline{C_1C_2}=2$

즉, 삼각형 $A_1C_1C_2$는 $\overline{A_1C_2}=\overline{C_1C_2}=2$, $\overline{A_1C_1}=1$인 이등변삼각형이다.

점 C_2에서 $\overline{A_1C_1}$에 내린 수선의 발을 H라 하면 $\overline{C_2H}$는 $\overline{A_1C_1}$을 수직이등분하므로 $\overline{A_1H}=\dfrac{1}{2}$이고

→ $\overline{A_1H}=\overline{C_1H}=\dfrac{1}{2}$

$\overline{C_2H}=\sqrt{2^2-\left(\dfrac{1}{2}\right)^2}=\dfrac{\sqrt{15}}{2}$ → 피타고라스 정리 $\overline{C_2H}^2+\overline{A_1H}^2=\overline{C_2A_1}^2$

따라서 삼각형 $A_1C_1C_2$의 넓이는

$\dfrac{1}{2}\times 1\times\dfrac{\sqrt{15}}{2}=\dfrac{\sqrt{15}}{4}$

이때 (사각형 $A_1C_1B_1C_2$의 넓이)$=2\triangle A_1C_1C_2$이므로

$S_1=2\times\dfrac{\sqrt{15}}{4}=\dfrac{\sqrt{15}}{2}$ …… ㉢

㉡, ㉢에 의하여 $S_n=\dfrac{\sqrt{15}}{2}\times 4^{n-1}$ → 분모, 분자를 각각 4^n으로 나누었어.

$\therefore \lim_{n\to\infty}\dfrac{S_n}{4^n+3^n}=\lim_{n\to\infty}\dfrac{\dfrac{\sqrt{15}}{2}\times 4^{n-1}}{4^n+3^n}=\lim_{n\to\infty}\dfrac{\dfrac{\sqrt{15}}{2}\times\dfrac{1}{4}}{1+\left(\dfrac{3}{4}\right)^n}$

→ $-1<r<1$일 때 $\lim_{n\to\infty}r^n=0$

$=\dfrac{\sqrt{15}}{2}\times\dfrac{1}{4}=\dfrac{\sqrt{15}}{8}$

172 [정답률 12%]   정답 50

그림과 같이 한 변의 길이가 2인 정사각형 A와 한 변의 길이가 1인 정사각형 B는 변이 서로 평행하고, A의 두 대각선의 교점과 B의 두 대각선의 교점이 일치하도록 놓여 있다. A와 A의 내부에서 B의 내부를 제외한 영역을 R이라 하자. 2 이상인 자연수 n에 대하여 한 변의 길이가 $\dfrac{1}{n}$인 작은 정사각형을 다음 규칙에 따라 R에 그린다.

> (가) 작은 정사각형의 한 변은 A의 한 변에 평행하다.
> (나) 작은 정사각형들의 내부는 서로 겹치지 않도록 한다.

이와 같은 규칙에 따라 R에 그릴 수 있는 한 변의 길이가 $\dfrac{1}{n}$인 작은 정사각형의 최대 개수를 a_n이라 하자. 예를 들어, $a_2=12$, $a_3=20$이다.

$\displaystyle\lim_{n\to\infty}\dfrac{a_{2n+1}-a_{2n}}{a_{2n}-a_{2n-1}}=c$라 할 때, $100c$의 값을 구하시오. (4점)

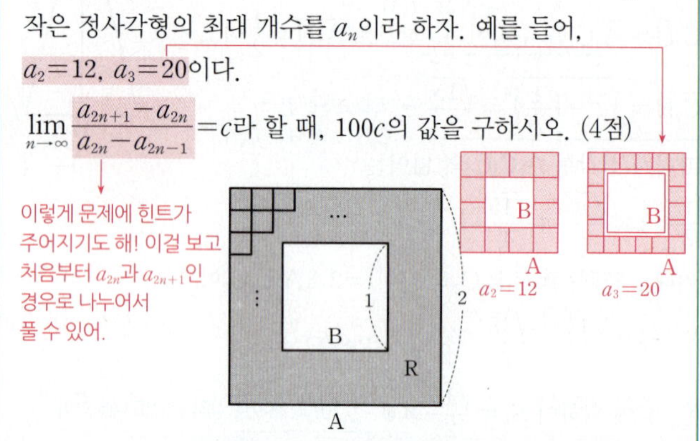

이렇게 문제에 힌트가 주어지기도 해! 이걸 보고 처음부터 a_{2n}과 a_{2n+1}인 경우로 나누어서 풀 수 있어.

R에 그리는 한 변의 길이가 $\dfrac{1}{2n+1}$인 정사각형의 경우에는 R부분과 B부분에 동시에 걸쳐서 그려야 하는 경우가 생겨!

Step 1 한 변의 길이가 $\dfrac{1}{2n}$인 정사각형을 그린 경우와 $\dfrac{1}{2n+1}$인 정사각형을 그린 경우로 나누어 구한다.

(i) 한 변의 길이가 $\dfrac{1}{2n}$인 정사각형을 그린 경우

$4n\times\dfrac{1}{2n}=2$이므로 한 변의 길이가 $\dfrac{1}{2n}$인 작은 정사각형을 어두운 부분에 그릴 경우 가로 방향과 세로 방향에 각각 최대 $4n$개의 정사각형이 그려진다. 이때 A에 채울 수 있는 정사각형의 개수는

$(4n)^2=16n^2$

B에 채울 수 있는 정사각형의 개수는

$(2n)^2=4n^2$

> (가로 방향에 채울 수 있는 정사각형의 개수) × (세로 방향에 채울 수 있는 정사각형의 개수)

$\therefore a_{2n}=16n^2-4n^2=12n^2$ ······ ㉠

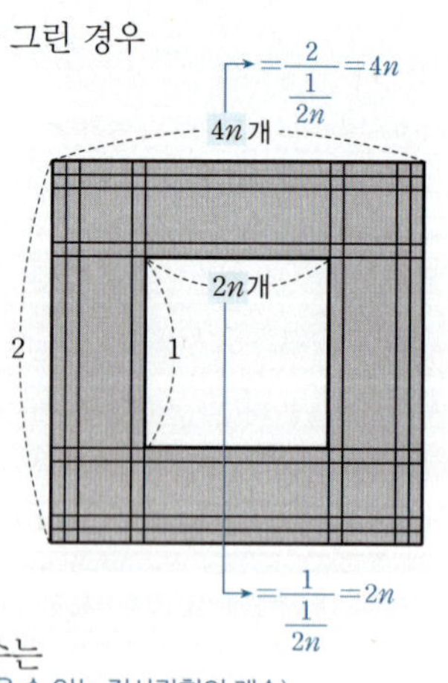

(ii) 한 변의 길이가 $\dfrac{1}{2n+1}$인 정사각형을 그린 경우

$(4n+2)\times\dfrac{1}{2n+1}=2$이므로 한 변의 길이가 $\dfrac{1}{2n+1}$인 작은 정사각형을 색칠한 부분에 그릴 경우 가로 방향과 세로 방향에 각각 최대 $(4n+2)$개의 정사각형이 그려진다.

$\therefore a_{2n+1}=n\times(4n+2)\times2$
$\qquad\qquad +(2n+2)\times n\times2$
$\qquad=2n(4n+2+2n+2)$
$\qquad=2n(6n+4)$
$\qquad=4n(3n+2)$ ······ ㉡

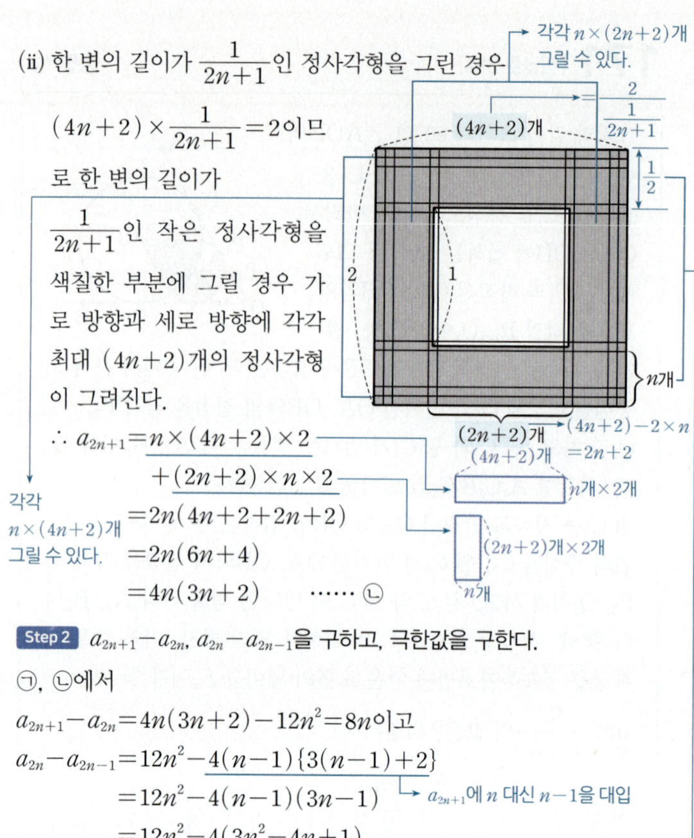

Step 2 $a_{2n+1}-a_{2n}$, $a_{2n}-a_{2n-1}$을 구하고, 극한값을 구한다.

㉠, ㉡에서
$a_{2n+1}-a_{2n}=4n(3n+2)-12n^2=8n$이고
$a_{2n}-a_{2n-1}=12n^2-4(n-1)\{3(n-1)+2\}$
$\qquad\qquad\qquad =12n^2-4(n-1)(3n-1)$
$\qquad\qquad\qquad =12n^2-4(3n^2-4n+1)$
$\qquad\qquad\qquad =16n-4$

> a_{2n+1}에 n 대신 $n-1$을 대입

$\therefore \displaystyle\lim_{n\to\infty}\dfrac{a_{2n+1}-a_{2n}}{a_{2n}-a_{2n-1}}=\lim_{n\to\infty}\dfrac{8n}{16n-4}=\dfrac{1}{2}=c$

$\therefore 100c=100\times\dfrac{1}{2}=50$

$=\dfrac{\frac{1}{2}}{\frac{1}{2n+1}}=\dfrac{2n+1}{2}=n+\dfrac{1}{2}$인데 $\dfrac{1}{2}$은 정사각형의 반이 R에 걸쳐진 것이기 때문에 $\dfrac{1}{2}$개는 빼고 총 n개가 들어갈 수 있는 거야.

173   정답 ①

$\displaystyle\lim_{n\to\infty} n\left(\sqrt{4+\dfrac{1}{n}}-2\right)$의 값은? (2점)

① $\dfrac{1}{4}$　　　② $\dfrac{1}{2}$　　　③ $\dfrac{3}{4}$

④ 1　　　⑤ $\dfrac{5}{4}$

Step 1 극한값을 계산한다.

$\displaystyle\lim_{n\to\infty} n\left(\sqrt{4+\dfrac{1}{n}}-2\right)=\lim_{n\to\infty}\dfrac{n\left(\sqrt{4+\frac{1}{n}}-2\right)\left(\sqrt{4+\frac{1}{n}}+2\right)}{\sqrt{4+\frac{1}{n}}+2}$

> $=\left(4+\dfrac{1}{n}\right)-4=\dfrac{1}{n}$

$\qquad\qquad =\displaystyle\lim_{n\to\infty}\dfrac{1}{\sqrt{4+\frac{1}{n}}+2}=\dfrac{1}{4}$

> $\displaystyle\lim_{n\to\infty}\dfrac{1}{n}=0$

I

1. 수열의 극한

174

정답 ⑤

$$\lim_{n\to\infty}(\sqrt{an^2+bn}-\sqrt{2n^2+1})=1$$ 일 때, ab의 값은?

(단, a, b는 상수이다.) (2점)

① $\sqrt{2}$　　② 2　　③ $2\sqrt{2}$

④ 4　　⑤ $4\sqrt{2}$

Step 1 주어진 식이 수렴함을 이용한다.

$$\lim_{n\to\infty}(\sqrt{an^2+bn}-\sqrt{2n^2+1})$$

$$=\lim_{n\to\infty}\frac{(\sqrt{an^2+bn}-\sqrt{2n^2+1})(\sqrt{an^2+bn}+\sqrt{2n^2+1})}{\sqrt{an^2+bn}+\sqrt{2n^2+1}}$$

$$=\lim_{n\to\infty}\frac{(a-2)n^2+bn-1}{\sqrt{an^2+bn}+\sqrt{2n^2+1}}$$

→ 분자를 유리화했어.

$$=\lim_{n\to\infty}\frac{(a-2)n+b-\dfrac{1}{n}}{\sqrt{a+\dfrac{b}{n}}+\sqrt{2+\dfrac{1}{n^2}}}$$

이 수렴하므로

$a-2=0$　∴ $a=2$

→ 분자와 분모의 차수가 같아야 해.

따라서 $$\lim_{n\to\infty}\frac{b-\dfrac{1}{n}}{\sqrt{2+\dfrac{b}{n}}+\sqrt{2+\dfrac{1}{n^2}}}=\frac{b}{\sqrt{2}+\sqrt{2}}=1$$　∴ $b=2\sqrt{2}$

∴ $ab=2\times2\sqrt{2}=4\sqrt{2}$

175

정답 ②

$$\lim_{n\to\infty}\frac{1}{\sqrt{an^2+bn}-\sqrt{n^2-1}}=4$$ 일 때, ab의 값은?

(단, a, b는 상수이다.) (2점)

① $\dfrac{1}{4}$　　② $\dfrac{1}{2}$　　③ $\dfrac{3}{4}$

④ 1　　⑤ $\dfrac{5}{4}$

Step 1 주어진 극한값이 4로 수렴함을 이용한다.

$$\lim_{n\to\infty}\frac{1}{\sqrt{an^2+bn}-\sqrt{n^2-1}}$$

$$=\lim_{n\to\infty}\frac{\sqrt{an^2+bn}+\sqrt{n^2-1}}{(\sqrt{an^2+bn}-\sqrt{n^2-1})(\sqrt{an^2+bn}+\sqrt{n^2-1})}$$

$$=\lim_{n\to\infty}\frac{\sqrt{an^2+bn}+\sqrt{n^2-1}}{(a-1)n^2+bn+1}$$

→ 분모의 유리화

$$=\lim_{n\to\infty}\frac{\sqrt{a+\dfrac{b}{n}}+\sqrt{1-\dfrac{1}{n^2}}}{(a-1)n+b+\dfrac{1}{n}}$$

→ 분모, 분자를 각각 n으로 나눈다.

이 극한값이 4로 수렴하므로

$a-1=0$　∴ $a=1$

→ 분자와 분모의 최고차항의 차수가 같아야 한다.

따라서 $$\lim_{n\to\infty}\frac{\sqrt{1+\dfrac{b}{n}}+\sqrt{1-\dfrac{1}{n^2}}}{b+\dfrac{1}{n}}=\frac{1+1}{b}=4$$　∴ $b=\dfrac{1}{2}$

∴ $ab=1\times\dfrac{1}{2}=\dfrac{1}{2}$

176

정답 9

수열 $\{(x^2-6x+9)^n\}$이 수렴하도록 하는 모든 정수 x의 값의 합을 구하시오. (3점)

Step 1 등비수열이 수렴하기 위한 조건은 $-1<$(공비)≤1임을 이용한다.

수열 $\{(x^2-6x+9)^n\}$의 공비가 x^2-6x+9이므로 수렴하기 위해서는 $-1<x^2-6x+9\leq1$이어야 한다.

$-1<x^2-6x+9$에서 $x^2-6x+10>0$

이차방정식 $x^2-6x+10=0$의 판별식을 D라 하면 $\dfrac{D}{4}=9-10<0$

이므로 항상 이차부등식 $x^2-6x+10>0$이 성립한다.

$x^2-6x+9\leq1$에서 $x^2-6x+8=(x-2)(x-4)\leq0$

→ 이차항의 계수가 양수이고 (판별식)<0이므로 $y=x^2-6x+10$의 그래프는 x축보다 위쪽에 존재해.

∴ $2\leq x\leq4$

따라서 모든 정수 x의 값의 합은 $2+3+4=9$이다.

177

정답 30

양수 k와 이차함수 $f(x)$에 대하여 함수

$$g(x)=\begin{cases}\displaystyle\lim_{n\to\infty}\frac{|x-2|^{2n+1}+f(x)}{|x-2|^{2n}+k} & (|x-2|\neq1)\\[2mm]\dfrac{|f(x+1)|}{k+1} & (|x-2|=1)\end{cases}$$

이 실수 전체의 집합에서 연속이다. 닫힌구간 $[1,3]$에서 함수 $f(g(x))$의 최댓값과 최솟값을 각각 M, m이라 할 때, $10(M+m)$의 값을 구하시오. (4점)

→ $|x-2|>1$일 때와 $|x-2|<1$일 때로 나누어 생각한다.

Step 1 $|x-2|$의 값의 범위에 따라 경우를 나누어 $g(x)$를 구한다.

(i) $|x-2|>1$일 때

→ $x<1$ 또는 $x>3$

$$g(x)=\lim_{n\to\infty}\frac{|x-2|^{2n+1}+f(x)}{|x-2|^{2n}+k}=\lim_{n\to\infty}\frac{|x-2|+\dfrac{f(x)}{|x-2|^{2n}}}{1+\dfrac{k}{|x-2|^{2n}}}$$

$$=|x-2|$$

→ 분모, 분자를 $|x-2|^{2n}$으로 나누었다.

(ii) $|x-2|<1$일 때　→ $1<x<3$

$$g(x)=\lim_{n\to\infty}\frac{|x-2|^{2n+1}+f(x)}{|x-2|^{2n}+k}=\frac{f(x)}{k}$$

(iii) $|x-2|=1$일 때　→ $\displaystyle\lim_{n\to\infty}|x-2|^{2n}=0$

$$g(1)=\frac{|f(2)|}{k+1},\ g(3)=\frac{|f(4)|}{k+1}$$

→ $x-2=\pm1$에서 $x=1$ 또는 $x=3$

(i)~(iii)에 의하여

$$g(x)=\begin{cases} |x-2| & (x<1 \text{ 또는 } x>3) \\[4pt] \dfrac{f(x)}{k} & (1<x<3) \\[6pt] \dfrac{|f(2)|}{k+1} & (x=1) \\[6pt] \dfrac{|f(4)|}{k+1} & (x=3) \end{cases}$$

Step 2 함수 $g(x)$가 실수 전체의 집합에서 연속임을 이용하여 k의 값을 구한다.

함수 $g(x)$가 실수 전체의 집합에서 연속이므로 $x=1$, $x=3$에서도 연속이어야 한다.

$\lim\limits_{x \to 1-} g(x)=\lim\limits_{x \to 1-}|x-2|=1$

$\lim\limits_{x \to 1+} g(x)=\lim\limits_{x \to 1+}\dfrac{f(x)}{k}=\dfrac{f(1)}{k}$

$g(1)=\dfrac{|f(2)|}{k+1}$

$1=\dfrac{f(1)}{k}=\dfrac{|f(2)|}{k+1}$ ······ ㉠

$\lim\limits_{x \to 3-} g(x)=\lim\limits_{x \to 3-}\dfrac{f(x)}{k}=\dfrac{f(3)}{k}$

$\lim\limits_{x \to 3+} g(x)=\lim\limits_{x \to 3+}|x-2|=1$

$g(3)=\dfrac{|f(4)|}{k+1}$

$\dfrac{f(3)}{k}=1=\dfrac{|f(4)|}{k+1}$ ······ ㉡

$\longrightarrow$ $\dfrac{f(1)}{k}=\dfrac{f(3)}{k}=1$, $\dfrac{|f(2)|}{k+1}=\dfrac{|f(4)|}{k+1}=1$

㉠, ㉡에서 $f(1)=f(3)=k$, $|f(2)|=|f(4)|=k+1$

$f(x)=a(x-1)(x-3)+k$ (a는 상수)라 하자.

$f(2)=-a+k$, $f(4)=3a+k$이므로 $\longrightarrow$ $f(1)=f(3)=k$를 이용하여 식을 세웠다.

$|-a+k|=|3a+k|$에서 $-a+k=-(3a+k)$ $\therefore a=-k$

$f(2)=2k$이므로 $|f(2)|=k+1$에서 $k=1$ ($\because k>0$)

$\therefore f(x)=-(x-1)(x-3)+1=-(x-2)^2+2$

$-a+k=3a+k$이면 $a=0$ 이므로 조건에 모순이다.

$2k=k+1$

Step 3 $1 \le x \le 3$에서 함수 $f(g(x))$의 최댓값과 최솟값을 구한다.

$1 \le x \le 3$에서 $g(x)=f(x)$이므로 $f(g(x))=f(f(x))$

$f(f(x))$에서 $f(x)=t$라 하면 $1 \le t \le 2$ $\longrightarrow$ $f(2)=2$

$1 \le t \le 2$에서 $f(t)$의 최댓값은 $M=f(2)=2$, $f(1)=f(3)=1$

최솟값은 $m=f(1)=1$이므로 $10(M+m)=10 \times (2+1)=30$

178
정답 ⑤

수열 $\{a_n\}$의 첫째항부터 제n항까지의 합을 S_n이라 하자.

$S_n=4^{n+1}-3n$일 때, $\lim\limits_{n \to \infty}\dfrac{a_n}{4^{n-1}}$의 값은? (2점)

① 4   ② 6   ③ 8

④ 10   ⑤ 12

Step 1 $S_n-S_{n-1}=a_n$ $(n \ge 2)$임을 이용하여 a_n을 구한다.

$n \ge 2$에서 $S_n-S_{n-1}=a_n$이므로

$a_n=4^{n+1}-3n-\{4^n-3(n-1)\}=4 \times 4^n-4^n-3=3 \times 4^n-3$

Step 2 a_n을 이용하여 극한값을 구한다.

$\lim\limits_{n \to \infty}\dfrac{a_n}{4^{n-1}}=\lim\limits_{n \to \infty}\dfrac{3 \times 4^n-3}{4^{n-1}}=\lim\limits_{n \to \infty}\dfrac{3-\dfrac{3}{4^n}}{\dfrac{1}{4}}=\dfrac{3}{\dfrac{1}{4}}=12$

02. 급수

001	③	002	③	003	⑤	004	③	005	②
006	21	007	⑤	008	5	009	③	010	③
011	②	012	②	013	①	014	④	015	②
016	①	017	4	018	④	019	②	020	④
021	1	022	14	023	②	024	③	025	①
026	①	027	④	028	①	029	①	030	9
031	⑤	032	⑤	033	③	034	⑤	035	②
036	③	037	19	038	57	039	27	040	③
041	⑤	042	①	043	②	044	④	045	32
046	③	047	16	048	19	049	④	050	24
051	16	052	③	053	①	054	①	055	②
056	⑤	057	16	058	②	059	②	060	①
061	④	062	⑤	063	③	064	①	065	②
066	③	067	15	068	97	069	91	070	②
071	④	072	②	073	③	074	③	075	⑤
076	③	077	④	078	②	079	①	080	②
081	①	082	③	083	⑤	084	②	085	⑤
086	②	087	③	088	②	089	④	090	①
091	②	092	③	093	③	094	②	095	②
096	⑤	097	③	098	②	099	③	100	③
101	③	102	25	103	109	104	686	105	24
106	162	107	138	108	12	109	15	110	120
111	①	112	②	113	③	114	①	115	⑤

001 [정답률 91%]
정답 ③

수열 $\{a_n\}$이

$$\sum_{n=1}^{\infty}\left(a_n-\dfrac{3n^2-n}{2n^2+1}\right)=2$$

를 만족시킬 때, $\lim\limits_{n \to \infty}(a_n^2+2a_n)$의 값은? (3점)

① $\dfrac{17}{4}$ ② $\dfrac{19}{4}$ ③ $\dfrac{21}{4}$

④ $\dfrac{23}{4}$ ⑤ $\dfrac{25}{4}$

Step 1 급수와 수열의 극한 사이의 관계를 이용한다.

급수 $\sum\limits_{n=1}^{\infty}\left(a_n-\dfrac{3n^2-n}{2n^2+1}\right)$이 수렴하므로 $\lim\limits_{n \to \infty}\left(a_n-\dfrac{3n^2-n}{2n^2+1}\right)=0$

$\lim\limits_{n \to \infty}a_n=\lim\limits_{n \to \infty}\left(a_n-\dfrac{3n^2-n}{2n^2+1}\right)+\lim\limits_{n \to \infty}\dfrac{3n^2-n}{2n^2+1}=0+\dfrac{3}{2}=\dfrac{3}{2}$

$\therefore \lim\limits_{n \to \infty}(a_n^2+2a_n)=\left(\dfrac{3}{2}\right)^2+2 \times \dfrac{3}{2}=\dfrac{9}{4}+3=\dfrac{21}{4}$

$=\dfrac{3}{2}$

$\lim\limits_{n \to \infty}a_n$의 수렴 여부를 모르므로

$\lim\limits_{n \to \infty}\left(a_n-\dfrac{3n^2-n}{2n^2+1}\right)$

$=\lim\limits_{n \to \infty}a_n-\lim\limits_{n \to \infty}\dfrac{3n^2-n}{2n^2+1}$

으로 표현할 수 없다.

002 [정답률 74%] 정답 ③

첫째항이 4인 등차수열 $\{a_n\}$에 대하여 급수

$$\sum_{n=1}^{\infty}\left(\frac{a_n}{n}-\frac{3n+7}{n+2}\right)$$

이 실수 S에 수렴할 때, S의 값은? (3점)

$\lim_{n\to\infty}\left(\frac{a_n}{n}-\frac{3n+7}{n+2}\right)=0$

① $\dfrac{1}{2}$ ② 1 ❸ $\dfrac{3}{2}$

④ 2 ⑤ $\dfrac{5}{2}$

Step 1 급수의 수렴 조건을 이용한다.

$\displaystyle\sum_{n=1}^{\infty}\left(\frac{a_n}{n}-\frac{3n+7}{n+2}\right)$이 실수 S에 수렴하므로

$$\lim_{n\to\infty}\left(\frac{a_n}{n}-\frac{3n+7}{n+2}\right)=0 \quad\longrightarrow\ \text{급수의 수렴 조건}$$

등차수열 $\{a_n\}$의 첫째항이 4이므로 공차를 d라 하면

$$a_n=4+(n-1)d$$

$$\therefore \lim_{n\to\infty}\left(\frac{a_n}{n}-\frac{3n+7}{n+2}\right)$$

$$=\lim_{n\to\infty}\left\{\frac{4+(n-1)d}{n}-\frac{3n+7}{n+2}\right\}$$

$$=\lim_{n\to\infty}\left(\frac{d+\dfrac{4-d}{n}}{1}-\frac{3+\dfrac{7}{n}}{1+\dfrac{2}{n}}\right)$$

$$=d-3 \quad\longrightarrow\ \text{분모, 분자를 각각 } n\text{으로 나누었다.}$$

$d-3=0$이므로 $d=3$

Step 2 S의 값을 구한다.

즉, $a_n=3n+1$이므로

$$\sum_{n=1}^{\infty}\left(\frac{a_n}{n}-\frac{3n+7}{n+2}\right)$$

$$=\sum_{n=1}^{\infty}\left(\frac{3n+1}{n}-\frac{3n+7}{n+2}\right)$$

$$=\sum_{n=1}^{\infty}\left\{\left(3+\frac{1}{n}\right)-\left(3+\frac{1}{n+2}\right)\right\}$$

$$=\sum_{n=1}^{\infty}\left(\frac{1}{n}-\frac{1}{n+2}\right) \quad\longrightarrow\ \frac{3n+7}{n+2}=\frac{3(n+2)+1}{n+2}$$

$$=\lim_{n\to\infty}\left\{\left(\frac{1}{1}-\frac{1}{3}\right)+\left(\frac{1}{2}-\frac{1}{4}\right)+\left(\frac{1}{3}-\frac{1}{5}\right)\right.$$
$$\left.+\cdots+\left(\frac{1}{n-1}-\frac{1}{n+1}\right)+\left(\frac{1}{n}-\frac{1}{n+2}\right)\right\}$$

$$=\lim_{n\to\infty}\left(1+\frac{1}{2}-\frac{1}{n+1}-\frac{1}{n+2}\right)$$

$$=\frac{3}{2} \quad\longrightarrow\ \lim_{n\to\infty}\frac{1}{n+1}=0,\ \lim_{n\to\infty}\frac{1}{n+2}=0$$

003 [정답률 71%] 정답 ⑤

급수 $\displaystyle\sum_{n=1}^{\infty}\left(\frac{x}{5}\right)^n$이 수렴하도록 하는 모든 정수 x의 개수는?

↳ 등비수열

(3점)

① 1 ② 3 ③ 5

④ 7 ❺ 9

Step 1 등비급수 $\displaystyle\sum_{n=1}^{\infty}a\cdot r^{n-1}$이 수렴하려면 $a=0$ 또는 $-1<r<1$임을 이용한다.

↳ 등비급수의 수렴 조건에서 첫째항 a의 값이 0인 경우를 놓치지 않도록 주의

$\displaystyle\sum_{n=1}^{\infty}\left(\frac{x}{5}\right)^n$은 첫째항이 $\dfrac{x}{5}$, 공비가 $\dfrac{x}{5}$인 등비급수이다.

(i) 첫째항 $\dfrac{x}{5}=0$인 경우

$\dfrac{x}{5}=0$, 즉 $x=0$이면 첫째항이 0이므로 주어진 등비급수는 수렴한다.

(ii) 공비 $\dfrac{x}{5}$에 대하여 $-1<\dfrac{x}{5}<1$인 경우

주의 등비수열의 수렴 조건과 다르게 공비가 1이 되면 안 돼!

$-1<\dfrac{x}{5}<1$에서 $-5<x<5$

이를 만족하는 정수 x의 개수는 $5-(-5)-1=9$

따라서 정수 x의 개수는 $-4,\ -3,\ -2,\ -1,\ 0,\ 1,\ 2,\ 3,\ 4$의 9이다.

Step 2 (i), (ii)에서 구한 x의 값에서 공통되는 x의 값이 있는지 확인하여 정수 x의 개수를 구한다.

(i), (ii)에서 $x=0$은 공통되므로 구하는 정수 x의 개수는

$$(1+9)-1=9$$

(i) (ii) (i), (ii)에 공통되는 x의 값의 개수

주의 (i), (ii)에 $x=0$으로 공통된 값이 존재하므로 개수를 중복하여 세지 않도록 주의

★ **다른 풀이** 급수 $\displaystyle\sum_{n=1}^{\infty}a_n$이 수렴하면 $\lim_{n\to\infty}a_n=0$임을 이용하는 풀이

Step 1 급수 $\displaystyle\sum_{n=1}^{\infty}a_n$이 수렴하면 $\lim_{n\to\infty}a_n=0$임을 이용한다.

급수 $\displaystyle\sum_{n=1}^{\infty}\left(\frac{x}{5}\right)^n$이 수렴해야 하므로 $\lim_{n\to\infty}\left(\frac{x}{5}\right)^n=0$

따라서 $-1<\dfrac{x}{5}<1$이므로 $-5<x<5$

그러므로 구하는 정수 x의 개수는

$-4,\ -3,\ -2,\ -1,\ 0,\ 1,\ 2,\ 3,\ 4$의 9이다.

004 [정답률 85%]

정답 ③

> 수열 $\{a_n\}$은 첫째항이 3이고 공비가 $\frac{1}{2}$인 등비수열이다.
>
> $\sum\limits_{n=1}^{\infty} a_n$의 값은? (3점)
>
> ① 4   ② 5   ✔ 6
> ④ 7   ⑤ 8

Step 1 등비수열의 일반항을 구한다.

첫째항이 3, 공비가 $\frac{1}{2}$인 등비수열 $\{a_n\}$의

→ 등비수열의 첫째항이 a_1, 공비가 r일 때, 일반항 a_n은 $a_n = a_1 \cdot r^{n-1}$

일반항 a_n은 $a_n = 3 \cdot \left(\frac{1}{2}\right)^{n-1}$

→ $a \neq 0$일 때 등비급수 $a + ar + ar^2 + \cdots + ar^{n-1} + \cdots$은 $|r| < 1$이면 수렴하고, 그 합은 $\frac{a}{1-r}$이며 $|r| \geq 1$이면 발산해.

Step 2 등비급수의 합을 구한다.

$$\sum_{n=1}^{\infty} a_n = \sum_{n=1}^{\infty} 3 \cdot \left(\frac{1}{2}\right)^{n-1} = \frac{3}{1-\frac{1}{2}} = 6$$

→ 공비 $\frac{1}{2}$이 $-1 < \frac{1}{2} < 1$이므로 등비급수는 수렴해.

---

005 [정답률 67%]

정답 ②

> 자연수 n에 대하여 직선 $y = \left(\frac{1}{2}\right)^{n-1}(x-1)$과 이차함수
>
> $y = 3x(x-1)$의 그래프가 만나는 두 점을 $A(1, 0)$과 P_n이라
>
> 하자. 점 P_n에서 x축에 내린 수선의 발을 H_n이라 할 때,
>
> → 점 P_n과 점 H_n의 x좌표가 같아.
>
> $\sum\limits_{n=1}^{\infty} \overline{P_nH_n}$의 값은? (4점)
>
> → 점 P_n의 y좌표의 절댓값의 크기가 선분 P_nH_n의 길이야.

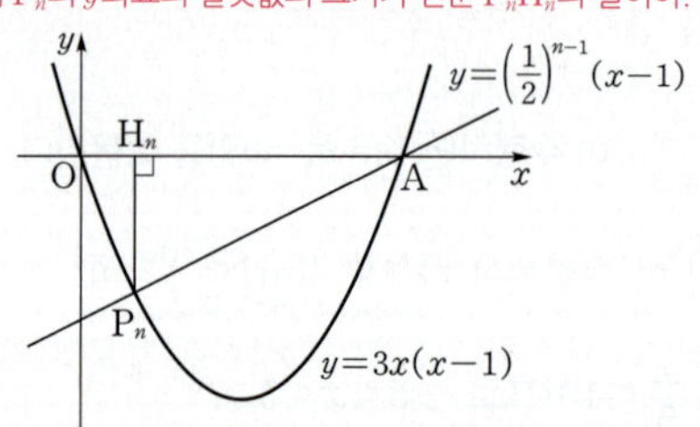

> ① $\frac{3}{2}$ ✔ $\frac{14}{9}$ ③ $\frac{29}{18}$
> ④ $\frac{5}{3}$ ⑤ $\frac{31}{18}$

Step 1 $\overline{P_nH_n}$을 구한다.

→ $= |b_n|$

점 P_n의 좌표를 (a_n, b_n) $(a_n \neq 1)$이라 하자. 점 P_n은 직선

→ 두 함수식에 점 P_n의 x좌표, y좌표를 각각 대입하면 성립해.

$y = \left(\frac{1}{2}\right)^{n-1}(x-1)$과 이차함수 $y = 3x(x-1)$의 그래프의 교점이므로

→ $a_n - 1 \neq 0$이므로 양변을 $(a_n - 1)$로 나눌 수 있어.

$$\left(\frac{1}{2}\right)^{n-1}(a_n - 1) = 3a_n(a_n - 1)$$

$$a_n = \frac{1}{3}\left(\frac{1}{2}\right)^{n-1} \quad (\because a_n \neq 1)$$

$$\begin{cases} b_n = \left(\frac{1}{2}\right)^{n-1}(a_n - 1) & \cdots\cdots \text{㉠} \\ b_n = 3a_n(a_n - 1) & \cdots\cdots \text{㉡} \end{cases}$$

㉠이나 ㉡ 중 하나에 위에서 구한 a_n을 대입하면 b_n을 구할 수 있어.

$$\therefore \overline{P_nH_n} = |b_n|$$

$$= \left|\left(\frac{1}{2}\right)^{n-1}\left\{\frac{1}{3}\left(\frac{1}{2}\right)^{n-1} - 1\right\}\right|$$

$$= \left|\frac{1}{3}\left(\frac{1}{4}\right)^{n-1} - \left(\frac{1}{2}\right)^{n-1}\right|$$

$$= \left(\frac{1}{2}\right)^{n-1} - \frac{1}{3}\left(\frac{1}{4}\right)^{n-1} \quad (\because n \geq 1)$$

Step 2 $\sum\limits_{n=1}^{\infty} \overline{P_nH_n}$의 값을 구한다.

$$\sum_{n=1}^{\infty} \overline{P_nH_n} = \sum_{n=1}^{\infty} \left\{\left(\frac{1}{2}\right)^{n-1} - \frac{1}{3}\left(\frac{1}{4}\right)^{n-1}\right\}$$

$$= \sum_{n=1}^{\infty} \left(\frac{1}{2}\right)^{n-1} - \frac{1}{3}\sum_{n=1}^{\infty}\left(\frac{1}{4}\right)^{n-1}$$

$$= \frac{1}{1-\frac{1}{2}} - \frac{1}{3} \cdot \frac{1}{1-\frac{1}{4}}$$

$$= 2 - \frac{4}{9} = \frac{14}{9}$$

$\sum\limits_{n=1}^{\infty} ar^{n-1} = \frac{a}{1-r}$ (단, $|r| < 1$)

위 그래프에서와 같이 $x \geq 1$일 때 $\left(\frac{1}{2}\right)^{x-1} > \frac{1}{3}\left(\frac{1}{4}\right)^{x-1}$이므로 x 대신 n을 대입하면 $\left(\frac{1}{2}\right)^{n-1} > \frac{1}{3}\left(\frac{1}{4}\right)^{n-1}$

$$\therefore \left|\frac{1}{3}\left(\frac{1}{4}\right)^{n-1} - \left(\frac{1}{2}\right)^{n-1}\right| = \left(\frac{1}{2}\right)^{n-1} - \frac{1}{3}\left(\frac{1}{4}\right)^{n-1}$$

---

006 [정답률 71%]

정답 21

> 수열 $\{a_n\}$의 첫째항부터 제n항까지의 합을 S_n이라 하자.
>
> $\lim\limits_{n\to\infty} S_n = 7$일 때, $\lim\limits_{n\to\infty}(2a_n + 3S_n)$의 값을 구하시오. (3점)
>
> → $\lim\limits_{n\to\infty} S_n$이 수렴하면 $\lim\limits_{n\to\infty} a_n = 0$으로 수렴한다는 점을 이용하여 푸는 문제야.

Step 1 수열 $\{S_n\}$이 수렴하려면 $\lim\limits_{n\to\infty} a_n = 0$임을 이용한다.

수열 $\{S_n\}$이 수렴하므로 $\lim\limits_{n\to\infty} a_n = 0$이다.

→ 부분합의 극한이 수렴하면 수열의 일반항의 극한값은 0이야.

$$\therefore \lim_{n\to\infty}(2a_n + 3S_n) = 2\lim_{n\to\infty} a_n + 3\lim_{n\to\infty} S_n$$

$$= 2 \times 0 + 3 \times 7$$

$$= 21$$

---

007 [정답률 82%]

정답 ⑤

> 수열 $\{a_n\}$에 대하여 $\sum\limits_{n=1}^{\infty}(2a_n - 5) = 2017$일 때, $\lim\limits_{n\to\infty} a_n$의 값은? (3점)
>
> ① $\frac{1}{2}$ ② 1   ③ $\frac{3}{2}$
> ④ 2   ✔ $\frac{5}{2}$

Step 1 $\sum\limits_{n=1}^{\infty} p_n$이 수렴할 때, $\lim\limits_{n\to\infty} p_n = 0$임을 이용한다.

수열 $\{a_n\}$에 대하여 급수 $\sum\limits_{n=1}^{\infty}(2a_n - 5)$가 2017로 수렴하므로

$$\lim_{n\to\infty}(2a_n - 5) = 0$$

$$\therefore \lim_{n\to\infty} a_n = \frac{5}{2}$$

→ $\lim 2a_n = 5$

암기 : $\sum\limits_{n=1}^{\infty} p_n = a$일 때, "급수 $\sum\limits_{n=1}^{\infty} p_n$이 a로 수렴한다."고 해.

008 [정답률 88%]   정답 **5**

수열 $\{a_n\}$에 대하여 급수 $\sum\limits_{n=1}^{\infty}\left(a_n-\dfrac{5n}{n+1}\right)$이 수렴할 때,

$\lim\limits_{n\to\infty}a_n$의 값을 구하시오. (3점)

→ 급수가 수렴하므로
$\lim\limits_{n\to\infty}\left(a_n-\dfrac{5n}{n+1}\right)=0$

Step 1 $\sum\limits_{n=1}^{\infty}\left(a_n-\dfrac{5n}{n+1}\right)$이 수렴하므로 $\lim\limits_{n\to\infty}\left(a_n-\dfrac{5n}{n+1}\right)=0$임을

이용한다.

급수 $\sum\limits_{n=1}^{\infty}\left(a_n-\dfrac{5n}{n+1}\right)$이 수렴하므로 $\lim\limits_{n\to\infty}\left(a_n-\dfrac{5n}{n+1}\right)=0$이다.

$\lim\limits_{n\to\infty}\dfrac{5n}{n+1}=5$이므로

→ **암기** $\lim\limits_{n\to\infty}a_n$의 수렴 여부를 모르기 때문에

$\lim\limits_{n\to\infty}a_n=\lim\limits_{n\to\infty}\left(a_n-\dfrac{5n}{n+1}\right)+\lim\limits_{n\to\infty}\dfrac{5n}{n+1}=0+5=5$

$\lim\limits_{n\to\infty}\left(a_n-\dfrac{5n}{n+1}\right)$
$=\lim\limits_{n\to\infty}a_n-\lim\limits_{n\to\infty}\dfrac{5n}{n+1}$
이라고 쓸 수 없다.

💡 알아야 할 기본개념

급수와 수열의 극한 사이의 관계

급수 $\sum\limits_{n=1}^{\infty}a_n$이 수렴하면 $\lim\limits_{n\to\infty}a_n=0$이다. 단, 역은 성립하지 않는다.

수열의 극한에 대한 기본 성질

두 수열 $\{a_n\}$, $\{b_n\}$이 수렴하고 $\lim\limits_{n\to\infty}a_n=\alpha$, $\lim\limits_{n\to\infty}b_n=\beta$일 때,

(1) $\lim\limits_{n\to\infty}(a_n+b_n)=\lim\limits_{n\to\infty}a_n+\lim\limits_{n\to\infty}b_n=\alpha+\beta$

(2) $\lim\limits_{n\to\infty}(a_n-b_n)=\lim\limits_{n\to\infty}a_n-\lim\limits_{n\to\infty}b_n=\alpha-\beta$

(3) $\lim\limits_{n\to\infty}ca_n=c\lim\limits_{n\to\infty}a_n=c\alpha$ (단, c는 상수)

009 [정답률 91%]   정답 ③

수열 $\{a_n\}$에 대하여 $\sum\limits_{n=1}^{\infty}\dfrac{a_n-4n}{n}=1$일 때, $\lim\limits_{n\to\infty}\dfrac{5n+a_n}{3n-1}$의

값은? (3점)

① 1   ② 2   ❸ 3

④ 4   ⑤ 5

Step 1 $\lim\limits_{n\to\infty}\dfrac{a_n}{n}$의 값을 구한다.

수열 $\{b_n\}$을 $b_n=\dfrac{a_n-4n}{n}$이라 하면

$b_n=\dfrac{a_n}{n}-4$ $\therefore \dfrac{a_n}{n}=b_n+4$

이때 $\sum\limits_{n=1}^{\infty}\dfrac{a_n-4n}{n}=\sum\limits_{n=1}^{\infty}b_n=1$이므로 $\lim\limits_{n\to\infty}b_n=0$

$\therefore \lim\limits_{n\to\infty}\dfrac{a_n}{n}=\lim\limits_{n\to\infty}(b_n+4)=4$

→ 급수가 수렴하므로 극한값은 0이야.

Step 2 주어진 극한값을 구한다.

$\lim\limits_{n\to\infty}\dfrac{5n+a_n}{3n-1}=\lim\limits_{n\to\infty}\dfrac{5+\dfrac{a_n}{n}}{3-\dfrac{1}{n}}$

분모, 분자를 각각 n으로 나눠주었어.

$\lim\limits_{n\to\infty}\dfrac{1}{n}=0$

$=\dfrac{5+4}{3-0}=3$

010 [정답률 81%]   정답 ③

→ 급수가 2로 수렴하므로 $\lim\limits_{n\to\infty}(2a_n-3)=0$

수열 $\{a_n\}$에 대하여 $\sum\limits_{n=1}^{\infty}(2a_n-3)=2$를 만족시킨다.

$\lim\limits_{n\to\infty}a_n=r$일 때, $\lim\limits_{n\to\infty}\dfrac{r^{n+2}-1}{r^n+1}$의 값은? (3점)

① $\dfrac{7}{4}$ ② 2   ❸ $\dfrac{9}{4}$

④ $\dfrac{5}{2}$ ⑤ $\dfrac{11}{4}$

Step 1 a_n의 극한값을 구한다.

급수 $\sum\limits_{n=1}^{\infty}(2a_n-3)$이 2로 수렴하므로

$\lim\limits_{n\to\infty}(2a_n-3)=0$

주의 극한이 2로 수렴한다고 착각하면 안 돼!

→ $\sum\limits_{n=1}^{\infty}x_n$이 수렴 → $\lim\limits_{n\to\infty}x_n=0$임을 기억!

이때 $2a_n-3=b_n$이라 하면 → 이때 $\lim\limits_{n\to\infty}b_n=0$이야.

$2a_n=b_n+3$ $\therefore a_n=\dfrac{b_n+3}{2}$

$\therefore \lim\limits_{n\to\infty}a_n=\lim\limits_{n\to\infty}\dfrac{b_n+3}{2}=\dfrac{0+3}{2}=\dfrac{3}{2}$

Step 2 주어진 극한을 계산한다.

따라서 $r=\dfrac{3}{2}$이므로

$=\left(\dfrac{3}{2}\right)^n\times\left(\dfrac{3}{2}\right)^2=\dfrac{9}{4}\times\left(\dfrac{3}{2}\right)^n$

$\lim\limits_{n\to\infty}\dfrac{r^{n+2}-1}{r^n+1}=\lim\limits_{n\to\infty}\dfrac{\left(\dfrac{3}{2}\right)^{n+2}-1}{\left(\dfrac{3}{2}\right)^n+1}$

$=\lim\limits_{n\to\infty}\dfrac{\dfrac{9}{4}\times\left(\dfrac{3}{2}\right)^n-1}{\left(\dfrac{3}{2}\right)^n+1}$

분자, 분모를 각각 $\left(\dfrac{3}{2}\right)^n$으로 나눠.

$=\lim\limits_{n\to\infty}\dfrac{\dfrac{9}{4}-\dfrac{1}{\left(\dfrac{3}{2}\right)^n}}{1+\dfrac{1}{\left(\dfrac{3}{2}\right)^n}}$

→ $1<\dfrac{3}{2}$이므로 $\lim\limits_{n\to\infty}\dfrac{1}{\left(\dfrac{3}{2}\right)^n}=0$

$=\dfrac{\dfrac{9}{4}-0}{1+0}=\dfrac{9}{4}$

011 [정답률 93%]   정답 ②

두 수열 $\{a_n\}$, $\{b_n\}$에 대하여 $\lim\limits_{n\to\infty}a_n=3$이고

급수 $\sum\limits_{n=1}^{\infty}(a_n+2b_n-7)$이 수렴할 때, $\lim\limits_{n\to\infty}b_n$의 값은? (3점)

① 1   ❷ 2   ③ 3

④ 4   ⑤ 5

Step 1 급수의 수렴을 이해한다.

급수 $\sum\limits_{n=1}^{\infty}(a_n+2b_n-7)$이 수렴하므로 $\lim\limits_{n\to\infty}(a_n+2b_n-7)=0$

Step 2 수열의 극한의 성질을 이용한다.

$a_n+2b_n-7=c_n$이라 하면

$b_n = \dfrac{c_n - a_n + 7}{2}$ 이고, $\displaystyle\lim_{n\to\infty} c_n = 0$이므로

$$\lim_{n\to\infty} b_n = \lim_{n\to\infty} \frac{1}{2}(c_n - a_n + 7)$$
$$= \frac{1}{2} \times (0 - 3 + 7)$$
$$= 2$$

012 [정답률 80%] 　　　　　　　　정답 ②

두 수열 $\{a_n\}$, $\{b_n\}$에 대하여 급수 $\displaystyle\sum_{n=1}^{\infty}\left(a_n - \frac{3n}{n+1}\right)$과

$\displaystyle\sum_{n=1}^{\infty}(a_n + b_n)$이 모두 수렴할 때, $\displaystyle\lim_{n\to\infty}\dfrac{3 - b_n}{a_n}$의 값은?

(단, $a_n \neq 0$) (3점)　→ 두 급수가 모두 수렴하므로 $\displaystyle\lim_{n\to\infty}\left(a_n - \frac{3n}{n+1}\right) = 0$,
　　　　　　　　　　　　$\displaystyle\lim_{n\to\infty}(a_n + b_n) = 0$임을 알 수 있어.

① 1　　　　　　　✔② 2　　　　　　③ 3
④ 4　　　　　　　⑤ 5

Step 1　두 급수가 모두 수렴하므로 두 수열의 극한이 각각 0에 수렴한다는 것을 이용한다.

$\displaystyle\sum_{n=1}^{\infty}\left(a_n - \frac{3n}{n+1}\right)$이 수렴하므로

급수 $\displaystyle\sum_{n=1}^{\infty} a_n$이 수렴하면 $\displaystyle\lim_{n\to\infty} a_n = 0$이다.
(단, 역은 성립하지 않는다.)

$\displaystyle\lim_{n\to\infty}\left(a_n - \frac{3n}{n+1}\right) = 0$

$\therefore \displaystyle\lim_{n\to\infty} a_n = \lim_{n\to\infty}\left\{\left(a_n - \frac{3n}{n+1}\right) + \frac{3n}{n+1}\right\}$
　　　　$= 0 + 3 = 3$　→ $\displaystyle\lim_{n\to\infty}\frac{3n}{n+1} = 3$

$\displaystyle\sum_{n=1}^{\infty}(a_n + b_n)$이 수렴하므로

$\displaystyle\lim_{n\to\infty}(a_n + b_n) = 0$

$\therefore \displaystyle\lim_{n\to\infty} b_n = -\lim_{n\to\infty} a_n = -3$

수열 $\{a_n\}$이 3으로 수렴함을 알고 있으므로
$\displaystyle\lim_{n\to\infty} b_n = \lim_{n\to\infty}(a_n + b_n) - \lim_{n\to\infty} a_n = 0 - 3 = -3$
임을 알 수 있어.

$\therefore \displaystyle\lim_{n\to\infty}\frac{3 - b_n}{a_n} = \frac{3 - (-3)}{3} = 2$

수능포인트

급수의 수렴과 관련된 명제 '$\displaystyle\sum_{n=1}^{\infty} a_n$이 수렴하면 $\displaystyle\lim_{n\to\infty} a_n = 0$'을 이용한 계산 문제입니다.

013 [정답률 92%]　　　　　　　　정답 ①

수열 $\{a_n\}$에 대하여 $\displaystyle\sum_{n=1}^{\infty}\dfrac{a_n}{n} = 10$일 때, $\displaystyle\lim_{n\to\infty}\dfrac{a_n + 2a_n^2 + 3n^2}{a_n^2 + n^2}$의

값은? (3점)

✔① 3　　　　　　② $\dfrac{7}{2}$　　　　　③ 4
④ $\dfrac{9}{2}$　　　　　⑤ 5

Step 1　$\displaystyle\lim_{n\to\infty}\dfrac{a_n}{n}$의 값을 구한다.

수열 $\{a_n\}$에 대하여 급수 $\displaystyle\sum_{n=1}^{\infty}\dfrac{a_n}{n}$의 값이 10으로 수렴하므로

$\displaystyle\lim_{n\to\infty}\dfrac{a_n}{n} = 0$

급수가 수렴하는 값보다는
수렴한다는 사실 자체가 중요해.

Step 2　주어진 극한값을 구한다.

$\displaystyle\lim_{n\to\infty}\dfrac{a_n + 2a_n^2 + 3n^2}{a_n^2 + n^2} = \lim_{n\to\infty}\dfrac{\dfrac{a_n}{n^2} + \dfrac{2a_n^2}{n^2} + 3}{\dfrac{a_n^2}{n^2} + 1}$

분모, 분자를 각각 n^2으로 나눠주었어.

$= \displaystyle\lim_{n\to\infty}\dfrac{\dfrac{a_n}{n} \times \dfrac{1}{n} + 2\left(\dfrac{a_n}{n}\right)^2 + 3}{\left(\dfrac{a_n}{n}\right)^2 + 1}$

$= \dfrac{0 + 0 + 3}{0 + 1} = 3$　→ $\displaystyle\lim_{n\to\infty}\left(\dfrac{a_n}{n} \times \dfrac{1}{n}\right) = 0 \times 0 = 0$

014 [정답률 88%]　　　　　　　　정답 ④

수열 $\{a_n\}$에 대하여 $\displaystyle\sum_{n=1}^{\infty}\left(\dfrac{a_n}{n} - 2\right) = 5$일 때, $\displaystyle\lim_{n\to\infty}\dfrac{2n^2 + 3na_n}{n^2 + 4}$

의 값은? (3점)

① 2　　　　　　② 4　　　　　　③ 6
✔⑧ 8　　　　　　⑤ 10

Step 1　$\displaystyle\lim_{n\to\infty}\left(\dfrac{a_n}{n} - 2\right) = 0$임을 이용한다.

$\displaystyle\sum_{n=1}^{\infty}\left(\dfrac{a_n}{n} - 2\right) = 5$이므로 주어진 급수는 수렴한다.

즉, $\displaystyle\lim_{n\to\infty}\left(\dfrac{a_n}{n} - 2\right) = 0$이므로 $\displaystyle\lim_{n\to\infty}\dfrac{a_n}{n} = 2$

$\therefore \displaystyle\lim_{n\to\infty}\dfrac{2n^2 + 3na_n}{n^2 + 4} = \lim_{n\to\infty}\dfrac{2 + 3 \times \dfrac{a_n}{n}}{1 + \dfrac{4}{n^2}}$

$= \dfrac{2 + 3 \times 2}{1 + 0} = 8$　→ 분모, 분자를 각각 n^2으로 나누었어.

015 [정답률 90%]　　　　　　　　정답 ②

수열 $\{a_n\}$이 $\displaystyle\sum_{n=1}^{\infty}\left(\dfrac{a_n}{n} - \dfrac{2n}{n+3}\right) = 5$를 만족시킬 때,

$\displaystyle\lim_{n\to\infty}\dfrac{5a_n - 2n}{a_n + 2n + 1}$의 값은? (3점)

① 1　　　　　　✔② 2　　　　　　③ 3
④ 4　　　　　　⑤ 5

Step 1　$\displaystyle\sum_{n=1}^{\infty} a_n$이 수렴할 때, $\displaystyle\lim_{n\to\infty} a_n = 0$임을 이용한다.

$\displaystyle\sum_{n=1}^{\infty}\left(\dfrac{a_n}{n} - \dfrac{2n}{n+3}\right) = 5$로 수렴하므로

$\displaystyle\lim_{n\to\infty}\left(\dfrac{a_n}{n} - \dfrac{2n}{n+3}\right) = 0$　→ 중요

$$\therefore \lim_{n \to \infty}\frac{a_n}{n} = \lim_{n \to \infty}\left\{\left(\frac{a_n}{n}-\frac{2n}{n+3}\right)+\frac{2n}{n+3}\right\}$$
$$= \lim_{n \to \infty}\left(\frac{a_n}{n}-\frac{2n}{n+3}\right)+\lim_{n \to \infty}\frac{2n}{n+3}$$
$$= 0+2 = 2$$

분모, 분자의 최고차항의 계수의 비는 $\frac{2}{1}=2$야.

Step 2 주어진 식의 극한값을 구한다.

$$\therefore \lim_{n \to \infty}\frac{5a_n-2n}{a_n+2n+1} = \lim_{n \to \infty}\frac{\dfrac{5a_n}{n}-\dfrac{2n}{n}}{\dfrac{a_n}{n}+\dfrac{2n}{n}+\dfrac{1}{n}}$$

분모, 분자를 n으로 나눠.

$5 \times \lim\limits_{n \to \infty}\dfrac{a_n}{n}$

$$= \frac{\lim\limits_{n \to \infty}\dfrac{5a_n}{n}-2}{\lim\limits_{n \to \infty}\dfrac{a_n}{n}+2+\lim\limits_{n \to \infty}\dfrac{1}{n}}$$

$\lim\limits_{n \to \infty}\dfrac{a_n}{n}=2$, $\lim\limits_{n \to \infty}\dfrac{1}{n}=0$

$$= \frac{5\times2-2}{2+2+0} = 2$$

016 [정답률 68%] 정답 ①

수열 $\{a_n\}$에 대하여
$$\sum_{n=1}^{\infty}\left(na_n-\frac{n^2+1}{2n+1}\right)=3$$
일 때, $\lim\limits_{n \to \infty}(a_n^2+2a_n+2)$의 값은? (4점)

$na_n-\dfrac{n^2+1}{2n+1}=b_n$으로 치환하면 급수가 수렴하므로 $\lim b_n=0$

① $\dfrac{13}{4}$ ② 3 ③ $\dfrac{11}{4}$

④ $\dfrac{5}{2}$ ⑤ $\dfrac{9}{4}$

이 값을 구하려면 위 식의 소건으로부터 $\lim a_n$의 값을 알아내야 해.

Step 1 $\sum\limits_{n=1}^{\infty}\left(na_n-\dfrac{n^2+1}{2n+1}\right)$이 수렴하므로 $\lim\limits_{n \to \infty}\left(na_n-\dfrac{n^2+1}{2n+1}\right)=0$임을 이용한다.

급수 $\sum\limits_{n=1}^{\infty}a_n$이 수렴하면 $\lim a_n=0$이다. (단, 역은 성립하지 않는다.)

$\sum\limits_{n=1}^{\infty}\left(na_n-\dfrac{n^2+1}{2n+1}\right)$이 수렴하므로
$$\lim_{n \to \infty}\left(na_n-\frac{n^2+1}{2n+1}\right)=0$$이다.

Step 2 $b_n=na_n-\dfrac{n^2+1}{2n+1}$로 치환하여 $\lim\limits_{n \to \infty}a_n$의 값을 구한다.

$b_n=na_n-\dfrac{n^2+1}{2n+1}$이라 하면

$a_n=\dfrac{b_n}{n}+\dfrac{n^2+1}{2n^2+n}$, $\lim\limits_{n \to \infty}b_n=0$

$\frac{\infty}{\infty}$꼴의 극한 : 분모, 분자의 차수가 같은 분수식의 극한값은 최고차항의 계수의 비와 같다.

$$\therefore \lim_{n \to \infty}a_n = \lim_{n \to \infty}\left(\frac{b_n}{n}+\frac{n^2+1}{2n^2+n}\right)$$
$$= 0+\frac{1}{2}=\frac{1}{2}$$

$\lim\limits_{n \to \infty}\dfrac{b_n}{n}=\lim\limits_{n \to \infty}b_n \times \lim\limits_{n \to \infty}\dfrac{1}{n}=0\times0=0$

Step 3 $\lim\limits_{n \to \infty}a_n$의 값을 대입하여 극한값을 구한다.

$$\lim_{n \to \infty}(a_n^2+2a_n+2)=\left(\frac{1}{2}\right)^2+2\times\frac{1}{2}+2$$
$$= \frac{13}{4}$$

$\lim\limits_{n \to \infty}a_n \times \lim\limits_{n \to \infty}a_n+2\times\lim\limits_{n \to \infty}a_n+\lim\limits_{n \to \infty}2$

✪ 다른 풀이 주어진 급수의 일반항을 변형하는 풀이

Step 1 급수 $\sum\limits_{n=1}^{\infty}\left(na_n-\dfrac{n^2+1}{2n+1}\right)$이 수렴하므로

$$\lim_{n \to \infty}\left(na_n-\frac{n^2+1}{2n+1}\right)=0$$임을 이용한다.

$\lim\limits_{n \to \infty}n\left\{a_n-\dfrac{n^2+1}{n(2n+1)}\right\}=0$에서 $n \to \infty$이므로

$$\lim_{n \to \infty}\left\{a_n-\frac{n^2+1}{n(2n+1)}\right\}=0$$

$$\therefore \lim_{n \to \infty}a_n = \lim_{n \to \infty}\left[\left\{a_n-\frac{n^2+1}{n(2n+1)}\right\}+\frac{n^2+1}{n(2n+1)}\right]$$
$$= 0+\frac{1}{2}=\frac{1}{2}$$

$\lim\limits_{n \to \infty}\dfrac{n^2+1}{n(2n+1)}=\lim\limits_{n \to \infty}\dfrac{n^2+1}{2n^2+n}=\dfrac{1}{2}$

Step 2 극한값을 구한다.

$$\lim_{n \to \infty}(a_n^2+2a_n+2)=\frac{1}{4}+2\times\frac{1}{2}+2=\frac{13}{4}$$

극한값을 계산할 때 $\infty \times 0$의 값은 항상 0으로 수렴하는 것은 아니지만 위 문제와 같이 무한대로 발산하는 n과 $\left\{a_n-\dfrac{n^2+1}{n(2n+1)}\right\}$의 곱의 극한값이 0임을 알고 있기 때문에 $\left\{a_n-\dfrac{n^2+1}{n(2n+1)}\right\}$은 0으로 수렴해야 해. (0 이외의 값은 발산하는 식과 곱하여 0으로 수렴할 수 없기 때문이야.)

017 [정답률 56%] 정답 4

급수가 수렴하므로 $\lim(3^na_n-2)=0$

모든 항이 양수인 수열 $\{a_n\}$에 대하여 $\sum\limits_{n=1}^{\infty}(3^na_n-2)$가 수렴할 때, $\lim\limits_{n \to \infty}\dfrac{6a_n+5\cdot4^{-n}}{a_n+3^{-n}}$의 값을 구하시오. (3점)

Step 1 급수 $\sum\limits_{n=1}^{\infty}(3^na_n-2)$가 수렴하므로 $\lim\limits_{n \to \infty}(3^na_n-2)=0$임을 이용한다.

급수 $\sum\limits_{n=1}^{\infty}(3^na_n-2)$가 수렴하므로
$$\lim_{n \to \infty}(3^na_n-2)=0 \qquad \therefore \lim_{n \to \infty}3^na_n=2$$

위에서 구한 조건 $\lim\limits_{n \to \infty}3^na_n=2$를 이용하기 위해서야!

Step 2 주어진 식의 분자와 분모에 각각 3^n을 곱하여 극한값을 계산한다.

$-1<r<1$일 때, $\lim\limits_{n \to \infty}r^n=0$

$$\lim_{n \to \infty}\frac{6a_n+5\cdot4^{-n}}{a_n+3^{-n}} = \lim_{n \to \infty}\frac{6\cdot3^na_n+5\left(\dfrac{3}{4}\right)^n}{3^na_n+1}$$
$$= \frac{6\times2+0}{2+1}$$
$$= 4$$

$\lim\limits_{n \to \infty}3^na_n=2$를 대입

018 [정답률 88%] 정답 ④

수열 $\{a_n\}$에 대하여 급수 $\sum\limits_{n=1}^{\infty}\left(a_n-\dfrac{2^{n+1}}{2^n+1}\right)$이 수렴할 때, $\lim\limits_{n \to \infty}\dfrac{2^n\times a_n+5\times2^{n+1}}{2^n+3}$의 값은? (3점)

① 6 ② 8 ③ 10

④ 12 ⑤ 14

Step 1 중요한 내용이므로 꼭 기억해야 한다.

$\sum\limits_{n=1}^{\infty}a_n$이 수렴할 때, $\lim\limits_{n \to \infty}a_n=0$임을 이용한다.

$\sum\limits_{n=1}^{\infty}\left(a_n-\dfrac{2^{n+1}}{2^n+1}\right)$이 수렴하므로 $\lim\limits_{n \to \infty}\left(a_n-\dfrac{2^{n+1}}{2^n+1}\right)=0$

$$\therefore \lim_{n \to \infty}a_n = \lim_{n \to \infty}\frac{2^{n+1}}{2^n+1}=2$$

Step 2 주어진 극한값을 계산한다.

$$\therefore \lim_{n\to\infty} \frac{2^n \times a_n + 5 \times 2^{n+1}}{2^n+3} = \lim_{n\to\infty}\frac{a_n+10}{1+\dfrac{3}{2^n}} = \frac{2+10}{1+0} = 12$$

분모, 분자를 각각 2^n으로 나눈다.

019 [정답률 70%] 정답 ②

수열 $\{a_n\}$에 대하여
$$\sum_{n=1}^{\infty} \frac{2^n a_n - 2^{n+1}}{2^n+1} = 1$$일 때, $\lim_{n\to\infty} a_n$의 값은? (4점)

① 1 ✔② 2 ③ 3
④ 4 ⑤ 5

Step 1 $\displaystyle\sum_{n=1}^{\infty} p_n$이 수렴할 때, $\lim_{n\to\infty} p_n = 0$임을 이용한다.

$\displaystyle\sum_{n=1}^{\infty} \frac{2^n a_n - 2^{n+1}}{2^n+1} = 1$이므로 $\displaystyle\lim_{n\to\infty} \frac{2^n a_n - 2^{n+1}}{2^n+1} = 0$

꼭 기억해 두어야 해!

$\dfrac{2^n a_n - 2^{n+1}}{2^n+1} = b_n$이라 하면

$\displaystyle\sum_{n=1}^{\infty}\frac{2^n a_n - 2^{n+1}}{2^n+1}$이 1로 수렴한다는 의미야.

$a_n = \dfrac{(2^n+1)b_n + 2^{n+1}}{2^n}$, $\lim_{n\to\infty} b_n = 0$

$$\therefore \lim_{n\to\infty} a_n = \lim_{n\to\infty} \frac{(2^n+1)b_n + 2^{n+1}}{2^n}$$

분모, 분자를 각각 2^n으로 나눠.

$$= \lim_{n\to\infty}\left\{\left(1+\frac{1}{2^n}\right)b_n + 2\right\}$$
$$= (1+0)\times 0 + 2 = 2$$

$\lim_{n\to\infty}\dfrac{1}{2^n} = 0$

020 [정답률 73%] 정답 ④

두 수열 $\{a_n\}$, $\{b_n\}$이 다음 조건을 만족시킬 때, $\lim_{n\to\infty} a_n$의 값은? (3점)

(가) $\dfrac{2n^3+3}{1^2+2^2+3^2+\cdots+n^2} < a_n < 2b_n\ (n=1,\ 2,\ 3,\ \cdots)$

→ 자연수의 거듭제곱의 합을 이용

(나) $\displaystyle\sum_{n=1}^{\infty}(b_n - 3) = 2$

→ 급수가 수렴하므로 $\lim_{n\to\infty}(b_n - 3) = 0$

① 3 ② 4 ③ 5
✔⑥ 6 ⑤ 7

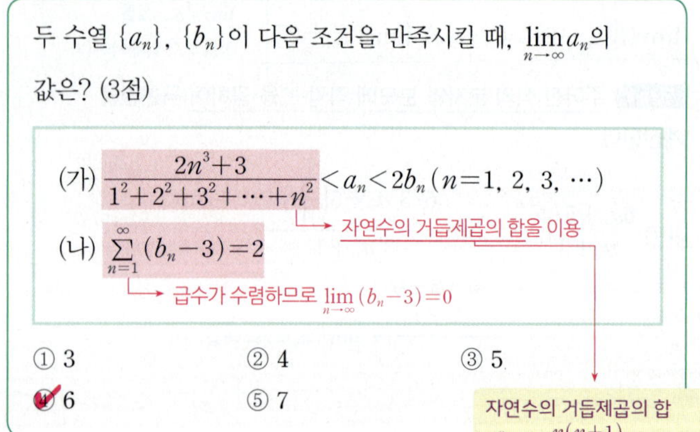

자연수의 거듭제곱의 합
$$\sum_{k=1}^{n} k = \frac{n(n+1)}{2}$$
$$\sum_{k=1}^{n} k^2 = \frac{n(n+1)(2n+1)}{6}$$
$$\sum_{k=1}^{n} k^3 = \left\{\frac{n(n+1)}{2}\right\}^2$$

Step 1 조건 (나)에서 $\lim_{n\to\infty} b_n$의 값을 구한다.

조건 (나)에서 급수 $\displaystyle\sum_{n=1}^{\infty}(b_n - 3)$이 수렴하므로

$\lim_{n\to\infty}(b_n - 3) = 0$ $\therefore \lim_{n\to\infty} b_n = 3$ ······ ㉠

Step 2 조건 (가)에서 수열의 극한값의 대소 관계를 이용하여 $\lim_{n\to\infty} a_n$의 값을 구한다. 구하고자 하는 값이 어떤 수열의 극한값이고, 그 수열이 부등호로 주어진 조건이 있으면 수열의 극한값의 대소 관계를 이용할 수 있는지 생각해봐야 해.

$$\frac{2n^3+3}{1^2+2^2+3^2+\cdots+n^2} < a_n < 2b_n$$
$$\frac{2n^3+3}{\dfrac{n(n+1)(2n+1)}{6}} < a_n < 2b_n$$
$$\frac{12n^3+18}{n(n+1)(2n+1)} < a_n < 2b_n$$

수열의 극한값의 대소 관계
$a_n \leq c_n \leq b_n$이고
$\lim_{n\to\infty} a_n = \lim_{n\to\infty} b_n = \alpha$이면
$\lim_{n\to\infty} c_n = \alpha$

이때 $\displaystyle\lim_{n\to\infty}\frac{12n^3+18}{n(n+1)(2n+1)} = \frac{12}{2} = 6$, $\lim_{n\to\infty} 2b_n = 6\ (\because ㉠)$

이므로 수열의 극한값의 대소 관계에 의해
$$\lim_{n\to\infty} a_n = 6$$

$\displaystyle\lim_{n\to\infty}\frac{12n^3+18}{n(n+1)(2n+1)} \leq \lim_{n\to\infty} a_n \leq \lim_{n\to\infty} 2b_n$

수능포인트

출제자의 의도를 파악했다면 사실 조건 (가)의 좌변을 굳이 정리하지 않더라도 답을 구할 수 있었습니다. 조건 (나)로부터 우변이 $\lim_{n\to\infty} 2b_n = 6$이므로 수열의 극한값의 대소 관계에 따라 답을 6으로 선택하면 시간 단축을 할 수 있습니다.

021 [정답률 80%] 정답 1

$$\sum_{n=1}^{\infty} \frac{2}{(n+1)(n+2)}$$의 값을 구하시오. (3점)

Step 1 부분분수 분해를 이용하여 급수의 합을 구한다.

$$\sum_{n=1}^{\infty} \frac{2}{(n+1)(n+2)} = 2\sum_{n=1}^{\infty}\frac{1}{(n+1)(n+2)}$$

암기 $\dfrac{1}{A\times B} = \dfrac{1}{B-A}\left(\dfrac{1}{A} - \dfrac{1}{B}\right)$

$$= 2\sum_{n=1}^{\infty}\left(\frac{1}{n+1} - \frac{1}{n+2}\right)$$
$$= 2\lim_{n\to\infty}\sum_{k=1}^{n}\left(\frac{1}{k+1} - \frac{1}{k+2}\right)$$

$\displaystyle\sum_{k=1}^{n}\left(\frac{1}{k+1} - \frac{1}{k+2}\right)$
$= \left(\dfrac{1}{2} - \dfrac{1}{3}\right) + \left(\dfrac{1}{3} - \dfrac{1}{4}\right)$
$+ \cdots + \left(\dfrac{1}{n+1} - \dfrac{1}{n+2}\right)$

$$= 2\lim_{n\to\infty}\left(\frac{1}{2} - \frac{1}{n+2}\right)$$
$$= 2\times\frac{1}{2} = 1$$

$\lim_{n\to\infty}\dfrac{1}{n+2} = 0$

022 [정답률 70%] 정답 14

부분수 분해를 이용

$$\sum_{n=1}^{\infty} \frac{84}{(2n+1)(2n+3)}$$의 값을 구하시오. (3점)

Step 1 부분분수 분해를 이용하여 급수의 합을 계산한다.

$$\sum_{n=1}^{\infty} \frac{84}{(2n+1)(2n+3)}$$

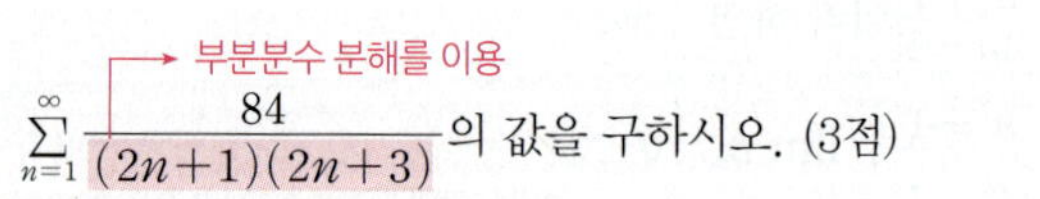

$\dfrac{1}{AB} = \dfrac{1}{B-A}\left(\dfrac{1}{A} - \dfrac{1}{B}\right)$

$$= \lim_{n\to\infty}\sum_{k=1}^{n}\frac{84}{(2k+1)(2k+3)}$$
$$= \lim_{n\to\infty} 42\sum_{k=1}^{n}\left(\frac{1}{2k+1} - \frac{1}{2k+3}\right)$$

$84\times\dfrac{1}{(2k+3)-(2k+1)}$

$$= \lim_{n\to\infty} 42\left\{\left(\frac{1}{3} - \frac{1}{5}\right) + \left(\frac{1}{5} - \frac{1}{7}\right) + \cdots + \left(\frac{1}{2n-1} - \frac{1}{2n+1}\right) + \left(\frac{1}{2n+1} - \frac{1}{2n+3}\right)\right\}$$

→ 더하면서 두 수씩 $(-x)+(+x)$꼴로 소거돼.

$$= \lim_{n\to\infty} 42\left(\frac{1}{3} - \frac{1}{2n+3}\right) = 42\times\frac{1}{3} = 14$$

$\lim_{n\to\infty}\dfrac{1}{2n+3} = 0$

023

정답 ②

→ 급수의 수렴 여부를 알아보기 전에 급수의 일반항을 알 수 있어야 해!

다음 [보기]의 급수 중 수렴하는 것을 모두 고르면? (3점)

[보기]

ㄱ. $1+\dfrac{2}{3}+\dfrac{3}{5}+\dfrac{4}{7}+\cdots$

ㄴ. $1+\dfrac{1}{1+2}+\dfrac{1}{1+2+3}+\dfrac{1}{1+2+3+4}+\cdots$

ㄷ. $\dfrac{1}{1+\sqrt{3}}+\dfrac{1}{\sqrt{2}+\sqrt{4}}+\dfrac{1}{\sqrt{3}+\sqrt{5}}+\dfrac{1}{\sqrt{4}+\sqrt{6}}+\cdots$

① ㄱ ❷ ㄴ ③ ㄱ, ㄷ
④ ㄴ, ㄷ ⑤ ㄱ, ㄴ, ㄷ

Step 1 ㄱ에서 급수와 수열의 극한 사이의 관계를 이용한다.

ㄱ. 주어진 급수의 일반항은

$$a_n=\frac{n}{2n-1}\text{이고 }\lim_{n\to\infty}a_n=\frac{1}{2}\neq 0$$

이므로 $\displaystyle\sum_{n=1}^{\infty}a_n$은 발산한다. (발산)

Step 2 ㄴ, ㄷ에서 일반항 및 부분합을 구하여 주어진 급수의 수렴·발산을 조사한다.

ㄴ. 주어진 급수의 일반항 a_n은

$$a_n=\frac{1}{1+2+\cdots+n}=\frac{1}{\dfrac{n(n+1)}{2}}=\frac{2}{n(n+1)}$$

$$S_n=\sum_{k=1}^{n}a_k=\sum_{k=1}^{n}\frac{2}{k(k+1)}$$

암기 $1+2+\cdots+n=\displaystyle\sum_{k=1}^{n}k=\dfrac{n(n+1)}{2}$

$$=2\sum_{k=1}^{n}\left(\frac{1}{k}-\frac{1}{k+1}\right)$$

$\dfrac{1}{AB}=\dfrac{1}{B-A}\left(\dfrac{1}{A}-\dfrac{1}{B}\right)$

$$=2\left\{\left(\frac{1}{1}-\frac{1}{2}\right)+\left(\frac{1}{2}-\frac{1}{3}\right)+\cdots+\left(\frac{1}{n}-\frac{1}{n+1}\right)\right\}$$

→ 더하면서 누 수씩 $(-x)+(+x)$꼴로 소거돼.

$$=2-\frac{2}{n+1}$$

$$\therefore \lim_{n\to\infty}S_n=\lim_{n\to\infty}\left(2-\frac{2}{n+1}\right)=2 \text{ (수렴)}$$

ㄷ. 주어진 급수의 일반항 a_n은 $\lim_{n\to\infty}\dfrac{2}{n+1}=0$

$$a_n=\frac{1}{\sqrt{n}+\sqrt{n+2}}$$

→ 분모를 유리화한다.

$$=\frac{\sqrt{n+2}-\sqrt{n}}{(\sqrt{n+2}+\sqrt{n})(\sqrt{n+2}-\sqrt{n})}$$

$(\sqrt{a}+\sqrt{b})(\sqrt{a}-\sqrt{b})=a-b$

$$=\frac{\sqrt{n+2}-\sqrt{n}}{2}$$

$$S_n=\sum_{k=1}^{n}a_k=\frac{1}{2}\sum_{k=1}^{n}(\sqrt{k+2}-\sqrt{k})$$

$$=\frac{1}{2}\{(\sqrt{3}-\sqrt{1})+(\sqrt{4}-\sqrt{2})+(\sqrt{5}-\sqrt{3})+$$

$$\cdots+(\sqrt{n+1}-\sqrt{n-1})+(\sqrt{n+2}-\sqrt{n})\}$$

$$=\frac{1}{2}(-\sqrt{1}-\sqrt{2}+\sqrt{n+1}+\sqrt{n+2})$$

→ 각 항이 어떻게 소거되는지 잘 살펴본다.

$$\therefore \lim_{n\to\infty}S_n=\lim_{n\to\infty}\frac{1}{2}(-\sqrt{1}-\sqrt{2}+\sqrt{n+1}+\sqrt{n+2})=\infty \text{ (발산)}$$

따라서 수렴하는 것은 ㄴ이다.

024 [정답률 81%]

정답 ③

첫째항이 1이고 공차가 d $(d>0)$인 등차수열 $\{a_n\}$에 대하여 $\displaystyle\sum_{n=1}^{\infty}\left(\dfrac{n}{a_n}-\dfrac{n+1}{a_{n+1}}\right)=\dfrac{2}{3}$일 때, d의 값은? (3점)

① 1 ② 2 ❸ 3
④ 4 ⑤ 5

Step 1 $\displaystyle\sum_{k=1}^{n}\left(\dfrac{k}{a_k}-\dfrac{k+1}{a_{k+1}}\right)$을 구한다.

$$\sum_{k=1}^{n}\left(\frac{k}{a_k}-\frac{k+1}{a_{k+1}}\right)$$

$$=\left(\frac{1}{a_1}-\frac{2}{a_2}\right)+\left(\frac{2}{a_2}-\frac{3}{a_3}\right)+\cdots+\left(\frac{n}{a_n}-\frac{n+1}{a_{n+1}}\right)$$

$$=\frac{1}{a_1}-\frac{n+1}{a_{n+1}}=1-\frac{n+1}{a_{n+1}} \quad\cdots\cdots \text{㉠}$$

→ 이웃한 항끼리 상쇄된다.

Step 2 급수가 $\dfrac{2}{3}$로 수렴함을 이용하여 d의 값을 구한다.

수열 $\{a_n\}$은 첫째항이 1이고 공차가 d인 등차수열이므로
$$a_n=1+(n-1)d \quad \therefore a_{n+1}=1+nd \quad\to 1-\frac{n+1}{a_{n+1}}$$

$$\sum_{n=1}^{\infty}\left(\frac{n}{a_n}-\frac{n+1}{a_{n+1}}\right)=\lim_{n\to\infty}\sum_{k=1}^{n}\left(\frac{k}{a_k}-\frac{k+1}{a_{k+1}}\right)=1-\frac{n+1}{1+nd}$$

$$=\lim_{n\to\infty}\left(1-\frac{n+1}{1+nd}\right) (\because \text{㉠})$$

$$=1-\frac{1}{d}$$

$\lim_{n\to\infty}\dfrac{n+1}{1+nd}=\lim_{n\to\infty}\dfrac{1+\frac{1}{n}}{\frac{1}{n}+d}=\dfrac{1}{d}$

$$1-\frac{1}{d}=\frac{2}{3}\text{에서 }\frac{1}{d}=\frac{1}{3} \quad \therefore d=3$$

025 [정답률 88%]

정답 ①

등차수열 $\{a_n\}$에 대하여 $a_1=4$, $a_4-a_2=4$일 때, $\displaystyle\sum_{n=1}^{\infty}\dfrac{2}{na_n}$의 값은? (3점)

→ 수열 $\{a_n\}$이 등차수열이므로 $a_4-a_2=2d$ (d는 공차)임을 알 수 있어!

❶ 1 ② $\dfrac{3}{2}$ ③ 2
④ $\dfrac{5}{2}$ ⑤ 3

Step 1 등차수열 $\{a_n\}$의 일반항을 구한다.

등차수열 $\{a_n\}$의 공차를 d라 하면
$$a_4-a_2=(a_1+3d)-(a_1+d)=4$$
$$2d=4$$
$$\therefore d=2$$

첫째항이 a_1이고 공차가 d인 등차수열의 일반항 a_n은 $a_n=a_1+(n-1)d$이다.

따라서 수열 $\{a_n\}$은 첫째항이 4이고 공차가 2인 등차수열이므로
$$a_n=4+(n-1)\times 2=2n+2$$

Step 2 $\displaystyle\sum_{n=1}^{\infty}\dfrac{2}{na_n}$의 값을 구한다.

$$\sum_{n=1}^{\infty}\frac{2}{na_n}=\sum_{n=1}^{\infty}\frac{2}{n(2n+2)}=\sum_{n=1}^{\infty}\frac{1}{n(n+1)}$$

$\dfrac{1}{AB}=\dfrac{1}{B-A}\left(\dfrac{1}{A}-\dfrac{1}{B}\right)$

$$=\lim_{n\to\infty}\sum_{k=1}^{n}\frac{1}{k(k+1)}=\lim_{n\to\infty}\sum_{k=1}^{n}\left(\frac{1}{k}-\frac{1}{k+1}\right)$$

$$=\lim_{n\to\infty}\left\{\left(\frac{1}{1}-\frac{1}{2}\right)+\left(\frac{1}{2}-\frac{1}{3}\right)+\left(\frac{1}{3}-\frac{1}{4}\right)\right.$$
$$\left.+\cdots+\left(\frac{1}{n}-\frac{1}{n+1}\right)\right\}$$

→ 더하면서 두 수씩 $(-x)+(+x)$ 꼴로 소거돼.

$$=\lim_{n\to\infty}\left(1-\frac{1}{n+1}\right)=1$$

→ $\lim_{n\to\infty}\dfrac{1}{n+1}=0$

026 [정답률 82%] 정답 ①

S_n은 나와 있고 a_n은 나와 있지 않을 때 $a_n=S_n-S_{n-1}\,(n\geq2)$임을 이용하여 일반항 a_n을 구할 수 있어야 해!

수열 $\{a_n\}$의 첫째항부터 제n항까지의 합 S_n이 $S_n=n^2+2n$일 때, 급수 $\displaystyle\sum_{n=1}^{\infty}\frac{2}{a_na_{n+1}}$의 값은? (3점)

① $\dfrac{1}{3}$ ② $\dfrac{1}{4}$ ③ $\dfrac{1}{5}$

④ $\dfrac{1}{6}$ ⑤ $\dfrac{1}{7}$

→ 분수 꼴의 일반항에 대한 급수의 합을 구하는 문제에서 일반항의 분모가 두 수나 문자의 곱이면 부분분수 분해를 이용할 수 있는지 의심해 봐야 해!

Step 1 $a_n=S_n-S_{n-1}(n\geq2)$임을 이용하여 a_n을 구한다.

→ $n=1$일 때는 $a_1=S_1$

$$\begin{aligned}a_n&=S_n-S_{n-1}\\&=n^2+2n-\{(n-1)^2+2(n-1)\}\\&=n^2+2n-(n^2-2n+1+2n-2)\\&=2n+1\,(n\geq2)\end{aligned}$$

이때 $a_1=3=S_1$이므로 $a_n=2n+1(n\geq1)$

Step 2 부분분수 $\dfrac{1}{AB}=\dfrac{1}{B-A}\left(\dfrac{1}{A}-\dfrac{1}{B}\right)$을 이용하여 $\displaystyle\sum_{n=1}^{\infty}\frac{2}{a_na_{n+1}}$의 값을 구한다.

$$\begin{aligned}\therefore\sum_{n=1}^{\infty}\frac{2}{a_na_{n+1}}&=\sum_{n=1}^{\infty}\frac{2}{(2n+1)(2n+3)}\\&=\lim_{n\to\infty}\sum_{k=1}^{n}\frac{2}{(2k+1)(2k+3)}\end{aligned}$$

→ $\dfrac{1}{(2k+3)-(2k+1)}$

$$=\lim_{n\to\infty}\sum_{k=1}^{n}2\times\frac{1}{2}\times\left(\frac{1}{2k+1}-\frac{1}{2k+3}\right)$$
$$=\lim_{n\to\infty}\left\{\left(\frac{1}{3}-\frac{1}{5}\right)+\left(\frac{1}{5}-\frac{1}{7}\right)+\right.$$
$$\left.\cdots+\left(\frac{1}{2n+1}-\frac{1}{2n+3}\right)\right\}$$

→ 더하면서 두 수씩 $(-x)+(+x)$ 꼴로 소거돼.

$$=\lim_{n\to\infty}\left(\frac{1}{3}-\frac{1}{2n+3}\right)=\frac{1}{3}$$

→ $\lim_{n\to\infty}\dfrac{1}{2n+3}=0$

027 [정답률 87%] 정답 ④

양수 a에 대하여 급수 $\displaystyle\sum_{n=1}^{\infty}\left(\frac{a-3n}{n}+\frac{an+6}{n+a}\right)$이 실수 S에 수렴할 때, $a+S$의 값은? (3점)

① 7 ② $\dfrac{15}{2}$ ③ 8

④ $\dfrac{17}{2}$ ⑤ 9

Step 1 $\displaystyle\lim_{n\to\infty}\left(\frac{a-3n}{n}+\frac{an+6}{n+a}\right)=0$임을 이용한다.

급수 $\displaystyle\sum_{n=1}^{\infty}\left(\frac{a-3n}{n}+\frac{an+6}{n+a}\right)$이 수렴하므로

$$\lim_{n\to\infty}\left(\frac{a-3n}{n}+\frac{an+6}{n+a}\right)=0$$

$$\lim_{n\to\infty}\left(\frac{a-3n}{n}+\frac{an+6}{n+a}\right)=\lim_{n\to\infty}\left(\frac{a}{n}-3+\frac{a+\frac{6}{n}}{1+\frac{a}{n}}\right)$$
$$=0-3+\frac{a+0}{1+0}=-3+a$$

→ 분모, 분자를 각각 n으로 나누었다.

→ $\lim_{n\to\infty}\dfrac{a}{n}=0$

$-3+a=0$이므로 $a=3$

Step 2 S의 값을 구한다.

$$\begin{aligned}S&=\sum_{n=1}^{\infty}\left(\frac{3-3n}{n}+\frac{3n+6}{n+3}\right)\\&=\sum_{n=1}^{\infty}\frac{(3-3n)(n+3)+n(3n+6)}{n(n+3)}\\&=\sum_{n=1}^{\infty}\frac{9}{n(n+3)}=3\sum_{n=1}^{\infty}\left(\frac{1}{n}-\frac{1}{n+3}\right)\\&=3\lim_{n\to\infty}\sum_{k=1}^{n}\left(\frac{1}{k}-\frac{1}{k+3}\right)\end{aligned}$$

→ $=9\times\dfrac{1}{(n+3)-n}\times\left(\dfrac{1}{n}-\dfrac{1}{n+3}\right)$

$$=3\lim_{n\to\infty}\left\{\left(1-\frac{1}{4}\right)+\left(\frac{1}{2}-\frac{1}{5}\right)+\left(\frac{1}{3}-\frac{1}{6}\right)+\left(\frac{1}{4}-\frac{1}{7}\right)\right.$$
$$+\cdots+\left(\frac{1}{n-3}-\frac{1}{n}\right)+\left(\frac{1}{n-2}-\frac{1}{n+1}\right)$$
$$\left.+\left(\frac{1}{n-1}-\frac{1}{n+2}\right)+\left(\frac{1}{n}-\frac{1}{n+3}\right)\right\}$$

$$=3\lim_{n\to\infty}\left(1+\frac{1}{2}+\frac{1}{3}-\frac{1}{n+1}-\frac{1}{n+2}-\frac{1}{n+3}\right)$$

$$=3\times\left(1+\frac{1}{2}+\frac{1}{3}\right)=\frac{11}{2}$$

→ $\lim_{n\to\infty}\dfrac{1}{n+1}=\lim_{n\to\infty}\dfrac{1}{n+2}=\lim_{n\to\infty}\dfrac{1}{n+3}=0$

따라서 $a+S=3+\dfrac{11}{2}=\dfrac{17}{2}$

028 [정답률 81%] 정답 ①

자연수 n에 대하여 $3^n\cdot5^{n+1}$의 모든 양의 약수의 개수를 a_n이라 할 때, $\displaystyle\sum_{n=1}^{\infty}\frac{1}{a_n}$의 값은? (3점)

→ 소인수분해된 형태이다.

① $\dfrac{1}{2}$ ② $\dfrac{7}{12}$ ③ $\dfrac{2}{3}$

④ $\dfrac{3}{4}$ ⑤ $\dfrac{5}{6}$

→ $a^x\cdot b^y\,(a,b$는 서로 다른 소수, x,y는 자연수)의 양의 약수의 개수는 $(x+1)(y+1)$이다.

Step 1 약수의 개수를 구하는 식을 이용한다.

$3^n\cdot5^{n+1}$의 양의 약수의 개수는 $a_n=(n+1)(n+2)$이므로

$$\begin{aligned}\sum_{n=1}^{\infty}\frac{1}{a_n}&=\sum_{n=1}^{\infty}\frac{1}{(n+1)(n+2)}\\&=\sum_{n=1}^{\infty}\left(\frac{1}{n+1}-\frac{1}{n+2}\right)\\&=\lim_{n\to\infty}\left\{\left(\frac{1}{2}-\frac{1}{3}\right)+\left(\frac{1}{3}-\frac{1}{4}\right)\right.\end{aligned}$$

부분분수 분해
$$\frac{1}{(k+a)(k+b)}=\frac{1}{b-a}\left(\frac{1}{k+a}-\frac{1}{k+b}\right)$$

$$\left.+\left(\frac{1}{4}-\frac{1}{5}\right)+\cdots+\left(\frac{1}{n+1}-\frac{1}{n+2}\right)\right\}$$

$$=\lim_{n\to\infty}\left(\frac{1}{2}-\frac{1}{n+2}\right)=\frac{1}{2}$$

→ 더하면서 두 수씩 $(-x)+(+x)$ 꼴로 소거돼.

→ $\lim_{n\to\infty}\dfrac{1}{n+2}=0$

알아야 할 기본개념

자연수의 양의 약수의 개수와 총합

자연수 n이 $n = p_1^{r_1} p_2^{r_2} \cdots p_m^{r_m}$ (p_1, p_2, $\cdots$, p_m은 각각 서로 다른 소수, r_1, r_2, $\cdots$, r_m은 자연수)으로 소인수분해될 때

① n의 양의 약수의 개수 : $(r_1+1)(r_2+1)\cdots(r_m+1)$

② n의 양의 약수의 총합 :

$$(p_1^0 + p_1^1 + p_1^2 + \cdots + p_1^{r_1}) \times (p_2^0 + p_2^1 + p_2^2 + \cdots + p_2^{r_2}) \times$$
$$\cdots \times (p_m^0 + p_m^1 + p_m^2 + \cdots + p_m^{r_m})$$

029 [정답률 53%] 정답 ①

자연수 n에 대하여 x에 관한 이차방정식

$(4n^2-1)x^2 - 4nx + 1 = 0$의 두 근이 α_n, β_n ($\alpha_n > \beta_n$)일 때,

$\displaystyle\sum_{n=1}^{\infty}(\alpha_n - \beta_n)$의 값은? (3점)

> 이차방정식의 두 근이 미지수로 주어질 때는 보통 두 근을 직접 구하는 경우와 근과 계수의 관계를 이용하여 문제를 풀어야 하는 경우가 있어.

✓① 1 ② 2 ③ 3

④ 4 ⑤ 5

Step 1 이차방정식을 풀어 α_n, β_n을 구한다.

$(4n^2-1)x^2 - 4nx + 1 = 0$에서

$\{(2n-1)x-1\}\{(2n+1)x-1\} = 0$

$\therefore x = \dfrac{1}{2n-1}$ 또는 $x = \dfrac{1}{2n+1}$

이때 $\alpha_n > \beta_n$이고 n이 자연수이므로

$\alpha_n = \dfrac{1}{2n-1}$, $\beta_n = \dfrac{1}{2n+1}$

> **주의** 합차 공식
> $(a+b)(a-b) = a^2 - b^2$
> 을 이용하여
> $4n^2 - 1$
> $= (2n)^2 - 1^2$
> $= (2n+1)(2n-1)$
> 로 인수분해됨을 알 수 있어!

Step 2 구한 α_n, β_n을 $\displaystyle\sum_{n=1}^{\infty}(\alpha_n-\beta_n)$에 대입하여 값을 구한다.

$$\therefore \sum_{n=1}^{\infty}(\alpha_n - \beta_n) = \lim_{n\to\infty}\sum_{k=1}^{n}\left(\frac{1}{2k-1} - \frac{1}{2k+1}\right)$$

> 급수의 합의 정의
> $\displaystyle\sum_{n=1}^{\infty}a_n = \lim_{n\to\infty}\sum_{k=1}^{n}a_k = \lim_{n\to\infty}S_n$

$$= \sum_{n=1}^{\infty}\left(\frac{1}{2n-1} - \frac{1}{2n+1}\right)$$

$$= \lim_{n\to\infty}\left\{\left(\frac{1}{1} - \frac{1}{3}\right) + \left(\frac{1}{3} - \frac{1}{5}\right) + \left(\frac{1}{5} - \frac{1}{7}\right)\right.$$

$$\left. + \cdots + \left(\frac{1}{2n-1} - \frac{1}{2n+1}\right)\right\}$$

$$= \lim_{n\to\infty}\left(1 - \frac{1}{2n+1}\right) = 1$$

★ 다른 풀이 근과 계수의 관계를 이용한 풀이

Step 1 $(a+b)^2 - 4ab = (a-b)^2$을 이용한다.

$(4n^2-1)x^2 - 4nx + 1 = 0$에서 근과 계수의 관계에 의해

$\alpha_n + \beta_n = \dfrac{4n}{4n^2-1}$, $\alpha_n\beta_n = \dfrac{1}{4n^2-1}$

$(\alpha_n - \beta_n)^2 = (\alpha_n + \beta_n)^2 - 4\alpha_n\beta_n = \dfrac{4}{(4n^2-1)^2}$

$\therefore \alpha_n - \beta_n = \dfrac{2}{4n^2-1}$ $(\because \alpha_n > \beta_n)$

> 이차방정식
> $ax^2 + bx + c = 0$의 두 근이
> α, β일 때 $(a \ne 0)$
> $\alpha + \beta = -\dfrac{b}{a}$, $\alpha\beta = \dfrac{c}{a}$

$$\therefore \sum_{n=1}^{\infty}(\alpha_n - \beta_n) = \lim_{n\to\infty}\sum_{k=1}^{n}(\alpha_k - \beta_k)$$

$$= \lim_{n\to\infty}\sum_{k=1}^{n}\frac{2}{(2k-1)(2k+1)}$$

$$= \lim_{n\to\infty}\sum_{k=1}^{n}\left(\frac{1}{2k-1} - \frac{1}{2k+1}\right)$$

$$= 1$$

> $= 2 \times \dfrac{1}{(2k+1)-(2k-1)}\left\{\dfrac{1}{(2k-1)} - \dfrac{1}{(2k+1)}\right\}$
> $= \dfrac{1}{2k-1} - \dfrac{1}{2k+1}$

030 [정답률 13%] 정답 9

수열 $\{a_n\}$의 첫째항부터 제n항까지의 합을 S_n이라 할 때,

$S_n = \dfrac{6n}{n+1}$이다. $\displaystyle\sum_{n=1}^{\infty}(a_n + a_{n+1})$의 값을 구하시오. (4점)

> 일반항 a_n을 구해야 하는 문제인데 첫째항부터 제n항까지의 합인 S_n이 주어져 있으므로 $a_n = S_n - S_{n-1}$ $(n \geq 2)$을 이용해야 해!

Step 1 $a_1 = S_1$, $a_n = S_n - S_{n-1}$ $(n \geq 2)$임을 이용하여 일반항 a_n을 구한다.

$S_n = \dfrac{6n}{n+1}$에서 $a_1 = S_1 = 3$이고

$a_n = S_n - S_{n-1}$ → S_n의 식에 n 대신 $n-1$을 대입

$$= \frac{6n}{n+1} - \frac{6(n-1)}{n}$$

$$= \frac{6n^2 - 6(n+1)(n-1)}{n(n+1)}$$

$$= \frac{6}{n(n+1)} \quad (n \geq 2)$$

이때 $a_1 = S_1 = 3$이므로

$a_n = \dfrac{6}{n(n+1)}$ $(n \geq 1)$ → a_{n+1}의 식은 a_n의 식에 n 대신 $n+1$을 대입하면 돼.

Step 2 $a_n + a_{n+1}$을 구한다.

$$a_n + a_{n+1} = \frac{6}{n(n+1)} + \frac{6}{(n+1)(n+2)}$$

$$= \frac{6(n+2) + 6n}{n(n+1)(n+2)}$$

$$= \frac{12n+12}{n(n+1)(n+2)} \longrightarrow = 12(n+1)$$

$$= \frac{12}{n(n+2)}$$

Step 3 $\displaystyle\sum_{n=1}^{\infty}(a_n + a_{n+1})$의 값을 구한다.

$$\sum_{n=1}^{\infty}(a_n + a_{n+1})$$

$$= \sum_{n=1}^{\infty}\frac{12}{n(n+2)}$$

> $\dfrac{1}{AB} = \dfrac{1}{B-A}\left(\dfrac{1}{A} - \dfrac{1}{B}\right)$

$$= 6\sum_{n=1}^{\infty}\left(\frac{1}{n} - \frac{1}{n+2}\right)$$

$$= 6\lim_{n\to\infty}\sum_{k=1}^{n}\left(\frac{1}{k} - \frac{1}{k+2}\right)$$

$$= 6\lim_{n\to\infty}\left\{\left(1 - \frac{1}{3}\right) + \left(\frac{1}{2} - \frac{1}{4}\right) + \cdots\right.$$

$$\left. + \left(\frac{1}{n-1} - \frac{1}{n+1}\right) + \left(\frac{1}{n} - \frac{1}{n+2}\right)\right\}$$

$$= 6\lim_{n\to\infty}\left(1 + \frac{1}{2} - \frac{1}{n+1} - \frac{1}{n+2}\right)$$

> 각 항이 어떻게 소거되는지 잘 살펴본다.

> $\lim\limits_{n\to\infty}\left(\dfrac{1}{n+1} + \dfrac{1}{n+2}\right) = 0$

$$= 6\left(1 + \frac{1}{2}\right)$$

$$= 9$$

수능포인트

주어진 급수는 $(a_1 + a_2) + (a_2 + a_3) + \cdots = 2\displaystyle\sum_{n=1}^{\infty}a_n - a_1$로 정리할 수 있습니다. 이때 $\displaystyle\sum_{n=1}^{\infty}a_n = \lim_{n\to\infty}S_n = 6$, $a_1 = S_1 = 3$이므로 구하는 값을 9로 쉽게 구할 수도 있습니다. → 급수의 합의 정의 $\displaystyle\sum_{n=1}^{\infty}a_n = \lim_{n\to\infty}\sum_{k=1}^{n}a_k = \lim_{n\to\infty}S_n$

★ **다른 풀이** $\{a_n+a_{n+1}\}$을 하나의 수열로 보는 풀이

Step 1 $a_n+a_{n+1}=S_{n+1}-S_{n-1}$임을 이용한다.

$$a_n+a_{n+1}=(S_n-S_{n-1})+(S_{n+1}-S_n)=S_{n+1}-S_{n-1}$$
$$=\frac{6(n+1)}{n+2}-\frac{6(n-1)}{n}=\frac{6n(n+1)-6(n-1)(n+2)}{n(n+2)}$$
$$=\frac{12}{n(n+2)}=6\left(\frac{1}{n}-\frac{1}{n+2}\right)(n\geq2)$$

$a_1+a_2=S_2=4$이므로 $a_n+a_{n+1}=6\left(\frac{1}{n}-\frac{1}{n+2}\right)(n\geq1)$

(이하 동일) $\quad =12\times\frac{1}{(n+2)-n}\left\{\frac{1}{n}-\frac{1}{(n+2)}\right\}$

★ **다른 풀이** 수열의 극한의 성질을 이용한 풀이

Step 1 $\sum_{n=1}^{\infty}a_n=\lim_{n\to\infty}S_n$이고 $\lim_{n\to\infty}S_n=\lim_{n\to\infty}S_{n+1}$임을 이용한다.

$$\lim_{n\to\infty}S_n=\lim_{n\to\infty}\frac{6n}{n+1}=6$$이므로 $\lim_{n\to\infty}S_{n+1}=6$

$$\therefore\sum_{n=1}^{\infty}(a_n+a_{n+1})=\lim_{n\to\infty}\sum_{k=1}^{n}(a_k+a_{k+1})$$

두 급수가 수렴하기 때문에 급수의 성질을 이용할 수 있어. 따라서
$$=\lim_{n\to\infty}\left(\sum_{k=1}^{n}a_k+\sum_{k=1}^{n}a_{k+1}\right)$$

암기 $\sum_{k=1}^{n}a_{k+1}$은 a_2부터 a_{n+1}까지의 합이니까 S_{n+1}에서 a_1을 빼줘야 해.

$$=\lim_{n\to\infty}(S_n+S_{n+1}-a_1)$$

$\sum_{n=1}^{\infty}(a_n+a_{n+1})$
$$=\lim_{n\to\infty}S_n+\lim_{n\to\infty}S_{n+1}-a_1$$

$=\sum_{n=1}^{\infty}a_n+\sum_{n=1}^{\infty}a_{n+1}$ $\quad =6+6-3=9\ (\because a_1=S_1=3)$

즉, $\lim_{n\to\infty}\sum_{k=1}^{n}(a_k+a_{k+1})=\lim_{n\to\infty}\sum_{k=1}^{n}a_k+\lim_{n\to\infty}\sum_{k=1}^{n}a_{k+1}$

031 [정답률 73%] 정답 ⑤

모든 자연수 n에 대하여 수열 $\{a_n\}$은 다음 두 조건을 만족시킨다. 이때 $\sum_{n=1}^{\infty}a_n$의 값은? (3점) $\to =\lim_{n\to\infty}\sum_{k=1}^{n}a_k$

> (가) $a_n\neq0$
> (나) x에 대한 다항식 $a_nx^2+a_nx+2$를 $x-n$으로 나눈 나머지가 20이다. $\to f(x)=a_nx^2+a_nx+2$라 하면 나머지정리에 의해 $f(n)=20$이야.

① 10 ② 12 ③ 14
④ 16 ✓⑤ 18

Step 1 나머지정리를 이용하여 수열 $\{a_n\}$의 일반항을 구한다.

다항식 $a_nx^2+a_nx+2$를 $x-n$으로 나눈 몫을 $Q_n(x)$라 하면 조건 (가), (나)에 의하여

$$a_nx^2+a_nx+2=(x-n)Q_n(x)+20$$

위의 식의 양변에 $x=n$을 대입하면 $\to$ (우변) $=0\times Q_n(n)+20=20$

$$a_n\cdot n^2+a_n\cdot n+2=20$$
$$(n^2+n)a_n=18$$

$$\therefore a_n=\frac{18}{n(n+1)}\to$$ 분모가 두 수의 곱이니까 부분분수의 변형을 이용

Step 2 부분분수의 변형을 이용하여 $\sum_{n=1}^{\infty}a_n$의 값을 구한다.

$$\sum_{n=1}^{\infty}a_n=\sum_{n=1}^{\infty}\frac{18}{n(n+1)}$$
$$=18\sum_{n=1}^{\infty}\left(\frac{1}{n}-\frac{1}{n+1}\right)$$
$$=18\lim_{n\to\infty}\left\{\left(1-\frac{1}{2}\right)+\left(\frac{1}{2}-\frac{1}{3}\right)+\cdots+\left(\frac{1}{n}-\frac{1}{n+1}\right)\right\}$$
$$=18\lim_{n\to\infty}\left(1-\frac{1}{n+1}\right)=18\times1=18$$

032 [정답률 67%] 정답 ⑤

첫째항이 양수이고 공차가 3인 등차수열 $\{a_n\}$과 모든 항이 양수인 수열 $\{b_n\}$이 다음 조건을 만족시킬 때, a_1의 값은? (4점)

> (가) 모든 자연수 n에 대하여
> $$\log a_n+\log a_{n+1}+\log b_n=0$$
> (나) $\sum_{n=1}^{\infty}b_n=\frac{1}{12}$

① 2 ② $\frac{5}{2}$ ③ 3
④ $\frac{7}{2}$ ✓⑤ 4

Step 1 로그의 성질과 부분분수 공식을 이용하여 두 조건 (가), (나)를 모두 만족시키는 a_1의 값을 구한다.

조건 (가)에서 $\log a_n+\log a_{n+1}+\log b_n=0$

즉, $\log a_na_{n+1}b_n=0$이므로 $a_na_{n+1}b_n=1$

$$\therefore b_n=\frac{1}{a_na_{n+1}}$$

부분분수 공식 $\frac{1}{AB}=\frac{1}{B-A}\left(\frac{1}{A}-\frac{1}{B}\right)(A\neq B)$

$$=\frac{1}{a_{n+1}-a_n}\left(\frac{1}{a_n}-\frac{1}{a_{n+1}}\right)$$

등차수열 $\{a_n\}$에 대하여 $a_{n+1}-a_n$의 값은 공차인 3과 같아.

$$=\frac{1}{3}\left(\frac{1}{a_n}-\frac{1}{a_{n+1}}\right)$$

조건 (나)에서

$$\sum_{n=1}^{\infty}b_n=\sum_{n=1}^{\infty}\frac{1}{3}\left(\frac{1}{a_n}-\frac{1}{a_{n+1}}\right)$$
$$=\lim_{n\to\infty}\sum_{k=1}^{n}\frac{1}{3}\left(\frac{1}{a_k}-\frac{1}{a_{k+1}}\right)$$
$$=\lim_{n\to\infty}\frac{1}{3}\left\{\left(\frac{1}{a_1}-\frac{1}{a_2}\right)+\left(\frac{1}{a_2}-\frac{1}{a_3}\right)+\cdots+\left(\frac{1}{a_n}-\frac{1}{a_{n+1}}\right)\right\}$$
$$=\lim_{n\to\infty}\frac{1}{3}\left(\frac{1}{a_1}-\frac{1}{a_{n+1}}\right)$$

첫째항이 a_1, 공차가 3인 등차수열 $\{a_n\}$에 대하여 $a_{n+1}=a_1+3\{(n+1)-1\}=a_1+3n$

$$=\lim_{n\to\infty}\frac{1}{3}\left(\frac{1}{a_1}-\frac{1}{a_1+3n}\right)$$
$$=\frac{1}{3a_1}=\frac{1}{12}$$

$\lim_{n\to\infty}\frac{1}{a_1+3n}=0$이야.

$$\therefore a_1=4$$

033 [정답률 56%] 정답 ③

좌표평면에서 자연수 n에 대하여 네 직선 $x=1$, $x=n+1$, $y=x$, $y=2x$로 둘러싸인 사각형의 넓이를 S_n이라 할 때, $\displaystyle\sum_{n=1}^{\infty}\dfrac{1}{S_n}$의 값은? (4점)

→ 좌표평면 위에 네 직선을 직접 그려보고 S_n이 어느 부분을 의미하는지 알아본다.

① $\dfrac{1}{2}$ ② 1 ③ $\dfrac{3}{2}$

④ 2 ⑤ $\dfrac{5}{2}$

Step 1 사각형의 넓이를 나타내는 수열 $\{S_n\}$의 일반항을 구한다.

네 직선 $x=1$, $x=n+1$, $y=x$, $y=2x$로 둘러싸인 사각형은 오른쪽 그림과 같이 윗변과 아랫변의 길이가 각각 1, $n+1$이고 높이가 n인 사다리꼴이므로

$$S_n=\dfrac{n\{1+(n+1)\}}{2}$$

(사다리꼴의 넓이)

$$=\dfrac{n(n+2)}{2}$$

= {(윗변의 길이) + (아랫변의 길이)} × (높이) × $\dfrac{1}{2}$

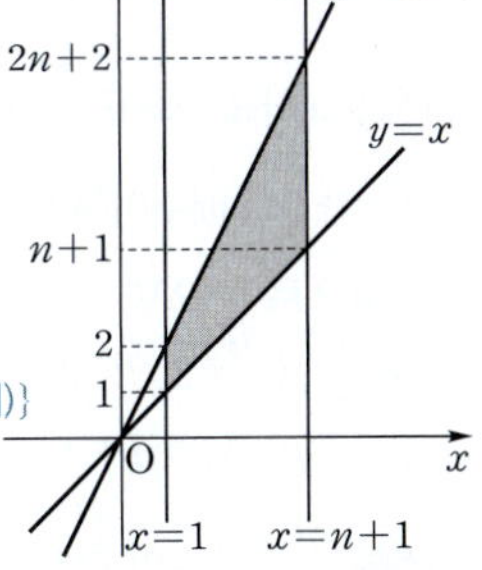

Step 2 부분분수 분해를 이용하여 $\displaystyle\sum_{n=1}^{\infty}\dfrac{1}{S_n}$을 계산한다.

$$\sum_{n=1}^{\infty}\dfrac{1}{S_n}=\sum_{n=1}^{\infty}\dfrac{2}{n(n+2)}$$

부분분수로의 변형
$$\dfrac{1}{AB}=\dfrac{1}{B-A}\left(\dfrac{1}{A}-\dfrac{1}{B}\right)$$

$$=\lim_{n\to\infty}\sum_{k=1}^{n}\dfrac{2=(k+2)-k}{k(k+2)}$$

$$=\lim_{n\to\infty}\sum_{k=1}^{n}\left(\dfrac{1}{k}-\dfrac{1}{k+2}\right)$$

$$=\lim_{n\to\infty}\left\{\left(1-\dfrac{1}{3}\right)+\left(\dfrac{1}{2}-\dfrac{1}{4}\right)+\cdots\right.$$
$$\left.+\left(\dfrac{1}{n-1}-\dfrac{1}{n+1}\right)+\left(\dfrac{1}{n}-\dfrac{1}{n+2}\right)\right\}$$

$$=\lim_{n\to\infty}\left(1+\dfrac{1}{2}-\dfrac{1}{n+1}-\dfrac{1}{n+2}\right)$$

$$=1+\dfrac{1}{2}=\dfrac{3}{2}$$

→ $\displaystyle\lim_{n\to\infty}\dfrac{1}{n+1}=0$, $\displaystyle\lim_{n\to\infty}\dfrac{1}{n+2}=0$

034 [정답률 81%] 정답 ⑤

자연수 n에 대하여 곡선 $y=x^2+5x+3$과 직선 $x=n$이 만나는 점을 P_n이라 하고, 점 P_n을 지나고 기울기가 -1인 직선이 x축과 만나는 점을 Q_n, y축과 만나는 점을 R_n이라 하자. $\displaystyle\sum_{n=1}^{\infty}\dfrac{3\sqrt{2}}{\overline{P_nQ_n}-\overline{P_nR_n}}$의 값은? (3점)

① $\dfrac{1}{4}$ ② $\dfrac{1}{2}$ ③ $\dfrac{3}{4}$

④ 1 ⑤ $\dfrac{5}{4}$

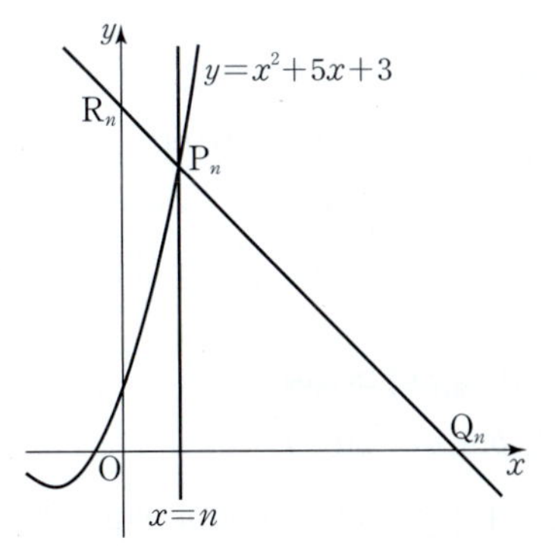

Step 1 두 선분 $\overline{P_nQ_n}$, $\overline{P_nR_n}$의 길이를 구한다.

점 P_n에서 x축과 y축에 내린 수선의 발을 각각 A_n, B_n이라 하면

$$\overline{P_nQ_n}=\sqrt{2}\,\overline{P_nA_n}=\sqrt{2}\,(n^2+5n+3)$$
$$\overline{P_nR_n}=\sqrt{2}\,\overline{P_nB_n}=\sqrt{2}\,n$$

→ 직선 P_nQ_n의 기울기가 -1이므로 $\angle P_nQ_nO=\dfrac{\pi}{4}$임을 이용한다.

$$\therefore\ \overline{P_nQ_n}-\overline{P_nR_n}=\sqrt{2}\,(n^2+5n+3)-\sqrt{2}\,n$$
$$=\sqrt{2}\,(n^2+4n+3)=\sqrt{2}\,(n+1)(n+3)$$

Step 2 부분분수를 이용하여 급수의 합을 구한다.

$$\sum_{n=1}^{\infty}\dfrac{3\sqrt{2}}{\overline{P_nQ_n}-\overline{P_nR_n}}\quad \dfrac{1}{AB}=\dfrac{1}{B-A}\left(\dfrac{1}{A}-\dfrac{1}{B}\right)$$

$$=\sum_{n=1}^{\infty}\dfrac{3\sqrt{2}}{\sqrt{2}\,(n+1)(n+3)}=\dfrac{3}{2}\sum_{n=1}^{\infty}\left(\dfrac{1}{n+1}-\dfrac{1}{n+3}\right)$$

$$=\dfrac{3}{2}\lim_{n\to\infty}\left\{\left(\dfrac{1}{2}-\dfrac{1}{4}\right)+\left(\dfrac{1}{3}-\dfrac{1}{5}\right)+\left(\dfrac{1}{4}-\dfrac{1}{6}\right)\right.$$

→ $\displaystyle\sum_{n=1}^{\infty}a_n=\lim_{n\to\infty}\sum_{k=1}^{n}a_k$

$$\left.+\cdots+\left(\dfrac{1}{n}-\dfrac{1}{n+2}\right)+\left(\dfrac{1}{n+1}-\dfrac{1}{n+3}\right)\right\}$$

$$=\dfrac{3}{2}\lim_{n\to\infty}\left(\dfrac{1}{2}+\dfrac{1}{3}-\dfrac{1}{n+2}-\dfrac{1}{n+3}\right)$$

$$=\dfrac{3}{2}\times\left(\dfrac{1}{2}+\dfrac{1}{3}\right)=\dfrac{5}{4}$$

035 [정답률 68%] 정답 ②

자연수 n에 대하여 곡선 $y=x^2-2nx-2n$이 직선 $y=x+1$과 만나는 두 점을 각각 P_n, Q_n이라 하자. 선분 P_nQ_n을 대각선으로 하는 정사각형의 넓이를 a_n이라 할 때, $\sum\limits_{n=1}^{\infty}\dfrac{1}{a_n}$의 값은? (3점)

두 식을 연립하면 두 점 P_n, Q_n의 x좌표에 관한 식을 얻을 수 있다.

① $\dfrac{1}{10}$　　② $\dfrac{2}{15}$　　③ $\dfrac{1}{6}$

④ $\dfrac{1}{5}$　　⑤ $\dfrac{7}{30}$

Step 1 a_n을 구한다.

$y=x^2-2nx-2n$과 $y=x+1$을 연립하면

$x^2-(2n+1)x-(2n+1)=0$　　$\cdots\cdots$ ㉠

두 점 P_n, Q_n의 x좌표를 각각 p_n, q_n이라 하면 p_n, q_n은 이차방정식 ㉠의 두 근이다.

이차방정식의 근과 계수의 관계에 의하여

$p_n+q_n=2n+1,\ p_nq_n=-2n-1$

이때 직선 $y=x+1$이 x축의 양의 방향과 이루는 각의 크기가 $\dfrac{\pi}{4}$이므로 선분 P_nQ_n을 대각선으로 하는 정사각형의 각 변은 x축 또는 y축과 평행하다.

$\therefore a_n=(p_n-q_n)^2$ 　선분 P_nQ_n을 대각선으로 하는 정사각형의 한 변의 길이는 $|p_n-q_n|$
$\quad\ \ =(p_n+q_n)^2-4p_nq_n$
$\quad\ \ =(2n+1)^2-4(-2n-1)$
$\quad\ \ =4n^2+12n+5$
$\quad\ \ =(2n+1)(2n+5)$

Step 2 $\sum\limits_{n=1}^{\infty}\dfrac{1}{a_n}$의 값을 구한다.

$\sum\limits_{n=1}^{\infty}\dfrac{1}{a_n}=\sum\limits_{n=1}^{\infty}\dfrac{1}{(2n+1)(2n+5)}$ 　$\dfrac{1}{AB}=\dfrac{1}{B-A}\left(\dfrac{1}{A}-\dfrac{1}{B}\right)$

$\quad =\sum\limits_{n=1}^{\infty}\dfrac{1}{4}\left(\dfrac{1}{2n+1}-\dfrac{1}{2n+5}\right)$

$\quad =\dfrac{1}{4}\lim\limits_{n\to\infty}\left\{\left(\dfrac{1}{3}-\dfrac{1}{7}\right)+\left(\dfrac{1}{5}-\dfrac{1}{9}\right)+\left(\dfrac{1}{7}-\dfrac{1}{11}\right)+\cdots+\left(\dfrac{1}{2n-1}-\dfrac{1}{2n+3}\right)+\left(\dfrac{1}{2n+1}-\dfrac{1}{2n+5}\right)\right\}$

$\quad =\dfrac{1}{4}\lim\limits_{n\to\infty}\left(\dfrac{1}{3}+\dfrac{1}{5}-\dfrac{1}{2n+3}-\dfrac{1}{2n+5}\right)$

$\quad =\dfrac{1}{4}\times\dfrac{8}{15}=\dfrac{2}{15}$ 　$\lim\limits_{n\to\infty}\dfrac{1}{2n+3}=0,\ \lim\limits_{n\to\infty}\dfrac{1}{2n+5}=0$

$\dfrac{1}{3}+\dfrac{1}{5}=\dfrac{8}{15}$

036 [정답률 63%] 정답 ③

좌표평면에서 직선 $x-3y+3=0$ 위에 있는 점 중에서 x좌표와 y좌표가 자연수인 모든 점의 좌표를 각각

$$(a_1,\ b_1),\ (a_2,\ b_2),\ \cdots,\ (a_n,\ b_n),\ \cdots$$

이라 할 때, 급수 $\sum\limits_{n=1}^{\infty}\dfrac{1}{a_nb_n}$의 값은?

(단, $a_1<a_2<\cdots<a_n<\cdots$이다.) (3점)

$y=\dfrac{1}{3}x+1$

함수식에서 y가 자연수이려면 x는 3의 배수이어야 함을 알 수 있다.

① 1　　② $\dfrac{1}{2}$　　③ $\dfrac{1}{3}$

④ $\dfrac{1}{4}$　　⑤ $\dfrac{1}{5}$

Step 1 x좌표, y좌표가 자연수이려면 $x-3y+3=0$, 즉 $y=\dfrac{1}{3}x+1$에서 x가 3의 배수이어야 한다.

$x=3n$으로 놓으면 　$=a_n$, $=b_n$
$y=n+1\ (n=1, 2, 3, \cdots)$
$\therefore a_n=3n,\ b_n=n+1$

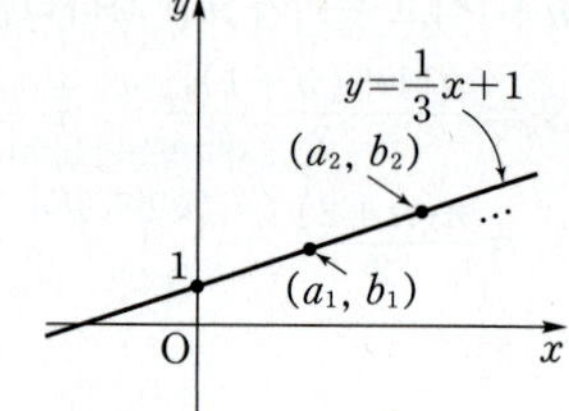

Step 2 $\sum\limits_{n=1}^{\infty}\dfrac{1}{a_nb_n}$의 값을 구한다.

$\therefore \sum\limits_{n=1}^{\infty}\dfrac{1}{a_nb_n}=\sum\limits_{n=1}^{\infty}\dfrac{1}{3n(n+1)}$ 　부분분수로의 변형

$\quad =\sum\limits_{n=1}^{\infty}\dfrac{1}{3}\left(\dfrac{1}{n}-\dfrac{1}{n+1}\right)$ 　$\dfrac{1}{AB}=\dfrac{1}{B-A}\left(\dfrac{1}{A}-\dfrac{1}{B}\right)$

$\quad =\dfrac{1}{3}\lim\limits_{n\to\infty}\left\{\left(\dfrac{1}{1}-\dfrac{1}{2}\right)+\left(\dfrac{1}{2}-\dfrac{1}{3}\right)+\cdots+\left(\dfrac{1}{n}-\dfrac{1}{n+1}\right)\right\}$

$\quad =\dfrac{1}{3}\lim\limits_{n\to\infty}\left(1-\dfrac{1}{n+1}\right)$

$\quad =\dfrac{1}{3}$ 　$\lim\limits_{n\to\infty}\dfrac{1}{n+1}=0$

037 [정답률 12%]   정답 19

$n \geq 2$인 자연수 n에 대하여 중심이 원점이고 반지름의 길이가
1인 원 C를 x축의 방향으로 $\dfrac{2}{n}$만큼 평행이동시킨 원을
C_n이라 하자. 원 C와 원 C_n의 공통현의 길이를 l_n이라 할 때,
$\displaystyle\sum_{n=2}^{\infty} \dfrac{1}{(nl_n)^2} = \dfrac{q}{p}$이다. $p+q$의 값을 구하시오.

(단, p, q는 서로소인 자연수이다.) (4점)

원 C_n의 중심의 좌표는 $\left(\dfrac{2}{n}, 0\right)$이야.

l_n의 길이를 구하기 위해 공통현의 양 끝점에서 각 원의 중심까지를 이어.

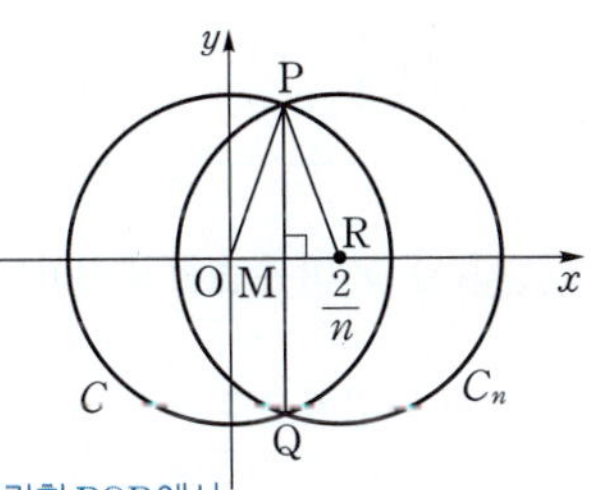

Step 1 그림으로 표현한다.

문제의 그림에서 네 점 P, Q, R, M을 오른쪽 그림과 같이 정하고, 보조선을 긋는다.

Step 2 선분 PM의 길이를 구하다.

직각삼각형 POM에서
$$\overline{OM} = \dfrac{1}{2}\overline{OR} = \dfrac{1}{n},$$
$\overline{OP} = (원 C의 반지름의 길이) = 1$
이므로 피타고라스 정리에 의해
$$\overline{PM} = \sqrt{1^2 - \left(\dfrac{1}{n}\right)^2} = \sqrt{1 - \dfrac{1}{n^2}}$$

삼각형 POR에서 $\overline{PO} = \overline{PR} = 1$이므로 삼각형 POR은 이등변삼각형이고, 꼭지각 P에서 밑변에 수선의 발을 내리면 밑변은 이등분된다.
$\overline{OM} = \overline{MR}$
$\therefore \overline{OM} = \dfrac{1}{2}\overline{OR}$

Step 3 l_n을 구하여 $(nl_n)^2$에 관한 식을 정리한다.

문제의 그림에서 두 원 및 공통현은 x축에 대하여 대칭인 형태이므로 $\overline{PM}$의 길이의 2배가 공통현의 길이 l_n이다.
$$\therefore l_n = 2\overline{PM}$$
$$= 2\sqrt{1 - \dfrac{1}{n^2}}$$
$$(nl_n)^2 = n^2 l_n^2$$
$$= n^2 \cdot 4 \cdot \dfrac{n^2-1}{n^2} = 4(n^2-1)$$

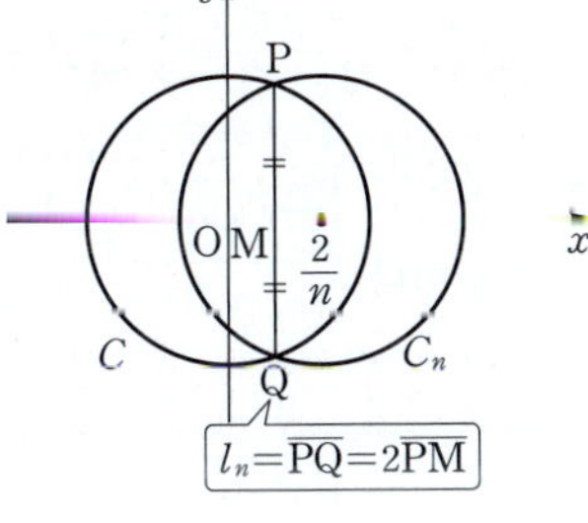

Step 4 급수의 합을 구한다.

$$\sum_{n=2}^{\infty} \dfrac{1}{(nl_n)^2}$$
$$= \sum_{n=2}^{\infty} \dfrac{1}{4(n^2-1)}$$
$$= \lim_{n\to\infty} \sum_{k=2}^{n} \dfrac{1}{4(k^2-1)}$$
$$= \lim_{n\to\infty} \sum_{k=2}^{n} \dfrac{1}{4(k+1)(k-1)}$$
$$= \dfrac{1}{4} \lim_{n\to\infty} \sum_{k=2}^{n} \dfrac{1}{2}\left(\dfrac{1}{k-1} - \dfrac{1}{k+1}\right)$$
$$= \dfrac{1}{8} \lim_{n\to\infty} \left\{\left(1 - \dfrac{1}{3}\right) + \left(\dfrac{1}{2} - \dfrac{1}{4}\right) + \left(\dfrac{1}{3} - \dfrac{1}{5}\right) + \cdots \right.$$
$$\left. + \left(\dfrac{1}{n-2} - \dfrac{1}{n}\right) + \left(\dfrac{1}{n-1} - \dfrac{1}{n+1}\right)\right\}$$
$$= \dfrac{1}{8} \lim_{n\to\infty} \left(1 + \dfrac{1}{2} - \dfrac{1}{n} - \dfrac{1}{n+1}\right)$$
$$= \dfrac{1}{8}\left(1 + \dfrac{1}{2}\right) = \dfrac{3}{16}$$

부분분수 분해
① $\dfrac{1}{AB} = \dfrac{1}{B-A}\left(\dfrac{1}{A} - \dfrac{1}{B}\right)$
② $\dfrac{1}{(k+a)(k+b)} = \dfrac{1}{b-a}\left(\dfrac{1}{k+a} - \dfrac{1}{k+b}\right)$

인수분해 공식 $a^2 - b^2 = (a+b)(a-b)$에 의해 $k^2 - 1 = (k+1)(k-1)$이다.

주의 $k=2$부터 시작해!

$\lim_{n\to\infty} \dfrac{1}{n} = 0$, $\lim_{n\to\infty} \dfrac{1}{n+1} = 0$

따라서 $p=16$, $q=3$이므로 $p+q=19$

038 [정답률 49%]   정답 57

수열 $\{a_n\}$의 첫째항부터 제m항까지의 합을 S_m이라 하자. 모든 자연수 m에 대하여
$$S_m = \sum_{n=1}^{\infty} \dfrac{m+1}{n(n+m+1)}$$
일 때, $a_1 + a_{10} = \dfrac{q}{p}$이다. $p+q$의 값을 구하시오.

(단, p와 q는 서로소인 자연수이다.) (4점)

Step 1 부분분수를 이용하여 S_m을 나타낸다.

$$S_m = \sum_{n=1}^{\infty} \dfrac{m+1}{n(n+m+1)}$$
$$= \lim_{n\to\infty} \sum_{k=1}^{n} \left(\dfrac{1}{k} - \dfrac{1}{k+m+1}\right)$$
$$= \lim_{n\to\infty} \left\{\left(1 - \dfrac{1}{m+2}\right) + \left(\dfrac{1}{2} - \dfrac{1}{m+3}\right) + \cdots \right.$$
$$\left. + \left(\dfrac{1}{n} - \dfrac{1}{n+m+1}\right)\right\}$$

부분분수 분해
$\dfrac{1}{AB} = \dfrac{1}{B-A}\left(\dfrac{1}{A} - \dfrac{1}{B}\right)$

Step 2 $S_{n+1} - S_n = a_{n+1}$임을 이용하여 a_{10}의 값을 구한다.

$$a_1 = S_1 = \lim_{n\to\infty} \left\{\left(1 - \dfrac{1}{3}\right) + \left(\dfrac{1}{2} - \dfrac{1}{4}\right) + \left(\dfrac{1}{3} - \dfrac{1}{5}\right) + \cdots \right.$$
$$\left. + \left(\dfrac{1}{n-1} - \dfrac{1}{n+1}\right) + \left(\dfrac{1}{n} - \dfrac{1}{n+2}\right)\right\}$$
$$= \lim_{n\to\infty} \left(1 + \dfrac{1}{2} - \dfrac{1}{n+1} - \dfrac{1}{n+2}\right) = 1 + \dfrac{1}{2} = \dfrac{3}{2}$$
$$S_9 = \lim_{n\to\infty} \left\{\left(1 - \dfrac{1}{11}\right) + \left(\dfrac{1}{2} - \dfrac{1}{12}\right) + \left(\dfrac{1}{3} - \dfrac{1}{13}\right) + \cdots \right.$$
$$\left. + \left(\dfrac{1}{n} - \dfrac{1}{n+10}\right)\right\}$$
$$= 1 + \dfrac{1}{2} + \dfrac{1}{3} + \cdots + \dfrac{1}{10}$$

$\lim_{n\to\infty} \dfrac{1}{n+10} = \lim_{n\to\infty} \dfrac{1}{n+9} = \cdots = 0$

$$S_{10}=\lim_{n\to\infty}\left\{\left(1-\frac{1}{12}\right)+\left(\frac{1}{2}-\frac{1}{13}\right)+\left(\frac{1}{3}-\frac{1}{14}\right)+\cdots\right.$$
$$\left.+\left(\frac{1}{n}-\frac{1}{n+11}\right)\right\}$$
$$=1+\frac{1}{2}+\frac{1}{3}+\cdots+\frac{1}{10}+\frac{1}{11}=S_9+\frac{1}{11}$$

$a_{10}=S_{10}-S_9=\frac{1}{11}$이므로 $a_1+a_{10}=\frac{3}{2}+\frac{1}{11}=\frac{35}{22}$

따라서 $p=22$, $q=35$이므로 $p+q=22+35=57$

039 [정답률 29%] 정답 27

등비급수 $\displaystyle\sum_{n=1}^{\infty}(x+1)\left(1-\frac{x}{4}\right)^{n-1}$의 합이 존재하도록 하는
$\nearrow$ $x+1=0$이거나 $\left|1-\frac{x}{4}\right|<1$이어야 해.
모든 정수 x의 합을 구하시오. (3점)

Step 1 등비급수 $\displaystyle\sum_{n=1}^{\infty}ar^{n-1}$의 수렴 조건은 $a=0$ 또는 $-1<r<1$임을 이용한다.

등비급수 $\displaystyle\sum_{n=1}^{\infty}(x+1)\left(1-\frac{x}{4}\right)^{n-1}$이 수렴하려면

(i) (첫째항)$=0$일 때, ▶ **주의** 조건을 잊지 않도록 주의!

$x+1=0$ ∴ $x=-1$ …… ㉠

(ii) $-1<$(공비)<1일 때,

$-1<1-\frac{x}{4}<1$

$-2<-\frac{x}{4}<0$ **주의** 부등식의 각 변에 음수를 곱하면 부등호의 방향이 바뀌어!

∴ $0<x<8$ …… ㉡

Step 2 모든 정수 x의 합을 구한다.

따라서 ㉠, ㉡에서 구하는 모든 정수 x는
-1, 1, 2, 3, 4, 5, 6, 7이고 그 합은
$(-1)+1+2+3+4+5+6+7=27$

040 [정답률 67%] 정답 ③

등비급수 $\displaystyle\sum_{n=1}^{\infty}\frac{(3^a+1)^n}{6^{3n}}$이 수렴하도록 하는 자연수 a의 개수는? (3점)

① 2 ② 3 ✔④ 4
④ 5 ⑤ 6

Step 1 주어진 급수를 정리한다.

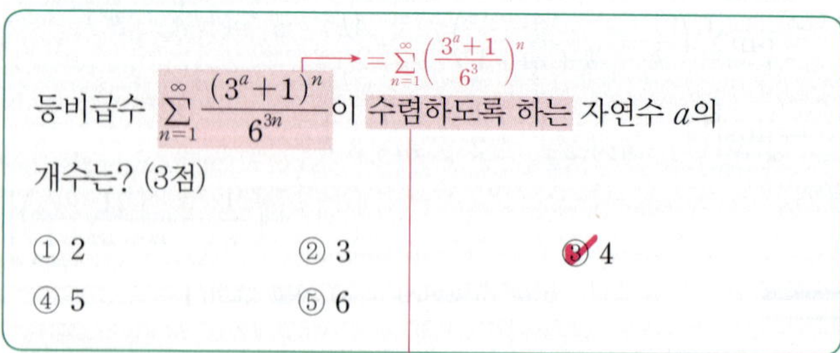

$$\sum_{n=1}^{\infty}\frac{(3^a+1)^n}{6^{3n}}=\sum_{n=1}^{\infty}\left(\frac{3^a+1}{6^3}\right)^n$$
$$=\sum_{n=1}^{\infty}\left(\frac{3^a+1}{216}\right)^n \quad \cdots\cdots ㉠$$

$\displaystyle\sum_{n=1}^{\infty}r^n$의 수렴 조건은 $-1<r<1$이므로 $\displaystyle\sum_{n=1}^{\infty}\left(\frac{3^a+1}{6^3}\right)^n$이 수렴하기 위한 조건은 $-1<\frac{3^a+1}{6^3}<1$

Step 2 등비급수의 수렴 조건을 이용한다.

㉠에서 (공비)$=\frac{3^a+1}{216}$이고 주어진 등비급수가 수렴하려면

$-1<\frac{3^a+1}{216}<1$

$-216<3^a+1<216$
$-217<3^a<\underline{215}$ $<243=3^5$이므로 $0<a<5$

그런데 a는 자연수이고 $3^4=81$, $3^5=243$이므로
$a=1$, 2, 3, 4
따라서 주어진 등비급수를 수렴하게 하는 자연수 a의 개수는 4이다.

041 정답 ⑤

등비급수 $\displaystyle\sum_{n=1}^{\infty}r^n$이 수렴할 때, 다음 중 반드시 수렴한다고 할 수 없는 것은? (2점) $\longrightarrow$ $-1<r<1$

① $\displaystyle\sum_{n=1}^{\infty}(r^n+r^{2n})$ ② $\displaystyle\sum_{n=1}^{\infty}(r^n-2r^{2n})$

③ $\displaystyle\sum_{n=1}^{\infty}\frac{r^n+(-r)^n}{2}$ ④ $\displaystyle\sum_{n=1}^{\infty}\left(\frac{r-1}{2}\right)^n$

✔⑤ $\displaystyle\sum_{n=1}^{\infty}\left(\frac{r}{2}-1\right)^n$

$-1<r<1$을 보기의 등비급수에 각각 대입하여 각 등비급수의 공비의 범위를 구해야 해.

Step 1 $\displaystyle\sum_{n=1}^{\infty}r^n$이 수렴할 조건이 $-1<r<1$임을 이용한다.

$\displaystyle\sum_{n=1}^{\infty}r^n$이 수렴하므로 $-1<r<1$

급수의 성질
두 급수 $\displaystyle\sum_{n=1}^{\infty}a_n$, $\displaystyle\sum_{n=1}^{\infty}b_n$이 수렴할 때
$\displaystyle\sum_{n=1}^{\infty}(a_n\pm b_n)=\sum_{n=1}^{\infty}a_n\pm\sum_{n=1}^{\infty}b_n$ (복호동순)

① $0\leq r^{2n}<1$이므로 $\displaystyle\sum_{n=1}^{\infty}r^{2n}$은 수렴한다.

$\displaystyle\sum_{n=1}^{\infty}(r^n+r^{2n})=\sum_{n=1}^{\infty}r^n+\sum_{n=1}^{\infty}r^{2n}$이므로 수렴한다.

② $0\leq r^{2n}<1$이므로 $\displaystyle\sum_{n=1}^{\infty}r^{2n}$은 수렴한다.

$\displaystyle\sum_{n=1}^{\infty}(r^n-2r^{2n})=\sum_{n=1}^{\infty}r^n-2\sum_{n=1}^{\infty}r^{2n}$이므로 수렴한다.

③ $-1<-r<1$이므로 $\displaystyle\sum_{n=1}^{\infty}(-r)^n$은 수렴한다.

$\displaystyle\sum_{n=1}^{\infty}\frac{r^n+(-r)^n}{2}=\frac{1}{2}\sum_{n=1}^{\infty}r^n+\frac{1}{2}\sum_{n=1}^{\infty}(-r)^n$이므로 수렴한다.

④ $-2<r-1<0$, $-1<\frac{r-1}{2}<0$이므로 $\displaystyle\sum_{n=1}^{\infty}\left(\frac{r-1}{2}\right)^n$은 수렴한다. $\longrightarrow$ 각 변을 2로 나눠 준다.

⑤ $-\frac{1}{2}<\frac{r}{2}<\frac{1}{2}$, $-\frac{3}{2}<\frac{r}{2}-1<-\frac{1}{2}$이므로 $\displaystyle\sum_{n=1}^{\infty}\left(\frac{r}{2}-1\right)^n$은 반드시 수렴한다고 할 수 없다. $\longrightarrow$ 각 변에서 1을 빼 준다.

💡 알아야 할 기본개념

등비급수의 수렴과 발산

첫째항이 $a(a\neq0)$이고 공비가 r인 등비급수

$$\sum_{n=1}^{\infty}ar^{n-1}=a+ar+ar^2+\cdots+ar^{n-1}+\cdots$$

의 수렴과 발산은 다음과 같다.

(1) $|r|<1$일 때에만 수렴하고, 합이 존재한다.

$$\sum_{n=1}^{\infty}ar^{n-1}=\frac{a}{1-r}$$

(2) $|r|\geq1$일 때에는 발산한다.

042 [정답률 09%]   정답 ①

> 등비수열 $\{a_n\}$에 대하여 $a_1=3$, $a_2=1$일 때, $\displaystyle\sum_{n=1}^{\infty}(a_n)^2$의
> 값은? (3점)
>
> → 수열 $\{a_n\}$이 등비수열이므로
> $\dfrac{a_2}{a_1}=r$ (r는 공비)임을 알 수 있어! 따라서 $r=\dfrac{1}{3}$이야.
>
> ① $\dfrac{81}{8}$ ② $\dfrac{83}{8}$ ③ $\dfrac{85}{8}$
>
> ④ $\dfrac{87}{8}$ ⑤ $\dfrac{89}{8}$

Step 1 등비수열 $\{a_n\}$의 일반항을 구한다.

등비수열 $\{a_n\}$의 공비를 r이라 하면

$$a_2=a_1 r=3r=1 \qquad \therefore r=\frac{1}{3}$$

$$\therefore a_n=3\cdot\left(\frac{1}{3}\right)^{n-1}$$

Step 2 수열 $\{(a_n)^2\}$의 일반항을 구하여 $\displaystyle\sum_{n=1}^{\infty}(a_n)^2$의 값을 구한다.

이때 $(a_n)^2=\left\{3\cdot\left(\dfrac{1}{3}\right)^{n-1}\right\}^2=3^2\cdot\left(\dfrac{1}{9}\right)^{n-1}$ 이므로 첫째항이 9이고,

공비가 $\dfrac{1}{9}$인 등비수열이다.

$$\therefore \sum_{n=1}^{\infty}(a_n)^2=\frac{9}{1-\frac{1}{9}}=\frac{9}{\frac{8}{9}}=\frac{81}{8}$$

043 [정답률 77%]   정답 ②

> 급수 $\displaystyle\sum_{n=1}^{\infty}\dfrac{1+(-1)^n}{3^n}$의 합은? (3점)
>
> → $=\dfrac{1}{3^n}+\dfrac{(-1)^n}{3^n}=\left(\dfrac{1}{3}\right)^n+\left(-\dfrac{1}{3}\right)^n$
>
> ① $\dfrac{1}{8}$ ② $\dfrac{1}{4}$ ③ $\dfrac{3}{8}$
>
> ④ $\dfrac{1}{2}$ ⑤ $\dfrac{5}{8}$

→ $\displaystyle\sum_{n=1}^{\infty}ar^{n-1}$ $(a\neq0)$에서 $|r|<1$인 꼴이므로 등비급수의 합을 구할 수 있어.

Step 1 주어진 급수를 2개의 등비급수의 합으로 바꾸어 계산한다.

$$\sum_{n=1}^{\infty}\frac{1+(-1)^n}{3^n}=\sum_{n=1}^{\infty}\left\{\left(\frac{1}{3}\right)^n+\left(-\frac{1}{3}\right)^n\right\}=\sum_{n=1}^{\infty}\left(\frac{1}{3}\right)^n+\sum_{n=1}^{\infty}\left(-\frac{1}{3}\right)^n$$

$$=\frac{\frac{1}{3}}{1-\frac{1}{3}}+\frac{-\frac{1}{3}}{1-\left(-\frac{1}{3}\right)}$$

$$=\frac{1}{2}-\frac{1}{4}$$

$$=\frac{1}{4}$$

$\displaystyle\sum_{n=1}^{\infty}ar^{n-1}=\dfrac{a}{1-r}$ (단, $|r|<1$)

$\displaystyle\sum_{n=1}^{\infty}ar^{n-1}=\lim_{n\to\infty}\sum_{k=1}^{n}ar^{k-1}$ (단, $|r|<1$)

$=\displaystyle\lim_{n\to\infty}\dfrac{a(1-r^n)}{1-r}=\dfrac{a}{1-r}$

$\left(\because \displaystyle\lim_{n\to\infty}r^n=0\right)$

✪ 다른 풀이   각 항을 직접 나열해 보는 풀이

Step 1 각 항을 직접 나열하여 규칙성을 파악한다.

$$\sum_{n=1}^{\infty}\frac{1+(-1)^n}{3^n}=0+\frac{2}{3^2}+0+\frac{2}{3^4}+0+\frac{2}{3^6}+\cdots$$

$$=\frac{2}{3^2}+\frac{2}{3^4}+\frac{2}{3^6}+\cdots$$

즉, 주어진 급수는 첫째항이 $\dfrac{2}{9}$이고, 공비가 $\dfrac{1}{9}$인 등비급수이다.

→ $\displaystyle\sum_{n=1}^{\infty}\dfrac{2}{9}\cdot\left(\dfrac{1}{9}\right)^{n-1}$의 합

따라서 구하는 급수의 합은 $\dfrac{\frac{2}{9}}{1-\frac{1}{9}}=\dfrac{1}{4}$이다.

044 [정답률 77%]   정답 ④

> 수열 $\{a_n\}$이 $a_1=1$이고 $2a_{n+1}=7a_n$ $(n\geq1)$을 만족시킬 때,
> 급수 $\displaystyle\sum_{n=1}^{\infty}\dfrac{10}{a_n}$의 값은? (3점)
>
> → 이 식을 이용하여 수열 $\{a_n\}$의 일반항을 구해.
>
> ① 11   ② 12   ③ 13
>
> ④ 14   ⑤ 15

Step 1 $a_{n+1}=ra_n$이면 수열 $\{a_n\}$은 등비수열임을 이용한다.

$2a_{n+1}=7a_n$에서 $a_{n+1}=\dfrac{7}{2}a_n$이므로 수열 $\{a_n\}$은 첫째항이 $a_1=1$

이고 공비가 $\dfrac{7}{2}$인 등비수열이다.

→ 문제에 주어진 식의 양변을 2로 나눈 거야. $a_{n+1}=ra_n$의 형태이므로 수열 $\{a_n\}$이 등비수열임을 알 수 있어.

$$\therefore a_n=\left(\frac{7}{2}\right)^{n-1} \qquad \cdots\cdots \text{㉠}$$

Step 2 $\displaystyle\sum_{n=1}^{\infty}a\cdot r^{n-1}=\dfrac{a}{1-r}$ $(-1<r<1)$임을 이용한다.

㉠에서 $\dfrac{10}{a_n}=10\cdot\left(\dfrac{2}{7}\right)^{n-1}$이므로

수열 $\left\{\dfrac{10}{a_n}\right\}$의 공비는 $\dfrac{2}{7}$이고 $-1<\dfrac{2}{7}<1$이므로 급수 $\displaystyle\sum_{n=1}^{\infty}\dfrac{10}{a_n}$은 수렴한다.

$$\therefore \sum_{n=1}^{\infty}\frac{10}{a_n}=\sum_{n=1}^{\infty}10\cdot\left(\frac{2}{7}\right)^{n-1}$$

$$=\frac{10}{1-\frac{2}{7}}=\frac{10}{\frac{5}{7}}=10\cdot\frac{7}{5}=14$$

> 등비급수의 수렴 조건
> 첫째항이 0이 아닐 때,
> $-1<r<1$ (단, r은 공비)

→ $\dfrac{10}{a_n}=10\cdot\left(\dfrac{2}{7}\right)^{n-1}$이므로 수열 $\left\{\dfrac{10}{a_n}\right\}$은 첫째항이 10이고 공비가 $\dfrac{2}{7}$인 등비수열이야.

045 [정답률 62%]   정답 32

> 수열 $\{a_n\}$이 모든 자연수 n에 대하여
>
> $$a_1=3, \quad a_{n+1}=\frac{2}{3}a_n$$
>
> 을 만족시킬 때, $\displaystyle\sum_{n=1}^{\infty}a_{2n-1}=\dfrac{q}{p}$이다. $p+q$의 값을 구하시오.
>
> (단, p와 q는 서로소인 자연수이다.) (4점)

Step 1 수열 $\{a_n\}$의 일반항을 구한다.

수열 $\{a_n\}$에서 $a_1=3$이고, → 첫째항이 3이야!

모든 자연수 n에 대하여 $a_{n+1}=\dfrac{2}{3}a_n$이므로

수열 $\{a_n\}$은 첫째항이 3이고, 공비가 $\dfrac{2}{3}$인 등비수열이다.

> **암기** 어떤 수열 $\{b_n\}$이 모든 자연수 n에 대하여 $b_{n+1}=rb_n$을 만족시키면 수열 $\{b_n\}$은 공비가 r인 등비수열이야!

$$\therefore a_n=3\times\left(\frac{2}{3}\right)^{n-1}$$

→ 첫째항이 β이고 공비가 r인 등비수열 $\{b_n\}$은 $b_n=\beta r^{n-1}$이야.

Step 2 $\sum\limits_{n=1}^{\infty} a_{2n-1}$의 값을 구한다.

$$a_{2n-1}=3\times\left(\frac{2}{3}\right)^{2n-1-1}$$
$$=3\times\left(\frac{2}{3}\right)^{2n-2}\qquad \text{→ } a_n\text{에 } n \text{ 대신 } 2n-1 \text{ 대입}$$
$$=3\times\left(\frac{2}{3}\right)^{2(n-1)}$$
$$=3\times\left(\frac{4}{9}\right)^{n-1}\qquad \text{→ } \left(\frac{2}{3}\right)^{2}=\frac{4}{9}$$

따라서 수열 $\{a_{2n-1}\}$은 첫째항이 3, 공비가 $\frac{4}{9}$인 등비수열이므로

$$\sum_{n=1}^{\infty} a_{2n-1}=\sum_{n=1}^{\infty} 3\times\left(\frac{4}{9}\right)^{n-1}=\frac{3}{1-\frac{4}{9}}=\frac{27}{5}$$

→ 첫째항
→ 공비

$$\therefore p+q=5+27=32$$

---

046 [정답률 72%]   정답 ③

수열 $\{a_n\}$에서 $a_1=1$이고, 자연수 n에 대하여

$$a_n a_{n+1}=\left(\frac{1}{5}\right)^{n}$$

→ 이 조건으로 a_{2n}을 구해야 해!

이다. $\sum\limits_{n=1}^{\infty} a_{2n}$의 값은? (4점)

① $\frac{1}{6}$ ② $\frac{1}{5}$ ③ $\frac{1}{4}$

④ $\frac{1}{3}$ ⑤ $\frac{1}{2}$

Step 1 $a_n a_{n+1}$, $a_{n+1}a_{n+2}$를 이용하여 a_{2n}을 구한다.

$$a_n a_{n+1}=\left(\frac{1}{5}\right)^{n} \qquad \cdots\cdots \text{㉠}$$
$$a_{n+1}a_{n+2}=\left(\frac{1}{5}\right)^{n+1} \qquad \cdots\cdots \text{㉡}$$

㉡ $\div$ ㉠에서 $\dfrac{a_{n+2}}{a_n}=\dfrac{1}{5}$

$a_{n+2}=\frac{1}{5}a_n$에 n 대신 $2n$을 대입하면
$a_{2n+2}=\frac{1}{5}a_{2n}$, 즉 $a_{2(n+1)}=\frac{1}{5}a_{2n}$
따라서 수열 $\{a_{2n}\}$은 공비가 $\frac{1}{5}$인 등비수열이야.

즉, 수열 $\{a_{2n}\}$은 공비가 $\frac{1}{5}$인 등비수열이다.

$a_1=1$이고, $a_1 a_2=\frac{1}{5}$이므로 $a_2=\frac{1}{5}$ 〔중요〕 수열 $\{a_{2n}\}$의 첫째항

$$\therefore a_{2n}=\frac{1}{5}\left(\frac{1}{5}\right)^{n-1}=\left(\frac{1}{5}\right)^{n}$$

$$\therefore \sum_{n=1}^{\infty} a_{2n}=\frac{\frac{1}{5}}{1-\frac{1}{5}}=\frac{1}{4}$$

❂ **다른 풀이** 항들을 나열하여 규칙성을 찾는 풀이

Step 1 항들을 나열하여 수열 $\{a_{2n}\}$의 규칙성을 찾는다.

$a_n a_{n+1}=\left(\frac{1}{5}\right)^{n}$이고, $a_1=1$이므로   → $a_2, a_4, a_6, \cdots$

---

047 [정답률 81%]   정답 16

수열 $\{a_n\}$이 $a_1=\frac{1}{8}$이고,

→ 이 조건으로 a_{2n-1}을 구해.

$$a_n a_{n+1}=2^{n}\ (n\ge 1)$$

을 만족시킬 때, $\sum\limits_{n=1}^{\infty} \dfrac{1}{a_{2n-1}}$의 값을 구하시오. (4점)

Step 1 $n=1,\ 2,\ 3,\ \cdots$을 차례로 대입하여 일반항 a_{2n-1}의 규칙을 찾아낸다.

→ 항 $a_1, a_3, a_5, \cdots$들의 규칙만 잘 보면 돼.

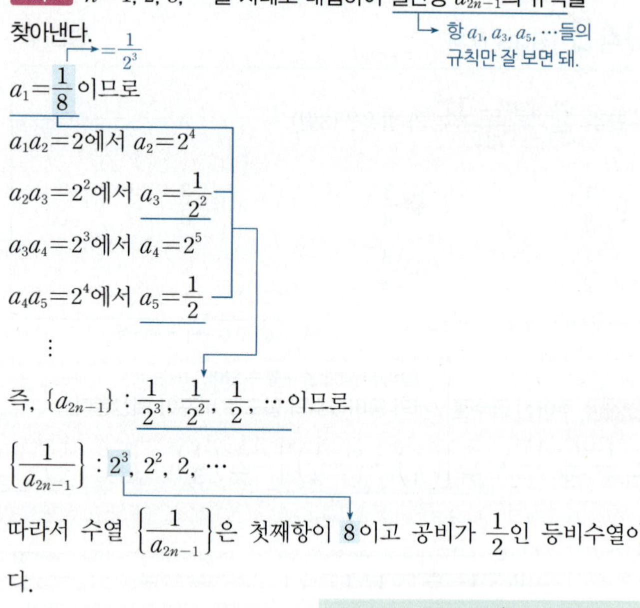

즉, $\{a_{2n-1}\}:\dfrac{1}{2^3},\ \dfrac{1}{2^2},\ \dfrac{1}{2},\ \cdots$이므로

$\left\{\dfrac{1}{a_{2n-1}}\right\}:2^3,\ 2^2,\ 2,\ \cdots$

따라서 수열 $\left\{\dfrac{1}{a_{2n-1}}\right\}$은 첫째항이 8이고 공비가 $\frac{1}{2}$인 등비수열이다.

Step 2 $\sum\limits_{n=1}^{\infty} \dfrac{1}{a_{2n-1}}$의 값을 구한다.

$$\therefore \sum_{n=1}^{\infty} \frac{1}{a_{2n-1}}=\frac{8}{1-\frac{1}{2}}=16$$

〔등비급수의 수렴과 발산〕
등비급수 $\sum\limits_{n=1}^{\infty} ar^{n-1}$에서 $|r|<1$
일 때 수렴하고 그 합은 $\dfrac{a}{1-r}$이다.

❂ **다른 풀이** 식을 변형하여 일반항을 구하는 풀이

Step 1 $a_n a_{n+1}=2^{n}\ (n\ge 1)$을 이용하여 일반항을 찾는다.

$$a_n a_{n+1}=2^{n} \qquad \cdots\cdots \text{㉠}$$

에서 n 대신 $n+1$을 대입하면

$$a_{n+1}a_{n+2}=2^{n+1} \qquad \cdots\cdots \text{㉡}$$

$\textcircled{\scriptsize L}\div\textcircled{\scriptsize ㄱ}$을 하면 $\dfrac{a_{n+1}a_{n+2}}{a_na_{n+1}}=\dfrac{2^{n+1}}{2^n}$에서 $\dfrac{a_{n+2}}{a_n}=2$이므로 $a_{n+2}=2a_n$

즉, $\{a_{2n-1}\}$과 $\{a_{2n}\}$은 공비가 2인 등비수열이다.

이때 $a_1=\dfrac{1}{8}$이므로

$a_{2n-1}=\dfrac{1}{8}\cdot2^{n-1}$

$\therefore \dfrac{1}{a_{2n-1}}=8\cdot\left(\dfrac{1}{2}\right)^{n-1}$

> $\{a_{2n-1}\}:a_1,\ a_3=2\times a_1,\ a_5=2\times a_3,\ \cdots$
> $\{a_{2n}\}:a_2,\ a_4=2\times a_2,\ a_6=2\times a_4,\ \cdots$

Step 2 동일

048 [정답률 41%]   정답 19

> 두 항의 비를 이용하면 a_n의 공비를 구할 수 있어.

등비수열 $\{a_n\}$이 $a_2=\dfrac{1}{2}$, $a_5=\dfrac{1}{6}$을 만족시킨다.

$\displaystyle\sum_{n=1}^{\infty}a_na_{n+1}a_{n+2}=\dfrac{q}{p}$일 때, $p+q$의 값을 구하시오.

(단, p, q는 서로소인 자연수이다.) (4점)

Step 1 등비수열 $\{a_n\}$의 첫째항과 공비를 구한다.

등비수열 $\{a_n\}$의 첫째항을 a, 공비를 r이라 하면

$a_2=ar=\dfrac{1}{2}$ …… $\textcircled{\scriptsize ㄱ}$

$a_5=ar^4=\dfrac{1}{6}$ …… $\textcircled{\scriptsize L}$

$\textcircled{\scriptsize L}\div\textcircled{\scriptsize ㄱ}$을 하면

$\dfrac{ar^4}{ar}=\dfrac{1}{3}$, $r^3=\dfrac{1}{3}$ $\therefore r=\dfrac{1}{\sqrt[3]{3}}$

$r=\dfrac{1}{\sqrt[3]{3}}$을 $\textcircled{\scriptsize ㄱ}$에 대입하면

$\dfrac{1}{\sqrt[3]{3}}a=\dfrac{1}{2}$ $\therefore a=\dfrac{\sqrt[3]{3}}{2}$

Step 2 $a_na_{n+1}a_{n+2}$를 구하여 $\displaystyle\sum_{n=1}^{\infty}a_na_{n+1}a_{n+2}$의 값을 구한다.

$a_na_{n+1}a_{n+2}=ar^{n-1}\cdot ar^n\cdot ar^{n+1}=a^3r^{3n}=(r^3)^n=\left\{\left(\dfrac{1}{\sqrt[3]{3}}\right)^3\right\}^n=\left(\dfrac{1}{3}\right)^n$

$=\left(\dfrac{\sqrt[3]{3}}{2}\right)^3\cdot\left(\dfrac{1}{3}\right)^n=\dfrac{3}{8}\left(\dfrac{1}{3}\right)^n \rightarrow \dfrac{3}{8}\cdot\dfrac{1}{3}\cdot\left(\dfrac{1}{3}\right)^{n-1}$

수열 $\{a_na_{n+1}a_{n+2}\}$는 첫째항이 $\dfrac{3}{8}\cdot\dfrac{1}{3}=\dfrac{1}{8}$, 공비가 $\dfrac{1}{3}$인

등비수열이므로

$\displaystyle\sum_{n=1}^{\infty}a_na_{n+1}a_{n+2}=\dfrac{\dfrac{1}{8}}{1-\dfrac{1}{3}}=\dfrac{3}{16}$

> 등비급수 $\displaystyle\sum_{n=1}^{\infty}ar^{n-1}$의 합
> $\dfrac{a}{1-r}$ (단, $|r|<1$)

따라서 $p=16$, $q=3$이므로 $p+q=19$이다.

⭐ 다른 풀이   등비중항을 이용한 풀이

Step 1 수열 $\{a_n\}$이 등비수열이므로 $a_{n+1}{}^2=a_na_{n+2}$임을 이용한다.

$a_na_{n+1}a_{n+2}=a_{n+1}{}^3$이므로 수열 $\{a_na_{n+1}a_{n+2}\}$는 첫째항이 $a_2{}^3$,
공비가 r^3인 등비수열이다.

> $a_{n+1}{}^3$에 $n=1$ 대입

$\therefore \displaystyle\sum_{n=1}^{\infty}a_na_{n+1}a_{n+2}=\dfrac{a_2{}^3}{1-r^3}=\dfrac{\dfrac{1}{8}}{1-\dfrac{1}{3}}=\dfrac{3}{16}$

$\therefore p+q=16+3=19$

◐ 본문 62쪽

049 [정답률 70%]   정답 ④

첫째항이 1이고 공비가 $\dfrac{1}{3}$인 등비수열 $\{a_n\}$에 대하여 $\left(a_n=\left(\dfrac{1}{3}\right)^{n-1}\right)$

대각선의 길이가 a_n인 정사각형의 넓이를 S_n이라 하자.

$\displaystyle\sum_{n=1}^{\infty}S_n=\dfrac{q}{p}$라 할 때, $p+q$의 값은?

(단, p, q는 서로소인 자연수이다.) (4점)

① 22   ② 23   ③ 24
④ 25   ⑤ 26

Step 1 S_n을 구한 후 등비급수의 합을 이용하여 문제를 해결한다.

$a_n=\left(\dfrac{1}{3}\right)^{n-1}$이므로 $\rightarrow \dfrac{1}{\sqrt{2}}a_n=\dfrac{1}{\sqrt{2}}\left(\dfrac{1}{3}\right)^{n-1}$

$S_n=\dfrac{1}{2}\times\left(\dfrac{1}{9}\right)^{n-1} \rightarrow \left(\dfrac{1}{\sqrt{2}}a_n\right)^2=\dfrac{1}{2}a_n{}^2$

$\displaystyle\sum_{n=1}^{\infty}S_n=\sum_{n=1}^{\infty}\dfrac{1}{2}\times\left(\dfrac{1}{9}\right)^{n-1}$

$=\dfrac{\dfrac{1}{2}}{1-\dfrac{1}{9}}=\dfrac{9}{16}$

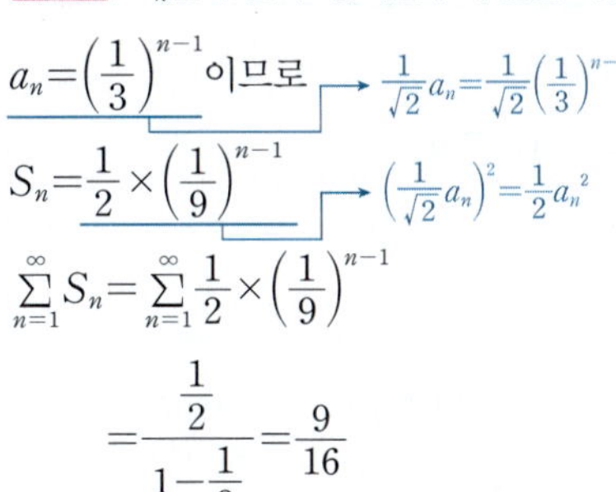

피타고라스 정리
$\left(\dfrac{1}{\sqrt{2}}a_n\right)^2+\left(\dfrac{1}{\sqrt{2}}a_n\right)^2=a_n{}^2$

따라서 $p=16$, $q=9$이므로
$p+q=25$

050 [정답률 46%]   정답 24

> 등비급수가 문제에 나왔다면, 첫째항과 공비부터 파악하도록 해봐!

등비급수 $\cos^2\theta+\cos^2\theta\sin\theta+\cos^2\theta\sin^2\theta+\cdots$의 합이 $\dfrac{18}{13}$일 때, $\dfrac{10}{\tan\theta}$의 값을 구하시오. $\left(\text{단, } 0<\theta<\dfrac{\pi}{2}\right)$ (4점)

> θ의 범위가 주어졌다면 확실하게 기억해두고 문제를 풀어야 해!

Step 1 급수의 합이 $\dfrac{18}{13}$임을 이용한다.

주어진 등비급수는 첫째항이 $\cos^2\theta$, 공비가 $\sin\theta$인 등비급수이고

$0<\theta<\dfrac{\pi}{2}$에서 $0<\sin\theta<1$이므로 $\rightarrow$ 등비급수의 공비의 절댓값이 1보다 작으므로 이 등비급수는 수렴하게 돼.

$\cos^2\theta+\cos^2\theta\sin\theta+\cos^2\theta\sin^2\theta+\cdots$

$=\dfrac{\cos^2\theta}{1-\sin\theta}=\dfrac{1-\sin^2\theta}{1-\sin\theta}$

$=1+\sin\theta=\dfrac{18}{13} \rightarrow \dfrac{(1-\sin\theta)(1+\sin\theta)}{1-\sin\theta}$

$\therefore \sin\theta=\dfrac{5}{13}$

$\rightarrow \sin^2\theta+\cos^2\theta=1$이므로

> 등비급수 $\displaystyle\sum_{n=1}^{\infty}ar^{n-1}\ (a\neq0)$은
> (1) $|r|<1$이면 수렴하고, 그 합은 $\dfrac{a}{1-r}$이다.
> (2) $|r|\geq1$이면 발산한다.

Step 2 $\sin\theta=\dfrac{5}{13}$임을 이용하여 $\dfrac{10}{\tan\theta}$의 값을 구한다.

$\sin^2\theta+\cos^2\theta=1$이므로

$\cos\theta=\dfrac{12}{13}\left(\because 0<\theta<\dfrac{\pi}{2}\right)$

$\sin^2\theta+\cos^2\theta=\left(\dfrac{5}{13}\right)^2+\cos^2\theta=1$

$\cos^2\theta=1-\left(\dfrac{5}{13}\right)^2=\left(\dfrac{12}{13}\right)^2$

$\therefore \dfrac{10}{\tan\theta}=10\times\dfrac{\cos\theta}{\sin\theta}=10\times\dfrac{\dfrac{12}{13}}{\dfrac{5}{13}}=24$

$\rightarrow \tan\theta=\dfrac{\sin\theta}{\cos\theta}$

이때 $0<\theta<\dfrac{\pi}{2}$에서 $\cos\theta>0$이므로 $\cos\theta=\dfrac{12}{13}$

051 [정답률 83%]   정답 16

공비가 양수인 등비수열 $\{a_n\}$이
$$a_1+a_2=20,\quad \sum_{n=3}^{\infty} a_n=\frac{4}{3}$$
를 만족시킬 때, a_1의 값을 구하시오. (3점)

첫째항이 a_3, 공비가 r $(r>0)$인 등비급수의 합이다. 이때 등비급수가 수렴하므로 $0<r<1$이고 $\sum\limits_{n=3}^{\infty} a_n=\dfrac{a_3}{1-r}=\dfrac{4}{3}$

Step 1 등비수열 $\{a_n\}$의 첫째항을 a_1, 공비를 r $(r>0)$이라 하고 $a_1+a_2=20$을 이용하여 a_1을 r의 식으로 나타낸다.

등비수열 $\{a_n\}$의 일반항은 $a_n=a_1\cdot r^{n-1}$이다.

등비수열 $\{a_n\}$의 첫째항을 a_1, 공비를 r $(r>0)$이라 하자.

$a_1+a_2=20$에서

$a_1+a_1r=20$, $a_1(1+r)=20$

$\therefore a_1=\dfrac{20}{1+r}$ ...... ㉠

Step 2 $\sum\limits_{n=3}^{\infty} a_n=\dfrac{4}{3}$를 이용하여 a, r의 값을 구한다.

등비급수의 수렴 조건

등비급수 $\sum\limits_{n=3}^{\infty} a_n$이 수렴하므로 $0<r<1$이어야 한다.

문제의 조건에서 $\sum\limits_{n=3}^{\infty} a_n=\dfrac{4}{3}$이므로

$\dfrac{a_3}{1-r}=\dfrac{4}{3}$

계산하기 전, 급수가 a_3부터 시작한다는 것에 주의해서 계산해야 해.

$\dfrac{a_1r^2}{1-r}=\dfrac{4}{3}$

$\underset{=a_1}{\underbrace{\dfrac{20}{1+r}}}\times\dfrac{r^2}{1-r}=\dfrac{4}{3}$ $(\because ㉠)$

$\dfrac{20r^2}{1-r^2}=\dfrac{4}{3}$, $60r^2=4-4r^2$

$64r^2=4$, $r^2=\dfrac{1}{16}$

$\therefore r=\dfrac{1}{4}$ $(\because r>0)$

이것을 ㉠에 대입하면

$a_1=\dfrac{20}{1+\dfrac{1}{4}}=20\times\dfrac{4}{5}=16$

등비급수의 수렴과 발산
등비급수
$$\sum_{n=1}^{\infty} ar^{n-1}=a+ar+ar^2+\cdots$$
$$+ar^{n-1}+\cdots\,(a\neq0)$$에서
① $|r|<1$일 때 수렴하고

　그 합은 $\dfrac{a}{1-r}$이다.

② $|r|\geq1$일 때, 발산한다.

052 [정답률 67%]   정답 ③

첫째항이 1이고 공비가 r인 등비급수의 합인데 이 값이 3으로 수렴하므로 $-1<r<1$임을 알 수 있어!

첫째항이 1인 등비수열 $\{a_n\}$에 대하여 $\sum\limits_{n=1}^{\infty} a_n=3$일 때,
$$\sum_{n=1}^{\infty} (a_{3n-2}-a_{3n-1})$$의 값은? (3점)

① $\dfrac{7}{19}$　　② $\dfrac{8}{19}$　　③ $\dfrac{9}{19}$

④ $\dfrac{10}{19}$　　⑤ $\dfrac{11}{19}$

일반항 a_n을 구한 후 a_{3n-2}는 a_n의 식에 n 대신 $3n-2$를 대입, a_{3n-1}은 a_n의 식에 n 대신 $3n-1$을 대입하면 돼!

Step 1 $\sum\limits_{n=1}^{\infty} a_n=3$임을 이용하여 등비수열 $\{a_n\}$의 공비 r을 구하여 a_n을 구한다.

$\sum\limits_{n=1}^{\infty} a_n=\dfrac{1}{1-r}=3$에서 $r=\dfrac{2}{3}$ $\quad\therefore a_n=\left(\dfrac{2}{3}\right)^{n-1}$

Step 2 주어진 등비급수의 합을 구한다.

$a_{3n-2}=\left(\dfrac{2}{3}\right)^{3n-3}=\left(\dfrac{8}{27}\right)^{n-1}$이고 $\to=\left(\dfrac{2}{3}\right)^{3n-3}=\left\{\left(\dfrac{2}{3}\right)^3\right\}^{n-1}$

$a_{3n-1}=\left(\dfrac{2}{3}\right)^{3n-2}=\dfrac{2}{3}\left(\dfrac{2}{3}\right)^{3n-3}=\dfrac{2}{3}\left(\dfrac{8}{27}\right)^{n-1}$이므로

$\sum\limits_{n=1}^{\infty}(a_{3n-2}-a_{3n-1})=\sum\limits_{n=1}^{\infty}\left\{\left(\dfrac{8}{27}\right)^{n-1}-\dfrac{2}{3}\left(\dfrac{8}{27}\right)^{n-1}\right\}$

$\qquad=\sum\limits_{n=1}^{\infty}\dfrac{1}{3}\left(\dfrac{8}{27}\right)^{n-1}$

$\qquad=\dfrac{\dfrac{1}{3}}{1-\dfrac{8}{27}}=\dfrac{\dfrac{1}{3}}{\dfrac{19}{27}}=\dfrac{9}{19}$

053 [정답률 71%]   정답 ①

모든 항이 양의 실수인 수열 $\{a_n\}$이
$$a_1=k,\ a_na_{n+1}+a_{n+1}=ka_n^{2}+ka_n\ (n\geq1)$$
을 만족시키고 $\sum\limits_{n=1}^{\infty} a_n=5$일 때, 실수 k의 값은? (단, $0<k<1$)

(3점)

① $\dfrac{5}{6}$　　② $\dfrac{4}{5}$　　③ $\dfrac{3}{4}$

④ $\dfrac{2}{3}$　　⑤ $\dfrac{1}{2}$

Step 1 주어진 식을 정리하여 수열 $\{a_n\}$의 일반항 a_n을 구한다.

$a_na_{n+1}+a_{n+1}=ka_n^{2}+ka_n$에서
$\quad\to a_{n+1}$로 묶어. $\quad\to ka_n$으로 묶어.

$(a_n+1)a_{n+1}=ka_n(a_n+1)$

양변을 a_n+1로 나누면 $\to$ 수열 $\{a_n\}$의 모든 항이 양의 실수이므로 $a_n+1\neq0$

$a_{n+1}=ka_n$

따라서 수열 $\{a_n\}$은 첫째항과 공비가 k인 등비수열이므로

$a_n=k\times k^{n-1}=k^{n}\ (n\geq1)$ $\to$ 문제에서 $a_1=k$라고 했어.

Step 2 $\sum\limits_{n=1}^{\infty} a_n=5$임을 이용하여 k의 값을 구한다.

문제의 조건에서 $0<k<1$이므로

$$\sum_{n=1}^{\infty} a_n=\sum_{n=1}^{\infty} k^n=\frac{k}{1-k}=5$$

$$k=5(1-k),\ k=5-5k$$

$$6k=5 \qquad \therefore k=\frac{5}{6}$$

> **암기** 첫째항이 a, 공비가 r $(-1<r<1)$인 등비급수의 합은 $\dfrac{a}{1-r}$

054 [정답률 54%]   정답 ①

> 모든 항이 자연수인 등비수열 $\{a_n\}$에 대하여
> $$\sum_{n=1}^{\infty}\frac{a_n}{3^n}=4$$
> 이고 급수 $\sum\limits_{n=1}^{\infty}\dfrac{1}{a_{2n}}$이 실수 S에 수렴할 때, S의 값은? (3점)
>
> ① $\dfrac{1}{6}$ ② $\dfrac{1}{5}$ ③ $\dfrac{1}{4}$
>
> ④ $\dfrac{1}{3}$ ⑤ $\dfrac{1}{2}$

Step 1 등비급수의 수렴 조건을 이용하여 r의 값을 구한다.

등비수열 $\{a_n\}$의 첫째항을 a, 공비를 r $(a,\ r$은 자연수$)$라 하자. (모든 항은 자연수 → 등비수열 $\{a_n\}$의)

급수 $\sum\limits_{n=1}^{\infty}\dfrac{a_n}{3^n}$은 첫째항이 $\dfrac{a}{3}$, 공비가 $\dfrac{r}{3}$인 등비급수이고 수렴하므로

$$-1<\frac{r}{3}<1 \qquad \therefore -3<r<3 \qquad \cdots\cdots \text{㉠}$$

> $\dfrac{a_1}{3^1}=\dfrac{a}{3},\ \dfrac{a_2}{3^2}=\dfrac{ar}{3^2},\ \cdots$

또한 급수 $\sum\limits_{n=1}^{\infty}\dfrac{1}{a_{2n}}$은 첫째항이 $\dfrac{1}{ar}$, 공비가 $\dfrac{1}{r^2}$인 등비급수이고 수렴하므로

> $\dfrac{1}{a_2}=\dfrac{1}{ar},\ \dfrac{1}{a_4}=\dfrac{1}{ar^3},\ \cdots$

$$-1<\frac{1}{r^2}<1,\ r^2>1 \qquad \therefore r>1 \qquad \cdots\cdots \text{㉡}$$

㉠, ㉡에서 $1<r<3$이므로 $r=2$

Step 2 S의 값을 구한다.

$$\sum_{n=1}^{\infty}\frac{a_n}{3^n}=\frac{\dfrac{a}{3}}{1-\dfrac{2}{3}}=a=4$$이므로 $a_n=4\times 2^{n-1}$

$$\therefore S=\sum_{n=1}^{\infty}\frac{1}{a_{2n}}=\frac{\dfrac{1}{8}}{1-\dfrac{1}{4}}=\frac{1}{6}$$

055 [정답률 76%]   정답 ②

> 등비수열 $\{a_n\}$에 대하여
> $$\sum_{n=1}^{\infty}(a_{2n-1}-a_{2n})=3,\ \sum_{n=1}^{\infty}a_n{}^2=6$$
> 일 때, $\sum\limits_{n=1}^{\infty}a_n$의 값은? (3점)
>
> ① 1 ② 2 ③ 3
>
> ④ 4 ⑤ 5

Step 1 등비수열 $\{a_n\}$의 첫째항을 a, 공비를 r이라 하면 일반항은 $a_n=ar^{n-1}$임을 이용한다.

등비수열 $\{a_n\}$의 첫째항을 a, 공비를 r이라 하면

$$a_{2n-1}-a_{2n}=ar^{(2n-1)-1}-ar^{2n-1}=a(1-r)r^{2n-2}$$

$$a_n{}^2=(ar^{n-1})^2=a^2r^{2n-2}$$

Step 2 실수 α에 대하여 $\sum\limits_{n=1}^{\infty}ar^{n-1}=\alpha$이면 $\dfrac{a}{1-r}=\alpha$임을 이용한다.

$$\sum_{n=1}^{\infty}(a_{2n-1}-a_{2n})=\sum_{n=1}^{\infty}a(1-r)r^{2n-2}=\frac{a(1-r)}{1-r^2}$$

> 첫째항이 $a(1-r)$, 공비가 r^2인 등비수열

$$=\frac{a(1-r)}{(1+r)(1-r)}$$

> 급수가 수렴하므로 $0\le r^2<1$, 즉 $-1<r<1$

$$=\frac{a}{1+r}$$

$$\therefore \frac{a}{1+r}=3 \qquad \cdots\cdots \text{㉠}$$

$$\sum_{n=1}^{\infty}a_n{}^2=\sum_{n=1}^{\infty}a^2r^{2n-2}=\frac{a^2}{1-r^2}$$

> 첫째항이 a^2, 공비가 r^2인 등비수열

$$\therefore \frac{a^2}{1-r^2}=6 \qquad \cdots\cdots \text{㉡}$$

Step 3 ㉠, ㉡을 연립한 후, $\sum\limits_{n=1}^{\infty}a_n=\dfrac{a}{1-r}$임을 이용하여 그 값을 구한다.

㉡을 정리하면

$$\frac{a^2}{1-r^2}=\frac{a^2}{(1-r)(1+r)}$$

$$=\frac{a}{1-r}\times\frac{a}{1+r}$$

$$=\frac{a}{1-r}\times 3=6\ (\because \text{㉠})$$

$$\therefore \frac{a}{1-r}=2$$

이때 $\sum\limits_{n=1}^{\infty}a_n=\dfrac{a}{1-r}$이므로 $\sum\limits_{n=1}^{\infty}a_n=2$

056 [정답률 72%]   정답 ⑤

> 공차가 양수인 등차수열 $\{a_n\}$과 등비수열 $\{b_n\}$에 대하여
> $a_1=b_1=1,\ a_2b_2=1$이고
> $$\sum_{n=1}^{\infty}\left(\frac{1}{a_na_{n+1}}+b_n\right)=2$$
> 일 때, $\sum\limits_{n=1}^{\infty}b_n$의 값은? (3점)
>
> ① $\dfrac{7}{6}$ ② $\dfrac{6}{5}$ ③ $\dfrac{5}{4}$
>
> ④ $\dfrac{4}{3}$ ⑤ $\dfrac{3}{2}$

Step 1 $\sum\limits_{n=1}^{\infty}\dfrac{1}{a_na_{n+1}}$ 을 구한다.

등차수열 $\{a_n\}$의 공차를 $d\ (d>0)$라 하자. $\quad\to=\dfrac{1}{a_{k+1}-a_k}\left(\dfrac{1}{a_k}-\dfrac{1}{a_{k+1}}\right)$

$$\sum_{n=1}^{\infty}\frac{1}{a_na_{n+1}}=\lim_{n\to\infty}\sum_{k=1}^{n}\frac{1}{a_ka_{k+1}}=\lim_{n\to\infty}\sum_{k=1}^{n}\frac{1}{d}\left(\frac{1}{a_k}-\frac{1}{a_{k+1}}\right)$$

$$=\frac{1}{d}\lim_{n\to\infty}\left\{\left(\frac{1}{a_1}-\frac{1}{a_2}\right)+\left(\frac{1}{a_2}-\frac{1}{a_3}\right)+\cdots+\left(\frac{1}{a_n}-\frac{1}{a_{n+1}}\right)\right\}$$

$$=\frac{1}{d}\lim_{n\to\infty}\left(\frac{1}{a_1}-\frac{1}{a_{n+1}}\right)=\frac{1}{d}\lim_{n\to\infty}\left(1-\frac{1}{1+nd}\right)$$

$$=\frac{1}{d}\lim_{n\to\infty}\frac{nd}{1+nd}=\frac{1}{d}\times1=\frac{1}{d}$$

$a_n=a_1+(n-1)d=1+(n-1)d$ 이므로 $a_{n+1}=1+\{(n+1)-1\}d$

→ 분자, 분모 모두 최고차항의 계수가 d이므로

$\lim\limits_{n\to\infty}\dfrac{nd}{1+nd}=\lim\limits_{n\to\infty}\dfrac{d}{\frac{1}{n}+d}=\dfrac{d}{d}=1$

Step 2 $\dfrac{1}{a_na_{n+1}}+b_n=c_n$ 이라 하고 $\sum\limits_{n=1}^{\infty}c_n=2$임을 이용한다.

$\dfrac{1}{a_na_{n+1}}+b_n=c_n$ 이라 하면 $\sum\limits_{n=1}^{\infty}c_n=2$

$b_n=c_n-\dfrac{1}{a_na_{n+1}}$ 이므로 급수의 성질에 의하여

$$\sum_{n=1}^{\infty}b_n=\sum_{n=1}^{\infty}\left(c_n-\frac{1}{a_na_{n+1}}\right)=\sum_{n=1}^{\infty}c_n-\sum_{n=1}^{\infty}\frac{1}{a_na_{n+1}}=2-\frac{1}{d}\quad\cdots\cdots\ ㉠$$

→ **Step1**에서 구했다.

Step 3 d의 값을 구한다.

등비급수 $\sum\limits_{n=1}^{\infty}b_n$이 수렴하므로 등비수열 $\{b_n\}$의 공비를 r이라 하면 $-1<r<1$이다. $\to 2-\dfrac{1}{d}$로 수렴

$a_2b_2=(1+d)\times(1\times r)=1$에서 $r=\dfrac{1}{1+d}$

$b_n=b_1r^{n-1}=1\times r^{n-1}$이므로 $b_2=1\times r^{2-1}$

$$\sum_{n=1}^{\infty}b_n=\frac{b_1}{1-r}=\frac{1}{1-\frac{1}{1+d}}=\frac{1+d}{d}=1+\frac{1}{d}\quad\cdots\cdots\ ㉡$$

㉠, ㉡에서 $2-\dfrac{1}{d}=1+\dfrac{1}{d}$, $\dfrac{2}{d}=1$ $\quad\therefore d=2$

㉡에서 $\sum\limits_{n=1}^{\infty}b_n=1+\dfrac{1}{2}=\dfrac{3}{2}$

057 [정답률 43%] 정답 16

첫째항이 자연수이고 공비가 $-\dfrac{1}{2}$인 등비수열 $\{a_n\}$이
$\quad\to a_1>0$

$$\sum_{n=1}^{\infty}(\,|a_n+1|-a_n-1\,)=26$$

을 만족시킨다. $\sum\limits_{n=1}^{\infty}a_n$의 값을 구하시오. (4점)

Step 1 $b_n=|a_n+1|-a_n-1$로 두고 b_n의 특징을 생각해 본다.

$b_n=|a_n+1|-(a_n+1)$이라 하면

$$b_n=\begin{cases}0 & (a_n+1\geq0)\ \to a_n\geq-1\\-2(a_n+1) & (a_n+1<0)\ \to a_n<-1\end{cases}$$

등비수열 $\{a_n\}$의 첫째항을 a라 하면 $a_n=a\times\left(-\dfrac{1}{2}\right)^{n-1}$

모든 자연수 n에 대하여 $a_n\geq-1$이면 $b_n=0$이므로 주어진 조건을 만족시키지 않는다. 따라서 $a\geq3$이다. $\to a_2=-\dfrac{1}{2}a<-1$일 때, $a>2$이고 a는 자연수이므로 $a\geq3$

Step 2 $a_n<-1$을 만족시키는 자연수 n의 최댓값을 이용하여 a의 값의 범위를 구한다.

등비수열 a_n의 첫째항이 양수이고 공비가 음수이므로 n이 홀수일 때 $a_n>0$ $\to a_n\geq-1$을 만족시킨다.

즉, n이 홀수일 때 $b_n=0$

n이 짝수일 때 $a_n<-1$을 만족시키는 자연수 n의 최댓값을 m이라 하자. $\to m$은 짝수

$n>m$일 때, $a_n\geq-1$이므로 $b_n=0$

$n\leq m$일 때, $a_n<-1$이므로

$$b_n=-2(a_n+1)=-2\left\{a\times\left(-\frac{1}{2}\right)^{n-1}\right\}-2$$

$a_m<-1\leq a_{m+2}$에서 $\to m$은 짝수이므로 $\left(-\dfrac{1}{2}\right)^{m+1}<0$

$$a\times\left(-\frac{1}{2}\right)^{m-1}<-1\leq a\times\left(-\frac{1}{2}\right)^{m+1}$$

$\therefore\ 2^{m-1}<a\leq2^{m+1}\quad\cdots\cdots\ ㉠$

Step 3 m의 값에 따른 $\sum\limits_{n=1}^{\infty}b_n$을 구하고, 이를 통해 조건에 알맞은 a를 구한다.

$\left(-\dfrac{1}{2}\right)^{m-1}<0$이므로

$a>-\dfrac{1}{\left(-\frac{1}{2}\right)^{m-1}}=-(-2)^{m-1}=-(-1)^{m-1}\times2^{m-1}=2^{m-1}$

(ⅰ) $m=2$일 때

㉠에서 $2<a\leq2^3$

$\sum\limits_{n=1}^{\infty}b_n=b_2=-2(a_2+1)=a-2$ $\quad\to a_2=-\dfrac{1}{2}a$

$\therefore\ a-2\leq2^3-2=6$

즉, $\sum\limits_{n=1}^{\infty}b_n\leq6$이므로 주어진 조건을 만족시키지 않는다.

(ⅱ) $m=4$일 때

㉠에서 $2^3<a\leq2^5$

$\sum\limits_{n=1}^{\infty}b_n=b_2+b_4$ $\quad\to a_4=\left(-\dfrac{1}{2}\right)^3a=-\dfrac{1}{8}a$

$\quad=(a-2)-2(a_4+1)$

$\quad=(a-2)+\left(\dfrac{1}{4}a-2\right)=\dfrac{5}{4}a-4$

$\dfrac{5}{4}a-4=26$에서 $a=24$

(ⅲ) $m\geq6$일 때

㉠에서 $a>2^5$

$\sum\limits_{n=1}^{\infty}b_n>b_2+b_4=\dfrac{5}{4}a-4$

$\dfrac{5}{4}a-4>\dfrac{5}{4}\times2^5-4=36$

즉, $\sum\limits_{n=1}^{\infty}b_n>36$이므로 주어진 조건을 만족시키지 않는다.

(ⅰ)~(ⅲ)에 의하여 $a=24$

Step 4 $\sum\limits_{n=1}^{\infty}a_n$의 값을 구한다.

등비수열 $\{a_n\}$의 첫째항은 24이고 공비가 $-\dfrac{1}{2}$이므로

$$\sum_{n=1}^{\infty}a_n=\frac{24}{1-\left(-\frac{1}{2}\right)}=16$$

058 [정답률 65%] 정답 ②

두 수열 $\{a_n\}$, $\{b_n\}$에 대하여

$$a_n+b_n=2+\frac{1}{n} \ (n=1, 2, 3, \cdots)$$

일 때, 옳은 것만을 [보기]에서 있는 대로 고른 것은? (4점)

[보기]
ㄱ. $\displaystyle\lim_{n\to\infty}(a_n+b_n)=2$
ㄴ. 수열 $\{a_n\}$이 수렴하면 수열 $\{b_n\}$도 수렴한다.
ㄷ. $\displaystyle\sum_{n=1}^{\infty}a_n$이 수렴하면 $\displaystyle\sum_{n=1}^{\infty}b_n$도 수렴한다.

임의로 극한값을 α로 설정해놓고 풀면 훨씬 풀기 쉬워져!

① ㄱ ② ㄱ, ㄴ ③ ㄱ, ㄷ
④ ㄴ, ㄷ ⑤ ㄱ, ㄴ, ㄷ

$\displaystyle\lim_{n\to\infty}a_n=0$

Step 1 ㄱ, ㄴ에서 수열의 성질을 이용하여 참, 거짓을 확인한다.

ㄱ. $\displaystyle\lim_{n\to\infty}(a_n+b_n)=\lim_{n\to\infty}\left(2+\frac{1}{n}\right)=\lim_{n\to\infty}2+\lim_{n\to\infty}\frac{1}{n}=2+0=2$ (참)

ㄴ. $\displaystyle\lim_{n\to\infty}a_n=\alpha$라 하면 $\displaystyle\lim_{n\to\infty}b_n=\lim_{n\to\infty}(a_n+b_n)-\lim_{n\to\infty}a_n=2-\alpha$
따라서 수열 $\{a_n\}$이 α에 수렴하면 수열 $\{b_n\}$은 $2-\alpha$에 수렴한다. (참)

Step 2 $\displaystyle\sum_{n=1}^{\infty}a_n$이 수렴하면 $\displaystyle\lim_{n\to\infty}a_n=0$임을 이용하여 ㄷ의 참, 거짓을 확인한다.

ㄷ. $\displaystyle\sum_{n=1}^{\infty}a_n$이 수렴하므로 $\displaystyle\lim_{n\to\infty}a_n=0$이다.

$$\therefore \lim_{n\to\infty}b_n=2$$

$\displaystyle\lim_{n\to\infty}(a_n+b_n)-\lim_{n\to\infty}a_n$
$\displaystyle=\lim_{n\to\infty}b_n=2-0=2$

따라서 $\displaystyle\sum_{n=1}^{\infty}b_n$은 수렴하지 않는다. (거짓)

따라서 옳은 것은 ㄱ, ㄴ이다.

💡 알아야 할 기본개념

수열의 극한에 대한 기본 성질

두 수열 $\{a_n\}$, $\{b_n\}$이 각각 수렴하고 $\displaystyle\lim_{n\to\infty}a_n=\alpha$, $\displaystyle\lim_{n\to\infty}b_n=\beta$일 때, 다음이 성립한다 (단, α, β는 상수)

① $\displaystyle\lim_{n\to\infty}ka_n=k\lim_{n\to\infty}a_n=k\alpha$ (단, k는 상수)

② $\displaystyle\lim_{n\to\infty}(a_n\pm b_n)=\lim_{n\to\infty}a_n\pm\lim_{n\to\infty}b_n=\alpha\pm\beta$ (복호동순)

③ $\displaystyle\lim_{n\to\infty}a_nb_n=\lim_{n\to\infty}a_n\cdot\lim_{n\to\infty}b_n=\alpha\beta$

④ $\displaystyle\lim_{n\to\infty}\frac{a_n}{b_n}=\frac{\lim_{n\to\infty}a_n}{\lim_{n\to\infty}b_n}=\frac{\alpha}{\beta}$ (단, $b_n\neq 0$, $\beta\neq 0$)

급수와 수열의 극한 사이의 관계

① 급수 $\displaystyle\sum_{n=1}^{\infty}a_n$이 수렴하면 $\displaystyle\lim_{n\to\infty}a_n=0$이다. (단, 역은 성립하지 않는다.)

② $\displaystyle\lim_{n\to\infty}a_n\neq 0$이면 급수 $\displaystyle\sum_{n=1}^{\infty}a_n$은 발산한다. ➪ ①의 대우

059 [정답률 15%] 정답 ②

주의 급수나 수열의 극한의 참, 거짓 판정 문제는 급수, 수열의 극한의 성질을 이용하여 풀 수도 있지만 반례를 통해 푸는 문제도 많이 있기 때문에 간단한 반례는 외워.

수열 $\{a_n\}$에 대하여 [보기]에서 옳은 것을 모두 고른 것은?

a_{2n}은 a_n의 짝수 번째 수열이고 a_n은 짝수 번째와 홀수 번째 항이 교대로 나열된 수열이기 때문에 a_n이 전체라면 a_{2n}은 전체의 부분이라고 볼 수 있어! (4점)

[보기]
ㄱ. $\displaystyle\lim_{n\to\infty}a_{2n}$이 수렴하면 $\displaystyle\lim_{n\to\infty}a_n$도 수렴한다.
ㄴ. $\displaystyle\lim_{n\to\infty}a_n$이 수렴하면 $\displaystyle\lim_{n\to\infty}a_{2n}=\lim_{n\to\infty}a_{2n-1}$이다.
ㄷ. 급수 $\displaystyle\sum_{n=1}^{\infty}a_n$이 수렴하면 $\displaystyle\sum_{n=1}^{\infty}a_{2n}$도 수렴한다.

① ㄱ ② ㄴ ③ ㄱ, ㄴ
④ ㄴ, ㄷ ⑤ ㄱ, ㄴ, ㄷ

Step 1 반례를 이용하여 ㄱ이 거짓임을 확인한다.

역으로 $\displaystyle\lim_{n\to\infty}a_n$이 수렴하면 $\displaystyle\lim_{n\to\infty}a_{2n}$은 수렴하게 돼!

ㄱ. [반례] 수열 $1, 0, 1, 0, 1, 0, \cdots$에서 $\displaystyle\lim_{n\to\infty}a_{2n}=0$으로 수렴하지만 $\displaystyle\lim_{n\to\infty}a_n$은 발산한다. (거짓)

Step 2 수열의 극한의 성질을 이용하여 ㄴ의 참, 거짓을 확인한다.

ㄴ. $\displaystyle\lim_{n\to\infty}a_n$이 수렴하면 $\displaystyle\lim_{n\to\infty}a_n=\lim_{n\to\infty}a_{n-1}$이므로
$$\lim_{n\to\infty}a_{2n}=\lim_{n\to\infty}a_{2n-1} \text{ (참)}$$

$1+\frac{1}{2}+\frac{1}{3}+\frac{1}{4}+\cdots>1+\frac{1}{2}+\left(\frac{1}{4}+\frac{1}{4}\right)+\cdots$
$=1+\frac{1}{2}+\frac{1}{2}+\cdots=\infty$

Step 3 반례를 이용하여 ㄷ이 거짓임을 확인한다.

ㄷ. [반례] 수열 $-1, 1, -\frac{1}{2}, \frac{1}{2}, -\frac{1}{3}, \frac{1}{3}, \cdots$에서

$S_1=-1, S_2=0, S_3=-\frac{1}{2}, S_4=0, S_5=-\frac{1}{3}, S_6=0, \cdots$

즉, $S_{2n-1}=-\frac{1}{n}$, $S_{2n}=0$에 의해 $\displaystyle\lim_{n\to\infty}S_{2n-1}=\lim_{n\to\infty}S_{2n}=0$이므로

$$\lim_{n\to\infty}S_n=\sum_{n=1}^{\infty}a_n=0$$으로 수렴한다.

그런데 $\displaystyle\sum_{n=1}^{\infty}a_{2n}=1+\frac{1}{2}+\frac{1}{3}+\cdots=\infty$이므로 발산한다. (거짓)

따라서 옳은 것은 ㄴ이다.

'급수 $\displaystyle\sum_{n=1}^{\infty}a_n$이 수렴하면 $\displaystyle\lim_{n\to\infty}a_n=0$이다.'의 역은 '$\displaystyle\lim_{n\to\infty}a_n=0$이면 급수 $\displaystyle\sum_{n=1}^{\infty}a_n$은 수렴한다.' 인데 이 명제는 성립하지 않는다. 따라서 [보기] ㄷ에서 $\displaystyle\lim_{n\to\infty}a_n=0$이므로 $\displaystyle\lim_{n\to\infty}a_{2n}=0$이지만 $\displaystyle\sum_{n=1}^{\infty}a_{2n}$이 수렴한다고 볼 수는 없다.

060 [정답률 48%] 정답 ①

두 수열 $\{a_n\}$, $\{b_n\}$에 대하여 옳은 것만을 [보기]에서 있는 대로 고른 것은? (4점)

> 두 급수가 모두 수렴하므로 각각으로부터
> $\lim a_n=0$, $\lim b_n=0$이다.
> 따라서 $\lim a_n=\lim b_n=0$이다.

[보기]

ㄱ. $\displaystyle\sum_{n=1}^{\infty} a_n=1$, $\displaystyle\sum_{n=1}^{\infty} b_n=2$이면 $\displaystyle\lim_{n\to\infty} a_n<\lim_{n\to\infty} b_n$이다.

ㄴ. 두 급수 $\displaystyle\sum_{n=1}^{\infty}(a_n+b_n)$, $\displaystyle\sum_{n=1}^{\infty}(a_n-b_n)$이 모두 수렴하면 두 수열 $\{a_n\}$, $\{b_n\}$도 모두 수렴한다.

ㄷ. 두 수열 $\{|a_n+b_n|\}$, $\{|a_n-b_n|\}$이 모두 수렴하면 두 수열 $\{a_n\}$, $\{b_n\}$도 모두 수렴한다.

① ㄴ ② ㄷ ③ ㄱ, ㄴ
④ ㄱ, ㄷ ⑤ ㄴ, ㄷ

> 두 급수가 모두 수렴하므로
> $\lim(a_n+b_n)=0$, $\lim(a_n-b_n)=0$이다.

Step 1 $\displaystyle\sum_{n=1}^{\infty} a_n$이 수렴하면 $\displaystyle\lim_{n\to\infty} a_n=0$임을 이용하여 ㄱ, ㄴ의 참, 거짓을 확인한다.

ㄱ. $\displaystyle\sum_{n=1}^{\infty} a_n=1$이므로 $\displaystyle\lim_{n\to\infty} a_n=0$이고

$\displaystyle\sum_{n=1}^{\infty} b_n=2$이므로 $\displaystyle\lim_{n\to\infty} b_n=0$이다.

$\therefore \displaystyle\lim_{n\to\infty} a_n=\lim_{n\to\infty} b_n=0$ (거짓)

ㄴ. $\displaystyle\lim_{n\to\infty}(a_n+b_n)=\lim_{n\to\infty}(a_n-b_n)=0$이므로

$\displaystyle\lim_{n\to\infty} a_n=\frac{1}{2}\lim_{n\to\infty}\{(a_n+b_n)+(a_n-b_n)\}=0$

> $=\frac{1}{2}\{\lim_{n\to\infty}(a_n+b_n)+\lim_{n\to\infty}(a_n-b_n)\}$

$\displaystyle\lim_{n\to\infty} b_n=\lim_{n\to\infty}\{(a_n+b_n)-a_n\}=0$

> $=\lim_{n\to\infty}(a_n+b_n)-\lim_{n\to\infty} a_n$

따라서 두 수열 $\{a_n\}$, $\{b_n\}$ 모두 0으로 수렴한다. (참)

Step 2 반례를 이용하여 ㄷ이 거짓임을 확인한다.

ㄷ. 반례 $a_n=(-1)^n$, $b_n=(-1)^{n-1}$이면

$|a_n+b_n|=0$, $|a_n-b_n|=2$이므로 두 수열 $\{|a_n+b_n|\}$, $\{|a_n-b_n|\}$이 모두 수렴하지만 두 수열 $\{a_n\}$과 $\{b_n\}$은 수렴하지 않는다. (거짓)

따라서 옳은 것은 ㄴ이다.

수능포인트

ㄱ에서 $\displaystyle\sum_{n=1}^{\infty} a_n=1$로 수렴하므로 $\displaystyle\lim_{n\to\infty} a_n=0$입니다. 마찬가지로

$\displaystyle\sum_{n=1}^{\infty} b_n=2$로 수렴하므로 $\displaystyle\lim_{n\to\infty} b_n=0$이 되고 거짓임을 판정할 수 있습니다.

061 [정답률 40%] 정답 ④

수열의 극한값과 급수의 성질이다. [보기]에서 항상 옳은 것을 모두 고른 것은? (4점)

> 주의 $\displaystyle\sum_{n=1}^{\infty} a_n$이 수렴하면 $\displaystyle\lim_{n\to\infty} a_n=0$이므로
> $\displaystyle\sum_{n=1}^{\infty} a_n=\alpha$ 이더라도 $\displaystyle\lim_{n\to\infty} a_n\neq\alpha$ 라는 것 명심해!

[보기]

ㄱ. $\displaystyle\sum_{n=1}^{\infty} a_n=\alpha$, $\displaystyle\lim_{n\to\infty} b_n=\beta$이면 $\displaystyle\lim_{n\to\infty} a_nb_n=0$이다.

> $\displaystyle\sum_{n=1}^{\infty} a_n=\frac{1}{5}\times\left\{2\sum_{n=1}^{\infty}(2a_n+b_n)+\sum_{n=1}^{\infty}(a_n-2b_n)\right\}$ (단, α, β는 상수)

ㄴ. $\displaystyle\sum_{n=1}^{\infty}(2a_n+b_n)$과 $\displaystyle\sum_{n=1}^{\infty}(a_n-2b_n)$이 수렴하면 $\displaystyle\sum_{n=1}^{\infty} a_n$과 $\displaystyle\sum_{n=1}^{\infty} b_n$이 수렴한다.

ㄷ. $\displaystyle\lim_{n\to\infty} a_nb_n=\alpha$이면 $\displaystyle\lim_{n\to\infty} a_n$ 또는 $\displaystyle\lim_{n\to\infty} b_n$이 수렴한다.

> $\displaystyle\sum_{n=1}^{\infty} b_n=\frac{1}{5}\times\left\{\sum_{n=1}^{\infty}(2a_n+b_n)-2\sum_{n=1}^{\infty}(a_n-2b_n)\right\}$ (단, α는 상수)

① ㄱ ② ㄴ ③ ㄷ
④ ㄱ, ㄴ ⑤ ㄴ, ㄷ

Step 1 급수와 수열의 극한 사이의 관계, 수열의 극한의 성질을 이용하여 ㄱ, ㄴ의 참, 거짓을 확인한다.

> $\displaystyle\sum_{n=1}^{\infty} a_n$이 수렴하면 $\displaystyle\lim_{n\to\infty} a_n=0$ (단, 역은 성립하지 않는다.)

ㄱ. $\displaystyle\sum_{n=1}^{\infty} a_n$이 수렴하므로 $\displaystyle\lim_{n\to\infty} a_n=0$

$\therefore \displaystyle\lim_{n\to\infty} a_nb_n=\lim_{n\to\infty} a_n\times\lim_{n\to\infty} b_n=0$ (참)

ㄴ. $2a_n+b_n=c_n$, $a_n-2b_n=d_n$, $\displaystyle\sum_{n=1}^{\infty} c_n=\alpha$,

> $\lim a_n$과 $\lim b_n$이 모두 극한값을 갖고 있으므로 수열의 극한의 성질을 이용할 수 있어.
> 식이 복잡할 땐 이렇게 치환해도 돼!

$\displaystyle\sum_{n=1}^{\infty} d_n=\beta$라 하면

$a_n=\dfrac{2c_n+d_n}{5}$, $b_n=\dfrac{c_n-2d_n}{5}$이므로

$\displaystyle\sum_{n=1}^{\infty} a_n=\sum_{n=1}^{\infty}\frac{2c_n+d_n}{5}=\frac{2}{5}\alpha+\frac{1}{5}\beta$

$\displaystyle\sum_{n=1}^{\infty} b_n=\sum_{n=1}^{\infty}\frac{c_n-2d_n}{5}=\frac{1}{5}\alpha-\frac{2}{5}\beta$ (참)

Step 2 반례를 이용하여 ㄷ이 거짓임을 확인한다.

ㄷ. 반례 $a_n=(-1)^n$, $b_n=(-1)^{n-1}$이라 하면

$\displaystyle\lim_{n\to\infty} a_nb_n=-1$이지만

$\displaystyle\lim_{n\to\infty} a_n$, $\displaystyle\lim_{n\to\infty} b_n$은 발산한다. (거짓)

> $=(-1)^n\times(-1)^{n-1}$
> $=(-1)^{2n-1}$

따라서 옳은 것은 ㄱ, ㄴ이다.

급수의 성질

$\displaystyle\sum_{n=1}^{\infty} a_n=\alpha$, $\displaystyle\sum_{n=1}^{\infty} b_n=\beta$ (α, β는 상수)이면

① $\displaystyle\sum_{n=1}^{\infty}(a_n\pm b_n)=\sum_{n=1}^{\infty} a_n\pm\sum_{n=1}^{\infty} b_n=\alpha\pm\beta$ (복호동순)

② $\displaystyle\sum_{n=1}^{\infty} ka_n=k\sum_{n=1}^{\infty} a_n=k\alpha$ (단, k는 상수)

알아야 할 기본개념

수열의 극한에 대한 기본 성질

두 수열 $\{a_n\}$, $\{b_n\}$이 수렴하고 $\displaystyle\lim_{n\to\infty} a_n=\alpha$, $\displaystyle\lim_{n\to\infty} b_n=\beta$일 때,

(1) $\displaystyle\lim_{n\to\infty}(a_n+b_n)=\lim_{n\to\infty} a_n+\lim_{n\to\infty} b_n=\alpha+\beta$

(2) $\displaystyle\lim_{n\to\infty}(a_n-b_n)=\lim_{n\to\infty} a_n-\lim_{n\to\infty} b_n=\alpha-\beta$

(3) $\displaystyle\lim_{n\to\infty} ca_n=c\lim_{n\to\infty} a_n=c\alpha$ (단, c는 상수)

(4) $\displaystyle\lim_{n\to\infty} a_nb_n=\lim_{n\to\infty} a_n\cdot\lim_{n\to\infty} b_n=\alpha\beta$

(5) $\displaystyle\lim_{n\to\infty}\frac{a_n}{b_n}=\frac{\lim_{n\to\infty} a_n}{\lim_{n\to\infty} b_n}=\frac{\alpha}{\beta}$ (단, $b_n\neq0$, $\beta\neq0$)

062 [정답률 58%]   정답 ⑤

> → 첫째항과 공차를 a라 하면 등차수열
> $\{a_n\}$의 일반항은 $a_n=a+(n-1)a=an$
>
> → S_n의 일반항을 구해야 해.

첫째항과 공차가 같은 등차수열 $\{a_n\}$에 대하여 $S_n=\sum\limits_{k=1}^{n} a_k$라

할 때, 옳은 것만을 [보기]에서 있는 대로 고른 것은?

(단, $a_1>0$) (3점)

[보기]

ㄱ. 수열 $\{S_n\}$이 수렴한다.

ㄴ. 급수 $\sum\limits_{n=1}^{\infty} \dfrac{1}{S_n}$이 수렴한다.

ㄷ. $\lim\limits_{n\to\infty}(\sqrt{S_{n+1}}-\sqrt{S_n})$이 존재한다.

① ㄴ   ② ㄷ   ③ ㄱ, ㄴ

④ ㄱ, ㄷ   ✔ ㄴ, ㄷ

Step 1 등차수열 $\{a_n\}$의 첫째항과 공차를 a로 놓고 a_n, S_n을 구한다.

등차수열 $\{a_n\}$의 첫째항과 공차를 $a(a>0)$라 하면

$a_n=a+(n-1)a=an$

$S_n=\sum\limits_{k=1}^{n} ak=\dfrac{an(n+1)}{2}$

ㄱ. $\lim\limits_{n\to\infty}S_n=\lim\limits_{n\to\infty}\dfrac{an(n+1)}{2}=\infty$

　즉, 수열 $\{S_n\}$은 발산한다. (거짓)

> **부분분수 분해**
> ① $\dfrac{1}{AB}=\dfrac{1}{B-A}\left(\dfrac{1}{A}-\dfrac{1}{B}\right)$
> ② $\dfrac{1}{(k+a)(k+b)}$
> $=\dfrac{1}{b-a}\left(\dfrac{1}{k+a}-\dfrac{1}{k+b}\right)$

Step 2 부분분수 분해를 이용하여 ㄴ의 참, 거짓을 확인한다.

ㄴ. $\sum\limits_{n=1}^{\infty}\dfrac{1}{S_n}=\dfrac{2}{a}\sum\limits_{n=1}^{\infty}\dfrac{1}{n(n+1)}$ → $=\dfrac{1}{n+1-n}\left(\dfrac{1}{n}-\dfrac{1}{n+1}\right)$

> 급수의 합의 정의
> $\sum\limits_{n=1}^{\infty}a_n=\lim\limits_{n\to\infty}\sum\limits_{k=1}^{n}a_k$

$\quad=\dfrac{2}{a}\lim\limits_{n\to\infty}\sum\limits_{k=1}^{n}\left(\dfrac{1}{k}-\dfrac{1}{k+1}\right)$

$\quad=\dfrac{2}{a}\lim\limits_{n\to\infty}\left\{\left(\dfrac{1}{1}-\dfrac{1}{2}\right)+\left(\dfrac{1}{2}-\dfrac{1}{3}\right)+\cdots+\left(\dfrac{1}{n}-\dfrac{1}{n+1}\right)\right\}$

> → 더하면서 두 수씩 $(-x)+(+x)$ 꼴로 소거돼.

$\quad=\dfrac{2}{a}\lim\limits_{n\to\infty}\left(1-\dfrac{1}{n+1}\right)=\dfrac{2}{a}$

　즉, 급수 $\sum\limits_{n=1}^{\infty}\dfrac{1}{S_n}$은 수렴한다. (참)

Step 3 무리식의 극한이므로 분자를 유리화하여 극한값이 존재하는지 확인한다.

> $\sqrt{S_n}=\sqrt{\dfrac{an(n+1)}{2}}=\sqrt{\dfrac{a}{2}}\sqrt{n(n+1)}$

ㄷ. $\lim\limits_{n\to\infty}(\sqrt{S_{n+1}}-\sqrt{S_n})$

$\quad=\sqrt{\dfrac{a}{2}}\lim\limits_{n\to\infty}\left\{\sqrt{(n+1)(n+2)}-\sqrt{n(n+1)}\right\}$

> → $=(n+1)\{(n+2)-n\}=2(n+1)$ 분자를 유리화

$\quad=\sqrt{\dfrac{a}{2}}\lim\limits_{n\to\infty}\dfrac{(n+1)(n+2)-n(n+1)}{\sqrt{(n+1)(n+2)}+\sqrt{n(n+1)}}$

$\quad=\sqrt{\dfrac{a}{2}}\lim\limits_{n\to\infty}\dfrac{2n+2}{\sqrt{n^2+3n+2}+\sqrt{n^2+n}}$

> 분모, 분자를 각각 n으로 나누었어.

$\quad=\sqrt{\dfrac{a}{2}}\lim\limits_{n\to\infty}\dfrac{2+\dfrac{2}{n}}{\sqrt{1+\dfrac{3}{n}+\dfrac{2}{n^2}}+\sqrt{1+\dfrac{1}{n}}}$

$\quad=\sqrt{\dfrac{a}{2}}\cdot\dfrac{2}{1+1}=\sqrt{\dfrac{a}{2}}$

　즉, $\lim\limits_{n\to\infty}(\sqrt{S_{n+1}}-\sqrt{S_n})$이 존재한다. (참)

따라서 옳은 것은 ㄴ, ㄷ이다.

063 [정답률 43%]   정답 ③

> → 등비수열이 주어졌으므로 첫째항을 a, 공비를 r이라 하면
> 수열 $\{a_n\}$의 일반항은 $a_n=ar^{n-1}$이다.

등비수열 $\{a_n\}$에 대하여 옳은 것을 [보기]에서 모두 고른 것은? (3점)

> → 수열 $\{a_n\}$의 첫째항 a가 0이거나 공비 r의 범위가
> $-1<r<1$이면 등비급수 $\sum\limits_{n=1}^{\infty}a_n$은 수렴한다.

[보기]

ㄱ. 등비급수 $\sum\limits_{n=1}^{\infty}a_n$이 수렴하면 $\sum\limits_{n=1}^{\infty}a_{2n}$도 수렴한다.

ㄴ. 등비급수 $\sum\limits_{n=1}^{\infty}a_n$이 발산하면 $\sum\limits_{n=1}^{\infty}a_{2n}$도 발산한다.

ㄷ. 등비급수 $\sum\limits_{n=1}^{\infty}a_n$이 수렴하면 $\sum\limits_{n=1}^{\infty}\left(a_n+\dfrac{1}{2}\right)$도 수렴한다.

> → 수열 $\{a_n\}$의 공비 r의 범위가 $|r|\geq1$이면 등비급수 $\sum\limits_{n=1}^{\infty}a_n$은 발산해.

> → 수열 $\{a_{2n}\}$의 일반항은
> $a_{2n}=ar^{2n-1}=a\cdot r(r^2)^{n-1}$
> 이므로 공비는 r^2이 돼.

① ㄱ   ② ㄴ   ✔ ㄱ, ㄴ

④ ㄱ, ㄷ   ⑤ ㄴ, ㄷ

Step 1 등비급수의 수렴 조건을 이용하여 [보기]의 참, 거짓을 판별한다.

등비수열 $\{a_n\}$의 첫째항을 a, 공비를 r이라 하면 $a_n=ar^{n-1}$이므로

$a_{2n}=ar^{2n-1}=ar(r^2)^{n-1}$

즉, 수열 $\{a_{2n}\}$은 첫째항이 ar이고 공비가 r^2인 등비수열이다.

ㄱ. 등비급수 $\sum\limits_{n=1}^{\infty}a_n$이 수렴하므로 $-1<r<1$

　따라서 $0\leq r^2<1$이므로 등비급수 $\sum\limits_{n=1}^{\infty}a_{2n}$은 수렴한다. (참)

> → 수열 $\{a_{2n}\}$의 공비 r^2의 범위를 알아본다.

ㄴ. 등비급수 $\sum\limits_{n=1}^{\infty}a_n$이 발산하므로 $|r|\geq1$

　따라서 $r^2\geq1$이므로 등비급수 $\sum\limits_{n=1}^{\infty}a_{2n}$도 발산한다. (참)

ㄷ. 등비급수 $\sum\limits_{n=1}^{\infty}a_n$이 수렴하므로

> → 대우: $\lim\limits_{n\to\infty}a_n\neq0 \Rightarrow \sum\limits_{n=1}^{\infty}a_n$이 발산

$\quad\lim\limits_{n\to\infty}a_n=0$

> 급수와 수열의 극한 사이의 관계 : $\sum\limits_{n=1}^{\infty}a_n$이 수렴 $\Rightarrow \lim\limits_{n\to\infty}a_n=0$

$\quad\therefore \lim\limits_{n\to\infty}\left(a_n+\dfrac{1}{2}\right)=\lim\limits_{n\to\infty}a_n+\lim\limits_{n\to\infty}\dfrac{1}{2}=\dfrac{1}{2}$

　즉, $\lim\limits_{n\to\infty}\left(a_n+\dfrac{1}{2}\right)\neq0$이므로 급수 $\sum\limits_{n=1}^{\infty}\left(a_n+\dfrac{1}{2}\right)$은 발산한다.

(거짓)

그러므로 옳은 것은 ㄱ, ㄴ이다.

064 [정답률 50%]   정답 ①

> → $x^n=(-3)^{n-1}$을 만족하는 x를 $(-3)^{n-1}$의 n제곱근이라 한다.

2보다 큰 자연수 n에 대하여 $(-3)^{n-1}$의 n제곱근 중 실수인 것의 개수를 a_n이라 할 때, $\sum\limits_{n=3}^{\infty}\dfrac{a_n}{2^n}$의 값은? (4점)

✔ $\dfrac{1}{6}$ ② $\dfrac{1}{4}$ ③ $\dfrac{1}{3}$

④ $\dfrac{5}{12}$ ⑤ $\dfrac{1}{2}$

> → a_n은 두 곡선 $y=x^n$과 $y=(-3)^{n-1}$의 교점의 개수이다.

Step 1 n의 값이 홀수일 때와 짝수일 때로 나누어서 수열 $\{a_n\}$의 규칙을 찾는다.

자연수 k에 대하여

실수 a의 n제곱근 중 실수인 것			
	$a>0$	$a=0$	$a<0$
n이 홀수	$\sqrt[n]{a}$	0	$\sqrt[n]{a}$
n이 짝수	$\sqrt[n]{a},\ -\sqrt[n]{a}$	0	없다.

(i) $n=2k+1$일 때,

$(-3)^{n-1}=(-3)^{2k}>0$

n은 홀수이므로 $(-3)^{n-1}$의 n제곱근 중 실수인 것의 개수는 1이다.

$\therefore a_{2k+1}=1$

(ii) $n=2(k+1)$일 때,

$(-3)^{n-1}=(-3)^{2k+1}<0$

n은 짝수이므로 $(-3)^{n-1}$의 n제곱근 중 실수인 것은 존재하지 않는다.

$\therefore a_{2(k+1)}=0$

(i), (ii)에 의하여 → $n\geq3$일 때 1, 0이 반복되는 수열이야.

$a_n=\begin{cases} 1\ (n=2k+1) \\ 0\ (n=2(k+1)) \end{cases}$ (단, k는 자연수)

Step 2 $\displaystyle\sum_{n=3}^{\infty}\frac{a_n}{2^n}$의 값을 구한다.

$\therefore \displaystyle\sum_{n=3}^{\infty}\frac{a_n}{2^n}=\frac{a_3}{2^3}+\frac{a_4}{2^4}+\frac{a_5}{2^5}+\frac{a_6}{2^6}+\cdots$

$=\dfrac{1}{2^3}+\dfrac{0}{2^4}+\dfrac{1}{2^5}+\dfrac{0}{2^6}+\cdots$

$=\dfrac{1}{2^3}+\dfrac{1}{2^5}+\dfrac{1}{2^7}+\cdots$ ← 첫째항이 $\frac{1}{8}$, 공비가 $\frac{1}{4}$인 등비급수

$=\dfrac{\frac{1}{8}}{1-\frac{1}{4}}=\dfrac{1}{6}$ ← 첫째항이 a, 공비가 $r\ (a\neq0,\ |r|<1)$인 등비급수의 합 : $\displaystyle\sum_{n=1}^{\infty}ar^{n-1}=\frac{a}{1-r}$

065 [정답률 38%] 정답 ②

한 변의 길이가 1인 정삼각형 ABC가 있다. 양수 r에 대하여 점 P_n을 다음 규칙에 따라 정한다.

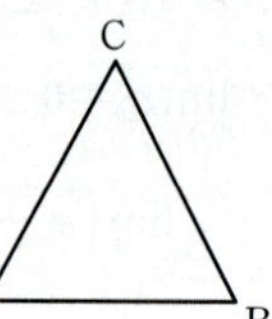

→ 즉, 점 P_n의 위치는 n과 r의 값에 따라 정해지는 거야.

(가) 점 P_1은 꼭짓점 A이다.

(나) 점 P_{n+1}은 점 P_n에서 정삼각형 ABC의 변을 따라 시계 반대 방향으로 r^n만큼 이동한 점이다. → 이동하는 방향을 헷갈리지 않도록 주의

집합 S를 $S=\{P_n\,|\,n$은 자연수$\}$라 할 때, [보기]에서 옳은 것을 모두 고른 것은? (4점)

[보기]

ㄱ. $r=2$이면 점 P_3은 꼭짓점 C이다.

ㄴ. $r=\dfrac{4}{5}$이면 변 CA 위에 S의 원소가 무수히 많다.

ㄷ. $0<r<\dfrac{1}{2}$이면 변 AB 위에 S의 원소가 무수히 많다.

① ㄴ ② ㄷ ③ ㄱ, ㄴ

④ ㄱ, ㄷ ⑤ ㄴ, ㄷ

Step 1 $r=2$일 때, 점 P_3의 위치를 알아본다.

ㄱ. $r=2$이면 점 P_2는 점 A($=P_1$)에서 시계 반대 방향으로 2만큼 이동한 점, 즉 꼭짓점 C이고 점 P_3은 꼭짓점 C에서 $2^2=4$만큼 이동한 점이므로 꼭짓점 A이다. (거짓)

→ 2^1만큼

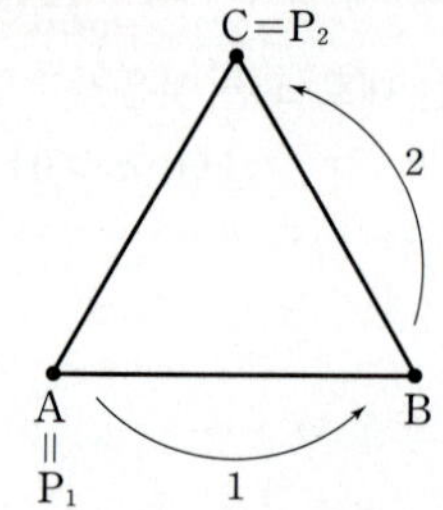

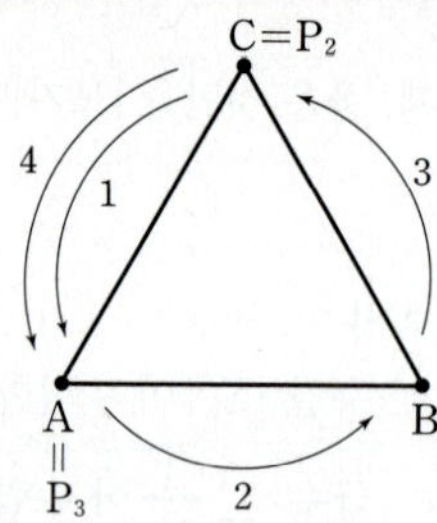

Step 2 $r=\dfrac{4}{5}$일 때, 점 P_n이 움직인 거리를 구한다.

→ 즉, 점 P_n은 점 P_{n-1}에서 $\left(\frac{4}{5}\right)^{n-1}$만큼 이동한 점

ㄴ. $r=\dfrac{4}{5}$이면 점 P_2는 점 A($=P_1$)에서 시계 반대 방향으로 $\dfrac{4}{5}$만큼 이동한 점이고, 점 P_3은 점 P_2에서 $\left(\dfrac{4}{5}\right)^2$만큼 이동한 점이므로 점 P_n이 움직인 거리는

→ 무수히 많이 이동했을때, 점 P_n이 움직인 거리는 등비급수의 형태가 돼.

$\dfrac{4}{5}+\left(\dfrac{4}{5}\right)^2+\left(\dfrac{4}{5}\right)^3+\cdots=\dfrac{\frac{4}{5}}{1-\frac{4}{5}}=4$

즉, 점 P_n은 꼭짓점 B로 한없이 가까워지므로 S의 원소가 무수히 많은 변은 변 CA가 아닌 변 AB이다. (거짓)

Step 3 $0<r<\dfrac{1}{2}$일 때, 점 P_n의 위치를 알아본다.

→ 즉, 무수히 많이 이동해도 이동한 전체 거리는 1에 수렴하므로, 점 P_n은 변 AB 위에 존재하는 거야.

ㄷ. $r=\dfrac{1}{2}$일 때, $\dfrac{1}{2}+\left(\dfrac{1}{2}\right)^2+\left(\dfrac{1}{2}\right)^3+\cdots=\dfrac{\frac{1}{2}}{1-\frac{1}{2}}=1$이므로 점 P_n은 변 AB 위에 존재하며 점 B에 한없이 가까워진다.

따라서 $0<r<\dfrac{1}{2}$인 경우에도 점 P_n은 변 AB 위에 존재하여 변 AB 위에 S의 원소가 무수히 많게 된다. (참)

그러므로 옳은 것은 ㄷ이다. → $0<r<\dfrac{1}{2}$인 경우에는 $r=\dfrac{1}{2}$인 경우보다도 더 적게 이동하게 되니까, 당연히 점 P_n은 변 AB 위에 존재하는 거지.

066 [정답률 44%]　　　　　　　정답 ①

그림과 같이 중심이 A$(0, 1)$이고 반지름의 길이가 1인 원 위의 점 P_n과 x축 위의 점 Q_n은 다음 규칙을 만족한다.

→ 원의 방정식이 $x^2+(y-1)^2=1$이라는 것을 알 수 있지.

(가) 점 P_0은 원점이고, 점 P_n은 제1사분면의 점이다.

(나) 호 $P_{n-1}P_n$의 길이를 l_n이라 할 때, $l_{n+1}=rl_n$이다.

(다) 점 Q_n은 점 B$(0, 2)$와 점 P_n을 이은 직선이 x축과 만나는 점이다.

→ 상수 r이 등비수열 $\{l_n\}$의 공비이군!

$Q_2(2, 0)$이고 $\displaystyle\sum_{n=1}^{\infty} l_n=\dfrac{8}{15}\pi$일 때, 상수 r의 값은? (3점)

→ 등비수열 $\{l_n\}$의 일반항을 먼저 구해야겠군.

① $\dfrac{1}{6}$　　② $\dfrac{1}{5}$　　③ $\dfrac{1}{4}$

④ $\dfrac{1}{3}$　　⑤ $\dfrac{1}{2}$

→ 점 Q_2의 좌표가 주어졌으므로 이를 이용하여 점 P_2의 좌표를 구할 수 있겠군.

Step 1 조건 (나)를 이용한다.

$\angle P_{n-1}AP_n=\theta_n$이라 하면

$l_n=1\times\theta_n=\theta_n$이고　(원의 반지름의 길이)$=1$

조건 (나)에 의하여 수열 $\{l_n\}$은 공비가 r인 등비수열이므로

$\theta_n=\theta_1 r^{n-1}$ → 등비수열 $\{l_n\}$의 일반항이야!

$\therefore \displaystyle\sum_{n=1}^{\infty} l_n=\sum_{n=1}^{\infty}\theta_n$　$(l_n=\theta_n$이므로$)$

$=\dfrac{\theta_1}{1-r}=\dfrac{8}{15}\pi$ ……… ㉠　$\displaystyle\sum_{n=1}^{\infty}ar^{n-1}=\dfrac{a}{1-r}$(단, $|r|<1$)

→ 상수 r의 값을 구하기 위해서는 θ_1의 값을 알아야겠네.

Step 2 점 Q_2의 좌표를 이용하여 점 P_2의 좌표를 구한다.

중심이 A$(0, 1)$, 반지름의 길이가 1인 원의 방정식은

$x^2+(y-1)^2=1$ ……… ㉡

또, 두 점 B$(0, 2)$, $Q_2(2, 0)$을 지나는 직선의 방정식은

$y=-x+2$ ……… ㉢

㉢을 ㉡에 대입하면

$x^2+(-x+2-1)^2=1$

$x^2+(x^2-2x+1)=1$

$2x(x-1)=0$　$\therefore x=1\ (\because x>0)$

$\therefore P_2(1, 1)$

→ 제1사분면의 점이므로

점 P_2는 원 ㉡과 직선 ㉢의 교점

(참고그림)

Step 3 구한 조건들을 이용하여 상수 r의 값을 구한다.

점 A와 점 P_2의 y좌표가 서로 같으므로 $\angle P_0AP_2=\dfrac{\pi}{2}$

$\angle P_0AP_1=\theta_1$, $\angle P_1AP_2=\theta_2$이므로 $\theta_1+\theta_2=\dfrac{\pi}{2}$

이 문제에서는 $\angle P_0AP_2=\dfrac{\pi}{2}$라는 사실을 알아내어야 답을 구할 수 있어. 하지만 바로 알아내기는 쉽지 않으니까 천천히 연습해보도록 해!

$\theta_1+\theta_2=\theta_1+r\theta_1=\theta_1(1+r)=\dfrac{\pi}{2}$　$(\because \theta_n=\theta_1 r^{n-1})$

$\theta_2=\theta_1 r^{2-1}=r\theta_1$

$\theta_1=\dfrac{\pi}{2}\times\dfrac{1}{1+r}$ ……… ㉣

→ θ_1의 값을 알아내었으므로 ㉠에 대입해서 r의 값을 구할 수 있어.

㉣을 ㉠에 대입하면

$\dfrac{\dfrac{\pi}{2}\times\dfrac{1}{1+r}}{1-r}=\dfrac{8}{15}\pi$, $\dfrac{\pi}{2(1+r)(1-r)}=\dfrac{8}{15}\pi$

$15=16(1-r^2)$　→ $(1+r)(1-r)=1-r^2$(합차공식)

$r^2=\dfrac{1}{16}$　$\therefore r=\dfrac{1}{4}\ (\because r>0)$

→ $r=\pm\dfrac{1}{4}$이 될 수 있는데 r의 값이 양수이어야 하므로 $r=-\dfrac{1}{4}$이 불가능해! 그래서 $r=\dfrac{1}{4}$이야.

067 [정답률 46%]　　　　　　　정답 15

수열 $\{a_n\}$을 다음과 같이 정의한다.

(가) $a_1=2$　→ 0, 1, 2, 3, 4 중에서만 가능해.

(나) $a_{n+1}=(a_n^2+a_n$을 5로 나눈 나머지$)$　$(n=1, 2, 3, \cdots)$

→ $n=1, 2, 3, \cdots$을 차례로 대입하여 규칙성을 찾아봐.

$\displaystyle\sum_{n=1}^{\infty}\dfrac{a_n}{3^n}=\dfrac{q}{p}$일 때, $p+q$의 값을 구하시오.

(단, p, q는 서로소인 자연수이다.) (4점)

Step 1 a_n을 구한다.

$a_1^2+a_1=6$이므로 $a_2=1$

$a_2^2+a_2=2$이므로 $a_3=2$

$a_3^2+a_3=6$이므로 $a_4=1$

$\vdots$

$\therefore a_{2n-1}=2$, $a_{2n}=1$

a_n은 $2, 1$이 반복되는 수열임을 알 수 있어.

Step 2 등비급수의 합을 이용하여 문제를 해결한다.

$\displaystyle\sum_{n=1}^{\infty}\dfrac{a_n}{3^n}=\dfrac{2}{3}+\dfrac{1}{3^2}+\dfrac{2}{3^3}+\dfrac{1}{3^4}+\cdots$

→ 두 등비급수의 합으로 나누기 위해 a_n이 1인 것과 2인 것을 각각 따로 묶었어.

$=\left(\dfrac{2}{3}+\dfrac{2}{3^3}+\cdots\right)+\left(\dfrac{1}{3^2}+\dfrac{1}{3^4}+\cdots\right)$

$=\dfrac{\dfrac{2}{3}}{1-\dfrac{1}{9}}+\dfrac{\dfrac{1}{9}}{1-\dfrac{1}{9}}=\dfrac{6}{8}+\dfrac{1}{8}=\dfrac{7}{8}$

→ 첫째항이 $\dfrac{2}{3}$, 공비가 $\dfrac{1}{3^2}$인 등비급수의 합

→ 첫째항이 $\dfrac{1}{3^2}$, 공비가 $\dfrac{1}{3^2}$인 등비급수의 합

따라서 $p=8$, $q=7$이므로

$p+q=15$

수능포인트

5로 나눈 나머지는 0, 1, 2, 3, 4뿐이니 주어진 수열이 주기성을 갖고 순환하는 수열임을 어렵지 않게 짐작할 수 있습니다. 주기가 있는 수열의 경우 구체적으로 몇 개의 항을 나열하여 추론하면 됩니다.

068 [정답률 42%]　　　　　　　　　　　정답 97

첫째항과 공차가 같은 등차수열 $\{a_n\}$과 등비수열 $\{b_n\}$이 다음 조건을 만족시킨다.

> 어떤 자연수 k에 대하여
> $$b_{k+i}=\frac{1}{a_i}-1\ (i=1,\,2,\,3)$$
> 이다.

부등식
$$0<\sum_{n=1}^{\infty}\left(b_n-\frac{1}{a_na_{n+1}}\right)<30$$

이 성립할 때, $a_2\times\displaystyle\sum_{n=1}^{\infty}b_{2n}=\frac{q}{p}$이다. $p+q$의 값을 구하시오.

（단, $a_1\neq0$이고, p와 q는 서로소인 자연수이다.） (4점)

Step 1 수열 $\{b_n\}$이 등비수열임을 이용한다.

등차수열 $\{a_n\}$의 첫째항을 a라 하면 공차도 a이므로
$$a_n=a+(n-1)a=an$$

$$b_{k+1}=\frac{1}{a_1}-1=\frac{1}{a}-1,$$
$$b_{k+2}=\frac{1}{a_2}-1=\frac{1}{2a}-1,$$
$$b_{k+3}=\frac{1}{a_3}-1=\frac{1}{3a}-1$$

$b_{k+i}=\dfrac{1}{a_i}-1$에 $i=1,\,2,\,3$을 각각 대입하였다.

이때 $b_{k+1},\ b_{k+2},\ b_{k+3}$이 이 순서대로 등비수열을 이루므로
$$b_{k+2}{}^2=b_{k+1}b_{k+3}\quad\text{등비중항}$$
$$\left(\frac{1}{2a}-1\right)^2=\left(\frac{1}{a}-1\right)\left(\frac{1}{3a}-1\right)$$
$$\frac{1}{4a^2}-\frac{1}{a}+1=\frac{1}{3a^2}-\frac{1}{a}-\frac{1}{3a}+1$$
$$\frac{1}{4a^2}=\frac{1}{3a^2}-\frac{1}{3a},\ 3=4-4a$$

$a=\dfrac{1}{4}$이므로 $a_n=\dfrac{n}{4}$　　　　　……㉠

$b_{k+1}=3,\ b_{k+2}=1,\ b_{k+3}=\dfrac{1}{3}$이므로 등비수열 $\{b_n\}$의 공비는 $\dfrac{1}{3}$이고 첫째항 b_1은 3의 거듭제곱 꼴이다.　　　　……㉡

Step 2 $0<\displaystyle\sum_{n=1}^{\infty}\left(b_n-\frac{1}{a_na_{n+1}}\right)<30$임을 이용하여 b_1의 값을 구한다.

어떤 자연수 k에 대하여 $b_{k+2}=b_1\times\left(\dfrac{1}{3}\right)^{k+1}$이므로 $b_1=3^{k+1}$

$$\sum_{n=1}^{\infty}\frac{1}{a_na_{n+1}}=\sum_{n=1}^{\infty}\frac{16}{n(n+1)}\quad\left[\frac{1}{\frac{n}{4}\times\frac{n+1}{4}}\right]$$
$$=16\lim_{n\to\infty}\sum_{k=1}^{n}\frac{1}{k(k+1)}$$
$$=16\lim_{n\to\infty}\sum_{k=1}^{n}\left(\frac{1}{k}-\frac{1}{k+1}\right)$$
$$=16\lim_{n\to\infty}\left\{\left(1-\frac{1}{2}\right)+\left(\frac{1}{2}-\frac{1}{3}\right)+\cdots+\left(\frac{1}{n}-\frac{1}{n+1}\right)\right\}$$
$$=16\qquad\left[=1-\frac{1}{n+1}\right]$$

$$0<\sum_{n=1}^{\infty}\left(b_n-\frac{1}{a_na_{n+1}}\right)<30\text{에서}\ 0<\sum_{n=1}^{\infty}b_n-\overbrace{\sum_{n=1}^{\infty}\frac{1}{a_na_{n+1}}}^{=16}<30$$

$16<\displaystyle\sum_{n=1}^{\infty}b_n<46$이고 수열 $\{b_n\}$은 첫째항이 b_1, 공비가 $\dfrac{1}{3}$인

등비수열이므로 $\displaystyle\sum_{n=1}^{\infty}b_n=\frac{b_1}{1-\frac{1}{3}}=\frac{3}{2}b_1$

$16<\dfrac{3}{2}b_1<46\qquad\therefore\ \dfrac{32}{3}<b_1<\dfrac{92}{3}$　　　……㉢

㉡, ㉢에 의하여 $b_1=27$

Step 3 $a_2\times\displaystyle\sum_{n=1}^{\infty}b_{2n}$의 값을 구한다.

㉠에서 $a_2=\dfrac{2}{4}=\dfrac{1}{2}$

$\displaystyle\sum_{n=1}^{\infty}b_{2n}$은 첫째항이 $b_2=27\times\dfrac{1}{3}=9$이고 공비가 $\left(\dfrac{1}{3}\right)^2=\dfrac{1}{9}$인 등비급수이므로

$$\sum_{n=1}^{\infty}b_{2n}=\frac{9}{1-\frac{1}{9}}=\frac{81}{8}$$

$$\therefore\ a_2\times\sum_{n=1}^{\infty}b_{2n}=\frac{1}{2}\times\frac{81}{8}=\frac{81}{16}$$

따라서 $p=16,\ q=81$이므로 $p+q=97$

---

069 [정답률 34%]　　　　　　　　　　　정답 91

첫째항이 양수이고 공비가 유리수인 등비수열 $\{a_n\}$에 대하여 급수 $\displaystyle\sum_{n=1}^{\infty}a_n$이 수렴하고, 수열 $\{a_n\}$이 다음 조건을 만족시킨다.

> (가) $a_1+a_2<10$
> (나) 수열 $\{a_n\}$의 정수인 항의 개수는 3이고, 이 세 항의 곱은 216이다.

$\displaystyle\sum_{n=1}^{\infty}a_n=\frac{q}{p}$일 때, $p+q$의 값을 구하시오.

（단, p와 q는 서로소인 자연수이다.） (4점)

Step 1 급수 $\displaystyle\sum_{n=1}^{\infty}a_n$이 수렴하도록 하는 등비수열 $\{a_n\}$의 공비의 조건을 구한다.

등비수열 $\{a_n\}$의 첫째항이 양수이므로 $a_1>0$

등비수열 $\{a_n\}$의 공비를 r (단, r은 유리수)이라 하면 급수 $\displaystyle\sum_{n=1}^{\infty}a_n$이 수렴하므로 $-1<r<1$

Step 2 등비수열의 성질을 이용하여 조건을 만족시키는 등비수열을 구한 후, 등비급수의 합을 구한다.

조건 (나)에서 수열 $\{a_n\}$의 정수인 항의 개수는 3이고 공비가 $-1<r<1$이므로 정수인 세 항은 연속해야 한다.

즉, 세 항 a_m, a_{m+1}, a_{m+2}의 값이 모두 정수인 자연수 m의 값이 존재한다.

0이 아닌 정수 x에 대하여 $a_m=x$, $a_{m+1}=xr$, $a_{m+2}=xr^2$이라 하면 조건 (나)에서

$a_m \times a_{m+1} \times a_{m+2}=(xr)^3=\underline{216}$ → 6^3 $\quad \therefore xr=6$ → $-1<r<1$이므로

이때 $a_m \times a_{m+2}=(xr)^2=36$이고, $|a_m|>|a_{m+1}|>|a_{m+2}|$이므로

$|a_m|=36$, $|a_{m+2}|=1$ 또는 $|a_m|=18$, $|a_{m+2}|=2$ 또는

$|a_m|=12$, $|a_{m+2}|=3$ 또는 $|a_m|=9$, $|a_{m+2}|=4$이다.

(i) $0<r<1$인 경우

$\{a_n\}=\cdots,\ 36,\ 6,\ 1,\ \cdots$ 또는 $\{a_n\}=\cdots,\ 18,\ 6,\ 2,\ \cdots$ 또는

$\{a_n\}=\cdots,\ 12,\ 6,\ 3,\ \cdots$ 또는 $\{a_n\}=\cdots,\ 9,\ 6,\ 4,\ \cdots$

이때 조건 (가)를 만족시키지 않는다. → $a_1=9$일 때, $a_1+a_2=9+6=15>10$
$a_1 \neq 9$일 때, $a_1>9$
이므로 $a_1+a_2>10$

(ii) $-1<r<0$인 경우

$a_1>0$이므로 a_1의 값이 최소일 때 수열 $\{a_n\}$은

$\{a_n\}=216,\ -36,\ 6,\ -1,\ \cdots$ 또는

$\{a_n\}=54,\ -18,\ 6,\ -2,\ \cdots$ 또는

$\{a_n\}=24,\ -12,\ 6,\ -3,\ \cdots$

위의 세 수열 $\{a_n\}$은 조건 (가), (나)를 모두 만족시키지 않는다.

즉, $\{a_n\}=\dfrac{27}{2},\ -9,\ 6,\ -4,\ \cdots$일 때 → $a_1+a_2>10$이며
정수인 항의 개수가 4이다.

$a_1+a_2=\dfrac{27}{2}+(-9)=\dfrac{9}{2}<10$이고, 정수인 항의 개수가 3이므로 주어진 조건을 모두 만족시킨다.

(i), (ii)에 의하여 조건을 만족시키는 수열 $\{a_n\}$은 $\{a_n\}=\dfrac{27}{2}$, -9, 6, -4, $\cdots$이므로 $a_1=\dfrac{27}{2}$, $r=-\dfrac{2}{3}$

$$\therefore \sum_{n=1}^{\infty} a_n = \frac{a_1}{1-r} = \frac{\dfrac{27}{2}}{1-\left(-\dfrac{2}{3}\right)} = \frac{81}{10}$$

따라서 $p=10$, $q=81$이므로 $p+q=91$

---

070 [정답률 69%]   정답 ②

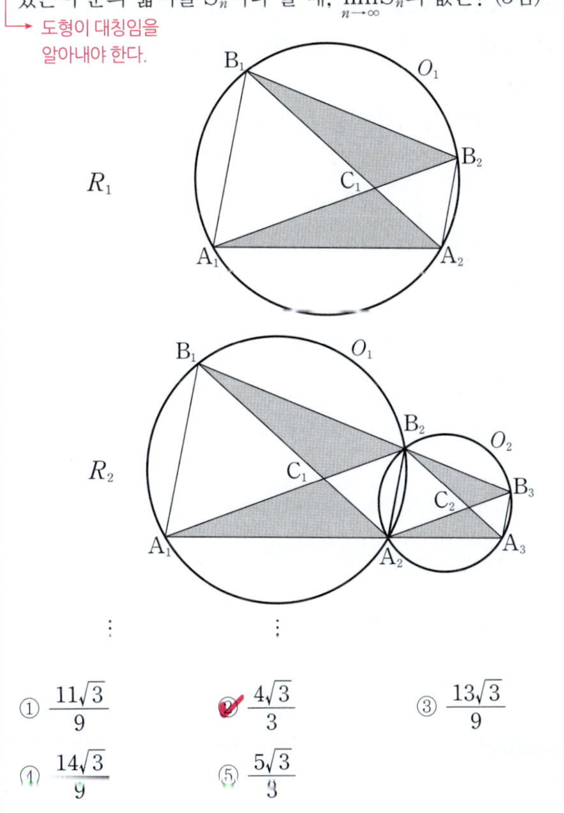

그림과 같이 $\overline{A_1B_1}=2$, $\overline{B_1A_2}=3$이고 $\angle A_1B_1A_2=\dfrac{\pi}{3}$인 삼각형 $A_1A_2B_1$과 이 삼각형의 외접원 O_1이 있다.

점 A_2를 지나고 직선 A_1B_1에 평행한 직선이 원 O_1과 만나는 점 중 A_2가 아닌 점을 B_2라 하자. 두 선분 A_1B_2, B_1A_2가 만나는 점을 C_1이라 할 때, 두 삼각형 $A_1A_2C_1$, $B_1C_1B_2$로 만들어진 ⋈ 모양의 도형에 색칠하여 얻은 그림을 R_1이라 하자. 그림 R_1에서 점 B_2를 지나고 직선 B_1A_2에 평행한 직선이 직선 A_1A_2와 만나는 점을 A_3이라 할 때, 삼각형 $A_2A_3B_2$의 외접원을 O_2라 하자. 그림 R_1을 얻은 것과 같은 방법으로 두 점 B_3, C_2를 잡아 원 O_2에 ⋈ 모양의 도형을 그리고 색칠하여 얻은 그림을 R_2라 하자.

이와 같은 과정을 계속하여 n번째 얻은 그림 R_n에 색칠되어 있는 부분의 넓이를 S_n이라 할 때, $\displaystyle\lim_{n\to\infty} S_n$의 값은? (3점)

→ 도형이 대칭임을 알아내야 한다.

① $\dfrac{11\sqrt{3}}{9}$ ② $\dfrac{4\sqrt{3}}{3}$ ③ $\dfrac{13\sqrt{3}}{9}$

④ $\dfrac{14\sqrt{3}}{9}$ ⑤ $\dfrac{5\sqrt{3}}{3}$

Step 1 S_1의 값을 구한다.

원 O_1의 중심을 O라 하고 점 O에서 두 선분 A_1B_1, A_2B_2에 내린 수선의 발을 각각 M_1, M_2라 하면 두 점 M_1, M_2는 각각 두 선분 A_1B_1, A_2B_2의 중점이다.

이때 $\overline{A_1B_1} \parallel \overline{A_2B_2}$이므로 세 점 M_1, O, M_2는 한 직선 위에 있다.

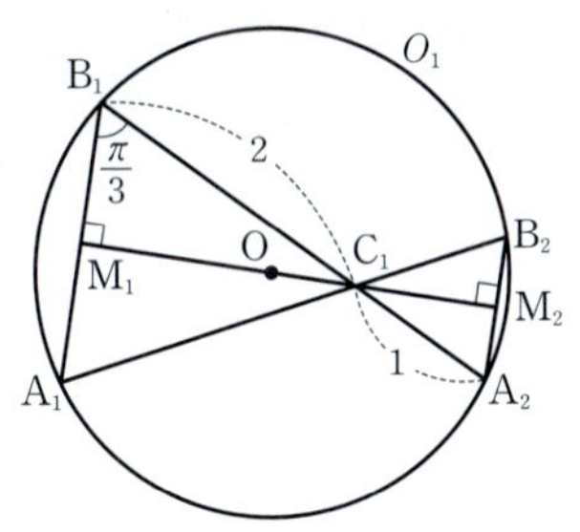

삼각형 $B_1M_1C_1$에서 $\angle M_1B_1C_1=\dfrac{\pi}{3}$이므로

$\overline{B_1C_1}=\overline{B_1M_1}\times\dfrac{1}{\cos\dfrac{\pi}{3}}=1\times\dfrac{1}{\dfrac{1}{2}}=2$

그러므로 삼각형 $A_1C_1B_1$은 한 변의 길이가 2인 정삼각형이다.

또한 $\angle A_1B_2A_2=\angle A_1B_1A_2=\dfrac{\pi}{3}$, $\angle A_2C_1B_2=\angle A_1C_1B_1=\dfrac{\pi}{3}$

이므로 삼각형 $C_1A_2B_2$도 정삼각형이다.

이때 $\overline{C_1A_2}=\overline{B_1A_2}-\overline{B_1C_1}=1$이므로 삼각형 $C_1A_2B_2$는 한 변의

길이가 1인 정삼각형이다.

$\therefore S_1=2\times(\triangle A_1A_2B_1-\triangle A_1C_1B_1)$

$\qquad =2\left(\dfrac{1}{2}\times2\times3\times\sin\dfrac{\pi}{3}-\dfrac{1}{2}\times2\times2\times\sin\dfrac{\pi}{3}\right)$

$\qquad =\sqrt{3}$

Step 2 두 삼각형 $A_1A_2B_1$, $A_2A_3B_2$의 넓이의 비를 구한다.

두 삼각형 $A_1A_2B_1$, $A_2A_3B_2$에서 세 점 A_1, A_2, A_3은 한 직선 위에 있고 $\overline{A_1B_1}/\!/\overline{A_2B_2}$, $\overline{A_2B_1}/\!/\overline{A_3B_2}$이므로 $\triangle A_1A_2B_1\backsim\triangle A_2A_3B_2$

$\overline{A_1B_1}=2$, $\overline{A_2B_2}=1$이므로 두 삼각형 $A_1A_2B_1$, $A_2A_3B_2$의 닮음비는 $2:1$이다.

따라서 두 삼각형의 넓이의 비는 $4:1$이므로

$\displaystyle\lim_{n\to\infty}S_n=\dfrac{S_1}{1-\dfrac{1}{4}}=\dfrac{\sqrt{3}}{\dfrac{3}{4}}=\dfrac{4\sqrt{3}}{3}$

---

071 [정답률 29%] 　　　　　 정답 ④

그림과 같이 $\overline{AB_1}=2$, $\overline{B_1C_1}=\sqrt{3}$, $\overline{C_1D_1}=1$이고

$\angle C_1B_1A=\dfrac{\pi}{2}$인 사다리꼴 $AB_1C_1D_1$이 있다. 세 점 A, B_1, D_1

을 지나는 원이 선분 B_1C_1과 만나는 점 중 B_1이 아닌 점을 E_1이라 할 때, 두 선분 C_1D_1, C_1E_1과 호 E_1D_1로 둘러싸인 부분과 선분 B_1E_1과 호 B_1E_1로 둘러싸인 부분인 ◥ 모양의 도형에 색칠하여 얻은 그림을 R_1이라 하자.

그림 R_1에서 선분 AB_1 위의 점 B_2, 호 E_1D_1 위의 점 C_2, 선분 AD_1 위의 점 D_2와 점 A를 꼭짓점으로 하고

$\overline{B_2C_2}:\overline{C_2D_2}=\sqrt{3}:1$이고 $\angle C_2B_2A=\dfrac{\pi}{2}$인 사다리꼴

$AB_2C_2D_2$를 그린다. 그림 R_1을 얻은 것과 같은 방법으로 점 E_2를 잡고, 사다리꼴 $AB_2C_2D_2$에 ◥ 모양의 도형을 그리고 색칠하여 얻은 그림을 R_2라 하자.

이와 같은 과정을 계속하여 n번째 얻은 그림 R_n에 색칠되어 있는 부분의 넓이를 S_n이라 할 때, $\displaystyle\lim_{n\to\infty}S_n$의 값은? (4점)

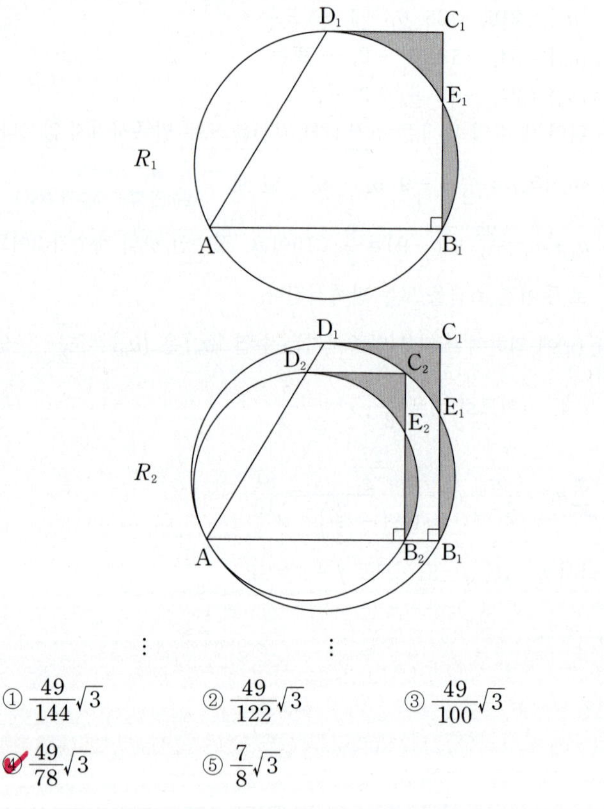

① $\dfrac{49}{144}\sqrt{3}$ 　　 ② $\dfrac{49}{122}\sqrt{3}$ 　　 ③ $\dfrac{49}{100}\sqrt{3}$

④ $\dfrac{49}{78}\sqrt{3}$ 　　 ⑤ $\dfrac{7}{8}\sqrt{3}$

Step 1 S_1의 값을 구한다.

삼각형 $B_1C_1D_1$에서 $\angle B_1C_1D_1=\dfrac{\pi}{2}$이므로

$\overline{B_1D_1}=\sqrt{\overline{B_1C_1}^2+\overline{C_1D_1}^2}=\sqrt{(\sqrt{3})^2+1^2}=2$

$\cos(\angle D_1B_1C_1)=\dfrac{\overline{B_1C_1}}{\overline{B_1D_1}}=\dfrac{\sqrt{3}}{2}$이므로 $\angle D_1B_1C_1=\dfrac{\pi}{6}$

$\angle AB_1D_1=\angle AB_1C_1-\angle D_1B_1C_1=\dfrac{\pi}{3}$이고 $\overline{AB_1}=\overline{B_1D_1}=2$이므로

삼각형 AB_1D_1은 정삼각형이다.

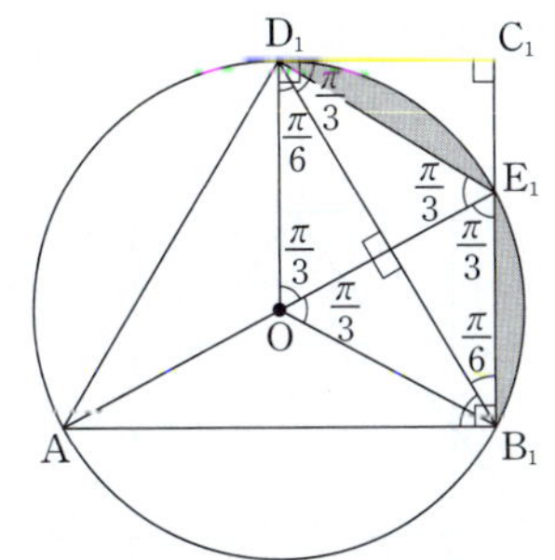

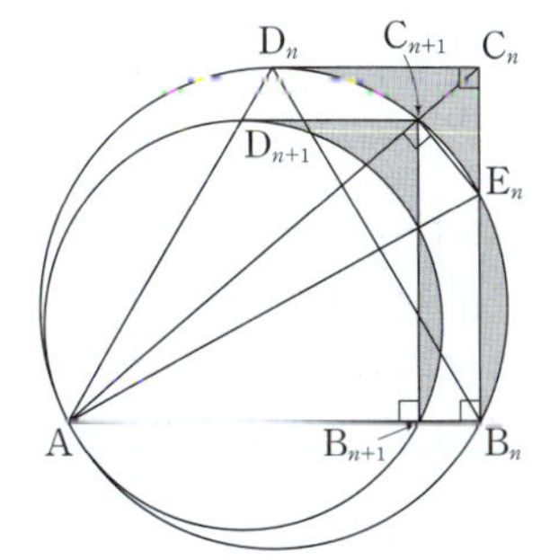

세 점 A, B_1, D_1을 지나는 원의 중심을 O라 하면 그림 R_1에 있는
도형의 내각의 크기는 위의 그림과 같으므로 두 삼각형 OB_1E_1,
OE_1D_1은 정삼각형이고 서로 합동이다.

즉, 두 부채꼴 OB_1E_1, OE_1D_1은 서로 합동이므로 색칠한 두 부분의
넓이는 같고

직각삼각형 $C_1D_1E_1$의 세 내각의 크기가
각각 $\dfrac{\pi}{6}, \dfrac{\pi}{3}, \dfrac{\pi}{2}$이므로 세 변의 길이의 비는 $\overline{C_1E_1} : \overline{C_1D_1} : \overline{D_1E_1} = 1 : \sqrt{3} : 2$

$$S_1 = \triangle C_1D_1E_1 = \frac{1}{2} \times \overline{C_1D_1} \times \overline{C_1E_1} = \frac{1}{2} \times 1 \times \frac{\sqrt{3}}{3} = \frac{\sqrt{3}}{6}$$

$$\overline{C_1E_1} = \frac{\overline{C_1D_1}}{\sqrt{3}} = \frac{1}{\sqrt{3}} = \frac{\sqrt{3}}{3}$$

Step 2 닮음비를 구한다.

그림 R_{n+1}에서 $\overline{C_nD_n} = a_n$이라 하면
$\overline{B_nC_n} = \sqrt{3}a_n$, $\overline{AB_n} = 2a_n$이고 $\overline{C_{n+1}D_{n+1}} = a_{n+1}$,
$\overline{B_{n+1}C_{n+1}} = \sqrt{3}a_{n+1}$, $\overline{AB_{n+1}} = 2a_{n+1}$이다.

직각삼각형 AB_nC_n에서
$$\overline{AC_n} = \sqrt{\overline{AB_n}^2 + \overline{B_nC_n}^2} = \sqrt{(2a_n)^2 + (\sqrt{3}a_n)^2} = \sqrt{7}a_n$$

직각삼각형 $AB_{n+1}C_{n+1}$에서
$$\overline{AC_{n+1}} = \sqrt{\overline{AB_{n+1}}^2 + \overline{B_{n+1}C_{n+1}}^2} = \sqrt{(2a_{n+1})^2 + (\sqrt{3}a_{n+1})^2}$$
$$= \sqrt{7}a_{n+1}$$

$$\therefore \overline{C_nC_{n+1}} = \overline{AC_n} - \overline{AC_{n+1}} = \sqrt{7}a_n - \sqrt{7}a_{n+1} = \sqrt{7}(a_n - a_{n+1})$$

정삼각형 AB_nD_n의 외접원을 C_n이라 하면 원 C_n에 내접하는
삼각형 AB_nE_n이 직각삼각형이므로 선분 AE_n은 원 C_n의 지름이다.

정삼각형 AB_nD_n에서 사인법칙에 의하여 → 원주각의 성질

$$\frac{\overline{AB_n}}{\sin(\angle AD_nB_n)} = \frac{2a_n}{\dfrac{\sqrt{3}}{2}} = \frac{4\sqrt{3}}{3}a_n = \overline{AE_n}$$

→ 원 C_n의 지름의 길이

또한 삼각형 AE_nC_{n+1}은 원 C_n의 지름을 빗변으로 하고 원 C_n에
내접하므로 $\angle AC_{n+1}E_n = \dfrac{\pi}{2}$인 직각삼각형이다. → 원주각의 성질

즉, 직각삼각형 $C_nC_{n+1}E_n$에서 $\overline{C_{n+1}E_n}^2 = \overline{C_nE_n}^2 - \overline{C_nC_{n+1}}^2$,
직각삼각형 AE_nC_{n+1}에서 $\overline{C_{n+1}E_n}^2 = \overline{AE_n}^2 - \overline{AC_{n+1}}^2$이므로
$$\overline{C_nE_n}^2 - \overline{C_nC_{n+1}}^2 = \overline{AE_n}^2 - \overline{AC_{n+1}}^2$$

$$\left(\frac{\sqrt{3}}{3}a_n\right)^2 - \{\sqrt{7}(a_n - a_{n+1})\}^2 = \left(\frac{4\sqrt{3}}{3}a_n\right)^2 - (\sqrt{7}a_{n+1})^2$$

$$\frac{1}{3}a_n^2 - (7a_n^2 - 14a_na_{n+1} + 7a_{n+1}^2) = \frac{16}{3}a_n^2 - 7a_{n+1}^2$$

$$14a_na_{n+1} = 12a_n^2, \quad 14a_{n+1} = 12a_n \ (\because a_n > 0)$$

$\overline{C_nD_n} = a_n$에서
$$\overline{C_nE_n} = \frac{\overline{C_nD_n}}{\sqrt{3}} = \frac{a_n}{\sqrt{3}} = \frac{\sqrt{3}}{3}a_n$$

$$\therefore a_{n+1} = \frac{6}{7}a_n$$

즉, $\overline{C_nD_n} : \overline{C_{n+1}D_{n+1}} = 7 : 6$이므로 두 사다리꼴 $AB_nC_nD_n$,
$AB_{n+1}C_{n+1}D_{n+1}$의 넓이의 비는 $49 : 36$이다.

→ 닮음인 두 도형의 길이의 비가
$a : b$이면 넓이의 비는
$a^2 : b^2$이다.

Step 3 $\displaystyle\lim_{n \to \infty} S_n$의 값을 구한다.

수열 $\{S_n\}$은 첫째항이 $\dfrac{\sqrt{3}}{6}$, 공비가 $\dfrac{36}{49}$인 등비수열의 첫째항부터

제n항까지의 합이므로 $\displaystyle\lim_{n \to \infty} S_n = \frac{\dfrac{\sqrt{3}}{6}}{1 - \dfrac{36}{49}} = \frac{49\sqrt{3}}{78}$

072 [정답률 52%]   정답 ②

그림과 같이 한 변의 길이가 4인 정사각형 $A_1B_1C_1D_1$이 있다.
선분 C_1D_1의 중점을 E_1이라 하고, 직선 A_1B_1 위에 두 점 F_1,
G_1을 $\overline{E_1F_1} = \overline{E_1G_1}$, $\overline{E_1F_1} : \overline{F_1G_1} = 5 : 6$이 되도록 잡고 이등
변삼각형 $E_1F_1G_1$을 그린다. 선분 D_1A_1과 선분 E_1F_1의 교점
을 P_1, 선분 B_1C_1과 선분 G_1E_1의 교점을 Q_1이라 할 때, 네 삼
각형 $E_1D_1P_1$, $P_1F_1A_1$, $Q_1B_1G_1$, $E_1Q_1C_1$로 만들어진
모양의 도형에 색칠하여 얻은 그림을 R_1이라 하자.
그림 R_1에 선분 F_1G_1 위의 두 점 A_2, B_2와 선분 G_1E_1 위의
점 C_2, 선분 E_1F_1 위의 점 D_2를 꼭짓점으로 하는 정사각형
$A_2B_2C_2D_2$를 그리고, 그림 R_1을 얻는 것과 같은 방법으로
정사각형 $A_2B_2C_2D_2$에   모양의 도형을 그리고 색칠하
여 얻은 그림을 R_2라 하자. 이와 같은 과정을 계속하여 n번째
얻은 그림 R_n에 색칠되어 있는 부분의 넓이를 S_n이라 할 때,
$\displaystyle\lim_{n \to \infty} S_n$의 값은? (4점)

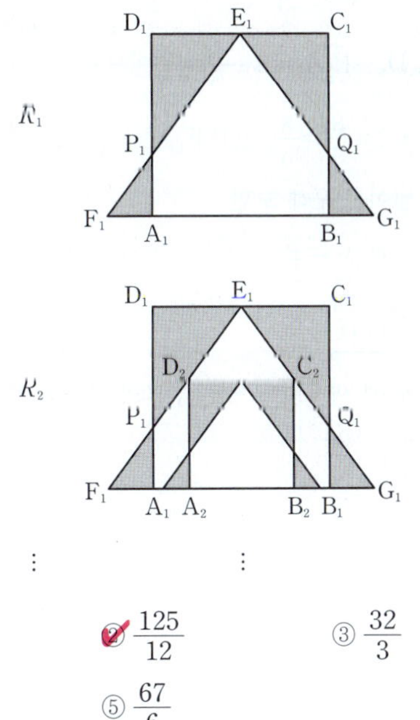

① $\dfrac{61}{6}$ ② $\dfrac{125}{12}$ ③ $\dfrac{32}{3}$

④ $\dfrac{131}{12}$ ⑤ $\dfrac{67}{6}$

Step 1 S_1의 값을 구한다.

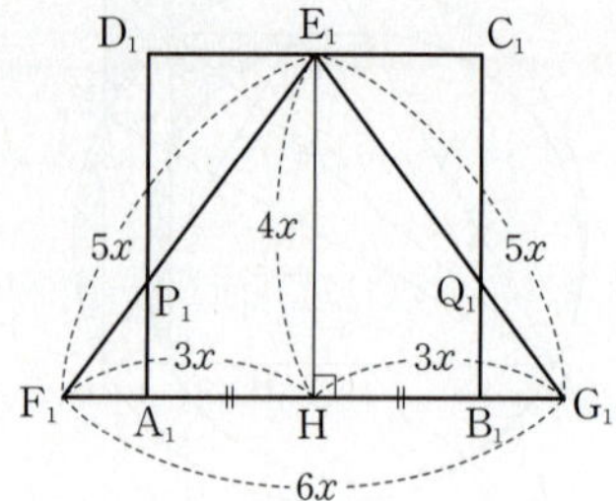

위 그림과 같이 그림 R_1의 점 E_1에서 $\overline{A_1B_1}$에 내린 수선의 발을 H 라 하자.

먼저 $\overline{E_1F_1}=\overline{E_1G_1}$이므로 삼각형 $E_1F_1G_1$은 이등변삼각형이다.

이때 $\overline{E_1F_1} : \overline{F_1G_1}=5 : 6$이므로 $\overline{E_1F_1}=5x$, $\overline{F_1G_1}=6x$라 하면

점 H가 선분 F_1G_1의 중점이므로 $\overline{F_1H}=\overline{G_1H}=3x$

$\quad\longrightarrow$ 이등변삼각형의 꼭짓점(E_1)에서 $\qquad\qquad \longrightarrow \dfrac{\overline{F_1G_1}}{2}=\dfrac{6x}{2}=3x$
$\qquad$ 밑변에 내린 수선($\overline{E_1H}$)은
$\qquad$ 밑변의 길이를 이등분해!

따라서 직각삼각형 E_1F_1H에서 피타고라스 정리를 이용하면

$\overline{E_1H}=\sqrt{\overline{E_1F_1}^2-\overline{F_1H}^2}=\sqrt{(5x)^2-(3x)^2}$
$\qquad =\sqrt{16x^2}=4x \qquad \longrightarrow 25x^2-9x^2=16x^2$

이때 정사각형 $A_1B_1C_1D_1$의 한 변의 길이가 4이므로

$4x=4 \qquad \therefore x=1$

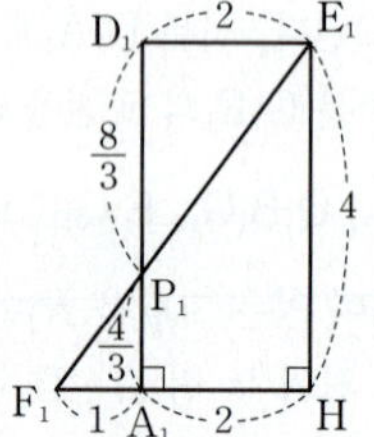

따라서 $\overline{F_1H}=3x=3$이고 $\overline{A_1H}=2$이므로

$\overline{F_1A_1}=\overline{F_1H}-\overline{A_1H}=3-2=1 \quad\longrightarrow$ 정사각형의 한 변의 길이의 절반

두 삼각형 $F_1A_1P_1$, F_1HE_1이 닮음이므로

$\quad\longrightarrow \angle F_1$은 공통, $\angle F_1A_1P_1=\angle F_1HE_1=90°$이므로
$\qquad$ AA닮음

$\overline{F_1A_1} : \overline{F_1H}=\overline{P_1A_1} : \overline{E_1H}$에서 $1 : 3=\overline{P_1A_1} : 4$

$3\overline{P_1A_1}=4 \qquad \therefore \overline{P_1A_1}=\dfrac{4}{3}$

이때 $\overline{P_1D_1}=\overline{A_1D_1}-\overline{P_1A_1}=4-\dfrac{4}{3}=\dfrac{8}{3}$이므로

$\triangle E_1D_1P_1=\dfrac{1}{2}\times 2\times\dfrac{8}{3}=\dfrac{8}{3}$, $\triangle P_1F_1A_1=\dfrac{1}{2}\times 1\times\dfrac{4}{3}=\dfrac{2}{3}$

같은 방법으로 넓이를 구해 보면

$\triangle Q_1G_1B_1=\triangle P_1F_1A_1=\dfrac{2}{3}$

$\quad\longrightarrow$ 두 삼각형은 합동이야.

$\triangle E_1C_1Q_1=\triangle E_1D_1P_1=\dfrac{8}{3}$

그러므로 그림 R_1에 색칠되어 있는 부분의 넓이 S_1은

$S_1=2\times\left(\dfrac{2}{3}+\dfrac{8}{3}\right)=\dfrac{20}{3}$

Step 2 새로 그려지는 정사각형의 한 변의 길이를 이용하여 S_n이 무엇 인지 파악한다.

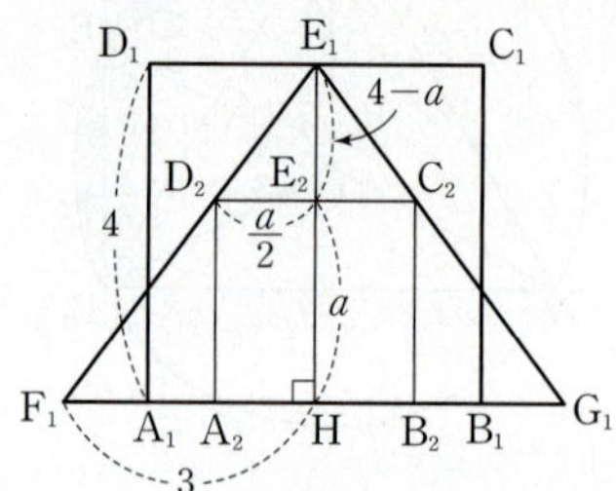

그림 R_2에서 새로 그려지는 정사각형 $A_2B_2C_2D_2$의 한 변의 길이를 a라 하고, 선분 E_1H가 선분 D_2C_2와 만나는 점을 E_2라 하자.

$\overline{D_2E_2}=\dfrac{a}{2}$, $\overline{E_1E_2}=4-a$이고

$\quad\longrightarrow \overline{E_2H}$(정사각형 $A_2B_2C_2D_2$의 한 변의 길이)
$\quad\longrightarrow \overline{E_1H}$(정사각형 $A_1B_1C_1D_1$의 한 변의 길이)

두 삼각형 E_1F_1H, $E_1D_2E_2$가 서로 닮음이므로

$\quad\longrightarrow \angle E_1F_1H=\angle E_1D_2E_2$(동위각), $\angle E_1HF_1=\angle E_1E_2D_2=90°$

$\overline{F_1H} : \overline{D_2E_2}=\overline{E_1H} : \overline{E_1E_2}$에서 $3 : \dfrac{a}{2}=4 : (4-a)$

$2a=12-3a$, $5a=12 \qquad \therefore a=\dfrac{12}{5}$

따라서 두 정사각형 $A_1B_1C_1D_1$, $A_2B_2C_2D_2$의 닮음비는

$4 : \dfrac{12}{5}=1 : \dfrac{3}{5}$

이므로 R_1, R_2에서 새로 색칠된 부분의 넓이의 비는

$1 : \left(\dfrac{3}{5}\right)^2=1 : \dfrac{9}{25}$

그러므로 S_n은 첫째항이 $\dfrac{20}{3}$이고 공비가 $\dfrac{9}{25}$인 등비수열의 첫째항

$\quad\longrightarrow =S_1$

부터 제n항까지의 합이다.

Step 3 $\lim\limits_{n\to\infty} S_n$의 값을 구한다.

$\lim\limits_{n\to\infty} S_n=\sum\limits_{n=1}^{\infty}\left\{\dfrac{20}{3}\times\left(\dfrac{9}{25}\right)^{n-1}\right\}$

$\qquad =\dfrac{\dfrac{20}{3}}{1-\dfrac{9}{25}}=\dfrac{\dfrac{20}{3}}{\dfrac{16}{25}}=\dfrac{500}{48}=\dfrac{125}{12}$

$\qquad\qquad\longrightarrow a_n=ar^{n-1}$일 때 $\sum\limits_{n=1}^{\infty}a_n=\dfrac{a}{1-r}$ (단, $|r|<1$)

073 [정답률 49%] 정답 ③

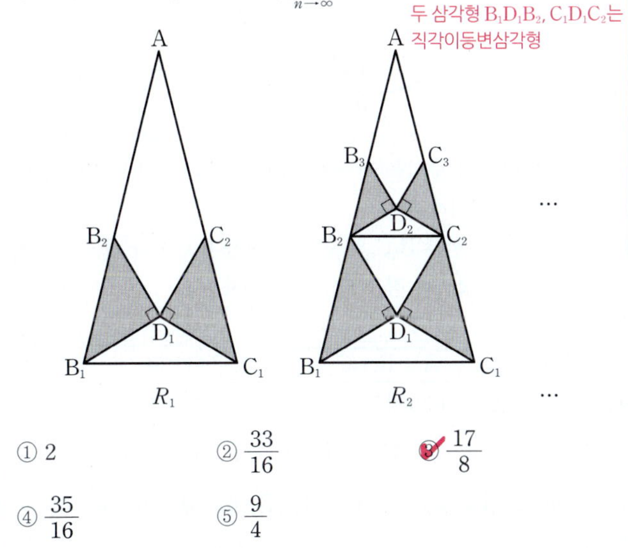

그림과 같이 $\overline{AB_1}=\overline{AC_1}=\sqrt{17}$, $\overline{B_1C_1}=2$인 삼각형 AB_1C_1
이 있다. 선분 AB_1 위의 점 B_2, 선분 AC_1 위의 점 C_2, 삼각형
AB_1C_1의 내부의 점 D_1을 $\overline{B_1D_1}=\overline{B_2D_1}=\overline{C_1D_1}=\overline{C_2D_1}$,
$\angle B_1D_1B_2=\angle C_1D_1C_2=\dfrac{\pi}{2}$가 되도록 잡고, 두 삼각형
$B_1D_1B_2$, $C_1D_1C_2$에 색칠하여 얻은 그림을 R_1이라 하자. 그림
R_1에서 선분 AB_2 위의 점 B_3, 선분 AC_2 위의 점 C_3, 삼각형
AB_2C_2의 내부의 점 D_2를 $\overline{B_2D_2}=\overline{B_3D_2}=\overline{C_2D_2}=\overline{C_3D_2}$,
$\angle B_2D_2B_3=\angle C_2D_2C_3=\dfrac{\pi}{2}$가 되도록 잡고, 두 삼각형
$B_2D_2B_3$, $C_2D_2C_3$에 색칠하여 얻은 그림을 R_2라 하자. 이와
같은 과정을 계속하여 n번째 얻은 그림 R_n에 색칠되어 있는
부분의 넓이를 S_n이라 할 때, $\lim\limits_{n\to\infty}S_n$의 값은? (3점)

두 삼각형 $B_1D_1B_2$, $C_1D_1C_2$는 직각이등변삼각형

① 2 　　② $\dfrac{33}{16}$ 　　③ $\dfrac{17}{8}$

④ $\dfrac{35}{16}$ 　　⑤ $\dfrac{9}{4}$

Step 1 S_1의 값을 구한다.

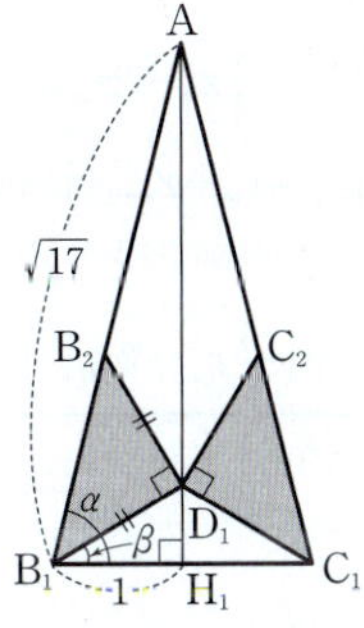

점 A에서 선분 B_1C_1에 내린 수선의 발을 H_1이라 하면 점 D_1은
선분 AH_1 위에 존재한다.

$\angle AB_1H_1=\alpha$, $\angle D_1B_1H_1=\beta$라 하자.

$\overline{AH_1}=\sqrt{17-1}=4$이므로 $\tan\alpha=4$

$$\overline{AH_1}=\sqrt{\overline{AB_1}^2-\overline{B_1H_1}^2}=\sqrt{(\sqrt{17})^2-1^2}$$

$$\tan\beta=\tan\left(\alpha-\dfrac{\pi}{4}\right)=\dfrac{\tan\alpha-\tan\dfrac{\pi}{4}}{1+\tan\alpha\tan\dfrac{\pi}{4}}=\dfrac{3}{5}$$

$\overline{B_1D_1}=\overline{B_2D_1}$이므로 $\angle B_2B_1D_1=\angle B_1B_2D_1=\dfrac{\pi}{4}$

$$\therefore\ \overline{D_1H_1}=\dfrac{3}{5}$$

$\overline{B_1H_1}\times\tan\beta=1\times\dfrac{3}{5}$

따라서 $\overline{B_1D_1}=\sqrt{1^2+\left(\dfrac{3}{5}\right)^2}=\dfrac{\sqrt{34}}{5}$이므로

$$S_1=2\times\left\{\dfrac{1}{2}\times\left(\dfrac{\sqrt{34}}{5}\right)^2\right\}=\dfrac{34}{25}$$

$\overline{B_1D_1}=\sqrt{\overline{B_1H_1}^2+\overline{D_1H_1}^2}$

Step 2 그림 R_n에 새로 색칠된 부분과 그림 R_{n+1}에 새로 색칠된 부분의
넓이의 비를 구한다.

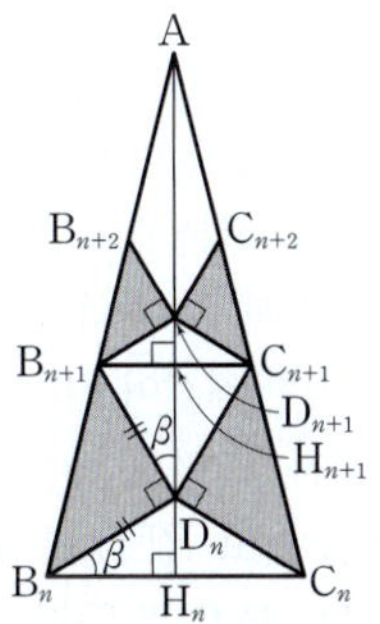

점 A에서 선분 B_nC_n에 내린 수선의 발을 H_n, 선분 $B_{n+1}C_{n+1}$에
내린 수선의 발을 H_{n+1}이라 하면 점 D_n과 점 D_{n+1} 모두 선분 AH_n
위에 존재한다.

두 삼각형 $D_nB_nH_n$과 $B_{n+1}D_nH_{n+1}$은 서로 합동이므로

$$\overline{B_{n+1}H_{n+1}}=\overline{D_nH_n}=\overline{B_nH_n}\times\tan\beta=\dfrac{3}{5}\overline{B_nH_n}$$ $=\dfrac{3}{5}$

두 삼각형 $B_nD_nB_{n+1}$, $C_nD_nC_{n+1}$로 만들어진 도형의 넓이를 T_n이라
하면 두 삼각형 $D_nB_nH_n$, $D_{n+1}B_{n+1}H_{n+1}$은 서로 닮음이고 닮음비가

$1:\dfrac{3}{5}$이므로 $T_{n+1}=\dfrac{9}{25}T_n$ 넓이의 비는 $1^2:\left(\dfrac{3}{5}\right)^2$, 즉 $1:\dfrac{9}{25}$

따라서 수열 $\{T_n\}$은 첫째항이 $T_1=S_1=\dfrac{34}{25}$, 공비가 $\dfrac{9}{25}$인 등비수
열이다.

$$\therefore\ \lim_{n\to\infty}S_n=\sum_{n=1}^{\infty}T_n=\dfrac{\dfrac{34}{25}}{1-\dfrac{9}{25}}=\dfrac{17}{8}$$

074 [정답률 46%]

정답 ③

그림과 같이 길이가 4인 선분 A_1B_1을 지름으로 하는 원 O_1이 있다. 원 O_1의 외부에 $\angle B_1A_1C_1=\dfrac{\pi}{2}$, $\overline{A_1B_1}:\overline{A_1C_1}=4:3$이 되도록 점 C_1을 잡고 두 선분 A_1C_1, B_1C_1을 그린다. 원 O_1과 선분 B_1C_1의 교점 중 B_1이 아닌 점을 D_1이라 하고, 점 D_1을 포함하지 않는 호 A_1B_1과 두 선분 A_1D_1, B_1D_1로 둘러싸인 부분에 색칠하여 얻은 그림을 R_1이라 하자.

그림 R_1에서 호 A_1D_1과 두 선분 A_1C_1, C_1D_1에 동시에 접하는 원 O_2를 그리고 선분 A_1C_1과 원 O_2의 교점을 A_2, 점 A_2를 지나고 직선 A_1B_1과 평행한 직선이 원 O_2와 만나는 점 중 A_2가 아닌 점을 B_2라 하자. 그림 R_1에서 얻은 것과 같은 방법으로 두 점 C_2, D_2를 잡고, 점 D_2를 포함하지 않는 호 A_2B_2와 두 선분 A_2D_2, B_2D_2로 둘러싸인 부분에 색칠하여 얻은 그림을 R_2라 하자.

이와 같은 과정을 계속하여 n번째 얻은 그림 R_n에 색칠되어 있는 부분의 넓이를 S_n이라 할 때, $\lim\limits_{n\to\infty} S_n$의 값은? (4점)

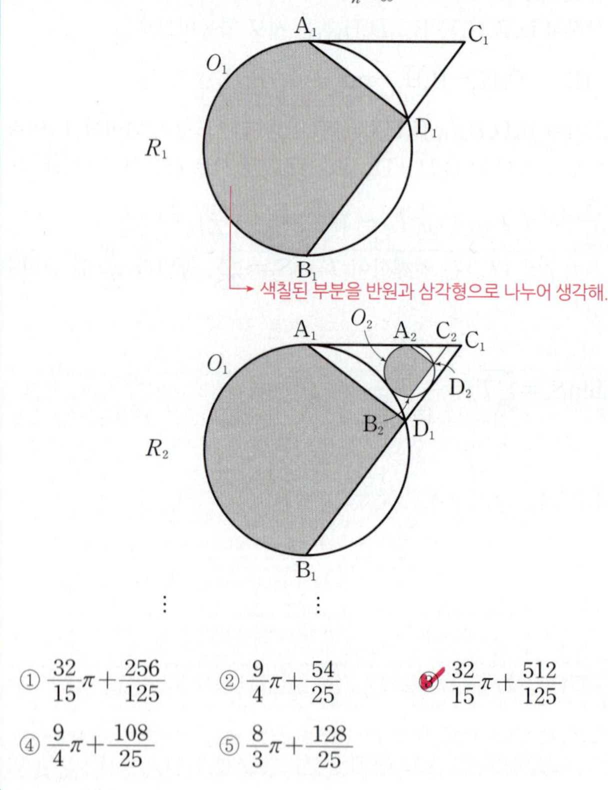

① $\dfrac{32}{15}\pi+\dfrac{256}{125}$ 　② $\dfrac{9}{4}\pi+\dfrac{54}{25}$ 　③ $\dfrac{32}{15}\pi+\dfrac{512}{125}$

④ $\dfrac{9}{4}\pi+\dfrac{108}{25}$ 　⑤ $\dfrac{8}{3}\pi+\dfrac{128}{25}$

Step 1 넓이의 비를 이용하여 S_1의 값을 구한다.

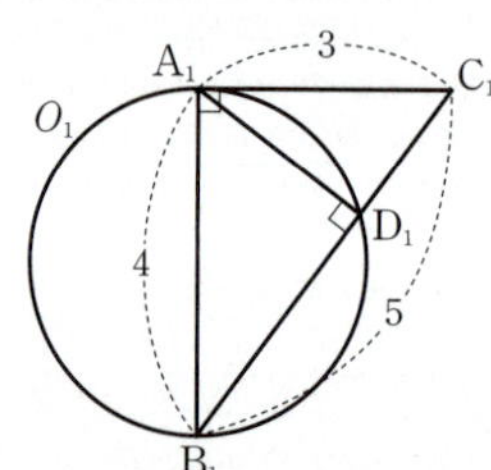

원 O_1의 반지름의 길이가 2이므로 반원의 넓이는 $2^2\pi\times\dfrac{1}{2}=2\pi$

직각삼각형 $C_1A_1B_1$에서 $\overline{A_1C_1}=3$, $\overline{A_1B_1}=4$이므로 피타고라스 정리에 의하여 $\overline{B_1C_1}=\sqrt{3^2+4^2}=5$

선분 A_1B_1은 원 O_1의 지름이므로 $\angle A_1D_1B_1=\dfrac{\pi}{2}$

두 직각삼각형 $A_1B_1C_1$, $D_1B_1A_1$은 서로 닮음(AA 닮음)이고 닮음비가 $\overline{B_1C_1}:\overline{B_1A_1}=5:4$이므로 넓이의 비는 $25:16$이다.

직각삼각형 $A_1B_1C_1$의 넓이가

→ 닮음비가 $m:n$일 때 넓이의 비는 $m^2:n^2$
→ $\angle B_1A_1C_1=\angle B_1D_1A_1=\dfrac{\pi}{2}$,
　$\angle A_1B_1C_1=\angle D_1B_1A_1$

$\dfrac{1}{2}\times\overline{B_1A_1}\times\overline{A_1C_1}=\dfrac{1}{2}\times4\times3=6$이므로

$\triangle D_1B_1A_1=6\times\dfrac{16}{25}=\dfrac{96}{25}$ 　　$\therefore S_1=2\pi+\dfrac{96}{25}$

Step 2 r_n과 r_{n+1} 사이의 관계식을 구한다.

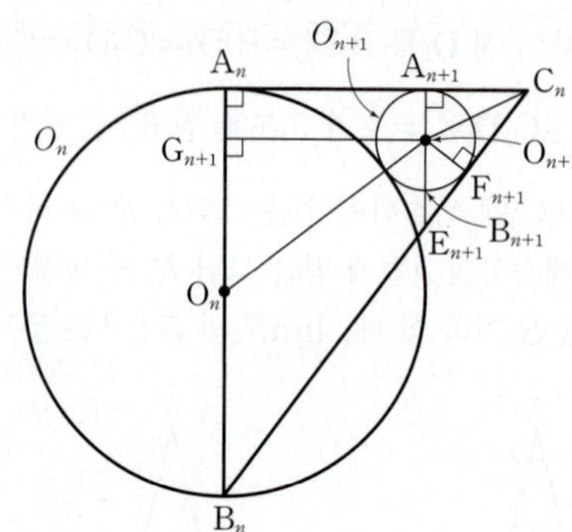

$\angle C_nA_nB_n=\angle C_nA_{n+1}E_{n+1}=\dfrac{\pi}{2}$, $\angle C_n$은 공통각이므로 AA 닮음이야.

두 원 O_n과 O_{n+1}의 중심을 각각 O_n과 O_{n+1}이라 하고 반지름의 길이를 각각 r_n과 r_{n+1}이라 하자.

직선 $A_{n+1}B_{n+1}$이 선분 B_nC_n과 만나는 점을 E_{n+1}이라 하고, 원 O_{n+1}과 직선 B_nC_n이 접하는 점을 F_{n+1}이라 하자.

$\overline{A_{n+1}C_n}=k_n$이라 하면 $\overline{F_{n+1}C_n}=k_n$이고

점 C_n에서 원 O_{n+1}에 그은 두 접선의 길이는 서로 같아.

두 삼각형 $A_nB_nC_n$, $A_{n+1}E_{n+1}C_n$은 서로 닮음이므로

$\overline{A_{n+1}C_n}:\overline{E_{n+1}C_n}=3:5$에서

$\overline{E_{n+1}C_n}=\dfrac{5}{3}k_n$이고, $\overline{E_{n+1}F_{n+1}}=\overline{E_{n+1}C_n}-\overline{F_{n+1}C_n}=\dfrac{2}{3}k_n$이다.

두 삼각형 $A_{n+1}E_{n+1}C_n$, $F_{n+1}E_{n+1}O_{n+1}$은 서로 닮음이므로

$\overline{O_{n+1}F_{n+1}}:\overline{E_{n+1}F_{n+1}}=3:4$에서 $r_{n+1}:\dfrac{2}{3}k_n=3:4$

$\therefore k_n=2r_{n+1}$ 　→ $\overline{A_nB_n}=2r_n$이고 $\overline{A_nB_n}:\overline{A_nC_n}=4:3$이므로 $\overline{A_nC_n}=\dfrac{3}{2}r_n$

점 O_{n+1}에서 선분 A_nO_n에 내린 수선의 발을 G_{n+1}이라 하면

$\overline{O_{n+1}G_{n+1}}=\overline{A_nC_n}-\overline{A_{n+1}C_n}=\dfrac{3}{2}r_n-2r_{n+1}$

$\overline{O_nG_{n+1}}=r_n-r_{n+1}$, $\overline{O_nO_{n+1}}=r_n+r_{n+1}$이므로

직각삼각형 $O_nO_{n+1}G_{n+1}$에서 피타고라스 정리에 의해

$$\left(r_n+r_{n+1}\right)^2=\left(r_n-r_{n+1}\right)^2+\left(\dfrac{3}{2}r_n-2r_{n+1}\right)^2$$

$16r_{n+1}^2-40r_{n+1}r_n+9r_n^2=0$ 　→ $r_n^2+2r_nr_{n+1}+r_{n+1}^2$

$\left(4r_{n+1}-r_n\right)\left(4r_{n+1}-9r_n\right)=0$ 　$=\left(r_n^2-2r_nr_{n+1}+r_{n+1}^2\right)+\left(\dfrac{9}{4}r_n^2-6r_nr_{n+1}+4r_{n+1}^2\right)$

이때 $r_n>r_{n+1}$이므로 $r_{n+1}=\dfrac{1}{4}r_n$

즉, 두 원 O_n, O_{n+1}의 닮음비가 $4:1$이므로 넓이의 비는 $16:1$이다.

Step 3 $\lim\limits_{n\to\infty} S_n$의 값을 구한다.

따라서 S_n은 첫째항이 $2\pi+\dfrac{96}{25}$이고 공비가 $\dfrac{1}{16}$인 등비수열의 첫째항부터 제n항까지의 합이므로

$$\lim_{n\to\infty}S_n=\dfrac{2\pi+\dfrac{96}{25}}{1-\dfrac{1}{16}}=\dfrac{32}{15}\pi+\dfrac{512}{125}$$

075 [정답률 36%] 정답 ⑤

그림과 같이 두 선분 A_1B_1, C_1D_1이 서로 평행하고 $\overline{A_1B_1}=10$,
$\overline{B_1C_1}=\overline{C_1D_1}=\overline{D_1A_1}=6$인 사다리꼴 $A_1B_1C_1D_1$이 있다. 세
선분 B_1C_1, C_1D_1, D_1A_1의 중점을 각각 E_1, F_1, G_1이라 하고
두 개의 삼각형 $C_1F_1E_1$, $D_1G_1F_1$을 색칠하여 얻은 그림을
R_1이라 하자.
그림 R_1에 선분 A_1B_1 위의 두 점 A_2, B_2와 선분 E_1F_1 위의 점
C_2, 선분 F_1G_1 위의 점 D_2를 꼭짓점으로 하고 두 선분 A_2B_2,
C_2D_2가 서로 평행하며 $\overline{B_2C_2}=\overline{C_2D_2}=\overline{D_2A_2}$,
$\overline{A_2B_2}:\overline{B_2C_2}=5:3$인 사다리꼴 $A_2B_2C_2D_2$를 그린다.
그림 R_1을 얻는 것과 같은 방법으로 사다리꼴 $A_2B_2C_2D_2$에 두
개의 삼각형을 그리고 색칠하여 얻은 그림을 R_2라 하자. 이와
같은 과정을 계속하여 n번째 얻은 그림 R_n에 색칠되어 있는
부분의 넓이를 S_n이라 할 때, $\lim\limits_{n\to\infty} S_n$의 값은? (4점)

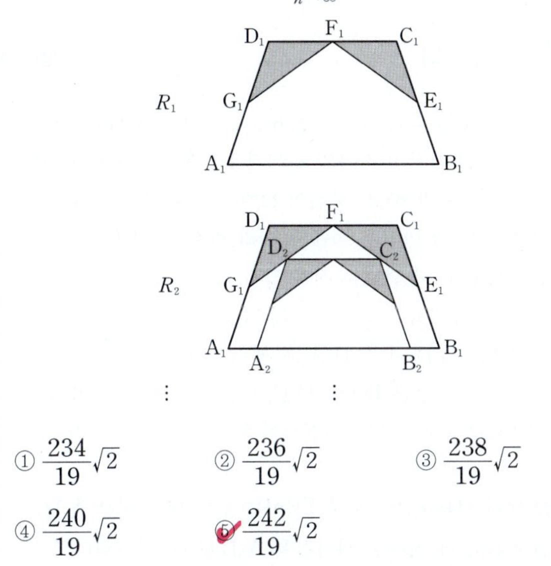

① $\dfrac{234}{19}\sqrt{2}$ ② $\dfrac{236}{19}\sqrt{2}$ ③ $\dfrac{238}{19}\sqrt{2}$

④ $\dfrac{240}{19}\sqrt{2}$ ⑤ $\dfrac{242}{19}\sqrt{2}$

Step 1 피타고라스 정리를 이용하여 S_1의 값을 구한다.

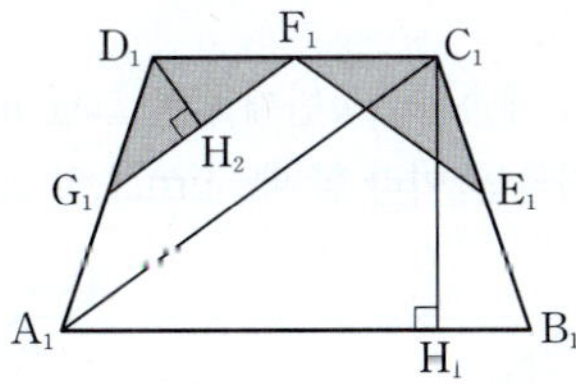

점 C_1에서 $\overline{A_1B_1}$에 내린 수선의 발을 H_1이라 하고, 점 D_1에서 $\overline{G_1F_1}$
에 내린 수선의 발을 H_2라 하자.
$\triangle C_1H_1B_1$에서 $\overline{C_1B_1}=6$, $\overline{H_1B_1}=2$, $\angle C_1H_1B_1=90°$이므로
피타고라스 정리에 의해

$$\overline{H_1B_1}=\frac{\overline{A_1B_1}-\overline{C_1D_1}}{2}=\frac{10-6}{2}=2$$

$\overline{C_1H_1}=\sqrt{6^2-2^2}=4\sqrt{2}$

같은 방법으로 $\triangle A_1H_1C_1$에서 $\overline{A_1C_1}=\sqrt{8^2+(4\sqrt{2})^2}=4\sqrt{6}$
점 G_1과 점 F_1이 각각 $\overline{A_1D_1}$, $\overline{D_1C_1}$의 중점이므로
두 삼각형 $D_1G_1F_1$과 $D_1A_1C_1$은 서로 닮음이고, 닮음비는 $1:2$이다.
따라서 $\overline{G_1F_1}:\overline{A_1C_1}=1:2$이고 $\overline{A_1C_1}=4\sqrt{6}$이므로
$\overline{G_1F_1}=2\sqrt{6}$

이때 $\triangle D_1G_1F_1$이 이등변삼각형이므로
점 H_2는 $\overline{G_1F_1}$을 이등분한다.

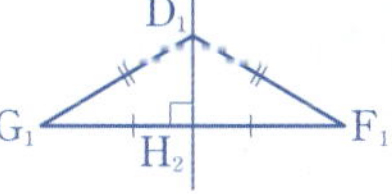

$$\therefore \overline{F_1H_2}=\frac{1}{2}\overline{G_1F_1}=\sqrt{6}$$

$\triangle D_1F_1H_2$에서 $\overline{D_1F_1}=3$, $\overline{F_1H_2}=\sqrt{6}$, $\angle D_1H_2F_1=90°$이므로
$\overline{D_1H_2}=\sqrt{3^2-(\sqrt{6})^2}=\sqrt{3}$

$$\therefore S_1=4\times \triangle D_1H_2F_1=4\times\left(\frac{1}{2}\times\sqrt{6}\times\sqrt{3}\right)=6\sqrt{2}$$

Step 2 두 그림 R_n과 R_{n+1}에서 서로 닮음인 도형을 찾아 닮음비를 이용
하여 등비급수의 합을 구한다.

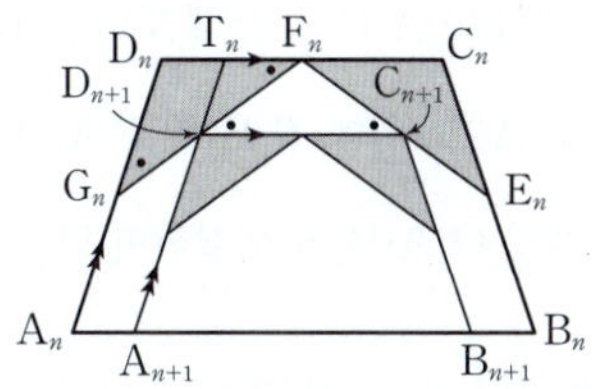

선분 $A_{n+1}D_{n+1}$의 연장선이 $\overline{D_nC_n}$과 만나는 점을 T_n이라 하자.
사다리꼴 $A_nB_nC_nD_n$에 대하여 $\overline{B_nC_n}=\overline{C_nD_n}=\overline{D_nA_n}$,
$\overline{A_nB_n}:\overline{B_nC_n}=5:3$이고 사다리꼴 $A_{n+1}B_{n+1}C_{n+1}D_{n+1}$에서
$\overline{B_{n+1}C_{n+1}}=\overline{C_{n+1}D_{n+1}}=\overline{D_{n+1}A_{n+1}}$, $\overline{A_{n+1}B_{n+1}}:\overline{B_{n+1}C_{n+1}}=5:3$
이므로 두 사다리꼴 $A_nB_nC_nD_n$과 $A_{n+1}B_{n+1}C_{n+1}D_{n+1}$은 서로 닮음
이고 $\overline{A_nD_n}\parallel\overline{A_{n+1}D_{n+1}}$이다.
따라서 두 삼각형 $D_nG_nF_n$과 $T_nD_{n+1}F_n$은 서로 AA 닮음이며
$\overline{D_nG_n}:\overline{G_nF_n}=\overline{T_nD_{n+1}}:\overline{D_{n+1}F_n}=3:2\sqrt{6}$이다.
$\overline{D_nC_n}\parallel\overline{D_{n+1}C_{n+1}}$이므로 $\angle D_nF_nG_n=\angle F_nD_{n+1}C_{n+1}$이고
두 삼각형 $D_nG_nF_n$과 $F_nD_{n+1}C_{n+1}$은 서로 AA 닮음이다.
$\overline{D_nG_n}:\overline{G_nF_n}=\overline{D_{n+1}F_n}:\overline{D_{n+1}C_{n+1}}=3:2\sqrt{6}$

$\overline{T_nD_{n+1}}=k$라 하면 $\overline{D_{n+1}F_n}=\dfrac{2\sqrt{6}}{3}k$이고 $\overline{D_{n+1}C_{n+1}}=\dfrac{8}{3}k$이다.

$\overline{A_{n+1}D_{n+1}}=\overline{D_{n+1}C_{n+1}}$이므로

$\overline{A_{n+1}T_n}=\overline{A_{n+1}D_{n+1}}+\overline{D_{n+1}T_n}$
$=\overline{D_{n+1}C_{n+1}}+\overline{D_{n+1}T_n}$
$=\dfrac{8}{3}k+k=\dfrac{11}{3}k$

$$\therefore \overline{D_nC_n}=\overline{A_nD_n}=\overline{A_{n+1}T_n}=\frac{11}{3}k$$

두 사다리꼴 $A_nB_nC_nD_n$과 $A_{n+1}B_{n+1}C_{n+1}D_{n+1}$의 닮음비가
$\dfrac{11}{3}k:\dfrac{8}{3}k=1:\dfrac{8}{11}$이므로 넓이의 비는 $1:\dfrac{64}{121}$이다. 즉, n번째
얻은 그림 R_n에서 새로 색칠되는 부분의 넓이를 a_n이라 하면 수열
$\{a_n\}$은 첫째항이 $a_1=S_1=6\sqrt{2}$이고 공비가 $\dfrac{64}{121}$인 등비수열이다.

$$\therefore \lim_{n\to\infty}S_n=\sum_{n=1}^{\infty}a_n=\frac{6\sqrt{2}}{1-\dfrac{64}{121}}=\frac{242}{19}\sqrt{2}$$

076 [정답률 80%]   정답 ③

그림과 같이 중심이 O_1, 반지름의 길이가 1이고 중심각의 크기가 $\dfrac{5\pi}{12}$인 부채꼴 $O_1A_1O_2$가 있다. 호 A_1O_2 위에 점 B_1을 $\angle A_1O_1B_1=\dfrac{\pi}{4}$가 되도록 잡고, 부채꼴 $O_1A_1B_1$에 색칠하여 얻은 그림을 R_1이라 하자.

그림 R_1에서 점 O_2를 지나고 선분 O_1A_1에 평행한 직선이 직선 O_1B_1과 만나는 점을 A_2라 하자. 중심이 O_2이고 중심각의 크기가 $\dfrac{5\pi}{12}$인 부채꼴 $O_2A_2O_3$을 부채꼴 $O_1A_1B_1$과 겹치지 않도록 그린다. 호 A_2O_3 위에 점 B_2를 $\angle A_2O_2B_2=\dfrac{\pi}{4}$가 되도록 잡고, 부채꼴 $O_2A_2B_2$에 색칠하여 얻은 그림을 R_2라 하자.

이와 같은 과정을 계속하여 n번째 얻은 그림 R_n에 색칠되어 있는 부분의 넓이를 S_n이라 할 때, $\lim\limits_{n\to\infty} S_n$의 값은? (3점)

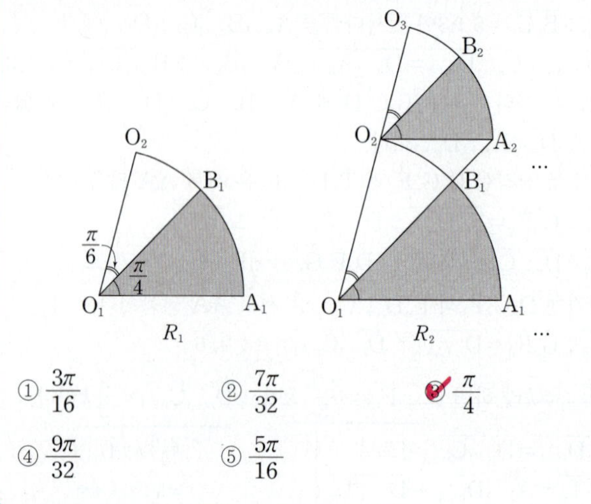

① $\dfrac{3\pi}{16}$ ② $\dfrac{7\pi}{32}$ ③ $\dfrac{\pi}{4}$

④ $\dfrac{9\pi}{32}$ ⑤ $\dfrac{5\pi}{16}$

Step 1 S_1의 값을 구한다.

부채꼴 $O_1A_1B_1$의 반지름의 길이는 1이고, 중심각의 크기는 $\dfrac{\pi}{4}$이므로

$$S_1=\dfrac{1}{2}\times 1^2 \times \dfrac{\pi}{4}=\dfrac{\pi}{8}$$

→ 반지름의 길이가 r, 중심각의 크기가 θ인 부채꼴의 넓이는 $\dfrac{1}{2}r^2\theta$

Step 2   닮음비를 이용하여 넓이의 비를 구한다.

→ 두 선분 O_1A_1, O_2A_2가 평행하므로 $\angle A_1O_1B_1$과 엇각으로 그 크기가 같아.

$\angle O_1A_2O_2=\dfrac{\pi}{4}$이므로 삼각형 $O_1A_2O_2$에서 사인법칙에 의하여

$$\dfrac{\overline{O_2A_2}}{\sin\dfrac{\pi}{6}}=\dfrac{\overline{O_1O_2}}{\sin\dfrac{\pi}{4}},\quad \dfrac{\overline{O_2A_2}}{\dfrac{1}{2}}=\dfrac{1}{\dfrac{\sqrt{2}}{2}}\quad \therefore \overline{O_2A_2}=\dfrac{1}{\sqrt{2}}$$

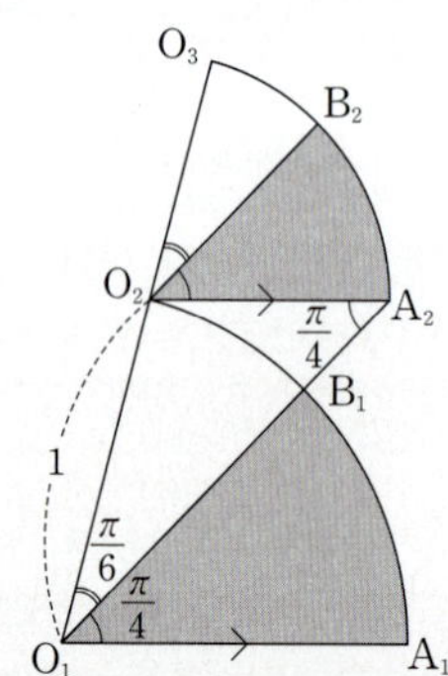

따라서 두 부채꼴 $O_1A_1B_1$, $O_2A_2B_2$의 닮음비는 $1:\dfrac{1}{\sqrt{2}}$이므로 넓이의 비는 $1:\dfrac{1}{2}$이다.

→ 닮음비가 $m:n$일 때 넓이의 비는 $m^2:n^2$이야.

Step 3 $\lim\limits_{n\to\infty} S_n$의 값을 구한다.

따라서 S_n은 첫째항이 $\dfrac{\pi}{8}$이고, 공비가 $\dfrac{1}{2}$인 등비수열의 첫째항부터 제 n항까지의 합이므로

$$\lim_{n\to\infty} S_n=\dfrac{\dfrac{\pi}{8}}{1-\dfrac{1}{2}}=\dfrac{\pi}{4}$$

077 [정답률 72%]   정답 ④

그림과 같이 $\overline{A_1B_1}=1$, $\overline{B_1C_1}=2\sqrt{6}$인 직사각형 $A_1B_1C_1D_1$이 있다. 중심이 B_1이고 반지름의 길이가 1인 원이 선분 B_1C_1과 만나는 점을 E_1이라 하고, 중심이 D_1이고 반지름의 길이가 1인 원이 선분 A_1D_1과 만나는 점을 F_1이라 하자. 선분 B_1D_1이 호 A_1E_1, 호 C_1F_1과 만나는 점을 각각 B_2, D_2라 하고, 두 선분 B_1B_2, D_1D_2의 중점을 각각 G_1, H_1이라 하자. 두 선분 A_1G_1, G_1B_2와 호 B_2A_1로 둘러싸인 부분인 ◁ 모양의 도형과 두 선분 D_2H_1, H_1F_1과 호 F_1D_2로 둘러싸인 부분인 ▷ 모양의 도형에 색칠하여 얻은 그림을 R_1이라 하자.

그림 R_1에서 선분 B_2D_2가 대각선이고 모든 변이 선분 A_1B_1 또는 선분 B_1C_1에 평행한 직사각형 $A_2B_2C_2D_2$를 그린다. 직사각형 $A_2B_2C_2D_2$에 그림 R_1을 얻은 것과 같은 방법으로 ◁ 모양의 도형과 ▷ 모양의 도형을 그리고 색칠하여 얻은 그림을 R_2라 하자.

이와 같은 과정을 계속하여 n번째 얻은 그림 R_n에 색칠되어 있는 부분의 넓이를 S_n이라 할 때, $\lim\limits_{n\to\infty} S_n$의 값은? (3점)

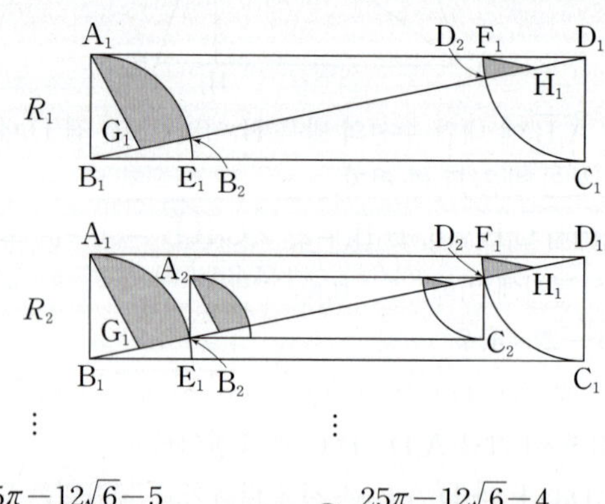

① $\dfrac{25\pi-12\sqrt{6}-5}{64}$ ② $\dfrac{25\pi-12\sqrt{6}-4}{64}$

③ $\dfrac{25\pi-10\sqrt{6}-6}{64}$ ④ $\dfrac{25\pi-10\sqrt{6}-5}{64}$

⑤ $\dfrac{25\pi-10\sqrt{6}-4}{64}$

Step 1 S_1의 값을 구한다.

$\angle A_1B_1D_1 = \theta$라 하면 삼각형 $A_1B_1D_1$에서

$\overline{B_1D_1} = \sqrt{(2\sqrt{6})^2 + 1^2} = 5$이고 $\angle A_1D_1B_1 = \dfrac{\pi}{2} - \theta$이므로

$\sin\theta = \dfrac{\overline{A_1D_1}}{\overline{B_1D_1}} = \dfrac{2\sqrt{6}}{5}$, $\cos\theta = \dfrac{\overline{A_1B_1}}{\overline{B_1D_1}} = \dfrac{1}{5}$

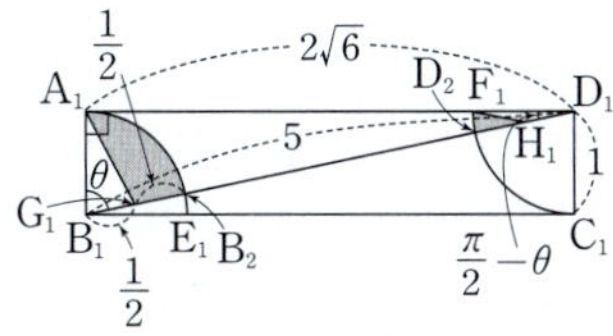

두 선분 A_1G_1, G_1B_2와 호 B_2A_1로 둘러싸인 부분의 넓이는 부채꼴 $B_1A_1B_2$의 넓이에서 삼각형 $A_1B_1G_1$의 넓이를 뺀 것과 같으므로

$\dfrac{1}{2} \times 1^2 \times \theta - \dfrac{1}{2} \times 1 \times \dfrac{1}{2} \times \sin\theta = \dfrac{\theta}{2} - \dfrac{\sqrt{6}}{10}$

두 선분 D_2H_1, H_1F_1과 호 F_1D_2로 둘러싸인 부분의 넓이는 부채꼴 $D_1D_2F_1$의 넓이에서 삼각형 $D_1F_1H_1$의 넓이를 뺀 것과 같으므로

$\dfrac{1}{2} \times 1^2 \times \left(\dfrac{\pi}{2} - \theta\right) - \dfrac{1}{2} \times 1 \times \dfrac{1}{2} \times \sin\left(\dfrac{\pi}{2} - \theta\right) = \dfrac{\pi}{4} - \dfrac{\theta}{2} - \dfrac{1}{20}$

$\therefore S_1 = \left(\dfrac{\theta}{2} - \dfrac{\sqrt{6}}{10}\right) + \left(\dfrac{\pi}{4} - \dfrac{\theta}{2} - \dfrac{1}{20}\right) = \dfrac{\pi}{4} - \dfrac{\sqrt{6}}{10} - \dfrac{1}{20}$

Step 2 넓이의 비를 구하여 극한값을 계산한다.

$\overline{B_2D_2} = \overline{B_1D_1} - (\overline{B_1B_2} + \overline{D_1D_2}) = 5 - (1+1) = 3$이므로

$\dfrac{\overline{B_{n+1}D_{n+1}}}{\overline{B_nD_n}} = \dfrac{\overline{B_2D_2}}{\overline{B_1D_1}} = \dfrac{3}{5}$

따라서 두 직사각형 $A_nB_nC_nD_n$, $A_{n+1}B_{n+1}C_{n+1}D_{n+1}$의 닮음비는 $5:3$이므로 넓이의 비는 $25:9$이다.

$\therefore \lim_{n\to\infty} S_n = \dfrac{S_1}{1 - \dfrac{9}{25}} = \dfrac{25\pi - 10\sqrt{6} - 5}{64}$

078 [정답률 38%] 정답 ②

그림과 같이 $\overline{A_1B_1} = 2$, $\overline{B_1C_1} = 2\sqrt{3}$인 직사각형 $A_1B_1C_1D_1$이 있다. 선분 A_1D_1을 $1:2$로 내분하는 점을 E_1이라 하고 선분 B_1C_1을 지름으로 하는 반원의 호 B_1C_1이 두 선분 B_1E_1, B_1D_1과 만나는 점 중 점 B_1이 아닌 점을 각각 F_1, G_1이라 하자. 세 선분 F_1E_1, E_1D_1, D_1G_1과 호 F_1G_1로 둘러싸인 ⌒ 모양의 도형에 색칠하여 얻은 그림을 R_1이라 하자. 그림 R_1에 선분 B_1G_1 위의 점 A_2, 호 G_1C_1 위의 점 D_2와 선분 B_1C_1 위의 두 점 B_2, C_2를 꼭짓점으로 하고 $\overline{A_2B_2} : \overline{B_2C_2} = 1 : \sqrt{3}$인 직사각형 $A_2B_2C_2D_2$를 그린다. 직사각형 $A_2B_2C_2D_2$에 그림 R_1을 얻은 것과 같은 방법으로 ⌒ 모양의 도형을 그리고 색칠하여 얻은 그림을 R_2라 하자. 이와 같은 과정을 계속하여 n번째 얻은 그림 R_n에 색칠되어 있는 부분의 넓이를 S_n이라 할 때, $\displaystyle\lim_{n\to\infty} S_n$의 값은? [4점]

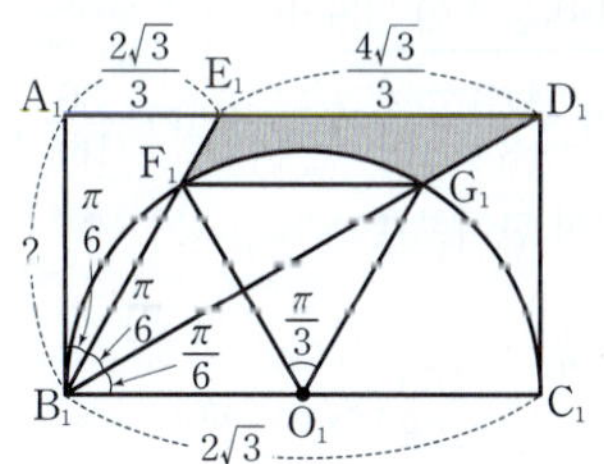

① $\dfrac{169}{864}(8\sqrt{3} - 3\pi)$ ② $\dfrac{169}{798}(8\sqrt{3} - 3\pi)$

③ $\dfrac{169}{720}(8\sqrt{3} - 3\pi)$ ④ $\dfrac{169}{864}(16\sqrt{3} - 3\pi)$

⑤ $\dfrac{169}{798}(16\sqrt{3} - 3\pi)$

Step 1 S_1의 값을 구한다.

선분 B_1C_1의 중점을 O_1이라 하자.

삼각형 $B_1C_1D_1$에서 $\tan(\angle C_1B_1D_1) = \dfrac{\overline{C_1D_1}}{\overline{B_1C_1}} = \dfrac{1}{\sqrt{3}}$

$\therefore \angle C_1B_1G_1 = \dfrac{\pi}{6}$, $\angle C_1O_1G_1 = \dfrac{\pi}{3}$

$\overline{A_1E_1}=\dfrac{2\sqrt{3}}{3}$ 이므로 삼각형 $A_1B_1E_1$에서 → $\dfrac{1}{3}\overline{A_1D_1}$

$\tan(\angle E_1B_1A_1)=\dfrac{\overline{A_1E_1}}{\overline{A_1B_1}}=\dfrac{1}{\sqrt{3}}$

$\therefore \angle E_1B_1A_1=\dfrac{\pi}{6}$ → $\dfrac{\dfrac{2\sqrt{3}}{3}}{\dfrac{\sqrt{3}}{2}}$

따라서 $\angle G_1B_1F_1=\dfrac{\pi}{6}$ 이고, $\angle G_1O_1F_1=\dfrac{\pi}{3}$ 이다.

즉, 두 삼각형 $B_1O_1F_1$, $F_1O_1G_1$은 모두 정삼각형이므로
$\angle F_1O_1B_1=\angle O_1F_1G_1$에서 두 선분 F_1G_1, B_1C_1은 서로 평행하다.
두 삼각형 $B_1G_1F_1$, $F_1O_1G_1$의 넓이는 서로 같으므로 색칠된 부분의
넓이는 삼각형 $E_1B_1D_1$의 넓이에서 부채꼴 $F_1O_1G_1$의 넓이를 뺀 것
과 같다. → 엇각의 크기가 서로 같다.

→ $\overline{E_1D_1}=\dfrac{2}{3}\overline{A_1D_1}=\dfrac{2}{3}\times2\sqrt{3}=\dfrac{4\sqrt{3}}{3}$

$\therefore S_1=\left(\dfrac{1}{2}\times\dfrac{4\sqrt{3}}{3}\times2\right)-\left\{\dfrac{1}{2}\times(\sqrt{3})^2\times\dfrac{\pi}{3}\right\}=\dfrac{4\sqrt{3}}{3}-\dfrac{\pi}{2}$

→ 반원의 반지름의 길이

Step 2 a_n과 a_{n+1}의 비를 구한다.

→ 밑변의 길이가 $\overline{F_nG_n}$로 같고 높이도 서로 같다.

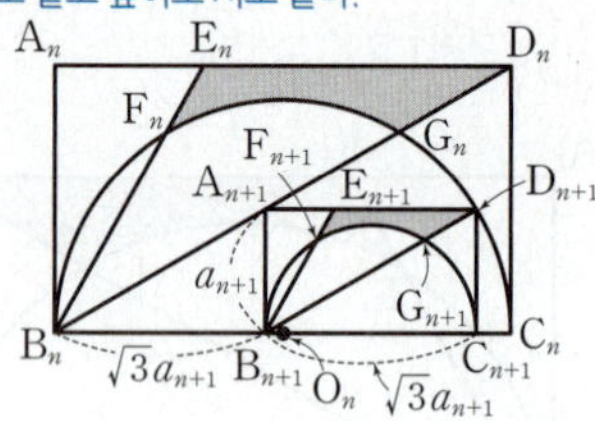

선분 B_nC_n의 중점을 O_n이라 하고 $\overline{A_nB_n}=a_n$, $\overline{A_{n+1}B_{n+1}}=a_{n+1}$
이라 하면

$\overline{B_nC_n}=\sqrt{3}a_n$, $\overline{B_{n+1}C_{n+1}}=\sqrt{3}a_{n+1}$

직각삼각형 $B_nB_{n+1}A_{n+1}$에서 $\tan\dfrac{\pi}{6}=\dfrac{\overline{A_{n+1}B_{n+1}}}{\overline{B_nB_{n+1}}}$

$\therefore \overline{B_nB_{n+1}}=\sqrt{3}a_{n+1}$ → $\dfrac{\sqrt{3}}{3}$

$\overline{B_nC_{n+1}}=\overline{B_nB_{n+1}}+\overline{B_{n+1}C_{n+1}}=2\sqrt{3}a_{n+1}$

직각삼각형 $O_nC_{n+1}D_{n+1}$에서 $\overline{O_nC_{n+1}}^2+\overline{C_{n+1}D_{n+1}}^2=\overline{O_nD_{n+1}}^2$

이때 $\overline{O_nD_{n+1}}=\dfrac{\sqrt{3}}{2}a_n$이므로

→ 선분 B_nC_n을 지름으로 하는 반원의 반지름의 길이와 같다.

$\left(2\sqrt{3}a_{n+1}-\dfrac{\sqrt{3}}{2}a_n\right)^2+{a_{n+1}}^2=\left(\dfrac{\sqrt{3}}{2}a_n\right)^2$

→ $\overline{B_nC_{n+1}}-\overline{B_nO_n}$

$13{a_{n+1}}^2-6a_na_{n+1}=0$ → $13a_{n+1}-6a_n=0$

$\therefore a_{n+1}=\dfrac{6}{13}a_n\ (\because a_{n+1}\neq0)$

Step 3 $\lim\limits_{n\to\infty}S_n$의 값을 구한다.

따라서 두 사각형 $A_nB_nC_nD_n$과 $A_{n+1}B_{n+1}C_{n+1}D_{n+1}$의 닮음비가
$13:6$이고 넓이의 비는 $169:36$이다. → 닮음비가 $m:n$일 때 넓이의 비는 $m^2:n^2$

즉, S_n은 첫째항이 $\dfrac{4\sqrt{3}}{3}-\dfrac{\pi}{2}$이고 공비가 $\dfrac{36}{169}$인 등비수열의 첫째
항부터 제n항까지의 합이므로

$\lim\limits_{n\to\infty}S_n=\dfrac{\dfrac{4\sqrt{3}}{3}-\dfrac{\pi}{2}}{1-\dfrac{36}{169}}=\dfrac{169}{798}(8\sqrt{3}-3\pi)$

---

079 [정답률 67%] 정답 ①

그림과 같이 한 변의 길이가 2인 정삼각형 $A_1B_1C_1$이 있다. 세
선분 A_1B_1, B_1C_1, C_1A_1의 중점을 각각 L_1, M_1, N_1이라 하고,
중심이 M_1, 반지름의 길이가 $\overline{M_1N_1}$이고 중심각의 크기가
$60°$인 부채꼴 $M_1N_1L_1$을 그린 후 부채꼴 $M_1N_1L_1$의 호
N_1L_1과 두 선분 A_1L_1, A_1N_1로 둘러싸인 부분인 △ 모양의
도형을 T_1이라 하자. 두 정삼각형 $L_1B_1M_1$과 $N_1M_1C_1$에 도형
T_1을 얻은 것과 같은 방법으로 만들어지는 각각의 부채꼴의
호와 두 선분으로 둘러싸인 부분인 △ 모양의 도형을 각각
T_2, T_3이라 하자. 정삼각형 $A_1B_1C_1$에서 세 도형 T_1, T_2,
T_3으로 이루어진 △ 모양의 도형에 색칠하여 얻은 그림을
R_1이라 하자.

그림 R_1에서 부채꼴 $M_1N_1L_1$의 호 N_1L_1을 이등분하는 점을
A_2라 할 때, 부채꼴 $M_1N_1L_1$에 내접하는 정삼각형 $A_2B_2C_2$를
그리고 그림 R_1을 얻은 것과 같은 방법으로 만들어지는

△ 모양의 도형에 색칠하여 얻은 그림을 R_2라 하자.

이와 같은 과정을 계속하여 n번째 얻은 그림 R_n에 색칠되어
있는 부분의 넓이를 S_n이라 할 때, $\lim\limits_{n\to\infty}S_n$의 값은? (4점)

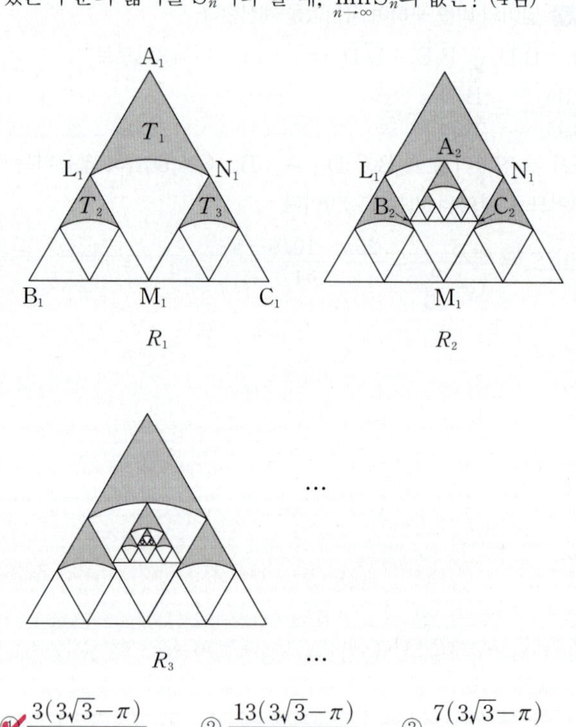

① $\dfrac{3(3\sqrt{3}-\pi)}{11}$ ✓   ② $\dfrac{13(3\sqrt{3}-\pi)}{44}$ ③ $\dfrac{7(3\sqrt{3}-\pi)}{22}$

④ $\dfrac{15(3\sqrt{3}-\pi)}{44}$ ⑤ $\dfrac{4(3\sqrt{3}-\pi)}{11}$

Step 1 사각형 $A_1L_1M_1N_1$의 넓이와 부채꼴 $M_1N_1L_1$의 넓이를 구한 후 도형 T_1의 넓이를 구한다.

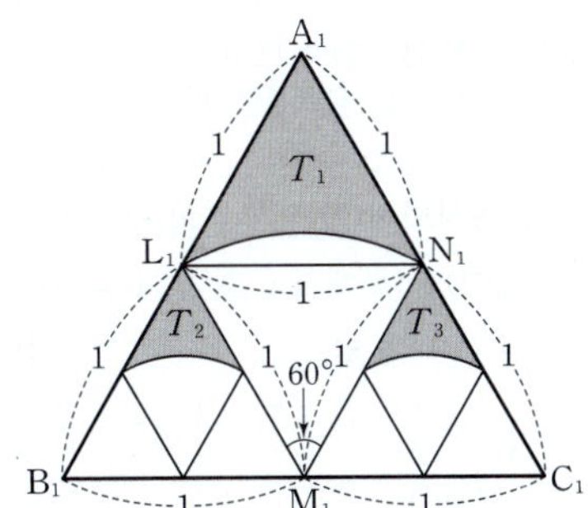

삼각형 $A_1L_1N_1$은 한 변의 길이가 1인 정삼각형이므로 삼각형 $A_1L_1N_1$의 넓이는

$$\frac{\sqrt{3}}{4} \times 1^2 = \frac{\sqrt{3}}{4}$$
→ 한 변의 길이가 a인 정삼각형의 넓이는 $\frac{\sqrt{3}}{4}a^2$이야.

삼각형 $M_1N_1L_1$도 한 변의 길이가 1인 정삼각형이므로 삼각형 $M_1N_1L_1$의 넓이는 $\frac{\sqrt{3}}{4}$이다. → $= \triangle A_1L_1N_1$

따라서 사각형 $A_1L_1M_1N_1$의 넓이는 두 삼각형 $A_1L_1N_1$, $M_1N_1L_1$의 넓이의 합이므로 $\frac{\sqrt{3}}{4} + \frac{\sqrt{3}}{4} = \frac{\sqrt{3}}{2}$

부채꼴 $M_1N_1L_1$은 반지름의 길이가 1, 중심각의 크기가 $60°$이므로 부채꼴 $M_1N_1L_1$의 넓이는

$$\pi \times 1^2 \times \frac{60°}{360°} = \frac{\pi}{6}$$
→ 반지름의 길이가 r, 중심각의 크기가 $\theta°$인 부채꼴의 넓이는 $\pi r^2 \times \frac{\theta°}{360°}$야.

따라서 도형 T_1의 넓이는 사각형 $A_1L_1M_1N_1$의 넓이에서 부채꼴 $M_1N_1L_1$의 넓이를 뺀 값이므로 $\frac{\sqrt{3}}{2} - \frac{\pi}{6}$ → $=$(부채꼴 $M_1N_1L_1$의 넓이) → $= \square A_1L_1M_1N_1$

Step 2 두 삼각형 $A_1B_1C_1$, $L_1B_1M_1$의 넓이의 비를 이용하여 두 도형 T_2, T_3의 넓이를 구한다.

두 삼각형 $A_1B_1C_1$, $L_1B_1M_1$은 서로 닮음이고 닮음비가 $2 : 1$이므로 넓이의 비는 $2^2 : 1^2 = 4 : 1$이다. → 닮음비가 $a : b$이면 넓이의 비는 $a^2 : b^2$

따라서 두 도형 T_1, T_2의 넓이의 비도 $4 : 1$이므로

$$\left(\frac{\sqrt{3}}{2} - \frac{\pi}{6}\right) : (\text{도형 } T_2\text{의 넓이}) = 4 : 1$$

$$4 \times (\text{도형 } T_2\text{의 넓이}) = \frac{\sqrt{3}}{2} - \frac{\pi}{6}$$
→ 내항끼리의 곱   → 외항끼리의 곱

$$\therefore (\text{도형 } T_2\text{의 넓이}) = \frac{1}{4}\left(\frac{\sqrt{3}}{2} - \frac{\pi}{6}\right)$$

이때 도형 T_3의 넓이는 도형 T_2의 넓이와 같으므로 $\frac{1}{4}\left(\frac{\sqrt{3}}{2} - \frac{\pi}{6}\right)$

따라서 그림 R_n에서 새로 색칠된 부분의 넓이를 a_n이라 하면 a_1의 값은 세 도형 T_1, T_2, T_3의 넓이의 합이므로

$$a_1 = \left(\frac{\sqrt{3}}{2} - \frac{\pi}{6}\right) + \frac{1}{4}\left(\frac{\sqrt{3}}{2} - \frac{\pi}{6}\right) + \frac{1}{4}\left(\frac{\sqrt{3}}{2} - \frac{\pi}{6}\right)$$
→ T_1의 넓이 → T_2의 넓이 → T_3의 넓이 → $\left(\frac{\sqrt{3}}{2} - \frac{\pi}{6}\right)$로 묶었어.

$$= \left(1 + \frac{1}{4} + \frac{1}{4}\right)\left(\frac{\sqrt{3}}{2} - \frac{\pi}{6}\right)$$

$$= \frac{3}{2}\left(\frac{\sqrt{3}}{2} - \frac{\pi}{6}\right)$$

$$= \frac{3}{2} \times \frac{3\sqrt{3} - \pi}{6}$$

$$= \frac{3\sqrt{3} - \pi}{4}$$

Step 3 선분 A_2H의 길이와 삼각비를 이용하여 선분 A_2B_2의 길이를 구한다.

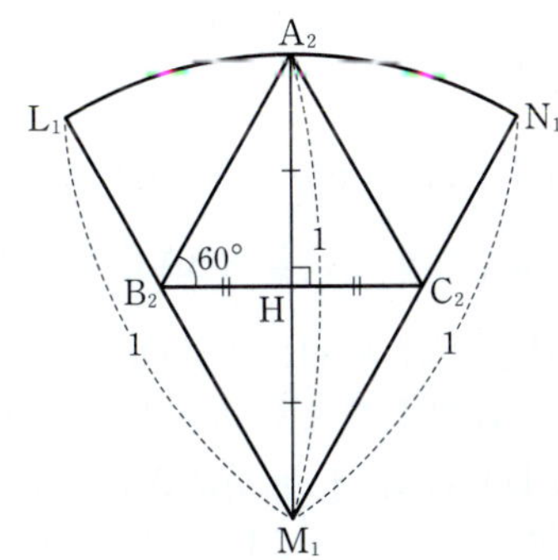

삼각형 $A_2B_2C_2$와 삼각형 $B_2M_1C_2$ 모두 한 변의 길이가 $\overline{B_2C_2}$인 정삼각형이므로 사각형 $A_2B_2M_1C_2$는 마름모이다. → 네 변의 길이가 모두 같아!

따라서 사각형 $A_2B_2M_1C_2$의 두 대각선 A_2M_1, B_2C_2는 서로 수직이등분한다.

두 선분 A_2M_1, B_2C_2의 교점을 H라 하면 $\overline{A_2M_1} = \overline{N_1M_1} = 1$이므로 → 부채꼴의 반지름의 길이이므로 서로 같아.

$$\overline{A_2H} = \frac{1}{2}\overline{A_2M_1}$$
→ 점 H는 선분 A_2M_1의 중점이야.

$$= \frac{1}{2} \times 1$$
→ $\overline{A_2M_1}$

$$= \frac{1}{2}$$

삼각형 A_2B_2H는 $\angle A_2B_2H = 60°$, $\angle B_2HA_2 = 90°$인 직각삼각형이므로

$$\overline{A_2B_2} : \overline{A_2H} = 2 : \sqrt{3}$$

$$\overline{A_2B_2} : \frac{1}{2} = 2 : \sqrt{3}$$
→ $\overline{A_2H}$

$$\overline{A_2B_2} \times \sqrt{3} = \frac{1}{2} \times 2$$
→ 내항끼리의 곱

$$\overline{A_2B_2} \times \sqrt{3} = 1$$
→ 외항끼리의 곱

$$\therefore \overline{A_2B_2} = \frac{1}{\sqrt{3}}$$

Step 4 두 삼각형 $A_1B_1C_1$, $A_2B_2C_2$의 넓이의 비를 이용해 수열 $\{a_n\}$의 공비를 구한 후 등비급수의 합 공식을 이용하여 $\lim\limits_{n \to \infty} S_n$의 값을 구한다.

두 삼각형 $A_1B_1C_1$, $A_2B_2C_2$의 닮음비는 $\overline{A_1B_1} : \overline{A_2B_2} = 2 : \frac{1}{\sqrt{3}}$

이므로 넓이의 비는 $2^2 : \left(\frac{1}{\sqrt{3}}\right)^2 = 4 : \frac{1}{3}$ → 내항끼리의 곱 → 외항끼리의 곱

따라서 $a_1 : a_2 = 4 : \frac{1}{3}$에서 $4a_2 = \frac{1}{3}a_1$, $a_2 = \frac{1}{12}a_1$이므로 수열 $\{a_n\}$ 은 공비가 $\frac{1}{12}$인 등비수열이다. → $a_1 : a_2 = \triangle A_1B_1C_1 : \triangle A_2B_2C_2$

$a_1 \quad a_2 \quad a_3 \quad \cdots$
$\times \frac{1}{12} \quad \times \frac{1}{12} \quad \times \frac{1}{12}$

이때 $S_n = \sum\limits_{k=1}^{n} a_k$이므로

$$\lim_{n \to \infty} S_n = \lim_{n \to \infty} \sum_{k=1}^{n} a_k$$
→ S_n은 그림 R_1, R_2, $\cdots$, R_n에서 새로 색칠된 부분의 넓이를 모두 더한 값이야.

$$= \sum_{n=1}^{\infty} a_n$$
→ 등비수열 $\{a_n\}$의 첫째항이 a, 공비가 $r (-1 < r < 1)$일 때 $\sum\limits_{n=1}^{\infty} a_n = \frac{a}{1-r}$

$$= \frac{\dfrac{3\sqrt{3} - \pi}{4}}{1 - \dfrac{1}{12}}$$
→ a_1 → 공비

$$= \frac{\dfrac{3\sqrt{3} - \pi}{4}}{\dfrac{11}{12}}$$

$$= \frac{(3\sqrt{3} - \pi) \times 12}{4 \times 11} = \frac{3(3\sqrt{3} - \pi)}{11}$$

080 [정답률 73%]
정답 ②

그림과 같이 길이가 2인 선분 A_1B를 지름으로 하는 반원 O_1이 있다. 호 BA_1 위에 점 C_1을 $\angle BA_1C_1=\dfrac{\pi}{6}$가 되도록 잡고, 선분 A_2B를 지름으로 하는 반원 O_2가 선분 A_1C_1과 접하도록 선분 A_1B 위에 점 A_2를 잡는다. 반원 O_2와 선분 A_1C_1의 접점을 D_1이라 할 때, 두 선분 A_1A_2, A_1D_1과 호 D_1A_2로 둘러싸인 부분과 선분 C_1D_1과 두 호 BC_1, BD_1로 둘러싸인 부분인 ⌒ 모양의 도형에 색칠하여 얻은 그림을 R_1이라 하자.

그림 R_1에서 호 BA_2 위에 점 C_2를 $\angle BA_2C_2=\dfrac{\pi}{6}$가 되도록 잡고, 선분 A_3B를 지름으로 하는 반원 O_3이 선분 A_2C_2와 접하도록 선분 A_2B 위에 점 A_3을 잡는다. 반원 O_3과 선분 A_2C_2의 접점을 D_2라 할 때, 두 선분 A_2A_3, A_2D_2와 호 D_2A_3으로 둘러싸인 부분과 선분 C_2D_2와 두 호 BC_2, BD_2로 둘러싸인 부분인 ⌒ 모양의 도형에 색칠하여 얻은 그림을 R_2라 하자.

이와 같은 과정을 계속하여 n번째 얻은 그림 R_n에 색칠되어 있는 부분의 넓이를 S_n이라 할 때, $\lim\limits_{n\to\infty}S_n$의 값은? (3점)

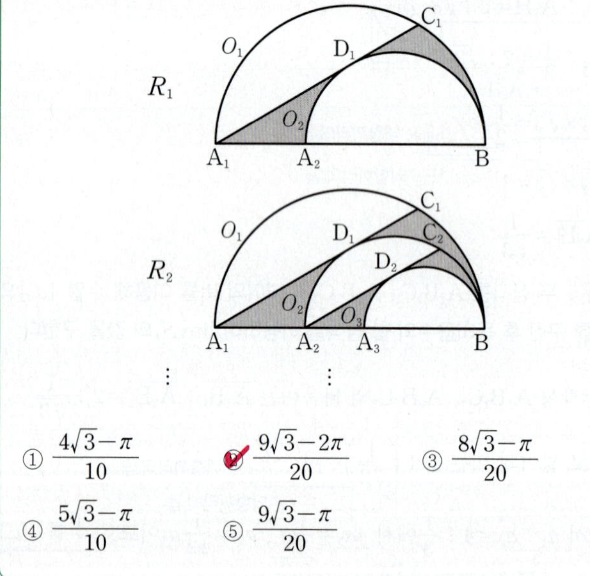

① $\dfrac{4\sqrt{3}-\pi}{10}$ ✓② $\dfrac{9\sqrt{3}-2\pi}{20}$ ③ $\dfrac{8\sqrt{3}-\pi}{20}$

④ $\dfrac{5\sqrt{3}-\pi}{10}$ ⑤ $\dfrac{9\sqrt{3}-\pi}{20}$

Step 1 S_1의 값을 구한다.

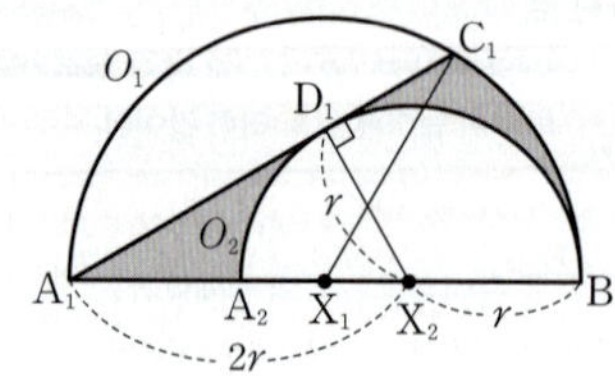

그림과 같이 선분 A_1B의 중점을 X_1, 선분 A_2B의 중점을 X_2라 하자.

반원 O_2의 반지름의 길이를 r이라 하면 $\overline{D_1X_2}=\overline{X_2B}=r$

삼각형 $D_1A_1X_2$에서 $\angle D_1A_1X_2=\dfrac{\pi}{6}$이므로

$\overline{A_1X_2}:\overline{D_1X_2}=2:1$ $\therefore\ \overline{A_1X_2}=2r$ → 문제에서 주어진 조건이야.

따라서 $\overline{A_1B}=\overline{A_1X_2}+\overline{X_2B}=3r$이므로

$3r=2$ $\therefore\ r=\dfrac{2}{3}$ → 반원 O_1의 지름의 길이는 2

그러므로 그림 R_1에 색칠되어 있는 부분의 넓이 S_1은

(삼각형 $A_1X_1C_1$의 넓이) + (부채꼴 C_1X_1B의 넓이) − (반원 O_2의 넓이)

$=\dfrac{1}{2}\times1\times1\times\sin\dfrac{2}{3}\pi+\dfrac{1}{2}\times1^2\times\dfrac{\pi}{3}-\dfrac{1}{2}\times\left(\dfrac{2}{3}\right)^2\times\pi$

$=\dfrac{\sqrt{3}}{4}+\dfrac{\pi}{6}-\dfrac{2\pi}{9}=\dfrac{\sqrt{3}}{4}-\dfrac{\pi}{18}$ → 중심각의 크기가 θ, 반지름의 길이가 r인 부채꼴의 넓이는 $\dfrac{1}{2}r^2\theta$야.

$\therefore\ S_1=\dfrac{\sqrt{3}}{4}-\dfrac{\pi}{18}$

Step 2 넓이가 이루는 등비수열의 공비를 구한다.

두 반원 O_1, O_2의 반지름의 길이의 비는 $1:\dfrac{2}{3}$이므로 색칠되는 부분의 넓이의 비는 $1^2:\left(\dfrac{2}{3}\right)^2=1:\dfrac{4}{9}$이다.

따라서 S_n은 첫째항이 $\dfrac{\sqrt{3}}{4}-\dfrac{\pi}{18}$이고 공비가 $\dfrac{4}{9}$인 등비수열의 첫째항부터 제n항까지의 합이다.

Step 3 $\lim\limits_{n\to\infty}S_n$의 값을 구한다.

$\lim\limits_{n\to\infty}S_n=\dfrac{\dfrac{\sqrt{3}}{4}-\dfrac{\pi}{18}}{1-\dfrac{4}{9}}=\dfrac{9\sqrt{3}-2\pi}{20}$

→ 첫째항이 a, 공비가 $r\,(|r|<1)$인 등비급수의 합은 $\dfrac{a}{1-r}$야.

081 [정답률 33%] 정답 ①

그림과 같이 $\overline{AB_1}=3$, $\overline{AC_1}=2$이고 $\angle B_1AC_1=\dfrac{\pi}{3}$인 삼각형 AB_1C_1이 있다. $\angle B_1AC_1$의 이등분선이 선분 B_1C_1과 만나는 점을 D_1, 세 점 A, D_1, C_1을 지나는 원이 선분 AB_1과 만나는 점 중 A가 아닌 점을 B_2라 할 때, 두 선분 B_1B_2, B_1D_1과 호 B_2D_1로 둘러싸인 부분과 선분 C_1D_1과 호 C_1D_1로 둘러싸인 부분인 ◁ 모양의 도형에 색칠하여 얻은 그림을 R_1이라 하자.

그림 R_1에서 점 B_2를 지나고 직선 B_1C_1에 평행한 직선이 두 선분 AD_1, AC_1과 만나는 점을 각각 D_2, C_2라 하자. 세 점 A, D_2, C_2를 지나는 원이 선분 AB_2와 만나는 점 중 A가 아닌 점을 B_3이라 할 때, 두 선분 B_2B_3, B_2D_2와 호 B_3D_2로 둘러싸인 부분과 선분 C_2D_2와 호 C_2D_2로 둘러싸인 부분인 ◁ 모양의 도형에 색칠하여 얻은 그림을 R_2라 하자.

이와 같은 과정을 계속하여 n번째 얻은 그림 R_n에 색칠되어 있는 부분의 넓이를 S_n이라 할 때, $\displaystyle\lim_{n\to\infty}S_n$의 값은? (4점)

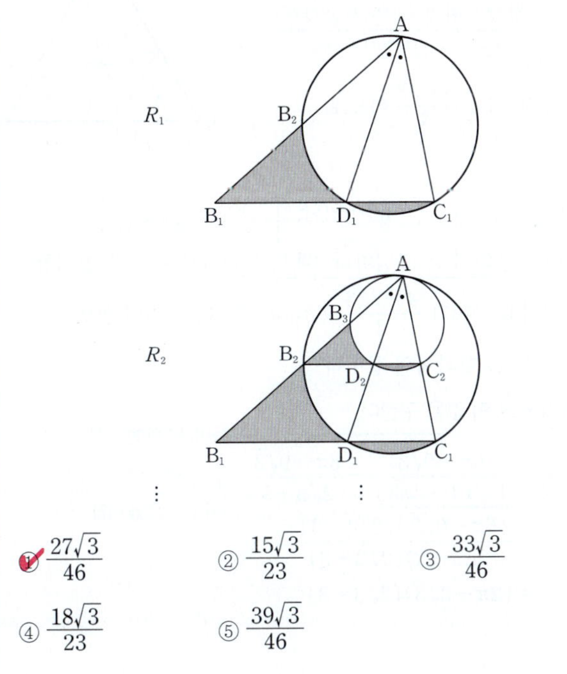

① $\dfrac{27\sqrt{3}}{46}$ ② $\dfrac{15\sqrt{3}}{23}$ ③ $\dfrac{33\sqrt{3}}{46}$

④ $\dfrac{18\sqrt{3}}{23}$ ⑤ $\dfrac{39\sqrt{3}}{46}$

Step 1 S_1의 값을 구한다.

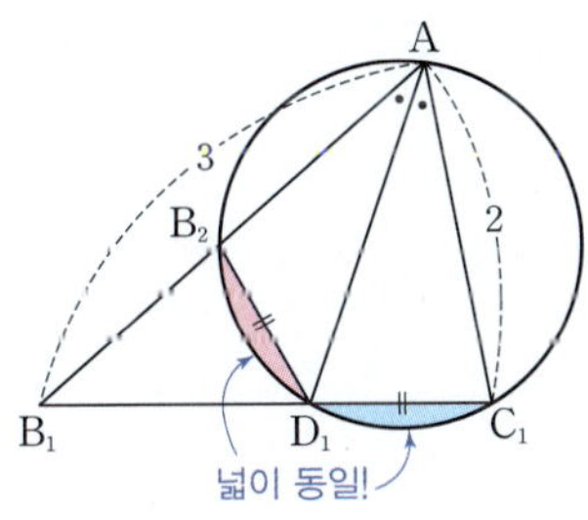

그림과 같이 호 B_2D_1, 호 D_1C_1에 대한 원주각의 크기가 같으므로 두 호 B_2D_1, D_1C_1의 길이는 같다.
$\quad\to \angle B_2AD_1=\angle C_1AD_1$

즉, 그림에 색칠된 두 부분의 넓이가 같으므로 그림 R_1에 색칠된 부분의 넓이는 삼각형 $B_1D_1B_2$의 넓이와 같다.

삼각형 AB_1C_1에서 코사인법칙을 이용하면

$\overline{B_1C_1}^2=\overline{AB_1}^2+\overline{AC_1}^2-2\times\overline{AB_1}\times\overline{AC_1}\times\cos(\angle B_1AC_1)$

$\qquad =3^2+2^2-2\times3\times2\times\cos\dfrac{\pi}{3}$ ← 문제에서 $\dfrac{\pi}{3}$라고 했어.

$\qquad =9+4-6=7$

$\therefore \overline{B_1C_1}=\sqrt{7}$ → 선분의 길이는 양수이어야 해.

각의 이등분선의 성질에 의하여

$\overline{AB_1}:\overline{AC_1}=\overline{B_1D_1}:\overline{C_1D_1}$이므로

$3:2=\overline{B_1D_1}:\overline{C_1D_1}$

$\therefore \overline{B_1D_1}=\dfrac{3}{5}\sqrt{7},\ \overline{C_1D_1}=\dfrac{2}{5}\sqrt{7}$ → 두 길이의 합이 $\overline{B_1C_1}$, 즉 $\sqrt{7}$이어야 해.

원의 선분 사이의 비례 관계를 이용하면

$\overline{B_1D_1}\times\overline{B_1C_1}=\overline{B_1B_2}\times\overline{B_1A}$에서 $\dfrac{\overline{B_1B_2}}{\overline{B_1D_1}}=\dfrac{\overline{B_1C_1}}{\overline{B_1A}}$

즉, 대응하는 두 변의 길이의 비가 같고, 각 B_1은 공통이므로 두 삼각형 $B_1D_1B_2$, B_1AC_1은 서로 닮음이다.
$\quad\to$ SAS 닮음

따라서 $\angle B_1D_1B_2=\angle B_1AC_1=\dfrac{\pi}{3}$이므로 삼각형 $B_1D_1B_2$의 넓이는
$\qquad\qquad\qquad\to =\overline{C_1D_1}=\dfrac{2}{5}\sqrt{7}$

$\triangle B_1D_1B_2=\dfrac{1}{2}\times\overline{B_1D_1}\times\overline{B_2D_1}\times\sin(\angle B_1D_1B_2)$

$\qquad =\dfrac{1}{2}\times\dfrac{3}{5}\sqrt{7}\times\dfrac{2}{5}\sqrt{7}\times\sin\dfrac{\pi}{3}$

$\qquad =\dfrac{1}{2}\times\dfrac{3}{5}\sqrt{7}\times\dfrac{2}{5}\sqrt{7}\times\dfrac{\sqrt{3}}{2}$

$\qquad =\dfrac{21\sqrt{3}}{50}$

$\therefore S_1=\dfrac{21\sqrt{3}}{50}$

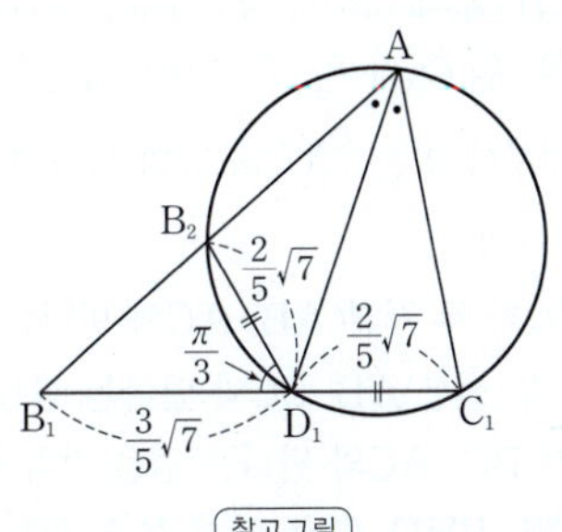

참고그림

Step 2 그림 R_n에 새로 색칠되는 부분의 넓이가 이루는 등비수열의 공비를 구한다.
$\quad\to$ **Step1**에서 원의 선분 사이의 비례 관계를 이용해 구한 식이야.

$\overline{B_1D_1}\times\overline{B_1C_1}=\overline{B_1B_2}\times\overline{B_1A}$에서

$\dfrac{3}{5}\sqrt{7}\times\sqrt{7}=\overline{B_1B_2}\times3$

$3\overline{B_1B_2}=\dfrac{21}{5}$ $\therefore \overline{B_1B_2}=\dfrac{7}{5}$

따라서 $\overline{AB_2}=\overline{AB_1}-\overline{B_1B_2}=\dfrac{8}{5}$이므로 두 삼각형 AB_1C_1, AB_2C_2의 닮음비는

$3:\dfrac{8}{5}$, 즉 $1:\dfrac{8}{15}$이다.

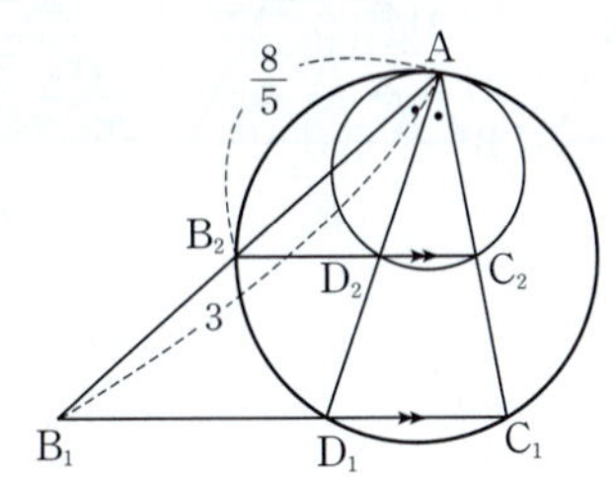

이때 넓이의 비는 $1 : \left(\dfrac{8}{15}\right)^2 = 1 : \dfrac{64}{225}$ 이므로 S_n은 첫째항이

→ 닮음비가 $m : n$ → 넓이의 비는 $m^2 : n^2$

$\dfrac{21\sqrt{3}}{50}$ 이고 공비가 $\dfrac{64}{225}$ 인 등비수열의 첫째항부터 제n항까지의 합이다.

Step 3 $\lim\limits_{n \to \infty} S_n$의 값을 구한다.

$$\lim_{n \to \infty} S_n = \dfrac{\dfrac{21\sqrt{3}}{50}}{1 - \dfrac{64}{225}}$$

분모, 분자에 각각 225를 곱해주었어.

$$= \dfrac{\dfrac{189\sqrt{3}}{2}}{161}$$

$$= \dfrac{189\sqrt{3}}{322}$$

$$= \dfrac{27\sqrt{3}}{46}$$

분모, 분자를 각각 7로 나눠주었어.

082 [정답률 82%] 정답 ③

그림과 같이 한 변의 길이가 6인 정삼각형 ABC가 있다. 정삼각형 ABC의 외심을 O라 할 때, 중심이 A이고 반지름의 길이가 $\overline{AO}$인 원을 O_A, 중심이 B이고 반지름의 길이가 $\overline{BO}$인 원을 O_B, 중심이 C이고 반지름의 길이가 $\overline{CO}$인 원을 O_C라 하자. 원 O_A와 원 O_B의 내부의 공통부분, 원 O_A와 원 O_C의 내부의 공통부분, 원 O_B와 원 O_C의 내부의 공통부분 중 삼각형 ABC 내부에 있는 ⋈ 모양의 도형에 색칠하여 얻은 그림을 R_1이라 하자.

그림 R_1에 원 O_A가 두 선분 AB, AC와 만나는 점을 각각 D, E, 원 O_B가 두 선분 AB, BC와 만나는 점을 각각 F, G, 원 O_C가 두 선분 BC, AC와 만나는 점을 각각 H, I라 하고, 세 정삼각형 AFI, BHD, CEG에서 R_1을 얻는 과정과 같은 방법으로 각각 만들어지는 ⋈ 모양의 도형 3개에 색칠하여 얻은 그림을 R_2라 하자.

그림 R_2에 새로 만들어진 세 개의 정삼각형에 각각 R_1에서 R_2를 얻는 과정과 같은 방법으로 만들어지는 ⋈ 모양의 도형 9개에 색칠하여 얻은 그림을 R_3이라 하자.

이와 같은 과정을 계속하여 n번째 얻은 그림 R_n에 색칠되어 있는 부분의 넓이를 S_n이라 할 때, $\lim\limits_{n \to \infty} S_n$의 값은? (4점)

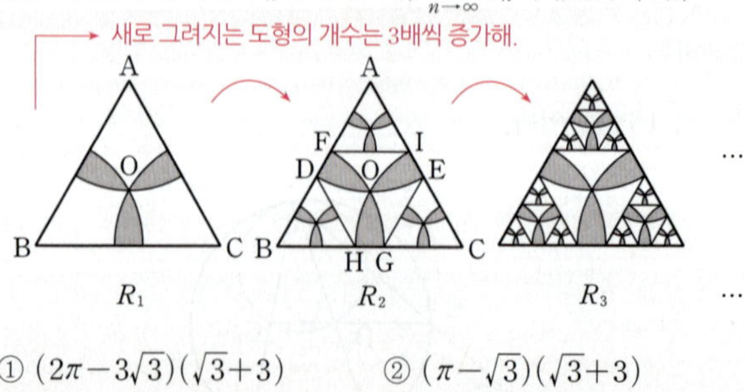

① $(2\pi - 3\sqrt{3})(\sqrt{3} + 3)$
② $(\pi - \sqrt{3})(\sqrt{3} + 3)$
③ $(2\pi - 3\sqrt{3})(2\sqrt{3} + 3)$
④ $(\pi - \sqrt{3})(2\sqrt{3} + 3)$
⑤ $(2\pi - 2\sqrt{3})(\sqrt{3} + 3)$

Step 1 S_1의 값을 구한다.

점 O는 정삼각형 ABC의 무게중심이므로 높이를 꼭짓점에서부터 2 : 1로 나눈다.

오른쪽 그림과 같이 점 O에서 선분 BC에 내린 수선의 발을 O′이라 하자. 정삼각형 ABC의 높이가 $3\sqrt{3}$이므로

$$\overline{BO} = 3\sqrt{3} \times \dfrac{2}{3} = 2\sqrt{3} \quad \cdots\cdots \ \text{㉠}$$

부채꼴 BOG는 반지름의 길이가 $2\sqrt{3}$이고 중심각의 크기가 30°이므로

$$(\text{부채꼴 BOG의 넓이}) = \pi \times (2\sqrt{3})^2 \times \dfrac{30°}{360°}$$

$$= \pi$$

삼각형 OBO′에서 $\overline{OO'} = \sqrt{3}$, $\overline{BO'} = 3$이므로

$$\triangle OBO' = \dfrac{1}{2} \times \sqrt{3} \times 3 = \dfrac{3\sqrt{3}}{2}$$

(부채꼴 BOG의 넓이) − (삼각형 OBO′의 넓이)

$$\therefore S_1 = 6 \times \left(\pi - \dfrac{3\sqrt{3}}{2}\right) = 6\pi - 9\sqrt{3}$$

그림에서 색칠된 부분의 넓이의 6배

Step 2 새로 색칠되는 부분의 넓이가 이루는 등비수열의 공비를 구한다.

$$\overline{CH} = \overline{OC} = 2\sqrt{3} \ (\because \text{㉠})$$

$$\therefore \overline{BH} = \overline{BC} - \overline{CH} = 6 - 2\sqrt{3}$$

따라서 큰 정삼각형과 작은 정삼각형이 이루는 닮음비가 → 삼각형의 한 변의 길이의 비

$$6 : 6 - 2\sqrt{3} = 1 : \dfrac{3 - \sqrt{3}}{3}$$ 이므로

넓이의 비는

$$1^2 : \left(\dfrac{3 - \sqrt{3}}{3}\right)^2 = 1 : \dfrac{4 - 2\sqrt{3}}{3}$$ 이다.

주의 이런 사소한 것들도 놓치면 안 돼.

이때 정삼각형의 수는 그림마다 3배씩 늘어나므로 S_n은 첫째항이 $6\pi - 9\sqrt{3}$이고 공비가 $\dfrac{4 - 2\sqrt{3}}{3} \times 3 = 4 - 2\sqrt{3}$인 등비수열의 첫째항부터 제$n$항까지의 합이다.

Step 3 $\lim\limits_{n \to \infty} S_n$의 값을 구한다.

등비급수의 합 공식 $\dfrac{a}{1 - r}$에 $a = 6\pi - 9\sqrt{3}$, $r = 4 - 2\sqrt{3}$을 대입

$$\therefore \lim_{n \to \infty} S_n = \dfrac{6\pi - 9\sqrt{3}}{1 - (4 - 2\sqrt{3})} = \dfrac{6\pi - 9\sqrt{3}}{2\sqrt{3} - 3}$$

$$= \dfrac{(6\pi - 9\sqrt{3})(2\sqrt{3} + 3)}{(2\sqrt{3} - 3)(2\sqrt{3} + 3)}$$

$$= (2\pi - 3\sqrt{3})(2\sqrt{3} + 3)$$

083

정답 ⑤

그림과 같이 $\overline{OA_1}=\sqrt{3}$, $\overline{OC_1}=1$인 직사각형 $OA_1B_1C_1$이 있다. 선분 B_1C_1 위의 $\overline{B_1D_1}=2\overline{C_1D_1}$인 점 D_1에 대하여 중심이 B_1이고 반지름의 길이가 $\overline{B_1D_1}$인 원과 선분 OA_1의 교점을 E_1, 중심이 C_1이고 반지름의 길이가 $\overline{C_1D_1}$인 원과 선분 OC_1의 교점을 C_2라 하자. 부채꼴 $B_1D_1E_1$의 내부와 부채꼴 $C_1C_2D_1$의 내부로 이루어진 ⚡ 모양의 도형에 색칠하여 얻은 그림을 R_1이라 하자.

그림 R_1에서 선분 OA_1 위의 점 A_2, 호 D_1E_1 위의 점 B_2와 점 C_2, 점 O를 꼭짓점으로 하는 직사각형 $OA_2B_2C_2$를 그리고, 그림 R_1을 얻은 것과 같은 방법으로 직사각형 $OA_2B_2C_2$에 모양의 도형을 그리고 색칠하여 얻은 그림을 R_2라 하자.

→ 규칙을 찾아보면 등비수열의 합을 이룸을 알 수 있지!

이와 같은 과정을 계속하여 n번째 얻은 그림 R_n에 색칠되어 있는 부분의 넓이를 S_n이라 할 때, $\lim\limits_{n\to\infty} S_n$의 값은? (3점)

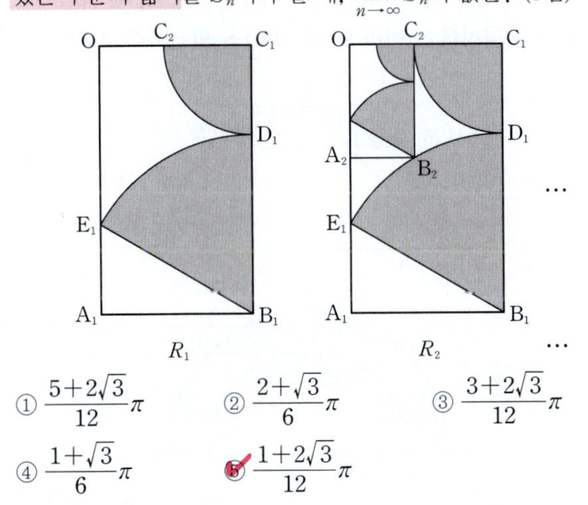

① $\dfrac{5+2\sqrt{3}}{12}\pi$ ② $\dfrac{2+\sqrt{3}}{6}\pi$ ③ $\dfrac{3+2\sqrt{3}}{12}\pi$

④ $\dfrac{1+\sqrt{3}}{6}\pi$ ⑤ $\dfrac{1+2\sqrt{3}}{12}\pi$

Step 1 S_1의 값을 구한다.

선분 B_1C_1 위의 점 D_1에 대하여 $\overline{B_1D_1}=2\overline{C_1D_1}$이므로

$\overline{B_1D_1}=\dfrac{2}{3}\overline{B_1C_1}=\dfrac{2\sqrt{3}}{3}$

→ 점 D_1이 선분 B_1C_1을 $2:1$로 내분하는 점이야.

$\overline{C_1D_1}=\dfrac{1}{3}\overline{B_1C_1}=\dfrac{\sqrt{3}}{3}$

→ 선분 B_1C_1은 직사각형 $OA_1B_1C_1$의 세로에 해당하므로 $\overline{B_1C_1}=\overline{OA_1}=\sqrt{3}$

부채꼴 $B_1D_1E_1$은 반지름의 길이가 $\dfrac{2\sqrt{3}}{3}$이므로 $\overline{B_1E_1}=\dfrac{2\sqrt{3}}{3}$

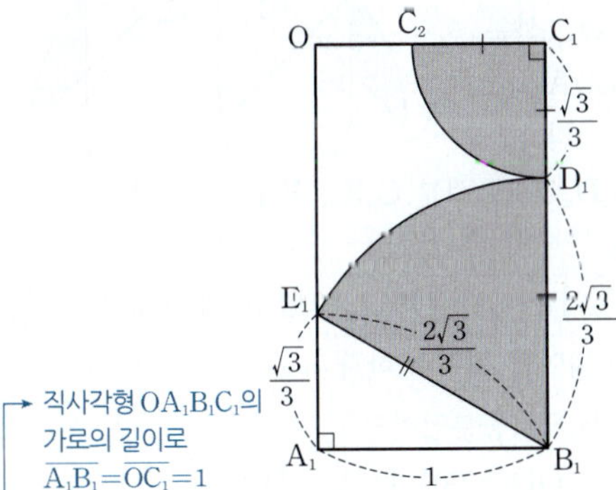

→ 직사각형 $OA_1B_1C_1$의 가로의 길이로 $\overline{A_1B_1}=\overline{OC_1}=1$

$\overline{A_1B_1}=1$이므로 직각삼각형 $E_1A_1B_1$에서 피타고라스 정리에 의하여

$\overline{E_1A_1}^2=\overline{E_1B_1}^2-\overline{A_1B_1}^2=\left(\dfrac{2\sqrt{3}}{3}\right)^2-1^2$

$=\dfrac{4}{3}-1=\dfrac{1}{3}$

$\therefore \overline{E_1A_1}=\dfrac{\sqrt{3}}{3}$

이때 직각삼각형 $E_1A_1B_1$에서

$\cos(\angle A_1B_1E_1)=\dfrac{\overline{A_1B_1}}{\overline{E_1B_1}}=\dfrac{1}{\dfrac{2\sqrt{3}}{3}}=\dfrac{\sqrt{3}}{2}$

→ $\cos\dfrac{\pi}{6}=\dfrac{\sqrt{3}}{2}$임을 이용해야지!

이므로 $\angle A_1B_1E_1=\dfrac{\pi}{6}$

$\therefore \angle E_1B_1D_1=\angle A_1B_1D_1-\angle A_1B_1E_1$

$=\dfrac{\pi}{2}-\dfrac{\pi}{6}=\dfrac{\pi}{3}$

→ $\angle A_1B_1D_1$은 직각이야.

즉, 부채꼴 $E_1B_1D_1$은 중심각의 크기가 $\dfrac{\pi}{3}$이고 반지름의 길이가 $\dfrac{2\sqrt{3}}{3}$이므로 넓이는

→ 반지름의 길이가 r, 중심각의 크기가 θ인 부채꼴의 넓이는 $\dfrac{1}{2}r^2\theta$

$\dfrac{1}{2}\times\left(\dfrac{2\sqrt{3}}{3}\right)^2\times\dfrac{\pi}{3}=\dfrac{1}{2}\times\dfrac{4}{3}\times\dfrac{\pi}{3}=\dfrac{2}{9}\pi$

부채꼴 $C_1C_2D_1$은 중심각의 크기가 $\dfrac{\pi}{2}$이고 반지름의 길이가 $\dfrac{\sqrt{3}}{3}$이므로 넓이는

$\dfrac{1}{2}\times\left(\dfrac{\sqrt{3}}{3}\right)^2\times\dfrac{\pi}{2}=\dfrac{1}{2}\times\dfrac{1}{3}\times\dfrac{\pi}{2}=\dfrac{\pi}{12}$

→ (부채꼴 $E_1B_1D_1$의 넓이) + (부채꼴 $C_1C_2D_1$의 넓이)

$\therefore S_1=\dfrac{2}{9}\pi+\dfrac{\pi}{12}=\dfrac{11}{36}\pi$

Step 2 새로 색칠되는 부분의 넓이가 이루는 등비수열의 공비를 구한다.

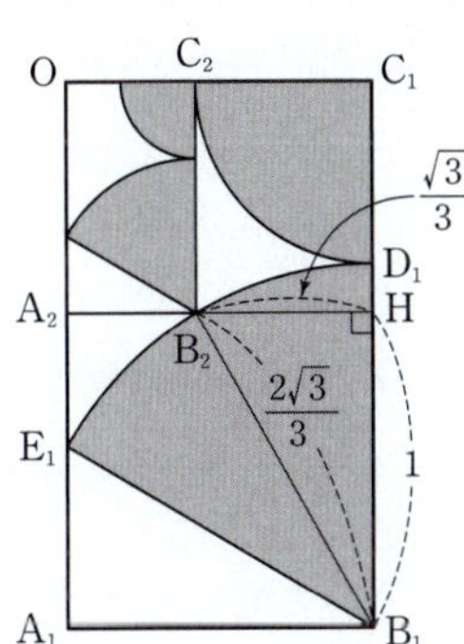

위 그림과 같이 점 B_2에서 선분 B_1C_1에 내린 수선의 발을 H라 하자.

$\overline{B_1B_2}=\dfrac{2\sqrt{3}}{3}$, $\overline{B_2H}=\dfrac{\sqrt{3}}{3}$이므로 직각삼각형 B_2B_1H에서

→ $=\overline{C_2C_1}$

→ 부채꼴 $E_1B_1D_1$의 반지름이야.

$\overline{B_1H}^2=\overline{B_1B_2}^2-\overline{B_2H}^2$

$=\left(\dfrac{2\sqrt{3}}{3}\right)^2-\left(\dfrac{\sqrt{3}}{3}\right)^2$

$=\dfrac{4}{3}-\dfrac{1}{3}=1$

$\therefore \overline{B_1H}=1$

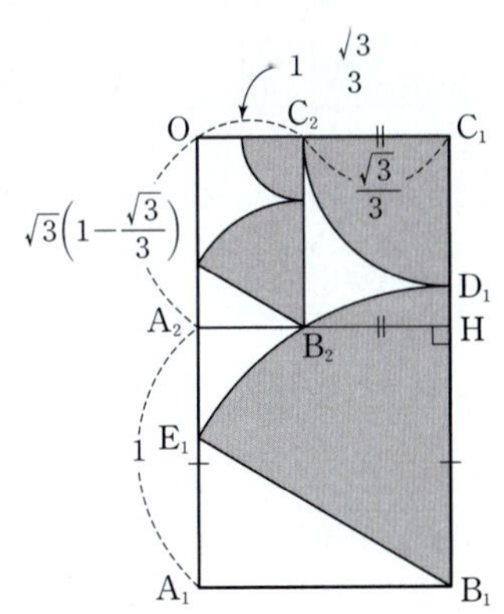

$$\overline{OC_2}=\overline{OC_1}-\overline{C_2C_1}=1-\frac{\sqrt{3}}{3}$$

$$\overline{OA_2}=\overline{OA_1}-\underset{\underset{=\overline{B_1H}}{\uparrow}}{\overline{A_1A_2}}=\sqrt{3}-1=\sqrt{3}\left(1-\frac{\sqrt{3}}{3}\right)$$

이때 두 직사각형 $OA_1B_1C_1$, $OA_2B_2C_2$는 서로 닮음이고, 닮음비는

$$\overline{OC_1}:\overline{OC_2}=1:\left(1-\frac{\sqrt{3}}{3}\right)$$

이므로 넓이의 비는

$$1^2:\left(1-\frac{\sqrt{3}}{3}\right)^2=1:\frac{4-2\sqrt{3}}{3}$$

$$\left(=\left(\frac{3-\sqrt{3}}{3}\right)^2=\frac{12-6\sqrt{3}}{9}=\frac{4-2\sqrt{3}}{3}\right)$$

따라서 S_n은 첫째항이 $\frac{11}{36}\pi$이고 공비가 $\frac{4-2\sqrt{3}}{3}$인 등비수열의 첫째항부터 제n항까지의 합이다.

Step 3 $\lim\limits_{n\to\infty}S_n$의 값을 구한다.

$$\lim_{n\to\infty}S_n=\frac{\dfrac{11}{36}\pi}{1-\dfrac{4-2\sqrt{3}}{3}}$$

첫째항이 a이고 공비가 r인 등비수열 $\{a_n\}$에 대하여 $\sum\limits_{n=1}^{\infty}a_n=\dfrac{a}{1-r}$ (단, $-1<r<1$)

$$=\frac{\dfrac{11}{36}\pi}{\dfrac{2\sqrt{3}-1}{3}}$$

$$=\frac{33}{36(2\sqrt{3}-1)}\pi$$

$$=\frac{33(2\sqrt{3}+1)}{36(2\sqrt{3}-1)(2\sqrt{3}+1)}\pi$$

$$=\frac{33(2\sqrt{3}+1)}{36\times11}\pi$$

$$=\frac{1+2\sqrt{3}}{12}\pi$$

084 [정답률 80%]   정답 ②

그림과 같이 길이가 4인 선분 A_1B_1을 지름으로 하는 반원 O_1의 호 A_1B_1을 4등분하는 점을 점 A_1에서 가까운 순서대로 각각 C_1, D_1, E_1이라 하고, 두 점 C_1, E_1에서 선분 A_1B_1에 내린 수선의 발을 각각 A_2, B_2라 하자. 사각형 $C_1A_2B_2E_1$의 외부와 삼각형 $D_1A_1B_1$의 외부의 공통부분 중 반원 O_1의 내부에 있는 모양의 도형에 색칠하여 얻은 그림을 R_1이라 하자.

그림 R_1에서 선분 A_2B_2를 지름으로 하는 반원 O_2를 반원 O_1의 내부에 그리고, 반원 O_2의 호 A_2B_2를 4등분하는 점을 점 A_2에서 가까운 순서대로 각각 C_2, D_2, E_2라 하고, 두 점 C_2, E_2에서 선분 A_2B_2에 내린 수선의 발을 각각 A_3, B_3이라 하자. 사각형 $C_2A_3B_3E_2$의 외부와 삼각형 $D_2A_2B_2$의 외부의 공통부분 중 반원 O_2의 내부에 있는 모양의 도형에 색칠을 하여 얻은 그림을 R_2라 하자.

이와 같은 과정을 계속하여 n번째 얻은 그림 R_n에 색칠되어 있는 부분의 넓이를 S_n이라 할 때, $\lim\limits_{n\to\infty}S_n$의 값은? (4점)

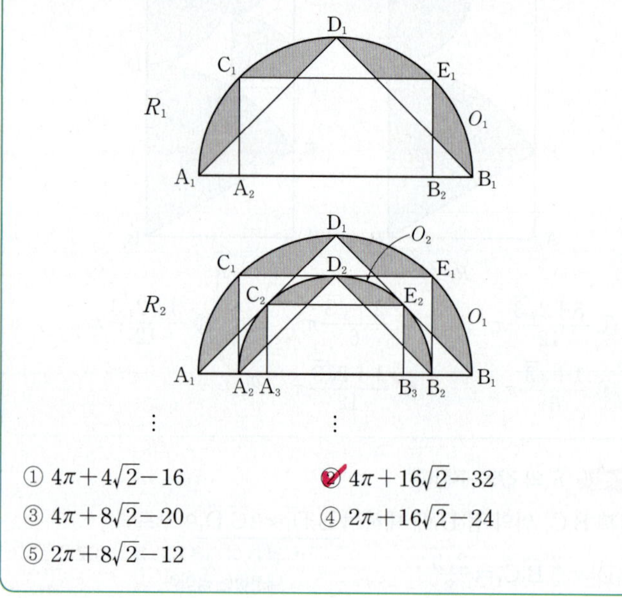

① $4\pi+4\sqrt{2}-16$ ② $4\pi+16\sqrt{2}-32$

③ $4\pi+8\sqrt{2}-20$ ④ $2\pi+16\sqrt{2}-24$

⑤ $2\pi+8\sqrt{2}-12$

Step 1 도형의 성질을 이용하여 등비급수의 합을 구한다.

주어진 그림에서 반원 O_n을 나타내면 오른쪽 그림과 같다.

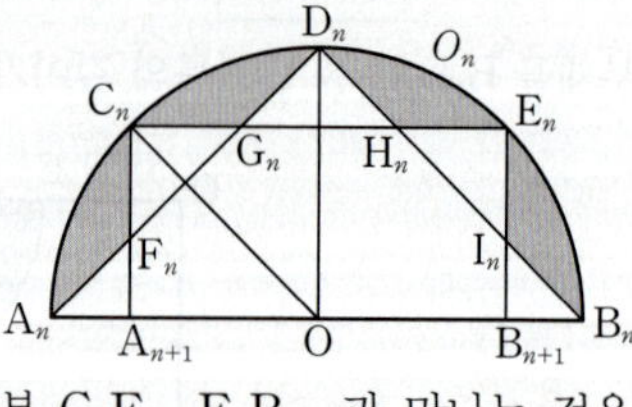

반원 O_n의 중심을 O, 선분 A_nD_n이 두 선분 C_nA_{n+1}, C_nE_n과 만나는 점을 각각 F_n, G_n이라 하고 선분 B_nD_n이 두 선분 C_nE_n, E_nB_{n+1}과 만나는 점을 각각 H_n, I_n이라 하자.

반원 O_n의 반지름의 길이를 r_n이라 하고, 그림 R_n에 새로 색칠되는 모양의 도형의 넓이를 a_n이라 하자.

두 점 C_n, D_n이 호 A_nB_n의 4등분점이므로

$$\angle C_nOA_{n+1}=45°,\ \angle A_nOD_n=90°,\ \overline{D_nA_n}=\overline{D_nB_n}$$

$$\angle C_nA_{n+1}O=90°\text{이므로 }\overline{C_nA_{n+1}}=\frac{r_n}{\sqrt{2}}$$

삼각형 $C_nA_{n+1}O$는 $\overline{C_nA_{n+1}}=\overline{OA_{n+1}}$인 직각이등변삼각형이므로 $\overline{C_nA_{n+1}}=\dfrac{1}{\sqrt{2}}\overline{OC_n}$이야.

이때 $\overline{OC_n}$은 반원 O_n의 반지름의 길이와 같으므로 $\overline{C_nA_{n+1}}=\dfrac{r_n}{\sqrt{2}}$

또한 삼각형 $D_nG_nH_n$은 $\overline{D_nG_n}=\overline{D_nH_n}$인 직각이등변삼각형이므로

$$\overline{D_nG_n}=\sqrt{2}\,(\overline{OD_n}-\overline{C_nA_{n+1}})=\sqrt{2}\left(r_n-\frac{r_n}{\sqrt{2}}\right)=(\sqrt{2}-1)r_n$$

└▶ 반원 O_n의 반지름의 길이와 같아.

이때 세 삼각형 $C_nF_nG_n$, $D_nG_nH_n$, $E_nH_nI_n$이 합동이므로

$a_n=$ (반원 O_n의 넓이)$-$(삼각형 $D_nA_nB_n$의 넓이)

$$-2\times\text{(삼각형 } D_nG_nH_n \text{의 넓이)}$$

$$=\frac{1}{2}\pi r_n{}^2-\frac{1}{2}\times\overline{A_nB_n}\times\overline{OD_n}-2\times\frac{1}{2}\times\overline{D_nG_n}{}^2$$

$= -$(삼각형 $C_nF_nG_n$의 넓이)
$\quad-$(삼각형 $E_nH_nI_n$의 넓이)

$$=\frac{1}{2}\pi r_n{}^2-\frac{1}{2}\times2r_n\times r_n-\{(\sqrt{2}-1)r_n\}^2$$

$$=\frac{1}{2}\pi r_n{}^2-r_n{}^2-(3-2\sqrt{2})r_n{}^2$$

$$=\left(\frac{\pi}{2}+2\sqrt{2}-4\right)r_n{}^2$$

$$r_{n+1}=\frac{1}{2}\overline{A_{n+1}B_{n+1}}=\overline{C_nA_{n+1}}=\frac{r_n}{\sqrt{2}}$$이므로

▶ $\frac{1}{2}a_n$이므로 $a_{n+1}=\frac{1}{2}a_n$이야.

$$a_{n+1}=\left(\frac{\pi}{2}+2\sqrt{2}-4\right)r_{n+1}{}^2=\frac{1}{2}\left(\frac{\pi}{2}+2\sqrt{2}-4\right)r_n{}^2$$

따라서 수열 $\{a_n\}$은 첫째항이 $2\pi+8\sqrt{2}-16$이고 공비가 $\frac{1}{2}$인 등비수열이므로

└▶ $\overline{A_1B_1}=4$이므로 $a_n=\left(\frac{\pi}{2}+2\sqrt{2}-4\right)r_n{}^2$에 $r_1=2$를 대입

$$\lim_{n\to\infty}S_n=\sum_{n=1}^{\infty}a_n=\frac{2\pi+8\sqrt{2}-16}{1-\frac{1}{2}}=4\pi+16\sqrt{2}-32$$

---

085 [정답률 58%]　　　　　정답 ⑤

그림과 같이 한 변의 길이가 5인 정사각형 ABCD에 중심이 A이고 중심각의 크기가 90°인 부채꼴 ABD를 그린다. 선분 AD를 $3:2$로 내분하는 점을 A_1, 점 A_1을 지나고 선분 AB에 평행한 직선이 호 BD와 만나는 점을 B_1이라 하자.

선분 A_1B_1을 한 변으로 하고 선분 DC와 만나도록 정사각형 $A_1B_1C_1D_1$을 그린 후, 중심이 D_1이고 중심각의 크기가 90°인 부채꼴 $D_1A_1C_1$을 그린다. 선분 DC가 호 A_1C_1, 선분 B_1C_1과 만나는 점을 각각 E_1, F_1이라 하고, 두 선분 DA_1, DE_1과 호 A_1E_1로 둘러싸인 부분과 두 선분 E_1F_1, F_1C_1과 호 E_1C_1로 둘러싸인 부분인 ⌐ 모양의 도형에 색칠하여 얻은 그림을 R_1이라 하자.

그림 R_1에서 정사각형 $A_1B_1C_1D_1$에 중심이 A_1이고 중심각의 크기가 90°인 부채꼴 $A_1B_1D_1$을 그린다. 선분 A_1D_1을 $3:2$로 내분하는 점을 A_2, 점 A_2를 지나고 선분 A_1B_1에 평행한 직선이 호 B_1D_1과 만나는 점을 B_2라 하자. 선분 A_2B_2를 한 변으로 하고 선분 D_1C_1과 만나도록 정사각형 $A_2B_2C_2D_2$를 그린 후, 그림 R_1을 얻은 것과 같은 방법으로 정사각형 $A_2B_2C_2D_2$에 ⌐ 모양의 도형을 그리고 색칠하여 얻은 그림을 R_2라 하자.

이와 같은 과정을 계속하여 n번째 얻은 그림 R_n에 색칠되어 있는 부분의 넓이를 S_n이라 할 때, $\lim_{n\to\infty}S_n$의 값은? (4점)

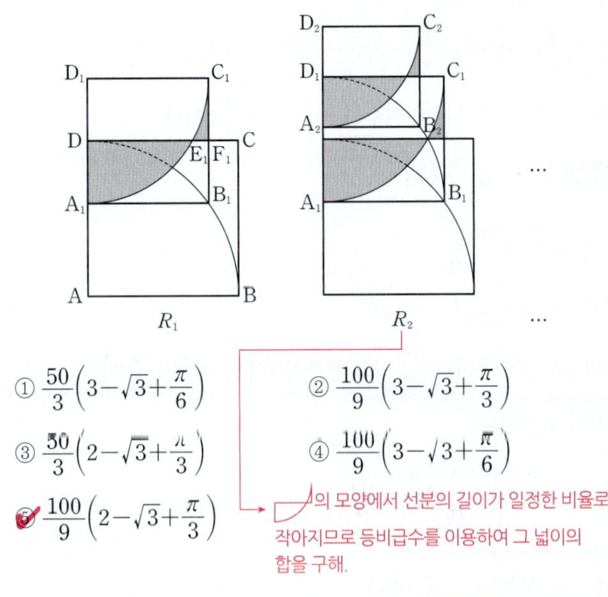

① $\dfrac{50}{3}\left(3-\sqrt{3}+\dfrac{\pi}{6}\right)$　　② $\dfrac{100}{9}\left(3-\sqrt{3}+\dfrac{\pi}{3}\right)$

③ $\dfrac{50}{3}\left(2-\sqrt{3}+\dfrac{\pi}{3}\right)$　　④ $\dfrac{100}{9}\left(3-\sqrt{3}+\dfrac{\pi}{6}\right)$

⑤ $\dfrac{100}{9}\left(2-\sqrt{3}+\dfrac{\pi}{3}\right)$

▶ ⌐ 의 모양에서 선분의 길이가 일정한 비율로 작아지므로 등비급수를 이용하여 그 넓이의 합을 구해.

Step 1 새로 색칠된 도형의 넓이기 이루는 등비수열의 공비와 첫째항을 구한다.

그림 R_1에서 보조선 $\overline{D_1E_1}$, $\overline{AB_1}$을 긋는다.
점 A_1이 $\overline{AD}$를 $3:2$로 내분하므로
$\overline{A_1D}=2$, $\overline{AA_1}=3$
$\triangle A_1AB_1$에서 피타고라스 정리에 의해

$$\overline{A_1B_1}=\sqrt{\overline{AB_1}{}^2-\overline{AA_1}{}^2}$$
$$=\sqrt{5^2-3^2}=\sqrt{16}=4$$

점 D, E_1, A_1로 둘러싸인 부분의 넓이를

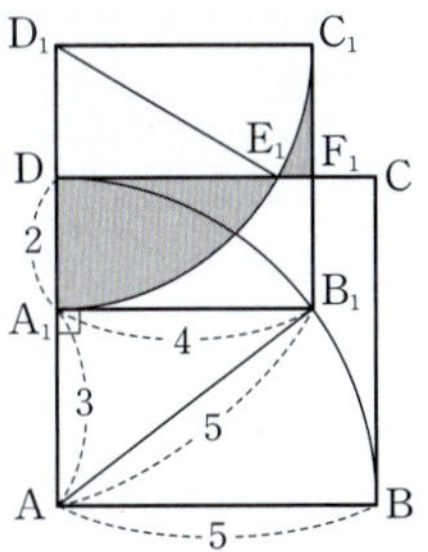

T_1, 점 C_1, E_1, F_1로 둘러싸인 부분의 넓이를 T_2라 하자.

이때 $T_1=$(부채꼴 $D_1A_1E_1$의 넓이)$-\triangle D_1DE_1$

$\triangle D_1DE_1$에서 $\overline{D_1E_1}=4$, $\overline{D_1D}=2$이므로

$\overline{DE_1}=2\sqrt{3}$이고 $\angle DD_1E_1=\dfrac{\pi}{3}$ → 특수한 삼각비를 이용

$=\sqrt{4^2-2^2}=\sqrt{12}=2\sqrt{3}$

(부채꼴 $D_1A_1E_1$의 넓이)$=\dfrac{1}{2}\times 4^2 \times \dfrac{\pi}{3}=\dfrac{8}{3}\pi$

$\triangle D_1DE_1=\dfrac{1}{2}\times\overline{D_1D}\times\overline{DE_1}=\dfrac{1}{2}\times 2\times 2\sqrt{3}=2\sqrt{3}$

$\therefore T_1=\dfrac{8}{3}\pi-2\sqrt{3}$

$T_2=\square D_1DF_1C_1-\triangle D_1DE_1-$(부채꼴 $D_1E_1C_1$의 넓이)

$\square D_1DF_1C_1=\overline{D_1D}\times\overline{DF_1}=2\times 4=8$

(부채꼴 $D_1E_1C_1$의 넓이)$=\dfrac{1}{2}\times 4^2\times\dfrac{\pi}{6}=\dfrac{4}{3}\pi$

$\therefore T_2=8-2\sqrt{3}-\dfrac{4}{3}\pi$

$=\angle E_1D_1C_1$
$=\angle DD_1C_1-\angle DD_1E_1$

그림 R_n에서 새로 색칠되는 ◷ 모양의 도형의 넓이를 P_n이라 하자.

$\overline{A_{n+1}D_{n+1}}=\dfrac{4}{5}\times\overline{A_nD_n}$이므로

$P_{n+1}=\left(\dfrac{4}{5}\right)^2 P_n=\dfrac{16}{25}P_n$ → 한 변의 길이의 비 → 넓이의 비

따라서 수열 $\{P_n\}$은 공비가 $\dfrac{16}{25}$인 등비수열이다.

$P_1=T_1+T_2$이므로

$P_1=\left(\dfrac{8}{3}\pi-2\sqrt{3}\right)+\left(8-2\sqrt{3}-\dfrac{4}{3}\pi\right)=8-4\sqrt{3}+\dfrac{4}{3}\pi$

따라서 수열 $\{P_n\}$의 첫째항은 $8-4\sqrt{3}+\dfrac{4}{3}\pi$이다.

Step 2 $\lim\limits_{n\to\infty}S_n$을 구한다.

$S_n=\sum\limits_{k=1}^{n}P_k$이므로

$\lim\limits_{n\to\infty}S_n=\lim\limits_{n\to\infty}\sum\limits_{k=1}^{n}P_k=\sum\limits_{n=1}^{\infty}P_n$

수열 $\{P_n\}$은 공비가 $\dfrac{16}{25}$이고 첫째항이 $\left(8-4\sqrt{3}+\dfrac{4}{3}\pi\right)$인 등비수열이므로

$\sum\limits_{n=1}^{\infty}P_n=\dfrac{8-4\sqrt{3}+\dfrac{4}{3}\pi}{1-\dfrac{16}{25}}=\dfrac{25}{9}\left(8-4\sqrt{3}+\dfrac{4}{3}\pi\right)$

$=\dfrac{100}{9}\left(2-\sqrt{3}+\dfrac{\pi}{3}\right)$

→ |공비|<1이므로 등비급수는 수렴하고 그 합은 $\dfrac{(첫째항)}{1-(공비)}$

086 [정답률 60%] 정답 ②

그림과 같이 한 변의 길이가 2인 정사각형 $A_1B_1C_1D_1$이 있다. 세 변 A_1B_1, B_1C_1, D_1A_1의 중점을 각각 E_1, F_1, G_1이라 하자. 선분 G_1F_1을 지름으로 하고 선분 D_1C_1에 접하는 반원의 호 G_1F_1과 두 선분 G_1E_1, E_1F_1로 둘러싸인 ⌂ 모양의 도형의 외부와 정사각형 $A_1B_1C_1D_1$의 내부의 공통부분을 색칠하여 얻은 그림을 R_1이라 하자.

그림 R_1에서 선분 G_1E_1 위의 점 A_2, 선분 E_1F_1 위의 점 B_2와 호 G_1F_1 위의 두 점 C_2, D_2를 꼭짓점으로 하고 선분 A_2B_2가 선분 A_1B_1과 평행한 정사각형 $A_2B_2C_2D_2$를 그린다. 정사각형 $A_2B_2C_2D_2$에 그림 R_1을 얻는 것과 같은 방법으로 그린 ⌂ 모양의 도형의 외부와 정사각형 $A_2B_2C_2D_2$의 내부의 공통부분을 색칠하여 얻은 그림을 R_2라 하자.

이와 같은 과정을 계속하여 n번째 얻은 그림 R_n에 색칠되어 있는 부분의 넓이를 S_n이라 할 때, $\lim\limits_{n\to\infty}S_n$의 값은? (4점)

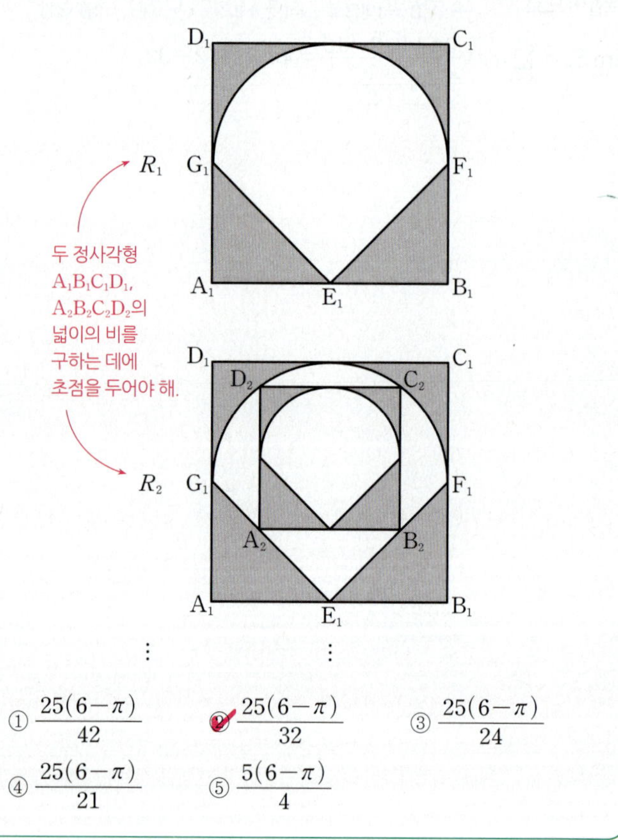

① $\dfrac{25(6-\pi)}{42}$　② $\dfrac{25(6-\pi)}{32}$　③ $\dfrac{25(6-\pi)}{24}$

④ $\dfrac{25(6-\pi)}{21}$　⑤ $\dfrac{5(6-\pi)}{4}$

Step 1 S_1의 값을 구한다.

그림 R_1에 색칠되어 있는 부분의 넓이는 한 변의 길이가 2인 정사각형 $A_1B_1C_1D_1$의 넓이에서 반지름의 길이가 1인 반원의 넓이와 직각이등변삼각형 $G_1E_1F_1$의 넓이를 뺀 값과 같으므로

$S_1=2^2-\left(\dfrac{1}{2}\times 1^2\times\pi+\dfrac{1}{2}\times 2\times 1\right)$ → $\overline{G_1E_1}=\overline{E_1F_1}$이고 $\angle G_1E_1F_1=90°$이기 때문이야.

$\square A_1B_1C_1D_1$　　　$\triangle G_1E_1F_1$의 높이　$\overline{G_1F_1}$

$=4-\left(\dfrac{\pi}{2}+1\right)=3-\dfrac{\pi}{2}$

Step 2 색칠되는 부분의 넓이가 이루는 등비수열의 공비를 구한다.

그림과 같이 선분 G_1F_1의 중점을 M, 그림 R_2에 새로 그려지는 정사각형 $A_2B_2C_2D_2$의 한 변의 길이를 x라 하자.

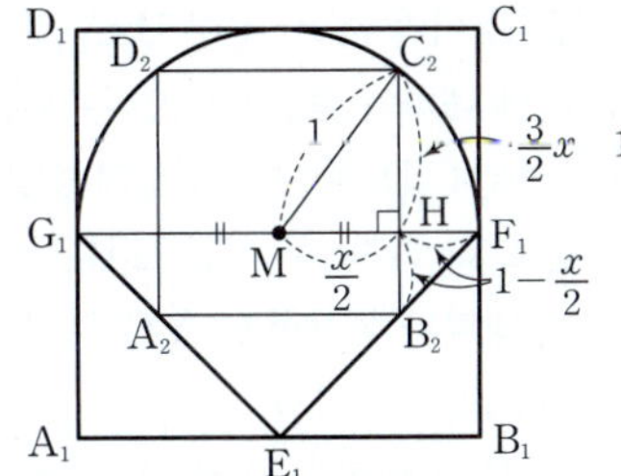

선분 MC_2는 반원의 반지름이므로 $\overline{MC_2}=1$

두 선분 G_1F_1, B_2C_2의 교점을 H라 하면

$\overline{MH}=\dfrac{x}{2}$, $\overline{HF_1}=1-\dfrac{x}{2}$ → 두 선분은 서로 수직이야.
→ $\overline{MF_1}$의 길이에서 $\overline{MH}$의 길이를 빼 주었어.

이때 삼각형 HB_2F_1은 직각이등변삼각형이므로
→ $\triangle G_1E_1F_1$과 $\triangle F_1HB_2$는 닮음이야.

$\overline{B_2H}=\overline{HF_1}=1-\dfrac{x}{2}$

$\therefore \overline{C_2H}=\overline{B_2C_2}-\overline{B_2H}=x-\left(1-\dfrac{x}{2}\right)=\dfrac{3}{2}x-1$

정사각형 $A_2B_2C_2D_2$의 한 변의 길이가 x라고 했어!

따라서 직각삼각형 C_2MH에서 피타고라스 정리를 이용하면

$\overline{MC_2}^2=\overline{MH}^2+\overline{C_2H}^2$에서 $1^2=\left(\dfrac{x}{2}\right)^2+\left(\dfrac{3}{2}x-1\right)^2$

$1=\dfrac{x^2}{4}+\left(\dfrac{9}{4}x^2-3x+1\right)$, $\dfrac{5}{2}x^2-3x=0$

→ 선분의 길이는 항상 양수이어야 해.

$\dfrac{5}{2}x\left(x-\dfrac{6}{5}\right)=0$ $\therefore x=\dfrac{6}{5}$ $(\because x>0)$

그러므로 두 정사각형 $A_1B_1C_1D_1$과 $A_2B_2C_2D_2$의 한 변의 길이의 비는 $2:\dfrac{6}{5}$, 즉 $1:\dfrac{3}{5}$이므로 넓이의 비는 $1^2:\left(\dfrac{3}{5}\right)^2=1:\dfrac{9}{25}$

따라서 새로 색칠되는 부분의 넓이는 이전 단계에서 색칠된 부분의 넓이의 $\dfrac{9}{25}$배이므로

S_n은 첫째항이 $3-\dfrac{\pi}{2}$이고 공비가 $\dfrac{9}{25}$인 등비수열의 첫째항부터 제n항까지의 합이다. → S_1

Step 3 $\displaystyle\lim_{n\to\infty}S_n$의 값을 구한다.

암기 $\displaystyle\sum_{n=1}^{\infty}ar^{n-1}=\dfrac{a}{1-r}$ $(-1<r<1)$

$\displaystyle\lim_{n\to\infty}S_n=\sum_{n=1}^{\infty}\left(3-\dfrac{\pi}{2}\right)\times\left(\dfrac{9}{25}\right)^{n-1}=\dfrac{3-\dfrac{\pi}{2}}{1-\dfrac{9}{25}}=\dfrac{25\left(3-\dfrac{\pi}{2}\right)}{16}$

$=\dfrac{25(6-\pi)}{32}$

분모, 분자에 각각 25를 곱해 주었어.

---

087 [정답률 80%]   정답 ③

그림과 같이 한 변의 길이가 4인 정사각형 $OA_1B_1C_1$의 대각선 OB_1을 $3:1$로 내분하는 점을 D_1이라 하고, 네 선분 A_1B_1, B_1C_1, C_1D_1, D_1A_1로 둘러싸인 ◥ 모양의 도형에 색칠하여 얻은 그림을 R_1이라 하자.

그림 R_1에서 중심이 O이고 두 직선 A_1D_1, C_1D_1에 동시에 접하는 원과 선분 OB_1이 만나는 점을 B_2라 하자. 선분 OB_2를 대각선으로 하는 정사각형 $OA_2B_2C_2$를 그리고 정사각형 $OA_2B_2C_2$에 그림 R_1을 얻는 것과 같은 방법으로 ◥ 모양의 도형을 그리고 색칠하여 얻은 그림을 R_2라 하자.

이와 같은 과정을 계속하여 n번째 얻은 그림 R_n에 색칠되어 있는 부분의 넓이를 S_n이라 할 때, $\displaystyle\lim_{n\to\infty}S_n$의 값은? (3점)

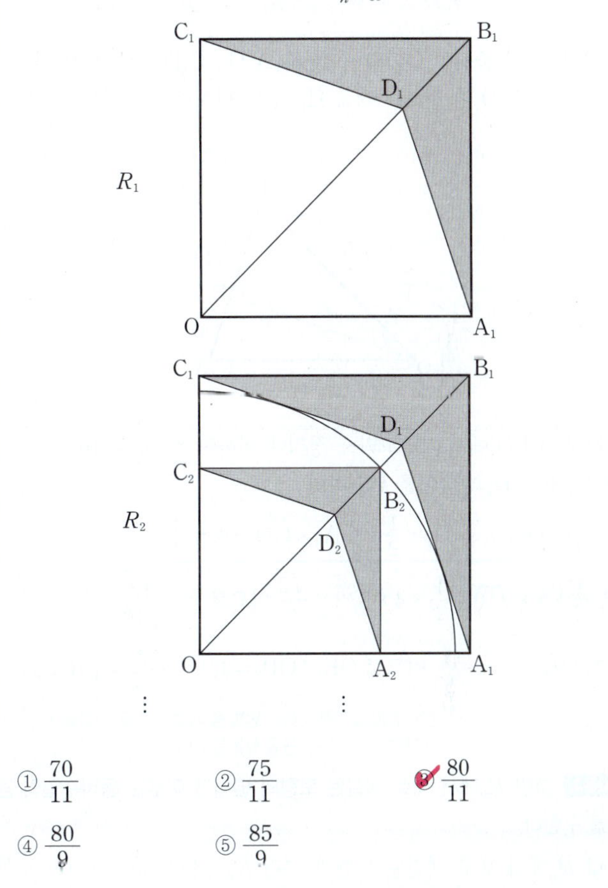

① $\dfrac{70}{11}$ ② $\dfrac{75}{11}$ ✔③ $\dfrac{80}{11}$

④ $\dfrac{80}{9}$ ⑤ $\dfrac{85}{9}$

Step 1 S_1의 값을 구한다.

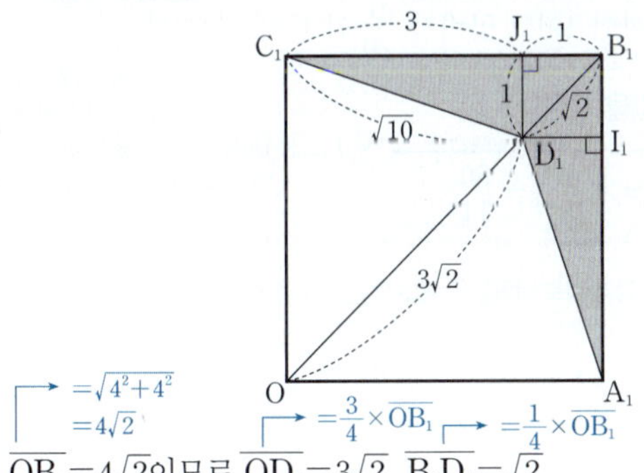

→ $=\sqrt{4^2+4^2}=4\sqrt{2}$ → $=\dfrac{3}{4}\times\overline{OB_1}$ → $=\dfrac{1}{4}\times\overline{OB_1}$

$\overline{OB_1}=4\sqrt{2}$이므로 $\overline{OD_1}=3\sqrt{2}$, $\overline{B_1D_1}=\sqrt{2}$

점 D_1에서 직선 A_1B_1에 내린 수선의 발을 I_1이라 하면 $\triangle B_1D_1I_1\backsim\triangle B_1OA_1$이므로 $\overline{D_1I_1}=1$

또한, 점 D_1에서 직선 B_1C_1에 내린 수선의 발을 J_1이라 하면
같은 이유로 $\overline{D_1J_1}=1$
따라서 두 삼각형 $A_1B_1D_1$, $B_1C_1D_1$의 넓이는 서로 같으므로
$$S_1=2\times\left(\frac{1}{2}\times4\times1\right)=4$$
└→ 밑변의 길이가 4, 높이가 1인 삼각형이야.

Step 2 두 선분 OB_1과 OB_2의 닮음비를 구한다.

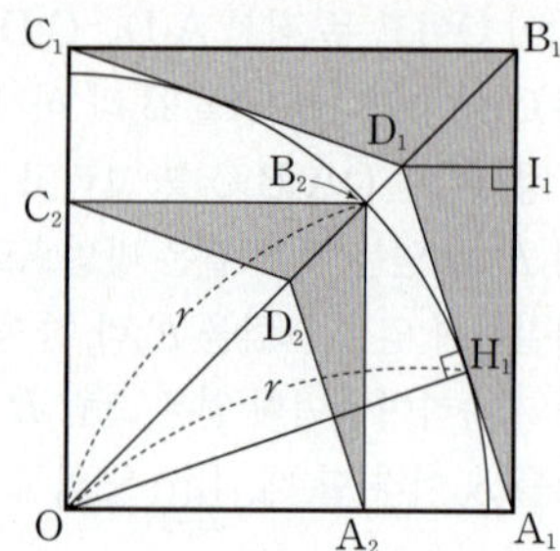

그림 R_2에서 중심이 O이고 두 선분 A_1D_1, C_1D_1에 동시에 접하는
원과 선분 A_1D_1이 접하는 점을 H_1, 원의 반지름의 길이를 r이라 하
자.

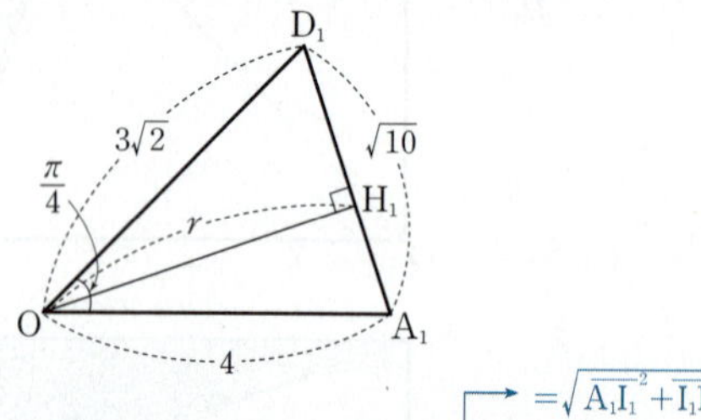

삼각형 $A_1I_1D_1$에서 피타고라스 정리에 의하여 $\overline{A_1D_1}=\sqrt{10}$
$\qquad\qquad\qquad\qquad\qquad\qquad\qquad\quad = \sqrt{\overline{A_1I_1}^2+\overline{I_1D_1}^2}$
삼각형 OA_1D_1의 넓이를 k라 하면
$$k=\frac{1}{2}\times\overline{OH_1}\times\overline{A_1D_1}=\frac{1}{2}\times\overline{OA_1}\times\overline{OD_1}\times\sin\frac{\pi}{4}$$
즉, $\dfrac{1}{2}\times r\times\sqrt{10}=\dfrac{1}{2}\times4\times3\sqrt{2}\times\dfrac{\sqrt{2}}{2}$이므로 $r=\dfrac{12}{\sqrt{10}}$

이때 $\overline{OB_2}=r=\dfrac{12}{\sqrt{10}}$이므로 $\overline{OB_1}:\overline{OB_2}=4\sqrt{2}:\dfrac{12}{\sqrt{10}}=\sqrt{20}:3$
이다.

└→ 삼각형의 넓이를 구하는 방법 중 서로 다른 두 방법을
이용해도 넓이는 같음을 활용한 거야.

Step 3 그림 R_n에서 새로 색칠된 도형의 넓이가 이루는 등비수열의 공
비를 구한다.

그림 R_n에서 새로 색칠된 도형과 그림 R_{n+1}에서 새로 색칠된 도형
의 닮음비가 $\sqrt{20}:3$이므로 두 도형의 넓이의 비는 $20:9$이다.
즉, 그림 R_n에서 새로 색칠된 도형의 넓이를 T_n이라 하면
수열 $\{T_n\}$은 첫째항이 4이고 공비가 $\dfrac{9}{20}$인 등비수열이다.

└→ 두 도형의
닮음비가
$m:n$일 때,
넓이의 비는
$m^2:n^2$

Step 4 $\displaystyle\lim_{n\to\infty}S_n$의 값을 구한다.

$$\lim_{n\to\infty}S_n=\frac{4}{1-\dfrac{9}{20}}=\frac{4}{\dfrac{11}{20}}=\frac{80}{11}$$

$\qquad\qquad\qquad\qquad\qquad\quad \displaystyle\sum_{k=1}^{n}T_k=S_n$이야.

└→ 그림 R_1과 R_2에서 각각 새로 색칠된 도형의 닮음비와 같아.

---

088 [정답률 75%] 정답 ②

그림과 같이 한 변의 길이가 1인 정삼각형 $A_1B_1C_1$이 있다.
선분 A_1B_1의 중점을 D_1이라 하고, 선분 B_1C_1 위의
$\overline{C_1D_1}=\overline{C_1B_2}$인 점 B_2에 대하여 중심이 C_1인 부채꼴 $C_1D_1B_2$를
그린다. 점 B_2에서 선분 C_1D_1에 내린 수선의 발을 A_2,
선분 C_1B_2의 중점을 C_2라 하자. 두 선분 B_1B_2, B_1D_1과
호 D_1B_2로 둘러싸인 영역과 삼각형 $C_1A_2C_2$의 내부에
색칠하여 얻은 그림을 R_1이라 하자.
그림 R_1에서 선분 A_2B_2의 중점을 D_2라 하고, 선분 B_2C_2 위의
$\overline{C_2D_2}=\overline{C_2B_3}$인 점 B_3에 대하여 중심이 C_2인 부채꼴 $C_2D_2B_3$을
그린다. 점 B_3에서 선분 C_2D_2에 내린 수선의 발을 A_3,
선분 C_2B_3의 중점을 C_3이라 하자. 두 선분 B_2B_3, B_2D_2와
호 D_2B_3으로 둘러싸인 영역과 삼각형 $C_2A_3C_3$의 내부에
색칠하여 얻은 그림을 R_2라 하자.
이와 같은 과정을 계속하여 n번째 얻은 그림 R_n에 색칠되어
있는 부분의 넓이를 S_n이라 할 때, $\displaystyle\lim_{n\to\infty}S_n$의 값은? (4점)

└→ 그림 R_n에 색칠되어 있는
부분들이 닮음인 걸 확인하고
길이의 닮음비를 찾아
넓이의 닮음비를 구해!

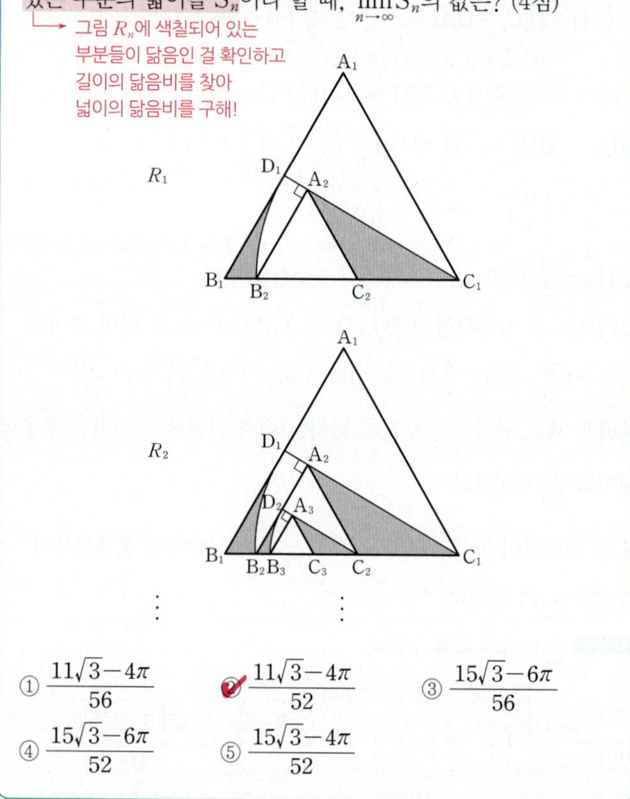

① $\dfrac{11\sqrt{3}-4\pi}{56}$ ✓② $\dfrac{11\sqrt{3}-4\pi}{52}$ ③ $\dfrac{15\sqrt{3}-6\pi}{56}$

④ $\dfrac{15\sqrt{3}-6\pi}{52}$ ⑤ $\dfrac{15\sqrt{3}-4\pi}{52}$

Step 1 S_1의 값을 구한다.

오른쪽 그림과 같이 R_1에서 색칠된
영역의 넓이를 각각 M, N이라 하자.
이때,
$M=$(삼각형 $C_1D_1B_1$의 넓이)
$\quad-$(부채꼴 $C_1D_1B_2$의 넓이)
$=\dfrac{1}{2}\times\dfrac{1}{2}\times\dfrac{\sqrt{3}}{2}-\left(\dfrac{\sqrt{3}}{2}\right)^2\pi\times\dfrac{30°}{360°}$
$=\dfrac{\sqrt{3}}{8}-\dfrac{1}{16}\pi$

$\qquad\qquad\qquad\dfrac{1}{2}\times\overline{B_1D_1}\times\overline{C_1D_1}$

└→ $\angle D_1C_1B_1$은 $\angle A_1C_1B_1$의 $\dfrac{1}{2}$이야.
따라서 $60°\times\dfrac{1}{2}=30°$가 돼.

└→ $\overline{C_1D_1}=\overline{B_1C_1}\times\cos30°=\dfrac{\sqrt{3}}{2}$

점 A_2에서 선분 B_2C_3에 내린 수선의 발을 H라 하자.

$$N = (\text{삼각형 } C_1A_2C_2\text{의 넓이})$$
$$= \frac{1}{2} \times \overline{C_1C_2} \times \overline{A_2H}$$
$$= \frac{1}{2} \times \frac{1}{2}\overline{C_1B_2} \times \overline{A_2H}$$
$$= \frac{1}{2} \times \frac{\sqrt{3}}{4} \times \left(\frac{\sqrt{3}}{4} \times \frac{\sqrt{3}}{2}\right)$$
$$= \frac{3\sqrt{3}}{64}$$

밑변의 길이
높이
점 C_2가 선분 C_1B_2의 중점이야.
정삼각형 $A_2B_2C_2$의 높이이기도 해.
한 변의 길이가 $\frac{\sqrt{3}}{4}$인 정삼각형의 높이

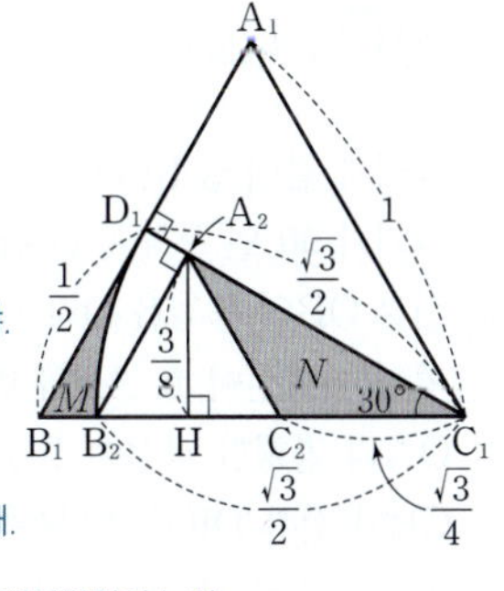

$$\therefore S_1 = M + N = \frac{\sqrt{3}}{8} - \frac{1}{16}\pi + \frac{3\sqrt{3}}{64}$$
$$= \frac{11\sqrt{3} - 4\pi}{64}$$

Step 2 등비급수의 합을 구한다.

$\overline{B_1C_1} : \overline{B_2C_2} = 1 : \frac{\sqrt{3}}{4}$이므로 넓이의 비는 $1 : \frac{3}{16}$이다.

따라서 S_n은 첫째항이 $\frac{11\sqrt{3}-4\pi}{64}$이고 공비가 $\frac{3}{16}$인 등비수열의 첫째항부터 제n항까지의 합이다.

$$\therefore \lim_{n \to \infty} S_n = \frac{\dfrac{11\sqrt{3}-4\pi}{64}}{1 - \dfrac{3}{16}} = \frac{11\sqrt{3}-4\pi}{52}$$

$$\frac{\dfrac{11\sqrt{3}-4\pi}{64}}{\dfrac{13}{16}} = \frac{11\sqrt{3}-4\pi}{4 \times 13} = \frac{11\sqrt{3}-4\pi}{52}$$

---

089 [정답률 74%]　　　　정답 ④

$$\tan(\angle B_1A_1O) = \frac{\overline{OB_1}}{\overline{OA_1}} = \sqrt{3} \to \angle B_1A_1O = 60°$$

그림과 같이 $\overline{OA_1}=4$, $\overline{OB_1}=4\sqrt{3}$인 직각삼각형 OA_1B_1이 있다. 중심이 O이고 반지름의 길이가 $\overline{OA_1}$인 원이 선분 OB_1과 만나는 점을 B_2라 하자. 삼각형 OA_1B_1의 내부와 부채꼴 OA_1B_2의 내부에서 공통된 부분을 제외한 　 모양의 도형에 색칠하여 얻은 그림을 R_1이라 하자.

그림 R_1에서 점 B_2를 지나고 선분 A_1B_1에 평행한 직선이 선분 OA_1과 만나는 점을 A_2, 중심이 O이고 반지름의 길이가 $\overline{OA_2}$인 원이 선분 OB_2와 만나는 점을 B_3이라 하자. 삼각형 OA_2B_2의 내부와 부채꼴 OA_2B_3의 내부에서 공통된 부분을 제외한 　 모양의 도형에 색칠하여 얻은 그림을 R_2라 하자.

이와 같은 과정을 계속하여 n번째 얻은 그림 R_n에 색칠되어 있는 부분의 넓이를 S_n이라 할 때, $\lim\limits_{n \to \infty} S_n$의 값은? (4점)

두 삼각형 OA_1B_1, OA_2B_2의 닮음비는 $\overline{OB_1}:\overline{OB_2}$야.

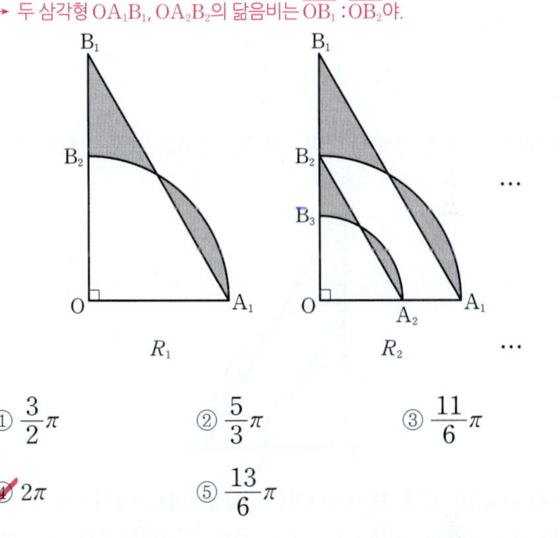

① $\dfrac{3}{2}\pi$　　　② $\dfrac{5}{3}\pi$　　　③ $\dfrac{11}{6}\pi$

④ 2π　　　⑤ $\dfrac{13}{6}\pi$

Step 1 S_1의 값을 구한다.

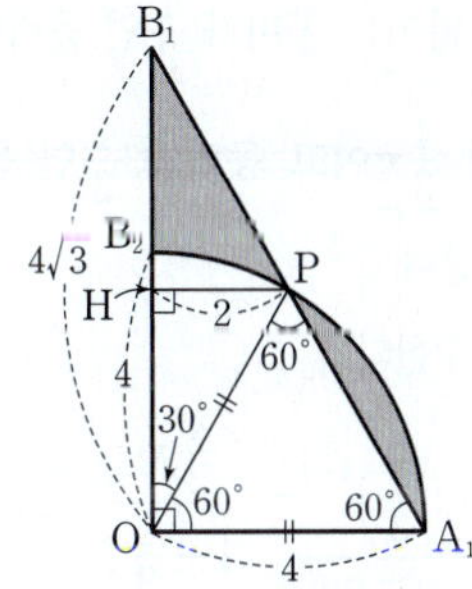

위 그림과 같이 선분 A_1B_1이 호 A_1B_2와 만나는 점을 P라 하자.

$$\tan(\angle B_1A_1O) = \frac{\overline{OB_1}}{\overline{OA_1}} = \frac{4\sqrt{3}}{4} = \sqrt{3}$$이므로 $\angle B_1A_1O = 60°$

$\tan 60° = \sqrt{3}$과 같은 특수각에 대한 삼각비의 값은 알고 있어야 해.

두 선분 OA_1, OP는 모두 사분원의 반지름이므로
$$\overline{OA_1} = \overline{OP} = 4$$

따라서 삼각형 OA_1P는 $\overline{OA_1} = \overline{OP}$인 이등변삼각형이므로
$$\angle OPA_1 = \angle PA_1O = \angle B_1A_1O = 60°$$

두 밑각의 크기가 동일!
같은 각이야.

$$\therefore \angle POA_1 = 180° - (60° + 60°) = 60°$$

그러므로 선분 A_1B_1과 호 A_1B_2로 둘러싸인 색칠된 ╲ 부분의

넓이는   → 반지름의 길이가 4

(부채꼴 OA_1P의 넓이) − (정삼각형 OA_1P의 넓이)
       → 한 변의 길이가 4

$$=\pi\times4^2\times\frac{60°}{360°}-\frac{\sqrt{3}}{4}\times4^2$$

$$=\frac{8}{3}\pi-4\sqrt{3}\quad\cdots\cdots\ \unicode{x1D7E3}$$

점 P에서 $\overline{OB_1}$에 내린 수선의 발을 H라 하면 삼각형 OPH에서

$$\sin(\angle POH)=\sin30°=\frac{\overline{PH}}{\overline{OP}}$$

$$\therefore\ \overline{PH}=\overline{OP}\sin30°=4\times\frac{1}{2}=2$$

따라서 색칠된 ◣ 부분의 넓이는

(삼각형 B_1OP의 넓이) − (부채꼴 OPB_2의 넓이)
    → 밑변을 $\overline{OB_1}$, 높이를 $\overline{PH}$라고 생각해 봐.

$$=\frac{1}{2}\times4\sqrt{3}\times2-\pi\times4^2\times\frac{30°}{360°}$$

$$=4\sqrt{3}-\frac{4}{3}\pi\quad\cdots\cdots\ \unicode{x1D7E4}$$

따라서 ⓐ, ⓑ에서

$$S_1=\left(\frac{8}{3}\pi-4\sqrt{3}\right)+\left(4\sqrt{3}-\frac{4}{3}\pi\right)=\frac{4}{3}\pi$$

Step 2 새로 색칠되는 부분의 넓이가 이루는 등비수열의 공비를 구한다.

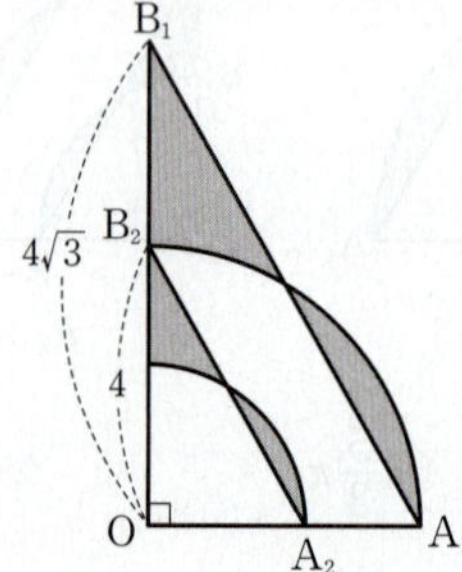

두 삼각형 OA_1B_1, OA_2B_2에서 $\overline{OB_1}=4\sqrt{3}$, $\overline{OB_2}=4$이므로

두 삼각형의 닮음비는 $4\sqrt{3}:4=\sqrt{3}:1$이다.   → 닮음비가 $m:n$인 두 도형의 넓이의 비는 $m^2:n^2$이야.

따라서 두 삼각형의 넓이의 비는 $(\sqrt{3})^2:1^2=3:1$이므로

새로 색칠되는 부분의 넓이는 공비가 $\dfrac{1}{3}$인 등비수열을 이룬다.

따라서 S_n은 첫째항이 $\dfrac{4}{3}\pi$이고 공비가 $\dfrac{1}{3}$인 등비수열의 첫째항부

터 제n항까지의 합과 같다. → S_1

Step 3 $\lim\limits_{n\to\infty}S_n$의 값을 구한다.

$$\lim_{n\to\infty}S_n=\lim_{n\to\infty}\sum_{k=1}^{n}\frac{4}{3}\pi\times\left(\frac{1}{3}\right)^{k-1}=\frac{\frac{4}{3}\pi}{1-\frac{1}{3}}=2\pi$$

   → 첫째항이 a이고 공비가 $r\ (-1<r<1)$인 등비수열 a_n에 대하여 $\sum\limits_{n=1}^{\infty}a_n=\dfrac{a}{1-r}$

---

090 [정답률 65%]   정답 ①

그림과 같이 중심이 O, 반지름의 길이가 2이고 중심각의 크기가 90°인 부채꼴 OAB가 있다. 선분 OA의 중점을 C, 선분 OB의 중점을 D라 하자. 점 C를 지나고 선분 OB와 평행한 직선이 호 AB와 만나는 점을 E, 점 D를 지나고 선분 OA와 평행한 직선이 호 AB와 만나는 점을 F라 하자. 선분 CE와 선분 DF가 만나는 점을 G, 선분 OE와 선분 DG가 만나는 점을 H, 선분 OF와 선분 CG가 만나는 점을 I라 하자. 사각형 OIGH를 색칠하여 얻은 그림을 R_1이라 하자.

그림 R_1에 중심이 C, 반지름의 길이가 $\overline{CI}$, 중심각의 크기가 90°인 부채꼴 CJI와 중심이 D, 반지름의 길이가 $\overline{DH}$, 중심각의 크기가 90°인 부채꼴 DHK를 그린다. 두 부채꼴 CJI, DHK에 그림 R_1을 얻는 것과 같은 방법으로 두 개의 사각형을 그리고 색칠하여 얻은 그림을 R_2라 하자.

이와 같은 과정을 계속하여 n번째 얻은 그림 R_n에 색칠되어 있는 부분의 넓이를 S_n이라 할 때, $\lim\limits_{n\to\infty}S_n$의 값은? (4점)

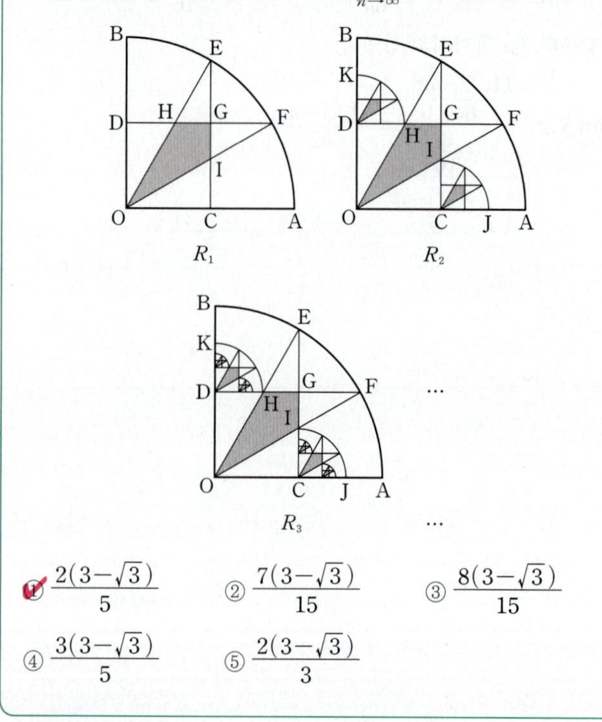

① $\dfrac{2(3-\sqrt{3})}{5}$ ② $\dfrac{7(3-\sqrt{3})}{15}$ ③ $\dfrac{8(3-\sqrt{3})}{15}$

④ $\dfrac{3(3-\sqrt{3})}{5}$ ⑤ $\dfrac{2(3-\sqrt{3})}{3}$

Step 1 그림 R_1에서 색칠되어 있는 부분의 넓이 S_1을 구한다.

직각삼각형 OCE에서

$\overline{OC}=1$, $\overline{OE}=2$이므로   → $\cos(\angle COE)=\dfrac{1}{2}$

$\angle COE=60°$

같은 방법으로 $\angle DOF=60°$

또한 직각삼각형 OCI에서

$$\overline{CI}=\overline{OC}\times\tan(\angle COI)$$

$$=1\times\tan30°$$ → $\angle AOB-\angle DOF$ $=90°-60°=30°$

$$=\frac{\sqrt{3}}{3}$$

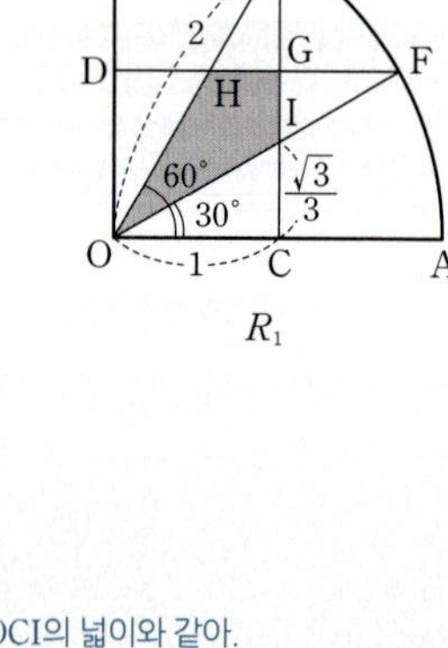

$$\therefore\ S_1=\square OCGD-\triangle OCI-\triangle OHD$$
   → $\triangle OCI$의 넓이와 같아.

$$=1^2-2\times\left(\frac{1}{2}\times1\times\frac{\sqrt{3}}{3}\right)$$

$$=1-\frac{\sqrt{3}}{3}$$

Step 2 그림 R_n과 R_{n+1}에서 새롭게 그려진 부채꼴의 넓이의 비를 구한다.

오른쪽 그림과 같이 그림 R_n에
새롭게 그려진 부채꼴의 반지름의
길이를 r_n이라 하면
그림 R_{n+1}에 새롭게 그려진
부채꼴의 반지름의 길이 r_{n+1}은

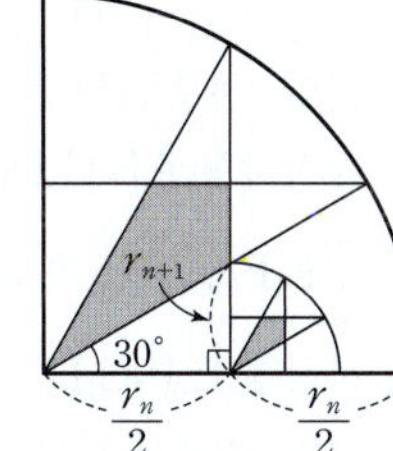

$$r_{n+1}=\frac{r_n}{2}\times\tan 30^\circ$$

$$=\frac{r_n}{2}\times\frac{\sqrt{3}}{3}=\frac{\sqrt{3}\,r_n}{6}$$

따라서 닮음비는 $1:\dfrac{\sqrt{3}}{6}$이므로

넓이의 비는 $1^2:\left(\dfrac{\sqrt{3}}{6}\right)^2=1:\dfrac{1}{12}$이고

새롭게 그려지는 부채꼴의 개수는 2배씩 증가하므로

→ 빠뜨리지 않도록 주의

$$\lim_{n\to\infty}S_n=\frac{1-\dfrac{\sqrt{3}}{3}}{1-2\times\dfrac{1}{12}}=\frac{\dfrac{3-\sqrt{3}}{3}}{\dfrac{5}{6}}$$

$$=\frac{2(3-\sqrt{3})}{5}$$

---

091 [정답률 81%]   정답 ②

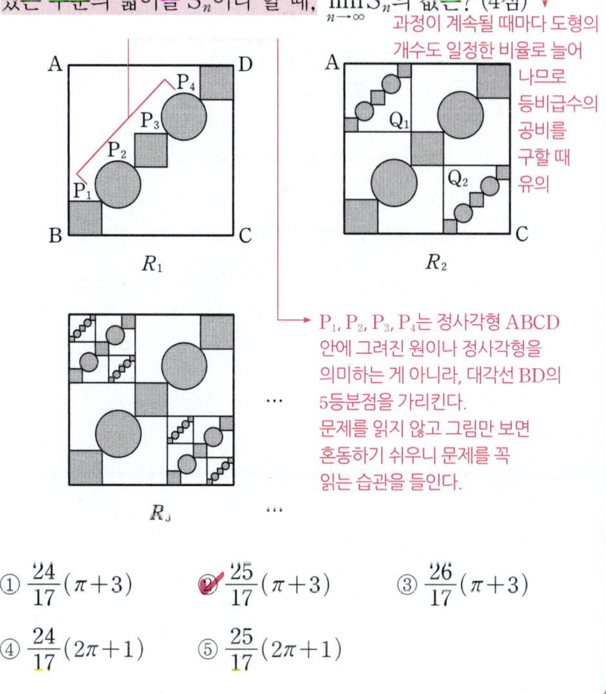

$\overline{BP_1}=\overline{P_1P_2}=\overline{P_2P_3}=\overline{P_3P_4}=\overline{P_4D}=\dfrac{5\sqrt{2}}{5}=\sqrt{2}$ ←

그림과 같이 한 변의 길이가 5인 정사각형 ABCD의 대각선 BD의 5등분점을 점 B에서 가까운 순서대로 각각 P_1, P_2, P_3, P_4라 하고, 선분 BP_1, P_2P_3, P_4D를 각각 대각선으로 하는 정사각형과 선분 P_1P_2, P_3P_4를 각각 지름으로 하는 원을 그린 후, ▨ 모양의 도형에 색칠하여 얻은 그림을 R_1이라 하자.

→ 정사각형 세 개, 원 두 개로 이루어져 있어.

그림 R_1에서 선분 P_2P_3을 대각선으로 하는 정사각형의 꼭짓점 중 점 A와 가장 가까운 점을 Q_1, 점 C와 가장 가까운 점을 Q_2라 하자. 선분 AQ_1을 대각선으로 하는 정사각형과 선분 CQ_2를 대각선으로 하는 정사각형을 그리고, 새로 그려진 2개의 정사각형 안에 그림 R_1을 얻는 것과 같은 방법으로 ▨ 모양의 도형을 각각 그리고 색칠하여 얻은 그림을 R_2라 하자.

→ R_1의 도형과 R_2의 새로 그린 도형 하나는 서로 닮음이다.

그림 R_2에서 선분 AQ_1을 대각선으로 하는 정사각형과 선분 CQ_2를 대각선으로 하는 정사각형에 그림 R_1에서 그림 R_2를 얻는 것과 같은 방법으로 ▨ 모양의 도형을 각각 그리고 색칠하여 얻은 그림을 R_3이라 하자.

이와 같은 과정을 계속하여 n번째 얻은 그림 R_n에 색칠되어 있는 부분의 넓이를 S_n이라 할 때, $\lim_{n\to\infty}S_n$의 값은? (4점)

→ 과정이 계속될 때마다 도형의 개수도 일정한 비율로 늘어나므로 등비급수의 공비를 구할 때 유의

→ P_1, P_2, P_3, P_4는 정사각형 ABCD 안에 그려진 원이나 정사각형을 의미하는 게 아니라, 대각선 BD의 5등분점을 가리킨다. 문제를 읽지 않고 그림만 보면 혼동하기 쉬우니 문제를 꼭 읽는 습관을 들인다.

① $\dfrac{24}{17}(\pi+3)$ ② $\dfrac{25}{17}(\pi+3)$ ③ $\dfrac{26}{17}(\pi+3)$

④ $\dfrac{24}{17}(2\pi+1)$ ⑤ $\dfrac{25}{17}(2\pi+1)$

Step 1 S_n을 수열의 합으로 나타낸다.

문제에서 주어진 과정을 n번째 시행할 때 새롭게 색칠하는 영역의 넓이를 a_n이라 하자.

이때 S_n은 그림 R_n에 색칠되어 있는 부분의 넓이이므로

$$S_n=\sum_{k=1}^{n}a_k$$

→ (1번째 시행할 때 색칠하는 영역의 넓이)＋(2번째 시행할 때 새롭게 색칠하는 영역의 넓이)＋(3번째 시행할 때 새롭게 색칠하는 영역의 넓이)＋…

Step 2 a_1을 구한다.

오른쪽 그림과 같이 그림 R_1에서
$\overline{BD}=5\sqrt{2}$이므로

$$\overline{BP_1}=\overline{P_1P_2}=\overline{P_2P_3}=\cdots=\frac{5\sqrt{2}}{5}=\sqrt{2}$$

a_1은 한 변의 길이가 1인 정사각형 3개와
지름의 길이가 $\sqrt{2}$인 원 2개의 넓이의 합
이므로

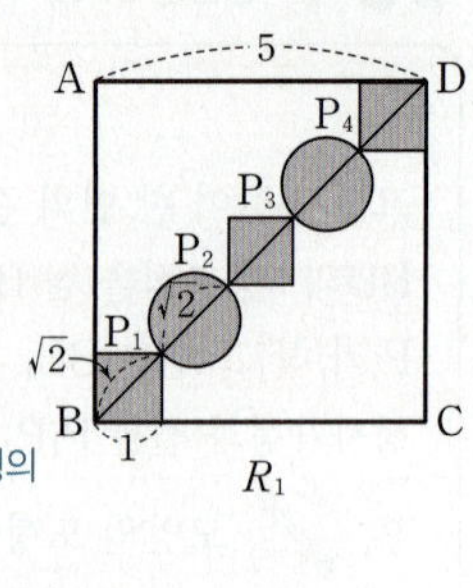

$$a_1=2\times\left(\frac{\sqrt{2}}{2}\right)^2\pi+3\times(1\times1)$$
→ 대각선의 길이가 $\sqrt{2}$인 정사각형의
한 변의 길이는 $\frac{\sqrt{2}}{\sqrt{2}}=1$이다.
→ 정사각형 3개의 넓이
$$=\pi+3$$
→ 원 2개의 넓이

Step 3 도형의 닮음을 이용하여 $\{a_n\}$이 등비수열임을 구하고 $\lim\limits_{n\to\infty}S_n$의
값을 구한다.

오른쪽 그림과 같이 그림 R_2에서 선분 CQ_2
를 대각선으로 하는 정사각형의 꼭짓점 중
두 선분 CB, CD 위의 점을 각각 E, F라고
하자.

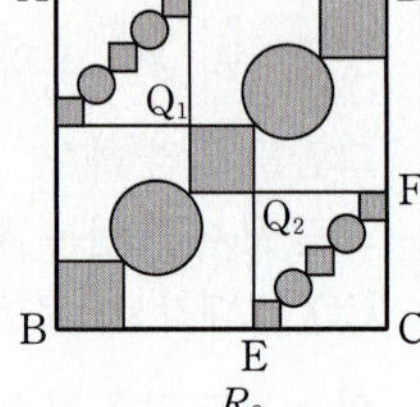

이때 $\overline{CB}:\overline{CE}=5:2$이므로
□ABCD와 □Q_2ECF는 닮음비가 $5:2$
이고, 넓이의 비가 $25:4$이다. $5^2:2^2=25:4$

이때 도형의 개수는 2배씩 늘어나므로 수열 $\{a_n\}$은 공비가
$\frac{4}{25}\times2=\frac{8}{25}$인 등비수열이다.

$$\therefore \lim_{n\to\infty}S_n=\sum_{n=1}^{\infty}a_n=\frac{\pi+3}{1-\frac{8}{25}}=\frac{25}{17}(\pi+3)$$

> **중요** 등비급수 $\sum\limits_{n=1}^{\infty}ar^{n-1}(a\neq0)$은
> (1) $|r|<1$이면 수렴하고, 그 합은
> $\frac{a}{1-r}$이다.
> (2) $|r|\geq1$이면 발산한다.

---

092 [정답률 68%]
정답 ③

그림과 같이 $\overline{AB_1}=2$, $\overline{AD_1}=4$인 직사각형 $AB_1C_1D_1$이
있다. 선분 AD_1을 $3:1$로 내분하는 점을 E_1이라 하고,
직사각형 $AB_1C_1D_1$의 내부에 점 F_1을 $\overline{F_1E_1}=\overline{F_1C_1}$,
$\angle E_1F_1C_1=\frac{\pi}{2}$가 되도록 잡고 삼각형 $E_1F_1C_1$을 그린다.
사각형 $E_1F_1C_1D_1$을 색칠하여 얻은 그림을 R_1이라 하자.
그림 R_1에서 선분 AB_1 위의 점 B_2, 선분 E_1F_1 위의 점 C_2,
선분 AE_1 위의 점 D_2와 점 A를 꼭짓점으로 하고
$\overline{AB_2}:\overline{AD_2}=1:2$인 직사각형 $AB_2C_2D_2$를 그린다.
그림 R_1을 얻은 것과 같은 방법으로 직사각형 $AB_2C_2D_2$에
삼각형 $E_2F_2C_2$를 그리고 사각형 $E_2F_2C_2D_2$를 색칠하여 얻은
그림을 R_2라 하자.
이와 같은 과정을 계속하여 n번째 얻은 그림 R_n에 색칠되어
있는 부분의 넓이를 S_n이라 할 때, $\lim\limits_{n\to\infty}S_n$의 값은? (4점)

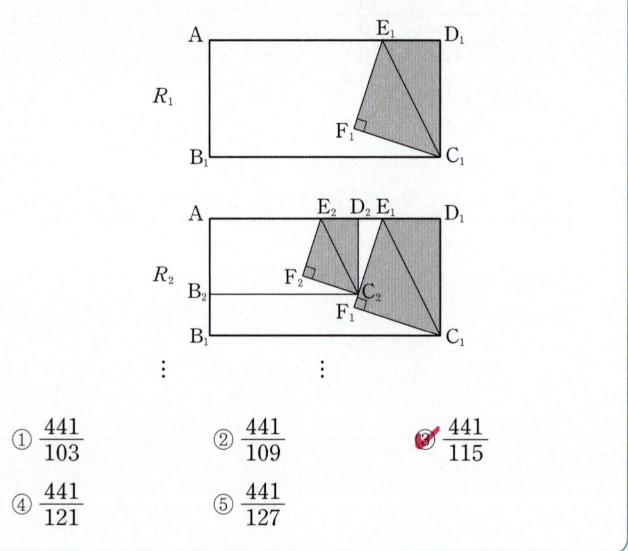

① $\dfrac{441}{103}$ ② $\dfrac{441}{109}$ ③ $\dfrac{441}{115}$

④ $\dfrac{441}{121}$ ⑤ $\dfrac{441}{127}$

Step 1 S_1의 값을 구한다.

그림 R_1에서 $\overline{AB_1}=2$, $\overline{AD_1}=4$인 직사각형 $AB_1C_1D_1$에 대하여
선분 AD_1을 $3:1$로 내분하는 점이 E_1이므로 $\overline{AE_1}=3$, $\overline{D_1E_1}=1$
이때 직각삼각형 $C_1D_1E_1$에서 피타고라스 정리에 의하여
$$\overline{E_1C_1}=\sqrt{\overline{D_1E_1}^2+\overline{D_1C_1}^2}=\sqrt{1^2+2^2}=\sqrt{5}$$

또한, 직각이등변삼각형 $E_1F_1C_1$에서 $\overline{F_1E_1}=\overline{F_1C_1}=\sqrt{\dfrac{5}{2}}$

$$\therefore S_1=\square E_1F_1C_1D_1=\triangle C_1D_1E_1+\triangle E_1F_1C_1$$
$$=\frac{1}{2}\times1\times2+\frac{1}{2}\times\sqrt{\frac{5}{2}}\times\sqrt{\frac{5}{2}}$$
△$E_1F_1C_1$이 직각이등변삼각형이므로
$\overline{F_1E_1}=\overline{F_1C_1}=\sqrt{5}\times\sin45°=\sqrt{\dfrac{5}{2}}$
가 돼.
$$=1+\frac{5}{4}=\frac{9}{4}$$

Step 2 삼각함수의 성질을 이용하여 선분 D_2C_2의 길이를 구한다.
→ ① $\tan(\pi-\theta)=-\tan\theta$
② $\tan(\theta_1+\theta_2)=\dfrac{\tan\theta_1+\tan\theta_2}{1-\tan\theta_1\tan\theta_2}$

그림 R_2에서 $\overline{D_2C_2}=x$,
$\angle D_1E_1C_1=\alpha$, $\angle D_2E_1C_2=\beta$라
하면

$$\tan\alpha=\frac{\overline{D_1C_1}}{\overline{E_1D_1}}=\frac{2}{1}=2,$$

$$\tan\beta=\frac{\overline{D_2C_2}}{\overline{D_2E_1}}=\frac{x}{3-2x}$$

> $\overline{D_2C_2}=x$일 때 $\overline{B_2C_2}=2x$이므로
> $\overline{D_2E_1}=\overline{AE_1}-\overline{AD_2}=3-2x$

이때 $\beta=\pi-\left(\dfrac{\pi}{4}+\alpha\right)$이므로

$$\tan\beta=\tan\left\{\pi-\left(\frac{\pi}{4}+\alpha\right)\right\}$$

$$=-\tan\left(\frac{\pi}{4}+\alpha\right)$$

$$=-\frac{\tan\dfrac{\pi}{4}+\tan\alpha}{1-\tan\dfrac{\pi}{4}\tan\alpha} \quad\rightarrow \tan\frac{\pi}{4}=1,\ \tan\alpha=2를\ 대입$$

$$=-\frac{1+2}{1-2}=3$$

즉 $\dfrac{x}{3-2x}=3$에서 $x=9-6x$ $\quad\therefore x=\dfrac{9}{7}$

따라서 선분 D_2C_2의 길이는 $\dfrac{9}{7}$이다.

Step 3 $\displaystyle\lim_{n\to\infty}S_n$의 값을 구한다.

그림 R_n에 색칠되어 있는 부분의 넓이인 S_n은 첫째항이 $\dfrac{9}{4}$, 공비가

$\left(\dfrac{\overline{D_2C_2}}{\overline{D_1C_1}}\right)^2=\left(\dfrac{9}{14}\right)^2$인 등비수열의 첫째항부터 제$n$항까지의 합이므로

$$\lim_{n\to\infty}S_n=\frac{\dfrac{9}{4}}{1-\left(\dfrac{9}{14}\right)^2}=\frac{9\times14^2}{4(14^2-9^2)}=\frac{9\times14^2}{4(14+9)(14-9)}$$

> $\dfrac{\dfrac{9}{4}}{\dfrac{14^2-9^2}{14^2}}=\dfrac{9\times14^2}{4(14^2-9^2)}$

> 인수분해 공식을 이용

$$=\frac{9\times7^2}{2^3\times5}=\frac{441}{115}$$

그림과 같이 $\overline{AB_1}=1$, $\overline{B_1C_1}=2$인 직사각형 $AB_1C_1D_1$이 있다. $\angle AD_1C_1$을 삼등분하는 두 직선이 선분 B_1C_1과 만나는 점 중 점 B_1에 가까운 점을 E_1, 점 C_1에 가까운 점을 F_1이라 하자.

$\overline{E_1F_1}=\overline{F_1G_1}$, $\angle E_1F_1G_1=\dfrac{\pi}{2}$이고 선분 AD_1과 선분 F_1G_1이 만나도록 점 G_1을 잡아 삼각형 $E_1F_1G_1$을 그린다. 선분 E_1D_1과 선분 F_1G_1이 만나는 점을 H_1이라 할 때, 두 삼각형 $G_1E_1H_1$, $H_1F_1D_1$로 만들어진 ◿ 모양의 도형에 색칠하여 얻은 그림을 R_1이라 하자.

그림 R_1에 선분 AB_1 위의 점 B_2, 선분 E_1G_1 위의 점 C_2, 선분 AD_1 위의 점 D_2와 점 A를 꼭짓점으로 하고 $\overline{AB_2}:\overline{B_2C_2}=1:2$인 직사각형 $AB_2C_2D_2$를 그린다. 직사각형 $AB_2C_2D_2$에 그림 R_1을 얻은 것과 같은 방법으로 ◿ 모양의 도형을 그리고 색칠하여 얻은 그림을 R_2라 하자.

이와 같은 과정을 계속하여 n번째 얻은 그림 R_n에 색칠되어 있는 부분의 넓이를 S_n이라 할 때, $\displaystyle\lim_{n\to\infty}S_n$의 값은? (3점)

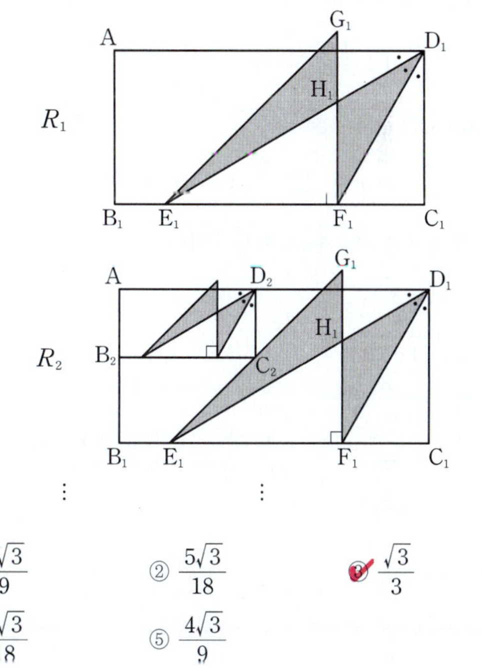

① $\dfrac{2\sqrt{3}}{9}$ ② $\dfrac{5\sqrt{3}}{18}$ ③ $\dfrac{\sqrt{3}}{3}$

④ $\dfrac{7\sqrt{3}}{18}$ ⑤ $\dfrac{4\sqrt{3}}{9}$

Step 1 S_1의 값을 구한다.

삼각형 $D_1F_1C_1$에서

$\angle F_1D_1C_1=\dfrac{\pi}{6}$, $\overline{D_1C_1}=1$이므로

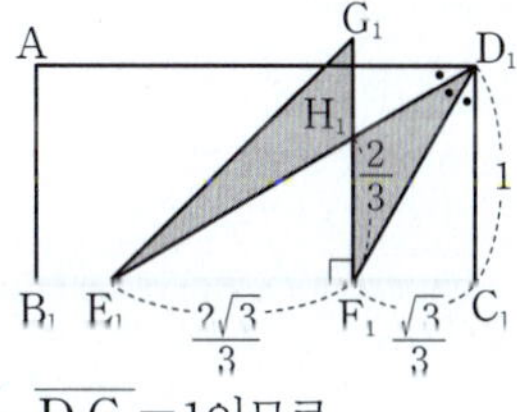

$$F_1C_1=1\times\tan\frac{\pi}{6}=\frac{\sqrt{3}}{3} \quad\rightarrow \frac{\sqrt{3}}{3}$$

또한 삼각형 $D_1E_1C_1$에서 $\angle E_1D_1C_1=\dfrac{\pi}{3}$, $\overline{D_1C_1}=1$이므로

$$\overline{E_1C_1}=1\times\tan\frac{\pi}{3}=\sqrt{3} \quad\rightarrow \overline{D_1C_1}\times\tan(\angle E_1D_1C_1)$$

$$\therefore\ \overline{E_1F_1}=\sqrt{3}-\frac{\sqrt{3}}{3}=\frac{2\sqrt{3}}{3} \quad\rightarrow \overline{E_1C_1}-\overline{F_1C_1}$$

삼각형 $H_1E_1F_1$에서 $\angle H_1E_1F_1=\dfrac{\pi}{6}$, $\overline{E_1F_1}=\dfrac{2\sqrt{3}}{3}$이므로

$$\overline{H_1F_1}=\frac{2\sqrt{3}}{3}\times\tan\frac{\pi}{6}=\frac{2}{3} \quad\rightarrow \frac{1}{\sqrt{3}}$$

> $\angle AD_1E_1$과 엇각

$$\therefore S_1 = \triangle E_1F_1G_1 + \triangle D_1E_1F_1 - 2 \times \triangle H_1E_1F_1$$

$$= \frac{1}{2} \times \overline{E_1F_1} \times \overline{F_1G_1} + \frac{1}{2} \times \overline{E_1F_1} \times \overline{D_1C_1} - 2 \times \frac{1}{2} \times \overline{E_1F_1} \times \overline{H_1F_1}$$

→ 문제에서 $\overline{E_1F_1}=\overline{F_1G_1}$이라 했어.

$$= \frac{1}{2} \times \left(\frac{2\sqrt{3}}{3}\right)^2 + \frac{1}{2} \times \frac{2\sqrt{3}}{3} \times 1 - 2 \times \frac{1}{2} \times \frac{2\sqrt{3}}{3} \times \frac{2}{3}$$

$$= \frac{6-\sqrt{3}}{9}$$

$\angle C_2E_1I = \dfrac{\pi}{4}$이므로 삼각형 C_2E_1I는 $\overline{E_1I}=\overline{C_2I}$인 직각이등변삼각형이야.

Step 2 두 선분 AB_1, AB_2의 길이의 비를 구한다.

$\overline{AB_2} : \overline{B_2C_2} = 1 : 2$이므로

$\overline{AB_2}=k$, $\overline{B_2C_2}=2k$ $(k>0)$라 하자.

점 C_2에서 선분 B_1C_1에 내린 수선의 발을 I라 하면

→ $\overline{B_1C_1}-\overline{B_1I}$

$\overline{E_1I}=\overline{C_2I}=1-k$, $\overline{IC_1}=2-2k$

이때 $\overline{E_1C_1}=\sqrt{3}$이므로 → $\overline{D_2I}-\overline{D_2C_2}$

$$(1-k)+(2-2k)=\sqrt{3} \qquad \therefore k=\frac{3-\sqrt{3}}{3}$$

→ $\overline{E_1I}+\overline{IC_1}$

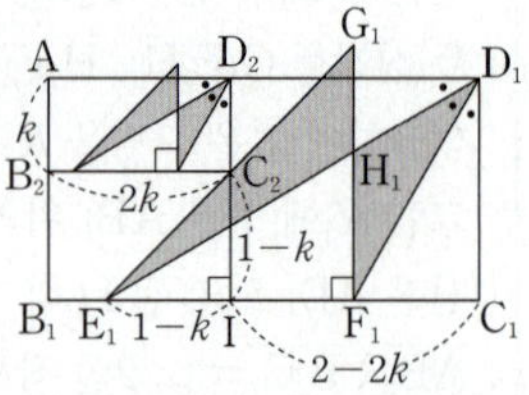

따라서 그림 R_1에서 ⫰ 모양의 도형과 그림 R_2에서 새로 그려지는 ⫰ 모양의 도형의 닮음비가 $1 : \dfrac{3-\sqrt{3}}{3}$이므로 넓이의 비는

$$1^2 : \left(\frac{3-\sqrt{3}}{3}\right)^2 = 1 : \frac{4-2\sqrt{3}}{3}$$이다.

→ $\overline{AB_1} : \overline{AB_2}$

→ $\dfrac{9-6\sqrt{3}+3}{9} = \dfrac{12-6\sqrt{3}}{9}$

Step 3 $\lim\limits_{n\to\infty} S_n$의 값을 구한다.

그러므로 S_n은 첫째항이 $\dfrac{6-\sqrt{3}}{9}$이고, 공비가 $\dfrac{4-2\sqrt{3}}{3}$인

등비수열의 첫째항부터 제n항까지의 합이므로

$$\lim_{n\to\infty} S_n = \frac{\dfrac{6-\sqrt{3}}{9}}{1-\dfrac{4-2\sqrt{3}}{3}} = \frac{\sqrt{3}}{3}$$

$$\frac{\dfrac{6-\sqrt{3}}{9}}{\dfrac{2\sqrt{3}-1}{3}} = \frac{6-\sqrt{3}}{3(2\sqrt{3}-1)} = \frac{(6-\sqrt{3})(2\sqrt{3}+1)}{3(2\sqrt{3}-1)(2\sqrt{3}+1)} = \frac{11\sqrt{3}}{3\times11}$$

---

094 [정답률 49%]　　　정답 ②

그림과 같이 $\overline{A_1B_1}=1$, $\overline{B_1C_1}=2$인 직사각형 $A_1B_1C_1D_1$이 있다. 선분 A_1D_1의 중점 E_1에 대하여 두 선분 B_1D_1, C_1E_1이 만나는 점을 F_1이라 하자. $\overline{G_1E_1}=\overline{G_1F_1}$이 되도록 선분 B_1D_1 위에 점 G_1을 잡아 삼각형 $G_1F_1E_1$을 그린다. 두 삼각형 $C_1D_1F_1$, $G_1F_1E_1$로 만들어진 ⋈ 모양의 도형에 색칠하여 얻은 그림을 R_1이라 하자.

그림 R_1에서 선분 B_1F_1 위의 점 A_2, 선분 B_1C_1 위의 두 점 B_2, C_2, 선분 C_1F_1 위의 점 D_2를 꼭짓점으로 하고 $\overline{A_2B_2} : \overline{B_2C_2}=1 : 2$인 직사각형 $A_2B_2C_2D_2$를 그린다. 직사각형 $A_2B_2C_2D_2$에 그림 R_1을 얻은 것과 같은 방법으로 ⋈ 모양의 도형에 색칠하여 얻은 그림을 R_2라 하자.

이와 같은 과정을 계속하여 n번째 얻은 그림 R_n에 색칠되어 있는 부분의 넓이를 S_n이라 할 때, $\lim\limits_{n\to\infty} S_n$의 값은? (3점)

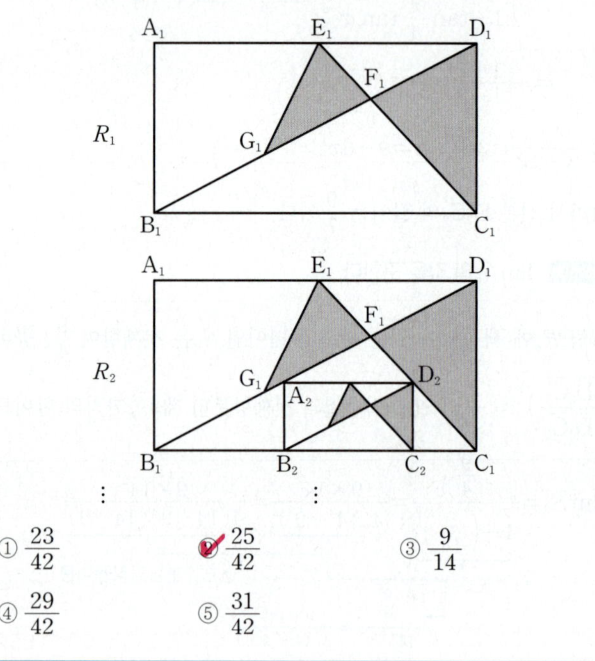

① $\dfrac{23}{42}$　　② $\dfrac{25}{42}$　　③ $\dfrac{9}{14}$

④ $\dfrac{29}{42}$　　⑤ $\dfrac{31}{42}$

Step 1 S_1의 값을 구한다.

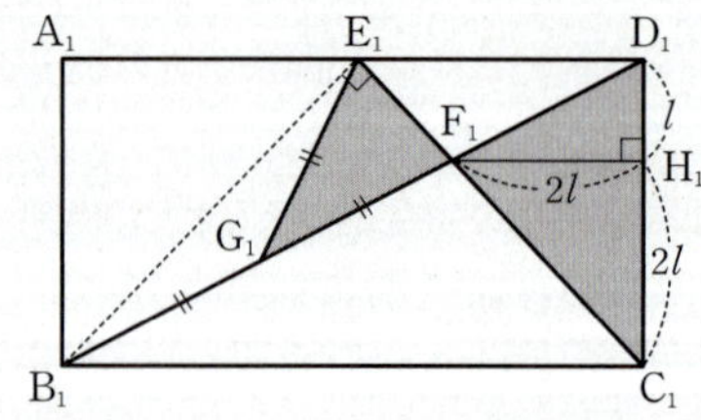

점 F_1에서 선분 C_1D_1에 내린 수선의 발을 H_1이라 하자.

$\overline{D_1H_1}=l$ $(l>0)$이라 하면 두 삼각형 $D_1B_1C_1$, $D_1F_1H_1$은 서로 닮음이므로

→ $\angle B_1D_1C_1$은 공통이고 $\angle D_1H_1F_1 = \angle D_1C_1B_1 = \dfrac{\pi}{2}$이므로 AA 닮음

$\overline{B_1C_1} : \overline{C_1D_1} = \overline{F_1H_1} : \overline{H_1D_1}$에서 $2 : 1 = \overline{F_1H_1} : \overline{H_1D_1}$

$$\therefore \overline{F_1H_1} = 2\overline{H_1D_1} = 2l$$

이때 삼각형 $C_1H_1F_1$은 직각이등변삼각형이므로 $\overline{C_1H_1}=2l$

→ 직각이등변삼각형 $C_1D_1E_1$과 닮음이다.

$$\overline{C_1D_1}=2l+l=3l=1 \qquad \therefore l=\frac{1}{3}$$

즉, 삼각형 $C_1D_1F_1$의 넓이는 $\dfrac{1}{2}\times 1\times\dfrac{2}{3}=\dfrac{1}{3}$ ← $\overline{C_1D_1}\times\overline{F_1H_1}$

삼각형 $B_1F_1E_1$에서 $\angle B_1E_1F_1=\dfrac{\pi}{2}$이고, $\overline{G_1E_1}=\overline{G_1F_1}$이므로

$= \pi - \angle C_1E_1D_1 - \angle B_1E_1A_1$
$= \pi - \dfrac{\pi}{4} - \dfrac{\pi}{4} = \dfrac{\pi}{2}$

점 G_1은 삼각형 $B_1F_1E_1$의 외접원의 중심이다.

즉, $\overline{B_1G_1}=\overline{G_1F_1}$이므로 삼각형 $G_1F_1E_1$의 넓이는 삼각형 $B_1F_1E_1$의 넓이의 $\dfrac{1}{2}$이다.

▸ $\triangle C_1H_1F_1$과 $\triangle C_1D_1E_1$의 닮음비가 $2l:3l=2:3$이므로
$\overline{E_1F_1}=\overline{C_1E_1}-\overline{C_1F_1}=\overline{C_1E_1}-\dfrac{2}{3}\overline{C_1E_1}=\dfrac{1}{3}\overline{C_1E_1}=\dfrac{\sqrt2}{3}$

$\overline{B_1E_1}=\sqrt2$, $\overline{E_1F_1}=\dfrac{\sqrt2}{3}$이므로 삼각형 $G_1F_1E_1$의 넓이는

$\dfrac{1}{2}\times\left(\dfrac{1}{2}\times\sqrt2\times\dfrac{\sqrt2}{3}\right)=\dfrac{1}{6}$ $\quad\therefore S_1=\dfrac{1}{3}+\dfrac{1}{6}=\dfrac{1}{2}$

삼각형 $A_1B_1E_1$에서
$\overline{A_1B_1}=\overline{A_1E_1}=1$,
$\angle E_1A_1B_1=90°$이므로
피타고라스 정리에 의하여
$\overline{B_1E_1}=\sqrt2$

Step 2 색칠되어 있는 부분의 넓이의 비를 구한다.

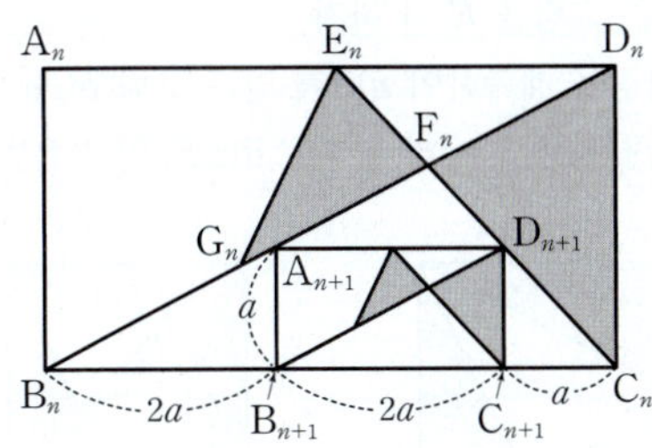

$\overline{A_{n+1}B_{n+1}}=a\ (a>0)$라 하면 $\overline{A_{n+1}B_{n+1}}:\overline{B_{n+1}C_{n+1}}=1:2$이므로 $\overline{B_{n+1}C_{n+1}}=2a$

삼각형 $C_{n+1}C_nD_{n+1}$은 직각이등변삼각형이므로 $\overline{C_{n+1}C_n}=a$

두 삼각형 $B_nB_{n+1}A_{n+1}$, $B_nC_nD_n$은 닮음이므로 ➡ AA 닮음

$\overline{B_nB_{n+1}}:\overline{A_{n+1}B_{n+1}}=\overline{B_nC_n}:\overline{D_nC_n}$에서 $\overline{B_nB_{n+1}}=2a$

즉, $\overline{B_nC_n}=5a$이므로 $\overline{B_{n+1}C_{n+1}}=\dfrac{2}{5}\overline{B_nC_n}$이다.

두 직사각형 $A_nB_nC_nD_n$, $A_{n+1}B_{n+1}C_{n+1}D_{n+1}$의 닮음비는 $1:\dfrac{2}{5}$

이므로 넓이의 비는 $1:\dfrac{4}{25}$이다.

➡ 닮음비가 $m:n$인 두 도형의 넓이의 비는 $m^2:n^2$이다.

따라서 S_n은 첫째항이 $\dfrac{1}{2}$이고 공비가 $\dfrac{4}{25}$인 등비수열의 첫째항부터 제n항까지의 합과 같다.

Step 3 $\displaystyle\lim_{n\to\infty}S_n$의 값을 구한다.

$$\lim_{n\to\infty}S_n=\lim_{n\to\infty}\sum_{k=1}^{n}\left\{\dfrac{1}{2}\times\left(\dfrac{4}{25}\right)^{k-1}\right\}=\dfrac{\dfrac{1}{2}}{1-\dfrac{4}{25}}=\dfrac{25}{42}$$

---

095 [정답률 77%]   정답 ②

그림과 같이 한 변의 길이가 8인 정삼각형 $A_1B_1C_1$의 세 선분 A_1B_1, B_1C_1, C_1A_1의 중점을 각각 D_1, E_1, F_1이라 하고, 세 선분 A_1D_1, B_1E_1, C_1F_1의 중점을 각각 G_1, H_1, I_1이라 하고, 세 선분 G_1D_1, H_1E_1, I_1F_1의 중점을 각각 A_2, B_2, C_2라 하자. 세 사각형 $A_2C_2F_1G_1$, $B_2A_2D_1H_1$, $C_2B_2E_1I_1$에 모두 색칠하여 얻은 그림을 R_1이라 하자.

그림 R_1에서 삼각형 $A_2B_2C_2$에 그림 R_1을 얻은 것과 같은 방법으로 세 사각형 $A_3C_3F_2G_2$, $B_3A_3D_2H_2$, $C_3B_3E_2I_2$에 모두 색칠하여 얻은 그림을 R_2라 하자.

이와 같은 과정을 계속하여 n번째 얻은 그림 R_n에 색칠되어 있는 부분의 넓이를 S_n이라 할 때, $\displaystyle\lim_{n\to\infty}S_n$의 값은? (4점)

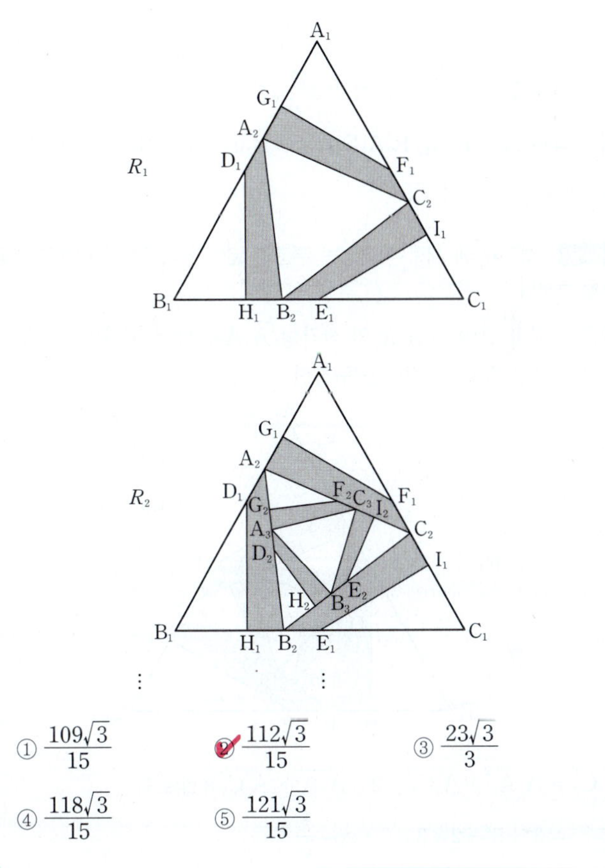

① $\dfrac{109\sqrt3}{15}$ ✓② $\dfrac{112\sqrt3}{15}$ ③ $\dfrac{23\sqrt3}{3}$

④ $\dfrac{118\sqrt3}{15}$ ⑤ $\dfrac{121\sqrt3}{15}$

Step 1 S_1의 값을 구한다.

점 D_1은 선분 A_1B_1의 중점이므로

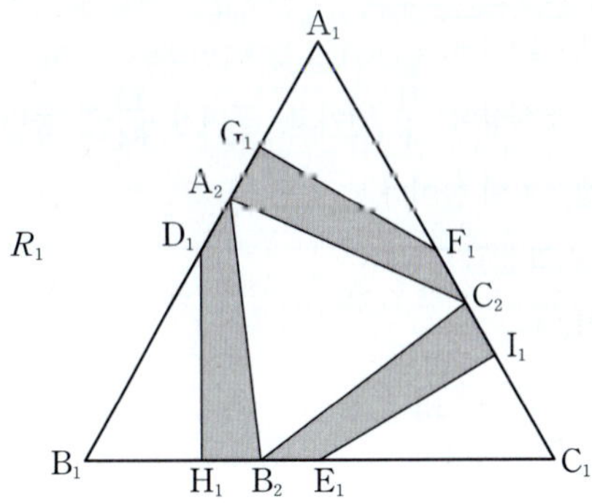

$\overline{A_1D_1}=\overline{B_1D_1}=\dfrac{1}{2}\times\overline{A_1B_1}=4$
       ↳$=8$

점 G_1은 선분 A_1D_1의 중점이므로

$\overline{D_1G_1}=\overline{G_1A_1}=\dfrac{1}{2}\times\overline{A_1D_1}=2$

점 A_2는 선분 D_1G_1의 중점이므로

$\overline{D_1A_2}=\overline{A_2G_1}=\dfrac{1}{2}\times\overline{D_1G_1}=1$

이때 $\square A_2C_2F_1G_1=\triangle A_1A_2C_2-\triangle A_1G_1F_1$이므로

$\begin{aligned}\triangle A_1A_2C_2&=\dfrac{1}{2}\times\overline{A_1A_2}\times\overline{A_1C_2}\times\sin A_1\\&=\dfrac{1}{2}\times 3\times 5\times\sin\dfrac{\pi}{3}\\&=\dfrac{15}{4}\sqrt{3}\end{aligned}$

$\overline{A_1A_2}=\overline{A_1G_1}+\overline{G_1A_2}=2+1=3$

$\overline{A_1C_2}=\overline{A_1F_1}+\overline{F_1C_2}=\overline{B_1D_1}+\overline{D_1A_2}=4+1=5$

$\begin{aligned}\triangle A_1G_1F_1&=\dfrac{1}{2}\times\overline{A_1G_1}\times\overline{A_1F_1}\times\sin A_1\\&=\dfrac{1}{2}\times 2\times 4\times\sin\dfrac{\pi}{3}\\&=2\sqrt{3}\end{aligned}$

$\overline{A_1F_1}=\overline{B_1D_1}=4$

$\therefore \square A_2C_2F_1G_1=\dfrac{15}{4}\sqrt{3}-2\sqrt{3}=\dfrac{7}{4}\sqrt{3}$

세 사각형 $A_2C_2F_1G_1$, $B_2A_2D_1H_1$, $C_2B_2E_1I_1$의 넓이는 같으므로

$S_1=3\times\dfrac{7}{4}\sqrt{3}=\dfrac{21}{4}\sqrt{3}$

Step 2 그림 R_n에 새로 색칠되는 부분의 넓이가 이루는 등비수열의 공비를 구한다.

다음 그림과 같이 그림 R_2의 삼각형 $A_1A_2C_2$에서 코사인법칙을 이용하여 선분 A_2C_2의 길이를 구하면

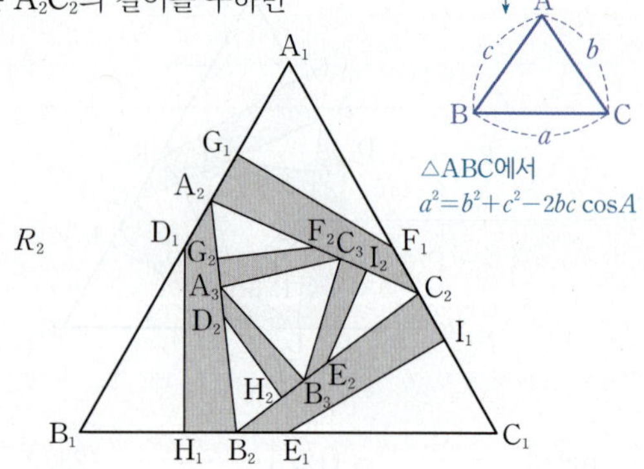

$\triangle ABC$에서
$a^2=b^2+c^2-2bc\cos A$

$\begin{aligned}\overline{A_2C_2}^2&=\overline{A_1A_2}^2+\overline{A_1C_2}^2-2\times\overline{A_1A_2}\times\overline{A_1C_2}\times\cos A_1\\&=3^2+5^2-2\times 3\times 5\times\cos\dfrac{\pi}{3}\\&=9+25-15=19\end{aligned}$

$\therefore \overline{A_2C_2}=\sqrt{19}\ (\because \overline{A_2C_2}>0)$ ← SSS 닮음

이때 $\triangle A_1B_1C_1\backsim\triangle A_2B_2C_2$이고, $\overline{A_1C_1}:\overline{A_2C_2}=8:\sqrt{19}$이므로 넓이의 비는 $64:19$이다.

닮음비가 $m:n$이면
넓이의 비는 $m^2:n^2$이므로 $8^2:(\sqrt{19})^2=64:19$

따라서 S_n은 첫째항이 $\dfrac{21}{4}\sqrt{3}$이고, 공비가 $\dfrac{19}{64}$인 등비수열의 첫째항부터 제n항까지의 합이다.

Step 3 $\displaystyle\lim_{n\to\infty}S_n$의 값을 구한다.

$\displaystyle\lim_{n\to\infty}S_n=\dfrac{\dfrac{21\sqrt{3}}{4}}{1-\dfrac{19}{64}}=\dfrac{112\sqrt{3}}{15}$

---

096 [정답률 46%]   정답 ⑤

그림과 같이 한 변의 길이가 2인 정사각형 $A_1B_1C_1D_1$에서 선분 A_1B_1과 선분 B_1C_1의 중점을 각각 E_1, F_1이라 하자. 정사각형 $A_1B_1C_1D_1$의 내부와 삼각형 $E_1F_1D_1$의 외부의 공통부분에 색칠하여 얻은 그림을 R_1이라 하자.

그림 R_1에 선분 D_1E_1 위의 점 A_2, 선분 D_1F_1 위의 점 D_2와 선분 E_1F_1 위의 두 점 B_2, C_2를 꼭짓점으로 하는 정사각형 $A_2B_2C_2D_2$를 그리고, 정사각형 $A_2B_2C_2D_2$에 그림 R_1을 얻은 것과 같은 방법으로 삼각형 $E_2F_2D_2$를 그리고 정사각형 $A_2B_2C_2D_2$의 내부와 삼각형 $E_2F_2D_2$의 외부의 공통부분에 색칠하여 얻은 그림을 R_2라 하자.

← 새로 그려지는 정사각형의 한 변의 길이가 어떻게 달라지는지 파악해.

이와 같은 과정을 계속하여 n번째 얻은 그림 R_n에 색칠되어 있는 부분의 넓이를 S_n이라 할 때, $\displaystyle\lim_{n\to\infty}S_n$의 값은? (4점)

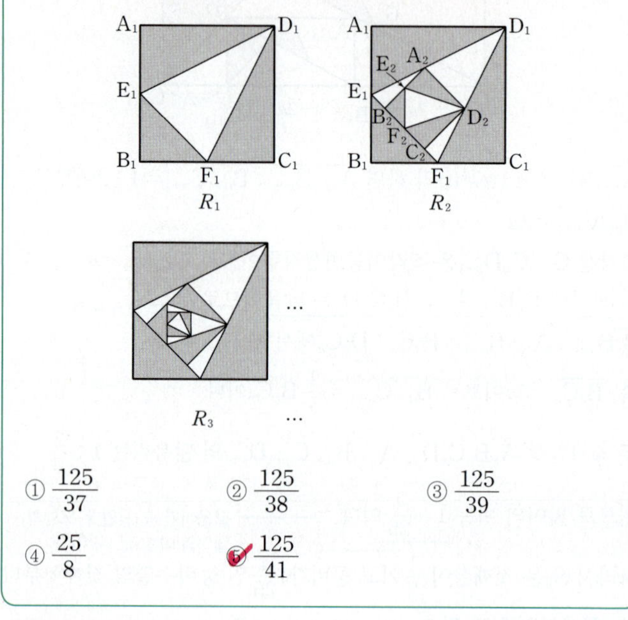

① $\dfrac{125}{37}$ ② $\dfrac{125}{38}$ ③ $\dfrac{125}{39}$

④ $\dfrac{25}{8}$ ⑤ $\dfrac{125}{41}$

Step 1 S_1의 값을 구한다.

정사각형 $A_1B_1C_1D_1$은 한 변의 길이가 2이므로

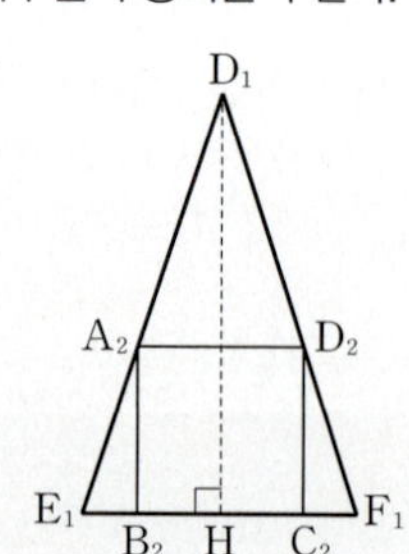

$\begin{aligned}S_1&=\triangle A_1E_1D_1+\triangle B_1F_1E_1+\triangle C_1D_1F_1\\&=\dfrac{1}{2}\times\overline{A_1E_1}\times\overline{A_1D_1}\\&\quad+\dfrac{1}{2}\times\overline{B_1E_1}\times\overline{B_1F_1}\\&\quad+\dfrac{1}{2}\times\overline{C_1D_1}\times\overline{C_1F_1}\\&=\dfrac{1}{2}\times 1\times 2+\dfrac{1}{2}\times 1\times 1+\dfrac{1}{2}\times 2\times 1\\&=1+\dfrac{1}{2}+1=\dfrac{5}{2}\end{aligned}$

← 이 정도는 쉽게 계산할 수 있어.

Step 2 새로 색칠되는 부분의 넓이가 이루는 등비수열의 공비를 구한다.

오른쪽 그림과 같이 삼각형 $D_1E_1F_1$에 내접하는 정사각형 $A_2B_2C_2D_2$를 그리고, 점 D_1에서 선분 E_1F_1에 내린 수선의 발을 H라 하자.

이때 직각삼각형 $B_1F_1E_1$에서
피타고라스 정리에 의하여
$$\overline{E_1F_1}=\sqrt{\overline{B_1F_1}^2+\overline{B_1E_1}^2}$$
$$=\sqrt{1+1}=\sqrt{2}$$
$$\therefore \overline{E_1H}=\overline{F_1H}=\frac{\sqrt{2}}{2}$$

직각삼각형에서
(빗변의 길이)^2
=(나머지 두 변의
길이의 제곱의 합)

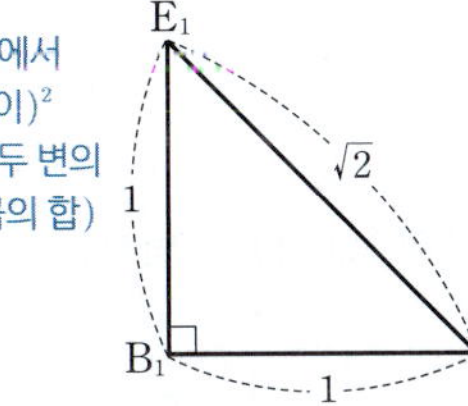

두 직각삼각형 $A_1E_1D_1$과 $C_1D_1F_1$에서
피타고라스 정리에 의하여
$$\overline{D_1E_1}=\overline{D_1F_1}=\sqrt{1^2+2^2}=\sqrt{5}$$
따라서 직각삼각형 D_1E_1H에서
피타고라스 정리에 의하여
$$\overline{D_1H}=\sqrt{\overline{D_1E_1}^2-\overline{E_1H}^2}=\sqrt{5-\frac{1}{2}}=\frac{3}{\sqrt{2}}=\frac{3\sqrt{2}}{2}$$

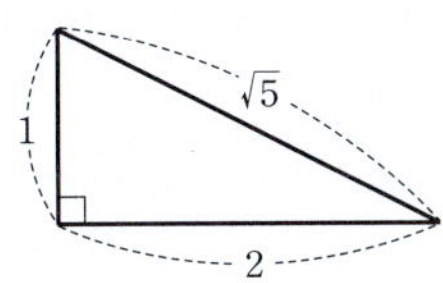

이때 두 선분 D_1H와 A_2D_2가 만나는 점을
I, 정사각형 $A_2B_2C_2D_2$의 한 변의 길이를 x
라 하면 두 삼각형 D_1E_1H와 D_1A_2I가 서로
닮음이므로 $\overline{D_1H}:\overline{E_1H}=\overline{D_1I}:\overline{A_2I}$
$$\frac{3\sqrt{2}}{2}:\frac{\sqrt{2}}{2}=\left(\frac{3\sqrt{2}}{2}-x\right):\frac{x}{2}$$
$$\frac{\sqrt{2}}{2}\left(\frac{3\sqrt{2}}{2}-x\right)=\frac{3\sqrt{2}}{4}x$$
$$\frac{3}{2}-\frac{\sqrt{2}}{2}x=\frac{3\sqrt{2}}{4}x$$
$$\frac{5\sqrt{2}}{4}x=\frac{3}{2}$$
$$\therefore x=\frac{3}{2}\times\frac{4}{5\sqrt{2}}=\frac{6}{5\sqrt{2}}=\frac{6\sqrt{2}}{10}=\frac{3\sqrt{2}}{5}$$

외항의 곱과 내항의 곱이
같음을 이용했어.

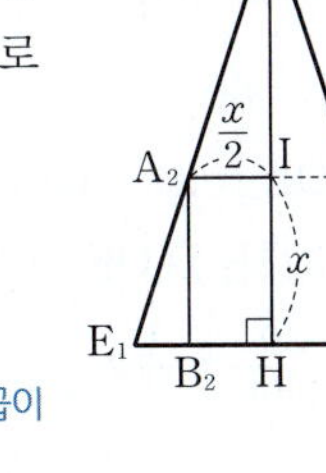

두 정사각형의
닮음비

따라서 두 정사각형 $A_1B_1C_1D_1$, $A_2B_2C_2D_2$의 한 변의 길이의 비가
$2:\dfrac{3\sqrt{2}}{5}$, 즉 $1:\dfrac{3\sqrt{2}}{10}$이므로 두 정사각형 내부에 색칠된 부분의
넓이의 비는 $1^2:\left(\dfrac{3\sqrt{2}}{10}\right)^2$, 즉 $1:\dfrac{9}{50}$이다.

닮음비가 $m:n$이면
넓이의 비는 $m^2:n^2$

그러므로 S_n은 첫째항이 $\dfrac{5}{2}$이고 공비가 $\dfrac{9}{50}$인 등비수열의
첫째항부터 제n항까지이 합이다.

Step 3 $\lim\limits_{n\to\infty}S_n$의 값을 구한다.

$$\therefore \lim_{n\to\infty}S_n=\sum_{n=1}^{\infty}\frac{5}{2}\times\left(\frac{9}{50}\right)^{n-1}=\frac{\frac{5}{2}}{1-\frac{9}{50}}=\frac{125}{41}$$

---

097 [정답률 61%] 정답 ③

그림과 같이 한 변의 길이가 1인 정사각형 $A_1B_1C_1D_1$ 안에
꼭짓점 A_1, C_1을 중심으로 하고 선분 A_1B_1, C_1D_1을
반지름으로 하는 사분원을 각각 그린다. 선분 A_1C_1이
두 사분원과 만나는 점 중 점 A_1과 가까운 점을 A_2, 점 C_1과
가까운 점을 C_2라 하자. 선분 A_1D_1에 평행하고 점 A_2를
지나는 직선이 선분 A_1B_1과 만나는 점을 E_1, 선분 B_1C_1에
평행하고 점 C_2를 지나는 직선이 선분 C_1D_1과 만나는 점을
F_1이라 하자. 삼각형 $A_1E_1A_2$와 삼각형 $C_1F_1C_2$를 그린 후
두 삼각형의 내부에 속하는 영역을 색칠하여 얻은 그림을
R_1이라 하자.
그림 R_1에 선분 A_2C_2를 대각선으로 하는 정사각형을 그리고,
새로 그려진 정사각형 안에 그림 R_1을 얻는 것과 같은
방법으로 두 개의 사분원과 두 개의 삼각형을 그리고
두 삼각형의 내부에 속하는 영역을 색칠하여 얻은 그림을 R_2라
하자.
이와 같은 과정을 계속하여 n번째 얻은 그림 R_n에 색칠되어
있는 부분의 넓이를 S_n이라 할 때, $\lim\limits_{n\to\infty}S_n$의 값은? (4점)

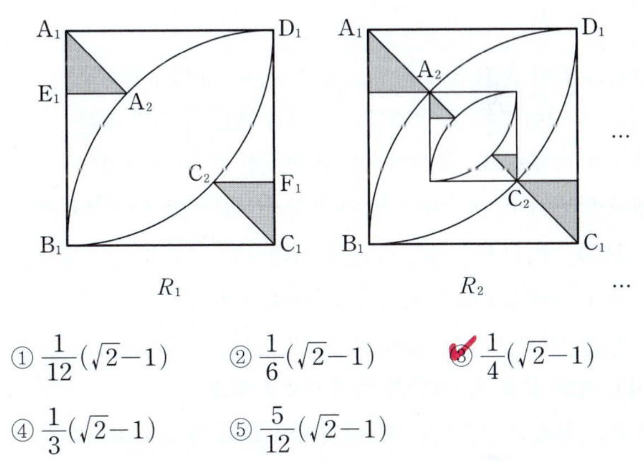

R_1 R_2 ...

① $\dfrac{1}{12}(\sqrt{2}-1)$ ② $\dfrac{1}{6}(\sqrt{2}-1)$ ✔③ $\dfrac{1}{4}(\sqrt{2}-1)$

④ $\dfrac{1}{3}(\sqrt{2}-1)$ ⑤ $\dfrac{5}{12}(\sqrt{2}-1)$

Step 1 각 단계에서 그려지는 도형의 닮음비를 구한다.

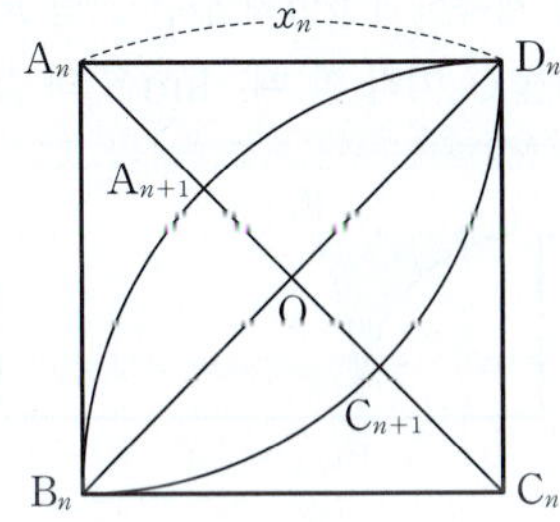

위 그림과 같이 선분 A_nC_n을 대각선으로 하는 정사각형의 나머지
두 꼭짓점을 각각 B_n, D_n이라 하자.
정사각형 $A_nB_nC_nD_n$의 한 변의 길이를 x_n, 두 대각선의 교점을
O라 하면
$$\overline{A_nC_n}=\sqrt{2}x_n, \quad \overline{A_nC_{n+1}}=\overline{A_nB_n}=x_n$$이므로

정사각형 $A_nB_nC_nD_n$의 한 변의 길이가 x_n이기 때문이야.

$$\overline{OC_{n+1}}=\overline{A_nC_{n+1}}-\overline{OA_n}=x_n-\frac{\sqrt{2}}{2}x_n=\left(1-\frac{\sqrt{2}}{2}\right)x_n$$
$$\therefore \overline{A_nC_n}:\overline{A_{n+1}C_{n+1}}=\sqrt{2}x_n:2\left(1-\frac{\sqrt{2}}{2}\right)x_n$$

$\sqrt{2}\times\overline{OA_n}=x_n$에서
$\overline{OA_n}=\dfrac{1}{\sqrt{2}}x_n=\dfrac{\sqrt{2}}{2}x_n$

$$=\sqrt{2}:(2-\sqrt{2})$$
$$=1:(\sqrt{2}-1)$$

즉, 각 단계에서 그려지는 도형의 길이의 비가 $1 : (\sqrt{2}-1)$이므로 넓이의 비는 $1^2 : (\sqrt{2}-1)^2 = 1 : (3-2\sqrt{2})$이다.

> 두 도형의 닮음비가 $m : n$일 때 두 도형의 넓이의 비는 $m^2 : n^2$이다.

Step 2 S_1의 값을 이용하여 등비급수의 합을 구한다.

이때 $x_1 = 1$이므로

$$\overline{A_1A_2} = \overline{A_1C_1} - \overline{A_2C_1} = \sqrt{2}-1$$

따라서 R_1에서 색칠한 영역의 넓이는 대각선의 길이가 $(\sqrt{2}-1)$인 정사각형의 넓이와 같으므로

$$S_1 = \frac{1}{2}(\sqrt{2}-1)^2 = \frac{1}{2}(3-2\sqrt{2})$$

> **주의** S_1은 삼각형 $A_1E_1A_2$와 삼각형 $C_1F_1C_2$의 넓이의 합이라는 것 잊지 마!

$$\therefore \lim_{n\to\infty} S_n = \frac{1}{2}(3-2\sqrt{2}) + \frac{1}{2}(3-2\sqrt{2})^2 + \frac{1}{2}(3-2\sqrt{2})^3 + \cdots$$

> 첫째항이 $\frac{1}{2}(3-2\sqrt{2})$, 공비가 $(3-2\sqrt{2})$인 등비급수

$$= \frac{\frac{1}{2}(3-2\sqrt{2})}{1-(3-2\sqrt{2})} = \frac{\frac{1}{2}(3-2\sqrt{2})}{2\sqrt{2}-2}$$

$$= \frac{1}{4}(\sqrt{2}-1)$$

> 각 단계에서 그려지는 도형의 넓이의 비가 $1 : (3-2\sqrt{2})$이므로 공비는 $3-2\sqrt{2}$이다.

098 [정답률 59%]

정답 ②

> 그림 R_1에서 선분 OE_1을 그으면 부채꼴 D_1OE_1이 만들어짐을 알 수 있어야 해.

그림과 같이 $\overline{A_1B_1}=3$, $\overline{B_1C_1}=1$인 직사각형 $OA_1B_1C_1$이 있다. 중심이 C_1이고 반지름의 길이가 $\overline{B_1C_1}$인 원과 선분 OC_1의 교점을 D_1, 중심이 O이고 반지름의 길이가 $\overline{OD_1}$인 원과 선분 A_1B_1의 교점을 E_1이라 하자. 직사각형 $OA_1B_1C_1$에 호 B_1D_1, 호 D_1E_1, 선분 B_1E_1로 둘러싸인 ∨ 모양의 도형을 그리고 색칠하여 얻은 그림을 R_1이라 하자.

그림 R_1에 선분 OA_1 위의 점 A_2와 호 D_1E_1 위의 점 B_2, 선분 OD_1 위의 점 C_2와 점 O를 꼭짓점으로 하고 $\overline{A_2B_2} : \overline{B_2C_2} = 3 : 1$인 직사각형 $OA_2B_2C_2$를 그리고, 그림 R_1을 얻은 것과 같은 방법으로 직사각형 $OA_2B_2C_2$에 ∨ 모양의 도형을 그리고 색칠하여 얻은 그림을 R_2라 하자.

이와 같은 과정을 계속하여 n번째 얻은 그림 R_n에 색칠되어 있는 부분의 넓이를 S_n이라 할 때, $\lim_{n\to\infty} S_n$의 값은? (4점)

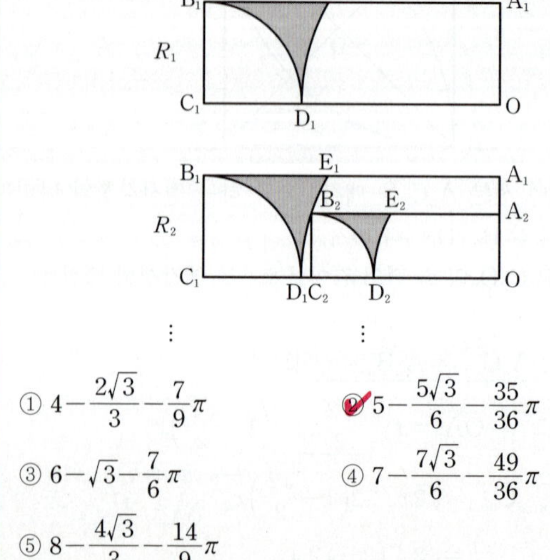

① $4 - \dfrac{2\sqrt{3}}{3} - \dfrac{7}{9}\pi$

② $5 - \dfrac{5\sqrt{3}}{6} - \dfrac{35}{36}\pi$

③ $6 - \sqrt{3} - \dfrac{7}{6}\pi$

④ $7 - \dfrac{7\sqrt{3}}{6} - \dfrac{49}{36}\pi$

⑤ $8 - \dfrac{4\sqrt{3}}{3} - \dfrac{14}{9}\pi$

Step 1 그림 R_1에서 색칠된 도형의 넓이를 구한다.

직사각형 $OA_1B_1C_1$의 넓이는

$$\overline{A_1B_1} \times \overline{B_1C_1} = 3 \times 1 = 3$$

사분원 $B_1C_1D_1$의 넓이는

$$\frac{1}{4} \times \pi \times 1^2 = \frac{1}{4}\pi$$

> $\overline{B_1C_1}=1$

오른쪽 그림과 같이 선분 OE_1을 그으면

$$\overline{OD_1} = \overline{OC_1} - \overline{C_1D_1} = 3-1 = 2$$

이므로

$$\overline{OE_1} = 2$$

> 중심이 O이고 반지름의 길이가 $\overline{OD_1}$인 원과 $\overline{A_1B_1}$의 교점이 E_1이므로 $\overline{OD_1}=\overline{OE_1}$

직각삼각형 OA_1E_1에서 $\overline{A_1E_1} = \sqrt{\overline{OE_1}^2 - \overline{OA_1}^2} = \sqrt{3}$이므로

> $= \sqrt{2^2-1^2} = \sqrt{3}$

$$\triangle OA_1E_1 = \frac{1}{2} \times \sqrt{3} \times 1 = \frac{\sqrt{3}}{2}$$

> $\overline{A_1E_1}$, $\overline{OA_1}$

이때 $\cos(\angle A_1OE_1) = \dfrac{\overline{OA_1}}{\overline{OE_1}} = \dfrac{1}{2}$이므로

> $\cos 60° = \frac{1}{2}$

$$\angle A_1OE_1 = 60°$$

$$\therefore \angle D_1OE_1 = 90° - 60° = 30°$$

따라서 부채꼴 D_1OE_1의 넓이는

$$\pi \times 2^2 \times \frac{30°}{360°} = \frac{1}{3}\pi$$

> 직각삼각형 OA_1E_1

$$\therefore S_1 = 3 - \frac{1}{4}\pi - \frac{\sqrt{3}}{2} - \frac{1}{3}\pi = 3 - \frac{\sqrt{3}}{2} - \frac{7}{12}\pi$$

> 직사각형 $OA_1B_1C_1$ · 사분원 $B_1C_1D_1$ · 부채꼴 D_1OE_1

Step 2 그림 R_n에서 새로 색칠된 도형의 넓이와 그림 R_{n+1}에서 새로 색칠된 도형의 넓이의 비를 구한다.

오른쪽 그림에서

$$\overline{OA_n} = a_n$$이라 하면

$$\overline{OA_{n+1}} = a_{n+1},$$

$$\overline{A_{n+1}B_{n+1}} = 3a_{n+1}$$

> $\overline{OC_n} - \overline{C_nD_n}$

$$\overline{OB_{n+1}} = \overline{OD_n} = 3a_n - a_n = 2a_n$$

> 점 B_{n+1}이 호 D_nE_n 위의 점이기 때문이야.

직각삼각형 $OA_{n+1}B_{n+1}$에서 피타고라스 정리에 의해

$$\overline{OB_{n+1}}^2 = \overline{OA_{n+1}}^2 + \overline{A_{n+1}B_{n+1}}^2$$

$$(2a_n)^2 = a_{n+1}^2 + (3a_{n+1})^2, \quad 10a_{n+1}^2 = 4a_n^2$$

> $\dfrac{a_{n+1}^2}{a_n^2} = \dfrac{4}{10} = \dfrac{2}{5}$

$$\therefore \left(\frac{a_{n+1}}{a_n}\right)^2 = \frac{2}{5}$$

> $a_n^2 : a_{n+1}^2 = 5 : 2$

따라서 두 직사각형 $OA_nB_nC_n$과 $OA_{n+1}B_{n+1}C_{n+1}$의 넓이의 비가 $5 : 2$이므로 그림 R_{n+1}에서 새로 색칠된 도형의 넓이는 그림 R_n에서 새로 색칠된 도형의 넓이의 $\dfrac{2}{5}$이다.

그러므로 S_n은 첫째항이 $3 - \dfrac{\sqrt{3}}{2} - \dfrac{7}{12}\pi$, 공비가 $\dfrac{2}{5}$인 등비수열의 첫째항부터 제n항까지의 합이다.

$$\therefore \lim_{n\to\infty} S_n = \frac{S_1}{1 - \frac{2}{5}} = \frac{5}{3}S_1$$

> 첫째항이 a, 공비가 r $(-1<r<1)$인 등비급수의 합은 $\dfrac{a}{1-r}$야.

$$= \frac{5}{3}\left(3 - \frac{\sqrt{3}}{2} - \frac{7}{12}\pi\right)$$

$$= 5 - \frac{5\sqrt{3}}{6} - \frac{35}{36}\pi$$

099 [정답률 60%]　정답 ③

그림과 같이 한 변의 길이가 2인 정사각형 ABCD가 있다. 이 정사각형에 내접하는 원을 C_1이라 하자. 원 C_1이 변 BC, CD와 접하는 점을 각각 E, F라 하고, 점 F를 중심으로 하고 점 E를 지나는 원을 C_2라 하자. 원 C_1의 내부와 원 C_2의 외부의 공통부분인 ⌣ 모양의 도형과, 원 C_1의 외부와 원 C_2의 내부 및 정사각형 ABCD의 내부의 공통부분인 ⌐ 모양의 도형에 색칠하여 얻은 그림을 R_1이라 하자.

그림 R_1에서 두 꼭짓점이 변 CD 위에 있고 나머지 두 꼭짓점이 정사각형 ABCD의 외부에 있으면서 원 C_2 위에 있는 정사각형 PQRS를 그리고, 이 정사각형 안에 그림 R_1을 얻는 것과 같은 방법으로 만들어지는 ⌣ 모양과 ⌐ 모양의 도형에 색칠하여 얻은 그림을 R_2라 하자.

이와 같은 과정을 계속하여 n번째 얻은 그림 R_n에 색칠되어 있는 부분의 넓이를 S_n이라 할 때, $\lim_{n\to\infty} S_n$의 값은? (4점)

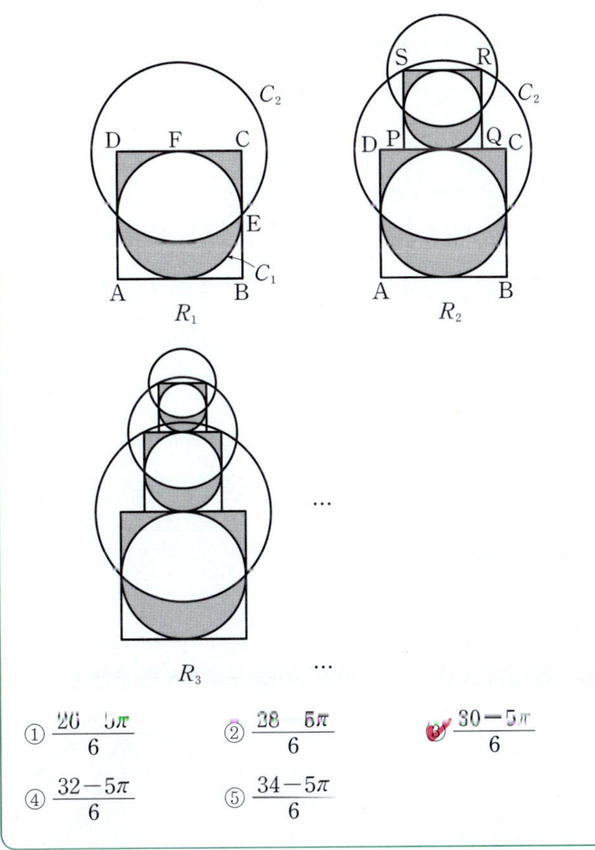

① $\dfrac{26-5\pi}{6}$　② $\dfrac{28-5\pi}{6}$　③ $\dfrac{30-5\pi}{6}$

④ $\dfrac{32-5\pi}{6}$　⑤ $\dfrac{34-5\pi}{6}$

Step 1 S_1의 값을 구한다.

그림 R_1에서 원 C_1의 외부와 원 C_2의 내부 및 정사각형 ABCD의 내부의 공통부분인 ⌐ 모양에 색칠된 부분을 아래의 ⌣ 모양으로 옮겨 색칠하면 다음 그림과 같다.

→ 두 부분의 넓이는 같으니까, 전체 색칠된 부분의 넓이는 변함이 없어!

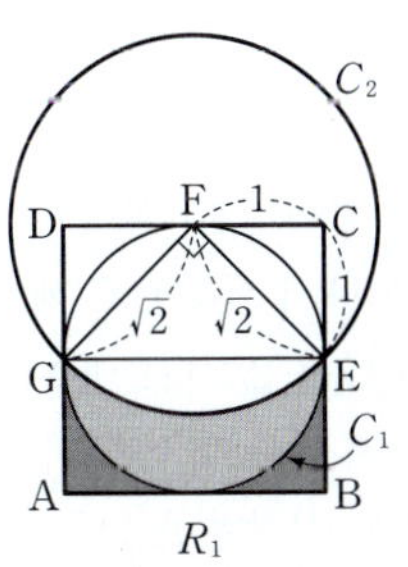

이때 색칠된 부분의 넓이는 정사각형 ABCD의 내부와 원 C_2의 외부의 공통부분의 넓이와 같다.

따라서 원 C_2와 선분 AD가 만나는 점을 G라 하면 구하는 넓이 S_1은

$S_1 = ($직사각형 ABEG의 넓이$)$
$\quad - \{ ($부채꼴 FEG의 넓이$) - ($삼각형 EFG의 넓이$) \}$

$= (2 \times 1) - \left\{ \dfrac{1}{4} \times \pi \times (\sqrt{2})^2 - \dfrac{1}{2} \times \sqrt{2} \times \sqrt{2} \right\}$

→ $\dfrac{1}{2} \times \overline{FE} \times \overline{FG}$

$= 2 - \left(\dfrac{\pi}{2} - 1 \right) = 3 - \dfrac{\pi}{2}$

→ 원 C_2의 넓이의 $\dfrac{1}{4}$이야.

Step 2 S_n이 어떤 등비수열의 합인지 파악한다.

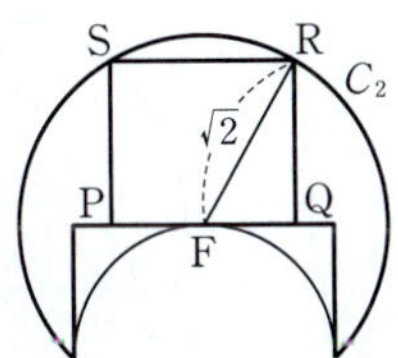

그림 R_2에서 선분 FR의 길이가 $\sqrt{2}$이므로 삼각형 RFQ에서 피타고라스 정리에 의하여

→ 원 C_2의 반지름의 길이와 같아.

$\overline{FQ}^2 + \overline{RQ}^2 = \overline{RF}^2 = 2$ …… ㉠

이때 정사각형 PQRS의 한 변의 길이를 x라 하면

$\overline{FQ} = \dfrac{x}{2}$, $\overline{RQ} = x$이므로 이를 ㉠에 대입하면

$\left(\dfrac{x}{2} \right)^2 + x^2 = 2$

$\dfrac{5}{4} x^2 = 2 \qquad \therefore x^2 = \dfrac{8}{5}$

따라서 정사각형 PQRS의 넓이는 $\dfrac{8}{5}$이다.

이때 그림 R_1의 정사각형 ABCD의 넓이는 $2 \times 2 = 4$이므로 두 정사각형 ABCD, PQRS의 넓이의 비는

→ 한 변의 길이가 2

$4 : \dfrac{8}{5}$, 즉 $1 : \dfrac{2}{5}$이다. → □PQRS $= \dfrac{2}{5}$ □ABCD야.

마찬가지 방법으로 하면 그림 R_{n-1}과 그림 R_n에서 새로 그려지는 정사각형의 넓이의 비는 $1 : \dfrac{2}{5}$이므로 그림 R_{n-1}과 그림 R_n에 새로 색칠된 부분의 넓이의 비도 $1 : \dfrac{2}{5}$이다.

따라서 S_n은 첫째항이 $3 - \dfrac{\pi}{2}$, 공비가 $\dfrac{2}{5}$인 등비수열의 첫째항부터 제 n항까지의 합이다.

Step 3 $\lim_{n\to\infty} S_n$의 값을 구한다.

따라서

$\lim_{n\to\infty} S_n = \dfrac{3 - \dfrac{\pi}{2}}{1 - \dfrac{2}{5}}$ → 첫째항 → $= \dfrac{6-\pi}{2} \times \dfrac{5}{3} = \dfrac{30-5\pi}{6}$

→ 공비

$= \dfrac{30 - 5\pi}{6}$

100 [정답률 51%]　　　　　　　　정답 ③

그림과 같이 반지름의 길이가 2인 원 O_1에 내접하는 정삼각형 $A_1B_1C_1$이 있다. 점 A_1에서 선분 B_1C_1에 내린 수선의 발을 D_1이라 하고, 선분 A_1C_1을 $2:1$로 내분하는 점을 E_1이라 하자. 점 A_1을 포함하지 않는 호 B_1C_1과 선분 B_1C_1로 둘러싸인 도형의 내부와 삼각형 $A_1D_1E_1$의 내부를 색칠하여 얻은 그림을 R_1이라 하자.

정삼각형의 외심이 무게중심과 일치함을 이용하여 삼각형 $A_1D_1E_1$의 넓이를 구해.

그림 R_1에 삼각형 $A_1B_1D_1$에 내접하는 원 O_2와 원 O_2에 내접하는 정삼각형 $A_2B_2C_2$를 그리고, 점 A_2에서 선분 B_2C_2에 내린 수선의 발을 D_2, 선분 A_2C_2를 $2:1$로 내분하는 점을 E_2라 하자. 점 A_2를 포함하지 않는 호 B_2C_2와 선분 B_2C_2로 둘러싸인 도형의 내부와 삼각형 $A_2D_2E_2$의 내부를 색칠하여 얻은 그림을 R_2라 하자.

이와 같은 과정을 계속하여 n번째 얻은 그림 R_n에 색칠되어 있는 부분의 넓이를 S_n이라 할 때, $\lim\limits_{n\to\infty} S_n$의 값은? (4점)

등비급수의 합을 구하는 문제는 등비급수의 첫째항과 공비만 알면 돼.

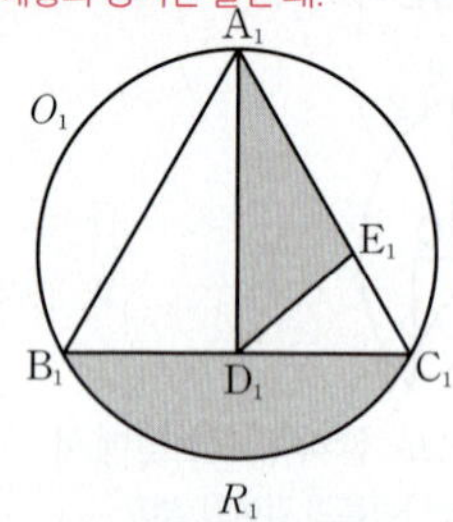

R_1

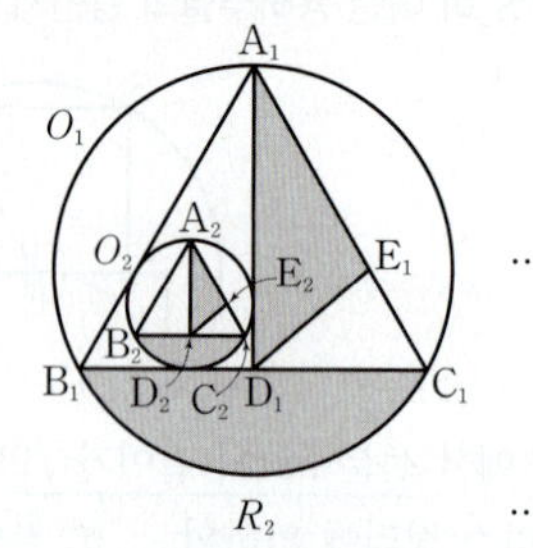

R_2　　…

① $\dfrac{16(3\sqrt{3}-2)\pi}{69}$　　② $\dfrac{16(3\sqrt{3}-1)\pi}{65}$

③ $\dfrac{32(3\sqrt{3}-2)\pi}{69}$　　④ $\dfrac{32(3\sqrt{3}-1)\pi}{69}$

⑤ $\dfrac{32(3\sqrt{3}-1)\pi}{65}$

Step 1 S_1을 구한다.

정삼각형의 외심은 무게중심과 같음을 이용하였어.

원 O_1의 중심을 점 O_1이라 하면

$\overline{A_1O_1}:\overline{O_1D_1}=2:1$이므로

$\overline{A_1D_1}=\overline{A_1O_1}+\overline{O_1D_1}=2+1=3$

이때 선분 A_1C_1을 $2:1$로 내분하는 점이 E_1이므로

$\overline{A_1O_1}$은 원 O_1의 반지름의 길이와 같으므로 $\overline{A_1O_1}=2$

$\overline{A_1E_1}:\overline{E_1C_1}=2:1$

또한, $\overline{A_1O_1}:\overline{O_1D_1}=2:1$이므로 점 E_1에서 선분 A_1D_1에 내린 수선의 발은 O_1이고

$\dfrac{\sqrt{3}}{}\,\overline{C_1D_1}=\overline{A_1D_1}=3$이므로

$\overline{C_1D_1}=\sqrt{3}$

삼각비를 이용했어.

$\therefore \overline{E_1O_1}=\dfrac{2}{3}\,\overline{C_1D_1}=\dfrac{2\sqrt{3}}{3}$

따라서

$\triangle A_1D_1E_1=\dfrac{1}{2}\times\overline{A_1D_1}\times\overline{E_1O_1}$
$\overline{B_1C_1}=2\overline{C_1D_1}=2\sqrt{3}$, $\overline{O_1D_1}=1$이므로
$\triangle O_1B_1C_1=\dfrac{1}{2}\times\overline{B_1C_1}\times\overline{O_1D_1}$

$S_1=\dfrac{1}{2}\times3\times\dfrac{2\sqrt{3}}{3}+\left(2^2\times\pi\times\dfrac{120°}{360°}-\dfrac{1}{2}\times2\sqrt{3}\times1\right)$

$=\sqrt{3}+\dfrac{4}{3}\pi-\sqrt{3}=\dfrac{4}{3}\pi$

$\angle B_1O_1C_1=120°$인 부채꼴 $B_1O_1C_1$의 넓이

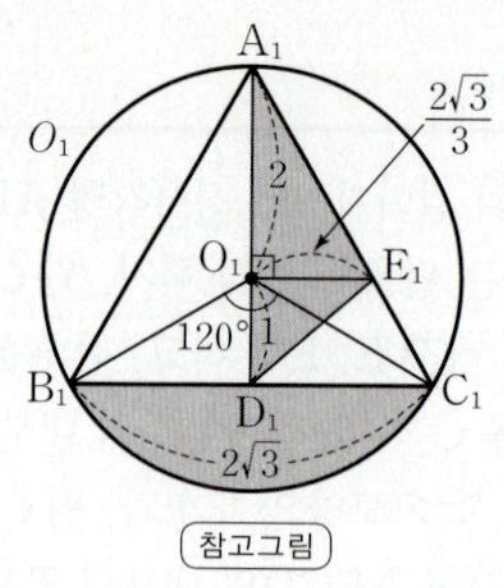

Step 2 닮음비를 이용하여 공비를 구하고, 등비급수를 이용한다.

삼각형 $A_1B_1D_1$에 내접하는 원 O_2의 반지름의 길이를 a라 하자.

원 O_2의 중심을 점 O_2, 점 O_2에서 선분 B_1D_1에 내린 수선의 발을 H라 하면

$\angle O_2B_1H=30°$이므로 $\overline{B_1H}=\sqrt{3}a$

삼각비를 이용했어.

$\overline{B_1D_1}=\overline{B_1H}+\overline{HD_1}=(\sqrt{3}+1)a=\sqrt{3}$

$\therefore a=\dfrac{\sqrt{3}}{\sqrt{3}+1}=\dfrac{3-\sqrt{3}}{2}$

$\overline{B_1D_1}=\overline{C_1D_1}=\sqrt{3}$

따라서 두 원 O_1, O_2의 닮음비는

$2:\dfrac{3-\sqrt{3}}{2}=1:\dfrac{3-\sqrt{3}}{4}$

두 원의 닮음비는 두 원의 반지름의 길이의 비야.

이므로 넓이의 비는 $1:\left(\dfrac{3-\sqrt{3}}{4}\right)^2$

닮음비가 $m:n$이면 넓이의 비는 $m^2:n^2$

따라서 S_n은 첫째항이 $\dfrac{4}{3}\pi$, 공비가 $\left(\dfrac{3-\sqrt{3}}{4}\right)^2$인 등비수열의 첫째항부터 제$n$항까지의 합이다.

등비수열 $\{a_n\}$에 대하여 첫째항이 a, 공비가 $r\,(-1<r<1)$일 때 등비급수는 $\displaystyle\sum_{n=1}^{\infty}a_n=\dfrac{a}{1-r}$

$\lim\limits_{n\to\infty}S_n=\dfrac{\dfrac{4}{3}\pi}{1-\left(\dfrac{3-\sqrt{3}}{4}\right)^2}=\dfrac{\dfrac{4}{3}\pi}{1-\dfrac{12-6\sqrt{3}}{16}}$

$=\dfrac{64\pi}{3(4+6\sqrt{3})}$

$=\dfrac{32(3\sqrt{3}-2)\pi}{69}$

$\dfrac{64\pi}{12+18\sqrt{3}}=\dfrac{32\pi}{9\sqrt{3}+6}=\dfrac{32\pi(3\sqrt{3}-2)}{3(3\sqrt{3}+2)(3\sqrt{3}-2)}$
$=\dfrac{32(3\sqrt{3}-2)\pi}{3\times(27-4)}=\dfrac{32(3\sqrt{3}-2)\pi}{69}$

✪ 다른 풀이　공식을 이용하는 풀이

Step 1 정삼각형 $A_1B_1C_1$의 한 변의 길이를 구하여 S_1을 구한다.

원 O_1의 중심을 점 O_1이라 하면

$\overline{A_1O_1}=2$이므로

$\overline{A_1D_1}=3$

$\overline{A_1O_1}:\overline{O_1D_1}=2:1$이므로 $\overline{A_1O_1}:\overline{A_1D_1}=2:3$

즉, 정삼각형 $A_1B_1C_1$의 높이가 3이므로 정삼각형 $A_1B_1C_1$의 한 변의 길이를 a라 하면

암기 정삼각형의 한 변의 길이를 a라 하면 정삼각형의 높이는 $\dfrac{\sqrt{3}}{2}a$

$\dfrac{\sqrt{3}}{2}a=3$　　$\therefore a=2\sqrt{3}$

따라서 호 B_1C_1과 선분 B_1C_1으로 둘러싸인 부분의 넓이는

$\dfrac{1}{3}\times\{(\text{원 }O_1\text{의 넓이})-(\text{삼각형 }A_1B_1C_1\text{의 넓이})\}$

$\angle B_1O_1C_1=120°$이기 때문이야.

$=\dfrac{1}{3}\times\left\{\pi\times2^2-\dfrac{\sqrt{3}}{4}\times(2\sqrt{3})^2\right\}$

$=\dfrac{4}{3}\pi-\sqrt{3}$

암기 정삼각형의 한 변의 길이를 a라 하면 정삼각형의 넓이는 $\dfrac{\sqrt{3}}{4}a^2$

삼각형 $A_1D_1E_1$의 넓이는

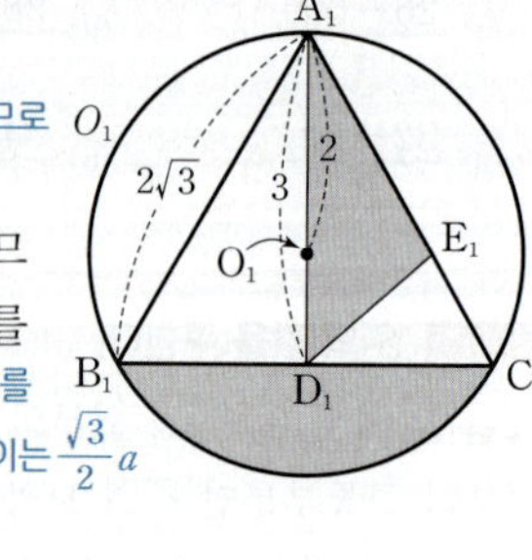

$$\frac{2}{3} \times (삼각형\ A_1D_1C_1의\ 넓이)$$

$$= \frac{2}{3} \times \left\{ \frac{1}{2} \times \frac{\sqrt{3}}{4} \times (2\sqrt{3})^2 \right\}$$

$$= \sqrt{3}$$

> 선분 A_1C_1을 $2:1$로 내분하는 점이 E_1이므로
> $\triangle A_1D_1E_1 : \triangle A_1D_1C_1 = \overline{A_1E_1} : \overline{A_1C_1} = 2:3$

$$\therefore S_1 = \left(\frac{4}{3}\pi - \sqrt{3} \right) + \sqrt{3} = \frac{4}{3}\pi$$

Step 2 삼각형의 내접원의 반지름을 구하는 공식을 이용한다.

원 O_2의 반지름의 길이를 r이라 하면 원 O_2는
삼각형 $A_1B_1D_1$에 내접하고
$\overline{A_1B_1} = 2\sqrt{3}$, $\overline{B_1D_1} = \sqrt{3}$, $\overline{A_1D_1} = 3$이므로

$$\frac{1}{2}r(2\sqrt{3}+\sqrt{3}+3) = \frac{1}{2} \times \sqrt{3} \times 3$$

> $\overline{B_1D_1} = \frac{1}{2}\overline{B_1C_1}$
> $\quad = \frac{1}{2} \times 2\sqrt{3}$
> $\quad = \sqrt{3}$

$$\therefore r = \frac{3\sqrt{3}}{3\sqrt{3}+3} = \frac{\sqrt{3}}{\sqrt{3}+1} = \frac{3-\sqrt{3}}{2}$$

(이하 동일)

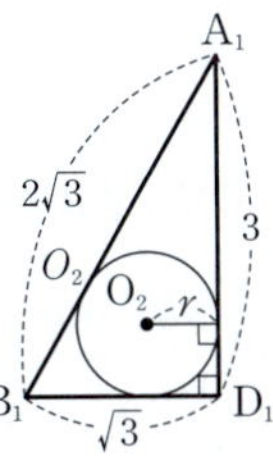

내접원과 삼각형의 넓이

삼각형 ABC의 넓이를 S, 내접원의 반지름의
길이를 r이라 하면

$$S = \frac{1}{2}r(a+b+c)$$

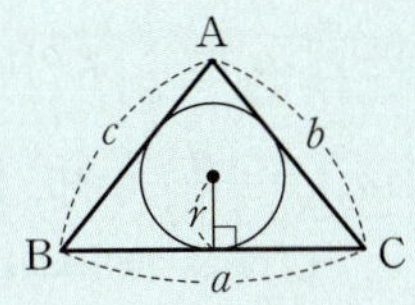

💡 **알아야 할 기본개념**

삼각형의 무게중심

삼각형의 세 중선은 한 점에서 만나고 이
점을 무게중심이라 한다.
삼각형의 무게중심은 세 중선의 길이를
꼭짓점으로부터 각각 $2:1$로 나눈다.

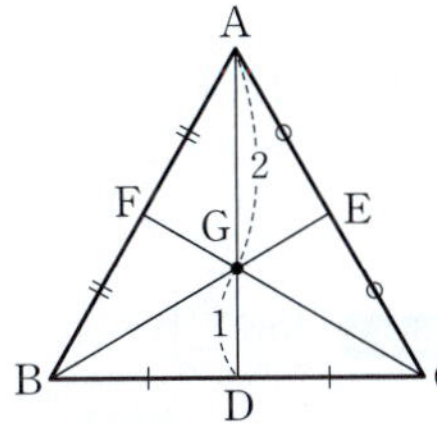

---

101 [정답률 72%] 정답 ③

그림과 같이 길이가 4인 선분 AB를 지름으로 하는 원 O가
있다. 원의 중심을 C라 하고, 선분 AC의 중점과 선분 BC의
중점을 각각 D, P라 하자. 선분 AC의 수직이등분선과 선분
BC의 수직이등분선이 원 O의 위쪽 반원과 만나는 점을 각각
E, Q라 하자. 선분 DE를 한 변으로 하고 원 O와 점 A에서
만나며 선분 DF가 대각선인 정사각형 $DEFG$를 그리고, 선분
PQ를 한 변으로 하고 원 O와 점 B에서 만나며 선분 PR이
대각선인 정사각형 $PQRS$를 그린다. 원 O의 내부와 정사각형
$DEFG$의 내부의 공통부분인 ◢ 모양의 도형과 원 O의
내부와 정사각형 $PQRS$의 내부의 공통부분인 ◣ 모양의
도형에 색칠하여 얻은 그림을 R_1이라 하자.

그림 R_1에서 점 F를 중심으로 하고 반지름의 길이가
$\frac{1}{2}\overline{DE}$인 원 O_1, 점 R을 중심으로 하고 반지름의 길이가
$\frac{1}{2}\overline{PQ}$인 원 O_2를 그린다. 두 원 O_1, O_2에 각각 그림 R_1을 얻은
것과 같은 방법으로 만들어지는 ◢ 모양의 2개의 도형과 ◣
모양의 2개의 도형에 색칠하여 얻은 그림을 R_2라 하자.
이와 같은 과정을 계속하여 n번째 얻은 그림 R_n에 색칠되어
있는 부분의 넓이를 S_n이라 할 때, $\lim\limits_{n \to \infty} S_n$의 값은? (4점)

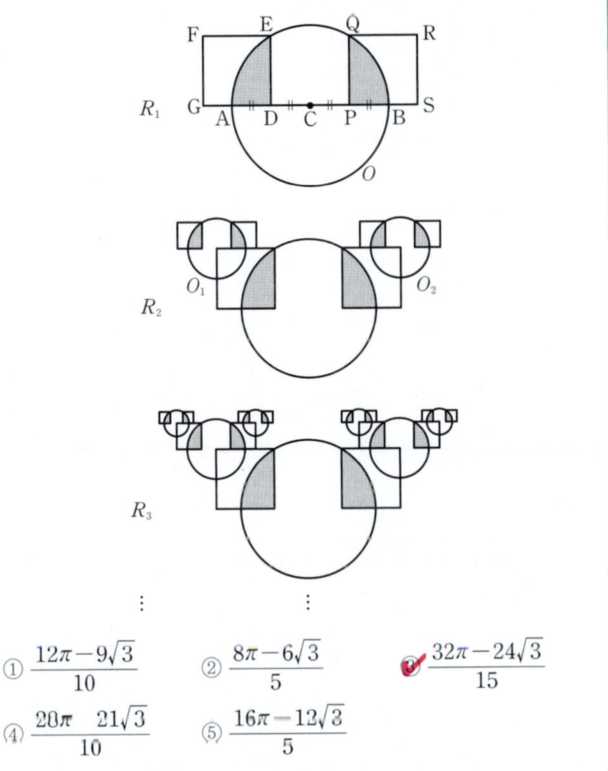

① $\dfrac{12\pi - 9\sqrt{3}}{10}$ ② $\dfrac{8\pi - 6\sqrt{3}}{5}$ ③ $\dfrac{32\pi - 24\sqrt{3}}{15}$

④ $\dfrac{20\pi - 21\sqrt{3}}{10}$ ⑤ $\dfrac{16\pi - 12\sqrt{3}}{5}$

Step 1 S_1을 구한다.

두 점 C, Q를 연결하여 직각삼각형 QCP를
만들면
$\overline{CQ} = 2$, $\overline{CP} = 1$이므로
$$\overline{PQ} = \sqrt{\overline{CQ}^2 - \overline{CP}^2} = \sqrt{2^2 - 1^2} = \sqrt{3}$$
$$\cos(\angle QCP) = \frac{\overline{CP}}{\overline{CQ}} = \frac{1}{2}$$이므로

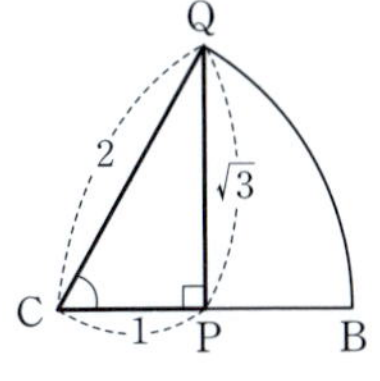

$\angle \text{QCP} = 60° \ (\because 0° < \angle \text{QCP} < 90°)$

$S_1 = 2\{(\text{부채꼴 QCB의 넓이}) - (\text{삼각형 QCP의 넓이})\}$

$= 2\left\{\left(2 \times 2 \times \pi \times \dfrac{60°}{360°}\right) - \left(\dfrac{1}{2} \times 1 \times \sqrt{3}\right)\right\}$

반지름의 길이가 r, 중심각의 크기가 $\theta°$인 부채꼴의 넓이는 $r^2\pi \times \dfrac{\theta°}{360°}$

$= 2\left(\dfrac{2}{3}\pi - \dfrac{\sqrt{3}}{2}\right) = \dfrac{4}{3}\pi - \sqrt{3}$

(직각삼각형의 넓이)

Step 2 수열 $\{S_n\}$의 규칙을 구한다.

그림 R_2에서 새로 그려진 원의 반지름의 길이는 $= \dfrac{1}{2} \times (밑변의 길이) \times (높이)$

$\dfrac{1}{2}\overline{\text{DE}} = \dfrac{1}{2}\overline{\text{PQ}} = \dfrac{\sqrt{3}}{2}$

그러므로 원 O의 반지름의 길이와 원 O_1의 반지름의 길이가 각각

2, $\dfrac{\sqrt{3}}{2}$이므로 두 원 O와 O_1의 닮음비는 $2 : \dfrac{\sqrt{3}}{2}$, 즉 $1 : \dfrac{\sqrt{3}}{4}$이다.

이때 넓이의 비는 $1 : \left(\dfrac{\sqrt{3}}{4}\right)^2$이다. → 두 도형의 닮음비가 $m : n$일 때, 넓이의 비는 $m^2 : n^2$이다.

또한, 그림 R_{n+1}에서 새로 그려진 도형의 개수는 그림 R_n에서 새로 그려진 도형의 개수의 2배이다.

따라서 수열 $\{S_n\}$은 첫째항이 $\dfrac{4}{3}\pi - \sqrt{3}$이고 공비가 $\left(\dfrac{\sqrt{3}}{4}\right)^2 \times 2 = \dfrac{3}{8}$인 등비수열의 합이다.

주의 원의 개수는 2배로 늘어 난다는 것에 주의해야 해.

Step 3 $\lim\limits_{n \to \infty} S_n$의 값을 구한다.

$\lim\limits_{n \to \infty} S_n = \dfrac{\dfrac{4}{3}\pi - \sqrt{3}}{1 - \dfrac{3}{8}} = \dfrac{32\pi - 24\sqrt{3}}{15}$

→ 첫째항이 $a \, (a \neq 0)$, 공비가 $r \, (-1 < r < 1)$인 등비급수의 합은 $\dfrac{a}{1-r}$

---

102 [정답률 21%]

정답 **25**

등비수열 $\{a_n\}$이

$$\sum_{n=1}^{\infty}(|a_n| + a_n) = \dfrac{40}{3}, \quad \sum_{n=1}^{\infty}(|a_n| - a_n) = \dfrac{20}{3}$$

을 만족시킨다. 부등식

$$\lim_{n \to \infty}\sum_{k=1}^{2n}\left((-1)^{\frac{k(k+1)}{2}} \times a_{m+k}\right) > \dfrac{1}{700}$$

을 만족시키는 모든 자연수 m의 값의 합을 구하시오. (4점)

Step 1 등비수열 $\{a_n\}$의 일반항을 구한다.

$\displaystyle\sum_{n=1}^{\infty}(|a_n| + a_n) = \sum_{n=1}^{\infty}|a_n| + \sum_{n=1}^{\infty}a_n = \dfrac{40}{3}$ ······ ㉠

$\displaystyle\sum_{n=1}^{\infty}(|a_n| - a_n) = \sum_{n=1}^{\infty}|a_n| - \sum_{n=1}^{\infty}a_n = \dfrac{20}{3}$ ······ ㉡

㉠, ㉡에서 $\displaystyle\sum_{n=1}^{\infty}|a_n| = 10$, $\displaystyle\sum_{n=1}^{\infty}a_n = \dfrac{10}{3}$

$\dfrac{㉠+㉡}{2}$

등비수열 $\{a_n\}$의 첫째항을 a, 공비를 $r \, (-1 < r < 1)$이라 하면 $\displaystyle\sum_{n=1}^{\infty}|a_n| \neq \sum_{n=1}^{\infty}a_n$이므로 $-1 < r < 0$이다.

$\dfrac{㉠-㉡}{2}$

급수 $\displaystyle\sum_{n=1}^{\infty}a_n$이 수렴하기 때문 $a < 0$이면 $0 < r < 1$일 때

$\displaystyle\sum_{n=1}^{\infty}|a_n| = \dfrac{a}{1+r} = 10$, $\displaystyle\sum_{n=1}^{\infty}a_n = \dfrac{a}{1-r} = \dfrac{10}{3}$

→ $-1 < r < 0$이므로 등비수열 $\{|a_n|\}$의 공비는 $-r$

$\displaystyle\sum_{n=1}^{\infty}|a_n| \neq \sum_{n=1}^{\infty}a_n$이지만 $\displaystyle\sum_{n=1}^{\infty}|a_n| = -\sum_{n=1}^{\infty}a_n$이 되어 ㉠에 모순이다.

$\dfrac{\dfrac{a}{1+r}}{\dfrac{a}{1-r}} = \dfrac{10}{\dfrac{10}{3}}, \quad \dfrac{1-r}{1+r} = 3$

$1 - r = 3 + 3r \quad \therefore r = -\dfrac{1}{2}$

$\dfrac{a}{1+r} = 10$에 $r = -\dfrac{1}{2}$을 대입하면 $a = 5$

$\therefore a_n = 5 \times \left(-\dfrac{1}{2}\right)^{n-1}$

Step 2 $\lim\limits_{n \to \infty}\displaystyle\sum_{k=1}^{2n}\left\{(-1)^{\frac{k(k+1)}{2}} \times a_{m+k}\right\}$를 계산한다.

$\lim\limits_{n \to \infty}\displaystyle\sum_{k=1}^{2n}\left\{(-1)^{\frac{k(k+1)}{2}} \times a_{m+k}\right\}$

→ 1부터 k까지의 합으로 생각하면 짝수인지 홀수인지 판단하기 쉽다.

$= -a_{m+1} - a_{m+2} + a_{m+3} + a_{m+4} - a_{m+5} - a_{m+6} + a_{m+7} + a_{m+8}$
$\qquad - a_{m+9} - a_{m+10} + a_{m+11} + a_{m+12} - \cdots$

$= -(a_{m+1} + a_{m+5} + a_{m+9} + \cdots) - (a_{m+2} + a_{m+6} + a_{m+10} + \cdots)$
$\qquad + (a_{m+3} + a_{m+7} + a_{m+11} + \cdots) + (a_{m+4} + a_{m+8} + a_{m+12} + \cdots)$

$= -\displaystyle\sum_{n=1}^{\infty}\left\{5 \times \left(-\dfrac{1}{2}\right)^{m} \times \left(\dfrac{1}{16}\right)^{n-1}\right\} - \sum_{n=1}^{\infty}\left\{5 \times \left(-\dfrac{1}{2}\right)^{m+1} \times \left(\dfrac{1}{16}\right)^{n-1}\right\}$

$\quad + \displaystyle\sum_{n=1}^{\infty}\left\{5 \times \left(-\dfrac{1}{2}\right)^{m+2} \times \left(\dfrac{1}{16}\right)^{n-1}\right\} + \sum_{n=1}^{\infty}\left\{5 \times \left(-\dfrac{1}{2}\right)^{m+3} \times \left(\dfrac{1}{16}\right)^{n-1}\right\}$

첫째항이 a_{m+4}, 공비가 $\left(-\dfrac{1}{2}\right)^4$인 등비급수의 합

첫째항이 a_{m+2}, 공비가 $\left(-\dfrac{1}{2}\right)^4$인 등비급수의 합

$= -\dfrac{5 \times \left(-\dfrac{1}{2}\right)^{m}}{1 - \dfrac{1}{16}} - \dfrac{5 \times \left(-\dfrac{1}{2}\right)^{m+1}}{1 - \dfrac{1}{16}}$

첫째항이 a_{m+3}, 공비가 $\left(-\dfrac{1}{2}\right)^4$인 등비급수의 합

$\quad + \dfrac{5 \times \left(-\dfrac{1}{2}\right)^{m+2}}{1 - \dfrac{1}{16}} + \dfrac{5 \times \left(-\dfrac{1}{2}\right)^{m+3}}{1 - \dfrac{1}{16}}$

$= -\dfrac{16}{3} \times \left(-\dfrac{1}{2}\right)^{m} + \dfrac{8}{3} \times \left(-\dfrac{1}{2}\right)^{m} + \dfrac{4}{3} \times \left(-\dfrac{1}{2}\right)^{m} - \dfrac{2}{3} \times \left(-\dfrac{1}{2}\right)^{m}$

$= -2 \times \left(-\dfrac{1}{2}\right)^{m}$

→ 첫째항이 a_{m+1}, 공비가 $\left(-\dfrac{1}{2}\right)^4$인 등비급수의 합

Step 3 주어진 부등식을 만족시키는 자연수 m의 값을 구한다.

즉, $-2 \times \left(-\dfrac{1}{2}\right)^m > \dfrac{1}{700}$ 이므로 부등식을 만족시키는 자연수 m은
1, 3, 5, 7, 9이고 그 합은 25이다. $\quad = \left(-\dfrac{1}{2}\right)^{m-1}$

$$\dfrac{1}{256} > \dfrac{1}{700}$$
$$\dfrac{1}{64} > \dfrac{1}{700}$$
$$\dfrac{1}{16} > \dfrac{1}{700}$$
$$\dfrac{1}{4} > \dfrac{1}{700}$$
$$1 > \dfrac{1}{700}$$

103 [정답률 27%]　　　　　　정답 109

두 정수 α, $\beta\,(\alpha > \beta)$에 대하여 다음 조건을 만족시키는 수열 $\{a_n\}$이 있다.

> 모든 자연수 n에 대하여
> $$a_n = \alpha \times \sin\frac{n}{2}\pi + \beta \times \cos\frac{n}{2}\pi$$
> 이고, $a_1 \times a_2 \times a_3 \times a_4 = 4$이다.

수열 $\{a_n\}$과 $b_1 > 0$인 등비수열 $\{b_n\}$에 대하여

$$\sum_{n=1}^{\infty}(a_{4n-2}b_n) = \sum_{n=1}^{\infty}(a_{4n-3}b_{2n}) = 6$$

일 때, $b_1 \times b_3 = \dfrac{q}{p}$이다. $p+q$의 값을 구하시오.

(단, p와 q는 서로소인 자연수이다.) (4점)

등비급수의 수렴 조건을 이용한다.

Step 1 $a_1 \times a_2 \times a_3 \times a_4 = 4$를 만족시키는 순서쌍 (α, β)를 구한다.

$$a_1 = \alpha \times \sin\frac{\pi}{2} + \beta \times \cos\frac{\pi}{2} = \alpha$$
$$\qquad\qquad =1 \qquad\qquad =0$$
$$a_2 = \alpha \times \sin\pi + \beta \times \cos\pi = -\beta$$
$$\qquad\qquad =0 \qquad\qquad =-1$$
$$a_3 = \alpha \times \sin\frac{3}{2}\pi + \beta \times \cos\frac{3}{2}\pi = -\alpha$$
$$\qquad\qquad =-1 \qquad\qquad =0$$
$$a_4 = \alpha \times \sin 2\pi + \beta \times \cos 2\pi = \beta$$
$$\qquad\qquad =0 \qquad\qquad =1$$
$$a_5 = \alpha$$
$$\vdots$$

$a_{n+4} = a_n$

$a_1 \times a_2 \times a_3 \times a_4 = \alpha^2\beta^2 = 4 \qquad \therefore \alpha\beta = \pm 2$

이때 α, $\beta\,(\alpha > \beta)$는 정수이므로
α, β의 순서쌍 (α, β)는 $(2, 1)$, $(-1, -2)$, $(2, -1)$, $(1, -2)$

Step 2 $\displaystyle\sum_{n=1}^{\infty}(a_{4n-2}b_n) = \sum_{n=1}^{\infty}(a_{4n-3}b_{2n}) = 6$임을 이용하여 등비수열 $\{b_n\}$의 공비를 구한다.

$$\sum_{n=1}^{\infty}(a_{4n-2}b_n) = -\beta\sum_{n=1}^{\infty}b_n = 6 \qquad \cdots\cdots \text{㉠}$$
$$\qquad =a_2 = -\beta$$

$\displaystyle\sum_{n=1}^{\infty}b_n$이 수렴하므로 등비수열 $\{b_n\}$의 공비를 r이라 하면 $-1 < r < 1$

㉠에서 $-\beta \times \dfrac{b_1}{1-r} = 6 \qquad \cdots\cdots \text{㉡}$

또한 $\displaystyle\sum_{n=1}^{\infty}(a_{4n-3}b_{2n}) = \alpha\sum_{n=1}^{\infty}b_{2n} = \alpha \times \dfrac{b_1 r}{1-r^2} = 6 \qquad \cdots\cdots \text{㉢}$
$$\qquad =a_1 = \alpha$$

(i) $\alpha = 2$, $\beta = 1$일 때

㉡에서 $-\dfrac{b_1}{1-r} = 6$

이때 $b_1 > 0$, $1-r > 0$이므로 모순이다.

(ii) $\alpha = -1$, $\beta = -2$일 때　　**좌변은 음수인데 우변은 양수이다.**

㉡에서 $2 \times \dfrac{b_1}{1-r} = 6$, $\dfrac{b_1}{1-r} = 3 \qquad \cdots\cdots \text{㉣}$

㉢에서 $-\dfrac{b_1 r}{1-r^2} = -\dfrac{b_1}{1-r} \times \dfrac{r}{1+r} = 6$
$$\qquad\qquad\qquad\qquad =3$$

$-\dfrac{r}{1+r} = 2$, $-r = 2+2r \qquad \therefore r = -\dfrac{2}{3}$

㉣에서 $\dfrac{b_1}{1-\left(-\dfrac{2}{3}\right)} = 3 \qquad \therefore b_1 = 5$

(iii) $\alpha = 2$, $\beta = -1$일 때

㉡에서 $\dfrac{b_1}{1-r} = 6$

㉢에서 $2 \times \dfrac{b_1 r}{1-r^2} = 2 \times \dfrac{b_1}{1-r} \times \dfrac{r}{1+r} = 6$
$$\qquad\qquad\qquad\qquad\qquad =6$$

$\dfrac{r}{1+r} = \dfrac{1}{2}$, $2r = 1+r \qquad \therefore r = 1$

이때 $-1 < r < 1$을 만족시키지 않는다.

(iv) $\alpha = 1$, $\beta = -2$일 때

㉡에서 $2 \times \dfrac{b_1}{1-r} = 6$, $\dfrac{b_1}{1-r} = 3$

㉢에서 $\dfrac{b_1 r}{1-r^2} = \dfrac{b_1}{1-r} \times \dfrac{r}{1+r} = 6$
$$\qquad\qquad\qquad\qquad =3$$

$\dfrac{r}{1+r} = 2$, $r = 2+2r \qquad \therefore r = -2$

이때 $-1 < r < 1$을 만족시키지 않는다.

(i)~(iv)에 의하여 $r = -\dfrac{2}{3}$, $b_1 = 5$이다.

Step 3 $b_1 \times b_3$의 값을 구한다.

$$b_3 = b_1 r^2 = 5 \times \left(-\dfrac{2}{3}\right)^2 = \dfrac{20}{9}$$

$$\therefore b_1 \times b_3 = 5 \times \dfrac{20}{9} = \dfrac{100}{9}$$

따라서 $p = 9$, $q = 100$이므로 $p+q = 109$

104 [정답률 21%]   정답 686

> 등비수열 $\{a_n\}$에 대하여
> $$\sum_{n=1}^{\infty}(a_n+a_{n+1})=5,\quad \sum_{n=1}^{\infty}\left(|a_{n+1}+a_{n+2}|\times\sin\frac{n\pi}{2}\right)=2$$
> 일 때, $\sum_{n=1}^{\infty}(100a_n-ma_{3n})$의 값이 자연수가 되도록 하는
> 자연수 m의 최댓값을 구하시오. (4점)

Step 1 $\sum_{n=1}^{\infty}(a_n+a_{n+1})=5$임을 이용한다.

등비수열 $\{a_n\}$의 첫째항을 a, 공비를 r이라 하면
$$a_n+a_{n+1}=ar^{n-1}+ar^n=(a+ar)r^{n-1}$$
$\sum_{n=1}^{\infty}(a_n+a_{n+1})$은 첫째항이 $a+ar$, 공비가 r인 등비급수이고
그 합이 5이므로 $-1<r<1$ $\rightarrow=a(1+r)$
              → 등비급수가 수렴한다.
$$\sum_{n=1}^{\infty}(a_n+a_{n+1})=\frac{a(1+r)}{1-r}=5 \qquad\cdots\cdots ㉠$$
에서 $a>0$

Step 2 $\sum_{n=1}^{\infty}\left(|a_{n+1}+a_{n+2}|\times\sin\frac{n\pi}{2}\right)=2$를 만족시키는 r의 값을 구한다.

(ⅰ) $r=0$인 경우

$n\geq2$이면 $a_n=0$이므로 $\sum_{n=1}^{\infty}\left(|a_{n+1}+a_{n+2}|\times\sin\frac{n\pi}{2}\right)=0$

따라서 조건을 만족시키지 않는다. → $a_{n+1}=a_{n+2}=0$

(ⅱ) $0<r<1$인 경우

모든 자연수 n에 대하여 $a_n=ar^{n-1}>0$이므로 $a_{n+1}+a_{n+2}>0$이다.

수열 $\left\{|a_{n+1}+a_{n+2}|\times\sin\frac{n\pi}{2}\right\}$의 항을 첫째항부터 차례로 나열하면 $(a_2+a_3),\ 0,\ -(a_4+a_5),\ 0,\ \cdots$

$$\therefore \sum_{n=1}^{\infty}\left(|a_{n+1}+a_{n+2}|\times\sin\frac{n\pi}{2}\right)$$
$$=\sum_{n=1}^{\infty}(-1)^{n-1}(a_{2n}+a_{2n+1}) \qquad {\scriptstyle a_{2n}=ar^{2n-1}}$$
$$\qquad\qquad\qquad\qquad\qquad {\scriptstyle a_{2n+1}=ar^{2n}}$$
$$=\sum_{n=1}^{\infty}ar(1+r)(-r^2)^{n-1}$$
$$=\frac{ar(1+r)}{1+r^2}=2 \qquad\cdots\cdots ㉡$$
→ 첫째항이 $ar(1+r)$, 공비가 $-r^2$인 등비급수

㉠, ㉡에서 $\dfrac{r(1-r)}{1+r^2}=\dfrac{2}{5}$이므로 $7r^2-5r+2=0$

이차방정식 $7r^2-5r+2=0$의 판별식을 D라 하면
$$D=(-5)^2-4\times7\times2=-31<0$$
따라서 실수 r의 값은 존재하지 않는다.

(ⅲ) $-1<r<0$인 경우

모든 자연수 n에 대하여   → $r^{2n-1}<0$
$$a_{2n}+a_{2n+1}=ar^{2n-1}+ar^{2n}=ar^{2n-1}(1+r)<0$$
수열 $\left\{|a_{n+1}+a_{n+2}|\times\sin\frac{n\pi}{2}\right\}$의 항을 첫째항부터 차례로 나열하면 $-(a_2+a_3),\ 0,\ (a_4+a_5),\ 0,\ \cdots$

$$\therefore \sum_{n=1}^{\infty}\left(|a_{n+1}+a_{n+2}|\times\sin\frac{n\pi}{2}\right)$$
$$=\sum_{n=1}^{\infty}(-1)^n(a_{2n}+a_{2n+1})$$
$$=-\sum_{n=1}^{\infty}ar(1+r)(-r^2)^{n-1}$$

$$=-\frac{ar(1+r)}{1+r^2}=2 \qquad\cdots\cdots ㉢$$

㉠, ㉢에서 $\dfrac{-r(1-r)}{1+r^2}=\dfrac{2}{5}$

$$3r^2-5r-2=(3r+1)(r-2)=0$$
$$\therefore r=-\frac{1}{3}\ (\because -1<r<0)$$

(ⅰ)~(ⅲ)에 의하여 $r=-\dfrac{1}{3}$이다.

Step 3 $\sum_{n=1}^{\infty}(100a_n-ma_{3n})$의 값이 자연수가 되도록 하는 자연수 m의 최댓값을 구한다.

㉠에서 $a=\dfrac{5(1-r)}{1+r}=\dfrac{5\times\dfrac{4}{3}}{\dfrac{2}{3}}=10$

수열 $\{a_{3n}\}$은 첫째항이 $a_3=ar^2=10\times\left(-\dfrac{1}{3}\right)^2=\dfrac{10}{9}$이고 공비가
   → $a_3,\,a_6,\,a_9,\,\cdots$
$r^3=-\dfrac{1}{27}$인 등비수열이므로

$$\sum_{n=1}^{\infty}(100a_n-ma_{3n})$$
$$=100\sum_{n=1}^{\infty}a_n-m\sum_{n=1}^{\infty}a_{3n}$$
$$=100\times\frac{10}{1+\dfrac{1}{3}}-m\times\frac{\dfrac{10}{9}}{1+\dfrac{1}{27}}=750-\frac{15}{14}m$$

$\sum_{n=1}^{\infty}(100a_n-ma_{3n})$의 값이 자연수이려면 m은 14의 배수인 자연수이어야 한다.

$m=14k$ (k는 자연수)라 하면
$$750-\frac{15}{14}m=750-15k>0 \qquad\therefore k<50$$
따라서 조건을 만족시키는 자연수 k의 최댓값이 49이므로 자연수 m의 최댓값은 $14\times49=686$

105 [정답률 10%]   정답 24

> 수열 $\{a_n\}$은 등비수열이고, 수열 $\{b_n\}$을 모든 자연수 n에 대하여
> $$b_n=\begin{cases}-1 & (a_n\leq-1)\\ a_n & (a_n>-1)\end{cases}$$
> 이라 할 때, 수열 $\{b_n\}$은 다음 조건을 만족시킨다.
>
> > (가) 급수 $\sum_{n=1}^{\infty}b_{2n-1}$은 수렴하고 그 합은 -3이다.
> >
> > (나) 급수 $\sum_{n=1}^{\infty}b_{2n}$은 수렴하고 그 합은 8이다.
>
> $b_3=-1$일 때, $\sum_{n=1}^{\infty}|a_n|$의 값을 구하시오. (4점)
>   → $a_3\leq-1$

Step 1 등비수열 $\{a_n\}$의 공비의 범위를 구한다.

등비수열 $\{a_n\}$의 공비를 r이라 하자.

$b_3=-1$이므로 $\underline{a_3\leq -1}$ ⟶ $a_3>-1$이면 $b_3=a_3>-1$이므로 모순이다.

$a_3=a_1r^2\leq -1$이므로 $r\neq 0$ ...... ㉠

(i) $r>0$인 경우 ⟶ $r^2>0$

　　조건 (가), (나)에 모순이다. ⟶ 수열 $\{a_n\}$에는 양수항과 음수항이 모두 존재해야 한다.

(ii) $r\leq -1$인 경우

　　$r^2\geq 1$이므로 $a_5\leq -1$, $a_7\leq -1$, $a_9\leq -1$, $\cdots$

　　즉, $\underline{b_5=-1,\ b_7=-1,\ b_9=-1,\ \cdots}$ ⟶ $a_n\leq -1$일 때 $b_n=-1$이기 때문이다.

　　이때 급수 $\sum\limits_{n=1}^{\infty}b_{2n-1}$이 수렴하지 않으므로 조건 (가)에 모순이다.

(i), (ii)에 의하여 $-1<r<0$이다.

Step 2 조건 (가)를 이용하여 식을 세운다.

$-1<r<0$이므로 $0<r^2<1$

㉠에 의하여 $a_1\leq -1$이므로 $b_1=-1$이고, ⟶ $a_1r^2\leq -1$ 문제에서 $b_3=-1$이다.

이때 $a_5\leq -1$이면 $b_5=-1$이므로 조건 (가)에 모순이다.

따라서 $a_5=a_1r^4>-1$이고 $b_5=a_5=a_1r^4$이다. ⟶ $b_1+b_3+b_5=-3$이고, $r^2>0$에서 $a_7,\ a_9,\ a_{11},\ \cdots$의 값이 음수이므로

같은 방법으로 $b_7=a_7$, $b_9=a_9$, $\cdots$이므로 $b_7,\ b_9,\ b_{11},\ \cdots$의 값도 음수이다.

$$\sum_{n=1}^{\infty}b_{2n-1}=-1+(-1)+\frac{a_1r^4}{1-r^2}=-3$$

⟶ b_1 ⟶ b_3 ⟶ $b_5+b_7+b_9+\cdots$ 　∴ $\sum\limits_{n=1}^{\infty}b_{2n-1}<-3$

$$\therefore \frac{a_1r^4}{1-r^2}=-1 \qquad \cdots\cdots ㉡$$

Step 3 조건 (나)를 이용하여 식을 세운다.

$-1<r<0$이고, $a_1\leq -1$이므로 $a_2>0$

또한 $0<r^2<1$이므로 $a_{2n}>0$ $(n\geq 1)$

따라서 $\underline{b_2=a_2,\ b_4=a_4,\ b_6=a_6,\ \cdots}$이므로 ⟶ $a_n>-1$이면 $b_n=a_n$

$$\sum_{n=1}^{\infty}b_{2n}=\frac{a_1r}{1-r^2}=8 \qquad \cdots\cdots ㉢ \quad\Big(-\frac{1}{2}\Big)^3$$

㉡, ㉢에서 $r^3=-\dfrac{1}{8}$　∴ $r=-\dfrac{1}{2}$ ⟶ $\dfrac{\frac{a_1r^4}{1-r^2}}{\frac{a_1r}{1-r^2}}=\dfrac{-1}{8}$

㉢에 $r=-\dfrac{1}{2}$을 대입하면 $\dfrac{a_1\times\left(-\frac{1}{2}\right)}{1-\left(-\frac{1}{2}\right)^2}=8$　∴ $a_1=-12$

⟶ $\dfrac{-\frac{1}{2}a_1}{1-\frac{1}{4}}=8,\ -\dfrac{1}{2}a_1=6$

Step 4 $\sum\limits_{n=1}^{\infty}|a_n|$의 값을 구한다.

$$\therefore \sum_{n=1}^{\infty}|a_n|=\sum_{n=1}^{\infty}\left|(-12)\times\left(-\frac{1}{2}\right)^{n-1}\right|=\sum_{n=1}^{\infty}12\times\left(\frac{1}{2}\right)^{n-1}$$

$$=\frac{12}{1-\frac{1}{2}}=24$$

106 [정답률 15%]　　　　　　정답 162

> 첫째항과 공비가 각각 0이 아닌 두 등비수열 $\{a_n\}$, $\{b_n\}$에 대하여 두 급수 $\sum\limits_{n=1}^{\infty}a_n$, $\sum\limits_{n=1}^{\infty}b_n$이 각각 수렴하고
> $$\sum_{n=1}^{\infty}a_nb_n=\Big(\sum_{n=1}^{\infty}a_n\Big)\times\Big(\sum_{n=1}^{\infty}b_n\Big),$$
> $$3\times\sum_{n=1}^{\infty}|a_{2n}|=7\times\sum_{n=1}^{\infty}|a_{3n}|$$
> 이 성립한다. $\sum\limits_{n=1}^{\infty}\dfrac{b_{2n-1}+b_{3n+1}}{b_n}=S$일 때, $120S$의 값을 구하시오. (4점)

Step 1 주어진 식을 통해 r_1, r_2의 관계식을 파악한다.

등비수열 $\{a_n\}$의 첫째항을 a, 공비를 r_1이라 하고 등비수열 $\{b_n\}$의 첫째항을 b, 공비를 r_2라 하자.

두 급수 $\sum\limits_{n=1}^{\infty}a_n$, $\sum\limits_{n=1}^{\infty}b_n$은 각각 수렴하고 $a\neq 0$, $b\neq 0$이므로 $-1<r_1<1$, $-1<r_2<1$이다. (단, $r_1\neq 0$, $r_2\neq 0$)

또한 수열 $\{a_nb_n\}$은 첫째항이 ab, 공비가 r_1r_2인 등비수열이므로

$$\sum_{n=1}^{\infty}a_nb_n=\Big(\sum_{n=1}^{\infty}a_n\Big)\times\Big(\sum_{n=1}^{\infty}b_n\Big)\text{에서 }\frac{ab}{1-r_1r_2}=\frac{a}{1-r_1}\times\frac{b}{1-r_2}$$

$$(1-r_1)(1-r_2)=1-r_1r_2$$

$$1-(r_1+r_2)+r_1r_2=1-r_1r_2$$

$$\therefore 2r_1r_2-r_1-r_2=0 \qquad \cdots\cdots ㉠$$

Step 2 주어진 식을 통해 r_1, r_2의 값을 구한다.

수열 $\{|a_{2n}|\}$은 첫째항이 $|a_2|$, 공비가 r_1^2인 등비수열이고 수열 $\{|a_{3n}|\}$은 첫째항이 $|a_3|$, 공비가 $|r_1^3|$인 등비수열이므로

$$3\times\sum_{n=1}^{\infty}|a_{2n}|=7\times\sum_{n=1}^{\infty}|a_{3n}|\text{에서 }3\times\frac{|a_2|}{1-r_1^2}=7\times\frac{|a_3|}{1-|r_1^3|} \cdots\cdots ㉡$$

(i) $-1<r_1<0$일 때

　① $a<0$인 경우

　　$a_2>0$, $a_3<0$, $r_1^3<0$이므로 ㉡에서

$$3\times\frac{ar_1}{1-r_1^2}=7\times\frac{-ar_1^2}{1+r_1^3}$$

$$3(1+r_1^3)=-7r_1(1-r_1^2),\ 3(1+r_1^3)=7r_1(r_1^2-1)$$

$$3(r_1+1)(r_1^2-r_1+1)=7r_1(r_1+1)(r_1-1)$$

$$3r_1^2-3r_1+3=7r_1^2-7r_1$$

$$4r_1^2-4r_1-3=0,\ (2r_1+1)(2r_1-3)=0$$

$$\therefore r_1=-\frac{1}{2}\ (\because -1<r_1<0)$$

　② $a>0$인 경우

　　$a_2<0$, $a_3>0$, $r_1^3<0$이므로 ㉡에서

$$3\times\frac{-ar_1}{1-r_1^2}=7\times\frac{ar_1^2}{1+r_1^3}$$

$$3(1+r_1^3)=7r_1(r_1^2-1)$$

즉, ①과 같으므로 $r_1=-\dfrac{1}{2}$

따라서 ①, ②에 의하여 $r_1=-\dfrac{1}{2}$이다.

이를 ㉠에 대입하면 $2\times\left(-\dfrac{1}{2}\right)\times r_2-\left(-\dfrac{1}{2}\right)-r_2=0$

$$-r_2+\frac{1}{2}-r_2=0 \qquad \therefore r_2=\frac{1}{4}$$

(ii) $0<r_1<1$일 때

　① $a<0$인 경우

　　$a_2<0$, $a_3<0$, $r_1^3>0$이므로 ㉡에서

$$3\times\frac{-ar_1}{1-r_1^3}=7\times\frac{-ar_1^2}{1-r_1^3}$$

$$3(1-r_1^3)=7r_1(1-r_1^2)$$

$$3(1-r_1)(1+r_1+r_1^2)=7r_1(1-r_1)(1+r_1)$$

$$3+3r_1+3r_1^2=7r_1+7r_1^2$$

$$4r_1^2+4r_1-3=0,\ (2r_1-1)(2r_1+3)=0$$

$$\therefore r_1=\frac{1}{2}\ (\because 0<r_1<1)$$

　② $a>0$인 경우

　　$a_2>0$, $a_3>0$, $r_1^3>0$이므로 ㉡에서

$$3 \times \frac{ar_1}{1-r_1^2} = 7 \times \frac{ar_1^2}{1-r_1^3}$$
$$3(1-r_1^3) = 7r_1(1-r_1^2)$$

즉, ①과 같으므로 $r_1 = \dfrac{1}{2}$

따라서 ①, ②에 의하여 $r_1 = \dfrac{1}{2}$이다.

이를 ㉠에 대입하면 $2 \times \dfrac{1}{2} \times r_2 - \dfrac{1}{2} - r_2 = 0$

$-\dfrac{1}{2} = 0$이므로 모순이다.

(i), (ii)에서 $r_1 = -\dfrac{1}{2}$, $r_2 = \dfrac{1}{4}$이다.

Step 3 $\displaystyle\sum_{n=1}^{\infty} \dfrac{b_{2n-1}+b_{3n+1}}{b_n}$의 값을 구한다.

$b_n = b \times \left(\dfrac{1}{4}\right)^{n-1}$이므로

$$\frac{b_{2n-1}+b_{3n+1}}{b_n} = \frac{b \times \left(\frac{1}{4}\right)^{2n-2} + b \times \left(\frac{1}{4}\right)^{3n}}{b \times \left(\frac{1}{4}\right)^{n-1}} = \left(\frac{1}{4}\right)^{n-1} + \left(\frac{1}{4}\right)^{2n+1}$$

$$\therefore \sum_{n=1}^{\infty} \frac{b_{2n-1}+b_{3n+1}}{b_n} = \sum_{n=1}^{\infty}\left\{\left(\frac{1}{4}\right)^{n-1} + \left(\frac{1}{4}\right)^{2n+1}\right\}$$
$$= \frac{1}{1-\frac{1}{4}} + \frac{\frac{1}{64}}{1-\frac{1}{16}}$$
$$= \frac{4}{3} + \frac{1}{60} = \frac{27}{20}$$

따라서 $S = \dfrac{27}{20}$이므로 $120S = 120 \times \dfrac{27}{20} = 162$

107 [정답률 5%] 정답 138

수열 $\{a_n\}$은 공비가 0이 아닌 등비수열이고, 수열 $\{b_n\}$을 모든 자연수 n에 대하여

$$b_n = \begin{cases} a_n & (|a_n| < \alpha) \\ -\dfrac{5}{a_n} & (|a_n| \geq \alpha) \end{cases} \quad (\alpha는\ 양의\ 상수)$$

라 할 때, 두 수열 $\{a_n\}$, $\{b_n\}$과 자연수 p가 다음 조건을 만족시킨다.

> (가) $\displaystyle\sum_{n=1}^{\infty} a_n = 4$
>
> (나) $\displaystyle\sum_{n=1}^{m} \dfrac{a_n}{b_n}$의 값이 최소가 되도록 하는 자연수 m은
> p이고, $\displaystyle\sum_{n=1}^{p} b_n = 51$, $\displaystyle\sum_{n=p+1}^{\infty} b_n = \dfrac{1}{64}$이다.

$32 \times (a_3 + p)$의 값을 구하시오. (4점)

Step 1 수열 $\{a_n\}$의 첫째항과 공비 사이의 관계식을 구한다.

등비수열 $\{a_n\}$의 첫째항을 a, 공비를 r이라 하자. → $1-r>0$이므로 $a>0$임을 알 수 있다.

조건 (가)에서 $\displaystyle\sum_{n=1}^{\infty} a_n = 4$이므로 $|r|<1$이고 $\displaystyle\sum_{n=1}^{\infty} a_n = \dfrac{a}{1-r} = 4$

→ 등비급수가 수렴하므로 공비가 -1과 1 사이의 값이어야 한다.

Step 2 r^p의 값을 구한다.

$|a_n| = |ar^{n-1}| = a \times |r|^{n-1}$이므로 수열 $\{|a_n|\}$은 공비가 $|r|$인 등비수열이다. ← $0<|r|<1$임을 **Step 1**에서 확인했다.

즉, $|a_n|$은 n의 값이 커질 때마다 그 값이 작아지므로 수열 $\{b_n\}$은 $|a_k| \geq \alpha > |a_{k+1}|$을 만족시키는 자연수 k의 값을 기준으로 식이 한 번만 바뀐다.

> **주의** 모든 자연수 n에 대하여 $|a_n| < \alpha$이면 $b_n = a_n$
> 이때 $\displaystyle\sum_{n=1}^{\infty} a_n = 4$,
> $\displaystyle\sum_{n=1}^{\infty} b_n = \sum_{n=1}^{p} b_n + \sum_{n=p+1}^{\infty} b_n = 51 + \dfrac{1}{64}$
> 로 두 급수의 값이 다르므로 모순이다.
> 즉, $|a_k| \geq \alpha$인 자연수 k가 존재한다.

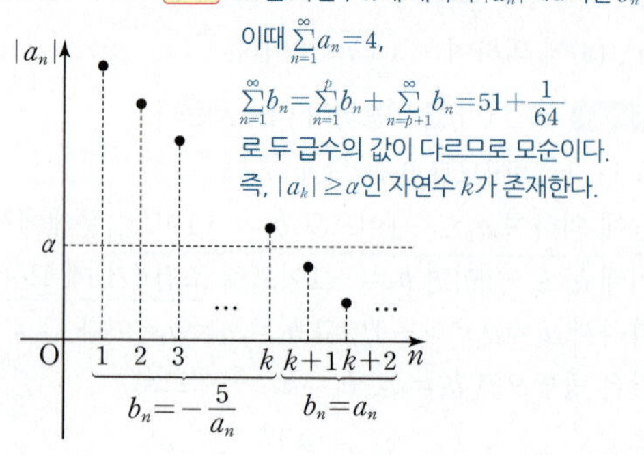

따라서 $\dfrac{a_n}{b_n} = \begin{cases} 1 & (n>k) \\ -\dfrac{a_n^2}{5} & (n \leq k) \end{cases}$ 이므로 수열 $\left\{\dfrac{a_n}{b_n}\right\}$은 첫째항부터 → $a_n^2 > 0$이므로 $-\dfrac{a_n^2}{5} < 0$

제k항까지는 음수, 제$(k+1)$항부터는 양수이다. → $=1$

즉, $\displaystyle\sum_{n=1}^{m} \dfrac{a_n}{b_n}$의 값이 최소가 되는 자연수 m은 k이므로 $p = k$이다.

$b_n = \begin{cases} a_n & (n>p) \\ -\dfrac{5}{a_n} & (n \leq p) \end{cases}$ 이므로 $\displaystyle\sum_{n=p+1}^{\infty} b_n = \sum_{n=p+1}^{\infty} a_n = \dfrac{1}{64}$

$$\sum_{n=p+1}^{\infty} a_n = \frac{ar^p}{1-r} = \frac{a}{1-r} \times r^p$$

→ (= 4) 첫째항이 $a_{p+1} = ar^p$이고 공비가 r인 등비급수의 합

이므로 $4r^p = \dfrac{1}{64}$ $\quad \therefore r^p = \dfrac{1}{256}$

Step 3 a, r의 값을 구한다.

$-\dfrac{5}{a_n} = -\dfrac{5}{ar^{n-1}} = -\dfrac{5}{a} \times \left(\dfrac{1}{r}\right)^{n-1}$이므로 수열 $\left\{-\dfrac{5}{a_n}\right\}$는 첫째항이 $-\dfrac{5}{a}$이고 공비가 $\dfrac{1}{r}$인 등비수열이다. → 공비

$$\sum_{n=1}^{p} b_n = \sum_{n=1}^{p}\left(-\frac{5}{a_n}\right) = \frac{-\frac{5}{a}\left\{1-\left(\frac{1}{r}\right)^p\right\}}{1-\frac{1}{r}} = 51$$

$r^p = \dfrac{1}{256}$에서 $\left(\dfrac{1}{r}\right)^p = 256$이므로

$$\frac{-\frac{5}{a} \times (1-256)}{1-\frac{1}{r}} = 51, \quad \frac{-\frac{5}{a} \times (-255)}{1-\frac{1}{r}} = 51$$

$$\frac{\frac{25}{a}}{1-\frac{1}{r}} = 1, \quad \frac{25}{a} = 1 - \frac{1}{r} = \frac{r-1}{r}$$

→ $\dfrac{a}{1-r} = 4$에서 $a = 4(1-r)$

$25r = a(r-1) = 4(1-r)(r-1)$, $\quad 25r = -4(r-1)^2$

$4r^2 + 17r + 4 = 0$, $\quad (4r+1)(r+4) = 0$

$\therefore r = -\dfrac{1}{4}\ (\because -1 < r < 1),\ a = 4 \times \left(1 + \dfrac{1}{4}\right) = 5$

Step 4 $a_3,\ p$의 값을 구한다. → $a = 4(1-r)$에 $r = -\dfrac{1}{4}$ 대입

$a_n = 5 \times \left(-\dfrac{1}{4}\right)^{n-1}$이므로 $a_3 = 5 \times \left(-\dfrac{1}{4}\right)^2 = \dfrac{5}{16}$

$\left(-\dfrac{1}{4}\right)^p = \dfrac{1}{256}$에서 $p = 4$ → $\dfrac{1}{256} = \dfrac{1}{2^8}$임을 이용하여 계산한다.

$\therefore 32 \times (a_3 + p) = 32 \times \left(\dfrac{5}{16} + 4\right) = 32 \times \dfrac{69}{16} = 138$

108 [정답률 19%]　　　　　정답 12

첫째항이 1이고 공비가 0이 아닌 등비수열 $\{a_n\}$에 대하여
급수 $\displaystyle\sum_{n=1}^{\infty} a_n$이 수렴하고
$$\sum_{n=1}^{\infty}(20a_{2n} + 21|a_{3n-1}|) = 0$$
이다. 첫째항이 0이 아닌 등비수열 $\{b_n\}$에 대하여
급수 $\displaystyle\sum_{n=1}^{\infty} \dfrac{3|a_n| + b_n}{a_n}$이 수렴할 때, $b_1 \times \displaystyle\sum_{n=1}^{\infty} b_n$의 값을 구하시오.

(4점)

Step 1 등비수열 $\{a_n\}$의 공비의 값의 범위를 찾는다.

등비수열 $\{a_n\}$의 공비를 r이라 하면 $a_n = r^{n-1}$ → 등비수열 $\{a_n\}$의 첫째항은 1

급수 $\displaystyle\sum_{n=1}^{\infty} a_n$이 수렴하므로 $-1 < r < 0$ 또는 $0 < r < 1$

이때 $\displaystyle\sum_{n=1}^{\infty}(20a_{2n} + 21|a_{3n-1}|) = 0$이므로 $-1 < r < 0$

→ $0 < r < 1$이면 $\displaystyle\sum_{n=1}^{\infty} a_{2n} > 0,\ \sum_{n=1}^{\infty}|a_{3n-1}| > 0$

Step 2 r의 값을 구한다.

→ 이므로 $\displaystyle\sum_{n=1}^{\infty}(20a_{2n} + 21|a_{3n-1}|) > 0$

$a_{2n} = r^{2n-1} = r \times (r^2)^{n-1}$이므로 수열 $\{a_{2n}\}$은 첫째항이 r, 공비가 r^2인 등비수열이다. → $= r^{2n-1-1+1}$　→ $-1 < r < 0$이므로 $0 < -r < 1$

$|a_{3n-1}| = |r^{3n-2}| = |r \times (r^3)^{n-1}| = -r \times (-r^3)^{n-1}$이므로 수열 $\{|a_{3n-1}|\}$은 첫째항이 $-r$, 공비가 $-r^3$인 등비수열이다. → $= r^{3n-2-1+1}$

따라서 두 급수 $\displaystyle\sum_{n=1}^{\infty} a_{2n},\ \sum_{n=1}^{\infty}|a_{3n-1}|$이 수렴하므로 → $0 < r^2 < 1,\ 0 < -r^3 < 1$이므로 두 급수는 수렴한다.

$\displaystyle\sum_{n=1}^{\infty}(20a_{2n} + 21|a_{3n-1}|) = 20\sum_{n=1}^{\infty} a_{2n} + 21\sum_{n=1}^{\infty}|a_{3n-1}|$

$\qquad = \dfrac{20r}{1-r^2} + \dfrac{-21r}{1-(-r^3)}$

$\qquad = \dfrac{20r}{1-r^2} - \dfrac{21r}{1+r^3} = 0$

$20r(1-r+r^2) - 21r(1-r) = 0$ → $= (1+r)(1-r+r^2)$

$20r - 20r^2 + 20r^3 - 21r + 21r^2 = 0$ → $= (1+r)(1-r)$

$20r^3 + r^2 - r = 0,\ 20r^2 + r - 1 = 0\ (\because r \neq 0)$

$(4r+1)(5r-1) = 0 \qquad \therefore r = -\dfrac{1}{4}\ (\because -1 < r < 0)$

Step 3 경우를 나누어 등비수열 $\{b_n\}$의 일반항을 구한다.

$a_n = \left(-\dfrac{1}{4}\right)^{n-1}$이므로 $|a_n| = \left(\dfrac{1}{4}\right)^{n-1}$

급수 $\displaystyle\sum_{n=1}^{\infty} \dfrac{3|a_n| + b_n}{a_n}$이 수렴하므로 $\displaystyle\lim_{n\to\infty} \dfrac{3|a_n| + b_n}{a_n} = 0$
등비수열 $\{b_n\}$의 공비를 s라 하면 → 급수의 수렴 조건

$\displaystyle\lim_{n\to\infty}\dfrac{3|a_n|+b_n}{a_n} = \lim_{n\to\infty}\left(\dfrac{3|a_n|}{a_n} + \dfrac{b_n}{a_n}\right)$

$\qquad = \lim_{n\to\infty}\left[\dfrac{3 \times \left(\dfrac{1}{4}\right)^{n-1}}{\left(-\dfrac{1}{4}\right)^{n-1}} + \dfrac{b_1 \times s^{n-1}}{\left(-\dfrac{1}{4}\right)^{n-1}}\right]$

$\qquad = \lim_{n\to\infty}\{3 \times (-1)^{n-1} + b_1 \times (-4s)^{n-1}\}$

$\qquad = \lim_{n\to\infty}\left[(-1)^{n-1}\{3 + b_1 \times (4s)^{n-1}\}\right]$

(ⅰ) $-1 < 4s < 1$일 때,

$\displaystyle\lim_{n\to\infty}(4s)^{n-1} = 0$이므로 → 0으로 수렴

$\displaystyle\lim_{n\to\infty}\left[(-1)^{n-1}\{3 + b_1 \times (4s)^{n-1}\}\right] = \lim_{n\to\infty}\{3 \times (-1)^{n-1}\}$이므로

$\displaystyle\lim_{n\to\infty}\dfrac{3|a_n|+b_n}{a_n}$은 발산한다.

(ⅱ) $4s < -1$ 또는 $4s > 1$일 때,

$\displaystyle\lim_{n\to\infty}(4s)^{n-1}$은 발산하므로 $\displaystyle\lim_{n\to\infty}\dfrac{3|a_n|+b_n}{a_n}$은 발산한다.

(ⅲ) $4s = -1$일 때, → $= (-1)^{n-1}$

$\displaystyle\lim_{n\to\infty}\left[(-1)^{n-1}\{3 + b_1 \times (4s)^{n-1}\}\right] = \lim_{n\to\infty}\{3 \times (-1)^{n-1} + b_1\}$

이므로 $\displaystyle\lim_{n\to\infty}\dfrac{3|a_n|+b_n}{a_n}$은 발산한다.

(ⅳ) $4s = 1$일 때, → b_1로 수렴

$\displaystyle\lim_{n\to\infty}\left[(-1)^{n-1}\{3 + b_1 \times (4s)^{n-1}\}\right]$

$\qquad = \lim_{n\to\infty}\{(3 + b_1) \times (-1)^{n-1}\} = 0$

$\qquad \therefore b_1 = -3$

(ⅰ)~(ⅳ)에 의하여 $b_1 = -3,\ s = \dfrac{1}{4}$이므로 등비수열 $\{b_n\}$의 일반항은

$b_n = -3 \times \left(\dfrac{1}{4}\right)^{n-1}$ → $4s = 1$

Step 4 $b_1 \times \displaystyle\sum_{n=1}^{\infty} b_n$의 값을 구한다.

$\therefore b_1 \times \displaystyle\sum_{n=1}^{\infty} b_n = -3 \times \sum_{n=1}^{\infty}\left\{-3 \times \left(\dfrac{1}{4}\right)^{n-1}\right\}$

$\qquad = -3 \times \dfrac{-3}{1-\dfrac{1}{4}} = \dfrac{9}{\dfrac{3}{4}} = 12$

109 [정답률 15%]　　　　　정답 15

수열 $\{a_n\}$은 모든 항이 양수인 등비수열이고, 수열 $\{b_n\}$을
모든 자연수 n에 대하여
$$b_n = \begin{cases} (-1)^n & (a_n < 1) \\ a_n & (a_n \geq 1) \end{cases}$$
이라 할 때, 수열 $\{b_n\}$이 다음 조건을 만족시킨다.

> (가) 급수 $\displaystyle\sum_{n=1}^{\infty}(3b_{3n-2} - 7b_{3n-1} + 3b_{3n})$은 수렴한다.
>
> (나) $b_5^2 = b_4 b_6 - \dfrac{9}{4}$

$90a_3$의 값을 구하시오. (4점)

Step 1 조건 (나)를 만족시키는 등비수열 $\{a_n\}$의 공비를 구한다.

등비수열 $\{a_n\}$의 공비를 r이라 하면 모든 항이 양수이므로 $a_1 > 0$, $r > 0$이다.

조건 (가)에서 급수 $\sum\limits_{n=1}^{\infty}(3b_{3n-2}-7b_{3n-1}+2b_{3n})$ 이 수렴하므로

$$\lim_{n\to\infty}(3b_{3n-2}-7b_{3n-1}+2b_{3n})=0$$

(i) $0<r<1$일 때   ┗→ 급수가 수렴하면 수열의 극한값은 0이다.

　$a_{3n-2}<1$을 만족시키는 자연수 n의 최솟값을 k라 하면

　$n\geq 3k-2$일 때 $b_n=(-1)^n$이므로   ┗→ $a_{3k-2}<1,\ a_{3k-1}<1,\ a_{3k}<1,\ \cdots$

　n이 k 이상의 홀수이면

　$3b_{3n-2}-7b_{3n-1}+2b_{3n}=-3-7-2=-12$
　┗→ $=-1$ ┗→ $=1$ ┗→ $=-1$ ┗→ $=1$ ┗→ $=-1$ ┗→ $=1$

　n이 k 이상의 짝수이면 $3b_{3n-2}-7b_{3n-1}+2b_{3n}=3+7+2=12$

　즉, 수열 $\{3b_{3n-2}-7b_{3n-1}+2b_{3n}\}$이 발산하므로 조건 (가)를

　만족시키지 않는다.   ┗→ 진동한다.

(ii) $r=1$일 때,

　① $0<a_1<1$이면 모든 자연수 n에 대하여 $b_n=(-1)^n$이므로

　　(i)에서와 같이 조건 (가)를 만족시키지 않는다.

　② $a_1\geq 1$이면 모든 자연수 n에 대하여 $b_n=a_n=a_1$이므로

　　$\lim_{n\to\infty}(3b_{3n-2}-7b_{3n-1}+2b_{3n})=3a_1-7a_1+2a_1=-2a_1\neq 0$

　　즉, 조건 (가)를 만족시키지 않는다.

(iii) $r>1$일 때,

　$a_{3n}\geq 1$을 만족시키는 자연수 n의 최솟값을 k라 하면 $n\geq 3k$일

　때 $b_n=a_n$이므로   ┗→ $a_{3k}\geq 1,\ a_{3k+1}\geq 1,\ a_{3k+2}\geq 1,\ \cdots$

　$\sum\limits_{n=1}^{\infty}(3b_{3n-2}-7b_{3n-1}+2b_{3n})$

　$=\sum\limits_{n=1}^{k}(3b_{3n-2}-7b_{3n-1}+2b_{3n})+\sum\limits_{n=k+1}^{\infty}(3a_{3n-2}-7a_{3n-1}+2a_{3n})$

　조건 (가)에 의하여 $\sum\limits_{n=1}^{\infty}(3b_{3n-2}-7b_{3n-1}+2b_{3n})$이 수렴하고

　$\sum\limits_{n=1}^{k}(3b_{3n-2}-7b_{3n-1}+2b_{3n})$의 값이 존재하므로

　$\sum\limits_{n=k+1}^{\infty}(3a_{3n-2}-7a_{3n-1}+2a_{3n})$이 수렴한다.   ┗→ 유한 개의 수열의 합이므로 값이 존재한다.

　즉, $\lim_{n\to\infty}(3a_{3n-2}-7a_{3n-1}+2a_{3n})=0$이므로
　　┗→ $=a_{3n-2}\times r$ ┗→ $=a_{3n-2}\times r^2$

　$\lim_{n\to\infty}\{a_{3n-2}(3-7r+2r^2)\}=0$

　$r>1$에서 $\lim_{n\to\infty}a_{3n-2}=\infty$이므로 $2r^2-7r+3=0$이어야 한다.

　$(2r-1)(r-3)=0$ $\therefore r=3\ (\because r>1)$

(i)~(iii)에 의하여 $r=3$

Step 2 조건 (나)를 이용하여 a_3의 값을 구한다.

조건 (나)에 의하여 세 수 b_4, b_5, b_6은 이 순서대로 등비수열을 이루

지 않으므로   ┗→ $b_5^2\neq b_4 b_6$

$b_n=\begin{cases}(-1)^n & (n\leq 4)\\ a_n & (n\geq 5)\end{cases}$ 또는 $b_n=\begin{cases}(-1)^n & (n\leq 5)\\ a_n & (n\geq 6)\end{cases}$

$b_n=\begin{cases}(-1)^n & (n\leq 5)\\ a_n & (n\geq 6)\end{cases}$ 일 때 $b_4=1$, $b_5=-1$, $b_6=a_6$이므로

$b_5^2=b_4 b_6-\dfrac{9}{4}$에서 $1=a_6-\dfrac{9}{4}$ $\therefore a_6=\dfrac{13}{4}$

이때 $a_5=\dfrac{1}{3}a_6=\dfrac{13}{12}\geq 1$이므로 $b_n=a_n\ (a_n\geq 1)$에 의하여

$b_5=a_5=\dfrac{13}{12}$이 되어 모순이다.   ┗→ $a_5\geq 1$이므로 $b_n=\begin{cases}(-1)^n & (n\leq 4)\\ a_n & (n\geq 5)\end{cases}$ 이어야 한다.

$b_n=\begin{cases}(-1)^n & (n\leq 4)\\ a_n & (n\geq 5)\end{cases}$ 일 때 $b_4=1$, $b_5=a_5$, $b_6=a_6$이므로

$b_5^2=b_4 b_6-\dfrac{9}{4}$에서 $a_5^2=a_6-\dfrac{9}{4}$
　　┗→ $=r\times a_5$

$a_5^2-3a_5+\dfrac{9}{4}=0,\ \left(a_5-\dfrac{3}{2}\right)^2=0$ $\therefore a_5=\dfrac{3}{2}$
　┗→ $=r$

따라서 $a_3=\dfrac{1}{9}a_5=\dfrac{1}{6}$이므로 $90a_3=90\times\dfrac{1}{6}=15$
　　┗→ $a_5=9a_3$

110

정답 120

> 첫째항과 공비가 각각 0이 아닌 두 등비수열 $\{a_n\}$, $\{b_n\}$에
> 대하여 두 급수 $\sum\limits_{n=1}^{\infty}a_n$, $\sum\limits_{n=1}^{\infty}b_n$이 각각 수렴하고
>
> $$\sum_{n=1}^{\infty}\frac{b_{2n}}{a_{2n}}=\frac{5}{3},\ \left|\sum_{n=1}^{\infty}(a_n-b_n)\right|=\left|\sum_{n=1}^{\infty}a_n\right|$$
>
> 이 성립한다. $b_1=\dfrac{5}{2}a_1$일 때, $25\times\dfrac{a_2}{b_3}$의 값을 구하시오. (4점)

Step 1 두 등비수열 $\{a_n\}$, $\{b_n\}$의 공비를 각각 r_a, r_b로 놓고 $\dfrac{r_b}{r_a}$의 값을 구한다.

두 등비수열 $\{a_n\}$, $\{b_n\}$의 공비를 각각 r_a, r_b ($r_a\neq 0$, $r_b\neq 0$)라

하면 두 급수 $\sum\limits_{n=1}^{\infty}a_n$, $\sum\limits_{n=1}^{\infty}b_n$이 각각 수렴하므로 $|r_a|<1$, $|r_b|<1$

$$\therefore \sum_{n=1}^{\infty}\frac{b_{2n}}{a_{2n}}=\frac{\dfrac{b_1}{a_1}\times\left(\dfrac{r_b}{r_a}\right)}{1-\left(\dfrac{r_b}{r_a}\right)^2}=\frac{5}{3}\qquad\cdots\cdots\ \ominus$$
　　┗→ $\dfrac{b_2}{a_2}$ ┗→ $\dfrac{b_2}{a_2}+\dfrac{b_4}{a_4}+\cdots$

$b_1=\dfrac{5}{2}a_1$에서 $\dfrac{b_1}{a_1}=\dfrac{5}{2}$

$\dfrac{r_b}{r_a}=R$이라 하면 $\sum\limits_{n=1}^{\infty}\dfrac{b_{2n}}{a_{2n}}$이 수렴하므로 $|R^2|<1$, $|R|<1$

$\ominus$에서 $\dfrac{\dfrac{5}{2}R}{1-R^2}=\dfrac{5}{3}$

$2R^2+3R-2=(R+2)(2R-1)=0$

$\therefore R=\dfrac{1}{2}\ (\because |R|<1)$

$\dfrac{r_b}{r_a}=\dfrac{1}{2}$에서 $r_a=2r_b$ $\cdots\cdots\ \ominus\!\ominus$

Step 2 $\left|\sum\limits_{n=1}^{\infty}(a_n-b_n)\right|=\left|\sum\limits_{n=1}^{\infty}a_n\right|$임을 이용하여 r_a, r_b의 값을 구한다.

$\left|\sum\limits_{n=1}^{\infty}(a_n-b_n)\right|=\left|\sum\limits_{n=1}^{\infty}a_n\right|$에서 $\sum\limits_{n=1}^{\infty}(a_n-b_n)=\sum\limits_{n=1}^{\infty}a_n$이면 $\sum\limits_{n=1}^{\infty}b_n=0$

이므로 조건에 모순이다.   ┗→ 등비수열 $\{b_n\}$의 첫째항과 공비가 모두 0이 아니다.

$\sum\limits_{n=1}^{\infty}(a_n-b_n)=-\sum\limits_{n=1}^{\infty}a_n$에서 $\sum\limits_{n=1}^{\infty}b_n=2\sum\limits_{n=1}^{\infty}a_n$

$\dfrac{b_1}{1-r_b}=2\times\dfrac{a_1}{1-r_a}$

$b_1=\dfrac{5}{2}a_1$이고 $\ominus\!\ominus$에서 $r_a=2r_b$이므로

$\dfrac{\dfrac{5}{2}a_1}{1-r_b}=2\times\dfrac{a_1}{1-2r_b},\ \dfrac{5}{2}(1-2r_b)=2(1-r_b)$

$\therefore r_b=\dfrac{1}{6},\ r_a=\dfrac{1}{3}$

Step 3 $25\times\dfrac{a_2}{b_3}$의 값을 구한다.

$25\times\dfrac{a_2}{b_3}=25\times\dfrac{a_1 r_a}{b_1 r_b^2}=25\times\dfrac{a_1}{b_1}\times\dfrac{r_a}{r_b^2}$
　　┗→ $\dfrac{b_1}{a_1}=\dfrac{5}{2}$이므로

$=25\times\dfrac{2}{5}\times\dfrac{\dfrac{1}{3}}{\left(\dfrac{1}{6}\right)^2}=120$ $\dfrac{a_1}{b_1}=\dfrac{1}{\frac{5}{2}}=\dfrac{2}{5}$

111

정답 ①

그림과 같이 중심이 O, 반지름의 길이가 1이고 중심각의 크기가 $\frac{\pi}{2}$인 부채꼴 OA_1B_1이 있다. 호 A_1B_1의 삼등분점 중 점 A_1에 가까운 점을 C_1, 점 B_1에 가까운 점을 D_1이라 하고, 사각형 $A_1C_1D_1B_1$에 색칠하여 얻은 그림을 R_1이라 하자. 그림 R_1에서 중심이 O이고 선분 A_1B_1에 접하는 원이 선분 OA_1과 만나는 점을 A_2, 선분 OB_1과 만나는 점을 B_2라 하고, 중심이 O, 반지름의 길이가 $\overline{OA_2}$, 중심각의 크기가 $\frac{\pi}{2}$인 부채꼴 OA_2B_2를 그린다. 그림 R_1을 얻은 것과 같은 방법으로 두 점 C_2, D_2를 잡고, 사각형 $A_2C_2D_2B_2$에 색칠하여 얻은 그림을 R_2라 하자. 이와 같은 과정을 계속하여 n번째 얻은 그림 R_n에 색칠되어 있는 부분의 넓이를 S_n이라 할 때, $\lim\limits_{n\to\infty}S_n$의 값은?

(3점)

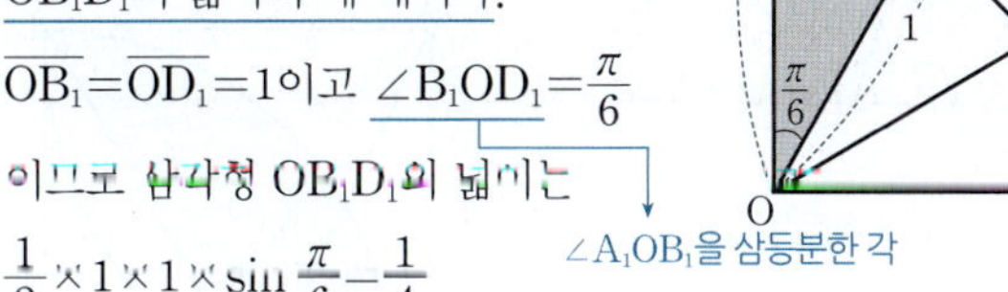

① $\dfrac{1}{2}$ ② $\dfrac{13}{24}$ ③ $\dfrac{7}{12}$

④ $\dfrac{5}{8}$ ⑤ $\dfrac{2}{3}$

Step 1 S_1의 값을 구한다.

두 점 C_1, D_1이 호 A_1B_1의 삼등분점이므로 세 삼각형 OB_1D_1, OD_1C_1, OC_1A_1의 넓이는 모두 같다.

S_1은 오각형 $OA_1C_1D_1B_1$의 넓이에서 삼각형 OA_1B_1의 넓이를 뺀 것이다. 오각형 $OA_1C_1D_1B_1$의 넓이는 삼각형 OB_1D_1의 넓이의 세 배이다.

$\overline{OB_1}=\overline{OD_1}=1$이고 $\angle B_1OD_1=\dfrac{\pi}{6}$

이므로 삼각형 OB_1D_1의 넓이는

$\dfrac{1}{2}\times 1\times 1\times \sin\dfrac{\pi}{6}=\dfrac{1}{4}$

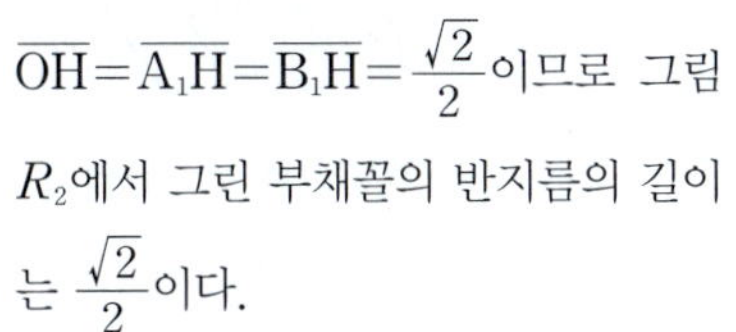

$\angle A_1OB_1$을 삼등분한 각

따라서 오각형 $OA_1C_1D_1B_1$의 넓이는 $3\times\dfrac{1}{4}=\dfrac{3}{4}$이고 삼각형 OA_1B_1의 넓이는 $\dfrac{1}{2}\times 1\times 1=\dfrac{1}{2}$이므로 $S_1=\dfrac{3}{4}-\dfrac{1}{2}=\dfrac{1}{4}$

Step 2 새로 색칠되는 도형의 넓이가 이루는 등비수열의 공비를 구한다.

직각이등변삼각형 OA_1B_1에서 점 O에서 선분 A_1B_1에 내린 수선의 발을 H라 하자.

$\overline{OH}=\overline{A_1H}=\overline{B_1H}=\dfrac{\sqrt{2}}{2}$이므로 그림 R_2에서 그린 부채꼴의 반지름의 길이는 $\dfrac{\sqrt{2}}{2}$이다.

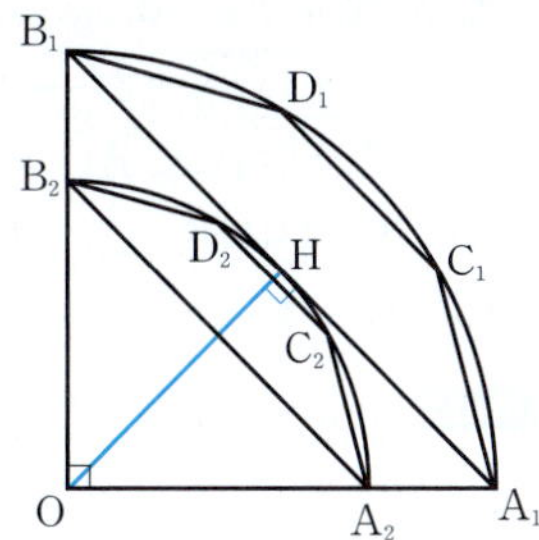

따라서 사각형 $A_1C_1D_1B_1$과 $A_2C_2D_2B_2$가 닮음비는 $1:\dfrac{\sqrt{2}}{2}$이고, 넓이의 비는 $1:\dfrac{1}{2}$이므로 새로 색칠되는 도형의 넓이가 이루는 등비수열의 공비는 $\dfrac{1}{2}$이다.

Step 3 $\lim\limits_{n\to\infty}S_n$의 값을 구한다.

그러므로 수열 $\{S_n\}$은 첫째항이 $\dfrac{1}{4}$이고 공비가 $\dfrac{1}{2}$인 등비수열의 첫째항부터 제n항까지의 합이므로

$$\lim_{n\to\infty}S_n=\frac{\dfrac{1}{4}}{1-\dfrac{1}{2}}=\frac{1}{2}$$

112

정답 ②

그림을 좌표평면 위에 나타내면 풀이가 수월할 거야.

그림과 같이 한 변의 길이가 6인 정사각형 $A_1B_1C_1D$에서 선분 A_1D를 $1:2$로 내분하는 점을 E_1이라 하고, 세 점 B_1, C_1, E_1을 지나는 원의 중심을 O_1이라 하자. 삼각형 $E_1B_1C_1$의 내부와 삼각형 $O_1B_1C_1$의 외부의 공통부분에 색칠하여 얻은 그림을 R_1이라 하자.

그림 R_1에서 선분 E_1D 위의 점 A_2, 선분 E_1C_1 위의 점 B_2, 선분 C_1D 위의 점 C_2와 점 D를 꼭짓점으로 하는 정사각형 $A_2B_2C_2D$를 그린다. 정사각형 $A_2B_2C_2D$에서 선분 A_2D를 $1:2$로 내분하는 점을 E_2라 하고, 세 점 B_2, C_2, E_2를 지나는 원의 중심을 O_2라 하자. 삼각형 $E_2B_2C_2$의 내부와 삼각형 $O_2B_2C_2$의 외부의 공통부분에 색칠하여 얻은 그림을 R_2라 하자.

이와 같은 과정을 계속하여 n번째 얻은 그림 R_n에 색칠되어 있는 부분의 넓이를 S_n이라 할 때, $\lim\limits_{n\to\infty}S_n$의 값은? (4점)

S_1의 값과 두 정사각형의 넓이의 비를 구하면 풀 수 있어.

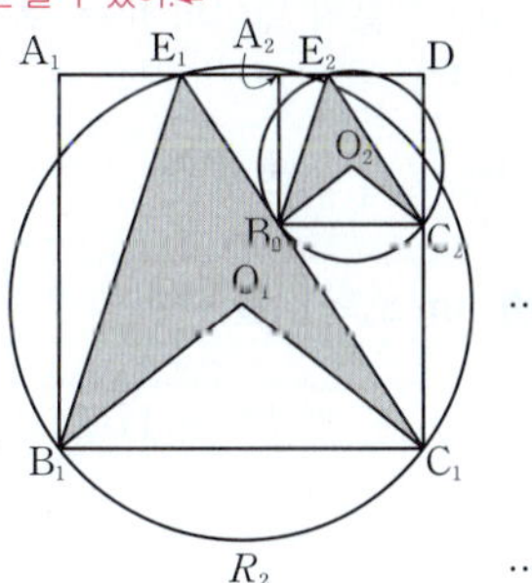

① $\dfrac{90}{7}$ ② $\dfrac{275}{21}$ ③ $\dfrac{40}{3}$

④ $\dfrac{95}{7}$ ⑤ $\dfrac{290}{21}$

Step 1 그림 R_1을 좌표평면 위에 나타내고 S_1의 값을 구한다. .

점 B_1이 원점 O이고 직선 B_1C_1이 x축, 직선 A_1B_1이 y축이 되도록 그림 R_1을 좌표평면 위에 나타내면 오른쪽 그림과 같다.

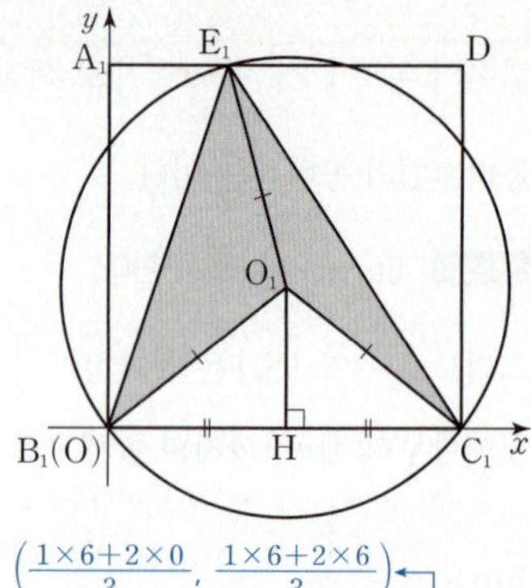

정사각형 $A_1B_1C_1D$의 한 변의 길이가 6이므로 세 점 A_1, C_1, D의 좌표는 $A_1(0, 6)$, $C_1(6, 0)$, $D(6, 6)$

$$\left(\frac{1\times6+2\times0}{3}, \frac{1\times6+2\times6}{3}\right)$$

이때 점 E_1은 선분 A_1D를 $1:2$로 내분하는 점이므로 $E_1(2, 6)$

점 O_1에서 선분 B_1C_1에 내린 수선의 발을 H라 하면 $\overline{B_1H}=3$이므로 점 O_1의 x좌표는 3이다.

점 O_1의 좌표를 $O_1(3, k)$ (단, k는 상수)라 하면 두 선분 O_1B_1, O_1E_1은 원의 반지름으로 그 길이가 같으므로

> $\overline{O_1B_1}=\overline{O_1C_1}$이므로 삼각형 $O_1B_1C_1$은 이등변삼각형이야. 즉, $\overline{B_1H}=\overline{C_1H}$이지.

$\sqrt{3^2+k^2}=\sqrt{(3-2)^2+(k-6)^2}$

$9+k^2=1+(k-6)^2$, $12k=28$ $\rightarrow =k^2-12k+36$

$\therefore k=\dfrac{7}{3}$

> 두 점 $A(x_1, y_1)$, $B(x_2, y_2)$에 대하여 선분 AB를 $m:n$으로 내분하는 점의 좌표는 $\left(\dfrac{mx_2+nx_1}{m+n}, \dfrac{my_2+ny_1}{m+n}\right)$

따라서 $O_1\left(3, \dfrac{7}{3}\right)$이므로

$$S_1=\triangle E_1B_1C_1-\triangle O_1B_1C_1=\frac{1}{2}\times6\times6-\frac{1}{2}\times6\times\frac{7}{3}=11$$

> $\overline{B_1C_1}$ / 점 E_1의 y좌표

Step 2 R_1과 R_2의 색칠된 부분의 넓이의 비를 구한다.

정사각형 $A_2B_2C_2D$의 한 변의 길이를 a라 하면 $\overline{A_2B_2}=\overline{B_2C_2}=a$이므로 점 B_2의 좌표는 $B_2(6-a, 6-a)$이다.

> 점 D를 x축, y축으로 각각 $-a$만큼 평행이동!

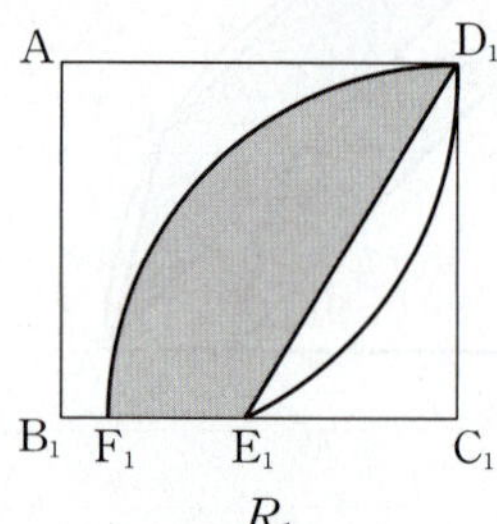

직선 E_1C_1의 방정식은 $y=-\dfrac{3}{2}(x-6)$이고, 점 B_2는 직선 E_1C_1 위에 있으므로

> 두 점 $E_1(2,6)$, $C_1(6,0)$을 지나는 직선의 기울기는 $\dfrac{0-6}{6-2}$

$6-a=-\dfrac{3}{2}\{(6-a)-6\}$, $6-a=\dfrac{3}{2}a$

$\therefore a=\dfrac{12}{5}$

따라서 그림 R_n에서 새로 색칠된 부분의 넓이와 그림 R_{n+1}에서 새로 색칠된 부분의 넓이의 비는 두 정사각형 $A_1B_1C_1D$, $A_2B_2C_2D$의 넓이의 비와 같으므로

$$6^2:\left(\frac{12}{5}\right)^2=1:\frac{4}{25}$$

Step 3 $\displaystyle\lim_{n\to\infty}S_n$의 값을 구한다.

그러므로 S_n은 첫째항이 11이고, 공비가 $\dfrac{4}{25}$인 등비수열의 첫째항부터 제n항까지 합이므로

$$\lim_{n\to\infty}S_n=\frac{11}{1-\dfrac{4}{25}}=\frac{275}{21}$$

> 첫째항이 a, 공비가 $r(-1<r<1)$인 등비급수는 $\dfrac{a}{1-r}$

---

113   정답 ③

그림과 같이 $\overline{AB_1}=2$, $\overline{AD_1}=\sqrt{5}$인 직사각형 $AB_1C_1D_1$이 있다. 중심이 A이고 반지름의 길이가 $\overline{AD_1}$인 원과 선분 B_1C_1의 교점을 E_1, 중심이 C_1이고 반지름의 길이가 $\overline{C_1D_1}$인 원과 선분 B_1C_1의 교점을 F_1이라 하자. 호 D_1F_1과 두 선분 D_1E_1, F_1E_1로 둘러싸인 부분에 색칠하여 얻은 그림을 R_1이라 하자.

그림 R_1에서 선분 AB_1 위의 점 B_2, 호 D_1F_1 위의 점 C_2, 선분 AD_1 위의 점 D_2와 점 A를 꼭짓점으로 하고 $\overline{AB_2}:\overline{AD_2}=2:\sqrt{5}$인 직사각형 $AB_2C_2D_2$를 그린다. 중심이 A이고 반지름의 길이가 $\overline{AD_2}$인 원과 선분 B_2C_2의 교점을 E_2, 중심이 C_2이고 반지름의 길이가 $\overline{C_2D_2}$인 원과 선분 B_2C_2의 교점을 F_2라 하자. 호 D_2F_2와 두 선분 D_2E_2, F_2E_2로 둘러싸인 부분에 색칠하여 얻은 그림을 R_2라 하자. 이와 같은 과정을 계속하여 n번째 얻은 그림 R_n에 색칠되어 있는 부분의 넓이를 S_n이라 할 때, $\displaystyle\lim_{n\to\infty}S_n$의 값은? (3점)

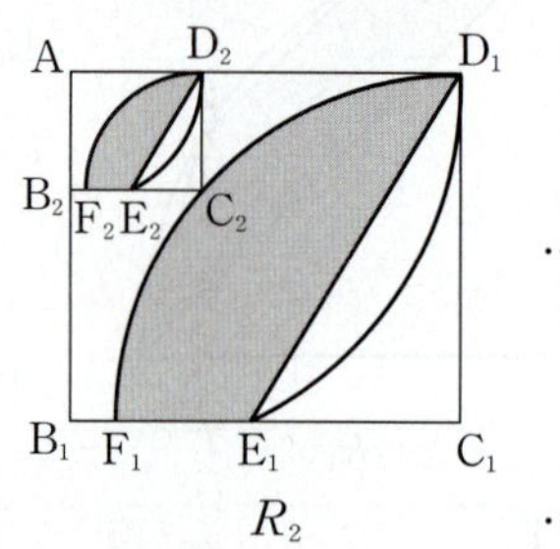

R_1 R_2 ...

① $\dfrac{8\pi+8-8\sqrt{5}}{7}$ ② $\dfrac{8\pi+8-7\sqrt{5}}{7}$

③ $\dfrac{9\pi+9-9\sqrt{5}}{8}$ ④ $\dfrac{9\pi+9-8\sqrt{5}}{8}$

⑤ $\dfrac{10\pi+10-10\sqrt{5}}{9}$

Step 1 S_1의 값을 구한다.

그림 R_1에서 선분 AE_1을 그으면 $\overline{AE_1}=\overline{AD_1}=\sqrt{5}$, $\overline{AB_1}=2$이므로

$\overline{B_1E_1}=\sqrt{(\sqrt{5})^2-2^2}=1$

$\therefore \overline{E_1C_1}=\sqrt{5}-1$ $\rightarrow \overline{AE_1}^2-\overline{AB_1}^2$

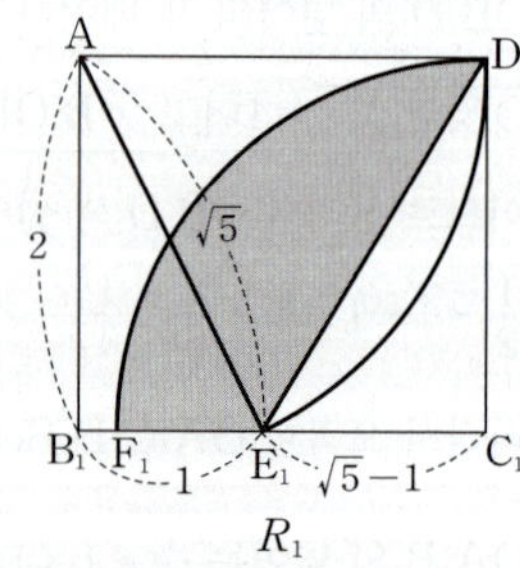

따라서 S_1의 값은 $\rightarrow \triangle D_1E_1C_1$

$$S_1=\frac{1}{4}\times2^2\pi-\frac{1}{2}\times(\sqrt{5}-1)\times2$$

$$=\pi+1-\sqrt{5}$$

> 반지름의 길이가 2, 중심각의 크기가 $90°$인 부채꼴의 넓이

Step 2 두 직사각형 $AB_1C_1D_1$, $AB_2C_2D_2$의 닮음비를 구한다.

그림 R_2에서 선분 AC_1을 그으면

$\overline{AC_1}=\sqrt{2^2+(\sqrt{5})^2}=3$ $\rightarrow \sqrt{\overline{AB_1}^2+\overline{B_1C_1}^2}$

이때 $\overline{C_1C_2}=2$이므로 $\overline{AC_2}=3-2=1$

따라서 두 직사각형 $AB_1C_1D_1$, $AB_2C_2D_2$의 닮음비는 $3:1$이다.

> $\overline{AC_1}:\overline{AC_2}$

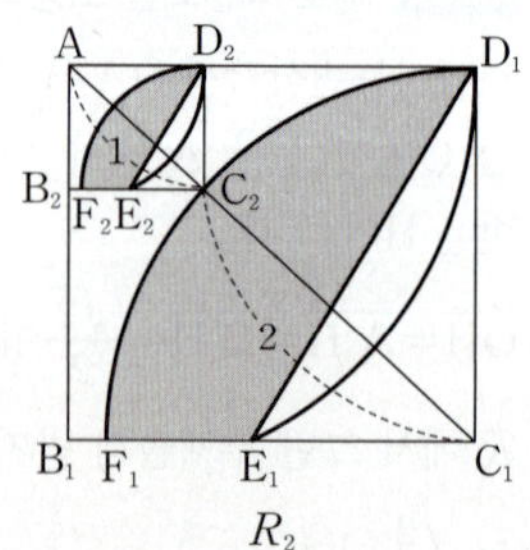

Step 3 $\displaystyle\lim_{n\to\infty}S_n$의 값을 구한다.

S_n은 첫째항이 $\pi+1-\sqrt{5}$이고, 공비가 $\frac{1}{9}$인

등비수열의 합이므로

└→ 닮음비가 3 : 1이므로
넓이의 비는 $3^2 : 1^2=9 : 1$이야.

$$\lim_{n\to\infty}S_n=\frac{\pi+1-\sqrt{5}}{1-\dfrac{1}{9}}=\frac{9\pi+9-9\sqrt{5}}{8}$$

└→ 첫째항이 a, 공비가 r인 등비급수의 합은 $\dfrac{a}{1-r}$ (단, $-1<r<1$)

114
정답 ①

그림과 같이 한 변의 길이가 4인 정사각형 $A_1B_1C_1D_1$이 있다. 4개의 선분 A_1B_1, B_1C_1, C_1D_1, D_1A_1을 1 : 3으로 내분하는 점을 각각 E_1, F_1, G_1, H_1이라 하고, 정사각형 $A_1B_1C_1D_1$의 내부에 점 E_1, F_1, G_1, H_1 각각을 중심으로 하고 반지름의 길이가 $\frac{1}{4}\overline{A_1B_1}$인 4개의 반원을 그린 후 이 4개의 반원의 내부에 색칠하여 얻은 그림을 R_1이라 하자.

그림 R_1에서 점 A_1을 지나고 중심이 H_1인 색칠된 반원의 호에 접하는 직선과 점 B_1을 지나고 중심이 E_1인 색칠된 반원의 호에 접하는 직선의 교점을 A_2, 점 B_1을 지나고 중심이 E_1인 색칠된 반원의 호에 접하는 직선과 점 C_1을 지나고 중심이 F_1인 색칠된 반원의 호에 접하는 직선의 교점을 B_2, 점 C_1을 지나고 중심이 F_1인 색칠된 반원의 호에 접하는 직선과 점 D_1을 지나고 중심이 G_1인 색칠된 반원의 호에 접하는 직선의 교점을 C_2, 점 D_1을 지나고 중심이 G_1인 색칠된 반원의 호에 접하는 직선과 점 A_1을 지나고 중심이 H_1인 색칠된 반원의 호에 접하는 직선의 교점을 D_2라 하자. 정사각형 $A_2B_2C_2D_2$의 내부에 그림 R_1을 얻은 것과 같은 방법으로 4개의 반원을 그리고 이 4개의 반원의 내부에 색칠하여 얻은 그림을 R_2라 하자.

이와 같은 과정을 계속하여 n번째 얻은 그림 R_n에 색칠되어 있는 부분의 넓이를 S_n이라 할 때, $\lim_{n\to\infty}S_n$의 값은? (4점)

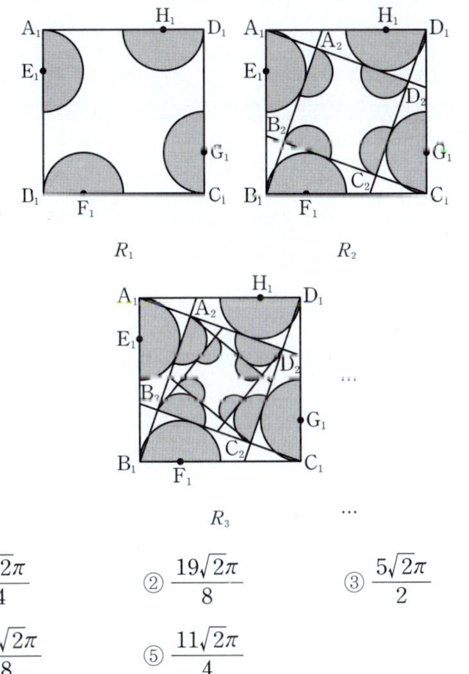

R_1 R_2

R_3

① $\dfrac{9\sqrt{2}\pi}{4}$ ② $\dfrac{19\sqrt{2}\pi}{8}$ ③ $\dfrac{5\sqrt{2}\pi}{2}$

④ $\dfrac{21\sqrt{2}\pi}{8}$ ⑤ $\dfrac{11\sqrt{2}\pi}{4}$

Step 1 닮음 관계를 이용하여 $\lim_{n\to\infty}S_n$의 값을 구한다.

오른쪽 그림에서와 같이 점 C_1에서 중심이 F_1인 반원에 그은 접선의 접점을 M, 그 접선과 선분 A_1B_1의 교점을 N이라 하자.

$\triangle B_1C_1B_2$와 $\triangle F_1C_1M$에서

$\angle B_1C_1B_2$는 공통, └→ 접선의 성질이야.

$\angle C_1B_2B_1=\angle C_1MF_1=90°$

이므로 └→ 각 사이의 관계를 보면 직각임을 알 수 있어.

$\triangle B_1C_1B_2 \backsim \triangle F_1C_1M$ ($\because$ AA 닮음)

즉, $\overline{B_1B_2}:\overline{B_1C_1}=\overline{F_1M}:\overline{F_1C_1}$, $\overline{B_1B_2}=\dfrac{4}{3}$

└→ $\overline{B_1B_2}:4=1:(4-1)$

$\triangle B_1C_1B_2$에서 피타고라스 정리에 의하여

$\overline{B_2C_1}=\dfrac{8\sqrt{2}}{3}$

└→ $\overline{B_1C_1}=4$, $\overline{B_1B_2}=\dfrac{4}{3}$이므로

$\overline{B_2C_1}=\sqrt{4^2-\left(\dfrac{4}{3}\right)^2}=4\sqrt{1-\dfrac{1}{9}}=\dfrac{8\sqrt{2}}{3}$

$$\begin{aligned}\therefore \ \overline{B_2C_2}&=\overline{B_2C_1}-\overline{C_1C_2}\\&=\overline{B_2C_1}-\overline{B_1B_2}\\&=\dfrac{8}{3}\sqrt{2}-\dfrac{4}{3}\\&=\dfrac{8\sqrt{2}-4}{3}\end{aligned}$$

└→ $4:\dfrac{8\sqrt{2}-4}{3}=1:\dfrac{2\sqrt{2}-1}{3}$

따라서 $\square A_1B_1C_1D_1$과 $\square A_2B_2C_2D_2$의 닮음비는 $1:\dfrac{2\sqrt{2}-1}{3}$이다.

즉, $S_1=\dfrac{1}{2}\times\pi\times4=2\pi$, 공비는 $\left(\dfrac{2\sqrt{2}-1}{3}\right)^2=1-\dfrac{4\sqrt{2}}{9}$이므로

$$\lim_{n\to\infty}S_n=\frac{2\pi}{1-\left(1-\dfrac{4\sqrt{2}}{9}\right)}=\frac{9\sqrt{2}\pi}{4}$$

└→ $\dfrac{8-4\sqrt{2}+1}{9}=\dfrac{9-4\sqrt{2}}{9}$

115

정답 ⑤

그림과 같이 $\overline{A_1B_1}=4$, $\overline{A_1D_1}=3$인 직사각형 $A_1B_1C_1D_1$이 있다. 선분 A_1D_1을 $1:2$, $2:1$로 내분하는 점을 각각 E_1, F_1이라 하고, 두 선분 A_1B_1, D_1C_1을 $1:3$으로 내분하는 점을 각각 G_1, H_1이라 하자. 두 삼각형 $C_1E_1G_1$, $B_1H_1F_1$로 만들어진 ✕ 모양의 도형에 색칠하여 얻은 그림을 R_1이라 하자. 그림 R_1에서 두 선분 B_1H_1, C_1G_1이 만나는 점을 I_1이라 하자. 선분 B_1I_1 위의 점 A_2, 선분 C_1I_1 위의 점 D_2, 선분 B_1C_1 위의 두 점 B_2, C_2를 $\overline{A_2B_2}:\overline{A_2D_2}=4:3$인 직사각형 $A_2B_2C_2D_2$가 되도록 잡는다. 그림 R_1을 얻은 것과 같은 방법으로 직사각형 $A_2B_2C_2D_2$에 ✕ 모양의 도형을 그리고 색칠하여 얻은 그림을 R_2라 하자.

이와 같은 과정을 계속하여 n번째 얻은 그림 R_n에 색칠되어 있는 부분의 넓이를 S_n이라 할 때, $\lim\limits_{n\to\infty}S_n$의 값은? (3점)

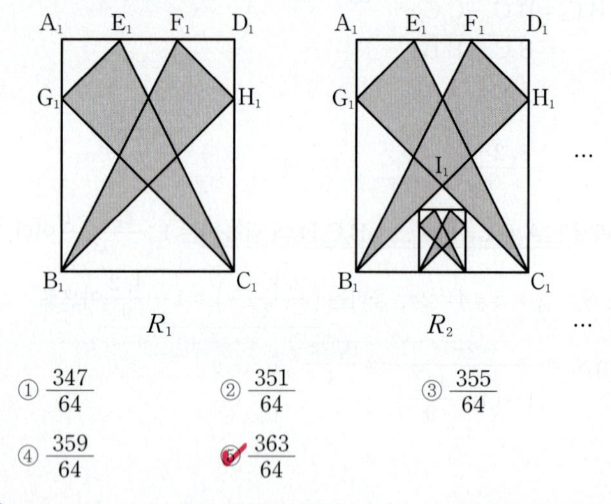

① $\dfrac{347}{64}$ ② $\dfrac{351}{64}$ ③ $\dfrac{355}{64}$

④ $\dfrac{359}{64}$ ⑤ $\dfrac{363}{64}$

Step 1 그림 R_1을 좌표평면 위에 나타내고 S_1의 값을 구한다.

오른쪽 그림과 같이 점 B_1이 원점 O이고 직선 B_1C_1이 x축, 직선 A_1B_1이 y축이 되도록 그림 R_1을 좌표평면 위에 나타내자. 직사각형 $A_1B_1C_1D_1$의 각 변의 길이가 4, 3 이므로 세 점 A_1, C_1, D_1의 좌표는 $A_1(0, 4)$, $C_1(3, 0)$, $D_1(3, 4)$이다.

이때 두 점 E_1, F_1은 선분 A_1D_1을 $1:2$, $2:1$로 각각 내분하는 점이므로 $E_1(1, 4)$, $F_1(2, 4)$이고 두 점 G_1, H_1은 두 선분 A_1B_1, D_1C_1을 $1:3$으로 각각 내분하는 점이므로 $G_1(0, 3)$, $H_1(3, 3)$이다.

선분 간의 교점을 P, Q, R, S라 하자.

직선 F_1B_1의 방정식은 $y=2x$, 직선 H_1B_1의 방정식은 $y=x$, 직선 E_1C_1의 방정식은 $y=-2x+6$, 직선 G_1C_1의 방정식은

$\quad\rightarrow y-0=\dfrac{0-4}{3-1}(x-3)$ $\qquad\rightarrow y-0=\dfrac{0-3}{3-0}(x-3)$

$y=-x+3$이므로 네 점 P, Q, R, S의 좌표는

$P\left(\dfrac{3}{2}, 3\right)$, $Q(1, 2)$, $R\left(\dfrac{3}{2}, \dfrac{3}{2}\right)$, $S(2, 2)$

$\quad\rightarrow$ 두 직선 F_1B_1, E_1C_1의 교점 $\quad\rightarrow$ 두 직선 H_1B_1, G_1C_1의 교점 $\quad\rightarrow$ 두 직선 G_1C_1, F_1B_1의 교점

$\quad\rightarrow$ 두 직선 E_1C_1, H_1B_1의 교점

$\angle A_1G_1E_1=45°$, $\angle B_1G_1C_1=45°$이므로 $\angle E_1G_1C_1=90°$

이때 직각삼각형 $E_1G_1C_1$에서 $\overline{E_1G_1}=\sqrt{2}$, $\overline{G_1C_1}=3\sqrt{2}$이고 두 삼각형 $E_1G_1C_1$, $F_1H_1B_1$은 합동이므로 두 삼각형의 넓이의 합은

$\dfrac{1}{2}\times\sqrt{2}\times3\sqrt{2}\times2=6$

사각형 PQRS의 넓이는 $\dfrac{1}{2}\times\dfrac{3}{2}\times\dfrac{1}{2}\times2=\dfrac{3}{4}$이므로

$\quad\rightarrow$ 삼각형 PQR의 넓이

$S_1=6-\dfrac{3}{4}=\dfrac{21}{4}$

Step 2 R_1과 R_2의 색칠된 부분의 넓이의 비를 구한다.

직사각형 $A_2B_2C_2D_2$에서 $\overline{A_2B_2}=4k$, $\overline{B_2C_2}=3k$라 하면 두 삼각형 $H_1B_1C_1$, $A_2B_1B_2$는 서로 닮음(AA 닮음)이므로

$\overline{B_1B_2}=\overline{A_2B_2}=4k$, $\overline{C_2C_1}=\overline{C_2D_2}=4k$

$\quad\rightarrow$ 두 삼각형 $G_1B_1C_1$, $D_2C_2C_1$도 AA 닮음이다.

즉, $\overline{B_1C_1}=4k+3k+4k=3$이므로 $k=\dfrac{3}{11}$

두 직사각형의 닮음비가 $\overline{B_1C_1}:\overline{B_2C_2}=3:\dfrac{9}{11}$이므로 넓이의 비는

$\quad\rightarrow \overline{B_1C_1}:\overline{C_1H_1}=1:1$ 이므로 $\overline{B_1B_2}:\overline{A_2B_2}=1:1$

$9:\dfrac{81}{121}$, 즉 $1:\dfrac{9}{121}$이다.

$\quad\rightarrow$ 닮음비가 $m:n$일 때 넓이의 비는 $m^2:n^2$

Step 3 $\lim\limits_{n\to\infty}S_n$의 값을 구한다.

따라서 S_n은 첫째항이 $\dfrac{21}{4}$이고, 공비가 $\dfrac{9}{121}$인 등비수열의 첫째항부터 제n항까지의 합이므로

$$\lim_{n\to\infty}S_n=\dfrac{\dfrac{21}{4}}{1-\dfrac{9}{121}}=\dfrac{363}{64}$$

<table>
<tr><td colspan="2">Ⅱ. 미분법</td></tr>
</table>

01. 지수함수와 로그함수의 미분

001	⑤	002	④	003	③	004	①	005	③
006	①	007	④	008	①	009	⑤	010	②
011	②	012	②	013	②	014	①	015	⑤
016	③	017	③	018	②	019	②	020	①
021	③	022	③	023	④	024	④	025	②
026	④	027	③	028	③	029	②	030	③
031	③	032	③	033	①	034	①	035	②
036	⑤	037	③	038	③	039	④	040	①
041	⑤	042	⑤	043	③	044	②	045	①
046	④	047	②	048	④	049	②	050	②
051	③	052	⑤	053	①	054	④	055	③
056	①	057	④	058	④	059	⑤	060	10
061	4	062	①	063	④	064	②	065	③
066	③	067	①	068	107	069	③	070	②
071	23								

001 [정답률 90%] 정답 ⑤

$\displaystyle\lim_{x\to0}(1+2x)^{\frac{1}{x}}$의 값은? (2점)

① $\dfrac{1}{e^2}$ ② $\dfrac{1}{2e}$ ③ $\dfrac{1}{e}$

④ $2e$ ⑤ e^2

Step 1 무리수 e의 정의를 이용한다.

$$\lim_{x\to0}(1+2x)^{\frac{1}{x}}=\lim_{x\to0}(1+2x)^{\frac{1}{2x}\times2}=\lim_{x\to0}\left\{(1+2x)^{\frac{1}{2x}}\right\}^2=e^2$$

$e=\lim\limits_{x\to0}(1+x)^{\frac{1}{x}}$을 이용하기 위해 식을 변형했어.

002 [정답률 06%] 정답 ④

$\displaystyle\lim_{x\to0}\dfrac{e^{7x}-1}{e^{2x}-1}$의 값은? (2점)

① $\dfrac{1}{2}$ ② $\dfrac{3}{2}$ ③ $\dfrac{5}{2}$

④ $\dfrac{7}{2}$ ⑤ $\dfrac{9}{2}$

Step 1 지수함수의 극한을 이용한다.

$$\lim_{x\to0}\dfrac{e^{7x}-1}{e^{2x}-1}=\lim_{x\to0}\left(\dfrac{e^{7x}-1}{7x}\times\dfrac{2x}{e^{2x}-1}\times\dfrac{7}{2}\right)$$
$$=\dfrac{7}{2}\times\lim_{x\to0}\dfrac{e^{7x}-1}{7x}\times\lim_{x\to0}\dfrac{2x}{e^{2x}-1}$$
$$=\dfrac{7}{2}\times1\times1=\dfrac{7}{2}$$

$=\lim\dfrac{1}{\frac{e^{2x}-1}{2x}}=\dfrac{1}{1}=1$

003 [정답률 85%] 정답 ③

$$\lim_{x\to0+}\dfrac{\ln(2x^2+3x)-\ln3x}{x}$$의 값은? (3점)

① $\dfrac{1}{3}$ ② $\dfrac{1}{2}$ ③ $\dfrac{2}{3}$

④ $\dfrac{5}{6}$ ⑤ 1

Step 1 로그함수의 극한을 계산한다.

$$\lim_{x\to0+}\dfrac{\ln(2x^2+3x)-\ln3x}{x}$$
$$=\lim_{x\to0+}\dfrac{\ln\dfrac{2x^2+3x}{3x}}{x}$$
$$=\lim_{x\to0+}\dfrac{\ln\left(1+\dfrac{2x}{3}\right)}{x}$$
$$=\dfrac{2}{3}\times\lim_{x\to0+}\dfrac{\ln\left(1+\dfrac{2x}{3}\right)}{\dfrac{2x}{3}}$$
$$=\dfrac{2}{3}\times1=\dfrac{2}{3}$$

$\lim\limits_{\Delta\to0+}\dfrac{\ln(1+\Delta)}{\Delta}=1$임을 이용

004 [정답률 84%] 정답 ①

함수 $f(x)=\log_3 6x$에 대하여 $f'(9)$의 값은? (3점)

① $\dfrac{1}{9\ln3}$ ② $\dfrac{1}{6\ln3}$ ③ $\dfrac{2}{9\ln3}$

④ $\dfrac{5}{18\ln3}$ ⑤ $\dfrac{1}{3\ln3}$

Step 1 도함수 $f'(x)$를 구한다.

$f(x)=\log_3 6x=\log_3 6+\log_3 x$에서

$f'(x)=(\log_3 6+\log_3 x)'=\dfrac{1}{x\ln3}$ $\therefore f'(9)=\dfrac{1}{9\ln3}$

$\log_3 6$은 상수이므로 $(\log_3 6+\log_3 x)'=(\log_3 x)'$

005 [정답률 04%] 정답 ③

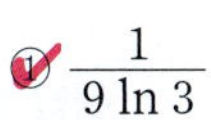

$\displaystyle\lim_{x\to0}(1+3x)^{\frac{1}{6x}}$의 값은? (2점)

① $\dfrac{1}{e^2}$ ② $\dfrac{1}{e}$ ③ $\sqrt{e}$

④ e ⑤ e^2

Step 1 $\lim\limits_{\Delta\to0}(1+\Delta)^{\frac{1}{\Delta}}=e$임을 이용한다.

$x\to0$은 $3x\to0$과 의미가 같다.

$$\lim_{x\to0}(1+3x)^{\frac{1}{6x}}=\lim_{x\to0}\left\{(1+3x)^{\frac{1}{3x}}\right\}^{\frac{1}{2}}=e^{\frac{1}{2}}=\sqrt{e}$$

지수법칙 이용! 함수의 극한에 대한 기본 성질 이용!

무리수 e의 정의를 이용한 여러 가지 함수의 극한

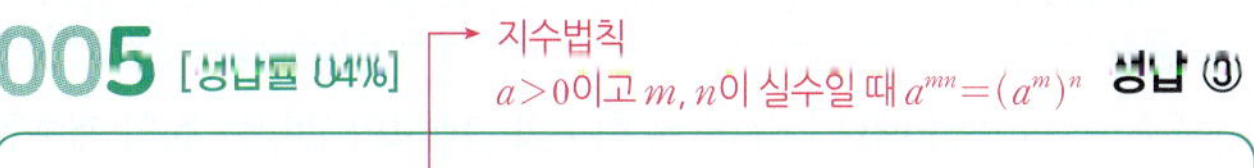

(i) $\lim\limits_{x\to\infty}\left(1+\dfrac{1}{x}\right)^x=e$

(ii) 0이 아닌 실수 a에 대하여

$\lim\limits_{x\to0}(1+ax)^{\frac{1}{x}}=e^a$, $\lim\limits_{x\to\infty}\left(1+\dfrac{a}{x}\right)^x=e^a$

006 [정답률 91%] 정답 ①

$$\lim_{x \to \infty}\left(1+\frac{1}{x}\right)^{-2x}\text{의 값은? (2점)}$$

① $\dfrac{1}{e^2}$ ② $\dfrac{1}{e}$ ③ 1

④ e ⑤ e^2

Step 1 $\displaystyle\lim_{x \to \infty}\left(1+\frac{1}{x}\right)^{x}=e$임을 이용한다.

$$\lim_{x \to \infty}\left(1+\frac{1}{x}\right)^{-2x}=\lim_{x \to \infty}\left\{\left(1+\frac{1}{x}\right)^{x}\right\}^{-2}=e^{-2}=\frac{1}{e^2}$$

지수법칙 이용! ← 함수의 극한에 대한 기본 성질 이용!

007 [정답률 65%] 정답 ③

함수 $y=e^{-x}-\dfrac{n-1}{e}$의 그래프는 어떤 개형을 가질지 알아야 해.

자연수 n에 대하여 함수 $y=e^{-x}-\dfrac{n-1}{e}$의 그래프와 함수 $y=|\ln x|$의 그래프가 만나는 점의 개수를 $f(n)$이라 할 때, $f(1)+f(2)$의 값은? (3점)

함수 $y=|\ln x|$의 그래프는 어떤 개형을 가질지 알아야 해!

① 1 ② 2 ③ 3

④ 4 ⑤ 5

Step 1 $n=1$, 2일 때로 나누어 두 함수의 그래프가 만나는 점의 개수를 구한다.

(i) $n=1$일 때

함수 $y=e^{-x}$의 그래프와 함수 $y=|\ln x|$의 그래프가 만나는 점은 2개이다.

$\therefore f(1)=2$

(ii) $n=2$일 때

함수 $y=e^{-x}-\dfrac{1}{e}$의 그래프와 함수 $y=|\ln x|$의 그래프가 만나는 점은 점 $(1, 0)$뿐이므로 1개이다.

$\therefore f(2)=1$

(i), (ii)에서 $f(1)=2$, $f(2)=1$

$\therefore f(1)+f(2)=2+1=3$

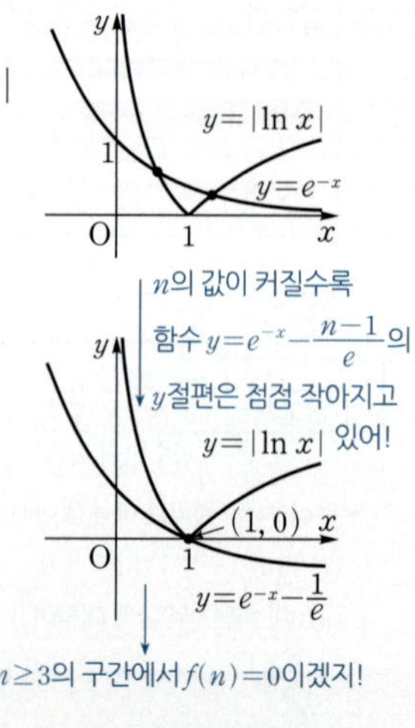

008 [정답률 97%] 정답 ①

$$\lim_{x \to 0}\frac{e^{7x}-1}{x}\text{의 값은? (2점)}$$

① 7 ② 8 ③ 9

④ 10 ⑤ 11

Step 1 지수함수의 극한을 계산한다.

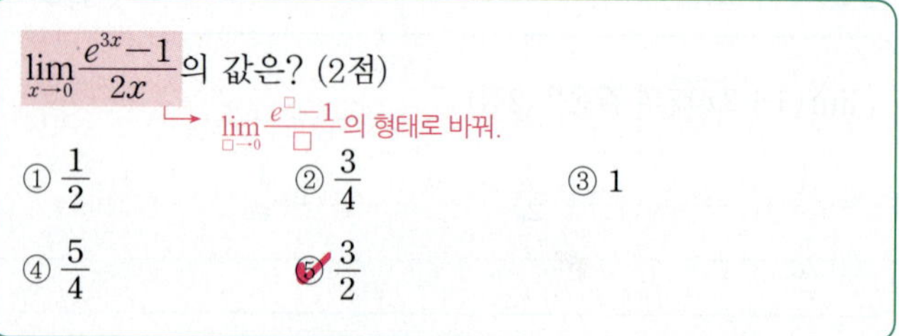

$$\lim_{x \to 0}\frac{e^{7x}-1}{x}=\lim_{x \to 0}\left(\frac{e^{7x}-1}{7x}\times 7\right)=7$$

$\lim_{x \to 0}\dfrac{e^{ax}-1}{ax}=1$

009 [정답률 93%] 정답 ⑤

$$\lim_{x \to 0}\frac{e^{3x}-1}{2x}\text{의 값은? (2점)}$$

$\lim_{\square \to 0}\dfrac{e^{\square}-1}{\square}$의 형태로 바꿔.

① $\dfrac{1}{2}$ ② $\dfrac{3}{4}$ ③ 1

④ $\dfrac{5}{4}$ ⑤ $\dfrac{3}{2}$

Step 1 지수함수의 극한을 계산한다.

$$\lim_{x \to 0}\frac{e^{3x}-1}{2x}=\frac{3}{2}\times\lim_{x \to 0}\frac{e^{3x}-1}{3x}=\frac{3}{2}\times 1=\frac{3}{2}$$

$\lim_{\square \to 0}\dfrac{e^{\square}-1}{\square}=1$

010 [정답률 94%] 정답 ②

$$\lim_{x \to 0}\frac{e^{4x}-1}{3x}\text{의 값은? (2점)}$$

① 1 ② $\dfrac{4}{3}$ ③ $\dfrac{5}{3}$

④ 2 ⑤ $\dfrac{7}{3}$

Step 1 지수함수의 극한을 계산한다.

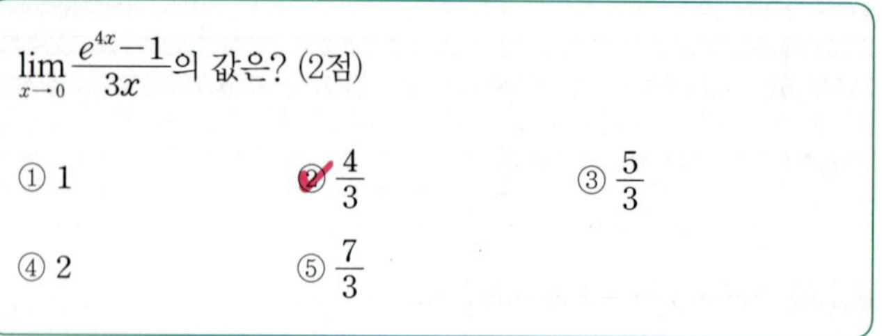

$$\lim_{x \to 0}\frac{e^{4x}-1}{3x}=\lim_{x \to 0}\left(\frac{e^{4x}-1}{4x}\times\frac{4}{3}\right)=1\times\frac{4}{3}=\frac{4}{3}$$

$\lim_{a \to 0}\dfrac{e^{a}-1}{a}=1$에서 a 부분을 같은 형태로 만들어주어야 해.

011 [정답률 91%] 정답 ②

$$\lim_{x \to 0} \frac{e^{5x}-1}{3x} \text{의 값은? (2점)}$$

① $\dfrac{4}{3}$ 　　② $\dfrac{5}{3}$ 　　③ 2

④ $\dfrac{7}{3}$ 　　⑤ $\dfrac{8}{3}$

Step 1 지수함수의 극한을 이용한다.

$$\lim_{x \to 0} \frac{e^{5x}-1}{3x} = \lim_{x \to 0}\left(\frac{e^{5x}-1}{5x} \times \frac{5}{3}\right)$$

└→ 두 부분을 똑같은 형태로 바꿔주어야 해.

$$= 1 \times \frac{5}{3}$$
$$= \frac{5}{3}$$

012 [정답률 96%] 정답 ②

$$\lim_{x \to 0} \frac{e^x-1}{x(x^2+2)} \text{의 값은? (2점)}$$

① 1 　　② $\dfrac{1}{2}$ 　　③ $\dfrac{1}{3}$

④ $\dfrac{1}{4}$ 　　⑤ $\dfrac{1}{5}$

Step 1 지수함수의 극한을 이용한다.

$$\lim_{x \to 0} \frac{e^x-1}{x(x^2+2)} = \lim_{x \to 0}\left(\frac{e^x-1}{x} \times \frac{1}{x^2+2}\right)$$

$$= 1 \times \frac{1}{2}$$

암기 $\lim_{\triangle \to 0} \dfrac{e^{\triangle}-1}{\triangle}=1$

$$= \frac{1}{2}$$

013 [정답률 96%] 정답 ②

$$\lim_{x \to 0} \frac{e^{3x}-1}{x(x+2)} \text{의 값은? (2점)}$$

① 1 　　② $\dfrac{3}{2}$ 　　③ 2

④ $\dfrac{5}{2}$ 　　⑤ 3

Step 1 주어진 식을 변형하여 극한값을 구한다.

$\lim_{\triangle \to 0} \dfrac{e^{\triangle}-1}{\triangle}=1$을 이용할 수 있는 형태로 변형

$$\lim_{x \to 0} \frac{e^{3x}-1}{x(x+2)} = \lim_{x \to 0}\left(\frac{e^{3x}-1}{3x} \times \frac{3}{x+2}\right)$$
$$= \lim_{x \to 0}\frac{e^{3x}-1}{3x} \times \lim_{x \to 0}\frac{3}{x+2}$$
$$= \frac{3}{2} \quad (=1) \quad \left(=\frac{3}{0+2}=\frac{3}{2}\right)$$

014 [정답률 95%] 정답 ①

$$\lim_{x \to 0} \frac{e^{6x}-e^{4x}}{2x} \text{의 값은? (2점)}$$

① 1 　　② 2 　　③ 3

④ 4 　　⑤ 5

Step 1 지수함수의 극한을 이용한다.

1을 한 번씩 빼고 더해주었어.

$$\lim_{x \to 0} \frac{e^{6x}-e^{4x}}{2x} = \lim_{x \to 0}\frac{(e^{6x}-1)-(e^{4x}-1)}{2x}$$
$$= \lim_{x \to 0}\left(\frac{e^{6x}-1}{2x} - \frac{e^{4x}-1}{2x}\right)$$
$$= \lim_{x \to 0}\left(3 \times \frac{e^{6x}-1}{6x} - 2 \times \frac{e^{4x}-1}{4x}\right)$$
$$= 3-2 = 1$$

└→ 두 부분의 식이 서로 같아야 해.

암기 $\lim_{\triangle \to 0} \dfrac{e^{\triangle}-1}{\triangle}=1$

015 [정답률 90%] 정답 ⑤

$$\lim_{x \to 0} \frac{e^{2x}+e^{3x}-2}{2x} \text{의 값은? (2점)}$$

① $\dfrac{1}{2}$ 　　② 1 　　③ $\dfrac{3}{2}$

④ 2 　　⑤ $\dfrac{5}{2}$

Step 1 $\lim_{x \to 0} \dfrac{e^{ax}-1}{ax}=1$임을 이용한다.

$$\lim_{x \to 0} \frac{e^{2x}+e^{3x}-2}{2x}$$
$$= \lim_{x \to 0}\frac{(e^{2x}-1)+(e^{3x}-1)}{2x}$$
$$= \lim_{x \to 0}\frac{e^{2x}-1}{2x} + \lim_{x \to 0}\frac{e^{3x}-1}{2x}$$
$$= \lim_{x \to 0}\frac{e^{2x}-1}{2x} + \lim_{x \to 0}\left(\frac{e^{3x}-1}{3x} \times \frac{3}{2}\right)$$
$$= 1 + \frac{3}{2}$$
$$= \frac{5}{2}$$

참고

0이 아닌 두 수 m, n에 대하여

$$\lim_{x \to 0} \frac{e^{nx}-1}{mx} = \frac{n}{m}$$

└→ $\lim_{x \to 0} \dfrac{e^{nx}-1}{mx}$에서 $\lim_{x \to 0}\left(\dfrac{e^{nx}-1}{nx} \times \dfrac{n}{m}\right) = \dfrac{n}{m}\lim_{x \to 0}\dfrac{e^{nx}-1}{nx} = \dfrac{n}{m}$

016 [정답률 90%] 정답 ③

$$\lim_{x \to 0} \frac{x^3+2x}{e^{3x}-1} \text{의 값은? (2점)}$$

① $\dfrac{1}{3}$　　② $\dfrac{1}{2}$　　☑ $\dfrac{2}{3}$

④ $\dfrac{5}{6}$　　⑤ 1

Step 1 지수함수의 극한을 계산한다.

$$\lim_{x \to 0} \frac{e^{ax}-1}{ax} = \lim_{x \to 0} \frac{ax}{e^{ax}-1} = 1$$

$$\lim_{x \to 0} \frac{x^3+2x}{e^{3x}-1} = \lim_{x \to 0} \left(\frac{3x}{e^{3x}-1} \times \frac{x^3+2x}{3x} \right)$$
$$= \lim_{x \to 0} \left(\frac{3x}{e^{3x}-1} \times \frac{x^2+2}{3} \right)$$
$$= \frac{2}{3}$$

017 [정답률 96%] 정답 ③

$$\lim_{x \to 0} \frac{6x}{e^{4x}-e^{2x}} \text{의 값은? (2점)}$$

① 1　　② 2　　☑ 3

④ 4　　⑤ 5

Step 1 지수함수의 극한을 이용한다.

$$\lim_{x \to 0} \frac{6x}{e^{4x}-e^{2x}} = \lim_{x \to 0} \frac{6x}{e^{2x}(e^{2x}-1)}$$
$$= \lim_{x \to 0} \left(\frac{1}{e^{2x}} \times \frac{6x}{e^{2x}-1} \right) \quad = 2x \times 3$$
$$= \lim_{x \to 0} \left(\frac{1}{e^{2x}} \times \frac{2x}{e^{2x}-1} \times 3 \right)$$
$$= 1 \times 1 \times 3 \quad \boxed{\text{암기}} \ \lim_{\triangle \to 0} \frac{\triangle}{e^{\triangle}-1} = 1$$
$$= 3 \quad \frac{1}{e^0} = 1$$

018 [정답률 92%] 정답 ②

함수 $f(x) = e^x - e^{-x}$에 대하여 $\lim\limits_{x \to 0} \dfrac{f(x)}{x}$의 값은? (3점)

① 1　　☑ 2　　③ 3

④ 4　　⑤ 5

Step 1 지수함수의 극한을 이용하여 주어진 식의 값을 구한다.

$f(x) = e^x - e^{-x}$이므로

$$\lim_{x \to 0} \frac{f(x)}{x} = \lim_{x \to 0} \frac{e^x - e^{-x}}{x} = \lim_{x \to 0} \frac{e^x - 1 - e^{-x} + 1}{x}$$
$$= \lim_{x \to 0} \frac{e^x - 1}{x} + \lim_{x \to 0} \frac{e^{-x} - 1}{-x}$$
$$= 1 + 1 = 2 \quad \boxed{\text{암기}} \ \lim_{x \to 0} \frac{e^x - 1}{x} = 1$$

019 [정답률 95%] 정답 ②

$$\lim_{x \to 0} \frac{4^x - 1}{x} \text{의 값은? (2점)}$$

① $\ln 2$　　☑ $2 \ln 2$　　③ $3 \ln 2$

④ $4 \ln 2$　　⑤ $5 \ln 2$

Step 1 지수함수의 극한을 계산한다.

$$\lim_{x \to 0} \frac{4^x - 1}{x} = \ln 4 = 2 \ln 2$$
$$\lim_{x \to 0} \frac{a^x - 1}{x} = \ln a \ (a > 0, \ a \neq 1)$$

020 [정답률 87%] 정답 ①

$$\lim_{x \to 0} \frac{4^x - 2^x}{x} \text{의 값은? (2점)}$$

☑ $\ln 2$　　② 1　　③ $2 \ln 2$

④ 2　　⑤ $3 \ln 2$

Step 1 지수함수의 극한값을 구한다.

$$\lim_{x \to 0} \frac{4^x - 2^x}{x}$$
$$= \lim_{x \to 0} \frac{(4^x - 1) - (2^x - 1)}{x}$$
$$= \lim_{x \to 0} \frac{4^x - 1}{x} - \lim_{x \to 0} \frac{2^x - 1}{x}$$
$$= \ln 4 - \ln 2 \quad \lim_{x \to 0} \frac{a^x - 1}{x} = \ln a$$
$$= \ln 2 \quad \ln 2^2 - \ln 2 = 2 \ln 2 - \ln 2 = \ln 2$$

021 [정답률 94%] 정답 ③

$$\lim_{x \to 0} \frac{5^{2x} - 1}{e^{3x} - 1} \text{의 값은? (2점)}$$

① $\dfrac{\ln 5}{3}$　　② $\dfrac{1}{\ln 5}$　　☑ $\dfrac{2}{3} \ln 5$

④ $\dfrac{2}{\ln 5}$　　⑤ $\ln 5$

Step 1 지수함수의 극한값을 구한다.

$$\lim_{x \to 0} \frac{5^{2x} - 1}{e^{3x} - 1} = \lim_{x \to 0} \left(\frac{5^{2x} - 1}{2x} \times \frac{3x}{e^{3x} - 1} \times \frac{2}{3} \right)$$
$$= \ln 5 \times 1 \times \frac{2}{3} = \frac{2}{3} \ln 5$$
$$\lim_{x \to 0} \frac{a^x - 1}{x} = \ln a, \ \lim_{x \to 0} \frac{e^x - 1}{x} = 1 \text{을 이용할 수 있도록 변형한다.}$$

022 [정답률 93%]   정답 ③

$$\lim_{x \to 0} \frac{\ln(1+3x)}{x} \text{의 값은? (2점)}$$

두 부분의 값이 같아지도록 맞춰.

① 1   ② 2   ✓ 3
④ 4   ⑤ 5

Step 1 로그함수의 극한을 이용한다.

$$\lim_{x \to 0} \frac{\ln(1+3x)}{x} = \lim_{x \to 0} \frac{\ln(1+3x)}{3x} \times 3$$
$$= 1 \times 3$$
$$\lim_{\triangle \to 0} \frac{\ln(1+\triangle)}{\triangle} = 1$$
$$= 3$$

023 [정답률 92%]   정답 ④

$$\lim_{x \to 0} \frac{\ln(1+12x)}{3x} \text{의 값은? (2점)}$$

① 1   ② 2   ③ 3
✓ 4   ⑤ 5

Step 1 로그함수의 극한을 이용한다.

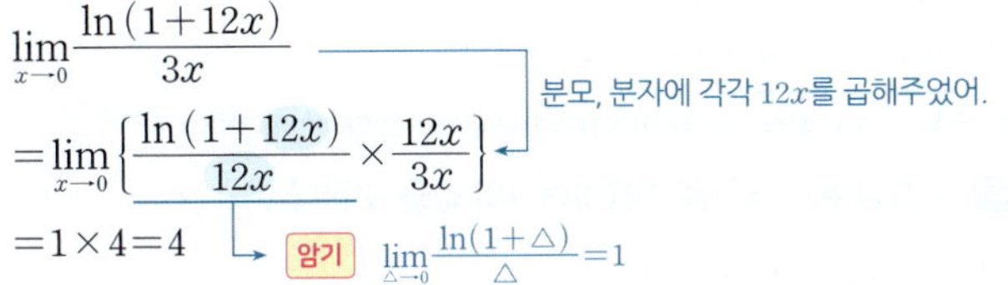

$$\lim_{x \to 0} \frac{\ln(1+12x)}{3x}$$
분모, 분자에 각각 $12x$를 곱해주었어.
$$= \lim_{x \to 0} \left\{ \frac{\ln(1+12x)}{12x} \times \frac{12x}{3x} \right\}$$
$$= 1 \times 4 = 4 \quad \boxed{\text{암기}} \quad \lim_{\triangle \to 0} \frac{\ln(1+\triangle)}{\triangle} = 1$$

024 [정답률 89%]   정답 ④

$$\lim_{x \to 0} \frac{\ln(x+1)}{\sqrt{x+4}-2} \text{의 값은? (2점)}$$

① 1   ② 2   ③ 3
✓ 4   ⑤ 5

Step 1 $\lim\limits_{x \to 0} \dfrac{\ln(x+1)}{x} = 1$임을 이용한다.

$$\lim_{x \to 0} \frac{\ln(x+1)}{\sqrt{x+4}-2} = \lim_{x \to 0} \left\{ \frac{\ln(x+1)}{x} \times \frac{x}{\sqrt{x+4}-2} \right\}$$
$$= \lim_{x \to 0} \frac{\ln(x+1)}{x} \times \lim_{x \to 0} \frac{x(\sqrt{x+4}+2)}{(\sqrt{x+4}-2)(\sqrt{x+4}+2)}$$
$$= \lim_{x \to 0} (\sqrt{x+4}+2) = 4$$
$$(\sqrt{x+4})^2 - 2^2 = x+4-4 = x$$

025 [정답률 95%]   정답 ②

$$\lim_{x \to 0} \frac{e^{3x}-1}{\ln(1+2x)} \text{의 값은? (2점)}$$

① 1   ✓ $\dfrac{3}{2}$ ③ 2
④ $\dfrac{5}{2}$ ⑤ 3

Step 1 $\lim\limits_{x \to 0} \dfrac{e^{ax}-1}{ax} = 1$, $\lim\limits_{x \to 0} \dfrac{\ln(1+ax)}{ax} = 1$임을 이용한다.

$$\lim_{x \to 0} \frac{e^{3x}-1}{\ln(1+2x)} = \lim_{x \to 0} \left\{ \frac{e^{3x}-1}{3x} \times 3x \times \frac{1}{\frac{\ln(1+2x)}{2x}} \times \frac{1}{2x} \right\} = \frac{3}{2}$$
$$= e^{3x}-1 \qquad = \frac{1}{\ln(1+2x)}$$

026 [정답률 97%]   정답 ④

$$\lim_{x \to 0} \frac{\ln(1+5x)}{e^{2x}-1} \text{의 값은? (2점)}$$

① 1   ② $\dfrac{3}{2}$ ③ 2
✓ $\dfrac{5}{2}$ ⑤ 3

Step 1 식을 변형하여 극한값을 구한다.
$\lim\limits_{x \to 0} \dfrac{\ln(1+x)}{x} = 1$, $\lim\limits_{x \to 0} \dfrac{e^x-1}{x} = 1$을 이용할 수 있는 형태로 변형한다.

$$\lim_{x \to 0} \frac{\ln(1+5x)}{e^{2x}-1} = \lim_{x \to 0} \left\{ \frac{\ln(1+5x)}{5x} \times \frac{2x}{e^{2x}-1} \times \frac{5}{2} \right\}$$
$$= 1 \times 1 \times \frac{5}{2}$$
두 함수 $f(x)$, $g(x)$에 대하여
$\lim\limits_{x \to a} f(x) = \alpha$, $\lim\limits_{x \to a} g(x) = \beta$일 때,
$\lim\limits_{x \to a} f(x)g(x) = \lim\limits_{x \to a} f(x) \lim\limits_{x \to a} g(x) = \alpha\beta$
임을 이용
$$= \frac{5}{2}$$

027 [정답률 97%]   정답 ③

$$\lim_{x \to 0} \frac{x^2+5x}{\ln(1+3x)} \text{의 값은? (2점)}$$

① $\dfrac{7}{3}$ ② 2   ✓ $\dfrac{5}{3}$
④ $\dfrac{4}{3}$ ⑤ 1

Step 1 분모, 분자를 각각 $3x$로 나누어 극한값을 구한다.

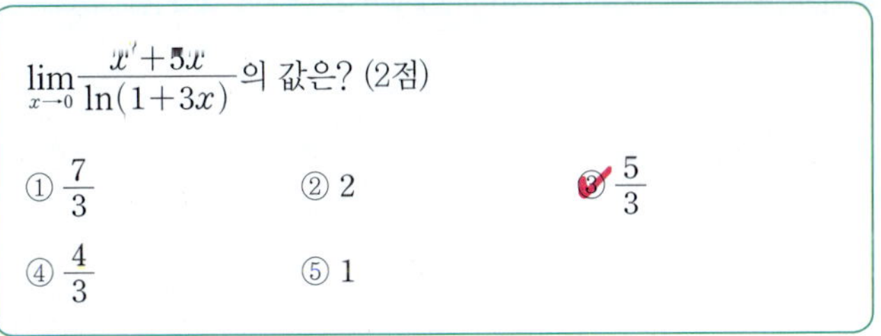

$$\lim_{x \to 0} \frac{x^2+5x}{\ln(1+3x)} = \lim_{x \to 0} \frac{\frac{x^2+5x}{3x}}{\frac{\ln(1+3x)}{3x}}$$
$$= \lim_{x \to 0} \left(\frac{x}{3} + \frac{5}{3} \right) = \frac{5}{3}$$
$$= \frac{\lim\limits_{x \to 0} \frac{x^2+5x}{3x}}{\lim\limits_{x \to 0} \frac{\ln(1+3x)}{3x}} = \frac{5}{3}$$
$$\lim_{x \to 0} \frac{\ln(1+ax)}{ax} = 1 \text{ (단, } a \neq 0)$$

028 [정답률 96%]　　　　　　　　　　정답 ③

$\lim\limits_{x\to 0}\dfrac{\ln(1+3x)}{\ln(1+5x)}$ 의 값은? (2점)

① $\dfrac{1}{5}$　　　　② $\dfrac{2}{5}$　　　　③ $\dfrac{3}{5}$

④ $\dfrac{4}{5}$　　　　⑤ 1

Step 1 주어진 식을 변형하여 극한값을 구한다.

$$\lim_{x\to 0}\frac{\ln(1+3x)}{\ln(1+5x)}=\lim_{x\to 0}\frac{\dfrac{\ln(1+3x)}{3x}\times 3x}{\dfrac{\ln(1+5x)}{5x}\times 5x}$$

$$=\lim_{x\to 0}\left\{\frac{\ln(1+3x)}{3x}\times\frac{5x}{\ln(1+5x)}\times\frac{3}{5}\right\}$$

$$=1\times 1\times\frac{3}{5}=\frac{3}{5}$$

$\lim\limits_{x\to 0}\dfrac{\ln(1+ax)}{ax}=1\ (단,\ a\neq 0)$

029 [정답률 91%]　　　　　　　　　　정답 ②

$\lim\limits_{x\to 0}\dfrac{x^2+4x}{\ln(x^2+x+1)}$ 의 값은? (3점)

① 3　　　　② 4　　　　③ 5

④ 6　　　　⑤ 7

Step 1 주어진 식을 변형하여 극한값을 구한다.

$$\lim_{x\to 0}\frac{x^2+4x}{\ln(x^2+x+1)}=\lim_{x\to 0}\left\{\frac{x^2+x}{\ln(1+x^2+x)}\times\frac{x^2+4x}{x^2+x}\right\}$$

$$=\lim_{x\to 0}\frac{x^2+x}{\ln(1+x^2+x)}\times\lim_{x\to 0}\frac{x(x+4)}{x(x+1)}$$

$$\lim_{x\to 0}\frac{x}{\ln(1+x)}=1$$

$$=1\times\lim_{x\to 0}\frac{x+4}{x+1}=1\times 4=4$$

$x\neq 0$이므로 분모, 분자를 각각 x로 나눈다.

030 [정답률 94%]　　　　　　　　　　정답 ③

미분가능한 함수 $f(x)$에 대하여

$$\lim_{x\to 0}\frac{f(x)-f(0)}{\ln(1+3x)}=2$$

일 때, $f'(0)$의 값은? (3점)

① 4　　　　② 5　　　　③ 6

④ 7　　　　⑤ 8

Step 1 로그함수의 극한값을 이용하여 $f'(0)$의 값을 구한다.

$$\lim_{x\to 0}\frac{f(x)-f(0)}{\ln(1+3x)}=\lim_{x\to 0}\frac{\dfrac{f(x)-f(0)}{x}}{\dfrac{\ln(1+3x)}{3x}\times 3}=\frac{\lim\limits_{x\to 0}\dfrac{f(x)-f(0)}{x}}{3\lim\limits_{x\to 0}\dfrac{\ln(1+3x)}{3x}}$$

분모, 분자를 모두 x로 나눈다.

$$\lim_{x\to 0}\ln(1+3x)^{\frac{1}{3x}}=\ln e=1$$

$$=\frac{f'(0)}{3}=2$$

$$\therefore\ f'(0)=6$$

031 [정답률 85%]　　　　　　　　　　정답 ③

함수 $f(x)=\ln(ax+b)$에 대하여 $\lim\limits_{x\to 0}\dfrac{f(x)}{x}=2$일 때, $f(2)$의 값은? (단, a, b는 상수이다.) (3점)

① $\ln 3$　　　　② $2\ln 2$　　　　③ $\ln 5$

④ $\ln 6$　　　　⑤ $\ln 7$

Step 1 $f(0)=0$임을 이용하여 b의 값을 구한다.

$\lim\limits_{x\to 0}\dfrac{f(x)}{x}=2$에서 $x\to 0$일 때 극한값이 존재하고

$(분모)\to 0$이므로 $(분자)\to 0$이어야 한다.

따라서 $\lim\limits_{x\to 0}f(x)=f(0)=\ln b=0$에서

$b=e^0=1$

함수 $f(x)$는 연속함수라서 극한값과 함숫값이 같아!

Step 2 로그함수의 극한을 이용하여 a의 값을 구한다.

$$\lim_{x\to 0}\frac{f(x)}{x}=\lim_{x\to 0}\frac{\ln(ax+1)}{x}$$

$$=\lim_{x\to 0}\left\{\frac{\ln(ax+1)}{ax}\times a\right\}$$

$$=1\times a$$

암기 $\lim\limits_{\triangle\to 0}\dfrac{\ln(\triangle+1)}{\triangle}=1$

$$=a$$

이므로 $a=2$

따라서 $f(x)=\ln(2x+1)$이므로

$f(2)=\ln 5$

✪ 다른 풀이　로그함수의 미분을 이용하는 풀이

Step 1 동일

Step 2 로그함수의 미분을 이용하여 a의 값을 구한다.

$$\lim_{x\to 0}\frac{f(x)}{x}=\lim_{x\to 0}\frac{f(x)-f(0)}{x-0}=f'(0)=2$$

함수 $f(x)=\ln(ax+1)$을 미분하면

$$f'(x)=\frac{a}{ax+1}$$이므로 $f'(0)=a$

$=(ax+1)'$

$$\therefore\ a=2$$

따라서 $f(x)=\ln(2x+1)$이므로

$f(2)=\ln 5$

032 [정답률 91%]   정답 ③

> **주의** x의 범위에 유의!
>
> 함수 $f(x)$가 $x > -1$인 모든 실수 x에 대하여 부등식
>
> $$\ln(1+x) \le f(x) \le \frac{1}{2}(e^{2x}-1)$$
>
> 을 만족시킬 때, $\displaystyle\lim_{x\to 0}\frac{f(3x)}{x}$의 값은? (3점)
>
> ① 1   ② e ③ 3
> ④ 4   ⑤ $2e$

주어진 부등식의 각 변을 x로 나누어 극한값을 구해. 이때 부등호의 방향은 음수를 곱할 때 방향이 바뀌고 x는 -1보다 큰 모든 실수이므로 x가 양수일 때와 음수일 때로 경우를 나누어 문제를 해결해.

Step 1 x의 값의 범위를 $x > 0$일 때와 $-1 < x < 0$일 때로 나누어 극한의 대소 관계를 이용한다.

$\ln(1+x) \le f(x) \le \dfrac{1}{2}(e^{2x}-1)$에서

(ⅰ) $x > 0$일 때 → 부등식의 각 변에 양수 $\dfrac{1}{x}$을 곱하면 부등호의 방향은 바뀌지 않는다.

$$\frac{\ln(1+x)}{x} \le \frac{f(x)}{x} \le \frac{e^{2x}-1}{2x}$$

$\displaystyle\lim_{x\to 0}\frac{\ln(1+x)}{x}=1,\ \lim_{x\to 0}\frac{e^x-1}{x}=1$

이때 $\displaystyle\lim_{x\to 0+}\frac{\ln(1+x)}{x}=1,\ \lim_{x\to 0+}\frac{e^{2x}-1}{2x}=1$이므로

$\displaystyle\lim_{x\to 0+}\frac{f(x)}{x}=1$ → 함수의 극한의 대소 관계에 의하여 성립한다.

(ⅱ) $-1 < x < 0$일 때 → **주의** 부등식의 각 변에 음수 $\dfrac{1}{x}$을 곱하면 부등호의 방향이 바뀐다.

$$\frac{\ln(1+x)}{x} \ge \frac{f(x)}{x} \ge \frac{e^{2x}-1}{2x}$$

이때 $\displaystyle\lim_{x\to 0-}\frac{\ln(1+x)}{x}=1,\ \lim_{x\to 0-}\frac{e^{2x}-1}{2x}=1$이므로

$\displaystyle\lim_{x\to 0-}\frac{f(x)}{x}=1$ → 함수의 극한의 대소 관계에 의하여 성립한다.

Step 2 $\displaystyle\lim_{x\to 0}\frac{f(x)}{x}=1$임을 이용하여 $\displaystyle\lim_{x\to 0}\frac{f(3x)}{x}$의 값을 구한다.

(ⅰ), (ⅱ)에 의하여 $\displaystyle\lim_{x\to 0}\frac{f(x)}{x}=1$이므로

$$\lim_{x\to 0}\frac{f(3x)}{x}=\lim_{x\to 0}\frac{f(3x)}{3x}\times 3$$
$$=3\lim_{t\to 0}\frac{f(t)}{t}$$ → $t=3x$로 치환하면
$$=3\times 1=3$$ → $x\to 0$일 때 $t\to 0$이므로 $\displaystyle\lim_{t\to 0}\frac{f(t)}{t}=1$이다.

> **함수의 극한의 대소 관계**
> $f(x) \le h(x) \le g(x)$이고,
> $\displaystyle\lim_{x\to a}f(x)=\lim_{x\to a}g(x)=\alpha$이면
> $\displaystyle\lim_{x\to a}h(x)=\alpha$

⭐ 다른 풀이 $x=3t$로 치환하여 푸는 풀이

Step 1 $x=3t$로 치환하여 함수의 극한의 대소 관계를 이용한다.

$x=3t$라 하면 주어진 부등식은 $\ln(1+3t) \le f(3t) \le \dfrac{1}{2}(e^{6t}-1)$

→ 주어진 x의 범위가 $x > -1$이므로 t의 범위는

(ⅰ) $t > 0$일 때 $3t > -1,\ t > -\dfrac{1}{3}$이다.

$\ln(1+3t) \le f(3t) \le \dfrac{1}{2}(e^{6t}-1)$에서

$$\frac{\ln(1+3t)}{t} \le \frac{f(3t)}{t} \le \frac{e^{6t}-1}{2t}$$ → 부등식의 각 변에 양수 $\dfrac{1}{t}$을 곱하면 부등호의 방향은 바뀌지 않는다.

이때 $\displaystyle\lim_{t\to 0+}\frac{\ln(1+3t)}{t}=\lim_{t\to 0+}\frac{\ln(1+3t)}{3t}\times 3=3$

$\displaystyle\lim_{t\to 0+}\frac{e^{6t}-1}{2t}=\lim_{t\to 0+}\frac{e^{6t}-1}{6t}\times 3=3$이므로

$\displaystyle\lim_{t\to 0+}\frac{f(3t)}{t}=3$

→ 분모에 3을 곱하였으므로 분자에 똑같이 3을 곱해주어야 등식이 성립해.

(ⅱ) $-\dfrac{1}{3} < t < 0$일 때

(ⅰ)과 같은 방법으로 $\displaystyle\lim_{t\to 0-}\frac{f(3t)}{t}=3$

$\therefore\ \displaystyle\lim_{t\to 0}\frac{f(3t)}{t}=\lim_{x\to 0}\frac{f(3x)}{x}=3$

→ $\ln(1+3t) \le f(3t) \le \dfrac{1}{2}(e^{6t}-1)$에서
$\dfrac{\ln(1+3t)}{t} \ge \dfrac{f(3t)}{t} \ge \dfrac{e^{6t}-1}{2t}$
이때 $\displaystyle\lim_{t\to 0-}\frac{\ln(1+3t)}{t}$
$=\displaystyle\lim_{t\to 0-}\frac{\ln(1+3t)}{3t}\times 3=3,$
$\displaystyle\lim_{t\to 0-}\frac{e^{6t}-1}{2t}=\lim_{t\to 0-}\frac{e^{6t}-1}{6t}\times 3=3$
이므로 함수의 극한의 대소 관계에 의하여
$\displaystyle\lim_{t\to 0-}\frac{f(3t)}{t}=3$이다.

💡 알아야 할 기본개념

여러 가지 지수함수와 로그함수의 극한

(1) $\displaystyle\lim_{x\to 0}\frac{e^x-1}{x}=1$

(2) $\displaystyle\lim_{x\to 0}\frac{a^x-1}{x}=\ln a$ (단, $a>0$, $a\ne 1$)

(3) $\displaystyle\lim_{x\to 0}\frac{\ln(1+x)}{x}=1$

(4) $\displaystyle\lim_{x\to 0}\frac{\log_a(1+x)}{x}=\frac{1}{\ln a}$ (단, $a>0$, $a\ne 1$)

이를 응용하면

(5) $\displaystyle\lim_{x\to 0}\frac{e^{ax}-1}{bx}=\frac{a}{b}$ (단, $b\ne 0$)

(6) $\displaystyle\lim_{x\to 0}\frac{\ln(1+ax)}{bx}=\frac{a}{b}$ (단, $b\ne 0$)

> **수능포인트**
>
> 이 문제는 로그함수가 나오는 경우에 정의역을 제한하는 것과 함수의 극한의 대소 관계를 직질히 조합한 아주 중요한 문제입니다. 우선은 우리가 각 변을 x로 나눌 때 등호가 아니라 **부등호**이기 때문에 **부호**에 조심을 해야 한다는 점이 첫 번째 포인트입니다. 그래서 부호에 따라 경우를 나누어 각각의 극한값을 구했을 때 같은 값이 나왔고 그것에 대하여 $f(3x)$의 극한값을 구해주는 게 두 번째 포인트입니다.

033 [정답률 59%]   정답 ①

> 함수 → $x=0$과 $x\ne 0$에서의 함수식이 서로 다른 함수 $f(x)$에 대하여 함수 $f(x)$가 $x=0$에서 연속이 되기 위한 조건을 생각해
>
> $$f(x)=\begin{cases} \dfrac{e^{2x}+a}{x} & (x\ne 0) \\[2mm] b & (x=0) \end{cases}$$
>
> 이 $x=0$에서 연속이 되도록 두 상수 a, b의 값을 정할 때, $a+b$의 값은? (2점)
>
> ① 1   ② $e-1$ ③ 2
> ④ e ⑤ 3

함수의 연속의 정의

Step 1 함수 $f(x)$가 $x=0$에서 연속이려면 $\displaystyle\lim_{x\to 0}f(x)=f(0)$이어야 한다. $x\ne 0$일 때이므로 $f(x)=\dfrac{e^{2x}+a}{x}$이다.

함수 $f(x)$가 $x=0$에서 연속이려면 $\displaystyle\lim_{x\to 0}f(x)=f(0)$이어야 하므로

$\displaystyle\lim_{x\to 0}\frac{e^{2x}+a}{x}=b$이고 이 식에서 극한값이 존재하고 $x\to 0$일 때 → b

(분모) $\to 0$이므로 (분자) $\to 0$이어야
한다.

즉, $\lim\limits_{x\to 0}(e^{2x}+a)=0$이므로

$1+a=0$ 실수 $a(a\neq 0)$에 대하여 $a^0=1$

$\therefore a=-1$

$a=-1$을 주어진 식에 대입하면

$\lim\limits_{x\to 0}\dfrac{e^{2x}-1}{x}=\lim\limits_{x\to 0}\dfrac{e^{2x}-1}{2x}\times 2=2=b$

$\therefore a+b=-1+2=1$

분모에 2를 곱하였으므로 분자에도 2를 곱해주었어.

$\lim\limits_{x\to 0}\dfrac{e^{2x}-1}{2x}=1$

미정계수의 결정

$\lim\limits_{x\to a}\dfrac{f(x)}{g(x)}=\alpha\,(\alpha\text{는 상수})$일 때

$\lim\limits_{x\to a}g(x)=0$이면

$\lim\limits_{x\to a}f(x)=0$

🔆 알아야 할 기본개념

함수의 연속의 정의

함수 $f(x)$가 $x=a$에서

① 함숫값 $f(a)$가 정의되어 있고

② $\lim\limits_{x\to a}f(x)$가 존재하며

③ $\lim\limits_{x\to a}f(x)=f(a)$

일 때, 이 함수는 $x=a$에서 연속이라 한다.

여러 가지 지수함수와 로그함수의 극한

(1) $\lim\limits_{x\to 0}\dfrac{e^x-1}{x}=1$

(2) $\lim\limits_{x\to 0}\dfrac{a^x-1}{x}=\ln a\,(a>0,\ a\neq 1)$

(3) $\lim\limits_{x\to 0}\dfrac{\ln(1+x)}{x}=1$

(4) $\lim\limits_{x\to 0}\dfrac{\log_a(1+x)}{x}=\dfrac{1}{\ln a}\,(a>0,\ a\neq 1)$

034 [정답률 88%] 정답 ①

함수 $f(x)=\begin{cases}\dfrac{e^{ax}-1}{3x} & (x<0)\\ x^2+3x+2 & (x\geq 0)\end{cases}$ 이 실수 전체의 집합에서

연속일 때, 상수 a의 값은? (단, $a\neq 0$) (3점)

① 6   ② 7   ③ 8
④ 9   ⑤ 10

Step 1 함수가 연속일 때, 극한값과 함숫값이 같아야 함을 이용한다.

함수 $f(x)$가 실수 전체의 집합에서 연속이려면
$x=0$에서도 연속이어야 한다.

따라서 $x=0$에서 함수 $f(x)$의 극한값과 함숫값이 같아야 한다.

중요한 내용이니 꼭 기억해야 해.

$\lim\limits_{x\to 0^-}f(x)=\lim\limits_{x\to 0^-}\dfrac{e^{ax}-1}{3x}$

$x<0$일 때

$f(x)=\dfrac{e^{ax}-1}{3x}=\lim\limits_{x\to 0^-}\dfrac{e^{ax}-1}{ax}\times\dfrac{a}{3}=\dfrac{a}{3}$ ……㉠

$\lim\limits_{\triangle\to 0}\dfrac{e^\triangle-1}{\triangle}=1$

$\lim\limits_{x\to 0^+}f(x)=\lim\limits_{x\to 0^+}(x^2+3x+2)$

$=2$ ……㉡

$x\geq 0$일 때 $f(x)=x^2+3x+2$

$f(0)=2 \to f(0)=0^2+3\times 0+2=2$ ……㉢

㉠, ㉡, ㉢이 모두 같아야 하므로

$\dfrac{a}{3}=2 \quad\therefore a=6$

035 [정답률 64%] 정답 ②

이차항의 계수가 1인 이차함수 $f(x)$와 함수

$$g(x)=\begin{cases}\dfrac{1}{\ln(x+1)} & (x\neq 0)\\ 8 & (x=0)\end{cases}$$

에 대하여 함수 $f(x)g(x)$가 구간 $(-1,\infty)$에서 연속일 때,
$f(3)$의 값은? (3점)

$\lim\limits_{x\to 0}g(x)=\lim\limits_{x\to 0}\dfrac{1}{\ln(x+1)}=\infty$로 극한값

$\lim\limits_{x\to 0}g(x)$가 존재하지 않기 때문에 함수 $g(x)$는

$x=0$에서 불연속이다. 실수 전체의 집합에서

연속인 이차함수 $f(x)$를 이용하여

① 6   ② 9   ③ 12
④ 15   ⑤ 18

함수 $f(x)g(x)$가 구간 $(-1,\infty)$에서 연속이 되는
함수 $f(x)$의 식을 찾는다.

Step 1 $f(x)=x^2+ax+b$라 하고 함수 $f(x)g(x)$가 구간 $(-1,\infty)$에
서 연속일 조건을 생각해 본다.

함수 $f(x)$는 이차항의 계수가 1인 이차함수이므로

$f(x)=x^2+ax+b$ ……㉠ 최고차항이 x^2인 함수야.

라 하면

$$f(x)g(x)=\begin{cases}\dfrac{x^2+ax+b}{\ln(x+1)} & (x\neq 0)\\ 8b & (x=0)\end{cases}$$

$x=0$일 때 $f(0)=b$이므로 $f(0)g(0)=8b$야.

이때 함수 $f(x)g(x)$가 구간 $(-1,\infty)$에서 연속이므로 $x=0$에서
도 연속이어야 한다. 즉,

$x=0$과 $x\neq 0$에서의 함수식이 서로 다른 함수 $f(x)g(x)$가 구간 $(-1,\infty)$에서 연속이므로 $x=0$에서 연속이어야 해.

$\lim\limits_{x\to 0}\dfrac{x^2+ax+b}{\ln(x+1)}=8b$ ……㉡ 따라서 함수의 연속의 정의인 $\lim\limits_{x\to 0}f(x)g(x)=f(0)g(0)$이 성립해야 해!

Step 2 $x\to 0$일 때 극한값이 존재하고 (분모)$\to 0$이므로 (분자)$\to 0$이어
야 한다.

$\lim\limits_{x\to 0}\dfrac{x^2+ax+b}{\ln(x+1)}=8b$ $\lim\limits_{x\to 0}\ln(x+1)=\ln 1=0$

㉡에서 $x\to 0$일 때, 극한값이 존재하고 (분모)$\to 0$이므로
(분자)$\to 0$이어야 한다. 즉, $\lim\limits_{x\to 0}(x^2+ax+b)=b=0$

$b=0$을 ㉡에 대입하면 $\lim\limits_{x\to 0}(x^2+ax+b)=0$

$\lim\limits_{x\to 0}\dfrac{x^2+ax}{\ln(x+1)}=0$ $\lim\limits_{x\to 0}\dfrac{\ln(x+1)}{x}=1$

$\lim\limits_{x\to 0}\dfrac{x+a}{\frac{\ln(x+1)}{x}}=\dfrac{a}{1}=0$

$\therefore a=0$

$a=0,\ b=0$을 ㉠에 대입하면

$f(x)=x^2$이므로 $f(x)=x^2+ax+b=x^2+0\cdot x+0$

$f(3)=3^2=9$

함수의 극한의 성질

두 극한 $\lim\limits_{x\to 0}(x+a)$, $\lim\limits_{x\to 0}\dfrac{\ln(x+1)}{x}$

이 존재하고 $\lim\limits_{x\to 0}\dfrac{\ln(x+1)}{x}\neq 0$이므로

$\lim\limits_{x\to 0}\dfrac{x+a}{\frac{\ln(x+1)}{x}}=\dfrac{\lim\limits_{x\to 0}(x+a)}{\lim\limits_{x\to 0}\dfrac{\ln(x+1)}{x}}$

🔆 알아야 할 기본개념

함수의 연속의 정의

함수 $f(x)$가 실수 a에 대하여

① 함수 $f(x)$가 $x=a$에서 정의되어 있고

② $\lim\limits_{x\to a}f(x)$가 존재하며

　($\Leftrightarrow \lim\limits_{x\to a^-}f(x)=\lim\limits_{x\to a^+}f(x)$, 즉 $f(x)$의 $x=a$에서의 좌극한과

　우극한이 같다.)

③ $\lim\limits_{x\to a}f(x)=f(a)$

일 때, 함수 $f(x)$는 $x=a$에서 연속이라 한다.

수능포인트

문제에서 주어지지는 않았으나 로그함수가 나왔을 때 혹은 지수함수가 나왔을 때 범위에 주의해야 합니다. 로그함수의 경우에는 정의역의 범위가 생기고 지수함수의 경우에는 치역의 범위가 생기기 때문에 그 점에 주목해서 극한값과 연속성을 따지는 습관을 들여야 합니다.

036 [정답률 81%] 정답 ⑤

연속함수끼리의 합성함수는 항상 연속함수가 되고 $f(x)$는 $x=1$을 제외한 모든 구간에서 연속, $g(x)$는 실수 전체의 집합에서 연속이므로 $x=1$에서 합성함수 $g(f(x))$가 연속이기 위한 조건을 확인해.

두 함수

$$f(x)=\begin{cases} ax & (x<1) \\ -3x+4 & (x\geq 1) \end{cases},\ g(x)=2^x+2^{-x}$$

에 대하여 합성함수 $(g\circ f)(x)$가 실수 전체의 집합에서 연속이 되도록 하는 모든 실수 a의 값의 곱은? (4점)

① -5 ② -4 ③ -3
④ -2 ⑤ -1

Step 1 함수 $(g\circ f)(x)$가 실수 전체의 집합에서 연속일 조건을 확인한다.

$x<1$과 $x>1$에서 함수 $f(x)$는 연속이므로 $x=1$을 제외한 모든 실수에서 연속이다.

함수 $f(x)$는 $x\neq 1$일 때 연속이고, 함수 $g(x)$는 실수 전체의 집합에서 연속이므로 함수 $(g\circ f)(x)$가 실수 전체의 집합에서 연속이기 위해서는 $x=1$에서 연속이면 된다. …… ㉠

연속함수끼리의 합성
연속함수와 연속함수를 서로 합성하면 항상 연속함수이다.

Step 2 함수 $(g\circ f)(x)$가 $x=1$에서 연속이 되도록 하는 a의 값의 곱을 구한다.

$\lim\limits_{x\to 1-}g(f(x))=\lim\limits_{x\to 1+}g(f(x))=g(f(1))$

$f(x)=t$로 치환하면

(i) $x\to 1+$일 때, $f(x)\to 1-$이므로

$x\to 1+$이면 x의 범위가 $x>1$이므로 함수 $f(x)$의 식은 $f(x)=-3x+4$이다.

$$\lim_{x\to 1+}(g\circ f)(x)=\lim_{t\to 1-}g(t)=2+2^{-1}=\frac{5}{2}$$

(ii) $x\to 1-$일 때,

$x\to 1-$이면 x의 범위가 $x<1$이므로 함수 $f(x)$의 식은 $f(x)=ax$이다.

ⓐ $a\geq 0$이면 $f(x)\to a-$이므로

$$\lim_{x\to 1-}(g\circ f)(x)=\lim_{t\to a-}g(t)=2^a+2^{-a}$$

ⓑ $a<0$이면 $f(x)\to a+$이므로

$$\lim_{x\to 1-}(g\circ f)(x)=\lim_{t\to a+}g(t)=2^a+2^{-a}$$

$$\therefore \lim_{x\to 1-}(g\circ f)(x)=2^a+2^{-a}$$

$(g\circ f)(1)=g(f(1))=g(1)=2+2^{-1}=\frac{5}{2}$

㉠에서 $\lim\limits_{x\to 1+}(g\circ f)(x)=\lim\limits_{x\to 1-}(g\circ f)(x)$
$=(g\circ f)(1)$이어야 하므로

함수의 연속의 정의
$\lim\limits_{x\to 1}(g\circ f)(x)=2^a+2^{-a}$, $(g\circ f)(1)=\frac{5}{2}$

$2^a+2^{-a}=\frac{5}{2}$

이때 $2^a=s\,(s>0)$라 하면

양수 b에 대하여 x가 임의의 실수일 때 $b^x>0$

$s+\dfrac{1}{s}=\dfrac{5}{2}$, $2s^2-5s+2=0$

$s+\dfrac{1}{s}=\dfrac{5}{2}$의 양변에 $2s$를 곱해.

$(2s-1)(s-2)=0$

$\therefore s=\dfrac{1}{2}$ 또는 $s=2$

주의 구하는 값은 s가 아니라 $2^a=s\,(s>0)$를 만족하는 모든 실수 a의 값의 곱이야.

따라서 $2^a=\dfrac{1}{2}$에서 $a=-1$, $2^a=2$에서 $a=1$이므로

모든 실수 a의 값의 곱은 $-1\times 1=-1$

037 [정답률 38%] 정답 ③

함수 $f(x)$에 대하여 옳은 것만을 [보기]에서 있는 대로 고른 것은? (4점)

[보기]

ㄱ. $f(x)=x^2$이면 $\lim\limits_{x\to 0}\dfrac{e^{f(x)}-1}{x}=0$이다.

ㄴ. $\lim\limits_{x\to 0}\dfrac{e^x-1}{f(x)}=1$이면 $\lim\limits_{x\to 0}\dfrac{3^x-1}{f(x)}=\ln 3$이다.

ㄷ. $\lim\limits_{x\to 0}f(x)=0$이면 $\lim\limits_{x\to 0}\dfrac{e^{f(x)}-1}{x}$이 존재한다.

① ㄱ ② ㄷ ③ ㄱ, ㄴ
④ ㄴ, ㄷ ⑤ ㄱ, ㄴ, ㄷ

$\lim\limits_{x\to 0}\dfrac{e^x-1}{x}=1$과 $\lim\limits_{x\to 0}\dfrac{a^x-1}{x}=\ln a\,(a>0,\ a\neq 1)$를 이용하여 [보기]의 참, 거짓을 판별

지수함수의 극한

Step 1 $\lim\limits_{\triangle\to 0}\dfrac{e^{\triangle}-1}{\triangle}=1$임을 이용한다.

ㄱ. $f(x)=x^2$이면 $\lim\limits_{x\to 0}\dfrac{e^{f(x)}-1}{x}$에 $f(x)=x^2$을 대입.

$$\lim_{x\to 0}\frac{e^{f(x)}-1}{x}=\lim_{x\to 0}\frac{e^{x^2}-1}{x}$$

같은 꼴로 바꿔.

$$=\lim_{x\to 0}\left(\frac{e^{x^2}-1}{x^2}\cdot x\right)$$

$$=1\cdot 0=0\ (참)$$

분모에 x를 곱해 주었기 때문에 분자에도 x를 곱해주어야 등호가 성립해.

ㄴ. $$\lim_{x\to 0}\frac{3^x-1}{f(x)}=\lim_{x\to 0}\left(\frac{3^x-1}{x}\cdot\frac{e^x-1}{f(x)}\cdot\frac{x}{e^x-1}\right)$$

$\lim\limits_{x\to 0}\dfrac{a^x-1}{x}=\ln a$, $\lim\limits_{x\to 0}\dfrac{e^x-1}{x}=1$

분모, 분자에 똑같이 x와 e^x-1을 곱해주어야 등식이 성립해.

$$=\ln 3\cdot 1\cdot 1\ \left(\because\lim_{x\to 0}\frac{e^x-1}{x}=1\right)$$

$$=\ln 3\ (참)$$

보기 ㄴ의 가정이야.

ㄷ. **반례** $f(x)=\sqrt{x}$이면 $\lim\limits_{x\to 0}f(x)=0$이지만

$$\lim_{x\to 0}\frac{e^{f(x)}-1}{x}=\lim_{x\to 0}\left(\frac{e^{\sqrt{x}}-1}{\sqrt{x}}\cdot\frac{1}{\sqrt{x}}\right)=\infty\ (거짓)$$

따라서 옳은 것은 ㄱ, ㄴ이다.

$\lim\limits_{x\to 0}\dfrac{e^{\sqrt{x}}-1}{\sqrt{x}}$은 1로 수렴하지만 $\lim\limits_{x\to 0}\dfrac{1}{\sqrt{x}}$은 발산하므로 $\lim\limits_{x\to 0}\left(\dfrac{e^{\sqrt{x}}-1}{\sqrt{x}}\cdot\dfrac{1}{\sqrt{x}}\right)$은 발산해. 그래서 $\lim\limits_{x\to 0}\dfrac{e^{f(x)}-1}{x}$이 존재하지 않아.

🔆 알아야 할 기본개념

여러 가지 지수함수와 로그함수의 극한

(1) $\lim\limits_{x\to 0}\dfrac{e^x-1}{x}=1$

(2) $\lim\limits_{x\to 0}\dfrac{a^x-1}{x}=\ln a$ (단, $a>0$, $a\neq 1$)

(3) $\lim\limits_{x\to 0}\dfrac{\ln(1+x)}{x}=1$

(4) $\lim\limits_{x\to 0}\dfrac{\log_a(1+x)}{x}=\dfrac{1}{\ln a}$ (단, $a>0$, $a\neq 1$)

수능포인트

ㄷ에서 $f(x)$는 단순히 0으로 수렴한다는 사실만 아는 상태로 이 문제를 풀어야 합니다. 우선 지수함수의 극한에서는 꼴을 맞춰줘야 하니까 $f(x)$를 분모, 분자에 각각 곱해주면 $\lim\limits_{x\to 0}\left(\dfrac{e^{f(x)}-1}{f(x)}\cdot\dfrac{f(x)}{x}\right)$가 되어 $\lim\limits_{x\to 0}\dfrac{f(x)}{x}$의 수렴 여부를 따져줘야 합니다. 분자, 분모 둘다 0으로 수렴한다고 수렴하는 게 아니라 예를 들어 $f(x)$가 분모와 같은 차수의 다항함수이거나 (예 $f(x)=x$) 더 큰 차수이면 (예 $f(x)=x^2$) 수렴할 수 있습니다.

038 [정답률 65%] 정답 ③

→ 보기 ㄱ, ㄴ, ㄷ의 참, 거짓을 판별하기 위해 무리수 e의 정의 $e=\lim\limits_{x\to\infty}\left(1+\dfrac{1}{x}\right)^{x}$을 이용할 수 있도록 함수 $f(x)$의 식을 변형해.

함수 $f(x)=\left(\dfrac{x}{x-1}\right)^{x}$ $(x>1)$에 대하여 [보기]에서 옳은 것을 모두 고른 것은? (3점)

[보기]
ㄱ. $\lim\limits_{x\to\infty} f(x)=e$
ㄴ. $\lim\limits_{x\to\infty} f(x)f(x+1)=e^{2}$
ㄷ. $k\geq 2$일 때, $\lim\limits_{x\to\infty} f(kx)=e^{k}$이다.

① ㄱ 　② ㄷ 　❸ ㄱ, ㄴ
④ ㄴ, ㄷ 　⑤ ㄱ, ㄴ, ㄷ

Step 1 무리수 e의 정의를 이용할 수 있도록 식을 변형한다.

$$f(x)=\left(\dfrac{x}{x-1}\right)^{x}=\left(\dfrac{x-1}{x}\right)^{-x}=\left(1-\dfrac{1}{x}\right)^{-x}$$
$$=\left(1+\dfrac{1}{-x}\right)^{-x}$$

→ $f(x)$를 $\left(1+\dfrac{1}{\square}\right)^{\square}$의 형태로 만들기 위해 $\dfrac{x}{x-1}$의 역수를 이용하면 $\left(\dfrac{x}{x-1}\right)^{x}=\left\{\left(\dfrac{x-1}{x}\right)^{-1}\right\}^{x}=\left(\dfrac{x-1}{x}\right)^{-x}$

Step 2 $\lim\limits_{\square\to\infty}\left(1+\dfrac{1}{\square}\right)^{\square}=e$임을 이용하여 [보기]의 참, 거짓을 판별한다.

→ 무리수 e의 정의

ㄱ. $\lim\limits_{x\to\infty} f(x)=\lim\limits_{x\to\infty}\left(1+\dfrac{1}{-x}\right)^{-x}=e$ (참)

ㄴ. $\lim\limits_{x\to\infty} f(x)f(x+1)=\lim\limits_{x\to\infty}\left(1+\dfrac{1}{-x}\right)^{-x}\cdot\left\{1+\dfrac{1}{-(x+1)}\right\}^{-(x+1)}$
함수 $f(x)$의 식에 x 대신 $x+1$을 대입 $=e\cdot e=e^{2}$ (참)

ㄷ. $\lim\limits_{x\to\infty} f(kx)=\lim\limits_{x\to\infty}\left(1+\dfrac{1}{-kx}\right)^{-kx}=e$ (거짓)

따라서 옳은 것은 ㄱ, ㄴ이다. $=\lim\limits_{x\to\infty}\left(1+\dfrac{1}{-x}\right)^{-x}\cdot\lim\limits_{x\to\infty}\left\{1+\dfrac{1}{-(x+1)}\right\}^{-(x+1)}$
→ 함수 $f(x)$의 식에 x 대신 kx를 대입

🔅 알아야 할 기본개념

무리수 e의 정의

$$e=\lim\limits_{x\to\infty}\left(1+\dfrac{1}{x}\right)^{x}=\lim\limits_{x\to 0}(1+x)^{\frac{1}{x}}$$

이때 $e=2.71828182845904\cdots$이고 무리수 e를 밑으로 하는 로그 $\log_{e}x$를 '자연로그'라 하며 $\ln x$로 나타낸다.

039 [정답률 77%] 정답 ④

→ $x\to 0$일 때 (분모)$\to 0$이고 극한값이 존재할 때 (분자)$\to 0$인 것과 $\lim\limits_{x\to 0}\dfrac{\ln(1+x)}{x}=1$, $\lim\limits_{x\to 0}\dfrac{a^{x}-1}{x}=\ln a\,(a>0,\,a\neq 1)$를 이용하여 a, b의 값을 각각 구해.

$\lim\limits_{x\to 0}\dfrac{a^{x}+b}{\ln(x+1)}=\ln 3\,(a>0,\,a\neq 1)$을 만족하는 상수 $a-b$의 값은? (3점)

① 1 　② 2 　③ 3
❹ 4 　⑤ 5

Step 1 $x\to 0$일 때 극한값이 존재하고 (분모)$\to 0$이므로 (분자)$\to 0$이어야 한다.

$\lim\limits_{x\to 0}\dfrac{a^{x}+b}{\ln(x+1)}$에서 극한값이 존재하고 $x\to 0$일 때 (분모)$\to 0$이므로 (분자)$\to 0$이어야 한다.
→ $\lim\limits_{x\to 0}\dfrac{a^{x}+b}{\ln(x+1)}=\ln 3$　　$\lim\limits_{x\to 0}\ln(x+1)=0$

따라서 $\lim\limits_{x\to 0}(a^{x}+b)=1+b=0$에서 $b=-1$
→ $\lim\limits_{x\to 0}(a^{x}+b)=0$　$a\neq 0$일 때 $a^{0}=1$

$\therefore \lim\limits_{x\to 0}\dfrac{a^{x}+b}{\ln(x+1)}=\lim\limits_{x\to 0}\dfrac{a^{x}-1}{\ln(x+1)}$
→ 주어진 식에 b 대신 -1을 대입

Step 2 $\lim\limits_{x\to 0}\dfrac{\ln(1+x)}{x}=1$, $\lim\limits_{x\to 0}\dfrac{a^{x}-1}{x}=\ln a$임을 이용한다.
→ 여러 가지 지수함수와 로그함수의 극한을 잘 기억하고 있어야 해.

$$\lim\limits_{x\to 0}\dfrac{a^{x}-1}{\ln(x+1)}=\lim\limits_{x\to 0}\dfrac{\dfrac{a^{x}-1}{x}}{\dfrac{\ln(x+1)}{x}}=\dfrac{\ln a}{1}=\ln a$$

$\lim\limits_{x\to 0}\dfrac{a^{x}+b}{\ln(x+1)}=\ln 3$이므로
→ 분모와 분자에 똑같이 $\dfrac{1}{x}$을 곱해주어야 등식이 성립해.

$\ln a=\ln 3$　$\therefore a=3$　→ 자연로그의 밑이 무리수 e로 같으므로 로그의 진수가 서로 같아야 해.

따라서 $a=3$, $b=-1$이므로
$a-b=3-(-1)=4$

040 [정답률 68%] 정답 ①

세 양수 a, b, c에 대하여
$$\lim\limits_{x\to\infty} x^{a}\ln\left(b+\dfrac{c}{x^{2}}\right)=2$$
일 때, $a+b+c$의 값은? (4점)

→ 미정계수의 결정과 로그함수의 극한을 이용할 수 있도록 $\dfrac{1}{x}=t$로 치환하여 a, b, c의 값을 각각 구해.

❶ 5 　② 6 　③ 7
④ 8 　⑤ 9

Step 1 $\dfrac{1}{x}=t$로 치환하여 식을 정리한다.

$\dfrac{1}{x}=t$로 놓으면 $x\to\infty$일 때, $t\to 0$이므로
$\lim\limits_{x\to\infty} x^{a}\ln\left(b+\dfrac{c}{x^{2}}\right)=2$에서
$\lim\limits_{t\to 0}\dfrac{\ln(b+ct^{2})}{t^{a}}=2$　……　㉠

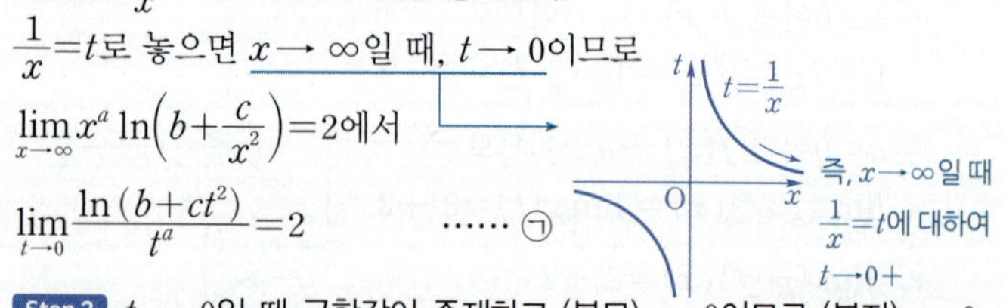

Step 2 $t\to 0$일 때 극한값이 존재하고 (분모)$\to 0$이므로 (분자)$\to 0$이어야 한다.

$t\to 0$일 때 극한값이 존재하고 (분모)$\to 0$이므로 (분자)$\to 0$이어야 한다.
→ $\lim\limits_{t\to 0}\dfrac{\ln(b+ct^{2})}{t^{a}}=2$　$\lim\limits_{t\to 0}t^{a}=0$　$\lim\limits_{t\to 0}\ln(b+ct^{2})=0$

즉, $\lim\limits_{t\to 0}\ln(b+ct^{2})=0$에서
$\ln b=0$　$\therefore b=1$
→ 로그의 성질 $\log_{a}1=0$ (단, $a>0$, $a\neq 1$)

$b=1$을 ㉠에 대입하면
$$\lim\limits_{t\to 0}\dfrac{\ln(1+ct^{2})}{t^{a}}=\lim\limits_{t\to 0}\left\{\dfrac{\ln(1+ct^{2})}{ct^{2}}\cdot\dfrac{ct^{2}}{t^{a}}\right\}$$
같은 모양으로 바꿔.
→ 분모에 ct^{2}을 곱하였으므로 분자에도 ct^{2}을 곱해주어야 등식이 성립해.

$$=\lim\limits_{t\to 0}\dfrac{ct^{2}}{t^{a}}=\lim\limits_{t\to 0} ct^{2-a}=2$$
→ $\lim\limits_{t\to 0}\dfrac{\ln(1+ct^{2})}{ct^{2}}=1$

a, c가 양수이므로 $c=2$, $2-a=0$
$\therefore c=2$, $a=2$
→ $2-a\neq 0$이면 $\lim\limits_{t\to 0}t^{2-a}=0$이므로 $\lim\limits_{t\to 0}ct^{2-a}\neq 2$가 된다.

$\therefore a+b+c=2+1+2=5$

알아야 할 기본개념

미정계수의 결정

두 함수 $f(x)$, $g(x)$에 대하여 다음이 성립한다.

(1) $\lim\limits_{x \to a} \dfrac{f(x)}{g(x)} = \alpha$ (a는 실수)이고 $\lim\limits_{x \to a} g(x) = 0$이면 $\lim\limits_{x \to a} f(x) = 0$

(2) $\lim\limits_{x \to a} \dfrac{f(x)}{g(x)} = \alpha$ (a는 0이 아닌 실수)이고 $\lim\limits_{x \to a} f(x) = 0$이면

$$\lim\limits_{x \to a} g(x) = 0$$

로그함수의 극한

(1) $\lim\limits_{x \to 0} \dfrac{\ln(1+x)}{x} = 1$

(2) $\lim\limits_{x \to 0} \dfrac{\log_a(1+x)}{x} = \dfrac{1}{\ln a}$ (단, $a > 0$, $a \neq 1$)

(3) $\lim\limits_{x \to 0} \dfrac{\ln(1+ax)}{bx} = \dfrac{a}{b}$ (단, $b \neq 0$)

알아야 할 기본개념

미정계수의 결정

두 함수 $f(x)$, $g(x)$에 대하여 다음이 성립한다.

(1) $\lim\limits_{x \to a} \dfrac{f(x)}{g(x)} = \alpha$ (a는 실수)이고 $\lim\limits_{x \to a} g(x) = 0$이면 $\lim\limits_{x \to a} f(x) = 0$

(2) $\lim\limits_{x \to a} \dfrac{f(x)}{g(x)} = \alpha$ (a는 0이 아닌 실수)이고 $\lim\limits_{x \to a} f(x) = 0$이면

$$\lim\limits_{x \to a} g(x) = 0$$

여러 가지 지수함수와 로그함수의 극한

(1) $\lim\limits_{x \to 0} \dfrac{e^x - 1}{x} = 1$

(2) $\lim\limits_{x \to 0} \dfrac{a^x - 1}{x} = \ln a$ (단, $a > 0$, $a \neq 1$)

(3) $\lim\limits_{x \to 0} \dfrac{\ln(1+x)}{x} = 1$

(4) $\lim\limits_{x \to 0} \dfrac{\log_a(1+x)}{x} = \dfrac{1}{\ln a}$ (단, $a > 0$, $a \neq 1$)

수능포인트

이렇게 새로 변형을 해서 풀어야 하는 문제에서 조심해야 할 것은 변형하는 과정에 반드시 극한의 형태가 맞는지 확인해야 한다는 것입니다.

예를 들어 단순히 $\lim\limits_{x \to 0} \dfrac{\ln(5x+1)}{f(x)}$의 극한값에 대한 문제에서는 바로 $5x$로 나눠주고 다시 곱해 $\lim\limits_{x \to 0} \left[\dfrac{\ln(5x+1)}{5x} \cdot \dfrac{5x}{f(x)} \right]$로 식을 변형할 수 있는데 이는 $x \to 0$일 때 $5x \to 0$, 즉 $\lim\limits_{x \to 0} 5x = 0$이기 때문입니다.

같은 방법으로 $\lim\limits_{x \to 0} \dfrac{\ln\{f(2x)+1\}}{x}$을 $\lim\limits_{x \to 0} \left[\dfrac{\ln\{f(2x)+1\}}{f(2x)} \cdot \dfrac{f(2x)}{x} \right]$로 변형하려면 $x \to 0$일 때 $f(2x) \to 0$인지를 반드시 확인해 줘야 합니다. 이 문제에서는 $\lim\limits_{x \to 0} f(2x) = 0$이라는 것을 알 수 있지만 일반적인 함수로 나누는 경우에는 이 부분을 반드시 확인해야 합니다.

041 [정답률 93%] 정답 ⑤

> 연속함수 $f(x)$에 대하여
> $$\lim\limits_{x \to 0} \dfrac{\ln\{1+f(2x)\}}{x} = 10$$
> 일 때, $\lim\limits_{x \to 0} \dfrac{f(x)}{x}$의 값은? (3점)
>
> → 미정계수의 결정과 로그함수의 극한을 이용하여 $\lim\limits_{x \to 0} \dfrac{f(x)}{x}$의 값을 구해.
>
> ① 1 ② 2 ③ 3
> ④ 4 ⑤ 5

Step 1 $x \to 0$일 때 극한값이 존재하고 (분모)$\to 0$이므로 (분자)$\to 0$이어야 한다.

$$\lim\limits_{x \to 0} \dfrac{\ln\{1+f(2x)\}}{x} = 10 \quad \cdots\cdots \ ㉠$$

 미정계수의 결정

에서 $x \to 0$일 때 극한값이 존재하고 (분모) $\to 0$이므로 (분자) $\to 0$이어야 한다.

$$\lim\limits_{x \to 0} x = 0 \qquad \lim\limits_{x \to 0} \ln\{1+f(2x)\} = 0$$

즉, $\lim\limits_{x \to 0} \ln\{1+f(2x)\} = 0$ → 로그의 값이 0이기 위해서는 (진수)$=1$이어야 하므로 $\lim\limits_{x \to 0}\{1+f(2x)\} = 1$

$\therefore \lim\limits_{x \to 0} f(2x) = 0$ ($\because \ln 1 = 0$)

Step 2 $\lim\limits_{\square \to 0} \dfrac{\ln(1+\square)}{\square} = 1$임을 이용해 극한값을 구한다.

→ 등식이 성립하려면 분모, 분자에 동일한 수를 곱해주어야 해.

$\lim\limits_{x \to 0} \dfrac{\ln\{1+f(2x)\}}{x}$의 분자, 분모에 $f(2x)$를 곱하면

$$\lim\limits_{x \to 0} \dfrac{f(2x) \times \ln\{1+f(2x)\}}{x \times f(2x)} = \lim\limits_{x \to 0} \left[\dfrac{\ln\{1+f(2x)\}}{f(2x)} \times \dfrac{f(2x)}{x} \right]$$

$$= \lim\limits_{x \to 0} \dfrac{f(2x)}{x} = 10 \quad \to \quad \lim\limits_{x \to 0} \dfrac{\ln\{1+f(2x)\}}{f(2x)} = 1$$

$\lim\limits_{x \to 0} \dfrac{f(2x)}{x} = 10$에서 $2x = t$라 하면 $x \to 0$일 때 $t \to 0$이므로

$$\lim\limits_{x \to 0} \dfrac{f(2x)}{x} = \lim\limits_{t \to 0} \dfrac{f(t)}{\dfrac{t}{2}} = \lim\limits_{t \to 0} 2 \times \dfrac{f(t)}{t} = 10$$

 x 대신 $\dfrac{t}{2}$ 대입

$$\therefore \lim\limits_{x \to 0} \dfrac{f(x)}{x} = \lim\limits_{t \to 0} \dfrac{f(t)}{t} = 5$$

042 [정답률 62%] 정답 ⑤

> 함수 $f(x) = \log_2(x+3)$의 역함수를 $g(x)$라 할 때,
> $$\lim\limits_{x \to 0} \dfrac{f(x-2)}{g(x)+2}$$의 값은? (4점)
>
> → 역함수를 구하는 방법을 떠올려!
>
> ① $(\ln 2)^2$ ② $\ln 2$ ③ 1
> ④ $\dfrac{1}{\ln 2}$ ⑤ $\dfrac{1}{(\ln 2)^2}$

Step 1 $f(x)$의 역함수 $g(x)$를 구한다.

 함수 $y = f(x)$의 역함수 $y = f^{-1}(x)$를 구하는 방법은 첫째, $y = f(x)$를 x에 관하여 풀고 둘째, 위에서 정리한 $x = f^{-1}(y)$의 식에서 x와 y를 서로 바꿔주는 거야.

$y = \log_2(x+3)$에서 $x+3 = 2^y$, $x = 2^y - 3$

x와 y를 바꾸면 $y = 2^x - 3$

$\therefore g(x) = 2^x - 3$

Step 2 $\lim\limits_{\square \to 0} \dfrac{\log_a(\square+1)}{\square} = \dfrac{1}{\ln a}$, $\lim\limits_{\square \to 0} \dfrac{a^\square - 1}{\square} = \ln a$임을 이용하여 극한값을 구한다.

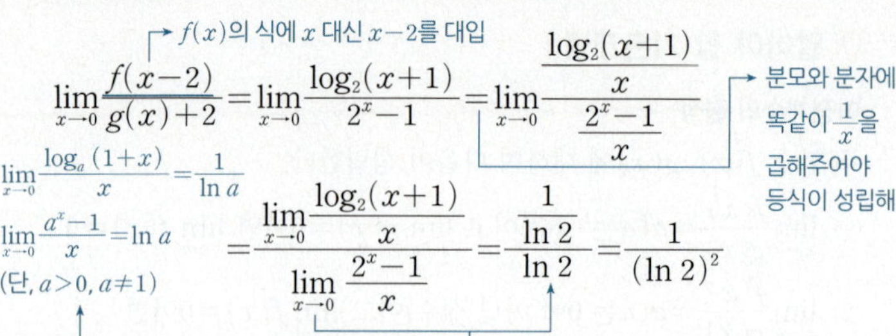

$$\lim_{x\to 0}\frac{f(x-2)}{g(x)+2}=\lim_{x\to 0}\frac{\log_2(x+1)}{2^x-1}=\lim_{x\to 0}\frac{\dfrac{\log_2(x+1)}{x}}{\dfrac{2^x-1}{x}}$$

> $f(x)$의 식에 x 대신 $x-2$를 대입

$$\lim_{x\to 0}\frac{\log_a(1+x)}{x}=\frac{1}{\ln a}$$

$$\lim_{x\to 0}\frac{a^x-1}{x}=\ln a$$
(단, $a>0, a\neq 1$)

$$=\lim_{x\to 0}\frac{\dfrac{\log_2(x+1)}{x}}{\dfrac{2^x-1}{x}}=\frac{\ln 2}{\ln 2}=\frac{1}{(\ln 2)^2}$$

> 분모와 분자에 똑같이 $\dfrac{1}{x}$을 곱해주어야 등식이 성립해.

043 [정답률 92%] 정답 ③

> 역함수를 어떻게 구할 수 있는지 생각해!

> $x>0$

양의 실수 전체의 집합에서 정의된 함수 $f(x)=\ln\sqrt[3]{x}$의 역함수를 $g(x)$라 할 때, $\lim_{x\to 0+}\dfrac{f(g(x))}{g(x)-1}$의 값은? (3점)

① $\dfrac{1}{6}$　② $\dfrac{1}{4}$　③ $\dfrac{1}{3}$

④ $\dfrac{2}{3}$　⑤ $\dfrac{3}{2}$

Step 1 $f(x)$의 역함수 $g(x)$를 구한다.

$f(x)=\ln\sqrt[3]{x}$의 역함수 $g(x)$를 구해 보면
$y=\ln\sqrt[3]{x}$에서 $\sqrt[3]{x}=e^y$, $x=e^{3y}$
x와 y를 바꾸면 $y=e^{3x}$
$\therefore g(x)=e^{3x}$

> 함수 $y=f(x)$의 역함수 $y=g(x)$를 구하는 방법은 첫째, $y=f(x)$를 x에 관하여 풀고 둘째, 위에서 정리한 $x=f^{-1}(y)$의 식에서 x와 y를 서로 바꿔주면 역함수 $y=f^{-1}(x)=g(x)$를 구할 수 있어.

Step 2 $\lim_{\square\to 0}\dfrac{e^\square-1}{\square}=1$임을 이용해 극한값을 구한다.

$\lim_{x\to 0+}\dfrac{f(g(x))}{g(x)-1}$에서 $g(x)$는 $f(x)$의 역함수이므로 $f(g(x))=x$

> 역함수의 성질
> 함수 $f:X\to Y$가 일대일대응이고 $x\in X, y\in Y$일 때
> (1) $(f^{-1}\circ f)(x)=x$
> (2) $(f\circ f^{-1})(y)=y$

$$\therefore \lim_{x\to 0+}\frac{f(g(x))}{g(x)-1}=\lim_{x\to 0+}\frac{x}{e^{3x}-1}=\lim_{x\to 0+}\frac{\dfrac{x}{3x}}{\dfrac{e^{3x}-1}{3x}}$$

$$\lim_{x\to 0}\frac{e^{3x}-1}{3x}=1$$

$$=\frac{\dfrac{1}{3}}{1}=\frac{1}{3}$$

> 분모와 분자에 똑같이 $\dfrac{1}{3x}$을 곱해 주어야 등식이 성립할 수 있어.

★ 다른 풀이 미분계수의 정의를 이용하는 풀이

Step 1 주어진 식을 변형해 미분계수의 정의를 이용한다.

$f(x)=\ln\sqrt[3]{x}$에서 $f(1)=0$이고 $g(x)$는 $f(x)$의 역함수이므로
$g(0)=1$
$f(g(x))=x$이므로

$$\lim_{x\to 0+}\frac{f(g(x))}{g(x)-1}=\lim_{x\to 0+}\frac{x}{g(x)-g(0)}$$

$$=\lim_{x\to 0+}\frac{1}{\dfrac{g(x)-g(0)}{x-0}}=\frac{1}{g'(0)}$$

> 함수 $y=f(x)$의 그래프와 역함수 $y=f^{-1}(x)$의 그래프는 직선 $y=x$에 대하여 대칭이므로 함수 $y=f(x)$의 그래프 위의 점 (a,b)에 대하여 $b=f(a)\Leftrightarrow a=f^{-1}(b)$

$g'(0)=\dfrac{1}{f'(1)}$이고 $f(x)=\ln\sqrt[3]{x}=\dfrac{1}{3}\ln x$에서

$$f'(x)=\frac{1}{3}\times\frac{1}{x}=\frac{1}{3x}$$

$$\therefore g'(0)=\frac{1}{f'(1)}=3$$

$$\therefore \lim_{x\to 0+}\frac{f(g(x))}{g(x)-1}=\frac{1}{g'(0)}=\frac{1}{3}$$

> 미분계수의 정의
> 함수 $y=f(x)$에 대하여 $\lim_{x\to a}\dfrac{f(x)-f(a)}{x-a}$의 값이 존재하면 이 극한값을 함수 $y=f(x)$의 $x=a$에서의 '순간변화율' 또는 '미분계수'라 하고 기호로 $f'(a)$로 나타낸다.

> 미분가능한 함수 $f(x)$의 역함수 $g(x)$가 존재하고 미분가능할 때 역함수 $g(x)$의 도함수는 $g'(x)=\dfrac{1}{f'(g(x))}$

044 [정답률 69%] 정답 ②

$a>e$인 실수 a에 대하여 두 곡선 $y=e^{x-1}$과 $y=a^x$이 만나는 점의 x좌표를 $f(a)$라 할 때, $\lim_{a\to e+}\dfrac{1}{(e-a)f(a)}$의 값은?

> 우선 $f(a)$를 구하고 이를 주어진 식에 대입해야 해.

(4점)

① $\dfrac{1}{e^2}$　② $\dfrac{1}{e}$　③ 1

④ e　⑤ e^2

Step 1 $f(a)$를 구한다.

$y=e^{x-1}$, $y=a^x$에서
$$e^{x-1}=a^x,\ \frac{e^x}{e}=a^x,\ e=\frac{e^x}{a^x}=\left(\frac{e}{a}\right)^x$$
$$\ln e=1=\ln\left(\frac{e}{a}\right)^x=x\ln\frac{e}{a}$$
$$x=\frac{1}{\ln\dfrac{e}{a}},\ \text{즉}\ f(a)=\frac{1}{\ln\dfrac{e}{a}}$$

Step 2 지수함수와 로그함수의 극한을 이용한다.

$$\lim_{a\to e+}\frac{1}{(e-a)f(a)}=\lim_{a\to e+}\frac{1}{(e-a)\times\dfrac{1}{\ln\dfrac{e}{a}}}$$

$$=\lim_{a\to e+}\frac{\ln\dfrac{e}{a}}{e-a}$$

$a-e=t$라 하면 $a=t+e$이고
$a\to e+$일 때 $t\to 0+$이므로

> $\lim_{x\to 0}(1+x)^{\frac{1}{x}}=e$를 이용하려면 $a-e$ 또는 $e-a$를 한 문자 t로 치환해야 해.

$$\lim_{a\to e+}\frac{\ln\dfrac{e}{a}}{e-a}=\lim_{t\to 0+}\frac{\ln\dfrac{e}{t+e}}{-t}$$

$$=\lim_{t\to 0+}\ln\left(\frac{e}{t+e}\right)^{-\frac{1}{t}}$$

$$=\lim_{t\to 0+}\ln\left(\frac{t+e}{e}\right)^{\frac{1}{t}}$$

$$=\lim_{t\to 0+}\ln\left(1+\frac{t}{e}\right)^{\frac{1}{t}}$$

$$=\lim_{t\to 0+}\ln\left\{\left(1+\frac{t}{e}\right)^{\frac{e}{t}}\right\}^{\frac{1}{e}}$$

$$=\ln e^{\frac{1}{e}}=\frac{1}{e}$$

> $\ln\left[\lim_{t\to 0+}\left\{\left(1+\dfrac{t}{e}\right)^{\frac{e}{t}}\right\}^{\frac{1}{e}}\right]$
> $=\ln\left\{\lim_{t\to 0+}\left(1+\dfrac{t}{e}\right)^{\frac{e}{t}}\right\}^{\frac{1}{e}}$
> $=\ln e^{\frac{1}{e}}$

💡 알아야 할 기본개념

무리수 e의 정의

$$e=\lim_{x\to 0}(1+x)^{\frac{1}{x}}=\lim_{x\to\infty}\left(1+\frac{1}{x}\right)^x$$

045 [정답률 79%] 정답 ①

$$\lim_{x\to 0}\frac{2^{ax+b}-8}{2^{bx}-1}=16$$일 때, $a+b$의 값은?

(단, a와 b는 0이 아닌 상수이다.) (3점)

① 9　② 10　③ 11

④ 12　⑤ 13

Step 1 (분모)→0이고 극한값이 존재하므로 (분자)→0이어야 함을 이용한다.

$\lim\limits_{x \to 0} \dfrac{2^{ax+b}-8}{2^{bx}-1}=16$에서 $x \to 0$일 때, (분모)→0이고 극한값이 존재하므로 (분자)→0이어야 한다.

$\lim\limits_{x \to 0}(2^{ax+b}-8)=0$

$2^b-8=0,\ 2^b=2^3 \quad \therefore b=3$

Step 2 $\lim\limits_{x \to 0}\dfrac{2^{ax+3}-8}{2^{3x}-1}=16$임을 이용하여 a의 값을 구한다.

$\lim\limits_{x \to 0}\dfrac{2^{ax+3}-8}{2^{3x}-1}=\lim\limits_{x \to 0}\dfrac{8(2^{ax}-1)}{2^{3x}-1}$

분자에서 $2^{ax}\times 2^3 - 8 = 8 \times 2^{ax} - 8$

$=\dfrac{8a}{3}\times \lim\limits_{x \to 0}\dfrac{\dfrac{2^{ax}-1}{ax}}{\dfrac{2^{3x}-1}{3x}}$

$=\dfrac{8a}{3}\times \dfrac{\ln 2}{\ln 2}=\dfrac{8a}{3}$

$\blacktriangleright \lim\limits_{x \to 0}\dfrac{a^x-1}{x}=\ln a$

$\dfrac{8a}{3}=16$에서 $a=6$

따라서 $a+b=6+3=9$이다.

---

046 [정답률 57%]   정답 ④

2보다 큰 실수 a에 대하여 두 곡선 $y=2^x$, $y=-2^x+a$가 y축과 만나는 점을 각각 A, B라 하고, 두 곡선의 교점을 C라 하자.

점 A의 좌표: $A(0,1)$ ←   점 B의 좌표: $B(0,a-1)$

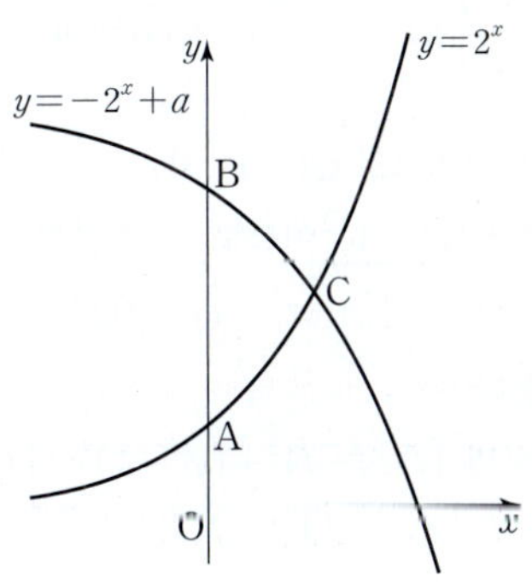

직선 AC의 기울기를 $f(a)$, 직선 BC의 기울기를 $g(a)$라 할 때, $\lim\limits_{a \to 2+}\{f(a)-g(a)\}$의 값은? (4점)

① $\dfrac{1}{\ln 2}$ ② $\dfrac{2}{\ln 2}$ ③ $\ln 2$

④ $2\ln 2$ ⑤ 2

Step 1 $a \to 2+$이면 $f(a),\ g(a)$가 접선의 기울기와 같아짐을 이용한다.

점 B의 좌표가 $B(0,a-1)$인데 $a \to 2+$이면 점 B는 점 $(0,1)$, 즉 점 A에 한없이 가까워지고 점 C 역시 점 A에 한없이 가까워진다.

$a \to 2+$이면 점 C는 곡선 $y=2^x$을 따라 점 A에 한없이 가까워진다.

따라서 직선 AC의 기울기는 곡선 $y=2^x$ 위의 점 A에서의 접선의 기울기에 한없이 가까워진다.

지수함수의 도함수 $(a^x)'=a^x \ln a$ (단, $a>0,\ a\neq 1$)

직선 AC의 기울기

$y=2^x$에서 $y'=2^x \times \ln 2$이므로 $\lim\limits_{a \to 2+}f(a)=2^0 \times \ln 2=\ln 2$

$x=0$ 대입

한편, 점 C를 지나고 x축에 평행한 직선을 l이라 하면

곡선 $y=-2^x+a$와 곡선 $y=2^x$은 항상 직선 l에 대하여 대칭이다.

따라서 두 직선 BC, AC도 항상 직선 l에 대하여 대칭이다.

$\lim\limits_{a \to 2+}g(a)=-\lim\limits_{a \to 2+}f(a)=-\ln 2$

x축에 평행한 직선 l에 대하여 두 직선 BC와 AC가 대칭이므로 두 직선 BC와 AC의 기울기는 절댓값이 같고 부호는 반대야.

$\therefore \lim\limits_{a \to 2+}\{f(a)-g(a)\}=\lim\limits_{a \to 2+}f(a)-\lim\limits_{a \to 2+}g(a)$

$=\ln 2-(-\ln 2)=2\ln 2$

✪ 다른 풀이 직접 기울기를 구해 해결하는 풀이

Step 1 두 직선 AC, BC의 기울기 $f(a),\ g(a)$를 a에 대한 식으로 표현한다.

점 C는 두 지수함수의 그래프의 교점이므로 $2^x=-2^x+a$

$2\cdot 2^x=a,\ 2^x=\dfrac{a}{2}$

$\therefore x=\log_2 \dfrac{a}{2},\ y=\dfrac{a}{2} \longrightarrow y=2^{\log_2 \frac{a}{2}}=\dfrac{a}{2}$

따라서 점 C의 좌표는 $C\!\left(\log_2 \dfrac{a}{2},\ \dfrac{a}{2}\right)$이다.

$A(0,1),\ C\!\left(\log_2 \dfrac{a}{2},\ \dfrac{a}{2}\right)$이므로 직선 AC의 기울기는

두 점 $(x_1,y_1),(x_2,y_2)$를 지나는 직선의 기울기 : $\dfrac{y_2-y_1}{x_2-x_1}\ (x_1\neq x_2)$

$f(a)=\dfrac{\dfrac{a}{2}-1}{\log_2 \dfrac{a}{2}-0}=\dfrac{\dfrac{a}{2}-1}{\log_2 \dfrac{a}{2}}$

$B(0,a-1),\ C\!\left(\log_2 \dfrac{a}{2},\ \dfrac{a}{2}\right)$이므로 직선 BC의 기울기는

$g(a)=\dfrac{\dfrac{a}{2}-(a-1)}{\log_2 \dfrac{a}{2}-0}=\dfrac{-\dfrac{a}{2}+1}{\log_2 \dfrac{a}{2}}$

부호 주의

$f(a)-g(a)=\dfrac{\dfrac{a}{2}-1}{\log_2 \dfrac{a}{2}}-\dfrac{-\dfrac{a}{2}+1}{\log_2 \dfrac{a}{2}}=\dfrac{a-2}{\log_2 \dfrac{a}{2}}$

$\dfrac{\left(\dfrac{a}{2}-1\right)-\left(-\dfrac{a}{2}+1\right)}{\log_2 \dfrac{a}{2}}=\dfrac{\dfrac{a}{2}-1+\dfrac{a}{2}-1}{\log_2 \dfrac{a}{2}}=\dfrac{a-2}{\log_2 \dfrac{a}{2}}$

Step 2 치환을 이용하여 극한값을 계산한다.

$a-2=t$로 치환하면 $a \to 2+$일 때, $t \to 0+$이므로

$\lim\limits_{a \to 2+}\{f(a)-g(a)\}$

$a-2=t$로 치환했으므로 $a=t+2$ 즉, a 대신 $t+2$ 대입

$=\lim\limits_{t \to 0+}\dfrac{t}{\log_2 \dfrac{t+2}{2}}=\lim\limits_{t \to 0+}\dfrac{t}{\log_2 \left(\dfrac{t}{2}+1\right)}$

$=\lim\limits_{t \to 0+}\dfrac{2}{\dfrac{2}{t}\log_2 \left(\dfrac{t}{2}+1\right)}=\lim\limits_{t \to 0+}\dfrac{2}{\log_2 \left(\dfrac{t}{2}+1\right)^{\frac{2}{t}}}$

$\lim\limits_{x \to 0}(1+x)^{\frac{1}{x}}=e$를 이용하기 위하여 변형해준 거야.

$=\dfrac{2}{\log_2 e}=2\ln 2$

밑의 변환 공식 $a>0,\ a\neq 1,\ b>0,\ b\neq 1$일 때 $\log_a b=\dfrac{1}{\log_b a}$임을 이용하면

$\dfrac{2}{\log_2 e}=2\log_e 2=2\ln 2$

047 [정답률 81%] 정답 ②

좌표평면 위의 한 점 $P(t, 0)$을 지나는 직선 $x=t$와 두 곡선
$y=\ln x$, $y=-\ln x$가 만나는 점을 각각 A, B라 하자. 삼각형
AQB의 넓이가 1이 되도록 하는 x축 위의 점을 Q라 할 때,
선분 PQ의 길이를 $f(t)$라 하자. $\lim\limits_{t \to 1+} (t-1)f(t)$의 값은?

$\frac{1}{2} \times \overline{AB} \times \overline{PQ} = 1$

(단, 점 Q의 x좌표는 t보다 작다.) (3점)

① $\frac{1}{2}$ ❷ 1   ③ $\frac{3}{2}$

④ 2   ⑤ $\frac{5}{2}$

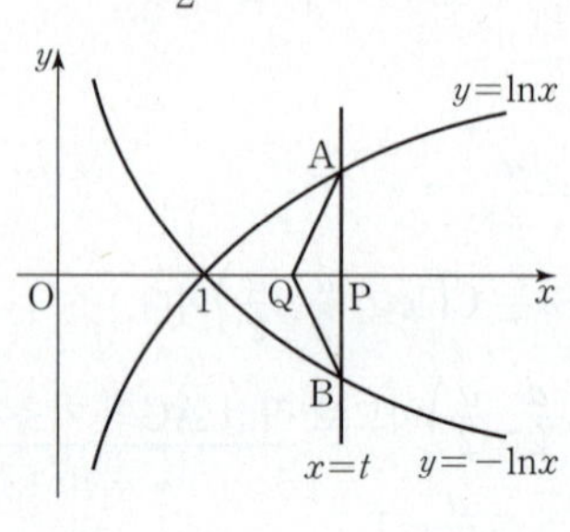

Step 1 $f(t)$를 구한다.

직선 $x=t$가 두 곡선 $y=\ln x$, $y=-\ln x$와 만나는 점이 각각
A, B이므로 $A(t, \ln t)$, $B(t, -\ln t)$

$\therefore \overline{AB} = \ln t - (-\ln t) = 2\ln t$ (점 A의 y좌표)$-$(점 B의 y좌표)

이때 삼각형 AQB의 넓이가 1이므로

$\frac{1}{2} \times \overline{AB} \times \overline{PQ} = 1$에서 $\frac{1}{2} \times 2\ln t \times \overline{PQ} = 1$

$\ln t \times \overline{PQ} = 1$

$\therefore \overline{PQ} = \frac{1}{\ln t}$

따라서 $f(t) = \frac{1}{\ln t}$이다.   → 문제에서 선분 PQ의 길이가 $f(t)$라고 했어.

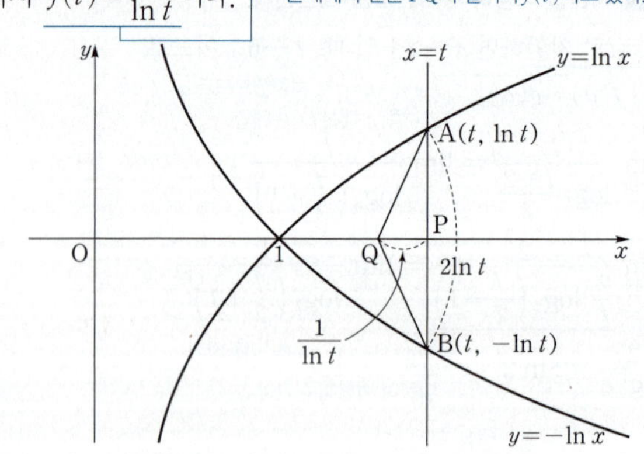

Step 2 $\lim\limits_{t \to 1+} (t-1)f(t)$의 값을 구한다.

$\lim\limits_{t \to 1+} (t-1)f(t) = \lim\limits_{t \to 1+} (t-1) \cdot \frac{1}{\ln t}$

이때 $t-1 = m$으로 놓으면   → $f(t)$ 대신 $\frac{1}{\ln t}$을 써주었어.

$t \to 1+$일 때 $m \to 0+$이므로

$\lim\limits_{t \to 1+} (t-1) \cdot \frac{1}{\ln t} = \lim\limits_{m \to 0+} \frac{m}{\ln (m+1)} = 1$

→ 기본 공식이니까 꼭 암기해두어야 해!

048 [정답률 64%] 정답 ④

곡선 $y=e^{2x}-1$ 위의 점 $P(t, e^{2t}-1)$ $(t>0)$에 대하여
$\overline{PQ} = \overline{OQ}$를 만족시키는 x축 위의 점 Q의 x좌표를 $f(t)$라 할
때, $\lim\limits_{t \to 0+} \dfrac{f(t)}{t}$의 값은? (단, O는 원점이다.) (3점)

① 1   ② $\frac{3}{2}$ ③ 2

❹ $\frac{5}{2}$ ⑤ 3

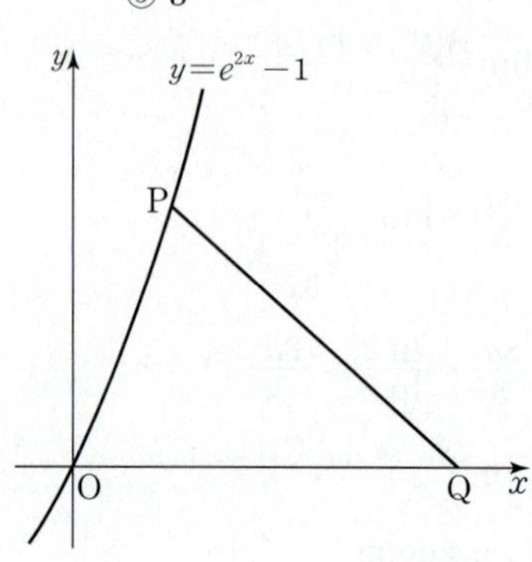

Step 1 t와 $f(t)$ 사이의 관계식을 구한다.

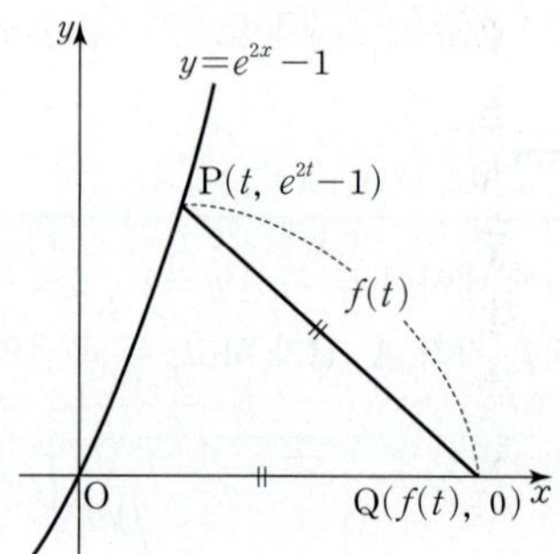

점 Q의 x좌표가 $f(t)$이므로 $Q(f(t), 0)$ $\therefore \overline{OQ} = f(t)$

$\overline{PQ} = \sqrt{\{f(t)-t\}^2 + (e^{2t}-1)^2}$이므로 $\{0-(e^{2t}-1)\}^2 = (e^{2t}-1)^2$

$\overline{PQ} = \overline{OQ}$에서 $\sqrt{\{f(t)-t\}^2 + (e^{2t}-1)^2} = f(t)$ ...... ㉠

Step 2 $f(t)$를 구한다.

㉠의 양변을 제곱하면 $\{f(t)-t\}^2 + (e^{2t}-1)^2 = \{f(t)\}^2$

$\{f(t)\}^2 - 2tf(t) + t^2 + (e^{2t}-1)^2 = \{f(t)\}^2$

$-2tf(t) + t^2 + (e^{2t}-1)^2 = 0$

$\therefore f(t) = \dfrac{t^2 + (e^{2t}-1)^2}{2t}$

Step 3 $\lim\limits_{t \to 0+} \dfrac{f(t)}{t}$의 값을 구한다.

$\lim\limits_{t \to 0+} \dfrac{f(t)}{t} = \lim\limits_{t \to 0+} \dfrac{t^2 + (e^{2t}-1)^2}{2t^2} = \lim\limits_{t \to 0+} \left\{ \dfrac{1}{2} + \dfrac{(e^{2t}-1)^2}{2t^2} \right\}$

$\dfrac{1}{2t^2}$

$= 2 \times \dfrac{1}{4t^2}$

$= 2 \times \dfrac{1}{(2t)^2}$

$= \lim\limits_{t \to 0+} \left\{ \dfrac{1}{2} + 2 \times \left(\dfrac{e^{2t}-1}{2t} \right)^2 \right\} = \dfrac{1}{2} + 2 \times 1 = \dfrac{5}{2}$

암기 $\lim\limits_{\varDelta \to 0} \dfrac{e^{\varDelta}-1}{\varDelta} = 1$

049 [정답률 77%] 정답 ②

좌표평면에서 양의 실수 t에 대하여 직선 $x=t$가 두 곡선 $y=e^{2x+k}$, $y=e^{-3x+k}$과 만나는 점을 각각 P, Q라 할 때, $\overline{PQ}=t$를 만족시키는 실수 k의 값을 $f(t)$라 하자. 함수 $f(t)$에 대하여 $\lim\limits_{t\to 0+} e^{f(t)}$의 값은? (3점)

① $\dfrac{1}{6}$ ② $\dfrac{1}{5}$ ③ $\dfrac{1}{4}$

④ $\dfrac{1}{3}$ ⑤ $\dfrac{1}{2}$

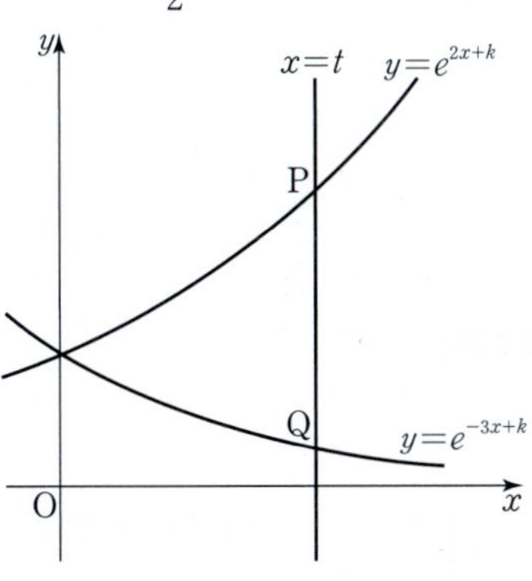

Step 1 두 점 P, Q의 좌표를 이용하여 $e^{f(t)}$을 구한다.

두 점 P, Q의 좌표는 각각 $P(t,\ e^{2t+k})$, $Q(t,\ e^{-3t+k})$이고, $\overline{PQ}=t$를 만족시키는 k의 값이 $f(t)$이므로

$$e^{2t+f(t)}-e^{-3t+f(t)}=t,\quad e^{f(t)}(e^{2t}-e^{-3t})=t$$

점 P의 y좌표   점 Q의 y좌표

$$\therefore\ e^{f(t)}=\frac{t}{e^{2t}-e^{-3t}}$$

Step 2 $\lim\limits_{t\to 0+} e^{f(t)}$의 값을 구한다.

$$\lim_{t\to 0+} e^{f(t)}=\lim_{t\to 0+}\frac{t}{e^{2t}-e^{-3t}}$$

$$=\lim_{t\to 0+}\frac{t}{(e^{2t}-1)-(e^{-3t}-1)}$$

$$=\lim_{t\to 0+}\frac{1}{\dfrac{e^{2t}-1}{t}+\dfrac{e^{-3t}-1}{-t}}$$

$$=\lim_{t\to 0+}\frac{1}{2\times\dfrac{e^{2t}-1}{2t}+3\times\dfrac{e^{-3t}-1}{-3t}}$$

$$=\frac{1}{2\times 1+3\times 1}=\frac{1}{5}$$

$$\lim_{t\to 0+}\frac{e^{-3t}-1}{-3t}=1$$

$$\lim_{t\to 0+}\frac{e^{2t}-1}{2t}=1$$

050 [정답률 76%] 정답 ②

양수 t에 대하여 곡선 $y=e^{x^2}-1\ (x\geq 0)$이 두 직선 $y=t$, $y=5t$와 만나는 점을 각각 A, B라 하고, 점 B에서 x축에 내린 수선의 발을 C라 하자. 삼각형 ABC의 넓이를 $S(t)$라 할 때, $\lim\limits_{t\to 0+}\dfrac{S(t)}{t\sqrt{t}}$의 값은? (3점)

① $\dfrac{5}{4}(\sqrt{5}-1)$ ② $\dfrac{5}{2}(\sqrt{5}-1)$ ③ $5(\sqrt{5}-1)$

④ $\dfrac{5}{4}(\sqrt{5}+1)$ ⑤ $\dfrac{5}{2}(\sqrt{5}+1)$

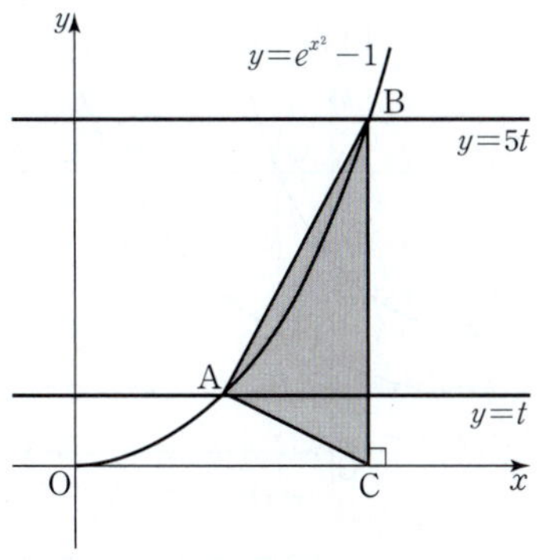

Step 1 삼각형 ABC의 넓이를 t에 대한 식으로 나타낸다.

점 A는 곡선 $y=e^{x^2}-1$과 직선 $y=t$가 만나는 점이므로

$e^{x^2}-1=t$에서 $e^{x^2}=1+t$ ▸ $e^a=b$에서 $a=\ln b$

$x^2=\ln(1+t)$ $\therefore\ x=\sqrt{\ln(1+t)}\ (\because x\geq 0)$

점 B는 곡선 $y=e^{x^2}-1$과 직선 $y=5t$가 만나는 점이므로

$e^{x^2}-1=5t$에서 $e^{x^2}=1+5t$

$x^2=\ln(1+5t)$ $\therefore\ x=\sqrt{\ln(1+5t)}\ (\because x\geq 0)$

즉, $A(\sqrt{\ln(1+t)},\ t)$, $B(\sqrt{\ln(1+5t)},\ 5t)$이므로

$$S(t)=\frac{1}{2}\times 5t\times\left(\sqrt{\ln(1+5t)}-\sqrt{\ln(1+t)}\right)$$

Step 2 $\lim\limits_{t\to 0+}\dfrac{S(t)}{t\sqrt{t}}$의 값을 구한다.

$$\therefore\ \lim_{t\to 0+}\frac{S(t)}{t\sqrt{t}}$$

$$=\lim_{t\to 0+}\frac{\dfrac{5}{2}t\left(\sqrt{\ln(1+5t)}-\sqrt{\ln(1+t)}\right)}{t\sqrt{t}}$$

    ◂ t를 약분

$$=\frac{5}{2}\lim_{t\to 0+}\frac{\sqrt{\ln(1+5t)}-\sqrt{\ln(1+t)}}{\sqrt{t}}$$

$$=\frac{5}{2}\lim_{t\to 0+}\left(\sqrt{\frac{\ln(1+5t)}{t}}-\sqrt{\frac{\ln(1+t)}{t}}\right)=\frac{5}{2}(\sqrt{5}-1)$$

$$\lim_{x\to 0}\frac{\ln(1+bx)}{ax}=\frac{b}{a}$$

051 [정답률 78%] 정답 ③

양수 t에 대하여 다음 조건을 만족시키는 실수 k의 값을 $f(t)$라 하자. → 두 점의 x좌표가 k로 같아.

직선 $x=k$와 두 곡선 $y=e^{\frac{x}{2}}$, $y=e^{\frac{x}{2}+3t}$이 만나는 점을 각각 P, Q라 하고, 점 Q를 지나고 y축에 수직인 직선이 곡선 $y=e^{\frac{x}{2}}$과 만나는 점을 R이라 할 때, $\overline{PQ}=\overline{QR}$이다. → 두 점 Q, R의 y좌표가 같아.

함수 $f(t)$에 대하여 $\displaystyle\lim_{t\to0+}f(t)$의 값은? (4점)

① $\ln 2$ ② $\ln 3$ ③ $\ln 4$
④ $\ln 5$ ⑤ $\ln 6$

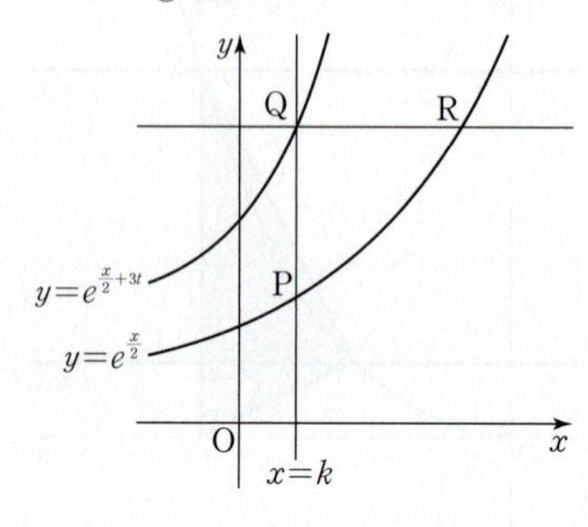

Step 1 선분 QR의 길이를 t에 대한 식으로 나타낸다.

두 점 P, Q의 좌표는 각각 $P\left(k,\ e^{\frac{k}{2}}\right)$, $Q\left(k,\ e^{\frac{k}{2}+3t}\right)$이므로
$$\overline{PQ}=e^{\frac{k}{2}+3t}-e^{\frac{k}{2}}$$
→ 두 점 P, Q의 y좌표의 차

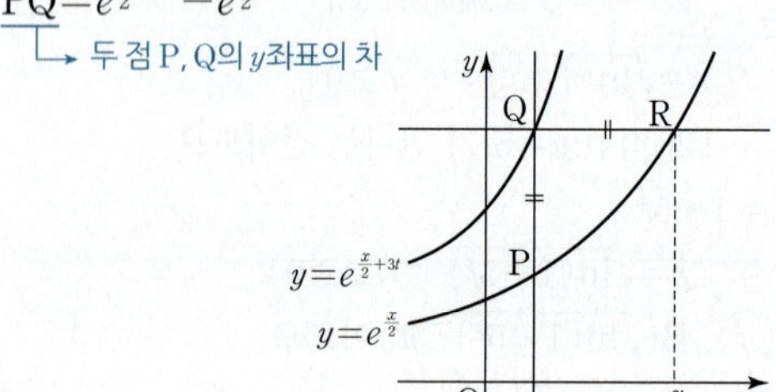

점 R의 x좌표를 α라 하면 점 R은 곡선 $y=e^{\frac{x}{2}}$ 위의 점이므로
$$R\left(\alpha,\ e^{\frac{\alpha}{2}}\right)$$

이때 두 점 Q, R의 y좌표가 같으므로
$$e^{\frac{k}{2}+3t}=e^{\frac{\alpha}{2}}\text{에서 } \frac{k}{2}+3t=\frac{\alpha}{2}$$
밑이 e로 같으니까 지수끼리 비교!
$$\therefore \alpha=k+6t$$

따라서 선분 QR의 길이는
$$\overline{QR}=\alpha-k=(k+6t)-k=6t$$
→ 두 점 Q, R의 x좌표의 차

Step 2 k의 값을 t에 대한 식으로 나타낸다.

$\overline{PQ}=\overline{QR}$에서 $e^{\frac{k}{2}+3t}-e^{\frac{k}{2}}=6t$ → 문제에서 두 선분 PQ, QR의 길이가 같다고 했어.
$$e^{\frac{k}{2}}(e^{3t}-1)=6t,\ e^{\frac{k}{2}}=\frac{6t}{e^{3t}-1}$$

양변에 자연로그를 취하면
$$\frac{k}{2}=\ln\frac{6t}{e^{3t}-1}$$ → 밑이 e인 로그
$$\therefore k=2\ln\frac{6t}{e^{3t}-1}$$

Step 3 $\displaystyle\lim_{t\to0+}f(t)$의 값을 구한다.

따라서 $f(t)=2\ln\dfrac{6t}{e^{3t}-1}$이므로

$$\lim_{t\to0+}f(t)=\lim_{t\to0+}2\ln\frac{6t}{e^{3t}-1}$$
$$=\lim_{t\to0+}2\ln\left(\frac{3t}{e^{3t}-1}\times2\right)$$
$$=2\ln2=\ln4 \longrightarrow \boxed{\text{암기}}\ \lim_{\triangle\to0}\frac{\triangle}{e^{\triangle}-1}=1$$

052 [정답률 78%] 정답 ⑤

함수 $f(x)$가
$$f(x)=\begin{cases} e^x & (x\leq0,\ x\geq2) \\ \ln(x+1) & (0<x<2) \end{cases}$$
이고, 함수 $y=g(x)$의 그래프가 그림과 같다.

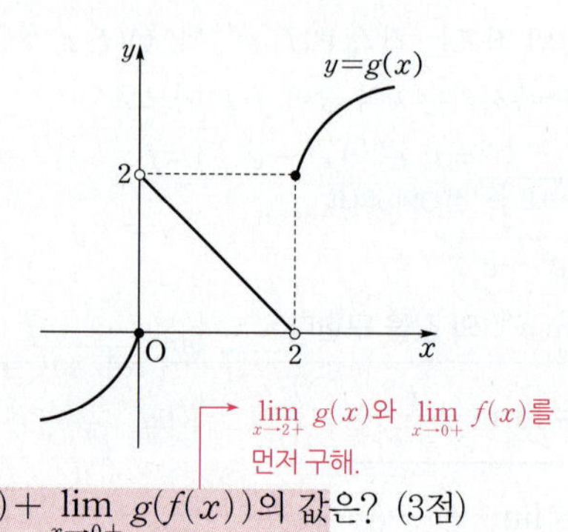

→ $\displaystyle\lim_{x\to2+}g(x)$와 $\displaystyle\lim_{x\to0+}f(x)$를 먼저 구해.

$\displaystyle\lim_{x\to2+}f(g(x))+\lim_{x\to0+}g(f(x))$의 값은? (3점)

① e ② $e+1$ ③ $e+2$
④ e^2+1 ⑤ e^2+2

Step 1 그래프에서의 극한과 지수함수, 로그함수, 합성함수의 극한을 이용한다.

(i) $x\to2+$일 때
$g(x)\to2+$이므로
$$\lim_{x\to2+}f(g(x))=\lim_{x\to2+}f(x)=\lim_{x\to2+}e^x=e^2$$

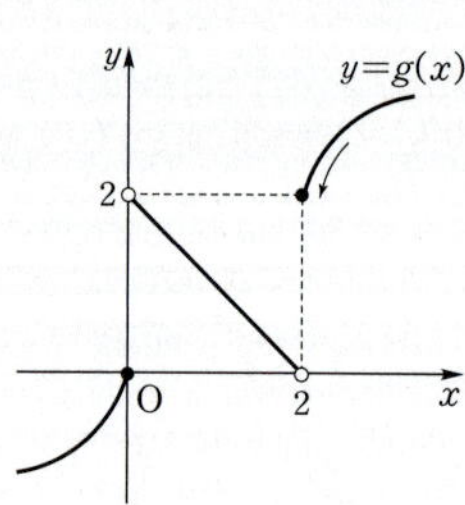

(ii) $x\to0+$일 때
$f(x)=\ln(x+1)\to0+$이므로
$$\lim_{x\to0+}g(f(x))=\lim_{x\to0+}g(x)=2$$

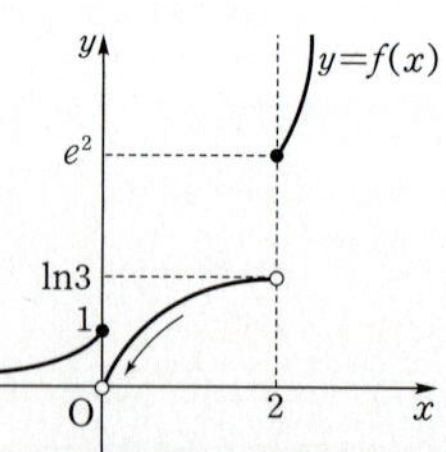

따라서 (i), (ii)에서
$$\lim_{x\to2+}f(g(x))+\lim_{x\to0+}g(f(x))=e^2+2$$

053 [정답률 68%]   정답 ①

$t<1$인 실수 t에 대하여 곡선 $y=\ln x$와 직선 $x+y=t$가 만나는 점을 P라 하자. 점 P에서 x축에 내린 수선의 발을 H, 직선 PH와 곡선 $y=e^x$이 만나는 점을 Q라 할 때, 삼각형 OHQ의 넓이를 $S(t)$라 하자. $\displaystyle\lim_{t\to 0+}\dfrac{2S(t)-1}{t}$의 값은? (4점)

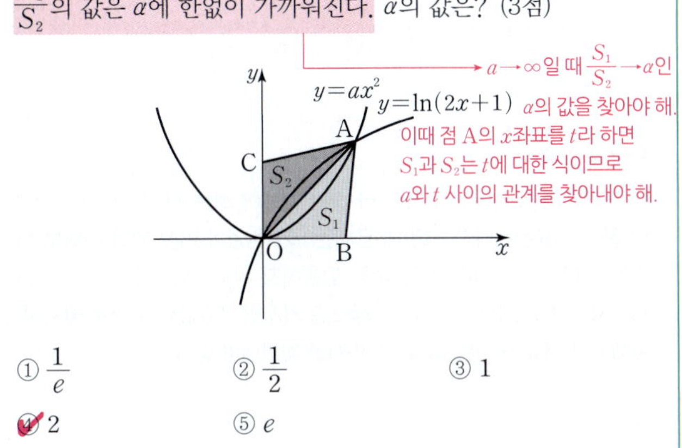

① 1   ② $e-1$ ③ 2
④ e ⑤ 3

Step 1 점 P의 x좌표를 k로 놓고 $S(t)$를 t에 대한 식으로 나타낸다.

점 P의 x좌표를 $k\,(k>0)$라 하면 점 P는
곡선 $y=\ln x$ 위의 점이면서 직선 $x+y=t$ 위의 점이므로
$\ln k=t-k$ (점 P의 y좌표)$=\ln k$ (점 P의 y좌표)$=t-k$
$\therefore t=\ln k+k=\ln ke^k$ ······ ㉠ $\ln k+\ln e^k$

점 Q의 x좌표가 k이므로 점 Q의 좌표는 Q$(k,\,e^k)$
따라서 삼각형 OHQ의 넓이 $S(t)$는

$$S(t)=\dfrac{1}{2}\times\overline{OH}\times\overline{HQ}$$

$$=\dfrac{1}{2}\times k\times e^k$$

$$=\dfrac{1}{2}e^t \quad (\because ㉠)$$

㉠에서 $t=\ln ke^k$이므로 $ke^k=e^t$

$$\therefore \lim_{t\to 0+}\dfrac{2S(t)-1}{t}=\lim_{t\to 0+}\dfrac{e^t-1}{t}=1$$

꼭 기억해.

054 [정답률 54%]   정답 ④

그림과 같이 두 곡선 $y=ax^2\,(a>0)$, $y=\ln(2x+1)$이 제1사분면에서 만나는 점을 A라 하자. 원점 O와 두 점 B$(1,\,0)$, C$(0,\,1)$에 대하여 삼각형 OAB의 넓이를 S_1, 삼각형 OAC의 넓이를 S_2라 하자. a의 값이 한없이 커질 때, $\dfrac{S_1}{S_2}$의 값은 α에 한없이 가까워진다. α의 값은? (3점)

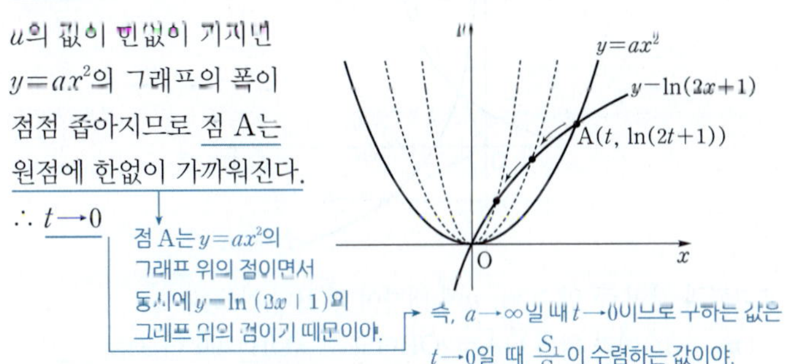

① $\dfrac{1}{e}$ ② $\dfrac{1}{2}$ ③ 1
④ 2   ⑤ e

점 A의 x좌표와 y좌표를 통해 두 삼각형 OAB, OAC의 넓이 S_1과 S_2를 t에 대한 식으로 나타낼 수 있어.

Step 1 점 A의 x좌표를 t로 놓고 S_1, S_2를 t에 대한 식으로 나타낸다.

곡선 $y=\ln(2x+1)$ 위의 점 A의 x좌표를 t라 하면 점 A의 좌표는 A$(t,\,\ln(2t+1))$

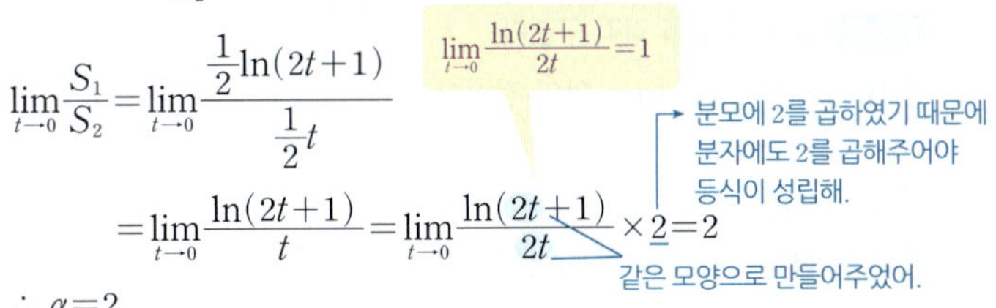

점 A에서 x축, y축에 내린 수선의 발을 각각 H_1, H_2라 하면 $H_1(t,\,0)$ $H_2(0,\,\ln(2t+1))$
$\overline{AH_1}=\ln(2t+1)$, $\overline{AH_2}=t$

삼각형 OAB는 $\overline{OB}$를 밑변으로 하고 높이가 $\overline{AH_1}$인 삼각형이므로

$$S_1=\dfrac{1}{2}\times 1\times\ln(2t+1)$$

삼각형 OAC는 $\overline{OC}$를 밑변으로 하고 높이가 $\overline{AH_2}$인 삼각형이므로 $\overline{OB}=\overline{OC}=1$

$$S_2=\dfrac{1}{2}\times 1\times t$$

Step 2 a의 값이 한없이 커질 때 t의 값의 변화를 구한다.

a의 값이 한없이 커지면 $y=ax^2$의 그래프의 폭이 점점 좁아지므로 점 A는 원점에 한없이 가까워진다.

$\therefore t\to 0$

점 A는 $y=ax^2$의 그래프 위의 점이면서 동시에 $y=\ln(2x+1)$의 그래프 위의 점이기 때문이야.

즉, $a\to\infty$일 때 $t\to 0$이므로 구하는 값은 $t\to 0$일 때 $\dfrac{S_1}{S_2}$이 수렴하는 값이야.

Step 3 $\displaystyle\lim_{t\to 0}\dfrac{S_1}{S_2}$의 값을 구한다.

$$\lim_{t\to 0}\dfrac{S_1}{S_2}=\lim_{t\to 0}\dfrac{\dfrac{1}{2}\ln(2t+1)}{\dfrac{1}{2}t}$$

$\displaystyle\lim_{t\to 0}\dfrac{\ln(2t+1)}{2t}=1$

$$=\lim_{t\to 0}\dfrac{\ln(2t+1)}{t}=\lim_{t\to 0}\dfrac{\ln(2t+1)}{2t}\times 2=2$$

분모에 2를 곱하였기 때문에 분자에도 2를 곱해주어야 등식이 성립해.
같은 모양으로 만들어주었어.

$$\therefore \alpha=2$$

💡 알아야 할 기본개념

여러 가지 지수함수와 로그함수의 극한

(1) $\lim\limits_{x\to 0}\dfrac{e^x-1}{x}=1$

(2) $\lim\limits_{x\to 0}\dfrac{a^x-1}{x}=\ln a$ (단, $a>0$, $a\ne 1$)

(3) $\lim\limits_{x\to 0}\dfrac{\ln(1+x)}{x}=1$

(4) $\lim\limits_{x\to 0}\dfrac{\log_a(1+x)}{x}=\dfrac{1}{\ln a}$ (단, $a>0$, $a\ne 1$)

수능포인트

두 그래프의 교점의 x좌표를 t라 하면 구해야 하는 식 S_1, S_2가 모두 t의 함수로 표현됩니다. 그런데 문제는 a가 한없이 커질 때의 변화를 살펴야 한다는 것입니다. 이럴 때는 당황하지 말고 a와 t가 무슨 관계가 있는지 a가 10, 100, 1000, … 등으로 커지면 t의 값은 어떻게 될지 추론해 보면서 $a\to\infty$일 때의 t의 변화를 찾아내야 합니다.

055 [정답률 59%]   정답 ③

함수 $y=e^x$의 그래프 위의 x좌표가 양수인 점 A와 함수 $y=-\ln x$의 그래프 위의 점 B가 다음 조건을 만족시킨다.

> (가) $\overline{\text{OA}}=2\overline{\text{OB}}$
>
> (나) $\angle\text{AOB}=90°$

직선 OA의 기울기는? (단, O는 원점이다.) (4점)

① e ② $\dfrac{3}{\ln 3}$ ③ $\dfrac{2}{\ln 2}$

④ $\dfrac{5}{\ln 5}$ ⑤ $\dfrac{e^2}{2}$

Step 1 두 점 A, B의 좌표를 미지수로 나타낸다.

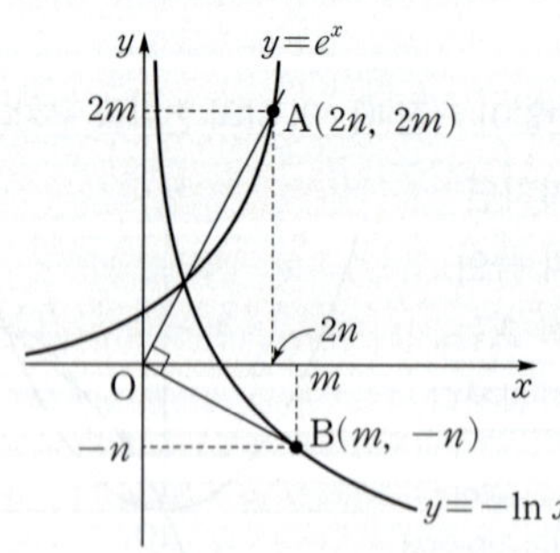

그림과 같이 두 양수 m, n에 대하여 점 B의 좌표를 $(m, -n)$이라 하면 $\overline{\text{OA}}=2\overline{\text{OB}}$이고 $\angle\text{AOB}=90°$이므로 점 A의 좌표를 $(2n, 2m)$으로 놓을 수 있다.

Step 2 m, n의 값을 각각 구한다.

점 B는 곡선 $y=-\ln x$ 위의 점이므로

$-n=-\ln m$ ← $y=-\ln x$에 $x=m$, $y=-n$ 대입!

$\therefore n=\ln m$ ……㉠

점 A는 곡선 $y=e^x$ 위의 점이므로

$2m=e^{2n}$

이 식에 ㉠을 대입하면 ← 암기 $x^{\ln y}=y^{\ln x}$

$2m=e^{2\ln m}$에서 $2m=m^{2\ln e}=m^2$

$m^2-2m=0$, $m(m-2)=0$

$\therefore m=2$ ($\because m>0$)

이를 ㉠에 대입하면 $n=\ln 2$

Step 3 직선 OA의 기울기를 구한다.

따라서 직선 OA의 기울기는 $\dfrac{2m-0}{2n-0}=\dfrac{m}{n}=\dfrac{2}{\ln 2}$

056 [정답률 97%]   정답 ①

$\lim\limits_{x\to 1}\dfrac{e^x-e}{x-1}$의 값은? (2점)

① e ② $2e$ ③ $3e$

④ $4e$ ⑤ $5e$

Step 1 지수함수의 미분계수를 구한다.

$f(x)=e^x$이라 하면 $f'(x)=e^x$

$\therefore \lim\limits_{x\to 1}\dfrac{e^x-e}{x-1}=\lim\limits_{x\to 1}\dfrac{f(x)-f(1)}{x-1}=f'(1)=e$

057 [정답률 91%]   정답 ④

함수 $f(x)=e^x(2x+1)$에 대하여 $f'(1)$의 값은? (3점) ← 곱의 미분법을 이용

① $8e$ ② $7e$ ③ $6e$

④ $5e$ ⑤ $4e$

Step 1 곱의 미분법을 이용한다.

함수 $f(x)=e^x(2x+1)$에서

$f'(x)=e^x(2x+1)+e^x\times 2=e^x(2x+3)$

$(e^x)'=e^x$ ↓ $\therefore f'(1)=e\times(2+3)=5e$ ↑ $(2x+1)'=2$

058 [정답률 86%]   정답 ④

함수 $f(x)=(2x+7)e^x$에 대하여 $f'(0)$의 값은? (3점)

① 6 ② 7 ③ 8

④ 9 ⑤ 10

Step 1 함수의 곱의 미분법을 이용한다.

$f(x)=(2x+7)e^x$에서 → $f(x)=g(x)h(x)$일 때 $f'(x)=g'(x)h(x)+g(x)h'(x)$

$f'(x)=2e^x+(2x+7)e^x$이므로

$f'(0)=2\times e^0+7\times e^0=2+7=9$

059 [정답률 89%]   정답 ⑤

함수 $f(x)=(x+a)e^x$에 대하여 $f'(2)=8e^2$일 때, 상수 a의 값은? (2점)

① 1 ② 2 ③ 3

④ 4 ⑤ 5

Step 1 $f'(x)$를 구한다.

$$\underline{f'(x)=e^x+(x+a)e^x=(x+a+1)e^x} \quad \text{곱의 미분법을 이용}$$

$$f'(2)=(a+3)e^2=8e^2 \quad \therefore a=5$$

---

060 [정답률 91%] 정답 10

> 함수 $f(x)=\begin{cases} x+1 & (x<0) \\ e^{ax+b} & (x\geq 0) \end{cases}$ 은 $x=0$에서 미분가능하다.
>
> $f(10)=e^k$일 때, 상수 k의 값을 구하시오.
>
> (단, a와 b는 상수이다.) (3점)

Step 1 함수 $f(x)$가 $x=0$에서 미분가능함을 이용한다.

함수 $f(x)$가 $x=0$에서 미분가능하므로

함수 $f(x)$는 $x=0$에서 연속이다.

즉, $\lim\limits_{x\to 0-} f(x)=f(0)$이므로 $\lim\limits_{x\to 0-}(x+1)=e^b$

$\therefore b=\ln 1=0 \quad$ 기억해! $\quad 1=e^b$

$$\lim_{x\to 0+}\frac{f(x)-f(0)}{x-0}=\lim_{x\to 0+}\frac{e^{ax}-1}{x}=\lim_{x\to 0+}\frac{e^{ax}-1}{ax}\times a=a,$$

$$\lim_{\triangle\to 0}\frac{e^{\triangle}-1}{\triangle}=1\text{이야.}$$

$$\lim_{x\to 0-}\frac{f(x)-f(0)}{x-0}=\lim_{x\to 0-}\frac{(x+1)-1}{x}=1$$

함수 $f(x)$는 $x=0$에서 미분가능하므로 $a=1$

따라서 $f(10)=e^{10}$에서 $k=10$

$$f(x)=\begin{cases} x+1 & (x<0) \\ e^x & (x\geq 0) \end{cases}\text{임을 이용}$$

---

061 [정답률 92%] 정답 4

> 함수 $f(x)=x^3\ln x$에 대하여 $\dfrac{f'(e)}{e^2}$의 값을 구하시오. (3점)

Step 1 곱의 미분법을 이용하여 $f'(x)$를 구한 후 $x=e$를 대입한다.

두 함수 $f(x), g(x)$가 미분가능할 때,
$\{f(x)g(x)\}'=f'(x)g(x)+f(x)g'(x)$

$f(x)=x^3\ln x$에서

$f'(x)=3x^2\ln x+x^3\times\dfrac{1}{x}=3x^2\ln x+x^2$이므로

$f'(e)=3e^2\ln e+e^2=3e^2+e^2=4e^2$

$\therefore \dfrac{f'(e)}{e^2}=\dfrac{4e^2}{e^2}=4$

---

062 [정답률 91%] 정답 ①

> 함수 $f(x)=x\ln x$에 대하여 $\lim\limits_{h\to 0}\dfrac{f(1+h)-f(1)}{h}$의 값은?
>
> (3점)
>
> ① 1 　　　　② 2 　　　　③ 3
>
> ④ 4 　　　　⑤ 5

Step 1 미분계수의 정의를 이용하여 주어진 식을 간단히 한다.

$f(x)=x\ln x$에서 $f'(x)=\ln x+1 \quad$ 곱의 미분법

$$\therefore \lim_{h\to 0}\frac{f(1+h)-f(1)}{h}=f'(1)-\ln 1+1=1$$

$$\lim_{h\to 0}\frac{f(a+h)-f(a)}{h}=f'(a)$$

✿ 다른 풀이 직접 대입하는 풀이

Step 1 $f(x)=x\ln x$임을 이용하여 주어진 식의 값을 구한다.

$$\lim_{h\to 0}\frac{f(1+h)-f(1)}{h}=\lim_{h\to 0}\frac{(1+h)\ln(1+h)}{h}$$

$f(1)=1\ln 1=0$

$$=\lim_{h\to 0}(1+h)\times\lim_{h\to 0}\frac{\ln(1+h)}{h}$$

$$=1$$

$$\lim_{x\to 0}\frac{\ln(1+x)}{x}=1$$

---

063 [정답률 92%] 정답 ④

> 함수 $f(x)=x^2+x\ln x$에 대하여
>
> $\lim\limits_{h\to 0}\dfrac{f(1+2h)-f(1-h)}{h}$의 값은? (3점)
>
> ① 6 　　　　② 7 　　　　③ 8
>
> ④ 9 　　　　⑤ 10

Step 1 $\lim\limits_{h\to 0}\dfrac{f(1+2h)-f(1-h)}{h}$를 변형한다.

$$\lim_{h\to 0}\frac{f(1+2h)-f(1-h)}{h}$$

$$=\lim_{h\to 0}\frac{f(1+2h)-f(1)}{h}-\lim_{h\to 0}\frac{f(1-h)-f(1)}{h}$$

$$=\lim_{h\to 0}\frac{2\{f(1+2h)-f(1)\}}{2h}-\lim_{h\to 0}\frac{-\{f(1-h)-f(1)\}}{-h}$$

$$=2f'(1)-\{-f'(1)\}=3f'(1)$$

Step 2 $f'(x)$를 구하고 $f'(1)$을 구한다.

$f(x)=x^2+x\ln x$에서

$f'(x)=2x+\ln x+x\times\dfrac{1}{x}=2x+\ln x+1$

$\therefore f'(1)=2+1=3$

$\therefore$ (주어진 식)$=3f'(1)=3\times 3=9$

---

064 [정답률 90%] 정답 ②

> 함수 $f(x)=\log_3 x$에 대하여 $\lim\limits_{h\to 0}\dfrac{f(3+h)-f(3-h)}{h}$의
>
> 값은? (3점)
>
> 이 값이 $2f'(3)$과 같음을 이용
>
> ① $\dfrac{1}{2\ln 3}$ 　　　② $\dfrac{2}{3\ln 3}$ 　　　③ $\dfrac{5}{6\ln 3}$
>
> ④ $\dfrac{1}{\ln 3}$ 　　　⑤ $\dfrac{7}{6\ln 3}$

중요 미분가능한 함수 $g(x)$에 대하여 $\lim\limits_{h\to 0}\dfrac{g(a+h)-g(a)}{h}=g'(a)$

Step 1 미분계수의 정의를 이용하여 주어진 식을 정리한다.

$$\lim_{h\to 0}\frac{f(3+h)-f(3-h)}{h}$$

분자에 $f(3)$을 더하고 빼주었어.

$$=\lim_{h\to 0}\frac{f(3+h)-f(3)-f(3-h)+f(3)}{h}$$

$$=\lim_{h\to 0}\frac{f(3+h)-f(3)}{h}+\lim_{h\to 0}\frac{-f(3-h)+f(3)}{h}$$
$$=\lim_{h\to 0}\frac{f(3+h)-f(3)}{h}+\lim_{h\to 0}\frac{f(3-h)-f(3)}{-h}$$

→ 이 값을 미분계수의 정의를 이용하여 $f'(3)$으로 나타내.

$$=f'(3)+f'(3)$$
$$=2f'(3)$$

Step 2 로그함수의 도함수를 이용하여 주어진 극한값을 구한다.

$f(x)=\log_3 x$에서 $f'(x)=\frac{1}{x}\times\frac{1}{\ln 3}$이므로

$$2f'(3)=2\times\frac{1}{3}\times\frac{1}{\ln 3}$$

→ **암기** $y=\log_a x$에서 $y'=\frac{1}{x\ln a}$

$$=\frac{2}{3\ln 3}$$

065 [정답률 67%]

정답 ③

두 함수 $f(x)=a^x$, $g(x)=2\log_b x$에 대하여

$$\lim_{x\to e}\frac{f(x)-g(x)}{x-e}=0$$

일 때, $a\times b$의 값은? (단, a와 b는 1보다 큰 상수이다.) (3점)

① $e^{\frac{1}{e}}$ ② $e^{\frac{2}{e}}$ ③ $e^{\frac{3}{e}}$
④ $e^{\frac{4}{e}}$ ⑤ $e^{\frac{5}{e}}$

Step 1 $x\to e$일 때 극한값이 존재하고 (분모)$\to 0$이면 (분자)$\to 0$임을 이용한다.

$\lim_{x\to e}\frac{f(x)-g(x)}{x-e}=0$에서 극한값이 존재하고 (분모)$\to 0$이므로 (분자)$\to 0$이어야 한다.

즉, $\lim_{x\to e}\{f(x)-g(x)\}=0$이므로 $f(e)=g(e)$

$$\therefore a^e=2\log_b e=\frac{2}{\ln b} \qquad \cdots\cdots \text{㉠}$$

→ $=g(e)$ / $=f(e)$

Step 2 미분계수의 정의를 이용하여 a, b의 값을 구한다.

두 함수 $f(x)=a^x$, $g(x)=2\log_b x$에서

$f'(x)=a^x\ln a$, $g'(x)=\frac{2}{x\ln b}$이므로

→ $f(e)=g(e)$이므로 분자에 $f(e)$를 빼고 $g(e)$를 더해도 등식은 성립한다.

$$\lim_{x\to e}\frac{f(x)-g(x)}{x-e}=\lim_{x\to e}\frac{f(x)-f(e)-g(x)+g(e)}{x-e}$$

미분계수의 정의 이용

$$=\lim_{x\to e}\frac{\{f(x)-f(e)\}-\{g(x)-g(e)\}}{x-e}$$
$$=f'(e)-g'(e)$$
$$=a^e\ln a-\frac{2}{e\ln b}=0 \qquad \cdots\cdots \text{㉡}$$

㉠을 ㉡에 대입하면

$$\frac{2\ln a}{\ln b}-\frac{2}{e\ln b}=0,\ \ln a=\frac{1}{e} \qquad \therefore a=e^{\frac{1}{e}}$$

이 식을 ㉠에 대입하면

$$(e^{\frac{1}{e}})^e=\frac{2}{\ln b},\ \ln b=\frac{2}{e} \qquad \therefore b=e^{\frac{2}{e}}$$

따라서 $a=e^{\frac{1}{e}}$, $b=e^{\frac{2}{e}}$이므로 $a\times b=e^{\frac{1}{e}}\times e^{\frac{2}{e}}=e^{\frac{3}{e}}$

066 [정답률 46%]

정답 ③

$a>0$, $b>0$, $a\neq 1$, $b\neq 1$일 때, 함수

$$f(x)=\frac{b^x+\log_a x}{a^x+\log_b x}$$

→ 함수 $f(x)$는 지수함수와 로그함수가 혼합되어 있기 때문에 두 함수의 특징을 다 알아야 해.

에 대하여 [보기]에서 옳은 것만을 있는 대로 고른 것은? (4점)

[보기]

→ 밑이 1보다 클 때 밑의 크기에 따라 지수함수와 로그함수의 그래프의 모양이 어떻게 달라지는지 알아야 해!

ㄱ. $1<a<b$이면 $x>1$인 모든 x에 대하여 $f(x)>1$이다.

→ 밑이 1보다 작을 때 밑의 크기에 따라 지수함수와 로그함수의 그래프의 모양이 어떻게 달라지는지 알아야 해!

ㄴ. $b<a<1$이면 $\lim_{x\to\infty}f(x)=0$이다.

ㄷ. $\lim_{x\to 0+}f(x)=\log_a b$

① ㄱ   ② ㄴ   ③ ㄱ, ㄷ
④ ㄴ, ㄷ   ⑤ ㄱ, ㄴ, ㄷ

Step 1 $1<a<b$일 때, $y=a^x$, $y=b^x$, $y=\log_a x$, $y=\log_b x$의 그래프를 그려 본다.

→ 밑이 1보다 큰 경우 지수함수의 그래프는 밑이 커지면 커질수록 $x<0$에서는 x축에, $x>0$에서는 y축에 점점 가까워진다.

ㄱ. $1<a<b$일 때, $y=a^x$, $y=b^x$, $y=\log_a x$, $y=\log_b x$의 그래프는 오른쪽 그림과 같다.

$x>1$일 때, $0<a^x<b^x$,

$0<\log_b x<\log_a x$이므로

$0<a^x+\log_b x<b^x+\log_a x$

$$\therefore \frac{b^x+\log_a x}{a^x+\log_b x}>1 \text{ (참)}$$

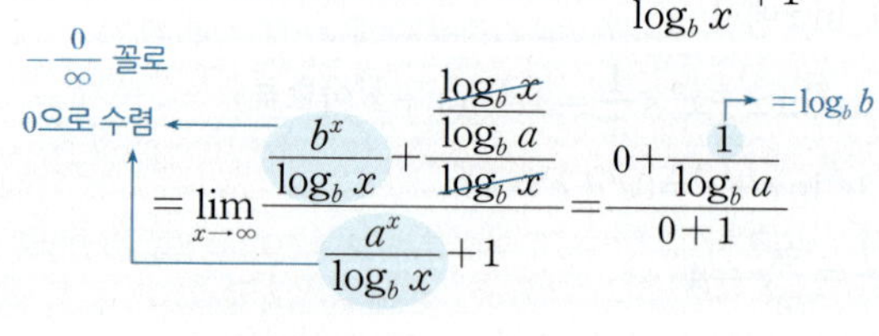

→ 밑이 1보다 큰 경우 로그함수의 그래프는 밑이 커지면 커질수록 $x<1$에서는 y축에, $x>1$에서는 x축에 점점 가까워진다.

Step 2 $b<a<1$일 때, $\lim_{x\to\infty}a^x$, $\lim_{x\to\infty}b^x$의 값을 이용한다.

ㄴ. $b<a<1$이면 $\lim_{x\to\infty}a^x=\lim_{x\to\infty}b^x=0$이고

$\lim_{x\to\infty}\log_a x=\lim_{x\to\infty}\log_b x=-\infty$이므로

→ 분모, 분자를 각각 $\log_b x$로 나눈다.

$$\lim_{x\to\infty}f(x)=\lim_{x\to\infty}\frac{b^x+\log_a x}{a^x+\log_b x}=\lim_{x\to\infty}\frac{\dfrac{b^x}{\log_b x}+\dfrac{\log_a x}{\log_b x}}{\dfrac{a^x}{\log_b x}+1}$$

$-\dfrac{0}{\infty}$ 꼴로 0으로 수렴

$$=\lim_{x\to\infty}\frac{\dfrac{b^x}{\log_b x}+\dfrac{\log_a x}{\log_b x}}{\dfrac{a^x}{\log_b x}+1}=\frac{0+\dfrac{1}{\log_b a}}{0+1}$$

→ $=\log_b b$

$$=\frac{\log_b b}{\log_b a}=\log_a b \text{ (거짓)}$$

Step 3 $\lim_{x\to 0+}a^x=\lim_{x\to 0+}b^x=1$임을 이용한다.

ㄷ. $\lim_{x\to 0+}a^x=\lim_{x\to 0+}b^x=1$

$x\to 0+$일 때 $\log_a x$, $\log_b x$는 ∞ 또는 $-\infty$로 발산하므로

$$\lim_{x\to 0+}\frac{1}{\log_b x}=0$$

$f(x)$의 분자, 분모를 각각 $\log_b x$로 나눈 후 극한을 취하면

$$\lim_{x\to 0+}f(x)=\lim_{x\to 0+}\frac{\dfrac{b^x}{\log_b x}+\dfrac{\log_a x}{\log_b x}}{\dfrac{a^x}{\log_b x}+1}=\lim_{x\to 0+}\frac{\dfrac{b^x}{\log_b x}+\dfrac{\log_b a}{\log_b x}}{\dfrac{a^x}{\log_b x}+1}$$

$$=\frac{0+\dfrac{1}{\log_b a}}{0+1}=\log_a b \ (\text{참})$$

따라서 옳은 것은 ㄱ, ㄷ이다.

참고

자연로그를 이용한 정리 → $\log_a b=\dfrac{\log_c b}{\log_c a}$ 임을 이용!

$$f(x)=\frac{b^x+\log_a x}{a^x+\log_b x}=\frac{b^x+\dfrac{\ln x}{\ln a}}{a^x+\dfrac{\ln x}{\ln b}}\ \to \ \ln x=\log_e x$$

$$=\frac{\dfrac{b^x}{\ln x}+\dfrac{1}{\ln a}}{\dfrac{a^x}{\ln x}+\dfrac{1}{\ln b}}$$

ㄴ. $b<a<1$이면 $\displaystyle\lim_{x\to\infty}a^x=0,\ \lim_{x\to\infty}b^x=0$이므로

$\dfrac{0}{\infty}$ 꼴로 0으로

수렴 ← $\displaystyle\lim_{x\to\infty}\frac{\dfrac{b^x}{\ln x}+\dfrac{1}{\ln a}}{\dfrac{a^x}{\ln x}+\dfrac{1}{\ln b}}=\frac{\dfrac{1}{\ln a}}{\dfrac{1}{\ln b}}=\frac{\ln b}{\ln a}=\log_a b$

$-\dfrac{c}{\infty}$ 꼴로 $\xrightarrow{\ \ } x\to\infty$일 때 $\ln x\to\infty$

0으로 수렴

ㄷ. $\displaystyle\lim_{x\to 0+}\frac{\dfrac{b^x}{\ln x}+\dfrac{1}{\ln a}}{\dfrac{a^x}{\ln x}+\dfrac{1}{\ln b}}=\frac{\dfrac{1}{\ln a}}{\dfrac{1}{\ln b}}=\frac{\ln b}{\ln a}=\log_a b$

$\xrightarrow{\ \ } x\to 0+$일 때 $\ln x\to -\infty$

067

정답 ①

지수함수 $f(x)=a^x\,(0<a<1)$의 그래프가 직선 $y=x$와 만나는 점의 x좌표를 b라 하자. 함수

지수함수의 역함수는 로그함수! → $g(x)=\begin{cases}f(x) & (x\le b)\\ f^{-1}(x) & (x>b)\end{cases}$ → $x=b$ 좌우에서의 미분계수를 구해

가 실수 전체의 집합에서 미분가능할 때, ab의 값은? (4점)

① e^{-e-1} ② $e^{-e-\frac{1}{e}}$ ③ $e^{-e+\frac{1}{e}}$
④ e^{e-1} ⑤ e^{e+1}

Step 1 $f^{-1}(x)$를 구하고, a와 b에 대한 관계식을 세운다.

$y=a^x$에서 x와 y를 바꾸면 $x=a^y$

∴ $y=\log_a x$ → 역함수를 구하는 방법이야.

∴ $f^{-1}(x)=\log_a x$

지수함수 $f(x)=a^x$의 그래프가 직선 $y=x$와 $x=b$에서 만나므로

$f(b)=a^b=b$ …… ㉠ → 지수함수 $f(x)=a^x$의 그래프는 점 (b,b)를 지나.

Step 2 $g(x)$가 실수 전체의 집합에서 미분가능하도록 하는 a, b의 값을 구한다.

$g(x)$가 실수 전체의 집합에서 미분가능하므로 $x=b$에서 미분가능해야 한다.

이때 $f(b)=f^{-1}(b)=b$이므로 함수 $g(x)$는 $x=b$에서 연속이다.
또한 $x=b$에서의 좌미분계수와 우미분계수가 같아야 하므로

$$f'(x)=a^x\ln a,\ \{f^{-1}(x)\}'=\frac{1}{x\ln a}\text{에서}$$

(좌미분계수)$=f'(b)=a^b\ln a=b\ln a\ (\because ㉠)$

(우미분계수)$=\{f^{-1}(b)\}'=\dfrac{1}{b\ln a}$

∴ $b\ln a=\dfrac{1}{b\ln a}$

$(b\ln a)^2=1$ ∴ $b\ln a=-1$

$(\because 0<a<1$이므로 $\ln a<0,\ b>0)$

∴ $\ln b=-1 \to b\ln a=\ln a^b=\ln b\ (\because ㉠)$

따라서 $b=e^{-1}$, $a=b^{\frac{1}{b}}=(e^{-1})^e=e^{-e}$이므로

$ab=e^{-e-1}$이다.

$\displaystyle\lim_{x\to b-}g(x)=\lim_{x\to b-}f(x)=f(b)=b$

$\displaystyle\lim_{x\to b+}g(x)=\lim_{x\to b+}f^{-1}(x)=f^{-1}(b)=b$

$g(b)=f(b)=b$

$x=b$에서 함수 $g(x)$의 극한값과 함숫값이 같으므로 함수 $g(x)$는 $x=b$에서 연속이야.

참고그림

---

068 [정답률 2%]

정답 107

$x\ge 0$에서 정의된 함수 $f(x)$가 다음 조건을 만족시킨다.

(가) $f(x)=\begin{cases}2^x-1 & (0\le x\le 1)\\ 4\times\left(\dfrac{1}{2}\right)^x-1 & (1<x\le 2)\end{cases}$

(나) 모든 양의 실수 x에 대하여 $f(x+2)=-\dfrac{1}{2}f(x)$
이다.

$x>0$에서 정의된 함수 $g(x)$를

$$g(x)=\lim_{h\to 0+}\frac{f(x+h)-f(x-h)}{h}$$

라 할 때,

$$\lim_{t\to 0+}\{g(n+t)-g(n-t)\}+2g(n)=\frac{\ln 2}{2^{24}}$$

를 만족시키는 모든 자연수 n의 값의 합을 구하시오. (4점)

Step 1 조건 (나)를 이용하여 $2m-2\le x\le 2m$ (m은 자연수)일 때 함수 $f(x)$를 구한다.

조건 (나)에서 $f(x+2)=-\dfrac{1}{2}f(x)$이므로

$$f(x+2k)=-\frac{1}{2}f(x+2(k-1))$$
→ $2k\to 2k-2$ x의 값은 2만큼 감소하고, y의 값은 $-\dfrac{1}{2}$배가 된다.

$$=\left(-\frac{1}{2}\right)^2 f(x+2(k-2))$$

$$\vdots$$

$$=\left(-\frac{1}{2}\right)^k f(x)\ (k\text{는 자연수}) \cdots\cdots ①$$

자연수 m에 대하여 조건 (가)와 같이 범위를 나누어 함수 $f(x)$를 구하면 다음과 같다.

(i) $2m-2\le x\le 2m-1$일 때, → 같은 수를 동시에 더하고 빼주면 식은 변하지 않는다.

$$f(x)=f(x-2(m-1)+2(m-1))$$

$$=\left(-\frac{1}{2}\right)^{m-1} f(x-2(m-1))$$
→ x 대신 $x-2(m-1)$을, $2k$ 대신 $2(m-1)$을 ①에 대입한다.

$$=\left(-\frac{1}{2}\right)^{m-1}\times\underline{\{2^{x-2(m-1)}-1\}}$$

$\to 2m-2\leq x\leq 2m-1$일 때, $f(x)=2^x-1$

$$=\left(-\frac{1}{2}\right)^{m-1}\times\{2^{-2(m-1)}\times 2^x-1\}$$

(ii) $2m-1<x\leq 2m$일 때,

$$f(x)=f(x-2(m-1)+2(m-1))$$

$$=\left(-\frac{1}{2}\right)^{m-1}f(x-2(m-1))\ \begin{array}{l}\to 2m-1<x\leq 2m일\ 때,\\ f(x)=4\times\left(\frac{1}{2}\right)^x-1\end{array}$$

$$=\left(-\frac{1}{2}\right)^{m-1}\times\left\{4\times\left(\frac{1}{2}\right)^{x-2(m-1)}-1\right\}$$

$$=\left(-\frac{1}{2}\right)^{m-1}\times\left\{\left(\frac{1}{2}\right)^{-2m}\times\left(\frac{1}{2}\right)^x-1\right\}$$

Step 2 $f'(x)$를 구한다.

$\to$ 함수 $f(x)$의 식이 복잡해 보이지만 도함수 $f'(x)$를 구할 때는 x에 대한 식만 미분하면 된다.

즉, 자연수 m에 대하여

$2m-2<x<2m-1$에서 $f'(x)=\left(-\frac{1}{2}\right)^{m-1}\times 2^{-2(m-1)}\times 2^x\ln 2$

$2m-1<x<2m$에서 $f'(x)=-\left(-\frac{1}{2}\right)^{m-1}\times\left(\frac{1}{2}\right)^{-2m}\times\left(\frac{1}{2}\right)^x\ln 2$

Step 3 x의 값의 범위를 나누어 함수 $g(x)$를 구한다.

$$g(x)=\lim_{h\to 0+}\frac{f(x+h)-f(x-h)}{h}\quad\cdots\cdots\ \text{㉠}$$

$\to f(x)$를 빼고 더해주면 처음 식과 같다.

$$=\lim_{h\to 0+}\frac{f(x+h)-f(x)-f(x-h)+f(x)}{h}$$

$$=\lim_{h\to 0+}\frac{f(x+h)-f(x)}{h}+\lim_{h\to 0+}\frac{f(x-h)-f(x)}{-h}$$

$\to -h=t$라 하면

$\lim_{h\to 0+}\dfrac{f(x+h)-f(x)}{h}$ 는 함수 $f(x)$의 우미분계수, $\lim_{h\to 0+}\dfrac{f(x-h)-f(x)}{-h}$

$\lim_{h\to 0+}\dfrac{f(x-h)-f(x)}{-h}$ 는 함수 $f(x)$의 좌미분계수이므로 $=\lim_{t\to 0+}\dfrac{f(x+t)-f(x)}{t}$

함수 $g(x)$는 함수 $f(x)$의 우미분계수와 좌미분계수의 합이다.

자연수 l에 대하여 $2l-2<x<2l-1$ 또는 $2l-1<x<2l$일 때

함수 $f'(x)$는 연속이므로 좌미분계수와 우미분계수가 같다.

따라서 $g(x)=f'(x)+f'(x)=2f'(x)$

$\to$ 지수함수의 도함수는 실수 전체의 집합에서 연속이다.

$x=2l-1$일 때 ㉠에서

$$g(x)=\lim_{h\to 0+}\frac{f(2l-1+h)-f(2l-1-h)}{h}$$

$\to$ 홀수

$$=\lim_{h\to 0+}\left[\frac{\left(-\frac{1}{2}\right)^{l-1}\times\left\{\left(\frac{1}{2}\right)^{-2l}\times\left(\frac{1}{2}\right)^{2l-1+h}-1\right\}}{h}\right.$$

$$\left.-\frac{\left(-\frac{1}{2}\right)^{l-1}\times\{2^{-2(l-1)}\times 2^{2l-1-h}-1\}}{h}\right]$$

$\to =2^{(-2l+2)+(2l-1-h)}$

$$=\left(-\frac{1}{2}\right)^{l-1}\times\lim_{h\to 0+}\frac{\left(\frac{1}{2}\right)^{-1+h}-1-(2^{1-h}-1)}{h}$$

$ x\to(2l-1)+$일 때

$ f(x)=\left(-\frac{1}{2}\right)^{l-1}\times\left\{\left(\frac{1}{2}\right)^{-2l}\times\left(\frac{1}{2}\right)^x-1\right\}$,

$$=\left(-\frac{1}{2}\right)^{l-1}\times\lim_{h\to 0+}\frac{2^{1-h}-2^{1-h}}{h}=0$$

$ x\to(2l-1)-$일 때

$ f(x)=\left(-\frac{1}{2}\right)^{l-1}\times\{2^{-2(l-1)}\times 2^x-1\}$

$x=2l$일 때 ㉠에서

$$g(x)=\lim_{h\to 0+}\frac{f(2l+h)-f(2l-h)}{h}$$

$\to$ 짝수

$\to 2l-2\leq x\leq 2l-1$일 때

$ f(x)=\left(-\frac{1}{2}\right)^{l-1}\times\{2^{-2(l-1)}\times 2^x-1\}$

이므로 $2l\leq x\leq 2l+1$일 때

$ f(x)=\left(-\frac{1}{2}\right)^l\times\{2^{-2l}\times 2^x-1\}$

$$=\lim_{h\to 0+}\left[\frac{\left(-\frac{1}{2}\right)^l\times\{2^{-2l}\times 2^{2l+h}-1\}}{h}\right.$$

$$\left.-\frac{\left(-\frac{1}{2}\right)^{l-1}\times\left\{\left(\frac{1}{2}\right)^{-2l}\times\left(\frac{1}{2}\right)^{2l-h}-1\right\}}{h}\right]$$

$$=\left(-\frac{1}{2}\right)^{l-1}\times\lim_{h\to 0+}\frac{-\frac{1}{2}(2^h-1)-\left\{\left(\frac{1}{2}\right)^{-h}-1\right\}}{h}$$

$$=\left(-\frac{1}{2}\right)^{l-1}\times\left(-\frac{1}{2}\ln 2-\ln 2\right)$$

$\to \lim_{h\to 0+}\dfrac{2^h-1}{h}=\ln 2$

$$=\left(-\frac{1}{2}\right)^{l-1}\times\left(-\frac{3}{2}\ln 2\right)$$

$$=\left(-\frac{1}{2}\right)^l\times 3\ln 2$$

Step 4 경우를 나누어 주어진 등식을 만족시키는 n의 값을 구한다.

$\lim_{t\to 0+}\{g(n+t)-g(n-t)\}+2g(n)=\dfrac{\ln 2}{2^{24}}$ 를 만족시키는 자연수

$\to$ 홀수

n의 값을 홀수일 때와 짝수일 때로 나누면 다음과 같다.

(i) $n=2s-1$ (s는 자연수)일 때,

$$\lim_{t\to 0+}g(n+t)=\lim_{t\to 0+}g(2s-1+t)$$

$\to t\to 0+$일 때,

$ 2s-1<2s-1+t<2s$

$$=\lim_{t\to 0+}2f'(2s-1+t)$$

$$=2\left\{-\left(-\frac{1}{2}\right)^{s-1}\times\left(\frac{1}{2}\right)^{-2s}\times\left(\frac{1}{2}\right)^{2s-1}\ln 2\right\}$$

$$=\left(-\frac{1}{2}\right)^s\times 8\ln 2$$

$\to =2\times\left(-\frac{1}{2}\right)^s\to =\left(\frac{1}{2}\right)^{-1}$

$$\lim_{t\to 0+}g(n-t)=\lim_{t\to 0+}g(2s-1-t)$$

$\to t\to 0+$일 때,

$ 2s-2<2s-1-t<2s-1$

$$=\lim_{t\to 0+}2f'(2s-1-t)$$

$$=2\times\left(-\frac{1}{2}\right)^{s-1}\times 2^{-2(s-1)}\times 2^{2s-1}\ln 2$$

$$=\left(-\frac{1}{2}\right)^{s-1}\times 4\ln 2$$

$\to =2^{-2s+2+2s-1}$

$$\therefore\ \lim_{t\to 0+}\{g(n+t)-g(n-t)\}+2g(n)$$

$$=\left(-\frac{1}{2}\right)^s\times 8\ln 2-\left(-\frac{1}{2}\right)^{s-1}\times 4\ln 2+0$$

$$=\left(-\frac{1}{2}\right)^s\times(8\ln 2+8\ln 2)$$

$\to$ **Step 3**에서 n이 홀수이면 $g(n)=0$임을 확인했다.

$$=\left(-\frac{1}{2}\right)^s\times 16\ln 2$$

$\left(-\frac{1}{2}\right)^s\times 16\ln 2=\dfrac{\ln 2}{2^{24}}$에서

$\left(-\frac{1}{2}\right)^s=\dfrac{1}{2^{28}}=\left(-\frac{1}{2}\right)^{28}$이므로 $s=28$

$\therefore\ n=2\times 28-1=55$

(ii) $n=2s$ (s는 자연수)일 때,

$$\lim_{t\to 0+}g(n+t)=\lim_{t\to 0+}g(2s+t)$$

$\to t\to 0+$일 때,

$ 2s<2s+t<2s+1$

$$=\lim_{t\to 0+}2f'(2s+t)$$

$$=2\times\left(-\frac{1}{2}\right)^s\times 2^{-2s}\times 2^{2s}\ln 2$$

$$=\left(-\frac{1}{2}\right)^s\times 2\ln 2$$

$$\lim_{t\to 0+}g(n-t)=\lim_{t\to 0+}g(2s-t)$$

$\to t\to 0+$일 때,

$ 2s-1<2s-t<2s$

$$=\lim_{t\to 0+}2f'(2s-t)$$

$$=2\times\left\{-\left(-\frac{1}{2}\right)^{s-1}\times\left(\frac{1}{2}\right)^{-2s}\times\left(\frac{1}{2}\right)^{2s}\ln 2\right\}$$

$$-\left(-\frac{1}{2}\right)^{s}\times 4\ln 2$$

$$\therefore \lim_{t\to 0+}\{g(n+t)-g(n-t)\}+2g(n)$$

$$=\left(-\frac{1}{2}\right)^{s}\times 2\ln 2-\left(-\frac{1}{2}\right)^{s}\times 4\ln 2+2\times\left(-\frac{1}{2}\right)^{s}\times 3\ln 2$$

$$=\left(-\frac{1}{2}\right)^{s}\times(2\ln 2-4\ln 2+6\ln 2)$$

$$=\left(-\frac{1}{2}\right)^{s}\times 4\ln 2$$

$\left(-\frac{1}{2}\right)^{s}\times 4\ln 2=\dfrac{\ln 2}{2^{24}}$ 에서 $\left(-\frac{1}{2}\right)^{s}=\dfrac{1}{2^{26}}=\left(-\frac{1}{2}\right)^{26}$ 이므로

$$s=26$$

$$\therefore n=2\times 26=52$$

따라서 구하는 자연수 n의 값의 합은 $55+52=107$

069

정답 ③

두 양수 a, b에 대하여 $\lim\limits_{x\to 0}\dfrac{e^{ax}-1}{\ln(x+b)}=2$일 때, $a+b$의 값은? (2점)

① 1   ② 2   ❸ 3

④ 4   ⑤ 5

Step 1 지수함수와 로그함수의 극한을 이용한다.

$\lim\limits_{x\to 0}\dfrac{e^{ax}-1}{\ln(x+b)}=2$에서 $x\to 0$일 때 0이 아닌 극한값이 존재하고

(분자)$\to 0$이므로 (분모)$\to 0$이어야 한다. ▸ $\lim\limits_{x\to 0}(e^{ax}-1)=e^{0}-1=0$

$\lim\limits_{x\to 0}\ln(x+b)=\ln b=0$ $\therefore b=1$

$$\lim_{x\to 0}\dfrac{e^{ax}-1}{\ln(x+1)}=\lim_{x\to 0}\dfrac{\dfrac{e^{ax}-1}{ax}\times a}{\dfrac{\ln(1+x)}{x}}=a=2$$

따라서 $a+b=2+1=3$ ▸ $\lim\limits_{x\to 0}\dfrac{e^{ax}-1}{ax}=1,\ \lim\limits_{x\to 0}\dfrac{\ln(1+x)}{x}=1$

070

정답 ②

함수 $f(x)$가 $\lim\limits_{x\to\infty}\left\{f(x)\ln\left(1+\dfrac{1}{2x}\right)\right\}=4$를 만족시킬 때,

$\lim\limits_{x\to\infty}\dfrac{f(x)}{x-3}$의 값은? (3점)

① 6   ❷ 8   ③ 10

④ 12   ⑤ 14

Step 1 주어진 식을 변형하고 함수의 극한의 성질을 이용한다.

$$\lim_{x\to\infty}\left\{f(x)\ln\left(1+\dfrac{1}{2x}\right)\right\}=\lim_{x\to\infty}\left\{\dfrac{f(x)}{2x}\ln\left(1+\dfrac{1}{2x}\right)^{2x}\right\}=4$$에서

$\lim\limits_{x\to\infty}\ln\left(1+\dfrac{1}{2x}\right)^{2x}=1$이므로 ▸ $\dfrac{f(x)}{2x}\times 2x\ln\left(1+\dfrac{1}{2x}\right)=\dfrac{f(x)}{2x}\times\ln\left(1+\dfrac{1}{2x}\right)^{2x}$

$$\lim_{x\to\infty}\dfrac{f(x)}{2x}=4$$ ▸ $\lim\limits_{x\to\infty}g(x)=\alpha,\ \lim\limits_{x\to\infty}h(x)=\beta$이면

$$\lim_{x\to\infty}\dfrac{g(x)}{h(x)}=\dfrac{\lim\limits_{x\to\infty}g(x)}{\lim\limits_{x\to\infty}h(x)}=\dfrac{\alpha}{\beta}\ (단,\ \beta\neq 0)이야.$$

$$\therefore \lim_{x\to\infty}\dfrac{f(x)}{2x}=\dfrac{\lim\limits_{x\to\infty}\left\{\dfrac{f(x)}{2x}\ln\left(1+\dfrac{1}{2x}\right)^{2x}\right\}}{\lim\limits_{x\to\infty}\ln\left(1+\dfrac{1}{2x}\right)^{2x}}=\dfrac{4}{1}=4$$

Step 2 $\lim\limits_{x\to\infty}g(x)=\alpha,\ \lim\limits_{x\to\infty}h(x)=\beta$이면

$\lim\limits_{x\to\infty}g(x)h(x)=\lim\limits_{x\to\infty}g(x)\times\lim\limits_{x\to\infty}h(x)=\alpha\beta$임을 이용한다.

$$\therefore \lim_{x\to\infty}\dfrac{f(x)}{x-3}=\lim_{x\to\infty}\left\{\dfrac{f(x)}{2x}\times\dfrac{2x}{x-3}\right\}=8$$ ▸ $\lim\limits_{x\to\infty}\dfrac{f(x)}{2x}\times\lim\limits_{x\to\infty}\dfrac{2x}{x-3}=4\times 2$

071

정답 23

이차함수 $f(x)$가 ▸ $f(x)$가 이차함수이므로 $f(x)=ax^2+bx+c$ (a,b,c는 상수, $a\neq 0$)로 놓을 수 있어.

$$f(1)=2,\ f'(1)=\lim_{x\to 0}\dfrac{\ln f(x)}{x}+\dfrac{1}{2}$$

을 만족시킬 때, $f(8)$의 값을 구하시오. (4점)

Step 1 주어진 조건을 이용하여 $f(x)$를 추론한다.
① $f(x)$는 이차함수
② $f(1)=2$
③ $f'(1)=\lim\limits_{x\to 0}\dfrac{\ln f(x)}{x}+\dfrac{1}{2}$

함수 $f(x)$가 이차함수이므로

$f(x)=ax^2+bx+c$ (a,b,c는 상수, $a\neq 0$)라 하자.

$f'(x)=2ax+b$이므로 $f'(1)=\lim\limits_{x\to 0}\dfrac{\ln f(x)}{x}+\dfrac{1}{2}$에서

$$2a+b=\lim_{x\to 0}\dfrac{\ln f(x)}{x}+\dfrac{1}{2}$$ ▸ $f'(x)$의 식에 $x=1$을 대입

$$\therefore \lim_{x\to 0}\dfrac{\ln f(x)}{x}=2a+b-\dfrac{1}{2}$$

이때 $\lim\limits_{x\to 0}\dfrac{\ln f(x)}{x}$의 극한값이 존재하고 (분모)$\to 0$이므로 ▸ $2a+b-\dfrac{1}{2}$ ▸ $\lim\limits_{x\to 0}x=0$

(분자)$\to 0$이어야 한다. ▸ $\lim\limits_{x\to 0}\ln f(x)=0$ **미정계수의 결정**

즉, $\lim\limits_{x\to 0}\ln f(x)=\ln f(0)=0$이므로 ▸ 로그의 성질에 의하여 로그의 값이 0이면 (진수)=1이다.

$f(0)=1$ $\therefore c=1$ ▸ 이차함수 $f(x)$의 상수항이 1이다.

또한 주어진 조건에서 $f(1)=2$이므로 ▸ $c=1$을 대입

$f(1)=a+b+c=2$ $\therefore b=2-a-c=1-a$

$\therefore f(x)=ax^2+(1-a)x+1$

Step 2 로그함수의 극한을 이용하여 a의 값을 구한다.

$f(x)=ax^2+(1-a)x+1$에서 ▸ $\lim\limits_{x\to 0}\dfrac{\ln(1+x)}{x}=1$

$f'(x)=2ax+1-a$이므로

$f'(1)=a+1$ ▸ 문제에서 $f'(1)=\lim\limits_{x\to 0}\dfrac{\ln f(x)}{x}+\dfrac{1}{2}$을 조건으로 주었어.

따라서 $\lim\limits_{x\to 0}\dfrac{\ln f(x)}{x}=f'(1)-\dfrac{1}{2}=a+\dfrac{1}{2}$이고 ▸ $f'(1)=a+1$을 대입

$$\lim_{x\to 0}\dfrac{\ln f(x)}{x}=\lim_{x\to 0}\dfrac{\ln\{ax^2+(1-a)x+1\}}{x}$$ ▸ $f(x)=ax^2+(1-a)x+1$을 대입

$$=\lim_{x\to 0}\left[\dfrac{\ln\{ax^2+(1-a)x+1\}}{x\{ax+(1-a)\}}\times(ax+1-a)\right]$$

같은 모양으로 만들어 주었어. / 분모와 분자에 똑같이 $ax+1-a$를 곱해 주어야 등식이 성립해.

$$=1\times(1-a)=1-a$$

즉, $a+\dfrac{1}{2}=1-a$이므로

$a=\dfrac{1}{4}$ ▸ $2a=\dfrac{1}{2}$

Step 3 $f(8)$의 값을 구한다.

따라서 $f(x)=\dfrac{1}{4}x^2+\dfrac{3}{4}x+1$이므로 → x^2의 계수는 $a=\dfrac{1}{4}$, x의 계수는

$f(8)=\dfrac{1}{4}\times 64+\dfrac{3}{4}\times 8+1$ → $f(x)$의 식에 $x=8$을 대입 $b=1-a=\dfrac{3}{4}$이고 상수항은 1이야.

$\quad\quad =16+6+1=23$

★ 다른 풀이 미분계수의 정의를 이용하는 풀이

Step 1 $\displaystyle\lim_{x\to 0}\dfrac{\ln f(x)}{x}$의 값을 미분계수를 이용하여 나타낸다.

$f'(1)=\displaystyle\lim_{x\to 0}\dfrac{\ln f(x)}{x}+\dfrac{1}{2}$에서

$\displaystyle\lim_{x\to 0}\dfrac{\ln f(x)}{x}=f'(1)-\dfrac{1}{2}$ ……㉠ $\to f'(1)-\dfrac{1}{2}$

$\displaystyle\lim_{x\to 0}\dfrac{\ln f(x)}{x}$에서 (분모) → 0이고 극한값이 존재하므로 (분자) → 0

이어야 한다. 중요한 성질이니 꼭 기억해. ←

따라서 $\displaystyle\lim_{x\to 0}\ln f(x)=\ln f(0)=0$이므로

$f(0)=1$ ……㉡ $=\ln 1$

이때 $\ln f(x)=g(x)$라 하면 $g(0)=\ln f(0)=0$이므로

$\displaystyle\lim_{x\to 0}\dfrac{\ln f(x)}{x}=\lim_{x\to 0}\dfrac{g(x)}{x}=\lim_{x\to 0}\dfrac{g(x)-g(0)}{x-0}=g'(0)$ $g(0)=0$이니까 빼도 원래 식과 같다.

$g(x)=\ln f(x)$에서 $g'(x)=\dfrac{f'(x)}{f(x)}$이므로

$g'(0)=\dfrac{f'(0)}{f(0)}=f'(0)$ $\to f(0)=1$

따라서 ㉠에서 $f'(0)=f'(1)-\dfrac{1}{2}$이다.

Step 2 조건을 만족시키는 이차함수 $f(x)$를 구한다.

㉡에서 $f(0)=1$이므로 이차함수 $f(x)$의 식을

$f(x)=ax^2+bx+1$ (a, b는 상수, $a\neq 0$)로 놓을 수 있다.

$f(1)=2$이므로 $a+b+1=2$ → $f(x)$에 $x=1$ 대입

$\therefore a+b=1$ ……㉢ 문제에서 주어졌어.

이때 $f'(x)=2ax+b$에서 $f'(0)=b$, $f'(1)=2a+b$이므로

$f'(0)=f'(1)-\dfrac{1}{2}$에 대입하면

$b=2a+b-\dfrac{1}{2}$, $2a=\dfrac{1}{2}$ $\therefore a=\dfrac{1}{4}$

이를 ㉢에 대입하면 $\dfrac{1}{4}+b=1$ $\therefore b=\dfrac{3}{4}$

따라서 $f(x)=\dfrac{1}{4}x^2+\dfrac{3}{4}x+1$이므로

$f(8)=\dfrac{1}{4}\times 8^2+\dfrac{3}{4}\times 8+1=23$

💡 알아야 할 기본개념

미정계수의 결정

두 함수 $f(x)$, $g(x)$에 대하여 다음이 성립한다.

(1) $\displaystyle\lim_{x\to a}\dfrac{f(x)}{g(x)}=\alpha$ (α는 실수)이고 $\displaystyle\lim_{x\to a}g(x)=0$이면 $\displaystyle\lim_{x\to a}f(x)=0$

(2) $\displaystyle\lim_{x\to a}\dfrac{f(x)}{g(x)}=\alpha$ (α는 0이 아닌 실수)이고 $\displaystyle\lim_{x\to a}f(x)=0$이면

$\quad\displaystyle\lim_{x\to a}g(x)=0$

Ⅱ. 미분법

02. 삼각함수의 덧셈정리

001	①	002	①	003	①	004	④	005	③
006	49	007	7	008	26	009	④	010	99
011	③	012	⑤	013	③	014	②	015	③
016	⑤	017	11	018	15	019	②	020	①
021	④	022	④	023	④	024	32	025	③
026	①	027	①	028	④	029	32	030	③
031	⑤	032	⑤	033	④	034	5	035	20
036	③	037	④	038	⑤	039	⑤	040	②
041	18	042	61	043	⑤	044	①	045	25
046	79	047	9	048	11	049	18	050	②

001 [정답률 94%] 정답 ①

> $0<\theta<\dfrac{\pi}{2}$인 θ에 대하여 $\sin\theta=\dfrac{\sqrt{5}}{5}$일 때, $\sec\theta$의 값은?
>
> (2점)
>
> ① $\dfrac{\sqrt{5}}{2}$ ② $\dfrac{3\sqrt{5}}{4}$ ③ $\sqrt{5}$
>
> ④ $\dfrac{5\sqrt{5}}{4}$ ⑤ $\dfrac{3\sqrt{5}}{2}$

Step 1 $\sin^2\theta+\cos^2\theta=1$임을 이용하여 주어진 삼각함수의 값을 계산한다.

→ θ가 제1사분면의 각이므로 $\sin\theta>0$, $\cos\theta>0$이야.

$0<\theta<\dfrac{\pi}{2}$에서 $\cos\theta>0$이므로

$\cos\theta=\sqrt{1-\sin^2\theta}=\sqrt{1-\left(\dfrac{\sqrt{5}}{5}\right)^2}=\dfrac{2\sqrt{5}}{5}$

$\therefore \sec\theta=\dfrac{1}{\cos\theta}=\dfrac{\sqrt{5}}{2}$

$\quad\quad = \dfrac{5}{2\sqrt{5}}=\dfrac{\sqrt{5}}{2}$

002 [정답률 92%] 정답 ①

> $\sec\theta=\dfrac{\sqrt{10}}{3}$일 때, $\sin^2\theta$의 값은? (3점)
>
> ① $\dfrac{1}{10}$ ② $\dfrac{3}{20}$ ③ $\dfrac{1}{5}$
>
> ④ $\dfrac{1}{4}$ ⑤ $\dfrac{3}{10}$

Step 1 $\sec\theta=\dfrac{1}{\cos\theta}$임을 이용한다.

$\sec\theta=\dfrac{1}{\cos\theta}$에서 $\cos\theta=\dfrac{3}{\sqrt{10}}$

$\therefore \sin^2\theta=1-\cos^2\theta=1-\left(\dfrac{3}{\sqrt{10}}\right)^2=\dfrac{1}{10}$

→ $\sin^2\theta+\cos^2\theta=1$에서 $\sin^2\theta=1-\cos^2\theta$

003 [정답률 92%]　　　　　　　　　　정답 ①

$0<\alpha<\beta<2\pi$이고 $\cos\alpha=\cos\beta=\dfrac{1}{3}$일 때, $\sin(\beta-\alpha)$의 값은? (3점)

① $-\dfrac{4\sqrt{2}}{9}$　　　② $-\dfrac{4}{9}$　　　③ 0

④ $\dfrac{4}{9}$　　　⑤ $\dfrac{4\sqrt{2}}{9}$

Step 1 주어진 조건을 이용하여 $\sin\alpha$, $\sin\beta$의 값을 각각 구한다.

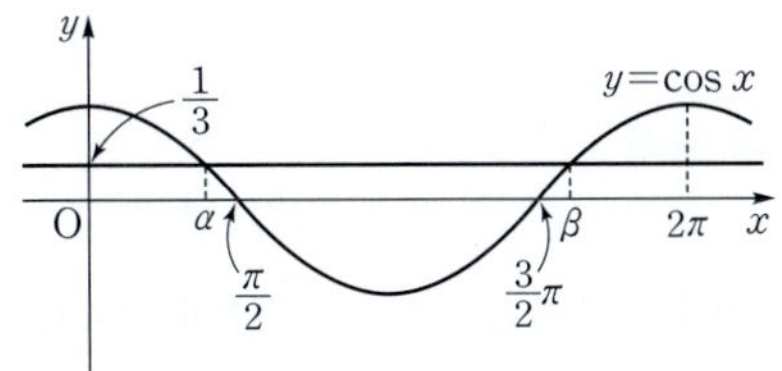

$0<\alpha<\beta<2\pi$, $\cos\alpha=\cos\beta=\dfrac{1}{3}$이므로

$0<\alpha<\dfrac{\pi}{2}$, $\dfrac{3}{2}\pi<\beta<2\pi$

따라서 $\sin\alpha=\dfrac{2\sqrt{2}}{3}$, $\sin\beta=-\dfrac{2\sqrt{2}}{3}$이다.

→ $\sin^2\beta+\cos^2\beta=1$이고 $\cos\beta=\dfrac{1}{3}$이므로 $\sin^2\beta=\dfrac{8}{9}$

이때 $\dfrac{3}{2}\pi<\beta<2\pi$이므로 $\sin\beta=-\dfrac{2\sqrt{2}}{3}$

→ $\sin^2\alpha+\cos^2\alpha=1$이고 $\cos\alpha=\dfrac{1}{3}$이므로 $\sin^2\alpha=\dfrac{8}{9}$

이때 $0<\alpha<\dfrac{\pi}{2}$이므로 $\sin\alpha=\dfrac{2\sqrt{2}}{3}$

Step 2 삼각함수의 덧셈정리를 이용하여 $\sin(\beta-\alpha)$의 값을 구한다.

$\sin(\beta-\alpha)=\sin\beta\cos\alpha-\cos\beta\sin\alpha$이므로

$\sin(\beta-\alpha)=\left(-\dfrac{2\sqrt{2}}{3}\right)\times\dfrac{1}{3}-\dfrac{1}{3}\times\dfrac{2\sqrt{2}}{3}$

$\qquad\qquad=-\dfrac{4\sqrt{2}}{9}$

004 [정답률 92%]　　　　　　　　　　정답 ④

→ 직선의 방정식의 일반형에서는 기울기를 바로 알아내기가 쉽지 않으니까 직선의 방정식을 표준형으로 고쳐.

좌표평면에서 두 직선 $x-y-1=0$, $ax-y+1=0$이 이루는 예각의 크기를 θ라 하자. $\tan\theta=\dfrac{1}{6}$일 때, 상수 a의 값은?

→ 직선 l과 x축의 양의 방향이 이루는 각의 크기가 θ일 때, $\tan\theta=$(직선 l의 기울기)임을 이용

(단, $a>1$) (3점)

① $\dfrac{11}{10}$　　　② $\dfrac{6}{5}$　　　③ $\dfrac{13}{10}$

④ $\dfrac{7}{5}$　　　⑤ $\dfrac{3}{2}$

Step 1 삼각함수의 덧셈정리를 이용하여 두 직선이 이루는 예각의 크기를 구한다.

두 직선 $x-y-1=0$, $ax-y+1=0$이 x축의 양의 방향과 이루는 각의 크기를 각각 θ_1, θ_2라 하면 $x-y-1=0$에서 $y=x-1$, $ax-y+1=0$에서 $y=ax+1$이므로

→ 기울기가 1이야.

$\tan\theta_1=1$, $\tan\theta_2=a$

→ 기울기가 a야.

두 직선 $x-y-1=0$, $ax-y+1=0$이 이루는 예각의 크기가 θ이고

→ $\theta=\theta_2-\theta_1$ ($\because a>1$)

$\tan\theta=\dfrac{1}{6}$이므로

$\tan\theta=|\tan(\theta_2-\theta_1)|$

$\qquad=\left|\dfrac{\tan\theta_2-\tan\theta_1}{1+\tan\theta_2\tan\theta_1}\right|$

→ 탄젠트함수의 덧셈정리를 이용

$\qquad=\left|\dfrac{a-1}{1+a}\right|=\dfrac{1}{6}$

→ $\tan\theta_1=1$, $\tan\theta_2=a$를 대입

이때 $a>1$이므로 $\dfrac{a-1}{1+a}>0$ → $\dfrac{a-1}{1+a}>0$이므로 $\left|\dfrac{a-1}{1+a}\right|=\dfrac{a-1}{1+a}$

따라서 $\dfrac{a-1}{1+a}=\dfrac{1}{6}$이므로

$6a-6=1+a$, $5a=7$

$\therefore a=\dfrac{7}{5}$

→ 즉, 문제에 주어진 직선이 $\dfrac{7}{5}x-y+1=0$이었던 거지.

두 직선 $y=ax+1$, $y=x-1$을 좌표평면에 나타내면 다음과 같다.

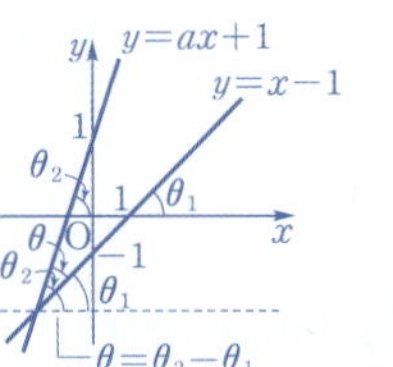

005 [정답률 92%]　　　　　　　　　　정답 ③

$\cos\theta=\dfrac{2}{3}$일 때, $\sec\theta$의 값은? (2점)

① 1　　　② $\dfrac{5}{4}$　　　③ $\dfrac{3}{2}$

④ $\dfrac{7}{4}$　　　⑤ 2

Step 1 삼각함수 사이의 관계를 이용한다.

$\sec\theta=\dfrac{1}{\cos\theta}=\dfrac{3}{2}$

→ $\sec\theta$와 $\cos\theta$가 서로 역수 관계임을 기억!

참고

삼각함수의 역수 관계

$\sec\theta=\dfrac{1}{\cos\theta}\qquad\csc\theta=\dfrac{1}{\sin\theta}\qquad\cot\theta=\dfrac{1}{\tan\theta}$

006 [정답률 89%]　　　　　　　　　　정답 49

$\cos\theta=\dfrac{1}{7}$일 때, $\sec^2\theta$의 값을 구하시오. (3점)

→ $\dfrac{1}{\cos^2\theta}$

Step 1 삼각함수 사이의 관계를 이용한다.

$\cos\theta=\dfrac{1}{7}$이므로

$\sec^2\theta=\dfrac{1}{\cos^2\theta}=\dfrac{1}{\left(\dfrac{1}{7}\right)^2}=49$

암기 $\csc\theta=\dfrac{1}{\sin\theta}$, $\sec\theta=\dfrac{1}{\cos\theta}$, $\cot\theta=\dfrac{1}{\tan\theta}$

007 [정답률 93%] 정답 7

$\cos\theta=\dfrac{1}{7}$일 때, $\csc\theta\times\tan\theta$의 값을 구하시오. (3점)

Step 1 $\csc\theta=\dfrac{1}{\sin\theta}$임을 이용한다.

$$\csc\theta\times\tan\theta=\frac{1}{\sin\theta}\times\frac{\sin\theta}{\cos\theta}$$
$$=\frac{1}{\cos\theta}$$
$$=7\quad\longrightarrow\ \cos\theta=\frac{1}{7}\text{을 대입}$$

008 [정답률 92%] 정답 26

$\tan\theta=5$일 때, $\sec^2\theta$의 값을 구하시오. (3점)

Step 1 삼각함수 사이의 관계를 이용한다.

$1+\tan^2\theta=\sec^2\theta$이므로 $\tan\theta=5$일 때
$\sec^2\theta=1+5^2=26$ $\longrightarrow$ 자주 사용하는 공식이니 꼭 기억해.

★ **다른 풀이** $\tan\theta=5$를 만족시키는 직각삼각형을 이용하는 풀이

Step 1 $0<\theta<\dfrac{\pi}{2}$로 가정하고, 직각삼각형을 이용하여 $\cos\theta$의 값을 구한다.

$0<\theta<\dfrac{\pi}{2}$라 가정하고 $\tan\theta=5$를 만족시키는 직각삼각형을 그려 보면 다음과 같다.

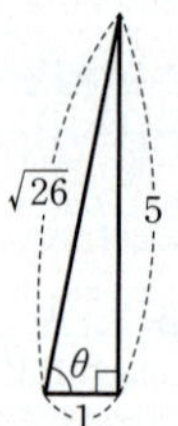

이때 $\cos\theta=\dfrac{1}{\sqrt{26}}$이므로 $\cos^2\theta=\left(\dfrac{1}{\sqrt{26}}\right)^2=\dfrac{1}{26}$

$\therefore\ \sec^2\theta=\dfrac{1}{\cos^2\theta}=26$

009 [정답률 89%] 정답 ④

$\tan\theta=-3$일 때, $\sec^2\theta$의 값은? (3점)

① 7 ② 8 ③ 9
④ 10 ⑤ 11

Step 1 $1+\tan^2\theta=\sec^2\theta$임을 이용하여 $\sec^2\theta$의 값을 구한다.

$\tan\theta=-3$이므로 $\tan^2\theta=(-3)^2=9$

$\therefore\ \sec^2\theta=1+\tan^2\theta=1+9=10$
$\longrightarrow$ 암기

010 [정답률 88%] 정답 99

$\sec\theta=10$일 때, $\tan^2\theta$의 값을 구하시오. (3점)

Step 1 $1+\tan^2\theta=\sec^2\theta$임을 이용하여 $\tan^2\theta$의 값을 구한다.

$1+\tan^2\theta=\sec^2\theta$이고, $\sec\theta=10$이므로
$\tan^2\theta=99$ $\longrightarrow\ \sin^2\theta+\cos^2\theta=1$의 양변을 $\cos^2\theta$로 나누면 $1+\tan^2\theta=\sec^2\theta$

011 [정답률 86%] 정답 ③

$\dfrac{\pi}{2}<\theta<\pi$인 θ에 대하여 $\cos\theta=-\dfrac{3}{5}$일 때, $\csc(\pi+\theta)$의 값은? (3점)

① $-\dfrac{5}{2}$ ② $-\dfrac{5}{3}$ ③ $-\dfrac{5}{4}$
④ $\dfrac{5}{4}$ ⑤ $\dfrac{5}{3}$

Step 1 $\sin\theta$의 값을 구한다.

$\cos\theta=-\dfrac{3}{5}$에서

$\sin^2\theta=1-\cos^2\theta=1-\left(-\dfrac{3}{5}\right)^2=\dfrac{16}{25}$

$\therefore\ \sin\theta=\pm\dfrac{4}{5}$ $\longrightarrow$ 모든 실수 α에 대하여 $\sin^2\alpha+\cos^2\alpha=1$임을 이용한 거야.

이때 $\dfrac{\pi}{2}<\theta<\pi$에서 $\sin\theta>0$이므로
$\longrightarrow$ 제2사분면의 각
$\sin\theta=\dfrac{4}{5}$

Step 2 $\csc(\pi+\theta)$의 값을 구한다.

$$\csc(\pi+\theta)=\frac{1}{\sin(\pi+\theta)}$$
$$=-\frac{1}{\sin\theta}$$
$$=-\frac{5}{4}$$

암기 $\sin(\pi\pm\theta)=\mp\sin\theta$ (복호동순)

012 [정답률 75%] 정답 ⑤

x에 대한 이차방정식 $x^2-px+q=0$의 서로 다른 두 실근이 $\cos\alpha$, $\cos\beta$이고, $x^2-rx+s=0$의 두 근이 $\sec\alpha$, $\sec\beta$이다. rs를 p, q의 식으로 나타내면? (단, $pq\neq0$) (3점)

① pq ② $\dfrac{1}{pq}$ ③ $\dfrac{p}{q}$
④ $\dfrac{q}{p^2}$ ⑤ $\dfrac{p}{q^2}$

Step 1 근과 계수의 관계를 이용하여 p, q, r, s와 $\cos \alpha$, $\cos \beta$, $\sec \alpha$, $\sec \beta$ 사이의 관계식을 구한다.

이차방정식 $x^2 - px + q = 0$의 서로 다른 두 실근이 $\cos \alpha$, $\cos \beta$이므로 근과 계수의 관계에 의하여

$\cos \alpha + \cos \beta = p$, $\cos \alpha \cos \beta = q$

이차방정식 $x^2 - rx + s = 0$의 두 근이 $\sec \alpha$, $\sec \beta$이므로 근과 계수의 관계에 의하여

$\sec \alpha + \sec \beta = r$, $\sec \alpha \sec \beta = s$

> **이차방정식의 근과 계수의 관계**
> 이차방정식 $ax^2 + bx + c = 0$
> ($a \neq 0$, a, b, c는 상수)의 두 근
> 을 α, β라 하면
> $\alpha + \beta = -\dfrac{b}{a}$, $\alpha\beta = \dfrac{c}{a}$

Step 2 $\sec \theta = \dfrac{1}{\cos \theta}$임을 이용하여 rs를 p, q로 나타낸다.

$$rs = (\sec \alpha + \sec \beta) \cdot \sec \alpha \sec \beta$$
$$= \left(\frac{1}{\cos \alpha} + \frac{1}{\cos \beta} \right) \cdot \frac{1}{\cos \alpha \cos \beta}$$
$$= \frac{\cos \alpha + \cos \beta}{\cos \alpha \cos \beta} \cdot \frac{1}{\cos \alpha \cos \beta}$$
$$= \left(\frac{1}{\cos \alpha \cos \beta} \right)^2 \cdot (\cos \alpha + \cos \beta) = \frac{p}{q^2}$$

이차방정식의 두 근이 주어지면 항상 근과 계수의 관계를 먼저 떠올려야 해.

013 [정답률 89%]   정답 ③

$\sin \theta - \cos \theta = \dfrac{\sqrt{3}}{2}$일 때, $\tan \theta + \cot \theta$의 값은? (3점)

$= \dfrac{\sin \theta}{\cos \theta} + \dfrac{\cos \theta}{\sin \theta}$

① 6   ② 7   ③ 8
④ 9   ⑤ 10

Step 1 $\sin^2 \theta + \cos^2 \theta = 1$임을 이용하여 $\sin \theta \cos \theta$의 값을 구한다.

$\sin \theta - \cos \theta = \dfrac{\sqrt{3}}{2}$의 양변을 제곱하면

$(\sin \theta - \cos \theta)^2 = \sin^2 \theta - 2 \sin \theta \cos \theta + \cos^2 \theta$
$\qquad\qquad\qquad = 1 - 2 \sin \theta \cos \theta = \dfrac{3}{4}$ ← $\sin^2 \theta + \cos^2 \theta = 1$

이므로 $2 \sin \theta \cos \theta = \dfrac{1}{4}$

$\therefore \sin \theta \cos \theta = \dfrac{1}{8}$

Step 2 $\tan \theta + \cot \theta$의 값을 구한다.

$$\tan \theta + \cot \theta = \frac{\sin \theta}{\cos \theta} + \frac{\cos \theta}{\sin \theta}$$
$$= \frac{\sin^2 \theta + \cos^2 \theta}{\sin \theta \cos \theta}$$
$$= \frac{1}{\sin \theta \cos \theta} = \frac{1}{\frac{1}{8}} = 8$$

$\sin^2 \theta + \cos^2 \theta = 1$

014 [정답률 95%]   정답 ②

$\sin \alpha = \dfrac{3}{5}$, $\cos \beta = \dfrac{\sqrt{5}}{5}$일 때, $\sin(\beta - \alpha)$의 값은?

(단, α, β는 예각이다.) (3점)

① $\dfrac{3\sqrt{5}}{20}$ ② $\dfrac{\sqrt{5}}{5}$ ③ $\dfrac{\sqrt{5}}{4}$

④ $\dfrac{3\sqrt{5}}{10}$ ⑤ $\dfrac{7\sqrt{5}}{20}$

Step 1 삼각함수의 덧셈정리를 이용한다.

$\sin \alpha = \dfrac{3}{5}$이므로 $\cos \alpha = \sqrt{1 - \left(\dfrac{3}{5} \right)^2} = \dfrac{4}{5}$

   → α는 예각이므로
   $\sin^2 \alpha + \cos^2 \alpha = 1$에서
   $\cos \alpha = \sqrt{1 - \sin^2 \alpha}$

$\cos \beta = \dfrac{\sqrt{5}}{5}$이므로 $\sin \beta = \sqrt{1 - \left(\dfrac{\sqrt{5}}{5} \right)^2} = \dfrac{2\sqrt{5}}{5}$

$\therefore \sin(\beta - \alpha) = \sin \beta \cos \alpha - \cos \beta \sin \alpha$

   → β는 예각이므로
   $\sin^2 \beta + \cos^2 \beta = 1$에서
   $\sin \beta = \sqrt{1 - \cos^2 \beta}$

$$= \frac{2\sqrt{5}}{5} \times \frac{4}{5} - \frac{\sqrt{5}}{5} \times \frac{3}{5}$$
$$= \frac{\sqrt{5}}{5}$$

015 [정답률 84%]   정답 ③

$\sin \theta = \dfrac{\sqrt{3}}{3}$일 때, $2 \sin \left(\theta - \dfrac{\pi}{6} \right) + \cos \theta$의 값은?

$\sin \theta = \dfrac{\sqrt{3}}{3}$을 만족하는 θ는 무수히 많기 때문에 θ의 구간을 정해준 거야!

$\left(단, 0 < \theta < \dfrac{\pi}{2} \right)$ (3점)

① $\dfrac{1}{2}$ ② $\dfrac{\sqrt{3}}{3}$ ③ 1
④ $\sqrt{3}$ ⑤ 2

Step 1 삼각함수의 덧셈정리를 이용한다.

$\sin \theta = \dfrac{\sqrt{3}}{3}$이므로

$2 \sin \left(\theta - \dfrac{\pi}{6} \right) + \cos \theta = 2 \left(\sin \theta \cos \dfrac{\pi}{6} - \cos \theta \sin \dfrac{\pi}{6} \right) + \cos \theta$

   → $\cos \dfrac{\pi}{6} = \dfrac{\sqrt{3}}{2}$

$$= \sqrt{3} \sin \theta - \cos \theta + \cos \theta$$

   → $\sin \dfrac{\pi}{6} = \dfrac{1}{2}$

$$= \sqrt{3} \sin \theta$$
$$= \sqrt{3} \times \frac{\sqrt{3}}{3} = 1$$

삼각함수의 덧셈정리
(1) $\sin(\alpha \pm \beta) = \sin \alpha \cos \beta \pm \cos \alpha \sin \beta$ (복호동순)
(2) $\cos(\alpha \pm \beta) = \cos \alpha \cos \beta \mp \sin \alpha \sin \beta$ (복호동순)
(3) $\tan(\alpha \pm \beta) = \dfrac{\tan \alpha \pm \tan \beta}{1 \mp \tan \alpha \tan \beta}$ (복호동순)

016 [정답률 68%]   정답 ⑤

함수 $f(x) = \cos 2x \cos x - \sin 2x \sin x$의 주기는? (3점)

① 2π ② $\dfrac{5}{3}\pi$ ③ $\dfrac{4}{3}\pi$

④ π ⑤ $\dfrac{2}{3}\pi$

Step 1 삼각함수의 덧셈정리를 이용하여 주어진 식을 간단히 정리한다.

$f(x) = \cos 2x \cos x - \sin 2x \sin x$
$\qquad = \cos(2x + x)$ → $\cos(\alpha \pm \beta) = \cos \alpha \cos \beta \mp \sin \alpha \sin \beta$임을 이용
$\qquad = \cos 3x$

이때 삼각함수 $y = \cos 3x$는 주기가 $\dfrac{2\pi}{3}$인 주기함수이므로

함수 $f(x)$의 주기는 $\dfrac{2}{3}\pi$이다.   → 함수 $y = a \cos(bx + c) + d$의 주기는 $\dfrac{2\pi}{|b|}$야.

017 [정답률 86%]   정답 11

$\tan \alpha = 4$, $\tan \beta = -2$일 때, $\tan(\alpha+\beta) = \dfrac{q}{p}$이다. $p+q$의 값을 구하시오. (단, p와 q는 서로소인 자연수이다.) (3점)

Step 1 삼각함수의 덧셈정리를 이용하여 p, q의 값을 구한다.

$$\tan(\alpha+\beta) = \frac{\tan\alpha+\tan\beta}{1-\tan\alpha\tan\beta} = \frac{4+(-2)}{1-4\times(-2)} = \frac{2}{9}$$

따라서 $p=9$, $q=2$이므로

$p+q=9+2=11$

> **암기** $\tan(\alpha\pm\beta) = \dfrac{\tan\alpha\pm\tan\beta}{1\mp\tan\alpha\tan\beta}$ (복호동순)

018 [정답률 85%]   정답 15

$\tan(\alpha-\beta) = \dfrac{7}{8}$, $\tan\beta = 1$일 때, $\tan\alpha$의 값을 구하시오.

$$\left(\text{단, } 0 < \alpha < \frac{\pi}{2}, \ 0 < \beta < \frac{\pi}{2}\right) \text{(3점)}$$

Step 1 삼각함수의 덧셈정리를 이용한다.

$$\tan\alpha = \tan\{(\alpha-\beta)+\beta\} = \frac{\tan(\alpha-\beta)+\tan\beta}{1-\tan(\alpha-\beta)\tan\beta}$$

$$= \frac{\frac{7}{8}+1}{1-\frac{7}{8}\times1} = 15$$

> $\tan(a+b) = \dfrac{\tan a+\tan b}{1-\tan a\tan b}$

019 [정답률 92%]   정답 ②

$2\cos\alpha = 3\sin\alpha$이고 $\tan(\alpha+\beta) = 1$일 때, $\tan\beta$의 값은? (3점)

① $\dfrac{1}{6}$ ✔② $\dfrac{1}{5}$ ③ $\dfrac{1}{4}$

④ $\dfrac{1}{3}$ ⑤ $\dfrac{1}{2}$

Step 1 $\tan(\alpha+\beta) = \dfrac{\tan\alpha+\tan\beta}{1-\tan\alpha\tan\beta}$임을 이용한다.

$2\cos\alpha = 3\sin\alpha$에서 $\tan\alpha = \dfrac{2}{3}$

> $\dfrac{2}{3} = \dfrac{\sin\alpha}{\cos\alpha}$

$$\tan(\alpha+\beta) = \frac{\frac{2}{3}+\tan\beta}{1-\frac{2}{3}\tan\beta} = 1\text{에서}$$

$\dfrac{2}{3}+\tan\beta = 1-\dfrac{2}{3}\tan\beta$ $\therefore \tan\beta = \dfrac{1}{5}$

> $\dfrac{5}{3}\tan\beta = \dfrac{1}{3}$

020 [정답률 85%]   정답 ①

$\tan\left(\alpha+\dfrac{\pi}{4}\right) = 2$일 때, $\tan\alpha$의 값은? (3점)

✔① $\dfrac{1}{3}$ ② $\dfrac{4}{9}$ ③ $\dfrac{5}{9}$

④ $\dfrac{2}{3}$ ⑤ $\dfrac{7}{9}$

> 삼각함수의 덧셈정리를 이용

Step 1 삼각함수의 덧셈정리를 이용하여 $\tan\alpha$의 값을 구한다.

> $\tan(\alpha+\beta) = \dfrac{\tan\alpha+\tan\beta}{1-\tan\alpha\tan\beta}$

$$\tan\left(\alpha+\frac{\pi}{4}\right) = \frac{\tan\alpha+\tan\frac{\pi}{4}}{1-\tan\alpha\tan\frac{\pi}{4}}$$

$$= \frac{\tan\alpha+1}{1-\tan\alpha} = 2$$

> $\tan\dfrac{\pi}{4} = 1$

즉, $\tan\alpha+1 = 2(1-\tan\alpha) = 2-2\tan\alpha$에서

$3\tan\alpha = 1$

$\therefore \tan\alpha = \dfrac{1}{3}$

021 [정답률 78%]   정답 ④

$\tan\alpha = -\dfrac{5}{12}\left(\dfrac{3}{2}\pi < \alpha < 2\pi\right)$이고 $0 \le x < \dfrac{\pi}{2}$일 때, 부등식

$$\cos x \le \sin(x+\alpha) \le 2\cos x$$

를 만족시키는 x에 대하여 $\tan x$의 최댓값과 최솟값의 합은? (4점)

① $\dfrac{31}{12}$ ② $\dfrac{37}{12}$ ③ $\dfrac{43}{12}$

✔④ $\dfrac{49}{12}$ ⑤ $\dfrac{55}{12}$

Step 1 삼각함수의 덧셈정리를 이용하여 주어진 부등식을 $\tan x$에 대한 식으로 변형한다.

$\dfrac{3}{2}\pi < \alpha < 2\pi$에서 $\tan\alpha = -\dfrac{5}{12}$이므로

$\sin\alpha = -\dfrac{5}{13}$, $\cos\alpha = \dfrac{12}{13}$

삼각함수의 덧셈정리에 의하여

> $\sin(\alpha+\beta) = \sin\alpha\cos\beta+\cos\alpha\sin\beta$

$\sin(x+\alpha) = \sin x\cos\alpha+\cos x\sin\alpha$

$$= \frac{12}{13}\sin x-\frac{5}{13}\cos x$$

부등식 $\cos x \le \sin(x+\alpha) \le 2\cos x$에서

$\cos x \le \dfrac{12}{13}\sin x-\dfrac{5}{13}\cos x \le 2\cos x$

양변을 $\cos x$로 나누면

> $0 \le x < \dfrac{\pi}{2}$에서 $\cos x > 0$이므로 부등호의 방향은 그대로야.

$1 \le \dfrac{12}{13}\tan x-\dfrac{5}{13} \le 2$

> $\dfrac{\sin x}{\cos x} = \tan x$

$\dfrac{3}{2} \le \tan x \le \dfrac{31}{12}$에서 최댓값은 $\dfrac{31}{12}$, 최솟값은 $\dfrac{3}{2}$이므로

$\tan x$의 최댓값과 최솟값의 합은

$$\frac{31}{12}+\frac{3}{2} = \frac{49}{12}$$

💡 알아야 할 기본개념

삼각함수의 덧셈정리

1. $\sin(\alpha\pm\beta)=\sin\alpha\cos\beta\pm\cos\alpha\sin\beta$ (복호동순)
2. $\cos(\alpha\pm\beta)=\cos\alpha\cos\beta\mp\sin\alpha\sin\beta$ (복호동순)
3. $\tan(\alpha\pm\beta)=\dfrac{\tan\alpha\pm\tan\beta}{1\mp\tan\alpha\tan\beta}$ (복호동순)

022 [정답률 82%]   정답 ④

곡선 $y=1-x^2$ $(0<x<1)$ 위의 점 P에서 y축에 내린 수선의 발을 H라 하고, 원점 O와 점 A$(0,\ 1)$에 대하여 $\angle APH=\theta_1$, $\angle HPO=\theta_2$라 하자. $\tan\theta_1=\dfrac{1}{2}$일 때, $\tan(\theta_1+\theta_2)$의 값은?
(4점)

① 2   ② 4   ③ 6
❹ 8   ⑤ 10

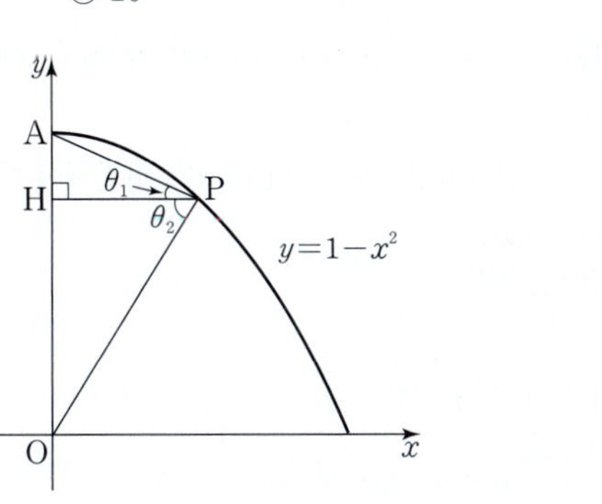

Step 1   P$(t,\ 1-t^2)$으로 놓고, $\tan\theta_1=\dfrac{1}{2}$임을 이용하여 t의 값을 구한다.

점 P의 좌표를 $(t,\ 1-t^2)$이라 하면
$$\overline{PH}=t$$ 점 P의 x좌표 → 점 P는 곡선 $y=1-x^2$ 위의 점이야.

$$\overline{AH}=\overline{AO}-\overline{HO}$$ 점 A의 y좌표
$$=1-(1-t^2)$$ 점 P의 y좌표
$$=t^2$$

이때 $\tan\theta_1=\dfrac{1}{2}$이므로 삼각형 AHP에서
t^2으로 바꿔 줘.
$$\tan\theta_1=\frac{\overline{AH}}{\overline{PH}}=\frac{t^2}{t}$$
t로 바꿔 줘.
$$=t=\frac{1}{2}$$

Step 2 $t=\dfrac{1}{2}$임을 이용하여 두 선분 PH, HO의 길이를 구한 후 $\tan\theta_2$의 값을 구한다.

$$\overline{PH}=t=\frac{1}{2}$$

$$\overline{HO}=1-t^2=1-\left(\frac{1}{2}\right)^2=\frac{3}{4}$$

이므로 삼각형 PHO에서

$$\tan\theta_2=\frac{\overline{OH}}{\overline{PH}}=\frac{\frac{3}{4}}{\frac{1}{2}}$$
$\dfrac{\frac{d}{c}}{\frac{b}{a}}=\dfrac{a\times d}{b\times c}$
$$=\frac{6}{4}$$
$$=\frac{3}{2}$$

Step 3   삼각함수의 덧셈정리를 이용하여 $\tan(\theta_1+\theta_2)$의 값을 구한다.

삼각함수의 덧셈정리에 의하여
$$\tan(\theta_1+\theta_2)=\frac{\tan\theta_1+\tan\theta_2}{1-\tan\theta_1\tan\theta_2}$$
$\tan\theta_1$을 $\dfrac{1}{2}$로, $\tan\theta_2$를 $\dfrac{3}{2}$으로 바꿔 주면 돼.
$$=\frac{\frac{1}{2}+\frac{3}{2}}{1-\frac{1}{2}\times\frac{3}{2}}$$
$$=\frac{2}{1-\frac{3}{4}}$$
$$=\frac{2}{\frac{1}{4}}$$
$$=8$$

→ 직선 l과 x축의 양의 방향이 이루는 각의 크기가 θ일 때, $\tan\theta=$(직선 l의 기울기)임을 이용

023 [정답률 91%]   정답 ④

기울기가 1이야.   기울기가 -2야.
좌표평면에서 두 직선 $y=x$, $y=-2x$가 이루는 예각의 크기를 θ라 할 때, $\tan\theta$의 값은? (3점)

① 2   ② $\dfrac{7}{3}$ ③ $\dfrac{8}{3}$
❹ 3   ⑤ $\dfrac{10}{3}$

삼각함수의 덧셈정리를 이용하여 $\tan\theta$의 값을 구할 거야.

Step 1   두 직선 $y=x$, $y=-2x$가 x축의 양의 방향과 이루는 각의 크기를 각각 α, β라 하고 $\tan\alpha$, $\tan\beta$의 값을 구한다.

두 직선 $y=x$, $y=-2x$가 x축의 양의 방향과 이루는 각의 크기를 각각 α, β라 하면
$$\tan\alpha=1,\quad \tan\beta=-2$$
직선 $y=x$의 기울기   직선 $y=-2x$의 기울기

Step 2   삼각함수의 덧셈정리를 이용하여 $\tan\theta$의 값을 구한다.

두 직선 $y=x$, $y=-2x$가 이루는 예각의 크기가 θ이므로
$$\tan\theta=|\tan(\beta-\alpha)|$$ 삼각함수의 덧셈정리

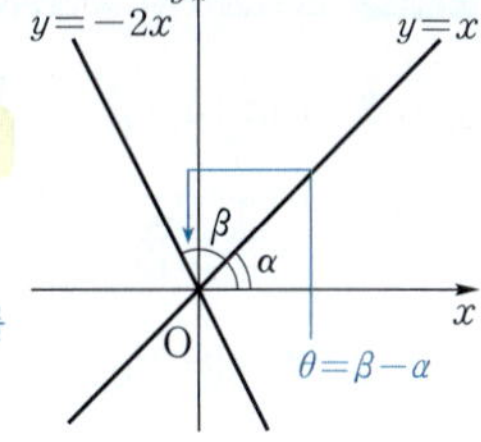

$$=\left|\frac{\tan\beta-\tan\alpha}{1+\tan\beta\tan\alpha}\right|$$
$\tan\alpha=1$, $\tan\beta=-2$를 대입
$$=\left|\frac{-2-1}{1+(-2)\times1}\right|$$
$$=3$$ → $(\beta-\alpha)$의 크기가 둔각이라면 $\tan(\beta-\alpha)$의 값이 음수가 될 텐데, 우리가 구하고자 하는 것은 예각의 크기에 대한 탄젠트의 값이므로 절댓값을 취한 거야.

참고

두 직선이 이루는 예각의 크기에 관한 문제가 탄젠트함수의 덧셈정리와 연결되어 자주 나오기 때문에 꼭 알아 두고 넘어가!

두 직선이 이루는 예각의 크기

두 직선 l, l'이 x축의 양의 방향과 이루는 각의 크기를 각각 α, β라 하고, 두 직선 l, l'이 이루는 예각의 크기를 θ라 하면

$$\tan\theta = |\tan(\alpha-\beta)|$$
$$= \left|\frac{\tan\alpha-\tan\beta}{1+\tan\alpha\tan\beta}\right|$$

024

정답 32

두 점 $A(0, 1)$, $B(2, 0)$을 이은 선분 AB를 사등분하는 점을 각각 P, Q, R이라 하자. $\angle POR=\theta$라 할 때, $30\tan\theta$의 값을 구하시오. (4점)
$\longmapsto \overline{AP}=\overline{PQ}=\overline{QR}=\overline{RB}$

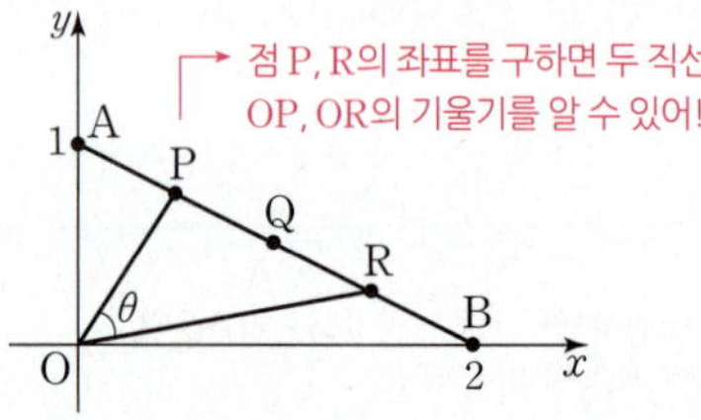

→ 점 P, R의 좌표를 구하면 두 직선 OP, OR의 기울기를 알 수 있어!

Step 1 세 점 P, Q, R의 좌표를 구한다.

세 점 P, Q, R은 선분 AB를 사등분하는 점이므로
$P\left(\dfrac{1}{2}, \dfrac{3}{4}\right)$, $Q\left(1, \dfrac{1}{2}\right)$, $R\left(\dfrac{3}{2}, \dfrac{1}{4}\right)$이다.

$\tan\alpha = \dfrac{\frac{3}{4}}{\frac{1}{2}} = \dfrac{3}{2}$

Step 2 θ를 다른 형태로 표현한다.

오른쪽 그림과 같이 선분 OP와 x축의 양의 방향이 이루는 각의 크기를 α, 선분 OR과 x축의 양의 방향이 이루는 각의 크기를 β라 하면

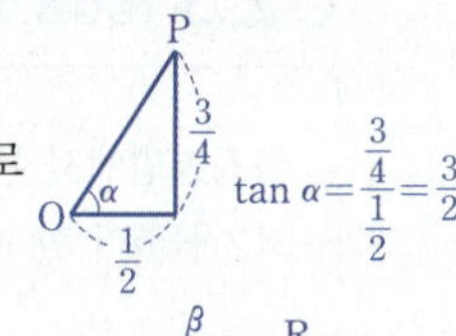

$\tan\beta = \dfrac{\frac{1}{4}}{\frac{3}{2}} = \dfrac{1}{6}$

직선 OP의 기울기 $\tan\alpha = \dfrac{\frac{3}{4}}{\frac{1}{2}} = \dfrac{3}{2}$, 직선 OR의 기울기 $\tan\beta = \dfrac{\frac{1}{4}}{\frac{3}{2}} = \dfrac{1}{6}$이고

$\angle POR = \angle POB - \angle ROB$이므로
$\theta = \alpha - \beta$

Step 3 삼각함수의 덧셈정리를 이용하여 $\tan\theta$의 값을 구한다.

$$\tan\theta = \tan(\alpha-\beta) = \frac{\tan\alpha-\tan\beta}{1+\tan\alpha\tan\beta}$$

$$= \frac{\frac{3}{2}-\frac{1}{6}}{1+\frac{3}{2}\times\frac{1}{6}} = \frac{\frac{4}{3}}{\frac{5}{4}} = \frac{16}{15}$$

암기
$\tan(\alpha+\beta) = \dfrac{\tan\alpha+\tan\beta}{1-\tan\alpha\tan\beta}$
$\tan(\alpha-\beta) = \dfrac{\tan\alpha-\tan\beta}{1+\tan\alpha\tan\beta}$

$$\therefore 30\tan\theta = 30\times\frac{16}{15} = 32$$

주의 이 부분을 계산할 때 실수하지 않도록 조심

---

025 [정답률 85%]

정답 ③

오른쪽 그림과 같이 y축 위의 두 점 $A(0, 4)$, $B(0, 2)$와 x축 위의 점 $C(1, 0)$에 대하여 $\longrightarrow \overline{OA}=4, \overline{OB}=2$
$\angle CAO=\alpha$, $\angle CBO=\beta$라 하자. 양의 y축 위의 점 $P(0, y)$에 대하여 $\angle CPO=\gamma$라 할 때, $\alpha+\beta=\gamma$가 되는 점 P의 y좌표는? (4점)
$\longrightarrow \tan(\alpha+\beta)=\tan\gamma$ 임을 이용

$\tan\alpha = \dfrac{\overline{OC}}{\overline{OA}}$, $\tan\beta = \dfrac{\overline{OC}}{\overline{OB}}$, $\tan\gamma = \dfrac{\overline{OC}}{\overline{OP}}$

① $\dfrac{5}{4}$　　② $\dfrac{6}{5}$　　③ $\dfrac{7}{6}$

④ $\dfrac{8}{7}$　　⑤ $\dfrac{9}{8}$

Step 1 $\tan\alpha$, $\tan\beta$, $\tan\gamma$의 값을 구한다.

$\triangle AOC$에서 $\tan\alpha = \dfrac{\overline{OC}}{\overline{OA}} = \dfrac{1}{4}$　탄젠트함수의 정의

$\triangle BOC$에서 $\tan\beta = \dfrac{\overline{OC}}{\overline{OB}} = \dfrac{1}{2}$

$\triangle POC$에서 $\tan\gamma = \dfrac{\overline{OC}}{\overline{OP}} = \dfrac{1}{y}$

$\angle B=\theta$, $\angle C=\dfrac{\pi}{2}$인 직각삼각형 ABC에서 $\tan\theta = \dfrac{\overline{AC}}{\overline{BC}}$

Step 2 $\alpha+\beta=\gamma$와 탄젠트함수의 덧셈정리를 이용하여 점 P의 y좌표를 구한다.

$\alpha+\beta=\gamma$, 즉 $\tan(\alpha+\beta)=\tan\gamma$가 성립해야 하므로

$$\frac{\tan\alpha+\tan\beta}{1-\tan\alpha\tan\beta} = \tan\gamma$$

→ 이 식에 $\tan\alpha = \dfrac{1}{4}$, $\tan\beta = \dfrac{1}{2}$을 대입!

$$\frac{\frac{1}{4}+\frac{1}{2}}{1-\frac{1}{4}\times\frac{1}{2}} = \frac{1}{y}, \quad \frac{6}{7} = \frac{1}{y}$$

주의 계산 실수 조심!

$$\therefore y = \frac{7}{6}$$

수능포인트

각 α, β에 대한 삼각함수의 값을 알고 있으니 각 $\alpha+\beta$에 대한 삼각함수의 값을 계산하는 것도 어렵지 않은 문제입니다. 그림과 연결되는 삼각함수 문제는 어떻게든 그 각을 포함하고 있는 직각삼각형을 찾아 삼각함수에 대한 정보를 얻는 것이 중요합니다.

---

026 [정답률 73%]　　　　　　　　　　정답 ①

> 두 직선이 x축의 양의 방향과 이루는
> 각에 대한 탄젠트 값을 구해.

그림과 같이 두 직선 $y=\dfrac{1}{3}x,\ y=2x+10$ 위의 두 점

A, B와 교점 P를 세 꼭짓점으로 하는 삼각형 PAB가 있다.

$\angle B=90°$이고 $\overline{PB}=12$일 때, $\overline{PA}$의 값은? (3점)

> 삼각형 PAB가
> 직각삼각형이야!

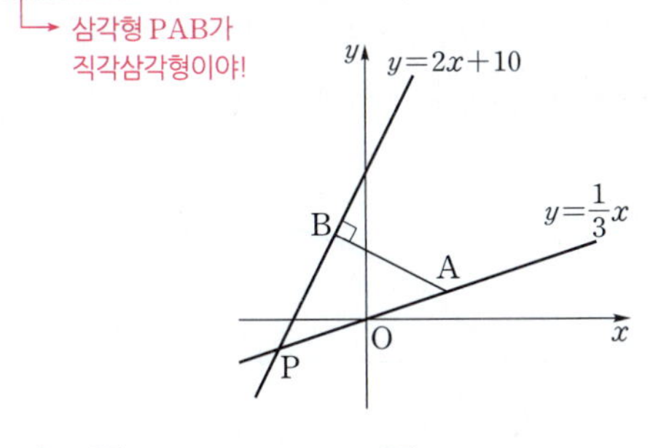

① $12\sqrt{2}$　　　② $12\sqrt{3}$　　　③ 18
④ $18\sqrt{2}$　　　⑤ $18\sqrt{3}$

Step 1 $\angle$BPA의 크기를 직선 PA와 직선 PB가 x축의 양의 방향과 이루는 각의 크기로 나타낸다.

오른쪽 그림과 같이 직선 PA와 x축의 양의 방향이 이루는 각의 크기를 α, 직선 PB와 x축의 양의 방향이 이루는 각의 크기를 β라 하면 $\tan\alpha=\dfrac{1}{3}$, $\tan\beta=2$ 이고 $\angle$BPA$=\beta-\alpha$이다.

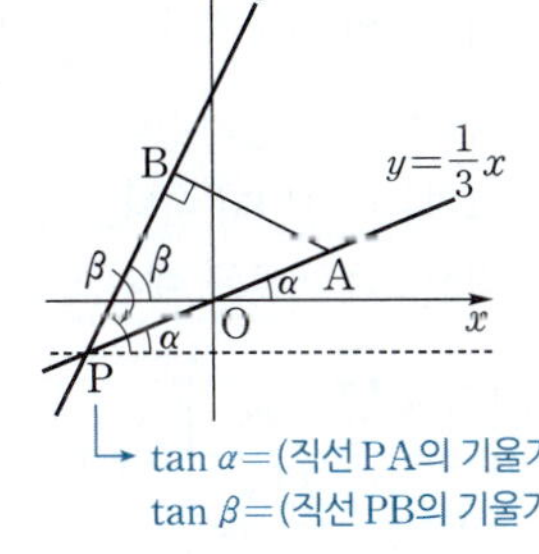

> $\tan\alpha=$(직선 PA의 기울기)
> $\tan\beta=$(직선 PB의 기울기)

> **중요** 직선 l이 x축의 양의 방향과 이루는 각의 크기가 $\theta\left(0<\theta<\dfrac{\pi}{2} \text{ 또는 } \dfrac{\pi}{2}<\theta<\pi\right)$일 때, 직선 l의 기울기는 $\tan\theta$야.

Step 2 삼각함수의 덧셈정리를 이용하여 선분 PA의 길이를 구한다.

$$\tan(\angle\mathrm{BPA})=\tan(\beta-\alpha)=\frac{\tan\beta-\tan\alpha}{1+\tan\beta\tan\alpha}$$

$$=\frac{2-\dfrac{1}{3}}{1+2\times\dfrac{1}{3}}=1 \qquad\cdots\cdots\ \bigcirc$$

> $\tan\alpha=\dfrac{1}{3}$, $\tan\beta=2$를 대입

삼각형 PAB에서 $\tan(\angle\mathrm{BPA})=\dfrac{\overline{\mathrm{AB}}}{\overline{\mathrm{PB}}}=\dfrac{\overline{\mathrm{AB}}}{12}$ $\qquad\cdots\cdots\ \bigcirc$

$\bigcirc$, $\bigcirc$에서 $\dfrac{\overline{\mathrm{AB}}}{12}=1$ $\quad\therefore\ \overline{\mathrm{AB}}=12$

따라서 삼각형 PAB에서 피타고라스 정리에 의하여

$$\overline{\mathrm{PA}}^2=\overline{\mathrm{PB}}^2+\overline{\mathrm{AB}}^2=12^2+12^2=288$$

$$\therefore\ \overline{\mathrm{PA}}=\sqrt{288}=12\sqrt{2}\ (\because\ \overline{\mathrm{PA}}>0)$$

> **암기** $\angle\mathrm{C}=\dfrac{\pi}{2}$인 직각삼각형 ABC에서
> $\overline{\mathrm{AB}}^2=\overline{\mathrm{AC}}^2+\overline{\mathrm{BC}}^2$

---

027 [정답률 76%]　　　　　　　　　　정답 ①

그림과 같이 곡선 $y=e^x$ 위의 두 점 A$(t,\ e^t)$, B$(-t,\ e^{-t})$에서의 접선을 각각 $l,\ m$이라 하자. 두 직선 l과 m이 이루는 예각의 크기가 $\dfrac{\pi}{4}$일 때, 두 점 A, B를 지나는 직선의 기울기는? (단, $t>0$) (4점)

> 직선의 기울기는 일반적으로 탄젠트함수를 이용해야 해.

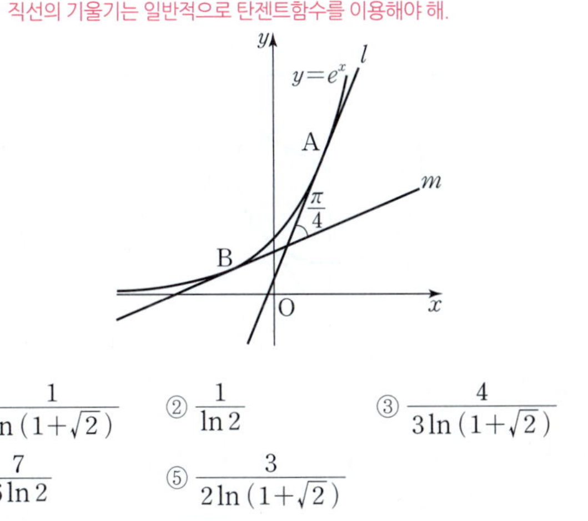

① $\dfrac{1}{\ln(1+\sqrt{2})}$　　　② $\dfrac{1}{\ln 2}$　　　③ $\dfrac{4}{3\ln(1+\sqrt{2})}$
④ $\dfrac{7}{6\ln 2}$　　　⑤ $\dfrac{3}{2\ln(1+\sqrt{2})}$

Step 1 접선 $l,\ m$의 기울기를 구한다.

$y=e^x$에서 $y'=e^x$이므로 $\qquad (e^x)'=e^x$

곡선 $y=e^x$ 위의 두 점 A$(t,\ e^t)$, B$(-t,\ e^{-t})$에서의 접선 $l,\ m$의 기울기는 각각 e^t, e^{-t}이다.

> e^x에 $x=t$, $x=-t$ 대입

Step 2 t의 값을 구한다.

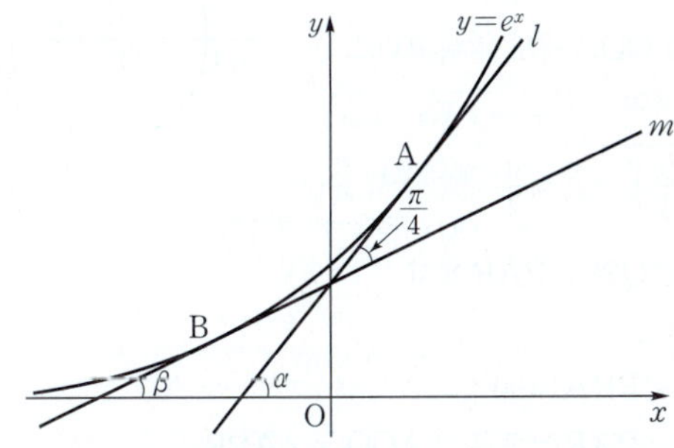

두 직선 $l,\ m$이 x축의 양의 방향과 이루는 각의 크기를 각각 α, β라 하면

> 직선 n이 x축의 양의 방향과 이루는 각의 크기를 θ라 하면
> (직선 n의 기울기)$=\tan\theta$

$\tan\alpha=e^t$, $\tan\beta=e^{-t}$

$$\tan(\alpha-\beta)=\frac{\tan\alpha-\tan\beta}{1+\tan\alpha\tan\beta}=\frac{e^t-e^{-t}}{1+e^te^{-t}}$$

$$=\frac{e^t-e^{-t}}{2}=\tan\frac{\pi}{4}=1$$

> $e^te^{-t}=e^t\times\dfrac{1}{e^t}=1$
> 문제에서 주어진 조건이야.

$e^t-e^{-t}=2$, $(e^t)^2-2e^t-1=0$, $e^t=1+\sqrt{2}\ (\because\ e^t>0)$

$\therefore\ t=\ln(1+\sqrt{2})$

> 근의 공식 활용 $e^t=\dfrac{-(-2)\pm\sqrt{(-2)^2-4\cdot1\cdot(-1)}}{2\cdot1}$
> $=\dfrac{2\pm\sqrt{8}}{2}=1\pm\sqrt{2}$

Step 3 직선 AB의 기울기를 구한다.

따라서 직선 AB의 기울기는

$$\frac{e^t-e^{-t}}{t-(-t)}=\frac{2}{2t}=\frac{1}{t}=\frac{1}{\ln(1+\sqrt{2})}$$

> 두 점 A$(t,\ e^t)$, B$(-t,\ e^{-t})$에 대하여 직선 AB의 기울기를 t로 나타내야 해.

💡 알아야 할 기본개념

직선의 기울기

두 점 A$(x_1,\ y_1)$, B$(x_2,\ y_2)$를 지나는

직선 AB의 기울기는 $\dfrac{y_2-y_1}{x_2-x_1}\ (x_1\neq x_2)$

028 [정답률 46%] → x축과 평행한 직선이야! 　　　정답 ④

그림과 같이 **직선 $y=1$** 위의 점 P에서 **원 $x^2+y^2=1$**에 그은 접선이 x축과 만나는 점을 A라 하고, $\angle AOP=\theta$라 하자.

$\overline{OA}=\dfrac{5}{4}$일 때, **$\tan 3\theta$**의 값은? $\left(\text{단, } 0<\theta<\dfrac{\pi}{4}\text{이다.}\right)$ (4점)

중요　$\tan\theta$, $\tan 2\theta$의 값을 구한 뒤에 삼각함수의 덧셈정리를 이용

중심이 $(0,0)$이고 반지름의 길이가 1인 원이야.

$\angle AOP=\angle APO=\theta$ 임을 알아내는 게 중요해!

① 4　　② $\dfrac{9}{2}$　　③ 5

④ $\dfrac{11}{2}$　　⑤ 6

Step 1　접점을 지나는 원의 반지름과 접선이 서로 수직임을 이용하여 점 P에서 x축에 내린 수선의 발을 R이라 할 때, $\angle PAR$을 θ에 대한 식으로 나타낸다.

→ 아래 그림에서 $\overline{OQ}\perp\overline{PQ}$임을 알 수 있어!

오른쪽 그림과 같이 직선 AP와 원이 접하는 접점을 Q, 점 P에서 x축에 내린 수선의 발을 R이라 하자. 직각삼각형 OQA에서 피타고라스 정리에 의하여

$\overline{AQ}=\sqrt{\left(\dfrac{5}{4}\right)^2-1^2}=\dfrac{3}{4}$ 　→ $\sqrt{\overline{AO}^2-\overline{OQ}^2}$

에서 $\overline{AO}=\dfrac{5}{4}$, $\overline{OQ}=$(원의 반지름의 길이)$=1$

한편, $\triangle OAQ$와 $\triangle PAR$에서
$\overline{OQ}=\overline{PR}=1$,
$\angle OQA=\angle PRA=90°$,
$\angle OAQ=\angle PAR$이므로 $\angle AOQ=\angle APR$
따라서 $\triangle OAQ\equiv\triangle PAR$ (ASA 합동)이므로
$\overline{AQ}=\overline{AR}=\dfrac{3}{4}$

→ 한 변의 길이가 같고, 그 양 끝각의 크기가 각각 같다.

또한, $\overline{OA}=\overline{PA}$이므로 $\triangle APO$는 이등변삼각형이다.
$\angle APO=\angle AOP=\theta$이므로
$\angle PAR=\angle AOP+\angle APO=\theta+\theta=2\theta$　삼각형의 외각의 크기

Step 2　$\tan\theta$의 값을 구하고, 삼각함수의 덧셈정리를 이용하여 $\tan 3\theta$의 값을 구한다.

→ $\tan(\alpha+\beta)=\dfrac{\tan\alpha+\tan\beta}{1-\tan\alpha\tan\beta}$

삼각형 POR에서 $\tan\theta=\dfrac{\overline{PR}}{\overline{OR}}=\dfrac{\overline{PR}}{\overline{OA}+\overline{AR}}=\dfrac{1}{\dfrac{5}{4}+\dfrac{3}{4}}=\dfrac{1}{2}$

삼각형 PAR에서 $\tan 2\theta=\dfrac{\overline{PR}}{\overline{AR}}=\dfrac{1}{\dfrac{3}{4}}=\dfrac{4}{3}$

중요　$\tan 2\theta$
$=\tan(\theta+\theta)$
$=\dfrac{\tan\theta+\tan\theta}{1-\tan\theta\tan\theta}$
임을 이용하여 $\tan 2\theta$의 값을 구할 수도 있어!

$\therefore \tan 3\theta=\tan(2\theta+\theta)=\dfrac{\tan 2\theta+\tan\theta}{1-\tan 2\theta\tan\theta}$

$=\dfrac{\dfrac{4}{3}+\dfrac{1}{2}}{1-\dfrac{4}{3}\times\dfrac{1}{2}}=\dfrac{11}{2}$　이 식에 $\tan\theta$, $\tan 2\theta$의 값을 대입

---

029 [정답률 52%]　　　정답 32

중요　미분하면 $f'(x)=\dfrac{\sqrt{3}}{x}$

좌표평면에 함수 $f(x)=\sqrt{3}\ln x$의 그래프와 직선 $l:y=-\dfrac{\sqrt{3}}{2}x+\dfrac{\sqrt{3}}{2}$이 있다. 곡선 $y=f(x)$ 위의 서로 다른 두 점 $A(\alpha, f(\alpha))$, $B(\beta, f(\beta))$에서의 접선을 각각 m, n이라 하자. **세 직선 l, m, n으로 둘러싸인 삼각형이 정삼각형**일 때, $6(\alpha+\beta)$의 값을 구하시오. (4점)

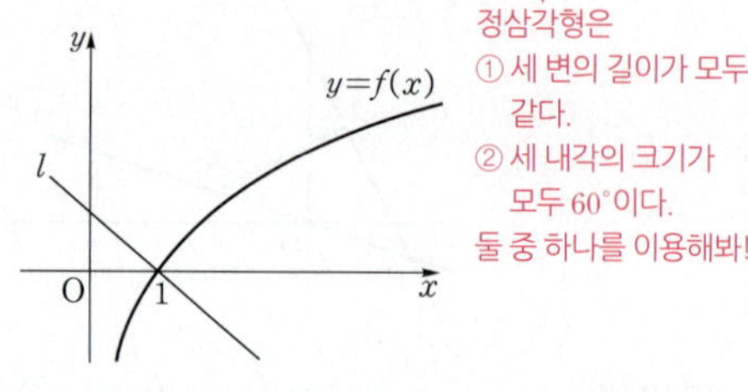

정삼각형은
① 세 변의 길이가 모두 같다.
② 세 내각의 크기가 모두 $60°$이다.
둘 중 하나를 이용해봐!

중요　두 직선 m 또는 n이 x축의 양의 방향과 이루는 각의 크기를 θ, 직선 l이 x축의 양의 방향과 이루는 각의 크기를 $\theta'\left(\dfrac{\pi}{2}<\theta'<\pi\right)$이라 하면 $\tan\theta=k$, $\tan\theta'=-\dfrac{\sqrt{3}}{2}$, $|\tan(\theta-\theta')|=\tan 60°=\sqrt{3}$

Step 1　세 직선 l, m, n으로 둘러싸인 삼각형이 정삼각형임을 이용한다.

직선 l의 기울기가 $-\dfrac{\sqrt{3}}{2}$이고, 세 직선 l, m, n으로 둘러싸인 삼각형이 정삼각형이므로 두 접선 m, n과 직선 l이 이루는 예각의 크기는 각각 $60°$이다.

직선 l과 이루는 예각의 크기가 $60°$인 직선의 기울기를 k라 하면

$\left|\dfrac{-\dfrac{\sqrt{3}}{2}-k}{1+\left(-\dfrac{\sqrt{3}}{2}\right)k}\right|=\sqrt{3}$, $\dfrac{-\dfrac{\sqrt{3}}{2}-k}{1-\dfrac{\sqrt{3}}{2}k}=\pm\sqrt{3}$

→ 탄젠트의 덧셈정리에 두 직선의 기울기를 대입하여 정리한 거야!

$-\dfrac{\sqrt{3}}{2}-k=\sqrt{3}\left(1-\dfrac{\sqrt{3}}{2}k\right)$ 또는 $-\dfrac{\sqrt{3}}{2}-k=-\sqrt{3}\left(1-\dfrac{\sqrt{3}}{2}k\right)$

$\therefore k=3\sqrt{3}$ 또는 $k=\dfrac{\sqrt{3}}{5}$

Step 2　α, β의 값을 구한다.　→ $y=\ln x$일 때, $y'=\dfrac{1}{x}$

$f(x)=\sqrt{3}\ln x$에서 $f'(x)=\dfrac{\sqrt{3}}{x}$

$f'(\alpha)=3\sqrt{3}$, $f'(\beta)=\dfrac{\sqrt{3}}{5}$이라 하면

$f'(\alpha)=\dfrac{\sqrt{3}}{\alpha}=3\sqrt{3}$ 　$\therefore \alpha=\dfrac{1}{3}$

$f'(\beta)=\dfrac{\sqrt{3}}{\beta}=\dfrac{\sqrt{3}}{5}$ 　$\therefore \beta=5$

$\therefore 6(\alpha+\beta)=6\left(\dfrac{1}{3}+5\right)=32$

→ 직선 n의 기울기　　직선 m의 기울기

030 [정답률 56%]　　　　　　　정답 ③

그림과 같이 원 $x^2+y^2=1$ 위의 점 P_1에서의 접선이 x축과

만나는 점을 Q_1이라 할 때, 삼각형 P_1OQ_1의 넓이는 $\dfrac{1}{4}$이다.

점 P_1을 원점 O를 중심으로 $\dfrac{\pi}{4}$만큼 회전시킨 점을 P_2라 하고,

점 P_2에서의 접선이 x축과 만나는 점을 Q_2라 하자.
$$\angle P_1OP_2 = \dfrac{\pi}{4}$$

삼각형 P_2OQ_2의 넓이는?

→ 삼각형 P_2OQ_2는 (단, 점 P_1은 제1사분면 위의 점이다.) (3점)
$\angle OP_2Q_2 = 90°$인 직각삼각형이야.

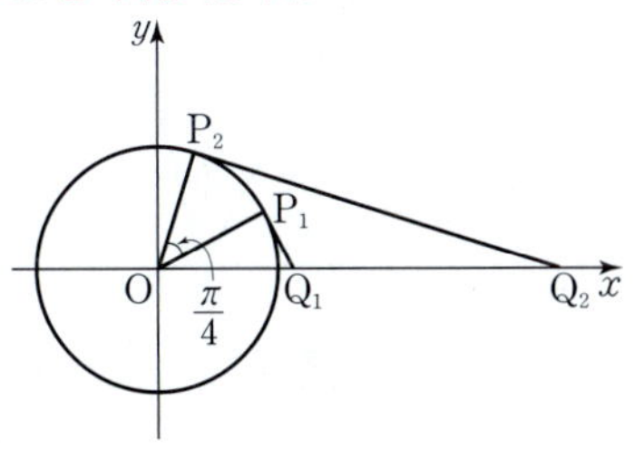

① 1　　　　　② $\dfrac{5}{4}$　　　　　③ $\dfrac{3}{2}$

④ $\dfrac{7}{4}$　　　　　⑤ 2

Step 1 $\angle P_1OQ_1=\alpha$라 하고, 삼각형 P_1OQ_1의 넓이가 $\dfrac{1}{4}$임을 이용하여 $\tan\alpha$의 값을 구한다.

오른쪽 그림에서 $\angle P_1OQ_1=\alpha$라 하면

점 P_1은 원점 O를 중심으로 하는 원 위의 점이므로 $\overline{OP_1}=1$

선분 OP_1과 선분 P_1Q_1, 선분 OP_2와 선분 P_2Q_2는 각각 점 P_1과 점 P_2에서 수직으로 만나.

$$\triangle P_1OQ_1 = \dfrac{1}{2}\times\overline{OP_1}\times\overline{P_1Q_1}$$

$$=\dfrac{1}{2}\times 1\times\overline{OP_1}\tan\alpha$$

$\tan\alpha = \dfrac{\overline{P_1Q_1}}{\overline{OP_1}}$

$$=\dfrac{1}{2}\tan\alpha$$

즉, $\dfrac{1}{2}\tan\alpha=\dfrac{1}{4}$이므로

→ 문제에서 삼각형 P_1OQ_1의 넓이가 $\dfrac{1}{4}$이라고 주어졌어.

$$\tan\alpha=\dfrac{1}{2} \quad\cdots\cdots ㉠$$

Step 2 $\angle P_2OQ_2=\dfrac{\pi}{4}+\alpha$이므로 $\tan\alpha$의 값을 이용하여 삼각형 P_2OQ_2의 넓이를 구한다.

$\angle P_2OQ_2=\dfrac{\pi}{4}+\alpha$이므로

삼각함수의 덧셈정리
$$\tan(\alpha+\beta) = \dfrac{\tan\alpha+\tan\beta}{1-\tan\alpha\tan\beta}$$

$$\tan\left(\dfrac{\pi}{4}+\alpha\right)=\dfrac{\tan\dfrac{\pi}{4}+\tan\alpha}{1-\tan\dfrac{\pi}{4}\tan\alpha}$$

$$=\dfrac{1+\dfrac{1}{2}}{1-1\times\dfrac{1}{2}}=\dfrac{\dfrac{3}{2}}{\dfrac{1}{2}}=3 \;(\because ㉠)$$

→ $\tan\dfrac{\pi}{4}=1$이고, 앞서 구한 $\tan\alpha=\dfrac{1}{2}$을 대입했어.

$$\therefore \triangle P_2OQ_2 = \dfrac{1}{2}\times\overline{OP_2}\times\overline{P_2Q_2}$$

점 P_2는 원점 O를 중심으로 하는 원 위의 점이므로 $\overline{OP_2}=1$이야.

$$=\dfrac{1}{2}\times 1\times\overline{OP_2}\times\tan\left(\dfrac{\pi}{4}+\alpha\right)$$

$$=\dfrac{1}{2}\tan\left(\dfrac{\pi}{4}+\alpha\right)$$

$\tan\left(\dfrac{\pi}{4}+\alpha\right)=\dfrac{\overline{P_2Q_2}}{\overline{OP_2}}$

$$=\dfrac{1}{2}\times 3=\dfrac{3}{2}$$ → 앞서 구한 $\tan\left(\dfrac{\pi}{4}+\alpha\right)=3$을 대입했어.

031 [정답률 62%]　　　　　　　정답 ⑤

좌표평면에 중심이 원점 O이고 반지름의 길이가 3인 원 C_1과 중심이 점 $A(t, 6)$이고 반지름의 길이가 3인 원 C_2가 있다. 그림과 같이 기울기가 양수인 직선 l이 선분 OA와 만나고, 두 원 C_1, C_2에 각각 접할 때, 다음은 직선 l의 기울기를 t에 대한 식으로 나타내는 과정이다. (단, $t>6$)

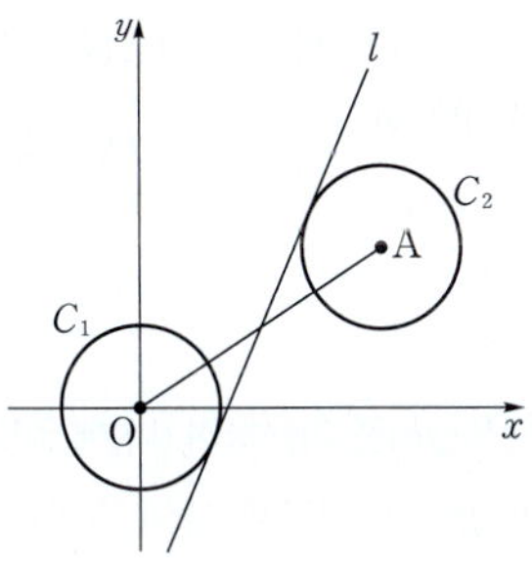

직선 OA가 x축의 양의 방향과 이루는 각의 크기를 α, 점 O를 지나고 직선 l에 평행한 직선 m이 직선 OA와 이루는 예각의 크기를 β라 하면

$$\tan\alpha=\dfrac{6}{t}$$

$$\tan\beta=\boxed{\text{(가)}}$$

이다.

직선 l이 x축의 양의 방향과 이루는 각의 크기를 θ라 하면

$$\theta=\alpha+\beta$$

이므로

$$\tan\theta=\boxed{\text{(나)}}$$

이다. → $\tan(\alpha+\beta)$이니까 삼각함수의 덧셈정리!

따라서 직선 l의 기울기는 $\boxed{\text{(나)}}$이다.

위의 (가), (나)에 알맞은 식을 각각 $f(t)$, $g(t)$라 할 때, $\dfrac{g(8)}{f(7)}$의 값은? (4점)

① 2　　　② $\dfrac{5}{2}$　　　③ 3

④ $\dfrac{7}{2}$　　　⑤ 4

Step 1 두 직각삼각형 OAH_1, OAH_2가 합동임을 이용하여 (가)에 알맞은 식을 구한다.

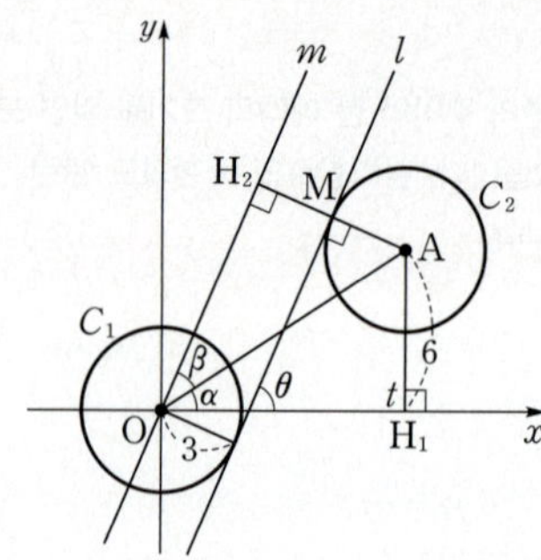

직선 OA가 x축의 양의 방향과 이루는 각의 크기를 α, 점 O를 지나고 직선 l에 평행한 직선 m이 직선 OA와 이루는 각의 크기를 β라 하자.

점 A에서 x축과 직선 m에 내린 수선의 발을 각각 H_1, H_2라 하고, 선분 AH_2가 원 C_2와 만나는 점을 M이라 하자.

직각삼각형 OAH_2에서

$$\overline{AH_2} = \overline{AM} + \overline{MH_2} = 3 + 3 = 6$$

따라서 직각삼각형 OAH_1과 직각삼각형 OAH_2에서

$\angle OH_1A = \angle OH_2A = 90°$, $\overline{AH_1} = \overline{AH_2} = 6$이고

선분 OA는 공통이므로 $\triangle OAH_1 \equiv \triangle OAH_2$ (RHS 합동)이다.

이때 $\angle AOH_1 = \angle AOH_2$이므로

$\alpha = \beta$

$\quad\left[= \tan\alpha = \dfrac{\overline{AH_1}}{\overline{OH_1}}\right]$ → 빗변의 길이가 같고, 또 다른 한 변의 길이가 같은 두 직각삼각형은 서로 합동이다.

$$\therefore \tan\beta = \boxed{\text{(가)}\ \dfrac{6}{t}}$$

Step 2 삼각함수의 덧셈정리를 이용하여 (나)에 알맞은 식을 구한다.

직선 l이 x축의 양의 방향과 이루는 각의 크기를 θ라 할 때, 두 직선 l, m이 평행하므로

$\theta = \alpha + \beta$

$\therefore \tan\theta = \tan(\alpha + \beta)$ —— **암기** 자주 사용되는 공식이니까 꼭 기억해.

$$= \frac{\tan\alpha + \tan\beta}{1 - \tan\alpha\tan\beta}$$

$$= \frac{\dfrac{6}{t} + \dfrac{6}{t}}{1 - \dfrac{6}{t} \times \dfrac{6}{t}} \rightarrow = \frac{\dfrac{12}{t}}{1 - \dfrac{36}{t^2}} = \frac{12t}{t^2 - 36}$$

분모, 분자에 t^2을 곱한 거야.

$$= \boxed{\text{(나)}\ \dfrac{12t}{t^2 - 36}}$$

Step 3 $\dfrac{g(8)}{f(7)}$의 값을 구한다.

따라서 $f(t) = \dfrac{6}{t}$, $g(t) = \dfrac{12t}{t^2 - 36}$이므로

$$\frac{g(8)}{f(7)} = \frac{\dfrac{12 \times 8}{64 - 36}}{\dfrac{6}{7}} = \frac{\dfrac{96}{28}}{\dfrac{6}{7}} = 4$$

계산 주의

---

032 [정답률 75%]   정답 ⑤

그림과 같이 평면에 정삼각형 ABC와 $\overline{CD} = 1$이고 $\angle ACD = \dfrac{\pi}{4}$인 점 D가 있다. 점 D와 직선 BC 사이의 거리는? (단, 선분 CD는 삼각형 ABC의 내부를 지나지 않는다.) (3점)

→ 점 D에서 직선 BC에 수선을 내려.

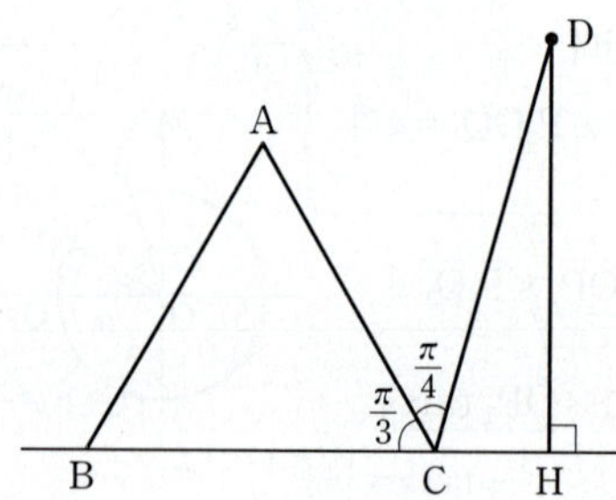

① $\dfrac{\sqrt{6} - \sqrt{2}}{6}$ ② $\dfrac{\sqrt{6} - \sqrt{2}}{4}$ ③ $\dfrac{\sqrt{6} - \sqrt{2}}{3}$

④ $\dfrac{\sqrt{6} + \sqrt{2}}{6}$ ⑤ $\dfrac{\sqrt{6} + \sqrt{2}}{4}$

Step 1 점 D와 직선 BC 사이의 거리를 나타내는 선분을 찾는다.

점 D에서 직선 BC에 내린 수선의 발을 H라 하면 점 D와 직선 BC 사이의 거리는 선분 DH의 길이와 같다.

Step 2 삼각함수의 덧셈정리를 이용하여 선분 DH의 길이를 구한다.

삼각형 ABC는 정삼각형이므로 $\angle ACB = \dfrac{\pi}{3}$

직각삼각형 DCH에서

$\overline{DH} = \overline{CD} \times \sin(\angle DCH)$ → $\sin(\angle DCH) = \dfrac{\overline{DH}}{\overline{CD}}$

$$= \sin\left\{\pi - \left(\frac{\pi}{3} + \frac{\pi}{4}\right)\right\} \quad (\because \overline{CD} = 1)$$

$$= \sin\left(\frac{\pi}{3} + \frac{\pi}{4}\right)$$

→ $\sin(\alpha + \beta) = \sin\alpha\cos\beta + \cos\alpha\sin\beta$

$$= \sin\frac{\pi}{3}\cos\frac{\pi}{4} + \cos\frac{\pi}{3}\sin\frac{\pi}{4}$$

$$= \frac{\sqrt{3}}{2} \times \frac{\sqrt{2}}{2} + \frac{1}{2} \times \frac{\sqrt{2}}{2}$$

$$= \frac{\sqrt{6} + \sqrt{2}}{4}$$

따라서 점 D와 직선 BC 사이의 거리는 $\dfrac{\sqrt{6} + \sqrt{2}}{4}$이다.

알아야 할 기본개념

삼각함수의 덧셈정리

(1) $\sin(\alpha+\beta)=\sin\alpha\cos\beta+\cos\alpha\sin\beta$
$\sin(\alpha-\beta)=\sin\alpha\cos\beta-\cos\alpha\sin\beta$

(2) $\cos(\alpha+\beta)=\cos\alpha\cos\beta-\sin\alpha\sin\beta$
$\cos(\alpha-\beta)=\cos\alpha\cos\beta+\sin\alpha\sin\beta$

(3) $\tan(\alpha+\beta)=\dfrac{\tan\alpha+\tan\beta}{1-\tan\alpha\tan\beta}$

$\tan(\alpha-\beta)=\dfrac{\tan\alpha-\tan\beta}{1+\tan\alpha\tan\beta}$

---

033 [정답률 88%] 　　　　정답 ④

> $\overline{AB}=\overline{AC}$인 이등변삼각형 ABC에서 $\angle A=\alpha$, $\angle B=\beta$라
> 하자. $\tan(\alpha+\beta)=-\dfrac{3}{2}$일 때, $\tan\alpha$의 값은? (3점)
>
> ① $\dfrac{21}{10}$　　　　② $\dfrac{11}{5}$　　　　③ $\dfrac{23}{10}$
>
> ④ $\dfrac{12}{5}$　　　　⑤ $\dfrac{5}{2}$

Step 1 삼각형 ABC가 이등변삼각형임을 이용한다.

삼각형 ABC가 $\overline{AB}=\overline{AC}$인
이등변삼각형이므로 $\angle C=\beta$이다.

$\tan(\alpha+\beta)=\tan(\pi-\beta)$
$\angle A+\angle B+\angle C$ 　$=-\tan\beta=-\dfrac{3}{2}$
$=\alpha+\beta+\beta=\pi$

$\therefore \tan\beta=\dfrac{3}{2}$

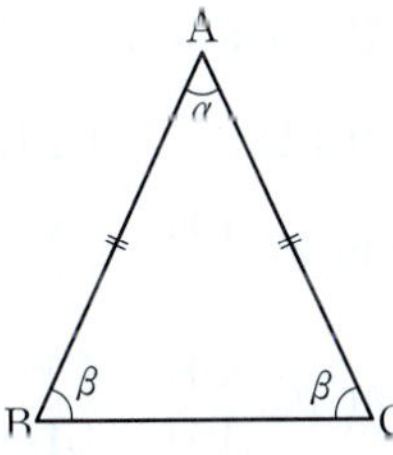

Step 2 삼각함수의 덧셈정리를 이용한다.

$\tan(\alpha+\beta)=\dfrac{\tan\alpha+\tan\beta}{1-\tan\alpha\tan\beta}=\dfrac{\tan\alpha+\dfrac{3}{2}}{1-\dfrac{3}{2}\tan\alpha}$

$=\dfrac{2\tan\alpha+3}{2-3\tan\alpha}=-\dfrac{3}{2}$

$4\tan\alpha+6=-6+9\tan\alpha$ 　계산을 위해 분모, 분자에
　　　　　　　　　　　　　　 각각 2를 곱했어.

$\therefore \tan\alpha=\dfrac{12}{5}$

---

034 [정답률 43%] 　　　　정답 5

> 삼각형 ABC에 대하여 $\angle A=\alpha$, $\angle B=\beta$, $\angle C=\gamma$라 할 때,
> α, β, γ가 이 순서대로 등차수열을 이루고 $\cos\alpha$, $2\cos\beta$,
> $8\cos\gamma$가 이 순서대로 등비수열을 이룰 때, $\tan\alpha\tan\gamma$의
> 값을 구하시오. (단, $\alpha<\beta<\gamma$) (4점)

Step 1 삼각함수의 덧셈정리를 이용하여 $\tan\alpha\tan\gamma$의 값을 구한다.

α, β, γ가 삼각형 ABC의 세 내각의 크기이므로
$\alpha+\beta+\gamma=\pi$ 　　　　　…… ㉠
α, β, γ가 이 순서대로 등차수열을 이루므로

$\beta=\dfrac{\alpha+\gamma}{2}$ 　　$\therefore \alpha+\gamma=2\beta$ 　　…… ㉡

㉡을 ㉠에 대입하면

$3\beta=\pi$ 　　$\therefore \beta=\dfrac{\pi}{3}$

즉, $\alpha+\gamma=\dfrac{2}{3}\pi$에서 　→ ㉡에 β 대신 $\dfrac{\pi}{3}$를 대입했어.

$\cos(\alpha+\gamma)=\cos\dfrac{2}{3}\pi=-\dfrac{1}{2}$ 　→ $=\cos\left(\pi-\dfrac{\pi}{3}\right)=-\cos\dfrac{\pi}{3}=-\dfrac{1}{2}$

$\therefore \cos\alpha\cos\gamma-\sin\alpha\sin\gamma=-\dfrac{1}{2}$ 　…… ㉢

$\cos\alpha$, $2\cos\beta$, $8\cos\gamma$가 이 순서대로 등비수열을 이루므로
$(2\cos\beta)^2=8\cos\alpha\cos\gamma$

이때 $\beta=\dfrac{\pi}{3}$이므로 $\cos\beta=\cos\dfrac{\pi}{3}=\dfrac{1}{2}$

$\therefore \cos\alpha\cos\gamma=\dfrac{1}{8}$ 　　…… ㉣

㉢, ㉣에 의하여
$\sin\alpha\sin\gamma=\dfrac{5}{8}$

$\therefore \tan\alpha\tan\gamma=\dfrac{\sin\alpha\sin\gamma}{\cos\alpha\cos\gamma}=\dfrac{\dfrac{5}{8}}{\dfrac{1}{8}}=5$

　→ $\tan\alpha=\dfrac{\sin\alpha}{\cos\alpha}$, $\tan\gamma=\dfrac{\sin\gamma}{\cos\gamma}$이므로

　$\tan\alpha\tan\gamma=\dfrac{\sin\alpha\sin\gamma}{\cos\alpha\cos\gamma}$

035 [정답률 45%]　　　　　　　　　정답 20

그림과 같이 기울기가 $-\dfrac{1}{3}$인 직선 l이 원 $x^2+y^2=1$과
점 A에서 접하고, 기울기가 1인 직선 m이 원 $x^2+y^2=1$과
점 B에서 접한다. $100\cos^2(\angle\text{AOB})$의 값을 구하시오.
（단, O는 원점이다.）(4점)

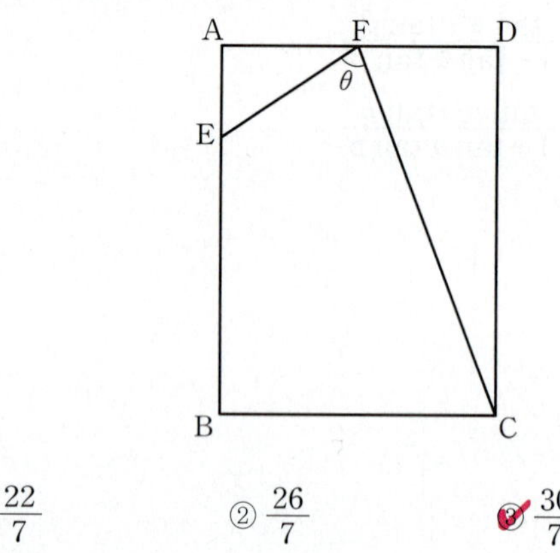

Step 1 두 선분 OA와 OB가 x축의 양의 방향과 이루는 각의 크기에 대한 삼각함수의 값을 구한다.

두 직선 l, m이 원 $x^2+y^2=1$과 두 점
A, B에서 각각 접하므로
$\overline{\text{OA}}\perp l$, $\overline{\text{OB}}\perp m$ ┐ 서로 수직으로 만나는 두 직선
　　　　　　　　　　의 기울기의 곱은 -1이야!
직선 OA와 직선 l이 수직이므로
직선 OA의 기울기는 3이다.
따라서 x축의 양의 방향과 선분 OA가
이루는 예각의 크기를 α라 하면

$\tan\alpha=3$, $\cos\alpha=\dfrac{\sqrt{10}}{10}$, $\sin\alpha=\dfrac{3\sqrt{10}}{10}$

직선 OB와 직선 m이 수직이므로 직선 OB의 기울기는
-1이다.
따라서 x축의 양의 방향과 선분 OB가 이루는 예각의
크기를 β라 하면

$\tan\beta=1$, 즉 $\beta=\dfrac{\pi}{4}$이므로

$\cos\beta=\cos\dfrac{\pi}{4}=\dfrac{\sqrt{2}}{2}$

$\sin\beta=\sin\dfrac{\pi}{4}=\dfrac{\sqrt{2}}{2}$

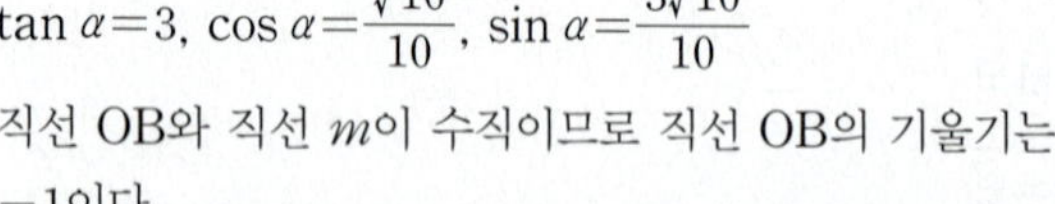
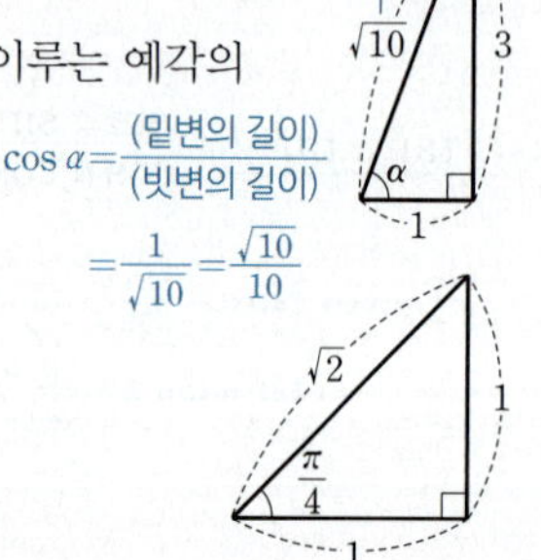

$\sin\alpha=\dfrac{(높이)}{(빗변의 길이)}$
$=\dfrac{3}{\sqrt{10}}=\dfrac{3\sqrt{10}}{10}$

$\cos\alpha=\dfrac{(밑변의 길이)}{(빗변의 길이)}$
$=\dfrac{1}{\sqrt{10}}=\dfrac{\sqrt{10}}{10}$

Step 2 삼각함수의 덧셈정리를 이용하여
$100\cos^2(\angle\text{AOB})$의 값을 구한다.

$\angle\text{AOB}=\alpha+\beta$이므로 삼각함수의 덧셈정리에 의하여

$\cos(\angle\text{AOB})=\cos(\alpha+\beta)=\cos\alpha\cos\beta-\sin\alpha\sin\beta$
　　　　　　　　　　┌ $\cos(\alpha\pm\beta)$
$=\dfrac{\sqrt{10}}{10}\times\dfrac{\sqrt{2}}{2}-\dfrac{3\sqrt{10}}{10}\times\dfrac{\sqrt{2}}{2}$　$=\cos\alpha\cos\beta\mp\sin\alpha\sin\beta$ (복호동순)

$=\dfrac{\sqrt{5}}{10}-\dfrac{3\sqrt{5}}{10}$

$=-\dfrac{\sqrt{5}}{5}$

$\therefore 100\cos^2(\angle\text{AOB})=100\times\left(-\dfrac{\sqrt{5}}{5}\right)^2$

$=100\times\dfrac{5}{25}=20$

---

036 [정답률 86%]　　　　　　　　　정답 ③

그림과 같이 선분 AB의 길이가 8, 선분 AD의 길이가 6인
직사각형 ABCD가 있다. 선분 AB를 $1:3$으로 내분하는 점을
E, 선분 AD의 중점을 F라 하자. $\angle\text{EFC}=\theta$라 할 때,
$\tan\theta$의 값은? (4점)

① $\dfrac{22}{7}$　　　② $\dfrac{26}{7}$　　　③ $\dfrac{30}{7}$

④ $\dfrac{34}{7}$　　　⑤ $\dfrac{38}{7}$

Step 1 θ를 두 개의 각으로 나누어 각각의 tan의 값을 구한다.

그림과 같이 점 F에서 선분 BC에 내린 수선의 발을 H,
점 E에서 선분 FH에 내린 수선의 발을 H′이라 하자.

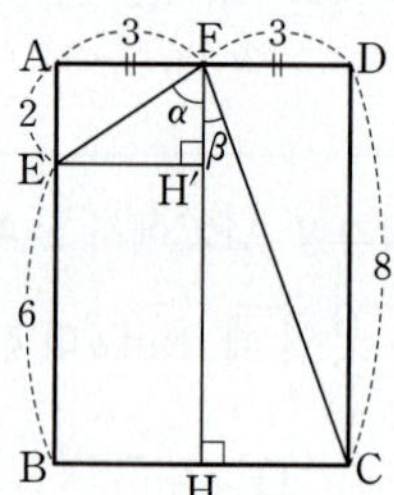

점 E는 선분 AB를 $1:3$으로 내분하므로

$\overline{\text{AE}}=\overline{\text{AB}}\times\dfrac{1}{4}=8\times\dfrac{1}{4}=2$

점 F는 선분 AD의 중점이므로

$\overline{\text{AF}}=\overline{\text{DF}}=\dfrac{1}{2}\times\overline{\text{AD}}=\dfrac{1}{2}\times6=3$

$\angle\text{EFH}'=\alpha$, $\angle\text{CFH}=\beta$라 하면 $\theta=\alpha+\beta$
　　　　　　　　　　　　　　└ $\tan\theta=\tan(\alpha+\beta)$

$\tan\alpha=\dfrac{\overline{\text{EH}'}}{\overline{\text{FH}'}}=\dfrac{\overline{\text{AF}}}{\overline{\text{AE}}}=\dfrac{3}{2}$

$\tan\beta=\dfrac{\overline{\text{CH}}}{\overline{\text{FH}}}=\dfrac{\overline{\text{DF}}}{\overline{\text{CD}}}=\dfrac{3}{8}$

Step 2 삼각함수의 덧셈정리를 이용한다.

$\therefore \tan\theta=\tan(\alpha+\beta)=\dfrac{\tan\alpha+\tan\beta}{1-\tan\alpha\tan\beta}$ → 자주 쓰이는 공식이니 꼭 암기해.

$=\dfrac{\dfrac{3}{2}+\dfrac{3}{8}}{1-\dfrac{3}{2}\times\dfrac{3}{8}}$ → $=\dfrac{12}{8}+\dfrac{3}{8}=\dfrac{15}{8}$

$=\dfrac{\dfrac{15}{8}}{1-\dfrac{9}{16}}=\dfrac{\dfrac{15}{8}}{\dfrac{7}{16}}=\dfrac{30}{7}$

037 [정답률 65%]   정답 ④

그림과 같이 $\overline{AB}=\overline{BC}=1$이고 $\angle ABC=\dfrac{\pi}{2}$인 삼각형 ABC가 있다. 선분 AB 위의 점 D와 선분 BC 위의 점 E가

$$\overline{AD}=2\overline{BE}\ (0<\overline{AD}<1)$$

을 만족시킬 때, 두 선분 AE, CD가 만나는 점을 F라 하자. $\tan(\angle CFE)=\dfrac{16}{15}$일 때, $\tan(\angle CDB)$의 값은?

$$\left(\text{단, }\dfrac{\pi}{4}<\angle CDB<\dfrac{\pi}{2}\right)\ \text{(3점)}$$

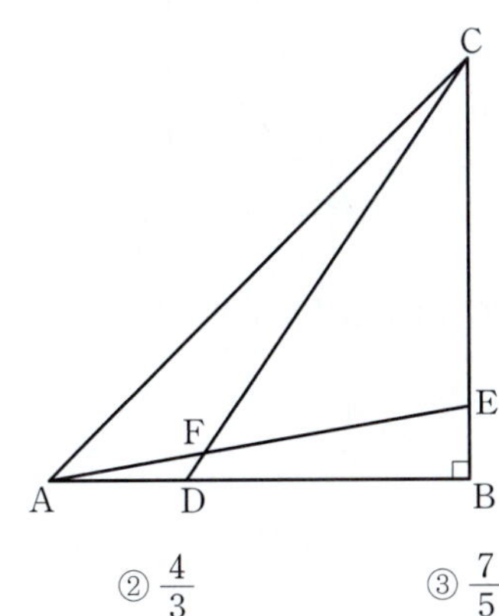

① $\dfrac{9}{7}$ ② $\dfrac{4}{3}$ ③ $\dfrac{7}{5}$

④ $\dfrac{3}{2}$ ⑤ $\dfrac{5}{3}$

Step 1 삼각함수의 덧셈정리를 이용하여 선분 BE의 길이를 구한다.

$\angle EAB=\alpha$, $\angle CDB=\beta$, $\overline{BE}=x\left(0<x<\dfrac{1}{2}\right)$라 하자.

$\overline{AD}=2x$이므로 $\overline{DB}=1-2x$ → $x\ge\dfrac{1}{2}$이면 $\overline{AD}\ge1$이므로 $\overline{DB}\le0$이 된다.

$\overline{AD}=2\overline{BE}$ → $=1-\overline{AD}$

$\tan\alpha=x$, $\tan\beta=\dfrac{1}{1-2x}$이므로 $=\dfrac{\overline{BC}}{\overline{DB}}$

$=\dfrac{\overline{BE}}{\overline{AB}}$

$$\tan(\angle CFE)=\tan(\beta-\alpha)=\dfrac{\tan\beta-\tan\alpha}{1+\tan\beta\tan\alpha}$$

삼각함수의 덧셈정리 이용

$$=\dfrac{\dfrac{1}{1-2x}-x}{1+\dfrac{1}{1-2x}\times x}=\dfrac{1-x(1-2x)}{1-2x+x}$$

$$=\dfrac{2x^2-x+1}{1-x}=\dfrac{16}{15}$$

$15(2x^2-x+1)=16(1-x),\ 30x^2-15x+15=16-16x$

$30x^2+x-1=0,\ (5x+1)(6x-1)=0$

$$\therefore x=\dfrac{1}{6}\left(\because 0<x<\dfrac{1}{2}\right)$$

Step 2 $\tan(\angle CDB)$의 값을 구한다.

따라서 $\overline{DB}=\dfrac{2}{3}$, $\overline{BC}=1$이므로 $\tan(\angle CDB)=\dfrac{3}{2}$

→ $=\dfrac{\overline{BC}}{\overline{DB}}$

---

038 [정답률 85%]   정답 ⑤

점 O를 중심으로 하고 반지름의 길이가 각각 1, $\sqrt{2}$인 두 원 C_1, C_2가 있다. 원 C_1 위의 두 점 P, Q와 원 C_2 위의 점 R에 대하여 $\angle QOP=\alpha$, $\angle ROQ=\beta$라 하자. $\overline{OQ}\perp\overline{QR}$이고 $\sin\alpha=\dfrac{4}{5}$일 때, $\cos(\alpha+\beta)$의 값은?

→ 삼각함수의 덧셈정리를 이용

$$\left(\text{단, }0<\alpha<\dfrac{\pi}{2},\ 0<\beta<\dfrac{\pi}{2}\right)\ \text{(3점)}$$

① $-\dfrac{\sqrt{6}}{10}$ ② $-\dfrac{\sqrt{5}}{10}$ ③ $-\dfrac{1}{5}$

④ $-\dfrac{\sqrt{3}}{10}$ ⑤ $-\dfrac{\sqrt{2}}{10}$

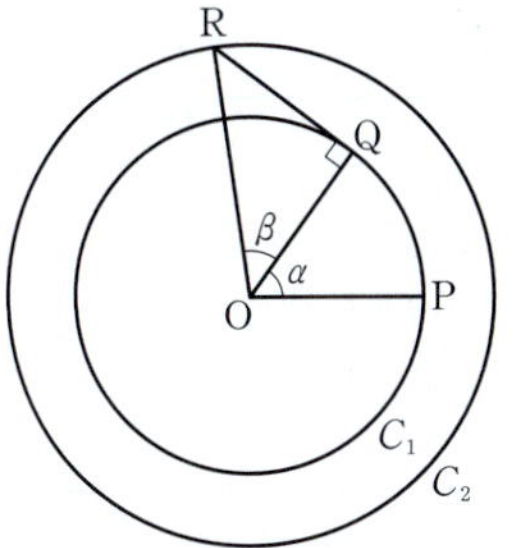

Step 1 $\cos\alpha$, $\sin\beta$, $\cos\beta$의 값을 구한다.

$\sin\alpha=\dfrac{4}{5}$이고 $\sin^2\alpha+\cos^2\alpha=1$이므로

→ 자주 사용되는 공식이니 꼭 기억해.

$$\cos^2\alpha=1-\sin^2\alpha=1-\left(\dfrac{4}{5}\right)^2=\dfrac{9}{25}$$

$$\therefore \cos\alpha=\pm\dfrac{3}{5}$$

→ 이 경우에 $\cos\alpha$의 값은 양수야.

이때 $0<\alpha<\dfrac{\pi}{2}$이므로 $\cos\alpha=\dfrac{3}{5}$

직각삼각형 ROQ에서 $\angle ROQ=\beta$이므로

$$\cos\beta=\dfrac{\overline{OQ}}{\overline{RO}}=\dfrac{1}{\sqrt{2}}=\dfrac{\sqrt{2}}{2}$$

이때 $\sin^2\beta+\cos^2\beta=1$에서

$$\sin^2\beta=1-\cos^2\beta=1-\left(\dfrac{\sqrt{2}}{2}\right)^2=\dfrac{1}{2}$$

$$\therefore \sin\beta=\pm\dfrac{\sqrt{2}}{2}$$

마찬가지로 $0<\beta<\dfrac{\pi}{2}$이므로 $\sin\beta=\dfrac{\sqrt{2}}{2}$

→ 참고로 $\beta=\dfrac{\pi}{4}$야.

→ 점 Q는 반지름의 길이가 1인 원 C_1 위의 점, 점 R은 반지름의 길이가 $\sqrt{2}$인 원 C_2 위의 점이야.

Step 2 삼각함수의 덧셈정리를 이용한다.

$$\therefore \cos(\alpha+\beta)=\cos\alpha\cos\beta-\sin\alpha\sin\beta$$

→ 부호를 실수하지 않도록 조심!

$$=\dfrac{3}{5}\times\dfrac{\sqrt{2}}{2}-\dfrac{4}{5}\times\dfrac{\sqrt{2}}{2}$$

$$=\dfrac{3\sqrt{2}}{10}-\dfrac{2\sqrt{2}}{5}$$

→ $=\dfrac{4\sqrt{2}}{10}$

$$=-\dfrac{\sqrt{2}}{10}$$

039 [정답률 88%]   정답 ⑤

그림과 같이 $\overline{AB}=5$, $\overline{AC}=2\sqrt{5}$인 삼각형 ABC의 꼭짓점 A에서 선분 BC에 내린 수선의 발을 D라 하자.
선분 AD를 $3:1$로 내분하는 점 E에 대하여 $\overline{EC}=\sqrt{5}$이다.
$\angle ABD=\alpha$, $\angle DCE=\beta$라 할 때, $\cos(\alpha-\beta)$의 값은? (4점)

→ 삼각함수의 덧셈정리를 이용

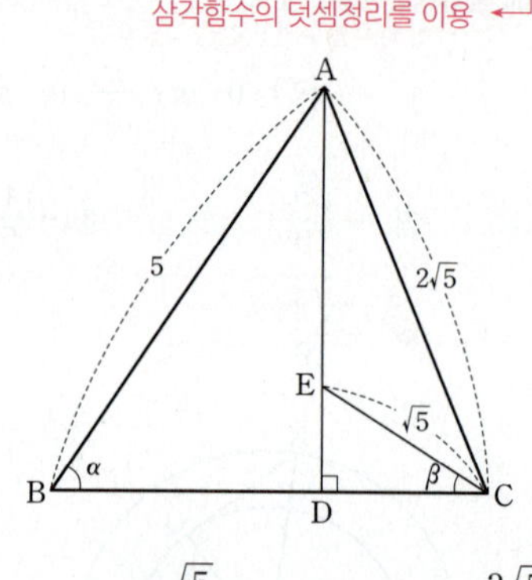

① $\dfrac{\sqrt{5}}{5}$ ② $\dfrac{\sqrt{5}}{4}$ ③ $\dfrac{3\sqrt{5}}{10}$

④ $\dfrac{7\sqrt{5}}{20}$ ⑤ $\dfrac{2\sqrt{5}}{5}$

→ 직각삼각형 CDE에서 피타고라스 정리를 이용

Step 1 $\overline{DE}=k$로 놓고 k의 값을 구한다.

선분 AD를 $3:1$로 내분하는 점이 E이므로
$\overline{AD}:\overline{DE}=4:1 \rightarrow \overline{AD}=4\overline{DE}$
$\overline{DE}=k$라 할 때 $\overline{AD}=4k$이므로
$\overline{CD}=\sqrt{5-k^2}=\sqrt{20-16k^2}$ → 직각삼각형 ACD에서 피타고라스 정리를 이용
즉, $5-k^2=20-16k^2$에서
$15k^2=15$ → $16k^2-k^2=20-5$
$k^2=1$ $\therefore k=1$ → k는 선분의 길이이므로 $k>0$

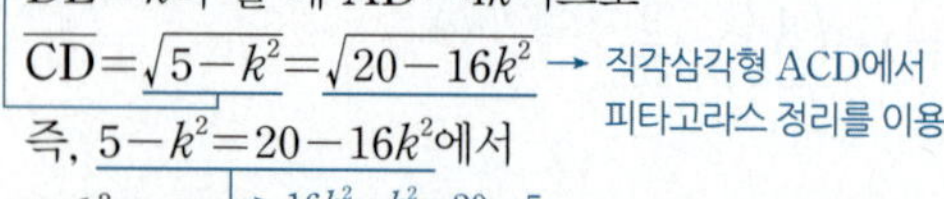

Step 2 $\sin\alpha$, $\sin\beta$, $\cos\alpha$, $\cos\beta$의 값을 구한다.

$\overline{AD}=4$이므로 → $\overline{AD}=4k$이고 $k=1$
$\overline{BD}=\sqrt{5^2-4^2}=3$ → 직각삼각형 ABD에서 피타고라스 정리를 이용
$\therefore \sin\alpha=\dfrac{\overline{AD}}{\overline{AB}}=\dfrac{4}{5}$,
$\cos\alpha=\dfrac{\overline{BD}}{\overline{AB}}=\dfrac{3}{5}$

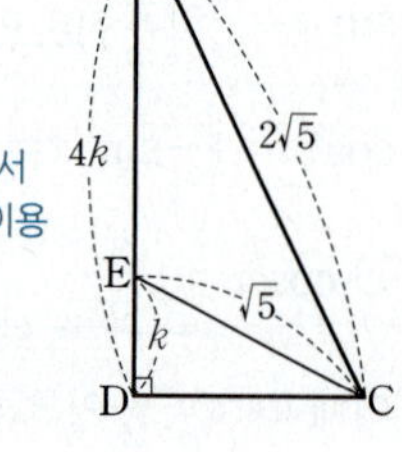

또 직각삼각형 CDE에서
$\overline{CD}=\sqrt{5-1}=2$이므로
$\sin\beta=\dfrac{\overline{DE}}{\overline{CE}}=\dfrac{1}{\sqrt{5}}$,
$\cos\beta=\dfrac{\overline{CD}}{\overline{CE}}=\dfrac{2}{\sqrt{5}}$

→ $\cos(\alpha\pm\beta)=\cos\alpha\cos\beta\mp\sin\alpha\sin\beta$,
$\sin(\alpha\pm\beta)=\sin\alpha\cos\beta\pm\cos\alpha\sin\beta$ (복호동순)
를 꼭 기억해.

$\therefore \cos(\alpha-\beta)=\cos\alpha\cos\beta+\sin\alpha\sin\beta$
$=\dfrac{3}{5}\times\dfrac{2}{\sqrt{5}}+\dfrac{4}{5}\times\dfrac{1}{\sqrt{5}}$
$=\dfrac{10}{5\sqrt{5}}=\dfrac{2\sqrt{5}}{5}$

---

040 [정답률 39%]   정답 ②

→ ∠B가 이등변삼각형의 꼭지각이므로 $\overline{AB}=\overline{BC}$

$\angle B$가 직각인 이등변삼각형 ABC가 있다. 그림과 같이 선분 BC 위의 점 D와 선분 BC의 연장선 위의 점 E를 $\angle CAD=\angle CAE=\theta$가 되도록 잡는다.

→ 삼각형 ABC가 직각이등변삼각형이므로
$\angle CAB=\dfrac{\pi}{4}$이고, 따라서
$\angle DAB=\dfrac{\pi}{4}-\theta$야.

→ $\overline{AC}$, $\overline{AD}$, $\overline{AE}$를 θ에 대한 식으로 나타내어 주어진 조건을 통해 $\sin\theta$의 값을 구해.

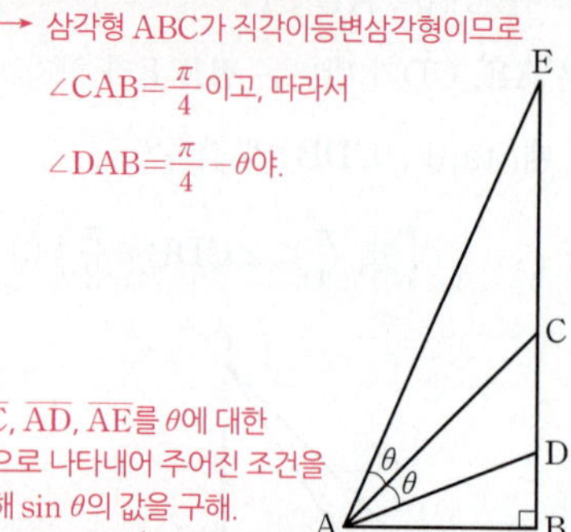

$\dfrac{\overline{AE}-\overline{AD}}{\overline{AC}}=2$일 때, $\sin\theta$의 값은? (3점)

① $\dfrac{1}{3}$ ② $\dfrac{1}{2}$ ③ $\dfrac{2-\sqrt{2}}{4}$

④ $\dfrac{\sqrt{6}-\sqrt{2}}{4}$ ⑤ $\dfrac{\sqrt{5}-\sqrt{3}}{4}$

Step 1 선분 AD, AE의 길이를 θ로 나타낸다.

직각삼각형 ABC가 이등변삼각형이므로
$\angle CAB=\dfrac{\pi}{4}$, $\overline{AC}=\sqrt{2}\,\overline{AB}$ → $\overline{AC}^2=\overline{AB}^2+\overline{BC}^2=2\overline{AB}^2$
$\overline{AC}=\sqrt{2\overline{AB}^2}=\sqrt{2}\,\overline{AB}$

삼각형 ABD에서
$\cos(\angle DAB)=\cos\left(\dfrac{\pi}{4}-\theta\right)=\dfrac{\overline{AB}}{\overline{AD}}$
$\therefore \overline{AD}=\dfrac{\overline{AB}}{\cos\left(\dfrac{\pi}{4}-\theta\right)}$ → ㉠

삼각형 ABE에서
$\cos(\angle EAB)=\cos\left(\dfrac{\pi}{4}+\theta\right)=\dfrac{\overline{AB}}{\overline{AE}}$
$\therefore \overline{AE}=\dfrac{\overline{AB}}{\cos\left(\dfrac{\pi}{4}+\theta\right)}$ → ㉡

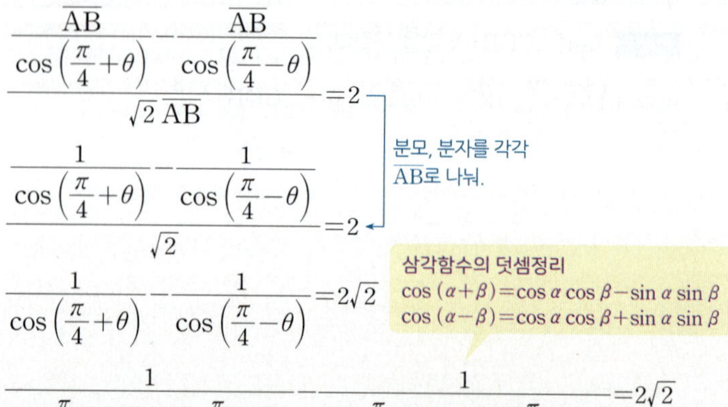

Step 2 θ로 나타낸 선분 AD, AE의 길이를 주어진 조건에 대입하여 $\sin\theta$의 값을 구한다.
→ ㉠, ㉡   → $\dfrac{\overline{AE}-\overline{AD}}{\overline{AC}}=2$

$\dfrac{\overline{AE}-\overline{AD}}{\overline{AC}}=2$이므로

$\dfrac{\dfrac{\overline{AB}}{\cos\left(\dfrac{\pi}{4}+\theta\right)}-\dfrac{\overline{AB}}{\cos\left(\dfrac{\pi}{4}-\theta\right)}}{\sqrt{2}\,\overline{AB}}=2$

→ 분모, 분자를 각각 $\overline{AB}$로 나눠.

$\dfrac{\dfrac{1}{\cos\left(\dfrac{\pi}{4}+\theta\right)}-\dfrac{1}{\cos\left(\dfrac{\pi}{4}-\theta\right)}}{\sqrt{2}}=2$

삼각함수의 덧셈정리
$\cos(\alpha+\beta)=\cos\alpha\cos\beta-\sin\alpha\sin\beta$
$\cos(\alpha-\beta)=\cos\alpha\cos\beta+\sin\alpha\sin\beta$

$\dfrac{1}{\cos\left(\dfrac{\pi}{4}+\theta\right)}-\dfrac{1}{\cos\left(\dfrac{\pi}{4}-\theta\right)}=2\sqrt{2}$

$\dfrac{1}{\cos\dfrac{\pi}{4}\cos\theta-\sin\dfrac{\pi}{4}\sin\theta}-\dfrac{1}{\cos\dfrac{\pi}{4}\cos\theta+\sin\dfrac{\pi}{4}\sin\theta}=2\sqrt{2}$

$$\frac{\sqrt{2}}{\cos\theta-\sin\theta}-\frac{\sqrt{2}}{\cos\theta+\sin\theta}=2\sqrt{2} \quad,\quad \cos\frac{\pi}{4}=\sin\frac{\pi}{4}=\frac{1}{\sqrt{2}}$$

$$\frac{2\sqrt{2}\sin\theta}{\cos^2\theta-\sin^2\theta}=2\sqrt{2} \;\rightarrow\; \cos^2\theta-\sin^2\theta=(1-\sin^2\theta)-\sin^2\theta$$

$$\frac{2\sqrt{2}\sin\theta}{1-2\sin^2\theta}=2\sqrt{2}\;(\because \sin^2\theta+\cos^2\theta=1)$$

$$2\sin^2\theta+\sin\theta-1=0 \;\rightarrow\; 2(\sin\theta)^2+\sin\theta-1=0$$

$$(2\sin\theta-1)(\sin\theta+1)=0 \;\rightarrow\; 2\sin\theta-1=0\ 또는\ \sin\theta+1=0이므로$$

$$\therefore \sin\theta=\frac{1}{2}\left(\because 0<\theta<\frac{\pi}{4}\right) \qquad \sin\theta=\frac{1}{2}\ 또는\ \sin\theta=-1$$

> 점 D는 선분 BC 위의 점이고 $\angle CAB=\frac{\pi}{4}$이므로 $\angle CAD=\theta$에 대하여 $0<\theta<\frac{\pi}{4}$야.

직각삼각형에서 한 변의 길이와 한 예각의 크기를 알면 모든 변의 길이를 구할 수 있어. 문제에서 한 변의 길이에 대한 조건은 주지 않았지만 $\overline{AC}$, $\overline{AD}$, $\overline{AE}$ 모두 $\overline{AB}$에 대한 식으로 나타낼 수 있기 때문에 $\frac{\overline{AE}-\overline{AD}}{\overline{AC}}$의 θ와 $\overline{AB}$에 대한 식에서 $\overline{AB}$가 약분 가능하여 $\sin\theta$의 값을 찾을 수 있었던 거야.

041 [정답률 32%]   정답 18

그림과 같이 $\angle BAC=\frac{2}{3}\pi$이고 $\overline{AB}>\overline{AC}$인 삼각형 ABC가 있다. $\overline{BD}=\overline{CD}$인 선분 AB 위의 점 D에 대하여 $\angle CBD=\alpha$, $\angle ACD=\beta$라 하자. $\cos^2\alpha=\frac{7+\sqrt{21}}{14}$일 때, $54\sqrt{3}\times\tan\beta$의 값을 구하시오. (4점)

> α에 대한 삼각함수 값이 주어져 있으므로 α에 대한 식으로 변형해야 해.

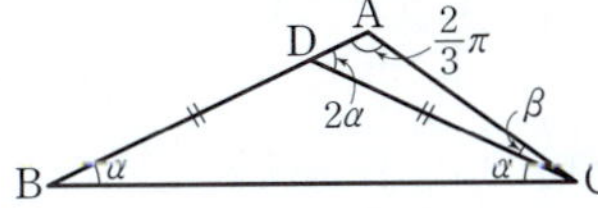

Step 1 $\tan 2\alpha$의 값을 구한다.

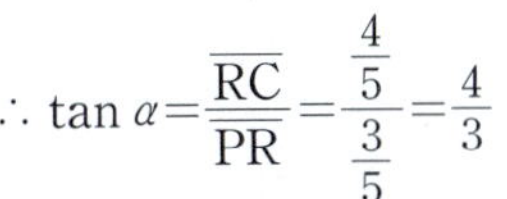

삼각형 BCD는 $\overline{BD}=\overline{CD}$인 이등변삼각형이므로

$$\angle CBD=\angle DCB=\alpha \quad \therefore \angle CDA=2\alpha$$

삼각형 ADC에서 $2\alpha+\beta+\frac{2}{3}\pi=\pi$

$$\therefore \beta=\frac{\pi}{3}-2\alpha \qquad \cdots\cdots\ \bigcirc$$

$$\cos 2\alpha=2\cos^2\alpha-1=2\times\frac{7+\sqrt{21}}{14}-1=\frac{\sqrt{21}}{7}$$

> $\cos 2\alpha=\cos\alpha\cos\alpha-\sin\alpha\sin\alpha$
> $=\cos^2\alpha-\sin^2\alpha$
> $=\cos^2\alpha-(1-\cos^2\alpha)$
> $=2\cos^2\alpha-1$

$$\sin^2 2\alpha=1-\cos^2 2\alpha=1-\frac{21}{49}=\frac{28}{49}$$

이때 $0<2\alpha<\pi$이므로 $\sin 2\alpha=\frac{2\sqrt{7}}{7}$

> $0<\theta<\pi$에서 $\sin\theta$의 값은 항상 양수야.

$$\therefore \tan 2\alpha=\frac{\sin 2\alpha}{\cos 2\alpha}=\frac{2\sqrt{3}}{3}$$

Step 2 α와 β 사이의 관계식을 이용하여 $\tan\beta$의 값을 구한다.

$$\tan\beta=\tan\left(\frac{\pi}{3}-2\alpha\right)(\because \bigcirc)$$

$$=\frac{\tan\dfrac{\pi}{3}-\tan 2\alpha}{1+\tan\dfrac{\pi}{3}\times\tan 2\alpha}$$

> $\tan(x-y)=\dfrac{\tan x-\tan y}{1+\tan x\tan y}$

$$=\frac{\sqrt{3}-\dfrac{2\sqrt{3}}{3}}{1+\sqrt{3}\times\dfrac{2\sqrt{3}}{3}}=\frac{\sqrt{3}}{9}$$

$$\therefore 54\sqrt{3}\times\tan\beta=54\sqrt{3}\times\frac{\sqrt{3}}{9}=18$$

042 [정답률 48%]   정답 61

> 주어진 조건을 그림에 나타내.

$\overline{AC}=3$, $\overline{BC}=1$, $\angle C=90°$인 직각삼각형 ABC가 있다. 선분 AB를 $4:1$로 내분하는 점을 P, 선분 AB를 $2:3$으로 내분하는 점을 Q라 하자. 점 P에서 선분 BC에 내린 수선의 발을 R, 점 Q에서 선분 AC에 내린 수선의 발을 S라 하자. $\angle CPR=\alpha$, $\angle CQS=\beta$라 할 때, $\tan(\beta-\alpha)=\dfrac{q}{p}$이다. $p+q$의 값을 구하시오.

(단, p와 q는 서로소인 자연수이다.) (4점)

> $\triangle$AQS와 $\triangle$ABC의 닮음비는 $2:5$야.
> $\triangle$PBR과 $\triangle$ABC의 닮음비는 $1:5$야.
> $\tan\alpha$와 $\tan\beta$의 값을 구하여 삼각함수의 덧셈정리를 이용

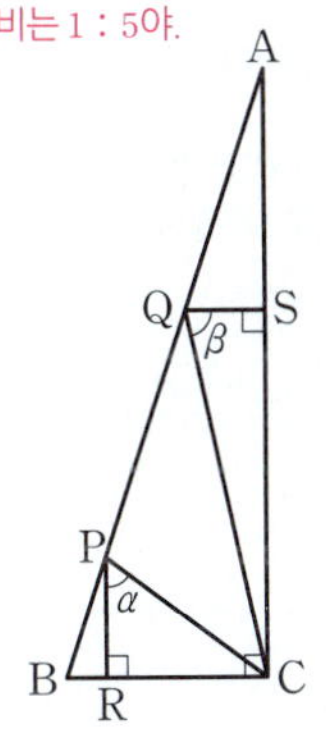

Step 1 두 삼각형 ABC와 AQS, 두 삼각형 ABC와 PBR의 닮음비를 이용하여 삼각형 CPR과 삼각형 CQS의 두 변의 길이를 구한 후 $\tan\alpha$, $\tan\beta$의 값을 구한다.

> $\overline{AQ}:\overline{QB}=2:3$이기 때문이야.

$\overline{AB}:\overline{AQ}=5:2$이므로 두 삼각형 ABC와 AQS의 닮음비는 $5:2$이다.

$$\overline{QS}=\frac{2}{5}\overline{BC}=\frac{2}{5}\times 1=\frac{2}{5}$$

$$\overline{AS}=\frac{2}{5}\overline{AC}=\frac{2}{5}\times 3=\frac{6}{5}$$

$$\overline{SC}=\overline{AC}-\overline{AS}=3-\frac{6}{5}=\frac{9}{5}$$

> $\tan\beta=\dfrac{\overline{SC}}{\overline{QS}}$이므로 $\overline{SC}$와 $\overline{QS}$의 값을 구해야 해.

$$\therefore \tan\beta=\frac{\overline{SC}}{\overline{QS}}=\frac{\dfrac{9}{5}}{\dfrac{2}{5}}=\frac{9}{2}$$

> $\overline{AP}:\overline{PB}=4:1$이기 때문이야.

$\overline{AB}:\overline{PB}=5:1$이므로 두 삼각형 ABC와 PBR의 닮음비는 $5:1$이다.

$$\overline{PR}=\frac{1}{5}\overline{AC}=\frac{1}{5}\times 3=\frac{3}{5}$$

$$\overline{BR}=\frac{1}{5}\overline{BC}=\frac{1}{5}\times 1=\frac{1}{5}$$

$$\overline{RC}=\overline{BC}-\overline{BR}=1-\frac{1}{5}=\frac{4}{5}$$

> $\tan\alpha=\dfrac{\overline{RC}}{\overline{PR}}$이므로 $\overline{RC}$와 $\overline{PR}$의 값을 구해야 해.

$$\therefore \tan\alpha=\frac{\overline{RC}}{\overline{PR}}=\frac{\dfrac{4}{5}}{\dfrac{3}{5}}=\frac{4}{3}$$

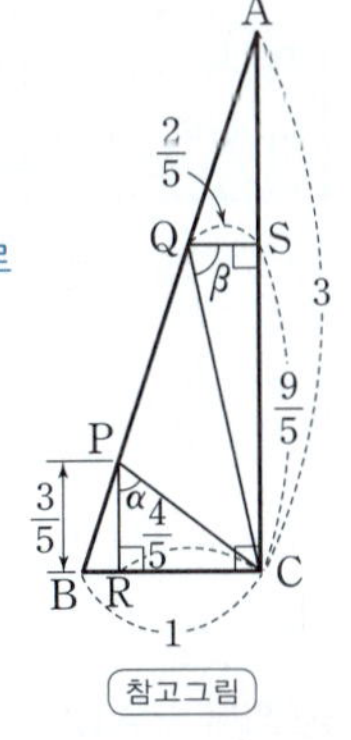

Step 2 삼각함수의 덧셈정리를 이용하여 $\tan(\beta-\alpha)$의 값을 구한다.

$$\tan(\beta-\alpha)=\frac{\tan\beta-\tan\alpha}{1+\tan\beta\tan\alpha}$$ 삼각함수의 덧셈정리

$$=\frac{\dfrac{9}{2}-\dfrac{4}{3}}{1+\dfrac{9}{2}\times\dfrac{4}{3}}=\frac{\dfrac{19}{6}}{7}=\frac{19}{42}$$ → $\tan\alpha=\dfrac{4}{3}$, $\tan\beta=\dfrac{9}{2}$

따라서 $p=42$, $q=19$이므로

구하는 p, q의 값은 서로소여야 하므로 구한 값의 분모와 분자가 서로소인지 꼭 확인!

$p+q=42+19=61$

수능포인트

도형을 이용하여 삼각함수를 구하는 문제입니다. 이런 문제들은 중학교 때부터 배운 직각삼각형과 닮음을 이용하여 도형을 이해해야 하는 경우가 대부분입니다. 도형 문제가 아닌 만큼 도형 자체가 복잡하게 나오는 경우는 흔치 않습니다. 따라서 삼각함수의 연산 공식만 외우고 있다면 단순한 연산 문제일 뿐이니 겁먹지 말고 풀도록 해야 합니다.

→ **평면도형에서 닮음의 성질**
닮은 두 평면도형에서
(1) 대응변의 길이의 비는 일정하다.
(2) 대응각의 크기는 각각 같다.
이때 닮은 두 도형에서 대응변의 길이의 비를 '닮음비'라 한다. 이 문제에서 닮은 두 삼각형 AQS와 ABC의 대응변의 길이의 비가 $\overline{AQ}:\overline{AB}=2:5$이므로 두 삼각형의 닮음비는 $2:5$이다.

043 [정답률 79%]   정답 ⑤

> 그림과 같이 한 변의 길이가 1인 정사각형 ABCD가 있다. 선분 AD 위의 점 E와 정사각형 ABCD의 내부에 있는 점 F가 다음 조건을 만족시킨다.
>
> > (가) 두 삼각형 ABE와 FBE는 서로 합동이다.
> >
> > (나) 사각형 ABFE의 넓이는 $\dfrac{1}{3}$이다.
>
> $\tan(\angle ABF)$의 값은? (4점)

이를 이용하여 먼저 $\tan(\angle ABE)$의 값을 구해.

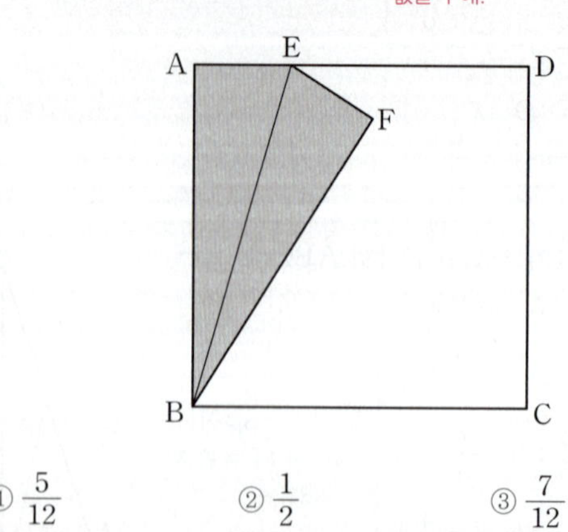

① $\dfrac{5}{12}$　　② $\dfrac{1}{2}$　　③ $\dfrac{7}{12}$

④ $\dfrac{2}{3}$　　☑ $\dfrac{3}{4}$

Step 1 $\angle ABE=\angle FBE=\alpha$라 하고 $\tan\alpha$의 값을 먼저 구한다.

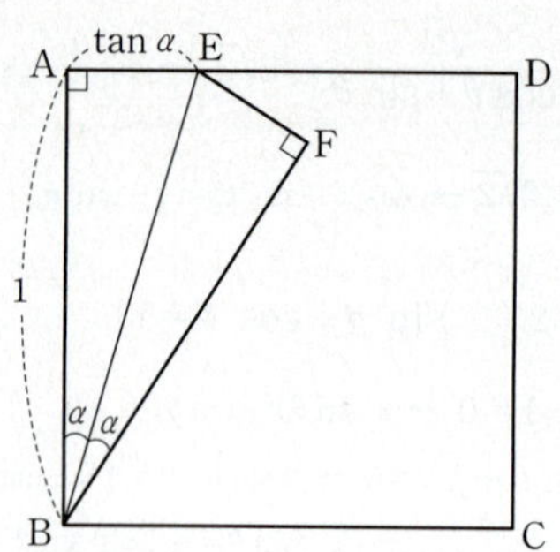

두 삼각형 ABE, FBE는 서로 합동이고

사각형 ABCD는 정사각형이므로 $\angle EAB=\angle EFB=\dfrac{\pi}{2}$

이때 사각형 ABFE의 넓이가 $\dfrac{1}{3}$이고,
→ $=\triangle ABE+\triangle FBE$
두 삼각형 ABE, FBE의 넓이가 같으므로 삼각형 ABE의 넓이는 $\dfrac{1}{6}$이다.
→ 서로 합동인 도형의 넓이는 같아.

이때 $\angle ABE=\angle FBE=\alpha$라 하면 직각삼각형 ABE에서

$$\tan\alpha=\frac{\overline{AE}}{\overline{AB}}\quad\therefore\ \overline{AE}=\overline{AB}\tan\alpha=\tan\alpha$$
→ 정사각형 ABCD의 한 변이므로 $\overline{AB}=1$

따라서 $\triangle ABE=\dfrac{1}{2}\times\overline{AB}\times\overline{AE}=\dfrac{1}{2}\tan\alpha=\dfrac{1}{6}$이므로

$$\tan\alpha=\frac{1}{3}$$

Step 2 삼각함수의 덧셈정리를 이용하여 $\tan(\angle ABF)$의 값을 구한다.

$\angle FBE=\alpha$이므로 $\angle ABF=2\alpha$

$\therefore\ \tan(\angle ABF)=\tan 2\alpha$　→ $\angle ABE+\angle FBE$

$$=\tan(\alpha+\alpha)$$ 삼각함수의 덧셈정리 이용!

$$=\frac{\tan\alpha+\tan\alpha}{1-\tan\alpha\times\tan\alpha}$$

$$=\frac{\dfrac{1}{3}+\dfrac{1}{3}}{1-\dfrac{1}{3}\times\dfrac{1}{3}}=\frac{3}{4}$$

044 [정답률 25%]   정답 ①

> 눈높이가 1 m인 어린이가 나무로부터 7 m 떨어진 지점에서 나무의 꼭대기를 바라본 선과 나무가 지면에 닿는 지점을 바라본 선이 이루는 각이 θ이었다. 나무로부터 2 m 떨어진 지점까지 다가가서 나무를 바라보았더니 나무의 꼭대기를 바라본 선과 나무가 지면에 닿는 지점을 바라본 선이 이루는 각이 $\theta+\dfrac{\pi}{4}$가 되었다. 나무의 높이는 $a\,(m)$ 또는 $b\,(m)$이다. $a+b$의 값은? (4점)

주어진 조건을 만족하는 나무의 높이는 2가지임을 알 수 있어.

☑ 12　　② 14　　③ 16

④ 18　　⑤ 20

Step 1 나무의 꼭대기에서 어린이의 눈높이까지의 거리를 x m라 하면 나무의 높이는 $(x+1)$ m임을 이용한다.

→ 어린이의 눈높이가 1 m야.

나무의 꼭대기에서 어린이의 눈높이까지의 거리를 x m라 하면 나무의 높이는 $(x+1)$ m이다.

→ **주의** 구해야 할 a와 b의 값은 $x+1$이야. x의 값만 구하고 끝내면 안 돼!

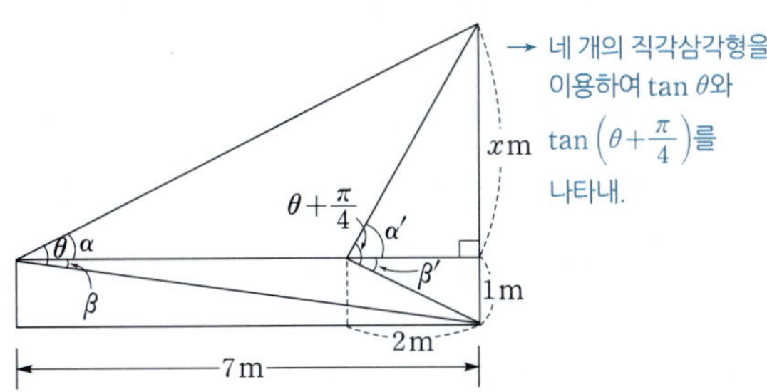

위의 그림에서

$\alpha+\beta=\theta$, $\tan\alpha=\dfrac{x}{7}$, $\tan\beta=\dfrac{1}{7}$

$\alpha'+\beta'=\theta+\dfrac{\pi}{4}$, $\tan\alpha'=\dfrac{x}{2}$, $\tan\beta'=\dfrac{1}{2}$

Step 2 삼각함수의 덧셈정리를 이용하여 관계식을 세운다.

$\tan\theta=\tan(\alpha+\beta)=\dfrac{\tan\alpha+\tan\beta}{1-\tan\alpha\tan\beta}$ → $\tan\alpha=\dfrac{x}{7}$, $\tan\beta=\dfrac{1}{7}$을 대입

$=\dfrac{\dfrac{x}{7}+\dfrac{1}{7}}{1-\dfrac{x}{7}\times\dfrac{1}{7}}=\dfrac{\dfrac{x+1}{7}}{\dfrac{49-x}{49}}$ → 분모, 분자에 각각 49를 곱해.

$=\dfrac{7(x+1)}{49-x}$ ...... ㉠

$\tan\left(\theta+\dfrac{\pi}{4}\right)=\tan(\alpha'+\beta')=\dfrac{\tan\alpha'+\tan\beta'}{1-\tan\alpha'\tan\beta'}$ → $\tan\alpha'=\dfrac{x}{2}$, $\tan\beta'=\dfrac{1}{2}$을 대입

$=\dfrac{\dfrac{x}{2}+\dfrac{1}{2}}{1-\dfrac{x}{2}\times\dfrac{1}{2}}=\dfrac{\dfrac{x+1}{2}}{\dfrac{4-x}{4}}$ → 분모, 분자에 각각 4를 곱해.

$=\dfrac{2(x+1)}{4-x}$ ...... ㉡

$\tan\left(\theta+\dfrac{\pi}{4}\right)=\dfrac{\tan\theta+\tan\dfrac{\pi}{4}}{1-\tan\theta\tan\dfrac{\pi}{4}}$ → $\tan\dfrac{\pi}{4}=1$

$=\dfrac{1+\tan\theta}{1-\tan\theta}$ → 앞서 구한 $\tan\theta=\dfrac{7(x+1)}{49-x}$을 대입해.

$=\dfrac{1+\dfrac{7x+7}{49-x}}{1-\dfrac{7x+7}{49-x}}=\dfrac{\dfrac{49-x+7x+7}{49-x}}{\dfrac{49-x-7x-7}{49-x}}$ ($\because$ ㉠) → 분모, 분자에 각각 $49-x$를 곱해.

$=\dfrac{6x+56}{42-8x}$ ...... ㉢

Step 3 두 식으로 구한 $\tan\left(\theta+\dfrac{\pi}{4}\right)$의 값이 같음을 이용하여 x의 값을 구한다. → ㉡: $\tan\left(\theta+\dfrac{\pi}{4}\right)=\dfrac{2(x+1)}{4-x}$, ㉢: $\tan\left(\theta+\dfrac{\pi}{4}\right)=\dfrac{6x+56}{42-8x}$

㉡=㉢이므로

$\dfrac{2(x+1)}{4-x}=\dfrac{6x+56}{42-8x}$ → 양변에 $(4-x)(42-8x)$를 곱해.

$2(x+1)(42-8x)=(4-x)(6x+56)$

$(x+1)(42-8x)=(4-x)(3x+28)$ → 숫자가 복잡하니까 계산을 실수하지 않도록 조심해야 해!

$-8x^2+34x+42=-3x^2-16x+112$

$5x^2-50x+70=0$

→ 이차방정식의 두 근을 α, β라 하면 이차방정식의 근과 계수의 관계에 의하여 $\alpha+\beta=10$, $a+b=(\alpha+1)+(\beta+1)=\alpha+\beta+2=10+2=12$

$x^2-10x+14=0$

따라서 x의 값의 합은 10이고, 나무의 높이는 $x+1$이므로

$a+b=10+1+1=12$

💡 알아야 할 기본개념

탄젠트함수의 덧셈정리

(1) $\tan(\alpha+\beta)=\dfrac{\tan\alpha+\tan\beta}{1-\tan\alpha\tan\beta}$

(2) $\tan(\alpha-\beta)=\dfrac{\tan\alpha-\tan\beta}{1+\tan\alpha\tan\beta}$

045 [정답률 6%] 정답 25

함수 $y=\dfrac{\sqrt{x}}{10}$의 그래프와 함수 $y=\tan x$의 그래프가 만나는 모든 점의 x좌표를 작은 수부터 크기순으로 나열할 때, n번째 수를 a_n이라 하자.

$$\dfrac{1}{\pi^2}\times\lim_{n\to\infty}a_n^{\,3}\tan^2(a_{n+1}-a_n)$$

의 값을 구하시오. (4점)

Step 1 삼각함수의 덧셈정리를 이용한다.

두 함수 $y=\dfrac{\sqrt{x}}{10}$와 $y=\tan x$의 그래프는 다음 그림과 같다.

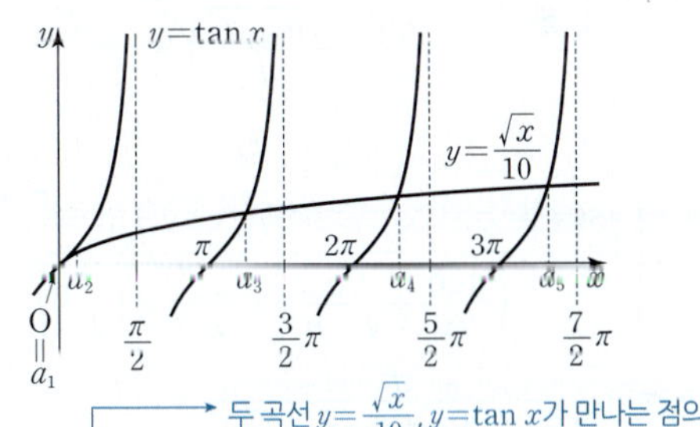

→ 두 곡선 $y=\dfrac{\sqrt{x}}{10}$, $y=\tan x$가 만나는 점의 x좌표가 a_n이므로 이 식은 성립한다.

이때 $\dfrac{\sqrt{a_n}}{10}=\tan a_n$이므로

$\tan(a_{n+1}-a_n)=\dfrac{\tan a_{n+1}-\tan a_n}{1+\tan a_{n+1}\tan a_n}$ → 삼각함수의 덧셈정리

$=\dfrac{\dfrac{\sqrt{a_{n+1}}}{10}-\dfrac{\sqrt{a_n}}{10}}{1+\dfrac{\sqrt{a_{n+1}}}{10}\times\dfrac{\sqrt{a_n}}{10}}=\dfrac{\dfrac{\sqrt{a_{n+1}}-\sqrt{a_n}}{10}}{\dfrac{100+\sqrt{a_{n+1}a_n}}{100}}$

$=\dfrac{10(\sqrt{a_{n+1}}-\sqrt{a_n})}{100+\sqrt{a_{n+1}a_n}}$

$=\dfrac{10(a_{n+1}-a_n)}{(100+\sqrt{a_{n+1}a_n})(\sqrt{a_{n+1}}+\sqrt{a_n})}$ → 분자의 유리화

$\therefore \tan^2(a_{n+1}-a_n)=\dfrac{100(a_{n+1}-a_n)^2}{(100+\sqrt{a_{n+1}a_n})^2(\sqrt{a_{n+1}}+\sqrt{a_n})^2}$

Step 2 a_n의 값의 범위를 이용한다.

$0 < a_2 < \dfrac{\pi}{2}$, $\pi < a_3 < \dfrac{3}{2}\pi \;(= \pi + \dfrac{\pi}{2})$, $2\pi < a_4 < \dfrac{5}{2}\pi$, $\cdots$

이므로 $(n-2)\pi < a_n < (n-2)\pi + \dfrac{\pi}{2} \;(= 2\pi + \dfrac{\pi}{2})$

각 변을 n으로 나누면 $\dfrac{(n-2)\pi}{n} < \dfrac{a_n}{n} < \dfrac{(n-2)\pi}{n} + \dfrac{\pi}{2n}$

각 변에 극한을 취하면

$\displaystyle\lim_{n\to\infty} \dfrac{(n-2)\pi}{n} \leq \lim_{n\to\infty} \dfrac{a_n}{n} \leq \lim_{n\to\infty} \left\{ \dfrac{(n-2)\pi}{n} + \dfrac{\pi}{2n} \right\}$

따라서 $\pi \leq \displaystyle\lim_{n\to\infty} \dfrac{a_n}{n} \leq \pi$이므로 $\displaystyle\lim_{n\to\infty} \dfrac{a_n}{n} = \pi$

$\displaystyle\lim_{n\to\infty} \left\{ (n-2)\pi + \dfrac{\pi}{2} - a_n \right\} = 0$이므로　← 수열의 극한값의 대소 관계

$b_n = (n-2)\pi + \dfrac{\pi}{2} - a_n$이라 하면

그래프에서 n의 값이 커질수록 두 직선 $x = a_n$, $x = (n-2)\pi + \dfrac{\pi}{2}$ 의 거리가 0에 가까워짐을 알 수 있다.

$\displaystyle\lim_{n\to\infty} (b_{n+1} - b_n)$

$= \displaystyle\lim_{n\to\infty} \left[\left\{ (n-1)\pi + \dfrac{\pi}{2} - a_{n+1} \right\} - \left\{ (n-2)\pi + \dfrac{\pi}{2} - a_n \right\} \right]$

$= \displaystyle\lim_{n\to\infty} \{ \pi - (a_{n+1} - a_n) \} = 0$

$\therefore \displaystyle\lim_{n\to\infty} (a_{n+1} - a_n) = \pi$　← $\lim_{n\to\infty} b_n = 0$이므로 $\lim_{n\to\infty}(b_{n+1}-b_n)=0$

Step 3 주어진 극한값을 계산한다.

$\dfrac{1}{\pi^2} \times \displaystyle\lim_{n\to\infty} a_n^{\,3} \tan^2 (a_{n+1} - a_n)$

$= \dfrac{1}{\pi^2} \displaystyle\lim_{n\to\infty} a_n^{\,3} \times \dfrac{100(a_{n+1} - a_n)^2}{(100 + \sqrt{a_{n+1} a_n})^2 (\sqrt{a_{n+1}} + \sqrt{a_n})^2}$　← 분모와 분자에 n^3을 곱한다.

$= \dfrac{100}{\pi^2} \displaystyle\lim_{n\to\infty} \dfrac{a_n^{\,3}}{n^3} \times \dfrac{n^3 (a_{n+1} - a_n)^2}{(100 + \sqrt{a_{n+1} a_n})^2 (\sqrt{a_{n+1}} + \sqrt{a_n})^2}$

$= \dfrac{100}{\pi^2} \times \displaystyle\lim_{n\to\infty} \left\{ \dfrac{a_n^{\,3}}{n^3} \times \dfrac{(a_{n+1} - a_n)^2}{\dfrac{(100 + \sqrt{a_{n+1} a_n})^2 (\sqrt{a_{n+1}} + \sqrt{a_n})^2}{n^3}} \right\}$

$= \dfrac{100}{\pi^2} \times \displaystyle\lim_{n\to\infty} \left\{ \dfrac{a_n^{\,3}}{n^3} \times \dfrac{(a_{n+1} - a_n)^2}{\dfrac{(100 + \sqrt{a_{n+1} a_n})^2}{n^2} \times \dfrac{(\sqrt{a_{n+1}} + \sqrt{a_n})^2}{n}} \right\}$

$= \dfrac{100}{\pi^2} \times \displaystyle\lim_{n\to\infty} \left\{ \dfrac{a_n^{\,3}}{n^3} \times \dfrac{(a_{n+1} - a_n)^2}{\left(\dfrac{100}{n} + \sqrt{\dfrac{a_{n+1} a_n}{n}} \right)^2 \times \left(\dfrac{\sqrt{a_{n+1}}}{\sqrt{n}} + \dfrac{\sqrt{a_n}}{\sqrt{n}} \right)^2} \right\}$

$= \dfrac{100}{\pi^2} \times$

$\displaystyle\lim_{n\to\infty} \left\{ \dfrac{a_n^{\,3}}{n^3} \times \dfrac{(a_{n+1} - a_n)^2}{\left(\dfrac{100}{n} + \sqrt{\dfrac{a_{n+1}}{n} \times \dfrac{a_n}{n}} \right)^2 \times \left(\sqrt{\dfrac{a_{n+1}}{n}} + \sqrt{\dfrac{a_n}{n}} \right)^2} \right\}$　← $\lim_{n\to\infty}(a_{n+1}-a_n)=\pi$

$= \dfrac{100}{\pi^2} \times \pi^3 \times \dfrac{\pi^2}{(0 + \sqrt{\pi \times \pi})^2 (\sqrt{\pi} + \sqrt{\pi})^2}$

$= 100\pi^3 \times \dfrac{1}{\pi^2 \times 4\pi} = 25$

---

046 [정답률 5%]　　　　　정답 79

그림과 같이 중심이 O, 반지름의 길이가 8이고 중심각의 크기가 $\dfrac{\pi}{2}$인 부채꼴 OAB가 있다. 호 AB 위의 점 C에 대하여 점 B에서 선분 OC에 내린 수선의 발을 D라 하고, 두 선분 BD, CD와 호 BC에 동시에 접하는 원을 C라 하자. 점 O에서 원 C에 그은 접선 중 점 C를 지나지 않는 직선이 호 AB와 만나는 점을 E라 할 때, $\cos(\angle COE) = \dfrac{7}{25}$이다. $\sin(\angle AOE) = p + q\sqrt{7}$일 때, $200 \times (p+q)$의 값을 구하시오.

(단, p와 q는 유리수이고, 점 C는 점 B가 아니다.) (4점)

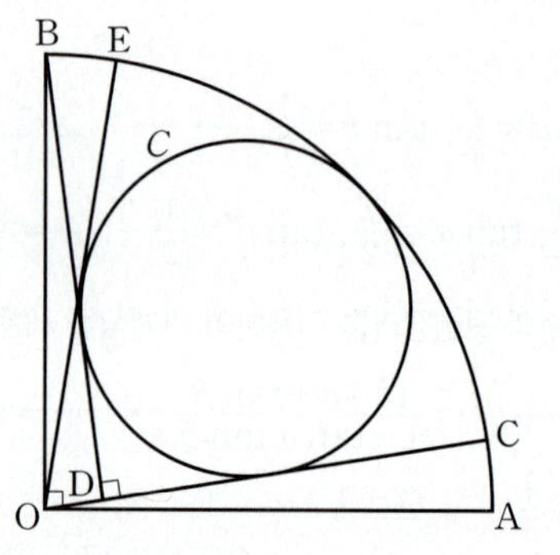

Step 1 원 C의 반지름의 길이를 구한다.

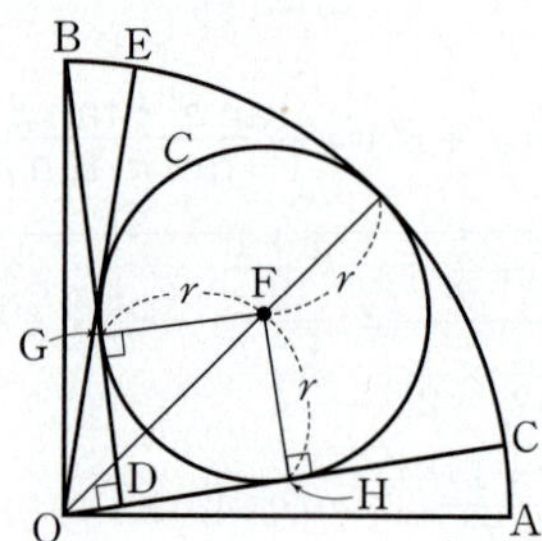

원 C의 중심을 F라 하고 $\angle COF = \alpha$라 하자.

$\angle COF = \angle FOE = \alpha$이므로 $\angle COE = 2\alpha$

$\sin^2 2\alpha = 1 - \cos^2 2\alpha = 1 - \left(\dfrac{7}{25} \right)^2 = \dfrac{576}{625}$　$\therefore \sin 2\alpha = \dfrac{24}{25}$　← $\sin^2\theta + \cos^2\theta = 1$ 이용

$\cos(\angle COE) = \cos 2\alpha = 2\cos^2 \alpha - 1 = \dfrac{7}{25}$

$2\cos^2 \alpha = \dfrac{32}{25}$, $\cos^2 \alpha = \dfrac{16}{25}$

$\therefore \cos \alpha = \dfrac{4}{5} \left(\because 0 < \alpha < \dfrac{\pi}{4} \right)$　← $0 < 2\alpha < \dfrac{\pi}{2}$

$\sin^2 \alpha = 1 - \cos^2 \alpha = 1 - \dfrac{16}{25} = \dfrac{9}{25}$

$\therefore \sin \alpha = \dfrac{3}{5} \left(\because 0 < \alpha < \dfrac{\pi}{4} \right)$　← $\overline{FG} \perp \overline{GD}$, $\overline{DH} \perp \overline{FH}$

원 C와 두 직선 BD, CD가 접하는 점을 각각 G, H라 하자.

원 C의 반지름의 길이를 r이라 하면 $\overline{OF} = 8 - r$, $\overline{FH} = r$

직각삼각형 OHF에서 $\sin \alpha = \dfrac{\overline{FH}}{\overline{OF}} = \dfrac{r}{8-r}$

이때 $\sin \alpha = \dfrac{3}{5}$이므로 $\dfrac{r}{8-r} = \dfrac{3}{5}$

$5r = 24 - 3r$　$\therefore r = 3$

Step 2 $\sin(\angle AOE)$의 값을 구한다.

> $\angle FGD=\angle GDH=\angle DHF=\dfrac{\pi}{2}$,
> $\overline{FG}=\overline{FH}=r$

사각형 DHFG는 한 변의 길이가 3인 정사각형이므로
$$\overline{OD}=\overline{OH}-\overline{DH}=4-3=1$$

$\angle AOC=\dfrac{\pi}{2}-\angle BOD$이고, 직각삼각형 ODB에서

> 직각삼각형 OHF에서
> $\overline{OF}=8-r=5$,
> $\overline{FH}=r=3$이므로
> $\overline{OH}=4$

$\angle OBD=\dfrac{\pi}{2}-\angle BOD$이므로 $\angle AOC=\beta$라 하면

$\angle OBD=\angle AOC=\beta$이다.

직각삼각형 ODB에서 $\overline{BD}=\sqrt{\overline{OB}^2-\overline{OD}^2}=\sqrt{8^2-1^2}=3\sqrt7$

$\therefore \sin\beta=\dfrac{\overline{OD}}{\overline{OB}}=\dfrac{1}{8},\ \cos\beta=\dfrac{\overline{BD}}{\overline{OB}}=\dfrac{3\sqrt7}{8}$

이때 $\angle AOE=\angle COE+\angle AOC$이므로

$$\begin{aligned}
\sin(\angle AOE)&=\sin(\angle COE+\angle AOC)\\
&=\sin(2\alpha+\beta)\\
&=\sin 2\alpha\cos\beta+\cos 2\alpha\sin\beta\\
&=\frac{24}{25}\times\frac{3\sqrt7}{8}+\frac{7}{25}\times\frac{1}{8}\\
&=\frac{7}{200}+\frac{9}{25}\sqrt7
\end{aligned}$$

$p=\dfrac{7}{200},\ q=\dfrac{9}{25}$이므로

$$200\times(p+q)=200\times\left(\frac{7}{200}+\frac{9}{25}\right)=7+72=79$$

047 [정답률 23%]   정답 9

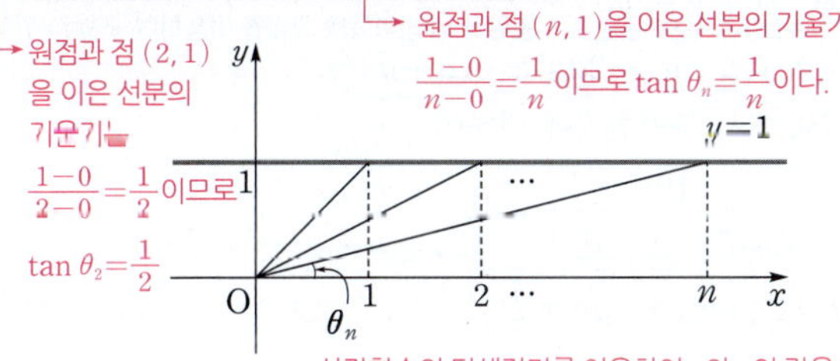

원점과 점 $(1,\,1)$을 이은 선분이 x축의 양의 방향과 이루는 각을 θ_1, 원점과 점 $(2,\,1)$을 이은 선분이 x축의 양의 방향과 이루는 각을 θ_2, $\cdots$, 원점과 점 $(n,\,1)$을 이은 신분이 x축의 양의 방향과 이루는 각을 θ_n이라 하자.

> 원점과 점 $(1,1)$을 이은 선분의 기울기는 $\dfrac{1-0}{1-0}=1$이므로 $\tan\theta_1=1$이다.

> 원점과 점 $(2,1)$을 이은 선분의 기운기 $\dfrac{1-0}{2-0}=\dfrac{1}{2}$이므로 $\tan\theta_2=\dfrac{1}{2}$

> 원점과 점 $(n,1)$을 이은 선분의 기울기는 $\dfrac{1-0}{n-0}=\dfrac{1}{n}$이므로 $\tan\theta_n=\dfrac{1}{n}$이다.

$\theta_1-\theta_2=\theta_p-\theta_q$가 되도록 하는 $p,\ q$에 대하여 $p+q$의 값을 구하시오. (단, $1<p<q$이고 $p,\ q$는 자연수이다.) (4점)

> 삼각함수의 덧셈정리를 이용하여 p와 q의 값을 구해.

> p와 q는 2 이상의 자연수이다.

Step 1 $\tan\theta_1,\ \tan\theta_2,\ \tan\theta_p,\ \tan\theta_q$의 값을 구한다.

$\tan\theta_1=1$

$\tan\theta_2=\dfrac{1}{2}$

$\tan\theta_p=\dfrac{1}{p}$

> 원점과 점 $(p,1)$을 이은 선분이 x축의 양의 방향과 이루는 각이 θ_p이므로 이 선분의 기울기는 $\dfrac{1-0}{p-0}=\dfrac{1}{p}$, 즉 $\tan\theta_p=\dfrac{1}{p}$이다.

$\tan\theta_q=\dfrac{1}{q}$

> 원점과 점 $(q,1)$을 이은 선분이 x축의 양의 방향과 이루는 각이 θ_q이므로 이 선분의 기울기는 $\dfrac{1-0}{q-0}=\dfrac{1}{q}$, 즉 $\tan\theta_q=\dfrac{1}{q}$이다.

Step 2 주어진 관계식과 삼각함수의 덧셈정리를 이용하여 $p,\ q$의 값을 구한다.

> $\tan(\alpha-\beta)=\dfrac{\tan\alpha-\tan\beta}{1+\tan\alpha\tan\beta}$

$\theta_1-\theta_2=\theta_p-\theta_q$이므로

$$\tan(\theta_1-\theta_2)=\tan(\theta_p-\theta_q)$$

$$\frac{\tan\theta_1-\tan\theta_2}{1+\tan\theta_1\tan\theta_2}=\frac{\tan\theta_p-\tan\theta_q}{1+\tan\theta_p\tan\theta_q}$$

$$\frac{1-\dfrac{1}{2}}{1+1\times\dfrac{1}{2}}=\frac{\dfrac{1}{p}-\dfrac{1}{q}}{1+\dfrac{1}{p}\times\dfrac{1}{q}}$$

> $\tan\theta_1=1,\ \tan\theta_2=\dfrac{1}{2}$, $\tan\theta_p=\dfrac{1}{p},\ \tan\theta_q=\dfrac{1}{q}$을 대입

$$\frac{1}{3}=\frac{q-p}{pq+1},\ pq+1=3q-3p$$

> 양변에 $3(pq+1)$을 곱해.

$pq+3p-3q=-1,\ (p-3)(q+3)=-10$

이때 $p,\ q$는 자연수이고 $1<p<q$이므로

$p-3=-1,\ q+3=10 \qquad \therefore p=2,\ q=7$

$\therefore p+q=2+7=9$

> $p<q$이므로 $p-3<q+3$이고 $(p-3)(q+3)=-10$이기 때문에 $p-3<0<q+3$이어야 한다. 이때 p는 자연수이므로 $p-3$의 값은 -1 또는 -2이다. 하지만 $p>1$이므로 $p-3>-2$이다. 따라서 $p-3=-1,\ q+3=10$

048 [정답률 22%]   정답 11

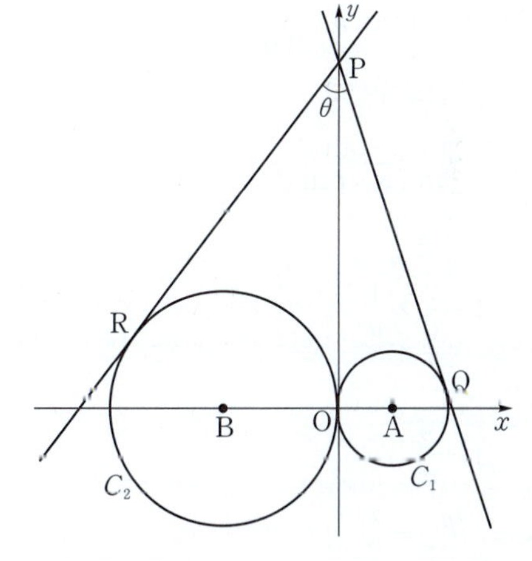

그림과 같이 중심이 점 $A(1,\,0)$이고 반지름의 길이가 1인 원 C_1과 중심이 점 $B(-2,\,0)$이고 반지름의 길이가 2인 원 C_2가 있다. y축 위의 점 $P(0,\,a)\,(a>\sqrt2)$에서 원 C_1에 그은 접선 중 y축이 아닌 직선이 원 C_1과 접하는 점을 Q, 원 C_2에 그은 접선 중 y축이 아닌 직선이 원 C_2와 접하는 점을 R이라 하고 $\angle RPQ=\theta$라 하자. $\tan\theta=\dfrac{4}{3}$일 때, $(a-3)^2$의 값을 구하시오. (4점)

Step 1 $\angle OPB=\alpha$, $\angle OPA=\beta$라 하고 $\tan(\alpha+\beta)$의 값을 구한다.

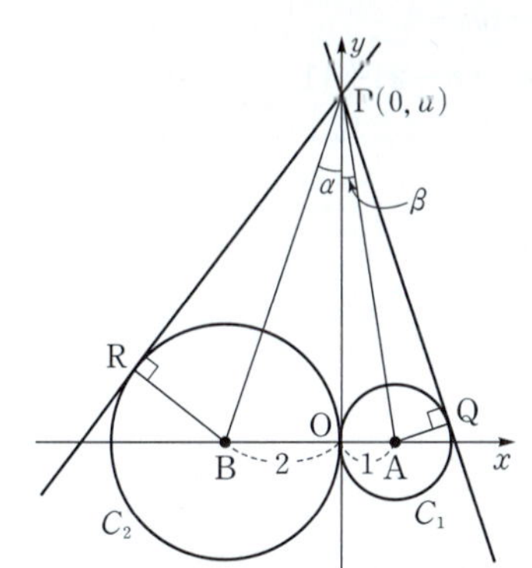

위 그림과 같이 ∠OPB=α, ∠OPA=β라 하면
두 직각삼각형 PRB, POB가 합동(RHS 합동)이고, → PB는 공통이고 BR=BO
두 직각삼각형 POA, PQA가 합동(RHS 합동)이므로
∠OPB=∠RPB=α, ∠OPA=∠QPA=β
∴ ∠RPQ=θ=$2\alpha+2\beta$=$2(\alpha+\beta)$ =∠RPB+∠OPB+∠OPA+∠QPA
따라서 삼각함수의 덧셈정리를 이용하면

$$\tan\theta=\tan 2(\alpha+\beta)$$
$$=\tan\{(\alpha+\beta)+(\alpha+\beta)\}$$
$$=\frac{\tan(\alpha+\beta)+\tan(\alpha+\beta)}{1-\tan(\alpha+\beta)\times\tan(\alpha+\beta)}$$
$$=\frac{2\tan(\alpha+\beta)}{1-\tan^2(\alpha+\beta)}=\frac{4}{3}$$

이때 $\tan(\alpha+\beta)=x$라 하면

$$\frac{2x}{1-x^2}=\frac{4}{3},\ 6x=4(1-x^2)$$ → 양변에 $3(1-x^2)$을 곱해 정리
$$4x^2+6x-4=0,\ 2x^2+3x-2=0$$
$$(2x-1)(x+2)=0 \qquad \therefore x=\frac{1}{2} \ 또는 \ x=-2$$

이때 $0<\theta<\pi$에서 $0<\alpha+\beta<\frac{\pi}{2}$이므로 $\tan(\alpha+\beta)>0$

$$\therefore \tan(\alpha+\beta)=x=\frac{1}{2}$$

Step 2 $\tan\alpha$, $\tan\beta$의 값을 a를 이용하여 나타낸다.

점 P$(0, a)$에 대하여 $\overline{OP}=a$이고
원 C_1의 반지름의 길이가 1, → 선분 OA
원 C_2의 반지름의 길이가 2이므로 $\overline{OA}=1$, $\overline{OB}=2$ → 선분 OB

직각삼각형 POB에서 $\tan\alpha=\dfrac{\overline{OB}}{\overline{OP}}=\dfrac{2}{a}$

직각삼각형 POA에서 $\tan\beta=\dfrac{\overline{OA}}{\overline{OP}}=\dfrac{1}{a}$

Step 3 $(a-3)^2$의 값을 구한다.

$$\tan(\alpha+\beta)=\frac{\tan\alpha+\tan\beta}{1-\tan\alpha\times\tan\beta}$$
$$=\frac{\dfrac{2}{a}+\dfrac{1}{a}}{1-\dfrac{2}{a}\times\dfrac{1}{a}}$$

분모, 분자에 각각 a^2을 곱해서 정리!
$$=\frac{\dfrac{3}{a}}{1-\dfrac{2}{a^2}}$$
$$=\frac{3a}{a^2-2}=\frac{1}{2}$$

$$6a=a^2-2,\ a^2-6a-2=0$$
$$\therefore (a-3)^2=a^2-6a+9$$
$$=(a^2-6a-2)+11$$
$$=11$$

---

049 [정답률 18%]   정답 18

그림과 같이 좌표평면 위의 제2사분면에 있는 점 A를 지나고 기울기가 각각 m_1, m_2 $(0<m_1<m_2<1)$인 두 직선을 l_1, l_2라 하고, 직선 l_1을 y축에 대하여 대칭이동한 직선을 l_3이라 하자. 직선 l_3이 두 직선 l_1, l_2와 만나는 점을 각각 B, C라 하면 삼각형 ABC가 다음 조건을 만족시킨다.
→ 각 CBA의 크기를 구하는 힌트이다.

> (가) $\overline{AB}=12$, $\overline{AC}=9$ → 사인법칙을 이용한다.
> (나) 삼각형 ABC의 외접원의 반지름의 길이는 $\dfrac{15}{2}$이다.

$78\times m_1\times m_2$의 값을 구하시오. (4점)

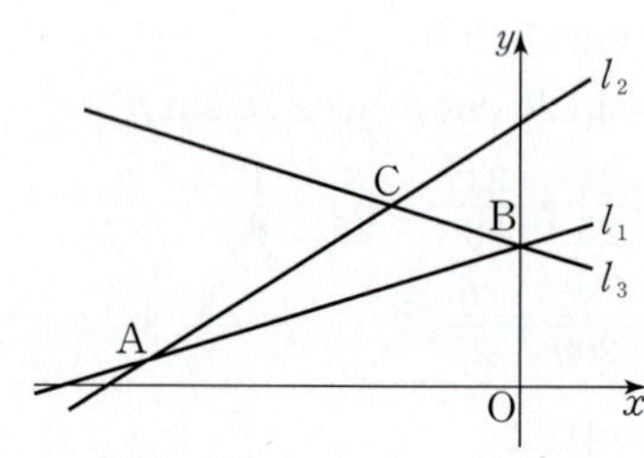

Step 1 두 직선 l_1, l_2가 x축의 양의 방향과 이루는 각의 크기를 각각 α, β라 한 후, 사인법칙을 이용한다.

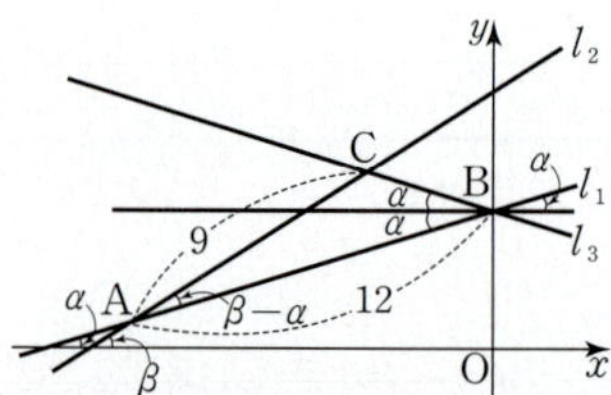

두 직선 l_1, l_2가 x축의 양의 방향과 이루는 각의 크기를 각각 α, β라 하면 $m_1=\tan\alpha$, $m_2=\tan\beta$

$0<m_1<m_2<1$에서 $0<\alpha<\beta<\dfrac{\pi}{4}$

∠BAC=$\beta-\alpha$이고 직선 l_3은 직선 l_1을 y축에 대하여 대칭이동한 직선이므로 ∠CBA=2α → x축에 평행하고 점 B를 지나는 직선을 그으면 엇각, 동위각, 대칭이동의 성질을 이용하여 구할 수 있다.

∠ACB=$\pi-(\beta-\alpha)-2\alpha=\pi-(\alpha+\beta)$

삼각형 ABC에서 사인법칙에 의하여

   ∠BAC   ∠CBA
$$\frac{9}{\sin 2\alpha}=\frac{12}{\sin\{\pi-(\alpha+\beta)\}}=15$$ → 조건 (나)

$$\therefore \sin 2\alpha=\frac{3}{5},\ \sin(\alpha+\beta)=\frac{4}{5}$$ $\sin\{\pi-(\alpha+\beta)\}=\sin(\alpha+\beta)$

Step 2 $\sin 2\alpha=\dfrac{3}{5}$임을 이용하여 $\tan\alpha$의 값을 구한다.

$\sin 2\alpha=\dfrac{3}{5}$이고 $0<2\alpha<\dfrac{\pi}{2}$이므로   → $\cos 2\alpha>0$

$$\cos 2\alpha=\sqrt{1-\left(\frac{3}{5}\right)^2}=\frac{4}{5} \qquad \therefore \tan 2\alpha=\frac{3}{4}$$
   → $\sin^2 2\alpha+\cos^2 2\alpha=1$ $\dfrac{\sin 2\alpha}{\cos 2\alpha}$

$$\tan 2\alpha=\tan(\alpha+\alpha)=\frac{2\tan\alpha}{1-\tan^2\alpha}=\frac{3}{4}$$

$$3\tan^2\alpha+8\tan\alpha-3=0,\ (3\tan\alpha-1)(\tan\alpha+3)=0$$
   → 삼각함수의 덧셈정리에 의하여

$$\therefore \tan\alpha=m_1=\frac{1}{3}$$
→ $0<\alpha<\dfrac{\pi}{4}$이므로 $\tan\alpha>0$이다. $\tan(\alpha+\alpha)=\dfrac{\tan\alpha+\tan\alpha}{1-\tan\alpha\tan\alpha}=\dfrac{2\tan\alpha}{1-\tan^2\alpha}$

Step 3 $\sin(\alpha+\beta)=\dfrac{4}{5}$임을 이용하여 $\tan\beta$의 값을 구한다.

$\sin(\alpha+\beta)=\dfrac{4}{5}$이고 $0<\alpha+\beta<\dfrac{\pi}{2}$이므로

$\cos(\alpha+\beta)=\sqrt{1-\left(\dfrac{4}{5}\right)^2}=\dfrac{3}{5}$
$\longrightarrow \sin^2(\alpha+\beta)+\cos^2(\alpha+\beta)=1$

따라서 $\tan(\alpha+\beta)=\dfrac{4}{3}$에서

$\tan(\alpha+\beta)=\dfrac{\tan\alpha+\tan\beta}{1-\tan\alpha\tan\beta}$

$=\dfrac{\dfrac{1}{3}+\tan\beta}{1-\dfrac{1}{3}\tan\beta}=\dfrac{4}{3}$

$1+3\tan\beta=4-\dfrac{4}{3}\tan\beta$

$\therefore \tan\beta=m_2=\dfrac{9}{13}$ $\longrightarrow \dfrac{13}{3}\tan\beta=3$

따라서 $78\times m_1\times m_2=78\times\dfrac{1}{3}\times\dfrac{9}{13}=18$이다.

050

정답 ②

> 그림과 같이 직선 $3x+4y-2=0$이 x축의 양의 방향과 이루는 각의 크기를 θ라 할 때, $\tan\left(\dfrac{\pi}{4}+\theta\right)$의 값은? (3점)
>
> 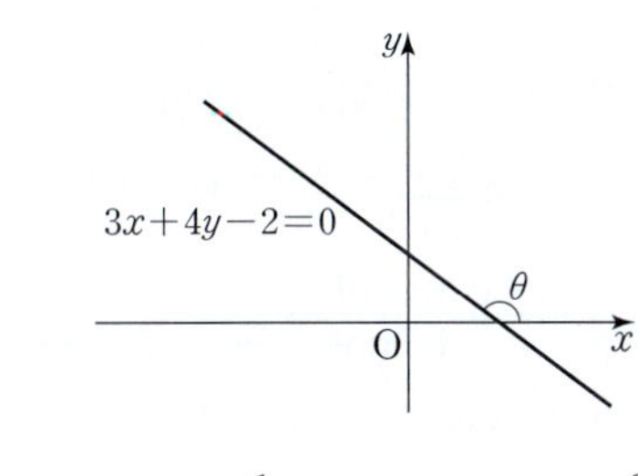
>
>
> ① $\dfrac{1}{14}$　　② $\dfrac{1}{7}$　　③ $\dfrac{3}{14}$
>
> ④ $\dfrac{2}{7}$　　⑤ $\dfrac{5}{14}$

Step 1 $\tan\theta$의 값을 구한다.

$3x+4y-2=0$에서 $y=-\dfrac{3}{4}x+\dfrac{1}{2}$
$\longrightarrow 3x+4y-2=0$에서 $4y=-3x+2$ $\therefore y=-\dfrac{3}{4}x+\dfrac{1}{2}$

$\therefore \tan\theta=-\dfrac{3}{4}$
$\longrightarrow$ 직선 $y=mx+n$이 x축의 양의 방향과 이루는 각의 크기를 a라 하면 $\tan a=m$이야.

Step 2 $\tan(\alpha+\beta)=\dfrac{\tan\alpha+\tan\beta}{1-\tan\alpha\tan\beta}$임을 이용한다.

$\tan\dfrac{\pi}{4}=1$, $\tan\theta=-\dfrac{3}{4}$이므로

$\tan\left(\dfrac{\pi}{4}+\theta\right)=\dfrac{\tan\dfrac{\pi}{4}+\tan\theta}{1-\tan\dfrac{\pi}{4}\tan\theta}$

$=\dfrac{1+\left(-\dfrac{3}{4}\right)}{1-1\times\left(-\dfrac{3}{4}\right)}$
$\longrightarrow \dfrac{1-\dfrac{3}{4}}{1+\dfrac{3}{4}}=\dfrac{\dfrac{1}{4}}{\dfrac{7}{4}}=\dfrac{1}{7}$

$=\dfrac{1}{7}$

---

03. 삼각함수의 미분

문항	답	문항	답	문항	답	문항	답	문항	답
001	③	002	③	003	①	004	⑤	005	⑤
006	③	007	2	008	20	009	8	010	④
011	①	012	①	013	⑤	014	③	015	④
016	③	017	14	018	④	019	⑤	020	②
021	③	022	①	023	②	024	④	025	③
026	③	027	③	028	④	029	③	030	③
031	③	032	②	033	③	034	⑤	035	③
036	③	037	30	038	④	039	2	040	③
041	⑤	042	30	043	60	044	④	045	50
046	②	047	④	048	6	049	③	050	②
051	③	052	④	053	②	054	④	055	④
056	9	057	18	058	②	059	④	060	③
061	④	062	②	063	④	064	③	065	①
066	25	067	③	068	②	069	②	070	②
071	4	072	20	073	23	074	①	075	①
076	①	077	④	078	15	079	②	080	①
081	100	082	①	083	④	084	①	085	③
086	2	087	⑤	088	④	089	②	090	⑤
091	②	092	⑤	093	③	094	135	095	25
096	②	097	20	098	41	099	②	100	11
101	40	102	②	103	④	104	8	105	③
106	20	107	49	108	④	109	⑤	110	②
111	②	112	5	113	⑤				

001 [정답률 97%]

정답 ③

> $\displaystyle\lim_{x\to0}\dfrac{\tan 6x}{2x}$ 의 값은? (2점)
>
> ① 1　　② 2　　③ 3
>
> ④ 4　　⑤ 5

Step 1 $\displaystyle\lim_{x\to0}\dfrac{\tan x}{x}=1$임을 이용한다.

$\displaystyle\lim_{x\to0}\dfrac{\tan 6x}{2x}=\lim_{x\to0}\left(\dfrac{\tan 6x}{6x}\times 3\right)=3$

002 [정답률 97%]

정답 ③

중요 $\displaystyle\lim_{\triangle\to0}\dfrac{\ln(1+\triangle)}{\triangle}=1$

> $\displaystyle\lim_{x\to0}\dfrac{\ln(1+5x)}{\sin 3x}$ 의 값은? (2점)
>
> $\displaystyle\lim_{\triangle\to0}\dfrac{\sin\triangle}{\triangle}=1$ 등을 이용
>
> ① 1　　② $\dfrac{4}{3}$　　③ $\dfrac{5}{3}$
>
> ④ 2　　⑤ $\dfrac{7}{3}$

Step 1 주어진 식을 변형하여 극한값을 구한다.
두 부분이 각각 서로 같도록 식을 변형해야 해!

$\displaystyle\lim_{x\to0}\dfrac{\ln(1+5x)}{\sin 3x}=\lim_{x\to0}\left\{\dfrac{5\ln(1+5x)}{5x}\cdot\dfrac{3x}{3\sin 3x}\right\}=5\cdot\dfrac{1}{3}=\dfrac{5}{3}$

003 [정답률 94%] 정답 ①

> 함수 $f(x)=e^x(2\sin x+\cos x)$에 대하여 $f'(0)$의 값은?
> (3점)
>
> ① 3　　　　② 4　　　　③ 5
> ④ 6　　　　⑤ 7

Step 1 함수 $f(x)$를 미분하여 $f'(0)$의 값을 구한다.

함수 $f(x)=e^x(2\sin x+\cos x)$를 미분하면
$$f'(x)=e^x(2\sin x+\cos x)+e^x(2\cos x-\sin x)$$
$$=e^x(\sin x+3\cos x)$$

$f(x)=g(x)h(x)$에서
$f'(x)=g'(x)h(x)+g(x)h'(x)$

$$\therefore f'(0)=e^0(\sin 0+3\cos 0)=3$$
$=1$

004 [정답률 97%] 정답 ⑤

> $\displaystyle\lim_{x\to 0}\frac{\sin 5x}{x}$ 의 값은? (2점)
>
> ① 1　　　　② 2　　　　③ 3
> ④ 4　　　　⑤ 5

Step 1 $\displaystyle\lim_{x\to 0}\frac{\sin x}{x}=1$임을 이용한다.

$$\lim_{x\to 0}\frac{\sin 5x}{x}=\lim_{x\to 0}\left(\frac{\sin 5x}{5x}\times 5\right)=1\times 5=5$$

$\dfrac{\sin 5x}{x}$ 를 변형

005 [정답률 95%] 정답 ⑤

> $\displaystyle\lim_{x\to 0}\frac{\sin 7x}{4x}$ 의 값은? (2점)
>
> ① $\dfrac{3}{4}$　　　② 1　　　③ $\dfrac{5}{4}$
> ④ $\dfrac{3}{2}$　　　　⑤ $\dfrac{7}{4}$

Step 1 $\displaystyle\lim_{x\to 0}\frac{\sin x}{x}=1$임을 이용하여 극한값을 구한다.

$$\lim_{x\to 0}\frac{\sin 7x}{4x}=\lim_{x\to 0}\left(\frac{\sin 7x}{7x}\times\frac{7x}{4x}\right)$$
$$=\frac{7}{4}\lim_{x\to 0}\frac{\sin 7x}{7x}$$

$7x$를 t로 치환하면
$\displaystyle\lim_{x\to 0}\frac{\sin 7x}{7x}=\lim_{7x\to 0}\frac{\sin 7x}{7x}=\lim_{t\to 0}\frac{\sin t}{t}=1$

$$=\frac{7}{4}\times 1$$
$$=\frac{7}{4}$$

006 [정답률 96%] 정답 ③

> $\displaystyle\lim_{x\to 0}\frac{3x^2}{\sin^2 x}$ 의 값은? (2점)
>
> ① 1　　　　② 2　　　　③ 3
> ④ 4　　　　⑤ 5

Step 1 $\displaystyle\lim_{x\to 0}\frac{\sin x}{x}=1$을 이용한다.

$$\lim_{x\to 0}\frac{3x^2}{\sin^2 x}=\lim_{x\to 0}\frac{3}{\dfrac{\sin^2 x}{x^2}}=\lim_{x\to 0}\frac{3}{\left(\dfrac{\sin x}{x}\right)^2}$$
$$=\frac{3}{\left(\displaystyle\lim_{x\to 0}\dfrac{\sin x}{x}\right)^2}=\frac{3}{1^2}=3$$

$\displaystyle\lim_{x\to 0}\frac{\sin x}{x}=1$

007 [정답률 89%] 정답 2

> $\displaystyle\lim_{x\to 0}\frac{\sin^2 x}{1-\cos x}$ 의 값을 구하시오. (3점)

Step 1 분모, 분자에 $1+\cos x$를 곱한 후 극한값을 계산한다.

$$\lim_{x\to 0}\frac{\sin^2 x}{1-\cos x}=\lim_{x\to 0}\frac{\sin^2 x(1+\cos x)}{(1-\cos x)(1+\cos x)}$$
$$=\lim_{x\to 0}\frac{\sin^2 x(1+\cos x)}{1-\cos^2 x}$$

$\sin^2 x+\cos^2 x=1$에서
$1-\cos^2 x=\sin^2 x$

$$=\lim_{x\to 0}\frac{\sin^2 x(1+\cos x)}{\sin^2 x}$$
$$=\lim_{x\to 0}(1+\cos x)$$
$$=1+\cos 0=2$$
$\cos 0=1$

★ **다른 풀이** 분자를 인수분해하는 풀이

Step 1 분자를 인수분해한 후 극한값을 계산한다.

$$\lim_{x\to 0}\frac{\sin^2 x}{1-\cos x}=\lim_{x\to 0}\frac{1-\cos^2 x}{1-\cos x}$$
암기 $\sin^2 x+\cos^2 x=1$

$$=\lim_{x\to 0}\frac{(1+\cos x)(1-\cos x)}{1-\cos x}$$
$a^2-b^2=(a+b)(a-b)$

$$=\lim_{x\to 0}(1+\cos x)$$
$$=1+\cos 0=2$$

008 [정답률 76%] 정답 20

> 함수 $f(\theta)=1-\dfrac{1}{1+2\sin\theta}$ 일 때, $\displaystyle\lim_{\theta\to 0}\frac{10f(\theta)}{\theta}$ 의 값을
> 구하시오. (3점)
> $=\dfrac{1+2\sin\theta-1}{1+2\sin\theta}=\dfrac{2\sin\theta}{1+2\sin\theta}$

Step 1 삼각함수의 극한을 이용한다.

$f(\theta)$의 식을 정리하면
$$f(\theta)=1-\frac{1}{1+2\sin\theta}$$

$1+2\sin\theta$로 통분하였어.

$$=\frac{1+2\sin\theta-1}{1+2\sin\theta}$$
$$=\frac{2\sin\theta}{1+2\sin\theta}$$

$$\therefore \lim_{\theta\to 0}\frac{10f(\theta)}{\theta}=10\lim_{\theta\to 0}\frac{1}{\theta}\cdot f(\theta)=10\lim_{\theta\to 0}\left(\frac{1}{\theta}\cdot\frac{2\sin\theta}{1+2\sin\theta}\right)$$

$=1$
$$=10\lim_{\theta\to 0}\frac{\sin\theta}{\theta}\times\lim_{\theta\to 0}\frac{2}{1+2\sin\theta}$$
$\sin 0=0$
$$=10\times 1\times 2=20$$

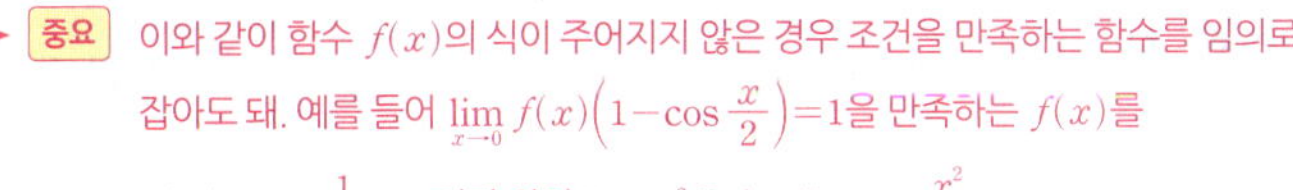

009 [정답률 65%]   정답 8

함수 $f(x)$에 대하여 $\lim\limits_{x\to 0} f(x)\left(1-\cos\dfrac{x}{2}\right)=1$일 때, $\lim\limits_{x\to 0} x^2 f(x)$의 값을 구하시오. (3점)

→ 이 식을 주어진 극한값을 이용할 수 있도록 변형해!

Step 1 삼각함수의 극한을 이용한다.

$\lim\limits_{x\to 0} x^2 f(x)$ → 분모, 분자에 각각 $1-\cos\dfrac{x}{2}$를 곱했어.

$=\lim\limits_{x\to 0} x^2 f(x)\left(1-\cos\dfrac{x}{2}\right)\cdot\dfrac{1}{1-\cos\dfrac{x}{2}}$

→ 분모, 분자에 각각 $1+\cos\dfrac{x}{2}$를 곱했어.

$=\lim\limits_{x\to 0} f(x)\left(1-\cos\dfrac{x}{2}\right)\cdot\dfrac{x^2\left(1+\cos\dfrac{x}{2}\right)}{\left(1-\cos\dfrac{x}{2}\right)\left(1+\cos\dfrac{x}{2}\right)}$

$=\lim\limits_{x\to 0} f(x)\left(1-\cos\dfrac{x}{2}\right)\cdot\dfrac{x^2\left(1+\cos\dfrac{x}{2}\right)}{1-\cos^2\dfrac{x}{2}}$

→ $\sin^2\dfrac{x}{2}+\cos^2\dfrac{x}{2}=1$에서 $1-\cos^2\dfrac{x}{2}=\sin^2\dfrac{x}{2}$야!

$=\lim\limits_{x\to 0} f(x)\left(1-\cos\dfrac{x}{2}\right)\cdot\dfrac{\left(\dfrac{x}{2}\right)^2\cdot 4\cdot\left(1+\cos\dfrac{x}{2}\right)}{\sin^2\dfrac{x}{2}}$

$=\lim\limits_{x\to 0} f(x)\left(1-\cos\dfrac{x}{2}\right)\cdot\lim\limits_{x\to 0}\dfrac{\left(\dfrac{x}{2}\right)^2}{\sin^2\dfrac{x}{2}}\cdot\lim\limits_{x\to 0} 4\left(1+\cos\dfrac{x}{2}\right)$

$=4\times(1+1)$
$=4\times 2=8$

$=1\cdot 1\cdot 4\cdot 2=8$

→ 이 부분의 극한값이 1이라고 문제에 나와 있어!

010 [정답률 51%]   정답 ④

중요
① $\tan^2\theta=\sec^2\theta-1$
② $\sec\theta=\dfrac{1}{\cos\theta}$
임을 이용하여 주어진 식을 변형해!

$\lim\limits_{\theta\to 0}\dfrac{\sec 2\theta-1}{\sec\theta-1}$의 값은? (3점)

① 1   ② 2   ③ 3
④ 4   ⑤ 5

Step 1 분자, 분모에 $(\sec\theta+1)(\sec 2\theta+1)$을 각각 곱하여 극한값을 구한다.

→ 이렇게 하면 주어진 식을 tan에 대한 식으로 바꿀 수 있어!

$\lim\limits_{\theta\to 0}\dfrac{\sec 2\theta-1}{\sec\theta-1}$

$=\lim\limits_{\theta\to 0}\dfrac{(\sec 2\theta-1)(\sec 2\theta+1)(\sec\theta+1)}{(\sec\theta-1)(\sec\theta+1)(\sec 2\theta+1)}$

→ $\sec 0=\dfrac{1}{\cos 0}=1$임을 이용하면 극한값을 구할 수 있어.

$=\lim\limits_{\theta\to 0}\dfrac{(\sec^2 2\theta-1)(\sec\theta+1)}{(\sec^2\theta-1)(\sec 2\theta+1)}$

$=\lim\limits_{\theta\to 0}\dfrac{\tan^2 2\theta(\sec\theta+1)}{\tan^2\theta(\sec 2\theta+1)}$

$\tan^2\theta=\sec^2\theta-1$
θ 대신 2θ일 때도 동일

$=\lim\limits_{\theta\to 0}\dfrac{\tan^2 2\theta}{(2\theta)^2}\cdot\lim\limits_{\theta\to 0}\dfrac{\theta^2}{\tan^2\theta}\cdot\lim\limits_{\theta\to 0}\dfrac{(2\theta)^2}{\theta^2}\cdot\lim\limits_{\theta\to 0}\dfrac{\sec\theta+1}{\sec 2\theta+1}$

$=1\cdot 1\cdot 4\cdot\dfrac{2}{2}$

$\lim\limits_{x\to 0}\dfrac{\tan x}{x}=1$

$=4$

$\lim\limits_{\theta\to 0}\dfrac{\tan^2 2\theta}{(2\theta)^2}=\lim\limits_{\theta\to 0}\left(\dfrac{\tan 2\theta}{2\theta}\right)^2=1$

★ 다른 풀이   삼각함수 사이의 관계를 이용한 풀이

Step 1 $\sec\theta=\dfrac{1}{\cos\theta}$임을 이용하여 극한값을 구한다.

중요
$\sec\theta=\dfrac{1}{\cos\theta},\ \csc\theta=\dfrac{1}{\sin\theta},$
$\cot\theta=\dfrac{1}{\tan\theta}$

$\sec\theta=\dfrac{1}{\cos\theta}$이므로

$\lim\limits_{\theta\to 0}\dfrac{\sec 2\theta-1}{\sec\theta-1}$

$=\lim\limits_{\theta\to 0}\dfrac{\dfrac{1}{\cos 2\theta}-1}{\dfrac{1}{\cos\theta}-1}$

→ 분모, 분자에 각각 $\cos\theta\cos 2\theta$를 곱해!

$=\lim\limits_{\theta\to 0}\dfrac{(1-\cos 2\theta)\cos\theta}{(1-\cos\theta)\cos 2\theta}$

$1-\cos 2\theta$
$=1-\cos(\theta+\theta)$
$=1-\cos^2\theta+\sin^2\theta$
$=2\sin^2\theta$
2θ 대신 θ일 때도 동일

$=\lim\limits_{\theta\to 0}\dfrac{2\sin^2\theta\cos\theta}{2\sin^2\dfrac{\theta}{2}\cos 2\theta}$

$=\lim\limits_{\theta\to 0}\dfrac{\sin^2\theta}{\theta^2}\cdot\lim\limits_{\theta\to 0}\dfrac{\left(\dfrac{\theta}{2}\right)^2}{\sin^2\dfrac{\theta}{2}}\cdot\lim\limits_{\theta\to 0}\dfrac{\theta^2}{\left(\dfrac{\theta}{2}\right)^2}\cdot\lim\limits_{\theta\to 0}\dfrac{\cos\theta}{\cos 2\theta}$

$=1\cdot 1\cdot 4\cdot 1$

$\lim\limits_{x\to 0}\dfrac{\sin x}{x}=1$

$=4$

$=\dfrac{\cos 0}{\cos 0}=1$

$=\lim\limits_{\theta\to 0}\dfrac{\theta^2}{\dfrac{1}{4}\theta^2}=\dfrac{1}{\dfrac{1}{4}}=4$

011 [정답률 85%]   정답 ①

$\lim\limits_{n\to\infty}\dfrac{n(n+\cos n\pi)}{n^2+1}$의 값은? (2점)

→ 한 번에 극한값을 구하기 어려운 식이므로, 함수의 극한의 대소 관계를 이용

① 1   ② 2   ③ 3
④ 4   ⑤ 5

Step 1 $-1\le\cos n\pi\le 1$임을 이용하여 $\dfrac{n(n+\cos n\pi)}{n^2+1}$의 범위를 구한다.

양수 n에 대하여 $-1\le\cos n\pi\le 1$에서 $-n\le n\cos n\pi\le n$

$n^2-n\le n^2+n\cos n\pi\le n^2+n$

→ $\cos n\pi$를 어떻게 변형해야 $\dfrac{n(n+\cos n\pi)}{n^2+1}$가 만들어질지 생각해야 해.

$\dfrac{n^2-n}{n^2+1}\le\dfrac{n^2+n\cos n\pi}{n^2+1}=\dfrac{n(n+\cos n\pi)}{n^2+1}\le\dfrac{n^2+n}{n^2+1}$

Step 2 극한값의 대소 관계를 이용한다.

$\dfrac{n^2-n}{n^2+1}\le\dfrac{n(n+\cos n\pi)}{n^2+1}\le\dfrac{n^2+n}{n^2+1}$에서 극한값의 대소 관계에 의하여

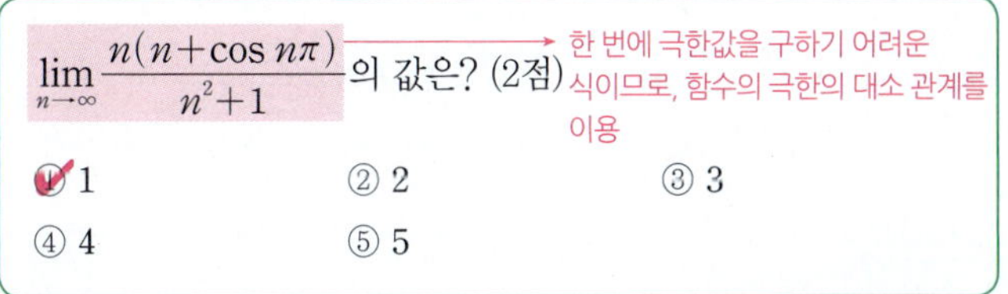

$\lim\limits_{n\to\infty}\dfrac{n^2-n}{n^2+1}\le\lim\limits_{n\to\infty}\dfrac{n(n+\cos n\pi)}{n^2+1}\le\lim\limits_{n\to\infty}\dfrac{n^2+n}{n^2+1}$

$\lim\limits_{n\to\infty}\dfrac{n^2-n}{n^2+1}=\lim\limits_{n\to\infty}\dfrac{n^2+n}{n^2+1}=1$이므로

$\lim\limits_{n\to\infty}\dfrac{n(n+\cos n\pi)}{n^2+1}=1$

$\lim\limits_{n\to\infty}\dfrac{n^2-n}{n^2+1}=\lim\limits_{n\to\infty}\dfrac{1-\dfrac{1}{n}}{1+\left(\dfrac{1}{n}\right)^2}=1,$

$\lim\limits_{n\to\infty}\dfrac{n^2+n}{n^2+1}=\lim\limits_{n\to\infty}\dfrac{1+\dfrac{1}{n}}{1+\left(\dfrac{1}{n}\right)^2}=1$

012 [정답률 97%]　　　　　　정답 ①

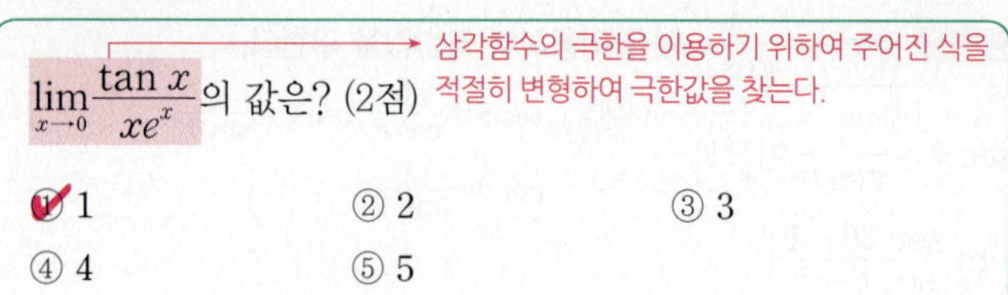

$\lim\limits_{x \to 0} \dfrac{\tan x}{xe^x}$의 값은? (2점)

삼각함수의 극한을 이용하기 위하여 주어진 식을 적절히 변형하여 극한값을 찾는다.

① 1　　　② 2　　　③ 3
④ 4　　　⑤ 5

Step 1 삼각함수의 극한을 이용한다.

$$\lim_{x \to 0} \frac{\tan x}{xe^x} = \lim_{x \to 0}\left(\frac{\tan x}{x} \cdot \frac{1}{e^x}\right)$$
$$= \lim_{x \to 0} \frac{\tan x}{x} \cdot \lim_{x \to 0} \frac{1}{e^x}$$
$$= 1 \cdot 1 = 1$$

삼각함수의 극한을 이용하기 위하여 모양을 똑같이 만들어 주었어.

함수의 극한에 대한 성질
$\lim\limits_{x \to a} f(x) = \alpha$, $\lim\limits_{x \to a} g(x) = \beta$
(α, β는 실수)일 때,
$\lim\limits_{x \to a} f(x)g(x) = \lim\limits_{x \to a} f(x) \cdot \lim\limits_{x \to a} g(x)$
$= \alpha\beta$

💡 알아야 할 기본개념

삼각함수의 극한

(1) $\lim\limits_{x \to 0} \dfrac{\sin x}{x} = 1$ (단, x의 단위는 라디안이다.)

(2) 삼각함수 극한의 활용

① $\lim\limits_{x \to 0} \dfrac{\tan x}{x} = 1$

② $\lim\limits_{x \to 0} \dfrac{\sin bx}{ax} = \dfrac{b}{a}$ (단, $a \neq 0$)

③ $\lim\limits_{x \to 0} \dfrac{\tan bx}{ax} = \dfrac{b}{a}$ (단, $a \neq 0$)

013 [정답률 96%]　　　　　　정답 ⑤

$\lim\limits_{x \to 0} \dfrac{\tan 5x}{e^x - 1}$의 값은? (2점)

① 1　　　② 2　　　③ 3
④ 4　　　⑤ 5

Step 1 주어진 함수의 극한값을 구한다.

$\lim\limits_{x \to 0} \dfrac{\tan ax}{ax} = 1$

$$\lim_{x \to 0} \frac{\tan 5x}{e^x - 1} = \lim_{x \to 0} \frac{\dfrac{\tan 5x}{x}}{\dfrac{e^x - 1}{x}} = \frac{\lim\limits_{x \to 0}\left(\dfrac{\tan 5x}{5x} \times 5\right)}{\lim\limits_{x \to 0}\dfrac{e^x - 1}{x}} = \frac{1 \times 5}{1} = 5$$

014 [정답률 85%]　　　　　　정답 ③

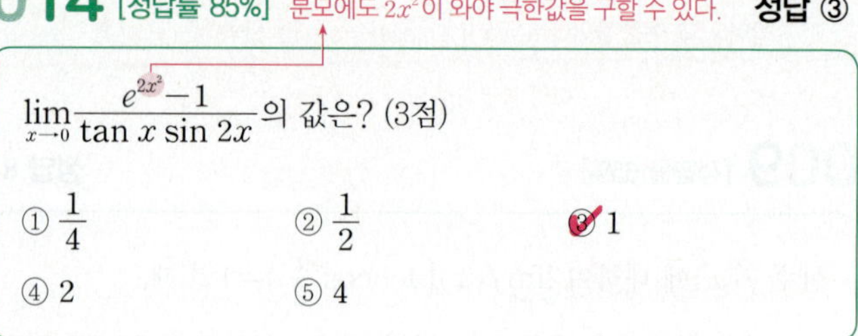

$\lim\limits_{\triangle \to 0} \dfrac{e^{\triangle} - 1}{\triangle} = 1$이고, e의 지수가 $2x^2$이므로 분모에도 $2x^2$이 와야 극한값을 구할 수 있다.

$\lim\limits_{x \to 0} \dfrac{e^{2x^2} - 1}{\tan x \sin 2x}$의 값은? (3점)

① $\dfrac{1}{4}$　　　② $\dfrac{1}{2}$　　　③ 1
④ 2　　　⑤ 4

Step 1 분모, 분자에 각각 $2x^2$을 곱하여 극한값을 구한다.

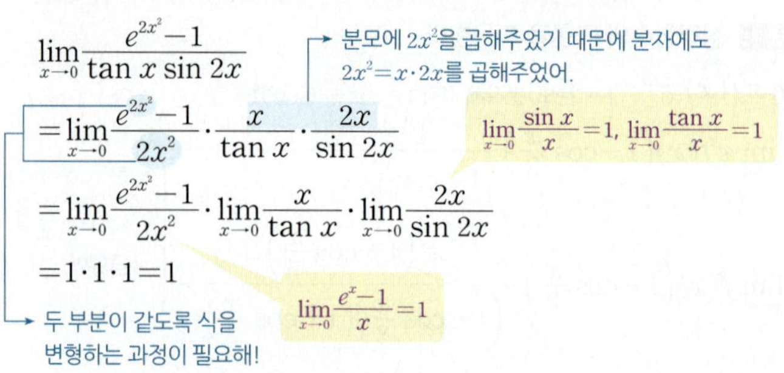

$$\lim_{x \to 0} \frac{e^{2x^2} - 1}{\tan x \sin 2x}$$
$$= \lim_{x \to 0} \frac{e^{2x^2} - 1}{2x^2} \cdot \frac{x}{\tan x} \cdot \frac{2x}{\sin 2x}$$
$$= \lim_{x \to 0} \frac{e^{2x^2} - 1}{2x^2} \cdot \lim_{x \to 0} \frac{x}{\tan x} \cdot \lim_{x \to 0} \frac{2x}{\sin 2x}$$
$$= 1 \cdot 1 \cdot 1 = 1$$

분모에 $2x^2$을 곱해주었기 때문에 분자에도 $2x^2 = x \cdot 2x$를 곱해주었어.

$\lim\limits_{x \to 0} \dfrac{\sin x}{x} = 1$, $\lim\limits_{x \to 0} \dfrac{\tan x}{x} = 1$

$\lim\limits_{x \to 0} \dfrac{e^x - 1}{x} = 1$

두 부분이 같도록 식을 변형하는 과정이 필요해!

015 [정답률 37%]　　　　　　정답 ④

$\lim\limits_{x \to 0} \dfrac{e^{1 - \sin x} - e^{1 - \tan x}}{\tan x - \sin x}$의 값은? (3점)

극한값을 구할 수 있도록 식을 변형

① $\dfrac{1}{e}$　　　② $\dfrac{2}{e}$　　　③ 1
④ e　　　⑤ $2e$

Step 1 분자를 $e^{1 - \tan x}$으로 묶어 주어진 식을 정리한다.

분자를 $e^{1 - \tan x}$으로 묶으면

$e^{1 - \sin x} = e^{1 - \tan x + (\tan x - \sin x)} = e^{1 - \tan x} \cdot e^{\tan x - \sin x}$

$$\lim_{x \to 0} \frac{e^{1 - \sin x} - e^{1 - \tan x}}{\tan x - \sin x} = \lim_{x \to 0} \frac{e^{1 - \tan x}(e^{\tan x - \sin x} - 1)}{\tan x - \sin x}$$
$$= \lim_{x \to 0}\left(e^{1 - \tan x} \cdot \frac{e^{\tan x - \sin x} - 1}{\tan x - \sin x}\right) \quad \cdots\cdots \ \boxdot$$

Step 2 $\tan x - \sin x = t$로 치환하여 극한값을 구한다.

$\tan x - \sin x = t$로 놓으면 $x \to 0$일 때, $t \to 0$이므로 ㉠에서

$$\lim_{x \to 0} \frac{e^{\tan x - \sin x} - 1}{\tan x - \sin x} = \lim_{t \to 0} \frac{e^t - 1}{t} = 1$$

$$\therefore \lim_{x \to 0}\left(e^{1 - \tan x} \cdot \frac{e^{\tan x - \sin x} - 1}{\tan x - \sin x}\right)$$
$$= \lim_{x \to 0} e^{1 - \tan x} \cdot \lim_{x \to 0} \frac{e^{\tan x - \sin x} - 1}{\tan x - \sin x}$$
$$= e \cdot 1 = e$$

두 부분이 같음을 이용하여 바로
$\lim\limits_{x \to 0} \dfrac{e^{\tan x - \sin x} - 1}{\tan x - \sin x} = 1$
임을 알아낼 수도 있어.

함수의 극한의 성질

$e^{1 - \tan 0} = e^{1 - 0} = e$

016 [정답률 71%]　　　　　　정답 ③

$\lim\limits_{x \to 0} \dfrac{e^{x \sin x} + e^{x \sin 2x} - 2}{x \ln(1 + x)}$의 값은? (3점)

① 1　　　② 2　　　③ 3
④ 4　　　⑤ 5

Step 1 $\lim_{\square \to 0}\dfrac{e^{\square}-1}{\square}=1$임을 이용하여 극한값을 구한다.

$$\lim_{x \to 0}\frac{e^{x\sin x}+e^{x\sin 2x}-2}{x\ln(1+x)}$$

$$=\lim_{x \to 0}\frac{1}{\ln(1+x)}\left(\frac{e^{x\sin x}-1}{x}+\frac{e^{x\sin 2x}-1}{x}\right)$$

$$=\lim_{x \to 0}\frac{x}{\ln(1+x)}\cdot\frac{1}{x}\left(\frac{e^{x\sin x}-1}{x}+\frac{e^{x\sin 2x}-1}{x}\right)$$

$$=\lim_{x \to 0}\frac{1}{x}\left(\frac{e^{x\sin x}-1}{x}+\frac{e^{x\sin 2x}-1}{x}\right)\left(\because \lim_{x \to 0}\frac{\ln(1+x)}{x}=1\right)$$

$$=\lim_{x \to 0}\frac{\sin x}{x}\cdot\frac{e^{x\sin x}-1}{x\sin x}+\lim_{x \to 0}\frac{\sin 2x}{2x}\cdot\frac{e^{x\sin 2x}-1}{x\sin 2x}\cdot 2$$

$$=1+2=3\left(\because \lim_{x \to 0}\frac{e^{x\sin x}-1}{x\sin x}=1\right)$$

여기에 $\sin x$가 곱해져야 해!　　여기에 $\sin 2x$가 곱해져야 해!

중요 자주 쓰이는 공식이니까 꼭 외워 둬.

017 [정답률 75%]　　　　정답 14

두 양수 a, b가 $\lim_{x \to 0}\dfrac{\sin 7x}{2^{x+1}-a}=\dfrac{b}{2\ln 2}$를 만족시킬 때, ab의 값을 구하시오. (4점)

b가 양수이므로 주어진 식의 극한은 0이 아니야. $x \to 0$일 때 (분자)$\to 0$이니까 분모도 0으로 수렴해.

Step 1 0이 아닌 극한값이 존재할 때, (분자)$\to 0$이면 (분모)$\to 0$이어야 함을 이용한다.

$b>0$이므로 $\lim_{x \to 0}\dfrac{\sin 7x}{2^{x+1}-a}=\dfrac{b}{2\ln 2}\ne 0$이고, $x \to 0$일 때 (분자)$\to 0$이므로 (분모)$\to 0$이어야 한다.

즉, $\lim_{x \to 0}(2^{x+1}-a)=2-a=0$

$\therefore a=2$　　$2^{0+1}-a=2-a$

Step 2 삼각함수와 지수함수의 극한을 이용하여 b의 값을 구한다.

$a=2$를 주어진 식에 대입하면

$$\lim_{x \to 0}\frac{\sin 7x}{2^{x+1}-a}=\lim_{x \to 0}\frac{\sin 7x}{2^{x+1}-2}=\lim_{x \to 0}\frac{\sin 7x}{2(2^x-1)}$$

$$=\lim_{x \to 0}\frac{\sin 7x}{7x}\cdot\frac{7x}{2\cdot\frac{2^x-1}{x}\cdot x}$$

$$=\lim_{x \to 0}\frac{\sin 7x}{7x}\cdot\lim_{x \to 0}\frac{7}{2\cdot\frac{2^x-1}{x}}$$

$\lim_{\triangle \to 0}\dfrac{\sin \triangle}{\triangle}=1$　　$\lim_{x \to 0}\dfrac{a^x-1}{x}=\ln a$

$$=1\cdot\frac{7}{2\ln 2}=\frac{7}{2\ln 2}$$

$\dfrac{7}{2\ln 2}=\dfrac{b}{2\ln 2}$이므로 $b=7$

이제 이 식과 주어진 극한값을 비교해 봐.

$\therefore ab=2\cdot 7=14$

018 [정답률 73%]　　　　정답 ④

$x \to a$일 때 (분모)$\to 0$이고 극한값이 존재하니까 분자도 0으로 수렴해.

$\lim_{x \to a}\dfrac{2^x-1}{3\sin(x-a)}=b\ln 2$를 만족시키는 두 상수 a, b에 대하여 $a+b$의 값은? (3점)

① $\dfrac{1}{6}$　　② $\dfrac{1}{5}$　　③ $\dfrac{1}{4}$

④ $\dfrac{1}{3}$　　⑤ $\dfrac{1}{2}$

여기서는 극한값이 $b\ln 2$야!

Step 1 극한값이 존재하고 (분모)$\to 0$이므로 (분자)$\to 0$임을 이용한다.

$\lim_{x \to a}\dfrac{2^x-1}{3\sin(x-a)}=b\ln 2$에서 $x \to a$일 때, (분모)$\to 0$이므로 (분자)$\to 0$이어야 한다.

미정계수의 결정

즉, $\lim_{x \to a}(2^x-1)=0$에서 $2^a=1$　　$\therefore a=0$

Step 2 $\lim_{x \to 0}\dfrac{a^x-1}{x}=\ln a$, $\lim_{x \to 0}\dfrac{\sin x}{x}=1$임을 이용하여 극한값을 구한다.

$a=0$을 주어진 식에 대입하면

가끔씩 이 공식을 헷갈려서 극한값을 $\dfrac{1}{\ln a}$로 착각하는 경우가 있어.

$$\lim_{x \to a}\frac{2^x-1}{3\sin(x-a)}=\lim_{x \to 0}\frac{2^x-1}{3\sin x}$$

$\lim_{x \to 0}\dfrac{a^x-1}{x}=\ln a$, $\lim_{x \to 0}\dfrac{\log_a(1+x)}{x}=\dfrac{1}{\ln a}$임을 확실히 암기해!

$$=\lim_{x \to 0}\left(\frac{2^x-1}{x}\cdot\frac{x}{\sin x}\cdot\frac{1}{3}\right)$$

분모, 분자에 각각 x를 곱해주었어!

$$=\ln 2\cdot 1\cdot\frac{1}{3}=\frac{1}{3}\ln 2$$

$\dfrac{1}{3}\ln 2=b\ln 2$이므로 $b=\dfrac{1}{3}$

$\therefore a+b=0+\dfrac{1}{3}=\dfrac{1}{3}$

💡 알아야 할 기본개념

함수의 극한의 성질

$\lim_{x \to a}f(x)=\alpha$, $\lim_{x \to a}g(x)=\beta$ (α, β는 실수)일 때

(1) $\lim_{x \to a}cf(x)=c\lim_{x \to a}f(x)=c\alpha$ (단, c는 상수)

(2) $\lim_{x \to a}\{f(x)\pm g(x)\}=\lim_{x \to a}f(x)\pm\lim_{x \to a}g(x)=\alpha\pm\beta$

(3) $\lim_{x \to a}f(x)g(x)=\lim_{x \to a}f(x)\lim_{x \to a}g(x)=\alpha\beta$

(4) $\lim_{x \to a}\dfrac{f(x)}{g(x)}=\dfrac{\lim_{x \to a}f(x)}{\lim_{x \to a}g(x)}=\dfrac{\alpha}{\beta}$ (단, $\beta\ne 0$)

019 [정답률 78%]　　　　정답 ⑤

실수 전체의 집합에서 연속인 함수 $f(x)$가 모든 실수 x에 대하여

x에 적당한 값을 대입해서 a의 값을 구해봐.

$$(e^{2x}-1)^2 f(x)=a-4\cos\frac{\pi}{2}x$$

를 만족시킬 때, $a\times f(0)$의 값은? (단, a는 상수이다.) (3점)

① $\dfrac{\pi^2}{6}$　　② $\dfrac{\pi^2}{5}$　　③ $\dfrac{\pi^2}{4}$

④ $\dfrac{\pi^2}{3}$　　⑤ $\dfrac{\pi^2}{2}$

Step 1 주어진 등식을 이용하여 a의 값을 구한다.

주어진 등식의 양변에 $x=0$을 대입하면

$(e^0-1)^2 f(0)=a-4\cos 0$에서　　$\cos 0=1$

$0=a-4$　　$\therefore a=4$

Step 2 함수의 극한을 이용하여 $f(0)$의 값을 구한다.

$x\ne 0$인 모든 실수 x에 대하여 $e^{2x}-1\ne 0$이므로 $x\ne 0$일 때 함수

$f(x)$의 식을 $f(x)=\dfrac{4-4\cos\frac{\pi}{2}x}{(e^{2x}-1)^2}$와 같이 놓을 수 있다.

이를 이용하여 극한값을 구해보면
<small>└→ 문제의 등식의 양변을 $(e^{2x}-1)^2$으로 나눠주었어.</small>

$$\lim_{x\to0}f(x)=\lim_{x\to0}\frac{4-4\cos\frac{\pi}{2}x}{(e^{2x}-1)^2}$$

$$=\lim_{x\to0}\frac{4\left(1-\cos\frac{\pi}{2}x\right)}{(e^{2x}-1)^2}$$

$\left(1-\cos\frac{\pi}{2}x\right)\left(1+\cos\frac{\pi}{2}x\right)$
$=1^2-\left(\cos\frac{\pi}{2}x\right)^2$
$=1-\cos^2\left(\frac{\pi}{2}x\right)$

$$=\lim_{x\to0}\frac{4\left\{1-\cos^2\left(\frac{\pi}{2}x\right)\right\}}{(e^{2x}-1)^2\left(1+\cos\frac{\pi}{2}x\right)}$$

$$=\lim_{x\to0}\frac{4\sin^2\left(\frac{\pi}{2}x\right)}{(e^{2x}-1)^2\left(1+\cos\frac{\pi}{2}x\right)}$$

$$=\lim_{x\to0}\left\{4\times\frac{x^2}{(e^{2x}-1)^2}\times\frac{\sin^2\left(\frac{\pi}{2}x\right)}{x^2}\times\frac{1}{1+\cos\frac{\pi}{2}x}\right\}$$

$$=4\times\left(\frac{1}{2}\right)^2\times\left(\frac{\pi}{2}\right)^2\times\frac{1}{2}$$

$\left(\frac{\pi}{2}\right)^2\times\dfrac{\sin^2\left(\frac{\pi}{2}x\right)}{\left(\frac{\pi}{2}x\right)^2}$

$=\dfrac{1}{1+\cos0}$

$$=\frac{\pi^2}{8}$$

이때 함수 $f(x)$가 실수 전체의 집합에서 연속이므로

$$f(0)=\lim_{x\to0}f(x)=\frac{\pi^2}{8}$$
<small>└→ $(x=0$에서의 함수값$)$ $=(x=0$에서의 극한값$)$이야.</small>

$$\therefore a\times f(0)=4\times\frac{\pi^2}{8}=\frac{\pi^2}{2}$$

중요 $p>0,\ q>0$이라는 조건이 없으면 $p,\ q$의 값이 무수히 많아질 거야.
문제에서 주어진 조건으로 구한 값이 $\lim\limits_{x\to0}\dfrac{f(x)}{x^4}=1$이므로
$p<4$이면 $\lim\limits_{x\to0}\dfrac{f(x)}{x^p}=0$이 됨을 알 수 있어. 이때 $q=0$이 되니까 이런 경우에는
$p,\ q$의 값이 조건 '$p>0,\ q>0$'을 만족하지 않아. 물론 $p>4$이면 주어진 극한이
발산하니까 q의 값은 존재하지 않아. 이와 같이 문제의 조건을 확인할 때 '왜 이런
조건을 주었을까?' 하고 생각해 보면 문제를 풀 때 도움이 될 거야.

020 [정답률 52%] 정답 ②

연속함수 $f(x)$가 $\lim\limits_{x\to0}\dfrac{f(x)}{1-\cos(x^2)}=2$를 만족시킬 때,

$\lim\limits_{x\to0}\dfrac{f(x)}{x^p}=q$이다. $p+q$의 값은?
<small>→ 분모를 $\sin$에 대한 식으로 바꿔!</small>

(단, $p>0,\ q>0$이다.) (3점)

① 4 ✓ 5 ③ 6
④ 7 ⑤ 8
<small>→ 주의 이러한 조건들도 놓치면 안 돼.</small>

Step 1 $\dfrac{f(x)}{1-\cos(x^2)}$의 분모, 분자에 각각 $1+\cos(x^2)$을 곱하여

극한값을 구한다. <small>└→ 이렇게 하면 분모를 $\sin(x^2)$으로 나타낼 수 있어!</small>

$$\lim_{x\to0}\frac{f(x)}{1-\cos(x^2)}=\lim_{x\to0}\frac{f(x)\{1+\cos(x^2)\}}{\{1-\cos(x^2)\}\{1+\cos(x^2)\}}$$

주의 $1-\cos(x^2)$을
$1-\cos^2x$로
착각하지 말아야 해!

$$=\lim_{x\to0}\frac{f(x)\{1+\cos(x^2)\}}{1-\cos^2(x^2)}$$

$$=\lim_{x\to0}\frac{f(x)\{1+\cos(x^2)\}}{\sin^2(x^2)}$$
<small>∵ $\sin^2(x^2)+\cos^2(x^2)=1$</small>

$$=\lim_{x\to0}\frac{(x^2)^2}{\sin^2(x^2)}\cdot\frac{f(x)}{x^4}\cdot\{1+\cos(x^2)\}$$

$\lim\limits_{x\to0}\left\{\dfrac{x^2}{\sin(x^2)}\right\}^2$
$=1^2=1$
<small>→ 주의 $\sin^2(x^2)$임을 주의</small>

$$=1\cdot\lim_{x\to0}\frac{f(x)}{x^4}\cdot2=2\lim_{x\to0}\frac{f(x)}{x^4}$$

$2\lim\limits_{x\to0}\dfrac{f(x)}{x^4}=2$이므로

$$\lim_{x\to0}\frac{f(x)}{x^4}=1$$
<small>└→ 이 식과 $\lim\limits_{x\to0}\dfrac{f(x)}{x^p}=q$를 비교</small>

따라서 $p=4,\ q=1$이므로

$$p+q=4+1=5$$

021 [정답률 79%] 정답 ③

실수 x에 대하여 함수 $f(x)$를

$$f(x)=\begin{cases}\dfrac{\sin2(x-1)}{x-1} & (x\neq1)\\[2mm] a & (x=1)\end{cases}$$
<small>→ $x\neq1$일 때와 $x=1$일 때의 함수식이 다르게 정의되어 있어!</small>

로 정의한다. $x=1$에서 $f(x)$가 연속일 때, a의 값은? (3점)

① 0 ② 1 ✓ 2
④ $\dfrac{1}{2}$ ⑤ $\dfrac{3}{2}$
<small>→ 중요 $\lim\limits_{x\to1}f(x)=f(1)$이어야 한다는 뜻이야!</small>

Step 1 극한값이 함숫값과 같아야 함수 $f(x)$가 연속임을 이용하여 a의 값을 구한다.

함수 $f(x)$가 $x=1$에서 연속이므로 $\lim\limits_{x\to1}f(x)=f(1)$

$$\therefore \lim_{x\to1}\frac{\sin2(x-1)}{x-1}=a$$
<small>→ $(x=1$에서의 극한값$)=(x=1$에서의 함숫값$)$</small>
$=f(1)$

$x-1=t$로 놓으면 $x\to1$일 때, $t\to0$이므로

$$\lim_{x\to1}\frac{\sin2(x-1)}{x-1}=\lim_{t\to0}\frac{\sin2t}{t}$$
$=\lim\limits_{x\to1}f(x)$

$$=\lim_{t\to0}\frac{\sin2t}{2t}\cdot2$$

$$=2$$
<small>└→ $\lim\limits_{\triangle\to0}\dfrac{\sin\triangle}{\triangle}=1$임을 이용하면 돼!</small>

$$\therefore a=2$$

022 [정답률 78%] 정답 ①

함수

$$f(x)=\begin{cases}\dfrac{\sin x-a}{x-\dfrac{\pi}{2}} & \left(x\neq\dfrac{\pi}{2}\right)\\[3mm] b & \left(x=\dfrac{\pi}{2}\right)\end{cases}$$

가 $x=\dfrac{\pi}{2}$에서 연속일 때, 상수 $a,\ b$의 합 $a+b$의 값은? (3점)
<small>→ 중요 $\lim\limits_{x\to\frac{\pi}{2}}f(x)=f\left(\dfrac{\pi}{2}\right)$이어야 해!</small>

✓ 1 ② 2 ③ 3
④ 4 ⑤ 5

Step 1 함수 $f(x)$가 $x=\dfrac{\pi}{2}$에서 연속일 때, $\displaystyle\lim_{x\to\frac{\pi}{2}}f(x)=f\left(\dfrac{\pi}{2}\right)$인을 이용하여 a, b의 값을 구한다.

함수 $f(x)$가 $x=\dfrac{\pi}{2}$에서 연속이므로

$$\lim_{x\to\frac{\pi}{2}}\frac{\sin x-a}{x-\frac{\pi}{2}}=b \quad\cdots\cdots\ \bigcirc$$

$\left(=f\left(\dfrac{\pi}{2}\right)=\displaystyle\lim_{x\to\frac{\pi}{2}}f(x)\right)$

$x\to\dfrac{\pi}{2}$일 때, (분모)$\to0$이므로 (분자)$\to0$이어야 한다.

즉, $\displaystyle\lim_{x\to\frac{\pi}{2}}(\sin x-a)=1-a=0$ $\quad\therefore a=1$

만약 (분자)$\not\to0$이면 주어진 극한은 발산하므로 극한값 b가 존재하지 않는다.

$\therefore\ \sin\dfrac{\pi}{2}=1$

$a=1$을 $\bigcirc$에 대입하면

$$\lim_{x\to\frac{\pi}{2}}\frac{\sin x-1}{x-\frac{\pi}{2}}=b$$

이와 같이 치환을 이용할 때는 치환한 값이 어떤 값으로 다가 가는지 파악하는 게 중요해!

이때 $x-\dfrac{\pi}{2}=t$로 놓으면 $x\to\dfrac{\pi}{2}$일 때, $t\to0$이므로

$$\lim_{x\to\frac{\pi}{2}}\frac{\sin x-1}{x-\frac{\pi}{2}}=\lim_{t\to0}\frac{\sin\left(\frac{\pi}{2}+t\right)-1}{t}=\lim_{t\to0}\frac{\cos t-1}{t}$$

$\cos^2 t-1=-\sin^2 t$

분모, 분자에 각각 $\cos t+1$을 곱해.

$$=\lim_{t\to0}\frac{(\cos t-1)(\cos t+1)}{t(\cos t+1)}=\lim_{t\to0}\frac{-\sin^2 t}{t(\cos t+1)}$$

$$=\lim_{t\to0}\left(\frac{\sin t}{t}\cdot\frac{-\sin t}{\cos t+1}\right)=1\cdot0=0$$

$\therefore\ b=0$

$\displaystyle\lim_{t\to0}\frac{-\sin t}{\cos t+1}=\frac{0}{1+1}=0$

$\therefore\ a+b=1+0=1$

중요 삼각함수의 덧셈정리를 이용하면

$$\sin\left(\frac{\pi}{2}+t\right)=\sin\frac{\pi}{2}\cos t+\cos\frac{\pi}{2}\sin t$$

$$=\cos t\ \left(\because\ \sin\frac{\pi}{2}=1,\ \cos\frac{\pi}{2}=0\right)$$

Step 2 $\displaystyle\lim_{x\to0}f(x)$의 값을 구한 후 $a+b$의 값을 구한다.

$a=1$을 $\bigcirc$에 대입하면

$$\lim_{x\to0}\frac{e^x-\sin 2x-1}{3x}=\frac{1}{3}\lim_{x\to0}\frac{e^x-\sin 2x-1}{x}$$

$$=\frac{1}{3}\lim_{x\to0}\left(\frac{e^x-1}{x}-\frac{\sin 2x}{2x}\cdot2\right)$$

$\displaystyle\lim_{x\to0}\frac{e^x-1}{x}=1$

이 부분을 $2x$로 변형하기 위하여 2를 곱했어.

$$=\frac{1}{3}(1-2)$$

삼각함수의 극한
$$\lim_{x\to0}\frac{\sin ax}{bx}=\frac{a}{b}$$

$$=-\frac{1}{3}$$

$\therefore\ b=-\dfrac{1}{3}$

$\therefore\ a+b=1+\left(-\dfrac{1}{3}\right)=\dfrac{2}{3}$

024 [정답률 70%] 정답 ④

$0\le x\le\pi$에서 정의된 함수

$$f(x)=\begin{cases}2\cos x\tan x+a & \left(x\ne\dfrac{\pi}{2}\right)\\[2mm] 3a & \left(x=\dfrac{\pi}{2}\right)\end{cases}$$

가 $x=\dfrac{\pi}{2}$에서 연속일 때, 함수 $f(x)$의 최댓값과 최솟값의 합은? (단, a는 상수이다.) (3점)

$x\ne\dfrac{\pi}{2}$에서

$$\cos x\tan x=\cos x\cdot\frac{\sin x}{\cos x}=\sin x$$

① $\dfrac{5}{2}$ ② 3 ③ $\dfrac{7}{2}$

④ 4 ⑤ $\dfrac{9}{2}$

023 [정답률 83%] 정답 ②

함수

$$f(x)=\begin{cases}\dfrac{e^x-\sin 2x-a}{3x} & (x\ne0)\\[2mm] b & (x=0)\end{cases}$$

가 $x=0$에서 연속일 때, 두 상수 a, b에 대하여 $a+b$의 값은? (3점)

$\displaystyle\lim_{x\to0}f(x)=f(0)$

① $\dfrac{1}{3}$ ② $\dfrac{2}{3}$ ③ 1

④ $\dfrac{4}{3}$ ⑤ $\dfrac{5}{3}$

Step 1 함수 $f(x)$가 $x=0$에서 연속이기 위한 조건을 이용하여 a, b의 값을 구한다.

함수 $f(x)$가 $x=0$에서 연속이기 위한 조건은

$$\lim_{x\to0}f(x)=f(0)$$

중요 함수 $f(x)$가 $x=a$에서 연속이려면 $x\to a$일 때의 극한값과 $x=a$에서의 함숫값이 서로 같아야 한다.

$$\therefore\ \lim_{x\to0}\frac{e^x-\sin 2x-a}{3x}=b \quad\cdots\cdots\ \bigcirc$$

$x\to0$일 때, (분모)$\to0$이므로 (분자)$\to0$이어야 한다.

즉, $\displaystyle\lim_{x\to0}(e^x-\sin 2x-a)=1-0-a=0$

$e^0-\sin 0-a$

주어진 식의 극한값이 상수 b로 존재하기 때문이야!

$\therefore\ a=1$

Step 1 함수 $f(x)$의 연속성을 이용하여 a의 값을 구한다.

함수 $f(x)$가 $x=\dfrac{\pi}{2}$에서 연속이므로

$x=\dfrac{\pi}{2}$에서의 극한값과 함숫값이 같아야 한다.

$$\lim_{x\to\frac{\pi}{2}}f(x)=\lim_{x\to\frac{\pi}{2}}(2\cos x\tan x+a)$$

$\displaystyle\lim_{x\to\frac{\pi}{2}}f(x)=f\left(\dfrac{\pi}{2}\right)$

$x\ne\dfrac{\pi}{2}$일 때의 식을 이용

$$=\lim_{x\to\frac{\pi}{2}}(2\sin x+a)$$

$\cos x\tan x=\cos x\cdot\dfrac{\sin x}{\cos x}=\sin x$

$$=2\sin\frac{\pi}{2}+a$$

$$=2+a$$

$f\left(\dfrac{\pi}{2}\right)=3a$

따라서 $2+a=3a$이므로 $2a=2$

$\therefore\ a=1$

Step 2 함수 $f(x)$의 최댓값과 최솟값의 합을 구한다.

$$f(x)=\begin{cases}2\cos x\tan x+1 & \left(x\ne\dfrac{\pi}{2}\right)\\[2mm] 3 & \left(x=\dfrac{\pi}{2}\right)\end{cases}$$

$x\ne\dfrac{\pi}{2}$일 때 $\cos x\tan x=\sin x$

이므로 $0\le x\le\pi$에서 $f(x)=2\sin x+1$

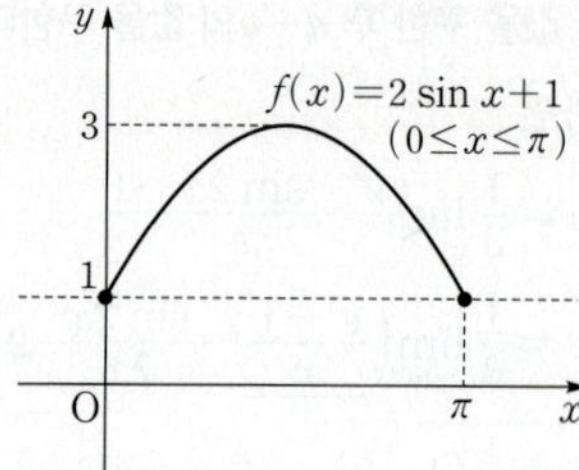

이때 $1 \leq 2 \sin x + 1 \leq 3$이므로 함수 $f(x)$의 최댓값은 3,
최솟값은 1이다.
그러므로 함수 $f(x)$의 최댓값과 최솟값의 합은
$3 + 1 = 4$

025 [정답률 73%]　　　　　　정답 ③

함수 $y = f(x)$의 그래프의 일부가 그림과 같을 때, 합성함수
$f(g(x))$가 $x = 0$에서 연속이 되도록 하는 함수 $g(x)$를
[보기]에서 있는 대로 고른 것은? (4점) → [보기]의 함수를 대입하여
$\lim\limits_{x \to 0} f(g(x)) = f(g(0))$
을 만족하는지 확인해!

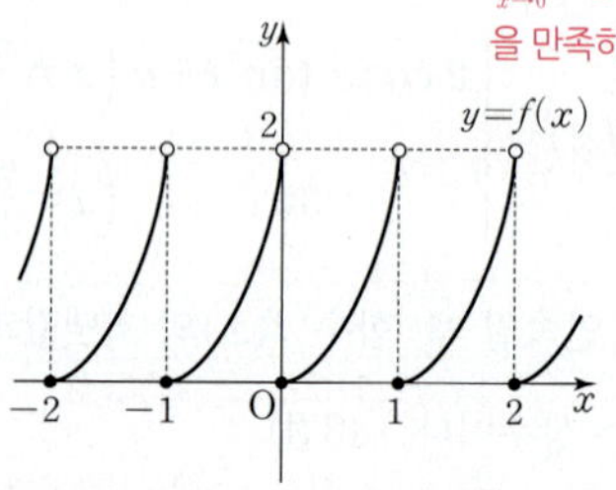

[보기]

ㄱ. $g(x) = x^2$ → $x \to 0$일 때 $x^2 \to 0+$

ㄴ. $g(x) = |\sin x|$ → $x \to 0$일 때 $|\sin x| \to 0+$

ㄷ. $g(x) = \cos x$ → $x \to 0$일 때 $\cos x \to 1-$

① ㄱ　　　　② ㄷ　　　　❸ ㄱ, ㄴ
④ ㄴ, ㄷ　　　⑤ ㄱ, ㄴ, ㄷ

Step 1 $g(x)$를 $f(g(x))$에 대입하여 $f(g(x))$의 연속성을 파악해
[보기]의 참, 거짓을 판별한다.

ㄱ. $g(x) = x^2$일 때

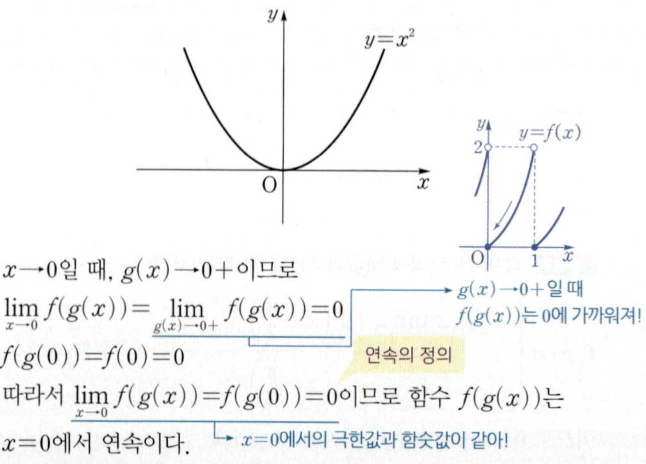

$x \to 0$일 때, $g(x) \to 0+$이므로
$\lim\limits_{x \to 0} f(g(x)) = \lim\limits_{g(x) \to 0+} f(g(x)) = 0$
$f(g(0)) = f(0) = 0$　　　　　연속의 정의
따라서 $\lim\limits_{x \to 0} f(g(x)) = f(g(0)) = 0$이므로 함수 $f(g(x))$는
$x = 0$에서 연속이다. → $x = 0$에서의 극한값과 함숫값이 같아!

$g(x) \to 0+$일 때
$f(g(x))$는 0에 가까워져!

ㄴ. $g(x) = |\sin x|$일 때

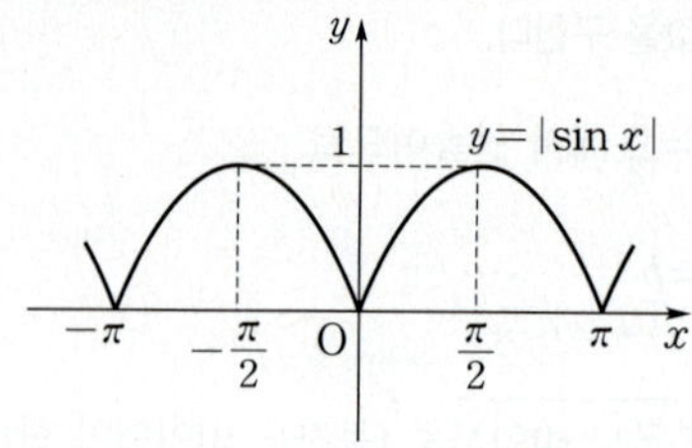

$x \to 0$일 때, $g(x) \to 0+$이므로
$\lim\limits_{x \to 0} f(g(x)) = \lim\limits_{g(x) \to 0+} f(g(x)) = 0$
$f(g(0)) = f(0) = 0$
따라서 $\lim\limits_{x \to 0} f(g(x)) = f(g(0)) = 0$이므로 함수 $f(g(x))$는
$x = 0$에서 연속이다.

만약 $g(x) = \sin x$였다면 $x \to 0$일 때
$g(x) \to 0+$ 또는 $g(x) \to 0-$

ㄷ. $g(x) = \cos x$일 때

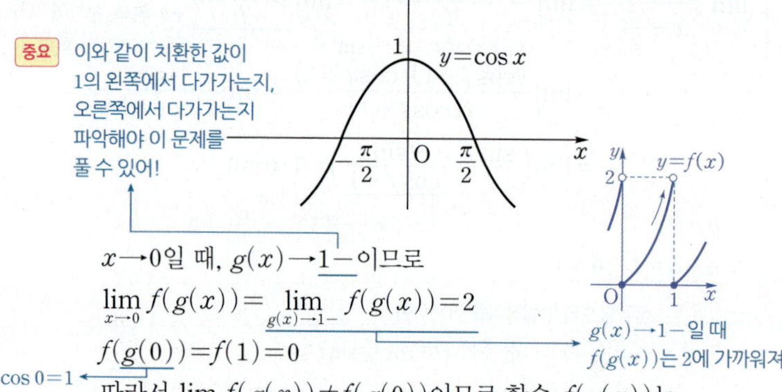

중요 이와 같이 치환한 값이 1의 왼쪽에서 다가가는지, 오른쪽에서 다가가는지 파악해야 이 문제를 풀 수 있어!

$x \to 0$일 때, $g(x) \to 1-$이므로
$\lim\limits_{x \to 0} f(g(x)) = \lim\limits_{g(x) \to 1-} f(g(x)) = 2$
$f(g(0)) = f(1) = 0$

$\cos 0 = 1$

$g(x) \to 1-$일 때
$f(g(x))$는 2에 가까워져!

따라서 $\lim\limits_{x \to 0} f(g(x)) \neq f(g(0))$이므로 함수 $f(g(x))$는
$x = 0$에서 불연속이다. → $x = 0$에서의 극한값과 함숫값이 달라!

그러므로 합성함수 $f(g(x))$가 $x = 0$에서 연속이 되도록 하는 함수
$g(x)$는 ㄱ, ㄴ이다.

026 [정답률 64%]　　　　　　정답 ③

함수
$$f(x) = \begin{cases} x^2 & (|x| < 1) \to -1 < x < 1 \\ x^2 - 4|x| + 3 & (|x| \geq 1) \to x \leq -1 \text{ 또는 } x \geq 1 \end{cases}$$
에 대하여 옳은 것만을 [보기]에서 있는 대로 고른 것은? (4점)

[보기]

ㄱ. 함수 $f(x)$가 불연속인 점은 2개이다.

ㄴ. 함수 $y = f(x) \cos \dfrac{\pi}{2} x$는 $x = -1$과 $x = 1$에서
연속이다.

$x = -1, x = 1$에서의 극한값과 함숫값을 확인

ㄷ. 함수 $y = f(x)f(x-a)$가 실수 전체의 집합에서
연속이 되도록 하는 상수 a는 없다.

두 함수 $f(x), f(x-a)$가 불연속인 점을 기준으로 생각해.

① ㄱ　　　　② ㄷ　　　　❸ ㄱ, ㄴ
④ ㄴ, ㄷ　　　⑤ ㄱ, ㄴ, ㄷ

Step 1 함수 $f(x)$의 정의역을 $x\le-1$, $-1<x<1$, $x>1$인 경우로 나눈 다음 각 구간에서 함수 $y=f(x)$의 그래프를 그려 본다.

$$f(x)=\begin{cases} x^2 & (|x|<1) \\ x^2-4|x|+3 & (|x|\ge1) \end{cases}$$

중요 ▶ 양수 a에 대하여 $|x|<a$이면 $-a<x<a$이다.

$$=\begin{cases} x^2+4x+3 & (x\le-1) \\ x^2 & (-1<x<1) \\ x^2-4x+3 & (x\ge1) \end{cases}$$

→ $x\le-1$일 때 $|x|=-x$

→ $x\ge1$일 때 $|x|=x$

ㄱ. 함수 $y=f(x)$의 그래프는 다음 그림과 같다.

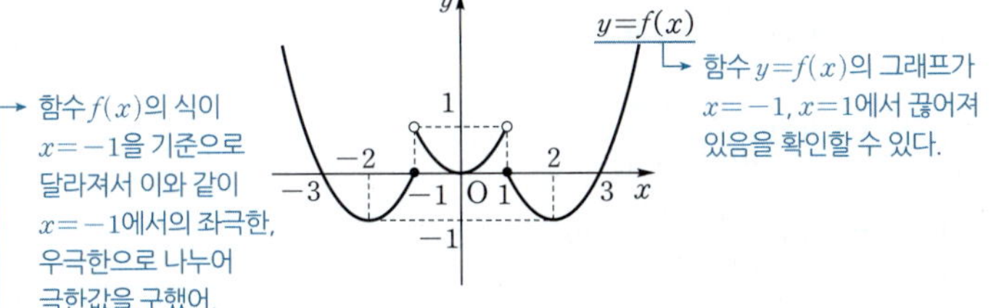

→ 함수 $f(x)$의 식이 $x=-1$을 기준으로 달라져서 이와 같이 $x=-1$에서의 좌극한, 우극한으로 나누어 극한값을 구했어.

→ 함수 $y=f(x)$의 그래프가 $x=-1$, $x=1$에서 끊어져 있음을 확인할 수 있다.

따라서 함수 $f(x)$는 $x=-1$, $x=1$에서 불연속이므로 불연속인 점은 2개이다. (참)

ㄴ. (i) $\displaystyle\lim_{x\to-1-}f(x)\cos\frac{\pi}{2}x$

→ $\displaystyle\lim_{x\to-1}\cos\frac{\pi}{2}x=\cos\left(-\frac{\pi}{2}\right)=0$

$=0\cdot0=0$

$\displaystyle\lim_{x\to-1+}f(x)\cos\frac{\pi}{2}x$

$=1\cdot0=0$

$\therefore \displaystyle\lim_{x\to-1}f(x)\cos\frac{\pi}{2}x=0$

→ 함수의 극한값 $\displaystyle\lim_{x\to a-}f(x)=\lim_{x\to a+}f(x)=\alpha \iff \lim_{x\to a}f(x)=\alpha$

이때 $f(-1)\cos\left(-\dfrac{\pi}{2}\right)=0\cdot0=0$이므로

→ $x=-1$에서의 함숫값

$\displaystyle\lim_{x\to-1}f(x)\cos\frac{\pi}{2}x=f(-1)\cos\left(-\frac{\pi}{2}\right)$

→ $x=-1$에서의 극한값과 함숫값이 같아!

즉, 함수 $y=f(x)\cos\dfrac{\pi}{2}x$는 $x=-1$에서 연속이다.

(ii) $\displaystyle\lim_{x\to1-}f(x)\cos\frac{\pi}{2}x=1\cdot0=0$

$\displaystyle\lim_{x\to1+}f(x)\cos\frac{\pi}{2}x=0\cdot0=0$

→ $\displaystyle\lim_{x\to1}\cos\frac{\pi}{2}x=\cos\frac{\pi}{2}=0$

$\therefore \displaystyle\lim_{x\to1}f(x)\cos\frac{\pi}{2}x=0$

→ $x=1$에서의 극한값

이때 $f(1)\cos\dfrac{\pi}{2}=0\cdot0=0$이므로

→ $x=1$에서의 함숫값

$\displaystyle\lim_{x\to1}f(x)\cos\frac{\pi}{2}x=f(1)\cos\frac{\pi}{2}$

→ $x=1$에서의 극한값과 함숫값이 같아!

즉, 함수 $y=f(x)\cos\dfrac{\pi}{2}x$는 $x=1$에서 연속이다.

(i), (ii)에서 함수 $y=f(x)\cos\dfrac{\pi}{2}x$는 $x=-1$과 $x=1$에서 연속이다. (참)

ㄷ. ㄱ에서 함수 $f(x)$는 $x=-1$, $x=1$에서 불연속이므로 함수 $f(x-a)$는 $x=a-1$, $x=a+1$에서 불연속이다.

→ $x-a$의 값이 -1, 1일 때 불연속

$a=2$인 경우 함수 $f(x-2)$는 $x=1$, $x=3$에서 불연속이므로 함수 $y=f(x)f(x-2)$는 $x=-1$, $x=1$, $x=3$에서 연속성을 조사하면 된다.

→ $\displaystyle\lim_{x\to-1-}f(x)\cdot\lim_{x\to-1-}f(x-2)=0\times f(-3)=0$

(i) $\displaystyle\lim_{x\to-1-}f(x)f(x-2)=0\cdot0=0$

$\displaystyle\lim_{x\to-1+}f(x)f(x-2)=1\cdot0=0$

→ $\displaystyle\lim_{x\to-1+}f(x)\cdot\lim_{x\to-1+}f(x-2)=1\times f(-3)=1\times0=0$

$f(-1)f(-3)=0\cdot0=0$

즉, 함수 $y=f(x)f(x-2)$는 $x=-1$에서 연속이다.

(ii) $\displaystyle\lim_{x\to1-}f(x)f(x-2)=1\cdot0=0$, $\displaystyle\lim_{x\to1+}f(x)f(x-2)=0\cdot1=0$

$f(1)f(-1)=0\cdot0=0$

즉, 함수 $y=f(x)f(x-2)$는 $x=1$에서 연속이다.

(iii) $\displaystyle\lim_{x\to3-}f(x)f(x-2)=0\cdot1=0$, $\displaystyle\lim_{x\to3+}f(x)f(x-2)=0\cdot0=0$

→ $x=3$일 때의 극한값

$f(3)f(1)=0\cdot0=0$

→ $x=3$에서의 함숫값

→ $\therefore\displaystyle\lim_{x\to3}f(x)f(x-2)=f(3)f(1)=0$

즉, 함수 $y=f(x)f(x-2)$는 $x=3$에서 연속이다.

(i) ~ (iii)에서 함수 $y=f(x)f(x-2)$는 실수 전체의 집합에서 연속이다. (거짓)

→ 반례를 이용하여 ㄷ이 거짓임을 확인했어.

따라서 옳은 것은 ㄱ, ㄴ이다.

💡 알아야 할 기본개념

함수의 연속과 불연속

(1) 함수의 연속

함수 $f(x)$가 실수 a에 대하여 다음 세 조건을 모두 만족시킬 때, 함수 $f(x)$는 $x=a$에서 연속이라 한다.

(i) $x=a$에서 함숫값이 정의되어 있고

(ii) $\displaystyle\lim_{x\to a}f(x)$가 존재하며

(iii) $\displaystyle\lim_{x\to a}f(x)=f(a)$이다.

(2) 함수의 불연속

함수 $f(x)$가 $x=a$에서 연속이 아닐 때, 함수 $f(x)$는 $x=a$에서 불연속이라 한다.

수능포인트

함수의 식에 절댓값 기호가 있는 유형은 많은 학생들이 어려워합니다. 이런 문제는 절댓값 기호 안의 식이 0보다 클 때와 작을 때로 나눠서 식을 따로 정리하고 푸는 게 좋습니다. 결국 부호만 달라질 뿐 그 형태까지는 크게 바뀌지 않으니까 그냥 함수가 2개가 나왔다고 생각하고 풀면 됩니다.

027 [정답률 85%]   정답 ③

두 실수 $a=\displaystyle\lim_{t\to0}\frac{\sin t}{2t}$, $b=\displaystyle\lim_{t\to0}\frac{e^{2t}-1}{t}$에 대하여 함수 $f(x)$가

→ a와 b의 값이 다르다면 함수 $f(x)$가 $x=1$에서 불연속이야!

$$f(x)=\begin{cases} a & (x\ge1) \\ b & (x<1) \end{cases}$$

일 때, [보기]에서 옳은 것을 모두 고른 것은? (4점)

[보기]

ㄱ. $f(1)=\dfrac{1}{2}$

ㄴ. $f(f(1))=2$

주의 ▶ 함수 $f(x)$의 식이 $x=1$을 기준으로 달라짐에 유의

ㄷ. $\displaystyle\lim_{x\to1-}f(f(x))=\lim_{x\to1+}f(f(x))$

① ㄱ   ② ㄴ   ✔③ ㄱ, ㄴ

④ ㄴ, ㄷ   ⑤ ㄱ, ㄴ, ㄷ

Step 1 a, b의 값을 구하여 함수 $f(x)$의 식을 구한다.

$$a=\lim_{t\to0}\frac{\sin t}{2t}=\lim_{t\to0}\frac{\sin t}{t}\cdot\frac{1}{2}=\frac{1}{2}$$

$$\lim_{x\to0}\frac{\sin ax}{bx}=\frac{a}{b}$$

$$b=\lim_{t\to0}\frac{e^{2t}-1}{t}=\lim_{t\to0}\frac{e^{2t}-1}{2t}\cdot2=2$$

$$\lim_{x\to0}\frac{e^{ax}-1}{bx}=\frac{a}{b}$$

$$\therefore\ f(x)=\begin{cases}\dfrac{1}{2} & (x\ge1)\\[2mm] 2 & (x<1)\end{cases}$$

이때 함수 $y=f(x)$의 그래프는 다음 그림과 같다.

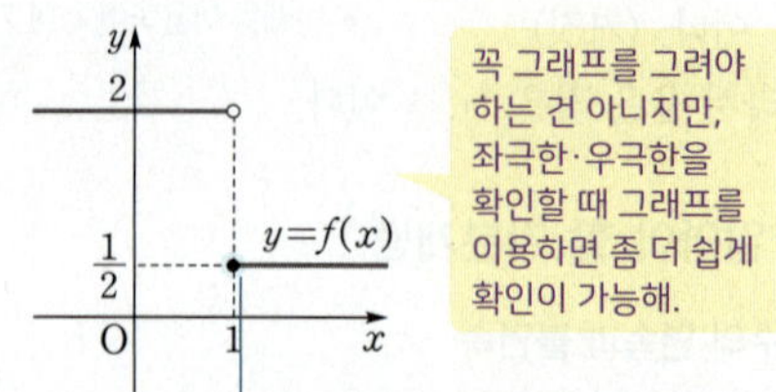

꼭 그래프를 그려야 하는 건 아니지만, 좌극한·우극한을 확인할 때 그래프를 이용하면 좀 더 쉽게 확인이 가능해.

Step 2 그래프를 이용하여 [보기]의 참, 거짓을 판별한다.

ㄱ. $f(1)=\dfrac{1}{2}$ (참) ← 함수 $y=f(x)$의 그래프가 점 $\left(1,\dfrac{1}{2}\right)$을 지나고 있어!

ㄴ. $f(f(1))=f\left(\dfrac{1}{2}\right)=2$ (참)

ㄷ. $\lim_{x\to1^-}f(f(x))=f(2)=\dfrac{1}{2}$ ← $x\ge1$일 때 $f(x)=\dfrac{1}{2}$

$\lim_{x\to1^+}f(f(x))=f\left(\dfrac{1}{2}\right)=2$ ← $x<1$일 때 $f(x)=2$

$\therefore\ \lim_{x\to1^-}f(f(x))\ne\lim_{x\to1^+}f(f(x))$ (거짓)

따라서 옳은 것은 ㄱ, ㄴ이다.

💡 알아야 할 기본개념

지수함수, 로그함수의 극한

(1) $\lim_{x\to0}\dfrac{e^x-1}{x}=1$, $\lim_{x\to0}\dfrac{a^x-1}{x}=\ln a$ (단, $a>0$, $a\ne1$)

(2) $\lim_{x\to0}\dfrac{\ln(1+x)}{x}=1$, $\lim_{x\to0}\dfrac{\log_a(1+x)}{x}=\dfrac{1}{\ln a}$ (단, $a>0$, $a\ne1$)

삼각함수의 극한

(1) $\lim_{x\to0}\dfrac{\sin x}{x}=1$ (단, x의 단위는 라디안이다.)

(2) 삼각함수 극한의 활용

① $\lim_{x\to0}\dfrac{\tan x}{x}=1$

② $\lim_{x\to0}\dfrac{\sin bx}{ax}=\dfrac{b}{a}$ (단, $a\ne0$)

③ $\lim_{x\to0}\dfrac{\tan bx}{ax}=\dfrac{b}{a}$ (단, $a\ne0$)

---

028 [정답률 71%]   정답 ④

함수 $f(x)$가

→ 주어진 식의 분모, 분자를 각각 x로 나눠.

$$\lim_{x\to0}\frac{f(x)}{\ln(1+x)}=1$$

을 만족시킬 때, [보기]에서 항상 옳은 것을 모두 고른 것은? (3점)

[보기]

ㄱ. $\lim_{x\to0}\dfrac{\sin x}{f(x)}=0$ → $\lim_{x\to0}\dfrac{\sin x}{x}=1$임을 이용

ㄴ. $\lim_{x\to0}\dfrac{f(x)+x}{\ln(1+x)}=2$

ㄷ. $\lim_{x\to0}\dfrac{\{f(x)\}^2}{\ln(1+x)}=0$

① ㄱ   ② ㄴ   ③ ㄷ

④ ㄴ, ㄷ   ⑤ ㄱ, ㄴ, ㄷ

Step 1 주어진 식을 변형한 후 $\lim_{x\to0}\dfrac{f(x)}{x}=1$임을 이용하여 [보기]의 참, 거짓을 판별한다.

$\lim_{x\to0}\dfrac{\ln(1+x)}{x}=1$ → 반드시 알고 있어야 하는 공식이야.

$$\lim_{x\to0}\frac{f(x)}{\ln(1+x)}=\lim_{x\to0}\frac{\dfrac{f(x)}{x}}{\dfrac{\ln(1+x)}{x}}=\lim_{x\to0}\frac{f(x)}{x}=1$$

ㄱ. $\lim_{x\to0}\dfrac{\sin x}{f(x)}=\lim_{x\to0}\dfrac{\dfrac{\sin x}{x}}{\dfrac{f(x)}{x}}=1$ (거짓)

$\dfrac{\lim_{x\to0}\dfrac{\sin x}{x}}{\lim_{x\to0}\dfrac{f(x)}{x}}=\dfrac{1}{1}=1$

ㄴ. $\lim_{x\to0}\dfrac{f(x)+x}{\ln(1+x)}=\lim_{x\to0}\dfrac{\dfrac{f(x)}{x}+1}{\dfrac{\ln(1+x)}{x}}=\dfrac{1+1}{1}=2$ (참)

분모, 분자를 각각 x로 나누었어.

미정계수의 결정

ㄷ. $\lim_{x\to0}\dfrac{f(x)}{\ln(1+x)}=1$에서 $x\to0$일 때, (분모)$\to0$이므로 (분자)$\to0$이어야 한다.

$\lim_{x\to0}\ln(1+x)=\ln 1=0$

(분자)$\to0$이 아니면 주어진 극한은 발산하게 돼.

즉, $\lim_{x\to0}f(x)=0$이므로

$$\lim_{x\to0}\frac{\{f(x)\}^2}{\ln(1+x)}=\lim_{x\to0}\left\{\frac{f(x)}{\ln(1+x)}\cdot f(x)\right\}$$

$$=1\cdot\lim_{x\to0}f(x)=1\cdot0=0\ (참)$$

따라서 옳은 것은 ㄴ, ㄷ이다.

029 [정답률 75%] 정답 ③

실수에서 정의된 함수 $f(x)$가 $\lim\limits_{x \to 0} xf(x) = 1$을 만족할 때, $\lim\limits_{x \to 0} f(x)g(x)$가 존재하는 $g(x)$를 [보기]에서 모두 고르면?

→ 이 식을 $xf(x)$가 포함된 형태의 식으로 바꿔!

(3점)

[보기]

ㄱ. $g(x) = \sin x$

ㄴ. $g(x) = \cos x$

ㄷ. $g(x) = \ln(1+x)$

① ㄱ　　　② ㄴ　　　③ ㄱ, ㄷ

④ ㄴ, ㄷ　　　⑤ ㄱ, ㄴ, ㄷ

Step 1 $\lim\limits_{x \to 0} f(x)g(x) = \lim\limits_{x \to 0} xf(x) \cdot \dfrac{g(x)}{x}$에서 $\lim\limits_{x \to 0} xf(x)$가 수렴할 때, $\lim\limits_{x \to 0} \dfrac{g(x)}{x}$가 수렴하는지 확인한다.

$\lim\limits_{x \to 0} f(x)g(x) = \lim\limits_{x \to 0} xf(x) \cdot \dfrac{g(x)}{x}$가 존재하려면 $\lim\limits_{x \to 0} xf(x) = 1$이므로 $\lim\limits_{x \to 0} \dfrac{g(x)}{x}$가 수렴해야 한다.

ㄱ, ㄴ, ㄷ의 함수를 대입하여 $\dfrac{g(x)}{x}$의 극한값이 존재하는지 확인해!

이 극한이 수렴하면 $x \to 0$일 때의

Step 2 [보기]의 $g(x)$에 대해 $\lim\limits_{x \to 0} \dfrac{g(x)}{x}$ 수렴 여부를 판별한다. 극한값이 존재하게 돼!

ㄱ. $g(x) = \sin x$일 때
기본 공식이니까 확인해 볼 필요도 없지!
$$\lim\limits_{x \to 0} \dfrac{g(x)}{x} = \lim\limits_{x \to 0} \dfrac{\sin x}{x} = 1 \ (\text{수렴})$$

ㄴ. $g(x) = \cos x$일 때
$$\lim\limits_{x \to 0+} \dfrac{g(x)}{x} = \lim\limits_{x \to 0+} \dfrac{\cos x}{x} = \infty$$
$\lim\limits_{x \to 0+} \cos x = 1$이고 $\lim\limits_{x \to 0+} \dfrac{1}{x} = \infty$이므로 $\lim\limits_{x \to 0+} \dfrac{\cos x}{x} = \infty$
$$\lim\limits_{x \to 0-} \dfrac{g(x)}{x} = \lim\limits_{x \to 0-} \dfrac{\cos x}{x} = -\infty$$
$\lim\limits_{x \to 0-} \cos x = 1$이고 $\lim\limits_{x \to 0-} \dfrac{1}{x} = -\infty$이므로 $\lim\limits_{x \to 0-} \dfrac{\cos x}{x} = -\infty$

이므로 수렴하지 않는다. (발산)

ㄷ. $g(x) = \ln(1+x)$일 때
보자마자 극한값은 1임을 떠올려야 해!
$$\lim\limits_{x \to 0} \dfrac{g(x)}{x} = \lim\limits_{x \to 0} \dfrac{\ln(1+x)}{x} = 1 \ (\text{수렴})$$

따라서 수렴하는 것은 ㄱ, ㄷ이다.

수능포인트

이 문제에서 주의할 점은 0으로 수렴하는 함수가 곱해진 함수의 극한값이 항상 존재하는 것이 아니라는 사실입니다. $\lim\limits_{x \to 0} xf(x)$를 놓고 보았을 때, 이미 앞에 곱해져 있는 x가 0으로 수렴을 하더라도 $f(x)$가 어떤 식을 가지느냐에 따라 $\lim\limits_{x \to 0} xf(x)$는 극한값을 가질 수도 있고 그렇지 않을 수도 있습니다. $\lim\limits_{x \to 0} f(x)$가 발산하는 함수인 경우, 즉 $0 \times \infty$ 꼴의 극한이 그러합니다.

예를 들어, $f(x) = \dfrac{1}{x^2}$이라 하면 이미 앞에 곱해지는 x가 있더라도 $\lim\limits_{x \to 0} xf(x) = \lim\limits_{x \to 0} \dfrac{1}{x}$이 되어 발산하지만 $f(x) = \dfrac{1}{x}$이라 하면 $\lim\limits_{x \to 0} xf(x)$의 값이 1로 수렴함을 알 수 있습니다. 따라서 $\lim\limits_{x \to 0} xf(x)$가 발산인지 수렴인지는 경우에 따라 달라질 수 있다는 것을 명심해야 합니다.

030 [정답률 61%] 정답 ③

[보기]의 함수 중에서 극한값 $\lim\limits_{x \to 0} \dfrac{e^x - 1}{f(x)}$이 존재하는 것을 모두 고른 것은? (3점)

[보기]

ㄱ. $f(x) = 2x$

ㄴ. $f(x) = e^{2x} - 1$

ㄷ. $f(x) = 1 - \cos x$

→ 세 함수를 주어진 식에 각각 대입하여 극한값이 존재하는지 확인

① ㄱ　　　② ㄷ　　　③ ㄱ, ㄴ

④ ㄴ, ㄷ　　　⑤ ㄱ, ㄴ, ㄷ

Step 1 각각의 식을 $\lim\limits_{\triangle \to 0} \dfrac{e^{\triangle} - 1}{\triangle}$의 꼴로 적당히 변형시켜 극한값의 존재 여부를 판별한다.
→ $\triangle$에 해당하는 부분이 모두 같아야 해!

ㄱ. $f(x) = 2x$일 때
$$\lim\limits_{x \to 0} \dfrac{e^x - 1}{2x} = \lim\limits_{x \to 0} \dfrac{1}{2} \cdot \dfrac{e^x - 1}{x} = \dfrac{1}{2} \qquad \lim\limits_{x \to 0} \dfrac{e^x - 1}{x} = 1$$
즉, $\lim\limits_{x \to 0} \dfrac{e^x - 1}{f(x)}$의 값이 존재한다.

ㄴ. $f(x) = e^{2x} - 1$일 때　→ $\lim\limits_{x \to 0} \left(\dfrac{e^x - 1}{x} \cdot \dfrac{2x}{e^{2x} - 1} \cdot \dfrac{1}{2} \right) = \dfrac{1}{2}$로 극한값을 구할 수도 있어
$$\lim\limits_{x \to 0} \dfrac{e^x - 1}{e^{2x} - 1} = \lim\limits_{x \to 0} \dfrac{e^x - 1}{(e^x - 1)(e^x + 1)} = \lim\limits_{x \to 0} \dfrac{1}{e^x + 1} = \dfrac{1}{2}$$
즉, $\lim\limits_{x \to 0} \dfrac{e^x - 1}{f(x)}$의 값이 존재한다.

ㄷ. $f(x) = 1 - \cos x$일 때
$$\lim\limits_{x \to 0} \dfrac{e^x - 1}{1 - \cos x} = \lim\limits_{x \to 0} \dfrac{(e^x - 1)(1 + \cos x)}{(1 - \cos x)(1 + \cos x)} \to 1 - \cos^2 x = \sin^2 x$$
$$= \lim\limits_{x \to 0} \dfrac{(e^x - 1)(1 + \cos x)}{\sin^2 x}$$
분모, 분자에 각각 x^2을 곱해 주었어!
$x \to 0+$일 땐 양의 무한대, $x \to 0-$일 땐 음의 무한대로 발산
$$= \lim\limits_{x \to 0} \left\{ \dfrac{e^x - 1}{x} \cdot \dfrac{x^2}{\sin^2 x} \cdot (1 + \cos x) \cdot \dfrac{1}{x} \right\}$$
이때 $\lim\limits_{x \to 0} \dfrac{1}{x}$이 발산하므로 $\lim\limits_{x \to 0} \dfrac{e^x - 1}{f(x)}$의 값이 존재하지 않는다.

따라서 $\lim\limits_{x \to 0} \dfrac{e^x - 1}{f(x)}$의 값이 존재하는 것은 ㄱ, ㄴ이다.

수능포인트

이렇게 새로 변형을 해서 풀어야 하는 문제에서 조심해야 할 것은 변형을 하는 과정에 반드시 극한의 형태가 맞는지 확인하고 변형해야 한다는 것입니다. 예를 들어, 단순히 극한값 $\lim\limits_{x \to 0} \dfrac{\ln(5x+1)}{f(x)}$에 대한 문제에서는 바로 $5x$로 나눠 주고 다시 곱해 $\lim\limits_{x \to 0} \left[\dfrac{\ln(5x+1)}{5x} \cdot \dfrac{5x}{f(x)} \right]$로 식을 변형할 수 있는데 이는 $x \to 0$일 때 $5x \to 0$, 즉 $\lim\limits_{x \to 0} 5x = 0$이기 때문입니다. 하지만 같은 방법으로 극한값 $\lim\limits_{x \to 0} \dfrac{\ln\{f(2x)+1\}}{x}$에 대한 문제에서 $\lim\limits_{x \to 0} \left[\dfrac{\ln\{f(2x)+1\}}{f(2x)} \cdot \dfrac{f(2x)}{x} \right]$로 식을 변형하려면 $x \to 0$일 때 $f(2x) \to 0$인지를 반드시 확인해 줘야 합니다.

031 [정답률 54%]

> **주의** 이러한 사소한 조건도 절대 놓쳐선 안 돼!

정답 ③

> 다항함수 $g(x)$에 대하여 함수 $f(x)=e^{-x}\sin x+g(x)$가
>
> $$\lim_{x\to 0}\frac{f(x)}{x}=1, \quad \lim_{x\to\infty}\frac{f(x)}{x^2}=1$$
>
> 을 만족시킬 때, [보기]에서 옳은 것을 모두 고른 것은? (4점)
>
> **[보기]**
> ㄱ. $g(0)=0$
> ㄴ. $\displaystyle\lim_{x\to\infty}\frac{g(x)}{x^2}=1$
> ㄷ. $\displaystyle\lim_{x\to 0}\frac{f(x)}{g(x)}=1$
>
> ① ㄱ   ② ㄴ   ✔ ㄱ, ㄴ
> ④ ㄴ, ㄷ   ⑤ ㄱ, ㄴ, ㄷ

Step 1 주어진 두 조건식에 $f(x)$를 대입하여 $g(x)$에 대한 극한을 구하고 [보기]의 참, 거짓을 판별한다.

ㄱ. $\displaystyle\lim_{x\to 0}\frac{f(x)}{x}=1$에서 극한값이 존재하고 $x\to 0$일 때,

(분모) $\to 0$이므로 (분자) $\to 0$이어야 한다.

$\therefore \displaystyle\lim_{x\to 0}f(x)=0$ (분자) $\not\to 0$이면 주어진 극한은 발산

즉, $\displaystyle\lim_{x\to 0}\{e^{-x}\sin x+g(x)\}=0$이므로

$\displaystyle\lim_{x\to 0}g(x)=0$ $e^{-0}\sin 0+g(0)=1\times 0+g(0)=g(0)=0$

이때 $g(x)$는 다항함수이므로 $\displaystyle\lim_{x\to 0}g(x)=g(0)=0$ (참)

> 연속함수이므로 $x=0$에서의 극한값과 함숫값이 서로 같다.

ㄴ. $\displaystyle\lim_{x\to\infty}\frac{f(x)}{x^2}=1$에서

$\displaystyle\lim_{x\to\infty}\frac{e^{-x}\sin x+g(x)}{x^2}=1$

$\displaystyle\lim_{x\to\infty}\left\{\frac{e^{-x}\sin x}{x^2}+\frac{g(x)}{x^2}\right\}=1$

> 분자는 0으로 수렴하고, 분모는 양의 무한대로 발산해!

이때 $\displaystyle\lim_{x\to\infty}\frac{e^{-x}\sin x}{x^2}=0$ ($\because \displaystyle\lim_{x\to\infty}e^{-x}=0$)이므로

$\displaystyle\lim_{x\to\infty}\frac{g(x)}{x^2}=1$ (참)

> 극한값이 1로 존재하므로 $g(x)$는 이차함수이고 최고차항의 계수는 1이어야 한다.

ㄷ. $g(x)$는 다항함수이고 $g(0)=0$이다.

또한, $\displaystyle\lim_{x\to\infty}\frac{g(x)}{x^2}=1$이므로 $g(x)=x^2+ax$로 놓을 수 있다.

> $g(x)$가 삼차 이상의 함수이면 주어진 극한은 발산해!

$\displaystyle\lim_{x\to 0}\frac{f(x)}{x}=1$에서

$\displaystyle\lim_{x\to 0}\frac{e^{-x}\sin x+x^2+ax}{x}=\lim_{x\to 0}\left(e^{-x}\cdot\frac{\sin x}{x}+x+a\right)$

$=1+0+a=1$ $\displaystyle\lim_{x\to 0}\frac{\sin x}{x}=1$

$\therefore a=0$

따라서 $g(x)=x^2$이므로

$\displaystyle\lim_{x\to 0}\frac{f(x)}{g(x)}=\lim_{x\to 0}\frac{e^{-x}\sin x+x^2}{x^2}$

> 두 부분으로 식을 나누어 극한값을 구해!

$=\displaystyle\lim_{x\to 0}\left(\frac{\sin x}{e^x x^2}+1\right)$

$=\displaystyle\lim_{x\to 0}\left(\frac{1}{x}\cdot\frac{1}{e^x}\cdot\frac{\sin x}{x}+1\right)$ $e^{-x}=\dfrac{1}{e^x}$

이때 $\displaystyle\lim_{x\to 0}\frac{1}{x}$이 발산하므로 $\displaystyle\lim_{x\to 0}\frac{f(x)}{g(x)}$ 또한 발산한다. (거짓)

따라서 옳은 것은 ㄱ, ㄴ이다. $x\to 0+$일 때는 양의 무한대, $x\to 0-$일 때는 음의 무한대로 발산한다.

032 [정답률 40%]

정답 ②

> 실수 전체의 집합에서 정의된 두 함수 f, g가
>
> $$f(x)=\begin{cases} 2 & (x>0) \\ 1 & (x=0) \\ 0 & (x<0) \end{cases} \text{이고} \quad g(x)=\sin \pi x$$
>
> 일 때, [보기]에서 옳은 것을 모두 고르면? (4점)
>
> **[보기]**
> ㄱ. $f(f(x))$는 상수함수이다. $f(f(x))=k$ (k는 상수)
> ㄴ. $\displaystyle\lim_{x\to 0}f(g(x))$의 값이 존재한다. $x\to 0+$, $x\to 0-$일 때 두 극한값이 같은지 확인
> ㄷ. $g(f(x))$는 $x=0$에서 연속이다. $\displaystyle\lim_{x\to 0}g(f(x))=g(f(0))$이어야 해!
>
> ① ㄴ   ✔ ㄷ   ③ ㄱ, ㄴ
> ④ ㄱ, ㄷ   ⑤ ㄴ, ㄷ

Step 1 $y=f(x)$, $y=g(x)$의 그래프를 이용하여 [보기]의 참, 거짓을 판별한다.

두 함수 $y=f(x)$, $y=g(x)$의 그래프는 각각 다음 그림과 같다.

$x<0$일 때 $f(f(x))=f(0)=1$
$x=0$일 때 $f(f(x))=f(1)=2$
$x>0$일 때 $f(f(x))=f(2)=2$

ㄱ. $f(f(x))=\begin{cases} 2 & (x\geq 0) \\ 1 & (x<0) \end{cases}$

즉, 함수 $y=f(f(x))$의 그래프는 오른쪽 그림과 같으므로 $f(f(x))$는 상수함수가 아니다. (거짓)

ㄴ. $\displaystyle\lim_{x\to 0+}f(g(x))=\lim_{g(x)\to 0+}f(g(x))=2$
$\displaystyle\lim_{x\to 0-}f(g(x))=\lim_{g(x)\to 0-}f(g(x))=0$

> 우극한과 좌극한의 값이 서로 다르네!

즉, $\displaystyle\lim_{x\to 0+}f(g(x))\neq\lim_{x\to 0-}f(g(x))$이므로

$\displaystyle\lim_{x\to 0}f(g(x))$의 값이 존재하지 않는다. (거짓)

ㄷ. $g(f(0))=g(1)=0$ $x>0$일 때 $f(x)=2$

$\displaystyle\lim_{x\to 0+}g(f(x))=g(2)=0$, $\displaystyle\lim_{x\to 0-}g(f(x))=g(0)=0$

이므로 $\displaystyle\lim_{x\to 0}g(f(x))=0$ $x<0$일 때 $f(x)=0$

즉, $g(f(0))=\displaystyle\lim_{x\to 0}g(f(x))=0$이므로 $g(f(x))$는 $x=0$에서 연속이다. (참) $x=0$에서의 함숫값과 극한값이 같아!

따라서 옳은 것은 ㄷ이다.

033 [정답률 68%]   정답 ③

실수 전체의 집합에서 정의된 함수 $y=f(x)$의 그래프의
일부가 그림과 같을 때, 옳은 것만을 [보기]에서 있는 대로
고른 것은? (4점)

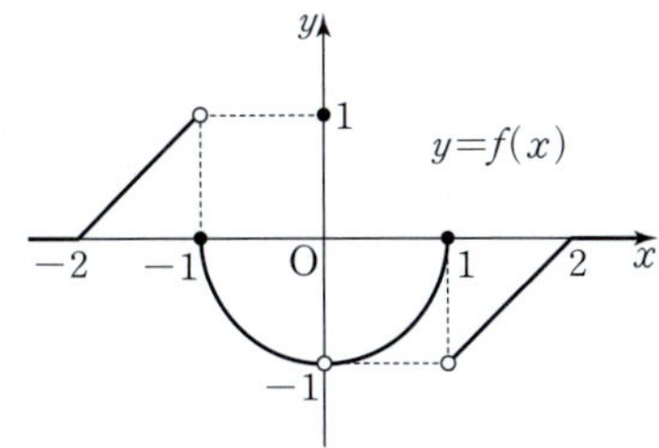

[보기]

ㄱ. $\lim\limits_{x\to 0} f(x)=-1$ $x\to 1+$일 때 $-x\to -1-$임을 이용

ㄴ. $\lim\limits_{x\to 1+}\{f(x)-f(-x)\}=0$

ㄷ. 함수 $|f(x)|\cdot\sin\pi x$는 열린구간 $(-2,\,2)$에서
연속이다.

① ㄱ   ② ㄴ   ✔ ㄱ, ㄷ

④ ㄴ, ㄷ   ⑤ ㄱ, ㄴ, ㄷ

→ $x=0$에서의 함숫값이 -1이 아니더라도 상관없어.
    x의 값이 0에 가까워지면 $f(x)$의 값이 -1에 가까워지는지만 확인하면 돼!

Step 1 함수의 극한의 성질과 연속성의 정의를 이용하여 [보기]의 참,
거짓을 판별한다.

ㄱ. $\lim\limits_{x\to 0+} f(x)=\lim\limits_{x\to 0-} f(x)=-1$이므로

$\lim\limits_{x\to 0} f(x)=-1$ (참)

ㄴ. $\lim\limits_{x\to 1+} f(x)=-1$이고, $-x=t$라 하면

$x\to 1+$일 때, $t\to -1-$이므로 -1의 좌극한인지,
우극한인지에 따라
극한값이 달라져!

$\lim\limits_{x\to 1+} f(-x)=\lim\limits_{t\to -1-} f(t)=1$ 참고그림

∴ $\lim\limits_{x\to 1+}\{f(x)-f(-x)\}=-1-1=-2$ (거짓)

ㄷ. $y=\sin\pi x$는 실수 전체의 집합에
서 연속이고 $y=|f(x)|$는 열린
구간 $(-2,\,2)$에서 $x=-1$,
$x=1$일 때만 불연속이므로   → 이때만 그래프가 끊어져 있어!
$x=-1$, $x=1$에서의 연속성
여부를 판단하면 된다.

(i) $x=-1$일 때

$|f(-1)|\cdot\sin(-\pi)=0$이고

$\lim\limits_{x\to -1+} |f(x)|\cdot\sin\pi x$

$=\lim\limits_{x\to -1-} |f(x)|\cdot\sin\pi x=0$ $\lim\limits_{x\to -1+} |f(x)|\cdot\sin\pi x=0\times 0=0$
$\lim\limits_{x\to -1-} |f(x)|\cdot\sin\pi x=1\times 0=0$
$(\because \sin(-\pi)=0)$

이므로 $|f(x)|\cdot\sin\pi x$는
$x=-1$에서 연속이다.

(ii) $x=1$일 때 $\lim\limits_{x\to 1+} |f(x)|\cdot\sin\pi x=1\times 0=0$
$\lim\limits_{x\to 1-} |f(x)|\cdot\sin\pi x=0\times 0=0$
$(\because \sin\pi=0)$

$|f(1)|\cdot\sin\pi=0$이고

$\lim\limits_{x\to 1+} |f(x)|\cdot\sin\pi x=\lim\limits_{x\to 1-} |f(x)|\cdot\sin\pi x=0$

이므로 $|f(x)|\cdot\sin\pi x$는 $x=1$에서 연속이다.

(i), (ii)에서 함수 $|f(x)|\cdot\sin\pi x$는 열린구간 $(-2,\,2)$에서 연
속이다. (참)   중요 $a<b$인 두 실수 $a,\,b$에 대하여
열린구간 $(a,\,b):a<x<b$
따라서 옳은 것은 ㄱ, ㄷ이다.   닫힌구간 $[a,\,b]:a\leq x\leq b$

034 [정답률 80%]   정답 ⑤

열린구간 $(-2,\,2)$에서 정의된 함수 $y=f(x)$의 그래프가
그림과 같을 때, 옳은 것만을 [보기]에서 있는 대로 고른 것은?
→ $-2<x<2$에서 정의되었다는 뜻이야!
                     (4점)

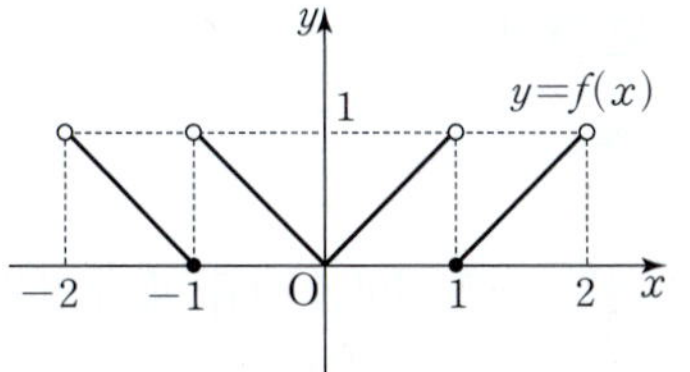

[보기]

ㄱ. $\lim\limits_{x\to 1+}\{f(x)+f(-x)\}=0$

ㄴ. $\lim\limits_{x\to 0} f(x)\sin\dfrac{1}{x}=0$ $\lim\limits_{x\to 1+} f(-x)=\lim\limits_{x\to 1-} f(x)$임을
이용

ㄷ. $g(x)=\sin\pi x$라 할 때, 함수 $(g\circ f)(x)$는
열린구간 $(-2,\,2)$에서 연속이다.

① ㄱ   ② ㄷ   ③ ㄱ, ㄴ

④ ㄴ, ㄷ   ✔ ㄱ, ㄴ, ㄷ

Step 1 함수 $y=f(x)$의 그래프를 이용하여 [보기]의 참, 거짓을 판별한다.

ㄱ. $-x=t$라 하면 $x\to 1+$일 때,

$t\to -1-$이므로

$\lim\limits_{x\to 1+}\{f(x)+f(-x)\}$

$=\lim\limits_{x\to 1+} f(x)+\lim\limits_{x\to 1+} f(-x)$

$=\lim\limits_{x\to 1+} f(x)+\lim\limits_{t\to -1-} f(t)$

$=0+0$ $x=1$에서의 $t=-1$에서의
       우극한   좌극한

$=0$ (참)   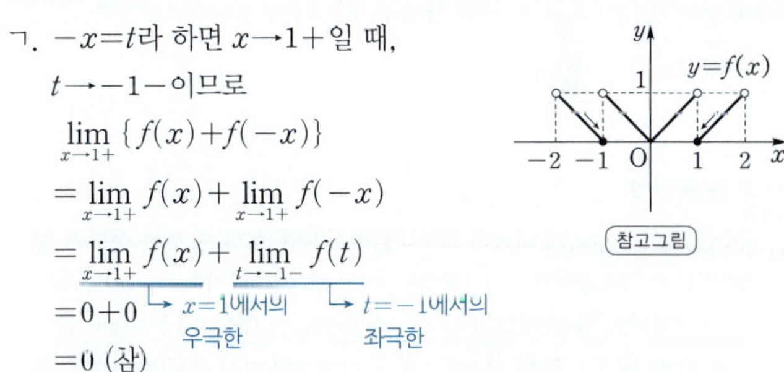 참고그림

ㄴ. $-1\leq\sin\dfrac{1}{x}\leq 1\ (x\neq 0)$에서   함수의 극한의 대소 관계

각 식에
$f(x)$를
곱해주었어 $-f(x)\leq f(x)\sin\dfrac{1}{x}\leq f(x)\ (\because f(x)\geq 0)$ → 부등호 방향은 그대로!

이때 $\lim\limits_{x\to 0}\{-f(x)\}=0$, $\lim\limits_{x\to 0} f(x)=0$이므로 함수의 극한의 대소

관계에 의하여 $\lim\limits_{x\to 0} f(x)\sin\dfrac{1}{x}=0$ (참)

ㄷ. 함수 $(g\circ f)(x)$가 열린구간 $(-2,\,2)$에서 연속이려면
$x=-1$, $x=1$에서 연속이면 된다.   중요   세 함수 $f(x),g(x),h(x)$에
대하여 $\lim\limits_{x\to a} f(x)=\alpha$,

(i) $x=-1$일 때 $\sin 0=0$ ← $\lim\limits_{x\to a} g(x)=\beta$일 때,

$(g\circ f)(-1)=g(f(-1))=g(0)=0$ $f(x)\leq h(x)\leq g(x)$이고
$\alpha=\beta$이면 $\lim\limits_{x\to a} h(x)=\alpha$이다.

$\lim\limits_{x\to -1+}(g\circ f)(x)=\lim\limits_{t\to 0-} g(t)=\sin\pi=0$

$\lim\limits_{x\to -1-}(g\circ f)(x)=\lim\limits_{t\to 0+} g(t)=\sin 0=0$

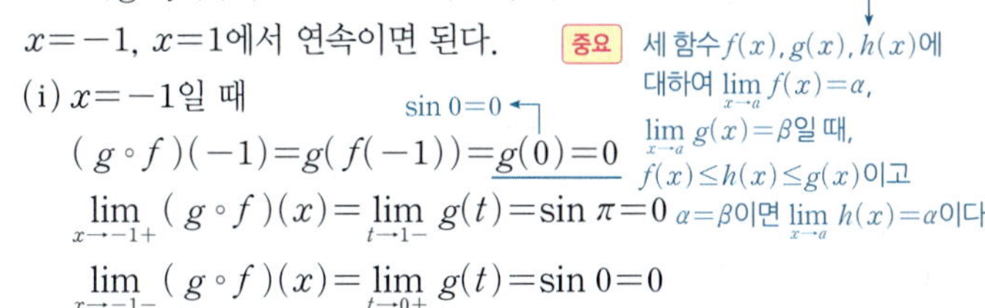

따라서 $\lim_{x \to -1} (g \circ f)(x) = (g \circ f)(-1)$이므로

함수 $(g \circ f)(x)$는 $x=-1$에서 연속이다. → $x=-1$에서의 극한값과 함숫값이 같아!

(ii) $x=1$일 때

$(g \circ f)(1) = g(f(1)) = g(0) = 0$

$\lim_{x \to 1+} (g \circ f)(x) = \lim_{t \to 0+} g(t) = \sin 0 = 0$ → $\sin \pi t$에 $t=0$을 대입

$\lim_{x \to 1-} (g \circ f)(x) = \lim_{t \to 1-} g(t) = \sin \pi = 0$ → $\sin \pi t$에 $t=1$을 대입

따라서 $\lim_{x \to 1} (g \circ f)(x) = (g \circ f)(1)$이므로

함수 $(g \circ f)(x)$는 $x=1$에서 연속이다. → $x=1$에서의 극한값과 함숫값이 같아!

(i), (ii)에서 함수 $(g \circ f)(x)$는 열린구간 $(-2, 2)$에서 연속이다. (참) → $-2 < x < 2$일 때 연속이라는 뜻이야!

따라서 옳은 것은 ㄱ, ㄴ, ㄷ이다.

🔅 알아야 할 기본개념

함수의 연속과 불연속

(1) 함수의 연속

함수 $f(x)$가 실수 a에 대하여 다음 세 조건을 모두 만족시킬 때, 함수 $f(x)$는 $x=a$에서 연속이라 한다.

(i) $x=a$에서 함숫값이 정의되어 있고

(ii) $\lim_{x \to a} f(x)$가 존재하며

(iii) $\lim_{x \to a} f(x) = f(a)$이다.

(2) 함수의 불연속

함수 $f(x)$가 $x=a$에서 연속이 아닐 때, 함수 $f(x)$는 $x=a$에서 불연속이라 한다.

함수의 극한의 대소 관계

세 함수 $f(x)$, $g(x)$, $h(x)$와 상수 a에 가까운 모든 실수 x에 대하여

(1) $f(x) \leq g(x)$이고 $\lim_{x \to a} f(x) = \alpha$, $\lim_{x \to a} g(x) = \beta$이면 $\alpha \leq \beta$

(단, α, β는 실수)

(2) $f(x) \leq h(x) \leq g(x)$이고 $\lim_{x \to a} f(x) = \lim_{x \to a} g(x) = \alpha$이면

$\lim_{x \to a} h(x) = \alpha$이다.

수능포인트

주어진 함수는 y축에 대하여 좌우대칭이기 때문에 알 수 있는 정보가 많습니다. ㄱ같은 경우도 $f(x)$로서는 $x=1$에서의 우극한, $f(-x)$로서는 $x=-1$에서의 좌극한이기 때문에 y축에 대하여 대칭이 되어 결국 같은 값을 갖게 됩니다. 또한, $f(x)=f(-x)$가 성립하기 때문에 함수를 곱하거나 변형하여 문제가 출제될 수 있습니다. 이런 함수를 해석할 때는 그 함수의 성질을 이용하면 더 쉽고 빠르게 문제를 풀 수 있습니다.

035 [정답률 67%] 정답 ③

실수 $t(0 < t < \pi)$에 대하여 곡선 $y = \sin x$ 위의 점 $P(t, \sin t)$에서의 접선과 점 P를 지나고 기울기가 -1인 직선이 이루는 예각의 크기를 θ라 할 때, $\lim_{t \to \pi-} \dfrac{\tan \theta}{(\pi-t)^2}$의 값은? (3점)

① $\dfrac{1}{16}$　　② $\dfrac{1}{8}$　　③ $\dfrac{1}{4}$

④ $\dfrac{1}{2}$　　⑤ 1

Step 1 $\tan \theta$를 t에 대하여 나타낸다.

곡선 $y = \sin x$ 위의 점 P에서의 접선이 x축의 양의 방향과 이루는 각의 크기를 α, 점 P를 지나고 기울기가 -1인 직선이 x축의 양의 방향과 이루는 각의 크기를 β라 하면 $\tan \beta = -1$ → 직선의 기울기

$y = \sin x$에서 $y' = \cos x$이므로 곡선 $y = \sin x$ 위의 점 $P(t, \sin t)$에서의 접선의 기울기는 $\tan \alpha = \cos t$

이때 점 P에서의 접선과 점 P를 지나고 기울기가 -1인 직선이 이루는 예각의 크기가 θ이므로

$\tan \theta = |\tan(\alpha - \beta)| = \left| \dfrac{\cos t - (-1)}{1 + \cos t \times (-1)} \right| = \left| \dfrac{1 + \cos t}{1 - \cos t} \right|$

이때 $0 < t < \pi$이므로 $\tan \theta = \dfrac{1 + \cos t}{1 - \cos t}$ → $\tan(\alpha - \beta) = \dfrac{\tan \alpha - \tan \beta}{1 + \tan \alpha \tan \beta}$ → $-1 < \cos t < 1$

Step 2 $\lim_{t \to \pi-} \dfrac{\tan \theta}{(\pi-t)^2}$의 값을 구한다.

$\lim_{t \to \pi-} \dfrac{\tan \theta}{(\pi-t)^2} = \lim_{t \to \pi-} \dfrac{\dfrac{1 + \cos t}{1 - \cos t}}{(\pi-t)^2} = \lim_{t \to \pi-} \dfrac{1 + \cos t}{(\pi-t)^2(1 - \cos t)}$

$\pi - t = x$라 하면 $t \to \pi-$일 때 $x \to 0+$이므로

$\lim_{t \to \pi-} \dfrac{\tan \theta}{(\pi-t)^2} = \lim_{x \to 0+} \dfrac{1 + \cos(\pi-x)}{x^2\{1 - \cos(\pi-x)\}}$

$= \lim_{x \to 0+} \dfrac{1 - \cos x}{x^2(1 + \cos x)}$ → $\cos(\pi-x) = -\cos x$

$= \lim_{x \to 0+} \dfrac{(1 - \cos x)(1 + \cos x)}{x^2(1 + \cos x)^2}$

$= \lim_{x \to 0+} \dfrac{1 - \cos^2 x}{x^2(1 + \cos x)^2}$ → $= \dfrac{\sin^2 x}{x^2(1 + \cos x)^2}$

$= \lim_{x \to 0+} \left\{ \left(\dfrac{\sin x}{x} \right)^2 \times \dfrac{1}{(1 + \cos x)^2} \right\}$

$= 1^2 \times \dfrac{1}{2^2} = \dfrac{1}{4}$ → $\lim_{x \to 0+} \dfrac{\sin x}{x} = 1$

036 [정답률 60%] 정답 ③

그림과 같이 곡선 $y=x\sin x$ 위의 점 $P(t,\ t\sin t)\,(0<t<\pi)$를 중심으로 하고 y축에 접하는 원이 선분 OP와 만나는 점을 Q라 하자. 점 Q의 x좌표를 $f(t)$라 할 때, $\displaystyle\lim_{t\to 0+}\frac{f(t)}{t^3}$의 값은? (단, O는 원점이다.) (3점)

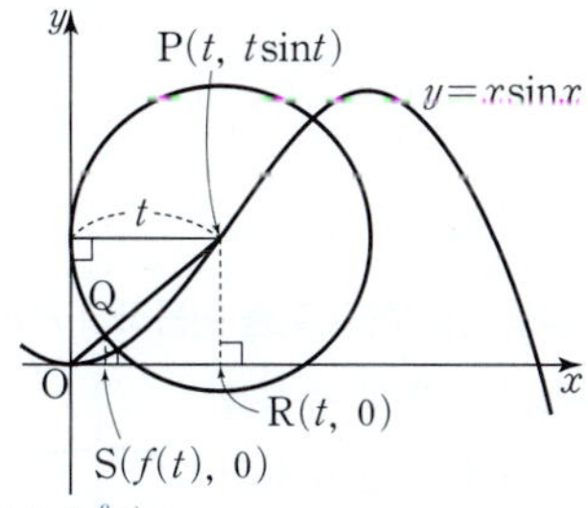

원의 반지름의 길이는 점 P의 x좌표와 같아.

① $\dfrac{1}{4}$ ② $\dfrac{\sqrt{2}}{4}$ ③ $\dfrac{1}{2}$

④ $\dfrac{\sqrt{2}}{2}$ ⑤ 1

Step 1 삼각형의 닮음을 이용하여 $f(t)$를 구한다.

$t^2+t^2\sin^2 t=t^2(1+\sin^2 t)$

두 점 P, Q에서 x축에 내린 수선의 발을 각각 R, S라 하면 세 점 P, R, S의 좌표는 각각 $P(t,\ t\sin t)$, $R(t,\ 0)$, $S(f(t),\ 0)$이므로
$\overline{OR}=t$, $\overline{OS}=f(t)$, $\overline{OP}=\sqrt{t^2+(t\sin t)^2}=t\sqrt{1+\sin^2 t}$
원이 y축에 접하므로 원의 반지름의 길이는 점 P의 x좌표와 같다.
$\therefore\ \overline{OQ}=\overline{OP}-\overline{PQ}=t\sqrt{1+\sin^2 t}-t=t(\sqrt{1+\sin^2 t}-1)$ ($\leftarrow t$)

두 삼각형 ORP, OSQ는 서로 닮음(AA 닮음)이므로 ($\leftarrow$ 원의 반지름의 길이)
$\overline{OR}:\overline{OS}=\overline{OP}:\overline{OQ}$에서
$t:f(t)=t\sqrt{1+\sin^2 t}:t(\sqrt{1+\sin^2 t}-1)$
$f(t)\times t\sqrt{1+\sin^2 t}=t^2(\sqrt{1+\sin^2 t}-1)$
$\therefore\ f(t)=\dfrac{t(\sqrt{1+\sin^2 t}-1)}{\sqrt{1+\sin^2 t}}$

Step 2 $\displaystyle\lim_{t\to 0+}\frac{f(t)}{t^3}$의 값을 구한다.

$\displaystyle\lim_{t\to 0+}\frac{f(t)}{t^3}$
$\displaystyle=\lim_{t\to 0+}\frac{t(\sqrt{1+\sin^2 t}-1)}{t^3\sqrt{1+\sin^2 t}}$
$\displaystyle=\lim_{t\to 0+}\frac{(\sqrt{1+\sin^2 t}-1)(\sqrt{1+\sin^2 t}+1)}{t^2\sqrt{1+\sin^2 t}(\sqrt{1+\sin^2 t}+1)}$
$\displaystyle=\lim_{t\to 0+}\frac{\sin^2 t}{t^2\sqrt{1+\sin^2 t}(\sqrt{1+\sin^2 t}+1)}$ ($\rightarrow$ 분자의 유리화)
$\displaystyle=\lim_{t\to 0+}\left(\frac{\sin t}{t}\right)^2\times\lim_{t\to 0+}\frac{1}{\sqrt{1+\sin^2 t}(\sqrt{1+\sin^2 t}+1)}$
$\displaystyle\left(\lim_{t\to 0+}\frac{\sin t}{t}=1\right)$

$=1^2\times\dfrac{1}{\sqrt{1}\times(\sqrt{1}+1)}=\dfrac{1}{2}$

037 [정답률 83%] 정답 30

이걸 보고 '점 A의 좌표를 어떻게 구하지?' 하고 고민한 사람이 있다면, 문제를 제대로 읽지 않았다고 할 수 있어. 이건 그냥 호 AB를 정의하기 위한 거니까 곡선 점 A의 좌표를 구하지 않아도 돼!

그림과 같이 좌표평면에서 원 $x^2+y^2=1$과 곡선 $y=\ln(x+1)$이 제1사분면에서 만나는 점을 A라 하자. 점 $B(1,\ 0)$에 대하여 호 AB 위의 점 P에서 y축에 내린 수선의 발을 H, 선분 PH와 곡선 $y=\ln(x+1)$이 만나는 점을 Q라 하자. $\angle POB=\theta$라 할 때, 삼각형 OPQ의 넓이를 $S(\theta)$, 선분 HQ의 길이를 $L(\theta)$라 하자. $\displaystyle\lim_{\theta\to 0+}\frac{S(\theta)}{L(\theta)}=k$일 때, $60k$의 값을 구하시오.

$\left($단, $0<\theta<\dfrac{\pi}{6}$이고, O는 원점이다.$\right)$ (4점)

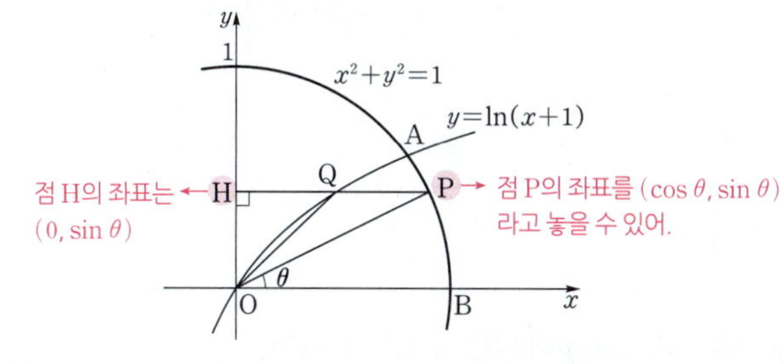

점 H의 좌표는 $(0,\ \sin\theta)$

점 P의 좌표를 $(\cos\theta,\ \sin\theta)$라고 놓을 수 있어.

Step 1 $S(\theta)$와 $L(\theta)$를 θ에 대한 식으로 나타낸다.

θ가 $0<\theta<\dfrac{\pi}{6}$이니까, 항상 점 P는 호 AB 위에 있을 거야!

무리수 e를 밑으로 하는 로그야.

점 P가 원 $x^2+y^2=1$ 위의 점이므로 $P(\cos\theta,\ \sin\theta)$이다.
이때 점 Q의 x좌표를 a라 하면
$\ln(a+1)=\sin\theta$, $a+1=e^{\sin\theta}$
$\therefore\ a=e^{\sin\theta}-1$

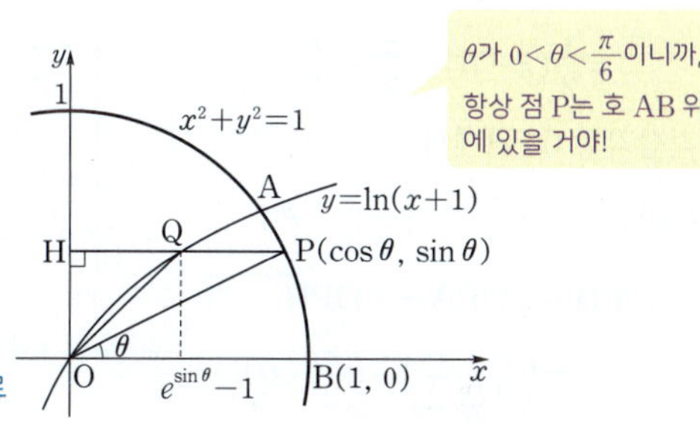

$S(\theta)$는 삼각형 OPQ의 넓이이므로
$S(\theta)=\dfrac{1}{2}\cdot\overline{PQ}\cdot\overline{OH}=\dfrac{1}{2}(\cos\theta-e^{\sin\theta}+1)\times\sin\theta$ ($\rightarrow\overline{OH}=$(점 H의 y좌표))
$L(\theta)$는 선분 HQ의 길이이므로
$L(\theta)=e^{\sin\theta}-1$ ($\rightarrow\overline{HQ}=$(점 Q의 x좌표))

로그의 정의에 의하여
$\ln(a+1)=\log_e(a+1)$
$=\sin\theta$
$\Longrightarrow a+1=e^{\sin\theta}$

Step 2 k의 값을 구한다.

$\displaystyle\lim_{\theta\to 0+}\frac{S(\theta)}{L(\theta)}=\lim_{\theta\to 0+}\frac{\frac{1}{2}(\cos\theta-e^{\sin\theta}+1)\times\sin\theta}{e^{\sin\theta}-1}$
$\displaystyle=\lim_{\theta\to 0+}\left\{\frac{1}{2}(\cos\theta-e^{\sin\theta}+1)\cdot\frac{\sin\theta}{e^{\sin\theta}-1}\right\}$
$=\dfrac{1}{2}\cdot 1\cdot 1=\dfrac{1}{2}$

$\therefore\ k=\dfrac{1}{2}$

$\therefore\ 60k=60\times\dfrac{1}{2}=30$

$\displaystyle\lim_{\triangle\to 0}\frac{e^{\triangle}-1}{\triangle}=1$이고, $\theta\to 0+$일 때 $\sin\theta\to 0+$임을 이용하면 이 식의 극한값이 1임을 알 수 있어.

$\displaystyle\lim_{\theta\to 0+}(\cos\theta-e^{\sin\theta}+1)$
$=\cos 0-e^{\sin 0}+1=1-1+1=1$
$(\because\ \sin 0=0,\ \cos 0=1,\ e^0=1)$

038 [정답률 55%]

정답 ④

그림과 같이 중심이 원점 O이고 반지름의 길이가 1인 원 C가 있다. 원 C가 x축의 양의 방향과 만나는 점을 A, 원 C 위에 있고 제1사분면에 있는 점 P에서 x축에 내린 수선의 발을 H, $\angle POA = \theta$라 하자. 삼각형 APH에 내접하는 원의 반지름의 길이를 $r(\theta)$라 할 때, $\lim\limits_{\theta \to 0+} \dfrac{r(\theta)}{\theta^2}$의 값은? (4점)

$\overline{PH} = $ (점 P의 y좌표)

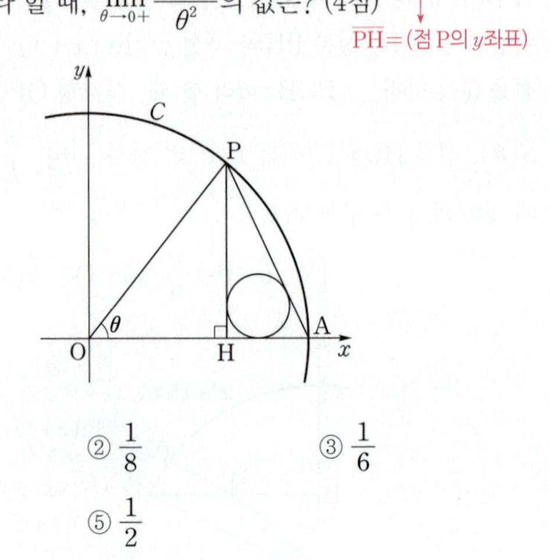

① $\dfrac{1}{10}$　　② $\dfrac{1}{8}$　　③ $\dfrac{1}{6}$

④ $\dfrac{1}{4}$　　⑤ $\dfrac{1}{2}$

Step 1 $\angle APH$를 θ에 대한 식으로 나타낸다.

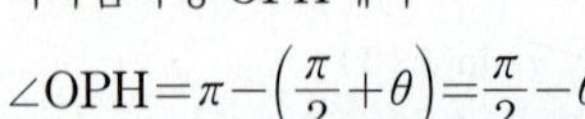

삼각형 OAP가 이등변삼각형이므로
$$\angle OAP = \angle OPA \quad (\overline{OP} = \overline{OA} = 1)$$
$$= \frac{1}{2}(\pi - \theta) = \frac{\pi}{2} - \frac{\theta}{2}$$

직각삼각형 OPH에서
$$\angle OPH = \pi - \left(\frac{\pi}{2} + \theta\right) = \frac{\pi}{2} - \theta$$
$$\therefore \angle APH = \angle OPA - \angle OPH$$
$$= \left(\frac{\pi}{2} - \frac{\theta}{2}\right) - \left(\frac{\pi}{2} - \theta\right)$$
$$= \frac{\theta}{2}$$

→ 삼각형의 세 내각의 크기의 합이 π

Step 2 $r(\theta)$를 구한다.

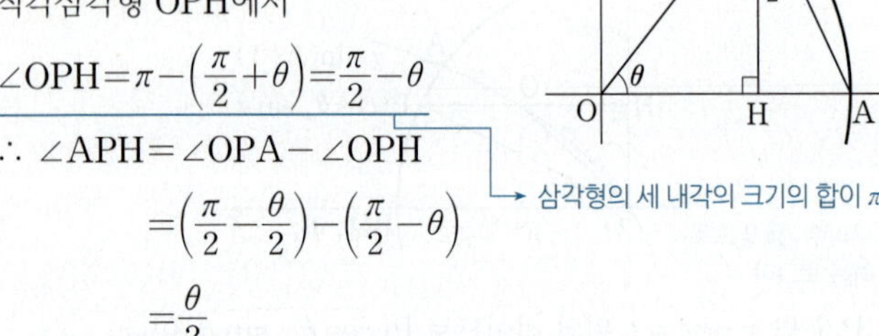

직각삼각형 OPH에서 $\sin\theta = \dfrac{\overline{PH}}{\overline{OP}}$
$$\therefore \overline{PH} = \overline{OP}\sin\theta = \sin\theta \quad (=1)$$

직각삼각형 APH에서
$$\cos\frac{\theta}{2} = \frac{\overline{PH}}{\overline{AP}}$$
$$\therefore \overline{AP} = \frac{\overline{PH}}{\cos\dfrac{\theta}{2}} = \frac{\sin\theta}{\cos\dfrac{\theta}{2}} \quad (\because \overline{PH} = \sin\theta)$$

$$\tan\frac{\theta}{2} = \frac{\overline{AH}}{\overline{PH}}$$
$$\therefore \overline{AH} = \overline{PH}\tan\frac{\theta}{2} = \sin\theta\tan\frac{\theta}{2} \quad (\because \overline{PH} = \sin\theta)$$

따라서 삼각형 APH의 내접원의 반지름의 길이 $r(\theta)$에 대하여
$$(\text{삼각형 APH의 넓이}) = \frac{1}{2} \times r(\theta) \times (\overline{AH} + \overline{PH} + \overline{AP})$$
$$= \frac{1}{2} \times \overline{AH} \times \overline{PH}$$

→ 내접원의 성질을 이용한 거야.

이므로

$$r(\theta) = \frac{\overline{AH} \times \overline{PH}}{\overline{AH} + \overline{PH} + \overline{AP}}$$

$$= \frac{\sin^2\theta\tan\dfrac{\theta}{2}}{\sin\theta\left(\tan\dfrac{\theta}{2} + 1 + \dfrac{1}{\cos\dfrac{\theta}{2}}\right)}$$

→ $\sin\theta$로 분모, 분자를 약분

$$= \frac{\sin\theta\tan\dfrac{\theta}{2}}{\tan\dfrac{\theta}{2} + 1 + \dfrac{1}{\cos\dfrac{\theta}{2}}}$$

Step 3 $\lim\limits_{\theta \to 0+} \dfrac{r(\theta)}{\theta^2}$의 값을 구한다.

$$\therefore \lim_{\theta \to 0+} \frac{r(\theta)}{\theta^2} = \lim_{\theta \to 0+}\left(\frac{\sin\theta\tan\dfrac{\theta}{2}}{\tan\dfrac{\theta}{2} + 1 + \dfrac{1}{\cos\dfrac{\theta}{2}}} \times \frac{1}{\theta^2}\right)$$

$$\lim_{\theta \to 0+}\frac{1}{\tan\dfrac{\theta}{2} + 1 + \dfrac{1}{\cos\dfrac{\theta}{2}}} = \frac{1}{0+1+1} = \frac{1}{2}$$

$$= \lim_{\theta \to 0+}\left(\frac{\sin\theta}{\theta} \times \frac{\tan\dfrac{\theta}{2}}{\theta} \times \frac{1}{\tan\dfrac{\theta}{2} + 1 + \dfrac{1}{\cos\dfrac{\theta}{2}}}\right)$$

$$\frac{\tan\dfrac{\theta}{2} \times \dfrac{1}{2}}{\dfrac{\theta}{2}} = 1 \times \frac{1}{2} \times \frac{1}{2} = \frac{1}{4}$$

☆ 다른 풀이 $r(\theta)$와 $\tan\dfrac{\theta}{4}$ 사이의 관계를 이용하는 풀이

Step 1 동일

Step 2 내접원의 중심을 Q라 하고 이를 이용하여 $r(\theta)$를 구한다.

삼각형 APH에 내접하는 원의 중심을 Q, 점 Q에서 선분 PH에 내린 수선의 발을 H′이라 하면 직각삼각형 PQH′에서

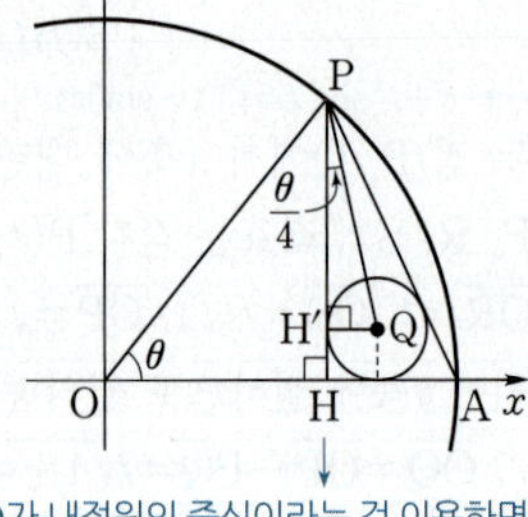

$$\tan\frac{\theta}{4} = \frac{\overline{H'Q}}{\overline{PH'}} = \frac{r(\theta)}{\sin\theta - r(\theta)}$$

이를 정리하면
$$\tan\frac{\theta}{4}\{\sin\theta - r(\theta)\} = r(\theta)$$
$$\left(1 + \tan\frac{\theta}{4}\right)r(\theta) = \sin\theta\tan\frac{\theta}{4}$$
$$\therefore r(\theta) = \frac{\sin\theta\tan\dfrac{\theta}{4}}{1 + \tan\dfrac{\theta}{4}}$$

→ 점 Q가 내접원의 중심이라는 걸 이용하면 $\angle APH = 2\angle QPH'$임을 알 수 있어!

Step 3 $\lim\limits_{\theta \to 0+} \dfrac{r(\theta)}{\theta^2}$의 값을 구한다.

$$\therefore \lim_{\theta \to 0+}\frac{r(\theta)}{\theta^2} = \lim_{\theta \to 0+}\left(\frac{\sin\theta\tan\dfrac{\theta}{4}}{1 + \tan\dfrac{\theta}{4}} \times \frac{1}{\theta^2}\right)$$

$$\lim_{\theta \to 0}\frac{\sin\theta}{\theta} = 1, \quad \lim_{\triangle \to 0}\frac{\tan\triangle}{\triangle} = 1$$

$$= \lim_{\theta \to 0+}\left(\frac{\sin\theta}{\theta} \times \frac{\tan\dfrac{\theta}{4}}{\theta} \times \frac{1}{1 + \tan\dfrac{\theta}{4}}\right)$$

$$\lim_{\theta \to 0+}\frac{1}{1 + \tan\dfrac{\theta}{4}} = \frac{1}{1+0} = 1$$

$$= 1 \times \frac{1}{4} \times 1 = \frac{1}{4}$$

$$\frac{\tan\dfrac{\theta}{4} \times \dfrac{1}{4}}{\dfrac{\theta}{4}}$$

039 [정답률 79%]   정답 2

좌표평면에서 곡선 $y=\sin x$ 위의 점 $P(t, \sin t)$
$(0<t<\pi)$를 중심으로 하고 x축에 접하는 원을 C라 하자. 원
C가 x축에 접하는 점을 Q, 선분 OP와 만나는 점을 R이라
하자. $\lim\limits_{t\to 0+}\dfrac{\overline{OQ}}{\overline{OR}}=a+b\sqrt{2}$일 때, $a+b$의 값을 구하시오.
(단, O는 원점이고, a, b는 정수이다.) (3점)

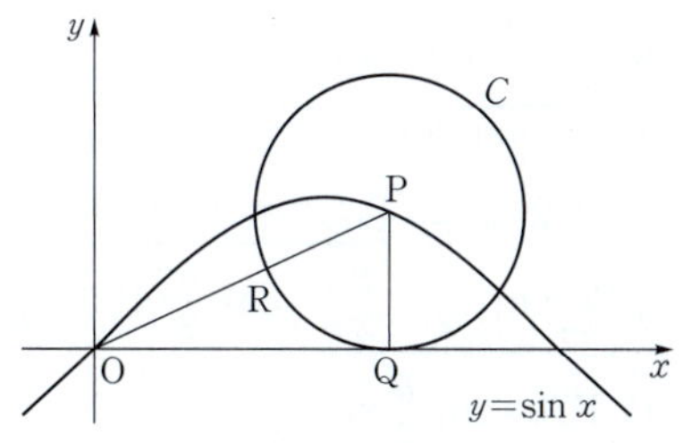

Step 1 $\overline{OQ}$, $\overline{OR}$의 길이를 t에 대한 식으로 나타낸다.

$\overline{OQ}=t$, $\overline{PQ}=\sin t=\overline{PR}$, → $\overline{PQ}$와 $\overline{PR}$은 둘 다 원 C의 반지름이야!

$\overline{OP}=\sqrt{t^2+\sin^2 t}$ → $\angle PQO=\dfrac{\pi}{2}$이므로 피타고라스 정리를 이용

$\therefore \overline{OR}=\overline{OP}-\overline{PR}=\sqrt{t^2+\sin^2 t}-\sin t$

Step 2 $\lim\limits_{t\to 0+}\dfrac{\overline{OQ}}{\overline{OR}}$의 값을 구한다.

$$\lim_{t\to 0+}\frac{\overline{OQ}}{\overline{OR}}=\lim_{t\to 0+}\frac{t}{\sqrt{t^2+\sin^2 t}-\sin t}$$

$$=\lim_{t\to 0+}\frac{t(\sqrt{t^2+\sin^2 t}+\sin t)}{(\sqrt{t^2+\sin^2 t}-\sin t)(\sqrt{t^2+\sin^2 t}+\sin t)}$$

$$=\lim_{t\to 0+}\frac{\sqrt{t^2+\sin^2 t}+\sin t}{t}$$

$$=\lim_{t\to 0+}\left\{\sqrt{1+\left(\frac{\sin t}{t}\right)^2}+\frac{\sin t}{t}\right\}$$

$\dfrac{\sqrt{t^2+\sin^2 t}}{t}=\sqrt{\dfrac{t^2+\sin^2 t}{t^2}}=\sqrt{1+\left(\dfrac{\sin t}{t}\right)^2}$

$$=\sqrt{1+1}+1=\sqrt{2}+1$$

$\lim\limits_{t\to 0}\dfrac{\sin t}{t}=1$

따라서 $a=1$, $b=1$이므로 $a+b=2$

040 [정답률 80%]   정답 ③

그림과 같이 한 변의 길이가 1인 마름모 ABCD가 있다.
점 C에서 선분 AB의 연장선에 내린 수선의 발을 E,
점 E에서 선분 AC에 내린 수선의 발을 F, 선분 EF와
선분 RC의 교점을 G라 하자 $\angle DAB=\theta$일 때,
삼각형 CFG의 넓이를 $S(\theta)$라 하자.
$\lim\limits_{\theta\to 0+}\dfrac{S(\theta)}{\theta^5}$의 값은? $\left(단,\ 0<\theta<\dfrac{\pi}{2}\right)$ (4점)

→ 극한값을 구하기 위해 먼저 $S(\theta)$를 θ에 대한 식으로 나타내.

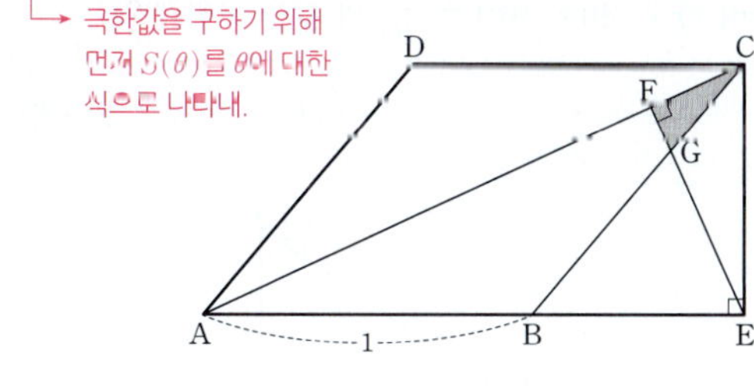

① $\dfrac{1}{24}$ ② $\dfrac{1}{20}$ ③ $\dfrac{1}{16}$

④ $\dfrac{1}{12}$ ⑤ $\dfrac{1}{8}$

Step 1 $\overline{CF}$, $\overline{FG}$를 θ에 대한 식으로 나타낸다.

마름모 ABCD에서 $\angle DAB=\theta$이므로 $\angle CAB=\dfrac{\theta}{2}$

삼각형 ABC는 이등변삼각형이므로 $\angle CBE=\theta$

$\angle CAB=\dfrac{1}{2}\angle DAB$

→ 삼각형의 외각의 크기는 이웃하지 않은 두 내각의 크기의 합과 같아.

$\overline{CE}=\overline{BC}\sin\theta=\sin\theta$이고

$\overline{BC}=1$ $\overline{AB}=\overline{BC}=1$인 이등변삼각형이야.

$\angle ECA=\dfrac{\pi}{2}-\dfrac{\theta}{2}$이므로

$\overline{CF}=\overline{CE}\cos\left(\dfrac{\pi}{2}-\dfrac{\theta}{2}\right)=\sin\theta\sin\dfrac{\theta}{2}$,

→ 직각삼각형 ACE에서 $\angle CAE=\dfrac{\theta}{2}$

→ 직각삼각형 CEF를 살펴본다.

$\overline{FG}=\overline{CF}\tan\dfrac{\theta}{2}=\sin\theta\sin\dfrac{\theta}{2}\tan\dfrac{\theta}{2}$

→ 직각삼각형 CFG를 살펴본다.

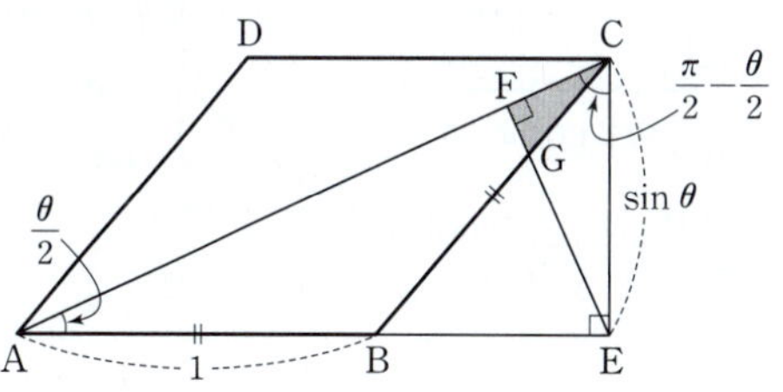

Step 2 $S(\theta)$를 구한다.

$$S(\theta)=\frac{1}{2}\overline{CF}\times\overline{FG}=\frac{1}{2}\times\left(\sin\theta\sin\frac{\theta}{2}\right)\times\left(\sin\theta\sin\frac{\theta}{2}\tan\frac{\theta}{2}\right)$$

$$=\frac{1}{2}\times\tan\frac{\theta}{2}\times\left(\sin\theta\sin\frac{\theta}{2}\right)^2$$

$\lim\limits_{x\to 0}\dfrac{\tan ax}{x}=a$, $\lim\limits_{x\to 0}\dfrac{\sin ax}{x}=a$ 임을 이용

$$\therefore \lim_{\theta\to 0+}\frac{S(\theta)}{\theta^5}=\lim_{\theta\to 0+}\frac{\frac{1}{2}\times\tan\frac{\theta}{2}\times\left(\sin\theta\sin\frac{\theta}{2}\right)^2}{\theta^5}$$

$$=\lim_{\theta\to 0+}\frac{1}{2}\times\frac{\tan\frac{\theta}{2}}{\theta}\times\frac{\sin^2\theta}{\theta^2}\times\frac{\sin^2\frac{\theta}{2}}{\theta^2}$$

$$=\frac{1}{2}\times\frac{1}{2}\times 1^2\times\left(\frac{1}{2}\right)^2=\frac{1}{16}$$

041 [정답률 52%]   정답 ⑤

맞꼭지각의 성질에 의해
$\angle EGB=\angle HGP=\alpha$
$\angle FHC=\angle GHP=\beta$야.

오른쪽 그림과 같이 한 변의
길이가 2인 정사각형
ABCD에서 변 AB의 중점을
E, 변 CD의 중점을 F라 하자.
선분 AD 위의 양 끝점이 아닌
임의의 점 P에 대하여 선분
BP와 선분 EF의 교점을 G,
선분 CP와 선분 EF의 교점을 H라 하자. $\angle BGE=\alpha$,
$\angle CHF=\beta$라 할 때, [보기]에서 옳은 것을 모두 고른 것은?

(4점)

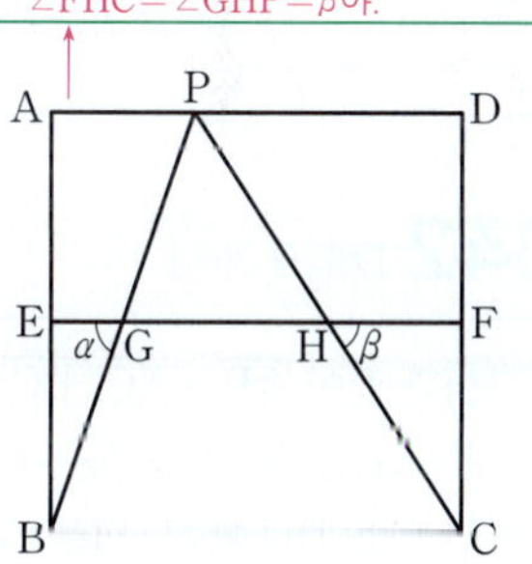

[보기]

→ $\overline{PG}:\overline{GB}=\overline{AE}:\overline{EB}=1:1$이고
$\overline{PH}:\overline{HC}=\overline{DF}:\overline{FC}=1:1$이야.

ㄱ. $\overline{GH}$는 점 P의 위치에 관계없이 일정하다.

ㄴ. $\alpha+\beta$는 점 P의 위치에 관계없이 일정하다.

ㄷ. $\lim\limits_{\alpha\to\frac{\pi}{2}}\dfrac{\overline{AP}}{\frac{\pi}{2}-\alpha}=2$

→ 삼각형 PGH에서 $\alpha+\beta=180°-\angle GPH$

① ㄱ   ② ㄴ   ③ ㄷ

④ ㄱ, ㄴ   ⑤ ㄱ, ㄷ

두 삼각형 PGH, PBC는 서로 닮음이고 닮음비가 $\overline{PG}:\overline{PB}=1:2$이므로
$\overline{GH}:\overline{BC}=1:2$이다. 따라서 $\overline{GH}$의 길이는 1로 일정하다.

Step 1 삼각비의 정의와 $\angle BPA=\alpha$임을 이용하여 선분 AP의 길이를 α에 대한 식으로 나타낸다.

ㄱ. 점 P의 위치에 관계없이 점 G, H가 각각 $\overline{PB}$, $\overline{PC}$의 중점이므로 오른쪽 그림과 같이 $\overline{GH}$의 길이는 1로 일정하다. (참)

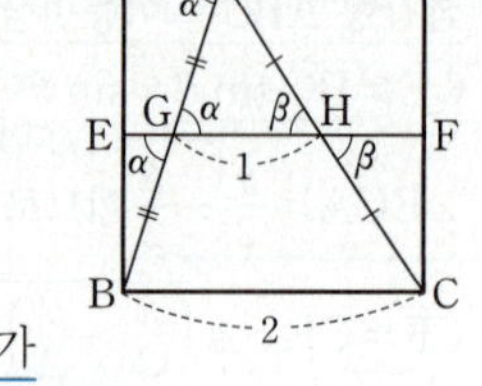

ㄴ. △PGH에서 $\angle GPH+\alpha+\beta=180°$
$\therefore \alpha+\beta=180°-\angle GPH$
이때 점 P의 위치에 따라 $\angle GPH$의 크기가 달라지므로 $\alpha+\beta$의 값도 달라진다. (거짓)

$\angle GPH$는 일정하지 않으므로 $(180°-\angle GPH)$도 일정하지 않다.

ㄷ. 삼각형 ABP에서
$\tan\alpha=\dfrac{2}{\overline{AP}}$ $(\because \angle APB=\angle EGB=\alpha,\ \text{동위각})$이므로

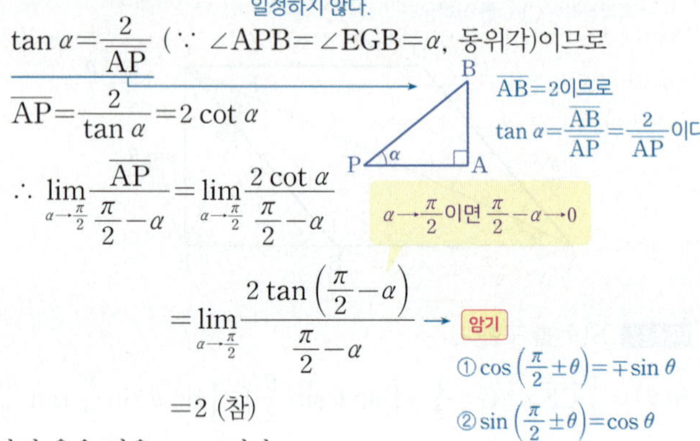

$\overline{AB}=2$이므로 $\tan\alpha=\dfrac{\overline{AB}}{\overline{AP}}=\dfrac{2}{\overline{AP}}$이다.

$\overline{AP}=\dfrac{2}{\tan\alpha}=2\cot\alpha$

$\therefore \lim\limits_{\alpha\to\frac{\pi}{2}^-}\dfrac{\overline{AP}}{\frac{\pi}{2}-\alpha}=\lim\limits_{\alpha\to\frac{\pi}{2}^-}\dfrac{2\cot\alpha}{\frac{\pi}{2}-\alpha}$

$\alpha\to\dfrac{\pi}{2}$이면 $\dfrac{\pi}{2}-\alpha\to0$

$=\lim\limits_{\alpha\to\frac{\pi}{2}^-}\dfrac{2\tan\left(\frac{\pi}{2}-\alpha\right)}{\frac{\pi}{2}-\alpha}$

암기
① $\cos\left(\dfrac{\pi}{2}\pm\theta\right)=\mp\sin\theta$
② $\sin\left(\dfrac{\pi}{2}\pm\theta\right)=\cos\theta$
③ $\tan\left(\dfrac{\pi}{2}\pm\theta\right)=\mp\cot\theta$
(복호동순)

$=2$ (참)

따라서 옳은 것은 ㄱ, ㄷ이다.

수능포인트
삼각형의 중점연결정리를 응용한 문제입니다. 이 문제에서는 선분 EF를 그었을 때 세 삼각형 ABP, CDP, PBC가 모두 삼각형의 중점연결정리를 만족합니다. 이 상황만 알면 아주 간단하게 풀 수 있는 문제입니다.

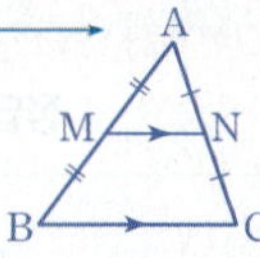

삼각형의 중점연결정리
삼각형 ABC에서 변 AB와 변 AC의 중점을 각각 M, N이라 할 때, $\overline{MN}\parallel\overline{BC}$, $\overline{MN}=\dfrac{1}{2}\overline{BC}$

042 [정답률 35%] 정답 30

그림과 같이 $\overline{AB}=\overline{AC}$, $\overline{BC}=2$인 삼각형 ABC에 대하여 선분 AB를 지름으로 하는 원이 선분 AC와 만나는 점 중 A가 아닌 점을 D라 하고, 선분 AB의 중점을 E라 하자. $\angle BAC=\theta$일 때, 삼각형 CDE의 넓이를 $S(\theta)$라 하자. $60\times\lim\limits_{\theta\to0+}\dfrac{S(\theta)}{\theta}$의 값을 구하시오. $\left(\text{단},\ 0<\theta<\dfrac{\pi}{2}\right)$ (4점)

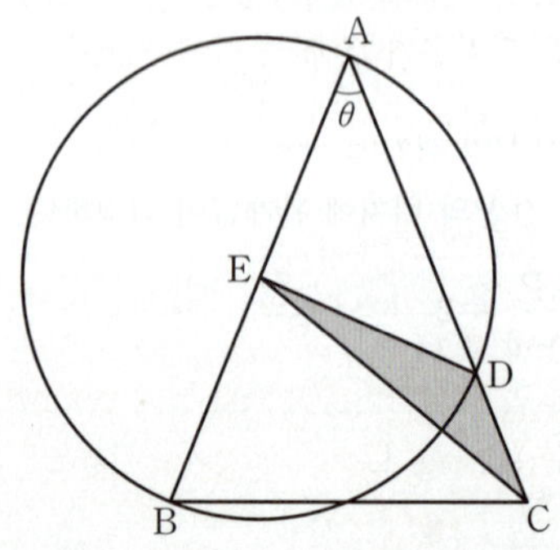

Step 1 두 선분 CD, EH의 길이를 θ에 대하여 나타낸다.

삼각형 ABC에서 $\overline{AB}=\overline{AC}$이고 $\angle BAC=\theta$이므로
$\angle BCA=\dfrac{1}{2}(\pi-\theta)=\dfrac{\pi}{2}-\dfrac{\theta}{2}$

선분 BD를 그으면 점 D는 선분 AB를 지름으로 하는 원 위에 있으므로
$\angle ADB=\dfrac{\pi}{2}$ $\longrightarrow =\angle BDC$

$\therefore \overline{CD}=\overline{BC}\cos\left(\dfrac{\pi}{2}-\dfrac{\theta}{2}\right)=2\sin\dfrac{\theta}{2}$

$=\sin\dfrac{\theta}{2}$

점 E에서 선분 AC에 내린 수선의 발을 H라 하면 두 삼각형 AEH, ABD는 서로 닮음이고 닮음비는 1:2이다.

$\overline{EH}=\dfrac{1}{2}\overline{BD}=\dfrac{1}{2}\overline{BC}\sin\left(\dfrac{\pi}{2}-\dfrac{\theta}{2}\right)=\cos\dfrac{\theta}{2}$이므로

$\overline{AE}=\overline{EB}$이므로 $\overline{AE}:\overline{AB}=1:2$

$=2$ $\qquad =\cos\dfrac{\theta}{2}$

$S(\theta)=\dfrac{1}{2}\times\overline{CD}\times\overline{EH}=\sin\dfrac{\theta}{2}\cos\dfrac{\theta}{2}$

Step 2 $\lim\limits_{\theta\to0+}\dfrac{S(\theta)}{\theta}$의 값을 구한다.

$\lim\limits_{\theta\to0+}\dfrac{S(\theta)}{\theta}=\lim\limits_{\theta\to0+}\dfrac{\sin\frac{\theta}{2}\cos\frac{\theta}{2}}{\theta}$

$\lim\limits_{\theta\to0+}\dfrac{\sin a\theta}{a\theta}=1$

$=\lim\limits_{\theta\to0+}\left(\dfrac{1}{2}\times\dfrac{\sin\frac{\theta}{2}}{\frac{\theta}{2}}\times\cos\dfrac{\theta}{2}\right)=\dfrac{1}{2}$

$\lim\limits_{\theta\to0+}\cos\dfrac{\theta}{2}=1$

$\therefore 60\times\lim\limits_{\theta\to0+}\dfrac{S(\theta)}{\theta}=60\times\dfrac{1}{2}=30$

043 [정답률 78%] 정답 60

그림과 같이 $\overline{AB}=2$, $\angle B=\dfrac{\pi}{2}$인 직각삼각형 ABC에서 중심이 A, 반지름의 길이가 1인 원이 두 선분 AB, AC와 만나는 점을 각각 D, E라 하자.
호 DE의 삼등분점 중 점 D에 가까운 점을 F라 하고, 직선 AF가 선분 BC와 만나는 점을 G라 하자.
$\angle BAG=\theta$라 할 때, 삼각형 ABG의 내부와 부채꼴 ADF의 외부의 공통부분의 넓이를 $f(\theta)$, 부채꼴 AFE의 넓이를 $g(\theta)$라 하자. $40\times\lim\limits_{\theta\to0+}\dfrac{f(\theta)}{g(\theta)}$의 값을 구하시오.

$\left(\text{단},\ 0<\theta<\dfrac{\pi}{6}\right)$ (3점)

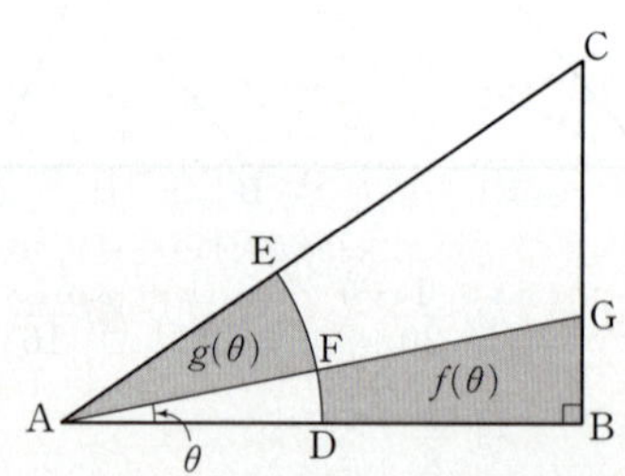

Step 1 $f(\theta)$를 구한다.

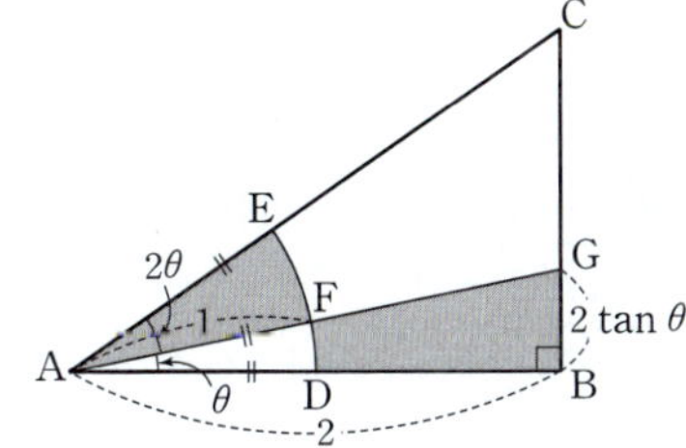

직각삼각형 ABG에서

$$\tan\theta=\frac{\overline{BG}}{\overline{AB}}=\frac{\overline{BG}}{2}\qquad\therefore\overline{BG}=2\tan\theta$$

↑ 문제에서 준 조건이야.

따라서 삼각형 ABG의 넓이는

$$\triangle ABG=\frac{1}{2}\times\overline{AB}\times\overline{BG}$$

$$=\frac{1}{2}\times 2\times 2\tan\theta$$

$$=2\tan\theta\qquad\rightarrow\angle BAG=\angle DAF=\theta$$

부채꼴 ADF는 중심각의 크기가 θ이고 반지름의 길이가 1이므로

부채꼴 ADF의 넓이는 $\frac{1}{2}\times 1\times\theta=\frac{1}{2}\theta$ ← 반지름의 길이가 1인 원이 만나는 점이 D, E이므로 $\overline{AD}=\overline{AE}=\overline{AF}=1$

$$\therefore f(\theta)=\triangle ABG-(\text{부채꼴 ADF의 넓이})$$

$$=2\tan\theta-\frac{1}{2}\theta$$

Step 2 $g(\theta)$를 구한다.

호 DE의 삼등분점 중 점 D에 가까운 점이 F이므로

$\overset{\frown}{DF}:\overset{\frown}{EF}=1:2$에서 $\angle DAF:\angle EAF=1:2$

$$\therefore\angle EAF=2\angle DAF=2\theta$$

← 부채꼴의 호의 길이는 중심각의 크기에 비례해.

따라서 부채꼴 AFE의 넓이 $g(\theta)$는

$$g(\theta)=\frac{1}{2}\times 1\times 2\theta=\theta$$

Step 3 극한값을 구한다.

$$40\times\lim_{\theta\to 0+}\frac{f(\theta)}{g(\theta)}=40\times\lim_{\theta\to 0+}\frac{2\tan\theta-\frac{1}{2}\theta}{\theta}$$

$$=40\times\lim_{\theta\to 0+}\left(\frac{2\tan\theta}{\theta}-\frac{1}{2}\right)=40\times\frac{3}{2}=60$$

↳ 암기 $\lim_{\triangle\to 0}\frac{\tan\triangle}{\triangle}=1$

044 [정답률 61%]　　　　정답 ④

그림과 같이 반지름의 길이가 1이고 중심각의 크기가 $\frac{\pi}{2}$인 부채꼴 OAB가 있다. 호 AB 위의 점 P에 대하여 $\overline{PA}=\overline{PC}=\overline{PD}$가 되도록 호 PB 위에 점 C와 선분 OA 위에 점 D를 잡는다. 점 D를 지나고 선분 OP와 평행한 직선이 선분 PA와 만나는 점을 E라 하자. $\angle POA=\theta$일 때, 삼각형 CDP의 넓이를 $f(\theta)$, 삼각형 EDA의 넓이를 $g(\theta)$라 하자.

$$\lim_{\theta\to 0+}\frac{g(\theta)}{\theta^2\times f(\theta)}\text{의 값은? }\left(\text{단, }0<\theta<\frac{\pi}{4}\right)\text{ (4점)}$$

→ 삼각형 CDP는 $\overline{PC}=\overline{PD}$인 이등변삼각형　　삼각형 EDA는 삼각형 POA와 닮음

① $\frac{1}{8}$　　② $\frac{1}{4}$　　③ $\frac{3}{8}$

④ $\frac{1}{2}$　　⑤ $\frac{5}{8}$

Step 1 $f(\theta)$를 구한다.

선분 OC를 그으면 $\overline{PA}=\overline{PC}$이므로

$$\angle POC=\angle POA=\theta$$

점 O에서 선분 PA에 내린 수선의 발을 H라 하면 $\angle AOH=\frac{\theta}{2}$이므로 ← $\overline{AH}=\overline{PH}$

$$\overline{AH}=\overline{OA}\sin\frac{\theta}{2}=\sin\frac{\theta}{2}$$

← 반지름의 길이

$$\therefore\overline{PA}=2\sin\frac{\theta}{2}$$

삼각형 OAP에서 $\angle OAP=\frac{1}{2}(\pi-\angle POA)=\frac{\pi}{2}-\frac{\theta}{2}$

점 P에서 선분 DA에 내린 수선의 발을 H′이라 하면

$$\angle APH'=\pi-\angle AH'P-\angle PAH'$$

← $=\angle OAP$

$$=\pi-\frac{\pi}{2}-\left(\frac{\pi}{2}-\frac{\theta}{2}\right)=\frac{\theta}{2}$$

$$\therefore\angle APD=2\angle APH'=\theta$$

따라서　　→ $=\angle OAP$

$$\angle DPC=\angle OPA+\angle OPC-\angle APD$$

$$=\left(\frac{\pi}{2}-\frac{\theta}{2}\right)+\left(\frac{\pi}{2}-\frac{\theta}{2}\right)-\theta=\pi-2\theta$$

$\overline{PC}=\overline{PD}=\overline{PA}=2\sin\frac{\theta}{2}$이므로　→ $\frac{1}{2}\times\overline{PC}\times\overline{PD}\times\sin(\angle DPC)$

$$f(\theta)=\frac{1}{2}\times\left(2\sin\frac{\theta}{2}\right)^2\times\sin(\pi-2\theta)=2\times\left(\sin\frac{\theta}{2}\right)^2\times\sin 2\theta$$

Step 2 닮음비를 이용하여 $g(\theta)$를 구한다.

삼각형 APH′에서 $\overline{PA}=2\sin\frac{\theta}{2}$, $\angle APH'=\frac{\theta}{2}$이므로

$$\overline{\mathrm{AH}'}=2\sin\frac{\theta}{2}\times\sin\frac{\theta}{2}=2\left(\sin\frac{\theta}{2}\right)^2$$

$$\therefore\ \overline{\mathrm{DA}}=4\left(\sin\frac{\theta}{2}\right)^2 \quad \longleftarrow \overline{\mathrm{PA}}\sin(\angle\mathrm{APH}')$$

두 삼각형 POA, EDA는 닮음이고 $\overline{\mathrm{OA}}:\overline{\mathrm{DA}}=1:4\left(\sin\frac{\theta}{2}\right)^2$

이므로 넓이의 비는 $\overline{\mathrm{OA}}^2:\overline{\mathrm{DA}}^2=1:16\left(\sin\frac{\theta}{2}\right)^4$이다.

$$g(\theta)=\triangle\mathrm{OAP}\times16\left(\sin\frac{\theta}{2}\right)^4 \quad \longrightarrow \begin{array}{l}\text{두 삼각형의 닮음비가 } m:n \text{일 때}\\ \text{넓이의 비는 } m^2:n^2\end{array}$$

$$=\frac{1}{2}\sin\theta\times16\left(\sin\frac{\theta}{2}\right)^4$$

$$=8\times\left(\sin\frac{\theta}{2}\right)^4\times\sin\theta \quad \longrightarrow \triangle\mathrm{OAP}=\frac{1}{2}\times\overline{\mathrm{OA}}\times\overline{\mathrm{OP}}\times\sin\theta$$

Step 3 $\displaystyle\lim_{\theta\to0+}\frac{g(\theta)}{\theta^2\times f(\theta)}$의 값을 구한다.

$$\lim_{\theta\to0+}\frac{g(\theta)}{\theta^2\times f(\theta)}$$

$$=\lim_{\theta\to0+}\frac{8\times\left(\sin\frac{\theta}{2}\right)^4\times\sin\theta}{\theta^2\times2\times\left(\sin\frac{\theta}{2}\right)^2\times\sin2\theta}$$

$$=\lim_{\theta\to0+}\frac{4\times\left(\sin\frac{\theta}{2}\right)^2\times\sin\theta}{\theta^2\times\sin2\theta}$$

$$=\lim_{\theta\to0+}\frac{4\times\left(\dfrac{\sin\frac{\theta}{2}}{\frac{\theta}{2}}\right)^2\times\dfrac{\sin\theta}{\theta}\times\dfrac{1}{4}}{\dfrac{\sin2\theta}{2\theta}\times2}$$

$$=\frac{1}{2}$$

$$\longrightarrow \lim_{\theta\to0+}\frac{\sin2\theta}{2\theta}=1,\ \lim_{\theta\to0+}\frac{\sin\frac{\theta}{2}}{\frac{\theta}{2}}=1,\ \lim_{\theta\to0+}\frac{\sin\theta}{\theta}=1$$

045 [정답률 17%]   정답 50

그림과 같이 반지름의 길이가 1이고 중심각의 크기가 $\dfrac{\pi}{2}$인 부채꼴 OAB가 있다. 호 AB 위의 점 P에서 선분 OA에 내린 수선의 발을 H라 하고, $\angle\mathrm{OAP}$를 이등분하는 직선과 세 선분 HP, OP, OB의 교점을 각각 Q, R, S라 하자. $\angle\mathrm{APH}=\theta$일 때, 삼각형 AQH의 넓이를 $f(\theta)$, 삼각형 PSR의 넓이를 $g(\theta)$라 하자.

$$\lim_{\theta\to0+}\frac{\theta^3\times g(\theta)}{f(\theta)}=k$$일 때, $100k$의 값을 구하시오.

$$\longrightarrow \frac{\frac{g(\theta)}{\theta}}{\frac{f(\theta)}{\theta^4}}$$

$$\left(\text{단, } 0<\theta<\frac{\pi}{4}\right) \text{ (4점)}$$

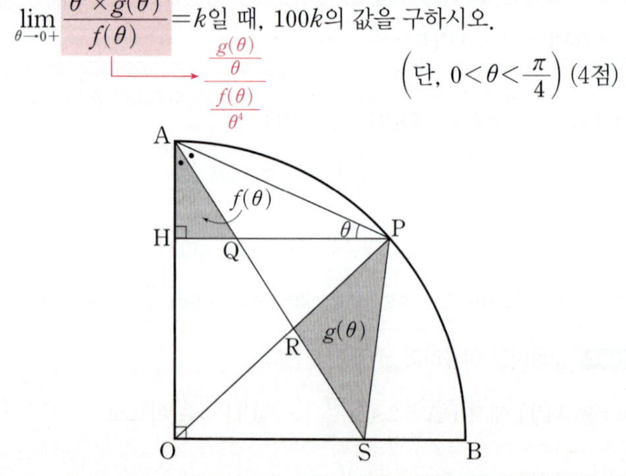

Step 1 $f(\theta)$를 구한다.

직각삼각형 AHP에서 $\angle\mathrm{APH}=\theta$이므로

$$\angle\mathrm{HAP}=\frac{\pi}{2}-\theta \quad \longrightarrow \text{사분원의 반지름의 길이}$$

삼각형 OPA는 $\overline{\mathrm{OP}}=\overline{\mathrm{OA}}=1$인 이등변삼각형이므로

$$\angle\mathrm{AOP}=\pi-2\times\angle\mathrm{HAP}=2\theta \quad \longrightarrow \pi-2\left(\frac{\pi}{2}-\theta\right)=\pi-\pi+2\theta$$

$$\therefore\ \overline{\mathrm{AH}}=1-\overline{\mathrm{OH}}=1-\overline{\mathrm{OP}}\cos2\theta=1-\cos2\theta \quad \cdots\cdots\ \bigcirc$$

$$\angle\mathrm{HAQ}=\frac{1}{2}\angle\mathrm{HAP}=\frac{\pi}{4}-\frac{\theta}{2}$$이므로

$$\overline{\mathrm{HQ}}=\overline{\mathrm{AH}}\tan\left(\frac{\pi}{4}-\frac{\theta}{2}\right)=(1-\cos2\theta)\tan\left(\frac{\pi}{4}-\frac{\theta}{2}\right) \quad \cdots\cdots\ \bigcirc$$

$\bigcirc$, $\bigcirc$에서

$$f(\theta)=\frac{1}{2}\times\overline{\mathrm{AH}}\times\overline{\mathrm{HQ}}$$

$$=\frac{1}{2}\times(1-\cos2\theta)^2\times\tan\left(\frac{\pi}{4}-\frac{\theta}{2}\right)$$

$$=\frac{1}{2}\times\frac{\sin^4 2\theta}{(1+\cos2\theta)^2}\times\tan\left(\frac{\pi}{4}-\frac{\theta}{2}\right)$$

$$\therefore\ \lim_{\theta\to0+}\frac{f(\theta)}{\theta^4}$$

$$\longrightarrow (1-\cos2\theta)^2=\frac{(1-\cos2\theta)^2(1+\cos2\theta)^2}{(1+\cos2\theta)^2}$$

$$=\frac{(1-\cos^2 2\theta)^2}{(1+\cos2\theta)^2}=\frac{\sin^4 2\theta}{(1+\cos2\theta)^2}$$

$$=\frac{1}{2}\times16\lim_{\theta\to0+}\left(\frac{\sin2\theta}{2\theta}\right)^4\times\lim_{\theta\to0+}\frac{1}{(1+\cos2\theta)^2}$$

$$\underbrace{\qquad}_{=1}\quad \underbrace{\qquad}_{\frac{1}{2^2}=\frac{1}{4}}$$

$$\times\lim_{\theta\to0+}\tan\left(\frac{\pi}{4}-\frac{\theta}{2}\right)$$

$$\underbrace{\qquad}_{\tan\frac{\pi}{4}=1}$$

$$=2 \quad \cdots\cdots\ \bigcirc$$

Step 2 $g(\theta)$를 구한다.

$\longrightarrow$ **Step 1**에서 $\angle\mathrm{AOP}=2\theta$ 임을 구했어. $\therefore\ \angle\mathrm{H'OP}=\frac{1}{2}\angle\mathrm{AOP}=\theta$

이등변삼각형 OPA에서 점 O에서 선분 PA에 내린 수선의 발을 H$'$이라 하면 $\angle\mathrm{H'OP}=\theta$이므로

$$\overline{\mathrm{AP}}=2\overline{\mathrm{PH}'}=2\times\overline{\mathrm{OP}}\times\sin\theta=2\sin\theta \quad \longrightarrow =1$$

삼각형 AOP에서 각 OAP의 이등분선이 선분 OP와 만나는 점이 R이므로

$$\overline{\mathrm{AO}}:\overline{\mathrm{AP}}=\overline{\mathrm{OR}}:\overline{\mathrm{RP}}$$

$$1:2\sin\theta=\overline{\mathrm{OR}}:(1-\overline{\mathrm{OR}})$$

$$\therefore\ \overline{\mathrm{OR}}=\frac{1}{2\sin\theta+1} \quad \longrightarrow \begin{array}{l}2\sin\theta\times\overline{\mathrm{OR}}=1-\overline{\mathrm{OR}},\\ (2\sin\theta+1)\overline{\mathrm{OR}}=1\end{array} \quad \cdots\cdots\ ②$$

$$\overline{\mathrm{OS}}=\overline{\mathrm{OA}}\tan(\angle\mathrm{SAO})$$

$$=1\times\tan\left(\frac{\pi}{4}-\frac{\theta}{2}\right)=\tan\left(\frac{\pi}{4}-\frac{\theta}{2}\right) \quad \cdots\cdots\ ⑩$$

②, ⑩에서

$$g(\theta)=\triangle\mathrm{OSP}-\triangle\mathrm{OSR}$$

$$=\frac{1}{2}\times\overline{\mathrm{OS}}\times\overline{\mathrm{OP}}\times\sin(\angle\mathrm{POS}) \quad \longrightarrow \frac{1}{2}\times\overline{\mathrm{OS}}\times\sin(\angle\mathrm{POS})\times(\overline{\mathrm{OP}}-\overline{\mathrm{OR}})$$

$$-\frac{1}{2}\times\overline{\mathrm{OS}}\times\overline{\mathrm{OR}}\times\sin(\angle\mathrm{POS})$$

$$=\frac{1}{2}\times\tan\left(\frac{\pi}{4}-\frac{\theta}{2}\right)\times\sin\left(\frac{\pi}{2}-2\theta\right)\times\left(1-\frac{1}{2\sin\theta+1}\right)$$

$$=\frac{1}{2}\times\tan\left(\frac{\pi}{4}-\frac{\theta}{2}\right)\times\sin\left(\frac{\pi}{2}-2\theta\right)\times\frac{2\sin\theta}{2\sin\theta+1}$$

$$\therefore\ \lim_{\theta\to0+}\frac{g(\theta)}{\theta}$$

$$=\frac{1}{2}\times\lim_{\theta\to0+}\tan\left(\frac{\pi}{4}-\frac{\theta}{2}\right)\times\lim_{\theta\to0+}\sin\left(\frac{\pi}{2}-2\theta\right) \quad \longrightarrow \sin\frac{\pi}{2}=1$$

$$\times2\lim_{\theta\to0+}\frac{\sin\theta}{\theta}\times\lim_{\theta\to0+}\frac{1}{2\sin\theta+1}$$

$$=1 \quad \underbrace{\qquad}_{=1}\quad \underbrace{\qquad}_{=1} \quad \cdots\cdots\ ⑭$$

Step 3 k의 값을 구한다.

㉢, ㉤에서 $\displaystyle\lim_{\theta\to 0+}\frac{\theta^3\times g(\theta)}{f(\theta)}=\lim_{\theta\to 0+}\frac{\dfrac{g(\theta)}{\theta}}{\dfrac{f(\theta)}{\theta^4}}=\dfrac{1}{2}$

따라서 $k=\dfrac{1}{2}$이므로 $100k=50$이다.

046 [정답률 42%]   정답 ②

그림과 같이 중심이 O이고 길이가 2인 선분 AB를 지름으로 하는 원이 있다. 원 위에 점 P를 $\angle PAB=\theta$가 되도록 잡고, 점 P를 포함하지 않는 호 AB 위에 점 Q를 $\angle QAB=2\theta$가 되도록 잡는다. 직선 OQ가 원과 만나는 점 중 Q가 아닌 점을 R, 두 선분 PA와 QR이 만나는 점을 S라 하자. 삼각형 BOQ의 넓이를 $f(\theta)$, 삼각형 PRS의 넓이를 $g(\theta)$라 할 때, $\displaystyle\lim_{\theta\to 0+}\frac{g(\theta)}{f(\theta)}$의 값은? $\left(\text{단, }0<\theta<\dfrac{\pi}{6}\right)$ (4점)

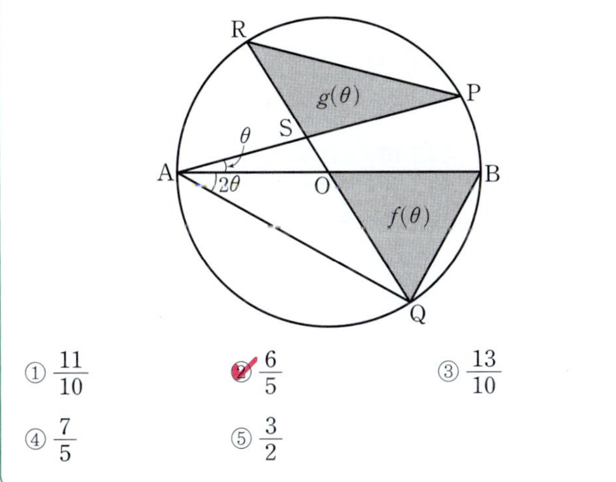

① $\dfrac{11}{10}$ ② $\dfrac{6}{5}$ ③ $\dfrac{13}{10}$

④ $\dfrac{7}{5}$ ⑤ $\dfrac{3}{2}$

Step 1 $f(\theta)$를 구한다.

$\overline{OA}=\overline{OB}=\overline{OQ}=1$이므로 $\angle OQA=2\theta$, $\angle BOQ=4\theta$
$\qquad\qquad\qquad\qquad\qquad\qquad\qquad \to=\angle OAQ+\angle OQA$
따라서 삼각형 BOQ의 넓이는

$f(\theta)=\dfrac{1}{2}\times\overline{OB}\times\overline{OQ}\times\sin 4\theta=\dfrac{1}{2}\sin 4\theta$
$\qquad\qquad \overset{\downarrow}{=1}\ \overset{\downarrow}{=1}$

Step 2 $g(\theta)$를 구한다.

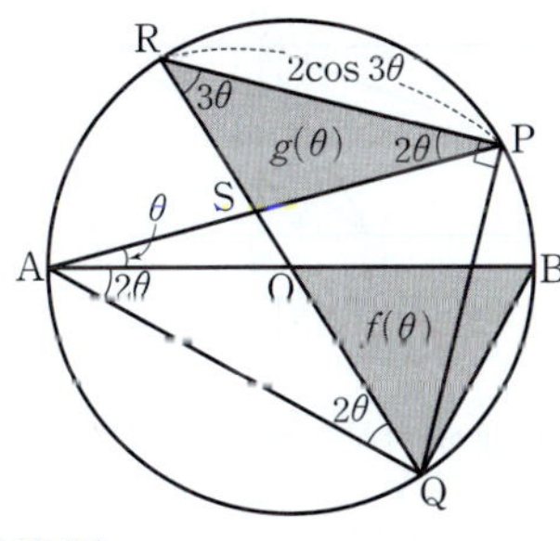

$\qquad \to$ 원의 중심 O를 지난다.
선분 RQ는 원의 지름이므로 $\angle RPQ=\dfrac{\pi}{2}$

원주각의 성질에 의하여
$\angle PRQ=\angle PAQ=3\theta$, $\angle RPA=\angle RQA=2\theta$이므로
$\overline{RP}=\overline{RQ}\cos 3\theta=2\cos 3\theta$ $\to$ 원의 지름
삼각형 PRS에서 $\angle PSR=\pi-5\theta$이므로 사인법칙에 의하여

$\dfrac{\overline{RS}}{\sin 2\theta}=\dfrac{2\cos 3\theta}{\sin(\pi-5\theta)}$ $\therefore\ \overline{RS}=\dfrac{2\cos 3\theta\sin 2\theta}{\sin 5\theta}$
따라서 삼각형 PRS의 넓이는 $\to \sin(\pi-5\theta)=\sin 5\theta$

$\begin{aligned}
g(\theta)&=\dfrac{1}{2}\times\overline{RP}\times\overline{RS}\times\sin 3\theta\\[4pt]
&=\dfrac{1}{2}\times 2\cos 3\theta\times\dfrac{2\cos 3\theta\sin 2\theta}{\sin 5\theta}\times\sin 3\theta\\[4pt]
&=\dfrac{2\cos^2 3\theta\times\sin 2\theta\times\sin 3\theta}{\sin 5\theta}
\end{aligned}$

Step 3 $\displaystyle\lim_{\theta\to 0+}\frac{g(\theta)}{f(\theta)}$의 값을 구한다.

$\begin{aligned}
\therefore\ \lim_{\theta\to 0+}\frac{g(\theta)}{f(\theta)}&=\lim_{\theta\to 0+}\frac{\dfrac{2\cos^2 3\theta\times\sin 2\theta\times\sin 3\theta}{\sin 5\theta}}{\dfrac{1}{2}\sin 4\theta}\\[10pt]
&=\lim_{\theta\to 0+}\frac{24\times\cos^2 3\theta\times\dfrac{\sin 2\theta}{2\theta}\times\dfrac{\sin 3\theta}{3\theta}}{20\times\dfrac{\sin 4\theta}{4\theta}\times\dfrac{\sin 5\theta}{5\theta}}=\dfrac{6}{5}
\end{aligned}$

$\qquad\qquad \to \displaystyle\lim_{\theta\to 0+}\dfrac{\sin a\theta}{a\theta}=1$ (a는 0이 아닌 상수),
$\qquad\qquad\qquad \displaystyle\lim_{\theta\to 0+}\cos^2 3\theta=\cos^2 0=1^2=1$

047 [정답률 70%]   정답 ④

그림과 같이 $\overline{AB}=1$, $\angle B=\dfrac{\pi}{2}$인 직각삼각형 ABC에서 선분 AB 위에 $\overline{AD}=\overline{CD}$가 되도록 점 D를 잡는다. 점 D에서 선분 AC에 내린 수선의 발을 E, 점 D를 지나고 직선 AC에 평행한 직선이 선분 BC와 만나는 점을 F라 하자. $\angle BAC=\theta$일 때, 삼각형 DEF의 넓이를 $S(\theta)$라 하자. $\displaystyle\lim_{\theta\to 0+}\frac{S(\theta)}{\theta}$의 값은? $\left(\text{단, }0<\theta<\dfrac{\pi}{4}\right)$ (4점)

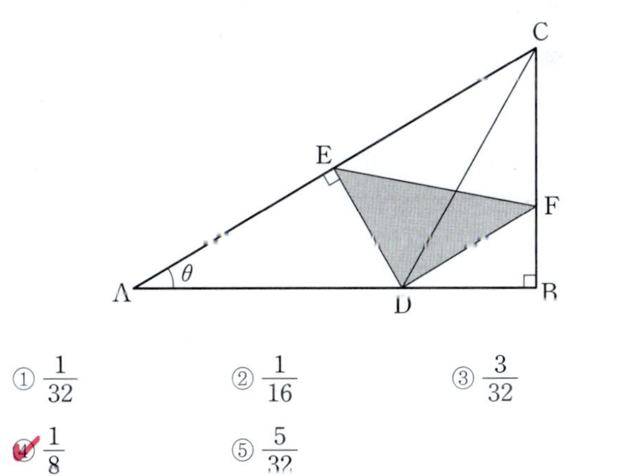

① $\dfrac{1}{32}$ ② $\dfrac{1}{16}$ ③ $\dfrac{3}{32}$

④ $\dfrac{1}{8}$ ⑤ $\dfrac{5}{32}$

Step 1 삼각함수를 이용하여 $S(\theta)$를 나타낸다.

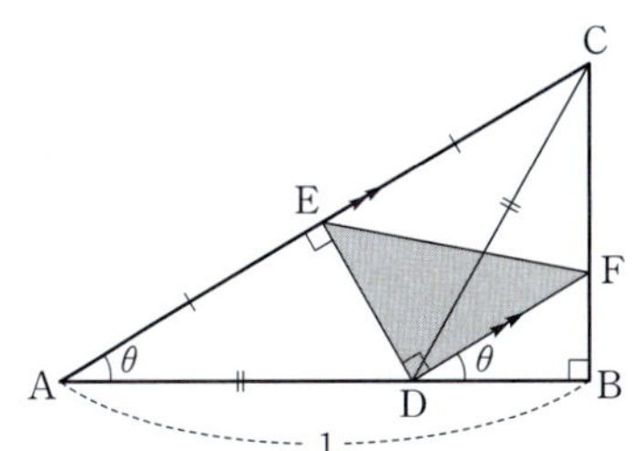

$\overline{AD}=\overline{CD}$이므로 삼각형 ADC는 이등변삼각형이고, $\overline{AC}\perp\overline{DE}$이므로 $\overline{DE}$는 $\overline{AC}$를 수직이등분한다.

직각삼각형 ABC에서 → 중요한 성질이니 꼭 기억해.

$$\cos\theta=\frac{\overline{AB}}{\overline{AC}} \quad \therefore\ \overline{AC}=\frac{\overline{AB}}{\cos\theta}=\frac{1}{\cos\theta}=\sec\theta$$

$$\therefore\ \overline{AE}=\frac{1}{2}\overline{AC}=\frac{1}{2}\sec\theta$$

주의 $\overline{AC}$를 $\cos\theta$로 생각하면 안 돼!

직각삼각형 ADE에서

$$\tan\theta=\frac{\overline{DE}}{\overline{AE}}$$이므로 $\overline{DE}=\overline{AE}\tan\theta=\frac{1}{2}\sec\theta\tan\theta$

$$\cos\theta=\frac{\overline{AE}}{\overline{AD}}$$이므로 $\overline{AD}=\frac{\overline{AE}}{\cos\theta}=\frac{\frac{1}{2}\sec\theta}{\cos\theta}=\frac{1}{2}\sec^2\theta$

$$=\frac{1}{2}\times\frac{1}{\cos\theta}\times\sec\theta$$
$$=\frac{1}{2}\sec^2\theta$$

두 직선 AC, DF가 평행하므로

$\angle FDB=\angle CAB=\theta$, $\angle EDF=90°$

이때 $\overline{DB}=\overline{AB}-\overline{AD}=1-\frac{1}{2}\sec^2\theta$이므로

직각삼각형 FDB에서

$$\cos\theta=\frac{\overline{DB}}{\overline{DF}} \quad \therefore\ \overline{DF}=\frac{1}{\cos\theta}\times\overline{DB}=\sec\theta\left(1-\frac{1}{2}\sec^2\theta\right)$$

따라서 삼각형 DEF의 넓이 $S(\theta)$는

→ $\angle EDF=90°$인 직각삼각형

$$S(\theta)=\frac{1}{2}\times\overline{DE}\times\overline{DF}$$

$$=\frac{1}{2}\times\frac{1}{2}\sec\theta\tan\theta\times\sec\theta\left(1-\frac{1}{2}\sec^2\theta\right)$$

$$=\frac{1}{4}\sec^2\theta\tan\theta\left(1-\frac{1}{2}\sec^2\theta\right)$$

Step 2 $\displaystyle\lim_{\theta\to0+}\frac{S(\theta)}{\theta}$의 값을 구한다.

→ $\theta\to0+$일 때 $\sec\theta\to1$임을 이용!

$$\lim_{\theta\to0+}\frac{S(\theta)}{\theta}=\lim_{\theta\to0+}\frac{\frac{1}{4}\sec^2\theta\tan\theta\left(1-\frac{1}{2}\sec^2\theta\right)}{\theta}$$

$$=\lim_{\theta\to0+}\left\{\frac{1}{4}\times\sec^2\theta\times\frac{\tan\theta}{\theta}\times\left(1-\frac{1}{2}\sec^2\theta\right)\right\}$$

$$=\frac{1}{4}\times1\times1\times\frac{1}{2}=\frac{1}{8}$$

→ $\displaystyle\lim_{\theta\to0+}\frac{\tan\theta}{\theta}=1$

---

048 [정답률 67%]   정답 6

그림과 같이 서로 평행한 두 직선 l_1과 l_2 사이의 거리가 1이다. 직선 l_1 위의 점 A에 대하여 직선 l_2 위에 점 B를 선분 AB와 직선 l_1이 이루는 각의 크기가 θ가 되도록 잡고, 직선 l_1 위에 점 C를 $\angle ABC=4\theta$가 되도록 잡는다. 직선 l_2 위에 점 D를 $\angle BCD=2\theta$이고 선분 CD가 선분 AB와 만나지 않도록 잡는다. 삼각형 ABC의 넓이를 T_1, 삼각형 BCD의 넓이를 T_2라 할 때, $\displaystyle\lim_{\theta\to0+}\frac{T_1}{T_2}$의 값을 구하시오.

→ 두 삼각형 ABC와 BCD의 높이는 두 직선 l_1과 l_2 사이의 거리인 1로 같아!

$$\left(\text{단, } 0<\theta<\frac{\pi}{10}\right)\text{(4점)}$$

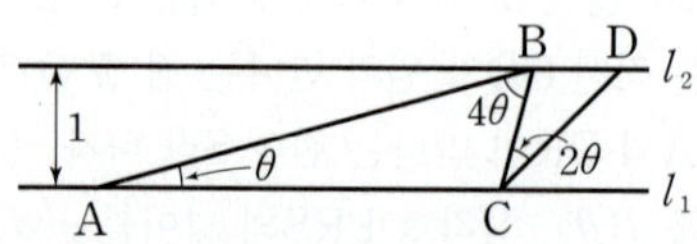

→ 두 직선 l_1과 l_2가 서로 평행하니까 두 삼각형의 높이는 두 직선 사이의 거리가 돼.

Step 1 $\dfrac{T_1}{T_2}$을 선분의 길이의 비로 나타낸다.

삼각형 ABC와 삼각형 BCD는 높이가 모두 1이므로 두 삼각형의 넓이는 밑변 AC와 BD의 길이에 비례한다.

$$\therefore\ \frac{T_1}{T_2}=\frac{\overline{AC}}{\overline{BD}}$$

→ 직각삼각형에서 한 변의 길이와 한 각의 크기를 안다면, 나머지 두 변의 길이를 나타낼 수 있어.

Step 2 두 선분 AC, BD의 길이를 구한다.

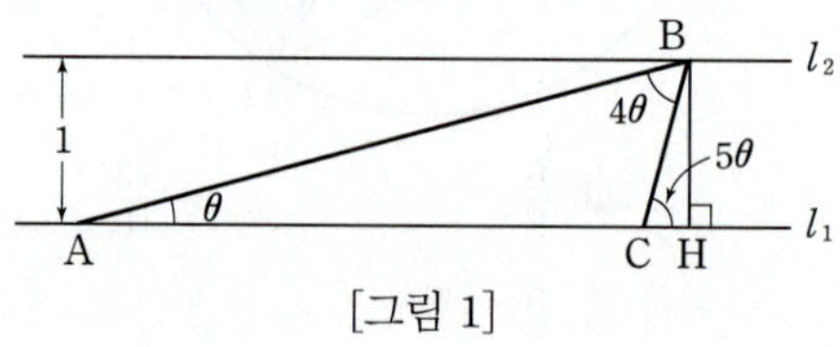

[그림 1]과 같이 점 B에서 직선 l_1에 내린 수선의 발을 H라 하면

직각삼각형 BAH에서 $\tan\theta=\dfrac{1}{\overline{AH}}$ → $\overline{BH}$ $\therefore\ \overline{AH}=\dfrac{1}{\tan\theta}$

직각삼각형 BCH에서 $\tan5\theta=\dfrac{1}{\overline{CH}}$ → $\overline{BH}$ $\therefore\ \overline{CH}=\dfrac{1}{\tan5\theta}$

$$\therefore\ \overline{AC}=\overline{AH}-\overline{CH}=\frac{1}{\tan\theta}-\frac{1}{\tan5\theta}$$

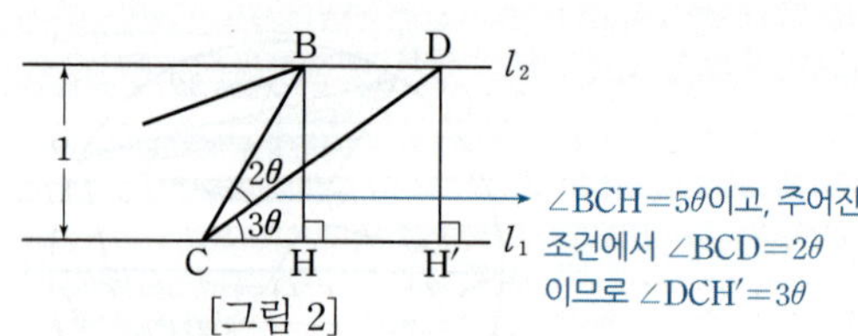

→ $\angle BCH=5\theta$이고, 주어진 조건에서 $\angle BCD=2\theta$이므로 $\angle DCH'=3\theta$

[그림 2]와 같이 점 D에서 직선 l_1에 내린 수선의 발을 H'이라 하면

직각삼각형 DCH'에서 $\tan3\theta=\dfrac{1}{\overline{CH'}}$ → $\overline{DH'}$ $\therefore\ \overline{CH'}=\dfrac{1}{\tan3\theta}$

$$\therefore\ \overline{BD}=\overline{HH'}=\overline{CH'}-\overline{CH}=\frac{1}{\tan3\theta}-\frac{1}{\tan5\theta}$$

Step 3 $\displaystyle\lim_{\theta\to0+}\dfrac{T_1}{T_2}$ 의 값을 구한다.

$$\lim_{\theta\to0+}\frac{T_1}{T_2}=\lim_{\theta\to0+}\frac{\overline{AC}}{\overline{BD}}=\lim_{\theta\to0+}\frac{\dfrac{1}{\tan\theta}-\dfrac{1}{\tan5\theta}}{\dfrac{1}{\tan3\theta}-\dfrac{1}{\tan5\theta}}$$

→ 분모, 분자에 각각 θ를 곱한다.

$$=\lim_{\theta\to0+}\frac{\dfrac{\theta}{\tan\theta}-\dfrac{\theta}{\tan5\theta}}{\dfrac{\theta}{\tan3\theta}-\dfrac{\theta}{\tan5\theta}}$$

$$=\frac{1-\dfrac{1}{5}}{\dfrac{1}{3}-\dfrac{1}{5}}=\frac{\dfrac{4}{5}}{\dfrac{2}{15}}=6$$

$$=\frac{\displaystyle\lim_{\theta\to0+}\frac{\theta}{\tan\theta}-\lim_{\theta\to0+}\frac{1}{5}\times\frac{5\theta}{\tan5\theta}}{\displaystyle\lim_{\theta\to0+}\frac{1}{3}\times\frac{3\theta}{\tan3\theta}-\lim_{\theta\to0+}\frac{1}{5}\times\frac{5\theta}{\tan5\theta}}$$

$$\lim_{\theta\to0}\frac{\tan\theta}{\theta}=\lim_{\theta\to0}\frac{\theta}{\tan\theta}=1$$

049 [정답률 34%] 정답 ③

그림과 같이 $\overline{AB}=1$, $\overline{BC}=2$인 삼각형 ABC에 대하여 선분 AC의 중점을 M이라 하고, 점 M을 지나고 선분 AB에 평행한 직선이 선분 BC와 만나는 점을 D라 하자. ∠BAC의 이등분선이 두 직선 BC, DM과 만나는 점을 각각 E, F라 하자. ∠CBA$=\theta$일 때, 삼각형 ABE의 넓이를 $f(\theta)$, 삼각형 DFC의 넓이를 $g(\theta)$라 하자. $\displaystyle\lim_{\theta\to0+}\dfrac{g(\theta)}{\theta^2\times f(\theta)}$의 값은?

(단, $0<\theta<\pi$) (4점)

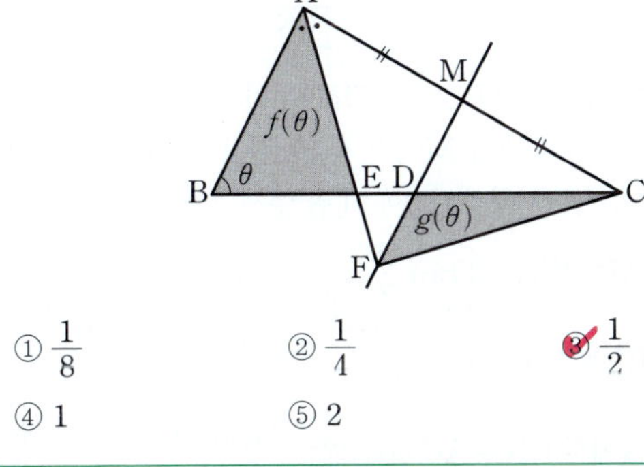

① $\dfrac{1}{8}$ ② $\dfrac{1}{4}$ ③ $\dfrac{1}{2}$

④ 1 ⑤ 2

Step 1 코사인법칙과 각의 이등분선의 성질을 이용하여 $f(\theta)$를 구한다.

삼각형 ABC에서 $\overline{AB}=1$, $\overline{BC}=2$이므로 코사인법칙에 의하여

$$\overline{AC}^2=\overline{AB}^2+\overline{BC}^2-2\times\overline{AB}\times\overline{BC}\times\cos\theta$$
$$=1+4-2\times1\times2\times\cos\theta$$
$$=5-4\cos\theta$$
$$\therefore\ \overline{AC}=\sqrt{5-4\cos\theta}$$

→ $0<\theta<\pi$에서 $-1<\cos\theta<1$이므로 $5-4\cos\theta>0$이야.

∠BAC의 이등분선이 선분 BC와 만나는 점이 E이므로

$$\overline{AB}:\overline{AC}=\overline{BE}:\overline{CE}$$ 에서 $1:\sqrt{5-4\cos\theta}=\overline{BE}:\overline{CE}$

$$\therefore\ \overline{BE}=\frac{1}{1+\sqrt{5-4\cos\theta}}\times\overline{BC}=\frac{2}{1+\sqrt{5-4\cos\theta}}$$

따라서 삼각형 ABE의 넓이 $f(\theta)$는

$$f(\theta)=\frac{1}{2}\times\overline{AB}\times\overline{BE}\times\sin\theta$$

$$=\frac{1}{2}\times1\times\frac{2}{1+\sqrt{5-4\cos\theta}}\times\sin\theta$$

$$=\frac{\sin\theta}{1+\sqrt{5-4\cos\theta}}$$

Step 2 삼각형 AFM이 이등변삼각형임을 이용하여 선분 DF의 길이를 구한다.

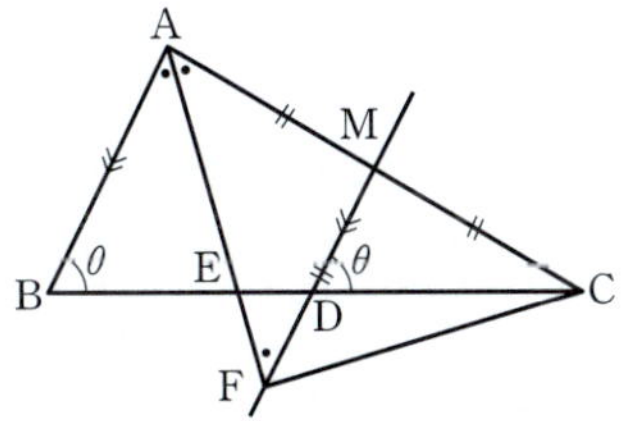

두 직선 AB, MF가 서로 평행하므로 ∠BAE$=$∠DFE (엇각)
따라서 삼각형 AFM은 이등변삼각형이다.
점 M이 선분 AC의 중점이므로 → 두 밑각 ∠MAF, ∠MFA의 크기가 같아.

$$\overline{AM}=\frac{1}{2}\overline{AC}=\frac{1}{2}\times\sqrt{5-4\cos\theta}$$

$$\therefore\ \overline{FM}=\overline{AM}=\frac{\sqrt{5-4\cos\theta}}{2}$$

→ ∠C는 공통이고, ∠ABC$=$∠MDC$=\theta$이므로 AA 닮음

두 삼각형 ABC, MDC는 서로 닮음이므로

$$\overline{AB}:\overline{DM}=\overline{AC}:\overline{CM}$$ 에서 $1:\overline{DM}=2:1$ $\therefore\ \overline{DM}=\frac{1}{2}$

$$\therefore\ \overline{DF}=\overline{FM}-\overline{DM}=\frac{\sqrt{5-4\cos\theta}-1}{2}$$

Step 3 $g(\theta)$를 구한다.

같은 방법으로 $\overline{BC}:\overline{CD}=\overline{AC}:\overline{CM}$에서
$2:\overline{CD}=2:1$ $\therefore\ \overline{CD}=1$
따라서 삼각형 DFC의 넓이 $g(\theta)$는

$$g(\theta)=\frac{1}{2}\times\overline{CD}\times\overline{DF}\times\sin(\angle CDF)$$

$$=\frac{1}{2}\times1\times\frac{\sqrt{5-4\cos\theta}-1}{2}\times\sin\theta$$

→ $=\sin(\pi-\angle MDC)$
$=\sin(\pi-\theta)$
$=\sin\theta$

$$=\frac{\sqrt{5-4\cos\theta}-1}{4}\times\sin\theta$$

Step 4 극한값을 구한다.

$$\lim_{\theta\to0+}\frac{g(\theta)}{\theta^2\times f(\theta)}$$

$$=\lim_{\theta\to0+}\frac{\dfrac{\sqrt{5-4\cos\theta}-1}{4}\times\sin\theta}{\theta^2\times\dfrac{\sin\theta}{1+\sqrt{5-4\cos\theta}}}$$

→ $\sin\theta$는 약분되어 사라져.

$$=\lim_{\theta\to0+}\frac{(\sqrt{5-4\cos\theta}+1)(\sqrt{5-4\cos\theta}-1)}{4\theta^2}$$

→ $=(\sqrt{5-4\cos\theta})^2-1^2$

$$=\lim_{\theta\to0+}\frac{(5-4\cos\theta)-1}{4\theta^2}$$

→ $=4-4\cos\theta=4(1-\cos\theta)$

$$=\lim_{\theta\to0+}\frac{1-\cos\theta}{\theta^2}$$

$$=\lim_{\theta\to0+}\frac{(1+\cos\theta)(1-\cos\theta)}{(1+\cos\theta)\times\theta^2}$$

$$=\lim_{\theta\to0+}\frac{\sin^2\theta}{(1+\cos\theta)\times\theta^2}$$

$$=\lim_{\theta\to0+}\left\{\frac{1}{1+\cos\theta}\times\left(\frac{\sin\theta}{\theta}\right)^2\right\}$$

$$=\frac{1}{2}\times1^2=\frac{1}{2}$$

050 [정답률 56%] 두 내각의 크기가 같으면 이등변삼각형! 정답 ②

그림과 같이 양수 θ에 대하여 $\angle ABC = \angle ACB = \theta$이고 $\overline{BC}=2$인 이등변삼각형 ABC가 있다. 삼각형 ABC의 내접원의 중심을 O, 선분 AB와 내접원이 만나는 점을 D, 선분 AC와 내접원이 만나는 점을 E라 하자. 삼각형 OED의 넓이를 $S(\theta)$라 할 때, $\displaystyle\lim_{\theta\to 0+}\frac{S(\theta)}{\theta^3}$의 값은? (3점)

↳ 도형의 넓이를 θ에 대한 식으로 나타내.

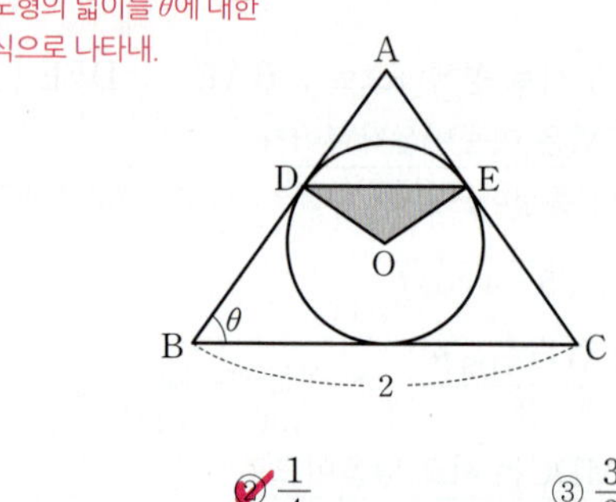

① $\dfrac{1}{8}$　　② $\dfrac{1}{4}$　　③ $\dfrac{3}{8}$

④ $\dfrac{1}{2}$　　⑤ $\dfrac{5}{8}$

Step 1 $\overline{DO}$를 θ로 나타낸 후 $S(\theta)$를 구한다.

점 O에서 선분 BC에 내린 수선의 발을 H라 하면 $\angle OBH = \dfrac{\theta}{2}$이므로

↳ 점 H는 내접원과 선분 BC의 접점이야!

$$\overline{OH} = \overline{BH}\tan\frac{\theta}{2} = \tan\frac{\theta}{2}$$

$\angle BAC = \pi - 2\theta$이므로 $\angle DOE = 2\theta$

$\angle DAE + \angle DOE = \pi$

$$\therefore S(\theta) = \frac{1}{2}\cdot\overline{OD}\cdot\overline{OE}\cdot\sin 2\theta$$
$$= \frac{1}{2}\left(\tan\frac{\theta}{2}\right)^2\sin 2\theta$$
$$(\because \overline{OD}=\overline{OE}=\overline{OH})$$

$\because \overline{BH}=\dfrac{1}{2}\overline{BC}=1$

사각형 OEAD의 네 내각의 크기의 합이 2π, $\angle ADO = \angle AEO = \dfrac{\pi}{2}$이기 때문이지!

$\therefore S(\theta) = \dfrac{1}{2}\times\overline{OD}\times\overline{OE}\times\sin(\angle DOE)$

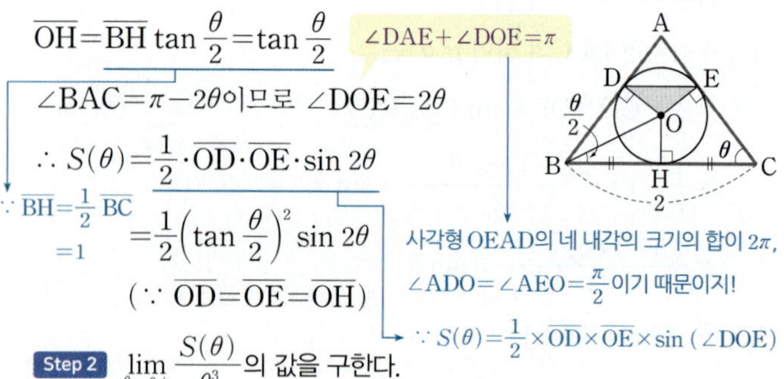

Step 2 $\displaystyle\lim_{\theta\to 0+}\frac{S(\theta)}{\theta^3}$의 값을 구한다.

$$\lim_{\theta\to 0+}\frac{S(\theta)}{\theta^3} = \lim_{\theta\to 0+}\frac{\frac{1}{2}\left(\tan\frac{\theta}{2}\right)^2\sin 2\theta}{\theta^3}$$

$\displaystyle\lim_{x\to 0}\frac{\tan ax}{x}=a$ (단, a는 상수)

$$= \lim_{\theta\to 0+}\frac{1}{2}\left(\frac{\tan\frac{\theta}{2}}{\theta}\right)^2\cdot\frac{\sin 2\theta}{\theta}$$
$$= \frac{1}{2}\cdot\left(\frac{1}{2}\right)^2\cdot 2 = \frac{1}{4}$$

이 부분이 θ라고 해서 'θ^3 중에서 θ 하나가 어디 갔지?' 하고 착각하면 안 돼!

---

051 [정답률 74%] 정답 ③

$\overline{AB}=8$, $\overline{AC}=\overline{BC}$, $\angle ABC=\theta$인 이등변삼각형 ABC가 있다. 그림과 같이 선분 BC의 연장선 위에 $\overline{AC}=\overline{AD}$인 점 D를 잡는다. 삼각형 ABC에 내접하는 원의 반지름의 길이를 r_1, 삼각형 ACD에 내접하는 원의 반지름의 길이를 r_2라 할 때, $\displaystyle\lim_{\theta\to 0+}\frac{r_1 r_2}{\theta^2}$의 값은? (4점)

어떻게 하면 삼각형의 각 변의 길이를 θ에 대한 식으로 나타낼 수 있을지 생각해.

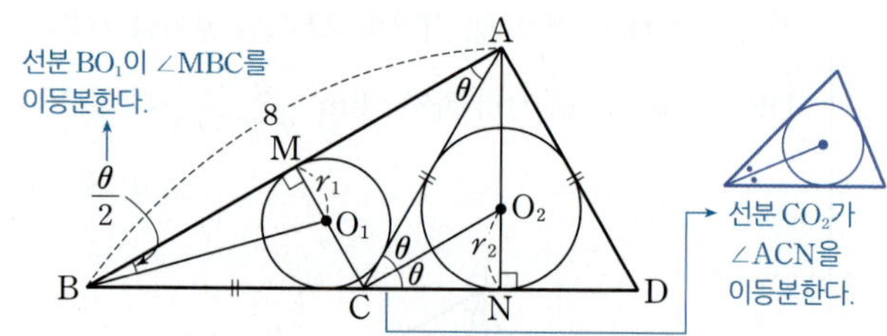

① 6　　② 7　　③ 8
④ 9　　⑤ 10

Step 1 이등변삼각형과 내접원 사이의 관계를 이용하여 r_1, r_2를 θ에 대한 식으로 나타낸다.

중요 삼각형의 내심은 세 내각의 이등분선의 교점이다.

선분 BO_1이 $\angle MBC$를 이등분한다.

선분 CO_2가 $\angle ACN$을 이등분한다.

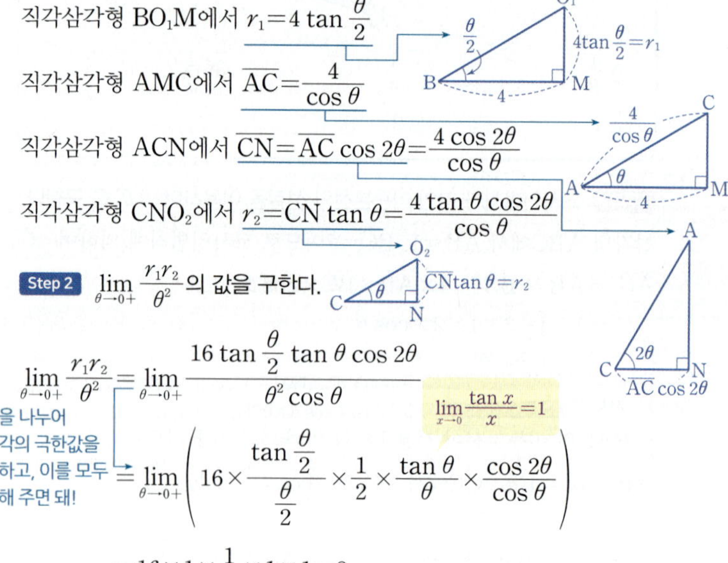

위의 그림과 같이 삼각형 ABC에 내접하는 원의 중심을 O_1, 점 O_1에서 $\overline{AB}$에 내린 수선의 발을 M이라 하고, 삼각형 ACD에 내접하는 원의 중심을 O_2, 점 O_2에서 $\overline{CD}$에 내린 수선의 발을 N이라 하면

직각삼각형 BO_1M에서 $r_1 = 4\tan\dfrac{\theta}{2}$

$4\tan\dfrac{\theta}{2}=r_1$

직각삼각형 AMC에서 $\overline{AC}=\dfrac{4}{\cos\theta}$

직각삼각형 ACN에서 $\overline{CN}=\overline{AC}\cos 2\theta = \dfrac{4\cos 2\theta}{\cos\theta}$

직각삼각형 CNO_2에서 $r_2 = \overline{CN}\tan\theta = \dfrac{4\tan\theta\cos 2\theta}{\cos\theta}$

$\overline{CN}\tan\theta = r_2$

Step 2 $\displaystyle\lim_{\theta\to 0+}\frac{r_1 r_2}{\theta^2}$의 값을 구한다.

$$\lim_{\theta\to 0+}\frac{r_1 r_2}{\theta^2} = \lim_{\theta\to 0+}\frac{16\tan\frac{\theta}{2}\tan\theta\cos 2\theta}{\theta^2\cos\theta}$$

$\displaystyle\lim_{x\to 0}\frac{\tan x}{x}=1$

식을 나누어 각각의 극한값을 구하고, 이를 모두 곱해 주면 돼!

$$= \lim_{\theta\to 0+}\left(16\times\frac{\tan\frac{\theta}{2}}{\frac{\theta}{2}}\times\frac{1}{2}\times\frac{\tan\theta}{\theta}\times\frac{\cos 2\theta}{\cos\theta}\right)$$

$$= 16\times 1\times\frac{1}{2}\times 1\times 1 = 8$$

수능포인트

모든 변의 길이를 삼각비를 이용하여 '삼각함수'로 표현하는 것이 문제의 포인트입니다. 즉, r_1, r_2를 θ의 함수로 표현할 줄 알아야 합니다.

052 [정답률 71%]　　　　　정답 ④

그림과 같이 빗변 AC의 길이가 1이고 ∠BAC=θ인
직각삼각형 ABC가 있다. 점 B를 중심으로 하고 점 C를
지나는 원이 선분 AC와 만나는 점 중 점 C가 아닌 점을 D라
하고, 점 D에서 선분 AB에 내린 수선의 발을 E라 하자.
사각형 BCDE의 넓이를 $S(\theta)$라 할 때, $\lim\limits_{\theta \to 0+} \dfrac{S(\theta)}{\theta^3}$의 값은?

↳ 사다리꼴의 윗변과 아랫변의 길이,
　높이를 θ에 대하여 나타내.

$$\left(\text{단, } 0 < \theta < \frac{\pi}{4}\right) \text{ (4점)}$$

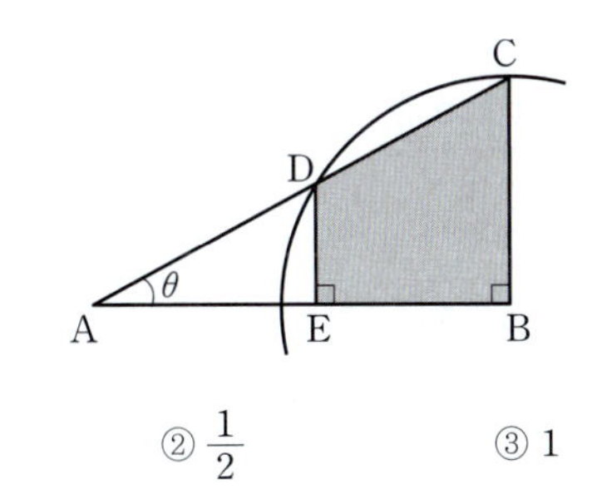

① $\dfrac{1}{4}$　　　② $\dfrac{1}{2}$　　　③ 1

④ 2　　　⑤ 4

Step 1 $\overline{BC}=\overline{BD}$임을 이용하여 두 선분 BE, DE의 길이를 구한다.

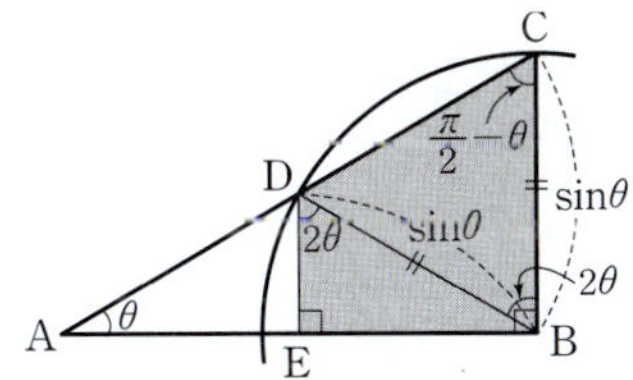

직각삼각형 ABC에서 $\overline{AC}=1$, ∠BAC=θ이므로
$\overline{BC}=\sin\theta$
$\overline{BD}=\overline{BC}=\sin\theta$이므로 삼각형 BCD는 이등변삼각형이다.
　↳ 점 D가 점 B를 중심으로 하고 반지름이 $\overline{BC}$인 원 위의 점이기 때문이야.
∠BCD=∠BDC=$\dfrac{\pi}{2}-\theta$이므로
　↳ $\pi-\left(\dfrac{\pi}{2}+\angle BAC\right)=\pi-\left(\dfrac{\pi}{2}+\theta\right)$
∠CBD=$\pi-2\left(\dfrac{\pi}{2}-\theta\right)=2\theta$
　↳ 두 직선이 평행할 때 엇각의 크기가 서로 같음을 이용했어.
이때 $\overline{BC} \parallel \overline{ED}$이므로 ∠BDE=∠CBD=$2\theta$
직각삼각형 BDE에서 $\overline{BE}=\sin\theta\sin 2\theta$, $\overline{DE}=\sin\theta\cos 2\theta$

Step 2 사다리꼴 BCDE의 넓이를 구하고 $\lim\limits_{\theta \to 0+}\dfrac{S(\theta)}{\theta^3}$의 값을 계산한다.

따라서 사다리꼴 BCDE의 넓이는
$$S(\theta)=\frac{1}{2}\times(\overline{DE}+\overline{BC})\times\overline{BE}$$
$$=\frac{1}{2}(\sin\theta\cos 2\theta+\sin\theta)\times\sin\theta\sin 2\theta$$
$$=\frac{1}{2}\sin^2\theta\sin 2\theta(\cos 2\theta+1)$$

$$\therefore \lim_{\theta \to 0+}\frac{S(\theta)}{\theta^3}=\lim_{\theta \to 0+}\frac{\frac{1}{2}\sin^2\theta\sin 2\theta(\cos 2\theta+1)}{\theta^3}$$
$$=\lim_{\theta \to 0+}\frac{\sin^2\theta}{\theta^2}\times\lim_{\theta \to 0+}\frac{\sin 2\theta}{2\theta}\times\lim_{\theta \to 0+}(\cos 2\theta+1)$$
$$=2$$
　↳ $=\lim\limits_{\theta \to 0+}\left(\dfrac{\sin\theta}{\theta}\times\dfrac{\sin\theta}{\theta}\right)=1\times 1=1$
　↳ $=\cos 0+1=2$

---

053 [정답률 65%]　　　　　정답 ②

그림과 같이 $\overline{AB}=1$, ∠B=$\dfrac{\pi}{2}$인 직각삼각형 ABC에서
∠C를 이등분하는 직선과 선분 AB의 교점을 D, 중심이
A이고 반지름의 길이가 $\overline{AD}$인 원과 선분 AC의 교점을 E라
하자. ∠A=θ일 때, 부채꼴 ADE의 넓이를 $S(\theta)$, 삼각형
BCE의 넓이를 $T(\theta)$라 하자. $\lim\limits_{\theta \to 0+}\dfrac{\{S(\theta)\}^2}{T(\theta)}$의 값은? (4점)

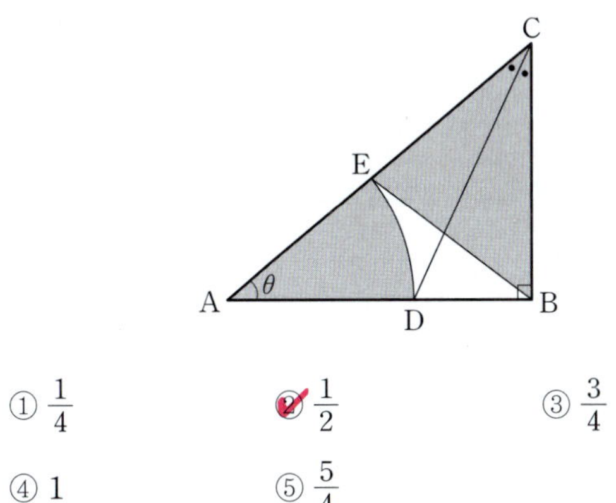

① $\dfrac{1}{4}$　　　② $\dfrac{1}{2}$　　　③ $\dfrac{3}{4}$

④ 1　　　⑤ $\dfrac{5}{4}$

Step 1 $S(\theta)$를 구한다.

직각삼각형 ABC에서 $\overline{AB}=1$,
∠A=θ이므로 $\overline{BC}=\tan\theta$,
$\overline{AC}=\dfrac{1}{\cos\theta}=\sec\theta$

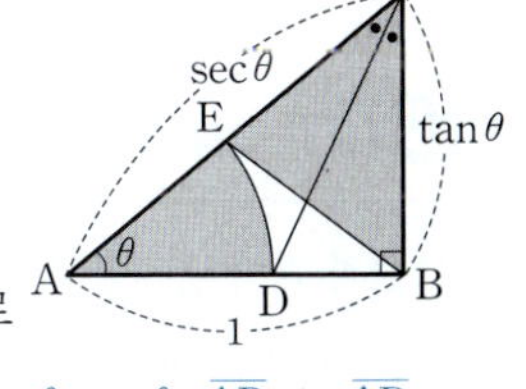

　↳ $\dfrac{\overline{AB}}{\overline{AC}}=\cos\theta$에서
　　$\overline{AC}=\dfrac{\overline{AB}}{\cos\theta}=\dfrac{1}{\cos\theta}$

이때 선분 CD가 ∠ACB를 이등분하므로
$\overline{AC}:\overline{BC}=\overline{AD}:\overline{BD}$
　→ $\sec\theta:\tan\theta=\overline{AD}:1-\overline{AD}$
$$\therefore \overline{AD}=\frac{\sec\theta}{\sec\theta+\tan\theta}=\frac{1}{1+\sin\theta}$$
　　$\tan\theta\,\overline{AD}=(1-\overline{AD})\sec\theta$
　　$=\sec\theta-\sec\theta\,\overline{AD}$
　　$\overline{AD}(\tan\theta+\sec\theta)=\sec\theta$
　　$\overline{AD}=\dfrac{\sec\theta}{\tan\theta+\sec\theta}$
　↳ 분모, 분자에 각각 $\cos\theta$를 곱하였어.

$$\therefore S(\theta)=\frac{1}{2}\times\left(\frac{1}{1+\sin\theta}\right)^2\times\theta$$

Step 2 $T(\theta)$를 구한다.
　↳ 반지름의 길이가 r,
　중심각의 크기가 θ인 부채꼴의 넓이는 $\dfrac{1}{2}r^2\theta$

$\overline{AE}=\overline{AD}=\dfrac{1}{1+\sin\theta}$이므로
$$\overline{CE}=\frac{1}{\cos\theta}-\frac{1}{1+\sin\theta}=\frac{1+\sin\theta-\cos\theta}{\cos\theta(1+\sin\theta)}$$
　↳ 통분하기 위해
　$\sec\theta$ 대신 $\dfrac{1}{\cos\theta}$을 써주었어.

$$\therefore T(\theta)=\frac{1}{2}\times\overline{CE}\times\overline{BC}\times\sin(\angle ACB)$$
　→ $\pi-\angle A-\dfrac{\pi}{2}=\dfrac{\pi}{2}-\theta$
$$=\frac{1}{2}\times\frac{1+\sin\theta-\cos\theta}{\cos\theta(1+\sin\theta)}\times\tan\theta\times\sin\left(\frac{\pi}{2}-\theta\right)$$
$$=\frac{1}{2}\times\frac{1+\sin\theta-\cos\theta}{\cos\theta(1+\sin\theta)}\times\tan\theta\times\cos\theta$$
$$=\frac{1}{2}\times\frac{1+\sin\theta-\cos\theta}{1+\sin\theta}\times\tan\theta$$

Step 3 $\lim\limits_{\theta\to 0+}\dfrac{\{S(\theta)\}^2}{T(\theta)}$ 의 값을 구한다.

$$\therefore \lim_{\theta\to 0+}\frac{\{S(\theta)\}^2}{T(\theta)}=\lim_{\theta\to 0+}\frac{\left\{\dfrac{1}{2}\times\left(\dfrac{1}{1+\sin\theta}\right)^2\times\theta\right\}^2}{\dfrac{1}{2}\times\dfrac{1+\sin\theta-\cos\theta}{1+\sin\theta}\times\tan\theta}$$

$$=\lim_{\theta\to 0+}\frac{\dfrac{1}{4}\times\dfrac{1}{(1+\sin\theta)^4}\times\theta^2}{\dfrac{1}{2}\times\dfrac{1+\sin\theta-\cos\theta}{1+\sin\theta}\times\tan\theta}$$

$$=\frac{\dfrac{1}{4}}{\dfrac{1}{2}}\times\lim_{\theta\to 0+}\frac{\dfrac{1}{(1+\sin\theta)^4}}{\dfrac{1}{1+\sin\theta}} \qquad =\lim_{\theta\to 0+}\frac{1}{(1+\sin\theta)^3}=1$$

$$\times\lim_{\theta\to 0+}\frac{\theta}{1+\sin\theta-\cos\theta}\times\lim_{\theta\to 0+}\frac{\theta}{\tan\theta}$$

$\dfrac{1+\sin\theta-\cos\theta}{\theta}=\dfrac{\sin\theta}{\theta}+\dfrac{1-\cos\theta}{\theta}$ 임을 이용! $\qquad =\lim_{\theta\to 0+}\dfrac{1}{\dfrac{\tan\theta}{\theta}}$

$$=\frac{1}{2}\times\lim_{\theta\to 0+}\frac{1}{\dfrac{\sin\theta}{\theta}+\dfrac{1-\cos\theta}{\theta}} \qquad =1$$

$$=\frac{1}{2}\times\frac{1}{\lim\limits_{\theta\to 0+}\dfrac{\sin\theta}{\theta}+\lim\limits_{\theta\to 0+}\dfrac{1-\cos\theta}{\theta}}$$

$\qquad\qquad\qquad\uparrow =1$

$$=\frac{1}{2}\times\frac{1}{1+0}=\frac{1}{2}$$

$\lim\limits_{\theta\to 0+}\dfrac{(1-\cos\theta)(1+\cos\theta)}{\theta(1+\cos\theta)}$
$=\lim\limits_{\theta\to 0+}\dfrac{\sin^2\theta}{\theta(1+\cos\theta)}$
$=\lim\limits_{\theta\to 0+}\left(\dfrac{\sin\theta}{\theta}\times\dfrac{\sin\theta}{1+\cos\theta}\right)=0$

---

054 [정답률 81%] 정답 ④

그림과 같이 반지름의 길이가 1인 원에 외접하고 $\angle CAB=\angle BCA=\theta$ 인 이등변삼각형 ABC가 있다. 선분 AB의 연장선 위에 점 A가 아닌 점 D를 $\angle DCB=\theta$ 가 되도록 잡는다. 삼각형 BDC의 넓이를 $S(\theta)$ 라 할 때, $\lim\limits_{\theta\to 0+}\{\theta\times S(\theta)\}$ 의 값은? $\left(\text{단, } 0<\theta<\dfrac{\pi}{4}\right)$ (4점)

→ 변의 길이를 θ 에 대한 식으로 나타내기 위해서는 직각삼각형이 필요해. 문제에서 주어진 그림과 같이 직각삼각형이 없는 도형에서는 다른 선분을 긋거나 연장선을 통해 직각삼각형을 만들어 주는 것이 좋아.

① $\dfrac{2}{3}$ ② $\dfrac{8}{9}$ ③ $\dfrac{10}{9}$

④ $\dfrac{4}{3}$ ⑤ $\dfrac{14}{9}$

직각삼각형을 만들어 주었어.

이등변삼각형의 내심은 밑변의 수직이등분선 위에 있고, 선분 BE는 이등변삼각형 ABC의 내심 O를 지나므로 밑변 AC의 수직이등분선이다.

Step 1 $\overline{BC}$, $\overline{CD}$ 를 θ 에 대한 식으로 나타낸다. 오른쪽 그림과 같이 내접원의 중심을 O, 선분 BO의 연장선이 선분 AC와 만나는 점을 E, 점 C에서 선분 AD의 연장선에 내린 수선의 발을 H라 하자.

삼각형 ABC가 $\angle CAB=\angle BCA$ 인

이등변삼각형이므로 점 B에서 선분 AC에 내린 수선은 점 E와 만난다. 즉, $\overline{AC}\perp\overline{BE}$ 이다.

점 O는 삼각형 ABC의 내심이므로 선분 OA는 $\angle BAE$ 를 이등분한다.

삼각형 OAE에서 $\angle OAE=\dfrac{\theta}{2}$ 이므로

$$\overline{AE}=\frac{1}{\tan\dfrac{\theta}{2}} \qquad\cdots\cdots ㉠$$

삼각형 ABE에서 $\overline{AB}=\dfrac{\overline{AE}}{\cos\theta}$ 이고 $\dfrac{\overline{AE}}{\overline{AB}}=\cos\theta$

$\overline{AB}=\overline{BC}$ 이므로

$$\overline{BC}=\frac{\overline{AE}}{\cos\theta}=\frac{1}{\cos\theta\tan\dfrac{\theta}{2}} \quad (\because ㉠)$$

$\angle CBH=2\theta$ 이므로

$$\overline{CH}=\overline{BC}\sin 2\theta=\frac{\sin 2\theta}{\cos\theta\tan\dfrac{\theta}{2}}$$

$\dfrac{\overline{AE}}{\cos\theta}=\dfrac{\dfrac{1}{\tan\dfrac{\theta}{2}}}{\cos\theta}=\dfrac{1}{\cos\theta\cdot\tan\dfrac{\theta}{2}}$

삼각형의 한 외각의 크기는 이와 이웃하지 않는 두 내각의 크기의 합과 같다. 즉, $\angle CBH=\angle BAC+\angle BCA=\theta+\theta=2\theta$

$\angle CDH=3\theta$ 이므로

삼각형 BHC에서 $\dfrac{\overline{CH}}{\overline{BC}}=\sin 2\theta$

$$\overline{CD}=\frac{\overline{CH}}{\sin 3\theta}=\frac{\sin 2\theta}{\sin 3\theta\cos\theta\tan\dfrac{\theta}{2}}$$

삼각형 DHC에서 $\dfrac{\overline{CH}}{\overline{CD}}=\sin 3\theta$

$$\therefore S(\theta)=\frac{1}{2}\cdot\overline{BC}\cdot\overline{CD}\cdot\sin\theta$$

$=2\sin\theta\cos\theta$

$$=\frac{1}{2}\cdot\frac{1}{\cos\theta\tan\dfrac{\theta}{2}}\cdot\frac{\sin 2\theta}{\sin 3\theta\cos\theta\tan\dfrac{\theta}{2}}\cdot\sin\theta$$

$$=\frac{\sin^2\theta}{\tan^2\dfrac{\theta}{2}\sin 3\theta\cos\theta}$$

$$\therefore \lim_{\theta\to 0+}\{\theta\times S(\theta)\}$$

$\lim\limits_{\square\to 0}\dfrac{\sin\square}{\square}=\lim\limits_{\square\to 0}\dfrac{\square}{\sin\square}=1,\ \lim\limits_{\square\to 0}\dfrac{\square}{\tan\square}=1$ 을 이용하기 위해서 식을 변형시켰어.

$$=\lim_{\theta\to 0+}\left\{\left(\frac{\sin\theta}{\theta}\right)^2\cdot\left(\frac{\dfrac{\theta}{2}}{\tan\dfrac{\theta}{2}}\right)^2\cdot\frac{3\theta}{\sin 3\theta}\cdot\frac{1}{\cos\theta}\cdot\frac{4}{3}\right\}$$

$\to \cos 0=1$

$$=1^2\cdot 1^2\cdot 1\cdot 1\cdot\frac{4}{3}=\frac{4}{3}$$

⭐ **다른 풀이** 선분 BC, CD의 길이를 다른 방식으로 구하는 풀이

Step 1 $\triangle ABC=\dfrac{1}{2}(\overline{AB}+\overline{BC}+\overline{AC})$ 임을 이용하여 선분 BC, CD의 길이를 구한다. $\overline{AC}=$(밑변의 길이), $\overline{BE}=$(높이)

(삼각형의 넓이)$=\dfrac{1}{2}$ × (내접원의 반지름의 길이) × (삼각형의 세 변의 길이의 합)

$\triangle ABC$ 에 내접하는 원의 반지름의 길이가 1이므로 에서 내접원의 반지름의 길이는 1이다.

$$\triangle ABC=\frac{1}{2}\cdot\overline{AC}\cdot\overline{BE}=\frac{1}{2}\cdot 1\cdot(\overline{AB}+\overline{BC}+\overline{AC}) \qquad\cdots\cdots ㉠$$

이때 $\overline{AB}=a$ 라 하면 $\overline{BC}=a$, $\overline{AC}=2\overline{AE}=2a\cos\theta$, $\overline{BE}=a\sin\theta$ 이고 이를 ㉠에 대입하면

$$\triangle ABC=\frac{1}{2}\cdot 2a\cos\theta\cdot a\sin\theta$$

$$=\frac{1}{2}\cdot 1\cdot(a+a+2a\cos\theta)$$

$$a^2\sin\theta\cos\theta=a(1+\cos\theta)$$

직각삼각형 ABE에서 $\overline{AB}=a$, $\dfrac{\overline{AE}}{\overline{AB}}=\cos\theta$, $\dfrac{\overline{BE}}{\overline{AB}}=\sin\theta$

$\sin(\theta+\theta)=\sin\theta\cos\theta+\cos\theta\sin\theta=2\sin\theta\cos\theta$

$$\therefore a=\frac{2(1+\cos\theta)}{\sin 2\theta} \quad (\because a>0,\ \sin 2\theta=2\sin\theta\cos\theta)$$

$\angle CBH=\theta+\theta=2\theta$ 이므로

삼각형의 한 외각의 크기는 이와 이웃하지 않는 두 내각의 크기의 합과 같다. 즉, $\angle CBH=\angle BAC+\angle BCA=2\theta$

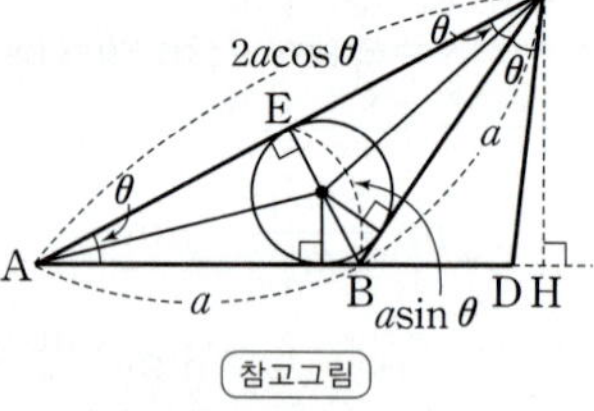

$$\overline{\text{CH}}=a\sin 2\theta=\frac{2(1+\cos\theta)}{\sin 2\theta}\cdot\sin 2\theta=2(1+\cos\theta)$$

└→ 삼각형 BHC에서 $\dfrac{\overline{\text{CH}}}{\overline{\text{BC}}}=\sin 2\theta$

$\angle\text{CDH}=\theta+2\theta=3\theta$이므로

$$\overline{\text{CD}}=\frac{\overline{\text{CH}}}{\sin 3\theta}=\frac{2(1+\cos\theta)}{\sin 3\theta}$$

└→ 삼각형 DHC에서 $\dfrac{\overline{\text{CH}}}{\overline{\text{CD}}}=\sin 3\theta$

Step 2 $S(\theta)$를 구한다.

$$S(\theta)=\frac{1}{2}\cdot\overline{\text{BC}}\cdot\overline{\text{CD}}\cdot\sin\theta$$

→ 두 변의 길이가 a, b이고 그 끼인각의 크기가 θ인 삼각형의 넓이는 $\dfrac{1}{2}ab\sin\theta$

$$=\frac{1}{2}\cdot\frac{2(1+\cos\theta)}{\sin 2\theta}\cdot\frac{2(1+\cos\theta)}{\sin 3\theta}\cdot\sin\theta$$

$$=\frac{(1+\cos\theta)^2}{\cos\theta\sin 3\theta}$$

└→ $=2\sin\theta\cos\theta$

Step 3 $\displaystyle\lim_{\theta\to 0+}\{\theta\times S(\theta)\}$의 값을 구한다.

$$\lim_{\theta\to 0+}\{\theta\times S(\theta)\}=\lim_{\theta\to 0+}\left\{\frac{(1+\cos\theta)^2}{\cos\theta}\cdot\frac{3\theta}{\sin 3\theta}\cdot\frac{1}{3}\right\}$$

$$=\frac{2^2}{1}\cdot 1\cdot\frac{1}{3}=\frac{4}{3}$$

055 [정답률 83%]

정답 ④

그림과 같이 한 변의 길이가 1인 정사각형 ABCD가 있다. 변 CD 위의 점 E에 대하여 선분 DE를 지름으로 하는 원과 직선 BE가 만나는 점 중 E가 아닌 점을 F라 하자. $\angle\text{EBC}=\theta$라 할 때, 점 E를 포함하지 않는 호 DF를 이등분하는 점과 선분 DF의 중점을 지름의 양 끝점으로 하는 원의 반지름의 길이를 $r(\theta)$라 하자. $\displaystyle\lim_{\theta\to\frac{\pi}{4}}\frac{r(\theta)}{\frac{\pi}{4}-\theta}$의 값은?

└→ $r(\theta)$를 삼각함수를 이용하여 θ에 대한 식으로 나타내.

$$\left(\text{단},\ 0<\theta<\frac{\pi}{4}\right)\ \text{(4점)}$$

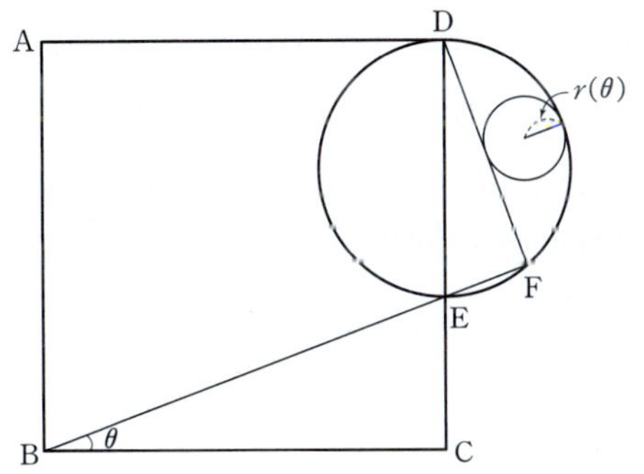

① $\dfrac{1}{7}(2-\sqrt{2})$ ② $\dfrac{1}{6}(2-\sqrt{2})$ ③ $\dfrac{1}{5}(2-\sqrt{2})$

④ $\dfrac{1}{4}(2-\sqrt{2})$ ⑤ $\dfrac{1}{3}(2-\sqrt{2})$

Step 1 도형의 성질을 이용하여 $r(\theta)$를 θ에 대한 식으로 정리한다.

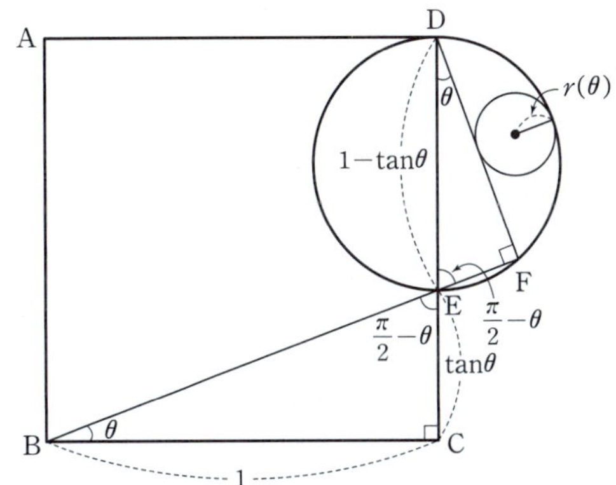

$\angle\text{EBC}=\theta$이므로

$\angle\text{BEC}=\angle\text{DEF}=\dfrac{\pi}{2}-\theta$ ($\because$ 맞꼭지각)

삼각형 DEF에서 $\angle\text{DFE}=\dfrac{\pi}{2}$이므로

$\angle\text{EDF}=\theta$

└→ 맞꼭지각 엇각

한편, 삼각형 EBC에서 $\tan\theta=\dfrac{\overline{\text{EC}}}{\overline{\text{BC}}}=\dfrac{\overline{\text{EC}}}{1}=\overline{\text{EC}}$이므로

$\overline{\text{EC}}=\tan\theta,$

$\overline{\text{DE}}=1-\tan\theta$

암기 $\sin\theta=\dfrac{b}{c}$ $\cos\theta=\dfrac{a}{c}$ $\tan\theta=\dfrac{b}{a}$

선분 DE의 중점을 M이라 하면

$\overline{\text{DM}}=\dfrac{1-\tan\theta}{2}$

└→ $\overline{\text{DM}}=\overline{\text{EM}}=\dfrac{1}{2}\overline{\text{DE}}$

선분 DF가 작은 원과 접하는 점을 N이라 하면 점 N은 선분 DF의 중점이고, 점 M은 선분 DE의 중점이므로 삼각형의 중점연결 정리에 의하여 $\angle\text{DNM}=\angle\text{DFE}=90°$이다.

따라서 직각삼각형 DMN에서 $\sin\theta=\dfrac{\overline{\text{MN}}}{\dfrac{1-\tan\theta}{2}}$이므로

└→ $\sin\theta=\dfrac{\overline{\text{MN}}}{\overline{\text{DM}}}$

$$\overline{\text{MN}}=\frac{1-\tan\theta}{2}\times\sin\theta$$

이때 반지름의 길이가 $r(\theta)$인 원과 선분 DF가 접하고 (직선 MN)$\perp\overline{\text{DF}}$이므로 직선 MN은 작은 원의 중심을 지난다. 따라서 반지름의 길이가 $r(\theta)$인 원이 호 DF와 만나는 점을 G라 하면

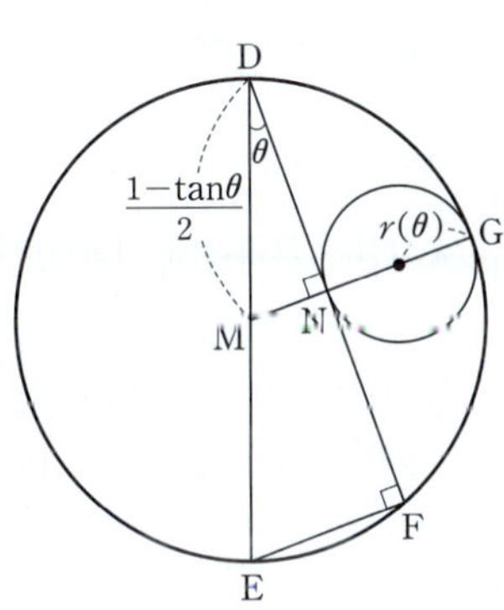

$$\overline{\text{MG}}=\overline{\text{DM}}=\frac{1-\tan\theta}{2}$$

$$=\overline{\text{MN}}+2\times r(\theta)$$

이므로

$$r(\theta)=\frac{1}{2}(\overline{\text{MG}}-\overline{\text{MN}})=\frac{1}{2}(\overline{\text{DM}}-\overline{\text{MN}})$$

$$=\frac{1}{2}\left(\frac{1-\tan\theta}{2}-\frac{1-\tan\theta}{2}\times\sin\theta\right)$$

$$=\frac{1}{2}\times\frac{1-\tan\theta}{2}\times(1-\sin\theta)$$

$$=\frac{(1-\tan\theta)(1-\sin\theta)}{4}$$

Step 2 삼각함수의 극한을 이용한다.

$$\lim_{\theta \to \frac{\pi}{4}} \frac{r(\theta)}{\frac{\pi}{4}-\theta} = \lim_{\theta \to \frac{\pi}{4}} \frac{\dfrac{(1-\tan\theta)(1-\sin\theta)}{4}}{\frac{\pi}{4}-\theta}$$

$$= \lim_{\theta \to \frac{\pi}{4}} \frac{1-\tan\theta}{\frac{\pi}{4}-\theta} \times \lim_{\theta \to \frac{\pi}{4}} \frac{1-\sin\theta}{4}$$

$\displaystyle\lim_{\theta \to \frac{\pi}{4}} \frac{1-\tan\theta}{\frac{\pi}{4}-\theta}$에서 $\frac{\pi}{4}-\theta=t$로 놓으면 $\theta \to \frac{\pi}{4}-$일 때

$t \to 0+$이므로 $r(\theta)=\dfrac{(1-\tan\theta)(1-\sin\theta)}{4}$ 대입

$$\lim_{\theta \to \frac{\pi}{4}} \frac{1-\tan\theta}{\frac{\pi}{4}-\theta} = \lim_{t \to 0+} \frac{1-\tan\left(\frac{\pi}{4}-t\right)}{t}$$

삼각함수의 덧셈정리 $\tan(a-b)=\dfrac{\tan a - \tan b}{1+\tan a \tan b}$

$$= \lim_{t \to 0+} \frac{1-\dfrac{\tan\frac{\pi}{4}-\tan t}{1+\tan\frac{\pi}{4}\cdot\tan t}}{t}$$

$\tan\frac{\pi}{4}=1$

$$= \lim_{t \to 0+} \frac{1-\dfrac{1-\tan t}{1+\tan t}}{t}$$

분모, 분자에 $1+\tan t$를 곱한다.

$$= \lim_{t \to 0+} \frac{1+\tan t-(1-\tan t)}{t(1+\tan t)}$$

$$= \lim_{t \to 0+} \frac{2\tan t}{t(1+\tan t)}$$

$$= \lim_{t \to 0+} \frac{\tan t}{t} \times \lim_{t \to 0+} \frac{2}{1+\tan t}$$

$$= 1 \times 2 = 2$$

참고로, $\displaystyle\lim_{x \to 0} \frac{\sin x}{x}=1$

$$\therefore \lim_{\theta \to \frac{\pi}{4}} \frac{r(\theta)}{\frac{\pi}{4}-\theta} = 2 \times \lim_{\theta \to \frac{\pi}{4}} \frac{1-\sin\theta}{4}$$

식에 $\theta=\frac{\pi}{4}$ 대입

$$= 2 \times \frac{1-\frac{\sqrt{2}}{2}}{4} = \frac{1}{4}(2-\sqrt{2})$$

Step 1 삼각형 PQR의 두 변 PR, PQ의 길이를 구한다.

두 점 B, Q를 잇는 선분을 그리면 삼각형 BPQ와 삼각형 BCQ는 서로 합동이다. (RHS 합동)

따라서 $\angle PBQ = \angle CBQ = \dfrac{\theta}{2}$이므로

$\tan\dfrac{\theta}{2} = \dfrac{\overline{CQ}}{\overline{BC}} = \dfrac{\overline{CQ}}{3}$에서

두 삼각형 BPQ와 BCQ가 합동인 것을 이용했어.

$\overline{CQ} = \overline{PQ} = 3\tan\dfrac{\theta}{2}$

이때 $\tan\theta = \dfrac{\overline{PR}}{\overline{PQ}}$에서

$\overline{PR} = \overline{PQ}\tan\theta = 3\tan\dfrac{\theta}{2}\tan\theta$

$\angle BPQ = \angle BCQ = \dfrac{\pi}{2}$이고 $\overline{BQ}$는 공통인 직각삼각형의 빗변, 또 $\overline{BP}=\overline{BC}=3$이기 때문이야.

Step 2 $f(\theta)$를 구하여 구하는 값을 찾는다.

삼각형 PQR의 넓이 $f(\theta)$는

$$f(\theta) = \frac{1}{2} \times \overline{PQ} \times \overline{PR}$$

$$= \frac{1}{2} \times 3\tan\frac{\theta}{2} \times 3\tan\frac{\theta}{2}\tan\theta$$

$$= \frac{9}{2}\tan^2\frac{\theta}{2}\tan\theta$$

$$\therefore \lim_{\theta \to 0+} \frac{8f(\theta)}{\theta^3} = 8 \times \frac{9}{2} \lim_{\theta \to 0+} \frac{\tan^2\frac{\theta}{2}\tan\theta}{\theta^3}$$

$$= 8 \times \frac{9}{2} \lim_{\theta \to 0+} \frac{\tan\frac{\theta}{2}}{\frac{\theta}{2}} \times \lim_{\theta \to 0+} \frac{\tan\frac{\theta}{2}}{\frac{\theta}{2}} \times \lim_{\theta \to 0+} \frac{\tan\theta}{\theta} \times \frac{1}{4}$$

$\displaystyle\lim_{\square \to 0} \frac{\tan\square}{\square}=1$

$$= 8 \times \frac{9}{2} \times 1 \times 1 \times 1 \times \frac{1}{4}$$

$$= 9$$

$\angle PQR = \theta$야. 왜냐하면 직각삼각형 BCR에서 $\angle BRC = \angle PRQ = \dfrac{\pi}{2}-\theta$이므로 직각삼각형 PQR에서 $\angle PQR = \dfrac{\pi}{2}-\angle PRQ = \dfrac{\pi}{2}-\left(\dfrac{\pi}{2}-\theta\right)=\theta$

---

056 [정답률 69%]

정답 **9**

그림과 같이 한 변의 길이가 3인 정사각형 ABCD 안에 중심각의 크기가 $\dfrac{\pi}{2}$이고 반지름의 길이가 3인 부채꼴 BCA가 있다. 호 AC 위의 점 P에서의 접선이 선분 CD와 만나는 점을 Q, 선분 BP의 연장선이 선분 CD와 만나는 점을 R이라 하자. $\angle PBC=\theta$일 때, 삼각형 PQR의 넓이를 $f(\theta)$라 하자. $\displaystyle\lim_{\theta \to 0+} \frac{8f(\theta)}{\theta^3}$의 값을 구하시오. $\left(\text{단, } 0<\theta<\dfrac{\pi}{4}\right)$ (4점)

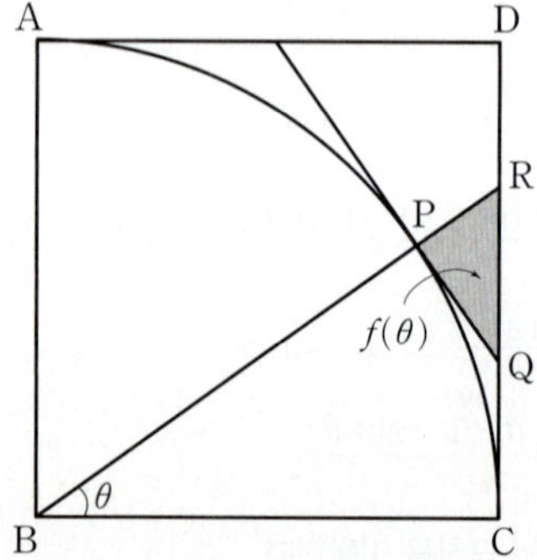

---

057 [정답률 69%]

정답 **18**

그림과 같이 길이가 12인 선분 AB를 지름으로 하는 반원의 호 AB 위에 $\angle PAB=\theta\left(0<\theta<\dfrac{\pi}{6}\right)$인 점 P가 있다.

$\angle APQ=3\theta$가 되도록 선분 AB 위의 점 Q를 잡을 때, 두 선분 PQ, QB와 호 BP로 둘러싸인 부분의 넓이를 $S(\theta)$라 하자. $\displaystyle\lim_{\theta \to 0+} \frac{S(\theta)}{\theta}$의 값을 구하시오. (4점)

반원의 중심을 M이라 할 때, 삼각형 APM은 이등변삼각형이라는 것을 이용

Step 1 $S(\theta)$를 구한다.

오른쪽 그림과 같이 선분 AB의
중점을 M이라 하면 삼각형 APM은
이등변삼각형이므로

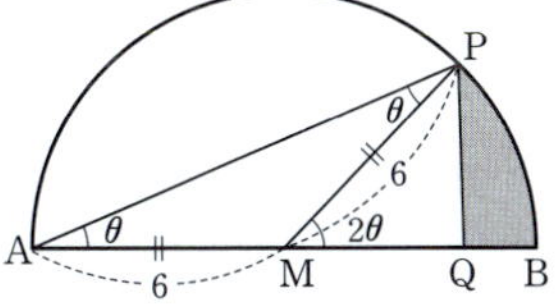

$\angle MAP = \angle MPA = \theta$

$\therefore \angle PMQ = \angle MAP + \angle MPA = 2\theta$ → 삼각형의 한 외각의 크기는 이와 이웃하지
않는 두 내각의 크기의 합과 같아.

$\angle APQ = 3\theta$ 이고

$\angle APQ = \angle MPA + \angle MPQ$ 이므로 $\angle MPQ = 2\theta$

따라서 $\angle PMQ = \angle MPQ = 2\theta$ 이므로 삼각형 PMQ는 이등변삼각형
이다. → 두 밑각의 크기가 같으므로 이등변삼각형이야.

오른쪽 그림과 같이 점 Q에서 선분
PM에 내린 수선의 발을 Q′이라 하면
$\overline{PQ'} = \overline{MQ'}$ 이고 $\overline{PM} \perp \overline{QQ'}$ 이므로
삼각형 MQQ′에서

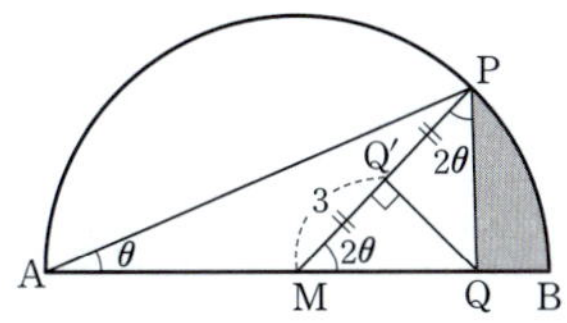

$\overline{QQ'} = \overline{MQ'} \cdot \tan 2\theta = 3 \tan 2\theta$

$\therefore S(\theta) = (\text{부채꼴 MPB의 넓이}) - \triangle PMQ \rightarrow \frac{1}{2} \times \overline{PM} \times \overline{QQ'}$

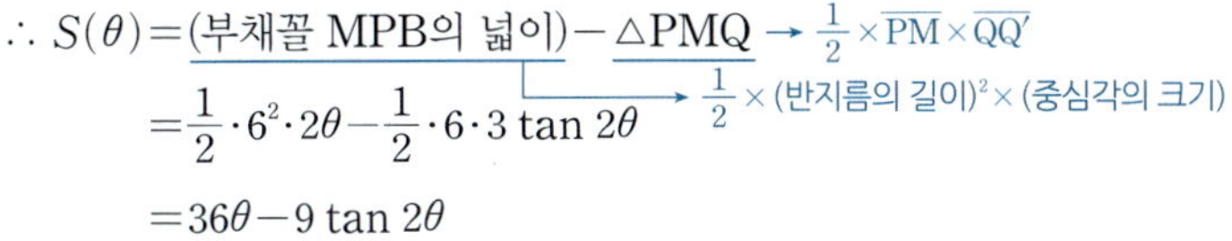

$\qquad = \frac{1}{2} \cdot 6^2 \cdot 2\theta - \frac{1}{2} \cdot 6 \cdot 3 \tan 2\theta$ → $\frac{1}{2} \times (\text{반지름의 길이})^2 \times (\text{중심각의 크기})$

$\qquad = 36\theta - 9 \tan 2\theta$

Step 2 $\displaystyle\lim_{\theta \to 0+} \frac{S(\theta)}{\theta}$ 의 값을 구한다.

$\displaystyle\lim_{\theta \to 0+} \frac{S(\theta)}{\theta} = \lim_{\theta \to 0+} \frac{36\theta - 9 \tan 2\theta}{\theta}$ $\boxed{\displaystyle\lim_{x \to 0} \frac{\tan x}{x} = 1}$

$\qquad = 36 - \displaystyle\lim_{\theta \to 0+} \frac{9 \tan 2\theta}{2\theta} \cdot 2$

$\qquad = 36 - 18 = 18$

Step 1 도형의 성질을 이용하여 $\overline{QB}(=\overline{QP})$를 θ로 나타낸다.

삼각형 QPB는 이등변삼각형이므로

$\angle QBP = \dfrac{\pi}{2} - \dfrac{\theta}{2}$ → $\angle QPB = \angle QBP$

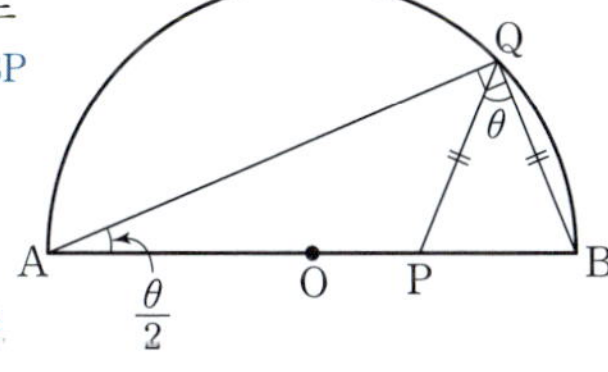

삼각형 ABQ는 $\angle Q = \dfrac{\pi}{2}$ 인 직각
삼각형이므로 → 원주각의 성질이야.

$\angle QAB = \dfrac{\theta}{2}$

$\therefore \overline{QB} = \overline{QP} = 2 \sin \dfrac{\theta}{2}$

Step 2 $\displaystyle\lim_{\theta \to 0+} \frac{S(\theta)}{\theta^3}$ 의 값을 구한다.

따라서 삼각형 QPB의 넓이 $S(\theta)$는

$S(\theta) = \dfrac{1}{2} \times \overline{QB} \times \overline{QP} \times \sin \theta$ 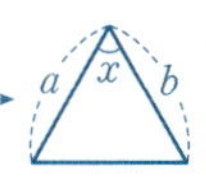 → 삼각형의 넓이는 $\dfrac{1}{2}ab \sin x$

$\qquad = 2 \sin^2 \dfrac{\theta}{2} \sin \theta$

$\displaystyle\lim_{\theta \to 0+} \frac{S(\theta)}{\theta^3} = \lim_{\theta \to 0+} \frac{2 \sin^2 \dfrac{\theta}{2} \sin \theta}{\theta^3}$

$\qquad = \displaystyle\lim_{\theta \to 0+} \left\{ 2 \times \left(\frac{\sin \dfrac{\theta}{2}}{\dfrac{\theta}{2}} \right)^2 \times \frac{1}{4} \times \frac{\sin \theta}{\theta} \right\}$

$\qquad = \dfrac{1}{2}$ → $\displaystyle\lim_{\theta \to 0+} \frac{\sin \dfrac{\theta}{2}}{\dfrac{\theta}{2}} = \lim_{\theta \to 0+} \frac{\sin \theta}{\theta} = 1$

---

058 [정답률 70%] 정답 ②

그림과 같이 길이가 2인 선분 AB를 지름으로 하는 반원이
있다. 선분 AB 위의 점 P에 대하여 $\overline{QB} = \overline{QP}$를 만족시키는
반원 위의 점을 Q라 할 때, $\angle BQP = \theta \left(0 < \theta < \dfrac{\pi}{2}\right)$라 하자.
삼각형 QPB의 넓이를 $S(\theta)$라 할 때, $\displaystyle\lim_{\theta \to 0+} \frac{S(\theta)}{\theta^3}$ 의 값은?
(4점)

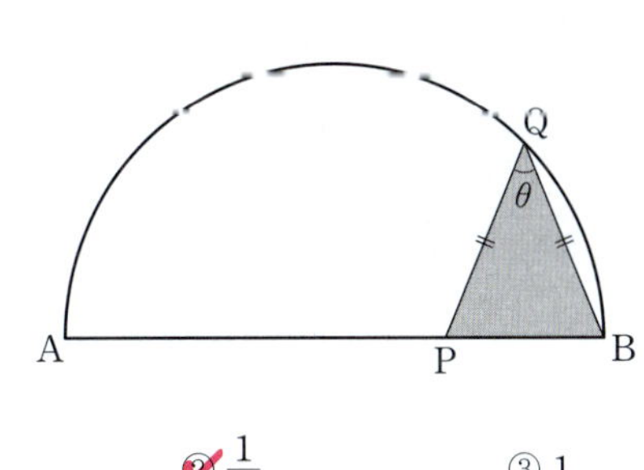

① $\dfrac{1}{4}$　　　② $\dfrac{1}{2}$　　　③ 1

④ 2　　　⑤ 4

---

059 [정답률 56%] 정답 ④

그림과 같이 지름의 길이가 2이고, 두 점 A, B를 지름의
양 끝점으로 하는 반원 위에 점 C가 있다. 삼각형 ABC의
내접원의 중심을 O, 중심 O에서 선분 AB와 선분 BC에 내린
수선의 발을 각각 D, E라 하자. $\angle ABC = \theta$이고,
호 AC의 길이를 l_1, 호 DE의 길이를 l_2라 할 때,
$\displaystyle\lim_{\theta \to 0} \frac{l_1}{l_2}$의 값은? $\left(\text{단, } 0 < \theta < \dfrac{\pi}{2} \text{이다.}\right)$ (3점)
→ (호의 길이) = (반지름의 길이) × (중심각의 크기)

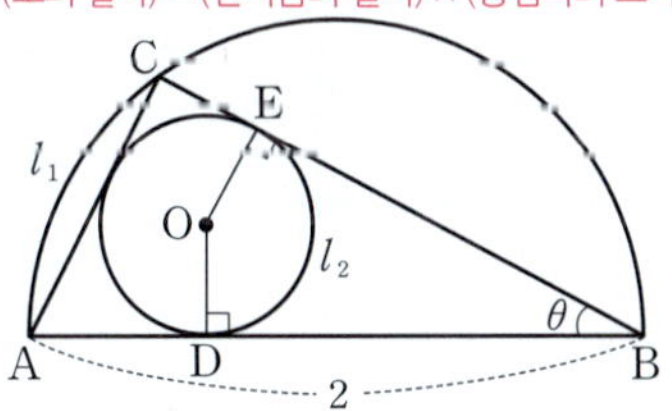

① 1　　　② $\dfrac{\pi}{4}$　　　③ $\dfrac{\pi}{3}$

④ $\dfrac{2}{\pi}$　　　⑤ $\dfrac{3}{\pi}$

→ (호 AC에 대한 원주각의 크기)$=\theta$

Step 1 l_1, l_2를 θ에 대한 식으로 나타낸다.

오른쪽 그림과 같이 $\overline{AB}$의 중점을 M이라
하면 점 M은 반원의 중심이므로

∠AMC는 호 AC에 대한 중심각이야.

$\angle AMC=2\theta$ (중심각의 크기)$=2\times$(원주각의 크기)

$\therefore l_1=1\cdot 2\theta=2\theta$

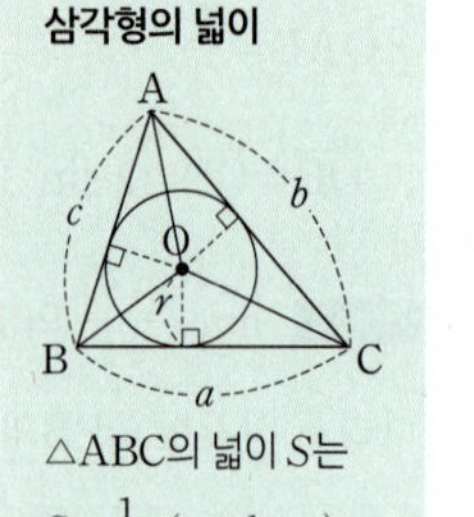

또한, $\overline{OD}=r$이라 하면 사각형 ODBE에서

$\angle DOE=\pi-\theta$이므로   사각형의 내각의 크기의 합은 2π이므로 $\angle DOE+\theta=\pi$

$l_2=r(\pi-\theta)$

이때 ∠ACB는 반원에 대한 원주각이므로

$\angle ACB=\dfrac{\pi}{2}$이고

$\overline{AC}=2\sin\theta$, $\overline{BC}=2\cos\theta$

$\triangle ABC=\dfrac{1}{2}\cdot\overline{AC}\cdot\overline{BC}$

$\qquad\qquad=\dfrac{1}{2}r(\overline{AB}+\overline{BC}+\overline{CA})$

삼각형의 넓이

$\triangle ABC$의 넓이 S는

$S=\dfrac{1}{2}r(a+b+c)$

$S=\triangle AOB+\triangle BOC+\triangle COA$
$=\dfrac{1}{2}rc+\dfrac{1}{2}ra+\dfrac{1}{2}rb$
$=\dfrac{1}{2}r(a+b+c)$

$\dfrac{1}{2}\cdot 2\sin\theta\cdot 2\cos\theta=\dfrac{1}{2}r(2+2\cos\theta+2\sin\theta)$

$\therefore r=\dfrac{2\sin\theta\cos\theta}{1+\sin\theta+\cos\theta}$ → $2\sin\theta\cos\theta=\sin 2\theta$로 바꿔서 풀어도 괜찮아!

Step 2 $\lim\limits_{\theta\to 0}\dfrac{l_1}{l_2}$의 값을 구한다.

$\lim\limits_{\theta\to 0}\dfrac{l_1}{l_2}=\lim\limits_{\theta\to 0}\dfrac{2\theta}{r(\pi-\theta)}=\lim\limits_{\theta\to 0}\dfrac{2\theta}{\dfrac{2\sin\theta\cos\theta\cdot(\pi-\theta)}{1+\sin\theta+\cos\theta}}$

$\qquad=\lim\limits_{\theta\to 0}\dfrac{\theta(1+\sin\theta+\cos\theta)}{\sin\theta\cos\theta\cdot(\pi-\theta)}$

$\qquad=\lim\limits_{\theta\to 0}\dfrac{\theta}{\sin\theta}\cdot\dfrac{1+\sin\theta+\cos\theta}{(\pi-\theta)\cos\theta}$ → $\sin 0=0$, $\cos 0=1$이므로

$\qquad=1\cdot\dfrac{1+0+1}{(\pi-0)\cdot 1}$ $\lim\limits_{x\to 0}\dfrac{\sin x}{x}=1$

$\qquad=\dfrac{2}{\pi}$

수능포인트

도형을 이용한 극한값의 문제는 기본적으로

① 도형에 대한 이해

② 삼각함수를 이용한 표기

③ 삼각함수의 극한값 구하기

로 구성되어 있습니다. 삼각함수의 극한을 이용하는 경우가 무난하기 때문에 원이나 삼각형, 내접, 외접 등이 자주 등장하게 되는데, 복잡한 문제의 경우에는 삼각함수 공식과 기본적인 평면도형의 성질을 복합적으로 이용하는 경우도 종종 있으니 중·고등학교 과정에서 배운 삼각함수와 도형 부분을 한번 정리해 놓도록 합니다.

① 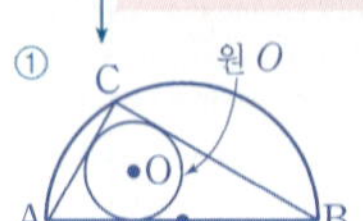

$\triangle ABC$는 직각삼각형이군!
원 O는 $\triangle ABC$에 내접하는군!

② 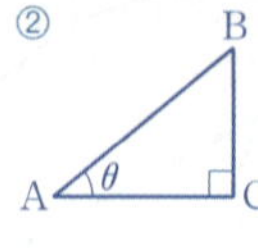

$\overline{AC}=\overline{AB}\cos\theta$,
$\overline{BC}=\overline{AB}\sin\theta$,
$\overline{BC}=\overline{AC}\tan\theta$
를 이용하여 길이, 넓이 등을 θ에 대하여 나타내.

③ 복잡한 삼각함수의 극한값을 구할 때는 $\sin 0=0$, $\cos 0=1$ 또는 $\sin^2 x+\cos^2 x=1$ 등을 이용하여 식을 간단히 정리

---

060 정답 ③

그림과 같이 길이가 2인 선분 AB를 지름으로 하는 반원의 호 위에 점 P가 있고, 선분 AB 위에 점 Q가 있다.

$\angle PAB=\theta$이고 $\angle APQ=\dfrac{\theta}{3}$일 때, 삼각형 PAQ의 넓이를 $S(\theta)$, 선분 PB의 길이를 $l(\theta)$라 하자. $\lim\limits_{\theta\to 0+}\dfrac{S(\theta)}{l(\theta)}$의 값은?

$\left(\text{단, }0<\theta<\dfrac{\pi}{4}\right)$ (4점)

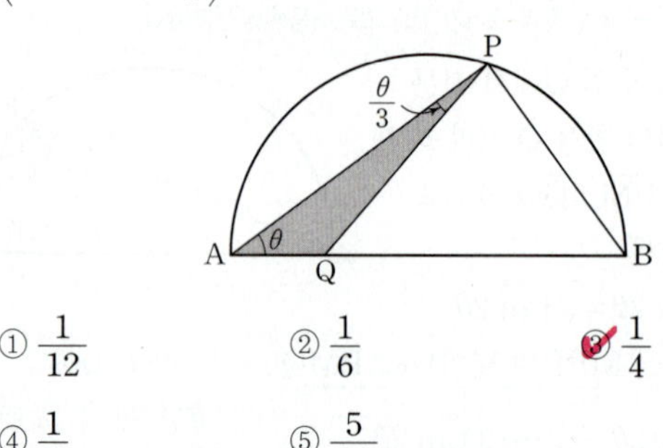

① $\dfrac{1}{12}$ ② $\dfrac{1}{6}$ ③ $\dfrac{1}{4}$

④ $\dfrac{1}{3}$ ⑤ $\dfrac{5}{12}$

Step 1 $l(\theta)$를 구한다.

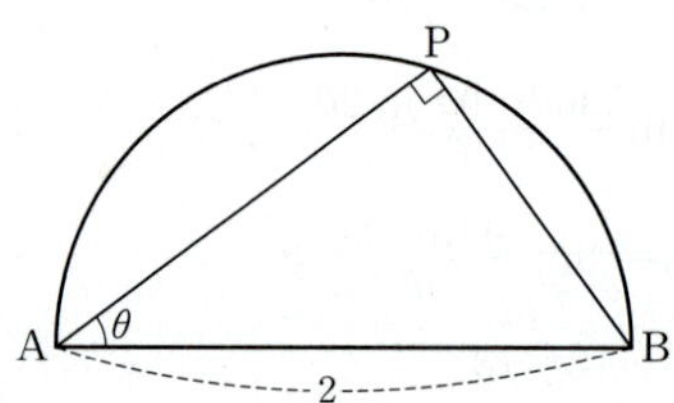

반원에 대한 원주각의 크기는 $\dfrac{\pi}{2}$이므로

$\angle APB=\dfrac{\pi}{2}$ → 도형의 극한에서 자주 사용되는 내용이니 꼭 기억해.

직각삼각형 ABP에서

$\sin\theta=\dfrac{\overline{PB}}{\overline{AB}}=\dfrac{\overline{PB}}{2}$ $\therefore \overline{PB}=2\sin\theta$

$\therefore l(\theta)=\overline{PB}=2\sin\theta$

Step 2 사인법칙을 이용하여 $S(\theta)$를 구한다.

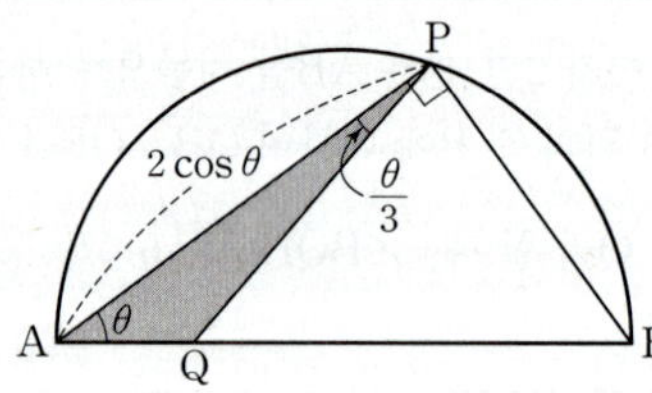

직각삼각형 ABP에서

$\cos\theta=\dfrac{\overline{AP}}{\overline{AB}}=\dfrac{\overline{AP}}{2}$ $\therefore \overline{AP}=2\cos\theta$

삼각형 PAQ에서 사인법칙을 이용하면

$\dfrac{\overline{AP}}{\sin(\angle AQP)}=\dfrac{\overline{AQ}}{\sin(\angle APQ)}$에서

$\dfrac{2\cos\theta}{\sin\left(\pi-\dfrac{4}{3}\theta\right)}=\dfrac{\overline{AQ}}{\sin\dfrac{\theta}{3}}$ 삼각형 PAQ의 세 내각의 크기의 합 π에서 θ, $\dfrac{\theta}{3}$의 합을 빼주었어.

$$\therefore \overline{AQ} = \frac{2\cos\theta}{\sin\left(\pi - \frac{4}{3}\theta\right)} \times \sin\frac{\theta}{3}$$

→ $\sin(\pi-\alpha)=\sin\alpha$ 임을 이용해!

$$= \frac{2\cos\theta\sin\frac{\theta}{3}}{\sin\frac{4}{3}\theta}$$

따라서 삼각형 PAQ의 넓이 $S(\theta)$는

$$S(\theta) = \frac{1}{2} \times \overline{AP} \times \overline{AQ} \times \sin\theta \quad \to \ = \angle PAQ$$

$$= \frac{1}{2} \times 2\cos\theta \times \frac{2\cos\theta\sin\frac{\theta}{3}}{\sin\frac{4}{3}\theta} \times \sin\theta$$

$$= \frac{2\cos^2\theta\sin\frac{\theta}{3}\sin\theta}{\sin\frac{4}{3}\theta}$$

Step 3 $\displaystyle\lim_{\theta\to 0+}\frac{S(\theta)}{l(\theta)}$ 의 값을 구한다.

$$\lim_{\theta\to 0+}\frac{S(\theta)}{l(\theta)} = \lim_{\theta\to 0+}\left(\frac{1}{2\sin\theta} \times \frac{2\cos^2\theta\sin\frac{\theta}{3}\sin\theta}{\sin\frac{4}{3}\theta}\right)$$

분모, 분자를 각각 θ로 나눠줬어.

$$= \lim_{\theta\to 0+}\frac{\cos^2\theta\times\sin\frac{\theta}{3}}{\sin\frac{4}{3}\theta}$$

$$= \lim_{\theta\to 0+}\left(\cos^2\theta \times \frac{\dfrac{\sin\frac{\theta}{3}}{\theta}}{\dfrac{\sin\frac{4}{3}\theta}{\theta}}\right)$$

$$= 1^2 \times \frac{\frac{1}{3}}{\frac{4}{3}} = \frac{1}{4}$$

061 [정답률 53%] 정답 ④

그림과 같이 길이가 2인 선분 AB를 지름으로 하는 반원이 있다. 호 AB 위의 점 P와 선분 AB 위의 점 C에 대하여 $\angle PAC = \theta$일 때, $\angle APC = 2\theta$이다. $\angle ADC = \angle PCD = \frac{\pi}{2}$인 점 D에 대하여 두 선분 AP와 CD가 만나는 점을 E라 하자. 삼각형 DEP의 넓이를 $S(\theta)$라 할 때, $\displaystyle\lim_{\theta\to 0+}\frac{S(\theta)}{\theta}$의 값은?

$\left(\text{단, } 0<\theta<\frac{\pi}{6}\right)$ (4점)

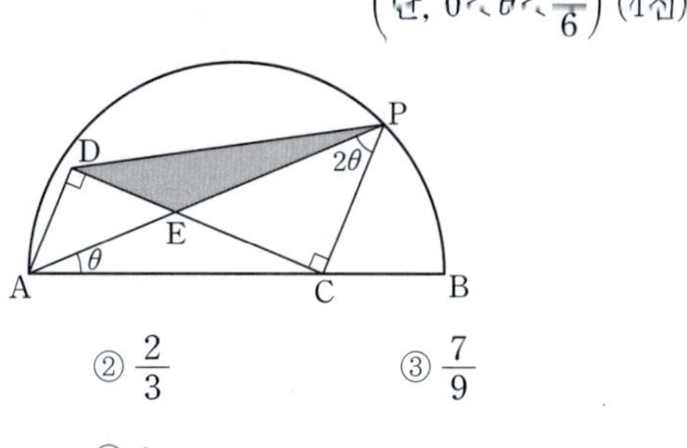

① $\frac{5}{9}$ ② $\frac{2}{3}$ ③ $\frac{7}{9}$

④ $\frac{8}{9}$ ⑤ 1

Step 1 선분 AC의 길이를 구한다.

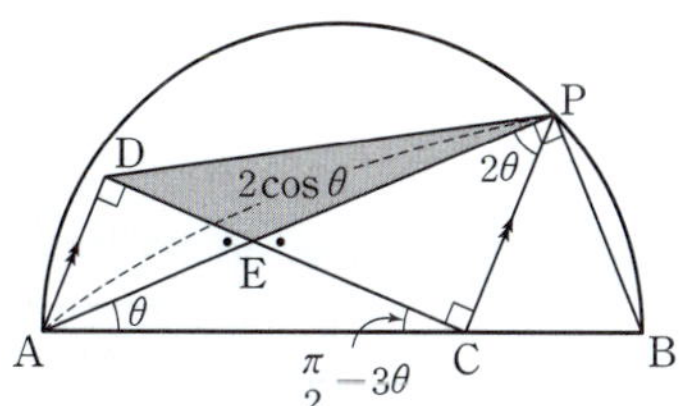

위 그림과 같이 선분 BP를 그어보면 선분 AB는 반원의 지름이므로 $\angle APB = \frac{\pi}{2}$

따라서 직각삼각형 ABP에서

$$\cos\theta = \frac{\overline{AP}}{\overline{AB}} \quad \therefore \ \overline{AP} = \overline{AB}\cos\theta = 2\cos\theta$$

→ 문제에서 선분 AB의 길이가 2라고 했어.

두 직각삼각형 AED, PEC는 서로 닮음이므로

$$\angle DAE = \angle CPE = 2\theta$$

→ 두 각 $\angle AED$, $\angle PEC$가 맞꼭지각이라 크기가 같아.

즉, 삼각형 ACD에서

$$\angle ACD = \pi - \left(\frac{\pi}{2} + 3\theta\right) = \frac{\pi}{2} - 3\theta$$

→ $= \angle DAE + \angle EAC$

$$\therefore \ \angle ACP = \left(\frac{\pi}{2} - 3\theta\right) + \frac{\pi}{2} = \pi - 3\theta$$

따라서 삼각형 PAC에서 사인법칙을 이용하면

$$\frac{\overline{AC}}{\sin 2\theta} = \frac{\overline{AP}}{\sin(\pi - 3\theta)}$$

$$\therefore \ \overline{AC} = \overline{AP} \times \frac{\sin 2\theta}{\sin(\pi - 3\theta)} = 2\cos\theta \times \frac{\sin 2\theta}{\sin 3\theta}$$

Step 2 $S(\theta)$를 구한다. 암기 $\sin\alpha = \sin(\pi-\alpha)$

두 선분 AD, CP는 평행하므로 삼각형 APD의 넓이는 삼각형 ACD의 넓이와 같다.

→ $\overline{AD}$를 밑변, $\overline{CD}$를 높이라고 생각하면 돼.

즉, 삼각형 DEP의 넓이는 삼각형 ACD의 넓이에서 삼각형 AED의 넓이를 뺀 것과 같다.

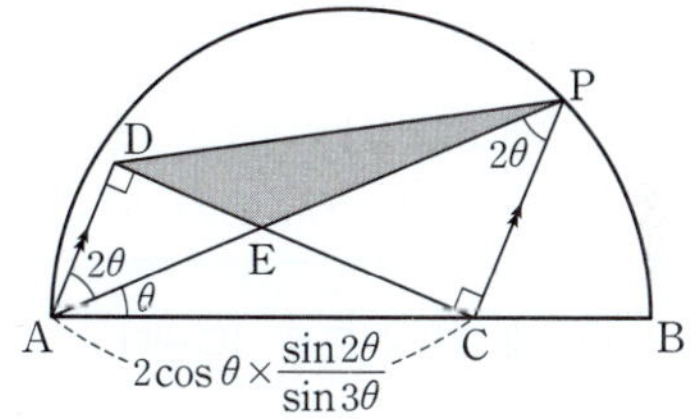

삼각형 ACD에서

$$\overline{AD} = \overline{AC}\cos 3\theta, \quad \overline{CD} = \overline{AC}\sin 3\theta$$

$$\therefore \ \triangle ACD = \frac{1}{2} \times \overline{AD} \times \overline{CD} = \frac{1}{2}\overline{AC}^2\cos 3\theta\sin 3\theta$$

삼각형 AED에서

$$\overline{DE} = \overline{AD}\tan 2\theta = \overline{AC}\cos 3\theta\tan 2\theta$$

$$\therefore \ \triangle AED = \frac{1}{2} \times \overline{AD} \times \overline{DE} = \frac{1}{2}\overline{AC}^2\cos^2 3\theta\tan 2\theta$$

따라서 삼각형 DEP의 넓이 $S(\theta)$는

$$S(\theta) = \triangle ACD - \triangle AED$$

$$= \frac{1}{2}\overline{AC}^2\cos 3\theta\sin 3\theta - \frac{1}{2}\overline{AC}^2\cos^2 3\theta\tan 2\theta$$

$$= \frac{1}{2}\overline{AC}^2\cos 3\theta(\sin 3\theta - \cos 3\theta\tan 2\theta)$$

$$= \frac{1}{2} \times \left(2\cos\theta \times \frac{\sin 2\theta}{\sin 3\theta}\right)^2\cos 3\theta(\sin 3\theta - \cos 3\theta\tan 2\theta)$$

→ $= \tan 3\theta \times \cos 3\theta$

$$= 2\cos^2\theta \times \left(\frac{\sin 2\theta}{\sin 3\theta}\right)^2 \times \cos^2 3\theta(\tan 3\theta - \tan 2\theta)$$

II
3. 삼각함수의 미분

Step 3 $\lim\limits_{\theta \to 0+} \dfrac{S(\theta)}{\theta}$ 의 값을 구한다.

$$\lim_{\theta \to 0+} \frac{S(\theta)}{\theta}$$
$$= \lim_{\theta \to 0+} \left\{ 2\cos^2\theta \times \left(\frac{\sin 2\theta}{\sin 3\theta}\right)^2 \times \cos^2 3\theta \times \frac{\tan 3\theta - \tan 2\theta}{\theta} \right\}$$
$$= \frac{\tan 3\theta}{\theta} - \frac{\tan 2\theta}{\theta}$$
$$= 2 \times 1^2 \times \left(\frac{2}{3}\right)^2 \times 1^2 \times (3-2)$$
$$= 2 \times \frac{4}{9} = \frac{8}{9}$$

062 [정답률 57%] 정답 ②

그림과 같이 중심이 O이고 길이가 2인 선분 AB를 지름으로 하는 반원이 있다. 호 AB 위의 점 P에서 선분 AB에 내린 수선의 발을 H라 하고, 점 H를 지나고 선분 OP에 수직인 직선이 선분 OP, 호 AB와 만나는 점을 각각 I, Q라 하자. 점 Q를 지나고 직선 OP에 평행한 직선이 호 AB와 만나는 점 중 Q가 아닌 점을 R이라 하자. $\angle POB = \theta$일 때, 두 삼각형 RIP, IHP의 넓이를 각각 $S(\theta)$, $T(\theta)$라 하자. $\lim\limits_{\theta \to 0+} \dfrac{S(\theta) - T(\theta)}{\theta^3}$의 값은? $\left($단, $0 < \theta < \dfrac{\pi}{2}\right)$ (4점)

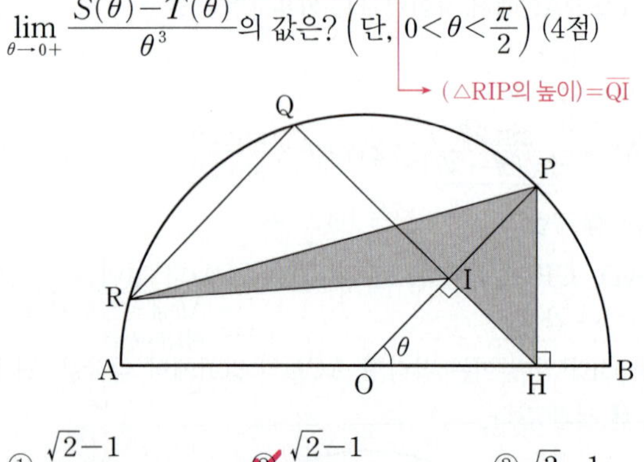

① $\dfrac{\sqrt{2}-1}{4}$ ② $\dfrac{\sqrt{2}-1}{2}$ ③ $\sqrt{2}-1$

④ $\dfrac{2\sqrt{2}-1}{4}$ ⑤ $\dfrac{2\sqrt{2}-1}{2}$

Step 1 $S(\theta)$, $T(\theta)$를 θ에 대한 식으로 나타낸다.

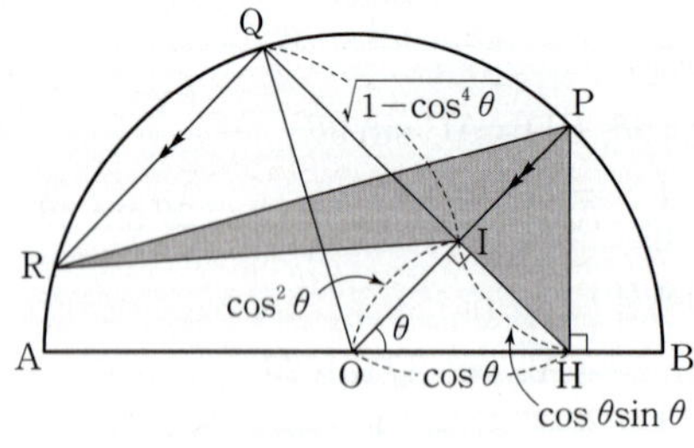

주어진 반원의 반지름의 길이가 1이므로
$$\overline{OP} = \overline{OQ} = 1$$
지름인 선분 AB의 길이가 2이기 때문!

직각삼각형 OHP에서 $\angle POH = \theta$이므로
$$\cos\theta = \frac{\overline{OH}}{\overline{OP}} \quad \therefore \overline{OH} = \overline{OP}\cos\theta = \cos\theta$$

같은 방법으로 직각삼각형 OHI에서
$$\cos\theta = \frac{\overline{OI}}{\overline{OH}} \quad \therefore \overline{OI} = \overline{OH}\cos\theta = \cos^2\theta$$
$$= \cos\theta$$
$$\sin\theta = \frac{\overline{HI}}{\overline{OH}} \quad \therefore \overline{HI} = \overline{OH}\sin\theta = \cos\theta\sin\theta$$

이때 $\overline{IP} = \overline{OP} - \overline{OI} = 1 - \cos^2\theta = \sin^2\theta$이므로
$$\sin^2\theta + \cos^2\theta = 1$$

직각삼각형 IHP의 넓이 $T(\theta)$는
$$\angle PIH = 90°$$임을 이용하여 쉽게 구할 수 있어.
$$T(\theta) = \frac{1}{2} \times \overline{HI} \times \overline{IP}$$
$$= \frac{1}{2} \times \cos\theta\sin\theta \times \sin^2\theta$$
$$= \frac{1}{2}\sin^3\theta\cos\theta$$

두 직선 OP, RQ가 평행하므로 삼각형 RIP의 높이는 선분 QI의 길이와 같다. 이때 밑변은 선분 IP가 돼.

직각삼각형 OIQ에서 피타고라스 정리를 이용하면
$$\overline{QI} = \sqrt{\overline{OQ}^2 - \overline{OI}^2} = \sqrt{1 - (\cos^2\theta)^2}$$
$$= \sqrt{(1+\cos^2\theta)(1-\cos^2\theta)}$$
$$= \sin\theta\sqrt{1+\cos^2\theta}$$
$$= \sin^2\theta$$

따라서 삼각형 RIP의 넓이 $S(\theta)$는
$$S(\theta) = \frac{1}{2} \times \overline{IP} \times \overline{QI} = \frac{1}{2} \times \sin^2\theta \times \sin\theta\sqrt{1+\cos^2\theta}$$
$$= \frac{1}{2}\sin^3\theta\sqrt{1+\cos^2\theta}$$

$$\therefore S(\theta) - T(\theta) = \frac{1}{2}\sin^3\theta(\sqrt{1+\cos^2\theta} - \cos\theta)$$

Step 2 $\lim\limits_{\theta \to 0+} \dfrac{S(\theta) - T(\theta)}{\theta^3}$의 값을 구한다.

$$\lim_{\theta \to 0+} \frac{S(\theta) - T(\theta)}{\theta^3}$$
$$= \lim_{\theta \to 0+} \frac{\frac{1}{2}\sin^3\theta(\sqrt{1+\cos^2\theta} - \cos\theta)}{\theta^3}$$
$$= \lim_{\theta \to 0+} \left\{ \frac{1}{2} \times \left(\frac{\sin\theta}{\theta}\right)^3 \times (\sqrt{1+\cos^2\theta} - \cos\theta) \right\}$$
$$= \sqrt{1+1^2} = \sqrt{2}$$
$$= \frac{1}{2} \times 1^3 \times (\sqrt{2}-1)$$
$$= \frac{\sqrt{2}-1}{2}$$

063 [정답률 63%] 정답 ④

그림과 같이 길이가 2인 선분 AB를 지름으로 하고 중심이 O인 반원이 있다. 호 AB 위를 움직이는 점 P에 대하여 $\angle POB = \theta$일 때, 삼각형 PAO에 내접하는 원의 넓이를 $f(\theta)$라 하자. $\lim\limits_{\theta \to 0+} \dfrac{f(\theta)}{\theta^2}$의 값은? (단, $0 < \theta < \pi$이다.) (4점)

내접원의 반지름의 길이를 이용하여 삼각형의 넓이를 구하는 공식을 떠올려.

$\angle POB$는 호 BP의 중심각이고 $\angle PAB$는 호 BP의 원주각이야.

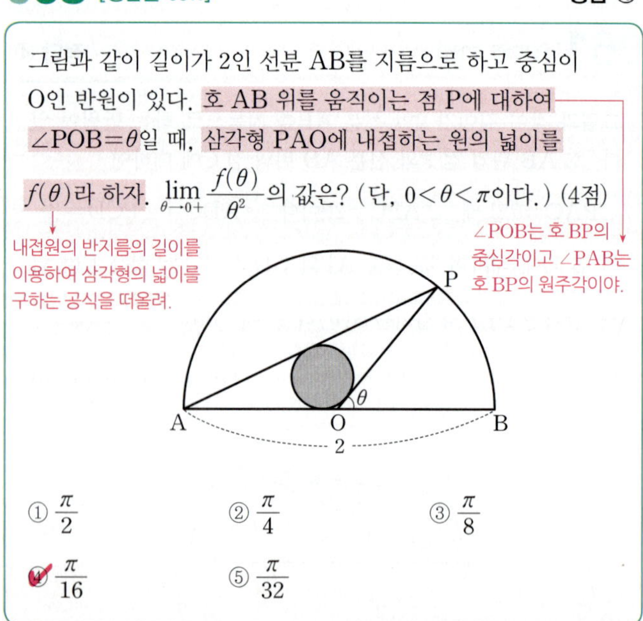

① $\dfrac{\pi}{2}$ ② $\dfrac{\pi}{4}$ ③ $\dfrac{\pi}{8}$

④ $\dfrac{\pi}{16}$ ⑤ $\dfrac{\pi}{32}$

Step 1 내접원의 반지름과 삼각형의 넓이에 대한 관계를 이용하여 내접원의 넓이를 θ에 대한 식으로 나타낸다.

호 BP에 대한 원주각의 크기는 중심각의 크기의 $\dfrac{1}{2}$이므로

$$\angle\text{PAB}=\dfrac{\theta}{2}$$

또한 반원에 대한 원주각의 크기는 90°이므로 $\angle\text{APB}=90°$

삼각형 PAB에서

$$\cos\dfrac{\theta}{2}=\dfrac{\overline{\text{AP}}}{\overline{\text{AB}}}=\dfrac{\overline{\text{AP}}}{2}\qquad\therefore\overline{\text{AP}}=2\cos\dfrac{\theta}{2}$$

① 삼각형의 두 변의 길이가 a,b이고 그 끼인각의 크기가 θ일 때 (삼각형의 넓이)$=\dfrac{1}{2}ab\sin\theta$

삼각형 PAO에 내접하는 원의 반지름의 길이를 r이라 하면

$$\triangle\text{PAO}=\dfrac{1}{2}\cdot\overline{\text{OA}}\cdot\overline{\text{OP}}\cdot\sin(\angle\text{AOP})$$

$$=\dfrac{1}{2}r(\overline{\text{OA}}+\overline{\text{OP}}+\overline{\text{AP}})$$

이때 $\overline{\text{OA}}=\overline{\text{OP}}=1$,

② (삼각형의 넓이) $=\dfrac{1}{2}\times$ (내접원의 반지름의 길이) $\times$ (삼각형의 세 변의 길이의 합)

$\angle\text{AOP}=\pi-\theta$이므로

$$\dfrac{1}{2}\times1\times1\times\sin(\pi-\theta)=\dfrac{1}{2}r\left(1+1+2\cos\dfrac{\theta}{2}\right)$$

$$\sin\theta=r\left(2+2\cos\dfrac{\theta}{2}\right)$$

[암기] $\sin(\pi-\theta)=\sin\theta,\ \cos(\pi-\theta)=-\cos\theta$
$\sin(\pi+\theta)=-\sin\theta,\ \cos(\pi+\theta)=-\cos\theta$

$$\therefore r=\dfrac{\sin\theta}{2+2\cos\dfrac{\theta}{2}}$$

$$\therefore f(\theta)=\pi r^2=\dfrac{\pi\sin^2\theta}{\left(2+2\cos\dfrac{\theta}{2}\right)^2}$$

(원의 넓이) $=\pi\times$ (반지름의 길이)^2

[Step 2] $\displaystyle\lim_{\theta\to0+}\dfrac{f(\theta)}{\theta^2}$의 값을 구한다.

$$\lim_{\theta\to0+}\dfrac{f(\theta)}{\theta^2}=\lim_{\theta\to0+}\dfrac{\pi\sin^2\theta}{\theta^2\left(2+2\cos\dfrac{\theta}{2}\right)^2}$$

$$=\lim_{\theta\to0+}\left\{\pi\times\left(\dfrac{\sin\theta}{\theta}\right)^2\times\dfrac{1}{\left(2+2\cos\dfrac{\theta}{2}\right)^2}\right\}$$

$\cos0=1$, $\displaystyle\lim_{\theta\to0}\dfrac{\sin\theta}{\theta}=1$

$$=\pi\times1^2\times\dfrac{1}{(2+2)^2}=\dfrac{\pi}{16}$$

❂ 다른 풀이 원의 반지름의 길이를 다른 방법으로 구하는 풀이

[Step 1] 보조선을 이용하여 두 직각삼각형을 만들고, 내접원의 넓이를 θ에 대한 식으로 나타낸다.

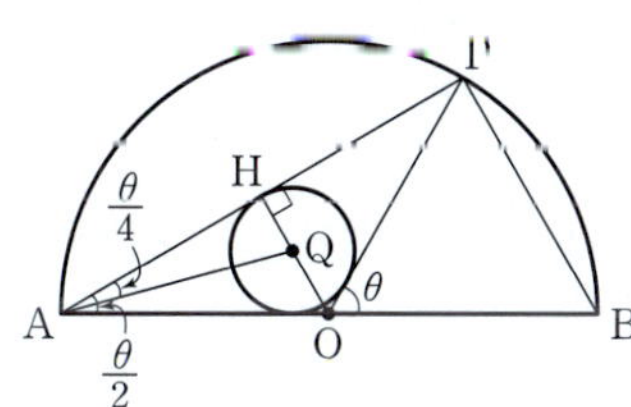

위 그림과 같이 삼각형 PAO에 내접하는 원의 중심을 Q, 원과 $\overline{\text{AP}}$의 접점을 H라 하자.

호 BP에 대한 원주각의 크기는 중심각의 크기의 $\dfrac{1}{2}$이므로

$\angle\text{PAB}$, $\angle\text{POB}=\theta$

$$\angle\text{PAB}=\dfrac{\theta}{2}$$

선분 AQ는 각 PAB의 크기를 이등분하므로

$$\angle\text{PAQ}=\dfrac{1}{2}\angle\text{PAB}=\dfrac{\theta}{4}$$

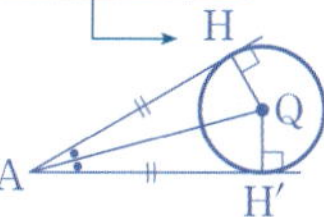

직각삼각형 OHA에서

$$\cos\dfrac{\theta}{2}=\dfrac{\overline{\text{AH}}}{\overline{\text{OA}}}\qquad\therefore\overline{\text{AH}}=\overline{\text{OA}}\cos\dfrac{\theta}{2}=\cos\dfrac{\theta}{2}$$

$\overline{\text{OA}}=\dfrac{1}{2}\overline{\text{AB}}=\dfrac{1}{2}\times2=1$

직각삼각형 QHA에서

$$\tan\dfrac{\theta}{4}=\dfrac{\overline{\text{QH}}}{\overline{\text{AH}}}\qquad\therefore\overline{\text{QH}}=\overline{\text{AH}}\tan\dfrac{\theta}{4}=\cos\dfrac{\theta}{2}\tan\dfrac{\theta}{4}$$

$$\therefore f(\theta)=\pi\times\overline{\text{QH}}^2=\pi\times\left(\cos\dfrac{\theta}{2}\tan\dfrac{\theta}{4}\right)^2$$

$$=\pi\cos^2\dfrac{\theta}{2}\tan^2\dfrac{\theta}{4}$$

[Step 2] $\displaystyle\lim_{\theta\to0+}\dfrac{f(\theta)}{\theta^2}$의 값을 구한다.

$$\lim_{\theta\to0+}\dfrac{f(\theta)}{\theta^2}=\lim_{\theta\to0+}\dfrac{\pi\cos^2\dfrac{\theta}{2}\tan^2\dfrac{\theta}{4}}{\theta^2}$$

$$=\lim_{\theta\to0+}\dfrac{\pi\cos^2\dfrac{\theta}{2}\tan^2\dfrac{\theta}{4}}{\left(\dfrac{\theta}{4}\right)^2\times16}$$

$$=\lim_{\theta\to0+}\left[\dfrac{\pi\cos^2\dfrac{\theta}{2}}{16}\times\dfrac{\tan^2\dfrac{\theta}{4}}{\left(\dfrac{\theta}{4}\right)^2}\right]$$

$\displaystyle\lim_{\triangle\to0}\dfrac{\tan\triangle}{\triangle}=1$, $\displaystyle\lim_{\theta\to0+}\cos\dfrac{\theta}{2}=\cos0=1$

$$=\dfrac{\pi\times1^2}{16}\times1^2=\dfrac{\pi}{16}$$

---

064 [정답률 51%] 정답 ③

그림과 같이 길이가 2인 선분 AB를 지름으로 하는 반원 위에 점 P가 있다. 점 B를 지나고 선분 AB에 수직인 직선이 직선 AP와 만나는 점을 Q라 하고, 점 P에서 이 반원에 접하는 직선과 선분 BQ가 만나는 점을 R이라 하자.

$\angle\text{PAB}=\theta$라 하고 삼각형 PRQ의 넓이를 $S(\theta)$라 할 때, $\displaystyle\lim_{\theta\to0+}\dfrac{S(\theta)}{\theta^3}$의 값은? $\left(\text{단, }0<\theta<\dfrac{\pi}{4}\text{이다.}\right)$ (4점)

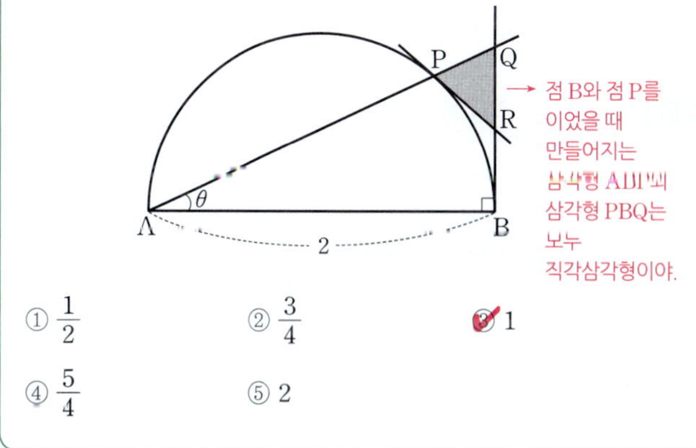

→ 점 B와 점 P를 이었을 때 만들어지는 삼각형 ABP와 삼각형 PBQ는 모두 직각삼각형이야.

① $\dfrac{1}{2}$ ② $\dfrac{3}{4}$ ③ 1

④ $\dfrac{5}{4}$ ⑤ 2

[Step 1] 도형의 성질을 이용하여 각 변의 길이를 θ에 대한 식으로 나타낸다.

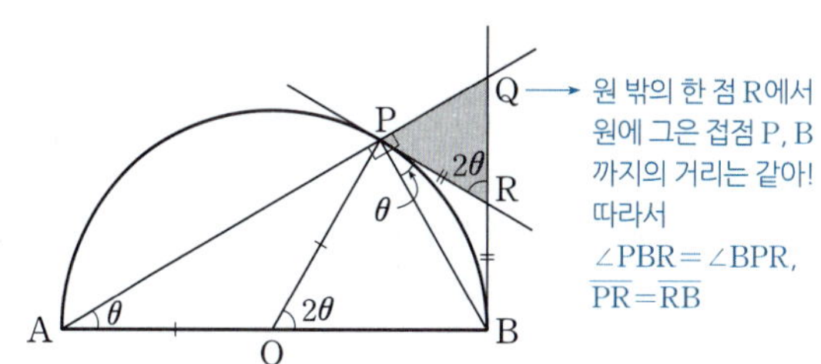

→ 원 밖의 한 점 R에서 원에 그은 접점 P, B까지의 거리는 같아! 따라서 $\angle\text{PBR}=\angle\text{BPR}$, $\overline{\text{PR}}=\overline{\text{RB}}$

위의 그림과 같이 반원의 중심을 O라 하자. → 반원에 대한 원주각의 크기는 90°이다.

원의 성질에 의하여 삼각형 ABP는 $\angle APB=\dfrac{\pi}{2}$인 직각삼각형

이므로 $\angle ABP=\dfrac{\pi}{2}-\theta$이다.

$\therefore \angle PBR=\angle ABR-\angle ABP$

$\qquad =\dfrac{\pi}{2}-\left(\dfrac{\pi}{2}-\theta\right)=\theta$

이때 원 밖의 한 점 R에서 원에 그은 두 접선의 길이는 서로 같으므로
삼각형 PRB는 이등변삼각형이다.

$\therefore \overline{PR}=\overline{RB},\ \angle PBR=\angle BPR=\theta$ ······ ㉠

한편, → 삼각형 ABQ는 $\angle ABQ$가 $\dfrac{\pi}{2}$인 직각삼각형이야!

$\angle PQR=\pi-\angle QAB-\angle ABQ$

$\qquad =\pi-\theta-\dfrac{\pi}{2}=\dfrac{\pi}{2}-\theta$

또한, ㉠에서 $\angle BPR=\theta$이므로

$\angle QPR=\pi-\angle APB-\angle BPR$

$\qquad =\pi-\dfrac{\pi}{2}-\theta=\dfrac{\pi}{2}-\theta$ → $\angle QPB=\dfrac{\pi}{2}$이므로 $\angle QPR=\dfrac{\pi}{2}-\theta$라고 바로 구할 수 있어!

따라서 $\angle PQR=\angle QPR=\dfrac{\pi}{2}-\theta$이므로 삼각형 PRQ는

이등변삼각형이다. → 삼각형 PRQ의 두 밑각의 크기가 서로 같으므로 이등변삼각형이다.

$\therefore \overline{PR}=\overline{QR}$ ······ ㉡

㉠, ㉡에서 $\overline{PR}=\overline{QR}=\overline{RB}$이므로 점 R이 직각삼각형 PBQ의 외심
이다.

$\overline{BQ}=2\tan\theta$에서 → 삼각형 ABQ에서 $\tan\theta=\dfrac{\overline{BQ}}{\overline{AB}}$이므로 $\overline{BQ}=2\tan\theta$

$\overline{PR}=\dfrac{\overline{BQ}}{2}=\dfrac{2\tan\theta}{2}=\tan\theta$

$\qquad \therefore \overline{PR}=\overline{QR}=\overline{RB}$

Step 2 $S(\theta)$를 구한다.

$\angle PRQ=2\angle PBR=2\theta$이므로 → 삼각형의 한 외각의 크기는 이와 이웃하지 않는 두 내각의 크기의 합과 같으므로 $\angle PRQ=\angle PBR+\angle BPR=\theta+\theta=2\theta$

$S(\theta)=\dfrac{1}{2}\cdot\overline{PR}\cdot\overline{QR}\cdot\sin 2\theta$

→ 두 변의 길이가 a,b이고 그 끼인각의 크기가 θ인 삼각형의 넓이는 $\dfrac{1}{2}ab\sin\theta$이다.

$\qquad =\dfrac{1}{2}\cdot\tan\theta\cdot\tan\theta\cdot\sin 2\theta$

$\qquad =\dfrac{1}{2}\tan^2\theta\sin 2\theta$

Step 3 $\displaystyle\lim_{\theta\to 0+}\dfrac{S(\theta)}{\theta^3}$의 값을 구한다.

$\displaystyle\lim_{\theta\to 0+}\dfrac{S(\theta)}{\theta^3}=\lim_{\theta\to 0+}\dfrac{\tan^2\theta\sin 2\theta}{2\theta^3}$

$\qquad =\displaystyle\lim_{\theta\to 0+}\dfrac{\tan^2\theta}{\theta^2}\cdot\dfrac{\sin 2\theta}{2\theta}$ → $\displaystyle\lim_{x\to 0}\dfrac{\sin x}{x}=1$

$\qquad =1\cdot 1=1$ → $\displaystyle\lim_{x\to 0}\dfrac{\tan x}{x}=1$

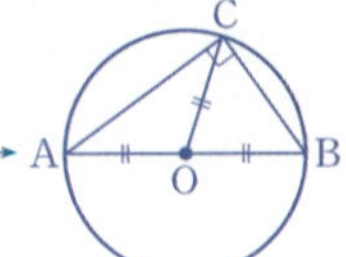

직각삼각형의 외심은 빗변의 중점에 있다. 따라서 직각삼각형 ABC의 빗변의 중점인 O에 대해 $\overline{AO}=\overline{BO}=\overline{CO}$가 성립한다.

수능포인트

원이나 반원이 주어진 경우 각도 θ를 독립변수로 잡으면 선분의 길이, 호의 길이, 넓이 등을 θ에 대한 식으로 나타낼 수 있습니다. 또한, 접선에 수직인 직선과 접선을 통해 직각을 찾고, 삼각비를 이용하는 것이 이런 문제를 푸는 요령입니다.

---

065 [정답률 50%]   정답 ①

그림과 같이 길이가 2인 선분 AB를 지름으로 하는 반원의 호 AB 위에 점 P가 있다. 선분 AB의 중점을 O라 할 때, 점 B를 지나고 선분 AB에 수직인 직선이 직선 OP와 만나는 점을 Q라 하고, $\angle OQB$의 이등분선이 직선 AP와 만나는 점을 R이라 하자. $\angle OAP=\theta$일 때, 삼각형 OAP의 넓이를 $f(\theta)$, 삼각형 PQR의 넓이를 $g(\theta)$라 하자.

$\displaystyle\lim_{\theta\to 0+}\dfrac{g(\theta)}{\theta^4\times f(\theta)}$의 값은? $\left(\text{단, } 0<\theta<\dfrac{\pi}{4}\right)$ (4점)

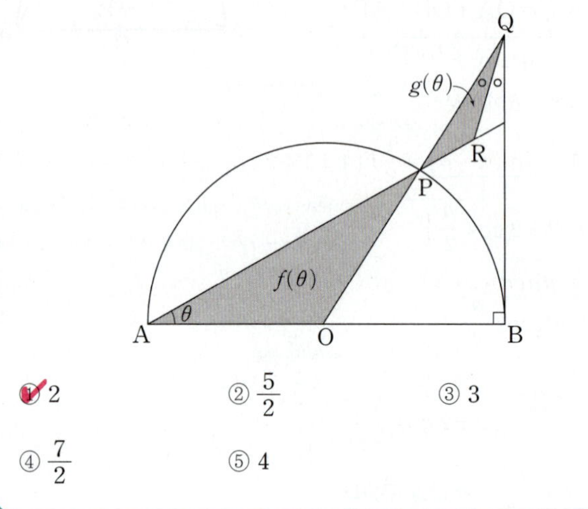

① 2   ② $\dfrac{5}{2}$ ③ 3   ④ $\dfrac{7}{2}$ ⑤ 4

Step 1 삼각형 OAP의 넓이 $f(\theta)$를 구한다. → 삼각형의 두 변의 길이가 각각 a,b이고 그 끼인각의 크기가 θ일 때, 삼각형의 넓이는 $\dfrac{1}{2}ab\sin\theta$

$f(\theta)=\dfrac{1}{2}\times 1\times 1\times \sin(\pi-2\theta)=\dfrac{1}{2}\sin 2\theta$ ($=\sin 2\theta$)

Step 2 선분 PQ의 길이를 θ에 대한 식으로 나타낸다.

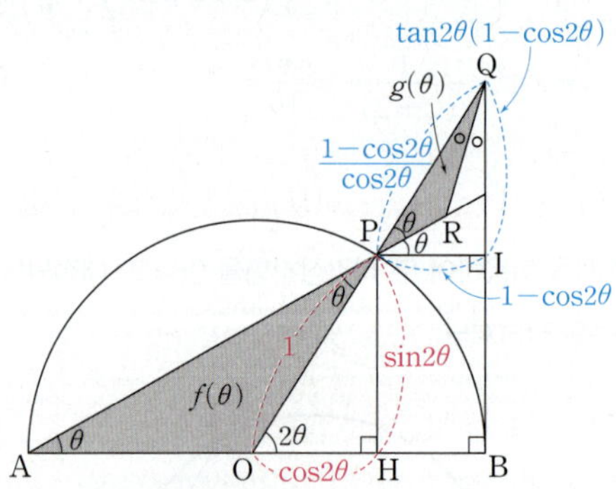

$\angle APO=\angle QPR=\theta$ (맞꼭지각)이므로 점 P에서 두 선분 AB, BQ에 내린 수선의 발을 각각 H, I라 하면

$\angle QPI=\angle POH=2\theta$ (동위각)

즉, 점 R은 삼각형 PIQ의 내심이다. → 점 R에서 꼭짓점에 그은 선분이 각을 이등분해.

이때 $\overline{OH}=\cos 2\theta$, $\overline{PH}=\sin 2\theta$, $\overline{BQ}=\tan 2\theta$이므로

$\overline{PI}=1-\cos 2\theta$, $\overline{QI}=\tan 2\theta-\sin 2\theta=\tan 2\theta(1-\cos 2\theta)$

이고 $\overline{PQ}=\dfrac{1}{\cos 2\theta}-1=\dfrac{1-\cos 2\theta}{\cos 2\theta}$ → $\tan 2\theta$를 공통인수로 묶고, $\tan 2\theta=\dfrac{\sin 2\theta}{\cos 2\theta}$임을 이용하여

Step 3 내접원의 반지름의 길이를 이용하여 $g(\theta)$를 구한다. 식을 정리했어.

삼각형 PIQ의 내접원의 반지름의 길이를 r이라 하면

$\triangle PIQ=\dfrac{1}{2}\times(1-\cos 2\theta)\times\tan 2\theta(1-\cos 2\theta)$ → $\dfrac{1}{2}\times\overline{PI}\times\overline{QI}$

$$= \frac{1}{2} \times r \times \left\{ \frac{1-\cos 2\theta}{\cos 2\theta} + (1-\cos 2\theta) \right.$$
$$\left. + \tan 2\theta(1-\cos 2\theta) \right\}$$

$$\therefore r = \frac{(1-\cos 2\theta)\sin 2\theta}{1+\sin 2\theta+\cos 2\theta}$$

$$\frac{1}{2} \times r \times (\overline{PQ}+\overline{PI}+\overline{QI})$$

$$\therefore g(\theta) = \frac{1}{2} \times \frac{1-\cos 2\theta}{\cos 2\theta} \times \frac{(1-\cos 2\theta)\sin 2\theta}{1+\sin 2\theta+\cos 2\theta}$$

$\overline{PQ}$

내접원의 반지름의 길이

$$= \frac{1}{2} \times \frac{(1-\cos 2\theta)^2\sin 2\theta}{\cos 2\theta(1+\sin 2\theta+\cos 2\theta)}$$

$$= \frac{1}{2} \times \frac{(1-\cos^2 2\theta)^2\sin 2\theta}{\cos 2\theta(1+\sin 2\theta+\cos 2\theta)(1+\cos 2\theta)^2}$$

$$= \frac{1}{2} \times \frac{\sin^5 2\theta}{\cos 2\theta(1+\sin 2\theta+\cos 2\theta)(1+\cos 2\theta)^2}$$

분모, 분자에 각각 $(1+\cos 2\theta)^2$ 을 곱했어.

Step 4 극한값을 계산한다.

$$\lim_{\theta \to 0+} \frac{g(\theta)}{\theta^4 \times f(\theta)}$$

$$= \lim_{\theta \to 0+} \frac{\sin^5 2\theta}{\theta^4 \times \frac{1}{2}\sin 2\theta \times 2 \times \cos 2\theta(1+\sin 2\theta+\cos 2\theta)(1+\cos 2\theta)^2}$$

$$= \lim_{\theta \to 0+} \left\{ \left(\frac{\sin 2\theta}{2\theta}\right)^4 \times 16 \times \frac{1}{\cos 2\theta(1+\sin 2\theta+\cos 2\theta)(1+\cos 2\theta)^2} \right\}$$

$1 \times (1+0+1) \times (1+1)^2$

$$= 1^4 \times 16 \times \frac{1}{8} = 2$$

066 [정답률 65%]　　　　　　　정답 25

그림과 같이 $\overline{BC}=1$, $\angle A=\dfrac{\pi}{2}$, $\angle B=\theta \left(0<\theta<\dfrac{\pi}{2}\right)$인

삼각형 ABC가 있다. 선분 AC 위의 점 D에 대하여

선분 AD를 지름으로 하는 원이 선분 BC와 접할 때,

$\displaystyle\lim_{\theta \to 0+} \frac{\overline{CD}}{\theta^3}=k$라 하자. $100k$의 값을 구하시오. (4점)

→ 선분 CD의 길이를 θ에 대한 식으로 먼저 나타내.

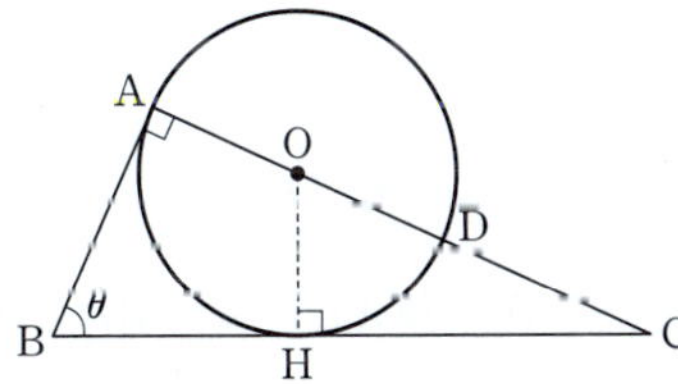

Step 1 $\overline{CD}$를 θ에 대한 식으로 나타낸다.

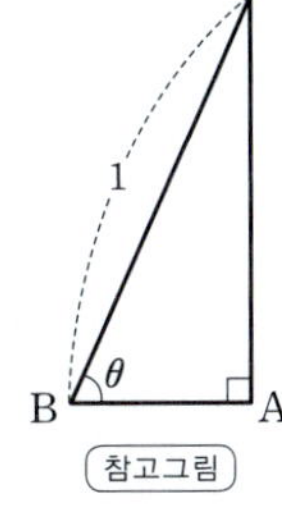

선분 AD를 지름으로 하는 원을 O, 선분 AD의
중점을 O라 하면 점 O는 원 O의 중심이고, 점 O
에서 선분 BC에 내린 수선의 발을 H라 하면 점 H는
원 O의 접점이다.

직각삼각형 ABC에서

$\overline{AB}=\cos \theta$, $\overline{CA}=\sin \theta$이고,

$\cos \theta = \dfrac{\overline{AB}}{\overline{BC}} = \overline{AB}$

$\sin \theta = \dfrac{\overline{CA}}{\overline{BC}} = \overline{CA}$

원 밖의 한 점 B에서 원에 그은 두 접선의
길이는 같다.

$\overline{BH}=\overline{AB}=\cos \theta$, $\overline{CH}=1-\overline{BH}=1-\cos \theta$

$\overline{CH}^2=\overline{CA}\times\overline{CD}$이므로

접선과 할선의 선분의 길이의 비례 관계

$$(1-\cos \theta)^2 = \sin \theta \times \overline{CD}$$

$$\therefore \overline{CD} = \frac{(1-\cos \theta)^2}{\sin \theta}$$

Step 2 $\displaystyle\lim_{\theta \to 0} \frac{\sin \theta}{\theta}=1$임을 이용하여 극한값을 계산한다.

$$\lim_{\theta \to 0+} \frac{\overline{CD}}{\theta^3} = \lim_{\theta \to 0+} \frac{\frac{(1-\cos \theta)^2}{\sin \theta}}{\theta^3}$$

분모, 분자에 각각 $(1+\cos \theta)^2$을 곱해 주었어.

$$= \lim_{\theta \to 0+} \frac{(1-\cos \theta)^2(1+\cos \theta)^2}{\theta^3 \sin \theta(1+\cos \theta)^2}$$

$$= \lim_{\theta \to 0+} \frac{(1-\cos^2 \theta)^2}{\theta^3 \sin \theta(1+\cos \theta)^2}$$

$\sin^2 \theta+\cos^2 \theta=1$
$1-\cos^2 \theta=\sin^2 \theta$

$$= \lim_{\theta \to 0+} \frac{\sin^4 \theta}{\theta^3 \sin \theta(1+\cos \theta)^2}$$

$$= \lim_{\theta \to 0+} \left\{ \frac{\sin^3 \theta}{\theta^3} \times \frac{1}{(1+\cos \theta)^2} \right\} = \frac{1}{4}$$

따라서 $k=\dfrac{1}{4}$이므로 $100k=25$

$\displaystyle\lim_{x \to 0} \frac{\sin x}{x}=1$

✪ 다른 풀이　삼각형의 닮음을 이용하는 풀이

Step 1 $\overline{CD}$를 θ에 대한 식으로 나타낸다.

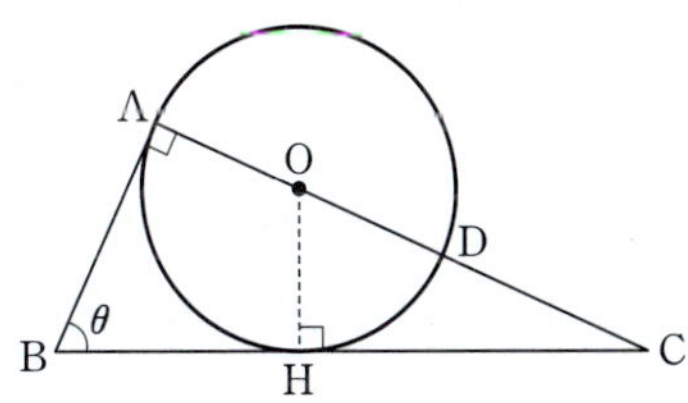

선분 AD의 중점 O는 원의 중심이고, 점 O에서 선분 BC에 내린
수선의 발을 H라 하면 점 H는 원의 접점이다.

이때 원의 반지름의 길이를 r이라 하면

$\overline{OH}=\overline{OA}=\overline{OD}=r$, $\overline{AD}=2r$

또한, 직각삼각형 ABC에서

$\overline{AB}=\cos \theta$, $\overline{AC}=\sin \theta$이고,

$\overline{BH}=\overline{AB}=\cos \theta$, $\overline{HC}=1-\overline{BH}=1-\cos \theta$

삼각형 ABC와 삼각형 HOC는

$\angle ACB=\angle HCO$, $\angle BAC=\angle OHC=\dfrac{\pi}{2}$이므로 서로 닮음이다.

AA닮음

따라서 $\overline{AB}:\overline{AC}=\overline{HO}:\overline{HC}$

$\cos \theta : \sin \theta = r : (1-\cos \theta)$

비례식에서 내항의 곱과 외항의 곱은 같아.

$$r = \frac{\cos \theta(1-\cos \theta)}{\sin \theta}$$

$r \sin \theta=\cos \theta(1-\cos \theta)$

$r = \dfrac{\cos \theta(1-\cos \theta)}{\sin \theta}$

$$\therefore \overline{CD} = \overline{AC} - 2r$$

$$= \sin \theta - \frac{2\cos \theta(1-\cos \theta)}{\sin \theta}$$

$$= \frac{\sin^2 \theta - 2\cos \theta + 2\cos^2 \theta}{\sin \theta}$$

$$= \frac{1-2\cos \theta+\cos^2 \theta}{\sin \theta} \quad (\because \sin^2 \theta+\cos^2 \theta=1)$$

$$= \frac{(1-\cos \theta)^2}{\sin \theta}$$

Step 2 동일

067 [정답률 62%]　　　　　　　　　　정답 ③

그림과 같이 좌표평면 위에 점 $A(0, 1)$을 중심으로 하고 반지름의 길이가 1인 원 C가 있다. 원점 O를 지나고 x축의 양의 방향과 이루는 각의 크기가 θ인 직선이 원 C와 만나는 점 중 O가 아닌 점을 P라 하고, 호 OP 위에 점 Q를 $\angle OPQ = \dfrac{\theta}{3}$가 되도록 잡는다. 삼각형 POQ의 넓이를 $f(\theta)$라 할 때, $\displaystyle\lim_{\theta \to 0+} \dfrac{f(\theta)}{\theta^3}$의 값은?

(단, 점 Q는 제1사분면 위의 점이고, $0 < \theta < \pi$이다.) (3점)

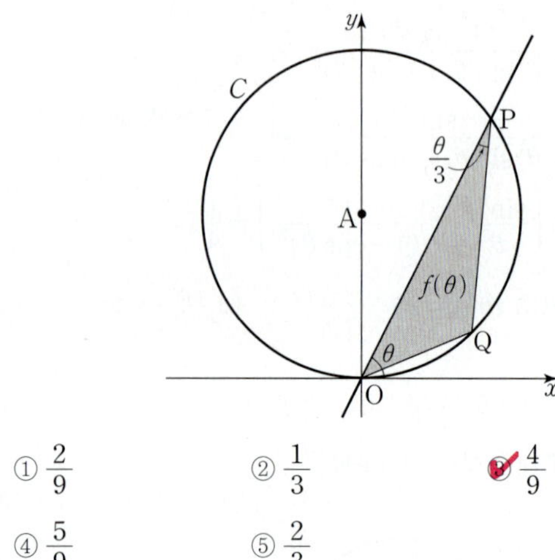

① $\dfrac{2}{9}$　　　　② $\dfrac{1}{3}$　　　　③ $\dfrac{4}{9}$

④ $\dfrac{5}{9}$　　　　⑤ $\dfrac{2}{3}$

Step 1 두 선분 OP, OQ의 길이를 θ에 대하여 나타낸다.

원 C와 y축과의 교점 중 O가 아닌 점을 R이라 하자.

$\angle POR = \dfrac{\pi}{2} - \theta$이므로 $\angle ORP = \dfrac{\pi}{2} - \angle POR = \theta$

직각삼각형 OPR에서 $\overline{OP} = \overline{OR} \sin \theta = 2 \sin \theta$　（원 C의 지름의 길이 $= 2$）

두 각 ORQ, OPQ는 호 OQ에 대한 원주각이므로

$\angle ORQ = \angle OPQ = \dfrac{\theta}{3}$ → 호 OQ에 대한 원주각의 크기는 모두 같다.

직각삼각형 OQR에서 $\overline{OQ} = \overline{OR} \sin \dfrac{\theta}{3} = 2 \sin \dfrac{\theta}{3}$

→ 반원에 대한 원주각의 크기는 $\dfrac{\pi}{2}$이므로 $\angle OPR = \dfrac{\pi}{2}$

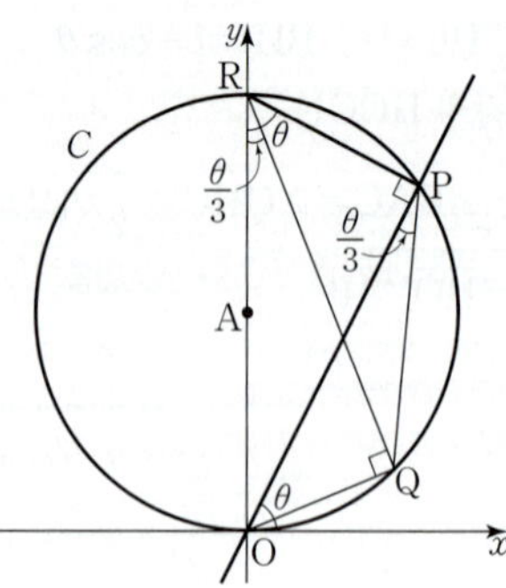

Step 2 삼각형 POQ의 넓이를 구한다.

$\angle QRP = \angle ORP - \angle ORQ = \dfrac{2}{3}\theta$이고 두 각 QOP, QRP는

호 PQ에 대한 원주각이므로 $\angle QOP = \angle QRP = \dfrac{2}{3}\theta$

$\therefore f(\theta) = \dfrac{1}{2} \times \overline{OP} \times \overline{OQ} \times \sin(\angle QOP)$ → 호 PQ에 대한 원주각의 크기는 모두 같다.

$= \dfrac{1}{2} \times 2 \sin \theta \times 2 \sin \dfrac{\theta}{3} \times \sin \dfrac{2}{3}\theta$

$= 2 \sin \theta \sin \dfrac{\theta}{3} \sin \dfrac{2}{3}\theta$

Step 3 $\displaystyle\lim_{\theta \to 0+} \dfrac{f(\theta)}{\theta^3}$의 값을 구한다.

$\displaystyle\lim_{\theta \to 0+} \dfrac{f(\theta)}{\theta^3} = \lim_{\theta \to 0+} \dfrac{2 \sin \theta \sin \dfrac{\theta}{3} \sin \dfrac{2}{3}\theta}{\theta^3}$

$= 2 \displaystyle\lim_{\theta \to 0+} \left(\dfrac{\sin \theta}{\theta} \times \dfrac{\sin \dfrac{\theta}{3}}{\theta} \times \dfrac{\sin \dfrac{2}{3}\theta}{\theta} \right)$

$= 2 \times 1 \times \dfrac{1}{3} \times \dfrac{2}{3} = \dfrac{4}{9}$ → $\displaystyle\lim_{\theta \to 0+} \dfrac{\sin a\theta}{\theta} = \lim_{\theta \to 0+} \dfrac{\sin a\theta}{a\theta} \times a = a$

068 [정답률 62%]　　　　　　　　　　정답 ②

그림과 같이 반지름의 길이가 5인 원에 내접하고, $\overline{AB} = \overline{AC}$인 삼각형 ABC가 있다. $\angle BAC = \theta$라 하고, 점 B를 지나고 직선 AB에 수직인 직선이 원과 만나는 점 중 B가 아닌 점을 D, 직선 BD와 직선 AC가 만나는 점을 E라 하자. 삼각형 ABC의 넓이를 $f(\theta)$, 삼각형 CDE의 넓이를 $g(\theta)$라 할 때, $\displaystyle\lim_{\theta \to 0+} \dfrac{g(\theta)}{\theta^2 \times f(\theta)}$의 값은? $\left(\text{단, } 0 < \theta < \dfrac{\pi}{2}\right)$ (4점)

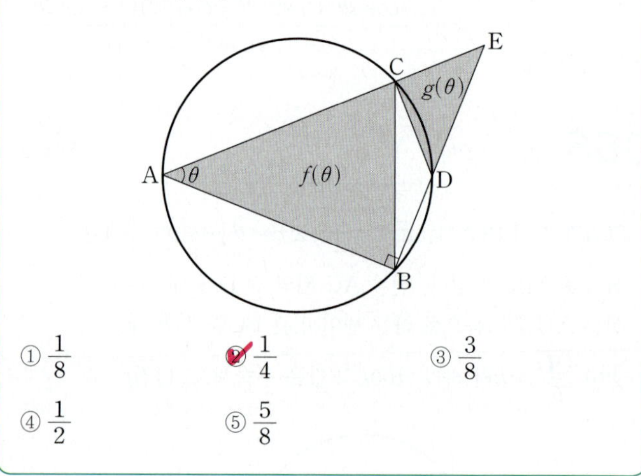

① $\dfrac{1}{8}$　　　　② $\dfrac{1}{4}$　　　　③ $\dfrac{3}{8}$

④ $\dfrac{1}{2}$　　　　⑤ $\dfrac{5}{8}$

Step 1 주어진 도형에서 선분의 길이와 각의 크기에 대하여 파악한다.

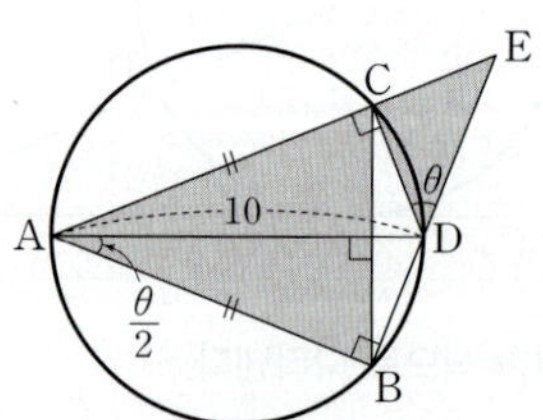

$\angle ABD = \dfrac{\pi}{2}$이므로 선분 AD는 원의 지름이고 $\overline{AD} = 10$

선분 AD가 원의 지름이므로 $\angle ECD = \dfrac{\pi}{2}$ → 반지름의 길이가 5이므로 지름의 길이는 10

이때 $\overline{AB} = \overline{AC}$이므로 $\overline{AD} \perp \overline{BC}$이고, $\angle DAB = \angle CAD = \dfrac{\theta}{2}$이다. → 두 삼각형 ABD, ACD가 합동이기 때문이야.

따라서 $\angle AEB = \dfrac{\pi}{2} - \theta$이므로 $\angle CDE = \theta$이다. → 삼각형 ABE의 세 내각의 크기의 합은 180°이므로 $\angle AEB = \dfrac{\pi}{2} - \theta$야.

$\overline{CD} = 10 \sin \dfrac{\theta}{2}$이므로 $\overline{CE} = 10 \sin \dfrac{\theta}{2} \tan \theta$ → 직각삼각형 CDE에서 $\tan \theta = \dfrac{\overline{CE}}{\overline{CD}}$

Step 2 $f(\theta)$, $g(\theta)$의 식을 구한다. → 직각삼각형 ADC에서 $\sin \dfrac{\theta}{2} = \dfrac{\overline{CD}}{\overline{AD}}$

$f(\theta) = \dfrac{1}{2} \times \overline{AB} \times \overline{AC} \times \sin \theta$

$$= \frac{1}{2} \times \left(10 \cos \frac{\theta}{2}\right)^2 \times \sin \theta = 50 \cos^2 \frac{\theta}{2} \sin \theta$$

$$g(\theta) = \frac{1}{2} \times \overline{CD} \times \overline{CE}$$

$$= \frac{1}{2} \times 10 \sin \frac{\theta}{2} \times 10 \sin \frac{\theta}{2} \tan \theta = 50 \sin^2 \frac{\theta}{2} \tan \theta$$

Step 3 삼각함수의 극한값을 구한다.

$$\lim_{\theta \to 0+} \frac{g(\theta)}{\theta^2 \times f(\theta)}$$

$$= \lim_{\theta \to 0+} \frac{50 \sin^2 \frac{\theta}{2} \tan \theta}{\theta^2 \times 50 \cos^2 \frac{\theta}{2} \sin \theta} = \lim_{\theta \to 0+} \left(\frac{1}{\cos^2 \frac{\theta}{2}} \times \frac{\sin^2 \frac{\theta}{2} \tan \theta}{\theta^2 \times \sin \theta}\right)$$

$$= \lim_{\theta \to 0+} \left\{ 1 \times \frac{1}{4} \times \frac{\sin^2 \frac{\theta}{2}}{\left(\frac{\theta}{2}\right)^2} \times \frac{\tan \theta}{\theta} \times \frac{\theta}{\sin \theta} \right\} = \frac{1}{4}$$

069 [정답률 63%] 　　　　정답 ②

그림과 같이 길이가 1인 선분 AB를 지름으로 하는 반원 위의 점 P에 대하여 ∠ABP를 삼등분하는 두 직선이 선분 AP와 만나는 점을 각각 Q, R이라 하자. ∠PAB=θ일 때, 삼각형 BRQ의 넓이를 $S(\theta)$라 하자. $\displaystyle\lim_{\theta \to 0+} \frac{S(\theta)}{\theta^2}$의 값은?

△BRQ$=\frac{1}{2} \times \overline{QR} \times \overline{BP}$를 이용하여 $S(\theta)$를 구해.

$$\left(\text{단, } 0 < \theta < \frac{\pi}{2}\right) \text{(4점)}$$

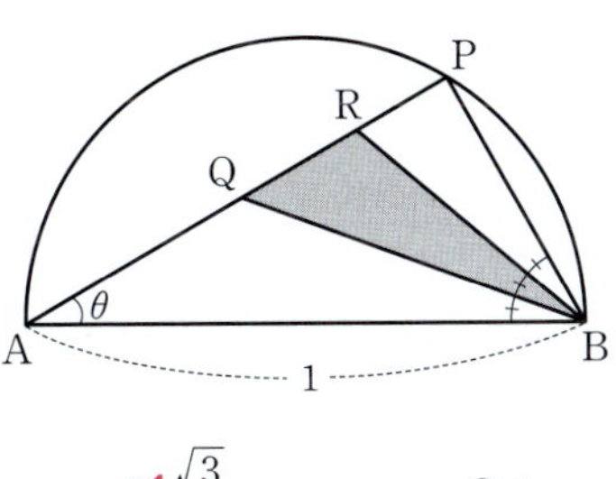

① $\frac{1}{3}$　　　② $\frac{\sqrt{3}}{3}$　　　③ 1

④ $\sqrt{3}$　　　⑤ 3

Step 1 ∠QBR=α라 하고, α를 θ에 대한 식으로 나타낸다.

선분 AB가 반원의 지름이므로

$$\angle APB = \frac{\pi}{2}$$

중요 반원의 원주각의 크기는 항상 $\frac{\pi}{2}$야.

∠QBR=α라 하면

∠ABP=3α이므로

∠ABQ=∠QBR=∠RBP=α

$$3\alpha + \theta = \frac{\pi}{2}, \quad 3\alpha = \frac{\pi}{2} - \theta$$

$$\therefore \alpha = \frac{\pi}{6} - \frac{\theta}{3} \quad \cdots\cdots \text{㉠}$$

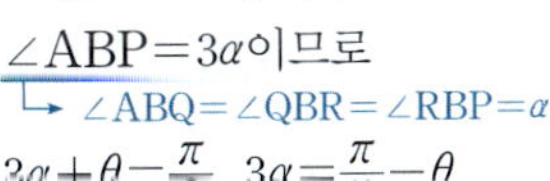

Step 2 삼각비를 이용하여 $S(\theta)$를 구한다.

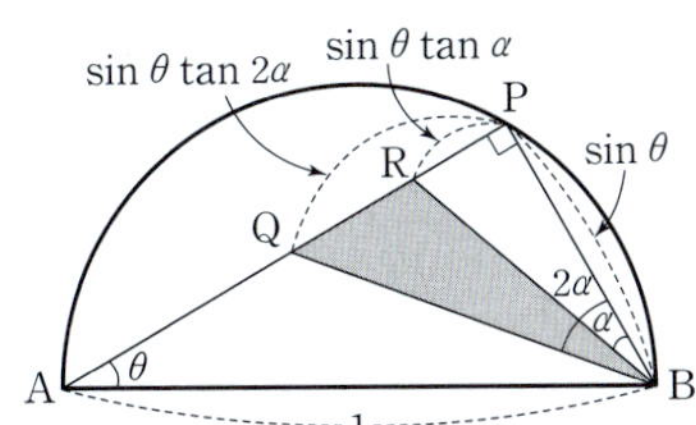

$\overline{BP} = \sin \theta$이므로 $\overline{PQ} = \sin \theta \tan 2\alpha$, $\overline{PR} = \sin \theta \tan \alpha$

$$\therefore \overline{QR} = \sin \theta \tan 2\alpha - \sin \theta \tan \alpha$$

$\frac{PQ}{BP} = \tan 2\alpha$에서 $\overline{PQ} = \overline{BP} \tan 2\alpha = \sin \theta \tan 2\alpha$

$$= \sin \theta (\tan 2\alpha - \tan \alpha)$$

$$\therefore S(\theta) = \frac{1}{2} \times \overline{QR} \times \overline{BP}$$

$$= \frac{1}{2} \times \sin \theta (\tan 2\alpha - \tan \alpha) \times \sin \theta$$

$$= \frac{1}{2} \sin^2 \theta (\tan 2\alpha - \tan \alpha)$$

$\alpha = \frac{\pi}{6} - \frac{\theta}{3}$를 대입했어.

$$= \frac{1}{2} \sin^2 \theta \left\{ \tan\left(\frac{\pi}{3} - \frac{2}{3}\theta\right) - \tan\left(\frac{\pi}{6} - \frac{\theta}{3}\right) \right\} \quad (\because \text{㉠})$$

Step 3 $\displaystyle\lim_{\theta \to 0+} \frac{S(\theta)}{\theta^2}$의 값을 구한다.

$$\lim_{\theta \to 0+} \frac{S(\theta)}{\theta^2} = \frac{1}{2} \lim_{\theta \to 0+} \frac{\sin^2 \theta}{\theta^2} \left\{ \tan\left(\frac{\pi}{3} - \frac{2}{3}\theta\right) - \tan\left(\frac{\pi}{6} - \frac{\theta}{3}\right) \right\}$$

$$= \frac{1}{2} \lim_{\theta \to 0+} \left(\frac{\sin \theta}{\theta}\right)^2 \left\{ \tan\left(\frac{\pi}{3} - \frac{2}{3}\theta\right) - \tan\left(\frac{\pi}{6} - \frac{\theta}{3}\right) \right\}$$

$$= \frac{1}{2} \left(\tan \frac{\pi}{3} - \tan \frac{\pi}{6} \right) \qquad \lim_{\theta \to 0+} \frac{\sin \theta}{\theta} = 1$$

$$= \frac{1}{2} \left(\sqrt{3} - \frac{\sqrt{3}}{3} \right) \qquad = \frac{3\sqrt{3}}{3} - \frac{\sqrt{3}}{3} = \frac{2\sqrt{3}}{3}$$

$$= \frac{1}{2} \times \frac{2\sqrt{3}}{3} = \frac{\sqrt{3}}{3}$$

070 [정답률 44%] 　　　　정답 ②

그림과 같이 중심이 O이고 길이가 2인 선분 AB를 지름으로 하는 반원 위에 ∠AOC$=\frac{\pi}{2}$인 점 C가 있다. 호 BC 위에 점 P와 호 CA 위에 점 Q를 $\overline{PB} = \overline{QC}$가 되도록 잡고, 선분 AP 위에 점 R을 ∠CQR$=\frac{\pi}{2}$가 되도록 잡는다.

선분 AP와 선분 CO의 교점을 S라 하자. ∠PAB=θ일 때, 삼각형 POB의 넓이를 $f(\theta)$, 사각형 CQRS의 넓이를 $g(\theta)$라 하자. $\displaystyle\lim_{\theta \to 0+} \frac{3f(\theta) - 2g(\theta)}{\theta^2}$의 값은? $\left(\text{단, } 0 < \theta < \frac{\pi}{4}\right)$ (4점)

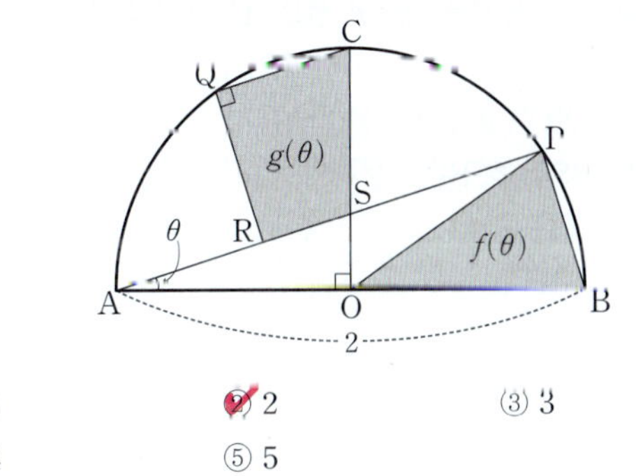

① 1　　　② 2　　　③ 3

④ 4　　　⑤ 5

Step 1 $f(\theta)$, $g(\theta)$를 구한다.

∠POB=2θ이므로 $f(\theta) = \frac{1}{2} \times 1 \times 1 \times \sin 2\theta = \frac{1}{2} \sin 2\theta$

직각삼각형 APB에서 $\overline{PB} = 2 \sin \theta$ → $\overline{AB}$가 반원의 지름이기 때문이다.

직각삼각형 AOS에서 $\overline{OS} = \tan \theta$

$$\therefore \overline{CS} = 1 - \overline{OS} = 1 - \tan \theta$$

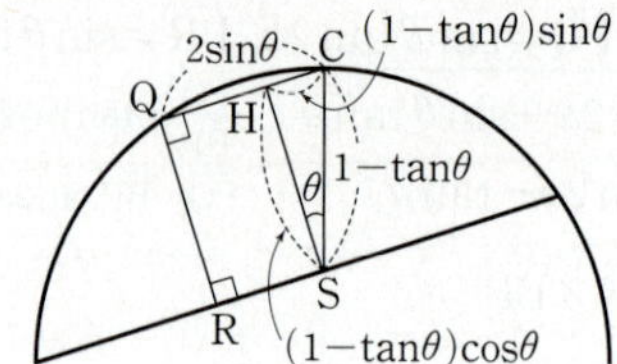

그림과 같이 점 S에서 선분 QC에 내린 수선의 발을 H라 하면

$\angle \text{HSC}=\theta$

$\overline{\text{CS}}=1-\tan\theta$이므로 직각삼각형 HSC에서

$\overline{\text{CH}}=(1-\tan\theta)\sin\theta$, $\overline{\text{SH}}=(1-\tan\theta)\cos\theta$

$\therefore \overline{\text{QH}}=2\sin\theta-(1-\tan\theta)\sin\theta=\sin\theta+\tan\theta\sin\theta$

따라서 $g(\theta)$를 구하면

$g(\theta)=(\sin\theta+\tan\theta\sin\theta)(1-\tan\theta)\cos\theta$

$\qquad +\dfrac{1}{2}(1-\tan\theta)\sin\theta\times(1-\tan\theta)\cos\theta$

$\quad=(1-\tan\theta)\cos\theta\times\left(\dfrac{3}{2}\sin\theta+\dfrac{1}{2}\tan\theta\sin\theta\right)$ $\dfrac{\sin\theta}{\cos\theta}$

$\quad=(\cos\theta-\sin\theta)\left(\dfrac{3}{2}\sin\theta+\dfrac{1}{2}\tan\theta\sin\theta\right)$

Step 2 극한값을 구한다.

$\displaystyle\lim_{\theta\to0+}\dfrac{3f(\theta)-2g(\theta)}{\theta^2}$

$=\displaystyle\lim_{\theta\to0+}\dfrac{\dfrac{3}{2}\sin2\theta-(\cos\theta-\sin\theta)(3\sin\theta+\tan\theta\sin\theta)}{\theta^2}$

  $\sin2\theta=2\cos\theta\sin\theta$이므로 $\dfrac{3}{2}\sin2\theta=3\cos\theta\sin\theta$

$=\displaystyle\lim_{\theta\to0+}\dfrac{\dfrac{3}{2}\sin2\theta-3\cos\theta\sin\theta-\sin^2\theta+3\sin^2\theta+\tan\theta\sin^2\theta}{\theta^2}$

$=\displaystyle\lim_{\theta\to0+}\dfrac{-\sin^2\theta+3\sin^2\theta+\tan\theta\sin^2\theta}{\theta^2}$

$=\displaystyle\lim_{\theta\to0+}\dfrac{2\sin^2\theta+\tan\theta\sin^2\theta}{\theta^2}=2$

071 [정답률 17%]   정답 **4**

그림과 같이 길이가 2인 선분 AB를 지름으로 하는 반원의
호 AB 위에 점 P가 있다. 호 AP 위에 점 Q를 호 PB와
호 PQ의 길이가 같도록 잡을 때, 두 선분 AP, BQ가 만나는
점을 R이라 하고 점 B를 지나고 선분 AB에 수직인 직선이
직선 AP와 만나는 점을 S라 하자. $\angle\text{BAP}=\theta$라 할 때,
두 선분 PR, QR과 호 PQ로 둘러싸인 부분의 넓이를 $f(\theta)$,
두 선분 PS, BS와 호 BP로 둘러싸인 부분의 넓이를 $g(\theta)$라
하자. $\displaystyle\lim_{\theta\to0+}\dfrac{f(\theta)+g(\theta)}{\theta^3}$의 값을 구하시오.

→ 도형의 성질을 이용하여
$f(\theta)+g(\theta)$가 나타내는 것을 찾는다.

$\left(\text{단, }0<\theta<\dfrac{\pi}{4}\right)$ (4점)

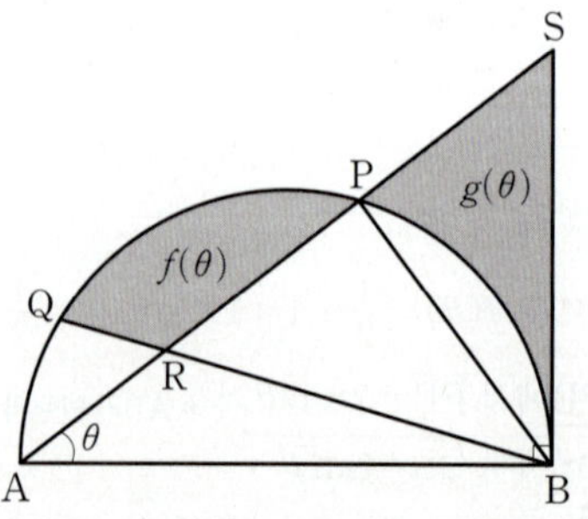

Step 1 삼각함수를 이용하여 $f(\theta)+g(\theta)$를 나타낸다.

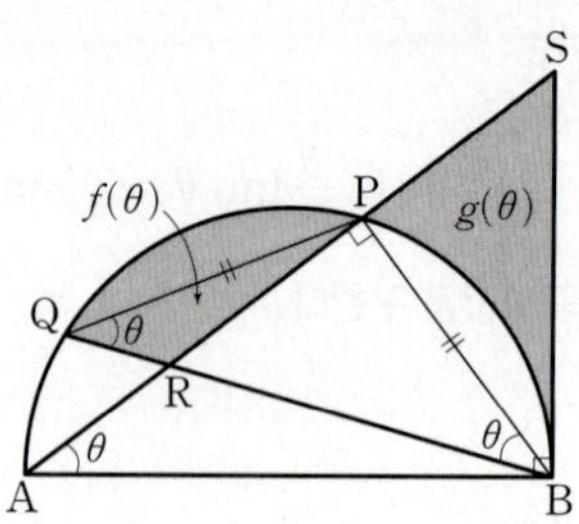

호 PB와 호 PQ의 길이가 서로 같으므로 원주각의 성질에 의하여

$\angle\text{PAB}=\angle\text{QBP}=\theta$, $\angle\text{ABS}=\angle\text{APB}=\dfrac{\pi}{2}$이고   → 호의 길이가 같으면 원주각의 크기도 같다.

$\angle\text{PBA}=\dfrac{\pi}{2}-\theta$이므로 $\angle\text{SBP}=\theta$ → 지름에 대한 원주각의 크기는 $\dfrac{\pi}{2}$이다.

→ ASA 합동

즉, 두 삼각형 SPB, RPB는 서로 합동이므로 넓이가 서로 같다.

또한 선분 PQ와 호 PQ로 둘러싸인 부분의 넓이와 선분 PB와
호 PB로 둘러싸인 부분의 넓이가 서로 같으므로 $f(\theta)+g(\theta)$는
삼각형 PQB의 넓이와 같다.

직각삼각형 ABP에서   → 호의 길이가 같은 두 현의 길이는 같다.

$\sin\theta=\dfrac{\overline{\text{BP}}}{\overline{\text{AB}}}=\dfrac{\overline{\text{BP}}}{2}$ $\therefore \overline{\text{BP}}=\overline{\text{PQ}}=2\sin\theta$

$f(\theta)+g(\theta)=\dfrac{1}{2}\times\overline{\text{BP}}\times\overline{\text{PQ}}\times\sin(\pi-2\theta)$

$\qquad\qquad\qquad$ → $\angle\text{BPQ}$

$\qquad\quad=\dfrac{1}{2}\times4\sin^2\theta\times\sin2\theta$

$\qquad\quad=2\sin^2\theta\sin2\theta$

Step 2 $\displaystyle\lim_{\theta\to0+}\dfrac{f(\theta)+g(\theta)}{\theta^3}$의 값을 구한다.

$\displaystyle\lim_{\theta\to0+}\dfrac{f(\theta)+g(\theta)}{\theta^3}=\lim_{\theta\to0+}\dfrac{2\sin^2\theta\sin2\theta}{\theta^3}$

$\qquad\qquad\qquad=\displaystyle\lim_{\theta\to0+}\left(2\times\dfrac{\sin^2\theta}{\theta^2}\times\dfrac{\sin2\theta}{\theta}\right)$

$\qquad\qquad\qquad=2\times\displaystyle\lim_{\theta\to0+}\left(\dfrac{\sin\theta}{\theta}\right)^2\times\lim_{\theta\to0+}\left(\dfrac{\sin2\theta}{2\theta}\times2\right)$

$\qquad\qquad\qquad=2\times1^2\times2=4$

072 [정답률 32%]　　　　정답 20

그림과 같이 길이가 2인 선분 AB를 지름으로 하는 반원이 있다. 선분 AB의 중점을 O라 하고 호 AB 위에 두 점 P, Q를
$$\angle \mathrm{BOP}=\theta, \quad \angle \mathrm{BOQ}=2\theta$$
가 되도록 잡는다. 점 Q를 지나고 선분 AB에 평행한 직선이 호 AB와 만나는 점 중 Q가 아닌 점을 R이라 하고, 선분 BR이 두 선분 OP, OQ와 만나는 점을 각각 S, T라 하자. 세 선분 AO, OT, TR과 호 RA로 둘러싸인 부분의 넓이를 $f(\theta)$라 하고, 세 선분 QT, TS, SP와 호 PQ로 둘러싸인 부분의 넓이를 $g(\theta)$라 하자. $\displaystyle\lim_{\theta\to 0+}\frac{g(\theta)}{f(\theta)}=a$일 때, $80a$의 값을 구하시오. $\left(\text{단, } 0<\theta<\dfrac{\pi}{4}\right)$ (4점)

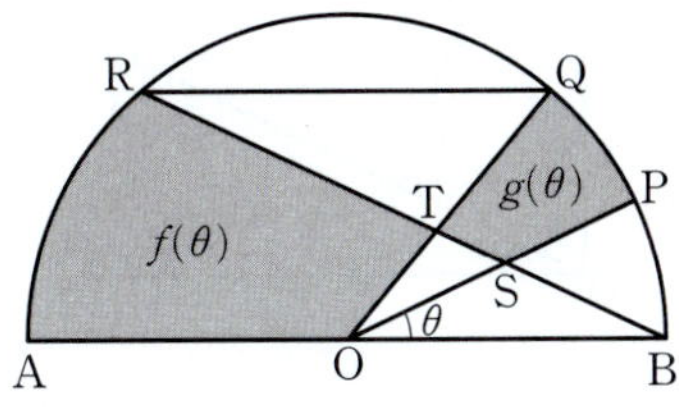

Step 1 선분 OT의 길이를 이용하여 $f(\theta)$를 구한다.

$\angle\mathrm{RBA}=\angle\mathrm{BRQ}$이고 호 BQ에 대한 원주각의 크기는 중심각의 크기의 $\dfrac{1}{2}$이므로 $\angle\mathrm{BRQ}=\theta$
（→ $\angle\mathrm{BRQ}$, → $\angle\mathrm{BOQ}$）
（→ $\pi-\angle\mathrm{OSB}=\pi-(\pi-2\theta)$）

즉, $\angle\mathrm{RBA}=\theta$이므로 $\angle\mathrm{OST}=2\theta, \ \angle\mathrm{OTB}=\pi-3\theta$
또한 삼각형 OBR은 이등변삼각형이므로 $\angle\mathrm{ORB}=\theta$
（→ $\angle\mathrm{BOQ}+\angle\mathrm{OBR}=2\theta+\theta$）
$\therefore \ \angle\mathrm{ROT}=\angle\mathrm{ROB}-2\theta=(\pi-2\theta)-2\theta=\pi-4\theta$

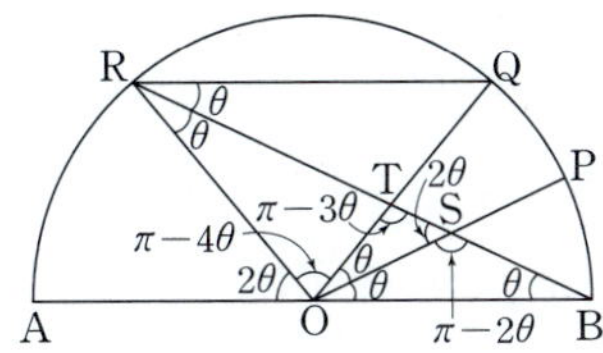

삼각형 OBT에서 사인법칙에 의하여
$$\frac{\overline{\mathrm{OB}}}{\sin(\angle\mathrm{OTB})}=\frac{\overline{\mathrm{OT}}}{\sin(\angle\mathrm{OBT})}$$
$$\frac{1}{\sin(\pi-3\theta)}=\frac{\overline{\mathrm{OT}}}{\sin\theta} \qquad \therefore \ \overline{\mathrm{OT}}=\frac{\sin\theta}{\sin 3\theta}$$
（$=\sin 3\theta$）
$$\therefore \ f(\theta)=\frac{1}{2}\times 1^2\times 2\theta+\frac{1}{2}\times 1\times\frac{\sin\theta}{\sin 3\theta}\times\sin(\pi-4\theta)$$
（부채꼴 ORA의 넓이 ／ 삼각형 OTR의 넓이）
$$=\theta+\frac{\sin\theta\sin 4\theta}{2\sin 3\theta}$$

Step 2 $g(\theta)$를 구한다.

삼각형 OBS에서 사인법칙에 의하여
$$\frac{\overline{\mathrm{OB}}}{\sin(\angle\mathrm{OSB})}=\frac{\overline{\mathrm{OS}}}{\sin(\angle\mathrm{OBS})}$$
$$\frac{1}{\sin(\pi-2\theta)}=\frac{\overline{\mathrm{OS}}}{\sin\theta} \qquad \therefore \ \overline{\mathrm{OS}}=\frac{\sin\theta}{\sin 2\theta}$$
（$=\sin 2\theta$）
$$\therefore \ g(\theta)=\frac{1}{2}\times 1^2\times\theta-\frac{1}{2}\times\frac{\sin\theta}{\sin 3\theta}\times\frac{\sin\theta}{\sin 2\theta}\times\sin\theta$$
（부채꼴 POQ의 넓이 ／ 삼각형 OST의 넓이）
$$=\frac{1}{2}\theta-\frac{\sin^3\theta}{2\sin 2\theta\sin 3\theta}$$

Step 3 $\displaystyle\lim_{\theta\to 0+}\frac{g(\theta)}{f(\theta)}$의 값을 구한다.

$$\lim_{\theta\to 0+}\frac{g(\theta)}{f(\theta)}=\lim_{\theta\to 0+}\frac{\dfrac{1}{2}\theta-\dfrac{\sin^3\theta}{2\sin 2\theta\sin 3\theta}}{\theta+\dfrac{\sin\theta\sin 4\theta}{2\sin 3\theta}}$$
（분모와 분자에 $\dfrac{1}{\theta}$을 곱한다.）
$$=\lim_{\theta\to 0+}\frac{\dfrac{1}{2}\theta\times\dfrac{1}{\theta}-\dfrac{\sin^3\theta}{2\sin 2\theta\sin 3\theta}\times\dfrac{1}{\theta}}{\theta\times\dfrac{1}{\theta}+\dfrac{\sin\theta\sin 4\theta}{2\sin 3\theta}\times\dfrac{1}{\theta}}$$
（$\dfrac{\sin\theta}{\theta}$ 꼴로 바꾸어 $\displaystyle\lim_{\theta\to 0}\dfrac{\sin\theta}{\theta}=1$임을 이용한다.）
$$=\frac{\dfrac{1}{2}-\dfrac{1}{2\times 2\times 3}}{1+\dfrac{4}{2\times 3}}$$
$$=\frac{\dfrac{5}{12}}{\dfrac{10}{6}}=\frac{1}{4}$$

따라서 $a=\dfrac{1}{4}$이므로 $80a=80\times\dfrac{1}{4}=20$

073 [정답률 28%]　　　　정답 23

그림과 같이 길이가 2인 선분 AB를 지름으로 하는 반원이 있다. 선분 AB의 중점을 O라 할 때, 호 AB 위에 두 점 P, Q를 $\angle\mathrm{POA}=\theta, \ \angle\mathrm{QOB}=2\theta$가 되도록 잡는다. 두 선분 PB, OQ의 교점을 R이라 하고, 점 R에서 선분 PQ에 내린 수선의 발을 H라 하자. 삼각형 POR의 넓이를 $f(\theta)$, 두 선분 RQ, RB와 호 QB로 둘러싸인 부분의 넓이를 $g(\theta)$라 할 때,
$$\lim_{\theta\to 0+}\frac{f(\theta)+g(\theta)}{\overline{\mathrm{RH}}}=\frac{q}{p}$$
이다. $p+q$의 값을 구하시오.

$\left(\text{단, } 0<\theta<\dfrac{\pi}{3}\text{이고, } p\text{와 } q\text{는 서로소인 자연수이다.}\right)$ (4점)

（$f(\theta), g(\theta),$ 선분 RH의 길이를 각각 어떻게 구할지 생각해.）

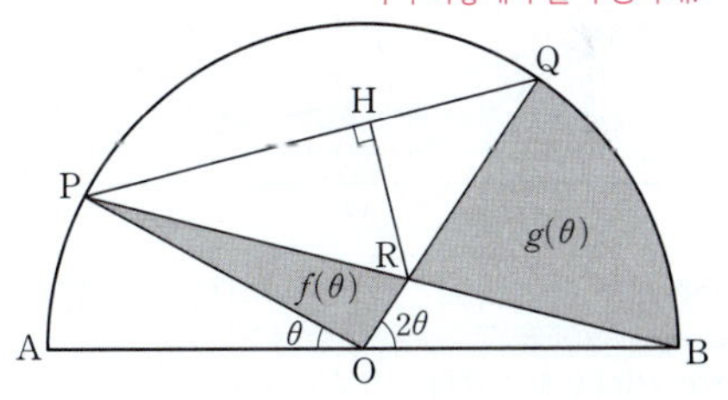

Step 1 선분 OR의 길이를 이용하여 $f(\theta)$를 구한다.

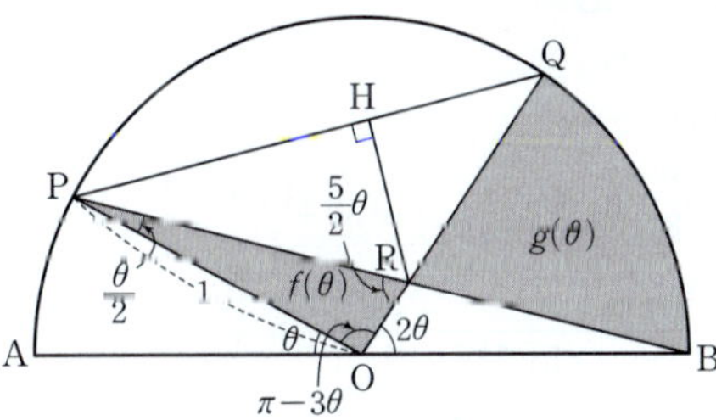

$\overline{\mathrm{AB}}=2$이므로 반원의 반지름의 길이는 1이다.

$\angle\mathrm{POR}=\pi-3\theta, \ \angle\mathrm{OPB}=\dfrac{\theta}{2}$이므로 $\angle\mathrm{PRO}=\dfrac{5}{2}\theta$

삼각형 POR에서 사인법칙에 의하여
（$\angle\mathrm{OPB}=\angle\mathrm{OBP}$이고, $\angle\mathrm{OPB}+\angle\mathrm{OBP}=\angle\mathrm{POA}=\theta$）
$$\frac{\overline{\mathrm{OP}}}{\sin(\angle\mathrm{PRO})}=\frac{\overline{\mathrm{OR}}}{\sin(\angle\mathrm{OPR})}, \quad \frac{1}{\sin\dfrac{5}{2}\theta}=\frac{\overline{\mathrm{OR}}}{\sin\dfrac{\theta}{2}}$$

$$\therefore \overline{OR}=\dfrac{\sin \dfrac{\theta}{2}}{\sin \dfrac{5}{2}\theta}$$

따라서 $f(\theta)$는

$$\dfrac{1}{2}\times\overline{OP}\times\overline{OR}\times\sin(\angle POR)=\dfrac{1}{2}\times1\times\dfrac{\sin\dfrac{\theta}{2}}{\sin\dfrac{5}{2}\theta}\times\underline{\sin(\pi-3\theta)}$$
$\quad\quad\quad\quad\quad\quad\quad\quad\quad\quad\quad\quad\quad\quad\quad\quad\longrightarrow =\sin 3\theta$

$$=\dfrac{\sin\dfrac{\theta}{2}\sin 3\theta}{2\sin\dfrac{5}{2}\theta}$$

Step 2 $g(\theta)$를 구한다.

(반지름의 길이)²

(부채꼴 OBQ의 넓이)$=\dfrac{1}{2}\times 1^2\times 2\theta=\theta$이고,
$\quad\quad\quad\quad\quad\quad\quad\quad\quad\longrightarrow \angle QOB$

$$\triangle OBR=\dfrac{1}{2}\times\overline{OB}\times\overline{OR}\times\sin(\angle ROB)$$

$$=\dfrac{1}{2}\times 1\times\dfrac{\sin\dfrac{\theta}{2}}{\sin\dfrac{5}{2}\theta}\times\sin 2\theta=\dfrac{\sin\dfrac{\theta}{2}\sin 2\theta}{2\sin\dfrac{5}{2}\theta}$$

따라서 $g(\theta)$는 $\theta-\dfrac{\sin\dfrac{\theta}{2}\sin 2\theta}{2\sin\dfrac{5}{2}\theta}$이다.

부채꼴 OBQ의 넓이에서 삼각형 OBR의 넓이를 빼면 돼.

Step 3 사인법칙을 이용하여 선분 PR의 길이를 구한다.

삼각형 POR에서 사인법칙에 의하여

$$\dfrac{\overline{OP}}{\sin(\angle PRO)}=\dfrac{\overline{PR}}{\sin(\angle POR)}$$

$$\dfrac{1}{\sin\dfrac{5}{2}\theta}=\dfrac{\overline{PR}}{\sin(\pi-3\theta)}\quad\therefore\ \overline{PR}=\dfrac{\sin 3\theta}{\sin\dfrac{5}{2}\theta}$$
$\quad\quad\quad\quad\quad\quad\longrightarrow \sin 3\theta$

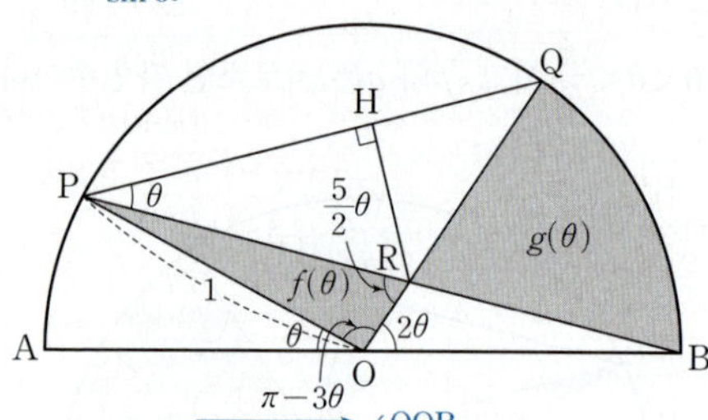

이때 호 BQ에 대한 중심각의 크기가 2θ이므로 $\angle BPQ=\theta$이다.

따라서 삼각형 PRH에서 $\overline{RH}=\overline{PR}\sin\theta=\dfrac{\sin 3\theta\sin\theta}{\sin\dfrac{5}{2}\theta}$이다.

Step 4 $\displaystyle\lim_{\theta\to 0+}\dfrac{f(\theta)+g(\theta)}{\overline{RH}}$의 값을 구한다.

$$\lim_{\theta\to 0+}\dfrac{f(\theta)+g(\theta)}{\overline{RH}}$$

$$=\lim_{\theta\to 0+}\dfrac{\dfrac{\sin\dfrac{\theta}{2}\sin 3\theta}{2\sin\dfrac{5}{2}\theta}+\theta-\dfrac{\sin\dfrac{\theta}{2}\sin 2\theta}{2\sin\dfrac{5}{2}\theta}}{\dfrac{\sin 3\theta\sin\theta}{\sin\dfrac{5}{2}\theta}}$$

$$=\lim_{\theta\to 0+}\dfrac{\sin\dfrac{\theta}{2}}{2\sin\theta}+\lim_{\theta\to 0+}\dfrac{\theta\sin\dfrac{5}{2}\theta}{\sin 3\theta\sin\theta}-\lim_{\theta\to 0+}\dfrac{\sin\dfrac{\theta}{2}\sin 2\theta}{2\sin 3\theta\sin\theta}$$

$\quad\quad\dfrac{\frac{1}{2}}{2}=\dfrac{1}{4}\quad\quad\quad\dfrac{\frac{5}{2}}{3\times1}=\dfrac{5}{6}\quad\quad\dfrac{\frac{1}{2}\times 2}{2\times3\times1}=\dfrac{1}{6}$

$$=\dfrac{1}{4}+\dfrac{5}{6}-\dfrac{1}{6}=\dfrac{11}{12}$$

따라서 $p=12$, $q=11$이므로 $p+q=23$이다.

---

074 [정답률 71%]   정답 ①

→ $\overline{OB}=1$임을 알 수 있어.

그림과 같이 반지름의 길이가 1이고 중심각의 크기가 $\dfrac{\pi}{2}$인 부채꼴 OAB가 있다. 호 AB 위의 점 P에 대하여 점 B에서 선분 OP에 내린 수선의 발을 Q, 점 Q에서 선분 OB에 내린 수선의 발을 R이라 하자. $\angle BOP=\theta$일 때, 삼각형 RQB에 내접하는 원의 반지름의 길이를 $r(\theta)$라 하자.

$\displaystyle\lim_{\theta\to 0+}\dfrac{r(\theta)}{\theta^2}$의 값은? $\left(\text{단, } 0<\theta<\dfrac{\pi}{2}\right)$ (4점)

→ 삼각형 RQB는 직각삼각형

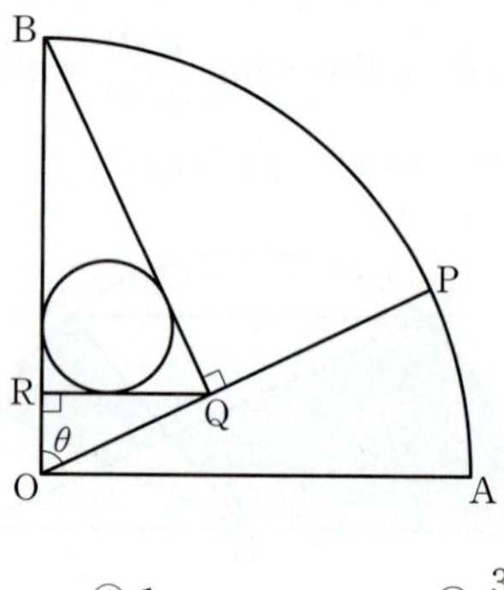

① $\dfrac{1}{2}$ ② 1   ③ $\dfrac{3}{2}$

④ 2   ⑤ $\dfrac{5}{2}$

Step 1 삼각비를 이용하여 $r(\theta)$를 θ에 대한 식으로 나타낸다.

먼저 $\angle BOQ=\theta$이고 $\overline{OB}=1$이므로 직각삼각형 BOQ에서

$$\sin\theta=\dfrac{\overline{BQ}}{\overline{OB}}=\overline{BQ},\ \cos\theta=\dfrac{\overline{OQ}}{\overline{OB}}=\overline{OQ}$$

따라서 직각삼각형 QOR에서

$$\sin\theta=\dfrac{\overline{QR}}{\overline{OQ}}=\dfrac{\overline{QR}}{\cos\theta}$$

양변에 $\cos\theta$를 곱했어.

$$\therefore\ \overline{QR}=\sin\theta\cos\theta$$

$$\cos\theta=\dfrac{\overline{OR}}{\overline{OQ}}=\dfrac{\overline{OR}}{\cos\theta},\ \overline{OR}=\cos^2\theta$$

$$\therefore\ \overline{BR}=1-\cos^2\theta=\sin^2\theta$$
$\quad\quad\quad\quad\quad\quad\longrightarrow =\overline{OB}-\overline{OR}$

이때 삼각형 RQB의 넓이는

$$\dfrac{1}{2}\times\overline{BR}\times\overline{QR}=\dfrac{1}{2}\times\sin^2\theta\times\sin\theta\cos\theta\quad\cdots\cdots\ \bigcirc$$

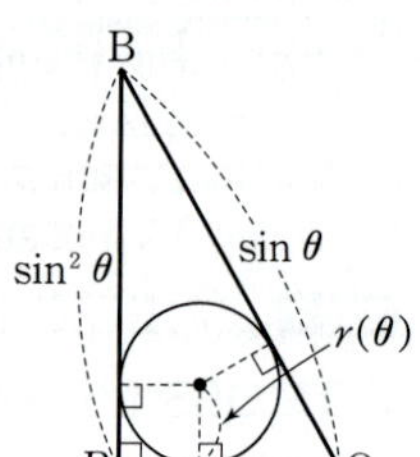

삼각형 RQB의 넓이를 내접원의 반지름의 길이 $r(\theta)$를 이용하여 나타내면

$$\dfrac{1}{2}\times r(\theta)\times(\underline{\sin\theta+\sin\theta\cos\theta+\sin^2\theta})\quad\cdots\cdots\ \bigcirc\!\!\!\bigcirc$$
$\quad\quad\quad\quad\quad\longrightarrow =\overline{BQ}+\overline{QR}+\overline{BR}$

이때 두 식 ㉠, ㉡의 값이 같아야 하므로

$$\dfrac{1}{2}\times\sin^2\theta\times\sin\theta\cos\theta$$

$$=\dfrac{1}{2}\times r(\theta)\times(\sin\theta+\sin\theta\cos\theta+\sin^2\theta)$$

$$\sin^2\theta\cos\theta=r(\theta)\times(1+\cos\theta+\sin\theta)$$

$$\therefore\ r(\theta)=\dfrac{\sin^2\theta\cos\theta}{1+\cos\theta+\sin\theta}$$

$0<\theta<\dfrac{\pi}{2}$이므로 $\sin\theta\neq 0$이야. 따라서 양변을 $\dfrac{1}{2}\sin\theta$로 나누어도 등식은 성립해.

Step 2 삼각함수의 극한을 이용하여 $\lim\limits_{\theta \to 0+} \dfrac{r(\theta)}{\theta^2}$ 의 값을 구한다.

$$\therefore \lim_{\theta \to 0+} \frac{r(\theta)}{\theta^2} = \lim_{\theta \to 0+} \frac{\sin^2\theta \cos\theta}{\theta^2(1+\cos\theta+\sin\theta)}$$

$$= \lim_{\theta \to 0+} \frac{\sin^2\theta}{\theta^2} \times \lim_{\theta \to 0+} \frac{\cos\theta}{1+\cos\theta+\sin\theta}$$

암기 $\lim\limits_{x\to 0} \dfrac{\sin x}{x} = 1$ → $\cos 0 = 1,$ $\sin 0 = 0$

$$= 1 \times \frac{1}{1+1+0}$$

$$= 1 \times \frac{1}{2} = \frac{1}{2}$$

075 [정답률 63%]   정답 ①

그림과 같이 반지름의 길이가 1이고 중심각의 크기가 $\dfrac{\pi}{2}$ 인 부채꼴 OAB가 있다. 호 AB 위의 점 P에서 선분 OA에 내린 수선의 발을 H라 하고, 호 BP 위에 점 Q를 ∠POH = ∠PHQ가 되도록 잡는다. ∠POH = θ일 때, 삼각형 OHQ의 넓이를 $S(\theta)$라 하자. $\lim\limits_{\theta \to 0+} \dfrac{S(\theta)}{\theta}$ 의 값은?

$= \dfrac{1}{2} \times \overline{\text{QH}} \times (높이)$ ←

$\left(단,\ 0<\theta<\dfrac{\pi}{6}\right)$ (4점)

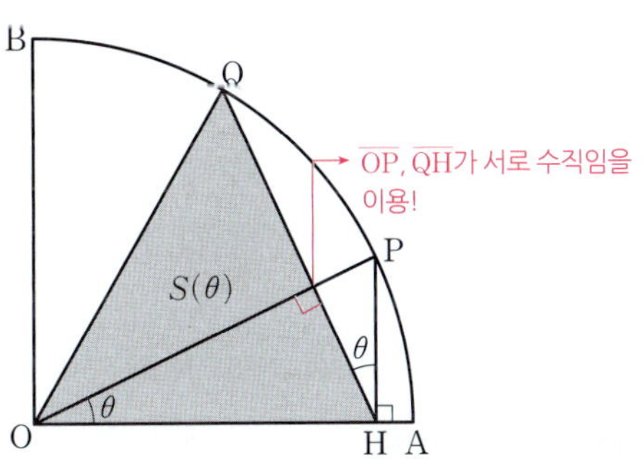

① $\dfrac{1+\sqrt{2}}{2}$ ② $\dfrac{2+\sqrt{2}}{2}$ ③ $\dfrac{3+\sqrt{2}}{2}$

④ $\dfrac{4+\sqrt{2}}{2}$ ⑤ $\dfrac{5+\sqrt{2}}{2}$

Step 1 $\overline{\text{OP}} \perp \overline{\text{QH}}$임을 이용하여 $S(\theta)$를 구한다

직각삼각형 OPH에서   → 부채꼴의 반지름의 길이와 같아.

$$\cos\theta = \frac{\overline{\text{OH}}}{\overline{\text{OP}}} \qquad \therefore \overline{\text{OH}} = \overline{\text{OP}}\cos\theta = \cos\theta$$

오른쪽 그림과 같이 두 선분 OP, QH가 만나는 점을 M이라 하자.

∠QHM + ∠PHM = 90°이고
∠POH = ∠PHM = θ이므로
∠OHM + ∠POH = 90°

$$\therefore \angle\text{OMH} = 180° - (\angle\text{OHM} + \angle\text{POH})$$
$$= 90°$$

따라서 $\overline{\text{OP}} \perp \overline{\text{QH}}$이므로 직각삼각형 OHM에서

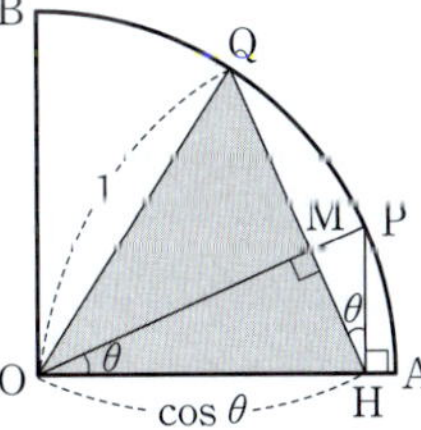

$$\sin\theta = \frac{\overline{\text{MH}}}{\overline{\text{OH}}} \qquad \therefore \overline{\text{MH}} = \overline{\text{OH}}\sin\theta = \cos\theta\sin\theta$$

→ 위에서 구한 길이를 이용!

$$\cos\theta = \frac{\overline{\text{OM}}}{\overline{\text{OH}}} \qquad \therefore \overline{\text{OM}} = \overline{\text{OH}}\cos\theta = \cos^2\theta$$

직각삼각형 OMQ에서 $\overline{\text{OQ}}=1$이므로
피타고라스 정리를 이용하면   → OQ는 부채꼴 OAB의 반지름의 길이야!

$$\overline{\text{QM}} = \sqrt{\overline{\text{OQ}}^2 - \overline{\text{OM}}^2} = \sqrt{1^2 - (\cos^2\theta)^2} = \sqrt{1-\cos^4\theta}$$

주의 $\cos\theta$라고 착각하면 안 돼!

$$\therefore \overline{\text{QH}} = \overline{\text{QM}} + \overline{\text{MH}} = \sqrt{1-\cos^4\theta} + \cos\theta\sin\theta$$

$$\therefore S(\theta) = \triangle\text{OHQ}$$

→ 높이

$$= \frac{1}{2} \times \overline{\text{QH}} \times \overline{\text{OM}}$$

→ 밑변의 길이

$$= \frac{1}{2}(\sqrt{1-\cos^4\theta} + \cos\theta\sin\theta)\cos^2\theta$$

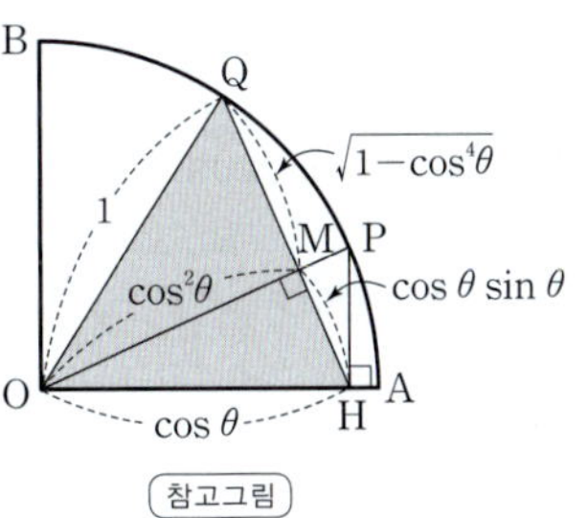

참고그림

Step 2 $\lim\limits_{\theta\to 0+} \dfrac{S(\theta)}{\theta}$ 의 값을 구한다.

$$\lim_{\theta\to 0+}\frac{S(\theta)}{\theta} = \lim_{\theta\to 0+}\frac{\frac{1}{2}(\sqrt{1-\cos^4\theta}+\cos\theta\sin\theta)\cos^2\theta}{\theta}$$

$$= \lim_{\theta\to 0+}\left\{\frac{1}{2}\left(\frac{\sqrt{1-\cos^4\theta}}{\theta}+\frac{\cos\theta\sin\theta}{\theta}\right)\times\cos^2\theta\right\}$$

$$= \lim_{\theta\to 0+}\left\{\frac{1}{2}\left(\frac{\sqrt{(1+\cos^2\theta)(1-\cos^2\theta)}}{\theta}+\frac{\sin\theta}{\theta}\times\cos\theta\right)\right.$$

→ $=\sin^2\theta$

$$\left.\times\cos^2\theta\right\}$$

$$= \lim_{\theta\to 0+}\frac{1}{2}\left(\frac{\sin\theta\sqrt{1+\cos^2\theta}}{\theta}+\frac{\sin\theta}{\theta}\times\cos\theta\right)\times\cos^2\theta$$

$$= \frac{1}{2}(1\times\sqrt{1+1^2}+1\times 1)\times 1^2$$

암기 $\lim\limits_{\theta\to 0}\dfrac{\sin\theta}{\theta}=1,$ $\lim\limits_{\theta\to 0}\cos\theta=1$

$$= \frac{1}{2}(\sqrt{2}+1)$$

$$= \frac{1+\sqrt{2}}{2}$$

★ **다른 풀이** 점 Q에서 $\overline{\text{OH}}$에 내린 수선의 발을 이용하여 $S(\theta)$를 구하는 풀이

Step 1 $S(\theta)$를 구한다.

$\overline{\text{OP}}=1$이므로
$$\overline{\text{OH}} = \overline{\text{OP}}\cos\theta = \cos\theta$$

오른쪽 그림과 같이 점 Q에서 선분 OH에 내린 수선의 발을 R이라 하자.
엇각의 성질에 의하여
∠HQR = ∠PHQ = θ이므로 $\overline{\text{QR}}=x$라 하면

→ $\triangle$QRH에서 $\tan\theta = \dfrac{\overline{\text{RH}}}{\overline{\text{QR}}}$야.

$$\overline{\text{RH}} = \overline{\text{QR}} \times \tan\theta = x\tan\theta$$

$$\overline{\text{OR}} = \overline{\text{OH}} - \overline{\text{RH}} = \cos\theta - x\tan\theta$$

이때 삼각형 OQR에서 피타고라스 정리에 의하여
$\overline{\text{QR}}^2 + \overline{\text{OR}}^2 = \overline{\text{OQ}}^2 = 1$이므로

$$x^2 + (\cos\theta - x\tan\theta)^2 = 1$$
$$(\tan^2\theta+1)x^2 - 2x\cos\theta\tan\theta + \cos^2\theta - 1 = 0$$

이때 $1+\tan^2\theta=\sec^2\theta$, $\tan\theta=\frac{\sin\theta}{\cos\theta}$, $\sin^2\theta+\cos^2\theta=1$임을 이용하여 식을 정리하면

$x^2\sec^2\theta-2x\sin\theta-\sin^2\theta=0$

위 등식의 양변에 $\cos^2\theta$를 곱하면

$x^2-2x\sin\theta\cos^2\theta-\sin^2\theta\cos^2\theta=0$

↳ $\sec^2\theta\times\cos^2\theta=1$

이때 $x>0$이므로 이차방정식의 근의 공식에 의하여

↳ 변의 길이이니까 양수

$x=\sin\theta\cos^2\theta+\sqrt{\sin^2\theta\cos^4\theta+\sin^2\theta\cos^2\theta}$

$\therefore x=\sin\theta\cos^2\theta+\sin\theta\cos\theta\sqrt{\cos^2\theta+1}$

$\therefore S(\theta)=\frac{1}{2}\times\overline{OH}\times\overline{QR}=\frac{1}{2}\times\cos\theta\times x$ (높이: $\overline{QR}$, 밑변의 길이: $\overline{OH}$)

$=\frac{\sin\theta\cos^2\theta}{2}(\cos\theta+\sqrt{\cos^2\theta+1})$

Step 2 $\lim_{\theta\to0+}\frac{S(\theta)}{\theta}$의 값을 구한다.

$\lim_{\theta\to0+}\frac{S(\theta)}{\theta}$

$=\lim_{\theta\to0+}\left\{\frac{\sin\theta\cos^2\theta}{2\theta}(\cos\theta+\sqrt{\cos^2\theta+1})\right\}$

↳ $\frac{1}{2}$을 앞으로 빼

$=\frac{1}{2}\lim_{\theta\to0+}\frac{\sin\theta}{\theta}\times\lim_{\theta\to0+}\{\cos^2\theta(\cos\theta+\sqrt{\cos^2\theta+1})\}$

↳ $\lim_{\theta\to0+}\cos\theta=\cos0=1$임을 이용!

$=\frac{1}{2}\times1\times\{1^2\times(1+\sqrt{1^2+1})\}$

$=\frac{1+\sqrt{2}}{2}$

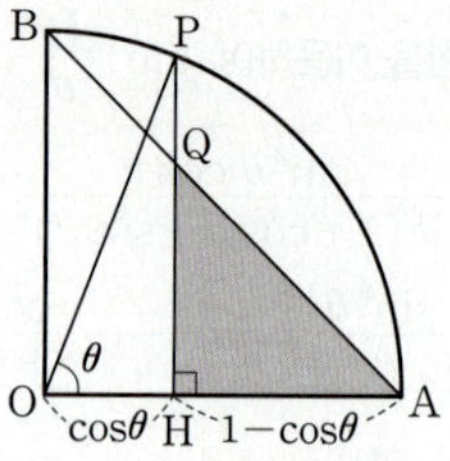

076 [정답률 83%]

정답 ①

그림과 같이 반지름의 길이가 1이고 중심각의 크기가 $\frac{\pi}{2}$인 부채꼴 OAB가 있다. 호 AB 위의 점 P에서 선분 OA에 내린 수선의 발을 H, 선분 PH와 선분 AB의 교점을 Q라 하자. $\angle POH=\theta$일 때, 삼각형 AQH의 넓이를 $S(\theta)$라 하자. $\lim_{\theta\to0+}\frac{S(\theta)}{\theta^4}$의 값은? $\left(\text{단, } 0<\theta<\frac{\pi}{2}\right)$ (4점)

① $\frac{1}{8}$ ② $\frac{1}{4}$ ③ $\frac{3}{8}$ ④ $\frac{1}{2}$ ⑤ $\frac{5}{8}$

Step 1 삼각형의 닮음의 성질을 이용하여 $S(\theta)$를 구한다.

직각삼각형 OPH에 대하여

$\overline{OP}=\overline{OB}=1$, $\overline{OH}=\overline{OP}\cos\theta=\cos\theta$, $\overline{HA}=1-\cos\theta$

↳ 부채꼴의 반지름의 길이이므로 1이야.

이때 $\overline{OB}=\overline{OA}$이므로 삼각형 OAB는 직각이등변삼각형이고, $\overline{OB}/\!/\overline{PH}$이므로 $\angle OBA=\angle HQA=\angle OAB$

따라서 삼각형 AQH도 직각이등변삼각형이다.

크기가 다른 모든 직각이등변삼각형은 서로 닮음 관계이므로

$\overline{OA}:\overline{HA}=\overline{OB}:\overline{HQ}$

$1:(1-\cos\theta)=1:\overline{HQ}$ $\therefore \overline{HQ}=1-\cos\theta$

따라서 $S(\theta)=\frac{1}{2}\times\overline{HA}\times\overline{HQ}=\frac{1}{2}\times(1-\cos\theta)^2$이므로

(삼각형 HAQ는 직각이등변삼각형이므로 $\overline{HQ}=\overline{HA}$임을 이용하면 바로 구할 수 있지!)

$\lim_{\theta\to0+}\frac{S(\theta)}{\theta^4}=\lim_{\theta\to0+}\frac{(1-\cos\theta)^2}{2\theta^4}$

$=\lim_{\theta\to0+}\frac{(1-\cos\theta)^2(1+\cos\theta)^2}{2\theta^4(1+\cos\theta)^2}$

$=\lim_{\theta\to0+}\frac{\{(1-\cos\theta)(1+\cos\theta)\}^2}{2\theta^4(1+\cos\theta)^2}$

($1-\cos^2\theta=\sin^2\theta$)

$=\lim_{\theta\to0+}\frac{(\sin^2\theta)^2}{2\theta^4(1+\cos\theta)^2}$

$=\lim_{\theta\to0+}\frac{\sin^4\theta}{\theta^4}\times\lim_{\theta\to0+}\frac{1}{2(1+\cos\theta)^2}$

$=1\times\frac{1}{2\times2^2}=\frac{1}{8}$

077 [정답률 70%]

정답 ④

그림과 같이 반지름의 길이가 1이고 중심각의 크기가 $\frac{\pi}{2}$인 부채꼴 OAB가 있다. 호 AB 위의 점 P에서 선분 OA에 내린 수선의 발을 H, 점 P에서 호 AB에 접하는 직선과 직선 OA의 교점을 Q라 하자. 점 Q를 중심으로 하고 반지름의 길이가 $\overline{QA}$인 원과 선분 PQ의 교점을 R이라 하자. $\angle POA=\theta$일 때, 삼각형 OHP의 넓이를 $f(\theta)$, 부채꼴 QRA의 넓이를 $g(\theta)$라 하자. $\lim_{\theta\to0+}\frac{\sqrt{g(\theta)}}{\theta\times f(\theta)}$의 값은? $\left(\text{단, } 0<\theta<\frac{\pi}{2}\right)$ (4점)

① $\frac{\sqrt{\pi}}{5}$ ② $\frac{\sqrt{\pi}}{4}$ ③ $\frac{\sqrt{\pi}}{3}$ ④ $\frac{\sqrt{\pi}}{2}$ ⑤ $\sqrt{\pi}$

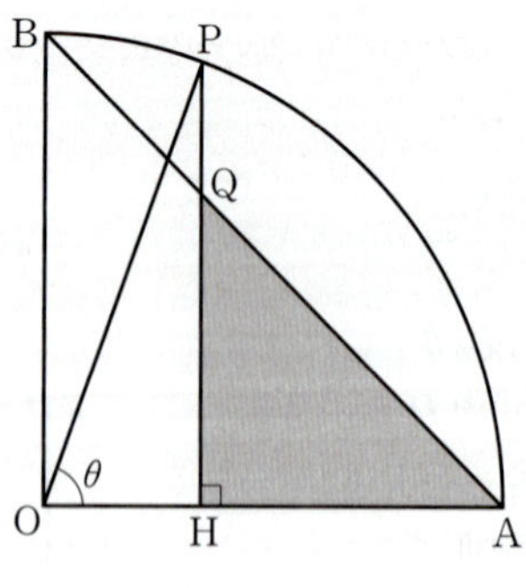

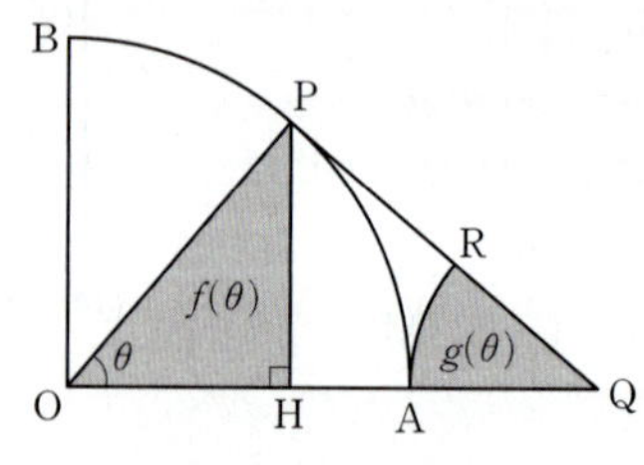

Step 1 $f(\theta)$, $g(\theta)$를 구하다

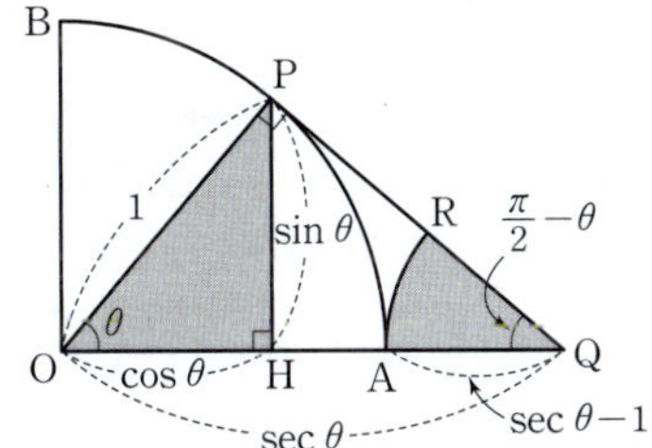

직각삼각형 OHP에서

$\sin\theta = \dfrac{\overline{PH}}{\overline{OP}}$　　∴ $\overline{PH} = \overline{OP}\sin\theta = \sin\theta$
　　　　　　　　└ (부채꼴의 반지름의 길이)=1

$\cos\theta = \dfrac{\overline{OH}}{\overline{OP}}$　　∴ $\overline{OH} = \overline{OP}\cos\theta = \cos\theta$

따라서 삼각형 OHP의 넓이 $f(\theta)$는

$f(\theta) = \dfrac{1}{2}\times\overline{OH}\times\overline{PH} = \dfrac{1}{2}\cos\theta\sin\theta$

직선 PQ는 점 P에서 부채꼴에 접하므로

$\angle OPQ = \dfrac{\pi}{2}$

따라서 직각삼각형 OPQ에서

$\cos\theta = \dfrac{\overline{OP}}{\overline{OQ}}$

∴ $\overline{OQ} = \dfrac{\overline{OP}}{\cos\theta} = \sec\theta$

> **암기** $\sec x = \dfrac{1}{\cos x}$, $\csc x = \dfrac{1}{\sin x}$

이때 $\overline{AQ} = \overline{OQ} - \overline{OA} = \sec\theta - 1$이고,

$\angle RQA = \dfrac{\pi}{2} - \theta$이므로 부채꼴 QRA의 넓이 $g(\theta)$는

$g(\theta) = \dfrac{1}{2}\times(\sec\theta-1)^2\times\left(\dfrac{\pi}{2}-\theta\right)$
부채꼴의 반지름의 길이 ↵　　　　└ 부채꼴의 중심각의 크기

Step 2 $\displaystyle\lim_{\theta\to0+}\dfrac{\sqrt{g(\theta)}}{\theta\times f(\theta)}$의 값을 구한다.

$\displaystyle\lim_{\theta\to0+}\dfrac{\sqrt{g(\theta)}}{\theta\times f(\theta)} = \lim_{\theta\to0+}\dfrac{\sqrt{\dfrac{1}{2}\times(\sec\theta-1)^2\times\left(\dfrac{\pi}{2}-\theta\right)}}{\theta\times\dfrac{1}{2}\cos\theta\sin\theta}$

$= \displaystyle\lim_{\theta\to0+}\dfrac{(\sec\theta-1)\sqrt{\dfrac{1}{2}\left(\dfrac{\pi}{2}-\theta\right)}}{\theta\times\dfrac{1}{2}\cos\theta\sin\theta}$

$= \displaystyle\lim_{\theta\to0+}\dfrac{(\sec\theta+1)(\sec\theta-1)\sqrt{\dfrac{1}{2}\left(\dfrac{\pi}{2}-\theta\right)}}{\theta\times\dfrac{1}{2}\cos\theta\sin\theta\times(\sec\theta+1)}$
　　　　　　　↗ $\sec^2\theta-1 = \tan^2\theta$

$= \displaystyle\lim_{\theta\to0+}\dfrac{2\tan^2\theta\sqrt{\dfrac{1}{2}\left(\dfrac{\pi}{2}-\theta\right)}}{\theta\times\cos\theta\sin\theta\times(\sec\theta+1)}$

$= \displaystyle\lim_{\theta\to0+}\left\{2\times\left(\dfrac{\tan\theta}{\theta}\right)^2\times\dfrac{\theta}{\sin\theta}\right.$

$\left.\qquad\times\dfrac{1}{\cos\theta(\sec\theta+1)}\times\sqrt{\dfrac{1}{2}\left(\dfrac{\pi}{2}-\theta\right)}\right\}$

$= 2\times1^2\times1\times\dfrac{1}{2}\times\sqrt{\dfrac{\pi}{4}}$
　　　　　　　└ $= \dfrac{1}{1\times(1+1)} = \dfrac{1}{2}$

$= \dfrac{\sqrt{\pi}}{2}$

---

078 [정답률 24%]

그림과 같이 $\overline{AB}=1$, $\overline{BC}=2$인 두 선분 AB, BC에 대하여 선분 BC의 중점을 M, 점 M에서 선분 AB에 내린 수선의 발을 H라 하자. 중심이 M이고 반지름의 길이가 $\overline{MH}$인 원이 선분 AM과 만나는 점을 D, 선분 HC가 선분 DM과 만나는 점을 E라 하자. $\angle ABC=\theta$라 할 때, 삼각형 CDE의 넓이를 $f(\theta)$, 삼각형 MEH의 넓이를 $g(\theta)$라 하자.
　　　　　　　　　　　　↗ $\overline{MD}=\overline{MH}$

$\displaystyle\lim_{\theta\to0+}\dfrac{f(\theta)-g(\theta)}{\theta^3}=a$일 때, $80a$의 값을 구하시오.
└ $f(\theta)-g(\theta) = \triangle CDM - \triangle CHM$임을
　이용하면 편해.

$\left(\text{단, } 0<\theta<\dfrac{\pi}{2}\right)$ (4점)

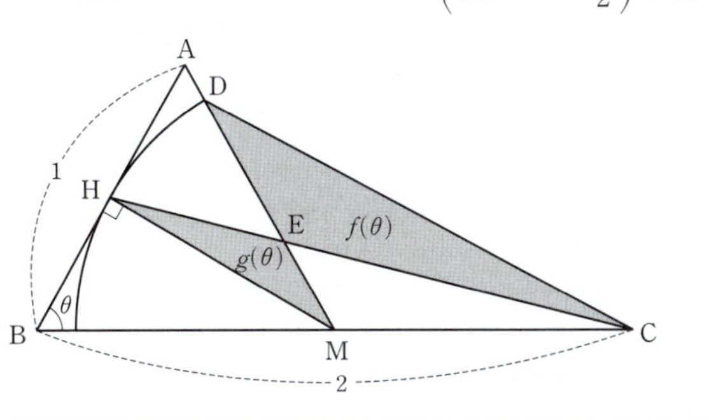

Step 1 $f(\theta)-g(\theta)$를 θ에 대한 식으로 나타낸다.

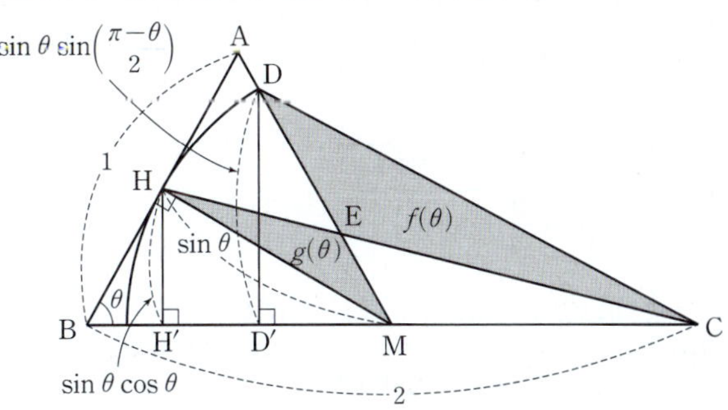

점 D에서 선분 BC에 내린 수선의 발을 D', 점 H에서 선분 BC에 내린 수선이 발을 H'이라 하자.

이때 삼각형 ABM은 이등변삼각형이므로
　　　　　　　　　　　　　　→ 점 M은 선분 BC의
　　　　　　　　　　　　　　　중점이므로 $\overline{BM}=1$
$\angle BMA = \angle BAM = \dfrac{\pi-\theta}{2}$　∴ $\overline{AB}=\overline{BM}$

직각삼각형 DD'M에서

$\overline{DD'} = \overline{DM}\times\sin(\angle BMA)$
　　　　　　　　　　　　　　→ 직각삼각형 HBM에서 $\sin\theta = \dfrac{\overline{MH}}{\overline{BM}}$임을 이용!
$\overline{DM}=\overline{MH}$ ↙　$= \overline{MH}\times\sin\left(\dfrac{\pi-\theta}{2}\right)$

$= (\overline{BM}\times\sin\theta)\times\sin\left(\dfrac{\pi-\theta}{2}\right)$

$= \sin\theta\sin\left(\dfrac{\pi-\theta}{2}\right)$

$\angle HBH' + \angle BHH' = \angle BHH' + \angle MHH' = \dfrac{\pi}{2}$에서
　　　　　　　　　　└ 이때 $\angle MHH' = \angle HBH'$
$\angle MHH' = \theta$이므로

$\overline{HH'} = \overline{MH}\times\cos(\angle MHH') = \sin\theta\cos\theta$

따라서 두 삼각형 MDC, MHC의 넓이는 각각

$$\triangle MDC = \frac{1}{2} \times \overline{MC} \times \overline{DD'}$$

$$= \frac{1}{2} \times 1 \times \left\{ \sin\theta \times \sin\left(\frac{\pi-\theta}{2}\right) \right\}$$

$$= \frac{1}{2}\sin\theta\cos\frac{\theta}{2} \qquad \rightarrow = \sin\left(\frac{\pi}{2}-\frac{\theta}{2}\right) = \cos\frac{\theta}{2}$$

$$\triangle MHC = \frac{1}{2} \times \overline{MC} \times \overline{HH'}$$

$$= \frac{1}{2} \times 1 \times (\sin\theta\cos\theta)$$

$$= \frac{1}{2}\sin\theta\cos\theta \qquad \begin{array}{l} \rightarrow f(\theta)-g(\theta) \\ = \triangle CDE - \triangle MEH \\ = (\triangle CDE + \triangle CEM) - (\triangle MEH + \triangle CEM) \\ = \triangle MDC - \triangle MHC \end{array}$$

$$\therefore \underline{f(\theta)-g(\theta) = \triangle MDC - \triangle MHC}$$

$$= \frac{1}{2}\sin\theta\cos\frac{\theta}{2} - \frac{1}{2}\sin\theta\cos\theta$$

$$= \frac{1}{2}\sin\theta\left(\cos\frac{\theta}{2} - \cos\theta\right)$$

Step 2 $\displaystyle\lim_{\theta\to 0+}\frac{f(\theta)-g(\theta)}{\theta^3}$의 값을 구한다.

$$\lim_{\theta\to 0+}\frac{f(\theta)-g(\theta)}{\theta^3}$$

$$= \lim_{\theta\to 0+}\frac{\frac{1}{2}\sin\theta\left(\cos\frac{\theta}{2}-\cos\theta\right)}{\theta^3}$$

$$= \lim_{\theta\to 0+}\frac{\frac{1}{2}\sin\theta\left(\cos\frac{\theta}{2}-\cos\theta\right)\left(\cos\frac{\theta}{2}+\cos\theta\right)}{\theta^3\left(\cos\frac{\theta}{2}+\cos\theta\right)} \qquad \begin{array}{l} \rightarrow (a+b)(a-b) \\ = a^2-b^2 \\ \text{임을 이용!} \end{array}$$

$$= \lim_{\theta\to 0+}\frac{\frac{1}{2}\sin\theta\left(\cos^2\frac{\theta}{2}-\cos^2\theta\right)}{\theta^3\left(\cos\frac{\theta}{2}+\cos\theta\right)}$$

$$= \lim_{\theta\to 0+}\frac{\frac{1}{2}\sin\theta\left\{\left(1-\sin^2\frac{\theta}{2}\right)-\left(1-\sin^2\theta\right)\right\}}{\theta^3\left(\cos\frac{\theta}{2}+\cos\theta\right)}$$

$$= \lim_{\theta\to 0+}\frac{\frac{1}{2}\sin\theta\left(\sin^2\theta-\sin^2\frac{\theta}{2}\right)}{\theta^3\left(\cos\frac{\theta}{2}+\cos\theta\right)}$$

$$= \lim_{\theta\to 0+}\left(\frac{1}{2}\times\frac{\sin\theta}{\theta}\times\frac{\sin^2\theta-\sin^2\frac{\theta}{2}}{\theta^2}\times\frac{1}{\cos\frac{\theta}{2}+\cos\theta}\right)$$

$$= \frac{1}{2}\times 1\times\frac{3}{4}\times\frac{1}{2} = \frac{3}{16} \qquad \begin{array}{l} \rightarrow \lim_{\theta\to 0+}\left(\frac{\sin^2\theta}{\theta^2}-\frac{\sin^2\frac{\theta}{2}}{\theta^2}\right) \\ = 1^2-\left(\frac{1}{2}\right)^2 = \frac{3}{4} \end{array}$$

Step 3 $80a$의 값을 구한다.

따라서 $a = \dfrac{3}{16}$이므로

$$80a = 80\times\frac{3}{16} = 15$$

---

079 [정답률 61%] 정답 ②

그림과 같이 반지름의 길이가 1인 원 위에 한 점 A가 있다. $\overline{AP}=\overline{AQ}=\overline{AR}$이 되는 원 위의 두 점을 P, Q, 지름 AB 위의 점을 R이라 하자. $\angle PAQ=\theta$에 대하여 사각형 APRQ의 넓이를 $S(\theta)$라 할 때, $\displaystyle\lim_{\theta\to 0}\frac{S(\theta)}{\tan\theta}$의 값은? (4점)

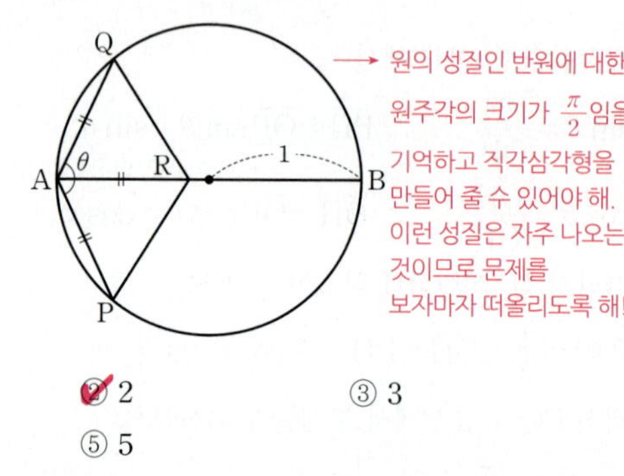

→ 원의 성질인 반원에 대한 원주각의 크기가 $\frac{\pi}{2}$임을 기억하고 직각삼각형을 만들어 줄 수 있어야 해. 이런 성질은 자주 나오는 것이므로 문제를 보자마자 떠올리도록 해!

① 1 ② 2 ③ 3
④ 4 ⑤ 5

Step 1 원의 성질을 이용하여 $S(\theta)$를 θ에 대한 식으로 나타낸다.

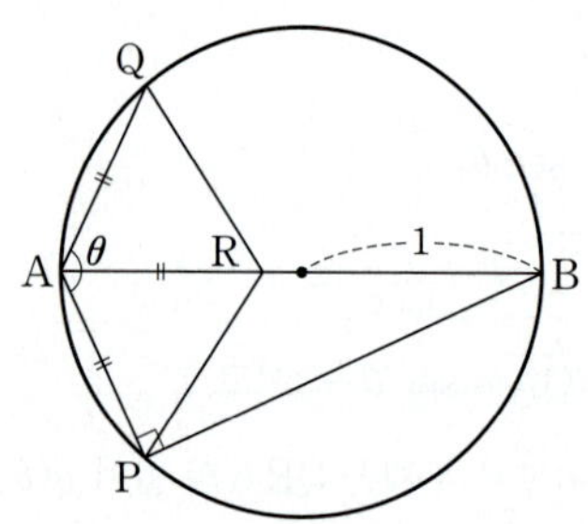

반원에 대한 원주각의 크기는 $\dfrac{\pi}{2}$이므로 $\angle APB=\dfrac{\pi}{2}$

또한, $\underline{\angle RAP=\dfrac{\theta}{2}}$이므로 직각삼각형 APB에서 $\quad\rightarrow \triangle ARP\equiv\triangle ARQ$이므로 $\angle RAP=\angle RAQ=\dfrac{\theta}{2}$

$$\overline{AP}=\overline{AB}\cos\frac{\theta}{2} = 2\cos\frac{\theta}{2}$$

$$\therefore S(\theta) = \triangle ARP + \triangle AQR$$

$$= \frac{1}{2}\left(2\cos\frac{\theta}{2}\right)^2\sin\frac{\theta}{2} + \frac{1}{2}\left(2\cos\frac{\theta}{2}\right)^2\sin\frac{\theta}{2}$$

$$= 4\cos^2\frac{\theta}{2}\sin\frac{\theta}{2}$$

두 변의 길이가 a, b이고 그 끼인각의 크기가 θ인 삼각형의 넓이는 $\dfrac{1}{2}ab\sin\theta$이다.

Step 2 $\displaystyle\lim_{\theta\to 0}\frac{S(\theta)}{\tan\theta}$의 값을 구한다.

$\quad\rightarrow$ 분자, 분모를 θ로 나눔

$$\lim_{\theta\to 0}\frac{S(\theta)}{\tan\theta} = \lim_{\theta\to 0}\frac{4\cos^2\frac{\theta}{2}\sin\frac{\theta}{2}}{\tan\theta}$$

$$= \lim_{\theta\to 0}\frac{4\cos^2\frac{\theta}{2}\cdot\dfrac{\sin\frac{\theta}{2}}{\theta}}{\dfrac{\tan\theta}{\theta}} \qquad \rightarrow \cos 0=1,\ \lim_{\theta\to 0}\frac{\sin\frac{\theta}{2}}{\frac{\theta}{2}}\times\frac{1}{2}=\frac{1}{2},$$

$$\qquad\qquad\qquad\qquad\qquad\qquad \lim_{\theta\to 0}\frac{\tan\theta}{\theta}=1$$

$$= \frac{4\cdot 1^2\cdot\dfrac{1}{2}}{1} = 2$$

수능포인트

이런 문제에서 사용되는 원의 성질은 다음과 같습니다. → 각의 단위는 라디안
① 한 원에서 현의 길이가 같은 경우에는 호의 길이, 중심각의 크기가 각각 같고 호의 길이는 (원의 반지름)×(중심각의 크기)가 되어 중심각의 크기와 정비례하지만, 현의 길이는 중심각의 크기와 정비례하지 않는다는 점을 주의해야 합니다. 단지 중심각의 크기가 같은 경우에만 그에 대응하는 현의 길이가 같습니다.
② 원의 지름을 한 변으로 하는 원에 내접하는 삼각형은 직각삼각형입니다.

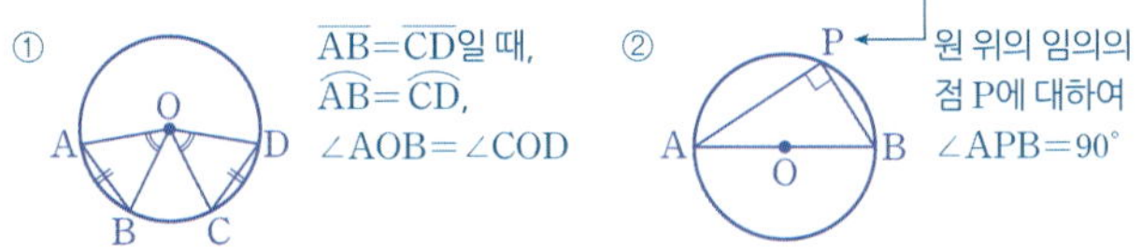

080 [정답률 55%]　　　정답 ①

그림과 같이 중심이 O이고 반지름의 길이가 1인 원의 둘레를 $n\,(n\geq 4)$등분한 점을 $A_1, A_2, \cdots, A_n$이라 하자. 호 $A_iA_{i+1}\,(i=1, 2, \cdots, n)$을 이등분한 점을 M_i라 하고 사각형 $A_iM_iA_{i+1}N_i$가 마름모가 되도록 하는 선분 OM_i 위의 점을 N_i라 하자. n개의 사각형 → 네 변의 길이가 모두 같은 사각형

$A_1M_1A_2N_1, A_2M_2A_3N_2, A_3M_3A_4N_3, \cdots, A_nM_nA_{n+1}N_n$
의 넓이의 합을 S_n이라 할 때, $\lim\limits_{n\to\infty}(n^2\times S_n)$의 값은?

(단, $A_{n+1}=A_1$) (4점)

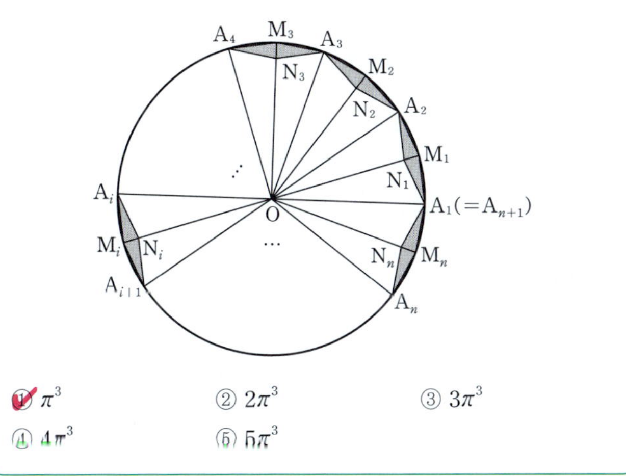

① π^3　　② $2\pi^3$　　③ $3\pi^3$
④ $4\pi^3$　　⑤ $5\pi^3$

Step 1 사각형 $A_iM_iA_{i+1}N_i$의 넓이를 구한다.

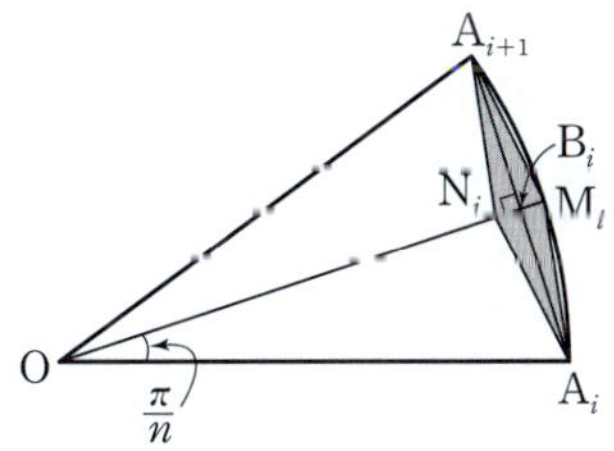

사각형 $A_iM_iA_{i+1}N_i$에서 선분 M_iN_i의 중점을 B_i라 하면
$\angle A_iOM_i=\dfrac{\pi}{n}$이므로

$\overline{A_iB_i}=\sin\dfrac{\pi}{n}$, → $\sin\dfrac{\pi}{n}=\dfrac{\overline{A_iB_i}}{\overline{OA_i}}=\overline{A_iB_i}$

$\overline{P_iM_i}=1-\overline{OB_i}=1-\cos\dfrac{\pi}{n}$ → $\cos\dfrac{\pi}{n}=\dfrac{\overline{OB_i}}{\overline{OA_i}}=\overline{OB_i}$

$\therefore \square A_iM_iA_{i+1}N_i = 4\times\triangle A_iM_iB_i$

$$=4\times\dfrac{1}{2}\times\overline{A_iB_i}\times\overline{B_iM_i}$$

$$=2\times\sin\dfrac{\pi}{n}\times\left(1-\cos\dfrac{\pi}{n}\right)$$

Step 2 사각형 $A_iM_iA_{i+1}N_i$의 넓이를 이용하여 $\lim\limits_{n\to\infty}(n^2\times S_n)$의 값을 구한다. → S_n은 n개의 사각형의 넓이의 합이므로 n을 곱해줄 것!

$$S_n=n\times\square A_iM_iA_{i+1}N_i=2n\sin\dfrac{\pi}{n}\left(1-\cos\dfrac{\pi}{n}\right)$$

$$\lim_{n\to\infty}(n^2\times S_n)=\lim_{n\to\infty}\left\{2n^3\sin\dfrac{\pi}{n}\left(1-\cos\dfrac{\pi}{n}\right)\right\}$$

→ 분모와 분자에 각각 $\dfrac{\pi^3}{n^3}\left(1+\cos\dfrac{\pi}{n}\right)$를 곱한다.

$1-\cos^2\dfrac{\pi}{n}$ ← $=\sin^2\dfrac{\pi}{n}$

$$=\lim_{n\to\infty}\left\{\dfrac{2\pi^3\sin\dfrac{\pi}{n}\left(1-\cos^2\dfrac{\pi}{n}\right)}{\dfrac{\pi^3}{n^3}\left(1+\cos\dfrac{\pi}{n}\right)}\right\}$$

$$=\lim_{n\to\infty}\left\{2\pi^3\times\dfrac{\sin\dfrac{\pi}{n}}{\dfrac{\pi}{n}}\times\dfrac{\sin^2\dfrac{\pi}{n}}{\left(\dfrac{\pi}{n}\right)^2}\times\dfrac{1}{1+\cos\dfrac{\pi}{n}}\right\}$$

$$=2\pi^3\times 1\times 1^2\times\dfrac{1}{2}=\pi^3$$

081 [정답률 52%]　　　정답 100

→ 주어진 조건이 많고 복잡하니, 그림과 함께 보면서 문제의 조건을 파악해.

그림과 같이 길이가 1인 선분 AB를 빗변으로 하고 $\angle BAC=\theta\left(0<\theta<\dfrac{\pi}{6}\right)$인 직각삼각형 ABC에 대하여 점 D를

$$\angle ACD=\dfrac{2}{3}\pi, \quad \angle CAD=2\theta$$

가 되도록 잡는다. 삼각형 BCD의 넓이를 $S(\theta)$라 할 때,

$$\lim_{\theta\to 0+}\dfrac{S(\theta)}{\theta^2}=p$$이다. $300p^2$의 값을 구하시오.

→ $S(\theta)$의 값을 삼각함수를 이용하여 나타내야 해!

(단, 네 점 A, B, C, D는 한 평면 위에 있다.) (4점)

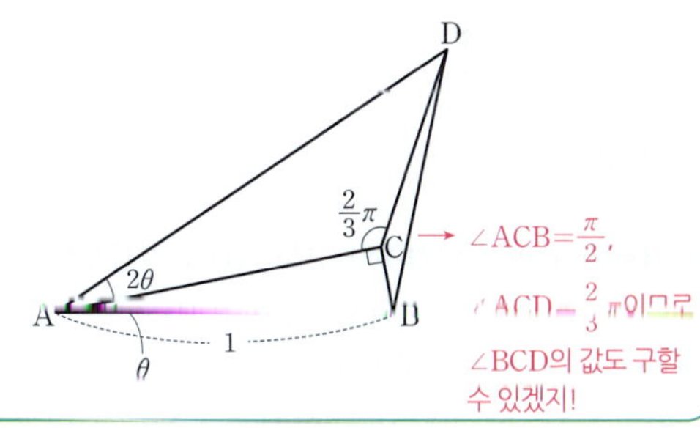

→ $\angle ACB=\dfrac{\pi}{2}$, $\angle ACD=\dfrac{2}{3}\pi$이므로 $\angle BCD$의 값도 구할 수 있겠지!

Step 1 세 선분 BC, AC, CD의 길이를 θ에 대한 식으로 나타낸다.

오른쪽 그림과 같이 직각삼각형 ABC에서
$\angle C=\dfrac{\pi}{2}$, $\angle A=\theta$이므로

$\overline{BC}=\overline{AB}\sin\theta=\sin\theta$ → $\sin\theta=\dfrac{\overline{BC}}{\overline{AB}}$,

$\overline{AC}=\overline{AB}\cos\theta=\cos\theta$ → $\cos\theta=\dfrac{\overline{AC}}{\overline{AB}}$이고 $\overline{AB}=1$

오른쪽 그림과 같이 점 C에서 선분 AD에 내린 수선의 발을 H라 하면

$\angle HCA=\dfrac{\pi}{2}-2\theta$ → 삼각형의 세 내각의 크기의 합은 π이므로 $\angle HCA=\pi-\left(\dfrac{\pi}{2}+2\theta\right)=\dfrac{\pi}{2}-2\theta$

$\angle DCH=\dfrac{2}{3}\pi-\left(\dfrac{\pi}{2}-2\theta\right)=2\theta+\dfrac{\pi}{6}$

삼각형 ACH에서 → $\angle DCH=\angle ACD-\angle HCA$

$$\sin 2\theta = \frac{\overline{\text{CH}}}{\overline{\text{AC}}} = \frac{\overline{\text{CH}}}{\cos\theta} \qquad \therefore \overline{\text{CH}} = \sin 2\theta \cos\theta$$

삼각형 DCH에서 $\;\overline{\text{AC}} = \cos\theta$

$$\cos\left(2\theta + \frac{\pi}{6}\right) = \frac{\overline{\text{CH}}}{\overline{\text{CD}}} = \frac{\sin 2\theta \cos\theta}{\overline{\text{CD}}}$$

$$\therefore \overline{\text{CD}} = \frac{\sin 2\theta \cos\theta}{\cos\left(2\theta + \frac{\pi}{6}\right)}$$

각 식들의 관계가 복잡하게 얽혀 있으니 헷갈리지 않도록 주의해야 해!

Step 2 $S(\theta)$를 구한다.

$\angle \text{BCD} = 2\pi - \dfrac{\pi}{2} - \dfrac{2}{3}\pi = \dfrac{5}{6}\pi$이므로

$\triangle \text{BCD}\;$ ($\angle\text{ACB}$, $\angle\text{ACD}$)

$$= \frac{1}{2} \cdot \overline{\text{BC}} \cdot \overline{\text{CD}} \cdot \sin(\angle\text{BCD})$$

$$= \frac{1}{2} \cdot \sin\theta \cdot \frac{\sin 2\theta \cos\theta}{\cos\left(2\theta + \frac{\pi}{6}\right)} \cdot \sin\frac{5}{6}\pi$$

$$= \frac{1}{4}\sin\theta \cdot \frac{\sin 2\theta \cos\theta}{\cos\left(2\theta + \frac{\pi}{6}\right)}$$

$\sin\left(\pi - \dfrac{\pi}{6}\right) = \sin\dfrac{\pi}{6} = \dfrac{1}{2}$

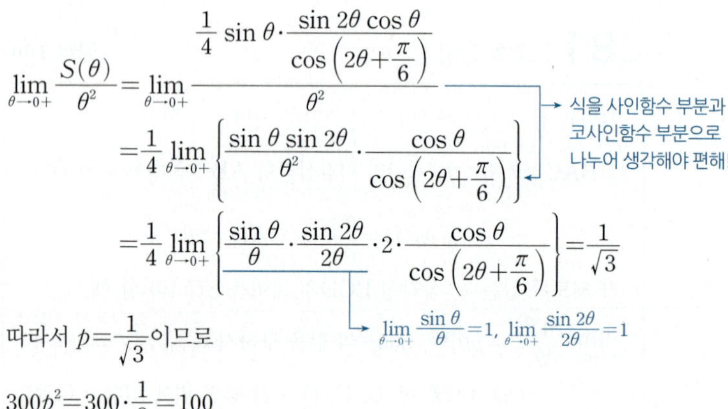

Step 3 $\displaystyle\lim_{\theta\to 0+}\frac{S(\theta)}{\theta^2}$의 값을 구한다.

$$\lim_{\theta\to 0+}\frac{S(\theta)}{\theta^2} = \lim_{\theta\to 0+}\frac{\dfrac{1}{4}\sin\theta \cdot \dfrac{\sin 2\theta \cos\theta}{\cos\left(2\theta + \frac{\pi}{6}\right)}}{\theta^2}$$

식을 사인함수 부분과 코사인함수 부분으로 나누어 생각해야 편해!

$$= \frac{1}{4}\lim_{\theta\to 0+}\left\{\frac{\sin\theta\sin 2\theta}{\theta^2} \cdot \frac{\cos\theta}{\cos\left(2\theta + \frac{\pi}{6}\right)}\right\}$$

$$= \frac{1}{4}\lim_{\theta\to 0+}\left\{\frac{\sin\theta}{\theta} \cdot \frac{\sin 2\theta}{2\theta} \cdot 2 \cdot \frac{\cos\theta}{\cos\left(2\theta + \frac{\pi}{6}\right)}\right\} = \frac{1}{\sqrt{3}}$$

$\displaystyle\lim_{\theta\to 0+}\frac{\sin\theta}{\theta} = 1,\ \lim_{\theta\to 0+}\frac{\sin 2\theta}{2\theta} = 1$

따라서 $p = \dfrac{1}{\sqrt{3}}$이므로

$$300p^2 = 300 \cdot \frac{1}{3} = 100$$

---

082 [정답률 75%]   정답 ①

그림과 같이 길이가 2인 선분 AB를 지름으로 하는 원 C_1과 점 B를 중심으로 하고 원 C_1 위의 점 P를 지나는 원 C_2가 있다. 원 C_1의 중심 O에서 원 C_2에 그은 두 접선의 접점을 각각 Q, R이라 하자. $\angle\text{PAB} = \theta$일 때, 사각형 ORBQ의 넓이를 $S(\theta)$라 하자. $\displaystyle\lim_{\theta\to 0+}\frac{S(\theta)}{\theta}$의 값은? (단, $0 < \theta < \dfrac{\pi}{6}$) (4점)

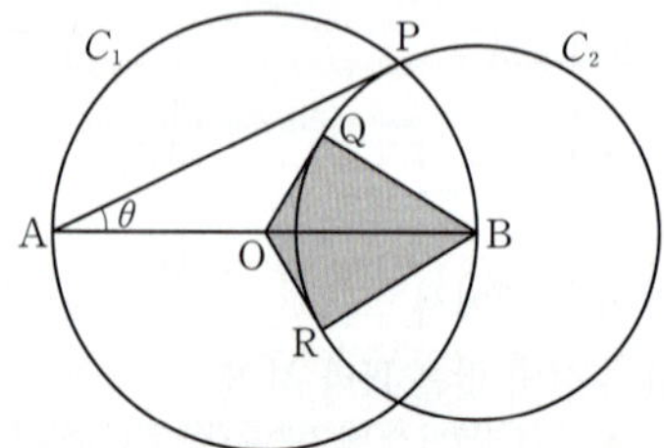

① 2   ② $\sqrt{3}$ ③ 1

④ $\dfrac{\sqrt{3}}{2}$ ⑤ $\dfrac{1}{2}$

Step 1 도형의 성질을 이용하여 $S(\theta)$를 구한다.

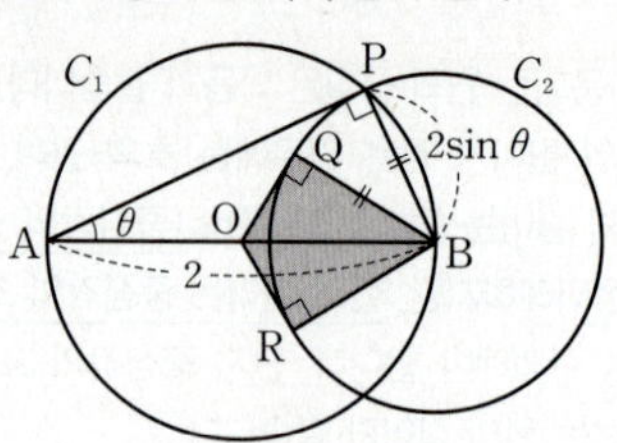

위 그림과 같이 선분 BP를 그으면 $\angle\text{APB} = 90°$이므로 직각삼각형 ABP에서

반원에 대한 원주각의 크기가 90°임을 이용!

$$\sin\theta = \frac{\overline{\text{BP}}}{\overline{\text{AB}}} \qquad \therefore \overline{\text{BP}} = \overline{\text{AB}}\sin\theta = 2\sin\theta$$

따라서 원 C_2의 반지름의 길이가 $2\sin\theta$이므로

$$\overline{\text{BQ}} = 2\sin\theta$$

이때 원 C_1의 중심이 O이므로 $\overline{\text{OB}} = 1$ 원 C_1의 반지름의 길이

따라서 직각삼각형 OBQ에서 피타고라스 정리를 이용하면

$$\overline{\text{OQ}} = \sqrt{\overline{\text{OB}}^2 - \overline{\text{BQ}}^2} = \sqrt{1 - 4\sin^2\theta}$$

그러므로 삼각형 OBQ의 넓이는

각각을 밑변의 길이, 높이라고 생각하면 돼.

$$\frac{1}{2}\times\overline{\text{OQ}}\times\overline{\text{BQ}} = \frac{1}{2}\times\sqrt{1 - 4\sin^2\theta}\times 2\sin\theta$$

$$= \sin\theta\sqrt{1 - 4\sin^2\theta}$$

이를 이용하여 사각형 ORBQ의 넓이 $S(\theta)$를 구하면

$$S(\theta) = 2\sin\theta\sqrt{1 - 4\sin^2\theta}$$

두 삼각형 OBQ, OBR이 서로 합동임을 이용!

Step 2 $\displaystyle\lim_{\theta\to 0+}\frac{S(\theta)}{\theta}$의 값을 구한다.

$$\lim_{\theta\to 0+}\frac{S(\theta)}{\theta} = \lim_{\theta\to 0+}\frac{2\sin\theta\sqrt{1 - 4\sin^2\theta}}{\theta}$$

$$= \lim_{\theta\to 0+}\left(2\times\frac{\sin\theta}{\theta}\times\sqrt{1 - 4\sin^2\theta}\right)$$

$$= 2\times 1\times 1 = 2$$

---

083 [정답률 89%]   정답 ④

$f(x) = \sin x$일 때, $f'\left(\dfrac{\pi}{3}\right)$의 값은? (2점)

$f'(x)$를 구한 후 $x = \dfrac{\pi}{3}$를 대입

① -1 ② $-\dfrac{1}{2}$ ③ 0

④ $\dfrac{1}{2}$ ⑤ 1

Step 1 삼각함수의 미분법을 이용한다.

함수 $f(x) = \sin x$에서 $f'(x) = \cos x$

$$\therefore f'\left(\frac{\pi}{3}\right) = \cos\frac{\pi}{3} = \frac{1}{2}$$

수능포인트

아래의 세 삼각함수의 도함수는 반드시 외워 두도록 합니다.

(1) $f(x) = \sin x$에서 $f'(x) = \cos x$

(2) $f(x) = \cos x$에서 $f'(x) = -\sin x$ (부호 주의)

(3) $f(x) = \tan x$에서 $f'(x) = \sec^2 x = \dfrac{1}{\cos^2 x}$

084 [정답률 93%]   정답 ①

함수 $f(x)=\cos x$에 대하여 $f'\left(\dfrac{\pi}{2}\right)$의 값은? (3점)

① -1 ② $-\dfrac{1}{2}$ ③ 0

④ $\dfrac{1}{2}$ ⑤ 1

Step 1 삼각함수의 미분을 이용한다.

함수 $f(x)=\cos x$를 x에 대하여 미분하면 $f'(x)=-\sin x$

$f'(x)$에 $x=\dfrac{\pi}{2}$를 대입하면

암기 $y=\sin x$를 x에 대하여 미분하면 $y'=\cos x$
$y=\cos x$를 x에 대하여 미분하면 $y'=-\sin x$
$y=\tan x$를 x에 대하여 미분하면 $y'=\sec^2 x$

$f'\left(\dfrac{\pi}{2}\right)=-\sin\dfrac{\pi}{2}=-1$

085 [정답률 91%]   정답 ③

함수 $f(x)=x+2\sin x$에 대하여 $f'\left(\dfrac{\pi}{3}\right)$의 값은? (2점)

① 1 ② $\dfrac{3}{2}$ ③ 2

④ $\dfrac{5}{2}$ ⑤ 3

Step 1 함수 $f(x)$를 x에 대하여 미분하여 도함수를 구한 후 $f'\left(\dfrac{\pi}{3}\right)$의 값을 계산한다.

$f(x)=x+2\sin x$에서

$f'(x)=1+2\cos x$

삼각함수의 도함수
$y=\sin x \to y'=\cos x$
$y=\cos x \to y'=-\sin x$

$\therefore f'\left(\dfrac{\pi}{3}\right)=1+2\cos\dfrac{\pi}{3}$
$=1+2\times\dfrac{1}{2}=2$

→ $f'(x)=1+2\cos x$에 $x=\dfrac{\pi}{3}$를 대입하면 돼.

086 [정답률 97%]   정답 2

함수 $f(x)=\sin x-\sqrt{3}\cos x$에 대하여 $f'\left(\dfrac{\pi}{3}\right)$의 값을 구하시오. (3점)

Step 1 삼각함수의 미분을 이용한다.

함수 $f(x)=\sin x-\sqrt{3}\cos x$의 양변을 x에 대하여 미분하면
$f'(x)=\cos x+\sqrt{3}\sin x$

$\therefore f'\left(\dfrac{\pi}{3}\right)=\cos\dfrac{\pi}{3}+\sqrt{3}\sin\dfrac{\pi}{3}$

주의 $\cos x$를 미분하면 $-\sin x$이니까 부호가 $-$에서 $+$로 바뀌어야 해.

$=\dfrac{1}{2}+\sqrt{3}\times\dfrac{\sqrt{3}}{2}=2$

087 [정답률 88%]   정답 ⑤

함수 $f(x)=\dfrac{x}{2}+\sin x$에 대하여 $\displaystyle\lim_{x\to\pi}\dfrac{f(x)-f(\pi)}{x-\pi}$의 값은? (3점)

① $-\dfrac{5}{2}$ ② -2 ③ $-\dfrac{3}{2}$

④ -1 ⑤ $-\dfrac{1}{2}$

Step 1 미분계수의 정의와 삼각함수의 미분을 이용한다.

$\displaystyle\lim_{x\to\pi}\dfrac{f(x)-f(\pi)}{x-\pi}=f'(\pi)$

→ 함수 $f(x)$가 미분가능할 때
$\displaystyle\lim_{x\to a}\dfrac{f(x)-f(a)}{x-a}=f'(a)$

함수 $f(x)=\dfrac{x}{2}+\sin x$를 미분하면

$f'(x)=\dfrac{1}{2}+\cos x$

$\therefore f'(\pi)=\dfrac{1}{2}+\cos\pi=\dfrac{1}{2}-1=-\dfrac{1}{2}$

암기 $\sin\pi=0$, $\cos\pi=-1$, $\tan\pi=0$

088 [정답률 84%]   정답 ④

함수 $f(x)=\sin(x+\alpha)+2\cos(x+\alpha)$에 대하여 $f'\left(\dfrac{\pi}{4}\right)=0$일 때, $\tan\alpha$의 값은? (단, α는 상수이다.) (3점)

① $-\dfrac{5}{6}$ ② $-\dfrac{2}{3}$ ③ $-\dfrac{1}{2}$

④ $-\dfrac{1}{3}$ ⑤ $-\dfrac{1}{6}$

Step 1 삼각함수의 미분법을 이용한다.

$f(x)=\sin(x+\alpha)+2\cos(x+\alpha)$에 대하여
$f'(x)=\cos(x+\alpha)-2\sin(x+\alpha)$이므로

$f'\left(\dfrac{\pi}{4}\right)=\cos\left(\dfrac{\pi}{4}+\alpha\right)-2\sin\left(\dfrac{\pi}{4}+\alpha\right)=0$

→ 양변을 $2\cos\left(\dfrac{\pi}{4}+\alpha\right)$로 나누면

$\cos\left(\dfrac{\pi}{4}+\alpha\right)=2\sin\left(\dfrac{\pi}{4}+\alpha\right)$

$\dfrac{1}{2}=\dfrac{\sin\left(\dfrac{\pi}{4}+\alpha\right)}{\cos\left(\dfrac{\pi}{4}+\alpha\right)}$이므로

$\therefore \tan\left(\dfrac{\pi}{4}+\alpha\right)=\dfrac{1}{2}$ …… ㉠

$\tan\left(\dfrac{\pi}{4}+\alpha\right)=\dfrac{1}{2}$

Step 2 $\tan(a+b)=\dfrac{\tan a+\tan b}{1-\tan a\tan b}$임을 이용한다.

$\tan\left(\dfrac{\pi}{4}+\alpha\right)=\dfrac{\tan\dfrac{\pi}{4}+\tan\alpha}{1-\tan\dfrac{\pi}{4}\tan\alpha}$
$=\dfrac{1+\tan\alpha}{1-\tan\alpha}$

㉠에 의하여 $\dfrac{1+\tan\alpha}{1-\tan\alpha}=\dfrac{1}{2}$이므로

$2+2\tan\alpha=1-\tan\alpha$

$3\tan\alpha=-1$

$\therefore \tan\alpha=-\dfrac{1}{3}$

089 [정답률 82%]　　　　　　　정답 ②

함수 $f(x)=\sin x+a\cos x$에 대하여

$$\lim_{x\to\frac{\pi}{2}}\frac{f(x)-1}{x-\frac{\pi}{2}}=3$$일 때, $f\left(\dfrac{\pi}{4}\right)$의 값은?

(단, a는 상수이다.) (3점)

① $-2\sqrt{2}$　　　② $-\sqrt{2}$　　　③ 0

④ $\sqrt{2}$　　　⑤ $2\sqrt{2}$

Step 1 주어진 극한을 미분계수로 나타낸다.

함수 $f(x)=\sin x+a\cos x$에 대하여

$f\left(\dfrac{\pi}{2}\right)=\sin\dfrac{\pi}{2}+a\cos\dfrac{\pi}{2}=1$이므로

$$\lim_{x\to\frac{\pi}{2}}\frac{f(x)-1}{x-\frac{\pi}{2}}=\lim_{x\to\frac{\pi}{2}}\frac{f(x)-f\left(\frac{\pi}{2}\right)}{x-\frac{\pi}{2}}=f'\left(\frac{\pi}{2}\right)=3 \quad\cdots\cdots\,\text{㉠}$$

$$\lim_{x\to a}\frac{f(x)-f(a)}{x-a}=f'(a)$$

Step 2 a의 값을 구한다.

함수 $f(x)$를 x에 대하여 미분하면 $f'(x)=\cos x-a\sin x$

$$f'\left(\frac{\pi}{2}\right)=\cos\frac{\pi}{2}-a\sin\frac{\pi}{2}=-a=3\,(\because\,\text{㉠})$$

$(\sin x)'=\cos x$
$(\cos x)'=-\sin x$

$\therefore\,a=-3$

Step 3 $f\left(\dfrac{\pi}{4}\right)$의 값을 구한다.

따라서 $f(x)=\sin x-3\cos x$이므로

$$f\left(\frac{\pi}{4}\right)=\sin\frac{\pi}{4}-3\cos\frac{\pi}{4}=\frac{\sqrt{2}}{2}-3\times\frac{\sqrt{2}}{2}=-\sqrt{2}$$

090 [정답률 46%]　　　　　　　정답 ⑤

함수 $f(x)$가

$$f(x)=\begin{cases}\dfrac{x^2\sin 2x}{1-\cos x} & (x\neq 0)\\[2mm] 0 & (x=0)\end{cases}$$

일 때, $f'(0)$의 값은? (단, $-\pi<x<\pi$) (3점)

① 0　　　② 1　　　③ 2

④ 3　　　⑤ 4

$x\neq 0$일 때 $f(x)=\dfrac{x^2\sin 2x}{1-\cos x}$이므로

$f(0+h)=\dfrac{h^2\sin 2h}{1-\cos h}$가 돼.

Step 1 미분계수의 정의를 이용하여 $f'(0)$의 값을 구한다.

$$f'(0)=\lim_{h\to 0}\frac{f(0+h)-f(0)}{h}$$

$x=0$일 때 $f(0)=0$이야.

$$=\lim_{h\to 0}\frac{\dfrac{h^2\sin 2h}{1-\cos h}-0}{h}=\lim_{h\to 0}\frac{h^2\sin 2h}{h(1-\cos h)}$$

$\cos^2 h+\sin^2 h=1$임을 이용하여 $\sin^2 h=1-\cos^2 h$임을 알 수 있으므로 분모, 분자에 각각 $1+\cos h$를 곱해 주었어.

$$=\lim_{h\to 0}\left\{2h^2\cdot\frac{\sin 2h}{2h}\cdot\frac{1+\cos h}{(1-\cos h)(1+\cos h)}\right\}$$

$$=\lim_{h\to 0}\left\{2h^2\cdot\frac{\sin 2h}{2h}\cdot\frac{1+\cos h}{\sin^2 h}\right\}$$

$$\lim_{\square\to 0}\frac{\square}{\sin\square}=1$$

$$=\lim_{h\to 0}\left\{2(1+\cos h)\cdot\frac{\sin 2h}{2h}\cdot\frac{h^2}{\sin^2 h}\right\}$$

$$=2\cdot(1+1)\cdot 1\cdot 1=4$$

$\lim_{\theta\to 0}\cos\theta=1$

091 [정답률 46%]　　　　　　　정답 ②

두 상수 $a\,(a>0)$, b에 대하여 두 함수 $f(x)$, $g(x)$를

$$f(x)=a\sin x-\cos x,\quad g(x)=e^{2x-b}-1$$

이라 하자. 두 함수 $f(x)$, $g(x)$가 다음 조건을 만족시킬 때, $\tan b$의 값은? (4점)

(가) $f(k)=g(k)=0$을 만족시키는 실수 k가 열린구간 $\left(-\dfrac{\pi}{2},\dfrac{\pi}{2}\right)$에 존재한다.

(나) 열린구간 $\left(-\dfrac{\pi}{2},\dfrac{\pi}{2}\right)$에서 방정식 $\{f(x)g(x)\}'=2f(x)$의 모든 해의 합은 $\dfrac{\pi}{4}$이다.

① $\dfrac{5}{2}$　　　② 3　　　③ $\dfrac{7}{2}$

④ 4　　　⑤ $\dfrac{9}{2}$

Step 1 조건 (가)의 연립방정식 $f(k)=g(k)=0$을 푼다.

$f(k)=0$에서 $a\sin k-\cos k=0$

$a\sin k=\cos k \quad\therefore\,\tan k=\dfrac{1}{a} \quad\cdots\cdots\,\text{㉠}$

양변을 $\cos k$로 나누면 $a\dfrac{\sin k}{\cos k}=1$에서 $a\tan k=1$

$g(k)=0$에서 $e^{2k-b}-1=0$

$e^{2k-b}=1,\ 2k-b=0 \quad\therefore\,k=\dfrac{b}{2} \quad\cdots\cdots\,\text{㉡}$

$=e^0$

따라서 ㉠, ㉡에서 $\tan\dfrac{b}{2}=\dfrac{1}{a}$이다.

Step 2 조건 (나)의 식을 정리하여 푼다.

방정식 $\{f(x)g(x)\}'=2f(x)$를 풀면

$f'(x)g(x)+f(x)g'(x)=2f(x)$

$f'(x)(e^{2x-b}-1)+f(x)(2e^{2x-b})=2f(x)$

$f'(x)(e^{2x-b}-1)+f(x)(2e^{2x-b}-2)=0$

$f'(x)(e^{2x-b}-1)+2f(x)(e^{2x-b}-1)=0$

$\{f'(x)+2f(x)\}(e^{2x-b}-1)=0$

$f'(x)+2f(x)=0$에서

$e^{2x-b}-1=0$의 해가 $x=\dfrac{b}{2}$임을 **Step 1**에서 구했다.

$(a\cos x+\sin x)+(2a\sin x-2\cos x)=0$

$(2a+1)\sin x+(a-2)\cos x=0$

$(2a+1)\sin x=(2-a)\cos x \quad\therefore\,\tan x=\dfrac{2-a}{2a+1}$

$=\dfrac{\sin x}{\cos x}$

이때 함수 $y=\tan x$는 열린구간 $\left(-\dfrac{\pi}{2},\dfrac{\pi}{2}\right)$에서 증가하는 함수이므로 방정식 $\tan x=\dfrac{2-a}{2a+1}$를 만족시키는 x는 열린구간 $\left(-\dfrac{\pi}{2},\dfrac{\pi}{2}\right)$에 오직 하나이다.

이 해를 α라 하면 $\alpha+\dfrac{b}{2}=\dfrac{\pi}{4} \quad\therefore\,\alpha=\dfrac{\pi}{4}-\dfrac{b}{2}$

Step 3 삼각함수의 덧셈정리를 이용하여 a에 대한 식을 구한다.

$$\tan\alpha=\tan\left(\frac{\pi}{4}-\frac{b}{2}\right)=\frac{\tan\dfrac{\pi}{4}-\tan\dfrac{b}{2}}{1+\tan\dfrac{\pi}{4}\tan\dfrac{b}{2}}=\frac{1-\dfrac{1}{a}}{1+\dfrac{1}{a}}=\frac{a-1}{a+1}$$

이므로 $\dfrac{a-1}{a+1}=\dfrac{2-a}{2a+1}$

$(a-1)(2a+1)=(a+1)(2-a)$, $2a^2-a-1=-a^2+a+2$

$\therefore 3a^2-2a-3=0$

Step 4 $\tan b$의 값을 구한다.

$\tan b=\dfrac{2\tan\dfrac{b}{2}}{1-\tan^2\dfrac{b}{2}}=\dfrac{\dfrac{2}{a}}{1-\dfrac{1}{a^2}}=\dfrac{2a}{a^2-1}=\dfrac{3a^2-3}{a^2-1}=3$

$\quad\to\ 3a^2-2a-3=0$에서 $2a-3a^2-3$

092
정답 ⑤

그림과 같이 좌표평면 위의 두 점 $A(1,0)$, $B(2,0)$을 잇는 선분을 한 변으로 하는 정사각형 $ABCD$를 꼭짓점 B를 중심으로 시계방향으로 θ만큼 회전시켰다. 이때 점 C가 이동한 점을 C'이라 하고, 함수 $f(\theta)$를

$f(\theta)=\overline{OC'}^2$

점 C'의 좌표를 θ로 나타낸 후 두 점 사이의 거리 공식을 이용

으로 정의하자. 다음 중 도함수 $y=\dfrac{d}{d\theta}f(\theta)$의 그래프의 개형으로 가장 적당한 것은?

함수 $f(\theta)$를 θ에 대한 식으로 나타내

$\left(\text{단, }0\le\theta\le\dfrac{\pi}{2}\text{이고, 점 }O\text{는 원점이다.}\right)$ (3점)

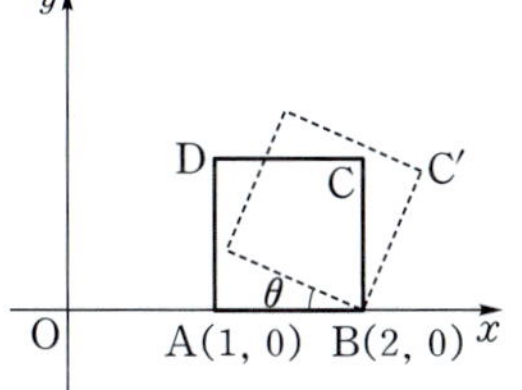

① 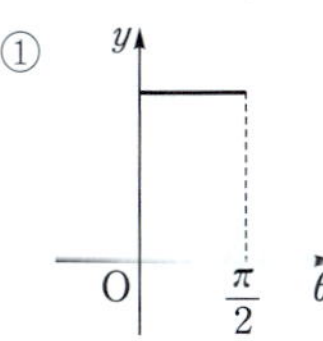

② 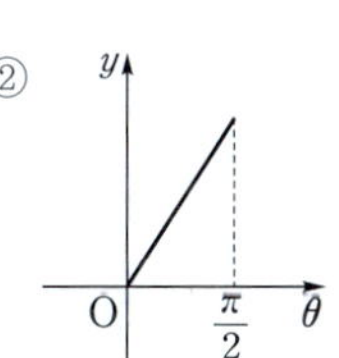

③ 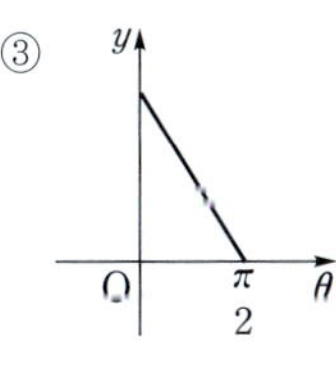

④ 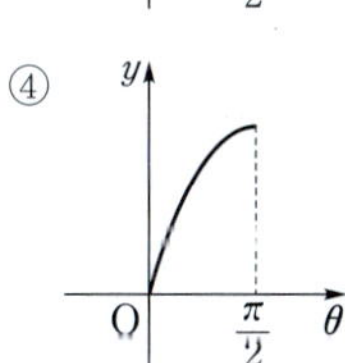

⑤ 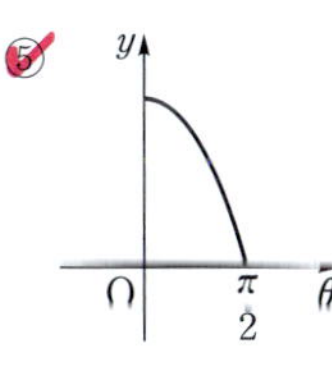

암기

① $\cos\left(\dfrac{\pi}{2}-\theta\right)=\sin\theta$

② $\cos\left(\dfrac{\pi}{2}+\theta\right)=-\sin\theta$

③ $\sin\left(\dfrac{\pi}{2}-\theta\right)=\cos\theta$

④ $\sin\left(\dfrac{\pi}{2}+\theta\right)=\cos\theta$

Step 1 점 C'의 좌표를 θ로 나타낸다.

점 C'의 좌표를 (x,y)라 하면 오른쪽 그림에서

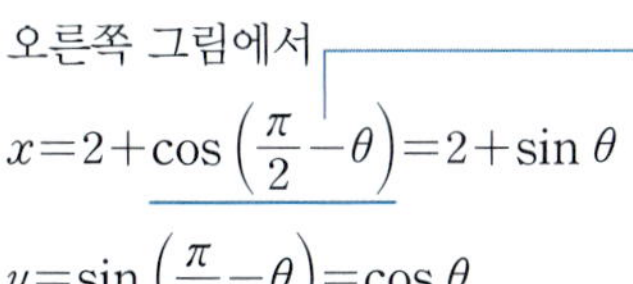

$x=2+\cos\left(\dfrac{\pi}{2}-\theta\right)=2+\sin\theta$

$y=\sin\left(\dfrac{\pi}{2}-\theta\right)=\cos\theta$

Step 2 선분 OC'의 길이를 θ에 대해 미분하여 $y=\dfrac{d}{d\theta}f(\theta)$의 그래프를 찾는다.

$\begin{aligned}\overline{OC'}&=\sqrt{x^2+y^2}\\&=\sqrt{4+4\sin\theta+\sin^2\theta+\cos^2\theta}\\&=\sqrt{5+4\sin\theta}\ (\because\ \sin^2\theta+\cos^2\theta=1)\end{aligned}$

삼각함수의 도함수
① $(\sin x)'=\cos x$
② $(\cos x)'=-\sin x$
③ $(\tan x)'=\sec^2 x$
④ $(\sec x)'=\sec x\tan x$
⑤ $(\csc x)'=-\csc x\cot x$
⑥ $(\cot x)'=-\csc^2 x$

$f(\theta)=\overline{OC'}^2=5+4\sin\theta$이므로

$y=\dfrac{d}{d\theta}f(\theta)=4\cos\theta$

$y=\cos\theta$의 그래프의 각 함숫값이 4배가 되도록 그려주면 돼.

따라서

$y=\dfrac{d}{d\theta}f(\theta)=4\cos\theta\left(0\le\theta\le\dfrac{\pi}{2}\right)$

의 그래프는 오른쪽 그림과 같다.

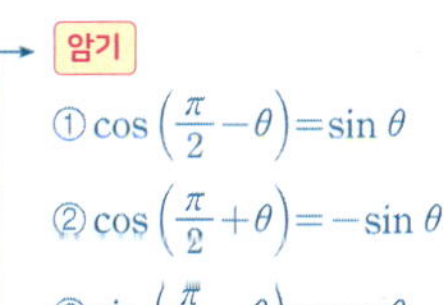

수능포인트

$\overline{OC'}^2$을 θ에 대한 식으로 나타내야 하므로 점 C'의 좌표를 찾아야 합니다. 이때 선분 BC'이 x축의 양의 방향과 이루는 각의 크기가 $\left(\dfrac{\pi}{2}-\theta\right)$이기 때문에 점 C'의 x, y좌표를 삼각함수로 나타낼 수 있습니다.

---

093 [정답률 69%]
정답 ③

실수 전체의 집합에서 정의된 두 함수

주의 $x=-\dfrac{\pi}{2}$, $x=\pi$를 기준으로 식이 달라져!

$f(x)=\sin^2 x+a\cos x$, $g(x)=\begin{cases}0 & \left(x<-\dfrac{\pi}{2}\right)\\ x & \left(-\dfrac{\pi}{2}\le x<\pi\right)\\ bx & (x\ge\pi)\end{cases}$

에 대하여 [보기]에서 옳은 것만을 있는 대로 고른 것은? (단, a, b는 실수이다.) (4점)

[보기]

ㄱ. $\lim\limits_{x\to-\frac{\pi}{2}}g(x)=0$

$\lim\limits_{x\to-\frac{\pi}{2}}(f\circ g)(x)=(f\circ g)\left(-\dfrac{\pi}{2}\right)$인지 확인해 봐!

ㄴ. $a=2$이면 합성함수 $(f\circ g)(x)$는 $x=-\dfrac{\pi}{2}$에서 연속이다.

ㄷ. a의 값에 관계없이 합성함수 $(f\circ g)(x)$가 $x=\pi$에서 연속이면 $b=2n-1$ (n은 정수)이다.

① ㄱ
② ㄴ
③ ㄱ, ㄷ
④ ㄴ, ㄷ
⑤ ㄱ, ㄴ, ㄷ

함수의 극한과 연속에 관련된 모든 개념을 쏟아부어야 하는 고난도 문제야!

Step 1 함수의 좌극한, 우극한, 합성함수의 연속성 등을 파악하여 [보기]의 참, 거짓을 판별한다.

ㄱ. 함수 $g(x)$는 $x<-\dfrac{\pi}{2}$에서 $g(x)=0$이므로

$\lim\limits_{x\to-\frac{\pi}{2}^-}g(x)=0$ (참)

ㄴ. $\displaystyle\lim_{x\to-\frac{\pi}{2}+}(f\circ g)(x)=\lim_{x\to-\frac{\pi}{2}+}f(x)$ $\to -\frac{\pi}{2}\leq x<\pi$일 때, $g(x)=x$

$$=\sin^2\left(-\frac{\pi}{2}\right)+a\cos\left(-\frac{\pi}{2}\right)=1$$

$\displaystyle\lim_{x\to-\frac{\pi}{2}-}(f\circ g)(x)=f(0)=a$ $\to x<-\frac{\pi}{2}$일 때, $g(x)=0$

이때 $a=2$이면 $\displaystyle\lim_{x\to-\frac{\pi}{2}+}(f\circ g)(x)\neq\lim_{x\to-\frac{\pi}{2}-}(f\circ g)(x)$이므로

$\displaystyle\lim_{x\to-\frac{\pi}{2}}(f\circ g)(x)$의 값이 존재하지 않는다.

따라서 $a=2$이면 합성함수 $(f\circ g)(x)$는 $x=-\dfrac{\pi}{2}$에서 불연속

이다. (거짓) $\to a=1$이면 $x=-\frac{\pi}{2}$에서 연속이야!

ㄷ. $\displaystyle\lim_{x\to\pi-}(f\circ g)(x)=\lim_{x\to\pi-}f(x)=\sin^2\pi+a\cos\pi=-a$

$\displaystyle\lim_{x\to\pi+}(f\circ g)(x)=\lim_{x\to\pi+}f(bx)=\sin^2 b\pi+a\cos b\pi$

$(f\circ g)(\pi)=f(b\pi)=\sin^2 b\pi+a\cos b\pi$

이때 a의 값에 관계없이 합성함수 $(f\circ g)(x)$가 $x=\pi$에서 연속

이면 $\to -a=\sin^2 b\pi+a\cos b\pi$가 모든 실수 a에 대하여 성립해야 해!

$\cos b\pi=-1,\ \sin^2 b\pi=0$

$\cos b\pi=-1$에서

$b\pi=(2n-1)\pi$ (단, n은 정수)

$\therefore b=2n-1$ (단, n은 정수) (참)

따라서 옳은 것은 ㄱ, ㄷ이다. $\to$ 이때 $\sin^2 b\pi$의 값도 0이 돼!

중요 세 값이 모두 같으면 함수 $(f\circ g)(x)$가 $x=\pi$에서 연속이 돼!

094 [정답률 5%]

정답 135

함수 $f(x)=a\cos x+x\sin x+b$와 $-\pi<\alpha<0<\beta<\pi$인 두 실수 α, β가 다음 조건을 만족시킨다.

(가) $f'(\alpha)=f'(\beta)=0$ $\to f'(x)=0$을 만족시키는 x가 어떤 형태로 나타나는지 알아본다.

(나) $\dfrac{\tan\beta-\tan\alpha}{\beta-\alpha}+\dfrac{1}{\beta}=0$

$\displaystyle\lim_{x\to 0}\dfrac{f(x)}{x^2}=c$일 때, $f\left(\dfrac{\beta-\alpha}{3}\right)+c=p+q\pi$이다.

두 유리수 p, q에 대하여 $120\times(p+q)$의 값을 구하시오.

$\to x\to 0$일 때 $\displaystyle\lim_{x\to 0}f(x)=0$(단, a, b, c는 상수이고, $a<1$이다.) (4점)

Step 1 $f'(x)=0$을 만족시키는 두 실수 α, β 사이의 관계를 알아본다.

조건 (가)를 이용하자.

$f(x)=a\cos x+x\sin x+b$에서 $\to$ 곱의 미분법

$f'(x)=-a\sin x+\sin x+x\cos x$

$\quad=(1-a)\sin x+x\cos x=0$

$x\cos x=(a-1)\sin x$

$\therefore \tan x=\dfrac{x}{a-1}$ $\cdots\cdots$ ㉠ $\to \dfrac{\sin x}{\cos x}=\dfrac{x}{a-1}$

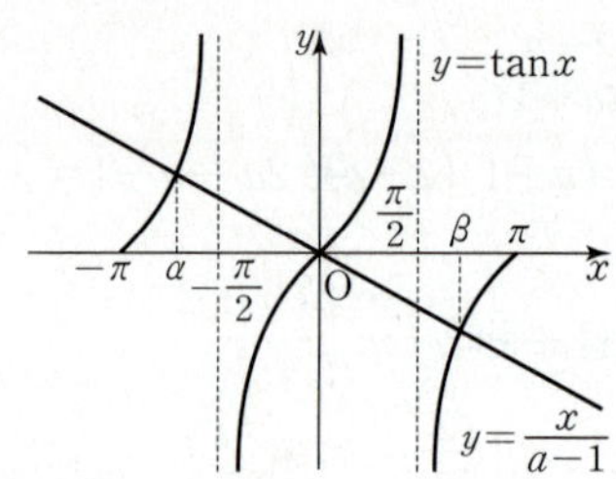

함수 $y=\tan x$의 그래프와 직선 $y=\dfrac{x}{a-1}$는 모두 원점에 대하여

대칭이고 $\dfrac{1}{a-1}<0$이므로 $\alpha=-\beta$이다. $\to a<1$에서 $a-1<0$

곡선과 직선의 교점 중 원점을 제외한 두 점은 원점에 대하여 대칭이다.

Step 2 $\alpha=-\beta$임을 이용하여 a의 값을 구한다. $\to \tan(-\beta)=-\tan\beta$

$\alpha=-\beta$이므로 조건 (나)에서 $\dfrac{\tan\beta-\tan(-\beta)}{\beta-(-\beta)}+\dfrac{1}{\beta}=0$

$\dfrac{\tan\beta+1}{\beta}=0$ $\therefore \tan\beta=-1$

이때 $0<\beta<\pi$이므로 $\beta=\dfrac{3}{4}\pi$, $\alpha=-\dfrac{3}{4}\pi$

㉠에 $x=\dfrac{3}{4}\pi$를 대입하면 $\tan\dfrac{3}{4}\pi=\dfrac{\dfrac{3}{4}\pi}{a-1}$

$a-1=-\dfrac{3}{4}\pi$ $\therefore a=1-\dfrac{3}{4}\pi$ $\to =-1$

Step 3 $\displaystyle\lim_{x\to 0}\dfrac{f(x)}{x^2}=c$를 이용하여 c의 값을 구한다.

$\displaystyle\lim_{x\to 0}\dfrac{f(x)}{x^2}=c$에서 극한값 c가 존재하고 $x\to 0$일 때 $\displaystyle\lim_{x\to 0}x^2=0$

이므로 $\displaystyle\lim_{x\to 0}f(x)=0$

$\displaystyle\lim_{x\to 0}(a\cos x+x\sin x+b)=a+b=0$

$\therefore b=-a$ $\to f(x)=a\cos x+x\sin x-a$

$\displaystyle\lim_{x\to 0}\dfrac{f(x)}{x^2}$

$=\displaystyle\lim_{x\to 0}\dfrac{a(\cos x-1)+x\sin x}{x^2}$ $\to \dfrac{a(\cos x-1)(\cos x+1)}{x^2(\cos x+1)}=\dfrac{-a\sin^2 x}{x^2(\cos x+1)}$

$=\displaystyle\lim_{x\to 0}\left\{\dfrac{a(\cos x-1)}{x^2}+\dfrac{\sin x}{x}\right\}$ $\to \displaystyle\lim_{x\to 0}\dfrac{\sin x}{x}=1$

$=\displaystyle\lim_{x\to 0}\left(-a\times\dfrac{\sin^2 x}{x^2}\times\dfrac{1}{\cos x+1}+\dfrac{\sin x}{x}\right)$

$=-a\times\displaystyle\lim_{x\to 0}\dfrac{\sin^2 x}{x^2}\times\lim_{x\to 0}\dfrac{1}{\cos x+1}+\lim_{x\to 0}\dfrac{\sin x}{x}$

$=-\dfrac{a}{2}+1=c$ $\to =1$ $\to =\dfrac{1}{2}$

$\therefore c=-\dfrac{a}{2}+1=-\dfrac{1}{2}\times\left(1-\dfrac{3}{4}\pi\right)+1=\dfrac{1}{2}+\dfrac{3}{8}\pi$

Step 4 $f\left(\dfrac{\beta-\alpha}{3}\right)+c$의 값을 구한다.

$\therefore f\left(\dfrac{\beta-\alpha}{3}\right)+c=f\left(\dfrac{\pi}{2}\right)+\dfrac{1}{2}+\dfrac{3}{8}\pi$ $\to a\cos\dfrac{\pi}{2}+\dfrac{\pi}{2}\sin\dfrac{\pi}{2}-a$

$\dfrac{1}{3}\left\{\dfrac{3}{4}\pi-\left(-\dfrac{3}{4}\pi\right)\right\}=\left(\dfrac{5}{4}\pi-1\right)+\left(\dfrac{1}{2}+\dfrac{3}{8}\pi\right)$ $\to =\dfrac{\pi}{2}-\left(1-\dfrac{3}{4}\pi\right)=\dfrac{5}{4}\pi-1$

$=\dfrac{1}{3}\times\dfrac{6}{4}\pi=\dfrac{\pi}{2}$ $=-\dfrac{1}{2}+\dfrac{13}{8}\pi$

따라서 $p=-\dfrac{1}{2}$, $q=\dfrac{13}{8}$이므로

$120\times(p+q)=120\times\left(-\dfrac{1}{2}+\dfrac{13}{8}\right)=135$

095 [정답률 43%]   정답 25

그림과 같이 길이가 1인 선분 AB를 지름으로 하는 반원 위에
점 C를 잡고 $\angle BAC = \theta$라 하자. 호 BC와 두 선분 AB,
AC에 동시에 접하는 원의 반지름의 길이를 $f(\theta)$라 할 때,

$$\lim_{\theta \to 0+} \frac{\tan\frac{\theta}{2} - f(\theta)}{\theta^2} = \alpha$$

이다. 100α의 값을 구하시오. $\left(\text{단, } 0 < \theta < \dfrac{\pi}{4}\right)$ (4점)

→ $f(\theta)$는 선분의 길이이므로
이 조건에서 $f(\theta) > 0$

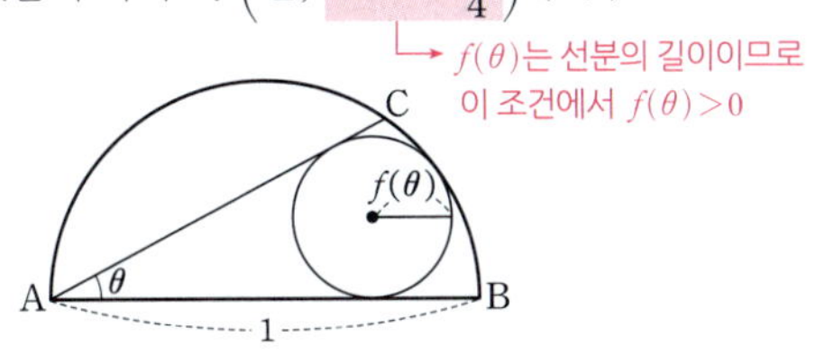

Step 1 $f(\theta)$를 구한다.

오른쪽 그림과 같이 호 BC와
두 선분 AB, AC에 동시에
접하는 원의 중심을 O라 하고,
선분 AB의 중점을 M이라 하자.
또, 직선 OM과 호 BC가 만나는
점을 O′이라 하면

$$\overline{MO'} = \frac{1}{2}\overline{AB} = \frac{1}{2}$$

→ 반원의 반지름의 길이

점 M, 원의 중심 O 그리고 점 O′이
모두 한 직선 위에 존재해!

이때 그림과 같이 점 O′은 원 O가 호 BC와 접하는 점이므로

$$\overline{MO} = \overline{MO'} - \overline{OO'} = \frac{1}{2} - f(\theta)$$

원의 접선은 접점을 지나는
반지름에 수직이다.

오른쪽 그림과 같이 점 O에서
선분 AB에 내린 수선의 발을
H라 하면 $\overline{OH} = f(\theta)$이므로
삼각형 OMH에서 피타고라스
정리에 의하여

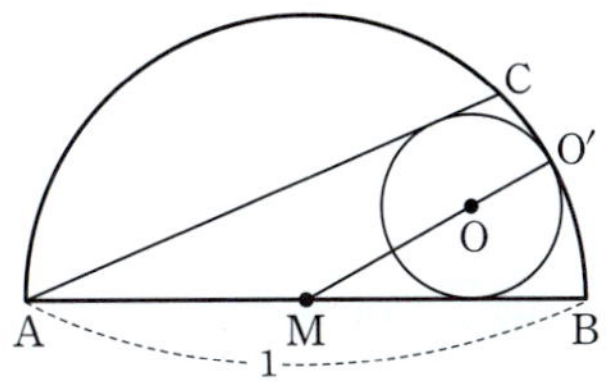

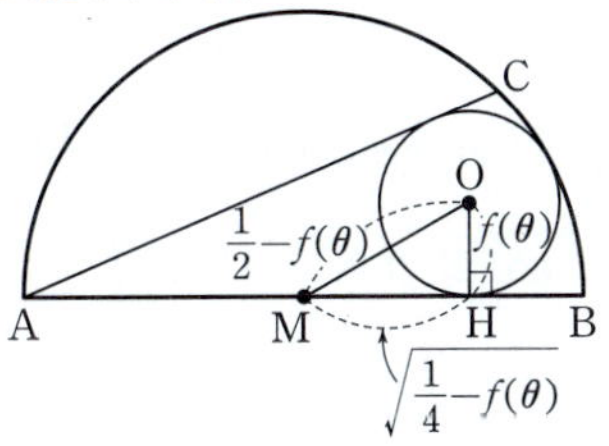

$$\overline{MH} = \sqrt{\overline{MO}^2 - \overline{OH}^2}$$
$$= \sqrt{\left\{\frac{1}{2} - f(\theta)\right\}^2 - \{f(\theta)\}^2}$$
$$= \sqrt{\frac{1}{4} - f(\theta) + \{f(\theta)\}^2 - \{f(\theta)\}^2}$$
$$= \sqrt{\frac{1}{4} - f(\theta)} \quad \cdots\cdots \ \ominus$$

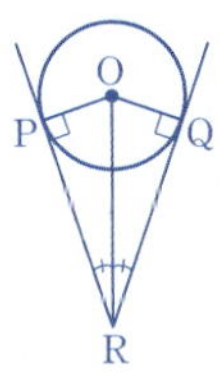

원 밖의 한 점 R에서
원에 그은 두 접선의
접점을 각각 P, Q라
할 때,
$\angle PRO = \angle QRO$

삼각형 OAH에서 $\angle OAH = \dfrac{\theta}{2}$이
고 $\overline{OH} = f(\theta)$이므로

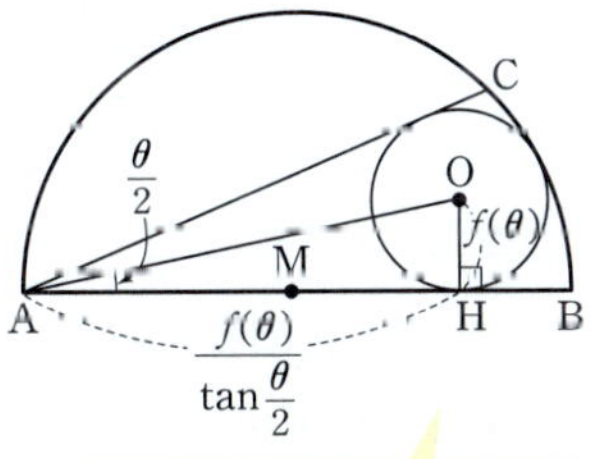

$$\tan\frac{\theta}{2} = \frac{\overline{OH}}{\overline{AH}} = \frac{f(\theta)}{\overline{AH}}$$

$$\therefore \overline{AH} = \frac{f(\theta)}{\tan\dfrac{\theta}{2}}$$

→ 반원의 반지름의 길이

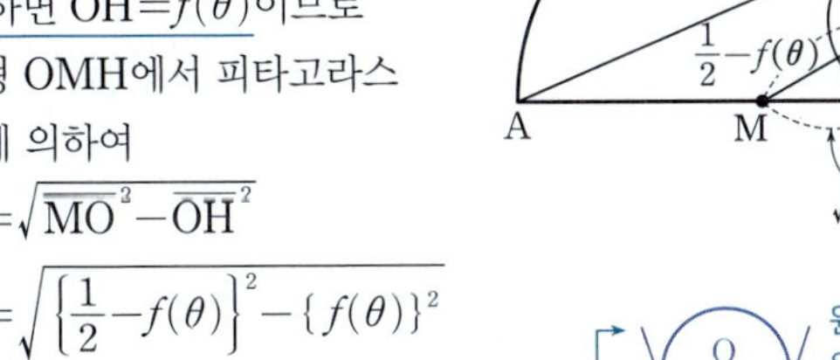

선분의 길이를 구할 때 위와 같이
수선을 내려 직각삼각형을 만들어
봐. 이 직각삼각형에서 삼각비,
피타고라스 정리 등을 이용하여
선분의 길이를 구할 수 있어.

$\overline{MH} = \overline{AH} - \overline{AM} = \overline{AH} - \dfrac{1}{2}$이므로

$$\sqrt{\frac{1}{4} - f(\theta)} = \frac{f(\theta)}{\tan\dfrac{\theta}{2}} - \frac{1}{2} \quad (\because \ \ominus)$$

위 식의 양변을 제곱하면

$$\frac{1}{4} - f(\theta) = \left\{\frac{f(\theta)}{\tan\dfrac{\theta}{2}}\right\}^2 - \frac{f(\theta)}{\tan\dfrac{\theta}{2}} + \frac{1}{4}$$

양변에 $\tan^2\dfrac{\theta}{2}$를 곱한다.

$$-f(\theta)\tan^2\frac{\theta}{2} = \{f(\theta)\}^2 - f(\theta)\tan\frac{\theta}{2}$$

$f(\theta)$는 반지름의 길이로
$f(\theta) \neq 0$이므로
양변을 $f(\theta)$로 나눈다.

$$\therefore f(\theta) = \tan\frac{\theta}{2} - \tan^2\frac{\theta}{2}$$

$0 < \theta < \dfrac{\pi}{4}$에서 $f(\theta) > 0$

Step 2 $\displaystyle\lim_{\theta \to 0+} \dfrac{\tan\dfrac{\theta}{2} - f(\theta)}{\theta^2}$의 값을 구한다.

$$\lim_{\theta \to 0+} \frac{\tan\dfrac{\theta}{2} - f(\theta)}{\theta^2} = \lim_{\theta \to 0+} \frac{\tan\dfrac{\theta}{2} - \tan\dfrac{\theta}{2} + \tan^2\dfrac{\theta}{2}}{\theta^2}$$

$\displaystyle\lim_{x \to 0} \dfrac{\tan x}{x} = 1$

$$= \lim_{\theta \to 0+} \frac{\tan^2\dfrac{\theta}{2}}{\theta^2} = \lim_{\theta \to 0+} \frac{\tan^2\dfrac{\theta}{2}}{\left(\dfrac{\theta}{2}\right)^2} \cdot \frac{1}{4} = \frac{1}{4}$$

$$\therefore 100\alpha = 100 \times \frac{1}{4} = 25$$

---

096 [정답률 46%]   정답 ②

→ 원 C_1의 반지름의 길이가 1인 것을 알 수 있어.

그림과 같이 좌표평면 위에 중심이 O(0, 0)이고
점 A(1, 0)을 지나는 원 C_1 위의 제1사분면 위의 점을 P라

PQ는 원의 지름이야.

하자. 점 P를 원점에 대하여 대칭이동시킨 점을 Q, x축에
대하여 대칭이동시킨 점을 R이라 하자. 선분 QR을 지름으로
하는 원 C_2와 두 선분 PQ, AQ와의 교점을 각각 M, N이라
하자. $\angle POA = \theta$라 할 때, 두 삼각형 MQN, PNR의 넓이를
각각 $S(\theta)$, $T(\theta)$라 하자. $\displaystyle\lim_{\theta \to 0+} \dfrac{\theta^2 \times S(\theta)}{T(\theta)}$의 값은? (4점)

원주각의 성질을 이용하며 → 삼각형의 넓이를 θ에 대하여 나타내.

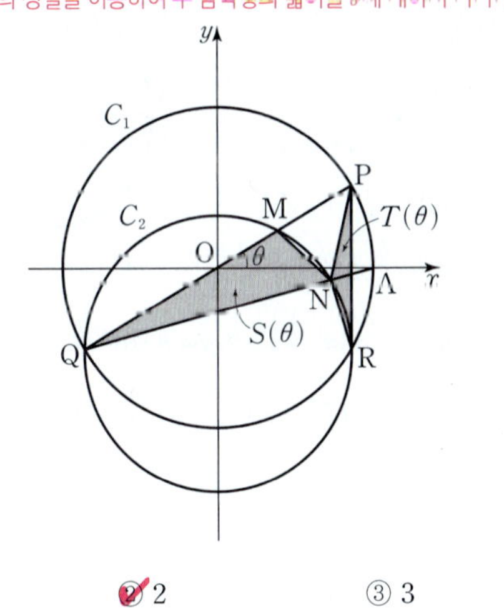

① 1   ❷ 2   ③ 3
④ 4   ⑤ 5

Step 1 삼각형 MQN의 넓이를 θ에 대하여 나타낸다.

각 PQA는 호 PA에 대한 원주각이므로

> 한 호에 대한 원주각의 크기는 중심각의 크기의 $\frac{1}{2}$이다.

$$\angle PQA = \frac{1}{2}\angle POA = \frac{\theta}{2}$$

이때 두 점 P, R은 x축에 대하여 서로 대칭이므로

$\widehat{PA} = \widehat{AR}$

> 호의 길이는 원주각의 크기에 정비례해.

$$\therefore \ \angle AQR = \angle PQA = \frac{\theta}{2}$$

$$\therefore \ \underline{\angle PQR = \theta} \quad \rightarrow \angle PQA + \angle AQR$$

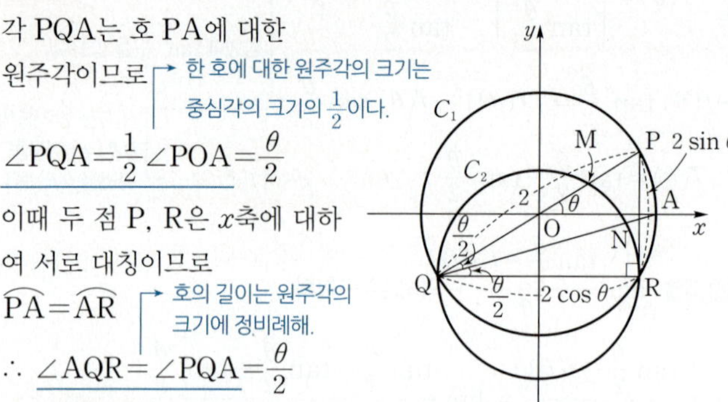

선분 QR을 그으면

원 C_1에서 각 PRQ는 지름 PQ에 대한 원주각이므로

$$\angle PRQ = \frac{\pi}{2}$$

삼각형 PQR에서 $\overline{PQ} = 2$ 이므로

$$\overline{PR} = 2\sin\theta, \ \overline{QR} = 2\cos\theta$$

$= \overline{PQ} \times \sin(\angle PQR) = \overline{PQ} \times \cos(\angle PQR)$

두 선분 MR, NR을 그으면

원 C_2에서 각 QMR, QNR은 지름 QR에 대한 원주각이므로

$$\angle QMR = \angle QNR = \frac{\pi}{2}$$

> 두 변의 길이가 a, b이고 그 끼인각의 크기가 θ인 삼각형의 넓이는 $\frac{1}{2}ab\sin\theta$

$$\therefore \ \overline{QM} = 2\cos\theta\cos\theta = 2\cos^2\theta,$$
$= \overline{QR}$

$$\overline{QN} = 2\cos\theta\cos\frac{\theta}{2}$$
$= \overline{QR}$

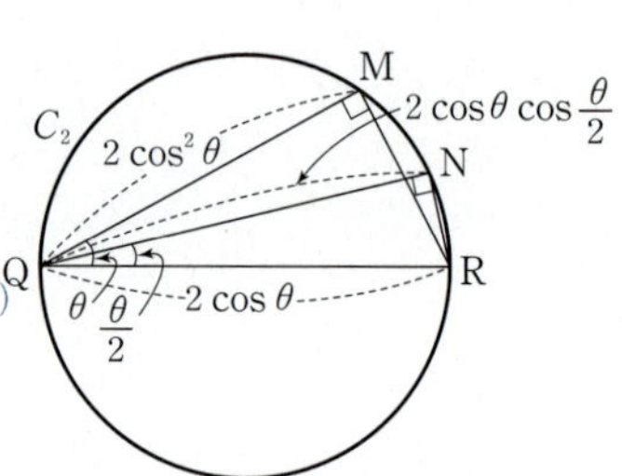

$$\therefore \ S(\theta) = \frac{1}{2} \times \overline{QM} \times \overline{QN} \times \sin\frac{\theta}{2}$$

$$= \frac{1}{2} \times 2\cos^2\theta \times 2\cos\theta\cos\frac{\theta}{2} \times \sin\frac{\theta}{2}$$

$$= 2\cos^3\theta\cos\frac{\theta}{2}\sin\frac{\theta}{2}$$

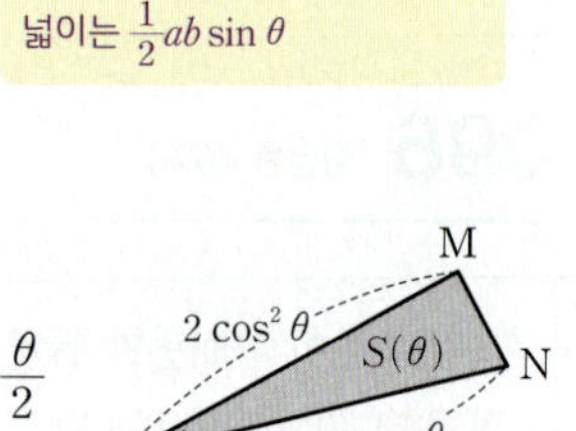

Step 2 삼각형 PNR의 넓이를 θ에 대하여 나타낸다.

오른쪽 그림과 같이 점 N에서 선분 QR에 내린 수선의 발을 H라 하자.

삼각형 QNH에서

$$\overline{QH} = 2\cos\theta\cos^2\frac{\theta}{2}$$
$= \overline{QN}\cos\frac{\theta}{2} = \left(2\cos\theta\cos\frac{\theta}{2}\right)\cos\frac{\theta}{2}$

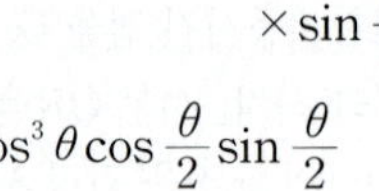

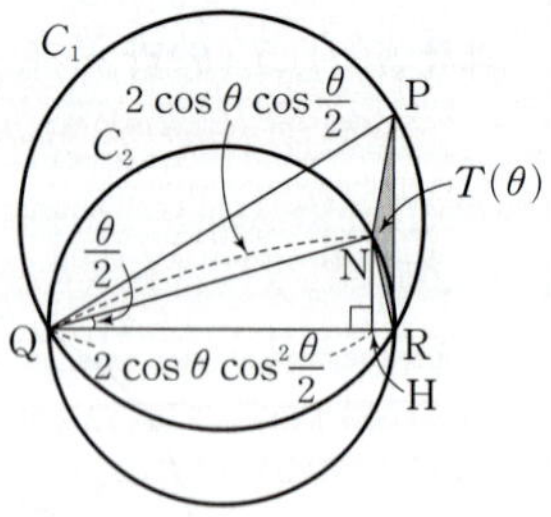

$$\therefore \ \overline{RH} = \overline{QR} - \overline{QH}$$

$$= 2\cos\theta - 2\cos\theta\cos^2\frac{\theta}{2}$$

$$= 2\cos\theta\left(1 - \cos^2\frac{\theta}{2}\right) = 2\cos\theta\sin^2\frac{\theta}{2}$$

$$\therefore \ T(\theta) = \frac{1}{2} \times \overline{PR} \times \overline{RH} \quad \rightarrow \sin^2\frac{\theta}{2} + \cos^2\frac{\theta}{2} = 1\text{에서} 1 - \cos^2\frac{\theta}{2} = \sin^2\frac{\theta}{2}$$

$$= \frac{1}{2} \times 2\sin\theta \times 2\cos\theta\sin^2\frac{\theta}{2}$$

$$= 2\sin\theta\cos\theta\sin^2\frac{\theta}{2}$$

Step 3 $\displaystyle\lim_{\theta\to0+}\frac{\theta^2 \times S(\theta)}{T(\theta)}$ 의 값을 구한다.

$$\therefore \ \lim_{\theta\to0+}\frac{\theta^2 \times S(\theta)}{T(\theta)} = \lim_{\theta\to0+}\frac{\theta^2 \times 2\cos^3\theta\cos\frac{\theta}{2}\sin\frac{\theta}{2}}{2\sin\theta\cos\theta\sin^2\frac{\theta}{2}}$$

$$= \lim_{\theta\to0+}\cos^2\theta\cos\frac{\theta}{2} \times \lim_{\theta\to0+}\frac{\theta^2}{\sin\theta\sin\frac{\theta}{2}}$$

$$= 1 \times \lim_{\theta\to0+}\frac{\theta}{\sin\theta} \times \lim_{\theta\to0+}\frac{2 \times \frac{\theta}{2}}{\sin\frac{\theta}{2}}$$
$ \xrightarrow{=1}$

$$= 2$$
$\xrightarrow{} = 2\lim_{\theta\to0+}\frac{\frac{\theta}{2}}{\sin\frac{\theta}{2}} = 2 \times 1 = 2$

097 [정답률 41%] 정답 20

그림과 같이 반지름의 길이가 1이고 중심각의 크기가 θ인 부채꼴 OAB에서 호 AB의 삼등분점 중 점 A에 가까운 점을 C라 하자. 변 DE가 선분 OA 위에 있고, 꼭짓점 G, F가 각각 선분 OC, 호 AC 위에 있는 정사각형 DEFG의 넓이를 $f(\theta)$라 하자. 점 D에서 선분 OB에 내린 수선의 발을 P, 선분 DP와 선분 OC가 만나는 점을 Q라 할 때, 삼각형 OQP의 넓이를 $g(\theta)$라 하자. $\displaystyle\lim_{\theta\to0+}\frac{f(\theta)}{\theta \times g(\theta)} = k$일 때, $60k$의 값을 구하시오. $\left(\text{단, } 0 < \theta < \dfrac{\pi}{2}\text{이고, } \overline{OD} < \overline{OE}\text{이다.}\right)$

$g(\theta) = \frac{1}{2} \times \overline{OP} \times \overline{PQ}$

$f(\theta) = \overline{GD}^2$

(4점)

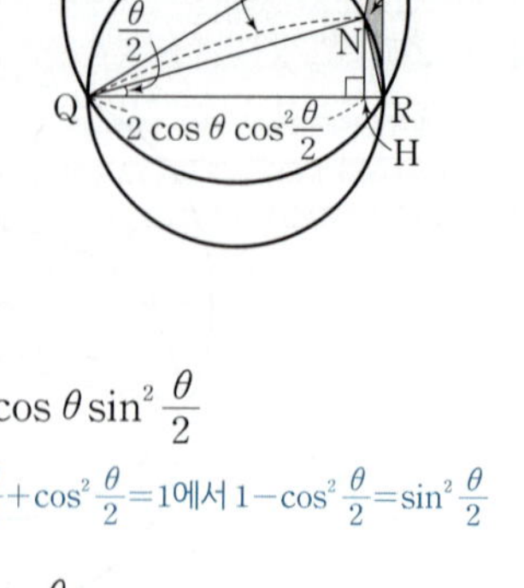

Step 1 $f(\theta)$, $g(\theta)$를 θ에 대한 식으로 나타낸다.

직각삼각형 GOD에서

$$\tan\frac{\theta}{3} = \frac{\overline{GD}}{\overline{OD}}$$

$$\therefore \ \overline{GD} = \overline{OD}\tan\frac{\theta}{3}$$

이때 사각형 DEFG가 정사각형이므로

$$f(\theta) = \overline{GD}^2 = \overline{OD}^2\tan^2\frac{\theta}{3}$$

> 정사각형 DEFG의 넓이

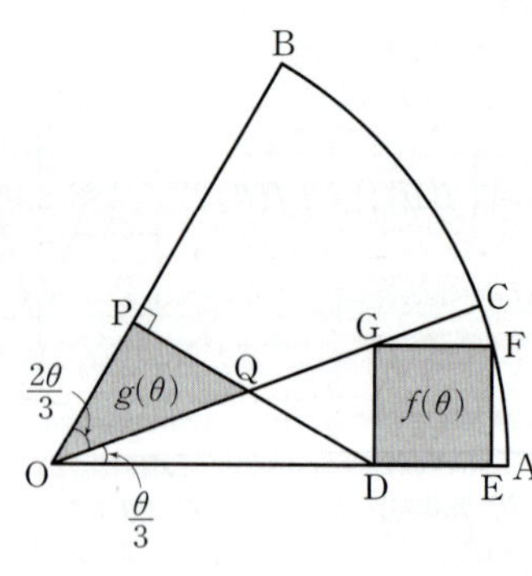

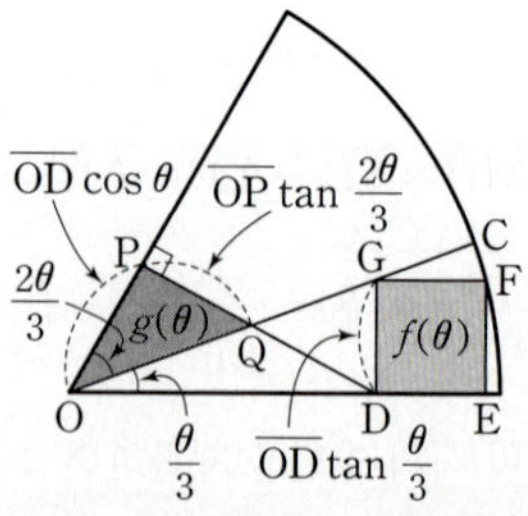

직각삼각형 DOP에서

$$\cos\theta = \frac{\overline{OP}}{\overline{OD}} \qquad \therefore \overline{OP} = \overline{OD}\cos\theta$$

직각삼각형 QOP에서

$$\tan\frac{2\theta}{3} = \frac{\overline{PQ}}{\overline{OP}} \qquad \therefore \overline{PQ} = \overline{OP}\tan\frac{2\theta}{3}$$

따라서 삼각형 OQP의 넓이는

$$g(\theta) = \frac{1}{2} \times \overline{OP} \times \overline{PQ}$$

$$= \frac{1}{2} \times \overline{OD}\cos\theta \times \overline{OP}\tan\frac{2\theta}{3}$$

$\left[\,\overline{OP}=\overline{OD}\cos\theta\text{를 대입}\,\right]$

$$= \frac{1}{2} \times \overline{OD}\cos\theta \times \overline{OD}\cos\theta\tan\frac{2\theta}{3}$$

$$= \frac{1}{2} \times \overline{OD}^2\cos^2\theta\tan\frac{2\theta}{3}$$

Step 2 k의 값을 구한다.

$$\lim_{\theta\to0+}\frac{f(\theta)}{\theta\times g(\theta)} = \lim_{\theta\to0+}\frac{\overline{OD}^2\tan^2\frac{\theta}{3}}{\theta\times\frac{1}{2}\times\overline{OD}^2\cos^2\theta\tan\frac{2\theta}{3}}$$

$\left[\,\overline{OD}^2\text{은 약분 가능해.}\,\right]$

$$= \lim_{\theta\to0+}\frac{2\tan^2\frac{\theta}{3}}{\theta\times\cos^2\theta\tan\frac{2\theta}{3}} \quad\to\quad \lim_{\theta\to0+}\cos^2\theta = 1^2 = 1$$

$$= \lim_{\theta\to0+}\frac{2\tan^2\frac{\theta}{3}}{\theta\times\tan\frac{2\theta}{3}}$$

$$= \lim_{\theta\to0+}\left\{\frac{2\tan^2\frac{\theta}{3}}{9\times\left(\frac{\theta}{3}\right)^2}\times\frac{\frac{3}{2}\times\frac{2\theta}{3}}{\tan\frac{2\theta}{3}}\right\} \quad\to\quad \lim_{\triangle\to0}\frac{\tan\triangle}{\triangle}=1$$

$$= \frac{2}{9}\times\frac{3}{2} = \frac{1}{3}$$

따라서 $k=\dfrac{1}{3}$이므로 $60k = 60\times\dfrac{1}{3} = 20$

수능포인트

$f(\theta),\ g(\theta)$를 구해 보면 $\overline{OD}$는 약분되어 극한값에 영향을 주지 않습니다. 이와 같이 정확한 값은 모르더라도 주어진 식의 값은 구할 수 있는 경우를 염두에 두면서 문제를 풀도록 합니다.

---

098 [정답률 24%] 정답 41

한 변의 길이가 1인 정사각형 ABCD의 변 AB 위의 점 P에 대하여 ∠BCP=θ라 하고, 변 AD 위의 점 Q를 ∠PCQ=$\dfrac{\pi}{4}$가 되도록 잡는다. 삼각형 APQ의 넓이를 $f(\theta)$, 삼각형 BCP의 내접원의 넓이를 $g(\theta)$라 할 때,

$$\lim_{\theta\to0+}\frac{g(\theta)}{\theta\times f(\theta)} = \frac{q}{p}\pi$$

이다. $10p+q$의 값을 구하시오.

(단, p와 q는 서로소인 자연수이다.) (4점)

내용이 복잡하니 그림을 참고하도록 해!

삼각형 APQ의 넓이와 삼각형 BCP의 내접원의 넓이를 모두 삼각함수를 이용하여 나타내.

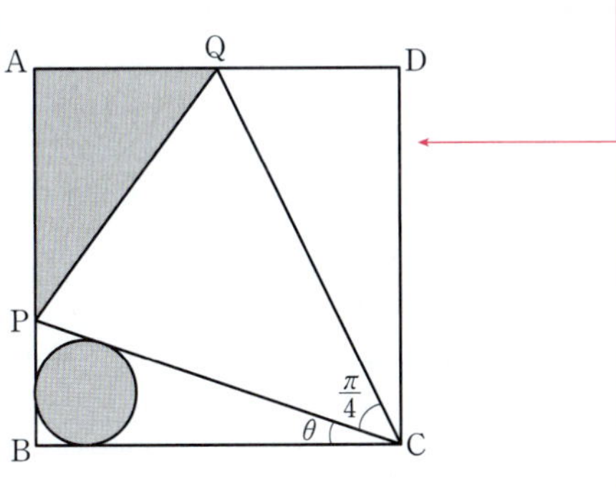

$\because \tan\theta = \dfrac{\overline{BP}}{\overline{BC}},\ \cos\theta = \dfrac{\overline{BC}}{\overline{CP}}$ 이고, $\overline{BC}=1$

Step 1 직각삼각형 BCP에 내접하는 원의 반지름의 길이와 선분 AP, AQ의 길이를 θ에 대한 식으로 나타낸 다음 $f(\theta),\ g(\theta)$를 구한다.

오른쪽 직각삼각형 BCP에서
$\overline{BC}=1$, ∠BCP=θ이므로

$$\overline{BP}=\tan\theta, \quad \overline{CP}=\frac{1}{\cos\theta}$$

직각삼각형 BCP에 내접하는 원의 반지름의 길이를 r이라 하면

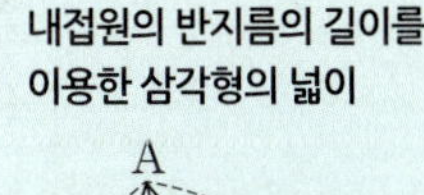

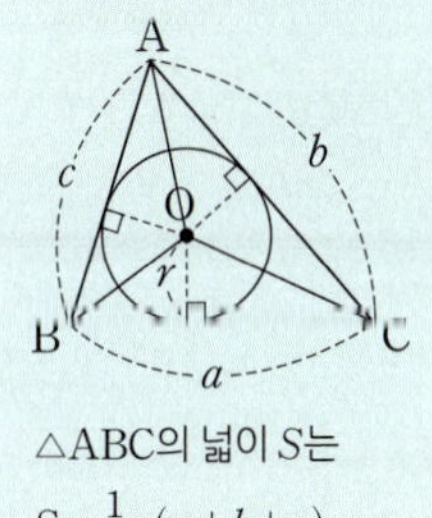

$$\triangle BCP = \frac{1}{2}\cdot\overline{BP}\cdot\overline{BC}$$

$$= \frac{1}{2}r(\overline{BP}+\overline{BC}+\overline{CP})$$

이므로

$$\frac{1}{2}\tan\theta = \frac{1}{2}r\left(\tan\theta+1+\frac{1}{\cos\theta}\right)$$

$$r = \frac{\tan\theta}{\tan\theta+1+\dfrac{1}{\cos\theta}}$$

$\left[\,\text{분모, 분자에 각각 }\cos\theta\text{를 곱한 거야!}\,\right]$

$$= \frac{\tan\theta\cdot\cos\theta}{\left(\tan\theta+1+\dfrac{1}{\cos\theta}\right)\cdot\cos\theta}$$

$$= \frac{\sin\theta}{\sin\theta+\cos\theta+1} \quad\to\quad \tan\theta\cdot\cos\theta = \frac{\sin\theta}{\cos\theta}\cdot\cos\theta = \sin\theta$$

$$\therefore g(\theta) = \pi\left(\frac{\sin\theta}{\sin\theta+\cos\theta+1}\right)^2$$

한편, $\overline{AP}=\overline{AB}-\overline{BP}=1-\tan\theta$, $\quad\to\ \overline{AB}=1,\ \overline{BP}=\tan\theta$이므로

직각삼각형 QCD에서 $∠QCD=\dfrac{\pi}{4}-\theta$이므로 $\quad\to\ =\dfrac{\pi}{2}-∠BCP-∠PCQ$

$$\overline{QD}=\tan\left(\frac{\pi}{4}-\theta\right) \quad\to\quad \because \tan\left(\frac{\pi}{4}-\theta\right)=\frac{\overline{QD}}{\overline{CD}}\text{이고, }\overline{CD}=1$$

내접원의 반지름의 길이를 이용한 삼각형의 넓이

△ABC의 넓이 S는

$$S = \frac{1}{2}r(a+b+c)$$

삼각함수의 덧셈정리
$$\tan(\alpha-\beta)=\frac{\tan\alpha-\tan\beta}{1+\tan\alpha\tan\beta}$$

$$\therefore \overline{AQ}=1-\tan\left(\frac{\pi}{4}-\theta\right)=1-\frac{\tan\frac{\pi}{4}-\tan\theta}{1+\tan\frac{\pi}{4}\tan\theta}$$

$\tan\frac{\pi}{4}=1$
특수각의 삼각비는 암기해 두어야 해!

$$=1-\frac{1-\tan\theta}{1+\tan\theta}=\frac{2\tan\theta}{1+\tan\theta}$$

$$\therefore f(\theta)=\frac{1}{2}\cdot\overline{AP}\cdot\overline{AQ}$$

$$=\frac{1}{2}\cdot(1-\tan\theta)\cdot\frac{2\tan\theta}{1+\tan\theta}$$

$$=\frac{\tan\theta(1-\tan\theta)}{1+\tan\theta}$$

Step 2 $\displaystyle\lim_{\theta\to0+}\frac{g(\theta)}{\theta\times f(\theta)}$의 값을 구한다.

$$\lim_{\theta\to0+}\frac{g(\theta)}{\theta\times f(\theta)}$$

$$\lim_{\theta\to0+}\frac{\sin\theta}{\tan\theta}=\lim_{\theta\to0+}\frac{\frac{\sin\theta}{\theta}}{\frac{\tan\theta}{\theta}}=\frac{1}{1}=1$$

$$=\lim_{\theta\to0+}\frac{\pi\left(\frac{\sin\theta}{\sin\theta+\cos\theta+1}\right)^2}{\frac{\theta\tan\theta(1-\tan\theta)}{1+\tan\theta}}$$

계산 주의

$$=\pi\lim_{\theta\to0+}\left\{\frac{\sin\theta}{\theta}\cdot\frac{\sin\theta}{\tan\theta}\cdot\frac{1+\tan\theta}{(1-\tan\theta)(\sin\theta+\cos\theta+1)^2}\right\}$$

$\displaystyle\lim_{\theta\to0+}\sin\theta=0,\ \lim_{\theta\to0+}\tan\theta=0,$
$\displaystyle\lim_{\theta\to0+}\cos\theta=1$

$$=\pi\cdot1\cdot1\cdot\frac{1}{4}=\frac{1}{4}\pi$$

따라서 $p=4,\ q=1$이므로
$$10p+q=10\times4+1=41$$

수능포인트

이렇게 각의 크기가 주어져서 나오는 경우는 도형을 좌표평면으로 옮겨 풀어 보는 것도 좋습니다. 점 C를 원점으로 놓고 각각의 삼각형의 변을 직선으로 생각하여 각각의 x좌표나 y좌표를 구하면 변의 길이도 쉽게 구할 수 있습니다.

이런 경우에 원점과 x축, y축의 위치를 확실하게 정해 놓아야 해!

도형을 좌표평면 위에 놓으면, 각 점을 좌푯값을 이용하여 나타낼 수 있다는 장점이 있어.

---

099 [정답률 54%]

정답 ②

그림과 같이 길이가 1인 선분 AB를 지름으로 하는 반원이 있다. 호 AB 위의 점 P에 대하여 $\overline{BP}=\overline{BC}$가 되도록 선분 AB 위의 점 C를 잡고, $\overline{AC}=\overline{AD}$가 되도록 선분 AP 위의 D를 잡는다. $\angle PAB=\theta$에 대하여 선분 CD를 반지름으로 하고 중심각의 크기가 $\angle PCD$인 부채꼴의 넓이를 $S(\theta)$, 선분 CP를 반지름으로 하고 중심각의 크기가 $\angle PCD$인 부채꼴의 넓이를 $T(\theta)$라 할 때,

$$\lim_{\theta\to0+}\frac{T(\theta)-S(\theta)}{\theta^2}$$의 값은?

$$\left(\text{단, } 0<\theta<\frac{\pi}{2}\text{이고 }\angle PCD\text{는 예각이다.}\right)\ \text{(4점)}$$

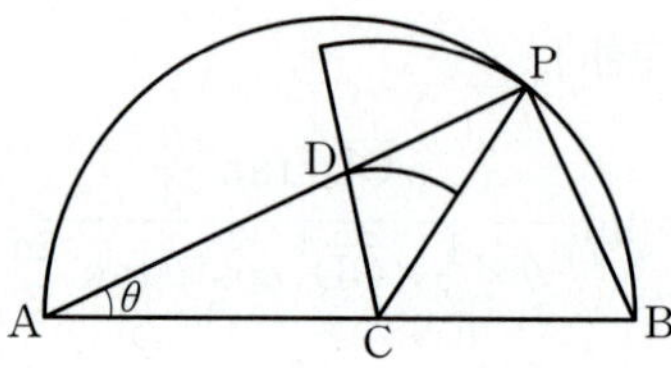

① $\dfrac{\pi}{16}$ ② $\dfrac{\pi}{8}$ ③ $\dfrac{3}{16}\pi$

④ $\dfrac{\pi}{4}$ ⑤ $\dfrac{5}{16}\pi$

Step 1 $\angle PCD$의 크기를 구한다.

삼각형 PAB는 $\angle APB=\dfrac{\pi}{2}$인 직각삼각형이고

$\angle PAB=\theta$, $\overline{AB}=1$이므로
반원에 대한 원주각의 크기는 $\dfrac{\pi}{2}$야.

$\angle PBA=\dfrac{\pi}{2}-\theta$, $\overline{BP}=\sin\theta$
$\dfrac{\overline{BP}}{\overline{AB}}=\sin\theta$ $\therefore\overline{BP}=\overline{AB}\sin\theta=1\times\sin\theta$

삼각형 ACD에서 $\angle ACD=\angle ADC$이므로

$\angle CAD+\angle ACD+\angle ADC=\pi$ 삼각형의 세 내각의 크기의 합은 π야.

$=\theta$
$\theta+2\angle ACD=\pi$ $2\angle ACD=\pi-\theta$

$$\therefore\angle ACD=\frac{\pi}{2}-\frac{\theta}{2}$$

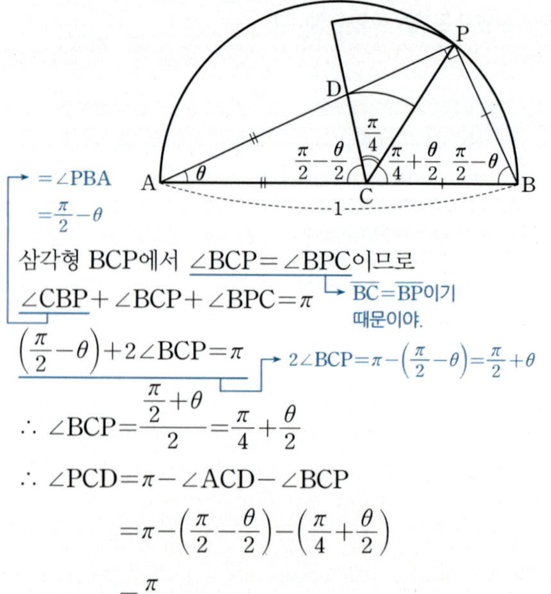

$=\angle PBA$
$=\dfrac{\pi}{2}-\theta$

삼각형 BCP에서 $\angle BCP=\angle BPC$이므로

$\angle CBP+\angle BCP+\angle BPC=\pi$ $\overline{BC}=\overline{BP}$이기 때문이야.

$$\left(\frac{\pi}{2}-\theta\right)+2\angle BCP=\pi$$ $2\angle BCP=\pi-\left(\dfrac{\pi}{2}-\theta\right)=\dfrac{\pi}{2}+\theta$

$$\therefore\angle BCP=\frac{\frac{\pi}{2}+\theta}{2}=\frac{\pi}{4}+\frac{\theta}{2}$$

$$\therefore\angle PCD=\pi-\angle ACD-\angle BCP$$

$$=\pi-\left(\frac{\pi}{2}-\frac{\theta}{2}\right)-\left(\frac{\pi}{4}+\frac{\theta}{2}\right)$$

$$=\frac{\pi}{4}$$

Step 2 삼각비를 이용하여 $S(\theta)$의 값을 구한다.

$$\overline{AC}=\overline{AB}-\overline{BC} \quad \rightarrow \text{문제에서 } \overline{BC}=\overline{BP}\text{라 했어.}$$
$$=\overline{AB}-\overline{BP}=1-\sin\theta \quad \rightarrow \textbf{Step 1}\text{에서 } \overline{BP}=\sin\theta$$

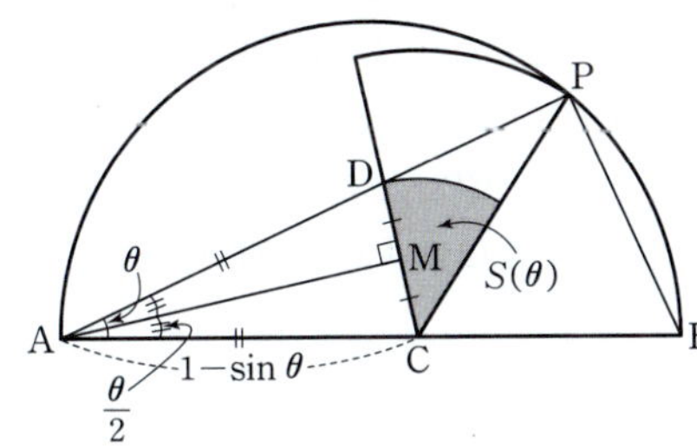

점 A에서 선분 CD에 내린 수선의 발을 M이라 하면

$$\angle CAM=\frac{\theta}{2}\text{이므로} \quad \rightarrow \frac{\overline{CM}}{\overline{AC}}=\sin\frac{\theta}{2},\ \overline{CM}=\overline{AC}\sin\frac{\theta}{2}$$
$$\overline{CD}=2\overline{CM}=2(1-\sin\theta)\sin\frac{\theta}{2} \qquad =(1-\sin\theta)\sin\frac{\theta}{2}$$

$$\therefore S(\theta)=\frac{1}{2}\times\left\{2(1-\sin\theta)\sin\frac{\theta}{2}\right\}^2\times\frac{\pi}{4}$$
$$=\frac{\pi}{2}(1-\sin\theta)^2\sin^2\frac{\theta}{2}$$

→ 반지름의 길이가 r, 중심각의 크기가 θ(라디안)인 부채꼴의 넓이는 $\frac{1}{2}r^2\theta$

Step 3 삼각비를 이용하여 $T(\theta)$의 값을 구한다.

$$\overline{BP}=\overline{BC}=\sin\theta,\ \angle BCP=\frac{\pi}{4}+\frac{\theta}{2}\text{이므로} \quad \rightarrow \textbf{Step 1}\text{에서 구했어.}$$

점 B에서 선분 CP에 내린 수선의 발을 N이라 하면

$$\overline{CP}=2\overline{CN}=2\sin\theta\cos\left(\frac{\pi}{4}+\frac{\theta}{2}\right) \quad \rightarrow \frac{\overline{CN}}{\overline{BC}}=\cos\left(\frac{\pi}{4}+\frac{\theta}{2}\right)$$
$$\therefore T(\theta)=\frac{1}{2}\times\left\{2\sin\theta\cos\left(\frac{\pi}{4}+\frac{\theta}{2}\right)\right\}^2\times\frac{\pi}{4} \qquad \overline{CN}=\overline{BC}\cos\left(\frac{\pi}{4}+\frac{\theta}{2}\right)$$
$$=\frac{\pi}{2}\sin^2\theta\cos^2\left(\frac{\pi}{4}+\frac{\theta}{2}\right) \qquad =\sin\theta\cos\left(\frac{\pi}{4}+\frac{\theta}{2}\right)$$

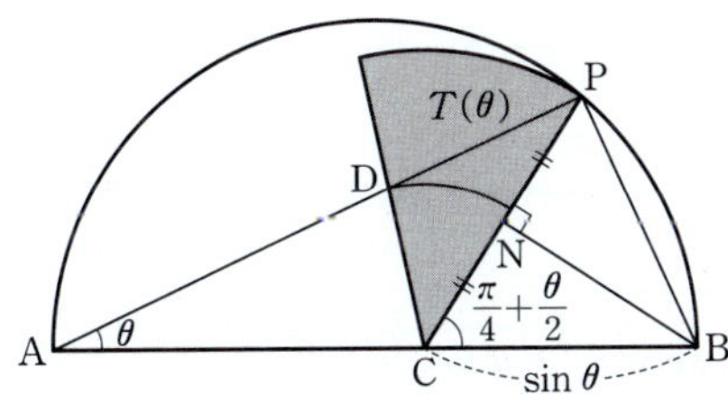

Step 4 $\displaystyle\lim_{\theta\to 0+}\frac{T(\theta)-S(\theta)}{\theta^2}$의 값을 구한다.

$$\therefore \lim_{\theta\to 0+}\frac{T(\theta)-S(\theta)}{\theta^2}$$

$$=\lim_{\theta\to 0+}\frac{\frac{\pi}{2}\sin^2\theta\cos^2\left(\frac{\pi}{4}+\frac{\theta}{2}\right)-\frac{\pi}{2}(1-\sin\theta)^2\sin^2\frac{\theta}{2}}{\theta^2}$$

$$=\frac{\pi}{2}\lim_{\theta\to 0+}\frac{\sin^2\theta\cos^2\left(\frac{\pi}{4}+\frac{\theta}{2}\right)-(1-\sin\theta)^2\sin^2\frac{\theta}{2}}{\theta^2}$$

$$=\frac{\pi}{2}\left\{\lim_{\theta\to 0+}\frac{\sin^2\theta}{\theta^2}\times\lim_{\theta\to 0+}\cos^2\left(\frac{\pi}{4}+\frac{\theta}{2}\right)-\lim_{\theta\to 0+}(1-\sin\theta)^2\times\lim_{\theta\to 0+}\frac{\sin^2\frac{\theta}{2}}{\theta^2}\right\}$$

→ $=\cos^2\frac{\pi}{4}=\left(\cos\frac{\pi}{4}\right)^2 =\left(\frac{\sqrt{2}}{2}\right)^2=\frac{1}{2}$

$\displaystyle\lim_{\theta\to 0+}\frac{\sin\theta}{\theta}\times\lim_{\theta\to 0+}\frac{\sin\theta}{\theta}=1\times 1=1$

$$=\frac{\pi}{2}\left(1\times\frac{1}{2}-1\times\frac{1}{4}\right)=\frac{\pi}{8}$$

$\displaystyle\lim_{\theta\to 0+}\frac{\sin\frac{\theta}{2}}{\theta}\times\lim_{\theta\to 0+}\frac{\sin\frac{\theta}{2}}{\theta}=\frac{1}{2}\times\frac{1}{2}=\frac{1}{4}$

---

100 [정답률 24%] 　　　　　　　　　 **정답 11**

그림과 같이 길이가 2인 선분 AB를 지름으로 하는 반원이 있다. 호 AB 위에 두 점 P, Q를 $\angle PAB=\theta$, $\angle QBA=2\theta$가 되도록 잡고, 두 선분 AP, BQ의 교점을 R이라 하자. 선분 AB 위의 점 S, 선분 BR 위의 점 T, 선분 AR 위의 점 U를 선분 UT가 선분 AB에 평행하고 삼각형 STU가 정삼각형이 되도록 잡는다. 두 선분 AR, QR과 호 AQ로 둘러싸인 부분의 넓이를 $f(\theta)$, 삼각형 STU의 넓이를 $g(\theta)$라 할 때, $\displaystyle\lim_{\theta\to 0+}\frac{g(\theta)}{\theta\times f(\theta)}=\frac{q}{p}\sqrt{3}$이다. $p+q$의 값을 구하시오.

$\left(\text{단, } 0<\theta<\dfrac{\pi}{6}\text{이고 } p\text{와 } q\text{는 서로소인 자연수이다.}\right)$ (4점)

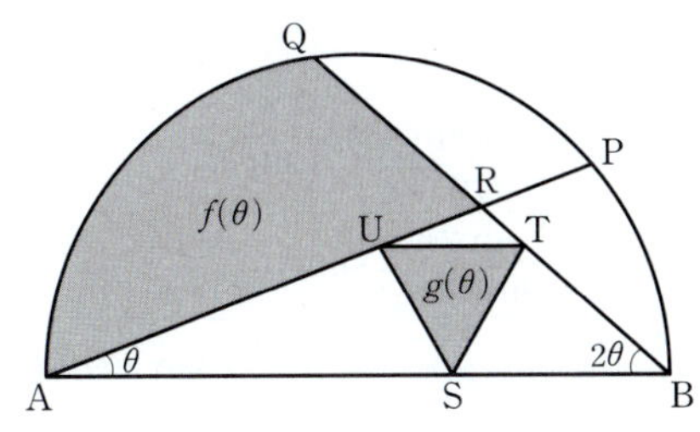

Step 1 $f(\theta)$를 구한다.

반원의 중심을 O라 하면
$$f(\theta)=(\text{부채꼴 AOQ의 넓이})$$
$$-(\text{삼각형 AOQ의 넓이})$$
$$+(\text{삼각형 ARQ의 넓이})$$

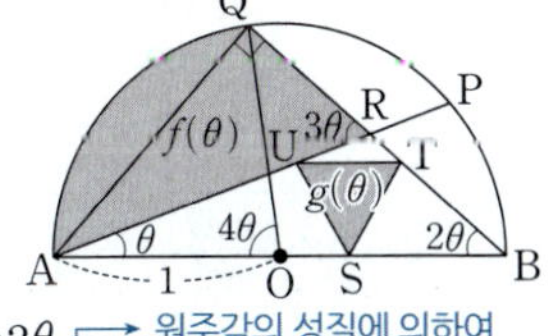

$$(\text{부채꼴 AOQ의 넓이})=\frac{1}{2}\times 1^2\times 4\theta=2\theta \quad \rightarrow \text{원주각의 성질에 의하여 } \angle AOQ=2\angle ABQ=4\theta$$

$$(\text{삼각형 AOQ의 넓이})=\frac{1}{2}\times 1\times 1\times\sin 4\theta=\frac{1}{2}\sin 4\theta$$

$$\overline{AQ}=\overline{AB}\sin 2\theta=2\sin 2\theta$$

$$\angle ARQ=3\theta\text{이므로 } \overline{QR}=\overline{AR}\cos 3\theta \quad \rightarrow \text{삼각형 ABR에서 외각의 성질을 이용했어.}$$

$$(\text{삼각형 ARQ의 넓이})=\frac{1}{2}\times\overline{AR}\times\overline{AR}\cos 3\theta\times\sin 3\theta$$
$$=\frac{1}{2}\overline{AR}^2\cos 3\theta\sin 3\theta$$

$$\therefore f(\theta)=2\theta-\frac{1}{2}\sin 4\theta+\frac{1}{2}\overline{AR}^2\sin 3\theta\cos 3\theta$$

Step 2 $g(\theta)$를 구한다.

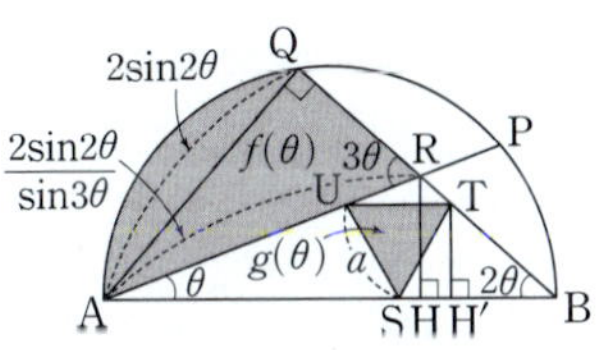

정삼각형 STU의 한 변의 길이를 a라 하자.
선분 UT와 선분 AB가 평행하므로 $\triangle RUT\backsim\triangle RAB$
점 R과 점 T에서 선분 AB에 내린 수선의 발을 각각 H, H′이라 하면 닮음의 성질에 의하여

$$\overline{UT}:\overline{AB}=(\overline{RH}-\overline{TH'}):\overline{RH}$$

이때 $\overline{RH}=\overline{AR}\sin\theta$이므로

$$a:2=\left(\overline{AR}\sin\theta-\frac{\sqrt{3}}{2}a\right):\overline{AR}\sin\theta$$

→ 한 변의 길이가 a인 정삼각형의 높이

$$\therefore a=\frac{2\,\overline{AR}\sin\theta}{\overline{AR}\sin\theta+\sqrt{3}}$$

$$\therefore g(\theta)=\frac{\sqrt{3}}{4}a^2=\frac{\sqrt{3}}{4}\left(\frac{2\,\overline{AR}\sin\theta}{\overline{AR}\sin\theta+\sqrt{3}}\right)^2$$

→ 한 변의 길이가 a인 정삼각형의 넓이

$$=\frac{\sqrt{3}\,\overline{AR}^2\sin^2\theta}{(\overline{AR}\sin\theta+\sqrt{3})^2}$$

Step 3 $\displaystyle\lim_{\theta\to 0+}\frac{g(\theta)}{\theta\times f(\theta)}$의 값을 구한다.

$$\lim_{\theta\to 0+}\frac{g(\theta)}{\theta\times f(\theta)}$$

$$=\lim_{\theta\to 0+}\frac{\dfrac{\sqrt{3}\,\overline{AR}^2\sin^2\theta}{(\overline{AR}\sin\theta+\sqrt{3})^2}}{\theta\times\left(2\theta-\dfrac{1}{2}\sin 4\theta+\dfrac{1}{2}\overline{AR}^2\sin 3\theta\cos 3\theta\right)}$$

$\overline{AR}=\dfrac{2\sin 2\theta}{\sin 3\theta}$ 이므로

$$\lim_{\theta\to 0+}\frac{\dfrac{\dfrac{4\sqrt{3}\sin^2 2\theta}{\sin^2 3\theta}\times\sin^2\theta}{\left(\dfrac{2\sin 2\theta}{\sin 3\theta}\times\sin\theta+\sqrt{3}\right)^2}}{\theta\left(2\theta-\dfrac{1}{2}\sin 4\theta+\dfrac{1}{2}\times\dfrac{4\sin^2 2\theta}{\sin^2 3\theta}\times\sin 3\theta\cos 3\theta\right)}$$

분자, 분모에 각각 $\dfrac{1}{\theta^2}$을 곱하면

$$\lim_{\theta\to 0+}\frac{\dfrac{\sqrt{3}\times 4\times\dfrac{4}{9}\times\left(\dfrac{3\theta}{\sin 3\theta}\right)^2\left(\dfrac{\sin 2\theta}{2\theta}\right)^2}{\left(2\times\dfrac{2}{3}\times\dfrac{3\theta}{\sin 3\theta}\times\dfrac{\sin 2\theta}{2\theta}\times\sin\theta+\sqrt{3}\right)^2}\times\dfrac{\sin^2\theta}{\theta^2}}{2-\dfrac{1}{2}\times\dfrac{\sin 4\theta}{4\theta}\times 4+\dfrac{1}{2}\times\dfrac{16}{3}\left(\dfrac{3\theta}{\sin 3\theta}\right)^2\left(\dfrac{\sin 2\theta}{2\theta}\right)^2\times\dfrac{\sin 3\theta}{3\theta}\times\cos 3\theta}$$

$$=\frac{\dfrac{\dfrac{16}{9}\sqrt{3}}{(0+\sqrt{3})^2}}{2-2+\dfrac{8}{3}}=\frac{2}{9}\sqrt{3}$$

따라서 $p=9$, $q=2$이므로 $p+q=11$

---

101 [정답률 39%]

정답 **40**

그림과 같이 길이가 2인 선분 AB를 지름으로 하는 반원의 호 AB 위에 점 P가 있다. 중심이 A이고 반지름의 길이가 $\overline{AP}$인 원과 선분 AB의 교점을 Q라 하자.

호 PB 위에 점 R을 호 PR과 호 RB의 길이의 비가 3 : 7이 되도록 잡는다. 선분 AB의 중점을 O라 할 때, 선분 OR과 호 PQ의 교점을 T, 점 O에서 선분 AP에 내린 수선의 발을 H라 하자.

세 선분 PH, HO, OT와 호 TP로 둘러싸인 부분의 넓이를 S_1, 두 선분 RT, QB와 두 호 TQ, BR로 둘러싸인 부분의 넓이를 S_2라 하자. $\angle PAB=\theta$라 할 때,

$$\lim_{\theta\to 0+}\frac{S_1-S_2}{\overline{OH}}=a$$ 이다. $50a$의 값을 구하시오.

$$\left(\text{단, } 0<\theta<\frac{\pi}{4}\right)\ (4점)$$

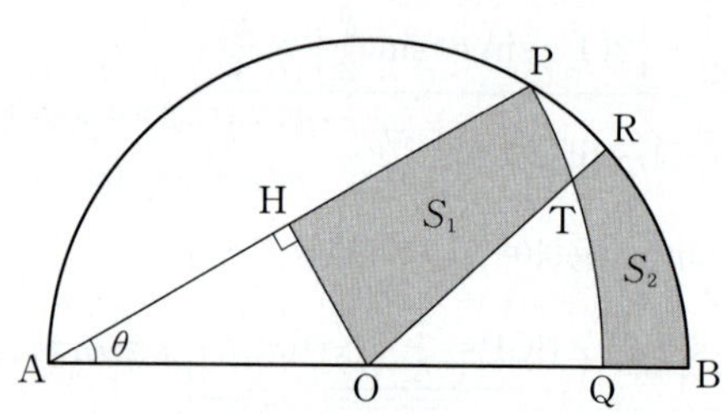

Step 1 S_1-S_2를 θ를 사용하여 나타낸다.

부채꼴 PAQ, 삼각형 AOH, 부채꼴 ROB의 넓이를 각각 S_3, S_4, S_5라 하면

$$S_1-S_2=(S_3-S_4)-S_5$$

△AOH에서

$$\overline{AH}=\overline{AO}\cos\theta=\cos\theta$$

→ $\overline{AB}=2$이므로 $\overline{AO}=\dfrac{1}{2}\overline{AB}=1$

$$\overline{OH}=\overline{AO}\sin\theta=\sin\theta$$

$$\overline{AP}=2\overline{AH}=2\cos\theta$$

→ △AOP는 $\overline{AO}=\overline{PO}$인 이등변삼각형이고 $\overline{AH}=\overline{PH}$이므로 $\overline{AP}=2\overline{AH}$

$$\therefore S_3=\frac{1}{2}\times\overline{AP}^2\times\theta$$

→ 부채꼴의 넓이는 $\dfrac{1}{2}r^2\theta$

$$=\frac{1}{2}\times(2\cos\theta)^2\times\theta$$

$$=2\theta\cos^2\theta \qquad\cdots\cdots\ \text{㉠}$$

$$S_4=\frac{1}{2}\times\overline{AH}\times\overline{OH}=\frac{1}{2}\times\cos\theta\times\sin\theta$$

$$=\frac{1}{2}\cos\theta\sin\theta \qquad\cdots\cdots\ \text{㉡}$$

원주각의 성질에 의하여 $\overset{\frown}{PB}$의 중심각은

$$\angle POB=2\angle PAB=2\theta$$

$\overset{\frown}{PR}:\overset{\frown}{RB}=3:7$이므로

$$\angle ROB=\frac{7}{10}\angle POB=\frac{7}{10}\times 2\theta=\frac{7}{5}\theta$$

$$\therefore S_5=\frac{1}{2}\times\overline{OB}^2\times\frac{7}{5}\theta=\frac{7}{10}\theta \qquad\cdots\cdots\ \text{㉢}$$

→ $\overline{OB}=1$

㉠, ㉡, ㉢에 의하여

$$S_1-S_2=\left(2\theta\cos^2\theta-\frac{1}{2}\cos\theta\sin\theta\right)-\frac{7}{10}\theta$$

→ $=(S_3-S_4)-S_5$

Step 2 $\lim\limits_{\theta \to 0+} \dfrac{S_1 - S_2}{\overline{\mathrm{OH}}}$ 를 구한다.

$$\lim_{\theta \to 0+} \frac{S_1 - S_2}{\overline{\mathrm{OH}}}$$

$$= \lim_{\theta \to 0+} \frac{2\theta \cos^2 \theta - \dfrac{1}{2}\cos\theta\sin\theta - \dfrac{7}{10}\theta}{\sin\theta}$$

$$= 2\lim_{\theta \to 0+} \frac{\theta}{\sin\theta} \times \lim_{\theta \to 0+}\cos^2\theta - \frac{1}{2}\lim_{\theta \to 0+}\cos\theta - \frac{7}{10}\lim_{\theta \to 0+}\frac{\theta}{\sin\theta}$$

$$= 2 \times 1 \times 1 - \frac{1}{2} - \frac{7}{10}$$

$$= 2 - \frac{1}{2} - \frac{7}{10}$$

$$= \frac{4}{5}$$

따라서 $a = \dfrac{4}{5}$ 이므로

$$50a = 50 \times \frac{4}{5} = 40$$

102

정답 ②

$\lim\limits_{x \to \frac{\pi}{2}}(1 - \cos x)^{\sec x}$ 의 값은? (3점)

① $\dfrac{1}{e^2}$ ② $\dfrac{1}{e}$ ③ 1

④ e ⑤ e^2

Step 1 주어진 식을 변형하고 무리수 e의 정의를 이용한다.

$\lim\limits_{x \to \frac{\pi}{2}}(1 - \cos x)^{\sec x}$ 에서 $-\cos x = t$로 치환하면

$x \to \dfrac{\pi}{2}$ 일 때 $t \to 0$, $\sec x = \dfrac{1}{\cos x} = -\dfrac{1}{t}$ 이므로

$\lim\limits_{x \to \frac{\pi}{2}}(1 - \cos x)^{\sec x}$

$= \lim\limits_{t \to 0}(1 + t)^{-\frac{1}{t}}$ 우리가 알고 있는 무리수 e의 정의를 이용하기 위해 치환을 통하여 식을 변형한 거야.

$= \lim\limits_{t \to 0}\left\{(1+t)^{\frac{1}{t}}\right\}^{-1}$

$= e^{-1} = \dfrac{1}{e}$ $\lim\limits_{\triangle \to 0}(1+\triangle)^{\frac{1}{\triangle}} = e, \ \lim\limits_{\triangle \to \infty}\left(1 + \dfrac{1}{\triangle}\right)^{\triangle} = e$

103

정답 ④

$0 < t < \pi$인 실수 t에 대하여 점 $\mathrm{A}(t, 0)$을 지나고 y축에 평행한 직선이 두 곡선 $y = \sin\dfrac{x}{2}$, $y = \tan\dfrac{x}{2}$와 만나는 점을 각각 B, C라 하고, 점 B를 지나고 x축에 평행한 직선이 선분 OC와 만나는 점을 D라 하자. 삼각형 OAB의 넓이를 $f(t)$, 삼각형 ACD의 넓이를 $g(t)$라 할 때, $\lim\limits_{t \to 0+}\dfrac{g(t)}{\{f(t)\}^2}$의 값은?

   $\dfrac{1}{2} \times \overline{\mathrm{AC}} \times \overline{\mathrm{DB}}$

(단, O는 원점이다.) (3점)

   $\dfrac{1}{2} \times \overline{\mathrm{OA}} \times \overline{\mathrm{AB}}$

① $\dfrac{1}{8}$ ② $\dfrac{1}{4}$ ③ $\dfrac{3}{8}$

④ $\dfrac{1}{2}$ ⑤ $\dfrac{5}{8}$

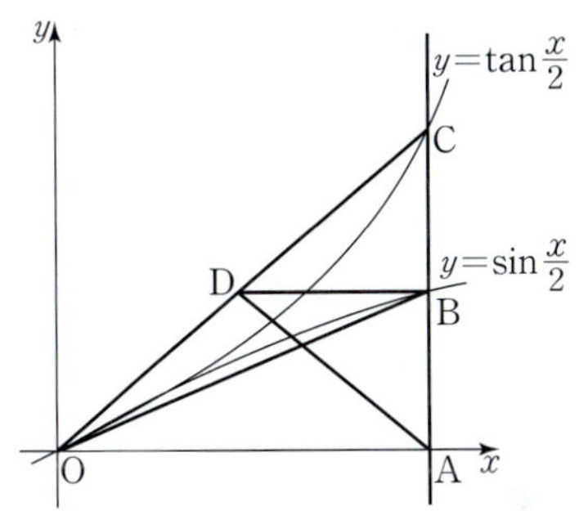

Step 1 $f(t)$를 구한다.

$\mathrm{A}(t, 0)$이므로 두 점 B, C의 좌표는 각각

$$\mathrm{B}\left(t, \sin\frac{t}{2}\right), \ \mathrm{C}\left(t, \tan\frac{t}{2}\right)$$

$$\therefore \ f(t) = \triangle\mathrm{OAB} = \frac{1}{2} \times \overline{\mathrm{OA}} \times \overline{\mathrm{AB}} = \frac{1}{2}t\sin\frac{t}{2}$$

Step 2 $g(t)$를 구한다.

두 삼각형 DBC, OAC는 서로 닮음이므로 $\overline{\mathrm{DB}} : \overline{\mathrm{BC}} = \overline{\mathrm{OA}} : \overline{\mathrm{AC}}$

$$\overline{\mathrm{DB}} : \left(\tan\frac{t}{2} - \sin\frac{t}{2}\right) = t : \tan\frac{t}{2}$$

   $\angle\mathrm{DCB} = \angle\mathrm{OCA}$, $\angle\mathrm{CBD} = \angle\mathrm{CAO} = \dfrac{\pi}{2}$이므로 $\triangle\mathrm{DBC} \backsim \triangle\mathrm{OAC}$ (AA 닮음)

$$\therefore \ \overline{\mathrm{DB}} = \frac{t\left(\tan\dfrac{t}{2} - \sin\dfrac{t}{2}\right)}{\tan\dfrac{t}{2}}$$

   $= \tan\dfrac{t}{2}$

$$g(t) = \triangle\mathrm{ACD} = \frac{1}{2} \times \overline{\mathrm{DB}} \times \overline{\mathrm{AC}} = \frac{1}{2}t\left(\tan\frac{t}{2} - \sin\frac{t}{2}\right)$$

Step 3 $\lim\limits_{t \to 0+}\dfrac{g(t)}{\{f(t)\}^2}$의 값을 구한다.

$$\lim_{t \to 0+}\frac{g(t)}{\{f(t)\}^2} = \lim_{t \to 0+}\frac{\dfrac{t}{2}\left(\tan\dfrac{t}{2} - \sin\dfrac{t}{2}\right)}{\left(\dfrac{t}{2}\sin\dfrac{t}{2}\right)^2}$$

   분모, 분자를 $\dfrac{t}{2}$로 나누었다.

$$= \lim_{t \to 0+}\frac{\tan\dfrac{t}{2} - \sin\dfrac{t}{2}}{\dfrac{t}{2}\left(\sin\dfrac{t}{2}\right)^2}$$

$\dfrac{t}{2} = \theta$라 하면 $t \to 0+$ 일 때 $\theta \to 0+$ 이므로

$$\lim_{\theta \to 0+}\frac{\tan\theta - \sin\theta}{\theta\sin^2\theta} = \lim_{\theta \to 0+}\frac{\tan\theta(1 - \cos\theta)}{\theta(1 - \cos^2\theta)}$$

   $= (1 + \cos\theta)(1 - \cos\theta)$

$$= \lim_{\theta \to 0+}\frac{\tan\theta}{\theta} \times \lim_{\theta \to 0+}\frac{1}{1 + \cos\theta} = 1 \times \frac{1}{2} = \frac{1}{2}$$

   $\lim\limits_{\theta \to 0+}\dfrac{\sin\theta}{\theta} = \lim\limits_{\theta \to 0+}\dfrac{\tan\theta}{\theta} = 1$

104

정답 8

그림과 같이 $\overline{AB}=\overline{AC}=4$인 이등변삼각형 ABC에 외접하는 원 O가 있다. 점 C를 지나고 원 O에 접하는 직선과 직선 AB의 교점을 D라 하자. $\angle CAB=\theta$라 할 때, 삼각형 BDC의 넓이를 $S(\theta)$라 하자. $\displaystyle\lim_{\theta \to 0+}\frac{S(\theta)}{\theta^3}$의 값을 구하시오.

$$\left(\text{단, } 0<\theta<\frac{\pi}{3}\right) \text{(4점)}$$

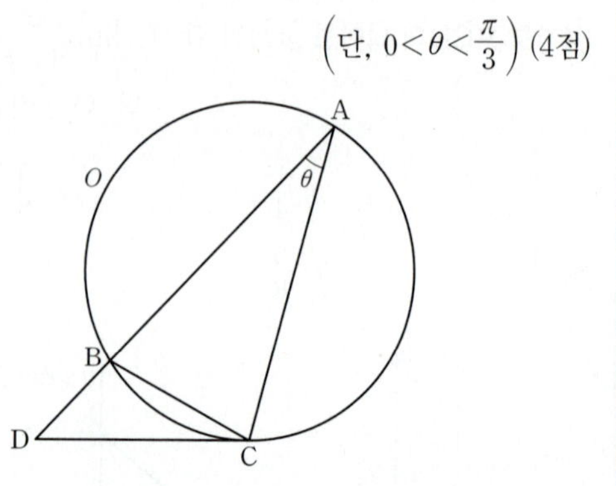

Step 1 삼각형 ABC에서 사인법칙을 이용하여 $\overline{BC}$를 나타낸다.

삼각형 ABC는 이등변삼각형이므로

$$\angle ABC=\frac{1}{2}(\pi-\theta)$$
$$=\frac{\pi}{2}-\frac{\theta}{2}$$

사인법칙에 의하여

$$\frac{\overline{AC}}{\sin(\angle ABC)}=\frac{\overline{BC}}{\sin(\angle BAC)}$$

$\overline{BC}=x$라 하면

$$\frac{4}{\sin\left(\frac{\pi}{2}-\frac{\theta}{2}\right)}=\frac{x}{\sin\theta} \qquad \therefore\ x=\frac{4\sin\theta}{\cos\frac{\theta}{2}}$$

$$\underset{=\cos\frac{\theta}{2}}{\underbrace{}}$$

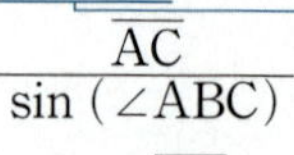

Step 2 삼각형 ADC에서 사인법칙을 이용하여 $\overline{DC}$를 나타낸다.

$\angle DCB=\angle BAC=\theta$이므로

$$\angle ADC=\angle ABC-\angle DCB=\frac{\pi}{2}-\frac{3}{2}\theta$$

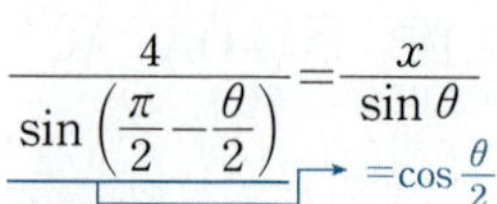

삼각형 ADC에서 사인법칙에 의하여

$$\frac{\overline{AC}}{\sin(\angle ADC)}=\frac{\overline{DC}}{\sin(\angle DAC)}$$

$\overline{DC}=y$라 하면

$$\frac{4}{\sin\left(\frac{\pi}{2}-\frac{3}{2}\theta\right)}=\frac{y}{\sin\theta} \qquad \therefore\ y=\frac{4\sin\theta}{\cos\frac{3}{2}\theta}$$

$$\underset{=\cos\frac{3}{2}\theta}{\underbrace{}}$$

Step 3 $S(\theta)$를 구하고 $\displaystyle\lim_{\theta \to 0+}\frac{S(\theta)}{\theta^3}$의 값을 계산한다.

삼각형 BDC의 넓이는

$$S(\theta)=\frac{1}{2}xy\sin\theta=\frac{1}{2}\times\frac{4\sin\theta}{\cos\frac{\theta}{2}}\times\frac{4\sin\theta}{\cos\frac{3}{2}\theta}\times\sin\theta$$

$$=\frac{8\sin^3\theta}{\cos\frac{\theta}{2}\cos\frac{3}{2}\theta}$$

$$\therefore\ \lim_{\theta \to 0+}\frac{S(\theta)}{\theta^3}=\lim_{\theta \to 0+}\left(8\times\frac{\sin^3\theta}{\theta^3}\times\frac{1}{\cos\frac{\theta}{2}\cos\frac{3}{2}\theta}\right)$$

$$=8\times\lim_{\theta \to 0+}\left(\frac{\sin\theta}{\theta}\right)^3\times\lim_{\theta \to 0+}\frac{1}{\cos\frac{\theta}{2}\cos\frac{3}{2}\theta}$$

$$=8$$

$$\underset{\lim_{\theta \to 0+}\frac{\sin\theta}{\theta}=1}{\underbrace{}} \qquad \underset{\substack{\lim_{\theta \to 0+}\cos\frac{\theta}{2}=\lim_{\theta \to 0+}\cos\frac{3}{2}\theta\\=\cos 0=1}}{\underbrace{}}$$

105

정답 ③

그림과 같이 $\overline{AB}=3$인 선분 AB를 지름으로 하는 반원의 호 AB 위에 서로 다른 세 점 C, D, E를 $\angle BAC=\angle CAD=\angle DAE=\theta$가 되도록 잡는다. 두 선분 AC, AD가 선분 BE와 만나는 점을 각각 P, Q라 할 때, 사각형 CDQP의 넓이를 $S(\theta)$라 하자. $\displaystyle\lim_{\theta \to 0+}\frac{S(\theta)}{\theta^3}$의 값은?

$$\left(\text{단, } 0<\theta<\frac{\pi}{6}\right) \text{(4점)}$$

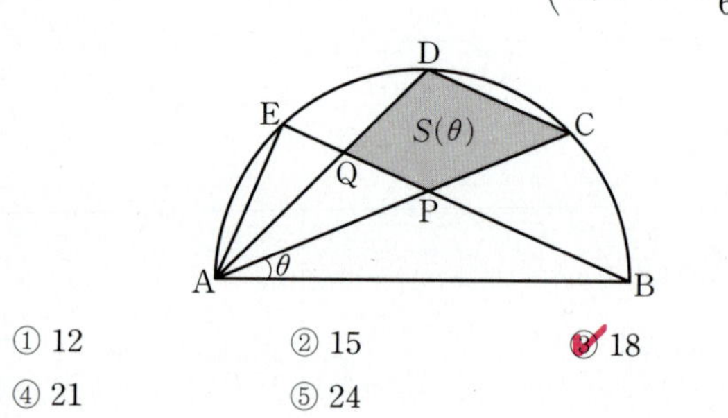

① 12　　② 15　　**③ 18**
④ 21　　⑤ 24

Step 1 삼각비를 이용하여 $S(\theta)$를 θ에 대하여 나타낸다.

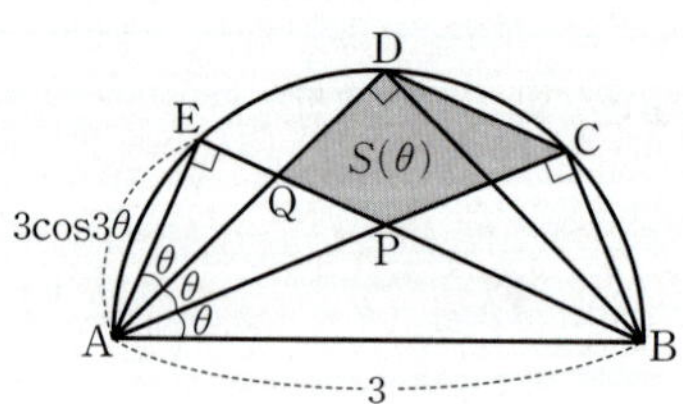

선분 BC를 그으면 삼각형 ABC에서 $\angle ACB=\frac{\pi}{2}$이므로

$$\overline{AC}=3\cos\theta$$

선분 BD를 그으면 삼각형 ABD에서 $\angle ADB=\frac{\pi}{2}$이므로

$$\overline{AD}=3\cos 2\theta$$

$\angle AEB=\frac{\pi}{2}$이므로 삼각형 ABE에서 $\overline{AE}=3\cos 3\theta$

삼각형 APE에서 $\overline{AP}=\dfrac{3\cos 3\theta}{\cos 2\theta}$

삼각형 AQE에서 $\overline{AQ}=\dfrac{3\cos 3\theta}{\cos\theta}$

따라서 사각형 CDQP의 넓이는

$$S(\theta) = \triangle ACD - \triangle APQ$$

$$= \frac{1}{2} \times \overline{AC} \times \overline{AD} \times \sin\theta - \frac{1}{2} \times \overline{AP} \times \overline{AQ} \times \sin\theta$$

$$= \frac{1}{2} \times 3\cos\theta \times 3\cos 2\theta \times \sin\theta$$

$$\qquad\qquad - \frac{1}{2} \times \frac{3\cos 3\theta}{\cos 2\theta} \times \frac{3\cos 3\theta}{\cos\theta} \times \sin\theta$$

$$= \frac{9}{2}\sin\theta\left(\cos\theta\cos 2\theta - \frac{\cos^2 3\theta}{\cos\theta\cos 2\theta}\right)$$

Step 2 $\displaystyle\lim_{\theta \to 0+}\frac{S(\theta)}{\theta^3}$의 값을 구한다.

$$\lim_{\theta \to 0+}\frac{S(\theta)}{\theta^3}$$

$$= \lim_{\theta \to 0+}\frac{\dfrac{9}{2}\sin\theta \times \dfrac{\cos^2\theta\cos^2 2\theta - \cos^2 3\theta}{\cos\theta\cos 2\theta}}{\theta^3}$$

$$= \frac{9}{2}\lim_{\theta \to 0+}\left\{\frac{\sin\theta}{\theta} \times \frac{(1-\sin^2\theta)(1-\sin^2 2\theta)-(1-\sin^2 3\theta)}{\theta^2\cos\theta\cos 2\theta}\right\}$$

$$= \frac{9}{2}\lim_{\theta \to 0+}\left(\frac{\sin\theta}{\theta} \times \frac{\sin^2\theta\sin^2 2\theta - \sin^2\theta - \sin^2 2\theta + \sin^2 3\theta}{\theta^2\cos\theta\cos 2\theta}\right)$$

$$= \frac{9}{2} \times \underbrace{\lim_{\theta \to 0+}\frac{\sin\theta}{\theta}}_{=1} \times \underbrace{\lim_{\theta \to 0+}\frac{1}{\cos\theta\cos 2\theta}}_{=\frac{1}{1\times 1}=1} \times \left[\underbrace{\lim_{\theta \to 0+}\left\{\left(\frac{\sin\theta}{\theta}\right)^2 \times \sin^2 2\theta\right\}}_{=1^2 \times 0 = 0}\right.$$

$$\left. - \underbrace{\lim_{\theta \to 0+}\left(\frac{\sin\theta}{\theta}\right)^2}_{=1} - \underbrace{\lim_{\theta \to 0+}\left(\frac{\sin 2\theta}{\theta}\right)^2}_{=2^2=4} + \underbrace{\lim_{\theta \to 0+}\left(\frac{\sin 3\theta}{\theta}\right)^2}_{=3^2=9}\right]$$

$$= \frac{9}{2} \times 1 \times 1 \times (0 - 1^2 - 2^2 + 3^2) = 18$$

106

정답 20

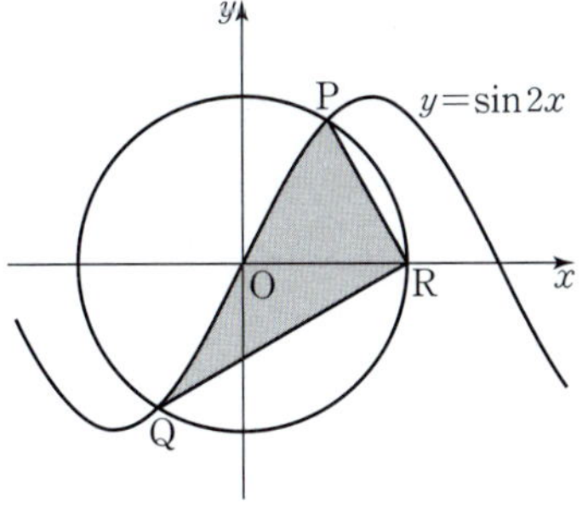

$0 < t < \dfrac{\pi}{6}$인 실수 t에 대하여 곡선 $y = \sin 2x$ 위의 점 $(t, \sin 2t)$를 P라 하자. 원점 O를 중심으로 하고 점 P를 지나는 원이 곡선 $y = \sin 2x$와 만나는 점 중 P가 아닌 점을 Q라 하고, 이 원이 x축과 만나는 점 중 x좌표가 양수인 점을 R이라 하자. 곡선 $y = \sin 2x$와 두 선분 PR, QR로 둘러싸인 부분의 넓이를 $S(t)$라 할 때, $\displaystyle\lim_{t \to 0+}\frac{S(t)}{t^2} = k$이다. k^2의 값을 구하시오. (4점)

Step 1 구하는 부분의 넓이를 간단히 나타낸다.

곡선 $y = \sin 2x$는 원점에 대하여 대칭이므로 선분 PQ를 그리면 색칠한 두 부분의 넓이는 같다.

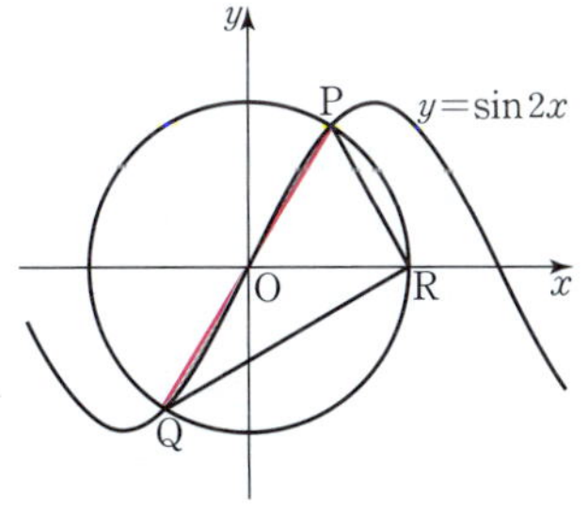

따라서 구하는 넓이는 삼각형 PQR의 넓이와 같다.

Step 2 삼각형 PQR의 넓이를 구한다.

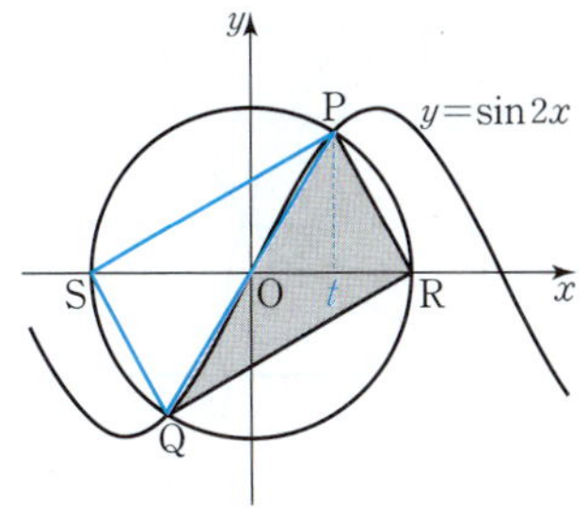

원의 반지름의 길이를 r이라 하면 $r = \overline{OP} = \sqrt{t^2 + \sin^2 2t}$

원과 x축의 교점 중 R이 아닌 점을 S라 하면 $S(t)$는 사각형 PSQR의 넓이의 절반이므로

$$S(t) = \overline{RS} \times \sin 2t \times \frac{1}{2} = 2r \times \sin 2t \times \frac{1}{2} = \sin 2t\sqrt{t^2 + \sin^2 2t}$$

Step 3 주어진 극한값을 구하여 k^2의 값을 구한다.

$$\lim_{t \to 0+}\frac{S(t)}{t^2} = \lim_{t \to 0+}\frac{\sin 2t\sqrt{t^2 + \sin^2 2t}}{t^2}$$

$$= \lim_{t \to 0+}\left(\frac{\sin 2t}{t} \times \sqrt{\frac{t^2 + \sin^2 2t}{t^2}}\right)$$

$$= \lim_{t \to 0+}\left\{2 \times \frac{\sin 2t}{2t} \times \sqrt{1 + 4 \times \left(\frac{\sin 2t}{2t}\right)^2}\right\}$$

$$= 2 \times 1 \times \sqrt{1 + 4 \times 1^2} = 2\sqrt{5} = k$$

$\therefore\ k^2 = 20$

↪ 두 점 P와 Q, 두 점 R과 S가 각각 원점에 대하여 대칭이다. 사각형 PSQR은 두 대각선의 길이가 같고 서로를 이등분하므로 PQ는 원의 지름으로 $\angle S = \angle R = 90°$이다. 따라서 사각형 PSQR은 직사각형이다.

107

정답 **49**

그림과 같이 반지름의 길이가 5이고 중심각의 크기가 $\dfrac{\pi}{2}$인 부채꼴 OAB에서 선분 OB를 $2:3$으로 내분하는 점을 C라 하자. 점 P에서 호 AB에 접하는 직선과 직선 OB의 교점을 Q라 하고, 점 C에서 선분 PB에 내린 수선의 발을 R, 점 R에서 선분 PQ에 내린 수선의 발을 S라 하자. $\angle POB=\theta$일 때, 삼각형 OCP의 넓이를 $f(\theta)$, 삼각형 PRS의 넓이를 $g(\theta)$라 하자. $80\times\displaystyle\lim_{\theta\to 0+}\dfrac{g(\theta)}{\theta^2\times f(\theta)}$의 값을 구하시오.

$$\left(\text{단, } 0<\theta<\frac{\pi}{2}\right)\ (4점)$$

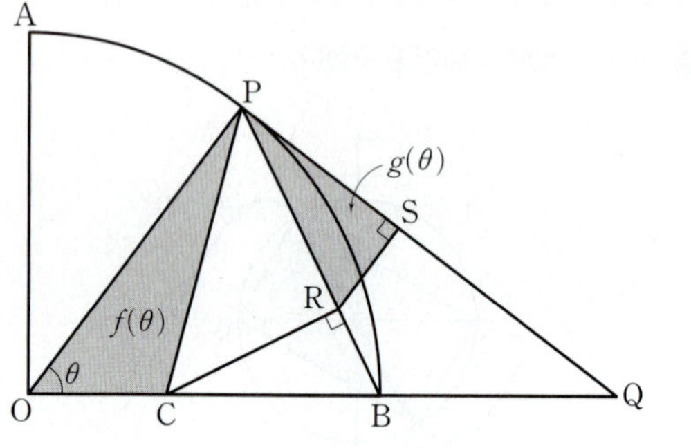

Step 1 $f(\theta)$를 구한다.

점 P에서 선분 OB에 내린 수선의 발을 H라 하면 직각삼각형 OPH에서 $\sin\theta=\dfrac{\overline{PH}}{\overline{OP}}$이므로

$\overline{PH}=\overline{OP}\sin\theta=5\sin\theta$ ← 반지름의 길이

점 C는 선분 OB를 $2:3$으로 내분하는 점이므로 $\overline{OC}=2$

$\therefore f(\theta)=\dfrac{1}{2}\times 2\times 5\sin\theta=5\sin\theta$

Step 2 $g(\theta)$를 구한다.

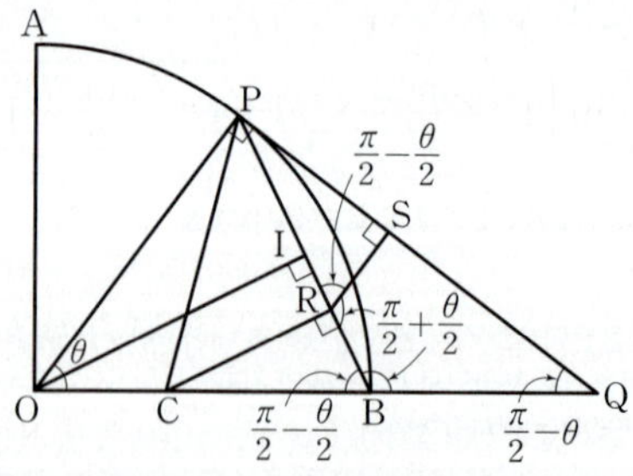

→ 삼각형 OBP는 $\overline{OP}=\overline{OB}$인 이등변삼각형이므로 이등변삼각형의 성질에 의해 $\angle POI=\dfrac{\theta}{2}$이다.
점 O에서 선분 PB에 내린 수선의 발을 I라 하자.

$\angle POI=\dfrac{\theta}{2}$이므로 직각삼각형 POI에서 $\sin\dfrac{\theta}{2}=\dfrac{\overline{PI}}{\overline{OP}}$ → 원의 중심에서 내린 수선은 현을 수직이등분한다.

즉, $\overline{PI}=\overline{OP}\sin\dfrac{\theta}{2}=5\sin\dfrac{\theta}{2}$이므로 $\overline{PB}=2\overline{PI}=10\sin\dfrac{\theta}{2}$

이등변삼각형 OPB에서 $\angle POB=\theta$이므로 $\angle OBP=\dfrac{\pi}{2}-\dfrac{\theta}{2}$
→ $\overline{OP}=\overline{OB}=5$　→ $=\dfrac{1}{2}(\pi-\theta)$

직각삼각형 CBR에서 $\cos\left(\dfrac{\pi}{2}-\dfrac{\theta}{2}\right)=\dfrac{\overline{BR}}{\overline{CB}}$ → $\angle CBR$

즉, $\overline{BR}=\overline{CB}\cos\left(\dfrac{\pi}{2}-\dfrac{\theta}{2}\right)=3\sin\dfrac{\theta}{2}$이므로

$\overline{PR}=\overline{PB}-\overline{RB}=7\sin\dfrac{\theta}{2}$ → $=\sin\dfrac{\theta}{2}$

$\angle OBP+\angle PBQ=\pi$이므로 $\angle PBQ=\pi-\left(\dfrac{\pi}{2}-\dfrac{\theta}{2}\right)=\dfrac{\pi}{2}+\dfrac{\theta}{2}$

선분 PQ는 점 P에서 호 AB에 접하므로 $\angle OPQ=\dfrac{\pi}{2}$

직각삼각형 OPQ에서 $\angle OQP=\pi-\theta-\dfrac{\pi}{2}=\dfrac{\pi}{2}-\theta$

사각형 BQSR에서 $\angle SRB=\dfrac{\pi}{2}+\dfrac{\theta}{2}$
→ 사각형의 내각의 크기의 합은 2π

$\angle PRS+\angle SRB=\pi$이므로 $\angle PRS=\pi-\left(\dfrac{\pi}{2}+\dfrac{\theta}{2}\right)=\dfrac{\pi}{2}-\dfrac{\theta}{2}$

직각삼각형 PRS에서 $\cos\left(\dfrac{\pi}{2}-\dfrac{\theta}{2}\right)=\dfrac{\overline{RS}}{\overline{PR}}$이므로 → $\angle PRS$

$\overline{RS}=\overline{PR}\cos\left(\dfrac{\pi}{2}-\dfrac{\theta}{2}\right)=7\sin\dfrac{\theta}{2}\times\sin\dfrac{\theta}{2}=7\sin^2\dfrac{\theta}{2}$

$\therefore g(\theta)=\dfrac{1}{2}\times 7\sin\dfrac{\theta}{2}\times 7\sin^2\dfrac{\theta}{2}\times\sin\left(\dfrac{\pi}{2}-\dfrac{\theta}{2}\right)$

$\qquad=\dfrac{49}{2}\sin^3\dfrac{\theta}{2}\cos\dfrac{\theta}{2}$

Step 3 $80\times\displaystyle\lim_{\theta\to 0+}\dfrac{g(\theta)}{\theta^2\times f(\theta)}$의 값을 구한다.

따라서 $f(\theta)=5\sin\theta$, $g(\theta)=\dfrac{49}{2}\sin^3\dfrac{\theta}{2}\cos\dfrac{\theta}{2}$이므로

$80\times\displaystyle\lim_{\theta\to 0+}\dfrac{g(\theta)}{\theta^2\times f(\theta)}$

$=80\times\displaystyle\lim_{\theta\to 0+}\dfrac{\dfrac{49}{2}\sin^3\dfrac{\theta}{2}\cos\dfrac{\theta}{2}}{\theta^2\times 5\sin\theta}$

$=80\times\dfrac{49}{2}\times\displaystyle\lim_{\theta\to 0+}\left\{\dfrac{1}{4}\times\left(\dfrac{\sin\dfrac{\theta}{2}}{\dfrac{\theta}{2}}\right)^2\times\dfrac{1}{2}\times\dfrac{\sin\dfrac{\theta}{2}}{\dfrac{\theta}{2}}\times\cos\dfrac{\theta}{2}\times\dfrac{\theta}{5\sin\theta}\right\}$

$=80\times\dfrac{49}{2}\times\dfrac{1}{4}\times\dfrac{1}{2}\times\dfrac{1}{5}=49$

108

정답 ④

그림과 같이 길이가 4인 선분 AB의 중점 O에 대하여 선분 OB를 반지름으로 하는 사분원 OBC가 있다. 호 BC 위를 움직이는 점 P에 대하여 선분 OB 위의 점 Q가 $\angle APC = \angle PCQ$를 만족시킨다. 선분 AP가 두 선분 CO, CQ와 만나는 점을 각각 R, S라 하자. $\angle PAB = \theta$일 때, 삼각형 RQS의 넓이를 $S(\theta)$라 하자. $\displaystyle\lim_{\theta \to 0+} \frac{S(\theta)}{\theta^2}$의 값은?

→ 삼각형 RQS의 밑변의 길이와 높이를 θ로 나타낸다.

$$\left(\text{단, } 0 < \theta < \frac{\pi}{4}\right) \text{ (4점)}$$

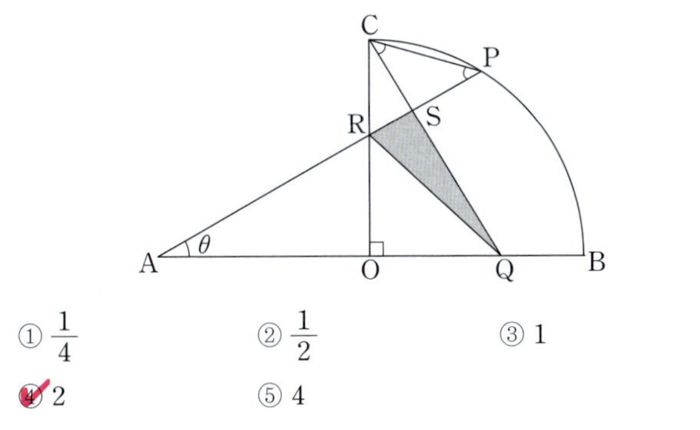

① $\dfrac{1}{4}$　　② $\dfrac{1}{2}$　　③ 1

④ 2　　⑤ 4

Step 1 $\angle QSR = \dfrac{\pi}{2}$임을 알아낸다.

$\overline{OA} = \overline{OB}$이므로 오른쪽 그림과 같이 반원을 그릴 수 있다.

호 AC에 대한 원주각이 $\angle APC$이고,

중심각의 크기가 $\dfrac{\pi}{2}$이므로

　$\angle AOC$

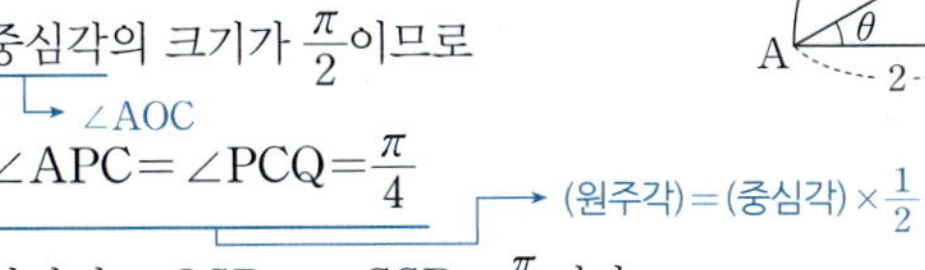

$$\angle APC = \angle PCQ = \frac{\pi}{4}$$

→ (원주각) = (중심각) $\times \dfrac{1}{2}$

따라서 $\angle QSR = \angle CSP = \dfrac{\pi}{2}$이다.

Step 2 $\angle RCS = \theta$임을 이용하여 $S(\theta)$를 구한다.

두 삼각형 AOR, CSR에서 $\angle AOR = \angle CSR = \dfrac{\pi}{2}$,

$\angle ARO = \angle CRS$이므로 $\angle RCS = \angle PAB = \theta$

→ 맞꼭지각으로 그 크기가 같아.

$\overline{OR} = 2\tan\theta$, $\overline{OC} = 2$이므로 $\overline{CR} = \overline{OC} - \overline{OR} = 2 - 2\tan\theta$

$\therefore \overline{RS} = \overline{CR}\sin\theta = 2(1-\tan\theta)\sin\theta$

$\overline{OQ} = \overline{OC}\tan\theta = 2\tan\theta$이므로 $\overline{AQ} = \overline{OA} + \overline{OQ} = 2 + 2\tan\theta$

$\therefore \overline{QS} = \overline{AQ}\sin\theta = 2(1+\tan\theta)\sin\theta$

따라서 삼각형 RQS의 넓이는

$$S(\theta) = \frac{1}{2} \times \overline{RS} \times \overline{QS}$$

$$= \frac{1}{2} \times 2(1-\tan\theta)\sin\theta \times 2(1+\tan\theta)\sin\theta$$

$$= 2(1-\tan^2\theta)\sin^2\theta$$

$$\therefore \lim_{\theta \to 0+} \frac{S(\theta)}{\theta^2} = \lim_{\theta \to 0+} \frac{2(1-\tan^2\theta)\sin^2\theta}{\theta^2}$$

$$= \lim_{\theta \to 0+} 2(1-\tan^2\theta) \times \lim_{\theta \to 0+} \left(\frac{\sin\theta}{\theta}\right)^2$$

$$= 2$$

→ $2 \times (1-0)$　　→ $\displaystyle\lim_{\theta \to 0+} \frac{\sin\theta}{\theta} = 1$

109

정답 ⑤

그림과 같이 선분 BC를 빗변으로 하고, $\overline{BC} = 8$인 직각삼각형 ABC가 있다. 점 B를 중심으로 하고 반지름의 길이가 $\overline{AB}$인 원이 선분 BC와 만나는 점을 D, 점 C를 중심으로 하고 반지름의 길이가 $\overline{AC}$인 원이 선분 BC와 만나는 점을 E라 하자. $\angle ACB = \theta$라 할 때, 삼각형 AED의 넓이를 $S(\theta)$라 하자. $\displaystyle\lim_{\theta \to 0+} \frac{S(\theta)}{\theta^2}$의 값은? (4점)

→ 삼각형 AED의 밑변 ED의 길이와 높이를 θ에 대하여 나타내.

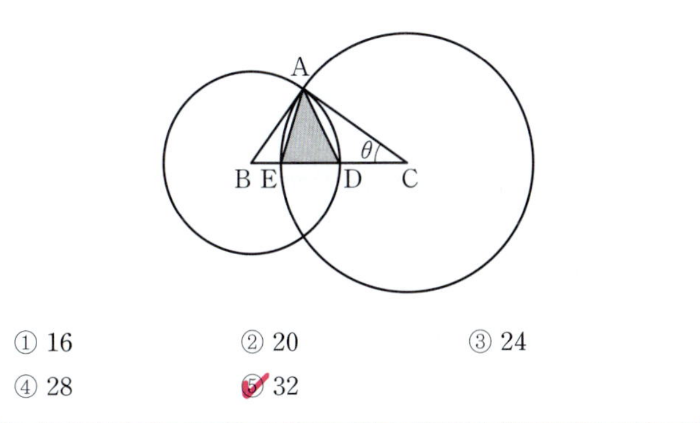

① 16　　② 20　　③ 24

④ 28　　⑤ 32

Step 1 삼각비를 이용하여 선분 ED의 길이를 구한다.

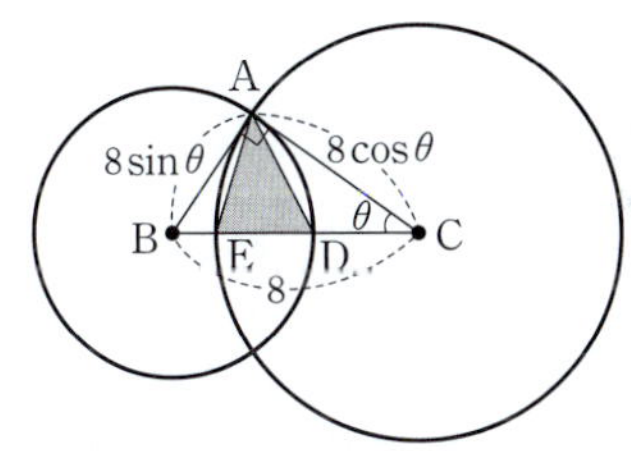

삼각형 ABC에서 $\angle A = 90°$, $\overline{BC} = 8$이므로

$\overline{AB} = 8\sin\theta$, $\overline{AC} = 8\cos\theta$　→ 삼각비를 이용했어.

이때 두 점 D, E는 각각 두 점 B, C를 중심으로 하고 선분 AB, 선분 AC를 반지름으로 하는 원 위의 점이므로

$\overline{BD} = \overline{AB} = 8\sin\theta$, $\overline{EC} = \overline{AC} = 8\cos\theta$

$\therefore \overline{ED} = \overline{BD} + \overline{EC} - \overline{BC}$

$$= 8\sin\theta + 8\cos\theta - 8$$

Step 2 삼각형 AED의 높이를 구한다.

점 A에서 선분 ED에 내린 수선의 발을 H라 하면 삼각형 AHC에서

$\overline{AH} = 8\cos\theta\sin\theta$

→ $\dfrac{\overline{AH}}{\overline{AC}} = \sin\theta$, $\overline{AH} = \overline{AC}\sin\theta = 8\cos\theta\sin\theta$

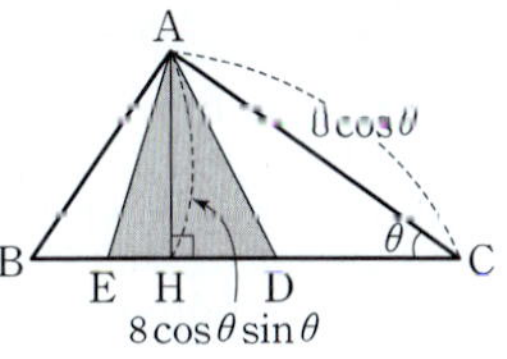

Step 3 $\displaystyle\lim_{\theta \to 0+} \frac{S(\theta)}{\theta^2}$의 값을 구한다.

삼각형 AED의 넓이를 구하면

$$S(\theta) = \frac{1}{2} \times \overline{ED} \times \overline{AH}$$

$$= \frac{1}{2} \times (8\sin\theta + 8\cos\theta - 8) \times 8\cos\theta\sin\theta$$

$$= 32\sin\theta\cos\theta(\sin\theta + \cos\theta - 1)$$

이므로

$$\lim_{\theta \to 0+} \frac{S(\theta)}{\theta^2} = \lim_{\theta \to 0+} \frac{32\sin\theta\cos\theta(\sin\theta + \cos\theta - 1)}{\theta^2}$$

$$=32 \times \lim_{\theta \to 0+} \frac{\sin \theta}{\theta} \times \lim_{\theta \to 0+} \cos \theta$$

중요 $\lim_{\theta \to 0+} \dfrac{\sin \theta}{\theta}=1$

$$\times \lim_{\theta \to 0+}\left(\frac{\sin \theta}{\theta}+\frac{\cos \theta-1}{\theta}\right)$$

$$=32$$

$$\lim_{\theta \to 0+} \frac{\cos \theta-1}{\theta}$$

$$=\lim_{\theta \to 0+} \frac{-(1-\cos \theta)(1+\cos \theta)}{\theta(1+\cos \theta)}$$

$$=-\lim_{\theta \to 0+} \frac{1-\cos^2 \theta}{\theta(1+\cos \theta)}$$

$$=-\lim_{\theta \to 0+}\left(\frac{\sin \theta}{\theta} \times \sin \theta \times \frac{1}{1+\cos \theta}\right)$$

$$=0$$

★ **다른 풀이** 직각삼각형의 성질을 이용한 풀이

Step 1 동일

Step 2 직각삼각형의 넓이 공식을 이용하여 삼각형 AED의 높이를 구한다.

점 A에서 선분 ED에 내린 수선의 발을 H라 하면 삼각형 ABC에서

$$\overline{AB} \times \overline{AC}=\overline{AH} \times \overline{BC}$$

$$8 \sin \theta \times 8 \cos \theta=\overline{AH} \times 8$$

$$\therefore \overline{AH}=8 \cos \theta \sin \theta$$

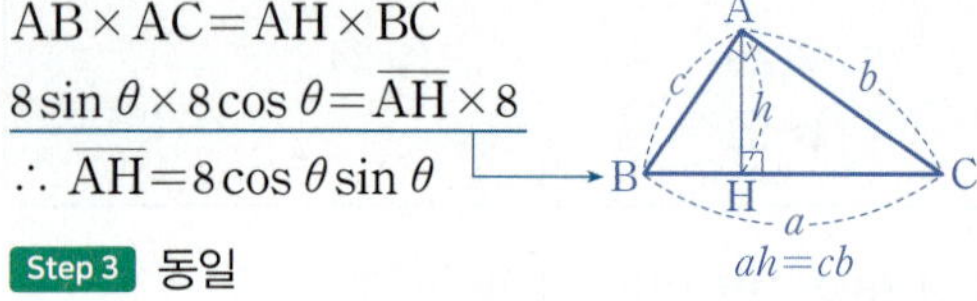

Step 3 동일

110

정답 ②

$f(4)$의 값을 구하려면 $f(x)$의 식을 알아내야 해.
다항함수의 식을 구하기 위해서는 가장 먼저 차수를 파악해.

다항함수 $f(x)$에 대하여 함수 $g(x)=f(x) \sin x$가 다음 조건을 만족시킬 때, $f(4)$의 값은? (4점)

(가) $\displaystyle\lim_{x \to \infty} \dfrac{g(x)}{x^2}=0$	(나) $\displaystyle\lim_{x \to 0} \dfrac{g'(x)}{x}=6$

① 11　　② 12　　③ 13
④ 14　　⑤ 15

Step 1 다항함수 $f(x)$의 차수를 알아낸다.

$g(x)=f(x) \sin x$이므로 조건 (가)에서

$$\lim_{x \to \infty} \frac{g(x)}{x^2}=\lim_{x \to \infty} \frac{f(x) \sin x}{x^2}=0$$

이때 $x \to \infty$일 때 $\sin x$는 진동하므로 조건을 만족시키기 위해서는

$$\lim_{x \to \infty} \frac{f(x)}{x^2}=0$$

이어야 한다. → $\sin x$의 그래프를 생각해. 함숫값이 -1과 1 사이에서 왔다 갔다 해.

따라서 $f(x)$는 일차 이하의 다항함수이어야 한다.

→ $f(x)$가 이차 이상의 다항함수이면 $\displaystyle\lim_{x \to \infty} \dfrac{f(x)}{x^2}$의 값이 0이 될 수 없어.

Step 2 $f(x)$의 식을 구하여 $f(4)$의 값을 계산한다.

$f(x)=ax+b$ (a, b는 상수)라 하면 $g(x)=(ax+b) \sin x$에서

$$g'(x)=a \sin x+(ax+b) \cos x$$

조건 (나)에서

$$\lim_{x \to 0} \frac{g'(x)}{x}=\lim_{x \to 0} \frac{a \sin x+(ax+b) \cos x}{x}=6$$이므로

$$\lim_{x \to 0}\{a \sin x+(ax+b) \cos x\}=0$$

$$\therefore b=0$$

→ $x \to 0$일 때, $\dfrac{a \sin x+(ax+b) \cos x}{x}$의 극한값이 존재하고 (분모)→ 0이므로 (분자)→ 0이어야 해.

$$\lim_{x \to 0} \frac{a \sin x+(ax+b) \cos x}{x}=\lim_{x \to 0} \frac{a \sin x}{x}+\lim_{x \to 0} a \cos x$$

↑ $b=0$을 대입

$$=\frac{a \sin x+ax \cos x}{x}$$

$$=a+a=2a=6$$

중요 $\lim_{x \to 0} \dfrac{\sin x}{x}=1$

$$\therefore a=3$$

따라서 $f(x)=3x$이므로

$$f(4)=3 \times 4=12$$

111

정답 ②

함수 → $f\left(f\left(\dfrac{\pi}{2}\right)\right)=\displaystyle\lim_{x \to \frac{\pi}{2}} f(f(x))$인지 확인해야 해.

$$f(x)=\begin{cases} 1+\sin x & (x \leq 0) \\ -1+\sin x & (x>0) \end{cases}$$

에 대하여 [보기]에서 옳은 것만을 있는 대로 고른 것은? (4점)

[보기]

ㄱ. $\displaystyle\lim_{x \to 0} f(x)f(-x)=-1$ → 극한값이 존재한다는 의미이므로 좌극한값과 우극한값을 알아봐야 해.

ㄴ. 함수 $f(f(x))$는 $x=\dfrac{\pi}{2}$에서 연속이다.

ㄷ. 함수 $\{f(x)\}^2$은 $x=0$에서 미분가능하다. → $\displaystyle\lim_{h \to 0} \dfrac{\{f(h)\}^2-\{f(0)\}^2}{h}$

이 존재하면 함수 $\{f(x)\}^2$은 $x=0$에서 미분가능해.

① ㄱ　　② ㄱ, ㄴ　　③ ㄱ, ㄷ
④ ㄴ, ㄷ　　⑤ ㄱ, ㄴ, ㄷ

→ 좌극한값과 우극한값이 같으므로 극한값이 존재해.

Step 1 삼각함수의 극한, 연속성, 미분가능성 등을 파악하여 [보기]의 참, 거짓을 판별한다.

ㄱ. $\displaystyle\lim_{x \to 0+} f(x)f(-x)=\lim_{x \to 0+} f(x) \times \lim_{x \to 0+} f(-x)$

→ $\displaystyle\lim_{x \to 0+}(-1+\sin x)=-1$

$$=(-1) \times 1=-1$$

$$\lim_{x \to 0-} f(x)f(-x)=\lim_{x \to 0-} f(x) \times \lim_{x \to 0-} f(-x)$$

$\displaystyle\lim_{x \to 0-}(1+\sin x)=1$

$$=1 \times (-1)=-1$$

$$\therefore \lim_{x \to 0} f(x)f(-x)=-1 \ (참)$$

ㄴ. $f(x)=t$라 하면 → $x \to \dfrac{\pi}{2}+$일 때 $(-1+\sin x) \to 0-$이므로 $t \to 0-$이다.

$x \to \dfrac{\pi}{2}+$일 때 $t \to 0-$이고, $x \to \dfrac{\pi}{2}-$일 때 $t \to 0-$이므로

$$\lim_{x \to \frac{\pi}{2}} f(f(x))=\lim_{t \to 0-} f(t)=1$$

→ $x \to \dfrac{\pi}{2}-$일 때 $(-1+\sin x) \to 0-$이므로 $t \to 0-$이다.

$$f\left(f\left(\frac{\pi}{2}\right)\right)=f(0)=1$$

→ $f(0)=1+\sin 0=1$

$f\left(\dfrac{\pi}{2}\right)=-1+\sin \dfrac{\pi}{2}=0$

따라서 $\displaystyle\lim_{x \to \frac{\pi}{2}} f(f(x))=f\left(f\left(\dfrac{\pi}{2}\right)\right)=1$이므로

함수 $f(f(x))$는 $x=\dfrac{\pi}{2}$에서 연속이다. (참)

ㄷ. 함수 $\{f(x)\}^2$의 $x=0$에서의 좌미분계수와 우미분계수를 구한다.

$$(좌미분계수)=\lim_{h \to 0-} \frac{\{f(0+h)\}^2-\{f(0)\}^2}{h}$$

→ $f(0)=1+\sin 0=1$

$$=\lim_{h \to 0-} \frac{(1+\sin h)^2-1^2}{h}$$

$$=\lim_{h \to 0-} \frac{2 \sin h+\sin^2 h}{h}=2$$

→ $\displaystyle\lim_{h \to 0-} \frac{2 \sin h}{h}+\lim_{h \to 0-} \frac{\sin^2 h}{h}$

이때 $\displaystyle\lim_{h \to 0-}\left(\frac{\sin^2 h}{h^2} \cdot h\right)=0$

즉, $\displaystyle\lim_{h \to 0-} \frac{2 \sin h+\sin^2 h}{h}=2$

$\left(\because \displaystyle\lim_{h \to 0-} \frac{\sin h}{h}=1\right)$

$$(\text{우미분계수})=\lim_{h\to 0+}\frac{\{f(0+h)\}^2-\{f(0)\}^2}{h}$$
$$=\lim_{h\to 0+}\frac{(-1+\sin h)^2-1^2}{h}$$
$$=\lim_{h\to 0+}\frac{-2\sin h+\sin^2 h}{h}=-2$$

$(\underline{\text{좌미분계수}}_2)\neq(\text{우미분계수})$이므로 함수 $\{f(x)\}^2$은 $x=0$에서 미분가능하지 않다. $(\text{거짓})^{-2}$

따라서 옳은 것은 ㄱ, ㄴ이다.

이런 문제는 연속이나 미분가능에 대한 정의를 정확히 알고 있어야 풀 수 있어!

112   정답 5

그림과 같이 반지름의 길이가 1이고 중심각의 크기가 $\dfrac{\pi}{3}$인 부채꼴 OAB가 있다. 호 AB 위의 점 P를 지나고 선분 OB와 평행한 직선이 선분 OA와 만나는 점을 Q라 하고 $\angle PQA=\dfrac{\pi}{3}$ $\angle AOP=\theta$라 하자. 점 A를 지름의 한 끝점으로 하고 지름이 선분 AQ 위에 있으며 선분 PQ에 접하는 반원의 반지름의 길이를 $r(\theta)$라 할 때, $\lim\limits_{\theta\to 0+}\dfrac{r(\theta)}{\theta}=a+b\sqrt{3}$이다. a^2+b^2의 값을 구하시오.

$\left(\text{단, } 0<\theta<\dfrac{\pi}{3}\text{이고, } a,\ b\text{는 유리수이다.}\right)$ (4점)

주어진 그림을 좌표평면 위에 나타내어 각 점들에 좌표를 지정해 주면 문제를 푸는 데 도움이 돼.

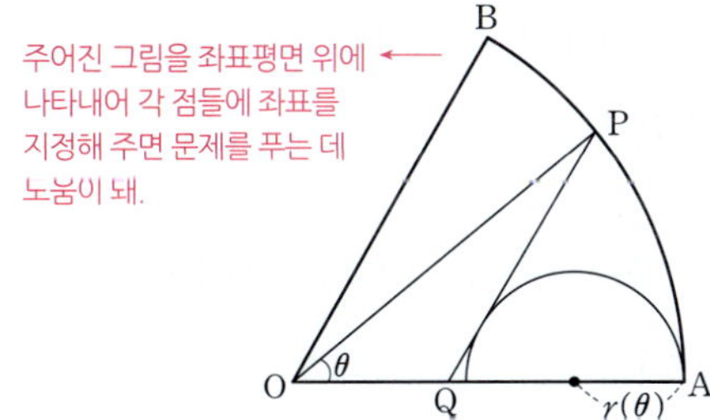

Step 1 주어진 그림을 좌표평면 위에 나타내어 선분 OQ의 길이를 구한다.

주어진 그림을 점 O가 원점, 선분 OA가 x축 위에 오도록 좌표평면 위에 나타내면 다음 그림과 같다.

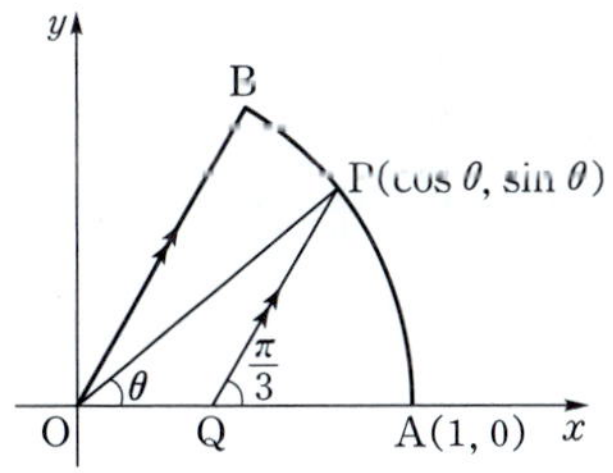

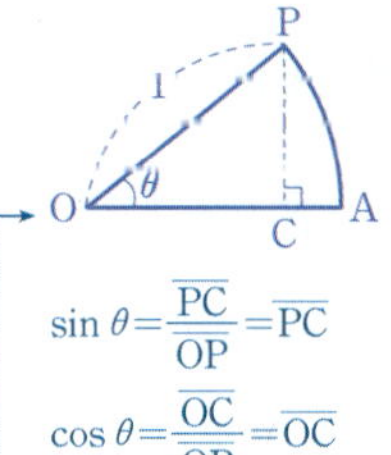

이때 직선 PQ는 점 $\underline{P(\cos\theta,\ \sin\theta)}$를 지나고 기울기가 $\tan\dfrac{\pi}{3}=\sqrt{3}$인 직선이므로 직선 PQ의 방정식은

$$y=\sqrt{3}(x-\cos\theta)+\sin\theta$$

직선 $y=ax+b$와 x축의 양의 방향이 이루는 각의 크기가 θ일 때, $a=\tan\theta$

위 식에 $y=0$을 대입하면 $\sqrt{3}(x-\cos\theta)+\sin\theta=0$

$$x-\cos\theta=-\frac{\sin\theta}{\sqrt{3}}$$

점 Q는 지나는 PQ이 x절편이므로 직선 PQ의 방정식에 $y=0$을 대입하여 점 Q의 좌표를 찾을 수 있어.

$$\therefore\ x=\cos\theta-\frac{\sin\theta}{\sqrt{3}}$$

따라서 점 Q의 좌표가 $Q\left(\cos\theta-\dfrac{\sin\theta}{\sqrt{3}},\ 0\right)$이므로

$$\overline{OQ}=\cos\theta-\frac{\sin\theta}{\sqrt{3}}$$

Step 2 $r(\theta)$를 구한다.

선분 PQ에 접하는 반원의 중심을 M, 반원과 선분 PQ의 접점을 H라 하면 $\overline{MH}=\overline{MA}=r(\theta)$이므로 직각삼각형 QMH에서

$$\overline{QM}=\frac{\overline{MH}}{\sin\dfrac{\pi}{3}}=\frac{r(\theta)}{\dfrac{\sqrt{3}}{2}}=\frac{2r(\theta)}{\sqrt{3}}$$

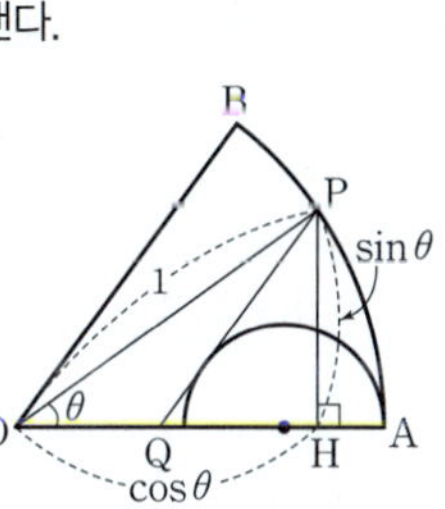

이때 $\overline{OA}=\overline{OQ}+\overline{QM}+\overline{MA}=1$이므로

$$\cos\theta-\frac{\sin\theta}{\sqrt{3}}+\frac{2r(\theta)}{\sqrt{3}}+r(\theta)=1$$

Step 1에서 구한 $\overline{OQ}$야.

$$\sqrt{3}\cos\theta-\sin\theta+2r(\theta)+\sqrt{3}\,r(\theta)=\sqrt{3}$$
$$r(\theta)(2+\sqrt{3})=\sqrt{3}-\sqrt{3}\cos\theta+\sin\theta$$
$$\therefore\ r(\theta)=\frac{\sqrt{3}(1-\cos\theta)+\sin\theta}{2+\sqrt{3}}$$

Step 3 $\lim\limits_{\theta\to 0+}\dfrac{r(\theta)}{\theta}$의 값을 구한다.

$\lim\limits_{\theta\to 0+}\dfrac{\sin\theta}{\theta}=1$

$$\lim_{\theta\to 0+}\frac{r(\theta)}{\theta}=\lim_{\theta\to 0+}\left[\frac{1}{2+\sqrt{3}}\times\left\{\frac{\sqrt{3}(1-\cos\theta)}{\theta}+\frac{\sin\theta}{\theta}\right\}\right]$$

분모의 유리화
$$=\frac{1}{2+\sqrt{3}}$$
$$=\frac{2-\sqrt{3}}{(2+\sqrt{3})(2-\sqrt{3})}$$
$$=2-\sqrt{3}$$

$$\lim_{\theta\to 0+}\frac{1-\cos\theta}{\theta}=\lim_{\theta\to 0+}\frac{1-\cos^2\theta}{\theta(1+\cos\theta)}$$
$$=\lim_{\theta\to 0+}\frac{\sin^2\theta}{\theta(1+\cos\theta)}$$
$$=\lim_{\theta\to 0+}\frac{\sin\theta}{\theta}\times\lim_{\theta\to 0+}\frac{\sin\theta}{1+\cos\theta}$$
$$=1\times 0=0$$

따라서 $a=2,\ b=-1$이므로
$$a^2+b^2=4+1=5$$

⭐ 다른 풀이   다른 방법으로 $r(\theta)$를 구하는 풀이

Step 1 선분 OQ의 길이를 θ를 이용하여 나타낸다.

선분 OB, PQ가 평행하므로

$$\angle BOA=\angle PQA=\frac{\pi}{3}$$

동위각

오른쪽 그림과 같이 점 P에서 $\overline{OA}$에 내린 수선의 발을 H라 하면 삼각형 POH에서

$\overline{OP}=(\text{반지름의 길이})=1$

$$\overline{OH}=\cos\theta,\ \overline{PH}=\sin\theta$$

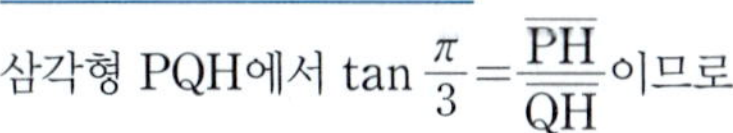

삼각형 PQH에서 $\tan\dfrac{\pi}{3}=\dfrac{\overline{PH}}{\overline{QH}}$이므로

$$\overline{QH}=\frac{\overline{PH}}{\tan\dfrac{\pi}{3}}=\frac{\sin\theta}{\sqrt{3}}$$

$$\therefore\ \overline{OQ}=\overline{OH}-\overline{QH}=\cos\theta-\frac{\sin\theta}{\sqrt{3}}$$

Step 2 $r(\theta)$를 구한다.

반원의 중심을 M, 선분 PQ와 반원이 접하는 점을 I라 하면

삼각형 MIQ에서 $\sin\dfrac{\pi}{3}=\dfrac{\overline{MI}}{\overline{QM}}$

$$\therefore \overline{QM}=\dfrac{\overline{MI}}{\sin\dfrac{\pi}{3}}=\dfrac{r(\theta)}{\dfrac{\sqrt{3}}{2}}=\dfrac{2r(\theta)}{\sqrt{3}}$$

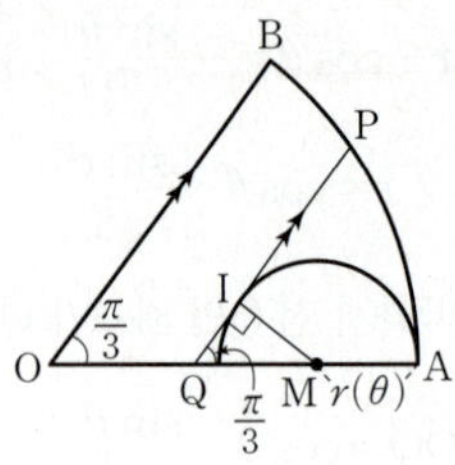

따라서 $\overline{OA}=\overline{OQ}+\overline{QM}+\overline{MA}=1$에서

$$\cos\theta-\dfrac{\sin\theta}{\sqrt{3}}+\dfrac{2r(\theta)}{\sqrt{3}}+r(\theta)=1$$ → 각 선분의 길이를 θ에 대한 식으로 대입!

$$\sqrt{3}\cos\theta-\sin\theta+2r(\theta)+\sqrt{3}r(\theta)=\sqrt{3}$$
$$r(\theta)(2+\sqrt{3})=\sqrt{3}-\sqrt{3}\cos\theta+\sin\theta$$
$$\therefore r(\theta)=\dfrac{\sqrt{3}(1-\cos\theta)+\sin\theta}{2+\sqrt{3}}$$

Step 3 동일

$\overline{OD}=r$, $\angle ODA=\dfrac{\pi}{2}$이므로 $\dfrac{\overline{OD}}{\overline{OA}}=\sin(\angle OAD)$에서 → $\overline{OD}$에 r을 대입

$$\dfrac{r}{\overline{OA}}=\sin\dfrac{\pi}{3}=\dfrac{\sqrt{3}}{2}$$ → $\angle OAD$에 $\dfrac{\pi}{3}$를 대입

$$r=\dfrac{\sqrt{3}}{2}\overline{OA}$$

$$\therefore \overline{OA}=\dfrac{2}{\sqrt{3}}r=\dfrac{2\sqrt{3}}{3}r$$

$\overline{OE}=r$, $\angle OEB=\dfrac{\pi}{2}$이므로 $\dfrac{\overline{OE}}{\overline{OB}}=\sin(\angle OBE)$에서

$$\dfrac{r}{\overline{OB}}=\sin\theta,\ r=\sin\theta\times\overline{OB}$$

$$\therefore \overline{OB}=\dfrac{1}{\sin\theta}r$$

Step 2 $\overline{OA}+\overline{OB}=\overline{AB}$임을 이용하여 r의 값을 구한 후 $f(\theta)$를 구한다.

$\overline{OA}+\overline{OB}=\overline{AB}$이고 $\overline{OA}=\dfrac{2\sqrt{3}}{3}r$, $\overline{OB}=\dfrac{1}{\sin\theta}r$, $\overline{AB}=2$이므로

$$\dfrac{2\sqrt{3}}{3}r+\dfrac{1}{\sin\theta}r=2,\ \left(\dfrac{2\sqrt{3}}{3}+\dfrac{1}{\sin\theta}\right)r=2$$

$$\dfrac{2\sqrt{3}\sin\theta+3}{3\sin\theta}\times r=2$$

$$\therefore r=\dfrac{6\sin\theta}{2\sqrt{3}\sin\theta+3}=\dfrac{2\sqrt{3}\sin\theta}{2\sin\theta+\sqrt{3}}$$

원 C_1의 반지름이 r이므로 원 C_1의 넓이 $f(\theta)$는

$$f(\theta)=\pi r^2$$ → 분모, 분자를 각각 $\sqrt{3}$으로 나눈 거야.

$$=\pi\left(\dfrac{2\sqrt{3}\sin\theta}{2\sin\theta+\sqrt{3}}\right)^2$$

$$=\sin^2\theta\times\dfrac{12\pi}{(2\sin\theta+\sqrt{3})^2}\qquad\cdots\cdots\ \text{㉠}$$

Step 3 $\angle DOP=\angle EOP$임을 이용하여 $\angle DOP$의 크기를 구한 후 삼각비를 이용하여 선분 OP의 길이를 r에 대하여 나타낸다.

두 삼각형 DOP, EOP에서

$\overline{OD}=\overline{OE}$, $\overline{OP}$는 공통, $\angle ODP=\angle OEP=\dfrac{\pi}{2}$이므로 → 반지름의 길이는 서로 같아.

$\triangle DOP\equiv\triangle EOP$ (RHS 합동)

$$\therefore \angle DOP=\angle EOP$$

이때 $\angle OAD=\dfrac{\pi}{3}$, $\angle ODA=\dfrac{\pi}{2}$이므로 삼각형 AOD에서

$$\angle AOD=\pi-\left(\dfrac{\pi}{3}+\dfrac{\pi}{2}\right)=\dfrac{\pi}{6}$$

또한 $\angle OBE=\theta$, $\angle OEB=\dfrac{\pi}{2}$이므로 삼각형 OBE에서

$$\angle BOE=\pi-\left(\theta+\dfrac{\pi}{2}\right)=\dfrac{\pi}{2}-\theta$$

$\angle AOD+\angle DOE+\angle BOE=\pi$이고 $\angle DOE=2\angle DOP$이므로 → $\angle DOP=\angle EOP$이므로 $\angle DOE$는 $\angle DOP$의 2배

$$\dfrac{\pi}{6}+2\angle DOP+\left(\dfrac{\pi}{2}-\theta\right)=\pi$$

$$2\angle DOP=\pi-\dfrac{\pi}{6}-\dfrac{\pi}{2}+\theta$$

$$=\dfrac{\pi}{3}+\theta$$

$$\therefore \angle DOP=\dfrac{\pi}{6}+\dfrac{\theta}{2}$$

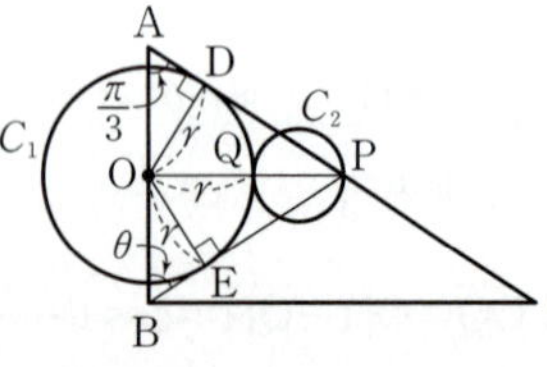

113

정답 ⑤

그림과 같이 $\overline{AB}=2$, $\overline{BC}=2\sqrt{3}$, $\angle ABC=\dfrac{\pi}{2}$인 직각삼각형 ABC가 있다. 선분 CA 위의 점 P에 대하여 $\angle ABP=\theta$라 할 때, 선분 AB 위의 점 O를 중심으로 하고 두 선분 AP, BP에 동시에 접하는 원의 넓이를 $f(\theta)$라 하자. 이 원과 선분 PO가 만나는 점을 Q라 할 때, 선분 PQ를 지름으로 하는 원의 넓이를 $g(\theta)$라 하자. → 점 O에서 $\overline{AP}$, $\overline{BP}$까지의 거리가 서로 같다.

$\displaystyle\lim_{\theta\to 0+}\dfrac{f(\theta)+g(\theta)}{\theta^2}$의 값은? (4점)

① $\dfrac{17-5\sqrt{3}}{3}\pi$ ② $\dfrac{18-5\sqrt{3}}{3}\pi$ ③ $\dfrac{19-5\sqrt{3}}{3}\pi$

④ $\dfrac{18-4\sqrt{3}}{3}\pi$ ⑤ $\dfrac{19-4\sqrt{3}}{3}\pi$

Step 1 $\overline{OQ}=r$이라 한 후 삼각비를 이용하여 두 선분 OA, OB의 길이를 r에 대하여 나타낸다.

주어진 그림에서 큰 원을 C_1, 작은 원을 C_2라 하자. → 원 C_1의 반지름 $\overline{OQ}=r$이라 하고, 원 C_1이 두 선분 AP, BP와 만나는 점을 각각 D, E라 하자. → 접점

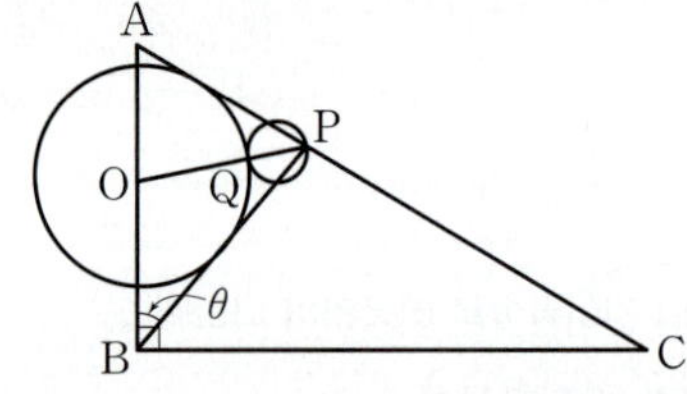

이때 $\dfrac{\overline{BC}}{\overline{AB}}=\dfrac{2\sqrt{3}}{2}=\sqrt{3}=\tan\dfrac{\pi}{3}$이므로 $\angle OAD=\dfrac{\pi}{3}$ → $\tan(\angle CAB)$

$\dfrac{\overline{\mathrm{OD}}}{\overline{\mathrm{OP}}}=\cos(\angle\mathrm{DOP})$ 에서

$\dfrac{r}{\overline{\mathrm{OP}}}=\cos\left(\dfrac{\pi}{6}+\dfrac{\theta}{2}\right)$

$\therefore\ \overline{\mathrm{OP}}=\dfrac{r}{\cos\left(\dfrac{\pi}{6}+\dfrac{\theta}{2}\right)}$

Step 4 선분 PQ의 길이를 구한 후 $g(\theta)$를 구한다.

$\overline{\mathrm{PQ}}=\overline{\mathrm{OP}}-\overline{\mathrm{OQ}}$

$\qquad=\dfrac{r}{\cos\left(\dfrac{\pi}{6}+\dfrac{\theta}{2}\right)}-r$

$\qquad=\left\{\dfrac{1}{\cos\left(\dfrac{\pi}{6}+\dfrac{\theta}{2}\right)}-1\right\}r$

따라서 원 C_2의 반지름의 길이는

$\dfrac{1}{2}\overline{\mathrm{PQ}}=\dfrac{1}{2}\left\{\dfrac{1}{\cos\left(\dfrac{\pi}{6}+\dfrac{\theta}{2}\right)}-1\right\}r$

이므로 원 C_2의 넓이 $g(\theta)$는

$g(\theta)=\pi\left[\dfrac{1}{2}\left\{\dfrac{1}{\cos\left(\dfrac{\pi}{6}+\dfrac{\theta}{2}\right)}-1\right\}r\right]^2$

$\qquad=\pi r^2\times\dfrac{1}{4}\left\{\dfrac{1}{\cos\left(\dfrac{\pi}{6}+\dfrac{\theta}{2}\right)}-1\right\}^2$

$\qquad=f(\theta)\times\dfrac{1}{4}\left\{\dfrac{1}{\cos\left(\dfrac{\pi}{6}+\dfrac{\theta}{2}\right)}-1\right\}^2\quad\cdots\cdots\ \textcircled{\small L}$

Step 5 $\displaystyle\lim_{\theta\to0+}\dfrac{f(\theta)+g(\theta)}{\theta^2}$ 의 값을 구한다.

$\textcircled{\small ㄱ}$, $\textcircled{\small L}$에 의하여

$f(\theta)+g(\theta)$

$=f(\theta)+f(\theta)\times\dfrac{1}{4}\left\{\dfrac{1}{\cos\left(\dfrac{\pi}{6}+\dfrac{\theta}{2}\right)}-1\right\}^2$

$=f(\theta)\times\left[1+\dfrac{1}{4}\left\{\dfrac{1}{\cos\left(\dfrac{\pi}{6}+\dfrac{\theta}{2}\right)}-1\right\}^2\right]$

$=\sin^2\theta\times\dfrac{12\pi}{(2\sin\theta+\sqrt{3})^2}\times\left[1+\dfrac{1}{4}\left\{\dfrac{1}{\cos\left(\dfrac{\pi}{6}+\dfrac{\theta}{2}\right)}-1\right\}^2\right]$

이므로

$\displaystyle\lim_{\theta\to0+}\dfrac{f(\theta)+g(\theta)}{\theta^2}=\lim_{\theta\to0+}\dfrac{\sin^2\theta}{\theta^2}\times\lim_{\theta\to0+}\dfrac{12\pi}{(2\sin\theta+\sqrt{3})^2}$

$\qquad\times\lim_{\theta\to0+}\left[1+\dfrac{1}{4}\left\{\dfrac{1}{\cos\left(\dfrac{\pi}{6}+\dfrac{\theta}{2}\right)}-1\right\}^2\right]$

$=1^2\times\dfrac{12\pi}{(2\sin0+\sqrt{3})^2}\times\left\{1+\dfrac{1}{4}\left(\dfrac{1}{\cos\dfrac{\pi}{6}}-1\right)^2\right\}$

$=\dfrac{12\pi}{(\sqrt{3})^2}\times\left\{1+\dfrac{1}{4}\left(\dfrac{1}{\dfrac{\sqrt{3}}{2}}-1\right)^2\right\}$

$=4\pi\times\left\{1+\dfrac{1}{4}\times\left(\dfrac{2-\sqrt{3}}{\sqrt{3}}\right)^2\right\}$

$=4\pi\times\left(1+\dfrac{7-4\sqrt{3}}{12}\right)$

$=4\pi\times\dfrac{19-4\sqrt{3}}{12}=\dfrac{19-4\sqrt{3}}{3}\pi$

$(2-\sqrt{3})^2=4-4\sqrt{3}+3=7-4\sqrt{3}$

💡 알아야 할 기본개념

삼각함수의 극한

(1) $\displaystyle\lim_{x\to0}\dfrac{\sin x}{x}=1$ (단, x의 단위는 라디안이다.)

(2) 삼각함수의 극한의 활용

① $\displaystyle\lim_{x\to0}\dfrac{\tan x}{x}=1$

② $\displaystyle\lim_{x\to0}\dfrac{\sin bx}{ax}=\dfrac{b}{a}$ (단, $a\neq0$)

③ $\displaystyle\lim_{x\to0}\dfrac{\tan bx}{ax}=\dfrac{b}{a}$ (단, $a\neq0$)

> **육십분법과 호도법 사이의 관계**
> ① 1라디안 $=\dfrac{180°}{\pi}$
> ② $1°=\dfrac{\pi}{180}$ 라디안

수능포인트

$f(\theta)$, $g(\theta)$를 구하는 건 어렵지 않지만 계산한 식을 정리하기가 까다로운 문제입니다. 특히 이런 문제에선 $\displaystyle\lim_{\theta\to0+}\dfrac{\cos\theta}{\theta}=1$로 계산하거나 $\displaystyle\lim_{\theta\to0+}\sin\theta=1$로 계산하는 등의 실수를 하는 경우가 많으니 답을 구할 때는 조심해야 합니다.

Ⅱ. 미분법 04. 여러 가지 미분법

001	③	002	12	003	②	004	②	005	③
006	①	007	①	008	16	009	①	010	8
011	②	012	③	013	④	014	②	015	②
016	49	017	6	018	③	019	12	020	3
021	③	022	2	023	1	024	1	025	8
026	28	027	3	028	48	029	③	030	2
031	①	032	①	033	④	034	4	035	④
036	②	037	⑤	038	③	039	④	040	④
041	①	042	②	043	10	044	①	045	⑤
046	④	047	③	048	⑤	049	③	050	④
051	83	052	④	053	②	054	⑤	055	①
056	③	057	④	058	⑤	059	3	060	60
061	①	062	③	063	②	064	17	065	25
066	⑤	067	②	068	⑤	069	5	070	②
071	①	072	④	073	①	074	④	075	①
076	①	077	①	078	④	079	⑤	080	2
081	③	082	⑤	083	④	084	⑤	085	③
086	④	087	②	088	②	089	⑤	090	4
091	④	092	④	093	①	094	4	095	①
096	④	097	③	098	①	099	③	100	②
101	②	102	5	103	①	104	①	105	③
106	④	107	5	108	④	109	③	110	10
111	11	112	④	113	32	114	45	115	40
116	②	117	15	118	70	119	48	120	①
121	③	122	③	123	①	124	④	125	11
126	①	127	③	128	30				

001 [정답률 92%]　　　　정답 ③

실수 전체의 집합에서 미분가능한 함수 $f(x)$에 대하여 함수 $g(x)$를

$$g(x)=\frac{f(x)}{(e^x+1)^2}$$

（함수의 몫의 미분법을 이용하여 양변을 x에 대하여 미분）

라 하자. $f'(0)-f(0)=2$일 때, $g'(0)$의 값은? (3점)

① $\dfrac{1}{4}$　　② $\dfrac{3}{8}$　　③ $\dfrac{1}{2}$

④ $\dfrac{5}{8}$　　⑤ $\dfrac{3}{4}$

Step 1 함수 $g(x)$를 미분한다.

함수 $g(x)$를 미분하면

$$g'(x)=\frac{f'(x)(e^x+1)^2-f(x)\times 2(e^x+1)\times e^x}{\{(e^x+1)^2\}^2}$$

（함수의 몫의 미분법을 이용했어.）

$$=\frac{f'(x)(e^x+1)^2-2f(x)e^x(e^x+1)}{(e^x+1)^4}$$

$$=\frac{f'(x)(e^x+1)-2f(x)e^x}{(e^x+1)^3}$$

（분모, 분자에 공통으로 있는 (e^x+1)을 약분）

Step 2 $g'(0)$의 값을 구한다.

이때 $f'(0)-f(0)=2$이므로

$$g'(0)=\frac{f'(0)(e^0+1)-2f(0)\times e^0}{(e^0+1)^3}$$

$$=\frac{2f'(0)-2f(0)}{8}$$

$$=\frac{f'(0)-f(0)}{4}=\frac{1}{2}$$

002　　　　정답 12

함수 $f(x)=(3x+e^x)^3$에 대하여 $f'(0)$의 값을 구하시오. (3점)

Step 1 합성함수의 미분법을 이용한다.

（$f(x)=\{g(x)\}^n$일 때, $f'(x)=n\{g(x)\}^{n-1}\cdot g'(x)$）

$f(x)=(3x+e^x)^3$이므로

$f'(x)=3(3x+e^x)^2\cdot(3+e^x)$

$\therefore f'(0)=3\cdot 1^2\cdot 4=12$

003 [정답률 85%]　　　　정답 ②

매개변수 t로 나타내어진 곡선

$$x=t+\cos 2t,\ y=\sin^2 t$$

에서 $t=\dfrac{\pi}{4}$일 때, $\dfrac{dy}{dx}$의 값은? (3점)

① -2　　② -1　　③ 0

④ 1　　⑤ 2

Step 1 $\dfrac{dy}{dx}$를 구한다.

$$\frac{dx}{dt}=1-2\sin 2t,\ \frac{dy}{dt}=2\sin t\cos t$$

$$\therefore \frac{dy}{dx}=\frac{\dfrac{dy}{dt}}{\dfrac{dx}{dt}}=\frac{2\sin t\cos t}{1-2\sin 2t}\ (단,\ 1-2\sin 2t\neq 0)$$

따라서 $t=\dfrac{\pi}{4}$일 때 $\dfrac{dy}{dx}=\dfrac{2\sin\dfrac{\pi}{4}\cos\dfrac{\pi}{4}}{1-2\sin\dfrac{\pi}{2}}=-1$

$$=\frac{2\times\dfrac{\sqrt{2}}{2}\times\dfrac{\sqrt{2}}{2}}{1-2\times 1}=\frac{1}{-1}$$

004 [정답률 89%]　　　　정답 ②

곡선 $3x+y+\cos(xy)=2$ 위의 점 $(0,\ 1)$에서의 접선의 x절편은? (3점)

① $\dfrac{1}{6}$　　② $\dfrac{1}{3}$　　③ $\dfrac{1}{2}$

④ $\dfrac{2}{3}$　　⑤ $\dfrac{5}{6}$

Step 1 주어진 식의 양변을 x에 대하여 미분한다.

$3x+y+\cos(xy)=2$의 양변을 x에 대하여 미분하면

$$3+\frac{dy}{dx}-\sin(xy)\times\left(y+x\frac{dy}{dx}\right)=0$$

$x=0$, $y=1$에서의 $\dfrac{dy}{dx}$의 값을 구하기 위해 위 식에 $x=0$, $y=1$을 대입하면 → 접선의 기울기

$3+\dfrac{dy}{dx}=0$ $\therefore \dfrac{dy}{dx}=-3$ → 기울기가 -3이고 점 $(0,1)$을 지나는 직선의 방정식

따라서 구하는 접선의 방정식은 $y=-3x+1$

$-3x+1=0$에서 $x=\dfrac{1}{3}$이므로 이 접선의 x절편은 $\dfrac{1}{3}$이다.

005 [정답률 89%]　　　　　　　　정답 ③

함수 $f(x)=e^{x^3+2x-2}$의 역함수를 $g(x)$라 할 때, $g'(e)$의 값은? (3점)

① $\dfrac{1}{e}$　　　② $\dfrac{1}{3e}$　　　③ $\dfrac{1}{5e}$

④ $\dfrac{1}{7e}$　　　⑤ $\dfrac{1}{9e}$

Step 1 역함수의 미분을 이용한다.

함수 $f(x)=e^{x^3+2x-2}$의 역함수 $g(x)$에 대하여

$g(e)=t$라 하면 $f(t)=e$

즉, $f(t)=e^{t^3+2t-2}=e$에서 $t^3+2t-2=1$이므로

$t^3+2t-3=(t-1)(t^2+t+3)=0$　$\therefore t=1$

따라서 $g(e)=1$이다.

$\begin{array}{r|rrrr} 1 & 1 & 0 & 2 & -3 \\ & & 1 & 1 & 3 \\ \hline & 1 & 1 & 3 & 0 \end{array}$　$\begin{array}{l}\therefore t^3+2t-3 \\ =(t-1)(t^2+t+3)\end{array}$

함수 $f(x)$의 도함수를 구하면

$f'(x)=(3x^2+2)e^{x^3+2x-2}$　→ $\begin{array}{l}f'(1)=(3\cdot1^2+2)e^{1^3+2\cdot1-2}\\=5e\end{array}$

$\therefore g'(e)=\dfrac{1}{f'(1)}=\dfrac{1}{5e}$

→ $g'(e)=\dfrac{1}{f'(g(e))}=\dfrac{1}{f'(t)}=\dfrac{1}{f'(1)}$

006 [정답률 87%]　　　　　　　　정답 ①

함수 $f(x)=\sin 2x$에 대하여 $f''\left(\dfrac{\pi}{4}\right)$의 값은? (2점)

① -4　　　② -2　　　③ 0

④ 2　　　⑤ 4

Step 1 $f(x)$의 이계도함수를 구한다.

$f(x)=\sin 2x$에서 $f'(x)=2\cos 2x$

$f''(x)=-4\sin 2x$이므로 $f''\left(\dfrac{\pi}{4}\right)=-4\sin\dfrac{\pi}{2}=-4$

→ $=1$

007 [정답률 88%]　　　　　　　　정답 ①

함수 $f(x)=\dfrac{1}{x-2}$에 대하여 $\displaystyle\lim_{h\to 0}\frac{f(a+h)-f(a)}{h}=-\dfrac{1}{4}$을 만족시키는 양수 a의 값은? (3점) →$=f'(a)$

① 4　　　② $\dfrac{9}{2}$　　　③ 5

④ $\dfrac{11}{2}$　　　⑤ 6

Step 1 함수의 몫의 미분을 이용한다.

$\displaystyle\lim_{h\to 0}\frac{f(a+h)-f(a)}{h}=f'(a)=-\dfrac{1}{4}$

→ 미분계수의 정의이니까 꼭 기억해.

함수 $f(x)=\dfrac{1}{x-2}$을 x에 대하여 미분하면

$f'(x)=-\dfrac{1}{(x-2)^2}$　→ $(x-2)^{-1}$이라고 생각하고 미분해도 돼.

$f'(a)=-\dfrac{1}{(a-2)^2}=-\dfrac{1}{4}$에서

$(a-2)^2=4$, $a-2=\pm 2$

$\therefore a=4$ 또는 $a=0$

이때 a는 양수이므로 $a=4$

008 [정답률 83%]　　　　　　　　정답 16

→ 함수의 몫의 미분법을 이용해.

함수 $f(x)=\dfrac{x}{x^2+x+8}$에 대하여 부등식 $f'(x)>0$의 해가 $\alpha<x<\beta$일 때, $\alpha^2+\beta^2$의 값을 구하시오. (3점)

Step 1 함수의 몫의 미분법을 이용한다.

$f(x)=\dfrac{x}{x^2+x+8}$에서　$\left\{\dfrac{f(x)}{g(x)}\right\}'=\dfrac{f'(x)g(x)-f(x)g'(x)}{\{g(x)\}^2}$

$f'(x)=\dfrac{(x^2+x+8)-x(2x+1)}{(x^2+x+8)^2}$

$=\dfrac{-x^2+8}{(x^2+x+8)^2}>0$　$\begin{array}{l}x^2+x+8=\left(x+\frac{1}{2}\right)^2+\frac{31}{4}\geq\frac{31}{4}$이므로\\ 항상 $(x^2+x+8)^2>0$임을 알 수 있어.\end{array}$

이때 $(x^2+x+8)^2>0$이므로 $-x^2+8>0$

$x^2<8$, $-2\sqrt{2}<x<2\sqrt{2}$　，　$-2\sqrt{2}<x<2\sqrt{2}\Leftrightarrow \alpha<x<\beta$

$\therefore \alpha=-2\sqrt{2}$, $\beta=2\sqrt{2}$

$\therefore \alpha^2+\beta^2=(-2\sqrt{2})^2+(2\sqrt{2})^2=8+8=16$

009 [정답률 89%]　　　　　　　　정답 ①

함수 $f(x)=\dfrac{e^x}{x}$에 대하여 $f'(2)$의 값은? (2점)

① $\dfrac{e^2}{4}$　　　② $\dfrac{e^2}{2}$　　　③ e^2

④ $2e^2$　　　⑤ $4e^2$

Step 1 함수의 몫의 미분법을 이용한다.

함수 $f(x)=\dfrac{e^x}{x}$ 에 대하여

$f'(x)=\dfrac{e^x\cdot x-e^x\cdot 1}{x^2}=\dfrac{e^x(x-1)}{x^2}$

두 함수 $f(x), g(x)(g(x)\neq 0)$가 미분가능할 때
$$\left\{\dfrac{f(x)}{g(x)}\right\}'=\dfrac{f'(x)g(x)-f(x)g'(x)}{\{g(x)\}^2}$$

$\therefore f'(2)=\dfrac{e^2(2-1)}{2^2}=\dfrac{e^2}{4}$

🔅 알아야 할 기본개념

함수의 몫의 미분법 → 기본적인 개념이니까 반드시 알아둬.

미분가능한 두 함수 $f(x), g(x)$ (단, $g(x)\neq 0$)에 대하여

$h(x)=\dfrac{f(x)}{g(x)}$ 일 때,

$h'(x)=\dfrac{f'(x)g(x)-f(x)g'(x)}{\{g(x)\}^2}$

Step 1 함수의 몫의 미분법을 이용하여 $g'(x)$를 구한다.

$g(x)=\dfrac{f(x)}{e^{x-2}}$ 에서

두 함수 $f(x), g(x)(g(x)\neq 0)$가 미분가능할 때
$$\left\{\dfrac{1}{g(x)}\right\}'=-\dfrac{g'(x)}{\{g(x)\}^2},$$

$g'(x)=\dfrac{f'(x)e^{x-2}-f(x)e^{x-2}}{(e^{x-2})^2}$　$\left\{\dfrac{f(x)}{g(x)}\right\}'=\dfrac{f'(x)g(x)-f(x)g'(x)}{\{g(x)\}^2}$

$=\dfrac{f'(x)-f(x)}{e^{x-2}}$ → 실수 전체의 집합에서 e^{x-2}은 항상 양수이므로 약분

Step 2 $x\to 2$일 때 극한값이 존재하고 (분모)$\to 0$이므로 (분자)$\to 0$ 이어야 함을 이용한다.

$\displaystyle\lim_{x\to 2}\dfrac{f(x)-3}{x-2}=5$에서 $x\to 2$일 때 극한값이 존재하고 (분모)$\to 0$ 이므로 (분자)$\to 0$이어야 한다.

즉, $\underline{f(2)=3}$이고, $\displaystyle\lim_{x\to 2}\dfrac{f(x)-f(2)}{x-2}=f'(2)=5$

$\displaystyle\lim_{x\to 2}\{f(x)-3\}=0$이기 때문이야.

$\therefore g'(2)=\dfrac{f'(2)-f(2)}{e^0}=5-3=2$

$e^0=1$

---

010 [정답률 90%]　　　　　정답 8

> 함수 $f(x)=\dfrac{x^2-2x-6}{x-1}$ 에 대하여 $f'(0)$의 값을 구하시오.
> (3점)

Step 1 몫의 미분법을 이용한다.

함수 $f(x)$를 미분하면　→ $=(x^2-2x-6)'$　→ $=(x-1)'$

$f'(x)=\dfrac{(2x-2)(x-1)-(x^2-2x-6)\times 1}{(x-1)^2}$

$=\dfrac{x^2-2x+8}{(x-1)^2}$

$\therefore f'(0)=\dfrac{8}{(-1)^2}=8$

012　　　　　정답 ③

> 함수 $f(x)=\dfrac{e^x}{\sin x+\cos x}$ 에 대하여 $-\dfrac{\pi}{4}<x<\dfrac{3}{4}\pi$에서
> 방정식 $f(x)-f'(x)=0$의 실근은? (3점)
>
> ① $-\dfrac{\pi}{6}$　　② $\dfrac{\pi}{6}$　　③ $\dfrac{\pi}{4}$
>
> ④ $\dfrac{\pi}{3}$　　⑤ $\dfrac{\pi}{2}$

Step 1 몫의 미분법을 사용하여 방정식 $f(x)-f'(x)=0$의 실근을 구한다.

$f(x)=\dfrac{e^x}{\sin x+\cos x}$ 에서

$f'(x)=\dfrac{e^x(\sin x+\cos x)-e^x(\cos x-\sin x)}{(\sin x+\cos x)^2}$

$=\dfrac{2e^x\sin x}{(\sin x+\cos x)^2}$

방정식 $f(x)-f'(x)=0$에서 $f(x)=f'(x)$

$\dfrac{e^x}{\sin x+\cos x}=\dfrac{2e^x\sin x}{(\sin x+\cos x)^2}$,　$\sin x+\cos x=2\sin x$

$\cos x=\sin x$　　$\therefore \underline{\tan x=1}$　→ $\dfrac{\sin x}{\cos x}$

→ 양변에 $\dfrac{(\sin x+\cos x)^2}{e^x}$을 곱했어.

따라서 $-\dfrac{\pi}{4}<x<\dfrac{3}{4}\pi$에서 $\tan x=1$을 만족시키는 x의 값은 $\dfrac{\pi}{4}$이다.

---

011 [정답률 94%]　　　　　정답 ②

> 실수 전체의 집합에서 미분가능한 함수 $f(x)$에 대하여
> 함수 $g(x)$를　→ 미분계수의 정의를 이용하기 위해서는 $f(2)=3$
> $$g(x)=\dfrac{f(x)}{e^{x-2}}$$
> 라 하자. $\displaystyle\lim_{x\to 2}\dfrac{f(x)-3}{x-2}=5$일 때, $g'(2)$의 값은? (3점)
>
> ① 1　　② 2　　③ 3
>
> ④ 4　　⑤ 5
>
> → 주어진 $g(x)$의 도함수를 구해.

013 [정답률 83%] 정답 ④

실수 전체의 집합에서 미분가능한 함수 $f(x)$에 대하여 함수 $g(x)$를

$$g(x)=\frac{f(x)\cos x}{e^x}$$

라 하자. $g'(\pi)=e^{\pi}g(\pi)$일 때, $\dfrac{f'(\pi)}{f(\pi)}$의 값은?

(단, $f(\pi)\neq 0$) (4점)

① $e^{-2\pi}$ ② 1 ③ $e^{-\pi}+1$

④ $e^{\pi}+1$ ⑤ $e^{2\pi}$

Step 1 함수의 몫의 미분법을 이용하여 $g'(x)$를 구한 후 $x=\pi$를 대입한다.

$$g'(x)=\frac{\{f'(x)\cos x-f(x)\sin x\}\,e^x-f(x)\cos x\cdot e^x}{e^{2x}}$$

$$=\frac{f'(x)\cos x-f(x)\sin x-f(x)\cos x}{e^x}$$

$\left\{\dfrac{f(x)}{g(x)}\right\}'=\dfrac{f'(x)g(x)-f(x)g'(x)}{\{g(x)\}^2}$

$$g'(\pi)=\frac{f'(\pi)\underset{=-1}{\cos\pi}-f(\pi)\underset{=0}{\sin\pi}-f(\pi)\underset{=-1}{\cos\pi}}{e^{\pi}}$$

$$=\frac{-f'(\pi)+f(\pi)}{e^{\pi}}$$

$g'(\pi)=e^{\pi}g(\pi)$이고 $g(\pi)=\dfrac{f(\pi)\cos\pi}{e^{\pi}}=-\dfrac{f(\pi)}{e^{\pi}}$이므로

$$\frac{-f'(\pi)+f(\pi)}{e^{\pi}}=e^{\pi}\left\{-\frac{f(\pi)}{e^{\pi}}\right\}$$

$$-f'(\pi)+f(\pi)=-e^{\pi}f(\pi)$$

$$(e^{\pi}+1)f(\pi)=f'(\pi)$$

$$\therefore \frac{f'(\pi)}{f(\pi)}=e^{\pi}+1$$

★ 다른 풀이   양변에 자연로그를 취하여 미분하는 풀이

Step 1 주어진 식의 양변에 자연로그를 취한 후 x에 대하여 각각 미분한다.

$g(x)=\dfrac{f(x)\cos x}{e^x}$의 양변에 자연로그를 취하면

진수가 양수여야 해.

$$\ln|g(x)|=\ln|f(x)|+\ln|\cos x|-\ln e^x$$

$$=\ln|f(x)|+\ln|\cos x|-x$$

$\ln\dfrac{ab}{c}=\ln(a\times b\div c)$
$=\ln a+\ln b-\ln c$

위 등식의 양변을 x에 대하여 미분하면

$$\frac{g'(x)}{g(x)}=\frac{f'(x)}{f(x)}+\frac{-\sin x}{\cos x}-1$$

$x=\pi$를 대입하면

$$\frac{g'(\pi)}{g(\pi)}=\frac{f'(\pi)}{f(\pi)}-\frac{\sin\pi}{\cos\pi}-1$$

$\sin\pi=0$

$$=\frac{f'(\pi)}{f(\pi)}-1 \quad\cdots\cdots\ \bigcirc$$

이때 $g'(\pi)=e^{\pi}g(\pi)$이므로

$$\frac{g'(\pi)}{g(\pi)}=e^{\pi} \quad\cdots\cdots\ \bigcirc\!\!\bigcirc$$

$\bigcirc$, $\bigcirc\!\!\bigcirc$에 의하여

$$\frac{f'(\pi)}{f(\pi)}-1=e^{\pi}$$

$$\therefore \frac{f'(\pi)}{f(\pi)}=e^{\pi}+1$$

014 [정답률 82%] 정답 ②

1보다 큰 실수 t에 대하여 그림과 같이 점 $P\left(t+\dfrac{1}{t},\ 0\right)$에서 원 $x^2+y^2=\dfrac{1}{2t^2}$에 접선을 그었을 때, 원과 접선이 제1사분면에서

(반지름의 길이)$=\dfrac{1}{\sqrt{2t}}$

만나는 점을 Q, 원 위의 점 $\left(0,\ -\dfrac{1}{\sqrt{2t}}\right)$을 R이라 하자.

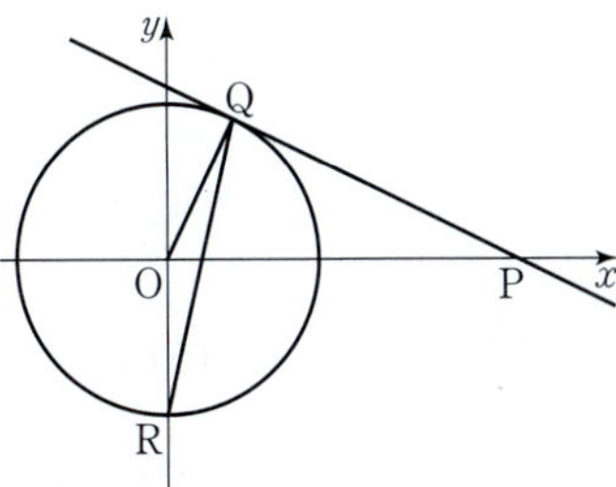

$\overline{OP}\times\overline{OQ}$를 $f(t)$라 할 때, $f'(\sqrt{2})$의 값은?

이 값을 t에 대한 식으로 나타내야 해.

(단, O는 원점이다.) (3점)

① -1 ② $-\dfrac{1}{2}$ ③ $-\dfrac{1}{4}$

④ $-\dfrac{1}{8}$ ⑤ $-\dfrac{1}{16}$

Step 1 $f(t)$를 구한다.

원의 반지름의 길이

$\overline{OP}=t+\dfrac{1}{t}$, $\overline{OQ}=\dfrac{1}{\sqrt{2t}}$이므로

$$f(t)=\overline{OP}\times\overline{OQ}=\left(t+\frac{1}{t}\right)\times\frac{1}{\sqrt{2t}}=\frac{1}{\sqrt{2}}+\frac{1}{\sqrt{2t^2}}=\frac{1}{\sqrt{2}}\left(1+\frac{1}{t^2}\right)$$

Step 2 $f'(\sqrt{2})$의 값을 구한다.

$\left(\dfrac{1}{t^2}\right)'=(t^{-2})'=(-2)\times t^{-3}=-\dfrac{2}{t^3}$

$$f'(t)=\frac{1}{\sqrt{2}}\times\left(-\frac{2}{t^3}\right)=-\frac{\sqrt{2}}{t^3} \qquad \therefore f'(\sqrt{2})=-\frac{\sqrt{2}}{2\sqrt{2}}=-\frac{1}{2}$$

015 [정답률 77%] 정답 ②

그림과 같이 $\overline{BC}=1$, $\angle ABC=\dfrac{\pi}{3}$, $\angle ACB=2\theta$인 삼각형 ABC에 내접하는 원의 반지름의 길이를 $r(\theta)$라 하자.

$h(\theta)=\dfrac{r(\theta)}{\tan\theta}$일 때, $h'\left(\dfrac{\pi}{6}\right)$의 값은? $\left(\text{단, }0<\theta<\dfrac{\pi}{3}\right)$ (3점)

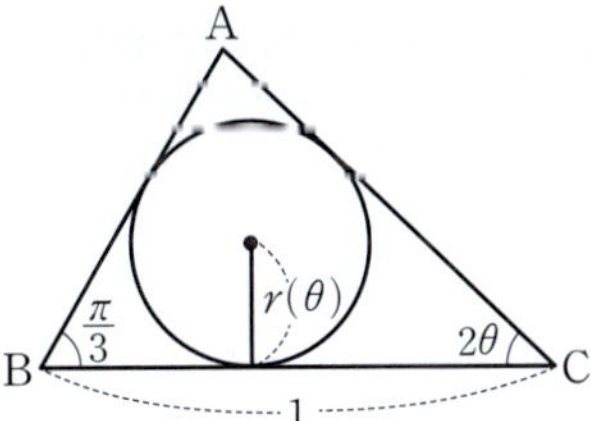

① $-\sqrt{3}$ ② $-\dfrac{\sqrt{3}}{3}$ ③ $\dfrac{\sqrt{3}}{6}$

④ $\dfrac{\sqrt{3}}{3}$ ⑤ $\sqrt{3}$

→ 삼각형에 내접하는 원의 중심이야.

Step 1 삼각형의 내심의 성질을 이용한다.

삼각형 ABC에 내접하는 원의 중심을 O라 하고
점 O에서 변 BC에 내린 수선의 발을 H라 하면
점 O는 삼각형 ABC의 내심이므로

$$\angle OBH = \frac{1}{2}\angle ABH = \frac{\pi}{6}$$

→ 삼각형의 내심은 삼각형의 세 내각의 이등분선의 교점이야.

$$= \frac{\pi}{3}$$

$$\angle OCH = \frac{1}{2}\angle ACH = \theta$$

$$= 2\theta$$

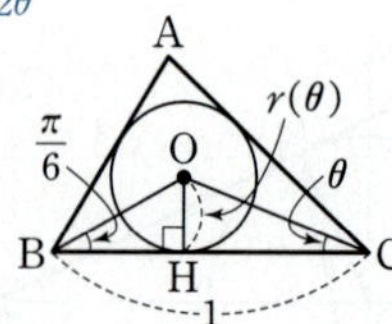

$$\frac{\overline{OH}}{\overline{BH}} = \tan\frac{\pi}{6} \text{에서 } \frac{r(\theta)}{\overline{BH}} = \frac{1}{\sqrt{3}} \text{이므로 } \overline{BH} = \sqrt{3}\,r(\theta)$$

$$\frac{\overline{OH}}{\overline{CH}} = \tan\theta \text{에서 } \frac{r(\theta)}{\overline{CH}} = \tan\theta \text{이므로 } \overline{CH} = \frac{r(\theta)}{\tan\theta}$$

이때 $\overline{BH} + \overline{CH} = \overline{BC}$이므로

$$\sqrt{3}\,r(\theta) + \frac{r(\theta)}{\tan\theta} = 1$$

$$\overline{BC} = 1$$

$$r(\theta) \times \frac{\sqrt{3}\tan\theta + 1}{\tan\theta} = 1$$

$$\therefore r(\theta) = \frac{\tan\theta}{\sqrt{3}\tan\theta + 1}$$

Step 2 $h(\theta)$를 구하여 $h'\left(\frac{\pi}{6}\right)$의 값을 구한다.

$$h(\theta) = \frac{r(\theta)}{\tan\theta} = \frac{1}{\tan\theta} \times \frac{\tan\theta}{\sqrt{3}\tan\theta + 1} = \frac{1}{\sqrt{3}\tan\theta + 1}$$

$h(\theta)$를 θ에 대하여 미분하면

$$= r(\theta)$$

$$h'(\theta) = -\frac{\sqrt{3}\sec^2\theta}{(\sqrt{3}\tan\theta + 1)^2}$$

$$\left\{\frac{1}{f(x)}\right\}' = -\frac{f'(x)}{\{f(x)\}^2}$$

$$\therefore h'\left(\frac{\pi}{6}\right) = -\frac{\sqrt{3} \times \left(\frac{2}{\sqrt{3}}\right)^2}{\left(\sqrt{3} \times \frac{1}{\sqrt{3}} + 1\right)^2} = -\frac{\sqrt{3}}{3}$$

$$\sec\frac{\pi}{6} = \frac{1}{\cos\frac{\pi}{6}} = \frac{2}{\sqrt{3}} \text{이고}$$

$$\tan\frac{\pi}{6} = \frac{1}{\sqrt{3}}$$

016 [정답률 84%] 정답 49

함수 $f(x) = x^3 + 4\sqrt{x}$에 대하여 $f'(4)$의 값을 구하시오.
(3점)

Step 1 x^n 꼴의 미분법을 이용한다.

함수 $f(x) = x^3 + 4\sqrt{x}$를 x에 대하여 미분하면

$$f'(x) = 3x^2 + 2x^{-\frac{1}{2}} = 3x^2 + \frac{2}{\sqrt{x}}$$

$x^{\frac{1}{2}}$이라 생각하고 미분

$$\therefore f'(4) = 48 + 1 = 49$$

017 [정답률 90%] 정답 6

함수 $f(x) = x\sqrt{x}$에 대하여 $f'(16)$의 값을 구하시오. (3점)

→ $f(x) = x^n$ (n은 실수)의 꼴로 바꿔.

Step 1 미분법을 이용한다.

$$f(x) = x\sqrt{x} = x \times x^{\frac{1}{2}} = x^{\frac{3}{2}} \text{에서}$$

$$f'(x) = \frac{3}{2} \times x^{\frac{1}{2}} = \frac{3}{2}\sqrt{x} \text{이므로}$$

$$f'(16) = \frac{3}{2} \times \sqrt{16} = \frac{3}{2} \times 4 = 6$$

018 [정답률 93%] 정답 ③

함수 $f(x) = e^{3x-2}$에 대하여 $f'(1)$의 값은? (2점)

① e ② $2e$ ③ $3e$
④ $4e$ ⑤ $5e$

Step 1 지수함수의 미분을 이용한다.

함수 $f(x) = e^{3x-2}$을 x에 대하여 미분하면

$$f'(x) = e^{3x-2} \times (3x-2)'$$

$$= 3e^{3x-2}$$

→ 합성함수의 미분 이용!

$$\therefore f'(1) = 3e^{3-2} = 3e$$

019 [정답률 95%] 정답 12

함수 $f(x) = 4e^{3x-3}$에 대하여 $f'(1)$의 값을 구하시오. (3점)

Step 1 함수 $f(x)$의 도함수 $f'(x)$를 구한다.

$$f(x) = 4e^{3x-3} \text{에서 } f'(x) = 4e^{3x-3} \times 3 = 12e^{3x-3}$$

$$\therefore f'(1) = 12e^0 = 12$$

$$e^0 = 1$$

020 [정답률 82%] 정답 3

함수 $f(x) = e^{3x-3} + 1$에 대하여 $f'(1)$의 값을 구하시오.
(3점)

Step 1 합성함수의 미분을 이용한다.

$$f(x) = e^{3x-3} + 1 \text{에서}$$

$$f'(x) = 3e^{3x-3}$$

$$\therefore f'(1) = 3 \times e^{3-3} = 3e^0 \rightarrow e^0 = 1$$

$$= 3$$

021 [정답률 97%]   정답 ③

함수 $f(x)=(2e^x+1)^3$에 대하여 $f'(0)$의 값은? (3점)

① 48   ② 51   ✔ 54
④ 57   ⑤ 60

$g(x)=x^3,\ u(x)=2e^x+1$일 때, $f(x)=g(u(x))$이고
합성함수의 미분법에 의하여 $f'(x)=g'(u(x))u'(x)$

Step 1 합성함수와 지수함수의 미분을 이용한다.

$f(x)=(2e^x+1)^3$에서

① 합성함수의 미분
$y=f(g(x))$이면 $y'=f'(g(x))g'(x)$
② 지수함수의 미분
$y=e^x$이면 $y'=e^x$
$y=a^x$이면 $y'=a^x\ln a$

$f'(x)=3(2e^x+1)^2\times 2e^x$

이므로

$$f'(0)=3(2+1)^2\times 2$$
$$=3\times 3^2\times 2$$
$$=54$$

022 [정답률 92%]   정답 2

함수 $f(x)=x\ln(2x-1)$에 대하여 $f'(1)$의 값을 구하시오.

(3점)

Step 1 함수 $f(x)$를 미분한 후, $x=1$을 대입한다.

$f(x)=x\ln(2x-1)$에서

$$f'(x)=\ln(2x-1)+x\times\frac{2}{2x-1}=\ln(2x-1)+\frac{2x}{2x-1}$$

$$\therefore\ f'(1)=\ln 1+\frac{2}{1}=2$$

$\{\ln|f(x)|\}'=\dfrac{f'(x)}{f(x)}$

023 [정답률 95%]   정답 1

함수 $f(x)=\ln(x^2+1)$에 대하여 $f'(1)$의 값을 구하시오. (3점)

Step 1 $f(x)$를 미분하여 $f'(x)$를 구한다.

$f(x)=\ln(x^2+1)$을 미분하면

$y=\ln f(x)$일 때
$\dfrac{dy}{dx}=\dfrac{f'(x)}{f(x)}$

$$f'(x)=\frac{(x^2+1)'}{x^2+1}=\frac{2x}{x^2+1}$$

Step 2 $f'(1)$을 구한다.

$f'(x)$에 x 대신 1을 대입하면

$$f'(1)=\frac{2\times 1}{1^2+1}=\frac{2}{2}=1$$

로그함수의 도함수($a>0,\ a\neq 1,\ x>0$일 때)
① $y=\ln x\Rightarrow y'=\dfrac{1}{x}$
② $y=\log_a x\Rightarrow y'=\dfrac{1}{x}\cdot\dfrac{1}{\ln a}$
③ $y=\ln|f(x)|\Rightarrow y'=\dfrac{f'(x)}{f(x)}$
④ $y=\log_a|f(x)|\Rightarrow y'=\dfrac{f'(x)}{f(x)}\cdot\dfrac{1}{\ln a}$

024 [정답률 93%]   정답 1

함수 $f(x)=-\cos^2 x$에 대하여 $f'\left(\dfrac{\pi}{4}\right)$의 값을 구하시오.
(3점)

Step 1 삼각함수의 미분계수를 이용한다.

$f(x)=-\cos^2 x$에서

$$f'(x)=(-\cos^2 x)'$$
$$=-2\cos x\times(\cos x)'$$
$$=-2\cos x\times(-\sin x)$$
$$=2\sin x\cos x$$

$$\therefore f'\left(\frac{\pi}{4}\right)=2\sin\frac{\pi}{4}\cos\frac{\pi}{4}$$
$$=2\times\frac{\sqrt{2}}{2}\times\frac{\sqrt{2}}{2}$$
$$=1$$

025 [정답률 94%]   정답 8

함수 $f(x)=\cos x+4e^{2x}$에 대하여 $f'(0)$의 값을 구하시오.
(3점)

Step 1 삼각함수와 지수함수의 도함수를 이용하여 $f'(x)$를 구한다.

$f(x)=\cos x+4e^{2x}$에서

$(4e^{2x})'=4\cdot(e^{2x})'=4\cdot(2x)'\cdot e^{2x}=8\cdot e^{2x}$

$$f'(x)=-\sin x+8e^{2x}$$
$$\therefore\ f'(0)=-\sin 0+8e^0=8$$

💡 알아야 할 기본개념

지수함수의 도함수

(1) $y=e^x$
    $\Rightarrow y'=e^x$
(2) $y=a^x$ (단, $a>0,\ a\neq 1$)
    $\Rightarrow y'=a^x\ln a$

삼각함수의 도함수

(1) $(\sin x)'=\cos x$ (2) $(\cos x)'=-\sin x$
(3) $(\tan x)'=\sec^2 x$ (4) $(\sec x)'=\sec x\tan x$
(5) $(\csc x)'=-\csc x\cot x$ (6) $(\cot x)'=-\csc^2 x$

미분계수의 정의를 이용한 풀이

$$f'(0)=\lim_{h\to 0}\frac{f(h)-f(0)}{h}$$

$$f'(0)=\lim_{h\to 0}\frac{\cos h-1+4(e^{2h}-1)}{h}$$

$$f'(0)=\lim_{h\to 0}\frac{-2\sin^2\frac{h}{2}}{h^2}\cdot h+\lim_{h\to 0}\frac{2\cdot 4(e^{2h}-1)}{2h}$$

$$f'(0)=0+8=8\left(\because 1-\cos h=2\sin^2\frac{h}{2}\right)$$

$(\sin ax)'=\cos ax\cdot(ax)'=a\cdot\cos ax$
$(\cos ax)'=-\sin ax\cdot(ax)'=-a\cdot\sin ax$
$(\tan ax)'=\sec^2 ax\cdot(ax)'=a\cdot\sec^2 ax$
$(\sec ax)'=\sec ax\tan ax\cdot(ax)'=a\cdot\sec ax\tan ax$
$(\csc ax)'=-\csc ax\cot ax\cdot(ax)'=-a\cdot\csc ax\cot ax$
$(\cot ax)'=-\csc^2 ax\cdot(ax)'=-a\cdot\csc^2 ax$

026 [정답률 93%]   정답 28

함수 $f(x)=4\sin 7x$에 대하여 $f'(2\pi)$의 값을 구하시오.
(3점)

Step 1 함수 $f(x)$의 도함수를 구한다.

$=(7x)'$

$$f'(x)=4\times 7\cos 7x=28\cos 7x$$
$$\therefore\ f'(2\pi)=28\cos(7\times 2\pi)=28$$

$\cos 2n\pi=1$ (단, n은 정수)

027 [정답률 93%]   정답 3

함수 $f(x)=\sin(3x-6)$에 대하여 $f'(2)$의 값을 구하시오.
(3점)

Step 1 삼각함수의 미분을 이용한다.

함수 $f(x)=\sin(3x-6)$을 미분하면

$f'(x)=\cos(3x-6)\times 3=3\cos(3x-6)$ $\llcorner\; =(3x-6)'$

$\therefore\; f'(2)=3\cos 0=3$

028 [정답률 74%]   정답 48

함수 $f(x)=6\tan 2x$에 대하여 $f'\!\left(\dfrac{\pi}{6}\right)$의 값을 구하시오. (3점)

Step 1 함수 $f(x)$를 미분하여 $f'\!\left(\dfrac{\pi}{6}\right)$의 값을 구한다.

$f'(x)=12\sec^2 2x$이므로 $x=\dfrac{\pi}{6}$를 대입하면

$y=\tan x$를 미분하면 $y'=\sec^2 x$

$f'\!\left(\dfrac{\pi}{6}\right)=12\sec^2\dfrac{\pi}{3}=12\times\dfrac{1}{\cos^2\dfrac{\pi}{3}}$

$\qquad =12\times 4=48$ $\llcorner\;\cos\dfrac{\pi}{3}=\dfrac{1}{2},\;\cos^2\dfrac{\pi}{3}=\left(\dfrac{1}{2}\right)^2=\dfrac{1}{4}$

$\llcorner$ 합성함수의 미분법을 사용했어.
$f(x)=6\tan 2x$
$f'(x)=6\sec^2 2x\cdot(2x)'=6\sec^2 2x\cdot 2=12\sec^2 2x$

029 [정답률 87%]   정답 ③

함수 $f(x)=\dfrac{x}{2}+2\sin x$에 대하여 함수 $g(x)$를

$g(x)=(f\circ f)(x)$라 할 때, $g'(\pi)$의 값은? (3점)

$\llcorner$ 합성함수의 미분법을 이용해야 해.

① -1 ② $-\dfrac{7}{8}$ ✓ $-\dfrac{3}{4}$

④ $-\dfrac{5}{8}$ ⑤ $-\dfrac{1}{2}$

Step 1 합성함수의 미분법을 이용한다.

$g(x)=(f\circ f)(x)$에서 $g'(x)=f'(f(x))\times f'(x)$

$f(x)=\dfrac{x}{2}+2\sin x$에서 $f'(x)=\dfrac{1}{2}+2\cos x$

$f(\pi)=\dfrac{\pi}{2}+2\sin\pi=\dfrac{\pi}{2},\; f'(\pi)=\dfrac{1}{2}+2\cos\pi=\dfrac{1}{2}-2=-\dfrac{3}{2},$

$f'\!\left(\dfrac{\pi}{2}\right)=\dfrac{1}{2}+2\cos\dfrac{\pi}{2}=\dfrac{1}{2}$

$\therefore\; g'(\pi)=f'(f(\pi))\times f'(\pi)=f'\!\left(\dfrac{\pi}{2}\right)\times f'(\pi)$

$\qquad =\dfrac{1}{2}\times\left(-\dfrac{3}{2}\right)=-\dfrac{3}{4}$ $\llcorner\; f(\pi)=\dfrac{\pi}{2}$

💡 알아야 할 기본개념

미분가능한 두 함수 $y=f(u)$, $u=g(x)$에 대하여 합성함수
$y=f(g(x))$의 도함수는 $y'=f'(g(x))g'(x)$

030 [정답률 85%]   정답 2

함수 $f(x)=\sqrt{x^3+1}$에 대하여 $f'(2)$의 값을 구하시오. (3점)

$\llcorner\; =(x^3+1)^{\frac{1}{2}}$

Step 1 합성함수의 미분을 이용한다.

함수 $f(x)=\sqrt{x^3+1}$을 x에 대하여 미분하면

$f'(x)=\dfrac{1}{2\sqrt{x^3+1}}\times 3x^2$ $\longrightarrow f(x)=\sqrt{x^3+1}=(x^3+1)^{\frac{1}{2}}$에서

$\qquad =\dfrac{3x^2}{2\sqrt{x^3+1}}$ $f'(x)=\dfrac{1}{2}(x^3+1)^{-\frac{1}{2}}\times 3x^2$ 임을 이용한 거야.

$\therefore\; f'(2)=\dfrac{3\times 2^2}{2\times\sqrt{2^3+1}}=\dfrac{12}{6}=2$

031 [정답률 84%]   정답 ①

함수 $f(x)=\tan 2x+3\sin x$에 대하여

$\displaystyle\lim_{h\to 0}\dfrac{f(\pi+h)-f(\pi-h)}{h}$의 값은? (3점)

$\llcorner$ 미분계수의 정의를 이용!

✓ -2 ② -4 ③ -6

④ -8 ⑤ -10

Step 1 주어진 극한을 미분계수로 나타낸다.

$\displaystyle\lim_{h\to 0}\dfrac{f(\pi+h)-f(\pi-h)}{h}$

$\displaystyle=\lim_{h\to 0}\dfrac{\{f(\pi+h)-f(\pi)\}-\{f(\pi-h)-f(\pi)\}}{h}$

$\displaystyle=\lim_{h\to 0}\left\{\dfrac{f(\pi+h)-f(\pi)}{h}+\dfrac{f(\pi-h)-f(\pi)}{-h}\right\}$

$\qquad\qquad\qquad\qquad\qquad \llcorner$ 같은 값으로 맞춰주어야 해.

$=f'(\pi)+f'(\pi)$

$=2f'(\pi)$ $\llcorner$ 함수 $f(x)$가 $x=\pi$에서 미분가능하기 때문에 이와 같이 쓸 수 있는 거야.

Step 2 $2f'(\pi)$의 값을 구한다.

$f(x)=\tan 2x+3\sin x$에서

$f'(x)=2\sec^2 2x+3\cos x$이므로 $\llcorner(2x)'$

$f'(\pi)=2\sec^2(2\pi)+3\cos\pi$ $\sec^2(2\pi)=\dfrac{1}{\cos^2(2\pi)}=\dfrac{1}{1^2}=1$

$\qquad =2\times 1+3\times(-1)=-1$

$\therefore\;\displaystyle\lim_{h\to 0}\dfrac{f(\pi+h)-f(\pi-h)}{h}=2f'(\pi)=-2$

032 [정답률 69%]   정답 ①

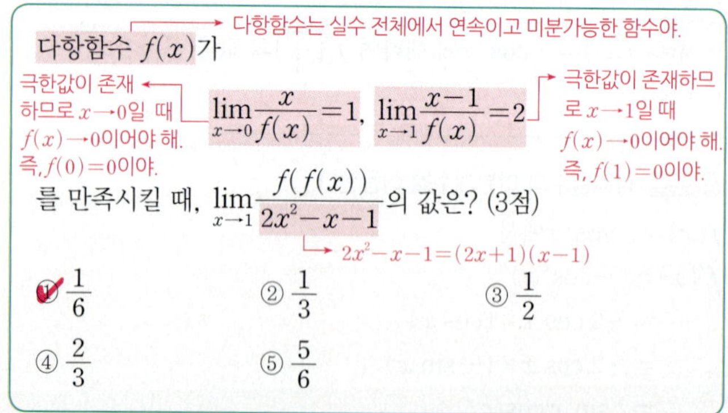

→ 다항함수는 실수 전체에서 연속이고 미분가능한 함수야.

다항함수 $f(x)$가

극한값이 존재하므로 $x\to 0$일 때 $f(x)\to 0$이어야 해. 즉, $f(0)=0$이야.

$$\lim_{x\to 0}\dfrac{x}{f(x)}=1,\quad \lim_{x\to 1}\dfrac{x-1}{f(x)}=2$$

극한값이 존재하므로 $x\to 1$일 때 $f(x)\to 0$이어야 해. 즉, $f(1)=0$이야.

를 만족시킬 때, $\displaystyle\lim_{x\to 1}\dfrac{f(f(x))}{2x^2-x-1}$의 값은? (3점)

$\llcorner\; 2x^2-x-1=(2x+1)(x-1)$

✓ $\dfrac{1}{6}$ ② $\dfrac{1}{3}$ ③ $\dfrac{1}{2}$

④ $\dfrac{2}{3}$ ⑤ $\dfrac{5}{6}$

Step 1 미분계수의 정의를 이용하여 $f'(0)$, $f'(1)$의 값을 구한다.

$\lim\limits_{x\to 0}\dfrac{x}{f(x)}=1$에서 $x\to 0$일 때, (분자)$\to 0$이고 극한값이 0이 아니므로 (분모)$\to 0$이어야 한다.

$\therefore f(0)=0$
$\lim\limits_{x\to 0}f(x)=0$이고 함수 $f(x)$는 실수 전체에서 연속이므로 $\lim\limits_{x\to 0}f(x)=f(0)=0$

즉,

$$\lim_{x\to 0}\frac{x}{f(x)}=\lim_{x\to 0}\frac{x-0}{f(x)-f(0)}=\lim_{x\to 0}\frac{1}{\dfrac{f(x)-f(0)}{x-0}}$$

$$=\frac{1}{f'(0)}=1$$

미분계수의 정의
함수 $y=f(x)$의 $x=a$에서의 미분계수는
$f'(a)=\lim\limits_{x\to a}\dfrac{f(x)-f(a)}{x-a}$

이므로

$$f'(0)=1$$

$\lim\limits_{x\to 1}\dfrac{x-1}{f(x)}=2$에서 $x\to 1$일 때, (분자)$\to 0$이고 극한값이 0이 아니므로 (분모)$\to 0$이어야 한다.

$\therefore f(1)=0$
$\lim\limits_{x\to 1}f(x)=0$이고 함수 $f(x)$는 실수 전체에서 연속이므로 $\lim\limits_{x\to 1}f(x)=f(1)=0$

즉,

$$\lim_{x\to 1}\frac{x-1}{f(x)}=\lim_{x\to 1}\frac{x-1}{f(x)-f(1)}=\lim_{x\to 1}\frac{1}{\dfrac{f(x)-f(1)}{x-1}}$$

$$=\frac{1}{f'(1)}=2$$

이므로

$$f'(1)=\frac{1}{2}$$

Step 2 주어진 식의 값을 구한다.

$2x^2-x-1=(x-1)(2x+1)$로 인수분해할 수 있어.

$$\therefore \lim_{x\to 1}\frac{f(f(x))}{2x^2-x-1}$$

계산 주의

$$=\lim_{x\to 1}\frac{f(f(x))}{(2x+1)(x-1)}$$

$$=\lim_{x\to 1}\frac{f(f(x))-f(f(1))}{(2x+1)(x-1)}\ (\because f(f(1))=f(0)=0)$$

$$=\lim_{x\to 1}\left\{\frac{f(f(x))-f(f(1))}{f(x)-f(1)}\times\frac{f(x)-f(1)}{x-1}\times\frac{1}{2x+1}\right\}$$

$$=f'(f(1))\times f'(1)\times\frac{1}{3}$$

$f(x)=t$로 치환하면 $x\to 1$일 때 $f(x)\to f(1)$, 즉 $t\to f(1)$이야.

$$=f'(0)\times\frac{1}{2}\times\frac{1}{3}$$

$\lim\limits_{x\to 1}\dfrac{f(f(x))-f(f(1))}{f(x)-f(1)}=\lim\limits_{t\to f(1)}\dfrac{f(t)-f(f(1))}{t-f(1)}=f'(f(1))$

$$=1\times\frac{1}{6}=\frac{1}{6}$$

⭐ **다른 풀이** 치환을 이용하는 풀이

Step 1 주어진 식을 변형한다.

$$\lim_{x\to 1}\frac{f(f(x))}{2x^2-x-1}$$

$$=\lim_{x\to 1}\frac{f(f(x))}{(x-1)(2x+1)}$$

$$=\lim_{x\to 1}\left\{\frac{f(f(x))}{f(x)}\times\frac{f(x)}{x-1}\times\frac{1}{2x+1}\right\}$$

$$=\lim_{x\to 1}\frac{f(f(x))}{f(x)}\times\lim_{x\to 1}\frac{f(x)-f(1)}{x-1}\times\lim_{x\to 1}\frac{1}{2x+1}\ (\because f(1)=0)$$

Step 2 $f(x)=t$로 치환하고 미분계수의 정의를 이용하여 극한값을 구한다.

$\lim\limits_{t\to 1}\dfrac{t}{f(t)}=1$로 수렴하기 때문에 분모와 분자가 서로 바뀌어도 1로 수렴해!

$x\to 1$일 때, $f(x)\to 0$이므로 $f(x)=t$로 치환하면

$$(주어진\ 식)=\lim_{t\to 0}\frac{f(t)}{t}\times f'(1)\times\lim_{x\to 1}\frac{1}{2x+1}$$

$$=1\times\frac{1}{2}\times\frac{1}{3}\ \left(\because \lim_{x\to 0}\frac{x}{f(x)}=1\right)$$

$\lim\limits_{x\to 1}\dfrac{x-1}{f(x)}=2$이기 때문에 $\lim\limits_{x\to 1}\dfrac{x-1}{f(x)-f(1)}=\dfrac{1}{f'(1)}=2\ (\because f(1)=0)$ 이므로 $f'(1)=\dfrac{1}{2}$인 거야!

$$=\frac{1}{6}$$

💡 알아야 할 기본개념

미분계수의 정의

닫힌구간 $[a,\ a+\Delta x]$에서 함수 $y=f(x)$의 평균변화율 $\dfrac{\Delta y}{\Delta x}$는

$$\frac{\Delta y}{\Delta x}=\frac{f(a+\Delta x)-f(a)}{\Delta x}$$

$=\dfrac{(y의\ 값의\ 변화량)}{(x의\ 값의\ 변화량)}$

이고, $\Delta x\to 0$일 때 평균변화율의 극한값을 함수 $y=f(x)$의 $x=a$에서의 미분계수 또는 순간변화율이라 하고, 기호 $f'(a)$로 나타낸다. 즉,

$$f'(a)=\lim_{\Delta x\to 0}\frac{f(a+\Delta x)-f(a)}{\Delta x}=\lim_{x\to a}\frac{f(x)-f(a)}{x-a}$$

미분계수, 즉 순간변화율도 평균변화율을 구하는 원리와 같다는 것을 알 수 있어.

합성함수의 미분법

두 함수 $y=f(u)$, $u=g(x)$가 미분가능할 때, 합성함수 $y=f(g(x))$의 도함수는

$$\frac{dy}{dx}=\frac{dy}{du}\cdot\frac{du}{dx}\ 또는\ y'=f'(g(x))g'(x)$$

수능포인트

합성함수의 미분에 관련된 문제로 $f(x)$가 다항함수라는 조건이 주어졌기 때문에 연속성을 이용하여 쉽게 풀 수 있습니다. 주어진 조건으로 $\lim\limits_{x\to 0}f(x)=0=f(0)$, $\lim\limits_{x\to 1}f(x)=0=f(1)$임을 알 수 있고, 연속함수를 합성하면 역시 연속이기 때문에 $\lim\limits_{x\to 1}f(f(x))=f(f(1))=0$임을 알 수 있습니다.

033 [정답률 81%] 정답 ④

두 함수 $f(x)=\sin^2 x$, $g(x)=e^x$에 대하여 $\lim\limits_{x\to\frac{\pi}{4}}\dfrac{g(f(x))-\sqrt{e}}{x-\dfrac{\pi}{4}}$의 값은? (4점)

미분계수의 정의를 이용하기 위해서는 $\sqrt{e}$가 $g\left(f\left(\dfrac{\pi}{4}\right)\right)$가 되어야 해.

① $\dfrac{1}{e}$ ② $\dfrac{1}{\sqrt{e}}$ ③ 1

④ $\sqrt{e}$ ⑤ e

Step 1 미분계수의 정의를 이용하여 주어진 식을 정리한다.

함수 $y=f(x)$의 $x=a$에서의 미분계수 $f'(a)$는 $f'(a)=\lim\limits_{x\to a}\dfrac{f(x)-f(a)}{x-a}$

$$f\left(\frac{\pi}{4}\right)=\sin^2\frac{\pi}{4}=\left(\frac{\sqrt{2}}{2}\right)^2=\frac{1}{2}$$이므로

$$g\left(f\left(\frac{\pi}{4}\right)\right)=g\left(\frac{1}{2}\right)=\sqrt{e}$$

$$\therefore \lim_{x\to\frac{\pi}{4}}\frac{g(f(x))-\sqrt{e}}{x-\frac{\pi}{4}}=\lim_{x\to\frac{\pi}{4}}\frac{g(f(x))-g\left(f\left(\frac{\pi}{4}\right)\right)}{x-\frac{\pi}{4}}$$

$$=(g\circ f)'\left(\frac{\pi}{4}\right)$$

미분계수의 정의를 이용할 수 있는 형태로 식을 변형해 주었어.

Step 2 합성함수의 미분법을 이용하여 주어진 식의 값을 구한다.

$(g \circ f)'(x) = g'(f(x))f'(x)$이고

$(g \circ f)(x) = g(f(x))$이므로
$(g \circ f)'(x) = g'(f(x))f'(x)$
$(g \circ f)(x) = f(g(x))$로 착각하지 않도록 주의

$f(x) = \sin^2 x$에서 $f'(x) = 2 \sin x \cos x$

$g(x) = e^x$에서 $g'(x) = e^x$이므로

$$(g \circ f)'\left(\frac{\pi}{4}\right) = g'\left(f\left(\frac{\pi}{4}\right)\right)f'\left(\frac{\pi}{4}\right) = g'\left(\frac{1}{2}\right)f'\left(\frac{\pi}{4}\right)$$

$$= \sqrt{e} \times 2 \sin \frac{\pi}{4} \cos \frac{\pi}{4} = \sqrt{e} \times 2 \times \frac{\sqrt{2}}{2} \times \frac{\sqrt{2}}{2}$$

$$= \sqrt{e}$$

034 [정답률 86%] 정답 4

두 함수 $f(x) = kx^2 - 2x$, $g(x) = e^{3x} + 1$이 있다. 함수 $h(x) = (f \circ g)(x)$에 대하여 $h'(0) = 42$일 때, 상수 k의 값을 구하시오. (3점)

Step 1 합성함수의 미분을 이용한다.

함수 $h(x) = (f \circ g)(x)$를 x에 대하여 미분하면

$h'(x) = f'(g(x)) \cdot g'(x)$ → $f(g(x))$로 놓으면 좀 더 알아보기 편해.

$\therefore h'(0) = f'(g(0)) \cdot g'(0)$

이때 $g(0) = e^0 + 1 = 2$이므로

$h'(0) = f'(2)g'(0)$

$f'(2)$, $g'(0)$의 값을 구하기 위해 두 함수

$f(x) = kx^2 - 2x$, $g(x) = e^{3x} + 1$을 x에 대하여 미분하면

$f'(x) = 2kx - 2$, $g'(x) = 3e^{3x}$ → 상수항은 미분하면 0

$\therefore f'(2) = 4k - 2$, $g'(0) = 3$

그러므로 → $3e^0 = 3$

$h'(0) = f'(2)g'(0) = (4k - 2) \times 3 = 42$

$4k - 2 = 14$, $4k = 16$

$\therefore k = 4$

035 [정답률 91%] 정답 ④

함수 $f(x) = \dfrac{2^x}{\ln 2}$과 실수 전체의 집합에서 미분가능한 함수 $g(x)$가 다음 조건을 만족시킬 때, $g(2)$의 값은? (3점)

(가) $\displaystyle\lim_{h \to 0} \frac{g(2+4h) - g(2)}{h} = 8$
(나) 함수 $(f \circ g)(x)$의 $x=2$에서의 미분계수는 10이다.

① 1　　　　② $\log_2 3$　　　　③ 2
④ $\log_2 5$　　　　⑤ $\log_2 6$

Step 1 조건 (가)를 이용하여 $g'(2)$의 값을 구한다.

조건 (가)에 의하여

$$\lim_{h \to 0} \frac{g(2+4h) - g(2)}{h} = \lim_{h \to 0} \left\{ \frac{g(2+4h) - g(2)}{4h} \times 4 \right\}$$

$$= 4g'(2) = 8$$

이므로 $g'(2) = 2$

Step 2 조건 (나)를 이용한다.

함수 $y = (f \circ g)(x)$를 x에 대하여 미분하면

$y' = \{(f \circ g)(x)\}' = \{f(g(x))\}' = f'(g(x))g'(x)$

합성함수의 미분법

조건 (나)에 의하여 $f'(g(2))g'(2) = 10$이므로

　　　　　　　　　　　　　　　$=2$

$f'(g(2)) \times 2 = 10$

$\therefore f'(g(2)) = 5$

Step 3 $f'(x)$를 구하여 $g(2)$의 값을 구한다.

$f(x) = \dfrac{2^x}{\ln 2}$에 대하여 $f'(x) = 2^x$이므로

$f'(g(2)) = 2^{g(2)} = 5$　$f'(x) = \dfrac{1}{\ln 2} \times \ln 2 \times 2^x = 2^x$

　　　　　　　　　　　　　로그의 정의

$\therefore g(2) = \log_2 5$ ←　$a^m = n$에서 $m = \log_a n$

036 [정답률 91%] 정답 ②

함수 $f(x) = \ln(x^2 - x + 2)$와 실수 전체의 집합에서 미분가능한 함수 $g(x)$가 있다. 실수 전체의 집합에서 정의된 합성함수 $h(x)$를 $h(x) = f(g(x))$라 하자.

$\displaystyle\lim_{x \to 2} \frac{g(x) - 4}{x - 2} = 12$일 때, $h'(2)$의 값은? (3점)

① 4　　　　② 6　　　　③ 8
④ 10　　　　⑤ 12

Step 1 합성함수의 미분법을 이용한다.

$\displaystyle\lim_{x \to 2} \frac{g(x) - 4}{x - 2} = 12$에서 $x \to 2$일 때 (분모)$\to 0$이므로

→ 극한값이 존재하므로 (분자)$\to 0$

$\displaystyle\lim_{x \to 2} \{g(x) - 4\} = 0$

$\therefore g(2) = 4$

$\displaystyle\lim_{x \to 2} \frac{g(x) - g(2)}{x - 2} = g'(2) = 12$

$h(x) = f(g(x))$에서 $h'(x) = f'(g(x))g'(x)$이므로

$h'(2) = f'(g(2))g'(2) = f'(4)g'(2)$ → $g(2) = 4$

$f(x) = \ln(x^2 - x + 2)$에서 $f'(x) = \dfrac{2x - 1}{x^2 - x + 2}$

$\therefore f'(4) = \dfrac{8 - 1}{16 - 4 + 2} = \dfrac{1}{2}$

따라서 $h'(2) = \dfrac{1}{2} \times 12 = 6$이다.

037 [정답률 89%] 정답 ⑤

실수 전체의 집합에서 미분가능한 두 함수 $f(x)$, $g(x)$에 대하여 함수 $h(x)$를 $h(x) = (f \circ g)(x)$라 하자.

$$\lim_{x \to 1} \frac{g(x) + 1}{x - 1} = 2, \quad \lim_{x \to 1} \frac{h(x) - 2}{x - 1} = 12$$

일 때, $f(-1) + f'(-1)$의 값은? (3점)

① 4　　　　② 5　　　　③ 6
④ 7　　　　⑤ 8

Step 1 주어진 식을 이용하여 $g(1)$, $g'(1)$의 값을 구한다.

$\displaystyle\lim_{x \to 1} \frac{g(x) + 1}{x - 1} = 2$에서

$x \to 1$일 때 (분모)$\to 0$이면 (분자)$\to 0$이므로
→ 극한값이 존재하므로 이 조건을 만족해야 해.

$$\lim_{x \to 1}\{g(x)+1\}=g(1)+1=0 \qquad \therefore g(1)=-1$$

$$\lim_{x \to 1}\frac{g(x)+1}{x-1}=\lim_{x \to 1}\frac{g(x)-(-1)}{x-1}$$
$$=\lim_{x \to 1}\frac{g(x)-g(1)}{x-1}$$
$$=g'(1)=2$$
→ $g'(1)$의 형태로 만들기 위해 -1 자리에 $g(1)$을 대입했어.

Step 2 주어진 식을 이용하여 $h(1)$, $h'(1)$의 값을 구한다.

$$\lim_{x \to 1}\frac{h(x)-2}{x-1}=12$$에서

$x \to 1$일 때 (분모)$\to 0$이면 (분자)$\to 0$이므로

$$\lim_{x \to 1}\{h(x)-2\}=h(1)-2=0 \qquad \therefore h(1)=2$$

$$\lim_{x \to 1}\frac{h(x)-2}{x-1}=\lim_{x \to 1}\frac{h(x)-h(1)}{x-1}=h'(1)=12$$
→ $h'(1)$의 형태로 만들기 위해 2 자리에 $h(1)$을 대입했어.

Step 3 합성함수의 미분법을 이용한다.

$h(x)=(f \circ g)(x)=f(g(x))$에서
$x=1$일 때
$h(1)=f(g(1))=f(-1)=2$

$h'(x)=f'(g(x))g'(x)$에서
$x=1$일 때 → 합성함수의 미분법
$h'(1)=f'(g(1))g'(1)=f'(-1)\cdot 2=12$
$\therefore f'(-1)=6$
따라서 $f(-1)+f'(-1)=2+6=8$

---

038 [정답률 89%]   정답 ③

실수 전체의 집합에서 미분가능한 두 함수 $f(x)$, $g(x)$에 대하여 함수 $h(x)$를
$$h(x)=(g \circ f)(x)$$
라 할 때, 두 함수 $f(x)$, $h(x)$가 다음 조건을 만족시킨다.

> (가) $f(1)=2$, $f'(1)=3$
>
> (나) $\displaystyle\lim_{x \to 1}\frac{h(x)-5}{x-1}=12$

$g(2)+g'(2)$의 값은? (3점)

① 5   ② 7   ❸ 9
④ 11   ⑤ 13

Step 1 합성함수의 미분법을 이용하여 $g(2)+g'(2)$의 값을 구한다.

조건 (나)의 $\displaystyle\lim_{x \to 1}\frac{h(x)-5}{x-1}=12$에서
$h(1)=5$, $h'(1)=12$ → $\displaystyle\lim_{x \to 1}\frac{h(x)-5}{x-1}=\lim_{x \to 1}\frac{h(x)-h(1)}{x-1}=h'(1)$
$h(x)=(g \circ f)(x)$이므로 $h(1)=g(f(1))=g(2)=5$
합성함수의 미분에 의하여
$h'(x)=g'(f(x))\cdot f'(x)$이므로
$h'(1)=g'(f(1))\cdot f'(1)$ $h(x)=(g \circ f)(x)=g(f(x))$
$\quad\quad =g'(2)\times 3$ $(\because$ 조건 (가))
$\quad\quad =12$

---

039 [정답률 88%]   정답 ④

실수 전체의 집합에서 미분가능한 함수 $f(x)$가 모든 실수 x에 대하여 $f(5x-1)=e^{x^2-1}$을 만족시킬 때, $f'(4)$의 값은?
→ 합성함수의 미분을 이용!   (3점)

① $\dfrac{1}{10}$ ② $\dfrac{1}{5}$ ③ $\dfrac{3}{10}$

❹ $\dfrac{2}{5}$ ⑤ $\dfrac{1}{2}$

Step 1 합성함수의 미분을 이용한다.

$f(5x-1)=e^{x^2-1}$의 양변을 x에 대하여 미분하면
$$f'(5x-1)\times 5=e^{x^2-1}\times 2x$$
→ $=(5x-1)'$ → $=(x^2-1)'$
$$\therefore 5f'(5x-1)=2xe^{x^2-1}$$

Step 2 $f'(4)$의 값을 구한다.

양변에 $x=1$을 대입하면
$$5f'(4)=2e^{1-1}=2$$
$$\therefore f'(4)=\frac{2}{5}$$

---

040 [정답률 92%]   정답 ④

실수 전체의 집합에서 미분가능한 함수 $f(x)$가 모든 실수 x에 대하여
$$f(x^3+x)=e^x$$
을 만족시킬 때, $f'(2)$의 값은? (3점)

① e ② $\dfrac{e}{2}$ ③ $\dfrac{e}{3}$

❹ $\dfrac{e}{4}$ ⑤ $\dfrac{e}{5}$

Step 1 $\{f(g(x))\}'=f'(g(x))g'(x)$임을 이용한다.

$f(x^3+x)=e^x$에서 $f'(x^3+x)\times(3x^2+1)=e^x$
$3x^2+1>0$이므로 $f'(x^3+x)=\dfrac{e^x}{3x^2+1}$ $x^3+x=g(x)$라 하면
$\{f(g(x))\}'=f'(g(x))g'(x)$에서

Step 2 $x^3+x=2$를 만족시키는 실수 x의 값을 구한다. $f'(x^3+x)\times(x^3+x)'$
$\quad =f'(x^3+x)\times(3x^2+1)$이야.
$x^3+x=2$에서 $x^3+x-2=0$
$(x-1)(x^2+x+2)=0 \qquad \therefore x=1$ → (판별식)<0이므로 실근을 갖지 않아.

따라서 $f'(x^3+x)=\dfrac{e^x}{3x^2+1}$에 $x=1$을 대입하면
$$f'(2)=\frac{e}{3+1}=\frac{e}{4}$$

따라서 $g'(2)=4$이므로
$g(2)+g'(2)=5+4=9$

041 [정답률 81%] 정답 ①

함수 $f(x)$가

$g(x)=\cos x$라 하면 $f(\cos x)=f(g(x))$이니까
합성함수로 볼 수 있어. 즉, 합성함수의 미분법에 의하여
$\{f(\cos x)\}'=f'(\cos x)\cdot(\cos x)'=f'(\cos x)\cdot(-\sin x)$

$$f(\cos x)=\sin 2x+\tan x\left(0<x<\frac{\pi}{2}\right)$$

를 만족시킬 때, $f'\left(\frac{1}{2}\right)$의 값은? (4점)

① $-2\sqrt{3}$ ② $-\sqrt{3}$ ③ 0
④ $\sqrt{3}$ ⑤ $2\sqrt{3}$

Step 1 합성함수의 미분법을 이용하여 $f(\cos x)=\sin 2x+\tan x$를 미분한다.

$(\sin 2x)'=(2x)'\cdot\cos 2x=2\cos 2x$

함수 $f(\cos x)=\sin 2x+\tan x$를 x에 대하여 미분하면

$$f'(\cos x)\cdot(-\sin x)=2\cos 2x+\sec^2 x$$

$$=2\cos 2x+\frac{1}{\cos^2 x}$$

삼각함수의 도함수
① $(\sin x)'=\cos x$
② $(\cos x)'=-\sin x$
③ $(\tan x)'=\sec^2 x$

Step 2 $\cos\frac{\pi}{3}=\frac{1}{2}$이므로 $x=\frac{\pi}{3}$를 대입한다.

$0<x<\frac{\pi}{2}$에서 $\cos x=\frac{1}{2}$일 때, $x=\frac{\pi}{3}$이므로

① $(\sin ax)'=a\cdot\cos ax$
② $(\cos ax)'=-a\cdot\sin ax$
③ $(\tan ax)'=a\cdot\sec^2 ax$

위의 식에 $x=\frac{\pi}{3}$를 대입하면

$$f'\left(\cos\frac{\pi}{3}\right)\cdot\left(-\sin\frac{\pi}{3}\right)=2\cos\frac{2}{3}\pi+\frac{1}{\cos^2\frac{\pi}{3}}$$

$$f'\left(\frac{1}{2}\right)\cdot\left(-\frac{\sqrt{3}}{2}\right)=2\cdot\left(-\frac{1}{2}\right)+\frac{1}{\left(\frac{1}{2}\right)^2}=-1+4=3$$

$$\therefore f'\left(\frac{1}{2}\right)=3\times\left(-\frac{2}{\sqrt{3}}\right)=-2\sqrt{3}$$

042 [정답률 79%] 정답 ②

실수 전체의 집합에서 미분가능한 함수 $f(x)$가 모든 실수 x에 대하여

$$f(x)+f\left(\frac{1}{2}\sin x\right)=\sin x$$

를 만족시킬 때, $f'(\pi)$의 값은? (3점)

① $-\frac{5}{6}$ ② $-\frac{2}{3}$ ③ $-\frac{1}{2}$
④ $-\frac{1}{3}$ ⑤ $-\frac{1}{6}$

Step 1 $f'(0)$의 값을 구한다.

주어진 식의 양변을 x에 대하여 미분하면

$$f'(x)+f'\left(\frac{1}{2}\sin x\right)\times\frac{1}{2}\cos x=\cos x \quad\cdots\cdots\ \bigcirc$$

$\{f(g(x))\}'=f'(g(x))g'(x)$

$\bigcirc$에 $x=0$을 대입하면 $f'(0)+f'(0)\times\frac{1}{2}=1$

$\frac{3}{2}f'(0)=1$ $\therefore f'(0)=\frac{2}{3}$

$=\frac{1}{2}\cos 0$
$=\frac{1}{2}\sin 0$

Step 2 $f'(\pi)$의 값을 구한다.

$=\frac{1}{2}\sin \pi$

$\bigcirc$에 $x=\pi$를 대입하면 $f'(\pi)+f'(0)\times\left(-\frac{1}{2}\right)=-1$

$=\frac{1}{2}\cos \pi$

$$f'(\pi)+\frac{2}{3}\times\left(-\frac{1}{2}\right)=-1,\ f'(\pi)-\frac{1}{3}=-1$$

$$\therefore f'(\pi)=-\frac{2}{3}$$

043 [정답률 76%] 정답 10

함수 $f(x)=(x+1)^{\frac{3}{2}}$과 실수 전체의 집합에서 미분가능한 함수 $g(x)$에 대하여 함수 $h(x)$를 $h(x)=(g\circ f)(x)$라 하자. $h'(0)=15$일 때, $g'(1)$의 값을 구하시오. (4점)

Step 1 합성함수의 미분법을 이용하여 $h(x)=(g\circ f)(x)$를 미분한다.

$h(x)=(g\circ f)(x)=g(f(x))$를 x에 대하여 미분하면

$$h'(x)=g'(f(x))f'(x) \quad\cdots\cdots\ \bigcirc$$

합성함수의 미분법

Step 2 $h'(0)=15$임을 이용하여 $g'(1)$의 값을 구한다.

한편 $f(x)=(x+1)^{\frac{3}{2}}$에서 $f'(x)=\frac{3}{2}(x+1)^{\frac{1}{2}}$이므로

$$f(0)=1,\ f'(0)=\frac{3}{2}$$

$\bigcirc$에서 $h'(0)=g'(f(0))f'(0)=15$이므로

$h'(x)$에 x 대신 0 대입

$$g'(1)\times\frac{3}{2}=15$$

$$\therefore g'(1)=10$$

044 [정답률 68%] 정답 ①

$f'(2)=2$

미분가능한 함수 $y=f(x)$의 그래프 위의 점 $(2,\ f(2))$에서의 접선의 기울기가 2이다. 양의 실수 전체의 집합에서 정의된 함수 $y=f(\sqrt{x})$의 $x=4$에서의 미분계수는? (3점)

① $\frac{1}{2}$ ② $\frac{\sqrt{2}}{2}$ ③ 1
④ $\sqrt{2}$ ⑤ 2

$g(x)=\sqrt{x}$라 하면 $f(\sqrt{x})=f(g(x))$로 합성함수라 할 수 있어.
따라서 합성함수의 미분법에 의하여
$\{f(\sqrt{x})\}'=f'(g(x))\cdot g'(x)=f'(\sqrt{x})\cdot\frac{1}{2}\cdot\frac{1}{\sqrt{x}}$

Step 1 합성함수의 미분법을 이용하여 함수 $f(\sqrt{x})$를 미분한다.

점 $(2,\ f(2))$에서의 접선의 기울기가 2이므로

$$f'(2)=2$$

$(\sqrt{x})'=\left(x^{\frac{1}{2}}\right)'=\frac{1}{2}\cdot x^{-\frac{1}{2}}=\frac{1}{2\sqrt{x}}$

이때 $g(x)=f(\sqrt{x})$라 하면 합성함수의 미분법에 의해

$$g'(x)=f'(\sqrt{x})\cdot\frac{1}{2\sqrt{x}}$$

합성함수 $y=f(g(x))$의 도함수는 $y'=f'(g(x))g'(x)$

Step 2 $g'(4)$를 구한다.

따라서 함수 $y=f(\sqrt{x})$의 $x=4$에서의 미분계수는 $g'(4)$이므로

$$g'(4)=f'(2)\times\frac{1}{2\sqrt{4}}$$

$f'(\sqrt{4})=f'(2)$

$$=2\times\frac{1}{4}=\frac{1}{2}$$

💡 알아야 할 기본개념

미분계수와 접선의 기울기

곡선 $y=f(x)$에서 함수 $y=f(x)$가 미분가능할 때,
(1) (x좌표가 a인 점에서의 접선의 기울기)$=f'(a)$
(2) (임의의 점 $(x,\ f(x))$에서의 접선의 기울기)$=f'(x)$

합성함수의 미분법

두 함수 $y=f(u)$, $u=g(x)$가 미분가능할 때,

합성함수 $y=f(g(x))$의 도함수는

$$\frac{dy}{dx}=\frac{dy}{du}\cdot\frac{du}{dx} \text{ 또는 } y'=f'(g(x))g'(x)$$

> **미분법의 기본 공식**
> 두 함수 $f(x)$, $g(x)$의 도함수가 존재할 때
> ① $y=c$ (c는 상수)이면 $y'=0$
> ② $y=x^n$ (n은 실수)이면 $y'=nx^{n-1}$
> ③ $y=cf(x)$ (c는 상수)이면 $y'=cf'(x)$
> ④ $y=f(x)\pm g(x)$이면 $y'=f'(x)\pm g'(x)$ (복호동순)
> ⑤ $y=f(x)g(x)$이면 $y'=f'(x)g(x)+f(x)g'(x)$
> ⑥ $y=\dfrac{f(x)}{g(x)}$ ($g(x)\neq0$)이면 $y'=\dfrac{f'(x)g(x)-f(x)g'(x)}{\{g(x)\}^2}$

045 [정답률 94%] 정답 ⑤

곡선 $y=x\sqrt{x}$ 위의 점 $(4, 8)$에서의 접선의 기울기는? (3점)

① $\sqrt{2}$ ② $\sqrt{3}$ ③ 2
④ $2\sqrt{2}$ ⑤ 3

Step 1 곡선 $y=x\sqrt{x}$ 위의 점 $(4, 8)$에서의 접선의 기울기를 구한다.

$=x\times\sqrt{x}=x^1\times x^{\frac{1}{2}}=x^{1+\frac{1}{2}}$

$f(x)=x\sqrt{x}=x^{\frac{3}{2}}$이라 하면 $f'(x)=\dfrac{3}{2}x^{\frac{1}{2}}=\dfrac{3}{2}\sqrt{x}$

따라서 점 $(4, 8)$에서의 접선의 기울기는

$f'(4)=\dfrac{3}{2}\times\sqrt{4}=3$
$\quad\quad\quad\quad\quad =2$

046 [정답률 83%] 정답 ④

실수 전체의 집합에서 미분가능한 함수 $f(x)$가 다음 조건을 만족시킨다.

> (가) $x>0$일 때, $f(x)=axe^{2x}+bx^2$
> (나) $x_1<x_2<0$인 임의의 두 실수 x_1, x_2에 대하여
> $\quad f(x_2)-f(x_1)=3x_2-3x_1$

→ 이 조건을 이용해 $x<0$에서의 함수의 식을 구해야 해.

$f\left(\dfrac{1}{2}\right)=2e$일 때, $f'\left(\dfrac{1}{2}\right)$의 값은? (단, a, b는 상수이다.)
(4점)

① $2e$ ② $4e$ ③ $6e$
④ $8e$ ⑤ $10e$

Step 1 함수 $f(x)$가 $x=0$에서 연속임을 이용하여 $x<0$에서의 함수식을 구한다.

함수 $f(x)$는 실수 전체의 집합에서 미분가능하므로 $x=0$에서 연속이다.

조건 (가)에서

$\displaystyle\lim_{x\to0+}f(x)=\lim_{x\to0+}(axe^{2x}+bx^2)=0$이므로

$f(0)=0$ …… ㉠ → '(우극한)=(함숫값)'임을 이용!

조건 (나)에서 $x_1<x_2<0$인 임의의 두 실수 x_1, x_2에 대하여

$\dfrac{f(x_2)-f(x_1)}{x_2-x_1}=3$이므로

$f'(x_1)=\displaystyle\lim_{x_2\to x_1}\frac{f(x_2)-f(x_1)}{x_2-x_1}=\lim_{x_2\to x_1}3=3$

따라서 $f'(x)=3$이므로 $x<0$인 모든 실수 x에 대하여

$f(x)=\displaystyle\int f'(x)dx=3x+C$ (단, C는 적분상수)

이때 함수 $f(x)$는 $x=0$에서 연속이므로 ㉠에서

$\displaystyle\lim_{x\to0-}f(x)=\lim_{x\to0-}(3x+C)=C=0$
$\quad\quad\quad\quad\quad\quad\quad\quad\quad\quad =f(0)$

그러므로 $x<0$일 때 $f(x)=3x$이다.

Step 2 미분가능성을 이용하여 a, b의 값을 구한다.

$x>0$일 때 $f(x)=axe^{2x}+bx^2$이므로

양변을 x에 대하여 미분하면 $f'(x)=ae^{2x}+2axe^{2x}+2bx$

$x<0$일 때 $f(x)=3x$이므로 양변을 x에 대하여 미분하면

$f'(x)=3$

함수 $f(x)$가 $x=0$에서 미분가능하므로

$\displaystyle\lim_{x\to0+}f'(x)=\lim_{x\to0+}(ae^{2x}+2axe^{2x}+2bx)=a$

$\displaystyle\lim_{x\to0-}f'(x)=\lim_{x\to0-}3=3$

에서 $a=3$ → 좌미분계수와 우미분계수가 같음을 이용!

따라서 $x>0$일 때

$f(x)=3xe^{2x}+bx^2$이므로

$f\left(\dfrac{1}{2}\right)=\dfrac{3}{2}e+\dfrac{1}{4}b=2e$에서
$\quad\quad\quad\quad\quad\quad\quad$ → 문제에서 준 값이야.

$\dfrac{1}{4}b=\dfrac{1}{2}e \quad\quad \therefore b=2e$

Step 3 $f'\left(\dfrac{1}{2}\right)$의 값을 구한다.

$x>0$에서 $f'(x)=3e^{2x}+6xe^{2x}+4ex$이므로
$\quad\quad\quad\quad\quad\quad$ → **Step 2**에서 구한 $f'(x)$의 식에
$\quad\quad\quad\quad\quad\quad\quad$ $a=3$, $b=2e$ 대입!

$f'\left(\dfrac{1}{2}\right)=3e+3e+2e=8e$

✪ 다른 풀이 미분계수의 정의를 이용하는 풀이

Step 1 동일

Step 2 미분계수의 정의를 이용하여 a, b의 값을 구한다.

함수 $f(x)$가 $x=0$에서 미분가능하므로

$\displaystyle\lim_{x\to0+}\frac{f(x)-f(0)}{x-0}=\lim_{x\to0-}\frac{f(x)-f(0)}{x-0}$이어야 한다.

$\displaystyle\lim_{x\to0+}\frac{f(x)-f(0)}{x-0}=\lim_{x\to0+}\frac{axe^{2x}+bx^2}{x}$ → $x>0$에서의 함수식 이용!

$\quad\quad\quad\quad\quad\quad\quad =\displaystyle\lim_{x\to0+}(ae^{2x}+bx)=a$
$\quad\quad\quad\quad\quad\quad\quad\quad\quad$ → $x<0$에서의 함수식 이용!

$\displaystyle\lim_{x\to0-}\frac{f(x)-f(0)}{x-0}=\lim_{x\to0-}\frac{3x}{x}=3$

에서 $a=3$

$f\left(\dfrac{1}{2}\right)=\dfrac{3e}{2}+\dfrac{b}{4}=2e$에서 $b=2e$

Step 3 $f'\left(\dfrac{1}{2}\right)$의 값을 구한다.

따라서 함수 $f(x)$의 식은

$f(x)=\begin{cases} 3x & (x\leq 0) \\ 3xe^{2x}+2ex^2 & (x>0) \end{cases}$ 이므로

$f'(x)=\begin{cases} 3 & (x<0) \\ 3e^{2x}+6xe^{2x}+4ex & (x>0) \end{cases}$

$\therefore f'\left(\dfrac{1}{2}\right)=3e+3e+2e=8e$

047 [정답률 33%]   정답 ③

7π보다 작은 두 양수 a, b에 대하여 함수
$$f(x)=\sin(a+b\cos x)$$
가 다음 조건을 만족시킬 때, $a+b$의 값은? (4점)

(가) 방정식 $f'(x)=b$의 해가 존재한다.

(나) $\displaystyle\lim_{x\to 0}\frac{1}{x}\sin\left(f(a)\left(\pi+\frac{x}{4}\right)\right)=\frac{b}{a}$

① 5π ② $\dfrac{25}{4}\pi$ ③ $\dfrac{15}{2}\pi$

④ $\dfrac{35}{4}\pi$ ⑤ 10π

Step 1 조건 (가)를 만족시키는 a의 값을 구한다.

$f(x)=\sin(a+b\cos x)$에서

$f'(x)=-b\sin x\cos(a+b\cos x)$

조건 (가)에 의하여 $f'(x)=b$에서

$-b\sin x\cos(a+b\cos x)=b$

$\therefore \sin x\cos(a+b\cos x)=-1$ ↳ $\sin$과 $\cos$의 값은 -1 이상 1 이하이다.

$-1\leq\sin x\leq 1$, $-1\leq\cos(a+b\cos x)\leq 1$이므로

$\sin x=1$, $\cos(a+b\cos x)=-1$ 또는

$\sin x=-1$, $\cos(a+b\cos x)=1$

이때 $\sin x=-1$ 또는 $\sin x=1$이면 $\cos x=0$이므로

$\cos a=-1$ 또는 $\cos a=1$ ↳ $\cos(a+b\cos x)=\cos a$

$\therefore a=(2n-1)\pi$ 또는 $a=2n\pi$ (n은 3 이하의 자연수)

Step 2 조건 (나)를 이용하여 a와 b의 관계식을 구한다.

조건 (나)에서 $x\to 0$일 때 극한값이 존재하고 (분모)$\to 0$이므로
(분자)$\to 0$이어야 한다.   ↳ $f(a)=\sin(a+b\cos a)$이고 $\sin$의 값은 -1 이상 1 이하이다.

즉, $\sin(\pi f(a))=0$이고 $-1\leq f(a)\leq 1$이므로

$f(a)=-1$ 또는 $f(a)=0$ 또는 $f(a)=1$

(i) $f(a)=1$일 때

$\displaystyle\lim_{x\to 0}\frac{1}{x}\sin\left(f(a)\left(\pi+\frac{x}{4}\right)\right)$ → $\displaystyle\lim_{x\to 0}\sin\left(f(a)\left(\pi+\frac{x}{4}\right)\right)$

$\displaystyle=\lim_{x\to 0}\frac{\sin\left(\pi+\frac{x}{4}\right)}{x}=\lim_{x\to 0}\frac{-\sin\frac{x}{4}}{x}$

$\displaystyle=-\lim_{x\to 0}\left(\frac{1}{4}\times\frac{\sin\frac{x}{4}}{\frac{x}{4}}\right)=-\frac{1}{4}<0$

이므로 조건 (나)를 만족시키지 않는다.

(ii) $f(a)=0$일 때

$\displaystyle\lim_{x\to 0}\frac{1}{x}\sin\left(f(a)\left(\pi+\frac{x}{4}\right)\right)=0$이므로 조건 (나)를 만족시키지

않는다.

(iii) $f(a)=-1$일 때

$\displaystyle\lim_{x\to 0}\frac{1}{x}\sin\left(f(a)\left(\pi+\frac{x}{4}\right)\right)$

$\displaystyle=\lim_{x\to 0}\frac{1}{x}\sin\left(-\left(\pi+\frac{x}{4}\right)\right)=\lim_{x\to 0}\frac{-\sin\left(\pi+\frac{x}{4}\right)}{x}$

$\displaystyle=\lim_{x\to 0}\frac{\sin\frac{x}{4}}{x}=\lim_{x\to 0}\left(\frac{1}{4}\times\frac{\sin\frac{x}{4}}{\frac{x}{4}}\right)=\frac{1}{4}=\frac{b}{a}$

$\therefore b=\dfrac{a}{4}$

(i)~(iii)에 의하여 $f(a)=-1$, $b=\dfrac{a}{4}$

Step 3 $a+b$의 값을 구한다.

$a=(2n-1)\pi$일 때 $\cos a=-1$이므로   ↳ Step 1에서 구했다.

$f(a)=\sin(a+b\cos a)=\sin\left(a-\dfrac{a}{4}\right)=\sin\left(\dfrac{3}{4}(2n-1)\pi\right)$

n은 3 이하의 자연수이므로 $\sin\left(\dfrac{3}{4}(2n-1)\pi\right)\neq-1$이고,   ↳ Step 1에서 구했다.

$f(a)=-1$을 만족시키지 않는다.

$a=2n\pi$일 때 $\cos a=1$이므로   ↳ Step 1에서 구했다.

$f(a)=\sin(a+b\cos a)=\sin\left(a+\dfrac{a}{4}\right)=\sin\dfrac{5n\pi}{2}=-1$에서

$n=3$이다.   ↳ $=\dfrac{5}{4}a=\dfrac{5}{4}\times 2n\pi=\dfrac{5n\pi}{2}$

따라서 $a=6\pi$, $b=\dfrac{3}{2}\pi$이므로 $a+b=6\pi+\dfrac{3}{2}\pi=\dfrac{15}{2}\pi$

048 [정답률 90%]   정답 ⑤

↳ 점 A의 x좌표는 직선 l의 x절편을 의미하지!

점 A$(1, 0)$을 지나고 기울기가 양수인 직선 l이 곡선 $y=2\sqrt{x}$와 만나는 점을 B, 점 B에서 x축에 내린 수선의 발을 C, 직선 l이 y축과 만나는 점을 D라 하자. 다음 물음에 답하시오.

↳ 점 D의 y좌표는 직선 l의 y절편을 의미하지!

↳ 점 B의 x좌표와 점 C의 x좌표는 같다는 뜻이야.

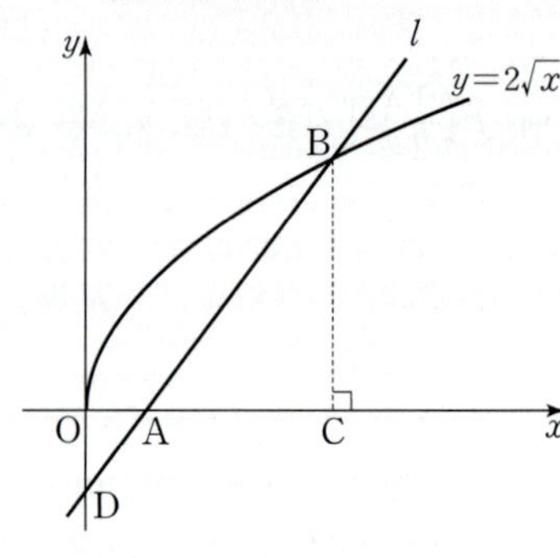

점 B$(t, 2\sqrt{t})$에 대하여 삼각형 BAC의 넓이를 $f(t)$라 할 때, $f'(9)$의 값은? (3점)

↳ 삼각형 BAC의 넓이 $f(t)$에 대하여 $f'(9)$를 구하는 문제이기 때문에 삼각형 BAC의 밑변의 길이와 높이를 t에 대한 식으로 표현한 다음 $f(t)$를 구해.

① 3 ② $\dfrac{10}{3}$ ③ $\dfrac{11}{3}$

④ 4 ⑤ $\dfrac{13}{3}$

Step 1 $f(t)$를 t에 관한 식으로 나타낸다

삼각형 BAC의 넓이 $f(t)$는

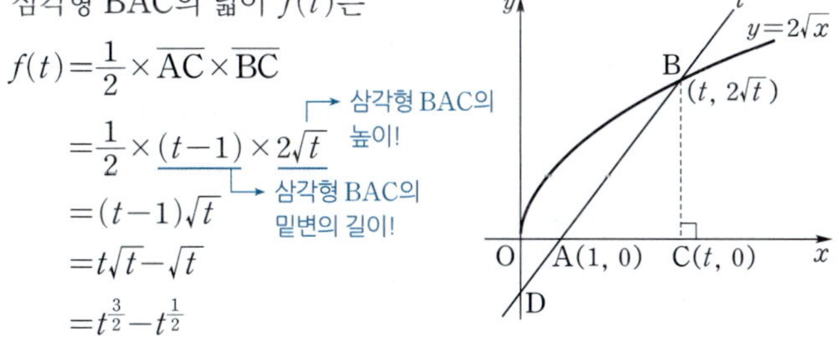

$$f(t)=\frac{1}{2}\times\overline{\rm AC}\times\overline{\rm BC}$$
$$=\frac{1}{2}\times(t-1)\times 2\sqrt{t}$$
$$=(t-1)\sqrt{t}$$
$$=t\sqrt{t}-\sqrt{t}$$
$$=t^{\frac{3}{2}}-t^{\frac{1}{2}}$$

Step 2 미분법의 공식을 이용하여 $f'(t)$를 구하고 $t=9$를 대입한다.

$$\therefore f'(t)=\frac{3}{2}t^{\frac{1}{2}}-\frac{1}{2}t^{-\frac{1}{2}}=\frac{3}{2}\sqrt{t}-\frac{1}{2\sqrt{t}}$$
$$\therefore f'(9)=\frac{3}{2}\sqrt{9}-\frac{1}{2\sqrt{9}}=\frac{3}{2}\times 3-\frac{1}{2\times 3}$$
$$=\frac{9}{2}-\frac{1}{6}=\frac{13}{3}$$

049 [정답률 70%] 정답 ③

그림과 같이 길이가 2인 선분 AB를 지름으로 하는 반원의 호 AB 위의 점 P에 대하여 $\angle{\rm BAP}=\theta\left(\dfrac{\pi}{4}<\theta<\dfrac{\pi}{2}\right)$라 하고, 점 P를 지나고 선분 AB에 평행한 직선이 호 AB와 만나는 점 중 P가 아닌 점을 Q라 하자. 사각형 ABQP의 넓이를 $f(\theta)$라 하고, AP : BP = 1 : 3이 되도록 하는 θ의 값을 a라 할 때, $f'(a)$의 값은? (3점)

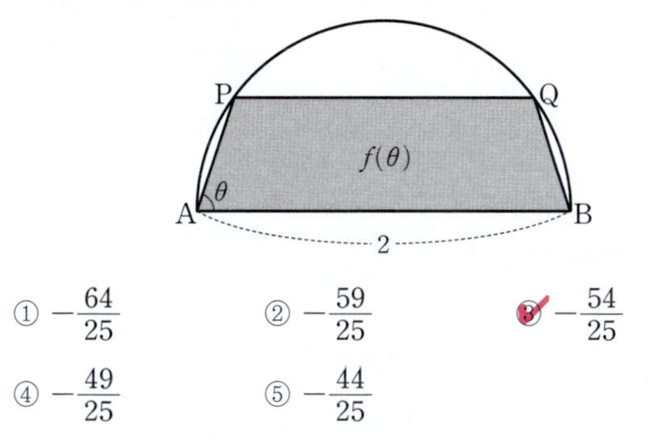

① $-\dfrac{64}{25}$ ② $-\dfrac{59}{25}$ ③ $-\dfrac{54}{25}$

④ $-\dfrac{49}{25}$ ⑤ $-\dfrac{44}{25}$

Step 1 $f'(\theta)$를 구한다.

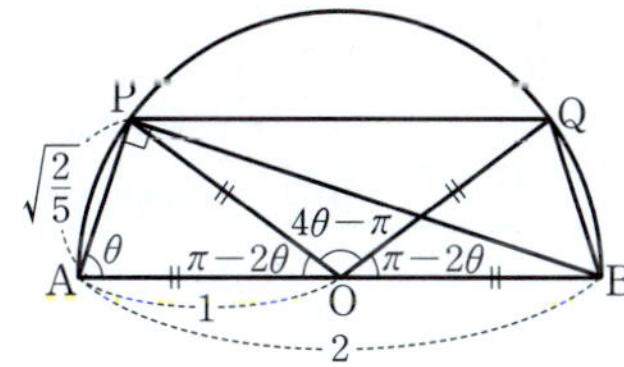

선분 AB의 중점을 O라 하면 삼각형 OAP는 $\overline{\rm OA}=\overline{\rm OP}=1$인 이등변삼각형이므로 $\angle{\rm AOP}=\pi-2\theta$

사각형 ABQP는 원에 내접하는 사각형이므로 $\angle{\rm BQP}=\pi-\theta$이고 두 선분 AB, PQ가 서로 평행하므로 $\angle{\rm OBQ}=\theta$

따라서 삼각형 OBQ는 $\overline{\rm OB}=\overline{\rm OQ}=1$, $\angle{\rm BOQ}=\pi-2\theta$인 이등변삼각형이다.

또한 삼각형 OPQ는 $\overline{\rm OP}=\overline{\rm OQ}=1$, $\angle{\rm POQ}=\pi-2\times(\pi-2\theta)=4\theta-\pi$인 이등변삼각형이다.

따라서 사각형 ABQP의 넓이는

$$f(\theta)=2\times\frac{1}{2}\times 1\times 1\times\sin(\pi-2\theta)+\frac{1}{2}\times 1\times 1\times\sin(4\theta-\pi)$$
$$=\sin 2\theta-\frac{1}{2}\sin 4\theta$$
$$\therefore f'(\theta)=2\cos 2\theta-2\cos 4\theta$$

Step 2 $\cos a$의 값을 구한다.

선분 BP를 그으면 $\overline{\rm AP}:\overline{\rm BP}=1:3$이므로 $\overline{\rm AP}=k$, $\overline{\rm BP}=3k$라 하자.

$\angle{\rm APB}=\dfrac{\pi}{2}$이므로 삼각형 ABP에서 $\overline{\rm AP}^2+\overline{\rm BP}^2=\overline{\rm AB}^2$

$$k^2+9k^2=4,\ 10k^2=4$$
$$k^2=\frac{2}{5}\qquad\therefore k=\sqrt{\frac{2}{5}}$$
$$\therefore \cos a=\frac{\overline{\rm AP}}{\overline{\rm AB}}=\frac{1}{\sqrt{10}}$$

Step 3 $f'(a)$의 값을 구한다.

$$\cos 2a=2\cos^2 a-1=2\times\left(\frac{1}{\sqrt{10}}\right)^2-1=-\frac{4}{5},$$
$$\cos 4a=2\cos^2 2a-1=2\times\left(-\frac{4}{5}\right)^2-1=\frac{7}{25}$$이므로
$$f'(a)=2\cos 2a-2\cos 4a=2\times\left(-\frac{4}{5}\right)-2\times\frac{7}{25}=-\frac{54}{25}$$

✪ 다른 풀이 사다리꼴의 넓이를 이용하는 풀이

Step 1 $f'(\theta)$를 구한다.

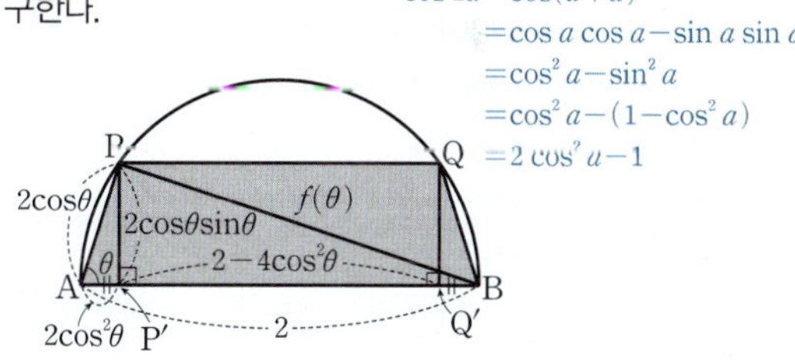

두 점 P, Q에서 선분 AB에 내린 수선의 발을 각각 P′, Q′이라 하자.

선분 BP를 그으면 삼각형 ABP에서 $\overline{\rm AP}=\overline{\rm AB}\cos\theta=2\cos\theta$

삼각형 APP′에서
$$\overline{\rm AP'}=\overline{\rm AP}\cos\theta=2\cos^2\theta,$$
$$\overline{\rm PP'}=\overline{\rm AP}\sin\theta=2\cos\theta\sin\theta,$$
$$\overline{\rm PQ}=\overline{\rm P'Q'}=2-2\times 2\cos^2\theta=2-4\cos^2\theta$$

이므로 사각형 ABQP의 넓이는

$$f(\theta)=\frac{1}{2}\times(\overline{\rm PQ}+\overline{\rm AB})\times\overline{\rm PP'}$$
$$=\frac{1}{2}\times\{(2-4\cos^2\theta)+2\}\times 2\cos\theta\sin\theta$$
$$=4\cos\theta\sin\theta(1-\cos^2\theta)=4\cos\theta\sin^3\theta$$
$$f'(\theta)=-4\sin^4\theta+4\cos\theta\times 3\sin^2\theta\cos\theta$$
$$=4\sin^2\theta(3\cos^2\theta-\sin^2\theta)$$

Step 2 동일

Step 3 $f'(a)$의 값을 구한다.

$\sin a=\dfrac{\overline{\rm BP}}{\overline{\rm AB}}=\dfrac{3}{\sqrt{10}}$이므로 $f'(a)$의 값은

$$f'(a)=4\sin^2 a(3\cos^2 a-\sin^2 a)$$
$$=4\times\left(\frac{3}{\sqrt{10}}\right)^2\times\left\{3\times\left(\frac{1}{\sqrt{10}}\right)^2-\left(\frac{3}{\sqrt{10}}\right)^2\right\}=-\frac{54}{25}$$

050 [정답률 54%]　　　　　　　　　정답 ④

좌표평면 위에 그림과 같이 중심각의 크기가 90°이고 반지름의 길이가 10인 부채꼴 OAB가 있다. 점 P가 점 A에서 출발하여 호 AB를 따라 매초 2의 일정한 속력으로 움직일 때, $\angle \text{AOP}=30°$가 되는 순간 점 P의 y좌표의 시간(초)에 대한 변화율은? (3점)

→ t초 동안 움직이는 이동 거리는 $2t$이다.

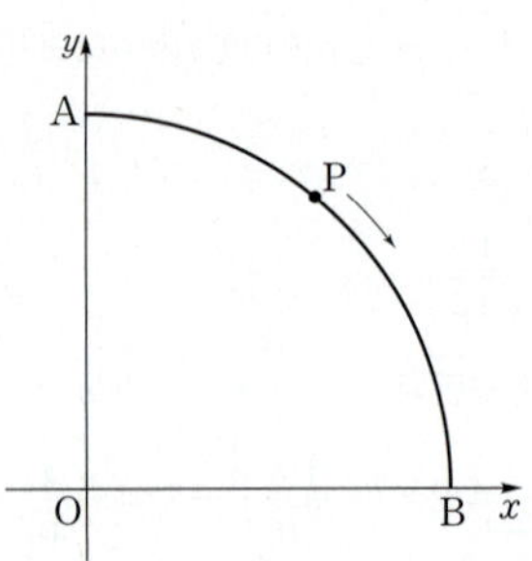

① $-\dfrac{1}{2}$　　　② $-\dfrac{\sqrt{2}}{2}$　　　③ $-\dfrac{\sqrt{3}}{2}$

④ -1　　　⑤ -2

Step 1 점 P의 y좌표를 시간을 이용하여 나타낸다.

점 P가 호 AB를 따라 매초 2의 일정한 속력으로 움직이므로 t초 후 호 AP의 길이는 $2t$이다.

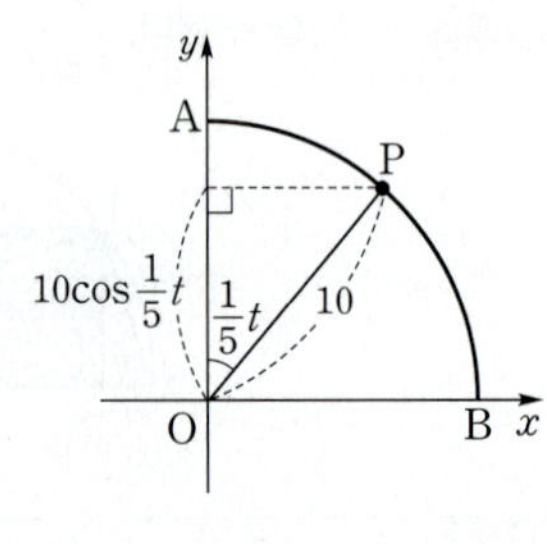

$$\therefore \angle \text{AOP}=\frac{\widehat{\text{AP}}}{\overline{\text{OP}}}=\frac{2t}{10}=\frac{1}{5}t$$

즉, t초 후 점 P의 y좌표는 $10\cos\dfrac{1}{5}t$이다.

Step 2 y좌표의 시간에 대한 변화율을 구한다.

t초일 때 점 P의 y좌표를 $f(t)$라 하면　→ $f(t)=10\cos\dfrac{1}{5}t$

$$f'(t)=\left(-10\sin\frac{1}{5}t\right)\times\frac{1}{5}=-2\sin\frac{1}{5}t$$

$\angle \text{AOP}=30°$일 때 $\dfrac{1}{5}t=30°=\dfrac{\pi}{6}$이므로 $t=\dfrac{5}{6}\pi$

따라서 $\angle \text{AOP}=30°$일 때 점 P의 y좌표의 시간에 대한 순간변화율은

$$f'\left(\frac{5}{6}\pi\right)=-2\sin\left(\frac{1}{5}\times\frac{5}{6}\pi\right)=-2\sin\frac{\pi}{6}=-2\times\frac{1}{2}=-1$$

→ $=\dfrac{1}{2}$

051 [정답률 12%]　　　　　　　　　정답 83

그림과 같이 좌표평면에서 원 $x^2+y^2=1$ 위의 점 P가 점 $(1,\,0)$에서 출발하여 원점을 중심으로 매초 $\dfrac{1}{40}$(라디안)의 일정한 속력으로 원 위를 시계 반대 방향으로 움직이고 있다. 점 P에서 x축에 평행한 직선을 그을 때, 원과 직선으로 둘러싸인 어두운 부분의 넓이를 S라 하자. 점 P가 점 $\left(\dfrac{\sqrt{3}}{2},\,\dfrac{1}{2}\right)$을 지나는 순간, 넓이 S의 시간(초)에 대한 변화율은 $\dfrac{b}{a}$이다. $a+b$의 값을 구하시오.

→ t초 동안 움직이는 이동 거리는 $\dfrac{t}{40}$이다.

(단, a와 b는 서로소인 자연수이다.) (4점)

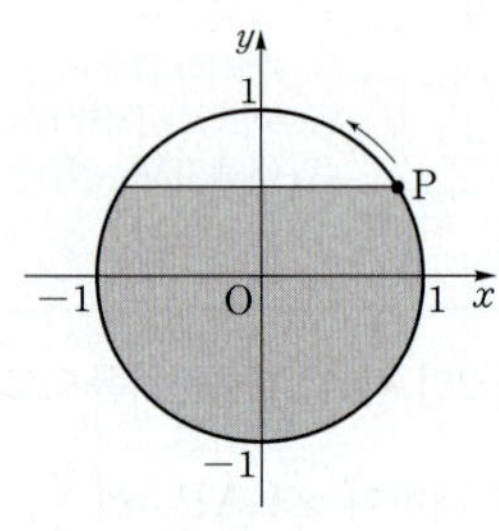

Step 1 넓이 S를 시간에 대하여 나타낸다.

오른쪽 그림과 같이 점 P를 y축에 대하여 대칭이동시킨 점을 Q, 점 $(1,\,0)$을 P_1, 점 $(-1,\,0)$을 Q_1이라 하자.

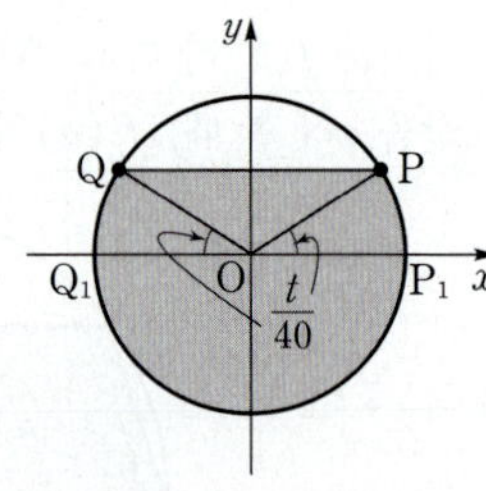

점 P가 원 위를 매초 $\dfrac{1}{40}$(라디안)의 일정한 속력으로 움직이므로 t초 후의 호 PP_1의 길이는 $\dfrac{t}{40}$이다.

$$\therefore \angle \text{POP}_1=\frac{\widehat{\text{PP}_1}}{\overline{\text{OP}_1}}=\frac{t}{40}$$

→ 반지름의 길이가 r, 중심각의 크기가 θ인 부채꼴의 호의 길이 l은 $l=r\theta$이므로 $\theta=\dfrac{l}{r}$

$$\therefore \angle \text{POQ}=\pi-(\angle \text{POP}_1+\angle \text{QOQ}_1)=\pi-\frac{t}{20}$$

따라서 t초 후의 어두운 부분의 넓이를 $S(t)$라 하면

$$S(t)=(\text{반원의 넓이})+(\text{부채꼴 POP}_1\text{의 넓이})$$
$$+(\text{부채꼴 QOQ}_1\text{의 넓이})+(\text{삼각형 OPQ의 넓이})$$

$$=\frac{\pi}{2}+\frac{1}{2}\times 1\times\frac{t}{40}+\frac{1}{2}\times 1\times\frac{t}{40}$$

→ 반지름의 길이가 r, 중심각의 크기가 θ인 부채꼴의 넓이 S는 $S=\dfrac{1}{2}r^2\theta$

$$+\frac{1}{2}\times 1\times 1\times\sin\left(\pi-\frac{t}{20}\right)$$

→ $\triangle \text{OPQ}=\dfrac{1}{2}\times\overline{\text{OP}}\times\overline{\text{OQ}}\times\sin(\angle \text{POQ})$

$$=\frac{\pi}{2}+\frac{t}{40}+\frac{1}{2}\sin\frac{t}{20}$$

Step 2 넓이 S의 시간에 대한 변화율을 구한다.

→ $\sin(\pi-\alpha)=\sin\alpha$

점 P가 점 $\left(\dfrac{\sqrt{3}}{2},\,\dfrac{1}{2}\right)$을 지날 때

$\angle \text{POP}_1=\dfrac{\pi}{6}$이므로 이때의 시간은

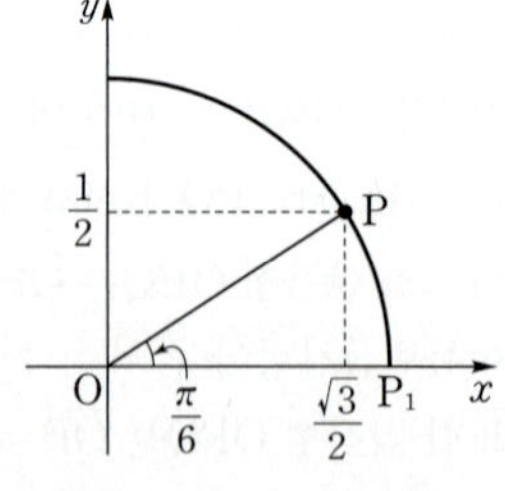

$\dfrac{t}{40}=\dfrac{\pi}{6}$에서　→ $\tan(\angle \text{POP}_1)=\dfrac{\frac{1}{2}}{\frac{\sqrt{3}}{2}}=\dfrac{1}{\sqrt{3}}$

$$t=\frac{20}{3}\pi \qquad \therefore \angle \text{POP}_1=\frac{\pi}{6}$$

따라서

$$S'(t)=\frac{1}{40}+\frac{1}{2}\cos\frac{t}{20}\times\frac{1}{20}=\frac{1}{40}\left(1+\cos\frac{t}{20}\right)$$

이므로 점 P가 점 $\left(\frac{\sqrt{3}}{2},\ \frac{1}{2}\right)$을 지나는 순간, 넓이 S의 시간에 대한 변화율은

$$S'\left(\frac{20}{3}\pi\right)=\frac{1}{40}\left(1+\cos\frac{\pi}{3}\right)=\frac{1}{40}\times\frac{3}{2}=\frac{3}{80}$$

따라서 $a=80$, $b=3$이므로 $\left[\rightarrow=\frac{1}{2}\right]$

$$a+b=80+3=83$$

수능포인트

매개변수를 이용한 풀이도 가능하지만, 위와 같이 시간을 t로 놓고 시간에 대한 변화율을 구하는 것임을 이용해서 $S'(t)$를 구하면 더 쉽게 풀 수 있습니다.

---

052 [정답률 57%] t초 동안 움직이는 이동 거리는 $\frac{\pi}{2}t$이다.   **정답 ④**

그림과 같이 좌표평면에서 원 $x^2+y^2=1$ 위의 점 P는 점 A$(1,\ 0)$에서 출발하여 원 둘레를 따라 시계 반대 방향으로 매초 $\frac{\pi}{2}$의 일정한 속력으로 움직이고 있다. 점 Q는 점 A에서 출발하여 점 B$(\ \ -1,\ 0)$을 향하여 매초 1의 일정한 속력으로 x축 위를 움직이고 있다. 점 P와 점 Q가 동시에 점 A에서 출발하여 t초가 되는 순간, 선분 PQ, 선분 QA, 호 AP로 둘러싸인 어두운 부분의 넓이를 S라 하자. 출발한 지 1초가 되는 순간, 넓이 S의 시간(초)에 대한 변화율은? (4점)

t초 동안 움직이는 이동 거리는 t이다.

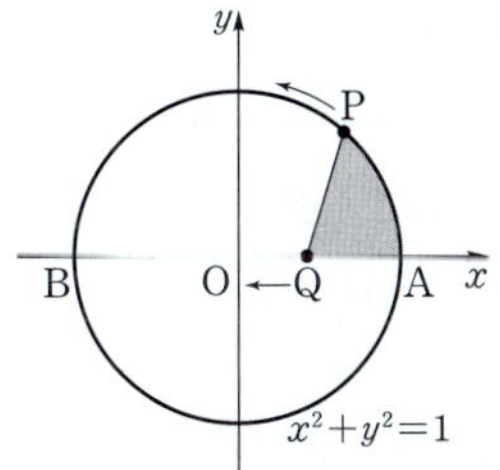

① $\dfrac{\pi}{4}-1$ ② $\dfrac{\pi}{4}$ ③ $\dfrac{\pi}{4}+\dfrac{1}{3}$

④ $\dfrac{\pi}{4}+\dfrac{1}{2}$ ⑤ $\dfrac{\pi}{4}+1$

Step 1 t의 값에 따라 경우를 나누어 어두운 부분의 넓이를 t에 대한 식으로 나타낸다.

출발한 지 t초가 되는 순간 어두운 부분의 넓이를 $S(t)$라 하자.

(i) $0\le t\le 1$일 때

점 P가 원 둘레를 따라 매초 $\frac{\pi}{2}$의 일정한 속력으로 움직이므로

(호 AP의 길이)$=\dfrac{\pi}{2}t$ → 반지름의 길이가 r, 중심각의 크기가 θ인 부채꼴의 호의 길이 l은 $l=r\theta$

이때 (호 AP의 길이)$=\overline{\text{OA}}\times\angle\text{POA}=\angle\text{POA}$이므로   → (원의 반지름의 길이)$=1$

$$\angle\text{POA}=\frac{\pi}{2}t$$

또, 점 Q가 매초 1의 일정한 속력으로 움직이므로 $\overline{\text{OQ}}=1-t$ → $\overline{\text{AQ}}=t$

$\therefore S(t)=$(부채꼴 OPA의 넓이)$-$(삼각형 OQP의 넓이)

$$=\frac{1}{2}\times 1^2\times\frac{\pi}{2}t-\frac{1}{2}\times 1\times(1-t)\times\sin\frac{\pi}{2}t$$

$$=\frac{\pi}{4}t-\frac{1}{2}(1-t)\sin\frac{\pi}{2}t$$

→ $\triangle\text{OQP}=\dfrac{1}{2}\times\overline{\text{OP}}\times\overline{\text{OQ}}\times\sin(\angle\text{POQ})$

반지름의 길이가 r, 중심각의 크기가 θ인 부채꼴의 넓이 S는 $S=\dfrac{1}{2}r^2\theta$

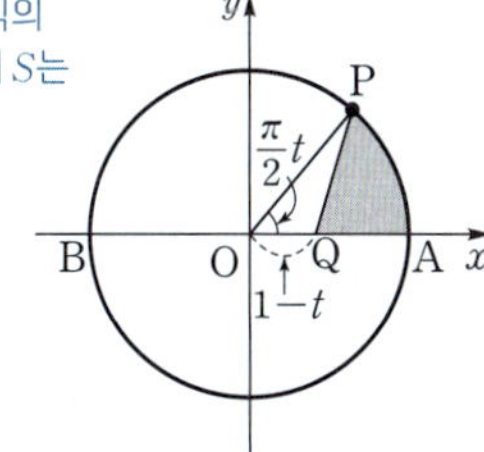

(ii) $1<t\le 2$일 때

(호 AP의 길이)$=\angle\text{POA}=\dfrac{\pi}{2}t$

이때 $\overline{\text{AQ}}=t$이므로 $\overline{\text{OQ}}=t-1$

$\therefore S(t)=$(부채꼴 OPA의 넓이)$+$(삼각형 OPQ의 넓이)

$$=\frac{1}{2}\times 1^2\times\frac{\pi}{2}t+\frac{1}{2}\times 1\times(t-1)\times\sin\left(\pi-\frac{\pi}{2}t\right)$$

$$=\frac{\pi}{4}t+\frac{1}{2}(t-1)\sin\frac{\pi}{2}t$$

→ $\sin(\pi-\alpha)=\sin\alpha$

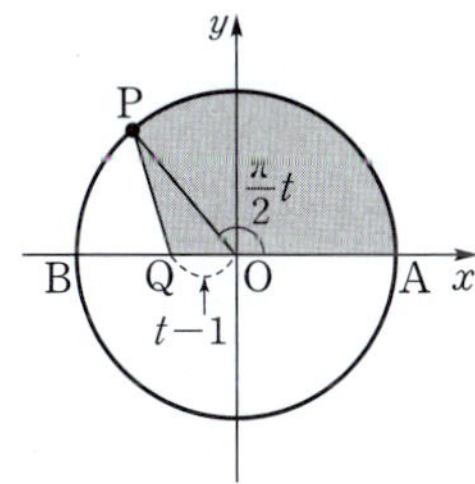

Step 2 $S'(1)$의 값을 구한다.

$0<t<1$일 때 $S'(t)=\dfrac{\pi}{4}-\dfrac{1}{2}\left\{-\sin\dfrac{\pi}{2}t+(1-t)\times\dfrac{\pi}{2}\cos\dfrac{\pi}{2}t\right\}$

$$\therefore \lim_{t\to 1-}S'(t)=\frac{\pi}{4}+\frac{1}{2}\sin\frac{\pi}{2}=\frac{\pi}{4}+\frac{1}{2}$$

$1<t<2$일 때 $S'(t)=\dfrac{\pi}{4}+\dfrac{1}{2}\left\{\sin\dfrac{\pi}{2}t+(t-1)\times\dfrac{\pi}{2}\cos\dfrac{\pi}{2}t\right\}$

$$\therefore \lim_{t\to 1+}S'(t)=\frac{\pi}{4}+\frac{1}{2}\sin\frac{\pi}{2}=\frac{\pi}{4}+\frac{1}{2}$$

따라서 $t=1$이 되는 순간, 넓이 S의 시간 t에 대한 변화율은

$$S'(1)=\frac{\pi}{4}+\frac{1}{2}$$

053 [정답률 84%]   정답 ②

함수 $f(x)=x^3+2x+3$의 역함수를 $g(x)$라 할 때, $g'(3)$의 값은? (3점)

① 1   ② $\dfrac{1}{2}$ ③ $\dfrac{1}{3}$

④ $\dfrac{1}{4}$ ⑤ $\dfrac{1}{5}$

Step 1 역함수의 미분법을 이용한다.

$g(3)=k$라 하면 $f(k)=3$ → 역함수의 미분법을 이용하기 위해 $f(x)=3$을 만족시키는 x의 값을 구해야 한다.

$f(k)=k^3+2k+3=3$에서

$k^3+2k=k(k^2+2)=0$ ∴ $k=0$

$f(x)=x^3+2x+3$에서 $f'(x)=3x^2+2$

∴ $g'(3)=\dfrac{1}{f'(0)}=\dfrac{1}{2}$

→ $g'(x)=\dfrac{1}{f'(g(x))}$

054 [정답률 93%]   정답 ⑤

함수 $f(x)=x^3+x+1$의 역함수를 $g(x)$라 할 때, $g'(1)$의 값은? (3점)

① $\dfrac{1}{3}$ ② $\dfrac{2}{5}$ ③ $\dfrac{2}{3}$

④ $\dfrac{4}{5}$ ⑤ 1

Step 1 역함수의 성질을 이용하여 두 함수 $f(x)$, $g(x)$ 사이의 관계식을 구한다.

함수 $f(x)=x^3+x+1$의 역함수가 $g(x)$이므로

$f(g(x))=x$가 성립한다. → 중요한 역함수의 성질

이 식의 양변을 x에 대하여 미분하면

$f'(g(x))\cdot g'(x)=1$ → 합성함수의 미분법을 이용한 거야! ⋯⋯ ㉠

Step 2 $g'(1)$의 값을 구한다.

㉠에 $x=1$을 대입하면

$f'(g(1))\cdot g'(1)=1$ ∴ $g'(1)=\dfrac{1}{f'(g(1))}$

이때 $f(x)=x^3+x+1$에서 $f(0)=1$이므로 $g(1)=0$ ⋯⋯ ㉡

또, $f'(x)=3x^2+1$에서 $f'(0)=1$ ⋯⋯ ㉢

→ $f(a)=b \Longleftrightarrow f^{-1}(b)=a$

∴ $g'(1)=\dfrac{1}{f'(0)}=1$ (∵ ㉡, ㉢)

055 [정답률 89%]   정답 ①

함수 $f(x)=x^3+3x$의 역함수를 $g(x)$라 할 때,

$$\lim_{x\to 4}\frac{g(x)-g(4)}{x-4}$$

의 값은? (3점)

① $\dfrac{1}{6}$ ② $\dfrac{1}{5}$ ③ $\dfrac{1}{4}$

④ $\dfrac{1}{3}$ ⑤ $\dfrac{1}{2}$

Step 1 $f'(1)$의 값을 구한다.

함수 $f(x)=x^3+3x$를 x에 대하여 미분하면 $f'(x)=3x^2+3$

∴ $f'(1)=3\times 1^2+3=6$ ⋯⋯ ㉠

참고로 $f'(x)=3x^2+3>0$이므로 $f(x)$는 증가함수

Step 2 $\displaystyle\lim_{x\to 4}\dfrac{g(x)-g(4)}{x-4}$의 값을 구한다.

함수 $f(x)=x^3+3x$의 역함수가 $g(x)$이므로

$f(g(x))=x$ → 역함수의 기본적인 성질이니 꼭 기억해.

양변을 x에 대하여 미분하면 $f'(g(x))\cdot g'(x)=1$

∴ $f'(g(4))\cdot g'(4)=1$ ⋯⋯ ㉡

$g(4)=k$라 하면 $f(k)=k^3+3k=4$이므로

$k^3+3k-4=0$ → 함수 $h(x)$에 대하여

$(k-1)(k^2+k+4)=0$ $h(a)=b$이면 $h^{-1}(b)=a$

∴ $k=1$ → $k^2+k+4=0$을 만족시키는 실수 k의 값은 존재하지 않아.

즉, $g(4)=1$이므로 이를 ㉡에 대입하면

$f'(1)\cdot g'(4)=1$ ⋯⋯ ㉢

따라서 ㉠, ㉢에 의하여 ㉢의 양변을 $f'(1)$로 나누면 $g'(4)=\dfrac{1}{f'(1)}$이야.

$$\lim_{x\to 4}\frac{g(x)-g(4)}{x-4}=g'(4)=\frac{1}{f'(1)}=\frac{1}{6}$$

→ 미분계수의 정의를 이용한 거야.   ㉠에서 $f'(1)=6$이야.

056 [정답률 93%]   정답 ③

함수 $f(x)=x^3+5x+3$의 역함수를 $g(x)$라 할 때, $g'(3)$의 값은? (3점)

① $\dfrac{1}{7}$ ② $\dfrac{1}{6}$ ③ $\dfrac{1}{5}$

④ $\dfrac{1}{4}$ ⑤ $\dfrac{1}{3}$

Step 1 역함수의 미분법을 이용한다.

함수 $f(x)$의 역함수가 $g(x)$이므로

$f(g(x))=x$

이 식의 양변을 x에 대하여 미분하면

$f'(g(x))g'(x)=1$

$x=3$을 대입하면

$f'(g(3))g'(3)=1$

∴ $g'(3)=\dfrac{1}{f'(g(3))}$ ⋯⋯ ㉠

$g(3)=a$라 하면 $f(a)=3$이므로

$a^3+5a+3=3$ → $f(x)=x^3+5x+3$이므로

$a^3+5a=0$ $f(a)=a^3+5a+3$

$a(a^2+5)=0$ → $a=0$ 또는 $a^2+5=0$인데

∴ $a=0$ → $a^2+5>0$이므로 $a=0$

따라서 $g(3)=0$이므로 ㉠에서

$g'(3)=\dfrac{1}{f'(0)}$ → $g'(3)=\dfrac{1}{f'(g(3))}$에서 $g(3)$ 대신 0을 대입

이때 $f'(x)=3x^2+5$이므로 $f'(0)=5$

∴ $g'(3)=\dfrac{1}{5}$ → $g'(3)=\dfrac{1}{f'(0)}$에 $f'(0)$ 대신 5를 대입

057 [정답률 03%]   정답 ④

함수 $f(x)=\dfrac{1}{e^x+2}$ 의 역함수 $g(x)$에 대하여 $g'\left(\dfrac{1}{4}\right)$의 값은?

(3점)

① -5 ② -6 ③ -7

④ -8 ⑤ -9

Step 1 역함수의 미분법을 이용한다.

$g\left(\dfrac{1}{4}\right)=k$라 하면 $f(k)=\dfrac{1}{4}$ → 함수 $f(x)$는 함수 $g(x)$의 역함수야.

$f(k)=\dfrac{1}{e^k+2}=\dfrac{1}{4}$ 에서 $e^k+2=4$ ($e^k=2$) $\therefore k=\ln 2$

$f'(x)=\dfrac{-e^x}{(e^x+2)^2}$ 이므로 $f'(\ln 2)=\dfrac{-e^{\ln 2}}{(e^{\ln 2}+2)^2}=-\dfrac{2}{16}=-\dfrac{1}{8}$ ($=2$)

$\therefore g'\left(\dfrac{1}{4}\right)=\dfrac{1}{f'(\ln 2)}=-8$

058 [정답률 93%]   정답 ⑤

함수 $f(x)=\dfrac{1}{1+e^{-x}}$ 의 역함수를 $g(x)$라 할 때,

$g'(f(-1))$의 값은? (3점)

① $\dfrac{1}{(1+e)^2}$ ② $\dfrac{e}{1+e}$ ③ $\left(\dfrac{1+e}{e}\right)^2$

④ $\dfrac{e^2}{1+e}$ ⑤ $\dfrac{(1+e)^2}{e}$

Step 1 $g(f(x))=x$임을 이용한다.

두 함수 $f(x)$, $g(x)$가 서로 역함수 관계이므로

$g(f(x))=x$ → **중요**

위 식의 양변을 x에 대하여 미분하면

$g'(f(x))\cdot f'(x)=1,\ g'(f(x))=\dfrac{1}{f'(x)}$

위 식에 $x=-1$을 대입하면

$g'(f(-1))=\dfrac{1}{f'(-1)}$ → $g'(f(-1))$의 값을 구해야 하므로 $g'(f(x))$에서 x자리에 -1을 넣어야 해.

Step 2 $f(x)$를 미분하여 $f'(-1)$의 값을 구한다.

$f(x)=\dfrac{1}{1+e^{-x}}$ 에서 $f'(x)=\dfrac{e^{-x}}{(1+e^{-x})^2}$

$\therefore f'(-1)=\dfrac{e}{(1+e)^2}$ → 함수의 몫의 미분법을 이용했어.

$\therefore g'(f(-1))=\dfrac{(1+e)^2}{e}$

059 [정답률 89%]   정답 3

함수 $f(x)=e^{x-1}$의 역함수 $g(x)$에 대하여

$\displaystyle\lim_{h\to 0}\dfrac{g(1+h)-g(1-2h)}{h}$ 의 값을 구하시오. (3점)

$f'(a)=\displaystyle\lim_{\Delta x\to 0}\dfrac{f(a+\Delta x)-f(a)}{\Delta x}=\lim_{x\to a}\dfrac{f(x)-f(a)}{x-a}$

Step 1 미분계수의 정의를 이용하여 주어진 식을 변형한다.

$\displaystyle\lim_{h\to 0}\dfrac{g(1+h)-g(1-2h)}{h}$ → 미분계수의 정의의 형태로 만들기 위해 분자에 $g(1)$을 빼고 더해 주었어.

$=\displaystyle\lim_{h\to 0}\dfrac{g(1+h)-g(1)-g(1-2h)+g(1)}{h}$

$=\displaystyle\lim_{h\to 0}\dfrac{g(1+h)-g(1)}{h}+\lim_{h\to 0}\dfrac{g(1-2h)-g(1)}{-2h}\times 2$

$=g'(1)+2g'(1)=3g'(1)$

Step 2 역함수의 미분법을 이용하여 $g'(1)$의 값을 구한다.

$f(x)=e^{x-1}$에서 $f(1)=1$이므로 $g(1)=1$이고,

$f'(x)=e^{x-1}$에서 $f'(1)=1$

이때 역함수의 미분법에 의하여

$g'(1)=\dfrac{1}{f'(1)}=1$

$\therefore \displaystyle\lim_{h\to 0}\dfrac{g(1+h)-g(1-2h)}{h}=3g'(1)=3\times 1=3$

→ 미분가능한 함수 $y=f(x)$의 역함수 $y=g(x)$가 존재하고 미분가능할 때, $g'(x)=\dfrac{1}{f'(g(x))}$ (단, $f'(g(x))\neq 0$)

060 [정답률 78%]   정답 60

→ $f(0)=e$이므로 $g(e)=0$

구간 $(-1,\ \infty)$에서 정의된 함수 $f(x)=xe^x+e$의 역함수를 $g(x)$라 할 때, $60g'(e)$의 값을 구하시오. (3점)

Step 1 역함수의 미분법을 이용한다.

함수 $f(x)$의 역함수가 $g(x)$이므로

$f(g(x))=x$ → 역함수의 중요한 성질 중 하나야.

양변을 x에 대하여 미분하면 $f'(g(x))g'(x)=1$

이 식에 $x=e$를 대입하면 $f'(g(e))\cdot g'(e)=1$

$\therefore g'(e)=\dfrac{1}{f'(g(e))}$

함수 $f(x)=xe^x+e$에서 $f(0)=e$이므로 $g(e)=0$

함수 $f(x)=xe^x+e$를 x에 대하여 미분하면

$f'(x)=e^x+xe^x$이므로 $f'(0)=e^0=1$

따라서 $g'(e)=\dfrac{1}{f'(g(e))}=\dfrac{1}{f'(0)}=\dfrac{1}{1}=1$

$\therefore 60g'(e)=60\times 1=60$ → $g(e)=0$임을 위에서 구했어.

061 [정답률 92%] 정답 ①

$x \geq \dfrac{1}{e}$ 에서 정의된 함수 $f(x) = 3x \ln x$ 의 그래프가

점 $(e, 3e)$ 를 지난다. 함수 $f(x)$ 의 역함수를 $g(x)$ 라고 할 때,

$\displaystyle \lim_{h \to 0} \dfrac{g(3e+h) - g(3e-h)}{h}$ 의 값은? (3점)

→ $g(3e) = e$

→ 미분계수로 나타내.

① $\dfrac{1}{3}$ ② $\dfrac{1}{2}$ ③ $\dfrac{2}{3}$

④ $\dfrac{5}{6}$ ⑤ 1

Step 1 $g'(3e)$ 의 값을 구한다.

함수 $f(x)$ 의 역함수가 $g(x)$ 이고 $f(e) = 3e$ 이므로

$g(3e) = e$ → 암기 $f(a) = \beta \Longleftrightarrow f^{-1}(\beta) = a$

함수 $f(x) = 3x \ln x \left(x \geq \dfrac{1}{e} \right)$ 를 미분하면

$f'(x) = 3 \ln x + 3x \cdot \dfrac{1}{x} = 3 \ln x + 3$

$\therefore f'(e) = 3 \ln e + 3 = 6$ 곱의 미분법

역함수의 성질에 의하여 $f(g(x)) = x$

양변을 x 에 대하여 미분하면 $f'(g(x)) \cdot g'(x) = 1$

$\therefore g'(x) = \dfrac{1}{f'(g(x))}$

$\therefore g'(3e) = \dfrac{1}{f'(g(3e))} = \dfrac{1}{f'(e)} = \dfrac{1}{6}$

Step 2 주어진 극한값을 구한다.

$\displaystyle \lim_{h \to 0} \dfrac{g(3e+h) - g(3e-h)}{h}$

$\displaystyle = \lim_{h \to 0} \dfrac{\{g(3e+h) - g(3e)\} - \{g(3e-h) - g(3e)\}}{h}$

$\displaystyle = \lim_{h \to 0} \left\{ \dfrac{g(3e+h) - g(3e)}{h} + \dfrac{g(3e-h) - g(3e)}{-h} \right\}$

$= g'(3e) + g'(3e)$ 중요 두 부분이 같은 형태일 때 미분계수로 나타낼 수 있어!

$= 2g'(3e)$

$= 2 \times \dfrac{1}{6}$

$= \dfrac{1}{3}$

062 [정답률 86%] 정답 ③

열린구간 $\left(-\dfrac{\pi}{2}, \dfrac{\pi}{2} \right)$ 에서 정의된 함수

$$f(x) = \ln \left(\dfrac{\sec x + \tan x}{a} \right)$$

의 역함수를 $g(x)$ 라 하자. $\displaystyle \lim_{x \to -2} \dfrac{g(x)}{x+2} = b$ 일 때,

두 상수 a, b 의 곱 ab 의 값은? (단, $a > 0$) (4점)

① $\dfrac{e^2}{4}$ ② $\dfrac{e^2}{2}$ ③ e^2

④ $2e^2$ ⑤ $4e^2$

Step 1 극한의 성질과 역함수 사이의 관계를 이용하여 a 의 값을 구한다.

$\displaystyle \lim_{x \to -2} \dfrac{g(x)}{x+2} = b$ 에서 분모가 0 으로 수렴하고 극한값이 존재하므로 → b

분자 또한 0 으로 수렴해야 한다.

즉, $\displaystyle \lim_{x \to -2} g(x) = 0$ 에서 $g(-2) = 0$

이때 함수 $g(x)$ 는 함수 $f(x)$ 의 역함수이므로 역함수의 성질에 의하여

$f(0) = \ln \left(\dfrac{\sec 0 + \tan 0}{a} \right) = \ln \dfrac{1}{a} = -2$

$= \dfrac{1}{\cos 0} = 1$

$e^{-2} = \dfrac{1}{a} \quad \therefore a = e^2$

함수 $f(x)$ 가 $f(m) = n$ 을 만족시킬 때 역함수 $f^{-1}(x)$ 에 대하여 $f^{-1}(n) = m$ 임을 기억해!

Step 2 역함수의 미분법을 이용하여 주어진 극한을 함수 $f(x)$ 의 미분계수로 나타낸다.

두 함수 $f(x)$, $g(x)$ 가 서로 역함수 관계이므로 $f(g(x)) = x$

양변을 x 에 대하여 미분하면 $f'(g(x)) g'(x) = 1$

$\therefore g'(x) = \dfrac{1}{f'(g(x))} \quad \cdots\cdots \ \boxed{\bigcirc}$

미분계수의 정의에 의하여 → $g(-2) = 0$

$\displaystyle \lim_{x \to -2} \dfrac{g(x)}{x+2} = \lim_{x \to -2} \dfrac{g(x) - g(-2)}{x - (-2)} = g'(-2) = b$

이므로 $\bigcirc$ 에서

$g'(-2) = \dfrac{1}{f'(g(-2))} = \dfrac{1}{f'(0)} = b$

Step 3 자연로그의 미분을 이용하여 b 의 값을 구한다.

함수 $f(x)$ 의 식을 간단히 하면

$f(x) = \ln \left(\dfrac{\sec x + \tan x}{e^2} \right)$ 로그의 성질을 이용해 정리해주었어.

$= \ln (\sec x + \tan x) - \ln e^2$

$= \ln (\sec x + \tan x) - 2$

이므로 $f(x)$ 를 미분하면 → $\sec x = \dfrac{1}{\cos x} = (\cos x)^{-1}$ 이라고 생각하고 미분

$f'(x) = \dfrac{\dfrac{\sin x}{\cos^2 x} + \sec^2 x}{\sec x + \tan x}$

$\therefore f'(0) = \dfrac{\dfrac{\sin 0}{\cos^2 0} + \sec^2 0}{\sec 0 + \tan 0} = \dfrac{0+1}{1+0} = 1$

즉, $g'(-2) = \dfrac{1}{f'(0)} = 1$ 이므로 $b = 1$

$\therefore ab = e^2 \times 1 = e^2$

063 [정답률 85%] 정답 ②

함수 $f(x)=\dfrac{x^2-1}{x}\ (x>0)$의 역함수 $g(x)$에 대하여

$g'(0)$의 값은? (4점)

→ $f(k)=0$을 만족하는 k의 값을 찾아.

① $\dfrac{1}{4}$ ② $\dfrac{1}{2}$ ③ $\dfrac{3}{4}$

④ 1 ⑤ $\dfrac{5}{4}$

Step 1 역함수의 미분법을 이용한다.

$f(x)=\dfrac{x^2-1}{x}$에서 $f'(x)=\dfrac{2x\cdot x-(x^2-1)}{x^2}=\dfrac{x^2+1}{x^2}$

→ 함수의 몫의 미분법

이때 $f(1)=0$이므로 $g(0)=1$

$\therefore g'(0)=\dfrac{1}{f'(1)}=\dfrac{1}{2}$ ← $g'(x)=\dfrac{1}{f'(g(x))}$

→ $f'(1)=\dfrac{1^2+1}{1^2}=2$

064 [정답률 82%] 정답 17

함수 $f(x)=3e^{5x}+x+\sin x$의 역함수를 $g(x)$라 할 때, 곡선 $y=g(x)$는 점 $(3,\,0)$을 지난다. $\displaystyle\lim_{x\to3}\dfrac{x-3}{g(x)-g(3)}$의 값을 구하시오. (3점)

→ $g'(3)=\dfrac{1}{f'(0)}$

Step 1 주어진 극한을 미분계수를 이용하여 나타낸다.

곡선 $y=g(x)$가 점 $(3,\,0)$을 지나므로 $g(3)=0$

함수 $g(x)$가 $f(x)$의 역함수이므로

$f(g(x))=x$에서 양변을 x에 대하여 미분하면

→ 역함수의 중요한 성질! → 합성함수의 미분을 이용!

$f'(g(x))g'(x)=1,\ g'(x)=\dfrac{1}{f'(g(x))}$

$\therefore g'(3)=\dfrac{1}{f'(g(3))}=\dfrac{1}{f'(0)}$

$\therefore \displaystyle\lim_{x\to3}\dfrac{x-3}{g(x)-g(3)}=\dfrac{1}{g'(3)}=f'(0)$

→ 미분계수의 정의

Step 2 $f'(0)$의 값을 구한다.

함수 $f(x)=3e^{5x}+x+\sin x$를 x에 대하여 미분하면

$f'(x)=15e^{5x}+1+\cos x$이므로

$f'(0)=15e^0+1+\cos 0$

$=15+1+1=17$

→ $(3e^{5x})'$
$=3e^{5x}\cdot(5x)'$
$=3e^{5x}\cdot 5$
$=15e^{5x}$

$\therefore \displaystyle\lim_{x\to3}\dfrac{x-3}{g(x)-g(3)}=17$

참고

$f'(x)=15e^{5x}+1+\cos x$에서

$-1\le\cos x\le1$이므로 $1+\cos x\ge0$이고

$15e^{5x}>0$이므로 $f'(x)>0$

따라서 $f(x)$는 증가함수이므로 $f(x)$의 역함수가 존재한다.

065 [정답률 82%] 정답 25

정의역이 $\left\{x\,\middle|\,-\dfrac{\pi}{4}<x<\dfrac{\pi}{4}\right\}$인 함수 $f(x)=\tan 2x$의 역함수를 $g(x)$라 할 때, $100\times g'(1)$의 값을 구하시오. (3점)

Step 1 $g'(1)$을 $f(x)$의 미분계수를 이용하여 나타낸다.

$g(1)=k$라 하면 → $\tan\dfrac{\pi}{4}=1$임을 이용

$f(k)=\tan 2k=1$에서 $k=\dfrac{\pi}{8}$ → 함수 $f(x)$의 정의역 안에 k의 값이 포함되어야 해.

함수 $f(x)$의 역함수가 $g(x)$이므로

$g(f(x))=x$

양변을 x에 대하여 미분하면

$g'(f(x))\cdot f'(x)=1$ → 합성함수의 미분

$\therefore g'(f(x))=\dfrac{1}{f'(x)}$ → $=\tan\dfrac{\pi}{4}=1$

$x=\dfrac{\pi}{8}$를 대입하면 $g'\!\left(f\!\left(\dfrac{\pi}{8}\right)\right)=\dfrac{1}{f'\!\left(\dfrac{\pi}{8}\right)}$

$\therefore g'(1)=\dfrac{1}{f'\!\left(\dfrac{\pi}{8}\right)}$

Step 2 $g'(1)$의 값을 구한다.

함수 $f(x)=\tan 2x$를 미분하면

$f'(x)=\sec^2 2x\times2=2\sec^2 2x$ → $=(2x)'$

$\therefore f'\!\left(\dfrac{\pi}{8}\right)=2\times\sec^2\dfrac{\pi}{4}$ → $\sec\dfrac{\pi}{4}=\dfrac{1}{\cos\dfrac{\pi}{4}}=\dfrac{1}{\dfrac{\sqrt2}{2}}=\sqrt2$

$=2\times(\sqrt2)^2=4$

따라서 $g'(1)=\dfrac{1}{f'\!\left(\dfrac{\pi}{8}\right)}=\dfrac{1}{4}$이므로

$100\times g'(1)=100\times\dfrac{1}{4}=25$

066 [정답률 84%] 정답 ⑤

실수 전체의 집합에서 증가하고 미분가능한 함수 $f(x)$가

$\displaystyle\lim_{x\to1}\dfrac{f(x)-2}{x-1}=\dfrac{1}{3}$을 만족시킨다. $f(x)$의 역함수를 $g(x)$라 할 때, $g(2)+g'(2)$의 값은? (3점)

→ $f(1)=2$이면 미분계수의 정의를 이용할 수 있는 형태가 돼.

① $\dfrac{4}{3}$ ② 2 ③ $\dfrac{8}{3}$

④ $\dfrac{10}{3}$ ⑤ 4

Step 1 $f(1)$, $f'(1)$의 값을 구한다.

$\lim\limits_{x\to 1}\dfrac{f(x)-2}{x-1}=\dfrac{1}{3}$에서 $x\to 1$일 때 극한값이 존재하고

(분모)$\to 0$이므로 (분자)$\to 0$이어야 한다. 즉,

$\lim\limits_{x\to 1}\{f(x)-2\}=f(1)-2=0$ → 중요한 내용이니까 꼭 기억해.

$\therefore f(1)=2$ …… ㉠

㉠을 주어진 극한식에 대입하면

$\lim\limits_{x\to 1}\dfrac{f(x)-2}{x-1}=\lim\limits_{x\to 1}\dfrac{f(x)-f(1)}{x-1}=f'(1)$

$\therefore f'(1)=\dfrac{1}{3}$ …… ㉡ → 미분계수의 정의를 이용할 수 있는 형태가 되었어.

Step 2 $g(2)+g'(2)$의 값을 구한다.

함수 $f(x)$의 역함수가 $g(x)$이므로

㉠에서 $g(2)=1$

㉡에서 $g'(2)=\dfrac{1}{f'(1)}=\dfrac{1}{\frac{1}{3}}=3$ → $g'(2)=\dfrac{1}{f'(g(2))}$

$\therefore g(2)+g'(2)=1+3=4$

---

067 [정답률 82%] 정답 ②

양의 실수 전체의 집합에서 정의된 미분가능한 두 함수 $f(x)$, $g(x)$에 대하여 $f(x)$가 함수 $g(x)$의 역함수이고,

$\lim\limits_{x\to 2}\dfrac{f(x)-2}{x-2}=\dfrac{1}{3}$이다. 함수 $h(x)=\dfrac{g(x)}{f(x)}$라 할 때, $h'(2)$의 값은? (3점) → $f(2)=2,\ f'(2)=\dfrac{1}{3}$

① $\dfrac{7}{6}$ ② $\dfrac{4}{3}$ ③ $\dfrac{3}{2}$

④ $\dfrac{5}{3}$ ⑤ $\dfrac{11}{6}$

Step 1 $\lim\limits_{x\to 2}\dfrac{f(x)-2}{x-2}=\dfrac{1}{3}$을 이용하여 $f(2)$, $f'(2)$의 값을 구한다.

$\lim\limits_{x\to 2}\dfrac{f(x)-2}{x-2}=\dfrac{1}{3}$에서 $x\to 2$일 때 극한값이 존재하고

(분모)$\to 0$이므로 (분자)$\to 0$이어야 한다. → $\dfrac{1}{3}$

즉, $\lim\limits_{x\to 2}\{f(x)-2\}=0$에서 $f(2)=2$

$\therefore \lim\limits_{x\to 2}\dfrac{f(x)-2}{x-2}=\lim\limits_{x\to 2}\dfrac{f(x)-f(2)}{x-2}=f'(2)=\dfrac{1}{3}$

Step 2 역함수의 미분법을 이용하여 $g'(2)$의 값을 구한다.

$f(x)$는 함수 $g(x)$의 역함수이므로 $g(2)=2$

$\therefore g'(2)=\dfrac{1}{f'(g(2))}=\dfrac{1}{f'(2)}=3$

Step 3 $h'(2)$의 값을 구한다.

두 함수 $f(x)$, $g(x)$는 양의 실수 전체의 집합에서 미분가능하고 $f(2)\neq 0$이므로 함수 $h(x)$는 $x=2$에서 미분가능하다.

$h'(x)=\dfrac{g'(x)f(x)-g(x)f'(x)}{\{f(x)\}^2}$에서 → 몫의 미분법

$h'(2)=\dfrac{g'(2)f(2)-g(2)f'(2)}{\{f(2)\}^2}=\dfrac{3\times 2-2\times\frac{1}{3}}{2^2}=\dfrac{6-\frac{2}{3}}{4}=\dfrac{4}{3}$

---

068 [정답률 74%] 정답 ⑤

함수 $f(x)=e^{2x}+e^x-1$의 역함수를 $g(x)$라 할 때, 함수 $g(5f(x))$의 $x=0$에서의 미분계수는? (3점)

① $\dfrac{1}{2}$ ② $\dfrac{3}{4}$ ③ 1

④ $\dfrac{5}{4}$ ⑤ $\dfrac{3}{2}$

Step 1 역함수의 미분법을 이용한다.

$h(x)=g(5f(x))$라 하면 $h'(x)=g'(5f(x))\times 5f'(x)$

$\therefore h'(0)=g'(5f(0))\times 5f'(0)$

$f(x)=e^{2x}+e^x-1$에서 $f(0)=1$이고 $f'(x)=2e^{2x}+e^x$에서 → $=e^0+e^0-1=1+1-1$

$f'(0)=3$이므로 $h'(0)=15g'(5)$ → $=2e^0+e^0=2+1$

$g(5)=k$라 하면 $f(k)=5$에서 → 두 함수 $f(x),\,g(x)$는 서로 역함수 관계이다.

$e^{2k}+e^k-1=5,\ (e^k+3)(e^k-2)=0$

$\therefore e^k=2\ (\because e^k>0)$ → $=e^{\ln 2^2}=e^{\ln 4}=4^{\ln e}=4$

따라서 $k=\ln 2$이므로 $f'(\ln 2)=2e^{2\ln 2}+e^{\ln 2}=10$

$\therefore h'(0)=15g'(5)=15\times\dfrac{1}{f'(\ln 2)}=\dfrac{3}{2}$

---

069 [정답률 77%] 정답 5

함수 $f(x)=(x^2+2)e^{-x}$에 대하여 함수 $g(x)$가 미분가능하고

$g\!\left(\dfrac{x+8}{10}\right)=f^{-1}(x),\ g(1)=0$

을 만족시킬 때, $|g'(1)|$의 값을 구하시오. (4점)

→ $f^{-1}(x)$의 식을 직접 구하기 어려우므로 $g(x)$의 식을 구해서 미분하는 것보다는 역함수의 미분법을 이용하는 것이 더 좋아.

Step 1 역함수의 미분법을 이용한다.

$g\!\left(\dfrac{x+8}{10}\right)=f^{-1}(x)$의 양변에 $x=2$를 대입하면

$g\!\left(\dfrac{2+8}{10}\right)=g(1)=f^{-1}(2)=0$

$g\!\left(\dfrac{x+8}{10}\right)=f^{-1}(x)$의 양변을 x에 대하여 미분하면

$\left\{g\!\left(\dfrac{x+8}{10}\right)\right\}'=\{f^{-1}(x)\}'$

$\dfrac{1}{10}g'\!\left(\dfrac{x+8}{10}\right)=\dfrac{1}{f'(f^{-1}(x))}$

위의 식에 $x=2$를 대입하면

$\dfrac{1}{10}g'\!\left(\dfrac{2+8}{10}\right)=\dfrac{1}{f'(f^{-1}(2))}$에서

$\dfrac{1}{10}g'(1)=\dfrac{1}{f'(0)}$

$f(x)=(x^2+2)e^{-x}$에서

곱의 미분법을 이용했어.

$f'(x)=2xe^{-x}+(x^2+2)(-e^{-x})$
$=(-x^2+2x-2)e^{-x}$ ← $=(x^2+2)'e^{-x}+(x^2+2)(e^{-x})'$

$f'(0)=(0+0-2)\times e^{-0}=-2$이므로

$g'(1)=\dfrac{10}{-2}=-5$

$\therefore |g'(1)|=|-5|=5$

수능포인트

역함수의 미분계수를 구하는 대표적인 방법은 다음과 같습니다.
(단, $g(x)=f^{-1}(x)$)
① $f(g(x))=x$, $g(f(x))=x$에서 합성함수의 미분법 이용
② 두 함수 $y=f(x)$, $y=g(x)$의 그래프가 직선 $y=x$에 대하여

대칭임을 이용 ⇨ 즉, $f(a)=b$이면 $g'(b)=\dfrac{1}{f'(a)}$

070 [정답률 83%]　　　　　　정답 ②

함수 $f(x)=e^{3x}-3e^{2x}+4e^x$의 역함수를 $g(x)$라 하자.
$g'(a)=\dfrac{1}{8}$이 되도록 하는 실수 a에 대하여 $a+f'(g(a))$의
값은? (3점)

① 11　　　　② 12　　　　③ 13
④ 14　　　　⑤ 15

Step 1 $f'(g(a))$의 값을 구한다.

$g(x)$는 함수 $f(x)$의 역함수이므로 $f(g(x))=x$
양변을 x에 대하여 미분하면 $f'(g(x))g'(x)=1$에서

$g'(x)=\dfrac{1}{f'(g(x))}$이므로 $g'(a)=\dfrac{1}{f'(g(a))}$

이때 $g'(a)=\dfrac{1}{8}$이므로 $\dfrac{1}{f'(g(a))}=\dfrac{1}{8}$　　$\therefore f'(g(a))=8$

Step 2 $f'(g(a))=8$임을 이용하여 a의 값을 구한다.

$g(a)=k$라 하면 $f'(k)=8$ → $f'(g(a))=f'(k)=8$
$f(x)=e^{3x}-3e^{2x}+4e^x$에서 $f'(x)=3e^{3x}-6e^{2x}+4e^x$이므로
$f'(k)=3e^{3k}-6e^{2k}+4e^k=8$
$3e^{3k}-6e^{2k}+4e^k-8=0$
$e^k=t\ (t>0)$라 하면 $3t^3-6t^2+4t-8=0$
$(t-2)(3t^2+4)=0$　　$\therefore t=2$ ← $3t^2+4>0$
$e^k=2$에서 $k=\ln 2$
$g(a)=\ln 2$에서 $f(\ln 2)=a$이므로 → 역함수 관계
$a=f(\ln 2)=e^{3\ln 2}-3e^{2\ln 2}+4e^{\ln 2}$
$=e^{\ln 8}-3e^{\ln 4}+4e^{\ln 2}$ ← $=e^{\ln 2^n}$
$=8-3\times4+4\times2=4$ ← $=8^{\ln e}=8^1$
$\therefore a+f'(g(a))=4+8=12$

071 [정답률 79%]　　　　　　정답 ①

실수 전체의 집합에서 미분가능한 함수 $f(x)$가 모든 실수 x에
대하여 $f'(x)>0$이다. 함수 $f(x^3+x)$의 역함수를 $g(x)$라 할
때, $f(2)=1$, $f'(2)=8g'(1)-1$이다. $g(1)+g'(1)$의 값은?
(3점)

① $\dfrac{5}{4}$　　　　② $\dfrac{11}{8}$　　　　③ $\dfrac{3}{2}$
④ $\dfrac{13}{8}$　　　　⑤ $\dfrac{7}{4}$

Step 1 역함수의 성질을 이용하여 $g(1)$의 값을 구한다.

함수 $f(x^3+x)$의 역함수가 $g(x)$이므로 모든 실수 x에 대하여
$g(f(x^3+x))=x$　　…… ㉠
$f(2)=1$이므로 $x^3+x=2$에서
$x^3+x-2=0$, $(x-1)(x^2+x+2)=0$
$\therefore x=1\ (\because x^2+x+2>0)$ → $x^2+x+2=\left(x+\dfrac{1}{2}\right)^2+\dfrac{7}{4}>0$
㉠의 양변에 $x=1$을 대입하면
$g(f(2))=1$　　$\therefore g(1)=1\ (\because f(2)=1)$

Step 2 역함수의 미분법을 이용하여 $g'(1)$의 값을 구한다.

㉠의 양변을 x에 대하여 미분하면
$g'(f(x^3+x))\times f'(x^3+x)\times(3x^2+1)=1$
양변에 $x=1$을 대입하면 $g'(f(2))\times f'(2)\times4=1$
$4g'(1)\times\{8g'(1)-1\}=1$, $32\{g'(1)\}^2-4g'(1)-1=0$
$(8g'(1)+1)(4g'(1)-1)=0$
$\therefore g'(1)=-\dfrac{1}{8}$ 또는 $g'(1)=\dfrac{1}{4}$

이때 모든 실수 x에 대하여 $f'(x)>0$이어야 하므로
$f'(2)=8g'(1)-1>0$에서 $g'(1)>\dfrac{1}{8}$　　$\therefore g'(1)=\dfrac{1}{4}$

Step 3 $g(1)+g'(1)$의 값을 구한다.

$g(1)=1$, $g'(1)=\dfrac{1}{4}$이므로 $g(1)+g'(1)=1+\dfrac{1}{4}=\dfrac{5}{4}$

072 [정답률 79%]　　　　　　　　　　정답 ④

실수 전체의 집합에서 미분가능한 함수 $f(x)$가 역함수 $g(x)$를 갖고, 모든 실수 x에 대하여
$$e^{2f(x)}-e^{f(2x)}-2e^{3x}=0$$
을 만족시킨다. $g'(f(0))$의 값은? (3점)

① $\dfrac{1}{6}$　　　　② $\dfrac{1}{3}$　　　　③ $\dfrac{1}{2}$

✔④ $\dfrac{2}{3}$　　　　⑤ $\dfrac{5}{6}$

Step 1 합성함수의 미분법을 이용한다.

$e^{2f(x)}-e^{f(2x)}-2e^{3x}=0$에 $x=0$을 대입하면
$e^{2f(0)}-e^{f(0)}-2=0$　∴ $e^{2f(0)}-e^{f(0)}=2$
$e^{2f(x)}-e^{f(2x)}-2e^{3x}=0$의 양변을 x에 대하여 미분하면
$2f'(x)e^{2f(x)}-2f'(2x)e^{f(2x)}-6e^{3x}=0$　（미분가능한 두 함수 $f(x), g(x)$에 대하여 $\{f(g(x))\}'=f'(g(x))g'(x)$）
$x=0$을 대입하면 $2f'(0)e^{2f(0)}-2f'(0)e^{f(0)}-6=0$
$2f'(0)\{e^{2f(0)}-e^{f(0)}\}=6$　（$=2$）
$4f'(0)=6$　∴ $f'(0)=\dfrac{3}{2}$

Step 2 역함수의 미분법을 이용한다.

함수 $g(x)$가 함수 $f(x)$의 역함수이므로
$g(f(x))=x$에서 $g'(f(x))f'(x)=1$

∴ $g'(f(0))=\dfrac{1}{f'(0)}=\dfrac{1}{\frac{3}{2}}=\dfrac{2}{3}$

073 [정답률 48%]　　　　　　　　　　정답 ①

최고차항의 계수가 1인 삼차함수 $f(x)$에 대하여 함수 $g(x)$를
$$g(x)=f(e^x)+e^x$$
이라 하자. 곡선 $y=g(x)$ 위의 점 $(0, g(0))$에서의 접선이 x축이고 함수 $g(x)$가 역함수 $h(x)$를 가질 때, $h'(8)$의 값은?

(3점)

✔① $\dfrac{1}{36}$　　　　② $\dfrac{1}{18}$　　　　③ $\dfrac{1}{12}$

④ $\dfrac{1}{9}$　　　　⑤ $\dfrac{5}{36}$

Step 1 $g(0)=0, g'(0)=0$임을 이용하여 $f(1), f'(1)$의 값을 구한다.

$f(x)=x^3+ax^2+bx+c$ (a, b, c는 상수)라 하면
$f'(x)=3x^2+2ax+b$
곡선 $y=g(x)$ 위의 점 $(0, g(0))$에서의 접선이 x축이므로　（기울기가 0）
$g(0)=0$이고 $g'(0)=0$이어야 한다.　（점 $(0, g(0))$이 x축 위에 있다.）
$g(0)=f(e^0)+e^0=f(1)+1=0$　∴ $f(1)=-1$
$g'(x)=(f(e^x)+e^x)'=(e^x)'f'(e^x)+(e^x)'$　（$(f(g(x)))'=g'(x)f'(g(x))$）
　　　$=e^xf'(e^x)+e^x=e^x(f'(e^x)+1)$　（$(e^x)'=e^x$）
이므로 $g'(0)=e^0(f'(e^0)+1)=f'(1)+1=0$　∴ $f'(1)=-1$

Step 2 함수 $g(x)$가 역함수를 가지기 위한 조건을 파악하여 $f(x)$를 구한다.

함수 $g(x)$가 역함수를 가지려면 $g'(x)$가 모든 실수 x에 대하여 $g'(x)\geq0$이거나 $g'(x)\leq0$이어야 한다.　（증가함수 / 감소함수）
$g'(x)=e^x(f'(e^x)+1)$에서 $e^x=t$ $(t>0)$로 치환하면
$t(f'(t)+1)$ $(t>0)$이다.
따라서 $t>0$에서 $t(f'(t)+1)\geq0$, 즉 $f'(t)\geq-1$이거나 $t>0$에서　（$f'(t)+1\geq0$）
$t(f'(t)+1)\leq0$, 즉 $f'(t)\leq-1$이어야 한다.　（$f'(t)+1\leq0$）
$f'(t)=3t^2+2at+b$의 최고차항의 계수가 양수이므로 $t>0$인 모든 t에 대하여 $f'(t)\leq-1$이 될 수 없다.
그러므로 $t>0$인 모든 t에 대하여 $f'(t)\geq-1$이어야 한다.

Step 1 에서 $f'(1)=-1$이므로 오른쪽 그래프와 같이 함수 $y=f'(t)$의 그래프의 꼭짓점은 점 $(1, -1)$이다.　（$t>0$에서 $t=1$일 때 $f'(t)$의 값이 최소이다.）

∴ $f'(t)=3(t-1)^2-1$　（$f'(t)=3t^2+2at+b$이므로 최고차항의 계수는 3）
　　$=3(t^2-2t+1)-1$
　　$=3t^2-6t+3-1=3t^2-6t+2$

따라서 $2a=-6$에서 $a=-3$, $b=2$이므로　（$=3t^2+2at+b$）
$f(x)=x^3-3x^2+2x+c$
$f(1)=-1$이므로　（$f(x)=x^3+ax^2+bx+c$）
$f(1)=1-3+2+c=-1$　∴ $c=-1$
∴ $f(x)=x^3-3x^2+2x-1$

Step 3 역함수의 미분법을 이용하여 $h'(8)$의 값을 구한다.

$h'(x)=\dfrac{1}{g'(h(x))}$이므로 $h'(8)=\dfrac{1}{g'(h(8))}$　（역함수의 미분법 / $h(8)$은 $g(x)=8$을 만족시키는 x의 값이다.）
$g(x)=f(e^x)+e^x=8$에서 $e^x=t$ $(t>0)$로 치환하면
$f(t)+t=t^3-3t^2+2t-1+t=t^3-3t^2+3t-1=8$　（$f(t)=t^3-3t^2+2t-1$）
$t^3-3t^2+3t-9=0$, $(t-3)(t^2+3)=0$　∴ $t=3$
$t=e^x=3$에서 $x=\ln 3$이므로 $g(\ln 3)=8$　∴ $h(8)=\ln 3$
$g'(x)=e^x(f'(e^x)+1)$이므로
$g'(h(8))=g'(\ln 3)=e^{\ln 3}\{f'(e^{\ln 3})+1\}=3\{f'(3)+1\}$
　　　$=3(3\times 3^2-6\times 3+2+1)=36$

∴ $h'(8)=\dfrac{1}{g'(h(8))}=\dfrac{1}{36}$

$$\begin{array}{r|rrr} 3 & 1 & -3 & 3 & -9 \\ & & 3 & 0 & 9 \\ \hline & 1 & 0 & 3 & 0 \end{array}$$

💡 알아야 할 기본개념

여러 가지 미분법

(i) 함수의 몫의 미분법
　두 함수 $f(x), g(x)$ $(g(x)\neq0)$가 미분가능할 때
　$$\left\{\frac{1}{g(x)}\right\}'=-\frac{g'(x)}{\{g(x)\}^2}, \quad \left\{\frac{f(x)}{g(x)}\right\}'=\frac{f'(x)g(x)-f(x)g'(x)}{\{g(x)\}^2}$$

(ii) 합성함수의 미분법
　두 함수 $y=f(u), u=g(x)$가 미분가능할 때
　합성함수 $y=f(g(x))$의 도함수는
　$$\frac{dy}{dx}=\frac{dy}{du}\cdot\frac{du}{dx} \quad \text{또는} \quad \{f(g(x))\}'=f'(g(x))g'(x)$$

(iii) 역함수의 미분법
　미분가능한 함수 $y=f(x)$의 역함수가 존재하고 미분가능할 때
　$$\frac{dy}{dx}=\frac{1}{\frac{dx}{dy}}$$

074 [정답률 89%]   정답 ④

> 매개변수 t로 나타내어진 곡선
> $$x=t^2+2,\ y=t^3+t-1$$
> 에서 $t=1$일 때, $\dfrac{dy}{dx}$의 값은? (3점)
>
> ① $\dfrac{1}{2}$ ② 1 ③ $\dfrac{3}{2}$
>
> ④ 2 ⑤ $\dfrac{5}{2}$

이 식을 통해 먼저 $\dfrac{dx}{dt}$, $\dfrac{dy}{dt}$ 를 구해

Step 1 주어진 함수를 이용하여 $\dfrac{dx}{dt}$, $\dfrac{dy}{dt}$ 를 구한다.

매개변수 t로 나타내어진 곡선

$x=t^2+2,\ y=t^3+t-1$에서

$\dfrac{dx}{dt}=2t,\ \dfrac{dy}{dt}=3t^2+1$ ……㉠

$t^2+2,\ t^3+t-1$을 각각 t에 대하여 미분한 거야.

Step 2 $t=1$일 때, $\dfrac{dy}{dx}$의 값을 구한다.

㉠에서 $\dfrac{dy}{dx}=\dfrac{\frac{dy}{dt}}{\frac{dx}{dt}}=\dfrac{3t^2+1}{2t}$이므로

$t=1$일 때, $\dfrac{dy}{dx}$의 값은

이 식에 $t=1$ 대입

$\dfrac{3\times1^2+1}{2\times1}=\dfrac{4}{2}=2$

075 [정답률 87%]   정답 ①

> 매개변수 $t\,(t>0)$으로 나타내어진 함수
> $$x=t-\dfrac{2}{t},\ y=t^2+\dfrac{2}{t^2}$$
> 에서 $t=1$일 때, $\dfrac{dy}{dx}$의 값은? (4점)
>
> ① $-\dfrac{2}{3}$ ② -1 ③ $-\dfrac{4}{3}$
>
> ④ $-\dfrac{5}{3}$ ⑤ -2

$=\dfrac{\frac{dy}{dt}}{\frac{dx}{dt}}$

Step 1 매개변수로 나타내어진 함수의 미분법을 이용한다.

$x=t-\dfrac{2}{t},\ y=t^2+\dfrac{2}{t^2}$의 양변을 t에 대하여 미분하면

$\dfrac{dx}{dt}=1+\dfrac{2}{t^2},\ \dfrac{dy}{dt}=2t-\dfrac{4}{t^3}$이므로

$f(x)=x^n$일 때 $f'(x)=n\cdot x^{n-1}$임을 이용하여
$(t)'=1,\ \left(\dfrac{2}{t}\right)'=(2t^{-1})'=-\dfrac{2}{t^2}$
$(t^2)'=2t,\ \left(\dfrac{2}{t^2}\right)'=(2t^{-2})'=-\dfrac{4}{t^3}$

$\dfrac{dy}{dx}=\dfrac{\frac{dy}{dt}}{\frac{dx}{dt}}=\dfrac{2t-\frac{4}{t^3}}{1+\frac{2}{t^2}}$

위 두 식에서 x와 y 사이의 관계식을 구하여 $\dfrac{dy}{dx}$ 를 직접 구할 수도 있지만 매개변수로 나타내어진 함수의 미분법을 이용하는 것이 훨씬 편해.

따라서 $t=1$일 때

$\dfrac{dy}{dx}=\dfrac{2-4}{1+2}=\dfrac{-2}{3}=-\dfrac{2}{3}$

미분가능한 함수 $f(x)$와 $g(x)$에 대하여
$\{f(x)+g(x)\}'=f'(x)+g'(x)$

076 [정답률 93%]   정답 ①

> 매개변수 $t\,(t>0)$으로 나타내어진 곡선
> $$x=t^2+1,\ y=4\sqrt{t}$$
> 에서 $t=4$일 때, $\dfrac{dy}{dx}$의 값은? (3점)
>
> ① $\dfrac{1}{8}$ ② $\dfrac{1}{4}$ ③ $\dfrac{3}{8}$
>
> ④ $\dfrac{1}{2}$ ⑤ $\dfrac{5}{8}$

Step 1 $\dfrac{dy}{dx}$ 를 구한다.

$x=t^2+1$을 t에 대하여 미분하면

$\dfrac{dx}{dt}=2t$

$t^{\frac{1}{2}}$이라고 생각하고 미분해도 돼.

$y=4\sqrt{t}$를 t에 대하여 미분하면

$\dfrac{dy}{dt}=4\times\dfrac{1}{2\sqrt{t}}=\dfrac{2}{\sqrt{t}}$

$\therefore \dfrac{dy}{dx}=\dfrac{\frac{dy}{dt}}{\frac{dx}{dt}}=\dfrac{\frac{2}{\sqrt{t}}}{2t}=\dfrac{1}{t\sqrt{t}}$

Step 2 $t=4$일 때 $\dfrac{dy}{dx}$의 값을 구한다.

따라서 $t=4$일 때 $\dfrac{dy}{dx}$의 값은 $\dfrac{1}{4\times\sqrt{4}}=\dfrac{1}{8}$

077 [정답률 88%]   정답 ①

> 매개변수 $t\,(t>0)$으로 나타내어진 함수
> $$x=3t-\dfrac{1}{t},\ y=te^{t-1}$$
> 에서 $t=1$일 때, $\dfrac{dy}{dx}$의 값은? (3점)
>
> ① $\dfrac{1}{2}$ ② $\dfrac{2}{3}$ ③ $\dfrac{5}{6}$
>
> ④ 1 ⑤ $\dfrac{7}{6}$

Step 1 $\dfrac{dx}{dt}$, $\dfrac{dy}{dt}$ 를 이용하여 $\dfrac{dy}{dx}$ 를 구한다.

$x=3t-\dfrac{1}{t}$에서 $\dfrac{dx}{dt}=3+\dfrac{1}{t^2}$

양변을 t에 대하여 미분

$y=te^{t-1}$에서 $\dfrac{dy}{dt}=e^{t-1}+te^{t-1}=(t+1)e^{t-1}$

$\therefore \dfrac{dy}{dx}=\dfrac{\frac{dy}{dt}}{\frac{dx}{dt}}=\dfrac{(t+1)e^{t-1}}{3+\frac{1}{t^2}}=\dfrac{(t^3+t^2)e^{t-1}}{3t^2+1}$

따라서 $t=1$일 때 $\dfrac{dy}{dx}$의 값은 $\dfrac{(1+1)e^0}{3+1}=\dfrac{2}{4}=\dfrac{1}{2}$

078 [정답률 94%]   정답 ④

> 매개변수 t로 나타내어진 곡선
> $$x=e^t-4e^{-t}, \; y=t+1$$
> 에서 $t=\ln 2$일 때, $\dfrac{dy}{dx}$의 값은? (3점)
>
> ① 1　　　② $\dfrac{1}{2}$　　　③ $\dfrac{1}{3}$
>
> ④ $\dfrac{1}{4}$　　　⑤ $\dfrac{1}{5}$

Step 1 $\dfrac{dx}{dt}$, $\dfrac{dy}{dt}$ 를 각각 구한다.

$(e^{-t})'=-e^{-t}$

$x=e^t-4e^{-t}$에서 $\dfrac{dx}{dt}=e^t+4e^{-t}$

$y=t+1$에서 $\dfrac{dy}{dt}=1$　$\therefore \dfrac{dy}{dx}=\dfrac{1}{e^t+4e^{-t}}$

따라서 $t=\ln 2$일 때, $\dfrac{dy}{dx}=\dfrac{1}{e^{\ln 2}+4e^{-\ln 2}}=\dfrac{1}{2+4\times\frac{1}{2}}=\dfrac{1}{4}$

$e^{\ln 2^{-1}}=e^{\ln\frac{1}{2}}=\dfrac{1}{2}$

079 [정답률 90%]   정답 ⑤

> 매개변수 t로 나타내어진 곡선
> $$x=e^{2t-6}, \; y=t^2-t+5$$
> 에서 $t=3$일 때, $\dfrac{dy}{dx}$의 값은? (3점)
>
> ① $\dfrac{1}{2}$　　　② 1　　　③ $\dfrac{3}{2}$
>
> ④ 2　　　⑤ $\dfrac{5}{2}$

Step 1 $\dfrac{dx}{dt}$, $\dfrac{dy}{dt}$ 를 각각 t에 대하여 나타낸 후 $t=3$일 때, $\dfrac{dy}{dx}$의 값을 구한다.

$x=e^{2t-6}$에서 $\dfrac{dx}{dt}=2e^{2t-6}$　$(e^{ax+b})'=ae^{ax+b}$ (단, $a\neq 0$)

$y=t^2-t+5$에서 $\dfrac{dy}{dt}=2t-1$

$\therefore \dfrac{dy}{dx}=\dfrac{\frac{dy}{dt}}{\frac{dx}{dt}}=\dfrac{2t-1}{2e^{2t-6}}$

따라서 $t=3$일 때, $\dfrac{dy}{dx}=\dfrac{5}{2e^0}=\dfrac{5}{2}$

$e^0=1$

080 [정답률 93%]   정답 2

> 매개변수 $t(t>0)$로 나타내어진 함수
> $$x=\ln t, \; y=\ln(t^2+1)$$
> 에 대하여 $\displaystyle\lim_{t\to\infty}\dfrac{dy}{dx}$의 값을 구하시오. (3점)

Step 1 $\dfrac{dx}{dt}$, $\dfrac{dy}{dt}$ 를 이용하여 $\displaystyle\lim_{t\to\infty}\dfrac{dy}{dx}$의 값을 구한다.

$x=\ln t$에서 $\dfrac{dx}{dt}=\dfrac{1}{t}$

$y=\ln(t^2+1)$에서 $\dfrac{dy}{dt}=\dfrac{2t}{t^2+1}$

→ 두 함수 x, y가 매개변수 t에 대하여 나타내어진 함수이므로 바로 $\dfrac{dy}{dx}$를 구할 수 없어. 먼저 t에 대하여 미분해.

$\therefore \dfrac{dy}{dx}=\dfrac{\frac{dy}{dt}}{\frac{dx}{dt}}=\dfrac{\frac{2t}{t^2+1}}{\frac{1}{t}}=\dfrac{2t^2}{t^2+1}$

$\therefore \displaystyle\lim_{t\to\infty}\dfrac{dy}{dx}=\lim_{t\to\infty}\dfrac{2t^2}{t^2+1}=2$

→ 분모와 분자의 최고차항의 계수의 비를 구하면 돼.

081 [정답률 89%]   정답 ③

> 매개변수 t $(t>0)$으로 나타내어진 곡선
> $$x=t^2\ln t+3t, \; y=6te^{t-1}$$
> 에서 $t=1$일 때, $\dfrac{dy}{dx}$의 값은? (3점)
>
> ① 1　　　② 2　　　③ 3
>
> ④ 4　　　⑤ 5

Step 1 $\dfrac{dx}{dt}$, $\dfrac{dy}{dt}$ 를 이용하여 $\dfrac{dy}{dx}$ 를 구한다.

$x=t^2\ln t+3t$에서 $\dfrac{dx}{dt}=2t\ln t+t^2\times\dfrac{1}{t}+3=2t\ln t+t+3$

$y=6te^{t-1}$에서 $\dfrac{dy}{dt}=6e^{t-1}+6te^{t-1}=6(1+t)e^{t-1}$

→ x, y를 각각 t에 대하여 미분

$\therefore \dfrac{dy}{dx}=\dfrac{\frac{dy}{dt}}{\frac{dx}{dt}}=\dfrac{6(1+t)e^{t-1}}{2t\ln t+t+3}$ (단, $2t\ln t+t+3\neq 0$)

따라서 $t=1$일 때 $\dfrac{dy}{dx}$의 값은 $\dfrac{6\times 2\times e^0}{2\times 1\times\ln 1+1+3}=\dfrac{12}{4}=3$

082 [정답률 91%]   정답 ⑤

> 매개변수 $t(t>0)$으로 나타내어진 함수
> $$x=t^2+\ln t, \; y=t^3+6t$$
> 에서 $t=1$일 때, $\dfrac{dy}{dx}$의 값은? (3점)
>
> $\dfrac{dy}{dx}=\dfrac{\frac{dy}{dt}}{\frac{dx}{dt}}$
>
> ① 1　　　② $\dfrac{3}{2}$　　　③ 2
>
> ④ $\dfrac{5}{2}$　　　⑤ 3

Step 1 $\dfrac{dx}{dt}$, $\dfrac{dy}{dt}$ 를 구한다.

$x=t^2+\ln t, \; y=t^3+6t$를 각각 t에 대하여 미분하면

$\dfrac{dx}{dt}=2t+\dfrac{1}{t}, \; \dfrac{dy}{dt}=3t^2+6$

Step 2 $t=1$일 때, $\dfrac{dy}{dx}$의 값을 구한다.

$$\frac{dy}{dx}=\frac{\dfrac{dy}{dt}}{\dfrac{dx}{dt}}=\frac{3t^2+6}{2t+\dfrac{1}{t}}$$ 이므로

→ 매개변수 함수의 미분의 개념이니 꼭 기억해.

$t=1$일 때 $\dfrac{dy}{dx}$의 값은

$$\frac{3\times1+6}{2\times1+1}=\frac{9}{3}=3$$

083 [정답률 84%] 정답 ④

매개변수 t로 나타내어진 곡선

$$x=\frac{5t}{t^2+1},\ y=3\ln(t^2+1)$$

에서 $t=2$일 때, $\dfrac{dy}{dx}$의 값은? (3점)

① -1 ② -2 ③ -3
④ -4 ⑤ -5

Step 1 $\dfrac{dx}{dt}$, $\dfrac{dy}{dt}$ 를 이용하여 $\dfrac{dy}{dx}$ 를 구한다.

$$\frac{dx}{dt}=\frac{5(t^2+1)-5t\times2t}{(t^2+1)^2}=\frac{-5t^2+5}{(t^2+1)^2}$$

$$\frac{dy}{dt}=3\times\frac{2t}{t^2+1}=\frac{6t}{t^2+1}$$

$\left\{\dfrac{f(x)}{g(x)}\right\}'=\dfrac{f'(x)g(x)-f(x)g'(x)}{\{g(x)\}^2}$

$\{\ln|f(x)|\}'=\dfrac{f'(x)}{f(x)}$

$$\therefore\ \frac{dy}{dx}=\frac{\dfrac{dy}{dt}}{\dfrac{dx}{dt}}=\frac{\dfrac{6t}{t^2+1}}{\dfrac{-5t^2+5}{(t^2+1)^2}}=\frac{6t(t^2+1)}{-5t^2+5}$$

따라서 $t=2$일 때 $\dfrac{dy}{dx}$의 값은 $\dfrac{6\times2\times(2^2+1)}{-5\times2^2+5}=-4$

084 [정답률 91%] 정답 ⑤

매개변수 $t(t>0)$으로 나타내어진 함수

$$x=\ln t+t,\ y=-t^3+3t$$

에 대하여 $\dfrac{dy}{dx}$가 $t=a$에서 최댓값을 가질 때, a의 값은? (3점)

① $\dfrac{1}{6}$ ② $\dfrac{1}{5}$ ③ $\dfrac{1}{4}$
④ $\dfrac{1}{3}$ ⑤ $\dfrac{1}{2}$

Step 1 $\dfrac{dy}{dx}$를 t를 이용하여 나타낸 후, 이차함수의 최대를 이용한다.

$x=\ln t+t$에서 $\dfrac{dx}{dt}=\dfrac{1}{t}+1$

$y=-t^3+3t$에서 $\dfrac{dy}{dt}=-3t^2+3$

분모, 분자에 t를 곱해주었어.

$$\therefore\ \frac{dy}{dx}=\frac{\dfrac{dy}{dt}}{\dfrac{dx}{dt}}=\frac{-3t^2+3}{\dfrac{1}{t}+1}=\frac{-3t(t+1)(t-1)}{1+t}=-3t^2+3t$$

$t>0$이므로 $t+1\neq0$이야.

$f(t)=-3t^2+3t=-3\left(t-\dfrac{1}{2}\right)^2+\dfrac{3}{4}$이라 하면 함수 $y=f(t)$는

$t=\dfrac{1}{2}$에서 최댓값을 가지므로 $a=\dfrac{1}{2}$이다.

→ 이차항의 계수가 음수이므로 최댓값을 가져.

085 [정답률 96%] 정답 ③

매개변수 $t(t>0)$으로 나타내어진 곡선

$$x=e^{2t-2},\ y=\frac{\ln t}{t}$$

에서 $t=1$일 때, $\dfrac{dy}{dx}$의 값은? (3점)

① $\dfrac{1}{6}$ ② $\dfrac{1}{3}$ ③ $\dfrac{1}{2}$
④ $\dfrac{2}{3}$ ⑤ $\dfrac{5}{6}$

Step 1 $\dfrac{dx}{dt}$, $\dfrac{dy}{dt}$ 를 이용하여 $\dfrac{dy}{dx}$ 를 구한다.

$x=e^{2t-2}$에서 $\dfrac{dx}{dt}=2e^{2t-2}$

$y=\dfrac{\ln t}{t}$에서 $\dfrac{dy}{dt}=\dfrac{1-\ln t}{t^2}$

→ x와 y를 각각 t에 대하여 미분한다.

$$\therefore\ \frac{dy}{dx}=\frac{\dfrac{dy}{dt}}{\dfrac{dx}{dt}}=\frac{\dfrac{1-\ln t}{t^2}}{2e^{2t-2}}=\frac{1-\ln t}{2t^2e^{2t-2}}$$

따라서 $t=1$일 때 $\dfrac{dy}{dx}=\dfrac{1-\ln 1}{2\times1\times e^0}=\dfrac{1}{2}$

$=0$ $=1$

086 [정답률 94%] 정답 ④

매개변수 t로 나타내어진 곡선

$$x=t+\sin t,\ y=-4\cos t+2\sin^2 t$$

에서 $t=\dfrac{\pi}{3}$일 때, $\dfrac{dy}{dx}$의 값은? (3점)

① $\dfrac{\sqrt{3}}{2}$ ② $\sqrt{3}$ ③ $\dfrac{3\sqrt{3}}{2}$
④ $2\sqrt{3}$ ⑤ $\dfrac{5\sqrt{3}}{2}$

Step 1 $\dfrac{dx}{dt}$, $\dfrac{dy}{dt}$ 를 각각 구한다.

$x=t+\sin t$에서 $\dfrac{dx}{dt}=1+\cos t$

$y=-4\cos t+2\sin^2 t$에서 $\dfrac{dy}{dt}=4\sin t+4\sin t\cos t$

$=4\sin t(1+\cos t)$

$$\frac{dy}{dx}=\frac{\dfrac{dy}{dt}}{\dfrac{dx}{dt}}=\frac{4\sin t+4\sin t\cos t}{1+\cos t}=4\sin t\left(\text{단, }\frac{dx}{dt}\neq0\right)$$

따라서 $t=\dfrac{\pi}{3}$일 때 $\dfrac{dy}{dx}=4\sin\dfrac{\pi}{3}=2\sqrt{3}$

$=\dfrac{\sqrt{3}}{2}$

Ⅱ 4. 여러 가지 미분법

087 [정답률 93%]　　　　정답 ②

매개변수 t로 나타내어진 곡선
$$x=e^t+\cos t,\ y=\sin t$$
에서 $t=0$일 때, $\dfrac{dy}{dx}$의 값은? (3점)

① $\dfrac{1}{2}$　　　❷ 1　　　③ $\dfrac{3}{2}$

④ 2　　　⑤ $\dfrac{5}{2}$

Step 1 $\dfrac{dx}{dt},\ \dfrac{dy}{dt}$를 이용하여 $\dfrac{dy}{dx}$를 구한다.

$x=e^t+\cos t,\ y=\sin t$에서 $\dfrac{dx}{dt}=e^t-\sin t,\ \dfrac{dy}{dt}=\cos t$
　　　　　↳ t에 대하여 미분했어.

$\therefore \dfrac{dy}{dx}=\dfrac{\dfrac{dy}{dt}}{\dfrac{dx}{dt}}=\dfrac{\cos t}{e^t-\sin t}$

따라서 $t=0$일 때 $\dfrac{dy}{dx}$의 값은 $\dfrac{1}{1-0}=1$
　　　　　↳ $e^0=1,\ \sin 0=0,\ \cos 0=1$

088 [정답률 86%]　　　　정답 ②

매개변수 $t\,(t>0)$으로 나타내어진 곡선
$$x=\ln(t^3+1),\ y=\sin \pi t$$
에서 $t=1$일 때, $\dfrac{dy}{dx}$의 값은? (3점)

① $-\dfrac{1}{3}\pi$　　　❷ $-\dfrac{2}{3}\pi$　　　③ $-\pi$

④ $-\dfrac{4}{3}\pi$　　　⑤ $-\dfrac{5}{3}\pi$

Step 1 $\dfrac{dx}{dt},\ \dfrac{dy}{dt}$를 구한다.

$x=\ln(t^3+1),\ y=\sin \pi t$를 각각 t에 대하여 미분하면

$\dfrac{dx}{dt}=\dfrac{3t^2}{t^3+1},\ \dfrac{dy}{dt}=\pi\cos \pi t$

Step 2 $\dfrac{dy}{dx}$를 구한다.

$\dfrac{dy}{dx}=\dfrac{\dfrac{dy}{dt}}{\dfrac{dx}{dt}}=\dfrac{\pi\cos \pi t}{\dfrac{3t^2}{t^3+1}}$이므로 $t=1$일 때 $\dfrac{dy}{dx}$의 값은

$\dfrac{\pi\cos \pi}{\dfrac{3\times 1^2}{1^3+1}}=-\dfrac{2}{3}\pi$

089 [정답률 79%]　　　　정답 ⑤

함수 $f(x)=x^3+x+1$의 역함수를 $g(x)$라 하자. 매개변수 t로 나타내어진 곡선
$$x=g(t)+t,\ y=g(t)-t$$
에서 $t=3$일 때, $\dfrac{dy}{dx}$의 값은? (3점)

① $-\dfrac{1}{5}$　　　② $-\dfrac{3}{10}$　　　③ $-\dfrac{2}{5}$

④ $-\dfrac{1}{2}$　　　❺ $-\dfrac{3}{5}$

Step 1 $\dfrac{dy}{dx}$를 $g'(t)$를 이용하여 나타낸다.

$\dfrac{dx}{dt}=g'(t)+1,\ \dfrac{dy}{dt}=g'(t)-1$이므로
　　　　　↳ $y=g(t)-t$를 t에 대하여 미분

$\dfrac{dy}{dx}=\dfrac{\dfrac{dy}{dt}}{\dfrac{dx}{dt}}=\dfrac{g'(t)-1}{g'(t)+1}$

Step 2 $f(a)=3$을 만족시키는 a의 값을 구한다.

$f(a)=3$을 만족시키는 a의 값을 구해보면
$f(a)=a^3+a+1=3$에서 $a^3+a-2=0$
$(a-1)(a^2+a+2)=0$　　∴ $a=1$
　　　　　$\left(a^2+a+\dfrac{1}{4}\right)+\dfrac{7}{4}=\left(a+\dfrac{1}{2}\right)^2+\dfrac{7}{4}>0$

Step 3 $g'(3)$의 값을 구한다.

$f'(x)=3x^2+1$에서 $f'(1)=4$

$\therefore g'(3)=g'(f(1))=\dfrac{1}{f'(1)}=\dfrac{1}{4}$

따라서 $t=3$일 때 $\dfrac{dy}{dx}$의 값은　$g(f(x))=x$의 양변을 미분하면
　　　　　$g'(f(x))f'(x)=1$　　∴ $g'(f(1))=\dfrac{1}{f'(1)}$

$\dfrac{g'(3)-1}{g'(3)+1}=\dfrac{\dfrac{1}{4}-1}{\dfrac{1}{4}+1}=\dfrac{-\dfrac{3}{4}}{\dfrac{5}{4}}=-\dfrac{3}{5}$

090 [정답률 94%]　　　　정답 4

곡선 $5x+xy+y^2=5$ 위의 점 $(1,\,-1)$에서의 접선의 기울기를 구하시오. (3점)

Step 1 주어진 식의 양변을 x에 대하여 미분한다.

$5x+xy+y^2=5$의 양변을 x에 대하여 미분하면

$5+y+x\dfrac{dy}{dx}+2y\dfrac{dy}{dx}=0$

$5+y+(x+2y)\dfrac{dy}{dx}=0$

$(x+2y)\dfrac{dy}{dx}=-(5+y)$

$\therefore \dfrac{dy}{dx}=-\dfrac{5+y}{x+2y}$ (단, $x+2y\neq 0$)

Step 2 접선의 기울기를 구한다.

$\dfrac{dy}{dx}=-\dfrac{5+y}{x+2y}$에 $x=1,\ y=-1$을 대입하면

$$\frac{dy}{dx} = -\frac{5+(-1)}{1+2\times(-1)} = \frac{4}{-1} = 4$$

따라서 점 $(1,\,-1)$에서의 접선의 기울기는 4이다.

수능포인트

음함수의 미분법은 $x,\,y$를 독립적으로 각각의 변수에 대해서 미분하고 마지막에 그것을 모두 합쳐서 $\frac{dy}{dx}$ 를 구하는 과정입니다. 따라서 $x,\,y$의 미분을 헷갈리지만 않고 처리하면 쉬운 문제이니 꼭 실수하지 않도록 해야 합니다.

---

091 [정답률 91%] 정답 ④

곡선 $x^3+xy-y^2=0$ 위의 점 $(2,\,4)$에서의 접선의 기울기는?
→ 곡선의 방정식이 음함수의 꼴로 주어졌어. → 미분을 이용 (3점)

① $\dfrac{13}{6}$ ② $\dfrac{7}{3}$ ③ $\dfrac{5}{2}$

④ $\dfrac{8}{3}$ ⑤ $\dfrac{17}{6}$

Step 1 음함수의 미분법을 이용하여 접선의 기울기를 구한다.

$x^3+xy-y^2=0$의 양변을 x에 대하여 미분하면

$$3x^2+y+x\frac{dy}{dx}-2y\frac{dy}{dx}=0$$
→ 식을 $\frac{dy}{dx}$에 대하여 정리해야 해.

$$(x-2y)\frac{dy}{dx}=-(3x^2+y),\ \frac{dy}{dx}=\frac{3x^2+y}{-x+2y}\ (x\neq2y)$$

따라서 점 $(2,\,4)$에서의 접선의 기울기는

$$\frac{3\times2^2+4}{-2+2\times4}=\frac{12+4}{-2+8}=\frac{16}{6}=\frac{8}{3}$$

💡 알아야 할 기본개념

음함수의 미분

(1) 음함수 : x의 함수 y가 방정식 $f(x,\,y)=0$의 꼴로 주어졌을 때, 함수 y는 x의 음함수 꼴로 표현되었다고 한다.

(2) 음함수의 미분법 : x의 함수 y가 음함수 $f(x,\,y)=0$의 꼴로 주어질 때에는 y를 x의 함수로 보고 각 항을 x에 대하여 미분하여 $\frac{dy}{dx}$를 구한다.

---

092 [정답률 96%] 정답 ④

곡선 $x^2-3xy+y^2=x$ 위의 점 $(1,\,0)$에서의 접선의 기울기는? (3점)

① $\dfrac{1}{12}$ ② $\dfrac{1}{6}$ ③ $\dfrac{1}{4}$

④ $\dfrac{1}{3}$ ⑤ $\dfrac{5}{12}$

Step 1 음함수의 미분을 이용한다.

함수 $x^2-3xy+y^2=x$의 양변을 x에 대하여 미분하면

$$2x-3y-3x\frac{dy}{dx}+2y\frac{dy}{dx}=1$$

$$(-3x+2y)\frac{dy}{dx}=1-2x+3y$$

$$\therefore \frac{dy}{dx}=\frac{1-2x+3y}{-3x+2y}\ (단,\ 3x-2y\neq0)$$

$x=1,\ y=0$을 대입하면

$$\frac{dy}{dx}=\frac{1}{3}$$
→ $\frac{dy}{dx}=\frac{1-2\times1+3\times0}{-3\times1+2\times0}=\frac{1-2}{-3}=\frac{-1}{-3}=\frac{1}{3}$

따라서 곡선 $x^2-3xy+y^2=x$ 위의 점 $(1,\,0)$에서의 접선의 기울기는 $\dfrac{1}{3}$이다.

093 [정답률 89%] 정답 ①

곡선 $x^3+xy+y^3-8=0$과 x축이 만나는 점에서의 접선의 기울기는? (3점)
→ $y=0$일 때 x의 값을 구한다.

① -6 ② -5 ③ -4

④ -3 ⑤ -2

Step 1 곡선이 x축과 만나는 점의 좌표를 구한다.

곡선이 x축과 만나는 점의 y좌표는 0이므로

$x^3+xy+y^3-8=0$에 $y=0$을 대입하면 $x^3-8=0$
$(x-2)(x^2+2x+4)=0$ 이고 $x^2+2x+4\neq0$ 이므로 $x=2$이다.

$$\therefore x=2$$

즉, 곡선이 x축과 만나는 점의 좌표는 $(2,\,0)$이다.

Step 2 음함수의 미분법을 이용하여 곡선이 x축과 만나는 점에서의 접선의 기울기를 구한다.

$x^3+xy+y^3-8=0$의 양변을 x에 대하여 미분하면

$$3x^2+y+x\frac{dy}{dx}+3y^2\frac{dy}{dx}=0$$

주의 y를 x의 함수로 보고 각 항을 x에 대하여 미분

$x=2,\ y=0$을 대입하면 $12+2\dfrac{dy}{dx}=0$

$$\therefore \frac{dy}{dx}=-6$$

따라서 점 $(2,\,0)$에서의 접선의 기울기는 -6이다.

094 [정답률 69%] 정답 4

곡선 $x^3-y^3=e^{xy}$ 위의 점 $(a,\,0)$에서의 접선의 기울기가 b일 때, $a+b$의 값을 구하시오. (3점)
→ 곡선의 식에 점의 좌표를 대입하면 a의 값을 구할 수 있어.

Step 1 점 $(a,\,0)$이 곡선 위의 점임을 이용하여 a의 값을 구한다.

점 $(a,\,0)$이 곡선 $x^3-y^3=e^{xy}$ 위의 점이므로

$a^3-0=e^0$에서 $a^3=1$
→ 곡선의 식에 $x=a,\ y=0$ 대입!

$$\therefore a=1$$

Step 2 음함수의 미분법을 이용하여 접선의 기울기를 구한다.

$x^3-y^3=e^{xy}$의 양변을 x에 대하여 미분하면

$$3x^2-3y^2\times\frac{dy}{dx}=e^{xy}\Big(y+x\frac{dy}{dx}\Big)$$
$=x(y)'$ $=(x)'y$

$x=1,\ y=0$을 대입하면
→ 이때의 $\frac{dy}{dx}$ 의 값이 접선의 기울기야.

$3-0\times\dfrac{dy}{dx}=e^0\Big(0+\dfrac{dy}{dx}\Big)$에서 $\dfrac{dy}{dx}=3$

따라서 점 $(1,\,0)$에서의 접선의 기울기가 3이므로 $b=3$

$$\therefore a+b=1+3=4$$

095 [정답률 86%]　　　　　　　　　　정답 ①

곡선 $x^2-y\ln x+x=e$ 위의 점 $(e,\ e^2)$에서의 접선의
기울기는? (3점)

① $e+1$　　　　　② $e+2$　　　　　③ $e+3$
④ $2e+1$　　　　　⑤ $2e+2$

Step 1 음함수의 미분법을 이용한다.

$x^2-y\ln x+x=e$에서 양변을 x에 대하여 미분하면

$2x-\dfrac{dy}{dx}\ln x-y\times\dfrac{1}{x}+1=0$　→ 음함수의 미분법

$\therefore\ \dfrac{dy}{dx}=\dfrac{2x-\dfrac{y}{x}+1}{\ln x}$

따라서 점 $(e,\ e^2)$에서의 접선의 기울기는 $\dfrac{2e-\dfrac{e^2}{e}+1}{\ln e}=e+1$

→ $\ln e=1$

096 [정답률 87%]　　　　　　　　　　정답 ④

곡선 $xy-y^3\ln x=2$에 대하여 $x=1$일 때, $\dfrac{dy}{dx}$의 값은? (3점)

① 0　　　　　② 2　　　　　③ 4
④ 6　　　　　⑤ 8

Step 1 음함수의 미분을 이용한다.

$xy-y^3\ln x=2$에서 음함수의 미분법에 의하여

$y+x\dfrac{dy}{dx}-3y^2\ln x\cdot\dfrac{dy}{dx}-y^3\cdot\dfrac{1}{x}=0$

$(x-3y^2\ln x)\dfrac{dy}{dx}=\dfrac{y^3}{x}-y$

$\dfrac{dy}{dx}=\dfrac{\dfrac{y^3}{x}-y}{x-3y^2\ln x}$ (단, $x-3y^2\ln x\neq0$)

곡선 $xy-y^3\ln x=2$에서 $x=1$일 때 $y=2$이므로

→ $1\cdot y-y^3\ln 1=2$　　$\therefore\ y=2$

$\dfrac{dy}{dx}=\dfrac{\dfrac{2^3}{1}-2}{1-3\cdot2^2\cdot\ln 1}=6$

→ $\ln 1=0$

097 [정답률 96%]　　　　　　　　　　정답 ③

곡선 $e^x-xe^y=y$ 위의 점 $(0,\ 1)$에서의 접선의 기울기는?

(3점)

① $3-e$　　　　　② $2-e$　　　　　③ $1-e$
④ $-e$　　　　　⑤ $-1-e$

Step 1 문제에서 주어진 식의 양변을 x에 대하여 미분한다.

$e^x-xe^y=y$의 양변을 x에 대하여 미분하면

$e^x-e^y-xe^y\cdot\dfrac{dy}{dx}=1\cdot\dfrac{dy}{dx}$　→ $-xe^y$을 x에 대하여 미분할 때
곱의 미분법을 이용했어.

위 식에 $x=0,\ y=1$을 대입하면

→ 점 $(0,1)$에서의 접선의 기울기를 구해야 해.

$1-e=\dfrac{dy}{dx}$

따라서 구하는 접선의 기울기는 $1-e$이다.

098 [정답률 74%]　　　　　　　　　　정답 ①

곡선 $2e^{x+y-1}=3e^x+x-y$ 위의 점 $(0,\ 1)$에서의 접선의
기울기는? (3점)

① $\dfrac{2}{3}$　　　　　② 1　　　　　③ $\dfrac{4}{3}$
④ $\dfrac{5}{3}$　　　　　⑤ 2

Step 1 음함수의 미분법을 이용한다.

주어진 식의 양변을 x에 대하여 미분하면

$2e^{x+y-1}\left(1+\dfrac{dy}{dx}\right)=3e^x+1-\dfrac{dy}{dx}$

$\therefore\ \dfrac{dy}{dx}=\dfrac{3e^x+1-2e^{x+y-1}}{2e^{x+y-1}+1}$　→ $(2e^{x+y-1}+1)\dfrac{dy}{dx}=3e^x+1-2e^{x+y-1}$

따라서 곡선 위의 점 $(0,\ 1)$에서의 접선의 기울기는

$\dfrac{dy}{dx}=\dfrac{3e^0+1-2e^0}{2e^0+1}=\dfrac{2}{3}$

→ $e^0=1$

099 [정답률 87%]　　　　　　　　　　정답 ③

곡선 $x\sin 2y+3x=3$ 위의 점 $\left(1,\ \dfrac{\pi}{2}\right)$에서의 접선의

기울기는? (3점)

① $\dfrac{1}{2}$　　　　　② 1　　　　　③ $\dfrac{3}{2}$
④ 2　　　　　⑤ $\dfrac{5}{2}$

Step 1 음함수의 미분법을 이용하여 접선의 기울기를 구한다.

$x\sin 2y+3x=3$의 양변을 x에 대하여 미분하면

$\sin 2y+2x\cos 2y\times\dfrac{dy}{dx}+3=0$

$\therefore\ \dfrac{dy}{dx}=-\dfrac{\sin 2y+3}{2x\cos 2y}$ (단, $2x\cos 2y\neq0$)　→ 이 식을 $\dfrac{dy}{dx}$에 대하여 정리한다.

따라서 점 $\left(1,\ \dfrac{\pi}{2}\right)$에서의 접선의 기울기는

$-\dfrac{\sin \pi+3}{2\times1\times\cos \pi}=-\dfrac{3}{-2}=\dfrac{3}{2}$

→ $\sin\pi=0$,　$\cos\pi=-1$

100 [정답률 82%]　　　　　　　　　　정답 ②

매개변수 t로 나타내어진 곡선

$$x=e^{4t}(1+\sin^2 \pi t),\ y=e^{4t}(1-3\cos^2 \pi t)$$

를 C라 하자. 곡선 C가 직선 $y=3x-5e$와 만나는 점을 P라
할 때, 곡선 C 위의 점 P에서의 접선의 기울기는? (3점)

→ $t=\dfrac{1}{4}$일 때 $\dfrac{dy}{dx}$의 값

① $\dfrac{3\pi-4}{\pi+4}$　　　　　② $\dfrac{3\pi-2}{\pi+6}$　　　　　③ $\dfrac{3\pi}{\pi+8}$
④ $\dfrac{3\pi+2}{\pi+10}$　　　　　⑤ $\dfrac{3\pi+4}{\pi+12}$

Step 1 곡선 C 위의 점 P에서의 t의 값을 구한다.

곡선 C가 직선 $y=3x-5e$와 만나는 점이 P이므로 점 P에서의 매개변수 t의 값을 구해보면

$$e^{4t}(1-3\cos^2\pi t)=3e^{4t}(1+\sin^2\pi t)-5e$$
$$e^{4t}(3+3\sin^2\pi t)-e^{4t}(1-3\cos^2\pi t)=5e$$
$$e^{4t}(2+3\sin^2\pi t+3\cos^2\pi t)=5e$$
$$e^{4t}\times(2+3)=5e,\ e^{4t}=e\qquad\therefore t=\frac{1}{4}$$
$$\underset{=3}{\phantom{e^{4t}}}$$

Step 2 곡선 C에서 $t=\dfrac{1}{4}$일 때, 접선의 기울기를 구한다.

$$\frac{dx}{dt}=4e^{4t}(1+\sin^2\pi t)+e^{4t}(2\pi\sin\pi t\cos\pi t)\quad\frac{dy}{dx}=\frac{\frac{dy}{dt}}{\frac{dx}{dt}}$$
$$=e^{4t}(4+4\sin^2\pi t+\pi\sin 2\pi t)$$
$$\underset{\sin 2\pi t=2\sin\pi t\cos\pi t}{}$$

$t=\dfrac{1}{4}$일 때,

$$\frac{dx}{dt}=e\times\left(4+4\sin^2\frac{\pi}{4}+\pi\sin\frac{\pi}{2}\right)$$
$$=e(4+2+\pi)=e(\pi+6)$$

$$\frac{dy}{dt}=4e^{4t}(1-3\cos^2\pi t)+e^{4t}(6\pi\cos\pi t\sin\pi t)$$
$$=e^{4t}(4-12\cos^2\pi t+3\pi\sin 2\pi t)$$

$t=\dfrac{1}{4}$일 때,

$$\frac{dy}{dt}=e\times\left(4-12\cos^2\frac{\pi}{4}+3\pi\sin\frac{\pi}{2}\right)$$
$$=e(4-6+3\pi)=e(3\pi-2)$$

곡선 C에서 $t=\dfrac{1}{4}$일 때, 접선의 기울기는

$$\frac{dy}{dx}=\frac{\frac{dy}{dt}}{\frac{dx}{dt}}=\frac{e(3\pi-2)}{e(\pi+6)}=\frac{3\pi-2}{\pi+6}$$

$t=\dfrac{1}{4}$일 때 $\dfrac{dy}{dx}$의 값을 구한다.

101 [정답률 73%]   정답 ②

> 세 실수 $k\,(k<-1)$, a, $b\,(1<a<b)$에 대하여
> 두 점 $A(a,\,b)$, $B(b,\,a)$가 곡선 $C:x^2-xy+y^2+k=0$ 위에 있다. 곡선 C 위의 점 A에서의 접선과 곡선 C 위의 점 B에서의 접선이 이루는 예각의 크기를 θ라 하자.
>
> $$\overline{AB}=2\sqrt{2},\ \tan\theta=\frac{4}{3}$$
>
> 일 때, $k+a+b$의 값은? (3점)
>
> ① -35 ✔ -27 ③ -19
> ④ -11 ⑤ -3

Step 1 두 점 A, B가 직선 $y=x$에 대하여 대칭임을 이용한다.

두 점 $A(a,\,b)$, $B(b,\,a)$는 직선 $y=x$에 대하여 서로 대칭이므로

$$\overline{AB}=\sqrt{2}(b-a)\ (\because 1<a<b)\quad\overline{AB}=\sqrt{(b-a)^2+(a-b)^2}$$

이때 $\overline{AB}=2\sqrt{2}$이므로 $b-a=2$ …… ㉠

Step 2 곡선 C 위의 두 점 A, B에서의 접선의 기울기를 구한다.

$x^2-xy+y^2+k=0$의 양변을 x에 대하여 미분하면

$$2x-y-x\frac{dy}{dx}+2y\frac{dy}{dx}=0$$
$$\therefore\frac{dy}{dx}=\frac{2x-y}{x-2y}\ (\text{단, }x\neq 2y)$$

곡선 C 위의 두 점 A, B에서의 접선의 기울기를 각각 m_1, m_2라 하면

$$m_1=\frac{2a-b}{a-2b},\ m_2=\frac{2b-a}{b-2a}=\frac{a-2b}{2a-b}=\frac{1}{m_1}$$

㉠에서 $b=a+2$이므로

$$m_1=\frac{2a-(a+2)}{a-2(a+2)}=\frac{a-2}{-a-4}=\frac{6}{a+4}-1\qquad ……㉡$$

이때 $a>1$이므로 $-1<m_1<\dfrac{1}{5}$ …… ㉢

접근선의 방정식이 $a=-4$, $m_1=-1$인 유리함수로 생각한다.

Step 3 $\tan\theta=\dfrac{4}{3}$임을 이용하여 m_1의 값을 구한다.

$$\tan\theta=\left|\frac{m_1-m_2}{1+m_1m_2}\right|=\left|\frac{m_1-\frac{1}{m_1}}{2}\right|=\left|\frac{m_1^2-1}{2m_1}\right|=\frac{4}{3}$$

$m_2=\dfrac{1}{m_1}$이므로 $m_1m_2=1$

(i) $\dfrac{m_1^2-1}{2m_1}=-\dfrac{4}{3}$인 경우

$$3m_1^2+8m_1-3=(m_1+3)(3m_1-1)=0$$
$$\therefore m_1=-3\ \text{또는}\ m_1=\frac{1}{3}$$

따라서 ㉢을 만족시키는 m_1의 값은 존재하지 않는다.

(ii) $\dfrac{m_1^2-1}{2m_1}=\dfrac{4}{3}$인 경우

$$3m_1^2-8m_1-3=(3m_1+1)(m_1-3)=0$$
$$\therefore m_1=-\frac{1}{3}\ (\because ㉢)$$

(i), (ii)에 의하여 $m_1=-\dfrac{1}{3}$이다.

Step 4 a, b, k의 값을 각각 구한다.

㉡에서 $\dfrac{6}{a+4}-1=-\dfrac{1}{3}$

$$\frac{6}{a+4}=\frac{2}{3},\ a+4=9\qquad\therefore a=5$$

㉠에서 $b=a+2=7$

곡선 C가 점 $A(5,\,7)$을 지나므로

$$25-35+49+k=0\qquad\therefore k=-39$$

따라서 $k+a+b=-39+5+7=-27$

$x^2-xy+y^2+k=0$에 $x=5$, $y=7$ 대입

102 [정답률 22%]   정답 5

> 세 실수 a, b, k에 대하여 두 점 $A(a,\,a+k)$, $B(b,\,b+k)$가 곡선 $C:x^2-2xy+2y^2=15$ 위에 있다. 곡선 C 위의 점 A에서의 접선과 곡선 C 위의 점 B에서의 접선이 서로 수직일 때, k^2의 값을 구하시오. (단, $a+2k\neq 0$, $b+2k\neq 0$) (4점)
>
> 두 접선의 기울기의 곱이 -1

Step 1 음함수의 미분법을 이용하여 곡선 C 위의 두 점 A, B에서의 접선의 기울기를 각각 구한다.

$x^2-2xy+2y^2=15$에서 양변을 x에 대하여 미분하면

$$2x-2y-2x\times\frac{dy}{dx}+4y\times\frac{dy}{dx}=0$$

$$\therefore\ \frac{dy}{dx}=\frac{x-y}{x-2y}\ (단,\ x\neq2y)$$
$$\rightarrow (2x-4y)\frac{dy}{dx}=2x-2y,$$
$$2(x-2y)\frac{dy}{dx}=2(x-y)$$

점 $A(a,\ a+k)$에서의 접선의 기울기는 $\dfrac{a-(a+k)}{a-2(a+k)}=\dfrac{k}{a+2k}$

점 $B(b,\ b+k)$에서의 접선의 기울기는 $\dfrac{b-(b+k)}{b-2(b+k)}=\dfrac{k}{b+2k}$

이때 두 점 A, B에서의 접선이 서로 수직이므로

$$\frac{k}{a+2k}\times\frac{k}{b+2k}=-1$$
$$\rightarrow (a+2k)(b+2k)=-k^2,\ ab+2(a+b)k+4k^2=-k^2$$
$$\therefore\ ab+2(a+b)k+5k^2=0\ \cdots\cdots\ \bigcirc$$

Step 2 두 점 A, B가 직선 $y=x+k$ 위의 점임을 이용한다.

두 점 $A(a,\ a+k)$, $B(b,\ b+k)$는 직선 $y=x+k$ 위의 점이다.
즉, 두 점 A, B는 곡선 $(x-y)^2+y^2=15$와 직선 $y=x+k$의 교점
이다.
$\rightarrow x^2-2xy+2y^2=15$에서 $(x^2-2xy+y^2)+y^2=15$

$(x-y)^2+y^2=15$에 $y=x+k$를 대입하면 $k^2+(x+k)^2=15$
$x^2+2kx+2k^2-15=0$
$\rightarrow \{x-(x+k)\}^2+(x+k)^2=15$

즉, a, b는 x에 대한 이차방정식 $x^2+2kx+2k^2-15=0$의 두 근이다.
이차방정식의 근과 계수의 관계에 의하여 $a+b=-2k$,
$ab=2k^2-15$
이를 $\bigcirc$에 대입하면 $(2k^2-15)+2\times(-2k)\times k+5k^2=0$
$3k^2=15$　　$\therefore\ k^2=5$
$\rightarrow 2k^2-15-4k^2+5k^2=3k^2-15$

---

103 [정답률 88%]　　　　정답 ①

함수 $f(x)=\dfrac{1}{x+3}$에 대하여 $\lim\limits_{h\to0}\dfrac{f'(a+h)-f'(a)}{h}=2$를
만족시키는 실수 a의 값은? (3점)
$$\rightarrow =f''(a)$$

① -2　　　② -1　　　③ 0
④ 1　　　⑤ 2

Step 1 $f''(x)$를 구한다.

함수 $f(x)=\dfrac{1}{x+3}$을 x에 대하여 미분하면

$f'(x)=-\dfrac{1}{(x+3)^2}$　$\rightarrow f(x)=(x+3)^{-1}$이라고
생각하고 x에 대하여 미분하면 돼.

$\therefore\ f''(x)=\dfrac{2}{(x+3)^3}$　$\rightarrow f'(x)=-(x+3)^{-2}$에서
$$f''(x)=-(-2)\times(x+3)^{-3}=\frac{2}{(x+3)^3}$$

Step 2 a의 값을 구한다.

$\lim\limits_{h\to0}\dfrac{f'(a+h)-f'(a)}{h}=f''(a)=2$에서
$\rightarrow$ 미분계수의 정의를 이용한 거야.

$\dfrac{2}{(a+3)^3}=2$

$(a+3)^3=1$

$a+3=1$

$\therefore\ a=-2$

---

104 [정답률 73%]　　　　정답 ①

실수 전체의 집합에서 이계도함수를 갖는 함수 $f(x)$가 다음
조건을 만족시킨다.

> (가) $f(1)=2$, $f'(1)=3$
>
> (나) $\lim\limits_{x\to1}\dfrac{f'(f(x))-1}{x-1}=3$　$\rightarrow \lim\limits_{x\to1}\{f'(f(x))-1\}=0$

$f''(2)$의 값은? (3점)

① 1　　　② 2　　　③ 3
④ 4　　　⑤ 5

Step 1 조건 (나)에서 $x\to1$일 때 극한값이 존재하고 (분모)$\to0$이므로
(분자)$\to0$임을 이용한다.

조건 (나)의 $\lim\limits_{x\to1}\dfrac{f'(f(x))-1}{x-1}=3$에서 (분모)$\to0$이고 극한값이
존재하므로 (분자)$\to0$이다.　$\rightarrow \lim\limits_{x\to1}(x-1)=0$
$\therefore\ f'(f(1))=1$　$\rightarrow \lim\limits_{x\to1}\{f'(f(x))-1\}=0$,
$\lim\limits_{x\to1}f'(f(x))=f'(f(1))=1$

Step 2 미분계수의 정의를 이용하여 주어진 식을 변형한다.

$$\lim_{x\to1}\frac{f'(f(x))-1}{x-1}=\lim_{x\to1}\frac{f'(f(x))-f'(f(1))}{x-1}$$

$$=\lim_{x\to1}\left\{\frac{f'(f(x))-f'(f(1))}{x-1}\cdot\frac{f(x)-f(1)}{f(x)-f(1)}\right\}$$

$$=\lim_{x\to1}\left\{\frac{f'(f(x))-f'(f(1))}{f(x)-f(1)}\cdot\frac{f(x)-f(1)}{x-1}\right\}$$

$\dfrac{f(x)-f(1)}{f(x)-f(1)}=1$이고 1은
아무리 곱해도 결과에 변화를
주지 않으므로 등식이 성립해. $=f''(f(1))f'(1)=3$

$$\lim_{x\to1}\frac{f'(f(x))-f'(f(1))}{f(x)-f(1)}$$
$$=\lim_{t\to2}\frac{f'(t)-f'(2)}{t-2}$$

Step 3 조건 (가)를 이용하여 $f''(2)$의 값을 구한다.

조건 (가)에서 $f(1)=2$, $f'(1)=3$이므로
$f''(2)\times3=3$
$\therefore\ f''(2)=1$

> 미분계수의 정의를 알고 있었다면 조건 (나)를
> 보고 주어진 식을 변형해야겠다는 생각을 할 수
> 있었을 거야. 식만 변형할 수 있으면 조건 (가)를
> 이용하여 문제를 해결하는 건 어렵지 않을 거야.

💡 알아야 할 기본개념

이계도함수

함수 $f(x)$의 도함수 $f'(x)$가 미분가능할 때, $f'(x)$의 도함수
$\lim\limits_{\Delta x\to0}\dfrac{f'(x+\Delta x)-f'(x)}{\Delta x}$를 함수 $f(x)$의 이계도함수라 한다.

105 [정답률 81%]   정답 ③

열린구간 $\left(0, \dfrac{\pi}{2}\right)$에서 정의된 미분가능한 함수 $f(x)$는 다음 조건을 만족시킨다.

> (가) $f'(x)=1+\{f(x)\}^2$
> (나) $f\left(\dfrac{\pi}{4}\right)=1$

함수 $g(x)=\ln f'(x)$에 대하여 $g'\left(\dfrac{\pi}{4}\right)$의 값은? (3점)

① 1   ② $\dfrac{3}{2}$ ❸ 2

④ $\dfrac{5}{2}$ ⑤ 3

주어진 $g(x)$를 x에 대하여 미분하면 $g'(x)=\dfrac{f''(x)}{f'(x)}$ 이니까 양변에 $x=\dfrac{\pi}{4}$를 대입

Step 1 $g'(x)$를 구한다.

$g(x)=\ln f'(x)$이므로 $g'(x)=\dfrac{f''(x)}{f'(x)}$

$\{\ln|h(x)|\}'=\dfrac{h'(x)}{h(x)}$

Step 2 주어진 조건을 이용하여 $g'\left(\dfrac{\pi}{4}\right)$의 값을 구한다. $f''\left(\dfrac{\pi}{4}\right)$와 $f'\left(\dfrac{\pi}{4}\right)$의 값을 알아야 해.

조건 (가)에서 $f'(x)=1+\{f(x)\}^2$의 양변에 $x=\dfrac{\pi}{4}$를 대입하면

$f'\left(\dfrac{\pi}{4}\right)=1+\left\{f\left(\dfrac{\pi}{4}\right)\right\}^2=1+1=2$ ($\because$ 조건 (나)) …… ㉠

$f\left(\dfrac{\pi}{4}\right)=1$

$f'(x)=1+\{f(x)\}^2$의 양변을 x에 대하여 미분하면

$f''(x)=2f(x)f'(x)$이고 양변에 $x=\dfrac{\pi}{4}$를 대입하면

$f''\left(\dfrac{\pi}{4}\right)=2f\left(\dfrac{\pi}{4}\right)f'\left(\dfrac{\pi}{4}\right)$

$f''\left(\dfrac{\pi}{4}\right)$의 값을 구하기 위해 $f''(x)$의 식을 구할 거야.

조건 (나)와 ㉠에 의해

$f''\left(\dfrac{\pi}{4}\right)=2\times1\times2=4$

조건 (나): $f\left(\dfrac{\pi}{4}\right)=1$, ㉠: $f'\left(\dfrac{\pi}{4}\right)=2$

$\therefore g'\left(\dfrac{\pi}{4}\right)=\dfrac{f''\left(\dfrac{\pi}{4}\right)}{f'\left(\dfrac{\pi}{4}\right)}=\dfrac{4}{2}=2$

문제에서 구하는 값 $g'\left(\dfrac{\pi}{4}\right)$를 보고 $g'\left(\dfrac{\pi}{4}\right)$의 값을 얻기 위해 $f'\left(\dfrac{\pi}{4}\right)$와 $f''\left(\dfrac{\pi}{4}\right)$의 값을 구해야 한다는 것만 파악하면 주어진 조건을 이용하여 쉽게 해결할 수 있어.

106 [정답률 59%]   정답 ④

함수 $f(x)=(x^2+ax+b)e^x$과 함수 $g(x)$가 다음 조건을 만족시킨다.

이 두 조건을 이용하여 a, b의 값을 구해.

> (가) $f(1)=e$, $f'(1)=e$
> (나) 모든 실수 x에 대하여 $g(f(x))=f'(x)$이다.

함수 $h(x)=f^{-1}(x)g(x)$에 대하여 $h'(e)$의 값은?

(단, a, b는 상수이다.) (4점)

이 식의 양변을 x에 대하여 미분한 후 $x=e$를 대입하면 $h'(e)=(f^{-1})'(e)g(e)+f^{-1}(e)g'(e)$가 나와. 따라서 조건 (가), (나)를 이용하여 $(f^{-1})'(e)$, $g(e)$, $f^{-1}(e)$, $g'(e)$의 값을 구해야 함을 알 수 있어.

① 1   ② 2   ③ 3

❹ 4   ⑤ 5

Step 1 조건 (가)를 이용하여 a, b의 값을 구한다.

조건 (가)에서 $f(1)=(1+a+b)e=e$이므로

$1+a+b=1$

$\therefore a+b=0$ …… ㉠

또한 $f'(1)=e$이므로

$f'(x)=(2x+a)e^x+(x^2+ax+b)e^x$

$=\{x^2+(a+2)x+(a+b)\}e^x$

곱의 미분법을 이용했어.

에서 $f'(1)=\{1+(a+2)+(a+b)\}e=e$

$1+(a+2)+(a+b)=1$

$\therefore 2a+b=-2$ …… ㉡

㉠, ㉡에서 ㉡-㉠을 하면 $(2a+b)-(a+b)=-2-0$

$a=-2$, $b=2$ $\therefore a=-2$

Step 2 조건 (나)를 이용하여 $g'(e)$의 값을 구한다.

따라서 $f(x)=(x^2-2x+2)e^x$, $f'(x)=x^2e^x$이다.

이때 모든 실수 x에 대하여 $f'(x)\geq0$이므로

함수 $f(x)$는 역함수가 존재한다.

$f(1)=e$에서 $f^{-1}(e)=1$이므로

역함수의 미분법에 의하여

$(f^{-1})'(e)=\dfrac{1}{f'(1)}=\dfrac{1}{e}$

조건 (나)에서

$g(f(1))=f'(1)$

조건 (가)에서 $f'(1)=e$, $f(1)=e$

$\therefore g(e)=e$

역함수의 미분법
미분가능한 함수 $f(x)$의 역함수 $g(x)$가 존재하고 미분가능할 때,
$$g'(x)=\dfrac{1}{f'(g(x))}$$

조건 (나)의 식의 양변을 x에 대하여 미분하면

$g'(f(x))f'(x)=f''(x)$

위 식에 $x=1$을 대입하면

$g'(f(1))f'(1)=f''(1)$ …… ㉢

$f'(1)=e$, $f(1)=e$

한편 $f'(x)=x^2e^x$에서 $f''(x)=2xe^x+x^2e^x=(x^2+2x)e^x$이므로

$f''(1)=3e$

㉢에서 $g'(e)\cdot e=3e$

$\therefore g'(e)=3$

Step 3 $h'(x)$를 구한 후 $h'(e)$의 값을 계산한다.

$h(x)=f^{-1}(x)g(x)$에서

$h'(x)=(f^{-1})'(x)g(x)+f^{-1}(x)g'(x)$

곱의 미분법

$\therefore h'(e)=(f^{-1})'(e)g(e)+f^{-1}(e)g'(e)$

$=\dfrac{1}{e}\times e+1\times3$

$=1+3=4$

107 [정답률 32%]   정답 5

점 $(0, 1)$을 지나고 기울기가 양수인 직선 l과 곡선 $y=e^{\frac{x}{a}}-1$ $(a>0)$이 있다. 직선 l이 x축의 양의 방향과 이루는 각의 크기가 θ일 때, 직선 l이 곡선 $y=e^{\frac{x}{a}}-1$ $(a>0)$과 제1사분면에서 만나는 점의 x좌표를 $f(\theta)$라 하자.

$f\left(\dfrac{\pi}{4}\right)=a$일 때, $\sqrt{f'\left(\dfrac{\pi}{4}\right)}=pe+q$이다. p^2+q^2의 값을 구하시오. (단, a는 상수이고, p, q는 정수이다.) (4점)

Step 1 $f\left(\dfrac{\pi}{4}\right)=a$임을 이용하여 a의 값을 구한다.

직선 l의 기울기는 $\tan\theta$이므로 $l:y=(\tan\theta)x+1$

직선 l과 곡선 $y=e^{\frac{x}{a}}-1$의 교점의 x좌표가 $f(\theta)$이므로

$f(\theta)\tan\theta+1=e^{\frac{f(\theta)}{a}}-1$ $\quad\cdots\cdots\;㉠$ 직선 l이 x축의 양의 방향과 이루는 각의 크기가 θ임을 이용한다.

$\theta=\dfrac{\pi}{4}$를 대입하면 $f\left(\dfrac{\pi}{4}\right)\tan\dfrac{\pi}{4}+1=e^{\frac{f\left(\frac{\pi}{4}\right)}{a}}-1$

$a\times1+1=e^{\frac{a}{a}}-1$ $\quad\therefore\;a=e-2$

Step 2 ㉠을 이용하여 $\sqrt{f'\left(\dfrac{\pi}{4}\right)}$의 값을 구한다.

㉠의 양변을 θ에 대하여 미분하면

$f'(\theta)\tan\theta+f(\theta)\sec^2\theta=\dfrac{f'(\theta)}{a}e^{\frac{f(\theta)}{a}}$

$\theta=\dfrac{\pi}{4}$를 대입하면 $(\tan\theta)'=\sec^2\theta$

$f'\left(\dfrac{\pi}{4}\right)\tan\dfrac{\pi}{4}+f\left(\dfrac{\pi}{4}\right)\sec^2\dfrac{\pi}{4}=\dfrac{f'\left(\frac{\pi}{4}\right)}{a}e^{\frac{f\left(\frac{\pi}{4}\right)}{a}}$

$=(\sqrt2)^2$, $=a$, $=e^{\frac{a}{a}}=e^1$

$f'\left(\dfrac{\pi}{4}\right)+2a=\dfrac{e}{a}f'\left(\dfrac{\pi}{4}\right),\;\dfrac{e-a}{a}f'\left(\dfrac{\pi}{4}\right)=2a$

$\therefore\;f'\left(\dfrac{\pi}{4}\right)=\dfrac{2a^2}{e-a}$

$a=e-2$이므로 $f'\left(\dfrac{\pi}{4}\right)=\dfrac{2(e-2)^2}{2}=(e-2)^2$

$\therefore\;\sqrt{f'\left(\dfrac{\pi}{4}\right)}=\sqrt{(e-2)^2}=e-2$

따라서 $p=1,\;q=-2$이므로 $p^2+q^2=1^2+(-2)^2=5$

108 [정답률 36%]   정답 ④

최고차항의 계수가 1인 사차함수 $f(x)$에 대하여
$$F(x)=\ln|f(x)|$$
라 하고, 최고차항의 계수가 1인 삼차함수 $g(x)$에 대하여
$$G(x)=\ln|g(x)\sin x|$$
라 하자.

$\displaystyle\lim_{x\to1}(x-1)F'(x)=3,\;\lim_{x\to0}\dfrac{F'(x)}{G'(x)}=\dfrac14$ $=\dfrac{f'(x)}{f(x)}$

일 때, $f(3)+g(3)$의 값은? (4점) $=\dfrac{g'(x)\sin x+g(x)\cos x}{g(x)\sin x}$

① 57   ② 55   ③ 53
④ 51   ⑤ 49

Step 1 극한의 성질을 이용하여 $f(x)$를 구한다.

함수 $F(x)=\ln|f(x)|$를 x에 대하여 미분하면

$F'(x)=\dfrac{f'(x)}{f(x)}$ $f(x)$이든 $|f(x)|$이든 상관없이 미분해주면 돼.

주어진 식 $\displaystyle\lim_{x\to1}(x-1)F'(x)=3$에서 $\displaystyle\lim_{x\to1}\left\{(x-1)\times\dfrac{f'(x)}{f(x)}\right\}=3$

$\therefore\;\displaystyle\lim_{x\to1}\dfrac{(x-1)f'(x)}{f(x)}=3$ $\quad\cdots\cdots\;㉠$

이때 $x\to1$일 때 (분자)$\to0$이고, 0이 아닌 극한값이 존재하므로 (분모)$\to0$이어야 한다. $(x-1)f'(x)$, $f(x)$가 $x-1$을 인수로 가져.

따라서 $\displaystyle\lim_{x\to1}f(x)=f(1)=0$이고, $f(x)$는 최고차항의 계수가 1인 사차함수이므로 최고차항의 계수가 1인 삼차함수 $h_1(x)$에 대하여

$f(x)=(x-1)h_1(x)$ $\quad\cdots\cdots\;㉡$

로 놓을 수 있다.

㉡을 x에 대하여 미분하면   곱의 미분법을 이용했어.

$f'(x)=h_1(x)+(x-1)h_1{}'(x)$ $\quad\cdots\cdots\;㉢$

㉡, ㉢을 ㉠에 대입하여 정리하면

$\displaystyle\lim_{x\to1}\dfrac{(x-1)f'(x)}{f(x)}=\lim_{x\to1}\dfrac{(x-1)\{h_1(x)+(x-1)h_1{}'(x)\}}{(x-1)h_1(x)}$

$=\displaystyle\lim_{x\to1}\dfrac{h_1(x)+(x-1)h_1{}'(x)}{h_1(x)}$

$=\displaystyle\lim_{x\to1}\left\{1+\dfrac{(x-1)h_1{}'(x)}{h_1(x)}\right\}=3$

$\therefore\;\displaystyle\lim_{x\to1}\dfrac{(x-1)h_1{}'(x)}{h_1(x)}=2$ $=\dfrac{h_1(x)}{h_1(x)}$ $\quad\cdots\cdots\;㉣$

이때 $x\to1$일 때 (분자)$\to0$이고, 0이 아닌 극한값이 존재하므로 (분모)$\to0$이어야 한다. $h_1(x)$는 다항함수이므로 극한값과 함숫값이 같다.

따라서 $\displaystyle\lim_{x\to1}h_1(x)=h_1(1)=0$이고, $h_1(x)$는 최고차항의 계수가 1인 삼차함수이므로 최고차항의 계수가 1인 이차함수 $h_2(x)$에 대하여

$h_1(x)=(x-1)h_2(x)$ $\quad\cdots\cdots\;㉤$

로 놓을 수 있다.

㉤을 x에 대하여 미분하면

$h_1{}'(x)=h_2(x)+(x-1)h_2{}'(x)$ $\quad\cdots\cdots\;㉥$

㉤, ㉥을 ㉣에 대입하여 정리하면

$\displaystyle\lim_{x\to1}\dfrac{(x-1)h_1{}'(x)}{h_1(x)}=\lim_{x\to1}\dfrac{(x-1)\{h_2(x)+(x-1)h_2{}'(x)\}}{(x-1)h_2(x)}$

$=\displaystyle\lim_{x\to1}\dfrac{h_2(x)+(x-1)h_2{}'(x)}{h_2(x)}$

$=\displaystyle\lim_{x\to1}\left\{1+\dfrac{(x-1)h_2{}'(x)}{h_2(x)}\right\}=2$

$\therefore\;\displaystyle\lim_{x\to1}\dfrac{(x-1)h_2{}'(x)}{h_2(x)}=1$ $=\dfrac{h_2(x)}{h_2(x)}$

이때 $x\to1$일 때 (분자)$\to0$이고, 0이 아닌 극한값이 존재하므로 (분모)$\to0$이어야 한다. $(x-1)h_2{}'(x)$

따라서 $\displaystyle\lim_{x\to1}h_2(x)=h_2(1)=0$이므로 $h_2(x)$는 최고차항의 계수가 1인 이차함수야!

$h_2(x)=(x-1)(x+a)$ (a는 상수, $a\ne-1$) $\quad\cdots\cdots\;㉦$

로 놓을 수 있다.

그러므로 $f(x)$의 식을 정리하면

$a=-1$이면 $h_2(x)=(x-1)^2$ $h_2{}'(x)=2(x-1)$이므로 $\displaystyle\lim_{x\to1}\dfrac{(x-1)h_2{}'(x)}{h_2(x)}=\lim_{x\to1}\dfrac{2(x-1)^2}{(x-1)^2}=2\ne1$ 따라서 $a\ne-1$

$f(x)=(x-1)h_1(x)$ $(\because\;㉡)$

$=(x-1)(x-1)h_2(x)$ $(\because\;㉤)$

$=(x-1)(x-1)(x-1)(x+a)$ $(\because\;㉦)$

$=(x-1)^3(x+a)$ (단, $a\ne-1$)

Step 2 $\displaystyle\lim_{x\to0}\dfrac{F'(x)}{G'(x)}$의 식을 적절히 변형한다.

함수 $G(x)=\ln|g(x)\sin x|$를 x에 대하여 미분하면

$G'(x)=\dfrac{g'(x)\sin x+g(x)\cos x}{g(x)\sin x}$ **암기** $\ln|f(x)|$를 미분하면 $\dfrac{f'(x)}{f(x)}$가 돼.

이때 $\displaystyle\lim_{x\to0}\dfrac{F'(x)}{G'(x)}=\dfrac14$이므로

$\displaystyle\lim_{x\to0}\dfrac{\dfrac{f'(x)}{f(x)}}{\dfrac{g'(x)\sin x+g(x)\cos x}{g(x)\sin x}}$

$$=\lim_{x\to 0}\frac{\dfrac{f'(x)}{f(x)}}{\dfrac{g'(x)}{g(x)}+\dfrac{\cos x}{\sin x}}$$

sin x 약분 ← f'(x)/f(x) → g(x) 약분

$$=\lim_{x\to 0}\frac{\dfrac{f'(x)}{f(x)}}{\dfrac{g'(x)}{g(x)}+\dfrac{1}{\tan x}}$$

$$=\lim_{x\to 0}\frac{\dfrac{xf'(x)}{f(x)}}{\dfrac{xg'(x)}{g(x)}+\dfrac{x}{\tan x}}$$

분모, 분자의 식에 각각 x를 곱해주었어.

암기 $\lim_{\triangle\to 0}\dfrac{\triangle}{\tan\triangle}=1$

$$=\frac{1}{4} \qquad \cdots\cdots ⊚$$

Step 3 $\lim_{x\to 0}\dfrac{xg'(x)}{g(x)}$ 의 값으로 가능한 경우를 파악한다.

$g(x)=x^3+px^2+qx+r$ (p, q, r은 상수)라 하면

$g'(x)=3x^2+2px+q$

$\therefore xg'(x)=3x^3+2px^2+qx$

이를 이용하여 $\dfrac{xg'(x)}{g(x)}$의 극한값을 구해 보면

→ 분모는 r로 수렴하고 분자는 0으로 수렴해.

(i) $r\neq 0$일 때 $\lim_{x\to 0}\dfrac{3x^3+2px^2+qx}{x^3+px^2+qx+r}=0$

(ii) $q\neq 0$이고 $r=0$일 때

→ 분모, 분자를 각각 x로 나눠주었어.

$$\lim_{x\to 0}\frac{3x^3+2px^2+qx}{x^3+px^2+qx+r}=\lim_{x\to 0}\frac{3x^2+2px+q}{x^2+px+q}=1$$

(iii) $p\neq 0$이고 $q=r=0$일 때 $\lim_{x\to 0}\dfrac{3x^3+2px^2+qx}{x^3+px^2+qx}$

$$\lim_{x\to 0}\frac{3x^3+2px^2+qx}{x^3+px^2+qx+r}=\lim_{x\to 0}\frac{3x+2p}{x+p}=2$$

(iv) $p=q=r=0$일 때

$$\lim_{x\to 0}\frac{3x^3+2px^2+qx}{x^3+px^2+qx+r}=\lim_{x\to 0}\frac{3x^3}{x^3}=3$$

따라서 가능한 $\lim_{x\to 0}\dfrac{xg'(x)}{g(x)}$의 값은 0 또는 1 또는 2 또는 3이고,

$\lim_{x\to 0}\dfrac{x}{\tan x}=1$이므로 ⊚의 극한의 식의 분모가 1 또는 2 또는 3 또는 4로 수렴한다.

이때 ⊚의 극한의 식이 $\dfrac{1}{4}$로 수렴하므로 분자 또한 0이 아닌 수로 수렴해야 한다.

Step 4 a의 값을 구한다.

함수 $f(x)$를 미분하면

$f'(x)=3(x-1)^2(x+a)+(x-1)^3$

$\qquad =(x-1)^2\{3(x+a)+(x-1)\}$

이므로

$$\lim_{x\to 0}\frac{xf'(x)}{f(x)}=\lim_{x\to 0}\frac{x(x-1)^2\{3(x+a)+(x-1)\}}{(x-1)^3(x+a)}$$

이때 극한이 0이 아닌 값으로 수렴해야 하고 (분자) → 0이므로 (분모) → 0이어야 한다.

→ 0으로 수렴하면 식 ⊚의 값이 0이 되어 모순이야.

즉, $\lim_{x\to 0}(x-1)^3(x+a)=0$에서 $a=0$

Step 5 $f(3)+g(3)$의 값을 구한다.

따라서 극한값을 구해 보면

$$\lim_{x\to 0}\frac{xf'(x)}{f(x)}$$

→ $f(x)$, $f'(x)$의 식에 $a=0$ 대입

$$=\lim_{x\to 0}\frac{x(x-1)^2(4x-1)}{x(x-1)^3}$$

$$=\lim_{x\to 0}\frac{4x-1}{x-1}=1$$

즉, $\lim_{x\to 0}\dfrac{\dfrac{xf'(x)}{f(x)}}{\dfrac{xg'(x)}{g(x)}+\dfrac{x}{\tan x}}=\lim_{x\to 0}\dfrac{1}{\dfrac{xg'(x)}{g(x)}+1}=\dfrac{1}{4}$이므로

$$\lim_{x\to 0}\frac{xg'(x)}{g(x)}=3$$

따라서 함수 $g(x)=x^3+px^2+qx+r$에서

$p=q=r=0$이므로 $g(x)=x^3$

$\therefore f(3)+g(3)=(3-1)^3\times 3+3^3=24+27=51$

✪ 다른 풀이   직접 $g(x)$를 전개하는 풀이

Step 1 동일

Step 2 a의 값에 따라 경우를 나누어 $g(x)$를 구한다.

함수 $G(x)=\ln|g(x)\sin x|$를 x에 대하여 미분하면

$$G'(x)=\frac{g'(x)\sin x+g(x)\cos x}{g(x)\sin x}$$

→ $=\{g(x)\sin x\}'$

주어진 식 $\lim_{x\to 0}\dfrac{F'(x)}{G'(x)}=\dfrac{1}{4}$에서

→ 분모, 분자를 각각 $(x-1)^2$으로 나눠.

$$F'(x)=\frac{f'(x)}{f(x)}=\frac{3(x-1)^2(x+a)+(x-1)^3}{(x-1)^3(x+a)}$$

$$=\frac{3(x+a)+(x-1)}{(x-1)(x+a)}$$

이므로

$$\lim_{x\to 0}\frac{F'(x)}{G'(x)}=\lim_{x\to 0}\frac{\dfrac{3(x+a)+(x-1)}{(x-1)(x+a)}}{\dfrac{g'(x)\sin x+g(x)\cos x}{g(x)\sin x}}$$

$$=\lim_{x\to 0}\frac{\{3(x+a)+(x-1)\}g(x)\sin x}{(x-1)(x+a)\{g'(x)\sin x+g(x)\cos x\}}$$

$$=\frac{1}{4} \qquad \cdots\cdots ⊚$$

이때 $x\to 0$일 때 (분자) → 0이고, 0이 아닌 극한값이 존재하므로 (분모) → 0이어야 한다.

→ $\sin 0=0$이기 때문!

따라서

$$\lim_{x\to 0}(x-1)(x+a)\{g'(x)\sin x+g(x)\cos x\}$$

$$=-a\{g'(0)\sin 0+g(0)\cos 0\}$$

$$=-ag(0)=0$$

→ $\sin 0=0$, $\cos 0=1$

이므로 $a=0$ 또는 $g(0)=0$

그러므로 $a=0$일 때와 $g(0)=0$일 때로 경우를 나누어 보면 다음과 같다

(i) $a=0$일 때

⊚에서

$$\lim_{x\to 0}\frac{(3x+x-1)g(x)\sin x}{(x-1)x\{g'(x)\sin x+g(x)\cos x\}}$$

$$=\lim_{x\to 0}\left[\frac{4x-1}{x-1}\times\frac{g(x)\sin x}{x\{g'(x)\sin x+g(x)\cos x\}}\right]$$

(극한값)=1

$$=\lim_{x\to 0}\frac{g(x)\sin x}{x\{g'(x)\sin x+g(x)\cos x\}}=\frac{1}{4}$$

역수를 취하면

$$\lim_{x \to 0} \frac{x\{g'(x)\sin x + g(x)\cos x\}}{g(x)\sin x}$$

$$= \lim_{x \to 0} \left\{ \frac{xg'(x)\sin x}{g(x)\sin x} + \frac{xg(x)\cos x}{g(x)\sin x} \right\}$$

$$= \lim_{x \to 0} \frac{xg'(x)}{g(x)} + 1 = 4$$

$g(x)$는 약분되고, $\lim\limits_{x \to 0}\dfrac{x}{\sin x}=1$이니까 극한값은 $\cos 0 = 1$이야.

$$\therefore \lim_{x \to 0} \frac{xg'(x)}{g(x)} = 3 \quad\rightarrow xg'(x)$$

이때 $x \to 0$일 때 (분자)$\to 0$이고, 0이 아닌 극한값이 존재하므로 (분모)$\to 0$이어야 한다.

따라서 $\lim\limits_{x \to 0} g(x) = g(0) = 0$이고, $g(x)$는 최고차항의 계수가 1인 삼차함수이므로 최고차항의 계수가 1인 이차함수 $p(x)$에 대하여

$$g(x) = xp(x)$$

로 놓을 수 있다.

이때 $g'(x) = p(x) + xp'(x)$이므로

$$\lim_{x \to 0} \frac{xg'(x)}{g(x)} = \lim_{x \to 0} \frac{x\{p(x) + xp'(x)\}}{xp(x)}$$

$$= \lim_{x \to 0} \frac{p(x) + xp'(x)}{p(x)}$$

$$= \lim_{x \to 0} \left\{ 1 + \frac{xp'(x)}{p(x)} \right\} = 3$$

$$\therefore \lim_{x \to 0} \frac{xp'(x)}{p(x)} = 2 \quad = \frac{p(x)}{p(x)} \qquad \cdots\cdots ㉺$$

이때 $x \to 0$일 때 (분자)$\to 0$이고, 0이 아닌 극한값이 존재하므로 (분모)$\to 0$이어야 한다.

$p(x)$는 이차함수이므로 극한값과 함숫값이 같다.

따라서 $\lim\limits_{x \to 0} p(x) = p(0) = 0$이므로

$$p(x) = x(x+b) \ (b는 상수)로 놓을 수 있다.$$

이를 ㉺에 대입하여 정리하면

$$\lim_{x \to 0} \frac{xp'(x)}{p(x)} = \lim_{x \to 0} \frac{x(2x+b)}{x(x+b)} \quad\rightarrow p(x)=x^2+bx를 \ x에 \ 대하여 \ 미분!$$

$$= \lim_{x \to 0} \frac{2x+b}{x+b}$$

이때 $b \neq 0$이면 $\lim\limits_{x \to 0} \dfrac{2x+b}{x+b} = \dfrac{b}{b} = 1$이 되어 조건을 만족시키지 않지만,

$b=0$이면 $\lim\limits_{x \to 0} \dfrac{2x+b}{x+b} = \lim\limits_{x \to 0} \dfrac{2x}{x} = 2$가 되어 조건을 만족시킨다.

따라서 $b=0$이므로 $g(x) = xp(x) = x^3$

$$\therefore f(x) = (x-1)^3 x, \ g(x) = x^3 \quad = x(x+b)=x^2$$

(ii) $a \neq 0$이고 $g(0) = 0$일 때

$g(x)$는 최고차항의 계수가 1인 삼차함수이므로 최고차항의 계수가 1인 이차함수 $q(x)$에 대하여

$$g(x) = xq(x) \quad\rightarrow g'(x) = q(x) + xq'(x)$$

로 놓을 수 있다.

이를 ◎에 대입하여 정리하면

$g'(x)\sin x = \{q(x) + xq'(x)\}\sin x$
$= q(x)\sin x + xq'(x)\sin x$

$$\lim_{x \to 0} \frac{\{3(x+a)+(x-1)\}xq(x)\sin x}{(x-1)(x+a)\{q(x)\sin x + xq'(x)\sin x + xq(x)\cos x\}}$$

$$= \lim_{x \to 0} \frac{\{3(x+a)+(x-1)\}q(x)\sin x}{(x-1)(x+a)\left\{q(x) \times \dfrac{\sin x}{x} + q'(x)\sin x + q(x)\cos x\right\}}$$

$$= \frac{1}{4} \quad\rightarrow 1로 \ 다가간다.$$

이때 $x \to 0$일 때 (분자)$\to 0$이고, 0이 아닌 극한값이 존재하므로 (분모)$\to 0$이어야 한다. $\rightarrow \sin 0 = 0$

따라서

$$\lim_{x \to 0}(x-1)(x+a)\left\{q(x) \times \frac{\sin x}{x} + q'(x)\sin x + q(x)\cos x\right\}$$

$\rightarrow \sin 0 = 0$, $\lim\limits_{x \to 0}\dfrac{\sin x}{x}=1$, $\cos 0 = 1$

$$= -a\{q(0) + q(0)\}$$

$$= -2aq(0) = 0$$

$$\therefore q(0) = 0 \ (\because a \neq 0)$$

따라서 $q(x) = x(x+c) \ (c는 상수)로 놓을 수 있다.$

이때 $g(x) = xq(x) = x^2(x+c) = x^3 + cx^2$이므로

$$g'(x) = 3x^2 + 2cx$$

이를 다시 ◎에 대입하여 정리하면

$$\lim_{x \to 0} \frac{\{3(x+a)+(x-1)\}(x^3+cx^2)\sin x}{(x-1)(x+a)\{(3x^2+2cx)\sin x + (x^3+cx^2)\cos x\}}$$

$$= \lim_{x \to 0} \left[\frac{1}{(x-1)(x+a)} \times \frac{\{3(x+a)+(x-1)\}(x^3+cx^2)\sin x}{(3x^2+2cx)\sin x + (x^3+cx^2)\cos x} \right]$$

이 부분의 극한값이 $-\dfrac{1}{a}$

$$= -\frac{1}{a} \lim_{x \to 0} \frac{(4x+3a-1)(x^3+cx^2)\sin x}{(3x^2+2cx)\sin x + (x^3+cx^2)\cos x}$$

분모, 분자를 각각 x^2으로 나눠주었어.

$$= -\frac{1}{a} \lim_{x \to 0} \frac{(4x+3a-1)(x+c)\sin x}{(3x+2c)\dfrac{\sin x}{x} + (x+c)\cos x}$$

$$= \frac{1}{4} \qquad\qquad \cdots\cdots ㉦$$

이때 $x \to 0$일 때 (분자)$\to 0$이고, 0이 아닌 극한값이 존재하므로 (분모)$\to 0$이어야 한다. $\rightarrow \sin 0 = 0$

따라서 $\lim\limits_{x \to 0}\left\{(3x+2c)\dfrac{\sin x}{x} + (x+c)\cos x\right\} = 2c+c = 3c = 0$

$\rightarrow \cos 0 = 1$, $\lim\limits_{x \to 0}\dfrac{\sin x}{x}=1$

$$\therefore c = 0$$

이를 ㉦에 대입하면

$$-\frac{1}{a} \lim_{x \to 0} \frac{(4x+3a-1)x\sin x}{3x \times \dfrac{\sin x}{x} + x\cos x}$$

분모, 분자를 각각 x로 나눠주었어.

$$= -\frac{1}{a} \lim_{x \to 0} \frac{(4x+3a-1)\sin x}{\dfrac{3\sin x}{x} + \cos x}$$

$$= -\frac{1}{a} \times \frac{0}{3+1} = 0 \neq \frac{1}{4}$$

그러므로 조건을 만족시키지 않는다.

(i), (ii)에서

$$f(x) = (x-1)^3 x, \ g(x) = x^3$$

Step 3 $f(3) + g(3)$의 값을 구한다.

$$\therefore f(3) + g(3) = (3-1)^3 \times 3 + 3^3 = 24 + 27 = 51$$

109 [정답률 62%] 정답 ③

삼차함수 $y=f(x)$가 다음 조건을 만족시킨다.

(가) 방정식 $f(x)-x=0$이 서로 다른 세 실근 α, β, γ를 갖는다. → $f(\alpha)-\alpha=0, f(\beta)-\beta=0, f(\gamma)-\gamma=0$

(나) $x=3$일 때, 극값 7을 갖는다. → $f(3)=7, f'(3)=0$

(다) $f(f(3))=5$ → $f(f(x))=\{f(x)-x\}g(x)+h(x)$

$f(f(x))$를 $f(x)-x$로 나눈 몫을 $g(x)$, 나머지를 $h(x)$라 할 때, 옳은 것만을 [보기]에서 있는 대로 고른 것은? (4점)

[보기]

ㄱ. α, β, γ는 방정식 $f(f(x))-x=0$의 근이다.
→ $x=\alpha, x=\beta, x=\gamma$를 각각 대입했을 때 방정식을 만족해야 한다.

ㄴ. $h(x)=x$

ㄷ. $g'(3)=1$

① ㄱ   ② ㄷ   ③ ㄱ, ㄴ
④ ㄴ, ㄷ   ⑤ ㄱ, ㄴ, ㄷ

Step 1 조건 (가)를 이용해 ㄱ의 참, 거짓을 판별한다.

조건 (가)에서 α, β, γ가 방정식 $f(x)=x$의
서로 다른 세 실근이므로
$f(\alpha)=\alpha$, $f(\beta)=\beta$, $f(\gamma)=\gamma$
조건 (나)에서 $x=3$일 때, 극값 7을 가지므로
$f'(3)=0$, $f(3)=7$
조건 (다)에서 $f(f(3))=5$이므로 $f(7)=5$ → ∵ $f(3)=7$

ㄱ. 방정식 $f(f(x))-x=0$에서
$x=\alpha$일 때,
$f(f(\alpha))-\alpha=f(\alpha)-\alpha=\alpha-\alpha=0$
$x=\beta$일 때, $f(\alpha)=\alpha$
$f(f(\beta))-\beta=f(\beta)-\beta=\beta-\beta=0$
$x=\gamma$일 때, $f(\beta)=\beta$
$f(f(\gamma))-\gamma=f(\gamma)-\gamma=\gamma-\gamma=0$
$f(\gamma)=\gamma$
따라서 α, β, γ는 방정식 $f(f(x))-x=0$의 서로 다른
세 근이다. (참) $g(x)$를 $f(x)$로 나눌 때 몫이 $q(x)$, 나머지가 $r(x)$이면 $g(x)=f(x)q(x)+r(x)$

Step 2 $f(f(x))$를 $f(x)-x$로 나눈 몫이 $g(x)$, 나머지가 $h(x)$임을 이
용하여 $h(x)$를 구한다. → $h(x)=x$의 참, 거짓을 판별하기 위해서 $h(x)-x$ 꼴을 만들어주려고 ㉠의 식의 양변에서 x를 빼주고 있어.

ㄴ. $f(f(x))$를 $f(x)-x$로 나눈 몫이 $g(x)$, 나머지가 $h(x)$이므로
$f(f(x))=\{f(x)-x\}g(x)+h(x)$ …… ㉠
$f(f(x))-x=\{f(x)-x\}g(x)+h(x)-x$ …… ㉡
조건 (가)의 ㄱ에서 인수정리에 의하여 $f(x)-x$와
$f(f(x))-x$는 $(x-\alpha)(x-\beta)(x-\gamma)$로 나누어떨어지므로
㉡에서 나머지가 0이다.
즉, $h(x)-x=0$ → ㉡의 식을 $f(f(x))-x$를 $f(x)-x$로 나눈 몫이 $g(x)$, 나머지가 $h(x)-x$임을 표현한 식으로 볼 수 있어.
∴ $h(x)=x$ (참)

Step 3 합성함수의 미분법을 이용하여 $g'(3)$의 값을 구한다.

ㄷ. ㉠에 $h(x)=x$를 대입하면 → ㄴ에서 $h(x)=x$가 참임을 확인하였고, 그 사실을 이용하고 있어.
$f(f(x))=\{f(x)-x\}g(x)+x$ …… ㉢
양변에 $x=3$을 대입하면

$f(f(3))=\{f(3)-3\}g(3)+3$ → 조건 (나)
이때 $f(f(3))=5$, $f(3)=7$이므로
$5=4g(3)+3$, $4g(3)=2$ → 조건 (다)
∴ $g(3)=\dfrac{1}{2}$

㉢의 양변을 x에 대하여 미분하면
$f'(f(x))f'(x)=\{f'(x)-1\}g(x)+\{f(x)-x\}g'(x)+1$
양변에 $x=3$을 대입하면 → 합성함수의 미분법
$f'(f(3))f'(3)=\{f'(3)-1\}g(3)+\{f(3)-3\}g'(3)+1$
$0=-g(3)+4g'(3)+1$ → $f'(3)=0, f(3)=7$을 대입
$4g'(3)=-\dfrac{1}{2}$ ∴ $g'(3)=-\dfrac{1}{8}$ (거짓)

그러므로 옳은 것은 ㄱ, ㄴ이다.

110 [정답률 7%] 정답 10

서로 다른 두 양수 a, b에 대하여 함수 $f(x)$를
$$f(x)=-\frac{ax^3+bx}{x^2+1}$$
라 하자. 모든 실수 x에 대하여 $f'(x)\neq 0$이고, 두 함수
$g(x)=f(x)-f^{-1}(x)$, $h(x)=(g\circ f)(x)$가 다음 조건을
만족시킨다.

(가) $g(2)=h(0)$
(나) $g'(2)=-5h'(2)$

$4(b-a)$의 값을 구하시오. (4점)

Step 1 $f'(x)$를 구한다.

함수 $f(x)$를 미분하면 (몫의 미분법)
$$f'(x)=-\frac{(3ax^2+b)(x^2+1)-(ax^3+bx)\times 2x}{(x^2+1)^2}$$
$(ax^3+bx)'$ ←   → $(x^2+1)'$
$$=-\frac{(3ax^4+3ax^2+bx^2+b)-(2ax^4+2bx^2)}{(x^2+1)^2}$$
$$=-\frac{ax^4+(3a-b)x^2+b}{(x^2+1)^2} \qquad \cdots\cdots ㉠$$

이때 b가 양수이므로 ㉠에서 $f'(0)=-b<0$
또한 $f'(x)$는 연속함수이고, 모든 실수 x에 대하여 $f'(x)\neq 0$
이므로 모든 실수 x에 대하여 $f'(x)<0$이다.
즉, 함수 $f(x)$는 감소함수이다.

Step 2 $f(2)=f^{-1}(2)$임을 확인한다.

$h(x)$의 식을 간단히 하면
$h(x)=(g\circ f)(x)=g(f(x))=f(f(x))-f^{-1}(f(x))$
$=f(f(x))-x$ → 함수와 그 역함수를 합성한 함수는 x가 돼.
이때 $f(0)=0$이므로 $h(0)=f(f(0))-0=f(0)=0$
따라서 조건 (가)에서 $g(2)=0$이므로
$f(2)-f^{-1}(2)=0$ ∴ $f(2)=f^{-1}(2)$ …… ㉡

Step 3 함수 $y=f(x)$의 그래프가 원점에 대하여 대칭임을 확인한다.

$$f(-x)=-\frac{a\times(-x)^3+b\times(-x)}{(-x)^2+1}=-\frac{-ax^3-bx}{x^2+1}=\frac{ax^3+bx}{x^2+1}$$
이므로 모든 실수 x에 대하여 $f(-x)=-f(x)$이다.

즉, 함수 $y=f(x)$의 그래프는 원점에 대하여 대칭이다.

Step 4 a, b 사이의 관계식을 구한다.

ⓒ에서 $f(2)=f^{-1}(2)=\alpha$라 하면 **Step 3**에서 구한 조건에 의하여
$$f(-2)=-f(2)=-\alpha$$

이때 $f(\alpha)=2$이므로 $\alpha\neq-2$이면 평균값 정리에 의하여
$$\frac{f(\alpha)-f(-2)}{\alpha-(-2)}=\frac{2+\alpha}{\alpha+2}=1=f'(c) \quad\longrightarrow\; f^{-1}(2)=\alpha\text{에서 } f(\alpha)=2$$

를 만족하는 c가 α와 -2 사이에 존재한다.

그러나 이 경우 $f'(x)<0$에 모순이므로 $\alpha=-2$임을 알 수 있다.
$$f(2)=-\frac{a\times 2^3+b\times 2}{2^2+1}=-\frac{8a+2b}{5}=-2$$

이므로 $8a+2b=10$ $\qquad\therefore 4a+b=5$ $\qquad\cdots\cdots$ ⓒ

Step 5 가능한 $f'(2)$의 값을 구한다.

$f^{-1}(x)=p(x)$라 하면 $f(f^{-1}(x))=f(p(x))=x$

양변을 x에 대하여 미분하면
$$f'(p(x))\times p'(x)=1,\; p'(x)=\frac{1}{f'(p(x))}$$

$$\therefore p'(2)=\frac{1}{f'(p(2))}=\frac{1}{f'(-2)}$$

따라서 함수 $g(x)=f(x)-p(x)$에서 $g'(x)=f'(x)-p'(x)$

$$\therefore g'(2)=f'(2)-\frac{1}{f'(-2)} \qquad\cdots\cdots ⓐ$$

$f(-x)=-f(x)$의 양변을 x에 대하여 미분하면
$$-f'(-x)=-f'(x) \qquad\therefore f'(x)=f'(-x)$$

따라서 $f'(2)=f'(-2)$이므로 ⓐ에서 $g'(2)=f'(2)-\dfrac{1}{f'(2)}$

또한, 함수 $h(x)=f(f(x))-x$에서
$$h'(x)=f'(f(x))\times f'(x)-1$$
$$\therefore h'(2)=f'(f(2))\times f'(2)-1$$
$$=f'(-2)\times f'(2)-1$$
$$=\{f'(2)\}^2-1 \qquad\longrightarrow =f'(2)$$

따라서 조건 (나)에서
$$f'(2)-\frac{1}{f'(2)}=-5[\{f'(2)\}^2-1]$$

$$5\{f'(2)\}^2+f'(2)-5-\frac{1}{f'(2)}=0$$

$$5\{f'(2)\}^3+\{f'(2)\}^2-5f'(2)-1=0$$

$$\{f'(2)\}^2\{5f'(2)+1\}-\{5f'(2)+1\}=0$$

$$[\{f'(2)\}^2-1]\{5f'(2)+1\}=0$$

$$\{f'(2)+1\}\{f'(2)-1\}\{5f'(2)+1\}=0$$

$$\therefore f'(2)=-1 \text{ 또는 } f'(2)=1 \text{ 또는 } f'(2)=-\frac{1}{5}$$

이때 모든 실수 x에 대하여 $f'(x)<0$이므로 가능한 $f'(2)$의 값은 -1 또는 $-\dfrac{1}{5}$이다.

Step 6 a, b의 값을 구한다.

㉠에서 $f'(2)=-\dfrac{16a+4(3a-b)+b}{(4+1)^2}=-\dfrac{28a-3b}{25}$

(i) $f'(2)=-\dfrac{1}{5}$일 때

$-\dfrac{28a-3b}{25}=-\dfrac{1}{5}$에서 $28a-3b=5$ $\qquad\cdots\cdots$ ⓜ

ⓒ, ⓜ을 연립하여 풀면 $a=\dfrac{1}{2}$, $b=3$

(ii) $f'(2)=-1$일 때

$-\dfrac{28a-3b}{25}=-1$에서 $28a-3b=25$ $\qquad\cdots\cdots$ ⓗ

ⓒ, ⓗ을 연립하여 풀면 $a=1$, $b=1$

따라서 <u>조건에 모순이다.</u> $\longrightarrow a, b$는 서로 다른 양수이어야 해.

그러므로 (i), (ii)에서 $a=\dfrac{1}{2}$, $b=3$

$$\therefore 4(b-a)=4\times\left(3-\frac{1}{2}\right)=10$$

111 [정답률 11%] 정답 11

> $t>\dfrac{1}{2}\ln 2$인 실수 t에 대하여 곡선 $y=\ln(1+e^{2x}-e^{-2t})$과 직선 $y=x+t$가 만나는 서로 다른 두 점 사이의 거리를 $f(t)$라 할 때, $f'(\ln 2)=\dfrac{q}{p}\sqrt{2}$이다. $p+q$의 값을 구하시오.
> $\longrightarrow$ 교점의 x좌표를 바로 구할 수 없으니 임의의 문자로 놓고 푼다. (단, p와 q는 서로소인 자연수이다.) (4점)

Step 1 두 함수의 그래프의 교점의 좌표를 이용하여 $f(t)$를 나타낸다.

곡선 $y=\ln(1+e^{2x}-e^{-2t})$과 직선 $y=x+t$의 두 교점의 좌표를 각각 $(\alpha,\ \alpha+t)$, $(\beta,\ \beta+t)(\alpha<\beta)$라 하면
$$f(t)=\sqrt{(\beta-\alpha)^2+\{(\beta+t)-(\alpha+t)\}^2}=\sqrt{2}(\beta-\alpha)$$

Step 2 근의 공식을 이용하여 α, β의 값을 구한다. $\quad\begin{aligned}&=\sqrt{(\beta-\alpha)^2+(\beta-\alpha)^2}\\&=\sqrt{2(\beta-\alpha)^2}=\sqrt{2}(\beta-\alpha)\end{aligned}$

α, β는 방정식 $\ln(1+e^{2x}-e^{-2t})=x+t$의 서로 다른 두 실근이므로 $\ln(1+e^{2x}-e^{-2t})=x+t$에서
$$1+e^{2x}-e^{-2t}=e^{x+t} \qquad\longrightarrow =e^x\times e^t$$
$$e^{2x}-e^t\times e^x+1-e^{-2t}=0$$

<u>$e^x=X(X>0)$로 놓으면</u> $\longrightarrow$ 계산을 간단히 하기 위해 e^x을 X로 치환했어.
$$X^2-e^t X+1-e^{-2t}=0$$

이차방정식의 근의 공식에 의하여
$$X=\frac{e^t\pm\sqrt{e^{2t}-4(1-e^{-2t})}}{2}$$
$$=\frac{e^t\pm\sqrt{e^{2t}-4+4e^{-2t}}}{2}$$
$$=\frac{e^t\pm\sqrt{(e^t-2e^{-t})^2}}{2}$$

이때 $t>\dfrac{1}{2}\ln 2$인 실수 t에 대하여 $e^t-2e^{-t}>0$이므로
$$X=\frac{e^t\pm(e^t-2e^{-t})}{2} \qquad\therefore X=e^{-t} \text{ 또는 } X=e^t-e^{-t}$$

이때 $\alpha<\beta$이므로
$$e^\alpha=e^{-t}\text{에서 } \alpha=-t$$
$$e^\beta=e^t-e^{-t}\text{에서 } \beta=\ln(e^t-e^{-t}) \quad\longrightarrow \ln(e^\beta)=\beta\ln e=\beta$$

Step 3 $f(t)$를 구한다.

$\beta-\alpha=\ln(e^t-e^{-t})+t$이므로
$$f(t)=\sqrt{2}(\beta-\alpha)=\sqrt{2}\{\ln(e^t-e^{-t})+t\}$$

Step 4 $f'(\ln 2)$의 값을 구한다.

$$f'(t)=\sqrt{2}\times\left(\frac{e^t+e^{-t}}{e^t-e^{-t}}+1\right)\text{이므로} \quad\longrightarrow (e^t-e^{-t})'$$

$$f'(\ln 2)=\sqrt{2}\times\left(\frac{e^{\ln 2}+e^{-\ln 2}}{e^{\ln 2}-e^{-\ln 2}}+1\right)$$
$$\longrightarrow e^{-\ln 2}=e^{\ln\frac{1}{2}}=\left(\frac{1}{2}\right)^{\ln e}=\frac{1}{2}$$

$$-\sqrt{2} \times \left(\dfrac{2+\dfrac{1}{2}}{2-\dfrac{1}{2}} + 1 \right)$$

$$=\sqrt{2} \times \left(\dfrac{5}{3}+1 \right)=\dfrac{8}{3}\sqrt{2}$$

따라서 $p=3$, $q=8$이므로 $p+q=11$

112 [정답률 44%]   정답 ④

> $0<t<41$인 실수 t에 대하여 곡선 $y=x^3+2x^2-15x+5$와
> 직선 $y=t$가 만나는 세 점 중에서 x좌표가 가장 큰 점의
> 좌표를 $(f(t),\ t)$, x좌표가 가장 작은 점의 좌표를
> $(g(t),\ t)$라 하자. $h(t)=t\times\{f(t)-g(t)\}$라 할 때,
> $h'(5)$의 값은? (4점)
>
> ① $\dfrac{79}{12}$ ② $\dfrac{85}{12}$ ③ $\dfrac{91}{12}$
>
> ④ $\dfrac{97}{12}$ ⑤ $\dfrac{103}{12}$

Step 1 주어진 함수 $h(t)$를 이용하여 $h'(5)$의 값을 구하는 식을 세운다.

$h(t)=t\times\{f(t)-g(t)\}$에서

$h'(t)=\{f(t)-g(t)\}+t\{f'(t)-g'(t)\}$

위 식의 양변에 $t=5$를 대입하면

$h'(5)=\{f(5)-g(5)\}+5\{f'(5)-g'(5)\}$ …… ㉠

> $h'(5)$의 값을 구하기 위하여 $f(5), g(5), f'(5), g'(5)$의 값을 구해야 해.

Step 2 곡선 $y=x^3+2x^2-15x+5$와 직선 $y=5$가 만나는 점의 x좌표를 구한다.

> 구하는 함숫값이 모두 $t=5$일 때이므로 직선 $y=5$와 곡선이 만나는 점의 x좌표를 구할 거야.

$x^3+2x^2-15x+5=5$에서

$x(x^2+2x-15)=0,\ x(x+5)(x-3)=0$

$\therefore\ x=-5$ 또는 $x=0$ 또는 $x=3$

> 이 중 가장 큰 x의 값이 $f(5)$이고 가장 작은 x의 값이 $g(5)$가 돼.

따라서 $f(5)=3$, $g(5)=-5$ …… ㉡

Step 3 두 점 $(f(t),\ t)$, $(g(t),\ t)$가 곡선 $y=x^3+2x^2-15x+5$ 위에 있음을 이용한다.

한편 $p(x)=x^3+2x^2-15x+5$라 하면

$p'(x)=3x^2+4x-15$

이때 두 점 $(f(t),\ t)$, $(g(t),\ t)$는 곡선 $y=p(x)$ 위의 점이므로

$p(f(t))=t,\ p(g(t))=t$

이때 함수 $p(t)$와 $f(t)$, 함수 $p(t)$와 $g(t)$는 각각 서로 역함수 관계이고, ㉡에서 $f(5)=3$, $g(5)=-5$이므로

> $f'(5)=\dfrac{1}{p'(f(5))}$

$f'(5)=\dfrac{1}{p'(3)}=\dfrac{1}{3\times 3^2+4\times 3-15}=\dfrac{1}{24}$

$g'(5)=\dfrac{1}{p'(-5)}=\dfrac{1}{3\times(-5)^2+4\times(-5)-15}=\dfrac{1}{40}$

> $g'(5)=\dfrac{1}{p'(g(5))}$

$\therefore\ h'(5)=\{f(5)-g(5)\}+5\{f'(5)-g'(5)\}$

$=\{3-(-5)\}+5\left(\dfrac{1}{24}-\dfrac{1}{40}\right)\ (\because ㉠, ㉡)$

$=8+\dfrac{1}{12}=\dfrac{97}{12}$

> 24와 40의 최소공배수가 120이므로
> $\dfrac{1}{24}-\dfrac{1}{40}=\dfrac{1\times 5-1\times 3}{120}=\dfrac{2}{120}=\dfrac{1}{60}$이야

★ **다른 풀이** 합성함수의 미분법을 이용한 풀이

Step 1 **Step 2** 동일

Step 3 두 점 $(f(t),\ t)$, $(g(t),\ t)$가 곡선 $y=x^3+2x^2-15x+5$ 위에 있음을 이용한다.

한편 $p(x)=x^3+2x^2-15x+5$라 하면

$p'(x)=3x^2+4x-15$

이때 두 점 $(f(t),\ t)$, $(g(t),\ t)$는 곡선 $y=p(x)$ 위의 점이므로

$p(f(t))=t,\ p(g(t))=t$ …… ㉢

㉢을 각각 t에 대하여 미분하면

$p'(f(t))f'(t)=1,\ p'(g(t))g'(t)=1$

위 식에 각각 $t=5$를 대입하면

$p'(f(5))f'(5)=1,\ p'(g(5))g'(5)=1$

$f'(5)=\dfrac{1}{p'(3)}=\dfrac{1}{3\times 3^2+4\times 3-15}=\dfrac{1}{24}$

$g'(5)=\dfrac{1}{p'(-5)}=\dfrac{1}{3\times(-5)^2+4\times(-5)-15}$

$=\dfrac{1}{40}\ (\because ㉢)$ …… ㉣

㉠에서

$h'(5)=\{f(5)-g(5)\}+5\{f'(5)-g'(5)\}$

$=\{3-(-5)\}+5\left(\dfrac{1}{24}-\dfrac{1}{40}\right)\ (\because ㉡, ㉣)$

$=8+\dfrac{1}{12}=\dfrac{97}{12}$

> 합성함수의 미분법
> 미분가능한 두 함수
> $y=f(u)$, $u=g(x)$에 대하여
> 합성함수 $y=f(g(x))$의
> 도함수는 $y'=f'(g(x))\cdot g'(x)$

★ **다른 풀이** $f(t), g(t)$가 곡선과 직선의 식을 연립하여 세운 방정식의 해임을 이용하는 풀이

Step 1 **Step 2** 동일

Step 3 $f(t), g(t)$가 방정식 $x^3+2x^2-15x+5=t$의 해임을 이용한다.

두 점 $(f(t),\ t)$, $(g(t),\ t)$는 곡선 $y=x^3+2x^2-15x+5$와 직선 $y=t$의 교점이므로

$f(t), g(t)$는 방정식 $x^3+2x^2-15x+5=t$의 근이다.

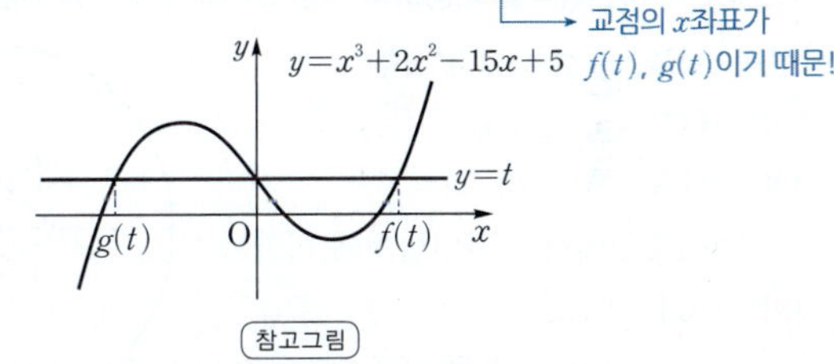

> 교점의 x좌표가 $f(t), g(t)$이기 때문!

[참고그림]

방정식에 x 대신 $f(t)$를 대입하면

$\{f(t)\}^3+2\{f(t)\}^2-15f(t)+5=t$

양변을 t에 대하여 미분하면

> 합성함수의 미분을 이용해야 해.

$3\{f(t)\}^2 f'(t)+4f(t)f'(t)-15f'(t)=1$

$t=5$를 대입하면

> 그래야 $f'(5)$의 값을 확인할 수 있어!

$3\{f(5)\}^2 f'(5)+4f(5)f'(5)-15f'(5)=1$

$3\times 3^2\times f'(5)+4\times 3\times f'(5)-15f'(5)=1$

> $f(5)=3$ 대입

$24f'(5)=1$ $\therefore\ f'(5)=\dfrac{1}{24}$

같은 방법으로 방정식에 x 대신 $g(t)$를 대입하면

$\{g(t)\}^3+2\{g(t)\}^2-15g(t)+5=t$

양변을 t에 대하여 미분하면

$3\{g(t)\}^2 g'(t)+4g(t)g'(t)-15g'(t)=1$

$t=5$를 대입하면

$3\{g(5)\}^2 g'(5)+4g(5)g'(5)-15g'(5)=1$

$3\times(-5)^2\times g'(5)+4\times(-5)\times g'(5)-15g'(5)=1$ $g(5)=-5$ 대입

$40g'(5)=1$ $\therefore g'(5)=\dfrac{1}{40}$

따라서 ㉠에서

$h'(5)=\{f(5)-g(5)\}+5\{f'(5)-g'(5)\}$

$=\{3-(-5)\}+5\left(\dfrac{1}{24}-\dfrac{1}{40}\right)$

$=8+\dfrac{1}{12}=\dfrac{97}{12}$ $\dfrac{5}{24}-\dfrac{1}{8}=\dfrac{5}{24}-\dfrac{3}{24}=\dfrac{2}{24}=\dfrac{1}{12}$

113 [정답률 15%]   정답 32

> 길이가 10인 선분 AB를 지름으로 하는 원과 선분 AB 위에
> $\overline{AC}=4$인 점 C가 있다. 이 원 위의 점 P를 $\angle PCB=\theta$가
> 되도록 잡고, 점 P를 지나고 선분 AB에 수직인 직선이 이
> 원과 만나는 점 중 P가 아닌 점을 Q라 하자. 삼각형 PCQ의
> 넓이를 $S(\theta)$라 할 때, $-7\times S'\left(\dfrac{\pi}{4}\right)$의 값을 구하시오.
>
> → 선분 CP의 길이를 알아야 한다.
>
> $\left(\text{단, } 0<\theta<\dfrac{\pi}{2}\right)$ (4점)
>
> 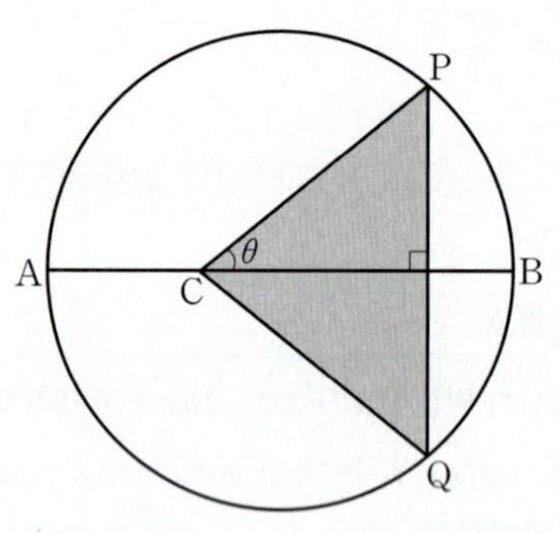

Step 1 코사인법칙을 이용하여 선분 CP에 대한 식을 세운다.

선분 AB의 중점을 O라 하면

$\overline{OP}=\overline{OA}=5$, $\frac{1}{2}\overline{AB}$ 원의 중심

$\overline{OC}=\overline{OA}-\overline{AC}=5-4=1$

삼각형 PCO에서 코사인법칙에 의하여

$\overline{OP}^2=\overline{CP}^2+\overline{OC}^2$

$\qquad\qquad -2\times\overline{CP}\times\overline{OC}\times\cos\theta$

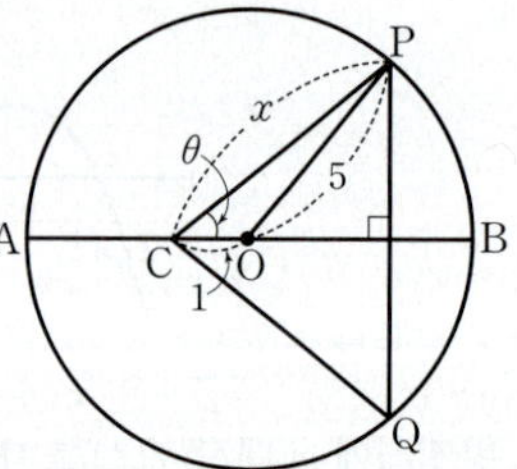

$\overline{CP}=x$라 하면

$25=x^2+1^2-2\times x\times 1\times\cos\theta$

$\therefore x^2-2x\cos\theta-24=0$ $\cdots\cdots$ ㉠

Step 2 $\dfrac{dx}{d\theta}$를 구한다.

㉠을 θ에 대하여 미분하면   음함수의 미분법 이용

$\qquad 2(x-\cos\theta)\dfrac{dx}{d\theta}+2x\sin\theta=0$

$2x\times\dfrac{dx}{d\theta}-2\cos\theta\times\dfrac{dx}{d\theta}+2x\sin\theta=0$

$\therefore \dfrac{dx}{d\theta}=\dfrac{x\sin\theta}{\cos\theta-x}$ $\cdots\cdots$ ㉡

Step 3 $S'(\theta)$를 구한다.

선분 PQ의 중점을 R이라 하면 두 삼각형 PCR, QCR은 서로 합동

이므로 $\angle QCR=\angle PCR=\theta$, $\overline{QC}=\overline{PC}=x$ 위 그림에서 선분 AB와 선분 PQ의 교점이다.

$\therefore S(\theta)=\dfrac{1}{2}\times\overline{PC}\times\overline{QC}\times\sin(\angle PCQ)=\dfrac{1}{2}x^2\sin 2\theta$

위 식의 양변을 θ에 대하여 미분하면   음함수의 미분법 이용

$\dfrac{dS(\theta)}{d\theta}=x\sin 2\theta\times\dfrac{dx}{d\theta}+x^2\cos 2\theta$ $\cdots\cdots$ ㉢

  $S'(\theta)$

Step 4 $S'\left(\dfrac{\pi}{4}\right)$의 값을 구한다.

㉠에 $\theta=\dfrac{\pi}{4}$를 대입하면 $x^2-\sqrt{2}x-24=0$

$\therefore x=4\sqrt{2}$ $(\because x>0)$ $x=\dfrac{\sqrt{2}\pm\sqrt{(-\sqrt{2})^2-4\times(-24)}}{2}=\dfrac{\sqrt{2}\pm 7\sqrt{2}}{2}$

㉡에 $x=4\sqrt{2}$, $\theta=\dfrac{\pi}{4}$를 대입하면 $\dfrac{dx}{d\theta}=\dfrac{4\sqrt{2}\times\sin\dfrac{\pi}{4}}{\cos\dfrac{\pi}{4}-4\sqrt{2}}=-\dfrac{4\sqrt{2}}{7}$

$\qquad\qquad \sin\dfrac{\pi}{4}=\cos\dfrac{\pi}{4}=\dfrac{\sqrt{2}}{2}$

㉢에서

$S'\left(\dfrac{\pi}{4}\right)=4\sqrt{2}\times\sin\dfrac{\pi}{2}\times\left(-\dfrac{4\sqrt{2}}{7}\right)+(4\sqrt{2})^2\times\cos\dfrac{\pi}{2}=-\dfrac{32}{7}$

$\qquad\qquad =1 \qquad\qquad\qquad\qquad\qquad\qquad =0$

$\therefore -7\times S'\left(\dfrac{\pi}{4}\right)=-7\times\left(-\dfrac{32}{7}\right)=32$

114 [정답률 9%]   정답 45

> 그림과 같이 $\overline{AB}=\sqrt{3}$, $\overline{BC}=2$이고 $\angle CBA=\dfrac{\pi}{2}$인
> 직각삼각형 ABC와 선분 BC를 지름으로 하는 반원이 있다.
> 호 BC 위의 점 P에 대하여 $\angle BAP=\theta$일 때, 삼각형 ABP
> 의 넓이를 $f(\theta)$라 하자. $20f'\left(\dfrac{\pi}{6}\right)$의 값을 구하시오.
>
> (단, 점 P는 점 B가 아니다.) (4점)
>
> 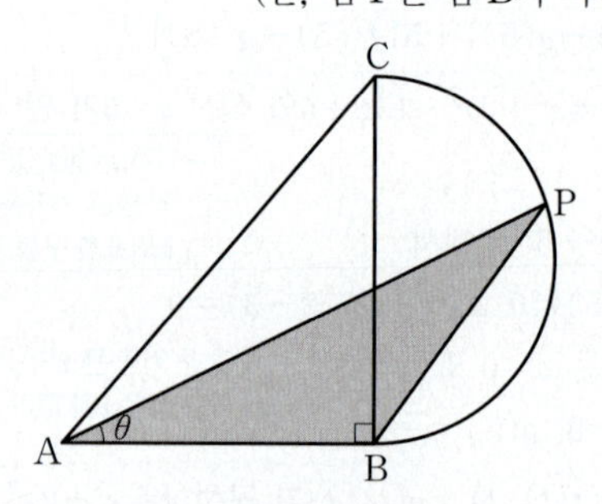

Step 1 삼각형 ABP의 넓이를 문자로 나타낸다.

선분 AP의 길이를 t라 하자.

점 P에서 직선 AB에 내린 수선의 발을 H라 하면

$\overline{PH}=\overline{AP}\sin\theta=t\sin\theta$ → 변수가 두 개이므로 음함수의 미분법 사용

$\therefore f(\theta)=\dfrac{1}{2}\times\overline{AB}\times\overline{PH}=\dfrac{\sqrt{3}}{2}t\sin\theta$

Step 2 코사인법칙을 이용하여 t와 θ의 관계식을 세운다.

선분 BC의 중점을 M이라 하면 점 M은 반원의 중심이고

$\overline{AB}=\sqrt{3}$, $\overline{BM}=1$이고, $\angle MAB=\dfrac{\pi}{6}$이다.

즉, $\overline{AM}=2$이므로 $\theta\neq\dfrac{\pi}{6}$일 때 $\cos\left(\dfrac{\pi}{6}-\theta\right)=\cos\left(\theta-\dfrac{\pi}{6}\right)$이므로

$\qquad \sqrt{(\sqrt{3})^2+1^2}$

삼각형 APM에서 코사인법칙을 이용하면

$\overline{PM}^2=\overline{AM}^2+\overline{AP}^2-2\times\overline{AM}\times\overline{AP}\times\cos\left(\dfrac{\pi}{6}-\theta\right)$

  → 반지름의 길이

$1^2=2^2+t^2-2\times 2\times t\times\cos\left(\dfrac{\pi}{6}-\theta\right)$

$t^2-4t\cos\left(\dfrac{\pi}{6}-\theta\right)+3=0$ $\cdots\cdots$ ㉠

$\theta=\dfrac{\pi}{6}$일 때, $t^2-4t+3=0$

$(t-1)(t-3)=0$에서 $t=3$이고, $\overline{AP}=\overline{AM}+\overline{PM}=2+1=3$이므

로 $\theta=\dfrac{\pi}{6}$일 때에도 방정식 ㉠이 성립한다.

Step 3 음함수의 미분법을 이용한다.

㉠의 양변을 θ에 대하여 미분하면

$$2t\frac{dt}{d\theta}-4\frac{dt}{d\theta}\cos\left(\frac{\pi}{6}-\theta\right)-4t\sin\left(\frac{\pi}{6}-\theta\right)=0$$

$\theta=\dfrac{\pi}{6}$를 대입하면 $6\dfrac{dt}{d\theta}-4\dfrac{dt}{d\theta}=0$ $\quad\therefore \dfrac{dt}{d\theta}=0$

$\longrightarrow$ 이때 $t=3$

$f(\theta)=\dfrac{\sqrt{3}}{2}t\sin\theta$의 양변을 θ에 대하여 미분하면

$$f'(\theta)=\frac{\sqrt{3}}{2}\frac{dt}{d\theta}\sin\theta+\frac{\sqrt{3}}{2}t\cos\theta$$

$$\therefore 20f'\left(\frac{\pi}{6}\right)=20\times\left(0+\frac{\sqrt{3}}{2}\times3\times\frac{\sqrt{3}}{2}\right)=45$$

115 [정답률 6%] 정답 40

그림과 같이 길이가 3인 선분 AB를 삼등분하는 점 중 A와
가까운 점을 C, B와 가까운 점을 D라 하고, 선분 BC를
지름으로 하는 원을 O라 하자. 원 O 위의 점 P를

$\angle BAP=\theta\left(0<\theta<\dfrac{\pi}{6}\right)$가 되도록 잡고, 두 점 P, D를

지나는 직선이 원 O와 만나는 점 중 P가 아닌 점을 Q라 하자.

선분 AQ의 길이를 $f(\theta)$라 할 때, $\cos\theta_0=\dfrac{7}{8}$인 θ_0에

대하여 $f'(\theta_0)=k$이다. k^2의 값을 구하시오.

$$\left(\text{단, }\angle APD<\frac{\pi}{2}\text{이고 }0<\theta_0<\frac{\pi}{6}\text{이다.}\right)(4점)$$

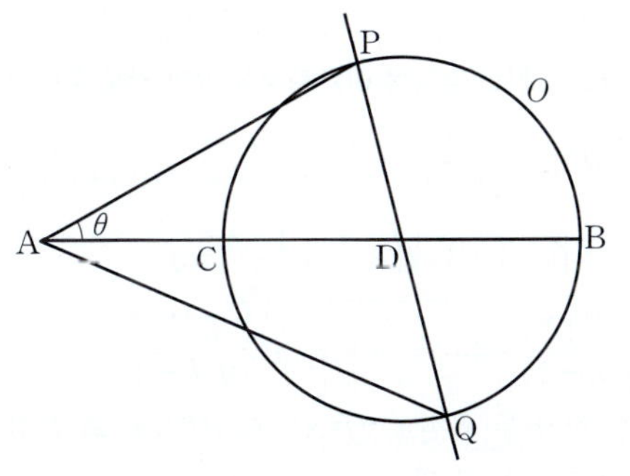

Step 1 $\angle APQ=g(\theta)$로 놓고, 코사인법칙을 이용하여 $f(\theta)$를 $g(\theta)$를
이용한 식으로 나타낸다.

두 점 C, D는 길이가 3인 선분 AB를 삼등분하는 점이므로

$\overline{AC}=\overline{CD}=\overline{DB}=1$ $\longrightarrow \because \overline{CD}=\overline{DB}=1$

이때 선분 BC를 지름으로 하는 원이 O이고, 점 D는 선분 BC의

중점이므로 점 D는 원 O의 중심이다. 따라서 $\overline{PD}=\overline{QD}=1$

$\longrightarrow$ 원의 반지름의 길이와 같다.

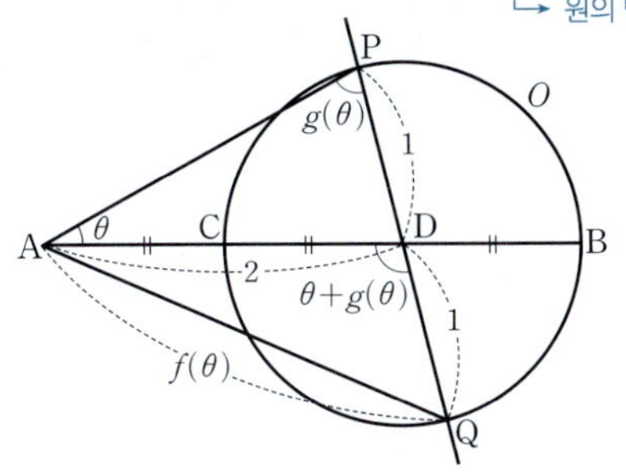

그림과 같이 $\angle APD=g(\theta)$라 하면 삼각형 ADP에서 사인법칙에

의하여 $\quad\dfrac{\overline{PD}}{\sin(\angle DAP)}=\dfrac{\overline{AD}}{\sin(\angle APD)}$

$$\frac{1}{\sin\theta}=\frac{2}{\sin g(\theta)}\quad\therefore \sin g(\theta)=2\sin\theta\quad\cdots\cdots ㉠$$

$\angle ADQ=\theta+g(\theta)$이므로 삼각형 AQD에서 코사인법칙을 이용

하면 $\longrightarrow$ 삼각형에서 한 외각의 크기는 그와 이웃하지 않는 두 내각의 크기의 합과 같다.

$$\overline{AQ}^2=\overline{AD}^2+\overline{QD}^2-2\times\overline{AD}\times\overline{QD}\times\cos(\angle ADQ)$$

$$\therefore \{f(\theta)\}^2=2^2+1^2-2\times2\times1\times\cos(\theta+g(\theta))$$

$$=5-4\cos(\theta+g(\theta))\quad\cdots\cdots ㉡$$

Step 2 $f(\theta_0)$의 값을 구한다.

$\cos\theta_0=\dfrac{7}{8}$이므로 $\sin\theta_0=\sqrt{1-\cos^2\theta_0}=\sqrt{1-\left(\dfrac{7}{8}\right)^2}=\dfrac{\sqrt{15}}{8}$

㉠에서 $\sin g(\theta_0)=2\sin\theta_0=2\times\dfrac{\sqrt{15}}{8}=\dfrac{\sqrt{15}}{4}$

$$\therefore \cos g(\theta_0)=\sqrt{1-\sin^2 g(\theta_0)}=\sqrt{1-\left(\frac{\sqrt{15}}{4}\right)^2}=\frac{1}{4}$$

$\longrightarrow \angle APD=g(\theta_0)<\dfrac{\pi}{2}$이므로 $\cos g(\theta_0)>0$

㉡에서

$$\{f(\theta_0)\}^2=5-4\cos(\theta_0+g(\theta_0))$$

$$=5-4\{\cos\theta_0\cos g(\theta_0)-\sin\theta_0\sin g(\theta_0)\}$$

$$=5-4\left(\frac{7}{8}\times\frac{1}{4}-\frac{\sqrt{15}}{8}\times\frac{\sqrt{15}}{4}\right)$$

$$=5-4\times\left(-\frac{1}{4}\right)=6\quad\longrightarrow \frac{7}{32}-\frac{15}{32}=-\frac{8}{32}=-\frac{1}{4}$$

$$\therefore f(\theta_0)=\sqrt{6}\quad\longrightarrow \cos(\theta_0+g(\theta_0))$$

Step 3 $g'(\theta_0)$의 값을 구한다.

㉠의 양변을 θ에 대하여 미분하면 $\cos g(\theta)\times g'(\theta)=2\cos\theta$

$\cos g(\theta_0)\times g'(\theta_0)=2\cos\theta_0$에서 $\longrightarrow$ 앞에서 구한 함숫값

$\dfrac{1}{4}\times g'(\theta_0)=\dfrac{7}{4}$ $\quad\therefore g'(\theta_0)=7$ $\quad\cos g(\theta_0)=\dfrac{1}{4}$을 대입

Step 4 $f'(\theta_0)$의 값을 구한다.

㉡의 양변을 θ에 대하여 미분하면

$$2f(\theta)f'(\theta)=4\sin(\theta+g(\theta))\times\{1+g'(\theta)\}$$

$$2f(\theta_0)f'(\theta_0)=4\sin(\theta_0+g(\theta_0))\times\{1+g'(\theta_0)\}$$에서

$$2\times\sqrt{6}\times f'(\theta_0)=4\times\frac{\sqrt{15}}{4}\times(1+7)=8\sqrt{15}$$

$$\therefore f'(\theta_0)=\frac{8\sqrt{15}}{2\sqrt{6}}=\frac{4\sqrt{15}}{\sqrt{6}}=\frac{4\sqrt{90}}{6}=\frac{4\times3\sqrt{10}}{6}=2\sqrt{10}$$

따라서 $k=2\sqrt{10}$이므로 $k^2=(2\sqrt{10})^2=40$

$\longrightarrow \cos(\theta_0+g(\theta_0))=-\dfrac{1}{4}$이므로 $\sin(\theta_0+g(\theta_0))=\dfrac{\sqrt{15}}{4}$

✪ 다른 풀이 $\overline{AP}$의 길이를 새로운 함수로 놓는 풀이

Step 1 $\overline{AP}=g(\theta)$로 놓고, 코사인법칙을 이용하여 $f(\theta)$와 $g(\theta)$ 사이
의 관계식을 구한다.

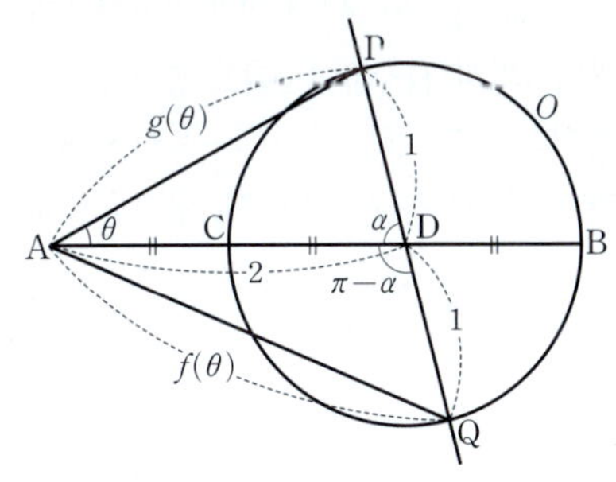

그림과 같이 $\overline{AP}=g(\theta)$라 하면 삼각형 ADP에서 코사인법칙에
의하여

$$1^2=2^2+\{g(\theta)\}^2-2\times 2\times g(\theta)\times\cos\theta$$
$$\therefore \{g(\theta)\}^2-4g(\theta)\cos\theta+3=0 \qquad\cdots\cdots\ \text{㉠}$$

$\angle ADP=\alpha$라 하면 $\angle QDA=\pi-\alpha$

삼각형 ADP에서 코사인법칙을 이용하면

$$\cos\alpha=\frac{1^2+2^2-\{g(\theta)\}^2}{2\times 1\times 2}=\frac{5-\{g(\theta)\}^2}{4}\qquad\cdots\cdots\ \text{㉡}$$

삼각형 AQD에서 코사인법칙을 이용하면

$$\underline{\cos(\pi-\alpha)}=\frac{1^2+2^2-\{f(\theta)\}^2}{2\times 1\times 2}=\frac{5-\{f(\theta)\}^2}{4}\qquad\cdots\cdots\ \text{㉢}$$
$$\scriptstyle =-\cos\alpha$$

두 식 ㉡, ㉢에서 $\dfrac{5-\{g(\theta)\}^2}{4}=\dfrac{\{f(\theta)\}^2-5}{4}$

$$5-\{g(\theta)\}^2=\{f(\theta)\}^2-5\qquad\therefore\ \{f(\theta)\}^2+\{g(\theta)\}^2=10\ \cdots\cdots\ \text{㉣}$$

Step 2 $f(\theta_0)$의 값을 구한다.

> 중선정리를 이용해도
> $\{f(\theta)\}^2+\{g(\theta)\}^2=2(1^2+2^2)=10$

㉠에 $\theta=\theta_0$을 대입하면 $\{g(\theta_0)\}^2-4g(\theta_0)\cos\theta_0+3=0$ 임을 구할 수 있다.

$$\{g(\theta_0)\}^2-\frac{7}{2}g(\theta_0)+3=0,\ 2\{g(\theta_0)\}^2-7g(\theta_0)+6=0$$
$$\{2g(\theta_0)-3\}\{g(\theta_0)-2\}=0\qquad\therefore\ g(\theta_0)=2$$

㉣에서 $\{f(\theta_0)\}^2+\{g(\theta_0)\}^2=10,\ \{f(\theta_0)\}^2=6\qquad\therefore\ f(\theta_0)=\sqrt{6}$

Step 3 $g'(\theta_0)$의 값을 구한다.

> $g(\theta_0)=\frac{3}{2}$이면 $\left(\frac{3}{2}\right)^2+1^2<2^2$이 되어 삼각형 ADP가 $\angle APD>\frac{\pi}{2}$인 둔각삼각형이 된다.

㉠의 양변을 θ에 대하여 미분하면

$$2g(\theta)g'(\theta)-4g'(\theta)\cos\theta+4g(\theta)\sin\theta=0$$

$\theta=\theta_0$을 대입하면

$$2g(\theta_0)g'(\theta_0)-4g'(\theta_0)\cos\theta_0+4g(\theta_0)\sin\theta_0=0$$
$$2\times 2\times g'(\theta_0)-4g'(\theta_0)\times\frac{7}{8}+4\times 2\times\frac{\sqrt{15}}{8}=0$$

> $\sin\theta_0=\sqrt{1-\cos^2\theta_0}$
> $=\sqrt{1-\left(\frac{7}{8}\right)^2}$
> $=\frac{\sqrt{15}}{8}$

$$\frac{1}{2}g'(\theta_0)+\sqrt{15}=0\qquad\therefore\ g'(\theta_0)=-2\sqrt{15}$$

Step 4 $f'(\theta_0)$의 값을 구한다.

㉣의 양변을 θ에 대하여 미분하면

$$2f(\theta)f'(\theta)+2g(\theta)g'(\theta)=0$$

$\theta=\theta_0$을 대입하면 $2f(\theta_0)f'(\theta_0)+2g(\theta_0)g'(\theta_0)=0$

$$2\times\sqrt{6}\times f'(\theta_0)+2\times 2\times(-2\sqrt{15})=0$$
$$2\sqrt{6}f'(\theta_0)=8\sqrt{15}\qquad\therefore\ f'(\theta_0)=\frac{8\sqrt{15}}{2\sqrt{6}}=2\sqrt{10}$$

따라서 $k=2\sqrt{10}$이므로 $k^2=(2\sqrt{10})^2=40$

116 [정답률 26%]   정답 ②

> 함수 $f(x)=-\dfrac{kx^3}{x^2+1}\ (k>1)$에 대하여 곡선 $y=f(x)$와
> 곡선 $y=f^{-1}(x)$가 만나는 점의 x좌표 중 가장 작은 값을 α,
> 가장 큰 값을 β라 하자. 함수 $y=f(x-2\beta)+2\alpha$의 역함수
> $g(x)$에 대하여 $f'(\beta)=2g'(\alpha)$일 때, 상수 k의 값은? (4점)
>
> ① $\dfrac{5+2\sqrt{2}}{7}$　　② $\dfrac{6+2\sqrt{2}}{7}$　　③ $\dfrac{4+2\sqrt{2}}{5}$
>
> ④ $\dfrac{5+2\sqrt{2}}{5}$　　⑤ $\dfrac{6+2\sqrt{2}}{5}$
>
> 함수 $f^{-1}(x)$의 식을 나타내어 $y=f(x)$와 $y=f^{-1}(x)$의 교점을 직접 구하는
> 건 힘들어. 그렇다면 두 곡선의 교점이 어떤 특징을 가지는지 생각해 봐.

Step 1 $f'(x)$의 식을 이용하여 실수 전체의 집합에서 함수 $f(x)$의
증가·감소를 알아본다.

$f(x)=-\dfrac{kx^3}{x^2+1}$에서

$$f'(x)=-\frac{3kx^2(x^2+1)-kx^3\times 2x}{(x^2+1)^2}=-\frac{kx^2(x^2+3)}{(x^2+1)^2}$$

> 계산 주의

따라서 모든 실수 x에 대하여 $f'(x)\le 0\ (\because k>1)$이므로
함수 $f(x)$는 실수 전체의 집합에서 감소한다. $\qquad\cdots\cdots\ \text{㉠}$

Step 2 두 곡선 $y=f(x),\ y=f^{-1}(x)$의 한 교점을 $(p,\ q)$라 하고 $p,\ q$
사이의 관계식을 구한다.

두 곡선 $y=f(x)$와 $y=f^{-1}(x)$의 임의의 한 교점을 $(p,\ q)$라 하면
점 $(q,\ p)$도 두 곡선의 교점이다.

> $f(p)=q$에서 $f^{-1}(q)=p$,
> $f^{-1}(p)=q$에서 $f(q)=p$

또한 $f(-x)=-f(x)$에서 함수 $f(x)$의 그래프가 원점에 대하여
대칭이므로 곡선 $y=f(x)$는 점 $(-p,\ -q)$를 지난다.

> $f(-x)=-\dfrac{k\times(-x)^3}{(-x)^2+1}=-\dfrac{-kx^3}{x^2+1}=-f(x)$

이때 $p\ne-q$이면 곡선 $y=f(x)$ 위의 두 점 $(q,\ p),\ (-p,\ -q)$를
지나는 직선의 기울기가 $\dfrac{-q-p}{-p-q}=1$이므로 ㉠에 모순이다.

따라서 $p=-q$이므로 두 곡선 $y=f(x),\ y=f^{-1}(x)$의 교점은 모두
직선 $y=-x$ 위에 있다.

> 실수 전체의 집합에서 감소하는 함수의 그래프 위의 서로 다른 두 점을 지나는 직선의 기울기는 음수이어야 해.

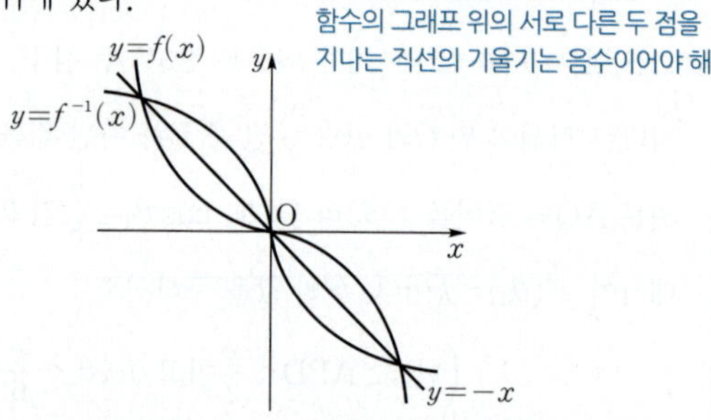

Step 3 두 곡선 $y=f(x),\ y=f^{-1}(x)$의 교점은 곡선 $y=f(x)$와
직선 $y=-x$의 교점과 같음을 이용하여 $\alpha,\ \beta$의 값을 구한다.

$f(x)=-x$에서 $-\dfrac{kx^3}{x^2+1}=-x$

> $=(k-1)x\left(x+\sqrt{\dfrac{1}{k-1}}\right)\left(x-\sqrt{\dfrac{1}{k-1}}\right)$

$$kx^3-x^3-x=0,\ (k-1)x\left(x^2-\frac{1}{k-1}\right)=0$$
$$\therefore\ x=-\sqrt{\frac{1}{k-1}}\ \text{또는}\ x=0\ \text{또는}\ x=\sqrt{\frac{1}{k-1}}$$

이때 $\alpha,\ \beta$는 각각 두 곡선 $y=f(x),\ y=f^{-1}(x)$의 교점의 x좌표 중
가장 작은 값과 가장 큰 값이므로

> 곡선 $y=f(x)$와 직선 $y=-x$의 교점의 x좌표와 같아.

$$\alpha=-\sqrt{\frac{1}{k-1}},\ \beta=\sqrt{\frac{1}{k-1}}\qquad\cdots\cdots\ \text{㉡}$$

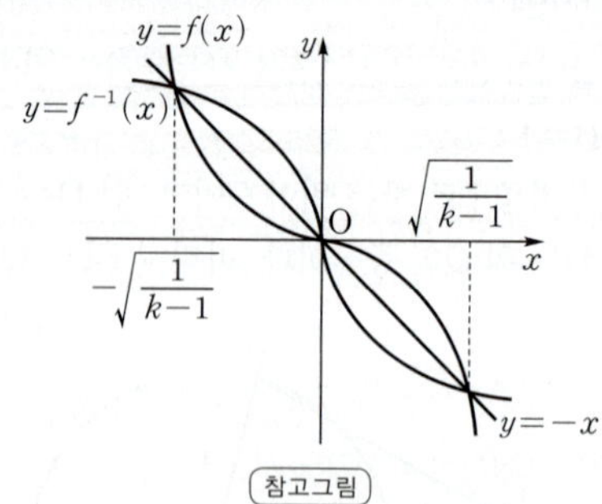

〔참고그림〕

Step 4 $h(x)=f(x-2\beta)+2\alpha$로 두고 $g(x)$가 $h(x)$의 역함수임을 이용하여 $f'(\beta)$의 값을 구한다.

$h(x)=f(x-2\beta)+2\alpha$라 하면 ⓛ에서 $\alpha=-\beta$이므로

$h(\beta)=f(-\beta)+2\alpha=f(\alpha)+2\alpha=-\alpha+2\alpha=\alpha$

이때 함수 $g(x)$는 함수 $h(x)$의 역함수이므로 $g(\alpha)=\beta$이고

역함수의 미분법에 의하여 $g'(\alpha)=\dfrac{1}{h'(\beta)}$

$h(x)=f(x-2\beta)+2\alpha$에서 $h'(x)=f'(x-2\beta)$이므로

$h'(\beta)=f'(-\beta)$

$f(-x)=-f(x)$에서 $-f'(-x)=-f'(x)$

즉 $f'(-x)=f'(x)$이므로

$f'(-\beta)=f'(\beta)$

$\therefore g'(\alpha)=\dfrac{1}{h'(\beta)}=\dfrac{1}{f'(-\beta)}=\dfrac{1}{f'(\beta)}$

$f'(\beta)=2g'(\alpha)$에서 $f'(\beta)=\dfrac{2}{f'(\beta)}$

$\{f'(\beta)\}^2=2$ $\quad\therefore f'(\beta)=-\sqrt{2}\ (\because$ ⓘ$)$

Step 5 k의 값을 구한다.

$$f'(\beta)=f'\left(\sqrt{\dfrac{1}{k-1}}\right)=-\dfrac{k\times\dfrac{1}{k-1}\times\left(\dfrac{1}{k-1}+3\right)}{\left(\dfrac{1}{k-1}+1\right)^2}$$

ⓛ에서
$\beta=\sqrt{\dfrac{1}{k-1}}=-\dfrac{3k-2}{k}=-\sqrt{2}$

$\therefore k=\dfrac{2}{3-\sqrt{2}}=\dfrac{6+2\sqrt{2}}{7}$

$$=-\dfrac{\dfrac{k(3k-2)}{(k-1)^2}}{\dfrac{k^2}{(k-1)^2}}$$

117 [정답률 38%] 정답 15

함수 $f(x)=x^3-x$와 실수 전체의 집합에서 미분가능한 역함수가 존재하는 삼차함수 $g(x)=ax^3+x^2+bx+1$이 있다. 함수 $g(x)$의 역함수 $g^{-1}(x)$에 대하여 함수 $h(x)$를

$$h(x)=\begin{cases}(f\circ g^{-1})(x) & (x<0\ \text{또는}\ x>1)\\[2mm]\dfrac{1}{\pi}\sin\pi x & (0\leq x\leq 1)\end{cases}$$

이라 하자. 함수 $h(x)$가 실수 전체의 집합에서 미분가능할 때, $g(a+b)$의 값을 구하시오. (단, a, b는 상수이다.) (4점)

Step 1 함수 $h(x)$는 $x=0$과 $x=1$에서 연속이어야 함을 이용하여 $g^{-1}(0)$의 값을 구한다.

함수 $h(x)$는 실수 전체의 집합에서 미분가능하므로 연속함수이다. 즉, $x=0$과 $x=1$에서 연속이어야 한다.

(ⅰ) $x=0$에서 연속

함수 $h(x)$는 $x=0$에서 연속이므로

$h(0)=\lim\limits_{x\to0-}h(x)=\lim\limits_{x\to0+}h(x)$이어야 한다.

$h(0)=0$, $\lim\limits_{x\to0+}h(x)=\lim\limits_{x\to0+}\dfrac{1}{\pi}\sin\pi x=0$,

$\lim\limits_{x\to0-}h(x)=(f\circ g^{-1})(0)=f(g^{-1}(0))$

$\therefore f(g^{-1}(0))=0$

이때 $g^{-1}(0)=\alpha$라 하면 $g(\alpha)=0$이고 $f(\alpha)=0$이다.

$f(x)=x^3-x$에서 $f(\alpha)=\alpha^3-\alpha=\alpha(\alpha+1)(\alpha-1)=0$

$\therefore \alpha=-1$ 또는 $\alpha=0$ 또는 $\alpha=1$ $\quad$…… ⓘ

(ⅱ) $x=1$에서 연속

함수 $h(x)$는 $x=1$에서 연속이므로

$h(1)=\lim\limits_{x\to1-}h(x)=\lim\limits_{x\to1+}h(x)$이어야 한다.

$h(1)=0$, $\lim\limits_{x\to1-}h(x)=\lim\limits_{x\to1-}\dfrac{1}{\pi}\sin\pi x=0$,

$\lim\limits_{x\to1+}h(x)=(f\circ g^{-1})(1)=f(g^{-1}(1))$

$\therefore f(g^{-1}(1))=0$

$g(x)=ax^3+x^2+bx+1$에서 $g(0)=1$이므로 $g^{-1}(1)=0$

즉, $f(g^{-1}(1))=f(0)=0$이 성립하므로 함수 $h(x)$는 $x=1$에서 항상 연속이다.

따라서 (ⅰ), (ⅱ)에서 $g^{-1}(0)$의 값은 -1 또는 0 또는 1이어야 한다.

Step 2 함수 $h(x)$는 $x=0$과 $x=1$에서 미분가능해야 함을 이용하여 상수 b의 값을 구한다.

함수 $h(x)$는 실수 전체의 집합에서 미분가능하므로 $x=0$과 $x=1$에서 미분가능해야 한다.

(ⅰ) $x=0$에서 미분가능

함수 $h(x)$는 $x=0$에서 미분가능하므로

$$\lim\limits_{x\to0-}\dfrac{h(x)-h(0)}{x-0}=\lim\limits_{x\to0+}\dfrac{h(x)-h(0)}{x-0}$$

$\lim\limits_{x\to0+}\dfrac{\dfrac{1}{\pi}\sin\pi x}{x}=1$이므로 $\lim\limits_{x\to0-}\dfrac{f(g^{-1}(x))}{x}=1$이어야 한다.

$\therefore f'(g^{-1}(0))\times(g^{-1})'(0)=1$

이때 $g^{-1}(0)=\alpha$이고 $(g^{-1})'(0)=\dfrac{1}{g'(\alpha)}$이므로

$f'(\alpha)\times\dfrac{1}{g'(\alpha)}=1$ $\quad\therefore f'(\alpha)=g'(\alpha)$

$f'(x)=3x^2-1$, $g'(x)=3ax^2+2x+b$에서

$3\alpha^2-1=3a\alpha^2+2\alpha+b$ $\quad$…… ⓛ

(ⅱ) $x=1$에서 미분가능

함수 $h(x)$는 $x=1$에서 미분가능하므로

$$\lim\limits_{x\to1-}\dfrac{h(x)-h(1)}{x-1}=\lim\limits_{x\to1+}\dfrac{h(x)-h(1)}{x-1}$$

$\lim\limits_{x\to1-}\dfrac{h(x)-h(1)}{x-1}=\lim\limits_{x\to1-}\dfrac{\dfrac{1}{\pi}\sin\pi x}{x-1}$에서 $x-1=t$라 하면

$\lim\limits_{x\to1-}\dfrac{\dfrac{1}{\pi}\sin\pi x}{x-1}=\lim\limits_{t\to0-}\dfrac{\sin\pi(t+1)}{\pi t}$

$=\lim\limits_{t\to0-}\dfrac{\sin(\pi+\pi t)}{\pi t}$

$=\lim\limits_{t\to0-}\dfrac{-\sin\pi t}{\pi t}=-1$

즉, $\lim\limits_{x\to1+}\dfrac{f(g^{-1}(x))}{x-1}=-1$이어야 하므로

$f'(g^{-1}(1))\times(g^{-1})'(1)=-1$

이때 $g^{-1}(1)=0$이고 $(g^{-1})'(1)=\dfrac{1}{g'(0)}$이므로

$f'(0)\times\dfrac{1}{g'(0)}=-1$ $\quad\therefore f'(0)=-g'(0)$

$f'(0)=-1$이므로 $g'(0)=1$

따라서 $g'(x)=3ax^2+2x+b$에서 $g'(0)=b$이므로 $b=1$

Step 3 함수 $g(x)$의 역함수가 존재함을 이용하여 상수 a의 값을 구한다.

삼차함수 $g(x)$는 역함수 $g^{-1}(x)$가 존재하고 $g'(0)=1>0$이므로 증가함수이다. → 함수 $g(x)$는 일대일대응이고 증가함수 또는 감소함수야.

이때 $g(a)=0$, $g(0)=1$이므로 $a<0$

따라서 ㉠에 의하여 $a=-1$이므로 ㉡에 $a=-1$, $b=1$을 각각 대입하면

$3\times(-1)^2-1=3a\times(-1)^2+2\times(-1)+1$

$2=3a-1$　　$\therefore a=1$

Step 4 $g(a+b)$의 값을 구한다.

따라서 $g(x)=x^3+x^2+x+1$이므로

$g(a+b)=g(2)=2^3+2^2+2+1=15$

118 [정답률 23%]　　　　　정답 70

지면에서 회전 중심축까지의 높이가 10 m이고, 길이가 2 m인 풍력 발전기의 날개가 축을 중심으로 일정한 속력으로 시계 반대방향으로 돌고 있다. 지면에서 날개 끝까지의 높이가 9 m가 될 때, 시간(초)에 따른 높이의 변화율이 4π (m/s)이고, 풍력 발전기의 날개가 한 바퀴 도는 데 걸리는 시간을 k초라 하자. $k^2=\dfrac{q}{p}$ (p, q는 서로소)일 때, $10(p+q)$의 값을 구하시오. (단, 축은 지면과 평행하고 축과 날개의 두께는 고려하지 않는다.) (4점)

→ 날개의 끝이 만드는 도형을 좌표평면 위에 나타내.

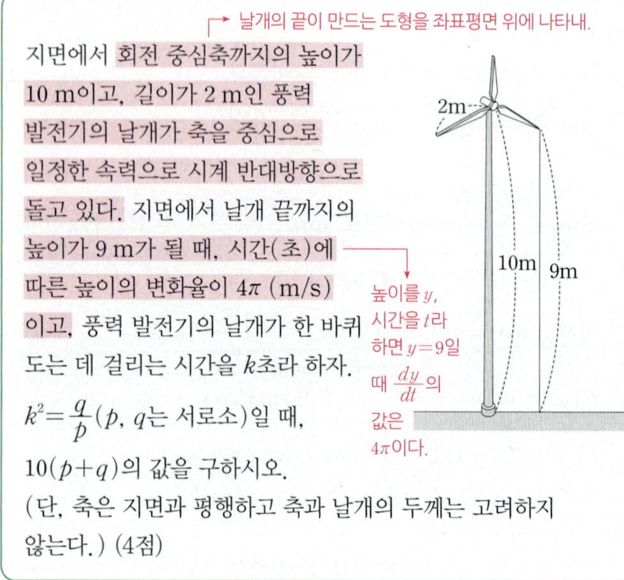

Step 1 풍력 발전기의 날개를 좌표평면으로 옮겨 날개의 끝의 점의 좌표를 식으로 나타내 본다.

풍력 발전기의 중심을 $(0, 10)$인 점으로 생각하고, 날개의 끝을 점 (x, y)라 하여 좌표평면으로 옮겨 보자.

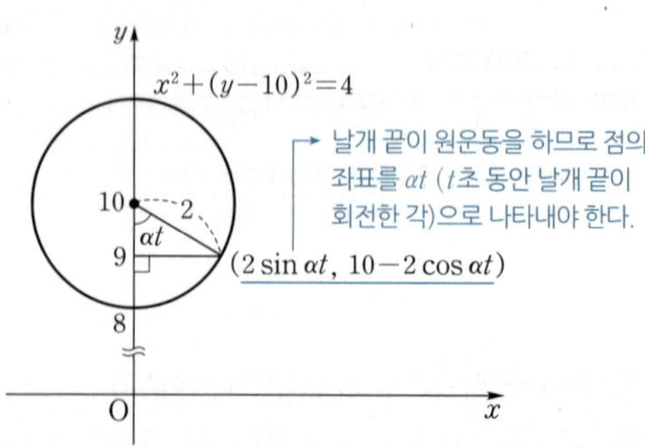

→ 날개 끝이 원운동을 하므로 점의 좌표를 αt (t초 동안 날개 끝이 회전한 각)으로 나타내야 한다.

풍력 발전기의 날개의 길이가 2 m이므로

$x^2+(y-10)^2=4$　　……㉠

날개와 y축이 이루는 각의 시각 t에 따른 변화량을 α라 하면

→ 즉, 날개 끝은 1초 동안 α(라디안)만큼 회전한다.

$x=2\sin\alpha t$, $y=10-2\cos\alpha t$

Step 2 문제에 주어진 조건을 이용하여 α의 값을 구한다.

$y=9$를 ㉠에 대입하면 $x=\sqrt{3}$ ($\because x>0$)

$\therefore 2\sin\alpha t=\sqrt{3}$　　……㉡

$y=9$일 때 $\dfrac{dy}{dt}=4\pi$ (m/s)이고 → 시간에 따른 높이의 변화율

$y=10-2\cos\alpha t$를 t에 대하여 미분하면

$\dfrac{dy}{dt}=2\alpha\sin\alpha t=4\pi$ (m/s) → $2\sin\alpha t=\sqrt{3}$ 대입

$\sqrt{3}\alpha=4\pi$ ($\because$ ㉡)　　$\therefore \alpha=\dfrac{4}{\sqrt{3}}\pi$

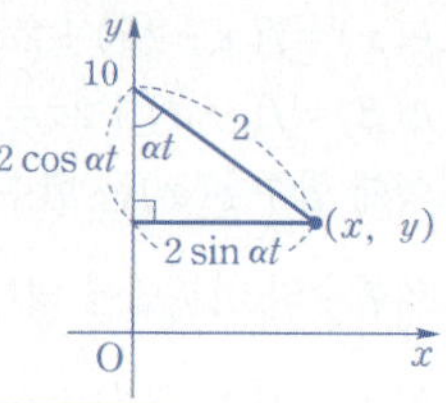

$(\sin\alpha t)'=\alpha\cos\alpha t$
$(\cos\alpha t)'=-\alpha\sin\alpha t$

Step 3 α와 k 사이의 관계를 고려하여 k의 값을 구한다.

날개가 한 바퀴 도는 데 걸리는 시간은 → 한 바퀴 도는 동안 중심각은 2π만큼 변해!

$k=\dfrac{2\pi}{\alpha}=\dfrac{2\pi}{\dfrac{4}{\sqrt{3}}\pi}=\dfrac{\sqrt{3}}{2}$　　$\therefore k^2=\dfrac{3}{4}$

↑ 1초 동안 회전한 각

따라서 $p=4$, $q=3$이므로

$10(p+q)=10(4+3)=70$

119 [정답률 11%]　　　　　정답 48

최고차항의 계수가 1인 사차함수 $f(x)$와 함수

$$g(x)=|2\sin(x+2|x|)+1|$$

에 대하여 함수 $h(x)=f(g(x))$는 실수 전체의 집합에서 이계도함수 $h''(x)$를 갖고, $h''(x)$는 실수 전체의 집합에서 연속이다. $f'(3)$의 값을 구하시오. (4점)

→ $x\geq0$일 때와 $x<0$일 때로 우선 나눠.

→ $h(x)$는 연속함수이며 도함수가 존재해.

Step 1 함수 $g(x)$의 연속, 미분가능성을 조사한다.

$x=0$에서 함수 $g(x)$의 연속성을 조사해 보자.

$$g(x)=\begin{cases}|2\sin 3x+1| & (x\geq0)\\ |-2\sin x+1| & (x<0)\end{cases}$$ 이므로

$\displaystyle\lim_{x\to0-}g(x)=|-2\sin0+1|=1$

$\displaystyle\lim_{x\to0+}g(x)=|2\sin0+1|=1$

$g(0)=|2\sin0+1|=1$

→ 사실, 이처럼 확인하지 않아도 연속함수에 절댓값이 씌워진 함수는 연속함수임을 이용하여 바로 알 수도 있어.

따라서 함수 $g(x)$는 $x=0$에서 연속이므로 실수 전체의 집합에서 연속이다.

또 $x=0$에서 함수 $g(x)$의 미분가능성을 조사해 보자.

$x\to0+$에서 $2\sin3x+1>0$이므로

$\displaystyle\lim_{x\to0+}g'(x)=\lim_{x\to0+}6\cos3x=6$ → $x\geq0$일 때 $g(x)=|2\sin3x+1|$

$x\to0-$에서 $-2\sin x+1>0$이므로

$\displaystyle\lim_{x\to0-}g'(x)=\lim_{x\to0-}(-2\cos x)=-2$ → $x<0$일 때 $g(x)=|-2\sin x+1|$

따라서 함수 $g(x)$는 $x=0$에서 미분가능하지 않다.

또한, $y=2\sin3x+1$ ($x\geq0$)의 그래프는 → (좌미분계수)$\neq$(우미분계수)

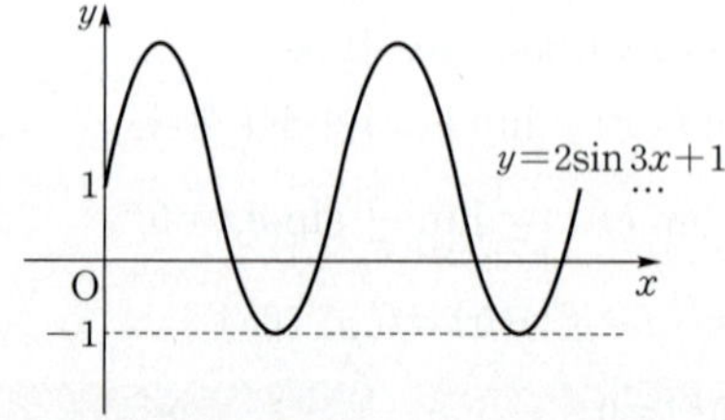

이므로 $y=|2\sin 3x+1|\,(x\geq 0)$의 그래프는

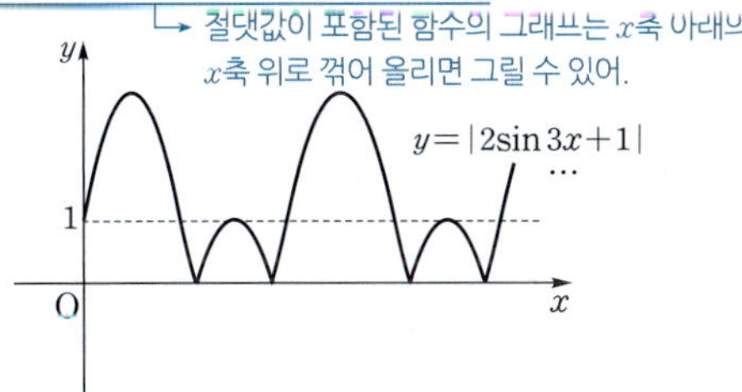

이고 $|2\sin 3x+1|=0$인 곳에서 미분가능하지 않다.

마찬가지로, $y=-2\sin x+1\,(x<0)$의 그래프는

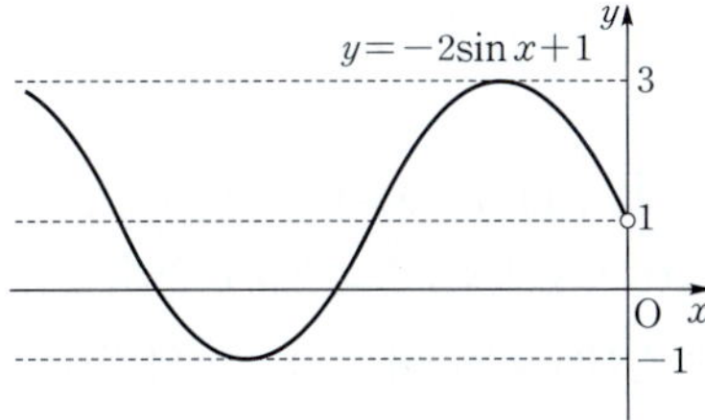

이므로 $y=|-2\sin x+1|\,(x<0)$의 그래프는

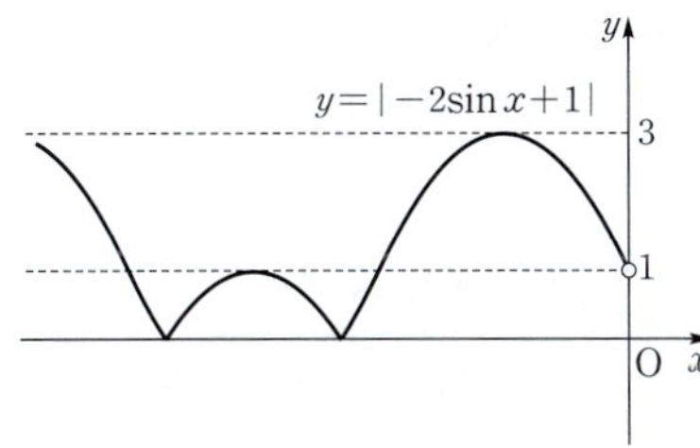

이고 $|-2\sin x+1|=0$인 곳에서 미분가능하지 않다.

Step 2 함수 $h(x)$가 이계도함수를 가짐을 이용한다.

실수 전체의 집합에서 이계도함수 $h''(x)$가 존재하므로 $h(x)$, $h'(x)$는 모두 실수 전체의 집합에서 미분가능하다.

따라서 $g(x)$가 미분가능하지 않은 점에서도 $h(x)$, $h'(x)$는 미분가능해야 한다.

(i) 함수 $h(x)$가 $x=0$에서 미분가능하려면
$$\lim_{x\to 0+}h'(x)=\lim_{x\to 0-}h'(x)$$이어야 한다.
$$\lim_{x\to 0+}h'(x)=\lim_{x\to 0+}f'(g(x))g'(x)$$
$$=\lim_{x\to 0+}f'(g(x))\times\lim_{x\to 0+}g'(x)$$
$$=f'(1)\times 6$$

$$\lim_{x\to 0-}h'(x)=\lim_{x\to 0-}f'(g(x))g'(x)$$
$$=\lim_{x\to 0-}f'(g(x))\times\lim_{x\to 0-}g'(x)$$
$$=f'(1)\times(-2)$$

즉, $6f'(1)=-2f'(1)$이므로 $f'(1)=0$ …… ㉠

(ii) $g(x)=0$을 만족시키는 x의 값을 a라 하면,
$$\lim_{x\to a+}g'(x)=-\lim_{x\to a-}g'(x)$$이다.

함수 $h(x)$가 $x=a$에서 미분가능하려면
$$\lim_{x\to a+}h'(x)=\lim_{x\to a-}h'(x)$$가 성립해야 한다.
$$\lim_{x\to a+}h'(x)=\lim_{x\to a+}f'(g(x))g'(x)$$
$$=\lim_{x\to a+}f'(g(x))\times\lim_{x\to a+}g'(x)$$
$$=f'(0)\times\lim_{x\to a+}g'(x)$$

$$\lim_{x\to a-}h'(x)=\lim_{x\to a-}f'(g(x))g'(x)$$
$$=\lim_{x\to a-}f'(g(x))\times\lim_{x\to a-}g'(x)$$
$$=f'(0)\times\{-\lim_{x\to a+}g'(x)\}$$

즉, $f'(0)\times\lim_{x\to a+}g'(x)=f'(0)\times\{-\lim_{x\to a+}g'(x)\}$에서
$$f'(0)=0\ (\because\ \lim_{x\to a+}g'(x)\neq 0)$$ …… ㉡

(iii) 함수 $h'(x)$가 $x=0$에서 미분가능하려면
$$\lim_{x\to 0+}h''(x)=\lim_{x\to 0-}h''(x)$$가 성립해야 한다.
$$\lim_{x\to 0+}h''(x)=\lim_{x\to 0+}\{f'(g(x))g'(x)\}'$$
$$=\lim_{x\to 0+}[f''(g(x))\{g'(x)\}^2+f'(g(x))g''(x)]$$
$$=\lim_{x\to 0+}f''(g(x))\{g'(x)\}^2+\lim_{x\to 0+}f'(g(x))g''(x)$$
$$=\lim_{x\to 0+}f''(g(x))\times\lim_{x\to 0+}\{g'(x)\}^2+0$$
$$=\{\lim_{x\to 0+}g'(x)\}^2\quad(\because\ \lim_{x\to 0+}g(x)=1,\ f'(1)=0)$$
$$=f''(1)\times 6^2=36f''(1)$$

$$\lim_{x\to 0-}h''(x)=\lim_{x\to 0-}\{f'(g(x))g'(x)\}'$$
$$=\lim_{x\to 0-}[f''(g(x))\{g'(x)\}^2+f'(g(x))g''(x)]$$
$$=\lim_{x\to 0-}f''(g(x))\{g'(x)\}^2+\lim_{x\to 0-}f'(g(x))g''(x)$$
$$=\lim_{x\to 0-}f''(g(x))\times\lim_{x\to 0-}\{g'(x)\}^2+0$$
$$=\{\lim_{x\to 0-}g'(x)\}^2\quad(\because\ \lim_{x\to 0-}g(x)=1,\ f'(1)=0)$$
$$=f''(1)\times(-2)^2=4f''(1)$$

즉, $36f''(1)=4f''(1)$에서
$$f''(1)=0$$ …… ㉢

Step 3 조건을 만족시키는 함수 $f'(x)$를 구하여 $f'(3)$의 값을 구한다.

함수 $f'(x)$는 최고차항의 계수가 4인 삼차함수이고,
㉠, ㉡에서 $f'(1)=0$, $f'(0)=0$이므로
$$f'(x)=4x(x-1)(x-a)\ (a는\ 상수)$$
로 놓을 수 있다.
$$f'(x)=(4x^2-4x)(x-a)$$에서
$$f''(x)=(8x-4)(x-a)+(4x^2-4x)$$
㉢에서 $f''(1)=0$이므로
$$4(1-a)+0=0$$에서 $a=1$
따라서 $f'(x)=4x(x-1)^2$이므로
$$f'(3)=4\times 3\times 2^2=48$$

120 정답 ①

함수 $f(x)=\dfrac{6x^3}{x^2+1}$의 역함수를 $g(x)$라 할 때, $g'(3)$의 값은? (3점)

① $\dfrac{1}{6}$ ② $\dfrac{1}{3}$ ③ $\dfrac{1}{2}$

④ $\dfrac{2}{3}$ ⑤ $\dfrac{5}{6}$

Step 1 역함수의 미분법을 이용한다.
$f(a)=b$일 때, 함수 $f(x)$의 역함수 $g(x)$에 대하여
$$g'(b)=\frac{1}{f'(a)}$$이야.

함수 $f(x)=\dfrac{6x^3}{x^2+1}$의 도함수 $f'(x)$는

$f'(x)=\dfrac{18x^2(x^2+1)-6x^3(2x)}{(x^2+1)^2}=\dfrac{6x^4+18x^2}{(x^2+1)^2}$이고

$f(1)=\dfrac{6}{2}=3$이므로

역함수의 미분법에 의하여

$g'(3)=\dfrac{1}{f'(1)}=\dfrac{1}{\dfrac{24}{4}}=\dfrac{1}{6}$

121
정답 ③

함수 $f(x)=\ln(e^x+2)$의 역함수를 $g(x)$라 하자. 함수 $h(x)=\{g(x)\}^2$에 대하여 $h'(\ln 4)$의 값은? (3점)

① $2\ln 2$ ② $3\ln 2$ ✔ $4\ln 2$
④ $5\ln 2$ ⑤ $6\ln 2$

Step 1 역함수의 미분법을 이용한다.

$g(\ln 4)=k$라 하면 $f(k)=\ln 4$

$\ln(e^k+2)=\ln 4,\ e^k=2\quad \therefore k=\ln 2$

$f'(x)=\dfrac{e^x}{e^x+2}$에서 $f'(\ln 2)=\dfrac{e^{\ln 2}}{e^{\ln 2}+2}=\dfrac{2}{2+2}=\dfrac{1}{2}$

$\therefore g'(\ln 4)=\dfrac{1}{f'(\ln 2)}=2$ →$e^{\ln 2}=2^{\ln e}=2^1$
→ 역함수의 미분법

$h(x)=\{g(x)\}^2$에서 $h'(x)=2g(x)g'(x)$

$\therefore h'(\ln 4)=2g(\ln 4)g'(\ln 4)=2\times \ln 2\times 2=4\ln 2$ →$=k$

122
정답 ③

함수 $f(x)=x^3+3x+1$의 역함수를 $g(x)$라 하자. 함수 $h(x)=e^x$에 대하여 $(h\circ g)'(5)$의 값은? (3점)

① $\dfrac{e}{8}$ ② $\dfrac{e}{7}$ ✔ $\dfrac{e}{6}$
④ $\dfrac{e}{5}$ ⑤ $\dfrac{e}{4}$

Step 1 역함수의 미분법을 이용한다.

함수 $f(x)=x^3+3x+1$의 역함수 $g(x)$에 대하여

$g(5)=a$라 하면 $f(a)=5$

$f(a)=a^3+3a+1=5$에서 $a^3+3a-4=0$이므로

$a^3+3a-4=(a-1)(a^2+a+4)=0\quad \therefore a=1$

$a^2+a+4=0$을 만족시키는 실수 a의 값은 존재하지 않는다.

즉, $g(5)=1$이다.

함수 $f(x)$의 도함수는 $f'(x)=3x^2+3$이므로

1	1	0	3	-4
		1	1	4
	1	1	4	0

$g'(5)=\dfrac{1}{f'(g(5))}=\dfrac{1}{f'(1)}=\dfrac{1}{6}$

함수 $h(x)$의 도함수는 $h'(x)=e^x$이므로

$(h\circ g)'(5)=h'(g(5))g'(5)=h'(1)\times \dfrac{1}{6}=\dfrac{e}{6}$

→ $f(g(x))=x$에서 $f'(g(x))g'(x)=1\quad \therefore g'(x)=\dfrac{1}{f'(g(x))}$

123
정답 ①

양의 실수 t에 대하여 곡선 $y=\ln(2x^2+2x+1)\,(x>0)$과 직선 $y=t$가 만나는 점의 x좌표를 $f(t)$라 할 때, $f'(2\ln 5)$의 값은? (3점)

✔ $\dfrac{25}{14}$ ② $\dfrac{13}{7}$ ③ $\dfrac{27}{14}$
④ 2 ⑤ $\dfrac{29}{14}$

Step 1 $g(x)=\ln(2x^2+2x+1)$이라 하고 두 함수 $f(x)$, $g(x)$의 관계를 알아낸다.

$g(x)=\ln(2x^2+2x+1)\,(x>0)$이라 하면 $g(f(t))=t$

따라서 두 함수 $f(t)$, $g(t)$는 서로 역함수 관계이다.

Step 2 역함수의 성질을 이용하여 $f'(2\ln 5)$의 값을 구한다.

$f(2\ln 5)=k\,(k>0)$이라 하면 $g(k)=2\ln 5$ → 문제에서 $x>0$이므로 $f(t)>0$이어야 해.

$g(k)=\ln(2k^2+2k+1)=2\ln 5$ →$\ln 5^2=\ln 25$

$2k^2+2k+1=25,\ 2k^2+2k-24=0$

$k^2+k-12=0,\ (k+4)(k-3)=0$

$\therefore k=3\ (\because k>0)$

$g'(x)=\dfrac{4x+2}{2x^2+2x+1}$이므로 $g'(3)=\dfrac{14}{25}$

$\therefore f'(2\ln 5)=\dfrac{1}{g'(3)}=\dfrac{25}{14}$ →$\dfrac{4\times 3+2}{2\times 3^2+2\times 3+1}$

→ 역함수의 미분법에 의하여 $f'(2\ln 5)=\dfrac{1}{g'(f(2\ln 5))}$

124
정답 ④

곡선 $2\ln y=x^2+2x+2$ 위의 점 $(-2,\,e)$에서의 접선의 x절편은? (3점)

① $-\dfrac{5}{2}$ ② -2 ③ $-\dfrac{3}{2}$
✔ -1 ⑤ $-\dfrac{1}{2}$

Step 1 $x=-2,\,y=e$일 때의 $\dfrac{dy}{dx}$를 구한 후 접선의 방정식을 세운다.

$2\ln y=x^2+2x+2$의 양변을 x에 대하여 미분하면

$\dfrac{2}{y}\times \dfrac{dy}{dx}=2x+2\quad \therefore \dfrac{dy}{dx}=(x+1)y$ → 음함수의 미분법

$x=-2,\,y=e$일 때 $\dfrac{dy}{dx}=-e$

따라서 점 $(-2,\,e)$에서의 접선의 방정식은

$y-e=-e(x+2)\quad \therefore y=-ex-e$

$-ex-e=0$에서 $x=-1$이므로 접선의 x절편은 -1이다. → x절편을 구하기 위해 $y=0$ 대입

125

정답 11

곡선 $x^2+y^3-2xy+9x=19$ 위의 점 $(2, 1)$에서의 접선의 기울기를 구하시오. (3점)

Step 1 음함수의 미분법을 이용한다.

$x^2+y^3-2xy+9x=19$의 양변을 x에 대하여 미분하면

$2x+3y^2\dfrac{dy}{dx}-2y-2x\dfrac{dy}{dx}+9=0$ ┈ $\dfrac{dy}{dx}$ 를 붙여주는 것을 잊지 마.

Step 2 점 $(2, 1)$에서의 접선의 기울기를 구한다.

$(3y^2-2x)\dfrac{dy}{dx}=-2x+2y-9$

$\therefore \dfrac{dy}{dx}=\dfrac{-2x+2y-9}{3y^2-2x}$

위 식에 $x=2$, $y=1$을 대입하면

$\dfrac{-2x+2y-9}{3y^2-2x}=\dfrac{-2\times2+2\times1-9}{3\times1^2-2\times2}=11$

따라서 점 $(2, 1)$에서의 접선의 기울기는 11이다.

127

정답 ③

곡선 $\pi\cos y+y\sin x=3x$가 x축과 만나는 점을 A라 할 때, 이 곡선 위의 점 A에서의 접선의 기울기는? (3점) ┈ 주어진 식에 $y=0$을 대입

① 2 ② $2\sqrt{2}$ ③ $2\sqrt{3}$

④ 4 ⑤ $2\sqrt{5}$

Step 1 점 A의 좌표를 구한다.

$\pi\cos y+y\sin x=3x$에 $y=0$을 대입하면

$\pi+0=3x$, $x=\dfrac{\pi}{3}$ $\therefore \mathrm{A}\left(\dfrac{\pi}{3}, 0\right)$

Step 2 주어진 식의 양변을 x에 대하여 미분하여 점 A에서의 접선의 기울기를 구한다. ┈ 음함수의 미분법을 이용

주어진 식의 양변을 x에 대하여 미분하면

$-\pi\sin y\times\dfrac{dy}{dx}+\sin x\times\dfrac{dy}{dx}+y\cos x=3$

이 식에 $x=\dfrac{\pi}{3}$, $y=0$을 대입하면

$\sin\dfrac{\pi}{3}\times\dfrac{dy}{dx}=3$ $\therefore \dfrac{dy}{dx}=2\sqrt{3}$

따라서 점 A에서의 접선의 기울기는 $2\sqrt{3}$이다.

128

$f(x)$가 실수 전체의 집합에서 증가하거나 감소해야 해.

정답 30

함수 $f(x)=x^3+ax^2-ax-a$의 역함수가 존재할 때, $f(x)$의 역함수를 $g(x)$라 하자. 자연수 n에 대하여 $n\times g'(n)=1$을 만족시키는 실수 a의 개수를 a_n이라 할 때, $\displaystyle\sum_{n=1}^{27}a_n$의 값을 구하시오. (4점)

Step 1 함수 $f(x)$의 역함수가 존재하기 위한 a의 값의 범위를 구한다.

함수 $f(x)$는 최고차항의 계수가 양수인 삼차함수이므로 함수 $f(x)$의 역함수가 존재하기 위해서는 실수 전체의 집합에서 $f'(x)\geq0$이어야 한다. ┈ 역함수가 존재하려면 증가함수이거나 감소함수이어야 해 / 그런데 최고차항의 계수가 양수인 삼차함수는 증가함수야.

$f(x)=x^3+ax^2-ax-a$를 미분하면

$f'(x)=3x^2+a\times2x-a\times1$

$=3x^2+2ax-a$ ┈ $\left\{\dfrac{(x\text{의 계수})}{2}\right\}^2=\left(\dfrac{1}{2}\times\dfrac{2a}{3}\right)^2=\left(\dfrac{a}{3}\right)^2=\dfrac{a^2}{9}$ 만큼 더해 줘.

$=3\left(x^2+\dfrac{2a}{3}x\right)-a$

$=3\left(x^2+\dfrac{2a}{3}x+\dfrac{a^2}{9}-\dfrac{a^2}{9}\right)-a$ ┈ 더한 만큼 빼줘.

$=3\left(x^2+\dfrac{2a}{3}x+\dfrac{a^2}{9}\right)-\dfrac{a^2}{3}-a$

$=3\left(x+\dfrac{a}{3}\right)^2-\dfrac{a^2}{3}-a$ ┈ $f'(x)$의 최솟값

따라서 $f'(x)$의 최솟값이 $-\dfrac{a^2}{3}-a$이므로 실수 전체의 집합에서

$f'(x)\geq0$이기 위해서는 $-\dfrac{a^2}{3}-a\geq0$이어야 한다. ┈ (최솟값)≥0을 만족시키면 돼.

126

정답 ①

곡선 $x^2-2xy+3y^3=5$ 위의 점 $(2, -1)$에서의 접선의 기울기는? (3점)

① $-\dfrac{6}{5}$ ② $-\dfrac{5}{4}$ ③ $-\dfrac{4}{3}$

④ $-\dfrac{3}{2}$ ⑤ -2

Step 1 주어진 함수식을 x에 대하여 미분한다.

$x^2-2xy+3y^3=5$의 양변을 x에 대하여 미분하면

$2x-2y-2x\times\dfrac{dy}{dx}+9y^2\times\dfrac{dy}{dx}=0$ ┈ 곱의 미분법

위 식에 $x=2$, $y=-1$을 대입하면

$5\times\dfrac{dy}{dx}=-6$ $\therefore \dfrac{dy}{dx}=-\dfrac{6}{5}$

따라서 구하는 접선의 기울기는 $-\dfrac{6}{5}$이다.

$-\dfrac{a^2}{3}-a\geq0$에서

$a^2+3a\leq0$

$a(a+3)\leq0$

$\therefore\ -3\leq a\leq0$ $\qquad\qquad\cdots\cdots\ \bigcirc$

Step 2 $f(k)=n$으로 놓고 역함수의 미분법을 이용하여 $n\times g'(n)=1$ 을 k에 대한 방정식으로 바꾼 후 방정식을 푼다.

$f(k)=n$이라 하자. 이때 $f(x)$는 역함수가 존재하므로 $f(k)=n$을 만족시키는 k의 값은 1개이다.

$g(n)=k$이므로 역함수의 미분법에 의하여

$g'(n)=\dfrac{1}{f'(g(n))}$ $\qquad$ → $f(g(x))=x$의 양변을 미분하면 $f'(g(x))g'(x)=1$ $\therefore\ g'(x)=\dfrac{1}{f'(g(x))}$

$\qquad=\dfrac{1}{f'(k)}$ $\quad=k$

$n\times g'(n)=1$에 $n=f(k)$, $g'(n)=\dfrac{1}{f'(k)}$ 을 대입하면

→ n에 $f(k)$를 대입

$f(k)\times\dfrac{1}{f'(k)}=1$ $\quad$ → $g'(n)$에 $\dfrac{1}{f'(k)}$ 을 대입 $\quad$ 양변에 $f'(k)$를 곱해 줘.

$\therefore\ f(k)=f'(k)$

이때 $f(k)=k^3+ak^2-ak-a$, $f'(k)=3k^2+2ak-a$이므로

$f(k)=f'(k)$에서

$k^3+ak^2-ak-a=3k^2+2ak-a$

$k^3+ak^2-3k^2-3ak=0$

$k(k^2+ak-3k-3a)=0$

$k\{k^2+(a-3)k-3a\}=0$ $\quad$ → 인수분해

$\therefore\ k(k-3)(k+a)=0$ $\qquad\cdots\cdots\ \bigcirc$

이때 $\bigcirc$에서 $-3\leq a\leq0$이므로 $\bigcirc$의 해를 구하면

$a=0$ 또는 $a=-3$일 때, $k=0$ 또는 $k=3$

→ $\bigcirc$에서 $k^2(k-3)=0$이므로 $k=0$ 또는 $k=3$

→ $\bigcirc$에서 $k(k-3)^2=0$이므로 $k=0$ 또는 $k=3$

$a\neq0$이고 $a\neq-3$이면서 $-3\leq a\leq0$이면 $-3<a<0$

$-3<a<0$일 때, $k=0$ 또는 $k=-a$ 또는 $k=3$

Step 3 $f(k)=n$임을 이용하여 주어진 조건을 만족시키는 a의 값이 0 또는 -3이 되는 n의 값을 구한다.

(ⅰ) $a=0$ 또는 $a=-3$

이 경우 $\bigcirc$의 해는 $k=0$ 또는 $k=3$이다.

① $k=0$인 경우

$f(k)=k^3+ak^2-ak-a=n$에 $k=0$을 대입하면

$-a=n$

$\therefore\ a=-n$

→ n이 자연수라는 조건에 어긋나.

$a=0$일 때, $a=-n=0$에서 $n=0$

$a=-3$일 때, $a=-n=-3$에서 $n=3$

따라서 $n=3$일 때 $a=-3$이 주어진 조건을 만족시킨다.

② $k=3$인 경우

$f(k)=k^3+ak^2-ak-a=n$에 $k=3$을 대입하면

$3^3+a\times3^2-a\times3-a=n$

$27+9a-3a-a=n$

$27+5a=n$

$5a=n-27$

$\therefore\ a=\dfrac{n-27}{5}$

$a=0$일 때, $a=\dfrac{n-27}{5}$에서

$0=n-27$

$\therefore\ n=27$

$a=-3$일 때, $-3=\dfrac{n-27}{5}$에서

$-15=n-27$

$\therefore\ n=12$

따라서 $n=27$일 때 $a=0$이 주어진 조건을 만족시키고,

$n=12$일 때 $a=-3$이 주어진 조건을 만족시킨다.

Step 4 $f(k)=n$임을 이용하여 $-3<a<0$과 주어진 조건을 만족시키는 a, n의 값을 구한다.

(ⅱ) $-3<a<0$

이 경우 $\bigcirc$의 해는 $k=0$ 또는 $k=-a$ 또는 $k=3$이다.

① $k=0$인 경우

$f(k)=k^3+ak^2-ak-a=n$에 $k=0$을 대입하면

$-a=n$

$\therefore\ a=-n$

$-3<a<0$이므로

$-3<-n<0$

→ a에 $-n$을 대입

$\therefore\ 0<n<3$

→ n은 1 또는 2

따라서 $n=1$, 2일 때 $a=-n$은 주어진 조건을 만족시킨다.

② $k=-a$인 경우

$f(k)=k^3+ak^2-ak-a=n$에 $k=-a$를 대입하면

$(-a)^3+a\times(-a)^2-a\times(-a)-a=n$

$-a^3+a^3+a^2-a=n$

$a^2-a-n=0$

$\therefore\ a=\dfrac{-(-1)\pm\sqrt{(-1)^2-4\times1\times(-n)}}{2\times1}$

$\qquad=\dfrac{1\pm\sqrt{1+4n}}{2}$

→ 이차방정식의 근의 공식을 이용하여 a의 값을 구하면 돼.

이때 $-3<a<0$이므로 $a=\dfrac{1-\sqrt{1+4n}}{2}$이고

$-3<\dfrac{1-\sqrt{1+4n}}{2}<0$

→ $a=\dfrac{1+\sqrt{1+4n}}{2}$이면 $a>0$이므로 $-3<a<0$을 만족시키지 않아.

$-6<1-\sqrt{1+4n}<0$

$-7<-\sqrt{1+4n}<-1$

→ $-3<a<0$에서 a에 $\dfrac{1-\sqrt{1+4n}}{2}$ 을 대입

$1<\sqrt{1+4n}<7$

→ 각 변을 제곱해 줘.

$1<1+4n<49$

$0<4n<48$

$\therefore\ 0<n<12$

→ n은 1, 2, $\cdots$, 11

따라서 $n=1$, 2, $\cdots$, 11일 때 $a=\dfrac{1-\sqrt{1+4n}}{2}$은 주어진 조건을 만족시킨다.

③ $k=3$인 경우

$f(k)=k^3+ak^2-ak-a=n$에 $k=3$을 대입하면

$3^3+a\times3^2-a\times3-a=n$

$27+9a-3a-a=n$

$27+5a=n$

$\therefore\ a=\dfrac{n-27}{5}$

$-3<a<0$이므로

$$-3<\dfrac{n-27}{5}<0 \quad\longrightarrow\ a\text{에 }\dfrac{n-27}{5}\text{을 대입}$$

$$-15<n-27<0$$

$$\therefore\ 12<n<27 \quad\longrightarrow\ n\text{은 }13,\,14,\,\cdots,\,26$$

따라서 $n=13,\ 14,\ \cdots,\ 26$일 때 $a=\dfrac{n-27}{5}$은 주어진 조건을 만족시킨다.

Step 5 n의 값에 따라 주어진 조건을 만족시키는 a의 값과 a_n을 구한 후, $\displaystyle\sum_{n=1}^{27} a_n$의 값을 구한다.

(i), (ii)에 의하여 n의 값에 따라 주어진 조건을 만족시키는 a의 값을 정리하면 다음과 같다.

$n=1,\ 2$일 때 : $a=-n$ 또는 $a=\dfrac{1-\sqrt{1+4n}}{2}$
$\qquad\qquad\qquad\longrightarrow\ \text{(ii)의 ①}\qquad\longrightarrow\ \text{(ii)의 ②}$

$n=3$일 때 : $a=-3$ 또는 $a=\dfrac{1-\sqrt{1+4n}}{2}$
$\qquad\qquad\quad\longrightarrow\ \text{(i)의 ①}\qquad\longrightarrow\ \text{(ii)의 ②}$

$n=4,\ 5,\ \cdots,\ 11$일 때 : $a=\dfrac{1-\sqrt{1+4n}}{2}$
$\qquad\qquad\qquad\qquad\qquad\longrightarrow\ \text{(ii)의 ②}$

$n=12$일 때 : $a=-3$
$\qquad\qquad\qquad\longrightarrow\ \text{(i)의 ②}$

$n=13,\ 14,\ \cdots,\ 26$일 때 : $a=\dfrac{n-27}{5}$

$n=27$일 때 : $a=0 \quad\longrightarrow\ \text{(i)의 ②}\qquad\longrightarrow\ \text{(ii)의 ③}$

따라서 $n=1,\ 2,\ 3$일 때 $a_n=2$, $n=4,\ 5,\ \cdots,\ 27$일 때 $a_n=1$이므로

$$\sum_{n=1}^{27} a_n=\sum_{n=1}^{3} a_n+\sum_{n=4}^{27} a_n$$

$$=\sum_{n=1}^{3} 2+\sum_{n=4}^{27} 1$$

$$=3\times2+24\times1$$

$$=6+24$$

$$=30$$

---

05. 도함수의 활용

001	④	002	④	003	①	004	13	005	①
006	②	007	⑤	008	①	009	③	010	④
011	③	012	16	013	①	014	32	015	50
016	10	017	④	018	④	019	④	020	③
021	②	022	②	023	①	024	④	025	③
026	③	027	16	028	26	029	⑤	030	①
031	4	032	15	033	3	034	⑤	035	①
036	⑤	037	②	038	②	039	②	040	⑤
041	③	042	②	043	①	044	③	045	③
046	⑤	047	①	048	①	049	④	050	②
051	①	052	③	053	⑤	054	②	055	17
056	④	057	②	058	①	059	③	060	①
061	③	062	⑤	063	96	064	④	065	3
066	②	067	①	068	⑤	069	④	070	2
071	①	072	③	073	③	074	④	075	⑤
076	⑤	077	③	078	②	079	①	080	11
081	③	082	③	083	④	084	③	085	④
086	④	087	②	088	④	089	④	090	34
091	90	092	②	093	⑤	094	18	095	②
096	④	097	③	098	③	099	③	100	⑤
101	⑤	102	③	103	⑤	104	②	105	④
106	⑤	107	21	108	③	109	②	110	⑤
111	4	112	④	113	8	114	③	115	4
116	④	117	⑤	118	⑤	119	6	120	①
121	⑤	122	⑤	123	⑤	124	⑤	125	③
126	17	127	④	128	②	129	91	130	⑤
131	②	132	①	133	③	134	②	135	②
136	24	137	④	138	55	139	①	140	④
141	72	142	⑤	143	40	144	64	145	43
146	②	147	8	148	71	149	30	150	11
151	④	152	③	153	72	154	16	155	5
156	208	157	50	158	216	159	25	160	129
161	31	162	①	163	⑤	164	①	165	9
166	77	167	95	168	29	169	331	170	9
171	③	172	4	173	25	174	6	175	④
176	30	177	⑤	178	③	179	15	180	74
181	64	182	③	183	49	184	6	185	②

001 [정답률 78%]   정답 ④

> 원점에서 곡선 $y=e^{|x|}$에 그은 두 접선이 이루는 예각의 크기를 θ라 할 때, $\tan\theta$의 값은? (3점)
>
> ① $\dfrac{e}{e^2+1}$ ② $\dfrac{e}{e^2-1}$ ③ $\dfrac{2e}{e^2+1}$
>
> ④ $\dfrac{2e}{e^2-1}$ ⑤ 1

Step 1 원점에서 곡선 $y=e^{|x|}$에 그은 접선의 기울기를 구한다.

곡선 $y=e^{|x|}$은 y축에 대하여 대칭이다.

$x\geq0$일 때 $y=e^{x}$이므로 접점을 $(t,\ e^{t})$이라 하면 접선의 방정식은

$$y-e^{t}=e^{t}(x-t) \quad\longrightarrow\ y=e^{x}\text{에서 }y'=e^{x}\text{이므로}$$
$$\qquad\qquad\qquad\qquad\quad \text{점 }(t,\ e^{t})\text{에서의 접선의 기울기는 }e^{t}$$

이 접선이 원점을 지나므로

$$-e^{t}=e^{t}(-t) \qquad \therefore\ t=1$$

따라서 두 접선의 기울기는 $e,\ -e$이다.

Step 2 $\tan\theta$의 값을 구한다. $\quad\longrightarrow\ $ 곡선이 y축에 대하여 대칭이므로
$\qquad\qquad\qquad\qquad\qquad\qquad\qquad$ 접선도 y축에 대하여 대칭이야.

직선 $y=ex$가 x축의 양의 방향과
이루는 각의 크기를 α, 직선 $y=-ex$가
x축의 양의 방향과 이루는 각의 크기를
β라 하면 $\theta=\beta-\alpha$

$\therefore \tan\theta=\tan(\beta-\alpha)=\dfrac{\tan\beta-\tan\alpha}{1+\tan\beta\tan\alpha}$

$=\dfrac{-e-e}{1+(-e)\times e}=\dfrac{2e}{e^2-1}$

$\tan\alpha=e,\ \tan\beta=-e$

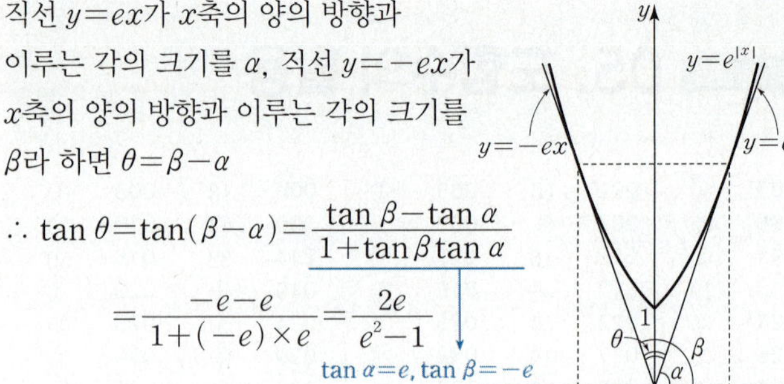

002 [정답률 93%]　　　　정답 ④

함수 $f(x)=(x^2-3)e^{-x}$의 극댓값과 극솟값을 각각 a, b라 할
때, $a\times b$의 값은? (3점)

① $-12e^2$　　　② $-12e$　　　③ $-\dfrac{12}{e}$

④ $-\dfrac{12}{e^2}$　　　⑤ $-\dfrac{12}{e^3}$

Step 1 $f'(x)$를 구한다.

함수 $f(x)=(x^2-3)e^{-x}$을 미분하면

$f'(x)=2xe^{-x}+(x^2-3)\times(-e^{-x})$

$(x^2-3)'\qquad (e^{-x})'$

$=-(x^2-2x-3)e^{-x}$

$=-(x+1)(x-3)e^{-x}$

Step 2 함수 $f(x)$의 극댓값, 극솟값을 각각 구한다.

$f'(x)=0$에서 $x=-1$ 또는 $x=3$　이때를 기준으로 $f'(x)$의 부호가 바뀐다.

따라서 함수 $f(x)$의 증가와 감소를 표로 나타내면 다음과 같다.

x	$\cdots$	-1	$\cdots$	3	$\cdots$
$f'(x)$	$-$	0	$+$	0	$-$
$f(x)$	$\searrow$	극소	$\nearrow$	극대	$\searrow$

함수 $f(x)$는 $x=-1$에서 극소이고, $x=3$에서 극대이므로

$a=f(3)=(9-3)\times e^{-3}=6e^{-3}$

$b=f(-1)=(1-3)\times e=-2e$

$e^{-(-1)}=e^1=e$

$\therefore a\times b=6e^{-3}\times(-2e)=-12e^{-2}=-\dfrac{12}{e^2}$

003 [정답률 91%]　　　　정답 ①

곡선 $y=x^2-2x\ln x$의 변곡점의 x좌표는? (3점)

변곡점에 대하여 알아보려면 미분을 이용해.

① 1　　　② $\sqrt{e}$　　　③ 2

④ e　　　⑤ 3

Step 1 도함수를 이용하여 변곡점의 x좌표를 구한다.

곡선 $y=x^2-2x\ln x$에서 $f(x)=x^2-2x\ln x$라 하면

$f'(x)=2x-(2\ln x+2)=2x-2\ln x-2$

$f''(x)=2-\dfrac{2}{x}$

$f'(x)=(x^2)'-(2x\ln x)'$
$=2x-\left(2\ln x+2x\times\dfrac{1}{x}\right)=2x-(2\ln x+2)$

$f''(x)=2-\dfrac{2}{x}=0$에서 $2=\dfrac{2}{x}$, $x=1$

$0<x<1$일 때 $f''(x)<0$, $x>1$일 때 $f''(x)>0$이므로
변곡점의 x좌표는 1이다.

$\ln x$에서 x는 반드시 양수이어야 해.

$f''(a)=0$이고, $x=a$의 좌우에서 $f''(x)$의 부호가
양에서 음 또는 음에서 양으로 바뀌어야 점 $(a,f(a))$가
함수 $f(x)$의 변곡점이 돼.

004 [정답률 79%]　　　　정답 13

좌표평면 위를 움직이는 점 P의 시각 $t(t>0)$에서의
위치 (x,y)가

$$x=3t-\dfrac{2}{\pi}\cos\pi t,\quad y=6\ln t-\dfrac{2}{\pi}\sin\pi t$$

이다. 시각 $t=\dfrac{1}{2}$에서 점 P의 속력을 구하시오. (3점)

Step 1 매개변수로 나타내어진 함수의 미분법을 이용한다.

점 P의 시각 $t(t>0)$에서의 위치 (x,y)가

$x=3t-\dfrac{2}{\pi}\cos\pi t,\quad y=6\ln t-\dfrac{2}{\pi}\sin\pi t$

이므로 시각 t에서의 속도는

$\left(\dfrac{dx}{dt},\ \dfrac{dy}{dt}\right)=\left(3+2\sin\pi t,\ \dfrac{6}{t}-2\cos\pi t\right)$

따라서 시각 $t=\dfrac{1}{2}$에서 점 P의 속력은

$\sqrt{\left(3+2\sin\dfrac{\pi}{2}\right)^2+\left(12-2\cos\dfrac{\pi}{2}\right)^2}=\sqrt{5^2+12^2}=13$

$=1\qquad =0\qquad =\sqrt{25+144}=\sqrt{169}=\sqrt{13^2}=13$

005 [정답률 87%]　　　　정답 ①

곡선 $y=\ln(x-3)+1$ 위의 점 $(4,1)$에서의 접선의
방정식이 $y=ax+b$일 때, 두 상수 a, b의 합 $a+b$의 값은?
(3점)

① -2　　　② -1　　　③ 0

④ 1　　　⑤ 2

점 $(4,1)$은 접선 위에 있는 점이므로 기울기만
구하면 접선의 방정식을 구할 수 있어.

Step 1 로그함수의 미분을 이용하여 접선의 방정식을 구한다.

$y'=\dfrac{1}{x-3}$이므로 점 $(4,1)$에서의 접선의 기울기는 $\dfrac{1}{4-3}=1$이다.

따라서 점 $(4,1)$에서의 접선의 방정식은

$y'=\dfrac{1}{x-3}$에 $x=4$ 대입

$y-1=x-4$　　$\therefore y=x-3$

기울기가 m이고 점 (x_1,y_1)을 지나는
직선의 방정식은 $y-y_1=m(x-x_1)$

따라서 $a=1$, $b=-3$이므로

$a+b=1+(-3)=-2$

수능포인트

접선의 방정식을 구하는 문제입니다.
접선이 점 $(4,1)$을 지난다고 했으므로 주어진 함수의 식을 미분하여
$x=4$에서의 접선의 기울기만 구해 주면 a, b의 값을 알 수 있습니다.

006 [정답률 73%]　　　　　　　　　　정답 ②

$y'=e^x$이므로 점 $(1, e)$에서의 접선의 기울기는 $y'=e$이다. 따라서 점 $(1, e)$에서의 접선의 방정식은 $y-e=e(x-1)$

> 곡선 $y=e^x$ 위의 점 $(1, e)$에서의 접선이 곡선 $y=2\sqrt{x-k}$에 접할 때, 실수 k의 값은? (3점)
>
> ① $\dfrac{1}{e}$　　　　② $\dfrac{1}{e^2}$　　　　③ $\dfrac{1}{e^4}$
>
> ④ $\dfrac{1}{1+e}$　　　⑤ $\dfrac{1}{1+e^2}$

Step 1 점 $(1, e)$에서의 접선의 방정식을 구한다.

$y=e^x$에서 $y'=e^x$

곡선 $y=e^x$ 위의 점 $(1, e)$에서의 접선의 방정식은

$y-e=e(x-1)$
$\therefore y=ex$

> 점 (a, b)를 지나고 기울기가 m인 직선의 방정식은 $y-b=m(x-a)$

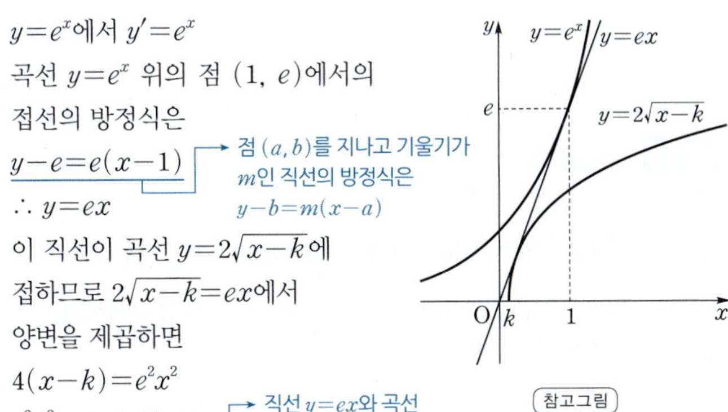

이 직선이 곡선 $y=2\sqrt{x-k}$에 접하므로 $2\sqrt{x-k}=ex$에서 양변을 제곱하면

$4(x-k)=e^2x^2$

$e^2x^2-4x+4k=0$

> 직선 $y=ex$와 곡선 $y=2\sqrt{x-k}$가 접하기 때문이야.

[참고그림]

이 이차방정식이 중근을 가지므로 판별식을 D라 하면

$$\dfrac{D}{4}=(-2)^2-e^2\cdot4k=0$$

> 이차방정식 $ax^2+bx+c=0$ $(a\neq0)$의 판별식은 $D=b^2-4ac$이다. 이때 b가 짝수이면 D 대신 $\dfrac{D}{4}=\left(\dfrac{b}{2}\right)^2-ac$로 판별해도 된다.

$4-4e^2k=0$

$\therefore k=\dfrac{1}{e^2}$

★ 다른 풀이　두 곡선이 공통접선을 가짐을 이용하는 풀이

Step 1 두 곡선 $y=e^x$과 $y=2\sqrt{x-k}$의 접선의 방정식이 같음을 이용한다.

곡선 $y=e^x$ 위의 점 $(1, e)$에서의 접선의 방정식은

$y=ex$ 　　　　　　……… ㉠

$y=2\sqrt{x-k}$에서 $y'=\dfrac{1}{\sqrt{x-k}}$

> $y=2\sqrt{x-k}=2(x-k)^{\frac{1}{2}}$이므로 $y'=2\cdot\dfrac{1}{2}(x-k)^{\frac{1}{2}-1}=(x-k)^{-\frac{1}{2}}$

곡선 $y=2\sqrt{x-k}$와 직선 $y=ex$의 접점의 좌표를 $(t, 2\sqrt{t-k})$라 하면 접선의 방정식은

$y-2\sqrt{t-k}=\dfrac{1}{\sqrt{t-k}}(x-t)$

> 접점 $(t, 2\sqrt{t-k})$를 지나고 기울기가 $\dfrac{1}{\sqrt{t-k}}$인 접선의 방정식

$\therefore y=\dfrac{1}{\sqrt{t-k}}x+\dfrac{2(t-k)-t}{\sqrt{t-k}}$ 　……… ㉡

㉠, ㉡이 일치하므로

> $y=ex$와 $y=\dfrac{1}{\sqrt{t-k}}x+\dfrac{t-2k}{\sqrt{t-k}}$가 서로 같으므로 x의 계수와 상수항을 비교

$e=\dfrac{1}{\sqrt{t-k}}$, $t-2k=0$

$t=2k$를 $e=\dfrac{1}{\sqrt{t-k}}$에 대입하면

$e=\dfrac{1}{\sqrt{k}}$ 　　$\therefore k=\dfrac{1}{e^2}$

> 참고로 곡선 $y=e^x$ 위의 점 $(1, e)$에서의 접선과 곡선 $y=2\sqrt{x-k}$가 접하는 접점의 좌표는 $\left(\dfrac{2}{e^2}, \dfrac{2}{e}\right)$야.

지수함수의 도함수

$a>0$, $a\neq1$일 때

(1) $y=e^x$이면 $y'=e^x$

(2) $y=a^x$이면 $y'=a^x\ln a$

(3) $y=e^{f(x)}$이면 $y'=e^{f(x)}f'(x)$

(4) $y=a^{f(x)}$이면 $y'=a^{f(x)}f'(x)\ln a$

007 [정답률 92%]　　　　　　　　　　정답 ⑤

> 점 A는 곡선 $y=3e^{x-1}$ 위의 점이기 때문에 점 A의 좌표를 $A(a, 3e^{a-1})$이라 하고 점 A에서의 접선의 방정식을 구해.

> 곡선 $y=3e^{x-1}$ 위의 점 A에서의 접선이 원점 O를 지날 때, 선분 OA의 길이는? (3점)
>
> 문제의 조건을 만족하는 점 A의 x좌표와 y좌표를 구해.
>
> ① $\sqrt{6}$　　　　② $\sqrt{7}$　　　　③ $2\sqrt{2}$
>
> ④ 3　　　　　⑤ $\sqrt{10}$

Step 1 점 $A(a, 3e^{a-1})$이라 하고 주어진 곡선 위의 점 A에서의 접선의 방정식을 구한다.

점 A는 곡선 $y=3e^{x-1}$ 위의 점이므로 $A(a, 3e^{a-1})$이라 하고 점 A에서의 접선의 방정식을 구하면

$y'=3e^{x-1}$이므로

> $\{e^{f(x)}\}'=f'(x)e^{f(x)}$

$y-3e^{a-1}=3e^{a-1}(x-a)$

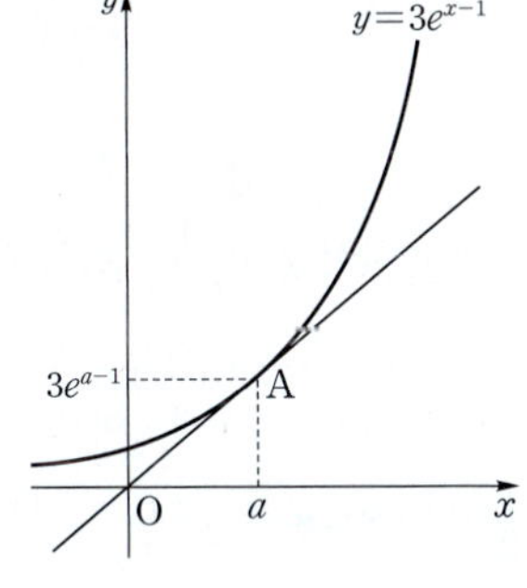

Step 2 점 A에서의 접선이 원점을 지난다는 것을 이용하여 점 A의 좌표를 구한다.

이 직선이 원점을 지나므로

$-3e^{a-1}=3e^{a-1}(-a)$

> $y-3e^{a-1}=3e^{a-1}(x-a)$에 $x=0, y=0$을 대입해도 등식이 성립할 거야.

$-3=-3a$ $(\because e^{a-1}>0)$

$\therefore a=1$

> $3e^{a-1}$에 $a=1$을 대입한 값이야.

따라서 점 A의 좌표는 $A(1, 3)$이다.

$\therefore \overline{OA}=\sqrt{1^2+3^2}=\sqrt{10}$ → 선분 OA의 길이는 두 점 O, A 사이의 거리와 같아.

> 점 (k, l)을 지나고 기울기가 m인 직선의 방정식은 $y-l=m(x-k)$

008 [정답률 84%]　　　　　　　　　　정답 ①

> 좌표평면에서 곡선 $y=\dfrac{1}{x-1}$ 위의 점 $\left(\dfrac{3}{2}, 2\right)$에서의 접선과 x축 및 y축으로 둘러싸인 부분의 넓이는? (3점)
>
> 먼저 $y=\dfrac{1}{x-1}$을 미분해서 기울기를 구해.
>
> ① 8　　　　② $\dfrac{17}{2}$　　　　③ 9
>
> ④ $\dfrac{19}{2}$　　　⑤ 10

Step 1 곡선 $y=\dfrac{1}{x-1}$ 위의 점 $\left(\dfrac{3}{2}, 2\right)$에서의 접선의 방정식을 구한다.

함수 $f(x)$를 $f(x)=\dfrac{1}{x-1}$이라 하면

$f'(x)=-\dfrac{1}{(x-1)^2}$

> $f(x)=(x-1)^{-1}$으로 놓고 미분하면 좀 더 쉬워.

따라서 곡선 $y=\dfrac{1}{x-1}$ 위의 점 $\left(\dfrac{3}{2},\,2\right)$에서의 접선의 기울기는

$f'\left(\dfrac{3}{2}\right)=-\dfrac{1}{\left(\dfrac{3}{2}-1\right)^2}=-4$ $=\left(x=\dfrac{3}{2}\text{에서의 미분계수}\right)$

그러므로 점 $\left(\dfrac{3}{2},\,2\right)$에서의 접선의 방정식은

→ 기울기가 m이고 점 (a,b)를 지나는 직선의 방정식은 $y=m(x-a)+b$

$y=-4\left(x-\dfrac{3}{2}\right)+2$ $\therefore y=-4x+8$

Step 2 접선과 x축 및 y축으로 둘러싸인 부분의 넓이를 구한다.

$y=-4x+8$에 $y=0$을 대입하면

$0=-4x+8$ $\therefore x=2$ → 접선의 x절편

$y=-4x+8$에 $x=0$을 대입하면

$y=-4\times0+8=8$ → 접선의 y절편

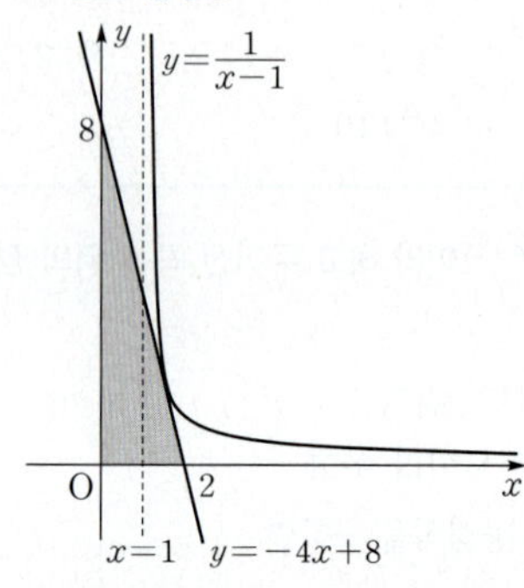

따라서 곡선 $y=\dfrac{1}{x-1}$ 위의 점 $\left(\dfrac{3}{2},\,2\right)$에서의 접선과

x축 및 y축으로 둘러싸인 부분은 밑변의 길이가 2,
높이가 8인 직각삼각형이므로 구하는 넓이는

$\dfrac{1}{2}\times2\times8=8$

009 [정답률 89%]   정답 ③

좌표평면에서 곡선 $y=e^{x-2}$ 위의 점 $(3,\,e)$에서의 접선이
x축, y축과 만나는 점을 각각 A, B라 하자. 삼각형 OAB의
넓이는? (단, O는 원점이다.) (3점)

① e ② $\dfrac{3}{2}e$ ❸ $2e$

④ $\dfrac{5}{2}e$ ⑤ $3e$

Step 1 접선의 방정식을 구한다.

함수 $f(x)$를 $f(x)=e^{x-2}$이라 하면 $f'(x)=e^{x-2}$

$\therefore f'(3)=e^{3-2}=e$ →접선의 기울기

따라서 곡선 $y=e^{x-2}$ 위의 점 $(3,\,e)$에서의 접선의 방정식은

$y-e=e(x-3)$ → **암기** 곡선 $y=g(x)$ 위의 점 $(t,\,g(t))$에서의 접선의 방정식은 $y-g(t)=g'(t)(x-t)$야.

$\therefore y=ex-2e$

Step 2 삼각형 OAB의 넓이를 구한다.

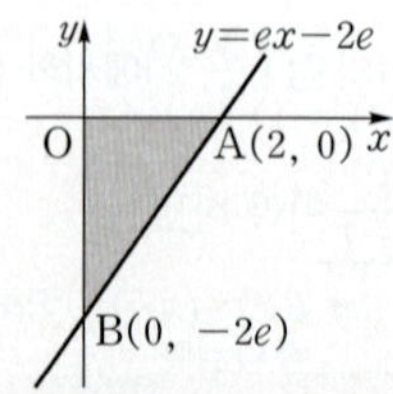

이때 직선 $y=ex-2e$가 x축, y축과 만나는 점이 각각 A, B이므로
$A(2,\,0)$, $B(0,\,-2e)$

따라서 삼각형 OAB의 넓이는

$\dfrac{1}{2}\times2\times2e=2e$ → $\dfrac{1}{2}\times\overline{OA}\times\overline{OB}$

010 [정답률 86%]   정답 ④

$0<x<\dfrac{\pi}{2}$에서 정의된 함수 $f(x)=\ln(\tan x)$의 그래프와
x축이 만나는 점을 P라 하자. 곡선 $y=f(x)$ 위의 점 P에서의
접선의 y절편은? (3점) → 먼저 점 P의 좌표를 구해.
→ 점 P에서의 접선의 방정식을 구해야 y절편을 구할 수 있어.

① $-\pi$ ② $-\dfrac{5}{6}\pi$ ③ $-\dfrac{2}{3}\pi$

❹ $-\dfrac{\pi}{2}$ ⑤ $-\dfrac{\pi}{3}$

Step 1 점 P의 좌표를 구한다.

점 P는 함수 $y=f(x)$의 그래프와
x축이 만나는 점이므로

$f(x)=0$에서 $\ln(\tan x)=0$

$\tan x=e^0=1$

이때 $0<x<\dfrac{\pi}{2}$이므로 $x=\dfrac{\pi}{4}$

$\therefore P\left(\dfrac{\pi}{4},\,0\right)$

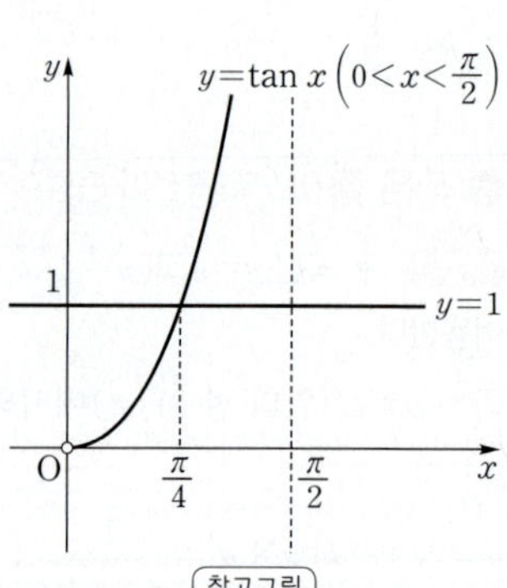

Step 2 함수 $y=f(x)$의 그래프 위의 점 P에서의 접선의 방정식을
구한다.

$f(x)=\ln(\tan x)$에서

$f'(x)=\dfrac{\sec^2 x}{\tan x}$ $(\ln x)'=\dfrac{1}{x}$

$\therefore f'\left(\dfrac{\pi}{4}\right)=\dfrac{\sec^2\dfrac{\pi}{4}}{\tan\dfrac{\pi}{4}}=\dfrac{(\sqrt{2})^2}{1}=2$

→ 곡선 $y=f(x)$ 위의 점 $(a,\,f(a))$에서의 접선의 방정식은 $y-f(a)=f'(a)(x-a)$

따라서 점 P에서의 접선은 기울기가 2이고

점 $\left(\dfrac{\pi}{4},\,0\right)$을 지나는 직선이므로 접선의 방정식은

$y=2\left(x-\dfrac{\pi}{4}\right)=2x-\dfrac{\pi}{2}$

그러므로 이 접선의 y절편은 $-\dfrac{\pi}{2}$이다.

→ $y=2x-\dfrac{\pi}{2}$에 $x=0$을 대입하면

$y=2\times0-\dfrac{\pi}{2}=-\dfrac{\pi}{2}$

011 [정답률 90%]　　　　　　　　　　정답 ③

> 함수 $f(x)=\tan 2x+\dfrac{\pi}{2}$의 그래프 위의
>
> 점 $\mathrm{P}\left(\dfrac{\pi}{8},\ f\left(\dfrac{\pi}{8}\right)\right)$에서의 접선의 y절편은? (3점)
>
> ① $\dfrac{1}{2}$　　　　② $\dfrac{3}{4}$　　　　❸ 1
>
> ④ $\dfrac{5}{4}$　　　　⑤ $\dfrac{3}{2}$

Step 1 $f'\left(\dfrac{\pi}{8}\right)$의 값을 구한다.

$f(x)=\tan 2x+\dfrac{\pi}{2}$에서 $f'(x)=2\sec^2 2x$

$\therefore f'\left(\dfrac{\pi}{8}\right)=2\sec^2\dfrac{\pi}{4}=2\times 2=4$　　$=\dfrac{1}{\cos^2\dfrac{\pi}{4}}=\dfrac{1}{\left(\dfrac{\sqrt{2}}{2}\right)^2}=2$

└─▶ 점 P에서의 접선의 기울기

Step 2 함수 $y=f(x)$의 그래프 위의 점 P에서의 접선의 방정식을 구한다.

$f\left(\dfrac{\pi}{8}\right)=\tan\dfrac{\pi}{4}+\dfrac{\pi}{2}=1+\dfrac{\pi}{2}$이므로 함수 $y=f(x)$의 그래프 위의

점 $\mathrm{P}\left(\dfrac{\pi}{8},\ 1+\dfrac{\pi}{2}\right)$에서의 접선의 방정식은

$y-\left(1+\dfrac{\pi}{2}\right)=4\left(x-\dfrac{\pi}{8}\right)$　　▶ 함수 $y=f(x)$의 그래프 위의 점 $(a,\ f(a))$에서의 접선의 방정식은 $y-f(a)=f'(a)(x-a)$

$\therefore y=4x+1$

따라서 접선의 y절편은 1이다.

012　　　　　　　　　　　　　　　정답 16

> 직선 $y=-4x$가 곡선 $y=\dfrac{1}{x-2}-a$에 접하도록 하는 모든
>
> 실수 a의 값의 합을 구하시오. (3점)

Step 1 직선과 곡선이 접하는 점의 x좌표를 구한다.

함수 $f(x)$를 $f(x)=\dfrac{1}{x-2}-a$라 하면 직선 $y=-4x$가

곡선 $y=f(x)$에 접한다.

함수 $f(x)$를 미분하면 $f'(x)=-\dfrac{1}{(x-2)^2}$　▶ $f(x)=(x-2)^{-1}-a$라고 놓고 미분

이때 직선 $y=-4x$의 기울기가 -4이므로 $f'(x)=-4$를

만족시키는 x의 값이 접점의 x좌표이다.　　▶ (미분계수)=(접선의 기울기)

따라서 $-\dfrac{1}{(x-2)^2}=-4$에서 $(x-2)^2=\dfrac{1}{4}$

$x-2=\pm\dfrac{1}{2}$

$\therefore x=2-\dfrac{1}{2}=\dfrac{3}{2}$ 또는 $x=2+\dfrac{1}{2}=\dfrac{5}{2}$

Step 2 각각의 경우에 대한 a의 값을 구한다.

(ⅰ) 접점의 x좌표가 $\dfrac{3}{2}$일 때

$f\left(\dfrac{3}{2}\right)=\dfrac{1}{\dfrac{3}{2}-2}-a=-2-a$

이므로　　▶ $=\dfrac{1}{-\dfrac{1}{2}}=-2$

점 $\left(\dfrac{3}{2},\ -2-a\right)$가 직선 $y=-4x$ 위의 점이어야 한다.

따라서 $y=-4x$에 $x=\dfrac{3}{2}$,

$y=-2-a$를 대입하면

$-2-a=-4\times\dfrac{3}{2}$, $-2-a=-6$

$\therefore a=4$

(ⅱ) 접점의 x좌표가 $\dfrac{5}{2}$일 때

$f\left(\dfrac{5}{2}\right)=\dfrac{1}{\dfrac{5}{2}-2}-a=2-a$

이므로　　▶ $=\dfrac{1}{\dfrac{1}{2}}=2$

점 $\left(\dfrac{5}{2},\ 2-a\right)$가 직선 $y=-4x$

위의 점이어야 한다.

따라서 $y=-4x$에 $x=\dfrac{5}{2}$, $y=2-a$를

대입하면

$2-a=-4\times\dfrac{5}{2}$, $2-a=-10$

$\therefore a=12$

(ⅰ), (ⅱ)에서 조건을 만족시키는 모든 실수 a의 값의 합은

$4+12=16$

013 [정답률 87%]　　　　　　　　　　정답 ①

> 양수 k에 대하여 두 곡선 $y=ke^x+1$, $y=x^2-3x+4$가 점
>
> P에서 만나고, 점 P에서 두 곡선에 접하는 **두 직선이 서로**
>
> **수직**일 때, k의 값은? (3점)　　기울기의 곱이 -1 ◀
>
> ❶ $\dfrac{1}{e}$　　　　② $\dfrac{1}{e^2}$　　　　③ $\dfrac{3}{e^2}$
>
> ④ $\dfrac{2}{e^3}$　　　　⑤ $\dfrac{3}{e^3}$

Step 1 점 P의 x좌표를 임의로 잡아 식을 세운다.

두 곡선이 만나는 점 P의 x좌표를 m이라 하면

$ke^m+1=m^2-3m+4$ …… ㉠

└─▶ 두 곡선의 식에 $x=m$ 대입!

$y=ke^x+1$을 미분하면 $y'=ke^x$이므로

점 P에서의 접선의 기울기는 ke^m

$y=x^2-3x+4$를 미분하면 $y'=2x-3$이므로

점 P에서의 접선의 기울기는 $2m-3$

이때 두 접선이 서로 수직이므로

└─▶ 기울기의 곱이 -1

$ke^m\times(2m-3)=-1$ …… ㉡

Step 2 두 식을 연립하여 m의 값을 구한다.

㉠에서 $ke^m = m^2 - 3m + 3$

이를 ㉡에 대입하면

$(m^2 - 3m + 3)(2m - 3) = -1$

$2m^3 - 9m^2 + 15m - 8 = 0$

$(m-1)(2m^2 - 7m + 8) = 0$

$\therefore m = 1$

→ $2m^2 - 7m + 8 = 0$의 판별식
$D = (-7)^2 - 4 \times 2 \times 8 = -15 < 0$
이므로 $2m^2 - 7m + 8 > 0$이야.

Step 3 k의 값을 구한다.

㉠에서

$ke + 1 = 2,\ ke = 1$

$\therefore k = \dfrac{1}{e}$　→ $m^2 - 3m + 4$에 $m=1$ 대입!

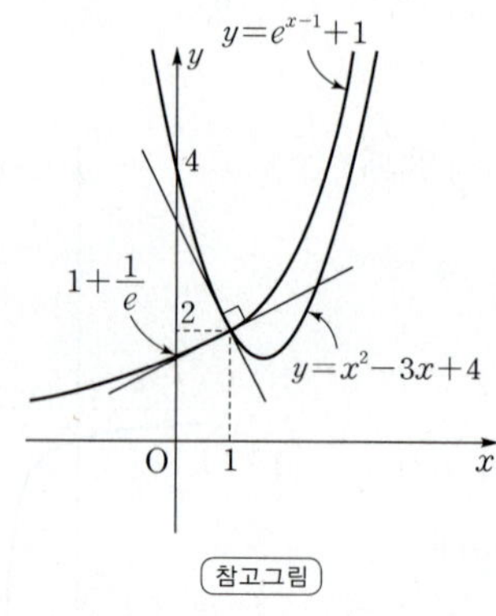

014 [정답률 80%]　　정답 32

곡선 $y = \ln(x-7)$에 접하고 기울기가 1인 직선이 x축,
y축과 만나는 점을 각각 A, B라 할 때, 삼각형 AOB의
넓이를 구하시오. (단, O는 원점이다.) (3점)

Step 1 접선의 방정식을 구한다.

$y = \ln(x-7)$에서 $y' = \dfrac{1}{x-7}$　…… ㉠

기울기가 1인 직선이 곡선 $y = \ln(x-7)$과 접하는 점의 x좌표를
a라 하면 ㉠에서

$\dfrac{1}{a-7} = 1$　$\therefore a = 8$

→ 접선의 기울기가 1이 되는 접점의 x좌표를 구해주었어.

따라서 접점의 좌표는 $(8, 0)$이므로 접선의 방정식은

$y = x - 8$

→ $y = \ln(x-7)$에 $x=8$ 대입
→ 기울기가 1이고 점 $(8, 0)$을 지나는 직선의 방정식

Step 2 삼각형 AOB의 넓이를 구한다.

오른쪽 그림과 같이 직선 $y = x - 8$은
x축, y축과 각각 두 점 A$(8, 0)$,
B$(0, -8)$에서 만나므로
삼각형 AOB의 넓이는

$\dfrac{1}{2} \times \overline{OA} \times \overline{OB} = \dfrac{1}{2} \times 8 \times 8 = 32$

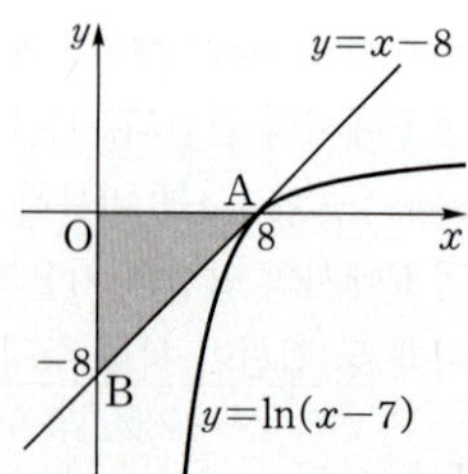

---

015 [정답률 80%]　　정답 50

→ $x > 0$

양의 실수 전체의 집합에서 미분가능한 함수 $f(x)$에 대하여
함수 $g(x)$를

$$g(x) = f(x) \ln x^4$$

이라 하자. 곡선 $y = f(x)$ 위의 점 $(e, -e)$에서의 접선과
곡선 $y = g(x)$ 위의 점 $(e, -4e)$에서의 접선이 서로 수직일
때, $100f'(e)$의 값을 구하시오. (4점)

→ $f'(e) \times g'(e) = -1$

Step 1 곱의 미분법을 이용하여 함수 $g(x)$를 x에 대하여 미분한다.

함수 $g(x) = f(x) \ln x^4$을 x에 대하여 미분하면

$g'(x) = f'(x) \ln x^4 + f(x) \cdot \dfrac{1}{x^4} \cdot 4x^3$

$ = f'(x) \ln x^4 + \dfrac{4}{x} f(x)$

두 함수 $f(x), g(x)$가
x에 대하여 미분가능할 때,
$y = f(x)g(x)$라 하면
$y' = f'(x)g(x) + f(x)g'(x)$

이때 점 $(e, -e)$는 곡선 $y = f(x)$ 위의 점이므로

$f(e) = -e$

Step 2 두 접선이 서로 수직이므로 $f'(e) \times g'(e) = -1$임을 이용한다.

곡선 $y = f(x)$ 위의 점 $(e, -e)$에서의 접선과 곡선 $y = g(x)$ 위의
점 $(e, -4e)$에서의 접선이 서로 수직이므로

$f'(e) \times g'(e) = -1$

→ $\ln e^4 = 4 \ln e = 4 \times 1$

$f'(e) \times \left\{ f'(e) \underline{\ln e^4} + \dfrac{4}{e} f(e) \right\} = -1$

→ $= -e$

$f'(e) \times \left\{ 4f'(e) + \dfrac{4}{e} \times (-e) \right\} = -1$

$4\{f'(e)\}^2 - 4f'(e) + 1 = 0,\ \{2f'(e) - 1\}^2 = 0$

→ $2f'(e) - 1 = 0$

$\therefore f'(e) = \dfrac{1}{2}$

$\therefore 100f'(e) = 100 \times \dfrac{1}{2} = 50$

💡 알아야 할 기본개념

접선의 방정식

(1) 접선의 기울기

곡선 $y = f(x)$ 위의 점 $P(a, f(a))$에서의 접선의 기울기는
$x = a$에서의 미분계수 $f'(a)$와 같다.

(2) 접선의 방정식

함수 $f(x)$가 $x = a$에서 미분가능할 때, 곡선 $y = f(x)$ 위의 점
$P(a, f(a))$에서의 접선의 방정식은 $y - f(a) = f'(a)(x - a)$

이때 점 P를 지나고 점 P에서의 접선에 수직인 직선의 방정식은

$y - f(a) = -\dfrac{1}{f'(a)}(x - a)$ (단, $f'(a) \neq 0$)

수능포인트

미분가능한 두 함수 $g(x)$와 $h(x)$가 곱해져 있는 함수 $f(x)$에 대하여
$f(x) = g(x)h(x)$라 하면 $f'(x) = g(x)h'(x) + g'(x)h(x)$가 되는
것을 알 수 있습니다. 이를 곱의 미분법이라 합니다. 나중에 부분적분을
할 때 유용하게 사용되니 꼭 기억하고 있어야 합니다.

016 [정답률 83%] 정답 10

미분가능한 함수 $f(x)$와 함수 $g(x)=\sin x$에 대하여
합성함수 $y=(g\circ f)(x)$의 그래프 위의 점 $(1,\ (g\circ f)(1))$
에서의 접선이 원점을 지난다.

$$\lim_{x\to 1}\frac{f(x)-\dfrac{\pi}{6}}{x-1}=k$$
$f(1)=\dfrac{\pi}{6}$
$f'(1)$

일 때, 상수 k에 대하여 $30k^2$의 값을 구하시오. (4점)

Step 1 $f(1)$의 값을 구한다.

미분가능한 함수 $f(x)$에 대하여 → 연속함수라는 뜻이기도 해.

$$\lim_{x\to 1}\frac{f(x)-\dfrac{\pi}{6}}{x-1}=k$$

이고, (분모) → 0이므로 (분자) → 0이어야 한다.

따라서 $\lim_{x\to 1}\left\{f(x)-\dfrac{\pi}{6}\right\}=f(1)-\dfrac{\pi}{6}=0$이므로 $f(1)=\dfrac{\pi}{6}$
$=\lim_{x\to 1}f(x)$

Step 2 점 $(1,\ (g\circ f)(1))$에서의 접선의 방정식을 구한다.

함수 $h(x)=(g\circ f)(x)$라 하면

$$h(1)=(g\circ f)(1)=g(f(1))=g\left(\dfrac{\pi}{6}\right)=\sin\dfrac{\pi}{6}=\dfrac{1}{2}$$

$h(x)=g(f(x))$에서

$h'(x)=\underline{g'(f(x))\cdot f'(x)}$ → 합성함수의 미분법 이용!

$$\therefore h'(1)=g'(f(1))f'(1)=g'\left(\dfrac{\pi}{6}\right)f'(1)$$

$$=\cos\dfrac{\pi}{6}\times f'(1)=\dfrac{\sqrt{3}}{2}f'(1)$$
$g(x)=\sin x$에서 $g'(x)=\cos x$
$\therefore g'\left(\dfrac{\pi}{6}\right)=\cos\dfrac{\pi}{6}$

따라서 $y=(g\circ f)(x)$의 그래프 위의 점 $(1,\ (g\circ f)(1))$에서의
접선의 방정식은

$$y-\dfrac{1}{2}=\dfrac{\sqrt{3}}{2}f'(1)(x-1)\quad\cdots\cdots\ ㉠$$
$h(1)=(g\circ f)(1)$
$h'(1)$

Step 3 접선의 방정식에 $x=0,\ y=0$을 대입하여 k의 값을 구한다.

접선이 원점을 지나므로 ㉠에 $x=0,\ y=0$을 대입하면

$$0-\dfrac{1}{2}=\dfrac{\sqrt{3}}{2}f'(1)\times(0-1),\ \dfrac{\sqrt{3}}{2}f'(1)=\dfrac{1}{2}$$

$$\therefore f'(1)=\dfrac{1}{\sqrt{3}}$$

따라서 $k=\lim_{x\to 1}\dfrac{f(x)-f(1)}{x-1}=f'(1)=\dfrac{1}{\sqrt{3}}$이므로
미분계수의 정의

$$30k^2=30\times\left(\dfrac{1}{\sqrt{3}}\right)^2=10$$

017 [정답률 81%] 정답 ④

실수 전체의 집합에서 미분가능한 함수 $f(x)$에 대하여 곡선
$y=f(x)$ 위의 점 $(4,\ f(4))$에서의 접선 l이 다음 조건을
만족시킨다.

(가) 직선 l은 제2사분면을 지나지 않는다.
(나) 직선 l과 x축 및 y축으로 둘러싸인 도형은 넓이가
2인 직각이등변삼각형이다. → 직선 l의 x절편과 y절편의 절댓값이 서로 같다.

함수 $g(x)=xf(2x)$에 대하여 $g'(2)$의 값은? (4점)
→ 먼저 이 식의 양변을 x에 대하여 미분하고 $x=2$를 대입

① 3　　② 4　　③ 5
④ 6　　⑤ 7

Step 1 두 조건 (가), (나)를 모두 만족시키는 직선 l의 개형을 그린다.

조건 (가)에서 직선 l은 제2사분면을 지나지 않고
조건 (나)에서 직선 l과 x축 및 y축으로
둘러싸인 도형은 넓이가 2인 직각이등변삼각형이므로
직선 l의 개형은 다음 그림과 같다.

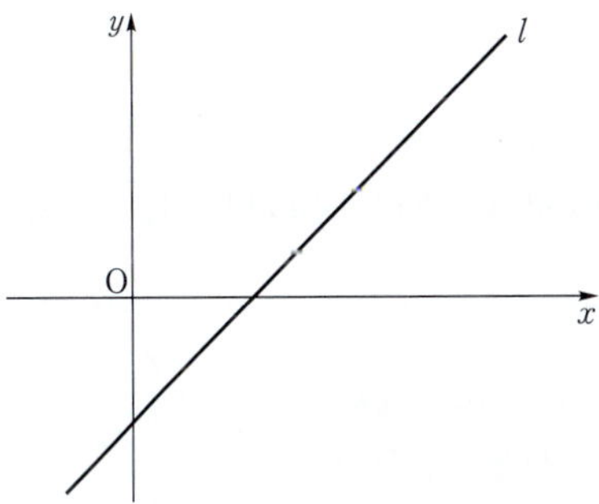

이때 직선 l의 x절편, y절편을 각각 a, $-a\ (a>0)$라 하면

$$\dfrac{1}{2}\times a\times a=2,\ a^2=4$$

$\therefore a=2$ → 직선 l과 x축 및 y축으로 둘러싸인 도형의 넓이가 2라고 했어.

따라서 직선 l의 방정식은

$y=x-2$ → 두 점 $(2,0),\ (0,-2)$를 지나는 직선의 방정식

이므로 $f(4)=4-2=2,\ f'(4)=1$
→ 접선 l의 기울기와 같아.

Step 2 $g(x)=xf(2x)$의 양변을 x에 대하여 미분한 후 $g'(2)$의 값을
구한다.

$g(x)=xf(2x)$에서

$g'(x)=f(2x)+x\cdot 2f'(2x)$　곱의 미분법

$\qquad=f(2x)+2xf'(2x)$

$$\therefore g'(2)=f(4)+4f'(4)$$

$$=2+4\times 1=6$$

018 [정답률 89%]　　　　　　　　　　　　　정답 ④

> 점 P는 곡선 $y=a^{x-1}$ 위의 점이면서
> 곡선 $y=3^x$ 위의 점이기도 해.

$a>3$인 상수 a에 대하여 두 곡선 $y=a^{x-1}$과 $y=3^x$이
점 P에서 만난다. 점 P의 x좌표를 k라 할 때, 다음 물음에
답하시오.

> 점 P의 좌표는 $P(k, 3^k)$ 또는 $P(k, a^{k-1})$

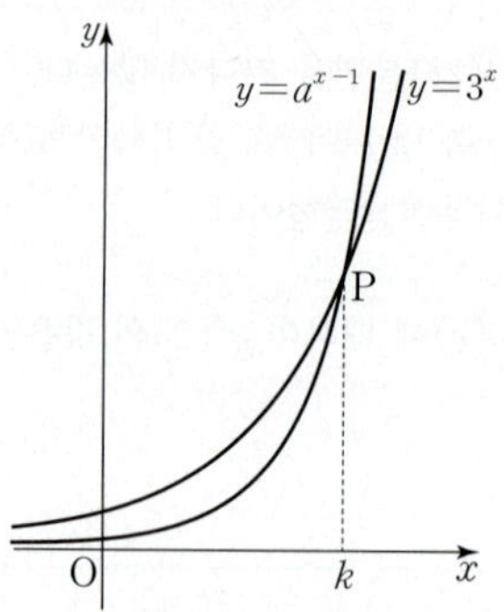

점 P에서 곡선 $y=3^x$에 접하는 직선이 x축과 만나는 점을 A,
점 P에서 곡선 $y=a^{x-1}$에 접하는 직선이 x축과 만나는 점을
B라 하자. 점 $H(k, 0)$에 대하여 $\overline{AH}=2\overline{BH}$일 때, a의 값은?

> 두 점 A, B 모두 점 H보다 왼쪽에 있는 x축 위의
> 점이므로 $\overline{AB}=\overline{BH}$이기도 해.

(4점)

① 6　　　　　② 7　　　　　③ 8
④ 9　　　　　⑤ 10

Step 1 점 P에서의 두 곡선의 접선의 방정식을 이용하여 두 점 A, B의
좌표를 구한다.

> $y=a^x\,(a>0,\,a\neq1)$이면 $y'=a^x\ln a$

점 P는 곡선 $y=3^x$ 위의 점이므로
$P(k, 3^k)$이라 하면, $y=3^x$에서
$y'=3^x\ln 3$이므로 점 P에서의
접선의 기울기는 $3^k\ln 3$이다.
따라서 점 P에서 곡선 $y=3^x$에
접하는 직선의 방정식은
$y-3^k=3^k(x-k)\ln 3$

> 점 A는 x축 위의 점이야.

$y=0$일 때, $x=k-\dfrac{1}{\ln 3}$이므로

$A\left(k-\dfrac{1}{\ln 3},\ 0\right)$

> $-3^k=3^k(x-k)\ln 3$에서
> $-1=(x-k)\ln 3,\ x-k=-\dfrac{1}{\ln 3}$

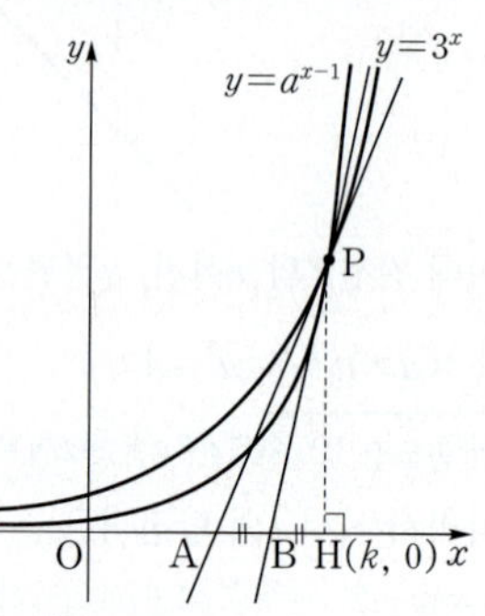

점 P는 곡선 $y=a^{x-1}$ 위의 점이므로 $P(k, a^{k-1})$이고, $y=a^{x-1}$에서
$y'=a^{x-1}\ln a$이므로 점 $P(k, a^{k-1})$에서의 접선의 기울기는
$a^{k-1}\ln a$이다.
따라서 점 P에서 곡선 $y=a^{x-1}$에 접하는 직선의 방정식은
$y-a^{k-1}=a^{k-1}(x-k)\ln a$

> 점 B는 x축 위의 점이다.

$y=0$일 때, $x=k-\dfrac{1}{\ln a}$이므로

$B\left(k-\dfrac{1}{\ln a},\ 0\right)$

> $-a^{k-1}=a^{k-1}(x-k)\ln a$에서
> $-1=(x-k)\ln a,\ x-k=-\dfrac{1}{\ln a}$

Step 2 $\overline{AH}=2\overline{BH}$임을 이용하여 a의 값을 구한다.

$\overline{AH}=k-\left(k-\dfrac{1}{\ln 3}\right)=\dfrac{1}{\ln 3}$, $\overline{BH}=k-\left(k-\dfrac{1}{\ln a}\right)=\dfrac{1}{\ln a}$

$\overline{AH}=2\overline{BH}$이므로

$\dfrac{1}{\ln 3}=\dfrac{2}{\ln a}$, $\ln a=2\ln 3$

> $\ln a=\ln 3^2$

$\therefore a=3^2=9$

★ **다른 풀이**　접선의 기울기를 이용한 풀이

Step 1 접선의 기울기를 이용하여 a의 값을 구한다.

곡선 $y=3^x$ 위의 점 $(k, 3^k)$에서의 접선의 기울기는 $\dfrac{\overline{PH}}{\overline{AH}}$이고

$y'=3^x\ln 3$이므로 $\dfrac{\overline{PH}}{\overline{AH}}=3^k\ln 3$　　$y=a^x\,(a>0,\,a\neq1)$이면 $y'=a^x\ln a$

곡선 $y=a^{x-1}$ 위의 점 (k, a^{k-1})에서의 접선의 기울기는 $\dfrac{\overline{PH}}{\overline{BH}}$

$y'=a^{x-1}\ln a$이므로 $\dfrac{\overline{PH}}{\overline{BH}}=a^{k-1}\ln a$

이때 $\overline{AH}=2\overline{BH}$이므로 → $\dfrac{\overline{PH}}{\overline{AH}}=\dfrac{\overline{PH}}{2\overline{BH}}$이고 $\dfrac{\overline{PH}}{\overline{AH}}=3^k\ln 3$

$\dfrac{\overline{PH}}{\overline{AH}}=\dfrac{1}{2}\cdot\dfrac{\overline{PH}}{\overline{BH}}=3^k\ln 3$

$\therefore \dfrac{\overline{PH}}{\overline{BH}}=2\cdot3^k\ln 3=a^{k-1}\ln a$

> 두 곡선 $y=a^{x-1}$과 $y=3^x$의 교점 P의
> x좌표는 k이다. 따라서 $3^k=a^{k-1}$이므로
> $2\ln 3=\ln a$를 만족한다.

$3^k=a^{k-1}$이므로 $2\ln 3=\ln a$

$\therefore a=9$

💡 **알아야 할 기본개념**

접선의 방정식

(1) 접선의 기울기

　곡선 $y=f(x)$ 위의 점 $P(a, f(a))$에서의 접선의 기울기는
　$x=a$에서의 미분계수 $f'(a)$와 같다.

(2) 접선의 방정식

　함수 $f(x)$가 $x=a$에서 미분가능할 때, 곡선 $y=f(x)$ 위의 점
　$P(a, f(a))$에서의 접선의 방정식은 $y-f(a)=f'(a)(x-a)$

019 [정답률 61%]　　　　　　　　　　　　　정답 ④

> 실수 k에 대하여 함수 $f(x)$는
> $$f(x)=\begin{cases} x^2+k & (x\leq2) \\ \ln(x-2) & (x>2) \end{cases}$$
> 이다. 실수 t에 대하여 직선 $y=x+t$와 함수 $y=f(x)$의
> 그래프가 만나는 점의 개수를 $g(t)$라 하자. 함수 $g(t)$가
> $t=a$에서 불연속인 a의 값이 한 개일 때, k의 값은? (4점)

① -2　　　　② $-\dfrac{9}{4}$　　　　③ $-\dfrac{5}{2}$

④ $-\dfrac{11}{4}$　　　　⑤ -3

> 직선이 함수의 그래프에 접할 때를
> 기준으로 경우를 파악해.

Step 1 함수 $g(t)$가 한 점에서만 불연속이 되는 경우를 확인한다.

함수
$$f(x)=\begin{cases} x^2+k & (x\leq2) \\ \ln(x-2) & (x>2) \end{cases}$$
에 대하여 직선 $y=x+t$와 함수 $y=f(x)$의 그래프가 만나는 점의
개수가 어떻게 변하는지 확인해 보면 다음과 같다.

(ⅰ) $x\leq2$일 때

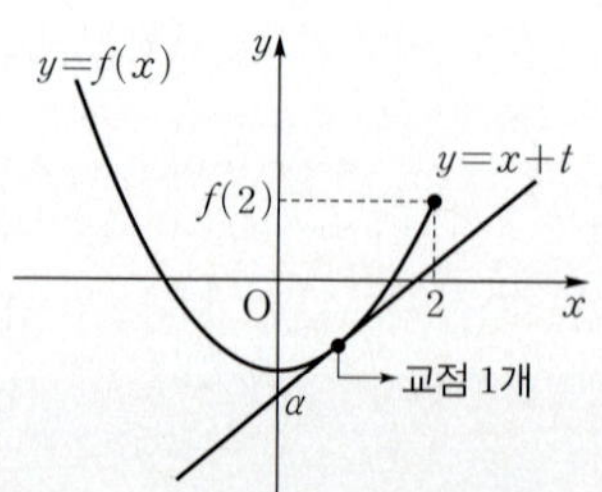

위 그림과 같이 직선 $y=x+t$가 함수 $y=f(x)$의 그래프와
접할 때의 t의 값을 α라 하자.
이때 함수 $y=f(x)$의 그래프와 직선 $y=x+t$의 교점의 개수는
1이다.

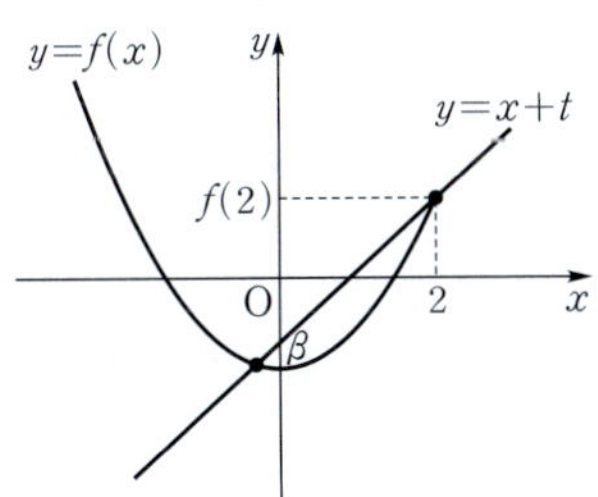

위 그림과 같이 직선 $y=x+t$가 점 $(2,\ f(2))$를 지날 때의 t의
값을 β라 하자.
이때 함수 $y=f(x)$의 그래프와 직선 $y=x+t$의 교점의 개수는
2이다. 따라서
$t<\alpha$일 때 교점의 개수는 0,
$t=\alpha$일 때 교점의 개수는 1,
$\alpha<t\leq\beta$일 때 교점의 개수는 2,
$t>\beta$일 때 교점의 개수는 1
이다.

(ii) $x>2$일 때

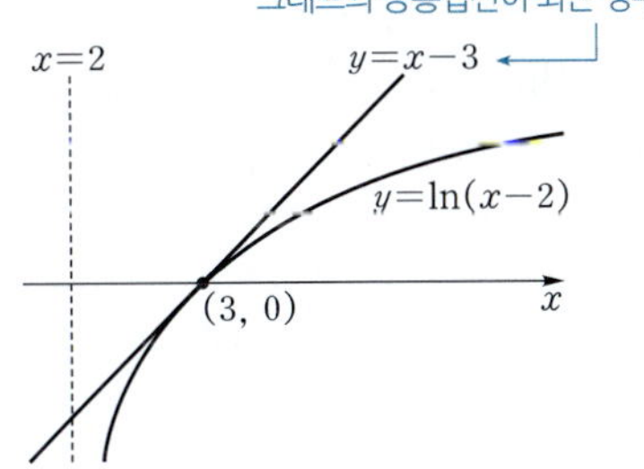

함수 $f(x)=\ln(x-2)$를 x에 대하여 미분하면
$f'(x)=\dfrac{1}{x-2}$ → $(x-2)'=1$

$f'(x)=1$에서 $\dfrac{1}{x-2}=1$ $\quad\therefore\ x=3$
→ $x>2$일 때 $f(x)=\ln(x-2)$
이때 $f(3)=\ln 1=0$이므로
함수 $y=f(x)$의 그래프 위의 점 $(3,\ 0)$에서의 접선의 기울기가
1임을 알 수 있다.
$y=x+t$에 $x=3$, $y=0$을 대입하면
$0=3+t$ $\quad\therefore\ t=-3$
따라서
$t<-3$일 때 교점의 개수는 2,
$t=-3$일 때 교점의 개수는 1,
$t>-3$일 때 교점의 개수는 0
이다.

→ t가 직선 $y=x+t$의 y절편임을
이용하면 교점의 개수를 찾기가
좀 더 수월할 거야.

(i), (ii)에서 $\alpha=-3$이면 함수 $g(t)$가 $t=\beta$에서만 불연속이므로
조건을 만족시킴을 알 수 있다.

→ $t<-3$일 때 교점의 개수 $0+2=2$
$t=-3$일 때 교점의 개수 $1+1=2$
$-3<t\leq\beta$일 때
교점의 개수 $2+0=2$
$t>\beta$일 때 교점의 개수
$1+0=1$

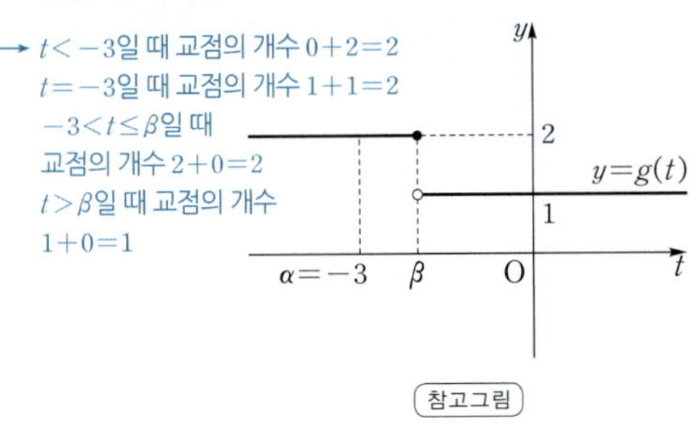

〔참고그림〕

Step 2 k의 값을 구한다.

직선 $y=x-3$이 곡선 $y=x^2+k$에 접해야 하므로
이차방정식 $x^2+k=x-3$, 즉 $x^2-x+(k+3)=0$이
중근을 가져야 한다. → '접한다'→ 중근'으로 이해
따라서 이 이차방정식의 판별식을 D라 하면
$$D=(-1)^2-4\times1\times(k+3)=0$$
$1-4k-12=0$

→ 이차방정식 $ax^2+bx+c=0$의
판별식을 D라 하면
$D=b^2-4ac$

$4k=-11$ $\quad\therefore\ k=-\dfrac{11}{4}$

→ 직선 $y=x-3$이 두 함수
$y=x^2+k$와 $y=\ln(x-2)$의
그래프의 공통접선이
되는 경우

〔참고그림〕

020 [정답률 31%] 정답 ③

정수 n에 대하여 점 $(a,\ 0)$에서 곡선 $y=(x-n)e^x$에 그은
접선의 개수를 $f(n)$이라 하자. [보기]에서 옳은 것만을 있는
대로 고른 것은? (4점)

→ 곡선 밖의 점에서 그은
접선의 방정식을 이용

[보기]

ㄱ. $a=0$일 때, $f(4)=1$이다.
ㄴ. $f(n)=1$인 정수 n의 개수가 1인 정수 a가 존재한다.
ㄷ. $\displaystyle\sum_{n=1}^{5}f(n)=5$를 만족시키는 정수 a의 값은 -1 또는
3이다.

① ㄱ   ② ㄱ, ㄴ   ③ ㄱ, ㄷ
④ ㄴ, ㄷ   ⑤ ㄱ, ㄴ, ㄷ

Step 1 접점의 x좌표에 대한 이차방정식을 구한다.

점 $(a,\ 0)$에서 곡선 $y=(x-n)e^x$에 그은 접선이 곡선과 만나는
접점의 좌표를 $(t,\ (t-n)e^t)$이라 하자.
주어진 곡선의 식의 양변을 x에 대하여 미분하면
$$y'=e^x+(x-n)e^x=(x-n+1)e^x$$
→ 이 식에 $x=t$를 대입하면
접선의 기울기를 구할 수 있어.
따라서 점 $(t,\ (t-n)e^t)$에서의 접선의 방정식은
$$y-(t-n)e^t=(t-n+1)e^t(x-t)$$
→ 접선의 기울기
$$\therefore\ y=(t-n+1)e^t(x-t)+(t-n)e^t$$
이때 이 직선이 점 $(a,\ 0)$을 지나야 하므로
$$0=(t-n+1)e^t(a-t)+(t-n)e^t$$
양변을 e^t으로 나누어 정리하면
$$(t-n+1)(a-t)+(t-n)=0$$
$$\therefore\ t^2-(n+a)t+an+n-a=0$$
→ 이 식을 만족하는 실수 t의 개수가
접점의 개수, 즉 접선의 개수가 돼.

Step 2 판별식을 이용하여 n의 값에 따른 $f(n)$의 값을 구한다.

위의 t에 대한 이차방정식의 판별식을 D라 하면
$$D=\{-(n+a)\}^2-4\times1\times(an+n-a)$$
$$=(n+a)^2-4an-4(n-a)$$
$$=(n-a)^2-4(n-a)$$
$$=(n-a)(n-a-4)$$

따라서

$D>0$, 즉 $n<a$ 또는 $n>a+4$이면 접선의 개수가 2이므로 $f(n)=2$

$D=0$, 즉 $n=a$ 또는 $n=a+4$이면 접선의 개수가 1이므로 $f(n)=1$

$D<0$, 즉 $a<n<a+4$이면 접선의 개수가 0이므로 $f(n)=0$

Step 3 [보기]의 참, 거짓을 판별한다.

ㄱ. $a=0$, $n=4$이면 $n=a+4$를 만족시키므로 $f(4)=1$ (참)

ㄴ. 정수 a에 대하여 $f(n)=1$인 정수 n은 a 또는 $a+4$이므로 a의 값에 관계없이 2개이다. (거짓)

ㄷ.

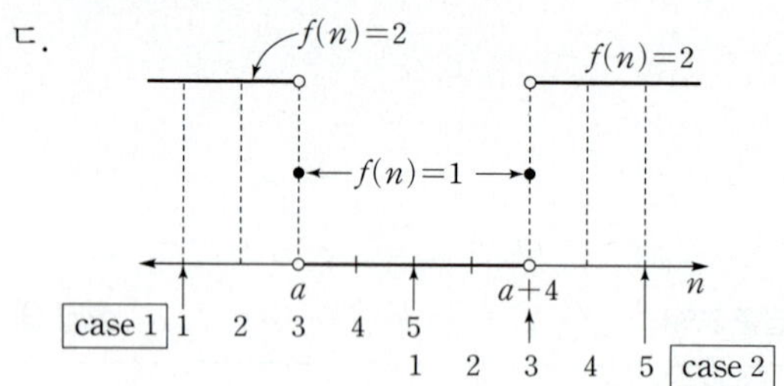

$\sum_{n=1}^{5}f(n)=5$가 되는 경우는 다음의 두 경우뿐이다.

(i) $f(1)=f(2)=2$, $f(3)=1$, $f(4)=f(5)=0$일 때

$\quad a=3$

(ii) $f(1)=f(2)=0$, $f(3)=1$, $f(4)=f(5)=2$일 때

$\quad a=-1$

따라서 $\sum_{n=1}^{5}f(n)=5$를 만족시키는 정수 a의 값은 -1 또는 3이다. (참)

그러므로 옳은 것은 ㄱ, ㄷ이다.

021 [정답률 45%] 정답 ②

함수 $f(x)=\dfrac{\ln x}{x}$와 양의 실수 t에 대하여 기울기가 t인 직선이 곡선 $y=f(x)$에 접할 때 접점의 x좌표를 $g(t)$라 하자. 원점에서 곡선 $y=f(x)$에 그은 접선의 기울기가 a일 때, 미분가능한 함수 $g(t)$에 대하여 $a\times g'(a)$의 값은? (4점)

① $-\dfrac{\sqrt{e}}{3}$ ② $-\dfrac{\sqrt{e}}{4}$ ③ $-\dfrac{\sqrt{e}}{5}$

④ $-\dfrac{\sqrt{e}}{6}$ ⑤ $-\dfrac{\sqrt{e}}{7}$

Step 1 곡선의 접선의 기울기를 이용하여 a의 값을 구한다.

기울기가 t인 직선이 곡선 $y=f(x)$에 접하므로

함수 $f(x)=\dfrac{\ln x}{x}$에서 $f(x)=\dfrac{\ln x}{x}$에서 몫의 미분법에 의하여

$f'(x)=\dfrac{1-\ln x}{x^2}=t$ $f'(x)=\dfrac{\frac{1}{x}\times x-\ln x\times1}{x^2}=\dfrac{1-\ln x}{x^2}$

이때 이 접점의 x좌표가 $g(t)$이므로 $g(t)=x$

$\therefore g\left(\dfrac{1-\ln x}{x^2}\right)=x$ ...... ㉠

원점에서 곡선 $y=f(x)$에 그은 접선의 접점의 좌표를 $(x_1, f(x_1))$이라 하면 접선의 기울기는

$\dfrac{f(x_1)}{x_1}=f'(x_1)$이므로   원점과 점 $(x_1, f(x_1))$을 지나는 직선의 기울기는 $\dfrac{f(x_1)-0}{x_1-0}=\dfrac{f(x_1)}{x_1}$이야.

$\dfrac{\ln x_1}{x_1^2}=\dfrac{1-\ln x_1}{x_1^2}$, $\ln x_1=\dfrac{1}{2}$ $\therefore x_1=\sqrt{e}$

따라서 접선의 기울기 a의 값은 $x_1=e^{\frac{1}{2}}=\sqrt{e}$

$a=f'(x_1)=\dfrac{1-\ln\sqrt{e}}{(\sqrt{e})^2}=\dfrac{1}{2e}$ 함수 $f(x)=\dfrac{\ln x}{x}$에서 $x_1\neq0$이므로 분자끼리 그 값을 비교하면 돼.

Step 2 합성함수의 미분법을 이용하여 $a\times g'(a)$의 값을 구한다.

㉠의 양변을 x에 대하여 미분하면   합성함수 $f_1(f_2(x))$를 미분하면 $f_1'(f_2(x))\times f_2'(x)$

$g'\left(\dfrac{1-\ln x}{x^2}\right)\times\dfrac{2\ln x-3}{x^3}=1$

$g'\left(\dfrac{1-\ln x}{x^2}\right)=\dfrac{x^3}{2\ln x-3}$ 몫의 미분법을 이용하여 미분하면

양변에 $x=\sqrt{e}$를 대입하면 $\dfrac{-\frac{1}{x}\times x^2-(1-\ln x)\times 2x}{x^4}$

$g'\left(\dfrac{1}{2e}\right)=g'(a)=-\dfrac{e\sqrt{e}}{2}$ $=\dfrac{-3x+2x\ln x}{x^4}=\dfrac{2\ln x-3}{x^3}$

$\therefore a\times g'(a)=\dfrac{1}{2e}\times\left(-\dfrac{e\sqrt{e}}{2}\right)=-\dfrac{\sqrt{e}}{4}$

022 [정답률 51%] 정답 ②

$0<t<1$인 실수 t에 대하여 직선 $y=t$와 함수 $f(x)=\sin x\left(0<x<\dfrac{\pi}{2}\right)$의 그래프가 만나는 점을 P라 할 때, 곡선 $y=f(x)$ 위의 점 P에서 그은 접선의 x절편을 $g(t)$라 하자. $g'\left(\dfrac{2\sqrt{2}}{3}\right)$의 값은? (4점)

① -28 ② -24 ③ -20

④ -16 ⑤ -12

Step 1 접선의 방정식과 삼각함수의 미분을 이용하여 $g'\left(\dfrac{2\sqrt{2}}{3}\right)$의 값을 구한다.

점 P의 좌표를 $(\alpha, t)\left(0<\alpha<\dfrac{\pi}{2}, 0<t<1\right)$라 하면 $\sin\alpha=t$ 점 P(α, t)는 함수 $f(x)=\sin x$의 그래프 위의 점이야.

점 P에서의 접선의 방정식은

$y-t=f'(\alpha)(x-\alpha)$이므로

$y-\sin\alpha=\cos\alpha(x-\alpha)$

이 직선이 점 $(g(t), 0)$을 지나므로

$0-\sin\alpha=\cos\alpha\{g(t)-\alpha\}$ → 점 P에서 그은 접선의 x절편이 $g(t)$야.

$$\therefore g(t)=\frac{\alpha\cos\alpha-\sin\alpha}{\cos\alpha}=\alpha-\tan\alpha \quad\cdots\cdots ㉠$$

$\sin\alpha=t$의 양변을 t에 대하여 미분하면

$\cos\alpha\,\dfrac{d\alpha}{dt}=1$이므로 $\dfrac{d\alpha}{dt}=\dfrac{1}{\cos\alpha}$

㉠의 양변을 t에 대하여 미분하면

$$g'(t)=\frac{d\alpha}{dt}-\sec^2\alpha\,\frac{d\alpha}{dt}=\frac{1}{\cos\alpha}-\frac{1}{\cos^3\alpha}$$

이때 $\sin\alpha=t$이므로 $\cos\alpha=\sqrt{1-t^2}$

→ $\sin^2\alpha+\cos^2\alpha=1$, $\cos\alpha=\sqrt{1-\sin^2\alpha}$ 이므로 $\cos\alpha=\sqrt{1-t^2}$

따라서 $g'(t)=\dfrac{1}{\sqrt{1-t^2}}-\dfrac{1}{(\sqrt{1-t^2})^3}$이므로

$$g'\!\left(\frac{2\sqrt2}{3}\right)=\frac{1}{\sqrt{1-\left(\frac{2\sqrt2}{3}\right)^2}}-\frac{1}{\left\{\sqrt{1-\left(\frac{2\sqrt2}{3}\right)^2}\right\}^3}$$

$=3-27$

$=-24$

→ $\sqrt{1-\left(\frac{2\sqrt2}{3}\right)^2}=\sqrt{1-\frac{8}{9}}=\sqrt{\frac{1}{9}}=\frac{1}{3}$

양변을 p에 대하여 미분하면

$$e^t\frac{dt}{dp}=-\frac{1}{e^p}+(p+1)\frac{1}{e^p}=p\times\frac{1}{e^p}$$

이 식에 ㉠을 대입하면 $\dfrac{dt}{dp}=-\dfrac{p}{p+1}$ $\quad\cdots\cdots ㉡$

Step 2 $f(a)=-e\sqrt{e}$를 만족시키는 a에 대하여 $f'(a)$의 값을 구한다.

$f(a)=-e\sqrt{e}=-e^{\frac{3}{2}}$이므로 $t=a$일 때 $p=-\dfrac{3}{2}$

→ $t=a$일 때 $f(a)=-\dfrac{1}{e^p}=-e^{\frac{3}{2}}$

$f(t)=-\dfrac{1}{e^p}$에서 양변을 p에 대하여 미분하면 $f'(t)\dfrac{dt}{dp}=\dfrac{1}{e^p}$

이 식에 ㉡을 대입하면 $f'(t)\times\left(-\dfrac{p}{p+1}\right)=\dfrac{1}{e^p}$

$$\therefore f'(a)=e^{\frac{3}{2}}\times\left(-\frac{-\frac{3}{2}+1}{-\frac{3}{2}}\right)=-\frac{1}{3}e^{\frac{3}{2}}=-\frac{1}{3}e\sqrt{e}$$

→ 위의 식을 $f'(t)=\dfrac{1}{e^p}\times\left(-\dfrac{p+1}{p}\right)$로 정리한 후 $t=a,\ p=-\dfrac{3}{2}$ 대입

---

023 [정답률 37%] 정답 ①

실수 t에 대하여 원점을 지나고 곡선 $y=\dfrac{1}{e^x}+e^t$에 접하는 직선의 기울기를 $f(t)$라 하자. $f(a)=-e\sqrt{e}$를 만족시키는 상수 a에 대하여 $f'(a)$의 값은? (3점)

① $-\dfrac{1}{3}e\sqrt{e}$ ② $-\dfrac{1}{2}e\sqrt{e}$ ③ $-\dfrac{2}{3}e\sqrt{e}$

④ $-\dfrac{5}{6}e\sqrt{e}$ ⑤ $-e\sqrt{e}$

Step 1 $f(t)$를 구하고 곡선 $y=\dfrac{1}{e^x}+e^t$에 접하는 직선의 방정식을 구한다.

실수 t에 대하여 원점을 지나고 곡선 $y=\dfrac{1}{e^x}+e^t$에 접하는 직선과 주어진 곡선이 만나는 접점의 x좌표를 p라 하면 접점의 좌표는 $\left(p,\ \dfrac{1}{e^p}+e^t\right)$이다.

이때 $y'=-\dfrac{1}{e^x}$이므로 접선의 기울기는 $f(t)=-\dfrac{1}{e^p}$이다.

따라서 곡선 $y=\dfrac{1}{e^x}+e^t$에 접하는 직선의 방정식은

$$y=-\frac{1}{e^p}(x-p)+\left(\frac{1}{e^p}+e^t\right)$$

이 접선이 원점을 지나므로 $0=-\dfrac{1}{e^p}(0-p)+\left(\dfrac{1}{e^p}+e^t\right)$

$$\therefore -(p+1)\frac{1}{e^p}=e^t \quad\cdots\cdots ㉠$$

---

024 [정답률 51%] 정답 ④

→ 이런 소선늘늘 놓치시 않노록 주의해야 해.

함수 $f(x)=\ln\dfrac{x}{k}$ (k는 자연수)의 역함수를 $y=g(x)$라 할 때, 곡선 $y=f(x)$ 위의 점과 곡선 $y=g(x)$ 위의 점 사이의 최단 거리를 l_k라 하자. $l_k\geq3\sqrt2$를 만족시키는 k의 최솟값은? (단, $e=2.7$로 계산한다.) (3점)

① 11 ② 10 ③ 9 ④ 8 ⑤ 7

Step 1 두 함수 $y=f(x)$, $y=g(x)$의 그래프가 직선 $y=x$에 대하여 대칭임을 이용한다.

오른쪽 그림과 같이 두 함수 $y=f(x)$, $y=g(x)$의 그래프는 직선 $y=x$에 대하여 대칭이다.

→ 함수 $y=g(x)$가 함수 $y=f(x)$의 역함수이므로

따라서 곡선 $y=f(x)$ 위의 점과 곡선 $y=g(x)$ 위의 점 사이의 최단 거리 l_k는 곡선 $y=f(x)$ 위의 점과 직선 $y=x$ 위의 점 사이의 최단 거리의 2배이다.

Step 2 곡선 $y=f(x)$ 위의 점 $(a, f(a))$에서 직선 $y=x$ 사이의 거리가 최소가 될 때의 조건을 구한다.

곡선 $y=f(x)$ 위의 점 $(a, f(a))$와 직선 $y=x$ 사이의 최단 거리를 $\dfrac{l_k}{2}$라 하면 최단 거리가 될 때의 점 $(a, f(a))$에서의 접선의 기울기는 $f'(a)=1$이어야 한다.

→ 기울기가 1인 직선 $y=x$를 평행이동시켜 함수 $y=f(x)$의 그래프와 접하도록 했을 때, 그 접점과 직선 $y=x$ 사이의 거리가 최단 거리가 된다.

$f(x)=\ln x-\ln k$에서 $f'(x)=\dfrac{1}{x}$이므로

$$f'(a)=\frac{1}{a}=1 \quad\therefore a=1$$

Step 3 곡선 $y=f(x)$ 위의 점 $\left(1, \ln\dfrac{1}{k}\right)$과 직선 $y=x$ 사이의 거리가

$\dfrac{3\sqrt{2}}{2}$ 이상이 되도록 하는 자연수 k의 최솟값을 구한다.

곡선 $y=f(x)$ 위의 점 $\left(1, \ln\dfrac{1}{k}\right)$과 직선 $y=x$,

즉 $x-y=0$ 사이의 거리는

$$\dfrac{l_k}{2}=\dfrac{\left|1-\ln\dfrac{1}{k}\right|}{\sqrt{1^2+(-1)^2}}=\dfrac{|1+\ln k|}{\sqrt{2}}\geq\dfrac{3\sqrt{2}}{2}$$

$$l_k=\dfrac{2}{\sqrt{2}}|1+\ln k|\geq 3\sqrt{2}$$

> 점 (x_1, y_1)과 직선 $ax+by+c=0$ 사이의 거리는
> $$\dfrac{|ax_1+by_1+c|}{\sqrt{a^2+b^2}}$$
> 위 식에 $x_1=1, y_1=\ln\dfrac{1}{k}, a=1,$ $b=-1, c=0$ 대입

$|1+\ln k|\geq 3$, $1+\ln k\geq 3$ ($\because k$는 자연수)

$\ln k\geq 2$ $\quad\therefore k\geq e^2=2.7^2=7.29$ → 문제에서 $e=2.7$로 계산하라고 했어.

따라서 자연수 k의 최솟값은 8이다.

> 문제에서 k는 자연수라고 했어.

💡 알아야 할 기본개념

로그함수의 도함수

$a>0$, $a\neq 1$, $x>0$, $f(x)\neq 0$일 때

(1) $y=\ln x$이면 $y'=\dfrac{1}{x}$ $\qquad$ (2) $y=\log_a x$이면 $y'=\dfrac{1}{x\ln a}$

(3) $y=\ln|f(x)|$이면 $y'=\dfrac{f'(x)}{f(x)}$

(4) $y=\log_a|f(x)|$이면 $y'=\dfrac{f'(x)}{f(x)}\cdot\dfrac{1}{\ln a}$

---

025 [정답률 78%] 정답 ③

그림과 같이 함수 $f(x)=\log_2\left(x+\dfrac{1}{2}\right)$의 그래프와 함수

$g(x)=a^x\,(a>1)$의 그래프가 있다. 곡선 $y=g(x)$가 y축과

> 점 A의 x좌표는 0이야.

만나는 점을 A, 점 A를 지나고 x축에 평행한 직선이 곡선

$y=f(x)$와 만나는 점 중 점 A가 아닌 점을 B, 점 B를 지나고

y축에 평행한 직선이 곡선 $y=g(x)$와 만나는 점을 C라 하자.

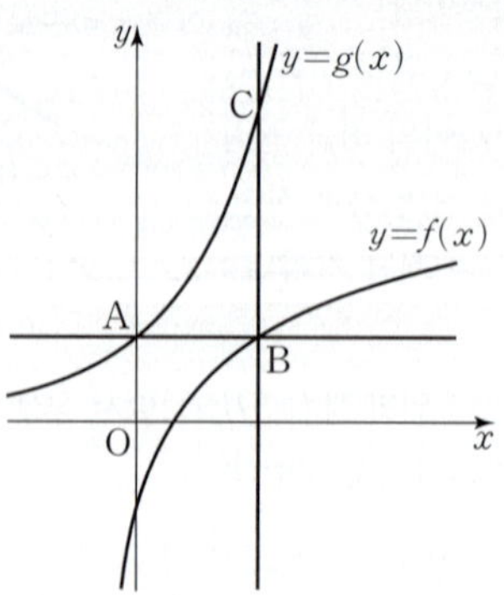

곡선 $y=g(x)$ 위의 점 C에서의 접선이 x축과 만나는 점을

D라 하자. $\overline{AD}=\overline{BD}$일 때, $g(2)$의 값은? (4점)

① $e^{\frac{2}{3}}$ $\qquad$ ② $e^{\frac{5}{3}}$ $\qquad$ 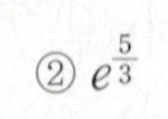 $e^{\frac{8}{3}}$

④ $e^{\frac{11}{3}}$ $\qquad$ ⑤ $e^{\frac{14}{3}}$

> 주어진 조건 $\overline{AD}=\overline{BD}$를 이용하여 a의 값을 구해.

Step 1 점 C에서의 접선의 방정식을 구한다.

점 A의 y좌표가 $g(0)=a^0=1$이므로 점 B의 x좌표는

$1=\log_2\left(x+\dfrac{1}{2}\right)$에서 $x=\dfrac{3}{2}$

> 직선 $y=1$과 함수 $y=f(x)$의 그래프의 교점이야.
> $x+\dfrac{1}{2}=2$

즉, 점 C의 x좌표는 $\dfrac{3}{2}$이다.

$g(x)=a^x\,(a>1)$에서 $g'(x)=a^x\ln a$

> 점 C는 직선 $x=\dfrac{3}{2}$과 함수 $y=g(x)$의 그래프의 교점이야.

$\therefore g'\left(\dfrac{3}{2}\right)=a^{\frac{3}{2}}\cdot\ln a$

> 점 C에서의 접선의 방정식을 구하기 위해 이 접선의 기울기를 구했어.

따라서 곡선 $y=g(x)$ 위의 점 $C\left(\dfrac{3}{2}, a^{\frac{3}{2}}\right)$에서 이 곡선에 접하는

직선의 방정식은

$$y-a^{\frac{3}{2}}=a^{\frac{3}{2}}\left(x-\dfrac{3}{2}\right)\ln a$$

> 한 점 $C\left(\dfrac{3}{2}, a^{\frac{3}{2}}\right)$을 지나고 기울기가 $a^{\frac{3}{2}}\ln a$인 직선의 방정식

Step 2 점 D의 좌표를 구한다.

위 식에 $y=0$을 대입하면

$$-a^{\frac{3}{2}}=a^{\frac{3}{2}}\left(x-\dfrac{3}{2}\right)\ln a$$

> 위의 접선이 x축과 만나는 점이 D이므로 $y=0$일 때야.

$$x-\dfrac{3}{2}=-\dfrac{1}{\ln a}$$

$$x=\dfrac{3}{2}-\dfrac{1}{\ln a}$$

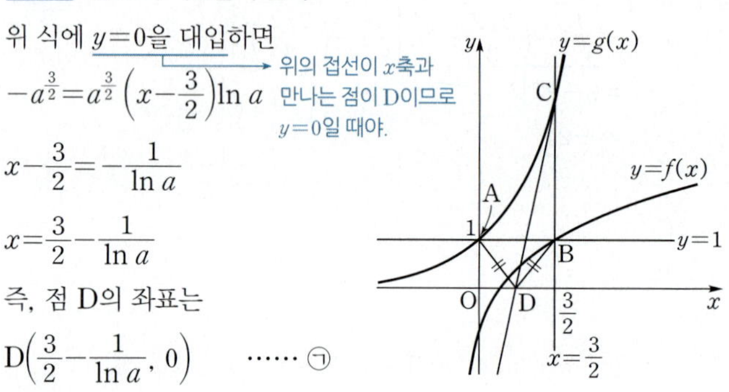

즉, 점 D의 좌표는

$D\left(\dfrac{3}{2}-\dfrac{1}{\ln a},\ 0\right)$ $\quad$ …… ㉠

Step 3 $\overline{AD}=\overline{BD}$임을 이용하여 $g(2)$의 값을 구한다.

$\overline{AD}=\overline{BD}$이므로

> 삼각형 ADB는 $\overline{AD}=\overline{BD}$인 이등변삼각형이야.

점 D는 두 점 $A(0, 1)$, $B\left(\dfrac{3}{2}, 1\right)$에 대하여 선분 AB의

수직이등분선과 x축의 교점이다.

따라서 점 D의 좌표는 $D\left(\dfrac{3}{4}, 0\right)$이다.

> 점 D의 x좌표는 점 A의 x좌표와 점 B의 x좌표의 평균이고 점 D는 x축 위의 점이므로 y좌표는 0이야.

㉠에서 $\dfrac{3}{2}-\dfrac{1}{\ln a}=\dfrac{3}{4}$이므로

$$\dfrac{1}{\ln a}=\dfrac{3}{4},\ \ln a=\dfrac{4}{3}\quad\therefore a=e^{\frac{4}{3}}$$

> 로그의 정의
> $a>0$, $a\neq 1$일 때 양수 N에 대하여
> $a^x=N\Longleftrightarrow x=\log_a N$

따라서 $g(x)=e^{\frac{4}{3}x}$이므로 $g(2)=e^{\frac{8}{3}}$

> 함수 $g(x)=a^x$이고 $a=e^{\frac{4}{3}}$이므로 $a=e^{\frac{4}{3}}$을 대입하면 $g(x)=(e^{\frac{4}{3}})^x=e^{\frac{4}{3}x}$

💡 알아야 할 기본개념

로그함수의 도함수

(1) $y=\ln|x|$이면 $y'=\dfrac{1}{x}$

(2) $y=\log_a|x|\,(a>0,\ a\neq 1)$이면 $y'=\dfrac{1}{x\ln a}$

(3) $y=\ln|f(x)|$이면 $y'=\dfrac{f'(x)}{f(x)}$

접선의 방정식

함수 $f(x)$가 $x=a$에서 미분가능할 때, 곡선 $y=f(x)$ 위의

점 $P(a, f(a))$에서의 접선의 방정식은 $y-f(a)=f'(a)(x-a)$

026 [정답률 86%]　　　　　　　　정답 ③

함수 $y=a\sin(bx+c)+d$의 그래프에 대하여
① 최댓값 : $|a|+d$　② 최솟값 : $-|a|+d$　③ 주기 : $\dfrac{2\pi}{|b|}$

닫힌구간 $[0,\ 4]$에서 정의된 함수

$$f(x)-2\sqrt{2}\sin\frac{\pi}{4}x$$

$x=2$일 때 최댓값 $2\sqrt{2}$를 갖는다.

의 그래프가 그림과 같고, 직선 $y=g(x)$가 $y=f(x)$의 그래프 위의 점 $A(1,\ 2)$를 지난다.

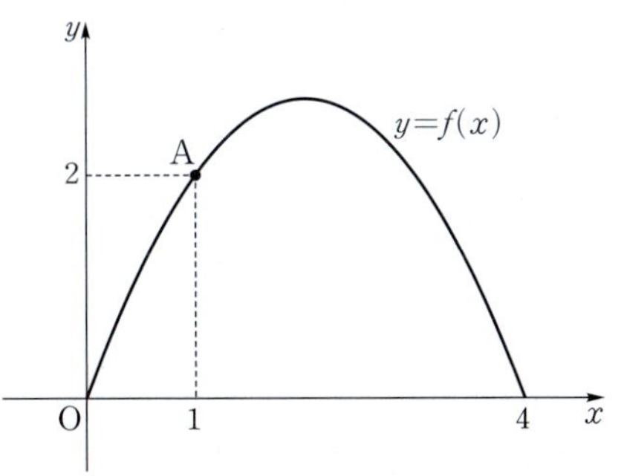

일차함수 $g(x)$가 닫힌구간 $[0,\ 4]$에서 $f(x)\le g(x)$를 만족시킬 때, $g(3)$의 값은? (4점)

① π　　　　② $\pi+1$　　　　③ $\pi+2$
④ $\pi+3$　　　⑤ $\pi+4$

점 $A(1,2)$를 지나는 직선 $y=g(x)$를 그려 보면서 직선 $y=g(x)$의 기울기가 어떨 때 $f(x)\le g(x)$가 되는지 확인해.

Step 1 $f(x)\le g(x)$를 만족시키는 일차함수 $g(x)$가 무엇일지 생각해 본다.

닫힌구간 $[0,\ 4]$에서 $f(x)\le g(x)$이어야 하므로 함수 $y=g(x)$의 그래프는 함수 $y=f(x)$의 그래프 위의 점 $(1,\ 2)$에서의 접선이다.

Step 2 $g(x)$를 구한다.

$(a\sin bx)'=a\cos bx\times b$이므로
$\left(2\sqrt{2}\sin\frac{\pi}{4}x\right)'=2\sqrt{2}\cos\frac{\pi}{4}x\times\frac{\pi}{4}$

$$f'(x)-\left(2\sqrt{2}\cos\frac{\pi}{4}x\right)\times\frac{\pi}{4}=\frac{\sqrt{2}}{2}\pi\cos\frac{\pi}{4}x$$

$\therefore f'(1)=\dfrac{\sqrt{2}}{2}\pi\cos\dfrac{\pi}{4}=\dfrac{\pi}{2}$ → 함수 $y=f(x)$의 그래프 위의 점 $A(1,2)$에서의 접선의 기울기

$\therefore g(x)=\dfrac{\pi}{2}(x-1)+2$ → 기울기가 $\dfrac{\pi}{2}$이고 점 $A(1,2)$를 지나는 직선의 방정식

Step 3 $g(3)$의 값을 구한다.

$$\therefore g(3)=\frac{\pi}{2}\times(3-1)+2=\pi+2$$

027　　　　　　　　　　　　　　정답 16

그림과 같이 곡선 $y=\sqrt{x}$의 접선 l과 x축 및 두 직선 $x=0$과 $x=8$로 둘러싸인 사다리꼴의 넓이의 최솟값을 구하시오. (4점)

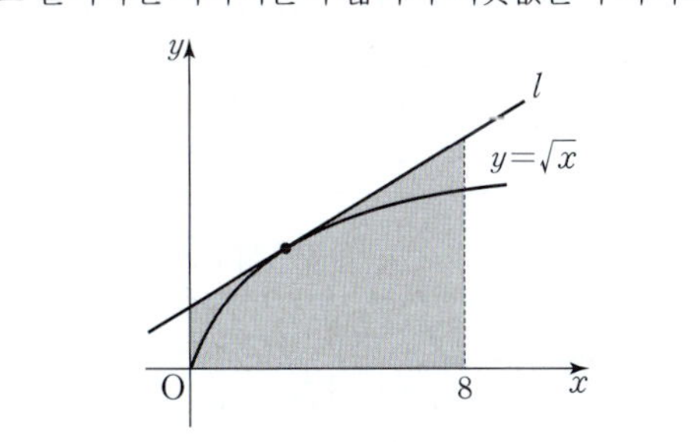

Step 1 접선 l의 기울기와 방정식을 구한다.

곡선 $y=\sqrt{x}$와 접선 l의 접점을 P라 할 때, 점 P의 좌표를 $P(a,\ \sqrt{a})$라 하자. → $y=\sqrt{x}$에 $x=a$ 대입

이때 $y=\sqrt{x}$에서 $y'=\dfrac{1}{2\sqrt{x}}$이므로 곡선 $y=\sqrt{x}$ 위의 점 P에서의 접선의 기울기는 $\dfrac{1}{2\sqrt{a}}$이다.

$y=\sqrt{x}=x^{\frac{1}{2}}$
$\therefore y'=\dfrac{1}{2}x^{-\frac{1}{2}}=\dfrac{1}{2\sqrt{x}}$
$y=x^a$의 도함수 a가 실수일 때, $y=x^a \Rightarrow y'=ax^{a-1}$

따라서 접선 l은 기울기가 $\dfrac{1}{2\sqrt{a}}$이고 점 $(a,\ \sqrt{a})$를 지나므로 접선 l의 방정식은

기울기가 m이고 점 (p,q)를 지나는 직선의 방정식 : $y-q=m(x-p)$

$y\ \sqrt{a}=\dfrac{1}{2\sqrt{a}}(x-a)$

$\therefore y=\dfrac{1}{2\sqrt{a}}x+\dfrac{\sqrt{a}}{2}$ …… ㉠

$y=\dfrac{1}{2\sqrt{a}}x-\dfrac{a}{2\sqrt{a}}+\sqrt{a}=\dfrac{1}{2\sqrt{a}}x-\dfrac{1}{2}\sqrt{a}+\sqrt{a}=\dfrac{1}{2\sqrt{a}}x+\dfrac{\sqrt{a}}{2}$

이때 구하는 사다리꼴의 넓이는 오른쪽 그림에서 색칠된 부분의 넓이와 같다. ㉠에 의하여 두 직선 $x=0$과 l의 교점이 $\left(0,\ \dfrac{\sqrt{a}}{2}\right)$이고, 두 직선 $x=8$과 l의 교점이 $\left(8,\ \dfrac{4}{\sqrt{a}}+\dfrac{\sqrt{a}}{2}\right)$이므로 사다리꼴의 넓이는

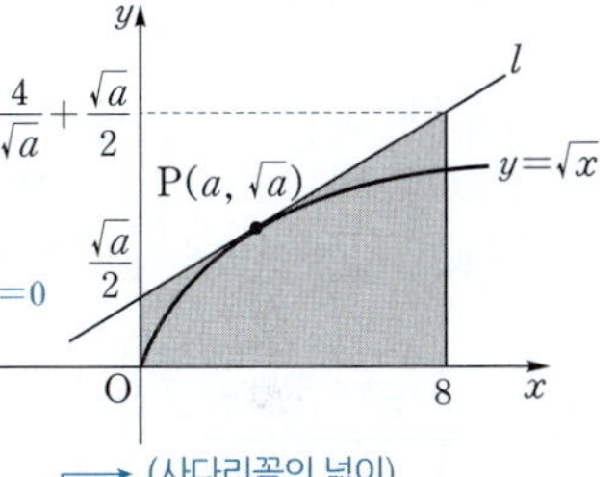

㉠에 $x=0$ 대입
㉠에 $x=8$ 대입

(사다리꼴의 넓이) $=\dfrac{1}{2}\times\{($윗변의 길이$)+($아랫변의 길이$)\}\times($높이$)$

$$\frac{1}{2}\times 8\times\left(\frac{\sqrt{a}}{2}+\frac{4}{\sqrt{a}}+\frac{\sqrt{a}}{2}\right)=4\left(\sqrt{a}+\frac{4}{\sqrt{a}}\right)$$

Step 2 산술평균과 기하평균의 관계를 이용하여 사다리꼴의 넓이의 최솟값을 구한다.

$\sqrt{a}>0,\ \dfrac{4}{\sqrt{a}}>0$이므로 산술평균과 기하평균의 관계에 의하여

산술평균과 기하평균의 관계 : 두 양수 x,y에 대하여 $\dfrac{x+y}{2}\ge\sqrt{xy}$ (단, 등호는 $x=y$일 때 성립)

$(\text{사다리꼴의 넓이})=4\left(\sqrt{a}+\dfrac{4}{\sqrt{a}}\right)$

$\ge 4\cdot 2\sqrt{\sqrt{a}\cdot\dfrac{4}{\sqrt{a}}}$ $\left(\text{단, 등호는 }\sqrt{a}=\dfrac{4}{\sqrt{a}}\text{일 때 성립}\right)$

$=16$ → $a=4$일 때 성립

따라서 구하는 사다리꼴의 넓이의 최솟값은 16이다.

028 [정답률 52%] 　　　　　　　　　정답 26

> 원 $x^2+y^2=1$ 위의 임의의 점 P와 곡선 $y=\sqrt{x}-3$ 위의
> 임의의 점 Q에 대하여 $\overline{PQ}$의 최솟값은 $\sqrt{a}-b$이다.
> 자연수 a, b에 대하여 a^2+b^2의 값을 구하시오. (4점)
> → 선분 PQ의 길이가 최소가 될 때 점 P가
> 　　어디에 위치해야 하는지 생각해.

Step 1 선분 PQ의 길이가 최소가 될 때의 점 P의 위치를 생각한다.

→ 점 Q는 곡선 $y=\sqrt{x}-3$ 위의 점이야.
점 Q의 좌표를 $Q(t, \sqrt{t}-3)$ $(t \geq 0)$이라 하자.
선분 PQ의 길이가 최소가 되려면 다음 그림과 같이 점 P는
원 $x^2+y^2=1$과 선분 OQ의 교점이고, 선분 OQ의 길이가
최소이어야 한다.

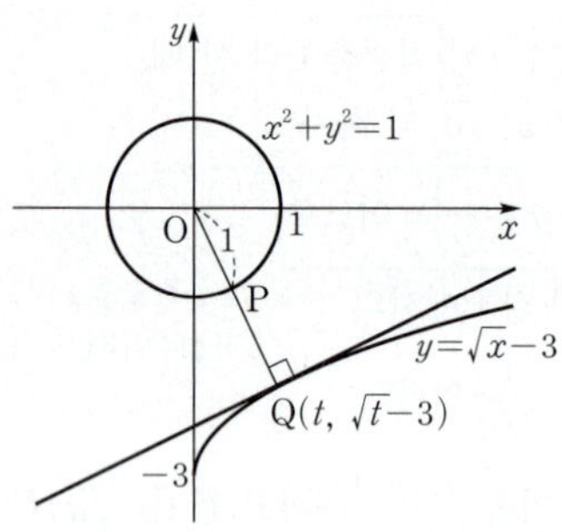

Step 2 곡선 $y=\sqrt{x}-3$ 위의 점 Q에서의 접선과 직선 OQ가 서로
수직임을 이용한다.

따라서 곡선 $y=\sqrt{x}-3$ 위의 점 Q에서의 접선과 직선 OQ는 서로
수직이어야 한다.

$y=\sqrt{x}-3$에서 $y'=\dfrac{1}{2\sqrt{x}}$이므로

점 Q에서의 접선의 기울기는 $\dfrac{1}{2\sqrt{t}}$이고

직선 OQ의 기울기는 $\dfrac{\sqrt{t}-3}{t}$이다.　→ $y'=\dfrac{1}{2\sqrt{x}}$에 $x=t$ 대입

$\dfrac{1}{2\sqrt{t}} \times \dfrac{\sqrt{t}-3}{t} = -1$　　중요 서로 수직인 두 직선의 기울기의 곱은 -1이야.

$2(\sqrt{t})^3 + \sqrt{t}-3=0$, $(\sqrt{t}-1)(2t+2\sqrt{t}+3)=0$
→ $\sqrt{t}$를 치환한 후 방정식을　　→ $t \geq 0$이므로 $2t+2\sqrt{t}+3$은
　　풀어도 돼.　　　　　　　　　　　0이 될 수 없어.

$\sqrt{t}=1$　　∴ $t=1$

∴ $Q(1, -2)$

Step 3 선분 PQ의 길이의 최솟값을 구한다.

$\therefore \overline{PQ}=\overline{OQ}-1$　→ $=\overline{OP}=$(원의 반지름의 길이)
$\phantom{\therefore \overline{PQ}}=\sqrt{1^2+(-2)^2}-1=\sqrt{5}-1$

따라서 $a=5$, $b=1$이므로 $a^2+b^2=5^2+1^2=26$

029 [정답률 80%] 　　　　　　　　　정답 ⑤

> 함수 $f(x)=x^3-5x^2+9x-5$의 역함수를 $g(x)$라 할 때, 곡선
> $y=g(x)$ 위의 점 $(4, g(4))$에서의 접선의 기울기는? (4점)
>
> ① $\dfrac{1}{18}$　　　　② $\dfrac{1}{12}$　　　　③ $\dfrac{1}{9}$
>
> ④ $\dfrac{5}{36}$　　　　⑤ $\dfrac{1}{6}$

Step 1 $g(4)$의 값을 구한다.

함수 $f(x)$의 역함수가 $g(x)$이므로 $g(4)=k$라 하면 $f(k)=4$
$f(k)=k^3-5k^2+9k-5=4$에서　→ 역함수의 성질이니 꼭 기억해.
$k^3-5k^2+9k-9=0$, $(k-3)(k^2-2k+3)=0$
이때 k는 실수이므로 $k=3$　→ $k^2-2k+3=0$을 만족시키는
　　　　　　　　　　　　　　　　실수 k는 존재하지 않아.
$\therefore g(4)=3$

Step 2 역함수의 미분법을 이용하여 점 $(4, g(4))$에서의 접선의 기울기
를 구한다.

함수 $f(x)$의 역함수가 $g(x)$이므로
$f(g(x))=x$　→ 합성함수의 미분
양변을 미분하면 $f'(g(x)) \times g'(x)=1$

$\therefore g'(x)=\dfrac{1}{f'(g(x))}$　　……㉠

함수 $f(x)=x^3-5x^2+9x-5$를 미분하면
$f'(x)=3x^2-10x+9$
$\therefore f'(3)=27-30+9=6$
따라서 곡선 $y=g(x)$ 위의 점 $(4, g(4))$에서의
접선의 기울기는 ㉠에 $x=4$를 대입하면　→ $=$미분계수
$g'(4)=\dfrac{1}{f'(g(4))}=\dfrac{1}{f'(3)}=\dfrac{1}{6}$

030 [정답률 86%] 　　　　　　　　　정답 ①

> 함수 $f(x)=\tan^3 x\left(-\dfrac{\pi}{2}<x<\dfrac{\pi}{2}\right)$의 역함수를 $g(x)$라 할
> 때, 곡선 $y=g(x)$ 위의 점 $(1, g(1))$에서의 접선의 기울기는?
> 　　　　　　　　　　　　　　　　　　　　　　(4점)
>
> ① $\dfrac{1}{6}$　　　　② $\dfrac{1}{3}$　　　　③ $\dfrac{1}{2}$
>
> ④ $\dfrac{2}{3}$　　　　⑤ $\dfrac{5}{6}$

Step 1 $g'(1)$의 값을 식으로 나타낸다.

함수 $f(x)=\tan^3 x\left(-\dfrac{\pi}{2}<x<\dfrac{\pi}{2}\right)$에서

$f\left(\dfrac{\pi}{4}\right)=\left(\tan\dfrac{\pi}{4}\right)^3=1$
　　　　　　　　　→ $\tan\dfrac{\pi}{4}=1$
따라서 $g(1)=\dfrac{\pi}{4}$이므로 역함수의 미분법에 의하여

$g'(1)=\dfrac{1}{f'\left(\dfrac{\pi}{4}\right)}$　→ 점 $(1, g(1))$에서의 접선의 기울기

Step 2 곡선 $y=g(x)$ 위의 점 $(1, g(1))$에서의 접선의 기울기를
구한다.

함수 $f(x)=\tan^3 x$을 x에 대하여 미분하면
$f'(x)=3\tan^2 x \sec^2 x$　→ $(\tan x)'=\sec^2 x$

$\therefore f'\left(\dfrac{\pi}{4}\right)=3\left(\tan\dfrac{\pi}{4}\right)^2\left(\sec\dfrac{\pi}{4}\right)^2$

$\phantom{\therefore f'\left(\dfrac{\pi}{4}\right)}=3\times 1^2\times(\sqrt{2})^2$　→ $\sec\dfrac{\pi}{4}=\dfrac{1}{\cos\frac{\pi}{4}}=\sqrt{2}$

$\phantom{\therefore f'\left(\dfrac{\pi}{4}\right)}=3\times 2=6$

따라서 점 $(1, g(1))$에서의 접선의 기울기는

$g'(1)=\dfrac{1}{f'\left(\dfrac{\pi}{4}\right)}=\dfrac{1}{6}$

031 [정답률 86%]　　　　　　　　　정답 4

> 함수 $f(x)=2x+\sin x$의 역함수를 $g(x)$라 할 때, 곡선
> $y=g(x)$ 위의 점 $(4\pi, 2\pi)$에서의 접선의 기울기는 $\dfrac{q}{p}$이다.
> $p+q$의 값을 구하시오.
> → 접선의 기울기는 $g'(4\pi)$야.
> 　　　　　　　　　(단, p와 q는 서로소인 자연수이다.) (4점)

Step 1 역함수의 미분법을 이용하여 주어진 접선의 기울기를 나타낸다.

함수 $f(x)$의 역함수가 $g(x)$이므로

$f(g(x))=x$ → 자주 쓰이는 내용이니까 꼭 기억해.

위 식의 양변을 x에 대하여 미분하면

$f'(g(x))g'(x)=1$

$g'(x)=\dfrac{1}{f'(g(x))}$

곡선 $y=g(x)$가 점 $(4\pi, 2\pi)$를 지나므로 위 식의 양변에 $x=4\pi$를 대입하면

$g'(4\pi)=\dfrac{1}{f'(g(4\pi))}$

　　암기　미분가능한 함수 $h(x)$에 대하여 곡선 $y=h(x)$ 위의 점 $(a,\ h(a))$에서의 접선의 기울기는 $h'(a)$이다.

$=\dfrac{1}{f'(2\pi)}\ (\because g(4\pi)=2\pi)$

Step 2 함수 $f(x)$를 미분하여 $f'(2\pi)$의 값을 구한다.

$f(x)=2x+\sin x$에서

$f'(x)=2+\cos x$이므로

중요　$y=\sin x$이면 $y'=\cos x$
$y=\cos x$이면 $y'=-\sin x$
$y=\tan x$이면 $y'=\sec^2 x$

$f'(2\pi)=2+1=3\ (\because \cos 2\pi=1)$

Step 3 접선의 기울기를 구한다.

따라서 $g'(4\pi)=\dfrac{1}{f'(2\pi)}=\dfrac{1}{3}$이므로 $p=3,\ q=1$

$\therefore p+q=3+1=4$

032 [정답률 48%]　　　　　　　　　정답 15

> 　　　　→ $f(2)=1, f'(2)=1$
> 실수 전체의 집합에서 증가하고 미분가능한 함수 $f(x)$가
> 있다. 곡선 $y=f(x)$ 위의 점 $(2, 1)$에서의 접선의 기울기는
> 1이다. 함수 $f(2x)$의 역함수를 $g(x)$라 할 때, 곡선 $y=g(x)$
> 위의 점 $(1, a)$에서의 접선의 기울기는 b이다. $10(a+b)$의
> 값을 구하시오. (4점)
> 　　　　　→ $g(1)=a, g'(1)=b$

Step 1 $f(2x)$의 역함수가 $g(x)$이므로 합성함수의 미분법을 이용한다.

주어진 조건에서 $f(2)=1$, $f'(2)=1$이고,

$g(1)=a$, $g'(1)=b$이다.

$f(2x)$의 역함수가 $g(x)$이므로

$g(f(2x))=x$　중요　　　　…… ㉠

㉠의 양변에 $x=1$을 대입하면 $g(f(2))=1$ → a의 값을 구하기 위하여 주어진 조건 $f(2)=1$을 이용할 거야.

$g(1)=1$

$\therefore a=g(1)=1$

㉠의 양변을 x에 대하여 미분하면 → ㉠의 좌변은 합성함수의 미분법을 이용

$g'(f(2x))f'(2x)\cdot 2=1$　　　…… ㉡

㉡의 양변에 $x=1$을 대입하면

$g'(f(2))f'(2)\cdot 2=1$　　　b의 값을 구하기 위해 주어진 조건 $f'(2)=1$을 이용한 거야.

$g'(1)\cdot 1\cdot 2=1$

$\therefore b=g'(1)=\dfrac{1}{2}$

함수 $h(x)=2x$라 하면
$f(2x)=f(h(x))=(f\circ h)(x)$
$g(f(h(x)))=x$이므로 합성함수의 미분법에 의하여 $g'(f(h(x)))f'(h(x))h'(x)=1$

$\therefore 10(a+b)=10\left(1+\dfrac{1}{2}\right)=15$

합성함수의 미분법
두 함수 $y=f(u)$, $u=g(x)$가 미분가능할 때, 합성함수 $y=f(g(x))$의 도함수는 $y'=f'(g(x))g'(x)$

★ **다른 풀이** $f(2x)=h(x)$라 하고 역함수의 미분법을 이용하는 풀이

Step 1 $f(2x)=h(x)$라 하고 역함수의 미분법을 이용하여 $g'(1)$의 값을 구한다.

$h(x)=f(2x)$라 하면 $h'(x)=2f'(2x)$이고 $g(x)=h^{-1}(x)$

이때 $h(1)=f(2)=1$이고 $h^{-1}(1)=1$이므로

$a=g(1)=h^{-1}(1)=1$

함수 $h(x)$의 역함수 $h^{-1}(x)$에 대하여 $h(a)=b \Longleftrightarrow h^{-1}(b)=a$

$h^{-1}(x)=y$라 하면 $h(y)=x$이고 역함수의 미분법을 이용하면

$g'(x)=\dfrac{d}{dx}h^{-1}(x)=\dfrac{1}{h'(y)}$

→ 역함수의 미분법을 이용하면 역함수를 직접 구하지 않고도 역함수의 미분계수를 알 수 있어.

$b=g'(1)=\dfrac{1}{h'(1)}=\dfrac{1}{2f'(2)}=\dfrac{1}{2}\ (\because f'(2)=1)$

$\therefore 10(a+b)=10\left(1+\dfrac{1}{2}\right)=15$

→ $g(1)=1$이므로 $x=1$, $y=1$을 대입한 거야.

033 [정답률 20%]　　　　　　　　　정답 3

> 함수 $f(x)=e^x+x$가 있다. 양수 t에 대하여 점 $(t, 0)$과
> 점 $(x, f(x))$ 사이의 거리가 $x=s$에서 최소일 때,
> 실수 $f(s)$의 값을 $g(t)$라 하자. 함수 $g(t)$의 역함수를 $h(t)$라
> 할 때, $h'(1)$의 값을 구하시오. (4점) → $g(h(t))=t$
> → 언제 두 점 사이의 거리가 최소일지 생각해본다.

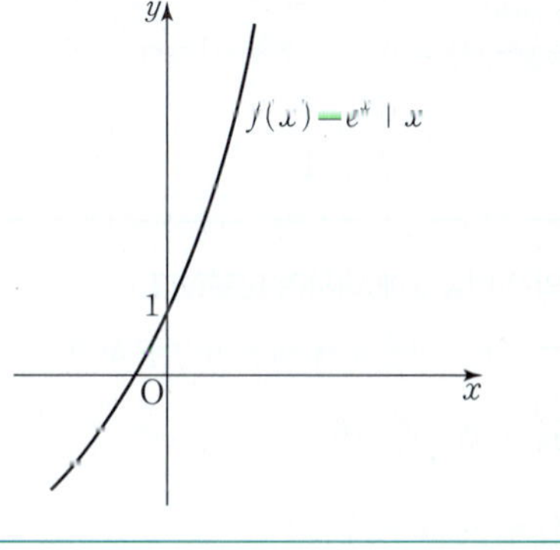

Step 1 두 점 $P(s, f(s))$, $Q(t, 0)$에 대하여 점 P에서의 접선과 직선 PQ가 수직임을 이용한다.

두 점 P, Q를 각각 $P(s, f(s))$, $Q(t, 0)$이라 하자.

점 $(t, 0)$과 점 $(x, f(x))$ 사이의 거리가 $x=s$에서 최소이므로 곡선 $y=f(x)$ 위의 점 P에서의 접선과 직선 PQ는 수직이어야 한다.

$f(x)=e^x+x$에서 $f'(x)=e^x+1$이므로 $f'(s)=e^s+1$　　　…… ㉠

직선 PQ의 기울기는 $\dfrac{f(s)-0}{s-t}=\dfrac{e^s+s}{s-t}$ ...... ㉡

㉠, ㉡에서 $(e^s+1)\times\dfrac{e^s+s}{s-t}=-1$

점 P에서의 접선과 직선 PQ가 수직이므로 기울기의 곱은 -1이어야 한다.

$f(s)=e^s+s$

$(e^s+1)(e^s+s)=t-s$ ∴ $t=(e^s+1)(e^s+s)+s$ ...... ㉢

한편, $f(s)$의 값이 $g(t)$이므로 $g(t)=e^s+s$ ...... ㉣

Step 2 역함수의 성질을 이용하여 $h'(1)$에 대한 식을 세운다.

함수 $g(t)$의 역함수가 $h(t)$이므로 $h(1)=k$라 하면 $g(k)=1$

㉣에서 $g(k)=e^s+s=1$ ∴ $s=0$

$e^0+0=1$

$s=0$, $t=k$를 ㉢에 대입하면 $k=(e^0+1)(e^0+0)+0=2$ → $h(1)=2$

$g(h(t))=t$의 양변을 t에 대하여 미분하면

$g'(h(t))h'(t)=1$ ∴ $h'(t)=\dfrac{1}{g'(h(t))}$

→ t 대신에 k를 넣었다.

위 식에 $t=1$을 대입하면 $h'(1)=\dfrac{1}{g'(h(1))}=\dfrac{1}{g'(2)}$ ...... ㉤

Step 3 $g'(t)$의 식을 구한 후 $h'(1)$의 값을 계산한다.

㉢의 양변을 t에 대하여 미분하면

$1=\{e^s(e^s+s)+(e^s+1)^2+1\}\dfrac{ds}{dt}$

→ 곱의 미분법

$\dfrac{ds}{dt}=\dfrac{1}{e^s(e^s+s)+(e^s+1)^2+1}$

또한 ㉣의 양변을 t에 대하여 미분하면

$g'(t)=(e^s+1)\dfrac{ds}{dt}=\dfrac{e^s+1}{e^s(e^s+s)+(e^s+1)^2+1}$

$s=0$일 때 $t=2$이므로 $g'(2)=\dfrac{e^0+1}{e^0(e^0+0)+(e^0+1)^2+1}=\dfrac{1}{3}$

→ Step 2에서 k의 값

$\dfrac{2}{1\times1+2^2+1}$

∴ $h'(1)=\dfrac{1}{g'(2)}=3$ (∵ ㉤)

034 [정답률 92%]　　　　정답 ⑤

곡선 $x^2+xy+y^3=7$ 위의 점 $(2,\,1)$에서의 접선의 기울기는? (3점)

① -5　　　② -4　　　③ -3

④ -2　　　⑤ -1

Step 1 등식의 양변을 x에 대하여 미분한다.

$x^2+xy+y^3=7$의 양변을 x에 대하여 미분하면

$2x+y+x\dfrac{dy}{dx}+3y^2\dfrac{dy}{dx}=0$

$(x+3y^2)\dfrac{dy}{dx}=-(2x+y)$

∴ $\dfrac{dy}{dx}=-\dfrac{2x+y}{x+3y^2}$ ...... ㉠

Step 2 $x=2$, $y=1$을 대입한다.

따라서 주어진 곡선 위의 점 $(2,\,1)$에서의 접선의 기울기는

㉠에 $x=2$, $y=1$을 대입하면

$-\dfrac{2\times2+1}{2+3\times1^2}=-\dfrac{5}{5}=-1$

035 [정답률 89%]　　　　정답 ①

곡선 $x^2+5xy-2y^2+11=0$ 위의 점 $(1,\,4)$에서의 접선과 x축 및 y축으로 둘러싸인 부분의 넓이는? (4점)

① 1　　　② 2　　　③ 3

④ 4　　　⑤ 5

Step 1 음함수의 미분법을 이용하여 곡선 위의 점 $(1,\,4)$에서의 접선의 기울기를 구한다.

$x^2+5xy-2y^2+11=0$의 양변을 x에 대하여 미분하면

$2x+5y+5x\dfrac{dy}{dx}-4y\dfrac{dy}{dx}=0$

→ 음함수 표현 $f(x,y)=0$에서 y를 x의 함수로 생각하고 각 항을 x에 대하여 미분하여 $\dfrac{dy}{dx}$ 를 구하는 방법이야.

$(5x-4y)\dfrac{dy}{dx}=-2x-5y$

→ 좌변에 $\dfrac{dy}{dx}$ 만 남도록 정리

∴ $\dfrac{dy}{dx}=\dfrac{-2x-5y}{5x-4y}$ $(5x-4y\neq0)$ ...... ㉠

곡선 위의 점 $(1,\,4)$에서의 접선의 기울기는 ㉠에 $x=1$, $y=4$를 대입하면

$\dfrac{-2\times1-5\times4}{5\times1-4\times4}=\dfrac{-22}{-11}=2$

Step 2 접선의 방정식을 구하여 접선의 x절편, y절편을 구한다.

기울기가 2이고 점 $(1,\,4)$를 지나는 접선의 방정식은

$y-4=2(x-1)$에서 $y=2x+2$ ...... ㉡

㉡에 $x=0$을 대입하면 $y=2$, $y=0$을 대입하면 $x=-1$이므로 접선의 x절편은 -1, y절편은 2이다.

Step 3 접선과 x축 및 y축으로 둘러싸인 부분의 넓이를 구한다.

따라서 접선 $y=2x+2$를 좌표평면 위에 나타내면 오른쪽 그림과 같으므로 접선과 x축, y축으로 둘러싸인 삼각형의 넓이는

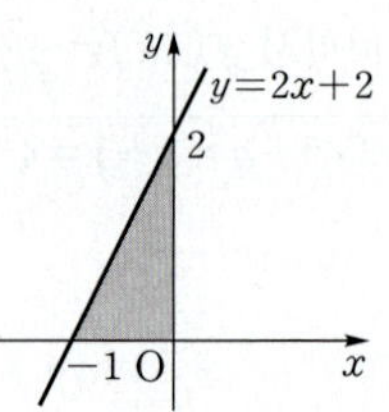

$\dfrac{1}{2}\times2\times1=1$

↓ 높이　↓ 밑변의 길이

036 [정답률 91%]　　　　정답 ⑤

곡선 $e^y\ln x=2y+1$ 위의 점 $(e,\,0)$에서의 접선의 방정식을 $y=ax+b$라 할 때, ab의 값은? (단, a, b는 상수이다.) (3점)

→ $x=e$, $y=0$일 때 $\dfrac{dy}{dx}$의 값이 a가 돼.

① $-2e$　　　② $-e$　　　③ -1

④ $-\dfrac{2}{e}$　　　⑤ $-\dfrac{1}{e}$

Step 1 $\dfrac{dy}{dx}$ 를 구한다.

$e^y\ln x=2y+1$의 양변을 x에 대하여 미분하면

$e^y\dfrac{dy}{dx}\times\ln x+e^y\times\dfrac{1}{x}=2\dfrac{dy}{dx}$

→ e^y 미분　　→ $\ln x$ 미분

$(e^y\ln x-2)\dfrac{dy}{dx}=-\dfrac{e^y}{x}$

∴ $\dfrac{dy}{dx}=-\dfrac{e^y}{x(e^y\ln x-2)}$ ...... ㉠

Step 2 점 $(e, 0)$에서의 접선의 방정식을 구한다.

㉠에 $x=e$, $y=0$을 대입하면

$$\frac{dy}{dx}=-\frac{e^0}{e(e^0\ln e-2)}=\frac{1}{e}$$

점 $(e, 0)$에서의 접선의 기울기를 구하기 위해서야.

$1-2=-1$

곡선 $e^y\ln x=2y+1$ 위의 점 $(e, 0)$에서의 접선의 방정식은

$$y-0=\frac{1}{e}(x-e) \qquad \therefore y=\frac{1}{e}x-1$$

따라서 $a=\dfrac{1}{e}$, $b=-1$이므로

$$ab=\frac{1}{e}\times(-1)=-\frac{1}{e}$$

037 [정답률 86%] 정답 ②

좌표평면 위를 움직이는 점 P의 좌표 (x, y)가 $t(t>0)$을 매개변수로 하여

두 변수 x, y 사이의 관계를 변수 t를 매개로 하여 나타내었어.

$$x=2t+1,\ y=t+\frac{3}{t}$$

으로 나타내어진다. 점 P가 그리는 곡선 위의 한 점 (a, b)에서의 접선의 기울기가 -1일 때, $a+b$의 값은? (3점)

① 6 ② 7 ③ 8
④ 9 ⑤ 10

Step 1 $\dfrac{dy}{dx}=\dfrac{\dfrac{dy}{dt}}{\dfrac{dx}{dt}}$임을 이용한다.

$x=2t+1$, $y=t+\dfrac{3}{t}$의 양변을 각각 t에 대하여 미분하면

$$\frac{dx}{dt}=2,\ \frac{dy}{dt}=1-\frac{3}{t^2}$$

이때 점 $\mathrm{P}\!\left(2t+1,\ t+\dfrac{3}{t}\right)$이 그리는 곡선 위의 한 점에서의 접선의 기울기는

매개변수로 나타내어진 함수의 미분법을 이용

$$\frac{dy}{dx}=\frac{\dfrac{dy}{dt}}{\dfrac{dx}{dt}}=\frac{1-\dfrac{3}{t^2}}{2}=\frac{1}{2}\!\left(1-\frac{3}{t^2}\right)$$

Step 2 점 (a, b)에서의 접선의 기울기가 -1임을 이용한다.

곡선 위의 한 점 (a, b)에서의 접선의 기울기가 -1이므로

$$\frac{1}{2}\!\left(1-\frac{3}{t^2}\right)=-1,\ 1-\frac{3}{t^2}=-2 \qquad \frac{dy}{dx}=-1$$

$$t^2=1 \qquad \therefore t=1\ (\because t>0)$$

따라서 $a=2\times1+1=3$, $b=1+\dfrac{3}{1}=4$이므로

$$a+b=7$$

$x=2t+1$에 $t=1$ 대입 $y=t+\dfrac{3}{t}$에 $t=1$ 대입

💡 알아야 할 기본개념

매개변수로 나타내어진 곡선의 접선의 방정식

매개변수로 나타내어진 곡선 $x=f(t)$, $y=g(t)$가 $t=t_1$에서 미분가능하고 $f'(t_1)\neq0$일 때, 곡선 위의 점 $(f(t_1), g(t_1))$에서의 접선의 방정식은

$$y-g(t_1)=\frac{g'(t_1)}{f'(t_1)}\{x-f(t_1)\}$$

038 [정답률 69%] 정답 ②

매개변수 θ로 나타내어진 함수

$$x=\tan\theta,\ y=\cos^2\theta\ \left(\text{단},\ -\frac{\pi}{2}<\theta<\frac{\pi}{2}\right)$$

에 대하여 이 곡선 위의 점 $\left(1, \dfrac{1}{2}\right)$에서의 접선의 기울기는?

$x=1$일 때 $\dfrac{dy}{dx}$의 값   (3점)

① -1 ② $-\dfrac{1}{2}$ ③ 0
④ $\dfrac{1}{2}$ ⑤ 1

Step 1 매개변수로 나타낸 함수의 미분법을 이용하여 $\dfrac{dy}{dx}$를 구한다.

$x=\tan\theta$에서 양변을 θ에 대하여 미분하면

암기 **삼각함수의 미분**
$y=\sin x \to y'=\cos x$
$y=\cos x \to y'=-\sin x$
$y=\tan x \to y'=\sec^2 x$

$$\frac{dx}{d\theta}=\sec^2\theta=\frac{1}{\cos^2\theta}$$

$y=\cos^2\theta$에서 양변을 θ에 대하여 미분하면

$$\frac{dy}{d\theta}=2\cos\theta\cdot(-\sin\theta)$$

$$\therefore \frac{dy}{dx}=\frac{\dfrac{dy}{d\theta}}{\dfrac{dx}{d\theta}}=\frac{2\cos\theta\cdot(-\sin\theta)}{\dfrac{1}{\cos^2\theta}}=-2\cos^3\theta\sin\theta$$

Step 2 곡선 위의 점 $\left(1, \dfrac{1}{2}\right)$에서의 접선이 기울기를 구한다.

이 식에 $\theta=\dfrac{\pi}{4}$ 대입

$x=1$일 때 $\tan\theta=1$에서 $\theta=\dfrac{\pi}{4}$ $\left(\because -\dfrac{\pi}{2}<\theta<\dfrac{\pi}{2}\right)$

따라서 접선의 기울기는

$$-2\cos^3\frac{\pi}{4}\sin\frac{\pi}{4}=-2\times\left(\frac{1}{\sqrt{2}}\right)^3\times\frac{1}{\sqrt{2}}=-\frac{1}{2}$$

이 점에서의 θ의 값을 구해야 해.

039 정답 ②

매개변수 t로 나타낸 곡선

매개변수의 식이므로 매개변수의 미분법을 이용해!

$$x=e^t+2t,\ y=e^{-t}+3t$$

에 대하여 $t=0$에 대응하는 점에서의 접선이 점 $(10, a)$를 지날 때, a의 값은? (3점)

① 6 ② 7 ③ 8
④ 9 ⑤ 10

Step 1 $t=0$에 대응하는 점의 좌표를 구한다.

주어진 매개변수의 식에 $t=0$을 대입하면

$$x=e^0+2\times0=1,\ y=e^{-0}+3\times0=1$$

따라서 $t=0$에 대응하는 점의 좌표는 $(1, 1)$이다.

곡선과 구하는 접선의 접점이야.

Step 2 접선의 기울기를 구한다.

$\dfrac{dx}{dt}=e^t+2$, $\dfrac{dy}{dt}=-e^{-t}+3$이므로

$\dfrac{dy}{dx}=\dfrac{\frac{dy}{dt}}{\frac{dx}{dt}}=\dfrac{-e^{-t}+3}{e^t+2}$ ← 매개변수의 미분을 이용!

따라서 $t=0$에 대응하는 점에서의 접선의 기울기는

$\dfrac{-e^{-0}+3}{e^0+2}=\dfrac{2}{3}$ ← $\dfrac{dy}{dx}$의 식에 $t=0$ 대입!

Step 3 a의 값을 구한다. → 접점이 $(1,1)$, 기울기가 $\dfrac{2}{3}$인 접선

$t=0$에 대응하는 점에서의 접선의 방정식은

$y=\dfrac{2}{3}(x-1)+1$에서 $y=\dfrac{2}{3}x+\dfrac{1}{3}$

이 직선이 점 $(10,a)$를 지나므로

$a=\dfrac{2}{3}\times10+\dfrac{1}{3}=\dfrac{21}{3}=7$

040 [정답률 74%]

정답 ⑤

매개변수 $t(0<t<\pi)$로 나타내어진 곡선

$$x=\sin t-\cos t,\ y=3\cos t+\sin t$$

위의 점 (a,b)에서의 접선의 기울기가 3일 때, $a+b$의 값은?

(3점)

① 0 ② $-\dfrac{\sqrt{10}}{10}$ ③ $-\dfrac{\sqrt{10}}{5}$

④ $-\dfrac{3\sqrt{10}}{10}$ ⑤ $-\dfrac{2\sqrt{10}}{5}$

Step 1 $\dfrac{dy}{dx}=\dfrac{\frac{dy}{dt}}{\frac{dx}{dt}}$임을 이용한다.

$x=\sin t-\cos t$, $y=3\cos t+\sin t$의 양변을 각각 t에 대하여 미분하면

$\dfrac{dx}{dt}=\cos t+\sin t$, $\dfrac{dy}{dt}=-3\sin t+\cos t$

∴ $\dfrac{dy}{dx}=\dfrac{\frac{dy}{dt}}{\frac{dx}{dt}}=\dfrac{-3\sin t+\cos t}{\cos t+\sin t}$ (단, $\cos t+\sin t\neq0$) ← 매개변수로 나타내어진 함수의 미분법

Step 2 점 (a,b)에서의 접선의 기울기가 3임을 이용한다.

곡선 위의 한 점 (a,b)에서의 접선의 기울기가 3이므로

$\dfrac{-3\sin t+\cos t}{\cos t+\sin t}=3$, $-3\sin t+\cos t=3\cos t+3\sin t$ ($\dfrac{dy}{dx}=3$)

$-2\cos t=6\sin t$ ∴ $\cos t=-3\sin t$ …… ㉠

이때 $\sin^2 t+\cos^2 t=1$이므로 $\sin^2 t+(-3\sin t)^2=10\sin^2 t=1$ ← ㉠ 대입

$\sin^2 t=\dfrac{1}{10}$ ∴ $\sin t=\dfrac{\sqrt{10}}{10}$ ($\because 0<t<\pi$)

이 값을 ㉠에 대입하면 $\cos t=-\dfrac{3\sqrt{10}}{10}$

$a=\sin t-\cos t=\dfrac{\sqrt{10}}{10}-\left(-\dfrac{3\sqrt{10}}{10}\right)=\dfrac{4\sqrt{10}}{10}=\dfrac{2\sqrt{10}}{5}$

$b=3\cos t+\sin t=3\times\left(-\dfrac{3\sqrt{10}}{10}\right)+\dfrac{\sqrt{10}}{10}=-\dfrac{8\sqrt{10}}{10}$

$\quad=-\dfrac{4\sqrt{10}}{5}$

∴ $a+b=\dfrac{2\sqrt{10}}{5}+\left(-\dfrac{4\sqrt{10}}{5}\right)=-\dfrac{2\sqrt{10}}{5}$

041

정답 ③

매개변수 θ에 대하여 $0<\theta<\dfrac{\pi}{2}$에서 정의되고

$$x=2\theta+1,\ y=\theta+\sin 2\theta$$

로 나타내어진 함수 위의 점에서의 접선이 x축과 만나는 점의 좌표를 $(f(\theta),0)$이라 할 때, $\displaystyle\lim_{\theta\to0+}\dfrac{f(\theta)-1}{\theta}$의 값은? (4점)

← 접선의 방정식을 구하고 $y=0$을 대입하여 $f(\theta)$를 구해.

① -2 ② -1 ③ 0

④ 1 ⑤ 2

Step 1 매개변수로 나타낸 함수의 미분법을 이용하여 접선의 방정식을 구한다.

$\dfrac{dx}{d\theta}=2$, $\dfrac{dy}{d\theta}=1+2\cos 2\theta$이고,

$\dfrac{dy}{dx}=\dfrac{\frac{dy}{d\theta}}{\frac{dx}{d\theta}}=\dfrac{1+2\cos 2\theta}{2}$이므로 접선의 방정식은

← 접선의 기울기

$y=\dfrac{1+2\cos 2\theta}{2}(x-2\theta-1)+(\theta+\sin 2\theta)$

Step 2 접선의 x절편을 구한다.

기울기가 $\dfrac{1+2\cos 2\theta}{2}$이고 점 $(2\theta+1,\theta+\sin 2\theta)$를 지나는 직선의 방정식

x축과 만나는 점의 y좌표는 0이므로

$0=\dfrac{1+2\cos 2\theta}{2}(x-2\theta-1)+(\theta+\sin 2\theta)$

이를 정리하면

$x=\dfrac{-2(\theta+\sin 2\theta)}{1+2\cos 2\theta}+2\theta+1$

∴ $f(\theta)=\dfrac{-2(\theta+\sin 2\theta)}{1+2\cos 2\theta}+2\theta+1$

Step 3 삼각함수의 극한을 이용하여 극한값을 구한다.

∴ $\displaystyle\lim_{\theta\to0+}\dfrac{f(\theta)-1}{\theta}=\lim_{\theta\to0+}\dfrac{\frac{-2\theta-2\sin 2\theta}{1+2\cos 2\theta}+2\theta}{\theta}$

← 분자, 분모를 각각 θ로 나눈다.

$\quad=\displaystyle\lim_{\theta\to0+}\left(\dfrac{-2-4\times\frac{\sin 2\theta}{2\theta}}{1+2\cos 2\theta}+2\right)$

$\quad=\dfrac{-2-4\times1}{1+2}+2=0$

← $\displaystyle\lim_{\theta\to0+}\cos 2\theta=1$을 이용한다.

$\displaystyle\lim_{\Delta\to0+}\dfrac{\sin\Delta}{\Delta}=1$을 이용하기 위해

$-\dfrac{2\sin 2\theta}{\theta}=-2\times\dfrac{2\sin 2\theta}{2\theta}=-4\times\dfrac{\sin 2\theta}{2\theta}$

로 변형한다.

042
정답 ②

원점을 지나는 직선 l이 매개변수 t로 나타내어지는 곡선

$$x=2^{t+1}+2^{-t+1},\quad y=2^{-t}-2^t-1$$

과 $t=k$에서 접할 때, 2^k-2^{-k}의 값은? (3점)

① 2 　　　　② 4 　　　　③ 6
④ 8 　　　　⑤ 10

→ 원점에서 곡선에 그은 접선의 접점의 좌표는 $t=k$일 때의 (x, y)이다.

Step 1 매개변수로 나타낸 함수의 미분법을 이용하여 접선의 방정식을 구한다.

중요 　$y=a^x$에서 $y'=a^x\cdot\ln a$

$$\frac{dx}{dt}=2\ln 2\cdot 2^t-2\ln 2\cdot 2^{-t},$$

$$\frac{dy}{dt}=-\ln 2\cdot 2^{-t}-\ln 2\cdot 2^t$$

이므로

기울기가 $\dfrac{-(2^t+2^{-t})}{2(2^t-2^{-t})}$이고

점 $(2^{t+1}+2^{-t+1},\ 2^{-t}-2^t-1)$을 지나는 직선의 방정식

$$\frac{dy}{dx}=\frac{\dfrac{dy}{dt}}{\dfrac{dx}{dt}}=\frac{-\ln 2\cdot 2^{-t}-\ln 2\cdot 2^t}{2\ln 2\cdot 2^t-2\ln 2\cdot 2^{-t}}$$

→ $\ln 2$를 약분한다.

$$=\frac{-(2^t+2^{-t})}{2(2^t-2^{-t})}\ (t\neq 0)$$

→ $t=0$이면 분모가 0이다.

따라서 접선의 방정식은 →접선의 기울기

$$y-(2^{-t}-2^t-1)=\frac{(2^t+2^{-t})}{2(2^t-2^{-t})}(x-2^{t+1}-2^{-t+1})$$

Step 2 접선이 원점을 지남을 이용하여 $t=k$일 때의 2^t-2^{-t}의 값을 구한다.

접선이 원점을 지나므로 → 위의 직선에 $x=0, y=0$ 대입

$$-2^{-t}+2^t+1=\frac{-(2^t+2^{-t})}{2(2^t-2^{-t})}(-2^{t+1}-2^{-t+1})$$

계산주의

$$(2^t-2^{-t})+1=\frac{-(2^t+2^{-t})}{2(2^t-2^{-t})}\cdot(-2)\cdot(2^t+2^{-t})$$

$$(2^t-2^{-t})+1=\frac{(2^t+2^{-t})^2}{2^t-2^{-t}}$$

$$(2^t-2^{-t})^2+(2^t-2^{-t})=(2^t+2^{-t})^2$$

$$(4^t-2+4^{-t})+(2^t-2^{-t})=4^t+2+4^{-t}$$

$$2^t-2^{-t}=4$$

$$\therefore 2^k-2^{-k}=4$$

043 [정답률 81%]
정답 ①

실수 전체의 집합에서 함수 $f(x)=(x^2+2ax+11)e^x$이 증가하도록 하는 자연수 a의 최댓값은? (3점)

→ $f'(x)\geq 0$이어야 해.

① 3 　　　　② 4 　　　　③ 5
④ 6 　　　　⑤ 7

Step 1 함수 $f(x)$가 증가하도록 하는 조건을 파악한다.

함수 $f(x)=(x^2+2ax+11)e^x$에서

$$f'(x)=(2x+2a)e^x+(x^2+2ax+11)e^x$$

→ 함수의 곱의 미분법 $\{f(x)g(x)\}'=f'(x)g(x)+f(x)g'(x)$

$$=\{x^2+2(a+1)x+2a+11\}e^x$$

함수 $f(x)$가 실수 전체의 집합에서 증가하므로 모든 실수 x에 대하여

$$f'(x)=\{x^2+2(a+1)x+2a+11\}e^x\geq 0$$

이어야 한다.

이때 $e^x>0$이므로 모든 실수 x에 대하여

$$x^2+2(a+1)x+2a+11\geq 0$$이어야 한다.

→ 이차함수 $y=x^2+2(a+1)x+2a+11$의 그래프가 x축과 접하거나 x축보다 위에 있어야 해.

Step 2 이차방정식의 판별식을 이용하여 자연수 a의 최댓값을 구한다.

이차방정식 $x^2+2(a+1)x+2a+11=0$의 판별식을 D라 하면

$$\frac{D}{4}=(a+1)^2-(2a+11)=a^2-10\leq 0$$

→ 이차방정식이 중근을 갖거나 실근을 갖지 않아야 문제의 조건을 만족하므로 $D\leq 0$이어야 해.

$$\therefore -\sqrt{10}\leq a\leq\sqrt{10}$$

따라서 조건을 만족시키는 자연수 a의 최댓값은 3이다.

044 [정답률 90%]
정답 ③

함수 $f(x)=e^{x+1}(x^2+3x+1)$이 구간 (a, b)에서 감소할 때, $b-a$의 최댓값은? (3점)

① 1 　　　　② 2 　　　　③ 3
④ 4 　　　　⑤ 5

Step 1 곱의 미분법을 이용하여 $f'(x)$를 구한다.

$$f'(x)=e^{x+1}(x^2+3x+1)+e^{x+1}(2x+3)$$

$$=e^{x+1}(x^2+5x+4)$$

→ 공통인수 e^{x+1}으로 묶어주면 $e^{x+1}(x^2+3x+1+2x+3)=e^{x+1}(x^2+5x+4)$

Step 2 함수 $f(x)$가 감소하는 구간을 찾는다.

함수 $f(x)$가 감소하려면 $f'(x)<0$이어야 한다.

$f'(x)=e^{x+1}(x^2+5x+4)<0$에서

모든 실수 x에 대하여 $e^{x+1}>0$이므로

$$x^2+5x+4<0,\ (x+4)(x+1)<0$$

따라서 함수 $f(x)$는 $-4<x<-1$에서 감소하므로

$b-a$의 최댓값은 $-1-(-4)=3$

045 [정답률 79%]
정답 ③

함수 $f(x)=\dfrac{1}{2}x^2-3x-\dfrac{k}{x}$가 열린구간 $(0, \infty)$에서 증가할 때, 실수 k의 최솟값은? (4점)

① 3 　　　　② $\dfrac{7}{2}$ 　　　　③ 4
④ $\dfrac{9}{2}$ 　　　　⑤ 5

Step 1 조건을 만족시키는 경우를 식으로 나타낸다.

함수 $f(x)=\dfrac{1}{2}x^2-3x-\dfrac{k}{x}$를 x에 대하여 미분하면

$$f'(x)=x-3+\frac{k}{x^2}$$

→ $\left(-\dfrac{k}{x}\right)'=(-kx^{-1})'=kx^{-2}=\dfrac{k}{x^2}$

이때 함수 $f(x)$가 열린구간 $(0, \infty)$에서 증가해야 하므로

$x>0$일 때 $f'(x)=x-3+\dfrac{k}{x^2}\geq 0$ 　　…… ㉠

Step 2 함수 $f(x)$가 열린구간 $(0, \infty)$에서 증가하도록 하는 실수 k의 최솟값을 구한다.

$x^2 > 0$이므로 ㉠에서 $x^3 - 3x^2 + k \geq 0$
$\therefore k \geq -x^3 + 3x^2$ ← ㉠의 양변에 x^2을 곱해주었어.

이때 $g(x) = -x^3 + 3x^2$이라 하면
$g'(x) = -3x^2 + 6x = -3x(x-2)$
$g'(x) = 0$에서 $x = 0$ 또는 $x = 2$ → 이때 극값을 가져.
따라서 함수 $g(x)$의 증가와 감소를 표로 나타내면 다음과 같다.

x	$\cdots$	0	$\cdots$	2	$\cdots$
$g'(x)$	$-$	0	$+$	0	$-$
$g(x)$	$\searrow$	0	$\nearrow$	4	$\searrow$

이를 이용하여 함수 $y = g(x)$의 그래프를 그려 보면 다음 그림과 같다.

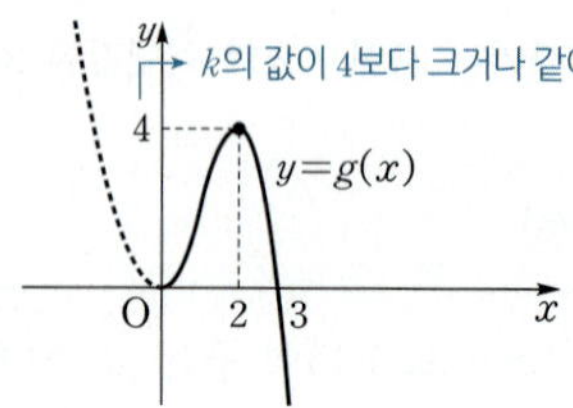

열린구간 $(0, \infty)$에서 함수 $g(x)$는 $x = 2$에서 극대이면서 최대이므로 최댓값은 $g(2) = 4$이다.
따라서 $k \geq 4$이므로 조건을 만족시키는 실수 k의 최솟값은 4이다.

Step 1 합성함수의 정의와 미분법을 이용하여 [보기]의 참, 거짓을 판별한다.

ㄱ. $h(3) = f(g(3)) = f(1) = 5$ (거짓) ← $g(3) = 1$, $x = 2$에서 함수 $y = g(x)$의 그래프의 접선의 기울기는 음수야.

ㄴ. $h(x) = f(g(x))$에서
$h'(x) = f'(g(x))g'(x)$ ← 합성함수의 미분법
$\therefore h'(2) = f'(g(2))g'(2)$ ← 그래프에서 $x = 2$일 때 $g(2)$의 값은 2와 3 사이에 있어.
이때 $f'(g(2)) < 0$ $(\because 2 < g(2) < 3)$이고 $g'(2) < 0$이므로
$h'(2) \geq 0$ (참) ← 열린구간 $(2, 3)$에서 함수 $y = f(x)$의 그래프의 접선의 기울기는 음수야.

ㄷ. $h'(x) = f'(g(x))g'(x)$ ← $h'(2) = f'(g(2))g'(2)$에서 음수와 음수의 곱이므로 양수야.
열린구간 $(3, 4)$에서 $0 < g(x) < 1$이고,
함수 $f(x)$는 열린구간 $(0, 1)$에서 증가하므로
$f'(g(x)) > 0$ → (접선의 기울기) > 0
열린구간 $(3, 4)$에서 함수 $g(x)$는 감소하므로
$g'(x) < 0$ ← (접선의 기울기) < 0
따라서 열린구간 $(3, 4)$에서 $h'(x) = \underset{>0}{f'(g(x))}\,\underset{<0}{g'(x)} < 0$이므로
함수 $h(x)$는 감소한다. (참)
그러므로 옳은 것은 ㄴ, ㄷ이다.

046 [정답률 45%]   정답 ⑤

열린구간 $(0, 5)$에서 미분가능한 두 함수 $f(x)$, $g(x)$의 그래프가 그림과 같다. 합성함수 $h(x) = (f \circ g)(x)$에 대하여 옳은 것만을 [보기]에서 있는 대로 고른 것은? (4점) → $= f(g(x))$

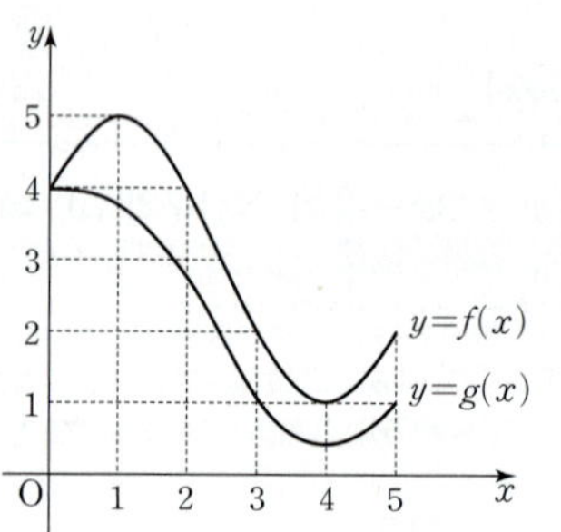

[보기]

ㄱ. $h(3) = 4$
ㄴ. $h'(2) \geq 0$
ㄷ. 함수 $h(x)$는 구간 $(3, 4)$에서 감소한다.

① ㄱ   ② ㄴ   ③ ㄷ
④ ㄱ, ㄴ   ⑤ ㄴ, ㄷ

047 [정답률 94%]   정답 ①

함수 $f(x) = (x^2 - 2x - 7)e^x$의 극댓값과 극솟값을 각각 a, b라 할 때, $a \times b$의 값은? (3점)

① -32 ② -30 ③ -28
④ -26 ⑤ -24

Step 1 도함수를 이용한다.

함수 $f(x) = (x^2 - 2x - 7)e^x$에 대하여 도함수 $f'(x)$를 구하면
$f'(x) = (2x - 2)e^x + (x^2 - 2x - 7)e^x$
$\qquad = (x^2 - 9)e^x$
$\qquad = (x-3)(x+3)e^x$ ← 표를 이용해서 극값을 갖는지 확인해.
$x = -3$ 또는 $x = 3$일 때 $f'(x) = 0$
이때 함수 $f(x)$의 증가·감소를 표로 나타내면

x	$\cdots$	-3	$\cdots$	3	$\cdots$
$f'(x)$	$+$	0	$-$	0	$+$
$f(x)$	$\nearrow$	$8e^{-3}$	$\searrow$	$-4e^3$	$\nearrow$

따라서 함수 $f(x)$는 $x = -3$일 때 극댓값 $8e^{-3}$, $x = 3$일 때 극솟값 $-4e^3$이므로
$a = 8e^{-3}$, $b = -4e^3$
$\therefore a \times b = 8e^{-3} \times (-4e^3) = -32$

048 [정답률 85%]   정답 ①

> 함수 $f(x)$의 극댓값과 극솟값을 구하려면 우선 주어진 함수 $f(x)$의 양변을 x에 대하여 미분해.

열린구간 $(0, 2\pi)$에서 정의된 함수
$f(x)=e^x(\sin x+\cos x)$의 극댓값을 M, 극솟값을 m이라 할 때, Mm의 값은? (3점)

① $-e^{2\pi}$ ② $-e^{\pi}$ ③ $\dfrac{1}{e^{3\pi}}$

④ $\dfrac{1}{e^{2\pi}}$ ⑤ $\dfrac{1}{e^{\pi}}$

Step 1 함수 $f(x)$를 x에 대하여 미분한다.

> $(\sin x)'=\cos x$
> $(\cos x)'=-\sin x$

곱의 미분법
$f(x)=e^x(\sin x+\cos x)$에서
$f'(x)=e^x(\sin x+\cos x)+e^x(\cos x-\sin x)=2e^x \cos x$

Step 2 $f''(x)$를 이용하여 함수 $f(x)$의 극댓값, 극솟값을 구한다.

$f'(x)=2e^x \cos x=0$에서   → $f''(x)$의 부호를 통해 구한 극값이 극대인지, 극소인지 판단할 거야.

$x=\dfrac{\pi}{2}$ 또는 $x=\dfrac{3}{2}\pi$ → 실수 x에 대하여 항상 $e^x>0$이다.

이때 $f''(x)=2e^x(\cos x-\sin x)$이고, $\dfrac{d}{dx}f'(x)=\dfrac{d}{dx}(2e^x \cos x)$

$0<x<2\pi$

$f''\left(\dfrac{\pi}{2}\right)=-2e^{\frac{\pi}{2}}<0,\ f''\left(\dfrac{3}{2}\pi\right)=2e^{\frac{3}{2}\pi}>0$
$=2e^x \cos x-2e^x \sin x$
$=2e^x(\cos x-\sin x)$

→ 함수 $f(x)$는 $x=\dfrac{\pi}{2}$에서 극대

이므로 함수 $f(x)$는 $x=\dfrac{\pi}{2}$에서 극댓값 $M=e^{\frac{\pi}{2}}$, $x=\dfrac{3}{2}\pi$에서 극솟값 $m=-e^{\frac{3}{2}\pi}$을 갖는다.

→ 함수 $f(x)$는 $x=\dfrac{3}{2}\pi$에서 극소

$\therefore Mm=-e^{7\pi}$

> 함수의 극대와 극소를 판정하는 데 이계도함수의 부호를 이용할 수 있어.
> 이계도함수를 갖는 함수 $f(x)$에서 $f'(a)=0$일 때
> ① $f''(a)<0$이면 $f(x)$는 $x=a$에서 극대
> ② $f''(a)>0$이면 $f(x)$는 $x=a$에서 극소가 돼.
> 단, 역은 성립하지 않으니 주의

✪ 다른 풀이   표와 그래프를 이용하여 극대·극소를 확인하는 풀이

Step 1 동일

> → $f'(x)$의 부호로 함수 $f(x)$의 증감표를 만들 거야.

Step 2 $f'(x)$를 이용하여 함수 $f(x)$의 극댓값, 극솟값을 구한다.

$f'(x)=2e^x \cos x=0\,(0<x<2\pi)$에서
$\cos x=0\,(\because e^x>0)$
$\therefore x=\dfrac{\pi}{2}$ 또는 $x=\dfrac{3}{2}\pi$

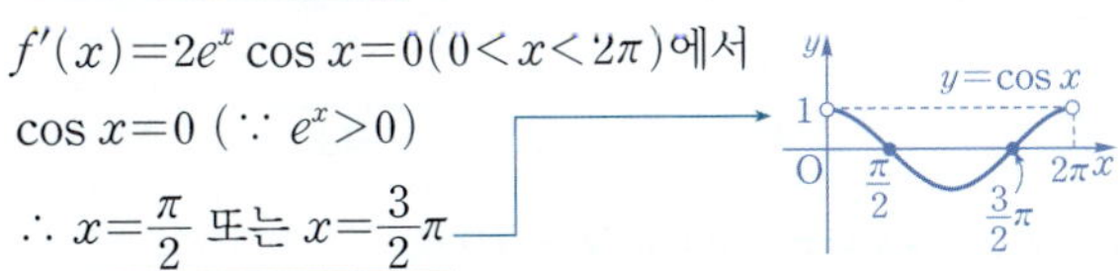

함수 $f(x)$의 증가와 감소를 표로 나타내면 다음과 같다.

x	(0)	$\cdots$	$\dfrac{\pi}{2}$	$\cdots$	$\dfrac{3}{2}\pi$	$\cdots$	(2π)
$f'(x)$		$+$	0	$-$	0	$+$	
$f(x)$		↗	$e^{\frac{\pi}{2}}$	↘	$-e^{\frac{3}{2}\pi}$	↗	

그러므로 함수 $f(x)$는 $x=\dfrac{\pi}{2}$에서 극댓값 $M=e^{\frac{\pi}{2}}$, $x=\dfrac{3}{2}\pi$에서 극솟값 $m=-e^{\frac{3}{2}\pi}$을 갖는다.

$\therefore Mm=e^{\frac{\pi}{2}}\times(-e^{\frac{3}{2}\pi})=-e^{2\pi}$

---

049 [정답률 75%]   정답 ④

함수
$$f(x)=\dfrac{1}{2}x^2-a\ln x\ (a>0)$$
의 극솟값이 0일 때, 상수 a의 값은? (3점)

① $\dfrac{1}{e}$ ② $\dfrac{2}{e}$ ③ $\sqrt{e}$

④ e ⑤ $2e$

Step 1 $f'(x)=0$을 만족하는 x의 값을 구한다.

$f(x)=\dfrac{1}{2}x^2-a\ln x\ (a>0)$에서

$f'(x)=x-\dfrac{a}{x}=\dfrac{x^2-a}{x}$ → 분모를 x로 통분

$f'(x)=0$에서 $x^2-a=0,\ x^2=a$

이때 로그의 진수 조건에 의하여 $x>0$이므로 $x=\sqrt{a}$

> 로그의 밑 조건, 진수 조건
> $\log_a b$에서 $a>0,\ a\neq1$ (밑 조건)
> 이고 $b>0$ (진수 조건)이다.

Step 2 함수 $f(x)$의 증가와 감소를 나타낸 표를 이용하여 $f(x)$가 극솟값을 가질 때의 x의 값을 구한다.

함수 $f(x)$의 증가와 감소를 표로 나타내면 다음과 같다.

x	(0)	$\cdots$	$\sqrt{a}$	$\cdots$
$f'(x)$		$-$	0	$+$
$f(x)$		↘	극소	↗

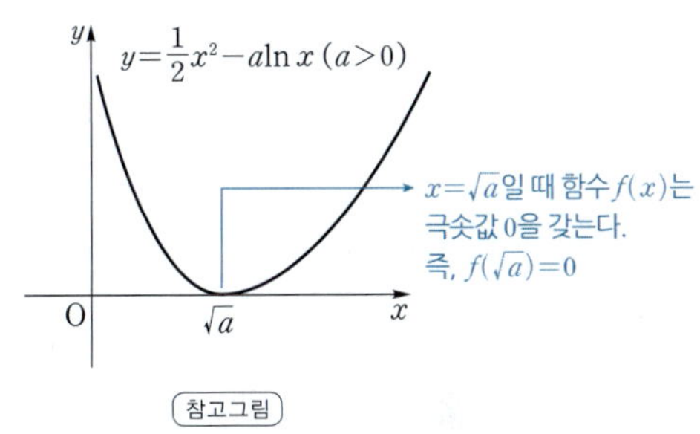

[참고그림]

즉, 함수 $f(x)$는 $x=\sqrt{a}$에서 극소이다.

Step 3 극솟값이 0임을 이용하여 a의 값을 구한다.

극솟값이 0이므로
$f(\sqrt{a})=\dfrac{a}{2}-a\ln\sqrt{a}=0,\ \dfrac{a}{2}-\dfrac{a}{2}\ln a=0$

$\dfrac{a}{2}(1-\ln a)=0$ → $\dfrac{a}{2}=0$이 될 수 없다.

그런데 $a>0$이므로 $1-\ln a=0$

$\ln a=1$ → 로그의 정의에 의하여 $(a^x=b\Longleftrightarrow x=\log_a b)$

$\therefore a=e$

💡 알아야 할 기본개념

극대, 극소의 판정

미분가능한 함수 $f(x)$에 대하여
$f'(a)=0$이고, $x=a$의 좌우에서 $f'(x)$의 부호가
① 양에서 음으로 바뀌면 $f(x)$는 $x=a$에서 극대이다.
② 음에서 양으로 바뀌면 $f(x)$는 $x=a$에서 극소이다.

050 [정답률 76%] 정답 ②

함수 $f(x)=\tan{(\pi x^2+ax)}$가 $x=\dfrac{1}{2}$에서 극솟값 k를 가질 때, k의 값은? (단, a는 상수이다.) (3점)

① $-\sqrt{3}$ ② -1 ③ $-\dfrac{\sqrt{3}}{3}$

④ 0 ⑤ $\dfrac{\sqrt{3}}{3}$

Step 1 $f'\left(\dfrac{1}{2}\right)=0$임을 이용하여 a의 값을 구한다.

함수 $f(x)=\tan{(\pi x^2+ax)}$를 미분하면
$$f'(x)=\sec^2{(\pi x^2+ax)}\times(2\pi x+a)$$
$$=(2\pi x+a)\sec^2{(\pi x^2+ax)} \quad \longrightarrow \; =(\pi x^2+ax)'$$

이때 함수 $f(x)$가 $x=\dfrac{1}{2}$에서 극솟값을 가지므로
$$f'\left(\dfrac{1}{2}\right)=(\pi+a)\sec^2{\left(\dfrac{\pi}{4}+\dfrac{a}{2}\right)}=0$$
$\longrightarrow$ 이때 (미분계수)$=0$

$\sec^2{\left(\dfrac{\pi}{4}+\dfrac{a}{2}\right)}\neq0$이므로 $\pi+a=0$

$\therefore a=-\pi$ $\longrightarrow$ $\sec^2{\theta}=\dfrac{1}{\cos^2{\theta}}$이므로 모든 θ에 대하여 $\sec^2{\theta}$의 값은 0이 될 수 없어.

Step 2 k의 값을 구한다.

따라서 함수 $f(x)$의 극솟값 k는
$$k=f\left(\dfrac{1}{2}\right)=\tan{\left(\dfrac{\pi}{4}-\dfrac{\pi}{2}\right)}=\tan{\left(-\dfrac{\pi}{4}\right)}=-1$$
$\longrightarrow =-\tan{\dfrac{\pi}{4}}$

051 [정답률 55%] 정답 ①

→ 구간의 양 끝점을 포함하지 않음을 주의

열린구간 $(0,\,2\pi)$에서 정의된 함수 $f(x)=\dfrac{\sin{x}}{e^{2x}}$가 $x=a$에서 극솟값을 가질 때, $\cos a$의 값은? (4점)

① $-\dfrac{2\sqrt{5}}{5}$ ② $-\dfrac{\sqrt{5}}{5}$ ③ 0

④ $\dfrac{\sqrt{5}}{5}$ ⑤ $\dfrac{2\sqrt{5}}{5}$

Step 1 미분법을 이용하여 $f'(x)$를 구한다.

$$f(x)=\dfrac{\sin{x}}{e^{2x}}=e^{-2x}\sin{x}$$에서

$$f'(x)=-2e^{-2x}\sin{x}+e^{-2x}\cos{x}$$
$$=e^{-2x}(-2\sin{x}+\cos{x})$$
$$f''(x)=-2e^{-2x}(-2\sin{x}+\cos{x})-e^{-2x}(2\cos{x}+\sin{x})$$
$$=e^{-2x}(3\sin{x}-4\cos{x})$$

> **곱의 미분법**
> $y=f(x)g(x)$일 때
> $y'=f'(x)g(x)+f(x)g'(x)$

Step 2 함수 $f(x)$가 극솟값을 가질 조건을 찾는다.

함수 $f(x)$가 $x=a$에서 극솟값을 가지므로 $f'(a)=0$, $f''(a)>0$이어야 한다.

$\longrightarrow$ 함수 $f(x)$가 $f'(a)=0$이고, $x=a$의 좌우에서 $f'(x)$의 부호가 음$(-)$에서 양$(+)$으로 바뀐다. 즉, $f'(a)=0$, $f''(a)>0$

이때 e^{-2a}은 항상 양수이므로
$$-2\sin{a}+\cos{a}=0 \quad \cdots\cdots \text{㉠}$$
$$3\sin{a}-4\cos{a}>0 \quad \cdots\cdots \text{㉡}$$

$\longrightarrow -2\tan{a}+1=0$ $\therefore \tan{a}=\dfrac{1}{2}$

㉠에서 양변을 $\cos{a}$로 나누면 $\tan{a}=\dfrac{1}{2}$

$\longrightarrow \cos{a}$ 대신 $2\sin{a}$ 대입

㉠에서 $\cos{a}=2\sin{a}$이므로 이를 ㉡에 대입하면
$$3\sin{a}-4\times2\sin{a}=-5\sin{a}>0,$$
즉 $\sin{a}<0$

따라서 $\tan{a}>0$이고 $\sin{a}<0$이므로 a는 제3사분면의 각, 즉 $\pi<a<\dfrac{3}{2}\pi$이다.

$\longrightarrow \tan{a}=\dfrac{1}{2}$이니까 삼각함수 사이의 관계 중 $\sec^2{\theta}=1+\tan^2{\theta}$ 이용

한편, $\sec^2{a}=1+\tan^2{a}=1+\left(\dfrac{1}{2}\right)^2=\dfrac{5}{4}$에서 $\sec{a}=\pm\dfrac{\sqrt{5}}{2}$이므로
$$\cos{a}=\dfrac{1}{\sec{a}}=\pm\dfrac{2}{\sqrt{5}}$$
$\longrightarrow$ 삼각함수의 역수 관계

이때 $\pi<a<\dfrac{3}{2}\pi$이므로 $\cos{a}=-\dfrac{2\sqrt{5}}{5}$

$\csc{\theta}=\dfrac{1}{\sin{\theta}}$, $\sec{\theta}=\dfrac{1}{\cos{\theta}}$, $\cot{\theta}=\dfrac{1}{\tan{\theta}}$

각 사분면에서의 삼각함수의 부호

제2사분면 $\sin\theta>0$ $\cos\theta<0$ $\tan\theta<0$	제1사분면 $\sin\theta>0$ $\cos\theta>0$ $\tan\theta>0$
제3사분면 $\sin\theta<0$ $\cos\theta<0$ $\tan\theta>0$	제4사분면 $\sin\theta<0$ $\cos\theta>0$ $\tan\theta<0$

★ **다른 풀이** 몫의 미분법을 이용하여 $f'(x)$를 구하는 풀이

Step 1 몫의 미분법을 이용하여 $f(x)$가 극솟값을 가질 조건을 찾는다.

$f(x)=\dfrac{\sin{x}}{e^{2x}}$는 미분가능한 함수이므로 몫의 미분법을 이용하면
$$f'(x)=\dfrac{e^{2x}\cos{x}-2e^{2x}\sin{x}}{(e^{2x})^2}=-\dfrac{2\sin{x}-\cos{x}}{e^{2x}}$$
$$=-\dfrac{\sqrt{5}\sin{(x-\alpha)}}{e^{2x}}\left(\text{단, }\sin{\alpha}=\dfrac{1}{\sqrt{5}},\ \cos{\alpha}=\dfrac{2}{\sqrt{5}}\right)$$
삼각함수의 합성

$f'(x)=0$에서 $\sin{(x-\alpha)}=0$

$\therefore x=\alpha$ 또는 $x=\pi+\alpha$ ($\because 0<x<2\pi$)

함수 $f(x)$의 증가와 감소를 표로 나타내면 다음과 같다.

x	$\cdots$	α	$\cdots$	$\pi+\alpha$	$\cdots$
$f'(x)$	$+$	0	$-$	0	$+$
$f(x)$	↗	극대	↘	극소	↗

따라서 함수 $f(x)$는 $x=\pi+\alpha$에서 극소이므로
$$a=\pi+\alpha$$
$$\therefore \cos{a}=\cos{(\pi+\alpha)}=-\cos{\alpha}=-\dfrac{2}{\sqrt{5}}=-\dfrac{2\sqrt{5}}{5}$$

052 [정답률 86%] 정답 ③

함수 $f(x)=\dfrac{x-1}{x^2-x+1}$의 극댓값과 극솟값의 합은? (3점)

→ 먼저 $f(x)$를 x에 대하여 미분하여 $f'(x)$를 구해.

① -1 ② $-\dfrac{5}{6}$ ③ $-\dfrac{2}{3}$

④ $-\dfrac{1}{2}$ ⑤ $-\dfrac{1}{3}$

Step 1 몫의 미분법을 이용하여 $f'(x)$를 구한다.

$f(x)=\dfrac{x-1}{x^2-x+1}$이므로

$f'(x)=\dfrac{1\times(x^2-x+1)-(x-1)(2x-1)}{(x^2-x+1)^2}$

$=\dfrac{-x^2-x+1-(2x^2-3x+1)}{(x^2-x+1)^2}$ **암기** 두 함수 $g(x),\,h(x)\,(h(x)\neq0)$가

$=\dfrac{-x^2+2x}{(x^2-x+1)^2}$

미분가능할 때

$\left\{\dfrac{g(x)}{h(x)}\right\}'=\dfrac{g'(x)h(x)-g(x)h'(x)}{\{h(x)\}^2}$

Step 2 함수 $f(x)$의 증가와 감소를 표로 나타내고, 극댓값, 극솟값을 구한다.

$f'(x)=0$에서 $-x^2+2x=0$

$\therefore x=0$ 또는 $x=2$ $\quad \rightarrow -x(x-2)=0$에서 $x=0$ 또는 $x=2$

함수 $f(x)$의 증가와 감소를 표로 나타내면 다음과 같다.

x	$\cdots$	0	$\cdots$	2	$\cdots$
$f'(x)$	$-$	0	$+$	0	$-$
$f(x)$	$\searrow$	극소	$\nearrow$	극대	$\searrow$

따라서 함수 $f(x)$는 $x=0$에서 극소이고, $x=2$에서 극대이므로 극댓값과 극솟값의 합은

$\rightarrow f(2) \quad \rightarrow f(0)$

$f(2)+f(0)=\dfrac{2-1}{2^2-2+1}+\dfrac{0-1}{0^2-0+1}$

$=\dfrac{1}{3}-1=-\dfrac{2}{3}$

---

053 [정답률 79%]   정답 ⑤

최고차항의 계수가 1인 이차함수 $f(x)$가 실수 $k\,(k\neq0)$에 대하여 $f(3-2k)=f(3)$을 만족시킨다. 함수

$$g(x)=\dfrac{f(x)+k}{e^{f(x)}}$$

가 $x=3$에서 극대이고 $g(3)=e$일 때, $g(k)$의 값은? (3점)

① $-2e^6$ ② $-3e^5$ ③ $-2e^5$
④ $-3e^4$ ⑤ $-2e^4$

Step 1 $g'(3)=0$임을 이용한다.

$g(x)=\dfrac{f(x)+k}{e^{f(x)}}$에서

$g'(x)=\dfrac{f'(x)e^{f(x)}-\{f(x)+k\}f'(x)e^{f(x)}}{\{e^{f(x)}\}^2}$ → 몫의 미분법

$=\dfrac{f'(x)\{1-k-f(x)\}}{e^{f(x)}}$

함수 $g(x)$가 $x=3$에서 극대이므로 $g'(3)=0$

$g'(3)=\dfrac{f'(3)\{1-k-f(3)\}}{e^{f(3)}}=0$에서

$f'(3)=0$ 또는 $f(3)=1-k$

이때 $k\neq0$인 실수 k에 대하여 $f(3-2k)=f(3)$이므로 $f'(3)\neq0$이다. 즉, $f(3)=1-k$

→ $f'(3)=0$이려면 이차함수 $y=f(x)$의 그래프의 대칭축이 직선 $x=3$이어야 하는데 $f(3-2k)=f(3)$을 만족시키려면 직선 $x=3$은 대칭축이 될 수 없다.

Step 2 $g(3)=e$임을 이용하여 k의 값을 구한다.

$g(3)=e$이므로 $\dfrac{f(3)+k}{e^{f(3)}}=\dfrac{1}{e^{1-k}}=e^{k-1}=e$

$k-1=1$에서 $k=2$

Step 3 $f(x)$를 구한 후 이를 이용하여 $g(k)$의 값을 구한다.

$f(-1)=f(3)=-1$이고 $f(x)$는 최고차항의 계수가 1인 이차함수이므로

→ $f(3-2k)=f(3)$에 $k=2$ 대입

$f(x)+1=(x+1)(x-3),\ f(x)=x^2-2x-4$

$\therefore f(2)=4-4-4=-4$

따라서 $g(k)=g(2)=\dfrac{f(2)+2}{e^{f(2)}}=\dfrac{-2}{e^{-4}}=-2e^4$

---

054 [정답률 55%]   정답 ②

함수 $f(x)=6\pi(x-1)^2$에 대하여 함수 $g(x)$를

$$g(x)=3f(x)+4\cos f(x)$$

라 하자. $0<x<2$에서 함수 $g(x)$가 극소가 되는 x의 개수는? (4점)

① 6   ② 7   ③ 8
④ 9   ⑤ 10

Step 1 함수 $g(x)$를 미분한 후, 필요한 그래프를 그려본다.

함수 $g(x)$를 미분하면

$g'(x)=3f'(x)-4\sin f(x)\times f'(x)$

$=f'(x)\{3-4\sin f(x)\}$

$f'(x)=12\pi(x-1)$이므로

$0<x<1$에서 $f'(x)<0$, $1<x<2$에서 $f'(x)>0$

$y=3-4\sin f(x)$의 그래프를 그리기 위해 먼저 $\sin f(x)$의 그래프를 그려보면

$\sin f(x)=0$에서 $f(x)=n\pi$ (n은 정수)

$6\pi(x-1)^2=n\pi$, $(x-1)^2=\dfrac{n}{6}$ $\quad\therefore x=1\pm\sqrt{\dfrac{n}{6}}$

따라서 $y=\sin f(x)$의 그래프는 다음과 같다.

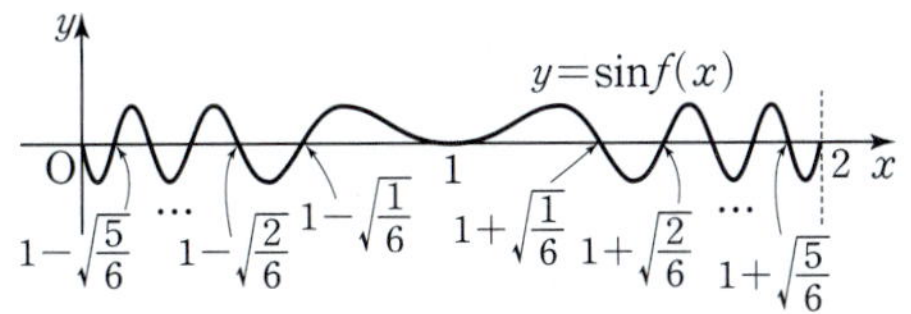

이를 이용하여 $y=3-4\sin f(x)$의 그래프를 그려보면 다음과 같다.

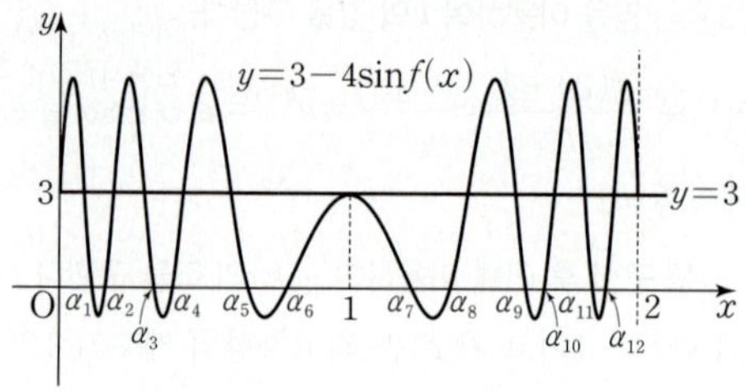

Step 2 함수 $g(x)$의 증가와 감소를 표로 나타내어 본다.

위 그림과 같이 함수 $y=3-4\sin f(x)$의 그래프와 x축이 만나는 점의 x좌표를 작은 수부터 순서대로 α_1, α_2, $\cdots$, α_{12}라 하자.
이때 함수 $y=g(x)$의 증가와 감소를 표로 나타내면 다음과 같다.

x	(0)	$\cdots$	α_1	$\cdots$	α_2	$\cdots$	α_3	$\cdots$	α_4	$\cdots$	α_5	$\cdots$	α_6	$\cdots$	1
$f'(x)$		$-$	$-$	$-$	$-$	$-$	$-$	$-$	$-$	$-$	$-$	$-$	$-$	$-$	0
$3-4\sin f(x)$		$+$	0	$-$	0	$+$	0	$-$	0	$+$	0	$-$	0	$+$	$+$
$g'(x)$		$-$	0	$+$	0	$-$	0	$+$	0	$-$	0	$+$	0	$-$	0
$g(x)$		$\searrow$	극소	$\nearrow$	극대	$\searrow$	극소	$\nearrow$	극대	$\searrow$	극소	$\nearrow$	극대	$\searrow$	극소

└→ 두 값의 곱의 부호가 $g'(x)$의 부호가 돼.

x	$\cdots$	α_7	$\cdots$	α_8	$\cdots$	α_9	$\cdots$	α_{10}	$\cdots$	α_{11}	$\cdots$	α_{12}	$\cdots$	(2)
$f'(x)$	$+$	$+$	$+$	$+$	$+$	$+$	$+$	$+$	$+$	$+$	$+$	$+$	$+$	
$3-4\sin f(x)$	$+$	0	$-$	0	$+$	0	$-$	0	$+$	0	$-$	0	$+$	
$g'(x)$	$+$	0	$-$	0	$+$	0	$-$	0	$+$	0	$-$	0	$+$	
$g(x)$	$\nearrow$	극대	$\searrow$	극소	$\nearrow$	극대	$\searrow$	극소	$\nearrow$	극대	$\searrow$	극소	$\nearrow$	

따라서 $0<x<2$에서 함수 $g(x)$가 극소가 되는 x의 개수는 7이다.

---

055 [정답률 33%]   정답 17

$t>2e$인 실수 t에 대하여 함수 $f(x)=t(\ln x)^2-x^2$이 $x=k$에서 극대일 때, 실수 k의 값을 $g(t)$라 하면 $g(t)$는 미분가능한 함수이다. $g(\alpha)=e^2$인 실수 α에 대하여

$\alpha\times\{g'(\alpha)\}^2=\dfrac{q}{p}$일 때, $p+q$의 값을 구하시오.

먼저 $f'(x)$를 구해야 해.

(단, p와 q는 서로소인 자연수이다.) (4점)

Step 1 함수 $f(x)$가 $x=k$에서 극대임을 이용한다.

$f(x)=t(\ln x)^2-x^2$에서 $f'(x)=\dfrac{2t\ln x}{x}-2x=\dfrac{2t\ln x-2x^2}{x}$

함수 $f(x)$가 $x=k$에서 극대이므로   └→ $(\ln x)'=\dfrac{1}{x}$

$2t\ln k-2k^2=0$ $\therefore\ t\ln k=k^2$ └→ $f'(k)=0$

이때 실수 k의 값이 $g(t)$이므로 $t\ln g(t)=\{g(t)\}^2$ $\cdots\cdots$ ㉠

Step 2 실수 α의 값을 구한다.

$g(\alpha)=e^2$이므로 ㉠에 $t=\alpha$를 대입하면 $\alpha\ln g(\alpha)=\{g(\alpha)\}^2$

$2\alpha=e^4$ $\therefore\ \alpha=\dfrac{e^4}{2}$ └→ $\ln e^2=2\ln e=2$

Step 3 $g'(\alpha)$의 값을 구한다.

㉠의 양변을 t에 대하여 미분하면

$\ln g(t)+t\times\dfrac{g'(t)}{g(t)}=2g(t)g'(t)$ → $\{\ln f(x)\}'=\dfrac{f'(x)}{f(x)}$

이 식에 $t=\alpha$를 대입하면

$\ln g(\alpha)+\alpha\times\dfrac{g'(\alpha)}{g(\alpha)}=2g(\alpha)g'(\alpha)$ → $\ln e^2=2\ln e=2$

$2+\dfrac{e^4}{2}\times\dfrac{g'(\alpha)}{e^2}=2e^2g'(\alpha)$ → $2+\dfrac{e^2}{2}g'(\alpha)=2e^2g'(\alpha)$

$\dfrac{3}{2}e^2g'(\alpha)=2$ $\therefore\ g'(\alpha)=\dfrac{4}{3e^2}$

$\therefore\ \alpha\times\{g'(\alpha)\}^2=\dfrac{e^4}{2}\times\left(\dfrac{4}{3e^2}\right)^2=\dfrac{e^4}{2}\times\dfrac{16}{9e^4}=\dfrac{8}{9}$

따라서 $p=9$, $q=8$이므로 $p+q=17$이다.

---

056   정답 ④

어떤 제품의 생산량이 x일 때 생산비를 $f(x)$라고 하자.

이때, $\dfrac{f(x)}{x}$를 평균생산비라 하고, AC로 나타낸다.

또, $f(x)$가 미분가능하면 $f'(x)$를 생산량이 x일 때의 한계생산비라 하고 MC로 나타낸다.

평균생산비 $AC=\dfrac{f(x)}{x}$의 그래프가 그림과 같고

$x=q$에서 극솟값을 가질 때, $x=q$ 근방에서 한계생산비 MC$=f'(x)$의 그래프의 개형은? (3점) $AC=\dfrac{f(x)}{x}$를 미분해 주어야 $f'(x)$를 알 수 있어.

① 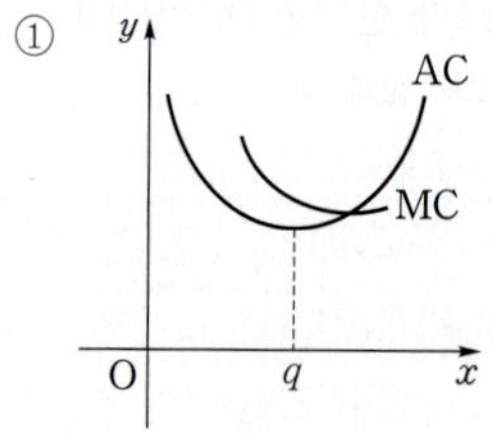

② 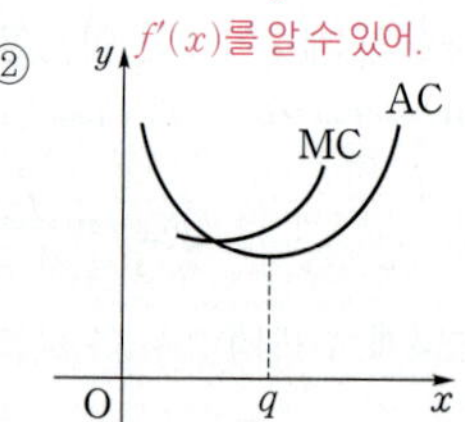

③ 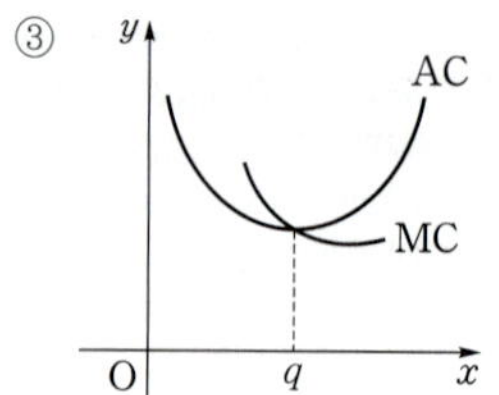

④ 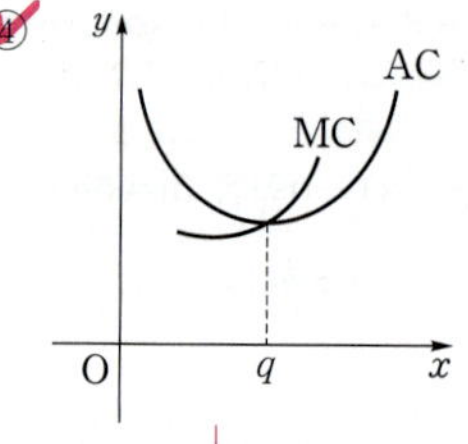

⑤ 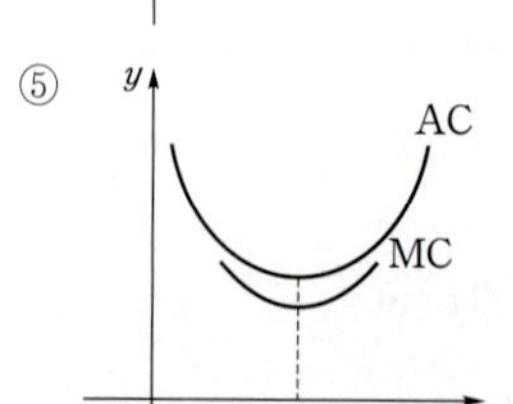

(i)~(iii)을 모두 만족해!
$0<x<q$에서는 AC의 그래프보다 아래에 있고, $x=q$에서는 AC의 그래프와 만나고, $x>q$에서는 AC의 그래프보다 위에 있기 때문이야.

Step 1 $g(x)=\dfrac{f(x)}{x}$로 놓고 $g(x)$가 $x=q$에서 **극솟값을 가짐**을

이용하여 $g'(x)$에서 $f'(x)$와 $g(x)$ 사이의 관계를 생각한다.

$g(x)=\dfrac{f(x)}{x}$라 하면 $g'(x)=\dfrac{xf'(x)-f(x)}{x^2}$ → 몫의 미분법을 이용한 거야.

(i) $0<x<q$일 때

　$g(x)$가 $x=q$에서 극솟값을 가지므로 $0<x<q$일 때 $g'(x)<0$ → 그래프를 보면 $0<x<q$에서 감소하므로 $g'(x)<0$

　즉, $g'(x)=\dfrac{xf'(x)-f(x)}{x^2}<0$이므로 $xf'(x)<f(x)$

　$\therefore f'(x)<\dfrac{f(x)}{x}$ → $x^2>0$이므로 $xf'(x)-f(x)<0$이어야 해.

(ii) $x=q$일 때 → $x>0$이므로 부등호의 방향이 그대로야.

　$g(x)$가 $x=q$에서 극솟값을 가지므로 → $x=q$에서 극솟값을 갖기 때문에 $x=q$를 기준으로 (i) $0<x<q$ (ii) $x=q$ (iii) $x>q$ 로 범위를 나누어 생각한 거야.

　$g'(q)=\dfrac{qf'(q)-f(q)}{q^2}=0$

　$qf'(q)=f(q),\ f'(q)=\dfrac{f(q)}{q}$

(iii) $x>q$일 때 → 그래프를 보면 $x>q$에서 증가하므로 $g'(x)>0$

　$g(x)$가 $x=q$에서 극솟값을 가지므로 $x>q$일 때 $g'(x)>0$

　즉, $g'(x)=\dfrac{xf'(x)-f(x)}{x^2}>0$이므로 $xf'(x)>f(x)$

　$\therefore f'(x)>\dfrac{f(x)}{x}$ → $x^2>0$이므로 $xf'(x)-f(x)>0$이어야 해.

(i)~(iii)에서 만족하는 함수 $y=f'(x)$의 그래프의 개형은 ④이다.

057　　　　　　　　　　정답 ②

> 함수 $f(x)=x+k\sin x$가 항상 극값을 갖기 위한 상수 k의
> 값의 범위는? (3점)
>
> ① $0<k<1$　　　② $|k|>1$　　　③ $|k|<1$
> ④ $|k|\geq1$　　　⑤ $|k|\leq1$

Step 1 함수 $f(x)$가 극값을 갖기 위한 조건을 확인한다.

함수 $f(x)$가 항상 극값을 가지려면 도함수 $f'(x)$의 부호가
$(+)\to(-),\ (-)\to(+)$인 부분이 존재해야 하므로
$(f'(x)$의 최댓값$)\times(f'(x)$의 최솟값$)<0$이어야 한다.

Step 2 k의 범위를 나누어 $f'(x)$의 최댓값, 최솟값을 구한다.

$f'(x)=1+k\cos x$에서 $-1\leq\cos x\leq1$이므로

(i) $k>0$일 때 → $-k\leq k\cos x\leq k$

　최댓값 $1+k$, 최솟값 $1-k$ → $1-k\leq1+k\cos x\leq1+k$

　$(1+k)(1-k)<0$에서 $k>1\ (\because k>0)$ → $k<-1$ 또는 $k>1$ 중에서 $k>0$이어야 하므로 $k>1$

(ii) $k<0$일 때 → $k\leq k\cos x\leq -k$

　최댓값 $1-k$, 최솟값 $1+k$ → $1+k\leq1+k\cos x\leq1-k$

　$(1-k)(1+k)<0$에서 $k<-1\ (\because k<0)$ → $k<-1$ 또는 $k>1$ 중에서 $k<0$이어야 하므로 $k<-1$

(iii) $k=0$일 때

　$f'(x)=1$로 최대, 최소가 존재하지 않는다.

(i)~(iii)에서 $k>1$ 또는 $k<-1$ → $f'(x)=0$이 되는 x의 값이 존재하지 않는다.

$\therefore |k|>1$

---

058 [정답률 30%]　　　　　　　정답 ①

> 모든 실수 x에 대하여 $f(x+2)=f(x)$이고, $0\leq x<2$일 때 → 주기함수야.
>
> $f(x)=\dfrac{(x-a)^2}{x+1}$인 함수 $f(x)$가 $x=0$에서 극댓값을
>
> 갖는다. 구간 $[0,\,2)$에서 극솟값을 갖도록 하는 모든 정수 a의
> 값의 곱은? (4점) → $x=0$에서 극대이므로 구간 $(0,\,2)$에서 극솟값을 가져야 해.
>
> ✔① -3　　　　② -2　　　　③ -1
> ④ 1　　　　　⑤ 2

Step 1 함수 $f(x)$의 극댓값을 이용하여 a의 조건을 구한다.

$a=-1$일 때 구간 $[0,\,2)$에서

$f(x)=\dfrac{(x+1)^2}{x+1}=x+1$이므로

$x=0$에서 극댓값을 갖지 않는다.

즉, 모순이므로 $a\neq-1$ → $f(x+2)=f(x)$인 주기함수이므로 $x=0$에서 극댓값을 갖지 않아.

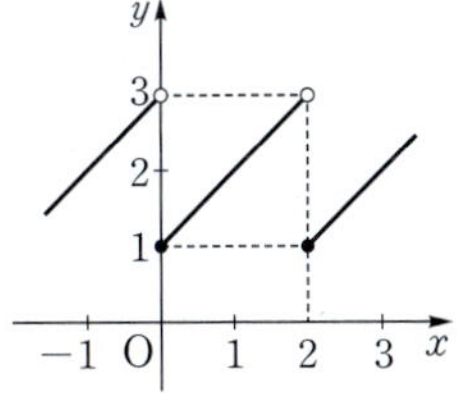

Step 2 함수 $f(x)$가 구간 $(0,\,2)$에서 극솟값을 갖도록 하는 정수 a의
값을 구한다.

함수 $f(x)$가 $0\leq x<2$에서 $f(x)=\dfrac{(x-a)^2}{x+1}$이므로

$f'(x)=\dfrac{2(x-a)(x+1)-(x-a)^2}{(x+1)^2}$ → 몫의 미분법을 이용한 거야

$\quad=\dfrac{(x-a)\{2(x+1)-(x-a)\}}{(x+1)^2}$

$\quad=\dfrac{(x-a)(x+2+a)}{(x+1)^2}$

이때 $f'(x)=0$에서 $x=a$ 또는 $x=-a-2$

따라서 경우를 나누면 다음과 같다.

(i) $a<-a-2$일 때 → 이때는 극대

　$f'(x)$의 부호는 $x=a$의 좌우에서 양
　에서 음으로, $x=-a-2$의 좌우에
　서 음에서 양으로 바뀐다.

　따라서 $x=-a-2$에서 함수 $f(x)$
　가 극솟값을 갖는다. → 이때 $f'(x)<0$

　이때 함수 $f(x)$가 구간 $(0,\,2)$에서 극솟값을 가져야 하므로
　$0<-a-2<2,\ -4<a<-2$ → $x=0$에서 극댓값을 가져야 하므로 제외!

　$\therefore a=-3\ (\because a$는 정수$)$ → $-3<1$이므로 소건을 만족해.

(ii) $a>-a-2$일 때 → 이때는 극대

　$f'(x)$의 부호는 $x=-a-2$의 좌우
　에서 양에서 음으로, $x=a$의 좌우에서
　음에서 양으로 바뀐다.

　따라서 $x=a$에서 함수 $f(x)$가
　극솟값을 갖는다. → 이때 $f(x)$가 극소!

　이때 함수 $f(x)$가 구간 $(0,\,2)$에서 극솟값을 가져야 하므로
　$0<a<2$　$\therefore a=1\ (\because a$는 정수$)$ → $1>-3$이므로 조건을 만족해.

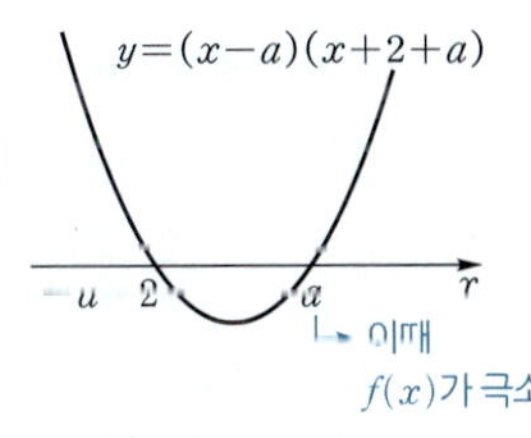

(i), (ii)에서 $a=-3$ 또는 $a=1$

그러므로 조건을 만족시키는 모든 정수 a의 값의 곱은

$-3\times1=-3$

참고

$a=-3$, $a=1$일 때 함수 $f(x)$가 $x=0$에서 극댓값을 갖는지 확인한다.

$a=-3$일 때 $0 \leq x < 2$에서 $f(x) = \dfrac{(x+3)^2}{x+1}$이므로

함수 $y=f(x)$의 그래프는 다음 그림과 같다.

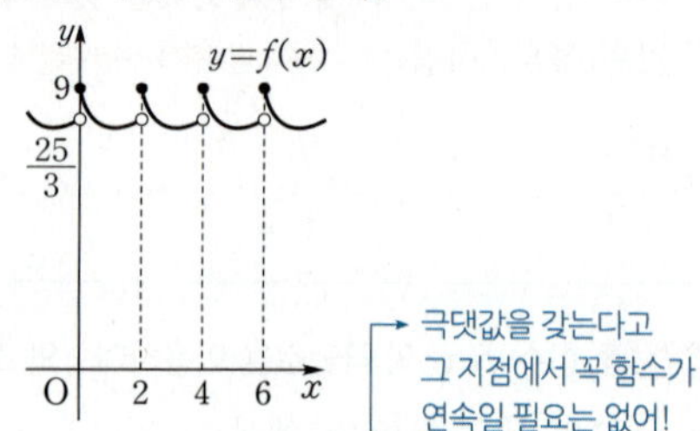

극댓값을 갖는다고 그 지점에서 꼭 함수가 연속일 필요는 없어!

따라서 함수 $f(x)$는 $x=0$에서 극댓값을 갖는다.

$a=1$일 때 $0 \leq x < 2$에서 $f(x) = \dfrac{(x-1)^2}{x+1}$이므로

함수 $y=f(x)$의 그래프는 다음 그림과 같다.

만약 $y=f(0) < \lim\limits_{x \to 2^-} f(x)$였다면 함수 $f(x)$는 $x=0$에서 극댓값을 갖지 못했을 거야.

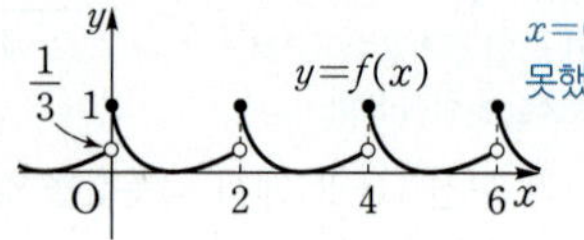

따라서 함수 $f(x)$는 $x=0$에서 극댓값을 갖는다.

---

059 [정답률 62%]

정답 ③

함수 $f(x) = e^{\frac{2}{x}}$에 대하여 [보기]의 설명 중 옳은 것을 모두 고른 것은? (4점)

[보기]

ㄱ. $\lim\limits_{x \to \infty} f(x) = 1$

ㄴ. 함수 $f(x)$는 극값을 갖지 않는다.

ㄷ. $x > 0$에서 함수 $f(x)$는 증가함수이다.

① ㄱ   ② ㄷ   ③ ㄱ, ㄴ

④ ㄴ, ㄷ   ⑤ ㄱ, ㄴ, ㄷ

Step 1 미분을 이용하여 함수의 그래프의 개형을 이해해 본다.

ㄱ. $\lim\limits_{x \to \infty} e^{\frac{2}{x}} = e^0 = 1$ (참)

지수함수의 도함수

ㄴ. $f'(x) = -\dfrac{2}{x^2} e^{\frac{2}{x}}$에서 $f'(x) = 0$이

$e^{\frac{2}{x}} \neq 0$

되는 x의 값이 존재하지 않으므로 극값을 갖지 않는다. (참)

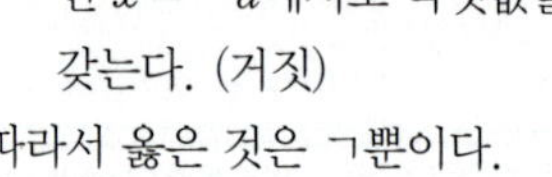

ㄷ. $x > 0$에서 $e^{\frac{2}{x}} > 0$, $x^2 > 0$이므로

$f'(x) = -\dfrac{2}{x^2} e^{\frac{2}{x}} < 0$

즉, $x > 0$에서 함수 $f(x)$는 감소함수이다. (거짓)

따라서 옳은 것은 ㄱ, ㄴ이다.

$f'(x) = (e^{\frac{2}{x}})' = e^{\frac{2}{x}} \times \left(\dfrac{2}{x}\right)' = e^{\frac{2}{x}} \times \left(-\dfrac{2}{x^2}\right) = -\dfrac{2}{x^2} e^{\frac{2}{x}}$

---

060 [정답률 27%]

정답 ①

이계도함수를 갖는 함수 $f(x)$가 모든 실수 x에 대하여 $f(-x) = -f(x)$를 만족시킬 때, [보기]에서 항상 옳은 것을 모두 고른 것은? (3점)

원점에 대하여 대칭

[보기]

ㄱ. $f'(-x) = f'(x)$ → y축에 대하여 대칭

ㄴ. $\lim\limits_{x \to 0} f'(x) = 0$

ㄷ. $f(x)$의 도함수 $f'(x)$가 $x=a$ $(a \neq 0)$에서 극댓값을 가지면 $f'(x)$는 $x=-a$에서 극솟값을 갖는다.

① ㄱ   ② ㄴ   ③ ㄱ, ㄴ

④ ㄱ, ㄷ   ⑤ ㄱ, ㄴ, ㄷ

합성함수의 미분법

두 함수 $y=f(u)$, $u=g(x)$가 미분가능할 때, 합성함수 $y=f(g(x))$는 미분가능하고, $y'=f'(g(x))g'(x)$

Step 1 함수 $f(x)$가 기함수임을 이용하여 [보기]의 참, 거짓을 판별한다.

함수 $f(x)$가 이계도함수를 가지므로 $f(x)$는 모든 실수 x에 대하여 미분가능하며 연속인 함수이다.

ㄱ. $f(-x) = -f(x)$의 양변을 x에 대하여 미분하면

$(-1) \cdot f'(-x) = -f'(x)$

$\therefore f'(-x) = f'(x)$ (참)

ㄴ. 반례 $f(x) = x^3 + x$라 하면 $f(-x) = -f(x)$이지만

$f'(x) = 3x^2 + 1$에서

$\lim\limits_{x \to 0} f'(x) = \lim\limits_{x \to 0} (3x^2 + 1) = 1$ (거짓)

ㄷ. ㄱ에서 $f'(x)$는 우함수이므로 함수 $y=f'(x)$의 그래프는 y축에 대하여 대칭이다. 즉, $x=a$에서 극댓값을 가지면 $x=-a$에서도 극댓값을 갖는다. (거짓)

y축에 대하여 대칭

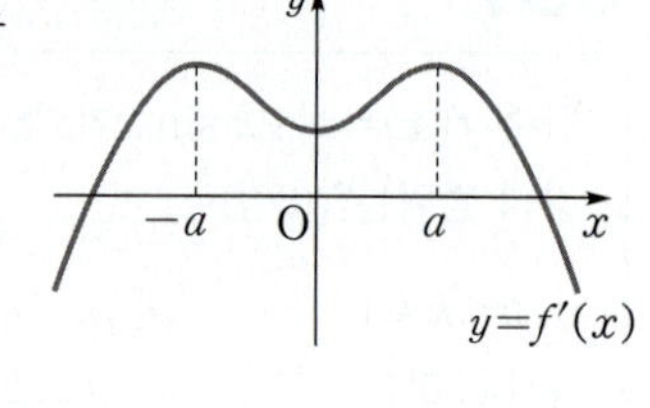

따라서 옳은 것은 ㄱ뿐이다.

수능포인트

도함수와 원함수의 관계에 있어서 도함수를 적분하는 경우 원함수가 됩니다. 다만, 한 가지 조심해야 할 점이 있는데 원함수가 기함수인 경우 미분하면 우함수가 나오고, 우함수인 경우 미분하면 기함수가 나오게 됩니다. 하지만 거꾸로 생각할 때 기함수를 적분하면 적분상수 역시 우함수이므로 우함수가 나오지만, 우함수를 적분하면 적분상수가 등장할 수 있으므로 항상 기함수가 되지는 않는다는 점을 명심해야 합니다. 또한 우함수의 미분값은 $x=0$을 기준으로 대칭이지만 ㄴ에서 묻고 있는 것은 우함수의 미분값이 아니라 그냥 기함수를 미분한 우함수의 극한값이라는 것을 조심해야 합니다.

061

정답 ③

> 함수 $f(x)=x^n e^{-x}$에 대한 [보기]의 설명 중 옳은 것을 모두 고르면? (단, n은 자연수) (3점)
>
> [보기]
> ㄱ. n이 짝수일 때, $f(x)$의 최솟값은 0이다.
> ㄴ. n이 짝수일 때, $f(x)$는 $x=0$에서 극솟값을 갖고 $x=n$에서 극댓값을 갖는다.
> ㄷ. n이 홀수일 때, $f(x)$는 $x=0$에서 극댓값을 갖고 $x=n$에서 극솟값을 갖는다.
>
> ① ㄱ   ② ㄴ   ❸ ㄱ, ㄴ
> ④ ㄴ, ㄷ   ⑤ ㄱ, ㄴ, ㄷ

→ 먼저 함수 $y=f(x)$의 도함수를 구하고 n이 짝수일 때와 홀수일 때로 경우를 나누어 함수의 증가, 감소를 확인해.

Step 1 함수 $y=f(x)$를 x에 대하여 미분하여 [보기]의 참, 거짓을 판별한다.

함수 $f(x)=x^n e^{-x}$에서
$f'(x)=nx^{n-1}\cdot e^{-x}+x^n(-e^{-x})=x^{n-1}e^{-x}(n-x)$
$f'(x)=0$에서 $x=0$ 또는 $x=n$ → $e^{-x}>0$이므로 $x^{n-1}=0$이거나 $n-x=0$
따라서 함수 $f(x)$의 증가와 감소를 표로 나타내면 다음과 같다.

x		$\cdots$	0	$\cdots$	n	$\cdots$
n이 짝수	$f'(x)$	$-$	0	$+$	0	$-$
	$f(x)$	↘	0	↗	$\left(\dfrac{n}{e}\right)^n$	↘
n이 홀수	$f'(x)$	$+$	0	$+$	0	$-$
	$f(x)$	↗	0	↗	$\left(\dfrac{n}{e}\right)^n$	↘

→ $x<0$일 때, n이 짝수이면 $x^{n-1}<0$이고 n이 홀수이면 $x^{n-1}>0$

$\displaystyle\lim_{x\to\infty}f(x)=\lim_{x\to\infty}x^n e^{-x}=\lim_{x\to\infty}\dfrac{x^n}{e^x}=0$이므로 n이 짝수일 때 $f(x)$는 $x=0$에서 극솟값이면서 최솟값 0을 갖고, $x=n$에서 극댓값을 갖는다.

한편, n이 홀수일 때 $f(x)$는 $x=n$에서 극댓값을 갖고, 극솟값은 존재하지 않는다.

n이 짝수일 때 n이 홀수일 때 (단, $n\neq1$)
$\displaystyle\lim_{x\to\infty}f(x)=0,\ \lim_{x\to-\infty}f(x)=-\infty$

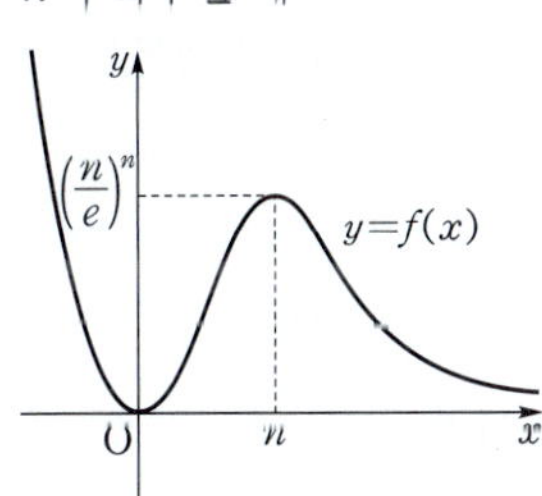

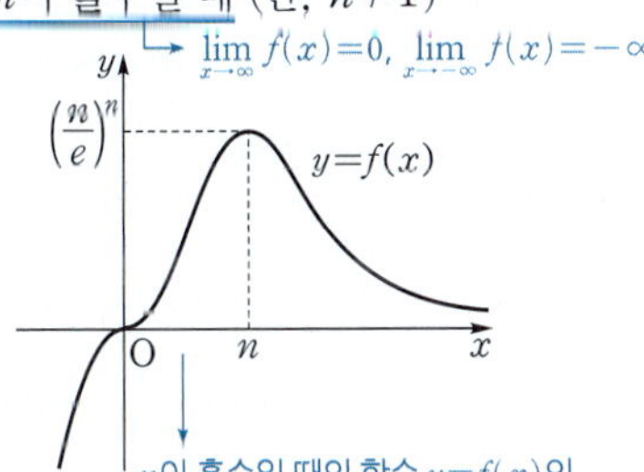

따라서 옳은 것은 ㄱ, ㄴ이다.

→ n이 홀수일 때의 함수 $y=f(x)$의 그래프의 개형을 잘 몰라도 ㄷ이 거짓임은 쉽게 확인할 수 있었어.

→ 함수 $f(x)$의 증가와 감소를 나타낸 표만으로는 $x>n$인 구간에서 $f(x)$가 감소하기 때문에 최솟값이 얼마인지 알 수 없어. $\lim\limits_{x\to\infty}f(x)=0$이기 때문에 $f(x)$는 $x=0$에서 극솟값이면서 최솟값 0을 갖는다고 할 수 있는 거야. 만약 $\lim\limits_{x\to\infty}f(x)=-\infty$라는 결과를 얻었다면 함수 $f(x)$는 $x=0$에서 극솟값 0을 갖지만 최솟값은 존재하지 않아.

062

정답 ⑤

→ 다항함수와 삼각함수의 곱의 형태인 함수야!
곱의 미분법을 이용하면 어렵지 않게 미분할 수 있어.

> 함수 $f(x)=x\sin x$에 대하여 옳은 것만을 [보기]에서 있는 대로 고른 것은? (4점)
>
> [보기]
> ㄱ. 함수 $f(x)$는 $x=0$에서 극솟값을 갖는다.
> ㄴ. 직선 $y=x$는 곡선 $y=f(x)$에 접한다.
> ㄷ. 함수 $f(x)$가 $x=a$에서 극댓값을 갖는 a가 구간 $\left(\dfrac{\pi}{2},\ \dfrac{3}{4}\pi\right)$에 존재한다.
>
> ① ㄱ   ② ㄱ, ㄴ   ③ ㄱ, ㄷ
> ④ ㄴ, ㄷ   ❺ ㄱ, ㄴ, ㄷ

→ $f'(x)$의 부호가 $x=0$의 좌우에서 음($-$)에서 양($+$)로 변하는지 확인!

Step 1 $f'(x)$의 $x=0$의 좌우에서 부호 변화를 조사한다.
→ $f'(x)=(x)'\times\sin x+x\times(\sin x)'$

ㄱ. $f(x)=x\sin x$에서 $f'(x)=\sin x+x\cos x$
$x=0$에서 $f'(x)=0$ → $f'(0)=\sin 0+0\times\cos 0=0+0=0$
이때 $-\dfrac{\pi}{2}<x<0$에서 $\sin x<0,\ \cos x>0$이므로 $f'(x)<0$
→ 삼각함수의 부호가 헷갈린다면 삼각함수의 그래프를 이용해!
$0<x<\dfrac{\pi}{2}$에서 $\sin x>0,\ \cos x>0$이므로 $f'(x)>0$
따라서 $f'(0)=0$이고 $x=0$의 좌우에서 $f'(x)$의 부호가 $(-)$에서 $(+)$로 변하므로 $f(x)$는 $x=0$에서 극솟값을 갖는다. (참)

Step 2 원점을 지나고 곡선 $y=f(x)$에 접하는 직선의 방정식을 구한다.

ㄴ. 곡선 $y=f(x)$ 위의 점 $(t,\ t\sin t)$에서의 접선의 방정식은
$y=(\sin t+t\cos t)(x-t)+t\sin t$
$\quad=(\sin t+t\cos t)x-t^2\cos t$

곡선 $y=f(x)$ 위의 점 $\mathrm{P}(a,f(a))$에서의 접선의 방정식은 $y=f'(a)(x-a)+f(a)$

위 직선이 원점을 지날 때,
$t^2\cos t=0$ → 직선(접선)의 방정식에 $x=0,\ y=0$을 대입하면 등식이 성립한다는 소리야!
$\therefore\ t=0$ 또는 $\cos t=0$
$t=0$일 때 접선의 방정식은 $y=0$ → $\sin^2 t+\cos^2 t=1$이므로
$\cos t=0$일 때 $\sin t=\pm1$이므로 접선의 방정식은
$y=x,\ y=-x$
따라서 직선 $y=x$는 곡선 $y=f(x)$에 접한다. (참)

Step 3 사잇값의 정리를 이용한다.
→ 사잇값의 정리를 이용하려면 주어진 함수가 연속이어야 해!

ㄷ. $f'(x)=\sin x+x\cos x$에서 $f'(x)$는 연속함수이고,
→ 세 함수 $y=x,\ y=\sin x,\ y=\cos x$가 연속이므로 함수 $f'(x)$도 연속이야.
$f'\left(\dfrac{\pi}{2}\right)=\sin\dfrac{\pi}{2}+\dfrac{\pi}{2}\cos\dfrac{\pi}{2}=1+0=1$
$f'\left(\dfrac{3}{4}\pi\right)=\sin\dfrac{3}{4}\pi+\dfrac{3}{4}\pi\cos\dfrac{3}{4}\pi$
$\quad=\dfrac{\sqrt2}{2}+\dfrac{3}{4}\pi\times\left(-\dfrac{\sqrt2}{2}\right)=-\dfrac{\sqrt2}{2}\left(1-\dfrac{3}{4}\pi\right)$
→ $1<\dfrac{3}{4}\pi$이므로 $\dfrac{\sqrt2}{2}\left(1-\dfrac{3}{4}\pi\right)<0$이야.
$f'\left(\dfrac{\pi}{2}\right)>0,\ f'\left(\dfrac{3}{4}\pi\right)<0$이므로 사잇값의 정리에 의하여 $f'(a)=0$을 만족하는 실수 a가 열린구간 $\left(\dfrac{\pi}{2},\ \dfrac{3}{4}\pi\right)$에서 적어도 하나 존재한다.
이때 $x=a$의 좌우에서 $f'(x)$의 부호가 $(+)$에서 $(-)$로 변하는 점이 적어도 하나 존재하므로 함수 $f(x)$는 $x=a$에서 극댓값을 갖는다. (참)
그러므로 옳은 것은 ㄱ, ㄴ, ㄷ이다.

063 [정답률 62%]　　　　정답 96

좌표평면에서 점 $(2, a)$가 곡선 $y=\dfrac{2}{x^2+b}$ $(b>0)$의

변곡점일 때, $\dfrac{b}{a}$의 값을 구하시오. (단, a, b는 상수이다.) (4점)
　↳ $x=2$에서 $y''=0$

Step 1 점 $(2, a)$가 곡선 $y=\dfrac{2}{x^2+b}$ 위의 점임을 이용한다.

점 $(2, a)$가 곡선 $y=\dfrac{2}{x^2+b}$ $(b>0)$ 위의 점이므로

$a=\dfrac{2}{2^2+b}=\dfrac{2}{4+b}$ $\cdots\cdots$ ㉠
　　↳ $x=2$, $y=a$ 대입!

Step 2 변곡점에서 이계도함수의 함숫값이 0임을 이용한다.

$f(x)=\dfrac{2}{x^2+b}$ 라 하면
　↳ 몫의 미분법을 이용!

$f'(x)=\dfrac{0-2\times 2x}{(x^2+b)^2}=\dfrac{-4x}{(x^2+b)^2}$

$\therefore f''(x)=\dfrac{(-4)\times(x^2+b)^2-(-4x)\times 2(x^2+b)\times 2x}{(x^2+b)^4}$

　　　　　　　　　分母, 分子를 각각 x^2+b로 나눠.

$=\dfrac{-4(x^2+b)+16x^2}{(x^2+b)^3}$

$=\dfrac{12x^2-4b}{(x^2+b)^3}$

이때 점 $(2, a)$가 곡선 $y=\dfrac{2}{x^2+b}$의 변곡점이므로
　　　　↳ 이계도함수의 함숫값이 0

$f''(2)=\dfrac{12\times 2^2-4b}{(2^2+b)^3}=\dfrac{48-4b}{(2^2+b)^3}=0$

$48-4b=0$ $\therefore b=12$

이를 ㉠에 대입하면

$a=\dfrac{2}{4+12}=\dfrac{2}{16}=\dfrac{1}{8}$

$\therefore \dfrac{b}{a}=\dfrac{12}{\frac{1}{8}}=12\times 8=96$

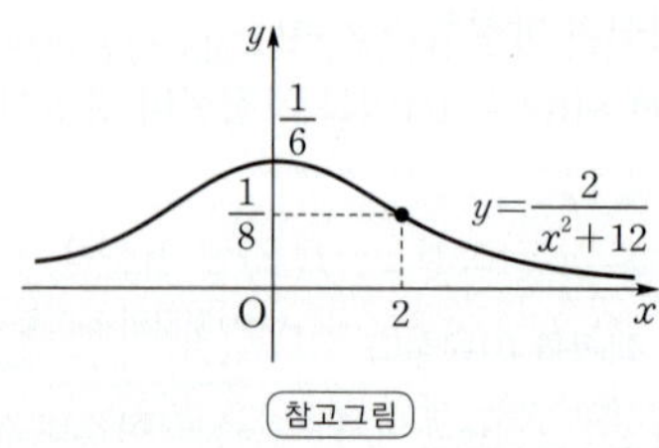

[참고그림]

064 [정답률 91%]　　　　정답 ④

함수 $f(x)=xe^x$에 대하여 곡선 $y=f(x)$의 변곡점의 좌표가 (a, b)일 때, 두 수 a, b의 곱 ab의 값은? (3점)

① $4e^2$　　　　② e　　　　③ $\dfrac{1}{e}$

④ $\dfrac{4}{e^2}$　　　　⑤ $\dfrac{9}{e^3}$

Step 1 $f'(x)$, $f''(x)$를 구한다.

$f(x)=xe^x$에 대하여

$f'(x)=e^x+xe^x=(x+1)e^x$

$f''(x)=e^x+(x+1)e^x=(x+2)e^x$

> $f(x)=xe^x$에서
> $f'(x)=x'e^x+x(e^x)'$
> 　　　$=1\cdot e^x+xe^x$
> 　　　$=e^x+xe^x$

Step 2 변곡점의 정의를 이용한다.

$f''(x)=0$에서 $(x+2)e^x=0$ $\therefore x=-2$

실수 전체의 범위에서 $e^x>0$이고 $f''(-2)=0$이므로

$x=-2$의 좌우에서 $f''(x)$의 부호가 변한다.

따라서 변곡점의 좌표는 $(-2, f(-2))$이다.

> $x<-2$에서 $f''(x)<0$,
> $x>-2$에서
> $f''(x)>0$이야.

Step 3 $f(x)=xe^x$에 $x=-2$를 대입한다.

$f(-2)=-2e^{-2}=-\dfrac{2}{e^2}$ $\longrightarrow \left(-2, -\dfrac{2}{e^2}\right)$

따라서 $a=-2$, $b=-\dfrac{2}{e^2}$이므로

$ab=-2\times\left(-\dfrac{2}{e^2}\right)=\dfrac{4}{e^2}$

065 [정답률 85%]　　　　정답 3

곡선 $y=\dfrac{1}{3}x^3+2\ln x$의 **변곡점**에서의 접선의 기울기를

구하시오. (3점)
　　↳ $y''=0$

Step 1 변곡점에서 이계도함수의 값이 0임을 이용한다.

함수 $f(x)$를 $f(x)=\dfrac{1}{3}x^3+2\ln x$라 하면

$f'(x)=x^2+\dfrac{2}{x}$

$\therefore f''(x)=2x-\dfrac{2}{x^2}$

> $(x^{-1})'=-x^{-2}=-\dfrac{1}{x^2}$

　↳ 이 등식을 만족시키는 x의 값이 변곡점의 x좌표가 돼.

$f''(x)=0$에서 $2x-\dfrac{2}{x^2}=0$, $2x=\dfrac{2}{x^2}$

$x^3=1$ $\therefore x=1$

> **주의** 변곡점을 기준으로 이계도함수의 부호가 바뀌는지 꼭 확인해야 해!

$x=1$에서 $f''(x)$의 부호가 음에서 양으로 바뀌므로

곡선 $y=\dfrac{1}{3}x^3+2\ln x$의 변곡점의 x좌표는 1이다.

Step 2 변곡점에서의 접선의 기울기를 구한다.

따라서 곡선 $y=\dfrac{1}{3}x^3+2\ln x$의 변곡점에서의 접선의 기울기는

$f'(1)=1+2=3$ → =미분계수

→ $f'(x)=x^2+\dfrac{2}{x}$에 $x=1$ 대입

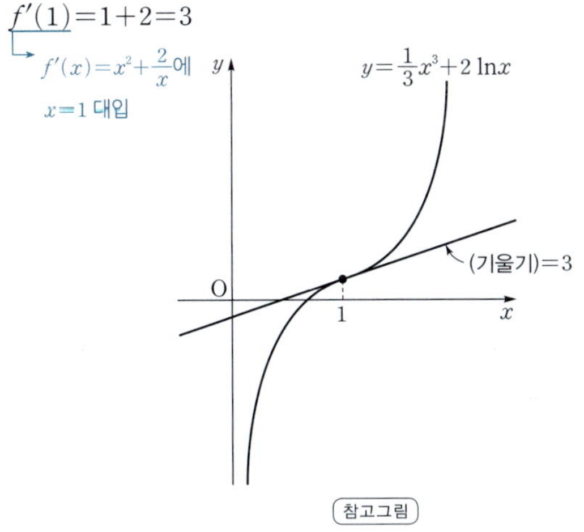

066 [정답률 87%]   정답 ②

곡선 $y=(\ln x)^2-x+1$의 변곡점에서의 접선의 기울기는?
→ 이때 $y''=0$이야. (3점)

① $\dfrac{1}{e}-1$ ② $\dfrac{2}{e}-1$ ③ $\dfrac{1}{e}$

④ $\dfrac{2}{e}+1$ ⑤ $\dfrac{5}{2}$

Step 1 변곡점의 좌표를 구한다.

함수 $f(x)$를 $f(x)=(\ln x)^2-x+1$이라 하면

$f'(x)=2\ln x\times\dfrac{1}{x}-1=\dfrac{2\ln x}{x}-1$

$f''(x)=\dfrac{2\times\dfrac{1}{x}\times x-2\ln x\times 1}{x^2}=\dfrac{2-2\ln x}{x^2}$

→ 몫의 미분법을 이용하였어.

$f''(x)=0$에서 $2-2\ln x=0$ ∴ $x=e$

→ 변곡점에서는 이계도함수의 값이 0이어야 해   → $\ln x=1$

이때 $x=e$에서 $f''(x)$의 부호가 바뀌므로
곡선 $y=(\ln x)^2-x+1$의 변곡점은 $(e,\ 2-e)$이다.
→ $=f(e)$
→ 변곡점의 x좌표는 e야.

Step 2 변곡점에서의 접선의 기울기를 구한다.

따라서 변곡점에서의 접선의 기울기는

$f'(e)=\dfrac{2\ln e}{e}-1=\dfrac{2}{e}-1$
→ $x=e$에서의 미분계수

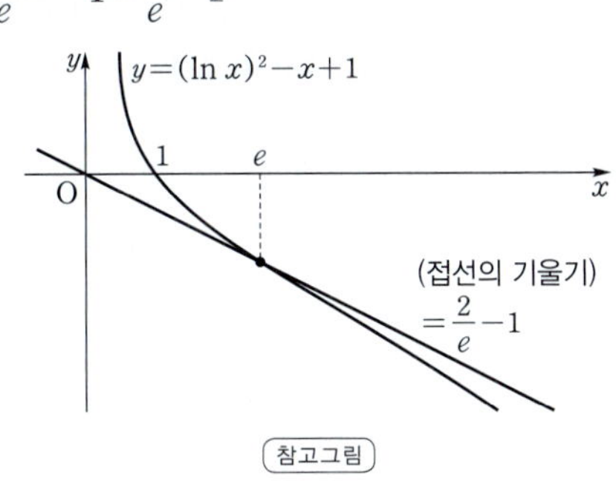

067 [정답률 85%]   정답 ①

곡선 $y=xe^{-2x}$의 변곡점을 A라 하자. 곡선 $y=xe^{-2x}$ 위의 점 A에서의 접선이 x축과 만나는 점을 B라 할 때, 삼각형 OAB의 넓이는? (단, O는 원점이다.) (3점)

① e^{-2} ② $3e^{-2}$ ③ 1

④ e^2 ⑤ $3e^2$

Step 1 점 A의 좌표를 구한다.

함수 $f(x)=xe^{-2x}$이라 하면

$f'(x)=(1-2x)e^{-2x}$ → $=e^{-2x}-2xe^{-2x}$

$f''(x)=(4x-4)e^{-2x}$ → $=-2e^{-2x}-2(1-2x)e^{-2x}$

$f''(x)=0$에서 $x=1$

이때 $x=1$의 좌우에서 $f''(x)$의 부호가 음에서 양으로 바뀌므로 변곡점 A의 좌표는 $A(1,\ e^{-2})$

Step 2 점 A에서의 접선의 방정식을 구한다.

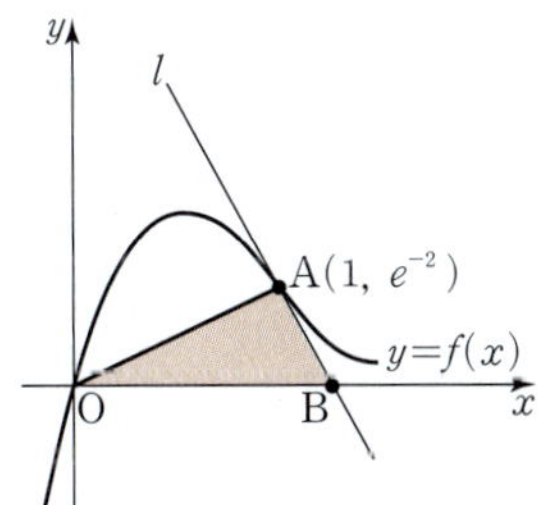

함수 $y=f(x)$의 그래프 위의 점 A에서의 접선을 l이라 하면 직선 l의 기울기는 $f'(1)=-e^{-2}$이고, 직선 l은 점 $A(1,\ e^{-2})$을 지나므로 접선의 방정식은 $y-e^{-2}=-e^{-2}(x-1)$

∴ $y=-e^{-2}\times x+2e^{-2}$ → 점 B는 직선 l과 x축의 교점이야.

따라서 점 B의 좌표는 $B(2,\ 0)$이다.

Step 3 삼각형 OAB의 넓이를 구한다.

삼각형 OAB의 넓이는 $\dfrac{1}{2}\times 2\times e^{-2}=e^{-2}$

→ 밑변의 길이가 2, 높이가 e^{-2}인 삼각형이야.

068 [정답률 50%]   정답 ⑤

→ 곡선이 위로 볼록한 상태에서 아래로 볼록한 상태로 또는 아래로 볼록한 상태에서 위로 볼록한 상태로 변하는 점을 의미해.

곡선 $y=\left(\ln\dfrac{1}{ax}\right)^2$의 변곡점이 직선 $y=2x$ 위에 있을 때, 양수 a의 값은? (3점)
→ $a>0$

① e ② $\dfrac{5}{4}e$ ③ $\dfrac{3}{2}e$

④ $\dfrac{7}{4}e$ ⑤ $2e$

Step 1 $y=\left(\ln\dfrac{1}{ax}\right)^2=(\ln ax)^2$으로 변형한 후 y', y''을 구한다.

→ $\ln\dfrac{1}{ax}=\ln(ax)^{-1}=-\ln ax$

$y=\left(\ln\dfrac{1}{ax}\right)^2=(-\ln ax)^2=(\ln ax)^2$이므로

$$y' = 2\ln ax \times \frac{1}{ax} \times a = \frac{2\ln ax}{x}$$

$y = \ln|f(x)|$일 때
$y' = \dfrac{f'(x)}{f(x)}$

$$y'' = \frac{2\left(\frac{1}{ax}\times a\right)x - 2\ln ax}{x^2} = \frac{2 - 2\ln ax}{x^2}$$

Step 2 y''의 부호가 바뀔 때, 변곡점이 생김을 이용하여 변곡점의 좌표를 구한다.

$y'' = 0$에서 $2 - 2\ln ax = 0$
$\ln ax = 1$, $ax = e$

$y'' = \dfrac{2 - 2\ln ax}{x^2}$이므로
$0 < x < \dfrac{e}{a}$일 때 $\ln ax < 1$이고, $y'' > 0$이다.
$x > \dfrac{e}{a}$일 때 $\ln ax > 1$이고 $y'' < 0$이다.

$\therefore x = \dfrac{e}{a}$

$x = \dfrac{e}{a}$의 좌우에서 y''의 부호가 $+$에서 $-$로 바뀌므로 변곡점의
좌표는 $\left(\dfrac{e}{a}, 1\right)$이다.

$f''(x)$의 부호가 바뀌는 점이 $y = f(x)$의 변곡점이다.

Step 3 변곡점이 직선 $y = 2x$ 위에 있음을 이용하여 a의 값을 구한다.

점 $\left(\dfrac{e}{a}, 1\right)$이 직선 $y = 2x$ 위에
있으므로 $1 = \dfrac{2e}{a}$

$\therefore a = 2e$

점 $\left(\dfrac{e}{a}, 1\right)$의 x좌표와 y좌표 사이의 관계를 알 수 있어.

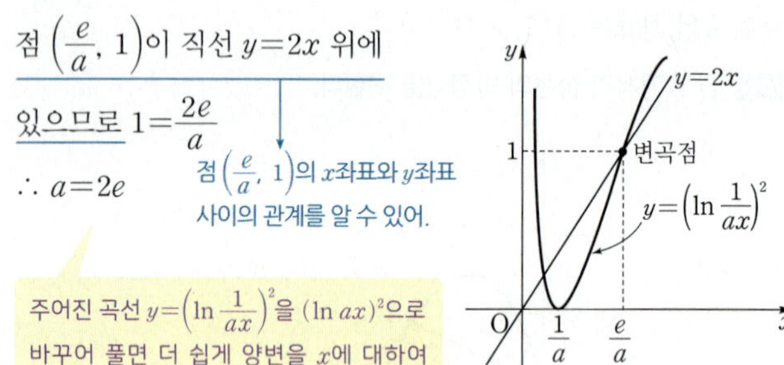

주어진 곡선 $y = \left(\ln\dfrac{1}{ax}\right)^2$을 $(\ln ax)^2$으로 바꾸어 풀면 더 쉽게 양변을 x에 대하여 미분할 수 있었겠지만 설령 바꾸지 못했더라도 그대로 주어진 식을 합성함수의 미분법으로 미분하면 돼.

$$y' = 2\ln\frac{1}{ax}\cdot\frac{\left(\frac{1}{ax}\right)'}{\frac{1}{ax}} = 2\ln\frac{1}{ax}\cdot\frac{-\frac{1}{ax^2}}{\frac{1}{ax}} = -\frac{2}{x}\ln\frac{1}{ax}$$

다만, 분수형태의 식을 미분하는 것보단 다항식을 미분하는 게 쉬우니까 실수도 덜 할 수 있어.

069 [정답률 75%] 　　　　정답 ④

곡선 $y = ax^2 - 2\sin 2x$가 변곡점을 갖도록 하는 정수 a의 개수는? (3점)

① 4　　　　② 5　　　　③ 6
④ 7　　　　⑤ 8

Step 1 $f(x) = ax^2 - 2\sin 2x$라 하고, $f''(x)$를 구한다.

$f(x) = ax^2 - 2\sin 2x$라 하면
$f'(x) = 2ax - 4\cos 2x$
$f''(x) = 2a + 8\sin 2x$

$f''(k) = 0$이고 $x = k$의 좌우에서 $f''(x)$의 부호가 바뀌면 점 $(k, f(k))$는 곡선 $y = f(x)$의 변곡점이야.

$f''(x) = 2a + 8\sin 2x = 0$에서 $\sin 2x = -\dfrac{a}{4}$

Step 2 주어진 곡선이 변곡점을 갖도록 하는 정수 a의 값을 모두 구한다.

$-1 \le \sin 2x \le 1$이므로 $-1 \le -\dfrac{a}{4} \le 1$

사인함수의 그래프의 성질이야.

$\therefore -4 \le a \le 4$

변곡점 $(k, f(k))$가 존재하려면 $x = k$의 좌우에서 $f''(x)$의 부호가 바뀌어야 하는데 그것이 불가능해.

(i) $a = -4$일 때 $f''(x) = -8 + 8\sin 2x \le 0$이므로 곡선이 변곡점을 갖지 않는다.

(ii) $a = 4$일 때 $f''(x) = 8 + 8\sin 2x \ge 0$이므로 곡선이 변곡점을 갖지 않는다.

(i), (ii)에 의하여 $-4 < a < 4$이므로 구하는 정수 a의 개수는 $-3, -2, \cdots, 2, 3$의 7이다.

070 [정답률 65%] 　　　　정답 2

함수 $f(x) = 3\sin kx + 4x^3$의 그래프가 오직 하나의 변곡점을 가지도록 하는 실수 k의 최댓값을 구하시오. (4점)

Step 1 $f''(x)$를 구한다.

함수 $f(x) = 3\sin kx + 4x^3$을 x에 대하여 미분하면
$f'(x) = 3k\cos kx + 12x^2$

미분할 때 k를 붙이는 걸 잊으면 안 돼!

$\therefore f''(x) = -3k^2\sin kx + 24x$

Step 2 오직 하나의 변곡점을 갖는 경우를 구한다.

$f''(x) = 0$에서 $-3k^2\sin kx + 24x = 0$
$3k^2\sin kx = 24x$

변곡점에서 $f''(x) = 0$임을 이용한거야.

$\therefore k^2\sin kx = 8x$

즉, 함수 $f(x)$의 그래프가 오직 하나의 변곡점을 가지려면 다음 그림과 같이 $y = k^2\sin kx$의 그래프와 직선 $y = 8x$가 점 $(0, 0)$에서만 만나야 한다.

그러면 $f(x)$의 그래프의 변곡점이 $(0, 0)$ 하나만 존재하게 돼.

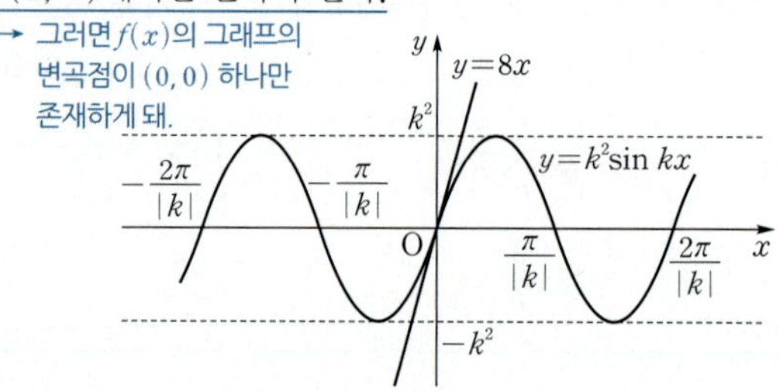

Step 3 실수 k의 최댓값을 구한다.

$y = k^2\sin kx$를 x에 대하여 미분하면
$y' = k^3\cos kx$

따라서 점 $(0, 0)$에서의 접선의 기울기는
$k^3 \times \cos 0 = k^3$

$k^3\cos kx$에 $x = 0$ 대입

곡선 $y = k^2\sin kx$ 위의 점 $(0, 0)$에서의 접선의 기울기가 8보다 작아야 하므로
$k^3 \le 8$　$\therefore k \le 2$

직선 $y = 8x$의 기울기

따라서 구하는 실수 k의 최댓값은 2이다.

071 [정답률 81%] 　　　　정답 ①

두 함수 $f(x)$, $g(x)$가 실수 전체의 집합에서 이계도함수를 갖고 $g(x)$가 증가함수일 때, 함수 $h(x)$를
$$h(x) = (f \circ g)(x)$$
라 하자. 점 $(2, 2)$가 곡선 $y = g(x)$의 변곡점이고
$\dfrac{h''(2)}{f''(2)} = 4$이다. $f'(2) = 4$일 때, $h'(2)$의 값은? (4점)

$g'(x) \ge 0$
$g''(2) = 0$

① 8　　　　② 10　　　　③ 12
④ 14　　　　⑤ 16

Step 1 합성함수의 미분법을 이용하여 $g'(2)$의 값을 구한다.

$h(x)=f(g(x))$에서

$h'(x)=f'(g(x))\times g'(x)$ ...... ㉠   곱의 미분법을 이용했어.

$h''(x)=\{f''(g(x))\times g'(x)\}\times g'(x)+f'(g(x))\times g''(x)$ ...... ㉡
   $\{f'(g(x))\}'=f''(g(x))\times g'(x)$

㉡에 $x=2$를 대입하면

$h''(2)=f''(g(2))\times\{g'(2)\}^2+f'(g(2))\times g''(2)$

이때 점 $(2,2)$가 곡선 $y=g(x)$의 변곡점이므로

$g(2)=2,\ g''(2)=0$ $x=2$일 때 $g''(x)$의 값, 즉 $g''(2)=0$이야.

$\therefore h''(2)=f''(2)\times\{g'(2)\}^2$

$\dfrac{h''(2)}{f''(2)}=4$에서 $h''(2)=4f''(2)$이므로

$4f''(2)=f''(2)\times\{g'(2)\}^2$

$\{g'(2)\}^2=4$

이때 함수 $g(x)$가 증가함수이므로 모든 x에 대하여 $g'(x)\geq 0$이다.

즉, $g'(2)=2$ $g'(2)\geq 0$이어야 해.

Step 2 $h'(2)$의 값을 구한다.

㉠에 $x=2$를 대입하면

$h'(2)=f'(g(2))\times g'(2)=4\times 2=8$ $=2$

ㄱ. $f\left(\dfrac{n}{2}\right)=\left(\dfrac{n}{2}\right)^n e^{-\frac{n}{2}}$ $(-)$

$f'\left(\dfrac{n}{2}\right)=e^{-\frac{n}{2}}\left(\dfrac{n}{2}\right)^{n-1}\left(n-\dfrac{n}{2}\right)=e^{-\frac{n}{2}}\left(\dfrac{n}{2}\right)^n$

$\therefore f\left(\dfrac{n}{2}\right)=f'\left(\dfrac{n}{2}\right)$ (참) $y'=e^{-x}x^{n-1}(n-x)$에서 $x=n$의 좌우에서 $e^{-x}x^{n-1}>0$이므로 $(n-x)$의 $x=n$의 좌우에서의 부호 변화를 확인

ㄴ. $f'(x)$의 값이 $x=n$의 좌우에서 양에서 음으로 변하므로 함수 $f(x)$는 $x=n$에서 극댓값을 갖는다. (참) ▶ 극대 극소의 정의

ㄷ. $f''(x)$의 값이 n이 홀수일 때는 $x=0$의 좌우에서 음에서 양으로 변하므로 점 $(0,0)$은 곡선 $y=f(x)$의 변곡점이다. ◀ 변곡점의 정의
그러나 n이 짝수일 때는 $x=0$의 좌우에서 $f''(x)$의 부호가 변하지 않는다.
따라서 점 $(0,0)$이 항상 변곡점인 것은 아니다. (거짓)

n이 홀수일 때 n이 짝수일 때

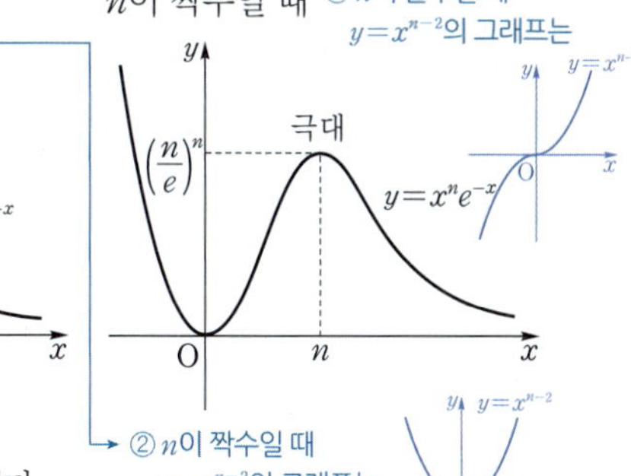

그러므로 옳은 것은 ㄱ, ㄴ이다.

072 [정답률 59%]   정답 ③

3 이상의 자연수 n에 대하여 함수 $f(x)$가

$f(x)=x^n e^{-x}$ ▶ 주어진 [보기]를 풀기 위해 미분법 공식을 이용하여 $f'(x)$와 $f''(x)$를 구해.

일 때, [보기]에서 옳은 것만을 있는 대로 고른 것은? (4점)

[보기]

ㄱ. $f\left(\dfrac{n}{2}\right)=f'\left(\dfrac{n}{2}\right)$ ▶ $x=n$의 좌우에서 $f'(x)$의 부호가 양에서 음으로 변해야 해.

ㄴ. 함수 $f(x)$는 $x=n$에서 극댓값을 갖는다.

ㄷ. 점 $(0,0)$은 곡선 $y=f(x)$의 변곡점이다.

① ㄴ   ② ㄷ   ③ ㄱ, ㄴ
④ ㄱ, ㄷ   ⑤ ㄱ, ㄴ, ㄷ ▶ $x=0$의 좌우에서 $f''(x)$의 부호가 변해야 해.

Step 1 도함수 $f'(x)$와 이계도함수 $f''(x)$를 구하여 [보기]의 참, 거짓을 판별한다.

$f(x)=x^n e^{-x}$에서 $y=f(x)g(x)$이면 $y'=f'(x)g(x)+f(x)g'(x)$ / $y=e^x$이면 $y'=e^x$

$f'(x)=nx^{n-1}e^{-x}+x^n(-e^{-x})=e^{-x}(nx^{n-1}-x^n)$

$\qquad =e^{-x}x^{n-1}(n-x)$

$f''(x)=-e^{-x}(nx^{n-1}-x^n)+e^{-x}\{n(n-1)x^{n-2}-nx^{n-1}\}$

$\qquad =e^{-x}x^{n-2}(x^2-2nx+n^2-n)$ $f'(x)=e^{-x}(nx^{n-1}-x^n)$으로 바꾸어 미분

073 [정답률 35%]   정답 ③

다항함수 $f(x)$에 대하여 다음 표는 x의 값에 따른 $f(x)$, $f'(x)$, $f''(x)$의 변화 중 일부를 나타낸 것이다.

x	$x<1$	$x=1$	$1<x<3$	$x=3$
$f'(x)$		0		1
$f''(x)$	+		+	0
$f(x)$		$\dfrac{\pi}{2}$		π

함수 $g(x)=\sin(f(x))$에 대하여 옳은 것만을 [보기]에서 있는 대로 고른 것은? (4점)

[보기] ▶ 함수 $g(x)$의 도함수 $g'(x)$부터 구해.

ㄱ. $g'(3)=-1$

ㄴ. $1<a<b<3$이면 $-1<\dfrac{g(b)-g(a)}{b-a}<0$이다. ▶ 평균값 정리를 이용

ㄷ. 점 $P(1,1)$은 곡선 $y=g(x)$의 변곡점이다.

① ㄱ   ② ㄷ   ③ ㄱ, ㄴ
④ ㄴ, ㄷ   ⑤ ㄱ, ㄴ, ㄷ ▶ $g''(1)=0$이고 $x=1$의 좌우에서 $g''(x)$의 부호가 바뀌는지 확인

→ 문제에서 $f(x), f'(x), f''(x)$에 대한 표가 주어졌어.
이것을 최대한 이용해.

Step 1 주어진 표를 이용하여 $f(x)$의 개형을 구한다.

주어진 표를 보면 $x<1$, $1<x<3$에서 $f''(x)>0$이므로
이 구간에서 $f(x)$의 그래프는 아래로 볼록하다.
$x=1$에서 $f'(x)=0$이므로 함수 $f(x)$는 $x=1$에서 극솟값을
갖는다.
따라서 주어진 표를 다음과 같이 완성할 수 있고 함수 $y=f(x)$의
그래프의 개형은 아래의 그림과 같다.

x	$x<1$	$x=1$	$1<x<3$	$x=3$
$f'(x)$	$-$	0	$+$	1
$f''(x)$	$+$		$+$	0
$f(x)$	↘	$\dfrac{\pi}{2}$	↗	π

→ 함수 $f(x)$가 어떤 구간에서
① $f''(x)>0$이면 곡선
$y=f(x)$는 그 구간에서
아래로 볼록하다.
② $f''(x)<0$이면 곡선
$y=f(x)$는 그 구간에서
위로 볼록하다.

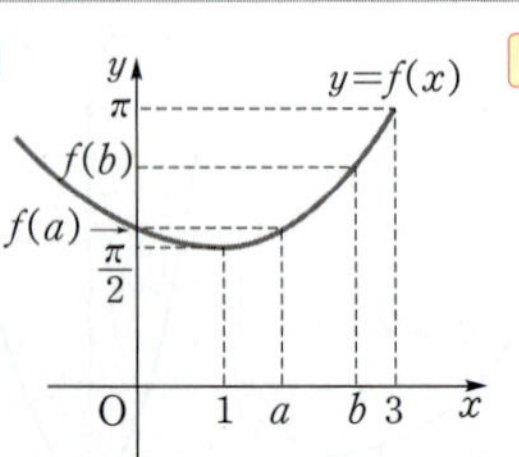

주의 단순히 $f'(1)=0$이므로
함수 $f(x)$가 $x=1$에서
극솟값을 갖는 게 아니야!
$f'(1)=0$이고 $x=1$의
좌우에서 $f'(x)$의 부호가
음$(-)$에서 양$(+)$으로
바뀌기 때문에 함수 $f(x)$가
$x=1$에서 극솟값을 갖는 거야.

Step 2 [보기]의 참, 거짓을 판단한다.

→ 문제에 주어진 표에서 $f'(3)=1$

ㄱ. $g'(x)=f'(x)\cos\{f(x)\}$이므로
$g'(3)=f'(3)\cos\{f(3)\}=\cos\pi=-1$ (참)
→ 문제에 주어진 표에서 $f(3)=\pi$

ㄴ. 함수 $g(x)=\sin\{f(x)\}$는 실수 전체의 집합에서 미분가능하므
로 평균값 정리에 의하여 $\dfrac{g(b)-g(a)}{b-a}=g'(c)$를 만족하는
실수 c가 열린구간 (a, b)에 적어도 하나 존재한다.
이때 $g'(c)=f'(c)\cos\{f(c)\}$이고 위 그림에서 $1<x<3$일 때
$\dfrac{\pi}{2}<f(x)<\pi$, $0<f'(x)<1$이므로
$\dfrac{\pi}{2}<f(c)<\pi$, $0<f'(c)<1$
즉, $-1<f'(c)\cos\{f(c)\}<0$이므로
$-1<\dfrac{g(b)-g(a)}{b-a}<0$ (참)

→ $1<x<3$일 때 $f(x)$와 $f'(x)$가
이 조건을 만족하므로
$1<a<c<b<3$일 때
$f(c)$와 $f'(c)$ 또한 당연히
이 조건을 만족한다.

ㄷ. 점 $P(1, 1)$이 곡선 $y=g(x)$의 변곡점이려면 $g''(1)=0$이고
$g''(x)$의 부호가 $x=1$의 좌우에서 바뀌어야 한다. **중요**
$g'(x)=f'(x)\cos\{f(x)\}$에서
$g''(x)=f''(x)\cos\{f(x)\}-\{f'(x)\}^2\sin\{f(x)\}$
$x\to 1-$일 때, $f(x)\to\dfrac{\pi}{2}+$이므로

함수의 곱의 미분법

$f''(x)>0$, $\cos\{f(x)\}<0$, $\sin\{f(x)\}>0$에서
$f''(x)\cos\{f(x)\}<0$, $\{f'(x)\}^2\sin\{f(x)\}>0$
→ 위의 그림 또는
표에서 알 수 있어.
$\therefore g''(x)=f''(x)\cos\{f(x)\}-\{f'(x)\}^2\sin\{f(x)\}<0$
$x\to 1+$일 때 $f(x)\to\dfrac{\pi}{2}+$이므로 마찬가지 방법으로
$g''(x)<0$
따라서 $x=1$의 좌우에서 $g''(x)$의 부호가 바뀌지 않으므로
점 $P(1, 1)$은 변곡점이 아니다. (거짓)
그러므로 옳은 것은 ㄱ, ㄴ이다. → $g'(1)=0$이어도 $x=1$의 좌우에서 $g''(x)$의
부호가 바뀌지 않으므로 점 $P(1, 1)$은 곡선
$y=g(x)$의 변곡점이 아닌 거야.

🔅 알아야 할 기본개념

변곡점

① 곡선 $y=f(x)$ 위에 있는 점 $P(a,\ f(a))$에 대하여 $x=a$의 좌우
에서 곡선의 모양이 아래로 볼록에서 위로 볼록으로 바뀌거나
위로 볼록에서 아래로 볼록으로 바뀔 때, 이 점 P를 곡선
$y=f(x)$의 변곡점이라 한다.

② 변곡점의 판정
함수 $f(x)$에서 $f''(a)=0$이고 $x=a$의 좌우에서 $f''(x)$의
부호가 바뀌면 점 $(a,\ f(a))$는 곡선 $y=f(x)$의 변곡점이다.

수능포인트

변곡점이라는 것은 이계도함수의 부호가 바뀌는 점으로서 도함수의 극
값을 의미하기도 합니다. 흔히 말하는 위로 볼록과 아래로 볼록의 경계
점입니다. 따라서 $x=a$에서 변곡점이라면 $f''(a)=0$이고,
$f''(a+h)f''(a-h)<0$과 같이 $x=a$의 좌우에서 $f''(x)$의 부호가 반
드시 바뀌어야 됩니다. 왜냐하면 단지 $f''(a)=0$이라면 $y=x^4$과 같은
함수는 $x=0$에서 변곡점은 아니지만 $f''(0)=0$을 만족하기 때문입니다.

074 [정답률 33%] 　　정답 ④

→ $y=m(x-0)+2$

실수 m에 대하여 점 $(0, 2)$를 지나고 기울기가 m인 직선이
곡선 $y=x^3-3x^2+1$과 만나는 점의 개수를 $f(m)$이라 하자.
함수 $f(m)$이 구간 $(-\infty,\ a)$에서 연속이 되게 하는 실수
a의 최댓값은? (4점)

→ 직선 $y=mx+2$와 곡선 $y=x^3-3x^2+1$의
교점의 개수

① -3 　　② $-\dfrac{3}{4}$ 　　③ $\dfrac{3}{2}$

④ $\dfrac{15}{4}$ 　　⑤ 6

함수 $f(x)$에서 $f''(a)=0$이고, $x=a$의 좌우에서 $f''(x)$의 부호가
바뀌면 점 $(a, f(a))$는 곡선 $y=f(x)$의 변곡점이다.

Step 1 $y=x^3-3x^2+1$의 증가와 감소를 나타내는 표를 작성하여 변곡
점, 극댓값과 극솟값을 구한다.

함수 $f(x)$가 미분가능하고 $f'(a)=0$일 때,
$x=a$의 좌우에서 $f'(x)$의 부호가 양$(+)$에서
음$(-)$으로 바뀌면 $f(x)$는 $x=a$에서 극댓값을 갖고,
음$(-)$에서 양$(+)$으로 바뀌면 $f(x)$는 $x=a$에서
극솟값을 갖는다.

곡선 $y=x^3-3x^2+1$에서
$y'=3x^2-6x=3x(x-2)$, $y''=6x-6$
$y'=0$에서 $x=0$ 또는 $x=2$, $y''=0$에서 $x=1$

x	$\cdots$	0	$\cdots$	1	$\cdots$	2	$\cdots$
y'	$+$	0	$-$	$-$	$-$	0	$+$
y''	$-$	$-$	$-$	0	$+$	$+$	$+$
y	↗	극대	↘	변곡점	↘	극소	↗

따라서 곡선 $y=x^3-3x^2+1$은 변곡점의 좌표가 $(1,\ -1)$이며
$x=0$에서 극댓값, $x=2$에서 극솟값을 갖는다.

Step 2 m의 값에 따른 $y=x^3-3x^2+1$과 $y=mx+2$의 그래프의 교점
의 개수를 구한다.

→ 점 (a, b)를 지나고 기울기가 m인 직선의 방정식은
$y-b=m(x-a)$

점 $(0, 2)$를 지나고 기울기가 m인 직선의 방정식은 $y=mx+2$
곡선 $y=x^3-3x^2+1$과 직선 $y=mx+2$를 한 좌표평면에 나타내면
다음 그림과 같이 직선이 곡선에 접할 때의 m의 값을 기준으로
교점의 개수가 달라진다.

→ 직선 $y=mx+2$의 기울기는 정확히 알지 못하지만
항상 지나는 점이 $(0, 2)$라는 것은 알 수 있다.
따라서 항상 지나는 점 $(0, 2)$를 고정해두고 직선의
기울기를 변화시켜 가면서 언제 곡선과 접할지 생각한다.

Step 3 $f(m)$을 구한다.
점 $(0, 2)$를 지나고 곡선에 접하는 직선을 구해 보자.

접점을 $(t,\ t^3-3t^2+1)$이라 할 때, 접선의 방정식은

$y=(3t^2-6t)(x-t)+(t^3-3t^2+1)$

$\longrightarrow$ 함수 $y=f(x)$가 $x=a$에서

이 접선이 점 $(0,\ 2)$를 지나므로 대입하면　미분가능할 때, 곡선 $y=f(x)$

$2=-3t^3+6t^2+t^3-3t^2+1$　위의 점 $(a,\ f(a))$에서의

$2t^3-3t^2+1=0,\ (t-1)^2(2t+1)=0$　접선의 방정식은

$\therefore\ t=1$ 또는 $t=-\dfrac{1}{2}$　$y-f(a)=f'(a)(x-a)$

(i) $t=1$일 때

$m=3\cdot1^2-6\cdot1=-3$

이고 그래프에서 알 수
있듯이 변곡점을 지나는
직선과의 교점의 개수는
1이다.

또한 $m=-3$일 때의
전후로 교점의 개수가
달라지지 않는다.

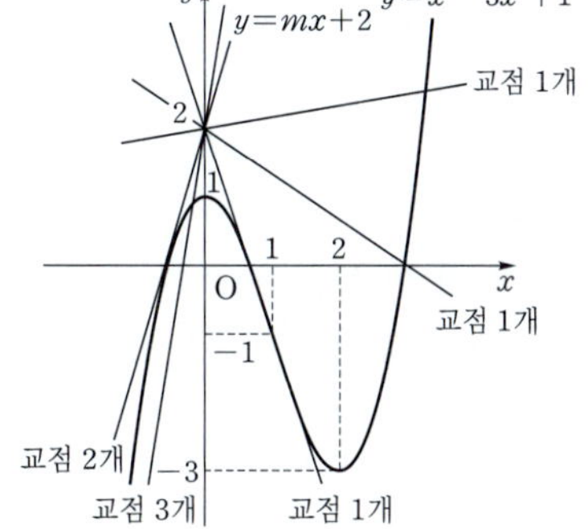

(ii) $t=-\dfrac{1}{2}$일 때

$m=3\left(-\dfrac{1}{2}\right)^2-6\left(-\dfrac{1}{2}\right)=\dfrac{15}{4}$이고 교점의 개수는 2이며

$m<\dfrac{15}{4}$일 때는 교점이 1개, $m>\dfrac{15}{4}$일 때는 교점의 개수는

3으로 $m=\dfrac{15}{4}$의 전후로 교점의 개수가 달라진다.

$\therefore f(m)=\begin{cases}1 & \left(m<\dfrac{15}{4}\right)\\[4pt]2 & \left(m=\dfrac{15}{4}\right)\\[4pt]3 & \left(m>\dfrac{15}{4}\right)\end{cases}$

$\longrightarrow$ 함수 $f(m)$을 살펴보면 $m<\dfrac{15}{4}$일 때는 $f(m)=1$이고 $m=\dfrac{15}{4}$일 때는 $f(m)=2$이므로 $m=\dfrac{15}{4}$일 때 함수 $f(m)$은 불연속이야. 따라서 함수 $f(m)$이 열린구간 $(-\infty,\ a)$에서 연속이 되기 위해서는 $a\leq\dfrac{15}{4}$이어야 해.

따라서 함수 $f(m)$이 열린구간 $(-\infty,\ a)$에서 연속이 되는 a의

최댓값은 $\dfrac{15}{4}$이다.

⭐ **다른 풀이** $y=x^2-3x-\dfrac{1}{x},\ y=m$의 그래프의 교점의 개수로 생각하는 풀이

Step 1 교점의 개수는 방정식의 실근의 개수와 같음을 이용하여 방정식을 세운다.

점 $(0,\ 2)$를 지나고 기울기가 m인 직선의 방정식은

$y=mx+2$　$\longrightarrow$ 점 $(a,\ b)$를 지나고 기울기가 m인 직선의 방정식은 $y-b=m(x-a)$

직선 $y=mx+2$와 곡선 $y=x^3-3x^2+1$의 교점의 개수는 방정식

$mx+2=x^3-3x^2+1$, 즉 $x^2-3x-\dfrac{1}{x}=m$ ($\because\ x\neq0$)의 실근의

개수와 같다.

방정식 $mx+2=x^3-3x^2+1$에 $x=0$을 대입하면 성립하지 않으므로 $x\neq0$이다. 즉, 양변을 x로 나누어도 된다.

방정식의 실근

Step 2 $g(x)=x^2-3x-\dfrac{1}{x}$이라 하고 $g(x)$의 그래프의 개형을 조사한다.

$\longrightarrow$ 방정식 $x^2-3x-\dfrac{1}{x}=m$에서 좌변의 식을 $g(x)$로 놓고 함수 $y=g(x)$의 그래프를 그린 후 직선 $y=m$과의 관계를 알아볼 거야.

$g(x)=x^2-3x-\dfrac{1}{x}$로 놓으면

$g'(x)=2x-3+\dfrac{1}{x^2}=\dfrac{2x^3-3x^2+1}{x^2}=\dfrac{(x-1)^2(2x+1)}{x^2}$

$\longrightarrow x\neq0$

$g'(x)=0$에서 $x=-\dfrac{1}{2}$ 또는 $x=1$

그러므로 $g(x)$의 증가와 감소를 표로 나타내면 다음과 같다.

x	$\cdots$	$-\dfrac{1}{2}$	$\cdots$	(0)	$\cdots$	1	$\cdots$
$g'(x)$	$-$	0	$+$		$+$	0	$+$
$g(x)$	↘	$\dfrac{15}{4}$	↗		↗	-3	↗

$\lim\limits_{x\to0+}g(x)=-\infty,\ \lim\limits_{x\to0-}g(x)=\infty,$

$\lim\limits_{x\to\infty}g(x)=\infty,\ \lim\limits_{x\to-\infty}g(x)=-\infty$

이므로 $y=g(x),\ y=m$의 그래프는
오른쪽 그림과 같다.

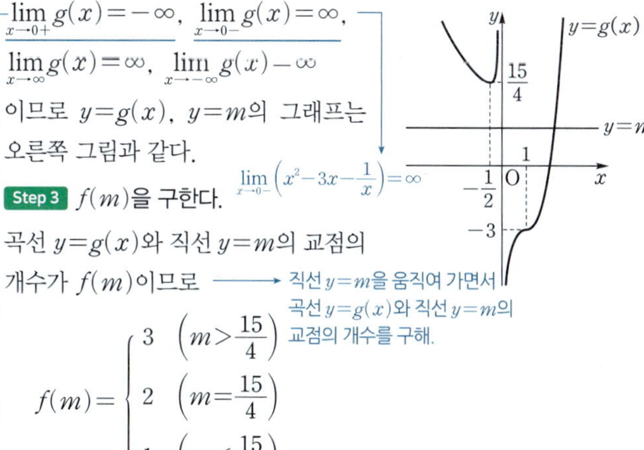

Step 3 $f(m)$을 구한다.

$\longrightarrow \lim\limits_{x\to0-}\left(x^2-3x-\dfrac{1}{x}\right)=\infty$

곡선 $y=g(x)$와 직선 $y=m$의 교점의

개수가 $f(m)$이므로　$\longrightarrow$ 직선 $y=m$을 움직여 가면서 곡선 $y=g(x)$와 직선 $y=m$의 교점의 개수를 구해.

$f(m)=\begin{cases}3 & \left(m>\dfrac{15}{4}\right)\\[4pt]2 & \left(m=\dfrac{15}{4}\right)\\[4pt]1 & \left(m<\dfrac{15}{4}\right)\end{cases}$

따라서 함수 $f(m)$이 열린구간 $(-\infty,\ a)$에서 연속이 되게 하는

실수 a의 최댓값은 $\dfrac{15}{4}$이다.　$\longrightarrow$ a의 값이 $\dfrac{15}{4}$보다 커지게 되면 함수 $f(m)$은 열린구간 $(-\infty,\ a)$에서 불연속인 점이 존재하게 돼.

$\longrightarrow \lim\limits_{x\to0+}\left(x^2-3x-\dfrac{1}{x}\right)=-\infty$

---

075 [정답률 58%]　　　　　정답 ⑤

그림과 같이 좌표평면에서 최고차항의 계수가 양수이고
원점을 지나는 삼차함수 $y=f(x)$의 그래프가 있다. 곡선
$y=f(x)$의 변곡점을 $A(a,\ f(a))$라 하고 원점을 지나는 직선
$y=g(x)$가 점 $B(b,\ f(b))$에서 곡선 $y=f(x)$에 접할 때,
옳은 것만을 [보기]에서 있는 대로 고른 것은?

$($단, $0<a<b)$ (4점)

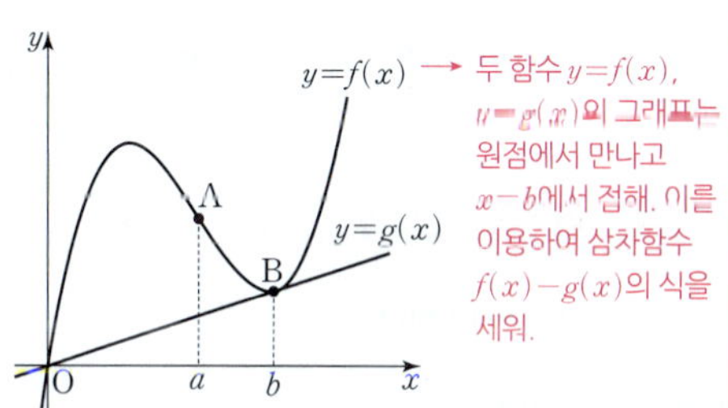

$\longrightarrow$ 두 함수 $y=f(x),\ y=g(x)$의 그래프는 원점에서 만나고 $x=b$에서 접해. 이를 이용하여 삼차함수 $f(x)-g(x)$의 식을 세워.

[보기]

ㄱ. 곡선 $y=f(x)-g(x)$의 변곡점의 x좌표는 a이다.

ㄴ. 함수 $f(x)-g(x)$는 $x=\dfrac{b}{3}$에서 극댓값을 갖는다.

ㄷ. $\dfrac{b-a}{a}=\dfrac{1}{2}$　$f'\left(\dfrac{b}{3}\right)-g'\left(\dfrac{b}{3}\right)=0$이고 $x=\dfrac{b}{3}$의 좌우에서 $f'(x)-g'(x)$의 부호가 양에서 음으로 변해야 해.

① ㄱ　　　　② ㄷ　　　　③ ㄱ, ㄴ

④ ㄴ, ㄷ　　　☑ ㄱ, ㄴ, ㄷ

Step 1 두 함수 $y=f(x)$, $y=g(x)$의 그래프가 원점에서 만나고, $x=b$에서 접하므로 $f(x)-g(x)=kx(x-b)^2\,(k>0)$으로 놓고 [보기]의 참, 거짓을 판별한다.

ㄱ. $h(x)=f(x)-g(x)$라 하면

$$h''(x)=f''(x)-g''(x)$$

이때 함수 $g(x)$는 일차함수이므로

$g'(x)=p$ (단, p는 0이 아닌 상수), $g''(x)=0$

$\therefore h''(x)=f''(x)$

즉, 두 함수 $h(x)$, $f(x)$의 이계도함수는 서로 같다.

따라서 곡선 $y=f(x)$의 변곡점의 x좌표가 a이므로 곡선 $y=h(x)$의 변곡점의 x좌표도 a이다. (참)

> 일차함수의 이계도함수는 0이야.

> 문제에서 곡선 $y=f(x)$의 변곡점이 $A(a, f(a))$라고 주어졌어.

ㄴ. 함수 $h(x)=f(x)-g(x)$의 그래프는 원점을 지나고 $x=b$에서 x축에 접하므로 $h(x)=kx(x-b)^2\,(k>0)$으로 놓을 수 있다.

$$h'(x)=k(x-b)^2+2kx(x-b)$$
$$=k(x-b)(3x-b)$$

> 함수 $y=f(x)$의 그래프가 $x=a$에서 x축에 접하면 $f(x)$는 $(x-a)^2$을 인수로 갖는다.

$h'(x)=0$에서 $x=\dfrac{b}{3}$ 또는 $x=b$

이때 $b>0$이므로 함수 $h(x)$의 증가와 감소를 표로 나타내면 다음과 같다.

> $x=\dfrac{b}{3}$의 좌우에서 $f'(x)-g'(x)$의 부호가 양에서 음으로 변화

x	$\cdots$	$\dfrac{b}{3}$	$\cdots$	b	$\cdots$
$h'(x)$		$+$	0	$-$	0	$+$
$h(x)$	$\nearrow$	극대	$\searrow$	극소	$\nearrow$

따라서 함수

$h(x)=f(x)-g(x)$는

$x=\dfrac{b}{3}$에서 극댓값을 갖는다. (참)

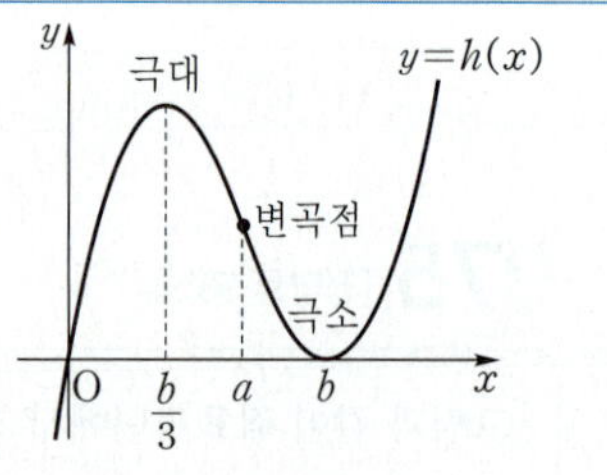

ㄷ. ㄴ에서

$h'(x)=k(x-b)(3x-b)$이므로

$$h''(x)=k(3x-b)+3k(x-b)$$
$$=6kx-4kb$$

ㄱ에 의하여 $h''(a)=0$이므로

$$h''(a)=6ka-4kb=0$$

> 두 함수 $h(x)$, $f(x)$의 이계도함수가 서로 같고 두 함수의 그래프의 변곡점의 x좌표가 a이므로 $h''(a)=f''(a)=0$

$\therefore a=\dfrac{2}{3}b$ → $b=\dfrac{3}{2}a$를 $\dfrac{b-a}{a}$에 대입해도 돼!

$\therefore \dfrac{b-a}{a}=\dfrac{b-\dfrac{2}{3}b}{\dfrac{2}{3}b}=\dfrac{1}{2}$ (참)

> 함수 $h(x)$에 대한 증가와 감소를 나타내는 표를 그리지 않더라도 삼차함수의 그래프의 개형을 알고 있다면 $h(x)=kx(x-b)^2$의 그래프를 바로 그려 $x=\dfrac{b}{3}$에서 극대라는 것을 알 수 있어!

그러므로 옳은 것은 ㄱ, ㄴ, ㄷ이다.

💡 알아야 할 기본개념

함수의 증가 · 감소

함수 $f(x)$가 어떤 구간에서 미분가능하고 그 구간에서
(1) $f'(x)>0$이면 함수 $f(x)$는 그 구간에서 증가한다.
(2) $f'(x)<0$이면 함수 $f(x)$는 그 구간에서 감소한다.

함수의 극대와 극소의 판정

(1) 미분가능한 함수 $f(x)$에 대하여

$f'(a)=0$이고 $x=a$의 좌우에서 $f'(x)$의 부호가

① 양에서 음으로 변하면 함수 $f(x)$는 $x=a$에서 극댓값을 갖는다.
> $f(x)$가 증가하다가 감소

② 음에서 양으로 변하면 함수 $f(x)$는 $x=a$에서 극솟값을 갖는다.
> $f(x)$가 감소하다가 증가

(2) 이계도함수를 갖는 함수 $f(x)$에서 $f'(a)=0$일 때

① $f''(a)<0$이면 함수 $f(x)$는 $x=a$에서 극댓값을 갖는다.
② $f''(a)>0$이면 함수 $f(x)$는 $x=a$에서 극솟값을 갖는다.

> **참고**
>
> ① 이차 이상의 다항함수 $y=f(x)$의 그래프와 직선 $y=g(x)$가 $x=a$에서 접하면 함수 $f(x)-g(x)$는 $(x-a)^2$을 인수로 갖는다.
>
> 즉, 다항함수 $h(x)$에 대하여
> $$f(x)-g(x)=(x-a)^2 h(x)$$
> 와 같이 놓을 수 있다.
>
> ② 삼차함수 $y=f(x)$의 그래프와 직선 $y=mx+n$이 만나는 세 점의 좌표를 각각 x_1, x_2, x_3이라 할 때, 함수 $y=f(x)$의 그래프의 변곡점의 x좌표를 a라 하면
> $$a=\dfrac{x_1+x_2+x_3}{3}$$
>
> 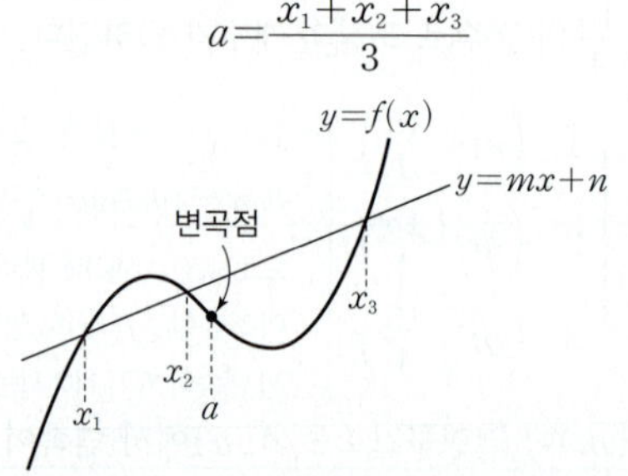
>
>
> ③ 삼차함수 $y=f(x)$의 그래프와 직선 $y=mx+n$이 만나는 세 점 중 하나가 변곡점일 때, 변곡점의 x좌표를 a, 나머지 두 점의 x좌표를 x_1, x_2라 하면
> $$a=\dfrac{x_1+x_2}{2}$$
>
> 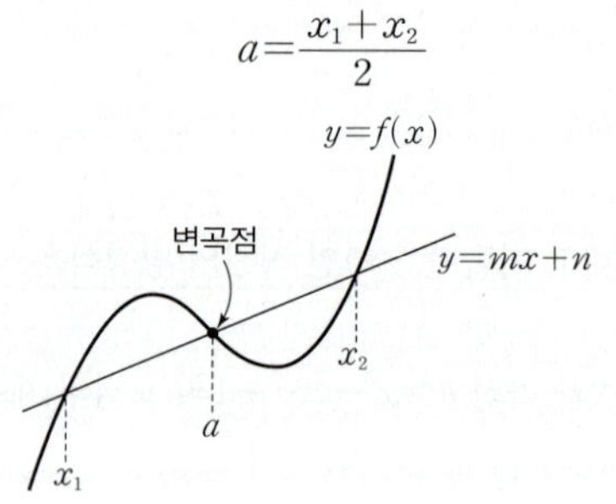
>

> **수능포인트**
>
> [보기]에서 $y=f(x)-g(x)$가 주어졌습니다. 문제에서 주어진 조건으로는 $y=f(x)$, $y=g(x)$를 표현하기 힘들지만 $y=f(x)-g(x)$는 쉽게 표현할 수 있다는 것을 충분히 예측할 수 있습니다. 또한 $y=g(x)$는 일차함수이므로 변곡점에 영향을 전혀 미치지 않습니다.
>
> 즉, 곡선 $y=f(x)$와 곡선 $y=f(x)-g(x)$의 변곡점의 x좌표는 항상 일치하게 됩니다.

> 일차함수의 이계도함수는 항상 0이야!

076
정답 ⑤

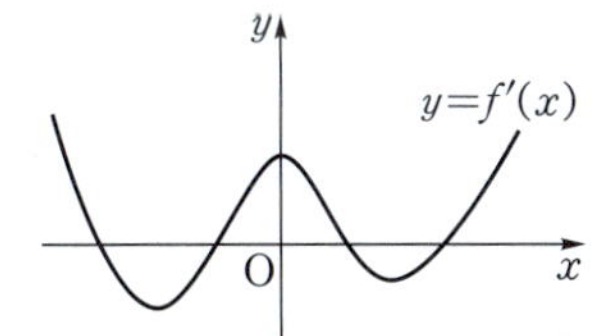

다음 그림은 다항함수 $f(x)$의 도함수 $y=f'(x)$의 그래프이다. 함수 $f(x)$의 극대가 되는 점, 극소가 되는 점, 변곡점의 개수를 차례로 나열하면? (3점)

① 1, 2, 3 　　② 2, 1, 3 　　③ 2, 1, 2
④ 2, 2, 2 　　⑤ 2, 2, 3

Step 1 함수 $f(x)$가 극대가 되는 점, 극소가 되는 점, 변곡점을 갖는 상황을 파악한다.

함수 $f(x)$가 극대가 되는 점을 가지려면 도함수 $f'(x)$의 부호가 $(+)$에서 $(-)$로, 함수 $f(x)$가 극소가 되는 점을 가지려면 도함수 $f'(x)$의 부호가 $(-)$에서 $(+)$로 변해야 한다.

또한 함수 $f(x)$가 변곡점을 가지려면 이계도함수 $f''(x)$의 부호가 바뀌면서 $f''(x)=0$이어야 한다. $f''(x)>0$이면 $y=f'(x)$는 증가, $f''(x)<0$이면 $y=f'(x)$는 감소

따라서 도함수 $f'(x)$의 증가·감소에 변화가 있어야 한다.

Step 2 함수 $y=f'(x)$의 그래프를 통해 $f(x)$의 극대가 되는 점, 극소가 되는 점, 변곡점의 개수를 구한다.

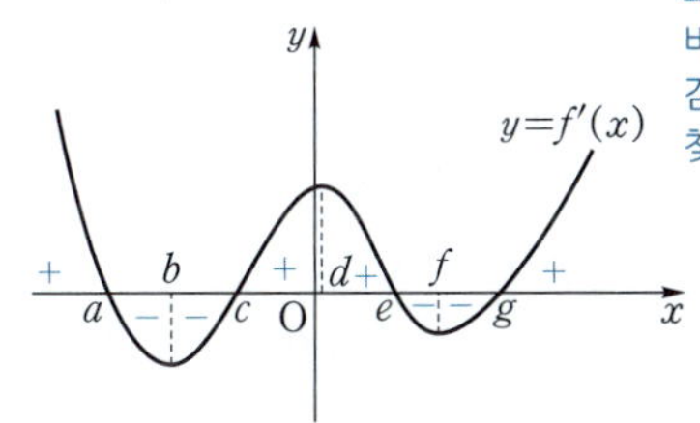

(i) $x=a$, e일 때 : $f'(x)$의 부호가 $(+)$에서 $(-)$로 바뀐다.
　　따라서 $f(x)$는 $x=a$, e에서 극대

(ii) $x=c$, g일 때 : $f'(x)$의 부호가 $(-)$에서 $(+)$로 바뀐다.
　　따라서 $f(x)$는 $x=c$, g에서 극소

(iii) $x=b$, f일 때 : $f''(x)=0$이고 좌우에서 $f'(x)$가 감소하다 증가하므로 $f''(x)$의 부호가 $(-)$에서 $(+)$로 바뀐다.
　　따라서 $f(x)$는 $x=b$, f에서 변곡점을 가진다.

(iv) $x=d$일 때 : $f''(x)=0$이고 좌우에서 $f'(x)$가 증가하다 감소하므로 $f''(x)$의 부호가 $(+)$에서 $(-)$로 바뀐다.
　　따라서 $f(x)$는 $x=d$에서 변곡점을 가진다.

(i)~(iv)에 의하여 극대가 되는 점, 극소가 되는 점은 각각 2개, 변곡점은 3개이다.

> **함수의 극대와 극소의 판정**
> 함수 $f(x)$가 미분가능하고 $f'(a)=0$일 때, $x=a$의 좌우에서 $f'(x)$의 부호가
> ① 양$(+)$에서 음$(-)$으로 바뀌면 $f(x)$는 $x=a$에서 극대이고, 극댓값 $f(a)$를 갖는다.
> ② 음$(-)$에서 양$(+)$으로 바뀌면 $f(x)$는 $x=a$에서 극소이고, 극솟값 $f(a)$를 갖는다.
>
> **변곡점의 판정**
> 함수 $f(x)$에서 $f''(a)=0$이고, $x=a$의 좌우에서 $f''(x)$의 부호가 바뀌면 점 $(a, f(a))$는 곡선 $y=f(x)$의 변곡점이다.

077 [정답률 54%]
정답 ③

함수 $f(x)=x^2+ax+b\left(0<b<\dfrac{\pi}{2}\right)$에 대하여 함수 $g(x)=\sin(f(x))$가 다음 조건을 만족시킨다.

> (가) 모든 실수 x에 대하여 $g'(-x)=-g'(x)$이다.
> (나) 점 $(k, g(k))$는 곡선 $y=g(x)$의 변곡점이고, $2kg(k)=\sqrt{3}g'(k)$이다.

두 상수 a, b에 대하여 $a+b$의 값은? (4점)

① $\dfrac{\pi}{3}-\dfrac{\sqrt{3}}{2}$ 　　② $\dfrac{\pi}{3}-\dfrac{\sqrt{3}}{3}$ 　　③ $\dfrac{\pi}{3}-\dfrac{\sqrt{3}}{6}$
④ $\dfrac{\pi}{2}-\dfrac{\sqrt{3}}{3}$ 　　⑤ $\dfrac{\pi}{2}-\dfrac{\sqrt{3}}{6}$

Step 1 조건 (가)를 이용하여 상수 a의 값을 구한다.

두 함수 $f(x)=x^2+ax+b$, $g(x)=\sin(f(x))$에서
$g(x)=\sin(x^2+ax+b)$이므로
$g'(x)=(2x+a)\cos(x^2+ax+b)$
조건 (가)에서 $g'(-x)=-g'(x)$이므로
$(-2x+a)\cos(x^2-ax+b)=-(2x+a)\cos(x^2+ax+b)$
$x=0$을 대입하면
$a\cos b=-a\cos b$, $2a\cos b=0$
$\therefore a\cos b=0$

이때 $0<b<\dfrac{\pi}{2}$에서 $\cos b\neq0$이므로
$a=0$

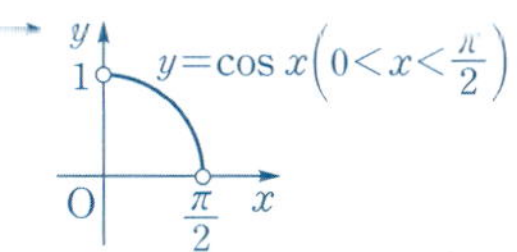

Step 2 조건 (나)에서 $g''(k)=0$임을 이용하여 조건을 구한다.

$g(x)=\sin(x^2+b)$에서
$g'(x)=2x\cos(x^2+b)$
$g''(x)=2\cos(x^2+b)-4x^2\sin(x^2+b)$
조건 (나)에서 점 $(k, g(k))$가 곡선 $y=g(x)$의 변곡점이므로
$g''(k)=0$
즉, $2\cos(k^2+b)-4k^2\sin(k^2+b)=0$
$4k^2\sin(k^2+b)=2\cos(k^2+b)$ 　　…… ㉠

(i) $k=0$이면
　　㉠에서 $0=2\cos b$
　　그런데 $0<b<\dfrac{\pi}{2}$이므로 조건을 만족시키는 k의 값이 존재하지 않는다.
　　$\therefore k\neq0$

양변을 k로 나누거나 $\cos(k^2+b)$로 나누려면 $k\neq0$이거나 $\cos(k^2+b)\neq0$이어야 해. 따라서 $k=0$이거나 $\cos(k^2+b)=0$인 경우로 나누어 풀 거야.

(ii) $\cos(k^2+b)=0$이면
　　㉠에서 $\sin(k^2+b)=0$이므로
　　$\sin^2(k^2+b)+\cos^2(k^2+b)=0$
　　즉, $\sin^2(k^2+b)+\cos^2(k^2+b)=1$이 성립하지 않는다.

(i), (ii)에서 $k\neq0$, $\cos(k^2+b)\neq0$ $\sin^2 x+\cos^2 x=1$이야.

Step 3 ㉠의 식을 변형하고 $2kg(k)=\sqrt{3}g'(k)$임을 이용하여 상수 b의 값을 구한다.

$k\neq0$, $\cos(k^2+b)\neq0$이므로 ㉠에서
$\dfrac{\sin(k^2+b)}{\cos(k^2+b)}=\dfrac{1}{2k^2}$

$$\therefore \tan(k^2+b)=\frac{1}{2k^2} \qquad \cdots\cdots \text{ⓛ}$$

조건 (나)에서

$$2k\sin(k^2+b)=\sqrt{3}\times 2k\cos(k^2+b) \quad\rightarrow 2k\,g(k)=\sqrt{3}\,g'(k)$$

$$\frac{\sin(k^2+b)}{\cos(k^2+b)}=\sqrt{3}\;(\because k\neq 0,\ \cos(k^2+b)\neq 0)$$

$$\therefore \tan(k^2+b)=\sqrt{3} \qquad \cdots\cdots \text{ⓒ}$$

ⓛ, ⓒ에서 $\dfrac{1}{2k^2}=\sqrt{3}$ $\qquad \therefore k^2=\dfrac{\sqrt{3}}{6}$

ⓒ에서 $\tan\left(\dfrac{\sqrt{3}}{6}+b\right)=\sqrt{3}$

이때 $0<b<\dfrac{\pi}{2}$에서 $\dfrac{\sqrt{3}}{6}<\dfrac{\sqrt{3}}{6}+b<\dfrac{\sqrt{3}}{6}+\dfrac{\pi}{2}$이므로

$$\frac{\sqrt{3}}{6}+b=\frac{\pi}{3} \qquad \therefore b=\frac{\pi}{3}-\frac{\sqrt{3}}{6}$$

Step 4 $a+b$의 값을 구한다.

따라서 $a=0,\ b=\dfrac{\pi}{3}-\dfrac{\sqrt{3}}{6}$이므로

$$a+b=\frac{\pi}{3}-\frac{\sqrt{3}}{6}$$

078

정답 ②

> 함수의 최댓값이나 최솟값을 구할 때 함수의 극값이 하나만 존재하고
> ① 극값이 극댓값이라면 (극댓값) = (최댓값)
> ② 극값이 극솟값이라면 (극솟값) = (최솟값)

함수 $y=\dfrac{\ln x}{x}$가 최댓값을 가질 때의 x의 값은? (2점)

① 1 　② e 　③ $\dfrac{1}{e}$

④ $2e$ 　⑤ e^2

Step 1 $f'(x)=0$이 되는 x의 값을 구한다.

함수 $f(x)=\dfrac{\ln x}{x}$라 하고 양변을 x에 대하여 미분하면

$$f'(x)=\frac{\frac{1}{x}\cdot x-\ln x}{x^2}$$

$$=\frac{1-\ln x}{x^2}$$

> **몫의 미분법**
> 두 함수 $f(x),\ g(x)$가 미분가능할 때
> $y=\dfrac{f(x)}{g(x)}$이면
> $y'=\dfrac{f'(x)g(x)-f(x)g'(x)}{\{g(x)\}^2}$

> $(\ln x)'=\dfrac{1}{x}$

$$f'(x)=\frac{1-\ln x}{x^2}=0$$에서 $x=e$

$\rightarrow 1-\ln x=0,\ \ln x=1$이므로 $x=e$

Step 2 함수 $f(x)$의 증가와 감소를 나타낸 표를 그려 함숫값이 최대가 될 때의 x의 값을 구한다.

$\rightarrow f'(x)=\dfrac{1-\ln x}{x^2}$에 대해서 $x>0$에서 $x^2>0$이므로

함수 $f(x)$의 증가와 감소를 표로 나타내면 다음과 같다. $(1-\ln x)$의 부호 변화만 보면 돼.

x	(0)	$\cdots$	e	$\cdots$
$f'(x)$		$+$	0	$-$
$f(x)$		↗	극대	↘

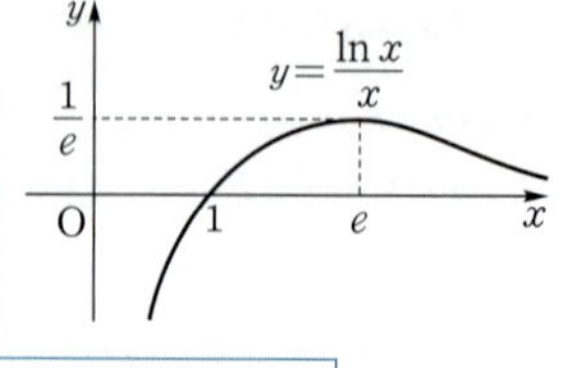

즉, $y=\dfrac{\ln x}{x}$는 $x=e$일 때

극대이면서 최대이다.

따라서 함수 $y=\dfrac{\ln x}{x}$는 $x=e$일 때 최댓값을 갖는다.

> $x=e$의 좌우에서 $(1-\ln x)$의 부호 변화를 알려면 x에 e보다 작은 값, 큰 값을 각각
> 대입해 보면 돼. 예를 들어 $(1-\ln x)$에 e보다 작은 값인 $x=1$과 e보다
> 큰 값인 $x=e^2$을 각각 대입하면 1과 -1이야.
> 따라서 $f'(x)$의 부호가 양$(+)$에서 음$(-)$으로 바뀜을 알 수 있어.

079

정답 ①

> 모든 실수 x에서 정의된 함수 $f(x)$는 삼각함수이므로
> 주기함수이다. 따라서 닫힌구간 $[0,2\pi]$에서 극값과
> 구간의 양 끝에서의 함숫값만 확인하면 된다.

모든 실수 x에서 정의된 함수

$$f(x)=2\sin 2x+4\sin x-4\cos x+1$$

의 최댓값과 최솟값의 합은? (3점)

① $4-4\sqrt{2}$ 　② $4-3\sqrt{2}$ 　③ $4-2\sqrt{2}$

④ $5-2\sqrt{2}$ 　⑤ $5-\sqrt{2}$

> $y=\sin x$이면 $y'=\cos x$
> $y=\cos x$이면 $y'=-\sin x$
> $y=\sin f(x)$이면 $y'=f'(x)\cos f(x)$

Step 1 함수 $f(x)$를 미분하여 $f(x)$가 극값을 갖는 조건을 구한다.

$f(x)=2\sin 2x+4\sin x-4\cos x+1$에서

$f'(x)=4\cos 2x+4\cos x+4\sin x$ 　$\rightarrow \cos(x+x)=\cos x\cos x-\sin x\sin x$
$\qquad\qquad\qquad\qquad\qquad\qquad =\cos^2 x-\sin^2 x$

$\quad=4(\cos^2 x-\sin^2 x)+4\cos x+4\sin x$ 　$\rightarrow a^2-b^2=(a-b)(a+b)$

$\quad=4(\cos x-\sin x)(\cos x+\sin x)+4(\cos x+\sin x)$

$\quad=4(\cos x+\sin x)(\cos x-\sin x+1)$ 　$\leftarrow$

$\qquad\qquad\qquad\qquad\qquad\qquad \rightarrow 4(\cos x+\sin x)$ 로 묶는다.

$f'(x)=0$에서 $\cos x=-\sin x$ 또는 $\sin x=\cos x+1$

> $\cos x+\sin x=0$ 또는
> $\cos x-\sin x+1=0$

(i) $\cos x=-\sin x$에서 $x=\dfrac{3}{4}\pi,\ \dfrac{7}{4}\pi,\ \dfrac{11}{4}\pi,\ \cdots$

(ii) $\sin x=\cos x+1$에서 $x=\dfrac{\pi}{2},\ \pi,\ \dfrac{5}{2}\pi,\ \cdots$

(i)의 경우 : $\cos x=-\sin x$에서 $\tan x=-1$
(ii)의 경우 :

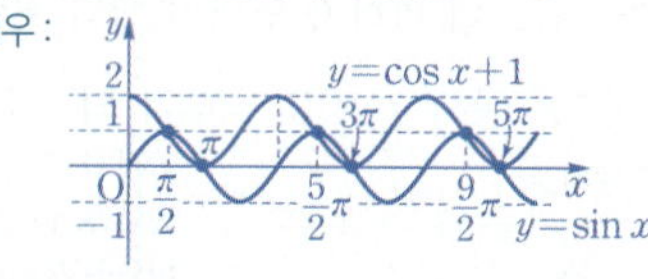
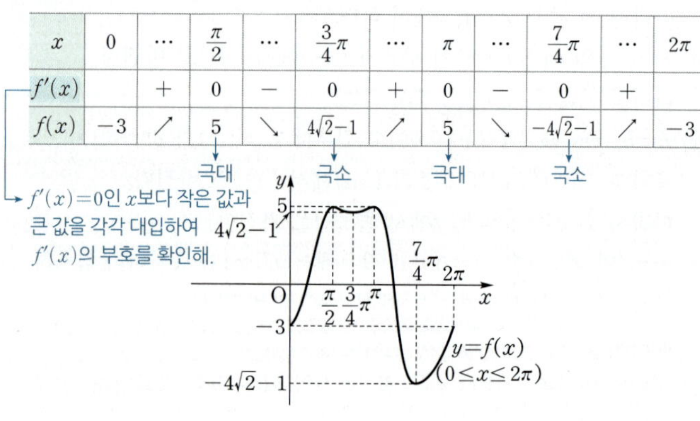

Step 2 함수 $f(x)$의 증가와 감소를 표로 나타내어 $f(x)$의 최댓값, 최솟값을 구한다. $\rightarrow f'(x)=0$인 $x=\dfrac{\pi}{2},\dfrac{3}{4}\pi,\pi,\dfrac{7}{4}\pi$

함수 $f(x)$는 주기가 2π인 주기함수이다.

따라서 $0\leq x\leq 2\pi$에서 $f(x)$의 증가와 감소를 확인하면 $f(x)$의 최댓값과 최솟값을 구할 수 있다.

함수 $y=f(x)$의 증가와 감소를 표로 나타내면 다음과 같다.

x	0	$\cdots$	$\dfrac{\pi}{2}$	$\cdots$	$\dfrac{3}{4}\pi$	$\cdots$	π	$\cdots$	$\dfrac{7}{4}\pi$	$\cdots$	2π
$f'(x)$		$+$	0	$-$	0	$+$	0	$-$	0	$+$	
$f(x)$	-3	↗	5	↘	$4\sqrt{2}-1$	↗	5	↘	$-4\sqrt{2}-1$	↗	-3
			극대		극소		극대		극소		

> $f'(x)=0$인 x보다 작은 값과
> 큰 값을 각각 대입하여
> $f'(x)$의 부호를 확인해.

따라서 최댓값은 5, 최솟값은 $-4\sqrt{2}-1$이므로 최댓값과 최솟값의 합은

> $x=\dfrac{\pi}{2},\ \pi$에서 극댓값 5를 갖고 이 점에서 최대이다.

$$5-4\sqrt{2}-1=4-4\sqrt{2}$$

> $x=\dfrac{3}{4}\pi,\ \dfrac{7}{4}\pi$에서 각각 극솟값 $4\sqrt{2}-1,\ -4\sqrt{2}-1$을
> 갖고 $x=\dfrac{7}{4}\pi$에서 최소이다.

080 [성납률 39%] 정답 11

> 양수 a에 대하여 닫힌구간 $[-a,\ a]$에서 함수
> $$f(x)=\frac{x-5}{(x-5)^2+36}$$
> 의 최댓값을 M, 최솟값을 m이라 할 때, $M+m=0$이 되도록
> 하는 a의 최솟값을 구하시오. (4점)

최댓값과 최솟값의 절댓값이 같아!

Step 1 $y=f(x)$의 그래프의 개형을 그린다.

두 함수 $f(x),\ g(x)$가 미분가능할 때 $y=\dfrac{f(x)}{g(x)}\ (g(x)\neq0)$이면 $y'=\dfrac{f'(x)g(x)-f(x)g'(x)}{\{g(x)\}^2}$

$$f(x)=\frac{x-5}{(x-5)^2+36}\text{에서}$$

$$f'(x)=\frac{1\{(x-5)^2+36\}-(x-5)\cdot2(x-5)}{\{(x-5)^2+36\}^2}$$

부호 주의

$$=\frac{-(x-5)^2+36}{\{(x-5)^2+36\}^2}$$

(분모)>0이므로 $f'(x)=0$에서

(분모)$=0$이 되는 x의 값은 확인하지 않아도 돼!

$$-(x-5)^2+36=0,\ (x-5)^2=36$$

$y=-(x-5)^2+36$의 그래프를 그려 확인할 수도 있어.

$$x-5=\pm6\quad\therefore\ x=-1\ \text{또는}\ x=11$$

함수 $f(x)$의 증가와 감소를 표로 나타내면 다음과 같다.

x	$\cdots$	-1	$\cdots$	11	$\cdots$
$f'(x)$	$-$	0	$+$	0	$-$
$f(x)$	$\searrow$	극소	$\nearrow$	극대	$\searrow$

$f(5)=0$, $\displaystyle\lim_{x\to\infty}f(x)=\lim_{x\to-\infty}f(x)=0$이므로

함수 $y=f(x)$의 그래프의 개형은 오른쪽 그림과 같다.

$\dfrac{\infty}{\infty}$ 꼴의 함수의 극한에서 (분자의 차수)$<$(분모의 차수) 이면 극한값은 0이다.

Step 2 (최댓값)$+$(최솟값)$=0$이 되기 위한 a의 최솟값을 구한다.

$x=11$일 때 최댓값 $\dfrac{1}{12}$, $x=-1$일 때 최솟값 $-\dfrac{1}{12}$을 가지므로

닫힌구간 $[-a,\ a]$에서 (최댓값)$+$(최솟값)$=0$이 되려면 $a\geq11$

따라서 a의 최솟값은 11이다.

$f(-1)=\dfrac{-1-5}{(-1-5)^2+36}=-\dfrac{6}{72}=-\dfrac{1}{12}$

$f(11)=\dfrac{11-5}{(11-5)^2+36}=\dfrac{6}{72}=\dfrac{1}{12}$

✪ 다른 풀이 치환을 이용한 풀이

Step 1 $x-5=t$로 치환하여 $y=g(t)$의 그래프의 개형을 그린다.

닫힌구간 $[-a,\ a]$에서 정의된 함수 $f(x)=\dfrac{x-5}{(x-5)^2+36}$에서

$x-5=t$로 치환하면 구하는 함수의 최댓값과 최솟값은 닫힌구간

$[-a-5,\ a-5]$에서 정의된 함수 $g(t)=f(t+5)=\dfrac{t}{t^2+36}$의

최댓값, 최솟값과 같다.

$g(t)$를 t에 대하여 미분하면

$g(-t)=\dfrac{-t}{t^2+36}=-g(t)$이므로 $g(t)$는 원점에 대하여 대칭인 함수임을 알 수 있어.

$$g'(t)=\frac{t^2+36-t\cdot2t}{(t^2+36)^2}=\frac{36-t^2}{(t^2+36)^2}$$

주의 $x-5=t$로 치환한 후 구간도 바꿔주는 것을 잊지마!

$$=\frac{(6+t)(6-t)}{(t^2+36)^2}$$

$g(t)$가 원점에 대하여 대칭인 함수임을 알아챘다면 $t=-6$과 $t=6$에서의 함숫값의 절댓값이 같음을 알 수 있어.

$g'(t)=0$에서 $t=-6$ 또는 $t=6$이므로 함수 $g(t)$의 증가와 감소를 표로 나타내면 다음과 같다.

$g'(t)$에서 (분모)>0이므로 $(6+t)(6-t)$의 증가와 감소를 확인하면 돼.

t	$\cdots$	-6	$\cdots$	6	$\cdots$
$g'(t)$	$-$	0	$+$	0	$-$
$g(t)$	$\searrow$	극소	$\nearrow$	극대	$\searrow$

$g(0)=0$, $\displaystyle\lim_{t\to\infty}g(t)=\lim_{t\to-\infty}g(t)=0$이므로 함수 $y=g(t)$의 그래프의 개형은 다음 그림과 같다.

$\dfrac{\infty}{\infty}$ 꼴의 함수의 극한에서 (분자의 차수)$<$(분모의 차수) 이면 극한값은 0이다.

$g(6)=\dfrac{6}{6^2+36}=\dfrac{6}{72}=\dfrac{1}{12}$

$g(-6)=\dfrac{-6}{(-6)^2+36}=-\dfrac{6}{72}=-\dfrac{1}{12}$

Step 2 (최댓값)$+$(최솟값)$=0$이 되기 위한 a의 최솟값을 구한다.

$t=6$일 때 최댓값 $\dfrac{1}{12}$, $t=-6$일 때 최솟값 $-\dfrac{1}{12}$을 가지므로

닫힌구간 $[-a-5,\ a-5]$에서 (최댓값)$+$(최솟값)$=0$이 되려면 $a\geq11$

$a-5\geq6,\ a\geq11$

따라서 a의 최솟값은 11이다.

수능포인트

$f(x)=\dfrac{x-5}{(x-5)^2+36}$

여기서 주어진 $f(x)$는 점 $(5,\ 0)$을 기준으로 기함수와 같은 점대칭 형태를 띄는 함수입니다. 왜냐하면 분자에 있는 $x-5$와 분모에 있는 $(x-5)^2$에서 공통 인수인 $x-5$가 분모에서는 $(x-5)^2$에 따라서 부호가 바뀌지 않지만 분자에서는 같은 변화를 주어도 부호가 변하기 때문에 이와 같은 형태를 띤다는 것을 알고 문제에 접근하면 더 수월합니다. 특히 이런 대칭형 그래프를 해석할 때는 한 쪽만 보면 되니까 시간도 절약할 수 있습니다. 극값과 $f(x)=0$이 되는 값을 찾고 분수함수나 로그함수의 경우에는 점근선을 찾는 것 역시 중요합니다. 그리고 닫힌구간 $[-a,\ a]$의 범위에서 최댓값과 최솟값의 합이 0이 되기 위해서는 점 $(5,\ 0)$을 중심으로 대칭되는 두 극대ㆍ극소를 찾아야 하고 5가 중심이기 때문에 a의 값이 극댓값을 넘기면 무조건 $-a$의 값은 극솟값을 이미 넘어버린 상태가 됩니다.

081 정답 ③

ln은 무리수 e를 밑으로 하는 로그야. 즉, 이 문제를 풀 때 로그의 진수 조건을 잊지 말아야 해.

> 어떤 사건이 일어날 확률이 p일 때, 이 사건에 대한 불확실 정도를 나타내는 값, 즉 엔트로피 S를 다음과 같이 정의한다.
> $$S=-k\{p\ln p+(1-p)\ln(1-p)\}\ (\text{단, }k\text{는 양의 상수})$$
> 이때, 엔트로피 S가 최대가 되는 p의 값은? (3점)
>
> S를 p에 대하여 미분하고 $S'=0$이 되는 p의 값을 구해.
>
> ① $\dfrac{1}{4}$ ② $\dfrac{1}{3}$ ③ $\dfrac{1}{2}$
>
> ④ $\dfrac{3}{5}$ ⑤ $\dfrac{5}{6}$

Step 1 $S'=0$이 되는 p의 값을 구한다.

$\{\ln f(x)\}'=\dfrac{f'(x)}{f(x)}$

$S=-k\{p\ln p+(1-p)\ln(1-p)\}$를 p에 대하여 미분하면

$$S'=-k\{\ln p+1-\ln(1-p)-1\}$$

$S'=-k\left\{1\cdot\ln p+p\cdot\dfrac{1}{p}+(-1)\cdot\ln(1-p)+(1-p)\cdot\dfrac{-1}{1-p}\right\}$

$$=-k\ln\frac{p}{1-p}$$

$=-k\{\ln p+1-\ln(1-p)-1\}$

$S'=0$에서 $\dfrac{p}{1-p}=1\ (\because k>0)$이므로

$-\ln\dfrac{p}{1-p}=\ln 1=0$

$p=1-p$　$\therefore p=\dfrac{1}{2}$

또한, 로그의 진수 조건에 의하여

$p>0,\ 1-p>0$　$\therefore 0<p<1$

$0<p<\dfrac{1}{2}$인 $p=\dfrac{1}{3}$을 S'에 대입하면

$S'=-k\ln\dfrac{1}{2}=k\ln 2>0\ (\because k>0)$

Step 2 S의 증가와 감소를 나타낸 표를 이용하여 S가 최대가 되도록 하는 p의 값을 구한다.

$\dfrac{1}{2}<p<1$인 $p=\dfrac{2}{3}$을 S'에 대입하면

$S'=-k\ln 2<0\ (\because k>0)$

$0<p<1$에서 S의 증가와 감소를 표로 나타내면 다음과 같다.

p	(0)	$\cdots$	$\dfrac{1}{2}$	$\cdots$	(1)
S'		$+$	0	$-$	
S		↗	극대	↘	

따라서 S는 $0<p<1$에서 $p=\dfrac{1}{2}$일 때 극대인 동시에 최대이다.

함수가 주어진 구간에서 연속이고 그 구간에서 극값이 하나만 존재할 때, 극값이 극댓값이면 (극댓값)=(최댓값)이다.

082 [정답률 52%]

묶의 미분법을 이용하여 $f'(x)=0$이 되는 x의 값을 구하여 함수의 극대와 극소를 구해.

정답 ③

함수 $f(x)=\dfrac{\sin x+\cos x}{\sin x+\cos x-2}$에 대하여 [보기]에서 옳은 것만을 있는 대로 고른 것은? (3점)

[보기]

ㄱ. 최솟값은 $-1-\sqrt{2}$이다.

ㄴ. $x=\dfrac{\pi}{4}$에서 최댓값을 갖는다.

ㄷ. $x=\dfrac{5}{4}\pi$에서 극댓값을 갖는다.

① ㄱ　　② ㄴ　　③ ㄱ, ㄷ

④ ㄴ, ㄷ　　⑤ ㄱ, ㄴ, ㄷ

Step 1 함수 $f(x)$의 도함수 $f'(x)$를 구한 후 함수 $f(x)$의 증가와 감소를 표로 나타낸다.

묶의 미분법

$y=\sin x$이면 $y'=\cos x$
$y=\cos x$이면 $y'=-\sin x$

$f(x)=\dfrac{\sin x+\cos x}{\sin x+\cos x-2}$를 미분하면

$f'(x)=\dfrac{(\cos x-\sin x)(\sin x+\cos x-2)-(\sin x+\cos x)(\cos x-\sin x)}{(\sin x+\cos x-2)^2}$

$=\dfrac{2(\sin x-\cos x)}{(\sin x+\cos x-2)^2}$

분자를 $(\cos x-\sin x)$로 묶으면

$\dfrac{(\cos x-\sin x)(\sin x+\cos x-2-\sin x-\cos x)}{(\sin x+\cos x-2)^2}$

$f'(x)=0$에서 $\sin x=\cos x$

$\therefore x=\dfrac{\pi}{4}$ 또는 $x=\dfrac{5}{4}\pi\ (0\le x\le 2\pi)$

함수 $f(x)$는 주기가 2π인 주기함수이므로 닫힌구간 $[0,\ 2\pi]$에서 확인하면 돼.

따라서 $f(x)$의 증가와 감소를 표로 나타내면 다음과 같다.

x	0	$\cdots$	$\dfrac{\pi}{4}$	$\cdots$	$\dfrac{5}{4}\pi$	$\cdots$	2π
$f'(x)$		$-$	0	$+$	0	$-$	
$f(x)$	-1	↘	극소	↗	극대	↘	-1

Step 2 함수 $f(x)$가 주기함수이므로 닫힌구간 $[0,\ 2\pi]$에서 [보기]의 참, 거짓을 판별한다.

$0<x<\dfrac{\pi}{4}$와 $\dfrac{5}{4}\pi<x<2\pi$에서 $\sin x<\cos x$이고

$\dfrac{\pi}{4}<x<\dfrac{5}{4}\pi$에서 $\sin x>\cos x$

$y=\sin x$와 $y=\cos x$는 주기함수이므로 $f(x)$도 주기함수이다.

$x=\dfrac{\pi}{4}$에서 극소이면서 최소이고, $x=\dfrac{5}{4}\pi$에서 극대이면서 최대이므로

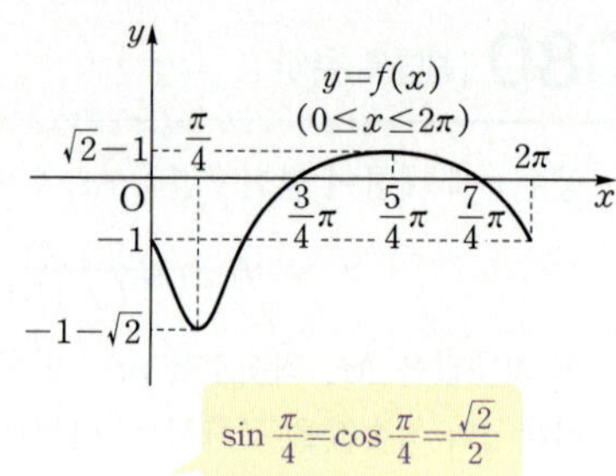

$\sin\dfrac{\pi}{4}=\cos\dfrac{\pi}{4}=\dfrac{\sqrt{2}}{2}$

함수 $f(x)$의 최솟값은 $f\left(\dfrac{\pi}{4}\right)=\dfrac{\sin\dfrac{\pi}{4}+\cos\dfrac{\pi}{4}}{\sin\dfrac{\pi}{4}+\cos\dfrac{\pi}{4}-2}=-1-\sqrt{2}$

그러므로 옳은 것은 ㄱ, ㄷ이다.

$x=\dfrac{5}{4}\pi$에서 최댓값을 가지므로 ㄴ은 거짓

★ 다른 풀이 치환을 이용하는 풀이

$\sqrt{2}\left(\dfrac{1}{\sqrt{2}}\sin x+\dfrac{1}{\sqrt{2}}\cos x\right)$
$=\sqrt{2}\left(\sin x\cdot\cos\dfrac{\pi}{4}+\cos x\cdot\sin\dfrac{\pi}{4}\right)$
$=\sqrt{2}\sin\left(x+\dfrac{\pi}{4}\right)$

Step 1 $\sin x+\cos x=t$로 치환한다.

$t=\sin x+\cos x=\sqrt{2}\sin\left(x+\dfrac{\pi}{4}\right)$로 놓으면

$-1\le\sin\left(x+\dfrac{\pi}{4}\right)\le 1$이므로 $-\sqrt{2}\le t\le\sqrt{2}$

함수 $f(x)$에서 $\sin x+\cos x=t$로 치환하고

$g(t)=\dfrac{t}{t-2}=1+\dfrac{2}{t-2}$

$(-\sqrt{2}\le t\le\sqrt{2})$라 하자.

따라서 $g(t)$는 오른쪽 그림과 같이 감소함수이므로 $t=\sqrt{2}$에서 최솟값을, $t=-\sqrt{2}$에서 최댓값을 갖는다.

닫힌구간 $[-\sqrt{2},\ \sqrt{2}]$에서 $g'(t)<0$이므로 $g(t)$는 감소함수

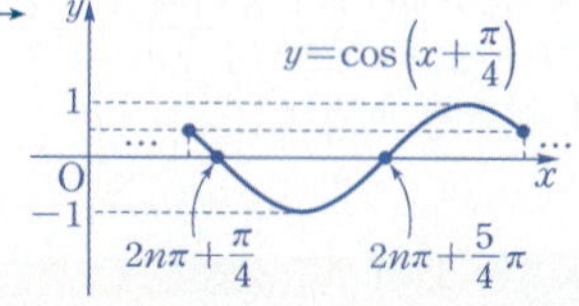

ㄱ. $t=\sqrt{2}$일 때, 최소이므로

(최솟값)$=g(\sqrt{2})=\dfrac{\sqrt{2}}{\sqrt{2}-2}$

$=-1-\sqrt{2}$ (참)

ㄴ. $x=\dfrac{\pi}{4}$일 때, $t=\sin\dfrac{\pi}{4}+\cos\dfrac{\pi}{4}=\sqrt{2}$이고 ㄱ에 의하여

$t=\sqrt{2}$일 때 최소

$x=\dfrac{\pi}{4}$에서 최솟값을 갖는다. (거짓)

ㄷ. $f(x)=1+\dfrac{2}{\sqrt{2}\sin\left(x+\dfrac{\pi}{4}\right)-2}$를 미분하면

묶의 미분법

$y=\dfrac{a}{h(x)}$이면 $y'=\dfrac{-ah'(x)}{\{h(x)\}^2}$ (단, a는 상수이고 $h(x)\ne 0$)

$f'(x)=\dfrac{-2\sqrt{2}\cos\left(x+\dfrac{\pi}{4}\right)}{\left\{\sqrt{2}\sin\left(x+\dfrac{\pi}{4}\right)-2\right\}^2}$

$f'(x)=0$을 만족하는 x를 구하면 $\cos\left(x+\dfrac{\pi}{4}\right)=0$에서

$x+\dfrac{\pi}{4}=2n\pi+\dfrac{\pi}{2}$ 또는 $x+\dfrac{\pi}{4}=2n\pi+\dfrac{3}{2}\pi$

$x=2n\pi+\dfrac{\pi}{4}$ 또는 $x=2n\pi+\dfrac{5}{4}\pi\ (n$은 정수$)$

이때 $f'(x)$의 부호는 $x=2n\pi+\dfrac{\pi}{4}$에서 $(-)$에서 $(+)$로, $x=2n\pi+\dfrac{5}{4}\pi$에서 $(+)$에서 $(-)$로 바뀐다.

$f'(x)$는 (분모)>0이므로, $x=2n\pi+\dfrac{\pi}{4}$와 $x=2n\pi+\dfrac{5}{4}\pi$에서의 (분자)$=-2\sqrt{2}\cos\left(x+\dfrac{\pi}{4}\right)$의 부호 변화를 그래프를 통해 확인할 수 있다.

$y=\cos\left(x+\dfrac{\pi}{4}\right)$

$2n\pi+\dfrac{\pi}{4}$　　$2n\pi+\dfrac{5}{4}\pi$

즉, 함수 $f(x)$는 $x=2n\pi+\dfrac{\pi}{4}$에서 극솟값을 갖고,

$x=2n\pi+\dfrac{5}{4}\pi$에서 극댓값을 갖는다.

따라서 $n=0$일 때 함수 $f(x)$는 $x=\dfrac{5}{4}\pi$에서 극댓값을 갖는다.

(참)

그러므로 옳은 것은 ㄱ, ㄷ이다.

> $f'(a)=0$이고 $x=a$의 좌우에서 $f'(x)$의 부호가
> ① 음$(-)$에서 양$(+)$으로 바뀌면 $x=a$에서 극소
> ② 양$(+)$에서 음$(-)$으로 바뀌면 $x=a$에서 극대이다.

083 [정답률 66%] 정답 ④

$f'(a)=0$

양의 실수 전체의 집합에서 정의된 함수 $f(x)=e^x+\dfrac{1}{x}$이 $x=a$에서 극값을 가질 때, 옳은 것만을 [보기]에서 있는 대로 고른 것은? (단, e는 자연로그의 밑이다.) (4점)

[보기]
ㄱ. $e^a=\dfrac{1}{a^2}$

> 함수 $f(x)$에서 $f''(x)=0$이 되는 x의 좌우에서 $f'(x)$의 부호가 바뀌면 변곡점이 존재해.

ㄴ. 곡선 $y=f(x)$의 변곡점이 존재한다.
ㄷ. 함수 $f(x)$는 $x=a$에서 최솟값을 갖는다.

① ㄱ　　　② ㄴ　　　③ ㄱ, ㄴ
④ ㄱ, ㄷ　　　⑤ ㄱ, ㄴ, ㄷ

Step 1 $f'(x)$와 $f''(x)$를 이용하여 [보기]의 참, 거짓을 판단한다.

ㄱ. $f(x)=e^x+\dfrac{1}{x}$에서

> $y=e^x$이면 $y'=e^x$
> $y=\dfrac{1}{x}$이면 $y'=-\dfrac{1}{x^2}$

$f'(x)=e^x-\dfrac{1}{x^2}$ $\cdots\cdots$ ㉠

이때 함수 $f(x)$가 $x=a$에서 극값을 가지므로

$f'(a)=e^a-\dfrac{1}{a^2}=0$

$\therefore e^a=\dfrac{1}{a^2}$ (참)

ㄴ. ㉠에서 $f'(x)=e^x-\dfrac{1}{x^2}$이므로

$f''(x)=e^x+\dfrac{2}{x^3}$

> $f''(x)=0$인 x가 존재하지 않는다.

$x>0$일 때, $f''(x)>0$이므로 곡선 $y=f(x)$의 변곡점은 존재하지 않는다. (거짓)

ㄷ. ㄴ에서 모든 양수 x에 대하여 $f''(x)>0$이므로 함수 $f(x)$의 그래프는 아래로 볼록하다. 또 $f'(a)=0$이고, $f''(a)>0$이므로 함수 $f(x)$는 $x=a$에서 극솟값을 최솟값으로 갖는다. (참)

그러므로 옳은 것은 ㄱ, ㄷ이다.

> 함수 $f(x)$가 어떤 구간에서
> ① $f''(x)>0$이면 곡선 $y=f(x)$는 그 구간에서 아래로 볼록하다.
> ② $f''(x)<0$이면 곡선 $y=f(x)$는 그 구간에서 위로 볼록하다.

084 [정답률 80%] 정답 ③

다항함수 $y=f(x)$의 도함수 $y=f'(x)$의 그래프가 그림과 같을 때, 옳은 것만을 [보기]에서 있는 대로 고른 것은? (4점)

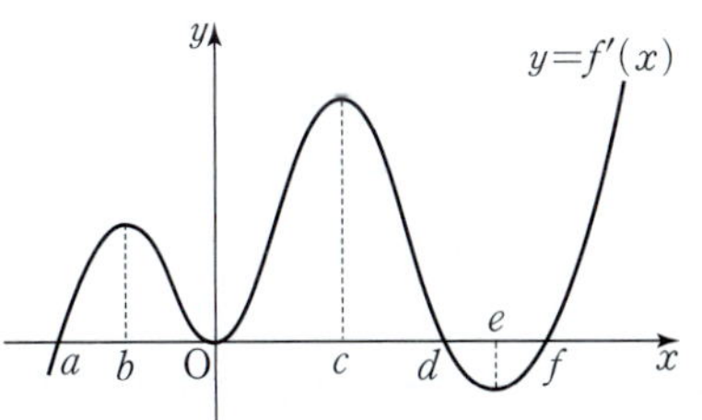

[보기]
> $f''(x)=0$인 x의 좌우에서 $f''(x)$의 부호가 바뀌면 그 점은 변곡점이야. 주어진 그래프는 함수 $y=f(x)$의 그래프가 아닌 함수 $y=f'(x)$의 그래프라는 것을 잊지마!

ㄱ. 구간 $[a, f]$에서 $f(x)$의 변곡점은 4개이다.
ㄴ. 구간 $[a, e]$에서 $f(x)$가 극대가 되는 x의 개수는 1이다.

> $f'(x)=0$이고 그 점의 좌우에서 $f'(x)$의 부호가 양$(+)$에서 음$(-)$으로 바뀌면 돼.

ㄷ. 구간 $[a, e]$에서 $f(x)$의 최댓값은 $f(c)$이다.

① ㄱ　　　② ㄷ　　　③ ㄱ, ㄴ
④ ㄴ, ㄷ　　　⑤ ㄱ, ㄴ, ㄷ

Step 1 도함수 $y=f'(x)$의 그래프를 이용하여 $f(x)$의 증가와 감소를 나타내는 표를 작성한다.

ㄱ. $f'(x)=0$을 만족시키는 x의 값이 좌우에서 $f'(x)$의 부호가 바뀔 때, 함수 $f(x)$는 변곡점을 갖는다. 그러므로 변곡점의 개수는 함수 $f'(x)$의 극점의 개수와 같다. → $f'(x)$의 증가, 감소가 바뀌는 점 따라서 함수 $f(x)$는 $x=b$, $x=0$, $x=c$, $x=e$에서 변곡점을 가지므로 변곡점의 개수는 4이다. (참)

ㄴ. 함수 $y=f'(x)$의 그래프를 이용하여 함수 $f(x)$의 증가와 감소를 표로 나타내면 다음과 같다.

> $x=0$의 좌우에서 $f'(x)$의 부호가 변하지 않음에 주의해!

x	$\cdots$	a	$\cdots$	0	$\cdots$	d	$\cdots$	f	$\cdots$
$f'(x)$	$-$	0	$+$	0	$+$	0	$-$	0	$+$
$f(x)$	↘	극소	↗		↗	극대	↘	극소	↗

따라서 $f(x)$는 닫힌구간 $[a, e]$에서 $x=d$일 때 극대이므로 극대가 되는 x의 개수는 1이다. (참)

Step 2 함수 $y=f(x)$의 그래프의 개형을 그린다.

ㄷ. ㄴ의 표에 의하여 닫힌구간 $[a, d]$에서 함수 $f(x)$는 증가하고, 닫힌구간 $[d, e]$에서 함수 $f(x)$는 감소한다.

> 닫힌구간 $[a, f]$에서 함수 $f(x)$의 극댓값이 하나만 존재하고 구간의 양 끝 값은 $f(x)$의 극솟값이므로 극댓값이 최댓값이라는 것을 바로 알 수도 있어!

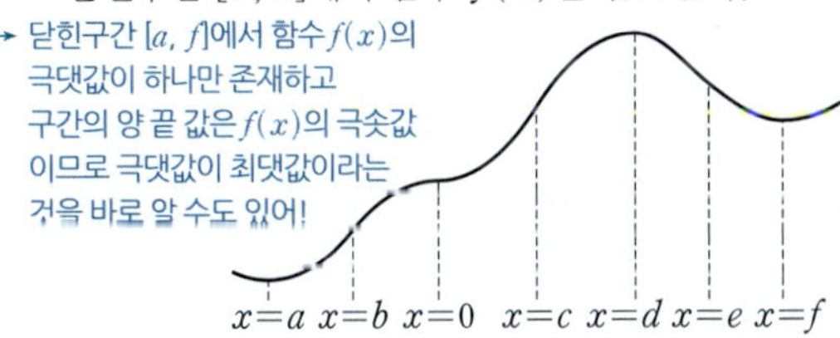

따라서 닫힌구간 $[a, e]$에서 $f(x)$의 최댓값은 $f(d)$이다. (거짓)
그러므로 옳은 것은 ㄱ, ㄴ이다.

> $x=d$일 때 함숫값은 극대이면서 최대

085

정답 ④

사각형 모양의 철판 세 장을 구입하여, 두 장은 원 모양으로 오려 아랫면과 윗면으로, 나머지 한 장은 몸통으로 하여 오른쪽 그림과 같은 원기둥 모양의 보일러를 제작하려 한다. 철판은 사각형의 가로와 세로의 길이를 임의로 정해서 구입할 수 있고, 철판의 가격은 $1\,\text{m}^2$당 1만 원이다. 보일러의 부피가 $64\,\text{m}^3$가 되도록 만들기 위해 필요한 철판을 구입하는 데 드는 최소 비용은? (2점)

① 110만 원 ② 104만 원 ③ 100만 원
④ 96만 원 ⑤ 90만 원

Step 1 철판의 세로의 길이를 a, 가로의 길이를 $2b\pi$로 놓고 부피를 표현한다.

철판의 가로의 길이는 밑면의 둘레의 길이이고 밑면의 둘레의 길이는 $2\pi \times$ (원의 반지름의 길이)이다.

원기둥의 높이를 a m, 밑면인 원의 반지름의 길이를 b m라 하면 철판의 가로의 길이는 $2b\pi$ m이다.
보일러의 부피는 $\pi b^2 a = 64\,(\text{m}^3)$

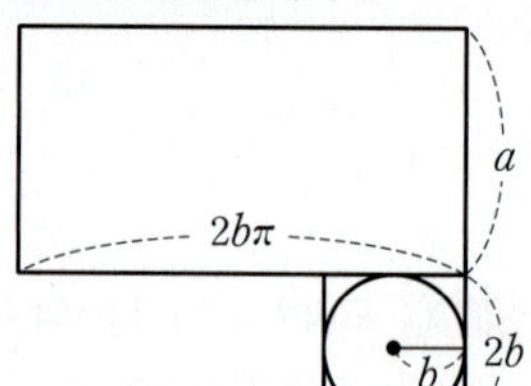

Step 2 구입비용에 관한 함수를 미분하여 극솟값을 찾는다.

(밑면의 넓이) × (원기둥의 높이) $= (\pi b^2) \times a = \pi b^2 a$

철판의 구입비용을 y만 원이라 하면

한 변의 길이가 $2b$인 두 개의 정사각형 철판의 넓이

$$y = 2 \times (2b)^2 + a \times 2b\pi = 8b^2 + 2ab\pi = 8b^2 + \frac{128}{b}\ \left(\because a = \frac{64}{\pi b^2}\right)$$

가로의 길이가 $2b$, 세로의 길이가 a인 직사각형 철판의 넓이

$$y' = 16b - \frac{128}{b^2} = \frac{16b^3 - 128}{b^2}$$

$a^3 - b^3 = (a-b)(a^2+ab+b^2)$

$$= \frac{16(b^3 - 8)}{b^2} = \frac{16(b-2)(b^2 + 2b + 4)}{b^2}$$

$y' = 0$에서 $b = 2$이므로 $b = 2$일 때 극소이자 최소이고

최솟값 $8 \cdot 2^2 + \frac{128}{2} = 96$을 갖는다.

따라서 철판의 가격은 $1\,\text{m}^2$ 당 만 원이므로 부피가 $64\,\text{m}^3$가 되도록 만들기 위해 필요한 철판을 구입하는 데 드는 최소 비용은 96만 원이다.

086 [정답률 86%]

정답 ④

곡선 $y = 2e^{-x}$ 위의 점 $\text{P}(t,\ 2e^{-t})$ $(t > 0)$에서 y축에 내린 수선의 발을 A라 하고, 점 P에서의 접선이 y축과 만나는 점을 B라 하자. 삼각형 APB의 넓이가 최대가 되도록 하는 t의 값은? (4점)

① 1 ② $\dfrac{e}{2}$ ③ $\sqrt{2}$
④ 2 ⑤ e

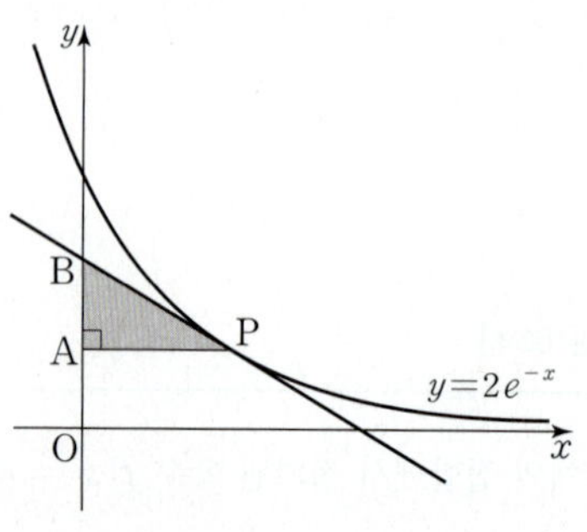

Step 1 삼각형 APB의 넓이를 t에 대한 식으로 나타낸다.

$y' = -2e^{-x}$이므로

곡선 $y = 2e^{-x}$ 위의 점 $\text{P}(t,\ 2e^{-t})$ $(t > 0)$에서의 접선의 방정식은

$$y = -2e^{-t}(x - t) + 2e^{-t}$$

점 B의 y좌표는 점 P에서의 접선의 y절편이므로 $x = 0$을 대입하면

y축 위에 있으므로 x좌표가 0이야.

$$y = -2e^{-t}(0 - t) + 2e^{-t} = 2te^{-t} + 2e^{-t} = 2e^{-t}(t + 1)$$

따라서 점 B의 좌표는 $(0,\ 2e^{-t}(t+1))$

점 A는 점 P에서 y축에 내린 수선의 발이므로

점 A의 좌표는 $(0,\ 2e^{-t})$

점 A의 y좌표와 점 P의 y좌표가 서로 같아.

$$\therefore \overline{\text{AB}} = |2e^{-t} - 2e^{-t}(t+1)| = 2te^{-t}$$

$\overline{\text{AP}} = t$이므로 삼각형 APB의 넓이를 $S(t)$라 하면

$$S(t) = \frac{1}{2} \times \overline{\text{AB}} \times \overline{\text{AP}} = \frac{1}{2} \times 2te^{-t} \times t = t^2 e^{-t}$$

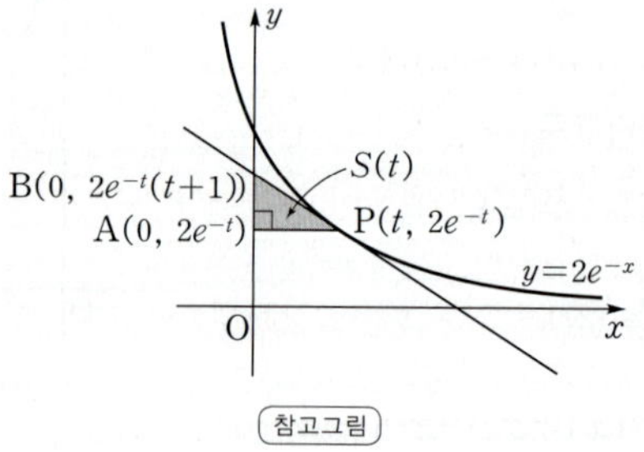

Step 2 $S(t)$를 t에 대하여 미분하여 $S(t)$가 최대일 때의 t의 값을 구한다.

$S(t) = t^2 e^{-t}$을 t에 대하여 미분하면

$$S'(t) = (t^2 e^{-t})' = 2te^{-t} - t^2 e^{-t} = (2t - t^2)e^{-t} = -t(t - 2)e^{-t}$$

이때 모든 실수 t에 대하여 $e^{-t} > 0$이므로

$-t(t-2)e^{-t} = 0$에서 $t = 0$ 또는 $t = 2$

따라서 함수 $S(t)$의 증가와 감소를 표로 나타내면

t	(0)	$\cdots$	2	$\cdots$
$S'(t)$	0	$+$	0	$-$
$S(t)$		↗	$S(2)$	↘

즉, $S(t)$는 $t=2$일 때 극대이면서 최대가 되므로 삼각형 APB의
넓이가 최대가 되도록 하는 t의 값은 2이다.

따라서 함수 $f(t)$는 $t=\dfrac{1}{2\ln a}$에서 최대이므로 $\dfrac{1}{2\ln a}=1$

$2\ln a=1$, $\ln a=\dfrac{1}{2}$ $\qquad \therefore a=e^{\frac{1}{2}}=\sqrt{e}$

$t=\dfrac{1}{2\ln a}$에서 극댓값을 갖고 이 점에서 최대이다.

→ 문제에서 $t=1$에서 최대임을 알려주었다.

---

087 [정답률 38%]　　　　정답 ②

상수 $a\,(a>1)$과 실수 $t\,(t>0)$에 대하여 곡선 $y=a^x$ 위의
점 $\mathrm{A}(t,\,a^t)$에서의 접선을 l이라 하자. 점 A를 지나고 직선
l에 수직인 직선이 x축과 만나는 점을 B, y축과 만나는 점을
C라 하자. $\dfrac{\overline{\mathrm{AC}}}{\overline{\mathrm{AB}}}$의 값이 $t=1$에서 최대일 때, a의 값은? (3점)

① $\sqrt{2}$　　　② $\sqrt{e}$　　　③ 2
④ $\sqrt{2e}$　　　⑤ e

Step 1 점 A를 지나고 직선 l에 수직인 직선의 방정식을 구한다.

$y=a^x$에서 $y'=a^x\ln a$

곡선 $y=a^x$ 위의 점 $\mathrm{A}(t,\,a^t)$에서의 접선 l의 기울기는 $a^t\ln a$이므

로 직선 l에 수직인 직선의 기울기는 $-\dfrac{1}{a^t\ln a}$

→ 서로 수직인 두 직선의 기울기의 곱은 -1

즉, 점 A를 지나고 직선 l에 수직인 직선의 방정식은

$y-a^t=-\dfrac{1}{a^t\ln a}(x-t)$

Step 2 $\dfrac{\overline{\mathrm{AC}}}{\overline{\mathrm{AB}}}$를 t에 대하여 나타낸다.

이 직선이 x축과 만나는 점이 B이므로 점 B의 좌표는

$\mathrm{B}(t+a^{2t}\ln a,\,0)$

점 A에서 x축에 내린 수선의 발을 H, 원점을 O라 하면

$\dfrac{\overline{\mathrm{AC}}}{\overline{\mathrm{AB}}}=\dfrac{\overline{\mathrm{HO}}}{\overline{\mathrm{HB}}}=\dfrac{t}{a^{2t}\ln a}$

→ $\overline{\mathrm{HB}}=(t+a^{2t}\ln a)-t,\ \overline{\mathrm{HO}}=t$

Step 3 함수 $f(t)=\dfrac{t}{a^{2t}\ln a}$의 증가와 감소를 표로 나타내어 $f(t)$가
최대가 되는 t의 값을 구한다.

$f(t)=\dfrac{t}{a^{2t}\ln a}$ 라 하면

$f'(t)=\dfrac{a^{2t}\ln a-2ta^{2t}(\ln a)^2}{(a^{2t}\ln a)^2}=\dfrac{1-2t\ln a}{a^{2t}\ln a}$

→ 몫의 미분법 이용

$f'(t)=0$에서 $t=\dfrac{1}{2\ln a}$

함수 $y=f(t)$의 증가와 감소를 표로 나타내면 다음과 같다.

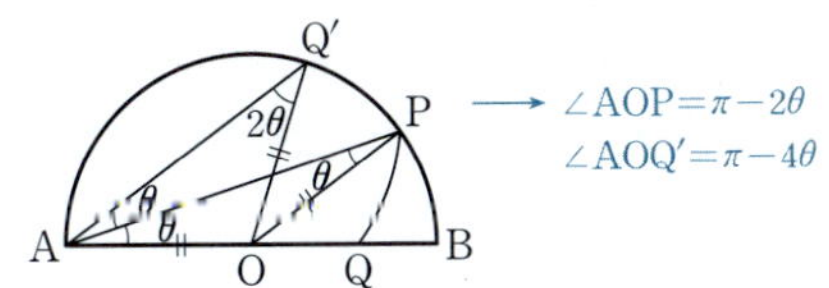

t	(0)	$\cdots$	$\dfrac{1}{2\ln a}$	$\cdots$
$f'(t)$		$+$	0	$-$
$f(t)$		↗	극대	↘

---

088 [정답률 54%]　　　　정답 ④

그림과 같이 길이가 2인 선분 AB를 지름으로 하는 반원
모양의 색종이가 있다. 호 AB 위의 점 P에 대하여 두 점
A, P를 연결하는 선을 접는 선으로 하여 색종이를 접는다.
∠PAB$=\theta$일 때, 포개어지는 부분의 넓이를 $S(\theta)$라 하자.
$\theta=\alpha$에서 $S(\theta)$가 최댓값을 갖는다고 할 때, $\cos 2\alpha$의 값은?

$S(\theta)$를 θ에 대하여 미분해. ←　각을 이용하여 넓이를 나타내.

$\left(\text{단, } 0<\theta<\dfrac{\pi}{4}\right)$ (4점)

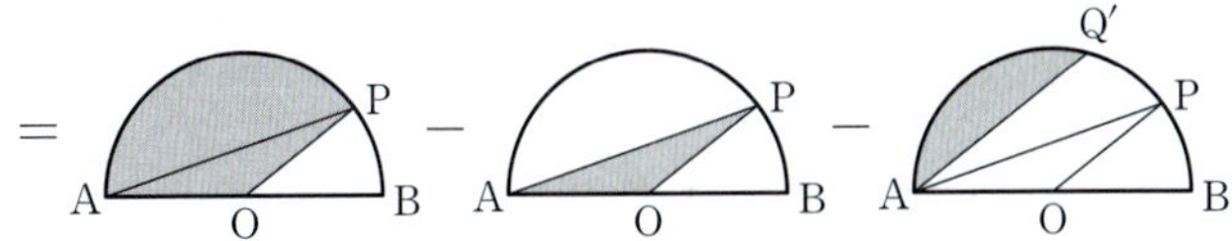

① $\dfrac{-2+\sqrt{17}}{8}$　　② $\dfrac{-1+\sqrt{17}}{8}$　　③ $\dfrac{\sqrt{17}}{8}$
④ $\dfrac{1+\sqrt{17}}{8}$　　⑤ $\dfrac{2+\sqrt{17}}{8}$

Step 1 포개어지는 부분의 넓이 $S(\theta)$를 θ에 대한 식으로 나타낸다.

→ ∠AOP$=\pi-2\theta$
∠AOQ'$=\pi-4\theta$

반원의 중심을 O라 하고, 그림과 같이 색종이를 접었을 때 호 AP가
선분 AB와 만나는 교점을 Q, 접힌 색종이를 다시 펼쳤을 때
호 AB 위에 있는 점 Q의 위치를 Q'이라 하자.

$S(\theta)$ (=도형 AQP의 넓이)　　(도형 APQ'의 넓이)

= (부채꼴 OPA의 넓이) − (삼각형 OPA의 넓이) − (호 AQ'과 현 AQ'으로 둘러싸인 도형)

∠AOP$=\pi-2\theta$이므로 (넓이)$=\dfrac{1}{2}\times1^2\times(\pi-2\theta)$

도형 APQ와 도형 APQ$'$은 합동이므로 $S(\theta)$는 도형 APQ$'$의
넓이와 같다.

$=$(부채꼴 OAQ의 넓이)$-$(삼각형 OAQ의 넓이)

따라서

$=\dfrac{1}{2}\times1^2\times(\pi-4\theta)-\dfrac{1}{2}\times1^2\times\sin(\pi-4\theta)$

$S(\theta)=$(부채꼴 OPA의 넓이)$-\{$(삼각형 OPA의 넓이)

$=\dfrac{1}{2}\times1^2\times\sin(\pi-2\theta)$ $+$(호 AQ$'$과 현 AQ$'$으로 둘러싸인 도형의 넓이)$\}$

$=\dfrac{1}{2}(\pi-2\theta)-\left\{\dfrac{1}{2}\sin2\theta+\dfrac{1}{2}(\pi-4\theta)-\dfrac{1}{2}\sin4\theta\right\}$

$=\dfrac{1}{2}(2\theta+\sin4\theta-\sin2\theta)$ $\quad=\dfrac{1}{2}(\sin2\theta-\sin4\theta+\pi-4\theta)$

Step 2 $S(\theta)$를 θ에 대하여 미분하여 $S'(\theta)=0$이 되는 θ의 값을
파악한다.

$\cos2\theta=2\cos^2\theta-1$이므로
$\cos4\theta=2\cos^22\theta-1$

$S(\theta)$의 양변을 θ에 대하여 미분하면

$S'(\theta)=\dfrac{1}{2}(2+4\cos4\theta-2\cos2\theta)$

$=1+2\cos4\theta-\cos2\theta$

$=4\cos^22\theta-\cos2\theta-1$

$\cos2\theta=t$로 치환하여
$4t^2-t-1=0$으로 놓고,
이차방정식의 근의 공식을 이용하면
$t=\cos2\theta=\dfrac{1\pm\sqrt{17}}{8}$임을
알 수 있어.

즉, $S'(\theta)=0$에서 $4\cos^22\theta-\cos2\theta-1=0$

$4\left(\cos2\theta-\dfrac{1+\sqrt{17}}{8}\right)\left(\cos2\theta-\dfrac{1-\sqrt{17}}{8}\right)=0$

$0<2\theta<\dfrac{\pi}{2}$이므로

이때 $0<\theta<\dfrac{\pi}{4}$에서 $0<\cos2\theta<1$이므로

$\cos2\theta=\dfrac{1+\sqrt{17}}{8}$

즉, $S'(\theta_0)=0$이고 $\cos2\theta_0=\dfrac{1+\sqrt{17}}{8}$임을 알 수 있어.

따라서 $\cos2\theta=\dfrac{1+\sqrt{17}}{8}$을 만족시키는 θ의 값을 θ_0이라 하면

θ	$\cdots$	θ_0	$\cdots$
$S'(\theta)$	$+$	0	$-$
$S(\theta)$	↗	극대	↘

$\theta<\theta_0$일 때 $S'(\theta)>0$이고, $\theta>\theta_0$일 때 $S'(\theta)<0$이므로
$S(\theta)$는 $\theta=\theta_0$에서 극댓값이자 최댓값을 갖는다.

마찬가지로 $\theta>\theta_0$일 때
$\cos2\theta<\cos2\theta_0$

그러므로 $\theta_0=\alpha$이고 $\cos2\alpha=\cos2\theta_0=\dfrac{1+\sqrt{17}}{8}$

$0<\theta<\dfrac{\pi}{4}$일 때 $y=\cos2\theta$는 감소함수이므로
$\theta<\theta_0$에서 $\cos2\theta>\cos2\theta_0=\dfrac{1+\sqrt{17}}{8}$이기 때문이야.

---

089 [정답률 36%]　　　　정답 ④

그림과 같이 좌표평면 위에 네 점 A$(1, 0)$, B$(3, 0)$,
C$(3, 2)$, D$(1, 2)$를 꼭짓점으로 하는 정사각형 ABCD가
있다. 한 변의 길이가 2인 정사각형 EFGH의 두 대각선의
교점이 원 $x^2+y^2=1$ 위에 있을 때, 두 정사각형의 내부의
공통부분의 넓이의 최댓값은?

（단, 정사각형의 모든 변은 x축 또는 y축에 수직이다.） (4점)

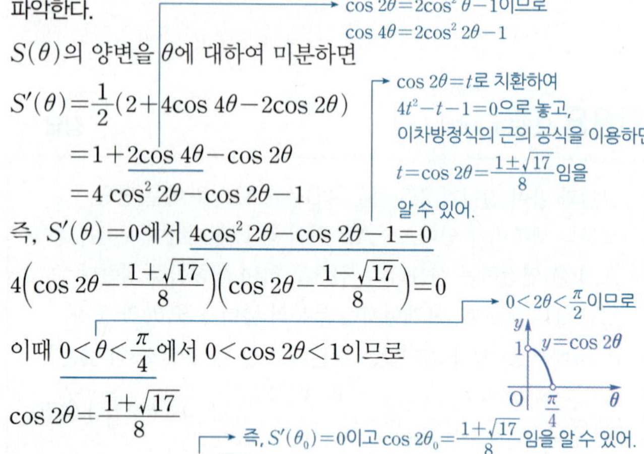

① $\dfrac{2+\sqrt{3}}{4}$　　② $\dfrac{1+\sqrt{2}}{2}$　　③ $\dfrac{2+\sqrt{2}}{2}$

④ $\dfrac{3\sqrt{3}}{4}$　　⑤ $\dfrac{5\sqrt{2}}{4}$

Step 1 정사각형 EFGH의 두 대각선의 교점이 원 $x^2+y^2=1$ 위에
있으므로 교점의 좌표를 $(\cos\theta, \sin\theta)$로 놓는다.

오른쪽 그림과 같이 정사각형 EFGH
의 두 대각선의 교점을 P라 하자.
동경 OP가 x축의 양의 방향과 이루는
각의 크기를 θ라 하면 교점 P의 좌표
는 P$(\cos\theta, \sin\theta)$

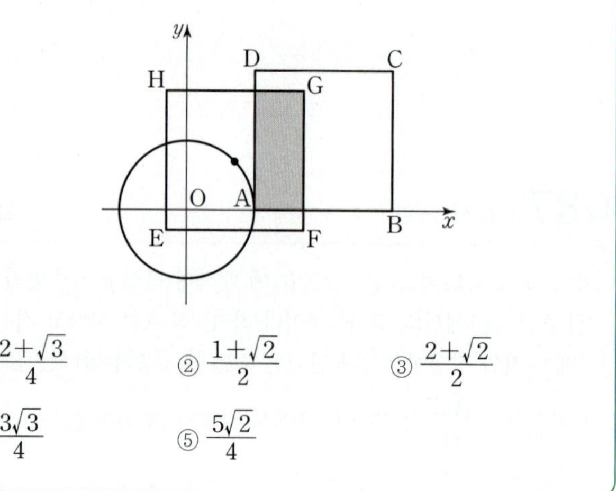

한편, 두 정사각형 ABCD, EFGH의
내부의 공통부분이 존재하려면

$-\dfrac{\pi}{2}<\theta<\dfrac{\pi}{2}$이어야 한다.

점 P가 제1사분면과 제4사분면에 있을 때
두 정사각형의 내부의 공통부분이 존재한다.

Step 2 공통부분의 넓이를 θ로 표현한다.

점 G는 점 P를 x축의 방향으로 1만큼,
y축의 방향으로 1만큼 평행이동한 점이야.

두 점 A, G의 좌표는 각각 A$(1, 0)$, G$(\cos\theta+1, \sin\theta+1)$이므
로 선분 GF가 x축과 만나는 점을 K라 하면

$\overline{AK}=\cos\theta$, $\overline{KG}=\sin\theta+1$

$\overline{AK}=\overline{OK}-\overline{OA}=(\cos\theta+1)-1=\cos\theta$

공통부분의 넓이를 $S(\theta)$라 하면

$S(\theta)=\overline{AK}\times\overline{KG}=\cos\theta(\sin\theta+1)\left(단, -\dfrac{\pi}{2}<\theta<\dfrac{\pi}{2}\right)$

Step 3 $S(\theta)$의 증가와 감소를 나타낸 표를 이용하여 $S(\theta)$의 최댓값을
구한다.

$y=\sin\theta$이면 $y'=\cos\theta$
$y=\cos\theta$이면 $y'=-\sin\theta$

$S'(\theta)=-\sin\theta(\sin\theta+1)+\cos^2\theta$

$\sin^2\theta+\cos^2\theta=1$

$=-\sin\theta(\sin\theta+1)+(1-\sin^2\theta)$

$=-2\sin^2\theta-\sin\theta+1$

$=-(\sin\theta+1)(2\sin\theta-1)=0$

$\therefore \sin\theta=-1$ 또는 $\sin\theta=\dfrac{1}{2}$

$\therefore \theta=\dfrac{\pi}{6}\left(\because -\dfrac{\pi}{2}<\theta<\dfrac{\pi}{2}\right)$

그러므로 함수 $S(\theta)$의 증가와 감소를 표로 나타내면 다음과 같다.

θ	$\left(-\frac{\pi}{2}\right)$	$\cdots$	$\frac{\pi}{6}$	$\cdots$	$\left(\frac{\pi}{2}\right)$
$S'(\theta)$		$+$	0	$-$	
$S(\theta)$		$\nearrow$	극대	$\searrow$	

따라서 구하는 넓이의 최댓값은

$$S\left(\frac{\pi}{6}\right)=\cos\frac{\pi}{6}\left(\sin\frac{\pi}{6}+1\right)$$
$$=\frac{\sqrt{3}}{2}\times\left(\frac{1}{2}+1\right)$$
$$=\frac{3\sqrt{3}}{4}$$

$S(\theta)$는 $\theta=\frac{\pi}{6}$에서 극대이면서 최대이다.

$-\frac{\pi}{2}<\theta<\frac{\pi}{2}$에서 $(\sin\theta+1)>0$이므로

$-(2\sin\theta-1)$의 $\theta=\frac{\pi}{6}$의 좌우에서 부호 변화를 생각해.

특수각에 대한 삼각비

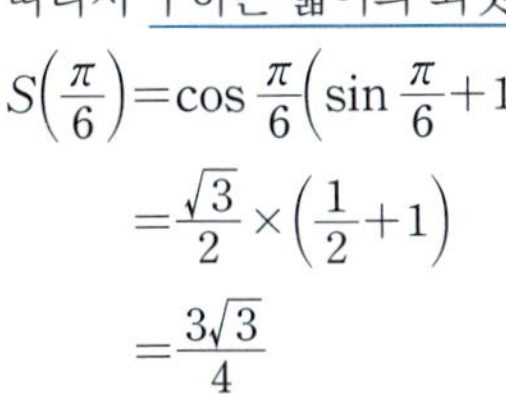

θ	0	$\frac{\pi}{6}$	$\frac{\pi}{4}$	$\frac{\pi}{3}$	$\frac{\pi}{2}$
$\sin\theta$	0	$\frac{1}{2}$	$\frac{\sqrt{2}}{2}$	$\frac{\sqrt{3}}{2}$	1
$\cos\theta$	1	$\frac{\sqrt{3}}{2}$	$\frac{\sqrt{2}}{2}$	$\frac{1}{2}$	0
$\tan\theta$	0	$\frac{\sqrt{3}}{3}$	1	$\sqrt{3}$	$-$

090 [정답률 47%] 정답 34

그림과 같이 좌표평면에 점 $A(1,\ 0)$을 중심으로 하고 반지름의 길이가 1인 원이 있다. 원 위의 점 Q에 대하여 $\angle AOQ=\theta\left(0<\theta<\frac{\pi}{3}\right)$라 할 때, 선분 OQ 위에 $\overline{PQ}=1$인 점 P를 정한다. 점 P의 y좌표가 **최대가 될 때** $\cos\theta=\dfrac{a+\sqrt{b}}{8}$이다. $a+b$의 값을 구하시오.

(단, O는 원점이고, a와 b는 자연수이다.) (4점)

'최대' → 미분을 이용한 극대/극소, 최대/최소의 판정

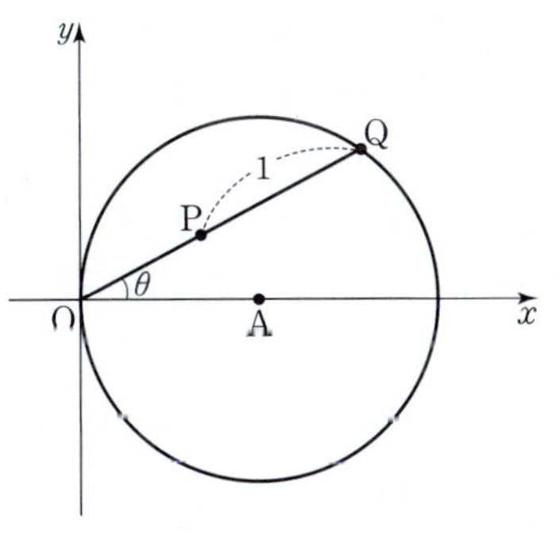

Step 1 점 P의 y좌표를 θ에 대한 식으로 나타낸다.

오른쪽 그림과 같이 점 A에서 선분 OQ에 내린 수선의 발을 H라 하자.
이때 $\overline{AO}=\overline{AQ}=1$이므로 삼각형 AOQ는 이등변삼각형이다. 따라서
$\angle AOH=\angle AQH=\theta$이므로 직각삼각형 AOH에서

이등변삼각형의 두 밑각의 크기는 같아.

$$\cos\theta=\frac{\overline{OH}}{\overline{AO}}=\overline{OH}$$

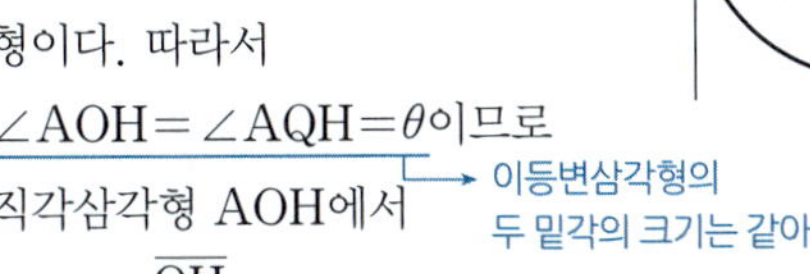

직각삼각형 AQH에서

$$\cos\theta=\frac{\overline{QH}}{\overline{AQ}}=\overline{QH}$$
$$\therefore\ \overline{OQ}=\overline{OH}+\overline{QH}=2\cos\theta$$

이때 $\overline{PQ}=1$이므로
$$\overline{OP}=\overline{OQ}-\overline{PQ}=2\cos\theta-1$$
따라서 점 P의 y좌표는
$\sin\theta(2\cos\theta-1)$이다.

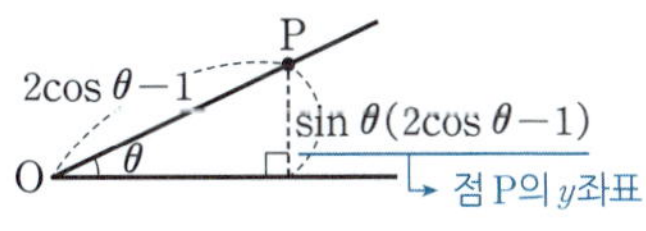

Step 2 점 P의 y좌표가 최대가 될 때의 $\cos\theta$의 값을 구한다.

$f(\theta)=\sin\theta(2\cos\theta-1)$이라 하면
$$f'(\theta)=\cos\theta(2\cos\theta-1)+\sin\theta\times(-2\sin\theta)$$
$$=2\cos^2\theta-\cos\theta-2\sin^2\theta \rightarrow \text{모두 }\cos\theta\text{로 바꿔.}$$
$$=2\cos^2\theta-\cos\theta-2(1-\cos^2\theta) \rightarrow \sin^2\theta+\cos^2\theta=1\text{임을 이용했어.}$$
$$=2\cos^2\theta-\cos\theta-2+2\cos^2\theta$$
$$=4\cos^2\theta-\cos\theta-2$$

$f'(\theta)=0$에서 $4\cos^2\theta-\cos\theta-2=0$
$$\therefore\ \cos\theta=\frac{1\pm\sqrt{1^2-4\times4\times(-2)}}{8}=\frac{1\pm\sqrt{33}}{8}$$

이때 $\dfrac{1}{2}<\cos\theta<1$이므로 $\cos\theta=\dfrac{1+\sqrt{33}}{8}$

$\cos\dfrac{\pi}{3}$

따라서 $\cos\theta=\dfrac{1+\sqrt{33}}{8}$일 때 점 P의 y좌표가 최대가 되므로

$a=1,\ b=33$
$$\therefore\ a+b=34$$

θ	$\cdots$	θ_0	$\cdots$
$f'(\theta)$	$+$	0	$-$
$f(\theta)$	$\nearrow$	극대	$\searrow$

$$\left(\cos\theta_0=\frac{1+\sqrt{33}}{8}\right)$$

⭐ 다른 풀이 외각의 성질을 이용한 풀이

Step 1 외각의 성질을 이용한다.

점 Q에서 x축에 내린 수선의 발을 Q′, 점 P에서 선분 QQ′에 내린 수선의 발을 P′이라 하자.
삼각형 OAQ는 $\angle QOA=\angle OQA$인 이등변삼각형이므로
$$\angle QAQ'=2\angle QOA=2\theta \rightarrow \text{외각의 성질을 이용한 거야.}$$
또한, 선분 PP′과 선분 OQ′이 평행하므로 $\angle QPP'=\theta$

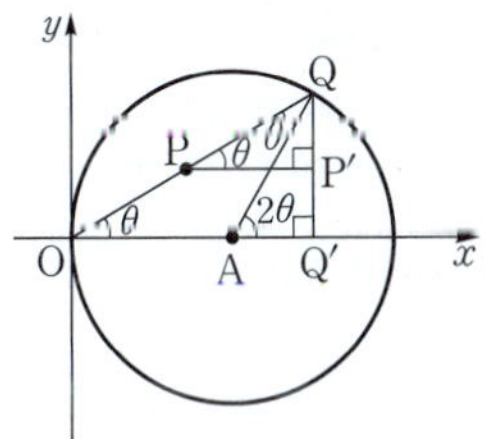

직각삼각형 QAQ′에서 $\overline{QQ'}=\overline{AQ}\sin2\theta=\sin2\theta$ ← $\overline{AQ}=1$
직각삼각형 QPP′에서 $\overline{QP'}=\overline{PQ}\sin\theta=\sin\theta$ ← $\overline{PQ}=1$
점 P의 y좌표를 $f(\theta)$라 하면
$$f(\theta)=\overline{QQ'}-\overline{QP'}=\sin2\theta-\sin\theta$$
$$f'(\theta)=2\cos2\theta-\cos\theta=2(2\cos^2\theta-1)-\cos\theta$$
$$=4\cos^2\theta-\cos\theta-2$$

$\cos2\theta=\cos(\theta+\theta)=\cos^2\theta-\sin^2\theta$
$=\cos^2\theta-(1-\cos^2\theta)=2\cos^2\theta-1$

(이하 동일)

091 [정답률 11%] 정답 90

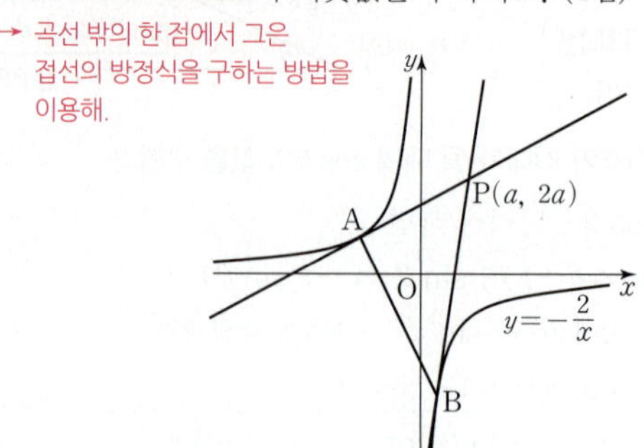

그림과 같이 제1사분면에 있는 점 $P(a, 2a)$에서

곡선 $y=-\dfrac{2}{x}$에 그은 두 접선의 접점을 각각 A, B라 할 때,

$\overline{PA}^2+\overline{PB}^2+\overline{AB}^2$의 최솟값을 구하시오. (4점)

→ 곡선 밖의 한 점에서 그은 접선의 방정식을 구하는 방법을 이용해.

Step 1 $\overline{PA}^2+\overline{PB}^2+\overline{AB}^2$의 값을 a에 대한 식으로 나타낸다.

두 점 A, B의 좌표를 각각 $A\left(\alpha, -\dfrac{2}{\alpha}\right)$, $B\left(\beta, -\dfrac{2}{\beta}\right)$라 하자.

$y=-\dfrac{2}{x}$의 양변을 x에 대하여 미분하면

$y'=\dfrac{2}{x^2}$ → $y=-2x^{-1}$이라고 생각하고 미분하면 좀 더 쉬울 거야.

따라서 점 A를 지나는 접선의 방정식은

$y=\dfrac{2}{\alpha^2}(x-\alpha)-\dfrac{2}{\alpha}$ → $\dfrac{2}{x^2}$에 $x=\alpha$를 대입해서 접선의 기울기를 구하는 거야.

이를 정리하면

$y=\dfrac{2}{\alpha^2}x-\dfrac{4}{\alpha}$ ······ ㉠

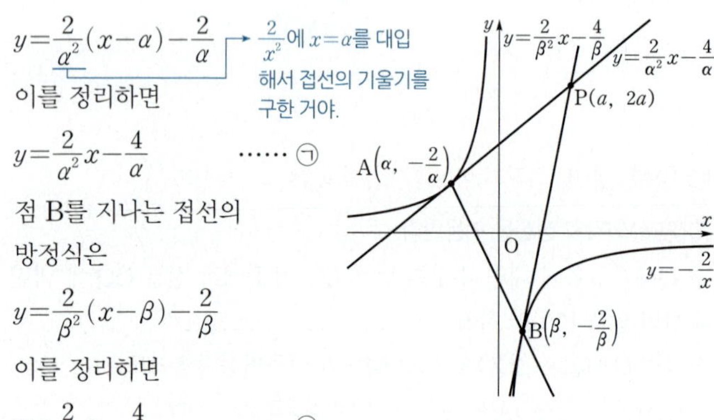

점 B를 지나는 접선의 방정식은

$y=\dfrac{2}{\beta^2}(x-\beta)-\dfrac{2}{\beta}$

이를 정리하면

$y=\dfrac{2}{\beta^2}x-\dfrac{4}{\beta}$ ······ ㉡

이때 두 직선 ㉠, ㉡이 점 $P(a, 2a)$를 지나야 하므로

㉠에서 $2a=\dfrac{2}{\alpha^2}a-\dfrac{4}{\alpha}$ → 양변에 α^2을 곱하고 우변의 항을 모두 좌변으로 이항한 거야.

$2a\alpha^2+4\alpha-2a=0$

$\therefore a\alpha^2+2\alpha-a=0$ ······ ㉢

㉡에서 $2a=\dfrac{2}{\beta^2}a-\dfrac{4}{\beta}$ → 양변에 β^2을 곱하고 우변의 항을 모두 좌변으로 이항한 거야.

$2a\beta^2+4\beta-2a=0$

$\therefore a\beta^2+2\beta-a=0$ ······ ㉣

따라서 ㉢, ㉣에서 α, β는 이차방정식 $ax^2+2x-a=0$의 두 근이므로 근과 계수의 관계에 의하여 → 여기에 $x=\alpha$를 대입하면 ㉢, $x=\beta$를 대입하면 ㉣이 되는 거야.

$\alpha+\beta=-\dfrac{2}{a}$, $\alpha\beta=\dfrac{-a}{a}=-1$

$\therefore \overline{PA}^2+\overline{PB}^2$

$=(a-\alpha)^2+\left(2a+\dfrac{2}{\alpha}\right)^2+(a-\beta)^2+\left(2a+\dfrac{2}{\beta}\right)^2$

$=a^2-2a\alpha+\alpha^2+4a^2+\dfrac{8a}{\alpha}+\dfrac{4}{\alpha^2}+a^2-2a\beta+\beta^2+4a^2+\dfrac{8a}{\beta}+\dfrac{4}{\beta^2}$

$=10a^2-2a(\alpha+\beta)+\alpha^2+\beta^2+8a\left(\dfrac{1}{\alpha}+\dfrac{1}{\beta}\right)+4\left(\dfrac{1}{\alpha^2}+\dfrac{1}{\beta^2}\right)$ → $=-\dfrac{2}{a}$ → $=\dfrac{\beta^2+\alpha^2}{\alpha^2\beta^2}$

$=10a^2+4+(\alpha+\beta)^2-2\alpha\beta+16+4\times\dfrac{(\alpha+\beta)^2-2\alpha\beta}{\alpha^2\beta^2}$ → $=\dfrac{\alpha+\beta}{\alpha\beta}=\dfrac{2}{a}$

$=10a^2+4+\dfrac{4}{a^2}+2+16+4\times\left\{\left(-\dfrac{2}{a}\right)^2-2\times(-1)\right\}$

$=10a^2+4+\dfrac{4}{a^2}+2+16+\dfrac{16}{a^2}+8$

$=10a^2+\dfrac{20}{a^2}+30$

이때

$\overline{AB}^2=(\alpha-\beta)^2+\left(-\dfrac{2}{\alpha}+\dfrac{2}{\beta}\right)^2$ → $\left(-\dfrac{2}{\alpha}+\dfrac{2}{\beta}\right)^2=4\left(\dfrac{1}{\beta}-\dfrac{1}{\alpha}\right)^2$

$=(\alpha-\beta)^2+4(\alpha-\beta)^2$ → $=4\left(\dfrac{\alpha-\beta}{\alpha\beta}\right)^2$

$=5(\alpha-\beta)^2$ $\alpha\beta=-1$ → $=4(\beta-\alpha)^2=4(\alpha-\beta)^2$

$=5\{(\alpha+\beta)^2-4\alpha\beta\}$ 제곱은 괄호 안의 부호를 바꿔 주어도 돼!

$=5\left(\dfrac{4}{a^2}+4\right)=\dfrac{20}{a^2}+20$

이므로

$\overline{PA}^2+\overline{PB}^2+\overline{AB}^2=\left(10a^2+\dfrac{20}{a^2}+30\right)+\left(\dfrac{20}{a^2}+20\right)$

$=10a^2+\dfrac{40}{a^2}+50$

Step 2 미분을 이용하여 $\overline{PA}^2+\overline{PB}^2+\overline{AB}^2$의 최솟값을 구한다.

$f(a)=10a^2+\dfrac{40}{a^2}+50$이라 하면

$f'(a)=20a-\dfrac{80}{a^3}$

$=\dfrac{20}{a^3}(a^4-4)$

$=\dfrac{20}{a^3}(a^2+2)(a^2-2)$

$=\dfrac{20}{a^3}(a^2+2)(a+\sqrt{2})(a-\sqrt{2})$ → $a>0$일 때 이 부분은 항상 양수야.

이때 점 $P(a, 2a)$는 제1사분면에 있는 점이므로 $a>0$이어야 한다.

따라서 $a>0$에서의 함수 $f(a)$의 증가와 감소를 표로 나타내면 다음과 같다.

a	(0)	$\cdots$	$\sqrt{2}$	$\cdots$
$f'(a)$		$-$	0	$+$
$f(a)$		$\searrow$	극소	$\nearrow$

따라서 함수 $f(a)$는 $a=\sqrt{2}$에서 극솟값이면서 최솟값

$f(\sqrt{2})=10\times(\sqrt{2})^2+\dfrac{40}{(\sqrt{2})^2}+50=90$

을 갖는다.

그러므로 $\overline{PA}^2+\overline{PB}^2+\overline{AB}^2$의 최솟값은 90이다.

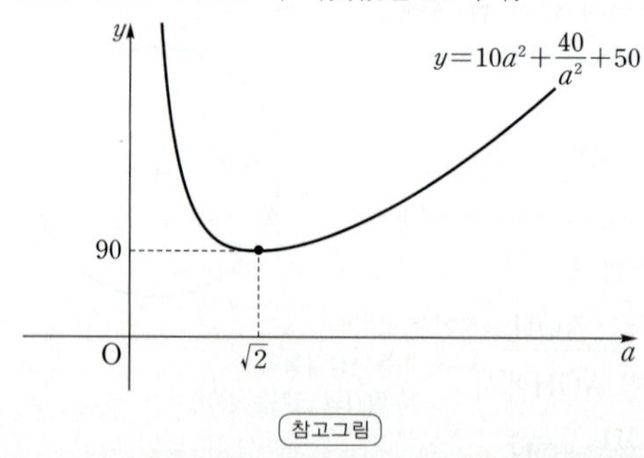

(참고그림)

★ **다른 풀이** 산술평균과 기하평균의 관계를 이용하는 풀이

Step 1 동일

Step 2 산술평균과 기하평균의 관계를 이용한다.

산술평균과 기하평균의 관계를 이용하면

$$\overline{PA}^2+\overline{PB}^2+\overline{AB}^2=10a^2+\frac{40}{a^2}+50\geq 2\sqrt{10a^2\times\frac{40}{a^2}}+50$$

a^2은 양수이니까
산술평균과 기하평균의
관계를 이용할 수 있어!

$$\geq 2\sqrt{400}+50$$
$$\geq 2\times 20+50$$
$$\geq 90$$

$$\left(\text{단, 등호는 }10a^2=\frac{40}{a^2}\text{, 즉 }a=\sqrt{2}\text{일 때 성립}\right)$$

따라서 $\overline{PA}^2+\overline{PB}^2+\overline{AB}^2$의 최솟값은 90이다.

---

092 [정답률 33%]　　　　　정답 ②

그림과 같이 지점 P에서 서로 수직으로 만나는 두 직선 도로가
있다. 두 직선 도로 PA, PB에서 각각 16 km, 2 km 떨어진
마을을 지나고 두 직선 도로를 연결하는 새 직선 도로를
건설하려고 한다.

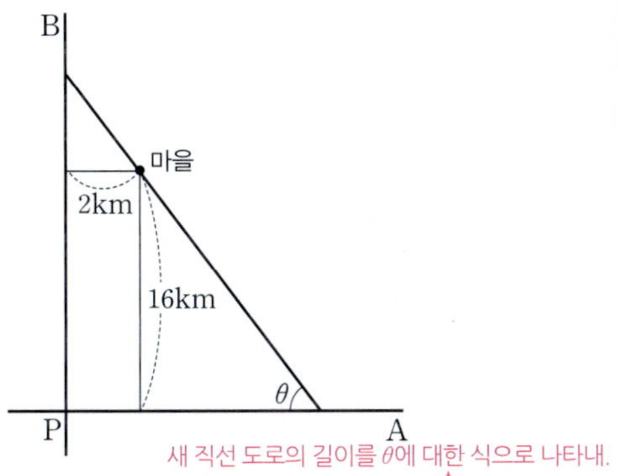

새 직선 도로와 도로 PA가 이루는 예각의 크기를 θ라고 할 때,
새 직선 도로의 길이가 최소이기 위한 $\tan\theta$의 값은? (4점)

① 1　　　　② 2　　　　③ $\sqrt{5}$

④ $\sqrt{6}$　　　　⑤ $2\sqrt{2}$

Step 1 새 직선 도로의 길이를 θ에 대한 식으로 나타낸다.

오른쪽 그림과 같이 새 직선 도로와
두 직선 도로가 만나는 점을 각각
M_1, M_2, 마을을 나타내는 점을 Q,
점 Q에서 두 직선 도로 PA, PB에 내린
수선의 발을 각각 H_1, H_2라 하자.
새 직선 도로의 길이를 $f(\theta)$라 하면

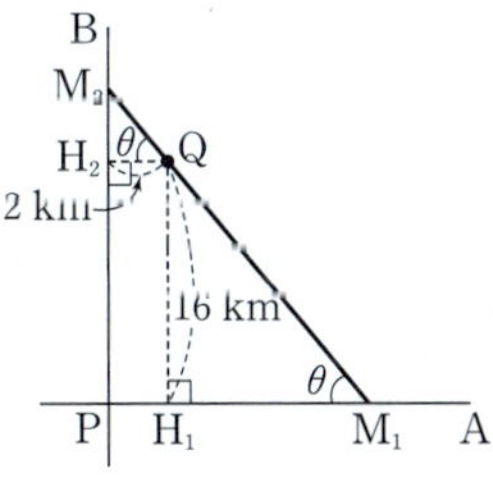

$$f(\theta)=\overline{M_1M_2}=\overline{M_1Q}+\overline{M_2Q}$$

→ 점 Q는 선분 M_1M_2 위의 점이니까 이와 같이 나눌 수 있어.

직각삼각형 QH_1M_1에서

$$\sin\theta=\frac{\overline{H_1Q}}{\overline{M_1Q}}\quad\therefore\ \overline{M_1Q}=\frac{\overline{H_1Q}}{\sin\theta}=\frac{16}{\sin\theta}$$

→ $\overline{M_1Q}$의 값을 알고 싶은 상황에서 $\overline{H_1Q}$, 즉 직각삼각형
QH_1M_1의 높이를 알고 있으므로 삼각비 $\sin\theta$를 이용하는 거야.

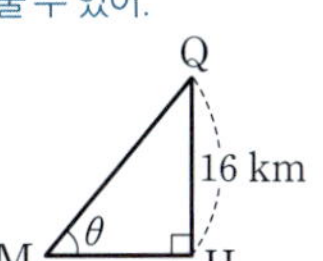

직각삼각형 QH_2M_2에서

$$\cos\theta=\frac{\overline{H_2Q}}{\overline{M_2Q}}\quad\therefore\ \overline{M_2Q}=\frac{\overline{H_2Q}}{\cos\theta}=\frac{2}{\cos\theta}$$

→ $\overline{M_2Q}$의 값을 알고 싶은 상황에서 $\overline{H_2Q}$, 즉 직각삼각형
QH_2M_2의 밑변의 길이를 알고 있으므로 삼각비 $\cos\theta$를 이용하는 거야.

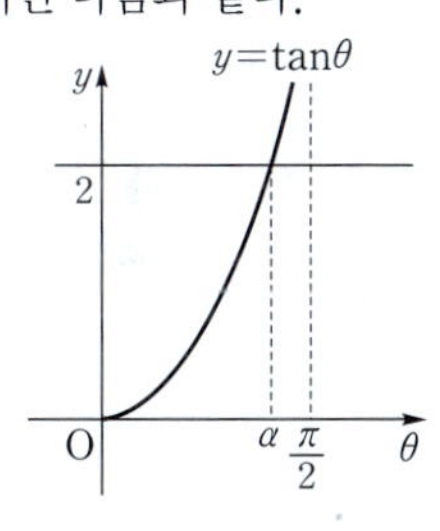

$$\therefore\ f(\theta)=\frac{16}{\sin\theta}+\frac{2}{\cos\theta}$$

Step 2 $f(\theta)$를 미분하여 새 직선 도로의 길이가 최소이기 위한 $\tan\theta$의
값을 구한다.

$f(\theta)$를 미분하면　→ 몫의 미분법 이용!

$$f'(\theta)=\frac{-16\cos\theta}{\sin^2\theta}+\frac{2\sin\theta}{\cos^2\theta}$$

새 직선 도로의 길이가 최소이려면 그 지점에서 $f(\theta)$가 극솟값을
가져야 하므로　→ 미분계수가 0이어야 해.

$$f'(\theta)=-\frac{16\cos\theta}{\sin^2\theta}+\frac{2\sin\theta}{\cos^2\theta}=0$$

$$\frac{2\sin\theta}{\cos^2\theta}=\frac{16\cos\theta}{\sin^2\theta},\ 2\sin^3\theta=16\cos^3\theta$$

$$\frac{\sin^3\theta}{\cos^3\theta}=\tan^3\theta=8\quad\therefore\ \tan\theta=2$$

따라서 새 직선 도로의 길이가 최소이기 위한 $\tan\theta$의 값은 2이다.

> **참고**
>
> $$f'(\theta)=\frac{2}{\sin^2\theta\cos^2\theta}(-8\cos^3\theta+\sin^3\theta)$$
> $$=\frac{2\cos^3\theta}{\sin^2\theta\cos^2\theta}(-8+\tan^3\theta)$$
> $$=\frac{2\cos^3\theta}{\sin^2\theta\cos^2\theta}(\tan\theta-2)(\tan^2\theta+2\tan\theta+4)=0$$
>
> 에서 $\tan\theta=2$를 만족하는 θ를 α라 하자. $\left(0<\theta<\frac{\pi}{2}\right)$
>
> 이때 $f(\theta)$의 증가와 감소를 표로 나타내면 다음과 같다.
>
> | θ | 0 | $\cdots$ | α | $\cdots$ | $\frac{\pi}{2}$ |
> |---|---|---|---|---|---|
> | $f'(\theta)$ | | $-$ | 0 | $+$ | |
> | $f(\theta)$ | | ↘ | 극소 | ↗ | |
>
> 따라서 $0<\theta<\frac{\pi}{2}$에서 $\theta=\alpha$일 때
> $f(\theta)$는 극소이자 최소이다.

---

093 [정답률 74%]　　　　　정답 ⑤

→ 방정식의 실근을 직접 구할 필요 없이
함수의 그래프를 그려 보면 답이 눈에
쉽게 보일 거야.

닫힌구간 $[0, 2\pi]$에서 x에 대한 방정식
$\sin x-x\cos x-k=0$의 서로 다른 실근의 개수가 2가
되도록 하는 모든 정수 k의 값의 합은? (4점)

① -6　　　　② -3　　　　③ 0

④ 3　　　　⑤ 6

Step 1 $f(x)=\sin x-x\cos x$라 두고, 함수 $f(x)$의 증가와 감소를
나타내는 표를 구한다.

방정식 $\sin x - x\cos x = k$에서
함수 $f(x) = \sin x - x\cos x$라 하면
$f'(x) = \cos x - \underline{(\cos x - x\sin x)}$
　　　　$= \cos x - \cos x + x\sin x = x\sin x$

$\to (x\cos x)' = x'\cos x + x(\cos x)'$
$\quad = \cos x - x\sin x$

닫힌구간 $[0,\ 2\pi]$에서 $f'(x) = 0$이 되는 x의 값은 $x = 0$ 또는 $x = \pi$ 또는 $x = 2\pi$이므로 함수 $f(x)$의 증가와 감소를 표로 나타내면 다음과 같다.

→ 함수 $f(x)$가 $f'(x)>0$이면 그 구간에서 증가 상태에 있어.

x	0	$\cdots$	π	$\cdots$	2π
$f'(x)$	0	$+$	0	$-$	0
$f(x)$	0	$\nearrow$	π	$\searrow$	-2π

Step 2 방정식 $f(x) = k$의 서로 다른 실근의 개수가 2이기 위한 정수 k의 값을 구한다.

→ 함수 $f(x)$가 $f'(x)<0$이면 그 구간에서 감소 상태에 있어.

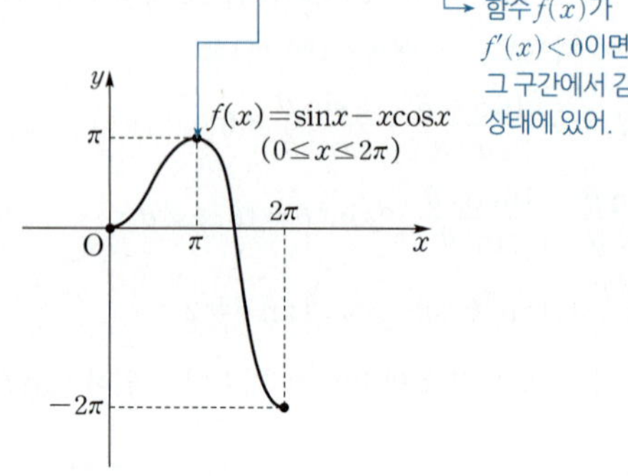

방정식 $f(x) = k$의 서로 다른 실근의 개수가 2가 되려면
$0 \le k < \pi$　→ $\pi = 3.14\cdots < 4$
따라서 정수 k는 0, 1, 2, 3이므로 k의 값의 합은
$0+1+2+3 = 6$

→ 직선 $y=k$의 그래프를 위아래로 옮겨가면서 함수 $y=f(x)$의 그래프와 교점이 몇 개인지 확인해 보면 돼!

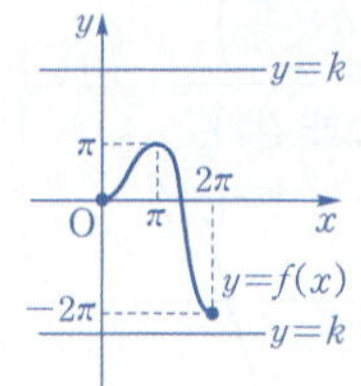

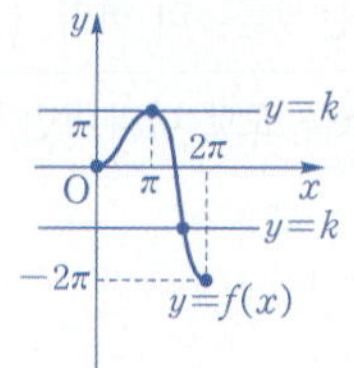

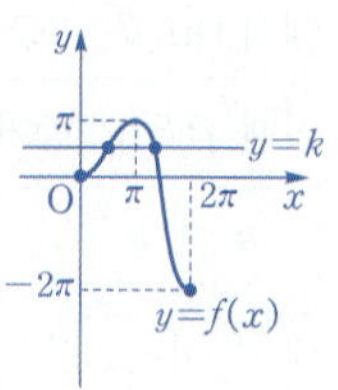

$k>\pi$ 또는 $k<-2\pi$일 때
교점 0개

$k=\pi$ 또는 $-2\pi\le k<0$일 때
교점 1개

$0\le k<\pi$일 때
교점 2개

094

→ 좌변의 몇몇 항을 우변으로 이항하여 주어진 식을 변형하고 각 변을 함수식으로 생각하여 두 함수의 그래프의 교점을 생각해.

정답 18

x에 대한 방정식 $\ln x - x + 20 - n = 0$이 서로 다른 두 실근을 갖도록 하는 자연수 n의 개수를 구하시오. (3점)

Step 1 $y = \ln x - x + 20$의 그래프를 그린다.

$\ln x - x + 20 - n = 0$이 서로 다른 두 실근을 가지려면
$\ln x - x + 20 = n$에서 두 함수 $y = \ln x - x + 20$과 $y = n$의 그래프가 서로 다른 두 점에서 만나면 된다. ── 함수 $y=n$의 그래프는 점 $(0, n)$을 지나면서 x축과 평행한 직선임을 아니까 함수

$y = \ln x - x + 20$에서 $y' = \dfrac{1}{x} - 1\ (x>0)$　$y=\ln x - x + 20$을 미분하여 그래프를 그려.

로그함수의 도함수

$y' = 0$에서 $x = 1$

즉, 함수 $y = \ln x - x + 20$의 증가와 감소를 표로 나타내면 다음과 같다.

x	(0)	$\cdots$	1	$\cdots$
y'		$+$	0	$-$
y		$\nearrow$	극대	$\searrow$

즉, 함수 $y = \ln x - x + 20$은 $x = 1$일 때 극댓값 19를 갖고
$\displaystyle\lim_{x\to 0+}(\ln x - x + 20) = -\infty$,
$\displaystyle\lim_{x\to\infty}(\ln x - x + 20) = -\infty$이므로
함수 $y = \ln x - x + 20$의 그래프는 오른쪽 그림과 같다.

→ 함수 $y=\ln x - x + 20$에 $x=1$을 대입했을 때 y의 값이야.

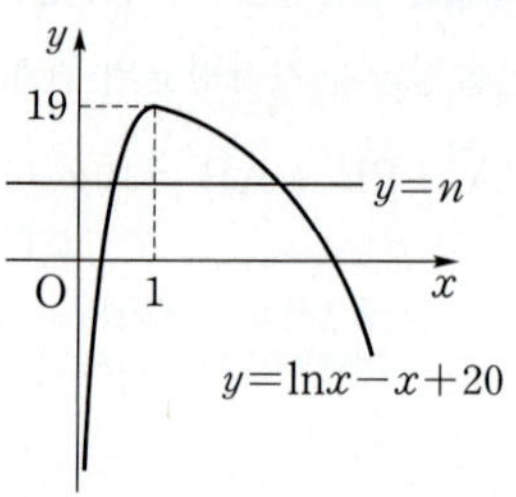

Step 2 두 함수 $y = \ln x - x + 20$, $y = n$의 그래프가 서로 다른 두 점에서 만날 때 n의 값의 범위를 구한다.

두 함수 $y = \ln x - x + 20$, $y = n$의 그래프가 서로 다른 두 점에서 만나려면 $n < 19$이어야 한다. → $n=19$이면 두 그래프는 한 점에서 만나고, $n>19$이면 두 함수의 그래프는 만나지 않는다.

따라서 $n < 19$를 만족하는 자연수 n의 개수는 18이다.
→ $n = 1, 2, 3, \cdots, 18$

★ 다른 풀이 두 함수 $y = \ln x$와 $y = x - 20 + n$의 그래프를 이용하는 풀이

Step 1 주어진 방정식의 실근의 개수는 두 함수 $y = \ln x$와 $y = x - 20 + n$의 그래프의 교점의 개수와 같다.

$\ln x - x + 20 - n = 0$이 서로 다른 두 실근을 가지려면 두 함수 $y = \ln x$와 $y = x - 20 + n$의 그래프가 서로 다른 두 점에서 만나면 된다.
이때 두 함수의 그래프가 서로 다른 두 점에서 만나려면 오른쪽 그림과 같이 직선 $y = x - 20 + n$이 함수 $y = \ln x$의 그래프에 접하면서 기울기가 1인 접선보다 아래에 위치하면 된다.

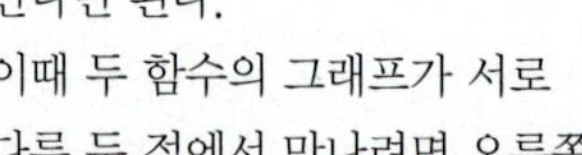

→ 기울기가 1이고 함수 $y=\ln x$의 그래프에 접하는 직선의 y절편이 $-20+n$보다 크면 될 거야.

Step 2 함수 $y = \ln x$의 그래프에 접하면서 기울기가 1인 접선의 방정식을 구한다.

함수 $y = \ln x$의 그래프에 접하면서 기울기가 1인 직선의 접점을 $(t,\ \ln t)$라 하면
→ $x=t$일 때 함수 $y=\ln x$의 그래프의 접선의 기울기는 $\dfrac{1}{t}$이야.

$(\ln x)' = \dfrac{1}{x}$이므로 접선의 방정식은

$y - \ln t = \dfrac{1}{t}(x - t)$

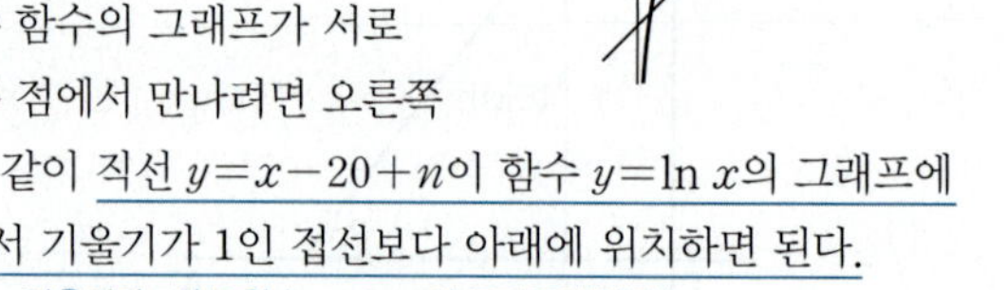

$y = \dfrac{1}{t}x - 1 + \ln t$

이때 직선의 기울기가 1이므로 $\dfrac{1}{t} = 1$　$\therefore\ t = 1$

따라서 접선의 방정식은 $y = x - 1$ ← 점 $(t, \ln t)$에서의 접선의 방정식에 $t=1$을 대입.

직선 $y = x - 20 + n$이 직선 $y = x - 1$보다 아래에 위치해야 하므로
$-20 + n < -1$, $n < 19$ → 두 직선의 y절편을 비교한 거야.

따라서 구하는 자연수의 개수는 18이다.

💡 알아야 할 기본개념

로그함수의 도함수

$a>0$, $a\ne1$, $x>0$, $f(x)\ne0$일 때

(1) $y=\ln x$이면 $y'=\dfrac{1}{x}$

(2) $y=\log_a x$이면 $y'=\dfrac{1}{x\ln a}$

(3) $y=\ln|f(x)|$이면 $y'=\dfrac{f'(x)}{f(x)}$

(4) $y=\log_a|f(x)|$이면 $y'=\dfrac{f'(x)}{f(x)}\cdot\dfrac{1}{\ln a}$

---

095 [정답률 75%] 정답 ②

> x에 대한 방정식 $x^2-5x+2\ln x=t$의 서로 다른 실근의 개수가 2가 되도록 하는 모든 실수 t의 값의 합은? (3점)
> → 곡선 $y=x^2-5x+2\ln x$와 직선 $y=t$의 교점이 2개이어야 한다.
>
> ① $-\dfrac{17}{2}$ ② $-\dfrac{33}{4}$ ③ -8
>
> ④ $-\dfrac{31}{4}$ ⑤ $-\dfrac{15}{2}$

Step 1 곡선 $y=x^2-5x+2\ln x$를 좌표평면에 나타낸다.

$x^2-5x+2\ln x=t$에서 $f(x)=x^2-5x+2\ln x$라 하면 → $(\ln x)'=\dfrac{1}{x}$

$f'(x)=2x-5+\dfrac{2}{x}=\dfrac{2x^2-5x+2}{x}=\dfrac{(2x-1)(x-2)}{x}$ ($x>0$)

$f'(x)=0$에서 $x=\dfrac{1}{2}$ 또는 $x=2$이다.

따라서 함수 $f(x)$의 증가와 감소를 표로 나타내면 다음과 같다.

x	(0)	$\cdots$	$\dfrac{1}{2}$	$\cdots$	2	$\cdots$
$f'(x)$		$+$	0	$-$	0	$+$
$f(x)$		↗	극대	↘	극소	↗

함수 $f(x)$의 극댓값은 $f\left(\dfrac{1}{2}\right)=-\dfrac{9}{4}-2\ln 2$ → $=\left(\dfrac{1}{2}\right)^2-5\times\dfrac{1}{2}+2\ln\dfrac{1}{2}=\dfrac{1}{4}-\dfrac{5}{2}-2\ln 2$

함수 $f(x)$의 극솟값은 $f(2)=-6+2\ln 2$ → $=2^2-5\times2+2\ln 2$

그러므로 함수 $y=f(x)$의 그래프는 다음과 같다.

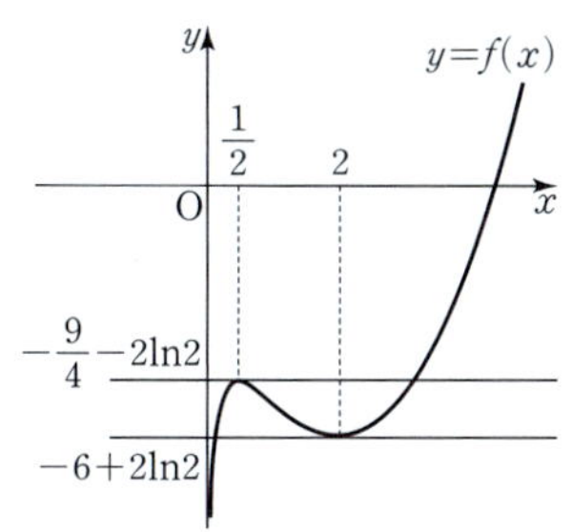

Step 2 t의 값을 구한다.

이때 x에 대한 방정식 $x^2-5x+2\ln x=t$의 서로 다른 실근의 개수가 2이어야 하므로 함수 $y=f(x)$의 그래프와 직선 $y=t$의 교점의 개수가 2가 되어야 한다.

$\therefore t=-\dfrac{9}{4}-2\ln 2$ 또는 $t=-6+2\ln 2$

따라서 모든 실수 t의 값의 합은

$$\left(-\dfrac{9}{4}-2\ln 2\right)+(-6+2\ln 2)=-\dfrac{33}{4}$$

---

096 [정답률 70%] 정답 ④

> 두 함수
> $$f(x)=e^x,\ g(x)=k\sin x$$
> 에 대하여 방정식 $f(x)=g(x)$의 서로 다른 양의 실근의 개수가 3일 때, 양수 k의 값은? (3점)
> → 먼저 두 식을 연립한다.
>
> ① $\sqrt{2}e^{\frac{3\pi}{2}}$ ② $\sqrt{2}e^{\frac{7\pi}{4}}$ ③ $\sqrt{2}e^{2\pi}$
>
> ④ $\sqrt{2}e^{\frac{9\pi}{4}}$ ⑤ $\sqrt{2}e^{\frac{5\pi}{2}}$

Step 1 방정식 $f(x)=g(x)$를 정리한다.

$e^x=k\sin x$에서 $\dfrac{1}{k}=\dfrac{\sin x}{e^x}$

$h(x)=\dfrac{\sin x}{e^x}$라 하면 → $y=\dfrac{f(x)}{g(x)}$에서 $y'=\dfrac{f'(x)g(x)-f(x)g'(x)}{\{g(x)\}^2}$

$h'(x)=\dfrac{e^x\cos x-e^x\sin x}{e^{2x}}=\dfrac{\cos x-\sin x}{e^x}$

따라서 $x>0$에서 $h'(x)=0$을 만족시키는 x의 값은

$x=\dfrac{\pi}{4},\ \dfrac{5}{4}\pi,\ \dfrac{9}{4}\pi,\ \cdots$ → $\cos x=\sin x$

Step 2 함수 $y=h(x)$의 그래프를 좌표평면 위에 나타낸다.

함수 $y=h(x)$의 증가와 감소를 표로 나타내면 다음과 같다.

x	(0)	$\cdots$	$\dfrac{\pi}{4}$	$\cdots$	$\dfrac{5}{4}\pi$	$\cdots$
$h'(x)$	1	$+$	0	$-$	0	$+$
$h(x)$	0	↗	$\dfrac{1}{\sqrt{2}e^{\frac{\pi}{4}}}$	↘	$-\dfrac{1}{\sqrt{2}e^{\frac{5}{4}\pi}}$	↗

x	$\cdots$	$\dfrac{9}{4}\pi$	$\cdots$	$\dfrac{13}{4}\pi$	$\cdots$
$h'(x)$	$+$	0	$-$	0	$+$
$h(x)$	↗	$\dfrac{1}{\sqrt{2}e^{\frac{9}{4}\pi}}$	↘	$-\dfrac{1}{\sqrt{2}e^{\frac{13}{4}\pi}}$	↗

따라서 함수 $y=h(x)$의 그래프는 다음과 같다.

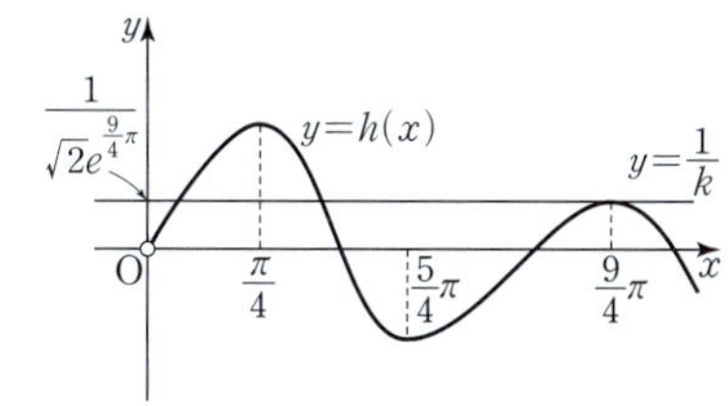

Step 3 조건을 만족시키는 양수 k의 값을 구한다.

방정식 $h(x)=\dfrac{1}{k}$의 서로 다른 양의 실근의 개수가 3이기 위해서는

직선 $y=\dfrac{1}{k}$이 $x=\dfrac{9}{4}\pi$에서 곡선 $y=h(x)$와 접해야 한다.

$\dfrac{1}{k}=\dfrac{1}{\sqrt{2}e^{\frac{9}{4}\pi}} \qquad \therefore k=\sqrt{2}e^{\frac{9}{4}\pi}$

$\downarrow h\left(\dfrac{9}{4}\pi\right)$

★ **다른 풀이** 두 함수의 그래프가 $2\pi<x<3\pi$에서 접함을 이용하는 풀이

Step 1 두 함수 $y=f(x)$, $y=g(x)$의 그래프가 어떻게 그려지는지 파악한다.

두 함수 $f(x)=e^x$, $g(x)=k\sin x$에 대하여

방정식 $f(x)=g(x)$의 서로 다른 양의 실근의 개수가 3이려면 다음 그림과 같이 두 함수 $y=f(x)$, $y=g(x)$의 그래프가 $2\pi<x<3\pi$인 범위에서 서로 접해야 한다.

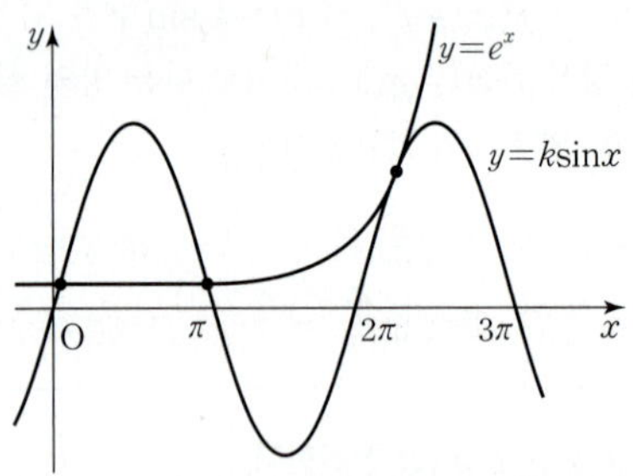

Step 2 두 함수의 그래프가 서로 접함을 이용하여 식을 세운다.

접점의 x좌표를 $\alpha\,(2\pi<\alpha<3\pi)$라 하면

두 함수 $y=f(x)$, $y=g(x)$의 그래프가 $x=\alpha$에서 만나므로

$f(\alpha)=g(\alpha)$

$\therefore e^\alpha=k\sin\alpha$ ...... ㉠

두 함수 $y=f(x)$, $y=g(x)$의 그래프가 $x=\alpha$에서 접하므로

$f'(\alpha)=g'(\alpha)$ → $x=\alpha$에서의 접선의 기울기는 미분계수와 같음을 기억해!

이때 $f'(x)=e^x$, $g'(x)=k\cos x$이므로 $e^\alpha=k\cos\alpha$ ...... ㉡

Step 3 구한 두 식을 연립하여 양수 k의 값을 구한다.

㉠, ㉡을 연립하면 $k\sin\alpha=k\cos\alpha$

$\sin\alpha=\cos\alpha \qquad \therefore \alpha=\dfrac{9}{4}\pi\ (\because 2\pi<\alpha<3\pi)$

이를 ㉠에 대입하면

$e^{\frac{9}{4}\pi}=k\sin\dfrac{9}{4}\pi=\dfrac{k}{\sqrt{2}} \qquad \therefore k=\sqrt{2}e^{\frac{9}{4}\pi}$

097 [정답률 50%]

정답 ③

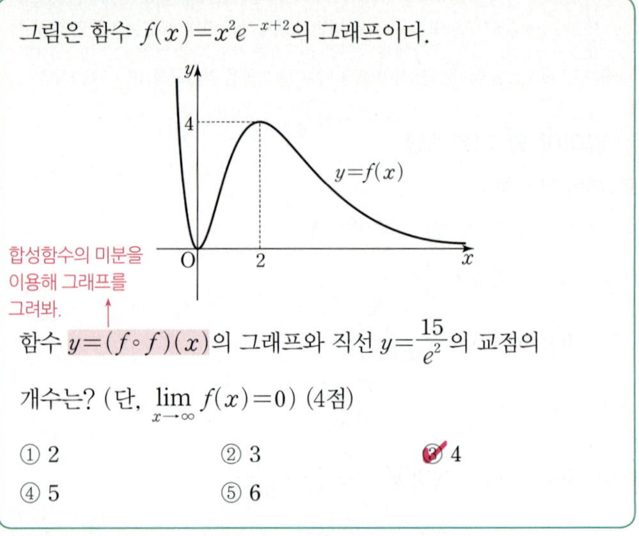

그림은 함수 $f(x)=x^2e^{-x+2}$의 그래프이다.

합성함수의 미분을 이용해 그래프를 그려봐.

함수 $y=(f\circ f)(x)$의 그래프와 직선 $y=\dfrac{15}{e^2}$의 교점의

개수는? (단, $\lim\limits_{x\to\infty}f(x)=0$) (4점)

① 2   ② 3   ③ 4

④ 5   ⑤ 6

Step 1 합성함수 $y=(f\circ f)(x)$의 그래프를 그린다.

함수 $f(x)=x^2e^{-x+2}$을 x에 대하여 미분하면

$f'(x)=2xe^{-x+2}-x^2e^{-x+2}$

$\qquad=(-x^2+2x)e^{-x+2}$ → $-x(x-2)$

이므로

$f'(x)=0$에서 $x=0$ 또는 $x=2$

함수 $y=(f\circ f)(x)=f(f(x))$를 x에 대하여 미분하면

$y'=f'(f(x))f'(x)$ → 합성함수의 미분법을 이용한 거야.

이때 $f'(f(x))f'(x)=0$에서 $f'(f(x))=0$ 또는 $f'(x)=0$

(i) $f'(f(x))=0$일 때

$f(x)=0$ 또는 $f(x)=2$이어야 한다.

먼저 $f(x)=0$일 때 $x=0$

$f(x)=2$일 때 → 주어진 함수 $y=f(x)$의 그래프를 통해 쉽게 확인할 수 있어!

그림과 같이 $f(\alpha)=f(\beta)=f(\gamma)=2\,(\alpha<\beta<\gamma)$라 하면

$\alpha<0<\beta<2<\gamma$

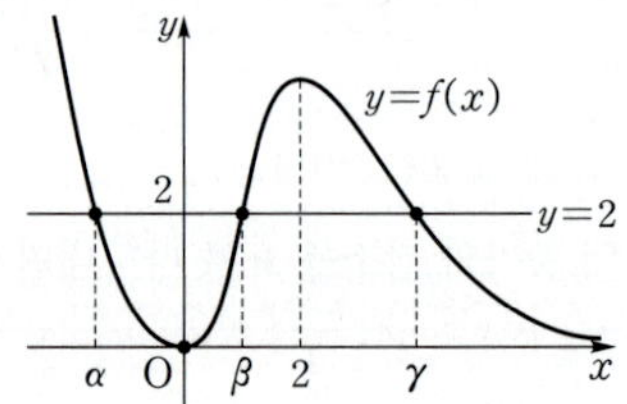

(ii) $f'(x)=0$일 때 $x=0$ 또는 $x=2$

(i), (ii)를 이용하여 함수 $y=(f\circ f)(x)$의 증가와 감소를 표로 나타내면 다음과 같다.

x	$\cdots$	α	$\cdots$	0	$\cdots$	β	$\cdots$	2	$\cdots$	γ	$\cdots$
$f'(x)$	$-$	$-$	$-$	0	$+$	$+$	$+$	0	$-$	$-$	$-$
$f'(f(x))$	$-$	0	$+$	0	$+$	0	$-$	$-$	$-$	0	$+$
$(f\circ f)(x)$	↗	4	↘	0	↗	4	↘	$\dfrac{16}{e^2}$	↗	4	↘

두 값의 곱이 $y=(f\circ f)(x)$의 도함수의 부호가 돼.

그러므로 함수 $y=(f\circ f)(x)$의 그래프는 다음 그림과 같다.

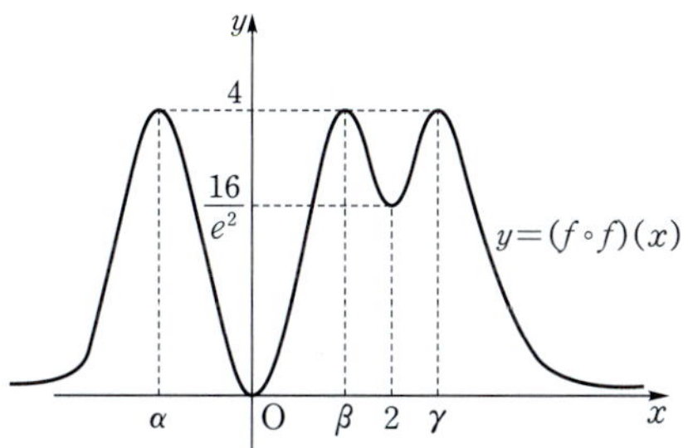

Step 2 함수 $y=(f\circ f)(x)$의 그래프와 직선 $y=\dfrac{15}{e^2}$의 교점의 개수를 구한다.

따라서 함수 $y=(f\circ f)(x)$의 그래프와 직선 $y=\dfrac{15}{e^2}$를 그려 보면 다음 그림과 같다.

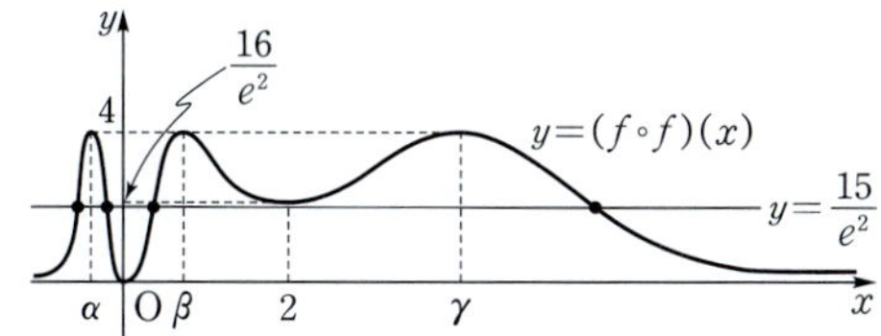

그러므로 구하는 교점의 개수는 4이다.

098 [정답률 38%]

이 함수의 그래프를 그리면 쉽게 해결할 수 있는 문제야.

정답 ③

함수 $f(x)=4\ln x+\ln(10-x)$에 대하여 [보기]에서 옳은 것만을 있는 대로 고른 것은? (3점)

[보기]

ㄱ. 함수 $f(x)$의 최댓값은 $13\ln 2$이다.

→ 함수 $y=f(x)$의 그래프와 x축의 교점의 개수를 구해.

ㄴ. 방정식 $f(x)=0$은 서로 다른 두 실근을 갖는다.

ㄷ. 함수 $y=e^{f(x)}$의 그래프는 구간 $(4, 8)$에서 위로 볼록하다. → 이계도함수를 이용

① ㄱ   ② ㄷ   ③ ㄱ, ㄴ
④ ㄴ, ㄷ   ⑤ ㄱ, ㄴ, ㄷ

Step 1 함수 $f(x)$의 그래프의 개형을 그려 [보기]의 참, 거짓을 판별한다.

$f(x)=4\ln x+\ln(10-x)$에서 진수 조건에 의하여

$x>0,\ 10-x>0$ $\therefore\ 0<x<10$

$f'(x)=\dfrac{4}{x}-\dfrac{1}{10-x}$ 로그함수의 도함수

$\qquad =\dfrac{5(x-8)}{x(10-x)}$ $=\dfrac{40-4x-x}{x(10-x)}=\dfrac{40-5x}{x(10-x)}$

$\displaystyle\lim_{x\to 0+}f(x)=-\infty,\ \lim_{x\to 10-}f(x)=-\infty$

→ $x\to 10-$에서 $\ln x\to\ln 10$, $\ln(10-x)\to-\infty$

$f'(x)=0$에서 $x=8$

→ $x\to 0+$에서 $\ln x\to-\infty$, $\ln(10-x)\to\ln 10$

$f(8)=4\ln 8+\ln(10-8)=4\cdot 3\cdot\ln 2+\ln 2=13\ln 2$

이때 함수 $f(x)$의 증가와 감소를 나타내는 표와 $y=f(x)$의 그래프는 다음과 같다.

→ $x=8$의 좌우에서 $f'(x)$의 부호가 양$(+)$에서 음$(-)$으로 바뀌므로 함수 $f(x)$는 $x=8$에서 극댓값을 가져.

x	(0)	$\cdots$	8	$\cdots$	(10)
$f'(x)$		$+$	0	$-$	
$f(x)$		↗	$13\ln 2$	↘	

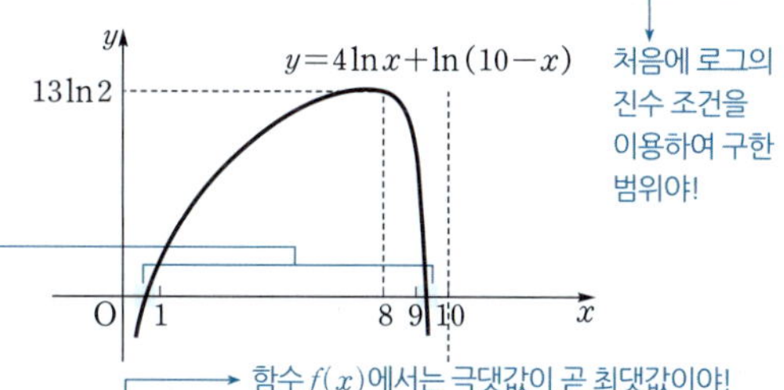

처음에 로그의 진수 조건을 이용하여 구한 범위야!

→ 함수 $f(x)$에서는 극댓값이 곧 최댓값이야!

ㄱ. 함수 $f(x)$의 최댓값은 $13\ln 2$이다. (참)   위 그래프를 참고해 봐!

ㄴ. 함수 $y=f(x)$의 그래프는 x축과 서로 다른 두 점에서 만나므로 방정식 $f(x)=0$은 서로 다른 두 실근을 갖는다. (참)

ㄷ. $f(x)=4\ln x+\ln(10-x)=\ln x^4(10-x)$에서

$y=e^{f(x)}=e^{\ln x^4(10-x)}=x^4(10-x)=10x^4-x^5$ 로그의 성질

$y'=40x^3-5x^4$

$y''=120x^2-20x^3=-20x^2(x-6)$

주의 함수 $y=f(x)$의 그래프는 열린구간 $(4, 8)$에서 위로 볼록하지만, 묻고 있는 건 함수 $y=e^{f(x)}$의 그래프에 대한 내용이라는 것을 명심해!

따라서 열린구간 $(4, 6)$에서 $y''>0$, 열린구간 $(6, 8)$에서 $y''<0$이므로 열린구간 $(4, 8)$에서 위로 볼록한 것은 아니다. (거짓)

→ 이런 내용은 표를 이용하여 정리하는 것이 헷갈리지 않는 데 도움이 돼.

그러므로 옳은 것은 ㄱ, ㄴ이다.

❂ 다른 풀이   식을 변형하지 않고 미분하는 풀이

Step 1 함수 $y=e^{f(x)}$을 미분하여 y''의 부호를 알아본다.

ㄱ, ㄴ. 동일

ㄷ. 함수 $y=e^{f(x)}$에서 $y'=f'(x)e^{f(x)}$

$y=f(g(x))$이면 $y'=f'(g(x))\cdot g'(x)$
$y=e^x$이면 $y'=e^x$

$y''=f''(x)e^{f(x)}+f'(x)\cdot f'(x)e^{f(x)}$

$\qquad =[f''(x)+\{f'(x)\}^2]e^{f(x)}$

$e^{f(x)}>0$이므로 $f''(x)+\{f'(x)\}^2$의 부호를 알아보지.

$f''(x)+\{f'(x)\}^2$

$=-\dfrac{4}{x^2}-\dfrac{1}{(x-10)^2}+\left\{\dfrac{5(x-8)}{x(x-10)}\right\}^2$

$=\dfrac{-4(x-10)^2-x^2+25(x-8)^2}{x^2(x-10)^2}$ 계산 주의

$=\dfrac{20x^2-320x+1200}{x^2(x-10)^2}$

→ 분자를 20으로 묶어준 후 인수분해한 거야!

$=\dfrac{20(x-6)(x-10)}{x^2(x-10)^2}$

$=\dfrac{20(x-6)}{x^2(x-10)}$

→ $x=6$의 좌우에서 $f''(x)+\{f'(x)\}^2$의 부호가 양$(+)$에서 음$(-)$으로 바뀌게 돼.

즉, 열린구간 $(4, 6)$에서 $y''>0$이므로 아래로 볼록하고, 열린구간 $(6, 8)$에서 $y''<0$이므로 위로 볼록하다. (거짓)

수능포인트

로그함수에서는 특별히 각각의 진수 조건을 구해줘야 됩니다.

섣불리 $f(x)=\ln x^4(10-x)$로 바꾼 다음 $x^4(10-x)>0$과 같이 해 주면 절대로 안됩니다. $\log a+\log b$와 $\log ab$의 진수 조건은 확실히 다릅니다. 왜냐하면 전자의 경우 각각의 로그함수가 정의되기 위해서는 $a>0$, $b>0$이어야 하지만, 후자의 경우에는 $ab>0$이기 때문에 $a<0$, $b<0$인 경우도 포함되게 됩니다. 따라서 먼저 문제에서 주어진 조건을 변형하기 전에 진수 조건을 구해줘야 한다는 것을 명심해야 합니다.

↳ $\log a+\log b=\log ab$와 같이 계산하기 전에 로그의 진수 조건을 구해야 한다는 뜻이야! 로그문제에서 밑과 진수 조건을 가장 먼저 구해주는 이유야.

099 [정답률 41%] 정답 ③

↳ ㄱ에서의 극댓값, ㄴ에서의 변곡점, ㄷ에서의 다른 그래프와의 교점의 개수 등은 모두 함수 $f(x)$의 그래프를 그려서 구할 수 있는 것들이야!

함수 $f(x)=2\ln(5-x)+\dfrac{1}{4}x^2$에 대하여 옳은 것만을 [보기]에서 있는 대로 고른 것은? (4점)

> **[보기]**
> 각각 도함수와 이계도함수를 이용하여 구할 수 있어.
> ㄱ. 함수 $f(x)$는 $x=4$에서 극댓값을 갖는다.
> ㄴ. 곡선 $y=f(x)$의 변곡점의 개수는 2이다.
> ㄷ. 방정식 $f(x)=\dfrac{1}{4}$의 실근의 개수는 1이다.

① ㄱ ② ㄴ ③ ㄱ, ㄷ
④ ㄴ, ㄷ ⑤ ㄱ, ㄴ, ㄷ

↳ 함수 $y=f(x)$의 그래프와 직선 $y=\dfrac{1}{4}$의 교점의 개수를 이용하여 구할 수 있어!

Step 1 $f'(x)$, $f''(x)$를 이용하여 함수 $y=f(x)$의 그래프의 개형을 그려 본다. → $f'(x), f''(x)$의 부호가 바뀌는 지점을 찾아야 해.

$\ln(5-x)$에서 $5-x>0$이어야 하므로 함수 $f(x)$의 정의역은 $x<5$이다. (로그의 진수조건)

한편, $f(x)=2\ln(5-x)+\dfrac{1}{4}x^2$에서

$\{2\ln(5-x)\}'$
$=2\times\dfrac{1}{5-x}\times(5-x)'$
$=2\times\dfrac{1}{5-x}\times(-1)$
$=\dfrac{-2}{5-x}$

$y=\ln|f(x)| \Rightarrow y'=\dfrac{f'(x)}{f(x)}$

$f'(x)=\dfrac{-2}{5-x}+\dfrac{1}{2}x$

$=\dfrac{4+x(x-5)}{2(x-5)}=\dfrac{-2\cdot(-2)}{2(x-5)}+\dfrac{x(x-5)}{2(x-5)}$

$=\dfrac{x^2-5x+4}{2(x-5)}$

$=\dfrac{(x-1)(x-4)}{2(x-5)}$

이때 $f'(x)=0$에서 $x=1$ 또는 $x=4$

↳ 구한 x의 값이 처음에 구한 로그의 진수조건 $x<5$에 포함되는지 확인해봐야 해.

$f''(x)=-\dfrac{2}{(x-5)^2}+\dfrac{1}{2}$

↳ 두 함수 $f(x), g(x)(g(x)\neq0)$이 미분가능할 때, $y=\dfrac{f(x)}{g(x)}$이면 $y'=\dfrac{f'(x)g(x)-f(x)g'(x)}{\{g(x)\}^2}$

$=\dfrac{-4+(x-5)^2}{2(x-5)^2}=\dfrac{x^2-10x+21}{2(x-5)^2}$

$=\dfrac{(x-3)(x-7)}{2(x-5)^2}$

↳ $x=7$은 로그의 진수 조건에서 벗어나는 값이야!

$f''(x)=0$에서 $x=3$ $(\because x<5)$

따라서 함수 $f(x)$의 증가와 감소를 표로 나타내면 다음과 같다.

$f'(1)=0, f'(4)=0$ / 로그의 진수 조건

x	$\cdots$	1	$\cdots$	3	$\cdots$	4	$\cdots$	(5)
$f'(x)$	$-$	0	$+$	$+$	$+$	0	$-$	
$f''(x)$	$+$	$+$	$+$	0	$-$	$-$	$-$	
$f(x)$	↘	극소	↗	(변곡점)	↗	극대	↘	

↳ $f''(3)=0$

이때 $f(1)=\dfrac{1}{4}+4\ln 2$ (극솟값), $f(4)=4$이므로 함수 $y=f(x)$의 그래프의 개형은 오른쪽 그림과 같다. ($f(4)=4$는 극댓값)

표를 보고 함수 $y=f(x)$의 그래프를 그릴 줄 알아야 돼!

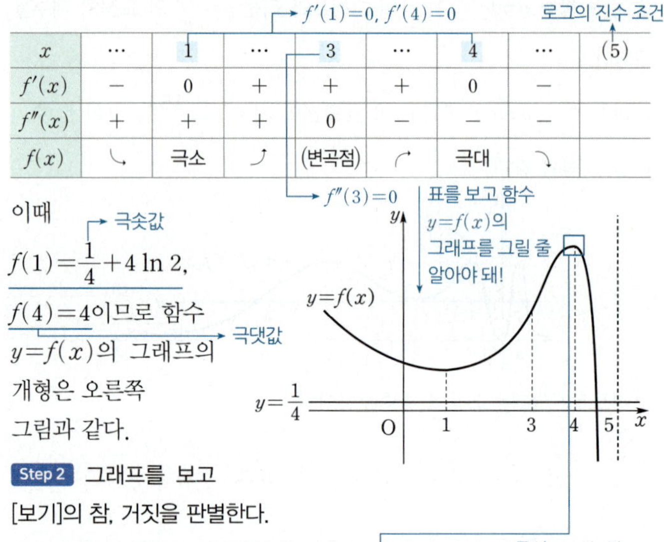

Step 2 그래프를 보고 [보기]의 참, 거짓을 판별한다.

ㄱ. 함수 $f(x)$는 $x=4$에서 극댓값을 갖는다. (참)

ㄴ. 곡선 $y=f(x)$의 변곡점의 개수는 1이다. (거짓)

↳ 곡선 $y=f(x)$는 $x=3$에서 하나의 변곡점만을 가지므로, 변곡점이 2개라는 보기 ㄴ은 거짓이야.

ㄷ. 방정식 $f(x)=\dfrac{1}{4}$의 실근의 개수는 1이다. (참)

↳ 극솟값 $f(1)=\dfrac{1}{4}+4\ln 2>\dfrac{1}{4}$이므로

💡 알아야 할 기본개념

곡선 $y=f(x)$ 위에 있는 한 점의 좌우에서 곡선의 모양이 아래로 볼록에서 위로 볼록으로 또는 위로 볼록에서 아래로 볼록으로 바뀔 때, 이 점을 그 곡선의 변곡점이라 한다. 즉, 이계도함수 $f''(x)$의 부호가 바뀌는 점이 그 곡선의 변곡점이다. $x=a$인 점이 변곡점일 때, $f''(a)=0$이다.

↳ $f''(a)=0$이라고 해서 무조건 $x=a$에서 변곡점이라고 단정지어서는 안돼! $x=a$의 좌우에서의 $f''(x)$의 부호변화까지도 고려해주어야 하는 거야.

100 [정답률 70%]　　정답 ⑤

삼각함수와 다항함수의 곱의 형태로 주어진 함수야.
두 종류의 함수가 미분되는 과정이 다르니,
$f'(x)$를 구할 때 주의해야 해!

정의역이 $\{x\,|\,0\leq x\leq\pi\}$인 함수 $f(x)=2x\cos x$에 대하여
옳은 것만을 [보기]에서 있는 대로 고른 것은? (4점)

[보기]　$f(x)$를 미분하여 $f'(x)$를 구하고, $f'(a)=0$을
　　　　반족시키는 a에 대한 식을 만들어 이용

ㄱ. $f'(a)=0$이면 $\tan a=\dfrac{1}{a}$이다.

ㄴ. 함수 $f(x)$가 $x=a$에서 극댓값을 가지는 a가 구간
　　$\left(\dfrac{\pi}{4},\dfrac{\pi}{3}\right)$에 있다.
　　　$x=a$의 좌우에서 $f'(x)$의 부호가
　　　양$(+)$에서 음$(-)$으로 바뀌어야 해!

ㄷ. 구간 $\left[0,\dfrac{\pi}{2}\right]$에서 방정식 $f(x)=1$의 서로 다른
　　실근의 개수는 2이다.
　　　즉, 곡선 $y=f(x)$와 직선
　　　$y=1$이 만나는 점의 개수

① ㄱ　　　② ㄷ　　　③ ㄱ, ㄴ
④ ㄴ, ㄷ　　　⑤ ㄱ, ㄴ, ㄷ

Step 1 $f'(x)$를 구한다.

$f(x)=2x\cdot\cos x$와 같이 보고 곱의 미분법을
이용하는 거야. $(\cos x)'=-\sin x$

$f(x)=2x\cos x$에서 $f'(x)=2\cos x-2x\sin x$

ㄱ. $f'(a)=0$이면 $f'(a)=2\cos a-2a\sin a=0$
　　$2\cos a=2a\sin a$
　　$f'(x)=2\cos x-2x\sin x$에 $x=a$를 대입
　　$\dfrac{\sin a}{\cos a}=\dfrac{1}{a}\left(\because a\neq\dfrac{\pi}{2}\right)$
　　만약 $a=\dfrac{\pi}{2}$이면 $\cos a=0$이 되므로
　　이와 같은 계산을 못하는 거야.
　　$\therefore \tan a=\dfrac{1}{a}$ (참)　$\tan\theta=\dfrac{\sin\theta}{\cos\theta}$

Step 2 사잇값의 정리를 이용한다.

ㄴ. 함수 $f(x)$가 $x=a$에서 극댓값을 가지면 $f'(a)=0$이다.
이때 함수 $f'(x)$는 모든 실수에서 연속이고

$f'\left(\dfrac{\pi}{4}\right)=2\cos\dfrac{\pi}{4}-2\times\dfrac{\pi}{4}\times\sin\dfrac{\pi}{4}$
　　$f'(x)=2\cos x-2x\sin x$에서
　　함수 $y=\cos x,\ y=\sin x,\ y=-2x$가
　　연속이므로 $f'(x)$도 연속이야.

$\quad=\sqrt{2}-\dfrac{\sqrt{2}}{4}\pi$　$\sin\dfrac{\pi}{4}=\dfrac{\sqrt{2}}{2}$,

$\pi=3.141592\cdots$
이므로 $1>\dfrac{\pi}{4}=\sqrt{2}\left(1-\dfrac{\pi}{4}\right)>0$　$\cos\dfrac{\pi}{4}=\dfrac{\sqrt{2}}{2}$

$f'\left(\dfrac{\pi}{3}\right)=2\cos\dfrac{\pi}{3}-2\times\dfrac{\pi}{3}\times\sin\dfrac{\pi}{3}$

$\because 1<\dfrac{\sqrt{3}}{3}\pi$
　$-1\quad\dfrac{\sqrt{3}}{3}\pi<0$　$\sin\dfrac{\pi}{3}=\dfrac{\sqrt{3}}{2}$,
　　　　　　　　　　$\cos\dfrac{\pi}{3}=\dfrac{1}{2}$

함수 $f'(x)$가 닫힌구간 $[a,b]$에서
연속이고 $f(a)$와 $f(b)$의 부호가
다르면, 즉 $f(a)f(b)<0$이면
방정식 $f(x)=0$은 a와 b 사이에
적어도 하나의 실근을 갖는다.

에서 $f'\left(\dfrac{\pi}{4}\right)f'\left(\dfrac{\pi}{3}\right)<0$이므로 사잇값의 정리에 의하여 $f'(a)=0$

을 만족하는 a가 열린구간 $\left(\dfrac{\pi}{4},\dfrac{\pi}{3}\right)$에 존재하고 $\dfrac{\pi}{4}<x<\dfrac{\pi}{3}$에서
$f''(x)=-2\sin x-2\sin x-2x\cos x$
$\quad=-4\sin x-2x\cos x<0$　주어진 범위에서 $\sin x>0$,
　　　　　　　　　　　　　　$\cos x>0$이므로
따라서 $f'(a)=0$이고 $f''(a)<0$이므로
$f(x)$는 $x=a$에서 극댓값을 갖는다. (참)

Step 3 $y=\cos x$와 $y=\dfrac{1}{2x}$의 그래프를 이용한다.

ㄷ. 방정식 $f(x)=1$에서 $2x\cos x=1$
　즉, $\cos x=\dfrac{1}{2x}\ (\because x\neq 0)$
　　$2x\cos x=1$에 $x=0$을 대입해 보면 $x=0$은
　　이 방정식의 근이 아니다.

닫힌구간 $\left[0,\dfrac{\pi}{2}\right]$에서 방정식 $\cos x=\dfrac{1}{2x}$의 서로 다른 실근의
개수는 두 함수 $y=\cos x,\ y=\dfrac{1}{2x}$의 그래프의 서로 다른 교점
의 개수와 같다.　주어진 구간에 대해서만
　　　　　　　　　생각해주어야 해!
　　　　　　　　　　　　　　　　두 함수의 그래프를 직접
　　　　　　　　　　　　　　　　그려서 구해.

$x=\dfrac{\pi}{3}$일 때, $\cos\dfrac{\pi}{3}=\dfrac{1}{2}$, $\dfrac{1}{2}\cdot\dfrac{3}{\pi}=\dfrac{3}{2\pi}$에서
　　　　　　　　　　　　　　　$\dfrac{1}{2x}$에 $x=\dfrac{\pi}{3}$ 대입
$\dfrac{1}{2}>\dfrac{3}{2\pi}$이므로 $x=\dfrac{\pi}{3}$일 때, 함수 $y=\cos x$의 그래프가
$y=\dfrac{1}{2x}$의 그래프보다 위에 있다.
　　　$\pi>3$이므로 $1>\dfrac{3}{\pi}$에서 $\dfrac{1}{2}>\dfrac{3}{2\pi}$

따라서 닫힌구간 $\left[0,\dfrac{\pi}{2}\right]$에서
두 함수의 그래프는 오른쪽 그림과
같고 서로 다른 두 점에서 만난다.
즉, 닫힌구간 $\left[0,\dfrac{\pi}{2}\right]$에서 방정식
$f(x)=1$의 서로 다른 실근의 개수
는 2이다. (참)　교점의 좌표를 구하지 않더라도 이런
　　　　　　　식으로 교점의 개수를 구할 수 있어.
그러므로 옳은 것은 ㄱ, ㄴ, ㄷ이다.
　　　$\dfrac{1}{2}\cdot\dfrac{2}{\pi}=\dfrac{1}{\pi}>\cos\dfrac{\pi}{2}=0$

★ 다른 풀이 $f(x)$의 그래프를 이용하는 풀이

Step 1 **Step 2** 동일

Step 3 $y=f(x)$의 그래프를 이용하여 $f(x)=1$의 실근의 개수를
구한다.

ㄷ. $f'(x)=0$에서 $2\cos x(1-x\tan x)=0$　$f'(x)=2\cos x-2x\sin x$
　$\cos x=0$에서 $x=\dfrac{\pi}{2}$　주어진 정의역 내에서만　$=2\cos x\left(1-x\cdot\dfrac{\sin x}{\cos x}\right)$
　　　　　　　　　　　　　구하는 거야.　　　　　$=2\cos x(1-x\tan x)$
　$1-x\tan x=0$에서 $\tan x=\dfrac{1}{x}$　$\therefore x=a\ (\because$ ㄱ, ㄴ)

ㄱ, ㄴ에 의해 함수 $f(x)$가 $x=a$에서 극댓값을 가지면
$f'(a)=0\left(\dfrac{\pi}{4}<a<\dfrac{\pi}{3}\right)$이고 함수 $f(x)$의 증가와 감소를 나타
내는 표와 그래프는 다음과 같다.　즉 $f'(x)$의 부호가 $x=a$의 좌우에서
　　　　　　　　　　　　　　　　양$(+)$에서 음$(-)$으로 바뀌어.

x	0	$\cdots$	a	$\cdots$	$\dfrac{\pi}{2}$	$\cdots$	π
$f'(x)$		$+$	0	$-$	0	$-$	
$f(x)$	0	↗	$2a\cos a$	↘	0	↘	-2π

　　　따라서 함수 $f(x)$는 $x=a$에서 극댓값 $f(a)$를 갖지.

$f\left(\dfrac{\pi}{3}\right)=\dfrac{2}{3}\pi\cdot\dfrac{1}{2}>1$이므로
$f(a)>1$

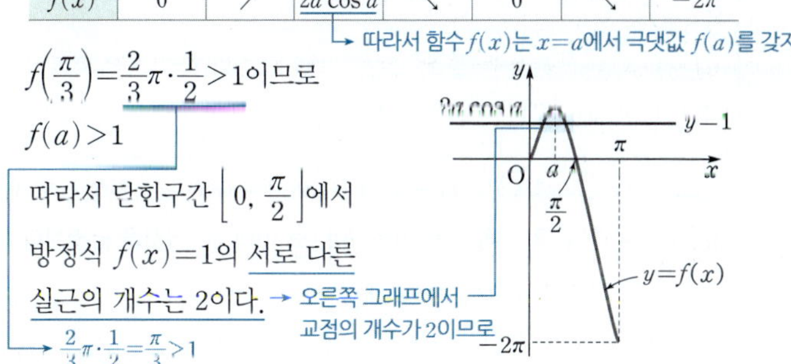

따라서 닫힌구간 $\left[0,\dfrac{\pi}{2}\right]$에서
방정식 $f(x)=1$의 서로 다른
실근의 개수는 2이다.　오른쪽 그래프에서
　$\dfrac{2}{3}\pi\cdot\dfrac{1}{2}=\dfrac{\pi}{3}>1$　교점의 개수가 2이므로

→ 정확한 그래프를 그릴 필요도 없어! 문제를 푸는 데 필요한 극댓값, 극솟값, 그래프 간의 교점 등 특정 값들과 대략적인 그래프의 개형만 파악할 수 있으면 대부분의 문제를 해결할 수 있어.

101 [정답률 50%]　　　　　정답 ⑤

→ 함수 $f(x)$가 5차 다항함수이므로 함수 $f'(x)$는 4차 다항함수

오른쪽 그림은 5차 다항함수 $f(x)$의 도함수 $f'(x)$의 그래프이다. [보기]에서 옳은 것을 모두 고른 것은? (단, $f'(4)=0$이고 $f''(1)=f''(4)=f''(6)=0$이다.) (4점)

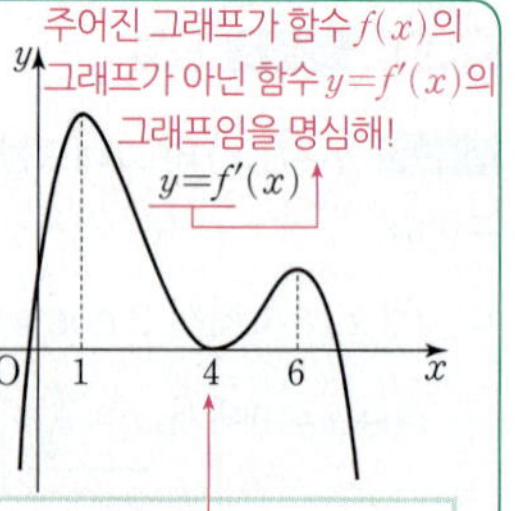
→ 주어진 그래프가 함수 $f(x)$의 그래프가 아닌 함수 $y=f'(x)$의 그래프임을 명심해!

[보기]
→ 그래프에서 함수 $f'(x)$의 부호가 바뀌는 횟수를 세어봐.

ㄱ. $f(x)$는 서로 다른 세 점에서 극값을 갖는다.

ㄴ. $4<x_1<x_2<6$인 x_1, x_2에 대하여
$$f\left(\frac{x_1+x_2}{2}\right)<\frac{f(x_1)+f(x_2)}{2}$$
이다.
→ 함수 $y=f'(x)$의 그래프의 개형을 이용하여 함수 $y=f(x)$의 그래프의 개형을 그려봐야 해.

ㄷ. $f(0)=0$일 때, 양의 실수 a에 대하여 $y=f(x)$의 그래프와 $y=a$의 그래프가 서로 다른 두 점에서 만나면 $f(x)$의 극댓값은 a이다.

① ㄱ　　　　② ㄴ　　　　③ ㄷ
④ ㄱ, ㄴ　　　☑ ㄴ, ㄷ

주의　$x=4$에서 $f'(x)=0$이지만 $x=4$의 좌우에서 $f'(x)$의 부호는 바뀌지 않아.

Step 1　$y=f'(x)$의 그래프를 이용하여 [보기]의 참, 거짓을 판별한다.

ㄱ. 오른쪽 그림의 $x=\alpha$, $x=\beta$에서 $f'(x)$의 부호가 바뀌므로 $f(x)$는 서로 다른 두 점에서 극값을 갖는다. (거짓)
→ $x=\alpha$에서 극대
→ $x=\beta$에서 극소

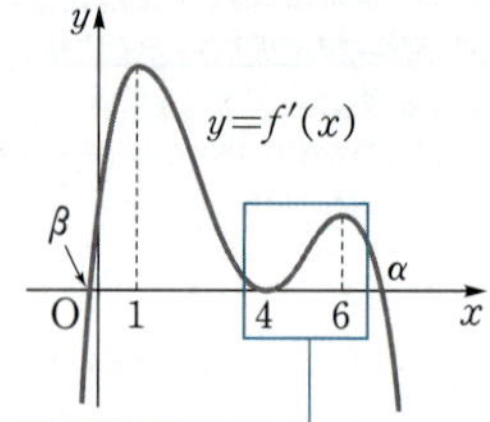

ㄴ. 열린구간 $(4, 6)$에서 $f'(x)$가 증가하므로 $f''(x)>0$이다.
즉, $f(x)$의 그래프는 아래로 볼록하므로 열린구간 $(4, 6)$에서
$$f\left(\frac{x_1+x_2}{2}\right)<\frac{f(x_1)+f(x_2)}{2}$$ (참)
→ 그래프가 아래로 볼록하다는 의미의 식이야.
곡선의 오목, 볼록의 판정

Step 2　주어진 조건을 이용하여 함수 $y=f(x)$의 그래프를 그리고 참, 거짓을 판별한다.

ㄷ. $f(0)=0$일 때, 함수 $y=f(x)$의 그래프는 오른쪽 그림과 같다.
두 함수 $y=a$와 $y=f(x)$의 그래프가 서로 다른 두 점에서 만나려면 $y=a$의 그래프가 $y=f(x)$의 그래프의 극대 또는 극소인 점을 지나야 한다.
→ 그렇지 않으면 두 그래프의 교점은 3개 또는 1개야.
그런데 $a>0$이므로 $f(x)$의 극댓값은 a가 된다. (참)
따라서 옳은 것은 ㄴ, ㄷ이다.
→ $f(0)=0$이면 함수 $f(x)$의 극솟값은 음수이므로

102 [정답률 52%]　　　　　정답 ③

자연수 n에 대하여 함수 $f(x)$와 $g(x)$는 $f(x)=x^n-1$, $g(x)=\log_3(x^4+2n)$이다.
함수 $h(x)$가 $h(x)=g(f(x))$일 때, [보기]에서 옳은 것만을 있는 대로 고른 것은? (4점)

[보기]
→ $h(x)$를 x에 대하여 미분해. 이때 합성함수의 미분법을 이용해야 해.

ㄱ. $h'(1)=0$
ㄴ. 열린구간 $(0, 1)$에서 함수 $h(x)$는 증가한다.
ㄷ. $x>0$일 때, 방정식 $h(x)=n$의 서로 다른 실근의 개수는 1이다.
→ $0<x<1$에서의 도함수 $h'(x)$의 부호를 확인해야 해.

① ㄱ　　　　② ㄴ　　　　☑ ㄱ, ㄷ
④ ㄴ, ㄷ　　　⑤ ㄱ, ㄴ, ㄷ

Step 1　합성함수의 미분법을 이용하여 $h'(1)$의 값을 구한다.

ㄱ. $f(x)=x^n-1$에서 $f'(x)=nx^{n-1}$
$g(x)=\log_3(x^4+2n)$에서
$$g'(x)=\frac{4x^3}{(x^4+2n)\ln 3}$$
$\left(\log_a x\right)'=\dfrac{1}{x\ln a}$ (단, $x>0$, $a>0$, $a\neq 1$)

$h(x)=g(f(x))$에서 $h'(x)=g'(f(x))\cdot f'(x)$이므로
$$h'(1)=g'(f(1))\cdot f'(1)$$
$$=g'(0)\cdot n=0 \text{ (참)}$$
→ $f(1)=1^n-1=0$
→ $=0$

Step 2　함수 $h(x)$의 도함수를 이용하여 함수 $h(x)$의 증가·감소를 확인한다.

ㄴ. $h'(x)=g'(f(x))\cdot f'(x)$
$$=\frac{4\{f(x)\}^3}{[\{f(x)\}^4+2n]\ln 3}\cdot f'(x)$$
$$=\frac{4}{\ln 3}\times\frac{nx^{n-1}(x^n-1)^3}{(x^n-1)^4+2n}　\cdots\cdots ㉠$$

열린구간 $(0, 1)$에서
→ $0<x<1$에서 $0<x^n<1$, $-1<x^n-1<0$
$-1<x^n-1<0$이므로 $h'(x)<0$
따라서 열린구간 $(0, 1)$에서 함수 $h(x)$는 감소한다. (거짓)

Step 3　함수 $y=h(x)$의 그래프의 개형을 이용한다.

ㄷ. ㄴ에 의하여 $0<x<1$일 때, 함수 $h(x)$는 감소하고 $x\geq 1$일 때, 함수 $h(x)$는 증가한다. ($\because$ ㉠)
또한,
→ $x\geq 1$일 때, $h'(x)=\dfrac{4}{\ln 3}\times\dfrac{nx^{n-1}(x^n-1)^3}{(x^n-1)^4+2n}\geq 0$
이때 $h(1)=g(f(1))=g(0)=\log_3 2n$,

$h(0)=g(f(0))=g(-1)=\log_3(2n+1)$이므로
$x>0$에서 함수 $h(x)$는 $x=1$일 때 극솟값을 갖는다.
함수 $y=h(x)$의 그래프의 개형은 다음과 같다.
(i) $n=1$일 때

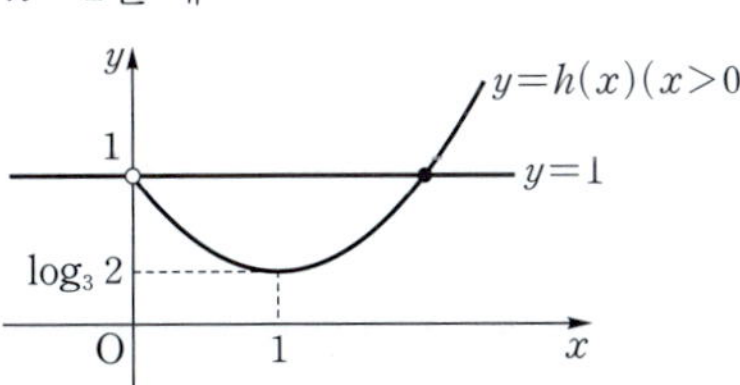

위에서 $0<x<1$에서는 감소하고 $x\geq1$에서는 증가해. 여기에다가 ㄱ에서 판별한 $h'(1)=0$을 적용하면 함수 $h(x)$는 $x=1$에서 극솟값을 갖는다는 걸 알 수 있어.

(ii) $n\geq2$일 때

이때 모든 자연수 n에 대하여 $\log_3 2n<n$이니까 곡선 $y=h(x)\,(x>0)$와 직선 $y=n$의 교점의 개수를 구하려면 $\log_3(2n+1)$과 n의 대소 관계를 잘 따져 봐야해.

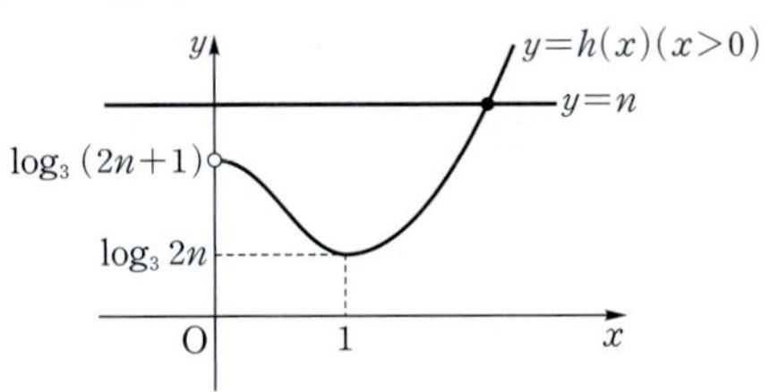

따라서 $x>0$일 때, 방정식 $h(x)=n$의 서로 다른 실근의 개수는 1이다. (참)

$y=h(x)$의 그래프와 직선 $y=n$의 서로 다른 교점의 개수와 같아.

그러므로 옳은 것은 ㄱ, ㄷ이다.

103 [정답률 49%]   정답 ⑤

함수 $f(x)=\dfrac{x-\dfrac{1}{2}}{(x^2-2x+2)^2}$에 대한 설명으로 옳은 것만을 [보기]에서 있는 대로 고른 것은? (4점)

[보기]

ㄱ. 곡선 $y=f(x)$ 위의 점 $\left(1,\dfrac{1}{2}\right)$에서의 접선과 원점 사이의 거리는 $\dfrac{\sqrt{2}}{4}$이다.

접선의 방정식을 구한 후 점과 직선 사이의 거리 공식을 이용

ㄴ. 함수 $f(x)$의 최솟값은 $-\dfrac{1}{8}$이다.

ㄷ. 방정식 $f(x)-f(10)=0$의 서로 다른 실근의 개수는 2이다.

함수 $y=f(x)$의 그래프를 그려서 ㄴ, ㄷ의 참, 거짓을 판별해 봐.

① ㄱ   ② ㄴ   ③ ㄱ, ㄷ
④ ㄴ, ㄷ   ⑤ ㄱ, ㄴ, ㄷ

함수 $f(x)$가 복잡해서 미분하는 과정도 복잡해. 실수하지 않도록 주의하며 계산해야 해.

Step 1 분수함수의 미분법을 이용하여 $f'(x)$를 구한다. [계산 주의]

ㄱ.
$$f'(x)=\frac{1\times(x^2-2x+2)^2-\left(x-\dfrac{1}{2}\right)\cdot2\cdot(x^2-2x+2)(2x-2)}{(x^2-2x+2)^4}$$

몫의 미분법 $y=\dfrac{h(x)}{g(x)}$를 미분하면 $y'=\dfrac{h'(x)g(x)-h(x)g'(x)}{\{g(x)\}^2}$ (단, $g(x)\neq0$)

$$=\frac{(x^2-2x+2)-(2x-1)(2x-2)}{(x^2-2x+2)^3}$$

$$=\frac{(x^2-2x+2)-(4x^2-6x+2)}{(x^2-2x+2)^3}$$

$$=\frac{-3x^2+4x}{(x^2-2x+2)^3}=\frac{(-3x+4)x}{(x^2-2x+2)^3}$$

이때 $f'(1)=1$이므로 곡선 $y=f(x)$ 위의 점 $\left(1,\dfrac{1}{2}\right)$에서의 접선의 방정식은

$f'(1)=\dfrac{-3+4}{(1-2+2)^3}=1$

$$y-\frac{1}{2}=f'(1)(x-1),\ 즉\ 2x-2y-1=0$$

따라서 접선 $2x-2y-1=0$과 원점 사이의 거리를 d라 하면

$$d=\frac{|-1|}{\sqrt{2^2+(-2)^2}}=\frac{1}{2\sqrt{2}}=\frac{\sqrt{2}}{4}\ (참)$$

점 (x_0,y_0)와 직선 $ax+by+c=0$ 사이의 거리는 $\dfrac{|ax_0+by_0+c|}{\sqrt{a^2+b^2}}$

Step 2 $y=f(x)$의 그래프를 그린다.

$f'(x)=0$이려면 분자인 $(-3x+4)x$가 0이 되어야 하기 때문이어.

ㄴ. ㄱ에 의해서 $x=0$ 또는 $x=\dfrac{4}{3}$에서 $f'(x)=0$이므로 함수 $f(x)$의 증가와 감소를 나타낸 표는 다음과 같다.

x	$(-\infty)$	$\cdots$	0	$\cdots$	$\dfrac{1}{2}$	$\cdots$	$\dfrac{4}{3}$	$\cdots$	(∞)
$f'(x)$		$-$	0	$+$	$+$	$+$	0	$-$	
$f(x)$	$(0-)$	$\searrow$	극소	$\nearrow$	0	$\nearrow$	극대	$\searrow$	$(0+)$

즉, $x=0$에서 함수 $f(x)$는 극소이면서 최소가 되므로 최솟값은

$$f(0)=-\frac{1}{8}\ (참)$$

$f(x)=\dfrac{x-\dfrac{1}{2}}{(x^2-2x+2)^2}$에 $x=0$을 대입해.

ㄷ. 따라서 함수 $f(x)$는 $x=\dfrac{4}{3}$에서 극대이면서 최대이므로

최댓값은 $f\left(\dfrac{4}{3}\right)=\dfrac{27}{40}$이고 그래프는 다음과 같다.

그래프를 그릴 때는 극대점과 극소점을 찍고 그 사이사이를 증가·감소에 따라 자연스럽게 연결시켜주면 금방 그릴 수 있어!

$0<f(10)<\dfrac{27}{40}$이므로 함수 $y=f(x)$의 그래프와 직선 $y=f(10)$의 교점의 개수는 2, 즉 방정식 $f(x)-f(10)=0$은 서로 다른 실근 2개를 갖는다. (참)

$f(x)-f(10)$, 즉 함수 $y=f(x)$의 그래프와 직선 $y=f(10)$의 교점의 개수가 방정식의 실근의 개수를 의미해.

그러므로 옳은 것은 ㄱ, ㄴ, ㄷ이다.

104 [정답률 39%] 정답 ②

자연수 n에 대하여 실수 전체의 집합에서 정의된 함수 $f(x)$가

$$f(x)=\begin{cases} \dfrac{nx}{x^n+1} & (x\neq-1) \\ -2 & (x=-1) \end{cases}$$

n이 홀수, 짝수일 때에 따라 그래프의 개형이 달라지는 것에 유의해야 해.

일 때, [보기]에서 옳은 것만을 있는 대로 고른 것은? (4점)

[보기]

ㄱ. $n=3$일 때, 함수 $f(x)$는 구간 $(-\infty,-1)$에서 증가한다.

ㄴ. 함수 $f(x)$가 $x=-1$에서 연속이 되도록 하는 n에 대하여 방정식 $f(x)=2$의 서로 다른 실근의 개수는 2이다.

ㄷ. 구간 $(-1,\infty)$에서 함수 $f(x)$가 극솟값을 갖도록 하는 10 이하의 모든 자연수 n의 값의 합은 24이다.

① ㄱ   ② ㄱ, ㄴ   ③ ㄱ, ㄷ
④ ㄴ, ㄷ   ⑤ ㄱ, ㄴ, ㄷ

Step 1 $n=3$일 때 $f'(x)$의 부호를 이용하여 ㄱ의 참, 거짓을 판별한다.

ㄱ. $n=3$일 때 $x<-1$에서

$$f(x)=\frac{3x}{x^3+1}$$

이므로 함수 $f(x)$를 미분하면

$$f'(x)=\frac{3(x^3+1)-3x\times3x^2}{(x^3+1)^2}$$ → 함수의 몫의 미분법을 이용했어.

$$=\frac{3x^3+3-9x^3}{(x^3+1)^2}$$

$$=\frac{-6x^3+3}{(x^3+1)^2}$$

$$=\frac{-3(2x^3-1)}{(x^3+1)^2}$$

→ $x<-1$일 때 $2x^3<0$임을 이용하면 돼.

즉, $x<-1$인 모든 실수 x에 대하여 $f'(x)>0$이므로 $n=3$일 때 함수 $f(x)$는 구간 $(-\infty,-1)$에서 증가한다. (참)

Step 2 함수의 극대, 극소를 이용하여 ㄴ의 참, 거짓을 판별한다.

ㄴ. (i) n이 홀수일 때

$$\lim_{x\to-1}f(x)=\lim_{x\to-1}\frac{nx}{x^n+1}$$에서 분모가 0으로 수렴하므로 극한값이 존재하지 않는다.

→ $\dfrac{c}{0}$ 꼴이 돼.

(ii) n이 짝수일 때

$$\lim_{x\to-1}f(x)=\lim_{x\to-1}\frac{nx}{x^n+1}=\frac{-n}{2}$$

함수 $f(x)$가 $x=-1$에서 연속이므로

→ n이 짝수이면 $(-1)^n=1$

$$\lim_{x\to-1}f(x)=f(-1)$$에서 $\dfrac{-n}{2}=-2$ ∴ $n=4$

따라서 (i), (ii)에서 함수 $f(x)$가 $x=-1$에서 연속이 되도록 하는 n의 값은 4이다.

$n=4$일 때 $x\neq-1$에서 $f(x)=\dfrac{4x}{x^4+1}$이므로 함수 $f(x)$를 미분하면

$$f'(x)=\frac{4(x^4+1)-4x\times4x^3}{(x^4+1)^2}$$

$$=\frac{4x^4+4-16x^4}{(x^4+1)^2}$$

$$=\frac{-12x^4+4}{(x^4+1)^2}$$

$f'(x)=0$에서 $-12x^4+4=0$

$$x^4=\frac{1}{3} \qquad ∴ x=\pm\frac{1}{\sqrt[4]{3}}$$

이를 이용하여 함수 $f(x)$의 증가와 감소를 표로 나타내면 다음과 같다.

x	$\cdots$	$-\dfrac{1}{\sqrt[4]{3}}$	$\cdots$	$\dfrac{1}{\sqrt[4]{3}}$	$\cdots$
$f'(x)$	$-$	0	$+$	0	$-$
$f(x)$	↘	극소	↗	극대	↘

이때 $\dfrac{1}{\sqrt[4]{3}}<1$이고 $f(1)=2$임을 이용하여 함수 $y=f(x)$의 그래프를 다음과 같이 그릴 수 있다.

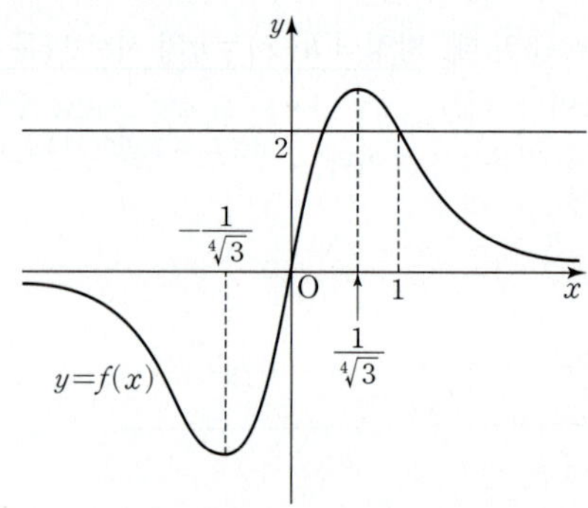

즉, 함수 $y=f(x)$의 그래프와 직선 $y=2$는 두 점에서 만나므로 방정식 $f(x)=2$의 서로 다른 실근의 개수는 2이다. (참)

Step 3 n의 값에 대한 각각의 $f'(x)$의 식을 이용하여 ㄷ의 참, 거짓을 판별한다.

ㄷ. 구간 $(-1,\infty)$에서 $f(x)=\dfrac{nx}{x^n+1}$이므로 함수 $f(x)$를 미분하면

$$f'(x)=\frac{n(x^n+1)-nx\times nx^{n-1}}{(x^n+1)^2}$$

$$=\frac{nx^n+n-n^2x^n}{(x^n+1)^2}$$

$$=\frac{n\{(1-n)x^n+1\}}{(x^n+1)^2}$$

이를 이용하여 n의 값에 따라 경우를 나누어보면 다음과 같다.

(i) $n=1$일 때

$$f'(x)=\frac{1}{(x+1)^2}>0$$이므로 함수 $f(x)$는 구간 $(-1,\infty)$에서 증가한다.

(ii) n이 3 이상의 홀수일 때

$$f'(x)=0$$에서 $x^n=\dfrac{1}{n-1}$

→ n이 홀수이면 $x^n=a$의 해는 $x=\sqrt[n]{a}$

$$∴ x=\sqrt[n]{\frac{1}{n-1}}$$

이때 도함수 $f'(x)$의 부호는 $x=\sqrt[n]{\dfrac{1}{n-1}}$ 을 기준으로 양에

서 음으로 바뀌므로 함수 $f(x)$는 극댓값을 갖고, 극솟값은

갖지 않는다.

(iii) n이 짝수일 때

$f'(x)=0$에서 $x^n=\dfrac{1}{n-1}$

$\therefore x=\pm\sqrt[n]{\dfrac{1}{n-1}}$

이때 도함수 $f'(x)$의 부호는 $x=-\sqrt[n]{\dfrac{1}{n-1}}$ 을 기준으로 음

에서 양으로 바뀌고, $x=\sqrt[n]{\dfrac{1}{n-1}}$ 을 기준으로 양에서 음으로

바뀌므로 $f(x)$는 $x=-\sqrt[n]{\dfrac{1}{n-1}}$ 에서 극소, $x=\sqrt[n]{\dfrac{1}{n-1}}$ 에

서 극대이다.

이때 극소가 되는 점이 구간 $(-1, \infty)$에 포함되어야 하므로

$-\sqrt[n]{\dfrac{1}{n-1}}>-1$에서 $\dfrac{1}{n-1}<1$

$n-1>1$ $\therefore n>2$

따라서 가능한 수는 4, 6, 8, 10이다.

즉, (i)~(iii)에서 구하는 10 이하의 자연수 n의 값의 합은

$4+6+8+10=28$ (거짓)

그러므로 옳은 것은 ㄱ, ㄴ이다.

105 [정답률 60%] 정답 ④

$0<x<\dfrac{\pi}{4}$인 모든 x에 대하여 부등식 $\tan 2x>ax$를

만족하는 a의 최댓값은? (3점)

① $\dfrac{1}{2}$ ② 1 ③ $\dfrac{3}{2}$

④ 2 ⑤ $\dfrac{5}{2}$

Step 1 $0<x<\dfrac{\pi}{4}$에서 함수 $y=\tan 2x$의 그래프가 직선 $y=ax$보다

위에 존재함을 이용한다.

$y=\tan 2x$, $y=ax$로 놓으면
두 그래프는 오른쪽 그림과 같다.
두 그래프가 모두 점 $(0, 0)$을
지나므로 $x=0$에서 $y=\tan 2x$의
접선의 기울기를 구해 보면

$y'=(\tan 2x)'=2\sec^2 2x$

$x=0$일 때,

$y'=2\cdot\sec^2 0=2$ $=a$

이때 직선 $y=ax$의 기울기는 곡선 $y=\tan 2x$의 $x=0$에서의

접선의 기울기보다 작거나 같아야 하므로 $a\leq 2$ $=2$

따라서 a의 최댓값은 2이다.

106 정답 ⑤

$1\leq x\leq 2$인 모든 실수 x에 대하여 부등식

$$ax\leq e^x\leq\beta x$$

가 성립하도록 상수 α, β를 정할 때, $\beta-\alpha$의 최솟값은? (3점)

① $\dfrac{e}{2}$ ② e ③ $e\left(\dfrac{e^3}{4}-1\right)$

④ $e\left(\dfrac{e^2}{3}-1\right)$ ⑤ $e\left(\dfrac{e}{2}-1\right)$

Step 1 $y=\dfrac{e^x}{x}$의 그래프를 그려 $\alpha\leq\dfrac{e^x}{x}\leq\beta$를 만족하는 $\beta-\alpha$의 최솟값

을 찾는다.

$ax\leq e^x\leq\beta x$에서 $\alpha\leq\dfrac{e^x}{x}\leq\beta$ $(\because 1\leq x\leq 2)$

$y=\dfrac{e^x}{x}$이라 하면

$y'=\dfrac{e^x\cdot x-e^x}{x^2}=\dfrac{e^x(x-1)}{x^2}$

$y'=0$에서 $x=1$

$1\leq x\leq 2$에서 함수 $y=\dfrac{e^x}{x}$의 증가와 감소를 나타내는 표는 다음과

같다.

x	1	$\cdots$	2
y'	0	$+$	
y	e	$\nearrow$	$\dfrac{e^2}{2}$

$y=\dfrac{e^x}{x}$은 $1\leq x\leq 2$에서 증가하므로

y의 최솟값은 $x=1$일 때 e,

y의 최댓값은 $x=2$일 때 $\dfrac{e^2}{2}$이다.

따라서 $\beta-\alpha$의 최솟값은

$\dfrac{e^2}{2}-e=e\left(\dfrac{e}{2}-1\right)$

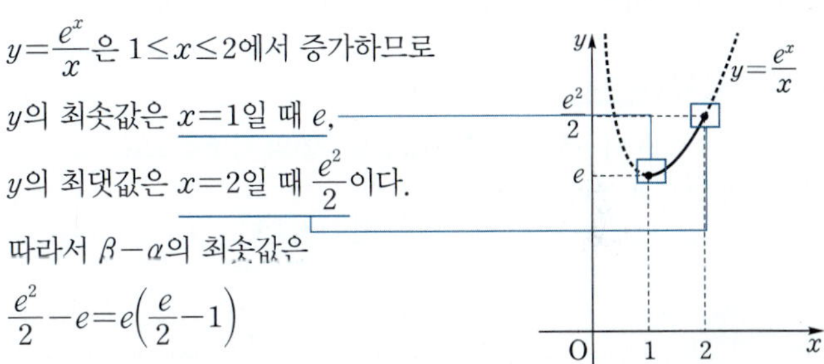

💡 알아야 할 기본개념

함수의 그래프

함수 $y=f(x)$의 그래프의 개형은 다음을 고려하여 그린다.

(1) 함수의 정의역과 치역

(2) 좌표축과의 교점

(3) 곡선의 대칭성(x축, y축, 원점에 대한 대칭성)과 주기

(4) 함수의 증가와 감소, 극대와 극소

(5) 곡선의 오목과 볼록, 변곡점

(6) $\displaystyle\lim_{x\to\infty}f(x)$, $\displaystyle\lim_{x\to-\infty}f(x)$, 점근선

107

정답 21

즉, n의 값이 달라지면 $g(n)$의 값도 달라지는 거야.

자연수 n에 대하여 함수 $f(x)=x^n \ln x$의 최솟값을 $g(n)$이라 하자. $g(n) \le -\dfrac{1}{6e}$을 만족시키는 모든 n의 값의 합을 구하시오. (3점)

Step 1 함수 $f(x)$의 최솟값을 구한다.
구간의 양 끝점에서의 함숫값, 극댓값, 극솟값을 구하여 그 중 최솟값을 찾는다.

$f(x)=x^n \ln x$에서
$y=f(x)g(x)$이면 $y'=f'(x)g(x)+f(x)g'(x)$

$f'(x)=nx^{n-1}\ln x+x^n \times \dfrac{1}{x}=x^{n-1}(n \ln x+1)$
계산 주의

$f'(x)=0$에서 $x=e^{-\frac{1}{n}}$ $(\because \; x>0)$
$n \ln x+1=0$에서 $n \ln x=-1$, $\ln x=-\dfrac{1}{n}$ $\therefore \; x=e^{-\frac{1}{n}}$

$f'(x)$의 부호를 이용하여 함수 $f(x)$의 증가와 감소를 표로 나타내면 다음과 같다.

로그의 진수 조건에서 $x>0$이야.

x	(0)	$\cdots$	$e^{-\frac{1}{n}}$	$\cdots$
$f'(x)$		$-$	0	$+$
$f(x)$		$\searrow$	$-\dfrac{1}{ne}$	$\nearrow$

따라서 함수 $f(x)$는 $x=e^{-\frac{1}{n}}$에서 극소이면서 최솟값 $-\dfrac{1}{ne}$을 갖는다.

$x=e^{-\frac{1}{n}}$의 좌우에서 $f'(x)$의 부호가 음$(-)$에서 양$(+)$으로 바뀌어.

$\therefore \; g(n)=-\dfrac{1}{ne}$

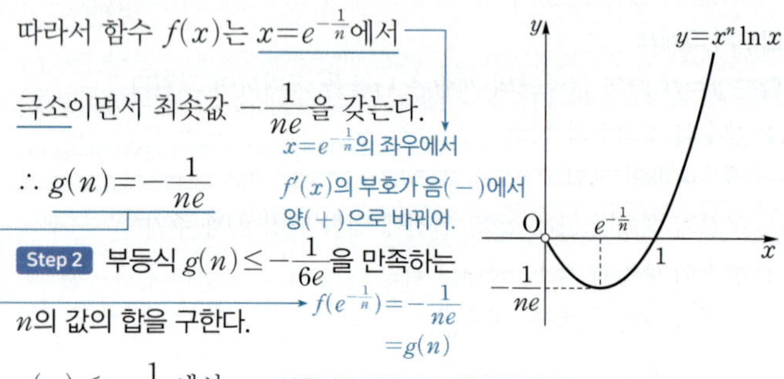

Step 2 부등식 $g(n) \le -\dfrac{1}{6e}$을 만족하는 n의 값의 합을 구한다.

$g(n) \le -\dfrac{1}{6e}$에서
부등식의 양변에 $-e$를 곱한거야. $-e<0$이기 때문에 부등호의 방향이 바뀐거야.

$-\dfrac{1}{ne} \le -\dfrac{1}{6e}$, $\dfrac{1}{n} \ge \dfrac{1}{6}$이므로 $n \le 6$

부등식의 양변에 역수를 취했어. 부등식을 풀 때는 항상 부등호의 방향에 유의해야 해.

따라서 조건을 만족하는 n의 값의 합은
$1+2+3+4+5+6=21$

→ 문제에서 n은 자연수라고 주어졌어!
작은 조건도 놓치지 않도록 주의

---

108 [정답률 84%]

정답 ③

다음은 모든 실수 x에 대하여 $2x-1 \ge ke^{x^2}$을 성립시키는 실수 k의 최댓값을 구하는 과정이다.

> $f(x)=(2x-1)e^{-x^2}$이라 하자.
> $f'(x)=(\boxed{}) \times e^{-x^2}$
> $f'(x)=0$에서 $x=-\dfrac{1}{2}$ 또는 $x=1$
> 함수 $f(x)$의 증가와 감소를 조사하면
> 함수 $f(x)$의 극솟값은 $\boxed{}$ 이다.
> 또한 $\displaystyle\lim_{x \to \infty} f(x)=0$, $\displaystyle\lim_{x \to -\infty} f(x)=0$이므로
> 함수 $y=f(x)$의 그래프의 개형을 그리면
> 함수 $f(x)$의 최솟값은 $\boxed{}$ 이다.
> 따라서 $2x-1 \ge ke^{x^2}$을 성립시키는 실수 k의 최댓값은
> $\boxed{}$ 이다.

위의 (가)에 알맞은 식을 $g(x)$, (나)에 알맞은 수를 p라 할 때, $g(2) \times p$의 값은? (4점)

① $\dfrac{10}{e}$ ② $\dfrac{15}{e}$ ③ $\dfrac{20}{\sqrt[4]{e}}$

④ $\dfrac{25}{\sqrt[4]{e}}$ ⑤ $\dfrac{30}{\sqrt[4]{e}}$

Step 1 함수 $f(x)$를 x에 대하여 미분하여 (가)에 들어갈 식을 구한다.

함수 $f(x)=(2x-1)e^{-x^2}$에서

$2x-1 \ge ke^{x^2}$에서 양변을 e^{x^2}으로 나누면 $(2x-1)e^{-x^2} \ge k$이므로 $f(x)=(2x-1)e^{-x^2}$이라 하면 $f(x)$의 최솟값이 k이다.

$f'(x)=2e^{-x^2}+(2x-1)e^{-x^2} \times (-2x)$
$=2e^{-x^2}+(2x-4x^2)e^{-x^2}$
$=e^{-x^2}(-4x^2+2x+2)$
$=(\boxed{\text{(가)}}-2(2x+1)(x-1))e^{-x^2}$

Step 2 함수 $y=f(x)$의 그래프의 개형을 이용하여 (나)에 들어갈 값을 구한다.

$f'(x)=0$에서 $x=-\dfrac{1}{2}$ 또는 $x=1$

함수 $f(x)$의 증가와 감소를 표로 나타내면 다음과 같다.

x	$\cdots$	$-\dfrac{1}{2}$	$\cdots$	1	$\cdots$
$f'(x)$	$-$	0	$+$	0	$-$
$f(x)$	$\searrow$	극소	$\nearrow$	극대	$\searrow$

따라서 함수 $f(x)$는 극솟값 $f\left(-\dfrac{1}{2}\right)=-\dfrac{2}{\sqrt[4]{e}}$, 극댓값 $f(1)=\dfrac{1}{e}$을 가지므로 함수 $y=f(x)$의 극솟값은 $\boxed{\text{(나)}} -\dfrac{2}{\sqrt[4]{e}}$이다.

또한 $\displaystyle\lim_{x \to \infty} f(x)=0$, $\displaystyle\lim_{x \to -\infty} f(x)=0$이므로 함수 $y=f(x)$의 그래프는 다음 그림과 같다.

$f\left(-\dfrac{1}{2}\right)=(-1-1)e^{-\left(-\frac{1}{2}\right)^2}$
$=-2e^{-\frac{1}{4}}=-\dfrac{2}{\sqrt[4]{e}}$

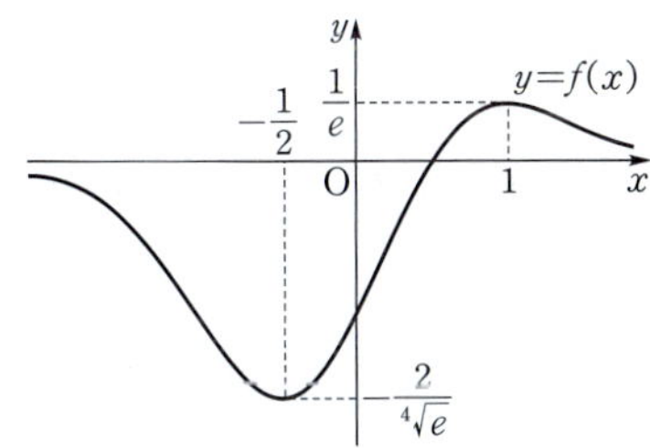

따라서 함수 $f(x)$의 최솟값은 $\boxed{(\text{나}) \ -\dfrac{2}{\sqrt[4]{e}}}$ 이다.

즉, $f(x) \geq -\dfrac{2}{\sqrt[4]{e}}$ 이므로 $(2x-1)e^{-x^2} \geq -\dfrac{2}{\sqrt[4]{e}}$

$\therefore \ 2x-1 \geq -\dfrac{2}{\sqrt[4]{e}} e^{x^2}$ → $e^{x^2} > 0$이므로 양변에 e^{x^2}을 곱해주어도 부등호의 방향이 바뀌지 않아.

따라서 $2x-1 \geq ke^{x^2}$을 성립시키는 실수 k의 최댓값은 $\boxed{(\text{나}) \ -\dfrac{2}{\sqrt[4]{e}}}$

이다.

Step 3 $g(2) \times p$의 값을 구한다.

$g(x) = -2(2x+1)(x-1)$, $p = -\dfrac{2}{\sqrt[4]{e}}$이므로

$g(2) \times p = -2 \times 5 \times 1 \times \left(-\dfrac{2}{\sqrt[4]{e}}\right) = \dfrac{20}{\sqrt[4]{e}}$

수능포인트

이와 같이 빈칸에 알맞은 식 또는 값을 구하는 문제에선 빈칸에 집중해야 합니다. 문제에서 주어진 부등식을 성립시키는 실수 k의 최댓값을 구하는 과정을 주었지만, 사실 이 문제가 요구하는 건 실수 k의 최댓값이 아닙니다. 빈칸 (가)에서는 함수 $f(x)$를 x에 대하여 미분할 수 있는가, 빈칸 (나)에서는 함수 $f(x)$의 최솟값을 구할 수 있는가를 묻고 있는 것입니다. 이렇게 빈칸이 무엇을 묻고 있는지 파악하면서 문제를 풀면 어렵지 않게 해결할 수 있습니다.

따라서 $h(v) - \dfrac{60v}{f(v)}$ 라 놓으면 $h(v)$의 최댓값보다 크거나 같은 최소의 정수가 구하고자 하는 차량의 최대 수이다.

→ 예를 들어, 60초 동안 이동할 수 있는 거리가 10이고, 차간 거리가 3이면, 문제에서 주어진 지점에서 거리가 10만큼 떨어진 지점까지는 총 4대의 차가 들어갈 수 있어! 즉, $h(v)$의 값은 $\dfrac{10}{3}$보다 크거나 같은 최소의 정수인 4가 되는 거지. 이렇게 문제의 조건이 복잡하다면 간단한 수를 대입하며 생각해보면 쉬워.

개신 주의

Step 2 $h(v)$의 개형을 파악하고 차량의 최대 수를 구한다.

$$h'(v) = \dfrac{60f(v) - 60vf'(v)}{f(v)^2} = \dfrac{60\left(\dfrac{1}{20}v^2 + \dfrac{1}{2}v + 5\right) - 60v\left(\dfrac{1}{10}v + \dfrac{1}{2}\right)}{\left(\dfrac{1}{20}v^2 + \dfrac{1}{2}v + 5\right)^2}$$

$\left(\dfrac{60v}{f(v)}\right)'$

$$= \dfrac{-3(v^2 - 100)}{\left(\dfrac{1}{20}v^2 + \dfrac{1}{2}v + 5\right)^2} = \dfrac{-3(v+10)(v-10)}{\left(\dfrac{1}{20}v^2 + \dfrac{1}{2}v + 5\right)^2}$$

$h'(v) = 0$에서 $v = 10$ $(\because v > 0)$이므로 $h(v)$의 증가와 감소를 표로 나타내면 다음과 같다. → v는 속력이기 때문이야!

v	(0)	$\cdots$	10	$\cdots$
$h'(v)$		$+$	0	$-$
$h(v)$		↗	극대	↘

즉, 함수 $h(v)$는 $v = 10$일 때 극대이고 최대이므로 최댓값은

$$\dfrac{60 \times 10}{\dfrac{1}{20} \times 10^2 + \dfrac{1}{2} \times 10 + 5} = \dfrac{600}{15} = 40$$

→ $h'(v)$의 부호가 $v = 10$의 좌우에서 양($+$)에서 음($-$)로 변한다. ⟹ 함수 $h(v)$는 $v = 10$에서 극댓값 $h(10)$을 갖는다.

따라서 60초 동안 한 차선의 일정 지점을 통과할 수 있는 차량의 최대 수는 40대이다. → $h(v) = \dfrac{60v}{f(v)}$에 $v = 10$ 대입

109

정답 ②

차량들이 고속도로를 차선의 변경 없이 모두 같은 속력 → 단 하나의 차선에 대해서만 생각해주는 거야.

$v(\text{m}/\text{초})$를 유지하면서 달리고 있다고 하자. 제동거리를 고려한 최소 차간거리는

→ 속력이 주어진 문제는 단위를 잘 파악해야 해.

$$f(v) = \dfrac{1}{20}v^2 + \dfrac{1}{2}v + 5(\text{m})$$

→ 즉, 차의 속력이 커질수록 제동거리도 길어져.

로 나타낼 수 있다. 60초 동안 한 차선의 일정 지점을 통과할 수 있는 차량의 수는 최대 몇 대인가?

(단, 차량의 길이는 무시한다.) (3점)

① 16 ② 40 ③ 60
④ 90 ⑤ 225

→ 속력이 커지면 더 많은 차가 해당 지점을 지나가게 될 것 같지만, 그만큼 차간 거리도 커진다는 것도 생각해야 해!

Step 1 60초 동안 한 차선의 일정 지점을 통과할 수 있는 차량의 수의 근삿값을 v에 대한 식으로 나타낸다.

속력이 v로 일정하므로 60초 동안 차량이 이동할 수 있는 거리는 $60v$이다. → 문제에서 속력은 초속으로 주어져 있어.

---

110 [정답률 88%]

정답 ⑤

좌표평면 위를 움직이는 점 P의 시각 t에서의 위치 (x, y)가

$$x = 2t + \sin t, \quad y = 1 - \cos t$$

이다. 시각 $t = \dfrac{\pi}{3}$에서 점 P의 속력은? (3점)

① $\sqrt{3}$ ② 2 ③ $\sqrt{5}$
④ $\sqrt{6}$ ⑤ $\sqrt{7}$

Step 1 시각 t에 대하여 $\dfrac{dx}{dt}$, $\dfrac{dy}{dt}$를 각각 구한 후, 좌표평면 위의 점 P의 속력을 구한다.

$x = 2t + \sin t$, $y = 1 - \cos t$에서

$$\dfrac{dx}{dt} = 2 + \cos t, \quad \dfrac{dy}{dt} = \sin t$$

→ $t = \dfrac{\pi}{3}$일 때 $\dfrac{dx}{dt} = 2 + \cos\dfrac{\pi}{3} = 2 + \dfrac{1}{2} = \dfrac{5}{2}$, $\dfrac{dy}{dt} = \sin\dfrac{\pi}{3} = \dfrac{\sqrt{3}}{2}$ 이야.

시각 $t = \dfrac{\pi}{3}$에서 점 P의 속도는 $\left(\dfrac{5}{2}, \dfrac{\sqrt{3}}{2}\right)$

따라서 시각 $t = \dfrac{\pi}{3}$에서 점 P의 속력은

$$\sqrt{\left(\dfrac{5}{2}\right)^2 + \left(\dfrac{\sqrt{3}}{2}\right)^2} = \sqrt{\dfrac{25+3}{4}} = \sqrt{7}$$

→ $\sqrt{\left(\dfrac{dx}{dt}\right)^2 + \left(\dfrac{dy}{dt}\right)^2}$

111 [정답률 83%]　　　　　　　정답 4

> 좌표평면 위를 움직이는 점 P의 시각 $t\,(t>0)$에서의 위치 $(x,\,y)$가
> $$x=\frac{1}{2}e^{2(t-1)}-at,\ y=be^{t-1}$$
> 이다. 시각 $t=1$에서의 점 P의 속도가 $(-1,\,2)$일 때, $a+b$의 값을 구하시오. (단, a와 b는 상수이다.) (3점)

Step 1 $\dfrac{dx}{dt}$, $\dfrac{dy}{dt}$ 를 구한다.

$x=\dfrac{1}{2}e^{2(t-1)}-at,\ y=be^{t-1}$에서

$\dfrac{dx}{dt}=\dfrac{1}{2}e^{2(t-1)}\times 2-a=e^{2(t-1)}-a,$
$\quad\hookrightarrow\ =\{2(t-1)\}'$

$\dfrac{dy}{dt}=be^{t-1}$

Step 2 시각 $t=1$에서의 점 P의 속도를 구한다.

시각 $t=1$에서의 점 P의 속도는

$(e^{2\times(1-1)}-a,\ be^{1-1})=(1-a,\ b)$　$\hookrightarrow\ \dfrac{dy}{dt}$의 식에 $t=1$ 대입

이때 점 P의 속도가 $(-1,\,2)$이므로

$(1-a,\ b)=(-1,\,2)$에서 $a=2,\ b=2$

$\therefore\ a+b=2+2=4$　$\hookrightarrow\ \dfrac{dx}{dt}$의 식에 $t=1$ 대입

112 [정답률 81%]　　　　　　　정답 ④

> 좌표평면 위를 움직이는 점 P의 시각 $t\,(t>2)$에서의 위치 $(x,\,y)$가
> $$x=t\ln t,\ y=\frac{4t}{\ln t}$$
> 이다. 시각 $t=e^2$에서 점 P의 속력은? (3점)
>
> ① $\sqrt{7}$　　　② $2\sqrt{2}$　　　③ 3
> ④ $\sqrt{10}$　　　⑤ $\sqrt{11}$

Step 1 미분법을 이용하여 시각 $t=e^2$에서 점 P의 속력을 구한다.

$x=t\ln t,\ y=\dfrac{4t}{\ln t}$에 대하여

$\dfrac{dx}{dt}=\ln t+1,\ \dfrac{dy}{dt}=\dfrac{4\ln t-4}{(\ln t)^2}$이므로 시각 t에서의 점 P의 속력은

$$\sqrt{\left(\frac{dx}{dt}\right)^2+\left(\frac{dy}{dt}\right)^2}=\sqrt{(\ln t+1)^2+\left\{\frac{4\ln t-4}{(\ln t)^2}\right\}^2}$$

따라서 시각 $t=e^2$에서 점 P의 속력은

$$\sqrt{(\ln e^2+1)^2+\left\{\frac{4\ln e^2-4}{(\ln e^2)^2}\right\}^2}=\sqrt{3^2+1^2}=\sqrt{10}$$

$\quad\hookrightarrow\ \dfrac{8\ln e-4}{(2\ln e)^2}=\dfrac{8-4}{2^2}=\dfrac{4}{4}=1$

113 [정답률 82%]　　　　　　　정답 8

> 좌표평면 위를 움직이는 점 P의 시각 $t\,(t>0)$에서의 위치 $\mathrm{P}(x,\,y)$가
> $$x=t+\ln t,\ y=\frac{1}{2}t^2+t$$
> 이다. $\dfrac{dx}{dt}=\dfrac{dy}{dt}$일 때, 점 P의 속도의 크기는 α이다. α^2의 값을 구하시오. (3점)

Step 1 $\dfrac{dx}{dt}=\dfrac{dy}{dt}$일 때의 t의 값을 구한다.

$x=t+\ln t,\ y=\dfrac{1}{2}t^2+t$에서 $\dfrac{dx}{dt}=1+\dfrac{1}{t},\ \dfrac{dy}{dt}=t+1$
$\quad\hookrightarrow\ x,\,y$의 t에 대한 식을 각각 t에 대하여 미분하였어.

$\dfrac{dx}{dt}=\dfrac{dy}{dt}$에서 $1+\dfrac{1}{t}=t+1$

$\dfrac{1}{t}=t,\ t^2=1\quad\therefore\ t=1\ (\because\ t>0)$
$\quad\hookrightarrow\ $ 문제에서 주어진 조건이야.

Step 2 α의 값을 구한다.

$t=1$에서의 점 P의 속도는 $\left(1+\dfrac{1}{1},\ 1+1\right)=(2,\,2)$

이므로 속도의 크기는 $\sqrt{2^2+2^2}=2\sqrt{2}$　$\hookrightarrow\ t=1$일 때의 $\sqrt{\left(\dfrac{dx}{dt}\right)^2+\left(\dfrac{dy}{dt}\right)^2}$의 값이야.

따라서 $\alpha=2\sqrt{2}$이므로 $\alpha^2=(2\sqrt{2})^2=8$

114 [정답률 76%]　　　　　　　정답 ③

> 좌표평면 위를 움직이는 점 P의 시각 $t\left(0<t<\dfrac{\pi}{2}\right)$에서의 위치 $(x,\,y)$가
> $$x=t+\sin t\cos t,\ y=\tan t$$
> 이다. $0<t<\dfrac{\pi}{2}$에서 점 P의 속력의 최솟값은? (3점)
>
> ① 1　　　② $\sqrt{3}$　　　③ 2
> ④ $2\sqrt{2}$　　　⑤ $2\sqrt{3}$

Step 1 점 P의 속도를 t에 대하여 나타낸다.

$x=t+\sin t\cos t,\ y=\tan t$에서

$\dfrac{dx}{dt}=1+\cos^2 t-\sin^2 t=2\cos^2 t,\ \dfrac{dy}{dt}=\sec^2 t=\dfrac{1}{\cos^2 t}$
$\quad\hookrightarrow\ \sin^2 t+\cos^2 t=1$에서 $1-\sin^2 t=\cos^2 t$

Step 2 점 P의 속력의 최솟값을 구한다.

점 P의 시각 t에서의 속력은

$$\sqrt{\left(\frac{dx}{dt}\right)^2+\left(\frac{dy}{dt}\right)^2}=\sqrt{(2\cos^2 t)^2+\left(\frac{1}{\cos^2 t}\right)^2}=\sqrt{4\cos^4 t+\frac{1}{\cos^4 t}}$$

이때 $\cos^4 t>0$이므로

$$4\cos^4 t+\frac{1}{\cos^4 t}\geq 2\sqrt{4\times 1}=4$$
$\quad\hookrightarrow\ $ 산술평균과 기하평균의 관계를 이용했어.　$\left(\text{단, 등호는 }4\cos^4 t=\dfrac{1}{\cos^4 t}\text{일 때 성립한다.}\right)$

따라서 점 P의 속력의 최솟값은 $\sqrt{4}=2$이다.

115 [정답률 78%]   정답 4

좌표평면 위를 움직이는 점 P의 시각 $t(t \geq 0)$에서의 위치 (x, y)가

$$x = 1 - \cos 4t, \quad y = \frac{1}{4}\sin 4t$$

이다. 점 P의 속력이 최대일 때, 점 P의 가속도의 크기를 구하시오. (3점)

Step 1 점 P의 속력이 최대인 때를 구한다.

$x = 1 - \cos 4t, \ y = \frac{1}{4}\sin 4t$에서

$\dfrac{dx}{dt} = 4\sin 4t, \ \dfrac{dy}{dt} = \cos 4t$이므로

점 P의 속력은

$\sqrt{\left(\dfrac{dx}{dt}\right)^2 + \left(\dfrac{dy}{dt}\right)^2}$

$\sqrt{(4\sin 4t)^2 + (\cos 4t)^2} = \sqrt{16\sin^2 4t + \cos^2 4t}$

$\qquad = \sqrt{16\sin^2 4t + (1 - \sin^2 4t)}$

$\qquad = \sqrt{15\sin^2 4t + 1}$

이므로 점 P는 $\sin^2 4t = 1$일 때 속력이 최대이고,

이때 $\underline{\cos^2 4t = 0}$이다.
$\quad \rightarrow = 1 - \sin^2 4t$

Step 2 점 P의 가속도의 크기를 구한다.

$\dfrac{d^2x}{dt^2} = 16\cos 4t, \ \dfrac{d^2y}{dt^2} = -4\sin 4t$이므로

점 P의 가속도의 크기는 $\rightarrow \sqrt{\left(\dfrac{d^2x}{dt^2}\right)^2 + \left(\dfrac{d^2y}{dt^2}\right)^2}$

$\sqrt{(16\cos 4t)^2 + (-4\sin 4t)^2} = \sqrt{256\cos^2 4t + 16\sin^2 4t}$

따라서 점 P의 속력이 최대일 때, 가속도의 크기는

$\sqrt{256 \times 0 + 16 \times 1} = \sqrt{16} = 4$ $\rightarrow \sin^2 4t = 1, \cos^2 4t = 0$일 때야.

116 [정답률 90%]   정답 ④

좌표평면 위를 움직이는 점 P의 시각 $t(t \geq 0)$에서의 위치 (x, y)가

$$x = 3t - \sin t, \quad y = 4 - \cos t$$

이다. 점 P의 속력의 최댓값을 M, 최솟값을 m이라 할 때, $M + m$의 값은? (3점) $\rightarrow = \sqrt{\left(\dfrac{dx}{dt}\right)^2 + \left(\dfrac{dy}{dt}\right)^2}$

① 3   ② 4   ③ 5
④ 6   ⑤ 7

Step 1 점 P의 시각 $t(t \geq 0)$에서의 속력을 구한다.

점 P의 시각 $t(t \geq 0)$에서의 위치 (x, y)가

$x = 3t - \sin t, \ y = 4 - \cos t$

이므로

$\dfrac{dx}{dt} = 3 - \cos t, \ \dfrac{dy}{dt} = \sin t$

따라서 시각 t에서의 점 P의 속도는

$(3 - \cos t, \ \sin t)$ $\rightarrow \left(\dfrac{dx}{dt}, \dfrac{dy}{dt}\right)$

이므로 점 P의 속력은 $\rightarrow$ 속도의 크기

$\sqrt{(3 - \cos t)^2 + \sin^2 t}$

$= \sqrt{9 - 6\cos t + \cos^2 t + \sin^2 t}$ $\rightarrow$ **암기** $\sin^2 x + \cos^2 x = 1$

$= \sqrt{10 - 6\cos t}$

Step 2 점 P의 속력의 최댓값과 최솟값을 각각 구한다.

$-1 \leq \cos t \leq 1$이므로

점 P의 속력의 최댓값은

$\cos t = -1$일 때 $\rightarrow 10 - 6\cos t$의 값이 최대!

$\sqrt{10 - 6 \times (-1)} = \sqrt{16} = 4$

점 P의 속력의 최솟값은 $\cos t = 1$일 때

$\sqrt{10 - 6 \times 1} = \sqrt{4} = 2$

따라서 $M = 4, \ m = 2$이므로

$M + m = 4 + 2 = 6$

117 [정답률 79%]   정답 ⑤

좌표평면 위를 움직이는 점 P의 시각 $t \ (t > 0)$에서의 위치 (x, y)가

$$x = 2\sqrt{t+1}, \quad y = t - \ln(t+1)$$

이다. 점 P의 속력의 최솟값은? (4점)

① $\dfrac{\sqrt{3}}{8}$ ② $\dfrac{\sqrt{6}}{8}$ ③ $\dfrac{\sqrt{3}}{4}$

④ $\dfrac{\sqrt{6}}{4}$ ⑤ $\dfrac{\sqrt{3}}{2}$

Step 1 $\sqrt{\left(\dfrac{dx}{dt}\right)^2 + \left(\dfrac{dy}{dt}\right)^2}$이 점 P의 속력임을 이용하여 점 P의 속력의 최솟값을 구한다.

$x = 2\sqrt{t+1}, \ y = t - \ln(t+1)$에서

$\dfrac{dx}{dt} = \dfrac{1}{\sqrt{t+1}}, \ \dfrac{dy}{dt} = 1 - \dfrac{1}{t+1}$

시각 $t \ (t > 0)$에서의 점 P의 속력은 $\rightarrow x = 2\sqrt{t+1} = 2(t+1)^{\frac{1}{2}}$에서

$\sqrt{\left(\dfrac{dx}{dt}\right)^2 + \left(\dfrac{dy}{dt}\right)^2}$ $\dfrac{dx}{dt} = 2 \times \dfrac{1}{2} \times (t+1)^{-\frac{1}{2}}$

$\qquad = \dfrac{1}{\sqrt{t+1}}$

$= \sqrt{\left(\dfrac{1}{\sqrt{t+1}}\right)^2 + \left(1 - \dfrac{1}{t+1}\right)^2}$

$= \sqrt{\dfrac{1}{t+1} + 1 - \dfrac{2}{t+1} + \left(\dfrac{1}{t+1}\right)^2}$

$= \sqrt{\left(\dfrac{1}{t+1}\right)^2 - \dfrac{1}{t+1} + 1}$ $\rightarrow \dfrac{1}{t+1} = X$라 하면

$\qquad\qquad\qquad\qquad X^2 - X + 1 = \left(X - \dfrac{1}{2}\right)^2 + \dfrac{3}{4}$이므로

$= \sqrt{\left(\dfrac{1}{t+1} - \dfrac{1}{2}\right)^2 + \dfrac{3}{4}}$ $\qquad \left(\dfrac{1}{t+1} - \dfrac{1}{2}\right)^2 + \dfrac{3}{4}$이 돼.

따라서 $t = 1$일 때 점 P의 속력의 최솟값은

$\sqrt{\dfrac{3}{4}} = \dfrac{\sqrt{3}}{2}$이다. $\rightarrow \dfrac{1}{t+1} = \dfrac{1}{2}$일 때야.

118 [정답률 64%] 정답 ⑤

원점 O를 중심으로 하고 두 점 A$(1, 0)$, B$(0, 1)$을 지나는 사분원이 있다. 그림과 같이 점 P는 점 A에서 출발하여 호 AB를 따라 점 B를 향하여 매초 1의 일정한 속력으로 움직인다. 선분 OP와 선분 AB가 만나는 점을 Q라 하자.

점 P의 x좌표가 $\frac{4}{5}$인 순간 점 Q의 속도는 (a, b)이다. $b-a$의 값은? (4점)

→ 먼저 점 Q의 좌표를 알아야 속도를 구할 수 있어.

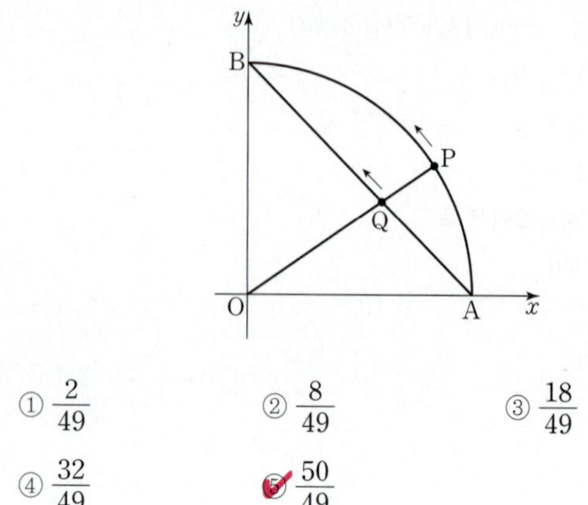

① $\frac{2}{49}$ ② $\frac{8}{49}$ ③ $\frac{18}{49}$

④ $\frac{32}{49}$ ⑤ $\frac{50}{49}$

Step 1 시각 t에서의 점 Q의 좌표를 구한다.

점 P는 매초 1의 일정한 속력으로 움직이므로 t초 후 호 AP의 길이는 t이다.
(호의 길이) = (반지름의 길이) × (중심각의 크기)를 이용하여 구해.
이때 사분원의 반지름의 길이가 1이므로 호 AP에 대한 중심각의 크기는 t이다.
따라서 점 P의 좌표는 P$(\cos t, \sin t)$,
직선 OP의 방정식은 $y=(\tan t)x$이고
x축의 양의 방향과 이루는 각의 크기가 t인 직선의 기울기
점 Q는 직선 OP와 직선 $y=-x+1$의 교점이므로
$(\tan t)x=-x+1$에서

$$x=\frac{1}{\tan t+1}, \quad y=\frac{\tan t}{\tan t+1}$$

$$\therefore \mathrm{Q}\left(\frac{1}{\tan t+1}, \frac{\tan t}{\tan t+1}\right)$$

Step 2 점 P의 x좌표가 $\frac{4}{5}$일 때의 점 Q의 속도를 구한다.

점 P의 x좌표가 $\frac{4}{5}$일 때의 시각을 t'이라 하면

$$\cos t'=\frac{4}{5} \rightarrow \sec t'=\frac{1}{\cos t'}=\frac{5}{4}$$

$$\therefore \tan t'=\frac{3}{4} \rightarrow \cos t'=\frac{4}{5}$$를 만족하는 직각삼각형을 이용하여 구할 수 있어.

시각 t에서의 점 Q의 속도는

$$\left(-\frac{\sec^2 t}{(\tan t+1)^2}, \frac{\sec^2 t}{(\tan t+1)^2}\right)$$
점 Q의 좌표를 t에 대하여 미분

이므로 t'에서의 점 Q의 속도는

$$\left(-\frac{\left(\frac{5}{4}\right)^2}{\left(\frac{3}{4}+1\right)^2}, \frac{\left(\frac{5}{4}\right)^2}{\left(\frac{3}{4}+1\right)^2}\right), \quad 즉 \left(-\frac{25}{49}, \frac{25}{49}\right)$$

$$\therefore b-a=\frac{25}{49}-\left(-\frac{25}{49}\right)=\frac{50}{49}$$

119 [정답률 24%] 정답 6

좌표평면 위의 반지름의 길이가 1인 원 C와 이 원 위를 움직이는 점 P가 다음 조건을 만족시킨다.

(가) 점 P는 원 C 위를 시계 반대 방향으로 매초 1의 속력으로 움직인다.

(나) 원 C는 x축의 양의 방향으로 매초 10의 속력으로 움직인다.

원 C의 중심이 원점에서 x축의 양의 방향으로 $\left(10\times\frac{3}{4}\pi\right)$만큼, 점 P가 원 C 위에서 시계 반대 방향으로 $\left(1\times\frac{3}{4}\pi\right)$만큼 이동한 때야.

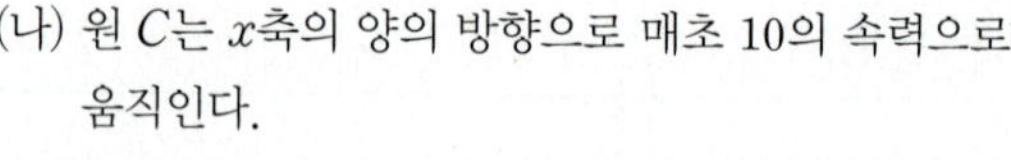
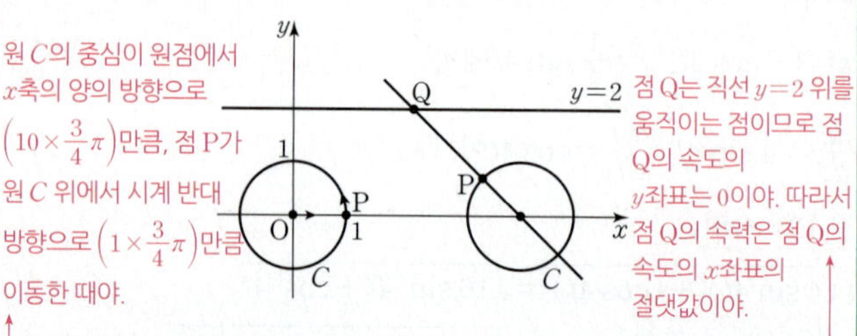

점 Q는 직선 $y=2$ 위를 움직이는 점이므로 점 Q의 속도의 y좌표는 0이야. 따라서 점 Q의 속력은 점 Q의 속도의 x좌표의 절댓값이야.

원 C는 중심이 원점에서, 점 P는 점 $(1, 0)$에서 동시에 출발할 때, 원 C의 중심과 점 P를 지나는 직선이 직선 $y=2$와 만나는 점을 Q라 하자.

출발한 후 $\frac{3}{4}\pi$초가 되는 순간, 점 Q는 직선 $y=2$ 위를 매초 a의 속력으로 움직인다. a의 값을 구하시오. (4점)

Step 1 점 Q의 좌표를 t에 대하여 나타낸다.

t초 후의 점 P의 좌표는 P$(10t+\cos t, \sin t)$이므로 원 C의 중심을 C라 할 때 점 P와 원의 중심 C$(10t, 0)$을 지나는 직선의 방정식은
두 점 (x_1, y_1), (x_2, y_2)를 지나는 직선의 방정식은 $x_1\neq x_2$일 때, $y=\frac{y_2-y_1}{x_2-x_1}(x-x_1)+y_1$, $x_1=x_2$일 때, $x=x_1$

$$y=\frac{\sin t-0}{(10t+\cos t)-10t}(x-10t)$$

$$\therefore y=\tan t(x-10t)$$

위의 직선과 직선 $y=2$가 만나는 점이 Q이므로 점 Q의 x좌표는
$2=\tan t(x-10t)$에서
$\frac{2}{\tan t}=x-10t$이므로 $x=10t+\frac{2}{\tan t}$
$$x=10t+2\cot t$$

Step 2 미분을 이용하여 속력을 구한다.

$$\therefore \frac{dx}{dt}=10-2\csc^2 t \rightarrow \frac{d}{dt}(\cot t)=-\csc^2 t$$

따라서 $t=\frac{3}{4}\pi$일 때, $\frac{dx}{dt}=10-2\times(\sqrt{2})^2=6$이므로

$$a=6$$

120 [정답률 74%] 정답 ①

함수 $f(x)=e^{3x}-ax$ (a는 상수)와 상수 k에 대하여 함수

$$g(x)=\begin{cases} f(x) & (x\geq k) \\ -f(x) & (x<k) \end{cases}$$

가 실수 전체의 집합에서 연속이고 역함수를 가질 때, $a\times k$의 값은? (3점)

① e ② $e^{\frac{3}{2}}$ ③ e^2

④ $e^{\frac{5}{2}}$ ⑤ e^3

Step 1 함수 $g(x)$가 역함수를 가질 조건을 파악한다.

$f(x)=e^{3x}-ax$에서 $f'(x)=3e^{3x}-a$

$g(x)=\begin{cases} f(x) & (x\geq k) \\ -f(x) & (x<k) \end{cases}$ 에서 $g'(x)=\begin{cases} f'(x) & (x>k) \\ -f'(x) & (x<k) \end{cases}$

함수 $g(x)$가 실수 전체의 집합에서 연속이고 역함수를 가지려면
$g(x)$는 일대일대응이어야 한다.

즉, 함수 $g(x)$는 증가함수이거나 감소함수이다.
$\qquad\qquad\qquad\quad \rightarrow g'(x)\geq 0 \qquad\qquad\rightarrow g'(x)\leq 0$

Step 2 a의 값의 범위를 나누어 조건을 만족시키는 경우를 찾는다.

(i) $a\leq 0$일 때,

$g'(x)=\begin{cases} 3e^{3x}-a & (x>k) \\ -3e^{3x}+a & (x<k) \end{cases}$ 의 그래프의 개형은 다음과 같다.

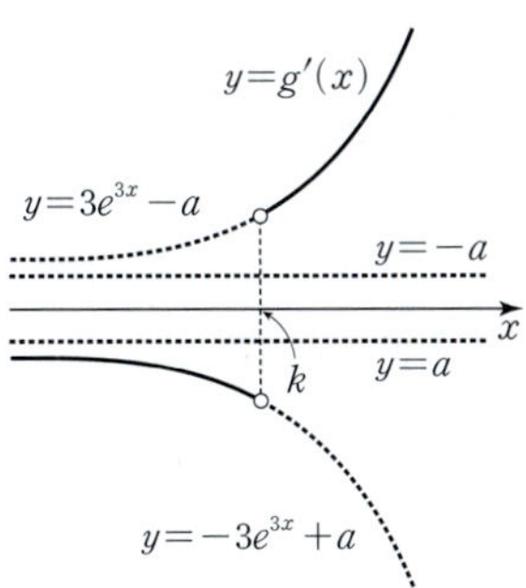

$x<k$에서 $g'(x)<0$, $x>k$에서 $g'(x)>0$이므로 $g(x)$는
역함수를 갖지 않는다.

(ii) $a>0$일 때, $\quad\rightarrow$ 함수 $g(x)$는 $x<k$에서 감소하고, $x>k$에서 증가한다.

주어진 조건을 만족시키려면 $g'(x)=\begin{cases} 3e^{3x}-a & (x>k) \\ -3e^{3x}+a & (x<k) \end{cases}$ 의

그래프의 개형은 다음과 같아야 한다.

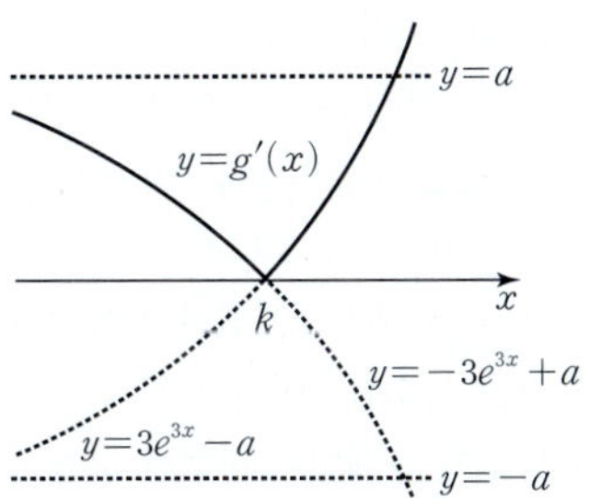

$f'(k)=0$이므로 $3e^{3k}-a=0$

$e^{3k}=\dfrac{a}{3}$ $\quad\therefore k=\dfrac{1}{3}\ln\dfrac{a}{3}$ $\quad\cdots\cdots$ ㉠

함수 $g(x)$가 $x=k$에서 연속이므로

$f(k)=-f(k)$ $\quad\therefore f(k)=0$

㉠에서 $f(k)=e^{3k}-ak=\dfrac{a}{3}-\dfrac{a}{3}\ln\dfrac{a}{3}=0$
$\qquad\qquad\qquad\qquad\rightarrow =a\times\dfrac{1}{3}\ln\dfrac{a}{3} \quad \rightarrow =\dfrac{a}{3}$

$\ln\dfrac{a}{3}=1$ $\quad\therefore a=3e$

이를 ㉠에 대입하면 $k=\dfrac{1}{3}$

따라서 (i), (ii)에 의하여 $a=3e$, $k=\dfrac{1}{3}$이므로 $a\times k=3e\times\dfrac{1}{3}=e$

---

121 [정답률 76%]   정답 ⑥

두 함수 $f(x)=\ln x$, $g(x)=\ln\dfrac{1}{x}$의 그래프가 만나는 점을
P라 할 때 [보기]에서 옳은 것만을 있는 대로 고른 것은? (4점)

[보기]

ㄱ. 점 P의 좌표는 $(1,\ 0)$이다. $\rightarrow \ln x=\ln\dfrac{1}{x}$로 놓고 풀어.

ㄴ. 두 곡선 $y=f(x)$, $y=g(x)$ 위의 점 P에서의 각각의
접선은 서로 수직이다.

ㄷ. $t>1$일 때, $-1<\dfrac{f(t)g(t)}{(t-1)^2}<0$이다.

① ㄱ   ② ㄷ   ③ ㄱ, ㄴ
④ ㄴ, ㄷ   ⑥ ㄱ, ㄴ, ㄷ

Step 1 점 P의 좌표를 구한다. $\quad\rightarrow x=\dfrac{1}{x},\ x^2=1 \ \therefore x=\pm 1$

ㄱ. 점 P는 두 함수 $f(x)=\ln x$, $g(x)=\ln\dfrac{1}{x}$의 그래프의 교점이

므로 $\ln x=\ln\dfrac{1}{x}$에서 $x=1$ $\rightarrow x$는 로그의 진수이므로 $x>0$이야.

그러므로 점 P의 좌표는 $(1,\ 0)$이다. (참) $\rightarrow f(x)=\ln x$에 $x=1$ 대입

Step 2 두 곡선 $y=f(x)$, $y=g(x)$ 위의 점 P에서의 접선의 기울기를
각각 구한다.

ㄴ. 곡선 $y=f(x)$ 위의 점 $P(1,\ 0)$에서의 접선의 기울기는

$f'(x)=\dfrac{1}{x}$에서 $f'(1)=1$ $\quad y=\ln x\ (x>0)$의 도함수는 $y'=\dfrac{1}{x}$

곡선 $y=g(x)$ 위의 점 $P(1,\ 0)$에서의 접선의 기울기는

$g'(x)=-\dfrac{1}{x}$에서 $g'(1)=-1$

$\therefore f'(1)\times g'(1)=1\times(-1)=-1$ $\quad\rightarrow$ 두 직선의 기울기의 곱이
$\qquad\qquad\qquad\qquad\qquad\qquad\qquad\qquad -1$이면 두 직선은 수직이야.

그러므로 두 곡선 $y=f(x)$, $y=g(x)$ 위의 점 P에서의 각각의
접선은 서로 수직이다. (참)

Step 3 $t>1$에서 함수 $f(t)$는 증가, 함수 $g(t)$는 감소함을 이용한다.
$\qquad\qquad\rightarrow \therefore f(t)-f(1)>0$

ㄷ. $t>1$에서 함수 $f(t)$는 증가하고, $f'(t)=\dfrac{1}{t}$에서

$f'(1)=1$이므로

$t>1$인 t에 대하여 $0<\dfrac{f(t)-f(1)}{t-1}<1$
$\qquad\rightarrow \therefore g(t)-g(1)<0$

$t>1$에서 함수 $g(t)$는 감소하고, $g'(t)=-\dfrac{1}{t}$에서

$g'(1)=-1$이므로

$t>1$인 t에 대하여 $-1<\dfrac{g(t)-g(1)}{t-1}<0$

따라서 $-1<\dfrac{f(t)-f(1)}{t-1}\times\dfrac{g(t)-g(1)}{t-1}<0$

$-1<\dfrac{f(t)g(t)}{(t-1)^2}<0$ ($\because f(1)=g(1)=0$) (참)

그러므로 옳은 것은 ㄱ, ㄴ, ㄷ이다.

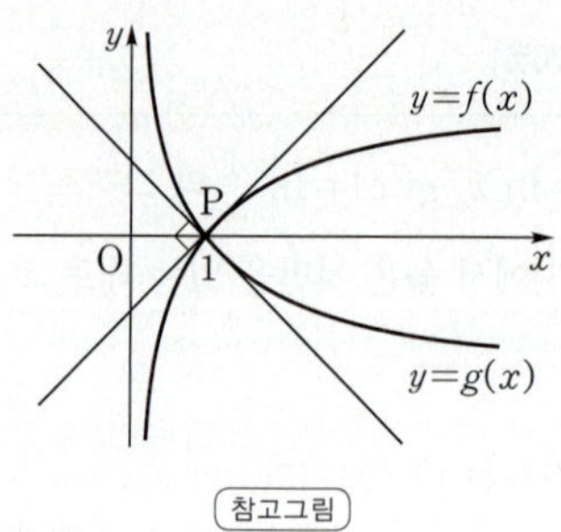

참고그림

알아야 할 기본개념

곡선의 오목, 볼록의 판정

곡선 $y=f(x)$가 어떤 구간에서 항상

① $f''(x)>0$이면 곡선 $y=f(x)$는 그 구간에서 아래로 볼록하다.

② $f''(x)<0$이면 곡선 $y=f(x)$는 그 구간에서 위로 볼록하다.

122 [정답률 65%] 정답 ⑤

함수 $f(x)=x+\sin x$에 대하여 함수 $g(x)$를
$$g(x)=(f\circ f)(x)$$
로 정의할 때, [보기]에서 옳은 것을 모두 고른 것은? (3점)

[보기]

→ 곡선의 오목과 볼록을 판별하기 위해서는
함수 $f(x)$의 이계도함수 $f''(x)$를 구해야 해.

ㄱ. 함수 $f(x)$의 그래프는 열린구간 $(0, \pi)$에서 위로 볼록하다.

ㄴ. 함수 $g(x)$는 열린구간 $(0, \pi)$에서 증가한다.

ㄷ. $g'(x)=1$인 실수 x가 열린구간 $(0, \pi)$에 존재한다.

① ㄱ ② ㄷ ③ ㄱ, ㄴ
④ ㄴ, ㄷ ⑤ ㄱ, ㄴ, ㄷ

함수 $g(x)$가 어떤 열린구간에서 미분가능하고, 이 구간의 모든 x에 대하여
① $g'(x)>0$이면 $g(x)$는 이 구간에서 증가한다.
② $g'(x)<0$이면 $g(x)$는 이 구간에서 감소한다.

Step 1 $f'(x)$, $f''(x)$를 구한다.

$f(x)=x+\sin x$에서

$f'(x)=1+\cos x$, $f''(x)=-\sin x$

ㄱ. 열린구간 $(0, \pi)$에서 $f''(x)=-\sin x<0$이므로
함수 $f(x)$의 그래프는 위로 볼록하다. (참)

ㄴ. $g(x)=(f\circ f)(x)=f(f(x))$에서

$g'(x)=f'(f(x))\cdot f'(x)$ → $f(x)=x+\sin x$, $f'(x)=1+\cos x$ 대입
$\quad=\{1+\cos(x+\sin x)\}(1+\cos x)$

이때 열린구간 $(0, \pi)$에서 $1+\cos(x+\sin x)>0$,

$0<1+\cos x<2$ $(\because -1<\cos x<1)$이므로

$g'(x)>0$ → 각 변에 1을 더해.

따라서 함수 $g(x)$는 열린구간 $(0, \pi)$에서 증가한다. (참)

ㄷ. $g(0)=f(f(0))=f(0)=0$ → $f(0)=0+\sin 0=0$

$g(\pi)=f(f(\pi))=f(\pi)=\pi$ → $f(\pi)=\pi+\sin \pi=\pi+0=\pi$

열린구간 $(0, \pi)$에서 $g(x)$의 평균변화율은

$\dfrac{g(\pi)-g(0)}{\pi-0}=\dfrac{\pi-0}{\pi-0}=1$ → 함수 $g(x)$ 위의 두 점 $(0, g(0))$, $(\pi, g(\pi))$를 지나는 직선의 기울기와 같아.

함수 $g(x)$는 열린구간 $(0, \pi)$에서 미분가능하므로 평균값 정리에 의하여 $g'(x)=1$인 x가 열린구간 $(0, \pi)$에 적어도 하나 존재한다. (참)

그러므로 옳은 것은 ㄱ, ㄴ, ㄷ이다.

함수 $f(x)$가 닫힌구간 $[a, b]$에서 연속이고
열린구간 (a, b)에서 미분가능할 때,
$\dfrac{f(b)-f(a)}{b-a}=f'(c)$인 c가
열린구간 (a, b)에 적어도 하나 존재한다.

123 [정답률 28%] 정답 ⑤

→ 실수 전체의 집합에서 함수 $f(x)$가 미분가능, $f'(x)$도 미분가능

실수 전체의 집합에서 이계도함수를 갖는 함수 $f(x)$에 대하여 점 $A(a, f(a))$를 곡선 $y=f(x)$의 변곡점이라 하고, 곡선 $y=f(x)$ 위의 점 A에서의 접선의 방정식을 $y=g(x)$라 하자. 직선 $y=g(x)$가 함수 $f(x)$의 그래프와 점 $B(b, f(b))$에서 접할 때, 함수 $h(x)$를 $h(x)=f(x)-g(x)$라 하자. [보기]에서 항상 옳은 것을 모두 고른 것은? (단, $a\neq b$이다.) (4점)

→ $x=a, x=b$에서 곡선 $y=f(x)$와 직선 $y=g(x)$의 접선의 기울기와 함숫값이 같아.

→ $f''(a)=0$이고 $x=a$의 좌우에서 $f''(x)$의 부호가 바뀔거야!

[보기]

ㄱ. $h'(b)=0$

ㄴ. 방정식 $h'(x)=0$은 3개 이상의 실근을 갖는다.

ㄷ. 점 $(a, h(a))$는 곡선 $y=h(x)$의 변곡점이다.

① ㄱ ② ㄴ ③ ㄱ, ㄴ
④ ㄱ, ㄷ ⑤ ㄱ, ㄴ, ㄷ

→ 직접적으로 함수식이 주어지지 않았으니, 함수와 도함수의 성질만을 가지고 문제를 풀어야 해!

Step 1 주어진 조건을 활용하여 [보기]의 참, 거짓을 판별한다.

직선 $y=g(x)$가 곡선 $y=f(x)$와 두 점 $A(a, f(a))$, $B(b, f(b))$에서 모두 접하므로 → 두 그래프가 접한다. → 교점(접점)이 있다.

$f(a)=g(a)$, $f(b)=g(b)$ → 두 그래프가 접한다. → 접선의 기울기가 같다.

$f'(a)=g'(a)$, $f'(b)=g'(b)$가 성립하고 함수 $y=g(x)$의 그래프는 직선이므로 $g'(x)$는 상수함수이다. 즉, 함수 $g(x)$는 일차함수야.

따라서 $g'(x)$는 x의 값에 관계없이 일정한 값을 갖는다.

$\therefore f'(a)=f'(b)=g'(a)=g'(b)$ $\quad\cdots\cdots$ ㉠ → $g'(a)=g'(b)$이므로

ㄱ. $h(x)=f(x)-g(x)$이므로 $h'(x)=f'(x)-g'(x)$
$h'(b)=f'(b)-g'(b)=0$ $(\because ㉠)$ (참) → $f'(b)=g'(b)$이므로

ㄴ. $f'(a)=g'(a)$, $f'(b)=g'(b)$이므로 방정식 $h'(x)=0$은 $x=a$ 또는 $x=b$를 근으로 갖는다. → $h'(a)=f'(a)-g'(a)=0$, $h'(b)=f'(b)-g'(b)=0$

이때 실수 전체의 집합에서 함수 $h(x)$는 미분가능하고, $h(a)=h(b)=0$이므로 롤의 정리에 의해 $h'(c)=0$을 만족하는 실수 c가 열린구간 (a, b)에서 적어도 하나 존재한다. → 두 함수 $f(x), g(x)$가 모두 미분가능해.

따라서 $h'(a)=h'(b)=h'(c)=0$이므로 방정식 $h'(x)=0$은 적어도 3개의 실근을 갖는다. (참)

→ $x=a$ 또는 $x=b$ 또는 $x=c$

→ $h(a)=f(a)-g(a)=0$, $h(b)=f(b)-g(b)=0$

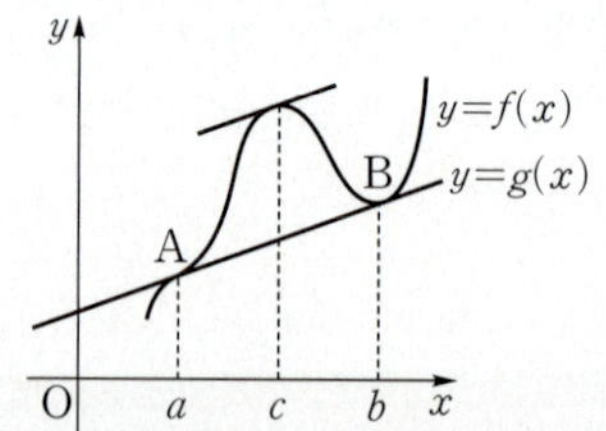

ㄷ. $h''(x)=f''(x)-g''(x)$이고, 함수 $y=g(x)$의 그래프가

직선이므로 $g''(x)=0$

$\therefore h''(x)=f''(x)$

점 $A(a,\ f(a))$가 곡선 $y=f(x)$의 변곡점이므로 $f''(a)=0$이고 $f''(x)$는 $x=a$의 좌우에서 부호가 반대로 바뀐다.

따라서 $h''(x)$ 역시 $h''(a)=0$이고 $x=a$의 좌우에서 부호가 반대로 바뀌므로 점 $(a,\ h(a))$는 곡선 $y=h(x)$의 변곡점이다.

(참) → $g''(x)=0$이므로 $h''(x)$의 부호에 영향을 끼치지 않아.

따라서 옳은 것은 ㄱ, ㄴ, ㄷ이다.

💡 알아야 할 기본개념

롤의 정리

함수 $f(x)$가 닫힌구간 $[a,\ b]$에서 연속이고 열린구간 $(a,\ b)$에서 미분가능할 때, $f(a)=f(b)$이면 $f'(c)=0$인 c가 열린구간 $(a,\ b)$에 적어도 하나 존재한다.

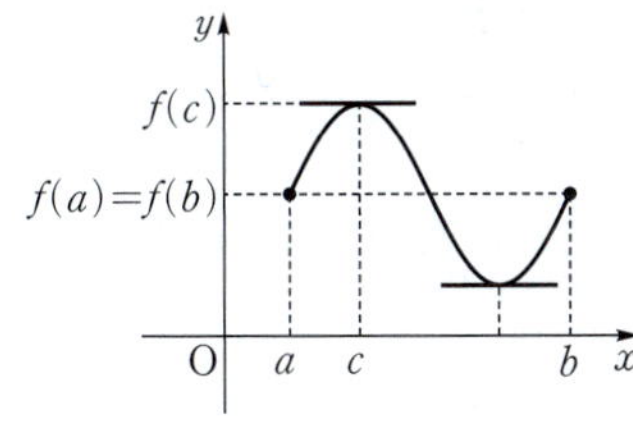

수능포인트

함수 $f(x)$의 변곡점 및 또 다른 한 점에 동시에 접하는 식선에 대한 문제입니다. 우선은 흔히 변곡점을 위로 볼록하고 아래로 볼록하다고 해서 삼차함수의 그래프의 대칭되는 점을 변곡점이라 생각하고 그림을 그리게 되면 이 문제의 조건을 만족하는 그래프를 얻지 못합니다. 변곡점의 정의는 맞지만 극단적으로 위로 볼록과 아래로 볼록이 아주 낮은 기울기로 일어나게 되면 거의 납작해져서 이 함수의 또 다른 점과 접할 수 있는 경우도 있습니다. 또한 $h(x)=f(x)-g(x)$에서 직선의 방정식인 $g(x)$ 부분의 경우는 한 번 미분하면 상수이고 두 번 이상 미분하면 사라집니다. 즉, 곡선 $y=h(x)$의 개형에는 아무런 영향을 미치지 못한다는 것입니다. 또한 도함수에서도 단지 상수를 빼는 것이 되어 도함수의 그래프의 평행이동 정도로 기여를 하게 됩니다. 따라서 ㄷ 선택지에서 아무리 $f(x)$에서 $g(x)$를 뺐다고 하더라도 변곡점은 바뀌지 않습니다.

→ 예를 들어 $g(x)=2x+1$이라면 $g'(x)=2,\ g''(x)=0$

---

124 [정답률 62%]   정답 ⑤

점 $\left(-\dfrac{\pi}{2},\ 0\right)$에서 곡선 $y=\sin x\ (x>0)$에 접선을 그어 **접점의 x좌표를 작은 수부터 크기순으로 모두 나열할 때,** n번째 수를 a_n이라 하자. 모든 자연수 n에 대하여 [보기]에서 옳은 것만을 있는 대로 고른 것은? (4점)

[보기]

ㄱ. $\tan a_n = a_n + \dfrac{\pi}{2}$

ㄴ. $\tan a_{n+2} - \tan a_n > 2\pi$

ㄷ. $a_{n+1} + a_{n+2} > a_n + a_{n+3}$

접점 $(a_n,\ \sin a_n)$에서 그은 접선이 점 $\left(-\dfrac{\pi}{2},\ 0\right)$을 지나.

① ㄱ　　② ㄱ, ㄴ　　③ ㄱ, ㄷ

④ ㄴ, ㄷ　　⑤ ㄱ, ㄴ, ㄷ

Step 1 점 $(a_n,\ \sin a_n)$에서 그은 접선이 점 $\left(-\dfrac{\pi}{2},\ 0\right)$을 지남을 이용하여 ㄱ의 참, 거짓을 판별한다.

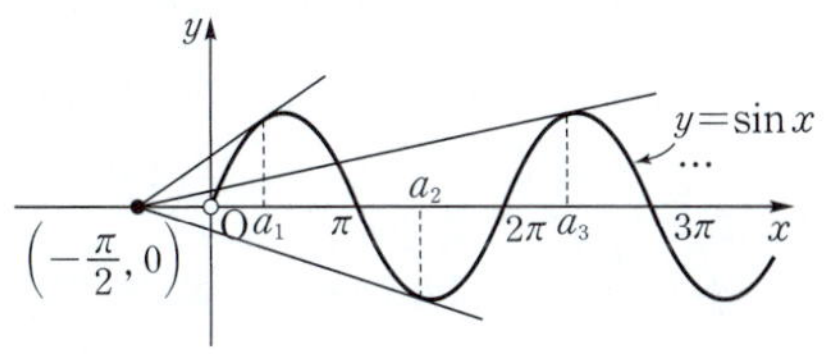

ㄱ. 위 그림과 같이 점 $\left(-\dfrac{\pi}{2},\ 0\right)$에서 곡선 $y=\sin x\ (x>0)$에 접선을 그었을 때, 접점의 x좌표가 $a_1,\ a_2,\ a_3,\ \cdots$이므로 점 $(a_n,\ \sin a_n)$에서 그은 접선이 점 $\left(-\dfrac{\pi}{2},\ 0\right)$을 지나야 한다.

점 $(a_n,\ \sin a_n)$에서 그은 접선의 방정식은 → 주어진 조건을 역으로 생각한 거야.

$y - \sin a_n = \cos a_n (x - a_n)$

이 접선이 점 $\left(-\dfrac{\pi}{2},\ 0\right)$을 지나므로 → $y=\sin x$에서 $y'=\cos x$이므로 $x=a_n$에서의 접선의 기울기는 $\cos a_n$이야.

$-\sin a_n = \cos a_n \left(-\dfrac{\pi}{2} - a_n\right)$ → 접선의 방정식에 $x=-\dfrac{\pi}{2},\ y=0$ 대입

$-\dfrac{\sin a_n}{\cos a_n} = -\dfrac{\pi}{2} - a_n,\quad -\tan a_n = -\dfrac{\pi}{2} - a_n$

$\therefore \tan a_n = a_n + \dfrac{\pi}{2}$ (참) → 위 식의 양변을 $\cos a_n$으로 나누어 주었어.

Step 2 두 함수 $y=\tan x,\ y=x+\dfrac{\pi}{2}$의 그래프를 이용하여 ㄴ의 참, 거짓을 판별한다.

ㄱ에서 방정식 $\tan x = x + \dfrac{\pi}{2}$의 해가 a_n이므로

다음과 같이 두 함수 $y=\tan x,\ y=x+\dfrac{\pi}{2}$의 그래프가 만나는 점의 x좌표를 작은 수부터 순서대로 $a_1,\ a_2,\ a_3,\ \cdots$이라 놓을 수 있다.

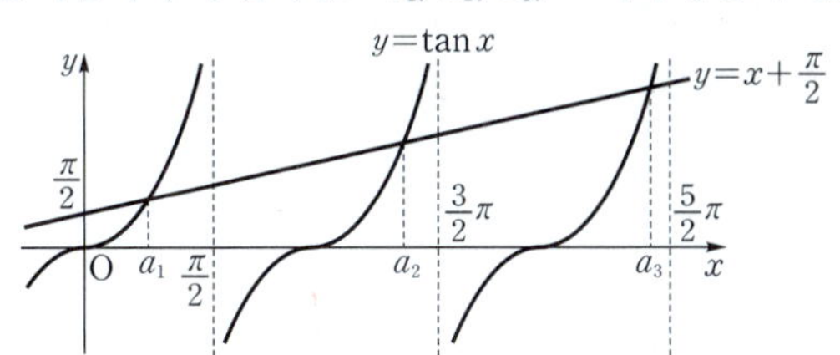

ㄴ. 다음 그림과 같이 $y=\tan x$의 주기가 π임을 이용하면 $a_n + 2\pi < a_{n+2}$임을 알 수 있다.

→ $a_n + \pi < a_{n+1}$
$a_n + 2\pi < a_{n+2}$
⋮

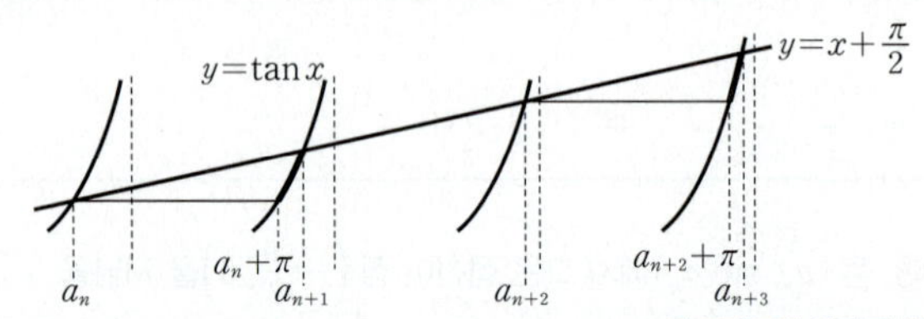

이때 ㄱ에서 $a_n=\tan a_n-\dfrac{\pi}{2}$, $a_{n+2}=\tan a_{n+2}-\dfrac{\pi}{2}$이므로

$\left(\tan a_n-\dfrac{\pi}{2}\right)+2\pi<\tan a_{n+2}-\dfrac{\pi}{2}$

→ ㄱ의 내용에 a_n 대신 a_{n+2}를 대입!

$\tan a_n+2\pi<\tan a_{n+2}$

$\therefore \tan a_{n+2}-\tan a_n>2\pi$ (참)

Step 3 $y=\tan x$의 평균변화율을 이용하여 ㄷ의 참, 거짓을 판별한다.

→ $y=\tan x$의 그래프가 아래로 볼록해!

ㄷ. 모든 자연수 n에 대하여 $(n-1)\pi<a_n<\left(n-\dfrac{1}{2}\right)\pi$이므로

위 그림과 같이 $x=a_n+\pi$에서 $x=a_{n+1}$까지의 $\tan x$의 평균변화율보다 $x=a_{n+2}+\pi$에서 $x=a_{n+3}$까지의 $\tan x$의 평균변화율이 더 큼을 알 수 있다.

→ 두 점 $(a_n+\pi,\tan(a_n+\pi))$, $(a_{n+1},\tan a_{n+1})$을 이은 직선의 기울기

따라서

$\dfrac{\tan a_{n+1}-\tan(a_n+\pi)}{a_{n+1}-(a_n+\pi)}<\dfrac{\tan a_{n+3}-\tan(a_{n+2}+\pi)}{a_{n+3}-(a_{n+2}+\pi)}$

→ $=\tan a_n$, $=\tan a_{n+2}$

에서

$\dfrac{a_{n+1}+\dfrac{\pi}{2}-\left(a_n+\dfrac{\pi}{2}\right)}{a_{n+1}-a_n-\pi}<\dfrac{a_{n+3}+\dfrac{\pi}{2}-\left(a_{n+2}+\dfrac{\pi}{2}\right)}{a_{n+3}-a_{n+2}-\pi}$

→ ㄱ의 내용을 이용하여 정리해주었어.

$\dfrac{a_{n+1}-a_n}{a_{n+1}-a_n-\pi}<\dfrac{a_{n+3}-a_{n+2}}{a_{n+3}-a_{n+2}-\pi}$

$1+\dfrac{\pi}{a_{n+1}-a_n-\pi}<1+\dfrac{\pi}{a_{n+3}-a_{n+2}-\pi}$

$\therefore \dfrac{\pi}{a_{n+1}-a_n-\pi}<\dfrac{\pi}{a_{n+3}-a_{n+2}-\pi}$

양변에 역수를 취하면

→ 부등호 방향이 바뀜에 주의!

$\dfrac{a_{n+1}-a_n-\pi}{\pi}>\dfrac{a_{n+3}-a_{n+2}-\pi}{\pi}$

→ 양변에 π를 곱해주었어.

$a_{n+1}-a_n-\pi>a_{n+3}-a_{n+2}-\pi$

$a_{n+1}-a_n>a_{n+3}-a_{n+2}$

$\therefore a_{n+1}+a_{n+2}>a_n+a_{n+3}$ (참)

그러므로 옳은 것은 ㄱ, ㄴ, ㄷ이다.

---

125 [정답률 72%]

정답 ③

함수 $f(x)=\dfrac{x}{x^2+1}$에 대하여 [보기]에서 옳은 것만을 있는 대로 고른 것은? (4점)

[보기]

ㄱ. $f'(0)=1$

ㄴ. 모든 실수 x에 대하여 $f(x)\geq-\dfrac{1}{2}$이다.

ㄷ. $0<a<b<1$일 때, $\dfrac{f(b)-f(a)}{b-a}>1$이다.

① ㄱ 　　② ㄷ 　　❸ ㄱ, ㄴ

④ ㄴ, ㄷ 　　⑤ ㄱ, ㄴ, ㄷ

Step 1 함수 $f(x)$의 도함수 $f'(x)$를 구하여 ㄱ의 참, 거짓을 판별한다.

ㄱ. 함수 $f(x)=\dfrac{x}{x^2+1}$에서

→ $\left\{\dfrac{f(x)}{g(x)}\right\}'=\dfrac{f'(x)g(x)-f(x)g'(x)}{\{g(x)\}^2}$

$f'(x)=\dfrac{1\times(x^2+1)-x\times 2x}{(x^2+1)^2}=\dfrac{x^2+1-2x^2}{(x^2+1)^2}$

$\qquad=\dfrac{1-x^2}{(x^2+1)^2}$

$\therefore f'(0)=\dfrac{1-0}{(0+1)^2}=1$ (참)

Step 2 함수 $y=f(x)$의 그래프의 개형을 이용하여 ㄴ의 참, 거짓을 판별한다.

ㄴ. $f'(x)=\dfrac{1-x^2}{(x^2+1)^2}=\dfrac{(1+x)(1-x)}{(x^2+1)^2}$에서

$f'(x)=0$을 만족하는 x의 값은 $x=-1$ 또는 $x=1$

따라서 함수 $f(x)$의 증가와 감소를 표로 나타내면 다음과 같다.

x	$\cdots$	-1	$\cdots$	1	$\cdots$
$f'(x)$	$-$	0	$+$	0	$-$
$f(x)$	↘	극소	↗	극대	↘

그러므로 함수 $f(x)$는 $x=-1$에서 극솟값 $f(-1)=-\dfrac{1}{2}$, $x=1$에서 극댓값 $f(1)=\dfrac{1}{2}$을 갖는다.

또, $\displaystyle\lim_{x\to\infty}\dfrac{x}{x^2+1}=0$이고 $x>0$일 때 $f(x)>0$, $f(x)=-f(-x)$이므로 함수 $y=f(x)$의 그래프는 다음 그림과 같다.

→ $-f(-x)=-\dfrac{-x}{(-x)^2+1}=\dfrac{x}{x^2+1}=f(x)$

→ 원점에 대하여 대칭이야.

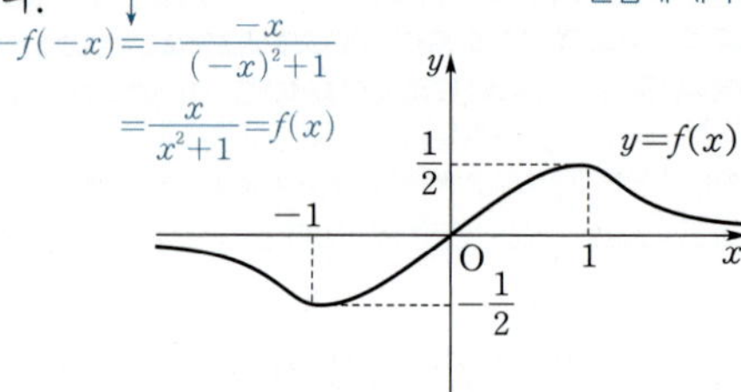

따라서 함수 $f(x)$는 $x=-1$일 때 최솟값 $-\dfrac{1}{2}$을 가지므로 모든 실수 x에 대하여 $f(x)\geq-\dfrac{1}{2}$이다. (참)

Step 3 이계도함수와 평균값 정리를 이용하여 ㄷ의 참, 거짓을 판별한다.

ㄷ. $f'(x)=\dfrac{1-x^2}{(x^2+1)^2}$에서

$$f''(x)=\dfrac{-2x(x^2+1)^2-(1-x^2)\times 2(x^2+1)\times 2x}{(x^2+1)^4}$$

→ 식이 복잡하니까 계산 실수하지 않도록 주의해.

$$=\dfrac{(x^2+1)\{-2x(x^2+1)-4x(1-x^2)\}}{(x^2+1)^4}$$

$$=\dfrac{-2x(x^2+1)-4x(1-x^2)}{(x^2+1)^3}$$

→ 분자, 분모를 각각 x^2+1로 나누어 주었어.

$$=\dfrac{-2x^3-2x-4x+4x^3}{(x^2+1)^3}$$

$$=\dfrac{2x^3-6x}{(x^2+1)^3}$$

$$=\dfrac{2x(x^2-3)}{(x^2+1)^3}$$

$f''(x)=0$을 만족하는 x의 값은 $x=0$ 또는 $x=-\sqrt{3}$ 또는 $x=\sqrt{3}$

따라서 함수 $f'(x)$의 증가와 감소를 표로 나타내면 다음과 같다.

x	$\cdots$	$-\sqrt{3}$	$\cdots$	0	$\cdots$	$\sqrt{3}$	$\cdots$
$f''(x)$		$-$	0	$+$	0	$-$	0	$+$
$f'(x)$		$\searrow$	극소	$\nearrow$	극대	$\searrow$	극소	$\nearrow$

이때 함수 $f'(x)$는 열린구간 $(0, 1)$에서 감소하므로 $0<x<1$인 모든 실수 x에 대하여 $f'(x)<f'(0)=1$ $\cdots\cdots$ ㉠

또, 함수 $f(x)$가 닫힌구간 $[0, 1]$에서 연속이고 열린구간 $(0, 1)$에서 미분가능하므로 평균값 정리에 의하여 $0<a<b<1$인 실수 a, b에 대하여 $\dfrac{f(b)-f(a)}{b-a}=f'(c)$인 c가 열린구간 $(0, 1)$에 적어도 하나 존재한다. $\cdots\cdots$ ㉡

따라서 ㉠, ㉡에서 $0<a<b<1$일 때

$$\dfrac{f(b)-f(a)}{b-a}<f'(0)=1 \text{ (거짓)}$$

그러므로 옳은 것은 ㄱ, ㄴ이다.

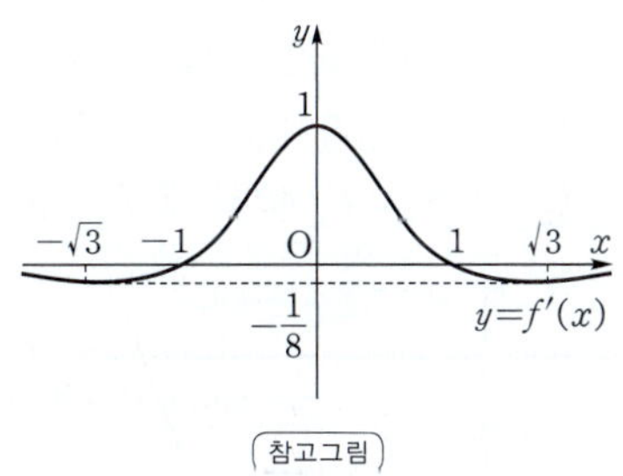

❖ **다른 풀이** 새로운 함수를 이용하는 풀이

Step 1 , **Step 2** 동일

Step 3 함수 $g(x)=f(x)-x$라 하고, ㄷ의 참, 거짓을 판별한다.

ㄷ. $0<a<b<1$일 때 $\dfrac{f(b)-f(a)}{b-a}>1$ $\cdots\cdots$ ㉠

이라 하자. ㉠의 양변에 $b-a$를 곱하면

$f(b)-f(a)>b-a$ → $b-a>0$이므로 부등호 변화 $\times$

$\therefore f(b)-b>f(a)-a$

이때 $g(x)=f(x)-x$라 하면

$g(b)>g(a)$

그러므로 함수 $g(x)$가 열린구간 $(0, 1)$에서 $g'(x)\geq 0$을 만족해야 한다.

→ $g(x)$가 열린구간 $(0, 1)$에서 증가

함수 $g(x)=f(x)-x$에서

$$g'(x)=f'(x)-1=\dfrac{1-x^2}{(x^2+1)^2}-1$$

[반례] $g'\left(\dfrac{1}{2}\right)=f'\left(\dfrac{1}{2}\right)-1=\dfrac{1-\left(\dfrac{1}{2}\right)^2}{\left\{\left(\dfrac{1}{2}\right)^2+1\right\}^2}-1$

$$=\dfrac{\dfrac{3}{4}}{\left(\dfrac{5}{4}\right)^2}-1$$

$$=\dfrac{3}{4}\times\dfrac{16}{25}-1$$

$$=\dfrac{12}{25}-1$$

$$=-\dfrac{13}{25}<0$$

따라서 함수 $f(x)$는 $0<a<b<1$일 때, $\dfrac{f(b)-f(a)}{b-a}>1$을 만족하지 않는다. (거짓)

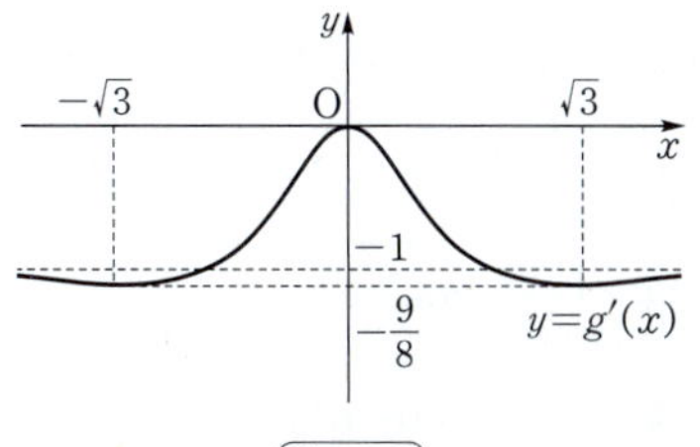

모든 실수 x에 대하여 $g'(x)<0$이므로 $g(x)$는 감소함수이다.

---

126 [정답률 18%] 정답 17

두 상수 a $(1\leq a\leq 2)$, b에 대하여 함수 $f(x)=\sin(ax+b+\sin x)$가 다음 조건을 만족시킨다.

> (가) $f(0)=0$, $f(2\pi)=2\pi a+b$
> (나) $f'(0)=f'(t)$인 양수 t의 최솟값은 4π이다.

함수 $f(x)$가 $x=\alpha$에서 극대인 α의 값 중 열린구간 $(0, 4\pi)$에 속하는 모든 값의 집합을 A라 하자. 집합 A의 원소의 개수를 n, 집합 A의 원소 중 가장 작은 값을 α_1이라 하면, $n\alpha_1-ab=\dfrac{q}{p}\pi$이다. $p+q$의 값을 구하시오.

(단, p와 q는 서로소인 자연수이다.) (4점)

Step 1 조건 (가)를 이용하여 가능한 b의 값을 모두 구한다.

조건 (가)에서 $f(0)=\sin b=0$이므로 $b=k\pi$ (k는 정수)

$f(2\pi)=\sin(2\pi a+b)=2\pi a+b$

$2\pi a+b=0$, $b=-2\pi a$ → $\sin x=x$의 해, 즉 $y=\sin x$의 그래프와 직선 $y=x$가 만날 때는 $x=0$일 때뿐이다.

이때 $1\leq a\leq 2$이므로 $-4\pi\leq b\leq -2\pi$

$\therefore b=-2\pi,\ -3\pi,\ -4\pi$

($a=1$, $a=\dfrac{3}{2}$, $a=2$)

Step 2 조건 (나)를 만족시키는 a, b의 값을 구한다.

(ⅰ) $b=-2\pi$, $a=1$일 때

$f(x)=\sin(x-2\pi+\sin x)$에서

$f'(x)=\cos(x-2\pi+\sin x)\times(1+\cos x)$

$f'(0)=\underline{\cos(-2\pi)}\times(1+\cos 0)=2 \longrightarrow =\cos 2\pi=1$

$f'(2\pi)=\cos 0\times(1+\cos 2\pi)=2$

이때 $f'(0)=f'(2\pi)$이므로 조건 (나)에 모순이다.

(ⅱ) $b=-4\pi$, $a=2$일 때

$f(x)=\sin(2x-4\pi+\sin x)$에서

$f'(x)=\cos(2x-4\pi+\sin x)\times(2+\cos x)$

$f'(0)=\underline{\cos(-4\pi)}\times(2+\cos 0)=3 \longrightarrow =\cos 4\pi=1$

$f'(2\pi)=\cos 0\times(2+\cos 2\pi)=3$

이때 $f'(0)=f'(2\pi)$이므로 조건 (나)에 모순이다.

(ⅲ) $b=-3\pi$, $a=\dfrac{3}{2}$일 때

$f(x)=\sin\left(\dfrac{3}{2}x-3\pi+\sin x\right)$에서

$f'(x)=\cos\left(\dfrac{3}{2}x-3\pi+\sin x\right)\times\left(\dfrac{3}{2}+\cos x\right)$ ······ ㉠

$f'(0)=\underline{\cos(-3\pi)}\times\left(\dfrac{3}{2}+\cos 0\right)=-\dfrac{5}{2} \longrightarrow =\cos 3\pi=-1$

$f'(2\pi)=\cos 0\times\left(\dfrac{3}{2}+\cos 2\pi\right)=\dfrac{5}{2}$

$f'(4\pi)=\cos 3\pi\times\left(\dfrac{3}{2}+\cos 4\pi\right)=-\dfrac{5}{2}$

따라서 조건 (나)를 만족시킨다.

Step 3 $0<x<4\pi$일 때 함수 $f(x)$가 극대가 되는 x의 개수를 구한다.

㉠에서 $g(x)=\dfrac{3}{2}x-3\pi+\sin x$라 하면 $f'(x)=\cos(g(x))g'(x)$

모든 실수 x에 대하여 $\underline{g'(x)>0}$이므로 실수 전체의 집합에서 함수

$g(x)$는 증가한다. $\longrightarrow -1\leq\cos x\leq 1$이므로 $\dfrac{1}{2}\leq\dfrac{3}{2}+\cos x\leq\dfrac{5}{2}$

$0<x<4\pi$일 때 $\underline{-3\pi<g(x)<3\pi}$ 즉, $\dfrac{1}{2}\leq g'(x)\leq\dfrac{5}{2}$

$g'(x)\neq 0$이므로 $f'(x)=0$에서 $\cos(g(x))=0$

$\longrightarrow g(0)=-3\pi$, $g(4\pi)=3\pi$

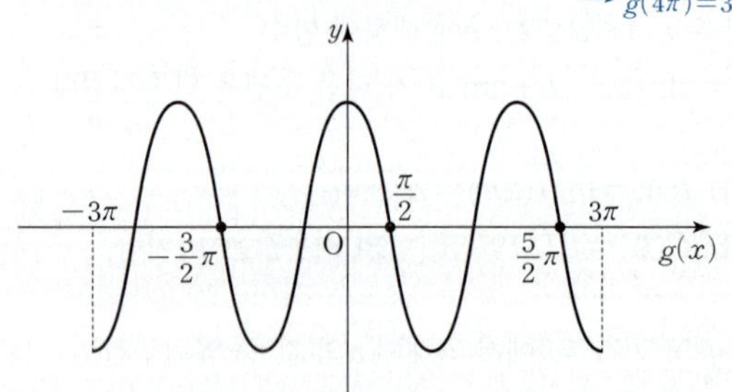

즉, 함수 $f(x)$가 극대가 되는 x의 개수는 3이므로 $n=3$

Step 4 α_1의 값을 구한다.

집합 A의 원소 중 최솟값을 가질 때는 $g(x)=-\dfrac{3}{2}\pi$일 때이다.

$\dfrac{3}{2}x-3\pi+\sin x=-\dfrac{3}{2}\pi$에서

$\longrightarrow$ 함수 $g(x)$는 실수 전체의 집합에서 증가하므로 x의 값이 최소일 때 y의 값도 최소이다.

$\sin x=-\dfrac{3}{2}x+\dfrac{3}{2}\pi$, $\sin x=-\dfrac{3}{2}(x-\pi)$ $\therefore \alpha_1=\pi$

$n\alpha_1-ab=3\times\pi-\dfrac{3}{2}\times(-3\pi)=\dfrac{15}{2}\pi$

$\longrightarrow y=\sin x$의 그래프와 직선 $y=-\dfrac{3}{2}(x-\pi)$가 만날 때는 $x=\pi$일 때뿐이다.

따라서 $p=2$, $q=15$이므로 $p+q=17$

---

127 [정답률 56%] 정답 ④

함수 $f(x)$가
$$f(x)=\begin{cases}(x-a-2)^2 e^x & (x\geq a)\\ e^{2a}(x-a)+4e^a & (x<a)\end{cases}$$
일 때, 실수 t에 대하여 $f(x)=t$를 만족시키는 x의 최솟값을 $g(t)$라 하자. 함수 $g(t)$가 $t=12$에서만 불연속일 때, $\dfrac{g'(f(a+2))}{g'(f(a+6))}$의 값은? (단, a는 상수이다.) (4점)

① $6e^4$ ② $9e^4$ ③ $12e^4$
④ $8e^6$ ⑤ $10e^6$

Step 1 함수 $f(x)$의 그래프를 그려 본다.

$h_1(x)=(x-a-2)^2 e^x$, $h_2(x)=e^{2a}(x-a)+4e^a$이라 하면

$h_1'(x)=2(x-a-2)e^x+(x-a-2)^2 e^x$ $\longrightarrow$ 공통인 $(x-a-2)e^x$으로 묶어준다.

$=\underline{(x-a)(x-a-2)e^x}$ $\longrightarrow$ $x=a$에서 극대, $x=a+2$에서 극소

$h_2'(x)=e^{2a}$이므로 $f'(x)=\begin{cases}(x-a)(x-a-2)e^x & (x>a)\\ e^{2a} & (x<a)\end{cases}$

이때 $\displaystyle\lim_{x\to a-}f(x)=f(a)=4e^a$이므로 함수 $y=f(x)$의 그래프를 그려

보면 다음과 같다. $\longrightarrow (a-a-2)^2 e^a=(-2)^2 e^a=4e^a$

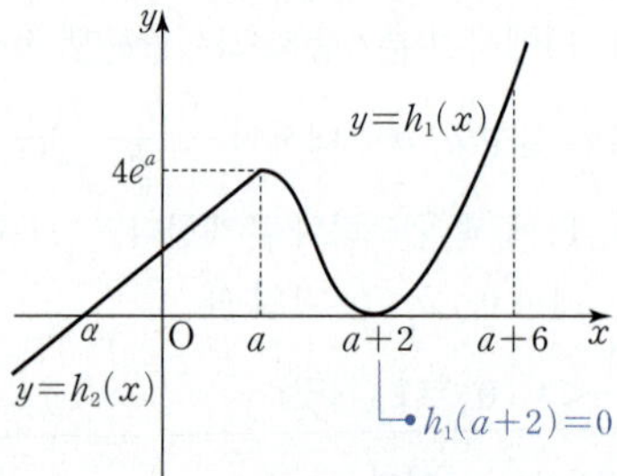

Step 2 함수 $g(t)$가 $t=12$에서만 불연속임을 이용한다.

실수 t에 대하여 $f(x)=t$를 만족시키는 x의 최솟값이 $g(t)$이므로

$t\leq 4e^a$일 때, $h_2(g(t))=t$이고 $t>4e^a$일 때, $h_1(g(t))=t$이다.

$\longrightarrow t\leq 4e^a$에서 두 함수 h_2와 g는 서로 역함수 관계이다. $\longrightarrow t>4e^a$에서 두 함수 h_1과 g는 서로 역함수 관계이다.

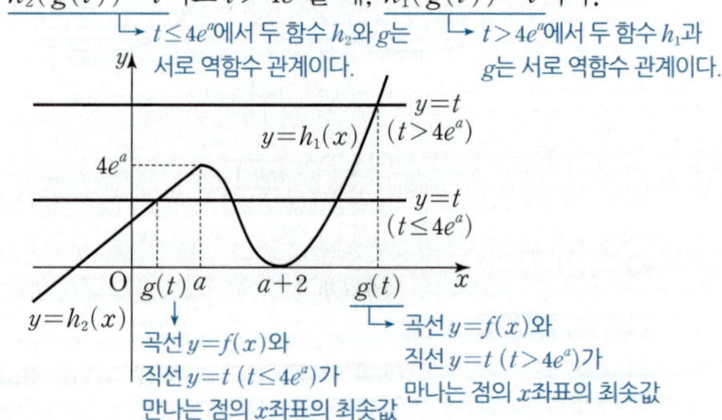

이때 함수 $g(t)$는 $t=4e^a$에서 불연속이므로 $\underline{4e^a=12}$, 즉 $e^a=3$

Step 3 $g'(f(a+2))$와 $g'(f(a+6))$의 값을 구한다.

$\longrightarrow t\leq 4e^a$에서 $g(t)\leq a$이고, $t>4e^a$에서 $g(t)>a+2$이므로 $t=4e^a$에서 함수 $g(t)$는 불연속이다.

(ⅰ) $g'(f(a+2))$ 구하기

$f(a+2)=0$이므로 $f(a+2)<4e^a$

$t\leq 4e^a$에서 $h_2(g(t))=t$이므로 $\underline{h_2'(g(t))g'(t)=1}$ $\longrightarrow$ 합성함수의 미분법

직선 $y=h_2(x)$가 x축과 만나는 점의 x좌표를 α $(\alpha<a)$라 하면

$g(0)=\alpha$이므로 $\longrightarrow$ Step 2에서 구한 식이다.

$\longrightarrow h_2(\alpha)=0$이므로 $g(0)=\alpha$

$$g'(f(a+2)) = \dfrac{1}{h_2'(g(f(a+2)))} = \dfrac{1}{h_2'(g(0))}$$

$$= \dfrac{1}{h_2'(a)} = \dfrac{1}{e^{2a}}$$

(ii) $g'(f(a+6))$ 구하기 → Step 1에서 $h_2'(x)=e^{2a}$

$f(a+6)=16e^{a+6}$이므로 $f(a+6)>4e^a$ → 합성함수의 미분법

$t>4e^a$에서 $h_1(g(t))=t$이므로 $h_1'(g(t))g'(t)=1$
→ Step 2에서 구한 식이다.

$$\therefore g'(f(a+6)) = \dfrac{1}{h_1'(g(f(a+6)))} = \dfrac{1}{h_1'(a+6)}$$

$$= \dfrac{1}{6\times4\times e^{a+6}} = \dfrac{1}{24e^{a+6}}$$

$x>a$에서 $f(x)=h_1(x)$이므로 $g(f(a+6))=g(h_1(a+6))=a+6$

Step 4 $\dfrac{g'(f(a+2))}{g'(f(a+6))}$의 값을 구한다.

$$\dfrac{g'(f(a+2))}{g'(f(a+6))} = \dfrac{\frac{1}{e^{2a}}}{\frac{1}{24e^{a+6}}} = \dfrac{24e^{a+6}}{e^{2a}} = \dfrac{24e^6}{e^a} = \dfrac{24e^6}{3} = 8e^6$$

$e^a=3$

128 [정답률 32%]　　　　　　　　　　정답 ②

실수 a에 대하여 함수 $f(x)$가

$$f(x)=\begin{cases} \dfrac{\ln(-x)}{x} & (x<0) \\ -x^2+2x+a & (x\geq0) \end{cases}$$

이다. 실수 $t\,(0<t<2)$에 대하여 $f'(x)=t$를 만족시키는 음수 x의 값을 $g(t)$라 하고, 함수 $f(x)$가 다음 조건을 만족시키도록 하는 a의 값을 $h(t)$라 하자.　$f'(g(t))=t$　$a=h(t)$

> $k\geq a$인 모든 실수 k에 대하여 함수 $y=f(x)$의 그래프와 직선 $y=tx+k$가 만나는 서로 다른 점의 개수는 2이다.

$g(1)+h'(1)$의 값은? $\left(\text{단, } \lim\limits_{x\to\infty}\dfrac{\ln x}{x}=0\right)$ (4점)

① $\dfrac{1}{3}$　　　② $\dfrac{1}{2}$　　　③ $\dfrac{2}{3}$

④ $\dfrac{5}{6}$　　　⑤ 1

Step 1 함수 $y=f(x)$의 그래프의 개형을 좌표평면 위에 나타낸다.

$$f(x)=\begin{cases} \dfrac{\ln(-x)}{x} & (x<0) \\ -x^2+2x+a & (x\geq0) \end{cases}$$에서

$$f'(x)=\begin{cases} \dfrac{1-\ln(-x)}{x^2} & (x<0) \\ -2x+2 & (x>0) \end{cases}$$

→ $\dfrac{1-\ln(-x)}{x^2}=0$에서 $\ln(-x)=1,\ -x=e$　$\therefore x=-e$

$$f''(x)=\begin{cases} \dfrac{-3+2\ln(-x)}{x^3} & (x<0) \\ -2 & (x>0) \end{cases}$$

→ $\dfrac{-3+2\ln(-x)}{x^3}=0$에서 $-3+2\ln(-x)=0$ $\ln(-x)=\dfrac{3}{2},\ -x=e^{\frac{3}{2}}$

$$\lim_{x\to-\infty}\dfrac{\ln(-x)}{x} = \lim_{x\to\infty}\dfrac{\ln x}{-x} = 0$$

$\therefore x=-e^{\frac{3}{2}}$

$$\lim_{x\to0^-}\dfrac{\ln(-x)}{x}=\infty$$

$x<0$에서 함수 $f(x)$의 증가와 감소를 표로 나타내면 다음과 같다.

x	$\cdots$	$-e^{\frac{3}{2}}$	$\cdots$	$-e$	$\cdots$	(0)
$f'(x)$	$-$	$-$	$-$	0	$+$	
$f''(x)$	$-$	0	$+$	$+$	$+$	
$f(x)$	↘	변곡점	↘	극소	↗	

$0<t<2$인 t에 대하여 곡선 $y=\dfrac{\ln(-x)}{x}$와 직선 $y=tx+k$가 접할 때의 k의 값을 p라 하자.

$x<0$에서 곡선 $y=\dfrac{\ln(-x)}{x}$와 직선 $y=tx+k$가 만나는 서로

다른 점의 개수는 $\begin{cases} 0 & (k<p) \\ 1 & (k=p) \\ 2 & (k>p) \end{cases}$

→ 이차함수의 그래프의 대칭축은 직선 $x=1$　$-2\times0+2=2$

$y=-x^2+2x+a=-(x-1)^2+a+1$에서 $y'=-2x+2$

곡선 $y=-x^2+2x+a$ 위의 점 $(0,\,a)$에서의 접선의 기울기는 2이므로 $k\geq a$인 모든 실수 k에 대하여 함수 $y=f(x)$의 그래프와 직선 $y=tx+k$가 만나는 서로 다른 점의 개수가 2이려면 $x\geq0$에서 곡선 $y=-x^2+2x+a$와 직선 $y=tx+k$가 만나는 서로 다른 점의

개수가 $\begin{cases} 2 & (a\leq k<p) \\ 1 & (k=p) \\ 0 & (k>p) \end{cases}$ 이어야 한다. 즉, 직선 $y=tx+p$가

두 곡선 $y=\dfrac{\ln(\ \ x)}{x}\ (x<0)$, $y=-x^2+2x+a\ (x\geq0)$에 동시에 접해야 한다.

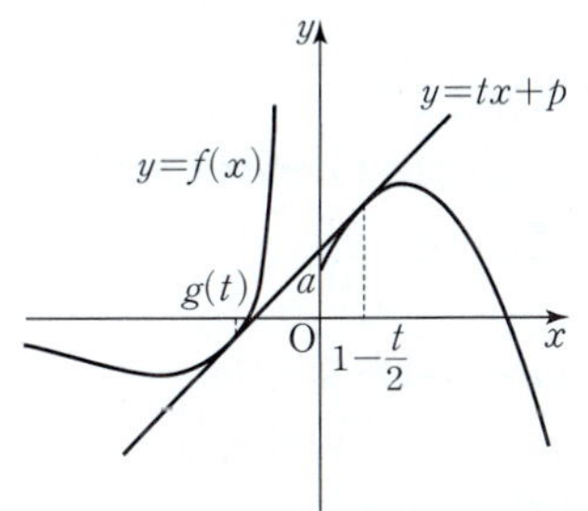

Step 2 곡선 $y=-x^2+2x+a\ (x\geq0)$와 직선 $y=tx+p$의 접점의 좌표를 구한다.

$x<0$에서 직선 $y=tx+p$는 곡선 $y=f(x)$ 위의 점 $(g(t),\,f(g(t)))$에서의 접선이므로 $f'(g(t))=t$ …… ㉠

$x>0$에서 $f'(x)=-2x+2=t$이므로 $x=1-\dfrac{t}{2}$

따라서 곡선 $y=-x^2+2x+a\ (x\geq0)$와 직선 $y=tx+p$의 접점의 좌표는 $\left(1-\dfrac{t}{2},\ -\dfrac{t^2}{4}+a+1\right)$

→ 점 $(g(t),\,f(g(t)))$에서의 접선의 기울기

Step 3 두 접점을 지나는 직선의 기울기가 t임을 이용하여 $g(1)+h'(1)$의 값을 구한다.

→ $y=-(x-1)^2+a+1$에 $x=1-\dfrac{t}{2}$ 대입

두 점 $(g(t),\,f(g(t)))$, $\left(1-\dfrac{t}{2},\ -\dfrac{t^2}{4}+a+1\right)$을 지나는 직선의 기울기가 t이므로

$$t = \frac{\left(-\dfrac{t^2}{4}+a+1\right)-f(g(t))}{\left(1-\dfrac{t}{2}\right)-g(t)}$$

$$t-\frac{t^2}{2}-t\times g(t)=-\frac{t^2}{4}+a+1-f(g(t))$$

$$a=f(g(t))-t\times g(t)-\frac{t^2}{4}+t-1$$

이때 $a=h(t)$이므로

$$h(t)=f(g(t))-t\times g(t)-\frac{t^2}{4}+t-1$$

$$h'(t)=f'(g(t))\times g'(t)\underline{-g(t)-t\times g'(t)}-\frac{t}{2}+1$$

곱의 미분법

$$=t\times g'(t)-g(t)-t\times g'(t)-\frac{t}{2}+1\ (\because \text{㉠})$$

$$=-g(t)-\frac{t}{2}+1$$

$$\underline{g(t)+h'(t)}=-\frac{t}{2}+1$$

$g(t)$, $h'(t)$를 각각 구하는 것이 아니라 식을 정리하여 $g(t)+h'(t)$를 구해야 한다.

위 식에 $t=1$을 대입하면 $g(1)+h'(1)=-\dfrac{1}{2}+1=\dfrac{1}{2}$

---

129 [정답률 15%] 정답 91

두 정수 a, b에 대하여 함수
$$f(x)=(x^2+ax+b)e^{-x}$$
이 다음 조건을 만족시킨다.

> (가) 함수 $f(x)$는 극값을 갖는다. → $f'(x)$를 살펴본다.
> (나) 함수 $|f(x)|$가 $x=k$에서 극대 또는 극소인 모든
> k의 값의 합은 3이다.

$f(10)=pe^{-10}$일 때, p의 값을 구하시오. (4점)

Step 1 조건 (가)를 이용한다.

$f(x)=(x^2+ax+b)e^{-x}$에서

$f'(x)=(2x+a)e^{-x}-(x^2+ax+b)e^{-x}$

$\quad\ =-\{x^2+(a-2)x+b-a\}e^{-x}$

$f'(x)=0$에서 모든 실수 x에 대하여 $e^{-x}>0$이므로

$x^2+(a-2)x+b-a=0$ $\cdots\cdots$ ㉠

이차방정식 ㉠이 중근이나 허근을 가지면 함수 $f(x)$는 극값을 갖지 않는다.

조건 (가)에 의하여 ㉠은 서로 다른 두 실근을 가져야 한다. 이 두 실근을 α, β $(\alpha<\beta)$라 하고 이차방정식 ㉠의 판별식을 D_1이라 하면

$D_1=(a-2)^2-4(b-a)=a^2-4b+4>0$ $\cdots\cdots$ ㉡

Step 2 $D_2>0$인 경우를 알아본다.

$f(x)=0$에서 모든 실수 x에 대하여 $e^{-x}>0$이므로

$x^2+ax+b=0$ $\cdots\cdots$ ㉢

이차방정식 ㉢의 판별식을 D_2라 하면 $D_2=a^2-4b$ $\cdots\cdots$ ㉣

(i) $D_2>0$인 경우

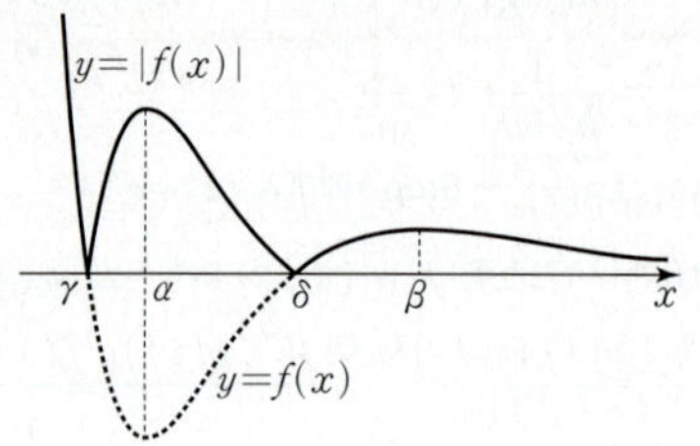

함수 $y=f(x)$의 그래프가 x축과 만나는 서로 다른 두 점의 x좌표를 각각 γ, δ $(\gamma<\delta)$라 하자.

함수 $|f(x)|$는 $x=\alpha$, β에서 극대이고 $x=\gamma$, δ에서 극소이므로 조건 (나)에 의하여

$\underline{(\alpha+\beta)+(\gamma+\delta)=(-a+2)+(-a)=3}$

㉠과 ㉢에서 이차방정식의 근과 계수의 관계 이용

$-2a=1$ $\quad\therefore\ a=-\dfrac{1}{2}$

이때 a는 정수가 아니므로 조건을 만족시키지 않는다.

문제에서 a, b는 정수라고 주어졌다.

Step 3 $D_2=0$인 경우를 알아본다.

(ii) $D_2=0$인 경우

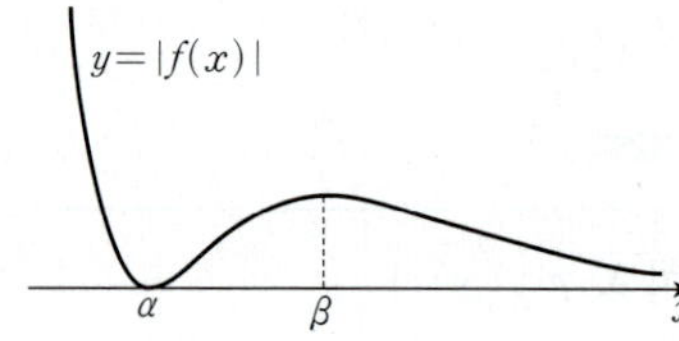

함수 $y=f(x)$의 그래프는 x축에 접하고 접점의 x좌표는 α이다.

함수 $|f(x)|$는 $x=\beta$에서 극대이고 $x=\alpha$에서 극소이므로 조건 (나)에 의하여

㉠에서 이차방정식의 근과 계수의 관계 이용

$\alpha+\beta=-a+2=3$ $\quad\therefore\ a=-1$

㉣에서 $D_2=(-1)^2-4b=0$ $\quad\therefore\ b=\dfrac{1}{4}$

이때 b는 정수가 아니므로 조건을 만족시키지 않는다.

Step 4 $D_2<0$인 경우를 알아본다.

(iii) $D_2<0$인 경우

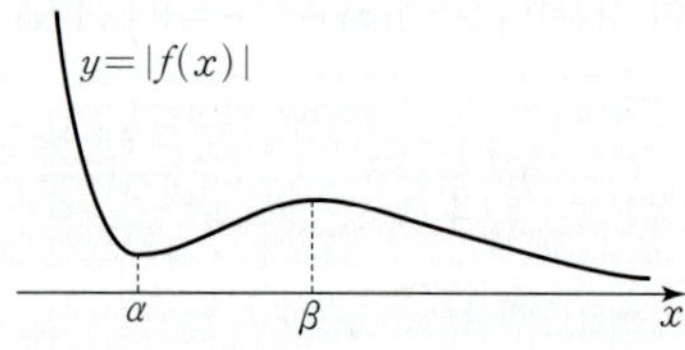

함수 $y=f(x)$의 그래프는 x축과 만나지 않는다.

함수 $|f(x)|$는 $x=\beta$에서 극대이고 $x=\alpha$에서 극소이므로 조건 (나)에 의하여

$\alpha+\beta=-a+2=3$ $\quad\therefore\ a=-1$

㉡에서 $D_1=(-1)^2-4b+4>0$ $\quad\therefore\ b<\dfrac{5}{4}$

㉣에서 $D_2=(-1)^2-4b<0$ $\quad\therefore\ b>\dfrac{1}{4}$

즉, $\dfrac{1}{4}<b<\dfrac{5}{4}$이고 b는 정수이므로 $b=1$이다.

$=0.25$ $\quad=1.25$

(i)~(iii)에 의하여 $a=-1$, $b=1$이므로 $f(x)=(x^2-x+1)e^{-x}$

따라서 $\underline{f(10)=91e^{-10}}$이므로 $p=91$이다.

$=(100-10+1)e^{-10}$

---

130 [정답률 16%]　　　　　　　　정답 ⑤

최고차항의 계수가 $\dfrac{1}{2}$인 삼차함수 $f(x)$에 대하여

함수 $g(x)$가

$$g(x)=\begin{cases} \ln|f(x)| & (f(x)\neq 0) \\ 1 & (f(x)-0) \end{cases}$$

이고 다음 조건을 만족시킬 때, 함수 $g(x)$의 극솟값은? (4점)

> ↱ $x=1$에서 불연속
> (가) 함수 $g(x)$는 $x\neq 1$인 모든 실수 x에서 연속이다.
> (나) 함수 $g(x)$는 $x=2$에서 극대이고, 함수 $|g(x)|$는 $x=2$에서 극소이다.
> ↳ $g'(2)=0$
> (다) 방정식 $g(x)=0$의 서로 다른 실근의 개수는 3이다.

① $\ln\dfrac{13}{27}$　　② $\ln\dfrac{16}{27}$　　③ $\ln\dfrac{19}{27}$

④ $\ln\dfrac{22}{27}$　　✓⑤ $\ln\dfrac{25}{27}$

Step 1 조건 (가)를 살펴본다.

함수 $f(x)$는 최고차항의 계수가 양수인 삼차함수이므로 함수 $f(x)$의 그래프는 x축과 적어도 한 점에서 만난다.

조건 (가)에서 함수 $g(x)$는 $x\neq 1$인 모든 실수 x에서 연속이므로

$x\neq 1$일 때 $f(x)\neq 0$이고, $x=1$일 때 $f(1)=0$　　…… ㉠

$\therefore g(x)=\begin{cases} \ln|f(x)| & (x\neq 1) \\ 1 & (x=1) \end{cases}$

Step 2 조건을 만족시키는 두 함수 $f(x)$, $g(x)$의 그래프의 개형을 나타낸다.

↱ $\{\ln|f(x)|\}'=\dfrac{f'(x)}{f(x)}$

$g'(x)=\dfrac{f'(x)}{f(x)}$ $(f(x)\neq 0)$

조건 (나)에서 함수 $g(x)$가 $x=2$에서 극값을 가지고 ㉠을 만족해야 하므로 $f'(2)=0$　　…… ㉡

또한 $\ln|f(x)|=0$에서 $|f(x)|=1$

$\therefore f(x)=-1$ 또는 $f(x)=1$

> 극값을 갖지 않으면 방정식 $g(x)=0$의 서로 다른 실근의 개수는 3이 될 수 없다.

이때 조건 (다)에서 방정식 $g(x)=0$의 서로 다른 실근의 개수가 3이므로 ㉠을 만족하려면 함수 $f(x)$는 극값을 가져야 한다.

㉡에 의하여 $f'(\alpha)=f'(\beta)=0$ $(1<\alpha<\beta)$이라 하면 $\alpha=2$ 또는 $\beta=2$이다.

> ↳ $f(x)$는 삼차함수이기 때문이다.　↳ 곡선 $y=f(x)$는 x축과 점 $(1,0)$에서만 만나기 때문이다.

따라서 가능한 두 함수 $f(x)$, $g(x)$의 그래프의 개형은 다음과 같다.

> 함수 $f(x)$가 $x=2$에서 극값을 가지기 때문이다.

(i)
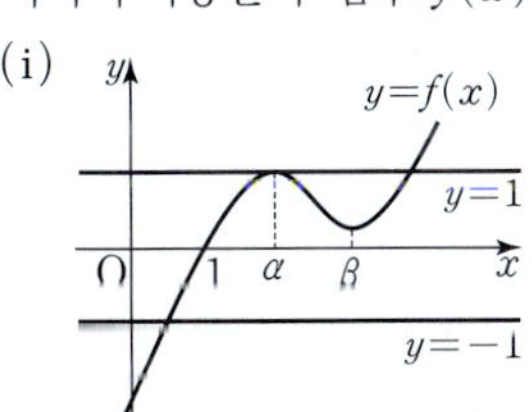
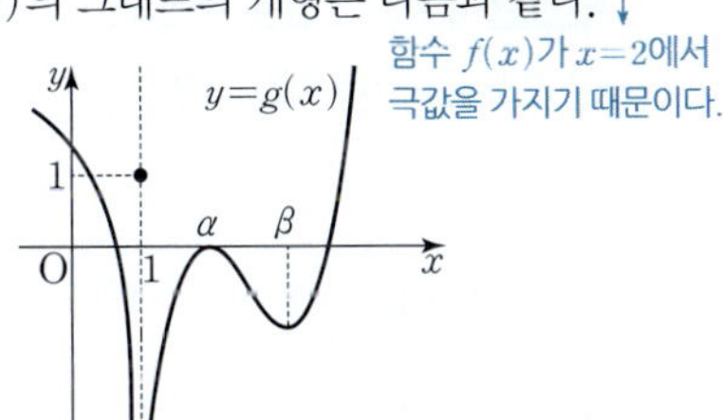

(ii)
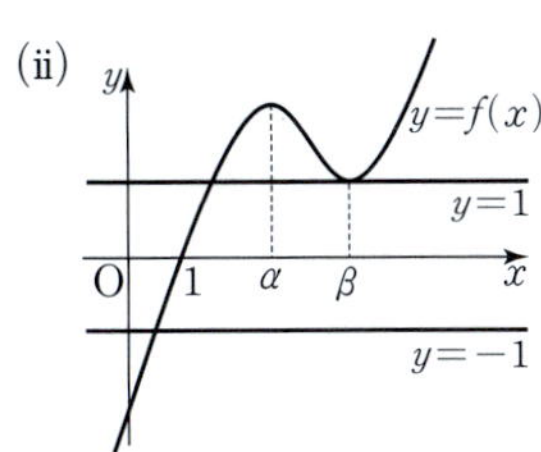
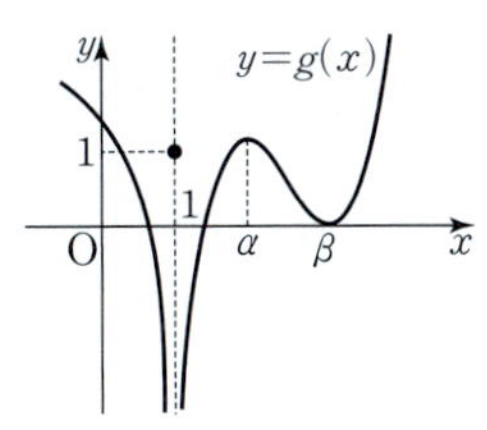

Step 3 함수 $|g(x)|$가 $x=2$에서 극소임을 이용하여 $f(x)$를 구한다.

조건 (나)에 의하여 함수 $g(x)$는 $x=2$에서 극대이고, 함수 $|g(x)|$는 $x=2$에서 극소인 경우인 (i)이다.

$\therefore \alpha=2$　　↱ (ii)에서 함수 $|g(x)|$는 $x=2$에서 극소일 수 없다.

함수 $f(x)$의 최고차항의 계수가 $\dfrac{1}{2}$이므로

$f(x)-1=\dfrac{1}{2}(x-2)^2(x-k)$ (k는 상수)라 하자.

즉, $f(x)=\dfrac{1}{2}(x-2)^2(x-k)+1$

> ↳ 함수 $f(x)$의 그래프가 $x=2$에서 직선 $y=1$에 접한다.

㉠에서 $f(1)=\dfrac{1}{2}(1-k)+1=0$　　$\therefore k=3$

따라서 $f(x)=\dfrac{1}{2}(x-2)^2(x-3)+1$이므로

$f'(x)=(x-2)(x-3)+\dfrac{1}{2}(x-2)^2=\dfrac{1}{2}(x-2)(3x-8)$

> ↳ 곱의 미분법

$f'(x)=0$에서 $x=2$ 또는 $x=\dfrac{8}{3}$　　$\therefore \beta=\dfrac{8}{3}$

Step 4 함수 $g(x)$의 극솟값을 구한다.

따라서 함수 $g(x)$는 $x=\dfrac{8}{3}$에서 극솟값을 가지므로

$\ln\left|f\left(\dfrac{8}{3}\right)\right|=\ln\left|\dfrac{1}{2}\times\left(\dfrac{2}{3}\right)^2\times\left(-\dfrac{1}{3}\right)+1\right|=\ln\dfrac{25}{27}$

131 [정답률 26%]　　　　　　　　정답 ②

두 상수 $a(a>0)$, b에 대하여 실수 전체의 집합에서 연속인 함수 $f(x)$가 다음 조건을 만족시킬 때, $a\times b$의 값은? (4점)

> (가) 모든 실수 x에 대하여
> $$\{f(x)\}^2+2f(x)=a\cos^3\pi x\times e^{\sin^2\pi x}+b$$
> 이다.
> (나) $f(0)=f(2)+1$

① $-\dfrac{1}{16}$　　✓②$-\dfrac{7}{64}$　　③ $-\dfrac{5}{32}$

④ $-\dfrac{13}{64}$　　⑤ $-\dfrac{1}{4}$

Step 1 $a+b$의 값을 구한다.

조건 (가)의 식에 $x=0$, $x=2$를 대입하면

$\{f(0)\}^2+2f(0)=a+b$　　↱ $\cos^3 0=1$, $e^{\sin^2 0}=e^0=1$

$\{f(2)\}^2+2f(2)=a+b$　　↱ $\cos^3 2\pi=1$, $e^{\sin^2 2\pi}=e^0=1$

따라서 $\{f(0)\}^2+2f(0)=\{f(2)\}^2+2f(2)$이므로

$\{f(0)\}^2-\{f(2)\}^2+2\{f(0)-f(2)\}=0$　↱ $=\{f(0)+f(2)\}\{f(0)-f(2)\}$

$\{f(0)+f(2)+2\}\{f(0)-f(2)\}=0$

이때 조건 (나)에서 $f(0)\neq f(2)$이므로 $f(0)+f(2)+2=0$　　…… ㉠

식 ㉠과 조건 (나)의 식을 연립하면 $f(0)=-\dfrac{1}{2}$, $f(2)=-\dfrac{3}{2}$

$\therefore a+b=-\dfrac{3}{4}$　↱ $\{f(0)\}^2+2f(0)=\dfrac{1}{4}-1=-\dfrac{3}{4}$　　…… ㉡

Step 2 **사잇값의 정리를 이용한다.**

조건 (가)의 식을 변형하면
$\{f(x)\}^2+2f(x)+1=a\cos^3\pi x\times e^{\sin^2\pi x}+b+1$
$\therefore \{f(x)+1\}^2=a\cos^3\pi x\times e^{\sin^2\pi x}+b+1$ ······ ㉢

→ 좌변의 식이 완전제곱식이므로 우변의 식의 값이 0 이상이어야 한다.

따라서 모든 실수 x에 대하여 $a\cos^3\pi x\times e^{\sin^2\pi x}+b+1\geq0$

이때 함수 $f(x)$는 연속함수이고 $f(0)=-\dfrac{1}{2}$, $f(2)=-\dfrac{3}{2}$이므로 사잇값의 정리에 의하여 $f(c)=-1$을 만족시키는 c가 열린구간 $(0,\,2)$에 적어도 하나 존재한다.

$\{f(c)+1\}^2=0$이므로 ㉢에서 $a\cos^3 c\pi\times e^{\sin^2 c\pi}+b+1=0$

따라서 $g(x)=a\cos^3\pi x\times e^{\sin^2\pi x}+b+1$이라 하면 함수 $g(x)$는 $x=c$에서 최솟값 0을 가지므로 $x=c$에서 극소이다.

Step 3 **$g(x)$를 미분하여 극솟값이 0임을 이용한다.**

함수 $g(x)$를 미분하면
$g'(x)=3a\cos^2\pi x\times(-\pi\sin\pi x)\times e^{\sin^2\pi x}$
$\qquad\qquad +a\cos^3\pi x\times e^{\sin^2\pi x}\times 2\sin\pi x\times\pi\cos\pi x$
$=a\pi\times\cos^2\pi x\times(-\sin\pi x)\times(3-2\cos^2\pi x)\times e^{\sin^2\pi x}$

→ 문제에서 $a>0$

이때 열린구간 $(0,\,2)$에서 $\cos^2\pi x\geq0$, $3-2\cos^2\pi x>0$, $e^{\sin^2\pi x}>0$이므로 $g'(x)$의 부호는 $-\sin\pi x$에 의해서만 달라진다.

$-\sin\pi=0$이므로 $-\sin\pi x$의 부호는 $x=1$을 기준으로 음에서 양으로 바뀐다. → 이때 $g'(x)=0$

즉, $g'(1)=0$이므로 함수 $g(x)$는 $x=1$에서 극솟값 0을 갖는다. → 즉, $c=1$임을 알 수 있다.

따라서 $a\cos^3\pi\times e^{\sin^2\pi}+b+1=0$이므로 $a-b=1$ ······ ㉣

Step 4 **$a\times b$의 값을 구한다.**

㉡, ㉣에서 $a=\dfrac{1}{8}$, $b=-\dfrac{7}{8}$
$\therefore a\times b=\dfrac{1}{8}\times\left(-\dfrac{7}{8}\right)=-\dfrac{7}{64}$

132 [정답률 12%]

정답 ①

실수 전체의 집합에서 이계도함수를 갖는 함수 $f(x)$와 두 상수 a, b가 다음 조건을 만족시킬 때, $a\times e^b$의 값은? (4점)

(가) 모든 실수 x에 대하여
$$\{f(x)\}^5+\{f(x)\}^3+ax+b=\ln\left(x^2+x+\dfrac{5}{2}\right)$$
이다.

(나) $f(-3)f(3)<0$, $f'(2)>0$

① $-3e^{-\frac{4}{3}}$ ② $-\dfrac{5}{3}e^{-\frac{4}{3}}$ ③ $-\dfrac{1}{3}e^{-\frac{4}{3}}$
④ $e^{-\frac{4}{3}}$ ⑤ $\dfrac{7}{3}e^{-\frac{4}{3}}$

Step 1 **$f(c)=0\ (-3<c<3)$을 만족시키는 c의 값을 구한다.**

조건 (나)에서 $f(-3)f(3)<0$이므로 사잇값의 정리에 의하여 $f(c)=0\ (-3<c<3)$을 만족시키는 c가 존재한다.

$\{f(x)\}^5+\{f(x)\}^3+ax+b=\ln\left(x^2+x+\dfrac{5}{2}\right)$ ······ ㉠

㉠의 양변을 x에 대하여 미분하면
$5\{f(x)\}^4f'(x)+3\{f(x)\}^2f'(x)+a=\dfrac{2x+1}{x^2+x+\dfrac{5}{2}}$ ······ ㉡

→ $\{\ln|f(x)|\}'=\dfrac{f'(x)}{f(x)}$

㉡의 양변을 x에 대하여 미분하면
$20\{f(x)\}^3\{f'(x)\}^2+5\{f(x)\}^4f''(x)$
$\qquad\qquad +6f(x)\{f'(x)\}^2+3\{f(x)\}^2f''(x)$
$=\dfrac{-2(x+2)(x-1)}{\left(x^2+x+\dfrac{5}{2}\right)^2}$ ······ ㉢

→ $\left(\dfrac{2x+1}{x^2+x+\dfrac{5}{2}}\right)'=\dfrac{2\left(x^2+x+\dfrac{5}{2}\right)-(2x+1)(2x+1)}{\left(x^2+x+\dfrac{5}{2}\right)^2}$

㉢에 $x=c$를 대입하면 $0=\dfrac{-2(c+2)(c-1)}{\left(c^2+c+\dfrac{5}{2}\right)^2}$

$\therefore c=-2$ 또는 $c=1$ → $f(c)=0$이므로 좌변은 0이 된다.

Step 2 **$f'(2)>0$을 만족시키는 a의 값을 구한다.**

조건 (나)에서 $f'(2)>0$이므로 ㉡에 $x=2$를 대입하면
$5\{f(2)\}^4f'(2)+3\{f(2)\}^2f'(2)+a=\dfrac{2\times2+1}{4+2+\dfrac{5}{2}}$

$5\{f(2)\}^4f'(2)+3\{f(2)\}^2f'(2)=\dfrac{10}{17}-a>0$

→ $\{f(2)\}^4>0$ → $\{f(2)\}^2>0$

$\therefore a<\dfrac{10}{17}$ ······ ㉣

(i) $c=-2$일 때
㉡에 $x=-2$를 대입하면 $a=\dfrac{2\times(-2)+1}{(-2)^2+(-2)+\dfrac{5}{2}}=-\dfrac{2}{3}$

→ $f(-2)=0$

따라서 ㉣을 만족시킨다.

(ii) $c=1$일 때
㉡에 $x=1$을 대입하면 $a=\dfrac{2\times1+1}{1^2+1+\dfrac{5}{2}}=\dfrac{2}{3}$

→ $f(1)=0$

$\dfrac{2}{3}>\dfrac{10}{17}$이므로 ㉣을 만족시키지 않는다.

(i), (ii)에 의하여 $a=-\dfrac{2}{3}$이다.

Step 3 **$a\times e^b$의 값을 구한다.**

㉠에 $x=-2$를 대입하면
$-\dfrac{2}{3}\times(-2)+b=\ln\left((-2)^2+(-2)+\dfrac{5}{2}\right)$
$b=-\dfrac{4}{3}+\ln\dfrac{9}{2}$이므로
$a\times e^b=-\dfrac{2}{3}\times e^{-\frac{4}{3}+\ln\frac{9}{2}}=-\dfrac{2}{3}\times e^{-\frac{4}{3}}\times e^{\ln\frac{9}{2}}$
$\qquad\quad =-\dfrac{2}{3}\times e^{-\frac{4}{3}}\times\dfrac{9}{2}=-3e^{-\frac{4}{3}}$

→ $=\left(\dfrac{9}{2}\right)^{\ln e}=\left(\dfrac{9}{2}\right)^1$

133 [정답률 58%]   정답 ③

> 양수 a와 실수 b에 대하여 함수 $f(x)=ae^{3x}+be^x$이 다음
> 조건을 만족시킬 때, $f(0)$의 값은? (4점)
>
> (가) $x_1<\ln\dfrac{2}{3}<x_2$를 만족시키는 모든 실수 x_1, x_2에
>   대하여 $f''(x_1)f''(x_2)<0$이다. $f''\!\left(\ln\dfrac{2}{3}\right)=0$
> (나) 구간 $[k,\ \infty)$에서 함수 $f(x)$의 역함수가 존재하도록
>   하는 실수 k의 최솟값을 m이라 할 때,
> $f(2m)=-\dfrac{80}{9}$이다.
>   함수가 주어진 구간 전체에서 증가 또는 감소
>
> ① -15　　　② -12　　　❸ -9
> ④ -6　　　⑤ -3

Step 1 조건 (가)를 이용하여 a와 b 사이의 관계식을 구한다.

함수 $f(x)=ae^{3x}+be^x$을 x에 대하여 미분하면

$f'(x)=3ae^{3x}+be^x$

$f''(x)=9ae^{3x}+be^x$ 　　$\cdots\cdots$ ㉠

조건 (가)에서 $x_1<\ln\dfrac{2}{3}<x_2$를 만족시키는

모든 실수 x_1, x_2에 대하여

$f''(x_1)f''(x_2)<0$이므로 　▸ 두 값의 부호가 서로 반대야.

$f''(x)$의 부호가 $x=\ln\dfrac{2}{3}$를 기준으로 바뀐다.

따라서 $f''\!\left(\ln\dfrac{2}{3}\right)=0$이므로 ㉠에서

$f''\!\left(\ln\dfrac{2}{3}\right)=9ae^{3\ln\frac{2}{3}}+be^{\ln\frac{2}{3}}$

$\qquad=9ae^{\ln\left(\frac{2}{3}\right)^3}+be^{\ln\frac{2}{3}}$

$\qquad=9ae^{\ln\frac{8}{27}}+be^{\ln\frac{2}{3}}$ 　　$x^{\ln y}=y^{\ln x}$ 임을 이용

$\qquad=9a\times\left(\dfrac{8}{27}\right)^{\ln e}+b\times\left(\dfrac{2}{3}\right)^{\ln e}$ 　$\ln e=1$

$\qquad=-\dfrac{8}{3}a+\dfrac{2}{3}b=0$

$\dfrac{8}{3}a=-\dfrac{2}{3}b$

$\therefore b=-4a$ 　　$\cdots\cdots$ ㉡

Step 2 e^{2m}의 값을 구한다.

$f'(x)=3ae^{3x}+be^x=3ae^{3x}-4ae^x$ ($\because$ ㉡)

$\qquad=ae^x(3e^{2x}-4)$ 　　▸ $f'(x)\geq0$이기 때문!

에서 a는 양수이고, 모든 실수 x에 대하여 $e^x>0$이므로
$3e^{2x}-4\geq0$인 구간에서 함수 $f(x)$가 증가한다.
따라서 구간 $[k,\ \infty)$에서 함수 $f(x)$의 역함수가 존재하므로
$3e^{2k}-4\geq0$, $3e^{2k}\geq4$ 　　▸ 주어진 구간에서 함수가 증가하거나 감소해야 해.

$\therefore e^{2k}\geq\dfrac{4}{3}$ 　▸ $2k$의 값이 작아질수록 e^{2k}의 값도 작아져.

그러므로 k의 최솟값 m에 대하여 $e^{2m}=\dfrac{4}{3}$이다.

Step 3 a, b의 값을 구한다.

이때 조건 (나)에서 $f(2m)=-\dfrac{80}{9}$이므로

$f(2m)=ae^{6m}+be^{2m}$

$\qquad=a\times(e^{2m})^3+b\times e^{2m}$

$\qquad=a\times\left(\dfrac{4}{3}\right)^3-4a\times\dfrac{4}{3}$

$\qquad=\dfrac{64}{27}a-\dfrac{16}{3}a\ \rightarrow\ =\dfrac{64}{27}a-\dfrac{144}{27}a=-\dfrac{80}{27}a$

$\qquad=-\dfrac{80}{27}a=-\dfrac{80}{9}$

$\therefore a=3$

이를 ㉡에 대입하면 $b=-4\times3=-12$

Step 4 $f(0)$의 값을 구한다.

$\therefore f(0)=ae^0+be^0=a+b$

$\qquad=3+(-12)=-9$

★ 다른 풀이 　m의 값을 직접 대입하는 풀이

Step 1 **Step 2** 동일

Step 3 $f(2m)=-\dfrac{80}{9}$임을 이용하여 a, b의 값을 구한다.

$e^{2m}=\dfrac{4}{3}$이므로

양변에 자연로그를 취하면 $2m=\ln\dfrac{4}{3}$ 　$\ln e^{2m}=2m\ln e=2m\times1=2m$

$f(2m)=f\!\left(\ln\dfrac{4}{3}\right)=ae^{3\ln\frac{4}{3}}-4ae^{\ln\frac{4}{3}}$ 　$e^{3\ln\frac{4}{3}}=e^{\ln\left(\frac{4}{3}\right)^3}=\left\{\left(\dfrac{4}{3}\right)^3\right\}^{\ln e}=\left(\dfrac{4}{3}\right)^3$

$f(x)=ae^{3x}-4ae^x$에 $x=2m$ 대입!

$\qquad=a\times\left(\dfrac{4}{3}\right)^3-4a\times\dfrac{4}{3}$ 　$\dfrac{144}{27}a$

$\qquad=\dfrac{64}{27}a-\dfrac{16}{3}a=-\dfrac{80}{27}a$

조건 (나)에서 $f(2m)=-\dfrac{80}{9}$이므로

$-\dfrac{80}{27}a=-\dfrac{80}{9}$ 　$\therefore a=3$

이를 ㉡에 대입하면 $b=-4\times3=-12$

Step 4 동일

134 [정답률 20%]

정답 ②

최고차항의 계수가 1이고 역함수가 존재하는 삼차함수 $f(x)$에 대하여 함수 $f(x)$의 역함수를 $g(x)$라 하자.

실수 k $(k>0)$에 대하여 함수 $h(x)$는

$$h(x)=\begin{cases} \dfrac{g(x)-k}{x-k} & (x\neq k) \\[2mm] \dfrac{1}{3} & (x=k) \end{cases}$$

이다. 함수 $h(x)$가 다음 조건을 만족시키도록 하는 모든 함수 $f(x)$에 대하여 $f'(0)$의 값이 최대일 때, k의 값을 α라 하자.

(가) $h(0)=1$
(나) 함수 $h(x)$는 실수 전체의 집합에서 연속이다.

$k=\alpha$일 때, $\alpha \times h(9) \times g'(9)$의 값은? (4점)

① $\dfrac{1}{84}$ ② $\dfrac{1}{42}$ ③ $\dfrac{1}{28}$

④ $\dfrac{1}{21}$ ⑤ $\dfrac{5}{84}$

Step 1 함수 $h(x)$가 실수 전체의 집합에서 연속임을 이용한다.

조건 (가)에서 $h(0)=\dfrac{g(0)-k}{0-k}=1$

$\therefore g(0)=0,\ f(0)=0$

> 두 함수 $f(x),\ g(x)$는 역함수 관계이므로 $f(a)=b$이면 $g(b)=a$

조건 (나)에서 함수 $h(x)$는 실수 전체의 집합에서 연속이므로 $x=k$에서 연속이어야 한다.

$h(k)=\lim\limits_{x\to k}h(x)$에서 $h(k)=\dfrac{1}{3}$

> (함숫값)=(극한값)

$\lim\limits_{x\to k}h(x)=\lim\limits_{x\to k}\dfrac{g(x)-k}{x-k}=\lim\limits_{x\to k}\dfrac{g(x)-g(k)}{x-k}=g'(k)$

$\therefore g'(k)=\dfrac{1}{3},\ g(k)=k,\ f(k)=k$

> 이 극한값이 존재하여야 하고 $x\to k$일 때 (분모)$\to 0$이므로 (분자)$\to 0$이어야 한다.
> 역함수 관계 즉, $\lim\limits_{x\to k}\{g(x)-k\}=0$에서 $g(k)=k$

역함수의 미분법에 의하여

$g'(k)=\dfrac{1}{f'(g(k))}=\dfrac{1}{f'(k)}=\dfrac{1}{3}$ $\therefore f'(k)=3$

Step 2 조건을 만족시키는 함수 $f(x)$를 구한다.

$f(0)=0,\ f(k)=k$이고 삼차함수 $f(x)$의 최고차항의 계수가 1이므로

> $f(g(x))=x$의 양변을 미분하면 $f'(g(x))g'(x)=1$
> $\therefore g'(x)=\dfrac{1}{f'(g(x))}$

$f(x)-x=x(x-k)(x-t)$ (t는 실수)

$f(x)=x(x-k)(x-t)+x=x^3-(k+t)x^2+(tk+1)x$

$\therefore f'(x)=3x^2-2(k+t)x+tk+1$

$f'(k)=3$이므로 $3k^2-2(k+t)k+tk+1=3$

> **Step 1**에서 구한 값

$k^2-tk-2=0,\ tk=k^2-2$

$\therefore t=\dfrac{k^2-2}{k}=k-\dfrac{2}{k}$

Step 3 함수 $f(x)$의 역함수가 존재함을 이용하여 k의 값을 구한다.

삼차함수 $f(x)$의 역함수가 존재하므로 모든 실수 x에 대하여 $f'(x)=3x^2-2(k+t)x+tk+1\geq 0$이어야 한다.

이차방정식 $3x^2-2(k+t)x+tk+1=0$의 판별식을 D라 하면

$\dfrac{D}{4}=\{-(k+t)\}^2-3(tk+1)\leq 0$

> 최고차항의 계수가 양수이므로 모든 실수 x에 대하여 증가해야 한다.

$\{-(k+t)\}^2-3(tk+1)=k^2+2tk+t^2-3tk-3$

$=k^2-tk+t^2-3$

$=k^2-k\left(k-\dfrac{2}{k}\right)+\left(k-\dfrac{2}{k}\right)^2-3$

> $t=k-\dfrac{2}{k}$ 를 대입

$=k^2-k^2+2+k^2-4+\dfrac{4}{k^2}-3$

$=k^2-5+\dfrac{4}{k^2}$

$k^2-5+\dfrac{4}{k^2}\leq 0$이므로 $k^4-5k^2+4\leq 0$

> $k^2>0$이므로 양변에 k^2을 곱해도 부등호의 방향은 바뀌지 않는다.

$(k^2-1)(k^2-4)\leq 0,\ (k+1)(k-1)(k+2)(k-2)\leq 0$

이때 $k+1>0,\ k+2>0$이므로 $(k-1)(k-2)\leq 0$

$\therefore 1\leq k\leq 2$

> $k>0$으로 주어졌다.

$f'(0)=tk+1=k\left(k-\dfrac{2}{k}\right)+1=k^2-1$이므로 $k=2$일 때 $f'(0)$의 값이 최대이다.

그러므로 $\alpha=k=2$이고 $t=1$이므로

$f(x)=x^3-3x^2+3x,\ f'(x)=3x^2-6x+3=3(x-1)^2$

Step 4 $\alpha \times h(9) \times g'(9)$의 값을 구한다.

$h(x)=\begin{cases} \dfrac{g(x)-2}{x-2} & (x\neq 2) \\[2mm] \dfrac{1}{3} & (x=2) \end{cases}$ 에서 $h(9)=\dfrac{g(9)-2}{9-2}$

$g(9)=p$라 하면 $f(p)=9$이므로

$p^3-3p^2+3p=9,\ p^3-3p^2+3p-9=0$

$(p-3)(p^2+3)=0$ $\therefore p=3$

$$\begin{array}{r|rrrr} 3 & 1 & -3 & 3 & -9 \\ & & 3 & 0 & 9 \\ \hline & 1 & 0 & 3 & 0 \end{array}$$

즉, $h(9)=\dfrac{g(9)-2}{9-2}=\dfrac{3-2}{9-2}=\dfrac{1}{7}$

역함수의 미분법에 의하여

$g'(9)=\dfrac{1}{f'(g(9))}=\dfrac{1}{f'(3)}=\dfrac{1}{12}$

> $g(9)=3$

$\therefore \alpha \times h(9) \times g'(9)=2\times\dfrac{1}{7}\times\dfrac{1}{12}=\dfrac{1}{42}$

135 [정답률 22%] 정답 ②

삼차함수 $f(x)$와 실수 전체의 집합에서 미분가능한 함수 $g(x)$가 모든 실수 x에 대하여

$$f(x)=g(x)-\tan g(x)$$

이고 다음 조건을 만족시킬 때, $g'(0)\times(g(0))^2$의 값은?

(4점)

(가) $f(0)=0$, $f''(\pi)=0$

(나) $\sin g(\pi)=0$, $\displaystyle\lim_{x\to\infty}g(x)=\dfrac{3\pi}{2}$

① -12 ✔ -6 ③ -1

④ 3 ⑤ 9

Step 1 여러 가지 미분법을 이용하여 함수 $f(x)$의 최고차항의 계수를 구한다.

$f(x)=g(x)-\tan g(x)$에서 $y=\tan x$에서 $\dfrac{dy}{dx}=\sec^2 x$

$f'(x)=g'(x)-\sec^2 g(x)\times g'(x)$

$\qquad =g'(x)(1-\sec^2 g(x))=-g'(x)\tan^2 g(x)$

양변에 $x=\pi$를 대입하면 $\tan^2 x+1=\sec^2 x$이므로 $1-\sec^2 x=-\tan^2 x$

$f'(\pi)=-g'(\pi)\tan^2 g(\pi)=0$ ($\because \sin g(\pi)=0$)

조건 (가)에서 $f''(\pi)=0$이므로 $\sin g(\pi)=0$이므로

$f(x)=a(x-\pi)^3+b$ (a, b는 상수, $a\neq0$)라 하자. $\tan g(\pi)=\dfrac{\sin g(\pi)}{\cos g(\pi)}=0$

$f(0)=0$이므로 $-a\pi^3+b=0$ $\therefore b=a\pi^3$

$f(x)=a(x-\pi)^3+a\pi^3$이고, 조건 (나)에서 $\sin g(\pi)=0$이므로 $g(\pi)=n\pi$인 정수 n의 값이 존재한다.

즉, $f(x)=a(x-\pi)^3+a\pi^3=g(x)-\tan g(x)$에서

$f(\pi)=a\pi^3=g(\pi)-\tan g(\pi)=n\pi$

$a\pi^3=n\pi$에서 $a=\dfrac{n}{\pi^2}$ 정수 n에 대하여 $\tan(n\pi)=0$

이때 모든 실수 x에 대하여 $\tan g(x)$가 정의되기 위해서는 모든 실수 x에 대하여 $g(x)\neq\left(k+\dfrac{1}{2}\right)\pi$ (단, k는 정수)이어야 한다.

$\qquad\qquad\qquad\qquad\qquad\qquad\qquad$ …… ㉠

또한, $f(x)=a(x-\pi)^3+a\pi^3$에서

$f'(x)=3a(x-\pi)^2=-g'(x)\tan^2 g(x)$

(i) $a>0$인 경우

$\quad x\neq\pi$일 때, $3a(x-\pi)^2>0$이고 $\tan^2 g(x)>0$이므로 $g'(x)<0$

즉, 함수 $y=g(x)$의 그래프는 감소하고 $n=a\pi^2$에서 $n>0$이다.

조건 (나)에서 $\displaystyle\lim_{x\to\infty}g(x)=\dfrac{3\pi}{2}$이고 $g(\pi)=n\pi$이므로 $x>\pi$일 때, x의 값이 증가함에 따라 함수 $g(x)$의 값은 $n\pi$에서 감소하여 $\dfrac{3\pi}{2}$에 수렴한다.

$n\pi>\dfrac{3\pi}{2}$에서 $n>\dfrac{3}{2}$

즉, $x>\pi$일 때 $\dfrac{3\pi}{2}<g(x)<n\pi$이고 ㉠에 의하여 $n\leq\dfrac{5}{2}$

따라서 $\dfrac{3}{2}<n\leq\dfrac{5}{2}$이므로 정수 n의 값은 2이다.

(ii) $a<0$인 경우

$\quad x\neq\pi$일 때, $3a(x-\pi)^2<0$이고 $\tan^2 g(x)>0$이므로 $g'(x)>0$

즉, 함수 $y=g(x)$의 그래프는 증가하고 $n=a\pi^2$에서 $n<0$이다.

조건 (나)에서 $\displaystyle\lim_{x\to\infty}g(x)=\dfrac{3\pi}{2}$이고 $g(\pi)=n\pi$이므로 $x>\pi$일 때, x의 값이 증가함에 따라 함수 $g(x)$의 값은 $n\pi$에서 증가하여 $\dfrac{3\pi}{2}$에 수렴한다.

그런데 $n\pi<0<\dfrac{3\pi}{2}$이므로 ㉠을 만족시키지 않는다.

(i), (ii)에 의하여 $n=2$이므로 $a=\dfrac{2}{\pi^2}$ 함수 $g(x)$의 값이 음수 $n\pi$에서 증가하여 양수 $\dfrac{3\pi}{2}$에 수렴하므로

$\therefore f'(x)=\dfrac{6}{\pi^2}(x-\pi)^2$ $g(x)=-\dfrac{\pi}{2}$, $g(x)=\dfrac{\pi}{2}$를 만족시키는 실수 x의 값이 존재한다.

Step 2 $g'(0)\times(g(0))^2$의 값을 구한다.

$f(x)=g(x)-\tan g(x)$에서 $f(0)=0$이므로

$f(0)=g(0)-\tan g(0)=0$, $g(0)=\tan g(0)$

$f'(x)=-g'(x)\tan^2 g(x)$에서

$f'(0)=-g'(0)\tan^2 g(0)=-g'(0)(g(0))^2$

$\therefore g'(0)(g(0))^2=-f'(0)=-6$

136 [정답률 28%] 정답 24

이차함수 $f(x)$에 대하여 함수 $g(x)=\{f(x)+2\}e^{f(x)}$이 다음 조건을 만족시킨다.

(가) $f(a)=6$인 a에 대하여 $g(x)$는 $x=a$에서 최댓값을 갖는다. $g'(a)=0$

(나) $g(x)$는 $x=b$, $x=b+6$에서 최솟값을 갖는다. $g'(b)=g'(b+6)=0$

방정식 $f(x)=0$의 서로 다른 두 실근을 α, β라 할 때, $(\alpha-\beta)^2$의 값을 구하시오. (단, a, b는 실수이다.) (4점)

Step 1 $g(x)$를 미분한 후 조건 (가), (나)를 이용한다.

$g(x)=\{f(x)+2\}e^{f(x)}$에서 $(e^{f(x)})'=e^{f(x)}\times f'(x)$

$g'(x)=f'(x)e^{f(x)}+\{f(x)+2\}\times f'(x)e^{f(x)}$

$\qquad =f'(x)\{f(x)+3\}e^{f(x)}$ $e^{f(x)}\neq0$

$g'(x)=0$에서 $f'(x)=0$ 또는 $f(x)+3=0$

조건 (가)에 의하여 $g'(a)=0$이므로 $f'(a)=0$ $f'(a)=0$ 또는 $f(a)=-3$이어야 하는데 조건 (가)에서 $f(a)=6$이므로 $f'(a)=0$이야.

조건 (나)에 의하여 $g'(b)=g'(b+6)=0$이므로

$f(b)+3=0$, $f(b+6)+3=0$ …… ㉠ $f'(x)$는 일차함수이므로 $f'(x)=0$의 해는 $x=a$뿐이야.

Step 2 방정식 $f(x)=0$의 두 근을 구한다.

$f(x)$의 최고차항의 계수를 m이라 하면 ㉠에 의해

$f(x)+3=m(x-b)(x-b-6)$

$\therefore f(x)=m(x-b)(x-b-6)-3$ ······ ㉡

이때 $f'(a)=0$이므로

$\dfrac{b+(b+6)}{2}=a$ $\therefore b=a-3$ ······ ㉢ → $f(b)=f(b+6)$이고 $f(x)$는 이차함수이기

㉢을 ㉡에 대입하면 $f(x)=m(x-a+3)(x-a-3)-3$ 때문이야.

조건 (가)에서 $f(a)=6$이므로

$f(a)=m\times3\times(-3)-3=-9m-3=6$ $\therefore m=-1$

$f(x)=-(x-a+3)(x-a-3)-3=0$에서

$(x-a)^2=6$ $\therefore x=a\pm\sqrt6$ → $-\{(x-a)+3\}\{(x-a)-3\}=-\{(x-a)^2-3^2\}$

따라서 $(\alpha-\beta)^2$의 값은 $\{(a+\sqrt6)-(a-\sqrt6)\}^2=(2\sqrt6)^2=24$

→ $x-a=\pm\sqrt6$ → $\alpha=a+\sqrt6,\ \beta=a-\sqrt6$으로 계산했어.
$\alpha=a-\sqrt6,\ \beta=a+\sqrt6$으로 계산해도 결과는 같아.

---

137 [정답률 83%] 정답 ④

> 함수 $f(x)=xe^{-2x+1}$에 대하여 함수
> $$g(x)=\begin{cases} f(x)-a & (x>b) \\ 0 & (x\le b) \end{cases}$$
> 가 실수 전체에서 미분가능할 때, 두 상수 a, b의 곱 ab의 값은? (4점)
>
> ① $\dfrac{1}{10}$ ② $\dfrac{1}{8}$ ③ $\dfrac{1}{6}$
>
> ✔④ $\dfrac{1}{4}$ ⑤ $\dfrac{1}{2}$

Step 1 함수 $g(x)$가 실수 전체의 집합에서 연속임을 이용하여 a와 b 사이의 관계식을 구한다.

함수 $g(x)$가 실수 전체의 집합에서 미분가능하므로 함수 $g(x)$는 실수 전체의 집합에서 연속이다.

즉, 함수 $g(x)$는 $x=b$에서 연속이어야 한다. → 좌극한값과 우극한값이 같아야 극한값이 존재해.

함수 $g(x)$가 $x=b$에서 연속이려면 $x=b$에서의 극한값과 함숫값이 같아야 한다. → $\lim\limits_{x\to b}g(x)=g(b)$

$\lim\limits_{x\to b-}g(x)=\lim\limits_{x\to b-}0=0$ → 좌극한값

$\lim\limits_{x\to b+}g(x)=\lim\limits_{x\to b+}\{f(x)-a\}=f(b)-a$ → 우극한값

$g(b)=0$ → 함숫값

따라서 위의 세 값이 모두 같아야 하므로

$f(b)-a=0$

$\therefore f(b)=a$ ······ ㉠

Step 2 함수 $g(x)$가 실수 전체의 집합에서 미분가능함을 이용하여 a, b의 값을 구한다.

함수 $g(x)$가 실수 전체의 집합에서 미분가능하므로 함수 $g(x)$는 $x=b$에서 미분가능해야 한다.

함수 $g(x)$가 $x=b$에서 미분가능하려면 $x=b$에서의 좌미분계수, 우미분계수가 서로 같아야 한다.

$\lim\limits_{h\to0-}\dfrac{g(b+h)-g(b)\to=0}{h}=0$ → 좌미분계수 → $h\to0-$이면 $b+h\to b-$이므로 $g(b+h)=0$

$\lim\limits_{h\to0+}\dfrac{g(b+h)-g(b)}{h}=\lim\limits_{h\to0+}\dfrac{f(b+h)-a-0}{h}$ → $h\to0+$이면 $b+h\to b+$이므로 $g(b+h)=f(b+h)-a$

$\qquad=\lim\limits_{h\to0+}\dfrac{f(b+h)-f(b)}{h}\ (\because ㉠)$

$\qquad=f'(b)$ → 우미분계수

따라서 위의 두 값이 서로 같아야 하므로 $f'(b)=0$

함수 $f(x)=xe^{-2x+1}$에서

$f'(x)=e^{-2x+1}+xe^{-2x+1}\times(-2)$ 함수의 곱의 미분법

$\qquad=(-2x+1)e^{-2x+1}$

이므로 $f'(b)=(-2b+1)e^{-2b+1}=0$에서

$-2b+1=0\ (\because e^{-2b+1}>0)$

$\therefore b=\dfrac{1}{2}$

㉠에서

$f\left(\dfrac{1}{2}\right)=\dfrac{1}{2}\times e^{-2\times\frac{1}{2}+1}$

$\qquad=\dfrac{1}{2}\times e^0=\dfrac{1}{2}=a$ → $=1$

$\therefore ab=\dfrac{1}{2}\times\dfrac{1}{2}=\dfrac{1}{4}$

---

138 [정답률 16%] 정답 55

> 함수 $f(x)=\dfrac{1}{3}x^3-x^2+\ln(1+x^2)+a$ (a는 상수)와 두 양수 b, c에 대하여 함수
> $$g(x)=\begin{cases} f(x) & (x\ge b) \\ -f(x-c) & (x<b) \end{cases}$$
> 는 실수 전체의 집합에서 미분가능하다.
> $a+b+c=p+q\ln2$일 때, $30(p+q)$의 값을 구하시오.
> (단, p, q는 유리수이고, $\ln2$는 무리수이다.) (4점)

Step 1 모든 실수 x에 대하여 $f'(x)\ge0$임을 파악한다.

$f(x)=\dfrac{1}{3}x^3-x^2+\ln(1+x^2)+a$에서

$f'(x)=x^2-2x+\dfrac{2x}{1+x^2}=\dfrac{x^2(1+x^2)-2x(1+x^2)+2x}{1+x^2}$

$\qquad=\dfrac{x^4-2x^3+x^2}{1+x^2}=\dfrac{x^2(x-1)^2}{1+x^2}$

$f'(x)=0$에서 $x=0$ 또는 $x=1$ → $x=0$과 $x=1$의 좌우에서 $f'(x)$의 부호가 바뀌지 않으므로 극값을 갖지는 않는다.

이때 $f'(x)\ge0$이므로 함수 $f(x)$는 실수 전체의 집합에서 증가한다.

Step 2 함수 $g(x)$가 $x=b$에서 미분가능함을 이용한다.

함수 $g(x)$가 실수 전체의 집합에서 미분가능하므로 $x=b$에서 미분가능하다.

함수 $g(x)$를 미분하면 $g'(x)=\begin{cases} f'(x) & (x>b) \\ -f'(x-c) & (x<b) \end{cases}$

$x=b$에서 미분가능하므로 $f'(b)=-f'(b-c)$

이때 $f'(b)\geq0$, $-f'(b-c)\leq0$이므로

$f'(b)=f'(b-c)=0$

이때 $f'(x)=0$을 만족시키는 x의 값은 0, 1뿐이고, b, c는 양수이므로 $b=1$, $c=1$

Step 3 p, q의 값을 구한다.

함수 $g(x)$가 $x=b$에서 연속이므로 $f(b)=-f(b-c)$에서 $f(1)=-f(0)$

$\dfrac{1}{3}-1+\ln 2+a=-a$, $2a=\dfrac{2}{3}-\ln 2$

$\therefore a=\dfrac{1}{3}-\dfrac{1}{2}\ln 2$

따라서 $a+b+c=\left(\dfrac{1}{3}-\dfrac{1}{2}\ln 2\right)+1+1=\dfrac{7}{3}-\dfrac{1}{2}\ln 2$이므로

$p=\dfrac{7}{3}$, $q=-\dfrac{1}{2}$

$\therefore 30(p+q)=30\left\{\dfrac{7}{3}+\left(-\dfrac{1}{2}\right)\right\}=30\times\dfrac{11}{6}=55$

---

139 [정답률 47%]   정답 ①

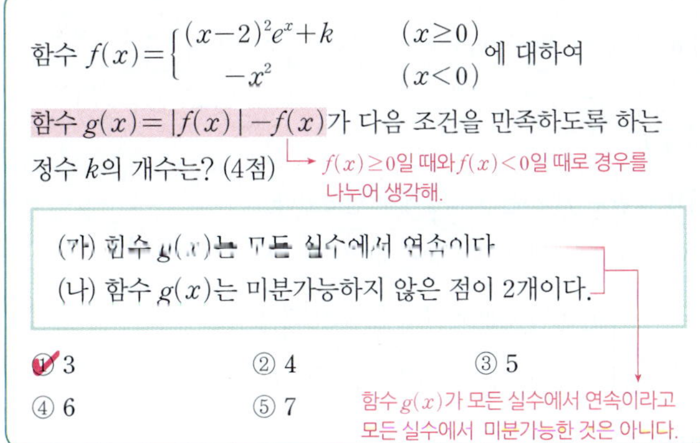

함수 $f(x)=\begin{cases} (x-2)^2 e^x+k & (x\geq0) \\ -x^2 & (x<0) \end{cases}$ 에 대하여

함수 $g(x)=|f(x)|-f(x)$가 다음 조건을 만족하도록 하는 정수 k의 개수는? (4점)

(가) 함수 $g(x)$는 모든 실수에서 연속이다.
(나) 함수 $g(x)$는 미분가능하지 않은 점이 2개이다.

① 3   ② 4   ③ 5
④ 6   ⑤ 7

Step 1 함수 $y=f(x)$의 그래프의 개형을 파악한다.

$x\geq0$일 때, $f(x)=(x-2)^2 e^x+k$에서

$f'(x)=2(x-2)e^x+(x-2)^2 e^x=x(x-2)e^x$

$f'(x)=0$에서 $x=0$ 또는 $x=2$

따라서 $x\geq0$에서 함수 $f(x)$의 증가와 감소를 표로 나타내면 다음과 같다.

x	0	$\cdots$	2	$\cdots$
$f'(x)$	0	$-$	0	$+$
$f(x)$	$4+k$	$\searrow$	k	$\nearrow$

이를 이용하여 $x\geq0$일 때의 함수 $y=f(x)$의 그래프를 그려 보면 오른쪽 그림과 같다.

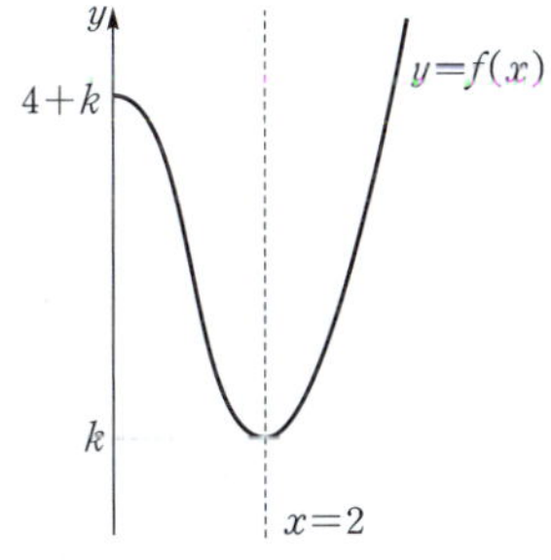

Step 2 k의 값에 따른 함수 $y=g(x)$의 그래프의 개형을 파악한다.

함수 $g(x)=|f(x)|-f(x)$에서

$g(x)=\begin{cases} 0 & (f(x)\geq0) \\ -2f(x) & (f(x)<0) \end{cases}$

이므로 k의 값에 따라 함수 $y=g(x)$의 그래프를 그리면 다음과 같다.

(i) $k\geq0$일 때

$x<0$에서 $f(x)<0$이므로

$g(x)=-2f(x)=2x^2$

$x\geq0$에서 $f(x)\geq0$이므로 $g(x)=0$

따라서 함수 $g(x)$는 $x=0$에서 연속이고,

$\displaystyle\lim_{x\to0-}\dfrac{g(x)-g(0)}{x}=\lim_{x\to0-}\dfrac{2x^2}{x}=\lim_{x\to0-}2x=0$

$\displaystyle\lim_{x\to0+}\dfrac{g(x)-g(0)}{x}=0$

이므로 $x=0$에서 미분가능하다.

이를 이용하여 함수 $y=g(x)$의 그래프를 그리면 오른쪽 그림과 같다.

따라서 실수 전체의 집합에서 연속이고 미분가능하다.

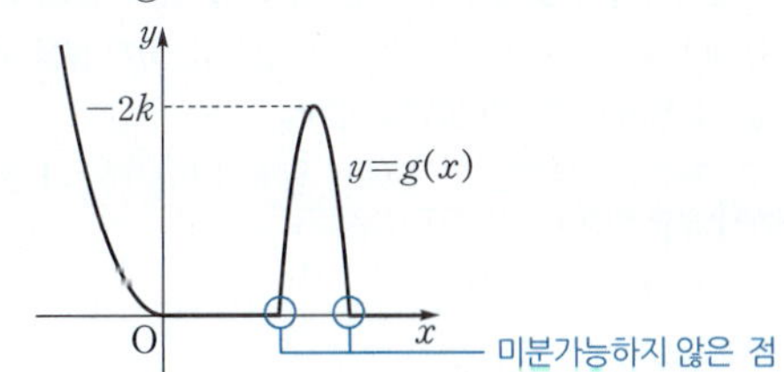

(ii) $-4<k<0$일 때

$x\geq0$에서 함수 $y=f(x)$의 그래프와 x축이 두 점에서 만나고, 함수 $g(x)$는 $x=0$에서 연속이면서 미분가능하다.

이를 이용하여 함수 $y=g(x)$의 그래프를 그려 보면 다음과 같다.

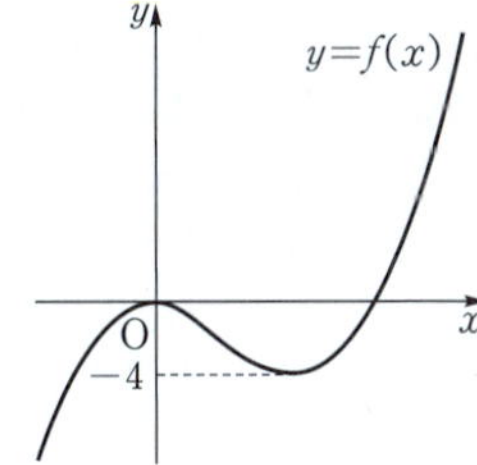

따라서 실수 전체의 집합에서 연속이고 미분가능하지 않은 점의 개수는 2이다.

(iii) $k=-4$일 때

함수 $y=f(x)$의 그래프와 x축이 한 번은 접하면서, 한 번은 접하지 않으면서 만난다.

$f(0)=4+k=4+(-4)=0$, $f(2)=k=-4$

이를 이용하여 함수 $y=g(x)$의 그래프를 그리면 오른쪽 그림과 같다.

따라서 실수 전체의 집합에서 연속이고 미분가능하지 않은 점의 개수는 1이다.

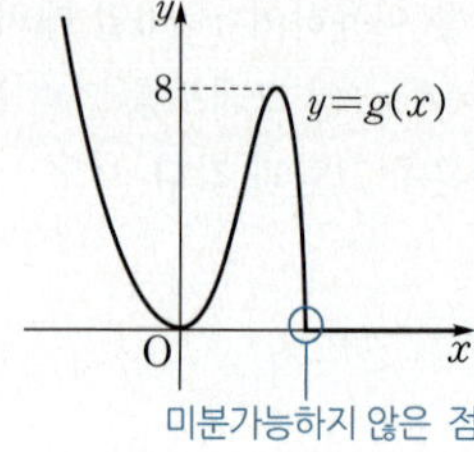

(iv) $k<-4$일 때

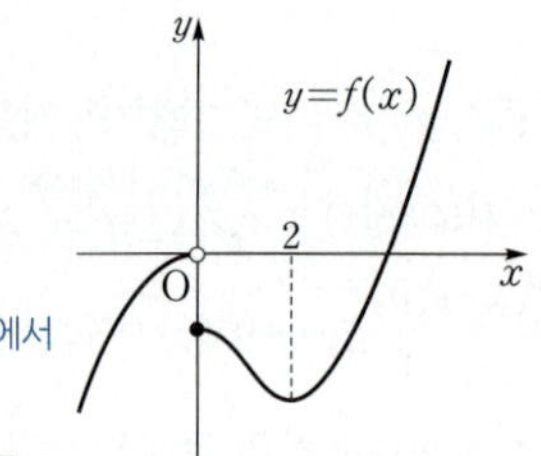

중요　함수 $f(x)$가 $x=a$에서 연속이 아니면 $x=a$에서 미분가능하지 않다.

$x\geq0$에서 함수 $y=f(x)$의 그래프와 x축이 한 점에서 만나고, 함수 $g(x)$는 $x=0$에서 불연속이다.

이를 이용하여 함수 $y=g(x)$의 그래프를 그리면 오른쪽 그림과 같다.

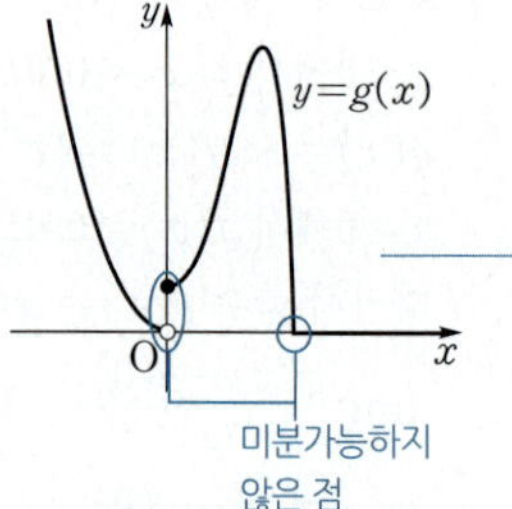

따라서 $x=0$에서 불연속이고 미분가능하지 않은 점의 개수는 2이다.

Step 3　주어진 조건을 만족하는 정수 k의 개수를 구한다.

(i)～(iv)에서 두 조건 (가), (나)를 만족하는 경우는 (ii)이므로
$$-4<k<0$$
따라서 구하는 정수 k의 개수는 -3, -2, -1의 3이다.

조건 (가)에서 함수 $g(x)$는 모든 실수에서 연속
그런데 이 경우 $x=0$에서 불연속이므로 조건 (가)를 만족시키지 못했어. 따라서 조건 (나)를 만족시켰다고 해도 답이 될 수가 없어.

수능포인트

미분가능하지 않은 경우가 언제인지를 깊이 생각해야 해결할 수 있는 문제입니다. 함수가 어떤 점에서 미분가능하지 않을 때,
① 그 점에서 함수가 불연속이거나
② 연속인 경우에는 그 점에서 함수의 미분계수가 존재하지 않아야 합니다.

140 [정답률 27%]　　정답 ④

열린구간 $\left(-\dfrac{\pi}{2}, \dfrac{3\pi}{2}\right)$에서 정의된 함수

$$f(x)=\begin{cases} 2\sin^3 x & \left(-\dfrac{\pi}{2}<x<\dfrac{\pi}{4}\right) \\ \cos x & \left(\dfrac{\pi}{4}\leq x<\dfrac{3\pi}{2}\right) \end{cases}$$

가 있다. 실수 t에 대하여 다음 조건을 만족시키는 모든 실수 k의 개수를 $g(t)$라 하자.

(가) $-\dfrac{\pi}{2}<k<\dfrac{3\pi}{2}$　함수 $|f(x)-t|$가 미분가능한 점에서 함수 $\sqrt{|f(x)-t|}$가 항상 미분가능한건 아니야.
(나) 함수 $\sqrt{|f(x)-t|}$는 $x=k$에서 미분가능하지 않다.

함수 $g(t)$에 대하여 합성함수 $(h\circ g)(t)$가 실수 전체의 집합에서 연속이 되도록 하는 최고차항의 계수가 1인 사차함수 $h(x)$가 있다. $g\left(\dfrac{\sqrt{2}}{2}\right)=a$, $g(0)=b$, $g(-1)=c$라 할 때, $h(a+5)-h(b+3)+c$의 값은? (4점)

① 96　　　② 97　　　③ 98
④ 99　　　⑤ 100

Step 1　함수 $y=f(x)$의 그래프의 개형을 파악한다.

함수

$$f(x)=\begin{cases} 2\sin^3 x & \left(-\dfrac{\pi}{2}<x<\dfrac{\pi}{4}\right) \\ \cos x & \left(\dfrac{\pi}{4}\leq x<\dfrac{3\pi}{2}\right) \end{cases}$$
→ 먼저 $f(x)$가 $x=\dfrac{\pi}{4}$에서 연속인지, 미분가능한지 확인해.

에 대하여

$$\lim_{x\to\frac{\pi}{4}+} f(x)=\lim_{x\to\frac{\pi}{4}+}\cos x=\cos\dfrac{\pi}{4}=\dfrac{\sqrt{2}}{2},$$

$$\lim_{x\to\frac{\pi}{4}-} f(x)=\lim_{x\to\frac{\pi}{4}-} 2\sin^3 x=2\times\left(\sin\dfrac{\pi}{4}\right)^3=2\times\left(\dfrac{\sqrt{2}}{2}\right)^3=\dfrac{\sqrt{2}}{2},$$

$$f\left(\dfrac{\pi}{4}\right)=\dfrac{\sqrt{2}}{2}$$
$\left[=2\times\left(\dfrac{2\sqrt{2}}{8}\right)=2\times\dfrac{\sqrt{2}}{4}=\dfrac{\sqrt{2}}{2}\right]$

이므로 함수 $f(x)$는 $x=\dfrac{\pi}{4}$에서 연속이다.

함수 $f(x)$를 x에 대하여 미분하면　(극한값)=(함숫값)=$\dfrac{\sqrt{2}}{2}$

$$f'(x)=\begin{cases} 6\sin^2 x\cos x & \left(-\dfrac{\pi}{2}<x<\dfrac{\pi}{4}\right) \\ -\sin x & \left(\dfrac{\pi}{4}<x<\dfrac{3\pi}{2}\right) \end{cases}$$

이고

$$\lim_{x\to\frac{\pi}{4}+} f'(x)=\lim_{x\to\frac{\pi}{4}+}(-\sin x)=-\sin\dfrac{\pi}{4}=-\dfrac{\sqrt{2}}{2}<0,$$

$$\lim_{x\to\frac{\pi}{4}-} f'(x)=\lim_{x\to\frac{\pi}{4}-} 6\sin^2 x\cos x=6\times\left(\sin\dfrac{\pi}{4}\right)^2\times\cos\dfrac{\pi}{4}$$
$\left[\left(\dfrac{\sqrt{2}}{2}\right)^2=\dfrac{1}{2}\right]$
$$=\dfrac{3\sqrt{2}}{2}>0$$

이므로 함수 $f(x)$는 $x=\dfrac{\pi}{4}$에서 미분가능하지 않고,

극댓값 $f\left(\dfrac{\pi}{4}\right)=\dfrac{\sqrt{2}}{2}$를 갖는다.

또한, $f'(x)=0$에서 $x=0$ 또는 $x=\pi$이고

$\displaystyle\lim_{x\to0+}f'(x)>0,\ \lim_{x\to0-}f'(x)>0$ → $x=0$의 좌우에서 $\sin^2 x>0$, $\cos x>0$이기 때문에 $x=0$에서 극값을 갖지 않아.

$\displaystyle\lim_{x\to\pi+}f'(x)>0,\ \lim_{x\to\pi-}f'(x)<0$이므로 → $f'(x)=\cos x$에 $x=\pi$ 대입

$f(x)$는 $x=\pi$에서 극솟값 $f(\pi)=-1$을 갖는다.

따라서 함수 $y=f(x)$의 그래프는 다음과 같다.

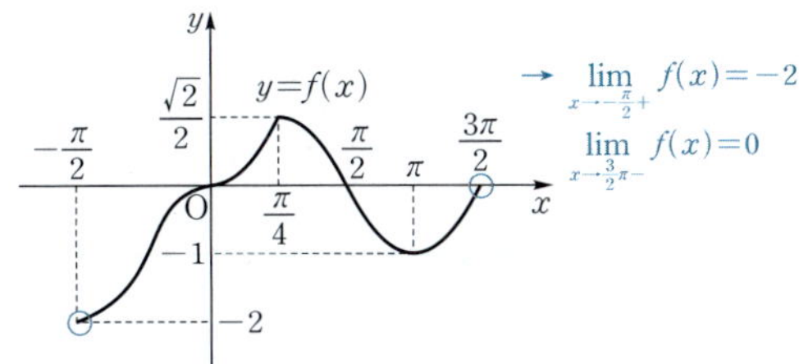

Step 2 함수 $\sqrt{|f(x)-t|}$가 미분가능하지 않는 경우를 파악한다.

$i(x)=\sqrt{|f(x)-t|}$라 하면

$i'(x)=\dfrac{1}{2}\times\dfrac{1}{\sqrt{|f(x)-t|}}\times(|f(x)-t|)'$이므로

함수 $i(x)$는 $f(x)-t=0$인 x의 값, $|f(x)-t|$가 미분가능하지 않는 x의 값에서 미분가능하지 않다. → 미분계수 존재× ($\because$ (분모)$=0$)

이때 k는 $\sqrt{|f(x)-t|}$가 미분가능하지 않을 때의 x의 값이므로

k의 개수 $g(t)$는 $f(x)=t$를 만족하는 점 또는 $|f(x)-t|$가 미분가능하지 않은 점의 개수이다. → 함수 $y=f(x)$의 그래프와 직선 $y=t$의 교점의 개수

→ $x=\dfrac{\pi}{4}$인 경우는 항상 해당돼.

> 단, $f(k)-t=0$이면서 함수 $|f(x)-t|$의 $x=k$에서의 미분계수가 0,
> 즉 $f'(k)=0$인 경우에는 $\dfrac{0}{0}$꼴이 되므로 실제로 함수 $\sqrt{|f(x)-t|}$가 $x=k$에서 미분가능한지 확인해 보아야 한다. → 미분계수가 존재할 수도, 존재하지 않을 수도 있어.
> → $k=0$, $k=\pi$인 경우야.

Step 3 $g(t)$를 구한다.

(i) $t>\dfrac{\sqrt2}{2}$일 때

함수 $y=f(x)$의 그래프와 직선 $y=t$가 만나지 않으므로

함수 $\sqrt{|f(x)-t|}$는 한 점에서만 미분가능하지 않다.

$\therefore g(t)=1$ → $x=\dfrac{\pi}{4}$일 때

(ii) $t=\dfrac{\sqrt2}{2}$일 때

함수 $y=f(x)$의 그래프와 직선 $y=\dfrac{\sqrt2}{2}$를 그려 보면 다음과 같다.

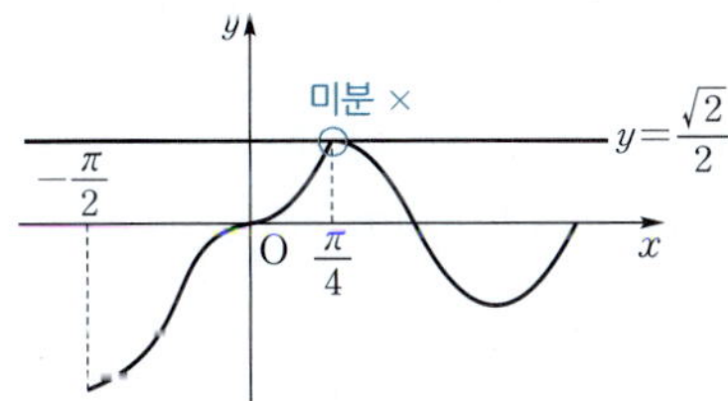

이때 직선 $y=\dfrac{\sqrt2}{2}$가 함수 $y=f(x)$의 그래프와 $x=\dfrac{\pi}{4}$에서

만나므로 $f\left(\dfrac{\pi}{4}\right)-\dfrac{\sqrt2}{2}=0$

따라서 함수 $\sqrt{\left|f(x)-\dfrac{\sqrt2}{2}\right|}$는 한 점에서만 미분가능하지 않다.

$\therefore g(t)=1$ → $x=\dfrac{\pi}{4}$일 때

(iii) $0<t<\dfrac{\sqrt2}{2}$일 때

함수 $y=f(x)$의 그래프와 직선 $y=t$는 두 점에서 만나고,

두 점 모두 $f'(x)=0$을 만족하지 않으므로 함수 $\sqrt{|f(x)-t|}$는 세 점에서 미분가능하지 않다.

$\therefore g(t)=3$ → (미분가능하지 않은 두 점)$+\left(x=\dfrac{\pi}{4}\right.$일 때$\left.\right)$

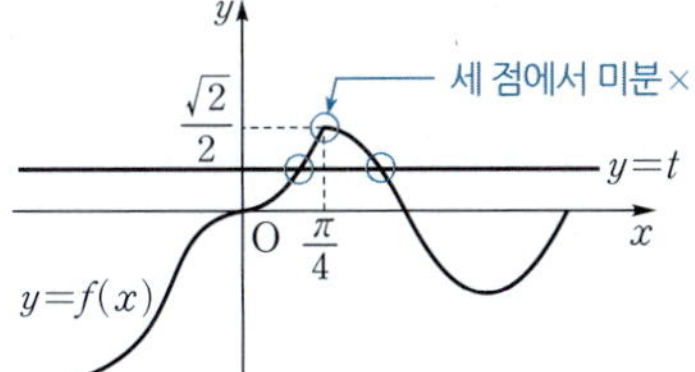

(iv) $t=0$일 때

함수 $y=f(x)$의 그래프와 직선 $y=0$은 $x=0$, $x=\dfrac{\pi}{2}$에서 만나고, $f'\left(\dfrac{\pi}{2}\right)<0$이므로 함수 $\sqrt{|f(x)|}$는 $x=\dfrac{\pi}{2}$에서 미분가능하지 않다. → $\sqrt{|f(x)-t|}$에 $t=0$ 대입

이때 $f'(0)=0$이므로 $x=0$에서의 미분가능성은 직접 확인해 보아야 한다. → **Step 2**에서 말한 $\dfrac{0}{0}$의 경우야!

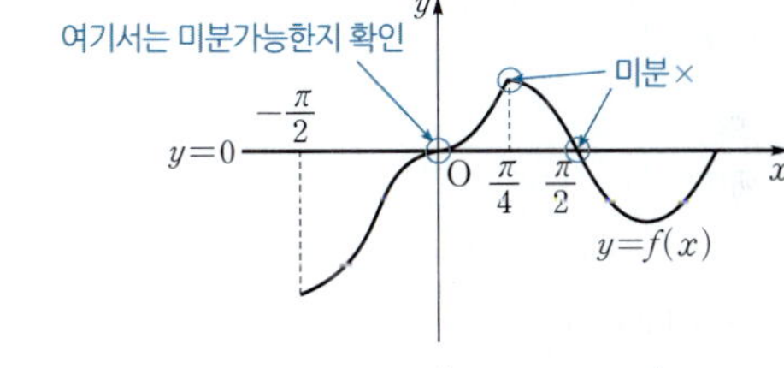

$$\sqrt{|f(x)|}=\begin{cases}\sqrt{-2\sin^3 x} & \left(-\dfrac{\pi}{2}<x<0\right)\\[2mm]\sqrt{2\sin^3 x} & \left(0\le x<\dfrac{\pi}{4}\right)\end{cases}$$

$\displaystyle\lim_{x\to0+}\dfrac{\sqrt{|f(x)|}}{x}=\lim_{x\to0+}\dfrac{\sqrt{2\sin^3 x}}{x}$ → $0<x<\pi$일 때 $\sqrt{\sin^2 x}=\sin x$

$\quad=\displaystyle\lim_{x\to0+}\left(\dfrac{\sqrt2\sin x}{x}\times\sqrt{\sin x}\right)$

$\quad=\sqrt2\times1\times0=0$

$\displaystyle\lim_{x\to0-}\dfrac{\sqrt{|f(x)|}}{x}=\lim_{x\to0-}\dfrac{\sqrt{-2\sin^3 x}}{x}$

$\quad=\displaystyle\lim_{x\to0-}\left\{\dfrac{\sqrt{2(-\sin x)}}{x}\times\sqrt{-\sin x}\right\}$

$\quad=\sqrt2\times(-1)\times0=0$

따라서 함수 $\sqrt{|f(x)|}$는 $x=0$에서 미분가능하다.

그러므로 $t=0$일 때 함수 $\sqrt{|f(x)-t|}$는 두 점에서 미분가능하지 않다. → $x=\dfrac{\pi}{4}$, $x=\dfrac{\pi}{2}$일 때

$\therefore g(t)=2$

(v) $-1<t<0$일 때

함수 $y=f(x)$의 그래프와 직선 $y=t$는 세 점에서 만나고,

세 점 모두 $f'(x)=0$을 만족하지 않으므로 함수 $\sqrt{|f(x)-t|}$는 네 점에서 미분가능하지 않다.

$\therefore g(t)=4$ → (미분가능하지 않은 세 점)$+\left(x=\dfrac{\pi}{4}\right.$일 때$\left.\right)$

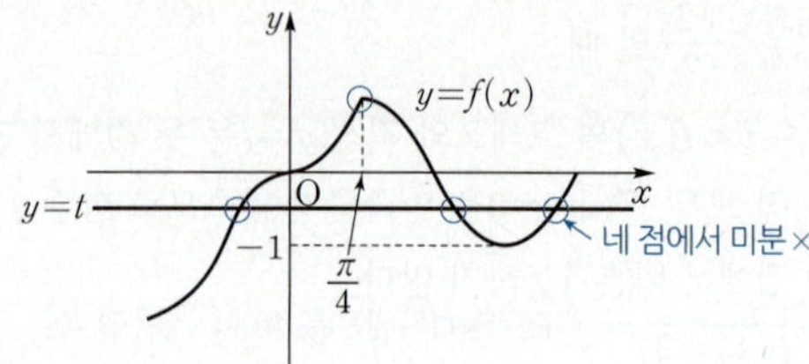

(vi) $t=-1$일 때

함수 $y=f(x)$의 그래프와 직선 $y=-1$은 두 점에서 만나고,
$f(\pi)=-1$, $f'(\pi)=0$이므로 $x=\pi$에서의 미분가능성은
직접 확인해 보아야 한다.

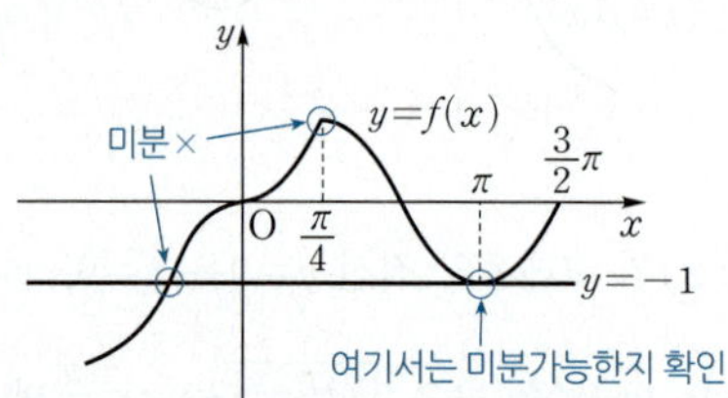

$\dfrac{\pi}{4}\leq x<\dfrac{3\pi}{2}$일 때 $\sqrt{|f(x)+1|}=\sqrt{|\cos x+1|}$

$\sqrt{|f(x)-t|}$에 $t=-1$ 대입

$\displaystyle\lim_{x\to\pi-}\dfrac{\sqrt{|\cos x+1|}-\sqrt{|\cos \pi+1|}}{x-\pi}$

$=\displaystyle\lim_{x\to\pi-}\dfrac{\sqrt{|\cos x+1|}}{x-\pi}$

$=\displaystyle\lim_{x\to\pi-}\dfrac{\sqrt{|\cos x+1|}\sqrt{|\cos x-1|}}{(x-\pi)\sqrt{|\cos x-1|}}$

$=\displaystyle\lim_{x\to\pi-}\dfrac{\sqrt{\cos x+1}\sqrt{1-\cos x}}{(x-\pi)\sqrt{1-\cos x}}$

$\because \cos x-1\leq 0$

$\sqrt{1-\cos^2 x}=\sqrt{\sin^2 x}=|\sin x|$

$=\displaystyle\lim_{x\to\pi-}\dfrac{|\sin x|}{(x-\pi)\sqrt{1-\cos x}}$

$=\displaystyle\lim_{x\to\pi-}\dfrac{\sin x}{(x-\pi)\sqrt{1-\cos x}}$ $0<x<\pi$이면 $|\sin x|=\sin x$

$=-\dfrac{1}{\sqrt{2}}$

$\displaystyle\lim_{x\to\pi+}\dfrac{\sqrt{|\cos x+1|}-\sqrt{|\cos \pi+1|}}{x-\pi}$

$=\displaystyle\lim_{x\to\pi+}\dfrac{\sqrt{|\cos x+1|}}{x-\pi}$

$=\displaystyle\lim_{x\to\pi+}\dfrac{\sqrt{|\cos x+1|}\sqrt{|\cos x-1|}}{(x-\pi)\sqrt{|\cos x-1|}}$

$=\displaystyle\lim_{x\to\pi+}\dfrac{\sqrt{\cos x+1}\sqrt{1-\cos x}}{(x-\pi)\sqrt{1-\cos x}}$

$=\displaystyle\lim_{x\to\pi+}\dfrac{|\sin x|}{(x-\pi)\sqrt{1-\cos x}}$

$=\displaystyle\lim_{x\to\pi+}\dfrac{-\sin x}{(x-\pi)\sqrt{1-\cos x}}$ $\pi<x<2\pi$이면 $|\sin x|=-\sin x$

$=\dfrac{1}{\sqrt{2}}$

따라서 함수 $\sqrt{|f(x)+1|}$은 $x=\pi$에서 미분가능하지 않다.

그러므로 $t=-1$일 때

함수 $\sqrt{|f(x)-t|}$은 세 점에서 미분가능하지 않다.

$\therefore g(t)=3$

(vii) $-2<t<-1$일 때

함수 $y=f(x)$의 그래프와 직선 $y=t$는 한 점에서 만나고,
만나는 한 점은 $f'(x)=0$을 만족하지 않으므로

함수 $\sqrt{|f(x)-t|}$는 두 점에서 미분가능하지 않다.

$\therefore g(t)=2$

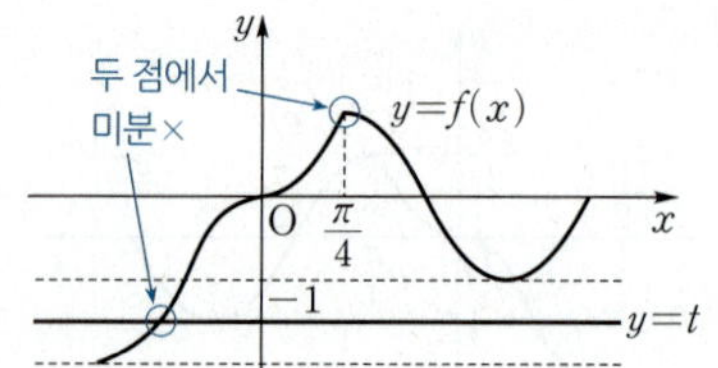

(viii) $t\leq-2$일 때

함수 $\sqrt{|f(x)-t|}$는 $x=\dfrac{\pi}{4}$에서만 미분가능하지 않다.

$\therefore g(t)=1$

따라서 함수 $g(t)$는

$$g(t)=\begin{cases}1 & (t\leq-2)\\ 2 & (-2<t<-1)\\ 3 & (t=-1)\\ 4 & (-1<t<0)\\ 2 & (t=0)\\ 3 & \left(0<t<\dfrac{\sqrt{2}}{2}\right)\\ 1 & \left(t\geq\dfrac{\sqrt{2}}{2}\right)\end{cases}$$

이고, $g\left(\dfrac{\sqrt{2}}{2}\right)=1$, $g(0)=2$, $g(-1)=3$이므로

$a=1$, $b=2$, $c=3$

이와 같이 그래프로 그려주면 좌극한, 우극한을 구하기 쉬워.

Step 4 $h(x)$의 식을 세운다.

합성함수 $(h\circ g)(t)$가 실수 전체의 집합에서 연속이므로
$g(t)$가 불연속인 점에서 합성함수의 연속성을 확인해 보면 다음과
같다.

(i) $t=-2$일 때

$\displaystyle\lim_{t\to-2+}(h\circ g)(t)=h(2)$, $\displaystyle\lim_{t\to-2-}(h\circ g)(t)=h(1)$,

$(h\circ g)(-2)=h(1)$이므로

$h(1)=h(2)$ ······ ㉠

(ii) $t=-1$일 때

$\displaystyle\lim_{t\to-1+}(h\circ g)(t)=h(4)$, $\displaystyle\lim_{t\to-1-}(h\circ g)(t)=h(2)$,

$(h\circ g)(-1)=h(3)$이므로

$h(2)=h(3)=h(4)$ ······ ㉡

(iii) $t=0$일 때

$\displaystyle\lim_{t\to0+}(h\circ g)(t)=h(3)$, $\displaystyle\lim_{t\to0-}(h\circ g)(t)=h(4)$,

$(h\circ g)(0)=h(2)$이므로

$h(2)=h(3)=h(4)$ ······ ㉢

(ⅳ) $t=\dfrac{\sqrt{2}}{2}$일 때

$$\lim_{t\to\frac{\sqrt{2}}{2}+}(h\circ g)(t)=h(1),\quad \lim_{t\to\frac{\sqrt{2}}{2}-}(h\circ g)(t)=h(3),$$

$(h\circ g)\left(\dfrac{\sqrt{2}}{2}\right)=h(1)$이므로

$$h(1)=h(3) \qquad \cdots\cdots ㉣$$

따라서 ㉠~㉣에서 $h(1)=h(2)=h(3)=h(4)$이고,
$h(x)$는 최고차항의 계수가 1인 사차함수이므로
$h(1)=h(2)=h(3)=h(4)=a$라 하면

$$h(x)=(x-1)(x-2)(x-3)(x-4)+a$$

로 놓을 수 있다.

Step 5 $h(a+5)-h(b+3)+c$의 값을 구한다.

그러므로 구하는 값은

$$\begin{aligned}
&h(a+5)-h(b+3)+c\\
&=h(6)-h(5)+3\\
&=(5\times4\times3\times2+a)-(4\times3\times2\times1+a)+3\\
&=(120+a)-(24+a)+3\\
&=99 \quad\text{← } a\text{의 값은 답에 영향을 주지 않아.}
\end{aligned}$$

★ **다른 풀이** 절댓값이 포함된 함수의 그래프를 이용한 풀이

Step 1 동일

Step 2 $\sqrt{|f(x)-t|}$가 미분가능하지 않을 경우를 찾는다.

이때 $q(x)=|f(x)-t|$라 하면

$$(\sqrt{q(x)})'=\frac{1}{2}\times\frac{1}{\sqrt{q(x)}}\times q'(x)$$

이므로 함수 $\sqrt{q(x)}$는 $q(x)$가 미분가능하지 않는 x의 값과
$q(x)=0$인 x의 값에서 미분가능하지 않다.

단, $q(x)=0$이면서 $q'(x)=0$인 경우에는 $\dfrac{0}{0}$꼴이 되므로
$\sqrt{q(x)}$가 미분가능한지 확인해 보아야 한다.

Step 3 $y=q(x)$의 그래프를 이용하여 $g(t)$를 구한다.

함수 $q(x)=|f(x)-t|$의 그래프는
함수 $y=f(x)$의 그래프를 y축의 방향으로 $-t$만큼 평행이동시킨
후, x축의 아랫부분을 x축에 대하여 대칭이동시킨 것이므로
t의 값의 범위에 따른 함수 $y=q(x)$의 그래프를 그려 보자.

(ⅰ) $t\geq\dfrac{\sqrt{2}}{2}$일 때

함수 $q(x)=|f(x)-t|$의 그래프는 다음 그림과 같으므로
조건을 만족시키는 k의 개수는 1이다.

$$\therefore g(t)=1$$

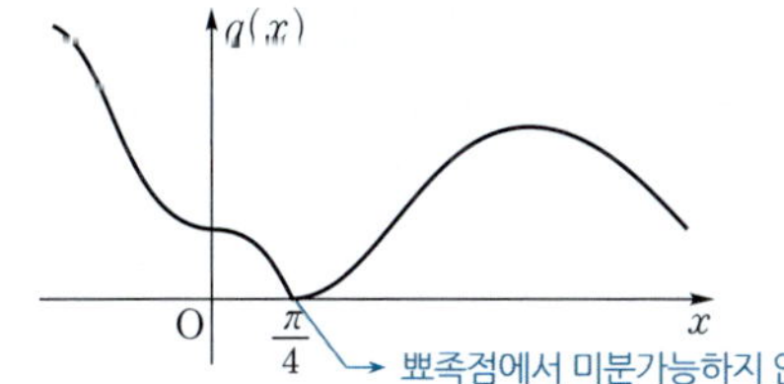

(ⅱ) $0<t<\dfrac{\sqrt{2}}{2}$일 때

함수 $q(x)=|f(x)-t|$의 그래프는 다음 그림과 같으므로
조건을 만족시키는 k의 개수는 3이다.

$$\therefore g(t)=3$$

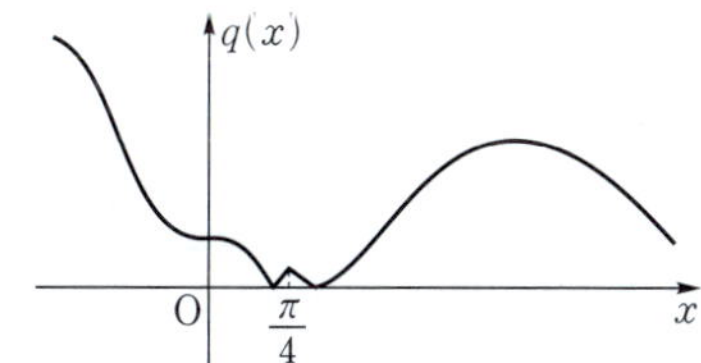

(ⅲ) $t=0$일 때

함수 $q(x)=|f(x)-t|$의 그래프는 다음 그림과 같다.

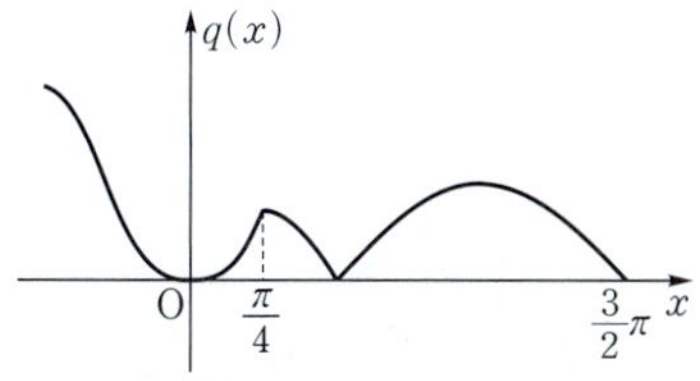

이때 $x=0$에서 $q(x)=0$, $q'(x)=0$이므로
함수 $\sqrt{q(x)}$가 미분가능한지 확인해 보아야 한다.

$i(x)=\sqrt{|2\sin^3 x|}$라 하면 (← $\sqrt{|f(x)-t|}$에 $f(x)=2\sin^3 x,\ t=0$을 대입)

$$\begin{aligned}
i'(0)&=\lim_{x\to0}\frac{i(0+x)-i(0)}{x}\\
&=\lim_{x\to0}\frac{\sqrt{|2\sin^3 x|}}{x}=0
\end{aligned}$$

이므로 $x=0$에서는 미분가능하다.
따라서 조건을 만족시키는 k의 개수는 2이다.

$$\therefore g(t)=2$$

(ⅳ) $-1<t<0$일 때

함수 $q(x)=|f(x)-t|$의 그래프는 다음 그림과 같으므로
조건을 만족시키는 k의 개수는 4이다.

$$\therefore g(t)=4$$

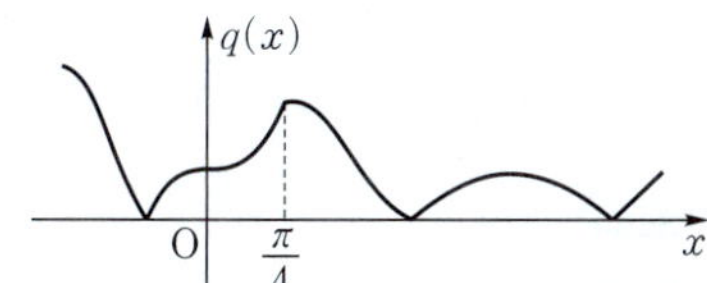

(ⅴ) $t=-1$일 때

함수 $q(x)=|f(x)-t|$의 그래프는 다음 그림과 같다.

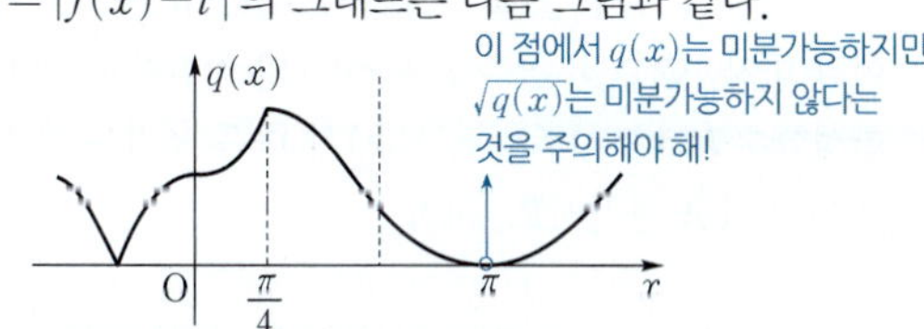

이때 $x=\pi$에서 $q(x)=0$, $q'(x)=0$이므로
함수 $\sqrt{q(x)}$가 미분가능한지 확인해 보아야 한다.
$j(x)=\sqrt{|\cos x+1|}$이라 하면

$$\lim_{x\to\pi-}\frac{j(x)-j(\pi)}{x-\pi}=-\frac{\sqrt{2}}{2}$$

$$\lim_{x\to\pi+}\frac{j(x)-j(\pi)}{x-\pi}=\frac{\sqrt{2}}{2}$$

이므로 함수 $\sqrt{q(x)}$는 $x=\pi$에서 미분가능하지 않다.
따라서 조건을 만족시키는 k의 개수는 3이다.

$$\therefore g(t)=3$$

(ⅵ) $-2<t<-1$일 때

함수 $q(x)=|f(x)-t|$의 그래프는 다음 그림과 같으므로
조건을 만족시키는 k의 개수는 2이다.

$$\therefore g(t)=2$$

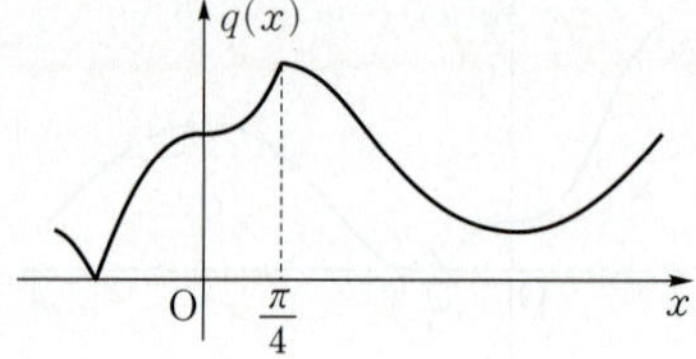

(vii) $t \le -2$일 때

함수 $q(x)=|f(x)-t|$의 그래프는 다음 그림과 같으므로 조건을 만족시키는 k의 개수는 1이다.

$$\therefore g(t)=1$$

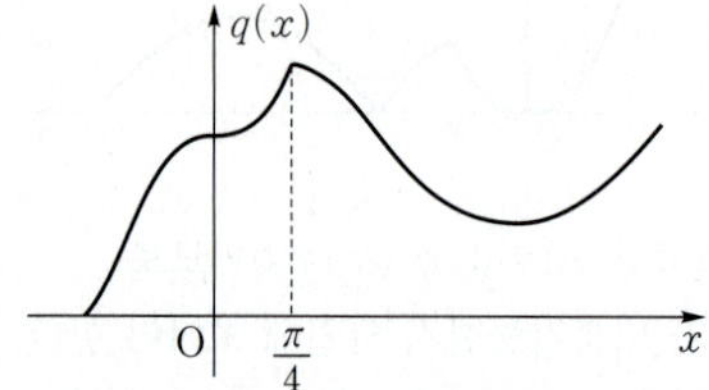

따라서 함수 $y=g(t)$의 그래프는 다음 그림과 같다.

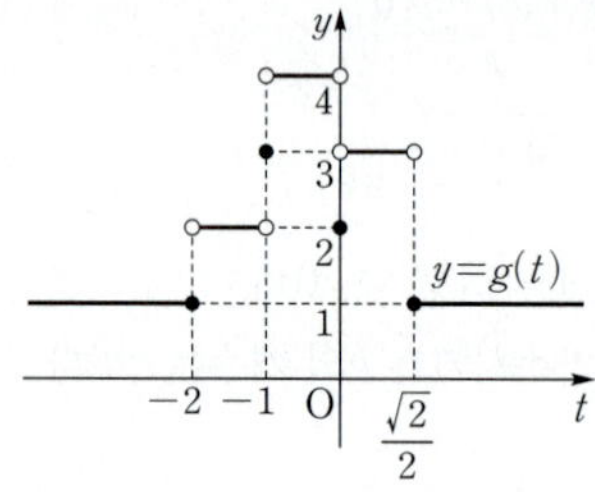

Step 4 Step 5 동일

---

141 [정답률 34%]   정답 72

두 상수 a, b $(a<b)$에 대하여 함수 $f(x)$를
$$f(x)=(x-a)(x-b)^2$$
이라 하자. 함수 $g(x)=x^3+x+1$의 역함수 $g^{-1}(x)$에 대하여 합성함수 $h(x)=(f \circ g^{-1})(x)$가 다음 조건을 만족시킬 때, $f(8)$의 값을 구하시오. (4점)

> (가) 함수 $(x-1)|h(x)|$가 실수 전체의 집합에서 미분가능하다. → $h(x)=0$일 때를 기준으로 생각
>
> (나) $h'(3)=2$ → 역함수, 합성함수의 미분법을 적절히 사용해.

Step 1   함수 $(x-1)|h(x)|$가 미분가능할 조건을 파악한다.

함수 $(x-1)|h(x)|$를
$$(x-1)|h(x)|=\begin{cases}(x-1)h(x) & (h(x)\ge0)\\ -(x-1)h(x) & (h(x)<0)\end{cases}$$
$h(x)=0$일 때를 기준으로 식이 바뀌어.

와 같이 놓을 수 있다.

이때 조건 (가)에서 함수 $(x-1)|h(x)|$가 실수 전체의 집합에서 미분가능해야 하므로 $h(x)$의 부호가 바뀌는 지점, 즉 $h(x)=0$이 되는 x에서 미분가능해야 한다. → 이때만 $(x-1)|h(x)|$의 식이 다르게 표현됨을 알 수 있어.

함수 $(x-1)|h(x)|$를 미분하면

$h(x)>0$일 때
$$\{(x-1)|h(x)|\}'=\{(x-1)h(x)\}'$$
$$=h(x)+(x-1)h'(x)$$

$h(x)<0$일 때
$$\{(x-1)|h(x)|\}'=\{-(x-1)h(x)\}'$$
$$=-h(x)-(x-1)h'(x)$$

즉 어떤 α에 대하여 $h(\alpha)=0$이고 $x=\alpha$에서 $h(x)$의 부호가 양에서 음으로 바뀔 때, 함수 $(x-1)|h(x)|$가 $x=\alpha$에서 미분가능하면 $x=\alpha$에서의 좌미분계수와 우미분계수가 같아야 하므로

$$\lim_{x\to\alpha-}\{(x-1)|h(x)|\}'=\lim_{x\to\alpha-}\{h(x)+(x-1)h'(x)\}$$

└ 좌미분계수 $=h(\alpha)+(\alpha-1)h'(\alpha)$
이 값이 0이라고 했어. ←
$$=(\alpha-1)h'(\alpha)$$

$$\lim_{x\to\alpha+}\{(x-1)|h(x)|\}'=\lim_{x\to\alpha+}\{-h(x)-(x-1)h'(x)\}$$

└ 우미분계수 $=-h(\alpha)-(\alpha-1)h'(\alpha)$
$$=-(\alpha-1)h'(\alpha)$$

즉, $(\alpha-1)h'(\alpha)=-(\alpha-1)h'(\alpha)$에서 $(\alpha-1)h'(\alpha)=0$

$\therefore \alpha=1$ 또는 $h'(\alpha)=0$

같은 방법으로 $h(x)$의 부호가 음에서 양으로 바뀌는 점에서 확인해도 동일한 결과를 얻는다. 따라서 함수 $(x-1)|h(x)|$가 실수 전체의 집합에서 미분가능하려면 $h(m)=0$인 모든 m에 대하여

$m=1$ 또는 $h'(m)=0$ …… ㉠

이어야 한다.

Step 2 $h'(x)$를 구한다.

함수 $g(x)$의 역함수 $g^{-1}(x)$에 대하여 $g(g^{-1}(x))=x$이므로 양변을 x에 대하여 미분하면 → 역함수의 중요한 성질이야.

$$g'(g^{-1}(x))\times\{g^{-1}(x)\}'=1$$

$$\therefore \{g^{-1}(x)\}'=\frac{1}{g'(g^{-1}(x))}$$

이를 이용하여 함수 $h(x)$를 미분하면

$$h'(x)=f'(g^{-1}(x))\times\{g^{-1}(x)\}'=\frac{f'(g^{-1}(x))}{g'(g^{-1}(x))}$$

Step 3   조건 (가)를 이용하여 a의 값을 구한다.

조건 (가)에서 함수 $(x-1)|h(x)|$가 실수 전체의 집합에서 미분가능해야 하므로 $h(x)=0$인 x의 값을 찾아보면

$h(x)=f(g^{-1}(x))=0$에서
$g^{-1}(x)=a$ 또는 $g^{-1}(x)=b$ → 이때의 x에서 함수 $(x-1)|h(x)|$가 미분가능한지 확인해야 해.

각각의 경우에 따라 함수 $(x-1)|h(x)|$가 미분가능한지 확인해보면 다음과 같다.

(i) $g^{-1}(x)=a$일 때

$g^{-1}(k)=a$를 만족시키는 k에 대하여

$$h'(k)=\frac{f'(g^{-1}(k))}{g'(g^{-1}(k))}=\frac{f'(a)}{g'(a)}$$

이때 함수 $f(x)$를 미분하면

$$f'(x)=(x-b)^2+2(x-a)(x-b) \quad\quad …… ㉡$$

이므로 $f'(a)=(a-b)^2\ne0$ → 문제에서 $a<b$라고 했어.

즉, $h'(k)\ne0$이므로 ㉠에 의하여 $k=1$이어야 한다.

따라서 $g^{-1}(1)=a$이므로

$$g(a)=a^3+a+1=1$$
$$a^3+a=0 \quad \therefore a=0$$

(ii) $g^{-1}(x)=b$일 때

$g^{-1}(k)=b$를 만족시키는 k에 대하여

$$h'(k)=\frac{f'(g^{-1}(k))}{g'(g^{-1}(k))}=\frac{f'(b)}{g'(b)}$$

이때 ⓛ에서 $f'(b)=0$이므로 $h'(k)=0$

즉, ㉠이 성립하므로 함수 $(x-1)|h(x)|$는 $x=k$에서 미분가능하다.

따라서 (i), (ii)에서 $a=0$임을 알 수 있다.

Step 4 조건 (나)를 이용하여 b의 값을 구한다.

$g(1)=3$이므로 $g^{-1}(3)=1$

조건 (나)에서 $h'(3)=2$이므로

$$h'(3)=\frac{f'(g^{-1}(3))}{g'(g^{-1}(3))}=\frac{f'(1)}{g'(1)}=2 \quad \cdots\cdots ㉢$$

함수 $g(x)$를 미분하면

$$g'(x)=3x^2+1 \quad \therefore g'(1)=4$$

이를 ㉢에 대입하면 $f'(1)=8$

따라서 ⓛ에서 → 앞에서 $a=0$임을 구했어.

$$f'(1)=(1-b)^2+2\underline{(1-a)}(1-b)$$
$$=(1-b)^2+2(1-b)=8$$
$$(b^2-2b+1)+(2-2b)=8$$
$$b^2-4b+3=8,\ b^2-4b-5=0$$
$$(b+1)(b-5)=0$$
$$\therefore b=5 \ (\because a<b)$$

Step 5 $f(8)$의 값을 구한다.

따라서 $f(x)=x(x-5)^2$이므로

$$f(8)=8\times3^2=72$$

---

142 [정답률 60%]   정답 ⑤

양의 실수 전체의 집합을 정의역으로 하는 함수

$$f(x)=\frac{1}{27}(x^4-6x^3+12x^2+19x)$$

에 대하여 $f(x)$의 역함수를 $g(x)$라 하자. [보기]에서 옳은 것만을 있는 대로 고른 것은? (4점) → 두 함수 $f(x)$와 $g(x)$의 그래프는 직선 $y=x$에 대하여 대칭이야.

> [보기] 함수 $f(x)$에서 $f''(a)=0$이고, $x=a$의 좌우에서 $f''(x)$의 부호가 바뀌면 점 $(a, f(a))$는 곡선 $y=f(x)$의 변곡점이다.
> ㄱ. 점 $(2, 2)$는 곡선 $y=f(x)$의 변곡점이다.
> ㄴ. 방정식 $f(x)=x$의 실근 중 양수인 것은 $x=2$ 하나뿐이다.
> ㄷ. 함수 $|f(x)-g(x)|$는 $x=2$에서 미분가능하다.

① ㄱ   ② ㄴ   ③ ㄱ, ㄴ

④ ㄱ, ㄷ   ✓⑤ ㄱ, ㄴ, ㄷ

Step 1 $f''(x)$를 구하고 $x=2$의 좌우에서 $f''(x)$의 부호를 조사한다. → $y=f(x)$의 변곡점을 구하기

ㄱ. $f(x)=\frac{1}{27}(x^4-6x^3+12x^2+19x)$에서 위해서는 먼저 $f''(x)$를 구해.

$$f'(x)=\frac{1}{27}(4x^3-18x^2+24x+19)$$
$$f''(x)=\frac{1}{27}(12x^2-36x+24)$$
$$=\frac{4}{9}(x^2-3x+2)$$
$$=\frac{4}{9}(x-1)(x-2)$$

주의 여기서 끝난 게 아니야! $f''(x)=0$의 해를 구한 후, $x=1$, $x=2$의 좌우에서 $f''(x)$의 부호가 바뀌는지 꼭 확인해!

$f''(x)=0$에서 $x=1$ 또는 $x=2$

$$f(2)=\frac{1}{27}(2^4-6\cdot2^3+12\cdot2^2+19\cdot2)=\frac{1}{27}\cdot54=2$$

이때 $x=2$의 좌우에서 $f''(x)$의 부호가 바뀌므로 점 $(2, 2)$는 곡선 $y=f(x)$의 변곡점이다. (참) 변곡점의 판정

Step 2 방정식 $f(x)=x$의 근을 구한다. → ㄴ을 어렵게 생각할 필요 없어. 단순히 방정식 $f(x)=x$의 근을 구한 후 양수인 것만 확인하면 돼.

ㄴ. $f(x)=x$에서

$$\frac{1}{27}(x^4-6x^3+12x^2+19x)=x$$
$$x^4-6x^3+12x^2+19x=27x$$
$$x^4-6x^3+12x^2-8x=0$$
$$x(x^3-6x^2+12x-8)=0$$
$$x(x-2)^3=0$$

$$\begin{array}{r|rrrr} 2 & 1 & -6 & 12 & -8 \\ & & 2 & -8 & 8 \\ \hline & 1 & -4 & 4 & 0 \end{array}$$

$$\therefore x=0 \text{ 또는 } x=2$$

따라서 방정식 $f(x)=x$의 실근 중 양수인 것은 $x=2$ 하나뿐이다. (참)

Step 3 역함수의 미분법을 이용하여 $x=2$에서 $|f(x)-g(x)|$의 미분가능성을 조사한다. → $x=2$에서의 미분계수가 존재하는지 살펴봐.

ㄷ. $f(2)=2$이므로 역함수의 성질에 의하여 $g(2)=2$

$f'(2)=\frac{1}{27}(32-72+48+19)=1$이므로 역함수의 미분법에 의하여

$$g'(2)=\frac{1}{f'(2)}=1$$ 역함수의 미분법

따라서 $y=f(x)$와 $y=g(x)$의 그래프는 직선 $y=x$에 대하여 대칭이고 $x=2$에서 직선 $y=x$에 접한다. → $f(2)=g(2)=2$이고 $f'(2)=g'(2)=1$

$h(x)=|f(x)-g(x)|$라 하면

$$h(x)=\begin{cases} f(x)-g(x) & (x\geq2,\ x\leq0) \\ g(x)-f(x) & (0<x<2) \end{cases}$$ → 함수 $h(x)$의 식은 실젯값을 포함하고 있으므로 절댓값 안의 식이 0보다 크거나 같을 때와 0보다 작을 때로 나누어 생각해야 해.

$$h'(x)=\begin{cases} f'(x)-g'(x) & (x>2,\ x<0) \\ g'(x)-f'(x) & (0<x<2) \end{cases}$$

이때

$$\lim_{x\to2-}\frac{h(x)-h(2)}{x-2}=g'(2)-f'(2)=0$$
$$\lim_{x\to2+}\frac{h(x)-h(2)}{x-2}=f'(2)-g'(2)=0$$ → 함수 $h(x)$의 $x=2$에서의 미분계수가 존재한다.

이므로 함수 $|f(x)-g(x)|$는 $x=2$에서 미분가능하다. (참)

그러므로 옳은 것은 ㄱ, ㄴ, ㄷ이다.

143 [정답률 25%]　　　　　정답 40

두 상수 $a\,(a>0)$, b에 대하여 함수 $f(x)=(ax^2+bx)e^{-x}$
이 다음 조건을 만족시킬 때, $60\times(a+b)$의 값을 구하시오.
　　　　　　　　　　　　　　　　　　　　(4점)

> (가) $\{x\,|\,f(x)=f'(t)\times x\}=\{0\}$을 만족시키는 실수 t의
> 　　개수가 1이다.
> (나) $f(2)=2e^{-2}$

Step 1 평균변화율과 순간변화율을 이용한다.

$f(x)=(ax^2+bx)e^{-x}$에서

$f'(x)=(2ax+b)e^{-x}-(ax^2+bx)e^{-x}$
　　　$=\{-ax^2+(2a-b)x+b\}e^{-x}$

$f''(x)=(-2ax+2a-b)e^{-x}-\{-ax^2+(2a-b)x+b\}e^{-x}$
　　　$=\{ax^2-(4a-b)x+2a-2b\}e^{-x}$

원점에서 함수 $y=f(x)$의 그래프에 그은 접선 중 기울기가 $f'(0)$
이 아닌 접선이 존재할 때 그 접선을 l이라 하자.
접선 l의 접점의 좌표를 $(k, f(k))$라 하면 $k\neq0$이다.

이때 $\dfrac{f(k)-f(0)}{k-0}=f'(k)$, 즉 $\dfrac{f(k)}{k}=f'(k)$이므로　→ $k=0$이면 접선 l의 기울기는 $f'(0)$이 된다.

$(ak+b)e^{-k}=\{-ak^2+(2a-b)k+b\}e^{-k}$

$ak+b=-ak^2+(2a-b)k+b$　　→ $x=k$에서 $f(x)$의 순간변화율

→ 열린구간 $(0, k)$에서 $f(x)$의 평균변화율
$ak^2-(a-b)k=0$　　∴ $k=\dfrac{a-b}{a}\;(\because k\neq0)$

Step 2 조건 (가)를 만족시키는 경우를 찾는다.

(i) $b<0$일 때

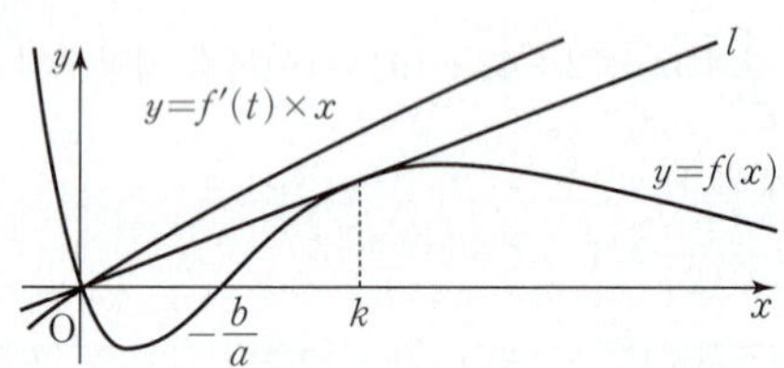

그림과 같이 $f'(t)>f'(k)$인 t가 존재하면 방정식
$f(x)=f'(t)\times x$의 실근은 0뿐이다.　→ 이를 만족시키는 t가 1개이면 조건 (가)를 만족시킨다.
$f''(0)>0$이고 $f''(k)<0$이므로 사잇값 정리에 의하여
$f''(\alpha)=0$을 만족시키는 α가 열린구간 $(0, k)$에 존재하고
$\alpha<t<k$인 임의의 t에 대하여 $f''(t)<0$이다.
이때 $\alpha<t_1<t_2<k$인 두 실수 t_1, t_2가 존재하고 $f'(t_1)>f'(k)$,
$f'(t_2)>f'(k)$이므로 조건 (가)를 만족시키지 않는다.

(ii) $b\geq0$, $a\neq b$일 때
→ $a=b$이면 $k=\dfrac{a-b}{a}=0$이므로 따로 경우를 나누어준다.

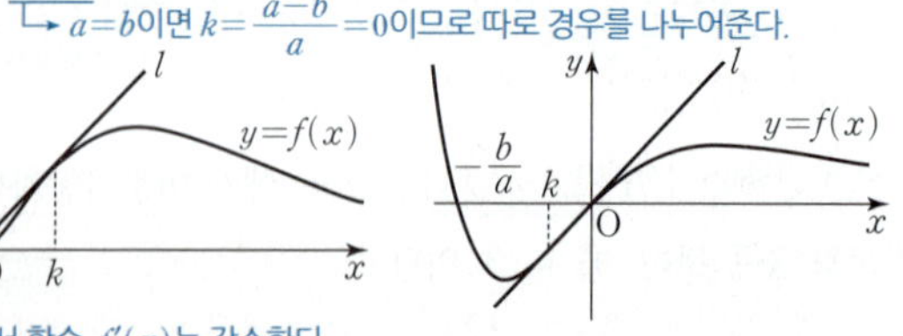

→ $\alpha<x<k$에서 함수 $f'(x)$는 감소한다.
$f''(0)\times f''(k)<0$이므로 (i)과 마찬가지로 조건 (가)를 만족시
키지 않는다.　　→ 방정식 $f(x)=f'(t)\times x$의 실근이 0뿐이도록 하는 t가 2개 이상이다.

(iii) $a=b$일 때
→ 함수 $y=f(x)$의 그래프는 $x=0$에서 아래로 볼록하므로 $f''(0)>0$, $x=k$에서 위로 볼록하므로 $f''(k)<0$

함수 $y=f(x)$의 그래프 위의 점 $(0, 0)$에서의 접선을 l'이라
하면 직선 l'과 함수 $y=f(x)$의 그래프는 다음과 같다.

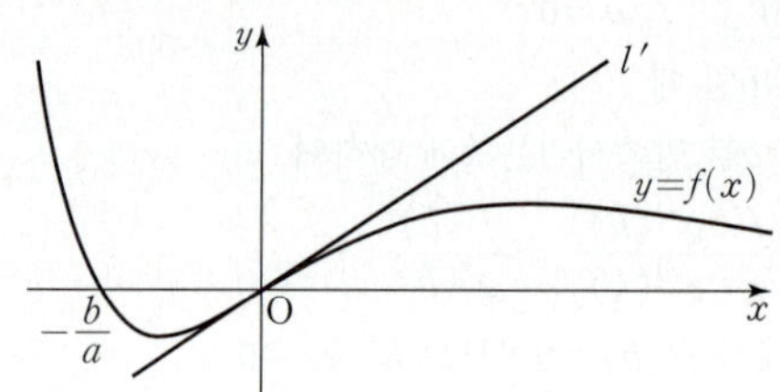

방정식 $f(x)=f'(t)\times x$에서 $a=b$이므로
$a(x^2+x)e^{-x}=f'(t)\times x$
$t=0$일 때 위의 방정식은 $ax(x+1)e^{-x}=f'(0)\times x=ax$
∴ $ax\{(x+1)e^{-x}-1\}=0$　　→ $=b=a$
즉, $x=0$ 또는 $(x+1)e^{-x}-1=0$이므로 방정식
$f(x)=f'(0)\times x$의 실근은 0뿐이다.
또한 $f''(0)=0$이고 0이 아닌 모든 실수 t에 대하여
$f'(t)<f'(0)$이므로 조건 (가)를 만족시킨다.
(i)~(iii)에 의하여 $a=b$이다.　　→ 함수 $y=(x+1)e^{-x}-1$의 그래프는 다음과 같다.

Step 3 a, b의 값을 구한다.

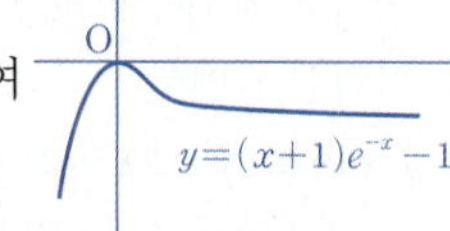

$f(2)=(4a+2b)e^{-2}$이므로 조건 (나)에 의하여
$(4a+2b)e^{-2}=2e^{-2}$
$4a+2b=2$　　∴ $2a+b=1$

위의 식을 $a=b$와 연립하면 $a=\dfrac{1}{3}$, $b=\dfrac{1}{3}$

∴ $60\times(a+b)=60\times\left(\dfrac{1}{3}+\dfrac{1}{3}\right)=40$

144 [정답률 7%]　　　　　정답 64

양의 실수 t에 대하여 곡선 $y=t^3\ln(x-t)$가 곡선
$y=2e^{x-a}$과 오직 한 점에서 만나도록 하는 실수 a의 값을
$f(t)$라 하자. $\left\{f'\left(\dfrac{1}{3}\right)\right\}^2$의 값을 구하시오. (4점)

Step 1 두 곡선 $y=t^3\ln(x-t)$, $y=2e^{x-a}$이 오직 한 점에서 만남을 이용한다.

두 함수 $y=t^3\ln(x-t)$, $y=2e^{x-a}$의 그래프가 오직 한 점에서
만나므로 접함을 알 수 있다.

두 함수의 그래프의 접점의
x좌표를 $k\,(k>t)$라 하면

$t^3\ln(k-t)=2e^{k-a}$　　…… ㉠
→ 접점의 y좌표가 서로 같아야 해.

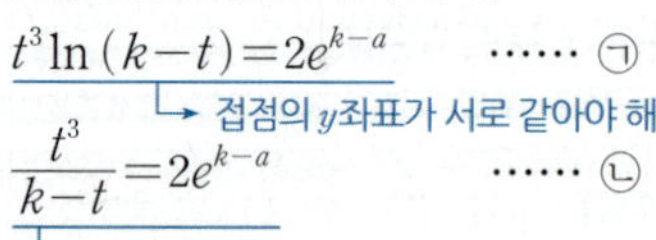

$\dfrac{t^3}{k-t}=2e^{k-a}$　　…… ㉡

→ 접점에서의 미분계수도 서로 같아야 해.

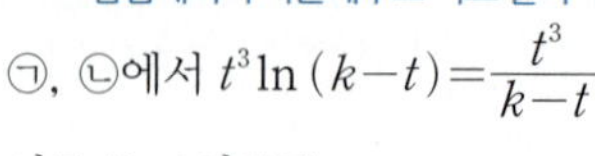

㉠, ㉡에서 $t^3\ln(k-t)=\dfrac{t^3}{k-t}$

이고 $t>0$이므로

$\ln(k-t)=\dfrac{1}{k-t}$　　→ 위 식의 양변을 t^3으로 나누었어.

Step 2 $\ln x=\dfrac{1}{x}$의 해를 α라 하고 $f(t)$를 구한다.

$\ln x=\dfrac{1}{x}$의 해를 α라 하면 $k-t=\alpha$
　　　　　　　　　　　　　　→ $k-t$의 값이 상수임을 알 수 있어.
∴ $k=t+\alpha$　　…… ㉢

ⓒ을 ⓛ에 대입하면

$\dfrac{1}{\alpha}t^3=2e^{t+\alpha-a}$, $e^{t+\alpha-a}=\dfrac{1}{2\alpha}t^3$

$t+\alpha-a=\ln\left(\dfrac{1}{2\alpha}t^3\right)$

$\therefore a=t+\alpha-\ln\left(\dfrac{1}{2\alpha}t^3\right)$

이때 조건을 만족시키는 실수 a의 값이 $f(t)$이므로

$f(t)=t+\alpha-\ln\left(\dfrac{1}{2\alpha}t^3\right)$

Step 3 $f'(t)$를 구하고 $t=\dfrac{1}{3}$을 대입해 계산한다.

$f'(t)=1-\dfrac{\dfrac{3}{2\alpha}t^2}{\dfrac{1}{2\alpha}t^3}=1-\dfrac{3}{t}$

이므로 $f'\left(\dfrac{1}{3}\right)=1-\dfrac{3}{\dfrac{1}{3}}=-8$

$\therefore \left\{f'\left(\dfrac{1}{3}\right)\right\}^2=(-8)^2=64$

145 [정답률 11%]　　　　　　　　정답 43

> 다음 조건을 만족시키는 실수 a, b에 대하여 ab의 최댓값을
> M, 최솟값을 m이라 하자.
>
> > 모든 실수 x에 대하여 부등식
> > $$-e^{-x+1}\le ax+b\le e^{x-2}$$
> > 이 성립한다.　→ 두 곡선과 직선의 위치 관계를 생각
>
> $\left|M\times m^3\right|=\dfrac{q}{p}$일 때, $p+q$의 값을 구하시오.
>
> 　　　　　　　(단, p와 q는 서로소인 자연수이다.) (4점)

Step 1 ab의 값이 최대일 때 직선 $y=ax+b$가 어떤 형태인지 파악한다.

두 곡선 $y=-e^{-x+1}$, $y=e^{x-2}$을 좌표평면 위에 나타내면 다음 그림과 같다.

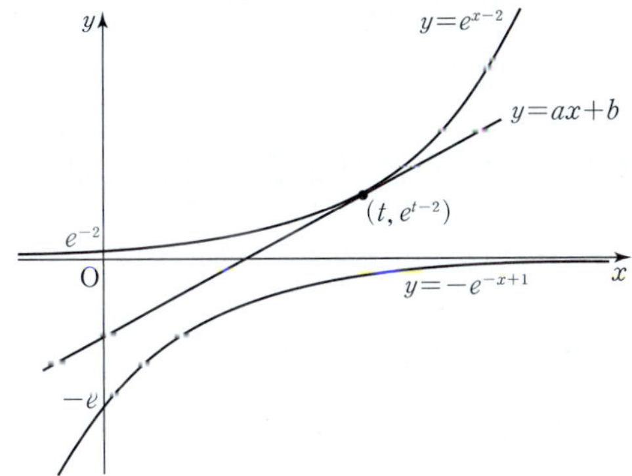

이때 직선 $y=ax+b$는 두 곡선 사이에 존재해야 하므로 $a\ge0$이고, ab가 최댓값을 가질 때는 직선 $y=ax+b$가 함수 $y=e^{x-2}$의 그래프에 접할 때이다.
　→ $a<0$이면 직선 $y=ax+b$가 곡선 $y=e^{x-2}$ 위나 곡선 $y=-e^{-x+1}$ 아래에 존재할 수 있어.

Step 2 접선의 방정식을 이용하여 ab의 최댓값을 구한다.

직선 $y=ax+b$와 곡선 $y=e^{x-2}$의 접점의 좌표를 $(t,\ e^{t-2})$이라 하면 접선의 기울기는 e^{t-2}이다.　→ $y'=e^{x-2}$에 $x=t$를 대입했어.

따라서 접선의 방정식은 $y=e^{t-2}(x-t)+e^{t-2}$이므로

$a=e^{t-2}$, $b=-te^{t-2}+e^{t-2}=(1-t)e^{t-2}$

$\therefore ab=e^{t-2}\times(1-t)e^{t-2}=(1-t)e^{2t-4}$
　→ $e^{t-2}\times e^{t-2}=(e^{t-2})^2$

$f(t)=(1-t)e^{2t-4}$이라 하면

$f'(t)=-e^{2t-4}+2(1-t)e^{2t-4}=(1-2t)e^{2t-4}$
　→ ab의 최댓값, 즉 $f(t)$의 최댓값을 구하기 위해 미분했어.

$f'(t)=(1-2t)e^{2t-4}=0$에서 $t=\dfrac{1}{2}$
　$e^{2t-4}>0$ ←

따라서 ab의 최댓값은 $f\left(\dfrac{1}{2}\right)=\dfrac{1}{2}e^{-3}$

Step 3 $a\ge0$임을 이용하여 ab의 값이 최소일 때 직선 $y=ax+b$가 어떤 형태인지 파악한다.

$a\ge0$이므로 ab의 값이 최소이려면 a의 값이 최대, b의 값이 음수이면서 최소이어야 한다.
　→ 직선을 움직여가며 생각해.
　기울기가 최대이려면 두 곡선과 접해야 해.

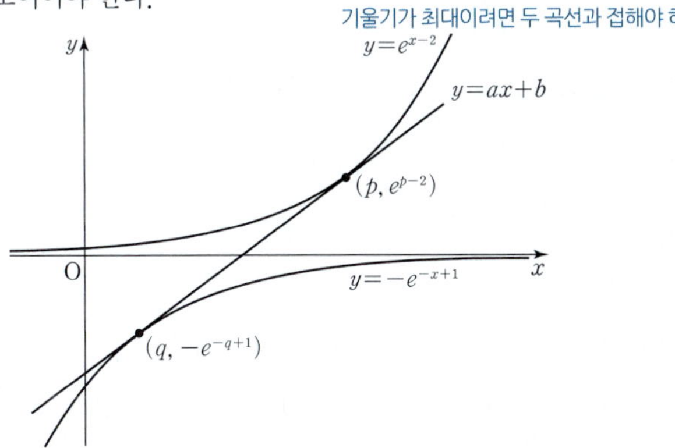

따라서 위의 그림과 같이 직선 $y=ax+b$가 두 곡선 $y=e^{x-2}$, $y=-e^{-x+1}$과 동시에 접해야 한다.

직선 $y=ax+b$와 두 곡선 $y=e^{x-2}$, $y=-e^{-x+1}$의 접점의 좌표를 각각 $(p,\ e^{p-2})$, $(q,\ -e^{-q+1})$이라 하면 접선의 방정식은

$y=e^{p-2}(x-p)+e^{p-2}$, $y=e^{-q+1}(x-q)-e^{-q+1}$이다.
　→ $y=-e^{-x+1}$에서 $y'=e^{-x+1}$이므로 접선의 기울기는 e^{-q+1}이야.

두 식이 서로 같아야 하므로

$e^{p-2}=e^{-q+1}$, $p-2=-q+1$
　기울기 ←

$\therefore p+q=3$ 　　　　　…… ㉠

$-pe^{p-2}+e^{p-2}=-qe^{-q+1}-e^{-q+1}$, $(1-p)e^{p-2}=-(q+1)e^{-q+1}$

$1-p=-q-1$ 　$\therefore p-q=2$　…… ㉡
　→ y절편

㉠, ㉡을 연립하면 $p=\dfrac{5}{2}$, $q=\dfrac{1}{2}$
　→ $e^{p-2}=e^{-q+1}$이므로 양변을 $e^{p-2}(=e^{-q+1})$으로 나누었어.

따라서 접선의 방정식은 $y=e^{\frac{1}{2}}\left(x-\dfrac{5}{2}\right)+e^{\frac{1}{2}}=e^{\frac{1}{2}}x-\dfrac{3}{2}e^{\frac{1}{2}}$이므로
　→ $y=e^{x-2}$에서 $y'=e^{x-2}$이므로 접선의 기울기는 e^{p-2}이야.

$a=e^{\frac{1}{2}}$, $b=-\dfrac{3}{2}e^{\frac{1}{2}}$이다.

즉, ab의 최솟값은 $-\dfrac{3}{2}e$이다.

$M=\dfrac{1}{2}e^{-3}$, $m=-\dfrac{3}{2}e$이므로
　→ $-\dfrac{3}{2}\times e^{\frac{1}{2}+\frac{1}{2}}$　→ $-\dfrac{27}{8}e^3$

$\left|M\times m^3\right|=\left|\dfrac{1}{2}e^{-3}\times\left(-\dfrac{3}{2}e\right)^3\right|=\left|-\dfrac{27}{16}\right|=\dfrac{27}{16}$

따라서 $p=16$, $q=27$이므로 $p+q=43$이다.

⭐ 다른 풀이 두 곡선이 점 대칭임을 이용하는 풀이

Step 1 동일

Step 2 동일

Step 3 두 곡선 $y=-e^{-x+1}$, $y=e^{x-2}$이 점 $\left(\dfrac{3}{2},\,0\right)$에 대하여 대칭임을 이용한다.

→ 두 곡선 $y=-e^{-x+1}$, $y=e^{x-2}$ 모두 곡선 $y=e^x$을 평행이동 또는 대칭이동하여 얻은 결과이기 때문에 두 곡선은 점대칭이 돼.

두 곡선 $y=-e^{-x+1}$, $y=e^{x-2}$이 점 $(p,\,q)$에 대하여 대칭이라 하자.

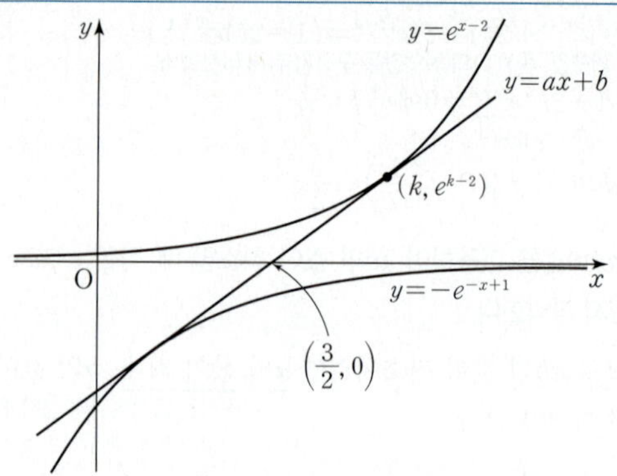

$y=e^{x-2}$의 x에 $2p-x$, y에 $2q-y$를 대입하면

$2q-y=e^{2p-x-2}$, $y=-e^{-x+2p-2}+2q$

이때 $y=-e^{-x+1}$과 같아야 하므로

→ 함수 $y=e^{x-2}$의 그래프를 점 $(p,\,q)$에 대하여 대칭이동시키면 함수 $y=-e^{-x+1}$의 그래프와 일치해야 해.

$2p-2=1,\ 2q=0$

$\therefore p=\dfrac{3}{2},\ q=0$

따라서 두 곡선은 점 $\left(\dfrac{3}{2},\,0\right)$에 대하여 대칭이다.

ab의 값이 최소일 때, 직선 $y=ax+b$는 두 곡선 $y=-e^{-x+1}$, $y=e^{x-2}$과 동시에 접해야 하므로 점 $\left(\dfrac{3}{2},\,0\right)$을 지난다.

직선 $y=ax+b$와 곡선 $y=e^{x-2}$의 접점을 $(k,\,e^{k-2})$이라 하면 접선의 기울기는 e^{k-2}이다.

→ 직선 $y=ax+b$의 x절편이 $\dfrac{3}{2}$이야.

이때 접선의 기울기는 두 점 $(k,\,e^{k-2})$, $\left(\dfrac{3}{2},\,0\right)$을 이은 직선의 기울기와 같으므로

$\dfrac{e^{k-2}}{k-\dfrac{3}{2}}=e^{k-2}$

$k-\dfrac{3}{2}=1\,(\because e^{k-2}>0)\qquad \therefore k=\dfrac{5}{2}$

따라서 접선의 방정식은 $y=e^{\frac{1}{2}}\left(x-\dfrac{3}{2}\right)=e^{\frac{1}{2}}x-\dfrac{3}{2}e^{\frac{1}{2}}$이므로 ab의 최솟값은 $m=-\dfrac{3}{2}e$이다.

그러므로 $|M\times m^3|=\left|\dfrac{1}{2}e^{-3}\times\left(-\dfrac{3}{2}e\right)^3\right|=\dfrac{27}{16}$이다.

$\therefore p+q=16+27=43$

---

146 [정답률 44%] 정답 ②

자연수 n에 대하여 함수 $y=f(x)$를 매개변수 t로 나타내면

함수 $f(x)$가 정의되는 범위이다.

$$\begin{cases} x=e^t \\ y=(2t^2+nt+n)e^t \end{cases}$$

이고, $x\geq e^{-\frac{n}{2}}$일 때, 함수 $y=f(x)$는 $x=a_n$에서 최솟값 b_n을 갖는다. $\dfrac{b_3}{a_3}+\dfrac{b_4}{a_4}+\dfrac{b_5}{a_5}+\dfrac{b_6}{a_6}$의 값은? (4점)

$x=a_n$일 때 $\dfrac{dy}{dx}$의 값은 0이다.

① $\dfrac{23}{2}$ ❷ 12   ③ $\dfrac{25}{2}$

④ 13   ⑤ $\dfrac{27}{2}$

문제의 난도가 높다기보다 구해야 하는 값이 많아서 푸는 데 오래 걸릴 거야. 그래도 매개변수의 미분법만 정확히 알면 충분히 풀 수 있으니까 겁먹지 말고 도전해!

Step 1 매개변수로 나타낸 함수의 미분법을 이용하여 $\dfrac{dy}{dx}$를 구한다.

$\dfrac{dx}{dt}=e^t$

→ 지수함수와 곱해진 함수의 미분은 기본적으로 알고 있어야 해.

$\dfrac{dy}{dt}=(4t+n)e^t+(2t^2+nt+n)e^t$

$\quad =\{2t^2+(4+n)t+2n\}e^t$

여기서 $(2t^2+nt+n)'$, $(e^t)'$

매개변수로 나타내어진 함수의 미분법

$x=f(t),\,y=g(t)$가 t에 대하여 미분가능하고 $f'(t)\neq 0$이면

$$\dfrac{dy}{dx}=\dfrac{\dfrac{dy}{dt}}{\dfrac{dx}{dt}}=\dfrac{g'(t)}{f'(t)}$$

$\therefore \dfrac{dy}{dx}=\dfrac{\dfrac{dy}{dt}}{\dfrac{dx}{dt}}=\dfrac{\{2t^2+(4+n)t+2n\}e^t}{e^t}$

$\quad =2t^2+(4+n)t+2n$

$\quad =(2t+n)(t+2)\qquad \cdots\cdots\ \bigcirc$

→ n의 값에 따라 둘 중 함수 $y=f(x)$가 최소일 때의 t를 찾는다.

$\dfrac{dy}{dx}=0$에서 $t=-\dfrac{n}{2}$ 또는 $t=-2\qquad \cdots\cdots\ \bigcirc\!\!\bigcirc$

따라서 $x\geq e^{-\frac{n}{2}}\left(\text{즉},\ t\geq -\dfrac{n}{2}\right)$일 때, 주어진 함수 $y=f(x)$는

$e^t\geq e^{-\frac{n}{2}}$

$\dfrac{dy}{dx}=0$인 점 중 극소인 점에서 최솟값 b_n을 갖는다.

Step 2 $n=3,\,4,\,5,\,6$을 차례로 대입하여 a_n과 b_n을 구한다.

(i) $n=3$일 때 → 힘들다고 포기하지 말고 차근차근 풀어!

$n=3$을 $\bigcirc$에 대입하면 $\dfrac{dy}{dx}=(2t+3)(t+2)$

$n=3$을 $\bigcirc\!\!\bigcirc$에 대입하면 $\dfrac{dy}{dx}=0$에서 $t=-\dfrac{3}{2}$ 또는 $t=-2$

이때 함수 $f(x)$는 $x\geq e^{-\frac{3}{2}}\left(\text{즉},\ t\geq -\dfrac{3}{2}\right)$에서 정의되므로 t의 값에 따른 $\dfrac{dy}{dx}$의 부호를 조사하면 다음과 같다.

t	$-\dfrac{3}{2}$		$\cdots$
$\dfrac{dy}{dx}$	0		$+$
$f(x)$			$\nearrow$

따라서 함수 $y=f(x)$는 $t=-\dfrac{3}{2}$, 즉 $x=a_3=e^{-\frac{3}{2}}$에서 최솟값

$y=b_3=\left\{2\times\dfrac{9}{4}+3\times\left(-\dfrac{3}{2}\right)+3\right\}e^{-\frac{3}{2}}=3e^{-\frac{3}{2}}$을 갖는다.

$t\geq -\dfrac{3}{2}$일 때 함수 $y=f(x)$는 계속 증가해!

계산 주의

$$\therefore \frac{b_3}{a_3}=\frac{3e^{-\frac{3}{2}}}{e^{-\frac{3}{2}}}=3$$

(ii) $n=4$일 때

$n=4$를 ㉠에 대입하면

$$\frac{dy}{dx}=(2t+4)(t+2)=2(t+2)^2\geq0$$이므로 $f(x)$는 증가함수

이다.

이때 함수 $y=f(x)$는 $x\geq e^{-2}$ (즉, $t\geq-2$)에서 정의되므로

$x=a_4=e^{-2}$에서 최솟값

$y=b_4=\{2\times4+4\times(-2)+4\}e^{-2}=4e^{-2}$

을 갖는다.

$$\therefore \frac{b_4}{a_4}=\frac{4e^{-2}}{e^{-2}}=4$$

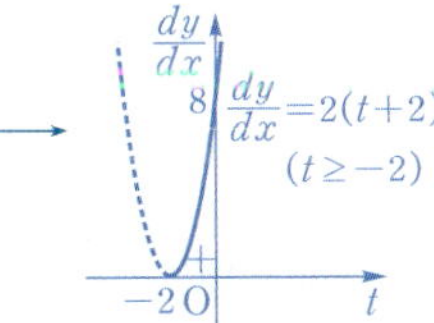

(iii) $n=5$일 때

$n=5$를 ㉠에 대입하면 $\dfrac{dy}{dx}=(2t+5)(t+2)$

$n=5$를 ㉡에 대입하면 $\dfrac{dy}{dx}=0$에서 $t=-\dfrac{5}{2}$ 또는 $t=-2$

이때 함수 $f(x)$는 $x\geq e^{-\frac{5}{2}}\left(즉,\ t\geq-\dfrac{5}{2}\right)$에서 정의되므로 t의

값에 따른 $\dfrac{dy}{dx}$의 부호를 조사하면 다음과 같다.

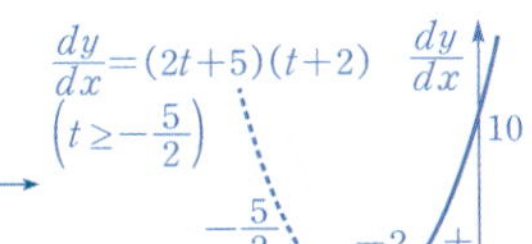

t	$-\dfrac{5}{2}$	$\cdots$	-2	$\cdots$
$\dfrac{dy}{dx}$	0	$-$	0	$+$
$f(x)$		$\searrow$	극소	$\nearrow$

따라서 함수 $y=f(x)$는 $t=-2$, 즉 $x=a_5=e^{-2}$에서 최솟값

$y=b_5=\{2\times4+5\times(-2)+5\}e^{-2}=3e^{-2}$을 갖는다.

$$\therefore \frac{b_5}{a_5}=\frac{3e^{-2}}{e^{-2}}=3$$

(iv) $n=6$일 때

$n=6$을 ㉠에 대입하면 $\dfrac{dy}{dx}=2(t+3)(t+2)$

$n=6$을 ㉡에 대입하면 $\dfrac{dy}{dx}=0$에서 $t=-3$ 또는 $t=-2$

이때 함수 $f(x)$는 $x\geq e^{-3}$ (즉, $t\geq-3$)에서 정의되므로

t의 값에 따른 $\dfrac{dy}{dx}$의 부호를 조사하면 다음과 같다.

t	-3	$\cdots$	-2	$\cdots$
$\dfrac{dy}{dx}$	0	$-$	0	$+$
$f(x)$		$\searrow$	극소	$\nearrow$

따라서 함수 $y=f(x)$는 $t=-2$, 즉 $x=a_6=e^{-2}$에서 최솟값

$y=b_6=\{2\times4+6\times(-2)+6\}e^{-2}=2e^{-2}$을 갖는다.

$$\therefore \frac{b_6}{a_6}=\frac{2e^{-2}}{e^{-2}}=2$$

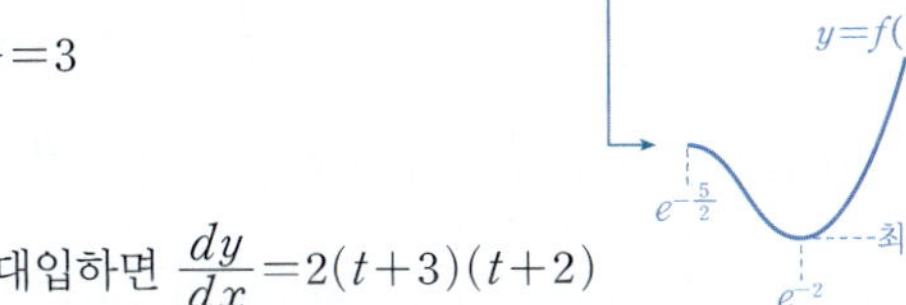

따라서 (i)~(iv)에서

$$\frac{b_3}{a_3}+\frac{b_4}{a_4}+\frac{b_5}{a_5}+\frac{b_6}{a_6}=3+4+3+2=12$$

---

147 [정답률 8%]　　정답 8

함수 $f(x)=ax^3-2ax^2+bx-b-2$가 다음 조건을
만족시키도록 하는 두 정수 $a\ (a\neq0)$, b에 대하여 $h'(-\sqrt{2})$의
최댓값이 $\dfrac{k}{\pi}$일 때, k^2의 값을 구하시오. (4점)

> 실수 전체의 집합에서 정의된 함수
> $$g(x)=\begin{cases} f(x)+2 & (x<0\ 또는\ x>2) \\ -2\cos\left(\dfrac{\pi}{4}f(x)\right) & (0\leq x\leq2) \end{cases}$$
> 는 역함수 $h(x)$를 갖는다.

Step 1 함수 $g(x)$가 일대일함수일 조건을 생각한다.

함수 $g(x)$는 역함수 $h(x)$를 가지므로 일대일함수이다.

$\left|\dfrac{\pi}{4}\{f(2)-f(0)\}\right|\leq\pi$, 즉 $|f(2)-f(0)|\leq4$

$f(0)=-b-2$, $f(2)=8a-8a+2b-b-2=b-2$이므로

$|(b-2)-(-b-2)|\leq4$, $|2b|\leq4$

$\therefore -2\leq b\leq2$　→ b는 정수이므로 $b=-2,-1,0,1,2$

$0\leq x_1\leq2$, $0\leq x_2\leq2$인 x_1, x_2에 대하여 $f(x_1)=f(x_2)$라 하면

$g(x_1)=g(x_2)$이고 함수 $g(x)$가 역함수를 가지므로 $x_1=x_2$

따라서 함수 $f(x)$는 $0\leq x\leq2$에서 증가하거나 $0\leq x\leq2$에서 감소

한다.

Step 2 조건을 만족시키는 정수 b의 값을 구한다.

(i) $b=-1$인 경우

　$f(0)=-1$, $f(1)=-a-2$, $f(2)=-3$이므로

　$-3<-a-2<-1$인 정수 $a\ (a\neq0)$는 존재하지 않는다.

(ii) $b=0$인 경우

　$f(0)=f(2)$, $g(0)=g(2)$이므로 함수 $g(x)$는 일대일함수가 아

　니다.　→ 계속 증가하거나 계속 감소해야 한다.

(iii) $b=1$인 경우

　$f(0)=-3$, $f(1)=-a-2$, $f(2)=-1$이므로

　$-3<-a-2<-1$인 정수 $a\ (a\neq0)$는 존재하지 않는다.

(i)~(iii)에 의하여 $b=-2$ 또는 $b=2$

$b=-2$이면 $f(0)=0$, $f(2)=-4$에서 $g(0)=-2$, $g(2)=2$이므

로 함수 $g(x)$는 $0\leq x\leq2$에서 증가한다.

$b=2$이면 $f(0)=-4$, $f(2)=0$에서 $g(0)=2$, $g(2)=-2$이므로

함수 $g(x)$는 $0\leq x\leq2$에서 감소한다.

Step 3 함수 $f(x)$가 실수 전체의 집합에서 감소함을 알아낸다.

$h(-\sqrt{2})=c$라 하면 $g(c)=-\sqrt{2}$이므로 $0<c<2$이다.

$h'(-\sqrt{2})=\dfrac{1}{g'(c)}$에서 $b=-2$일 때 $g'(c)\geq0$이고 $b=2$일 때

$g'(c)\leq0$이므로 $b=-2$일 때 $h'(-\sqrt{2})$의 값이 최대이다.　→ 역함수의 미분법

$g(0)=-2\cos\left(\dfrac{\pi}{4}f(0)\right)=-2$

$\displaystyle\lim_{x\to0-}g(x)=f(0)+2=2$

함수 $g(x)$가 역함수를 가지므로 $x<0$에서 함수 $g(x)=f(x)+2$는

감소한다.

$x\to-\infty$일 때 $f(x)\to\infty$이므로 $a<0$에서 $x>2$일 때 함수

$g(x)=f(x)+2$는 감소한다.

함수 $f(x)$는 $0\le x\le 2$에서 증가하거나 $0\le x\le 2$에서 감소하고,
$f(0)>f(2)$이므로 함수 $f(x)$는 $0\le x\le 2$에서 감소한다.

즉, 함수 $f(x)$는 실수 전체의 집합에서 감소한다.

Step 4 k^2의 값을 구한다.

$b=-2$에서 $f(x)=ax^3-2ax^2-2x$, $f'(x)=3ax^2-4ax-2$
모든 실수 x에 대하여 $f'(x)\le 0$이므로 이차방정식
$3ax^2-4ax-2=0$의 판별식을 D라 하면

$$\frac{D}{4}=(-2a)^2-3a\times(-2)\le 0$$

$2a(2a+3)\le 0 \qquad \therefore -\frac{3}{2}\le a\le 0$

이때 a는 음의 정수이므로 $a=-1$

즉, $f(x)=-x^3+2x^2-2x$, $f'(x)=-3x^2+4x-2$

$g(c)=-\sqrt{2}\ (0<c<2)$이므로 $-2\cos\left(\frac{\pi}{4}f(c)\right)=-\sqrt{2}$

$\cos\left(\frac{\pi}{4}f(c)\right)=\frac{\sqrt{2}}{2}$에서 $-4<f(c)<0$이므로 $f(c)=-1$

$-c^3+2c^2-2c=-1,\ (c-1)(c^2-c+1)=0 \qquad \therefore c=1$

$\therefore h'(-\sqrt{2})=\dfrac{1}{g'(1)}=\dfrac{1}{2\sin\left(\frac{\pi}{4}f(1)\right)\times\frac{\pi}{4}f'(1)}=\dfrac{2\sqrt{2}}{\pi}$

$\underset{\underset{f(1)=-1}{\longrightarrow}\quad\underset{f'(1)=-1}{\longrightarrow}}{}$

따라서 $k=2\sqrt{2}$이므로 $k^2=8$
$\longrightarrow g'(x)=2\sin\left(\frac{\pi}{4}f(x)\right)\times\frac{\pi}{4}f'(x)$

---

148 [정답률 11%]   정답 71

> 상수항을 포함한 모든 항의 계수가 유리수인 이차함수 $f(x)$가
> 있다. 함수 $g(x)$가
> $f(x)=a(x-p)^2+q\ (a\ne 0)$라 하면
> 함수 $f(x)$는 직선 $x=p$에 대하여 대칭이야.
> $$g(x)=|f'(x)|e^{f(x)}$$
> 일 때, 함수 $g(x)$는 다음 조건을 만족시킨다.
>
> > (가) 함수 $g(x)$는 $x=2$에서 극솟값을 갖는다.
> > (나) 함수 $g(x)$의 최댓값은 $4\sqrt{e}$이다.
> > (다) 방정식 $g(x)=4\sqrt{e}$의 근은 모두 유리수이다.
>
> $|f(-1)|$의 값을 구하시오. (4점)

Step 1 $f(x)$의 이차항의 계수의 부호를 파악한다.
→ 문제의 조건에 따라 a,b,c는 유리수야.

$f(x)$는 이차함수이므로 $f(x)=ax^2+bx+c$라 하면 $(a\ne 0)$
$f'(x)=2ax+b$, $f''(x)=2a$ $\cdots\cdots$ ㉠
함수 $g(x)=|f'(x)|e^{f(x)}$에서 모든 실수 x에 대하여 $e^{f(x)}>0$이므
로 $g(x)=|f'(x)|e^{f(x)}=|f'(x)e^{f(x)}|$으로 놓을 수 있다.

이때 $h(x)=f'(x)e^{f(x)}$이라 하면

$g(x)=|h(x)|$, $h\left(-\dfrac{b}{2a}\right)=0$

함수 $h(x)$를 x에 대하여 미분하면 → $f'\left(-\dfrac{b}{2a}\right)=0$이기 때문!

$h'(x)=f''(x)e^{f(x)}+f'(x)e^{f(x)}\times f'(x)$ → 먼저 $f'(x)$를 x에 대하여 미분하고,
$\qquad =f''(x)e^{f(x)}+\{f'(x)\}^2e^{f(x)}$ 그 다음에 $e^{f(x)}$을 x에 대하여 미분해준 거야.
$\qquad =2ae^{f(x)}+(2ax+b)^2e^{f(x)}\ (\because ㉠)$
$\qquad =\{2a+(2ax+b)^2\}e^{f(x)}$ → 이 부분은 항상 양수임을 기억해!
   $\underset{0\ 이상}{2a+(2ax+b)^2}\quad \underset{양수}{e^{f(x)}}$

$a>0$이면 모든 실수 x에 대하여 $2a+(2ax+b)^2>0$이므로
모든 실수 x에 대하여 $h'(x)>0$이다.

따라서 $h(x)$는 증가함수이므로 함수 $g(x)=|h(x)|$의 그래프를
다음과 같이 그릴 수 있다.

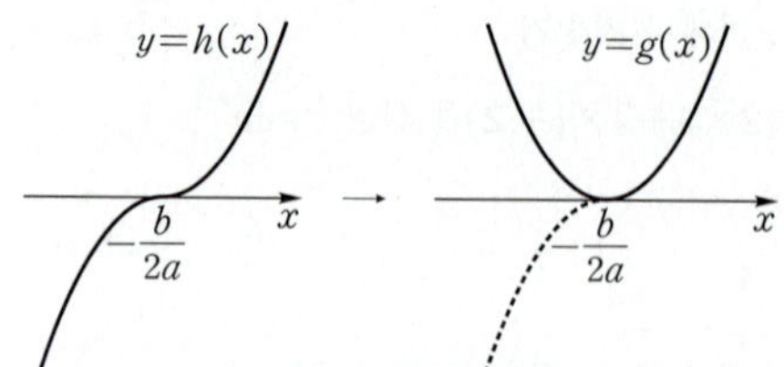

이때 함수 $g(x)$는 최댓값을 갖지 않으므로 조건 (나)를 만족시키지
않는다.
→ $x\to-\infty$, $x\to\infty$일 때 함숫값이 무한대로 발산하기 때문이야.

그러므로 $a<0$이어야 한다.

Step 2 함수 $y=g(x)$의 그래프의 대칭성을 파악한다

$g(x)=|f'(x)|e^{f(x)}=|f'(x)e^{f(x)}|$에서

함수 $y=f'(x)$의 그래프는 점 $\left(-\dfrac{b}{2a},\,0\right)$에 대하여 대칭이고,

함수 $y=f(x)$의 그래프는 직선 $x=-\dfrac{b}{2a}$에 대하여 대칭이다.

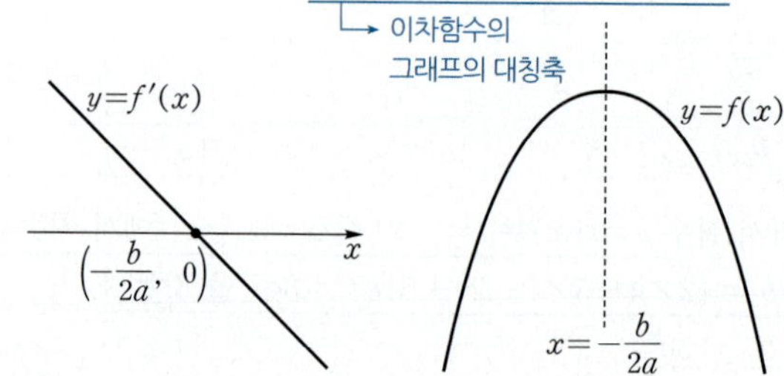

따라서 함수 $y=f'(x)e^{f(x)}$의 그래프가 점 $\left(-\dfrac{b}{2a},\,0\right)$에 대하여
   점대칭   선대칭

대칭이므로 함수 $y=g(x)$의 그래프는 직선 $x=-\dfrac{b}{2a}$에 대하여

대칭이다.

Step 3 함수 $y=g(x)$의 그래프의 개형을 파악한다.

$a<0$일 때, $h'(x)=\{2a+(2ax+b)^2\}e^{f(x)}$에서
$h'(x)=0$이면 $2a+(2ax+b)^2=0$
$(2ax+b)^2=-2a$ → 이 이차방정식을 만족시키는 x의 값에서
   함수 $h(x)$가 극값을 가져.
$2ax+b=\pm\sqrt{-2a}$ → $a<0$이니까 근호 안의 값은 양수야.
$2ax=-b\pm\sqrt{-2a}$

$\therefore x=-\dfrac{b}{2a}\pm\dfrac{\sqrt{-2a}}{2a}=-\dfrac{b}{2a}\pm\dfrac{1}{\sqrt{-2a}}$

따라서 함수 $y=h(x)$의 증가와 감소를 표로 나타내면 다음과 같다.

x	$\cdots$	$-\dfrac{b}{2a}-\dfrac{1}{\sqrt{-2a}}$	$\cdots$	$-\dfrac{b}{2a}$	$\cdots$	$-\dfrac{b}{2a}+\dfrac{1}{\sqrt{-2a}}$	$\cdots$
$h'(x)$	$+$	0	$-$	$-$	$-$	0	$+$
$h(x)$	↗	극대	↘	0	↘	극소	↗

또한 $\displaystyle\lim_{x\to-\infty}h(x)=0+$, $\displaystyle\lim_{x\to\infty}h(x)=0-$이므로 함수 $y=h(x)$의
그래프는 다음과 같다. → $e^{f(x)}$이 0에 가까워지기 때문이야.

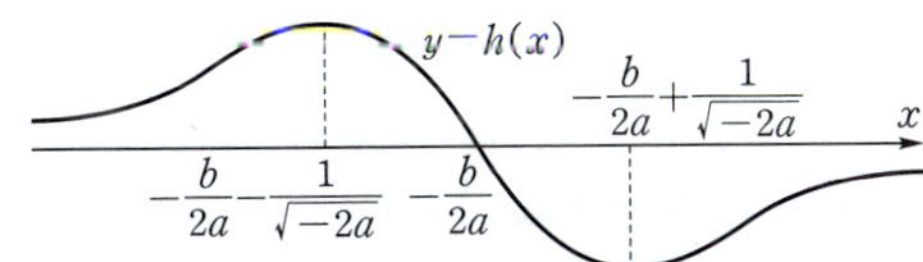

그러므로 이를 이용하여 함수 $y=g(x)$의 그래프를 그려 보면 다음 그림과 같다.
→ 함수 $y=h(x)$의 그래프에서 x축 아래의 부분을 x축 위로 꺾어 올려.

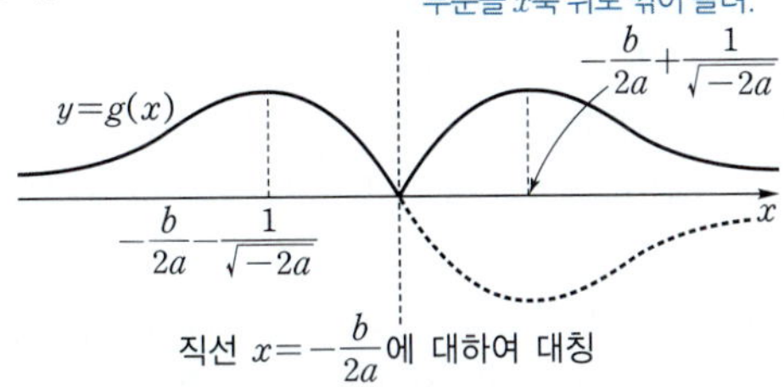

직선 $x=-\dfrac{b}{2a}$에 대하여 대칭

Step 4 주어진 조건을 이용하여 $|f(-1)|$의 값을 구한다.

함수 $g(x)$는 $x=-\dfrac{b}{2a}$에서 극솟값을 가지므로

조건 (가)에 의하여 $-\dfrac{b}{2a}=2$

$\therefore b=-4a$

이를 각각의 식에 대입해 보면
$f(x)=ax^2-4ax+c,\quad f'(x)=2ax-4a$

함수 $g(x)$는 $x=-\dfrac{b}{2a}\pm\dfrac{1}{\sqrt{-2a}}$에서 최댓값을 가지므로

→ 함수의 그래프가 직선 $x=-\dfrac{b}{2a}$에 대하여 대칭이니까, 두 곳에서의 함숫값이 같아야 해.

조건 (나)에서 $g\left(-\dfrac{b}{2a}-\dfrac{1}{\sqrt{-2a}}\right)-g\left(2-\dfrac{1}{\sqrt{-2a}}\right)=4\sqrt{e}$

이때
$$= \left|h\left(-\dfrac{b}{2a}-\dfrac{1}{\sqrt{-2a}}\right)\right|$$

$$f'\left(2-\dfrac{1}{\sqrt{-2a}}\right)=2a\left(2-\dfrac{1}{\sqrt{-2a}}\right)-4a$$
$$=4a+\sqrt{-2a}-4a$$
$$=\sqrt{-2a}$$
→ $-\dfrac{2a}{\sqrt{-2a}}=\dfrac{-2a}{\sqrt{-2a}}=\sqrt{-2a}$

$$f\left(2-\dfrac{1}{\sqrt{-2a}}\right)=a\left(2-\dfrac{1}{\sqrt{-2a}}\right)^2-4a\left(2-\dfrac{1}{\sqrt{-2a}}\right)+c$$
$$=a\left(4-\dfrac{4}{\sqrt{-2a}}-\dfrac{1}{2a}\right)-8a+\dfrac{4a}{\sqrt{-2a}}+c$$
$$=4a-\dfrac{4a}{\sqrt{-2a}}-\dfrac{1}{2}-8a+\dfrac{4a}{\sqrt{-2a}}+c$$
$$=-4a+c-\dfrac{1}{2}$$
상쇄되어 사라진다.

$\therefore g\left(2-\dfrac{1}{\sqrt{-2a}}\right)=\sqrt{-2a}\,e^{-4a+c-\frac{1}{2}}=4\sqrt{e}$
→ $e^{\frac{1}{2}}$

이때 a, c는 유리수이므로 $\sqrt{-2a}=4$, $-4a+c-\dfrac{1}{2}=\dfrac{1}{2}$
→ 양변을 제곱하면 $-2a=16$ $\therefore a=-8$

$\therefore a=-8,\ c=-31$

따라서 $f(x)=-8x^2+32x-31$이므로
$$f(-1)=-8\times(-1)^2+32\times(-1)-31$$
$$=-8-32-31$$
$$=-71$$

$\therefore |f(-1)|=71$

---

149 [정답률 12%]

정답 30

최고차항의 계수가 $\dfrac{1}{2}$이고 최솟값이 0인 사차함수 $f(x)$와
→ 함수 $y=f(x)$의 그래프가 x축에 접해.

함수 $g(x)=2x^4e^{-x}$에 대하여 합성함수 $h(x)=(f\circ g)(x)$가 다음 조건을 만족시킨다.
→ $f(t)=0$인 t에 대하여 $g(x)=t$를 만족시키는 x의 값

> (가) 방정식 $h(x)=0$의 서로 다른 실근의 개수는 4이다.
> (나) 함수 $h(x)$는 $x=0$에서 극소이다.
> (다) 방정식 $h(x)=8$의 서로 다른 실근의 개수는 6이다.

$f'(5)$의 값을 구하시오. (단, $\displaystyle\lim_{x\to\infty}g(x)=0$) (4점)

Step 1 함수 $y=g(x)$의 그래프를 그린다.

함수 $g(x)=2x^4e^{-x}$을 미분하면
$$g'(x)=8x^3e^{-x}-2x^4e^{-x}=-2x^3(x-4)e^{-x}$$
→ $2\times4x^3e^{-x}$

이를 이용하여 함수 $g(x)$의 증가와 감소를 표로 나타내면 다음과 같다.

x	$\cdots$	0	$\cdots$	4	$\cdots$
$g'(x)$	$-$	0	$+$	0	$-$
$g(x)$	$\searrow$	0	$\nearrow$	$\dfrac{512}{e^4}$	$\searrow$

따라서 함수 $y=g(x)$의 그래프는 다음과 같다.

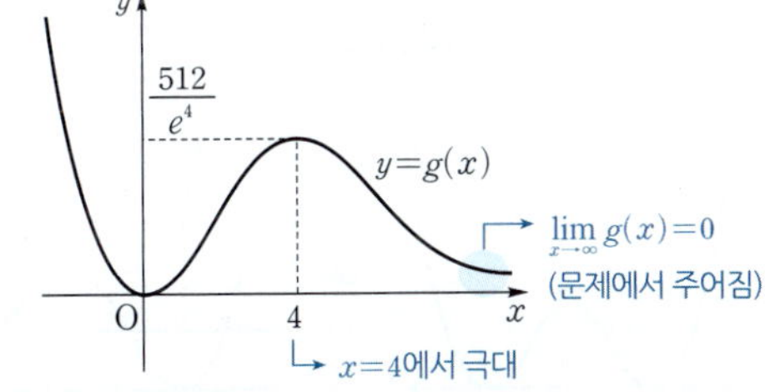

Step 2 함수 $y=f(x)$의 그래프의 개형에 따라 경우를 나누어 본다.

사차함수 $f(x)$의 최솟값이 0이므로 함수 $y=f(x)$의 그래프는 x축에 접하는 점이 존재한다.
→ 이때의 함숫값이 0

따라서 함수 $y=f(x)$의 그래프의 개형에 따라 경우를 나누어 보면 다음과 같다.

(i) $y=f(x)$의 그래프와 x축이 한 점에서 만날 때

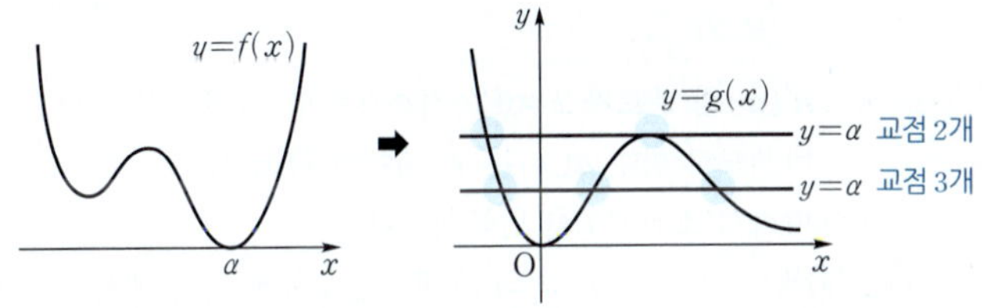

$f(\alpha)=0$이라 하면 $h(x)=(f\circ g)(x)$이므로

방정식 $h(x)=0$은 $f(g(x))=0$을 만족시키는 x의 값,
→ $f(x)=0$의 실근이 $x=\alpha$뿐이므로 $g(x)=\alpha$이어야 해!

즉 $g(x)=\alpha$를 만족시키는 x의 값을 근으로 갖는다.

이때 $y=g(x)$의 그래프와 직선 $y=\alpha$는

최대 3개의 점에서 만나므로 방정식 $h(x)=0$의 서로 다른

실근의 개수는 3 이하이다.
→ $=$(두 함수 $y=g(x)$, $y=\alpha$의 교점의 개수)

따라서 조건 (가)를 만족시키지 않는다.

(ii) $y=f(x)$의 그래프가 x축에 두 점에서 접할 때

서로 다른 두 실수 α, β $(\alpha<\beta)$에 대하여 $f(\alpha)=f(\beta)=0$일 때,

방정식 $h(x)=0$의 실근의 개수는 $g(x)=\alpha$ 또는 $g(x)=\beta$를
만족시키는 x의 값의 개수와 같다. → $f(g(x))=0$에서 $f(x)=0$의 실근이 α, β임을 이용!
따라서 조건 (가)를 만족시키는 α, β의 값에 따라 경우를 나누어
보면 다음과 같다. → 풀이에서 다루지 않는 α, β의 값의 경우에는 조건 (가)를 만족시키지 않아.

① $0<\alpha<\dfrac{512}{e^4}<\beta$일 때

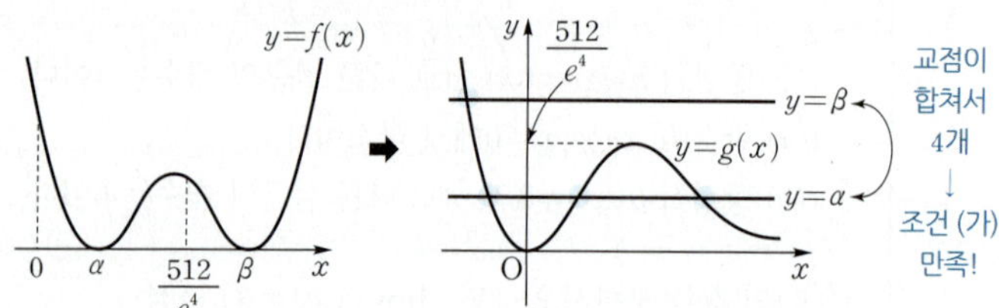

교점이 합쳐서 4개 → 조건 (가) 만족!

함수 $y=g(x)$의 그래프와 두 직선 $y=\alpha$, $y=\beta$의 교점의
개수의 합이 4이므로 조건 (가)를 만족시킨다.
이때 $h(x)=f(g(x))$에서 $h'(x)=f'(g(x))g'(x)$이므로
$x=0$ 주위에서의 미분계수의 부호를 확인해 보면 다음과
같다. → 합성함수의 미분법 이용!

x	$\cdots$	0	$\cdots$
$f'(g(x))$	$-$	$-$	$-$
$g'(x)$	$-$	0	$+$
$h'(x)$	$+$	0	$-$

$h'(x)$의 부호가 $x=0$을 기준으로 $(+)$에서 $(-)$로
바뀌므로 함수 $h(x)$는 $x=0$에서 극대이다.
따라서 조건 (나)를 만족시키지 않는다.

② $\alpha=0$, $0<\beta<\dfrac{512}{e^4}$일 때

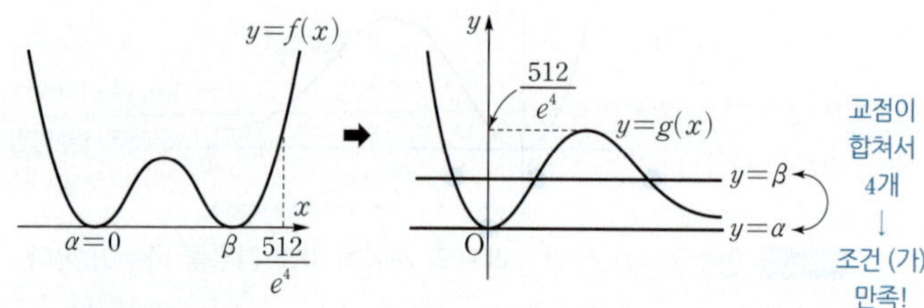

교점이 합쳐서 4개 → 조건 (가) 만족!

①과 같은 방법으로 $x=0$ 주위에서의 $h'(x)$의 부호를 확인
해 보면 다음과 같다.

x	$\cdots$	0	$\cdots$
$f'(g(x))$	$+$	0	$+$
$g'(x)$	$-$	0	$+$
$h'(x)$	$-$	0	$+$

$f'(g(x))$와 $g'(x)$의 부호의 곱이 $h'(x)$의 부호가 돼!

$h'(x)$의 부호가 $x=0$을 기준으로 $(-)$에서 $(+)$로
바뀌므로 함수 $h(x)$는 $x=0$에서 극소이다.
따라서 조건 (나)를 만족시킨다.

(i), (ii)에서 함수 $y=f(x)$의 그래프는 x축에 두 점에서 접하고, 두
점의 x좌표를 α, $\beta(\alpha<\beta)$라 하면 $\alpha=0$, $0<\beta<\dfrac{512}{e^4}$이다.

Step 3 조건 (다)를 만족시키는 경우를 파악한다.

조건 (다)에서 방정식 $h(x)=8$의 서로 다른 실근의 개수가 6이므로
함수 $f(x)$의 극댓값에 따라 경우를 나누어 보면 다음과 같다.
(i) $f(x)$의 극댓값이 8보다 작을 때

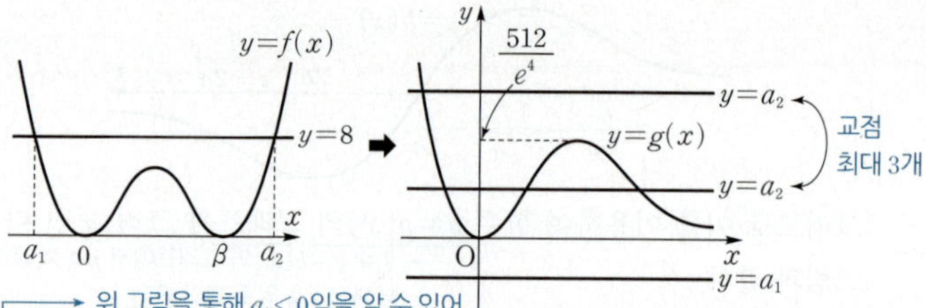

교점 최대 3개

→ 위 그림을 통해 $a_1<0$임을 알 수 있어.

함수 $y=f(x)$의 그래프와 직선 $y=8$이 만나는 두 점의 x좌표를
작은 값부터 차례대로 a_1, a_2라 하면 방정식 $h(x)=8$은
$g(x)=a_1$ 또는 $g(x)=a_2$를 만족시키는 x의 값을 근으로
갖는다. → $g(x)\geq0$이고 $a_1<0$이기 때문!
이때 $g(x)=a_1$을 만족시키는 x의 값은 존재하지 않고,
함수 $y=g(x)$의 그래프와 직선 $y=a_2$는 최대 3개의 점에서 만
나므로 방정식 $h(x)=8$의 서로 다른 실근의 개수는 3 이하이다.
따라서 조건 (다)를 만족시키지 않는다.

(ii) $f(x)$의 극댓값이 8보다 클 때

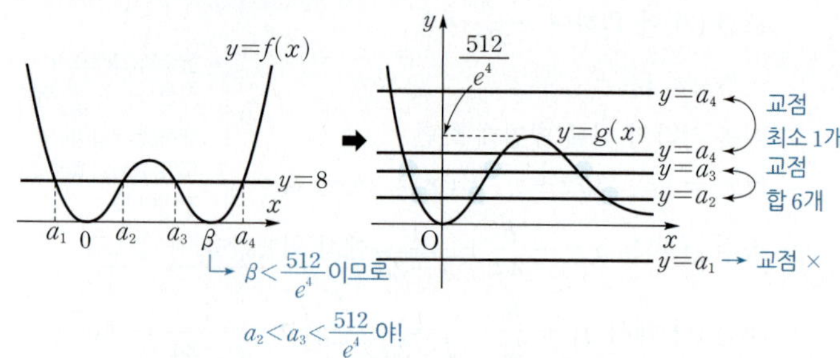

교점 최소 1개 / 교점 합 6개 / $y=a_1$ → 교점 ×

→ $\beta<\dfrac{512}{e^4}$이므로 $a_2<a_3<\dfrac{512}{e^4}$야!

함수 $y=f(x)$의 그래프와 직선 $y=8$이 만나는 네 점의 x좌표를
작은 값부터 차례대로 a_1, a_2, a_3, a_4라 하면 방정식 $h(x)=8$은
$g(x)=a_1$ 또는 $g(x)=a_2$ 또는 $g(x)=a_3$ 또는 $g(x)=a_4$를
만족시키는 x의 값을 근으로 갖는다.
이때 $g(x)=a_1$을 만족시키는 x의 값은 존재하지 않고,
$y=g(x)$의 그래프와 두 직선 $y=a_2$, $y=a_3$은 각각 세 점에서
만난다. → $g(x)=a_2$, $g(x)=a_3$의 해의 개수의 합이 6
또한 $y=g(x)$의 그래프와 직선 $y=a_4$는 적어도 한 개의 점에서
만나므로 방정식 $h(x)=8$의 서로 다른 실근의 개수는 7 이상이다.
따라서 조건 (다)를 만족시키지 않는다.

(iii) $f(x)$의 극댓값이 8일 때

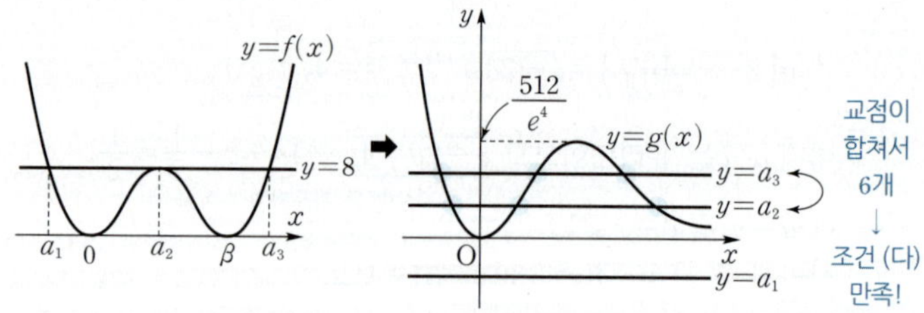

교점이 합쳐서 6개 → 조건 (다) 만족!

함수 $y=f(x)$의 그래프와 직선 $y=8$이 만나는 세 점의 x좌표를
작은 값부터 차례대로 a_1, a_2, a_3이라 하면 방정식 $h(x)=8$은
$g(x)=a_1$ 또는 $g(x)=a_2$ 또는 $g(x)=a_3$을 만족시키는 x의
값을 근으로 갖는다. → 함수 $y=f(x)$의 그래프와 직선 $y=8$이 $x=a_2$에서 접해!
이때 $g(x)=a_1$을 만족시키는 x의 값은 존재하지 않고,
함수 $y=g(x)$의 그래프와 두 직선 $y=a_2$, $y=a_3$이 서로 세 점에
서 만나면 방정식 $h(x)=8$의 서로 다른 실근의 개수가 6이 되
어 조건 (다)를 만족시킨다. $0<a_2<\beta<\dfrac{512}{e^4}$에서 $g(x)=a_2$의 해의 개수는 3이야.

마찬가지로 $0<a_3<\dfrac{512}{e^4}$이면 $g(x)=a_3$의 해의 개수도 3이 되어 조건 (다)를 만족시키게 돼.

$a_3\geq\dfrac{512}{e^4}$이면 조건 (다)를 만족시킬 수 없어.

따라서 (i)~(iii)에서 함수 $f(x)$의 극댓값은 8이다.

Step 4 함수 $f(x)$의 식을 완성한다.

사차함수 $f(x)$의 최고차항의 계수가 $\dfrac{1}{2}$이므로 $f(x)$를

$$f(x)=\frac{1}{2}x^2(x-\beta)^2$$

으로 놓을 수 있다.

$f(x)$를 미분하면

$$f'(x)=\frac{1}{2}\times 2x\times(x-\beta)^2+\frac{1}{2}\times x^2\times 2(x-\beta)$$
$$=x(x-\beta)^2+x^2(x-\beta)$$
$$=x(x-\beta)\{(x-\beta)+x\}$$
$$=x(x-\beta)(2x-\beta)\quad\cdots\cdots\ \text{㉠}$$

$\longrightarrow (x^2)'$

$\longrightarrow \{(x-\beta)^2\}'$

$\longrightarrow x(x-\beta)$로 묶어주었어.

이를 이용하여 함수 $f(x)$의 증가와 감소를 표로 나타내면 다음과 같다.

x	$\cdots$	0	$\cdots$	$\dfrac{\beta}{2}$	$\cdots$	β	$\cdots$
$f'(x)$	$-$	0	$+$	0	$-$	0	$+$
$f(x)$	↘	0	↗	극대	↘	0	↗

따라서 함수 $f(x)$는 $x=\dfrac{\beta}{2}$에서 극대이고, $f(x)$의 극댓값이

8이므로

$\longrightarrow x$축에 두 점 $(0,0)$, $(\beta,0)$에서 접하는 사차함수의

그래프는 직선 $x=\dfrac{\beta}{2}$에 대하여 대칭임을 이용하여 바로 알 수 있어.

$$f\left(\frac{\beta}{2}\right)=\frac{1}{2}\times\left(\frac{\beta}{2}\right)^2\times\left(\frac{\beta}{2}-\beta\right)^2=\frac{\beta^4}{32}=8$$

$\longrightarrow \dfrac{\beta^2}{4}$

$\longrightarrow \left(-\dfrac{\beta}{2}\right)^2=\dfrac{\beta^2}{4}$

$\beta^4=256 \quad\therefore \beta=4$

$$\therefore f(x)=\frac{1}{2}x^2(x-4)^2$$

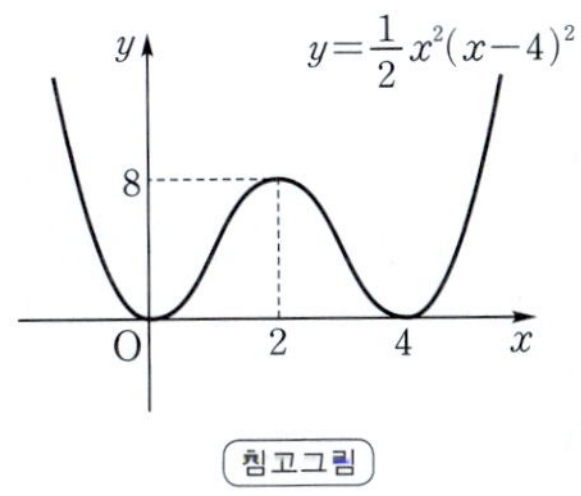

참고그림

Step 5 $f'(5)$의 값을 구한다.

㉠에 $\beta=4$를 대입하면

$$f'(x)=x(x-4)(2x-4)=2x(x-2)(x-4)$$
$$\therefore f'(5)=2\times 5\times 3\times 1=30$$

참고

실제 그래프 확인

Step 3 의 (iii)에서 그래프가 조건을 만족시키려면

a_3의 값이 $\dfrac{512}{e^4}$ 보다 작아야 한다.

a_3은 방정식 $\dfrac{1}{2}x^2(x-4)^2=8$의 세 실근 중 가장 큰 값이므로

$$a_3=2+2\sqrt{2}\approx 4.8284$$

이때 $\dfrac{512}{e^4}\approx 9.3776$이므로 $a_3<\dfrac{512}{e^4}$를 만족시킨다.

---

150 [정답률 5%] 정답 11

실수 전체의 집합에서 증가하는 연속함수 $f(x)$의 역함수 $f^{-1}(x)$가 다음 조건을 만족시킨다.

> (가) $|x|\leq 1$일 때, $4\times(f^{-1}(x))^2=x^2(x^2-5)^2$이다.
> (나) $|x|>1$일 때, $|f^{-1}(x)|=e^{|x|-1}+1$이다.

실수 m에 대하여 기울기가 m이고 점 $(1,0)$을 지나는 직선이 곡선 $y=f(x)$와 만나는 점의 개수를 $g(m)$이라 하자. 함수 $g(m)$이 $m=a$, $m=b\ (a<b)$에서 불연속일 때,

$$g(a)\times\left(\lim_{m\to a+}g(m)\right)+g(b)\times\left(\frac{\ln b}{b}\right)^2$$

의 값을 구하시오.

$\longrightarrow$ 기울기가 $\dfrac{1}{m}$이고 점 $(0,1)$을 지나는 직선이 곡선 $y=f^{-1}(x)$와 만나는 점의 개수와 같다.

$$\left(\text{단, }\lim_{x\to\infty}\frac{\ln x}{x}=0\right)\ (4점)$$

Step 1 함수 $f(x)$가 증가함수임을 이용하여 함수 $f(x)$의 역함수 $f^{-1}(x)$를 구한다.

함수 $f(x)$가 실수 전체의 집합에서 증가하는 연속함수이므로 그 역함수 $f^{-1}(x)$도 실수 전체의 집합에서 증가하는 연속함수이다.

조건 (가)에서 $|x|\leq 1$일 때, $f^{-1}(x)=-\dfrac{x}{2}(x^2-5)$

조건 (나)에서 $f^{-1}(x)=\begin{cases}-(e^{-x-1}+1) & (x<-1)\\ e^{x-1}+1 & (x>1)\end{cases}$

따라서 함수 $y=f^{-1}(x)$의 그래프는 다음과 같다.

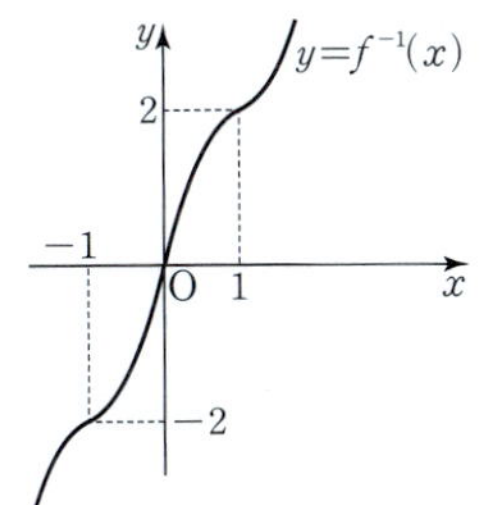

Step 2 함수 $y=f^{-1}(x)$의 그래프와 직선의 교점의 개수를 이용하여 함수 $g(m)$을 구한다.

실수 m에 대하여 함수 $g(m)$은 $m\neq 0$일 때, 기울기가 $\dfrac{1}{m}$이고 점 $(0,1)$을 지나는 직선이 곡선 $y=f^{-1}(x)$와 만나는 점의 개수와 같고, $m=0$일 때, y축과 곡선 $y=f^{-1}(x)$가 만나는 점의 개수와 같다.

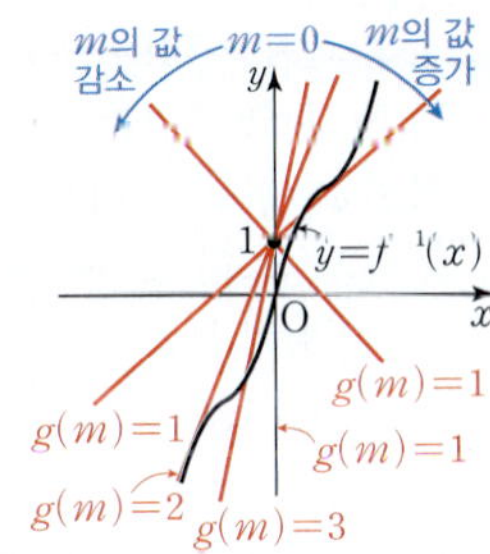

즉, 함수 $g(m)$이 $m=0$일 때의 직선이 곡선 $y=-(e^{-x-1}+1)$에 접할 때 불연속이므로 $a=0$

점 $(0,1)$을 지나는 직선이 곡선 $y=-(e^{-x-1}+1)$에 접할 때, 접점의 x좌표를 t라 하면 접선의 방정식은 $y=e^{-t-1}x+1$

이 직선이 점 $(t,\ -(e^{-t-1}+1))$을 지나므로

$\longrightarrow =\dfrac{1}{b}\qquad\therefore b=e^{t+1}$

$$-(e^{-t-1}+1)=te^{-t-1}+1$$

$-2=(t+1)e^{-t-1}$ $\therefore \dfrac{t+1}{e^{t+1}}=-2$ ……㉠

따라서 함수 $g(m)$은 다음과 같다.

$$g(m)=\begin{cases} 1 & (m\leq 0) \\ 3 & (0<m<e^{t+1}) \\ 2 & (m=e^{t+1}) \\ 1 & (m>e^{t+1}) \end{cases}$$

Step 3 주어진 식의 값을 구한다.

$a=0$, $b=e^{t+1}$이므로 $g(a)=1$, $\displaystyle\lim_{m\to a+} g(m)=3$, $g(b)=2$,

$\dfrac{\ln b}{b}=\dfrac{t+1}{e^{t+1}}=-2$ ($\because$ ㉠)

$\therefore g(a)\times\left(\displaystyle\lim_{m\to a+} g(m)\right)+g(b)\times\left(\dfrac{\ln b}{b}\right)^2$

$=1\times 3+2\times(-2)^2=11$

151 [정답률 25%]   정답 ④

양수 t에 대하여 구간 $[1, \infty)$에서 정의된 함수 $f(x)$가

$$f(x)=\begin{cases} \ln x & (1\leq x<e) \\ -t+\ln x & (x\geq e) \end{cases}$$

일 때, 다음 조건을 만족시키는 일차함수 $g(x)$ 중에서 직선 $y=g(x)$의 기울기의 최솟값을 $h(t)$라 하자.

1 이상의 모든 실수 x에 대하여 $(x-e)\{g(x)-f(x)\}\geq 0$ 이다.

미분가능한 함수 $h(t)$에 대하여 양수 a가 $h(a)=\dfrac{1}{e+2}$을 만족시킨다. $h'\left(\dfrac{1}{2e}\right)\times h'(a)$의 값은? (4점)

① $\dfrac{1}{(e+1)^2}$ ② $\dfrac{1}{e(e+1)}$

③ $\dfrac{1}{e^2}$ ④ $\dfrac{1}{(e-1)(e+1)}$

⑤ $\dfrac{1}{e(e-1)}$

Step 1 함수 $y=f(x)$의 그래프의 개형과 조건을 만족시키는 직선 $y=g(x)$를 확인한다.

함수 $y=f(x)$의 그래프의 개형은 다음 그림과 같다.

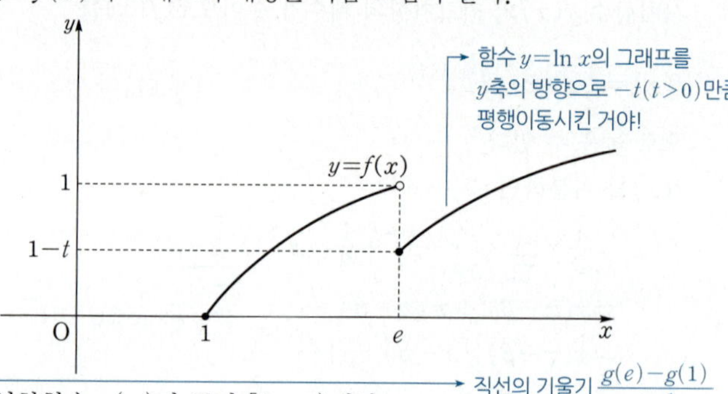

이때 일차함수 $g(x)$가 구간 $[1, \infty)$에서 주어진 조건 $(x-e)\{g(x)-f(x)\}\geq 0$을 만족시키려면

$1\leq x<e$일 때 $g(x)\leq f(x)$이고, $x\geq e$일 때 $g(x)\geq f(x)$이어야 한다.

$x-e<0$일 때 $g(x)-f(x)\leq 0$ $x-e\geq 0$일 때 $g(x)-f(x)\geq 0$

따라서 직선 $y=g(x)$의 기울기가 최소가 되려면 직선 $y=g(x)$가 점 $(1, 0)$을 지나고 $x\geq e$에서 $y=f(x)$의 그래프와 한 점에서 만나야 한다.

이때 t의 값에 따라 다음과 같은 두 가지 경우가 존재한다.

(i) 점 $(1, 0)$에서 곡선 $y=-t+\ln x (x\geq e)$에 그은 접선이 존재하지 않을 때

(ii) 점 $(1, 0)$에서 곡선 $y=-t+\ln x (x\geq e)$에 그은 접선이 존재할 때

(i), (ii)를 구분 짓는 t의 값을 구하기 위하여 $x=e$에서 곡선 $y=-t+\ln x$의 접선의 기울기를 구하면

$$\lim_{x\to e+} f'(x)=\lim_{x\to e+}\left\{\frac{d}{dx}(-t+\ln x)\right\}=\lim_{x\to e+}\left(\frac{1}{x}\right)=\frac{1}{e}$$

두 점 $(1, 0)$, $(e, f(e))$를 지나는 직선의 기울기는

$$\frac{-t+\ln e}{e-1}=\frac{-t+1}{e-1}$$

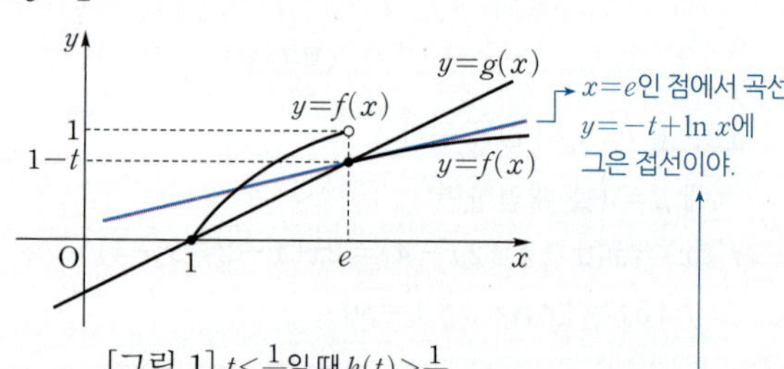

[그림 1] $t<\dfrac{1}{e}$일 때 $h(t)>\dfrac{1}{e}$

$\dfrac{-t+1}{e-1}>\dfrac{1}{e}$, 즉 $t<\dfrac{1}{e}$이면 위 [그림 1]과 같이 점 $(1, 0)$에서 곡선 $y=-t+\ln x (x\geq e)$에 그은 접선이 존재하지 않는다.

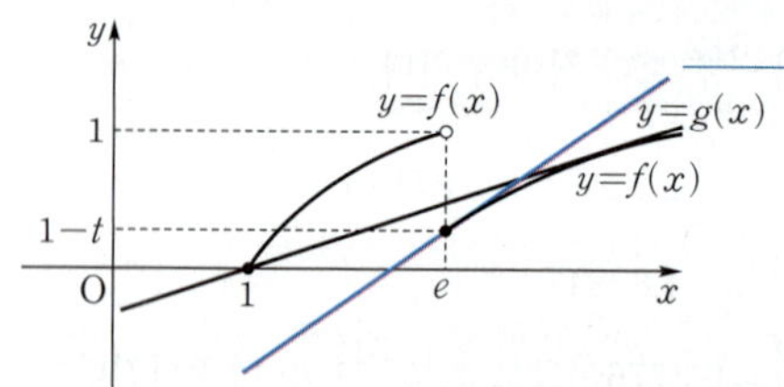

[그림 2] $t\geq\dfrac{1}{e}$일 때 $h(t)\leq\dfrac{1}{e}$

$\dfrac{-t+1}{e-1}\leq\dfrac{1}{e}$, 즉 $t\geq\dfrac{1}{e}$이면 [그림 2]와 같이 점 $(1, 0)$에서 곡선 $y=-t+\ln x (x\geq e)$에 그은 접선이 존재한다.

Step 2 각각의 경우에 대하여 $h'(t)$의 식을 구한다.

(i) 점 $(1, 0)$에서 곡선 $y=-t+\ln x\,(x\geq e)$에 그은 접선이 존재하지 않을 때 $\left(t<\dfrac{1}{e}\right)$

[그림 1]에서 두 점 $(1, 0)$, $(e, f(e))$를 지나는 직선의 기울기가 $h(t)$이므로 직선 $y=g(x)$의 기울기의 최솟값이야. ←

$$h(t)=\frac{-t+1}{e-1} \qquad \therefore h'(t)=-\frac{1}{e-1} \qquad \cdots\cdots ㉠$$

(ii) 점 $(1, 0)$에서 곡선 $y=-t+\ln x\,(x\geq e)$에 그은 접선이 존재할 때 $\left(t\geq\dfrac{1}{e}\right)$

[그림 2]에서 접선의 기울기가 $h(t)$이고, → 직선 $y=g(x)$의 기울기의 최솟값이야.

이때 $f'(x)=\dfrac{1}{x}\,(x>e)$이므로

접점의 x좌표를 $p\,(p>e)$라 하면 $h(t)=\dfrac{1}{p}$ $\cdots\cdots ㉡$

한편, 접점 $(p,\ -t+\ln p)$에서의 접선의 방정식은 → $f'(p)$는 곡선 $y=f(x)$ 위의 점 $(p, f(p))$에서의 접선의 기울기야.

$$y-(-t+\ln p)=\frac{1}{p}(x-p)$$

이 접선이 점 $(1, 0)$을 지나므로

$$t-\ln p=\frac{1}{p}-1, \quad \ln p+\frac{1}{p}=t+1$$

그런데 ㉡에서 $h(t)=\dfrac{1}{p}$이므로

$$\ln \frac{1}{h(t)}+h(t)=t+1 \text{에서} \quad h(t)-\ln h(t)=t+1$$

양변을 t에 대하여 미분하면

$$h'(t)-\frac{h'(t)}{h(t)}=1 \ \longrightarrow \ \begin{array}{l} h'(t)h(t)-h'(t)=h(t) \\ h'(t)\{h(t)-1\}=h(t) \end{array}$$

$$\therefore h'(t)=\frac{h(t)}{h(t)-1} \qquad \cdots\cdots ㉢$$

Step 3 구한 식에 대입하여 $h'\left(\dfrac{1}{2e}\right)\times h'(a)$의 값을 구한다.

→ $t<\dfrac{1}{e}$인 경우

$\dfrac{1}{2e}<\dfrac{1}{e}$이므로 ㉠에서 $h'\left(\dfrac{1}{2e}\right)=-\dfrac{1}{e-1}$

한편, $t<\dfrac{1}{e}$에서 $h(t)=\dfrac{-t+1}{e-1}$이고, 기울기가 $-\dfrac{1}{e-1}$인 일차함수이므로

$$h(t)>h\left(\frac{1}{e}\right)=\frac{-\frac{1}{e}+1}{e-1}=\frac{1}{e}$$

그런데 $h(a)=\dfrac{1}{e+2}<\dfrac{1}{e}=h\left(\dfrac{1}{e}\right)$이므로 $a\geq\dfrac{1}{e}$이다.

$$\therefore h'(a)=\frac{h(a)}{h(a)-1} \ (\because ㉢)$$

 → $t<\dfrac{1}{e}$에서 $h(t)>\dfrac{1}{e}$이고 $h(a)$의 값이 $\dfrac{1}{e}$보다 더 작기 때문에 남은 범위인 $a\geq\dfrac{1}{e}$이라는 것을 알 수 있다.

$t\geq\dfrac{1}{e}$에서 $h'(t)=\dfrac{h(t)}{h(t)-1}$임을 이용!

$$=\frac{\frac{1}{e+2}}{\frac{1}{e+2}-1}=-\frac{1}{e+1}$$

$$\therefore h'\left(\frac{1}{2e}\right)\times h'(a)=-\frac{1}{e-1}\times\left(-\frac{1}{e+1}\right)=\frac{1}{(e-1)(e+1)}$$

⭐ **다른 풀이** 다른 방법으로 $h'(t)$를 구하는 풀이

Step 1 동일

Step 2 $h'(t)$의 식을 구한다.

(i) $t<\dfrac{1}{e}$일 때

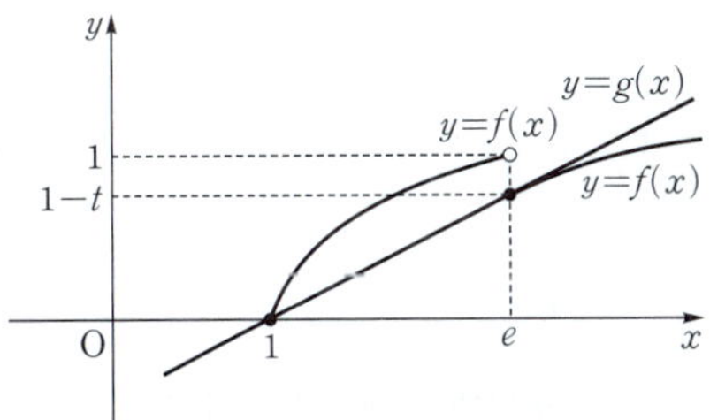

[그림 1] $t<\dfrac{1}{e}$일 때 $h(t)>\dfrac{1}{e}$

점 $(1, 0)$에서 곡선 $y=-t+\ln x\ (x\geq e)$에 그은 접선이 존재하지 않으므로 $h(t)$는 두 점 $(1, 0)$, $(e, f(e))$를 지나는 직선의 기울기와 같다. 직선 $y=g(x)$의 기울기의 최솟값 함수 $f(x)=-t+\ln x\,(x\geq e)$에 $x=e$ 대입

$$\begin{aligned} h(t)&=\frac{f(e)-0}{e-1}=\frac{-t+1}{e-1} \quad \longrightarrow =\ln e \\ h'(t)&=\frac{-1}{e-1} \end{aligned}$$

 t에 대하여 미분했어.

(ii) $t\geq\dfrac{1}{e}$일 때

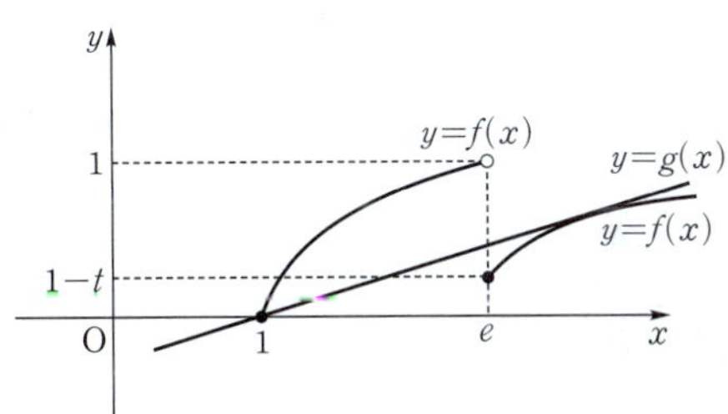

[그림 2] $t\geq\dfrac{1}{e}$일 때 $h(t)\leq\dfrac{1}{e}$

점 $(1, 0)$에서 곡선 $y=-t+\ln x\ (x\geq e)$에 그은 접선이 존재하므로 그 접점의 x좌표를 $p\,(p>e)$라 하면 $h(t)$는 접점 $(p,\ f(p))$에서의 접선의 기울기이면서 두 점 $(1, 0)$, $(p,\ -t+\ln p)$를 지나는 직선의 기울기이다.

$f(p)$

$$h(t)=f'(p)=\frac{1}{p}=\frac{-t+\ln p}{p-1}$$

$$\therefore \frac{1}{p}=\frac{-t+\ln p}{p-1}$$

$$p-1=-pt+p\ln p$$

$$1-\frac{1}{p}=-t+\ln p \qquad \longrightarrow \text{양변을 } p\text{로 나누어주었어.}$$

$$\therefore t=\ln p+\frac{1}{p}-1$$

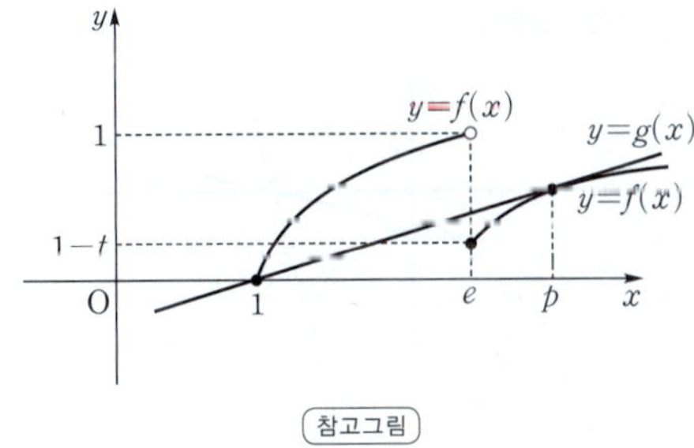

참고그림

$k(p)=t$라 하면

$$k(p)=\ln p+\frac{1}{p}-1, \quad k'(p)=\frac{1}{p}-\frac{1}{p^2}=\frac{p-1}{p^2}$$

합성함수의 미분법

$h(t)$에 t 대신 $k(p)$를 대입했어.

$\underline{h(k(p))=\dfrac{1}{p}}$ 에서 양변을 p에 대하여 미분하면

몫의 미분법

$\underline{h'(k(p))\,k'(p)}=-\dfrac{1}{p^2}$

$h'(t)\times\underset{=k'(p)}{\dfrac{p-1}{p^2}}=-\dfrac{1}{p^2}$ (여기서 $h'(t)=k(p)$)

$\therefore\ h'(t)=-\dfrac{1}{p-1}$

Step 3 각각의 경우를 구한 식에 대입하여 $h'\!\left(\dfrac{1}{2e}\right)\times h'(a)$ 의 값을 구한다.

문제에서 주어진 조건이야.

$1<\dfrac{1}{2e}<\dfrac{1}{e}$ 이므로 $h'\!\left(\dfrac{1}{2e}\right)=\dfrac{-1}{e-1}$

(i) $t<\dfrac{1}{e}$ 인 경우이므로 $h'(t)=\dfrac{-1}{e-1}$ 에 $t=\dfrac{1}{2e}$ 을 대입

$h(a)=\dfrac{1}{e+2}<\dfrac{1}{e}$ 이면 $a>\dfrac{1}{e}$ 이므로

$h(a)=\dfrac{1}{e+2}=\dfrac{1}{p}$ $\therefore\ p=e+2$

$t<\dfrac{1}{e}$ 일 때 $h(t)>\dfrac{1}{e}$

$t\geq\dfrac{1}{e}$ 일 때 $h(t)\leq\dfrac{1}{e}$

$\therefore\ h'(a)=-\dfrac{1}{(e+2)-1}=-\dfrac{1}{e+1}$

([그림 1], [그림 2] 참고)

(이하 동일)

(ii) $t\geq\dfrac{1}{e}$ 인 경우이므로 $h(t)=\dfrac{1}{p}$ 에 $t=a$ 를 대입

---

152 [정답률 39%] 정답 ③

좌표평면 위에 원 $x^2+y^2=9$ 와 직선 $y=4$ 가 있다. $t\neq-3$, $t\neq3$ 인 실수 t 에 대하여 직선 $y=4$ 위의 점 $\mathrm{P}(t,\,4)$ 에서 원 $x^2+y^2=9$ 에 그은 두 접선의 기울기의 곱을 $f(t)$ 라 할 때, [보기]에서 옳은 것만을 있는 대로 고른 것은? (4점)

[보기]

ㄱ. $f(\sqrt{2})=-1$

ㄴ. 열린구간 $(-3,\,3)$ 에서 $f''(t)<0$ 이다.

ㄷ. 방정식 $9f(x)=3^{x+2}-7$ 의 서로 다른 실근의 개수는 2이다.

→ 실제로 $f(t)$ 의 식을 구해서 미분해봐야 해.

① ㄱ ② ㄷ ③ ㄱ, ㄴ

④ ㄴ, ㄷ ⑤ ㄱ, ㄴ, ㄷ

Step 1 함수 $f(t)$ 를 구한다.

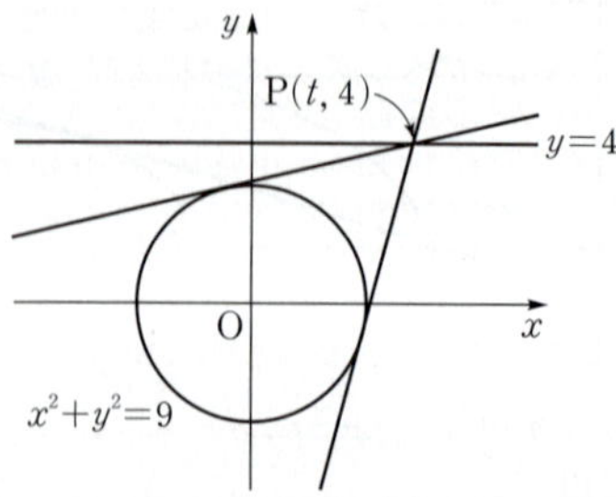

점 P에서 원 $x^2+y^2=9$ 에 그은 접선의 기울기를 m 이라 하면 접선의 방정식은

$y=m(x-t)+4$ → 점 $(t,\,4)$ 를 지나고 기울기가 m 인 직선

$\therefore\ mx-y-mt+4=0$

원 $x^2+y^2=9$ 의 중심인 원점에서 접선까지의 거리는 원의 반지름의 길이와 같으므로

$\dfrac{|-mt+4|}{\sqrt{m^2+1}}=3$

암기 직선 $ax+by+c=0$ 과 점 $(x_1,\,y_1)$ 사이의 거리 d 는
$d=\dfrac{|ax_1+by_1+c|}{\sqrt{a^2+b^2}}$

$|-mt+4|=3\sqrt{m^2+1}$

양변을 제곱하면 $(mt-4)^2=9(m^2+1)$

$m^2t^2-8mt+16=9m^2+9$

$\therefore\ (t^2-9)m^2-8tm+7=0$

이때 두 접선의 기울기는 m 에 대한 위의 이차방정식의 근과 같으므로 두 접선의 기울기의 곱은

$f(t)=\dfrac{7}{t^2-9}$

→ (이차방정식의 두 실근의 곱) → 근과 계수의 관계 이용!

Step 2 함숫값과 $f(t)$ 의 미분을 이용하여 ㄱ, ㄴ의 참, 거짓을 판별한다.

ㄱ. $f(\sqrt{2})=\dfrac{7}{(\sqrt{2})^2-9}=\dfrac{7}{-7}=-1$ (참)

ㄴ. $f'(t)=\dfrac{-7\times 2t}{(t^2-9)^2}=\dfrac{-14t}{(t^2-9)^2}$ ($(t^2-9)'$)

$f''(t)=\dfrac{-14(t^2-9)^2+14t\times 2(t^2-9)\times 2t}{\{(t^2-9)^2\}^2}$ → 몫의 미분법 이용!

$=\dfrac{(t^2-9)\{-14(t^2-9)+56t^2\}}{(t^2-9)^4}$

$=\dfrac{42t^2+126}{(t^2-9)^3}$

따라서 열린구간 $(-3,\,3)$ 에서 $f''(t)<0$ 이다. (참)

(분자)$=42t^2+126>0$

(분모)$=(t^2-9)^3<0$

Step 3 함수의 그래프를 이용하여 ㄷ의 참, 거짓을 판별한다.

ㄷ. 방정식 $9f(x)=3^{x+2}-7$ 에서 $f(x)=3^x-\dfrac{7}{9}$ 이므로

($=9\times3^x$)

구하는 방정식의 실근의 개수는 두 함수 $y=f(x)$, $y=3^x-\dfrac{7}{9}$ 의 그래프의 교점의 개수와 같다.

먼저 ㄴ에서 구한 도함수와 이계도함수를 이용하여 함수 $f(x)$ 의 증가와 감소를 표로 나타내면 다음과 같다.

x	$\cdots$	(-3)	$\cdots$	0	$\cdots$	(3)	$\cdots$
$f'(x)$	$+$		$+$	0	$-$		$-$
$f''(x)$	$+$		$-$	$-$	$-$		$+$
$f(x)$	↗		⤴	극대	↘		↘

또한 $\displaystyle\lim_{x\to-\infty}f(x)=\lim_{x\to-\infty}\dfrac{7}{x^2-9}=0$,

→ 분모가 양의 무한대로 발산

$\displaystyle\lim_{x\to-3-}f(x)=\lim_{x\to-3-}\dfrac{7}{x^2-9}=\infty$,

$\displaystyle\lim_{x\to-3+}f(x)=\lim_{x\to-3+}\dfrac{7}{x^2-9}=-\infty$,

→ 0+로 수렴

$\displaystyle\lim_{x\to3-}f(x)=\lim_{x\to3-}\dfrac{7}{x^2-9}=-\infty$,

→ 0−로 수렴

$\displaystyle\lim_{x\to3+}f(x)=\lim_{x\to3+}\dfrac{7}{x^2-9}=\infty$,

$\displaystyle\lim_{x\to\infty}f(x)=\lim_{x\to\infty}\dfrac{7}{x^2-9}=0$

이므로 두 함수 $y=f(x)$ 와 $y=3^x-\dfrac{7}{9}$ 의 그래프를 그려 보면 다음과 같다.

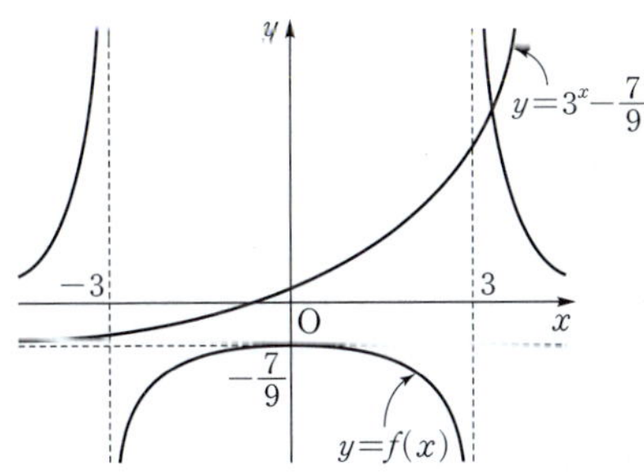

따라서 두 함수의 그래프가 한 점에서만 만나므로 구하는 방정
식의 실근의 개수는 1이다. (거짓)

그러므로 옳은 것은 ㄱ, ㄴ이다.

153 [정답률 15%]　　　정답 72

이차함수 $f(x)$에 대하여 함수 $g(x)=f(x)e^{-x}$이 다음 조건을 만족시킨다.

(가) 점 $(1,\,g(1))$과 점 $(4,\,g(4))$는 곡선 $y=g(x)$의 변곡점이다.

(나) 점 $(0,\,k)$에서 곡선 $y=g(x)$에 그은 접선의 개수가 3인 k의 값의 범위는 $-1<k<0$이다.

$g(-2)\times g(4)$의 값을 구하시오. (4점)

Step 1 $f(x)$가 이차함수이므로 $f(x)=ax^2+bx+c\,(a\neq0)$로 놓고 주어진 두 조건을 이용하여 식을 간단히 한다.

$f(x)$는 이차함수이므로 $f(x)=ax^2+bx+c\;(a\neq0)$라 하면

$f'(x)=2ax+b$, $f''(x)=2a$

$g(x)=f(x)e^{-x}$에서

$g'(x)=\{f'(x)-f(x)\}e^{-x}$

$g''(x)=\{f''(x)-2f'(x)+f(x)\}e^{-x}$

$\quad=\{2a-2(2ax+b)+(ax^2+bx+c)\}e^{-x}$

$\quad=\{ax^2+(b-4a)x+2a-2b+c\}e^{-x}$

이때 조건 (가)에 의하여 방정식 $g''(x)=0$의 두 근이 $x=1$ 또는 $x=4$이므로 이차방정식 $ax^2+(b-4a)x+2a-2b+c=0$은 $x=1$, $x=4$를 두 근으로 갖는다.

즉, 이차방정식의 근과 계수의 관계에 의하여

(두 근의 합)$=\dfrac{4a-b}{a}=5$, (두 근의 곱)$=\dfrac{2a-2b+c}{a}=4$

$4a-b=5a$, $2a-2b+c=4a$

$a+b=0$, $2a+2b-c=0$

$b=-a$, $c=0$

$\therefore f(x)=ax^2-ax$,

$\quad g(x)=(ax^2-ax)e^{-x}$　　$\cdots\cdots$ ㉠

Step 2 점 $(0,\,k)$에서 곡선 $y=g(x)$에 그은 접선의 방정식을 구한다.

곡선 $y=g(x)$ 위의 점 $(t,\,g(t))$에서의 접선의 방정식은

$y=g'(t)(x-t)+g(t)$

조건 (나)에서 이 접선이 점 $(0,\,k)$를 지나므로

$k=-tg'(t)+g(t)$

$\quad=-t\{(2at-a)e^{-t}-(at^2-at)e^{-t}\}+(at^2-at)e^{-t}$

$\quad=ae^{-t}(-2t^2+t+t^3-t^2+t^2-t)$

$\quad=ae^{-t}(t^3-2t^2)$

Step 3 조건 (나)를 만족하는 함수 $g(x)$를 구한다.

$-1<k<0$일 때, 점 $(0,\,k)$에서 곡선 $y=g(x)$에 그은 접선의 개수가 3이므로 방정식 $ae^{-t}(t^3-2t^2)=k$는 $-1<k<0$의 범위에서 서로 다른 세 실근을 가져야 한다.

$h(t)=ae^{-t}(t^3-2t^2)$이라 하면

$h'(t)=-ae^{-t}(t^3-2t^2)+ae^{-t}(3t^2-4t)$

$\quad=ae^{-t}(-t^3+5t^2-4t)$

$\quad=-at(t-1)(t-4)e^{-t}$

즉, 함수 $y=h(t)$는 $t=0$ 또는 $t=1$ 또는 $t=4$에서 극값을 갖는다.

방정식 $ae^{-t}(t^3-2t^2)=k$의 실근의 개수는 함수 $y=h(t)$의 그래프와 직선 $y=k$가 만나는 점의 개수와 같으므로 $y=h(t)$의 그래프를 그려 보면 다음과 같다.

(i) $a<0$일 때

함수 $y=h(t)$의 그래프와 직선 $y=k\,(-1<k<0)$는 최대 두 점에서만 만나므로 조건을 만족시키지 않는다.

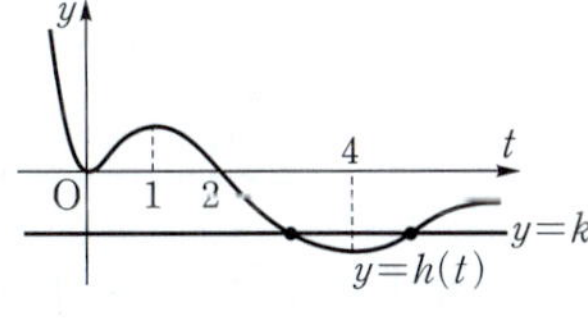

(ii) $a>0$일 때

함수 $y=h(t)$의 그래프와 직선 $y=k$의 교점의 개수가 3이 되는 k의 범위는 $-1<k<0$이므로 $h(1)=-1$이어야 한다.

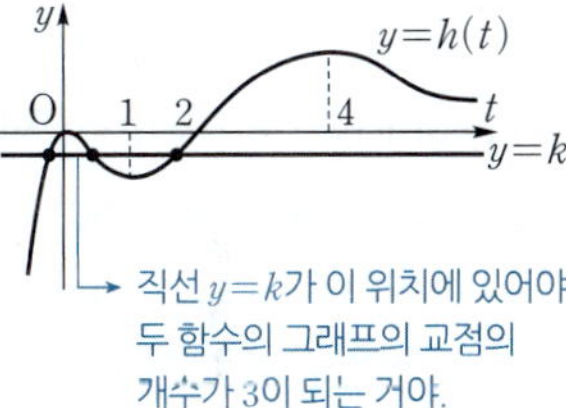

$-ae^{-1}=-1$

$\therefore a=e$

(i), (ii)에 의하여 $a=e$이고 ㉠에서 $g(x)=(x^2-x)e^{1-x}$이므로

$g(-2)\times g(4)=6e^3\times12e^{-3}=72$

$g(x)=(ax^2-ax)e^{-x}=ax(x-1)e^{-x}=0$에서

$x=0$ 또는 $x=1$

$g'(x)=(2ax-a)e^{-x}-(ax^2-ax)e^{-x}$

$\qquad =-ae^{-x}(x^2-3x+1)$

이고 $g'(x)=0$에서 $x^2-3x+1=0$

이차방정식 $x^2-3x+1=0$의 근이 $x=\dfrac{3\pm\sqrt{5}}{2}$이므로

함수 $g(x)$는 $x=\dfrac{3\pm\sqrt{5}}{2}$에서 극값을 갖는다.

조건 (나)와 함수 $y=g(x)$의 그래프의 개형을 이용하여
접선의 개수를 구하면

(i) 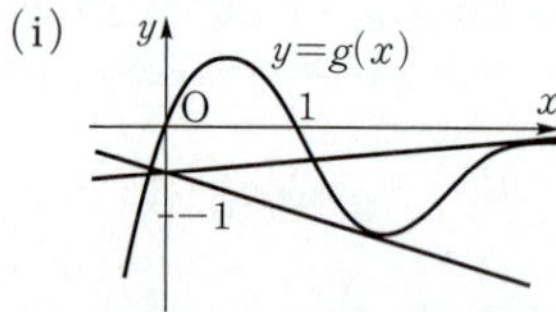

$a<0$, $-1<k<0$일 때,
점 $(0,\ k)$에서 접선을 2개
밖에 그을 수 없다.

(ii) 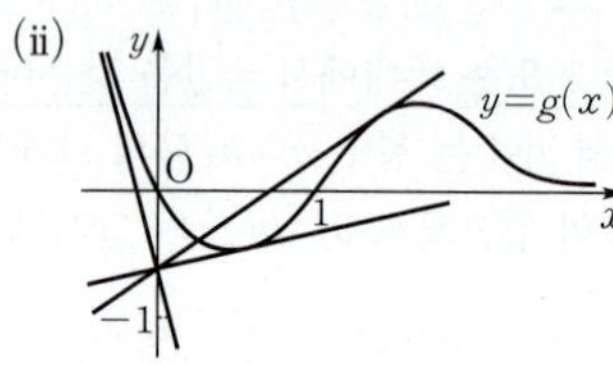

$a>0$, $-1<k<0$일 때
점 $(0,\ k)$에서 기울기가 음
수인 접선 1개와 기울기가
양수인 접선 2개, 총 3개의
접선을 그을 수 있다.

$a>0$일 때 기울기가 양수인 2개의 접선이 하나로 합쳐지는
경우는 변곡점 $(1,\ 0)$에서의 접선이 y축 위의 점 $(0,\ -1)$을
지날 때이다. ↳ 조건 (나)에서 접선의 개수가 3인 k의 값의 범위를 $-1<k<0$
이라고 했네! 그러니까 $k=-1$이면 접선의 개수는 2가 될 거야.

즉, 곡선 $y=g(x)$ 위의 점 $(1,\ 0)$에서의 접선 $y=ae^{-1}(x-1)$
에 $x=0$, $y=-1$을 대입하면

$-1=ae^{-1}(0-1)$

$\therefore a=e$

즉, $g(x)=(x^2-x)e^{-x+1}$이므로

$g(-2)=(4+2)e^3=6e^3$

$g(4)=(16-4)e^{-3}=12e^{-3}$

$\therefore g(-2)\times g(4)=6e^3\times 12e^{-3}=72$

---

154 [정답률 11%] 정답 16

양수 a에 대하여 함수 $f(x)$는

$$f(x)=\frac{x^2-ax}{e^x}$$

이다. 실수 t에 대하여 x에 대한 방정식

$$f(x)=f'(t)(x-t)+f(t)$$

의 서로 다른 실근의 개수를 $g(t)$라 하자.
$g(5)+\lim\limits_{t\to 5}g(t)=5$일 때, $\lim\limits_{t\to k-}g(t)\neq\lim\limits_{t\to k+}g(t)$를
만족시키는 모든 실수 k의 값의 합은 $\dfrac{q}{p}$이다. $p+q$의 값을
구하시오. (단, p와 q는 서로소인 자연수이다.) (4점)

→ 곡선 $y=f(x)$ 위의
점 $(t,\ f(t))$에서의
접선의 방정식

→ 함수 $g(t)$의 $t=k$에서의
좌극한과 우극한이
다르다는
의미이다.

Step 1 함수 $f(x)$의 그래프의 개형을 파악한다.

$f(x)=\dfrac{x^2-ax}{e^x}=(x^2-ax)e^{-x}$에서

$f'(x)=(2x-a)e^{-x}-(x^2-ax)e^{-x}$

$\qquad =e^{-x}\{-x^2+(a+2)x-a\}$ → 곱의 미분법

$\qquad =-e^{-x}\{x^2-(a+2)x+a\}$

이때 $f'(x)=0$에서 $x^2-(a+2)x+a=0$ $\qquad$ …… ㉠

이 이차방정식의 판별식을 D_1이라 하면 → $e^{-x}\neq 0$

$D_1=\{-(a+2)\}^2-4\times 1\times a$

$\qquad =(a^2+4a+4)-4a$

$\qquad =a^2+4>0$ → 판별식의 값이 0보다 크므로 방정식이
서로 다른 두 실근을 가진다.

이차방정식 ㉠의 두 실근을 α_1, α_2 $(\alpha_1<\alpha_2)$라 하면 근과 계수의 관
계에 의하여 → 함수 $f(x)$는 $x=\alpha_1$에서 극소, $x=\alpha_2$에서
극대가 된다.

$\alpha_1+\alpha_2=a+2>0$, $\alpha_1\alpha_2=a>0$ $(\because a>0)$

따라서 α_1, α_2는 모두 양수이다.

$f'(x)=-e^{-x}\{x^2-(a+2)x+a\}$에서

$f''(x)=e^{-x}\{x^2-(a+2)x+a\}-e^{-x}\{2x-(a+2)\}$

$\qquad =e^{-x}\{x^2-(a+4)x+2a+2\}$

이때 $f''(x)=0$에서 $x^2-(a+4)x+2a+2=0$ $\qquad$ …… ㉡

이 이차방정식의 판별식을 D_2라 하면 → 이 식을 만족시키는 x에서
곡선 $y=f(x)$가 변곡점을 가진다.

$D_2=\{-(a+4)\}^2-4\times 1\times(2a+2)$

$\qquad =(a^2+8a+16)-8a-8$

$\qquad =a^2+8>0$

즉, 이차방정식 ㉡의 두 실근을 β_1, β_2 $(\beta_1<\beta_2)$라 하면 두 점
$(\beta_1,\ f(\beta_1))$, $(\beta_2,\ f(\beta_2))$가 함수 $y=f(x)$의 그래프의 변곡점이
다.

이때 $f(0)=0$, $f(a)=0$이고

$\lim\limits_{x\to\infty}f(x)=\lim\limits_{x\to\infty}\dfrac{x^2-ax}{e^x}=0$ → $f(a)=\dfrac{a^2-a^2}{e^a}=0$

이므로 함수 $y=f(x)$의 그래프는 다음과 같다.

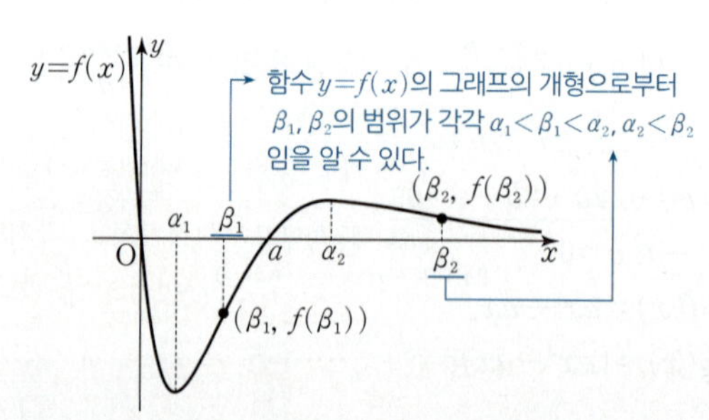

→ 함수 $y=f(x)$의 그래프의 개형으로부터
β_1, β_2의 범위가 각각 $\alpha_1<\beta_1<\alpha_2$, $\alpha_2<\beta_2$
임을 알 수 있다.

Step 2 함수 $g(t)$의 그래프를 그려본다.

방정식 $f(x)=f'(t)(x-t)+f(t)$의 서로 다른 실근의 개수는 두 함수 $y=f(x)$와 $y=f'(t)(x-t)+f(t)$의 그래프의 교점의 개수와 같다.

이때 $y=f'(t)(x-t)+f(t)$는 곡선 $y=f(x)$ 위의 점 $(t,\ f(t))$에서의 접선과 같으므로 t의 값에 따라 경우를 나누어보면 다음과 같다.

(i) $t=\alpha_1,\ \alpha_2$일 때

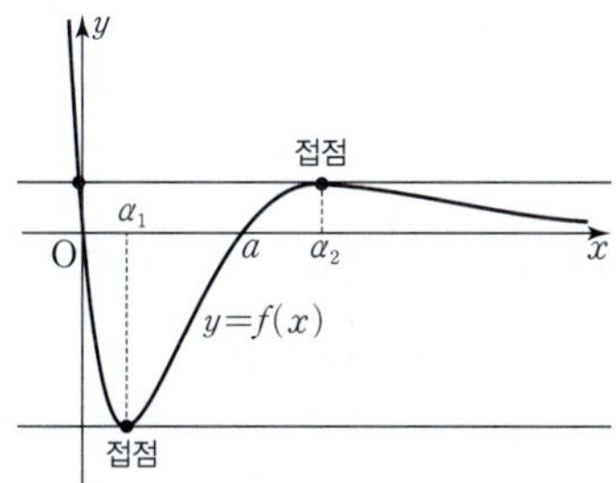

$t=\alpha_1$일 때, 함수 $y=f(x)$의 그래프와
직선 $y=f'(t)(x-t)+f(t)$는 한 점에서만 만나므로 $g(\alpha_1)=1$
같은 방법으로 $t=\alpha_2$일 때, $g(\alpha_2)=2$

(ii) $t=\beta_1,\ \beta_2$일 때

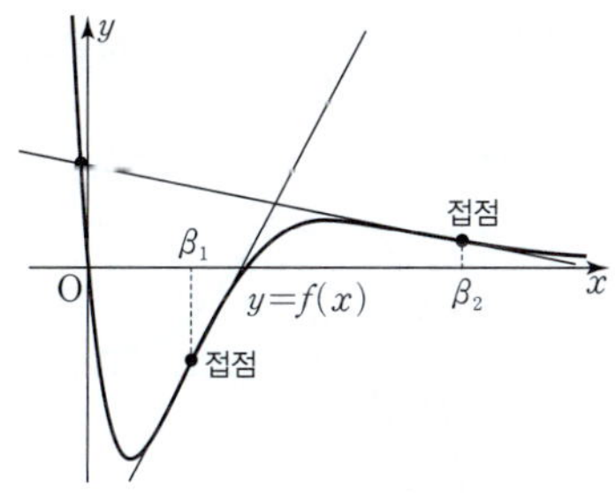

$t=\beta_1$일 때, 함수 $y=f(x)$의 그래프와
직선 $y=f'(t)(x-t)+f(t)$는 한 점에서만 만나므로 $g(\beta_1)=1$
같은 방법으로 $t=\beta_2$일 때, $g(\beta_2)=2$

(iii) $t<\beta_1$일 때

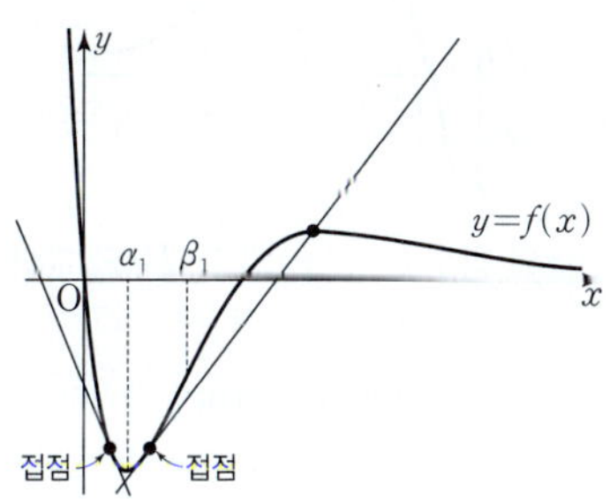

$t<\alpha_1$일 때, 함수 $y=f(x)$의 그래프와
직선 $y=f'(t)(x-t)+f(t)$는 한 점에서만 만나므로 $g(t)=1$
같은 방법으로 $\alpha_1<t<\beta_1$일 때, $g(t)=2$

(iv) $\beta_1<t<\beta_2$일 때

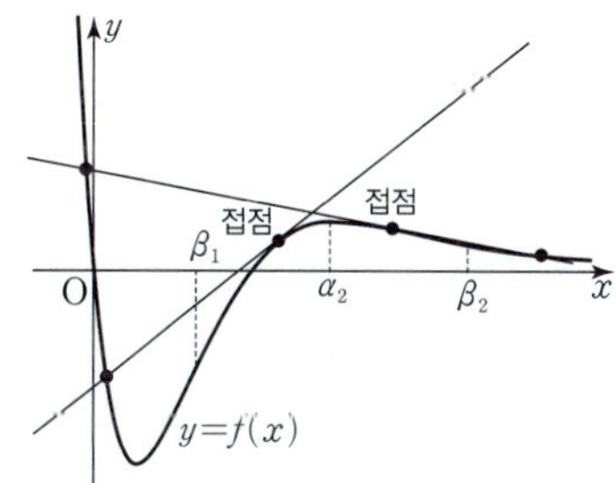

$\beta_1<t<\alpha_2$일 때, 함수 $y=f(x)$의 그래프와
직선 $y=f'(t)(x-t)+f(t)$는 두 점에서 만나므로 $g(t)=2$
같은 방법으로 $\alpha_2<t<\beta_2$일 때, $g(t)=3$

(v) $t>\beta_2$일 때

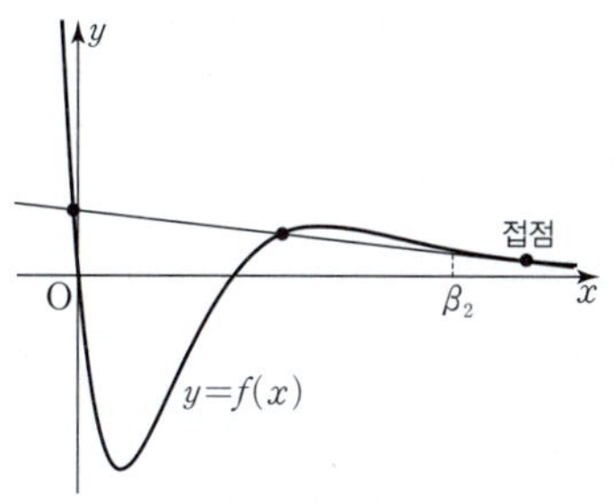

함수 $y=f(x)$의 그래프와 직선 $y=f'(t)(x-t)+f(t)$는 세 점에서 만나므로 $g(t)=3$

따라서 (i)~(v)에서 함수 $y=g(t)$의 그래프는 다음과 같다.

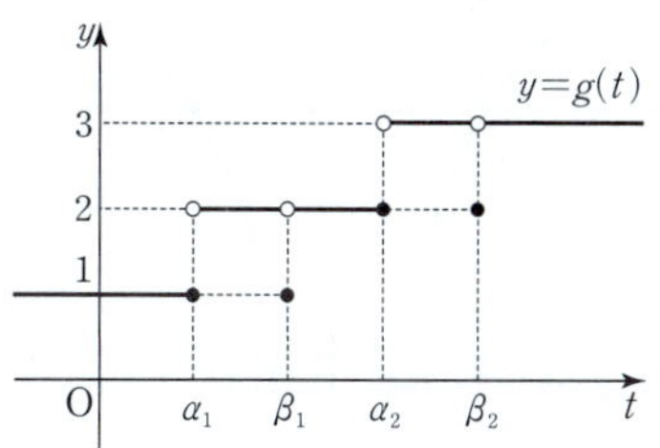

Step 3 a의 값을 구한다.

$g(5)+\lim\limits_{t\to 5}g(t)=5$를 만족시키려면 $\beta_2=5$이어야 한다.

즉, 이차방정식 ⓛ의 한 실근이 5이므로 ← 이때 $g(5)=2$, $\lim\limits_{t\to 5}g(t)=3$

$5^2-(a+4)\times5+2a+2=0$

$25-5a-20+2a+2=0,\ 3a=7$

$\therefore a=\dfrac{7}{3}$

Step 4 $\lim\limits_{t\to k-}g(t)\neq\lim\limits_{t\to k+}g(t)$를 만족시키는 모든 실수 k의 값의 합을 구한다.

함수 $y=g(t)$의 그래프에서 좌극한과 우극한이 다른 경우는 $t=\alpha_1,\ t=\alpha_2$일 때이다.

즉, $\lim\limits_{t\to k-}g(t)\neq\lim\limits_{t\to k+}g(t)$를 만족시키는 k의 값은 $\alpha_1,\ \alpha_2$이다.

이때 $\alpha_1,\ \alpha_2$는 이차방정식 ⓐ의 두 실근이므로 근과 계수의 관계에 의하여

$$\alpha_1+\alpha_2=a+2=\dfrac{13}{3}$$

따라서 $p=3,\ q=13$이므로 $p+q=3+13=16$

155　　　　　　　정답 5

두 양수 a, $b(b<1)$에 대하여 함수 $f(x)$를
$$f(x)=\begin{cases}-x^2+ax & (x\le 0)\\[2mm]\dfrac{\ln(x+b)}{x} & (x>0)\end{cases}$$

이라 하자. 양수 m에 대하여 직선 $y=mx$와 함수 $y=f(x)$의 그래프가 만나는 서로 다른 점의 개수를 $g(m)$이라 할 때, 함수 $g(m)$은 다음 조건을 만족시킨다.

> $\displaystyle\lim_{m\to a-}g(m)-\lim_{m\to a+}g(m)=1$을 만족시키는 양수 a가 오직 하나 존재하고, 이 a에 대하여 점 $(b,\ f(b))$는 직선 $y=ax$와 곡선 $y=f(x)$의 교점이다.

$ab^2=\dfrac{q}{p}$일 때, $p+q$의 값을 구하시오.

(단, p와 q는 서로소인 자연수이고, $\displaystyle\lim_{x\to\infty}f(x)=0$이다.) (4점)

> $g(m)$을 알기 위해서는 먼저 $y=f(x)$의 그래프를 알아야겠네!

Step 1 함수 $y=f(x)$의 그래프의 개형을 파악한다.

$x\le 0$에서
$f(x)=-x^2+ax=-x(x-a)$

> 원점을 지나고 위로 볼록한 이차함수

이므로 함수 $y=f(x)$의 그래프는 다음과 같다.

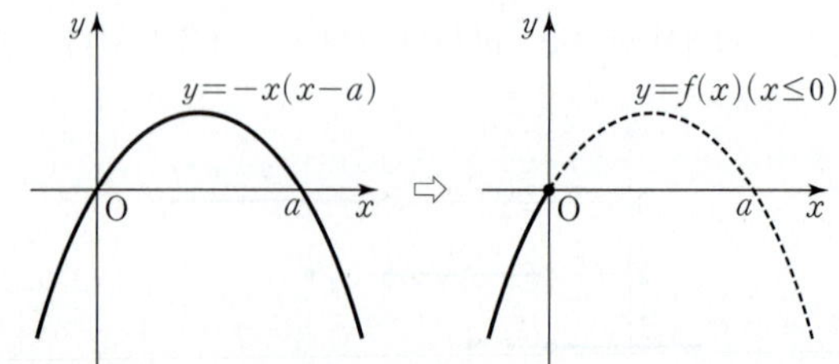

$x>0$에서의 함수 $f(x)$의 식을 미분하면
$f(x)=\dfrac{\ln(x+b)}{x}$에서

$$f'(x)=\dfrac{\dfrac{1}{x+b}\times x-\ln(x+b)\times 1}{x^2}$$

$$=\dfrac{\dfrac{x}{x+b}-\ln(x+b)}{x^2}$$

> 몫의 미분법을 이용했어.

이때 함수 $h(x)$를 $h(x)=\dfrac{x}{x+b}-\ln(x+b)$라 하고 $h(x)$를 미분하면

> 함수 $f'(x)$의 분자에 해당해.

$$h'(x)=\dfrac{1\times(x+b)-x\times 1}{(x+b)^2}-\dfrac{1}{x+b}$$

$$=\dfrac{b}{(x+b)^2}-\dfrac{1}{x+b}$$

$$=\dfrac{-x}{(x+b)^2}$$

모든 양수 x에 대하여 $h'(x)<0$이므로 함수 $h(x)$는 양의 실수 전체의 집합에서 감소한다.

> $(x+b)^2>0$, $x>0$이니까 $-\dfrac{x}{(x+b)^2}<0$이 돼.

$$\lim_{x\to 0+}h(x)=\lim_{x\to 0+}\left\{\dfrac{x}{x+b}-\ln(x+b)\right\}$$

$$=-\ln b>0$$

> 분자가 0으로 수렴
> b가 1보다 작은 양수이니까 $\ln b<\ln 1=0$

$$h(e-b)=\dfrac{e-b}{e}-\ln e$$

> $e\approx 2.7$이고 b는 1보다 작은 양수이니까 $e-b>0$

$$=1-\dfrac{b}{e}-1$$

$$=-\dfrac{b}{e}<0$$

함수 $h(x)$는 다음 그림과 같이 열린구간 $(0,\ e-b)$에서 $h(c)=0$을 만족시키는 c의 값을 오직 하나만 갖는다.

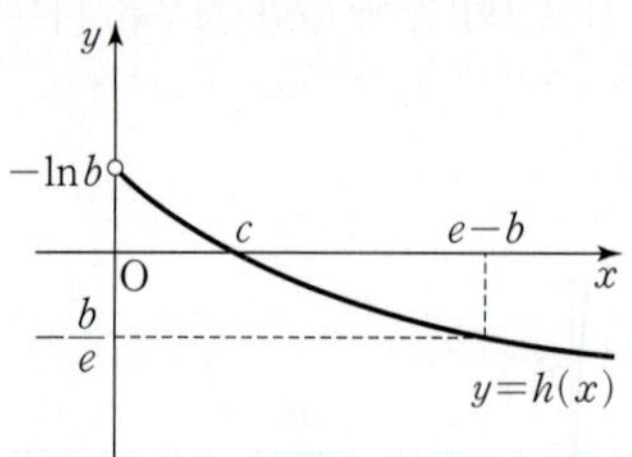

$f'(x)=\dfrac{h(x)}{x^2}$에서 양수 x에 대하여 $x^2>0$이므로 $f'(x)=0$을 만족시키는 x의 값은 오직 c 하나뿐이다.

이를 이용하여 함수 $f(x)$의 증가와 감소를 표로 나타내면 다음과 같다.

x	(0)	$\cdots$	c	$\cdots$
$h(x)$		$+$	0	$-$
$f'(x)$		$+$	0	$-$
$f(x)$		↗	극대	↘

따라서 $x>0$에서 함수 $y=f(x)$의 그래프는 다음과 같다.

> $\displaystyle\lim_{x\to\infty}f(x)=0$을 생각하면 오른쪽 그림과 같아.

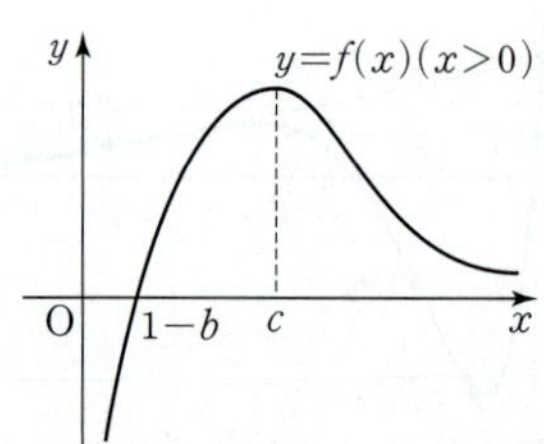

그러므로 함수 $y=f(x)$의 그래프를 종합하여 그려 보면 다음과 같다.

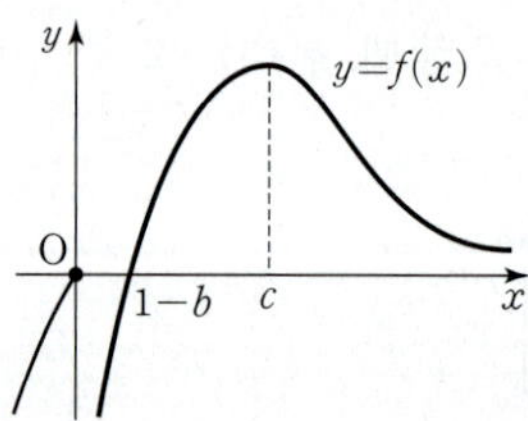

Step 2 직선 $y=mx$와 함수 $y=f(x)$의 그래프의 교점의 개수를 파악한다.

이차함수 $y=-x^2+ax$의 식을 미분하면
$y'=-2x+a$
점 $(0,\ 0)$에서의 접선의 기울기는
$-2\times 0+a=a$
따라서 점 $(0,\ 0)$에서의 접선의 방정식은 $y=ax$이므로 직선 $y=ax$와 함수 $y=f(x)$의 그래프는 $x\le 0$일 때 점 $(0,\ 0)$에서만 만남을 알 수 있다.

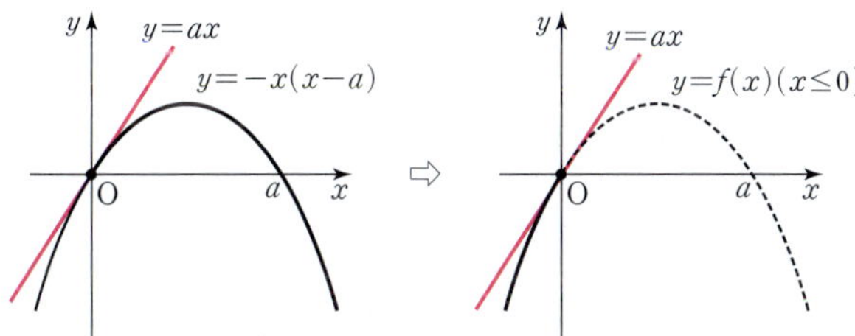

즉, 직선 $y=mx$와 함수 $y=f(x)$의 그래프가 $x \leq 0$일 때 만나는 서로 다른 점의 개수를 $p_1(m)$이라 하면 함수 $p_1(m)$은 다음과 같다.

(i) $m \leq a$일 때

직선 $y=mx$와 함수 $y=f(x)$의 그래프가 <u>오직 한 점에서만 만나므로</u> $p_1(m)=1$
└→ 원점에서만 만나.

(ii) $m > a$일 때

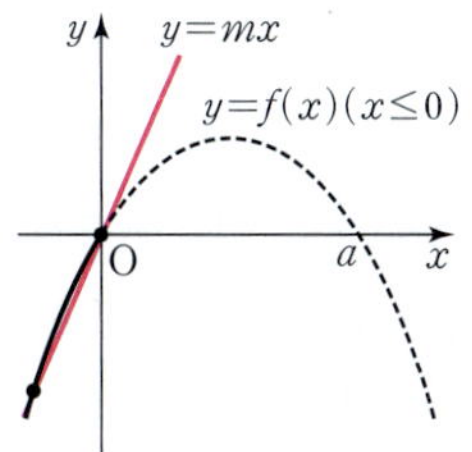

직선 $y=mx$와 함수 $y=f(x)$의 그래프가 두 점에서 만나므로 $p_1(m)=2$

(i), (ii)에서

$$p_1(m)=\begin{cases} 1 & (m \leq a) \\ 2 & (m > a) \end{cases}$$

임을 알 수 있다.

다음 그림과 같이 직선 $y=mx$와 함수 $y=f(x)$의 그래프가 $x > 0$에서 접할 때의 m의 값을 k라 하자.

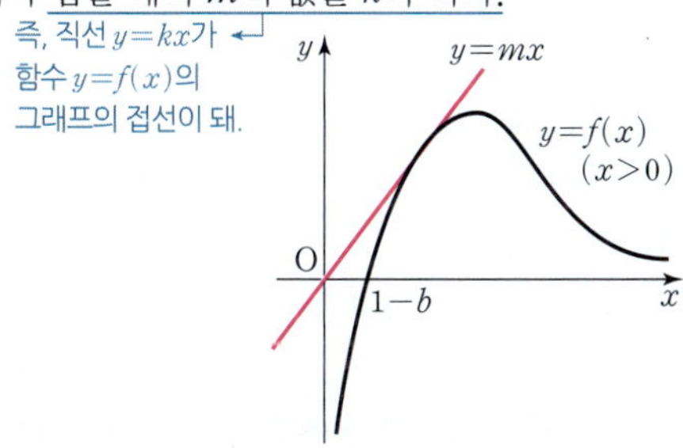

즉, 직선 $y=kx$가 함수 $y=f(x)$의 그래프의 접선이 돼.

직선 $y=mx$와 함수 $y=f(x)$의 그래프가 $x > 0$일 때 만나는 서로 다른 점의 개수를 $p_2(m)$이라 하면 함수 $p_2(m)$은 다음과 같다.

(i) $m < k$일 때

직선 $y=mx$와 함수 $y=f(x)$의 그래프가 두 점에서 만나므로 $p_2(m)=2$

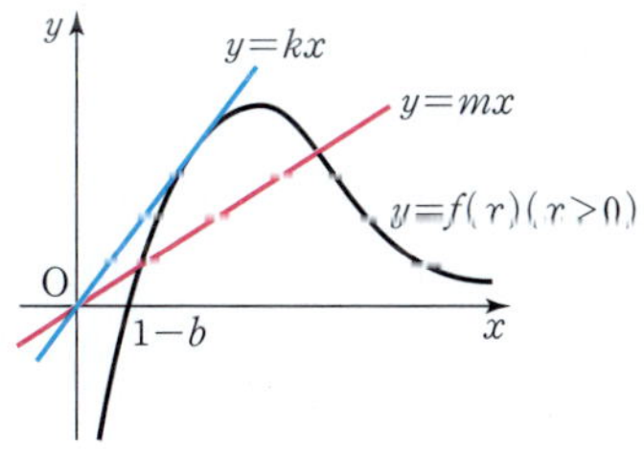

(ii) $m = k$일 때

직선 $y=mx$와 함수 $y=f(x)$의 그래프가 오직 한 점에서만 만나므로 $p_2(m)=1$

(iii) $m > k$일 때

직선 $y=mx$와 함수 $y=f(x)$의 그래프가 만나지 않으므로 $p_2(m)=0$

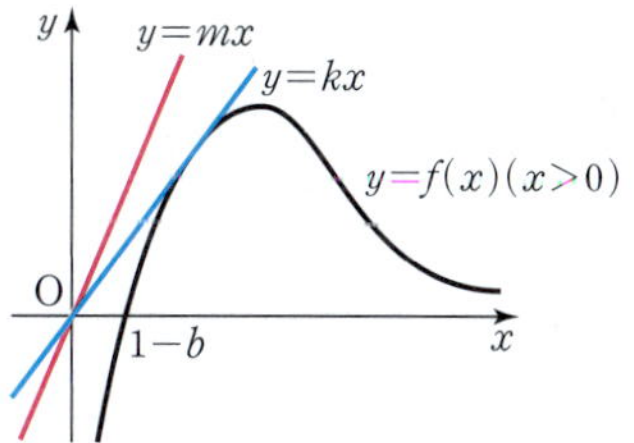

(i)~(iii)에서

$$p_2(m)=\begin{cases} 2 & (m < k) \\ 1 & (m = k) \\ 0 & (m > k) \end{cases}$$

임을 알 수 있다.

Step 3 $\displaystyle\lim_{m \to a-} g(m) - \lim_{m \to a+} g(m)=1$을 만족시키는 양수 a가 오직 하나만 존재하는 경우를 파악한다.

이때 $g(m)=p_1(m)+p_2(m)$이므로 a, k의 값의 대소 관계에 따라
└→ $x \leq 0$에서의 교점의 개수
경우를 나누어 조건을 만족시키는지 확인해 보면 다음과 같다.
└→ $x > 0$에서의 교점의 개수

(i) $a < k$일 때 전체 교점의 개수

$$g(m)=\begin{cases} 3 & (m \leq a) \\ 4 & (a < m < k) \\ 3 & (m = k) \\ 2 & (m > k) \end{cases}$$

이므로 함수 $y=g(m)$의 그래프는 다음과 같다.

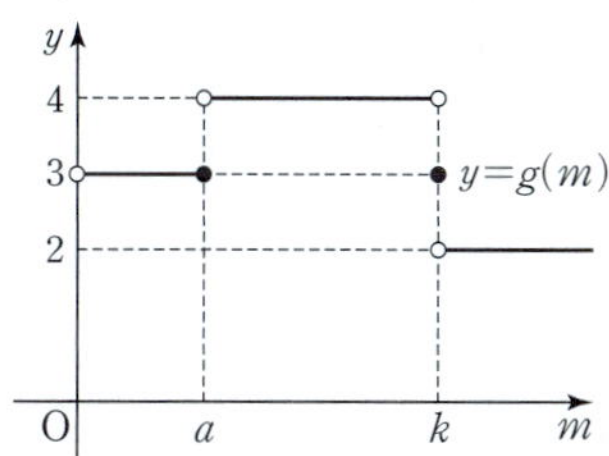

따라서 $\displaystyle\lim_{m \to a-} g(m) - \lim_{m \to a+} g(m)=1$을 만족시키는 a의 값이 <u>존재하지 않는다.</u>

예를 들어, $a=k$이면
$\displaystyle\lim_{m \to k-} g(m) - \lim_{m \to k+} g(m)=4-2=2$,
$a=a$이면
$\displaystyle\lim_{m \to a-} g(m) - \lim_{m \to a+} g(m)=3-4=-1$이 돼.

(ii) $a = k$일 때

$$g(m)=\begin{cases} 3 & (m < a) \\ 2 & (m \geq a) \end{cases}$$

이므로 함수 $y=g(m)$의 그래프는 다음과 같다.

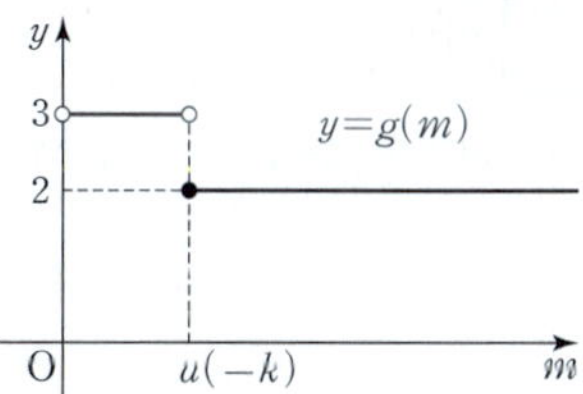

따라서 $a=a$일 때,

$$\lim_{m \to a-} g(m) - \lim_{m \to a+} g(m)=3-2=1$$

로 조건을 만족시키는 a의 값이 오직 하나 존재한다.

(iii) $a > k$일 때

$$g(m)=\begin{cases} 3 & (m<k) \\ 2 & (m=k) \\ 1 & (k<m\le a) \\ 2 & (m>a) \end{cases}$$

이므로 함수 $y=g(m)$의 그래프는 다음과 같다.

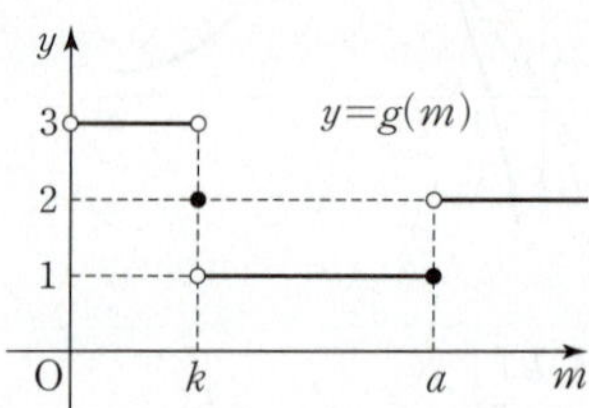

따라서 $\displaystyle\lim_{m\to a-}g(m)-\lim_{m\to a+}g(m)=1$을 만족시키는 a의 값이

존재하지 않는다.

(i)~(iii)에서 $a=a$이고, 직선 $y=ax$가 $x>0$에서 함수 $y=f(x)$의

그래프에 접해야 한다.

Step 4 ■ ab^2의 값을 구한다.

점 $(b, f(b))$가 직선 $y=ax$ 위의 점이므로

$f(b)=ab$에서 $ab=\dfrac{\ln 2b}{b}$ …… ㉠

↳ b는 양수이니까 $x>0$일 때의 함수 $f(x)$의 식을 이용!

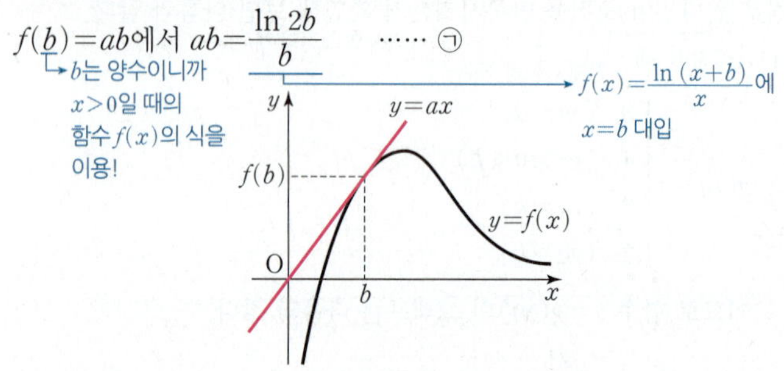

점 $(b, f(b))$에서의 접선의 방정식이 $y=ax$이므로

↳ 접선의 기울기가 a

$a=f'(b)$에서

$a=\dfrac{\dfrac{1}{2}-\ln 2b}{b^2}$ …… ㉡

㉠에서 $ab^2=\ln 2b$

↳ 두 식의 값이 ab^2으로 같아.

㉡에서 $ab^2=\dfrac{1}{2}-\ln 2b$

두 식의 우변을 서로 비교하면

$\ln 2b=\dfrac{1}{2}-\ln 2b$에서 $2\ln 2b=\dfrac{1}{2}$

$\therefore \ln 2b=\dfrac{1}{4}$

따라서 $ab^2=\ln 2b=\dfrac{1}{4}$이므로

$p+q=4+1=5$

↳ $ab^2=\dfrac{q}{p}$이므로 $p=4, q=1$이야.

---

156 [정답률 5%]　　　　　정답 208

최고차항의 계수가 1인 삼차함수 $f(x)$에 대하여 함수 $g(x)$를
$$g(x)=\sin|\pi f(x)|$$
라 하자. 함수 $y=g(x)$의 그래프와 x축이 만나는 점의 x좌표
중 양수인 것을 작은 수부터 크기순으로 모두 나열할 때,
n번째 수를 a_n이라 하자. 함수 $g(x)$와 자연수 m이 다음
조건을 만족시킨다.　　　$g(x)=\sin|\pi f(x)|=0$을 만족시키는 x의 값

> (가) 함수 $g(x)$는 $x=a_4$와 $x=a_8$에서 극대이다.
> (나) $f(a_m)=f(0)$

$f(a_k)\le f(m)$을 만족시키는 자연수 k의 최댓값을 구하시오.

(4점)

Step 1 ■ $g(a_n)=0$을 만족시키는 a_n이 어떤 특징을 가지는지 생각해본다.

모든 자연수 n에 대하여 $g(a_n)=\sin|\pi f(a_n)|=0$이므로

$f(a_n)$ (n은 자연수)는 정수이다. 따라서

$$\cos\{\pi f(a_n)\}=\begin{cases} 1 & (f(a_n)=2s) \\ -1 & (f(a_n)=2s-1) \end{cases}\ (s\text{는 정수}) \quad\text{……㉠}$$

함수 $y=\sin|\pi x|$의 그래프는 다음과 같다.

↳ $x\ge 0$일 때 $y=\sin\pi x$의 그래프를 그린 후 y축에 대하여 대칭하여 그리면 된다.

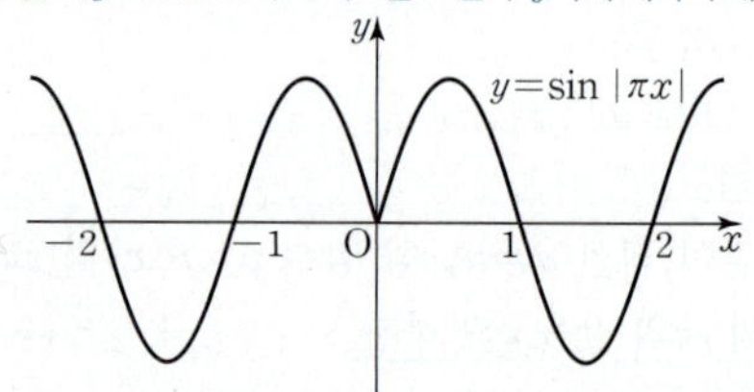

$-1<x<0$ 또는 $0<x<1$일 때 $\sin|\pi x|>0$

$f(a_4)=0$이면 $g(a_4)=\sin|\pi f(a_4)|=0$이고, $f(a_3)$, $f(a_5)$의 값

은 각각 -1 또는 0 또는 1이다.

따라서 $a_3<x<a_4$ 또는 $a_4<x<a_5$일 때 $0<|f(x)|<1$이므로

$g(x)=\sin|\pi f(x)|>0$

함수 $g(x)$는 $x=a_4$에서 극대가 아니므로 조건 (가)를 만족시키지

않으며 $f(a_4)\ne 0$

Step 2 ■ 함수 $g(x)$의 도함수, 이계도함수를 이용한다.

함수 $g(x)$가 $x=a_4$에서 미분가능하고 조건 (가)에 의하여

$g'(a_4)=0$이다. ↳ 함수 $g(x)$는 $x=a_4$에서 극값을 갖는다.

$$g(x)=\begin{cases} \sin\{\pi f(x)\} & (f(x)\ge 0) \\ -\sin\{\pi f(x)\} & (f(x)<0) \end{cases}$$

$$g'(x)=\begin{cases} \pi f'(x)\cos\{\pi f(x)\} & (f(x)>0) \\ -\pi f'(x)\cos\{\pi f(x)\} & (f(x)<0) \end{cases}$$

$$g''(x)=\begin{cases} \pi f''(x)\cos\{\pi f(x)\}-\pi^2\{f'(x)\}^2\sin\{\pi f(x)\} & (f(x)>0) \\ -\pi f''(x)\cos\{\pi f(x)\}+\pi^2\{f'(x)\}^2\sin\{\pi f(x)\} & (f(x)<0) \end{cases}$$

$g'(a_4)=0$이므로 $f'(a_4)=0$ ↳ $\cos\{\pi f(a_4)\}\ne 0$이므로 $f'(a_4)=0$

같은 방법으로 $f(a_8)\ne 0$이고 $f'(a_8)=0$이다.

따라서 $f'(x)=3(x-a_4)(x-a_8)$, $f''(a_4)<0$, $f''(a_8)>0$

Step 3 $f(a_4)$, $f(a_8)$의 값의 범위에 따라 경우를 나누어 조건을 만족시키는지 판별한다.

함수 $y=f(x)$의 그래프의 개형은 그림과 같다.

$f(x)$는 최고차항의 계수가 1인 삼차함수

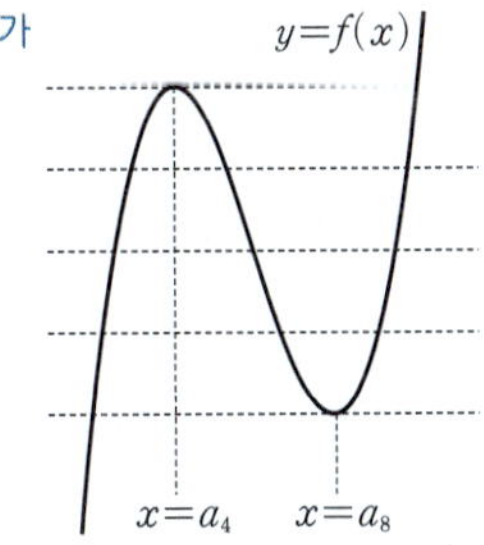

그러므로 $f(a_8)=f(a_4)-4$이다.

(i) $f(a_4)<0$인 경우

$y=f(x)$의 그래프의 개형과 $f(a_n)$이 정수임을 이용하면 알 수 있다.

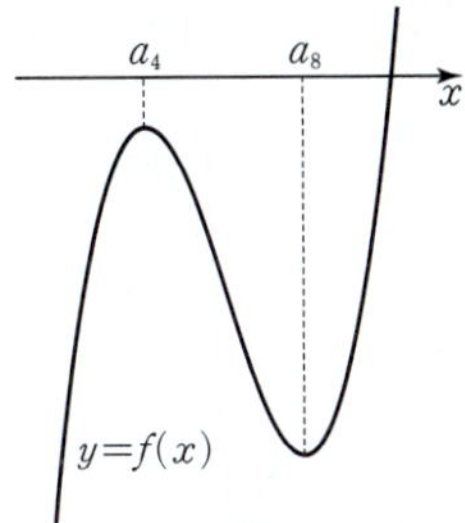

함수 $g(x)$가 $x=a_4$에서 극대이므로
$$g''(a_4)=-\pi f''(a_4)\cos\{\pi f(a_4)\}$$
$$(-)\qquad +\pi^2\{f'(a_4)\}^2\sin\{\pi f(a_4)\}<0$$
$f''(a_4)<0$이므로 $\cos\{\pi f(a_4)\}<0$ ← $f'(a_4)=0$
㉠에 의하여 $\cos\{\pi f(a_4)\}=-1$
$f(a_4)=2p+1$ (p는 음의 정수)
$f(a_8)=f(a_4)-4=2p-3$에서 $\cos\{\pi f(a_8)\}=-1$이고
$f''(a_8)>0$이므로 ← $(+)$ ← $(-)$
$$g''(a_8)=-\pi f''(a_8)\cos\{\pi f(a_8)\}>0$$
따라서 함수 $g(x)$가 $x=a_8$에서 극소이므로 조건 (가)를 만족시키지 않는다.

(ii) $f(a_8)>0$인 경우

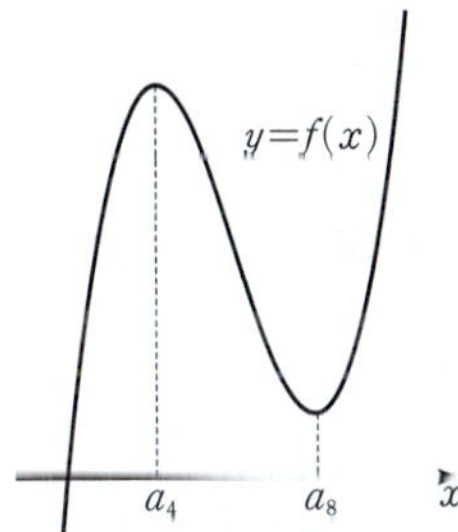

함수 $g(x)$가 $x=a_8$에서 극대이므로
$$g''(a_8)=\pi f''(a_8)\cos\{\pi f(a_8)\}<0$$
$f''(a_8)>0$이므로 $\cos\{\pi f(a_8)\}<0$
㉠에 의하여 $\cos\{\pi f(a_8)\}=-1$
$f(a_8)=2q-1$ (q는 자연수) ← $f(a_8)>0$이므로 $q>0$
$f(a_4)=f(a_8)+4=2q+3$에서 $\cos\{\pi f(a_4)\}=-1$이고
$f''(a_4)<0$이므로
$$g''(a_4)=\pi f''(a_4)\cos\{\pi f(a_4)\}>0$$

따라서 함수 $g(x)$가 $x=a_4$에서 극소이므로 조건 (가)를 만족시키지 않는다.

(iii) $f(a_8)<0<f(a_4)$인 경우 ← $f(a_8)=f(a_4)-4$
$f(a_4)-4<0<f(a_4)$에서 $0<f(a_4)<4$
$\therefore$ $f(a_4)=1$ 또는 $f(a_4)=2$ 또는 $f(a_4)=3$
함수 $g(x)$가 $x=a_4$에서 극대이므로
$$g''(a_4)=\pi f''(a_4)\cos\{\pi f(a_4)\}<0$$
$f''(a_4)<0$이므로 $\cos\{\pi f(a_4)\}>0$
㉠에 의하여 $\cos\{\pi f(a_4)\}=1$
$f(a_4)=2r$ (r은 자연수) ← 이 조건과 $0<f(a_4)<4$를 만족시키는 함숫값은 $f(a_4)=2$ 뿐이다.
그러므로 $f(a_4)=2$, $f(a_8)=-2$
(i)~(iii)에 의하여 $f(a_4)=2$, $f(a_8)=-2$이므로 조건 (나)에서
$f(a_8)=f(0)=-2$ $\therefore$ $m=8$ ← $f(a_8)=f(a_4)-4=2-4=-2$

Step 4 $f(x)$를 구한 후 k의 최댓값을 구한다.

그래프로부터 $f(a_3)=f(a_5)=1$, $f(a_2)=f(a_6)=0$, $f(a_1)=f(a_7)=-1$, $f(0)=f(a_8)=-2$ 임을 알 수 있다.

$$f(x)=x(x-a_8)^2-2$$
$$f'(x)=(x-a_8)^2+2x(x-a_8)=3(x-a_8)\left(x-\frac{a_8}{3}\right)$$
$f'(a_4)=0$에서 $a_4=\dfrac{a_8}{3}$ ($\because a_4<a_8$)
$f(a_4)=a_4(a_4-a_8)^2-2=2$이므로
$$\frac{a_8}{3}\times\left(-\frac{2a_8}{3}\right)^2-2=2 \qquad \therefore a_8=3$$
$$\therefore f(x)=x(x-3)^2-2$$
따라서 $f(m)=f(8)=8\times5^2-2=198$이고 $k\geq8$일 때
$f(a_k)=k-10$이므로 $f(a_k)\leq f(8)$인 k의 최댓값은 208이다.
← $k-10\leq198$에서 $k\leq208$

← $f(a_8)=-2$, $f(a_9)=-1$, $f(a_{10})=0$, $f(a_{11})=1$, $f(a_{12})=2$, …

157 [정답률 18%]

정답 50

최고차항의 계수가 1인 다항함수 $f(x)$와 함수

$$g(x)=x-\frac{f(x)}{f'(x)}$$

가 다음 조건을 만족시킨다.

(가) 방정식 $f(x)=0$의 실근은 0과 2뿐이고 허근은
존재하지 않는다.
↳ 다항식 $f(x)$의 인수가 x와 $x-2$

(나) $\displaystyle\lim_{x\to2}\frac{(x-2)^3}{f(x)}$이 존재한다.
↳ 조건 (나)를 통해 지수를 알아볼 수 있어.

(다) 함수 $\left|\dfrac{g(x)}{x}\right|$는 $x=\dfrac{5}{4}$에서 연속이고
미분가능하지 않다.

함수 $g(x)$의 극솟값을 k라 할 때, $27k$의 값을 구하시오. (4점)

Step 1 조건 (가)를 이용하여 함수 $f(x)$의 식을 세운다.

조건 (가)에서 방정식 $f(x)=0$의 실근은 0과 2뿐이고 허근은 존재하지 않는다고 하였으므로 최고차항의 계수가 1인 다항함수 $f(x)$는 $f(x)=x^m(x-2)^n$ (m, n은 자연수)이라 할 수 있다.
↳ 문제에 주어진 조건을 이용하여 먼저 함수 $f(x)$의 식을 세워.

Step 2 조건 (나)를 만족시키는 자연수 n의 값의 범위를 구한다.

$\displaystyle\lim_{x\to2}\frac{(x-2)^3}{f(x)}=\lim_{x\to2}\frac{(x-2)^3}{x^m(x-2)^n}$이므로 n의 값의 범위에 따라 경우를 나누면 다음과 같다.

(i) $n<3$일 때

$\dfrac{(x-2)^3}{(x-2)^n}=(x-2)^{3-n}$

$$\lim_{x\to2}\frac{(x-2)^3}{x^m(x-2)^n}=\lim_{x\to2}\frac{(x-2)^{3-n}}{x^m}=0$$

(ii) $n=3$일 때

$$\lim_{x\to2}\frac{(x-2)^3}{x^m(x-2)^n}=\lim_{x\to2}\frac{(x-2)^3}{x^m(x-2)^3}=\lim_{x\to2}\frac{1}{x^m}=\frac{1}{2^m}$$

분모, 분자를 각각 $(x-2)^3$으로 약분했어.

(iii) $n>3$일 때

$$\lim_{x\to2}\frac{(x-2)^3}{x^m(x-2)^n}=\lim_{x\to2}\frac{1}{x^m(x-2)^{n-3}}$$은 발산한다.

(i)~(iii)에 의하여

$\dfrac{(x-2)^3}{(x-2)^n}=\dfrac{1}{(x-2)^{n-3}}$

$$\lim_{x\to2}\frac{(x-2)^3}{f(x)}=\lim_{x\to2}\frac{(x-2)^3}{x^m(x-2)^n}=\begin{cases}0 & (n<3)\\ \dfrac{1}{2^m} & (n=3)\\ \text{발산} & (n>3)\end{cases}$$

조건 (나)를 만족시키는 경우야.

이때 조건 (나)에서 $\displaystyle\lim_{x\to2}\frac{(x-2)^3}{f(x)}$이 존재한다고 하였으므로 조건을 만족시키는 n은 3 이하의 자연수이다.

Step 3 m, n의 값에 따라 범위를 나눈 후 조건 (다)를 만족시키는 m, n의 값을 구한다.

$f(x)=x^m(x-2)^n$에서

$$f'(x)=mx^{m-1}(x-2)^n+x^mn(x-2)^{n-1}$$
$$=x^{m-1}(x-2)^{n-1}\{m(x-2)+nx\}$$
$$=x^{m-1}(x-2)^{n-1}\{(m+n)x-2m\}$$
계산주의!

$g(x)=x-\dfrac{f(x)}{f'(x)}$이므로 ↳ 문제에서 주어졌어.

$$g(x)=x-\frac{x^m(x-2)^n}{x^{m-1}(x-2)^{n-1}\{(m+n)x-2m\}}$$

그러므로 m, n의 값의 범위에 따라 경우를 나누면 다음과 같다.

(i) $m\geq2$, $n\geq2$일 때

함수 $g(x)$는 $x\neq0$, $x\neq2$, $x\neq\dfrac{2m}{m+n}$인 모든 실수에서 정의된다.
↳ 분모가 0인 지점에서는 함수 $g(x)$가 정의될 수 없어.

$$g(x)=x-\frac{x^m(x-2)^n}{x^{m-1}(x-2)^{n-1}\{(m+n)x-2m\}}$$
$$=x-\frac{x(x-2)}{(m+n)x-2m}$$
$$=\frac{(m+n-1)x^2-2(m-1)x}{(m+n)x-2m}$$
$$\therefore \frac{g(x)}{x}=\frac{(m+n-1)x-2(m-1)}{(m+n)x-2m}$$
$$=\frac{\dfrac{2n}{(m+n)^2}}{x-\dfrac{2m}{m+n}}+\frac{m+n-1}{m+n}$$
↳ $y=\dfrac{k}{x-p}+q(k\neq0)$의 꼴로 변형했어.

따라서 함수 $y=\left|\dfrac{g(x)}{x}\right|$의 그래프는 다음 그림과 같다.

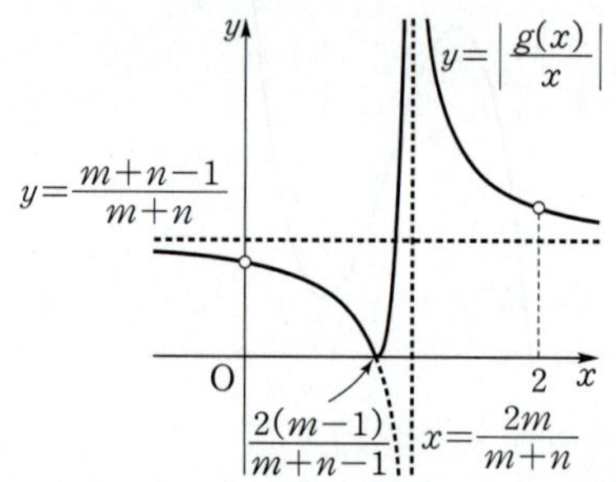

이때 $\dfrac{g(x)}{x}=0$에서 $x=\dfrac{2(m-1)}{m+n-1}$이고 조건 (다)에서

함수 $\left|\dfrac{g(x)}{x}\right|$는 $x=\dfrac{5}{4}$에서 연속이고 미분가능하지 않으므로

$$\frac{2(m-1)}{m+n-1}=\frac{5}{4},\ 8(m-1)=5(m+n-1)$$

$$\therefore m=\frac{5}{3}n+1$$

↳ 위 함수의 그래프에서 함수 $\left|\dfrac{g(x)}{x}\right|$가 $x=\dfrac{2(m-1)}{m+n-1}$에서 연속이지만 미분가능하지 않다는 것을 알 수 있어.

m은 자연수이고 n은 3 이하의 자연수이므로

$m=6$, $n=3$
↳ **Step 2**에서 구했지!

(ii) $m=1$, $n\neq1$일 때 ↳ $m=\dfrac{5}{3}\times3+1=5+1=6$

함수 $g(x)$는 $x\neq2$, $x\neq\dfrac{2}{n+1}$인 모든 실수에서 정의된다.

$$g(x)=x-\frac{x(x-2)^n}{(x-2)^{n-1}\{(n+1)x-2\}}$$
$$=x-\frac{x(x-2)}{(n+1)x-2}$$
$$=\frac{nx^2}{(n+1)x-2}$$

$$\therefore \frac{g(x)}{x}=\frac{nx}{(n+1)x-2}=\frac{\dfrac{2n}{(n+1)^2}}{x-\dfrac{2}{n+1}}+\frac{n}{n+1}$$

따라서 $y=\left|\dfrac{g(x)}{x}\right|$의 그래프는 다음 그림과 같다.

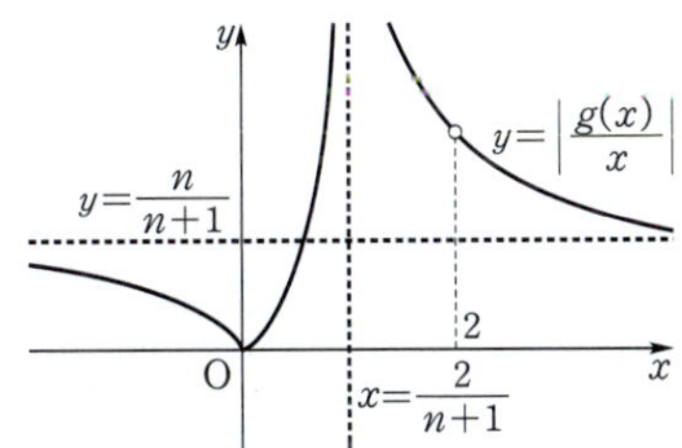

이때 함수 $\left|\dfrac{g(x)}{x}\right|$ 는 $x=\dfrac{5}{4}$ 에서 미분가능하므로 조건 (다)를 만족시키지 않는다. → 위 함수의 그래프에서 알 수 있어.

(iii) $m\neq1$, $n=1$일 때

함수 $g(x)$ 는 $x\neq0$, $x\neq\dfrac{2m}{m+1}$ 인 모든 실수에서 정의된다.

$$g(x)=x-\dfrac{x^m(x-2)}{x^{m-1}\{(m+1)x-2m\}}=x-\dfrac{x(x-2)}{(m+1)x-2m}$$

$$=\dfrac{(m+1)x^2-2mx-x(x-2)}{(m+1)x-2m}$$

$$=\dfrac{(m+1)x^2-2mx-x^2+2x}{(m+1)x-2m}$$

$$=\dfrac{mx^2-2(m-1)x}{(m+1)x-2m}$$

→ 분모, 분자를 $m+1$로 나눠주고 $y=\dfrac{k}{x-p}+q(k\neq0)$의 꼴로 변형했어.

$$\therefore \dfrac{g(x)}{x}=\dfrac{mx-2(m-1)}{(m+1)x-2m}=\dfrac{\frac{2}{(m+1)^2}}{x-\frac{2m}{m+1}}+\dfrac{m}{m+1}$$

$\dfrac{g(x)}{x}=0$에서 $x=\dfrac{2(m-1)}{m}$ 이고 조건 (다)에 의하여

$\dfrac{2(m-1)}{m}=\dfrac{5}{4}$ 이므로 $8(m-1)=5m$ → $8m-8=5m, 3m=8$

$\therefore m=\dfrac{8}{3}$

이때 m은 자연수이므로 $m=\dfrac{8}{3}$ 은 조건을 만족시키지 않는다.

(iv) $m=n=1$일 때

함수 $g(x)$ 는 $x\neq1$ 인 모든 실수에서 정의된다.

$g(x)=\dfrac{x^2}{2(x-1)}$ 이므로

$\dfrac{g(x)}{x}=\dfrac{x}{2(x-1)}$

$$=\dfrac{\frac{1}{2}}{x-1}+\dfrac{1}{2}$$

[참고그림]

함수 $\left|\dfrac{g(x)}{x}\right|$ 는 $x=\dfrac{5}{4}$ 에서 미분가능하므로 조건 (다)를 만족시키지 않는다. → 함수의 그래프를 그려보면 알 수 있어.

(i)~(iv)에 의하여 조건을 만족시키는 m, n의 값은
$m=6$, $n=3$

Step 4 함수 $g(x)$의 극솟값을 이용하여 $27k$의 값을 구한다.

$\therefore g(x)=\dfrac{8x^2-10x}{9x-12}$, $g'(x)=\dfrac{8(3x^2-8x+5)}{3(3x-4)^2}$

→ 몫의 미분법을 이용해야 해. 계산 실수에 주의!

$g'(x)=0$에서 $x=1$ 또는 $x=\dfrac{5}{3}$

함수 $g(x)$의 증가와 감소를 표로 나타내면 다음과 같다.

→ $3x^2-8x+5=0$에서 $(x-1)(3x-5)=0$

x	$\cdots$	1	$\cdots$	$\left(\frac{4}{3}\right)$	$\cdots$	$\frac{5}{3}$	$\cdots$
$g'(x)$	$+$	0	$-$		$-$	0	$+$
$g(x)$	$\nearrow$	$\frac{2}{3}$	$\searrow$		$\searrow$	$\frac{50}{27}$	$\nearrow$

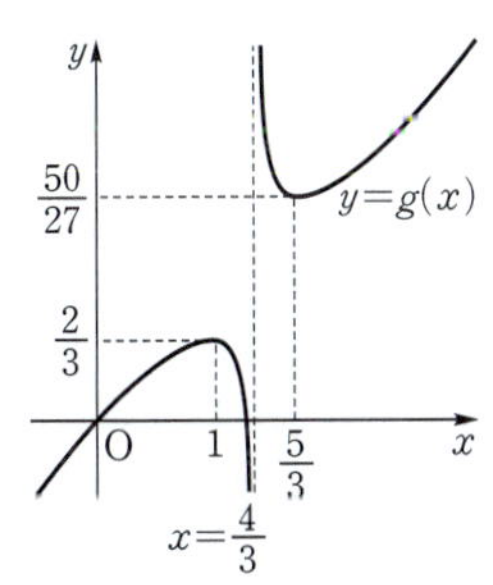

따라서 함수 $g(x)$의 극솟값은 $k=\dfrac{50}{27}$ 이므로

$27k=50$

→ $g\left(\dfrac{5}{3}\right)=\dfrac{8\times\left(\frac{5}{3}\right)^2-10\times\frac{5}{3}}{9\times\frac{5}{3}-12}=\dfrac{\frac{50}{9}}{3}=\dfrac{50}{27}$

✪ 다른 풀이 다른 방법으로 m, n의 값을 구하는 풀이

Step 1 Step 2 동일

Step 3 조건 (다)를 이용하여 $g\left(\dfrac{5}{4}\right)=0$이 됨을 이해한 후, 식을 풀어 m, n의 값을 구한다.

$f(x)$는 모든 실수에서 연속이고 미분가능하므로
$g(x)$는 $f'(x)\neq0$인 모든 실수 x에서 연속이고 미분가능하다.

이때 $h(x)=\dfrac{g(x)}{x}$ 라 하면, $h(x)$는 $x\neq0$, $f'(x)\neq0$인 모든 실수 x에서 연속이고 미분가능하다.

이때 조건 (다)에서 $|h(x)|$가 연속이고 미분가능하지 않은 x의 값이 존재한다고 하였으므로 $h(x)=0$일 때 $|h(x)|$가 연속이고 미분가능하지 않아야 한다.

→ $|h(x)|=\begin{cases} h(x)\,(h(x)\geq0) \\ -h(x)\,(h(x)<0) \end{cases}$

에서 연속이 아닌 x의 값을 제외하면 미분가능하지 않을 수 있는 x의 값은 $h(x)=0$일 때야.

즉, $x=\dfrac{5}{4}$에서 $h(x)=0$이므로

$h\left(\dfrac{5}{4}\right)=0$ $\therefore g\left(\dfrac{5}{4}\right)=0$ $\therefore \dfrac{5}{4}=\dfrac{f\left(\frac{5}{4}\right)}{f'\left(\frac{5}{4}\right)}$

→ $g(x)=x-\dfrac{f(x)}{f'(x)}$에 $x=\dfrac{5}{4}$를 넣고 정리해준 거야.

$f(x)=x^m(x-2)^n$에서

$f'(x)=mx^{m-1}(x-2)^n+nx^m(x-2)^{n-1}$
$\quad=x^{m-1}(x-2)^{n-1}\{m(x-2)+nx\}$

이고, $5f'\left(\dfrac{5}{4}\right)=4f\left(\dfrac{5}{4}\right)$이므로

$5\left(\dfrac{5}{4}\right)^{m-1}\left(-\dfrac{3}{4}\right)^{n-1}\left(-\dfrac{3}{4}m+\dfrac{5}{4}n\right)=4\left(\dfrac{5}{4}\right)^m\left(-\dfrac{3}{4}\right)^n$

→ $3m=5n+3$에서

$\therefore 5\left(\dfrac{5}{4}n-\dfrac{3}{4}m\right)=4\cdot\dfrac{5}{4}\cdot\left(-\dfrac{3}{4}\right)$

$n=1$일 때 $3m=8$, $m=\dfrac{8}{3}$

$n=2$일 때 $3m=13$, $m=\dfrac{13}{3}$

$\therefore 5n-3m=-3$

$n=3$일 때 $3m=18$, $m=6$

이때 n은 3 이하의 자연수, m은 자연수이므로 $n=3$, $m=6$

Step 4 Step 3 에서 구한 m, n의 값을 이용하여 함수 $g'(x)$를 구한다.

$\therefore f(x)=x^6(x-2)^3$,
$\quad f'(x)=x^5(x-2)^2\{6(x-2)+3x\}=3x^5(x-2)^2(3x-4)$

따라서

$g(x)=x-\dfrac{x^6(x-2)^3}{3x^5(x-2)^2(3x-4)}=x-\dfrac{x(x-2)}{3(3x-4)}=\dfrac{8x^2-10x}{3(3x-4)}$

$g'(x)=\dfrac{8(3x^2-8x+5)}{3(3x-4)^2}$

(이하 동일)

158 [정답률 2%]　　　　　정답 216

$x>a$에서 정의된 함수 $f(x)$와 최고차항의 계수가 -1인 사차함수 $g(x)$가 다음 조건을 만족시킨다.

> 주의　$(x-a)f(x)=g(x)$에 $x=a$를 (단, a는 상수이다.)
> 대입하면 안 돼!

(가) $x>a$인 모든 실수 x에 대하여
$(x-a)f(x)=g(x)$이다.

(나) 서로 다른 두 실수 α, β에 대하여 함수 $f(x)$는
$x=\alpha$와 $x=\beta$에서 동일한 극댓값 M을 갖는다.
$f(\alpha)=f(\beta)=M,\, f'(\alpha)=f'(\beta)=0$　　　(단, $M>0$)

(다) 함수 $f(x)$가 극대 또는 극소가 되는 x의 개수는 함수 $g(x)$가 극대 또는 극소가 되는 x의 개수보다 많다.

$\beta-\alpha=6\sqrt{3}$일 때, M의 최솟값을 구하시오. (4점)

Step 1 조건 (가), (나)를 이용하여 $h(x)$를 구한다.

조건 (가)에서 $x>a$인 모든 실수 x에 대하여 $(x-a)f(x)=g(x)$ 이므로

> $x-a>0$이므로 양변을 $x-a$로 나눌 수 있어.

$$f(x)=\frac{g(x)}{x-a}$$

조건 (나)를 이용하기 위하여

$$f(x)=\frac{g(x)}{x-a}=\frac{h(x)}{x-a}+M \qquad \cdots\cdots \ \text{㉠}$$

이라 하면 $g(x)=h(x)+M(x-a)$ ($\because x>a$) $\cdots\cdots$ ㉡

조건 (나)에서 함수 $f(x)$는 $x=\alpha$와 $x=\beta$에서 동일한 극댓값 $M\,(M>0)$을 갖는다고 하였으므로

> 극값을 갖는 점에서의 미분계수는 0이야.

$f(\alpha)=f(\beta)=M,\, f'(\alpha)=f'(\beta)=0$이고

㉠에 $x=\alpha$를 대입하면 $f(\alpha)=\dfrac{h(\alpha)}{a-a}+M=M$

$\therefore h(\alpha)=0$ ($\because a-a>0$)

> 함수 $f(x)$는 $x>a$에서 정의되고, 조건 (나)에서 $f(x)$는 $x=\alpha$에서 극댓값을 갖는다고 하였으므로 $\alpha>a$

같은 방법으로 $h(\beta)=0$

㉠에서 $f'(x)=\dfrac{h'(x)(x-a)-h(x)}{(x-a)^2}$ $\cdots\cdots$ ㉢

> 몫의 미분법을 이용한 거야. 그리고 M은 상수이므로 미분하면 0이 되지.

이고 $x=\alpha$를 대입하면

$$f'(\alpha)=\frac{h'(\alpha)(a-a)-h(\alpha)}{(a-a)^2}=0$$

$\therefore h'(\alpha)=0$ ($\because a-a>0$, $h(\alpha)=0$)

같은 방법으로 $h'(\beta)=0$

따라서 $h(\alpha)=h(\beta)=0$, $h'(\alpha)=h'(\beta)=0$이고

㉡에서 $h(x)$는 최고차항의 계수가 -1인 사차함수이므로

$$h(x)=-(x-\alpha)^2(x-\beta)^2 \qquad \cdots\cdots \ \text{㉣}$$

> 함수 $y=h(x)$의 그래프의 개형으로도 알 수 있어.

Step 2 함수 $f(x)$가 극대 또는 극소가 되는 x의 개수를 구한다.

㉣에서 $h'(x)=-4(x-\alpha)\left(x-\dfrac{\alpha+\beta}{2}\right)(x-\beta)$ $\cdots\cdots$ ㉤

$$h'(x)(x-a)=-4(x-a)(x-\alpha)\left(x-\frac{\alpha+\beta}{2}\right)(x-\beta)$$

이때 ㉢에서 $f'(x)=\dfrac{h'(x)(x-a)-h(x)}{(x-a)^2}=0$이면

> 위의 식의 양변에 $x-a$를 곱한 거야.

$h'(x)(x-a)=h(x)$ ($\because x>a$)이다.

그러므로 $f'(x)=0$을 만족시키는 x의 값을 구하기 위해서는 방정식 $h'(x)(x-a)=h(x)$의 실근, 즉 두 함수 $y=h'(x)(x-a)$와 $y=h(x)$의 그래프의 교점의 x좌표를 구해야 한다.

오른쪽 그림과 같이 두 함수 $y=h'(x)(x-a)$, $y=h(x)$의 그래프의 교점의 x좌표는

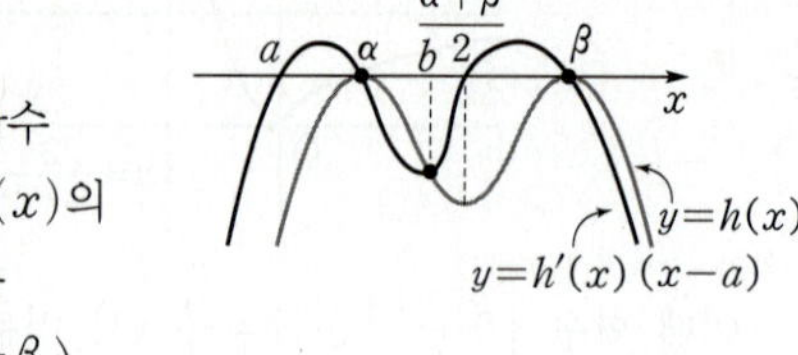

$$x=a,\ x=b\left(a<b<\frac{\alpha+\beta}{2}\right),$$

$x=\beta$이고 함수 $y=f(x)$의 증가와 감소를 표로 나타내면 다음과 같다.

x	$\cdots$	α	$\cdots$	b	$\cdots$	β	$\cdots$
$f'(x)$	$+$	0	$-$	0	$+$	0	$-$
$f(x)$	↗	극대	↘	극소	↗	극대	↘

따라서 함수 $f(x)$가 극대 또는 극소가 되는 x의 개수는 3이다.

Step 3 조건 (다)를 이용한다.

조건 (다)에서 함수 $g(x)$의 극대점 또는 극소점의 개수는 함수 $f(x)$의 극대점 또는 극소점의 개수보다 적으므로 함수 $g(x)$는 2개 이하의 극값을 갖는다.

㉡에서 $g'(x)=h'(x)+M$이므로 $g'(x)=h'(x)+M=0$이면 $h'(x)=-M$이다.

즉, 함수 $g(x)$가 2개 이하의 극값을 가지려면 함수 $y=h'(x)$의 그래프와 직선 $y=-M$의 교점이 2개 이하이어야 한다.

㉤에서 $h'(x)=-4(x-\alpha)\left(x-\dfrac{\alpha+\beta}{2}\right)(x-\beta)$이므로

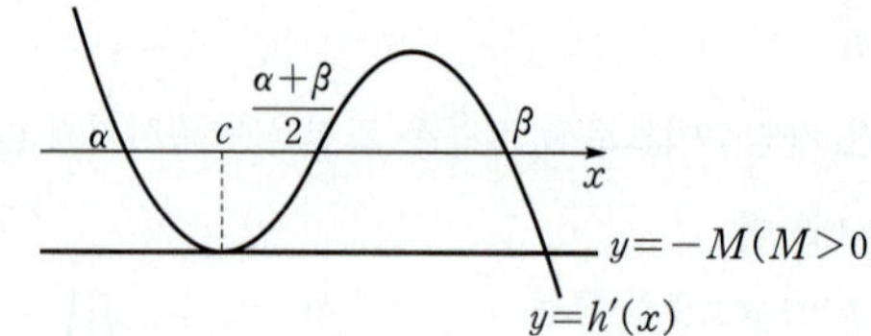

함수 $y=h'(x)$의 그래프와 직선 $y=-M$의 교점이 2개 이하이려면 위의 그래프와 같이 접하거나 $-M$의 값이 접할 때의 $-M$의 값보다 작아야 한다.

곡선과 직선이 접하는 점의 x좌표를 c라 하면 $h''(c)=0$이다.

문제에 $\beta-\alpha=6\sqrt{3}$이 주어졌으므로 $\beta+\alpha=2k$ (k는 상수)라 하면

$$\beta=\frac{2k+6\sqrt{3}}{2}=k+3\sqrt{3},\ \alpha=\frac{2k-6\sqrt{3}}{2}=k-3\sqrt{3}$$

> $h'(x)$가 $x=c$에서 극소가 되어야 하므로 $h''(c)=0$
> $\beta-\alpha=6\sqrt{3}$, $\beta+\alpha=2k$를 연립

$$h'(x)=-4(x-\alpha)\left(x-\frac{\alpha+\beta}{2}\right)(x-\beta)$$
$$=-4\{x-(k-3\sqrt{3})\}(x-k)\{x-(k+3\sqrt{3})\}$$

에서

$$h''(x)=-4[(x-k)\{x-(k+3\sqrt{3})\}+\{x-(k-3\sqrt{3})\}$$
$$\{x-(k+3\sqrt{3})\}+\{x-(k-3\sqrt{3})\}(x-k)]$$
$$=-4\{(x-k)(2x-2k)+(x^2-2kx+k^2-27)\}$$
$$=-4\{2(x-k)^2+(x-k)^2-27\}=-4\{3(x-k)^2-27\}$$

> $y=f(x)g(x)h(x)$
> $\Rightarrow y'=f'(x)g(x)h(x)$
> $\quad +f(x)g'(x)h(x)+f(x)g(x)h'(x)$

이때 $h''(c)=0$이므로 $h''(x)=-4\{3(x-k)^2-27\}=0$,
$3(x-k)^2-27=0$, $(x-k)^2=9$, $x=k\pm3$
$\therefore c=k-3$
$$h'(c)=h'(k-3)$$
$$=-4\{(k-3)-(k-3\sqrt{3})\}(k-3-k)\{(k-3)-(k+3\sqrt{3})\}$$
$$=4(3\sqrt{3}-3)(-3)(-3\sqrt{3}-3)$$
$$=(-4)\times(-3)\times(3\sqrt{3}-3)(-3\sqrt{3}-3)$$
$$=12\times(-27+9)=12\times(-18)=-216$$

Step 4 M의 최솟값을 구한다.

따라서 문제의 조건을 만족시키려면 $-M\leq-216$이어야 한다.
즉, $M\geq216$이므로 M의 최솟값은 216이다.

✪ 다른 풀이 · 평균변화율을 이용하는 풀이

Step 1 $g'(\alpha)$, $g'(\beta)$의 값을 이용하여 문제의 조건을 만족시키는 함수 $y=g(x)$의 그래프의 개형을 파악한다.

조건 (가)에서 $x>a$인 모든 실수 x에 대하여
$(x-a)f(x)=g(x)$이므로
$$f(x)=\frac{g(x)}{x-a}$$
> **주의** '$g(x)$가 사차함수이니까 $f(x)$는 삼차함수네!'라고 생각하면 안 돼!

함수 $f(x)$를 미분하면 $f'(x)=\dfrac{g'(x)(x-a)-g(x)}{(x-a)^2}$
함수 $f(x)$는 $x=\alpha$, $x=\beta$에서 극값을 가지므로
> 몫의 미분법을 이용했어.

$$f'(\alpha)=\frac{g'(\alpha)(\alpha-a)-g(\alpha)}{(\alpha-a)^2}=0$$
$$f'(\beta)=\frac{g'(\beta)(\beta-a)-g(\beta)}{(\beta-a)^2}=0 \quad\cdots\cdots\ \bigcirc$$

함수 $f(x)$는 $x=\alpha$, $x=\beta$에서 동일한 극댓값 M을 가지므로
$$f(\alpha)=\frac{g(\alpha)}{\alpha-a}=M,\ f(\beta)=\frac{g(\beta)}{\beta-a}=M \quad\cdots\cdots\ \bigcirc\!\bigcirc$$

$\bigcirc$에서
$$\frac{g'(\alpha)}{\alpha-a}=\frac{g(\alpha)}{(\alpha-a)^2},\ \frac{g'(\beta)}{\beta-a}=\frac{g(\beta)}{(\beta-a)^2}$$
> $f'(\alpha)=\dfrac{g'(\alpha)(\alpha-a)-g(\alpha)}{(\alpha-a)^2}=0$에서
> $\dfrac{g'(\alpha)(\alpha-a)}{(\alpha-a)^2}-\dfrac{g(\alpha)}{(\alpha-a)^2}=0$
> $\dfrac{g'(\alpha)}{(\alpha-a)}-\dfrac{g(\alpha)}{(\alpha-a)^2}=0$

두 식의 양변에 각각 $\alpha-a$, $\beta-a$를 곱하면
$$g'(\alpha)=\frac{g(\alpha)}{\alpha-a},\ g'(\beta)=\frac{g(\beta)}{\beta-a}$$
> 두 값이 각각 $f(\alpha)$, $g(\alpha)$의 값과 같아!

이를 $\bigcirc\!\bigcirc$과 비교하면 $g'(\alpha)=M$, $g'(\beta)=M$
이때 $\bigcirc\!\bigcirc$에서
> 직선의 기울기의 관점에서 식을 본다.

$$\frac{g(\alpha)}{\alpha-a}=\frac{g(\alpha)-0}{\alpha-a}=M,\ \frac{g(\beta)}{\beta-a}=\frac{g(\beta)-0}{\beta-a}=M$$이므로
두 점 $(a,0)$, $(\alpha,g(\alpha))$를 잇는 직선의 기울기와
두 점 $(a,0)$, $(\beta,g(\beta))$를 잇는 직선의 기울기는
모두 M으로 같다.
따라서 세 점 $(a,0)$, $(\alpha,g(\alpha))$, $(\beta,g(\beta))$는 모두 한 직선 위에 있다.
그러므로 함수 $y=g(x)$의 그래프는 다음 그림과 같이
$x=\alpha$, $x=\beta$에서 직선 $y=M(x-a)$와 접한다.
> 점 $(a,0)$을 지나고 기울기가 M인 직선

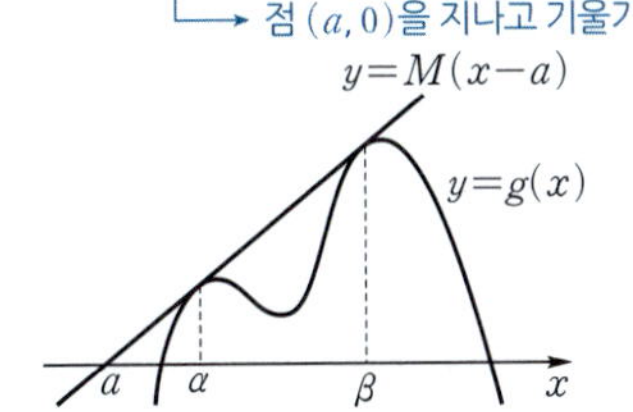

Step 2 함수 $f(x)$가 극대 또는 극소가 되는 x의 개수가 함수 $g(x)$가 극대 또는 극소가 되는 x의 개수보다 많은 경우를 파악한다.

$f(x)=\dfrac{g(x)}{x-a}=\dfrac{g(x)-0}{x-a}$이므로 $f(x)$는
두 점 $(x,g(x))$, $(a,0)$을 지나는 직선의 기울기이다.
이때 함수 $y=g(x)$의 그래프의 개형에 따라 함수 $f(x)$의 극값의 개수를 파악해 보면 다음과 같다.
> 기울기의 변화를 파악하면 $f(x)$가 언제 극값을 갖는지 알 수 있다.

(i) 함수 $g(x)$가 세 점에서 극값을 가질 때
함수 $y=g(x)$의 그래프는 다음과 같다.

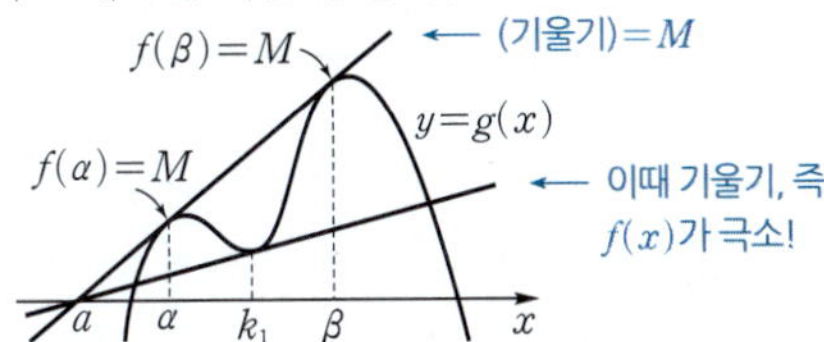

이때 함수 $y=f(x)$는 $x=\alpha$, $x=\beta$에서 극댓값 M을 갖고,
$x=k_1$에서 두 점 $(a,0)$, $(k_1,g(k_1))$을 지나는 직선의 기울기가
극소가 되므로 함수 $f(x)$는 $x=k_1$에서 극솟값을 갖는다.
따라서 함수 $f(x)$가 극대 또는 극소가 되는 x의 개수는
3이므로 $g(x)$가 극대 또는 극소가 되는 x의 개수와 같다.
즉, 조건 (다)를 만족시키지 않는다.
> α에서 극대, k_1에서 극소, 다시 β에서 극대!

(ii) $g(x)$가 한 점에서 극값을 갖고, 변곡점을 가질 때
함수 $y=g(x)$의 그래프는 다음과 같다.
> 기울기의 부호가 변하는 점이 하나뿐!

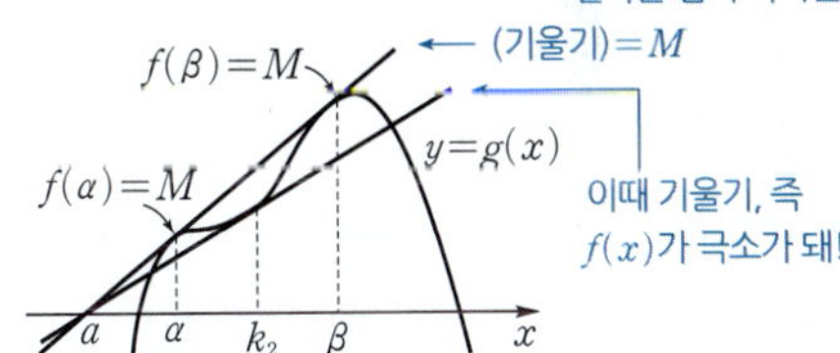

이때 함수 $y=f(x)$는 $x=\alpha$, $x=\beta$에서 극댓값 M을 갖고, $x=k_2$
에서 두 점 $(a,0)$, $(k_2,g(k_2))$를 지나는 직선의 기울기가
극소가 되므로 함수 $f(x)$는 $x=k_2$에서 극솟값을 갖는다.
따라서 함수 $f(x)$가 극대 또는 극소가 되는 x의 개수는 3이므
로 $g(x)$가 극대 또는 극소가 되는 x의 개수인 1보다 크므로 조
건 (다)를 만족시킨다.
> α에서 극대, k_2에서 극소, 다시 β에서 극대!

(i), (ii)에서 함수 $g(x)$는 한 점에서 극값을 가져야 한다.

Step 3 함수 $g(x)$가 한 점에서 극값을 갖는 경우가 언제인지 확인한다.

함수 $y=g(x)$의 그래프에 직선 $y=M(x-a)$가 $x=\alpha$, $x=\beta$에서
접하므로 $g(x)-M(x-a)=-(x-\alpha)^2(x-\beta)^2$으로 놓을 수 있
다.
> **주의** $g(x)$가 '최고차항의 계수가 -1인 사차함수'임을 이용해 식을 세워야 해! 접하는 점에서 ( )²꼴이 됨을 이용하였어.

따라서 $g(x)=-(x-\alpha)^2(x-\beta)^2+M(x-a)$이므로
$$g'(x)=-2(x-\alpha)(x-\beta)^2-2(x-\alpha)^2(x-\beta)+M$$
$$=-2(x-\alpha)(x-\beta)\{2x-(\alpha+\beta)\}+M$$
$$=-4(x-\alpha)(x-\beta)\left(x-\frac{\alpha+\beta}{2}\right)+M$$
> $=-2(x-\alpha)(x-\beta)\{(x-\beta)+(x-\alpha)\}$

이때 $g(x)$가 한 점에서만 극값을 가져야 하므로
$g'(x)=0$, 즉 $-4(x-\alpha)(x-\beta)\left(x-\dfrac{\alpha+\beta}{2}\right)+M=0$의 실근이
2개 이하이어야 한다.
> $g'(x)$의 부호가 한 점에서만 바뀌어야 해.

$-4(x-\alpha)(x-\beta)\left(x-\dfrac{\alpha+\beta}{2}\right)+M=0$에서
$$4(x-\alpha)(x-\beta)\left(x-\frac{\alpha+\beta}{2}\right)=M$$

따라서 $h(x)=4(x-\alpha)(x-\beta)\left(x-\dfrac{\alpha+\beta}{2}\right)$라 하면
└ 문제에서 주어졌어.

곡선 $y=h(x)$와 직선 $y=M$ $(M>0)$의 교점의 개수가 2 이하이
어야 한다.

중요 교점의 개수가 2이면 $g'(x)=0$을 만족시키는 x의
개수는 2이지만, 한 점에서는 $g'(x)$의 부호는 변하지 않게 되어
그 점에서 $g'(x)=0$이지만 극값은 갖지 않게 돼.

이때의 x의 값에선 함수 $g(x)$가 극값을 갖지 않아. 접할 때 $h(x)$가 극대

이때의 x의 값에서 함수 $g(x)$가 극값을 갖는 거야.

이때는 M이 음수니까 생각하지 않아!

문제에서 $\beta-\alpha=6\sqrt{3}$이므로 $\beta+\alpha=2k$ (k는 상수)라 하면
$\beta=k+3\sqrt{3}$, $\alpha=k-3\sqrt{3}$
└ 식을 좀 더 간단히 표현하기 위한 방법이야.

이를 $h(x)$의 식에 대입하면 $\dfrac{\alpha+\beta}{2}=\dfrac{(k-3\sqrt{3})+(k+3\sqrt{3})}{2}=\dfrac{2k}{2}$

$h(x)=4(x-k+3\sqrt{3})(x-k-3\sqrt{3})(x-k)$이므로

$h'(x)=4(x-k-3\sqrt{3})(x-k)+4(x-k+3\sqrt{3})(x-k)$
└ 곱의 미분법 이용!
$\qquad\qquad\qquad +4(x-k+3\sqrt{3})(x-k-3\sqrt{3})$

$\qquad =4\{3(x-k)^2-27\}$

$=4(x-k)(x-k-3\sqrt{3}+x-k+3\sqrt{3})+4\{(x-k)^2-27\}$
$=4(x-k)(2x-2k)+4\{(x-k)^2-27\}$
$=4\{2(x-k)^2+(x-k)^2-27\}$

$h'(x)=0$에서 $3(x-k)^2-27=0$
$(x-k)^2=9$, $x-k=\pm3$ $\quad\therefore x=k\pm3$

x	$\cdots$	$k-3$	$\cdots$	$k+3$	$\cdots$
$h'(x)$	$+$	0	$-$	0	$+$
$h(x)$	↗	극대	↘	극소	↗

따라서 함수 $h(x)$가 극대가 되는 x의 값은 $k-3$이므로
직선 $y=M$과 함수 $y=h(x)$의 그래프의 교점이 2개 이하이려면
$M\geq h(k-3)$이어야 한다. └ 극댓값

Step 4 M의 최솟값을 구한다.

$h(x)=4(x-k+3\sqrt{3})(x-k-3\sqrt{3})(x-k)$에서
$h(k-3)=4(k-3-k+3\sqrt{3})(k-3-k-3\sqrt{3})(k-3-k)$
$\qquad=4\times(3\sqrt{3}-3)\times(-3\sqrt{3}-3)\times(-3)$
$\qquad=4\times(3\sqrt{3}-3)\times(3\sqrt{3}+3)\times3$
$\qquad=216$
└ 실제로 k의 값은 사라지므로 α, β의 값은 M의 최솟값에 영향을 미치지 않음을 알 수 있어.

따라서 $M\geq216$이므로 M의 최솟값은 216이다.

수능포인트

문제를 풀면서 a, α, β의 값이 뭔지 몰라 식을 정리하는 데 어려움을
겪었을 것입니다.
하지만 실제로 a, α, β의 값은 하나로 정해지지 않고 문제를 어렵게 보
이게 하기 위한 장치 중 하나였습니다. 실제로 $\beta-\alpha=6\sqrt{3}$을 만족하는
$\beta=3\sqrt{3}$, $\alpha=-3\sqrt{3}$ 등을 대입해서 문제를 풀어도 답을 구할 수 있습니
다.

---

159 [정답률 9%]　　　　　　정답 25

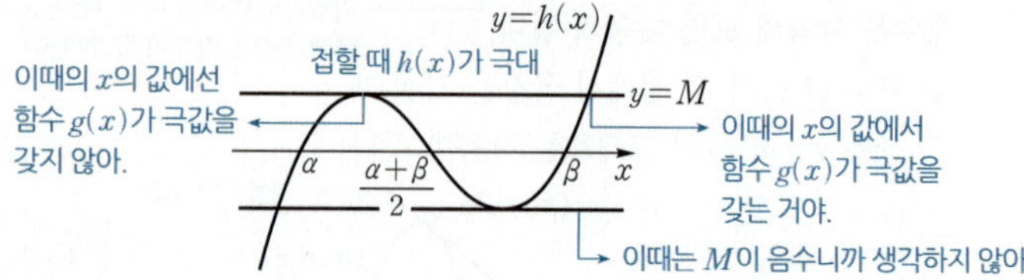

최고차항의 계수가 1인 삼차함수 $f(x)$에 대하여 함수
$$g(x)=\left|f\left(\dfrac{2}{1+e^{-x}}\right)\right|$$
가 실수 전체의 집합에서 미분가능하고 다음 조건을
만족시킨다.

> (가) 함수 $g(x)$는 $x=0$에서 극소이고, $g(0)>0$이다.
> $\quad\longrightarrow g'(0)=0$
> (나) $g'(\ln3)<0$, $|g'(-\ln3)|=\dfrac{3}{8}g(-\ln3)$

$g(0)$의 최솟값을 $\dfrac{q}{p}$라 할 때, $p+q$의 값을 구하시오.

(단, p와 q는 서로소인 자연수이다.) (4점)

Step 1 조건 (가)를 이용하여 함수 $f(x)$의 특징을 찾는다.

$g(x)=\left|f\left(\dfrac{2}{1+e^{-x}}\right)\right|$에서 $h(x)=\dfrac{2}{1+e^{-x}}$라 하자.

$\displaystyle\lim_{x\to\infty}h(x)=\lim_{x\to\infty}\dfrac{2}{1+e^{-x}}=2$,

$\displaystyle\lim_{x\to-\infty}h(x)=\lim_{x\to-\infty}\dfrac{2}{1+e^{-x}}=0$,
$\qquad\longrightarrow \displaystyle\lim_{x\to\infty}e^{-x}=0$

$h'(x)=\dfrac{2e^{-x}}{(1+e^{-x})^2}>0$
$\qquad\longrightarrow \displaystyle\lim_{x\to-\infty}e^{-x}=\infty$
$\qquad\longrightarrow h'(x)=\dfrac{-2\times(-e^{-x})}{(1+e^{-x})^2}$

이므로 $0<h(x)<2$이다.

$f(h(x))>0$일 때 $g(x)=f(h(x))$이므로 $g'(x)=f'(h(x))h'(x)$
$f(h(x))<0$일 때 $g(x)=-f(h(x))$이므로
$g'(x)=-f'(h(x))h'(x)$

함수 $g(x)$가 실수 전체의 집합에서 미분가능하고 조건 (가)에 의하
여 $x=0$에서 극소이므로 $g'(0)=0$

이때 $h(0)=1$, $h'(0)=\dfrac{1}{2}$이므로
$\qquad\longrightarrow =\dfrac{2}{1+e^0}=\dfrac{2}{2}=1$
$\qquad\longrightarrow =\dfrac{2e^0}{(1+e^0)^2}=\dfrac{2}{4}=\dfrac{1}{2}$

$g'(0)=f'(h(0))h'(0)=\dfrac{1}{2}f'(1)$ 또는

$g'(0)=-f'(h(0))h'(0)=-\dfrac{1}{2}f'(1)$

즉, $\dfrac{1}{2}f'(1)=0$ 또는 $-\dfrac{1}{2}f'(1)=0$이므로 $f'(1)=0$

모든 실수 x에 대하여 $h'(x)>0$이고 함수 $g(x)$의 부호가 $x=0$의
좌우에서 바뀌므로 $f'(x)$의 부호는 $x=1$의 좌우에서 바뀐다.
즉, $f(x)$는 $x=1$에서 극값을 갖는다. $\longrightarrow h(0)=1$ 함수 $g(x)$는 $x=0$에서 극소

조건 (가)에서 $g(0)>0$이므로
$f(h(0))=f(1)>0$ 또는 $f(h(0))=f(1)<0$

Step 2 $g'(\ln3)<0$임을 이용하여 함수 $y=f(x)$의 그래프의 개형을 나
타낸다.

(i) $f(x)$가 $x=1$에서 극소인 경우
　함수 $g(x)$가 $x=0$에서 극소이므로 $f(1)>0$이어야 한다.

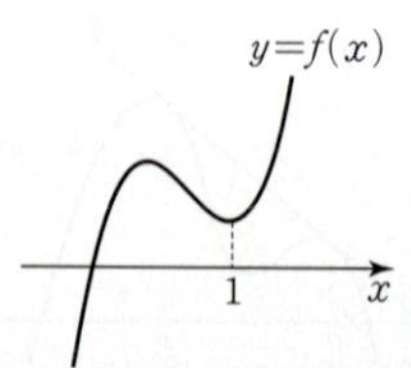

$$h(\ln 3)=\frac{2}{1+e^{-\ln 3}}=\frac{2}{1+\frac{1}{3}}=\frac{3}{2}\text{에서 } f(h(\ln 3))=f\left(\frac{3}{2}\right)>0$$

$$\therefore g(x)=f(h(x))$$

모든 실수 x에 대하여 $h'(x)>0$이므로 $h'(\ln 3)>0$

$=e^{\ln 3^{-1}}=e^{\ln\frac{1}{3}}=\left(\frac{1}{3}\right)^{\ln e}$

$$g'(x)=f'(h(x))h'(x)\text{에서 } g'(\ln 3)=f'\left(\frac{3}{2}\right)h'(\ln 3)$$

이때 조건 (나)에서 $g'(\ln 3)<0$이고 $f'\left(\frac{3}{2}\right)>0$, $h'(\ln 3)>0$

이므로 모순이다.

(ii) $f(x)$가 $x=1$에서 극대인 경우

함수 $g(x)$가 $x=0$에서 극소이므로 $f(1)<0$이어야 한다.

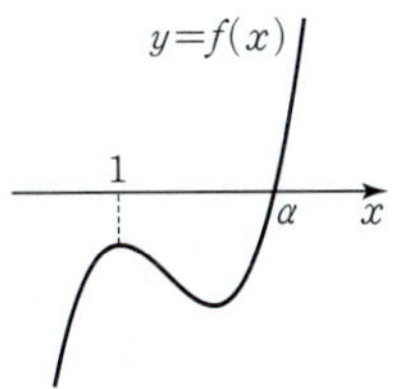

$f(\alpha)=0$이고 $h(x)=\alpha$인 x가 존재하면 함수 $g(x)$가 $h(x)=\alpha$인 x에서 미분가능하지 않으므로 $\alpha\geq 2$이어야 한다. ...... ㉠

$g(x)=-f(h(x))$에서 $g'(x)=-f'(h(x))h'(x)$이므로

$0<h(x)<2$이기 때문이다.

$$g'(\ln 3)=-f'\left(\frac{3}{2}\right)h'(\ln 3)$$

조건 (나)에서 $g'(\ln 3)<0$이고 $h'(\ln 3)>0$이므로 $f'\left(\frac{3}{2}\right)>0$

이어야 한다.

Step 3 $|g'(-\ln 3)|=\frac{3}{8}g(-\ln 3)$임을 이용하여 $f'\left(\frac{1}{2}\right)$, $f\left(\frac{1}{2}\right)$ 사이의 관계식을 알아낸다.

$h(-\ln 3)=\dfrac{2}{1+e^{\ln 3}}=\dfrac{1}{2}$이고 $f(h(-\ln 3))=f\left(\frac{1}{2}\right)<0$이므로

$g(x)=-f(h(x))$, $g'(x)=-f'(h(x))h'(x)$

$=3^{\ln e}=3^1$

조건 (나)의 $|g'(-\ln 3)|=\dfrac{3}{8}g(-\ln 3)$에서

$=\dfrac{2e^{\ln 3}}{(1+e^{\ln 3})^2}=\dfrac{2\times 3}{(1+3)^2}$

$$|g'(-\ln 3)|=|-f'(h(-\ln 3))h'(-\ln 3)|$$

$$=\left|-f'\left(\frac{1}{2}\right)\times\frac{3}{8}\right|=f'\left(\frac{1}{2}\right)\times\frac{3}{8}$$

함수 $y=f(x)$의 그래프에서 $f'\left(\frac{1}{2}\right)>0$

$g(-\ln 3)=-f(h(-\ln 3))=-f\left(\frac{1}{2}\right)$이므로

$$\frac{3}{8}f'\left(\frac{1}{2}\right)=\frac{3}{8}\times\left\{-f\left(\frac{1}{2}\right)\right\}$$

$$\therefore f'\left(\frac{1}{2}\right)=-f\left(\frac{1}{2}\right) \quad\cdots\cdots ㉡$$

Step 4 $f'(1)=0$임을 이용하여 $f'(x)$의 식을 세우고 ㉡을 활용한다.

$f'(1)=0$이고 $f(x)$는 최고차항의 계수가 1인 삼차함수이므로

$f'(x)=3(x-1)(x-k)\left(1<k<\frac{3}{2}\right)$라 하자,

$=3x^2-3(k+1)x+3k$

$f(x)$가 극소가 되는 x의 값이 $\frac{3}{2}$보다 작아야 $f'\left(\frac{3}{2}\right)>0$이 된다.

$f(x)=x^3-\dfrac{3(k+1)}{2}x^2+3kx+C$ (단, C는 적분상수)

$$f'\left(\frac{1}{2}\right)=3\times\left(-\frac{1}{2}\right)\times\left(\frac{1}{2}-k\right)=\frac{3}{2}k-\frac{3}{4}$$

$$f\left(\frac{1}{2}\right)=\frac{1}{8}-\frac{3(k+1)}{2}\times\frac{1}{4}+3k\times\frac{1}{2}+C=\frac{9}{8}k+C-\frac{1}{4}$$

㉡에서 $\dfrac{3}{2}k-\dfrac{3}{4}=-\dfrac{9}{8}k-C+\dfrac{1}{4}$이므로 $C=-\dfrac{21}{8}k+1$

$$\therefore f(x)=x^3-\frac{3(k+1)}{2}x^2+3kx-\frac{21}{8}k+1$$

Step 5 $f(2)\leq 0$임을 이용하여 $g(0)$의 최솟값을 구한다.

㉠에서 $f(2)\leq 0$이므로

$$8-\frac{3(k+1)}{2}\times 4+3k\times 2-\frac{21}{8}k+1\leq 0$$

$$-\frac{21}{8}k+3\leq 0 \qquad\therefore k\geq\frac{8}{7}$$

$$g(0)=-f(1)=\frac{9}{8}k-\frac{1}{2}\geq\frac{9}{8}\times\frac{8}{7}-\frac{1}{2}=\frac{11}{14}$$

따라서 $g(0)$의 최솟값은 $\dfrac{11}{14}$이다.

$f(1)=1-\dfrac{3(k+1)}{2}+3k-\dfrac{21}{8}k+1$

$=-\dfrac{9}{8}k+\dfrac{1}{2}$

$p=14$, $q=11$이므로 $p+q=25$

160 [정답률 4%]   정답 129

최고차항의 계수가 3보다 크고 실수 전체의 집합에서 최솟값이 양수인 이차함수 $f(x)$에 대하여 함수 $g(x)$가

$$g(x)=e^x f(x)$$

이다. 양수 k에 대하여 집합 $\{x\mid g(x)=k,\ x$는 실수$\}$의 모든 원소의 합을 $h(k)$라 할 때, 양의 실수 전체의 집합에서 정의된 함수 $h(k)$는 다음 조건을 만족시킨다.

(가) 함수 $h(k)$가 $k=t$에서 불연속인 t의 개수는 1이다.

(나) $\displaystyle\lim_{k\to 3e+}h(k)-\lim_{k\to 3e-}h(k)=2$ → 불연속점을 가지는 경우를 생각해야 한다.

$g(-6)\times g(2)$의 값을 구하시오. (단, $\displaystyle\lim_{x\to-\infty}x^2e^x=0$) (4점)

Step 1 $f(x)=ax^2+bx+c$ $(a>3)$로 놓고 함수 $g(x)$가 극값을 가짐을 확인한다.

함수 $f(x)$는 최고차항의 계수가 3보다 큰 이차함수이므로

$f(x)=ax^2+bx+c$ $(a>3)$라 하면 $f'(x)=2ax+b$

$g(x)=e^x f(x)$에서

$$\begin{aligned}g'(x)&=e^x f(x)+e^x f'(x)\\&=e^x\{f(x)+f'(x)\}\\&=e^x\{ax^2+(2a+b)x+b+c\}\end{aligned}$$

실수 전체의 집합에서 미분가능한 함수에 대하여 증가와 감소가 동시에 나타나면 극값이 존재한다.

이때 함수 $g(x)$가 극값을 갖지 않으면 실수 전체의 집합에서 $g'(x)\geq 0$이거나 $g'(x)\leq 0$이므로 조건 (가)를 만족시키지 않는다.

즉, 함수 $g(x)$는 극값을 갖는다. → 불연속인 점이 없다.

Step 2 함수 $h(k)$가 불연속일 수 있는 점을 찾는다.

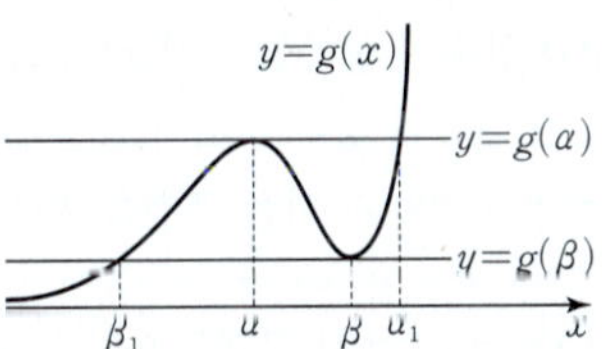

함수 $g(x)$가 $x=\alpha$에서 극댓값, $x=\beta$에서 극솟값을 갖는다고 하면

$$g'(x)=e^x\{a(x-\alpha)(x-\beta)\}$$

이때 함수 $h(k)$는 $k=t$ $(t\neq g(\alpha),\ t\neq g(\beta))$에서

$$\lim_{k\to t-}h(k)=\lim_{k\to t+}h(k)=h(t)$$

이므로 함수 $h(k)$는 $k=t$ $(t\neq g(\alpha),\ t\neq g(\beta))$에서 연속이다.

조건 (가)에 의하여 함수 $h(k)$가 $k=t$에서 불연속인 t의 개수는 1이므로 함수 $h(k)$는 $k=g(\alpha)$에서 연속이고 $k=g(\beta)$에서 불연속

또는 $k=g(\alpha)$에서 불연속이고 $k=g(\beta)$에서 연속이다.

 $k=g(\alpha)$에서 불연속일 때와 $k=g(\beta)$에서 불연속일 때를 나누어 함수 $g(x)$를 구한다.

$g(x)=g(\alpha)$를 만족시키는 x의 값 중 α가 아닌 값을 α_1,
$g(x)=g(\beta)$를 만족시키는 x의 값 중 β가 아닌 값을 β_1이라 하자.

(i) 함수 $h(k)$가 $k=g(\alpha)$에서 연속이고 $k=g(\beta)$에서 불연속인 경우

$$\lim_{k \to g(\alpha)-} h(k)=\alpha+\alpha+\alpha_1=2\alpha+\alpha_1$$

$$\lim_{k \to g(\alpha)+} h(k)=\alpha_1,$$

$h(g(\alpha))=\alpha+\alpha_1$이고 함수 $h(k)$가 $k=g(\alpha)$에서 연속이므로

$2\alpha+\alpha_1=\alpha_1=\alpha+\alpha_1$ ∴ $\alpha=0$

$$\lim_{k \to g(\beta)-} h(k)=\beta_1,$$

$$\lim_{k \to g(\beta)+} h(k)=\beta_1+\beta+\beta=2\beta+\beta_1$$

$h(g(\beta))=\beta+\beta_1$

$k=3e$에서 연속이려면 좌극한과 우극한의 값이 같으므로 (우극한값) − (좌극한값)=0 이어야 한다. 즉, $k=3e$에서 불연속이다.

함수 $h(k)$가 $k=g(\beta)$에서 불연속이므로 $\beta \neq 0$

조건 (나)에 의하여 $g(\beta)=3e$이므로

$\beta_1 \neq 2\beta+\beta_1$

$$\lim_{k \to g(\beta)+} h(k) - \lim_{k \to g(\beta)-} h(k)=(2\beta+\beta_1)-\beta_1=2\beta=2$$ ∴ $\beta=1$

따라서 $g'(x)=e^x\{ax(x-1)\}$이므로
$g(x)=e^x\{a(x^2-3x+3)\}$

$g(1)=3e$에서 $a=3$이므로 주어진 조건을 만족시키지 않는다.

(ii) 함수 $h(k)$가 $k=g(\alpha)$에서 불연속이고 $k=g(\beta)$에서 연속인 경우

ae

a는 3보다 큰 실수

함수 $h(k)$가 $k=g(\beta)$에서 연속이므로
$\beta_1=2\beta+\beta_1=\beta+\beta_1$ ∴ $\beta=0$

$2a+b=-a$에서 $b=-3a$
$b+c=0$에서 $c=-b=3a$
∴ $g(x)=e^x(ax^2+bx+c)$
$=e^x(ax^2-3ax+3a)$
$=e^x\{a(x^2-3x+3)\}$

함수 $h(k)$가 $k=g(\alpha)$에서 불연속이므로 $\alpha \neq 0$

조건 (나)에 의하여 $g(\alpha)=3e$이므로

$2a+\alpha_1 \neq \alpha_1$

각각 (i)에서 구한 $k=g(\beta)$에서의 좌극한값, 우극한값, 함숫값이다.

$$\lim_{k \to g(\alpha)+} h(k) - \lim_{k \to g(\alpha)-} h(k)=\alpha_1-(2\alpha+\alpha_1)=-2\alpha=2$$

∴ $\alpha=-1$

따라서 $g'(x)=e^x\{ax(x+1)\}$이므로 $g(x)=e^x\{a(x^2-x+1)\}$
$g(-1)=3e$에서 $3ae^{-1}=3e$

즉, $a=e^2$이므로 주어진 조건을 만족시킨다.

$2a+b=a$에서 $b=-a$
$b+c=0$에서 $c=-b=a$
∴ $g(x)=e^x(ax^2+bx+c)$
$=e^x(ax^2-ax+a)$
$=e^x\{a(x^2-x+1)\}$

(i), (ii)에서 $g(x)=e^{x+2}(x^2-x+1)$이므로
$g(-6) \times g(2)=(e^{-4} \times 43) \times (e^4 \times 3)=129$

a는 3보다 큰 실수

161   정답 31

최고차항의 계수가 양수인 삼차함수 $f(x)$와 함수 $g(x)=e^{\sin \pi x}-1$에 대하여 실수 전체의 집합에서 정의된 합성함수 $h(x)=g(f(x))$가 다음 조건을 만족시킨다.

(가) 함수 $h(x)$는 $x=0$에서 극댓값 0을 갖는다.
(나) 열린구간 $(0,\,3)$에서 방정식 $h(x)=1$의 서로 다른 실근의 개수는 7이다.

$f(3)=\dfrac{1}{2}$, $f'(3)=0$일 때, $f(2)=\dfrac{q}{p}$이다. $p+q$의 값을 구하시오. (단, p와 q는 서로소인 자연수이다.) (4점)

 $f(0)$, $f'(0)$에 대한 조건을 파악한다.

조건 (가)에서 함수 $h(x)$가 $x=0$에서 극댓값 0을 가지므로
$h(0)=g(f(0))=e^{\sin \pi f(0)}-1=0$에서
$e^{\sin \pi f(0)}=1$ ∴ $\sin \pi f(0)=0$
따라서 $f(0)$은 정수이다.
$h'(0)=g'(f(0)) \times f'(0)=0$에서 $f'(0)=0$

 $f(0)$의 값을 구한다.

$g'(x)=e^{\sin \pi x} \times \cos \pi x \times \pi$이므로 $f(0)$이 정수이면 $g'(f(0)) \neq 0$이 된다.

$f(3)=\dfrac{1}{2}$, $f'(3)=0$이므로 함수 $y=f(x)$의 그래프를 그려보면 다음과 같다.

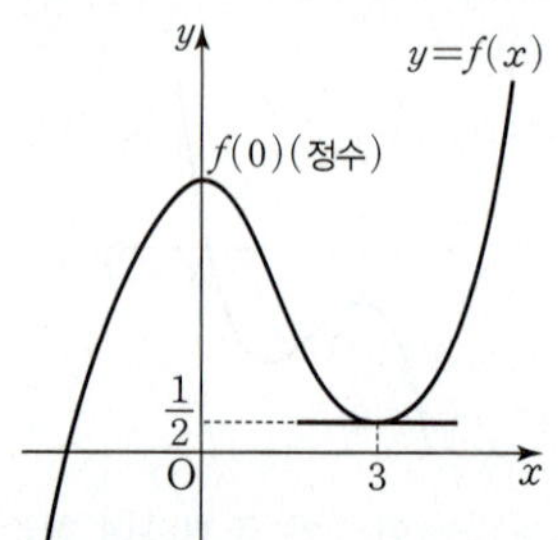

이때 조건 (나)에서 열린구간 $(0,\,3)$에서 방정식 $h(x)=1$의 서로 다른 실근의 개수가 7이라고 했으므로
$h(x)=1$에서 $e^{\sin \pi f(x)}-1=1$
$e^{\sin \pi f(x)}=2$ ∴ $\sin \pi f(x)=\ln 2$

열린구간 $(0,\,3)$에서 함수 $f(x)$는 $\dfrac{1}{2}$ 초과이고 $f(0)$ 미만의 값을 함숫값으로 가지므로 실근의 개수가 7이 되려면 $f(0)=7$ 또는 $f(0)=8$이어야 한다.

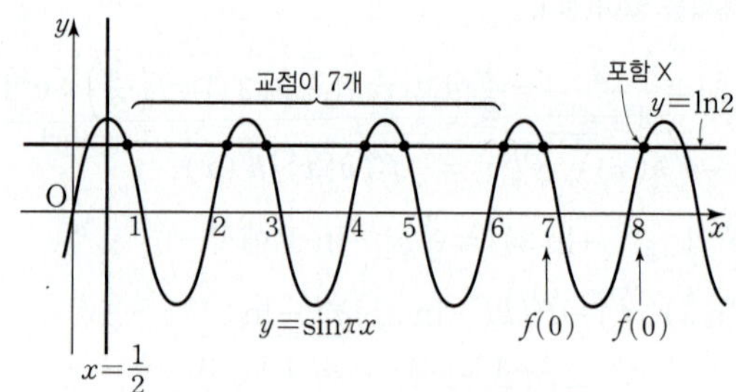

$g'(x)=\pi e^{\sin \pi x} \cos \pi x$에서 $g'(f(x))=\pi e^{\sin \pi f(x)} \cos \pi f(x)$

(i) $f(0)=7$일 때
$e^{\sin 7\pi}>0$이고 $\cos 7\pi<0$이므로 $g'(f(x))<0$
따라서 $g'(f(x))$는 $x=0$의 주위에서 음의 값을 갖는다.
또한 $f'(x)$의 부호는 양에서 음으로 바뀌므로 함수 $h(x)$의 증가와 감소를 표로 나타내면 다음과 같다.

x	$\cdots$	0	$\cdots$
$g'(f(x))$	−	−	−
$f'(x)$	+	0	−
$h'(x)$	−	0	+
$h(x)$	↘	극소	↗

따라서 $h(x)$는 $x=0$에서 극솟값을 가지므로 조건 (가)를 만족시키지 않는다.

(ii) $f(0)=8$일 때
$e^{\sin 8\pi}>0$이고 $\cos 8\pi>0$이므로 $g'(f(x))>0$
따라서 $g'(f(x))$는 $x=0$의 주위에서 양의 값을 갖는다.
또한 $f'(x)$의 부호는 양에서 음으로 바뀌므로 함수 $h(x)$의

증가와 감소를 표로 나타내면 다음과 같다.

x	$\cdots$	0	$\cdots$
$g'(f(x))$	$+$	$+$	$+$
$f'(x)$	$+$	0	$-$
$h'(x)$	$+$	0	$-$
$h(x)$	↗	극대	↘

따라서 $h(x)$는 $x=0$에서 극댓값을 가지므로 조건 (가)를 만족시킨다.

그러므로 (i), (ii)에서 $f(0)=8$이다.

Step 3 $f(2)$의 값을 구한다.

$f'(x)=ax(x-3)=ax^2-3ax$ (a는 상수)로 놓으면 → $f'(0)=f'(3)=0$임을 이용해 식을 세운다.

$f(x)=\dfrac{1}{3}ax^3-\dfrac{3}{2}ax^2+C$ (단, C는 적분상수)

$f(0)=8$에서 $C=8$

$f(3)=\dfrac{1}{2}$에서 $9a-\dfrac{27}{2}a+8=\dfrac{1}{2}$

$-\dfrac{9}{2}a=-\dfrac{15}{2}$ $\therefore a=\dfrac{5}{3}$

따라서 $f(x)=\dfrac{5}{9}x^3-\dfrac{5}{2}x^2+8$이므로 $f(2)=\dfrac{40}{9}-10+8=\dfrac{22}{9}$

$\therefore p+q=9+22=31$

162 [정답률 33%]   정답 ①

자연수 n에 대하여 **열린구간 $(3n-3, 3n)$** 에서 함수 $f(x)=(2x-3n)\sin 2x-(2x^2-6nx+4n^2-1)\cos 2x$가 **$x=\alpha$에서 극대 또는 극소가 되는** 모든 α의 값의 합을 a_n이라 하자. $\cos a_m=0$이 되도록 하는 자연수 m의 최솟값을 l이라 할 때, $\displaystyle\sum_{k=1}^{l+2} a_k$의 값은? (4점)

→ 함수 $f(x)$의 범위를 주의해.

→ $f'(\alpha)=0$

→ $a_1, a_2, \cdots, a_{l+2}$의 합이니까 각각의 값을 구해.

① $7+\dfrac{45}{2}\pi$ ② $8+\dfrac{45}{2}\pi$ ③ $7+\dfrac{47}{2}\pi$

④ $8+\dfrac{47}{2}\pi$ ⑤ $7+\dfrac{49}{2}\pi$

Step 1 함수 $f(x)$의 도함수 $f'(x)$를 구한다.

함수 $f(x)$를 x에 대하여 미분하면

$f'(x)=2\sin 2x+2(2x-3n)\cos 2x$
$\quad\quad\quad -(4x-6n)\cos 2x+2(2x^2-6nx+4n^2-1)\sin 2x$
$\quad\ =(4x^2-12nx+8n^2)\sin 2x$
$\quad\ =4(x^2-3nx+2n^2)\sin 2x$
$\quad\ =4(x-n)(x-2n)\sin 2x$

($2x)'$ → $(\cos 2x)'=-2\sin 2x$

Step 2 $n=1, 2, 3, \cdots$을 차례로 대입해가며 조건을 만족시키는 경우를 확인한다.

(i) $n=1$일 때

$f'(x)=4(x-1)(x-2)\sin 2x$이므로

열린구간 $(0, 3)$에서 $f'(x)=0$을 만족시키는 x의 값은

$x=1$, $x=\dfrac{\pi}{2}$, $x=2$

→ $(3n-3, 3n)$에 $n=1$ 대입

→ $\sin 2x=0$이 되게 하는 x의 값

따라서 함수 $f(x)$의 증가와 감소를 표로 나타내면 다음과 같다.

x	(0)	$\cdots$	1	$\cdots$	$\dfrac{\pi}{2}$	$\cdots$	2	$\cdots$	(3)
$f'(x)$		$+$	0	$-$	0	$+$	0	$-$	
$f(x)$		↗	극대	↘	극소	↗	극대	↘	

이때 $a_1=1+\dfrac{\pi}{2}+2=3+\dfrac{\pi}{2}$이므로

$\cos a_1=\cos\left(3+\dfrac{\pi}{2}\right)\neq 0$이다.

(ii) $n=2$일 때

$f'(x)=4(x-2)(x-4)\sin 2x$이므로

열린구간 $(3, 6)$에서 $f'(x)=0$을 만족시키는 x의 값은

$x=\pi$, $x=4$, $x=\dfrac{3}{2}\pi$

주의 $x=2$는 열린구간 $(3, 6)$에 포함되지 않으니 제외해주어야 해.

→ ≈ 4.7

따라서 함수 $f(x)$의 증가와 감소를 표로 나타내면 다음과 같다.

x	(3)	$\cdots$	π	$\cdots$	4	$\cdots$	$\dfrac{3}{2}\pi$	$\cdots$	(6)
$f'(x)$		$+$	0	$-$	0	$+$	0	$-$	
$f(x)$		↗	극대	↘	극소	↗	극대	↘	

이때 $a_2=\pi+4+\dfrac{3}{2}\pi=4+\dfrac{5}{2}\pi$이므로

$\cos a_2=\cos\left(4+\dfrac{5}{2}\pi\right)\neq 0$이다.

(iii) $n=3$일 때

$f'(x)=4(x-3)(x-6)\sin 2x$이므로

열린구간 $(6, 9)$에서 $f'(x)=0$을 만족시키는 x의 값은

$x=2\pi$, $x=\dfrac{5}{2}\pi$

→ 3, 6은 이 범위에 포함되지 않아.

따라서 함수 $f(x)$의 증가와 감소를 표로 나타내면 다음과 같다.

x	(6)	$\cdots$	2π	$\cdots$	$\dfrac{5}{2}\pi$		(9)
$f'(x)$		$-$	0	$+$	0		$-$
$f(x)$		↘	극소	↗	극대		↘

이때 $a_3=2\pi+\dfrac{5}{2}\pi=\dfrac{9}{2}\pi$이므로

$\cos a_3=\cos\dfrac{9}{2}\pi=\cos\dfrac{\pi}{2}=0$ $\therefore l=3$

→ $\cos\alpha=\cos(2n\pi+\alpha)$ (n은 정수)

(iv) $n=4$일 때

$f'(x)=4(x-4)(x-8)\sin 2x$이므로

열린구간 $(9, 12)$에서 $f'(x)=0$을 만족시키는 x의 값은

$x=3\pi$, $x=\dfrac{7}{2}\pi$

→ ≈ 11

따라서 함수 $f(x)$의 증가와 감소를 표로 나타내면 다음과 같다.

x	(9)	$\cdots$	3π	$\cdots$	$\dfrac{7}{2}\pi$	$\cdots$	(12)
$f'(x)$		$-$	0	$+$	0		
$f(x)$		↘	극소	↗	극대	↘	

$\therefore a_4=3\pi+\dfrac{7}{2}\pi=\dfrac{13}{2}\pi$

(v) $n=5$일 때

$f'(x)=4(x-5)(x-10)\sin 2x$이므로

열린구간 $(12, 15)$에서 $f'(x)=0$을 만족시키는 x의 값은

$x=4\pi$, $x=\dfrac{9}{2}\pi$

따라서 함수 $f(x)$의 증가과 감소를 표로 나타내면 다음과 같다.

x	(12)	$\cdots$	4π	$\cdots$	$\dfrac{9}{2}\pi$	$\cdots$	(15)
$f'(x)$		$-$	0	$+$	0	$-$	
$f(x)$		$\searrow$	극소	$\nearrow$	극대	$\searrow$	

$\therefore a_5 = 4\pi + \dfrac{9}{2}\pi = \dfrac{17}{2}\pi$

Step 3 $\displaystyle\sum_{k=1}^{l+2} a_k$의 값을 구한다.

$$\sum_{k=1}^{l+2} a_k = \sum_{k=1}^{5} a_k = \left(3+\dfrac{\pi}{2}\right) + \left(4+\dfrac{5}{2}\pi\right) + \dfrac{9}{2}\pi + \dfrac{13}{2}\pi + \dfrac{17}{2}\pi$$

Step 2에서 $l=3$임을 확인했어.

$$= 7 + \dfrac{45}{2}\pi$$

---

163 [정답률 45%]　　　　　　　　**정답 ⑤**

함수 $y=f(x)$의 그래프는 원점에 대하여 대칭이야.

두 다항함수 $f(x)$, $g(x)$가 모든 실수 x에 대하여
$f(-x)=-f(x)$, $g(-x)=g(x)$를 만족하고
$h(x)=f(x)+xg(x)$로 정의할 때, [보기]에서 옳은 것을
모두 고른 것은? (3점)

함수 $y=g(x)$의 그래프는 y축에 대하여 대칭이야.

[보기]

ㄱ. $h(0)=0$ → $f(0)$, $g(0)$의 값이 어떻게 되는지 생각해.

ㄴ. $h'(-x)=h'(x)$

ㄷ. $h(x)$의 이계도함수 $h''(x)$가 $x=1$에서 극댓값 1을
가질 때, 방정식 $h''(x)-x=0$의 실근은 적어도
3개이다.
$h(x)$나 $h'(x)$가 아닌 $h''(x)$가 극댓값을 갖는다는
거야. 헷갈리기 쉬운 보기이므로 주의해야 해.

① ㄱ　　　② ㄷ　　　③ ㄱ, ㄴ
④ ㄴ, ㄷ　　　✓ ㄱ, ㄴ, ㄷ

추가로 $f(x)$, $g(x)$가 다항함수라는 조건도 있어!
다항함수는 모든 실수 x에서 연속이고 미분가능한 함수야.

Step 1 $f(-x)=-f(x)$, $g(-x)=g(x)$임을 이용하여 [보기]의 참,
거짓을 판별한다.

합성함수의 미분법 개념을 이용한 거야.

$f(-x)=-f(x)$ …… ㉠의 양변을 x에 대하여 미분하면

$-f'(-x)=-f'(x)$, $f'(-x)=f'(x)$ …… ㉡

$g(-x)=g(x)$ …… ㉢의 양변을 x에 대하여 미분하면

$-g'(-x)=g'(x)$ …… ㉣
원점에 대하여 대칭인 함수를 미분하면
y축에 대하여 대칭이 되고, y축에 대하여
대칭인 함수를 미분하면 원점에 대하여 대칭이 돼.

ㄱ. $h(x)=f(x)+xg(x)$에 $x=0$을 대입하면
$h(0)=f(0)$
$xg(x)$에 $x=0$을 대입하면
$0 \cdot g(0)=0$

$x=0$을 ㉠에 대입하면

$f(0)=-f(0)$, $f(0)=0$이므로

$h(0)=f(0)=0$ (참)
$f(0)=-f(0)$에서 $2f(0)=0$ $\therefore f(0)=0$

ㄴ. $h(x)=f(x)+xg(x)$에서

$h'(x)=f'(x)+g(x)+xg'(x)$이므로

$h'(-x)=f'(-x)+g(-x)-xg'(-x)$
위의 식에 x 대신 $-x$를 대입한 거야.

$\qquad = f'(x)+g(x)+xg'(x)$ ($\because$ ㉡, ㉢, ㉣)

$\therefore h'(-x)=h'(x)$ (참)
$f'(-x)=f'(x)$, $g'(-x)=-g'(x)$

ㄷ. $h'(-x)=h'(x)$에서 → ㄴ에서 구한 내용이야.

$-h''(-x)=h''(x)$

$x=0$을 대입하면 $-h''(0)=h''(0)$ $\therefore h''(0)=0$

$x=1$을 대입하면 $-h''(-1)=h''(1)$ …… ㉤

$h''(x)$가 $x=1$에서 극댓값 1을 가지므로 $h''(1)=1$이고

$h''(-1)=-1$ ($\because$ ㉤) → $-h''(-1)=h''(1)=1$

따라서 함수 $y=h''(x)$의 그래프는 세 점 $(1, 1)$, $(0, 0)$,
$(-1, -1)$을 지난다.

방정식 $h''(x)-x=0$의 실근의 개수는 두 함수 $y=h''(x)$와
$y=x$의 그래프의 교점의 개수와 같고 세 점 $(1, 1)$, $(0, 0)$,
$(-1, -1)$은 두 함수 $y=h''(x)$와 $y=x$의 그래프 위의 점이
므로 방정식의 실근이 적어도 3개 존재한다. (참)

그러므로 옳은 것은 ㄱ, ㄴ, ㄷ이다.
즉, 세 점 $(1,1)$, $(0,0)$, $(-1,-1)$은
두 함수 $y=h''(x)$와 $y=x$의 그래프의
교점인 거야.

---

164 [정답률 56%]　　　　　　　　**정답 ①**

실수 전체의 집합에서 미분가능한 함수 $f(x)$가 모든 실수 x에
대하여 다음 조건을 만족시킨다.

(가) $f(x) \neq 1$ → 함수 $y=f(x)$의 그래프가 원점에 대하여 대칭!
(나) $f(x)+f(-x)=0$
(다) $f'(x) = \{1+f(x)\}\{1+f(-x)\}$

[보기]에서 옳은 것만을 있는 대로 고른 것은? (4점)

[보기]

ㄱ. 모든 실수 x에 대하여 $f(x) \neq -1$이다.
ㄴ. 함수 $f(x)$는 어떤 열린구간에서 감소한다.
ㄷ. 곡선 $y=f(x)$는 세 개의 변곡점을 갖는다.

✓ ㄱ　　　② ㄴ　　　③ ㄱ, ㄷ
④ ㄴ, ㄷ　　　⑤ ㄱ, ㄴ, ㄷ

Step 1 조건 (나)에서 함수 $f(x)$가 원점에 대하여 대칭임을 이용한다.

ㄱ. 조건 (나)에서 $f(x)+f(-x)=0$, 즉 $f(x)=-f(-x)$이므로
함수 $f(x)$는 원점에 대하여 대칭이다.

이때 조건 (가)에서 $f(x) \neq 1$이므로 모든 실수 x에 대하여
$f(x) \neq -1$이다. (참)

Step 2 주어진 조건으로 함수 $y=f(x)$의 그래프의 개형을 파악하여

ㄴ, ㄷ의 참, 거짓을 판별한다.

ㄴ. 조건 (다)에서
(나) $f(x)+f(-x)=0$에서
$f(-x)=-f(x)$

$f'(x) = \{1+f(x)\}\{1+f(-x)\}$

$\qquad = \{1+f(x)\}\{1-f(x)\}$ ($\because$ (나)) …… ㉠

이고 함수 $f(x)$가 실수 전체의 집합에서 미분가능하므로 실수
전체의 집합에서 연속이고, 그 그래프가 원점에 대하여 대칭이
므로 원점을 지난다.
문제의 조건 (가)에 나와 있는 내용이야.

이때 $f(x) \neq 1$, $f(x) \neq -1$이므로 $-1 < f(x) < 1$

즉, $1+f(x)>0$, $1-f(x)>0$이므로 → 보기의 ㄱ이 참임을 확인했지.

$f'(x)>0$ ($\because$ ㉠)

따라서 함수 $f(x)$는 모든 실수 x에서 증가한다. (거짓)

ㄷ. $f'(x)=\{1+f(x)\}\{1+f(-x)\}$
$\qquad =\{1+f(x)\}\{1-f(x)\}$
$\qquad =1-\{f(x)\}^2$

이므로 양변을 x에 대하여 미분하면

> 합성함수의 미분법

$f''(x)=-2f(x)f'(x)$

이때 ㄴ에서 $f'(x)>0$이므로 $f''(x)=0$이면 $f(x)=0$

따라서 곡선 $y=f(x)$의 변곡점은 직선 $y=0$ 위에 있다.

그런데 함수 $y=f(x)$의 그래프가 원점을 지나고 모든 실수 x에서 증가하므로 $f(x)=0$인 점은 하나만 존재한다.

그러므로 곡선 $y=f(x)$는 하나의 변곡점을 갖는다. (거짓)

따라서 옳은 것은 ㄱ이다.

참고

함수 $f(x)$의 식 구하기

조건 (나)에서 $f(x)+f(-x)=0$이므로 $f(-x)=-f(x)$

조건 (다)에서 $f'(x)=\{1+f(x)\}\{1+f(-x)\}$이므로

$$\frac{f'(x)}{\{1+f(x)\}\{1-f(x)\}}=1$$

$$\frac{f'(x)}{\{f(x)-1\}\{f(x)+1\}}=-1$$

> 부분분수 분해
> $\dfrac{1}{AB}=\dfrac{1}{B-A}\left(\dfrac{1}{A}-\dfrac{1}{B}\right)$

위의 식을 분리하면

$$\frac{f'(x)}{2}\left\{\frac{1}{f(x)-1}-\frac{1}{f(x)+1}\right\}=-1$$

$$\therefore \frac{f'(x)}{f(x)-1}-\frac{f'(x)}{f(x)+1}=-2$$

양변을 x에 대하여 부정적분하면

$$\int\left\{\frac{f'(x)}{f(x)-1}-\frac{f'(x)}{f(x)+1}\right\}dx=\int(-2)dx$$

$\ln|f(x)-1|-\ln|f(x)+1|=-2x+C$ (C는 적분상수)

이때 $f(0)=0$이므로 $\ln 1-\ln 1=C=0$

$\ln|f(x)-1|-\ln|f(x)+1|=-2x$에서

$\ln\left|\dfrac{f(x)-1}{f(x)+1}\right|=-2x$ $\therefore \left|\dfrac{f(x)-1}{f(x)+1}\right|=e^{-2x}$

이때 $-1<f(x)<1$에서 $f(x)-1<0$, $f(x)+1>0$이므로

$-\dfrac{f(x)-1}{f(x)+1}=e^{-2x}$, $1-f(x)=\{1+f(x)\}e^{-2x}$

$1-f(x)=e^{-2x}+f(x)e^{-2x}$, $f(x)(1+e^{-2x})=1-e^{-2x}$

$\therefore f(x)=\dfrac{1-e^{-2x}}{1+e^{-2x}}$

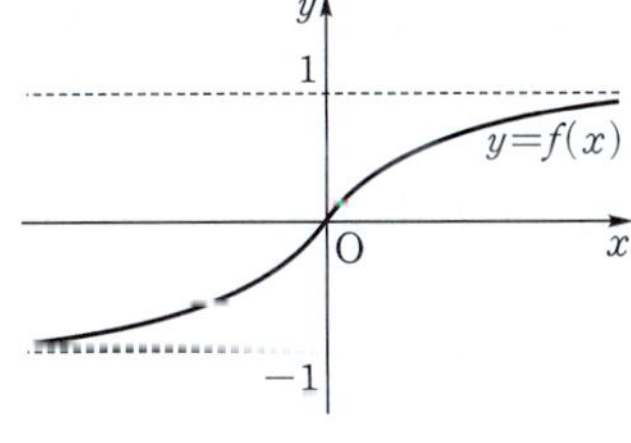

삼차함수 $f(x)=x^3+ax^2+bx$ (a, b는 정수)에 대하여

함수 $g(x)=e^{f(x)}-f(x)$는

> 이런 사소한 조건도 놓치면 안 돼.

$x=\alpha$, $x=-1$, $x=\beta$ ($\alpha<-1<\beta$)에서만 극값을 갖는다.

함수 $y=|g(x)-g(\alpha)|$가 미분가능하지 않은 점의 개수가 2일 때, $\{f(-1)\}^2$의 최댓값을 구하시오. (4점)

> 극값을 갖는 곳이 3개!
> $x=\alpha$일 때, $|g(\alpha)-g(\alpha)|=0$

Step 1 함수 $g(x)$가 극값을 갖는 경우를 파악한다.

함수 $g(x)=e^{f(x)}-f(x)$의 양변을 x에 대하여 미분하면

$g'(x)=e^{f(x)}\cdot f'(x)-f'(x)=f'(x)\{e^{f(x)}-1\}$이므로

$g'(x)=0$이려면 $f'(x)=0$ 또는 $f(x)=0$이어야 한다.

> 극값을 가질 때의 미분계수는 0　　　$e^{f(x)}-1=0$에서 $e^{f(x)}=1$　$\therefore f(x)=0$

Step 2 방정식 $f(x)=0$의 실근의 개수에 따라 경우를 나누어 본다.

방정식 $f(x)=0$의 실근의 개수에 따라 경우를 나누어 보면 다음과 같다.

(i) 방정식 $f(x)=0$이 서로 다른 세 실근을 가질 때

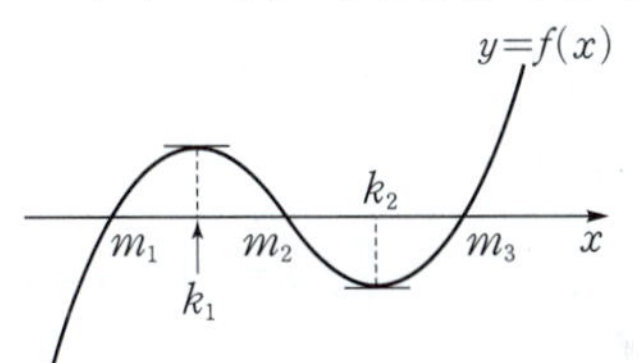

위 그림과 같이 방정식 $f(x)=0$의 세 실근 (m_1, m_2, m_3)은 방정식 $f'(x)=0$의 두 실근 (k_1, k_2)과 다르므로 $g'(x)=0$을 만족시키는 x의 개수는 5이다.

이때 5개의 x의 값의 좌우에서 $g'(x)$의 부호가 바뀌므로 함수 $g(x)$가 극값을 갖는 x의 개수는 5이다.

> m_1, m_2, m_3, k_1, k_2

그러므로 함수 $g(x)$가 $x=\alpha$, $x=-1$, $x=\beta$에서만 극값을 갖는다는 조건을 만족시키지 않는다.

> $g(x)$는 세 점에서 극값을 가져야 해.

(ii) 방정식 $f(x)=0$이 서로 다른 두 실근을 가질 때

$f(x)=x^3+ax^2+bx=x(x^2+ax+b)=0$에서

$x=0$ 또는 $x^2+ax+b=0$

> 공통인수 x로 묶어.

따라서 방정식 $f(x)=0$의 한 실근이 $x=0$이므로 방정식 $x^2+ax+b=0$의 실근에 따라 경우를 나누어 보면 다음과 같다.

case 1 방정식 $x^2+ax+b=0$이 $x=0$을 근으로 갖고, 0이 아닌 다른 값을 실근으로 가질 때

> $f(x)=0$에서 $x=0$이 중근이 되는거야.

$b=0$이므로 $x^2+ax=0$에서 $x(x+a)=0$

$\therefore x=0$ 또는 $x=-a$　→ $f(x)=0$의 근

따라서 $f(x)=x^3+ax^2$이므로

$f'(x)=3x^2+2ax=x(3x+2a)=0$에서

$x=0$ 또는 $x=-\dfrac{2a}{3}$　→ $f'(x)=0$의 근

그러므로 $g'(x)=0$을 만족시키는 x의 값은

0, $-a$, $-\dfrac{2a}{3}$이다.

> 이 세 값에서 극값을 가져.

함수 $g(x)$가 $x=-1$에서 극값을 가지므로 $a>0$

이때 $-a<-\dfrac{2a}{3}<0$이므로 주어진 조건에 맞게 값을 대응시키면

> $\alpha<-1<\beta$

$a<0$이면 $-a>0$, $-\dfrac{2a}{3}>0$이 되어 극값을 갖는 x의 값이 양수가 돼.

$a=-a$, $-1=-\dfrac{2a}{3}$, $\beta=0$에서 $a=\dfrac{3}{2}$

a가 정수라는 문제의 조건을 만족시키지 않는다.

case 2 방정식 $x^2+ax+b=0$이 0이 아닌 중근을 가질 때

이차방정식 $x^2+ax+b=0$의 판별식을 D라 하면

$D=a^2-4b=0$ $\therefore b=\dfrac{a^2}{4}$ ······ ㉠
중근 → 판별식 $D=0$

$f(x)=x^3+ax^2+\dfrac{a^2}{4}x=x\left(x+\dfrac{a}{2}\right)^2=0$에서

$x=0$ 또는 $x=-\dfrac{a}{2}$ b 대신 $\dfrac{a^2}{4}$ 대입

$f'(x)=3x^2+2ax+\dfrac{a^2}{4}=\dfrac{1}{4}(6x+a)(2x+a)=0$에서

$x=-\dfrac{a}{6}$ 또는 $x=-\dfrac{a}{2}$ $=\dfrac{1}{4}(12x^2+8ax+a^2)$

그러므로 $g'(x)=0$을 만족시키는 x의 값은

0, $-\dfrac{a}{2}$, $-\dfrac{a}{6}$이다.

함수 $g(x)$가 $x=-1$에서 극값을 가지므로 $a>0$

이때 $-\dfrac{a}{2}<-\dfrac{a}{6}<0$이므로 주어진 조건에 맞게 값을

대응시키면

$a=-\dfrac{a}{2}$, $-1=-\dfrac{a}{6}$, $\beta=0$에서 $a=6$

이를 ㉠에 대입하면 $b=\dfrac{6^2}{4}=\dfrac{36}{4}=9$

따라서 a, b는 모두 정수라는 조건을 만족시킨다.

함수 $g(x)$의 극값을 확인하기 위해 먼저 두 함수
$y=f(x)$, $y=f'(x)$의 그래프를 그려 보면 다음과 같다.

$f(x)$와 $e^{f(x)}-1$의 부호가 동일함을 이용할거야.

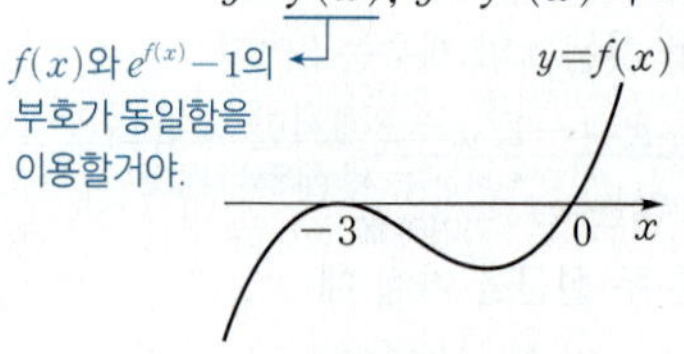

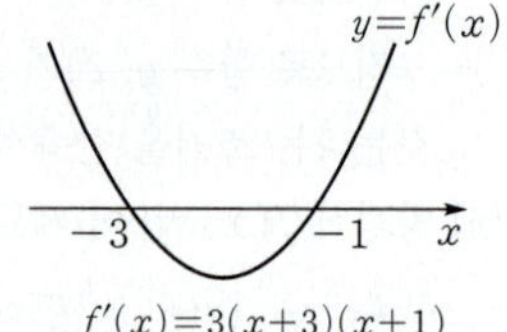

이를 이용하여 함수 $g(x)$의 증가와 감소를 표로 나타내면 다음과 같다.

두 부호의 곱이 $g'(x)$의 부호가 돼.

x	$\cdots$	-3	$\cdots$	-1	$\cdots$	0	$\cdots$
$f(x)$	$-$	0	$-$	$-$	$-$	0	$+$
$f'(x)$	$+$	0	$-$	0	$+$	$+$	$+$
$g'(x)$	$-$	0	$+$	0	$-$	0	$+$
$g(x)$	$\searrow$	극소	$\nearrow$	극대	$\searrow$	극소	$\nearrow$

이때 $g(\alpha)=g(-3)=e^{f(-3)}-f(-3)=e^0-0=1$,
$g(0)=e^{f(0)}-f(0)=e^0-0=1$이므로
$f(x)=x(x+3)^2$임을 기억해!

함수 $y=|g(x)-g(\alpha)|=|g(x)-1|$의 그래프는 다음과 같다.
함수 $g(x)$의 두 극솟값이 1로 동일해.

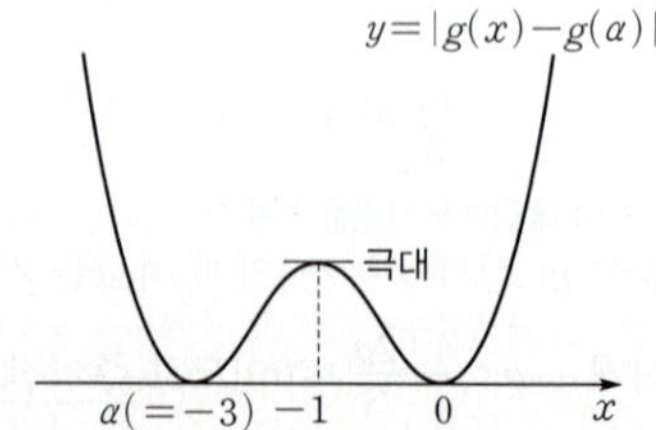

따라서 함수 $y=|g(x)-g(\alpha)|$는 실수 전체의 집합
에서 미분가능하므로 조건을 만족시키지 않는다.

(iii) 방정식 $f(x)=0$이 오직 하나의 실근을 가질 때

(ii)와 같이 방정식 $x^2+ax+b=0$의 실근에 따라 경우를 나누어
보면 다음과 같다.

case 1 $x^2+ax+b=0$이 $x=0$을 중근으로 가질 때

$a=b=0$이므로 $f(x)=x^3$, $f'(x)=3x^2$ $f(x)=0$의 근이 $x=0$뿐(삼중근)

따라서 $g'(x)=0$을 만족시키는 x의 값은 0뿐이므로
함수 $g(x)$가 $x=-1$에서 극값을 갖는다는 조건을 만족
시키지 않는다. $f(x)=0$ 또는 $f'(x)=0$

case 2 방정식 $x^2+ax+b=0$의 실근이 존재하지 않을 때

$g(x)$가 $x=-1$에서 극값을 갖고, $f(-1)\neq0$이므로
$f'(-1)=0$이어야 한다. $f(-1)=0$이면 방정식 $x^2+ax+b=0$이 $x=-1$을 근으로 갖게 되어 조건을 만족하지 않아.

$f(x)=x^3+ax^2+bx$에서
$f'(x)=3x^2+2ax+b$
$f'(-1)=3-2a+b=0$에서
$b=2a-3$

이차방정식 $x^2+ax+(2a-3)=0$의 판별식을 D라 하면 $=x^2+ax+b$ 실근을 갖지 않아야 하므로 $D<0$

$D=a^2-4(2a-3)=a^2-8a+12<0$
$(a-2)(a-6)<0$ $\therefore 2<a<6$ ······ ㉡

$f'(x)=3x^2+2ax+(2a-3)$
$\quad=(x+1)\{3x+(2a-3)\}=0$

에서 $x=-1$ 또는 $x=-\dfrac{2a-3}{3}$

그러므로 $g'(x)=0$을 만족시키는 x의 값은

0, -1, $-\dfrac{2a-3}{3}$이다.

이때 함수 $g(x)$는 $x=\alpha$, $x=-1$, $x=\beta$ $(\alpha<-1<\beta)$
에서만 극값을 갖고, $\beta=0$이어야 하므로 $\alpha=0$이면 $\alpha<-1$인 조건에 모순

$\alpha=-\dfrac{2a-3}{3}<-1$

$\therefore a>3$ ······ ㉢

따라서 가능한 정수 a의 값은 ㉡, ㉢에서 4, 5이다.

(ii)와 같은 방법으로 함수 $g(x)$의 극값을 확인하기 위해
두 함수 $y=f(x)$, $y=f'(x)$의 그래프를 그려 보면 다음
과 같다.

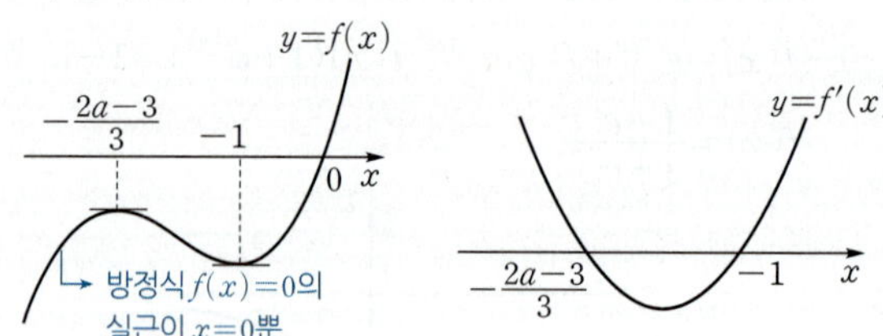

이를 이용하여 함수 $g(x)$의 증가와 감소를 표로 나타내면 다음과 같다.

x	$\cdots$	$-\dfrac{2a-3}{3}$	$\cdots$	-1	$\cdots$	0	$\cdots$
$f(x)$	$-$		$-$	$-$	$-$	0	$+$
$f'(x)$	$+$	0	$-$	0	$+$	$+$	$+$
$g'(x)$	$-$	0	$+$	0	$-$	0	$+$
$g(x)$	$\searrow$	극소	$\nearrow$	극대	$\searrow$	극소	$\nearrow$

먼저 $a=4$이면 $b=5$이므로 b 또한 정수이고, $b=2a-3$

함수 $g(x)$는 $x=-\dfrac{5}{3}$, $x=-1$, $x=0$에서 극값을 갖는다.

$f(x)=x^3+4x^2+5x$에서 $f\left(\dfrac{5}{3}\right)=-\dfrac{50}{27}$이므로

$$g(\alpha)=g\left(-\dfrac{5}{3}\right)$$
$$=e^{f\left(-\frac{5}{3}\right)}-f\left(-\dfrac{5}{3}\right)$$
$$=e^{-\frac{50}{27}}+\dfrac{50}{27}>1$$

$\left(-\dfrac{5}{3}\right)^3+4\times\left(-\dfrac{5}{3}\right)^2+5\times\left(-\dfrac{5}{3}\right)$
$=-\dfrac{125}{27}+\dfrac{100}{9}-\dfrac{25}{3}$
$=\dfrac{-125+300-225}{27}=-\dfrac{50}{27}$

양수, 1보다 큼

이때 $g(0)=e^{f(0)}-f(0)=e^0-0=1$이므로

$g(\alpha)>g(0)$

따라서 다음과 같이 함수 $y=|g(x)-g(\alpha)|$는 서로 다른 두 점에서 미분가능하지 않다.

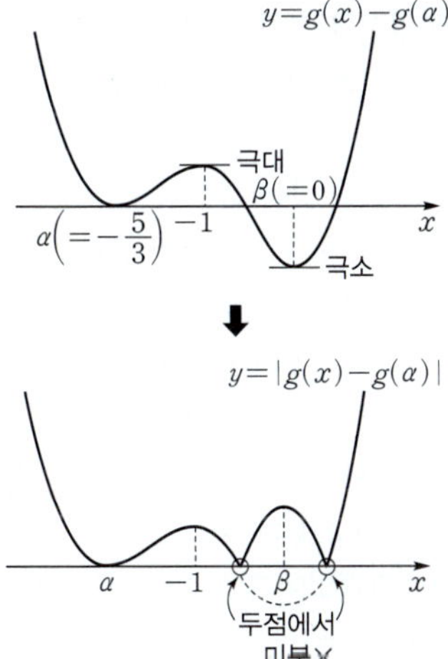

$\therefore \{f(-1)\}^2=(-1+4-5)^2=(-2)^2=4$

$a=5$이면 $b=7$이므로 b 또한 정수이고,
($b=2a-3$)

함수 $g(x)$는 $x=-\dfrac{7}{3}$, $x=-1$, $x=0$에서 극값을 갖는다.

$f(x)=x^3+5x^2+7x$에서 $f\left(-\dfrac{7}{3}\right)=-\dfrac{49}{27}$이므로

$$g(\alpha)=g\left(-\dfrac{7}{3}\right)$$
$$=e^{f\left(-\frac{7}{3}\right)}-f\left(-\dfrac{7}{3}\right)$$
$$=e^{-\frac{49}{27}}+\dfrac{49}{27}>1$$

$=\left(-\dfrac{7}{3}\right)^3+5\times\left(-\dfrac{7}{3}\right)^2+7\times\left(-\dfrac{7}{3}\right)$
$=-\dfrac{343}{27}+\dfrac{245}{9}-\dfrac{49}{3}$
$=\dfrac{-343+735-441}{27}=-\dfrac{49}{27}$

이때 $g(0)=e^{f(0)}-f(0)=e^0-0=1$이므로

$g(\alpha)>g(0)$

따라서 다음과 같이 함수 $y=|g(x)-g(\alpha)|$는 서로 다른 두 점에서 미분가능하지 않다.

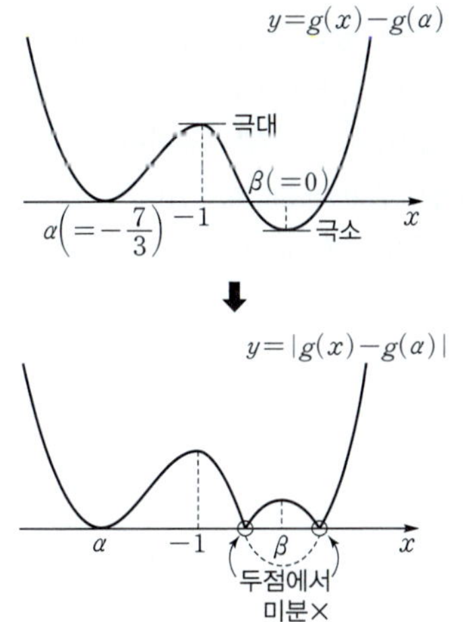

$\therefore \{f(-1)\}^2=(-1+5-7)^2=(-3)^2=9$

Step 3 $\{f(-1)\}^2$의 최댓값을 구한다.

(ⅰ)~(ⅲ)에서 가능한 $\{f(-1)\}^2$의 값은 4 또는 9이므로 구하는 $\{f(-1)\}^2$의 최댓값은 9이다.

참고

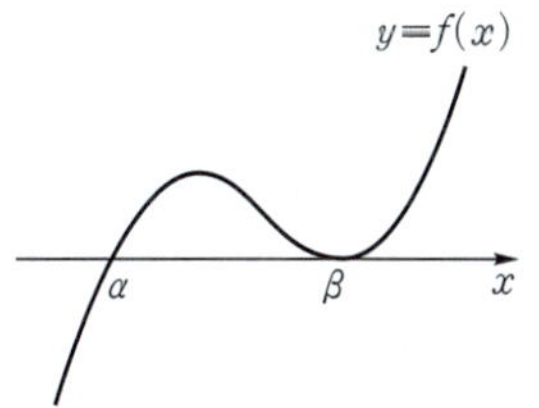

위 그림과 같이 최고차항의 계수가 1인 삼차함수 $f(x)$의 그래프가 $x=\alpha$, $x=\beta\,(\alpha<\beta)$에서 x축과 만나고 $x=\beta$에서 x축에 접할 때, 삼차함수 $f(x)$의 식은

$$f(x)=(x-\alpha)(x-\beta)^2$$

으로 놓을 수 있다.

함수 $f(x)$의 식을 미분하면

$$f'(x)=(x-\beta)^2+(x-\alpha)\times2(x-\beta)$$
$$=(x-\beta)\{(x-\beta)+2(x-\alpha)\}$$
$$=(x-\beta)(3x-(2\alpha+\beta))$$
$$=3(x-\beta)\left(x-\dfrac{2\alpha+\beta}{3}\right)$$

이므로 함수 $f(x)$의 증가와 감소를 표로 나타내면 다음과 같다.

x	$\cdots$	$\dfrac{2\alpha+\beta}{3}$	$\cdots$	β	$\cdots$
$f'(x)$	$+$	0	$-$	0	$+$
$f(x)$	$\nearrow$	극대	$\searrow$	극소	$\nearrow$

즉, 함수 $f(x)$가 극대가 될 때의 x의 값은 함수 $y=f(x)$의 그래프와 x축이 만나는 두 점의 x좌표 α, β 사이의 거리를 $1:2$로 내분한다.

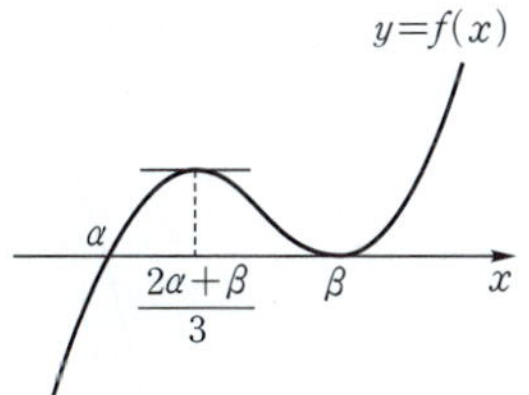

이를 이용하면 함수의 식을 미분하지 않아도 x축과의 교점의 x좌표만을 이용하여 함수가 어느 곳에서 극값을 갖는지 쉽게 알 수 있다.

166 [정답률 5%]　　　　　　정답 77

다음 조건을 만족시키며 최고차항의 계수가 1인 모든
사차함수 $f(x)$에 대하여 $f(0)$의 최댓값과 최솟값의 합을
구하시오. $\left(\text{단, } \lim\limits_{x \to \infty} \dfrac{x}{e^x} = 0\right)$ (4점)

> (가) $f(1)=0$, $f'(1)=0$
> (나) 방정식 $f(x)=0$의 모든 실근은 10 이하의 자연수
> 이다.
> (다) 함수 $g(x) = \dfrac{3x}{e^{x-1}} + k$에 대하여 함수 $|(f \circ g)(x)|$
> 가 실수 전체의 집합에서 미분가능하도록 하는
> 자연수 k의 개수는 4이다.

Step 1 함수 $g(x)$의 그래프를 파악한다.

두 함수 $f(x)$, $g(x)$는 실수 전체의 집합에서 미분가능하므로
함수 $(f \circ g)(x)$는 실수 전체의 집합에서 미분가능하다.
따라서 $|(f \circ g)(x)|$의 미분가능성은 함수 $(f \circ g)(x)$의 값의
부호가 바뀌는 x의 값에서 확인할 수 있다. → 두 함수가 미분가능하면 합성함수도 미분가능해.

$g(x) = \dfrac{3x}{e^{x-1}} + k$에서

$g'(x) = 3e^{1-x} + 3x \times (-1) \times e^{1-x}$　→ $3xe^{1-x} + k$로 놓고 미분

$\quad = 3e^{1-x} - 3xe^{1-x}$

$\quad = \dfrac{3(1-x)}{e^{x-1}}$　→ $(3-3x)e^{1-x} = \dfrac{3-3x}{e^{x-1}} = \dfrac{3(1-x)}{e^{x-1}}$

$g'(1) = 0$이고 $g(1) = 3 + k$이다.

$\lim\limits_{x \to -\infty} g(x) = -\infty$, $\lim\limits_{x \to \infty} g(x) = k$
이므로 함수 $g(x)$의 증가와 감소
를 나타낸 표는 오른쪽과 같다.

x	$\cdots$	1	$\cdots$
$g'(x)$	$+$	0	$-$
$g(x)$	$\nearrow$	$3+k$	$\searrow$

따라서 곡선 $y=g(x)$의 개형은 오
른쪽 그림과 같으므로
$g(x) \leq k+3$

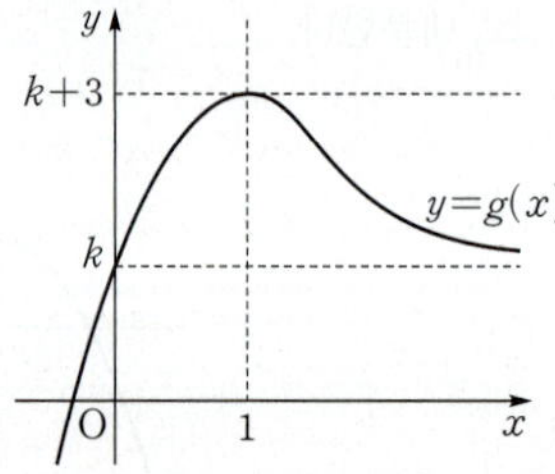

Step 2 $f(x)$의 근의 개수에 따라 경우를 나눈다.

$g(x) \leq k+3$이므로 $(f \circ g)(x)$에서 함수 $f(x)$의 정의역은
$\{x \mid x \leq k+3\}$이다.

조건 (가)에서 $f(1)=0$, $f'(1)=0$이므로
$f(x) = (x-1)^2(x^2+ax+b)$로 놓을 수 있고
자연수 k에 대하여 $f(x)$의 개형을 나눌 수 있다.

(i) $f(x)=0$이 $x=1$에서 사중근을 갖
는 경우
함수 $f(x)$의 그래프는 오른쪽
그림과 같다.
$f(x) \geq 0$이므로 k의 값에 관계없이
함수 $|(f \circ g)(x)|$는 실수 전체의
집합에서 미분가능하다.

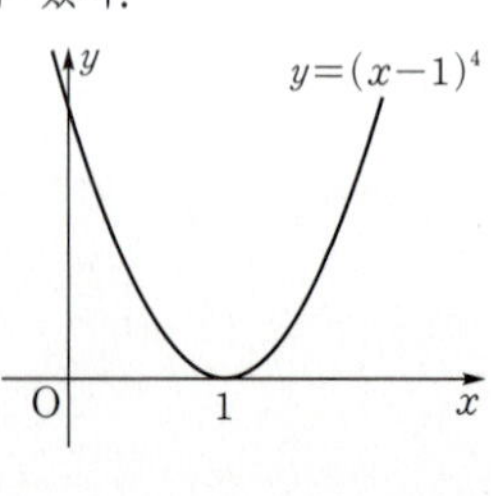

(ii) $f(x)=0$이 삼중근을 갖는 경우
$f(x) = (x-1)^3(x-\alpha)$ $(1 < \alpha \leq 10)$
이므로 함수 $f(x)$의 그래프는
오른쪽 그림과 같다.
이때 $1 < k+3 \leq \alpha$이면
$|(f \circ g)(x)|$는　→ k는 자연수이므로 $k+3 > 1$이야.
미분가능하지만 $\alpha < k+3$이면
$|(f \circ g)(x)|$는 $x=\alpha$에서 미분가능하지 않다.
따라서 $1 < k+3 \leq \alpha$를 만족시킬 때, $|(f \circ g)(x)|$는 실수
전체의 집합에서 미분가능하다.
자연수 k의 개수는 4이므로 $k=1$, 2, 3, 4일 때 만족시킨다.
즉, $k+3$의 값은 4, 5, 6, 7이므로 $\alpha=7$
따라서 $f(x) = (x-1)^3(x-7)$이므로 → $k+3 \leq \alpha$이므로 $k=1,2,3,4$일 때 $\alpha=7$이야.
$f(0) = 7$

(iii) $f(x)=0$이 중근을 갖는 경우
　i) $f(x)=0$이 서로 다른 2개의 중근을 가질 때
　　$f(x) = (x-1)^2(x-\alpha)^2$
　　　　　$(1 < \alpha \leq 10)$
　　이므로 함수 $f(x)$의 그래프
　　는 오른쪽 그림과 같다.
　　따라서 $|(f \circ g)(x)|$는
　　k의 값에 관계없이 항상 미분가능하다.
　ii) $f(x)=0$이 $x=1$에서 중근과 서로 다른 두 근을 가질 때
　　$f(x)$
　　　$= (x-1)^2(x-\alpha)(x-\beta)$
　　　$(\alpha < \beta \leq 10)$
　　이므로 함수 $f(x)$의 그래프
　　는 오른쪽 그림과 같다.
　　이때 $1 < k+3 \leq \alpha$이면 $f(x) \geq 0$이므로 $|(f \circ g)(x)|$는
　　실수 전체의 집합에서 미분가능하다.
　　$\alpha < k+3$이면 $x=\alpha$ 또는 $x=\alpha$, $x=\beta$에서
　　$|(f \circ g)(x)|$는 미분가능하지 않다.
　　따라서 $1 < k+3 \leq \alpha$를 만족시킬 때, $|(f \circ g)(x)|$는 실수
　　전체의 집합에서 미분가능하다.
　　따라서 (ii)와 같이 $\alpha=7$이므로 $\beta=8$, 9, 10이 가능하다.
　　즉, $f(x) = (x-1)^2(x-\alpha)(x-\beta)$에서　→ $(x-7)$　$(x-\beta)$에서 $\beta=8,9,10$이 가능해
　　$f(0) = (-1)^2 \times (-7) \times (-\beta) = 7\beta$이므로　→ $\beta=9$일 때
　　$f(0) = 56$, 63, 70
　　　　　　　→ $\beta=8$일 때　　　　　　→ $\beta=10$일 때
　iii) $f(x)=0$이 중근과 허근을 가질 때
　　$f(x) \geq 0$이므로 k의 값에 관계없이 전체 실수의 집합에서
　　$|(f \circ g)(x)|$는 미분가능하다.
　i)~iii)에서 $f(0) = 56$, 63, 70

(i)~(iii)에서 $f(0) = 7$, 56, 63, 70
따라서 $f(0)$의 최댓값은 70, 최솟값은 7이므로 구하는 값은
$70 + 7 = 77$　→ $f(0)$의 최댓값과 최솟값의 합

167 [정답률 4%]　　　　　정답 95

$x=a\,(a>0)$에서 극댓값을 갖는 사차함수 $f(x)$에 대하여 함수 $g(x)$가

$$g(x)=\begin{cases}\dfrac{1-\cos \pi x}{f(x)} & (f(x)\neq 0)\\[2mm] \dfrac{7}{128}\pi^2 & (f(x)=0)\end{cases}$$

일 때, 함수 $g(x)$는 실수 전체의 집합에서 미분가능하고 다음 조건을 만족시킨다.

> (가) $g'(0)\times g'(2a)\neq 0$
> (나) 함수 $g(x)$는 $x=a$에서 극값을 갖는다.

$g(1)=\dfrac{2}{7}$일 때, $g(-1)=\dfrac{q}{p}$이다. $p+q$의 값을 구하시오.

（단, p와 q는 서로소인 자연수이다.） (4점)

Step 1 주어진 조건을 이용하여 함수 $f(x)$를 a를 포함한 식으로 나타낸다.

$f(x)\neq 0$일 때,

$$g'(x)=\frac{(\pi \sin \pi x)f(x)-(1-\cos \pi x)f'(x)}{\{f(x)\}^2} \qquad \cdots\cdots\ \text{㉠}$$

이때 $f(0)\neq 0$이면 $g'(0)=0$이고, 이는 조건 (가)에 모순이므로

$f(0)=0$이고 $g(0)=\dfrac{7}{128}\pi^2$　→ $x=0$일 때 $\sin \pi x=0$, $(1-\cos \pi x)=0$이야.

또한 함수 $g(x)$는 실수 전체의 집합에서 미분가능하므로 $x=0$에서 연속이다.

$$\lim_{x\to 0}g(x)=\frac{7}{128}\pi^2 \qquad \cdots\cdots\ \text{㉡}$$

$$\begin{aligned}\lim_{x\to 0}g(x)&=\lim_{x\to 0}\frac{1-\cos \pi x}{f(x)}\\ &=\lim_{x\to 0}\frac{(1-\cos \pi x)(1+\cos \pi x)}{f(x)(1+\cos \pi x)}\\ &=\lim_{x\to 0}\frac{\sin^2 \pi x}{f(x)(1+\cos \pi x)}\\ &=\lim_{x\to 0}\left\{\left(\frac{\sin \pi x}{\pi x}\right)^2\times\frac{(\pi x)^2}{f(x)}\times\frac{1}{1+\cos \pi x}\right\}\\ &=\frac{7}{128}\pi^2\end{aligned}$$

→ 사차함수 $f(x)$에 대하여 $\lim\limits_{x\to 0}\dfrac{(\pi x)^2}{f(x)}$의 값이 0이 아니어야 하고, 극한값이 존재하려면 함수 $f(x)$가 x^2을 인수로 가져야해.

이므로 최고차항의 계수가 1인 이차함수 $h(x)$에 대하여

$$f(x)=kx^2 h(x)\text{라 하자.} \qquad \cdots\cdots\ \text{㉢}$$

（단, k는 $k\neq 0$인 상수, $h(0)\neq 0$）

함수 $f(x)$는 $x=a$에서 극댓값을 가지므로 $f'(a)=0$

만약 $f(a)=0$이라 가정하면 ㉢에서 $f(x)=kx^2(x-a)^2$이 된다.

$k>0$이면 함수 $f(x)$는 $x=a$에서 극솟값을 가지므로 모순이며

→ 이 경우에 $f(a)=0$, $f'(a)=0$이 돼.

$k<0$이면 $f(1)\leq 0$이므로 $g(1)=\dfrac{2}{7}$라는 조건을 만족시키지 않는다.

→ $f(x)=kx^2(x-a)^2$에서 $x^2\geq 0$, $(x-a)^2\geq 0$이므로

따라서 $f(a)\neq 0$이다.　$k<0$이면 $f(x)\leq 0$이야. $f(1)\neq 0$이면 $g(1)=\dfrac{1-\cos \pi x}{f(x)}$에서

조건 (나)에서　$g(1)=\dfrac{2}{f(1)}<0$이므로 $\dfrac{2}{f(1)}\neq\dfrac{2}{7}$, $f(1)=0$이면 $g(1)=\dfrac{7}{128}\pi^2\neq\dfrac{2}{7}$

함수 $g(x)$는 $x=a$에서 극값을 가지므로

㉠에 $x=a$를 대입하면　→ $g'(a)=0$

$$g'(a)=\frac{\pi \sin a\pi f(a)-(1-\cos a\pi)f'(a)}{\{f(a)\}^2}$$

→ 함수 $f(x)$는 $x=a$에서 극댓값을 가지므로 $f'(a)=0$이라고 앞에서 구했어.

$$\quad\ =\frac{\pi \sin a\pi f(a)}{\{f(a)\}^2}=0$$

$\sin a\pi=0$이므로

$\sin 2a\pi=0,\ \cos 2a\pi=1$　→ a는 정수야. $\qquad \cdots\cdots\ \text{㉣}$

㉠에 $x=2a$를 대입하면

$$g'(2a)=\frac{\pi \sin 2a\pi f(2a)-(1-\cos 2a\pi)f'(2a)}{\{f(2a)\}^2}$$

이때 $f(2a)\neq 0$이면 ㉣에 의하여 $g'(2a)=0$이 되어 조건 (가)에 모순이므로 $f(2a)=0$

㉢에서 $f(x)=kx^2(x-2a)(x-t)$라 하면

$f'(a)=ka^2(t-2a)=0$이므로 $t=2a$

$$\therefore\ f(x)=kx^2(x-2a)^2$$

Step 2 함수 $g(x)$를 구한 후 $g(-1)$의 값을 구한다.

함수 $f(x)$는 $x=a$에서 극댓값을 가지므로 $k>0$

$g(x)=\dfrac{1-\cos \pi x}{f(x)}$이고 $f(x)=kx^2(x-2a)^2$이므로 ㉡에서

→ $=1-\cos^2(\pi x)=\sin^2(\pi x)$

$$\begin{aligned}\lim_{x\to 0}\frac{1-\cos \pi x}{kx^2(x-2a)^2}&=\lim_{x\to 0}\frac{(1-\cos \pi x)(1+\cos \pi x)}{kx^2(x-2a)^2(1+\cos \pi x)}\\ &=\lim_{x\to 0}\frac{\sin^2 \pi x}{kx^2(x-2a)^2(1+\cos \pi x)}\\ &=\lim_{x\to 0}\left\{\frac{\sin^2 \pi x}{x^2}\times\frac{1}{k(x-2a)^2(1+\cos \pi x)}\right\}\\ &=\frac{\pi^2}{8ka^2}=\frac{7}{128}\pi^2\end{aligned}$$

→ π^2으로 수렴　→ 2로 수렴

$$ka^2=\frac{16}{7},\ \frac{1}{k}=\frac{7a^2}{16} \qquad \cdots\cdots\ \text{㉤}$$

$g(1)=\dfrac{2}{7}$이므로 $k(1-2a)^2=7$

$$\frac{1}{k}=\frac{(1-2a)^2}{7} \qquad \cdots\cdots\ \text{㉥}$$

㉤, ㉥에서 $\dfrac{7a^2}{16}=\dfrac{(1-2a)^2}{7}$이므로

$a=\dfrac{4}{15}$ 또는 $a=4$

㉣에 의하여 $a=4$이므로

㉥에 $a=4$를 대입하면 $k=\dfrac{1}{7}$

$$g(x)=\begin{cases}\dfrac{7(1-\cos \pi x)}{x^2(x-8)^2} & (x\neq 0\text{이고 } x\neq 8)\\[2mm] \dfrac{7}{128}\pi^2 & (x=0 \text{ 또는 } x=8)\end{cases}$$

$g(-1)=\dfrac{14}{81}$이므로 $p=81$, $q=14$

$$\therefore\ p+q=95$$

→ $\dfrac{7\{1-\cos(-\pi)\}}{(-1)^2\times(-9)^2}=\dfrac{14}{81}$

168 [정답률 10%]　　　　　　　정답 29

> 최고차항의 계수가 1인 삼차함수 $f(x)$에 대하여 실수
> 전체의 집합에서 정의된 함수 $g(x)=f(\sin^2 \pi x)$가 다음
> 조건을 만족시킨다. ←$\sin^2 \pi x$의 값의 범위가
> 　　　　　　　　　　　0 이상 1 이하임에 유의해야 해.
>
> 　(가) $0<x<1$에서 함수 $g(x)$가 극대가 되는 x의 개수가
> 　　　3이고, 이때 극댓값이 모두 동일하다. → $g'(x)=0$임에 유의!
> 　(나) 함수 $g(x)$의 최댓값은 $\dfrac{1}{2}$이고 최솟값은 0이다.
>
> $f(2)=a+b\sqrt{2}$일 때, a^2+b^2의 값을 구하시오.
> 　　　　　　　　　　　　　(단, a와 b는 유리수이다.) (4점)

Step 1 함수 $g(x)$가 $x=\dfrac{1}{2}$에서 극대가 됨을 파악한다.

함수 $y=\sin^2 \pi x$의 그래프는 다음 그림과 같이 직선 $x=\dfrac{1}{2}$에 대하
여 대칭이다. 　함수 $y=\sin x$의 그래프가 직선 $x=\dfrac{\pi}{2}$에 대하여 ←
　　　　　　　　대칭임을 알면 쉽게 생각해낼 수 있어.

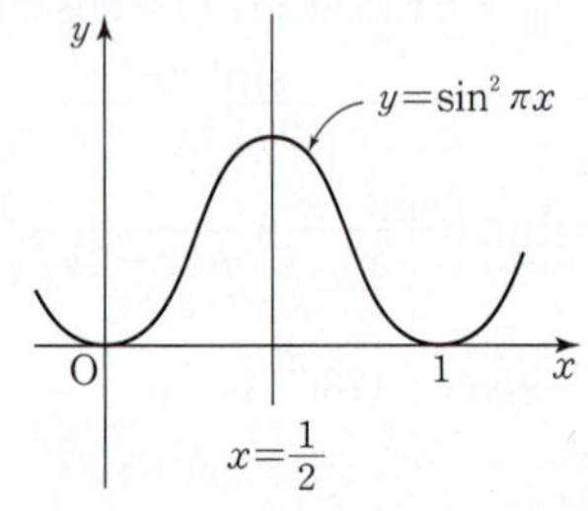

즉, 모든 실수 x에 대하여 $\sin^2 \pi x=\sin^2 \pi(1-x)$가 성립한다.
이를 이용하면
$$g(1-x)=f(\sin^2 \pi(1-x))$$
$$=f(\sin^2 \pi x)$$
$$=g(x)$$

이므로 함수 $y=g(x)$의 그래프 또한 직선 $x=\dfrac{1}{2}$에 대하여 대칭임
을 알 수 있다.

$0<\alpha<\dfrac{1}{2}$인 실수 α에 대하여 함수 $g(x)$가 $x=\alpha$에서 극대이면 그
래프의 대칭성에 의하여 $x=1-\alpha$에서도 극대가 된다.

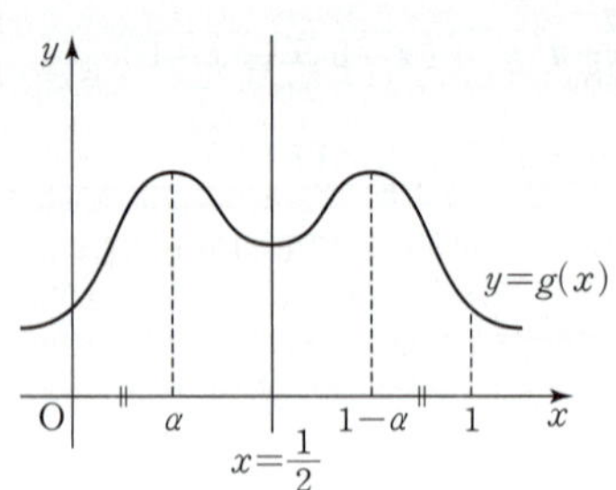

따라서 함수 $g(x)$가 $x=\dfrac{1}{2}$에서 극대가 되지 않으면 극대가 되는 x
의 개수가 짝수가 되어 조건 (가)를 만족시키지 않는다.
즉, 함수 $g(x)$는 $x=\dfrac{1}{2}$에서 극대이다. $0<x<\dfrac{1}{2}$에서, $\dfrac{1}{2}<x<1$에서 ←
　　　　　　　　　　　　　　　　　대칭으로 극댓값이 생기기 때문이다.

Step 2 함수 $f(x)$의 그래프의 개형을 파악한다.

함수 $g(x)=f(\sin^2 \pi x)$를 미분하면
$$g'(x)=f'(\sin^2 \pi x)\times(\sin^2 \pi x)'$$
$$=f'(\sin^2 \pi x)\times 2\sin \pi x\times\cos \pi x\times\pi \quad\cdots\cdots\ ㉠$$
　　　　　　　　　　　　　　　　　　└ $=(\sin \pi x)'$

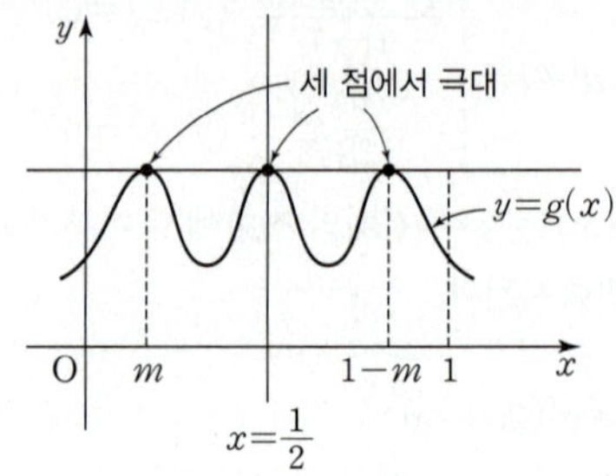

위 그림과 같이 $0<m<\dfrac{1}{2}$인 실수 m에 대하여 함수 $g(x)$가

$x=m,\ x=\dfrac{1}{2},\ x=1-m$인 세 점에서 극대가 된다고 하면
　　　　　→ 미분가능한 함수는 극값을 가질 때
$g'(m)=0$이어야 한다. 미분계수의 값이 0이어야 해.
이때 $\sin m\pi \neq 0,\ \cos m\pi \neq 0$이므로 ㉠에서
$f'(\sin^2 m\pi)=0$ └ $0<x<\dfrac{\pi}{2}$일 때 방정식 $\sin x=0,\cos x=0$의 해가 없음을 이용!
따라서 $0<k<1$인 실수 k에 대하여 $\sin^2 m\pi=k$라 하면
$f'(k)=0$ └ $0<x<\dfrac{\pi}{2}$에서 $0<\sin^2 x<1$임을 이용하면 돼. $\cdots\cdots$ ㉡
세 점에서의 극댓값이 모두 같음을 이용하면
$$g\left(\dfrac{1}{2}\right)=f\left(\sin^2 \dfrac{\pi}{2}\right)=f(1)$$이므로
　　　　　　　　　→ $g(m)=f(\sin^2 m\pi)=f(k)$
$$g(m)=g\left(\dfrac{1}{2}\right)$$에서 $f(k)=f(1)$ $\cdots\cdots$ ㉢

즉, 조건 ㉡, ㉢을 만족시키고 최고차항의 계수가 1인 삼차함수의
그래프를 그려보면 다음과 같다.

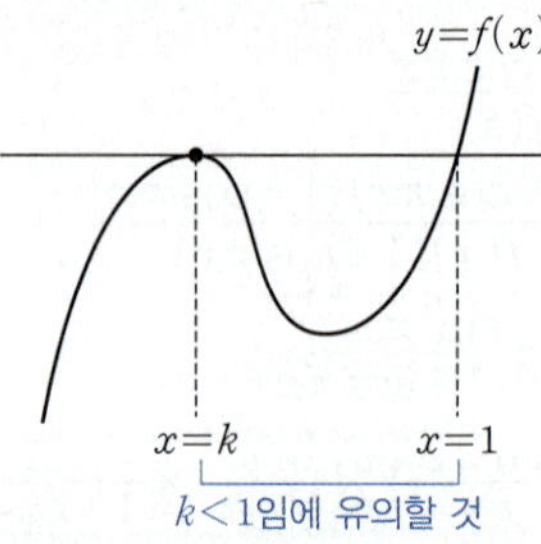

$k<1$임에 유의할 것

Step 3 $g(x)$의 최댓값을 이용하여 식을 세운다.

모든 실수 x에 대하여 $0\leq\sin^2 \pi x\leq 1$이므로 함수
$g(x)=f(\sin^2 \pi x)$의 함숫값의 범위는 구간 $[0,\ 1]$에서 함수 $f(x)$
가 갖는 함숫값의 범위와 같다.

이때 조건 (나)에서 $g(x)$의 최댓값이 $\dfrac{1}{2}$, 최솟값이 0이므로 구간

$[0,\ 1]$에서 $f(x)$의 최댓값과 최솟값이 각각 $\dfrac{1}{2}$, 0임을 알 수 있다.

따라서 그래프의 개형을 통해 $f(k)=f(1)=\dfrac{1}{2}$임을 알 수 있다.

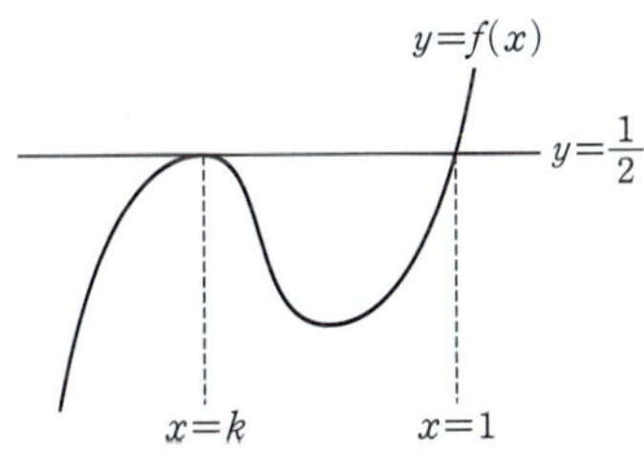

이를 이용하면 함수 $f(x)$의 식을 $f(x)=(x-k)^2(x-1)+\dfrac{1}{2}$과 같이 놓을 수 있다.

> $x=k$에서
> 직선 $y=\dfrac{1}{2}$에 접해.

Step 4 k의 값을 구한다.

이때 구간 $[0,\ 1]$에서 $f(x)$의 최솟값이 0이므로 경우를 나누어 확인해보면 다음과 같다.

(i) $f(x)$의 극솟값이 0일 때

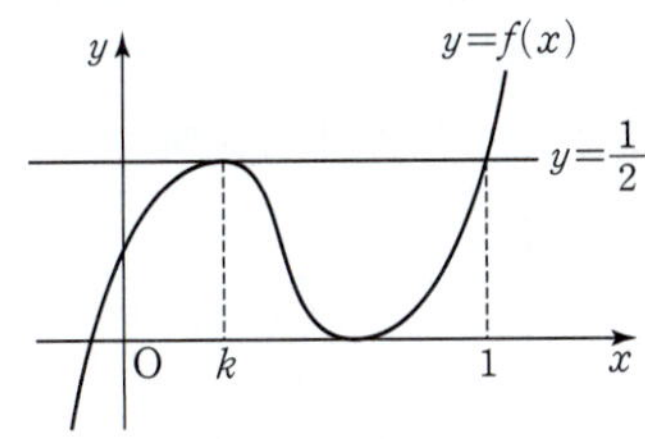

함수 $f(x)$를 미분하면
$$f'(x)=2(x-k)(x-1)+(x-k)^2$$
$$=(x-k)(2x-2+x-k)$$
$$=(x-k)(3x-2-k)$$
$$=3(x-k)\left(x-\dfrac{2+k}{3}\right)$$

즉, $f'(x)=0$에서 $x=k$ 또는 $x=\dfrac{2+k}{3}$이므로 함수 $f(x)$는

> 이때는 극대

$x=\dfrac{2+k}{3}$에서 극소이다.

이때 $f(x)$의 극솟값이 0이므로
$$f\left(\dfrac{2+k}{3}\right)=\left(\dfrac{2+k}{3}-k\right)^2\times\left(\dfrac{2+k}{3}-1\right)+\dfrac{1}{2}$$
$$=\left(\dfrac{2}{3}-\dfrac{2}{3}k\right)^2\times\left(\dfrac{k}{3}-\dfrac{1}{3}\right)+\dfrac{1}{2}$$

$=\left(\dfrac{2}{3}\right)^2\times(1-k)^2$ ←
$$=\dfrac{4}{9}\times(1-k)^2\times\dfrac{1}{3}\times(k-1)+\dfrac{1}{2}$$
$$=\dfrac{4}{27}(k-1)^3+\dfrac{1}{2}=0$$
$$(k-1)^3=-\dfrac{27}{8},\ k-1=-\dfrac{3}{2}$$
$$\therefore\ k=-\dfrac{1}{2}$$

이때 $k>0$에 모순이므로 조건을 만족시키는 함수는 존재하지 않는다.

> **Step 2**에서 $0<k<1$이라고 했어.

(ii) $f(0)=0$일 때

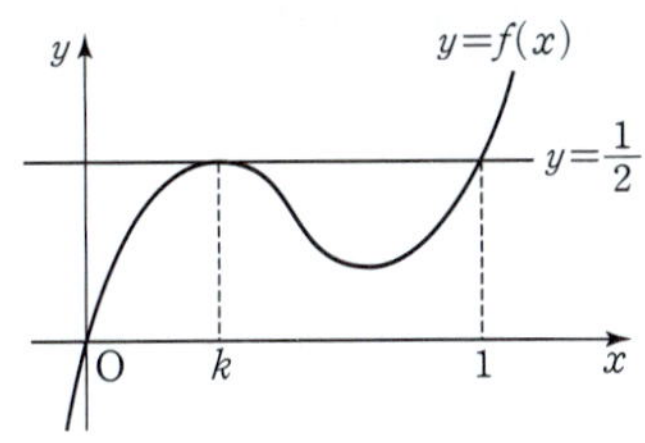

$$f(0)=(0-k)^2\times(0-1)+\dfrac{1}{2}$$
$$=-k^2+\dfrac{1}{2}=0$$

에서 $k^2=\dfrac{1}{2}$ $\quad\therefore\ k=\dfrac{\sqrt{2}}{2}\ (\because\ k>0)$

따라서 (i), (ii)에서 $k=\dfrac{\sqrt{2}}{2}$이다.

Step 5 $f(2)$의 값을 구한다.

함수 $f(x)$의 식을 구해보면
$$f(x)=\left(x-\dfrac{\sqrt{2}}{2}\right)^2(x-1)+\dfrac{1}{2}$$
$$\therefore\ f(2)=\left(2-\dfrac{\sqrt{2}}{2}\right)^2\times(2-1)+\dfrac{1}{2}$$
$$=\left(4-2\sqrt{2}+\dfrac{1}{2}\right)+\dfrac{1}{2}$$
$$=5-2\sqrt{2}$$

따라서 $a=5,\ b=-2$이므로 $a^2+b^2=5^2+(-2)^2=29$

---

169 [정답률 3%]   정답 331

> 함수 $f(x)$는 x가 정수인 점에서 미분가능하지 않아.

실수 전체의 집합에서 정의된 함수 $f(x)$는 $0\le x<3$일 때 $f(x)=|x-1|+|x-2|$이고, 모든 실수 x에 대하여 $f(x+3)=f(x)$를 만족시킨다. 함수 $g(x)$를

> 우극한임에 주의!

> **주의** $f'(2^x)$ 이라고 착각하면 안 돼!

$$g(x)=\lim_{h\to 0+}\left|\dfrac{f(2^{x+h})-f(2^x)}{h}\right|$$

이라 하자. 함수 $g(x)$가 $x=a$에서 불연속인 a의 값 중에서 열린구간 $(-5,\ 5)$에 속하는 모든 값을 작은 수부터 크기순으로 나열한 것을 $a_1,\ a_2,\ \cdots,\ a_n$(n은 자연수)라 할 때, $n+\displaystyle\sum_{k=1}^{n}\dfrac{g(a_k)}{\ln 2}$의 값을 구하시오. (4점)

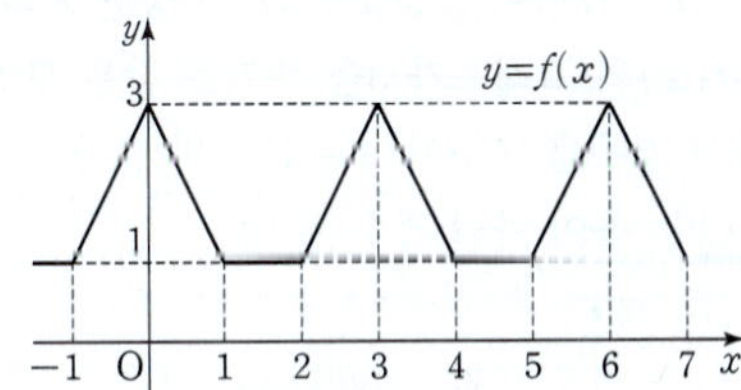

Step 1 $g(x)$가 의미하는 것이 무엇인지 파악한다.

함수 $p(x)$를 $p(x)=2^x$이라 하면 $f(2^x)=f(p(x))$이므로 함수 $g(x)$의 식을
$$g(x)=\lim_{h\to 0+}\left|\dfrac{f(2^{x+h})-f(2^x)}{h}\right|$$

> $f(2^x)$에 x 대신 $x+h$가 들어간 꼴이라고 생각하면 돼.

$$=\lim_{h\to 0+}\left|\dfrac{f(p(x+h))-f(p(x))}{h}\right|$$

와 같이 쓸 수 있다.

즉, 함수 $g(x)$의 값은 합성함수 $f(p(x))$의 우미분계수의 절댓값과 같다.

> $h\to 0+$임을 통해 알 수 있어.

Step 2 함수 $g(x)$가 불연속이 될 조건을 파악한다.

함수 $g(x)$의 식을 정리하면

$$g(x)$$
$$= \lim_{h \to 0+} \left| \frac{f(p(x+h)) - f(p(x))}{h} \right|$$

분모, 분자에 $p(x+h) - p(x)$를 한 번씩 곱해주었어.

$$= \lim_{h \to 0+} \left| \frac{f(p(x+h)) - f(p(x))}{p(x+h) - p(x)} \times \frac{p(x+h) - p(x)}{h} \right|$$

$$= \lim_{h \to 0+} \left| \frac{f(p(x+h)) - f(p(x))}{p(x+h) - p(x)} \right| \times \lim_{h \to 0+} \left| \frac{p(x+h) - p(x)}{h} \right|$$

$p'(x) = (2^x)' = 2^x \ln 2 > 0$이므로 이 극한은 $p'(x) = 2^x \ln 2$와 같아.

$$= \lim_{h \to 0+} \left| \frac{f(p(x+h)) - f(p(x))}{p(x+h) - p(x)} \right| \times 2^x \ln 2$$

이때 $p(x+h) - p(x) = m$이라 하면 $h \to 0+$일 때 $m \to 0+$이므로

$$g(x) = \lim_{m \to 0+} \left| \frac{f(p(x) + m) - f(p(x))}{m} \right| \times 2^x \ln 2$$

$h > 0$일 때 $2^{x+h} > 2^x$이니까 $p(x+h) - p(x) > 0$

$$= \lim_{m \to 0+} \left| \frac{f(2^x + m) - f(2^x)}{m} \right| \times 2^x \ln 2$$

모든 실수 x에서 연속!

즉, 함수 $g(x)$가 $x = a$에서 불연속인 a의 값에 대하여

$$\lim_{m \to 0+} \left| \frac{f(2^x + m) - f(2^x)}{m} \right|$$ 의 값이 불연속이어야 하므로

$$\lim_{m \to 0+} \frac{f(2^x + m) - f(2^x)}{m}$$ 의 값이 $x = a$를 기준으로 바뀌어야 한다.

따라서 함수 $f(x)$의 우미분계수가 $x = 2^a$을 기준으로 바뀌어야 한다.

Step 3 함수 $g(x)$가 $x = a$에서 불연속인 실수 a의 값을 구한다.

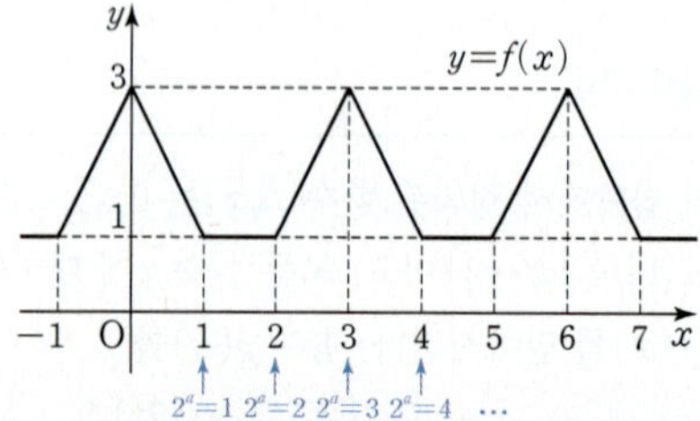

함수 $f(x)$의 우미분계수가 $x = 2^a$을 기준으로 바뀌려면 함수 $f(x)$가 $x = 2^a$에서 미분가능하지 않아야 한다.

이때 함수 $f(x)$는 x의 값이 정수인 점에서 미분가능하지 않으므로 2^a의 값이 정수가 되는 a에 대하여 $x = 2^a$에서 함수 $f(x)$가 미분가능하지 않다.

미분가능하면 (우미분계수) = (미분계수)가 되어 그 점을 중심으로 우미분계수의 값이 변하지 않게 돼.

또한, 모든 실수 a에 대하여 $2^a > 0$이므로 가능한 2^a의 값은 자연수이고, 함수 $y = f(x)$의 그래프가 3을 주기로 같은 모양이 반복되므로 2^a의 값에 따라 경우를 나누어 보면 다음과 같다.

$f(x+3) = f(x)$

(i) $2^a = 3k+1$ (k는 음이 아닌 정수)일 때

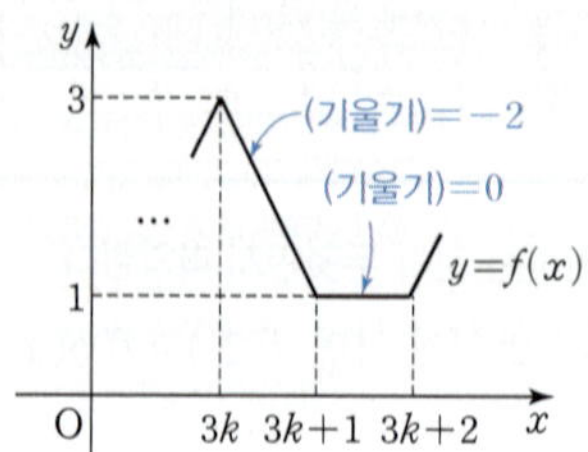

$$g(a) = \lim_{m \to 0+} \left| \frac{f(2^a + m) - f(2^a)}{m} \right| \times 2^a \ln 2$$
$$= 0 \times 2^a \ln 2 = 0$$

함수 $f(x)$의 $x = 3k+1$에서의 우미분계수의 절댓값

$$\lim_{x \to a+} g(x) = 0 \times 2^a \ln 2 = 0$$

$$\lim_{x \to a-} g(x) = |-2| \times 2^a \ln 2 = 2 \times 2^a \ln 2$$

따라서 함수 $g(x)$의 $x = a$에서의 극한값이 존재하지 않으므로

함수 $g(x)$는 $x = a$에서 불연속이다.

(ii) $2^a = 3k+2$ (k는 음이 아닌 정수)일 때

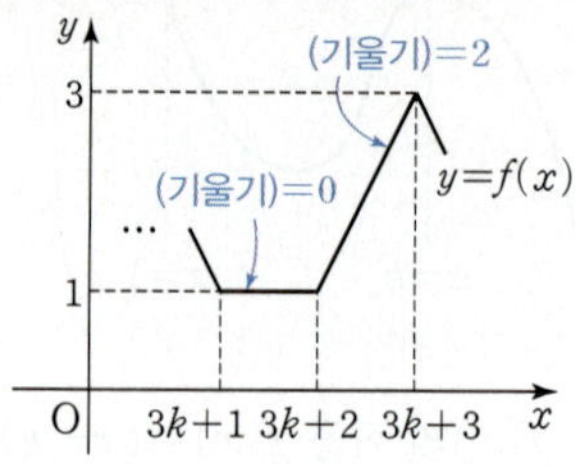

$$g(a) = \lim_{m \to 0+} \left| \frac{f(2^a + m) - f(2^a)}{m} \right| \times 2^a \ln 2$$
$$= |2| \times 2^a \ln 2 = 2 \times 2^a \ln 2$$

$$\lim_{x \to a+} g(x) = |2| \times 2^a \ln 2 = 2 \times 2^a \ln 2$$

$$\lim_{x \to a-} g(x) = 0 \times 2^a \ln 2 = 0$$

따라서 함수 $g(x)$의 $x = a$에서의 극한값이 존재하지 않으므로 함수 $g(x)$는 $x = a$에서 불연속이다.

(iii) $2^a = 3k+3$ (k는 음이 아닌 정수)일 때

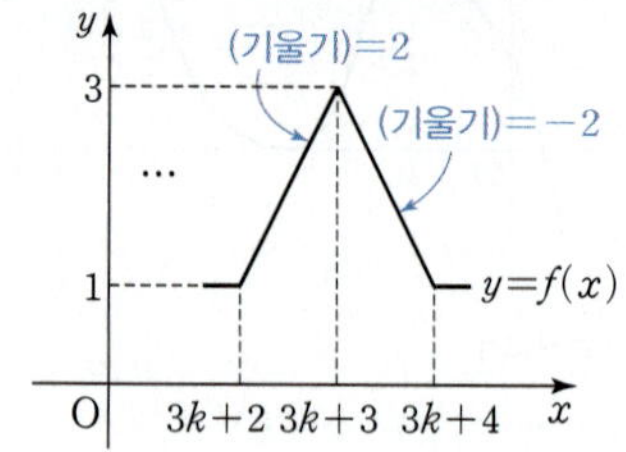

$$g(a) = \lim_{m \to 0+} \left| \frac{f(2^a + m) - f(2^a)}{m} \right| \times 2^a \ln 2$$
$$= |-2| \times 2^a \ln 2 = 2 \times 2^a \ln 2$$

$$\lim_{x \to a+} g(x) = |-2| \times 2^a \ln 2 = 2 \times 2^a \ln 2$$

$$\lim_{x \to a-} g(x) = |2| \times 2^a \ln 2 = 2 \times 2^a \ln 2$$

따라서 함수 $g(x)$의 $x = a$에서의 극한값과 함숫값이 같으므로 함수 $g(x)$는 $x = a$에서 연속이다.

즉, (i)~(iii)에서 함수 $g(x)$는 음이 아닌 정수 k에 대하여 $2^a = 3k+1$ 또는 $2^a = 3k+2$인 a의 값에서 불연속이다.

2^a이 3의 배수가 아닌 자연수를 의미해.

Step 4 $n + \sum_{k=1}^{n} \dfrac{g(a_k)}{\ln 2}$의 값을 구한다.

$-5 < a < 5$에서 $\dfrac{1}{32} < 2^a < 32$이고, 2^a의 값은 3의 배수가 아닌 자연수이므로 가능한 2^a의 값의 개수 n은

$$n = 31 - 10 = 21$$

문제에서 a가 열린구간 $(-5, 5)$에 속한다고 했어.

또한, $2^a = 3k+1$일 때 $g(a) = 0$,

$2^a = 3k+2$일 때 $g(a) = 2 \times 2^a \ln 2$이므로

$$\sum_{k=1}^{n} \frac{g(a_k)}{\ln 2}$$

$2^a = 4$일 때 $2^a = 5$일 때

$$= 0 + \frac{2 \times 2 \times \ln 2}{\ln 2} + 0 + \frac{2 \times 5 \times \ln 2}{\ln 2} + \cdots + 0 + \frac{2 \times 29 \times \ln 2}{\ln 2} + 0$$

$2^a = 1$일 때 $2^a = 2$일 때 $2^a = 28$일 때 $2^a = 31$일 때

$$= 2 \times (2 + 5 + 8 + \cdots + 26 + 29)$$

총 10개의 수의 합! $2^a = 29$일 때

$$= 2 \times \frac{10 \times 31}{2} = 310$$

$$\therefore n + \sum_{k=1}^{n} \frac{g(a_k)}{\ln 2} = 21 + 310 = 331$$

170

정답 9

함수 $f(x)=\dfrac{2x}{x+1}$의 그래프 위의 두 점 $(0,0)$, $(1,1)$에서의 접선을 각각 l, m이라 하자. 두 직선 l, m이 이루는 예각의 크기를 θ라 할 때, $12\tan\theta$의 값을 구하시오. (4점)

→ 함수 $y=f(x)$가 주어졌으니 l, m의 기울기는 각각 $f'(0)$, $f'(1)$의 값으로 구할 수 있어.

Step 1 두 접선 l, m의 기울기를 구한다.

$f(x)=\dfrac{2x}{x+1}$에서 → $\left\{\dfrac{f(x)}{g(x)}\right\}'=\dfrac{f'(x)g(x)-f(x)g'(x)}{\{g(x)\}^2}$ (단, $g(x)\neq0$)

$f'(x)=\dfrac{2(x+1)-2x}{(x+1)^2}=\dfrac{2}{(x+1)^2}$

두 접선 l, m이 x축의 양의 방향과 이루는 각의 크기를 각각 α, β라 하면

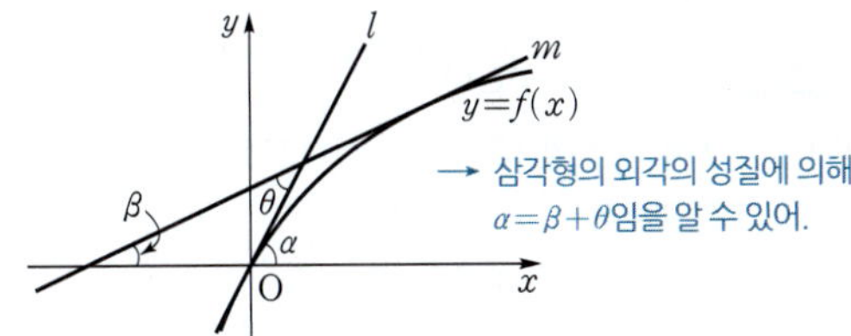

→ 삼각형의 외각의 성질에 의해 $\alpha=\beta+\theta$임을 알 수 있어.

$\tan\alpha=f'(0)=2$, $\tan\beta=f'(1)=\dfrac{1}{2}$

→ 직선이 x축의 양의 방향과 이루는 각의 크기가 β일 때, 직선의 기울기는 $\tan\beta$야.

Step 2 $\tan\theta$의 값을 구한다.

θ는 두 직선 l, m이 이루는 예각의 크기이므로

$\tan\theta=\tan(\alpha-\beta)=\dfrac{\tan\alpha-\tan\beta}{1+\tan\alpha\tan\beta}$ [암기]

$\quad=\dfrac{2-\dfrac{1}{2}}{1+2\times\dfrac{1}{2}}=\dfrac{3}{4}$

$\therefore\ 12\tan\theta=12\times\dfrac{3}{4}=9$

171

정답 ③

양의 실수 t와 상수 $k\,(k>0)$에 대하여 곡선 $y=(ax+b)e^{x-k}$이 직선 $y=tx$와 점 $(t,\ t^2)$에서 접하도록 하는 두 실수 a, b의 값을 각각 $f(t)$, $g(t)$라 하자. $f(k)=-6$일 때, $g'(k)$의 값은? (4점)

① -2　　② -1　　③ 0
④ 1　　⑤ 2

Step 1 점 $(t,\ t^2)$이 곡선 $y=(ax+b)e^{x-k}$ 위의 점임을 이용한다.

점 $(t,\ t^2)$은 곡선 $y=(ax+b)e^{x-k}$ 위의 점이므로

$t^2=(at+b)e^{t-k}$ $\quad$……㉠

Step 2 점 $(t,\ t^2)$에서의 접선의 방정식이 $y=tx$임을 이용한다.

곡선 $y=(ax+b)e^{x-k}$ 위의 점 $(t,\ t^2)$에서의 접선의 방정식이 $y=tx$이므로 $x=t$에서의 미분계수는 t이다.

$y=(ax+b)e^{x-k}$에서

$y'=ae^{x-k}+(ax+b)e^{x-k}=(ax+a+b)e^{x-k}$

$\therefore\ t=(at+a+b)e^{t-k}$ $\quad$……㉡

㉠, ㉡에서 $a=\dfrac{t-t^2}{e^{t-k}}$이고, ㉠을 정리하여 대입하면

→ ㉡$-$㉠에서 $ae^{t-k}=t-t^2$

$at+b=\dfrac{t^2}{e^{t-k}}$, $b=\dfrac{t^2}{e^{t-k}}-at=\dfrac{t^2-t^2+t^3}{e^{t-k}}=\dfrac{t^3}{e^{t-k}}$

Step 3 $f(t)$, $g(t)$의 식에서 k의 값과 $g'(k)$의 값을 구한다.

따라서 $f(t)=\dfrac{t-t^2}{e^{t-k}}$, $g(t)=\dfrac{t^3}{e^{t-k}}$이므로

$f(k)=k-k^2=-6$에서 $k^2-k-6=0$

$(k-3)(k+2)=0$ $\quad\therefore\ k=3\ (\because\ k>0)$

$g(t)=t^3e^{k-t}$에서 $g'(t)=3t^2e^{k-t}-t^3e^{k-t}=(3t^2-t^3)e^{k-t}$

$\therefore\ g'(k)=3k^2-k^3$

이때 $k=3$이므로 $g'(k)=g'(3)=3\times3^2-3^3=0$

172

정답 4

최고차항의 계수가 -2인 이차함수 $f(x)$와 두 실수 $a\,(a>0)$, b에 대하여 함수

$$g(x)=\begin{cases}\dfrac{f(x+1)}{x} & (x<0)\\[2mm] f(x)e^{x-a}+b & (x\geq0)\end{cases}$$

이 다음 조건을 만족시킨다.

(가) $\displaystyle\lim_{x\to0-}g(x)=2$이고 $g'(a)=-2$이다.

(나) $s<0\leq t$이면 $\dfrac{g(t)-g(s)}{t-s}\leq-2$이다.

$a+b$의 최솟값을 구하시오. (4점)

Step 1 조건 (가)를 이용하여 a의 값을 구한다.

$\displaystyle\lim_{x\to0-}g(x)=\lim_{x\to0-}\dfrac{f(x+1)}{x}=2$에서 $x\to0-$일 때, 극한값이 존재하고 (분모)$\to0$이므로 (분자)$\to0$이어야 한다.

즉, $\displaystyle\lim_{x\to0-}f(x+1)=0$에서 $f(1)=0$이므로

$\displaystyle\lim_{x\to0-}\dfrac{f(x+1)}{x}=\lim_{t\to1-}\dfrac{f(t)-f(1)}{t-1}=f'(1)=2$ → $x+1=t$에서 $x\to0-$일 때 $t\to1-$

$f(x)$는 최고차항의 계수가 -2인 이차함수이므로 $f(x)=-2x^2+mx+n\,(m,\ n$은 상수)이라 하자.

$f(1)=-2+m+n=0$ $\quad\therefore\ m+n=2$ $\quad$……㉠

$f'(x)=-4x+m$에서 $f'(1)=-4+m=2$ $\quad\therefore\ m=6$

㉠에 대입하면 $n=-4$

$\therefore\ f(x)=-2x^2+6x-4=-2(x-1)(x-2)$

Ⅱ 5. 도함수의 활용

이때 $f(x+1)=-2x(x-1)$이므로

함수 $g(x)=\begin{cases} -2x+2 & (x<0) \\ f(x)e^{x-a}+b & (x\geq 0) \end{cases}$에서

$g'(x)=\begin{cases} -2 & (x<0) \\ \{f(x)+f'(x)\}e^{x-a} & (x>0) \end{cases}$

$\therefore\ g'(a)=\{f(a)+f'(a)\}e^0=-2$ $=f'(x)e^{x-a}+f(x)e^{x-a}$

$-2a^2+6a-4-4a+6=-2$

$-2a^2+2a+4=0,\ -2(a^2-a-2)=0$ $a>0$이므로

$-2(a+1)(a-2)=0$ $\therefore\ a=2\ (\because\ a>0)$ $g'(x)=\{f(x)+f'(x)\}e^{x-a}$에 $x=a$ 대입

 조건 (나)를 만족시키는 $a-b$의 최솟값을 구한다.

함수 $y=f(x)e^{x-2}$의 그래프의 개형은 다음 그림과 같다.

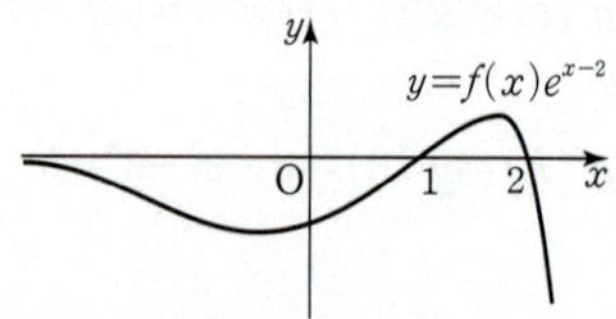

조건 (나)에 의하여 $s<0\leq t$이면 x의 값이 s에서 t까지 변할 때의 평균변화율이 -2 보다 작거나 같아야 하므로 오른쪽 그림과 같이 $x\geq 0$에서 함수 $g(x)$의 그래프가 직선 $y=-2x+2$보다 위에 있으면 조건 (나)를 만족시키지 않는다.

즉, 함수 $g(x)$의 그래프는 다음 그림과 같다.

두 점 $(s,g(s)),\ (t,g(t))$를 잇는 직선의 기울기가 -2 이하이다.

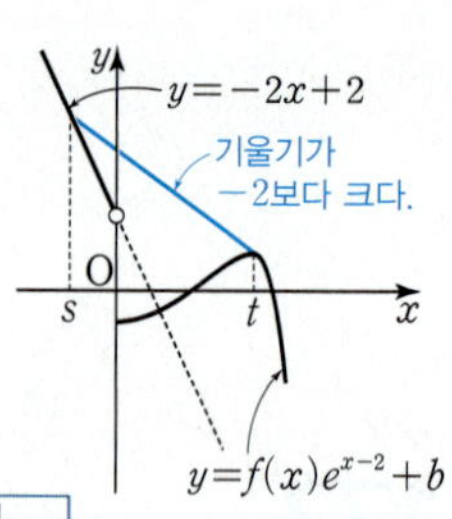

$x=s$에서 $x=t$까지의 평균변화율이 -2보다 크다.

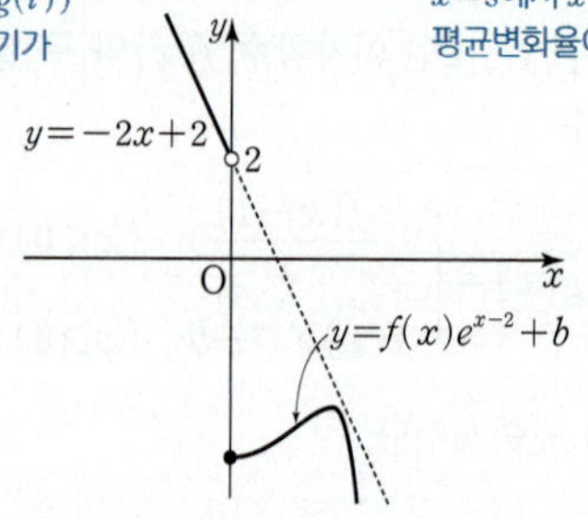

이때 조건 (나)를 만족시키고 함수 $y=f(x)e^{x-2}+b$의 그래프가 직선 $y=-2x+2$에 접할 때 b의 값이 최대가 된다.

조건 (가)에서 $g'(2)=-2$이므로 $x=2$에서 직선 $y=-2x+2$와 함수 $y=f(x)e^{x-2}+b$의 그래프가 접하고 그때의 함숫값은 -2 이므로

$g(2)=f(2)e^0+b=b=-2$ $\therefore\ b\leq -2$ $y=-2x+2$에 $x=2$ 대입 $=0$

따라서 $a-b\geq 4$이므로 $a-b$의 최솟값은 4이다.

$b\leq -2$에서 $-b\geq 2$이고 $a=2$이므로 $a-b\geq 4$

매개변수 $t(t>0)$으로 나타내어진 함수
$$x=t^3,\ y=2t-\sqrt{2t}$$
의 그래프 위의 점 $(8,\ a)$에서의 접선의 기울기는 b이다. $100ab$의 값을 구하시오. (3점)

$\dfrac{dy}{dx}=\dfrac{\frac{dy}{dt}}{\frac{dx}{dt}}$

 $\dfrac{dy}{dx}$를 구한다.

$x=t^3$에서 $\dfrac{dx}{dt}=3t^2$,

$y=2t-\sqrt{2t}$에서 $\dfrac{dy}{dt}=2-\dfrac{1}{\sqrt{2t}}$이므로

$\dfrac{dy}{dx}=\dfrac{\frac{dy}{dt}}{\frac{dx}{dt}}=\dfrac{2-\frac{1}{\sqrt{2t}}}{3t^2}$ $\cdots\cdots$ ㉠

$(\sqrt{2t})'=\{(2t)^{\frac{1}{2}}\}'=\dfrac{1}{2}\times(2t)^{-\frac{1}{2}}\times 2=\dfrac{1}{\sqrt{2t}}$

 $a,\ b$의 값을 구한다.   매개변수로 나타내어진 함수의 미분법을 이용

함수의 그래프가 점 $(8,\ a)$를 지나므로

$x=t^3$에서 $8=t^3$ $\therefore\ t=2$

이를 $y=2t-\sqrt{2t}$에 대입하면

$y=2\times 2-\sqrt{2\times 2}=4-2=2$ $\therefore\ a=2$

접선의 기울기를 구하기 위해 ㉠에 $t=2$를 대입하면

$\dfrac{dy}{dx}=\dfrac{2-\frac{1}{\sqrt{4}}}{3\times 2^2}=\dfrac{2-\frac{1}{2}}{12}=\dfrac{\frac{3}{2}}{12}=\dfrac{3}{24}=\dfrac{1}{8}$

$\therefore\ b=\dfrac{1}{8}$

$\therefore\ 100ab=100\times 2\times\dfrac{1}{8}=25$

💡 알아야 할 기본개념

매개변수로 나타내어진 함수의 미분법

매개변수로 나타내어진 함수 $x=f(t),\ y=g(t)$가 t에 대하여 미분가능하고 $f'(t)\neq 0$이면

$$\dfrac{dy}{dx}=\dfrac{\frac{dy}{dt}}{\frac{dx}{dt}}=\dfrac{g'(t)}{f'(t)}$$

174

정답 6

매개변수 t로 나타내어진 곡선
$$x=2\sqrt{2}\sin t+\sqrt{2}\cos t,\quad y=\sqrt{2}\sin t+2\sqrt{2}\cos t$$
가 있다. 이 곡선 위의 $t=\dfrac{\pi}{4}$에 대응하는 점에서의 접선의
y절편을 구하시오. (3점)

Step 1 $\dfrac{dx}{dt}$와 $\dfrac{dy}{dt}$를 각각 구한 후, $t=\dfrac{\pi}{4}$일 때 접선의 y절편을 구한다.

매개변수 t로 나타내어진 곡선
$x=2\sqrt{2}\sin t+\sqrt{2}\cos t,\ y=\sqrt{2}\sin t+2\sqrt{2}\cos t$에 대하여
$\dfrac{dx}{dt}=2\sqrt{2}\cos t-\sqrt{2}\sin t,\ \dfrac{dy}{dt}=\sqrt{2}\cos t-2\sqrt{2}\sin t$이다.

$t=\dfrac{\pi}{4}$일 때, $x=3,\ y=3,\ \dfrac{dx}{dt}=1,\ \dfrac{dy}{dt}=-1$이다.

따라서 접선의 방정식은 $y-3=-(x-3)$이므로
접선의 y절편은 6이다.

→ $y=-x+6$이므로 y절편은 6이야.

→ 점 $(3,3)$을 지나고 기울기가 $\dfrac{dy}{dx}=\dfrac{\ \frac{dy}{dt}\ }{\frac{dx}{dt}}=-1$인 직선의 방정식이야.

175

정답 ④

함수 $f(x)=xe^{2x}-(4x+a)e^x$이 $x=-\dfrac{1}{2}$에서 극댓값을
가질 때, $f(x)$의 극솟값은? (단, a는 상수이다.) (4점)

① $1-\ln 2$ ② $2-2\ln 2$ ③ $3-3\ln 2$

④ $4-4\ln 2$ ⑤ $5-5\ln 2$

Step 1 $f'\left(-\dfrac{1}{2}\right)=0$임을 이용하여 a의 값을 구한다.

함수 $f(x)=xe^{2x}-(4x+a)e^x$의 도함수를 구하면
$f'(x)=e^{2x}+2xe^{2x}-\{4e^x+(4x+a)e^x\}$
$\qquad=(2x+1)e^{2x}-(4x+a+4)e^x$

함수 $f(x)$는 $x=-\dfrac{1}{2}$에서 극댓값을 가지므로
$f'\left(-\dfrac{1}{2}\right)=-(2+a)e^{-\frac{1}{2}}=0 \qquad \therefore a=-2$

Step 2 함수 $f(x)$의 극솟값을 구한다.

$f'(x)=(2x+1)(e^{2x}-2e^x)=(2x+1)e^x(e^x-2)$이므로
함수 $f(x)$는 $x=\ln 2$에서 극솟값을 갖는다.
따라서 $f(x)=xe^{2x}-(4x-2)e^x$이므로
$f(\ln 2)=\ln 2\times e^{2\ln 2}-(4\ln 2-2)e^{\ln 2}$
$\qquad\qquad =4-4\ln 2$

→ $e^x>0$이므로 $e^x-2=0$이 되는 x의 값은 $x=\ln 2$야.

→ $e^{2\ln 2}=e^{\ln 4}=4,\ e^{\ln 2}=2$야.

176

정답 30

→ $y''=0$이 되는 x의 값을 찾아.

곡선 $y=\sin^2 x\,(0\le x\le\pi)$의 두 **변곡점**을 각각 A, B라 할 때,
점 A에서의 접선과 점 B에서의 접선이 만나는 점의 y좌표는
$p+q\pi$이다. $40(p+q)$의 값을 구하시오.
(단, $p,\ q$는 유리수이다.) (4점)

Step 1 함수 $y=\sin^2 x$의 이계도함수를 구한다.

→ 함수 $y=\sin^2 x$를 두 번 미분해.

$y=\sin^2 x$에서 $y'=2\sin x\cos x$
$\therefore y''=2\{\cos x\cos x+\sin x(-\sin x)\}$
$\qquad\quad =2(\cos^2 x-\sin^2 x)$
$\qquad\quad =2(1-2\sin^2 x)$

→ $\cos^2 x-\sin^2 x=(\sin^2 x+\cos^2 x)-2\sin^2 x=1-2\sin^2 x$

Step 2 곡선 $y=\sin^2 x$의 변곡점을 찾는다.

$y''=2(1-2\sin^2 x)=0$에서 $2\sin^2 x=1$
$\sin^2 x=\dfrac{1}{2}$
$\therefore \sin x=\pm\dfrac{1}{\sqrt{2}}$
$\therefore x=\dfrac{\pi}{4}$ 또는 $x=\dfrac{3}{4}\pi$ $(\because 0\le x\le\pi)$

→ 함수 $y=f(x)$에서 $f''(a)=0$이고, $x=a$의 좌우에서 $f''(x)$의 부호가 바뀌면 점 $(a,f(a))$를 곡선 $y=f(x)$의 변곡점이라고 해.

→ $x=\dfrac{\pi}{4}$의 좌우에서 y''의 부호는 $(+)\to(-)$ $x=\dfrac{3}{4}\pi$의 좌우에서 y''의 부호는 $(-)\to(+)$

따라서 곡선 $y=\sin^2 x$는 $x=\dfrac{\pi}{4},\ x=\dfrac{3}{4}\pi$의 좌우에서 y''의 부호가
바뀌고, 이때의 y의 값은 $y=\sin^2\dfrac{\pi}{4}=\dfrac{1}{2},\ y=\sin^2\dfrac{3}{4}\pi=\dfrac{1}{2}$이므로
변곡점은 $\left(\dfrac{\pi}{4},\ \dfrac{1}{2}\right),\ \left(\dfrac{3}{4}\pi,\ \dfrac{1}{2}\right)$이다.

Step 3 두 변곡점에서의 접선이 만나는 점의 y좌표를 구한다.

$y'=2\sin x\cos x$에 $x=\dfrac{\pi}{4}$를 대입하면
$y'=2\sin\dfrac{\pi}{4}\cos\dfrac{\pi}{4}=2\times\dfrac{\sqrt{2}}{2}\times\dfrac{\sqrt{2}}{2}=1$
이므로 변곡점 $\left(\dfrac{\pi}{4},\ \dfrac{1}{2}\right)$에서의 접선의 방정식은
$y=x-\dfrac{\pi}{4}+\dfrac{1}{2}$ $\cdots\cdots$ ㉠

→ 점 $\left(\dfrac{\pi}{4},\ \dfrac{1}{2}\right)$을 지나고 기울기가 1

$y'=2\sin x\cos x$에 $x=\dfrac{3}{4}\pi$를 대입하면
$y'=2\sin\dfrac{3}{4}\pi\cos\dfrac{3}{4}\pi=2\times\dfrac{\sqrt{2}}{2}\times\left(-\dfrac{\sqrt{2}}{2}\right)=-1$
이므로 변곡점 $\left(\dfrac{3}{4}\pi,\ \dfrac{1}{2}\right)$에서의 접선의 방정식은
$y=-x+\dfrac{3}{4}\pi+\dfrac{1}{2}$ $\cdots\cdots$ ㉡

→ 점 $\left(\dfrac{3}{4}\pi,\ \dfrac{1}{2}\right)$을 지나고 기울기가 -1

㉠+㉡을 하면 $2y=\dfrac{\pi}{2}+1$
$\therefore y=\dfrac{\pi}{4}+\dfrac{1}{2}$

따라서 두 접선이 만나는 점의
y좌표가 $\dfrac{\pi}{4}+\dfrac{1}{2}$이므로
$p=\dfrac{1}{2},\ q=\dfrac{1}{4}$
$\therefore 40(p+q)=40\left(\dfrac{1}{2}+\dfrac{1}{4}\right)$
$\qquad\qquad\quad =40\times\dfrac{3}{4}=30$

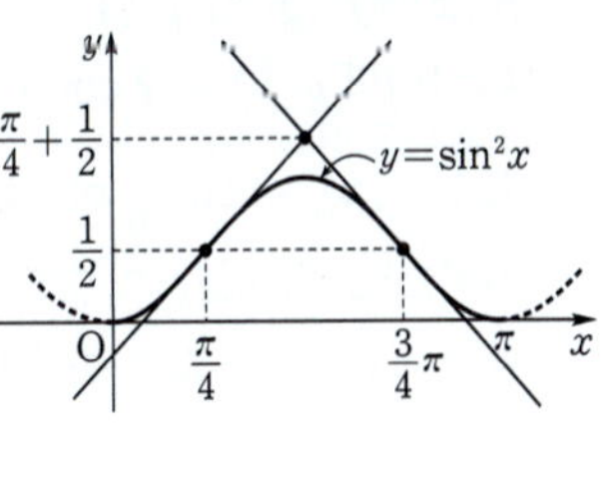

⭐ **다른 풀이** 함수 $y=\sin^2 x$를 배각공식을 이용하여 변형한 후 이계도함수를 구하는 풀이

Step 1 함수 $y=\sin^2 x$를 변형한 후 이계도함수를 구하고 변곡점을 찾는다.

$y=\sin^2 x=\dfrac{1-\cos 2x}{2}$이므로

$y'=\sin 2x,\ y''=2\cos 2x$

$\longrightarrow$ $\cos 2x=1-2\sin^2 x$이므로
$2\sin^2 x=1-\cos 2x$

$y''=2\cos 2x=0$에서 $\cos 2x=0$ $\therefore \sin^2 x=\dfrac{1-\cos 2x}{2}$

$\therefore x=\dfrac{\pi}{4}$ 또는 $x=\dfrac{3}{4}\pi\ (\because 0\le x\le\pi)$

(이하 동일)

177

정답 ⑤

두 함수

$$f(x)=4\sin\frac{\pi}{6}x,$$

$$g(x)=|2\cos kx+1|$$

이 있다. $0<x<2\pi$에서 정의된 함수

$$h(x)=(f\circ g)(x)$$

에 대하여 [보기]에서 옳은 것만을 있는 대로 고른 것은?
(단, k는 자연수이다.) (4점)

[보기]

ㄱ. $k=1$일 때, 함수 $h(x)$는 $x=\dfrac{2}{3}\pi$에서 미분가능하지 않다.

ㄴ. $k=2$일 때, 방정식 $h(x)=2$의 서로 다른 실근의 개수는 6이다.

ㄷ. 함수 $|h(x)-k|$가 $x=\alpha\ (0<\alpha<2\pi)$에서 미분가능하지 않은 실수 α의 개수를 a_k라 할 때, $\displaystyle\sum_{k=1}^{4}a_k=34$이다.

① ㄱ   ② ㄱ, ㄴ   ③ ㄱ, ㄷ
④ ㄴ, ㄷ   ⑤ ㄱ, ㄴ, ㄷ

Step 1 함수 $h(x)$의 미분계수가 존재하지 않는 점을 파악하여 ㄱ의 참, 거짓을 판별한다.

ㄱ. 함수 $h(x)=(f\circ g)(x)=f(g(x))$를 미분하면

$h'(x)=f'(g(x))g'(x)$

$k=1$이면 $g(x)=|2\cos x+1|$

함수 $f(x)=4\sin\dfrac{\pi}{6}x$는 실수 전체의 집합에서 미분가능한 함수이므로 $f'(g(x))$의 값은 항상 존재한다.

따라서 $g'(x)$의 값이 존재하지 않는 점, 즉 $g(x)$가 미분가능하지 않은 점에서 함수 $h(x)$가 미분가능하지 않다.

방정식 $2\cos x+1=0\ (0<x<2\pi)$에서

$2\cos x=-1,\ \cos x=-\dfrac{1}{2}$

$\therefore x=\dfrac{2}{3}\pi$ 또는 $x=\dfrac{4}{3}\pi$ $\longrightarrow$ $x=\dfrac{2}{3}\pi,\ x=\dfrac{4}{3}\pi$를 기준으로 $2\cos x+1$의 부호가 바뀌게 돼!

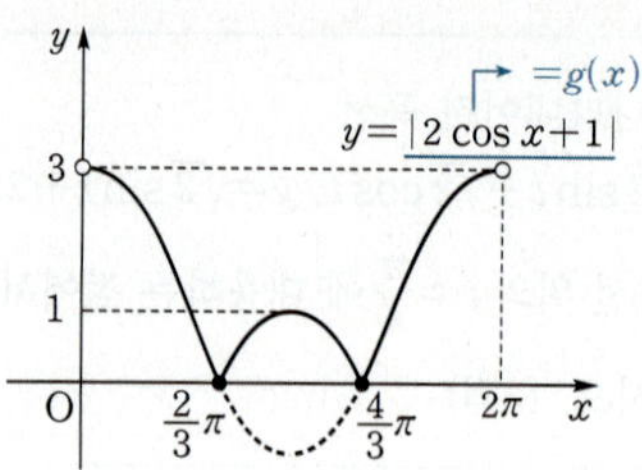

따라서 함수 $g(x)$는 $x=\dfrac{2}{3}\pi$, $x=\dfrac{4}{3}\pi$에서 미분가능하지 않으므로 함수 $h(x)$는 $x=\dfrac{2}{3}\pi$에서 미분가능하지 않다. (참)

Step 2 합성함수를 이용한 방정식의 실근의 개수를 구하여 ㄴ의 참, 거짓을 판별한다.

ㄴ. $k=2$일 때 $g(x)=|2\cos 2x+1|$

방정식 $h(x)=2$의 서로 다른 실근의 개수는 방정식 $f(g(x))=2$의 실근의 개수와 같다.

$f(g(x))=2$에서 $4\sin\left(\dfrac{\pi}{6}g(x)\right)=2$

$\sin\left(\dfrac{\pi}{6}g(x)\right)=\dfrac{1}{2}$ $\longrightarrow$ $\cos 2x$의 값이 -1과 1 사이의 값임을 이용하면 알 수 있어.

이때 $0<x<2\pi$에서 $0\le g(x)\le 3$이므로

$0\le\dfrac{\pi}{6}g(x)\le\dfrac{\pi}{2}$ $\longrightarrow$ $\sin\dfrac{\pi}{6}=\dfrac{1}{2}$이니까 $\dfrac{\pi}{6}g(x)$의 값이 $\dfrac{\pi}{6}$

따라서 방정식 $\sin\left(\dfrac{\pi}{6}g(x)\right)=\dfrac{1}{2}$을 풀면

$\dfrac{\pi}{6}g(x)=\dfrac{\pi}{6}$ $\therefore g(x)=1$

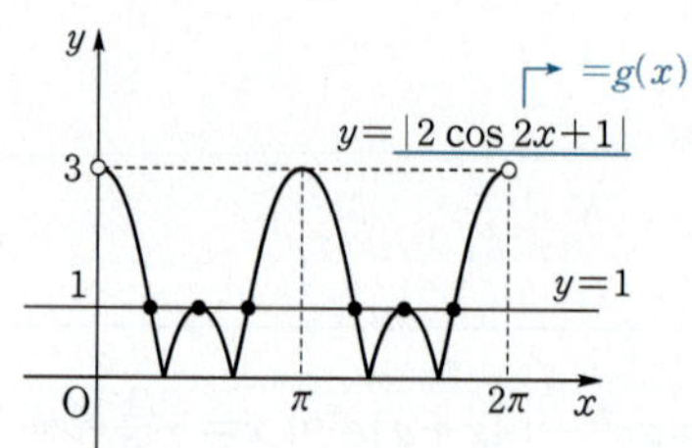

위 그림과 같이 함수 $g(x)=|2\cos 2x+1|$의 그래프와 직선 $y=1$의 교점의 개수는 6이므로 $k=2$일 때, 방정식 $h(x)=2$의 서로 다른 실근의 개수는 6이다. (참)

Step 3 각각의 함수가 미분가능하지 않은 점의 개수를 파악하여 ㄷ의 참, 거짓을 판별한다.

ㄷ. 함수 $|h(x)-k|$가 미분가능하지 않은 경우는

① 함수 $h(x)$가 미분가능하지 않을 때

② $h(x)$는 미분가능하지만 $|h(x)-k|$가 미분가능하지 않을 때

의 두 가지로 나누어 볼 수 있다.

먼저 ①의 경우 $h'(x)$의 값이 존재하지 않아야 하므로 $h'(x)=f'(g(x))g'(x)$에서 $g'(x)$의 값이 존재하지 않아야 한다.

또한 ②의 경우 $h'(x)$의 값이 존재하지만 $h(x)-k=0$이 되는 x의 값에 대하여 $h'(x)\ne 0$이 되어 함수 $y=|h(x)-k|$의 그래프가 그 점을 기준으로 꺾어 올려져야 한다.

따라서 각각의 k의 값에 대하여 미분가능하지 않은 경우를 파악해 보면 다음과 같다.

(i) $k=1$일 때

① 함수 $y=g(x)$의 그래프는 다음과 같으므로 함수 $g(x)$가 미분가능하지 않은 점의 개수는 2이다.

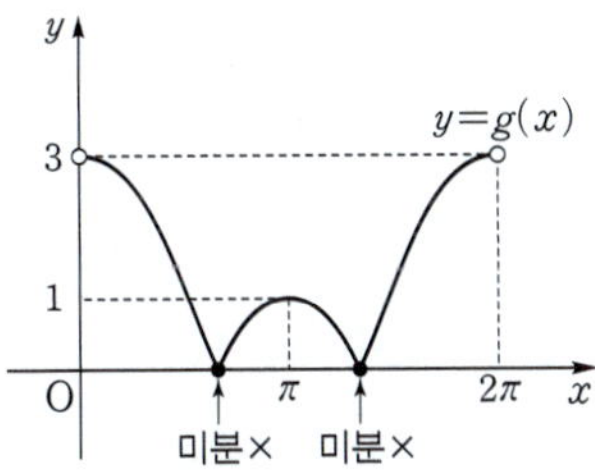

② $h(x)-1=0$에서 $h(x)=1$

$4\sin\left(\frac{\pi}{6}g(x)\right)=1$, $\sin\left(\frac{\pi}{6}g(x)\right)=\frac{1}{4}$

이때 $0\leq\frac{\pi}{6}g(x)<\frac{\pi}{2}$이므로 $\sin\alpha_1=\frac{1}{4}$이고 $0\leq\alpha_1<\frac{\pi}{2}$

인 α_1에 대하여 주어진 방정식의 해는 $\frac{\pi}{6}g(x)=\alpha_1$,

($0\leq g(x)<3$이므로)

즉 $g(x)=\frac{6}{\pi}\alpha_1$을 만족시키는 x의 값과 같다.

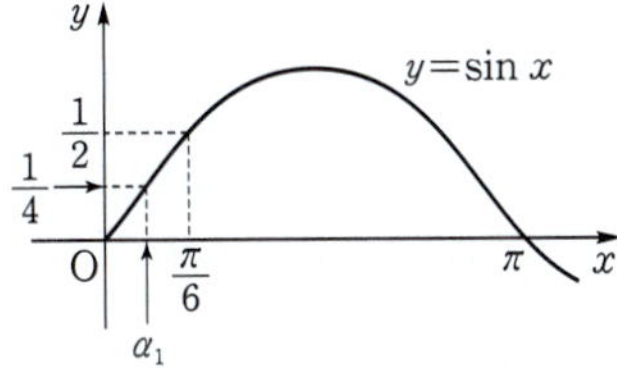

위 그림과 같이 $\alpha_1<\frac{\pi}{6}$이므로 $\frac{6}{\pi}\alpha_1<1$

($\sin\alpha_1<\sin\frac{\pi}{6}$임을 이용했어.)

따라서 방정식 $g(x)=\frac{6}{\pi}\alpha_1$의 해, 즉 함수 $y=g(x)$의 그래프와 직선 $y=\frac{6}{\pi}\alpha_1$의 교점의 x좌표를 작은 수부터 순서대로 β_1, β_2, …라 하면 다음과 같이 나타낼 수 있다.

($\frac{6}{\pi}\alpha_1<1$이니까 이 직선이 직선 $y=1$보다 아래에 있어야 해.)

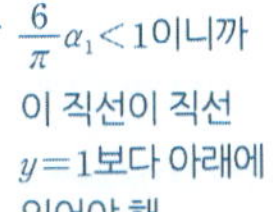
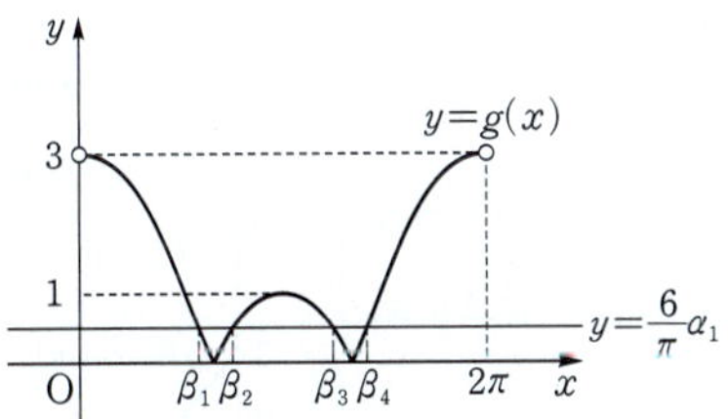

$x=\beta_i (i=1, 2, 3, 4)$에 대하여 $h'(x)\neq0$이므로 함수 $|h(x)-1|$은 $x=\beta_1$, β_2, β_3, β_4에서 미분가능하지 않다.

따라서 $k=1$일 때 함수 $|h(x)-1|$이 미분가능하지 않은 점의 개수는 $2+4=6$

∴ $a_1=6$

(ii) $k=2$일 때

① 함수 $y=g(x)$의 그래프는 다음과 같으므로 함수 $g(x)$가 미분가능하지 않은 점의 개수는 4이다.

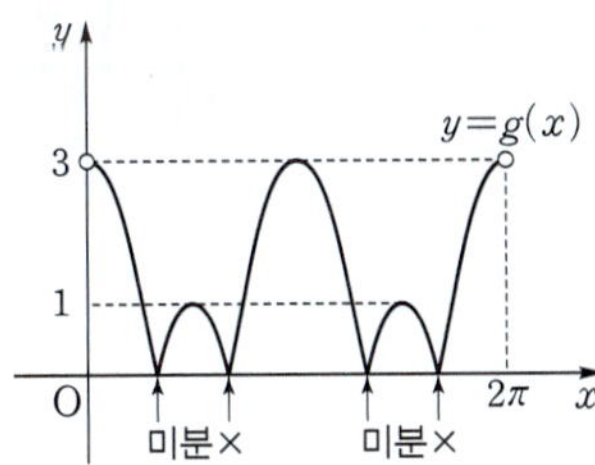

② $h(x)-2=0$에서 $h(x)=2$

$4\sin\left(\frac{\pi}{6}g(x)\right)=2$, $\sin\left(\frac{\pi}{6}g(x)\right)=\frac{1}{2}$

이때 $0\leq\frac{\pi}{6}g(x)\leq\frac{\pi}{2}$이므로

($0\leq g(x)\leq3$이므로)

$\frac{\pi}{6}g(x)=\frac{\pi}{6}$ ∴ $g(x)=1$

따라서 방정식 $g(x)=1$의 해, 즉 함수 $y=g(x)$의 그래프와 직선 $y=1$의 교점의 x좌표를 작은 수부터 순서대로 β_1, β_2, …라 하면 다음과 같이 나타낼 수 있다.

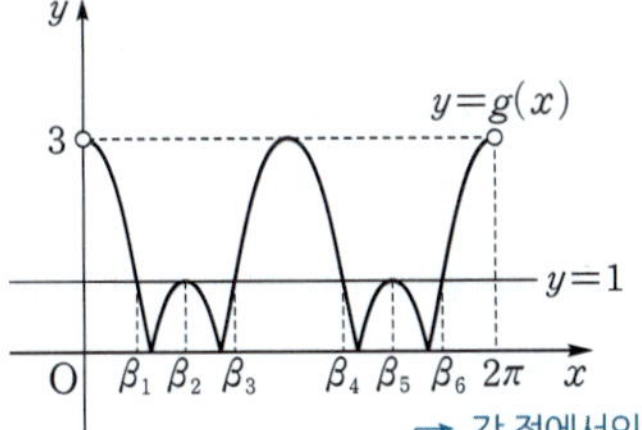

(각 점에서의 접선의 기울기가 0임을 이용!)

$x=\beta_2$, $x=\beta_5$일 때 $g'(\beta_2)=g'(\beta_5)=0$이 되어 $h'(\beta_2)=h'(\beta_5)=0$이므로 함수 $|h(x)-2|$는 $x=\beta_1$, β_3, β_4, β_6에서 미분가능하지 않다.

따라서 $k=2$일 때 함수 $|h(x)-2|$가 미분가능하지 않은 점의 개수는 $4+4=8$

∴ $a_2=8$

(iii) $k=3$일 때

① 함수 $y=g(x)$의 그래프는 다음과 같으므로 함수 $g(x)$가 미분가능하지 않은 점의 개수는 6이다.

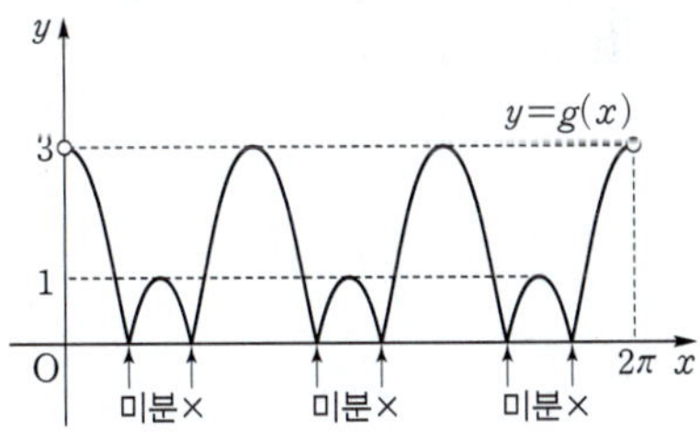

② $h(x)-3=0$에서 $h(x)=3$

$4\sin\left(\frac{\pi}{6}g(x)\right)=3$, $\sin\left(\frac{\pi}{6}g(x)\right)=\frac{3}{4}$

이때 $0\leq\frac{\pi}{6}g(x)\leq\frac{\pi}{2}$이므로 $\sin\alpha_2=\frac{3}{4}$이고 $0\leq\alpha_2\leq\frac{\pi}{2}$

인 α_2에 대하여 주어진 방정식의 해는 $\frac{\pi}{6}g(x)=\alpha_2$,

즉 $g(x)=\frac{6}{\pi}\alpha_2$를 만족시키는 x의 값과 같다.

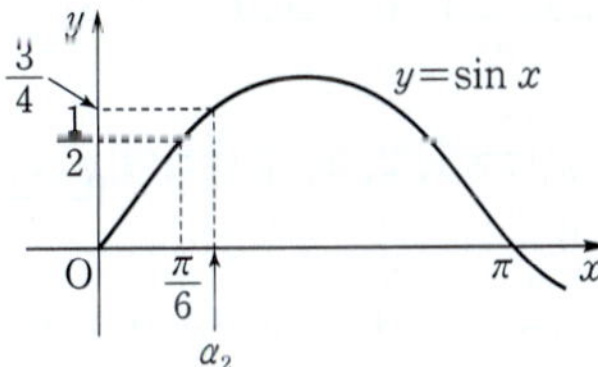

위 그림과 같이 $\frac{\pi}{6}<\alpha_2<\frac{\pi}{2}$이므로 $1<\frac{6}{\pi}\alpha_2<3$

따라서 방정식 $g(x)=\frac{6}{\pi}\alpha_2$의 해, 즉 함수 $y=g(x)$의 그래프와 직선 $y=\frac{6}{\pi}\alpha_2$의 교점의 x좌표를 작은 수부터 순서대로 β_1, β_2, …라 하면 다음과 같이 나타낼 수 있다.

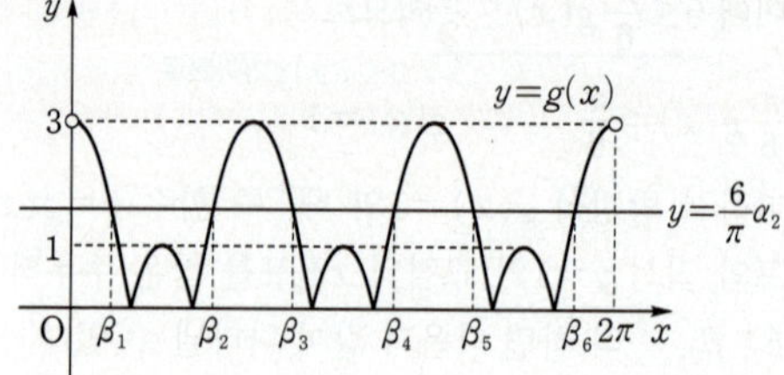

$x=\beta_i\,(i=1,\ 2,\ \cdots,\ 6)$에 대하여 $h'(x)\neq0$이므로 함수 $|h(x)-3|$은 $x=\beta_1,\ \beta_2,\ \beta_3,\ \beta_4,\ \beta_5,\ \beta_6$에서 미분가능하지 않다.

따라서 $k=3$일 때 함수 $|h(x)-3|$이 미분가능하지 않은 점의 개수는 $6+6=12$

$\therefore a_3=12$

(iv) $k=4$일 때

① 함수 $y=g(x)$의 그래프는 다음과 같으므로 함수 $g(x)$가 미분가능하지 않은 점의 개수는 8이다.

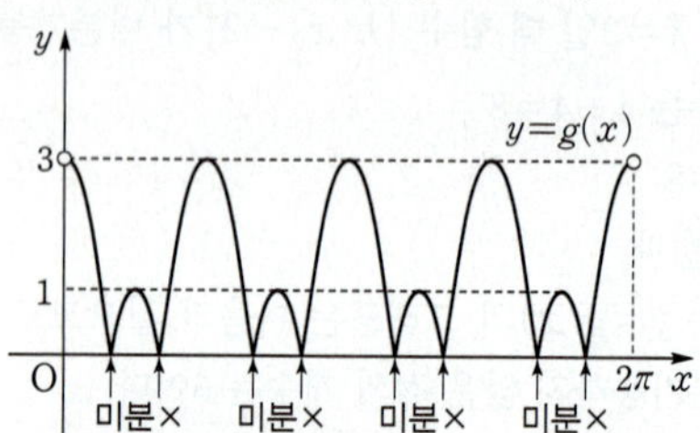

② $h(x)-4=0$에서 $h(x)=4$

$4\sin\left(\dfrac{\pi}{6}g(x)\right)=4,\ \sin\left(\dfrac{\pi}{6}g(x)\right)=1$

이때 $0\leq\dfrac{\pi}{6}g(x)\leq\dfrac{\pi}{2}$이므로

$\dfrac{\pi}{6}g(x)=\dfrac{\pi}{2}\qquad\therefore g(x)=3$

따라서 방정식 $g(x)=3$의 해, 즉 함수 $y=g(x)$의 그래프와 직선 $y=3$의 교점의 x좌표를 작은 수부터 순서대로 $\beta_1,\ \beta_2,\ \cdots$라 하면 다음과 같이 나타낼 수 있다.

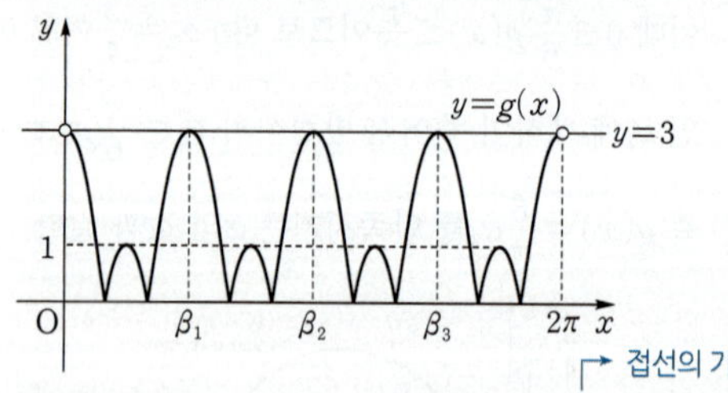

이때 $x=\beta_i\,(i=1,\ 2,\ 3)$에 대하여 $g'(\beta_i)=0$이므로 $h'(\beta_i)=0$

즉, 함수 $|h(x)-4|$가 $x=\beta_i$에서 미분가능하지 않도록 하는 β_i의 값은 존재하지 않는다.

따라서 $k=4$일 때 함수 $|h(x)-4|$가 미분가능하지 않은 점의 개수는 $8+0=8$

$\therefore a_4=8$

그러므로 (i)~(iv)에서 구하는 합은

$\displaystyle\sum_{k=1}^{4}a_k=6+8+12+8=34$ (참)

따라서 옳은 것은 ㄱ, ㄴ, ㄷ이다.

Step 1 삼각함수와 합성함수의 성질을 이용하여 [보기]의 참, 거짓을 판별한다.

ㄱ. $k=1$일 때

두 함수 $f(x)=4\sin\dfrac{\pi}{6}x$, $g(x)=|2\cos x+1|$에 대하여

$0<x<2\pi$에서 정의된 함수 $h_1(x)$는

$h_1(x)=(f\circ g)(x)=4\sin\left(\dfrac{\pi}{6}|2\cos x+1|\right)$

이므로 두 함수 $y=g(x)$와 $y=h_1(x)$의 그래프는 오른쪽 그림과 같다.

따라서 $g(x)=0$을 만족시키는 $x=\dfrac{2}{3}\pi$, $x=\dfrac{4}{3}\pi$에서

함수 $h_1(x)$는 미분가능하지 않다. (참)

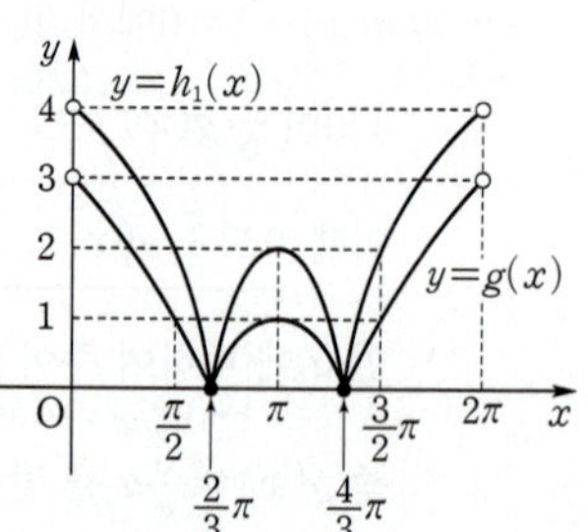

ㄴ. $k=2$일 때

$g(x)=|2\cos 2x+1|$이고,

$h_2(x)=4\sin\left(\dfrac{\pi}{6}g(x)\right)=2$에 대하여

→ $4\sin\left(\dfrac{\pi}{6}|2\cos 2x+1|\right)$

$\dfrac{\pi}{6}g(x)=\dfrac{\pi}{6}$ 또는 $\dfrac{\pi}{6}g(x)=\dfrac{5}{6}\pi$이고 $0\leq g(x)\leq3$이므로

$g(x)=1$　→ $2\cos 2x+1=1$ 또는 $2\cos 2x+1=-1$에서 $\cos 2x=0$ 또는 $\cos 2x=-1$

즉, $\cos 2x=0$ 또는 $\cos 2x=-1\,(0<x<2\pi)$이다.

따라서 $x=\dfrac{\pi}{4}$, $x=\dfrac{3}{4}\pi$, $x=\dfrac{5}{4}\pi$, $x=\dfrac{7}{4}\pi$ 또는 $x=\dfrac{\pi}{2}$,

$x=\dfrac{3}{2}\pi$이므로 방정식 $h_2(x)=2$의 서로 다른 실근의 개수는 6이다. (참)

ㄷ. $k=1$일 때

함수 $y=|h_1(x)-1|$의 그래프는 오른쪽 그림과 같으므로 $a_1=6$

$h_2(x)=h_1(2x)$이고,

함수 $y=h_2(x)$의 그래프는 오른쪽 그림과 같으므로 $a_2=8$

→ $h_2(x)=0$인 점 4개와 $h_2(x)=2$면서 $x=\dfrac{\pi}{2}$, $x=\dfrac{3}{2}\pi$인 점을 제외한 점 4개의 총 8개야.

위와 동일한 방법으로

$h_3(x)=h_1(3x)$이므로 $a_3=12$

→ $h_3(x)=0$인 점 6개와 $h_3(x)=3$인 점 6개의 총 12개야.

$h_4(x)=h_1(4x)$이므로 $a_4=8$

→ $h_4(x)=0$인 점 8개

$\therefore\displaystyle\sum_{k=1}^{4}a_k=6+8+12+8$

$=34$ (참)

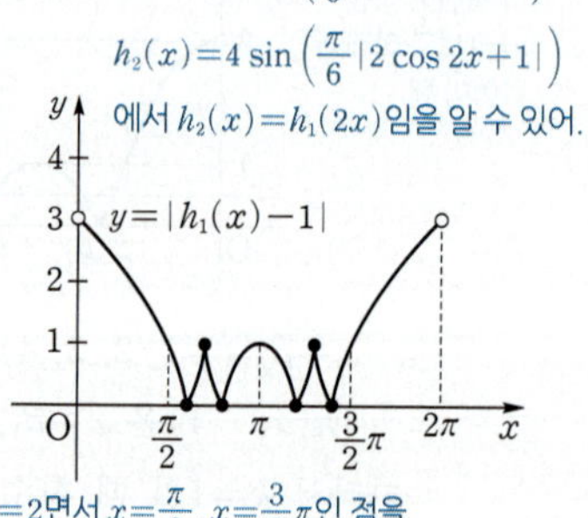

그러므로 옳은 것은 ㄱ, ㄴ, ㄷ이다.

178

정답 ③

좌표평면 위를 움직이는 점 P의 시각 $t\,(0<t<\pi)$에서의 위치 $P(x,\ y)$가

속도$=\left(\dfrac{dx}{dt},\ \dfrac{dy}{dt}\right)$임을 이용!

$$x=\cos t+2,\ y=3\sin t+1$$

이다. 시각 $t=\dfrac{\pi}{6}$에서 점 P의 속력은? (3점)

① $\sqrt{5}$ ② $\sqrt{6}$ ③ $\sqrt{7}$

④ $2\sqrt{2}$ ⑤ 3

Step 1 점 P의 속도를 구한다.

점 P의 시각 t에서의 위치 $P(x,\ y)$가

$x=\cos t+2,\ y=3\sin t+1$

이므로

$(\cos t)'=-\sin t$

$$\dfrac{dx}{dt}=-\sin t,\ \dfrac{dy}{dt}=3\cos t$$

따라서 점 P의 시각 t에서의 속도는

$(-\sin t,\ 3\cos t)$ $\left(\dfrac{dx}{dt},\ \dfrac{dy}{dt}\right)$

Step 2 $t=\dfrac{\pi}{6}$에서 점 P의 속력을 구한다.

점 P의 시각 $t=\dfrac{\pi}{6}$에서의 속도는

$\left(-\sin\dfrac{\pi}{6},\ 3\cos\dfrac{\pi}{6}\right)$, 즉 $\left(-\dfrac{1}{2},\ \dfrac{3\sqrt{3}}{2}\right)$

따라서 점 P의 시각 $t=\dfrac{\pi}{6}$에서의 속력은

속력의 크기

$$\sqrt{\left(-\dfrac{1}{2}\right)^2+\left(\dfrac{3\sqrt{3}}{2}\right)^2}=\sqrt{\dfrac{1}{4}+\dfrac{27}{4}}=\sqrt{7}$$

수능포인트

많은 학생들이 위치를 미분하면 속도, 속도를 미분하면 가속도인 것은 알고 있지만, 의외로 속력을 구하라고 하면 당황하는 경우가 있습니다. 이 문제를 풀다가 속력이 뭔지 몰라 고민했다면, 이번 기회에 **속도의 크기가 속력**임을 기억해두도록 합니다.

179

정답 15

두 실수 $a,\ b$에 대하여 x에 대한 방정식 $x^2+ax+b=0$의 두 근을 $\alpha,\ \beta$라 하자. $(\alpha-\beta)^2=\dfrac{34}{3}\pi$일 때,

함수 $f(x)=\sin(x^2+ax+b)$가 $x=c$에서 극값을 갖도록 하는 c의 값 중에서 열린구간 $(\alpha,\ \beta)$에 속하는 모든 값을 작은 수부터 크기순으로 나열한 것을 $c_1,\ c_2,\ \cdots,\ c_n$ (n은 자연수)라 하자. $(1-n)\times\displaystyle\sum_{k=1}^{n}f(c_k)$의 값을 구하시오. (단, $\alpha<\beta$) (4점)

Step 1 열린구간 $(\alpha,\ \beta)$에서 함수 $y=x^2+ax+b$의 값의 범위를 구한다.

방정식 $x^2+ax+b=0$의 두 근이 $\alpha,\ \beta$이므로 $x^2+ax+b=(x-\alpha)(x-\beta)$

$g(x)=x^2+ax+b$라 하면 함수 $g(x)$는

$x=\dfrac{\alpha+\beta}{2}$에서 극솟값을 갖고,

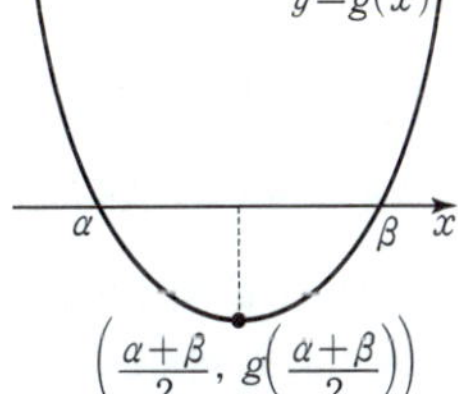

$$g\!\left(\dfrac{\alpha+\beta}{2}\right)=\dfrac{-\alpha+\beta}{2}\times\dfrac{\alpha-\beta}{2}$$

$g(x)=(x-\alpha)(x-\beta)$에 $x=\dfrac{\alpha+\beta}{2}$를 대입

$$=-\dfrac{1}{4}(\alpha-\beta)^2=-\dfrac{17}{6}\pi$$

$(\alpha-\beta)^2=\dfrac{34}{3}\pi$

따라서 $\alpha<x<\beta$일 때 $-\dfrac{17}{6}\pi\leq g(x)<0$이다.

Step 2 $\alpha<x<\beta$에서 함수 $f(x)$가 극값을 갖는 때를 확인한다.

$f(x)=\sin(x^2+ax+b)$에서 $f(x)=\sin(g(x))$

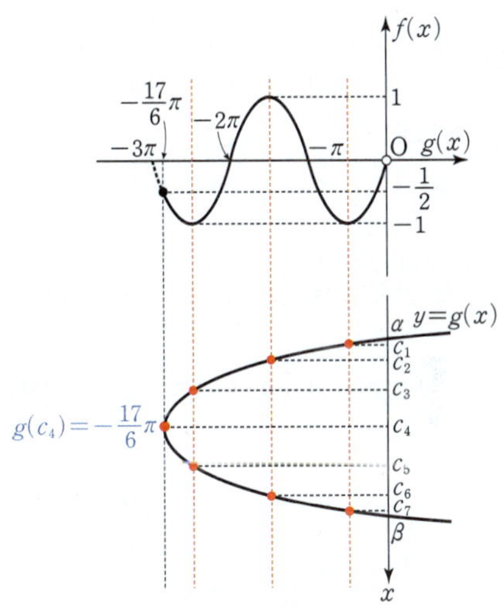

$-\dfrac{17}{6}\pi\leq g(x)<0$일 때 함수 $f(x)$가 극값을 갖는 경우는 위 그림과 같으므로 $n=7$

$$\sum_{k=1}^{7}f(c_k)=f(c_1)+f(c_2)+f(c_3)+f(c_4)+f(c_5)+f(c_6)+f(c_7)$$

$$=-1+1-1-\dfrac{1}{2}-1+1-1=-\dfrac{5}{2}$$

$f(c_4)=\sin\!\left(-\dfrac{17}{6}\pi\right)=-\dfrac{1}{2}$

$$\therefore (1-n)\times\sum_{k=1}^{n}f(c_k)=-6\times\left(-\dfrac{5}{2}\right)=15$$

180

정답 74

최고차항의 계수가 1이고 극값을 갖는 삼차함수 $f(x)$와 상수 $p\,(p>0)$에 대하여 함수

$$g(x)=\{\ln(|f(x)|+p)\}^2$$

이 다음 조건을 만족시킨다.

> (가) 함수 $g(x)$는 실수 전체의 집합에서 미분가능하고, $x=2$에서 극대이다.
> (나) x에 대한 방정식 $g'(x)=0$은 서로 다른 세 실근을 갖고, 이 세 실근은 크기 순서대로 공비가 2인 등비수열을 이룬다.

$g(p)>0$일 때, $f(p+5)$의 값을 구하시오. (4점)

Step 1 방정식 $g'(x)=0$이 서로 다른 세 실근을 가짐을 이용하여 p의 값을 구한다.

$g(x)=\{\ln(|f(x)|+p)\}^2$에서 $\quad\to$ $p>0$이므로 $|f(x)|+p>0$

$g'(x)=2\ln(|f(x)|+p)\times\dfrac{|f(x)|'}{|f(x)|+p}$

$g'(x)=0$일 때 $|f(x)|'=0$ 또는 $\ln(|f(x)|+p)=0$

조건 (나)에 의하여 방정식 $g'(x)=0$이 서로 다른 세 실근을 가지는데 $|f(x)|'=0$은 서로 다른 두 실근을 가지므로 방정식 $\ln(|f(x)|+p)=0$은 방정식 $|f(x)|'=0$의 두 실근과는 다른 하나의 실근을 가져야 한다. $\quad\to$ 함수 $f(x)$는 극값을 갖는 삼차함수

방정식 $|f(x)|'=0$의 실근은 삼차함수 $f(x)$가 극값을 갖는 x좌표이므로 방정식 $\ln(|f(x)|+p)=0$을 만족시키는 x의 값은 삼차함수 $f(x)$의 극대, 극소가 아닌 점의 x좌표이다.

$\ln(|f(x)|+p)=0$에서 $|f(x)|+p=1$

$\therefore |f(x)|=1-p \quad\to$ $|f(x)|\geq0$이므로 $1-p\geq0$ $\quad\therefore 0<p\leq1$

이때 함수 $y=|f(x)|$의 그래프와 직선 $y=1-p$의 극대, 극소가 아닌 교점이 하나이므로

$1-p=0 \quad\therefore p=1$ $\quad\to$ $p=1$일 때 함수 $g(x)$는 실수 전체의 집합에서 미분가능함을 확인할 수 있다. …… ㉠

$\quad\to$ $0<1-p<1$일 때, 직선 $y=1-p$와 함수 $y=|f(x)|$의 그래프의 교점은 두 개 이상이므로 교점이 하나인 경우는 $1-p=0$일 때 가능하다.

Step 2 $g(1)>0$을 만족시키는 함수 $y=f(x)$의 그래프의 개형을 알아낸다.

(i) 함수 $y=f(x)$의 그래프가 x축과 서로 다른 세 점에서 만나는 경우

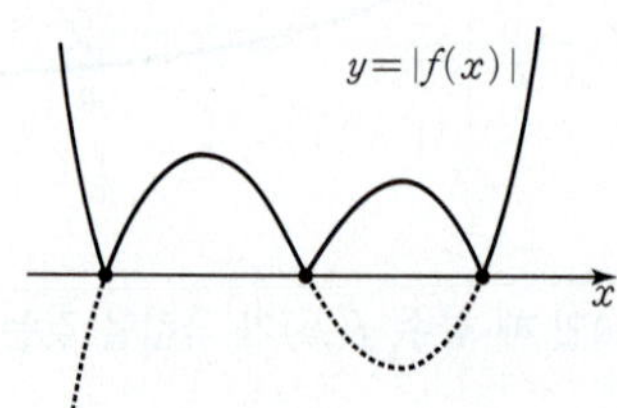

$\quad\to$ 방정식 $|f(x)|=0$은 $f(x)$가 극대, 극소일 때를 제외한 하나의 실근을 가져야 한다.

함수 $y=|f(x)|$의 그래프와 x축의 극대, 극소가 아닌 교점이 3개이므로 조건을 만족시키지 않는다.

(ii) 함수 $y=f(x)$의 그래프가 x축과 서로 다른 두 점에서 만나는 경우

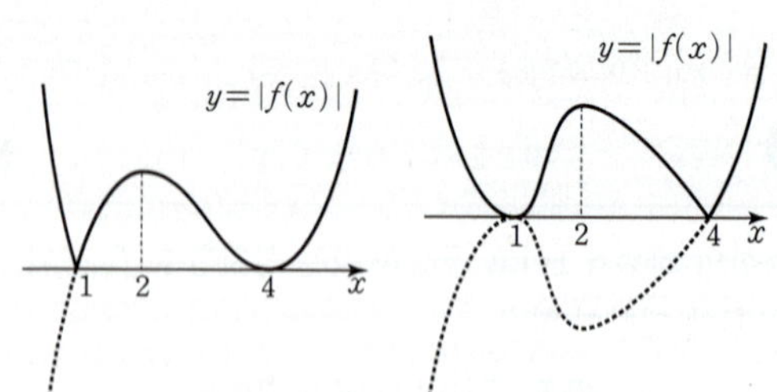

㉠에서 $|f(x)|+p\geq1$이므로 $\ln(|f(x)|+p)\geq0$ $\quad\to$ $=1$

따라서 함수 $g(x)$가 극댓값을 갖는 점의 x좌표는 함수 $|f(x)|$가 극댓값을 갖는 점의 x좌표와 같다.

조건 (가)에서 함수 $g(x)$가 $x=2$에서 극대이므로 함수 $|f(x)|$도 $x=2$에서 극대이다.

또한 조건 (나)에 의하여 방정식 $g'(x)=0$의 세 실근은 크기 순서대로 공비가 2인 등비수열을 이루므로 함수 $y=|f(x)|$의 그래프와 x축의 교점의 x좌표는 1, 4이다.

이때 문제의 조건 $g(1)>0$을 만족시키지 않는다.

(iii) 함수 $y=f(x)$의 그래프가 x축과 한 점에서 만나는 경우

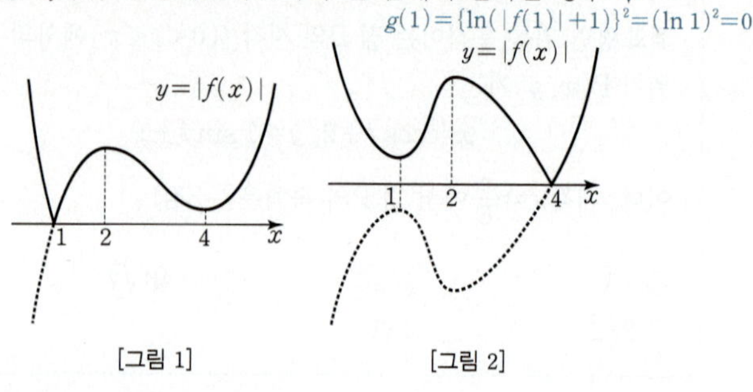

[그림 1]의 경우 (ii)와 마찬가지로 $g(1)>0$이라는 조건을 만족시키지 않는다.

[그림 2]의 경우 $|f(1)|>0$이므로 $g(1)>0$을 만족시킨다.

Step 3 $f(6)$의 값을 구한다.

(i)~(iii)에 의하여 함수 $f(x)$는 $x=1$에서 극대, $x=2$에서 극소이고 함수 $f(x)$의 최고차항의 계수가 1이므로 $\quad\to$ $f'(1)=f'(2)=0$

$f'(x)=3(x-1)(x-2)=3x^2-9x+6$

$f(x)=\displaystyle\int f'(x)dx=x^3-\dfrac{9}{2}x^2+6x+C$ (단, C는 적분상수)

이때 $f(4)=0$이므로

$64-72+24+C=0 \quad\therefore C=-16$

따라서 $f(x)=x^3-\dfrac{9}{2}x^2+6x-16$이므로

$f(p+5)=f(6)=216-162+36-16=74$

181

정답 64

최고차항의 계수가 1인 삼차함수 $f(x)$에 대하여 함수

$$g(x)=\begin{cases} f(x) & (0\leq x\leq2) \\ \dfrac{f(x)}{x-1} & (x<0 \text{ 또는 } x>2) \end{cases}$$

가 다음 조건을 만족시킨다.

> (가) 함수 $g(x)$는 실수 전체의 집합에서 연속이고, $g(2)\neq0$이다. $\quad\to$ $x=0$에서 연속이어야 해.
>
> (나) 함수 $g(x)$가 $x=a$에서 미분가능하지 않은 실수 a의 개수는 1이다.
>
> (다) $g(k)=0$, $g'(k)=\dfrac{16}{3}$인 실수 k가 존재한다.

함수 $g(x)$의 극솟값이 p일 때, p^2의 값을 구하시오. (4점)

Step 1 조건 (가)를 이용한다.

함수 $g(x)$가 $x=0$에서 연속이므로 $\quad\to$ $x=2$에서는 항상 연속이므로 고려하지 않아도 돼.

$\displaystyle\lim_{x\to0+}g(x)=\lim_{x\to0+}f(x)=f(0)$,

$\displaystyle\lim_{x\to0-}g(x)=\lim_{x\to0-}\dfrac{f(x)}{x-1}=-f(0)$, $g(0)=f(0)$

즉, $f(0)=-f(0)$이므로 $f(0)=0$ …… ㉠

또한 $g(2)=f(2)\neq0$ …… ㉡

Step 2 조건 (나)를 이용한다.

$$g'(x)=\begin{cases} f'(x) & (0<x<2) \\ \dfrac{f'(x)(x-1)-f(x)}{(x-1)^2} & (x<0 \text{ 또는 } x>2) \end{cases}$$

몫의 미분법 이용.

$\displaystyle\lim_{x\to2+}g'(x)=f'(2)-f(2)$, $\displaystyle\lim_{x\to2-}g'(x)=f'(2)$이고,

ⓒ에서 $f(2)\neq0$이므로 $\displaystyle\lim_{x\to2+}g'(x)\neq\lim_{x\to2-}g'(x)$

따라서 $g(x)$는 $x=2$에서 미분가능하지 않다. → 조건 (나)에서 $a=2$

즉, $g(x)$는 $x=0$에서 미분가능하고, → 미분가능하지 않은 점은 1개뿐이기 때문이야.

$\displaystyle\lim_{x\to0+}g'(x)=f'(0)$,

$\displaystyle\lim_{x\to0-}g'(x)=-f'(0)-f(0)=-f'(0)$ ($\because$ ㉠)

이므로 $f'(0)=0$ $\qquad\cdots\cdots$ ㉢

$\therefore g'(0)=0$ → $f'(0)=-f'(0)$

Step 3 조건 (다)를 이용한다.

$g(k)=0$이면 $f(k)=0$이고 ㉠, ㉢에서 $f(0)=0$, $f'(0)=0$

이므로 $f(x)=x^2(x-k)$ → $f(x)$는 최고차항의 계수가 1인 삼차함수라고 문제에서 주어졌어.

$f'(x)=2x(x-k)+x^2=3x^2-2kx$

(i) $0\leq k<2$일 때, → 곱의 미분법

$g(x)$는 $x=0$에서 미분가능하고 $x=2$에서 미분가능하지 않기 때문이야.

$$g'(k)=f'(k)=3k^2-2k^2=k^2=\frac{16}{3}$$

$0\leq k<2$를 만족시키는 k의 값은 존재하지 않는다. → $0\leq k^2<4$

(ii) $k<0$ 또는 $k>2$일 때,

$$g'(k)=\frac{f'(k)(k-1)-f(k)}{(k-1)^2}=\frac{k^2}{k-1}=\frac{16}{3}$$

$3k^2-16k+16=(3k-4)(k-4)=0$ → $f'(k)=k^2$, $f(k)=0$

$\therefore k=4$ → $k=\dfrac{4}{3}$는 $k<0$ 또는 $k>2$의 범위에 포함되지 않아.

따라서 $f(x)=x^2(x-4)$, $f'(x)=3x^2-8x$이다.

Step 4 함수 $g(x)$의 극솟값을 구한다.

$$g(x)=\begin{cases} x^2(x-4) & (0\leq x\leq2) \\ \dfrac{x^2(x-4)}{x-1} & (x<0 \text{ 또는 } x>2) \end{cases}$$

이므로 함수 $g(x)$의 그래프를 그려 보면 아래와 같다.

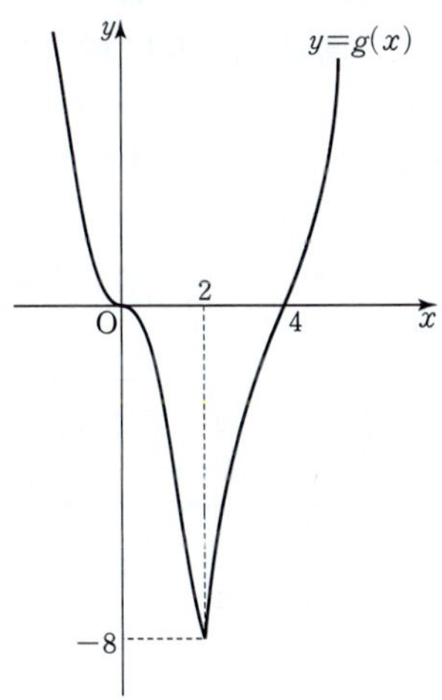

이때 $x=2$를 포함하는 열린구간에 속하는 모든 x에 대하여

$g(x)\geq g(2)$이므로 함수 $g(x)$는 $x=2$에서 극솟값을 갖는다.

따라서 $p=g(2)=f(2)=-8$이므로 $p^2=64$이다.

182
정답 ③

세 상수 $a,\ b,\ c\ (a>0,\ c>0)$에 대하여 함수

$$f(x)=\begin{cases} -ax^2+6ex+b & (x<c) \\ a(\ln x)^2-6\ln x & (x\geq c) \end{cases}$$

가 다음 조건을 만족시킨다.

> (가) 함수 $f(x)$는 실수 전체의 집합에서 연속이다.
> (나) 함수 $f(x)$의 역함수가 존재한다.

$f\left(\dfrac{1}{2e}\right)$의 값은? (4점)

→ $x=c$를 기준으로 함수 $f(x)$가 나눠져 있으므로 $x=c$에서 연속일 조건을 이용해야 해.

① $-4\left(e^2+\dfrac{1}{4e^2}\right)$ ② $-4\left(e^2-\dfrac{1}{4e^2}\right)$

③ $-3\left(e^2+\dfrac{1}{4e^2}\right)$ ④ $-3\left(e^2-\dfrac{1}{4e^2}\right)$

⑤ $-2\left(e^2+\dfrac{1}{4e^2}\right)$

Step 1 조건 (나)를 이용하여 c의 값의 범위를 구한다.

$x<c$일 때, $f(x)=-a\left(x-\dfrac{3e}{a}\right)^2+\dfrac{9e^2}{a}+b$이고 이차항의 계수가

음수이므로 위로 볼록하다. → 축의 방정식은 $x=\dfrac{3e}{a}$야.

조건 (나)에 의하여 함수 $f(x)$의 역함수가 존재하므로

→ 증가함수 또는 감소함수이어야 해. 즉, 기울기의 부호가 변하면 안 돼.

$$c\leq\frac{3e}{a} \qquad\cdots\cdots \text{㉠}$$

$x\geq c$일 때, $f(x)=a(\ln x)^2-6\ln x$에서 ($x>0$)

$f'(x)=2a\ln x\times\dfrac{1}{x}-\dfrac{6}{x}=\dfrac{2}{x}(a\ln x-3)$

→ 직선 $x=\dfrac{3e}{a}$를 기준으로 함수 $f(x)$가 증가하다가 감소하므로 직선 $x=c$가 직선 $x=\dfrac{3e}{a}$와 일치하거나 왼쪽에 있어야 해.

$f'(x)=0$에서 $x=e^{\frac{3}{a}}$

마찬가지로 함수 $f(x)$의 역함수가 존재해야 하므로

$$c\geq e^{\frac{3}{a}} \qquad\cdots\cdots \text{㉡}$$

→ $\dfrac{2}{x}\neq0$이므로

㉠, ㉡에 의하여 $e^{\frac{3}{a}}\leq c\leq\dfrac{3e}{a}$이다. $a\ln x-3=0$에서 $\ln x=\dfrac{3}{a}$ $\therefore x=e^{\frac{3}{a}}$

→ $c<e^{\frac{3}{a}}$이면 함수 $f(x)$의 기울기의 부호가 변해.

Step 2 두 함수 $y=e^t$, $y=et$의 그래프를 이용하여 $a,\ c$의 값을 각각 구한다.

→ 두 식에 공통으로 있는 $\dfrac{3}{a}$을 치환하면 식이 간단해질 거야.

$e^{\frac{3}{a}}\leq c\leq\dfrac{3}{a}e$에서 $\dfrac{3}{a}=t$로 치환하면

$$e^t\leq c\leq et$$

→ 두 곡선은 점 $(1,e)$에서 서로 접해.

이때 두 함수 $y=e^t$, $y=et$의 그래프가

오른쪽 그림과 같으므로 위 부등식을

만족시키는 경우는 $t=1$일 때뿐이다.

$t=\dfrac{3}{a}=1$ $\quad\therefore a=3$

→ 두 함수의 그래프가 서로 접할 때인 $t=1$을 제외하면 항상 $e^t>et$야.

즉, $e\leq c\leq e$에서 $c=e$

Step 3 조건 (가)를 이용하여 b의 값을 구한다.

조건 (가)에서 함수 $f(x)$는 실수 전체의 집합에서 연속이므로 $x=c$

에서도 연속이어야 한다. → (좌극한값) = (우극한값)

$\displaystyle\lim_{x\to c-}f(x)=\lim_{x\to e-}(-3x^2+6ex+b)=b+3e^2$

$\displaystyle\lim_{x\to c+}f(x)=\lim_{x\to e+}\{3(\ln x)^2-6\ln x\}=-3$ → $\ln e=1$

$b+3e^2=-3$에서 $b=-3e^2-3$

$$\therefore f\left(\frac{1}{2e}\right)=-3\times\left(\frac{1}{2e}\right)^2+6e\times\frac{1}{2e}-3e^2-3$$
$$=-3e^2-\frac{3}{4e^2}=-3\left(e^2+\frac{1}{4e^2}\right)$$

$\frac{1}{2e}<e$이므로 $x<c$일 때의 식에 대입해야 해

183

정답 49

함수 $f(x)=(x^3-a)e^x$과 실수 t에 대하여 방정식 $f(x)=t$의 실근의 개수를 $g(t)$라 하자. 함수 $g(t)$가 불연속인 점의 개수가 2가 되도록 하는 10 이하의 모든 자연수 a의 값의 합을 구하시오. (단, $\displaystyle\lim_{x\to-\infty}f(x)=0$) (4점)

Step 1 $f(x)$를 미분한 후, $y=x^3+3x^2-a$의 그래프의 개형을 파악한다.

$f(x)=(x^3-a)e^x$에서
$$f'(x)=(x^3-a)'e^x+(x^3-a)(e^x)'$$
$$=3x^2\times e^x+(x^3-a)\times e^x$$
$$=(x^3+3x^2-a)e^x$$

이때 $h(x)=x^3+3x^2-a$라 하면 $f'(x)=h(x)e^x$

$h(x)=x^3+3x^2-a$를 미분하면
$$h'(x)=3x^2+6x$$
$$=3x(x+2)$$

$h'(x)=0$에서 $x=-2$ 또는 $x=0$이므로
함수 $h(x)$의 증가와 감소를 표로 나타내면 다음과 같다.

x	$\cdots$	-2	$\cdots$	0	$\cdots$
$h'(x)$	$+$	0	$-$	0	$+$
$h(x)$	↗	극대	↘	극소	↗

따라서 함수 $y=h(x)$의 그래프의 개형은 다음 그림과 같다.

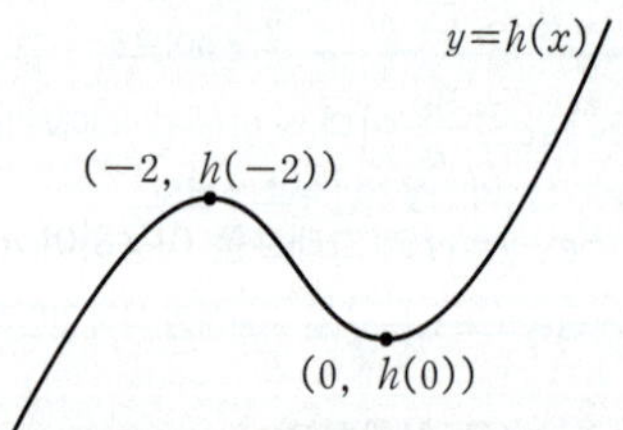

Step 2 함수 $y=h(x)$의 그래프가 x축과 서로 다른 세 점에서 만날 때 $y=f(x)$의 그래프의 개형을 그린 후 $y=f(x)$의 그래프와 직선 $y=t$의 교점의 개수를 구한다.

함수 $y=h(x)$의 그래프가 x축과
세 점에서 만나는 경우
함수 $y=h(x)$의 그래프가 x축과
$x=\alpha,\ \beta,\ \gamma\ (\alpha<\beta<\gamma)$인 점에서
만난다고 하자.
이때 $f'(x)=h(x)e^x$이고
$e^x>0$이므로 함수 $f(x)$의 증가
와 감소를 표로 나타내면 다음과 같다.

x	$\cdots$	α	$\cdots$	β	$\cdots$	γ	$\cdots$
$f'(x)$	$-$	0	$+$	0	$-$	0	$+$
$f(x)$	↘	극소	↗	극대	↘	극소	↗

$h(x)$의 부호와 같아.

이때 $f(x)=(x^3-a)e^x=0$에서
$$x^3-a=0$$
$$x^3=a$$
$$\therefore x=a^{\frac{1}{3}}$$

즉, $y=f(x)$의 그래프는 x축과 한 점에서 만나고,
$$\lim_{x\to-\infty}f(x)=0,\ \lim_{x\to\infty}f(x)=\infty$$
이므로 함수 $y=f(x)$의 그래프의 개형은 다음과 같다.

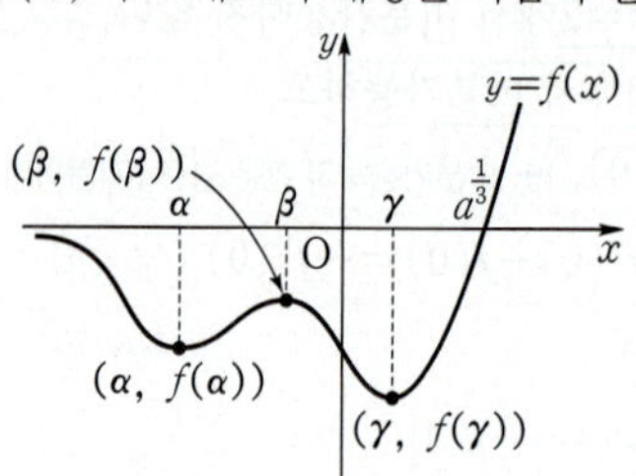

이때 $f(x)=t$의 실근의 개수 $g(t)$는 함수 $y=f(x)$의 그래프와 직선 $y=t$의 교점의 개수이다.

(i) $f(\alpha)<f(\gamma)$일 때

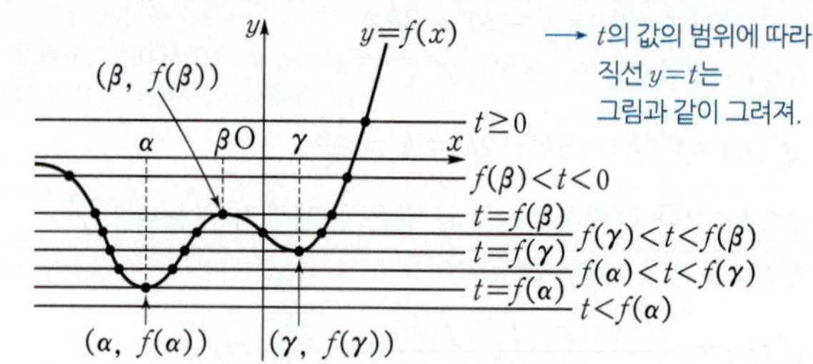

$$\therefore g(t)=\begin{cases}1 & (t\geq0)\\2 & (f(\beta)<t<0)\\3 & (t=f(\beta))\\4 & (f(\gamma)<t<f(\beta))\\3 & (t=f(\gamma))\\2 & (f(\alpha)<t<f(\gamma))\\1 & (t=f(\alpha))\\0 & (t<f(\alpha))\end{cases}$$

따라서 $g(t)$는 $t=0,\ t=f(\beta),\ t=f(\gamma),\ t=f(\alpha)$에서 불연속이므로 $g(t)$가 불연속인 점의 개수가 2가 될 수 없다.

(ii) $f(\alpha)>f(\gamma)$일 때
(i)과 마찬가지로 $g(t)$가 불연속인 점의 개수가 2가 될 수 없다.

(iii) $f(\alpha)=f(\gamma)$일 때

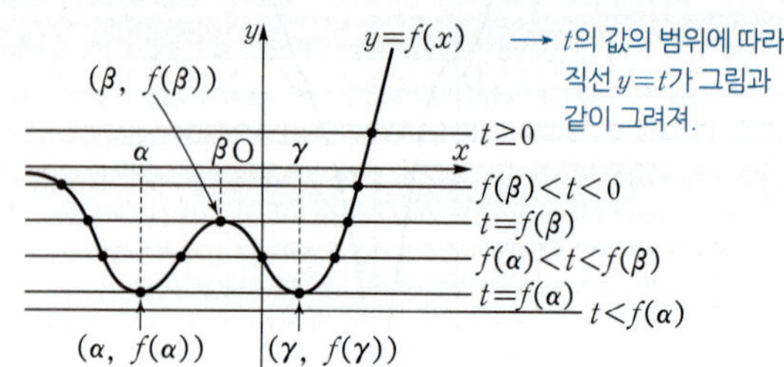

$$\therefore g(t)=\begin{cases}1 & (t\geq0)\\2 & (f(\beta)<t<0)\\3 & (t=f(\beta))\\4 & (f(\alpha)<t<f(\beta))\\2 & (t=f(\alpha))\\0 & (t<f(\alpha))\end{cases}$$

따라서 $g(t)$는 $t=0$, $t=f(\beta)$, $t=f(\alpha)$에서 불연속이므로
$g(t)$가 불연속인 점의 개수가 2가 될 수 없다.

(i)~(iii)에 의하여 함수 $y=h(x)$의 그래프가 x축과 서로 다른 세 점에서 만나는 경우 $g(t)$가 불연속인 점의 개수가 2가 될 수 없다.

Step 3 함수 $y=h(x)$의 그래프가 x축과 한 점 또는 서로 다른 두 점에서 만날 때 $y=f(x)$의 그래프의 개형을 그린 후, $y=f(x)$의 그래프와 직선 $y=t$의 교점의 개수를 구한다.

Step 2 에 의하여 함수 $y=h(x)$의 그래프는 x축과 한 점 또는 서로 다른 두 점에서 만나야 하므로 다음과 같이 4가지 경우가 가능하다.

㉠ $h(0)=0$인 경우　　　　㉡ $h(0)>0$인 경우

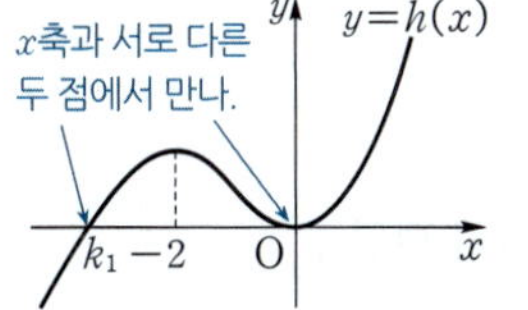
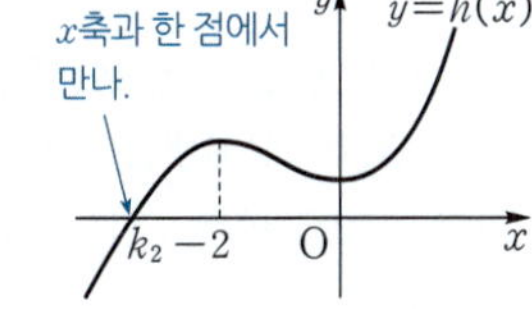

㉢ $h(-2)=0$인 경우　　　　㉣ $h(-2)<0$인 경우

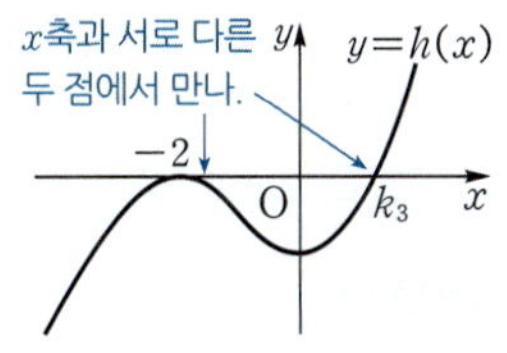
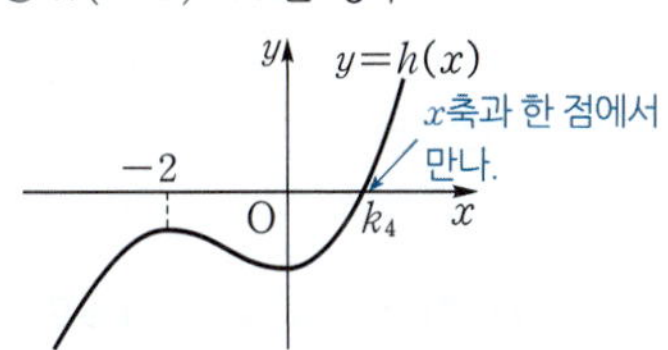

이때 $f'(x)=h(x)e^x$이고 $e^x>0$이므로 함수 $f(x)$의 증가와 감소를 표로 나타내면 다음과 같다.

x	$\cdots$	k_1	$\cdots$	0	$\cdots$
$f'(x)$	$-$	0	$+$	0	$+$
$f(x)$	$\searrow$	극소	$\nearrow$		$\nearrow$

㉠의 경우

x	$\cdots$	k_2	$\cdots$
$f'(x)$	$-$	0	$+$
$f(x)$	$\searrow$	극소	$\nearrow$

㉡의 경우

x	$\cdots$	-2	$\cdots$	k_3	$\cdots$
$f'(x)$	$-$	0	$-$	0	$+$
$f(x)$	$\searrow$		$\searrow$	극소	$\nearrow$

㉢의 경우

x	$\cdots$	k_4	$\cdots$
$f'(x)$	$-$	0	$+$
$f(x)$	$\searrow$	극소	$\nearrow$

㉣의 경우

$\lim\limits_{x \to -\infty} f(x)=0$, $\lim\limits_{x \to \infty} f(x)=\infty$이므로 함수 $y=f(x)$의 그래프의 개형은 다음과 같다. (단, $k=k_1$, k_2, k_3, k_4)

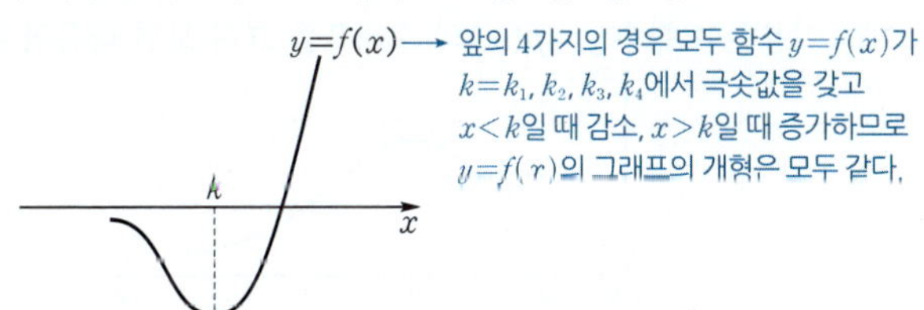

따라서 함수 $y=f(x)$의 그래프와 직선 $y=t$의 교점의 개수를 다음과 같이 구할 수 있다.

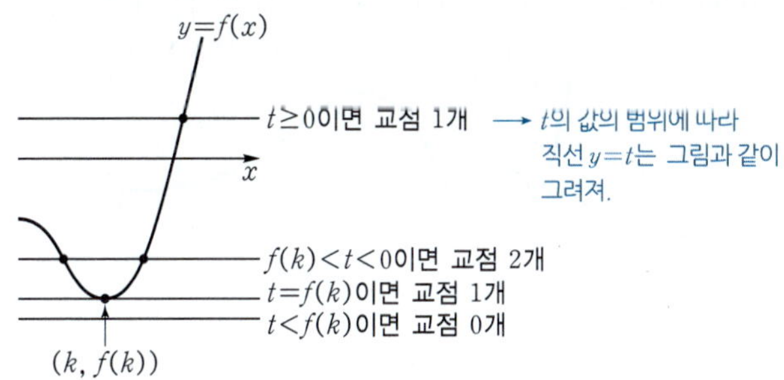

따라서 함수 $y=g(t)$의 그래프는 다음 그림과 같이 그려져 불연속인 점의 개수가 2이다.

그러므로 함수 $g(t)$가 불연속인 점의 개수가 2이기 위한 조건은
㉠, ㉡에서 $h(0)\geq0$
㉢, ㉣에서 $h(-2)\leq0$이므로
$h(0)\geq0$ 또는 $h(-2)\leq0$이다.

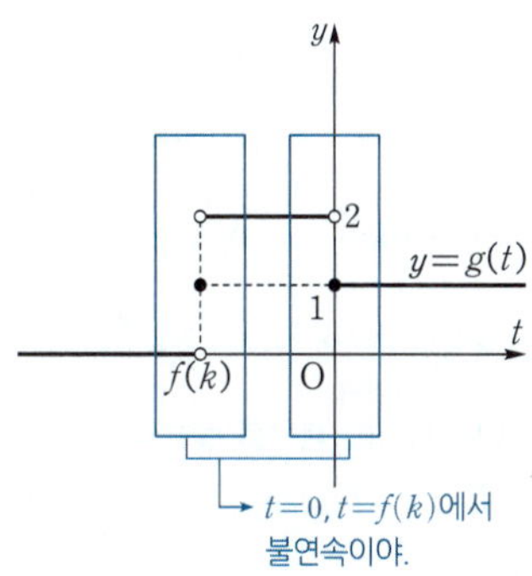

Step 4 $h(0)\geq0$ 또는 $h(-2)\leq0$을 만족하는 10 이하의 모든 자연수 a의 값의 합을 구한다.

$h(x)=x^3+3x^2-a$이므로
$h(0)=-a\geq0$에서 $a\leq0$
$h(-2)=(-2)^3+3\times(-2)^2-a$
$\qquad =-8+12-a=4-a\leq0$에서 $a\geq4$

따라서 $a\leq0$ 또는 $a\geq4$이다.
a는 10 이하의 자연수이므로 a의 값이 될 수 있는 수는
4, 5, 6, 7, 8, 9, 10이다.
따라서 조건을 만족시키는 모든 자연수 a의 값의 합은
$4+5+6+7+8+9+10=49$

184　　　정답 6

두 함수 $f(x)=x^2-ax+b\,(a>0)$, $g(x)=x^2e^{-\frac{x}{2}}$에 대하여 상수 k와 함수 $h(x)=(f \circ g)(x)$가 다음 조건을 만족시킨다.

(가) $h(0)<h(4)$

(나) 방정식 $|h(x)|=k$의 서로 다른 실근의 개수는 7이고, 그중 가장 큰 실근을 α라 할 때 함수 $h(x)$는 $x=\alpha$에서 극소이다.

$f(1)=-\dfrac{7}{32}$일 때, 두 상수 a, b에 대하여 $a+16b$의 값을 구하시오. $\left(\text{단, } \dfrac{5}{2}<e<3\text{이고, } \lim\limits_{x \to \infty} g(x)=0\text{이다.}\right)$ (4점)

Step 1 조건 (가)를 이용하여 a의 값의 범위를 구한다.

$g(0)=0$, $g(4)=16e^{-2}>0$이고,
조건 (가)에서 $h(0)<h(4)$이므로
$f(0)<f(16e^{-2})$
함수 $f(x)$는 이차항의 계수가 양수이고, 축의 방정식이 $x=\dfrac{a}{2}$이므로
$a<16e^{-2}$　　　…… ㉠

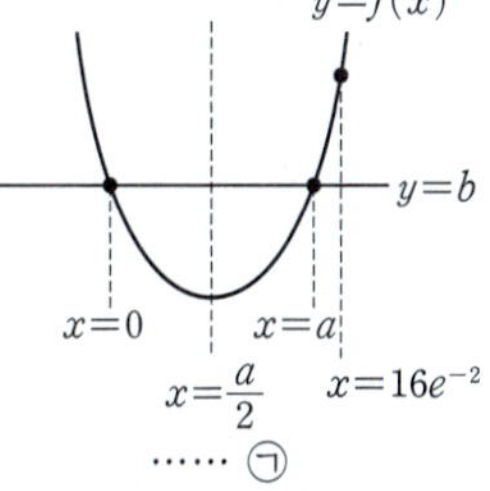

Step 2 함수 $g(x)$의 그래프의 개형을 그려본다.

$g(x)=x^2 e^{-\frac{x}{2}}$에서 $g'(x)=2xe^{-\frac{x}{2}}-\frac{1}{2}x^2 e^{-\frac{x}{2}}=\frac{1}{2}x(4-x)e^{-\frac{x}{2}}$

$g'(x)=0$일 때, $x=0$ 또는 $x=4$이므로 함수 $g(x)$의 증가와 감소를 표로 나타내면 다음과 같다.
→ 곱의 미분법

x	$\cdots$	0	$\cdots$	4	$\cdots$
$g'(x)$	$-$	0	$+$	0	$-$
$g(x)$	↘	0	↗	$16e^{-2}$	↘

$\lim\limits_{x\to\infty} g(x)=0$이므로

함수 $g(x)$의 그래프는 오른쪽 그림과 같다.
→ x가 무한대로 커질 때 함수 $g(x)$의 그래프는 x축에 한없이 가까워져.

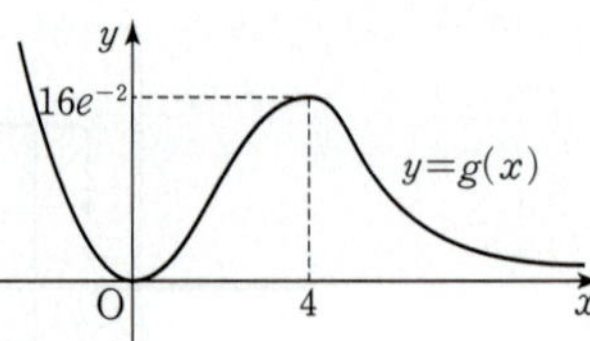

Step 3 조건 (나)를 만족시키는 경우를 찾는다.

조건 (나)에서 함수 $h(x)=f(g(x))$는 $x=\alpha$에서 극소이고

함수 $f(x)$는 $x=\frac{a}{2}$에서 극솟값을

가지므로 $x=\alpha$에서 함수 $y=g(x)$의

그래프와 직선 $y=\frac{a}{2}$가 만나야 한다.

또한 방정식 $|h(x)|=k$의 서로 다른 실근의 개수가 7이므로 두 함수 $|f(x)|$, $g(x)$의 그래프는 오른쪽 그림과 같아야 한다.
→ $|h(x)|=|f(g(x))|$이므로 함수 $g(x)$와 함수 $f(x)$에 절댓값을 취한 함수 $|f(x)|$를 함께 생각해야 해.

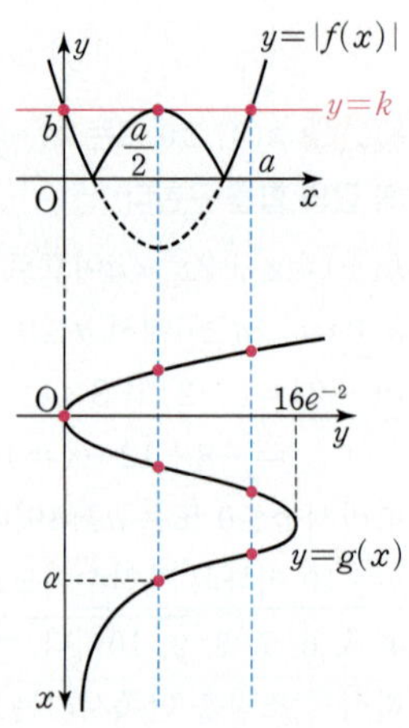

즉, $f\left(\frac{a}{2}\right)=-b$이므로

$$\frac{a^2}{4}-\frac{a^2}{2}+b=-b \qquad \therefore b=\frac{1}{8}a^2 \qquad \cdots\cdots ㉡$$
→ $\left|f\left(\frac{a}{2}\right)\right|=b$이고 $f\left(\frac{a}{2}\right)<0$이기 때문이야.

Step 4 $f(1)=-\frac{7}{32}$임을 이용하여 a, b의 값을 각각 구한다.

$$f(1)=1-a+\frac{1}{8}a^2=-\frac{7}{32}$$

$$4a^2-32a+39=0, \quad (2a-3)(2a-13)=0$$
→ $\frac{1}{8}a^2-a+\frac{39}{32}=0$의 양변에 32를 곱해.

$$\therefore a=\frac{3}{2} \ (\because ㉠)$$

㉡에서 $b=\frac{1}{8}\times\frac{9}{4}=\frac{9}{32}$

$$\therefore a+16b=\frac{3}{2}+16\times\frac{9}{32}=6$$
→ 주어진 조건에서 $\frac{5}{2}<e<3$이고 $\frac{16}{9}<16e^{-2}<\frac{64}{25}$이므로 ㉠에서 $a<\frac{64}{25}$야. 즉, $a=\frac{13}{2}$은 만족시키지 않아.

185
정답 ②

함수 $f(x)=|x^2-x|e^{4-x}$이 있다. 양수 k에 대하여 함수 $g(x)$를
→ 먼저 $y=(x^2-x)e^{4-x}$의 그래프를 그려.

$$g(x)=\begin{cases} f(x) & (f(x)\le kx) \\ kx & (f(x)>kx) \end{cases}$$

라 하자. 구간 $(-\infty, \infty)$에서 함수 $g(x)$가 미분가능하지 않은 x의 개수를 $h(k)$라 할 때, [보기]에서 옳은 것만을 있는 대로 고른 것은? (4점)
→ 두 함수 $y=f(x)$와 $y=kx$의 그래프의 위치 관계를 파악하는 게 중요해.

[보기]

ㄱ. $k=2$일 때, $g(2)=4$이다.

ㄴ. 함수 $h(k)$의 최댓값은 4이다.

ㄷ. $h(k)=2$를 만족시키는 k의 값의 범위는 $e^2\le k<e^4$이다.

① ㄱ   ② ㄱ, ㄴ   ③ ㄱ, ㄷ

④ ㄴ, ㄷ   ⑤ ㄱ, ㄴ, ㄷ

Step 1 함수 $y=f(x)$의 그래프의 개형을 파악한다.

함수 $p(x)$를 $p(x)=(x^2-x)e^{4-x}$이라 하면

$p'(x)=(2x-1)e^{4-x}-(x^2-x)e^{4-x}$
$=(-x^2+3x-1)e^{4-x}$
→ e^{4-x}을 미분하면 $-e^{4-x}$이기 때문에 $-$를 붙여주었어.

이때 모든 실수 x에 대하여 $e^{4-x}>0$이므로

$p'(x)=0$에서 $-x^2+3x-1=0$

$\therefore x^2-3x+1=0$
→ 판별식 $D=(-3)^2-4\times1\times1=5>0$이므로 서로 다른 두 실근을 가져.

이차방정식 $x^2-3x+1=0$의 서로 다른 두 실근을 각각 α, β $(\alpha<\beta)$라 할 때,
→ $x=\frac{3\pm\sqrt{5}}{2}$이므로 $\alpha=\frac{3-\sqrt{5}}{2}<1$, $\beta=\frac{3+\sqrt{5}}{2}>1$

함수 $p(x)$의 증가와 감소를 표로 나타내면 다음과 같다.

x	$\cdots$	0	$\cdots$	α	$\cdots$	1	$\cdots$	β	$\cdots$
$p'(x)$	$-$	$-$	$-$	0	$+$	$+$	$+$	0	$-$
$p(x)$	↘	0	↘	극소	↗	0	↗	극대	↘

이를 이용하여 함수 $y=p(x)$의 그래프를 그려 보면 다음과 같다.

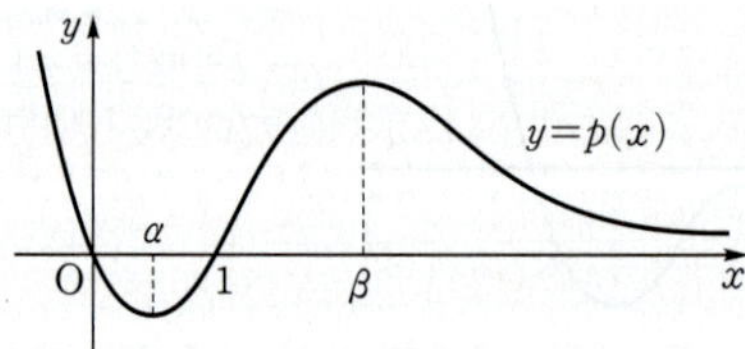

이때 $|x^2-x|e^{4-x}=|(x^2-x)e^{4-x}|$이므로 $f(x)=|p(x)|$

따라서 함수 $y=f(x)$의 그래프를 그려 보면 다음과 같다.

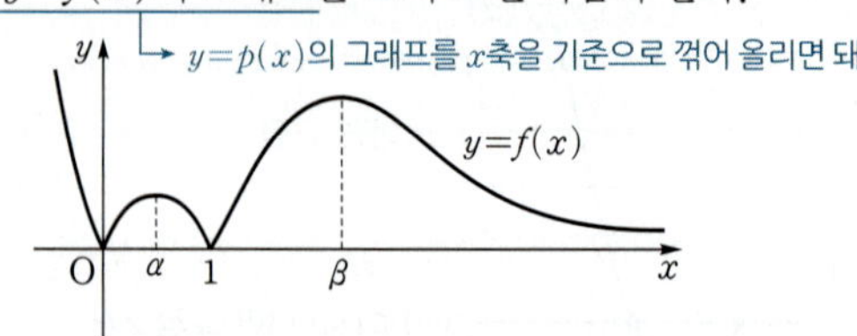
→ $y=p(x)$의 그래프를 x축을 기준으로 꺾어 올리면 돼!

Step 2 함수 $g(x)$의 정의를 이용하여 ㄱ의 참, 거짓을 판별한다.

ㄱ. $k=2$일 때

$$g(x)=\begin{cases} f(x) & (f(x)\le 2x) \\ 2x & (f(x)>2x) \end{cases}$$

이고, $f(2)=2e^2>4$이므로 $g(2)=4$이다. (참)

→ $2x$에 $x=2$ 대입

Step 3 k의 값의 범위에 따라 $g(x)$가 미분가능하지 않은 x의 개수가 어떻게 바뀌는지 파악한다.

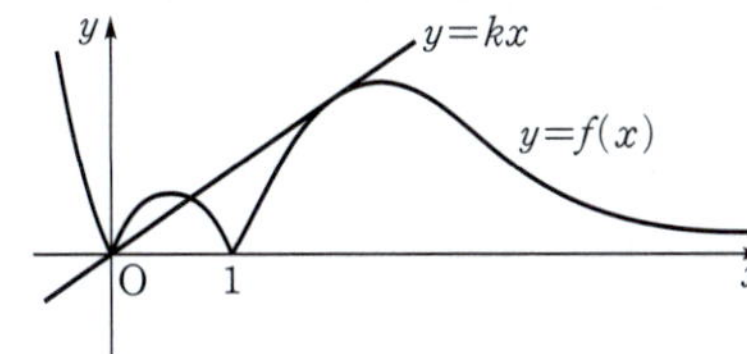

위 그림과 같이 $x>1$에서 직선 $y=kx$가 함수 $y=f(x)$의 그래프에 접할 때의 k의 값을 k_1이라 하자.

접점의 좌표를 $(t,\ f(t))$라 하면 점 $(t,\ f(t))$에서 그은 함수 $f(x)$의 접선의 방정식은

$$y-f(t)=f'(t)(x-t) \quad\rightarrow\quad y=k,x$$와 같아. → $x=0, y=0$을 대입

이 직선이 원점을 지나므로 $-f(t)=-tf'(t)$

$$-(t^2-t)e^{4-t}=-t(-t^2+3t-1)e^{4-t}$$

→ e^{4-t}은 없애.

$t\ge 1$일 때
$f(t)=(t^2-t)e^{4-t}$
$f'(t)=(2t-1)e^{4-t}+(t^2-t)e^{4-t}\cdot(-1)$
$\quad=(-t^2+3t-1)e^{4-t}$

$$-t^2+t=t^3-3t^2+t,\quad t^3-2t^2=0$$

$$t^2(t-2)=0 \qquad \therefore t=2$$

따라서 접선의 기울기는

접점의 x좌표가 1보다 큼을 위 그래프를 통해 알 수 있어!

$$k_1=f'(2)=(-2^2+3\times 2-1)\times e^{4-2}=e^2$$

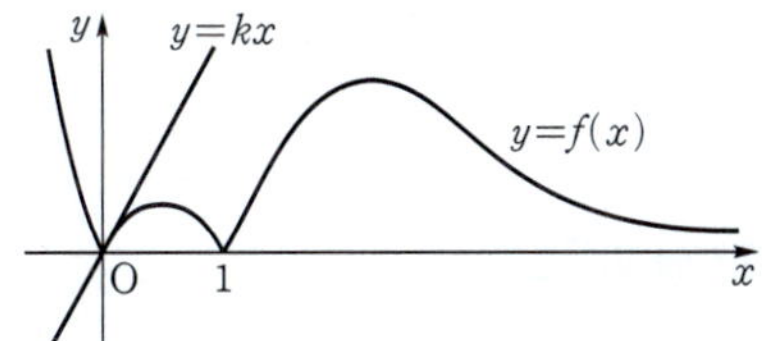

위 그림과 같이 $x=0$에서 직선 $y=kx$가 함수 $y=f(x)$의 그래프에 접할 때의 k의 값을 k_2라 하자.

$0<x<1$일 때 $f(x)=|x^2-x|e^{4-x}=-(x^2-x)e^{4-x}$이므로

$$f'(x)=-(2x-1)e^{4-x}+(x^2-x)e^{4-x}$$

$$\quad=(x^2-3x+1)e^{4-x}$$

$$\therefore k_2=\lim_{x\to 0+}f'(x)=e^4$$

직선 $y=kx$가 곡선 $y=f(x)$ $(0\le x<1)$과 $x=0$에서 접함을 이용!

따라서 k의 값의 범위에 따라 $g(x)$가 미분가능하지 않은 x의 개수를 파악해 보면 다음과 같다.

(i) $k<e^2$일 때

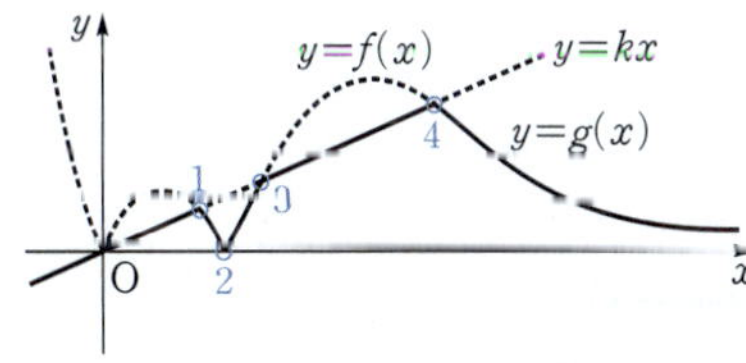

함수 $g(x)$가 미분가능하지 않은 x의 개수는 4이므로 $h(k)=4$

(ii) $k=e^2$일 때

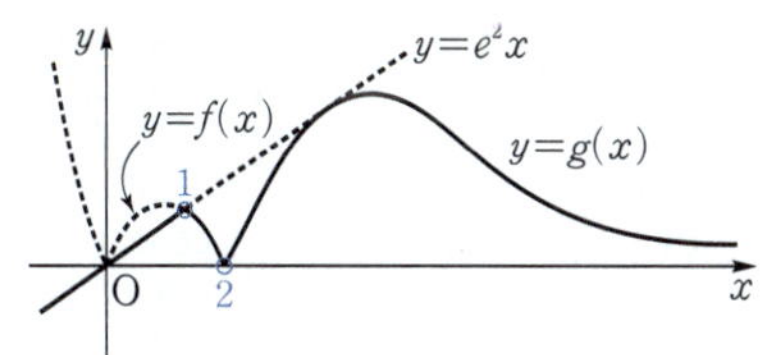

함수 $g(x)$가 미분가능하지 않은 x의 개수는 2이므로 $h(k)=h(e^2)=2$

(iii) $e^2<k<e^4$일 때

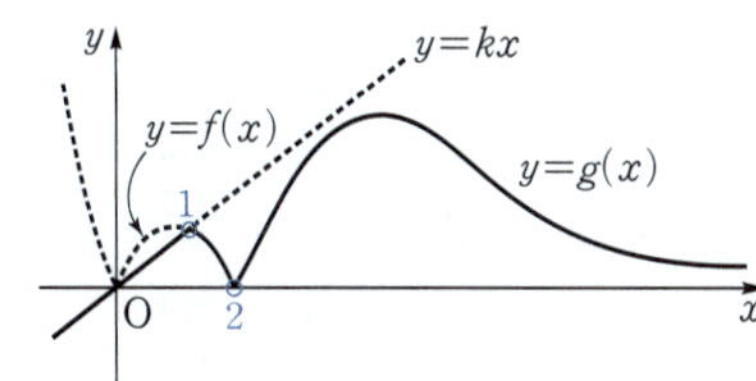

함수 $g(x)$가 미분가능하지 않은 x의 개수는 2이므로 $h(k)=2$

(iv) $k=e^4$일 때

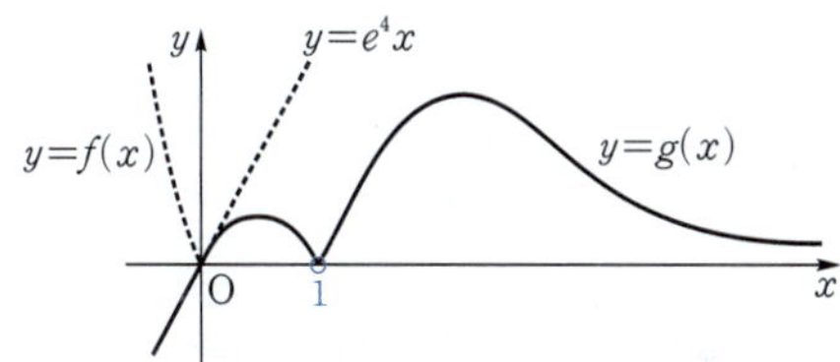

함수 $g(x)$가 미분가능하지 않은 x의 개수는 1이므로 $h(k)=h(e^4)=1$

(v) $k>e^4$일 때

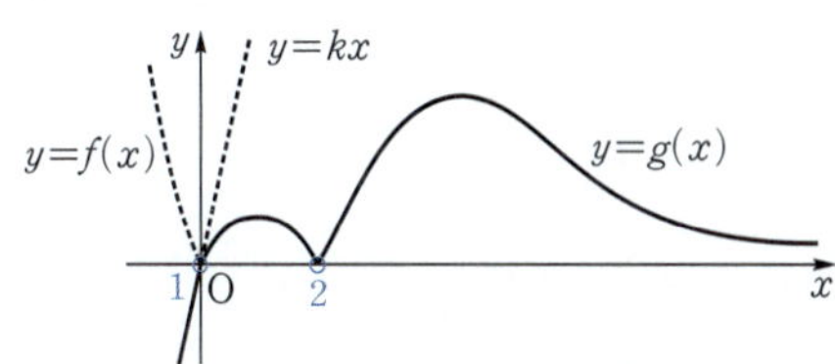

함수 $g(x)$가 미분가능하지 않은 x의 개수는 2이므로 $h(k)=2$ → $x=0$에서 미분가능하지 않음을 놓치면 안 돼!

Step 4 ㄴ, ㄷ의 참, 거짓을 판별한다.

ㄴ. (i)~(v)에서 함수 $h(k)$의 최댓값은 4이다. (참)

ㄷ. $h(k)=2$를 만족시키는 k의 값의 범위는

$e^2\le k<e^4$ 또는 $k>e^4$이다. (거짓)

그러므로 옳은 것은 ㄱ, ㄴ이다.

Ⅲ. 적분법 01. 여러 가지 적분법

001	13	002	④	003	②	004	②	005	④
006	③	007	23	008	②	009	①	010	①
011	②	012	6	013	①	014	③	015	④
016	①	017	④	018	②	019	①	020	12
021	①	022	⑤	023	②	024	④	025	⑤
026	③	027	①	028	②	029	⑤	030	④
031	③	032	⑤	033	④	034	②	035	4
036	③	037	③	038	④	039	②	040	③
041	⑤	042	⑤	043	④	044	3	045	④
046	②	047	⑤	048	②	049	④	050	51
051	④	052	②	053	④	054	12	055	⑤
056	325	057	12	058	②	059	①	060	②
061	③	062	⑤	063	②	064	2	065	②
066	④	067	②	068	③	069	③	070	④
071	⑤	072	④	073	④	074	④	075	72
076	④	077	③	078	6	079	②	080	①
081	③	082	31	083	12	084	④	085	②
086	①	087	64	088	②	089	③	090	①
091	9	092	④	093	④	094	⑤	095	④
096	⑤	097	③	098	③	099	③	100	①
101	③	102	④	103	①	104	①	105	⑤
106	④	107	④	108	①	109	②	110	④
111	⑤	112	125	113	24	114	25	115	144
116	72	117	①	118	93	119	⑤	120	②
121	⑤	122	36	123	14	124	②	125	④
126	⑤	127	②	128	12	129	48	130	②
131	③	132	④	133	16	134	21	135	②
136	⑤	137	143	138	⑤	139	350	140	283
141	125	142	128	143	115	144	586	145	49
146	83	147	26	148	25	149	12	150	①
151	16	152	⑤	153	④	154	④	155	8
156	⑤	157	②	158	⑤	159	19	160	④

001 [정답률 85%] 정답 13

> 함수 $f(x)$의 도함수가 $f'(x)=\dfrac{1}{x}$ 이고 $f(1)=10$일 때, $f(e^3)$의 값을 구하시오. (3점)

Step 1 $\displaystyle\int \dfrac{1}{x}dx=\ln|x|+C$ (C는 적분상수)임을 이용한다.

$f'(x)=\dfrac{1}{x}$ 에서

$f(x)=\displaystyle\int f'(x)dx=\int \dfrac{1}{x}\,dx$

$\quad =\ln|x|+C$ (단, C는 적분상수)

Step 2 $f(1)=10$임을 이용하여 함수 $f(x)$의 식을 구한다.

$f(1)=10$이므로

$f(1)=\underline{\ln|1|}+C=10 \quad \therefore C=10$

$\qquad \xrightarrow{\ \ln 1=0\ }$

$\therefore f(x)=\ln|x|+10$

Step 3 $f(e^3)$의 값을 구한다.

$f(e^3)=\ln|e^3|+10=3+10$

$\qquad\ =13$

002 정답 ④

> $\displaystyle\int_{-\frac{\pi}{2}}^{\pi} \sin x\,dx$의 값은? (2점)
>
> ① -2 ② -1 ③ 0
>
> ④ 1 ⑤ 2

Step 1 삼각함수의 정적분을 이용한다.

$\displaystyle\int_{-\frac{\pi}{2}}^{\pi}\sin x\,dx=\Big[-\cos x\Big]_{-\frac{\pi}{2}}^{\pi}$

$\qquad\qquad\qquad\ =-\cos\pi+\cos\left(-\dfrac{\pi}{2}\right)$

$\qquad\qquad\qquad\ =-(-1)+0 \qquad \xrightarrow{\quad} \cos\left(-\dfrac{\pi}{2}\right)=\cos\dfrac{\pi}{2}=0$

$\qquad\qquad\qquad\ =1$

003 [정답률 81%] 정답 ②

> 함수 $f(x)=x+\ln x$에 대하여 $\displaystyle\int_1^e \left(1+\dfrac{1}{x}\right)f(x)dx$의 값은? (3점)
>
> $\qquad\qquad\qquad\qquad\qquad\qquad \left(1+\dfrac{1}{x}\right)=f'(x)$
>
> ① $\dfrac{e^2}{2}+\dfrac{e}{2}$ ② $\dfrac{e^2}{2}+e$ ③ $\dfrac{e^2}{2}+2e$
>
> ④ e^2+e ⑤ e^2+2e

Step 1 치환적분법을 이용한다.

$f(x)=x+\ln x$에서 $f'(x)=1+\dfrac{1}{x}$이므로

$\displaystyle\int_1^e\left(1+\dfrac{1}{x}\right)f(x)dx=\int_1^e f'(x)f(x)dx$

$f(x)=t$라 하면 $f'(x)dx=dt$이고 $x=1$일 때 $t=1$, $x=e$일 때

$t=e+1$이므로 $\qquad \xrightarrow{\quad} f(e)=e+1,\ f(1)=1$

$\displaystyle\int_1^e f'(x)f(x)dx=\int_1^{e+1} t\,dt=\left[\dfrac{1}{2}t^2\right]_1^{e+1}$

$\qquad\qquad\qquad\quad =\dfrac{1}{2}(e+1)^2-\dfrac{1}{2}=\dfrac{e^2}{2}+e$

$\qquad\qquad\qquad\quad \xrightarrow{\quad} =\dfrac{1}{2}(e^2+2e+1)-\dfrac{1}{2}=\dfrac{e^2+2e}{2}$

004 [정답률 86%] 정답 ②

> $\displaystyle\int_0^{\pi} x\cos\left(\dfrac{\pi}{2}-x\right)dx$의 값은? (3점)
>
> ① $\dfrac{\pi}{2}$ ② π ③ $\dfrac{3\pi}{2}$
>
> ④ 2π ⑤ $\dfrac{5\pi}{2}$

Step 1 부분적분법을 이용하여 식을 계산한다.

$$\int_0^\pi x \cos\left(\frac{\pi}{2}-x\right)dx$$
$$=\int_0^\pi x \sin x\,dx$$
$$=\Big[-x\cos x\Big]_0^\pi-\int_0^\pi(-\cos x)dx$$
$$=-\pi\cos\pi+\Big[\sin x\Big]_0^\pi \quad \rightarrow =\int_0^\pi \cos x\,dx$$
$$=\pi \qquad \rightarrow -1 \qquad \rightarrow \sin\pi-\sin 0=0-0=0$$

005 [정답률 91%] 정답 ④

양의 실수 전체의 집합에서 정의된 미분가능한 함수 $f(x)$가 있다. 양수 t에 대하여 곡선 $y=f(x)$ 위의 점 $(t, f(t))$ 에서의 접선의 기울기는 $\frac{1}{t}+4e^{2t}$이다. $f(1)=2e^2+1$일 때, $f(e)$의 값은? (3점)

① $2e^{2e}-1$ ② $2e^{2e}$ ③ $2e^{2e}+1$
④ $2e^{2e}+2$ ⑤ $2e^{2e}+3$

Step 1 부정적분을 이용하여 $f(x)$를 구한다.

곡선 $y=f(x)$ 위의 점 $(t, f(t))$에서의 접선의 기울기가

$\frac{1}{t}+4e^{2t}$이므로   → 양수 t에 대하여 $f'(t)=\frac{1}{t}+4e^{2t}$이므로

$f'(x)=\frac{1}{x}+4e^{2x}\ (x>0)$ → 양수 x에 대하여 $f'(x)=\frac{1}{x}+4e^{2x}$

$$f(x)=\int f'(x)dx=\int\left(\frac{1}{x}+4e^{2x}\right)dx$$
$$=\ln x+2e^{2x}+C\ (\text{단, } C\text{는 적분상수})$$

$f(1)=2e^2+1$이므로 $0+2e^2+C=2e^2+1$ ∴ $C=1$

따라서 $f(x)=\ln x+2e^{2x}+1$이므로

$$f(e)=\ln e+2e^{2e}+1=2e^{2e}+2$$

006 [정답률 78%] 정답 ③

연속함수 $f(x)$의 도함수 $f'(x)$가

→ 함수 $f(x)$는 $x=-1$에서 연속이어야 해.

$$f'(x)=\begin{cases}\dfrac{1}{x^2} & (x<-1)\\[2mm] 3x^2+1 & (x>-1)\end{cases}$$

이고 $f(-2)=\frac{1}{2}$일 때, $f(0)$의 값은? (3점)

① 1   ② 2   ③ 3
④ 4   ⑤ 5

Step 1 $f'(x)$를 이용하여 함수 $f(x)$를 구한다.

$$f'(x)=\begin{cases}\dfrac{1}{x^2} & (x<-1)\\[2mm] 3x^2+1 & (x>-1)\end{cases}\text{에서}$$

$$f(x)=\begin{cases}-\dfrac{1}{x}+C_1 & (x<-1)\\[2mm] x^3+x+C_2 & (x>-1)\end{cases}(\text{단, } C_1, C_2\text{는 적분상수})$$

이때 $f(-2)=\frac{1}{2}+C_1=\frac{1}{2}$이므로 $C_1=0$

Step 2 함수 $f(x)$가 연속함수임을 이용하여 $f(0)$의 값을 구한다.

함수 $f(x)$는 연속함수이므로 $x=-1$에서 연속이어야 한다.

$\lim\limits_{x\to-1+}f(x)=(-1)^3-1+C_2=-2+C_2,$ → $\lim\limits_{x\to-1+}f(x)=\lim\limits_{x\to-1-}f(x)=f(-1)$

$\lim\limits_{x\to-1-}f(x)=1$이므로   임을 확인

$\lim\limits_{x\to-1+}f(x)=\lim\limits_{x\to-1-}f(x)=f(-1)$에서

$-2+C_2=1$ → $\lim\limits_{x\to-1-}f(x)=\lim\limits_{x\to-1-}\left(-\frac{1}{x}\right)=-\frac{1}{-1}=1$

∴ $C_2=3$

따라서 함수 $f(x)=\begin{cases}-\dfrac{1}{x} & (x\le-1)\\[2mm] x^3+x+3 & (x>-1)\end{cases}$ 이므로

$f(0)=0^3+0+3=3$

→ $0>-1$이므로 $f(x)=x^3+x+3$에 $x=0$을 대입

007 [정답률 77%] 정답 23

모든 실수 x에서 연속인 함수 $f(x)$에 대하여

$$f'(x)=\begin{cases}3\sqrt{x} & (x>1)\\[1mm] 2x & (x<1)\end{cases}$$

→ $f'(x)$를 적분하여 $f(x)$를 구해.

이다. $f(4)=13$일 때, $f(-5)$의 값을 구하시오. (3점)

→ 이를 대입하면 적분상수의 값을 알 수 있을 거야.

Step 1 주어진 함수 $f'(x)$에 대하여 $f(x)$를 구한다.

→ 적분

$$f'(x)=\begin{cases}3\sqrt{x} & (x>1)\\[1mm] 2x & (x<1)\end{cases}\text{에서}$$

$f'(x)$를 적분하면 → 구간에 따라 각각 적분해야 해.

$$\int 3\sqrt{x}\,dx=\int 3x^{\frac{1}{2}}\,dx=2x^{\frac{3}{2}}+C_1\ (\text{단, } C_1\text{은 적분상수})$$

$$\int 2x\,dx=x^2+C_2\ (\text{단, } C_2\text{는 적분상수})$$

$$\therefore f(x)=\begin{cases}2x^{\frac{3}{2}}+C_1 & (x>1)\\[1mm] x^2+C_2 & (x<1)\end{cases}$$

→ 적분상수는 서로 다르므로 이런 식으로 C_1, C_2로 구분

Step 2 주어진 조건을 이용하여 C_1, C_2의 값을 구한다.

이때 $f(4)=13$에서 $x=4$일 때 $f(x)=2x^{\frac{3}{2}}+C_1$이므로 → $4>1$이므로 $x>1$일 때의 $f(x)=2x^{\frac{3}{2}}+C_1$을 이용해야지.

$$f(4)=2\times4^{\frac{3}{2}}+C_1=2\times2^3+C_1=16+C_1=13$$

$$\therefore C_1=-3 \quad \llcorner x=4\text{를 대입}$$

한편 함수 $f(x)$가 모든 실수 x에서 연속이므로 $x=1$에서도 연속이다.

따라서 $\lim\limits_{x\to1+}f(x)=\lim\limits_{x\to1-}f(x)=f(1)$이므로

$$2-3=1+C_2 \quad \therefore C_2=-2$$

$x=1$을 기준으로 구간이 나뉘므로 $x=1$에서만 연속이면 모든 실수 x에서 연속이 돼.

Step 3 $f(-5)$의 값을 구한다. $\quad$ 각 식에 $x=1$을 대입

$x=-5$일 때 $f(x)=x^2-2$이므로 → $-5<1$이므로 $x<1$일 때의 $f(x)=x^2-2$에 $x=-5$를 대입

$$f(-5)=25-2=23$$

---

008 [정답률 77%] 정답 ②

> $x>0$에서 미분가능한 함수 $f(x)$에 대하여
> $$f'(x)=2-\frac{3}{x^2},\ f(1)=5$$
> 이다. $x<0$에서 미분가능한 함수 $g(x)$가 다음 조건을 만족시킬 때, $g(-3)$의 값은? (4점)
>
> > (가) $x<0$인 모든 실수 x에 대하여 $g'(x)=f'(-x)$이다.
> > (나) $f(2)+g(-2)=9$
>
> ① 1 $\qquad$ ✔② 2 $\qquad$ ③ 3
> ④ 4 $\qquad$ ⑤ 5

Step 1 부정적분을 이용하여 함수 $f(x)$를 구한다.

함수 $f(x)$에 대하여 $f'(x)=2-\dfrac{3}{x^2}$이므로

$$f(x)=\int f'(x)dx=\int\left(2-\frac{3}{x^2}\right)dx=2x+\frac{3}{x}+C_1$$

(단, C_1은 적분상수)

$$f(1)=2+3+C_1=5+C_1=5 \quad \llcorner \int\left(-\frac{3}{x^2}\right)dx=\int(-3x^{-2})dx=\frac{-3}{-2+1}x^{-2+1}+C$$
$$=3x^{-1}+C\ (\text{단, }C\text{는 적분상수})$$

따라서 $C_1=0$이므로 $f(x)=2x+\dfrac{3}{x}$

Step 2 주어진 조건들을 모두 만족시키는 함수 $g(x)$를 구한다.

조건 (가)에서 $x<0$인 모든 실수 x에 대하여 $g'(x)=f'(-x)$이므로

$$g'(x)=2-\frac{3}{(-x)^2}=2-\frac{3}{x^2}$$

$$g(x)=\int g'(x)dx=\int\left(2-\frac{3}{x^2}\right)dx=2x+\frac{3}{x}+C_2$$

(단, C_2는 적분상수)

조건 (나)에 의하여 $f(2)+g(-2)=9$이므로

$$f(2)+g(-2)=2\times2+\frac{3}{2}+2\times(-2)+\frac{3}{-2}+C_2=C_2=9$$

$$\therefore g(x)=2x+\frac{3}{x}+9$$

Step 3 $g(-3)$의 값을 구한다.

함수 $g(x)$에 대하여 $g(-3)=2\times(-3)+\dfrac{3}{-3}+9=2$

---

009 [정답률 91%] 정답 ①

> $\displaystyle\int_2^4\frac{6}{x^2}dx$의 값은? (2점)
>
> ✔① $\dfrac{3}{2}$ $\qquad$ ② $\dfrac{7}{4}$ $\qquad$ ③ 2
> ④ $\dfrac{9}{4}$ $\qquad$ ⑤ $\dfrac{5}{2}$

Step 1 정적분의 값을 계산한다.

$$\int_2^4\frac{6}{x^2}dx=\left[-\frac{6}{x}\right]_2^4 \quad \to \quad \int_2^4 6x^{-2}dx=\left[-6x^{-1}\right]_2^4=\left[-\frac{6}{x}\right]_2^4$$
$$=-\frac{6}{4}-\left(-\frac{6}{2}\right)$$
$$=-\frac{3}{2}+3=\frac{3}{2}$$

---

010 [정답률 79%] 정답 ①

> $\displaystyle\int_3^6\frac{2}{x^2-2x}dx$의 값은? (3점)
>
> ✔① $\ln 2$ $\qquad$ ② $\ln 3$ $\qquad$ ③ $\ln 4$
> ④ $\ln 5$ $\qquad$ ⑤ $\ln 6$

Step 1 $\dfrac{1}{AB}=\dfrac{1}{B-A}\left(\dfrac{1}{A}-\dfrac{1}{B}\right)$임을 이용한다.

$$\int_3^6\frac{2}{x^2-2x}dx=\int_3^6\frac{2}{(x-2)x}dx \quad \to \quad \frac{2}{(x-2)x}=\frac{2}{x-(x-2)}\left(\frac{1}{x-2}-\frac{1}{x}\right)$$
$$=\int_3^6\left(\frac{1}{x-2}-\frac{1}{x}\right)dx \quad =\frac{1}{x-2}-\frac{1}{x}$$
$$=\Big[\ln|x-2|-\ln|x|\Big]_3^6 \quad \to \quad \boxed{\text{암기}}\ \int\frac{1}{x}dx=\ln|x|+C$$
(단, C는 적분상수)
$$=(\ln 4-\ln 6)-(\ln 1-\ln 3)$$
$$=\ln 2 \quad \llcorner =\ln 4-\ln 6-\ln 1+\ln 3$$
$$=\ln\frac{4\times3}{6\times1}=\ln 2$$

011 [정답률 92%]   정답 ②

$\displaystyle\int_0^4 (5x-3)\sqrt{x}\,dx$의 값은? (3점)

① 47   ❷ 48   ③ 49
④ 50   ⑤ 51

Step 1 $\sqrt{x}=x^{\frac{1}{2}}$임을 이용하여 적분한다.

$$\int_0^4 (5x-3)\sqrt{x}\,dx=\int_0^4 (5x-3)x^{\frac{1}{2}}\,dx$$
$$=\int_0^4 (5x^{\frac{3}{2}}-3x^{\frac{1}{2}})\,dx$$

실수 n에 대하여
$\displaystyle\int x^n\,dx=\dfrac{1}{n+1}x^{n+1}+C\ (n\neq -1)$

$$=\left[2x^{\frac{5}{2}}-2x^{\frac{3}{2}}\right]_0^4$$
$$=2\times 4^{\frac{5}{2}}-2\times 4^{\frac{3}{2}}$$

$4^{\frac{5}{2}}=(2^2)^{\frac{5}{2}}=2^5=32$
$4^{\frac{3}{2}}=(2^2)^{\frac{3}{2}}=2^3=8$

$$=64-16=48$$

012 [정답률 92%]   정답 6

$\displaystyle\int_1^{16}\dfrac{1}{\sqrt{x}}\,dx$의 값을 구하시오. (3점) ➡ $\dfrac{1}{\sqrt{x}}=\dfrac{1}{x^{\frac{1}{2}}}=x^{-\frac{1}{2}}$임을 이용

Step 1   무리함수의 정적분을 이용한다.

$$\int_1^{16}\dfrac{1}{\sqrt{x}}\,dx=\int_1^{16}x^{-\frac{1}{2}}\,dx$$

$\dfrac{1}{-\frac{1}{2}+1}x^{-\frac{1}{2}+1}=2x^{\frac{1}{2}}=2\sqrt{x}$

$$=\left[2\sqrt{x}\right]_1^{16}$$
$$=8-2$$

$2\sqrt{16}-2\sqrt{1}=2\cdot4-2\cdot1=8-2$

$$=6$$

013 [정답률 86%]   정답 ①

$\displaystyle\int_1^{16}\dfrac{1}{x\sqrt{x}}\,dx$의 값은? (3점) ➡ $=x^{-\frac{3}{2}}$

❶ $\dfrac{3}{2}$ ② $\dfrac{4}{3}$ ③ $\dfrac{5}{4}$
④ $\dfrac{6}{5}$ ⑤ $\dfrac{7}{6}$

Step 1 x^n 꼴의 정적분을 이용한다.

$$\int_1^{16}\dfrac{1}{x\sqrt{x}}\,dx=\int_1^{16}x^{-\frac{3}{2}}\,dx=\left[-2x^{-\frac{1}{2}}\right]_1^{16}$$

$\dfrac{1}{x}\cdot\dfrac{1}{\sqrt{x}}=\left[-\dfrac{2}{\sqrt{x}}\right]_1^{16}$
$=x^{-1}\times x^{-\frac{1}{2}}$
$=x^{-\frac{3}{2}}$

$$=\left(-\dfrac{1}{2}\right)-(-2)$$
$$=\dfrac{3}{2}$$

$-\dfrac{2}{\sqrt{x}}$에 $x=16$을 대입하면
$-\dfrac{2}{\sqrt{16}}=-\dfrac{2}{4}=-\dfrac{1}{2}$

014 [정답률 92%]   정답 ③

$\displaystyle\int_0^1 (e^x+1)\,dx$의 값은? (2점)

① $e-2$ ② $e-1$ ❸ e
④ $e+1$ ⑤ $e+2$

Step 1   지수함수의 적분을 이용한다.

$$\int_0^1 (e^x+1)\,dx=\left[e^x+x\right]_0^1=(e+1)-(1+0)=e$$

e^x을 적분하면 그대로 e^x이 돼. $e^0=1$

015 [정답률 92%]   정답 ④

$\displaystyle\int_0^{\ln 3} e^{x+3}\,dx$의 값은? (3점)

① $\dfrac{e^3}{2}$ ② e^3 ③ $\dfrac{3}{2}e^3$
❹ $2e^3$ ⑤ $\dfrac{5}{2}e^3$

Step 1   정적분을 계산한다.

$$\int_0^{\ln 3} e^{x+3}\,dx=\left[e^{x+3}\right]_0^{\ln 3}$$
$$=e^{\ln 3+3}-e^{0+3}$$

$e^{\ln 3+3}=e^{\ln 3e^3}$
$=3e^3$

$$=e^{\ln 3}\times e^3-e^3 \quad \text{으로도 구할 수 있어.}$$
$$=3e^3-e^3$$

$3^{\ln e}\times e^3=3^1\times e^3=3e^3$

$$=2e^3$$

016 [정답률 94%]   정답 ①

$\displaystyle\int_0^1 e^{x+4}\,dx$의 값은? (3점) ➡ 지수함수를 적분하는 공식을 이용

❶ e^5-e^4 ② e^5 ③ e^5+e^4
④ e^5+2e^4 ⑤ e^5+3e^4

Step 1   정적분의 값을 구한다.

$$\int_0^1 e^{x+4}\,dx=\left[e^{x+4}\right]_0^1=e^5-e^4$$

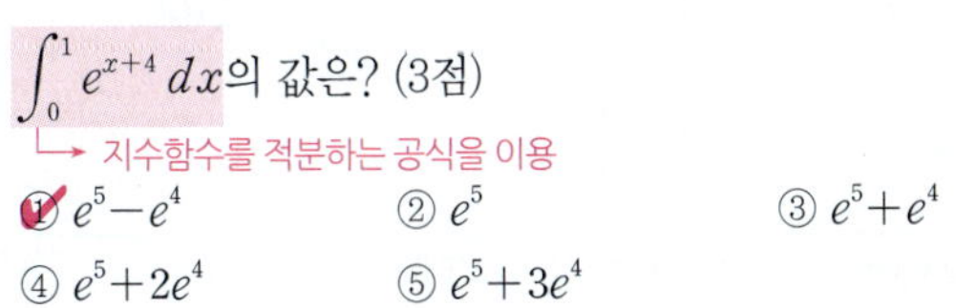

017 [정답률 92%]   정답 ④

$\displaystyle\int_0^{\frac{\pi}{3}} \tan x\cos x\,dx$의 값은? (3점)

① $\dfrac{3}{4}$ ② $\dfrac{4-\sqrt{2}}{4}$ ③ $\dfrac{4-\sqrt{3}}{4}$
❹ $\dfrac{1}{2}$ ⑤ $\dfrac{4-\sqrt{5}}{4}$

Step 1 $\tan x = \dfrac{\sin x}{\cos x}$임을 이용하여 주어진 식을 간단히 나타내고 삼각함수의 정적분의 값을 계산한다.

$$\int_0^{\frac{\pi}{3}} \tan x \cos x \, dx = \int_0^{\frac{\pi}{3}} \frac{\sin x}{\cos x} \cdot \cos x \, dx$$

$\cos x$를 약분해서 식을 간단히 만든 후 삼각함수의 정적분의 값을 계산

$$= \int_0^{\frac{\pi}{3}} \sin x \, dx$$

$$= \Big[-\cos x \Big]_0^{\frac{\pi}{3}}$$

$$= \left(-\frac{1}{2} \right) - (-1) = \frac{1}{2}$$

$= -\cos 0$

$= -\cos \dfrac{\pi}{3}$

💡 알아야 할 기본개념

삼각함수의 부정적분 (단, C는 적분상수)

(1) $\displaystyle\int \sin x \, dx = -\cos x + C$

(2) $\displaystyle\int \cos x \, dx = \sin x + C$

(3) $\displaystyle\int \sec^2 x \, dx = \tan x + C$

(4) $\displaystyle\int \csc^2 x \, dx = -\cot x + C$

(5) $\displaystyle\int \sec x \tan x \, dx = \sec x + C$

(6) $\displaystyle\int \csc x \cot x \, dx = -\csc x + C$

018

주어진 보기들의 각각의 정적분 값을 계산하여 비교해.

정답 ②

다음 정적분 중 그 값이 $\displaystyle\int_a^b \frac{1}{x} dx$와 같은 것은?

$\displaystyle\int \frac{1}{x} dx = \ln|x| + C$임을 이용!

(단, $0 < a < b$) (3점)

① $\displaystyle\int_{a+1}^{b+1} \frac{1}{x} dx$ ❷ $\displaystyle\int_{2a}^{2b} \frac{1}{x} dx$ ③ $\displaystyle\int_{a^2}^{b^2} \frac{1}{x} dx$

④ $\displaystyle\int_{\sqrt{a}}^{\sqrt{b}} \frac{1}{x} dx$ ⑤ $\displaystyle\int_{\frac{1}{a}}^{\frac{1}{b}} \frac{1}{x} dx$

$\displaystyle\int \frac{1}{x} dx = \ln|x| + C$

Step 1 각각의 정적분을 계산하여 그 값이 $\displaystyle\int_a^b \frac{1}{x} dx$와 같은 것을 찾는다.

$$\int_a^b \frac{1}{x} dx = \Big[\ln|x| \Big]_a^b = \ln b - \ln a = \ln \frac{b}{a}$$

로그의 성질에 의하여 $\ln a - \ln b = \ln \dfrac{a}{b} \ (a>0, b>0)$

① $\displaystyle\int_{a+1}^{b+1} \frac{1}{x} dx = \Big[\ln|x| \Big]_{a+1}^{b+1} = \ln(b+1) - \ln(a+1) = \ln \frac{b+1}{a+1}$

② $\displaystyle\int_{2a}^{2b} \frac{1}{x} dx = \Big[\ln|x| \Big]_{2a}^{2b} = \ln 2b - \ln 2a = \ln \frac{2b}{2a} = \ln \frac{b}{a}$ → $\displaystyle\int_a^b \frac{1}{x} dx$와 같은 값이야.

③ $\displaystyle\int_{a^2}^{b^2} \frac{1}{x} dx = \Big[\ln|x| \Big]_{a^2}^{b^2} = \ln b^2 - \ln a^2 = 2\ln b - 2\ln a$

$\ln x^n = n \ln x$ (단, $x>0$, n은 실수)

$$= 2(\ln b - \ln a) = 2 \ln \frac{b}{a}$$

④ $\displaystyle\int_{\sqrt{a}}^{\sqrt{b}} \frac{1}{x} dx = \Big[\ln|x| \Big]_{\sqrt{a}}^{\sqrt{b}} = \ln \sqrt{b} - \ln \sqrt{a} = \frac{1}{2} \ln b - \frac{1}{2} \ln a$

$$= \frac{1}{2}(\ln b - \ln a) = \frac{1}{2} \ln \frac{b}{a}$$

⑤ $\displaystyle\int_{\frac{1}{a}}^{\frac{1}{b}} \frac{1}{x} dx = \Big[\ln|x| \Big]_{\frac{1}{a}}^{\frac{1}{b}} = \ln \frac{1}{b} - \ln \frac{1}{a} = \ln a - \ln b = \ln \frac{a}{b}$

따라서 주어진 식과 같은 것은 ②이다.

$\ln \dfrac{1}{b} - \ln \dfrac{1}{a} = \ln 1 - \ln b - \ln 1 + \ln a$
$= \ln a - \ln b$

019 [정답률 77%]

정답 ①

뉴턴의 냉각법칙에 따르면 온도가 20으로 일정한 실내에 있는 어떤 물질의 시각 t(분)에서의 온도를 $T(t)$라 할 때, 함수 $T(t)$의 도함수 $T'(t)$에 대하여 다음 식이 성립한다고 한다.

먼저 좌변을 간단히 정리

$$\int \frac{T'(t)}{T(t) - 20} dt = kt + C \text{ (단, } k, C \text{는 상수이다.)}$$

$T(0) = 100$, $T(3) = 60$일 때, k의 값은?

$T(t)$에 $t=0$, $t=3$을 대입했을 때, (단, 온도의 단위는 ℃이다.) (4점) 그 값이 각각 100, 60이라는 의미야.

간단히 정리한 식에 $t=0$, $t=3$을 대입

① $-\dfrac{\ln 2}{3}$ ② $-\dfrac{2\ln 2}{3}$ ③ $-\ln 2$

④ $-\dfrac{4\ln 2}{3}$ ⑤ $-\dfrac{5\ln 2}{3}$

Step 1 $\dfrac{d}{dt}\{T(t) - 20\} = T'(t)$임을 이용하여 주어진 식의 좌변을 간단히 한다.

$\dfrac{d}{dt}\{T(t) - 20\} = T'(t)$이므로

$$\int \frac{T'(t)}{T(t) - 20} dt = \ln|T(t) - 20| = kt + C$$

$\displaystyle\int \frac{1}{x} dx = \ln|x| + C$

따라서 $\ln|T(t) - 20| = kt + C$가 성립한다.

Step 2 정리한 식에 $t=0$, $t=3$을 각각 대입하여 k의 값을 구한다.

$\ln|T(t) - 20| = kt + C$에 $t=0$을 대입하면

$\ln|T(0) - 20| = C$ $C = \ln|100 - 20| = \ln|80| = \ln 80$

이때 $T(0) = 100$이므로 $C = \ln 80$ …… ㉠

$\ln|T(t) - 20| = kt + C$에 $t=3$을 대입하면

$\ln|T(3) - 20| = 3k + C$

이때 $T(3) = 60$이므로 $3k + C = \ln 40$ …… ㉡

㉡ − ㉠을 하면 k의 값을 구하기 위해서는 C를 소거해야 해.

$$3k = \ln 40 - \ln 80 = \ln \frac{40}{80} = \ln \frac{1}{2} = -\ln 2$$

$$\therefore k = -\frac{\ln 2}{3}$$

$\ln a - \ln b = \ln \dfrac{a}{b}$ $\ln \dfrac{1}{2} = \ln 2^{-1} = -\ln 2$

020 [정답률 53%]　　　　　정답 12

> 모든 실수 x에 대하여 연속인 함수 $f(x)$가 다음 조건을
> 만족시킨다.
>
> (가) 모든 실수 x에 대하여 $f(x+2)=f(x)$이다.
> (나) $0 \leq x \leq 1$일 때, $f(x)=\sin \pi x+1$이다.
> (다) $1 < x < 2$일 때, $f'(x) \geq 0$이다.
>
> $\displaystyle\int_0^6 f(x)dx=p+\dfrac{q}{\pi}$일 때, $p+q$의 값을 구하시오.
>
> 　　　　　　　　　　　　　　(단, p, q는 정수이다.) (4점)

Step 1 주어진 조건을 이용하여 함수 $y=f(x)$의 그래프를 그린다.

조건 (나)에서 $0 \leq x \leq 1$일 때 $f(x)=\sin \pi x+1$이므로

$f(0)=\underline{\sin 0+1}=1$ ⋯⋯ ㉠

$f(1)=\underline{\sin \pi+1}=1$ 　($\sin 0=\sin \pi=0$)

조건 (가)에서 모든 실수 x에 대하여 $f(x+2)=f(x)$이므로

$f(2)=f(0)=1$ ($\because$ ㉠)

따라서 이를 좌표평면에 나타내면 다음 그림과 같다.

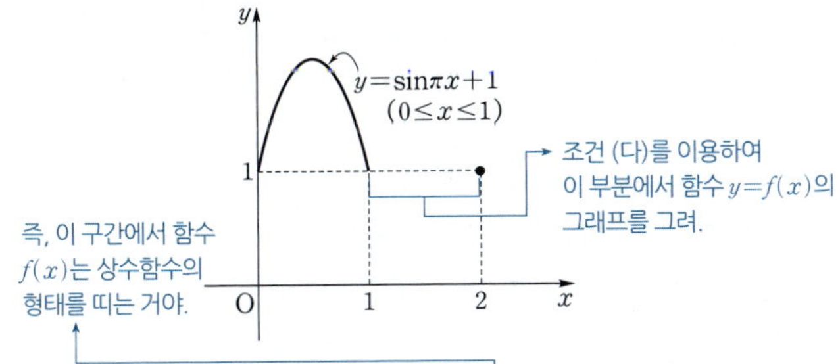

이때 함수 $f(x)$는 연속함수이고 조건 (다)에서 $1 < x < 2$일 때 $f'(x) \geq 0$이므로 열린구간 $(1, 2)$에서 $f(x)=1$이다.

따라서 $0 \leq x \leq 2$일 때 함수 $y=f(x)$의 그래프는 다음 그림과 같다.

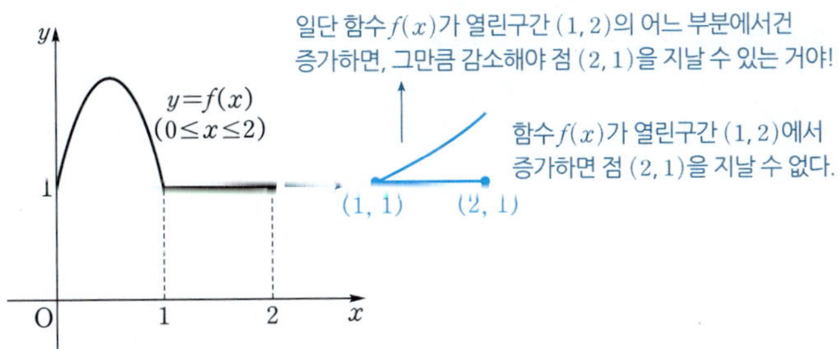

따라서 모든 실수 x에서 함수 $y=f(x)$의 그래프를 그려 보면 다음 그림과 같다.

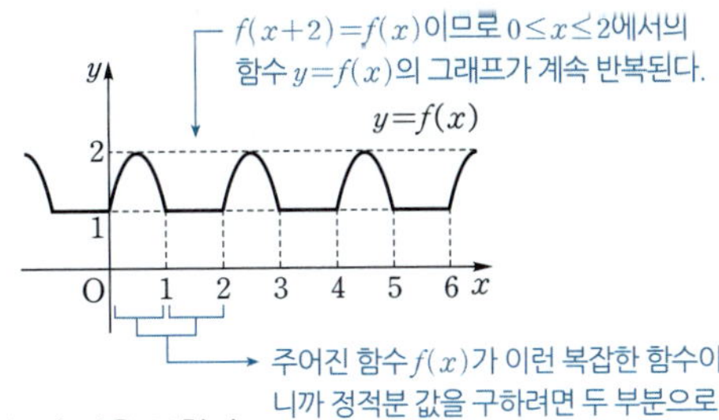

Step 2 $\displaystyle\int_0^6 f(x)dx$의 값을 구한다.

$\displaystyle\int_0^6 f(x)dx=\underline{3 \times \int_0^2 f(x)dx}$ 　닫힌구간 $[0, 6]$에서는 닫힌구간 $[0, 2]$에서의 함숫값이 3번 반복

$\displaystyle =3 \times \left\{ \int_0^1 (\sin \pi x+1)\,dx+\int_1^2 1\,dx \right\}$ 　$\displaystyle\int_1^2 1\,dx=\left[x\right]_1^2=1$

$\displaystyle =3 \times \left\{ \left[-\dfrac{1}{\pi} \cos \pi x+x \right]_0^1 +1 \right\}$ 　**주의** $(\cos x)'=-\sin x$ 즉, 부호가 바뀌게 되니 주의해야 해!

$\displaystyle =3 \times \left\{ \left(\dfrac{1}{\pi}+1 \right) - \left(-\dfrac{1}{\pi}+0 \right)+1 \right\}$

$\displaystyle =3 \times \left(\dfrac{2}{\pi}+2 \right)=6+\dfrac{6}{\pi}$

따라서 $p=6$, $q=6$이므로

$p+q=6+6=12$

> **수능포인트**
>
> 이 문제는 주어진 조건을 이용하여 열린구간 $(1, 2)$에서 함수가 어떻게 되는지 파악하는 게 중요합니다.
>
> $f(1)=1$, $f(2)=1$이고 $1 < x < 2$에서 $f'(x) \geq 0$임을 이용하여 $1 < x < 2$일 때 $f(x)=1$임을 알아내야 합니다.

021 [정답률 79%]　　　　　정답 ①

> 미분가능한 두 함수 $f(x)$, $g(x)$에 대하여 $g(x)$는 $f(x)$의 역함수이다. $f(1)=3$, $g(1)=3$일 때,
> $$\int_1^3 \left\{ \dfrac{f(x)}{f'(g(x))}+\dfrac{g(x)}{g'(f(x))} \right\}dx$$
> 의 값은? (4점)
>
> ☑ ① -8　　　② -4　　　③ 0
> ④ 4　　　　⑤ 8

Step 1 역함수의 성질을 이용하여 주어진 식을 간단히 정리한다.

미분가능한 두 함수 $f(x)$, $g(x)$에 대하여 $g(x)$는 $f(x)$의 역함수이므로

$f(g(x))=x$이고 $g(f(x))=x$

합성함수의 미분법을 이용하면

$f'(g(x))g'(x)=1$이고 $g'(f(x))f'(x)=1$

$\therefore f'(g(x))=\dfrac{1}{g'(x)}$이고 $g'(f(x))=\dfrac{1}{f'(x)}$

따라서

$\displaystyle \int_1^3 \left\{ \dfrac{f(x)}{f'(g(x))}+\dfrac{g(x)}{g'(f(x))} \right\}dx$ 　참고로, 미분가능한 두 함수 $f(x)$, $g(x)$가 서로 역함수 관계이므로 역함수의 미분법을 통해 이를 구할 수도 있어.

$\displaystyle =\int_1^3 \{ f(x)g'(x)+g(x)f'(x) \}dx$ 　$f'(g(x))$ 대신 $\dfrac{1}{g'(x)}$ 대입

$\displaystyle =\int_1^3 \{ f(x)g(x) \}'dx$ 　$g'(f(x))$ 대신 $\dfrac{1}{f'(x)}$ 대입

$\displaystyle =\left[f(x)g(x) \right]_1^3$

$=f(3)g(3)-f(1)g(1)$

이때 $f(1)=3$에서 $g(3)=1$이고, $g(1)=3$에서 $f(3)=1$

따라서 구하는 값은 　두 함수 $f(x)$와 $g(x)$는 서로 역함수 관계이기 때문이야.

$f(3)g(3)-f(1)g(1)=1 \times 1-3 \times 3=-8$

022 [정답률 55%]

점 P가 점 A에서 점 B까지 움직일 때는 y좌표의 값이 1로 일정해.

정답 ⑤

그림과 같이 세 점 A(1, 1), B(4, 1), C(4, 5)를 꼭짓점으로 하는 삼각형 ABC가 있다. 점 P는 점 A를 출발하여 삼각형 ABC의 변을 따라 점 B를 지나 점 C까지 매초 1의 일정한 속력으로 움직이고 이차함수 $f(x)=kx^2$의 그래프가 점 P를 지난다. t초 후 곡선 $y=f(x)$ 위의 점 P에서의 접선의 기울기를 $g(t)$라 하자. [보기]에서 옳은 것만을 있는 대로 고른 것은? (단, 점 P는 한 번 지나간 점은 다시 지나가지 않는다.)

즉, k의 값은 점 P의 위치에 따라 바뀐다고 할 수 있지.

(4점)

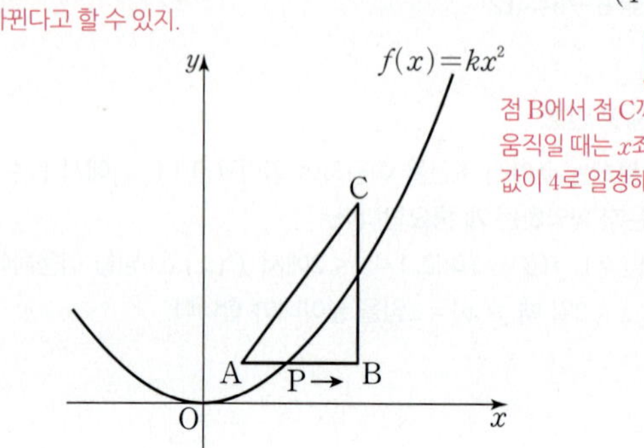

점 B에서 점 C까지 움직일 때는 x좌표의 값이 4로 일정해.

[보기]

ㄱ. $0 \le t < 3$일 때 점 P의 좌표는 $(t+1, 1)$

ㄴ. $g(t)=\dfrac{2}{t+1}$ $(0 \le t < 3)$

ㄷ. $\displaystyle\int_0^7 g(t)dt=6+4\ln 2$

점 P가 선분 AB 위에 있을 때와 선분 BC 위에 있을 때로 나누어 생각

① ㄱ ② ㄱ, ㄴ ③ ㄱ, ㄷ
④ ㄴ, ㄷ ⑤ ㄱ, ㄴ, ㄷ

Step 1 $0 \le t < 3$일 때의 점 P의 좌표를 t를 이용하여 나타낸다.

ㄱ. $0 \le t < 3$일 때 점 P는 점 A를 출발하여 삼각형 ABC의 변을 따라 점 B를 향해 매초 1의 속력으로 움직이므로 점 P의 좌표는 P$(1+t, 1)$ (참)

t초 동안 움직인 거리는 $t \times 1 = t$

$0 \le t < 3$에서 점 P의 y좌표는 항상 1이야.

Step 2 $0 \le t < 3$일 때의 곡선 $y=f(x)$ 위의 점 P에서의 접선의 기울기를 구한다.

점 A에서 출발했으므로 점 A의 x좌표인 1을 더해줘야 해! 빠뜨리지 않도록 주의

ㄴ. 점 P는 $y=kx^2$의 그래프 위의 점이므로

P$(t+1, 1)$

$1=k(t+1)^2$ $\therefore k=\dfrac{1}{(t+1)^2}$

$y=kx^2$에 $x=t+1, y=1$을 대입

$f(x)=kx^2$에서 $f'(x)=2kx$이므로

곡선 $y=f(x)$ 위의 점 P$(t+1, 1)$에서의 접선의 기울기는

$g(t)=f'(t+1)=2k(t+1)$

$=2 \times \dfrac{1}{(t+1)^2} \times (t+1)=\dfrac{2}{t+1}$ (참)

곡선 $y=f(x)$ 위의 $x=a$인 점에서의 접선의 기울기는 $f'(a)$와 같아.

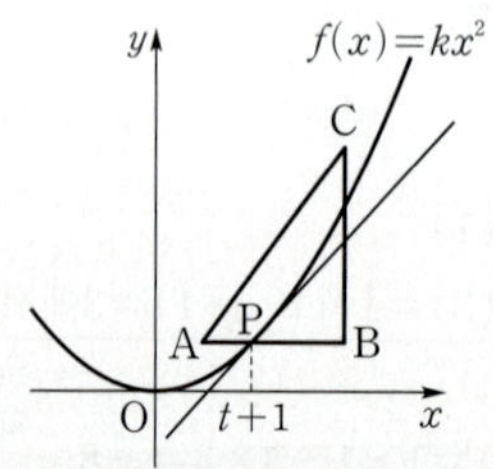

Step 3 $3 \le t \le 7$일 때의 곡선 $y=f(x)$ 위의 점 P에서 접선의 기울기를 구한다.

ㄷ. $3 \le t \le 7$일 때 점 P는 점 B에서 삼각형 ABC의 변을 따라 점 C까지 움직이므로 점 P의 좌표는 P$(4, t-2)$이다.

점 P는 $y=kx^2$의 그래프 위의 점이므로 $x=4, y=t-2$를 대입하면

$t-2=k \times 4^2$ $\therefore k=\dfrac{t-2}{16}$

곡선 $y=f(x)$ 위의 점 P$(4, t-2)$에서의 접선의 기울기는

$g(t)=f'(4)=2 \times \dfrac{t-2}{16} \times 4=\dfrac{t-2}{2}$

$f'(x)=2kx$에 $k=\dfrac{t-2}{16}$, $x=4$를 대입

Step 4 $\displaystyle\int_0^7 g(t)dt$의 값을 구한다.

$g(t)=\begin{cases} \dfrac{2}{t+1} & (0 \le t < 3) \\[2mm] \dfrac{t-2}{2} & (3 \le t \le 7) \end{cases}$

점 P가 삼각형 ABC의 변 AB 위에 있을 때와 변 BC 위에 있을 때 $g(t)$가 다르기 때문에 경우를 나누는 거야.

이므로

$\displaystyle\int_0^7 g(t)dt=\int_0^3 g(t)dt+\int_3^7 g(t)dt$

$\displaystyle =\int_0^3 \dfrac{2}{t+1}dt+\int_3^7 \dfrac{t-2}{2}dt$

$\dfrac{1}{2}\displaystyle\int_3^7 (t-2)dt$

$=\Big[2\ln|t+1|\Big]_0^3+\dfrac{1}{2}\Big[\dfrac{1}{2}t^2-2t\Big]_3^7$

$=(2\ln 4-2\ln 1)+\dfrac{1}{2}\left\{\left(\dfrac{49}{2}-14\right)-\left(\dfrac{9}{2}-6\right)\right\}$

$=4\ln 2+6$ (참)

계산 주의!

따라서 옳은 것은 ㄱ, ㄴ, ㄷ이다.

023 [정답률 37%]　　　　　　정답 ②

닫힌구간 $[0, 4\pi]$에서 연속이고 다음 조건을 만족시키는
모든 함수 $f(x)$에 대하여 $\displaystyle\int_0^{4\pi}|f(x)|\,dx$의 최솟값은? (4점)

(가) $0\le x\le\pi$일 때, $f(x)=1-\cos x$이다.
(나) $1\le n\le 3$인 각각의 자연수 n에 대하여
$$f(n\pi+t)=f(n\pi)+f(t)\ (0<t\le\pi)$$
또는
$$f(n\pi+t)=f(n\pi)-f(t)\ (0<t\le\pi)$$
이다.
(다) $0<x<4\pi$에서 곡선 $y=f(x)$의 변곡점의 개수는
6이다.

① 4π　　　② 6π　　　③ 8π
④ 10π　　　⑤ 12π

Step 1 조건 (가)를 통해 구간 $[0, \pi]$에서 함수 $y=f(x)$의 그래프의 개형과 변곡점의 위치를 파악한다.

조건 (가)에서 구간 $[0, \pi]$에서 $f(x)=1-\cos x$이고,
함수 $y=f(x)$의 그래프는 다음과 같다.

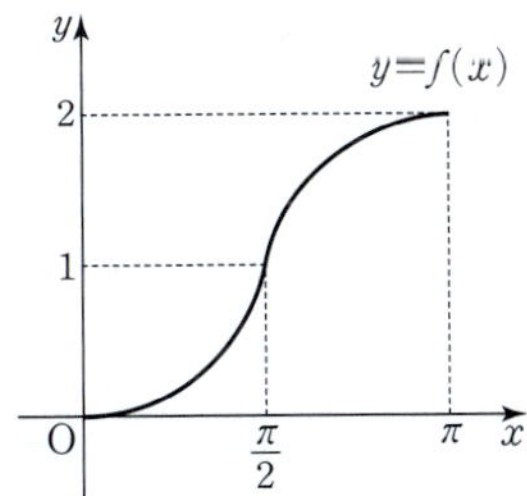

이 그래프는 구간 $\left(0, \dfrac{\pi}{2}\right)$에서 아래로 볼록이고 구간 $\left(\dfrac{\pi}{2}, \pi\right)$에서

위로 볼록이므로 $x=\dfrac{\pi}{2}$에서 변곡점을 갖는다.

Step 2 조건 (나)를 통해 구간 $[n\pi, (n+1)\pi]$에서 곡선의 모양을 파악한다.

$f(n\pi+t)=f(n\pi)+f(t)\ (0<t\le\pi)$인 경우,
구간 $[n\pi, (n+1)\pi]$에서 곡선의 모양은 다음과 같다.

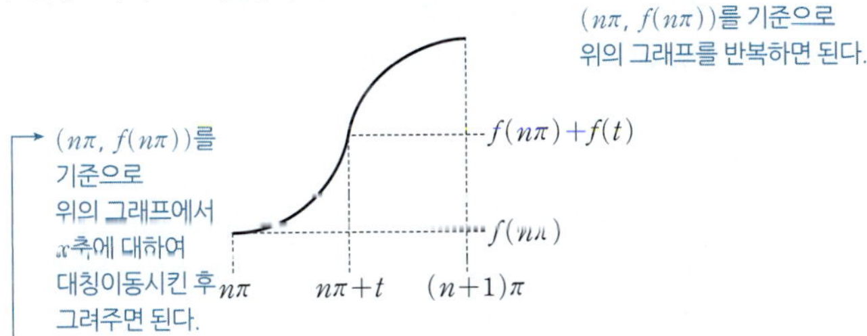

$f(n\pi+t)=f(n\pi)-f(t)\ (0<t\le\pi)$인 경우,
구간 $[n\pi, (n+1)\pi]$에서 곡선의 모양은 다음과 같다.

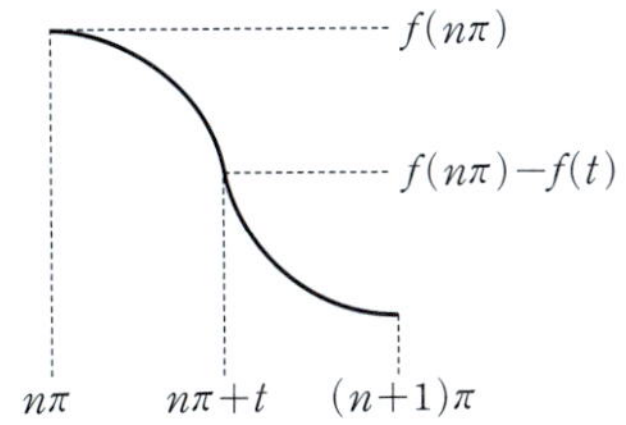

Step 3 $0<x<4\pi$에서 변곡점의 개수가 6이 되는 경우를 파악한다.

(i) 함수 $f(x)$가 $x=\pi$에서 극대일 때
$x=2\pi$, $x=3\pi$에서 변곡점이어야 한다.

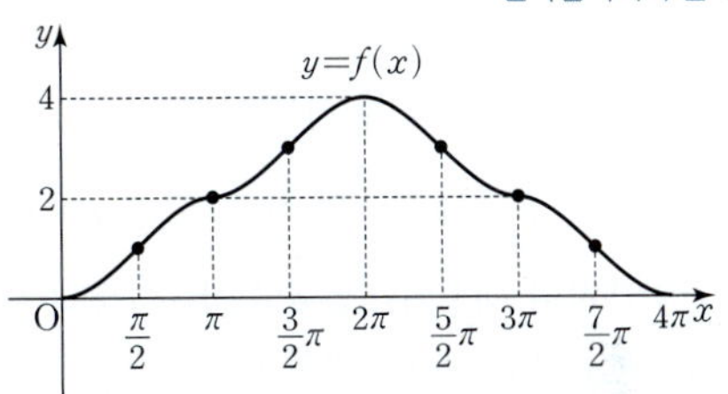

구간 $(n\pi, (n+1)\pi)$에서 무조건 $x=\left(n+\dfrac{1}{2}\right)\pi$에서 1개의 변곡점을 가지므로, 4개는 항상 존재한다. $x=\pi, 2\pi, 3\pi$ 중 두 점에서 변곡점을 가지도록 그래프를 그린다.

$$\int_0^{4\pi}|f(x)|\,dx=4\int_0^\pi f(x)\,dx+2\times(4\pi-3\pi)$$
$$=4\int_0^\pi(1-\cos x)\,dx+2\pi$$
$$=4\Big[x-\sin x\Big]_0^\pi+2\pi=6\pi$$

(ii) 함수 $f(x)$가 $x=2\pi$에서 극대일 때 → $x=\pi$, $x=3\pi$에서 변곡점이어야 한다.

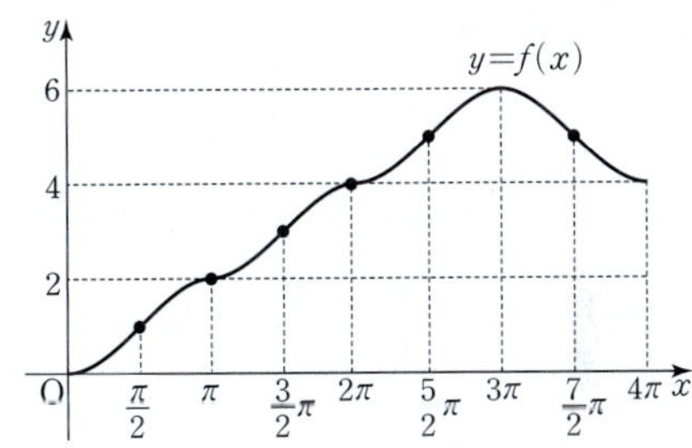

$$\int_0^{4\pi}|f(x)|\,dx=4\int_0^\pi f(x)\,dx+2\times(3\pi-\pi)=8\pi$$

(iii) 함수 $f(x)$가 $x=3\pi$에서 극대일 때 → $x=\pi$, $x=2\pi$에서 변곡점이어야 한다.

$$\int_0^{4\pi}|f(x)|\,dx=4\int_0^\pi f(x)\,dx+2\times(2\pi-\pi)+4\times(4\pi-2\pi)$$
$$=14\pi$$

(i)~(iii)에서 구하는 최솟값은 6π이다.

024 [정답률 59%]

정답 ④

함수 $f(x)=\dfrac{5}{2}-\dfrac{10x}{x^2+4}$ 와 함수 $g(x)=\dfrac{4-|x-4|}{2}$ 의 그래프가 그림과 같다.

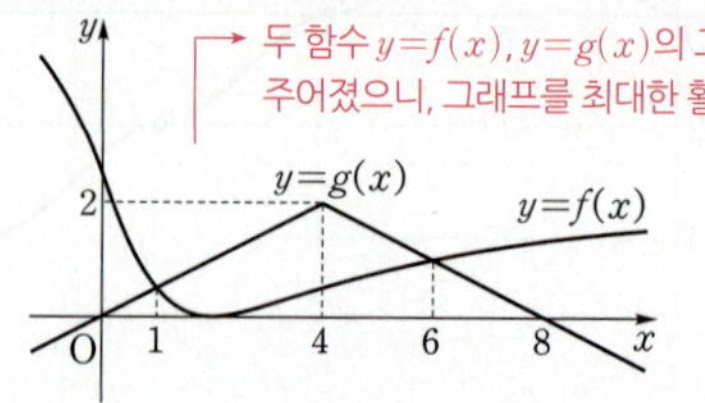

$0\le a\le 8$인 a에 대하여 $\displaystyle\int_0^a f(x)dx+\int_a^8 g(x)dx$의 최솟값은? (4점)

→ 우선 구하는 식을 a에 대하여 나타내야 해!

① $14-5\ln 5$ ② $15-5\ln 10$ ③ $15-5\ln 5$
④ $16-5\ln 10$ ⑤ $16-5\ln 5$

Step 1 a의 범위를 나누어 정적분을 계산한다.

$S(a)=\displaystyle\int_0^a f(x)dx+\int_a^8 g(x)dx$ 라 하고, 함수 $y=g(x)$의 그래프가 직선 $x=4$에 대하여 대칭이므로 a의 값을 4를 기준으로 범위를 나누어 $S(a)$를 계산하면

→ $x<4$일 때, $g(x)=\dfrac{4-(-x+4)}{2}=\dfrac{x}{2}$

(i) $0\le a\le 4$일 때

$x\ge 4$일 때, $g(x)=\dfrac{4-(x-4)}{2}=\dfrac{-x+8}{2}$

$S(a)=\displaystyle\int_0^a f(x)dx+\int_a^8 g(x)dx$

→ 즉, a에 대한 함수 $S(a)$의 식을 구하여 함수 $S(a)$의 최솟값을 구해야 하는 거야!

$=\displaystyle\int_0^a\left(\dfrac{5}{2}-\dfrac{10x}{x^2+4}\right)dx+\int_a^4\dfrac{x}{2}dx+\int_4^8\dfrac{-x+8}{2}dx$

$=\left[\dfrac{5}{2}x-5\ln(x^2+4)\right]_0^a+\left[\dfrac{1}{4}x^2\right]_a^4+\left[-\dfrac{1}{4}x^2+4x\right]_4^8$

$=\dfrac{5}{2}a-5\ln(a^2+4)+5\ln 4+4-\dfrac{1}{4}a^2+16-12$

$=-5\ln(a^2+4)-\dfrac{1}{4}a^2+\dfrac{5}{2}a+5\ln 4+8$

$\{5\ln(x^2+4)\}'$
$=5\times\dfrac{1}{x^2+4}\times(x^2+4)'$
$=\dfrac{10x}{x^2+4}$

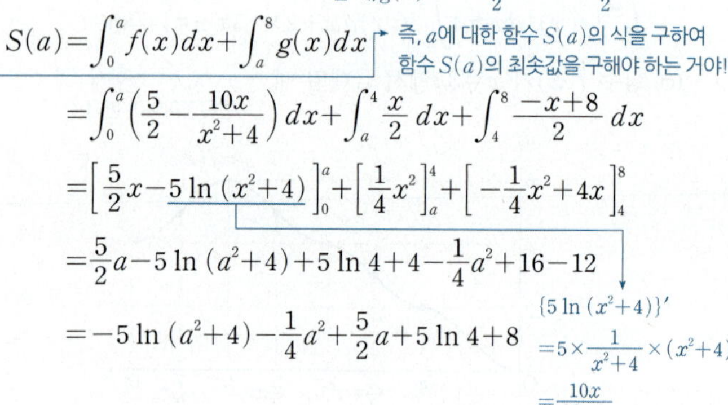

→ 즉, a에 대한 함수 $S(a)$의 식을 구하여 함수 $S(a)$의 최솟값을 구해야 하는 거야!

(ii) $4<a\le 8$일 때

$S(a)=\displaystyle\int_0^a f(x)dx+\int_a^8 g(x)dx$

→ $x\ge 4$일 때 함수 $g(x)$의 식은 일정하므로, 굳이 범위를 나누지 않아도 돼.

$=\displaystyle\int_0^a\left(\dfrac{5}{2}-\dfrac{10x}{x^2+4}\right)dx+\int_a^8\dfrac{-x+8}{2}dx$

$=\left[\dfrac{5}{2}x-5\ln(x^2+4)\right]_0^a+\left[-\dfrac{1}{4}x^2+4x\right]_a^8$

$=\dfrac{5}{2}a-5\ln(a^2+4)+5\ln 4+16+\dfrac{1}{4}a^2-4a$

$=-5\ln(a^2+4)+\dfrac{1}{4}a^2-\dfrac{3}{2}a+5\ln 4+16$

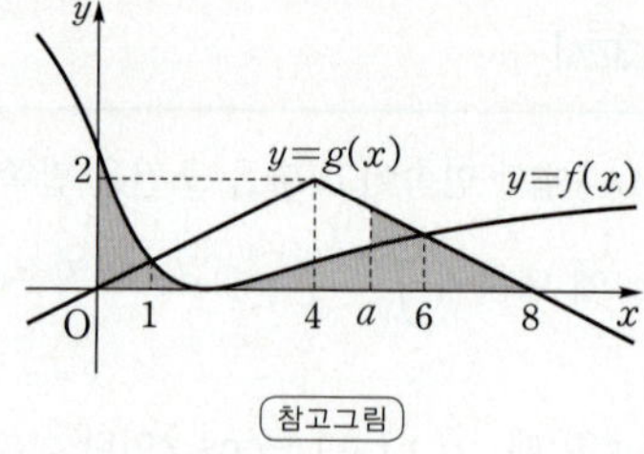

Step 2 주어진 식을 a에 대하여 미분하여 $S'(a)=0$일 때 a의 값을 구한다.

$S(a)=\displaystyle\int_0^a f(x)dx+\int_a^8 g(x)dx$에서

$S'(a)=f(a)-g(a)$

$\dfrac{d}{dx}\displaystyle\int_a^x f(t)dt=f(x)$

$0\le a\le 8$에서 $S'(a)=0$을 만족시키는 a의 값을 구하면

$S'(a)=f(a)-g(a)=0$, $f(a)=g(a)$이므로

$a=1$ 또는 $a=6$ → 두 함수의 그래프가 $x=1$, $x=6$일 때 만나기 때문이야.

Step 3 주어진 그래프를 이용하여 $S'(a)$의 부호를 조사한다.

→ 함수 $S(a)$의 극값을 조사하기 위한 과정이야.

$0\le a<1$에서 $f(a)>g(a)$이므로
$S'(a)=f(a)-g(a)>0$

$1<a<6$에서 $f(a)<g(a)$이므로
$S'(a)=f(a)-g(a)<0$

$6<a\le 8$에서 $f(a)>g(a)$이므로
$S'(a)=f(a)-g(a)>0$

Step 4 $S'(a)$의 부호를 이용하여 $S(a)$의 최솟값을 구한다.

$S'(a)=f(a)-g(a)$의 부호를 이용하여 함수 $S(a)$의 증가와 감소를 표로 나타내면 다음과 같다.

a	0	$\cdots$	1	$\cdots$	6	$\cdots$	8
$S'(a)$	+	+	0	−	0	+	+
$S(a)$	$S(0)$	↗	$S(1)$	↘	$S(6)$	↗	$S(8)$

→ $S(1)$ 극댓값   → $S(6)$ 극솟값

따라서 $S(a)$는 $a=1$에서 극댓값을 갖고, $a=6$에서 극솟값을 가지므로 함수 $S(a)$의 최솟값이 될 수 있는 함숫값은 $S(0)$ 또는 $S(6)$이다.

→ 함수 $S(a)$가 $0\le a\le 8$에서 연속이기 때문이야!

$0\le a\le 4$일 때

$S(a)=-5\ln(a^2+4)-\dfrac{1}{4}a^2+\dfrac{5}{2}a+5\ln 4+8$이므로

$S(0)=-5\ln 4+5\ln 4+8=8$ 계산 주의

$4<a\le 8$일 때

$S(a)=-5\ln(a^2+4)+\dfrac{1}{4}a^2-\dfrac{3}{2}a+5\ln 4+16$이므로

$S(6)=-5\ln 40+9-9+5\ln 4+16$
$\quad\;\;=16-5(\ln 40-\ln 4)$
$\quad\;\;=16-5\ln 10$

→ $\ln\dfrac{40}{4}=\ln 10$ $A-B>0$이면 $A>B$

이때 $S(0)-S(6)=8-(16-5\ln 10)=5\ln 10-8>0$
$(\because \ln 10>\log_3 10>2)$이므로 → 따라서 $S(0)>S(6)$

최솟값은 $S(6)=16-5\ln 10$

❋ 다른 풀이 *S′(a)*의 식을 이용하는 풀이

Step 1 동일

Step 2 $S(a)$를 미분하여 $S'(a)$의 부호를 조사한다.

(ⅰ) $0 \le a \le 4$일 때

$$S(a) = -5\ln(a^2+4) - \frac{1}{4}a^2 + \frac{5}{2}a + 5\ln 4 + 8 \text{에서}$$

$$S'(a) = -\frac{10a}{a^2+4} - \frac{1}{2}a + \frac{5}{2}$$

$\{\ln(a^2+4)\}' = \frac{(a^2+4)'}{a^2+4} = \frac{2a}{a^2+4}$이므로

$$= \frac{-20a - a(a^2+4) + 5(a^2+4)}{2(a^2+4)}$$

$$= \frac{-a^3 + 5a^2 - 24a + 20}{2(a^2+4)}$$

분자를 조립제법을 이용하여 인수분해하면

$$
\begin{array}{r|rrrr}
1 & -1 & 5 & -24 & 20 \\
  &   & -1 & 4 & -20 \\
\hline
  & -1 & 4 & -20 & 0
\end{array}
$$

$$= \frac{-(a-1)(a^2-4a+20)}{2(a^2+4)}$$

방정식 $a^2-4a+20=0$에서 판별식 $\frac{D}{4} = 4 - 20 < 0$이므로 $S'(a)=0$의 근은 1 하나야.

$$\therefore S'(1) = 0$$

$$\lim_{a \to 1-} S'(a) > 0, \quad \lim_{a \to 1+} S'(a) < 0$$

(ⅱ) $4 < a \le 8$일 때

$$S(a) = -5\ln(a^2+4) + \frac{1}{4}a^2 - \frac{3}{2}a + 5\ln 4 + 16 \text{에서}$$

$$S'(a) = -\frac{10a}{a^2+4} + \frac{1}{2}a - \frac{3}{2}$$

$$= \frac{-20a + a(a^2+4) - 3(a^2+4)}{2(a^2+4)}$$

$$= \frac{a^3 - 3a^2 - 16a - 12}{2(a^2+4)}$$

$$
\begin{array}{r|rrrr}
-1 & 1 & -3 & -16 & -12 \\
   &   & -1 & 4 & 12 \\
\hline
-2 & 1 & -4 & -12 & 0 \\
   &   & -2 & 12 & \\
\hline
   & 1 & -6 & 0 &
\end{array}
$$

$$= \frac{(a-6)(a+1)(a+2)}{2(a^2+4)}$$

$$\therefore S'(6) = 0$$

$$\lim_{a \to 6-} S'(a) < 0, \quad \lim_{a \to 6+} S'(a) > 0$$

(이하 동일) → 본 풀이의 **Step 4**로 넘어가!

참고

$0 \le a \le 4$일 때,

$$S(a) = -5\ln(a^2+4) - \frac{1}{4}a^2 + \frac{5}{2}a + 5\ln 4 + 8 \text{에서}$$

$$S'(a) = -\frac{10a}{a^2+4} - \frac{1}{2}a + \frac{5}{2}$$

$4 < a \le 8$일 때,

$$S(a) = -5\ln(a^2+4) + \frac{1}{4}a^2 - \frac{3}{2}a + 5\ln 4 + 16 \text{에서}$$

$$S'(a) = -\frac{10a}{a^2+4} + \frac{1}{2}a - \frac{3}{2}$$

이때 $\lim_{a \to 4-} S'(a) = S'(4) = -\frac{40}{20} - 2 + \frac{5}{2} = -\frac{3}{2}$

$$\lim_{a \to 4+} S'(a) = -\frac{40}{20} + 2 - \frac{3}{2} = -\frac{3}{2}$$

이므로 $S(a)$는 $a=4$에서 연속이고 미분가능하다.

따라서 $0 \le a \le 8$인 모든 a에서 연속이고 미분가능하다.

---

025 [정답률 84%] 정답 ⑤

$$\int_{\frac{1}{2}}^{1} \sqrt{2x-1}\, dx \text{의 값은? (3점)}$$

→ 적분해야 할 식이 복잡하니 치환적분을 이용

① $\frac{1}{15}$ ② $\frac{2}{15}$ ③ $\frac{1}{5}$

④ $\frac{4}{15}$ ✔ $\frac{1}{3}$

Step 1 치환적분법을 이용한다.

미분가능한 함수 $g(t)$에 대하여 $x = g(t)$로 놓으면 $\int f(x)dx = \int f(g(t))g'(t)dt$

정적분 $\int_{\frac{1}{2}}^{1} \sqrt{2x-1}\, dx$에서

$2x-1 = t$라 하면 $\frac{dx}{dt} = \frac{1}{2}$이고 → $2x-1=t$의 양변을 t에 대하여 미분한 거야.

$x = \frac{1}{2}$일 때 $t=0$, $x=1$일 때 $t=1$이므로 → 치환에 의한 적분 구간 변경

$$\int_{\frac{1}{2}}^{1} \sqrt{2x-1}\, dx = \frac{1}{2}\int_{0}^{1} \sqrt{t}\, dt$$

→ $\sqrt{t} = t^{\frac{1}{2}}$

$2x-1$ 대신 t, dx 대신 $\frac{1}{2}dt$를 대입했다고 보면 돼.

$$= \frac{1}{2} \times \left[\frac{2}{3}t\sqrt{t} \right]_{0}^{1}$$

→ $\int t^{\frac{1}{2}} dt = \frac{2}{3}t\sqrt{t} + C$ (단, C는 적분상수)

$$= \frac{1}{2} \times \frac{2}{3} = \frac{1}{3}$$

---

026 [정답률 81%] 정답 ③

$$\int_{0}^{\sqrt{3}} 2x\sqrt{x^2+1}\, dx \text{의 값은? (3점)}$$

→ $x^2+1=t$로 놓고 치환적분 이용!

① 4 ② $\frac{13}{3}$ ✔ $\frac{14}{3}$

④ 5 ⑤ $\frac{16}{3}$

Step 1 x^2+1을 치환하여 적분한다.

$\int_{0}^{\sqrt{3}} 2x\sqrt{x^2+1}\, dx$에서 $x^2+1=t$로 치환하면

→ x에 대하여 미분하면 $2x$가 됨을 알 수 있어!

$$2x = \frac{dt}{dx} \quad \therefore 2x\, dx = dt$$

$x=0$일 때 $t=1$, $x=\sqrt{3}$일 때 $t=4$이므로

$$\int_{0}^{\sqrt{3}} 2x\sqrt{x^2+1}\, dx = \int_{1}^{4} \sqrt{t}\, dt$$

→ 적분 구간을 바꿔주기 위한 과정이야.

$$= \left[\frac{2}{3}t\sqrt{t} \right]_{1}^{4}$$

$$= \left(\frac{2}{3} \times 8 \right) - \left(\frac{2}{3} \times 1 \right)$$

$$= \frac{16}{3} - \frac{2}{3} = \frac{14}{3}$$

---

027 [정답률 88%] 정답 ①

$$\int_{1}^{2} x\sqrt{x^2-1}\, dx \text{의 값은? (3점)}$$

→ $x^2-1=t$로 치환

✔ $\sqrt{3}$ ② 2 ③ $\sqrt{5}$

④ $\sqrt{6}$ ⑤ $\sqrt{7}$

Step 1 치환적분을 이용하여 주어진 식의 값을 구한다.

$x^2-1=t$라 하면

$2x\dfrac{dx}{dt}=1$이므로 $dx=\dfrac{dt}{2x}$

$\rightarrow t=2^2-1=4-1=3$

$x=1$일 때 $t=0$이고, $x=2$일 때 $t=3$이므로

$$\int_1^2 x\sqrt{x^2-1}\,dx=\int_0^3 \frac{1}{2}\sqrt{t}\,dt=\frac{1}{2}\int_0^3 \sqrt{t}\,dt$$

$\rightarrow \sqrt{t}$ 를 $t^{\frac{1}{2}}$으로 변형하여 적분

$$=\frac{1}{2}\left[\frac{2}{3}t\sqrt{t}\right]_0^3$$

$\int t^n dt=\dfrac{1}{n+1}t^{n+1}+C$ (C는 적분상수)

$$=\frac{1}{2}\left(\frac{2}{3}\times 3\sqrt{3}-0\right)$$

에 $n=\dfrac{1}{2}$을 대입

$$=\sqrt{3}$$

$\rightarrow \dfrac{2}{3}t\sqrt{t}$에 $t=0$을 대입하면 값이 0이야.

수능포인트

문제에서 주어진 식을 살펴보면 근호 안에 x^2-1이 있어 바로 적분하기 힘들다는 것을 알 수 있습니다. 이런 경우 치환적분법을 이용하면 문제를 쉽게 해결할 수 있습니다. 치환적분법에서 중요한 것은 어느 식을 치환할지 정하는 것과 치환했을 때 적분 구간이 바뀐다는 사실입니다.

---

028 [정답률 78%]

정답 ②

$\displaystyle\int_1^{\sqrt{2}} x^3\sqrt{x^2-1}\,dx$의 값은? (3점)

$\rightarrow x^2-1=t$로 치환!

① $\dfrac{7}{15}$　　② $\dfrac{8}{15}$　　③ $\dfrac{3}{5}$

④ $\dfrac{2}{3}$　　⑤ $\dfrac{11}{15}$

Step 1 치환적분을 이용하여 정적분의 값을 구한다.

$\displaystyle\int_1^{\sqrt{2}} x^3\sqrt{x^2-1}\,dx$에서 $x^2-1=t$라 하면

$2x=\dfrac{dt}{dx}$　　$\therefore dx=\dfrac{dt}{2x}$

또한 $x=1$일 때 $t=0$, $x=\sqrt{2}$일 때 $t=1$이므로

$\displaystyle\int_1^{\sqrt{2}} x^3\sqrt{x^2-1}\,dx$

$\rightarrow t=(\sqrt{2})^2-1=1$

$\rightarrow x^3\cdot dx=x^2\cdot\dfrac{dt}{2x}=\dfrac{x^2}{2}\cdot dt=\dfrac{t+1}{2}dt$

$$=\int_0^1 \frac{1}{2}(t+1)\sqrt{t}\,dt$$

$$=\frac{1}{2}\int_0^1 (t\sqrt{t}+\sqrt{t})\,dt$$

$\rightarrow$ 적분하기 쉽게 t^n 꼴로 바꿔.

$$=\frac{1}{2}\int_0^1 (t^{\frac{3}{2}}+t^{\frac{1}{2}})\,dt$$

$$=\frac{1}{2}\left[\frac{2}{5}t^{\frac{5}{2}}+\frac{2}{3}t^{\frac{3}{2}}\right]_0^1$$

$$=\frac{1}{2}\times\left(\frac{2}{5}+\frac{2}{3}\right)$$

$$=\frac{1}{2}\times\frac{16}{15}=\frac{8}{15}$$

---

029 [정답률 96%]

정답 ⑤

$\displaystyle\int_0^e \frac{5}{x+e}\,dx$의 값은? (3점)

$\displaystyle\int_0^e \frac{5}{x+e}\,dx=5\int_0^e \frac{1}{x+e}\,dx$

$=5\left[\ln|x+e|\right]_0^e$

① $\ln 2$　　② $2\ln 2$　　③ $3\ln 2$

④ $4\ln 2$　　⑤ $5\ln 2$

$\rightarrow$ 주어진 식의 분모에 e가 들어가 있어서 복잡하다고 생각할 수도 있는데 e는 문자가 아닌 상수야. 상수라고 생각하고 적분하면 쉽게 풀리지.

Step 1 주어진 식을 적분하여 답을 구한다.

$$\int_0^e \frac{5}{x+e}\,dx=\left[5\ln|x+e|\right]_0^e=5\times(\ln 2e-\ln e)$$

$$=5\ln\frac{2e}{e}=5\ln 2$$

$\rightarrow \ln a-\ln b=\ln\dfrac{a}{b}$ ($a>0,\,b>0$)

이므로 $\ln 2e-\ln e=\ln\dfrac{2e}{e}$ 야.

$\displaystyle\int\frac{1}{ax+b}\,dx=\frac{1}{a}\ln|ax+b|+C$

---

030 [정답률 92%]

정답 ④

$\displaystyle\int_0^{10} \frac{x+2}{x+1}\,dx$의 값은? (3점)

① $10+\ln 5$　　② $10+\ln 7$　　③ $10+2\ln 3$

④ $10+\ln 11$　　⑤ $10+\ln 13$

Step 1 정적분을 계산한다.

$$\int_0^{10} \frac{x+2}{x+1}\,dx=\int_0^{10}\left(1+\frac{1}{x+1}\right)dx$$

$\rightarrow \dfrac{1}{x+1}=\dfrac{(x+1)'}{x+1}$ 임을 이용

$$=\frac{(x+1)+1}{x+1}=\left[x+\ln|x+1|\right]_0^{10}$$

$$=(10+\ln 11)-(0+\ln 1)=10+\ln 11$$

$\rightarrow =0$

---

031 [정답률 90%]

정답 ③

$\displaystyle\int_0^3 \frac{2}{2x+1}\,dx$의 값은? (3점)

$\rightarrow$ **중요** $2x+1$을 x에 대하여 미분하면 2임을 이용

① $\ln 5$　　② $\ln 6$　　③ $\ln 7$

④ $3\ln 2$　　⑤ $2\ln 3$

Step 1 주어진 정적분을 계산한다.

$$\int_0^3 \frac{2}{2x+1}\,dx=\int_0^3 \frac{(2x+1)'}{2x+1}\,dx$$

$$=\left[\ln|2x+1|\right]_0^3$$

암기 $f(x)\neq 0$인 연속함수 $f(x)$에서 $\displaystyle\int_a^b \frac{f'(x)}{f(x)}\,dx=\left[\ln|f(x)|\right]_a^b$

$$=\ln 7-\ln 1$$

$$=\ln 7-0$$

$$=\ln 7$$

032 [정답률 72%]   정답 ⑤

> $x>1$인 모든 실수 x의 집합에서 정의되고 미분가능한 함수
> $f(x)$가
> $$\sqrt{x-1}\,f'(x)=3x-4$$
> 를 만족시킬 때, $f(5)-f(2)$의 값은? (3점)
>
> ① 4   ② 6   ③ 8
> ④ 10   ⑤ 12

Step 1 치환적분법을 이용하여 $f(x)$를 구한다.

$\sqrt{x-1}\,f'(x)=3x-4$에서 $f'(x)=\dfrac{3x-4}{\sqrt{x-1}}$

$\quad\quad\quad\quad\quad\quad\quad\quad \rightarrow x>1$이므로 $\sqrt{x-1}\neq0$이야.

$f(x)=\displaystyle\int\dfrac{3x-4}{\sqrt{x-1}}dx$에서 $x-1=t$로 치환하면 $dx=dt$

$\quad\quad\quad\quad\quad\quad\quad \rightarrow x=t+1$이므로 $3x-4=3(t+1)-4=3t-1$

$f(x)=\displaystyle\int\dfrac{3t-1}{\sqrt{t}}dt=\int\left(3\sqrt{t}-\dfrac{1}{\sqrt{t}}\right)dt=\int(3t^{\frac{1}{2}}-t^{-\frac{1}{2}})dt$

$\quad=2t^{\frac{3}{2}}-2t^{\frac{1}{2}}+C$ (단, C는 적분상수)

$\quad=2(x-1)^{\frac{3}{2}}-2(x-1)^{\frac{1}{2}}+C \quad\rightarrow =3\times\dfrac{1}{\frac{1}{2}+1}t^{\frac{1}{2}+1}$

Step 2 $f(5)-f(2)$의 값을 구한다.

$f(5)=2\times4^{\frac{3}{2}}-2\times4^{\frac{1}{2}}+C \quad\rightarrow 2^{2\times\frac{3}{2}}=2^3=8$

$\quad=16-4+C=12+C$

$f(2)=2-2+C=C$

$\therefore f(5)-f(2)=12$

033 [정답률 64%]   정답 ④

> 두 함수 $f(x),\,g(x)$가 서로 역함수 관계에 있으므로 $g(f(x))=x$가 성립한다.
>
> 실수 전체의 집합에서 미분가능한 함수 $f(x)$의 역함수를 $g(x)$라 하자. 두 함수 $f(x),\,g(x)$가 다음 조건을 만족시킨다.
>
> > (가) $f(0)=1$
> > (나) 모든 실수 x에 대하여 $f(x)g'(f(x))=\dfrac{1}{x^2+1}$이다.
>
> $f(3)$의 값은? (4점)
>
> ① e^3 ② e^6 ③ e^9
> ④ e^{12} ⑤ e^{15}

Step 1 함수 $f(x)$의 역함수가 $g(x)$임을 이용한다.

함수 $f(x)$의 역함수가 $g(x)$이므로

$g(f(x))=x$

위 식의 양변을 x에 대하여 미분하면

$g'(f(x))f'(x)=1 \quad\cdots\cdots\ \bigcirc$

$\quad\rightarrow$ 합성함수의 미분법

Step 2 조건 (나)를 이용하여 $|f(x)|$의 식을 구한다.

조건 (나)에서 $g'(f(x))\neq0$이므로

$\bigcirc$에서 $g'(f(x))=\dfrac{1}{f'(x)}$

위 식을 조건 (나)의 식에 대입하면

$f(x)g'(f(x))=f(x)\times\dfrac{1}{f'(x)}$

$\quad\quad\quad\quad\quad =\dfrac{f(x)}{f'(x)} \quad\rightarrow g'(f(x))$ 대신

$\quad\quad\quad\quad\quad\quad\quad\quad\quad\quad \dfrac{1}{f'(x)}$을 넣어주었어.

$\quad\quad\quad\quad\quad =\dfrac{1}{x^2+1}$

이므로 $\dfrac{f'(x)}{f(x)}=x^2+1 \quad\rightarrow \dfrac{f(x)}{f'(x)}=\dfrac{1}{x^2+1}$의 양변에 역수를 취했어.

위 식의 양변을 x에 대하여 적분하면

$\ln|f(x)|=\dfrac{1}{3}x^3+x+C$ (단, C는 적분상수)

$\therefore |f(x)|=e^{\frac{1}{3}x^3+x+C} \quad \displaystyle\int\dfrac{f'(x)}{f(x)}dx=\ln|f(x)|+C$

Step 3 조건 (가)를 이용하여 $f(3)$의 값을 구한다.

조건 (가)에서 $f(0)=1>0$이고, 함수 $f(x)$는 실수 전체의 집합에서 미분가능하므로

$f(x)=e^{\frac{1}{3}x^3+x+C}$

위 식에 $x=0$을 대입하면

$f(0)=e^C=1$ ($\because$ 조건 (가))

$\therefore C=0 \quad\rightarrow e^0=1$이므로 $C=0$

따라서 $f(x)=e^{\frac{1}{3}x^3+x}$이므로

$f(3)=e^{\frac{1}{3}\times3^3+3}=e^{12}$

수능포인트

가장 먼저 생각해봐야할 조건은 두 함수 $f(x),\,g(x)$가 서로 역함수 관계라는 것입니다. 이 사실을 통해 $g'(f(x))f'(x)=1$의 식을 구할 수 있고, 나아가 조건 (나)의 식과 연립해 $f(x)$의 식도 구할 수 있습니다. 이와 같이 조건 (가), (나)가 주어지는 문제에서는 제일 먼저 접근할 부분을 선택하는 것이 가장 중요합니다.

034   정답 ②

> 정적분 $2\displaystyle\int_0^1 xe^{-x^2}dx$의 값은? (2점)
>
> $\rightarrow e^{-x}$을 적분하기 어려우므로 적분하기 쉽도록 $x^2=t$로 치환
>
> ① $\dfrac{1}{e}$ ② $\dfrac{e-1}{e}$ ③ $\dfrac{e+1}{e}$
> ④ $e-1$ ⑤ $e+1$

Step 1 $x^2=t$로 치환하여 계산한다. $\quad\rightarrow x^2=t$에서 양변을 미분하면 $2x\,dx=dt$

$2\displaystyle\int_0^1 xe^{-x^2}dx$에서 $x^2=t$로 놓으면 $2x\,dx=dt$이다.

$\therefore x\,dx=\dfrac{1}{2}dt \quad\rightarrow$ 치환했기 때문에 적분 구간을 바꿔준 거야. 그런데 원래의 적분 구간이랑 같은 경우야.

$x=0$일 때 $t=0$이고, $x=1$일 때 $t=1$이므로

$2\displaystyle\int_0^1 xe^{-x^2}dx=2\int_0^1 e^{-t}\cdot\dfrac{1}{2}dt$

$\quad=2\cdot\dfrac{1}{2}\displaystyle\int_0^1 e^{-t}dt$

$\quad=\displaystyle\int_0^1 e^{-t}dt=\Big[-e^{-t}\Big]_0^1$

$\quad=-e^{-1}-(-e^0)$

$\quad=1-\dfrac{1}{e}=\dfrac{e-1}{e}$

분모를 e로 통분하여 정리해준 거야.

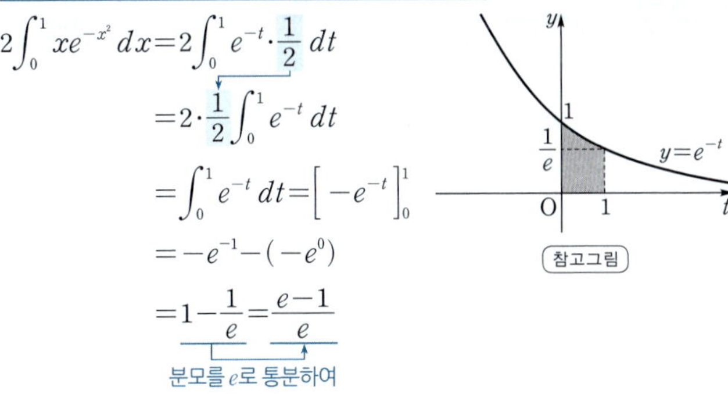

035 [정답률 86%]　　　　　　　　　　정답 4

$$\int_2^4 2e^{2x-4}\,dx=k일 \ 때, \ \ln(k+1)의 \ 값을 \ 구하시오. \ (3점)$$

Step 1 지수함수의 정적분을 이용한다.

$$\int_2^4 2e^{2x-4}\,dx=\int_2^4 2e^{2x}\times e^{-4}\,dx$$

e^{-4}은 상수니까 정적분 밖으로 빼줄 수 있어.

$a^{-n}=\dfrac{1}{a^n}$

$$=\frac{1}{e^4}\int_2^4 2e^{2x}\,dx$$

$$=\frac{1}{e^4}\left[e^{2x}\right]_2^4$$

$$=\frac{1}{e^4}(e^8-e^4)$$

$$=e^4-1$$

따라서 $k=e^4-1$이므로

$$\ln(k+1)=\ln(e^4-1+1)$$

$$=\ln e^4=4$$

$=4\ln e$

036 [정답률 82%]　　　　　　　　　　정답 ③

$$\int_1^e\left(\frac{3}{x}+\frac{2}{x^2}\right)\ln x\,dx-\int_1^e\frac{2}{x^2}\ln x\,dx의 \ 값은? \ (3점)$$

① $\dfrac{1}{2}$　　　　② 1　　　　✔ $\dfrac{3}{2}$

④ 2　　　　⑤ $\dfrac{5}{2}$

Step 1 치환적분법을 이용하여 정적분의 값을 구한다.

$$\int_1^e\left(\frac{3}{x}+\frac{2}{x^2}\right)\ln x\,dx-\int_1^e\frac{2}{x^2}\ln x\,dx$$

정적분의 적분 구간이 같으므로 하나의 정적분으로 합쳐서 계산한다.

$$=\int_1^e\left\{\left(\frac{3}{x}+\frac{2}{x^2}\right)\ln x-\frac{2}{x^2}\ln x\right\}dx$$

$$=\int_1^e\frac{3}{x}\ln x\,dx$$

$\ln x=t$의 양변을 t에 대하여 미분하면 $\dfrac{1}{x}\dfrac{dx}{dt}=1$

$\ln x=t$라 하면 $\dfrac{1}{x}\dfrac{dx}{dt}=1$이므로 $\dfrac{1}{x}dx=dt$

$x=1$일 때 $t=0$이고, $x=e$일 때 $t=1$이므로

$\ln e=1$

$$\int_1^e\frac{3}{x}\ln x\,dx=\int_0^1 3t\,dt=\left[\frac{3}{2}t^2\right]_0^1=\frac{3}{2}$$

$\ln 1=0$

037 [정답률 93%]　　　　　　　　　　정답 ①

$$\int_1^e\frac{3(\ln x)^2}{x}\,dx의 \ 값은? \ (3점)$$

✔ 1　　　　② $\dfrac{1}{2}$　　　　③ $\dfrac{1}{3}$

④ $\dfrac{1}{4}$　　　　⑤ $\dfrac{1}{5}$

Step 1 $\ln x$를 t로 치환한 후 적분한다.

$$\int_1^e\frac{3(\ln x)^2}{x}\,dx에서 \ \ln x=t로 \ 놓으면 \ \frac{1}{x}\,dx=dt$$

$x=1$일 때, $t=\ln 1=0$

$x=e$일 때, $t=\ln e=1$

1로 바꿔 줘.　t로 바꿔 줘.

$$\therefore \int_1^e\frac{3(\ln x)^2}{x}\,dx=\int_1^e 3(\ln x)^2\times\frac{1}{x}\,dx$$

0으로 바꿔 줘.　dt로 바꿔 줘.

$$=\int_0^1 3t^2\,dt$$

$$=\left[t^3\right]_0^1$$

$$=1-0=1$$

038 [정답률 85%]　　　　　　　　　　정답 ④

$$\int_1^{e^2}\frac{(\ln x)^3}{x}\,dx의 \ 값은? \ (3점)$$

$\ln x=t$라 하고 치환적분법을 이용

① $2\ln 2$　　　② 2　　　③ $4\ln 2$

✔ 4　　　⑤ $6\ln 2$

Step 1 치환적분법을 이용한다.

$$\int_1^{e^2}\frac{(\ln x)^3}{x}\,dx에서 \ \ln x=t라 \ 하면$$

$$\frac{1}{x}=\frac{dt}{dx}\qquad\therefore dx=x\,dt$$

이때 $x=1$이면 $t=\ln 1=0$,

$\ln x=t$의 양변을 x에 대하여 미분한 거야.

$x=e^2$이면 $t=\ln e^2=2$이므로

$$\int_1^{e^2}\frac{(\ln x)^3}{x}\,dx=\int_0^2\frac{t^3}{x}\cdot x\,dt=\int_0^2 t^3\,dt=\left[\frac{1}{4}t^4\right]_0^2=\frac{1}{4}(2^4-0)=4$$

약분되어 사라져.

적분 구간을 바꿔주는 걸 잊으면 안돼!

039 [정답률 53%]　　　　　　　　　　정답 ②

1보다 큰 실수 a에 대하여 $f(a)=\displaystyle\int_1^a\frac{\sqrt{\ln x}}{x}\,dx$라 할 때,

$f(a^4)$과 같은 것은? (3점)

치환적분법을 떠올려야 해!

① $4f(a)$　　　✔ $8f(a)$　　　③ $12f(a)$

④ $16f(a)$　　　⑤ $20f(a)$

우리가 적분하기 쉬운 형태로 변형하기 위해서 치환하는 거야.

Step 1 $\ln x=t$로 치환하여 $f(a)$를 계산한다.

$\ln x=t$로 놓으면 $\dfrac{1}{x}\,dx=dt$이고　$(\ln x)'=\dfrac{1}{x}$

주의 치환할 경우 항상 주의해야 하는 부분이야.

$x=1$일 때 $t=\ln 1=0$, $x=a$일 때 $t=\ln a$이므로

치환할 경우 적분의 범위까지 꼼꼼히 확인해야 해!

$$f(a)=\int_1^a\frac{\sqrt{\ln x}}{x}\,dx=\int_0^{\ln a}\sqrt{t}\,dt$$

$$=\int_0^{\ln a}t^{\frac{1}{2}}\,dt=\left[\frac{2}{3}t^{\frac{3}{2}}\right]_0^{\ln a}=\frac{2}{3}(\ln a)^{\frac{3}{2}}$$

Step 2 $f(a)$를 이용하여 $f(a^4)$을 계산한다.

$$\therefore f(a^4)=\frac{2}{3}(\ln a^4)^{\frac{3}{2}}=\frac{2}{3}(4\ln a)^{\frac{3}{2}}$$

로그의 기본 성질

$$=4^{\frac{3}{2}}\cdot\frac{2}{3}(\ln a)^{\frac{3}{2}}=8f(a)$$

$f(a)$와 같아!

알아야 할 기본개념

치환적분법

미분가능한 함수 $g(t)$에 대하여 $x=g(t)$로 놓으면

$$\int f(x)dx=\int f(\,g(t))g'(t)dt$$

→ 잊어버리기 쉬우니 항상 주의해야 해!

→ 성석문인 경우 적분하는 범위를 꼼꼼히 확인해야 해!

---

040 [정답률 90%] 정답 ③

$\displaystyle\int_0^{\frac{\pi}{6}}\cos 3x\,dx$의 값은? (3점)

→ 삼각함수의 정적분은 부호에 유의해야 해.

① $\dfrac{1}{6}$ ② $\dfrac{1}{4}$ ③ $\dfrac{1}{3}$

④ $\dfrac{5}{12}$ ⑤ $\dfrac{1}{2}$

Step 1 삼각함수의 적분법을 이용한다.

$$\int_0^{\frac{\pi}{6}}\cos 3x\,dx=\left[\frac{1}{3}\sin 3x\right]_0^{\frac{\pi}{6}}=\frac{1}{3}\left\{\sin\left(3\times\frac{\pi}{6}\right)-\sin 0\right\}$$
$$=\frac{1}{3}\left(\sin\frac{\pi}{2}-0\right)=\frac{1}{3}$$

→ $\int\cos x\,dx=\sin x+C$ (C는 적분상수)

---

041 [정답률 89%] 정답 ⑤

$\displaystyle\int_0^{\frac{\pi}{3}}\cos\left(\frac{\pi}{3}-x\right)dx$의 값은? (3점)

① $\dfrac{1}{3}$ ② $\dfrac{1}{2}$ ③ $\dfrac{\sqrt{3}}{3}$

④ $\dfrac{\sqrt{2}}{2}$ ⑤ $\dfrac{\sqrt{3}}{2}$

Step 1 치환적분을 이용한다.

$\dfrac{\pi}{3}-x=t$, 즉 $x=\dfrac{\pi}{3}-t$로 놓으면 $dx=-dt$이고

$x=0$일 때 $t=\dfrac{\pi}{3}$, $x=\dfrac{\pi}{3}$일 때 $t=0$이므로

$$\int_0^{\frac{\pi}{3}}\cos\left(\frac{\pi}{3}-x\right)dx=-\int_{\frac{\pi}{3}}^0(\cos t)dt=\int_0^{\frac{\pi}{3}}\cos t\,dt$$
$$=\left[\sin t\right]_0^{\frac{\pi}{3}}=\frac{\sqrt{3}}{2}$$

→ $=\sin\dfrac{\pi}{3}-\sin 0=\dfrac{\sqrt{3}}{2}-0$

★ 다른 풀이 정적분의 값을 바로 구하는 풀이

Step 1 정적분의 값을 구한다.

$$\int_0^{\frac{\pi}{3}}\cos\left(\frac{\pi}{3}-x\right)dx=\left[-\sin\left(\frac{\pi}{3}-x\right)\right]_0^{\frac{\pi}{3}}$$
$$=-\sin 0-\left(-\sin\frac{\pi}{3}\right)=\frac{\sqrt{3}}{2}$$

→ $\int\cos(ax+b)dx=\dfrac{1}{a}\sin(ax+b)+C$ (단, C는 적분상수)

---

042 [정답률 83%] 정답 ⑤

$\displaystyle\int_0^{\frac{\pi}{4}}2\cos 2x\sin^2 2x\,dx$의 값은? (3점)

① $\dfrac{1}{9}$ ② $\dfrac{1}{6}$ ③ $\dfrac{2}{9}$

④ $\dfrac{5}{18}$ ⑤ $\dfrac{1}{3}$

Step 1 치환적분법을 이용하여 주어진 정적분의 값을 구한다.

$\sin 2x=t$라 하면 $2\cos 2x=\dfrac{dt}{dx}$이고, $x=0$일 때 $t=0$,

$x=\dfrac{\pi}{4}$일 때 $t=1$이므로

→ 양변을 x에 대하여 미분한 거야.

$$\int_0^{\frac{\pi}{4}}2\cos 2x\sin^2 2x\,dx=\int_0^1 t^2\,dt$$
$$=\left[\frac{1}{3}t^3\right]_0^1$$
$$=\frac{1}{3}$$

---

043 [정답률 92%] 정답 ④

$\displaystyle\int_{\frac{\pi}{4}}^{\frac{3\pi}{4}}\cos\left(x-\frac{\pi}{4}\right)e^{\sin\left(x-\frac{\pi}{4}\right)}dx$의 값은? (3점)

① $e-2$ ② $\dfrac{e-1}{2}$ ③ $\dfrac{e}{2}$

④ $e-1$ ⑤ $\dfrac{e+1}{2}$

Step 1 치환적분을 이용하여 정적분의 값을 구한다.

$\sin\left(x-\dfrac{\pi}{4}\right)=t$로 놓으면 $\cos\left(x-\dfrac{\pi}{4}\right)dx=dt$

$x=\dfrac{\pi}{4}$일 때 $t=0$, $x=\dfrac{3\pi}{4}$일 때 $t=1$이므로

$$\int_{\frac{\pi}{4}}^{\frac{3\pi}{4}}\cos\left(x-\frac{\pi}{4}\right)e^{\sin\left(x-\frac{\pi}{4}\right)}dx=\int_0^1 e^t\,dt=\left[e^t\right]_0^1=e-1$$

→ dt

---

044 [정답률 74%] 정답 3

$\displaystyle\int_0^{\frac{\pi}{2}}(\cos x+3\cos^3 x)\,dx$의 값을 구하시오. (3점)

Step 1 주어진 정적분의 식을 변형한다.

$$\int_0^{\frac{\pi}{2}}(\cos x+3\cos^3 x)\,dx$$
$$=\int_0^{\frac{\pi}{2}}\cos x(1+3\cos^2 x)\,dx$$
$$=\int_0^{\frac{\pi}{2}}\cos x\{1+3(1-\sin^2 x)\}\,dx$$
$$=\int_0^{\frac{\pi}{2}}\cos x(4-3\sin^2 x)\,dx$$

→ $\sin^2 x+\cos^2 x=1$임을 이용!

Step 2 치환적분을 이용한다.

$\sin x = t$로 치환하면 $\cos x = \dfrac{dt}{dx}$

$\therefore dx = \dfrac{dt}{\cos x}$

$x=0$일 때 $t=0$, $x=\dfrac{\pi}{2}$일 때 $t=1$이므로

$\displaystyle\int_0^{\frac{\pi}{2}} \cos x(4-3\sin^2 x)\,dx$ → 적분 구간을 바꿔주기 위한 과정이야.

$=\displaystyle\int_0^1 (4-3t^2)\,dt$

$=\Big[4t-t^3\Big]_0^1$

$=3$

045 [정답률 84%]   정답 ④

> $\displaystyle\int_0^{\frac{\pi}{2}} \sqrt{\sin x - \sin^3 x}\,dx$의 값은? (3점)
>
> ① $\dfrac{1}{6}$ ② $\dfrac{1}{3}$ ③ $\dfrac{1}{2}$
>
> ④ $\dfrac{2}{3}$ ⑤ $\dfrac{5}{6}$

Step 1 치환적분법을 이용하여 식의 값을 구한다.

$\displaystyle\int_0^{\frac{\pi}{2}} \sqrt{\sin x - \sin^3 x}\,dx = \int_0^{\frac{\pi}{2}} \sqrt{\sin x(1-\sin^2 x)}\,dx$

$\qquad\qquad\qquad = \displaystyle\int_0^{\frac{\pi}{2}} \sqrt{\sin x \cos^2 x}\,dx$

$\qquad\qquad\qquad = \displaystyle\int_0^{\frac{\pi}{2}} (\sqrt{\sin x} \times \cos x)\,dx$

$\qquad\qquad\qquad\qquad \left(\because \left[0, \dfrac{\pi}{2}\right]에서 \cos x \geq 0\right)$

$\sin x = t$라 하면 $\cos x = \dfrac{dt}{dx}$이고 $x=0$일 때 $t=0$, $x=\dfrac{\pi}{2}$일 때

$t=1$이므로

$\displaystyle\int_0^{\frac{\pi}{2}} (\sqrt{\sin x} \times \cos x)\,dx = \int_0^1 \sqrt{t}\,dt = \left[\dfrac{2}{3}t\sqrt{t}\right]_0^1 = \dfrac{2}{3}$

$\quad\qquad\qquad\qquad\qquad\quad \uparrow = t^{\frac{1}{2}} \qquad \dfrac{2}{3}t^{\frac{3}{2}}$

046 [정답률 78%]   정답 ②

> $\displaystyle\int_{e^2}^{e^3} \dfrac{a+\ln x}{x}\,dx = \int_0^{\frac{\pi}{2}} (1+\sin x)\cos x\,dx$가 성립할 때,
> 상수 a의 값은? (4점) → 각각의 식을 치환적분하고 값을 비교
>
> ① -2 ② -1 ③ 0
>
> ④ 1 ⑤ 2

Step 1 주어진 식의 좌변에서 $\ln x = t$로 치환하여 정적분을 계산한다.

주어진 등식의 좌변에서 $\ln x = t$로 놓으면 $\dfrac{1}{x}\,dx = dt$이고

$x=e^2$일 때 $t=\ln e^2 = 2$, $x=e^3$일 때 $t=\ln e^3 = 3$이므로

$\displaystyle\int_{e^2}^{e^3} \dfrac{a+\ln x}{x}\,dx = \int_2^3 (a+t)\,dt$ → 범위까지 꼼꼼히!

$\qquad\qquad\qquad = \Big[at+\dfrac{1}{2}t^2\Big]_2^3$

$\qquad\qquad\qquad = \Big(3a+\dfrac{9}{2}\Big) - \Big(2a+\dfrac{4}{2}\Big)$

$\qquad\qquad\qquad = a + \dfrac{5}{2}$

Step 2 주어진 식의 우변에서 $\sin x = s$로 치환하여 정적분을 계산한다.

주어진 등식의 우변에서 $\sin x = s$로 놓으면 $\cos x\,dx = ds$이고

$x=0$일 때 $s=\sin 0 = 0$, $x=\dfrac{\pi}{2}$일 때 $s=\sin\dfrac{\pi}{2}=1$이므로

$\displaystyle\int_0^{\frac{\pi}{2}} (1+\sin x)\cos x\,dx = \int_0^1 (1+s)\,ds$ → 범위까지 꼼꼼히!

$\qquad\qquad\qquad = \Big[s+\dfrac{1}{2}s^2\Big]_0^1$

$\qquad\qquad\qquad = 1+\dfrac{1}{2} = \dfrac{3}{2}$

Step 3 주어진 식의 좌변과 우변을 비교하여 a의 값을 구한다.

$\displaystyle\int_{e^2}^{e^3} \dfrac{a+\ln x}{x}\,dx = \int_0^{\frac{\pi}{2}} (1+\sin x)\cos x\,dx$이므로

$a+\dfrac{5}{2} = \dfrac{3}{2}$

$\therefore a = -1$

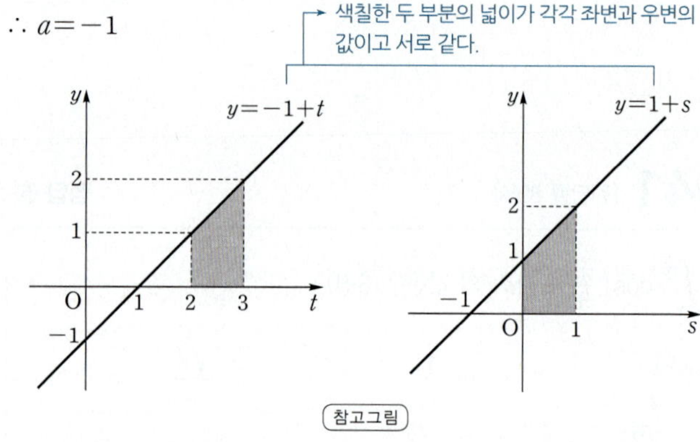

🔆 알아야 할 기본개념

치환적분법

미분가능한 함수 $g(t)$에 대하여 $x=g(t)$로 놓으면

$\displaystyle\int f(x)\,dx = \int f(g(t))g'(t)\,dt$ → 치환적분법을 이용하여 정적분할 때 적분 구간이 바뀌는 것을 항상 잊지 마!

정적분의 성질

(1) 두 함수 $f(x)$, $g(x)$가 닫힌구간 $[a, b]$에서 연속일 때

① $\displaystyle\int_a^b kf(x)\,dx = k\int_a^b f(x)\,dx$ (단, k는 상수)

② $\displaystyle\int_a^b \{f(x)\pm g(x)\}\,dx = \int_a^b f(x)\,dx \pm \int_a^b g(x)\,dx$

(단, 복호동순)

(2) 함수 $f(x)$가 세 실수 a, b, c를 포함하는 구간에서 연속일 때

$\displaystyle\int_a^b f(x)\,dx = \int_a^c f(x)\,dx + \int_c^b f(x)\,dx$

047 [정답률 75%]   정답 ②

$x>0$에서 정의된 연속함수 $f(x)$가 모든 양수 x에 대하여

$$2f(x)+\frac{1}{x^2}f\left(\frac{1}{x}\right)=\frac{1}{x}+\frac{1}{x^2}$$

→ 당황하지 말고 치환적분법을 떠올려.

을 만족시킬 때, $\int_{\frac{1}{2}}^{2} f(x)\,dx$의 값은? (4점)

① $\dfrac{\ln 2}{3}+\dfrac{1}{2}$ ② $\dfrac{2\ln 2}{3}+\dfrac{1}{2}$ ③ $\dfrac{\ln 2}{3}+1$

④ $\dfrac{2\ln 2}{3}+1$ ⑤ $\dfrac{2\ln 2}{3}+\dfrac{3}{2}$

Step 1 치환적분법을 이용한다.

$2f(x)+\dfrac{1}{x^2}f\left(\dfrac{1}{x}\right)=\dfrac{1}{x}+\dfrac{1}{x^2}$의 양변을 정적분하면

$$\int_{\frac{1}{2}}^{2}\left\{2f(x)+\frac{1}{x^2}f\left(\frac{1}{x}\right)\right\}dx=\int_{\frac{1}{2}}^{2}\left(\frac{1}{x}+\frac{1}{x^2}\right)dx \quad\cdots\cdots\ \bigcirc$$

$\int_{\frac{1}{2}}^{2}\dfrac{1}{x^2}f\left(\dfrac{1}{x}\right)dx$에서 $\dfrac{1}{x}=t$로 놓으면 $-\dfrac{1}{x^2}dx=dt$이고

$x=\dfrac{1}{2}$일 때 $t=2$, $x=2$일 때 $t=\dfrac{1}{2}$이므로

$$\int_{\frac{1}{2}}^{2}\frac{1}{x^2}f\left(\frac{1}{x}\right)dx=\int_{2}^{\frac{1}{2}}\{-f(t)\}\,dt=\int_{\frac{1}{2}}^{2}f(t)\,dt=\int_{\frac{1}{2}}^{2}f(x)\,dx$$

$\bigcirc$에서

$$\int_{\frac{1}{2}}^{2}2f(x)\,dx+\int_{\frac{1}{2}}^{2}\frac{1}{x^2}f\left(\frac{1}{x}\right)dx=\int_{\frac{1}{2}}^{2}\left(\frac{1}{x}+\frac{1}{x^2}\right)dx$$

$$\underline{\int_{\frac{1}{2}}^{2}2f(x)\,dx+\int_{\frac{1}{2}}^{2}f(x)\,dx=\int_{\frac{1}{2}}^{2}\left(\frac{1}{x}+\frac{1}{x^2}\right)dx}$$

$$\therefore \int_{\frac{1}{2}}^{2}f(x)\,dx=\frac{1}{3}\int_{\frac{1}{2}}^{2}\left(\frac{1}{x}+\frac{1}{x^2}\right)dx \quad\rightarrow 3\int_{\frac{1}{2}}^{2}f(x)\,dx=\int_{\frac{1}{2}}^{2}\left(\frac{1}{x}+\frac{1}{x^2}\right)dx$$

$$=\frac{1}{3}\left[\ln|x|-\frac{1}{x}\right]_{\frac{1}{2}}^{2} \quad \begin{array}{l}\left(\ln 2-\frac{1}{2}\right)-\left(\ln\frac{1}{2}-2\right)\\ =\ln 2-\frac{1}{2}+\ln 2+2\\ =2\ln 2+\frac{3}{2}\end{array}$$

$$=\frac{1}{3}\left(2\ln 2+\frac{3}{2}\right)$$

$$=\frac{2\ln 2}{3}+\frac{1}{2}$$

048 [정답률 87%]   정답 ②

연속함수 $f(x)$가 다음 조건을 만족시킨다.

(가) $x\neq 0$인 실수 x에 대하여 $\{f(x)\}^2 f'(x)=\dfrac{2x}{x^2+1}$

(나) $f(0)=0$

$\{f(1)\}^3$의 값은? (4점)

① $2\ln 2$ ② $3\ln 2$ ③ $1+2\ln 2$

④ $4\ln 2$ ⑤ $1+3\ln 2$

Step 1 치환적분법을 이용하여 조건 (가)의 식을 간단히 한다.

조건 (가)에서 $\{f(x)\}^2 f'(x)=\dfrac{2x}{x^2+1}$의 양변을

각각 x에 대하여 적분하면

$$\int\{f(x)\}^2 f'(x)\,dx=\int\frac{2x}{x^2+1}\,dx$$

(i) 좌변에서 $f(x)=t$로 놓으면 $f'(x)\,dx=dt$이므로

$$\int\{f(x)\}^2 f'(x)\,dx=\int t^2\,dt$$

→ 치환적분법을 이용

$$=\frac{1}{3}t^3+C_1\ (C_1\text{은 적분상수})$$

$$=\frac{1}{3}\{f(x)\}^3+C_1$$

(ii) 우변에서 $\dfrac{d}{dx}(x^2+1)=2x$이므로

$$\int\frac{2x}{x^2+1}\,dx=\ln(x^2+1)+C_2\ (C_2\text{는 적분상수})$$

$\rightarrow \{\ln f(x)\}'=\dfrac{f'(x)}{f(x)}$

그러므로 (i), (ii)에 의하여

$$\frac{1}{3}\{f(x)\}^3+C_1=\ln(x^2+1)+C_2\text{에서}$$

$$\{f(x)\}^3=3\ln(x^2+1)+C\ (C\text{는 적분상수})$$

조건 (나)에서 $f(0)=0$이므로 $\rightarrow C_1, C_2$는 적분상수였어.

$$\{f(0)\}^3=3\ln 1+C=0 \qquad \therefore C=0$$

따라서 $\{f(x)\}^3=3\ln(x^2+1)$이므로

$$\{f(1)\}^3=3\ln 2$$

049 [정답률 80%]   정답 ④

함수 $f(x)$가   → 식을 변형해 접근해야 하는 적분 문제야.

$$f(x)=\int_{0}^{x}\frac{1}{1+e^{-t}}\,dt$$

일 때, $(f\circ f)(a)=\ln 5$를 만족시키는 실수 a의 값은? (4점)

① $\ln 11$ ② $\ln 13$ ③ $\ln 15$

④ $\ln 17$ ⑤ $\ln 19$

Step 1 함수 $f(x)$의 식을 간단하게 변형시킨다.

$$f(x)=\int_{0}^{x}\frac{1}{1+e^{-t}}\,dt$$

$$=\int_{0}^{x}\frac{e^t}{e^t+1}\,dt \quad\rightarrow \frac{1}{1+\frac{1}{e^t}}=\frac{1}{\frac{e^t+1}{e^t}}=\frac{e^t}{e^t+1}$$

이고, $e^t+1=s$로 놓으면 $e^t=\dfrac{ds}{dt}$이고,

$t=0$일 때 $s=2$, $t=x$일 때 $s=e^x+1$이므로

$$f(x)=\int_{2}^{e^x+1}\frac{1}{s}\,ds$$

$$=\left[\ln s\right]_{2}^{e^x+1}$$

$$=\ln(e^x+1)-\ln 2$$

$$=\ln\frac{e^x+1}{2}$$

III

Step 2 $f(a)$의 값을 구한다.

$f(f(a))=\ln 5$이므로

$\ln \dfrac{e^{f(a)}+1}{2}=\ln 5$에서 → 위에서 구한 $f(x)$의 식에 $x=f(a)$를 대입

$e^{f(a)}=9$ $\therefore f(a)=\ln 9$ → $\dfrac{e^{f(a)}+1}{2}=5$ → $e^{f(a)}+1=10$

마찬가지로 $\ln \dfrac{e^a+1}{2}=\ln 9$에서

$\dfrac{e^a+1}{2}=9$

$\therefore a=\ln 17$ $e^a+1=18,\ e^a=17$

050 [정답률 30%] 정답 51

> 함수 $f(x)=\dfrac{e^{\cos x}}{1+e^{\cos x}}$에 대하여 → 함수식이 복잡하므로 치환적분법 또는 부분적분법을 이용해야 해.
>
> $a=f(\pi-x)+f(x),\ b=\displaystyle\int_0^\pi f(x)dx$
>
> → 함수 $f(x)$의 식에 x 대신 $\pi-x$를 대입
>
> 일 때, $a+\dfrac{100}{\pi}b$의 값을 구하시오. (4점)

Step 1 $f(\pi-x)+f(x)$의 값을 구한다.

함수 $f(x)=\dfrac{e^{\cos x}}{1+e^{\cos x}}$에서 ($=a$)

중요 부호 변화에 주의해야 해!

$$f(\pi-x)=\dfrac{e^{\cos(\pi-x)}}{1+e^{\cos(\pi-x)}}$$

$\sin(\pi\pm\theta)=\mp\sin\theta$
$\cos(\pi\pm\theta)=-\cos\theta$
$\tan(\pi\pm\theta)=\pm\tan\theta$ (복호동순)

$$=\dfrac{e^{-\cos x}}{1+e^{-\cos x}}$$

$$=\dfrac{e^{-\cos x}\times e^{\cos x}}{(1+e^{-\cos x})\times e^{\cos x}}$$ → 위 식의 분모, 분자에 각각 $e^{\cos x}$을 곱해준 거야.

$$=\dfrac{1}{e^{\cos x}+1}$$

$\therefore a=f(\pi-x)+f(x)$

$$=\dfrac{1}{e^{\cos x}+1}+\dfrac{e^{\cos x}}{1+e^{\cos x}}$$

$$=\dfrac{1+e^{\cos x}}{1+e^{\cos x}}=1$$ → 즉, a의 값은 x의 값에 상관없이 1로 일정한 거야.

Step 2 치환적분법을 이용하여 $\displaystyle\int_0^\pi f(x)dx$의 값을 구한다.

$b=\displaystyle\int_0^\pi f(x)\,dx$

→ Step 1에서 구한 식을 이용해주는 거야.

$=\displaystyle\int_0^\pi \{1-f(\pi-x)\}\,dx$ → $f(\pi-x)+f(x)=1$

$=\displaystyle\int_0^\pi 1\,dx-\int_0^\pi f(\pi-x)\,dx$

$\displaystyle\int_a^b \{f(x)\pm g(x)\}dx$
$=\displaystyle\int_a^b f(x)dx\pm\int_a^b g(x)dx$
(복호동순)

에서 $\pi-x=t$로 놓으면 $-dx=dt$

$x=0$일 때 $t=\pi$, $x=\pi$일 때 $t=0$이므로

$b=\pi+\displaystyle\int_\pi^0 f(t)dt$ → 치환적분법을 이용할 때는 적분 구간의 변화를 항상 생각해야 해!

$=\pi-\displaystyle\int_0^\pi f(t)dt=\pi-b$ $\displaystyle\int_a^b f(x)dx=-\int_b^a f(x)dx$

$b=\pi-b$이므로 $2b=\pi$

$\therefore b=\dfrac{\pi}{2}$

$\therefore a+\dfrac{100}{\pi}b=1+\dfrac{100}{\pi}\times\dfrac{\pi}{2}=1+50=51$

★ 다른 풀이   그래프의 대칭성을 이용하는 풀이

Step 1 동일

Step 2 함수 $y=f(x)$의 그래프의 대칭성을 이용하여 $\displaystyle\int_0^\pi f(x)dx$의 값을 구한다.

$f(\pi-x)+f(x)=1$에 $x=\dfrac{\pi}{2}$를 대입하면

$f\left(\dfrac{\pi}{2}\right)+f\left(\dfrac{\pi}{2}\right)=1$ $\therefore f\left(\dfrac{\pi}{2}\right)=\dfrac{1}{2}$

이를 이용하여 함수 $y=f(x)$의 그래프를 그려 보면 다음 그림과 같다.

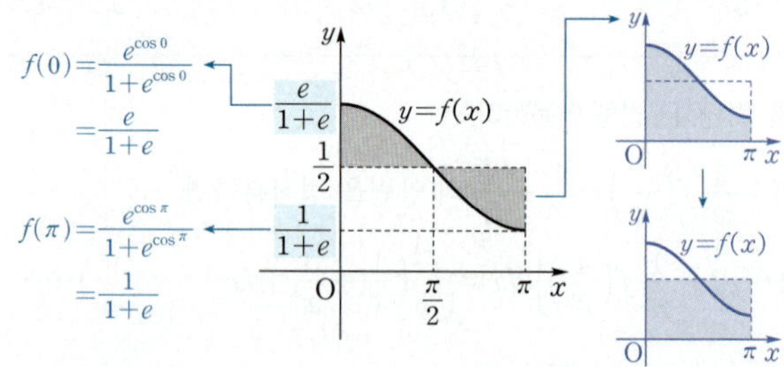

함수 $y=f(x)$의 그래프가 점 $\left(\dfrac{\pi}{2},\ \dfrac{1}{2}\right)$에 대하여 대칭이므로

위 그림의 색칠한 두 부분의 넓이는 서로 같다.

$\therefore \displaystyle\int_0^\pi f(x)\,dx=\pi\times\dfrac{1}{2}=\dfrac{\pi}{2}=b$ → 가로의 길이가 π, 세로의 길이가 $\dfrac{1}{2}$인 직사각형의 넓이

$\therefore a+\dfrac{100}{\pi}b=1+50=51$

051 [정답률 54%] 정답 ④

> 실수 전체의 집합에서 연속인 함수 $f(x)$가 모든 실수 t에 대하여
>
> → 함수 안에 변수가 두 개나 있어! 미분적분을 할 때 주의해야 해.
>
> $$\int_0^2 xf(tx)dx=4t^2$$
>
> 을 만족시킬 때, $f(2)$의 값은? (3점)
>
> → 주어진 조건을 이용하여 함수 $f(x)$를 구해.
>
> ① 1   ② 2   ③ 3
>
> ④ 4   ⑤ 5

→ 치환적분법을 이용해주기 위한 거야. $tx=u$와 같이 치환하면 $f(tx)$가 $f(u)$가 되어 계산이 쉬워져.

Step 1 $tx=u$로 치환하여 식을 변형한다.

$\displaystyle\int_0^2 xf(tx)dx=4t^2$에서 $tx=u$로 놓으면 $t\,dx=du$이고

$x=0$일 때 $u=0$, $x=2$일 때 $u=2t$이므로 → $tx=u$의 양변을 x에 대하여 미분하고 정리한 거야.

$\displaystyle\int_0^2 xf(tx)dx=\int_0^{2t}\dfrac{u}{t}f(u)\cdot\dfrac{1}{t}du$

$=\dfrac{1}{t^2}\displaystyle\int_0^{2t} uf(u)du=4t^2$ → 치환적분법을 이용할 때는 아래끝과 위끝의 값도 함께 바꾸어주는 것이 중요해.

$\therefore \displaystyle\int_0^{2t} uf(u)du=4t^4$ → 등식의 양변에 t^2을 곱한 거야.

Step 2 양변을 t에 대하여 미분하여 $f(2)$의 값을 구한다.

위 식의 양변을 t에 대하여 미분하면 → $\displaystyle\int_0^{2t} uf(u)du$는 정적분으로 정의된 함수야.

$2tf(2t)\cdot 2=16t^3$, $f(2t)=4t^2$

양변에 $t=1$을 대입하면 $f(2)=4$

052 [정답률 74%] 정답 ②

연속함수 $f(x)$가 다음 조건을 만족시킬 때,
$\int_0^a \{f(2x)+f(2a-x)\}dx$의 값은? (단, a는 상수이다.)

(4점)

(가) 모든 실수 x에 대하여 $f(a-x)=f(a+x)$이다.
→ 연속함수 $y=f(x)$의 그래프는 직선 $x=a$에 대하여 대칭이야.

(나) $\int_0^{2a} f(x)dx=8$

① 12 ❷ 16 ③ 20
④ 24 ⑤ 28

Step 1 주어진 조건을 이용하여 구하려는 정적분의 식을 간단히 나타낸다.

조건 (가)에 의하여 모든 실수 x에 대하여
$f(a-x)=f(a+x)$이므로 → x 대신 $x-a$를 대입
$f(2a-x)=f(x)$이다.
따라서 구하는 정적분의 식은

$$\int_0^a \{f(2x)+f(2a-x)\}\,dx=\int_0^a \{f(2x)+f(x)\}dx$$
$$=\int_0^a f(2x)dx+\int_0^a f(x)dx$$

Step 2 $2x=t$로 치환하여 정적분의 값을 계산한다.

$\int_0^a f(2x)dx$에서 $2x=t$로 놓으면
$2\,dx=dt$이고,
$x=0$일 때 $t=0$, $x=a$일 때 $t=2a$이므로

$$\int_0^a f(2x)dx=\int_0^{2a} f(t)\cdot\frac{1}{2}\,dt$$
→ 치환적분법을 사용할 때는 적분 구간이 변하므로 계산 실수에 주의

$$=\frac{1}{2}\int_0^{2a} f(t)dt$$
$$=\frac{1}{2}\times 2\int_0^a f(t)dt$$
→ 연속함수 $y=f(x)$의 그래프가 직선 $x=a$에 대하여 대칭이기 때문이야.

$$=8\ (\because \text{조건 (나)})$$

따라서
$$\int_0^a \{f(2x)+f(2a-x)\}\,dx=\int_0^a f(2x)dx+\int_0^a f(x)dx$$
$$=8+8=16$$

053 [정답률 78%] 정답 ④

양의 실수 전체의 집합에서 정의되고 미분가능한 두 함수 $f(x)$, $g(x)$가 있다. $g(x)$는 $f(x)$의 역함수이고, $g'(x)$는 양의 실수 전체의 집합에서 연속이다.
모든 양수 a에 대하여

$$\int_1^a \frac{1}{g'(f(x))f(x)}dx=2\ln a+\ln(a+1)-\ln 2$$

이고 $f(1)=8$일 때, $f(2)$의 값은? (3점)

① 36 ② 40 ③ 44
❹ 48 ⑤ 52

Step 1 역함수의 성질을 이용한다.

$g(x)$는 $f(x)$의 역함수이므로 $g(f(x))=x$이고, 이 식의 양변을 x에 대하여 미분하면
→ $g'(f(x))=0$이면 등식이 성립하지 않으므로 $g'(f(x))\neq 0$

$$g'(f(x))\times f'(x)=1 \qquad \therefore f'(x)=\frac{1}{g'(f(x))}$$

Step 2 정적분을 이용하여 $f(x)$를 구한다.

$$\frac{1}{g'(f(x))f(x)}=\frac{f'(x)}{f(x)}$$이므로
→ $f(x)=t$라 하면 $f'(x)dx=dt$
$\therefore \int \frac{f'(x)}{f(x)}dx=\int \frac{1}{t}dt=\ln|t|+C$

$$\int_1^a \frac{1}{g'(f(x))f(x)}dx=\int_1^a \frac{f'(x)}{f(x)}dx=\Big[\ln|f(x)|\Big]_1^a$$
$$=\ln f(a)-\ln f(1)$$

즉 $\ln f(a)-\ln f(1)=2\ln a+\ln(a+1)-\ln 2$
$\ln f(a)-\ln 8=\ln a^2+\ln(a+1)-\ln 2\ (\because f(1)=8)$
$\ln\dfrac{f(a)}{8}=\ln\dfrac{a^2(a+1)}{2},\ \dfrac{f(a)}{8}=\dfrac{a^2(a+1)}{2}$
$\therefore f(a)=4a^2(a+1)$
따라서 $f(2)=4\times 2^2\times 3=48$이다.

→ 서로 역함수 관계인 두 함수 $f(x), g(x)$가 양의 실수 전체의 집합에서 정의되므로 $f(x)>0, g(x)>0$

054 [정답률 57%] 정답 12

실수 전체의 집합에서 미분가능한 두 함수 $f(x)$, $g(x)$가 있다. $g(x)$가 $f(x)$의 역함수이고 $g(2)=1$, $g(5)=5$일 때,
$\int_1^5 \dfrac{40}{g'(f(x))\{f(x)\}^2}dx$의 값을 구하시오. (4점)
→ $g(f(x))=x$

Step 1 두 함수 $f(x)$, $g(x)$의 관계를 이용하여 주어진 정적분을 $f(x)$에 대한 식으로 바꾸어 나타낸다.

함수 $g(x)$가 $f(x)$의 역함수이므로
$g(f(x))=x$
양변을 x에 대하여 미분하면

$$g'(f(x))f'(x)=1 \qquad \therefore g'(f(x))=\frac{1}{f'(x)}$$
→ 합성함수의 미분 이용
이를 주어진 정적분의 식에 대입하면

$$\int_1^5 \frac{40}{g'(f(x))\{f(x)\}^2}dx=\int_1^5 \frac{40f'(x)}{\{f(x)\}^2}\,dx$$
$=\dfrac{1}{f'(x)}$

Step 2 치환적분을 이용한다.

$f(x)=t$라 하면
$$f'(x)=\frac{dt}{dx} \qquad \therefore f'(x)dx=dt$$

$g(2)=1$, $g(5)=5$에서 $f(1)=2$, $f(5)=5$이므로
→ $f(a)=\beta \leftrightarrow f^{-1}(\beta)=a$임을 이용!
$x=1$일 때 $t=2$,
$x=5$일 때 $t=5$
→ 적분 구간을 바꾸기 위한 과정이야.

$$\therefore \int_1^5 \frac{40f'(x)}{\{f(x)\}^2}dx=\int_2^5 \frac{40}{t^2}\,dt$$
$=dt$
$$=\Big[-\frac{40}{t}\Big]_2^5$$
$$=\Big(-\frac{40}{5}\Big)-\Big(-\frac{40}{2}\Big)$$
$$=12$$
→ $=-8$ → $=-20$

055 [정답률 67%] 정답 ⑤

실수 전체의 집합에서 미분가능한 함수 $f(x)$가 모든 실수 x에 대하여
$$f(1+x)=f(1-x),\ f(2+x)=f(2-x)$$
를 만족시킨다. 실수 전체의 집합에서 $f'(x)$가 연속이고, $\int_2^5 f'(x)dx=4$일 때, [보기]에서 옳은 것만을 있는 대로 고른 것은? (4점)

[보기]

ㄱ. 모든 실수 x에 대하여 $f(x+2)=f(x)$이다.

ㄴ. $f(1)-f(0)=4$

ㄷ. $\int_0^1 f(f(x))f'(x)dx=6$일 때, $\int_1^{10} f(x)dx=\dfrac{27}{2}$이다.

① ㄱ ② ㄷ ③ ㄱ, ㄴ
④ ㄴ, ㄷ ⑤ ㄱ, ㄴ, ㄷ

Step 1 [보기]의 ㄱ, ㄴ, ㄷ의 참, 거짓을 판별한다.

ㄱ. 함수 $f(x)$에 대하여
$f(1+x)=f(1-x),\ f(2+x)=f(2-x)$이므로
$f(2+x)=f(2-x)=f(1+(1-x))=f(1-(1-x))$
$\qquad\quad =f(x)$
$\therefore f(x+2)=f(x)$ (참)
　함수 $f(x)$의 주기가 2라는 의미야.

ㄴ. $\int_2^5 f'(x)dx=4$이므로
$$\int_2^5 f'(x)dx=\Big[f(x)\Big]_2^5=f(5)-f(2)=4$$
이때 ㄱ에 의하여
$f(5)=f(3)=f(1)$이고 $f(2)=f(0)$이므로
$f(1)-f(0)=4$ (참)

ㄷ. $f(x)=t$라 하면 $\dfrac{dt}{dx}=f'(x)$이므로
$$\int_0^1 f(f(x))f'(x)dx=\int_{f(0)}^{f(1)} f(t)dt=6$$
이때 $f(0)=a$라 하면 ㄴ에서 $f(1)=a+4$
$$\int_{f(0)}^{f(1)} f(t)dt=\int_a^{a+4} f(t)dt=2\int_a^{a+2} f(t)dt=6$$
$\therefore \int_a^{a+2} f(t)dt=3$　ㄱ에서 $f(a)=f(a+2)=f(a+4)$이므로 이와 같이 나타낼 수 있어.
이때 함수 $f(x)$가 $f(x+2)=f(x)$를 만족시키므로 모든 실수 k에 대하여 $\int_k^{k+2} f(x)dx=3$으로 놓을 수 있다.

$k=0$일 때, $\int_0^2 f(x)dx=3$이고 $f(1+x)=f(1-x)$이므로
$$\int_0^{10} f(x)dx=5\int_0^2 f(x)dx=15,$$
$$\int_0^1 f(x)dx=\int_1^2 f(x)dx=\dfrac{3}{2}$$　$\dfrac{1}{2}\int_0^2 f(x)dx$
$$\therefore \int_1^{10} f(x)dx=\int_0^{10} f(x)dx-\int_0^1 f(x)dx$$
$$\qquad\qquad =15-\dfrac{3}{2}=\dfrac{27}{2}\ (참)$$

따라서 [보기]에서 옳은 것은 ㄱ, ㄴ, ㄷ이다.

056 [정답률 53%] 정답 325

자연수 n에 대하여 양의 실수 전체의 집합에서 정의된 함수
$$f(x)=\int_1^x \dfrac{n-\ln t}{t}dt$$　양변을 x에 대하여 미분하면 $f'(x)$의 식을 구할 수 있을 거야.
의 최댓값을 $g(n)$이라 하자. $\displaystyle\sum_{n=1}^{12} g(n)$의 값을 구하시오. (4점)

Step 1 함수 $f(x)$의 최댓값인 $g(n)$을 구한다.

$f(x)=\int_1^x \dfrac{n-\ln t}{t}dt$의 양변을 x에 대하여 미분하면
$$f'(x)=\dfrac{n-\ln x}{x}$$　$\dfrac{n-\ln e^n}{e^n}=\dfrac{n-n\ln e}{e^n}=\dfrac{n-n}{e^n}=0$
$f'(x)=\dfrac{n-\ln x}{x}=0$에서 $x=e^n$이므로
함수 $f(x)$의 증가와 감소를 표로 나타내면

x	(0)	$\cdots$	e^n	$\cdots$
$f'(x)$		$+$	0	$-$
$f(x)$		$\nearrow$	극대	$\searrow$

따라서 함수 $f(x)$는 $x=e^n$에서 최댓값을 가지므로
$$g(n)=f(e^n)=\int_1^{e^n} \dfrac{n-\ln t}{t}dt$$　치환적분을 이용하는 거야.
$n-\ln t=s$라 하면 $\dfrac{ds}{dt}=-\dfrac{1}{t}$
$t=1$일 때 $s=n$, $t=e^n$일 때 $s=0$이므로
$$g(n)=\int_1^{e^n} \dfrac{n-\ln t}{t}dt$$
$$=\int_n^0 (-s)ds$$　$n-\ln t=s,\ \dfrac{1}{t}\times dt=-ds$
$$=\Big[-\dfrac{1}{2}s^2\Big]_n^0$$
$$=0-\Big(-\dfrac{1}{2}n^2\Big)=\dfrac{1}{2}n^2$$

Step 2 $\displaystyle\sum_{n=1}^{12} g(n)$의 값을 구한다.

$$\therefore \sum_{n=1}^{12} g(n)=\sum_{n=1}^{12} \dfrac{n^2}{2}=\dfrac{1}{2}\times\dfrac{12\times13\times25}{6}=325$$
　$\displaystyle\sum_{k=1}^{n} k^2=\dfrac{n(n+1)(2n+1)}{6}$

💡 알아야 할 기본개념

(1) **치환적분법**
미분가능한 함수 $g(t)$에 대하여 $x=g(t)$로 놓으면
$$\int f(x)\,dx=\int f(g(t))g'(t)dt$$

(2) **정적분의 치환적분법**
닫힌구간 $[a,\ b]$에서 연속인 함수 $f(x)$에 대하여 미분가능한 함수 $x=g(t)$의 도함수 $g'(t)$가 닫힌구간 $[\alpha,\ \beta]$에서 연속이고, $a=g(\alpha),\ b=g(\beta)$이면
$$\int_a^b f(x)\,dx=\int_\alpha^\beta f(g(t))g'(t)dt$$

057 [정답률 16%]　　　　　　　정답 12

> 함수 $f(x)$는 실수 전체의 집합에서 도함수가 연속이고 다음 조건을 만족시킨다. **두 조건 (가), (나)에 의해 $\int_0^1 f(x)dx + \int_1^5 f(x)dx$로 나누어 계산해야 함을 알 수 있다.**
>
> (가) $x<1$일 때, $f'(x)=-2x+4$이다.
> (나) $x\geq 0$인 모든 실수 x에 대하여
> 　　$f(x^2+1)=ae^{2x}+bx$이다. (단, a, b는 상수이다.)
>
> $\int_0^5 f(x)dx=pe^4-q$일 때, $p+q$의 값을 구하시오.
> 　　　　　　　　　　　　　　(단, p, q는 유리수이다.) (4점)

Step 1 함수 $f(x)$의 도함수가 $x=1$에서 연속임을 이용하여 a, b의 값을 구한다.

조건 (가)에 의하여 $x<1$일 때,
$f(x)=-x^2+4x+C$ (단, C는 적분상수)
조건 (나)에 의하여 $x>0$일 때, $2xf'(x^2+1)=2ae^{2x}+b$

$\therefore f'(x^2+1)=\dfrac{2ae^{2x}+b}{2x}$ ← 양변을 x에 대하여 미분
　　　　　　　　　　← $x\neq 0$이므로 양변을 $2x$로 나누었다.

함수 $f(x)$의 도함수 $f'(x)$는 $x=1$에서 연속이므로

$f'(1)=\lim\limits_{x\to 1-}f'(x)=\lim\limits_{x\to 1+}f'(x)$ ← 실수 전체의 집합에서 연속이므로 $x=1$에서도 연속이다.

$\therefore f'(1)=\lim\limits_{x\to 1-}(-2x+4)=\lim\limits_{x\to 0+}\dfrac{2ae^{2x}+b}{2x}$ ＝$\lim\limits_{x\to 0+}f'(x^2+1)$
　　← $x<1$일 때 $f'(x)=-2x+4$

$\lim\limits_{x\to 1-}(-2x+4)=-2+4=2$이므로 $\lim\limits_{x\to 0+}\dfrac{2ae^{2x}+b}{2x}=2$이어야 한다.

$x\to 0$일 때 (분모)$\to 0$이고 극한값이 존재하므로

$\lim\limits_{x\to 0+}(2ae^{2x}+b)=0$

$2a+b=0$, $b=-2a$ ← $\lim\limits_{x\to 0+}\dfrac{e^{2x}-1}{2x}=1$

$\lim\limits_{x\to 0+}\dfrac{2ae^{2x}-2a}{2x}=\lim\limits_{x\to 0+}\dfrac{2a(e^{2x}-1)}{2x}=2a=2$

$\therefore a=1$, $b=-2$ ← $b=-2a=-2\times 1=-2$

Step 2 함수 $f(x)$가 $x=1$에서 연속임을 이용하여 적분상수 C의 값을 구한다.
　　← $x=1$에서 미분가능하므로 연속

함수 $f(x)$가 $x=1$에서 연속이므로 $f(1)=\lim\limits_{x\to 1-}f(x)=\lim\limits_{x\to 1+}f(x)$

$\therefore f(1)=\lim\limits_{x\to 1-}(-x^2+4x+C)=\lim\limits_{x\to 0+}(e^{2x}-2x)$ ← ＝$\lim\limits_{x\to 0+}f(x^2+1)$

$\lim\limits_{x\to 1-}(-x^2+4x+C)=C+3$, $\lim\limits_{x\to 0+}(e^{2x}-2x)=1$이므로

$C+3=1$ 　　$\therefore C=-2$

Step 3 $\int_0^5 f(x)dx$의 값을 구한다.

$x<1$일 때, $f(x)=-x^2+4x-2$

$x>0$일 때, $f(x^2+1)=e^{2x}-2x$

$\int_0^5 f(x)dx=\int_0^1 f(x)dx+\int_1^5 f(x)dx$

$\int_0^1 f(x)dx=\int_0^1(-x^2+4x-2)dx$ ← $x<1$일 때와 $x\geq 1$일 때 함수 $f(x)$의 식은 서로 다르다.

$=\left[-\dfrac{1}{3}x^3+2x^2-2x\right]_0^1=-\dfrac{1}{3}$ ← ＝$-\dfrac{1}{3}+2-2$

$\int_1^5 f(x)dx$에서 $x=t^2+1$ $(t\geq 0)$이라 하면 $\dfrac{dx}{dt}=2t$

$x=1$일 때 $t=0$, $x=5$일 때 $t=2$이므로

$\int_1^5 f(x)dx=\int_0^2 f(t^2+1)\times 2t\,dt$ ← $t\geq 0$일 때 $f(t^2+1)=e^{2t}-2t$

$=\int_0^2 2t(e^{2t}-2t)dt$

$=\int_0^2(2te^{2t}-4t^2)dt$ ← 부분적분법

$=\left[te^{2t}\right]_0^2-\int_0^2 e^{2t}dt-\left[\dfrac{4}{3}t^3\right]_0^2$

$=\left[te^{2t}-\dfrac{1}{2}e^{2t}-\dfrac{4}{3}t^3\right]_0^2=\dfrac{3}{2}e^4-\dfrac{61}{6}$

$\therefore \int_0^5 f(x)dx=-\dfrac{1}{3}+\left(\dfrac{3}{2}e^4-\dfrac{61}{6}\right)=\dfrac{3}{2}e^4-\dfrac{21}{2}$

따라서 $p=\dfrac{3}{2}$, $q=\dfrac{21}{2}$이므로 $p+q=12$

058 [정답률 88%]　　　　　　　정답 ①

> $\int_1^2(x-1)e^{-x}dx$의 값은? (3점)
>
> ① $\dfrac{1}{e}-\dfrac{2}{e^2}$　　② $\dfrac{1}{e}-\dfrac{1}{e^2}$　　③ $\dfrac{1}{e}$
>
> ④ $\dfrac{2}{e}-\dfrac{2}{e^2}$　　⑤ $\dfrac{2}{e}-\dfrac{1}{e^2}$

Step 1 주어진 정적분을 두 부분으로 나눈다.

$\int_1^2(x-1)e^{-x}dx=\int_1^2 xe^{-x}dx-\int_1^2 e^{-x}dx$

Step 2 부분적분을 이용하여 정적분의 값을 구한다.

부분적분을 이용하면 $\int_1^2 xe^{-x}dx=\left[-xe^{-x}\right]_1^2+\int_1^2 e^{-x}dx$이므로

$\int_1^2 xe^{-x}dx-\int_1^2 e^{-x}dx$ ← $\int uv'dx=uv-\int u'vdx$에서 $u=x$, $v'=e^{-x}$으로 놓고 정리

$=\left(\left[-xe^{-x}\right]_1^2+\int_1^2 e^{-x}dx\right)-\int_1^2 e^{-x}dx$ ← 같은 정적분의 값이라서 사라져.

$=\left[-xe^{-x}\right]_1^2$

$=-2e^{-2}+e^{-1}$

$=\dfrac{1}{e}-\dfrac{2}{e^2}$

059 [정답률 93%]　　　　　　　정답 ①

> $\int_1^e(1+\ln x)\,dx$의 값은? (3점)
>
> ① e　　　② $e+1$　　　③ $e+2$
> ④ $2e$　　⑤ $2e+1$

Step 1 부분적분법을 이용하여 주어진 식을 계산한다.

$\int_1^e(1+\ln x)\,dx=\int_1^e 1dx+\int_1^e \ln x\,dx$ ← 부분적분법을 이용

$=\left[x\right]_1^e+\left[x\ln x\right]_1^e-\int_1^e 1dx$

$=(e-1)+e-\left[x\right]_1^e$

$=2e-1-(e-1)=e$

060 [정답률 84%] 정답 ③

$$\int_2^6 \ln(x-1)\,dx \text{의 값은? (4점)}$$

① $4\ln 5-4$ ② $4\ln 5-3$ ③ $5\ln 5-4$

④ $5\ln 5-3$ ⑤ $6\ln 5-4$

Step 1 주어진 정적분을 다른 형태로 바꾼다.

$\int_2^6 \ln(x-1)\,dx$에서 $x-1=t$로 놓으면

$1=\dfrac{dt}{dx}$ $\therefore dx=dt$

$x=2$일 때 $t=1$, $x=6$일 때 $t=5$이므로

$$\int_2^6 \ln(x-1)\,dx=\int_1^5 \ln t\,dt$$

→ 위끝과 아래끝이 바뀜에 항상 주의!

Step 2 부분적분을 이용하여 정적분의 값을 구한다.

$\int_1^5 \ln t\,dt=\int_1^5 1\cdot\ln t\,dt$로 놓고 부분적분을 이용하면

$\int_1^5 1\cdot\ln t\,dt=\Big[t\ln t\Big]_1^5-\int_1^5 1\,dt$

→ $u'=1,\ v=\ln t$로 놓고 부분적분을 이용

→ $t\cdot(\ln t)'=t\times\frac{1}{t}=1$

$\int u'v\,dt$

$=(5\ln 5-\ln 1)-\Big[t\Big]_1^5$

$=uv-\int uv'\,dt$

$=5\ln 5-(5-1)$

$=5\ln 5-4$

061 [정답률 76%] 정답 ⑤

$$\int_1^e x(1-\ln x)\,dx \text{의 값은? (4점)}$$

→ 일단 주어진 식을 $x-x\ln x$와 같이 전개하고, 각 항을 따로 적분해!

① $\dfrac{1}{4}(e^2-7)$ ② $\dfrac{1}{4}(e^2-6)$ ③ $\dfrac{1}{4}(e^2-5)$

④ $\dfrac{1}{4}(e^2-4)$ ⑤ $\dfrac{1}{4}(e^2-3)$

Step 1 정적분의 성질과 부분적분법을 이용한다.

$\int_1^e x(1-\ln x)\,dx=\int_1^e (x-x\ln x)\,dx$

$=\int_1^e x\,dx-\int_1^e x\ln x\,dx$

$\int_a^b\{f(x)\pm g(x)\}dx=\int_a^b f(x)dx\pm\int_a^b g(x)dx$ (복호동순)

$\int_1^e x\,dx=\Big[\frac{1}{2}x^2\Big]_1^e=\frac{1}{2}e^2-\frac{1}{2}$ …… ㉠

→ 각 항에 대하여 정적분의 값을 따로 계산해!

$\int_1^e x\ln x\,dx$에서

$f(x)=\ln x,\ g'(x)=x$로 놓으면

$f'(x)=\dfrac{1}{x},\ g(x)=\dfrac{1}{2}x^2$이므로

부분적분법 $\int_a^b f(x)g'(x)dx=\Big[f(x)g(x)\Big]_a^b-\int_a^b f'(x)g(x)dx$

$\int_1^e x\ln x\,dx=\Big[\frac{1}{2}x^2\ln x\Big]_1^e-\int_1^e \frac{1}{2}x\,dx$

$=\Big(\frac{1}{2}e^2-0\Big)-\Big[\frac{1}{4}x^2\Big]_1^e$

→ 계산 주의

$\frac{1}{2}\ln 1=0$

$=\frac{1}{2}e^2-\Big(\frac{1}{4}e^2-\frac{1}{4}\Big)$

$=\frac{1}{4}e^2+\frac{1}{4}$ …… ㉡

$\therefore \int_1^e x(1-\ln x)\,dx=\int_1^e x\,dx-\int_1^e x\ln x\,dx$

$=\Big(\frac{1}{2}e^2-\frac{1}{2}\Big)-\Big(\frac{1}{4}e^2+\frac{1}{4}\Big)$ ($\because$ ㉠, ㉡)

$=\frac{1}{4}e^2-\frac{3}{4}$

$=\frac{1}{4}(e^2-3)$

062 [정답률 83%] 정답 ⑤

$$\int_e^{e^2} \frac{\ln x-1}{x^2}\,dx \text{의 값은? (3점)}$$

① $\dfrac{e+2}{e^2}$ ② $\dfrac{e+1}{e^2}$ ③ $\dfrac{1}{e}$

④ $\dfrac{e-1}{e^2}$ ⑤ $\dfrac{e-2}{e^2}$

Step 1 부분적분을 이용한다.

→ $uv=(\ln x-1)\Big(-\frac{1}{x}\Big)$

$\int_e^{e^2} \frac{\ln x-1}{x^2}\,dx=\Big[-\frac{1}{x}(\ln x-1)\Big]_e^{e^2}-\int_e^{e^2}\Big(-\frac{1}{x^2}\Big)dx$

→ $u'v=\frac{1}{x}\times\Big(-\frac{1}{x}\Big)=-\frac{1}{x^2}$

$u=\ln x-1,$

$v'=\dfrac{1}{x^2}$

$=\Big\{-\frac{1}{e^2}(\ln e^2-1)\Big\}-\Big\{-\frac{1}{e}(\ln e-1)\Big\}-\Big[\frac{1}{x}\Big]_e^{e^2}$

→ $=1$ → $=0$

$=-\frac{1}{e^2}-\Big(\frac{1}{e^2}-\frac{1}{e}\Big)$

$\int\Big(-\frac{1}{x^2}\Big)dx=\frac{1}{x}+C$ (단, C는 적분상수)

$=\frac{1}{e}-\frac{2}{e^2}$

$=\frac{e-2}{e^2}$

063 [정답률 88%] 정답 ②

$$\int_1^e x^3\ln x\,dx \text{의 값은? (3점)}$$

① $\dfrac{3e^4}{16}$ ② $\dfrac{3e^4+1}{16}$ ③ $\dfrac{3e^4+2}{16}$

④ $\dfrac{3e^4+3}{16}$ ⑤ $\dfrac{3e^4+4}{16}$

Step 1 부분적분법을 이용한다.

→ $\int f'(x)g(x)dx=f(x)g(x)-\int f(x)g'(x)dx$

$\int_1^e x^3\ln x\,dx$에서 부분적분법에 의하여

$f'(x)=x^3,\ g(x)=\ln x$라 하면

→ 로그함수와 다항함수 중 다항함수를 $f'(x)$로 놓으면 편해.

$f(x)=\dfrac{1}{4}x^4,\ g'(x)=\dfrac{1}{x}$

$\therefore \int_1^e x^3\ln x\,dx=\Big[\frac{1}{4}x^4\times\ln x\Big]_1^e-\int_1^e\Big(\frac{1}{4}x^4\times\frac{1}{x}\Big)dx$

$=\Big(\frac{1}{4}e^4\ln e-\frac{1}{4}\ln 1\Big)-\int_1^e \frac{1}{4}x^3\,dx$

→ 0

$=\frac{1}{4}e^4-\Big[\frac{1}{16}x^4\Big]_1^e$

$=\frac{1}{4}e^4-\Big(\frac{1}{16}e^4-\frac{1}{16}\Big)$

$=\frac{3}{16}e^4+\frac{1}{16}$

$=\frac{3e^4+1}{16}$

064 [정답률 87%] 정답 2

$\displaystyle\int_0^\pi x\cos(\pi-x)\,dx$의 값을 구하시오. (3점)

Step 1 주어진 식의 값을 구한다.

$$\int_0^\pi x\cos(\pi-x)\,dx=\int_0^\pi -x\cos x\,dx=-\int_0^\pi x\cos x\,dx$$
$$=-\left(\Big[x\sin x\Big]_0^\pi-\int_0^\pi \sin x\,dx\right)$$
부분적분법을 이용
$$=\Big[-\cos x\Big]_0^\pi=2$$
$-\cos\pi+\cos 0$
$=1+1=2$

065 [정답률 89%] 정답 ②

$\displaystyle\int_0^{\frac{\pi}{2}}(x+1)\cos x\,dx$의 값은? (4점)

① $\dfrac{\pi}{4}$　　　② $\dfrac{\pi}{2}$　　　③ $\dfrac{3}{4}\pi$

④ π　　　⑤ $\dfrac{5}{4}\pi$

Step 1 부분적분을 이용한다.

부분적분을 이용하여 정적분의 값을 구하면

$$\int_0^{\frac{\pi}{2}}(x+1)\cos x\,dx=\Big[(x+1)\sin x\Big]_0^{\frac{\pi}{2}}-\int_0^{\frac{\pi}{2}}\sin x\,dx$$
부호 주의!
$\int u'v\,dx$
$=uv-\int u'v\,dx$에서
$u'=\cos x,\ v=x+1$로 놓고
부분적분을 이용
$$=\left\{\left(\frac{\pi}{2}+1\right)\sin\frac{\pi}{2}-\sin 0\right\}-\Big[-\cos x\Big]_0^{\frac{\pi}{2}}$$
$$=\left(\frac{\pi}{2}+1\right)-\left(-\cos\frac{\pi}{2}+\cos 0\right)$$
$$=\left(\frac{\pi}{2}+1\right)-1$$
$$=\frac{\pi}{2}$$

066 [정답률 76%] 정답 ④

연속함수 $f(x)$가
$$\int_{-1}^1 f(x)\,dx=12,\quad \int_0^1 xf(x)\,dx=\int_0^{-1}xf(x)\,dx$$
를 만족시킨다. $\displaystyle\int_{-1}^x f(t)\,dt=F(x)$라 할 때,
$\displaystyle\int_{-1}^1 F(x)\,dx$의 값은? (4점)

$F(1)=\int_{-1}^1 f(t)\,dt=12$,
$F(-1)=\int_{-1}^{-1}f(t)\,dt=0$

① 6　　　② 8　　　③ 10
④ 12　　　⑤ 14

Step 1 $\displaystyle\int_{-1}^1 xf(x)\,dx$의 값을 구한다.

$\displaystyle\int_0^1 xf(x)\,dx=\int_0^{-1}xf(x)\,dx$에서

$$\int_0^1 xf(x)\,dx-\int_0^{-1}xf(x)\,dx=0$$
$$\int_0^1 xf(x)\,dx+\int_{-1}^0 xf(x)\,dx=0$$
부호를 −에서 +로 바꾸고
적분 구간의 위끝과 아래끝을 바꿔주었어.
$$\therefore \int_{-1}^1 xf(x)\,dx=0\quad\cdots\cdots\ \text{㉠}$$

Step 2 부분적분법을 이용하여 $\displaystyle\int_{-1}^1 F(x)\,dx$의 값을 구한다.

$\displaystyle\int_{-1}^x f(t)\,dt=F(x)$에서 $F(-1)=\int_{-1}^{-1}f(t)\,dt=0$
위끝과 아래끝이
$\displaystyle\int_{-1}^x f(t)\,dt=F(x)$의 양변을 x에 대하여 미분하면 같으므로 정적분의 값은 0이 돼.
$f(x)=F'(x)$

이때 ㉠에서 부분적분법을 이용하면
$$\int_{-1}^1 xf(x)\,dx=\Big[xF(x)\Big]_{-1}^1-\int_{-1}^1 F(x)\,dx$$
$\int u'v\,dx=uv-\int uv'\,dx=F(1)-(-F(-1))-\int_{-1}^1 F(x)\,dx$
에서 $u'=f(x),v=x$
라고 생각하면 돼. $\qquad=F(1)-\int_{-1}^1 F(x)\,dx=0$

$$\therefore \int_{-1}^1 F(x)\,dx=F(1)$$

이때 $F(1)=\int_{-1}^1 f(t)\,dt=12$이므로

$$\int_{-1}^1 F(x)\,dx=12$$

067 [정답률 79%] 정답 ②

양수 t에 대하여 곡선 $y=\dfrac{\ln x}{x}$ 위의 한 점 $\mathrm{P}\!\left(t,\dfrac{\ln t}{t}\right)$와
점 $\mathrm{A}(0,1)$을 지나는 직선의 기울기를 $f(t)$라 할 때,
$\displaystyle\int_1^e f(t)\,dt$의 값은? (3점)

① $-\dfrac{1}{e}$　　　② $\dfrac{2}{e}$　　　③ $-\dfrac{3}{e}$

④ $-\dfrac{4}{e}$　　　⑤ $-\dfrac{5}{e}$

Step 1 $\displaystyle\int_1^e \dfrac{\ln t-t}{t^2}\,dt$의 값을 계산한다.

$f(t)$는 두 점 $\mathrm{P}\!\left(t,\dfrac{\ln t}{t}\right),\ \mathrm{A}(0,1)$을 지나는 직선의 기울기이므로

$$f(t)=\frac{\dfrac{\ln t}{t}-1}{t-0}=\frac{\ln t-t}{t^2}$$

$$\int_1^e f(t)\,dt=\int_1^e \frac{\ln t-t}{t^2}\,dt$$
$$=\int_1^e \frac{\ln t}{t^2}\,dt-\int_1^e \frac{1}{t}\,dt$$
부분적분법
$$=\left[-\frac{\ln t}{t}\right]_1^e+\int_1^e \frac{1}{t^2}\,dt-\Big[\ln t\Big]_1^e$$
$t>0$이므로
$\ln|t|=\ln t$
$$=-\frac{1}{e}+\left[-\frac{1}{t}\right]_1^e-1$$
$$=-\frac{1}{e}+\left(-\frac{1}{e}+1\right)-1=-\frac{2}{e}$$

068 [정답률 71%]　　　　　　　　　　　　　정답 ③

양수 t에 대하여 곡선 $y=2\ln(x+1)$ 위의
점 $\mathrm{P}(t,\,2\ln(t+1))$에서 x축, y축에 내린 수선의 발을 각각
$\mathrm{Q,\,R}$이라 할 때, 직사각형 OQPR의 넓이를 $f(t)$라 하자.
$\displaystyle\int_1^3 f(t)dt$의 값은? (단, O는 원점이다.) (3점)

① $-2+12\ln 2$ 　　　　② $-1+12\ln 2$
③ $-2+16\ln 2$ 　　　　④ $-1+16\ln 2$
⑤ $-2+20\ln 2$

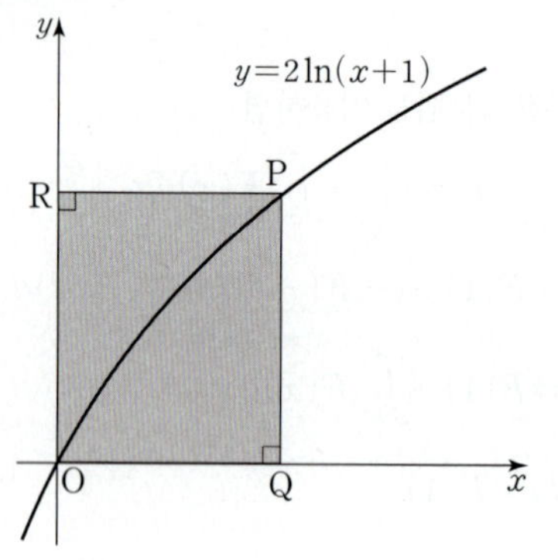

Step 1 $f(t)$를 구한다.

$\mathrm{Q}(t,\,0)$, $\mathrm{R}(0,\,2\ln(t+1))$이므로
$f(t)=t\times 2\ln(t+1)=2t\ln(t+1)$
$\quad\quad\quad\quad=\overline{\mathrm{OQ}}\times\overline{\mathrm{OR}}$

Step 2 부분적분법을 이용하여 $\displaystyle\int_1^3 f(t)dt$의 값을 구한다.

$u(t)=\ln(t+1)$, $v'(t)=2t$로 놓으면
$u'(t)=\dfrac{1}{t+1}$, $v(t)=t^2$

$$\int_1^3 f(t)dt=\int_1^3 2t\ln(t+1)dt$$
$$=\Big[t^2\ln(t+1)\Big]_1^3-\int_1^3\frac{t^2}{t+1}dt$$
적분하기 쉽게 바꿔준다.
$$=\Big[t^2\ln(t+1)\Big]_1^3-\int_1^3\Big(t-1+\frac{1}{t+1}\Big)dt$$
$$=\Big[t^2\ln(t+1)\Big]_1^3-\Big[\frac{1}{2}t^2-t+\ln(t+1)\Big]_1^3$$
$$=(9\ln 4-\ln 2)-\Big\{\Big(\frac{3}{2}+\ln 4\Big)-\Big(-\frac{1}{2}+\ln 2\Big)\Big\}$$
$$=\Big(-\frac{3}{2}-\frac{1}{2}\Big)+(18\ln 2-\ln 2-2\ln 2+\ln 2)$$
$$=-2+16\ln 2$$

069 [정답률 49%]　　　　　　　　　　　　　정답 ③

$\lim x^{2n}$의 값은 x의 값의 범위에
따라 달라지는 것을 이용해야 해!

함수 $f(x)=\displaystyle\lim_{n\to\infty}\dfrac{x^{2n}+\cos 2\pi x}{x^{2n}+1}$에 대하여 함수 $g(x)$를

$$g(x)=\int_{-x}^{2}f(t)dt+\int_{2}^{x}tf(t)dt$$

라 할 때, $g(-2)+g(2)$의 값은? (4점)

① -2 　　　　② 0 　　　　③ 2
④ 4 　　　　⑤ 6

Step 1 x의 값의 범위에 따른 함수 $f(x)$를 구한다.

(ⅰ) $x<-1$ 또는 $x>1$일 때 → $x<-1$일 때, $\displaystyle\lim_{n\to\infty}x^{2n}=\infty$
$x>1$일 때, $\displaystyle\lim_{n\to\infty}x^{2n}=\infty$

$$f(x)=\lim_{n\to\infty}\frac{x^{2n}+\cos 2\pi x}{x^{2n}+1}$$
$$=\lim_{n\to\infty}\frac{1+\dfrac{1}{x^{2n}}\times\cos 2\pi x}{1+\dfrac{1}{x^{2n}}}\quad\to\;\lim_{n\to\infty}\frac{1}{x^{2n}}=0$$
$$=1$$

(ⅱ) $x=1$일 때 → $\displaystyle\lim_{n\to\infty}x^{2n}=1$
$$f(1)=\lim_{n\to\infty}\frac{1^{2n}+\cos 2\pi}{1^{2n}+1}=1\;\to\;\cos 2\pi=1$$

(ⅲ) $x=-1$일 때 → $\displaystyle\lim_{n\to\infty}x^{2n}=1$
$$f(-1)=\lim_{n\to\infty}\frac{(-1)^{2n}+\cos(-2\pi)}{(-1)^{2n}+1}=1\;\to\;\cos(-2\pi)=1$$

(ⅳ) $-1<x<1$일 때
$$f(x)=\lim_{n\to\infty}\frac{x^{2n}+\cos 2\pi x}{x^{2n}+1}\;\to\;\lim_{n\to\infty}x^{2n}=0$$
$$=\cos 2\pi x$$

따라서 (ⅰ)~(ⅳ)에서 함수 $f(x)$는
$$f(x)=\begin{cases}1 & (|x|\ge 1)\\ \cos 2\pi x & (|x|<1)\end{cases}$$
→ 이 조건을 이용하여 함수 $y=f(x)$의 그래프를 그릴 수 있어.

Step 2 함수의 그래프의 대칭성을 이용하여 $g(-2)+g(2)$의 값을 구한다.

함수 $y=f(x)$의 그래프는 오른쪽
그림과 같이 y축에 대하여 대칭이므로
함수 $y=xf(x)$의 그래프는 원점에
대하여 대칭이다.

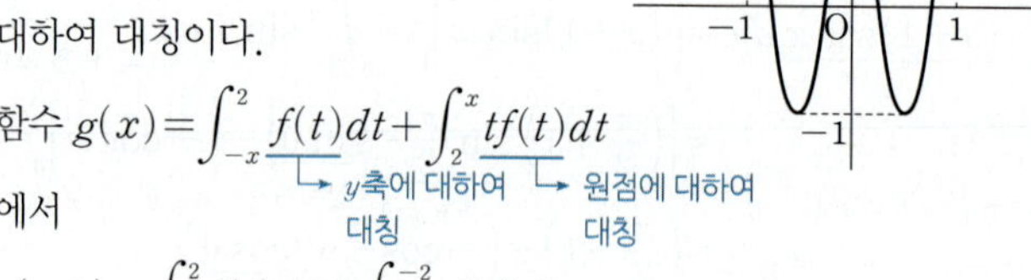

함수 $g(x)=\displaystyle\int_{-x}^{2}f(t)dt+\int_{2}^{x}tf(t)dt$
에서
y축에 대하여 대칭 　 원점에 대하여 대칭

$$g(-2)=\int_{2}^{2}f(t)dt+\int_{2}^{-2}tf(t)dt$$
위끝과 아래끝이 같으면 정적분값은 0이다.
$$=0+\int_{2}^{-2}tf(t)dt$$
그래프가 원점에 대하여 대칭인 함수 $h(x)$에 대하여
$\displaystyle\int_{-a}^{a}h(x)dx=0$ (단, a는 상수)
$$=0$$

$$g(2)=\int_{-2}^{2}f(t)dt+\int_{2}^{2}tf(t)dt$$
그래프가 y축에 대하여 대칭인 함수 $h(x)$에 대하여
$\displaystyle\int_{-a}^{a}h(x)dx=2\times\int_{0}^{a}h(x)dx$ (단, a는 상수)
$$=2\int_{0}^{2}f(t)dt+0$$
$$=2\Big\{\int_{0}^{1}f(t)dt+\int_{1}^{2}f(t)dt\Big\}$$
함수식이 범위에 따라 다르므로 적분 구간을 나누어준다.
$$=2\Big\{\int_{0}^{1}\cos 2\pi t\,dt+\int_{1}^{2}1\,dt\Big\}$$
$$=2\times\Big(\Big[\frac{1}{2\pi}\sin 2\pi t\Big]_0^1+\Big[t\Big]_1^2\Big)\quad\text{계산 주의}$$
$$=2\times\Big\{\frac{1}{2\pi}(\sin 2\pi-\sin 0)+2-1\Big\}$$
$\sin 2\pi=0,\;\sin 0=0$
$$=2\times 1$$
$$=2$$

$\therefore g(-2)+g(2)=0+2=2$

함수 $f(x)$가 $f(x)=f(-x)$를 만족함을 이용해서 문제에 필요한 정적분값을 이끌어 낼 수 있습니다.

먼저 곡선 $y=f(x)$는 y축에 대하여 대칭이기 때문에 모든 실수 a에 대하여 $\int_{-a}^{a} f(x)dx=2\int_{0}^{a}f(x)dx$이고 함수 $y=xf(x)$의 그래프는 원점에 대하여 대칭이기 때문에 모든 실수 a에 대하여 $\int_{-a}^{a}xf(x)dx=0$임을 확인할 수 있습니다.

070 [정답률 69%]　　　　　　　정답 ④

함수 $f(x)$는 실수 전체의 집합에서 도함수가 연속이고
$$\int_{1}^{2}(x-1)f'\left(\frac{x}{2}\right)dx=2$$
를 만족시킨다. $f(1)=4$일 때, $\int_{\frac{1}{2}}^{1}f(x)dx$의 값은? (3점)

① $\dfrac{3}{4}$　　　　② 1　　　　③ $\dfrac{5}{4}$

④ $\dfrac{3}{2}$　　　　⑤ $\dfrac{7}{4}$

Step 1 부분적분법을 이용하여 주어진 식을 변형한다.

$\displaystyle\int_{1}^{2}(x-1)f'\left(\frac{x}{2}\right)dx$

$=\left[2(x-1)f\left(\dfrac{x}{2}\right)\right]_{1}^{2}-\displaystyle\int_{1}^{2}2f\left(\dfrac{x}{2}\right)dx$

$=2f(1)-2\displaystyle\int_{1}^{2}f\left(\dfrac{x}{2}\right)dx=2$ → 부분적분법

이때 $f(1)=4$이므로 $\displaystyle\int_{1}^{2}f\left(\dfrac{x}{2}\right)dx=3$

Step 2 $\dfrac{x}{2}=t$로 치환하여 $\int_{\frac{1}{2}}^{1}f(x)dx$의 값을 구한다.

$\dfrac{x}{2}=t$라 하면 $\dfrac{1}{2}=\dfrac{dt}{dx}$

$x=1$일 때 $t=\dfrac{1}{2}$, $x=2$일 때 $t=1$이므로

$\displaystyle\int_{1}^{2}f\left(\dfrac{x}{2}\right)dx=2\int_{\frac{1}{2}}^{1}f(t)dt=3$　　$\therefore \int_{\frac{1}{2}}^{1}f(x)dx=\dfrac{3}{2}$

→ $dx=2dt$

071 [정답률 41%]　　　　　　　정답 ⑤

미분가능한 함수 $f(x)$가 다음 조건을 만족시킨다.

(가) $x_{1}<x_{2}$인 임의의 두 실수 x_{1}, x_{2}에 대하여
　　$f(x_{1})>f(x_{2})$이다.
(나) 닫힌구간 $[-1,3]$에서 함수 $f(x)$의 최댓값은 1이고
　　최솟값은 -2이다.

$\displaystyle\int_{-1}^{3}f(x)dx=3$일 때, $\int_{-2}^{1}f^{-1}(x)dx$의 값은? (3점)

① 4　　　　② 5　　　　③ 6

④ 7　　　　⑤ 8

Step 1 치환적분법과 부분적분법을 이용한다.

조건 (가)에 의하여 함수 $f(x)$는 감소함수이므로 조건 (나)에 의하여 $f(-1)=1$, $f(3)=-2$

즉, 역함수 $f^{-1}(x)$에 대하여 $f^{-1}(1)=-1$, $f^{-1}(-2)=3$이다.

$f^{-1}(x)=t$로 치환하면 $x=-2$일 때 $t=3$, $x=1$일 때 $t=-1$이고,

$x=f(t)$에서 $\dfrac{dx}{dt}=f'(t)$이므로

→ 함수 $f(x)$의 역함수 $f^{-1}(x)$에 대하여 $f(a)=b$일 때, $f^{-1}(b)=a$

$\displaystyle\int_{-2}^{1}f^{-1}(x)dx=\int_{3}^{-1}tf'(t)dt$ → $dx=f'(t)dt$

두 함수 $f(x)$, $g(x)$가 미분가능할 때,
$\int f(x)g'(x)dx$
$=f(x)g(x)-\int f'(x)g(x)dx$

$=\left[tf(t)\right]_{3}^{-1}-\displaystyle\int_{3}^{-1}f(t)dt$

$=-f(-1)-3f(3)+\displaystyle\int_{-1}^{3}f(t)dt$

$=-1-3\times(-2)+3=8$ → 문제에서

$\displaystyle\int_{-1}^{3}f(x)dx=3$
이라고 주어졌어.

072 [정답률 60%]　　　　　　　정답 ④

정의역이 $\{x\,|\,x>-1\}$인 함수 $f(x)$에 대하여
$f'(x)=\dfrac{1}{(1+x^3)^2}$이고, 함수 $g(x)=x^2$일 때,
$\displaystyle\int_{0}^{1}f(x)g'(x)dx=\dfrac{1}{6}$이다. $f(1)$의 값은? (4점)

→ $\int f(x)g'(x)dx=f(x)g(x)-\int f'(x)g(x)dx$를 이용하는 문제야!

① $\dfrac{1}{6}$　　　　② $\dfrac{2}{9}$　　　　③ $\dfrac{5}{18}$

④ $\dfrac{1}{3}$　　　　⑤ $\dfrac{7}{18}$

Step 1 $\displaystyle\int_{0}^{1}f(x)g'(x)dx=\dfrac{1}{6}$에서 부분적분법을 이용한다.

$\displaystyle\int_{0}^{1}f(x)g'(x)dx=\left[f(x)g(x)\right]_{0}^{1}-\int_{0}^{1}f'(x)g(x)dx$

$=f(1)g(1)-f(0)g(0)-\displaystyle\int_{0}^{1}\dfrac{x^2}{(1+x^3)^2}dx=\dfrac{1}{6}$

그런데 $g(1)=1$, $g(0)=0$이므로 → $g(0)=0$이므로 $f(0)$의 값을 몰라도 돼!

$f(1)-\displaystyle\int_{0}^{1}\dfrac{x^2}{(1+x^3)^2}dx=\dfrac{1}{6}$　　……㉠

Step 2 치환적분법을 이용하여 $f(1)$의 값을 구한다.

$\displaystyle\int_{0}^{1}\dfrac{x^2}{(1+x^3)^2}dx$에서 $1+x^3=t$로 놓으면 $3x^2dx=dt$이고

$x=0$일 때 $t=1$, $x=1$일 때 $t=2$이므로

$\displaystyle\int_{0}^{1}\dfrac{x^2}{(1+x^3)^2}dx=\int_{1}^{2}\dfrac{1}{3t^2}dt$

구해야 하는 식을 보면 분모에 x^3, 분자에 x^2이 있으니까 분모의 식을 t로 치환하면 dt를 이용하여 분자의 식을 정리하기 편리해! 치환을 할 경우 이런 식으로 생각할 수 있어야 해!

$=\dfrac{1}{3}\left[-\dfrac{1}{t}\right]_{1}^{2}$

$=\dfrac{1}{3}\left(-\dfrac{1}{2}+1\right)=\dfrac{1}{6}$

따라서 ㉠에서 $f(1)-\dfrac{1}{6}=\dfrac{1}{6}$이므로

$f(1)=\dfrac{1}{3}$

073 [정답률 17%]　　　　　　　　정답 ④

함수 $f(x)$의 식이 주어지지 않았으니 적분법의 성질을 이용하여 문제를 풀어나가야 해!

실수 전체의 집합에서 미분가능한 함수 $f(x)$가 있다. 모든 실수 x에 대하여 $f(2x)=2f(x)f'(x)$이고,

$$f(a)=0, \quad \int_{2a}^{4a} \frac{f(x)}{x}dx=k \ (a>0, \ 0<k<1)$$

일 때, $\int_a^{2a} \frac{\{f(x)\}^2}{x^2}dx$의 값을 k로 나타낸 것은? (3점)

① $\dfrac{k^2}{4}$　　　　② $\dfrac{k^2}{2}$　　　　③ k^2

④ k　　　　⑤ $2k$

k의 값을 구하는 문제가 아닌, $\int_{2a}^{4a} \frac{f(x)}{x}dx$를 이용하여 주어진 정적분을 나타내는 문제임을 명심해!

주어진 식을 어떻게 나누어야 부분적분법을 이용한 계산이 간단해질지 생각해.

Step 1 $\int_a^{2a} \frac{\{f(x)\}^2}{x^2}dx$를 부분적분법을 이용하여 적분한다.

$\int_a^{2a} \frac{\{f(x)\}^2}{x^2}dx$에서 $g(x)=\{f(x)\}^2$, $h'(x)=\dfrac{1}{x^2}$로 놓으면

이 식은 문제의 조건에 있던 식이야!

$g'(x)=2f(x)f'(x)$, $h(x)=-\dfrac{1}{x}$이므로

$\left(-\dfrac{1}{x}\right)'=-\dfrac{(1)'\times x-1\times(x)'}{x^2}=-\dfrac{0-1}{x^2}=\dfrac{1}{x^2}$

$\int_a^{2a} \frac{1}{x^2}\cdot\{f(x)\}^2 dx=\left[-\frac{\{f(x)\}^2}{x}\right]_a^{2a}+\int_a^{2a}\frac{2f(x)f'(x)}{x}dx$

계산 주의

Step 2 $f(a)=0$, $f(2x)=2f(x)f'(x)$임을 이용하여 정적분의 값을 k로 나타낸다.

x 대신 a를 대입

그런데 $f(a)=0$이므로 $f(2a)=2f(a)f'(a)=0$

$\therefore \left[-\frac{\{f(x)\}^2}{x}\right]_a^{2a}=0$　　　…… ㉠

$-\dfrac{\{f(2a)\}^2}{2a}-\left[-\dfrac{\{f(a)\}^2}{a}\right]$

문제의 조건에서 $f(2x)=2f(x)f'(x)$이므로

$=-\dfrac{0^2}{2a}-\left(-\dfrac{0^2}{a}\right)$

$\int_a^{2a}\frac{2f(x)f'(x)}{x}dx=\int_a^{2a}\frac{f(2x)}{x}dx$

$=0 \ (\because f(a)=0, f(2a)=0)$

$2x=t$로 놓으면 $2\,dx=dt$이고　→ $2x=t$의 양변을 t에 대하여 미분하면

$x=a$일 때 $t=2a$, $x=2a$일 때 $t=4a$이므로　$2\dfrac{dx}{dt}=1, 2dx=dt$

$\int_a^{2a}\frac{f(2x)}{x}dx=\int_{2a}^{4a}\frac{f(t)}{\frac{t}{2}}\cdot\frac{1}{2}dt$

중요

$=\int_{2a}^{4a}\frac{f(t)}{t}dt=k$　　…… ㉡

$\int_{2a}^{4a}\frac{f(t)}{t}dt=\int_{2a}^{4a}\frac{f(x)}{x}dx$, 즉 변수를 나타내는 문자가 달라도 정적분의 값은 동일해!

따라서 ㉠, ㉡에서

$\int_a^{2a}\frac{\{f(x)\}^2}{x^2}dx=\left[-\frac{\{f(x)\}^2}{x}\right]_a^{2a}+\int_a^{2a}\frac{2f(x)f'(x)}{x}dx$

부분적분법으로 정리　$=0+k=k$　→ 각 항에 대하여 따로 계산 후 대입

---

074 [정답률 30%]　　　　　　　　정답 ④

함수

$$f(x)=\sin x\cos x\times e^{a\sin x+b\cos x}$$

이 다음 조건을 만족시키도록 하는 서로 다른 두 실수 a, b의 순서쌍 (a, b)에 대하여 $a-b$의 최솟값은? (4점)　→ $a\neq b$

(가) $ab=0$

(나) $\displaystyle\int_0^{\frac{\pi}{2}} f(x)dx=\dfrac{1}{a^2+b^2}-2e^{a+b}$

① $-\dfrac{5}{2}$　　　　② -2　　　　③ $-\dfrac{3}{2}$

④ -1　　　　⑤ $-\dfrac{1}{2}$

Step 1 $a\neq0$, $b=0$일 때 a의 값을 구한다.

$a\neq b$이므로 조건 (가)에서 $a\neq0$, $b=0$ 또는 $a=0$, $b\neq0$

(i) $a\neq0$, $b=0$일 때

$\sin x=t$로 놓으면 $\cos x\,dx=dt$

$x=0$일 때 $t=0$, $x=\dfrac{\pi}{2}$일 때 $t=1$이므로

$\int_0^{\frac{\pi}{2}} f(x)dx=\int_0^{\frac{\pi}{2}}(\sin x\cos x\times e^{a\sin x})dx$　→ 부분적분법 이용

$=\int_0^1 te^{at}dt=\left[\frac{t}{a}e^{at}\right]_0^1-\int_0^1\frac{1}{a}e^{at}dt$

$=\dfrac{e^a}{a}-\left[\dfrac{1}{a^2}e^{at}\right]_0^1=\dfrac{(a-1)e^a+1}{a^2}$

조건 (나)에서 $\dfrac{(a-1)e^a+1}{a^2}=\dfrac{1}{a^2}-2e^a$　→ $=\dfrac{1}{a^2}e^a-\dfrac{1}{a^2}$

$a-1=-2a^2$, $(a+1)(2a-1)=0$　→ $\dfrac{(a-1)e^a}{a^2}=-2e^a, e^a\neq0$이므로

$\therefore a=-1$ 또는 $a=\dfrac{1}{2}$　　$\dfrac{a-1}{a^2}=-2$

Step 2 $a=0$, $b\neq0$일 때 b의 값을 구한다.

(ii) $a=0$, $b\neq0$일 때

$\cos x=t$로 놓으면 $-\sin x\,dx=dt$

$x=0$일 때 $t=1$, $x=\dfrac{\pi}{2}$일 때 $t=0$이므로

$\int_0^{\frac{\pi}{2}} f(x)dx=\int_0^{\frac{\pi}{2}}(\sin x\cos x\times e^{b\cos x})dx$

$=-\int_1^0 te^{bt}dt=\int_0^1 te^{bt}dt$

$=\left[\frac{t}{b}e^{bt}\right]_0^1-\int_0^1\frac{1}{b}e^{bt}dt$　→ $\int_a^b f(x)dx=-\int_b^a f(x)dx$

$=\dfrac{e^b}{b}-\left[\dfrac{1}{b^2}e^{bt}\right]_0^1=\dfrac{(b-1)e^b+1}{b^2}$

조건 (나)에서 $\dfrac{(b-1)e^b+1}{b^2}=\dfrac{1}{b^2}-2e^b$

$b-1=-2b^2$, $(b+1)(2b-1)=0$　→ $\dfrac{(b-1)e^b}{b^2}=-2e^b$에서 $e^b\neq0$이므로

$\therefore b=-1$ 또는 $b=\dfrac{1}{2}$　　$\dfrac{b-1}{b^2}=-2$

(i), (ii)에 의하여 순서쌍 (a, b)는 $(-1, 0)$, $\left(\dfrac{1}{2}, 0\right)$, $(0, -1)$,

$\left(0, \dfrac{1}{2}\right)$이므로 $a-b$의 최솟값은 $-1-0=-1$

→ 순서쌍 (a, b)가 $(-1, 0)$일 때

075 [정답률 57%]   정답 72

실수 전체의 집합에서 미분가능한 함수 $f(x)$가 다음 조건을
만족시킨다.

> (가) $f(1)=0$
> (나) 0이 아닌 모든 실수 x에 대하여
> $$\dfrac{xf'(x)-f(x)}{x^2}=xe^x$$이다.

$f(3)\times f(-3)$의 값을 구하시오. (4점)

Step 1 부분적분법을 이용하여 함수 $f(x)$를 구한다.

조건 (나)에서 $\dfrac{xf'(x)-f(x)}{x^2}=\left\{\dfrac{f(x)}{x}\right\}'=xe^x$이므로

$\left\{\dfrac{f(x)}{x}\right\}'=xe^x$의 양변을 적분하면

→ (우변) xe^x은 부분적분법을 이용
$$\int xe^x\,dx=xe^x-\int e^x\,dx$$

$\dfrac{f(x)}{x}=(x-1)e^x+C$ (단, C는 적분상수)

$=xe^x-e^x+C$
$=(x-1)e^x+C$
(단, C는 적분상수)

조건 (가)에서 $f(1)=0$이므로 $C=0$

$\therefore f(x)=x(x-1)e^x$ ($x<0$ 또는 $x>0$)

Step 2 $f(3)\times f(-3)$의 값을 구한다.

$f(3)=6e^3$, $f(-3)=12e^{-3}$이므로

$f(3)\times f(-3)=6e^3\times 12e^{-3}=72$

076 [정답률 86%]   정답 ④

구간 $(0,\infty)$에서 연속인 함수 $f(x)$의 한 부정적분을
$F(x)$라 할 때, 함수 $F(x)$가 다음 조건을 만족시킨다.

> (가) 모든 양수 x에 대하여 $F(x)+xf(x)=(2x+2)e^x$
> → $xF(x)$를 x에 대하여 미분
> (나) $F(1)=2e$

$F(3)$의 값은? (4점)

① $\dfrac{1}{4}e^3$ ② $\dfrac{1}{2}e^3$ ③ e^3

④ $2e^3$ ⑤ $4e^3$

Step 1 주어진 조건을 이용하여 $F(x)$에 대한 정보를 구한다.

조건 (가)에서 $F(x)+xf(x)=(2x+2)e^x$

양변을 적분하면

$$\int\{F(x)+xf(x)\}\,dx=\int(2x+2)e^x\,dx$$

이때 $\{xF(x)\}'=F(x)+xf(x)$이므로

→ 적분을 하면서 빼먹기 쉬우니 주의

$xF(x)=\int(2x+2)e^x\,dx+C_1$ (단, C_1은 적분상수)

Step 2 부분적분법을 이용하여 $\int(2x+2)e^x\,dx$를 구한다.

$\int(2x+2)e^x\,dx$에서 → $\int u(x)v'(x)dx=u(x)v(x)-\int u'(x)v(x)dx$를 이용해!

$u(x)=2x+2$, $v'(x)=e^x$이라 하면 $u'(x)=2$, $v(x)=e^x$이므로

$$\int(2x+2)e^x\,dx=(2x+2)e^x-\int 2e^x\,dx$$

$=(2x+2)e^x-2e^x+C_2$ (단, C_2는 적분상수)

$=2xe^x+C_2$

→ 적분을 하면서 항상 주의!

$\therefore xF(x)=\int(2x+2)e^x\,dx+C_1=2xe^x+C$ ...... ㉠

$=2xe^x+C_2$

(단, C는 C_1+C_2인 적분상수)

Step 3 $F(1)=2e$임을 이용하여 C의 값을 구한다. → 문제에서 $F(1)$의 값을 알려준 이유야.

이때 조건 (나)에서 $F(1)=2e$이므로 ㉠에 $x=1$을 대입하면

$F(1)=2e+C=2e$ $\therefore C=0$

Step 4 $F(3)$의 값을 구한다.

따라서 $xF(x)=2xe^x$이므로 $F(x)=2e^x$ ($\because x\neq 0$)

$\therefore F(3)=2e^3$

077 [정답률 84%]   정답 ③

→ 문제에서 주어지는 조건은 항상 꼼꼼히 봐두어야 해!

양의 실수를 정의역으로 하는 두 함수 $f(x)=x$,
$h(x)=\ln x$에 대하여 다음 두 조건을 모두 만족하는 함수
$g(x)$가 있다. 이때, $g(e)$의 값은? (3점)

> (가) $f'(x)g(x)+f(x)g'(x)=h(x)$
> → $f(x)g(x)$를 x에 대하여 미분
> (나) $g(1)=-1$

① -2 ② -1 ③ 0
④ 1 ⑤ 2

Step 1 곱의 미분법을 이용하여 조건 (가)를 정리한다.

$\{f(x)g(x)\}'=f'(x)g(x)+f(x)g'(x)$이므로

조건 (가)에서 $\{f(x)g(x)\}'=h(x)$ → 곱의 미분법

양변을 x에 대하여 적분하면

$f(x)g(x)+C_1=\int h(x)\,dx$ (단, C_1은 적분상수) ...... ㉠

Step 2 부분적분법을 이용하여 $g(e)$의 값을 구한다.

$f(x)=x$, $h(x)=\ln x$이므로 ㉠에 대입하면

$$xg(x)+C_1=\int \ln x\,dx=\int 1\cdot\ln x\,dx$$

$v(x)=\ln x$, $u'(x)=1$이라 하면

$v'(x)=\dfrac{1}{x}$, $u(x)=x$이므로 → $\int u'(x)v(x)dx=u(x)v(x)-\int u(x)v'(x)dx$를 이용해!

$xg(x)+C_1=\int 1\cdot\ln x\,dx=x\ln x-\int\dfrac{1}{x}\cdot x\,dx$

$=x\ln x-\int 1\,dx$

→ 기본적인 부분적분법이므로 알아둬.
$\int \ln x\,dx=x\ln x-x+C$

$=x\ln x-x+C_2$ (단, C_1, C_2는 적분상수)

$xg(x)=x\ln x-x+C$ (단, C는 C_2-C_1인 적분상수) ...... ㉡

조건 (나)에 의해 $g(1)=-1$이므로 ㉡에 $x=1$을 대입하면

$-1=-1+C$ $\therefore C=0$ → 조건 (나)를 문제에서 알려준 이유야.

따라서 ㉡에서 $xg(x)=x\ln x-x$이므로

$g(x)=\ln x-1$ ($\because x\neq 0$)

$\therefore g(e)=\ln e-1=1-1=0$

078 [정답률 82%]　　　　　　　정답 6

> 실수 전체의 집합에서 미분가능한 함수 $f(x)$가 다음 조건을
> 만족시킨다.
> → 어떤 함수인지 파악하기 위해,
> 　문제에서 알려주는 모든 정보를 챙겨!
>
> (가) $f(1)=2$　　부분적분법을 사용하라고
> 　　　　　　　　식을 이런 모양으로 주었어!
> (나) $\displaystyle\int_0^1 (x-1)f'(x+1)\,dx=-4$
>
> $\displaystyle\int_1^2 f(x)\,dx$의 값을 구하시오. (단, $f'(x)$는 연속함수이다.)
>
> (4점)

Step 1 치환적분법을 이용하여 조건 (나)의 식을 변형한다.

조건 (나)의 $\displaystyle\int_0^1 (x-1)f'(x+1)\,dx$에서 $x+1=t$라 하면

$1=\dfrac{dt}{dx}$이므로 $dt=dx$이고
→ 치환적분법을 이용할 경우 적분 범위에 항상 주의해!

$x=0$일 때 $t=1$, $x=1$일 때 $t=2$이므로

$$\int_0^1 (x-1)f'(x+1)\,dx=\int_1^2 (t-2)f'(t)\,dt$$

Step 2 부분적분법을 이용하여 $\displaystyle\int_1^2 f(x)\,dx$의 값을 구한다.

부분적분법을 이용하면

$$\int_1^2 (t-2)f'(t)\,dt=\Big[(t-2)f(t)\Big]_1^2-\int_1^2 f(t)\,dt$$
$$=f(1)-\int_1^2 f(t)\,dt \qquad (2-2)f(2)-(-1)f(1)$$
$$=2-\int_1^2 f(t)\,dt=-4 \ (\because \text{(가), (나)})$$

$$\therefore \int_1^2 f(x)\,dx=6$$

079 [정답률 74%]　　　　　　　정답 ②

> 두 함수 $f(x)$, $g(x)$는 실수 전체의 집합에서 도함수가
> 연속이고 다음 조건을 만족시킨다.
>
> (가) 모든 실수 x에 대하여 $f(x)g(x)=x^4-1$이다.
> (나) $\displaystyle\int_{-1}^1 \{f(x)\}^2 g'(x)\,dx=120$
> → 부분적분을 이용하면 $g'(x)$를 $g(x)$로 만들 수 있어.
>
> $\displaystyle\int_{-1}^1 x^3 f(x)\,dx$의 값은? (4점)
>
> ① 12　　　　　② 15　　　　　③ 18
> ④ 21　　　　　⑤ 24

Step 1 부분적분을 이용하여 조건 (나)의 식을 변형한다.

조건 (가)에서 $f(1)g(1)=f(-1)g(-1)=0$
→ 1^4-1　→ $(-1)^4-1$

부분적분을 이용하여 조건 (나)의 정적분을 변형하면

$$\int_{-1}^1 \{f(x)\}^2 g'(x)\,dx$$
$$=\Big[\{f(x)\}^2 g(x)\Big]_{-1}^1-\int_{-1}^1 2f(x)f'(x)g(x)\,dx$$
$$\int g'(x)dx \leftarrow \qquad \rightarrow [\{f(x)\}^2]'$$
$$=0-\int_{-1}^1 2f'(x)f(x)g(x)\,dx$$
→ $\{f(1)\}^2 g(1)-\{f(-1)\}^2 g(-1)=0-0=0$
$$=-2\int_{-1}^1 f'(x)(x^4-1)\,dx$$
→ $=x^4-1$

Step 2 부분적분을 한 번 더 이용하여 $\displaystyle\int_{-1}^1 x^3 f(x)\,dx$의 꼴을 만든다.

$$-2\int_{-1}^1 f'(x)(x^4-1)\,dx$$
$$=-2\Big\{\Big[f(x)(x^4-1)\Big]_{-1}^1-\int_{-1}^1 f(x)\times 4x^3\,dx\Big\}$$
→ $(x^4-1)'$
$$=-2\times\Big\{0-4\int_{-1}^1 x^3 f(x)\,dx\Big\}$$
→ $f(1)\times(1^4-1)-f(-1)\times\{(-1)^4-1\}=0-0=0$
$$=8\int_{-1}^1 x^3 f(x)\,dx$$

조건 (나)에서 정적분의 값은 120이므로

$$8\int_{-1}^1 x^3 f(x)\,dx=120 \qquad \therefore \int_{-1}^1 x^3 f(x)\,dx=15$$

❂ 다른 풀이　$f(x)g(x)$의 도함수를 이용하는 풀이

Step 1 $f(x)g(x)$를 x에 대하여 미분한다.

조건 (가)에서 $f(x)g(x)=x^4-1$이므로
양변을 x에 대하여 미분하면
$$f'(x)g(x)+f(x)g'(x)=4x^3$$
→ 곱의 미분법을 이용!
$$\therefore f'(x)g(x)=4x^3-f(x)g'(x) \qquad \cdots\cdots ㉠$$

Step 2 부분적분을 이용하여 $\displaystyle\int_{-1}^1 x^3 f(x)\,dx$의 값을 구한다.

조건 (가)에서 $f(1)g(1)=f(-1)g(-1)=0$

부분적분을 이용하여 조건 (나)의 정적분을 변형하면

$$\int_{-1}^1 \{f(x)\}^2 g'(x)\,dx$$
→ 이 값이 0임을 본풀이 **Step 1**에서 확인할 수 있어.
$$=\Big[\{f(x)\}^2 g(x)\Big]_{-1}^1-\int_{-1}^1 2f(x)f'(x)g(x)\,dx$$
$$=-2\int_{-1}^1 f(x)f'(x)g(x)\,dx$$
$$=-2\int_{-1}^1 f(x)\{4x^3-f(x)g'(x)\}\,dx \ (\because ㉠)$$
$$=-8\int_{-1}^1 x^3 f(x)\,dx+2\int_{-1}^1 \{f(x)\}^2 g'(x)\,dx$$

조건 (나)에서 정적분의 값은 120이므로

$$-8\int_{-1}^1 x^3 f(x)\,dx+2\int_{-1}^1 \{f(x)\}^2 g'(x)\,dx=120$$에서
→ (조건 (나)의 정적분)$=120$
$$-8\int_{-1}^1 x^3 f(x)\,dx+240=120$$
$$8\int_{-1}^1 x^3 f(x)\,dx=120 \qquad \therefore \int_{-1}^1 x^3 f(x)\,dx=15$$

080 [정답률 33%]　　　　　　　　정답 ①

실수 전체의 집합에서 도함수가 연속인 함수 $f(x)$가 모든 실수 x에 대하여 다음 조건을 만족시킨다.

> (가) $f(-x)=f(x)$　→ 함수 $f(x)$는 주기가 2인 우함수이다.
> (나) $f(x+2)=f(x)$

$\displaystyle\int_{-1}^{5} f(x)(x+\cos 2\pi x)\,dx=\frac{47}{2}$, $\displaystyle\int_{0}^{1} f(x)\,dx=2$일 때, $\displaystyle\int_{0}^{1} f'(x)\sin 2\pi x\,dx$의 값은? (4점)

① $\dfrac{\pi}{6}$　　　② $\dfrac{\pi}{4}$　　　③ $\dfrac{\pi}{3}$

④ $\dfrac{5}{12}\pi$　　　⑤ $\dfrac{\pi}{2}$

Step 1 $\displaystyle\int_{-1}^{5} xf(x)\,dx$의 값을 구한다.

조건 (가)에 의하여 함수 $f(x)$는 우함수이므로 → 함수 $f(x)$가 우함수이므로 함수 $xf(x)$는 기함수이다.

$$\int_{-1}^{1} f(x)\,dx=2\int_{0}^{1} f(x)\,dx=2\times 2=4,\quad \int_{-1}^{1} xf(x)\,dx=0$$

$$\int_{-1}^{5} f(x)(x+\cos 2\pi x)\,dx=\int_{-1}^{5} xf(x)\,dx+\int_{-1}^{5} f(x)\cos 2\pi x\,dx$$

$$\int_{-1}^{5} xf(x)\,dx$$

$$=\int_{-1}^{1} xf(x)\,dx+\int_{1}^{3} xf(x)\,dx+\int_{3}^{5} xf(x)\,dx$$

$$=0+\int_{-1}^{1}(x+2)f(x+2)\,dx+\int_{-1}^{1}(x+4)f(x+4)\,dx$$

→ $=f(x)$　　→ $=f(x+2)=f(x)$

$$=\int_{-1}^{1}(x+2)f(x)\,dx+\int_{-1}^{1}(x+4)f(x)\,dx$$

$$=2\int_{-1}^{1} xf(x)\,dx+6\int_{-1}^{1} f(x)\,dx$$

→ $=0$

$$=12\int_{0}^{1} f(x)\,dx=12\times 2=24$$

Step 2 $\displaystyle\int_{-1}^{5} f(x)\cos 2\pi x\,dx$의 값을 간단히 한 후, $\displaystyle\int_{0}^{1} f(x)\cos 2\pi x\,dx$의 값을 구한다.

조건 (가)에 의하여 $f(-x)\cos 2\pi(-x)=f(x)\cos 2\pi x$
조건 (나)에 의하여 $f(x+2)\cos 2\pi(x+2)=f(x)\cos 2\pi x$
즉, 함수 $f(x)\cos 2\pi x$는 주기가 2인 우함수이므로

$\cos(4\pi+2\pi x)=\cos 2\pi x$

$$\int_{-1}^{5} f(x)\cos 2\pi x\,dx$$

$$=\int_{-1}^{1} f(x)\cos 2\pi x\,dx+\int_{1}^{3} f(x)\cos 2\pi x\,dx$$
$$+\int_{3}^{5} f(x)\cos 2\pi x\,dx$$

$$=\int_{-1}^{1} f(x)\cos 2\pi x\,dx+\int_{-1}^{1} f(x+2)\cos 2\pi(x+2)\,dx$$
$$+\int_{-1}^{1} f(x+4)\cos 2\pi(x+4)\,dx$$

세 값이 모두 같다. ←

$$=3\int_{-1}^{1} f(x)\cos 2\pi x\,dx=6\int_{0}^{1} f(x)\cos 2\pi x\,dx$$

이때

$$\int_{-1}^{5} f(x)(x+\cos 2\pi x)\,dx=\int_{-1}^{5} xf(x)\,dx+\int_{-1}^{5} f(x)\cos 2\pi x\,dx$$

에서 $\displaystyle\int_{-1}^{5} f(x)\cos 2\pi x\,dx=\frac{47}{2}-24=-\frac{1}{2}$이므로

$$\int_{0}^{1} f(x)\cos 2\pi x\,dx=\frac{1}{6}\times\left(-\frac{1}{2}\right)=-\frac{1}{12}$$

Step 3 부분적분법을 이용하여 $\displaystyle\int_{0}^{1} f'(x)\sin 2\pi x\,dx$를 계산한다.

$$\therefore \int_{0}^{1} f'(x)\sin 2\pi x\,dx$$

$$=\left[f(x)\sin 2\pi x\right]_{0}^{1}-2\pi\int_{0}^{1} f(x)\cos 2\pi x\,dx$$

$$=0-2\pi\int_{0}^{1} f(x)\cos 2\pi x\,dx$$

$\int u'v\,dx=uv-\int uv'\,dx$에서 $u'=f'(x),\ v=\sin 2\pi x$로 놓고 부분적분법을 이용한다.

$$=-2\pi\times\left(-\frac{1}{12}\right)=\frac{\pi}{6}$$

081 [정답률 54%]　　　　　　　　정답 ③

함수 $f(x)$는 실수 전체의 집합에서 연속인 이계도함수를 갖고, 실수 전체의 집합에서 정의된 함수 $g(x)$를

$$g(x)=f'(2x)\sin \pi x+x$$

라 하자. 함수 $g(x)$는 역함수 $g^{-1}(x)$를 갖고,

$$\int_{0}^{1} g^{-1}(x)\,dx=2\int_{0}^{1} f'(2x)\sin \pi x\,dx+\frac{1}{4}$$

을 만족시킬 때, $\displaystyle\int_{0}^{2} f(x)\cos \frac{\pi}{2}x\,dx$의 값은? (4점)

① $-\dfrac{1}{\pi}$　　　② $-\dfrac{1}{2\pi}$　　　③ $-\dfrac{1}{3\pi}$

④ $-\dfrac{1}{4\pi}$　　　⑤ $-\dfrac{1}{5\pi}$

Step 1 $\displaystyle\int_{0}^{1} g(x)\,dx$와 $\displaystyle\int_{0}^{1} g^{-1}(x)\,dx$ 사이의 관계식을 구한다.

$g(0)=f'(0)\sin 0+0=0$, $g(1)=f'(2)\sin \pi+1=1$이므로

→ 한 변의 길이가 1인 정사각형의 넓이

$$\int_{0}^{1} g^{-1}(x)\,dx=1-\int_{g^{-1}(0)}^{g^{-1}(1)} g(x)\,dx=1-\int_{0}^{1} g(x)\,dx$$

$$\therefore \int_{0}^{1} g(x)\,dx+\int_{0}^{1} g^{-1}(x)\,dx=1 \quad\cdots\cdots \ ㉠$$

Step 2 ㉠에 주어진 식을 대입한다.

㉠에 $g(x)=f'(2x)\sin \pi x+x$와

$\displaystyle\int_{0}^{1} g^{-1}(x)\,dx=2\int_{0}^{1} f'(2x)\sin \pi x\,dx+\frac{1}{4}$을 대입하면

$$\int_{0}^{1}\{f'(2x)\sin \pi x+x\}\,dx+2\int_{0}^{1} f'(2x)\sin \pi x\,dx+\frac{1}{4}$$

$$=\int_{0}^{1}\{3f'(2x)\sin \pi x+x\}\,dx+\frac{1}{4}$$

정적분의 적분구간이 같으므로 합쳐서 계산한다.

$$=3\int_{0}^{1} f'(2x)\sin \pi x\,dx+\left[\frac{1}{2}x^2\right]_{0}^{1}+\frac{1}{4}$$

$$=3\int_{0}^{1} f'(2x)\sin \pi x\,dx+\frac{1}{2}+\frac{1}{4}=1$$

$$\therefore \int_{0}^{1} f'(2x)\sin \pi x\,dx=\frac{1}{12} \quad\cdots\cdots \ ㉡$$

Step 3 치환적분과 부분적분을 이용하여 $\int_0^2 f(x)\cos\frac{\pi}{2}x\,dx$를 변형한다.

$\int_0^2 f(x)\cos\frac{\pi}{2}x\,dx$에서 $x=2t$라 하면 $dx=2dt$이고

$x=0$일 때 $t=0$, $x=2$일 때 $t=1$이므로

$$\int_0^2 f(x)\cos\frac{\pi}{2}x\,dx$$

$$=2\int_0^1 f(2t)\cos\pi t\,dt$$

부분적분법

$$=2\times\left[\frac{1}{\pi}f(2t)\sin\pi t\right]_0^1-2\int_0^1\frac{2}{\pi}f'(2t)\sin\pi t\,dt$$

$$=2\times(0-0)-\frac{4}{\pi}\int_0^1 f'(2t)\sin\pi t\,dt$$

$\longrightarrow \sin 0=0,\ \sin\pi=0$이므로 정적분의 값은 0

$$=-\frac{4}{\pi}\times\frac{1}{12}\ (\because ㉡)$$

$$=-\frac{1}{3\pi}$$

082 [정답률 18%]　　　　　　정답 31

실수 전체의 집합에서 미분가능한 함수 $f(x)$와 실수 전체의 집합에서 연속인 함수 $g(x)$는 모든 실수 x에 대하여

$$f(x)=\ln\left(\frac{g(x)}{1+xf'(x)}\right)$$

를 만족시킨다. $f(1)=4\ln 2$이고

$$\int_1^2 g(x)dx=34,\quad \int_1^2 xg(x)dx=53$$

일 때, $\int_1^2 xe^{f(x)}dx$의 값을 구하시오. (4점)

Step 1 자연로그의 성질을 이용하여 $e^{f(1)}$의 값을 구한다.

$f(1)=4\ln 2=\ln 2^4=\ln 16$이므로 $e^{f(1)}=16$

Step 2 부분적분법을 이용하여 $e^{f(2)}$의 값을 구한 후, $\int_1^2 xe^{f(x)}dx$의 값을 구한다.

$f(x)=\ln\left(\dfrac{g(x)}{1+xf'(x)}\right)$에서

$e^{f(x)}=\dfrac{g(x)}{1+xf'(x)}$, $g(x)=e^{f(x)}+xf'(x)e^{f(x)}$

$$\int_1^2 g(x)dx=\int_1^2 e^{f(x)}dx+\int_1^2 xf'(x)e^{f(x)}dx$$

$$=\int_1^2 e^{f(x)}dx+\left[xe^{f(x)}\right]_1^2-\int_1^2 e^{f(x)}dx$$

$$=2e^{f(2)}-e^{f(1)}$$

$u(x)=x,\ v'(x)=f'(x)e^{f(x)}$이라 하면 $u'(x)=1,$ $v(x)=e^{f(x)}$이므로

$$=2e^{f(2)}-16=34$$

$$\int_1^2 u(x)v'(x)dx=\left[u(x)v(x)\right]_1^2-\int_1^2 u'(x)v(x)dx$$

$\therefore e^{f(2)}=25$

$$\int_1^2 xg(x)dx=\int_1^2 xe^{f(x)}dx+\int_1^2 x^2 f'(x)e^{f(x)}dx$$

$$=\int_1^2 xe^{f(x)}dx+\left[x^2 e^{f(x)}\right]_1^2-\int_1^2 2xe^{f(x)}dx$$

$$=4e^{f(2)}-e^{f(1)}-\int_1^2 xe^{f(x)}dx$$

$\longrightarrow =25$

$$=100-16-\int_1^2 xe^{f(x)}dx$$

$$=84-\int_1^2 xe^{f(x)}dx=53$$

$\therefore \displaystyle\int_1^2 xe^{f(x)}dx=31$

083 [정답률 78%]　　　　　　정답 12

함수 $f(x)$가

$$f(x)=e^x+\int_0^1 tf(t)dt$$

를 만족시킬 때, $f(\ln 10)$의 값을 구하시오. (4점)

Step 1 $\int_0^1 tf(t)dt$의 값을 구한다.

함수 $f(x)=e^x+\int_0^1 tf(t)dt$에서 $\int_0^1 tf(t)dt=k$ (k는 상수)라 하면

$f(x)=e^x+k \to \int_0^1 xf(x)dx$의 꼴로 만들어 주어야 해.

양변에 x를 곱하면 $xf(x)=xe^x+kx$

$$\therefore \int_0^1 xf(x)dx=\int_0^1(xe^x+kx)dx$$

$\longrightarrow$ 이 값이 k야.

$$=\int_0^1 xe^x\,dx+\int_0^1 kx\,dx$$

$$=\left[xe^x\right]_0^1-\int_0^1 e^x\,dx+\left[\frac{1}{2}kx^2\right]_0^1$$

$$=e-\left[e^x\right]_0^1+\frac{1}{2}k$$

$u'=e^x,\ v=x$로 놓고 부분적분법을 이용했어.

$$=e-(e-1)+\frac{1}{2}k$$

$$=1+\frac{1}{2}k$$

따라서 $k=1+\dfrac{1}{2}k$이므로 $\dfrac{1}{2}k=1$

$\therefore k=2$

Step 2 $f(\ln 10)$의 값을 구한다.

$\therefore f(\ln 10)=e^{\ln 10}+k=10^{\ln e}+2=12$

084 [정답률 75%]　　　　　　　정답 ④

> 연속함수 $f(x)$가　　[주의] 지수가 x가 아니고 x^2이야!
>
> $$f(x)=e^{x^2}+\int_0^1 tf(t)dt$$
>
> 위끝과 아래끝이 모두 주어진 정적분의 식이므로, 상수로 보고 문제를 풀어나가면 돼.
>
> 를 만족시킬 때, $\int_0^1 xf(x)dx$의 값은? (3점)
>
> ① $e-2$　　　② $\dfrac{e-1}{2}$　　　③ $\dfrac{e}{2}$
>
> ④ $e-1$　　　⑤ $\dfrac{e+1}{2}$

Step 1 $\int_0^1 tf(t)dt=a$ (a는 상수)로 치환한다.

$\int_0^1 tf(t)dt$는 상수이므로 → 계산할 때 일일이 $\int_0^1 tf(t)dt$를 쓰는 것보다 간단한 문자로 치환하는 것이 쓰기도 편하고 헷갈릴 염려도 없어.

$\int_0^1 tf(t)dt=a$ (a는 상수)로 놓으면 구하는 $\int_0^1 xf(x)dx$의 값은 a이고 $f(x)=e^{x^2}+a$이다. → $f(x)=e^{x^2}+\int_0^1 tf(t)dt=e^{x^2}+a$

Step 2 주어진 식을 변형하여 a의 값을 구한다.

→ $f(x)=e^{x^2}+a$이므로 $f(t)=e^{t^2}+a$가 되는 거야.

$\therefore \int_0^1 tf(t)dt=\int_0^1 t(e^{t^2}+a)dt$

$\quad=\int_0^1 (te^{t^2}+at)dt$

[치환적분법] $\quad=\int_0^1 te^{t^2}dt+\int_0^1 at\,dt$

> 두 함수 $f(x), g(x)$가 닫힌구간 $[a,b]$에서 연속일 때
> $$\int_a^b \{f(x)\pm g(x)\}\,dx$$
> $$=\int_a^b f(x)dx\pm\int_a^b g(x)dx$$
> (복호동순)

$\int_0^1 te^{t^2}dt$에서 $t^2=x$로 놓으면 $2t\,dt=dx$이고 $t=0$일 때 $x=0$, $t=1$일 때 $x=1$이므로

→ $t^2=x$를 t에 대하여 미분하면 $2t=\dfrac{dx}{dt}$이므로

$\int_0^1 te^{t^2}dt=\int_0^1 \dfrac{1}{2}e^x dx=\left[\dfrac{1}{2}e^x\right]_0^1=\dfrac{1}{2}e-\dfrac{1}{2}$

$\therefore \int_0^1 tf(t)dt=\int_0^1 te^{t^2}dt+\int_0^1 at\,dt=\dfrac{1}{2}e-\dfrac{1}{2}+\left[\dfrac{1}{2}at^2\right]_0^1$

$\quad=\dfrac{1}{2}e-\dfrac{1}{2}+\dfrac{1}{2}a=a$ → 각 식들의 관계가 매우 복잡하기 때문에 집중하여 풀지 않으면 실수하기 쉬워!

즉, $\dfrac{1}{2}a=\dfrac{1}{2}e-\dfrac{1}{2}$에서

$a=e-1$ → 등식의 양변에 2를 곱한 거야.

$\therefore \int_0^1 xf(x)dx=a=e-1$ → $\int_0^1 xf(x)dx$와 $\int_0^1 tf(t)dt$는 쓰인 문자만 다를 뿐 의미하는 것은 같다는 것을 명심해!

수능포인트

이 문제는 함수가 두 번 나오는 적분 문제 유형에 있어서 가장 전형적인 문제입니다. 연속함수 $f(x)$에서 주어진 $\int_0^1 tf(t)dt$는 정적분입니다. 정석분이라는 것은 우리가 $xf(x)$라는 함수를 0부터 1까지 적분한 것이기 때문에 정적분 값은 항상 상수가 됩니다. 따라서 $f(x)$를 상수와 지수함수의 합의 형태로 표시해서 문제를 풀 수 있습니다.

$\int_0^a tf(t)dt$와 같이 나온다고 하더라도 상수 a에 대해서 $\int_0^a tf(t)dt$도 상수 취급을 할 수 있습니다. 하지만 변수 x에 대해서 $\int_0^x tf(t)dt$와 같이 나오면 x의 값에 따라서 값이 달라지기 때문에 x에 대한 함수가 됩니다.

085 [정답률 89%]　　　　　　　정답 ②

> 실수 전체의 집합에서 연속인 함수 $f(x)$가
>
> $$\int_a^x f(t)dt=(x+a-4)e^x$$
>
> 을 만족시킬 때, $f(a)$의 값은? (단, a는 상수이다.) (3점)
>
> ① e　　　② e^2　　　③ e^3
>
> ④ e^4　　　⑤ e^5

Step 1 a의 값을 구한다.

$\int_a^x f(t)dt=(x+a-4)e^x$의 양변에 $x=a$를 대입하면

$\underbrace{\int_a^a f(t)dt}_{=0}=(2a-4)e^a$

$e^a>0$이므로 $2a-4=0$에서 $a=2$

Step 2 주어진 식의 양변을 x에 대하여 미분한 후 $f(a)$의 값을 구한다.

$a=2$이므로 주어진 식은

$\int_2^x f(t)dt=(x-2)e^x$

양변을 x에 대하여 미분하면

$f(x)=(x-1)e^x$

→ $(x-2)e^x$을 x에 대하여 미분하면 $e^x+(x-2)e^x=(1+x-2)e^x=(x-1)e^x$

$\therefore f(a)=f(2)=(2-1)e^2=e^2$

086 [정답률 81%]　　　　　　　정답 ①

→ 정적분의 위끝이 x이므로 정적분으로 정의된 함수의 미분을 이용해.

> 연속함수 $f(x)$가 모든 실수 x에 대하여
>
> $$\int_1^x f(t)dt=e^x+ax+a$$
>
> 를 만족시킬 때, $f(\ln 2)$의 값은? (단, a는 상수이다.) (3점)
>
> ① 1　　　② 2　　　③ e
>
> ④ 3　　　⑤ $2e$
>
> → 일단 주어진 식을 이용하여 함수 $f(x)$의 식을 구해.

Step 1 양변을 x에 대하여 미분하여 $f(x)$의 식을 구한다.

$\int_1^x f(t)dt=e^x+ax+a$　……… ㉠

㉠의 양변에 $x=0$을 대입하면

$0=e^0+0+a=1+a$

$\therefore a=-1$　　$e^0=1$

$\int_a^a f(t)dt=0$

㉠의 양변을 x에 대하여 미분하면

$f(x)=e^x+a=e^x-1$

$\therefore f(\ln 2)=e^{\ln 2}-1$ → $(e^x)'=e^x$

$\quad=2-1=1$ → $e^{\ln 2}=2^{\ln e}=2^1=2$

> **정적분으로 정의된 함수의 미분**
> $$\dfrac{d}{dx}\int_a^x f(t)dt=f(x)$$

식(㉠)을 두 가지 형태로 변형하여 함수 $f(x)$의 식을 구하는 과정이야! 두 변형 중 한 가지라도 놓치게 되면 온전한 함수 $f(x)$의 식을 얻을 수 없어.

★ **다른 풀이** $f(x)$를 적분식에 대입하는 풀이

Step 1 $f(x)$를 구해 주어진 적분식에 대입하여 a의 값을 구한다.

주어진 식의 양변을 x에 대하여 미분하면

$f(x)=e^x+a$ → $f(x)$의 한 부정적분을 $F(x)$라 하면

이를 주어진 식에 대입하면 $\displaystyle\int_0^x f(t)dt=F(x)-F(0)=e^x+ax+a$

$\displaystyle\int_0^x (e^t+a)dt=\left[e^t+at\right]_0^x$ → 위 식을 x에 대하여 미분하면 $\{F(x)\}'=f(x)=(e^x+ax+a)'=e^x+a$

$\qquad =(e^x+ax)-1=e^x+ax+a$ → $e^0+a\cdot 0=1+0=1$

$\therefore a=-1$ → 양변의 계수를 비교하여

(이하 동일) a의 값을 구하는 거야.

---

087 [정답률 62%]　　　　　정답 64

실수 전체의 집합에서 연속인 함수 $f(x)$가 모든 실수 x에 대하여

→ 이 식의 양변에 $x=0$을 대입하여 얻은 식과 x에 대하여 미분하여 얻은 식을 이용하면 a,b의 값을 구할 수 있어.

$$x\int_0^x f(t)dt-\int_0^x tf(t)dt=ae^{2x}-4x+b$$

를 만족시킬 때, $f(a)f(b)$의 값을 구하시오.

(단, a, b는 상수이다.) (4점)

Step 1 주어진 식의 양변에 $x=0$을 대입한다.

$$x\int_0^x f(t)\,dt-\int_0^x tf(t)\,dt=ae^{2x}-4x+b$$

의 양변에 $x=0$을 대입하면

$0=a+b$ → $\displaystyle\int_a^a f(t)dt=0$ 　…… ㉠

Step 2 주어진 식의 양변을 x에 대하여 미분한다.

주어진 식의 양변을 x에 대하여 미분하면

$\displaystyle\int_0^x f(t)\,dt+xf(x)-xf(x)=2ae^{2x}-4$ → $\dfrac{d}{dx}\left\{x\int_a^x f(t)dt\right\}$

$\therefore \displaystyle\int_0^x f(t)\,dt=2ae^{2x}-4$ 　…… ㉡ $=\displaystyle\int_a^x f(t)dt+xf(x)$

㉡에 $x=0$을 대입하면

$0=2a-4$ 　$\therefore a=2$

㉠에 $a=2$를 대입하면

$0=2+b$ 　$\therefore b=-2$ → $\dfrac{d}{dx}\displaystyle\int_a^x f(t)dt=f(x)$

㉡에서 $\displaystyle\int_0^x f(t)\,dt=4e^{2x}-4$

위 식의 양변을 x에 대하여 미분하면

$f(x)=8e^{2x}$

Step 3 $f(a)f(b)$의 값을 구한다.

$\therefore f(a)f(b)=f(2)f(-2)$

$\qquad =8e^4\times 8e^{-4}$ → $=8\times 8\times e^4\times e^{-4}$

$\qquad =64$ → $=64\times e^{4-4}=64\times 1$

---

088 [정답률 87%]　　　　　정답 ②

양의 실수 전체의 집합에서 연속인 함수 $f(x)$가

$$\int_1^x f(t)dt=x^2-a\sqrt{x}\ (x>0)$$

을 만족시킬 때, $f(1)$의 값은? (단, a는 상수이다.) (3점)

① 1　　　　❷ $\dfrac{3}{2}$　　　　③ 2

→ 먼저 $\displaystyle\int_1^1 f(t)dt=0$임을 이용

④ $\dfrac{5}{2}$　　　　⑤ 3

Step 1 a의 값을 구한다.

주어진 등식에 $x=1$을 대입하면

$\displaystyle\int_1^1 f(t)dt=1^2-a\times\sqrt{1}$ → 위끝과 아래끝이 같을 때의 정적분의 값은 0이야.

$0=1-a$ 　$\therefore a=1$

Step 2 $f(1)$의 값을 구한다.

따라서 $\displaystyle\int_1^x f(t)dt=x^2-\sqrt{x}$이므로

양변을 x에 대하여 미분하면

$f(x)=2x-\dfrac{1}{2\sqrt{x}}$ → $\sqrt{x}$를 $x^{\frac{1}{2}}$이라고 생각하고 x에 대하여 미분하면 돼.

$\therefore f(1)=2-\dfrac{1}{2}=\dfrac{3}{2}$

089　　　　　정답 ③

→ 이 문제에는 주어진 함수가 연속임이 주어졌지만, 함수식이 직접 주어진 문제에서는 함수의 연속성을 고려해가며 풀어야 해.

함수 $f(x)$는 연속함수이고 모든 실수 x에 대하여 다음 등식이 성립한다.

→ 주어진 정적분의 위끝이 x라는 것에 주목!

$$f(x)-2\int_0^x e^t f(t)dt=1$$

이때, $f''(0)$의 값은? (단, e는 자연로그의 밑이고, $f''(x)$는 $f(x)$의 이계도함수이다.) (3점)

① 2　　　　② 4　　　　❸ 6

④ 8　　　　⑤ 10

→ 정적분으로 정의된 함수의 미분을 이용하여 양변을 x에 대하여 미분하면 $f'(x)$의 식이 나올 거야. 이를 이용하여 $f''(x)$의 식도 구해.

Step 1 $\dfrac{d}{dx}\displaystyle\int_0^x e^t f(t)dt=e^x f(x)$임을 이용하여 양변을 x에 대하여 미분한다. → 정적분으로 정의된 함수에 대한 문제풀이의 기본과정이야!

$f(x)-2\displaystyle\int_0^x e^t f(t)dt=1$ 　…… ㉠

㉠의 양변을 x에 대하여 미분하면

→ $f(x)=c$ (c는 상수)이면 $f'(x)=0$

$f'(x)-2e^x f(x)=0$ → 정적분으로 정의된 함수의 미분

$f'(x)=2e^x f(x)$ 　…… ㉡

㉡의 양변을 x에 대하여 미분하면 → $\{f'(x)\}'=\{2e^x f(x)\}'=(2e^x)'\cdot f(x)+2e^x\cdot\{f(x)\}'$

$f''(x)=2e^x f(x)+2e^x f'(x)$

Step 2 주어진 식에 $x=0$을 대입해 $f''(0)$의 값을 구한다.

㉠, ㉡에 각각 $x=0$을 대입하면 → $\displaystyle\int_0^x e^t f(t)dt$에 $x=0$을 대입하면

$f(0)=1$, $f'(0)=2f(0)=2$ 　$\displaystyle\int_0^0 e^t f(t)dt=0$

$\therefore f''(0)=2f(0)+2f'(0)$

$\qquad =2+4=6$ → $f(0)=1, f'(0)=2$를 대입

수능포인트

이런 이유로 이 식을 '정적분으로 정의된 함수'라고 부르는 거야!

$\int_0^x e^t f(t)dt$는 적분구간 $[0,\ x]$에 대해서 t에 대한 함수 $e^t f(t)$에 t축을 잘게 쪼갠 값인 dt를 곱해 직사각형들의 합으로 적분을 하는 형태입니다. 그리고 이 적분은 적분구간에서 위끝인 x가 어떤 값을 가지느냐에 따라 t에 대한 적분값이 달라지기 때문에 결국에 $\int_0^x e^t f(t)dt$는 x에 대한 함수라고 할 수 있습니다. $e^t f(t)$의 한 부정적분을 $F(t)$라 하면 $\int_0^x e^t f(t)dt = F(x) - F(0)$이고 양변을 x에 대하여 미분했을 때

$\dfrac{d}{dx}\int_0^x e^t f(t)dt = \dfrac{d}{dx}\{F(x) - F(0)\} = F'(x) = e^x f(x)$와 같이 표현할 수 있습니다.

---

090   정답 ①

합성함수의 개념을 이용하여 좌변을 x에 대한 식으로 정리해.

두 함수 $f(x) = ax + b$와 $g(x) = e^x$가

$$f(g(x)) = \int_0^x f(t)g(t)dt - xe^x + 3$$

정적분으로 정의된 함수야!

을 만족할 때, $f(2)$의 값은? (3점)

$a,\ b$의 값을 구하면 함수 $f(x)$의 식을 구할 수 있어.

① 4   ② 2   ③ 0
④ -2 ⑤ -4

Step 1 $f(x)$, $g(x)$를 주어진 식에 대입한다.

주어진 식의 좌변 $f(g(x))$에 대입

$f(g(x)) = ae^x + b$이므로 주어진 식에서

$f(x) = ax + b$에 x 대신 e^x을 대입!

$ae^x + b = \int_0^x f(t)g(t)dt - xe^x + 3$

$g(x)$의 x에 $f(x)$를 대입하지 않도록 주의해!

Step 2 주어진 식을 x에 대하여 미분하여 a, b의 값을 구한다.

양변을 x에 대하여 미분하면

$ae^x = f(x)g(x) - e^x - xe^x$

정적분으로 정의된 함수의 미분

$(ae^x)' = (ax + b)e^x - e^x - xe^x$ $\dfrac{d}{dx}\int_0^x f(t)g(t)dt = f(x)g(x)$

$= ae^x = (a-1)xe^x + (b-1)e^x$ 계산 주의

이것은 모든 x에 대해 성립하므로 x에 대한 항등식이다.

즉, $a - 1 = 0$, $a = b - 1$이므로

$a = 1$, $b = 2$ 양변의 계수를 비교한 거야!

따라서 $f(x) = x + 2$이므로

$f(2) = 2 + 2 = 4$

누 함수 $f(x)$, $g(x)$가 미분가능할 때
① $y = cf(x)$(c는 상수)이면 $y' = cf'(x)$
② $y = f(x) \pm g(x)$이면 $y' = f'(x) \pm g'(x)$ (복호동순)
③ $y = f(x)g(x)$이면 $y' = f'(x)g(x) + f(x)g'(x)$

---

091 [성답률 53%]   정답 0

일반적으로 $F(x)$는 함수 $f(x)$의 한 부정적분으로 표현이 되지만 여기서는 함수 $f(x)$를 통해 정의되는 또 다른 함수야.

함수 $f(x) = \dfrac{1}{1+x}$에 대하여

함수 $f(x)$에 x 대신 $x - t$가 들어가 있어. 함수를 간단하게 만드는 방향으로 치환

$$F(x) = \int_0^x tf(x - t)dt \ (x \geq 0)$$

일 때, $F'(a) = \ln 10$을 만족시키는 상수 a의 값을 구하시오.
(4점)

함수 $F(x)$는 정적분으로 표시된 함수야! 이런 함수의 성질을 적극 활용하여 문제를 풀어봐.

Step 1 $x - t = p$로 치환한 후, 치환적분법을 이용하여 $F'(x)$를 구한다.

$F(x) = \int_0^x tf(x - t)dt$에서 $x - t = p$로 놓으면 $-dt = dp$이고

$t = 0$일 때 $p = x$, $t = x$일 때 $p = 0$이므로

양변을 t에 대하여 미분한 후 정리

$F(x) = \int_0^x tf(x - t)dt$

치환적분법

$= \int_x^0 (x - p)f(p)\cdot(-1)dp$

치환적분법을 이용할 때는 정적분의 범위가 바뀌는 것을 기억해야 해!

$= \int_0^x (x - p)f(p)dp$

정적분의 성질 : $\int_a^b f(x)dx = -\int_b^a f(x)dx$

$= \int_0^x xf(p)dp - \int_0^x pf(p)dp$

$= x\int_0^x f(p)dp - \int_0^x pf(p)dp$

이 식은 p에 대한 적분이므로, x는 상수처럼 취급해줄 수 있어.

$F'(x) = \int_0^x f(p)dp + xf(x) - xf(x)$

$= \int_0^x f(p)dp = \int_0^x \dfrac{1}{1+p}dp$

$\dfrac{d}{dx}\int_0^x f(p)dp = f(x)$,
$\dfrac{d}{dx}\int_0^x pf(p)dp = xf(x)$

$= \Big[\ln|1+p|\Big]_0^x = \ln(1+x) \ (\because x \geq 0)$

함수 $f(x) = \dfrac{1}{x+1}$ 이므로

Step 2 a의 값을 구한다.

$F'(a) = \ln(1 + a) = \ln 10$에서

$1 + a = 10$ $F'(x) = \ln(1+x)$에 x 대신 a를 대입

$\therefore a = 9$

★ 다른 풀이 $F(x)$를 구해 x에 대하여 미분하여 $F'(x)$를 구하는

풀이 → 치환적분법을 이용하지 않고 $f(x - t)$를 직접 대입한 풀이야!

Step 1 함수 $F(x)$를 구한다.

$f(x - t) = \dfrac{1}{1 + (x - t)}$ 이므로

$F(x) = \int_0^x tf(x - t)dt = \int_0^x \dfrac{t}{1 + x - t}dt$

$= \int_0^x \left(-1 - \dfrac{x+1}{t - x - 1}\right)dt$

$= \Big[-t - (x+1)\ln|t - x - 1|\Big]_0^x$

한 식에 t와 x가 같이 들어가 있어서 헷갈리겠지만, t에 대한 적분이므로 x는 상수처럼 계산해주면 돼!

$= -x + (x+1)\ln(x+1) \ (\because x \geq 0)$

Step 2 양변을 x에 대하여 미분하여 $F'(x)$를 구한다.

$= (-x)'$

$F'(x) = -1 + \ln(x+1) + (x+1)\cdot\dfrac{1}{x+1} = \ln(x+1)$

$F'(a) = \ln(a+1) = \ln 10$ $\{(x+1)\ln(x+1)\}'$ → 곱의 미분법

따라서 $a + 1 = 10$이므로 $a = 9$

---

092 [정답률 85%]   정답 ④

실수 전체의 집합에서 미분가능한 함수 $f(x)$가

$x = 0$일 때 정적분의 값은 0

$$xf(x) = 3^x + a + \int_0^x tf'(t)dt$$

를 만족시킬 때, $f(a)$의 값은? (단, a는 상수이다.) (3점)

① $\dfrac{\ln 2}{6}$ ② $\dfrac{\ln 2}{3}$ ③ $\dfrac{\ln 2}{2}$

④ $\dfrac{\ln 3}{3}$ ⑤ $\dfrac{\ln 3}{2}$

Step 1 a의 값을 구한다.

$xf(x) = 3^x + a + \int_0^x tf'(t)dt \quad \cdots\cdots \ ㉠$

㉠의 양변에 $x=0$을 대입하면

$$0=3^0+a+\int_0^0 tf'(t)dt$$
$$=1+a$$
$$\therefore\ a=-1$$

┗→ 정적분의 위끝과 아래끝이 모두 0

┗→ 위끝과 아래끝이 같은 정적분의 값은 0이야.

Step 2 양변을 x에 대하여 미분하여 함수 $f(x)$를 구한다.

㉠의 양변을 x에 대하여 미분하면

$$f(x)+xf'(x)=3^x\ln 3+xf'(x)$$

암기 $(a^x)'=a^x\ln a$

따라서 $f(x)=3^x\ln 3$이므로

$$f(a)=f(-1)=3^{-1}\ln 3=\frac{\ln 3}{3}$$

수능포인트

정적분으로 정의된 함수에 관련된 문제를 풀 땐 반드시 정적분의 값을 0으로 만드는 과정이 필요합니다.

예를 들어 $\int_1^x f(t)dt$와 같은 식이 들어가 있다면 $x=1$을 대입해 주어야 합니다.

---

093 [정답률 84%] 정답 ④

정적분으로 정의된 함수에 대한 문제는 미분을 이용하여 함수 $f(x)$를 구하는 과정과 아래끝인 0을 x에 대입하여 정리하는 과정, 이 두 가지를 모두 생각해야 해.

실수 전체의 집합에서 미분가능한 함수 $f(x)$가

$$f(x)=e^x-1+\int_0^x f(t)dt$$

를 만족할 때, [보기]의 설명 중 옳은 것을 모두 고른 것은?

(단, e는 자연로그의 밑) (4점)

┗ 주어진 식에 $x=0$을 대입!

┗ 주어진 식을 x에 대하여 미분!

[보기]
ㄱ. $f(0)=0$이다.
ㄴ. $f'(0)=0$이다.
ㄷ. 모든 실수 x에 대하여 $f'(x)>f(x)$이다.

┗ ㄱ, ㄴ의 내용을 종합해서 풀면 돼.

① ㄱ   ② ㄴ   ③ ㄱ, ㄴ
④ ㄱ, ㄷ   ⑤ ㄴ, ㄷ

Step 1 주어진 식의 양변을 x에 대하여 미분해 보기의 참, 거짓을 판별한다.

ㄱ. 주어진 식의 양변에 $x=0$을 대입하면

$$f(0)=e^0-1+\int_0^0 f(t)dt=1-1+0=0\ (참)$$

ㄴ. 주어진 식을 x에 대하여 미분하면

$\int_0^0 f(t)dt=0$

$$f'(x)=e^x+f(x)$$

┗→ $\dfrac{d}{dx}\int_0^x f(t)dt=f(x)$

양변에 $x=0$을 대입하면

$$f'(0)=e^0+f(0)=1+0=1\ (거짓)$$

┗→ $e^0=1,\ f(0)=0\ (\because\ ㄱ)$

ㄷ. ㄴ에서 $f'(x)-f(x)=e^x>0$이므로

$$f'(x)>f(x)\ (참)$$

┗→ $f'(x)=e^x+f(x)$를 정리한 거야!

┗→ x의 값에 관계 없이 $e^x>0$이야.

따라서 옳은 것은 ㄱ, ㄷ이다.

---

094 [정답률 65%] 정답 ⑤

함수 $f(x)=\int_0^x \sin(\pi\cos t)dt$에 대하여 [보기]에서 옳은 것만을 있는 대로 고른 것은? (4점)

[보기]
ㄱ. $f'(0)=0$

┗→ 주어진 함수 $f(x)$의 식을 x에 대하여 미분한 후 $x=0$을 대입해 그 값이 0인지 확인해.

ㄴ. 함수 $y=f(x)$의 그래프는 원점에 대하여 대칭이다.
ㄷ. $f(\pi)=0$

① ㄱ   ② ㄷ   ③ ㄱ, ㄴ
④ ㄴ, ㄷ   ⑤ ㄱ, ㄴ, ㄷ

Step 1 $f'(x)$의 식을 구하고, $f'(0)$의 값을 계산한다.

ㄱ. $f(x)=\int_0^x \sin(\pi\cos t)dt$에서

$$f'(x)=\sin(\pi\cos x)$$

┗→ $\dfrac{d}{dx}\int_a^x g(t)dt=g(x)$

$$\therefore\ f'(0)=\sin(\pi\cos 0)=\sin\pi=0\ (참)$$

┗→ $\cos 0=1$

Step 2 $f(-x)$의 식을 구한 후 $f(x)$의 식과 비교해 본다.

ㄴ. 모든 실수 x에 대하여

┗→ $f(x)=\int_0^x \sin(\pi\cos t)dt$에서 x 대신 $-x$를 대입하면 돼.

$$f(-x)=\int_0^{-x}\sin(\pi\cos t)dt$$이므로

$-t=y$라 하면 $-\dfrac{dt}{dy}=1$에서 $dt=-dy$

$t=0$일 때 $y=0$, $t=-x$일 때 $y=x$이므로

$$f(-x)=-\int_0^x \sin\{\pi\cos(-y)\}dy$$

┗→ $=\cos y$

$$=-\int_0^x \sin(\pi\cos y)dy$$
$$=-f(x)$$

따라서 함수 $y=f(x)$의 그래프는 원점에 대하여 대칭이다. (참)

Step 3 $\pi-t=y$로 치환하여 $f(\pi)$의 값을 구한다.

ㄷ. $\pi-t=y$라 하면 $-\dfrac{dt}{dy}=1$에서

$$dt=-dy$$

$t=0$일 때 $y=\pi$, $t=\pi$일 때 $y=0$이므로

$$f(\pi)=\int_0^\pi \sin(\pi\cos t)dt$$

↓ $\pi-t=y$에서 $t=\pi-y$

$$=-\int_\pi^0 \sin\{\pi\cos(\pi-y)\}dy$$

↓ $\cos(\pi-y)=-\cos y$

$$=-\int_\pi^0 \sin(-\pi\cos y)dy$$
$$=\int_\pi^0 \sin(\pi\cos y)dy$$
$$=-\int_0^\pi \sin(\pi\cos y)dy$$
$$=-f(\pi)$$

┗→ $f(\pi)=-f(\pi)$에서 $f(\pi)+f(\pi)=0$, $2f(\pi)=0$

따라서 $2f(\pi)=0$이므로 $f(\pi)=0$ (참)

그러므로 옳은 것은 ㄱ, ㄴ, ㄷ이다.

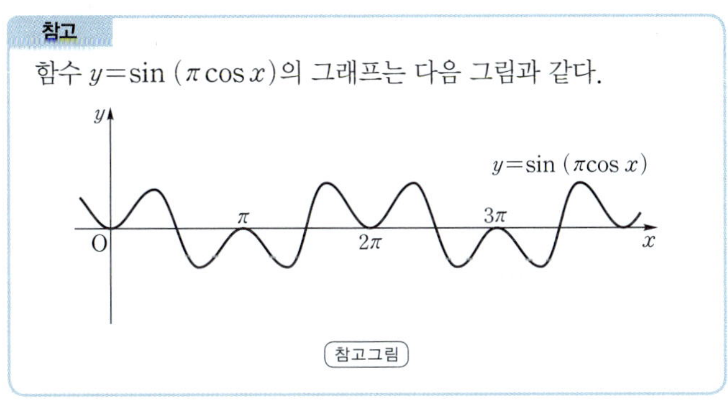

---

095 [정답률 78%] 정답 ④

두 함수 $f(x)$, $g(x)$가 모든 실수 x에 대하여 다음 조건을
만족시킬 때, $f(0)$의 값은? (단, a는 상수이다.) (4점)

> 일단 함수 $f(x)$의 식을 구한 뒤 $x=0$을 대입하면 답을 찾을 수 있을 거야.

(가) $\displaystyle\int_{\frac{\pi}{2}}^{x} f(t)\,dt = \{g(x)+a\}\sin x - 2$

> 두 식을 관계 짓기 위하여 (가) 식에 $x=0$을 대입

(나) $g(x) = \displaystyle\int_{0}^{\frac{\pi}{2}} f(t)\,dt \cos x + 3$

① 1 　　② 2 　　③ 3
④ 4 　　⑤ 5

> (가)와 (나)를 비교해보고, 어떤 수를 대입해야 할지 생각해보는 거야.

Step 1 x에 적당한 수를 대입하여 정적분 $\displaystyle\int_{0}^{\frac{\pi}{2}} f(t)\,dt$의 값과 a의 값을 구한다.

> 이 값을 알아야 함수 $g(x)$의 식을 구할 수 있고, 함수 $g(x)$의 식과 a의 값을 구해야 함수 $f(x)$의 식을 구할 수 있어.

조건 (가)에서

$$\int_{\frac{\pi}{2}}^{x} f(t)\,dt = \{g(x)+a\}\sin x - 2 \quad \cdots\cdots ㉠$$

㉠의 양변에 $x=0$을 대입하면

$$\int_{\frac{\pi}{2}}^{0} f(t)\,dt = \{g(0)+a\}\underbrace{\sin 0}_{=0\,(\because\,\sin 0=0)} - 2$$

함수	x	0	$\frac{\pi}{2}$
$\sin x$		0	1
$\cos x$		1	0

$$-\int_{0}^{\frac{\pi}{2}} f(t)\,dt = -2 \quad \therefore \int_{0}^{\frac{\pi}{2}} f(t)\,dt = 2$$

조건 (나)에서 $\quad \displaystyle\int_{a}^{b} f(x)\,dx = -\int_{b}^{a} f(x)\,dx$

$$g(x) = \int_{0}^{\frac{\pi}{2}} f(t)\,dt \cos x + 3 = 2\cos x + 3$$

한편 ㉠의 양변에 $x=\dfrac{\pi}{2}$를 대입하면 → $\displaystyle\int_{a}^{a} f(x)\,dx=0$임을 이용하기 위한 과정이야

$$\int_{\frac{\pi}{2}}^{\frac{\pi}{2}} f(t)\,dt = \left\{g\left(\frac{\pi}{2}\right)+a\right\}\sin\frac{\pi}{2} - 2$$

$$0 = \left\{\left(2\cos\frac{\pi}{2}+3\right)+a\right\}\times 1 - 2$$

> $g(x)=2\cos x+3$에 $x=\dfrac{\pi}{2}$를 대입

$$0 = 3+a-2$$

$$\therefore a=-1$$

㉠에 $a=-1$을 대입하면 → $g(x)=2\cos x+3$도 함께 대입하여 $\displaystyle\int_{\frac{\pi}{2}}^{x} f(t)\,dt$의 식을 구해.

$$\int_{\frac{\pi}{2}}^{x} f(t)\,dt = (2\cos x + 3 - 1)\sin x - 2$$

$$= (2\cos x + 2)\sin x - 2 \quad \cdots\cdots ㉡$$

Step 2 양변을 x에 대하여 미분하여 $f(x)$를 구한다.

㉡의 양변을 x에 대하여 미분하면 ← 곱의 미분법 　$(\sin x)'=\cos x$　$(\cos x)'=-\sin x$

$$f(x) = -2\sin x\cdot\sin x + (2\cos x + 2)\cos x$$

$$= -2\sin^2 x + 2\cos^2 x + 2\cos x$$

$$\therefore f(0) = -2\sin^2 0 + 2\cos^2 0 + 2\cos 0$$

$$= 0 + 2 + 2 = 4$$

> $\sin 0 = 0$ 　$\cos 0 = 1$

정적분으로 표시된 함수의 미분
$$\frac{d}{dx}\int_{a}^{x} f(t)\,dt = f(x)$$

★ 다른 풀이 $f(x)$, $g(x)$ 사이의 관계를 이용한 풀이

Step 1 x에 적당한 수를 대입하여 $f(x)$와 $g(x)$의 관계식을 구한다.

조건 (가)의 양변에 $x=\dfrac{\pi}{2}$를 대입하면 → $\displaystyle\int_{\frac{\pi}{2}}^{\frac{\pi}{2}} f(t)\,dt=0$임을 이용하는 거야.

$$0 = \left\{g\left(\frac{\pi}{2}\right)+a\right\}\sin\frac{\pi}{2} - 2$$

$$0 = g\left(\frac{\pi}{2}\right) + a - 2 \quad → \sin\frac{\pi}{2}=1$$

$$\therefore g\left(\frac{\pi}{2}\right) = 2 - a \quad \cdots\cdots ㉠$$

조건 (나)의 양변에 $x=\dfrac{\pi}{2}$를 대입하면

$$g\left(\frac{\pi}{2}\right) = \int_{0}^{\frac{\pi}{2}} f(t)\,dt \cos\frac{\pi}{2} + 3 = 3 \left(\because \cos\frac{\pi}{2}=0\right)$$

> 삼각비는 문제에서 응용되는 경우가 매우 많기 때문에 바로바로 쓸 수 있도록 확실히 익혀두어야 해.

㉠에 의해 $2-a=3 \quad \therefore a=-1$

조건 (가)의 양변을 x에 대하여 미분하면 ← 정적분으로 정의된 함수의 미분

$$f(x) = g'(x)\sin x + \{g(x)+a\}\cos x \quad \cdots\cdots ㉡$$

㉡의 양변에 $x=0$을 대입하면 → $\sin 0=0,\ \cos 0=1$을 이용한 거야

$$f(0) = g'(0)\sin 0 + \{g(0)+a\}\cos 0 = g(0)+a = g(0)-1$$

$$(\because a=-1)$$

$$\therefore f(0) = g(0) - 1 \quad \cdots\cdots ㉢$$

조건 (나)의 양변에 $x=0$을 대입하면

$$g(0) = \int_{0}^{\frac{\pi}{2}} f(t)\,dt \cos 0 + 3 = \int_{0}^{\frac{\pi}{2}} f(t)\,dt + 3$$

> $g(0)=\displaystyle\int_{0}^{\frac{\pi}{2}} f(t)\,dt+3$을 대입

㉢에 의해 $f(0) = g(0) - 1 = \displaystyle\int_{0}^{\frac{\pi}{2}} f(t)\,dt + 2 \quad \cdots\cdots ㉣$

㉡에 $a=-1$을 대입하면

$$f(x) = g'(x)\sin x + g(x)\cos x - \cos x$$

Step 2 양변을 적분하고, $g'(x)\sin x + g(x)\cos x = \{g(x)\sin x\}'$임을 이용해 $\displaystyle\int_{0}^{\frac{\pi}{2}} f(x)\,dx$의 값을 구한다. 　$\{f(x)g(x)\}'=f'(x)g(x)+f(x)g'(x)$

양변을 닫힌구간 $\left[0,\dfrac{\pi}{2}\right]$에서 적분하면

$$\int_{0}^{\frac{\pi}{2}} f(x)\,dx = \int_{0}^{\frac{\pi}{2}} \{g'(x)\sin x + g(x)\cos x - \cos x\}\,dx$$

$$= \int_{0}^{\frac{\pi}{2}} \{g'(x)\sin x + g(x)(\sin x)' - \cos x\}\,dx$$

$$(\because (\sin x)' = \cos x)$$

$$= \Big[g(x)\sin x - \sin x\Big]_{0}^{\frac{\pi}{2}} \quad ← 삼각함수의 미분$$

$$= g\left(\frac{\pi}{2}\right)\sin\frac{\pi}{2} - \sin\frac{\pi}{2} - \{g(0)\sin 0 - \sin 0\}$$

$$= g\left(\frac{\pi}{2}\right) - 1 = 3 - 1 = 2 \left(\because g\left(\frac{\pi}{2}\right)=3\right)$$

> Step 1에서 구한 내용이야.

Step 3 $f(0)$의 값을 구한다.

㉣에서 $f(0) = g(0) - 1 = \underbrace{\displaystyle\int_{0}^{\frac{\pi}{2}} f(t)\,dt}_{=2} + 2 = 2 + 2 = 4$

096 [정답률 59%]   정답 ⑤

실수 전체의 집합에서 미분가능한 함수 $f(x)$가 모든 실수 x에 대하여 다음 조건을 만족시킨다.

(가) $f(x)>0$

(나) $\ln f(x)+2\displaystyle\int_0^x (x-t)f(t)dt=0$

[보기]에서 옳은 것만을 있는 대로 고른 것은? (4점)

[보기]

ㄱ. $x>0$에서 함수 $f(x)$는 감소한다.

ㄴ. 함수 $f(x)$의 최댓값은 1이다.

ㄷ. 함수 $F(x)$를 $F(x)=\displaystyle\int_0^x f(t)dt$라 할 때,
$f(1)+\{F(1)\}^2=1$이다.

① ㄱ   ② ㄱ, ㄴ   ③ ㄱ, ㄷ

④ ㄴ, ㄷ   ⑤ ㄱ, ㄴ, ㄷ

Step 1 조건 (나)의 식의 양변을 x에 대하여 미분한 후 [보기]의 참, 거짓을 판별한다.

조건 (나)의 식 $\ln f(x)+2\displaystyle\int_0^x (x-t)f(t)dt=0$의

양변을 x에 대하여 미분하면 $\to \ln f(x)+2x\displaystyle\int_0^x f(t)dt-2\int_0^x tf(t)dt=0$

$\dfrac{f'(x)}{f(x)}+2\displaystyle\int_0^x f(t)dt+2xf(x)-2xf(x)=0$

$\therefore\ f'(x)=-2f(x)\displaystyle\int_0^x f(t)dt$ ······ ㉠

ㄱ. $f(x)>0$이므로 $x>0$에서 $f'(x)<0$
따라서 함수 $f(x)$는 감소한다. (참) $\to \displaystyle\int_0^x f(t)dt>0$이므로

ㄴ. ㉠의 양변에 $x=0$을 대입하면 $-2f(x)\displaystyle\int_0^x f(t)dt<0$

$f'(0)=0 \to \displaystyle\int_0^0 f(t)dt=0$이야.

$f(x)>0$이므로 $x<0$에서 $\displaystyle\int_0^x f(t)dt<0$이고 $f'(x)>0$

즉, 함수 $f(x)$는 $x=0$에서 극대이면서 최댓값을 가지므로

조건 (나)에 $x=0$을 대입하면

$\ln f(0)=0 \quad\therefore\ f(0)=1$

따라서 함수 $f(x)$의 최댓값은 1이다. (참)

x	$\cdots$	0	$\cdots$
$f'(x)$	$+$	0	$-$
$f(x)$	↗	극대	↘

ㄷ. 함수 $F(x)=\displaystyle\int_0^x f(t)dt$이므로 ㉠에서

$f'(x)=-2f(x)F(x)$

$F'(x)=f(x)$이므로 $f'(x)+2F'(x)F(x)=0$

이때 $\dfrac{d}{dx}[f(x)+\{F(x)\}^2]=f'(x)+2F(x)F'(x)=0$이므로

$f(x)+\{F(x)\}^2=C$ (단, C는 상수)

$x=0$을 대입하면 $\to f'(x)+2F'(x)F(x)=0$의 양변을 부정적분해 봐!

$f(0)+\{F(0)\}^2=1 \quad\therefore\ C=1$

ㄴ에서 구한 값이야. → 따라서 $f(x)+\{F(x)\}^2=1$이므로 $F(0)=0$

$f(1)+\{F(1)\}^2=1$ (참)

그러므로 옳은 것은 ㄱ, ㄴ, ㄷ이다.

097 [정답률 90%]   정답 ③

실수 전체의 집합에서 정의된 함수

$$f(x)=\int_0^x \frac{2t-1}{t^2-t+1}dt$$

의 최솟값은? (3점)
→ 함수의 최솟값을 구하기 위해서는 먼저 미분을 해.

① $\ln\dfrac{1}{2}$ ② $\ln\dfrac{2}{3}$ ③ $\ln\dfrac{3}{4}$

④ $\ln\dfrac{4}{5}$ ⑤ $\ln\dfrac{5}{6}$

Step 1 $f'(x)$의 식을 구하여 함수 $f(x)$가 최소인 x의 값을 찾는다.

$f(x)=\displaystyle\int_0^x \dfrac{2t-1}{t^2-t+1}dt$에서 $f'(x)=\dfrac{2x-1}{x^2-x+1}$

$f'(x)=\dfrac{2x-1}{x^2-x+1}=0$일 때 $x=\dfrac{1}{2}$ → 분모인 x^2-x+1의 값은 0이 될 수 없으므로 $2x-1=0$에서 $x=\dfrac{1}{2}$

이때 $x=\dfrac{1}{2}$의 좌우에서 $f'(x)$의 부호가 음에서 양으로 바뀌므로

함수 $f(x)$는 $x=\dfrac{1}{2}$에서 극소이면서 최소이다.

$x^2-x+1=\left(x-\dfrac{1}{2}\right)^2+\dfrac{3}{4}>0$이므로

따라서 함수 $f(x)$의 최솟값은 $f'(x)$의 부호는 $2x-1$의 부호에 따라 결정돼.

$f\left(\dfrac{1}{2}\right)=\displaystyle\int_0^{\frac{1}{2}}\dfrac{2t-1}{t^2-t+1}dt=\Big[\ln|t^2-t+1|\Big]_0^{\frac{1}{2}}$

$=\ln\dfrac{3}{4}$ $\displaystyle\int\dfrac{f'(t)}{f(t)}dt=\ln|f(t)|+C$ (단, C는 적분상수)

098 [정답률 72%]   정답 ③

함수 $f(x)=\displaystyle\int_x^{x+2}|2^t-5|\,dt$의 최솟값을 m이라 할 때, 2^m의 값은? (4점)

① $\left(\dfrac{5}{4}\right)^8$ ② $\left(\dfrac{5}{4}\right)^9$ ③ $\left(\dfrac{5}{4}\right)^{10}$

④ $\left(\dfrac{5}{4}\right)^{11}$ ⑤ $\left(\dfrac{5}{4}\right)^{12}$

Step 1 함수 $y=|2^x-5|$, $y=|2^{x+2}-5|$의 그래프를 이용하여 $f(x)$가 최소가 되는 경우를 파악한다.

함수 $f(x)=\displaystyle\int_x^{x+2}|2^t-5|\,dt$의 양변을 x에 대하여 미분하면

$f'(x)=|2^{x+2}-5|-|2^x-5|$ → $|2^t-5|$의 t 대신 $x+2$, x를 대입

이때 두 함수 $y=|2^{x+2}-5|$, $y=|2^x-5|$의 그래프를 그려보면 다음과 같다.

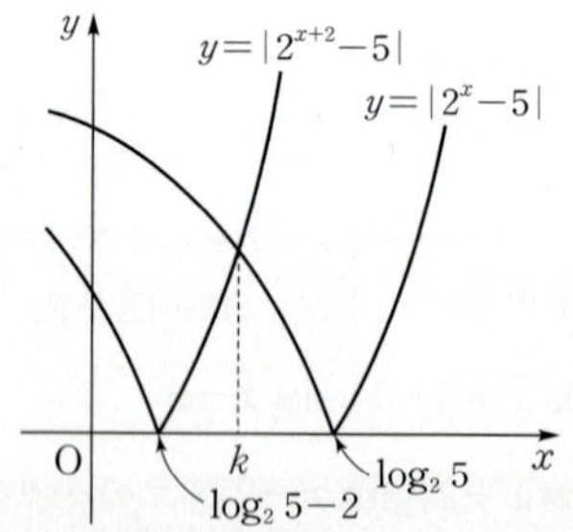

두 함수의 그래프의 교점의 x좌표를 k라 하면

$x<k$일 때 $|2^{x+2}-5|<|2^x-5|$이므로 $f'(x)<0$

$x>k$일 때 $|2^{x+2}-5|>|2^x-5|$이므로 $f'(x)>0$

따라서 함수 $f(x)$가 $x=k$에서 극소이자 최소가 됨을 알 수 있다.

두 함수의 식을 연립해보면

$|2^{k+2}-5|=|2^k-5|$에서 $2^{k+2}-5=5-2^k$

$2^{k+2}+2^k=10$, $5\times2^k=10$
↳ $k<\log_2 5$이니까
$2^k-5<0$임을 기억해!

$\therefore k=1$

Step 2 $f(x)$의 최솟값을 구한다.

따라서 함수 $f(x)$의 최솟값은

$f(1)=\displaystyle\int_1^3 |2^t-5|\,dt$ ← 절댓값 안의 값이 0보다 클 때와 작을 때로 적분구간을 나눠.

$\quad=\displaystyle\int_1^{\log_2 5}(5-2^t)\,dt+\int_{\log_2 5}^3(2^t-5)\,dt$

$\quad=\left[5t-\dfrac{2^t}{\ln 2}\right]_1^{\log_2 5}+\left[\dfrac{2^t}{\ln 2}-5t\right]_{\log_2 5}^3$

$\quad=\left(5\log_2 5-\dfrac{5}{\ln 2}-5+\dfrac{2}{\ln 2}\right)$

$\qquad +\left(\dfrac{8}{\ln 2}-15-\dfrac{5}{\ln 2}+5\log_2 5\right)$
↱ $2^{\log_2 5}=5^{\log_2 2}=5$

$\quad=10\log_2 5-20$

Step 3 2^m의 값을 구한다.

$m=10\log_2 5-20=10(\log_2 5-2)=10\log_2\dfrac{5}{4}=\log_2\left(\dfrac{5}{4}\right)^{10}$
↱ $=\log_2 4$

이므로

$2^m=2^{\log_2\left(\frac{5}{4}\right)^{10}}=\left\{\left(\dfrac{5}{4}\right)^{10}\right\}^{\log_2 2}=\left(\dfrac{5}{4}\right)^{10}$

---

099 [정답률 53%] 정답 ③

> 실수 전체의 집합에서 미분가능하고, 다음 조건을 만족시키는
> 모든 함수 $f(x)$에 대하여 $\displaystyle\int_0^2 f(x)\,dx$의 최솟값은? (4점)
>
> ---
> (가) $f(0)=1$, $f'(0)=1$
> (나) $0<a<b<2$이면 $f'(a)\leq f'(b)$이다.
> (다) 구간 $(0,1)$에서 $f''(x)=e^x$이다.
> ↳ 부정적분과 조건 (가)를 이용해 구간 $(0,1)$에서 $f(x)$의 식을 구해!
>
> ① $\dfrac{1}{2}e-1$ ② $\dfrac{3}{2}e-1$ ③ $\dfrac{5}{2}e-1$
>
> ④ $\dfrac{7}{2}e-2$ ⑤ $\dfrac{9}{2}e-2$

Step 1 구간 $(0,1)$에서의 함수 $f(x)$의 식을 구한다.

조건 (다)에서 구간 $(0,1)$에서 $f''(x)=e^x$이므로

부정적분을 이용하면

$f'(x)=\displaystyle\int \underline{e^x\,dx}=e^x+C_1$ (C_1은 적분상수)
↳ $f''(x)$

이때 조건 (가)에서 $f'(0)=1$이므로

$f'(0)=e^0+C_1=1+C_1=1$ $\quad\therefore C_1=0$

따라서 구간 $(0,1)$에서 $f'(x)=e^x$이다.

부정적분을 한 번 더 이용하면

$f(x)=\displaystyle\int \underline{e^x\,dx}=e^x+C_2$ (C_2는 적분상수)
↳ $f'(x)$

이때 조건 (가)에서 $f(0)=1$이므로

$f(0)=e^0+C_2=1+C_2=1$ $\quad\therefore C_2=0$

따라서 구간 $(0,1)$에서 $f(x)=e^x$이다.

Step 2 조건 (나)를 이용하여 $\displaystyle\int_0^2 f(x)\,dx$의 값이 최소가 되는 경우를 파악한다.

↱ 기울기가 그대로 유지되거나 갈수록 커져야 해.

조건 (나)에서 $0<a<b<2$이면 $f'(a)\leq f'(b)$이므로

구간 $(1,2)$에서 함수 $y=f(x)$의 그래프는 아래로 볼록하거나

기울기가 $f'(1)$의 값과 같은 직선이어야 한다. ↳ 기울기가 커짐!

따라서 구간 $(1,2)$에서 $f'(x)\geq f'(1)=e^1=e$

↱ 그래프와 x축으로 둘러싸인 부분의 넓이가 최소이어야 해.

이때 $\displaystyle\int_0^2 f(x)\,dx$의 값이 최소이려면

구간 $(1,2)$에서 함수 $y=f(x)$의 그래프는 오른쪽 그림과 같이 기울기가 e인 직선이어야 한다.

점 $(1,e)$를 지나고 기울기가 e인 직선의 방정식은

$y-e=e(x-1)$ $\quad\therefore y=ex$

따라서

$f(x)=\begin{cases} e^x & (0<x<1) \\ ex & (1<x<2) \end{cases}$

일 때 $\displaystyle\int_0^2 f(x)\,dx$의 값이 최소가 된다.

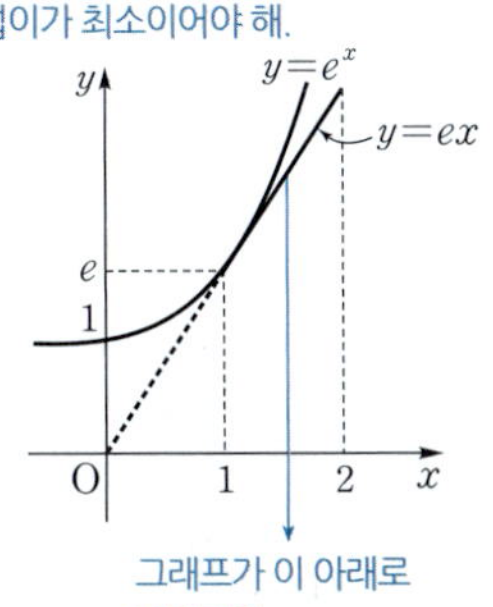

Step 3 $\displaystyle\int_0^2 f(x)\,dx$의 최솟값을 구한다.

$\displaystyle\int_0^2 f(x)\,dx=\int_0^1 e^x\,dx+\int_1^2 ex\,dx$

$\quad=\left[e^x\right]_0^1+\left[\dfrac{1}{2}ex^2\right]_1^2$

$\quad=(e-1)+\left(2e-\dfrac{1}{2}e\right)$

$\quad=\dfrac{5}{2}e-1$

100 [정답률 48%] 정답 ①

실수 전체의 집합에서 $f(x)>0$이고 도함수가 연속인 함수 $f(x)$가 있다. 실수 전체의 집합에서 함수 $g(x)$가

$$g(x)=\int_0^x \ln f(t)dt$$
→ 양변을 x에 대하여 미분

일 때, 함수 $g(x)$와 $g(x)$의 도함수 $g'(x)$는 다음 조건을 만족시킨다.

→ $g(1)=2,\ g'(1)=0$

> (가) 함수 $g(x)$는 $x=1$에서 극값 2를 갖는다.
> (나) 모든 실수 x에 대하여 $g'(-x)=g'(x)$이다.

→ y축 대칭

$\displaystyle\int_{-1}^{1}\frac{xf'(x)}{f(x)}dx$의 값은? (4점)

① -4 ② -2 ③ 0
④ 2 ⑤ 4

Step 1 부분적분법을 이용하여 $\displaystyle\int_{-1}^{1}\frac{xf'(x)}{f(x)}dx$의 값을 구한다.

→ $\displaystyle\int_a^a f(x)dx=0$이야.

$g(x)=\displaystyle\int_0^x \ln f(t)dt$에서 $x=0$을 대입하면 $g(0)=0$

이때 함수 $g(x)$의 도함수 $g'(x)$와 이계도함수 $g''(x)$를 각각 구하면

$$g'(x)=\ln f(x),\quad g''(x)=\frac{f'(x)}{f(x)}$$

또한, 조건 (가)에서 $g(1)=2,\ g'(1)=0$이고, 조건 (나)에서 $g'(-1)=g'(1)=0$이다.

$$\therefore \int_{-1}^{1}\frac{xf'(x)}{f(x)}dx$$

$$=\int_{-1}^{1}xg''(x)dx$$
부분적분법을 사용했어.

$$=\left[xg'(x)\right]_{-1}^{1}-\int_{-1}^{1}g'(x)dx$$

$f(x)=f(-x)$일 때 $\displaystyle\int_{-a}^{a}f(x)dx=2\int_0^a f(x)dx$

$$=\{g'(1)+g'(-1)\}-2\int_0^1 g'(x)dx$$
→ $g'(1)=g'(-1)=0$

$$=-2\{g(1)-g(0)\}$$

$$=-2\times 2=-4$$
→ 위에서 $g(0)=0$을 구했어.

101 [정답률 81%] 정답 ③

연속함수 $f(x)$가 모든 양의 실수 t에 대하여

$$\int_0^{\ln t}f(x)dx=(t\ln t+a)^2-a$$

를 만족시킬 때, $f(1)$의 값은?

(단, a는 0이 아닌 상수이다.) (3점)

① $2e^2+2e$ ② $2e^2+4e$ ③ $4e^2+4e$
④ $4e^2+8e$ ⑤ $8e^2+8e$

Step 1 주어진 식의 양변에 $t=1$을 대입하여 a의 값을 구한다.

주어진 식의 양변에 $t=1$을 대입하면

$a^2-a=0,\ a(a-1)=0$ → $\ln t=\ln 1=0$

$\therefore a=1\ (\because a\ne 0)$

$\displaystyle\int_0^{\ln t}f(x)dx$에 $t=1$을 대입하면 위끝과 아래끝이 모두 0이 돼.

Step 2 주어진 식의 양변을 t에 대하여 미분한다.

따라서 $\displaystyle\int_0^{\ln t}f(x)dx=(t\ln t+1)^2-1$이므로 양변을 t에 대하여 미분하면

$$\frac{1}{t}f(\ln t)=2(t\ln t+1)(\ln t+1)$$
→ $=f(\ln t)(\ln t)'$

$$\therefore f(\ln t)=2t(t\ln t+1)(\ln t+1)$$

따라서 $f(1)=2e(e+1)\times 2=4e^2+4e$이다.

→ $\ln t=1$에서 $t=e$이므로 위 식의 양변에 $t=e$를 대입했어.

102 [정답률 49%] 정답 ④

함수 $f(x)$를

→ $f(x)$가 정적분으로 정의된 함수라는 것을 이용하여, 주어진 식을 미분해!

$$f(x)=\int_a^x \{2+\sin (t^2)\}dt$$

라 하자. $f''(a)=\sqrt{3}a$일 때, $(f^{-1})'(0)$의 값은?

→ 역함수의 미분법을 이용하여 풀어야 해.

$f'(x)$를 구한다면 $f''(x)$도 쉽게 구해질 거야!

$$\left(\text{단, } a\text{는 } 0<a<\sqrt{\frac{\pi}{2}}\text{인 상수이다.}\right) \text{(4점)}$$

① $\dfrac{1}{10}$ ② $\dfrac{1}{5}$ ③ $\dfrac{3}{10}$

④ $\dfrac{2}{5}$ ⑤ $\dfrac{1}{2}$

→ 삼각함수에 들어가 있는 미지수의 범위에 주의하도록 해!

Step 1 $f'(x),\ f''(x)$를 구한다.

함수 $f(x)$가 닫힌구간 $[a,b]$에서 연속일 때, $\dfrac{d}{dx}\displaystyle\int_a^x f(t)dt=f(x)$ (단, $a\le x\le b$)

$f(x)=\displaystyle\int_a^x \{2+\sin (t^2)\}dt$에서

$f'(x)=2+\sin (x^2)$

$f''(x)=2x\cos (x^2)$

→ 삼각함수의 미분, 그리고 합성함수의 미분을 동시에 사용한 거야!

Step 2 $f(a)=0,\ f''(a)=\sqrt{3}a$임을 이용하여 $(f^{-1})'(0)$의 값을 구한다.

$f(a)=\displaystyle\int_a^a \{2+\sin (t^2)\}\,dt=0$이므로 $f^{-1}(0)=a$

→ $\displaystyle\int_a^a f(x)dx=0$

→ $f(a)=0 \Longleftrightarrow f^{-1}(0)=a$

$f''(a)=2a\cos (a^2)=\sqrt{3}a$이므로

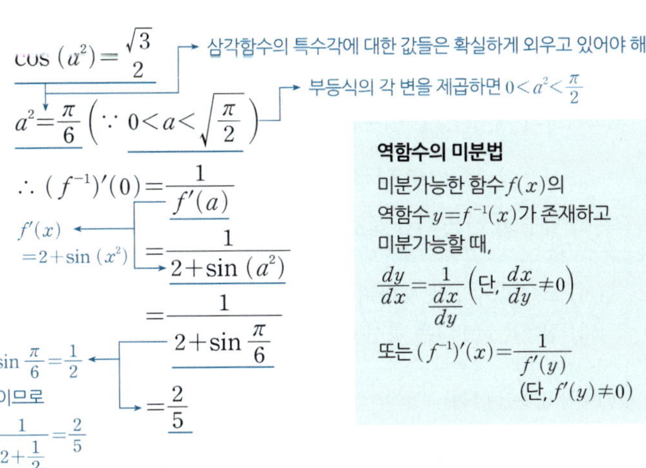

$$\cos (a^2)=\frac{\sqrt{3}}{2}$$

→ 삼각함수의 특수각에 대한 값들은 확실하게 외우고 있어야 해.

$$a^2=\frac{\pi}{6}\left(\because 0<a<\sqrt{\frac{\pi}{2}}\right)$$

→ 부등식의 각 변을 제곱하면 $0<a^2<\frac{\pi}{2}$

역함수의 미분법

미분가능한 함수 $f(x)$의 역함수 $y=f^{-1}(x)$가 존재하고 미분가능할 때,

$$\frac{dy}{dx}=\frac{1}{\frac{dx}{dy}}\left(\text{단, }\frac{dx}{dy}\neq 0\right)$$

또는 $(f^{-1})'(x)=\dfrac{1}{f'(y)}$

(단, $f'(y)\neq 0$)

$$\therefore (f^{-1})'(0)=\frac{1}{f'(a)}=\frac{1}{2+\sin (a^2)}$$

$f'(x)=2+\sin (x^2)$

$$=\frac{1}{2+\sin \frac{\pi}{6}}$$

$\sin \frac{\pi}{6}=\frac{1}{2}$ 이므로

$$=\frac{1}{2+\frac{1}{2}}=\frac{2}{5}$$

참고

임의의 실수 x에 대하여 $f'(x)=2+\sin (x^2)>0$이므로 $f(x)$는 증가함수이다. 따라서 $f(x)$는 역함수를 갖는다.

→ 모든 실수 x에 대하여

→ 함수 $f(x)$가 역함수를 갖기 위해서는 함수 $f(x)$가 일대일대응이어야 해!

💡 알아야 할 기본개념

삼각함수의 도함수

(1) $(\sin x)'=\cos x$

(2) $(\cos x)'=-\sin x$

(3) $(\tan x)'=\sec^2 x$

(4) $(\csc x)'=-\csc x \cot x$

(5) $(\sec x)'=\sec x \tan x$

(6) $(\cot x)'=-\csc^2 x$

→ 부호가 바뀌는 경우를 주의해야 해!

정적분과 미분의 관계

→ 정적분으로 정의된 함수의 미분

연속함수 $f(x)$에 대하여

(1) $\dfrac{d}{dx}\displaystyle\int_a^x f(t)dt=f(x)$

(2) $\dfrac{d}{dx}\displaystyle\int_x^{x+a} f(t)dt=f(x+a)-f(x)$

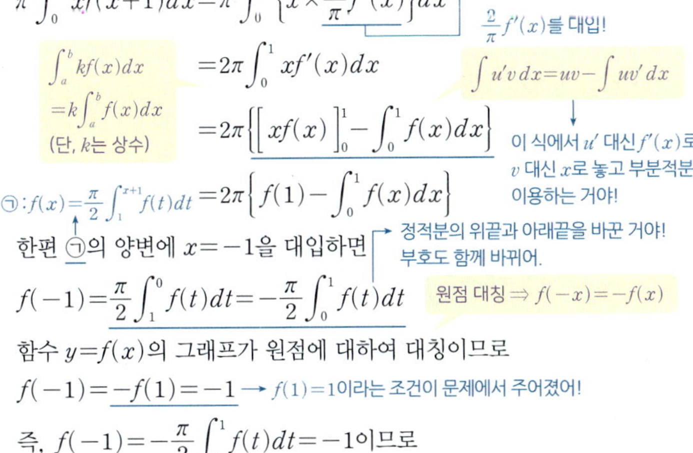

$$\pi^2\int_0^1 xf(x+1)dx=\pi^2\int_0^1 \left\{x\times\frac{2}{\pi}f'(x)\right\}dx$$

→ 주어진 식에 $f(x+1)$ 대신 $\frac{2}{\pi}f'(x)$를 대입!

$\displaystyle\int_a^b kf(x)dx$

$=k\displaystyle\int_a^b f(x)dx$

(단, k는 상수)

$$=2\pi\int_0^1 xf'(x)dx$$

$\displaystyle\int u'v\,dx=uv-\int uv'\,dx$

$$=2\pi\left\{\Big[xf(x)\Big]_0^1-\int_0^1 f(x)dx\right\}$$

→ 이 식에서 u' 대신 $f'(x)$로, v 대신 x로 놓고 부분적분법을 이용하는 거야!

$\bigcirc: f(x)=\frac{\pi}{2}\displaystyle\int_1^{x+1}f(t)dt=2\pi\left\{f(1)-\int_0^1 f(x)dx\right\}$

한편 $\bigcirc$의 양변에 $x=-1$을 대입하면

$$f(-1)=\frac{\pi}{2}\int_1^0 f(t)dt=-\frac{\pi}{2}\int_0^1 f(t)dt$$

→ 정적분의 위끝과 아래끝을 바꾼 거야! 부호도 함께 바뀌어.

함수 $y=f(x)$의 그래프가 원점에 대하여 대칭이므로

→ 원점 대칭 $\Rightarrow f(-x)=-f(x)$

$$f(-1)=-f(1)=-1 \rightarrow f(1)=1$$이라는 조건이 문제에서 주어졌어!

즉, $f(-1)=-\dfrac{\pi}{2}\displaystyle\int_0^1 f(t)dt=-1$이므로

$$\int_0^1 f(t)dt=\frac{2}{\pi}$$

→ 문제에서 $f(1)=1$이라고 주어졌어.

$$\therefore \pi^2\int_0^1 xf(x+1)dx=2\pi\left\{f(1)-\int_0^1 f(x)dx\right\}$$

$$=2\pi\left(1-\frac{2}{\pi}\right)$$

$$=2(\pi-2)$$

수능포인트

이 문제의 포인트는 함수 $y=f(x)$의 그래프가 원점에 대하여 대칭이라는 것입니다. 즉, $f(-x)=-f(x)$가 성립하므로 $f(-1)=-1$입니다.

또한 정적분과 미분의 관계에서 $f'(x)=\dfrac{\pi}{2}f(x+1)$임을 알 수 있고,

이것을 $\pi^2\displaystyle\int_0^1 xf(x+1)dx$에 대입하여 부분적분법을 이용하면 됩니다.

---

103 [정답률 43%]   정답 ①

연속함수 $y=f(x)$의 그래프가 원점에 대하여 대칭이고, 모든 실수 x에 대하여

→ $f(-x)=-f(x)$

→ 정적분으로 정의된 함수야. 위끝이 x가 아닌 $x+1$로 되어 있지만 그냥 똑같이 풀어나가면 돼!

$$f(x)=\frac{\pi}{2}\int_1^{x+1}f(t)dt$$

틀린 조건도 놓치지 마.

이다. $f(1)=1$일 때, $\pi^2\displaystyle\int_0^1 xf(x+1)dx$의 값은? (4점)

→ 주어진 식을 x에 대하여 미분하면 $f(x+1)$을 얻을 수 있으니 이를 이용

① 2($\pi-2$)   ② $2\pi-3$ ③ 2($\pi-1$)

④ $2\pi-1$ ⑤ 2π

Step 1 미분을 이용하여 $f(x+1)$과 $f'(x)$의 관계식을 구한다.

$$f(x)=\frac{\pi}{2}\int_1^{x+1}f(t)dt \quad\cdots\cdots \bigcirc$$

$\bigcirc$의 양변을 x에 대하여 미분하면

→ 함수 $f(x)$의 한 부정적분을 $F(x)$라 하면

$\displaystyle\int_1^{x+1}f(t)dt=F(x+1)-F(1)$

$$f'(x)=\frac{\pi}{2}f(x+1)$$

$\therefore \dfrac{d}{dx}\displaystyle\int_1^{x+1}f(t)dt$

$=\dfrac{d}{dx}\{F(x+1)-F(1)\}$

$=f(x+1)$

$$\therefore f(x+1)=\frac{2}{\pi}f'(x)$$

Step 2 $y=f(x)$의 그래프가 원점에 대하여 대칭이라는 것과 부분적분법을 이용한다.

→ $f(-x)=-f(x)$

---

104 [정답률 51%]   정답 ①

양의 실수 전체의 집합에서 미분가능한 두 함수 $f(x)$와 $g(x)$가 다음 조건을 만족시킨다.

(가) 모든 양의 실수 x에 대하여 $g(x)=\displaystyle\int_1^x \frac{f(t^2+1)}{t}dt$

→ 이 식에서 $g(1)$의 값과 $g'(x)$의 식 두 가지를 알 수 있어.

(나) $\displaystyle\int_2^5 f(x)dx=16$

$g(2)=3$일 때, $\displaystyle\int_1^2 xg(x)dx$의 값은? (4점)

① 2   ② 4   ③ 6

④ 8   ⑤ 10

Step 1 조건 (가)를 이용한다.

조건 (가)에서 $g(x)=\displaystyle\int_1^x \frac{f(t^2+1)}{t}dt$이므로

$$g(1)=0,\ g'(x)=\frac{f(x^2+1)}{x}$$

→ $\displaystyle\int_a^a h(x)dx=0$

Step 2 부분적분법과 치환적분법을 이용한다.

$u'(x)=x$, $v(x)=g(x)$라 하면

$u(x)=\dfrac{1}{2}x^2$, $v'(x)=g'(x)$

$\displaystyle\int_1^2 xg(x)\,dx=\left[\dfrac{1}{2}x^2g(x)\right]_1^2-\int_1^2 \dfrac{1}{2}x^2g'(x)\,dx$

$\qquad =2g(2)-\dfrac{1}{2}g(1)-\displaystyle\int_1^2\left\{\dfrac{1}{2}x^2\times\dfrac{f(x^2+1)}{x}\right\}dx$

문제에서 주어졌어.   Step 1에서 0임을 구했어.

$\qquad =6-\dfrac{1}{2}\displaystyle\int_1^2 xf(x^2+1)\,dx$ …… ㉠

$x^2+1=t$라 하면 $2x\,dx=dt$이고

$x=1$일 때 $t=2$, $x=2$일 때 $t=5$이므로

㉠에서

$\displaystyle\int_1^2 xg(x)\,dx=6-\dfrac{1}{2}\int_2^5 \dfrac{1}{2}f(t)\,dt$

$\qquad =6-\dfrac{1}{4}\displaystyle\int_2^5 f(t)\,dt$

조건 (나)에서 16임을 알 수 있어.

$\qquad =6-\dfrac{1}{4}\times 16=2$

105 [정답률 70%]   정답 ⑤

함수 $f(x)=a\cos(\pi x^2)$에 대하여

$\displaystyle\lim_{x\to 0}\left\{\dfrac{x^2+1}{x}\int_1^{x+1} f(t)\,dt\right\}=3$

$f(x)$의 부정적분을 이용하여 나타내.

일 때, $f(a)$의 값은? (단, a는 상수이다.) (4점)

① 1   ② $\dfrac{3}{2}$ ③ 2

④ $\dfrac{5}{2}$ ⑤ 3

Step 1 미분계수의 정의를 이용하여 정적분을 포함한 극한을 미분계수로 나타낸다.

함수 $f(x)=a\cos(\pi x^2)$의 한 부정적분을 $F(x)$라 하면

$\displaystyle\lim_{x\to 0}\left\{\dfrac{x^2+1}{x}\int_1^{x+1} f(t)\,dt\right\}$

$=\displaystyle\lim_{x\to 0}\left[\dfrac{x^2+1}{x}\{F(x+1)-F(1)\}\right]$

$=\displaystyle\lim_{x\to 0}\left\{(x^2+1)\times\dfrac{F(x+1)-F(1)}{x}\right\}$

미분계수의 정의를 이용

$=\displaystyle\lim_{x\to 0}(x^2+1)\times\lim_{x\to 0}\dfrac{F(x+1)-F(1)}{x}$

$=1\times F'(1)$ 함수 $F(x)$의 도함수가 $f(x)$야.

$=f(1)=3$

이때 $f(1)=a\cos(\pi\times 1^2)=a\cos\pi=-a$이므로 $-a=3$

$\therefore a=-3$

Step 2 $f(a)$의 값을 구한다.

따라서 $f(x)=-3\cos(\pi x^2)$이므로

$f(a)=f(-3)=-3\cos\{\pi\times(-3)^2\}$

$\qquad =-3\cos 9\pi$

$\qquad =(-3)\times(-1)$

$\qquad =3$

106 [정답률 81%]   정답 ④

최고차항의 계수가 1인 이차함수 $f(x)$에 대하여 함수 $g(x)$가

$$g(x)=\int_0^x \dfrac{t}{f(t)}\,dt$$

일 때, 함수 $g(x)$는 다음 조건을 만족시킨다.

> (가) 모든 실수 x에 대하여 $g'(-x)=-g'(x)$이다.
> (나) 점 $(1,\,g(1))$은 곡선 $y=g(x)$의 변곡점이다.

$g(1)$의 값은? (4점)

① $\dfrac{1}{5}\ln 2$ ② $\dfrac{1}{4}\ln 2$ ③ $\dfrac{1}{3}\ln 2$

④ $\dfrac{1}{2}\ln 2$ ⑤ $\ln 2$

Step 1 함수 $f(x)$의 식을 파악한다.

함수 $g(x)=\displaystyle\int_0^x \dfrac{t}{f(t)}\,dt$를 x에 대하여 미분하면

$g'(x)=\dfrac{x}{f(x)}$ 임의의 연속함수 $f(x)$에 대하여 $g(x)=\displaystyle\int_a^x f(t)dt$를 x에 대하여 미분하면 $g'(x)=f(x)$

이때 조건 (가)에서 모든 실수 x에 대하여

$g'(-x)=-g'(x)$이므로

$\dfrac{-x}{f(-x)}=\dfrac{-x}{f(x)}$ 분모가 서로 같아.

$\therefore f(-x)=f(x)$

$f(x)$는 최고차항의 계수가 1인 이차함수이므로

$f(x)=x^2+b$ (단, b는 상수)로 놓을 수 있다.

$f(-x)=f(x)$에서 $f(x)$는 우함수 이므로 짝수차항과 상수항만 존재해.

Step 2 $g''(1)=0$임을 이용한다.

$g'(x)=\dfrac{x}{f(x)}=\dfrac{x}{x^2+b}$를 x에 대하여 미분하면

$g''(x)=\dfrac{x^2+b-x\cdot 2x}{(x^2+b)^2}=\dfrac{-x^2+b}{(x^2+b)^2}$

이때 점 $(1,\,g(1))$이 곡선 $y=g(x)$의 변곡점이므로

$g''(1)=\dfrac{-1^2+b}{(1^2+b)^2}=\dfrac{-1+b}{(1+b)^2}=0$ $g''(1)=0$

$\therefore b=1$

따라서 $f(x)=x^2+1$이므로

$g(x)=\displaystyle\int_0^x \dfrac{t}{t^2+1}\,dt$이다.

Step 3 $g(1)$의 값을 구한다.

$\therefore g(1)=\displaystyle\int_0^1 \dfrac{t}{t^2+1}\,dt$ $(t^2+1)'=2t$임을 이용

$\qquad =\dfrac{1}{2}\displaystyle\int_0^1 \dfrac{2t}{t^2+1}\,dt$

$\qquad =\dfrac{1}{2}\left[\ln(t^2+1)\right]_0^1$

$\qquad =\dfrac{1}{2}(\ln 2-\ln 1)$ $\ln 1=0$

$\qquad =\dfrac{1}{2}\ln 2$

107 [정답률 70%]   정답 ④

구간 $\left[0, \dfrac{\pi}{2}\right]$에서 연속인 함수 $f(x)$가 다음 조건을 만족시킬 때, $f\left(\dfrac{\pi}{4}\right)$의 값은? (4점)

> (가) $\displaystyle\int_0^{\frac{\pi}{2}} f(t)dt = 1$
>
> (나) $\cos x \displaystyle\int_0^x f(t)dt = \sin x \int_x^{\frac{\pi}{2}} f(t)dt$ $\left(\text{단, } 0 \le x \le \dfrac{\pi}{2}\right)$

주어진 (가), (나)를 비교하여, 식을 어떻게 변형시키면 될지 생각해.

① $\dfrac{1}{5}$ ② $\dfrac{1}{4}$ ③ $\dfrac{1}{3}$

④ $\dfrac{1}{2}$ ⑤ 1

Step 1 조건 (나)에서 양변을 x에 대하여 미분한다.

조건 (나)의 양변을 x에 대하여 미분하면

$$-\sin x \int_0^x f(t)dt + \cos x \cdot f(x)$$

$$= \cos x \int_x^{\frac{\pi}{2}} f(t)dt + \sin x \cdot \{-f(x)\}$$

곱의 미분법

$\dfrac{d}{dx}\displaystyle\int_0^x f(t)dt = f(x)$

$\displaystyle\int_x^{\frac{\pi}{2}} f(t)dt = -\int_{\frac{\pi}{2}}^x f(t)dt$이고 $\dfrac{d}{dx}\displaystyle\int_{\frac{\pi}{2}}^x f(t)dt = f(x)$이므로

Step 2 $x = \dfrac{\pi}{4}$를 대입해 $f\left(\dfrac{\pi}{4}\right)$의 값을 구한다.

위 식의 양변에 $x = \dfrac{\pi}{4}$를 대입하면

$\sin \dfrac{\pi}{4} = \cos \dfrac{\pi}{4} = \dfrac{\sqrt{2}}{2}$

$$-\dfrac{\sqrt{2}}{2} \int_0^{\frac{\pi}{4}} f(t)dt + \dfrac{\sqrt{2}}{2} f\left(\dfrac{\pi}{4}\right) = \dfrac{\sqrt{2}}{2} \int_{\frac{\pi}{4}}^{\frac{\pi}{2}} f(t)dt - \dfrac{\sqrt{2}}{2} f\left(\dfrac{\pi}{4}\right)$$

$$-\int_0^{\frac{\pi}{4}} f(t)dt + f\left(\dfrac{\pi}{4}\right) = \int_{\frac{\pi}{4}}^{\frac{\pi}{2}} f(t)dt - f\left(\dfrac{\pi}{4}\right)$$

구하는 값이 $f\left(\dfrac{\pi}{4}\right)$이므로 양변을 $f\left(\dfrac{\pi}{4}\right)$에 대하여 정리해.

$$f\left(\dfrac{\pi}{4}\right) + f\left(\dfrac{\pi}{4}\right) = \int_0^{\frac{\pi}{4}} f(t)dt + \int_{\frac{\pi}{4}}^{\frac{\pi}{2}} f(t)dt$$

$$2f\left(\dfrac{\pi}{4}\right) = \int_0^{\frac{\pi}{2}} f(t)dt$$

정적분의 성질

임의의 세 실수 a, b, c에 대하여 $\displaystyle\int_a^c f(x)dx + \int_c^b f(x)dx = \int_a^b f(x)dx$

$$\therefore f\left(\dfrac{\pi}{4}\right) = \dfrac{1}{2}\int_0^{\frac{\pi}{2}} f(t)dt = \dfrac{1}{2} \;(\because \text{조건 (가)})$$

$= 1$

ⓐ 다른 풀이 $f(x)$를 직접 구하는 풀이   이 풀이에서는 $f(x)$를 구하기 않고 $f\left(\dfrac{\pi}{4}\right)$를 바로 구했어!

Step 1 주어진 식을 변형하여 $f(x)$를 구한다.

$\displaystyle\int_x^{\frac{\pi}{2}} f(t)dt = -\int_{\frac{\pi}{2}}^x f(t)dt$이므로 조건 (나)에서

정적분의 기본정리

$$\cos x \int_0^x f(t)dt = -\sin x \int_{\frac{\pi}{2}}^x f(t)dt$$

임의의 세 실수 a, b, c에 대하여 $\displaystyle\int_a^c f(x)dx + \int_c^b f(x)dx = \int_a^b f(x)dx$

이때 $\displaystyle\int_0^{\frac{\pi}{2}} f(t)dt + \int_{\frac{\pi}{2}}^x f(t)dt = \int_0^x f(t)dt$이므로

$\displaystyle\int_{\frac{\pi}{2}}^x f(t)dt = \int_0^x f(t)dt - \int_0^{\frac{\pi}{2}} f(t)dt$

$$\cos x \int_0^x f(t)dt = -\sin x \left\{\int_0^x f(t)dt - \int_0^{\frac{\pi}{2}} f(t)dt\right\}$$

$$= -\sin x \left\{\int_0^x f(t)dt - 1\right\} \;(\because \text{조건 (가)})$$

$$= -\sin x \int_0^x f(t)dt + \sin x$$

$$(\cos x + \sin x)\int_0^x f(t)dt = \sin x$$

$$\therefore \int_0^x f(t)dt = \dfrac{\sin x}{\cos x + \sin x} \quad \cdots\cdots \text{㉠}$$

$y = \dfrac{f(x)}{g(x)} \;(g(x) \neq 0)$이면 $y' = \dfrac{f'(x)g(x) - f(x)g'(x)}{\{g(x)\}^2}$

㉠의 양변을 x에 대하여 미분하면

$$f(x) = \dfrac{\cos x(\cos x + \sin x) - \sin x(-\sin x + \cos x)}{(\cos x + \sin x)^2}$$

$(\sin x)' = \cos x$
$(\cos x)' = -\sin x$

$$= \dfrac{\cos^2 x + \sin x \cos x + \sin^2 x - \sin x \cos x}{(\cos x + \sin x)^2}$$

계산 주의

$$= \dfrac{\sin^2 x + \cos^2 x}{(\cos x + \sin x)^2}$$

$\sin^2 x + \cos^2 x = 1$이므로

$$= \dfrac{1}{(\cos x + \sin x)^2}$$

$\dfrac{1}{\left(\frac{\sqrt{2}}{2} + \frac{\sqrt{2}}{2}\right)^2} = \dfrac{1}{(\sqrt{2})^2} = \dfrac{1}{2}$

$$\therefore f\left(\dfrac{\pi}{4}\right) = \dfrac{1}{\left(\frac{\sqrt{2}}{2} + \frac{\sqrt{2}}{2}\right)^2} = \dfrac{1}{2}$$

$\sin \dfrac{\pi}{4} = \cos \dfrac{\pi}{4} = \dfrac{\sqrt{2}}{2}$

★ 다른 풀이 $f(x)$를 다른 방식으로 표현하는 풀이

Step 1 조건을 이용하여 $\displaystyle\int_{\frac{\pi}{4}}^{\frac{\pi}{2}} f(t)dt$의 값을 구한다.

조건 (나)의 양변에 $x = \dfrac{\pi}{4}$를 대입하면

$\sin \dfrac{\pi}{4} = \cos \dfrac{\pi}{4} = \dfrac{\sqrt{2}}{2}$

$$\dfrac{\sqrt{2}}{2} \int_0^{\frac{\pi}{4}} f(t)dt = \dfrac{\sqrt{2}}{2} \int_{\frac{\pi}{4}}^{\frac{\pi}{2}} f(t)dt$$

주어진 조건이 (가), (나) 두 가지이므로 (나)를 통해 얻은 식을 (가)에 대입하며 계산해.

$$\int_0^{\frac{\pi}{4}} f(t)dt = \int_{\frac{\pi}{4}}^{\frac{\pi}{2}} f(t)dt \quad \cdots\cdots \text{㉡}$$

조건 (가)에서

임의의 세 실수 a, b, c에 대하여 $\displaystyle\int_a^c f(x)dx + \int_c^b f(x)dx = \int_a^b f(x)dx$

$$\int_0^{\frac{\pi}{2}} f(t)dt = \int_0^{\frac{\pi}{4}} f(t)dt + \int_{\frac{\pi}{4}}^{\frac{\pi}{2}} f(t)dt = 1$$이므로

$$\int_0^{\frac{\pi}{4}} f(t)dt = \int_{\frac{\pi}{4}}^{\frac{\pi}{2}} f(t)dt = \dfrac{1}{2} \;(\because \text{㉡}) \quad \cdots\cdots \text{㉢}$$

Step 2 주어진 식을 x에 대해 미분하여 $f(x)$를 구한다.

조건 (나)의 양변을 $\cos x$로 나누면

$\dfrac{\sin x}{\cos x} = \tan x$

$$\int_0^x f(t)dt = \dfrac{\sin x}{\cos x} \int_x^{\frac{\pi}{2}} f(t)dt = \tan x \int_x^{\frac{\pi}{2}} f(t)dt$$

이 식의 양변을 x에 대하여 미분하면

$\displaystyle\int_x^{\frac{\pi}{2}} f(t)dt = -\int_{\frac{\pi}{2}}^x f(t)dt$이고 $\dfrac{d}{dx}\displaystyle\int_{\frac{\pi}{2}}^x f(t)dt = f(x)$이므로

$$f(x) = \sec^2 x \int_x^{\frac{\pi}{2}} f(t)dt + \tan x \cdot \{-f(x)\}$$

$(\tan x)'$

$$= \sec^2 x \int_x^{\frac{\pi}{2}} f(t)dt - \tan x \cdot f(x)$$

양변을 $f(x)$에 대하여 정리해나가는 거야.

$$(1 + \tan x)f(x) = \sec^2 x \int_x^{\frac{\pi}{2}} f(t)dt$$

$$\therefore f(x) = \dfrac{\sec^2 x}{1 + \tan x} \int_x^{\frac{\pi}{2}} f(t)dt$$

$\sec^2 \dfrac{\pi}{4} = \dfrac{1}{\cos^2 \frac{\pi}{4}} = \dfrac{1}{\left(\frac{\sqrt{2}}{2}\right)^2} = \dfrac{1}{\frac{1}{2}} = 2$

위 식의 양변에 $x = \dfrac{\pi}{4}$를 대입하면

$\tan \dfrac{\pi}{4} = 1$

$$f\left(\dfrac{\pi}{4}\right) = \dfrac{2}{1 + 1} \int_{\frac{\pi}{4}}^{\frac{\pi}{2}} f(t)dt = 1 \times \dfrac{1}{2} = \dfrac{1}{2} \;(\because \text{㉢})$$

108 [정답률 61%]　　　　　　　　　정답 ①

함수 $f(x)=\sin(\pi\sqrt{x})$에 대하여 함수
$$g(x)=\int_0^x tf(x-t)dt \ (x\geq0)$$
→ 함수 $f(x)$에 x 대신 $x-t$가 포함된 복잡한 꼴이니까 정리해주어야 해.

이 $x=a$에서 극대인 모든 a를 작은 수부터 크기순으로 나열할 때, n번째 수를 a_n이라 하자.
$k^2<a_6<(k+1)^2$인 자연수 k의 값은? (4점)

① 11　　　　② 14　　　　③ 17
④ 20　　　　⑤ 23

Step 1 $x-t$를 치환하여 주어진 함수의 식을 변형한다.

$x-t=u$로 치환하고 양변을 t에 대하여 미분하면
$$-1=\frac{du}{dt} \quad \therefore dt=-du$$

$t=0$일 때 $u=x$, $t=x$일 때 $u=0$이므로 주어진 정적분의 식을 변형하면

$$g(x)=\int_0^x tf(x-t)dt$$
$$=\int_x^0 \{-(x-u)f(u)\}du$$
→ 마이너스가 빠지면서 위끝과 아래끝을 서로 바꾸어 주었어.
$$=\int_0^x (x-u)f(u)du$$
$$=\int_0^x \{xf(u)-uf(u)\}du$$
→ x를 상수라고 생각하고 정리해주면 돼.
$$=x\int_0^x f(u)du-\int_0^x uf(u)du$$

Step 2 함수 $g(x)$가 극대가 되는 조건을 파악한다.

함수 $g(x)$를 미분하면
→ x와 $\int_0^x f(u)du$를 곱한 함수를 미분한 거야.
$$g'(x)=\int_0^x f(u)du+xf(x)-xf(x)$$
$$=\int_0^x f(u)du$$

즉, 함수 $g(x)$가 $x=a$에서 극대인 a에 대하여
$$g'(a)=\int_0^a f(u)du=0$$이고 함수 $g'(x)$의 부호가 양에서 음으로 바뀌어야 한다.
→ 극대의 정의에 해당해.

Step 3 함수 $f(x)=\sin(\pi\sqrt{x})$의 그래프를 이용하여 조건을 만족시키는 자연수 k의 값을 구한다.

함수 $f(x)=\sin(\pi\sqrt{x})$의 그래프는 x의 값이 0 또는 k^2(k는 자연수) 꼴일 때 x축에서 만나므로 그래프를 그려보면 다음과 같다.

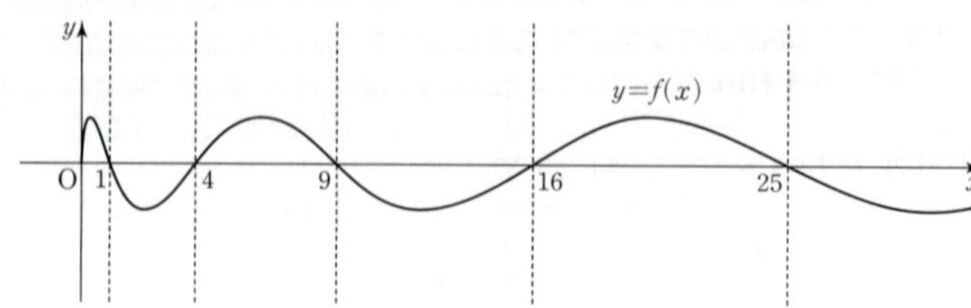

이때 함수 $f(x)$의 그래프와 x축으로 둘러싸인 부분의 넓이가 갈수록 커짐을 파악할 수 있다.
→ 정확한 넓이를 알 수는 없지만, 대략적으로 넓이를 비교해보면 쉽게 알 수 있는 내용이야.

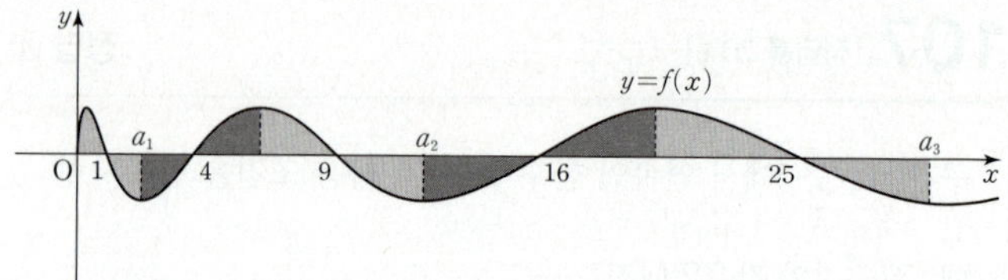

즉, **Step 2**의 조건을 만족하는 a의 값의 범위를 구해보면
$1<a_1<4$, $9<a_2<16$, $25<a_3<36$, …임을 알 수 있다.
따라서 함수 $g(x)$가 $x=a$에서 극대인 모든 a가 임의의 자연수 m에 대하여 $(2m-1)^2<a_m<(2m)^2$을 만족시키므로 $m=6$일 때 $11^2<a_6<12^2$이다.
따라서 구하는 자연수 k의 값은 11이다.

109 [정답률 47%]　　　　　　　　　정답 ②

함수
$$f(x)=\begin{cases}0 & (x\leq0)\\ \{\ln(1+x^4)\}^{10} & (x>0)\end{cases}$$
에 대하여 실수 전체의 집합에서 정의된 함수 $g(x)$를
$$g(x)=\int_0^x f(t)f(1-t)dt$$
→ 함수 $f(1-t)$의 그래프는 함수 $f(t)$의 그래프와 직선 $t=\frac{1}{2}$에 대하여 대칭이야.
라 하자. [보기]에서 옳은 것만을 있는 대로 고른 것은? (4점)

[보기]

ㄱ. $x\leq0$인 모든 실수 x에 대하여 $g(x)=0$이다.

ㄴ. $g(1)=2g\left(\dfrac{1}{2}\right)$

ㄷ. $g(a)\geq1$인 실수 a가 존재한다.

① ㄱ　　　　② ㄱ, ㄴ　　　　③ ㄱ, ㄷ
④ ㄴ, ㄷ　　　　⑤ ㄱ, ㄴ, ㄷ

Step 1 치환적분법을 이용하여 [보기]의 참, 거짓을 판별한다.

ㄱ. $x\leq0$인 모든 실수 x에 대하여 $f(x)=0$이므로
　$x\leq0$일 때,
$$g(x)=\int_0^x f(t)f(1-t)dt$$
$$=\int_0^x 0\times f(1-t)dt$$
$$=\int_0^x 0\,dt=0 \ (참)$$

ㄴ. $g\left(\dfrac{1}{2}\right)=\int_0^{\frac{1}{2}} f(t)f(1-t)dt$에서 $1-t=s$라 하면
→ $-dt=ds$이므로 $dt=-ds$야.
$$g\left(\dfrac{1}{2}\right)=\int_1^{\frac{1}{2}} f(1-s)f(s)(-ds)$$
→ $\int_m^n F(x)dx=-\int_n^m F(x)dx$
$$=\int_{\frac{1}{2}}^1 f(s)f(1-s)ds$$

즉, $g\left(\dfrac{1}{2}\right)=\int_{\frac{1}{2}}^1 f(t)f(1-t)dt$로 나타낼 수 있으므로
$$g(1)=\int_0^1 f(t)f(1-t)dt$$

$$= \int_0^{\frac{1}{2}} f(t)f(1-t)dt + \int_{\frac{1}{2}}^1 f(t)f(1-t)dt$$

$$= g\left(\frac{1}{2}\right) + g\left(\frac{1}{2}\right) = 2g\left(\frac{1}{2}\right) \ (참)$$

ㄷ. $x \leq 0$일 때, ㄱ에 의하여 $g(x)=0$

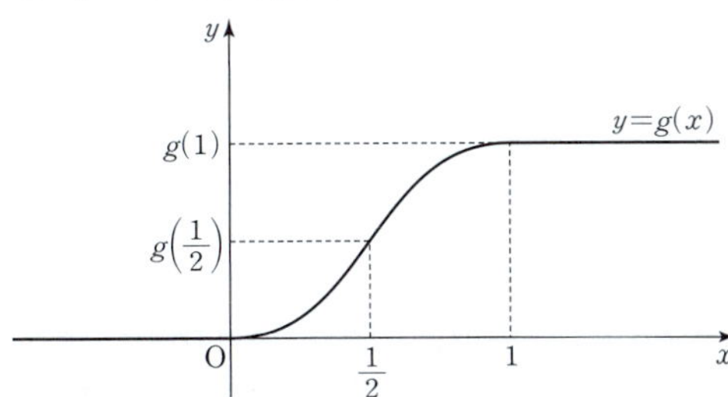

$x \geq 1$일 때,

$$g(x) = \int_0^x f(t)f(1-t)dt$$

$$= \int_0^1 f(t)f(1-t)dt + \int_1^x f(t)f(1-t)dt$$

$$= g(1) + 0 = g(1)$$

→ $x \geq 1$일 때 $f(1-x)=0$이므로 이 값은 0이 돼.

$0 < x < 1$일 때,

$g'(x) = f(x)f(1-x)$이고 $f(x)>0$, $f(1-x)>0$이므로

$g'(x)>0$

→ 함수 $g(x)$는 $0 \leq g(x) \leq g(1)$이야.

따라서 함수 $g(x)$는 닫힌구간 $[0, 1]$에서 증가한다.

즉, 실수 a에 대하여 $g(a) \leq g(1)$이고

$0 \leq x \leq 1$일 때 $0 \leq f(x) < 1$, $0 \leq f(1-x) < 1$이므로

$$g(1) = \int_0^1 f(t)f(1-t)dt < 1 이다.$$

따라서 $g(a) \geq 1$을 만족시키는 실수 a는 존재하지 않는다. (거짓)

그러므로 옳은 것은 ㄱ, ㄴ이다.

$0 \leq t \leq 1$일 때 $f(t)f(1-t)<1$이니까 $g(1)$의 값은 한 변의 길이가 1인 정사각형의 넓이보다 반드시 작다는 것을 알 수 있어.

닫힌구간 $[0, 1]$에서 두 함수 $f(x), f(1-x)$의 최댓값은 모두 $(\ln 2)^{10}$이고 $e>2$이므로 이 최댓값은 1보다 작아.

110 [정답률 53%]　　　　　정답 ④

구간 $[0, 1]$에서 정의된 연속함수 $f(x)$에 대하여 함수

$$F(x) = \int_0^x f(t)dt \ (0 \leq x \leq 1)$$

→ $f(x)=F'(x) \ (0 \leq x \leq 1)$

은 다음 조건을 만족시킨다.

(가) $F'(x) = f(x) - x$

(나) $\displaystyle\int_0^1 F(x)dx = e - \frac{5}{2}$

[보기]에서 옳은 것만을 있는 대로 고른 것은? (4점)

[보기]

ㄱ. $F(1) = e$

ㄴ. $\displaystyle\int_0^1 xF(x)dx = \frac{1}{6}$ → 부분적분법을 이용해 ㄴ을 확인해.

ㄷ. $\displaystyle\int_0^1 \{F(x)\}^2 dx = \frac{1}{2}e^2 - 2e + \frac{11}{6}$ → 치환적분법을 이용해 ㄷ을 확인해.

① ㄴ　　　　② ㄷ　　　　③ ㄱ, ㄴ

④ ㄴ, ㄷ　　　⑤ ㄱ, ㄴ, ㄷ

Step 1 조건 (나)의 식에 $F(x)$ 대신 $f(x)-x$를 대입하여 ㄱ의 참, 거짓을 판별한다.

ㄱ. 조건 (가)에서 $F(x)=f(x)-x$이므로 이를 조건 (나)의 식에 대입하면

$$\int_0^1 F(x)dx = \int_0^1 \{f(x)-x\}dx$$

$$= \int_0^1 f(x)dx - \int_0^1 x\,dx$$

$F(x) = \int_0^x f(t)dt$ 에 $x=1$을 대입하면

$$= F(1) - \left[\frac{1}{2}x^2\right]_0^1$$

$F(1) = \int_0^1 f(t)dt$

$$= F(1) - \frac{1}{2}$$

이때 $\displaystyle\int_0^1 F(x)dx = e - \frac{5}{2}$이므로

$$F(1) - \frac{1}{2} = e - \frac{5}{2}$$

$$\therefore F(1) = e - \frac{5}{2} + \frac{1}{2} = e - 2 \ (거짓)$$

Step 2 부분적분법을 이용하여 ㄴ의 참, 거짓을 판별한다.

ㄴ. $\displaystyle\int_0^1 xF(x)dx = \int_0^1 x\{f(x)-x\}dx$

$F(x)$ 대신 $f(x)-x$를 대입

$$= \int_0^1 xf(x)dx - \int_0^1 x^2 dx$$

→ $\int u'v\,dx = uv - \int uv'dx$ 에서 $u'=f(x), v=x$로 놓고 부분적분법을 이용

$$= \left[xF(x)\right]_0^1 - \int_0^1 F(x)dx - \left[\frac{1}{3}x^3\right]_0^1$$

$F(x) = \int_0^x f(t)dt$ 의 양변을 x에 대하여 미분하면 $F'(x)=f(x)$ 이니까, $F(x)$는 $f(x)$의 부정적분 중 하나야!

$$= F(1) - \left(e - \frac{5}{2}\right) - \frac{1}{3}$$

→ (나)에서 이 값이 $e - \frac{5}{2}$라고 했어!

$$= e - 2 - e + \frac{5}{2} - \frac{1}{3} = \frac{1}{6} \ (참)$$

Step 3 치환적분법과 ㄱ, ㄴ의 내용을 이용하여 ㄷ의 참, 거짓을 판별한다.

ㄷ. 조건 (가)에서 $F(x)=f(x)-x$이므로

$$\int_0^1 \{F(x)\}^2 dx = \int_0^1 \{F(x) \times F(x)\}dx$$

$$= \int_0^1 F(x)\{f(x)-x\}dx$$

$$= \int_0^1 F(x)f(x)dx - \int_0^1 xF(x)dx$$

$$= \int_0^1 F(x)f(x)dx - \frac{1}{6}$$

→ ㄴ에서 이 값이 $\frac{1}{6}$임을 확인했어.

$\displaystyle\int_0^1 F(x)f(x)dx$에서 $F(x)=t$로 놓으면

→ $F(x)=t$의 양변을 x에 대하여 미분한 거야.

$$f(x) = \frac{dt}{dx} \quad \therefore f(x)dx = dt$$

→ 위끝과 아래끝이 같으므로 정적분의 값은 0이야.

이때 $x=0$이면 $t=F(0)=\displaystyle\int_0^0 f(t)dt = 0$,

$x=1$이면 $t=F(1)=e-2$ → ㄱ에서 확인한 내용이야.

$$\therefore \int_0^1 \{F(x)\}^2 dx = \int_0^1 F(x)f(x)dx - \frac{1}{6}$$

$$= \int_0^{e-2} t\,dt - \frac{1}{6}$$

$$= \left[\frac{1}{2}t^2\right]_0^{e-2} - \frac{1}{6}$$

$$= \frac{1}{2}(e-2)^2 - \frac{1}{6}$$

$$= \frac{1}{2}e^2 - 2e + \frac{11}{6} \ (참)$$

따라서 옳은 것은 ㄴ, ㄷ이다.

111 [정답률 57%]　　　　　　　　　　　　　정답 ⑤

> 다항함수 $f(x)$가 원점에 대하여 대칭인 함수라는
> 거야! 원점에 대하여 대칭인 함수는 여러 가지
> 성질이 있으니, 이를 이용해!

다항함수 $f(x)$가 모든 실수 x에 대하여 $f(-x)=-f(x)$를 만족시킨다. 함수 $g(x)$를

> 정적분으로 정의된 함수의 미분 이용!

$$g(x)=\frac{d}{dx}\int_{-\frac{\pi}{2}}^{x}\cos x\cdot f(t)dt$$

라 할 때, 옳은 것만을 [보기]에서 있는 대로 고른 것은? (4점)

[보기]

> ㄴ은 함수 $y=g(x)$의 그래프도 함수 $y=f(x)$의
> 그래프처럼 원점에 대하여 대칭인지 묻는거야!

ㄱ. $g(0)=0$

ㄴ. 모든 실수 x에 대하여 $g(-x)=-g(x)$이다.

ㄷ. $g'(c)=0$인 실수 c가 열린구간 $\left(-\dfrac{\pi}{2},\ \dfrac{\pi}{2}\right)$에서 적어도 두 개 존재한다.

> $g(c)$가 아닌 $g'(c)$를 묻는 거야!
> 문제를 잘 보고 풀도록 해!

① ㄱ　　　② ㄱ, ㄴ　　　③ ㄱ, ㄷ

④ ㄴ, ㄷ　　　⑤ ㄱ, ㄴ, ㄷ

> **기함수의 성질**
> (i) $f(-x)=-f(x)$
> (ii) 그래프가 원점에 대하여 대칭
> (iii) 다항함수이면, 홀수차 항으로만 이루어짐

Step 1 $g(x)$를 정리한 후, 함수 $f(x)$가 기함수임을 이용하여 참, 거짓을 판별한다.

$$g(x)=\frac{d}{dx}\int_{-\frac{\pi}{2}}^{x}\cos x\cdot f(t)dt$$

> $\dfrac{d}{dx}\left[\cos x\cdot\int_{-\frac{\pi}{2}}^{x}f(t)dt\right]$에서
> 곱의 미분법을 이용하여 계산

$$=-\sin x\int_{-\frac{\pi}{2}}^{x}f(t)dt+\cos x\cdot f(x)\quad\cdots\cdots\,\bigcirc$$

ㄱ. $f(-x)=-f(x)$에 $x=0$을 대입하면 $f(0)=0$

> $f(0)=-f(0)$에서
> $2f(0)=0$　　∴ $f(0)=0$

$$\therefore g(0)=0+\cos 0\cdot f(0)=0\ (\because\ f(0)=0)\ (참)$$

ㄴ. $f(-x)=-f(x)$에서 함수 $f(x)$는 기함수이므로

$$\int_{-x}^{x}f(t)dt=0$$

> $\bigcirc$에 x 대신 $-x$를 대입!

$$\therefore g(-x)=-\sin(-x)\int_{-\frac{\pi}{2}}^{-x}f(t)dt+\cos(-x)\cdot f(-x)$$

> 계산 주의

$$=\sin x\left\{\int_{-\frac{\pi}{2}}^{x}f(t)dt+\int_{x}^{-x}f(t)dt\right\}-\cos x\cdot f(x)$$

$$=0\quad(\because\ f(-x)=-f(x))$$

$$=\sin x\int_{-\frac{\pi}{2}}^{x}f(t)dt-\cos x\cdot f(x)$$

$$=-g(x)\ (\because\ \bigcirc)\ (참)$$

Step 2 평균값 정리를 이용하여 참, 거짓을 판별한다.

ㄷ. $g\left(-\dfrac{\pi}{2}\right)=g(0)$이므로 평균값 정리에 의하여 열린구간 $\left(-\dfrac{\pi}{2},\ 0\right)$에서 $g'(c)=0$인 c가 적어도 하나 존재한다.

> 원점에 대하여 대칭이므로

ㄴ에 의해 $g(x)$가 기함수이므로 열린구간 $\left(0,\ \dfrac{\pi}{2}\right)$에서도 $g'(c_1)=0$인 c_1이 적어도 하나 존재한다. (참)

따라서 옳은 것은 ㄱ, ㄴ, ㄷ이다.

> ㄱ에서 $g(0)=0$
> $g\left(-\dfrac{\pi}{2}\right)=\dfrac{d}{dx}\int_{-\frac{\pi}{2}}^{-\frac{\pi}{2}}\cos x\cdot f(t)dt=\dfrac{d}{dx}(0)$
> $=0$
> $\therefore g\left(-\dfrac{\pi}{2}\right)=g(0)=0$

알아야 할 기본개념

평균값 정리

함수 $f(x)$가 닫힌구간 $[a,\ b]$에서 연속이고 열린구간 $(a,\ b)$에서 미분가능하면

> $f(a)=f(b)$인 경우가 롤의 정리야!

$$\frac{f(b)-f(a)}{b-a}=f'(c)\ (a<c<b)$$

> 롤의 정리의 경우 $f'(c)=0$이 되겠지!

인 c가 적어도 하나 존재한다.

수능포인트

$g(x)$의 함수가 복잡해 보이지만 각각의 변수에 대해서 구별만 잘 하면 쉽게 풀 수 있는 문제입니다. 우선 적분구간에 대해서 이 함수는 t에 대한 함수이므로 앞에 붙어 있는 $\cos x$는 적분 밖으로 나올 수 있고, 뒤에 있는 정적분값은 적분구간 $\left[-\dfrac{\pi}{2},\ x\right]$에 대해서 x에 대한 새로운 함수이기 때문에 전체를 x에 대해서 미분할 때는 $\cos x$와 마찬가지로 취급되어 곱의 미분을 하면 됩니다. 또한 $f(x)$가 기함수이므로

> 원점에 대하여 대칭!

$\int_{-a}^{a}f(x)dx=0$이라는 것을 이용하여 문제를 풀 수 있었습니다.

---

112 [정답률 8%]　　　　　　　　　　　　　정답 125

실수 전체의 집합에서 미분가능한 함수 $f(x)$의 도함수 $f'(x)$가

$$f'(x)=|\sin x|\cos x$$

이다. 양수 a에 대하여 곡선 $y=f(x)$ 위의 점 $(a,\ f(a))$에서의 접선의 방정식을 $y=g(x)$라 하자. 함수

> $h'(x)=f(x)-g(x)$

$$h(x)=\int_{0}^{x}\{f(t)-g(t)\}dt$$

가 $x=a$에서 극대 또는 극소가 되도록 하는 모든 양수 a를 작은 수부터 크기순으로 나열할 때, n번째 수를 a_n이라 하자. $\dfrac{100}{\pi}\times(a_6-a_2)$의 값을 구하시오. (4점)

Step 1 함수 $y=f'(x)$의 그래프의 개형을 알아본다.

$f'(x)=|\sin x|\cos x$에서

$$f'(x)=\begin{cases}\sin x\cos x & (\sin x\geq 0)\\ -\sin x\cos x & (\sin x<0)\end{cases}$$

$$=\begin{cases}\dfrac{1}{2}\sin 2x & (\sin x\geq 0)\\[2mm] -\dfrac{1}{2}\sin 2x & (\sin x<0)\end{cases}$$

> $2\sin x\cos x=\sin 2x$에서
> $\sin x\cos x=\dfrac{1}{2}\sin 2x$

두 함수 $y=\dfrac{1}{2}\sin 2x$, $y=-\dfrac{1}{2}\sin 2x$의 주기는 $\dfrac{2\pi}{2}=\pi$이므로

함수 $y=f'(x)$의 그래프의 개형을 $0\le x\le 2\pi$에서만 그려보자.

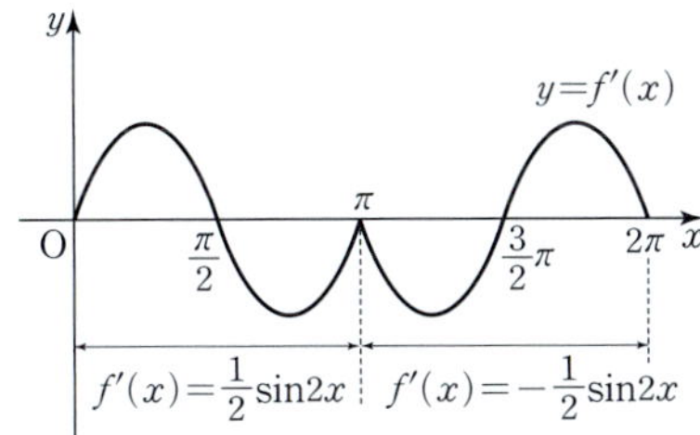

Step 2 함수 $y=f(x)$의 그래프의 개형을 이용하여 a_2, a_6의 값을 각각 구한다.

$h(x)=\displaystyle\int_0^x \{f(t)-g(t)\}\,dt$에서 $h'(x)=f(x)-g(x)$

$h'(x)=0$에서 $f(x)=g(x)$이므로 $f(a)=g(a)$이고, $x=a$의 좌우에서 $h'(x)$의 부호가 바뀌어야 한다.

즉, 점 $(a,\ f(a))$가 함수 $y=f(x)$의 그래프의 변곡점이어야 한다.

함수 $y=f(x)$의 그래프의 개형을 그리면 다음과 같다.

변곡점이 아닐 경우 $x=a$의 좌우에서 $h'(x)=f(x)-g(x)$의 부호가 바뀌지 않는다.

$x=a$에서 함수 $h(x)$가 극값을 가진다.

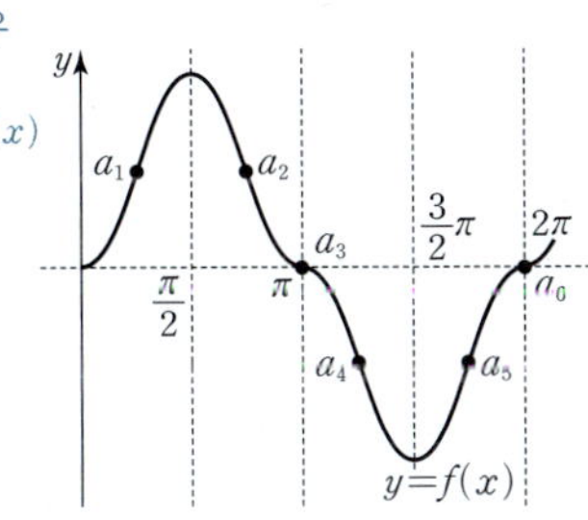

$a_2=\dfrac{\dfrac{\pi}{2}+\pi}{2}=\dfrac{3}{4}\pi$, $a_6=2\pi$

함수 $y=f(x)$의 그래프는 $x=a_2$에서 변곡점을 가지므로 a_2는 $\dfrac{\pi}{2}\le x\le\pi$에서 $f''(x)=0$을 만족시키는 x의 값이다.

$\therefore \dfrac{100}{\pi}\times(a_6-a_2)=\dfrac{100}{\pi}\times\left(2\pi-\dfrac{3}{4}\pi\right)=125$

---

113 [정답률 47%]   정답 24

함수 $f(x)=3(x-1)^2+5$에 대하여 함수 $F(x)$를

$F(x)=\displaystyle\int_0^x f(t)\,dt$라 하자. 미분가능한 함수 $g(x)$가 모든 실수 x에 대하여

$$F(g(x))=\dfrac{1}{2}F(x)$$ → 양변을 미분

를 만족시킨다. $g'(2)=p$일 때, $30p$의 값을 구하시오. (4점)

Step 1 $F(g(x))=\dfrac{1}{2}F(x)$의 양변을 x에 대하여 미분한다

$F(x)=\displaystyle\int_0^x f(t)\,dt$의 양변을 x에 대하여 미분하면

$F'(x)=f(x)$ $\cdots\cdots$ ㉠

$F(g(x))=\dfrac{1}{2}F(x)$ $\cdots\cdots$ ㉡

㉡의 양변을 x에 대하여 미분하면

$F'(g(x))g'(x)=\dfrac{1}{2}F'(x)$ 합성함수의 미분법

이므로 ㉠을 이용하면

$f(g(x))g'(x)=\dfrac{1}{2}f(x)$

위 식의 양변에 $x=2$를 대입하면

$f(g(2))g'(2)=\dfrac{1}{2}f(2)$ $\cdots\cdots$ ㉢

Step 2 $F(x)$를 구하고, 이를 이용하여 $g(2)$의 값을 구한다.

$F(x)=\displaystyle\int_0^x f(t)\,dt=\int_0^x \{3(t-1)^2+5\}\,dt$

$\qquad =\Big[(t-1)^3+5t\Big]_0^x=(x-1)^3+5x-(-1)^3$

$\qquad =x^3-3x^2+8x$ $\cdots\cdots$ ㉣

$(t-1)^3+5t$에 $t=0$ 대입

㉡의 양변에 $x=2$를 대입하면

$F(g(2))=\dfrac{1}{2}F(2)$

$g(2)=t$로 놓으면 $F(t)=\dfrac{1}{2}F(2)$이므로 ㉣에서

$t^3-3t^2+8t=\dfrac{1}{2}\times(8-12+16)$

$t^3-3t^2+8t-6=0$, $(t-1)(t^2-2t+6)=0$

$\therefore t=1$, 즉 $g(2)=1$ $=(t-1)^2+5>0$

Step 3 구한 값을 이용하여 $g'(2)$의 값을 구한다.

㉢에서 $f(1)g'(2)=\dfrac{1}{2}f(2)$이므로

$5p-\dfrac{1}{2}\times 8$ $\therefore p=\dfrac{4}{5}$

$\therefore 30p=30\times\dfrac{4}{5}=24$

⭐ **다른 풀이** 이차함수의 그래프의 대칭성을 이용하는 풀이

Step 1 동일

Step 2 $y=f(x)$의 그래프가 직선 $x=1$에 대하여 대칭임을 이용하여 $g(2)$의 값을 구한다.

$F(g(2))=\dfrac{1}{2}F(2)$에서

$F(2)=\displaystyle\int_0^2 f(t)\,dt$이므로

이와 같이 정적분과 넓이 사이의 관계를 이용하면 쉽게 풀리는 경우가 많아.

$F(2)$는 함수 $y=f(x)$의 그래프와 두 직선 $x=0$, $x=2$ 및 x축으로 둘러싸인 도형의 넓이와 같다.

곡선 $y=f(x)$가 $x=1$에 대하여 대칭이므로

$\dfrac{1}{2}F(2)=F(1)=F(g(2))$

$\displaystyle\int_0^1 f(x)\,dx=\int_1^2 f(x)\,dx$

$\therefore g(2)=1$

Step 3 동일

114 [정답률 15%] 정답 25

> 양수 k에 대하여 함수 $f(x)$를
> $$f(x)=(k-|x|)e^{-x}$$
> 이라 하자. 실수 전체의 집합에서 미분가능하고 다음 조건을 만족시키는 모든 함수 $F(x)$에 대하여 $F(0)$의 최솟값을 $g(k)$라 하자.
>
> > 모든 실수 x에 대하여 $F'(x)=f(x)$이고 $F(x)\geq f(x)$이다.
>
> $g\!\left(\dfrac{1}{4}\right)+g\!\left(\dfrac{3}{2}\right)=pe+q$일 때, $100(p+q)$의 값을 구하시오.
>
> (단, $\lim\limits_{x\to\infty}xe^{-x}=0$이고, p와 q는 유리수이다.) (4점)

Step 1 부정적분을 이용하여 $F(x)$를 구한다.

$$f(x)=\begin{cases}(k+x)e^{-x} & (x<0)\\ (k-x)e^{-x} & (x\geq0)\end{cases}$$

$\qquad= \displaystyle\int(k+x)e^{-x}dx$
$\qquad= -(k+x)e^{-x}-\displaystyle\int(-e^{-x})dx$

이므로 함수 $f(x)$의 한 부정적분 $F(x)$는
$\qquad= -(k+x)e^{-x}-e^{-x}+C_1$
$\qquad= (-x-k-1)e^{-x}+C_1$

$$F(x)=\begin{cases}(-x-k-1)e^{-x}+C_1 & (x<0)\\ (x-k+1)e^{-x}+C_2 & (x\geq0)\end{cases}$$
(단, C_1, C_2는 적분상수)

이때 함수 $F(x)$가 실수 전체의 집합에서 미분가능하므로 $x=0$에서 연속이다.

즉, $-k-1+C_1=-k+1+C_2$이므로 $C_2=C_1-2$

$\therefore\ F(0)=-k+1+C_2=-k+C_1-1$ ······ ㉠

Step 2 $g\!\left(\dfrac{1}{4}\right)$의 값을 구한다.

$F(x)\geq f(x)$이므로
$h(x)=F(x)-f(x)\geq0$

$h(x)=F(x)-f(x)$라 하면 $h(x)\geq0$이고

$$h(x)=\begin{cases}(-2x-2k-1)e^{-x}+C_1 & (x<0)\\ (2x-2k+1)e^{-x}+C_1-2 & (x\geq0)\end{cases}$$

$\qquad= \displaystyle\int(k-x)e^{-x}dx$
$\qquad= -(k-x)e^{-x}-\displaystyle\int e^{-x}dx$
$\qquad= -(k-x)e^{-x}+e^{-x}+C_2$
$\qquad= (x-k+1)e^{-x}+C_2$

$k=\dfrac{1}{4}$일 때, $h(x)=\begin{cases}\left(-2x-\dfrac{3}{2}\right)e^{-x}+C_1 & (x<0)\\ \left(2x+\dfrac{1}{2}\right)e^{-x}+C_1-2 & (x\geq0)\end{cases}$ 이므로

$$h'(x)=\begin{cases}\left(2x-\dfrac{1}{2}\right)e^{-x} & (x<0)\\ \left(-2x+\dfrac{3}{2}\right)e^{-x} & (x>0)\end{cases}$$

$p_1(x)=\left(-2x-\dfrac{3}{2}\right)e^{-x}+C_1$, $p_2(x)=\left(2x+\dfrac{1}{2}\right)e^{-x}+C_1-2$라 하면

$x<0$에서의 $h(x)$ / $x\geq0$에서의 $h(x)$

$p_1'(x)=\left(2x-\dfrac{1}{2}\right)e^{-x}=0$에서 $x=\dfrac{1}{4}$

$p_2'(x)=\left(-2x+\dfrac{3}{2}\right)e^{-x}=0$에서 $x=\dfrac{3}{4}$

따라서 두 함수 $p_1(x)$, $p_2(x)$의 증가와 감소를 표로 나타내면 다음과 같다.

x	$\cdots$	$\dfrac{1}{4}$	$\cdots$
$p_1'(x)$	$-$	0	$+$
$p_1(x)$	↘		↗

x	$\cdots$	$\dfrac{3}{4}$	$\cdots$
$p_2'(x)$	$+$	0	$-$
$p_2(x)$	↗		↘

$\lim\limits_{x\to-\infty}p_1(x)=\infty$, $\lim\limits_{x\to\infty}p_1(x)=C_1$, $\lim\limits_{x\to-\infty}p_2(x)=-\infty$,

$\lim\limits_{x\to\infty}p_2(x)=C_1-2$이므로 함수 $h(x)$의 그래프는 다음 그림과 같다.

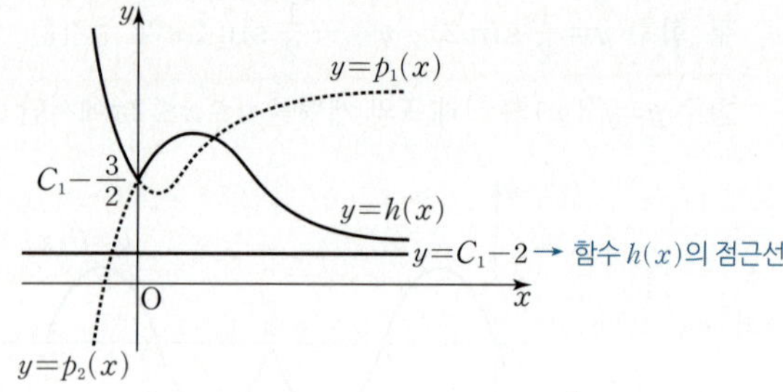

이때 $h(x)\geq0$이므로 $C_1-2\geq0$이어야 한다.

즉, $C_1\geq2$이므로 $F(0)=C_1-\dfrac{5}{4}\geq\dfrac{3}{4}$ $\quad\therefore g\!\left(\dfrac{1}{4}\right)=\dfrac{3}{4}$

$k=\dfrac{1}{4}$일 때 $F(0)$의 최솟값
㉠에서 $F(0)=-k+C_1-1=-\dfrac{1}{4}+C_1-1$

Step 3 $g\!\left(\dfrac{3}{2}\right)$의 값을 구한다.

$k=\dfrac{3}{2}$일 때, $h(x)=\begin{cases}(-2x-4)e^{-x}+C_1 & (x<0)\\ (2x-2)e^{-x}+C_1-2 & (x\geq0)\end{cases}$ 이므로

$$h'(x)=\begin{cases}(2x+2)e^{-x} & (x<0)\\ (-2x+4)e^{-x} & (x>0)\end{cases}$$

$q_1(x)=(-2x-4)e^{-x}+C_1$, $q_2(x)=(2x-2)e^{-x}+C_1-2$라 하면

$q_1'(x)=(2x+2)e^{-x}=0$에서 $x=-1$

$x\geq0$에서의 $h(x)$

$q_2'(x)=(-2x+4)e^{-x}=0$에서 $x=2$

따라서 두 함수 $q_1(x)$, $q_2(x)$의 증가와 감소를 표로 나타내면 다음과 같다.

$x<0$에서의 $h(x)$

x	$\cdots$	-1	$\cdots$
$q_1'(x)$	$-$	0	$+$
$q_1(x)$	↘		↗

x	$\cdots$	2	$\cdots$
$q_2'(x)$	$+$	0	$-$
$q_2(x)$	↗		↘

$\lim\limits_{x\to-\infty}q_1(x)=\infty$, $\lim\limits_{x\to\infty}q_1(x)=C_1$, $\lim\limits_{x\to-\infty}q_2(x)=-\infty$,

$\lim\limits_{x\to\infty}q_2(x)=C_1-2$이므로 함수 $h(x)$의 그래프는 다음 그림과 같다.

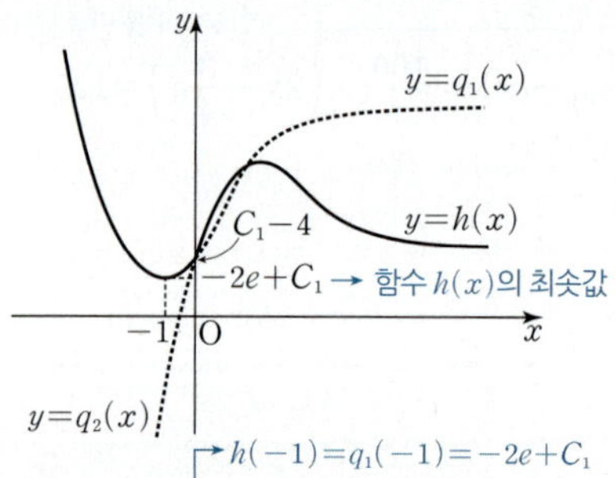

이때 $h(x)\geq0$이므로 $-2e+C_1\geq0$이어야 한다.

즉, $C_1\geq2e$이므로 $F(0)=C_1-\dfrac{5}{2}\geq2e-\dfrac{5}{2}$

$\therefore g\!\left(\dfrac{3}{2}\right)=2e-\dfrac{5}{2}$

㉠에서 $F(0)=-k+C_1-1=-\dfrac{3}{2}+C_1-1$

$g\!\left(\dfrac{1}{4}\right)+g\!\left(\dfrac{3}{2}\right)=\dfrac{3}{4}+2e-\dfrac{5}{2}=2e-\dfrac{7}{4}$

$k=\dfrac{3}{2}$일 때 $F(0)$의 최솟값

따라서 $p=2$, $q=-\dfrac{7}{4}$이므로

$$100(p+q)=100\left\{2+\left(-\dfrac{7}{4}\right)\right\}=100\times\dfrac{1}{4}=25$$

115 [정답률 3%] 정답 144

> 상수 $a\,(0<a<1)$에 대하여 함수 $f(x)$를
> $$f(x)=\int_0^x \ln(e^{|t|}-a)dt$$
> 라 하자. 함수 $f(x)$와 상수 k는 다음 조건을 만족시킨다.
>
> > (가) 함수 $f(x)$는 $x=\ln\dfrac{3}{2}$에서 극값을 갖는다.
> >
> > (나) $f\!\left(-\ln\dfrac{3}{2}\right)=\dfrac{f(k)}{6}$
>
> $\displaystyle\int_0^k \dfrac{|f'(x)|}{f(x)-f(-k)}dx=p$일 때, $100\times a\times e^p$의 값을 구하시오. (4점)

Step 1 조건 (가)를 이용하여 a의 값을 구한다.

$f(x)=\displaystyle\int_0^x \ln(e^{|t|}-a)dt$의 양변을 미분하면 $f'(x)=\ln(e^{|x|}-a)$

$\left\{\displaystyle\int_0^x g(t)dt\right\}'=g(x)$

조건 (가)에서 $f'\!\left(\ln\dfrac{3}{2}\right)=0$이므로

$f'\!\left(\ln\dfrac{3}{2}\right)=\ln\!\left(e^{\left|\ln\frac{3}{2}\right|}-a\right)=\ln\!\left(e^{\ln\frac{3}{2}}-a\right)=\ln\!\left(\dfrac{3}{2}-a\right)=0$

$\left(\dfrac{3}{2}\right)^{\ln e}=\dfrac{3}{2}$

$\dfrac{3}{2}-a=1$ $\therefore a=\dfrac{1}{2}\ (\because 0<a<1)$

Step 2 함수 $f(x)$의 증가와 감소를 표로 나타낸다.

모든 실수 x에 대하여 $f'(-x)=f'(x)$이고 이 식의 양변을 적분하면 $-f(-x)=f(x)+C$ (C는 적분상수)

함수 $y=f'(x)$의 그래프는 y축에 대하여 대칭이다.

이때 $f(0)=0$이므로 $C=0$

$f(0)=\displaystyle\int_0^0 \ln(e^{|t|}-a)dt=0$

그러므로 모든 실수 x에 대하여 $f(-x)=-f(x)$

함수 $y=f(x)$의 그래프는 원점에 대하여 대칭이다.

$x>0$일 때, $f'(x)=\ln\!\left(e^x-\dfrac{1}{2}\right)$이므로

$f''(x)=\dfrac{e^x}{e^x-\dfrac{1}{2}}>0$

$x<0$일 때, $f'(x)=\ln\!\left(e^{-x}-\dfrac{1}{2}\right)$이므로 $f''(x)=\dfrac{-e^{-x}}{e^{-x}-\dfrac{1}{2}}<0$

따라서 함수 $f(x)$의 증가와 감소를 표로 나타내면 다음과 같다.

x	$\cdots$	$-\ln\dfrac{3}{2}$	$\cdots$	0	$\cdots$	$\ln\dfrac{3}{2}$	$\cdots$
$f'(x)$	$+$	0	$-$		$-$	0	$+$
$f''(x)$	$-$	$-$	$-$		$+$	$+$	$+$
$f(x)$	⤴	극대	⤵	0	⤵	극소	⤶

$f\!\left(\ln\dfrac{3}{2}\right)=m\ (m<0)$이라 하면

$f\!\left(-\ln\dfrac{3}{2}\right)=-f\!\left(\ln\dfrac{3}{2}\right)=-m$

모든 실수 x에 대하여 $f(-x)=-f(x)$

조건 (나)에 의하여

$f\!\left(-\ln\dfrac{3}{2}\right)=\dfrac{f(k)}{6}$에서 $f(k)=-6m$

이때 $f(k)=-6m>0$이므로 $k>\ln\dfrac{3}{2}$이다.

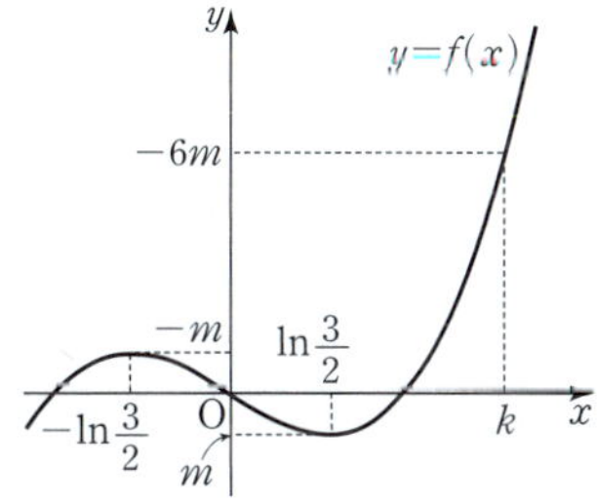

Step 3 정적분을 계산한다.

$\displaystyle\int_0^k \dfrac{|f'(x)|}{f(x)-f(-k)}dx$

$=\displaystyle\int_0^k \dfrac{|f'(x)|}{f(x)+f(k)}dx$

$=-f(k)$

$0<x<\ln\dfrac{3}{2}$에서 $f'(x)<0$, $x>\ln\dfrac{3}{2}$에서 $f'(x)>0$

$=\displaystyle\int_0^{\ln\frac{3}{2}} \dfrac{-f'(x)}{f(x)+f(k)}dx+\int_{\ln\frac{3}{2}}^k \dfrac{f'(x)}{f(x)+f(k)}dx$

$=-\Big[\ln|f(x)+f(k)|\Big]_0^{\ln\frac{3}{2}}+\Big[\ln|f(x)+f(k)|\Big]_{\ln\frac{3}{2}}^k$

$=-\left\{\ln\left|f\!\left(\ln\dfrac{3}{2}\right)+f(k)\right|-\ln|f(0)+f(k)|\right\}$

$=0+(-6m)$

$=m+(-6m)$

$\qquad+\left\{\ln|f(k)+f(k)|-\ln\left|f\!\left(\ln\dfrac{3}{2}\right)+f(k)\right|\right\}$

$=m+(-6m)$

$=-\{\ln(-5m)-\ln(-6m)\}+\{\ln(-12m)-\ln(-5m)\}$

$=-6m+(-6m)$

$=-\ln\!\left(\dfrac{-5m}{-6m}\right)+\ln\!\left(\dfrac{-12m}{-5m}\right)$

$=\ln\dfrac{6}{5}+\ln\dfrac{12}{5}=\ln\dfrac{72}{25}$

따라서 $a=\dfrac{1}{2}$, $p=\ln\dfrac{72}{25}$이므로

$100\times a\times e^p=100\times\dfrac{1}{2}\times e^{\ln\frac{72}{25}}=100\times\dfrac{1}{2}\times\dfrac{72}{25}=144$

$e^{\ln\alpha}=a^{\ln e}=\alpha$

116 [정답률 6%] 정답 72

> 함수 $f(x)=\displaystyle\int_0^x e^{\cos \pi t}dt$의 역함수를 $g(x)$라 할 때, 실수 전체의 집합에서 도함수가 연속인 함수 $h(x)$가 모든 실수 x에 대하여
> $$h(g(x)+2)=2x^3+6f(1)x^2+1$$
> 을 만족시킨다. $\displaystyle\int_3^7 \dfrac{h'(x)}{f(x)}dx=k\times\{f(1)\}^2$일 때, 실수 k의 값을 구하시오. (4점)

Step 1 함수 $f'(x)$, $f(x)$의 특징을 파악한다.

$f(x)=\displaystyle\int_0^x e^{\cos \pi t}dt$에서 $f(0)=0$, $f'(x)=e^{\cos \pi x}$

모든 실수 x에 대하여

$f'(x+2)=f'(x)$ $\qquad\cdots\cdots$ ㉠

$=e^{\cos \pi(x+2)}=e^{\cos(2\pi+\pi x)}=e^{\cos \pi x}$

$f'(-x)=f'(x)$ $\qquad\cdots\cdots$ ㉡

$=e^{\cos(-\pi x)}=e^{\cos \pi x}$

㉠에 의하여 $f(x+2)=f(x)+C$ (단, C는 적분상수)

$f(2)=f(0)+C=C$이므로 $f(x+2)=f(x)+f(2)$ $\qquad\cdots\cdots$ ㉢

$f(2)=\displaystyle\int_0^2 e^{\cos \pi t}dt=\int_0^2 f'(t)dt$

㉠의 양변을 x에 대하여 적분

$=\displaystyle\int_0^1 f'(t)dt+\int_1^2 f'(t)dt$

$=f(1)+\displaystyle\int_{-1}^0 f'(t)dt\ (\because ㉠)$

$=\displaystyle\int_0^1 e^{\cos \pi t}dt$

$$=f(1)+\int_0^1 f'(t)dt \ (\because \text{ⓛ})$$
$$=f(1)+f(1)=2f(1) \quad\quad \cdots\cdots \text{ⓔ}$$

Step 2 $x=g(t)+2$로 치환하여 $\int_3^7 \dfrac{h'(x)}{f(x)}dx$의 값을 계산한다.

$x=g(t)+2$로 치환하면 $dx=g'(t)dt$

$\underline{g(t)=x-2}$에서 $\underline{t=f(x-2)}$ → $f(x), g(x)$는 서로 역함수 관계

$x=3$일 때 $t=f(1)$이고, $x=7$일 때 $t=f(5)$

$h(g(t)+2)=2t^3+6f(1)t^2+1$에서

$h'(g(t)+2)g'(t)=6t^2+12f(1)t$

$$\int_3^7 \frac{h'(x)}{f(x)}dx=\int_{f(1)}^{f(5)} \frac{h'(g(t)+2)}{f(g(t)+2)}g'(t)dt$$
$$=\int_{f(1)}^{f(5)} \frac{6t^2+12f(1)t}{f(g(t))+f(2)}dt \ (\because \text{ⓒ})$$
$$=\int_{f(1)}^{f(5)} \frac{6t\{t+2f(1)\}}{t+2f(1)}dt \ (\because \text{ⓔ})$$
$$=\int_{f(1)}^{f(5)} 6tdt$$

   $f(t), g(t)$는 서로 역함수 관계이므로 $f(g(t))=t$

$$=\Big[3t^2\Big]_{f(1)}^{f(5)}=3\times\Big[\{f(5)\}^2-\{f(1)\}^2\Big]$$

Step 3 k의 값을 구한다.

ⓒ에 의하여   → ⓒ에 $x=1$ 대입

$$f(5)=f(3)+f(2)=\{f(1)+f(2)\}+f(2)$$
$$=f(1)+2f(2)=5f(1)$$

   → $=2f(1)$

$$\therefore \int_3^7 \frac{h'(x)}{f(x)}dx=3\times\Big[\{5f(1)\}^2-\{f(1)\}^2\Big]=72\times\{f(1)\}^2$$

따라서 $k=72$

★ 다른 풀이 x 자리에 $f(x)$를 대입하는 풀이

Step 1 동일

Step 2 x 자리에 $f(x)$를 대입하여 식을 변형한다.

$$h(\underline{g(f(x))+2})=2\{f(x)\}^3+6f(1)\{f(x)\}^2+1 \ \ →=x$$
$$h'(x+2)=6\{f(x)\}^2f'(x)+12f(1)f(x)f'(x)$$
$$=6f(x)f'(x)\{f(x)+2f(1)\}$$

$x=t+2$로 치환하면 $dx=dt$

$x=3$일 때 $t=1$, $x=7$일 때 $t=5$이므로

$$\int_3^7 \frac{h'(x)}{f(x)}dx=\int_1^5 \frac{h'(t+2)}{f(t+2)}dt$$
$$=\int_1^5 \frac{6f(t)f'(t)\{f(t)+2f(1)\}}{f(t+2)}dt$$
$$=\int_1^5 \frac{6f(t)f'(t)\{f(t)+2f(1)\}}{f(t)+f(2)}dt \ (\because \text{ⓒ})$$
$$=\int_1^5 \frac{6f(t)f'(t)\{f(t)+2f(1)\}}{f(t)+2f(1)}dt \ (\because \text{ⓔ})$$
$$=\int_1^5 6f(t)f'(t)dt$$
$$=\Big[3\{f(t)\}^2\Big]_1^5$$
$$=3\times\Big[\{f(5)\}^2-\{f(1)\}^2\Big]$$

이하 동일

---

117 [정답률 44%]   정답 ①

좌표평면에서 원점을 중심으로 하고 반지름의 길이가 2인 원 C와 두 점 $A(2, 0)$, $B(0, -2)$가 있다. 원 C 위에 있고 x좌표가 음수인 점 P에 대하여 $\angle PAB=\theta$라 하자. 점 $Q(0, 2\cos\theta)$에서 직선 BP에 내린 수선의 발을 R이라 하고, 두 점 P와 R 사이의 거리를 $f(\theta)$라 할 때,

$$\int_{\frac{\pi}{6}}^{\frac{\pi}{3}} f(\theta)d\theta$$의 값은? (4점)

① $\dfrac{2\sqrt{3}-3}{2}$ ② $\sqrt{3}-1$ ③ $\dfrac{3\sqrt{3}-3}{2}$

④ $\dfrac{2\sqrt{3}-1}{2}$ ⑤ $\dfrac{4\sqrt{3}-3}{2}$

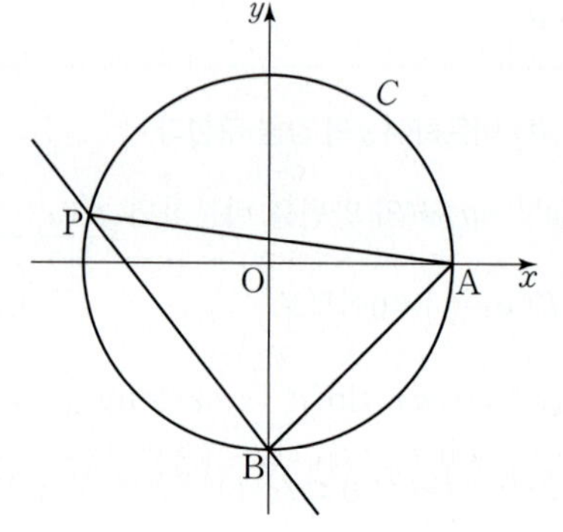

Step 1 $f(\theta)$를 구한다.

삼각형 PAB에서 사인법칙에 의하여

$$\frac{\overline{BP}}{\sin\theta}=2\times\underline{2}$$

  → 외접원인 원 C의 반지름의 길이가 2야.

$$\therefore \overline{BP}=4\sin\theta$$

각 APB는 호 AB에 대한 원주각이므로 $\angle APB=\dfrac{\pi}{4}$

또한 삼각형 OAB는 직각이등변삼각형이므로 $\angle OBA=\dfrac{\pi}{4}$

  → 호 AB에 대한 중심각이 $\angle AOB=\dfrac{\pi}{2}$야.

$$\therefore \angle OBP=\pi-\left(\frac{\pi}{4}+\theta+\frac{\pi}{4}\right)=\frac{\pi}{2}-\theta$$

삼각형 QBR에서 $\overline{QB}=2+2\cos\theta$, $\angle QBR=\dfrac{\pi}{2}-\theta$이므로

$$\overline{BR}=\overline{QB}\cos(\angle QBR)=(2+2\cos\theta)\cos\left(\frac{\pi}{2}-\theta\right)$$
$$=2(1+\cos\theta)\sin\theta$$

  → $\sin\theta$

$$\therefore f(\theta)=\overline{PR}=\overline{BP}-\overline{BR}$$
$$=4\sin\theta-2(1+\cos\theta)\sin\theta$$
$$=2\sin\theta-2\sin\theta\cos\theta$$

Step 2 $\int_{\frac{\pi}{6}}^{\frac{\pi}{3}} f(\theta)d\theta$의 값을 구한다.

$$\int_{\frac{\pi}{6}}^{\frac{\pi}{3}} f(\theta)d\theta=\int_{\frac{\pi}{6}}^{\frac{\pi}{3}} (2\sin\theta-2\sin\theta\cos\theta)d\theta$$

  → $(\sin^2\theta)'=2\sin\theta\cos\theta$

$$=\Big[-2\cos\theta-\sin^2\theta\Big]_{\frac{\pi}{6}}^{\frac{\pi}{3}}$$
$$=\left(-2\cos\frac{\pi}{3}-\sin^2\frac{\pi}{3}\right)-\left(-2\cos\frac{\pi}{6}-\sin^2\frac{\pi}{6}\right)$$
$$=\frac{2\sqrt{3}-3}{2}$$

  → $\dfrac{1}{2}$ → $\left(\dfrac{\sqrt{3}}{2}\right)^2$ → $\dfrac{\sqrt{3}}{2}$ → $\left(\dfrac{1}{2}\right)^2$

118 [성답를 4%]

정답 93

> 실수 전체의 집합에서 미분가능한 함수 $f(x)$가 모든 실수 x에 대하여
> $$f'(x^2+x+1)=\pi f(1)\sin \pi x+f(3)x+5x^2$$
> 을 만족시킬 때, $f(7)$의 값을 구하시오. (4점)

Step 1 $f(x^2+x+1)$을 구한다.

주어진 등식의 양변에 $2x+1$을 곱하면
$$(2x+1)f'(x^2+x+1) \quad \rightarrow (x^2+x+1)'$$
$$=\pi f(1)(2x+1)\sin \pi x+f(3)(2x+1)x+5x^2(2x+1)$$

좌변을 부정적분하면
$$\int (2x+1)f'(x^2+x+1)dx=f(x^2+x+1)+C_1$$
치환적분해도 되고,
$f(x^2+x+1)$을 실제로 미분해서 확인해봐도 돼.
(단, C_1은 적분상수)

우변을 부정적분하면

(i) $\int \pi f(1)(2x+1)\sin \pi x\, dx$ 부분적분 이용!
$$=2\pi f(1)\int x\sin \pi x\, dx+\pi f(1)\int \sin \pi x\, dx$$
$$=2\pi f(1)\times \left(-\frac{1}{\pi}x\cos \pi x+\int \frac{1}{\pi}\cos \pi x\, dx\right)$$
$$+\pi f(1)\times \left(-\frac{1}{\pi}\cos \pi x\right)$$
$$=2\pi f(1)\times \left(-\frac{1}{\pi}x\cos \pi x+\frac{1}{\pi^2}\sin \pi x\right)-f(1)\cos \pi x+C_2$$
$$=-2f(1)x\cos \pi x+\frac{2}{\pi}f(1)\sin \pi x-f(1)\cos \pi x+C_2$$
$$=f(1)\times \left\{-(2x+1)\cos \pi x+\frac{2}{\pi}\sin \pi x\right\}+C_2$$
(단, C_2는 적분상수)

(ii) $\int \{f(3)(2x+1)x+5x^2(2x+1)\}dx$
$$=\int \{f(3)(2x^2+x)+10x^3+5x^2\}dx$$
$$=f(3)\int (2x^2+x)dx+\int (10x^3+5x^2)dx$$
$$=f(3)\times \left(\frac{2}{3}x^3+\frac{1}{2}x^2\right)+\left(\frac{5}{2}x^4+\frac{5}{3}x^3\right)+C_3$$
(단, C_3은 적분상수)

(i), (ii)에서 C_1, C_2, C_3을 하나로 묶어 나타낸 거야.
$$f(x^2+x+1)=f(1)\times \left\{-(2x+1)\cos \pi x+\frac{2}{\pi}\sin \pi x\right\}$$
$$+f(3)\times \left(\frac{2}{3}x^3+\frac{1}{2}x^2\right)+\left(\frac{5}{2}x^4+\frac{5}{3}x^3\right)+C$$
(단, C는 적분상수)   ...... ㉠

Step 2 양변에 적절한 수를 대입하여 $f(1)$, $f(3)$, 적분상수 C의 값을 구한다.

$\cos 0=1$, $\sin 0=0$을 이용하면 쉽게 계산할 수 있어.

㉠의 양변에 $x=0$을 대입하면
$$f(1)=f(1)\times (-1)+C \qquad \therefore C=2f(1) \quad ...... ㉡$$

㉠의 양변에 $x=-1$을 대입하면 $\rightarrow -(2\times 0+1)\times \cos 0$
$$f(1)=f(1)\times (-1)+f(3)\times \left(-\frac{2}{3}+\frac{1}{2}\right)+\left(\frac{5}{2}-\frac{5}{3}\right)+C$$
$$=-f(1)-\frac{1}{6}f(3)+\frac{5}{6}+C$$

$$2f(1)=-\frac{1}{6}f(3)+\frac{5}{6}+C$$

이 식에 ㉡을 대입하면
$$2f(1)=-\frac{1}{6}f(3)+\frac{5}{6}+2f(1)$$
상쇄되어 사라져.
$$\frac{1}{6}f(3)=\frac{5}{6} \qquad \therefore f(3)=5$$

㉠의 양변에 $x=1$을 대입하면
$$f(3)=f(1)\times 3+f(3)\times \left(\frac{2}{3}+\frac{1}{2}\right)+\left(\frac{5}{2}+\frac{5}{3}\right)+C$$
$$\rightarrow -(2\times 1+1)\times \cos \pi$$
$$=3f(1)+\frac{7}{6}f(3)+\frac{25}{6}+C$$

이때 $f(3)=5$이므로 $\rightarrow \frac{60}{6}=10$
$$5=3f(1)+\frac{35}{6}+\frac{25}{6}+C=3f(1)+10+2f(1)$$
$$5f(1)=-5 \qquad \therefore f(1)=-1$$

따라서 ㉡에서 $C=2\times (-1)=-2$

Step 3 함수의 식을 완성하고 $f(7)$의 값을 구한다.

구한 값을 모두 ㉠에 대입하면
$$f(x^2+x+1)=(2x+1)\cos \pi x-\frac{2}{\pi}\sin \pi x$$
$$+5\times \left(\frac{2}{3}x^3+\frac{1}{2}x^2\right)+\left(\frac{5}{2}x^4+\frac{5}{3}x^3\right)-2$$

양변에 $x=2$를 대입하면 $\rightarrow =0$
$$f(7)=5\cos 2\pi-\frac{2}{\pi}\sin 2\pi+5\times \left(\frac{16}{3}+2\right)+\left(40+\frac{40}{3}\right)-2$$
$$=5+\frac{110}{3}+\frac{160}{3}-2$$
$$=93$$

참고

$f(3)$의 값 빨리 구하기

문제의 등식에 $x=0$을 대입하면
$$f'(1)=\pi f(1)\times \sin 0+f(3)\times 0+5\times 0=0$$
$x=-1$을 대입하면
$$f'(1)=\pi f(1)\times \sin(-\pi)-f(3)+5\times (-1)^2$$
$$=-f(3)+5$$
이 값이 0이므로
$$-f(3)+5=0 \qquad \therefore f(3)=5$$

119 [정답률 59%]

정답 ⑤

$\dfrac{3}{5}<x<4$에서 정의된 미분가능한 함수 $f(x)$가 $f(1)=2$이고

$$f'(x)=\dfrac{1-x^2\{f(x)\}^3}{x^3\{f(x)\}^2}$$

을 만족시킨다. 함수 $f(x)$의 역함수 $g(x)$가 존재하고
미분가능할 때, [보기]에서 옳은 것만을 있는 대로 고른 것은?
→ 역함수의 미분법을 이용
(4점)

[보기]

ㄱ. $g'(2)=-\dfrac{4}{7}$

ㄴ. $g(x)=\dfrac{1}{3}x^3\{g(x)\}^3-\dfrac{5}{3}$

ㄷ. $2<g(1)<\dfrac{5}{2}$

① ㄱ 　　② ㄱ, ㄴ 　　③ ㄱ, ㄷ
④ ㄴ, ㄷ 　　⑤ ㄱ, ㄴ, ㄷ

Step 1 $g'(x)$를 구한다.

함수 $f(x)$의 역함수가 $g(x)$이므로 $f(g(x))=x$이다.
$f(1)=2$이므로 $g(2)=1$
$f'(x)=\dfrac{1-x^2\{f(x)\}^3}{x^3\{f(x)\}^2}$에서 x에 $g(x)$를 대입하면

$$f'(g(x))=\dfrac{1-\{g(x)\}^2\{f(g(x))\}^3}{\{g(x)\}^3\{f(g(x))\}^2}$$

$$=\dfrac{1-\{g(x)\}^2\times x^3}{\{g(x)\}^3\times x^2}=\dfrac{1}{g'(x)}$$
→ $f(g(x))=f(f^{-1}(x))=x$

$$\therefore g'(x)=\dfrac{x^2\{g(x)\}^3}{1-x^3\{g(x)\}^2}$$
→ $f'(g(x))=\dfrac{1}{g'(x)}$

Step 2 구한 식을 이용하여 $g'(2)$의 값을 구한다.

ㄱ. $g'(2)=\dfrac{2^2\times\{g(2)\}^3}{1-2^3\times\{g(2)\}^2}=\dfrac{2^2}{1-2^3}=\dfrac{4}{1-8}=-\dfrac{4}{7}$ (참)
→ $g(2)=1$

Step 3 적분법을 이용하여 $g(x)$를 구한다.

ㄴ. $g'(x)=\dfrac{x^2\{g(x)\}^3}{1-x^3\{g(x)\}^2}$에서 양변에 $1-x^3\{g(x)\}^2$을 곱하면

$$g'(x)-x^3\{g(x)\}^2g'(x)=x^2\{g(x)\}^3$$
$$g'(x)=x^3\{g(x)\}^2g'(x)+x^2\{g(x)\}^3$$
$$=x^2\{g(x)\}^2\{xg'(x)+g(x)\}$$

이때 $\{xg(x)\}'=xg'(x)+g(x)$이므로
양변을 x에 대하여 적분하면

$$\int g'(x)\,dx=\int\{xg(x)\}^2\{xg(x)\}'\,dx$$

$xg(x)=z$로 치환하면 $\dfrac{dz}{dx}=\{xg(x)\}'$, $dz=\{xg(x)\}'dx$

치환적분법에 의하여
$$\int\{xg(x)\}^2\{xg(x)\}'\,dx=\int z^2\,dz=\dfrac{1}{3}z^3+C \ \text{(단, }C\text{는 적분상수)}$$
$$=\dfrac{1}{3}\{xg(x)\}^3+C$$

$$g(x)=\dfrac{1}{3}x^3\{g(x)\}^3+C \ \text{(단, }C\text{는 적분상수)}$$

$x=2$를 대입하면 → $g(2)=1$을 이용하기 위해서야.

$$g(2)=\dfrac{1}{3}\times2^3\times\{g(2)\}^3+C=\dfrac{8}{3}+C=1\text{이므로}$$

$$C=-\dfrac{5}{3}$$

$$\therefore g(x)=\dfrac{1}{3}x^3\{g(x)\}^3-\dfrac{5}{3} \ \text{(참)}$$

Step 4 사잇값의 정리를 이용하여 ㄷ의 참, 거짓을 판별한다.
→ 함수 $f(x)$가 닫힌구간 $[a,b]$에서 연속이고
$f(a)\neq f(b)$일 때, $f(a)$와 $f(b)$ 사이의 임의의 값 k에 대하여
$f(c)=k$인 c가 열린구간 (a,b)에 적어도 하나 존재한다.

ㄷ. $g(x)=\dfrac{1}{3}x^3\{g(x)\}^3-\dfrac{5}{3}$에 $x=1$을 대입하면

$$g(1)=\dfrac{1}{3}\times1^3\times\{g(1)\}^3-\dfrac{5}{3}, \ 3g(1)=\{g(1)\}^3-5$$

$$\{g(1)\}^3-3g(1)-5=0$$
→ a는 방정식 $h(t)=0$의 한 근이야.

함수 $h(t)=t^3-3t-5$, $g(1)=a$라 하면

$$h'(t)=3t^2-3=3(t+1)(t-1)$$

이때 함수 $h(t)$는 $t=-1$에서 극댓값 -3, $t=1$에서 극솟값
-7을 가지므로 방정식 $h(t)=0$은 구간 $(1,\infty)$에서 하나의 실
근 a를 갖는다. → 함수 $y=h(t)$의 그래프로부터 알 수 있는 사실이야.

또한 $h(2)=2^3-3\times2-5=8-6-5=-3<0$,

$$h\left(\dfrac{5}{2}\right)=\left(\dfrac{5}{2}\right)^3-3\times\dfrac{5}{2}-5=\dfrac{125}{8}-\dfrac{15}{2}-5=\dfrac{25}{8}>0\text{이므로}$$

사잇값의 정리에 의하여 $2<a<\dfrac{5}{2}$
→ $h(2)<0$, $h\left(\dfrac{5}{2}\right)>0$이므로 열린구간 $\left(2,\dfrac{5}{2}\right)$에서

$$\therefore 2<g(1)<\dfrac{5}{2} \ \text{(참)}$$
→ $=a$
$h(a)=0$을 만족하는 a가 존재함을 알 수 있어.

따라서 옳은 것은 ㄱ, ㄴ, ㄷ이다.

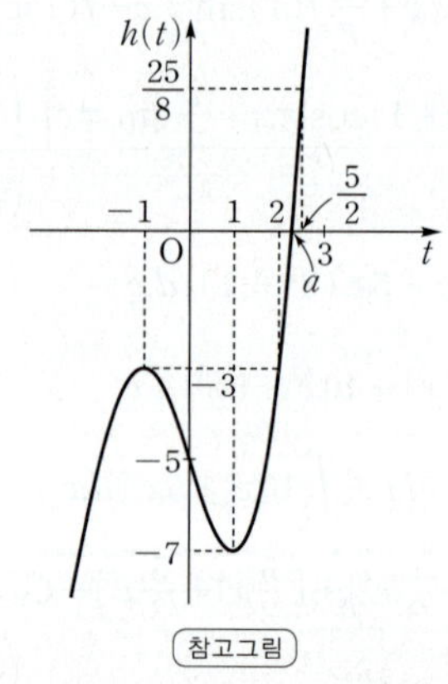

120 [정답률 43%]　　　　　　　　　　　정답 ②

최고차항의 계수가 1인 이차함수 $f(x)$가 모든 실수 x에 대하여 $f(x)>0$이다. 상수 k에 대하여 함수 $g(x)$를

$$g(x)=\int_k^x f'(t)\ln f(t)\,dt$$

라 하자. 함수 $g(x)$가 $x=a$에서 극대 또는 극소인 모든 a를 작은 수부터 크기순으로 나열하면 a_1, a_2, a_3이다. 두 함수 $f(x)$와 $g(x)$가 다음 조건을 만족시킬 때, $f(a_2)$의 값은? (4점)

> (가) 모든 실수 x에 대하여 $g(x)\geq0$이다.
>
> (나) $\displaystyle\int_{a_1}^{a_3}(g(x)+f(x)-f(x)\ln f(x))\,dx=\dfrac{3}{2}$

① $\dfrac{3}{8}$　　　② $\dfrac{7}{16}$　　　③ $\dfrac{1}{2}$

④ $\dfrac{9}{16}$　　　⑤ $\dfrac{5}{8}$

Step 1 문제의 조건을 만족시키는 이차함수 $y=f(x)$의 그래프의 개형을 파악한다.

$g(x)=\displaystyle\int_k^x f'(t)\ln f(t)\,dt$에서 $g(k)=0$ ⋯⋯ ㉠

양변을 x에 대하여 미분하면 $g'(x)=f'(x)\ln f(x)$

$g'(x)=0$일 때 $f'(x)=0$ 또는 $f(x)=1$ → $\ln f(x)=0$

$f(x)$가 이차함수이므로 일차방정식 $f'(x)=0$의 실근의 개수는 1이고 이차방정식 $f(x)=1$의 실근의 개수는 최대 2이다.

이때 함수 $g(x)$가 $x=a$에서 극대 또는 극소인 모든 a의 개수가 3이므로 $g'(x)=0$을 만족시키는 실수 x의 개수는 3이다.

그러므로 이차방정식 $f(x)=1$은 서로 다른 두 실근을 갖는다.

함수 $g(x)$가 $x=a$에서 극대 또는 극소인 모든 a의 값이 a_1, a_2, a_3 $(a_1<a_2<a_3)$이므로 이차방정식 $f(x)=1$의 서로 다른 두 실근은 a_1, a_3이다. → $f(x)$는 최고차항의 계수가 1

$f(x)-1=(x-a_1)(x-a_3)$이므로

$f(x)=(x-a_1)(x-a_3)+1$

또한 $x=a_1$, $x=a_3$은 직선 $x=a_2$에 대하여 서로 대칭이므로

$a_1+a_3=2a_2$ ⋯⋯ ㉡

Step 2 함수 $g(x)$가 극소인 점의 x좌표를 구한다.

함수 $g(x)$의 증가와 감소를 표로 나타내면 다음과 같다.

x	$\cdots$	a_1	$\cdots$	a_2	$\cdots$	a_3	$\cdots$
$g'(x)$	$-$	0	$+$	0	$-$	0	$+$
$g(x)$	↘	극소	↗	극대	↘	극소	↗

즉, 함수 $g(x)$는 $x=a_1$, $x=a_3$에서 극소이고, $x=a_2$에서 극대이다.

㉠에서 $g(k)=0$이고 조건 (가)에서 $g(x)\geq0$이므로 $g(x)$는 $x=k$에서 극소이다. → 함수 $g(x)$의 최솟값은 0

$k=a_1$ 또는 $k=a_3$이고, $f(a_1)=f(a_3)=1$이므로 $f(k)=1$

Step 3 조건 (나)의 식을 정리한다.

$$\begin{aligned}g(x)&=\int_k^x f'(t)\ln f(t)\,dt\\&=\Big[f(t)\ln f(t)\Big]_k^x-\int_k^x f'(t)\,dt\\&=f(x)\ln f(x)-f(k)\ln f(k)-\Big[f(t)\Big]_k^x\\&=f(x)\ln f(x)-f(k)\ln f(k)-f(x)+f(k)\\&=f(x)\ln f(x)-f(x)+1\end{aligned}$$

→ 부분적분법
→ $f(k)=1$을 대입했다.

$\therefore g(x)+f(x)-f(x)\ln f(x)=1$

조건 (나)에서

$$\int_{a_1}^{a_3}\{g(x)+f(x)-f(x)\ln f(x)\}\,dx$$
$$=\int_{a_1}^{a_3}1\,dx=\Big[x\Big]_{a_1}^{a_3}=a_3-a_1=\dfrac{3}{2}$$ ⋯⋯ ㉢

Step 4 $f(a_2)$의 값을 구한다.

㉡, ㉢에서 $a_2-a_1=\dfrac{3}{4}$, $a_2-a_3=-\dfrac{3}{4}$

$\therefore f(a_2)=(a_2-a_1)(a_2-a_3)+1=\dfrac{3}{4}\times\left(-\dfrac{3}{4}\right)+1=\dfrac{7}{16}$

→ ㉡에서 $a_2-a_1=a_3-a_2$이므로 $a_2-a_1=\dfrac{1}{2}(a_3-a_1)=\dfrac{1}{2}\times\dfrac{3}{2}=\dfrac{3}{4}$

121 [정답률 38%]　　　　　　　　　　　정답 ⑤

함수 $f(x)=\pi\sin2\pi x$에 대하여 정의역이 실수 전체의 집합이고 치역이 집합 $\{0,1\}$인 함수 $g(x)$와 자연수 n이 다음 조건을 만족시킬 때, n의 값은? (4점) → $g(x)=\begin{cases}0\\1\end{cases}$과 같은 의미야.

> 함수 $h(x)=f(nx)g(x)$는 실수 전체의 집합에서 연속이고
>
> $$\int_{-1}^1 h(x)\,dx=2,\quad \int_{-1}^1 xh(x)\,dx=-\dfrac{1}{32}$$
>
> 이다.

① 8　　　② 10　　　③ 12

④ 14　　　⑤ 16

Step 1 주어진 조건을 만족시키는 함수 $h(x)$를 구한다.

두 함수 $f(x)=\pi\sin2\pi x$, $g(x)=\begin{cases}0\\1\end{cases}$에 대하여 함수 $h(x)$를 구하면

$$h(x)=f(nx)g(x)=\begin{cases}0\\\pi\sin2n\pi x\end{cases}$$

함수 $y=\pi\sin2n\pi x$는 주기가 $\dfrac{1}{n}$이므로 그래프는 오른쪽 그림과 같다.

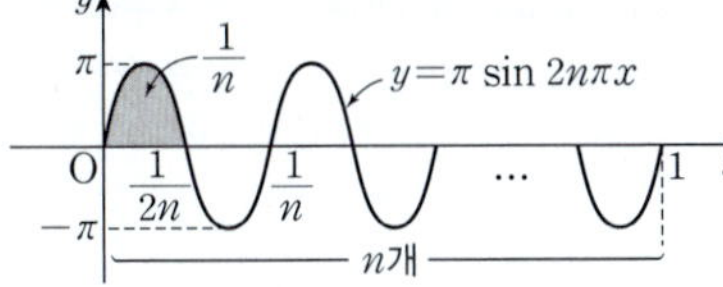

$$\int_0^{\frac{1}{2n}}\pi\sin2n\pi x\,dx$$
$$=-\dfrac{1}{2n}\Big[\cos2n\pi x\Big]_0^{\frac{1}{2n}}=\dfrac{1}{n}$$

$[-1, 1]$에서 주기가 $\dfrac{1}{n}$인 함수 $y=\pi \sin 2n\pi x$의 그래프가 총 $2n$ 번 반복되므로 x축 위쪽 부분의 넓이의 합은 2가 된다.

$$2n\int_0^{\frac{1}{2n}} \pi \sin 2n\pi x\, dx = 2n \times \dfrac{1}{n} = 2$$

따라서 주어진 조건에 의하여 $f(nx)\geq0$일 때 $g(x)=1$, $f(nx)<0$ 일 때 $g(x)=0$이므로 함수 $h(x)$의 그래프는 다음 그림과 같다.

$\int_{-1}^{1} h(x)dx=2$이므로 함수 $h(x)$는 함수 $f(nx)$의 음수인 부분을 함숫값으로 가지지 않아.

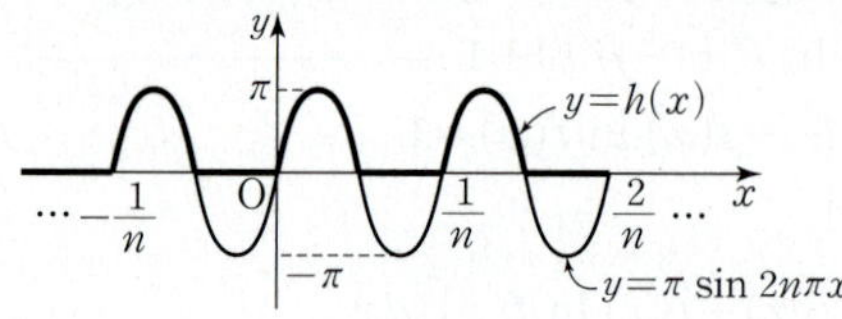

Step 2 그래프의 성질을 이용하여 $\int_{-1}^{1} xh(x)dx=-\dfrac{1}{32}$을 만족시키는 자연수 n의 값을 구한다.

함수 $y=xh(x)$의 그래프를 나타내면 다음 그림과 같다.

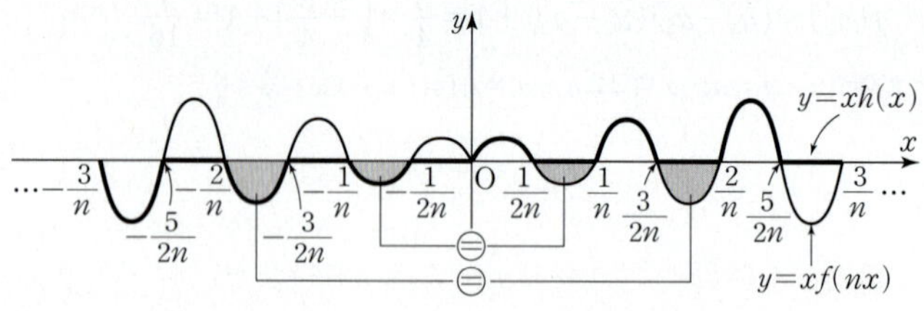

이때 $y=xf(nx)$의 그래프는 y축에 대하여 대칭이므로

$$\int_{-\frac{1}{n}}^{-\frac{1}{2n}} xh(x)dx = \int_{\frac{1}{2n}}^{\frac{1}{n}} xf(nx)dx,$$

$$\int_{-\frac{2}{n}}^{-\frac{3}{2n}} xh(x)dx = \int_{\frac{3}{2n}}^{\frac{2}{n}} xf(nx)dx, \cdots$$

따라서 $\int_{-1}^{1} xh(x)dx = \int_0^1 xf(nx)dx$이므로

$$\int_0^1 xf(nx)dx = \pi \int_0^1 x \sin 2n\pi x\, dx$$

부분적분을 이용

$$= \left[-\dfrac{x}{2n}\cos 2n\pi x \right]_0^1 - \int_0^1 \left(-\dfrac{1}{2n}\cos 2n\pi x \right)dx$$

$$= -\dfrac{1}{2n} + \dfrac{1}{4n^2\pi}\left[\sin 2n\pi x \right]_0^1$$

$$= -\dfrac{1}{2n}$$

$\sin 2n\pi=0$, $\sin 0=0$이므로 $\left[\sin 2n\pi x \right]_0^1 = 0$이야.

이때 $\int_{-1}^{1} xh(x)dx = -\dfrac{1}{32}$이므로 $n=16$

함수

$$f(x)=\begin{cases} e^x & (0\leq x<1) \\ e^{2-x} & (1\leq x\leq 2) \end{cases}$$

에 대하여 열린구간 $(0, 2)$에서 정의된 함수

$$g(x)=\int_0^x |\,f(x)-f(t)\,|\, dt$$

$f(x)-f(t)\geq0$와 $f(x)-f(t)<0$인 구간을 나눠.

의 극댓값과 극솟값의 차는 $ae+b\sqrt[3]{e^2}$이다. $(ab)^2$의 값을 구하시오. (단, a, b는 유리수이다.) (4점)

Step 1 $0<x\leq1$일 때와 $1<x<2$일 때의 $g(x)$를 각각 구한다.

(ⅰ) $0<x\leq1$일 때

$0<t\leq x$일 때, $f(x)\geq f(t)$이므로

$$g(x)=\int_0^x |\,f(x)-f(t)\,|\, dt$$

$f(x)\geq f(t)$에서 $f(x)-f(t)\geq0$

$$= \int_0^x \{f(x)-f(t)\}\, dt$$

$$= \int_0^x (e^x - e^t)\, dt$$

주의　t에 대하여 적분해야 해.
x에 대하여 적분하지 않도록 주의

$$= \left[e^x \cdot t - e^t \right]_0^x$$

$$= (xe^x - e^x) - (0-1)$$

$$= (x-1)e^x + 1 \quad \cdots\cdots \ ㉠$$

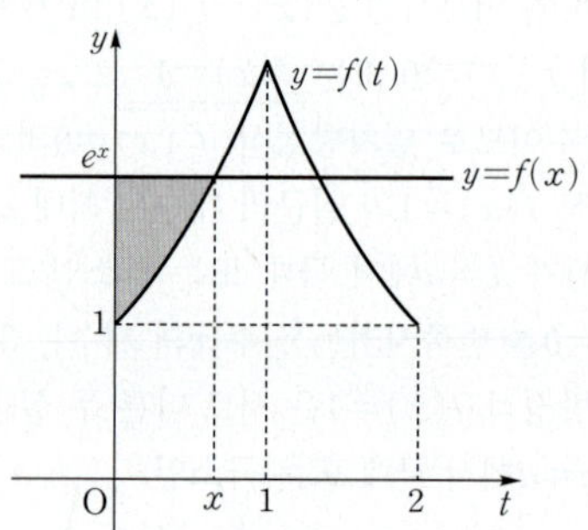

(ⅱ) $1<x<2$일 때

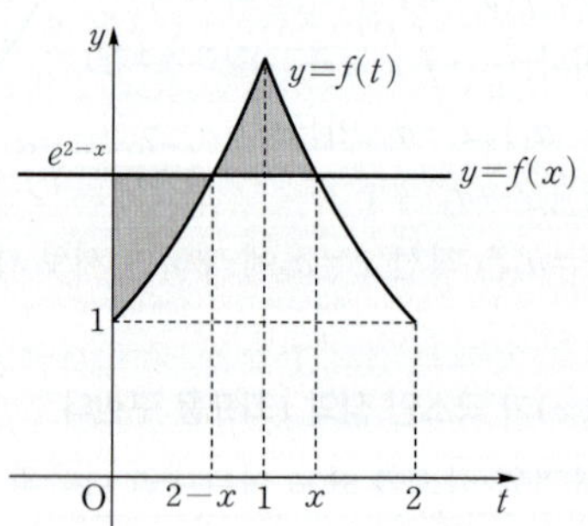

$0<t<2-x$일 때 $f(x)\geq f(t)$

$2-x\leq t<x$일 때 $f(x)\leq f(t)$이므로

$$g(x)=\int_0^x |\,f(x)-f(t)\,|\, dt$$

$$\int_{2-x}^x -\{f(x)-f(t)\}\, dt = \int_{2-x}^x \{f(t)-f(x)\}\, dt$$

$$= \int_0^{2-x} \{f(x)-f(t)\}\, dt + \int_{2-x}^x \{f(t)-f(x)\}\, dt$$

$$\int_0^{2-x} \{f(x)-f(t)\}\, dt = (2-x-1)e^{2-x} + 1$$

$$= (1-x)e^{2-x} + 1 \ (\because \ ㉠)$$

이때 함수 $y=e^{2-x}$의 그래프는 함수 $y=e^x$의 그래프와 직선 $x=1$에 대하여 대칭이므로

$$\int_{1}^{x}\{f(t)-f(x)\}dt=2\int_{1}^{x}\{f(t)-f(x)\}\,dt$$
$$=2\int_{1}^{x}(e^{2-t}-e^{2-x})\,dt$$
$$=2\Big[-e^{2-t}-te^{2-x}\Big]_{1}^{x}$$
$$=2\{(-e^{2-x}-xe^{2-x})-(-e-e^{2-x})\}$$
$$=2e-2xe^{2-x}$$

주의 t에 대하여 적분해야 함에 주의

$$\therefore g(x)=\{(1-x)e^{2-x}+1\}+(2e-2xe^{2-x})$$
$$=(1-3x)e^{2-x}+2e+1$$

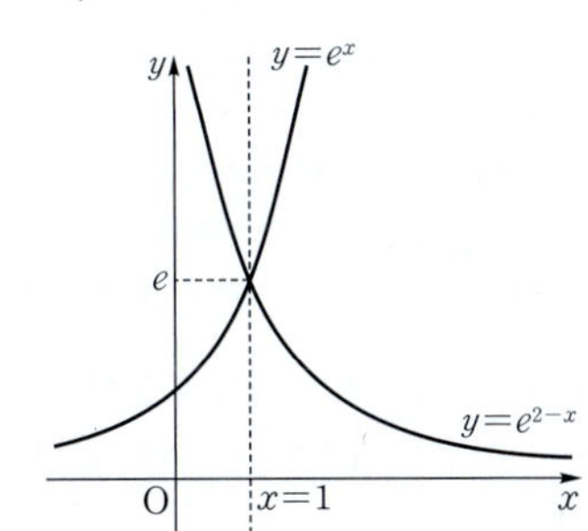

Step 2 함수 $g(x)$의 증가와 감소를 나타내는 표를 그린다.

(i), (ii)에서
$$g(x)=\begin{cases}(x-1)e^x+1 & (0<x\le1)\\(1-3x)e^{2-x}+2e+1 & (1<x<2)\end{cases}$$
$$\therefore g'(x)=\begin{cases}xe^x & (0<x<1)\\(3x-4)e^{2-x} & (1<x<2)\end{cases}$$

$g(x)=(x-1)e^x+1$에서
$g'(x)=e^x+(x-1)e^x=xe^x$

$g(x)=(1-3x)e^{2-x}+2e+1$에서
$g'(x)=-3e^{2-x}-(1-3x)e^{2-x}=(3x-4)e^{2-x}$

함수 $g(x)$의 증가와 감소를 나타내는 표는 다음과 같다.

x	(0)	$\cdots$	1	$\cdots$	$\dfrac{4}{3}$	$\cdots$	(2)
$g'(x)$		$+$		$-$	0	$+$	
$g(x)$		↗	극대	↘	극소	↗	

Step 3 함수 $g(x)$의 극댓값과 극솟값의 차를 구한다.

따라서 함수 $g(x)$의 극댓값은
$$g(1)=(1-1)e+1=1$$
이고, 극솟값은

$g(x)=(x-1)e^x+1$에 $x=1$을 대입했어.

$$g\left(\frac{4}{3}\right)=(1-4)e^{\frac{2}{3}}+2e+1$$
$$=-2e-3e^{\frac{2}{3}}+1$$

$g(x)=(1-3x)e^{2-x}+2e+1$에 $x=\dfrac{4}{3}$를 대입했어

그러므로 함수 $g(x)$의 극댓값과 극솟값의 차는
$$1-(2e-3e^{\frac{2}{3}}+1)=-2e+3e^{\frac{2}{3}}$$
$$=-2e+3\sqrt[3]{e^2}$$

따라서 $a=-2$, $b=3$이므로
$$(ab)^2=\{(-2)\times3\}^2=36$$

---

123 [정답률 14%] 정답 14

함수 $f(x)=\sin(ax)$ $(a\ne0)$에 대하여 다음 조건을 만족시키는 모든 실수 a의 값의 합을 구하시오. (4점)

(가) $\displaystyle\int_{0}^{\frac{\pi}{a}}f(x)dx\ge\dfrac{1}{2}$

(나) $0<t<1$인 모든 실수 t에 대하여
$$\int_{0}^{3\pi}|f(x)+t|\,dx=\int_{0}^{3\pi}|f(x)-t|\,dx$$
이다.

Step 1 조건 (가)를 만족시키는 실수 a의 값의 범위를 구한다.

조건 (가)에서
$$\int_{0}^{\frac{\pi}{a}}f(x)dx=\int_{0}^{\frac{\pi}{a}}\sin(ax)dx$$
$$=\Big[-\frac{1}{a}\cos(ax)\Big]_{0}^{\frac{\pi}{a}}$$
$$=-\frac{1}{a}(\cos\pi-\cos0)$$
$$=\frac{2}{a}$$

$=-1-1=-2$

이때 $\dfrac{2}{a}\ge\dfrac{1}{2}$이므로 $0<a\le4$ $\qquad\cdots\cdots$ ㉠

$a<0$이면 $\dfrac{2}{a}\ge\dfrac{1}{2}$에서 (음수)≥(양수)가 되므로 성립하지 않아.

Step 2 함수 $y=|f(x)+t|-|f(x)-t|$의 그래프를 그린 후, 조건을 모두 만족시키는 모든 실수 a의 값의 합을 구한다.

조건 (나)에서 $\displaystyle\int_{0}^{3\pi}|f(x)+t|\,dx=\int_{0}^{3\pi}|f(x)-t|\,dx$이므로
$$\int_{0}^{3\pi}\{|f(x)+t|-|f(x)-t|\}dx=0 \qquad\cdots\cdots ㉡$$

함수 $g(x)$에 대하여
$$g(x)=|f(x)+t|-|f(x)-t|$$
$$=|\sin(ax)+t|-|\sin(ax)-t|$$
라 하면 $0<t<1$이므로 함수 $g(x)$는 다음과 같다.

$$g(x)=\begin{cases}-2t & (-1\le\sin(ax)<-t)\\2\sin(ax) & (-t\le\sin(ax)<t)\\2t & (t\le\sin(ax)\le1)\end{cases}$$

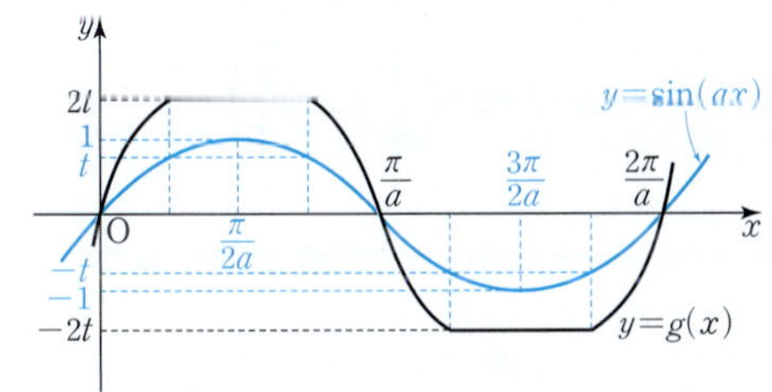

$0<k<\dfrac{\pi}{a}$인 모든 실수 k에 대하여
$$\int_{0}^{k}g(x)dx>0,\ \int_{0}^{\frac{2\pi}{a}}g(x)dx=0$$

함수 $g(x)$의 주기는 $\dfrac{2\pi}{a}$이고 $\displaystyle\int_{0}^{3\pi}g(x)dx=0$ $(\because ㉡)$

이므로 $3\pi=\dfrac{2\pi}{a}\times n$ (n은 자연수), $a=\dfrac{2}{3}n$

㉠에서 $0 < \dfrac{2}{3}n \le 4$이므로 $0 < n \le 6$, 즉 가능한 자연수 n의 값은

$1, 2, 3, \cdots, 6$

따라서 주어진 조건을 모두 만족시키는 모든 실수 a의 값은

$\dfrac{2}{3}, \dfrac{4}{3}, 2, \dfrac{8}{3}, \dfrac{10}{3}, 4$이므로 그 합은 14이다.

124 [정답률 41%]   정답 ②

> 수열 $\{a_n\}$이
>
> $$a_1 = -1, \quad a_n = 2 - \dfrac{1}{2^{n-2}} \ (n \ge 2)$$
>
> 이다. 구간 $[-1, 2)$에서 정의된 함수 $f(x)$가 모든 자연수 n에 대하여
>
> $$f(x) = \sin(2^n \pi x) \ (a_n \le x \le a_{n+1})$$
> ($n=1, 2, 3, \cdots$을 직접 대입하여 함수 $y=f(x)$의 그래프를 그려.)
>
> 이다. $-1 < \alpha < 0$인 실수 α에 대하여 $\displaystyle\int_\alpha^t f(x)dx = 0$을
> (해당 정적분 식을 t에 대한 함수로 나타내야 해.)
>
> 만족시키는 $t \ (0 < t < 2)$의 값의 개수가 103일 때,
> $\log_2 (1 - \cos(2\pi\alpha))$의 값은? (4점)
>
> ① -48 ② -50 ③ -52
> ④ -54 ⑤ -56

Step 1 함수 $y=f(x)$의 그래프의 개형을 파악한다.

$a_1 = -1, \ a_n = 2 - \dfrac{1}{2^{n-2}} \ (n \ge 2)$이므로

$a_2 = 2 - \dfrac{1}{2^0} = 1$

$a_3 = 2 - \dfrac{1}{2^1} = \dfrac{3}{2} = 1 + \dfrac{1}{2} = a_2 + \dfrac{1}{2}$

$a_4 = 2 - \dfrac{1}{2^2} = \dfrac{7}{4} = \dfrac{3}{2} + \dfrac{1}{4} = a_3 + \dfrac{1}{4}$

$\vdots$

따라서 $f(x) = \sin(2^n \pi x) \ (a_n \le x \le a_{n+1})$는

$n=1$일 때 $f(x) = \sin(2\pi x) \ (\underset{a_1}{-1} \le x \le \underset{a_2}{1})$

$n=2$일 때 $f(x) = \sin(2^2 \pi x) \ (\underset{a_2}{1} \le x \le \underset{a_3}{\dfrac{3}{2}})$

$n=3$일 때 $f(x) = \sin(2^3 \pi x) \ (\underset{a_3}{\dfrac{3}{2}} \le x \le \underset{a_4}{\dfrac{7}{4}})$

$\vdots$

따라서 함수 $y=f(x)$의 그래프의 개형은 다음과 같다.

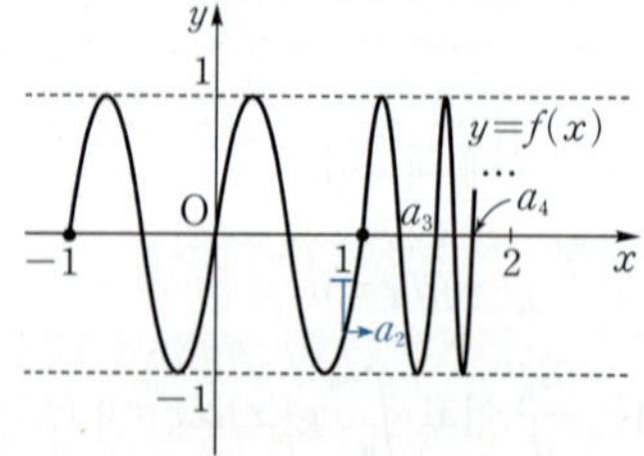

Step 2 $g(t) = \displaystyle\int_0^t f(x)dx$로 놓은 후, 함수 $y=g(t)$의 그래프의 개형을 파악한다.

$\displaystyle\int_a^t f(x)dx = \int_a^0 f(x)dx + \int_0^t f(x)dx$이므로
(정적분의 성질)

$\displaystyle\int_a^t f(x)dx = 0$에서
(문제에서 주어진 조건이야.)

$\displaystyle\int_a^0 f(x)dx + \int_0^t f(x)dx = 0$

$\displaystyle\int_0^t f(x)dx = -\int_a^0 f(x)dx$

따라서 $\displaystyle\int_a^t f(x)dx = 0$의 서로 다른 실근의 개수는

함수 $y = \displaystyle\int_0^t f(x)dx$의 그래프와
(이 식은 t에 대한 함수야. 따라서 t의 값에 따라 그 값이 변해.)

직선 $y = -\displaystyle\int_a^0 f(x)dx$의 교점의 개수와 같다.
(좌변 / 우변)

$g(t) = \displaystyle\int_0^t f(x)dx$라 하자.
(이 식은 상수를 나타내고 있으니까 $y=-\displaystyle\int_a^0 f(x)dx$가 상수함수가 되는 거야.)

따라서 함수 $y=g(t)$의 그래프는 다음과 같다.
($y=f(x)$의 그래프를 이용하여 파악하면 돼!)

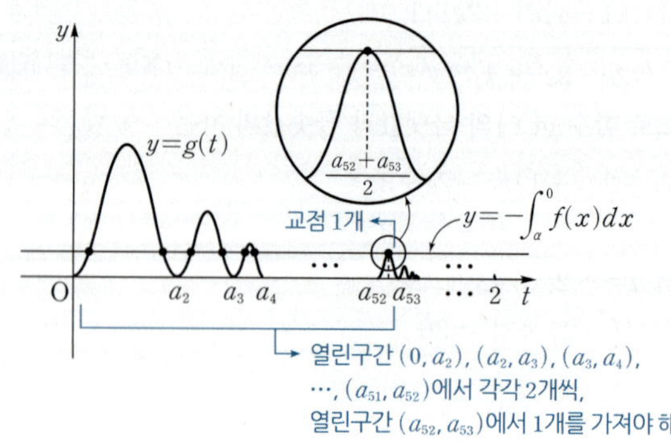

Step 3 함수 $y=g(t)$의 그래프와 직선 $y=-\displaystyle\int_a^0 f(x)dx$의 교점이 103개가 되는 조건을 파악한다.

$\displaystyle\int_a^t f(x)dx = 0$을 만족시키는 t의 값의 개수가 103이므로

함수 $y=g(t)$의 그래프와 직선 $y=-\displaystyle\int_a^0 f(x)dx$의 교점의 개수는 103이다.

따라서 직선 $y=-\displaystyle\int_a^0 f(x)dx$는 다음 그림과 같이

$t = \dfrac{a_{52} + a_{53}}{2}$에서 $y=g(t)$의 그래프와 접해야 한다.

즉, $g\left(\dfrac{a_{52}+a_{53}}{2}\right) = -\displaystyle\int_a^0 f(x)dx$를 만족시켜야 한다.
(그림을 식으로 표현하는 능력이 중요해!)

Step 4 $g\left(\dfrac{a_{52}+a_{53}}{2}\right)$과 $-\displaystyle\int_a^0 f(x)dx$의 값을 계산한 후,

$g\left(\dfrac{a_{52}+a_{53}}{2}\right) = -\displaystyle\int_a^0 f(x)dx$가 되도록 하는 $1 - \cos(2\pi\alpha)$의 값을 구한다.

$$g\left(\frac{a_{52}+a_{53}}{2}\right)=\int_0^{\frac{a_{52}+a_{53}}{2}}f(x)\,dx \qquad \blacktriangleright\ g(t)=\int_0^t f(x)\,dx$$

$$=\int_0^{a_{52}}f(x)\,dx+\int_{a_{52}}^{\frac{a_{52}+a_{53}}{2}}f(x)\,dx$$

$$\int_0^{a_2}f(x)\,dx \longleftarrow \qquad =\int_{a_{52}}^{\frac{a_{52}+a_{53}}{2}}f(x)\,dx$$

$$=\int_{a_2}^{a_3}f(x)\,dx$$

$$=\int_{a_3}^{a_4}f(x)\,dx=\cdots=\int_{a_{52}}^{\frac{a_{52}+a_{53}}{2}}\sin\left(2^{52}\pi x\right)dx$$

$$=\int_{a_{51}}^{a_{52}}f(x)\,dx=0 \qquad =\int_0^{\frac{1}{2^{52}}}\sin\left(2^{52}\pi x\right)dx$$

$a_{52}\le x\le a_{53}$에서
$f(x)=\sin(2^{52}\pi x)$야.
$y=\sin(2^{52}\pi x)$는 주기가
$\dfrac{2\pi}{2^{52}\pi}=\dfrac{1}{2^{51}}$인 함수야.

이므로

$$\int_0^{a_{52}}f(x)\,dx=0 \qquad =-\frac{1}{2^{52}\pi}\Big[\cos\left(2^{52}\pi x\right)\Big]_0^{\frac{1}{2^{52}}}$$

($y=f(x)$의 그래프를 통해 알 수 있어!)

$$=-\frac{1}{2^{52}\pi}\left\{\cos\left(2^{52}\pi\times\frac{1}{2^{52}}\right)-\cos 0\right\}$$

$$=-\frac{1}{2^{52}\pi}(\cos\pi-1)$$

계산 주의

$$=-\frac{1}{2^{52}\pi}(-1-1)$$

$$=-\frac{1}{2^{52}\pi}\times(-2)$$

$$=\frac{1}{2^{51}\pi}$$

$$-\int_\alpha^0 f(x)\,dx=-\int_\alpha^0 \sin\left(2\pi x\right)dx$$

$$=\frac{1}{2\pi}\Big[\cos\left(2\pi x\right)\Big]_\alpha^0$$

$$=\frac{1}{2\pi}\left\{\cos 0-\cos\left(2\pi\alpha\right)\right\}$$

$$=\frac{1}{2\pi}\left\{1-\cos\left(2\pi\alpha\right)\right\}$$

$g\left(\dfrac{a_{52}+a_{53}}{2}\right)=-\displaystyle\int_\alpha^0 f(x)\,dx$에서

$$\frac{1}{2^{51}\pi}=\frac{1}{2\pi}\left\{1-\cos\left(2\pi\alpha\right)\right\}$$

양변에 2π를 곱해 줘.

$$1-\cos\left(2\pi\alpha\right)=\frac{1}{2^{51}\pi}\times 2\pi$$

$$=\frac{1}{2^{50}}$$

$$\therefore \log_2\left(1-\cos\left(2\pi\alpha\right)\right)=\log_2\frac{1}{2^{50}}$$

$$=\log_2 2^{-50}$$

$$=-50$$

125 [정답률 42%]   정답 ④

실수 전체의 집합에서 미분가능한 함수 $f(x)$가 다음 조건을 만족시킬 때, $f(-1)$의 값은? (4점)

> (가) 모든 실수 x에 대하여
> $$2\{f(x)\}^2 f'(x)=\{f(2x+1)\}^2 f'(2x+1)$$이다.
> → 양변을 적분해도 등식이 성립!
> (나) $f\left(-\dfrac{1}{8}\right)=1,\ f(6)=2$

① $\dfrac{\sqrt[3]{3}}{6}$ ② $\dfrac{\sqrt[3]{3}}{3}$ ③ $\dfrac{\sqrt[3]{3}}{2}$

④ $\dfrac{2\sqrt[3]{3}}{3}$ ⑤ $\dfrac{5\sqrt[3]{3}}{6}$

Step 1   조건 (가)의 식의 양변을 부정적분한다.

조건 (가)에서 $2\{f(x)\}^2 f'(x)=\{f(2x+1)\}^2 f'(2x+1)$이므로 양변의 식을 적분했을 때의 결과가 같다.

(i) 좌변의 식 적분

$$\int 2\{f(x)\}^2 f'(x)\,dx\text{에서 } f(x)=t\text{로 치환하면}$$

→ 이와 같이 원래의 함수와 도함수가 곱해져 있을 때는 치환적분을 이용하는 경우가 많아.

$$f'(x)=\frac{dt}{dx}\text{이므로}$$

$$\int 2\{f(x)\}^2 f'(x)\,dx=\int 2t^2\,dt$$

$$\underset{=\frac{dt}{dx}\cdot dx=dt}{}\qquad =\frac{2}{3}t^3+C_1$$

$$=\frac{2}{3}\{f(x)\}^3+C_1 \ (\text{단, } C_1\text{은 적분상수})$$

(ii) 우변의 식 적분

$$\int \{f(2x+1)\}^2 f'(2x+1)\,dx\text{에서 } f(2x+1)=u\text{로 치환하면}$$

$$\overset{(2x+1)'}{2}f'(2x+1)=\frac{du}{dx}\text{이므로}$$

$$\int \{f(2x+1)\}^2 f'(2x+1)\,dx=\int \frac{1}{2}u^2\,du$$

$$\underset{\substack{=\frac{1}{2}\cdot\frac{du}{dx}\cdot dx\\=\frac{1}{2}du}}{}\qquad =\frac{1}{6}u^3+C_2$$

$$=\frac{1}{6}\{f(2x+1)\}^3+C_2$$

(단, C_2는 적분상수)

따라서 (i), (ii)에서

$$\frac{2}{3}\{f(x)\}^3+C_1=\frac{1}{6}\{f(2x+1)\}^3+C_2\text{이므로}$$

→ 두 적분상수 C_1, C_2를 하나로 묶어주었어.

$$\frac{2}{3}\{f(x)\}^3=\frac{1}{6}\{f(2x+1)\}^3+C \ (\text{단, } C\text{는 적분상수}) \quad\cdots\cdots\ \text{㉠}$$

Step 2   세운 식에 조건 (나)의 값을 이용하여 적분상수 C의 값을 구한다.

㉠의 양변에 $x=-\dfrac{1}{8}$을 대입하면

$$\frac{2}{3}\left\{f\left(-\frac{1}{8}\right)\right\}^3=\frac{1}{6}\left\{f\left(\frac{3}{4}\right)\right\}^3+C$$

이때 조건 (나)에서 $f\left(-\dfrac{1}{8}\right)=1$이므로

$$\frac{2}{3}=\frac{1}{6}\left\{f\left(\frac{3}{4}\right)\right\}^3+C,\ \frac{2}{3}-C=\frac{1}{6}\left\{f\left(\frac{3}{4}\right)\right\}^3$$

$$\therefore \left\{f\left(\frac{3}{4}\right)\right\}^3=6\times\left(\frac{2}{3}-C\right)=4-6C \quad\cdots\cdots\ \text{㉡}$$

→ 이제 이 값을 이용하려면 구한 식에 $x=\dfrac{3}{4}$를 대입해.

㉠의 양변에 $x=\dfrac{3}{4}$을 대입하면

$$\frac{2}{3}\left\{f\left(\frac{3}{4}\right)\right\}^3=\frac{1}{6}\left\{f\left(\frac{5}{2}\right)\right\}^3+C$$

이 식에 ㉡을 대입하면   이 값이 $4-6C$임을 이용

$$\frac{2}{3}\times(4-6C)=\frac{1}{6}\left\{f\left(\frac{5}{2}\right)\right\}^3+C,\ \frac{8}{3}-4C=\frac{1}{6}\left\{f\left(\frac{5}{2}\right)\right\}^3+C$$

$$\frac{1}{6}\left\{f\left(\frac{5}{2}\right)\right\}^3=\frac{8}{3}-5C$$

$$\therefore \left\{f\left(\frac{5}{2}\right)\right\}^3=6\times\left(\frac{8}{3}-5C\right)=16-30C \quad\cdots\cdots\ \text{㉢}$$

㉠의 양변에 $x=\dfrac{5}{2}$를 대입하면

Ⅲ
1. 여러 가지 적분법

$$\frac{2}{3}\left\{f\left(\frac{5}{2}\right)\right\}^3=\frac{1}{6}\{f(6)\}^3+C$$

이때 조건 (나)에서 $f(6)=2$이고, ㉢을 대입하면

$$\frac{2}{3}\times(16-30C)=\frac{1}{6}\times2^3+C$$

$$\frac{32}{3}-20C=\frac{4}{3}+C,\ 21C=\frac{28}{3}$$

$$\therefore C=\frac{28}{3}\times\frac{1}{21}=\frac{4}{9}$$

Step 3 $f(-1)$의 값을 구한다.

따라서

$$\frac{2}{3}\{f(x)\}^3=\frac{1}{6}\{f(2x+1)\}^3+\frac{4}{9}$$

이므로 양변에 $x=-1$을 대입하면

$$\frac{2}{3}\{f(-1)\}^3=\frac{1}{6}\{f(-1)\}^3+\frac{4}{9}$$

$$\frac{1}{2}\{f(-1)\}^3=\frac{4}{9},\ \{f(-1)\}^3=\frac{8}{9}$$

$$\therefore f(-1)=\left(\frac{8}{9}\right)^{\frac{1}{3}}=2\times\left(\frac{3}{27}\right)^{\frac{1}{3}}=2\times\frac{3^{\frac{1}{3}}}{3}=\frac{2\sqrt[3]{3}}{3}$$

$\longrightarrow 8^{\frac{1}{3}}=(2^3)^{\frac{1}{3}}=2 \qquad \longrightarrow 27^{\frac{1}{3}}=(3^3)^{\frac{1}{3}}=3$

---

126 [정답률 46%]   정답 ⑤

실수 t에 대하여 곡선 $y=e^x$ 위의 점 $(t,\ e^t)$에서의 접선의 방정식을 $y=f(x)$라 할 때, 함수 $y=|f(x)+k-\ln x|$가 양의 실수 전체의 집합에서 미분가능하도록 하는 실수 k의 최솟값을 $g(t)$라 하자. 두 실수 $a,\ b\ (a<b)$에 대하여

$$\int_a^b g(t)\,dt=m$$

이라 할 때, [보기]에서 옳은 것만을 있는 대로

고른 것은? (4점)

→ 절댓값 기호를 포함한 함수가 미분불가능한 경우가 언제인지 생각해.

[보기]

ㄱ. $m<0$이 되도록 하는 두 실수 $a,\ b(a<b)$가 존재한다.

ㄴ. 실수 c에 대하여 $g(c)=0$이면 $g(-c)=0$이다.

ㄷ. $a=\alpha,\ b=\beta\ (\alpha<\beta)$일 때 m의 값이 최소이면 $\dfrac{1+g'(\beta)}{1+g'(\alpha)}<-e^2$이다.

① ㄱ   ② ㄴ   ③ ㄱ, ㄴ
④ ㄱ, ㄷ   ☑ ㄱ, ㄴ, ㄷ

Step 1 함수 $f(x)$를 구한다.

$y=f(x)$는 곡선 $y=e^x$ 위의 점 $(t,\ e^t)$에서의 접선의 방정식이므로

$$f(x)=e^t(x-t)+e^t=e^tx-(t-1)e^t$$

→ $y'=e^x$에서 $x=t$를 대입하면 e^t

$$\therefore y=|f(x)+k-\ln x|=|e^tx-\ln x-(t-1)e^t+k|$$

Step 2 함수 $g(t)$를 구한다.

$h(x)=e^tx-\ln x-(t-1)e^t+k$라 하면

→ 절댓값 기호 안의 함수야.

$h'(x)=e^t-\dfrac{1}{x}=0$에서 $x=e^{-t}$이고,

$x\geq e^{-t}$일 때 함수 $h(x)$는 증가하고, $x\leq e^{-t}$일 때 함수 $h(x)$는 감소한다.

이때 $|h(x)|$가 양의 실수 전체의 집합에서 미분가능하려면

$h(x)$의 극솟값이자 최솟값 $h(e^{-t})$이 0보다 크거나 같아야 한다.

$\therefore h(e^{-t})=e^t\times e^{-t}-\ln e^{-t}-(t-1)e^t+k$

→ 0보다 작으면 미분가능하지 않은 점이 생겨.

$\qquad =1+t-(t-1)e^t+k\geq0$

따라서 $k\geq(t-1)e^t-(t+1)$에서

$g(t)=(t-1)e^t-(t+1)$ → $g(t)$는 실수 k의 최솟값이기 때문이야.

Step 3 ㄱ, ㄴ, ㄷ의 참, 거짓을 판별한다.

ㄱ. $g(t)=(t-1)e^t-(t+1)$에서

$g'(t)=e^t+(t-1)e^t-1=te^t-1$

$g''(t)=e^t+te^t=(t+1)e^t$ → $g''(t)$를 통하여 $g'(t)$가 $t=-1$에서 극솟값을 가짐을 알 수 있어.

이므로 함수 $y=g'(t)$의 그래프는 다음과 같다.

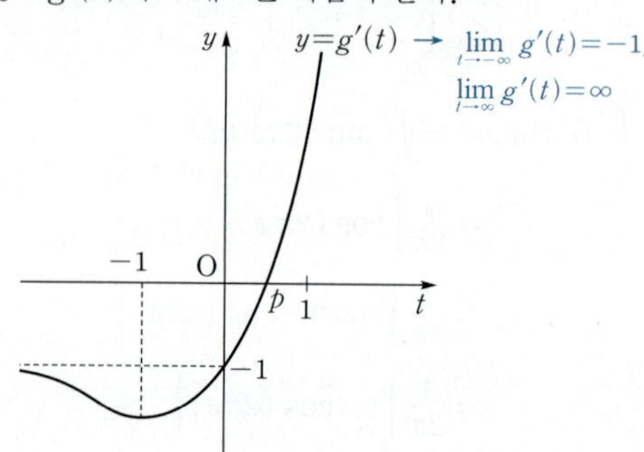

→ $\lim\limits_{t\to-\infty}g'(t)=-1,\ \lim\limits_{t\to\infty}g'(t)=\infty$

함수 $y=g'(t)$의 그래프가 t축과 만날 때의 t의 값을 p라 하면 함수 $g(t)$는 $t=p$에서 극솟값을 가진다.

이때 $0<p<1$이고 $g(0)=-2<0$, $g(1)=-2<0$이므로 $g(p)<0$

따라서 $\displaystyle\int_a^b g(t)\,dt=m<0$이 되도록 하는 두 실수 $a,\ b(a<b)$가 존재한다. (참)

ㄴ. $g(c)=0$일 때

$g(c)=(c-1)e^c-(c+1)=0$에서 $e^c=\dfrac{c+1}{c-1}$

$g(-c)=(-c-1)e^{-c}-(-c+1)$

→ $\dfrac{1}{e^c}=\dfrac{c-1}{c+1}$

$\qquad =-(c+1)\times\dfrac{c-1}{c+1}+(c-1)$

$\qquad =-(c-1)+(c-1)=0$ (참)

ㄷ. m의 값은 $g(a)=g(b)=0$, $g(x)<0\ (a<x<b)$일 때 최소가 된다.

→ 적분값은 함수가 음수값인 부분이 많을수록 작아진다는 걸 생각해 봐!

이때 ㄴ에서 $g(c)=0$이면 $g(-c)=0$이므로

$g(a)=0$일 때 $g(-b)=0$, 즉 $a=-b$이다.

$a=-\beta,\ b=\beta\ (\beta>1)$일 때 m의 값이 최소이므로

$$\dfrac{1+g'(\beta)}{1+g'(\alpha)}=\dfrac{1+g'(\beta)}{1+g'(-\beta)}=\dfrac{\beta e^\beta}{-\beta e^{-\beta}}=-e^{2\beta}<-e^2\ (참)$$

→ $g(1)<0$이므로 $\beta>1$

→ $\beta>1$에서 $e^{2\beta}>e^2$이므로 $-e^{2\beta}<-e^2$

따라서 옳은 것은 ㄱ, ㄴ, ㄷ이다.

127 [정답률 15%] 정답 ②

실수 전체의 집합에서 연속인 함수 $f(x)$가 모든 실수 x에 대하여 $f(x)\geq0$이고, $x<0$일 때 $f(x)=-4xe^{4x^2}$이다. 모든 양수 t에 대하여 x에 대한 방정식 $f(x)=t$의 서로 다른 실근의 개수는 2이고, 이 방정식의 두 실근 중 작은 값을 $g(t)$, 큰 값을 $h(t)$라 하자.
두 함수 $g(t)$, $h(t)$는 모든 양수 t에 대하여

$$2g(t)+h(t)=k\ (k는\ 상수)$$

를 만족시킨다. $\displaystyle\int_0^7 f(x)dx=e^4-1$일 때, $\dfrac{f(9)}{f(8)}$의 값은? (4점)

① $\dfrac{3}{2}e^5$ ② $\dfrac{4}{3}e^7$ ③ $\dfrac{5}{4}e^9$

④ $\dfrac{6}{5}e^{11}$ ⑤ $\dfrac{7}{6}e^{13}$

Step 1 함수 $f(x)$가 $x<0$에서 감소함수임을 안다.

함수 $y=f(x)$의 그래프의 개형을 구하기 위하여 도함수를 구하면
$f'(x)=-4e^{4x^2}-32x^2e^{4x^2}=-4(1+8x^2)e^{4x^2}$
$\qquad\qquad$ → $1+8x^2>0$, $e^{4x^2}>0$이므로 $-4(1+8x^2)e^{4x^2}<0$
이때 $f'(x)<0$이므로 함수 $f(x)$는 $x<0$에서 감소함수이다.

Step 2 상수 k의 값을 구한다.

조건을 만족시키는 함수 $y=f(x)$의 그래프의 개형은 다음과 같다.

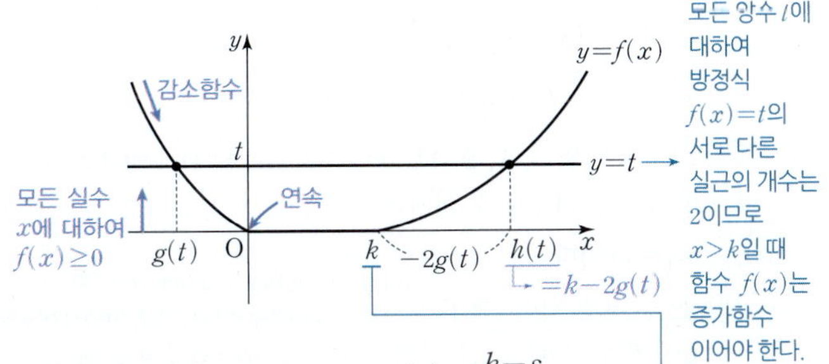

$h(t)=s$라 하면 $2g(t)+s=k$ $\therefore g(t)=\dfrac{k-s}{2}$

$f(g(t))=f(h(t))$이므로

$f\left(\dfrac{k-s}{2}\right)=f(s)=-4\times\dfrac{k-s}{2}\times e^{4\times\left(\frac{k-s}{2}\right)^2}=2(s-k)e^{(s-k)^2}$
$\qquad$ → $t\to0+$일 때 $g(t)\to0$이므로 $\lim_{t\to0+}\{2g(t)+h(t)\}=k$를 만족시키려면 $\lim_{t\to0+}h(t)=k$이어야 한다.

이때 $\displaystyle\int_0^k f(x)dx=0$이므로

$\displaystyle\int_0^7 f(x)dx=\int_k^7 f(x)dx=\int_k^7 2(x-k)e^{(x-k)^2}dx$
$\qquad=\left[e^{(x-k)^2}\right]_k^7=e^{(7-k)^2}-1$

이 값이 e^4-1과 같으므로 $(7-k)^2=4$ $\therefore k=5\ (\because k<7)$
$\qquad$ → $k\geq7$이면 $\displaystyle\int_0^7 f(x)dx=0$이 된다.

Step 3 $\dfrac{f(9)}{f(8)}$의 값을 구한다.

$x\geq5$일 때, $f(x)=2(x-5)e^{(x-5)^2}$이므로
$f(8)=6e^9$, $f(9)=8e^{16}$

$\therefore \dfrac{f(9)}{f(8)}=\dfrac{8e^{16}}{6e^9}=\dfrac{4}{3}e^7$

128 [정답률 7%] 정답 12

상수 a, b에 대하여 함수 $f(x)=a\sin^3 x+b\sin x$가

$$f\left(\dfrac{\pi}{4}\right)=3\sqrt2,\ f\left(\dfrac{\pi}{3}\right)=5\sqrt3$$

을 만족시킨다. 실수 $t\ (1<t<14)$에 대하여 함수 $y=f(x)$의 그래프와 직선 $y=t$가 만나는 점의 x좌표 중 양수인 것을 작은 수부터 크기순으로 모두 나열할 때, n번째 수를 x_n이라 하고

$$c_n=\int_{3\sqrt2}^{5\sqrt3}\dfrac{t}{f'(x_n)}dt$$

라 하자. $\displaystyle\sum_{n=1}^{101}c_n=p+q\sqrt2$일 때, $q-p$의 값을 구하시오.

(단, p와 q는 유리수이다.) (4점)

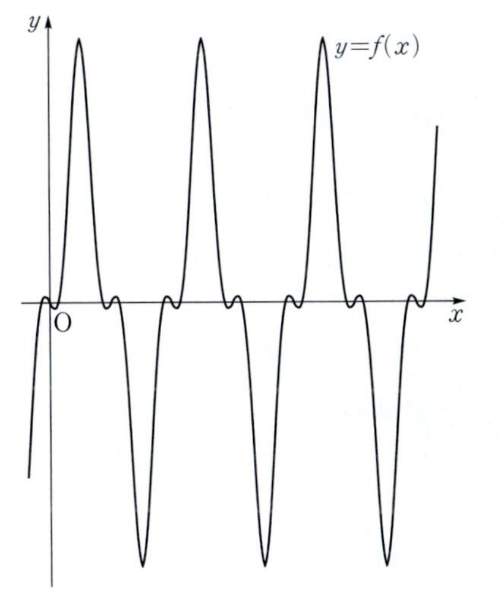

Step 1 a, b의 값을 구하여 함수 $f(x)$를 완성한다.

$f(x)=a\sin^3 x+b\sin x$에서

$f\left(\dfrac{\pi}{4}\right)=a\sin^3\dfrac{\pi}{4}+b\sin\dfrac{\pi}{4}=3\sqrt2$이므로 → $\sin\dfrac{\pi}{4}=\dfrac{\sqrt2}{2}$

$\dfrac{\sqrt2}{4}a+\dfrac{\sqrt2}{2}b=3\sqrt2$

$\therefore a+2b=12$ …… ㉠

$f\left(\dfrac{\pi}{3}\right)=a\sin^3\dfrac{\pi}{3}+b\sin\dfrac{\pi}{3}=5\sqrt3$이므로 → $\sin\dfrac{\pi}{3}=\dfrac{\sqrt3}{2}$

$\dfrac{3\sqrt3}{8}a+\dfrac{\sqrt3}{2}b=5\sqrt3$

$\therefore 3a+4b=40$ …… ㉡

㉡$-2\times$㉠을 하면 $a=16$
$\qquad\begin{aligned}3a+4b&=40 \quad\cdots\cdots ㉡\\ -)\ 2a+4b&=24 \quad\cdots\cdots 2\times㉠\\ \hline a&=16\end{aligned}$

$a=16$을 ㉠에 대입하면 $b=-2$
$\qquad$ → $16+2b=12$에서 $2b=-4$ $b=-2$

$\therefore f(x)=16\sin^3 x-2\sin x$

Step 2 $y=f(x)$의 그래프의 개형을 파악한다.

$f'(x)=48\sin^2 x\cos x-2\cos x$
$\qquad=2\cos x(24\sin^2 x-1)$

$f'(x)=0$에서 $\cos x=0$ 또는 $\sin x=\pm\dfrac{\sqrt6}{12}$

따라서 $f(x)$의 극댓값은
$\cos x=0$일 때 $16-2=14$이고,
$\sin x=\pm\dfrac{\sqrt6}{12}$일 때 $16\times\left(\pm\dfrac{\sqrt6}{12}\right)^3-2\times\left(\pm\dfrac{\sqrt6}{12}\right)<1$

이므로 $1<t<14$인 실수 t에 대하여

$f(x_n)=t$

홀수 n에 대하여 $f'(x_n)=f'(x_1)$,

짝수 n에 대하여 $f'(x_n)=-f'(x_1)$이므로

$$c_n=\begin{cases}\displaystyle\int_{3\sqrt{2}}^{5\sqrt{3}}\frac{t}{f'(x_1)}\,dt & (n\text{이 홀수})\\[2mm] -\displaystyle\int_{3\sqrt{2}}^{5\sqrt{3}}\frac{t}{f'(x_1)}\,dt & (n\text{이 짝수})\end{cases}$$

따라서 $c_1+c_2=c_3+c_4=\cdots=c_{99}+c_{100}=0$이므로

$$\sum_{n=1}^{101}c_n=c_1+c_2+\cdots+c_{99}+c_{100}+c_{101}$$
$$=c_{101}=c_1$$

Step 3 c_1의 값을 구한다.

$c_1=\displaystyle\int_{3\sqrt{2}}^{5\sqrt{3}}\frac{t}{f'(x_1)}\,dt$에 대하여

$f\!\left(\dfrac{\pi}{4}\right)=3\sqrt{2}$, $f\!\left(\dfrac{\pi}{3}\right)=5\sqrt{3}$이므로

$\dfrac{\pi}{4}\le x\le\dfrac{\pi}{3}$에서 $g(x)=f(x)$라 하자.

$g(x)$는 일대일대응이므로 역함수가 존재한다.

$g^{-1}=h$라 하면

$f(x_1)=g(x_1)=t$에서 $h(t)=x_1$

$\dfrac{1}{f'(x_1)}=\dfrac{1}{g'(x_1)}=h'(t)$

$\therefore c_1=\displaystyle\int_{3\sqrt{2}}^{5\sqrt{3}}t\,h'(t)\,dt$

$$\int_{3\sqrt{2}}^{5\sqrt{3}}\frac{t}{f'(x_1)}dt=\int_{3\sqrt{2}}^{5\sqrt{3}}\{t\times h'(t)\}dt=\int_{3\sqrt{2}}^{5\sqrt{3}}th'(t)dt$$

Step 4 역함수의 적분을 이용한다.

$h(t)=y$라 하면 $t=g(y)=f(y)$이고

$h(3\sqrt{2})=\dfrac{\pi}{4}$, $h(5\sqrt{3})=\dfrac{\pi}{3}$이므로 → 역함수의 성질

$\displaystyle\int_{3\sqrt{2}}^{5\sqrt{3}}t\,h'(t)\,dt=\int_{\frac{\pi}{4}}^{\frac{\pi}{3}}f(y)\,dy$

$h(t)=y$에서 $h'(t)=\dfrac{dy}{dt}$이므로 $h'(t)dt=dy$

$=\displaystyle\int_{\frac{\pi}{4}}^{\frac{\pi}{3}}(16\sin^3 x-2\sin x)dx$ → 정적분에서는 문자를 바꿀 수 있어.

$=\displaystyle\int_{\frac{\pi}{4}}^{\frac{\pi}{3}}\{16(1-\cos^2 x)\sin x-2\sin x\}dx$ → $\sin^2 x$

$=\displaystyle\int_{\frac{\pi}{4}}^{\frac{\pi}{3}}(14\sin x-16\cos^2 x\sin x)dx$

$=\Big[-14\cos x\Big]_{\frac{\pi}{4}}^{\frac{\pi}{3}}-\Big[-\dfrac{16}{3}\cos^3 x\Big]_{\frac{\pi}{4}}^{\frac{\pi}{3}}$

$-14\cos\dfrac{\pi}{3}+14\cos\dfrac{\pi}{4}=-7+7\sqrt{2}-\left(-\dfrac{2}{3}+\dfrac{4\sqrt{2}}{3}\right)$

$=-7+7\sqrt{2}$

$-\dfrac{16}{3}\cos^3\dfrac{\pi}{3}+\dfrac{16}{3}\cos^3\dfrac{\pi}{4}=-\dfrac{2}{3}+\dfrac{4\sqrt{2}}{3}$

$=-\dfrac{19}{3}+\dfrac{17\sqrt{2}}{3}$

Step 5 $q-p$의 값을 구한다.

$c_1=-\dfrac{19}{3}+\dfrac{17}{3}\sqrt{2}$이므로

$\displaystyle\sum_{n=1}^{101}c_n=c_1=-\dfrac{19}{3}+\dfrac{17}{3}\sqrt{2}$에서

$p=-\dfrac{19}{3}$, $q=\dfrac{17}{3}$

$\therefore q-p=\dfrac{17}{3}-\left(-\dfrac{19}{3}\right)=12$

$\dfrac{17+19}{3}=\dfrac{36}{3}=12$

---

129 [정답률 5%]   정답 48

함수 $f(x)=\sin\dfrac{\pi}{2}x$와 0이 아닌 두 실수 a, b에 대하여 함수 $g(x)$를 ('극대', '극소'라는 용어가 나오면 함수를 미분해.)

$$g(x)=e^{af(x)}+bf(x)\ (0<x<12)$$

라 하자. 함수 $g(x)$가 $x=a$에서 극대 또는 극소인 모든 a를 작은 수부터 크기순으로 나열한 것을 a_1, a_2, a_3, $\cdots$, a_m(m은 자연수)라 할 때, m 이하의 자연수 n에 대하여 a_n은 다음 조건을 만족시킨다.

> (가) n이 홀수일 때, $a_n=n$이다.
> (나) n이 짝수일 때, $g(a_n)=0$이다.

함수 $g(x)$가 서로 다른 두 개의 극댓값을 갖고 그 합이 e^3+e^{-3}일 때, $m\pi\displaystyle\int_{a_3}^{a_4}g(x)\cos\dfrac{\pi}{2}x\,dx=pe^3+qe$이다. $p-q$의 값을 구하시오. (단, p와 q는 정수이다.) (4점)

Step 1 $g'(x)=0$의 해를 이용하여 a의 값의 범위를 구한다.

$g(x)=e^{af(x)}+bf(x)$에서

$g'(x)=af'(x)e^{af(x)}+bf'(x)=f'(x)\{ae^{af(x)}+b\}$

$g'(x)=0$일 때, $f'(x)=0$ 또는 $ae^{af(x)}+b=0$

(i) $f'(x)=0$일 때,

$\quad f'(x)=\dfrac{\pi}{2}\cos\dfrac{\pi}{2}x=0$에서 $\cos\dfrac{\pi}{2}x=0$

$\quad \therefore x=1,\ 3,\ 5,\ 7,\ 9,\ 11$ → 함수 $g(x)$는 $0<x<12$에서 정의돼.

따라서 조건 (가)에 의하여 $a_1=1$, $a_3=3$, $a_5=5$, $a_7=7$, $a_9=9$, $a_{11}=11$이다.

(ii) $ae^{af(x)}+b=0$일 때, → n이 홀수인 경우만 (i)을 만족시키므로 n이 짝수인 경우는 반드시 (ii)를 만족시켜야 해.

n이 짝수일 때, a_n은 방정식 $ae^{af(x)}+b=0$의 실근이므로

$ae^{af(a_n)}+b=0$ $\cdots\cdots$ ㉠

조건 (나)에서 n이 짝수일 때, $g(a_n)=0$이므로

$e^{af(a_n)}+bf(a_n)=0$ $\cdots\cdots$ ㉡

㉡에서 $e^{af(a_n)}=-bf(a_n)$이므로 ㉠에 대입하면

$-abf(a_n)+b=0$ $\therefore f(a_n)=\dfrac{1}{a}$ → 이 방정식을 만족시키는 a_n(n은 짝수)의 값은 함수 $y=f(x)$의 그래프와 직선 $y=\dfrac{1}{a}$의 교점의 x좌표와 같아.

함수 $y=f(x)$의 그래프의 개형이 다음과 같으므로 $-1<\dfrac{1}{a}<0$이어야 한다. → $0<\dfrac{1}{a}<1$이면 $a_2<a_1$이므로 문제의 조건에 모순이야.

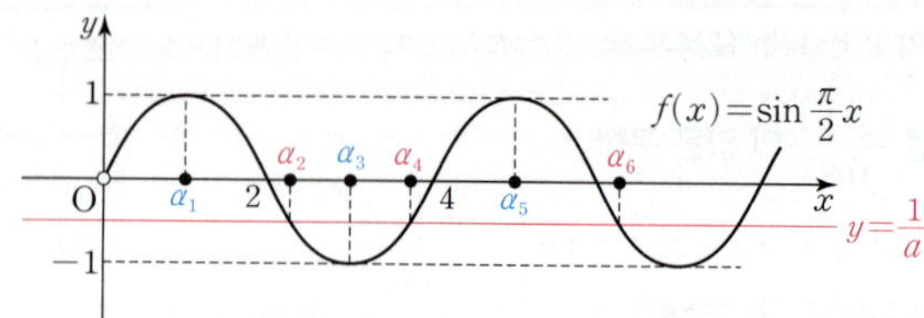

$\therefore a<-1$

또한, ㉠에서 $=\dfrac{1}{a}$

$b=-ae^{af(a_n)}=-ae^{a\times\frac{1}{a}}=-ae$ $\cdots\cdots$ ㉢

Step 2 함수 $g(x)$의 증가, 감소를 조사하여 a, b의 값을 각각 구한다.

함수 $g(x)$의 열린구간 $(0, 4)$에서의 증가와 감소를 표로 나타내면 다음과 같다.

x	(0)	$\cdots$	α_1	$\cdots$	α_2	$\cdots$	α_3	$\cdots$	α_4	$\cdots$	(4)
$g'(x)$		$+$	0	$-$	0	$+$	0	$-$	0	$+$	
$g(x)$		↗	극대	↘	극소	↗	극대	↘	극소	↗	

따라서 함수 $g(x)$는 $x=4$에서 극값을 갖지 않고 열린구간 $(0, 12)$에서 $g(x+4)=g(x)$를 만족시키므로 열린구간 $(0, 12)$에서 함수 $g(x)$가 극댓값, 극솟값을 갖도록 하는 서로 다른 x의 개수는 각각 6이다. → 주기 : 4

$\therefore m=6+6=12$ → $e^a+b\neq e^{-a}-b$이므로 두 극댓값은 서로 다른 값이야.

$g(\alpha_1)=g(1)=e^a+b$, $g(\alpha_3)=g(3)=e^{-a}-b$이고, 함수 $g(x)$의 서로 다른 두 개의 극댓값의 합이 e^3+e^{-3}이므로

$(e^a+b)+(e^{-a}-b)=e^a+e^{-a}=e^3+e^{-3}$

$\therefore a=-3 \ (\because a<-1)$ → $a=3$으로 착각하면 안 돼!

ⓒ에서 $b=3e$

Step 3 치환적분법을 이용하여 주어진 식을 계산하고 p, q의 값을 각각 구한다.

$m\pi\displaystyle\int_{\alpha_3}^{\alpha_4}g(x)\cos\frac{\pi}{2}x\,dx$

$\sin\frac{\pi}{2}x$가 반복되고 $\sin\frac{\pi}{2}x$를 미분한 식의 일부분인 $\cos\frac{\pi}{2}x$가 있으므로 $\sin\frac{\pi}{2}x$를 t로 치환

$=12\pi\displaystyle\int_{\alpha_3}^{\alpha_4}\left(e^{-3\sin\frac{\pi}{2}x}+3e\sin\frac{\pi}{2}x\right)\cos\frac{\pi}{2}x\,dx$

$\sin\frac{\pi}{2}x=t$로 치환하면 $\frac{\pi}{2}\cos\frac{\pi}{2}x\,dx=dt$

$x=\alpha_3$일 때, $t=\sin\frac{\pi}{2}\alpha_3=\sin\frac{3}{2}\pi=-1$이고, → $=3$

$x=\alpha_4$일 때, $t=\sin\frac{\pi}{2}\alpha_4=-\frac{1}{3}$ → $=\frac{1}{a}$

$\therefore 12\pi\displaystyle\int_{\alpha_3}^{\alpha_4}\left(e^{-3\sin\frac{\pi}{2}x}+3e\sin\frac{\pi}{2}x\right)\cos\frac{\pi}{2}x\,dx$

$=12\pi\displaystyle\int_{-1}^{-\frac{1}{3}}\left\{(e^{-3t}+3et)\frac{2}{\pi}\right\}dt$

$=24\displaystyle\int_{-1}^{-\frac{1}{3}}(e^{-3t}+3et)dt$ → $=12\pi\times\frac{2}{\pi}$

$=24\left[-\frac{1}{3}e^{-3t}+\frac{3}{2}et^2\right]_{-1}^{-\frac{1}{3}}$

$=24\left\{\left(-\frac{1}{3}e+\frac{1}{6}e\right)-\left(-\frac{1}{3}e^3+\frac{3}{2}e\right)\right\}$

$=8e^3-40e$

따라서 $p=8$, $q=-40$이므로 $p-q=48$

$$130 \quad [\text{정답률 } 20\%] \qquad \text{정답 ②}$$

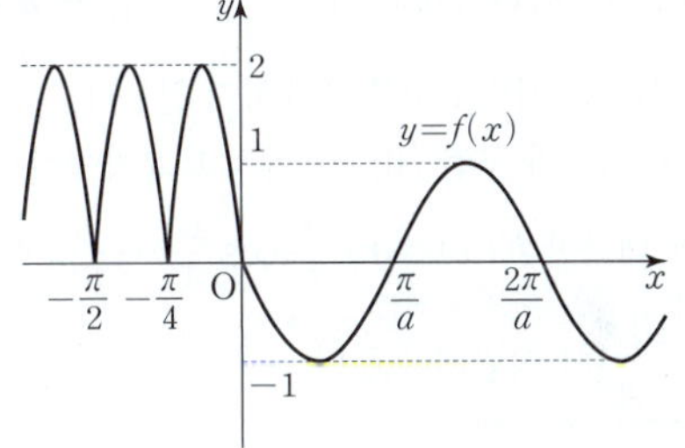

실수 $a\ (0<a<2)$에 대하여 함수 $f(x)$를

$$f(x)=\begin{cases}2|\sin 4x| & (x<0)\\ -\sin ax & (x\geq 0)\end{cases}$$

→ 주기는 $\dfrac{2\pi}{a}$

이라 하자. 함수

$$g(x)=\left|\int_{-a\pi}^{x}f(t)dt\right|$$

가 실수 전체의 집합에서 미분가능할 때, a의 최솟값은? (4점)

① $\dfrac{1}{2}$ ② $\dfrac{3}{4}$ ③ 1

④ $\dfrac{5}{4}$ ⑤ $\dfrac{3}{2}$

→ 절댓값을 포함한 함수 $y=|h(x)|$는 $h(x)=0$인 x에서 미분불가능한 경우가 있으므로 그 지점을 유의한다.

Step 1 함수 $f(x)$의 그래프를 나타낸다.

함수 $y=f(x)$의 그래프는 다음과 같다.

$g(x)=\left|\displaystyle\int_{-a\pi}^{x}f(t)dt\right|$에서 $\displaystyle\int_{-a\pi}^{x}f(t)dt=F(x)$라 하면

$F'(x)=f(x)$이고, $g(x)=|F(x)|$이다. → 위 식의 양변을 x에 대하여 미분

$g(x)=\begin{cases}-F(x) & (F(x)<0)\\ F(x) & (F(x)\geq 0)\end{cases}$에서

$g'(x)=\begin{cases}-f(x) & (F(x)<0)\\ f(x) & (F(x)>0)\end{cases}$

따라서 함수 $g(x)$가 실수 전체의 집합에서 미분가능하려면 $F(k)=0$인 실수 k가 존재하지 않거나 $F(k)=0$인 모든 실수 k에 대하여 $F'(k)=f(k)=0$이어야 한다.

Step 2 $x<0$일 때 함수 $g(x)$가 미분가능함을 이용한다.

$-a\pi<0$이고 모든 음의 실수 x에 대하여 $f(x)\geq 0$이므로

$F(k)=\displaystyle\int_{-a\pi}^{k}f(t)dt=0$을 만족시키는 음의 실수 k의 값은 $-a\pi$ 뿐이다. → $F(-a\pi)=\displaystyle\int_{-a\pi}^{-a\pi}f(t)dt=0$

이때 $f(k)=f(-a\pi)=2|\sin(-4a\pi)|=0$이어야 하므로

$-4a\pi=-n\pi \qquad \therefore a=\dfrac{n}{4}\ (n\text{은 자연수}) \qquad \cdots\cdots ㉠$

Step 3 $x\geq 0$일 때 함수 $g(x)$가 미분가능함을 이용한다

$\displaystyle\int_{-\frac{\pi}{4}}^{0}f(t)dt=\int_{-\frac{\pi}{4}}^{0}(-2\sin 4t)dt=\left[\frac{1}{2}\cos 4t\right]_{-\frac{\pi}{4}}^{0}=1$

모든 음의 실수 x에 대하여 $f\left(x-\dfrac{\pi}{4}\right)=f(x)$가 성립하므로

$\displaystyle\int_{-a\pi}^{0}f(t)dt=\int_{-\frac{n}{4}\pi}^{0}f(t)dt\ (\because ㉠)$ → $=1$ → $=\frac{1}{2}\cos 0-\frac{1}{2}\cos(-\pi)=\frac{1}{2}+\frac{1}{2}$

$=n\displaystyle\int_{-\frac{n}{4}\pi}^{0}f(t)dt=n$

따라서 양의 실수 x에 대하여

$$F(x)=\int_{-a\pi}^{x} f(t)dt$$
$$=\int_{-\frac{n}{4}\pi}^{0} f(t)dt+\int_{0}^{x} f(t)dt$$
$$=n+\int_{0}^{x}(-\sin at)dt$$
$$=n+\frac{1}{a}\cos ax-\frac{1}{a} \quad \left[=\left[\frac{1}{a}\cos at\right]_{0}^{x}=\frac{1}{a}\cos ax-\frac{1}{a}\right]$$
$$=n+\frac{4}{n}\cos\frac{n}{4}x-\frac{4}{n}\ (\because \bigcirc)$$

이때 $F(k)=0$인 양수 k가 존재하면 $n=\frac{4}{n}\left(1-\cos\frac{n}{4}k\right)$

$$\therefore \cos\frac{n}{4}k=1-\frac{n^2}{4} \qquad \cdots\cdots \bigcirc$$

$f(k)=-\sin ak=-\sin\frac{n}{4}k=0$이어야 하므로 $\frac{n}{4}k=m\pi$

($\bigcirc$에서 $a=\frac{n}{4}$)　　　　　　(m은 자연수)

$\bigcirc$에서 $\cos m\pi=1-\frac{n^2}{4}$

m, n은 자연수이므로 $\cos m\pi=1-\frac{n^2}{4}=\pm1$, 즉 $n^2=0$ 또는

$n^2=8$을 만족시키는 자연수 n은 존재하지 않는다.

그러므로 함수 $g(x)$가 구간 $[0, \infty)$에서 미분가능하려면 $x\geq0$인

모든 실수 x에 대하여 $F(x)=n+\frac{4}{n}\cos\frac{n}{4}x-\frac{4}{n}>0$이어야 하므로

$\cos\frac{n}{4}x>1-\frac{n^2}{4}$이 성립해야 한다.

($-1\leq\cos\frac{n}{4}x\leq1$)

즉, $1-\frac{n^2}{4}<-1$이어야 하므로 $n^2>8$

따라서 자연수 n의 최솟값은 3이므로 a의 최솟값은 $\frac{3}{4}$이다.

($a=\frac{n}{4}\ (\because \bigcirc)$)

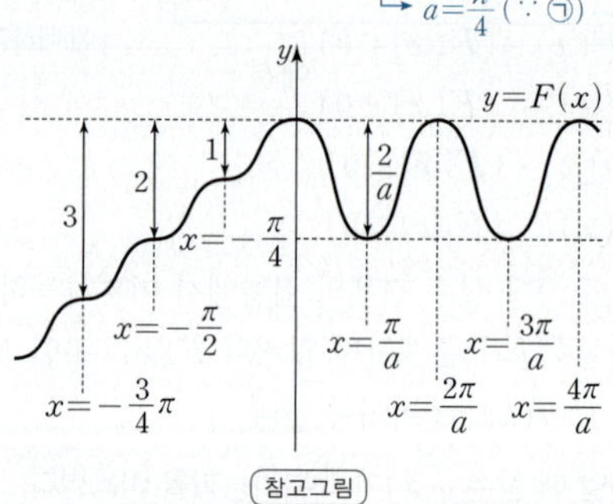

[참고그림]

---

131 [정답률 38%]　　　　정답 ③

양의 실수 전체의 집합에서 미분가능한 두 함수 $f(x)$와
$g(x)$가 모든 양의 실수 x에 대하여 다음 조건을 만족시킨다.

(가) $\left(\dfrac{f(x)}{x}\right)'=x^2 e^{-x^2}$　　→　$x^2 e^{-x^2}$은 적분하기 어려우므로 $\dfrac{f(x)}{x}$를 직접 구할 수는 없어.

(나) $g(x)=\dfrac{4}{e^4}\displaystyle\int_{1}^{x} e^{t^2}f(t)dt$

$f(1)=\dfrac{1}{e}$일 때, $f(2)-g(2)$의 값은? (4점)

① $\dfrac{16}{3e^4}$　　　② $\dfrac{6}{e^4}$　　　③ $\dfrac{20}{3e^4}$

④ $\dfrac{22}{3e^4}$　　　⑤ $\dfrac{8}{e^4}$

Step 1 부분적분법을 이용하여 주어진 식 (나)를 정리한다.

조건 (가)에서 $\left(\dfrac{f(x)}{x}\right)'=x^2 e^{-x^2}$이고 $f(1)=\dfrac{1}{e}$이므로

조건 (나)에서

$$g(x)=\frac{4}{e^4}\int_{1}^{x} e^{t^2}f(t)dt$$

적분식의 위 끝에 x가 있다고 'x에 대해 미분해야지!' 하고 생각했다면 이 문제는 풀기 어려웠을 거야.

$$=\frac{2}{e^4}\int_{1}^{x}\left\{2te^{t^2}\times\frac{f(t)}{t}\right\}dt$$

$u'=2te^{t^2}, v=\dfrac{f(t)}{t}$로 놓고

$$=\frac{2}{e^4}\int_{1}^{x}\left\{(e^{t^2})'\times\frac{f(t)}{t}\right\}dt$$

$\displaystyle\int u'v\,dt=uv-\int uv'\,dt$ 임을 이용

$$=\frac{2}{e^4}\left\{\left[e^{t^2}\times\frac{f(t)}{t}\right]_{1}^{x}-\int_{1}^{x} e^{t^2}\times\left(\frac{f(t)}{t}\right)' dt\right\}$$

$$=\frac{2}{e^4}\left\{e^{x^2}\times\frac{f(x)}{x}-e\times f(1)-\int_{1}^{x} e^{t^2}\times(t^2 e^{-t^2})dt\right\}$$

조건 (가)에서 $\left(\dfrac{f(x)}{x}\right)'=x^2 e^{-x^2}$

$$=\frac{2}{e^4}\left\{e^{x^2}\times\frac{f(x)}{x}-1-\int_{1}^{x} t^2 dt\right\}\left(\because f(1)=\frac{1}{e}\right)$$

$e^{t^2}\times e^{-t^2}=1$

$$=\frac{2}{e^4}\left\{e^{x^2}\times\frac{f(x)}{x}-1-\left[\frac{1}{3}t^3\right]_{1}^{x}\right\}$$

주의 식을 정리할 때 x와 t를 헷갈리지 않도록 조심

$$=\frac{2}{e^4}\left\{e^{x^2}\times\frac{f(x)}{x}-1-\frac{1}{3}(x^3-1)\right\}$$

Step 2 정리한 식의 양변에 $x=2$를 대입하여 $f(2)-g(2)$의 값을 구한다.

위 식의 양변에 $x=2$를 대입하면

$$g(2)=\frac{2}{e^4}\left\{e^4\times\frac{f(2)}{2}-1-\frac{7}{3}\right\}$$

$$=f(2)-\frac{20}{3e^4}$$

주의 계산할 때 실수하지 않도록 조심

$$\therefore f(2)-g(2)=\frac{20}{3e^4}$$

★ 다른 풀이 부분적분법을 다르게 이용하는 풀이

Step 1 조건 (가), (나)와 부분적분법을 이용하여 새로운 식을 세운다.

조건 (가)의 식의 양변에 e^{x^2}을 곱하면

$$e^{x^2}\left(\frac{f(x)}{x}\right)'=x^2 \quad\to\quad u'=\left(\frac{f(x)}{x}\right)', v=e^{x^2}$$으로 놓고 부분적분법 이용

양변을 적분구간 $[1, t]$로 정적분하면

$$\int_{1}^{t} e^{x^2}\left(\frac{f(x)}{x}\right)' dx=\int_{1}^{t} x^2 dx \qquad \cdots\cdots \bigcirc$$

이때 $\int_1^t e^{x^2}\left(\dfrac{f(x)}{x}\right)' dx$에서 부분적분법을 이용하면

$$\int_1^t e^{x^2}\left(\frac{f(x)}{x}\right)' dx = \left[e^{x^2}\times\frac{f(x)}{x}\right]_1^t - \int_1^t \left\{2xe^{x^2}\times\frac{f(x)}{x}\right\}dx$$

$$= e^{t^2}\times\frac{f(t)}{t} - e\times f(1) - \int_1^t 2e^{x^2}f(x)dx$$

$$= \frac{e^{t^2}f(t)}{t} - 1 - \frac{e^4}{2}\cdot\frac{4}{e^4}\int_1^t e^{x^2}f(x)dx$$

이 부분을 $g(t)$로 나타내.

$$= \frac{e^{t^2}f(t)}{t} - 1 - \frac{e^4}{2}g(t)\ \left(\because f(1)=\frac{1}{e},\ 조건\ (나)\right)$$

$$\cdots\cdots\ ㉡$$

또 $\int_1^t x^2\,dx = \left[\dfrac{1}{3}x^3\right]_1^t = \dfrac{1}{3}t^3 - \dfrac{1}{3}$　$\cdots\cdots\ ㉢$

㉡, ㉢을 ㉠에 대입하여 정리하면

$$\frac{e^{t^2}f(t)}{t} - \frac{e^4}{2}g(t) = \frac{1}{3}t^3 - \frac{1}{3} + 1 = \frac{1}{3}t^3 + \frac{2}{3}\ \ \cdots\cdots\ ㉣$$

Step 2 $f(2)-g(2)$의 값을 구한다.

㉣에 $t=2$를 대입하면

$$\frac{e^4 f(2)}{2} - \frac{e^4}{2}g(2) = \frac{1}{3}\times 2^3 + \frac{2}{3} = \frac{10}{3}$$

$$\frac{e^4}{2}\{f(2)-g(2)\} = \frac{10}{3}$$

$\dfrac{e^4}{2}$으로 묶어.

$$\therefore f(2)-g(2) = \frac{10}{3}\times\frac{2}{e^4} = \frac{20}{3e^4}$$

---

132 [정답률 44%]　　　　　　정답 ④

닫힌구간 $[0,1]$에서 $f(x)<0$인 부분을 생각해야 해.

> 닫힌구간 $[0,1]$에서 증가하는 연속함수 $f(x)$가
> $$\int_0^1 f(x)dx=2,\quad \int_0^1 |f(x)|dx=2\sqrt{2}$$
> $= F(1)$
> 를 만족시킨다. 함수 $F(x)$가
> $$F(x)=\int_0^x |f(t)|dt\ (0\le x\le 1)$$
> 일 때, $\displaystyle\int_0^1 f(x)F(x)dx$의 값은? (4점)
> 부분적분법을 이용할 거야!
> ① $4-\sqrt{2}$　　② $2+\sqrt{2}$　　③ $5-\sqrt{2}$
> ④ $1+2\sqrt{2}$　　⑤ $2+2\sqrt{2}$

Step 1 $f(k)=0$을 만족시키는 k의 값을 기준으로 범위를 나누어 주어진 정적분식을 변형한다.

함수 $y=f(x)$는 닫힌구간 $[0,1]$에서 증가하는 연속함수이고, $\int_0^1 f(x)dx$와 $\int_0^1 |f(x)|dx$의 값이 다르므로 다음 그림과 같이 닫힌구간 $[0,1]$에서 함수 $y=f(x)$의 그래프는 x축과 한 점에서 만난다.

즉, 0에서 1 사이의 어느 한 지점에서 그래프가 음에서 양으로 부호가 바뀌는 거야.

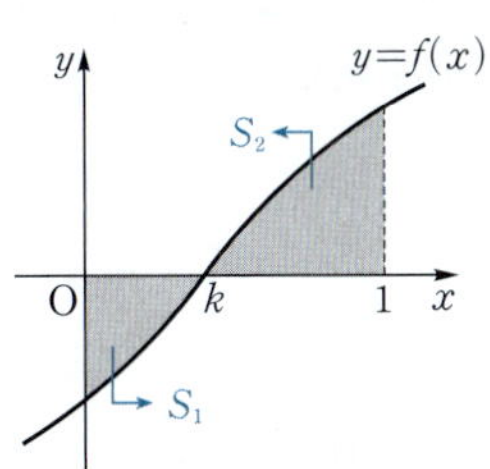

함수 $y=f(x)$의 그래프와 x축의 교점의 x좌표를 $k\ (0<k<1)$라 하고 곡선 $y=f(x)$와 x축, y축으로 둘러싸인 부분의 넓이를 S_1, 곡선 $y=f(x)$와 x축, 직선 $x=1$로 둘러싸인 부분의 넓이를 S_2라 하면

$$\int_0^1 f(x)dx = -S_1 + S_2$$

$\displaystyle\int_a^b f(x)dx = \int_a^c f(x)dx + \int_c^b f(x)dx$

$$= \int_0^k f(x)dx + \int_k^1 f(x)dx$$

$$= -\int_0^k |f(x)|dx + \int_k^1 |f(x)|dx = 2$$

$$\int_0^1 |f(x)|dx = S_1 + S_2$$

$$= \int_0^k |f(x)|dx + \int_k^1 |f(x)|dx = 2\sqrt{2}$$

$$-S_1 + S_2 = 2\ \ \cdots\cdots\ ㉠$$
$$S_1 + S_2 = 2\sqrt{2}\ \ \cdots\cdots\ ㉡$$

㉡-㉠을 하면 $2S_1 = 2\sqrt{2}-2$에서

$$S_1 = \int_0^k |f(x)|dx = \sqrt{2}-1$$

$F(k)$

$S_1 = \sqrt{2}-1$을 ㉠에 대입하면 $-(\sqrt{2}-1)+S_2 = 2$에서

$$S_2 = \int_k^1 |f(x)|dx = 1+\sqrt{2}$$

또한 $0\le x\le k$에서 $f(x) = -|f(x)|$, $k<x\le 1$에서 $f(x)=|f(x)|$임을 이용하면

$$\int_0^1 f(x)F(x)dx = -\int_0^k |f(x)|F(x)dx + \int_k^1 |f(x)|F(x)dx$$

$x=k$를 기준으로 식을 나눈 거야. $\cdots\cdots\ ㉢$

로 놓을 수 있다.

Step 2 부분적분법을 이용하여 주어진 정적분의 값을 구한다.

함수 $F(x)$가

$$F(x)=\int_0^x |f(t)|dt$$

$\displaystyle\int u'v\,dx = uv - \int uv'dx$

이므로 양변을 x에 대하여 미분하면 $F'(x)=|f(x)|$

㉢에서 부분적분법을 이용하여 각 정적분식의 값을 구하면

$$\int_0^k |f(x)|F(x)dx$$

미분하면 $|f(x)|$ / 적분하면 $F(x)$

$$= \left[\{F(x)\}^2\right]_0^k - \int_0^k F(x)|f(x)|dx$$

$$= \{F(k)\}^2 - \{F(0)\}^2 - \int_0^k F(x)|f(x)|dx$$

$$2\int_0^k |f(x)|F(x)dx = \{F(k)\}^2 - \{F(0)\}^2$$

$$= (\sqrt{2}-1)^2 - 0\ \left(\because F(k)=\int_0^k |f(t)|dt\right)$$

문제에서 주어진 조건이야.

$$= 2-2\sqrt{2}+1$$
$$= 3-2\sqrt{2}$$

$$\therefore \int_0^k |f(x)|F(x)dx = \frac{3}{2}-\sqrt{2}\ \ \cdots\cdots\ ㉣$$

적분 / 미분

$$\int_k^1 |f(x)|F(x)dx$$

$$= \left[\{F(x)\}^2\right]_k^1 - \int_k^1 F(x)|f(x)|dx$$

$$= \{F(1)\}^2 - \{F(k)\}^2 - \int_k^1 F(x)|f(x)|dx$$

$$2\int_k^1 |f(x)|F(x)dx=\{F(1)\}^2-\{F(k)\}^2$$
$$=(2\sqrt2)^2-(\sqrt2-1)^2$$
$$=8-(3-2\sqrt2)$$
$$=5+2\sqrt2$$

$$\therefore \int_k^1 |f(x)|F(x)dx=\frac{5}{2}+\sqrt2 \qquad \cdots\cdots ㅁ$$

ㄹ, ㅁ을 ㄷ에 대입하면

$$\int_0^1 f(x)F(x)dx=-\left(\frac{3}{2}-\sqrt2\right)+\frac{5}{2}+\sqrt2=1+2\sqrt2$$

133 [정답률 8%] 정답 16

$g(t+1)-g(t)=\dfrac{2t}{1+t^2}$로 변형 후 적분을 이용해 $\int_k^{k+1}g(t)dt$를 구해.

> 실수 전체의 집합에서 미분가능한 함수 $f(x)$에 대하여 곡선 $y=f(x)$ 위의 점 $(t,\,f(t))$에서의 접선의 y절편을 $g(t)$라 하자. 모든 실수 t에 대하여
> $y-f(t)=f'(t)(x-t)$
> $$(1+t^2)\{g(t+1)-g(t)\}=2t$$
> 이고, $\displaystyle\int_0^1 f(x)dx=-\frac{\ln10}{4}$, $f(1)=4+\dfrac{\ln17}{8}$일 때,
> $2\{f(4)+f(-4)\}-\displaystyle\int_{-4}^4 f(x)dx$의 값을 구하시오. (4점)

Step 1 $f(t)$와 $g(t)$ 사이의 관계를 파악한다.

곡선 $y=f(x)$ 위의 점 $(t,\,f(t))$에서의 접선의 방정식은
$$y-f(t)=f'(t)(x-t)$$
$$\therefore y=f'(t)(x-t)+f(t)$$
이때 접선의 y절편이 $g(t)$이므로
$$g(t)=-tf'(t)+f(t) \qquad\text{(} x=0,\,y=g(t)\text{를 대입)}$$
$$\therefore f(t)-g(t)=tf'(t) \qquad\cdots\cdots ㄱ$$

Step 2 구하는 답을 $g(x)$를 이용하여 나타낸다.

ㄱ의 양변을 -4부터 4까지 적분하면
$$\int_{-4}^4 \{f(t)-g(t)\}dt=\int_{-4}^4 tf'(t)dt$$
이때 부분적분을 이용하면 [암기] $\int uv'dx=uv-\int u'vdx$
$$\int_{-4}^4 tf'(t)dt=\Big[tf(t)\Big]_{-4}^4-\int_{-4}^4 f(t)dt$$
$$=4f(4)-\{(-4)\times f(-4)\}-\int_{-4}^4 f(t)dt$$
$$=4f(4)+4f(-4)-\int_{-4}^4 f(t)dt$$
이므로 $=\int_{-4}^4 f(t)dt-\int_{-4}^4 g(t)dt$
$$\int_{-4}^4 \{f(t)-g(t)\}dt=4\{f(4)+f(-4)\}-\int_{-4}^4 f(t)dt$$
$$-\int_{-4}^4 g(t)dt=4\{f(4)+f(-4)\}-2\int_{-4}^4 f(t)dt$$
$$\therefore 2\{f(4)+f(-4)\}-\int_{-4}^4 f(x)dx=-\frac{1}{2}\int_{-4}^4 g(x)dx \qquad\cdots\cdots ㄴ$$
적분변수를 t에서 x로 바꿔주었어.

Step 3 $\int_k^{k+1}g(t)dt$를 구한다.

$(1+t^2)\{g(t+1)-g(t)\}=2t$에서
$$g(t+1)-g(t)=\frac{2t}{1+t^2} \qquad\cdots\cdots ㄷ$$
ㄷ의 양변을 0부터 k까지 적분하면
$$\int_0^k\{g(t+1)-g(t)\}dt=\int_0^k \frac{2t}{1+t^2}dt \quad\text{(}(1+t^2)'\text{)} \;=\ln(1+k^2)-\ln1=\ln(1+k^2)$$
$$\int_1^{k+1}g(t)dt-\int_0^k g(t)dt=\Big[\ln(1+t^2)\Big]_0^k$$
$$\int_k^{k+1}g(t)dt-\int_0^1 g(t)dt=\ln(1+k^2)$$
$$=\int_1^k g(t)dt+\int_k^{k+1}g(t)dt-\left\{\int_0^1 g(t)dt+\int_1^k g(t)dt\right\}$$
$$=\int_k^{k+1}g(t)dt-\int_0^1 g(t)dt$$
$$\therefore \int_k^{k+1}g(t)dt=\int_0^1 g(t)dt+\ln(1+k^2)$$

Step 4 $\int_0^1 g(t)dt$의 값을 구한다.

ㄱ의 양변을 0부터 1까지 적분하면
$$\int_0^1\{f(t)-g(t)\}dt=\int_0^1 tf'(t)dt\text{이므로}$$
$$\int_0^1 g(t)dt=\int_0^1 f(t)dt-\int_0^1 tf'(t)dt$$
이때 부분적분을 이용하면
$$\int_0^1 tf'(t)dt=\Big[tf(t)\Big]_0^1-\int_0^1 f(t)dt$$
$$=1\times f(1)-0\times f(0)-\int_0^1 f(t)dt$$
$$=f(1)-\int_0^1 f(t)dt$$
$$=\left(4+\frac{\ln17}{8}\right)-\left(-\frac{\ln10}{4}\right)$$
$$=4+\frac{\ln17}{8}+\frac{\ln10}{4}$$
이므로
$$\int_0^1 g(t)dt=-\frac{\ln10}{4}-\left(4+\frac{\ln17}{8}+\frac{\ln10}{4}\right)$$
$$=-4-\frac{\ln10}{2}-\frac{\ln17}{8}$$

Step 5 $2\{f(4)+f(-4)\}-\int_{-4}^4 f(x)dx$의 값을 구한다.

$\int_k^{k+1}g(t)dt=\int_0^1 g(t)dt+\ln(1+k^2)$이므로
$$\int_{-4}^{-3}g(t)dt=\int_0^1 g(t)dt+\ln17$$
$\ln\{1+(-4)^2\}=\ln17$
$$\int_{-3}^{-2}g(t)dt=\int_0^1 g(t)dt+\ln10$$
$$\int_{-2}^{-1}g(t)dt=\int_0^1 g(t)dt+\ln5$$
$$\int_{-1}^0 g(t)dt=\int_0^1 g(t)dt+\ln2$$
$$\int_1^2 g(t)dt=\int_0^1 g(t)dt+\ln2$$
[주의] 여기에 원래 $\int_0^1 g(t)dt$가 들어가야 해!
$$\int_2^3 g(t)dt=\int_0^1 g(t)dt+\ln5$$
$$\int_3^4 g(t)dt=\int_0^1 g(t)dt+\ln10$$
[주의] $\int_k^{k+1}g(t)dt=\int_0^1 g(t)dt+\ln(1+k^2)$
꼴로 바꾸면 $\int_0^1 g(t)dt$가 8번 나타나!
$$\therefore \int_{-4}^4 g(t)dt=\int_{-4}^{-3}g(t)dt+\int_{-3}^{-2}g(t)dt+\cdots+\int_3^4 g(t)dt$$

$$= \left[\int_0^1 g(t)dt + \ln 17 \right] + \left\{ \int_0^1 g(t)dt + \ln 10 \right\} +$$
$$\cdots + \left\{ \int_0^1 g(t)dt + \ln 10 \right\}$$
$$= (\ln 17 + \ln 10 + \ln 5 + \ln 2 + \ln 2 + \ln 5 + \ln 10)$$
$$+ 8\int_0^1 g(t)dt$$
$$= (\ln 17 + \ln 10 + \underline{\ln 5 + \ln 2 + \ln 2 + \ln 5} + \ln 10)$$

$2\ln 5 + 2\ln 2$ ←
$= 2\ln(5\times 2) = 2\ln 10$
$$-8\times\left(4 + \frac{\ln 10}{2} + \frac{\ln 17}{8}\right)$$
$$= \ln 17 + 4\ln 10 - (32 + 4\ln 10 + \ln 17) = -32$$

따라서 ⓛ에서

$$2\{f(4) + f(-4)\} - \int_{-4}^4 f(x)dx$$
$$= -\frac{1}{2}\int_{-4}^4 g(x)dx$$
$$= -\frac{1}{2}\times(-32) = 16$$

134 [정답률 3%] 정답 21

실수 t에 대하여 함수 $f(x)$를
$$f(x) = \begin{cases} 1 - |x-t| & (|x-t| \le 1) \\ 0 & (|x-t| > 1) \end{cases}$$
→ x의 값의 범위에 따라 함수식을 구하여 풀어.

이라 할 때, 어떤 홀수 k에 대하여 함수
$$g(t) = \int_k^{k+8} f(x)\cos(\pi x)dx$$
→ 부분적분법을 이용하면 식을 변형할 수 있어.

가 다음 조건을 만족시킨다.

> 함수 $g(t)$가 $t=\alpha$에서 극소이고 $g(\alpha) < 0$인 모든 α를 작은 수부터 크기순으로 나열한 것을 $\alpha_1, \alpha_2, \cdots, \alpha_m$ (m은 자연수)라 할 때, $\sum_{i=1}^m \alpha_i = 45$이다.

$k - \pi^2 \sum_{i=1}^m g(\alpha_i)$의 값을 구하시오. (4점)

Step 1 함수 $f(x)$를 이용하여 함수 $g(t)$를 구한다.

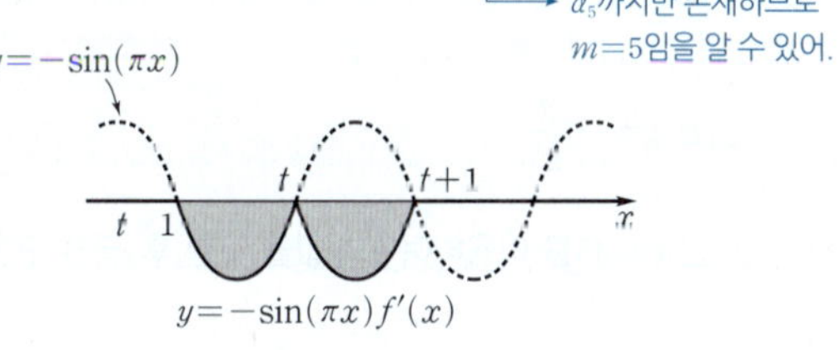

$$f(x) = \begin{cases} 1 - |x-t| & (|x-t| \le 1) \\ 0 & (|x-t| > 1) \end{cases}$$
→ $-1 \le x-t \le 0$일 때와 $0 \le x-t \le 1$일 때로 나누어서 정리해.

$$= \begin{cases} 1 + x - t & (t-1 \le x < t) \\ 1 - x + t & (t \le x \le t+1) \\ 0 & (x < t-1 \text{ 또는 } x > t+1) \end{cases}$$ 에서

$$f'(x) = \begin{cases} 1 & (t-1 < x < t) \\ -1 & (t < x < t+1) \\ 0 & (x < t-1 \text{ 또는 } x > t+1) \end{cases}$$

$$g(t) = \int_k^{k+8} f(x)\cos(\pi x)dx$$ → 부분적분법 이용
$$= \left[f(x)\frac{1}{\pi}\sin(\pi x) \right]_k^{k+8} - \int_k^{k+8} f'(x)\frac{1}{\pi}\sin(\pi x)dx$$
$$= -\int_k^{k+8} f'(x)\frac{1}{\pi}\sin(\pi x)dx$$ → $\sin(k\pi + 8\pi) = \sin k\pi = 0$ ($\because$ k는 홀수)
$$= \frac{1}{\pi}\int_k^{k+8} \{-\sin(\pi x)f'(x)\}dx$$ → 두 함수의 곱으로 생각해.

여기서 $y = -\sin(\pi x)$의 그래프와 $y = f'(x)$의 그래프를 그려 보면 다음과 같다.

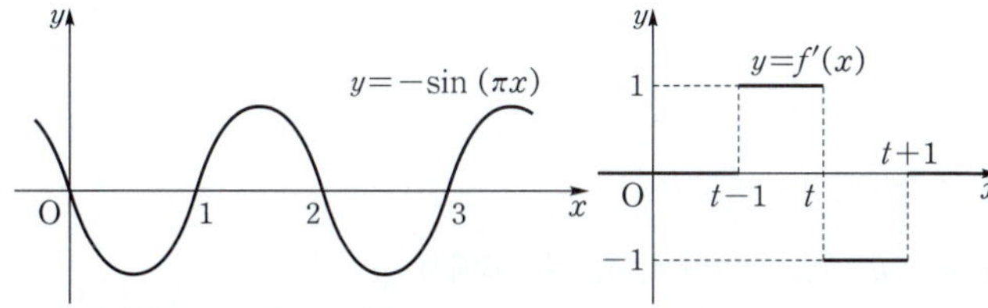

즉, 함수 $g(t)$는 위의 두 함수를 곱하여 적분한 값을 의미한다.

결국 $y = -\sin(\pi x)$의 그래프에서 임의의 t를 기준으로 왼쪽으로 1만큼은 부호를 그대로, 오른쪽으로 1만큼은 부호를 반대로 하고 나머지 구간은 0으로 하여 적분한 값이야.

Step 2 함수 $g(t)$가 언제 극소가 되는지 알아낸다.

t가 홀수인 경우와 짝수인 경우를 나누어 $y = -\sin(\pi x)f'(x)$의 그래프를 그려 보면 다음과 같다.

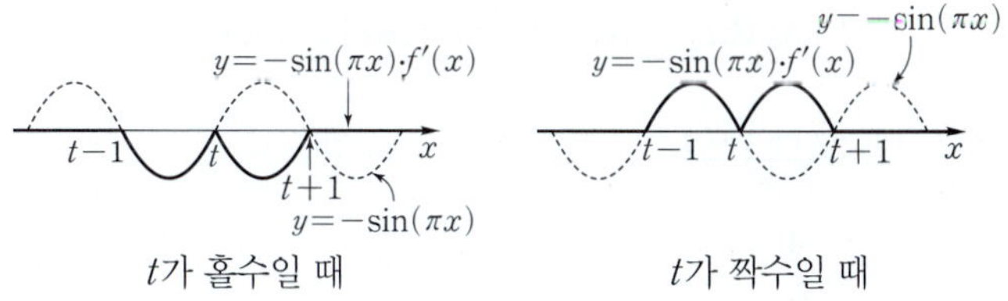

함수 $g(t)$는 $-\sin(\pi x)f'(x)$를 k부터 $k+8$까지 적분한 값과 부호가 같으므로

t가 (홀수) → (짝수)일 때 증가하고
　(짝수) → (홀수)일 때 감소한다.

이를 표로 나타내면 다음과 같다.

t	$\cdots$	$k-1$ (짝수)	$\cdots$	k (홀수)	$\cdots$	$k+1$ (짝수)	$\cdots$	$k+2$ (홀수)	$\cdots$	$\cdots$
$g(t)$		$\searrow$		극소	$\nearrow$	극대	$\searrow$	극소	$\nearrow$	$\cdots$

따라서 t는 홀수이면 되므로, α는 구간 $[k, k+8]$에서의 홀수이다. 이때 문제에 k가 홀수라고 주어졌으므로 → t가 짝수이면 극대

$\alpha_1 = k$, $\alpha_2 = k+2$, $\alpha_3 = k+4$, $\alpha_4 = k+6$, $\underline{\alpha_5 = k+8}$ $\cdots\cdots$ ⓘ
→ α_5까지만 존재하므로 $m=5$임을 알 수 있어.

Step 3 적분 구간의 위치에 따라 $g(t)$를 구한다.

(i) $t = \alpha_1 = k$일 때
$$g(t) = \frac{1}{\pi}\int_k^{k+8}\{-\sin(\pi x)f'(x)\}dx$$

$$=\frac{1}{\pi}\Big[\int_{k}^{t+1}\{-\sin(\pi x)f'(x)\}dx$$

$(k, t+1)$에서 $f'(x)=-1$
$(t+1, k+8]$에서 $f'(x)=0$ $+\int_{t+1}^{k+8}\{-\sin(\pi x)f'(x)\}dx\Big]$

$$=\frac{1}{\pi}\int_{t}^{t+1}\sin(\pi x)dx$$

$$=-\frac{1}{\pi^2}\Big[\cos(\pi x)\Big]_{t}^{t+1}$$

$$=-\frac{1}{\pi^2}\{\cos(\pi(t+1))-\cos(\pi t)\}$$

$\cos(\pi+\pi t)$
$=-\cos(\pi t)$ t가 홀수이므로 $\cos(\pi t)=-1$

$$=\frac{\cos(\pi t)-1}{\pi^2}$$

$$=-\frac{2}{\pi^2}$$

$$\therefore g(\alpha_1)=-\frac{2}{\pi^2}$$

(ii) $\alpha_2=k+2$, $\alpha_3=k+4$, $\alpha_4=k+6$에서
$t=\alpha_i\ (i=2, 3, 4)$일 때

$$g(t)=\frac{1}{\pi}\int_{k}^{k+8}\{-\sin(\pi x)f'(x)\}dx$$

$y=-\sin(\pi x)f'(x)$
$[k, t-1), (t+1, k+8]$에서 $f'(x)=0$
$(t-1, t)$에서 $f'(x)=1$
$(t, t+1)$에서 $f'(x)=-1$

$$=\frac{1}{\pi}\int_{t-1}^{t+1}\{-\sin(\pi x)f'(x)\}dx$$

$$=\frac{1}{\pi}\Big[\int_{t-1}^{t}\{-\sin(\pi x)\}dx+\int_{t}^{t+1}\sin(\pi x)dx\Big]$$

$$=\frac{1}{\pi^2}\Big\{\Big[\cos(\pi x)\Big]_{t-1}^{t}-\Big[\cos(\pi x)\Big]_{t}^{t+1}\Big\}$$

$$=\frac{2\cos(\pi t)-\cos(\pi t-\pi)-\cos(\pi t+\pi)}{\pi^2}$$

$$=\frac{4\cos(\pi t)}{\pi^2}$$

$$=-\frac{4}{\pi^2}$$

$$\therefore g(\alpha_2)=g(\alpha_3)=g(\alpha_4)=-\frac{4}{\pi^2}$$

(iii) $t=\alpha_5=k+8$일 때

$$g(t)=\frac{1}{\pi}\int_{k}^{k+8}\{-\sin(\pi x)f'(x)\}dx$$

$y=-\sin(\pi x)f'(x)$
$[k, t-1)$에서 $f'(x)=0$
$(t-1, k+8]$에서 $f'(x)=1$

$$=\frac{1}{\pi}\int_{t-1}^{t}\{-\sin(\pi x)\}dx$$

$$=\frac{1}{\pi^2}\Big[\cos(\pi x)\Big]_{t-1}^{t}$$

$$=\frac{\cos(\pi t)-\cos(\pi t-\pi)}{\pi^2}$$

$$=\frac{2\cos(\pi t)}{\pi^2}$$

$$=-\frac{2}{\pi^2}$$

$$\therefore g(\alpha_5)=-\frac{2}{\pi^2}$$

Step 4 $\sum_{i=1}^{m}\alpha_i=45$를 이용하여 k의 값을 구한 후, 답을 구한다.

이때

$$\sum_{i=1}^{m}\alpha_i=\sum_{i=1}^{5}\alpha_i=\alpha_1+\alpha_2+\alpha_3+\alpha_4+\alpha_5$$

$$=k+(k+2)+(k+4)+(k+6)+(k+8)$$

$$=5k+20=45$$

에서 $k=5$이다.

$$\therefore k-\pi^2\sum_{i=1}^{m}g(\alpha_i)=5-\pi^2\sum_{i=1}^{5}g(\alpha_i)$$

$g(\alpha_1), g(\alpha_5)$의 값
$g(\alpha_2), g(\alpha_3), g(\alpha_4)$의 값

$$=5-\pi^2\Big(2\times\frac{-2}{\pi^2}+3\times\frac{-4}{\pi^2}\Big)$$

π^2은 약분

$$=5+4+12=21$$

★ 다른 풀이 t의 값에 따라 경우를 나누어 함수 $g(t)$를 구하는 풀이

Step 1 함수 $y=f(x)$의 그래프의 개형을 파악한다.

실수 t에 대하여 함수 $f(x)$가

$t-1\leq x<t$이면 $f(x)=x-t+1$
$t\leq x\leq t+1$이면 $f(x)=-x+t+1$

$$f(x)=\begin{cases}1-|x-t| & (|x-t|\leq 1)\\ 0 & (|x-t|>1)\end{cases}$$

이므로 함수 $y=f(x)$의 그래프는 다음과 같다.

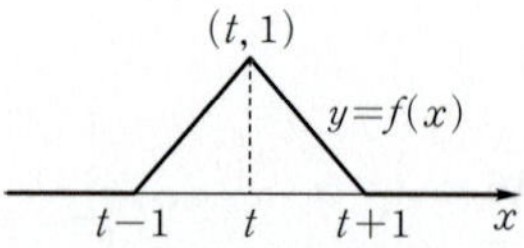

Step 2 t의 값에 따라 경우를 나누어 $g(t)$의 식을 구한다.

k는 홀수이므로

사인함수의 주기는 2π

$$\sin(k\pi)=\sin(k\pi+8\pi)=0,\ \cos(k\pi)=\cos(k\pi+8\pi)=-1$$

이때 함수 $f(x)$는 구간 $(t-1, t+1)$을 제외한 모든 구간에서 $f(x)=0$이므로 t의 값에 따라 경우를 나누어 $g(t)$를 구해보면 다음과 같다.

(i) $t+1<k$일 때

$$g(t)=\int_{k}^{k+8}f(x)\cos(\pi x)dx=\int_{k}^{k+8}0\times\cos(\pi x)dx=0$$

$t-1\leq x\leq t+1$인 구간이 적분구간에 포함되지 않으므로 $f(x)=0$

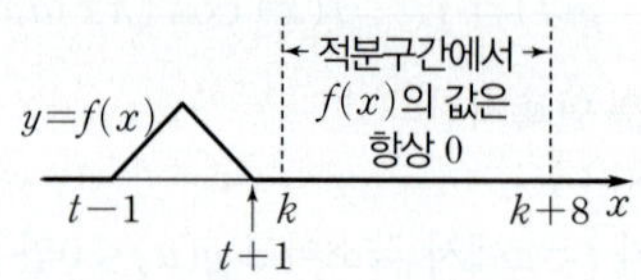

(ii) $t<k\leq t+1$일 때

$$g(t)=\int_{k}^{k+8}f(x)\cos(\pi x)dx$$

이때의 함숫값이 0임을 아래의 그림을 통해 확인할 수 있어.

$$=\int_{k}^{t+1}f(x)\cos(\pi x)dx+\int_{t+1}^{k+8}f(x)\cos(\pi x)dx$$

$$=\int_{k}^{t+1}(-x+t+1)\cos(\pi x)dx+\int_{t+1}^{k+8}0\times\cos(\pi x)dx$$

$$=(t+1)\int_{k}^{t+1}\cos(\pi x)dx-\int_{k}^{t+1}x\cos(\pi x)dx$$

부분적분을 이용하여 정리!

$$=(t+1)\Big[\frac{1}{\pi}\sin(\pi x)\Big]_{k}^{t+1}$$

$$\qquad -\Big\{\Big[\frac{x}{\pi}\sin(\pi x)\Big]_{k}^{t+1}-\int_{k}^{t+1}\frac{\sin(\pi x)}{\pi}dx\Big\}$$

$$=(t+1)\times\frac{\sin\{(t+1)\pi\}-\sin(k\pi)}{\pi}$$

$$\qquad -\Big\{\frac{t+1}{\pi}\sin\{(t+1)\pi\}-\frac{k}{\pi}\sin(k\pi)\Big\}$$

$$\qquad -\Big[\frac{\cos(\pi x)}{\pi^2}\Big]_{k}^{t+1}$$

$$=\frac{-\cos(\pi t+\pi)+\cos(k\pi)}{\pi^2}=\frac{\cos(\pi t)-1}{\pi^2}$$

암기 $\cos(\theta+\pi)=-\cos\theta$

$y=f(x)$

$t-1$　t　k　$\uparrow$　　　　$k+8$　x
　　　　　　$t+1$

(iii) $t-1<k\leq t$일 때

$$g(t)=\int_k^{k+8} f(x)\cos(\pi x)dx$$

각 구간에 따라 함수 $f(x)$의 식이 다르니 주의해야 해.

$$=\int_k^t f(x)\cos(\pi x)dx+\int_t^{t+1} f(x)\cos(\pi x)dx$$
$$+\int_{t+1}^{k+8} f(x)\cos(\pi x)dx$$

$$=\int_k^t (x-t+1)\cos(\pi x)dx$$
$$+\int_t^{t+1}(-x+t+1)\cos(\pi x)dx$$
$$+\int_{t+1}^{k+8} 0\times\cos(\pi x)dx$$

$$=(-t+1)\int_k^t \cos(\pi x)dx+\int_k^t x\cos(\pi x)dx$$
$$+(t+1)\int_t^{t+1}\cos(\pi x)dx-\int_t^{t+1} x\cos(\pi x)dx$$

$$=(-t+1)\left[\frac{\sin(\pi x)}{\pi}\right]_k^t$$
$$+\left\{\left[\frac{x\sin(\pi x)}{\pi}\right]_k^t-\int_k^t \frac{\sin(\pi x)}{\pi}dx\right\}$$
$$+(t+1)\left[\frac{\sin(\pi x)}{\pi}\right]_t^{t+1}$$
$$-\left\{\left[\frac{x\sin(\pi x)}{\pi}\right]_t^{t+1}-\int_t^{t+1}\frac{\sin(\pi x)}{\pi}dx\right\}$$

$$=(-t+1)\times\frac{\sin(\pi t)-\sin(k\pi)}{\pi}$$
$$+\left\{\frac{t\sin(\pi t)-k\sin(k\pi)}{\pi}+\left[\frac{\cos(\pi x)}{\pi^2}\right]_k^t\right\}$$
$$+(t+1)\times\frac{\sin(\pi t+\pi)-\sin(\pi t)}{\pi}$$
$$-\left\{\frac{(t+1)\sin(\pi t+\pi)-t\sin(\pi t)}{\pi}\right.$$
$$\left.+\left[\frac{\cos(\pi x)}{\pi^2}\right]_t^{t+1}\right\}$$

$$=\frac{(-t+1)\sin(\pi t)}{\pi}+\frac{t\sin(\pi t)}{\pi}$$
$$+\frac{\cos(\pi t)-\cos(k\pi)}{\pi^2}$$
$$+(t+1)\times\frac{-\sin(\pi t)-\sin(\pi t)}{\pi}$$
$$+\frac{(t+1)\sin(\pi t)+t\sin(\pi t)}{\pi}$$
$$-\frac{\cos(\pi t+\pi)-\cos(\pi t)}{\pi^2}$$

$$=\frac{\cos(\pi t)+1}{\pi^2}-\frac{-\cos(\pi t)-\cos(\pi t)}{\pi^2}$$
$$=\frac{3\cos(\pi t)+1}{\pi^2}$$

$y=f(x)$

$\uparrow$ k t　$t+1$　　　　$k+8$　x
$t-1$

(iv) $k\leq t-1$, $t+1\leq k+8$일 때

$f(x)>0$인 전체 구간이 적분 구간에 포함되었어.

$$g(t)=\int_k^{k+8} f(x)\cos(\pi x)dx=\int_{t-1}^{t+1} f(x)\cos(\pi x)dx$$

$$=\int_{t-1}^t (x-t+1)\cos(\pi x)dx$$
$$+\int_t^{t+1}(-x+t+1)\cos(\pi x)dx$$

$$=(-t+1)\int_{t-1}^t \cos(\pi x)dx+\int_{t-1}^t x\cos(\pi x)dx$$
$$+(t+1)\int_t^{t+1}\cos(\pi x)dx-\int_t^{t+1} x\cos(\pi x)dx$$

$$=(-t+1)\left[\frac{\sin(\pi x)}{\pi}\right]_{t-1}^t$$
$$+\left\{\left[\frac{x\sin(\pi x)}{\pi}\right]_{t-1}^t-\int_{t-1}^t \frac{\sin(\pi x)}{\pi}dx\right\}$$
$$+(t+1)\left[\frac{\sin(\pi x)}{\pi}\right]_t^{t+1}$$
$$-\left\{\left[\frac{x\sin(\pi x)}{\pi}\right]_t^{t+1}-\int_t^{t+1}\frac{\sin(\pi x)}{\pi}dx\right\}$$

$$=(-t+1)\times\frac{\sin(\pi t)-\sin(\pi t-\pi)}{\pi}$$
$$+\left\{\frac{t\sin(\pi t)-(t-1)\sin(\pi t-\pi)}{\pi}\right.$$
$$\left.+\left[\frac{\cos(\pi x)}{\pi^2}\right]_{t-1}^t\right\}$$
$$+(t+1)\times\frac{\sin(\pi t+\pi)-\sin(\pi t)}{\pi}$$
$$-\left\{\frac{(t+1)\sin(\pi t+\pi)-t\sin(\pi t)}{\pi}\right.$$
$$\left.+\left[\frac{\cos(\pi x)}{\pi^2}\right]_t^{t+1}\right\}$$

$$=(-t+1)\times\frac{\sin(\pi t)+\sin(\pi t)}{\pi}$$
$$+\frac{t\sin(\pi t)+(t-1)\sin(\pi t)}{\pi}$$
$$+\frac{\cos(\pi t)-\cos(\pi t-\pi)}{\pi^2}$$
$$+(t+1)\times\frac{-\sin(\pi t)-\sin(\pi t)}{\pi}$$
$$+\frac{(t+1)\sin(\pi t)+t\sin(\pi t)}{\pi}$$
$$-\frac{\cos(\pi t+\pi)-\cos(\pi t)}{\pi^2}$$

$$=\frac{\cos(\pi t)+\cos(\pi t)}{\pi^2}-\frac{-\cos(\pi t)-\cos(\pi t)}{\pi^2}$$
$$=\frac{4\cos(\pi t)}{\pi^2}$$

$y=f(x)$

k　$t-1$　　$t+1$　　　　$k+8$　x

(v) $t \leq k+8 < t+1$일 때

$$g(t) = \int_k^{k+8} f(x)\cos(\pi x)dx$$

→ 이 정적분값은 (iv)에서 구한 값을 이용하면 좀 더 편리해.

$$= \int_{t-1}^{t} (x-t+1)\cos(\pi x)dx$$

$$+ \int_t^{k+8}(-x+t+1)\cos(\pi x)dx$$

$$= (-t+1)\int_{t-1}^{t}\cos(\pi x)dx$$

$$+ \int_{t-1}^{t} x\cos(\pi x)dx + (t+1)\int_t^{k+8}\cos(\pi x)dx$$

$$- \int_t^{k+8} x\cos(\pi x)dx$$

$$= (-t+1)\left[\frac{\sin(\pi x)}{\pi}\right]_{t-1}^{t}$$

$$+ \left\{\left[\frac{x\sin(\pi x)}{\pi}\right]_{t-1}^{t} - \int_{t-1}^{t}\frac{\sin(\pi x)}{\pi}dx\right\}$$

$$+ (t+1)\left[\frac{\sin(\pi x)}{\pi}\right]_t^{k+8}$$

$$- \left\{\left[\frac{x\sin(\pi x)}{\pi}\right]_t^{k+8} - \int_t^{k+8}\frac{\sin(\pi x)}{\pi}dx\right\}$$

$$= (-t+1)\times\frac{\sin(\pi t)-\sin(\pi t-\pi)}{\pi}$$

$$+ \left\{\frac{t\sin(\pi t)-(t-1)\sin(\pi t-\pi)}{\pi}\right.$$

$$\left.+\left[\frac{\cos(\pi x)}{\pi^2}\right]_{t-1}^{t}\right\}$$

$$+ (t+1)\times\frac{\sin(k\pi+8\pi)-\sin(\pi t)}{\pi}$$

$$- \left\{\frac{(k+8)\sin(k\pi+8\pi)-t\sin(\pi t)}{\pi}\right.$$

$$\left.+\left[\frac{\cos(\pi x)}{\pi^2}\right]_t^{k+8}\right\}$$

$$= (-t+1)\times\frac{\sin(\pi t)+\sin(\pi t)}{\pi}$$

$$+\frac{t\sin(\pi t)+(t-1)\sin(\pi t)}{\pi}$$

$$+\frac{\cos(\pi t)-\cos(\pi t-\pi)}{\pi^2}$$

$\sin(k\pi+8\pi)=0$ ←

$$+(t+1)\times\frac{\sin(k\pi+8\pi)-\sin(\pi t)}{\pi}$$

$$-\left\{\frac{(k+8)\sin(k\pi+8\pi)-t\sin(\pi t)}{\pi}\right.$$

$$\left.+\frac{\cos(k\pi+8\pi)-\cos(\pi t)}{\pi^2}\right\}$$

→ $\cos(k\pi+8\pi)=-1$

$$=\frac{\cos(\pi t)+\cos(\pi t)}{\pi^2}-\frac{-1-\cos(\pi t)}{\pi^2}$$

$$=\frac{3\cos(\pi t)+1}{\pi^2}$$

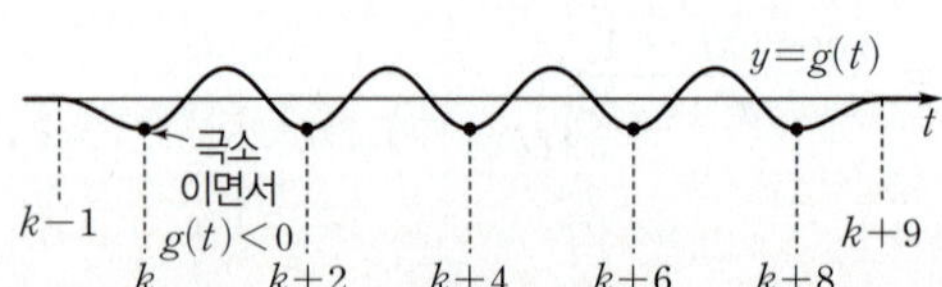

(vi) $t-1 \leq k+8 < t$일 때

$$g(t) = \int_k^{k+8} f(x)\cos(\pi x)dx$$

$$= \int_k^{t-1} f(x)\cos(\pi x)dx + \int_{t-1}^{k+8} f(x)\cos(\pi x)dx$$

$$= \int_k^{t-1} 0\times\cos(\pi x)dx + \int_{t-1}^{k+8}(x-t+1)\cos(\pi x)dx$$

$$= (-t+1)\int_{t-1}^{k+8}\cos(\pi x)dx + \int_{t-1}^{k+8} x\cos(\pi x)dx$$

$$= (-t+1)\left[\frac{\sin(\pi x)}{\pi}\right]_{t-1}^{k+8}$$

$$+\left\{\left[\frac{x\sin(\pi x)}{\pi}\right]_{t-1}^{k+8} - \int_{t-1}^{k+8}\frac{\sin(\pi x)}{\pi}dx\right\}$$

$$= (-t+1)\times\frac{\sin(k\pi+8\pi)-\sin(\pi t-\pi)}{\pi}$$

$$+\left\{\frac{(k+8)\sin(k\pi+8\pi)}{\pi}-\frac{(t-1)\sin(\pi t-\pi)}{\pi}\right.$$

$$\left.+\left[\frac{\cos(\pi x)}{\pi^2}\right]_{t-1}^{k+8}\right\}$$

$$=\frac{\cos(k\pi+8\pi)-\cos(\pi t-\pi)}{\pi^2}=\frac{\cos(\pi t)-1}{\pi^2}$$

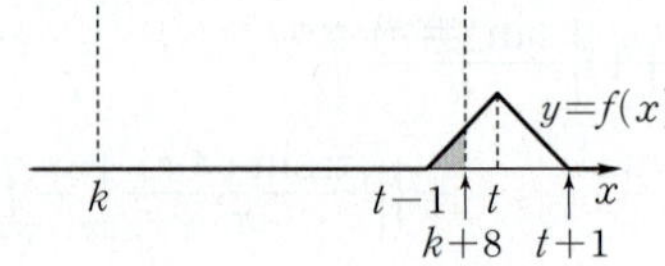

(vii) $k+8 < t-1$일 때

$$g(t) = \int_k^{k+8} f(x)\cos(\pi x)dx = \int_k^{k+8} 0\times\cos(\pi x)dx = 0$$

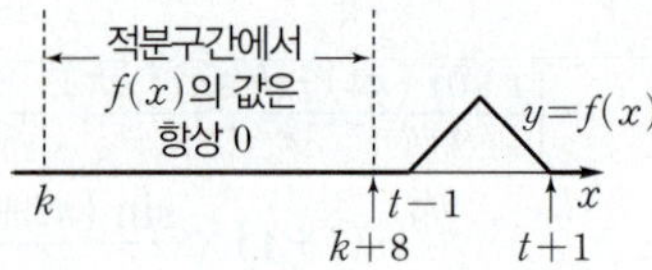

따라서 함수 $g(t)$는 다음과 같다.

$$g(t)=\begin{cases} 0 & (t<k-1) \\[4pt] \dfrac{\cos(\pi t)-1}{\pi^2} & (k-1\leq t<k) \\[4pt] \dfrac{3\cos(\pi t)+1}{\pi^2} & (k\leq t<k+1) \\[4pt] \dfrac{4\cos(\pi t)}{\pi^2} & (k+1\leq t\leq k+7) \\[4pt] \dfrac{3\cos(\pi t)+1}{\pi^2} & (k+7<t\leq k+8) \\[4pt] \dfrac{\cos(\pi t)-1}{\pi^2} & (k+8<t\leq k+9) \\[4pt] 0 & (t>k+9) \end{cases}$$

이를 이용하여 함수 $y=g(t)$의 그래프를 그려 보면 다음과 같다.

Step 3 구한 함수의 식을 이용하여 $k-\pi^2\sum\limits_{i=1}^{m}g(a_i)$의 값을 구한다.

함수 $g(t)$는 $t=k,\ t=k+2,\ t=k+4,\ t=k+6,\ t=k+8$에서 0이 아닌 극솟값을 가지므로 └▷ 코사인함수의 그래프의 개형을 이용하면 미분하지 않아도 언제 극소가 되는지 쉽게 알 수 있어.

$\sum\limits_{i=1}^{5}a_i=45$에서

$$k+(k+2)+(k+4)+(k+6)+(k+8)=5k+20=45$$

$$\therefore k=5$$

$$g(k)=g(k+8)=\frac{3\cos(k\pi)+1}{\pi^2}=\frac{-3+1}{\pi^2}=-\frac{2}{\pi^2},$$

$$g(k+2)=g(k+4)=g(k+6)=\frac{4\cos(k\pi)}{\pi^2}=-\frac{4}{\pi^2}$$이므로

$$\sum\limits_{i=1}^{5}g(a_i)=g(k)+g(k+2)+g(k+4)+g(k+6)+g(k+8)$$

$$=-\frac{2}{\pi^2}-\frac{4}{\pi^2}-\frac{4}{\pi^2}-\frac{4}{\pi^2}-\frac{2}{\pi^2}$$

$$=-\frac{16}{\pi^2}$$

$$\therefore k-\pi^2\sum\limits_{i=1}^{m}g(a_i)=5-\pi^2\sum\limits_{i=1}^{5}g(a_i)=5-\pi^2\times\left(-\frac{16}{\pi^2}\right)=21$$

135 [정답률 33%] 정답 ②

▷ 증가함수의 역함수에서 가장 많이 쓰이는 성질은 두 함수 $y=f(x),\ y=g(x)$의 그래프의 교점과 함수 $y=f(x)$의 그래프, 직선 $y=x$의 교점이 같다는 거야.

양의 실수 전체의 집합에서 정의된 함수 $f(x)=\dfrac{4x^2}{x^2+3}$에 대하여 $f(x)$의 역함수를 $g(x)$라 할 때, 함수 $h(x)$를
$$h(x)=f(x)-g(x)\ (0<x<4)$$
라 하자. [보기]에서 옳은 것만을 있는 대로 고른 것은? (4점)

[보기]
ㄱ. $h(1)=0$
▷ $h(1)=f(1)-g(1)=0$에서 $f(1)=g(1)$ 즉, 두 함수 $y=f(x),\ y=g(x)$의 그래프가 $x=1$에서 만나는지 묻고 있어.

ㄴ. 두 양수 $a,\ b\ (a<b<4)$에 대하여 $\displaystyle\int_{a}^{b}h(x)dx$의 값이 최대일 때, $b-a=2$이다.

ㄷ. $h(x)$의 도함수 $h'(x)$의 최댓값은 $\dfrac{7}{6}$이다.

① ㄱ　　② ㄱ, ㄴ　　③ ㄱ, ㄷ
④ ㄴ, ㄷ　　⑤ ㄱ, ㄴ, ㄷ

Step 1 두 함수 $y=f(x),\ y=g(x)$의 그래프의 교점은 함수 $y=f(x)$의 그래프와 직선 $y=x$의 교점과 같음을 이용한다.

ㄱ. 두 곡선 $y=f(x),\ y=g(x)$의 교점은 곡선 $y=f(x)$와 직선 $y=x$의 교점과 같다.

$\dfrac{4x^2}{x^2+3}=x$에서 $x^3-4x^2+3x=0$

└ $=f(x)$

▷ 함수 $f(x)$가 양의 실수 전체의 집합에서 정의된다고 했어.

$x(x-1)(x-3)=0$　　$\therefore x=1$ 또는 $x=3\ (\because x>0)$

즉, 두 곡선 $y=f(x),\ y=g(x)$의 교점의 x좌표는 1, 3이므로
$$f(1)=g(1)$$
▷ $f(3)=g(3)$

$$\therefore h(1)=f(1)-g(1)=0\ \text{(참)}$$

Step 2 두 함수 $y=f(x),\ y=g(x)$의 그래프의 개형을 이용하여 함수 $y=h(x)$의 그래프의 개형을 나타낸다.

└▷ $\left\{\dfrac{g(x)}{f(x)}\right\}'=\dfrac{g'(x)f(x)-g(x)f'(x)}{\{f(x)\}^2}$

ㄴ. $f(x)=\dfrac{4x^2}{x^2+3}$에서 $f'(x)=\dfrac{8x(x^2+3)-4x^2\times2x}{(x^2+3)^2}=\dfrac{24x}{(x^2+3)^2}$

양의 실수 전체의 집합에서 $f'(x)>0$이므로 함수 $f(x)$는 증가함수이다.

$$f''(x)=\frac{24(x^2+3)^2-24x\times2(x^2+3)\times2x}{(x^2+3)^4}$$

$$=\frac{24(x^2+3)\{(x^2+3)-4x^2\}}{(x^2+3)^4}$$
▷ 분자 계산 주의!

$$=\frac{72(1-x^2)}{(x^2+3)^3}=\frac{72(1-x)(1+x)}{(x^2+3)^3}$$
▷ $f''(x)>0$

곡선 $y=f(x)$는 열린구간 $(0,\ 1)$에서 아래로 볼록하고, 열린구간 $(1,\ \infty)$에서 위로 볼록하며, 변곡점은 $(1,\ 1)$이다.

▷ $f''(x)<0$　▷ $f''(1)=0$

따라서 두 함수 $y=f(x),\ y=g(x)$의 그래프의 개형은 다음 그림과 같다.

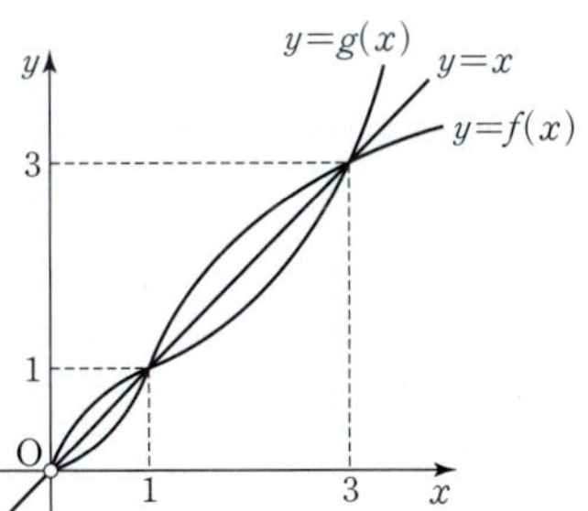

함수 $h(x)$는 닫힌구간 $[1,\ 3]$에서만 $h(x)\geq0$이므로 함수 $y=h(x)$의 그래프의 개형은 다음 그림과 같다.

▷ $1<x<3$에서 함수 $y=f(x)$의 그래프가 함수 $y=g(x)$의 그래프보다 위에 있어.

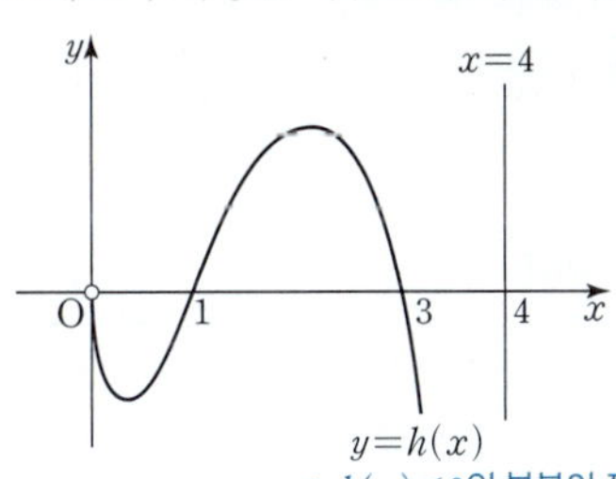

위 그림에서 두 양수 $a,\ b$에 대하여 $\displaystyle\int_{a}^{b}h(x)dx$의 값이 최대이

▷ $h(x)<0$인 부분이 포함되면 $\displaystyle\int_{a}^{b}h(x)dx$의 값이 감소해.

려면 닫힌구간 $[a,\ b]$에서 $h(x)\geq0$이고 $b-a$의 값이 최대이어야 한다.

따라서 $a=1,\ b=3$이므로 $b-a=2$이다. (참)

Step 3 역함수의 미분법을 이용하여 함수 $h'(x)$의 증가와 감소를 알아본다.

▷ 두 함수 $f(x)$와 $g(x)$는 역함수 관계야.

ㄷ. $f(g(x))=x$의 양변을 x에 대하여 미분하면
$$f'(g(x))\,g'(x)=1$$

$$\therefore g'(x)=\frac{1}{f'(g(x))}$$
▷ $h(x)=f(x)-g(x)$의 양변을 x에 대하여 미분했어.

$$h'(x)=f'(x)-g'(x)=f'(x)-\frac{1}{f'(g(x))}$$

$$g''(x)=-\frac{f''(g(x))g'(x)}{\{f'(g(x))\}^2}$$
▷ 점 $(1,\ 1)$에서 두 곡선 $y=f(x),\ y=g(x)$가 만나.

이때 $f''(1)=0$이고, $f(1)=g(1)=1$이므로

▷ 점 $(1,\ 1)$이 곡선 $y=f(x)$의 변곡점이야.

$$g''(1)=-\frac{f''(g(1))g'(1)}{\{f'(g(1))\}^2}=-\frac{f''(1)g'(1)}{\{f'(1)\}^2}=0$$

$$\therefore h''(1)=f''(1)-g''(1)=0$$

(i) $0<x<1$일 때, $h'(x)=f'(x)-g'(x)$의
▷ 양변을 x에 대하여 미분한 후, $x=1$을 대입했어.

$f''(x)>0,\ g'(x)>0,\ 0<g(x)<1$이므로

$$g''(x)=-\frac{f''(g(x))g'(x)}{\{f'(g(x))\}^2}<0$$
▷ 그래프에서도 알 수 있어.

따라서 열린구간 $(0,\ 1)$에서 $h''(x)=f''(x)-g''(x)>0$이다.

(ii) $1 < x \leq 4$일 때, → 함수 $h(x)$는 $0 < x < 4$에서만 정의돼.

$g'(x) > 0$, $g(x) > 1$이고, $x > 1$인 모든 실수 x에 대하여 $f''(x) < 0$이므로

$$g''(x) = -\frac{f''(g(x))g'(x)}{\{f'(g(x))\}^2} > 0$$

따라서 열린구간 $(1,\ 4)$에서 $h''(x) = f''(x) - g''(x) < 0$이다.

(i), (ii)에 의하여 함수 $h'(x)$의 증가와 감소를 표로 나타내면 다음과 같다. → 도함수 $h'(x)$의 최댓값을 물어봤으므로 함수 $h'(x)$의 증가·감소를 알아봐야 해. 함수 $h(x)$와 혼동하면 안 돼.

x	0	$\cdots$	1	$\cdots$	4
$h''(x)$		$+$	0	$-$	
$h'(x)$		$\nearrow$	최대	$\searrow$	

따라서 함수 $h'(x)$는 $x = 1$에서 최댓값을 갖는다.

$f'(1) = \dfrac{24}{16} = \dfrac{3}{2}$이므로

$$h'(1) = f'(1) - \frac{1}{f'(g(1))} = f'(1) - \frac{1}{f'(1)}$$
$$= \frac{3}{2} - \frac{2}{3} = \frac{5}{6} \quad \xrightarrow{} g(1) = 1$$

즉, 함수 $h'(x)$의 최댓값은 $\dfrac{5}{6}$이다. (거짓)

그러므로 옳은 것은 ㄱ, ㄴ이다.

이때 $\dfrac{s^3}{s+1} = \dfrac{1}{2}$에서 $s = 1$, $\dfrac{s^3}{s+1} = \dfrac{27}{4}$에서 $s = 3$ → 분모가 4임에 초점을 두면 쉽게 구할 수 있다.

$t = g^{-1}(u)$라 하면 $dt = \{g^{-1}(u)\}'du$이고 $t = \dfrac{1}{2}$일 때

$u = 1$, $t = \dfrac{27}{4}$일 때, $u = 3$이므로 $\displaystyle\int_{\frac{1}{2}}^{\frac{27}{4}} g(t)dt = \int_1^3 u\{g^{-1}(u)\}'du$ 이다. → 분모가 2가 됨에 초점을 둔다.

$\{g^{-1}(u)\}' = \left(\dfrac{u^3}{u+1}\right)' = \dfrac{3u^2(u+1) - u^3}{(u+1)^2} = \dfrac{2u^3 + 3u^2}{(u+1)^2}$이므로

$$\int_1^3 u\{g^{-1}(u)\}'du = \int_1^3 \frac{2u^4 + 3u^3}{(u+1)^2}du$$
$$= \int_1^3 \frac{(2u^2 - u)(u+1)^2 + (u+1) - 1}{(u+1)^2}du$$
$$= \int_1^3 \left(2u^2 - u + \frac{1}{u+1} - \frac{1}{(u+1)^2}\right)du$$
$$= \left[\frac{2}{3}u^3 - \frac{1}{2}u^2 + \ln|u+1| + \frac{1}{u+1}\right]_1^3$$
$$= \left(18 - \frac{9}{2} + \ln 4 + \frac{1}{4}\right) - \left(\frac{2}{3} - \frac{1}{2} + \ln 2 + \frac{1}{2}\right)$$
$$= \left(18 - \frac{9}{2} + \frac{1}{4} - \frac{2}{3}\right) + (\ln 4 - \ln 2)$$
$$= \frac{157}{12} + \ln 2$$

136 [정답률 39%]   정답 ⑤

함수

$$f(x) = \frac{1}{2}x^2 - x + \ln(1+x)$$

와 양수 t에 대하여 점 $(s,\ f(s))(s > 0)$에서 y축에 내린 수선의 발과 곡선 $y = f(x)$ 위의 점 $(s,\ f(s))$에서의 접선이 y축과 만나는 점 사이의 거리가 t가 되도록 하는 s의 값을 $g(t)$라 하자. $\displaystyle\int_{\frac{1}{2}}^{\frac{27}{4}} g(t)dt$의 값은? (4점) → $s = g(t)$

① $\dfrac{161}{12} + \ln 3$ ② $\dfrac{40}{3} + \ln 3$ ③ $\dfrac{53}{4} + \ln 2$

④ $\dfrac{79}{6} + \ln 2$ ✓⑤ $\dfrac{157}{12} + \ln 2$

Step 1 t와 s 사이의 관계식을 세운다.

점 $(s,\ f(s))$에서 y축에 내린 수선의 발의 좌표는 $(0,\ f(s))$ → $x = 0$

곡선 $y = f(x)$ 위의 점 $(s,\ f(s))$에서의 접선의 방정식은

$y - f(s) = f'(s)(x - s) \quad \therefore y = f'(s)(x - s) + f(s)$

따라서 이 접선의 y절편은 $-sf'(s) + f(s)$이다.

즉 두 점 사이의 거리는 $|-sf'(s)|$이고 → $= |-sf'(s) + f(s) - f(s)|$

$f'(s) = s - 1 + \dfrac{1}{s+1} = \dfrac{s^2}{s+1}$이므로

$t = |-sf'(s)| = |sf'(s)| = \left|\dfrac{s^3}{s+1}\right| = \dfrac{s^3}{s+1} \ (\because s > 0)$

Step 2 치환적분을 이용한다. → $|a| = |-a|$ → $s > 0$에서 $s + 1 > 0$,

$s = g(t)$이므로 $g^{-1}(s) = t = \dfrac{s^3}{s+1}$이다. → $s^3 > 0$이므로 $\dfrac{s^3}{s+1} > 0$

137 [정답률 11%]   정답 143

실수 전체의 집합에서 증가하고 미분가능한 함수 $f(x)$가 다음 조건을 만족시킨다.

(가) $f(1) = 1$, $\displaystyle\int_1^2 f(x)dx = \dfrac{5}{4}$

(나) 함수 $f(x)$의 역함수를 $g(x)$라 할 때, $x \geq 1$인 모든 실수 x에 대하여 $g(2x) = 2f(x)$이다.

$\displaystyle\int_1^8 xf'(x)dx = \dfrac{q}{p}$일 때, $p + q$의 값을 구하시오.

(단, p와 q는 서로소인 자연수이다.) (4점)

Step 1 $\displaystyle\int_a^b f(x)g'(x)dx = \left[f(x)g(x)\right]_a^b - \int_a^b f'(x)g(x)dx$임을 이용한다.

$$\int_1^8 xf'(x)\,dx=\Big[xf(x)\Big]_1^8-\int_1^8\{1\times f(x)\}\,dx$$
$$=8f(8)-f(1)-\int_1^8 f(x)\,dx \qquad\cdots\cdots\ \text{㉠}$$

Step 2 $x\geq 1$인 모든 실수 x에 대하여 $g(2x)=2f(x)$임을 이용하여 $f(8)$의 값을 구한다.

조건 (나)에서 $g(2x)=2f(x)$ $\qquad\cdots\cdots\ \text{㉡}$

㉡에 $x=1$을 대입하면 $g(2)=2f(1)=2\ (\because f(1)=1)$

따라서 $g(2)=2$이므로 $f(2)=2$

㉡에 $x=2$를 대입하면 $g(4)=2f(2)=4\ (\because f(2)=2)$

따라서 $g(4)=4$이므로 $f(4)=4$

㉡에 $x=4$를 대입하면 $g(8)=2f(4)=8\ (\because f(4)=4)$

따라서 $g(8)=8$이므로 $f(8)=8$

Step 3 역함수의 정적분을 이용하여 $\int_1^8 f(x)\,dx$의 값을 구한다.

$$\int_1^8 f(x)\,dx=\int_1^2 f(x)\,dx+\int_2^8 f(x)\,dx$$
$$=\int_1^2 f(x)\,dx+\int_2^4 f(x)\,dx+\int_4^8 f(x)\,dx \qquad\cdots\cdots\ \text{㉢}$$

함수 $f(x)$의 역함수 $g(x)$에 대하여

$$\int_2^4 f(x)\,dx+\int_{f(2)}^{f(4)} g(x)\,dx=4f(4)-2f(2)$$이므로

$$\int_2^4 f(x)\,dx+\int_2^4 g(x)\,dx=4\times 4-2\times 2$$
$$\qquad\qquad\qquad\qquad\quad 16-4=12$$
$$\therefore \int_2^4 f(x)\,dx+\int_2^4 g(x)\,dx=12 \qquad\cdots\cdots\ \text{㉣}$$

조건 (나)에서 $g(2x)=2f(x)$이므로 $g(x)=2f\left(\dfrac{x}{2}\right)$

$$\int_2^4 g(x)\,dx=\int_2^4 2f\left(\dfrac{x}{2}\right)dx$$에서

$\dfrac{x}{2}=t$로 치환하면 $dx=2dt$

$$\therefore \int_2^4 g(x)\,dx=\int_2^4 2f\left(\dfrac{x}{2}\right)dx=\int_1^2 4f(t)\,dt$$
$$\qquad 2f(t)\times 2dt=4f(t)dt$$
$$=4\int_1^2 f(x)\,dx=4\times\dfrac{5}{4}=5 \qquad \dfrac{5}{4}$$

㉣에서 $\int_2^4 f(x)\,dx+5=12$이므로 $\int_2^4 f(x)\,dx=7$ $\ \left(\int_2^4 g(x)\,dx\right)$

마찬가지로 $\int_4^8 f(x)\,dx+\int_{f(4)}^{f(8)} g(x)\,dx=8f(8)-4f(4)$이므로

$$\int_4^8 f(x)\,dx+\int_4^8 g(x)\,dx=8\times 8-4\times 4$$
$$\qquad\qquad\qquad\qquad\quad 64-16=48$$
$$\therefore \int_4^8 f(x)\,dx+\int_4^8 g(x)\,dx=48 \qquad\cdots\cdots\ \text{㉤}$$
$$\qquad\qquad\qquad\qquad\quad \dfrac{x}{2}=t\text{로 치환했어.}$$

$$\int_4^8 g(x)\,dx=\int_4^8 2f\left(\dfrac{x}{2}\right)dx=\int_2^4 4f(t)\,dt$$
$$=4\int_2^4 f(x)\,dx=28 \qquad \int_2^4 f(x)\,dx=7\text{이야.}$$

㉤에서 $\int_4^8 f(x)\,dx+28=48$이므로 $\int_4^8 f(x)\,dx=20$

따라서 $\int_1^2 f(x)\,dx=\dfrac{5}{4},\ \int_2^4 f(x)\,dx=7,\ \int_4^8 f(x)\,dx=20$이므로

㉢에서 $\int_1^8 f(x)\,dx=\dfrac{5}{4}+7+20=\dfrac{113}{4}$

Step 4 $f(8)=8,\ \int_1^8 f(x)\,dx=\dfrac{113}{4}$임을 이용한다.

㉠에서
$$\qquad\qquad 8f(8)\qquad \int_1^8 f(x)\,dx$$
$$\int_1^8 xf'(x)\,dx=8\times 8-1-\dfrac{113}{4}=\dfrac{139}{4} \qquad f(1)$$

따라서 $p=4,\ q=139$이므로 $p+q=143$

---

138 [정답률 21%]   정답 ⑤

0이 아닌 세 정수 $l,\ m,\ n$이
$$|l|+|m|+|n|\leq 10$$
을 만족시킨다. $0\leq x\leq\dfrac{3}{2}\pi$에서 정의된 연속함수 $f(x)$가
$$f(0)=0,\ f\left(\dfrac{3}{2}\pi\right)=1$$이고

$$f'(x)=\begin{cases} l\cos x & \left(0<x<\dfrac{\pi}{2}\right)\\[2mm] m\cos x & \left(\dfrac{\pi}{2}<x<\pi\right)\\[2mm] n\cos x & \left(\pi<x<\dfrac{3}{2}\pi\right)\end{cases}$$

를 만족시킬 때, $\int_0^{\frac{3}{2}\pi} f(x)\,dx$의 값이 최대가 되도록 하는 $l,\ m,\ n$에 대하여 $l+2m+3n$의 값은? (4점)

① 12   ② 13   ③ 14
④ 15   ⑤ 16

Step 1 함수 $f(x)$의 식을 완성한다.

주어진 도함수 $f'(x)$를 부정적분하면

$$f(x)=\begin{cases} l\sin x+C_1 & \left(0<x<\dfrac{\pi}{2}\right)\\[2mm] m\sin x+C_2 & \left(\dfrac{\pi}{2}<x<\pi\right)\\[2mm] n\sin x+C_3 & \left(\pi<x<\dfrac{3}{2}\pi\right)\end{cases}$$ (단, $C_1,\ C_2,\ C_3$은 적분상수)

이때 $f(x)$는 연속함수이므로 $0\leq x\leq\dfrac{3}{2}\pi$에서 극한값과 함숫값이 동일!

$$f(0)=\lim_{x\to 0+} f(x)=\lim_{x\to 0+}(l\sin x+C_1)=C_1=0 \qquad\cdots\cdots\ \text{㉠}$$
극한값과 함숫값 비교!

$$f\left(\dfrac{3}{2}\pi\right)=\lim_{x\to\frac{3}{2}\pi-} f(x)=\lim_{x\to\frac{3}{2}\pi-}(n\sin x+C_3)$$
$$\qquad\qquad\qquad\qquad\qquad \sin\dfrac{3}{2}\pi=-1$$
$$=-n+C_3=1 \qquad\cdots\cdots\ \text{㉡}$$

$x=\dfrac{\pi}{2}$에서의 좌극한, 우극한이 같아야 하므로

$$\lim_{x\to\frac{\pi}{2}-} f(x)=\lim_{x\to\frac{\pi}{2}-}(l\sin x+C_1)=l+C_1=l\ (\because \text{㉠})$$
$$\lim_{x\to\frac{\pi}{2}+} f(x)=\lim_{x\to\frac{\pi}{2}+}(m\sin x+C_2)=m+C_2$$
$$\qquad\qquad\qquad\qquad\qquad \sin\dfrac{\pi}{2}=1$$
$$\therefore l=m+C_2 \qquad\cdots\cdots\ \text{㉢}$$

$x=\pi$에서의 좌극한, 우극한이 같아야 하므로

$$\lim_{x\to\pi-} f(x)=\lim_{x\to\pi-}(m\sin x+C_2)=C_2$$
$$\qquad\qquad\qquad\qquad \sin\pi=0$$
$$\lim_{x\to\pi+} f(x)=\lim_{x\to\pi+}(n\sin x+C_3)=C_3$$
$$\therefore C_2=C_3 \qquad\cdots\cdots\ \text{㉣}$$
$$\qquad C_3=n+1$$

이때 ㉡, ㉣에 의하여 $C_2=C_3=n+1$

따라서 $f(x)$의 식을 구하면

$$f(x)=\begin{cases} l\sin x & \left(0\leq x<\dfrac{\pi}{2}\right)\\[2mm] m\sin x+(n+1) & \left(\dfrac{\pi}{2}\leq x<\pi\right)\\[2mm] n\sin x+(n+1) & \left(\pi\leq x\leq\dfrac{3}{2}\pi\right)\end{cases}$$

Step 2 $\int_0^{\frac{3}{2}\pi} f(x)\,dx$의 값을 $l,\ m,\ n$을 이용하여 나타낸다.

$\to$ $f(x)$의 식이 구간마다 다르니까 나누어 적분!

$$\int_0^{\frac{3}{2}\pi} f(x)\,dx = \int_0^{\frac{\pi}{2}} f(x)\,dx + \int_{\frac{\pi}{2}}^{\pi} f(x)\,dx + \int_{\pi}^{\frac{3}{2}\pi} f(x)\,dx$$

$$= \int_0^{\frac{\pi}{2}} l\sin x\,dx + \int_{\frac{\pi}{2}}^{\pi} (m\sin x + n + 1)\,dx$$
$$+ \int_{\pi}^{\frac{3}{2}\pi} (n\sin x + n + 1)\,dx$$

$$= \Big[-l\cos x\Big]_0^{\frac{\pi}{2}} + \Big[-m\cos x + (n+1)x\Big]_{\frac{\pi}{2}}^{\pi}$$
$$+ \Big[-n\cos x + (n+1)x\Big]_{\pi}^{\frac{3}{2}\pi}$$

$\left(-l\cos\frac{\pi}{2}\right) + l\cos 0 \leftarrow$
$= 0 + l = l$

$$= l + m + \frac{\pi}{2}(n+1) - n + \frac{\pi}{2}(n+1)$$
$$= l + m + (\pi - 1)n + \pi$$

이때 ⓒ에서 $l = m + C_2 = m + n + 1$이므로

$\to = n + 1$

$$\int_0^{\frac{3}{2}\pi} f(x)\,dx = l + m + (\pi-1)n + \pi$$
$$= (m+n+1) + m + (\pi-1)n + \pi$$
$$= 2m + (n+1)\pi + 1$$

$\to$ 이 값이 최대가 되어야 해!

Step 3 $\int_0^{\frac{3}{2}\pi} f(x)\,dx$의 값이 최대가 되는 경우를 파악한다.

$\int_0^{\frac{3}{2}\pi} f(x)\,dx$의 값이 최대가 되려면 $m,\ n$의 값은 양의 정수이어야 하며, $l = m + n + 1$이므로 l의 값 또한 양의 정수이어야 한다.

$\therefore\ |l| = l,\ |m| = m,\ |n| = n$

이때 $|l| + |m| + |n| \leq 10$에서 $l + m + n \leq 10$

$\underline{(m+n+1) + m + n \leq 10},\ 2m + 2n + 1 \leq 10$

$\to$ l 대신 대입

$\therefore\ m + n \leq \dfrac{9}{2}$

$\to = 4.5$

따라서 $m + n = 4$를 만족시키는 $m,\ n$의 값에 따라 경우를 나누어 보면 다음과 같다.

$\to$ $m,\ n$은 양의 정수이므로 $m+n$의 최댓값은 4

(i) $m = 1,\ n = 3$일 때
$$\int_0^{\frac{3}{2}\pi} f(x)\,dx = 2\times 1 + (3+1)\times\pi + 1 = 4\pi + 3$$
$\to \fallingdotseq 15.57$

(ii) $m = 2,\ n = 2$일 때
$$\int_0^{\frac{3}{2}\pi} f(x)\,dx = 2\times 2 + (2+1)\times\pi + 1 = 3\pi + 5$$
$\to \fallingdotseq 14.42$

(iii) $m = 3,\ n = 1$일 때
$$\int_0^{\frac{3}{2}\pi} f(x)\,dx = 2\times 3 + (1+1)\times\pi + 1 = 2\pi + 7$$
$\to \fallingdotseq 13.28$

그러므로 (i)~(iii)에서 $m = 1,\ n = 3$일 때

$\int_0^{\frac{3}{2}\pi} f(x)\,dx$의 값이 최대가 되고

이때 $l = 1 + 3 + 1 = 5$이므로

$l + 2m + 3n = 5 + 2\times 1 + 3\times 3 = 16$

수능포인트

조건을 만족시키는 함수를 만든 후 정적분의 값이 최대가 되도록 $l,\ m,$ n의 값을 만들어주는 문제입니다.

처음에 $|l| + |m| + |n| \leq 10$을 보고 조건을 만족시키는 $l,\ m,\ n$의 값이 너무 많아 당황했을 수도 있지만, 조건을 만족시키는 값들로 추려가면서 경우의 수를 줄여나가면 생각보다 어렵지 않게 해결할 수 있습니다.

---

139 [정답률 6%]

정답 350

함수

$$f(x) = \begin{cases} -x - \pi & (x < -\pi) \\ \sin x & (-\pi \leq x \leq \pi) \\ -x + \pi & (x > \pi) \end{cases}$$

가 있다. 실수 t에 대하여 부등식 $f(x) \leq f(t)$를 만족시키는 실수 x의 최솟값을 $g(t)$라 하자. 예를 들어, $g(\pi) = -\pi$이다.

함수 $g(t)$가 $t = \alpha$에서 불연속일 때, $\to$ t의 값의 범위에 따라 함수 $g(t)$의 식을 구하면 함수 $g(t)$가 어디서 불연속인지 알 수 있어.

$$\int_{-\pi}^{\alpha} g(t)\,dt = -\frac{7}{4}\pi^2 + p\pi + q$$

이다. $100 \times |p + q|$의 값을 구하시오.

(단, $p,\ q$는 유리수이다.) (4점)

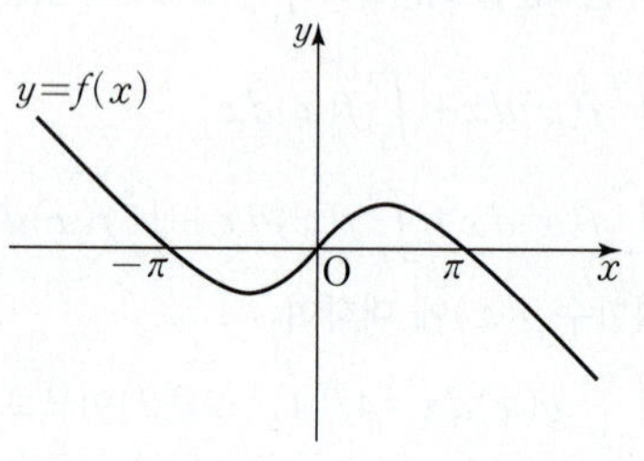

Step 1 문제의 의미를 파악한다.

부등식 $f(x) \leq f(t)$를 만족시키는 x의 값의 범위는 곡선 $y = f(x)$가 직선 $y = f(t)$와 만나거나 아래쪽에 그려지는 실수 x의 값의 범위와 같다. 이때 $g(t)$는 부등식 $f(x) \leq f(t)$를 만족시키는 실수 x의 최솟값이므로 곡선 $y = f(x)$와 직선 $y = f(t)$가 만나는 점의 x좌표 중 가장 작은 값이다. $\to$ 그래프를 그려 보면 쉽게 알 수 있어.

Step 2 t의 값의 범위에 따라 경우를 나누어 $g(t)$를 구한다.

(i) $t \leq -\dfrac{\pi}{2}$일 때

곡선 $y = f(x)$와 직선 $y = f(t)$가 만나는 점의 x좌표 중 가장 작은 값은 t이므로

$g(t) = t$

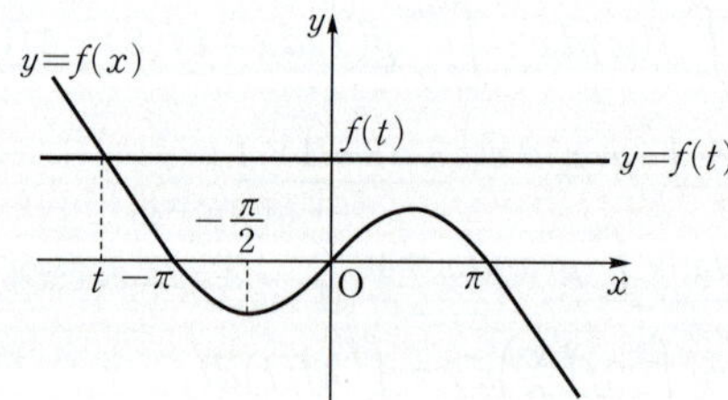

(ii) $-\dfrac{\pi}{2} < t \leq 0$일 때

점 A의 x좌표가 t일 때, 곡선 $y = f(x)$와 직선 $y = f(t)$가 만나는 점 중 x좌표가 가장 작은 점을 A′이라 하면 점 A′의 x좌표는 $g(t)$이다.

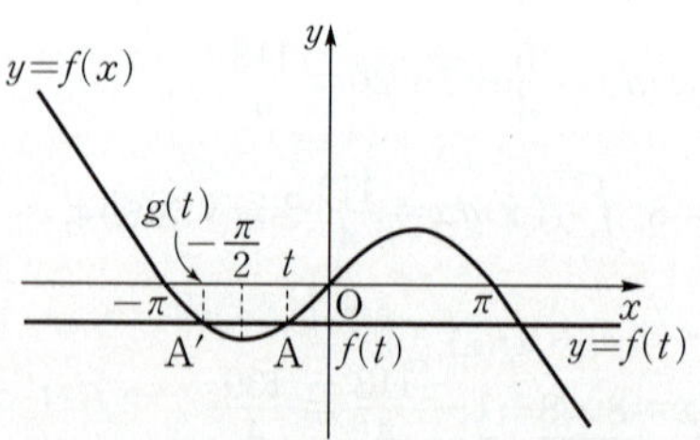

이때 두 점 A, A'은 직선 $x=-\dfrac{\pi}{2}$에 대하여 대칭이므로

$\dfrac{g(t)+t}{2}=-\dfrac{\pi}{2}$ ⟶ $g(t)$와 t의 중간값이 $-\dfrac{\pi}{2}$가 되어야 해.

$\therefore g(t)=-t-\pi$

(iii) $0<t\leq\pi$일 때

점 B의 x좌표가 t일 때, 곡선 $y=f(x)$와 직선 $y=f(t)$가 만나는 점 중 x좌표가 가장 작은 점을 B'이라 하면 점 B'의 x좌표는 $g(t)$이다.

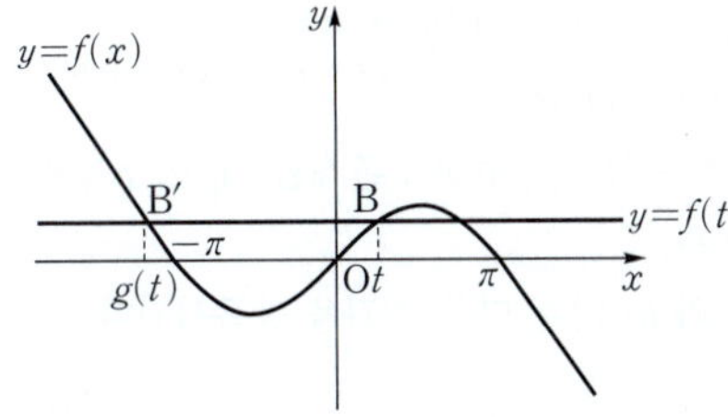

이때 점 B는 곡선 $y=\sin x$ 위의 점이고, 점 B'은 직선 $y=-x-\pi$ 위의 점이므로

$\sin t=-g(t)-\pi$ ⟶ 점 B'의 y좌표 / 점 B의 y좌표

$\therefore g(t)=-\sin t-\pi$

(iv) $\pi<t\leq\pi+1$일 때

점 C의 x좌표가 t일 때, 곡선 $y=f(x)$와 직선 $y=f(t)$가 만나는 점 중 x좌표가 가장 작은 점을 C'이라 하면 점 C'의 x좌표는 $g(t)$이다.

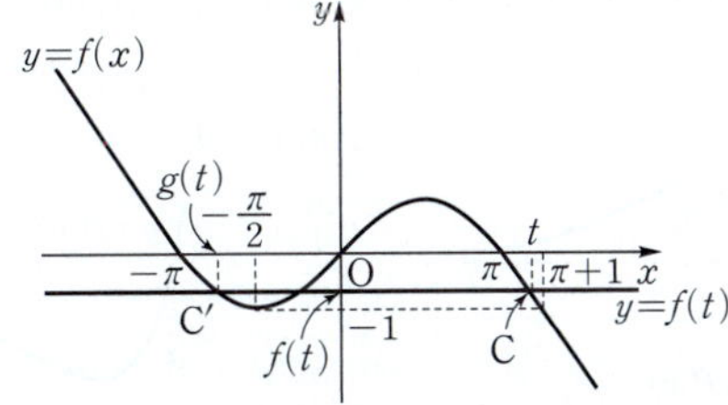

이때 점 C는 직선 $y=-x+\pi$ 위의 점이고, 점 C'은 곡선 $y=\sin x$ 위의 점이므로

$-t+\pi=\sin g(t)$ ⟶ 점 C'의 y좌표 / 점 C의 y좌표

함수 $y=\sin x\left(-\pi\leq x\leq-\dfrac{\pi}{2}\right)$의 역함수를 $h(x)$라 하면

$g(t)=h(-t+\pi)$ ⟶ $y=\sin x$의 역함수를 직접 구할 수 없으므로 새로운 함수 $h(x)$를 이용했어.

(v) $t>\pi+1$일 때

곡선 $y=f(x)$와 직선 $y=f(t)$가 만나는 점의 x좌표 중 가장 작은 값은 t이므로

$g(t)=t$

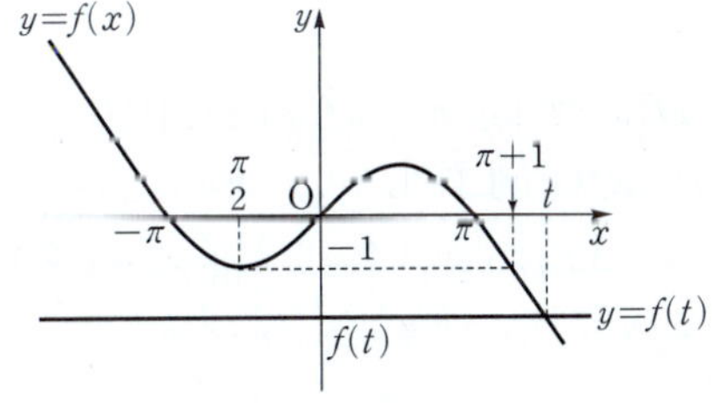

계산한다.

먼저 (iv)의 $y=h(-t+\pi)$의 그래프는 $y=\sin t\left(-\pi\leq t\leq-\dfrac{\pi}{2}\right)$의 그래프를 직선 $y=t$에 대하여 대칭이동(ⓐ)한 후 y축에 대하여 대칭이동(ⓑ)하고 t축의 양의 방향으로 π만큼 평행이동(ⓒ)한 것이므로 오른쪽 그림과 같다.

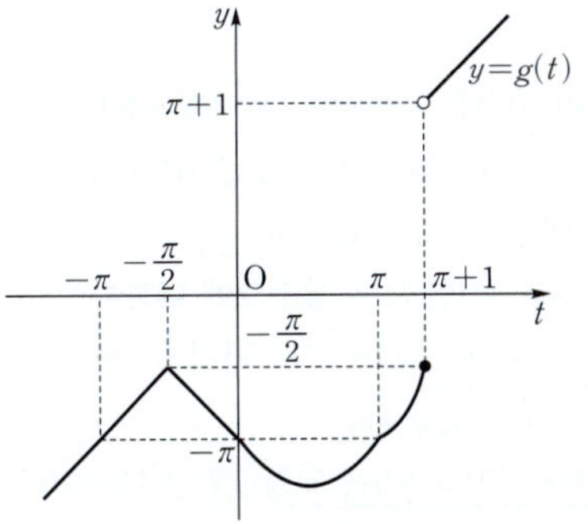

(i)~(v)에 의해 함수 $g(t)$의 그래프는 다음 그림과 같다.

따라서 함수 $g(t)$는 $t=\pi+1$에서 불연속이므로 $\alpha=\pi+1$

$\displaystyle\int_{-\pi}^{\pi}g(t)\,dt=\int_{-\pi}^{0}g(t)\,dt+\int_{0}^{\pi}g(t)\,dt$

$\displaystyle=-2\times\left\{\dfrac{1}{2}\times\left(\dfrac{\pi}{2}+\pi\right)\times\dfrac{\pi}{2}\right\}+\int_{0}^{\pi}(-\sin t-\pi)\,dt$ ⟶ 적분을 이용하지 않고 사다리꼴의 넓이 공식을 이용했어.

$=-\dfrac{3}{4}\pi^2+\Big[\cos t-\pi t\Big]_{0}^{\pi}$

$=-\dfrac{3}{4}\pi^2+(-\pi^2-2)=-\dfrac{7}{4}\pi^2-2$ ······ ㉠

$\displaystyle\int_{\pi}^{\pi+1}g(t)\,dt=-1\times\dfrac{\pi}{2}+\int_{-\pi}^{-\frac{\pi}{2}}\sin t\,dt$

$=-\dfrac{1}{2}\pi+\Big[-\cos t\Big]_{-\pi}^{-\frac{\pi}{2}}$

$=-\dfrac{1}{2}\pi-1$ ⟶ $=-\cos\left(-\dfrac{\pi}{2}\right)+\cos(-\pi)$ $=0-1=-1$ ······ ㉡

따라서 ㉠, ㉡에 의해

$\displaystyle\int_{-\pi}^{\pi+1}g(t)\,dt=-\dfrac{7}{4}\pi^2-\dfrac{1}{2}\pi-3$ ⟶ $\displaystyle=\int_{-\pi}^{\pi}g(t)dt+\int_{\pi}^{\pi+1}g(t)dt$ $=\left(-\dfrac{7}{4}\pi^2-2\right)+\left(-\dfrac{1}{2}\pi-1\right)$

이므로 $p=-\dfrac{1}{2}$, $q=-3$

$\therefore 100\times|p+q|=100\times\left|-\dfrac{1}{2}-3\right|=350$

140 [정답률 7%] 정답 283

> 최고차항의 계수가 1인 사차함수 $f(x)$와 구간 $(0, \infty)$에서 $g(x) \geq 0$인 함수 $g(x)$가 다음 조건을 만족시킨다.
>
> > (가) $x \leq -3$인 모든 실수 x에 대하여
> > $f(x) \geq f(-3)$이다.
> > (나) $x > -3$인 모든 실수 x에 대하여
> > $g(x+3)\{f(x)-f(0)\}^2 = f'(x)$이다.
>
> $\int_4^5 g(x)dx = \dfrac{q}{p}$일 때, $p+q$의 값을 구하시오.
>
> (단, p와 q는 서로소인 자연수이다.) (4점)

Step 1 조건 (가), (나)를 이용하여 $f'(x)$를 구한다.

함수 $g(x)$는 구간 $(0, \infty)$에서 $g(x) \geq 0$이므로 $x > -3$인 모든 실수 x에 대하여 $g(x+3) \geq 0$이다.

조건 (나)에서 $x > -3$인 모든 실수 x에 대하여 $g(x+3)\{f(x)-f(0)\}^2 \geq 0$이므로 구간 $(-3, \infty)$에서 $f'(x) \geq 0$이다. → 음수가 될 수 없다.

또한 조건 (나)의 식에 $x=0$을 대입하면 $f'(0)=0$ → (좌변)$=g(3)\{f(0)-f(0)\}^2=0$

따라서 조건 (가), (나)에 의하여 함수 $y=f'(x)$의 그래프의 개형은 다음과 같다.

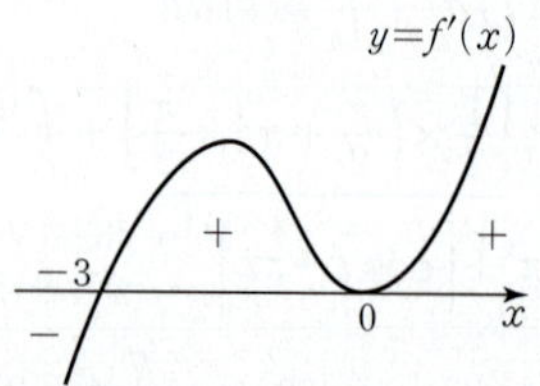

→ $x>-3$에서 함수 $f(x)$는 증가

이때 함수 $f(x)$는 최고차항의 계수가 1인 사차함수이므로
$f'(x)=4x^2(x+3)=4x^3+12x^2$ → $f'(x)$는 최고차항의 계수가 4인 삼차함수
$\therefore f(x)=x^4+4x^3+C$ (단, C는 적분상수)

Step 2 $g(x+3)$의 식을 이용하여 $\int_4^5 g(x)dx$의 값을 구한다.

$g(x+3)(x^4+4x^3)^2=4x^3+12x^2$ $\quad \cdots\cdots \bigcirc$ → 조건 (나)의 식에 $f(x)=x^4+4x^3+C$를 대입

한편, $\int_4^5 g(x)dx$에서 구간 $[4, 5]$에서의 $g(x)$의 값은 구간 $[1, 2]$에서의 $g(x+3)$의 값과 같다.

구간 $[1, 2]$에서 $x^4+4x^3 \neq 0$이므로 $\bigcirc$에서
$g(x+3) = \dfrac{4x^3+12x^2}{(x^4+4x^3)^2}$ → $g(x+3)$의 식만 알고 있으므로 식을 변형시키기 위해 치환한다.

$\int_4^5 g(x)dx$에서 $x-3=t$로 놓으면 $\dfrac{dx}{dt}=1$이고

$x=4$일 때 $t=1$, $x=5$일 때 $t=2$이므로

$\int_4^5 g(x)dx = \int_1^2 g(t+3)dt = \int_1^2 \dfrac{4t^3+12t^2}{(t^4+4t^3)^2}dt$

이때 $t^4+4t^3=s$로 놓으면 $4t^3+12t^2=\dfrac{ds}{dt}$ → 적분을 바로 계산하기 까다로우므로 치환한다.

$t=1$일 때 $s=5$, $t=2$일 때 $s=48$이므로

$\int_1^2 \dfrac{4t^3+12t^2}{(t^4+4t^3)^2}dt = \int_5^{48} \dfrac{1}{s^2}ds = \left[-\dfrac{1}{s}\right]_5^{48}$ → $=s^{-2}$
$\qquad = -\dfrac{1}{48} + \dfrac{1}{5} = \dfrac{43}{240}$

따라서 $p=240$, $q=43$이므로
$p+q=283$

141 [정답률 8%] 정답 125

> $ab<0$인 상수 a, b에 대하여 함수 $f(x)$는 $f(x)=(ax+b)e^{-\frac{x}{2}}$이고 함수 $g(x)$는 $g(x)=\int_0^x f(t)dt$이다. 실수 $k(k>0)$에 대하여 부등식
>
> $g(x)-k \geq xf(x)$ → k만 우변으로 이항하고 나머지는 좌변으로 이항
>
> 를 만족시키는 양의 실수 x가 존재할 때, 이 x의 값 중 최솟값을 $h(k)$라 하자.
>
> 함수 $g(x)$와 $h(k)$는 다음 조건을 만족시킨다.
>
> > (가) 함수 $g(x)$는 극댓값 α를 갖고 $h(\alpha)=2$이다.
> > (나) $h(k)$의 값이 존재하는 k의 최댓값은 $8e^{-2}$이다.
>
> $100(a^2+b^2)$의 값을 구하시오. (단, $\lim_{x \to \infty} f(x)=0$) (4점)

Step 1 함수 $g(x)$가 극댓값을 가짐을 이용하여 a, b의 부호를 구한다.

함수 $y=f(x)$의 그래프의 개형은 다음과 같다.

→ $f\left(-\dfrac{b}{a}\right)=0$, $\lim_{x \to \infty} f(x)=0$이고, a의 부호에 따라 $x=-\dfrac{b}{a}$의 좌우에서 $f(x)$의 부호가 어떻게 바뀌는지에 유의하면 (i), (ii)로 나누어 $y=f(x)$의 그래프의 개형을 그릴 수 있어.

(i) $a>0$ (ii) $a<0$

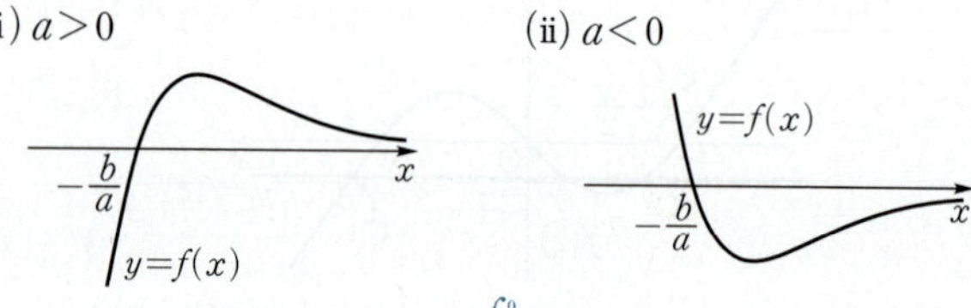

$g(x)=\int_0^x f(t)dt$에서 $g(0)=0$, $g'(x)=f(x)$ → $\int_0^0 f(t)dt=0$

조건 (가)에 의하여 함수 $g(x)$는 극댓값 α를 가지고

$g'(x)=f(x)=(ax+b)e^{-\frac{x}{2}}=0$에서 $x=-\dfrac{b}{a}$이므로

함수 $g(x)$는 $x=-\dfrac{b}{a}$에서 극댓값을 갖는다.

즉, 함수 $f(x)$의 그래프의 개형은 (ii)이어야 하므로

$a<0, b>0$ → $ab<0$이므로 $g(x)$가 $x=-\dfrac{b}{a}$에서 극댓값을 가지려면 $a<0, b>0$이어야 해.

Step 2 $p(x)=g(x)-xf(x)$로 놓고 함수 $y=p(x)$의 그래프의 개형을 나타낸다.

$g(x)-k \geq xf(x)$에서 $g(x)-xf(x) \geq k$이므로
$p(x)=g(x)-xf(x)$라 하자.

$f'(x)=ae^{-\frac{x}{2}}-\dfrac{1}{2}(ax+b)e^{-\frac{x}{2}}=-\dfrac{1}{2}a\left(x-2+\dfrac{b}{a}\right)e^{-\frac{x}{2}}$이므로

→ $g'(x)=f(x)$이므로 $g'(x)-f(x)=0$

$p'(x)=g'(x)-f(x)-xf'(x)=-xf'(x)$
$\qquad = \dfrac{1}{2}ax\left(x-2+\dfrac{b}{a}\right)e^{-\frac{x}{2}}$

$p'(x)=0$에서 $x=0$ 또는 $x=2-\dfrac{b}{a}$이므로 함수 $p(x)$는 $x=0$에서 극솟값, $x=2-\dfrac{b}{a}$에서 극댓값을 갖는다.

이때 조건 (가), (나)를 만족시키는 함수 $y=p(x)$의 그래프의 개형
은 다음과 같다.

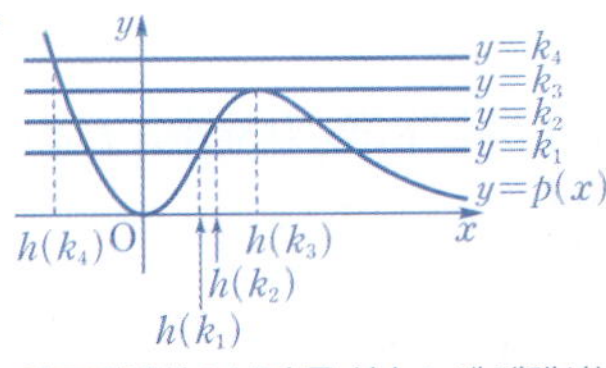

$-\dfrac{b}{a}>0$이므로 2와 $-\dfrac{b}{a}$는
0과 $2-\dfrac{b}{a}$ 사이에 있어.

이 사실과 함수 $y=p(x)$의
그래프의 개형으로부터
조건 (가)는 $p(2)=\alpha$를
의미한다는 것을 알 수
있어야 해.

위 그림에서 k_3보다 큰 실수 k_4에 대해서는 $p(x)\ge k_4$를
만족시키는 양의 실수 x값이 존재하지 않으므로
$h(k)$의 값이 존재하는 k의 최댓값은 함수 $p(x)$의
극댓값 k_3임을 알 수 있어.

즉, 이때의 $h(k_3)$의 값은 $2-\dfrac{b}{a}$이고 조건 (나)에 의해
$$p\left(2-\dfrac{b}{a}\right)=8e^{-2}\text{이 돼.}$$

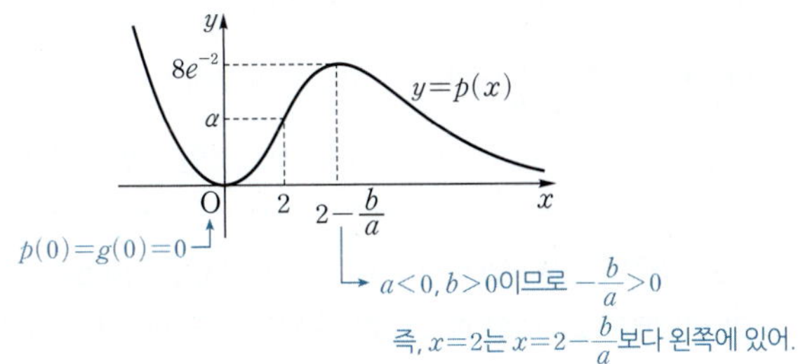

$p(0)=g(0)=0$

$a<0, b>0$이므로 $-\dfrac{b}{a}>0$

즉, $x=2$는 $x=2-\dfrac{b}{a}$보다 왼쪽에 있어.

Step 3 $p\left(-\dfrac{b}{a}\right)=\alpha$임을 이용하여 $-\dfrac{b}{a}$의 값을 구한다.

함수 $g(x)$가 $x=-\dfrac{b}{a}$에서 극댓값 α를 가지므로
$$g\left(-\dfrac{b}{a}\right)=\alpha,\ g'\left(-\dfrac{b}{a}\right)=f\left(-\dfrac{b}{a}\right)=0$$

조건 (가)에서 알 수 있어.

$$\therefore\ p\left(-\dfrac{b}{a}\right)=g\left(-\dfrac{b}{a}\right)+\dfrac{b}{a}f\left(-\dfrac{b}{a}\right)=\alpha$$

이때 $p(2)=\alpha$이므로 $-\dfrac{b}{a}=2$

$\therefore\ b=-2a$

$0<x<2-\dfrac{b}{a}$에서 함수 $p(x)$는
일대일함수이므로 함숫값이 α로 같은
경우 그에 대응하는 x의 값도 같아야 해.

$$\therefore\ p\left(2-\dfrac{b}{a}\right)=p(4)=8e^{-2}$$

$=2+2=4$

Step 4 a, b의 값을 구한다.

$f(x)=(ax-2a)e^{-\frac{x}{2}}=a(x-2)e^{-\frac{x}{2}}$이므로
$$g(4)=\int_0^4 f(t)\,dt=\int_0^4 a(t-2)e^{-\frac{t}{2}}\,dt$$
$$=a\int_0^4(t-2)e^{-\frac{t}{2}}\,dt=a\left\{\left[-2(t-2)e^{-\frac{t}{2}}\right]_0^4+\int_0^4 2e^{-\frac{t}{2}}\,dt\right\}$$
$$=a\left\{\left(-4e^{-2}-4\right)+\left[-4e^{-\frac{t}{2}}\right]_0^4\right\}$$
$$=-8ae^{-2}$$

$$p(4)=g(4)-4f(4)$$
$$=-8ae^{-2}-8ae^{-2}$$
$$=-16ae^{-2}=8e^{-2}$$

Step 3에서 $p(4)=8e^{-2}$임을 알아냈어.

이므로 $a=-\dfrac{1}{2}$

$\therefore\ b=-2\times\left(-\dfrac{1}{2}\right)=1$

따라서 $100(a^2+b^2)=100\left\{\left(-\dfrac{1}{2}\right)^2+1^2\right\}=125$

---

142 [정답률 11%]   정답 128

정의역이 $\{x\,|\,0\le x\le 8\}$이고 다음 조건을 만족시키는 모든
연속함수 $f(x)$에 대하여 $\displaystyle\int_0^8 f(x)\,dx$의 최댓값은 $p+\dfrac{q}{\ln 2}$
이다. $p+q$의 값을 구하시오.

(단, p, q는 자연수이고, $\ln 2$는 무리수이다.) (4점)

> (가) $f(0)=1$이고 $f(8)\le 100$이다.
> (나) $0\le k\le 7$인 각각의 정수 k에 대하여
> $\quad f(k+t)=f(k)\ (0<t\le 1)$ 또는
> $\quad f(k+t)=2^t\times f(k)\ (0<t\le 1)$이다.
> (다) 열린구간 $(0,8)$에서 함수 $f(x)$가 미분가능하지
> $\quad$ 않은 점의 개수는 2이다.

함수가 정의된 범위 $0\le x\le 8$을 $0\le x\le 1,\ 1<x\le 2$,
$2<x\le 3,\ \cdots,\ 7<x\le 8$로 총 8개 구간으로 나누어서 조건 (나)의
두 가지 형태의 함수 중 하나를 각 구간에 배치해 보는 거야.

Step 1 조건 (나)를 이용하여 함수 $y=f(x)$의 그래프의 개형을 파악한다.

조건 (나)에서 $0\le k\le 7$인 어떤 정수 k에
대하여 $f(k+t)=f(k)\ (0<t\le 1)$를
만족하려면 함수 $f(x)$는 $k\le x\le k+1$
에서 $f(x)=f(k)$인 상수함수이어야 한다.

$k\le x\le k+1$에서 함숫값이 $f(k)$로
동일하다는 의미야.

또한, $0\le k\le 7$인 어떤 정수 k에 대
하여 $f(k+t)=2^t\times f(k)\ (0<t\le 1)$를
만족하려면 함수 $f(x)$는 $k\le x\le k+1$에서
$f(x)=f(k)\times 2^{x-k}=2^{x-a}$ (a는 상수)
꼴의 지수함수이어야 한다.

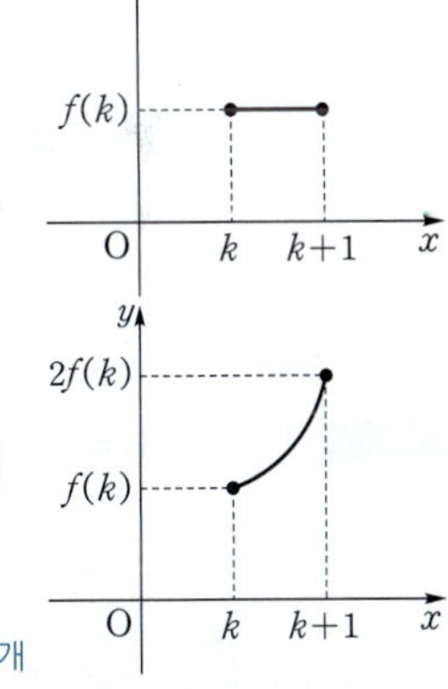

총 8개의 구간으로 나누어 생각했을 때 상수함수를 2개
구간에, 지수함수를 6개 구간에 배치해야 해.

Step 2 조건 (가), (다)를 이용해 $y=f(x)$의 그래프를 그린다.

이때 조건 (가)에서 $f(8)\le 100$이고 $2^6=64$, $2^7=128$이므로
$\displaystyle\int_0^8 f(x)\,dx$의 값이 최대가 되려면 $f(8)=64$이어야 한다.

한편, 조건 (다)에서 함수 $f(x)$가 미분가능하지 않은 점의 개수가
2라고 했는데 상수함수와 지수함수는 각각 미분가능한 함수이므로
상수함수와 지수함수가 이어지는 부분에서 미분가능하지 않은 점이
생긴다.

(i) 상수함수 2개, 지수함수 1개   (ii) 상수함수 1개, 지수함수 2개

상수함수–지수함수–상수함수   지수함수–상수함수–지수함수

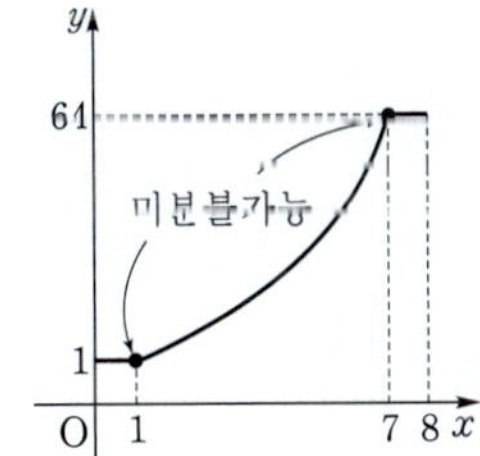

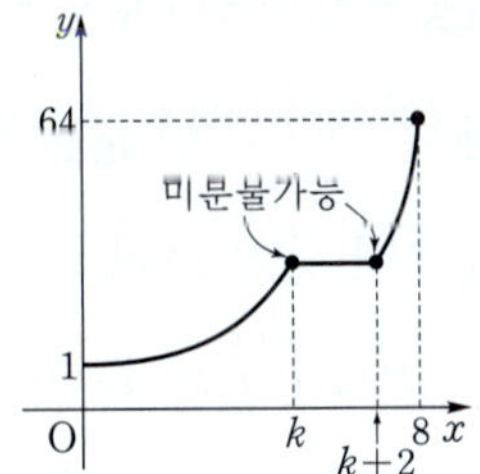

따라서 $y=f(x)$의 그래프는 2개의 상수함수와 1개의 지수함수((i)
의 경우) 또는 1개의 상수함수와 2개의 지수함수((ii)의 경우)로
이루어진다.

(i)의 경우에서 $\int_0^8 f(x)\,dx$가 최댓값을 가질 때 $f(x)$는

$$f(x)=\begin{cases} 1 & (0\le x<1) \\ 2^{x-1} & (1\le x<7) \\ 64 & (7\le x\le 8) \end{cases}$$

이고, 함수 $y=f(x)$의 그래프는 다음과 같다.

→ 상수함수를 2개 구간에 배치해야 하는데 양 끝이 상수함수이어야 하니까, 양 끝 구간에 하나씩 배치

→ 가운데 6개 구간에 지수함수 배치!

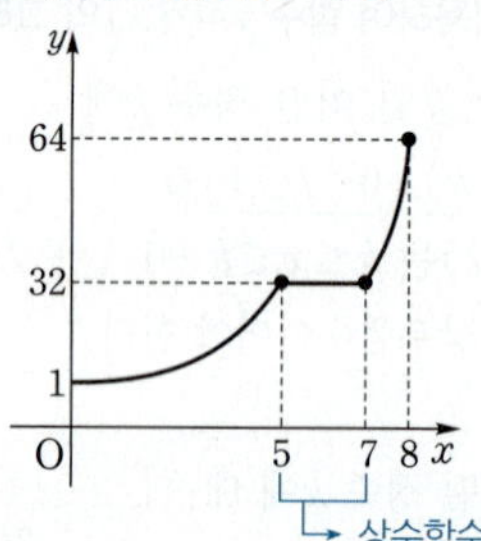

→ 상수함수를 2개 구간에 배치해야 하는데 상수함수가 가운데 1개 있어야 하니까 2개 구간에 연속하여 배치하고 양쪽에 지수함수를 적절히 배치

(ii)의 경우 $\int_0^8 f(x)\,dx$가 최댓값을 가질 때 $f(x)$는

$$f(x)=\begin{cases} 2^x & (0\le x<5) \\ 32 & (5\le x<7) \\ 2^{x-2} & (7\le x\le 8) \end{cases}$$

이고, 함수 $y=f(x)$의 그래프는 다음과 같다.

→ 가운데 2개 구간에 상수함수 배치!

→ 상수함수 구간을 최대한 뒤쪽으로 두어야 넓이가 최대가 돼.

Step 3 $\int_0^8 f(x)\,dx$의 최댓값을 구한다.

(i)의 경우 $\int_0^8 f(x)\,dx$의 최댓값은

$$\int_0^1 1\,dx + \int_1^7 2^{x-1}\,dx + \int_7^8 64\,dx$$
$$=1+\left[\frac{1}{\ln 2}\cdot 2^{x-1}\right]_1^7 + 64$$
$$=\frac{1}{\ln 2}(2^6-1)+65$$
$$=\frac{63}{\ln 2}+65 \qquad \cdots\cdots \ominus$$

지수함수의 부정적분 기본공식
$$\int a^x dx=\frac{a^x}{\ln a}+C$$
$$\int e^x dx=e^x+C$$
$$\int a^{mx+n}dx=\frac{a^{mx+n}}{m\ln a}+C$$
$$\int e^{mx+n}dx=\frac{e^{mx+n}}{m}+C$$
(단, C는 적분상수, $a>0$, $a\ne 1$, m, n은 상수)

(ii)의 경우 $\int_0^8 f(x)\,dx$의 최댓값은

$$\int_0^5 2^x\,dx + \int_5^7 32\,dx + \int_7^8 2^{x-2}\,dx$$
$$=\left[\frac{1}{\ln 2}\cdot 2^x\right]_0^5 + 64 + \left[\frac{1}{\ln 2}\cdot 2^{x-2}\right]_7^8$$
$$=\frac{1}{\ln 2}(2^5-2^0)+64+\frac{1}{\ln 2}(2^6-2^5)$$
$$=\frac{63}{\ln 2}+64 \qquad \cdots\cdots \oplus$$

$\ominus > \oplus$이므로 $\int_0^8 f(x)\,dx$의 최댓값은 $65+\dfrac{63}{\ln 2}$

따라서 $p=65$, $q=63$이므로 $p+q=128$

→ $\ominus - \oplus = \left(\dfrac{63}{\ln 2}+65\right)-\left(\dfrac{63}{\ln 2}+64\right)=1>0$ ∴ $\ominus>\oplus$

143 [정답률 7%]   정답 115

최고차항의 계수가 9인 삼차함수 $f(x)$가 다음 조건을 만족시킨다.

→ $\sin(\pi\times f(0))=0$

(가) $\displaystyle\lim_{x\to 0}\frac{\sin(\pi\times f(x))}{x}=0$

(나) $f(x)$의 극댓값과 극솟값의 곱은 5이다.

함수 $g(x)$는 $0\le x<1$일 때 $g(x)=f(x)$이고 모든 실수 x에 대하여 $g(x+1)=g(x)$이다.   → $x=1$에서도 연속이야.

$g(x)$가 실수 전체의 집합에서 연속일 때,

$\displaystyle\int_0^5 xg(x)dx=\dfrac{q}{p}$이다. $p+q$의 값을 구하시오.

(단, p와 q는 서로소인 자연수이다.) (4점)

Step 1 조건 (가)를 이용하여 $f(0)$, $f'(0)$의 값을 알아본다.

조건 (가)에서 $x\to 0$일 때 (분모)$\to 0$이고, 극한값이 존재하므로 (분자)$\to 0$이다.

→ $\sin\pi=0$, $\sin 2\pi=0$, $\sin(-\pi)=0$, $\sin(-2\pi)=0$, $\cdots$

$\sin(\pi\times f(0))=0$　∴ $f(0)=k$ (k는 정수)　$\cdots\cdots\ominus$

함수 $g(x)$가 $x=1$에서 연속이므로 $\displaystyle\lim_{x\to 1-}g(x)=\lim_{x\to 1+}g(x)$

이때 $g(x+1)=g(x)$에서 $\displaystyle\lim_{x\to 1+}g(x)=\lim_{x\to 0+}g(x)$이고,

$0\le x<1$에서 $g(x)=f(x)$이므로 $f(0)=f(1)$　$\cdots\cdots\oslash$

→ $\displaystyle\lim_{x\to 0+}g(x+1)=\lim_{x\to 1+}g(x)$

조건 (가)에서 $h(x)=\sin(\pi\times f(x))$라 하면

$\displaystyle\lim_{x\to 0}\frac{h(x)}{x}=h'(0)=0$

→ $\displaystyle\lim_{x\to 1-}g(x)=\lim_{x\to 1-}f(x)=f(1)$, $\displaystyle\lim_{x\to 0+}g(x)=\lim_{x\to 0+}f(x)=f(0)$

이때 $h'(x)=\pi f'(x)\cos(\pi\times f(x))$이므로

$h'(0)=\pi f'(0)\cos(\pi\times f(0))$　∴ $f'(0)=0$　$\cdots\cdots\odot$

→ $f(0)$의 값은 정수이므로 $\cos(\pi\times f(0))$의 값은 0이 될 수 없어.

Step 2 조건 (나)를 이용하여 k의 값을 구한다.

$\ominus\sim\odot$에서 $f(x)=9x^2(x-1)+k$라 하면

→ $\ominus$, $\odot$에 의해 $y=f(x)$의 그래프는 $x=0$일 때 직선 $y=k$에 접해.

$f'(x)=18x(x-1)+9x^2=27x\left(x-\dfrac{2}{3}\right)$

$f'(x)=0$일 때, $x=0$ 또는 $x=\dfrac{2}{3}$이다.

즉, $x=0$일 때 극댓값, $x=\dfrac{2}{3}$일 때 극솟값을 갖는다.

$f\left(\dfrac{2}{3}\right)=9\times\left(\dfrac{2}{3}\right)^2\times\left(\dfrac{2}{3}-1\right)+k=k-\dfrac{4}{3}$이므로 조건 (나)에 의해

$k\left(k-\dfrac{4}{3}\right)=5$　∴ $k=3$ ($\because \ominus$)

→ $k^2-\dfrac{4}{3}k-5=0$, $3k^2-4k-15=(3k+5)(k-3)=0$

Step 3 $\displaystyle\int_0^5 xg(x)dx$의 값을 계산한다.

$f(x)=9x^2(x-1)+3=9x^3-9x^2+3$

$$\int_0^5 xg(x)dx=\int_0^1 xg(x)dx+\int_1^2 xg(x)dx+\int_2^3 xg(x)dx$$
$$+\int_3^4 xg(x)dx+\int_4^5 xg(x)dx$$
$$=\int_0^1 xg(x)dx+\int_0^1 (x+1)g(x+1)dx$$
$$+\int_0^1 (x+2)g(x+2)dx+\int_0^1 (x+3)g(x+3)dx$$
$$+\int_0^1 (x+4)g(x+4)dx$$

→ x축의 방향으로 -1만큼 평행이동했어.

$g(x+3)=g(x+2)=g(x+1)=g(x)$

→ x축의 방향으로 -4만큼 평행이동했어.

$$= \int_0^1 xf(x)dx + \int_0^1 (x+1)f(x)dx$$
$$+ \int_0^1 (x+2)f(x)dx + \int_0^1 (x+3)f(x)dx$$
$$+ \int_0^1 (x+4)f(x)dx$$

$0 \le x < 1$에서 $g(x)=f(x)$

$$= 5\int_0^1 xf(x)dx + 10\int_0^1 f(x)dx$$
$$= 5\int_0^1 (9x^4 - 9x^3 + 3x)dx + 10\int_0^1 (9x^3 - 9x^2 + 3)dx$$
$$= 5\left[\frac{9}{5}x^5 - \frac{9}{4}x^4 + \frac{3}{2}x^2\right]_0^1 + 10\left[\frac{9}{4}x^4 - 3x^3 + 3x\right]_0^1$$
$$= \frac{111}{4}$$

$\frac{9}{5} - \frac{9}{4} + \frac{3}{2} = \frac{21}{20}$

$\frac{9}{4} - 3 + 3 = \frac{9}{4}$

따라서 $p=4$, $q=111$이므로 $p+q=115$

144 [정답률 17%]   정답 586

두 자연수 a, b에 대하여 이차함수 $f(x)=ax^2+b$가 있다.
함수 $g(x)$를

$$g(x) = \ln f(x) - \frac{1}{10}\{f(x)-1\}$$

이라 하자. 실수 t에 대하여 직선 $y=|g(t)|$와 함수
$y=|g(x)|$의 그래프가 만나는 점의 개수를 $h(t)$라 하자.
두 함수 $g(x)$, $h(t)$가 다음 조건을 만족시킨다.

(가) 함수 $g(x)$는 $x=0$에서 극솟값을 갖는다.
(나) 함수 $h(t)$가 $t=k$에서 불연속인 k의 값의 개수는
    7이다.

$\int_0^a e^x f(x)dx = me^a - 19$일 때, 자연수 m의 값을 구하시오.

(4점)

Step 1 함수 $g(x)$를 미분하여 $g(x)$가 $x=0$에서 극솟값을 갖도록 하는
상수 b의 값의 범위를 구한다.

함수 $g(x)$를 미분하면
$$g'(x) = \frac{f'(x)}{f(x)} - \frac{1}{10}f'(x) \quad \rightarrow \text{합성함수의 미분법}$$
$$= \frac{f'(x)}{10f(x)}\{10 - f(x)\}$$

$g'(x)=0$에서 $f'(x)=0$ 또는 $f(x)=10$
이때 a, b는 자연수이므로 $f(x)=ax^2+b>0$
$f'(x)=2ax$이므로 $f'(0)=0$
$x>0$일 때, $f'(x)>0$
$x<0$일 때, $f'(x)<0$

$f'(0)=0$, $f(x)>10$

(i) 방정식 $f(x)=10$이 실근을 갖지 않을 때,
    $f(0)=b>10$이므로 함수 $y=f(x)$의 그래프의 개형은 다음과
    같다.

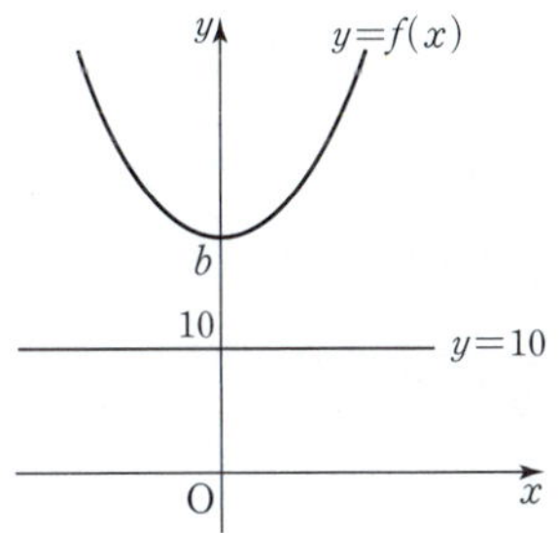

함수 $g(x)$의 증가와 감소를 표로 나타내면 다음과 같다.

x	$\cdots$	0	$\cdots$
$g'(x)$	$+$	0	$-$
$g(x)$	↗	극대	↘

(ii) 방정식 $f(x)=10$이 중근을 가질 때,
    $f(0)=b=10$이므로 함수 $y=f(x)$의 그래프의 개형은 다음과
    같다.

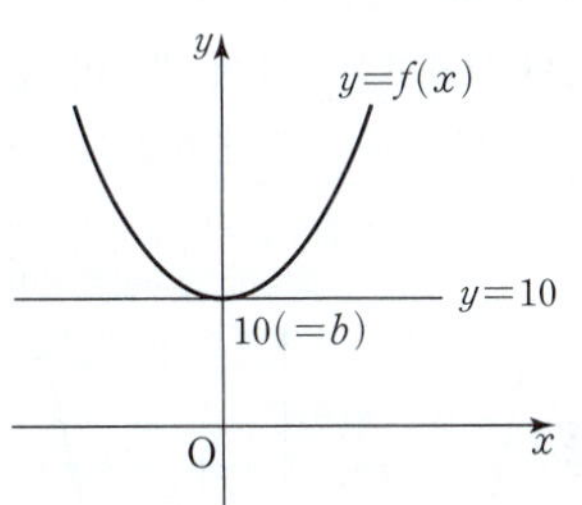

$x=0$일 때, $10-f(x)=0$
$x \ne 0$일 때, $10-f(x)<0$
따라서 함수 $g(x)$의 증가와 감소를 표로 나타내면 다음과 같다.

x	$\cdots$	0	$\cdots$
$g'(x)$	$+$	0	$-$
$g(x)$	↗	극대	↘

(iii) 방정식 $f(x)=10$이 서로 다른 두 실근을 가질 때,
    $f(0)=b<10$이므로 함수 $y=f(x)$의 그래프의 개형은 다음과
    같다.

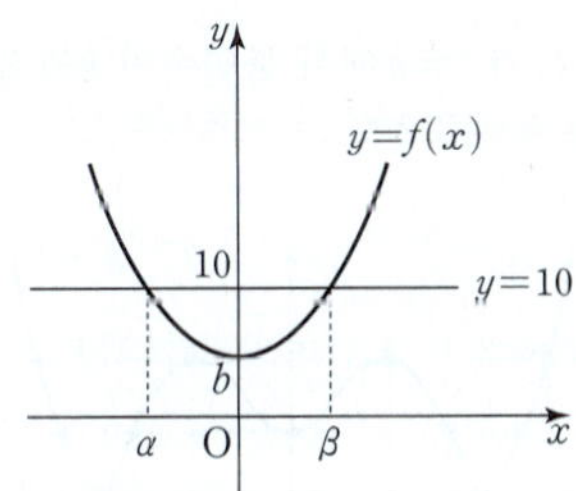

함수 $y=f(x)$의 그래프가 직선 $y=10$과 만나는 두 점의 x좌표
를 각각 α, β ($\alpha<\beta$)라 하면
$x<\alpha$ 또는 $x>\beta$일 때, $10-f(x)<0$
$x=\alpha$ 또는 $x=\beta$일 때, $10-f(x)=0$
$\alpha<x<\beta$일 때, $10-f(x)>0$
따라서 함수 $g(x)$의 증가와 감소를 표로 나타내면 다음과 같다.

x	$\cdots$	α	$\cdots$	0	$\cdots$	β	$\cdots$
$g'(x)$	$+$	0	$-$	0	$+$	0	$-$
$g(x)$	↗	극대	↘	극소	↗	극대	↘

(ⅰ)~(ⅲ)에서 함수 $g(x)$가 $x=0$에서 극솟값을 가지려면
$f(0)=b<10$이어야 한다.

$\therefore 1\leq b<10$　→ 문제에서 b는 자연수라고 했어.

Step 2 $g(0)$의 값의 범위를 구한다.

$$g(0)=\ln f(0)-\frac{1}{10}\{f(0)-1\}$$
$$=\ln b-\frac{1}{10}(b-1)$$

이때 $p(x)=\ln x-\frac{1}{10}(x-1)$이라 하면

$$p'(x)=\frac{1}{x}-\frac{1}{10}=\frac{10-x}{10x}$$

$1\leq x<10$일 때, $p'(x)>0$이므로 함수 $p(x)$는 증가함수이다.

$\therefore g(0)=p(b)\geq p(1)=0$ ...... ㉠

Step 3 $g(0)$의 값의 범위에 따라 함수 $y=|g(x)|$의 그래프의 개형을 그려 함수 $h(t)$가 $t=k$에서 불연속인 k의 값의 개수를 구한다.

$f(-x)=f(x)$이므로 $g(-x)=g(x)$

즉, 함수 $y=g(x)$의 그래프는 y축에 대하여 대칭이므로 이를 이용하여 함수 $y=|g(x)|$의 그래프의 개형을 그리면 다음과 같다.

(ⅰ) $g(0)=0$일 때,　→ 함수 $y=|g(x)|$의 그래프는 함수 $y=g(x)$의 그래프를 x축 위로 접어올린 거야.

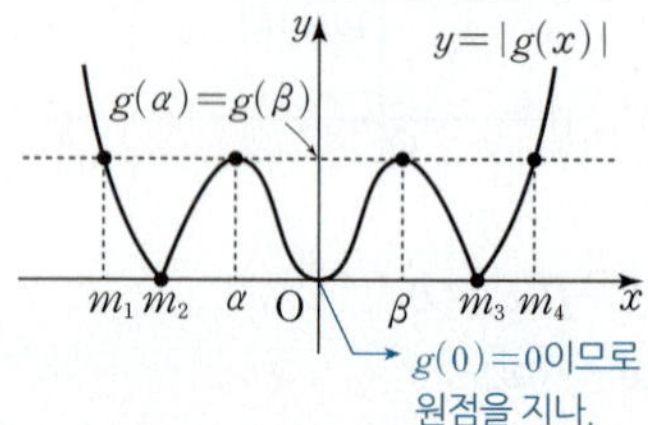

함수 $y=|g(x)|$의 그래프를 이용하여 함수 $y=h(t)$의 그래프를 그리면 다음과 같다.

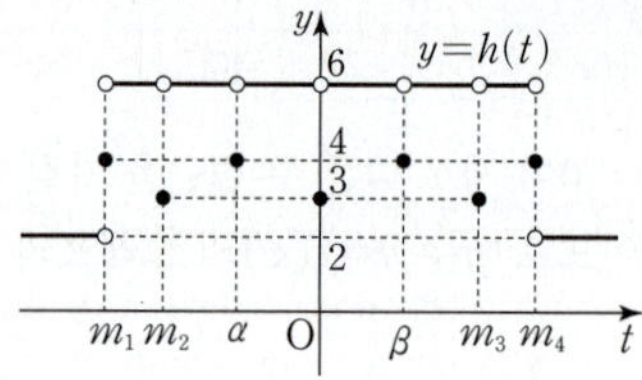

따라서 함수 $h(t)$가 $t=k$에서 불연속인 k의 값의 개수는 7이다.

(ⅱ) $g(0)>0$일 때,

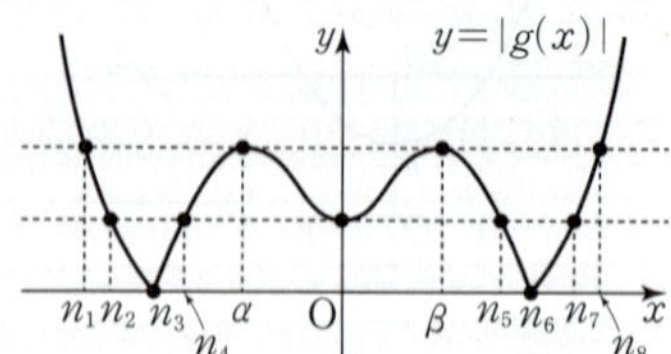

함수 $y=|g(x)|$의 그래프를 이용하여 함수 $y=h(t)$의 그래프를 그리면 다음과 같다.

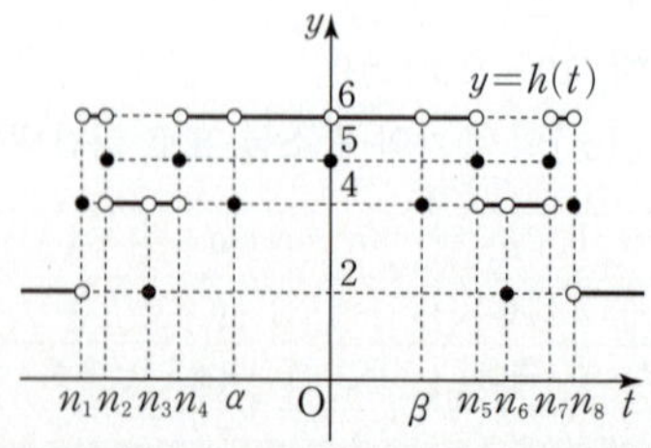

따라서 함수 $h(t)$가 $t=k$에서 불연속인 k의 값의 개수는 11이다.

Step 4 조건 (나)를 만족시키는 함수 $f(x)$의 식을 구한다.

(ⅰ), (ⅱ)에서 함수 $h(t)$가 $t=k$에서 불연속인 k의 값의 개수가 7이려면 $g(0)=0$이어야 한다.

이때 ㉠에서 $0=g(0)=p(b)\geq p(1)=0$이므로 $p(b)=p(1)$

그런데 함수 $p(x)$는 $1\leq x<10$에서 증가함수이므로 $b=1$

$\therefore f(x)=ax^2+1$　→ 증가함수에서 함수값이 같으면 그에 해당되는 x의 값도 같아.

Step 5 부분적분법을 이용하여 $\displaystyle\int_0^a e^x f(x)dx$를 계산한 다음 상수 a의 값을 구한다.

$$\int_0^a e^x f(x)dx$$
$$=\int_0^a e^x(ax^2+1)dx$$
$$=\left[e^x(ax^2+1)\right]_0^a-\int_0^a e^x\times 2ax\,dx$$
$$=\{e^a(a^3+1)-1\}-\left[e^x\times 2ax\right]_0^a+\int_0^a e^x\times 2a\,dx$$
$$=e^a(a^3+1)-1-e^a\times 2a^2+\left[2ae^x\right]_0^a$$
$$=(a^3-2a^2+2a+1)e^a-2a-1$$

즉, $me^a-19=(a^3-2a^2+2a+1)e^a-2a-1$이므로

$-19=-2a-1$ ∴ $a=9$

$\therefore m=a^3-2a^2+2a+1=9^3-2\times 9^2+2\times 9+1=586$

유리수 p_1, p_2, q_1, q_2와 무리수 r에 대하여 $p_1 r+q_1=p_2 r+q_2$이면 $p_1=p_2, q_1=q_2$

---

145 [정답률 5%]　　　　　　　　　　정답 49

함수 $f(x)=e^x(ax^3+bx^2)$과 양의 실수 t에 대하여 닫힌구간 $[-t,\ t]$에서 함수 $f(x)$의 최댓값을 $M(t)$, 최솟값을 $m(t)$라 할 때, 두 함수 $M(t),\ m(t)$는 다음 조건을 만족시킨다.
　→ 조건이 복잡하니 하나라도 빠뜨리지 않도록 주의

> (가) 모든 양의 실수 t에 대하여 $M(t)=f(t)$이다.
>
> (나) 양수 k에 대하여 닫힌구간 $[k,\ k+2]$에 있는 임의의 실수 t에 대해서만 $m(t)=f(-t)$가 성립한다.
>
> (다) $\displaystyle\int_1^5\{e^t\times m(t)\}\,dt=\frac{7}{3}-8e$

$f(k+1)=\dfrac{q}{p}e^{k+1}$일 때, $p+q$의 값을 구하시오.

（단, a와 b는 0이 아닌 상수, p와 q는 서로소인 자연수이고, $\displaystyle\lim_{x\to\infty}\frac{x^3}{e^x}=0$이다.）(4점)

Step 1 조건 (가)를 이용하여 a와 b의 값의 범위를 구한다.

$f(x)=e^x(ax^3+bx^2)$에서

$$f'(x)=e^x(ax^3+bx^2)+e^x(3ax^2+2bx)$$
$$=xe^x\{ax^2+(3a+b)x+2b\}$$

$f(0)=f'(0)=0$이므로 함수 $y=f(x)$의 그래프는
$x=0$에서 x축에 접하고
조건 (가)에서 함수 $f(x)$는 $x>0$에서 증가하므로 $a>0$
$f(x)=e^x(ax^3+bx^2)=x^2e^x(ax+b)$에서 $f\left(-\dfrac{b}{a}\right)=0$이고
함수 $y=f(x)$의 그래프가 $x>0$에서 x축과 만나지 않으므로
$-\dfrac{b}{a}<0$ $\quad\therefore b>0$

> $x^2e^x(ax+b)=0$에서 $x^2e^x>0$이므로
> $x=-\dfrac{b}{a}$이면 등식이 성립해.

Step 2 함수 $y=f(x)$의 그래프의 개형을 그린다.

$f'(x)=xe^x\{ax^2+(3a+b)x+2b\}$에서 이차방정식
$ax^2+(3a+b)x+2b=0$의 판별식을 D라 하면
$D=(3a+b)^2-8ab=9a^2+6ab+b^2-8ab$
$\quad=9a^2-2ab+b^2=(a^2-2ab+b^2)+8a^2$
$\quad=(a-b)^2+8a^2>0$ → 계산이 복잡하니 주의해야 해.

따라서 이차방정식 $ax^2+(3a+b)x+2b=0$은
서로 다른 두 실근 $\alpha,\ \beta\ (\alpha<\beta)$를 갖는다.
이차방정식의 근과 계수의 관계에 의하여

> α,β 모두 음수라는 것을 알아낸 거야.

$\alpha+\beta=-\dfrac{3a+b}{a}<0,\ \alpha\beta=\dfrac{2b}{a}>0$이므로 $\alpha<\beta<0$

> $a>0,\ b>0$을 이용!

방정식 $f'(x)=xe^x\{ax^2+(3a+b)x+2b\}=0$의 근이
$x=\alpha$ 또는 $x=\beta$ 또는 $x=0$이므로 함수 $f(x)$의 증가와 감소를
표로 나타내면

x	$\cdots$	α	$\cdots$	β	$\cdots$	0	$\cdots$
$f'(x)$	$-$	0	$+$	0	$-$	0	$+$
$f(x)$	$\searrow$	극소	$\nearrow$	극대	$\searrow$	극소(0)	$\nearrow$

$\lim\limits_{x\to\infty}f(x)=\infty,\ \lim\limits_{x\to-\infty}f(x)=0$이므로 함수 $y=f(x)$의 그래프의
개형은 다음과 같다.

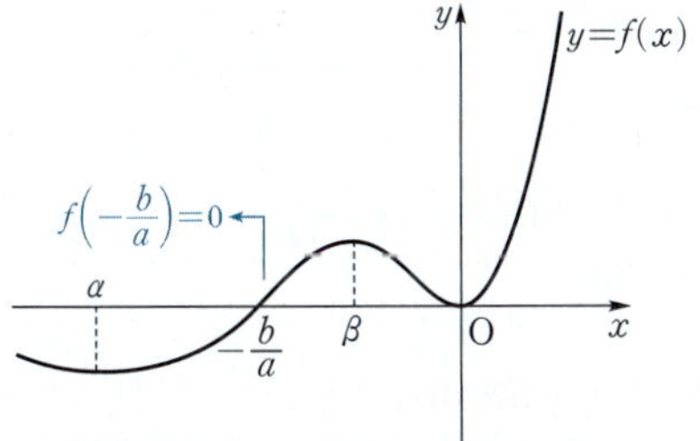

Step 3 조건 (나)를 이용하여 k와 a의 값을 구한다.

함수 $y=f(x)$의 그래프에 의하여 $m(t)$를 정리하면

$$m(t)=\begin{cases} 0 & \left(0<t<\dfrac{b}{a}\right) \\ f(-t) & \left(\dfrac{b}{a}\leq t\leq -\alpha\right) \\ f(\alpha) & (t>-\alpha) \end{cases}$$

> $m(t)$는 닫힌구간 $[-t,t]$에서 함수 $f(x)$의 최솟값이야. $-\dfrac{b}{a}\leq x\leq 0$에서 $f(x)\geq 0$이고 $x<-\dfrac{b}{a}$일 때엔 $x=\alpha$를 경계로 증감이 바뀐다는 걸 이용하여 t의 구간을 잘 나누어서 $m(t)$를 구해.

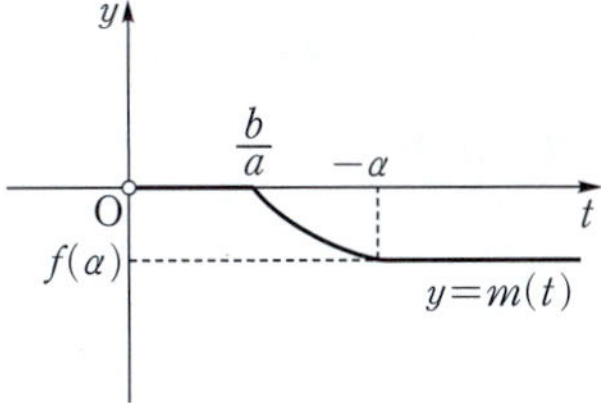

조건 (나)에서 양수 k에 대하여 닫힌구간 $[k,\ k+2]$에 있는 임의의
실수 t에 대해서만 $m(t)=f(-t)$가 성립하므로

> $\dfrac{b}{a}\leq t\leq -\alpha$와 $k\leq t\leq k+2$가 같다는 뜻이야.

$\dfrac{b}{a}=k,\ -\alpha=k+2$에서 $f'(\alpha)=f'(-k-2)=0$이다.
따라서
$\dfrac{-k-2}{e^{k+2}}\{a(-k-2)^2+(3a+ak)(-k-2)+2ak\}=0$

> $\dfrac{b}{a}=k$에서 $b=ak$

$\dfrac{-k-2}{e^{k+2}}\neq 0$이므로 $a(-k-2)^2+(3a+ak)(-k-2)+2ak=0$
$a\{(k+2)^2-(k+3)(k+2)+2k\}$
$=a(k^2+4k+4-k^2-5k-6+2k)$
$=a(k-2)=0$
$\therefore k=2,\ a=-k-2=-4$

Step 4 조건 (다)를 이용하여 $p+q$의 값을 구한다.

따라서 $f(x)=ae^x(x^3+2x^2)$이고,

$$m(t)=\begin{cases} 0 & (0<t<2) \\ ae^{-t}(-t^3+2t^2) & (2\leq t\leq 4) \\ -\dfrac{32a}{e^4} & (t>4) \end{cases}$$

조건 (다)에 의하여
$\displaystyle\int_1^5\{e^t\times m(t)\}\,dt=\int_2^4(-at^3+2at^2)\,dt+\int_4^5\left(-\dfrac{32a}{e^4}e^t\right)dt$
$=\left[-\dfrac{a}{4}t^4+\dfrac{2a}{3}t^3\right]_2^4+\left[-\dfrac{32a}{e^4}e^t\right]_4^5$
$=\dfrac{28a}{3}-32ae=\dfrac{7}{3}-8e$

$\therefore a=\dfrac{1}{4}$

> $\dfrac{28}{3}a=\dfrac{7}{3},\ 32a=8$에서 $a=\dfrac{1}{4}$

따라서 $f(k+1)=f(3)=\dfrac{1}{4}\times e^3\times(3^3+2\times 3^2)=\dfrac{45}{4}e^3$이므로
$p=4,\ q=45$
$\therefore p+q=4+45=49$

146 [정답률 5%] 정답 83

실수 전체의 집합에서 미분가능한 함수 $f(x)$가 상수
$a\ (0<a<2\pi)$와 모든 실수 x에 대하여 다음 조건을
만족시킨다.

> 문제를 풀다 보면, 범위에 대한 조건을 놓치기 쉬우니 주의

(가) $f(x)=f(-x)$ → 조건 (나)의 식을 미분하여 생각해 봐.
(나) $\displaystyle\int_x^{x+a} f(t)\,dt=\sin\left(x+\dfrac{\pi}{3}\right)$

닫힌구간 $\left[0,\ \dfrac{a}{2}\right]$에서 두 실수 $b,\ c$에 대하여

$f(x)=b\cos(3x)+c\cos(5x)$일 때 $abc=-\dfrac{q}{p}\pi$이다.

$p+q$의 값을 구하시오.

(단, p와 q는 서로소인 자연수이다.) (4점)

Step 1 주어진 조건과 삼각함수를 이용하여 a의 값을 구한다.

조건 (나)에서

> 함수 $f(x)$의 한 부정적분을 $F(x)$라 하면

$\displaystyle\int_x^{x+a}f(t)\,dt=\sin\left(x+\dfrac{\pi}{3}\right)$

> $\displaystyle\int_x^{x+a}f(t)\,dt=F(x+a)-F(x)$이고,

이 식의 양변을 x에 대하여 미분하면

> 위 식을 x에 대하여 미분하면 $f(x+a)-f(x)$가 돼.

$f(x+a)-f(x)=\cos\left(x+\dfrac{\pi}{3}\right)$ $\quad\cdots\cdots$ ㉠

이 식의 양변에 $x=-\dfrac{a}{2}$를 대입하면

$$f\left(\frac{a}{2}\right)-f\left(-\frac{a}{2}\right)=\cos\left(-\frac{a}{2}+\frac{\pi}{3}\right)$$

조건 (가)에 의하여 $f\left(\dfrac{a}{2}\right)=f\left(-\dfrac{a}{2}\right)$이므로

$$\cos\left(-\frac{a}{2}+\frac{\pi}{3}\right)=0 \quad\cdots\cdots ㉡$$

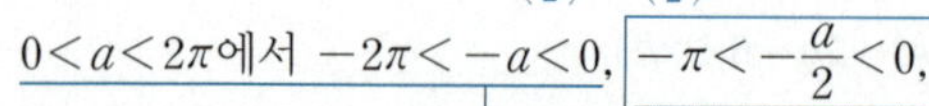

[주의] 부등식의 각 변에 음수를 곱하면 부등호의 방향이 바뀌는 것을 기억해!

($f\left(\dfrac{a}{2}\right)-f\left(-\dfrac{a}{2}\right)=f\left(\dfrac{a}{2}\right)-f\left(\dfrac{a}{2}\right)=0$)

$0<a<2\pi$에서 $-2\pi<-a<0$, $-\pi<-\dfrac{a}{2}<0$,

$$-\frac{2}{3}\pi<-\frac{a}{2}+\frac{\pi}{3}<\frac{\pi}{3}$$

이므로

부등식의 각 변에 $+\dfrac{\pi}{3}$

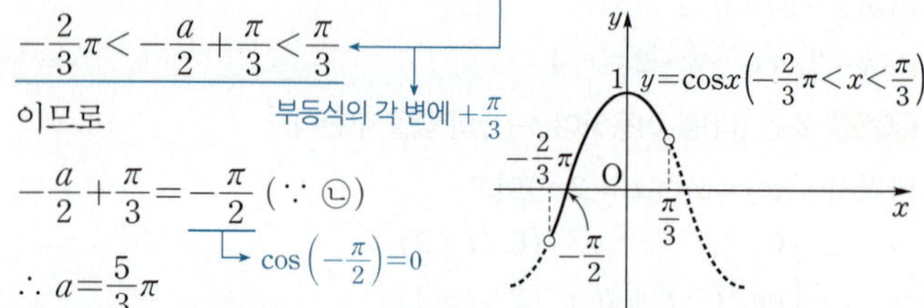

$$-\frac{a}{2}+\frac{\pi}{3}=-\frac{\pi}{2}\ (\because ㉡)$$

$\cos\left(-\dfrac{\pi}{2}\right)=0$

$$\therefore a=\frac{5}{3}\pi$$

Step 2 ㉠의 양변을 x에 대하여 미분하고 $a=\dfrac{5}{3}\pi$를 대입하여 b, c 사이의 관계식을 구한다.

미분하기 전에, 미분하려는 함수가 미분가능한 함수인지 확인

㉠의 양변을 x에 대하여 미분하면

$$f'(x+a)-f'(x)=-\sin\left(x+\frac{\pi}{3}\right)$$

$(\sin x)'=\cos x$
$(\cos x)'=-\sin x$

이 식의 양변에 $x=-\dfrac{a}{2}$를 대입하면 → 적당한 수를 대입하여 활용할 수 있는 형태로 만들어 주는 거야.

$$f'\left(\frac{a}{2}\right)-f'\left(-\frac{a}{2}\right)=-\sin\left(-\frac{a}{2}+\frac{\pi}{3}\right)$$

이때 조건 (가)의 $f(x)=f(-x)$에서

$f'(x)=-f'(-x)$이므로 → $f(x)=f(-x)$의 양변을 x에 대하여 미분한 식이야!

$$f'\left(\frac{a}{2}\right)-\left\{-f'\left(\frac{a}{2}\right)\right\}=2f'\left(\frac{a}{2}\right)=-\sin\left(-\frac{a}{2}+\frac{\pi}{3}\right)$$

$a=\dfrac{5}{3}\pi$이므로

($f'\left(\dfrac{a}{2}\right)-\left\{-f'\left(\dfrac{a}{2}\right)\right\}=f'\left(\dfrac{a}{2}\right)+f'\left(\dfrac{a}{2}\right)$)
$f'\left(-\dfrac{a}{2}\right)=-f'\left(\dfrac{a}{2}\right)$

$$2f'\left(\frac{5}{6}\pi\right)=-\sin\left(-\frac{5}{6}\pi+\frac{\pi}{3}\right)$$

$$=-\sin\left(-\frac{\pi}{2}\right)=1$$

$-\sin\dfrac{\pi}{2}=-1$

$$\therefore f'\left(\frac{5}{6}\pi\right)=\frac{1}{2}$$

이때 $f(x)=b\cos(3x)+c\cos(5x)$의 양변을 x에 대하여 미분하면

$$f'(x)=-3b\sin(3x)-5c\sin(5x)$$

이 식에 $x=\dfrac{5}{6}\pi$를 대입하면 [계산 주의]

$$f'\left(\frac{5}{6}\pi\right)=-3b\sin\frac{5}{2}\pi-5c\sin\frac{25}{6}\pi$$

$$=-3b-\frac{5c}{2}=\frac{1}{2}$$

$\sin(2n\pi+\theta)=\sin\theta$ (단, n은 정수)

양변에 2를 곱했어. $\left(\because \sin\dfrac{5}{2}\pi=\sin\dfrac{\pi}{2}=1,\ \sin\dfrac{25}{6}\pi=\sin\dfrac{\pi}{6}=\dfrac{1}{2}\right)$

$$\therefore -6b-5c=1 \quad\cdots\cdots ㉢$$

Step 3 조건 (나)의 식에 $a=\dfrac{5}{3}\pi$를 대입하여 b, c 사이의 관계식을 구한다.

조건 (나)에서

$$\int_x^{x+a}f(t)dt=\sin\left(x+\frac{\pi}{3}\right)$$

$f(x)=f(-x)$임을 이용하기 위해서야!

이 식의 양변에 $x=-\dfrac{a}{2}$를 대입하면

$$\int_{-\frac{a}{2}}^{\frac{a}{2}}f(t)dt=\sin\left(-\frac{a}{2}+\frac{\pi}{3}\right)$$

함수 $f(x)$가 $f(x)=f(-x)$이면 함수 $y=f(x)$의 그래프는 y축에 대하여 대칭이야.

조건 (가)에서 함수 $y=f(x)$의 그래프는 y축에 대하여 대칭이므로

$$2\int_0^{\frac{a}{2}}f(t)dt=\sin\left(-\frac{a}{2}+\frac{\pi}{3}\right)$$

y축에 대하여 대칭인 함수 $f(x)$에 대하여 $\int_{-a}^{a}f(x)dx=2\int_0^a f(x)dx$

한편, $f(x)=b\cos(3x)+c\cos(5x)$이므로

$$2\int_0^{\frac{a}{2}}f(t)dt=2\int_0^{\frac{a}{2}}\{b\cos(3t)+c\cos(5t)\}dt$$

$$=2\left[\frac{b}{3}\sin(3t)+\frac{c}{5}\sin(5t)\right]_0^{\frac{a}{2}}$$

$$=2\left(\frac{b}{3}\sin\frac{3a}{2}+\frac{c}{5}\sin\frac{5a}{2}\right) \rightarrow \sin 0=0$$

$$\therefore 2\left(\frac{b}{3}\sin\frac{3a}{2}+\frac{c}{5}\sin\frac{5a}{2}\right)=\sin\left(-\frac{a}{2}+\frac{\pi}{3}\right)$$

이 식의 양변에 $a=\dfrac{5}{3}\pi$를 대입하면 → $a=\dfrac{5}{3}\pi$임은 Step 1에서 구했어!

$$2\left(\frac{b}{3}\sin\frac{5}{2}\pi+\frac{c}{5}\sin\frac{25}{6}\pi\right)=\sin\left(-\frac{5}{6}\pi+\frac{\pi}{3}\right)$$

$$2\left(\frac{b}{3}+\frac{c}{5}\times\frac{1}{2}\right)=\sin\left(-\frac{\pi}{2}\right)$$

$$=-1$$

$-\sin\dfrac{\pi}{2}$

Step 2에서 $\sin\dfrac{5}{2}\pi=1, \sin\dfrac{25}{6}\pi=\dfrac{1}{2}$

$$\frac{2}{3}b+\frac{c}{5}=-1$$

$$\therefore 10b+3c=-15 \quad\cdots\cdots ㉣$$

Step 4 구한 두 관계식을 연립하여 b, c의 값을 구한다.

㉢, ㉣을 연립하여 풀면 → ㉢×5+㉣×3을 하면

$$
\begin{aligned}
-30b-25c&=5\\
+)\quad 30b+9c&=-45\\
\hline
-16c&=-40
\end{aligned}
$$

$b=-\dfrac{9}{4},\ c=\dfrac{5}{2}$이므로

$$abc=\frac{5}{3}\pi\times\left(-\frac{9}{4}\right)\times\frac{5}{2}$$

$\therefore c=\dfrac{5}{2}$

$$=-\frac{75}{8}\pi$$

$c=\dfrac{5}{2}$를 ㉢에 대입하면

$-6b-5\times\dfrac{5}{2}=1, -6b=1+\dfrac{25}{2}=\dfrac{27}{2}$

따라서 $p=8, q=75$이므로

$\therefore b=-\dfrac{9}{4}$

$$p+q=8+75=83$$

★ 다른 풀이 사인함수를 이용한 풀이

Step 1 주어진 조건과 삼각함수를 이용하여 a의 값을 구한다.

조건 (나)에서 $\int_x^{x+a}f(t)dt=\sin\left(x+\dfrac{\pi}{3}\right)$에 $x=0$과 $x=-a$를 각각 대입하면

$$\int_0^a f(t)dt=\sin\frac{\pi}{3}=\frac{\sqrt{3}}{2}$$

$$\int_{-a}^0 f(t)dt=\sin\left(-a+\frac{\pi}{3}\right)$$

이때 조건 (가)에서 $f(x)=f(-x)$이므로

$$\int_0^a f(t)dt=\int_{-a}^0 f(t)dt$$이다.

$\dfrac{\sqrt{3}}{2}$ → $\sin\left(-a+\dfrac{\pi}{3}\right)$

$$\therefore \sin\left(-a+\frac{\pi}{3}\right)=\frac{\sqrt{3}}{2}$$

$0<a<2\pi$에서 $-2\pi<-a<0$, $-\dfrac{5}{3}\pi<-a+\dfrac{\pi}{3}<\dfrac{\pi}{3}$이므로

→ 부등식의 성질을 이용한 거야.

$$-a+\frac{\pi}{3}=-\frac{4}{3}\pi \qquad \therefore a=\frac{5}{3}\pi$$

(이하 동일)

$$y=\sin x\left(-\frac{5}{3}\pi<x<\frac{\pi}{3}\right)$$

$$\sin\frac{\pi}{3}=\sin\left(-\left(\pi+\frac{\pi}{3}\right)\right)=\frac{\sqrt{3}}{2}$$

147 [정답률 2%] 　　　　　　　　정답 26

실수 전체의 집합에서 미분가능한 두 함수 $f(x)$, $g(x)$가 모든 실수 x에 대하여 다음 조건을 만족시킨다.

> (가) $g(x+1)-g(x)=-\pi(e+1)e^x\sin(\pi x)$
>
> (나) $g(x+1)=\displaystyle\int_0^x \{f(t+1)e^t-f(t)e^t+g(t)\}dt$

$\displaystyle\int_0^1 f(x)dx=\frac{10}{9}e+4$일 때, $\displaystyle\int_1^{10} f(x)dx$의 값을 구하시오.

(4점)

Step 1 주어진 식을 적절히 변형한다.

함수 $h(x)$가 $x=a$에서 연속일 때 $\displaystyle\int_a^a h(x)dx=0$

조건 (나)의 식에 $x=0$을 대입하면 $g(1)=0$

조건 (나)의 식의 양변을 x에 대하여 미분하면

$$g'(x+1)=f(x+1)e^x-f(x)e^x+g(x)$$
$$g'(x+1)-g(x)=f(x+1)e^x-f(x)e^x$$
$$\therefore f(x+1)-f(x)=\{g'(x+1)-g(x)\}e^{-x}$$

양변에 e^{-x}을 곱하여 정리

따라서 임의의 실수 a에 대하여

$$\int_0^a \{f(x+1)-f(x)\}dx=\int_0^a\{g'(x+1)-g(x)\}e^{-x}dx$$

로 놓을 수 있다.

양변의 정적분을 각각 계산하면

$$(\text{좌변})=\int_0^a f(x+1)dx-\int_0^a f(x)dx$$
$$=\int_1^{a+1} f(x)dx-\int_0^a f(x)dx$$
$$=\int_a^{a+1} f(x)dx-\int_0^1 f(x)dx$$
$$=\int_a^{a+1} f(x)dx-\left(\frac{10}{9}e+4\right) \qquad \cdots\cdots \text{㉠}$$

함수의 식을 바꾸면서 적분구간도 바꿔주었어.

이 값은 문제에 주어진 값이야.

$$(\text{우변})=\int_0^a g'(x+1)e^{-x}dx-\int_0^a g(x)e^{-x}dx \qquad \cdots\cdots \text{㉡}$$

Step 2 부분적분을 이용한다.

$\displaystyle\int_0^a g'(x+1)e^{-x}dx$에서 부분적분을 이용하면

$$\int_0^a g'(x+1)e^{-x}dx=\Big[g(x+1)e^{-x}\Big]_0^a+\int_0^a g(x+1)e^{-x}dx$$

$u'(=-e^{-x})$

이를 ㉡에 대입하면

$$\int_0^a g'(x+1)e^{-x}dx-\int_0^a g(x)e^{-x}dx$$
$$=\Big[g(x+1)e^{-x}\Big]_0^a+\int_0^a \{g(x+1)-g(x)\}e^{-x}dx$$
$$=g(a+1)e^{-a}-g(1)+\int_0^a\{-\pi(e+1)\sin(\pi x)\}dx$$

$=0$

$$=g(a+1)e^{-a}+\Big[(e+1)\cos(\pi x)\Big]_0^a$$
$$=g(a+1)e^{-a}+(e+1)\cos(a\pi)-(e+1) \qquad \cdots\cdots \text{㉢}$$

Step 3 $\displaystyle\int_a^{a+1} f(x)dx$를 구한다.

이때 두 식 ㉠, ㉢에서

$$\int_a^{a+1} f(x)dx$$
$$=\left(\frac{10}{9}e+4\right)+g(a+1)e^{-a}+(e+1)\cos(a\pi)-(e+1)$$

Step 4 적분구간을 적절히 변형하여 $\displaystyle\int_1^{10} f(x)dx$의 값을 구한다.

$g(1)=0$이고 조건 (가)에서 임의의 정수 k에 대하여

$$g(k+1)-g(k)=-\pi(e+1)e^k\sin(k\pi)=0$$

$=0$

이므로 $g(k+1)=g(k)$

$$\therefore g(1)=g(2)=\cdots=g(9)=g(10)=0$$

$$\therefore \int_1^{10} f(x)dx$$
$$=\int_1^2 f(x)dx+\int_2^3 f(x)dx+\cdots+\int_9^{10} f(x)dx$$
$$=\sum_{n=1}^9 \int_n^{n+1} f(x)dx$$
$$=\sum_{n=1}^9\left[\left(\frac{10}{9}e+4\right)+g(n+1)e^{-n}+(e+1)\{\cos(n\pi)-1\}\right]$$

n이 홀수이면 -2
n이 짝수이면 0

$$=9\times\left(\frac{10}{9}e+4\right)+0+(e+1)\times(-10)$$

$(-2)\times5+0\times4$

$$=10e+36-10e-10=26$$

148 [정답률 13%] 　　　　　　　　정답 25

이차함수 $f(x)$의 식을 먼저 세워.

> 최고차항의 계수가 $k\,(k>0)$인 이차함수 $f(x)$에 대하여 $f(0)=f(-2)$, $f(0)\neq0$이다. 함수 $g(x)=(ax+b)e^{f(x)}$ $(a<0)$이 다음 조건을 만족시킨다.
>
> (가) 모든 실수 x에 대하여 $(x+1)\{g(x)-mx-m\}\leq0$ 을 만족시키는 실수 m의 최솟값은 -2이다.
>
> (나) $\displaystyle\int_0^1 g(x)dx=\int_{-2f(0)}^1 g(x)dx=\frac{e-e^4}{k}$

$f(ab)$의 값을 구하시오. (단, a, b는 상수이다.) (4점)

Step 1 함수 $y=f(x)$의 그래프의 축의 방정식이 $x=-1$임을 이용한다.

$f(x)=kx^2+px+q$
$(p,\ q$는 상수)라 하면
$f(0)=f(-2)$이므로 함수
$y=f(x)$의 그래프의 축의 방정
식은 $x=-1$이다.

$\dfrac{-2+0}{2}=-1$

$$-\frac{p}{2k}=-1 \qquad \therefore p=2k$$

또한 $f(0)\neq0$이므로 $q\neq0$이다.

$$\therefore f(x)=kx^2+2kx+q$$

Step 2 조건 (가)를 이용한다.

조건 (가)에서 $(x+1)\{g(x)-mx-m\}\leq0$이므로

$x+1$의 범위에 따라 결과가 달라져.

$x\geq-1$일 때, $g(x)\leq mx+m$이고,

$x<-1$일 때, $g(x)\geq mx+m$

이때 $g(x)$는 연속함수이므로 $g(-1)=0$

$x\geq-1$일 때 $g(-1)\leq-m+m=0$ ←

$x<-1$일 때 $\lim\limits_{x\to-1-}g(x)\geq\lim\limits_{x\to-1-}(mx+m)=0$

이므로 $g(-1)=0$이어야 해.

$(-a+b)e^{f(-1)}=0$ $\quad\therefore a=b$

따라서 $g(x)=a(x+1)e^{kx^2+2kx+q}$이므로 → $e^{f(-1)}\neq0$

$g'(x)=ae^{kx^2+2kx+q}+a(x+1)(2kx+2k)e^{kx^2+2kx+q}$

$\qquad=a\{1+2k(x+1)^2\}e^{kx^2+2kx+q}$

$g''(x)=a\cdot4k(x+1)e^{kx^2+2kx+q}$

$\qquad\qquad\qquad+a\{1+2k(x+1)^2\}(2kx+2k)e^{kx^2+2kx+q}$

$\qquad=2ak(x+1)\{3+2k(x+1)^2\}e^{kx^2+2kx+q}$

이때 $a<0$, $k>0$이므로 모든 실수 x에 대하여 $g'(x)<0$이고,

$x<-1$일 때 $g''(x)>0$, $x>-1$일 때 $g''(x)<0$이다.

조건 (가)에서 m의 최솟값이 -2이므로 $g'(-1)=-2$

$ae^{-k+q}=-2$ $\qquad$ ...... ㉠

→ $a\times1\times e^{k-2k+q}$

Step 3 조건 (나)를 이용한다.

조건 (나)의 $\displaystyle\int_0^1 g(x)dx=\int_0^1 a(x+1)e^{kx^2+2kx+q}dx$에서

$kx^2+2kx+q=t$라 하면 $(2kx+2k)dx=dt$이고

$x=0$일 때 $t=q$, $x=1$일 때 $t=3k+q$이므로

$\displaystyle\int_0^1 g(x)dx=\int_q^{3k+q}\frac{a}{2k}e^t dt$

$\qquad\qquad\quad=\left[\frac{a}{2k}e^t\right]_q^{3k+q}$

$\qquad\qquad\quad=\frac{a}{2k}(e^{3k+q}-e^q)$

$\qquad\qquad\quad=\frac{ae^q}{2k}(e^{3k}-1)=\frac{-2e^k}{2k}(e^{3k}-1)\ (\because ㉠)$

이 값이 $\dfrac{e-e^4}{k}$과 같으므로

$\dfrac{-2e^k}{2k}(e^{3k}-1)=\dfrac{e-e^4}{k},\ -e^{4k}+e^k=e-e^4$

$e^{4k}-e^4-e^k+e=(e^k-e)\{(e^{2k}+e^2)(e^k+e)-1\}=0$

$e^k-e=0$ $\qquad\therefore k=1$

→ 항상 양수야.

역시 조건 (나)에 의해

$\qquad\qquad\qquad\rightarrow =+\displaystyle\int_1^0 g(x)dx$

$\displaystyle\int_{-2f(0)}^1 g(x)dx-\int_0^1 g(x)dx=\int_{-2f(0)}^0 g(x)dx=0$

이때 $k=1$이므로 $x^2+2x+q=t$라 하면 $(2x+2)dx=dt$이고

$x=0$일 때 $t=q$, $x=-2f(0)$일 때 $t=4q^2-3q$이므로

$\displaystyle\int_{-2f(0)}^0 g(x)dx=\int_{-2f(0)}^0 a(x+1)e^{x^2+2x+q}dx$

$\qquad\qquad\qquad=\int_{4q^2-3q}^q\frac{a}{2}e^t dt$

$\qquad\qquad\qquad=\left[\frac{a}{2}e^t\right]_{4q^2-3q}^q$

$\qquad\qquad\qquad=\frac{a}{2}(e^q-e^{4q^2-3q})=0$

$q=4q^2-3q,\ 4q^2-4q=4q(q-1)=0$

$\therefore q=1\ (\because q\neq0)$ → $a\neq0$이기 때문이야.

→ Step1에서 구했어.

㉠에서 $ae^{-1+1}=-2$ $\quad\therefore a=-2$

따라서 $a=-2,\ b=-2,\ f(x)=x^2+2x+1$이므로

$f(ab)=f(4)=16+8+1=25$

---

149 [정답률 10%] 정답 12

최고차항의 계수가 1인 이차함수 $f(x)$에 대하여 실수 전체의 집합에서 정의된 함수

$$g(x)=\ln\{f(x)+f'(x)+1\}$$

이 있다. 상수 a와 함수 $g(x)$가 다음 조건을 만족시킨다.

> (가) 모든 실수 x에 대하여 $g(x)>0$이고
> $$\int_{2a}^{3a+x}g(t)dt=\int_{3a-x}^{2a+2}g(t)dt$$
> 이다.
> (나) $g(4)=\ln 5$

$\displaystyle\int_3^5\{f'(x)+2a\}g(x)dx=m+n\ln 2$일 때, $m+n$의 값을 구하시오. (단, m, n은 정수이고, $\ln 2$는 무리수이다.) (4점)

Step 1 조건 (가)를 이용하여 함수 $y=g(x)$의 그래프가 직선 $x=3a$에 대하여 대칭임을 안다.

함수 $g(x)$의 한 부정적분을 $G(x)$라 하자.

조건 (가)에서 $\displaystyle\int_{2a}^{3a+x}g(t)dt=\int_{3a-x}^{2a+2}g(t)dt$

$G(3a+x)-G(2a)=G(2a+2)-G(3a-x)$

위 등식의 양변을 x에 대하여 미분하면 $g(3a+x)=g(3a-x)$

모든 실수 x에 대하여 위 등식이 성립하므로 함수 $y=g(x)$의 그래프는 직선 $x=3a$에 대하여 대칭이다.

Step 2 정적분의 성질을 이용하여 a의 값을 구한다.

조건 (가)에서

$\displaystyle\int_{2a}^{3a+x}g(t)dt=\int_{3a-x}^{2a+2}g(t)dt=\int_{3a-x}^{4a}g(t)dt+\int_{4a}^{2a+2}g(t)dt$

이때 함수 $y=g(x)$의 그래프는 직선 $x=3a$에 대하여 대칭이므로

$\displaystyle\int_{2a}^{3a+x}g(t)dt=\int_{3a-x}^{4a}g(t)dt$ $\qquad\therefore\int_{4a}^{2a+2}g(t)dt=0$

$g(x)>0$이므로 $2a+2=4a$ $\qquad\therefore a=1$

Step 3 부분적분법을 이용하여 두 정수 m, n의 값을 각각 구한다.

함수 $h(x)$에 대하여 $h(x)=f(x)+f'(x)+1$이라 하면 $f(x)$는 최고차항의 계수가 1인 이차함수이므로 $h(x)=x^2+px+q$ (p, q는 상수)라 하자.

함수 $y=g(x)$의 그래프는 직선 $x=3$에 대하여 대칭이므로

$g(4)=g(2)$, 즉 $h(4)=h(2)$

→ $g(x)=\ln h(x)$이므로 함수 $y=h(x)$의 그래프도 직선 $x=3$에 대하여 대칭이다.

$16+4p+q=4+2p+q$ $\qquad\therefore p=-6$

조건 (나)에서 $h(4)=5$이므로

$16-24+q=5$ $\qquad\therefore q=13$

→ $f(x)=x^2+\alpha x+\beta$라 하면 $f'(x)=2x+\alpha$ 이므로 $h(x)=x^2+(2+\alpha)x+\alpha+\beta+1$ 즉, 함수 $h(x)$도 최고차항의 계수가 1인 이차함수이다.

$h(x)=x^2-6x+13$에서 $h(3)=4,\ h(5)=8$

$h'(x)=f'(x)+f''(x)=f'(x)+2$

$\displaystyle\int_3^5\{f'(x)+2a\}g(x)dx$

→ $f(x)=x^2+\alpha x+\beta$라 하면 $f'(x)=2x+\alpha,\ f''(x)=2$

$\qquad=\displaystyle\int_3^5\{f'(x)+2\}g(x)dx=\int_3^5 h'(x)\ln h(x)dx$

→ $=h(x)\times\dfrac{h'(x)}{h(x)}$

$\qquad=\left[h(x)\ln h(x)\right]_3^5-\int_3^5 h'(x)dx$

$\qquad=h(5)\ln h(5)-h(3)\ln h(3)-\{h(5)-h(3)\}$

$\qquad=8\ln 8-4\ln 4-(8-4)=-4+16\ln 2$

→ $=8\ln 2^3-4\ln 2^2$ $=24\ln 2-8\ln 2=16\ln 2$

따라서 $m=-4,\ n=16$이므로 $m+n=12$

150

정답 ①

두 상수 a, b와 함수 $f(x)=\dfrac{|x|}{x^2+1}$에 대하여 함수

$$g(x)=\begin{cases} f(x) & (x<a) \\ f(b-x) & (x\geq a) \end{cases}$$

가 실수 전체의 집합에서 미분가능할 때, $\displaystyle\int_a^{a-b} g(x)\,dx$의

값은? (4점)

① $\dfrac{1}{2}\ln 5$ ② $\ln 5$ ③ $\dfrac{3}{2}\ln 5$

④ $2\ln 5$ ⑤ $\dfrac{5}{2}\ln 5$

Step 1 함수 $y=f(x)$의 그래프의 개형을 파악한다.

함수 $f(x)=\dfrac{|x|}{x^2+1}$에 대하여 함수 $h(x)=\dfrac{x}{x^2+1}$라 하면

$$h'(x)=\dfrac{1\cdot(x^2+1)-x\cdot 2x}{(x^2+1)^2}=\dfrac{-(x+1)(x-1)}{(x^2+1)^2},$$

$h'(-1)=h'(1)=0$

x	$\cdots$	-1	$\cdots$	1	$\cdots$
$h'(x)$	$-$	0	$+$	0	$-$
$h(x)$	$\searrow$	$-\dfrac{1}{2}$	$\nearrow$	$\dfrac{1}{2}$	$\searrow$

따라서 함수 $f(x)=\dfrac{|x|}{x^2+1}$의 그래프는 다음과 같다.

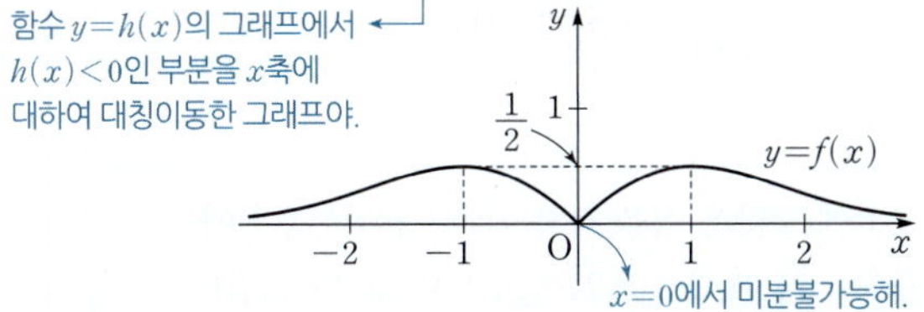

Step 2 함수 $g(x)$가 실수 전체의 집합에서 미분가능하도록 하는 두 상수 a, b의 값을 구한 후, $\displaystyle\int_a^{a-b} g(x)\,dx$의 값을 구한다.

함수 $g(x)$는 실수 전체의 집합에서 미분가능하므로 다음 그림과 같이 $a=-1$, $b=-2$여야 한다.

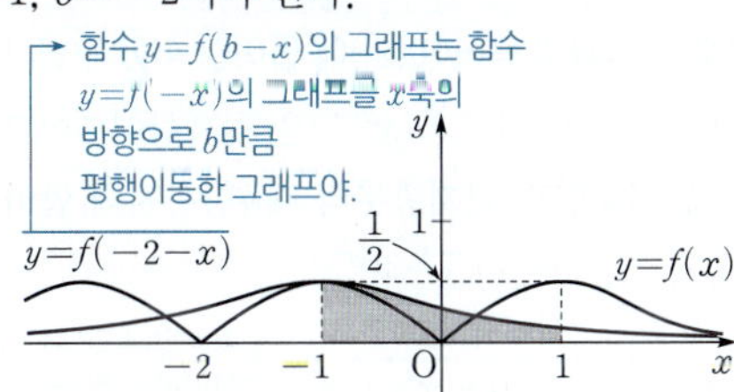

$$\int_{-1}^{1} g(x)\,dx=\int_{1}^{3}\dfrac{x}{x^2+1}\,dx$$
$$=\left[\dfrac{1}{2}\ln(x^2+1)\right]_1^3$$
$$=\dfrac{1}{2}(\ln 10-\ln 2)$$
$$=\dfrac{1}{2}\ln 5$$

$\ln\dfrac{10}{2}=\ln 5$

151

정답 16

최고차항의 계수가 1인 삼차함수 $f(x)$에 대하여 함수

$$g(x)=\int_0^x \dfrac{f(t)}{|t|+1}\,dt$$

가 다음 조건을 만족시킨다.

> (가) $g'(2)=0$
> (나) 모든 실수 x에 대하여 $g(x)\geq 0$이다.

$g'(-1)$의 값이 최대가 되도록 하는 함수 $f(x)$에 대하여

$f(-1)=\dfrac{n}{m-3\ln 3}$일 때, $|m\times n|$의 값을 구하시오.

(단, m, n은 정수이고, $\ln 3$은 $1<\ln 3<1.1$인 무리수이다.)

(4점)

Step 1 주어진 조건을 만족시키는 함수 $f(x)$를 이해하고, 정적분을 이용하여 문제를 해결한다.

$g(x)=\displaystyle\int_0^x \dfrac{f(t)}{|t|+1}\,dt$이므로

$g'(x)=\dfrac{f(x)}{|x|+1}$, $g(0)=0$ $g'(2)=\dfrac{f(2)}{3}=0$

조건 (가)에서 $g'(2)=0$이므로 $f(2)=0$

조건 (나)에서 $f(0)=0$이어야 하므로   최고차항의 계수가 1인 삼차함수의 그래프의 개형을 그려봐.

최고차항의 계수가 1인 삼차함수 $f(x)$에 대하여

$f(x)=x(x-2)(x-k)$로 나타낼 수 있다. (단, k는 양수)

이때 $g'(-1)=\dfrac{f(-1)}{2}$의 값이 최대가 되도록 하려면

$0<k<2$이고 $g(2)\geq 0$인 최소의 k일 때이다.

$f(-1)=-3(k+1)$의 값이 최대가 되려면 $0<k<2$인 경우와 $x\geq 0$일 때, $0<2<k$인 경우 중에서 $0<k<2$인 경우야.

$$g'(x)=\dfrac{f(x)}{x+1}=\dfrac{x(x-2)(x-k)}{x+1}$$
$$=x^2-(k+3)x+3(k+1)-\dfrac{3(k+1)}{x+1}$$

$g(2)\geq 0$이므로

$$g(2)=\int_0^2 \left\{x^2-(k+3)x+3(k+1)-\dfrac{3(k+1)}{x+1}\right\}dx$$
$$=\left[\dfrac{1}{3}x^3-\dfrac{k+3}{2}x^2+3(k+1)x-3(k+1)\ln(x+1)\right]_0^2$$
$$=\dfrac{8}{3}-2(k+3)+6(k+1)-3(k+1)\ln 3$$
$$=-\dfrac{4}{3}+4(k+1)-3(k+1)\ln 3\geq 0$$

$-2(k+1)-4$ $(k+1)\geq\dfrac{4}{3}{4-3\ln 3}$, $3(k+1)\geq\dfrac{4}{4-3\ln 3}$

$3(k+1)\geq\dfrac{4}{4-3\ln 3}$, $f(-1)=-3(k+1)\leq\dfrac{-4}{4-3\ln 3}$

즉, $g'(-1)$의 값이 최대가 되도록 하는 함수 $f(x)$에 대하여

$f(-1)=\dfrac{-4}{4-3\ln 3}$이므로 $m=4$, $n=-4$

$f(x)=x(x-2)(x-k)$이므로 $f(-1)=(-1)\times(-3)\times(-1-k)=-3(k+1)$

$\therefore |m\times n|=16$

152

정답 ⑤

실수 전체의 집합에서 연속인 함수 $f(x)$에 대하여
$$\int_1^{e^2} \frac{f(1+2\ln x)}{x}\,dx=5$$

→ 이 부분을 치환한 후에 치환적분을 이용!

일 때, $\int_1^5 f(x)\,dx$의 값은? (3점)

① 6   ② 7   ③ 8
④ 9   ⑤ 10

Step 1 치환적분을 이용하여 주어진 정적분을 다른 형태로 바꾼다.

$\int_1^{e^2} \dfrac{f(1+2\ln x)}{x}\,dx$에서 $1+2\ln x=t$로 치환하면

$$\frac{2}{x}=\frac{dt}{dx} \qquad \therefore \frac{2}{x}\,dx=dt$$

$$\therefore \int_1^{e^2} \frac{f(1+2\ln x)}{x}\,dx=\int_1^{e^2} \frac{1}{2}\cdot\frac{f(1+2\ln x)}{x}\underset{=dt}{2\,dx}$$
$$=\frac{1}{2}\int_1^5 f(t)\,dt$$

$x=e^2$이면 $t=1+2\ln e^2=5$

Step 2 $\int_1^5 f(x)\,dx$의 값을 구한다.

$\dfrac{1}{2}\int_1^5 f(t)\,dt=5$이므로 $\int_1^5 f(t)\,dt=10$

$$\therefore \int_1^5 f(x)\,dx=\int_1^5 f(t)\,dt=10$$

→ 적분변수가 x에서 t로 바뀐 것뿐이야!

153

→ 이런 문제는 빈칸 앞뒤의 식을 잘 봐야 해.

정답 ④

자연수 n에 대하여
$$S_n=1-\frac{1}{3}+\frac{1}{5}-\frac{1}{7}+\cdots+(-1)^{n-1}\cdot\frac{1}{2n-1}$$
이라 할 때, 다음은 $\lim_{n\to\infty} S_n$의 값을 구하는 과정이다.

> $1-x^2+x^4-x^6+\cdots+(-1)^{n-1}\cdot x^{2n-2}$
> $=\boxed{\text{(가)}}-(-1)^n\cdot\dfrac{x^{2n}}{1+x^2}$ 이므로
>
> $S_n=1-\dfrac{1}{3}+\dfrac{1}{5}-\dfrac{1}{7}+\cdots+(-1)^{n-1}\cdot\dfrac{1}{2n-1}$
> $=\displaystyle\int_0^1 \{1-x^2+x^4-x^6+\cdots+(-1)^{n-1}\cdot x^{2n-2}\}\,dx$
> $=\displaystyle\int_0^1 \boxed{\text{(가)}}\,dx-(-1)^n\int_0^1 \dfrac{x^{2n}}{1+x^2}\,dx$
>
> 이다. 한편, $0\le\dfrac{x^{2n}}{1+x^2}\le x^{2n}$이므로
>
> $0\le\displaystyle\int_0^1 \dfrac{x^{2n}}{1+x^2}\,dx\le\int_0^1 x^{2n}dx=\boxed{\text{(나)}}$
>
> 이다. 따라서 $\lim_{n\to\infty}\displaystyle\int_0^1 \dfrac{x^{2n}}{1+x^2}\,dx=0$이므로
>
> $\lim_{n\to\infty} S_n=\displaystyle\int_0^1 \boxed{\text{(가)}}\,dx$이다.
>
> $x=\tan\theta\left(-\dfrac{\pi}{2}<\theta<\dfrac{\pi}{2}\right)$로 놓으면
>
> $\lim_{n\to\infty} S_n=\displaystyle\int_0^1 \boxed{\text{(가)}}\,dx$
> $=\displaystyle\int_0^{\frac{\pi}{4}} \dfrac{\sec^2\theta}{1+\tan^2\theta}\,d\theta=\boxed{\text{(다)}}$
>
> 이다.

위의 (가), (나)에 알맞은 식을 각각 $f(x)$, $g(n)$, (다)에 알맞은 수를 k라 할 때, $k\times f(2)\times g(2)$의 값은? (4점)

① $\dfrac{\pi}{40}$ ② $\dfrac{\pi}{60}$ ③ $\dfrac{\pi}{80}$
④ $\dfrac{\pi}{100}$ ⑤ $\dfrac{\pi}{120}$

Step 1 등비수열의 합을 이용하여 (가)에 들어갈 식을 구한다.

$1-x^2+x^4-x^6+\cdots+(-1)^{n-1}\cdot x^{2n-2}$은 첫째항이 1이고
공비가 $-x^2$인 등비수열의 첫째항부터 제n항까지의 합이므로
$1-x^2+x^4-x^6+\cdots+(-1)^{n-1}\cdot x^{2n-2}$
$$=\frac{1\times\{1-(-x^2)^n\}}{1-(-x^2)}=\frac{1-(-x^2)^n}{1+x^2}$$
$$=\frac{1}{1+x^2}-\frac{(-x^2)^n}{1+x^2}$$
$$=\frac{1}{1+x^2}-(-1)^n\cdot\frac{x^{2n}}{1+x^2}$$
$$\therefore \boxed{\text{(가)}}=\frac{1}{1+x^2}$$

등비수열의 첫째항을 a, 공비를 r, 첫째항부터 제n항까지의 합을 S_n이라 하면
$S_n=\dfrac{a(1-r^n)}{1-r}=\dfrac{a(r^n-1)}{r-1}$ (단, $r\neq 1$)

Step 2 정적분을 이용하여 (나), (다)에 들어갈 식 또는 값을 구한다.

$$\int_0^1 x^{2n}dx=\left[\frac{1}{2n+1}x^{2n+1}\right]_0^1 \to \frac{1}{2n+1}\times 1^{2n+1}=\frac{1}{2n+1}$$

$$=\boxed{\text{(나) }\frac{1}{2n+1}}$$

$$\int_{\frac{\pi}{4}}^{} \frac{\sec^2\theta}{1+\tan^2\theta}\,d\theta=\int_0^{\frac{\pi}{4}} 1\,d\theta=\left[\theta\right]_0^{\frac{\pi}{4}}=\boxed{\text{(다) }\frac{\pi}{4}} \to 1+\tan^2\theta=\sec^2\theta$$

Step 3 $k\times f(2)\times g(2)$의 값을 구한다.

따라서 $f(x)=\dfrac{1}{1+x^2}$, $g(n)=\dfrac{1}{2n+1}$, $k=\dfrac{\pi}{4}$이므로

$$k\times f(2)\times g(2)=\frac{\pi}{4}\times\frac{1}{5}\times\frac{1}{5}=\frac{\pi}{100}$$

$$f(2)=\frac{1}{1+2^2} \qquad g(2)=\frac{1}{2\times 2+1}$$
$$=\frac{1}{1+4} \qquad\qquad =\frac{1}{4+1}$$
$$=\frac{1}{5} \qquad\qquad\quad =\frac{1}{5}$$

154

정답 ④

구간 $(0,\infty)$에서 정의된 미분가능한 함수 $f(x)$가 있다. 모든 양수 t에 대하여 곡선 $y=f(x)$ 위의 점 $(t,f(t))$에서의 접선의 기울기는 $\dfrac{\ln t}{t^2}$이다. $f(1)=0$일 때, $f(e)$의 값은?

(3점)

① $\dfrac{e-2}{3e}$ ② $\dfrac{e-2}{2e}$ ③ $\dfrac{e-1}{3e}$

④ $\dfrac{e-2}{e}$ ⑤ $\dfrac{e-1}{e}$

Step 1 부분적분법을 이용한다.

곡선 $y=f(x)$ 위의 점 $(t,f(t))$에서의 접선의 기울기가 $\dfrac{\ln t}{t^2}$이므로

$$f'(x)=\frac{\ln x}{x^2}\ (x>0)$$

$u=\ln x$, $v'=\dfrac{1}{x^2}$이라 하고 부분적분법을 이용하면

$$f(x)=\int \frac{\ln x}{x^2}\,dx=-\frac{1}{x}\ln x-\int\left(-\frac{1}{x^2}\right)dx \to u'v-\frac{1}{x}\times\left(-\frac{1}{x}\right)$$

$$=-\frac{1}{x}\ln x+\int \frac{1}{x^2}\,dx \to uv=(\ln x)\times\left(-\frac{1}{x}\right) \qquad =-\frac{1}{x^2}$$

$$=-\frac{1}{x}\ln x-\frac{1}{x}+C\ (C\text{는 적분상수})$$

$f(1)=0$이므로 $f(1)=-\ln 1-1+C=-1+C=0$ $\therefore C=1$

따라서 $f(x)=-\dfrac{1}{x}\ln x-\dfrac{1}{x}+1$이므로

$$f(e)=-\frac{1}{e}\ln e-\frac{1}{e}+1=1-\frac{2}{e}=\frac{e-2}{e}$$

155

정답 8

도함수가 실수 전체의 집합에서 연속인 함수 $f(x)$가 다음 조건을 만족시킨다.

(가) 모든 실수 x에 대하여 $f(-x)=-f(x)$이다.

(나) $f(\pi)=0$

(다) $\displaystyle\int_0^\pi x^2 f'(x)dx=-8\pi$

$\displaystyle\int_{-\pi}^{\pi}(x+\cos x)f(x)dx=k\pi$일 때, k의 값을 구하시오. (3점)

Step 1 조건 (다)의 식에서 부분적분법을 이용하여 $\displaystyle\int_0^\pi xf(x)dx$의 값을 구한다.

조건 (다)에서

$$\int_0^\pi x^2 f'(x)dx=\left[x^2 f(x)\right]_0^\pi-\int_0^\pi 2xf(x)dx \to \int u'v\,dx$$
$$=uv-\int uv'\,dx \text{ 이용}$$

$$=\pi^2 f(\pi)-2\int_0^\pi xf(x)dx$$

$$=-2\int_0^\pi xf(x)dx=-8\pi$$

이므로 $\displaystyle\int_0^\pi xf(x)dx=4\pi$이다.

Step 2 $y=xf(x)$의 그래프가 y축에 대하여 대칭임을 파악한 후 $\displaystyle\int_{-\pi}^{\pi}xf(x)dx$의 값을 구한다.

$g(x)=xf(x)$라 하면 조건 (가)에 의하여

$$g(-x)=-xf(-x) \to g(x)=xf(x)\text{에서 }x\text{를 모두 }-x\text{로 바꿔 줘.}$$
$$=-x\cdot\{-f(x)\}$$
$$=xf(x) \to \text{조건 (가)}$$
$$=g(x)$$

이므로 $g(x)=xf(x)$의 그래프가 y축에 대하여 대칭이다.

$$\int_{-\pi}^{\pi}xf(x)dx=2\int_0^\pi xf(x)dx$$
$$=2\times 4\pi \to y=g(x)\text{의 그래프가 }y\text{축에 대하여 대칭이므로}$$
$$=8\pi \qquad \int_{-a}^{a}g(x)dx=2\int_0^a g(x)dx$$

Step 3 $y=\cos x f(x)$의 그래프가 원점에 대하여 대칭임을 파악한 후, $\displaystyle\int_{-\pi}^{\pi}\cos x f(x)dx$의 값을 구한다.

$h(x)=\cos x f(x)$라 하면

$$h(-x)=\cos(-x)f(-x)$$
$$=\cos x(-f(x)) \to y=h(x)=\cos x f(x)\text{에서 }x\text{를 모두 }-x\text{로 바꿔 줘.}$$
$$=-\cos x f(x)$$
$$=-h(x)$$

이므로 $h(x)=\cos x f(x)$의 그래프가 원점에 대하여 대칭이다.

따라서 $\displaystyle\int_{-\pi}^{\pi}\cos x f(x)dx=0$이다. $\to y=h(x)$의 그래프가 원점에 대하여 대칭이면 $\displaystyle\int_{-a}^{a}h(x)dx=0$

Step 4 $\displaystyle\int_{-\pi}^{\pi}(x+\cos x)f(x)dx$의 값을 구한다.

$\displaystyle\int_{-\pi}^{\pi}xf(x)dx=8\pi$, $\displaystyle\int_{-\pi}^{\pi}\cos x\,f(x)dx=0$이므로

$$\int_{-\pi}^{\pi}(x+\cos x)f(x)dx=\int_{-\pi}^{\pi}\{xf(x)+\cos x\,f(x)\}dx$$
$$=\int_{-\pi}^{\pi}xf(x)dx+\int_{-\pi}^{\pi}\cos x\,f(x)dx$$
$$=8\pi$$

$\therefore k=8$

156

정답 ⑤

실수 전체의 집합에서 연속인 함수 $f(x)$가 모든 실수 x에 대하여

$$\int_{1}^{x}(x-t)f(t)dt=e^{x-1}+ax^2-3x+1$$

을 만족시킬 때, $f(a)$의 값은? (단, a는 상수이다.) (3점)

① -3 ② -1 ③ 0

④ 1 ⑤ 3

Step 1 a의 값을 구한다.

$\displaystyle\int_{1}^{x}(x-t)f(t)dt=e^{x-1}+ax^2-3x+1$의 양변에 $x=1$을 대입하면

$0=1+a-3+1$, $a-1=0$ $\therefore a=1$

Step 2 $\dfrac{d}{dx}\left\{\displaystyle\int_{1}^{x}(x-t)f(t)dt\right\}=\displaystyle\int_{1}^{x}f(t)dt$임을 이용한다.

$\displaystyle\int_{1}^{x}(x-t)f(t)dt=x\int_{1}^{x}f(t)dt-\int_{1}^{x}tf(t)dt$이므로

$x\displaystyle\int_{1}^{x}f(t)dt-\int_{1}^{x}tf(t)dt=e^{x-1}+x^2-3x+1$

위 등식의 양변을 x에 대하여 미분하면

$\displaystyle\int_{1}^{x}f(t)dt+xf(x)-xf(x)=e^{x-1}+2x-3$

$\displaystyle\int_{1}^{x}f(t)dt=e^{x-1}+2x-3$

위 등식의 양변을 x에 대하여 미분하면

$f(x)=e^{x-1}+2$

Step 3 $f(a)$의 값을 구한다.

$\therefore f(a)=f(1)=3$

157

정답 ②

실수 전체의 집합에서 미분가능한 함수 $f(x)$가 모든 실수 x에 대하여

$$xf(x)=x^2e^{-x}+\int_{1}^{x}f(t)dt$$

를 만족시킬 때, $f(2)$의 값은? (3점)

① $\dfrac{1}{e}$ ② $\dfrac{e+1}{e^2}$ ③ $\dfrac{e+2}{e^2}$

④ $\dfrac{e+3}{e^2}$ ⑤ $\dfrac{e+4}{e^2}$

Step 1 $f(1)$의 값을 구한다.

주어진 식에 $x=1$을 대입하면

$f(1)=1\times e^{-1}+\displaystyle\int_{1}^{1}f(t)dt=\dfrac{1}{e}$

Step 2 주어진 식을 x에 대하여 미분하여 $f'(x)$를 구한다.

주어진 식의 양변을 x에 대하여 미분하면

$f(x)+xf'(x)=2xe^{-x}-x^2e^{-x}+f(x)$

$xf'(x)=2xe^{-x}-x^2e^{-x}$

$\therefore f'(x)=2e^{-x}-xe^{-x}$ $\cdots\cdots$ ㉠

Step 3 $f(2)$의 값을 구한다.

㉠의 양변을 적분하면

$f(x)=\displaystyle\int(2e^{-x}-xe^{-x})dx$
$=-2e^{-x}+xe^{-x}-\displaystyle\int e^{-x}dx$
$=-2e^{-x}+xe^{-x}+e^{-x}+C$ (C는 적분상수)
$=(x-1)e^{-x}+C$

이때 $f(1)=\dfrac{1}{e}$이므로

$f(1)=C=\dfrac{1}{e}$

따라서 $f(x)=(x-1)e^{-x}+\dfrac{1}{e}$이므로

$f(2)=e^{-2}+\dfrac{1}{e}=\dfrac{1}{e^2}+\dfrac{1}{e}=\dfrac{e+1}{e^2}$

158

정답 ⑤

함수 $f(x)=\displaystyle\int_{1}^{x}e^{t^3}dt$에 대하여  $\displaystyle\int_{0}^{1}xf(x)dx$의 값은? (4점)

① $\dfrac{1-e}{2}$ ② $\dfrac{1-e}{3}$ ③ $\dfrac{1-e}{4}$

④ $\dfrac{1-e}{5}$ ⑤ $\dfrac{1-e}{6}$

Step 1 부분적분법을 이용하여 주어진 정적분을 다른 형태로 나타낸다.

$\displaystyle\int_{0}^{1}xf(x)dx$에서 $u'=x$, $v=f(x)$라 하고 부분적분법을 이용하면

$\displaystyle\int_{0}^{1}xf(x)dx=\left[\dfrac{1}{2}x^2f(x)\right]_{0}^{1}-\int_{0}^{1}\dfrac{1}{2}x^2f'(x)dx$
$=\dfrac{1}{2}f(1)-\displaystyle\int_{0}^{1}\dfrac{1}{2}x^2e^{x^3}dx$
$=-\dfrac{1}{2}\displaystyle\int_{0}^{1}x^2e^{x^3}dx$

Step 2 치환적분법을 이용하여 정적분의 값을 구한다.

$-\dfrac{1}{2}\displaystyle\int_{0}^{1}x^2e^{x^3}dx$에서 $x^3=t$라 하면 $3x^2dx=dt$이고

$x=0$일 때 $t=0$, $x=1$일 때 $t=1$이므로

$-\dfrac{1}{2}\displaystyle\int_{0}^{1}x^2e^{x^3}dx=-\dfrac{1}{2}\int_{0}^{1}\dfrac{1}{3}e^{t}dt$
$=-\dfrac{1}{6}\displaystyle\int_{0}^{1}e^{t}dt$
$=-\dfrac{1}{6}\left[e^{t}\right]_{0}^{1}=-\dfrac{1}{6}(e-1)$

$\therefore \displaystyle\int_{0}^{1}xf(x)dx=-\dfrac{1}{6}(e-1)=\dfrac{1-e}{6}$

159 정답 19

실수 전체의 집합에서 연속인 함수 $f(x)$가 다음 조건을 만족시킨다.

> (가) $-1\leq x\leq 1$에서 $f(x)<0$이다.
>
> (나) $\displaystyle\int_{-1}^{0}|f(x)\sin x|dx=2,\ \int_{0}^{1}|f(x)\sin x|dx=3$

함수 $g(x)=\displaystyle\int_{-1}^{x}|f(t)\sin t|dt$에 대하여

$-x$를 다른 문자로 치환하여 식을 변형해.

$\displaystyle\int_{-1}^{1}f(-x)g(-x)\sin x\,dx=\dfrac{q}{p}$이다. $p+q$의 값을 구하시오. (단, p와 q는 서로소인 자연수이다.) (4점)

Step 1 조건 (나)를 이용한다.

$\displaystyle\int_{a}^{a}f(x)=0\ (a\text{는 상수})$

$g(x)=\displaystyle\int_{-1}^{x}|f(t)\sin t|dt$이므로 $g(-1)=0$

$g(x)$의 식에 $x=0$을 대입한 것과 같아.

조건 (나)에서 $\displaystyle\int_{-1}^{0}|f(x)\sin x|dx=2$이므로 $g(0)=2$

또한 $\displaystyle\int_{0}^{1}|f(x)\sin x|dx=3$이므로 $g(1)-g(0)=3$

$\therefore g(1)=3+g(0)=5$

$\displaystyle\int_{-1}^{1}|f(x)\sin x|dx-\int_{-1}^{0}|f(x)\sin x|dx=\int_{0}^{1}|f(x)\sin x|dx$

Step 2 $-x=t$로 치환하여 $\displaystyle\int_{-1}^{1}f(-x)g(-x)\sin x\,dx$를 변형한다.

$-x=t$라 하면 $-dx=dt$이고, $x=-1$일 때 $t=1$, $x=1$일 때 $t=-1$이므로

$\displaystyle\int_{-1}^{1}f(-x)g(-x)\sin x\,dx$

$=-\si t$

$=-\displaystyle\int_{1}^{-1}f(t)g(t)\underline{\sin(-t)}dt$ 적분구간도 바꿔줘야 해.

$=-\displaystyle\int_{-1}^{1}\{g(t)\times f(t)\sin t\}dt$

조건 (가)에 의하여 $-1\leq x\leq 1$일 때 $f(x)<0$이고, $-1\leq x\leq 0$일 때 $\sin x\leq 0$, $0\leq x\leq 1$일 때 $\sin x\geq 0$이다.

이때 $g'(x)=|f(x)\sin x|$이므로

$\displaystyle\int_{-1}^{1}\{g(t)\times f(t)\sin t\}dt$

$-1\leq t\leq 0$일 때 $f(t)\sin t\geq 0$이므로 $f(t)\sin t=g'(t)$야.

$=\displaystyle\int_{-1}^{0}g(t)g'(t)dt+\int_{0}^{1}g(t)\{-g'(t)\}dt$

$0\leq t\leq 1$일 때 $f(t)\sin t\leq 0$이므로 $f(t)\sin t=-g'(t)$야.

$=\displaystyle\int_{-1}^{0}g(t)g'(t)dt-\int_{0}^{1}g(t)g'(t)dt$

$=\dfrac{1}{2}\left(\Big[\{g(t)\}^2\Big]_{-1}^{0}-\Big[\{g(t)\}^2\Big]_{0}^{1}\right)$

$\left[\dfrac{1}{2}\{g(t)\}^2\right]'=\dfrac{1}{2}\times 2g(t)g'(t)=g(t)g'(t)$

$=\dfrac{1}{2}\big[\{g(0)\}^2-\{g(-1)\}^2-\{g(1)\}^2+\{g(0)\}^2\big]$

$\underset{2}{} \quad \underset{0}{} \quad \underset{5}{} \quad \underset{2}{}$

$=-\dfrac{17}{2}$

따라서 $\displaystyle\int_{-1}^{1}f(-x)g(-x)\sin x\,dx=\dfrac{17}{2}$이므로 $p=2,\ q=17$

$\therefore p+q=19$

160 정답 ④

실수 전체의 집합에서 미분가능한 함수 $f(x)$가 다음 조건을 만족시킨다.

> (가) $f(0)=0,\ f'(0)=1$
>
> (나) 모든 실수 $x,\ y$에 대하여
> $$f(x+y)=\dfrac{f(x)+f(y)}{1+f(x)f(y)}$$ 이다.

$f(-1)=k\ (-1<k<0)$일 때, $\displaystyle\int_{0}^{1}\{f(x)\}^2dx$의 값을 k로 나타낸 것은? (4점)

① $1-k^2$ ② $1-2k$ ③ $1-k$

④ $1+k$ ⑤ $1+k^2$

Step 1 주어진 조건을 이용하여 $f(1)$의 값을 구한다.

조건 (나)의 식에 y 대신 $-x$를 대입하면

$f(x-x)=\dfrac{f(x)+f(-x)}{1+f(x)f(-x)}=f(0)=0\ (\because \text{조건 (가)})$

$\therefore f(x)+f(-x)=0\ \to\ f(x)=-f(-x)$이므로 함수 $y=f(x)$의 그래프는 원점에 대하여 대칭이야.

이 식에 $x=1$을 대입하면 $f(1)+f(-1)=0$

$\therefore f(1)=-f(-1)=-k$

Step 2 미분을 이용하여 $\{f(x)\}^2$을 변형한다.

$\{f(y)\}'=0$이 돼!

y를 임의의 상수로 생각하고 조건 (나)의 식의 양변을 x에 대하여 미분하면

$f'(x+y)=\dfrac{f'(x)\{1+f(x)f(y)\}-\{f(x)+f(y)\}f'(x)f(y)}{\{1+f(x)f(y)\}^2}$

위 식에 $x=0$을 대입하면

주의 y가 상수니까, $f(y)$도 상수로 생각하고 미분하면 돼.

$f'(y)=\dfrac{f'(0)\{1+f(0)f(y)\}-\{f(0)+f(y)\}f'(0)f(y)}{\{1+f(0)f(y)\}^2}$

$=\dfrac{1-\{f(y)\}^2}{1^2}=1-\{f(y)\}^2\ (\because f(0)=0,\ f'(0)=1)$

따라서 $f'(y)=1-\{f(y)\}^2$이므로 $\{f(y)\}^2=1-f'(y)$

y 대신 x를 대입하면 $\{f(x)\}^2=1-f'(x)$

Step 3 $\displaystyle\int_{0}^{1}\{f(x)\}^2dx$의 값을 k로 나타낸다.

$\therefore \displaystyle\int_{0}^{1}\{f(x)\}^2dx=\int_{0}^{1}\{1-f'(x)\}dx=\Big[x-f(x)\Big]_{0}^{1}$

$=1-f(1)-0+f(0)$

$=1+k\ (\because f(0)=0,\ f(1)=-k)$

⭐ **다른 풀이** 미분계수의 정의를 이용한 풀이

Step 1 미분계수의 정의를 이용하여 $\{f(x)\}^2$을 변형한다.

조건 (나)에서

$\dfrac{f(x+h)-f(x)}{h}=\left\{\dfrac{f(x)+f(h)}{1+f(x)f(h)}-f(x)\right\}\cdot\dfrac{1}{h}$

$=\dfrac{1-\{f(x)\}^2}{1+f(x)f(h)}\cdot\dfrac{f(h)}{h}$

즉 $f'(x)=\displaystyle\lim_{h\to 0}\dfrac{f(x+h)-f(x)}{h}=\lim_{h\to 0}\left\{\dfrac{1-\{f(x)\}^2}{1+f(x)f(h)}\cdot\dfrac{f(h)}{h}\right\}$

따라서 $f'(x)=1-\{f(x)\}^2$이므로

$\{f(x)\}^2=1-f'(x)$

$f(0)=0$이므로

$\displaystyle\lim_{h\to 0}\dfrac{f(h)}{h}=\lim_{h\to 0}\dfrac{f(h)-f(0)}{h-0}=f'(0)=1$

(이하 동일)

02. 정적분의 활용

001	②	002	①	003	③	004	4	005	⑤
006	③	007	①	008	④	009	242	010	①
011	12	012	19	013	①	014	⑤	015	①
016	②	017	5	018	①	019	①	020	④
021	②	022	③	023	④	024	⑤	025	⑤
026	14	027	②	028	②	029	③	030	④
031	10	032	③	033	32	034	⑤	035	⑤
036	②	037	②	038	⑤	039	③	040	②
041	②	042	④	043	③	044	100	045	11
046	①	047	①	048	①	049	①	050	①
051	④	052	④	053	②	054	②	055	②
056	⑤	057	③	058	27	059	50	060	①
061	7	062	⑤	063	④	064	③	065	③
066	①	067	26	068	24	069	⑤	070	96
071	⑤	072	②	073	①	074	④	075	③
076	②	077	③	078	④	079	③	080	340
081	③	082	④	083	③	084	①	085	④
086	③	087	①	088	④	089	①	090	⑤
091	56	092	78	093	①	094	④	095	②
096	②	097	109	098	54	099	127	100	⑤
101	80	102	③	103	②	104	④	105	①
106	②	107	③	108	③	109	13	110	①
111	⑤	112	④	113	③	114	⑤	115	③
116	②	117	④	118	④	119	④	120	④
121	9	122	④						

Step 1 구하는 넓이를 정적분을 이용하여 나타낸다.

$x \geq 0$인 모든 실수 x에 대하여 $x \ln(x^2+1) \geq 0$이므로

($\ln(x^2+1) \geq \ln 1 = 0$)

곡선 $y = x \ln(x^2+1)$과 x축 및 직선 $x=1$로 둘러싸인 부분의 넓이는

$$\int_0^1 |x \ln(x^2+1)| \, dx = \int_0^1 x \ln(x^2+1) \, dx \quad \cdots\cdots \ \bigcirc$$

Step 2 치환적분, 부분적분을 적절히 이용하여 정적분의 값을 구한다.

$x^2+1=t$라 하고 양변을 x에 대하여 미분하면

$$2x = \frac{dt}{dx} \qquad \therefore \ dx = \frac{dt}{2x}$$

$x=0$일 때 $t=1$, $x=1$일 때 $t=2$이므로

$\bigcirc$에서 (적분 구간을 t에 맞게 바꿔주기 위한 과정이야.)

$$\int_0^1 x \ln(x^2+1) \, dx = \int_1^2 x \ln t \cdot \frac{dt}{2x}$$

$$= \int_1^2 \frac{1}{2} \ln t \, dt \qquad \left(u = \ln t, \ v' = \frac{1}{2} \right)$$

$$= \left[\frac{1}{2} t \ln t \right]_1^2 - \int_1^2 \frac{1}{2} \, dt \qquad \left(u'v = \frac{1}{t} \times \frac{1}{2} t = \frac{1}{2} \right)$$

$$\left(uv = \ln t \times \frac{1}{2} t = \frac{1}{2} t \ln t \right)$$

$$= \left(\frac{1}{2} \times 2 \ln 2 - 0 \right) - \left[\frac{1}{2} t \right]_1^2$$

$$= \ln 2 - \left(1 - \frac{1}{2} \right)$$

$$= \ln 2 - \frac{1}{2}$$

001 [정답률 78%]   정답 ②

$\displaystyle\lim_{n\to\infty} \frac{2\pi}{n} \sum_{k=1}^{n} \sin \frac{\pi k}{3n}$의 값은? (3점)

① $\dfrac{5}{2}$ **✔ ❷** 3   ③ $\dfrac{7}{2}$

④ 4   ⑤ $\dfrac{9}{2}$

Step 1 주어진 식을 정적분이 포함된 식으로 변형한 후 계산한다.

$x_k = \dfrac{\pi k}{3n}$라 하면 $\varDelta x = \dfrac{\pi}{3n}$이므로

$$\lim_{n\to\infty} \frac{2\pi}{n} \sum_{k=1}^{n} \sin \frac{\pi k}{3n} = 6 \int_0^{\frac{\pi}{3}} \sin x \, dx = 6 \left[-\cos x \right]_0^{\frac{\pi}{3}} = 3$$

$\left(= 6 \times \dfrac{\pi}{3n} \right)$

$\left(= -\cos \dfrac{\pi}{3} + \cos 0 = -\dfrac{1}{2} + 1 = \dfrac{1}{2} \right)$

002   정답 ①

곡선 $y = x \ln(x^2+1)$과 x축 및 직선 $x=1$로 둘러싸인 부분의 넓이는? (3점)

(구간 $[a, b]$에서 곡선 $y=f(x)$와 x축 사이의 넓이는 $\displaystyle\int_a^b |f(x)| \, dx$야.)

✔ $\ln 2 - \dfrac{1}{2}$ ② $\ln 2 - \dfrac{1}{4}$ ③ $\ln 2 - \dfrac{1}{6}$

④ $\ln 2 - \dfrac{1}{8}$ ⑤ $\ln 2 - \dfrac{1}{10}$

003 [정답률 90%]   정답 ③

(이 넓이를 먼저 구한 후에 이등분된 도형의 넓이를 알아내.)

함수 $y = e^x$의 그래프와 x축, y축 및 직선 $x=1$로 둘러싸인 영역의 넓이가 직선 $y = ax \ (0 < a < e)$에 의하여 이등분될 때, 상수 a의 값은? (3점)

(아래 그림에서 색칠된 부분에 직선 $y=ax$가 놓이게 돼.)

① $e - \dfrac{1}{3}$ ② $e - \dfrac{1}{2}$ **✔** $e-1$

④ $e - \dfrac{4}{3}$ ⑤ $e - \dfrac{3}{2}$

Step 1 $y = e^x$의 그래프와 x축, y축 및 직선 $x=1$로 둘러싸인 부분의 넓이를 구한다.

두 함수 $y = e^x$, $y = ax \ (0 < a < e)$의 그래프는 다음과 같다.

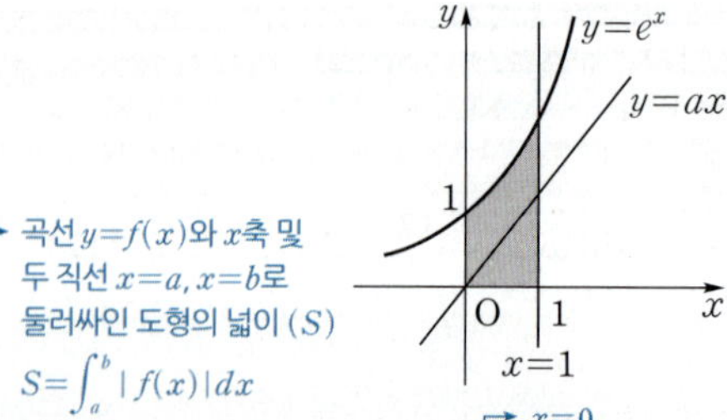

(곡선 $y=f(x)$와 x축 및 두 직선 $x=a$, $x=b$로 둘러싸인 도형의 넓이 (S)
$S = \displaystyle\int_a^b |f(x)| \, dx$)

함수 $y = e^x$의 그래프와 x축, y축 및 직선 $x=1$로 둘러싸인 영역은 위의 그림의 색칠한 부분과 같고, 이 영역의 넓이를 S라 하면

($x = 0$)

$$S = \int_0^1 e^x \, dx = \left[e^x \right]_0^1 \qquad \left(\int e^x \, dx = e^x + C \right)$$

$$= e - 1$$

Step 2 직선 $y=ax$가 영역의 넓이를 이등분함을 이용하여 a의 값을 구한다.

이 영역의 넓이가 직선 $y=ax$에 의하여 이등분되므로

$$\int_0^1 ax\,dx=\frac{1}{2}S \qquad \int x^n dx=\frac{1}{n+1}x^{n+1}+C$$

$$\left[\frac{1}{2}ax^2\right]_0^1=\frac{1}{2}(e-1)$$

$$\frac{1}{2}a=\frac{1}{2}(e-1)$$

$$\therefore a=e-1$$

시간절약풀이

$\int_0^1 ax\,dx\ (a>0)$는 직각삼각형의 넓이이므로

$$\int_0^1 ax\,dx=\frac{1}{2}\times1\times a=\frac{a}{2}$$

💡 알아야 할 기본개념

곡선과 x축 사이의 넓이

닫힌구간 $[a,\ b]$에서 연속인 함수 $f(x)(f(x)\geq0)$에 대하여 곡선 $y=f(x)$와 x축 및 두 직선 $x=a$, $x=b$로 둘러싸인 부분의 넓이 S는

$$S=\int_a^b f(x)dx$$

004
정답 ④

좌표평면에서 시각 t에서의 점 P의 위치가
$$x=\frac{\pi}{2}t+\sin\frac{\pi}{2}t,\ y=\cos\frac{\pi}{2}t$$
일 때, $t=0$에서 $t=2$까지 점 P가 움직인 거리를 구하시오. (3점)

$t=a$에서 $t=b$까지 점 P가 움직인 거리 s는
$$s=\int_a^b|v|dt=\int_a^b\sqrt{\left(\frac{dx}{dt}\right)^2+\left(\frac{dy}{dt}\right)^2}dt$$

Step 1 $\dfrac{dx}{dt}$, $\dfrac{dy}{dt}$를 각각 구한다.

$x=\dfrac{\pi}{2}t+\sin\dfrac{\pi}{2}t$에서 $\dfrac{dx}{dt}=\dfrac{\pi}{2}+\dfrac{\pi}{2}\cos\dfrac{\pi}{2}t$

$y=\cos\dfrac{\pi}{2}t$에서 $\dfrac{dy}{dt}=-\dfrac{\pi}{2}\sin\dfrac{\pi}{2}t$

$f(t)=\dfrac{\pi}{2}t$라 하면

$\{\sin f(t)\}'=f'(t)\cos f(t)$
$\qquad=\dfrac{\pi}{2}\cos\dfrac{\pi}{2}t,$

$\{\cos f(t)\}'=f'(t)\{-\sin f(t)\}$
$\qquad=-\dfrac{\pi}{2}\sin\dfrac{\pi}{2}t$

Step 2 정적분을 이용하여 점 P가 움직인 거리를 구한다.

점 P가 $t=0$에서 $t=2$까지 움직인 거리는

$$\int_0^2\sqrt{\left(\frac{dx}{dt}\right)^2+\left(\frac{dy}{dt}\right)^2}dt$$

$\dfrac{dx}{dt}=\dfrac{\pi}{2}+\dfrac{\pi}{2}\cos\dfrac{\pi}{2}t,$
$\dfrac{dy}{dt}=-\dfrac{\pi}{2}\sin\dfrac{\pi}{2}t$를 대입

$$=\int_0^2\sqrt{\left(\frac{\pi}{2}+\frac{\pi}{2}\cos\frac{\pi}{2}t\right)^2+\left(-\frac{\pi}{2}\sin\frac{\pi}{2}t\right)^2}dt$$

$$=\int_0^2\sqrt{\frac{\pi^2}{4}+\frac{\pi^2}{2}\cos\frac{\pi}{2}t+\frac{\pi^2}{4}\cos^2\frac{\pi}{2}t+\frac{\pi^2}{4}\sin^2\frac{\pi}{2}t}\,dt$$

$$=\int_0^2\sqrt{\frac{\pi^2}{2}+\frac{\pi^2}{2}\cos\frac{\pi}{2}t}\,dt\ \left(\because\ \sin^2\frac{\pi}{2}t+\cos^2\frac{\pi}{2}t=1\right)$$

$$=\int_0^2\sqrt{\frac{\pi^2}{2}\left(1+\cos\frac{\pi}{2}t\right)}\,dt$$

$$=\int_0^2\sqrt{\pi^2\cos^2\frac{\pi}{4}t}\,dt$$

$\cos 2\alpha$
$=\cos(\alpha+\alpha)$
$=\cos^2\alpha-\sin^2\alpha$
$=2\cos^2\alpha-1$에서
$1+\cos 2\alpha=2\cos^2\alpha$

$$=\pi\int_0^2\cos\frac{\pi}{4}t\,dt\ \left(\because\ 0\leq t\leq2에서\ \cos\frac{\pi}{4}t\geq0\right)$$

$$=\pi\left[\frac{4}{\pi}\sin\frac{\pi}{4}t\right]_0^2=\pi\times\frac{4}{\pi}=4$$

위의 그래프처럼 $0\leq t\leq2$에서 $\cos\dfrac{\pi}{4}t\geq0$이기 때문에 근호가 없어질 때 $\cos\dfrac{\pi}{4}t$에 음의 부호가 붙지 않아!

실수 a에 대하여
$$\sqrt{a^2}=\begin{cases}a & (a\geq0)\\ -a & (a<0)\end{cases}$$

005
정답 ⑤

매개변수 t로 나타내어지는 곡선
$$x=e^{-t}\cos t,\ y=e^{-t}\sin t$$
에 대하여 $t=0$에서 $t=2\pi$까지의 곡선의 길이는? (4점)

① $\sqrt{6}(1-e^{-6\pi})$ ② $\sqrt{5}(1-e^{-6\pi})$
③ $2(1-e^{-24\pi})$ ④ $\sqrt{3}(1-e^{-3\pi})$
⑤ $\sqrt{2}(1-e^{-2\pi})$

$\int_0^{2\pi}\sqrt{\left(\dfrac{dx}{dt}\right)^2+\left(\dfrac{dy}{dt}\right)^2}dt$의 값

Step 1 $\dfrac{dx}{dt}$, $\dfrac{dy}{dt}$를 각각 구한다.

주의 e의 지수가 $-t$이기 때문에 t에 대하여 미분할 때 부호를 조심해야 해.

$x=e^{-t}\cos t$에서
$$\frac{dx}{dt}=-e^{-t}\cos t-e^{-t}\sin t=-e^{-t}(\cos t+\sin t)$$

$y=e^{-t}\sin t$에서
$$\frac{dy}{dt}=-e^{-t}\sin t+e^{-t}\cos t=e^{-t}(\cos t-\sin t)$$

Step 2 곡선의 길이를 구한다.

따라서 $t=0$에서 $t=2\pi$까지의 곡선의 길이는

$$\int_0^{2\pi}\sqrt{\left(\frac{dx}{dt}\right)^2+\left(\frac{dy}{dt}\right)^2}dt$$

$\dfrac{dx}{dt}=-e^{-t}(\cos t+\sin t),$
$\dfrac{dy}{dt}=e^{-t}(\cos t-\sin t)$를 대입

$$=\int_0^{2\pi}\sqrt{\{-e^{-t}(\cos t+\sin t)\}^2+\{e^{-t}(\cos t-\sin t)\}^2}dt$$

$$=\int_0^{2\pi}\sqrt{e^{-2t}(1+2\sin t\cos t)+e^{-2t}(1-2\sin t\cos t)}\,dt$$

$(\because\ \sin^2 t+\cos^2 t=1)$
$(\cos t\pm\sin t)^2$
$=\cos^2 t\pm2\cos t\sin t+\sin^2 t$
$=1\pm2\sin t\cos t$ (복호동순)

$$=\int_0^{2\pi}\sqrt{2e^{-2t}}\,dt$$

$$=\int_0^{2\pi}\sqrt{2}e^{-t}\,dt\ (\because\ e^{-t}>0)$$

$$=\left[-\sqrt{2}e^{-t}\right]_0^{2\pi}$$

$$=-\sqrt{2}e^{-2\pi}+\sqrt{2}$$

$$=\sqrt{2}(1-e^{-2\pi})$$

왼쪽 그림과 같이 모든 실수 t에 대하여 $e^{-t}>0$이야.

006 [정답률 78%]
정답 ③

$$\lim_{n\to\infty}\frac{1}{n}\sum_{k=1}^n\sqrt{1+\frac{3k}{n}}$$의 값은? (3점)

① $\dfrac{4}{3}$ ② $\dfrac{13}{9}$ ③ $\dfrac{14}{9}$
④ $\dfrac{5}{3}$ ⑤ $\dfrac{16}{9}$

Step 1 주어진 식을 정적분을 이용하여 나타낸다.

$$\lim_{n\to\infty}\frac{1}{n}\sum_{k=1}^n\sqrt{1+\frac{3k}{n}}=\frac{1}{3}\lim_{n\to\infty}\frac{3}{n}\sum_{k=1}^n\sqrt{1+\frac{3k}{n}}$$

$$=\frac{1}{3}\int_1^4\sqrt{x}\,dx=\frac{1}{3}\left[\frac{2}{3}x^{\frac{3}{2}}\right]_1^4$$

$$=\frac{1}{3}\times\frac{2}{3}\times(4^{\frac{3}{2}}-1)=\frac{14}{9}$$

$=(2^2)^{\frac{3}{2}}=2^3=8$

007 [정답률 78%]   정답 ①

$$\lim_{n\to\infty}\sum_{k=1}^{n}\frac{1}{2n+k}$$ 의 값은? (3점)

① $\ln\dfrac{3}{2}$ ② $\ln 2$ ③ $\ln\dfrac{5}{2}$

④ $\ln 3$ ⑤ $\ln\dfrac{7}{2}$

Step 1 주어진 식을 정적분으로 변형한다.

$$\lim_{n\to\infty}\sum_{k=1}^{n}\frac{1}{2n+k}=\lim_{n\to\infty}\frac{1}{n}\sum_{k=1}^{n}\frac{1}{2+\frac{k}{n}}$$
$$=\frac{\frac{1}{n}}{2+\frac{k}{n}}=\int_0^1\frac{1}{2+x}dx=\Big[\ln|2+x|\Big]_0^1$$
$$=\ln 3-\ln 2=\ln\frac{3}{2}$$

$$\therefore\ \lim_{n\to\infty}\sum_{k=1}^{n}\frac{2}{n}\Big(1+\frac{2k}{n}\Big)^4=\lim_{n\to\infty}\sum_{k=1}^{n}f(x_k)\Delta x$$
$$\int_{x_1}^{x_2}f(x)dx$$
$$=\int_1^3 f(x)dx$$
$$=\int_1^3 x^4\,dx$$
$$=\Big[\frac{1}{5}x^5\Big]_1^3$$
$$=\frac{1}{5}(3^5-1^5)$$
$$=\frac{242}{5}$$

즉, $a=\dfrac{242}{5}$ 이므로 $5a=242$

008 [정답률 73%]   정답 ④

함수 $f(x)=4x^3+x$ 에 대하여 $\lim_{n\to\infty}\sum_{k=1}^{n}\dfrac{1}{n}f\Big(\dfrac{2k}{n}\Big)$ 의 값은? (3점)

① 6   ② 7   ③ 8

④ 9   ⑤ 10

Step 1 정적분을 이용하여 급수를 계산한다.

함수 $f(x)$ 가 실수 전체의 집합에서 연속이므로 $f(x)$는 다항식이므로 연속

$$\lim_{n\to\infty}\sum_{k=1}^{n}\frac{1}{n}f\Big(\frac{2k}{n}\Big)=\frac{1}{2}\lim_{n\to\infty}\sum_{k=1}^{n}\frac{2}{n}f\Big(\frac{2k}{n}\Big)$$
$$=\frac{1}{2}\int_0^2 f(x)dx$$

함수 $f(x)$가 닫힌구간 $[a,b]$에서 연속일 때,
$$\lim_{n\to\infty}\sum_{k=1}^{n}f\Big(a+\frac{b-a}{n}k\Big)\times\frac{b-a}{n}=\int_a^b f(x)dx$$

$$\therefore\ \frac{1}{2}\int_0^2 f(x)dx=\frac{1}{2}\int_0^2(4x^3+x)dx$$
$$=\frac{1}{2}\Big[x^4+\frac{1}{2}x^2\Big]_0^2$$
$$=\frac{1}{2}(2^4+2)=\frac{1}{2}\times 18=9$$

009 [정답률 74%]   정답 242

이 식의 형태를 보고 정적분을 떠올릴 수 있어야 해.

$$\lim_{n\to\infty}\sum_{k=1}^{n}\frac{2}{n}\Big(1+\frac{2k}{n}\Big)^4=a$$ 일 때, $5a$의 값을 구하시오. (3점)

Step 1 정적분을 이용하여 급수의 합을 구한다.

$\lim_{n\to\infty}\sum_{k=1}^{n}\dfrac{2}{n}\Big(1+\dfrac{2k}{n}\Big)^4$ 에서 $f(x)=x^4,\ x_k=1+\dfrac{2k}{n}$ 라 하면

$$\Delta x=\frac{2}{n},\ x_0=1,\ x_n=3$$

010 [정답률 39%]   정답 ①

함수 $f(x)=4x^4+4x^3$ 에 대하여 $\lim_{n\to\infty}\sum_{k=1}^{n}\dfrac{1}{n+k}f\Big(\dfrac{k}{n}\Big)$ 의 값은? (4점)

① 1   ② 2   ③ 3

④ 4   ⑤ 5

Step 1 정적분의 정의를 이용하여 $\lim_{n\to\infty}\sum_{k=1}^{n}\dfrac{1}{n+k}f\Big(\dfrac{k}{n}\Big)$ 를 적분식으로 변형한다.

$$\lim_{n\to\infty}\sum_{k=1}^{n}\frac{1}{n+k}f\Big(\frac{k}{n}\Big)=\lim_{n\to\infty}\sum_{k=1}^{n}\frac{1}{\frac{n+k}{n}}f\Big(\frac{k}{n}\Big)\frac{1}{n}$$
$$=\lim_{n\to\infty}\sum_{k=1}^{n}\frac{1}{1+\frac{k}{n}}f\Big(\frac{k}{n}\Big)\frac{1}{n}$$

이때 $g(x)=\dfrac{1}{1+x}f(x)$ 라 하면

$$\lim_{n\to\infty}\sum_{k=1}^{n}g\Big(a+\frac{b-a}{n}\times k\Big)\frac{b-a}{n}=\int_a^b g(x)dx$$
에서 $a=0,\ b=1$인 경우와 같아.

$$\lim_{n\to\infty}\sum_{k=1}^{n}\frac{1}{1+\frac{k}{n}}f\Big(\frac{k}{n}\Big)\frac{1}{n}=\lim_{n\to\infty}\sum_{k=1}^{n}g\Big(\frac{k}{n}\Big)\frac{1}{n}$$
$$=g\Big(\frac{k}{n}\Big)$$
$$=\int_0^1 g(x)dx$$
$$=\int_0^1\frac{1}{1+x}f(x)dx$$
$$=\int_0^1\frac{4x^4+4x^3}{1+x}dx$$
$$=\int_0^1\frac{4x^3(x+1)}{1+x}dx$$
$$=\int_0^1 4x^3\,dx$$
$$=\Big[x^4\Big]_0^1=1$$

011 [정답률 64%]   정답 12

함수 $f(x)=3x^2-ax$ 가
$$\lim_{n\to\infty}\frac{1}{n}\sum_{k=1}^{n}f\left(\frac{3k}{n}\right)=f(1)$$
을 만족시킬 때, 상수 a의 값을 구하시오. (4점)

     $\rightarrow f(1)=3-a$

Step 1 급수와 정적분의 관계를 이용하여 주어진 식을 정적분으로 나타낸다.

$\lim_{n\to\infty}\dfrac{1}{n}\sum_{k=1}^{n}f\left(\dfrac{3k}{n}\right)$에서 $\dfrac{3k}{n}=x_k$라 하면 $\varDelta x=\dfrac{3}{n}$

$$\lim_{n\to\infty}\frac{1}{n}\sum_{k=1}^{n}f\left(\frac{3k}{n}\right)=\lim_{n\to\infty}\sum_{k=1}^{n}f\left(\frac{3k}{n}\right)\frac{3}{n}\times\frac{1}{3}$$
$$=\int_{0}^{3}f(x)dx\times\frac{1}{3}$$
$$=\frac{1}{3}\int_{0}^{3}f(x)dx$$

$\rightarrow \varDelta x=\dfrac{3}{n}$의 식을 이용하기 위해 $\dfrac{1}{n}$을 $\dfrac{1}{n}=\dfrac{3}{n}\times\dfrac{1}{3}$로 바꿔 주었어.

$\rightarrow$ 함수 $f(x)$의 식을 알고 있으니 정적분하면 a에 대한 식이 나올 거야.

Step 2 $\lim_{n\to\infty}\dfrac{1}{n}\sum_{k=1}^{n}f\left(\dfrac{3k}{n}\right)=f(1)$임을 이용하여 상수 a의 값을 구한다.

$$\lim_{n\to\infty}\frac{1}{n}\sum_{k=1}^{n}f\left(\frac{3k}{n}\right)=\frac{1}{3}\int_{0}^{3}f(x)dx$$
$$=\frac{1}{3}\int_{0}^{3}(3x^2-ax)dx=\frac{1}{3}\left[x^3-\frac{1}{2}ax^2\right]_{0}^{3}$$
$$=9-\frac{3}{2}a$$

$\rightarrow$ 문제 조건에서 $f(x)=3x^2-ax$

$f(x)=3x^2-ax$이므로 $f(1)=3-a$에서

$9-\dfrac{3}{2}a=3-a$ $\rightarrow \lim_{n\to\infty}\dfrac{1}{n}\sum_{k=1}^{n}f\left(\dfrac{3k}{n}\right)=f(1)$

$\dfrac{1}{2}a=6$ $\therefore a=12$

💡 알아야 할 기본개념

급수와 정적분의 관계

함수 $f(x)$가 닫힌구간 $[a,\ b]$에서 연속일 때
$$\lim_{n\to\infty}\sum_{k=1}^{n}f\left(a+\frac{b-a}{n}k\right)\frac{b-a}{n}=\int_{a}^{b}f(x)dx$$

수능포인트

다음과 같은 순서로 급수를 자유롭게 정적분으로 바꿀 수 있습니다.
$$\lim_{n\to\infty}\sum_{k=1}^{n}f\left(a+\frac{b-a}{n}k\right)\frac{b-a}{n}=\int_{a}^{b}f(x)dx \text{ (단, } a,\ b\text{는 상수)}$$

① $x_k=a+\dfrac{b-a}{n}k$를 x로 바꾼다.

② $\varDelta x=\dfrac{b-a}{n}$를 dx로 바꾼다.

③ $\lim_{n\to\infty}\sum_{k=1}^{n}$을 $\int_{x_0}^{x_n}$으로 바꾼다.

①에서 x_k는 k에 대한 일차식이고, x_k를 결정하면 k의 계수가 자동으로 $\varDelta x$로 결정됩니다. 또, ③에서 적분 구간을 결정할 때는 x_k에 $k=0$을 대입한 것이 아래끝, $k=n$을 대입한 것이 위끝이 됩니다.

012 [정답률 48%]   정답 19

함수 $f(x)=4x^2+6x+32$에 대하여
$$\lim_{n\to\infty}\sum_{k=1}^{n}\frac{k}{n^2}f\left(\frac{k}{n}\right)$$
의 값을 구하시오. (4점) $\rightarrow$ 주어진 급수를 정적분의 식으로 변형

Step 1 급수와 정적분의 관계를 이용한다.

$$\lim_{n\to\infty}\sum_{k=1}^{n}\frac{k}{n^2}f\left(\frac{k}{n}\right)=\lim_{n\to\infty}\sum_{k=1}^{n}\frac{k}{n}f\left(\frac{k}{n}\right)\frac{1}{n}$$
$$=\int_{0}^{1}xf(x)dx$$
$$=\int_{0}^{1}x(4x^2+6x+32)dx$$
$$=\int_{0}^{1}(4x^3+6x^2+32x)dx$$
$$=\left[x^4+2x^3+16x^2\right]_{0}^{1}$$
$$=1+2+16=19$$

$\rightarrow \dfrac{k}{n}=x_k,\ \varDelta x=\dfrac{1}{n}$

$\rightarrow f(x)=4x^2+6x+32$를 대입

$\rightarrow (1^4+2\times1^3+16\times1^2)-(0^4+2\times0^3+16\times0^2)$

013 [정답률 34%]   정답 ①

이차함수 $f(x)=x^2+1$에 대하여
$$\lim_{n\to\infty}\sum_{k=1}^{n}f\left(1+\frac{k}{n}\right)\frac{k^2+2nk}{n^3}$$
의 값은? (4점)

① $\dfrac{26}{5}$ ② $\dfrac{31}{5}$ ③ $\dfrac{36}{5}$

④ $\dfrac{41}{5}$ ⑤ $\dfrac{46}{5}$

$\rightarrow \dfrac{k^2+2nk}{n^3}=\dfrac{1}{n}\times\left\{\left(\dfrac{k}{n}\right)^2+\dfrac{2k}{n}\right\}$

정적분과 급수의 성질을 이용하려면 급수를 $\dfrac{1}{n}$과 $\dfrac{k}{n}$의 식으로 바꿔 줘야 해.

Step 1 주어진 급수를 변형한다.

급수를 정적분으로 나타내기 위하여 식을 변형하면
$$\lim_{n\to\infty}\sum_{k=1}^{n}f\left(1+\frac{k}{n}\right)\frac{k^2+2nk}{n^3}$$
$$=\lim_{n\to\infty}\sum_{k=1}^{n}f\left(1+\frac{k}{n}\right)\frac{1}{n}\times\frac{k^2+2nk}{n^2}$$
$$=\lim_{n\to\infty}\sum_{k=1}^{n}f\left(1+\frac{k}{n}\right)\frac{1}{n}\times\left\{\left(\frac{k}{n}\right)^2+\frac{2k}{n}\right\}$$

Step 2 급수를 정적분으로 나타낸다.

$x_k=1+\dfrac{k}{n}$라 하면 $\dfrac{k}{n}=x_k-1,\ \varDelta x=\dfrac{1}{n}$

$\therefore \lim_{n\to\infty}\sum_{k=1}^{n}f\left(1+\dfrac{k}{n}\right)\dfrac{1}{n}\times\left\{\left(\dfrac{k}{n}\right)^2+\dfrac{2k}{n}\right\}$
$$=\int_{1}^{2}f(x)\{(x-1)^2+2(x-1)\}dx$$
$$=\int_{1}^{2}(x^2+1)(x^2-1)dx\ (\because f(x)=x^2+1)$$
$$=\int_{1}^{2}(x^4-1)dx$$
$$=\left[\frac{1}{5}x^5-x\right]_{1}^{2}$$
$$=\frac{22}{5}+\frac{4}{5}=\frac{26}{5}$$

$\rightarrow x_k=1+\dfrac{k}{n}$에서 $k=1$일 때 $\lim_{n\to\infty}x_1=\lim_{n\to\infty}\left(1+\dfrac{1}{n}\right)=1$, $k=n$일 때 $\lim_{n\to\infty}x_n=\lim_{n\to\infty}\left(1+\dfrac{n}{n}\right)=2$ 이므로 적분 구간의 아래끝이 1, 위끝이 2가 되는 거야.

$\lim\limits_{n\to\infty}\sum\limits_{k=0}^{n-1} f\left(\dfrac{2k}{n}\right)\dfrac{1}{n}$에서 $x_k=\dfrac{2k}{n}$라 하면 $\varDelta x=\dfrac{2}{n}$

$\lim\limits_{n\to\infty}\sum\limits_{k=0}^{n-1} f\left(\dfrac{2k}{n}\right)\dfrac{1}{n}=\lim\limits_{n\to\infty}\sum\limits_{k=0}^{n-1} f\left(\dfrac{2k}{n}\right)\dfrac{2}{n}\times\dfrac{1}{2}$

$\qquad\qquad\qquad\qquad\qquad=\dfrac{1}{2}\int_0^2 f(x)dx \qquad \dfrac{1}{n}=\dfrac{2}{n}\times\dfrac{1}{2}$

$\qquad\qquad\qquad\qquad\qquad=\dfrac{1}{2}\times\dfrac{1}{4}=\dfrac{1}{8}$ (∵ 조건 (나))

$\therefore \lim\limits_{n\to\infty}\sum\limits_{k=1}^{n}\left\{f\left(\dfrac{2k}{n}\right)-f\left(\dfrac{2k-2}{n}\right)\right\}\dfrac{k}{n}=1-\lim\limits_{n\to\infty}\sum\limits_{k=0}^{n-1} f\left(\dfrac{2k}{n}\right)\dfrac{1}{n}$

$\qquad\qquad\qquad\qquad\qquad\qquad\qquad\qquad=1-\dfrac{1}{8}=\dfrac{7}{8}$

014 [정답률 62%] 정답 ⑤

연속함수 $f(x)$가 다음 조건을 만족시킨다.

(가) $f(2)=1$

(나) $\int_0^2 f(x)dx=\dfrac{1}{4}$

$\lim\limits_{n\to\infty}\sum\limits_{k=1}^{n}\left\{f\left(\dfrac{2k}{n}\right)-f\left(\dfrac{2k-2}{n}\right)\right\}\dfrac{k}{n}$의 값은? (4점)

① $\dfrac{3}{4}$ ② $\dfrac{4}{5}$ ③ $\dfrac{5}{6}$

④ $\dfrac{6}{7}$ ⑤ $\dfrac{7}{8}$

Step 1 $\sum\limits_{k=1}^{n}\left\{f\left(\dfrac{2k}{n}\right)-f\left(\dfrac{2k-2}{n}\right)\right\}\dfrac{k}{n}$ 를 전개한다.

$\sum\limits_{k=1}^{n}\left\{f\left(\dfrac{2k}{n}\right)-f\left(\dfrac{2k-2}{n}\right)\right\}\dfrac{k}{n}$

$=\dfrac{1}{n}\left\{f\left(\dfrac{2}{n}\right)-f\left(\dfrac{0}{n}\right)\right\}+\dfrac{2}{n}\left\{f\left(\dfrac{4}{n}\right)-f\left(\dfrac{2}{n}\right)\right\}$

부호 주의 $+\dfrac{3}{n}\left\{f\left(\dfrac{6}{n}\right)-f\left(\dfrac{4}{n}\right)\right\}+\cdots+\dfrac{n}{n}\left\{f\left(\dfrac{2n}{n}\right)-f\left(\dfrac{2n-2}{n}\right)\right\}$

$=-\dfrac{1}{n}\left\{f\left(\dfrac{0}{n}\right)+f\left(\dfrac{2}{n}\right)+f\left(\dfrac{4}{n}\right)+\cdots+f\left(\dfrac{2n-2}{n}\right)\right\}+\dfrac{n}{n}f\left(\dfrac{2n}{n}\right)=f(2)$

$=f(2)-\sum\limits_{k=0}^{n-1} f\left(\dfrac{2k}{n}\right)\dfrac{1}{n}$

Step 2 급수를 정적분으로 바꾸고 답을 구한다.

$\lim\limits_{n\to\infty}\sum\limits_{k=1}^{n}\left\{f\left(\dfrac{2k}{n}\right)-f\left(\dfrac{2k-2}{n}\right)\right\}\dfrac{k}{n}$

$=\lim\limits_{n\to\infty}\left\{f(2)-\sum\limits_{k=0}^{n-1} f\left(\dfrac{2k}{n}\right)\dfrac{1}{n}\right\}$

$=1-\lim\limits_{n\to\infty}\sum\limits_{k=0}^{n-1} f\left(\dfrac{2k}{n}\right)\dfrac{1}{n}$ (∵ 조건 (가))

015 정답 ①

그림과 같이 곡선 $y=f(x)$와 x축 및 두 직선 $x=1$, $x=3$으로 둘러싸인 부분의 넓이를 A라 하자.

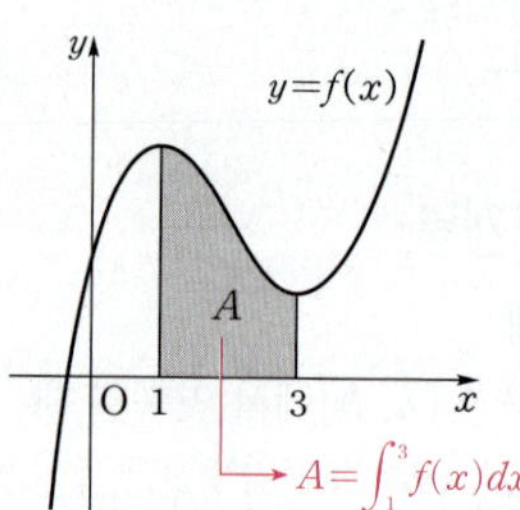

이때 $\lim\limits_{n\to\infty}\sum\limits_{k=1}^{n} f\left(1+\dfrac{2k}{n}\right)\dfrac{1}{n}$의 값을 A로 나타내면? (3점)

① $\dfrac{A}{2}$ ② A ③ $\sqrt{2}A$

④ $2A$ ⑤ $4A$

Step 1 급수와 정적분의 관계를 이용하여 주어진 식을 정적분으로 나타낸다.

$\lim\limits_{n\to\infty}\sum\limits_{k=1}^{n} f\left(1+\dfrac{2k}{n}\right)\dfrac{1}{n}$에서 $1+\dfrac{2k}{n}=x_k$라 하면 $\varDelta x=\dfrac{2}{n}$

$\lim\limits_{n\to\infty}\sum\limits_{k=1}^{n} f\left(1+\dfrac{2k}{n}\right)\dfrac{1}{n}=\lim\limits_{n\to\infty}\sum\limits_{k=1}^{n} f\left(1+\dfrac{2k}{n}\right)\dfrac{2}{n}\times\dfrac{1}{2}$

$\qquad\qquad\qquad\qquad\qquad=\dfrac{1}{2}\int_1^3 f(x)dx$

$\varDelta x=\dfrac{2}{n}$의 식을 이용하기 위해 $\dfrac{1}{n}$을 $\dfrac{1}{n}=\dfrac{2}{n}\times\dfrac{1}{2}$로 바꿔 주었어.

Step 2 주어진 그래프를 이용하여 정적분의 값을 A로 나타낸다.

주어진 그림에서 $A=\int_1^3 f(x)dx$이므로

$\lim\limits_{n\to\infty}\sum\limits_{k=1}^{n} f\left(1+\dfrac{2k}{n}\right)\dfrac{1}{n}=\dfrac{1}{2}\int_1^3 f(x)dx=\dfrac{A}{2}$

016 [정답률 78%]   정답 ②

> 이차함수 $y=f(x)$의 그래프는 그림과 같고,
> $f(0)=f(3)=0$이다.
>
> 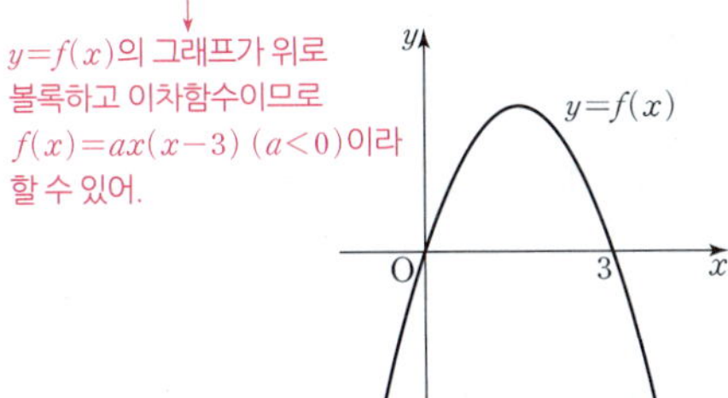
>
>
> $y=f(x)$의 그래프가 위로
> 볼록하고 이차함수이므로
> $f(x)=ax(x-3)\ (a<0)$이라
> 할 수 있어.
>
> $\displaystyle\lim_{n\to\infty}\frac{1}{n}\sum_{k=1}^{n}f\left(\frac{k}{n}\right)=\frac{7}{6}$일 때, $f'(0)$의 값은? (4점)
>
> ① $\dfrac{5}{2}$ ✔ 3   ③ $\dfrac{7}{2}$
>
> ④ 4   ⑤ $\dfrac{9}{2}$

Step 1 주어진 그래프를 이용하여 $f(x)$를 다항식으로 나타낸다.

$f(x)=ax(x-3)\ (a<0)$이라 하자.

Step 2 주어진 급수를 정적분으로 나타낸다.

$\displaystyle\lim_{n\to\infty}\frac{1}{n}\sum_{k=1}^{n}f\left(\frac{k}{n}\right)$에서 $\dfrac{k}{n}=x_k$라 하면 $\varDelta x=\dfrac{1}{n}$

$\displaystyle\lim_{n\to\infty}\frac{1}{n}\sum_{k=1}^{n}f\left(\frac{k}{n}\right)=\int_{0}^{1}f(x)dx=\int_{0}^{1}(ax^2-3ax)dx$

$f(x)=ax(x-3)=ax^2-3ax$

Step 3 $\displaystyle\lim_{n\to\infty}\frac{1}{n}\sum_{k=1}^{n}f\left(\frac{k}{n}\right)=\frac{7}{6}$을 이용하여 a의 값을 구한다.

$\displaystyle\lim_{n\to\infty}\frac{1}{n}\sum_{k=1}^{n}f\left(\frac{k}{n}\right)=\frac{7}{6}$에서

$\displaystyle\lim_{n\to\infty}\frac{1}{n}\sum_{k=1}^{n}f\left(\frac{k}{n}\right)=\int_{0}^{1}(ax^2-3ax)dx$

$\displaystyle=\left[\frac{1}{3}ax^3-\frac{3}{2}ax^2\right]_{0}^{1}$

$\displaystyle=\frac{1}{3}a-\frac{3}{2}a=-\frac{7}{6}a$

$-\dfrac{7}{6}a=\dfrac{7}{6}$ $\therefore a=-1 \to f(x)=ax(x-3)=-x(x-3)$

$x_k=\dfrac{k}{n}$에서 $k=1$일 때

$\displaystyle\lim_{n\to\infty}x_1=\lim_{n\to\infty}\frac{1}{n}=0$

이므로 아래끝이 0이 되고, $k=n$일 때

$\displaystyle\lim_{n\to\infty}x_n=\lim_{n\to\infty}\frac{n}{n}=1$이므로 위끝이 1이 되는 거야.

Step 4 $f'(0)$의 값을 구한다.

$f(x)=-x(x-3)=-x^2+3x$이므로 $f'(x)=-2x+3$

$\therefore f'(0)=3$

💡 알아야 할 기본개념

급수와 정적분

$a,\ b$가 상수이고 $f(x)$가 연속함수일 때

$\displaystyle\lim_{n\to\infty}\sum_{k=1}^{n}f\left(a+\frac{b-a}{n}k\right)\frac{b-a}{n}=\int_{a}^{b}f(x)dx$

수능포인트

$\displaystyle\lim_{n\to\infty}\sum_{k=1}^{n}f\left(a+\frac{b-a}{n}k\right)\frac{b-a}{n}$의 꼴에서 $\dfrac{k}{n}$에 곱해진 $b-a$를 맞추는 것이 중요한데 이 문제는 1로 이미 맞춰져 있으니 이것을 정적분으로 바로 바꿀 수 있습니다.

---

017 [정답률 51%]   정답 5

> 함수 $f(x)=\ln x$에 대하여 $\displaystyle\lim_{n\to\infty}\sum_{k=1}^{n}\frac{k}{n^2}f\left(1+\frac{k}{n}\right)=\frac{q}{p}$일 때, $p+q$의 값을 구하시오.
>
> → 먼저 주어진 식을 정적분 식으로 변형해.
>
> (단, p와 q는 서로소인 자연수이다.) (4점)

Step 1 급수를 정적분으로 변환시켜 주어진 식을 간단히 한다.

$\displaystyle\lim_{n\to\infty}\sum_{k=1}^{n}\frac{k}{n^2}f\left(1+\frac{k}{n}\right)$에서

$x_k=1+\dfrac{k}{n}$라 하면 $\varDelta x=\dfrac{1}{n}$

$\displaystyle\lim_{n\to\infty}\sum_{k=1}^{n}\frac{k}{n^2}f\left(1+\frac{k}{n}\right)=\lim_{n\to\infty}\sum_{k=1}^{n}\frac{k}{n}f\left(1+\frac{k}{n}\right)\frac{1}{n}$

$\dfrac{k}{n^2}=\dfrac{k}{n}\times\dfrac{1}{n}$ $\displaystyle=\int_{1}^{2}(x-1)f(x)dx$

Step 2 $f(x)=\ln x$임을 이용하여 식의 값을 계산하고, $p+q$의 값을 구한다.

$\displaystyle\int_{1}^{2}(x-1)f(x)dx=\int_{1}^{2}(x-1)\ln x\,dx$

$\displaystyle\int g'(x)h(x)dx$
$=g(x)h(x)-\displaystyle\int g(x)h'(x)dx$
에서 $g'(x)=x-1$,
$h(x)=\ln x$로 생각해.

$\displaystyle=\left[\left(\frac{1}{2}x^2-x\right)\ln x\right]_{1}^{2}-\int_{1}^{2}\frac{1}{x}\left(\frac{1}{2}x^2-x\right)dx$

$\displaystyle=(0-0)-\int_{1}^{2}\left(\frac{1}{2}x-1\right)dx$

$\displaystyle=-\left[\frac{1}{4}x^2-x\right]_{1}^{2}$

$\displaystyle=-\left\{(1-2)-\left(\frac{1}{4}-1\right)\right\}$ 계산 주의

$\displaystyle=\frac{1}{4}$

따라서 $p=4$, $q=1$이므로

$p+q=4+1=5$

---

018 [정답률 79%]   정답 ①

> $\displaystyle\lim_{n\to\infty}\frac{1}{n}\sum_{k=1}^{n}\sqrt{\frac{3n}{3n+k}}$의 값은? (3점)
>
> ✔ $4\sqrt{3}-6$ ② $\sqrt{3}-1$ ③ $5\sqrt{3}-8$
>
> ④ $2\sqrt{3}-3$ ⑤ $3\sqrt{3}-5$

Step 1 정적분을 이용하여 급수의 합을 구한다.

$\displaystyle\lim_{n\to\infty}\frac{1}{n}\sum_{k=1}^{n}\sqrt{\frac{3n}{3n+k}}=\lim_{n\to\infty}\frac{1}{n}\sum_{k=1}^{n}\sqrt{\frac{1}{1+\dfrac{k}{3n}}}$에서

$x_k=1+\dfrac{k}{3n}$라 하면

$\Delta x = \dfrac{1}{3n}$, $x_0 = 1$, $x_n = \dfrac{4}{3}$ 이므로   → 적분구간의 길이가 $\dfrac{1}{3}$

$$\lim_{n \to \infty} \dfrac{1}{n} \sum_{k=1}^{n} \sqrt{\dfrac{3n}{3n+k}} = 3 \lim_{n \to \infty} \dfrac{1}{3n} \sum_{k=1}^{n} \sqrt{\dfrac{1}{1+\dfrac{k}{3n}}}$$

$\Delta x = \dfrac{1}{3n}$ 이므로
식을 변형하면서
빼먹으면 안 돼.

$$= 3 \int_1^{\frac{4}{3}} \sqrt{\dfrac{1}{x}} \, dx$$

$$= 6 \left[x^{\frac{1}{2}} \right]_1^{\frac{4}{3}}$$

$$= 6 \left(\dfrac{2\sqrt{3}}{3} - 1 \right)$$

$$= 4\sqrt{3} - 6$$

019 [정답률 77%]   정답 ①

함수 $f(x) = \sin(3x)$ 에 대하여 $\displaystyle\lim_{n \to \infty} \sum_{k=1}^{n} \dfrac{\pi}{n} f\left(\dfrac{k\pi}{n} \right)$ 의 값은?

(3점)

① $\dfrac{2}{3}$ ② 1 ③ $\dfrac{4}{3}$

④ $\dfrac{5}{3}$ ⑤ 2

Step 1 주어진 급수를 정적분으로 바꾼다.

$x_k = \dfrac{k\pi}{n}$, $\Delta x = \dfrac{\pi}{n}$ 라 하면

→ 정적분의 아래끝
$$\lim_{n \to \infty} x_1 = \lim_{n \to \infty} \dfrac{\pi}{n} = 0,$$

→ 정적분의 위끝
$$\lim_{n \to \infty} x_n = \lim_{n \to \infty} \dfrac{n\pi}{n} = \pi \text{이므로 정적분의 정의에 의하여}$$

$$\lim_{n \to \infty} \sum_{k=1}^{n} \dfrac{\pi}{n} f\left(\dfrac{k\pi}{n} \right) = \lim_{n \to \infty} \sum_{k=1}^{n} f(x_k) \Delta x$$

$$= \int_0^{\pi} f(x) \, dx$$

$$= \int_0^{\pi} \sin(3x) \, dx$$

Step 2 삼각함수의 적분을 이용한다.

$$\int_0^{\pi} \sin(3x) \, dx = \left[-\dfrac{1}{3} \cos(3x) \right]_0^{\pi}$$

$$= \left(-\dfrac{1}{3} \cos 3\pi \right) - \left(-\dfrac{1}{3} \cos 0 \right)$$

→ $\cos 3\pi = \cos \pi = -1$ $= 1$

$$= \dfrac{1}{3} + \dfrac{1}{3}$$

$$= \dfrac{2}{3}$$

020 [정답률 72%]   정답 ④

함수 $f(x) = \cos x$ 에 대하여 $\displaystyle\lim_{n \to \infty} \sum_{k=1}^{n} \dfrac{k\pi}{n^2} f\left(\dfrac{\pi}{2} + \dfrac{k\pi}{n} \right)$ 의 값은? (4점)

① $-\dfrac{5}{2}$ ② -2 ③ $-\dfrac{3}{2}$

④ -1 ⑤ $-\dfrac{1}{2}$

Step 1 정적분을 이용하여 급수의 합을 구한다.

$\displaystyle\lim_{n \to \infty} \sum_{k=1}^{n} \dfrac{k\pi}{n^2} f\left(\dfrac{\pi}{2} + \dfrac{k\pi}{n} \right)$ 에서 $x_k = \dfrac{k\pi}{n}$ 라 하면

$$\Delta x = \dfrac{\pi}{n}, \; x_0 = 0, \; x_n = \pi$$

$$\therefore \lim_{n \to \infty} \sum_{k=1}^{n} \dfrac{k\pi}{n^2} f\left(\dfrac{\pi}{2} + \dfrac{k\pi}{n} \right)$$

$$= \lim_{n \to \infty} \sum_{k=1}^{n} \dfrac{1}{\pi} x_k f\left(\dfrac{\pi}{2} + x_k \right) \Delta x$$

$$= \dfrac{1}{\pi} \int_0^{\pi} x f\left(\dfrac{\pi}{2} + x \right) dx$$

$$= \dfrac{1}{\pi} \int_0^{\pi} x \cos\left(\dfrac{\pi}{2} + x \right) dx$$

→ $\cos\left(\dfrac{\pi}{2} + x \right) = -\sin x$

$$= \dfrac{1}{\pi} \int_0^{\pi} x(-\sin x) \, dx$$

→ 부분적분을 이용

$$= \dfrac{1}{\pi} \left(\left[x \cos x \right]_0^{\pi} - \int_0^{\pi} \cos x \, dx \right)$$

$$= \dfrac{1}{\pi} \left(-\pi - \left[\sin x \right]_0^{\pi} \right) = -1$$

→ $\sin \pi - \sin 0 = 0$

021 [정답률 62%]   정답 ②

$\displaystyle\lim_{n \to \infty} \sum_{k=1}^{n} \dfrac{k}{(2n-k)^2}$ 의 값은? (3점)

① $\dfrac{3}{2} - 2\ln 2$ ② $1 - \ln 2$ ③ $\dfrac{3}{2} - \ln 3$

④ $\ln 2$ ⑤ $2 - \ln 3$

Step 1 주어진 식을 정적분을 이용하여 나타낸다.

$$\lim_{n \to \infty} \sum_{k=1}^{n} \dfrac{k}{(2n-k)^2} = \lim_{n \to \infty} \sum_{k=1}^{n} \dfrac{\dfrac{k}{n}}{\left(\dfrac{k}{n} - 2 \right)^2} \times \dfrac{1}{n} = \int_{-2}^{-1} \dfrac{x+2}{x^2} \, dx$$

$$= \int_{-2}^{-1} \left(\dfrac{1}{x} + \dfrac{2}{x^2} \right) dx = \left[\ln|x| - \dfrac{2}{x} \right]_{-2}^{-1}$$

$$= 1 - \ln 2$$

↳ $= 2x^{-2}$ ↳ $(\ln 1 + 2) - (\ln 2 + 1)$

분모, 분자를 n^2 으로 나누면

$$\dfrac{\dfrac{k}{n^2}}{\dfrac{(2n-k)^2}{n^2}} = \dfrac{\dfrac{k}{n} \times \dfrac{1}{n}}{\left(2 - \dfrac{k}{n} \right)^2} = \dfrac{\dfrac{k}{n}}{\left(\dfrac{k}{n} - 2 \right)^2} \times \dfrac{1}{n}$$

022 [정답률 81%]   정답 ③

$\displaystyle\lim_{n \to \infty} \sum_{k=1}^{n} \dfrac{k^2 + 2kn}{k^3 + 3k^2 n + n^3}$ 의 값은? (3점)

① $\ln 5$ ② $\dfrac{\ln 5}{2}$ ③ $\dfrac{\ln 5}{3}$

④ $\dfrac{\ln 5}{4}$ ⑤ $\dfrac{\ln 5}{5}$

Step 1 분모, 분자를 각각 n^3으로 나누어 계산한다.

$$\lim_{n\to\infty}\sum_{k=1}^{n}\frac{k^2+2kn}{k^3+3k^2n+n^3}=\lim_{n\to\infty}\sum_{k=1}^{n}\frac{\left(\frac{k}{n}\right)^2\times\frac{1}{n}+2\left(\frac{k}{n}\right)\times\frac{1}{n}}{\left(\frac{k}{n}\right)^3+3\left(\frac{k}{n}\right)^2+1}$$

$$=\lim_{n\to\infty}\sum_{k=1}^{n}\left\{\frac{\left(\frac{k}{n}\right)^2+2\left(\frac{k}{n}\right)}{\left(\frac{k}{n}\right)^3+3\left(\frac{k}{n}\right)^2+1}\times\frac{1}{n}\right\}$$

$$=\int_0^1\frac{x^2+2x}{x^3+3x^2+1}dx$$

$$=\frac{1}{3}\int_0^1\frac{3x^2+6x}{x^3+3x^2+1}dx$$

$y=x^3+3x^2+1$에서
$y'=3x^2+6x$이므로
식을 변형했어.

$$=\frac{1}{3}\Big[\ln|x^3+3x^2+1|\Big]_0^1=\frac{\ln 5}{3}$$

$\ln|1+3+1|-\ln 1$

023 [정답률 82%]   정답 ④

함수 $f(x)-\dfrac{1}{x^2+x}$의 그래프는 그림과 같다.

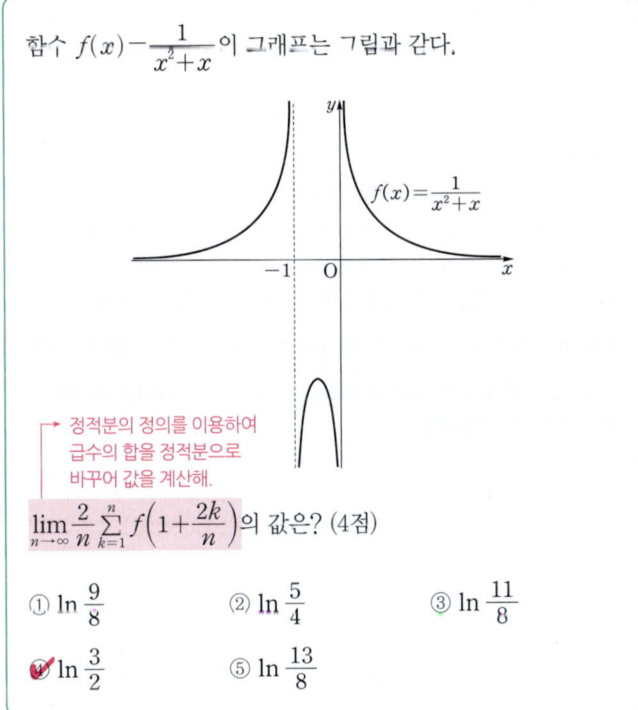

정적분의 정의를 이용하여
급수의 합을 정적분으로
바꾸어 값을 계산해.

$\lim_{n\to\infty}\dfrac{2}{n}\sum_{k=1}^{n}f\left(1+\dfrac{2k}{n}\right)$의 값은? (4점)

① $\ln\dfrac{9}{8}$ ② $\ln\dfrac{5}{4}$ ③ $\ln\dfrac{11}{8}$

④ $\ln\dfrac{3}{2}$ ⑤ $\ln\dfrac{13}{8}$

Step 1 정적분과 급수의 관계를 이용하여 주어진 식의 값을 구한다.

$$\lim_{n\to\infty}\dfrac{2}{n}\sum_{k=1}^{n}f\left(1+\dfrac{2k}{n}\right)=\lim_{n\to\infty}\sum_{k=1}^{n}f\left(1+\dfrac{3-1}{n}k\right)\dfrac{3-1}{n}$$

$$=\int_1^3 f(x)dx=\int_1^3\frac{1}{x^2+x}dx=\int_1^3\frac{1}{x(x+1)}dx$$

$$=\int_1^3\left(\frac{1}{x}-\frac{1}{x+1}\right)dx=\left[\ln\left|\frac{x}{x+1}\right|\right]_1^3$$

부분분수 공식
$\dfrac{1}{AB}=\dfrac{1}{B-A}\left(\dfrac{1}{A}-\dfrac{1}{B}\right)$
(단, $A\ne B$, $A\ne 0$, $B\ne 0$)

$$=\ln\frac{3}{4}-\ln\frac{1}{2}=\ln\frac{3}{2}$$

$\int_1^3\left(\dfrac{1}{x}-\dfrac{1}{x+1}\right)dx$
$=\Big[\ln|x|-\ln|x+1|\Big]_1^3$
$=\left[\ln\left|\dfrac{x}{x+1}\right|\right]_1^3$

정적분을 이용한 급수의 합

함수 $f(x)$가 닫힌구간 $[a, b]$에서 연속일 때,
정적분의 정의에 의하여

$$\lim_{n\to\infty}\sum_{k=1}^{n}f\left(a+\frac{b-a}{n}k\right)\frac{b-a}{n}$$

$$=\lim_{n\to\infty}\sum_{k=1}^{n}f(x_k)\Delta x=\int_a^b f(x)dx\left(\Delta x=\frac{b-a}{n},\ x_k=a+k\Delta x\right)$$

024 [정답률 77%]   정답 ⑤

사차함수 $y=f(x)$의 그래프가 그림과 같을 때,

$$\lim_{n\to\infty}\frac{1}{n}\sum_{k=1}^{n}f\left(m+\frac{k}{n}\right)<0$$

$m+\dfrac{k}{n}=x_k$라 하고 정적분과
급수의 관계를 이용

을 만족시키는 정수 m의 개수는? (4점)

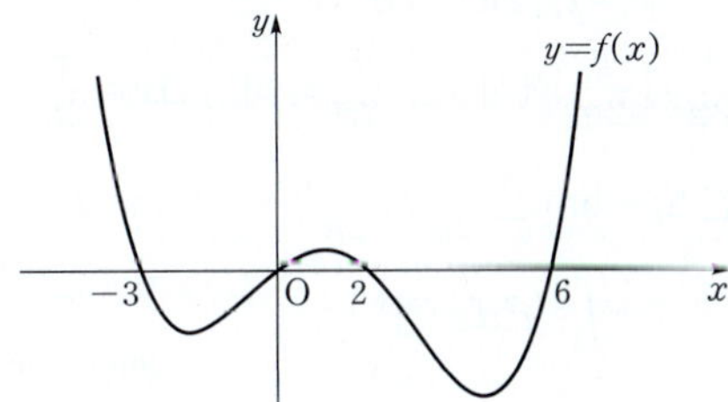

① 3   ② 4   ③ 5

④ 6   ⑤ 7

Step 1 주어진 급수를 정적분으로 나타낸다.

$$\lim_{n\to\infty}\frac{1}{n}\sum_{k=1}^{n}f\left(m+\frac{k}{n}\right)<0에서$$

$x_k=m+\dfrac{k}{n}$라 하면 $\Delta x=\dfrac{1}{n}$

$$\lim_{n\to\infty}\frac{1}{n}\sum_{k=1}^{n}f\left(m+\frac{k}{n}\right)=\int_m^{m+1}f(x)dx<0$$

적분 구간은 x_k에서 $k=1$일 때
$\lim_{n\to\infty}x_1=\lim_{n\to\infty}\left(m+\dfrac{1}{n}\right)=m$이
아래끝, $k=n$일 때
$\lim_{n\to\infty}x_n=\lim_{n\to\infty}\left(m+\dfrac{n}{n}\right)=m+1$이
위끝이 돼.

Step 2 주어진 그래프에서 부등식을 만족시키는 정수 m의 값을 구한다.

m이 정수이므로 주어진 그래프에서 $\displaystyle\int_m^{m+1}f(x)dx<0$을 만족시키는 m의 값을 찾으면 된다.

따라서 $-3\le x\le 0$ 또는 $2\le x\le 6$에서 $f(x)\le 0$이므로 부등식을 만족시키는 정수 m의 개수는 -3, -2, -1, 2, 3, 4, 5의 7이다.

급수를 간단한 정적분으로 표현
a, b가 상수이고 $f(x)$가 연속함수일 때
① $\lim_{n\to\infty}\sum_{k=1}^{n}f\left(\dfrac{k}{n}\right)\dfrac{1}{n}=\int_0^1 f(x)dx$
② $\lim_{n\to\infty}\sum_{k=1}^{n}f\left(\dfrac{a}{n}k\right)\dfrac{b}{n}=\dfrac{b}{a}\int_0^a f(x)dx=b\int_0^1 f(ax)dx$

025 [정답률 51%] 정답 ⑤

함수 $f(x)=x^2$에 대하여 그림과 같이 구간 $[0, 1]$을 $2n$등분한 후, 구간 $\left[\dfrac{k-1}{2n}, \dfrac{k}{2n}\right]$를 밑변으로 하고 높이가 $f\left(\dfrac{k}{2n}\right)$인 직사각형의 넓이를 S_k라 하자.

(구간의 길이)$=\dfrac{k}{2n}-\dfrac{k-1}{2n}=\dfrac{1}{2n}$

(단, n은 자연수이고 $k=1, 2, 3, \cdots, 2n$이다.)

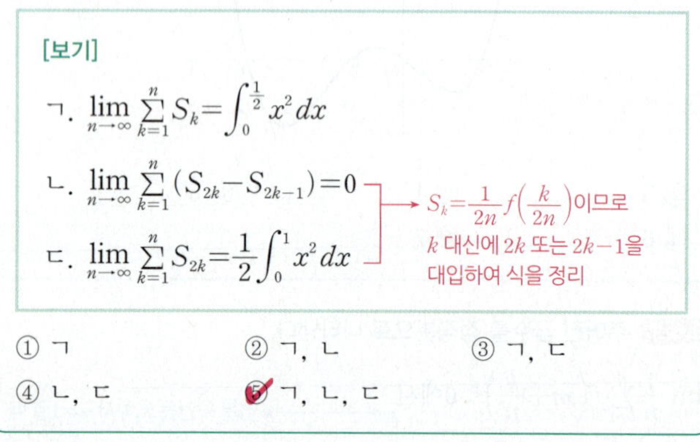

[보기]에서 옳은 것을 모두 고른 것은? (4점)

[보기]

ㄱ. $\displaystyle\lim_{n\to\infty}\sum_{k=1}^{n}S_k=\int_0^{\frac{1}{2}}x^2\,dx$

ㄴ. $\displaystyle\lim_{n\to\infty}\sum_{k=1}^{n}(S_{2k}-S_{2k-1})=0$

ㄷ. $\displaystyle\lim_{n\to\infty}\sum_{k=1}^{n}S_{2k}=\dfrac{1}{2}\int_0^1 x^2\,dx$

$S_k=\dfrac{1}{2n}f\left(\dfrac{k}{2n}\right)$이므로 k 대신에 $2k$ 또는 $2k-1$을 대입하여 식을 정리

① ㄱ ② ㄱ, ㄴ ③ ㄱ, ㄷ ④ ㄴ, ㄷ ⑤ ㄱ, ㄴ, ㄷ

Step 1 $S_k=\dfrac{1}{2n}f\left(\dfrac{k}{2n}\right)$이므로 정적분의 정의를 이용하여 급수를 계산한다.

ㄱ. $\displaystyle\lim_{n\to\infty}\sum_{k=1}^{n}S_k=\lim_{n\to\infty}\sum_{k=1}^{n}\dfrac{1}{2n}f\left(\dfrac{k}{2n}\right)$이므로

$\displaystyle\lim_{n\to\infty}\sum_{k=1}^{n}\dfrac{1}{2n}f\left(\dfrac{k}{2n}\right)$에서 $x_k=\dfrac{k}{2n}$라 하면 $\Delta x=\dfrac{1}{2n}$

$\therefore \displaystyle\lim_{n\to\infty}\sum_{k=1}^{n}S_k=\lim_{n\to\infty}\sum_{k=1}^{n}\dfrac{1}{2n}f\left(\dfrac{k}{2n}\right)=\int_0^{\frac{1}{2}}f(x)\,dx$

$=\displaystyle\int_0^{\frac{1}{2}}x^2\,dx$ (참)

$x_k=\dfrac{k}{2n}$이므로 $k=1$일 때

$\displaystyle\lim_{n\to\infty}x_1=\lim_{n\to\infty}\dfrac{1}{2n}=0, k=n$일 때

$\displaystyle\lim_{n\to\infty}x_n=\lim_{n\to\infty}\dfrac{n}{2n}=\dfrac{1}{2}$이 돼.

따라서 적분 구간의 아래끝이 0, 위끝이 $\dfrac{1}{2}$이 되는 거야.

ㄴ. $S_{2k}-S_{2k-1}=\dfrac{1}{2n}f\left(\dfrac{2k}{2n}\right)-\dfrac{1}{2n}f\left(\dfrac{2k-1}{2n}\right)$

$=\dfrac{1}{2n}\left\{\left(\dfrac{2k}{2n}\right)^2-\left(\dfrac{2k-1}{2n}\right)^2\right\}$

$=\dfrac{1}{2n}\times\dfrac{4k-1}{4n^2}$

$S_k=\dfrac{1}{2n}f\left(\dfrac{k}{2n}\right)$의 식에 k 대신에 각각 $2k, 2k-1$을 대입해 주었어.

$=\dfrac{4k-1}{8n^3}$

$\dfrac{4k^2-(4k^2-4k+1)}{4n^2}=\dfrac{4k-1}{4n^2}$

$\therefore \displaystyle\lim_{n\to\infty}\sum_{k=1}^{n}(S_{2k}-S_{2k-1})=\lim_{n\to\infty}\sum_{k=1}^{n}\dfrac{4k-1}{8n^3}$

$=\displaystyle\lim_{n\to\infty}\dfrac{1}{8n^3}\sum_{k=1}^{n}(4k-1)$

$=\displaystyle\lim_{n\to\infty}\dfrac{1}{8n^3}\left\{4\times\dfrac{n(n+1)}{2}-n\right\}$

분모의 차수가 분자의 차수보다 크므로 $n\to\infty$일 때 극한값이 0으로 수렴해.

$=\displaystyle\lim_{n\to\infty}\dfrac{2n^2+n}{8n^3}$

$\displaystyle\sum_{k=1}^{n}k=\dfrac{n(n+1)}{2}$

$=0$ (참)

ㄷ. $\displaystyle\lim_{n\to\infty}\sum_{k=1}^{n}S_k=\lim_{n\to\infty}\sum_{k=1}^{n}\dfrac{1}{2n}f\left(\dfrac{k}{2n}\right)$이므로

$\displaystyle\lim_{n\to\infty}\sum_{k=1}^{n}S_{2k}=\lim_{n\to\infty}\sum_{k=1}^{n}\dfrac{1}{2n}f\left(\dfrac{2k}{2n}\right)=\lim_{n\to\infty}\sum_{k=1}^{n}\dfrac{1}{2n}f\left(\dfrac{k}{n}\right)$

$\displaystyle\lim_{n\to\infty}\sum_{k=1}^{n}\dfrac{1}{2n}f\left(\dfrac{k}{n}\right)$에서 $x_k=\dfrac{k}{n}$라 하면 $\Delta x=\dfrac{1}{n}$

$\therefore \displaystyle\lim_{n\to\infty}\sum_{k=1}^{n}S_{2k}=\lim_{n\to\infty}\sum_{k=1}^{n}\dfrac{1}{2n}f\left(\dfrac{k}{n}\right)=\lim_{n\to\infty}\sum_{k=1}^{n}f\left(\dfrac{k}{n}\right)\dfrac{1}{n}\times\dfrac{1}{2}$

$=\dfrac{1}{2}\displaystyle\int_0^1 f(x)\,dx=\dfrac{1}{2}\int_0^1 x^2\,dx$ (참)

$\Delta x=\dfrac{1}{n}$의 식을 이용하기 위해 $\dfrac{1}{2n}$을 $\dfrac{1}{2n}=\dfrac{1}{n}\times\dfrac{1}{2}$로 바꿔 주었어.

따라서 옳은 것은 ㄱ, ㄴ, ㄷ이다.

💡 알아야 할 기본개념

정적분과 급수

$x_k=a+\dfrac{b-a}{n}k, \Delta x=\dfrac{b-a}{n}$

함수 $f(x)$가 닫힌구간 $[a, b]$에서 연속일 때

$\displaystyle\lim_{n\to\infty}\sum_{k=1}^{n}f\left(a+\dfrac{b-a}{n}k\right)\dfrac{b-a}{n}=\int_a^b f(x)\,dx$

수능포인트

정적분과 급수에서 조심해야 할 부분은 어떤 식의 형태가 주어졌을 때, 그 식을 밑변과 높이(함숫값)의 영역으로 나누어 생각을 해줘야 된다는 것입니다. 이것을 나누는 기준은 문제에서 주어진 기준으로 하는 것이고 매번 바뀌기 때문에 어떤 것을 어떤 변수로 두었는지를 주의해서 봐야 합니다. 따라서 이 문제에서는 한 밑변의 길이는 $\dfrac{1}{2n}$이고 높이는 그에 대응되는 오른쪽 높이 잡기 방식을 이용했다는 것을 해석한 후 문제로 들어가게 되는 것입니다.

026 [정답률 28%] 정답 14

함수 $f(x)=x^2+ax+b$ $(a\geq0,\ b>0)$가 있다. 그림과 같이 2 이상인 자연수 n에 대하여 **닫힌구간 [0, 1]을** n**등분한 각 분점**(양 끝점도 포함)을 차례로

$\rightarrow$ 구간의 길이 1을 n등분했으므로
n등분한 구간의 길이는 전부 $\frac{1}{n}$로 같아.

$$0=x_0,\ x_1,\ x_2,\ \cdots,\ x_{n-1},\ x_n=1$$

이라 하자. 닫힌구간 $[x_{k-1},\ x_k]$를 밑변으로 하고 높이가 $f(x_k)$인 직사각형의 넓이를 A_k라 하자. $(k=1,\ 2,\ \cdots,\ n)$

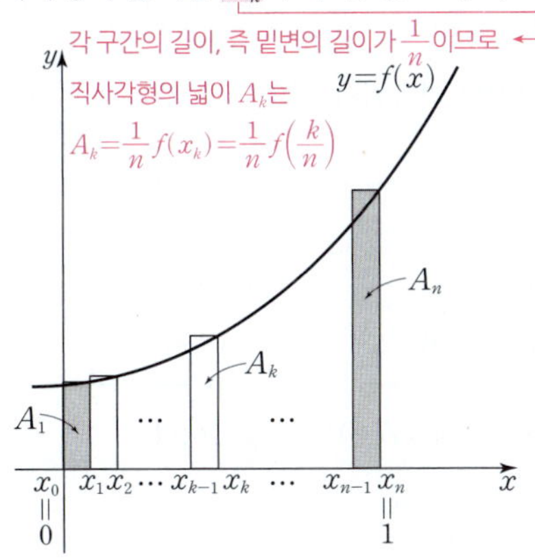

양 끝에 있는 두 직사각형의 넓이의 합이

$$A_1+A_n=\frac{7n^2+1}{n^3}$$

일 때, $\displaystyle\lim_{n\to\infty}\sum_{k=1}^{n}\frac{8k}{n}A_k$의 값을 구하시오. (4점)

Step 1 $A_1+A_n=\dfrac{7n^2+1}{n^3}$임을 이용해 $f(x)$를 구한다.

$x_1=\dfrac{1}{n},\ x_k=\dfrac{k}{n},\ x_n=1$

$A_1=\dfrac{1}{n}f\left(\dfrac{1}{n}\right),\ A_n=\dfrac{1}{n}f(1)$이므로

$A_1+A_n=\dfrac{1}{n}f\left(\dfrac{1}{n}\right)+\dfrac{1}{n}f(1)$

$\qquad=\dfrac{1}{n}\left\{f\left(\dfrac{1}{n}\right)+f(1)\right\}$

$\qquad=\dfrac{1}{n}\left(\dfrac{1}{n^2}+\dfrac{a}{n}+b+1+a+b\right)$

$\qquad=\dfrac{1}{n^3}\{1+an+(1+a+2b)n^2\}$

$\qquad=\dfrac{7n^2+1}{n^3}$ → 문제에서 주어진 조건

$f(x)=x^2+ax+b$이므로 $f\left(\dfrac{1}{n}\right)=\dfrac{1}{n^2}+\dfrac{a}{n}+b$, $f(1)=1+a+b$가 돼.

즉, $(1+a+2b)n^2+an+1=7n^2+1$이므로

$1+a+2b=7,\ a=0$에서

$a=0,\ b=3$을 각각 $f(x)=x^2+ax+b$에 대입

$b=3$

$\therefore f(x)=x^2+3$

Step 2 급수를 정적분으로 바꾸고 답을 구한다.

$A_k=\dfrac{1}{n}f\left(\dfrac{k}{n}\right)$이므로

$\displaystyle\lim_{n\to\infty}\sum_{k=1}^{n}\frac{8k}{n}A_k=\lim_{n\to\infty}\sum_{k=1}^{n}\frac{8k}{n}\times\frac{1}{n}f\left(\frac{k}{n}\right)$

$x_k=\dfrac{k}{n}$라 하면 $\varDelta x=\dfrac{1}{n}$

$\displaystyle\lim_{n\to\infty}\sum_{k=1}^{n}\frac{8k}{n}A_k=\lim_{n\to\infty}\sum_{k=1}^{n}\frac{8k}{n}\times\frac{1}{n}f\left(\frac{k}{n}\right)=8\int_0^1 xf(x)dx$

Step 1에서 구한 $f(x)=x^2+3$을 대입

$\qquad=8\int_0^1(x^3+3x)dx$

$xf(x)=x(x^2+3)=x^3+3x$

$\qquad=8\left[\dfrac{1}{4}x^4+\dfrac{3}{2}x^2\right]_0^1$

$\qquad=8\left(\dfrac{1}{4}+\dfrac{3}{2}\right)=2+12=14$

💡 알아야 할 기본개념

정적분과 급수

함수 $f(x)$가 닫힌구간 $[a,\ b]$에서 연속일 때

$$\lim_{n\to\infty}\sum_{k=1}^{n}f\left(a+\frac{b-a}{n}k\right)\frac{b-a}{n}=\int_a^b f(x)dx$$

027 [정답률 50%] 정답 ②

닫힌구간 $[0,\ 1]$에서 정의된 연속함수 $f(x)$가 $f(0)=0$, $f(1)=1$이며, 열린구간 $(0,\ 1)$에서 이계도함수를 갖고 $f'(x)>0$, $f''(x)>0$일 때, $\displaystyle\int_0^1\{f^{-1}(x)-f(x)\}dx$의 값과 같은 것은? (3점)

→ 함수 $f(x)$의 역함수라는 뜻이야!
→ 함수 $y=f(x)$의 그래프가 아래로 볼록

① $\displaystyle\lim_{n\to\infty}\sum_{k=1}^{n}\left\{\frac{k}{n}-f\left(\frac{k}{n}\right)\right\}\frac{1}{2n}$

② $\displaystyle\lim_{n\to\infty}\sum_{k=1}^{n}\left\{\frac{k}{n}-f\left(\frac{k}{n}\right)\right\}\frac{2}{n}$

③ $\displaystyle\lim_{n\to\infty}\sum_{k=1}^{n}\left\{\frac{k}{n}-f\left(\frac{k}{n}\right)\right\}\frac{1}{n}$

④ $\displaystyle\lim_{n\to\infty}\sum_{k=1}^{n}\left\{\frac{k}{2n}-f\left(\frac{k}{n}\right)\right\}\frac{1}{n}$

⑤ $\displaystyle\lim_{n\to\infty}\sum_{k=1}^{n}\left\{\frac{2k}{n}-f\left(\frac{k}{n}\right)\right\}\frac{1}{n}$

Step 1 $f'(x)>0$, $f''(x)>0$에서 $y=f(x)$의 그래프가 증가하고 아래로 볼록함을 이용한다.

곡선의 오목, 볼록의 판정

$f'(x)>0$, $f''(x)>0$이므로 함수 $y=f(x)$의 그래프는 구간 $(0,\ 1)$에서 증가하고 아래로 볼록하다.

또, $f(0)=0$, $f(1)=1$이고 $y=f^{-1}(x)$의 그래프는 곡선 $y=f(x)$와 직선 $y=x$에 대하여 대칭이므로 오른쪽 그림과 같다.

→ 역함수의 정적분 계산은 두 함수의 그래프가 직선 $y=x$에 대하여 대칭임을 이용하면 쉽게 할 수 있어!

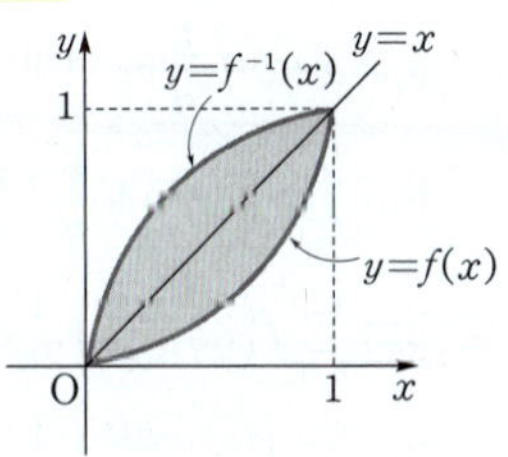

이때 $\displaystyle\int_0^1\{f^{-1}(x)-f(x)\}dx$의 값은 위 그림에서 색칠한 부분의 넓이와 같고, 이는 직선 $y=x$와 곡선 $y=f(x)$로 둘러싸인 부분의 넓이의 2배와 같다.

Step 2 정적분을 급수로 바꾼다.

$\therefore \displaystyle\int_0^1\{f^{-1}(x)-f(x)\}dx=2\int_0^1\{x-f(x)\}dx$

$x_k=\dfrac{k}{n},\ \varDelta x=\dfrac{1}{n}$

보통 문제들과는 다르게 정적분을 급수의 형태로 나타내야 하는 문제야.

$\qquad=2\lim_{n\to\infty}\sum_{k=1}^{n}\left\{\frac{k}{n}-f\left(\frac{k}{n}\right)\right\}\frac{1}{n}$

$\qquad=\lim_{n\to\infty}\sum_{k=1}^{n}\left\{\frac{k}{n}-f\left(\frac{k}{n}\right)\right\}\frac{2}{n}$

028 [정답률 84%]

정답 ②

$F'(x)=f(x)$인 이차함수 $y=f(x)$와 임의의 두 실수 a, c에 대하여 서로 다른 두 점 $A(a, F(a))$, $B(a+c, F(a+c))$를 지나는 직선의 기울기와 같은 값을 갖는 것은? (3점)

① $\lim\limits_{n\to\infty}\sum\limits_{k=1}^{n}f\left(\dfrac{k}{2n}\right)\dfrac{c}{n}$

② $\lim\limits_{n\to\infty}\sum\limits_{k=1}^{n}f\left(a+\dfrac{ck}{n}\right)\dfrac{1}{n}$

③ $\lim\limits_{n\to\infty}\sum\limits_{k=1}^{n}f\left(a+c+\dfrac{k}{n}\right)\dfrac{1}{n}$

④ $\lim\limits_{n\to\infty}\sum\limits_{k=0}^{n-1}f\left(c+\dfrac{ak}{n}\right)\dfrac{1}{2n}$

⑤ $\lim\limits_{n\to\infty}\sum\limits_{k=0}^{n-1}f\left(a+\dfrac{k}{n}\right)\dfrac{2}{n}$

Step 1 두 점 A, B를 지나는 직선의 기울기를 구한다.

두 점 $A(a, F(a))$, $B(a+c, F(a+c))$를 지나는 직선의 기울기는

$$\dfrac{F(a+c)-F(a)}{(a+c)-a}=\dfrac{F(a+c)-F(a)}{c}$$

Step 2 $\dfrac{F(a+c)-F(a)}{c}$를 정적분으로 나타낸다.

$$\dfrac{F(a+c)-F(a)}{c}=\dfrac{1}{c}\int_{a}^{a+c}f(x)dx$$

→ 아래끝이 a, 위끝이 $a+c$가 될 수 있는 경우를 생각해.

Step 3 보기를 정적분으로 나타내고 구한 정적분의 값과 비교한다.

① $\lim\limits_{n\to\infty}\sum\limits_{k=1}^{n}f\left(\dfrac{k}{2n}\right)\dfrac{c}{n}$에서 $x_k=\dfrac{k}{2n}$라 하면 $\Delta x=\dfrac{1}{2n}$

$$\lim\limits_{n\to\infty}\sum\limits_{k=1}^{n}f\left(\dfrac{k}{2n}\right)\dfrac{c}{n}=\lim\limits_{n\to\infty}\sum\limits_{k=1}^{n}f\left(\dfrac{k}{2n}\right)\dfrac{1}{2n}\times 2c$$
$$=2c\int_{0}^{\frac{1}{2}}f(x)dx$$

$\dfrac{c}{n}=\dfrac{1}{2n}\times 2c$

② $\lim\limits_{n\to\infty}\sum\limits_{k=1}^{n}f\left(a+\dfrac{ck}{n}\right)\dfrac{1}{n}$에서 $x_k=a+\dfrac{ck}{n}$라 하면 $\Delta x=\dfrac{c}{n}$

$$\lim\limits_{n\to\infty}\sum\limits_{k=1}^{n}f\left(a+\dfrac{ck}{n}\right)\dfrac{1}{n}=\lim\limits_{n\to\infty}\sum\limits_{k=1}^{n}f\left(a+\dfrac{ck}{n}\right)\dfrac{c}{n}\times\dfrac{1}{c}$$
$$=\dfrac{1}{c}\int_{a}^{a+c}f(x)dx$$

$\dfrac{1}{n}=\dfrac{c}{n}\times\dfrac{1}{c}$

③ $\lim\limits_{n\to\infty}\sum\limits_{k=1}^{n}f\left(a+c+\dfrac{k}{n}\right)\dfrac{1}{n}$에서

$x_k=a+c+\dfrac{k}{n}$라 하면 $\Delta x=\dfrac{1}{n}$

$$\lim\limits_{n\to\infty}\sum\limits_{k=1}^{n}f\left(a+c+\dfrac{k}{n}\right)\dfrac{1}{n}=\int_{a+c}^{a+c+1}f(x)dx$$

④ $\lim\limits_{n\to\infty}\sum\limits_{k=0}^{n-1}f\left(c+\dfrac{ak}{n}\right)\dfrac{1}{2n}$에서 $x_k=c+\dfrac{ak}{n}$라 하면 $\Delta x=\dfrac{a}{n}$

$$\lim\limits_{n\to\infty}\sum\limits_{k=0}^{n-1}f\left(c+\dfrac{ak}{n}\right)\dfrac{1}{2n}=\lim\limits_{n\to\infty}\sum\limits_{k=0}^{n-1}f\left(c+\dfrac{ak}{n}\right)\dfrac{a}{n}\times\dfrac{1}{2a}$$
$$=\dfrac{1}{2a}\int_{c}^{a+c}f(x)dx$$

$\dfrac{1}{2n}=\dfrac{a}{n}\times\dfrac{1}{2a}$

⑤ $\lim\limits_{n\to\infty}\sum\limits_{k=0}^{n-1}f\left(a+\dfrac{k}{n}\right)\dfrac{2}{n}$에서 $x_k=a+\dfrac{k}{n}$라 하면 $\Delta x=\dfrac{1}{n}$

$$\lim\limits_{n\to\infty}\sum\limits_{k=0}^{n-1}f\left(a+\dfrac{k}{n}\right)\dfrac{2}{n}=\lim\limits_{n\to\infty}\sum\limits_{k=0}^{n-1}f\left(a+\dfrac{k}{n}\right)\dfrac{1}{n}\times 2$$
$$=2\int_{a}^{a+1}f(x)dx$$

$\dfrac{2}{n}=\dfrac{1}{n}\times 2$

따라서 직선 AB의 기울기와 같은 값을 갖는 것은 ②이다.

★ 다른 풀이 정적분을 급수로 바꾸는 풀이

Step 1, **Step 2** 동일

Step 3 $\dfrac{1}{c}\int_{a}^{a+c}f(x)dx$를 급수로 바꾼다.

$x_k=a+\dfrac{ck}{n}$라 하면 $\Delta x=\dfrac{(a+c)-a}{n}=\dfrac{c}{n}$

$$\dfrac{1}{c}\int_{a}^{a+c}f(x)dx=\dfrac{1}{c}\lim\limits_{n\to\infty}\sum\limits_{k=1}^{n}f(x_k)\Delta x$$
$$=\lim\limits_{n\to\infty}\sum\limits_{k=1}^{n}f\left(a+\dfrac{ck}{n}\right)\dfrac{1}{n}$$

$\dfrac{1}{c}\times\Delta x=\dfrac{1}{c}\times\dfrac{c}{n}=\dfrac{1}{n}$

따라서 직선 AB의 기울기와 같은 값을 갖는 것은 ②이다.

---

029 [정답률 26%]

정답 ③

다음은 연속함수 $y=f(x)$의 그래프이다.

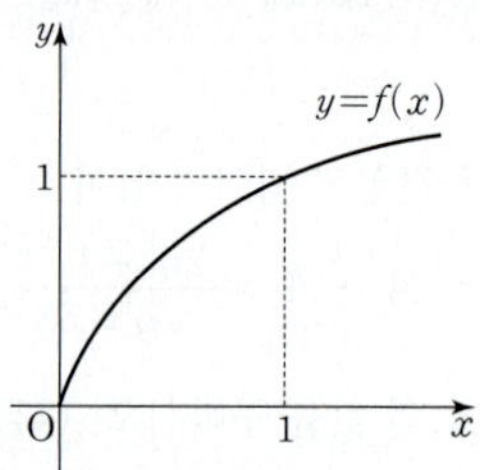

구간 $[0, 1]$에서 함수 $f(x)$의 역함수 $g(x)$가 존재하고 연속일 때, 극한값

$$\lim\limits_{n\to\infty}\sum\limits_{k=1}^{n}\left\{g\left(\dfrac{k}{n}\right)-g\left(\dfrac{k-1}{n}\right)\right\}\dfrac{k}{n}$$

와 같은 값을 갖는 것은? (4점)

① $\int_{0}^{1}g(x)dx$

② $\int_{0}^{1}xg(x)dx$

③ $\int_{0}^{1}f(x)dx$

④ $\int_{0}^{1}xf(x)dx$

⑤ $\int_{0}^{1}\{f(x)-g(x)\}dx$

Step 1 주어진 식을 전개한다.

$$\sum\limits_{k=1}^{n}\left\{g\left(\dfrac{k}{n}\right)-g\left(\dfrac{k-1}{n}\right)\right\}\dfrac{k}{n}$$
$$=\dfrac{1}{n}\left\{g\left(\dfrac{1}{n}\right)-g\left(\dfrac{0}{n}\right)\right\}+\dfrac{2}{n}\left\{g\left(\dfrac{2}{n}\right)-g\left(\dfrac{1}{n}\right)\right\}$$
$$+\dfrac{3}{n}\left\{g\left(\dfrac{3}{n}\right)-g\left(\dfrac{2}{n}\right)\right\}+\cdots+\dfrac{n}{n}\left\{g\left(\dfrac{n}{n}\right)-g\left(\dfrac{n-1}{n}\right)\right\}$$
$$=-\dfrac{1}{n}\left\{g\left(\dfrac{0}{n}\right)+g\left(\dfrac{1}{n}\right)+g\left(\dfrac{2}{n}\right)+\cdots+g\left(\dfrac{n-1}{n}\right)\right\}+\dfrac{n}{n}g\left(\dfrac{n}{n}\right)$$
$$=\dfrac{n}{n}g\left(\dfrac{n}{n}\right)-\dfrac{1}{n}\left\{g\left(\dfrac{0}{n}\right)+g\left(\dfrac{1}{n}\right)+g\left(\dfrac{2}{n}\right)+\cdots+g\left(\dfrac{n-1}{n}\right)\right\}$$
$$=g(1)-\sum\limits_{k=0}^{n-1}g\left(\dfrac{k}{n}\right)\dfrac{1}{n}$$

$\dfrac{1}{n}g\left(\dfrac{1}{n}\right)+\dfrac{2}{n}\left\{-g\left(\dfrac{1}{n}\right)\right\}=-\dfrac{1}{n}g\left(\dfrac{1}{n}\right)$

$\dfrac{2}{n}g\left(\dfrac{2}{n}\right)+\dfrac{3}{n}\left\{-g\left(\dfrac{2}{n}\right)\right\}=-\dfrac{1}{n}g\left(\dfrac{2}{n}\right)$

$\vdots$

$\dfrac{n-1}{n}g\left(\dfrac{n-1}{n}\right)+\dfrac{n}{n}\left\{-g\left(\dfrac{n-1}{n}\right)\right\}$
$=-\dfrac{1}{n}g\left(\dfrac{n-1}{n}\right)$

Step 2 급수를 정적분으로 바꾸고 답을 구한다

$$\lim_{n\to\infty}\sum_{k=1}^{n}\left\{g\left(\frac{k}{n}\right)-g\left(\frac{k-1}{n}\right)\right\}\frac{k}{n}=\lim_{n\to\infty}\left\{g(1)-\sum_{k=0}^{n-1}g\left(\frac{k}{n}\right)\frac{1}{n}\right\}$$

$f(0)=0,\ f(1)=1$이므로 $g(0)=0,\ g(1)=1$

$$\therefore \lim_{n\to\infty}\sum_{k=1}^{n}\left\{g\left(\frac{k}{n}\right)-g\left(\frac{k-1}{n}\right)\right\}\frac{k}{n}=\lim_{n\to\infty}\left\{g(1)-\sum_{k=0}^{n-1}g\left(\frac{k}{n}\right)\frac{1}{n}\right\}$$

$f(x)$와 $g(x)$가 역함수 관계이면
$f(a)=b$일 때, $g(b)=a$

$$=1-\lim_{n\to\infty}\sum_{k=0}^{n-1}g\left(\frac{k}{n}\right)\frac{1}{n}$$

$x_k=\dfrac{k}{n}$라 하면 $\varDelta x=\dfrac{1}{n}$이야.

이를 이용해 급수를 정적분으로 바꿔 주었어.

$f(x)$의 역함수이므로 직선 $y=x$에 대해 함수 $y=f(x)$의 그래프를 대칭이동시킨 거야.

$$=1-\int_{0}^{1}g(x)dx$$

$$=\int_{0}^{1}f(x)dx$$

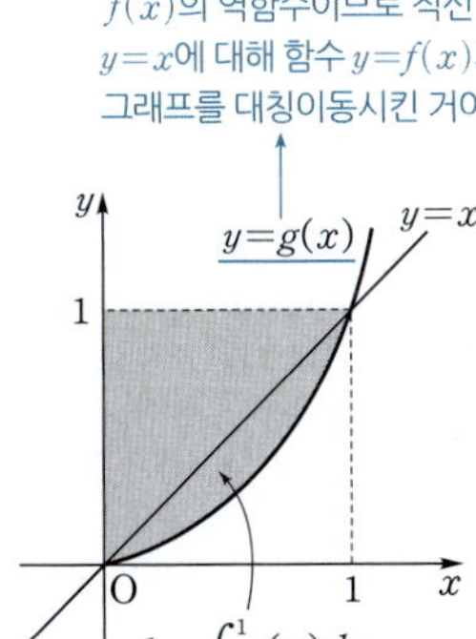

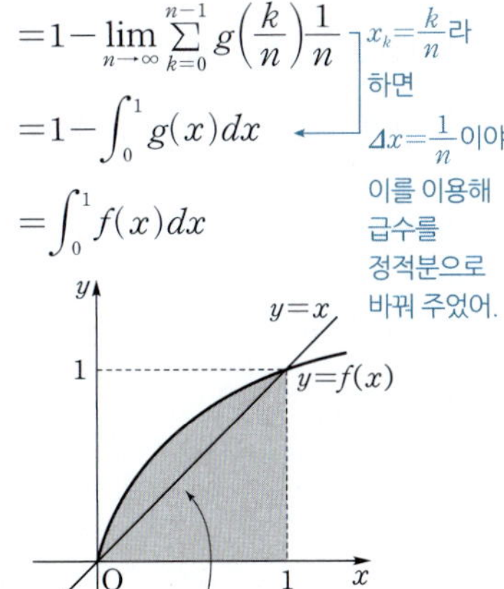

이때 두 삼각형 ABC와 AB_kC_k가 서로 닮음이므로 $AB:BC=\overline{AB_k}:\overline{B_kC_k}$에서

$$2:1=\frac{2k}{n}:\overline{B_kC_k}$$

$$\overline{B_kC_k}=\frac{k}{n},\ \overline{B_kC_k}^2=\left(\frac{k}{n}\right)^2$$

$$\therefore \lim_{n\to\infty}\frac{2\pi}{n}\sum_{k=1}^{n-1}\overline{B_kC_k}^2=\lim_{n\to\infty}\frac{2\pi}{n}\sum_{k=1}^{n-1}\left(\frac{k}{n}\right)^2$$

Step 2 주어진 급수를 정적분으로 나타낸다.

$\lim_{n\to\infty}\dfrac{2\pi}{n}\sum_{k=1}^{n-1}\left(\dfrac{k}{n}\right)^2$에서 $x_k=\dfrac{k}{n}$라 하면 $\varDelta x=\dfrac{1}{n}$

$$\lim_{n\to\infty}\frac{2\pi}{n}\sum_{k=1}^{n-1}\overline{B_kC_k}^2=\lim_{n\to\infty}\frac{2\pi}{n}\sum_{k=1}^{n-1}\left(\frac{k}{n}\right)^2=\lim_{n\to\infty}2\pi\sum_{k=1}^{n-1}\left(\frac{k}{n}\right)^2\frac{1}{n}$$

$\varDelta x=\dfrac{1}{n}$의 식을 이용하기 위해 $\dfrac{2\pi}{n}=2\pi\times\dfrac{1}{n}$로 바꿔 주었어.

$$=2\pi\int_{0}^{1}x^2dx$$

$$=2\pi\left[\frac{1}{3}x^3\right]_{0}^{1}=\frac{2}{3}\pi$$

030

정답 ④

$\overline{AB}=2,\ \overline{BC}=1,\ \angle B=90°$인 직각삼각형 ABC가 있다. 변 AB를 n등분한 점을 오른쪽 그림과 같이 B_1, B_2, B_3, $\cdots$, B_{n-1}이라 하고, 각 점에서 변 BC에 평행하게 직선을 그어 변 AC와 만나는 점을 각각 C_1, C_2, C_3, $\cdots$, C_{n-1}이라 할 때,

$\lim\limits_{n\to\infty}\dfrac{2\pi}{n}\sum\limits_{k=1}^{n-1}\overline{B_kC_k}^2$의 값은? (1점)

→ $\overline{B_kC_k}$를 k에 대한 식으로 나타내

① $\dfrac{\pi}{6}$ ② $\dfrac{\pi}{3}$ ③ $\dfrac{\pi}{2}$

④ $\dfrac{2}{3}\pi$ ⑤ π

Step 1 $\overline{B_kC_k}^2$을 구한다.

변 AB를 n등분한 점이 B_1, B_2, $\cdots$, B_{n-1}이므로 $\overline{AB_k}=\dfrac{2k}{n}$이고

$\overline{B_kC_k}$와 $\overline{BC}$가 서로 평행하므로 $\angle AB_kC_k=90°$

---

031 [정답률 33%]

정답 10

$\overline{AD}=1,\ \overline{AB}=\sqrt{2},\ \overline{BC}=3$인 등변사다리꼴 ABCD에서 변 AB를 n등분한 점을 각각 P_1, P_2, P_3, $\cdots$, P_{n-1}이라 하고 각 점에서 변 BC에 평행한 직선을 그어 변 CD와 만나는 점을 각각 Q_1, Q_2, $\cdots$, Q_{n-1}이라 할 때,

$$\lim_{n\to\infty}\frac{1}{n}\left(\overline{P_1Q_1}^3+\overline{P_2Q_2}^3+\overline{P_3Q_3}^3+\cdots+\overline{P_nQ_n}^3\right)$$

→ Σ 기호를 이용하여 간단히 정리

의 값을 구하시오. (4점)

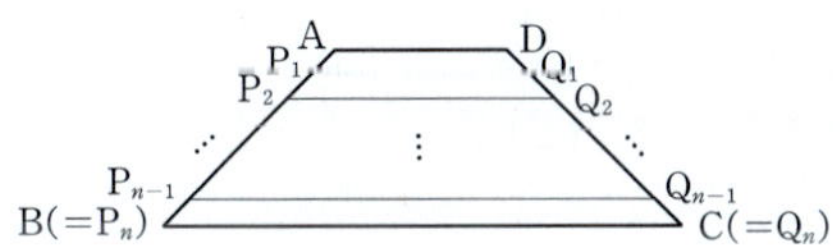

Step 1 $\overline{P_kQ_k}$를 구한다.

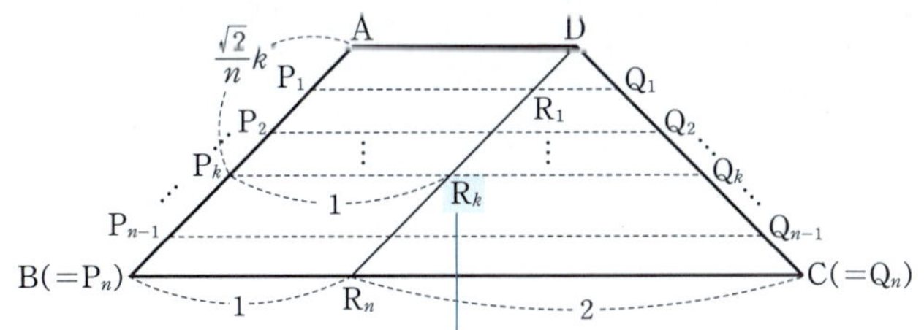

그림과 같이 꼭짓점 D에서 $\overline{AB}$와 평행한 직선을 그어 $\overline{P_kQ_k}$와 만나는 점을 R_k라 하자.

두 삼각형 DR_nC와 DR_kQ_k는 서로 닮음이므로

$\overline{DR_k} : \overline{R_kQ_k} = \overline{DR_n} : \overline{R_nC}$

삼각형 DR_nC에서 $\overline{DR_n} = \overline{AB} = \sqrt{2}$, $\overline{R_nC} = 2$이고

삼각형 DR_kQ_k에서 $\overline{DR_k} = \overline{AP_k} = \dfrac{\sqrt{2}}{n}k$

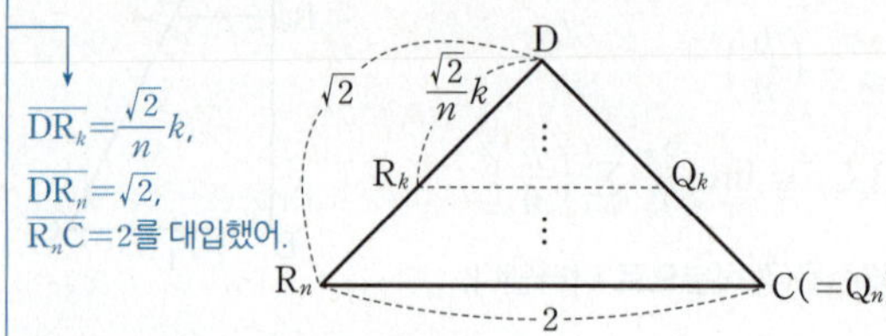

$\overline{DR_k} = \dfrac{\sqrt{2}}{n}k$,
$\overline{DR_n} = \sqrt{2}$,
$\overline{R_nC} = 2$를 대입했어.

$\dfrac{\sqrt{2}}{n}k : \overline{R_kQ_k} = \sqrt{2} : 2$에서

$\overline{R_kQ_k} = \dfrac{2k}{n}$

$\therefore \overline{P_kQ_k} = 1 + \dfrac{2k}{n}$ → $\overline{P_kQ_k} = \overline{P_kR_k} + \overline{R_kQ_k} = 1 + \dfrac{2k}{n}$

Step 2 주어진 식을 정적분으로 나타낸다.

$\displaystyle\lim_{n\to\infty}\dfrac{1}{n}\left(\overline{P_1Q_1}^3 + \overline{P_2Q_2}^3 + \cdots + \overline{P_nQ_n}^3\right)$

$x_k = 1 + \dfrac{2k}{n}$이므로 $k=1$일 때 $\displaystyle\lim_{n\to\infty} x_1 = \lim_{n\to\infty}\left(1+\dfrac{2}{n}\right) = 1$,

$= \displaystyle\lim_{n\to\infty}\sum_{k=1}^{n}\overline{P_kQ_k}^3 \times \dfrac{1}{n}$

$k=n$일 때 $\displaystyle\lim_{n\to\infty} x_n = \lim_{n\to\infty}\left(1+\dfrac{2n}{n}\right) = 3$이 돼.

$= \displaystyle\lim_{n\to\infty}\sum_{k=1}^{n}\left(1+\dfrac{2k}{n}\right)^3 \dfrac{1}{n}$

따라서 적분 구간의 아래끝이 1, 위끝이 3이 되는 거야.

정적분과 급수의 관계

이때 $\displaystyle\lim_{n\to\infty}\sum_{k=1}^{n}\left(1+\dfrac{2k}{n}\right)^3 \dfrac{1}{n}$에서 $x_k = 1 + \dfrac{2k}{n}$라 하면 $\Delta x = \dfrac{2}{n}$

$\displaystyle\lim_{n\to\infty}\sum_{k=1}^{n}\left(1+\dfrac{2k}{n}\right)^3 \dfrac{1}{n} = \lim_{n\to\infty}\sum_{k=1}^{n}\left(1+\dfrac{2k}{n}\right)^3 \dfrac{2}{n} \times \dfrac{1}{2} = \dfrac{1}{2}\int_1^3 x^3 dx$

Step 3 정적분의 값을 구한다.

$\therefore \displaystyle\lim_{n\to\infty}\dfrac{1}{n}\left(\overline{P_1Q_1}^3 + \overline{P_2Q_2}^3 + \cdots + \overline{P_nQ_n}^3\right) = \dfrac{1}{2}\int_1^3 x^3 dx$

$= \dfrac{1}{2}\left[\dfrac{1}{4}x^4\right]_1^3$

$= \dfrac{1}{2}\left(\dfrac{81}{4} - \dfrac{1}{4}\right) = 10$

032 [정답률 64%] 정답 ③

함수 $f(x) = e^x$이 있다. 2 이상인 자연수 n에 대하여 닫힌구간 $[1, 2]$를 n등분한 각 분점(양 끝점도 포함)을 차례로

$$1 = x_0, \ x_1, \ x_2, \ \cdots, \ x_{n-1}, \ x_n = 2$$

라 하자. 세 점 $(0, 0)$, $(x_k, 0)$, $(x_k, f(x_k))$를 꼭짓점으로 하는 삼각형의 넓이를 A_k $(k=1, 2, \cdots, n)$이라 할 때, $\displaystyle\lim_{n\to\infty}\dfrac{1}{n}\sum_{k=1}^{n} A_k$의 값은? (4점) → $A_k = \dfrac{1}{2}x_k f(x_k)$

→ 주어진 식을 정적분을 이용하여 나타내.

① $\dfrac{1}{2}e^2 - e$ ② $\dfrac{1}{2}(e^2 - e)$ ❸ $\dfrac{1}{2}e^2$

④ $e^2 - e$ ⑤ $e^2 - \dfrac{1}{2}e$

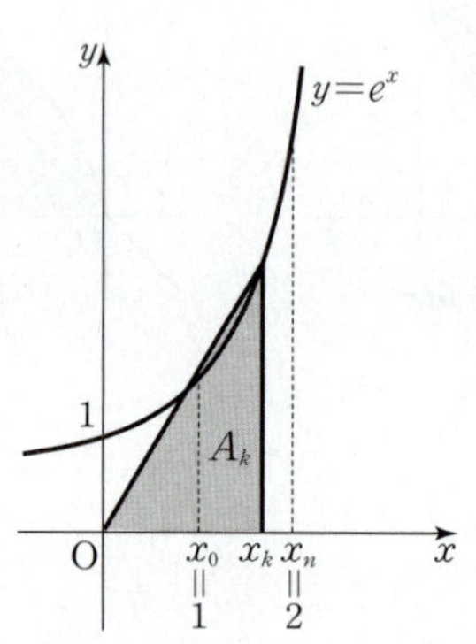

Step 1 삼각형의 넓이 A_k를 k에 대한 식으로 나타낸다.

$x_k = 1 + \dfrac{k}{n}$이므로

$f(x_k) = e^{1+\frac{k}{n}}$ → $f(x) = e^x$에 x 대신 $1 + \dfrac{k}{n}$를 대입한 거야.

$\therefore A_k = \dfrac{1}{2}\left(1+\dfrac{k}{n}\right)e^{1+\frac{k}{n}}$

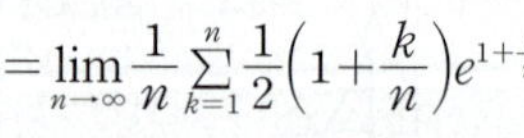

Step 2 정적분과 급수의 관계를 이용하여 주어진 급수를 정적분으로 바꾼다.

$\displaystyle\lim_{n\to\infty}\dfrac{1}{n}\sum_{k=1}^{n} A_k$

$= \displaystyle\lim_{n\to\infty}\dfrac{1}{n}\sum_{k=1}^{n}\dfrac{1}{2}\left(1+\dfrac{k}{n}\right)e^{1+\frac{k}{n}}$

$= \dfrac{1}{2}\displaystyle\lim_{n\to\infty}\sum_{k=1}^{n}\left(1+\dfrac{k}{n}\right)e^{1+\frac{k}{n}} \times \dfrac{1}{n}$

$x_k = 1 + \dfrac{k}{n}$, $\Delta x = \dfrac{1}{n}$이라 하면 정적분으로 바꿨을 때 위끝이 2, 아래끝이 1이 돼.

$= \dfrac{1}{2}\displaystyle\lim_{n\to\infty}\sum_{k=1}^{n}\left(1+\dfrac{2-1}{n}k\right)e^{1+\frac{2-1}{n}k} \times \dfrac{2-1}{n}$

$= \dfrac{1}{2}\int_1^2 xe^x dx$

Step 3 부분적분법을 이용하여 정적분의 값을 구한다.

암기 $\displaystyle\int u'(x)v(x)dx = u(x)v(x) - \int u(x)v'(x)dx$

(주어진 식) $= \dfrac{1}{2}\displaystyle\int_1^2 xe^x dx$

$= \dfrac{1}{2}\left(\left[xe^x\right]_1^2 - \int_1^2 e^x dx\right)$

이 문제에서는 $u'(x) = e^x$, $v(x) = x$로 놓고 푼다.

$= \dfrac{1}{2}\left\{(2e^2 - e) - \left[e^x\right]_1^2\right\}$

$= \dfrac{1}{2}\{(2e^2 - e) - (e^2 - e)\}$

$= \dfrac{1}{2}e^2$

주의 계산할 때 e, e^2 등을 서로 헷갈리지 않도록 조심!

033 [정답률 49%] 정답 32

그림과 같이 중심각의 크기가 $\dfrac{\pi}{2}$이고, 반지름의 길이가 8인 부채꼴 OAB가 있다. 2 이상의 자연수 n에 대하여 호 AB를 n등분한 각 분점을 점 A에서 가까운 것부터 차례로 P_1, P_2, P_3, $\cdots$, P_{n-1}이라 하자. $1 \le k \le n-1$인 자연수 k에 대하여 점 B에서 선분 OP_k에 내린 수선의 발을 Q_k라 하고, 삼각형 OQ_kB의 넓이를 S_k라 하자. $\displaystyle\lim_{n\to\infty}\dfrac{1}{n}\sum_{k=1}^{n-1}S_k=\dfrac{\alpha}{\pi}$일 때, α의 값을 구하시오. (4점)

먼저 S_k를 n과 k를 이용하여 식으로 나타내야 해.

여기서 $\angle AOP_k = \dfrac{k\pi}{2n}$

Step 1 삼각형 OQ_kB의 넓이를 n, k에 대한 식으로 나타낸다.

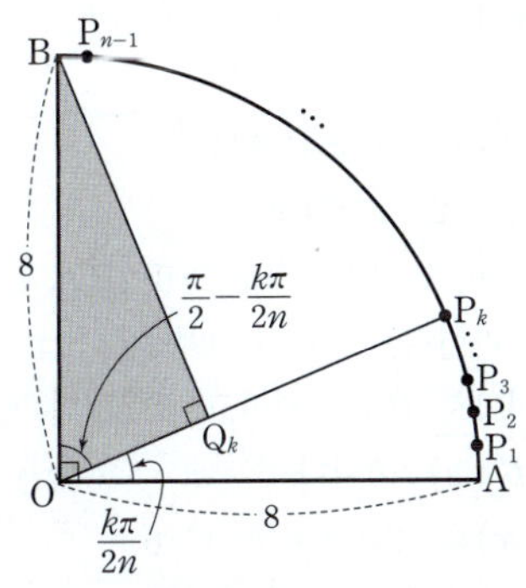

호 AB를 n등분한 각 분점이 점 A에서 가까운 것부터 차례로 P_1, P_2, $\cdots$, P_{n-1}이므로 $\angle AOP_k = \dfrac{k\pi}{2n}$

중심각의 크기도 점에 따라 똑같이 나눠짐을 이용한 거야!

$\angle AOP_k + \angle BOQ_k = \dfrac{\pi}{2}$에서 $\angle BOQ_k = \dfrac{\pi}{2} - \dfrac{k\pi}{2n}$

삼각형 OQ_kB에서 $\overline{BO}=8$이고 $\dfrac{\overline{OQ_k}}{\overline{BO}}=\cos\left(\dfrac{\pi}{2}-\dfrac{k\pi}{2n}\right)$이므로

$$\overline{OQ_k}=8\cos\left(\dfrac{\pi}{2}-\dfrac{k\pi}{2n}\right)=8\sin\dfrac{k\pi}{2n}$$

암기 $\sin\left(\dfrac{\pi}{2}\pm x\right)=\cos x$

$\cos\left(\dfrac{\pi}{2}\pm x\right)=\mp\sin x$ (복호동순)

이때 삼각형 OQ_kB의 넓이 S_k는

$$S_k=\dfrac{1}{2}\times 8\times 8\sin\dfrac{k\pi}{2n}\times\sin\left(\dfrac{\pi}{2}-\dfrac{k\pi}{2n}\right)$$

$$=32\sin\dfrac{k\pi}{2n}\times\cos\dfrac{k\pi}{2n}=16\sin\dfrac{k\pi}{n}$$

$2\sin\theta\cos\theta$
$=\sin\theta\cos\theta+\cos\theta\sin\theta$
$=\sin(\theta+\theta)$
$=\sin 2\theta$

중요 두 변의 길이가 a, b이고 끼인각의 크기가 θ인 삼각형의 넓이는 $\dfrac{1}{2}ab\sin\theta$

Step 2 급수를 정적분으로 나타내고 α의 값을 구한다.

$$\lim_{n\to\infty}\dfrac{1}{n}\sum_{k=1}^{n-1}S_k=\lim_{n\to\infty}\dfrac{1}{n}\sum_{k=1}^{n-1}16\sin\dfrac{k\pi}{n}$$

$$=\lim_{n\to\infty}\dfrac{1}{\pi}\sum_{k=1}^{n-1}16\sin\dfrac{k\pi}{n}\times\dfrac{\pi}{n}$$

$x_k=\dfrac{k\pi}{n}$, $\varDelta x=\dfrac{\pi}{n}$라 하면 정적분의 정의에 의하여

$$\lim_{n\to\infty}\dfrac{1}{n}\sum_{k=1}^{n-1}S_k=\dfrac{1}{\pi}\lim_{n\to\infty}\sum_{k=1}^{n-1}16\sin\dfrac{k\pi}{n}\times\dfrac{\pi}{n}$$

정적분의 정의를 이용하기 위해 분모, 분자에 각각 π를 곱해줬어!

16은 앞으로 빼고 $\sin x$만 적분해주었어.

$$=\dfrac{1}{\pi}\int_0^\pi 16\sin x\,dx=\dfrac{16}{\pi}\Big[-\cos x\Big]_0^\pi$$

$$=\dfrac{16}{\pi}\{1-(-1)\}=\dfrac{32}{\pi}=\dfrac{\alpha}{\pi}$$

$-\cos\pi-(-\cos 0)$

$\therefore \alpha=32$

034 [정답률 50%] 정답 ⑤

$0\le x\le 1$에서 정의된 다항함수 $f(x)$가 다음 두 조건을 만족한다.

> Ⅰ. $1<f(x)<2$
> Ⅱ. $x_1<x_2$이면 $f(x_1)<f(x_2)$

$f(x)$가 증가함수라는 뜻이야. 자주 나오는 보기 유형이니 외워 둬.

이때, [보기]에서 옳은 것을 모두 고른 것은? (4점)

> [보기]
> '해가 어떤 구간에서 적어도 한 개 존재한다.'라는 말이 나오면 항상 사잇값 정리를 떠올려.
> ㄱ. $0<x<1$인 임의의 실수 x에 대하여 $f'(x)\ge 0$이다.
> ㄴ. 방정식 $f(x)-2x=0$의 해가 열린구간 $(0,\ 1)$에 적어도 한 개 존재한다.
> ㄷ. $\displaystyle\sum_{k=0}^{n-1}f\left(\dfrac{k}{n}\right)\dfrac{1}{n}<\int_0^1 f(x)\,dx<\sum_{k=1}^{n}f\left(\dfrac{k}{n}\right)\dfrac{1}{n}$

① ㄱ ② ㄴ ③ ㄱ, ㄷ
④ ㄴ, ㄷ ⑤ ㄱ, ㄴ, ㄷ

Step 1 함수 $f(x)$가 $0\le x\le 1$에서 증가함수임을 이용하여 [보기]의 참, 거짓을 판별한다.

ㄱ. 조건 Ⅱ에서 $x_1<x_2$이면 $f(x_1)<f(x_2)$로부터 $0\le x\le 1$에서 함수 $f(x)$가 증가함수임을 알 수 있다. 따라서 $0<x<1$인 임의의 실수 x에 대하여 $f'(x)\ge 0$이다. (참)

함수의 증가와 감소의 정의

ㄴ. $g(x)=f(x)-2x$라 하면 $g(x)$는 연속함수이다. 또한, $0\le x\le 1$에서 증가함수 $f(x)$가 조건 Ⅰ의 $1<f(x)<2$를 만족시키므로 $1<f(0)$이고, $f(1)<2$이다. 따라서 $g(0)=f(0)>0$, $g(1)=f(1)-2<0$이므로 사잇값의 정리에 의하여 방정식 $g(x)=f(x)-2x=0$의 해가 열린구간 $(0,\ 1)$에 적어도 한 개 존재한다. (참)

열린구간 $(0,\ 1)$에서 함수 $g(x)$의 부호가 바뀌었어.

ㄷ. $\displaystyle\sum_{k=0}^{n-1} f\left(\dfrac{k}{n}\right)\dfrac{1}{n}$의 값은 [그림 1]에서 색칠한 직사각형의 넓이의

합이다. → $n \to \infty$의 경우가 아니므로 정적분과 급수의 개념을 사용하면 안 돼.

$\displaystyle\int_0^1 f(x)dx$의 값은 [그림 2]의 $0 \le x \le 1$에서 함수 $y=f(x)$의

그래프와 두 직선 $x=0$, $x=1$, x축으로 둘러싸인 부분의 넓이

이며, $\displaystyle\sum_{k=1}^{n} f\left(\dfrac{k}{n}\right)\dfrac{1}{n}$의 값은 [그림 3]에서 색칠한 직사각형의 넓이

의 합이다.

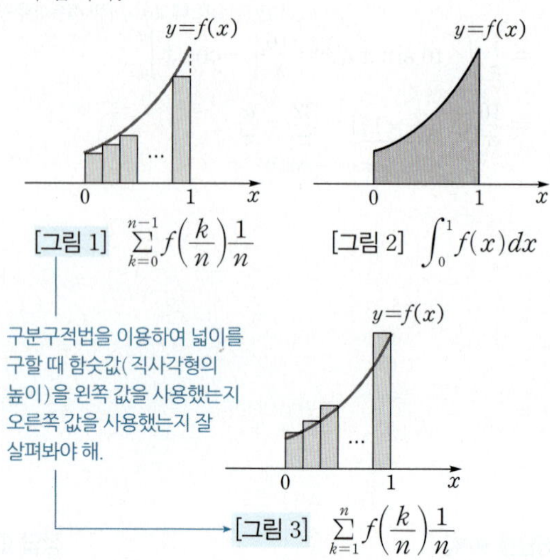

구분구적법을 이용하여 넓이를 구할 때 함숫값(직사각형의 높이)을 왼쪽 값을 사용했는지 오른쪽 값을 사용했는지 잘 살펴봐야 해.

$$\therefore \sum_{k=0}^{n-1} f\left(\dfrac{k}{n}\right)\dfrac{1}{n} < \int_0^1 f(x)dx < \sum_{k=1}^{n} f\left(\dfrac{k}{n}\right)\dfrac{1}{n} \ (참)$$

따라서 옳은 것은 ㄱ, ㄴ, ㄷ이다.

💡 알아야 할 기본개념

사잇값의 정리

(1) 함수 $f(x)$가 닫힌구간 $[a,\ b]$에서 연속이고 $f(a) \ne f(b)$이면
$f(a)$와 $f(b)$ 사이의 임의의 값 k에 대하여 $f(c)=k$를
만족시키는 c가 열린구간 $(a,\ b)$에 적어도 하나 존재한다.

(2) 사잇값의 정리의 활용

$f(a)$와 $f(b)$의 부호가 다름을 뜻해.

함수 $f(x)$가 닫힌구간 $[a,\ b]$에서 연속이고 $f(a)f(b)<0$이면
방정식 $f(c)=0$을 만족시키는 c가 열린구간 $(a,\ b)$에 적어도
하나 존재한다.

수능포인트

ㄷ에서 좀 더 직관적으로 생각해 보면 [그림 1]보다 [그림 2]에서,
[그림 2]보다 [그림 3]에서의 어두운 부분의 넓이가 조금 더 큽니다.
이렇게 실제 넓이는 차이가 나지만, n등분을 해서 직사각형을 만들고
n의 값이 한없이 커지면($n \to \infty$) 이 넓이의 차는 0으로 수렴하게
됩니다.
즉, $\displaystyle\lim_{n\to\infty}\sum_{k=0}^{n-1} f\left(\dfrac{k}{n}\right)\dfrac{1}{n} = \lim_{n\to\infty}\sum_{k=1}^{n} f\left(\dfrac{k}{n}\right)\dfrac{1}{n} = \int_0^1 f(x)dx$입니다.

035 [정답률 62%] 　　　　정답 ⑤

실수 전체의 집합에서 이계도함수를 갖는 함수 $f(x)$가 다음
조건을 만족시킨다.

(가) $f(0)=1$, $f(1)=2$
(나) $f'(x)>0$, $f''(x)>0$ (단, $0<x<1$)

옳은 것만을 [보기]에서 있는 대로 고른 것은? (4점)

[보기]

ㄱ. 함수 $y=\{f(x)\}^2$의 그래프는 구간 $(0,\ 1)$에서
아래로 볼록하다. → 함수 $\{f(x)\}^2$의 이계도함수를 이용!

ㄴ. $\displaystyle\int_0^1 \{f(x)+f(1-x)\}dx < 3$

ㄷ. $\displaystyle\sum_{k=1}^{n} \dfrac{\left\{f\left(\dfrac{k-1}{n}\right)\right\}^2 + \left\{f\left(\dfrac{k}{n}\right)\right\}^2}{2} \times \dfrac{1}{n} \ge \int_0^1 \{f(x)\}^2 dx$

→ 이 값이 어떤 부분의 넓이에 해당하는지 파악해!

① ㄱ 　　　② ㄷ 　　　③ ㄱ, ㄴ
④ ㄴ, ㄷ 　　　⑤ ㄱ, ㄴ, ㄷ

Step 1 함수 $y=\{f(x)\}^2$의 이계도함수의 부호를 확인한다.

ㄱ. $y=\{f(x)\}^2$에서
$y'=2f(x)f'(x)$
$y''=\{2f(x)f'(x)\}'$ → 곱의 미분법
$\quad =2\{f'(x)\}^2 + 2f(x)f''(x)$
이때 열린구간 $(0,\ 1)$에서 $f'(x)>0$이므로 함수 $f(x)$는
이 구간에서 증가한다. → $0<x<1$에서 $f(x)>1$
즉, $f(0)=1$이므로 $f(x)>0$이고, 조건 (나)에서 $f''(x)>0$
이므로 $2f(x)f''(x)>0$이다.

곡선의 오목, 볼록의 판정
$y''>0$ → 아래로 볼록

$\therefore y''=2\{f'(x)\}^2 + 2f(x)f''(x)>0$
즉, $y''>0$이므로 함수 $y=\{f(x)\}^2$의 그래프는 열린구간
$(0,\ 1)$에서 아래로 볼록하다. (참)

Step 2 치환적분법과 그래프의 개형을 통해 참, 거짓을 판단한다.

ㄴ. $\displaystyle\int_0^1 f(1-x)dx$에서 $1-x=t$로 놓으면 $-dx=dt$이고
$x=0$일 때 $t=1$, $x=1$일 때 $t=0$이므로 → 주의 적분 구간 바꾸는 것, 잊으면 안 돼!

$$\int_0^1 f(1-x)dx = \int_1^0 f(t)\times(-1)\,dt = \int_0^1 f(t)dt = \int_0^1 f(x)dx$$

암기 $\displaystyle\int_a^b f(x)dx = -\int_b^a f(x)dx$

$$\therefore \int_0^1 \{f(x)+f(1-x)\}dx$$
$$= \int_0^1 f(x)dx + \int_0^1 f(1-x)dx$$
$$= \int_0^1 f(x)dx + \int_0^1 f(x)dx$$
$$= 2\int_0^1 f(x)dx$$

조건 (가), (나)에 의해 열린구간 $(0, 1)$에서 함수 $y=f(x)$의 그래프의 개형은 다음과 같다.

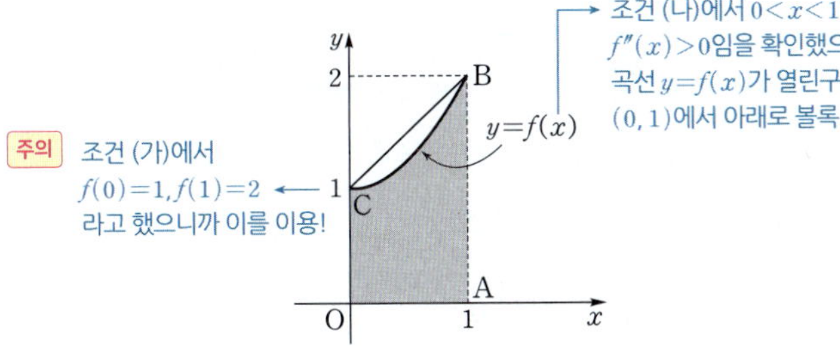

$A(1, 0)$, $B(1, 2)$, $C(0, 1)$이라 하면 $\int_0^1 f(x)dx$의 값은 사다리꼴 OABC의 넓이보다 작다.

(사다리꼴 OABC의 넓이)$=\dfrac{1}{2}(1+2)\times 1=\dfrac{3}{2}$이므로

$$\int_0^1 f(x)dx<\frac{3}{2}$$

$\quad\longrightarrow\ \dfrac{1}{2}\times\{(윗변의\ 길이)+(아랫변의\ 길이)\}\times(높이)$
$\qquad\qquad =\dfrac{1}{2}\times(\overline{OC}+\overline{AB})\times\overline{OA}$

$$2\int_0^1 f(x)dx<3$$

$$\therefore \int_0^1 \{f(x)+f(1-x)\}dx<3\ (참)$$

Step 3 급수와 정적분의 대소 관계를 비교한다.

ㄷ. ㄱ에 의해 함수 $y=\{f(x)\}^2$의 그래프는 열린구간 $(0, 1)$에서 아래로 볼록하고, $y'=2f(x)f'(x)>0$이므로 그래프의 개형은 다음과 같다.

$\quad\longrightarrow$ 함수 $\{f(x)\}^2$은 $0<x<1$에서 증가해!

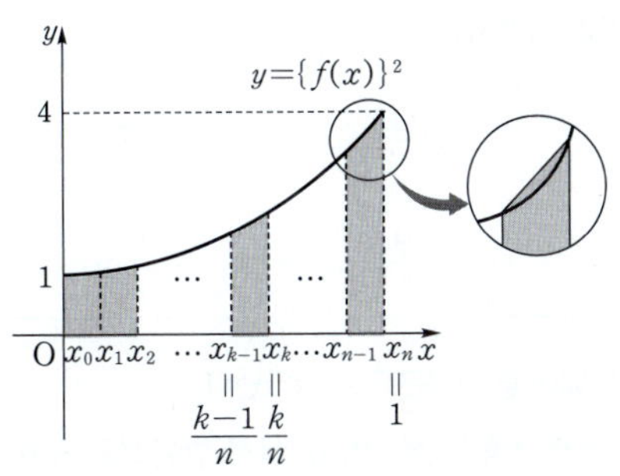

$\displaystyle\sum_{k=1}^n \dfrac{\left\{f\left(\dfrac{k-1}{n}\right)\right\}^2+\left\{f\left(\dfrac{k}{n}\right)\right\}^2}{2}\times\dfrac{1}{n}$의 값은 위 그래프에서

색칠한 사다리꼴의 넓이의 합이고, $\displaystyle\int_0^1 \{f(x)\}^2 dx$는 곡선

$y=\{f(x)\}^2$과 직선 $x=1$ 및 x축, y축으로 둘러싸인 부분의 넓이이므로

$\quad\longrightarrow$ 참고로 n이 무한히 커진다면 이 값은 $\displaystyle\int_0^1 \{f(x)\}^2 dx$와 같아질 거야.

$$\sum_{k=1}^n \dfrac{\left\{f\left(\dfrac{k-1}{n}\right)\right\}^2+\left\{f\left(\dfrac{k}{n}\right)\right\}^2}{2}\times\dfrac{1}{n}\geq\int_0^1 \{f(x)\}^2 dx\ (참)$$

따라서 옳은 것은 ㄱ, ㄴ, ㄷ이다.

이 문제는 아래로 볼록(위로 볼록)과 사다리꼴의 급수에 대한 대표적인 문제입니다. 전에 보았듯이 증가(감소) 함수에 대해서는 오른쪽 높이 잡기(왼쪽 높이 잡기) 직사각형으로 응용이 되었던 것을 생각해 봅니다. 예를 들어 닫힌구간 $[a, b]$에서 위로 볼록한 함수 $f(x)$의 경우에는 a와 b를 양 끝으로 하는 직선보다 $f(x)$가 더 위에 있습니다. 따라서 그때 닫힌구간 $[a, b]$에서 $f(x)$의 적분값은 두 점 $(a, f(a))$, $(b, f(b))$를 지나는 직선과 x축으로 이루어진 사다리꼴의 넓이보다 큰 값을 가지게 됩니다. 따라서 이 문제에서는 주어진 함수 $f(x)$의 그래프가 아래로 볼록하고 증가하기 때문에 주어진 구간에서 $f(x)>0$일 때 $\{f(x)\}^2$ 역시 아래로 볼록하고 증가하는 함수이므로 $f(x)$와 비슷한 개형을 가지게 된다는 것을 이용해서 사다리꼴의 합인 급수를 풀 수 있습니다.

036 [정답률 31%]　　　정답 ②

실수 전체의 집합에서 연속인 함수 $f(x)$가 있다. 2 이상인 자연수 n에 대하여 닫힌구간 $[0, 1]$을 n등분한 각 분점(양 끝점도 포함)을 차례대로

$\quad\longrightarrow$ (구간의 길이)$=1-0=1$

$$0=x_0,\ x_1,\ x_2,\ \cdots,\ x_{n-1},\ x_n=1$$

이라 할 때, 옳은 것만을 [보기]에서 있는 대로 고른 것은? (3점)

[보기]

ㄱ. $n=2m$ (m은 자연수)이면
$$\sum_{k=0}^{m-1}\dfrac{f(x_{2k})}{m}\leq\sum_{k=0}^{n-1}\dfrac{f(x_k)}{n}$$이다.

ㄴ. $\displaystyle\lim_{n\to\infty}\sum_{k=1}^n \dfrac{1}{n}\left\{\dfrac{f(x_{k-1})+f(x_k)}{2}\right\}=\int_0^1 f(x)dx$

ㄷ. $\displaystyle\sum_{k=0}^{n-1}\dfrac{f(x_k)}{n}\leq\int_0^1 f(x)dx\leq\sum_{k=1}^n\dfrac{f(x_k)}{n}$

① ㄱ　　　　② ㄴ　　　　③ ㄷ
④ ㄱ, ㄴ　　　⑤ ㄴ, ㄷ

Step 1 정적분과 밑넓이와의 관계를 이용해 주어진 식의 의미를 파악하고 참, 거짓을 판별한다.

ㄱ. [반례] $f(x)=-x+1$과 같이 $f(x)$가 감소함수인 경우

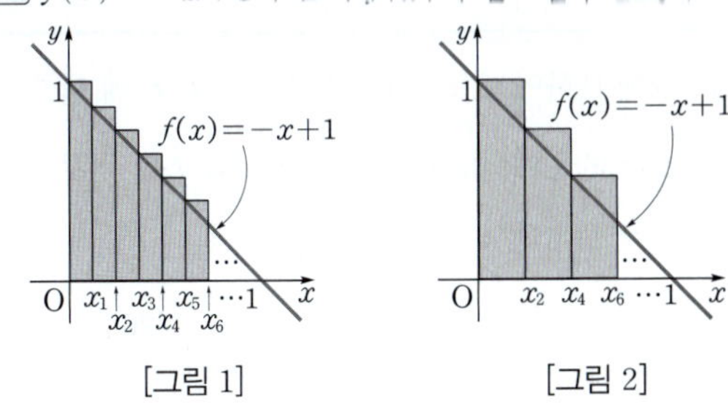

위의 [그림 1]에서 색칠한 부분의 넓이는 $\displaystyle\sum_{k=0}^{n-1}\dfrac{f(x_k)}{n}$이고, [그림 2]에서 색칠한 부분의 넓이는 $\displaystyle\sum_{k=0}^{m-1}\dfrac{f(x_{2k})}{m}$이다.

$$\therefore \sum_{k=0}^{m-1}\dfrac{f(x_{2k})}{m} > \sum_{k=0}^{n-1}\dfrac{f(x_k)}{n} \quad (\text{거짓})$$

ㄴ. $\displaystyle\lim_{n\to\infty}\sum_{k=1}^{n}\dfrac{1}{n}\left\{\dfrac{f(x_{k-1})+f(x_k)}{2}\right\}$

$=\dfrac{1}{2}\left\{\displaystyle\lim_{n\to\infty}\sum_{k=1}^{n}\dfrac{f(x_{k-1})}{n}+\lim_{n\to\infty}\sum_{k=1}^{n}\dfrac{f(x_k)}{n}\right\}$

$=\dfrac{1}{2}\left\{\displaystyle\int_0^1 f(x)dx+\int_0^1 f(x)dx\right\}$

$=\displaystyle\int_0^1 f(x)dx \quad (\text{참})$

ㄷ. 반례 $f(x)=-x+1$이면

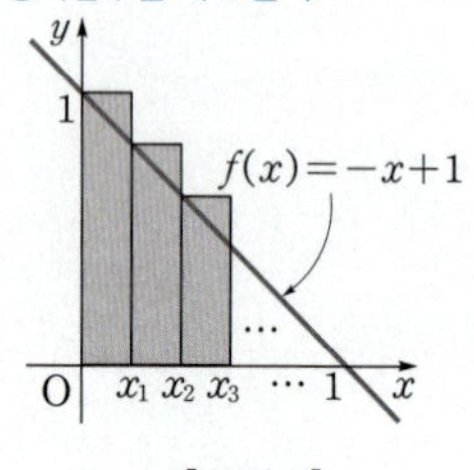

위의 [그림 3]에서 색칠한 부분의 넓이는 $\displaystyle\sum_{k=1}^{n}\dfrac{f(x_k)}{n}$이고,

[그림 4]에서 색칠한 부분의 넓이는 $\displaystyle\sum_{k=0}^{n-1}\dfrac{f(x_k)}{n}$이다.

$$\therefore \sum_{k=0}^{n-1}\dfrac{f(x_k)}{n} > \int_0^1 f(x)dx > \sum_{k=1}^{n}\dfrac{f(x_k)}{n} \quad (\text{거짓})$$

따라서 옳은 것은 ㄴ이다.

> ㄱ, ㄷ 보기와 같은 구분구적법에 대한 부등식은 보통 증가함수와 감소함수 중 하나만 참이 되는 경우가 많아. 항상 간단한 함수를 예로 들어 반례를 찾아봐야 해.

정적분의 정의
함수 $y=f(x)$가 닫힌구간 $[a,b]$에서 연속이고 $\Delta x=\dfrac{b-a}{n}$, $x_k=a+k\Delta x$라 하면
$$\int_a^b f(x)dx$$
$$=\lim_{n\to\infty}\sum_{k=1}^{n}f(x_k)\Delta x$$
$$=\lim_{n\to\infty}\sum_{k=0}^{n-1}f(x_k)\Delta x$$

> 구분구적법에 대한 내용의 참과 거짓을 따질 때는 간단한 감소함수 또는 증가함수를 예로 들어.

---

037 [정답률 92%]   정답 ②

> 모든 실수 x에 대하여 $f(x)>0$인 연속함수 $f(x)$에 대하여 $\displaystyle\int_3^5 f(x)dx=36$일 때, 곡선 $y=f(2x+1)$과 x축 및 두 직선 $x=1$, $x=2$로 둘러싸인 부분의 넓이는? (3점)
>
> ① 16   ❷ 18   ③ 20
> ④ 22   ⑤ 24

Step 1 치환적분법을 이용하여 곡선과 x축 및 두 직선으로 둘러싸인 부분의 넓이를 구한다.

모든 실수 x에 대하여 $f(x)>0$이므로 $f(2x+1)>0$

$2x+1=t$라 하면 $\dfrac{dx}{dt}=\dfrac{1}{2}$이고

> $f(x)>0$에서 x에 어떤 값을 대입해도 부등식이 성립한다는 의미야.

$x=1$일 때 $t=3$, $x=2$일 때 $t=5$이므로

$$\int_1^2 f(2x+1)dx=\int_3^5 f(t)\cdot\dfrac{1}{2}dt$$
$$=\dfrac{1}{2}\int_3^5 f(t)dt$$
$$=\dfrac{1}{2}\times 36=18$$

> $\displaystyle\int_3^5 f(t)dt=\int_3^5 f(x)dx=36$

---

038 [정답률 89%]   정답 ⑤

> 좌표평면 위의 곡선 $y=\sqrt{x}-3$과 x축 및 y축으로 둘러싸인 부분의 넓이는? (3점)
>
> ① 7   ② $\dfrac{15}{2}$ ③ 8
> ④ $\dfrac{17}{2}$ ❺ 9

Step 1 구하는 넓이를 정적분으로 나타낸다.

곡선 $y=\sqrt{x}-3$과 x축은 점 $(9, 0)$에서 만나므로 구하는 넓이는

$$\int_0^9 |\sqrt{x}-3|\,dx$$이다.

> 절댓값을 취해주는 걸 잊으면 안 돼!

Step 2 정적분의 값을 구한다.

따라서 곡선 $y=\sqrt{x}-3$과 x축 및 y축으로 둘러싸인 부분의 넓이는

$$\int_0^9 |\sqrt{x}-3|\,dx=\int_0^9 (-\sqrt{x}+3)dx=\left[-\dfrac{2}{3}x\sqrt{x}+3x\right]_0^9$$
$$=-\dfrac{2}{3}\times 9\sqrt{9}+3\times 9$$
$$=-18+27=9$$

> $0<x<9$일 때, 곡선 $y=\sqrt{x}-3$이 x축보다 아래에 있으므로 $|\sqrt{x}-3|=-\sqrt{x}+3$

> $9\sqrt{9}=9\times 3=27$

> $\sqrt{x}$를 $x^{\frac{1}{2}}$으로 바꿔서 적분하는 게 더 편할 거야. 그러면 $\displaystyle\int x^{\frac{1}{2}}dx=\dfrac{2}{3}x^{\frac{3}{2}}+C=\dfrac{2}{3}x\sqrt{x}+C$임을 알 수 있어. (단, C는 적분상수)

039 [정답률 88%]   정답 ③

함수 $y=\cos 2x$의 그래프와 x축, y축 및 직선 $x=\dfrac{\pi}{12}$로 둘러싸인 영역의 넓이가 직선 $y=a$에 의하여 이등분될 때, 상수 a의 값은? (3점)

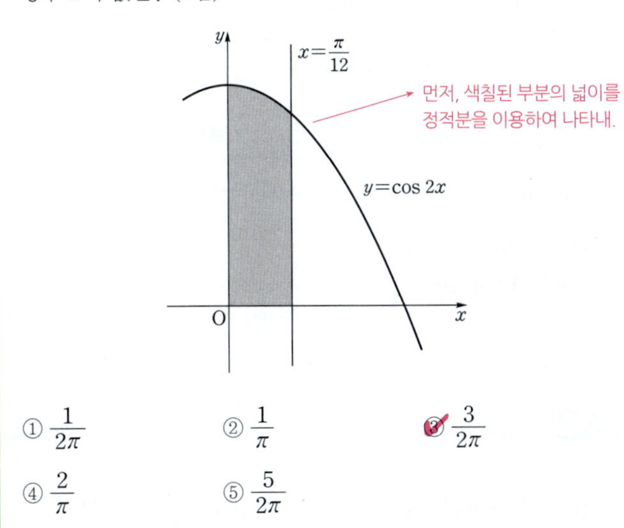

① $\dfrac{1}{2}\pi$ ② $\dfrac{1}{\pi}$ ③ $\dfrac{3}{2}\pi$

④ $\dfrac{2}{\pi}$ ⑤ $\dfrac{5}{2}\pi$

Step 1 주어진 영역의 넓이를 정적분을 이용하여 계산하여 a의 값을 구한다.

함수 $y=\cos 2x$의 그래프와 x축, y축 및 직선 $x=\dfrac{\pi}{12}$로 둘러싸인 부분의 넓이는 $\displaystyle\int_0^{\frac{\pi}{12}}\cos 2x\,dx$이다.

이 넓이는 직선 $y=a$에 의하여 이등분되므로

x축, y축 및 직선 $x=\dfrac{\pi}{12}$, $y=a$로 둘러싸인 부분의 넓이는 $\dfrac{1}{2}\displaystyle\int_0^{\frac{\pi}{12}}\cos 2x\,dx$와 같다.

이 영역은 가로의 길이가 $\dfrac{\pi}{12}$, 세로의 길이가 a인 직사각형 이므로

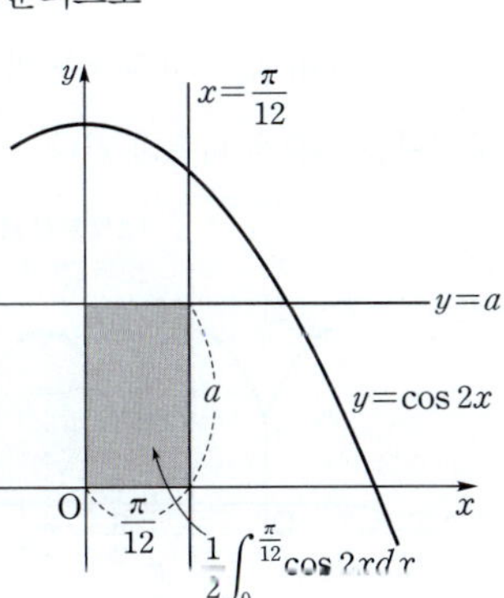

$\dfrac{1}{2}\displaystyle\int_0^{\frac{\pi}{12}}\cos 2x\,dx=\dfrac{\pi}{12}\times a$

$\displaystyle\int_0^{\frac{\pi}{12}}\cos 2x\,dx=\dfrac{a}{6}\pi$

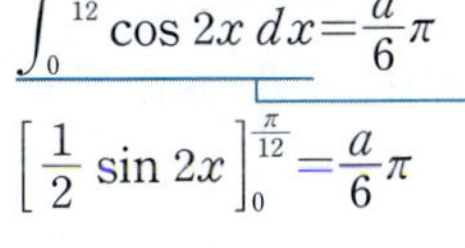

$\left[\dfrac{1}{2}\sin 2x\right]_0^{\frac{\pi}{12}}=\dfrac{a}{6}\pi$

암기 $\displaystyle\int \sin ax\,dx=-\dfrac{1}{a}\cos ax+C$

$\displaystyle\int \cos ax\,dx=\dfrac{1}{a}\sin ax+C$

(단, a는 상수, C는 적분상수)

$\dfrac{1}{2}\sin\dfrac{\pi}{6}-\dfrac{1}{2}\sin 0=\dfrac{1}{4}=\dfrac{a}{6}\pi$

$\therefore a=\dfrac{1}{4}\times\dfrac{6}{\pi}=\dfrac{3}{2\pi}$

중요 $\sin\dfrac{\pi}{6}=\cos\dfrac{\pi}{3}=\dfrac{1}{2}$

$\sin\dfrac{\pi}{4}=\cos\dfrac{\pi}{4}=\dfrac{\sqrt{2}}{2}$

$\sin\dfrac{\pi}{3}=\cos\dfrac{\pi}{6}=\dfrac{\sqrt{3}}{2}$

040 [정답률 70%]   정답 ②

곡선 $y=\sin^2 x\cos x\left(0\le x\le\dfrac{\pi}{2}\right)$와 x축으로 둘러싸인 도형의 넓이는? (3점)

→ 먼저 도형의 넓이를 정적분으로 나타내.

① $\dfrac{1}{4}$ ② $\dfrac{1}{3}$ ③ $\dfrac{1}{2}$

④ 1 ⑤ 2

Step 1 치환적분법을 이용하여 곡선 $y=\sin^2 x\cos x\left(0\le x\le\dfrac{\pi}{2}\right)$와 x축으로 둘러싸인 도형의 넓이를 구한다.

$0\le x\le\dfrac{\pi}{2}$일 때 $\underline{\sin^2 x\cos x\ge 0}$이므로

→ $0\le x\le\dfrac{\pi}{2}$일 때 $\sin^2 x\ge 0$, $\cos x\ge 0$ 이므로 $\sin^2 x\cos x\ge 0$이야. 따라서 $|\sin^2 x\cos x|=\sin^2 x\cos x$가 돼.

곡선 $y=\sin^2 x\cos x\left(0\le x\le\dfrac{\pi}{2}\right)$와 x축으로 둘러싸인 도형의 넓이는 $\displaystyle\int_0^{\frac{\pi}{2}}\sin^2 x\cos x\,dx$이다.

$\displaystyle\int_0^{\frac{\pi}{2}}\sin^2 x\cos x\,dx$에서 $\sin x=t$라 하면

→ $\sin x=t$의 양변을 x에 대하여 미분한 거야.

$\cos x=\dfrac{dt}{dx}$ $\therefore \cos x\,dx=dt$

이때 $x=0$이면 $t=\sin 0=0$, $x=\dfrac{\pi}{2}$이면 $t=\sin\dfrac{\pi}{2}=1$이므로

$\displaystyle\int_0^{\frac{\pi}{2}}\sin^2 x\cos x\,dx=\int_0^1 t^2\,dt=\left[\dfrac{1}{3}t^3\right]_0^1=\dfrac{1}{3}$

→ 적분 구간을 바꿔.

따라서 구하는 도형의 넓이는 $\dfrac{1}{3}$이다.

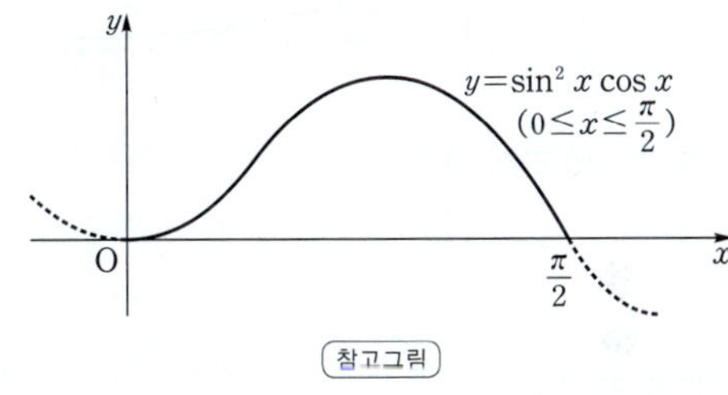

041 [정답률 85%]   정답 ②

곡선 $y=\dfrac{1}{x}$과 두 직선 $x=1$, $x=2$ 및 x축으로 둘러싸인 부분의 넓이를 S라 하자. 곡선 $y=\dfrac{1}{x}$과 두 직선 $x=1$, $x=a$ 및 x축으로 둘러싸인 부분의 넓이가 $2S$가 되도록 하는 모든 양수 a의 값의 합은? (4점)

→ a의 값이 2개 이상 나온다.

① $\dfrac{15}{4}$ ② $\dfrac{17}{4}$ ③ $\dfrac{19}{4}$

④ $\dfrac{21}{4}$ ⑤ $\dfrac{23}{4}$

Step 1 S의 값을 구한다.

곡선 $y=\dfrac{1}{x}$과 두 직선 $x=1$, $x=2$ 및 x축으로 둘러싸인 부분의 넓이는

$S=\displaystyle\int_1^2\dfrac{1}{x}\,dx=\left[\ln x\right]_1^2=\ln 2$

→ $\ln 2-\ln 1=\ln 2-0=\ln 2$

Step 2 a의 값의 범위를 나누어 각각의 경우에서 양수 a의 값을 구한다.

곡선 $y=\dfrac{1}{x}$과 두 직선 $x=1$, $x=a$ 및 x축으로 둘러싸인

부분의 넓이는 $2S=2\ln 2$이므로 ($S=\ln 2$)

(i) $0<a<1$일 때

$$\int_a^1 \frac{1}{x}\,dx=\Big[\ln x\Big]_a^1=-\ln a=2\ln 2$$

$\ln a^{-1}=\ln 2^2$ ($\ln 1-\ln a=0-\ln a=-\ln a$)

$\dfrac{1}{a}=4 \qquad \therefore a=\dfrac{1}{4}$

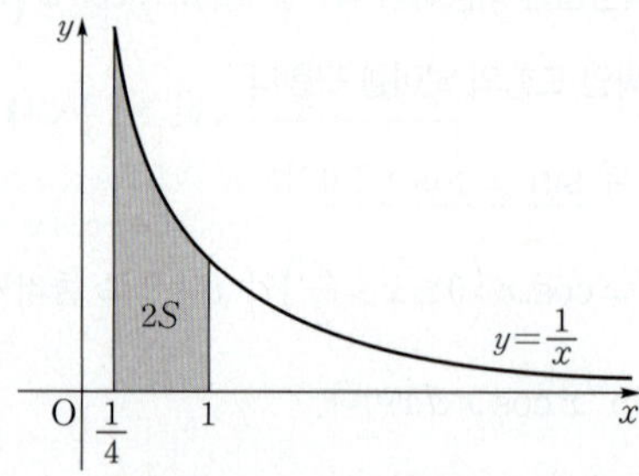

(ii) $a>1$일 때

$$\int_1^a \frac{1}{x}\,dx=\Big[\ln x\Big]_1^a=\ln a=2\ln 2$$

$\therefore a=4$ ($\ln a-\ln 1=\ln a-0=\ln a$)

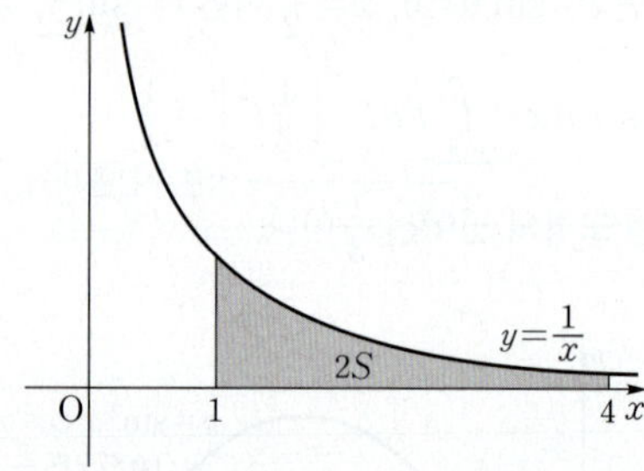

따라서 모든 양수 a의 값의 합은

$\dfrac{1}{4}+4=\dfrac{17}{4}$

042 [정답률 85%] 정답 ④

함수 $f(x)=\dfrac{2x-2}{x^2-2x+2}$에 대하여 곡선 $y=f(x)$와 x축 및 y축으로 둘러싸인 영역을 A, 곡선 $y=f(x)$와 x축 및 직선 $x=3$으로 둘러싸인 영역을 B라 하자. 영역 A의 넓이와 영역 B의 넓이의 합은? (4점)

① $2\ln 2$ ② $\ln 6$ ③ $3\ln 2$

④ $\ln 10$ ⑤ $\ln 12$

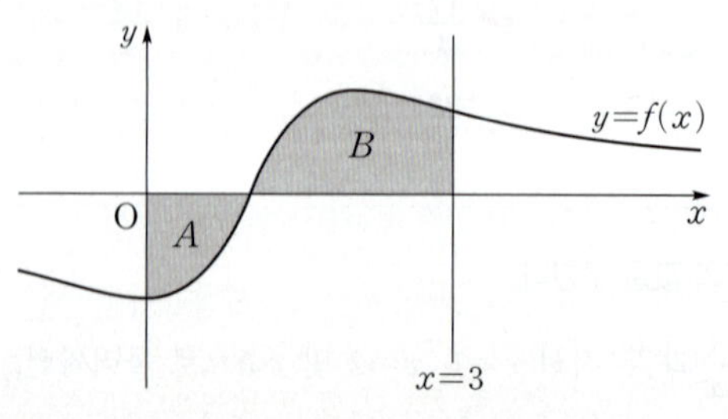

Step 1 곡선의 넓이와 정적분의 관계를 이용하여
(영역 A의 넓이)+(영역 B의 넓이)의 값을 구한다.

함수 $f(x)=\dfrac{2x-2}{x^2-2x+2}$에 대하여 ($x^2-2x+2>0$이므로 $2x-2=2(x-1)=0$에서 $x=1$)

곡선 $y=f(x)$와 x축의 교점의 x좌표는 1이다.

$x\geq 1$일 때 $f(x)\geq 0$이고, $x<1$일 때 $f(x)<0$이므로

영역 A의 넓이와 영역 B의 넓이의 합은

$$\int_0^1 |f(x)|\,dx +\int_1^3 |f(x)|\,dx$$

$$=-\int_0^1 f(x)\,dx +\int_1^3 f(x)\,dx$$

$$=-\int_0^1 \frac{2x-2}{x^2-2x+2}\,dx+\int_1^3 \frac{2x-2}{x^2-2x+2}\,dx$$

$$=-\Big[\ln (x^2-2x+2)\Big]_0^1+\Big[\ln (x^2-2x+2)\Big]_1^3$$

$$=-(\ln 1-\ln 2)+(\ln 5-\ln 1)$$

$$=\ln 2+\ln 5=\ln 10$$

043 [정답률 74%] 정답 ③

곡선 $y=|\sin 2x|+1$과 x축 및 두 직선 $x=\dfrac{\pi}{4}$, $x=\dfrac{5\pi}{4}$로 (절댓값이 취해져 있어!)

둘러싸인 부분의 넓이는? (3점)

① $\pi+1$ ② $\pi+\dfrac{3}{2}$ ③ $\pi+2$

④ $\pi+\dfrac{5}{2}$ ⑤ $\pi+3$

Step 1 넓이를 구하는 부분을 그림으로 나타낸다.

곡선 $y=|\sin 2x|+1$과 x축 및 두 직선 $x=\dfrac{\pi}{4}$, $x=\dfrac{5\pi}{4}$로

둘러싸인 부분은 다음과 같다.

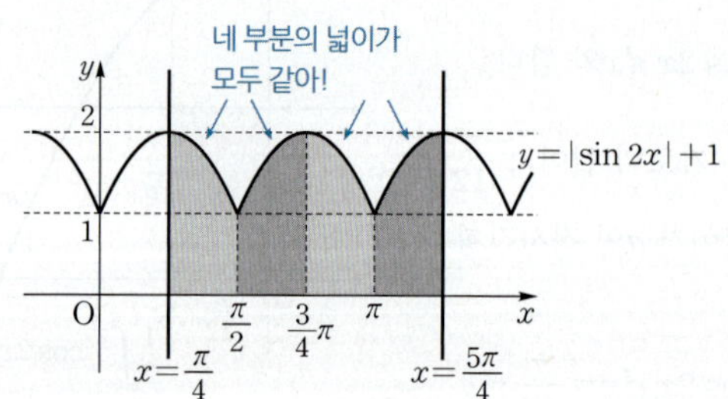

Step 2 정적분을 이용하여 넓이를 구한다.

따라서 곡선 $y=|\sin 2x|+1$과 x축 및 두 직선 $x=\dfrac{\pi}{4}$, $x=\dfrac{5\pi}{4}$로

둘러싸인 부분의 넓이는

$$4\int_{\frac{\pi}{4}}^{\frac{\pi}{2}} (|\sin 2x|+1)\,dx$$

($\dfrac{\pi}{4}\leq x\leq \dfrac{\pi}{2}$에서 $\sin 2x\geq 0$이니까 절댓값 기호를 없앨 수 있어.)

$$=4\int_{\frac{\pi}{4}}^{\frac{\pi}{2}} (\sin 2x+1)\,dx$$

$$=4\times\Big[-\frac{1}{2}\cos 2x+x\Big]_{\frac{\pi}{4}}^{\frac{\pi}{2}}$$

$$=4\times\left\{\left(-\frac{1}{2}\cos \pi+\frac{\pi}{2}\right)-\left(-\frac{1}{2}\cos \frac{\pi}{2}+\frac{\pi}{4}\right)\right\}$$

($\cos \pi=-1$, $\cos \dfrac{\pi}{2}=0$)

$$=4\times\left\{\left(\frac{1}{2}+\frac{\pi}{2}\right)-\frac{\pi}{4}\right\}$$

$$=\pi+2$$

044 [정답률 5/%]   정답 100

자연수 n에 대하여 구간 $[(n-1)\pi,\ n\pi]$에서 곡선
$y=\left(\dfrac{1}{2}\right)^{n}\sin x$와 x축으로 둘러싸인 부분의 넓이를 S_n이라
하자. $\displaystyle\sum_{n=1}^{\infty} S_n=\alpha$일 때, 50α의 값을 구하시오. (4점)

Step 1 자연수 n에 따라 S_n이 어떻게 변하는지를 살펴본다.

$n=1,\ 2,\ 3,\ \cdots$을 차례로 대입하면

$n=1$일 때, 닫힌구간 $[0,\ \pi]$에서 $y=\dfrac{1}{2}\sin x$

$n=2$일 때, 닫힌구간 $[\pi,\ 2\pi]$에서 $y=\left(\dfrac{1}{2}\right)^{2}\sin x$

$n=3$일 때, 닫힌구간 $[2\pi,\ 3\pi]$에서 $y=\left(\dfrac{1}{2}\right)^{3}\sin x$

$\vdots$

이것을 그래프로 그려 보면 다음과 같다.

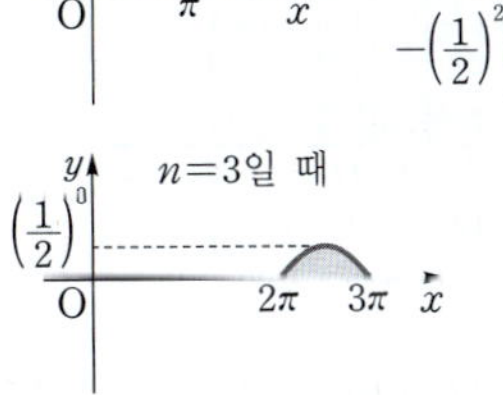

Step 2 S_n을 구하고, 이를 이용해 $\displaystyle\sum_{n=1}^{\infty} S_n$의 값을 계산한다.

$S_n=\left|\displaystyle\int_{(n-1)\pi}^{n\pi}\left(\dfrac{1}{2}\right)^{n}\sin x\,dx\right|$

$=\left(\dfrac{1}{2}\right)^{n}\displaystyle\int_{(n-1)\pi}^{n\pi}|\sin x|\,dx$

$=\left(\dfrac{1}{2}\right)^{n}\displaystyle\int_{0}^{\pi}\sin x\,dx$

$=\left(\dfrac{1}{2}\right)^{n}\Big[-\cos x\Big]_{0}^{\pi}$

$=\left(\dfrac{1}{2}\right)^{n}\times 2$

$=\left(\dfrac{1}{2}\right)^{n-1}$

$\therefore \displaystyle\sum_{n=1}^{\infty} S_n=\sum_{n=1}^{\infty}\left(\dfrac{1}{2}\right)^{n-1}=\dfrac{1}{1-\dfrac{1}{2}}=2$

따라서 $\alpha=2$이므로 $50\alpha=100$

암기 삼각함수의 부정적분 기본 공식   (단, C는 적분상수)

① $\displaystyle\int \sin x\,dx=-\cos x+C$

② $\displaystyle\int \cos x\,dx=\sin x+C$

③ $\displaystyle\int \sec^2 x\,dx=\tan x+C$

④ $\displaystyle\int \csc^2 x\,dx=-\cot x+C$

⑤ $\displaystyle\int \sec x\tan x\,dx=\sec x+C$

⑥ $\displaystyle\int \csc x\cot x\,dx=-\csc x+C$

⭐ **다른 풀이** n이 홀수일 때와 짝수일 때로 나누어 생각하는 풀이

Step 1 n이 홀수일 때와 짝수일 때로 나누어 생각한다.

구간 $[(n-1)\pi,\ n\pi]$에서

(i) n이 홀수일 때,

$y=\left(\dfrac{1}{2}\right)^{n}\sin x\ge 0$이므로

$S_n=\displaystyle\int_{(n-1)\pi}^{n\pi}\left(\dfrac{1}{2}\right)^{n}\sin x\,dx$

$=\left(\dfrac{1}{2}\right)^{n}\Big[-\cos x\Big]_{(n-1)\pi}^{n\pi}$

$=\left(\dfrac{1}{2}\right)^{n}\{1-(-1)\}=2\times\left(\dfrac{1}{2}\right)^{n}=\left(\dfrac{1}{2}\right)^{n-1}$

(ii) n이 짝수일 때,

$y=\left(\dfrac{1}{2}\right)^{n}\sin x\le 0$이므로

$S_n=\displaystyle\int_{(n-1)\pi}^{n\pi}\left\{-\left(\dfrac{1}{2}\right)^{n}\sin x\right\}dx$

$=\left(\dfrac{1}{2}\right)^{n}\Big[-(-\cos x)\Big]_{(n-1)\pi}^{n\pi}$

$=\left(\dfrac{1}{2}\right)^{n}\{1-(-1)\}=2\times\left(\dfrac{1}{2}\right)^{n}=\left(\dfrac{1}{2}\right)^{n-1}$

(i), (ii)에서 $S_n=\left(\dfrac{1}{2}\right)^{n-1}$

$\therefore \displaystyle\sum_{n=1}^{\infty} S_n=\sum_{n=1}^{\infty}\left(\dfrac{1}{2}\right)^{n-1}=\dfrac{1}{1-\dfrac{1}{2}}=2$

따라서 $\alpha=2$이므로 $50\alpha=100$

참고

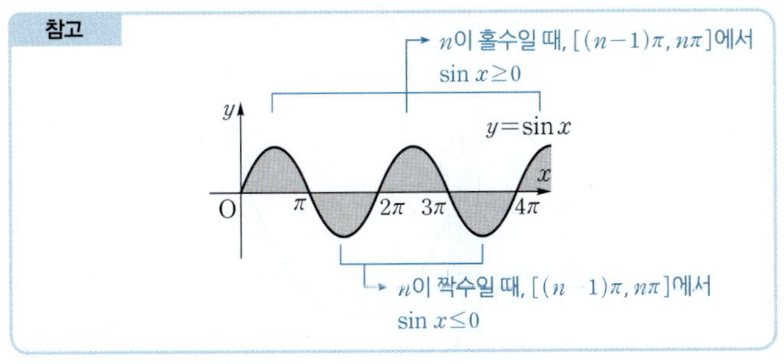

045 [정답률 23%]

정답 **11**

(점 A_1의 x좌표)$=\dfrac{2}{n}$, (점 A_2의 x좌표)$=\dfrac{4}{n}$, ⋯,
(점 A_k의 x좌표)$=\dfrac{2k}{n}$, ⋯

좌표평면 위의 두 점 $O(0, 0)$, $A(2, 0)$이 있다. 자연수 n에 대하여 $\overline{OA}$를 n등분한 점을 차례로 A_1, A_2, ⋯, A_{n-1}이라 하고, 점 O는 A_0, 점 A는 A_n이라 하자. 점 A_k를 지나고 x축과 수직인 직선이 함수 $f(x)=x^3-2x^2-5x+6$의 그래프와 만나는 점을 B_k라 하자. $(k=1, 2, 3, ⋯, n)$ $\overline{A_{k-1}A_k}$를 밑변으로 하고, $\overline{A_kB_k}$를 높이로 하는 직사각형 n개의 넓이의 합을 S_n이라 할 때, $2\lim\limits_{n\to\infty}S_n$의 값을 구하시오. (4점)

$\lim\limits_{n\to\infty}S_n$의 값을 정적분을 이용하여 나타낸다.

Step 1 삼차함수 $y=f(x)$의 그래프의 개형을 그리고 $\lim\limits_{n\to\infty}S_n$이 그래프에서 무엇을 의미하는지 파악한다.

$$f(x)=x^3-2x^2-5x+6$$
$$=(x+2)(x-1)(x-3)$$

함수 $y=f(x)$의 그래프가 x축과 $x=-2$, $x=1$, $x=3$에서 만나.

이므로 삼차함수 $y=f(x)$의 그래프의 개형은 [그림 1]과 같다.

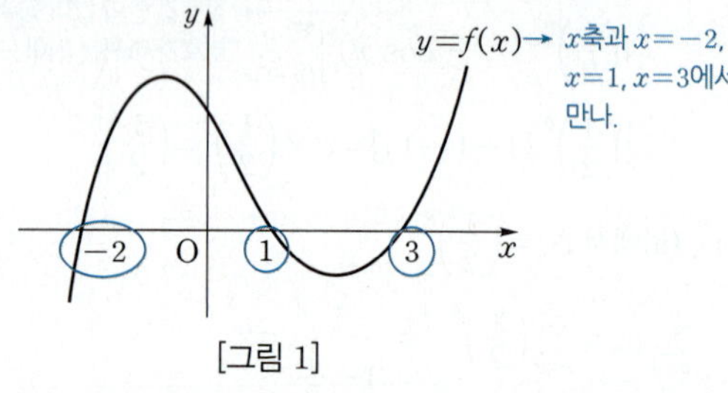

[그림 1]

이때 S_n을 그림으로 나타내면 [그림 2]와 같고, $\lim\limits_{n\to\infty}S_n$은 닫힌구간 $[0, 2]$에서 곡선 $y=f(x)$와 직선 $x=2$ 및 x축, y축으로 둘러싸인 부분의 넓이이므로 [그림 3]과 같다.

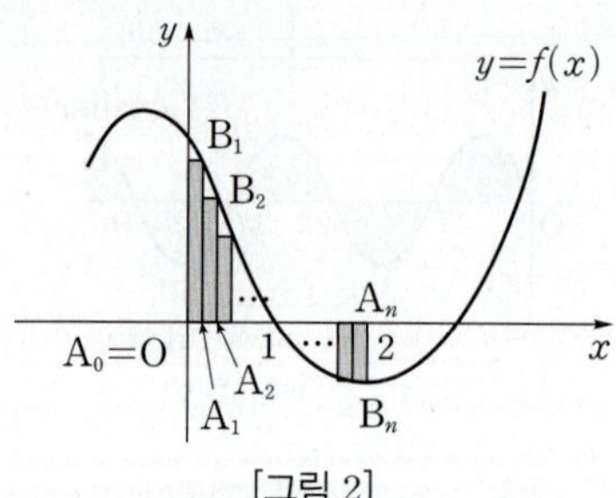

[그림 2]

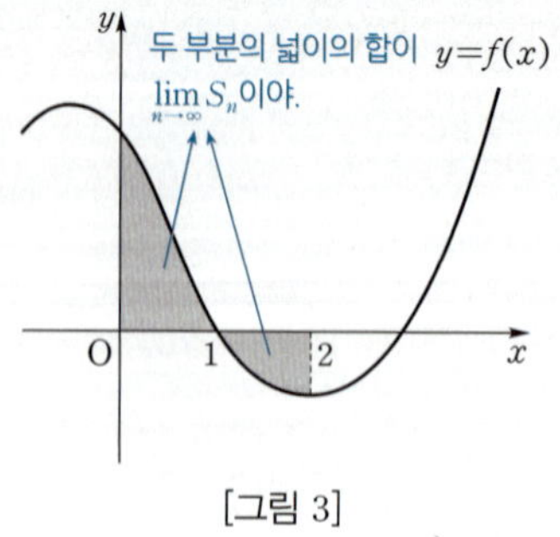

[그림 3]

Step 2 $\lim\limits_{n\to\infty}S_n$의 값을 구한다.

$1<x\le2$에서는 함수 $y=f(x)$의 그래프가 x축보다 아래에 있어.

$$\lim_{n\to\infty}S_n=\int_0^1(x^3-2x^2-5x+6)dx-\int_1^2(x^3-2x^2-5x+6)dx$$

$$=\left[\frac{1}{4}x^4-\frac{2}{3}x^3-\frac{5}{2}x^2+6x\right]_0^1-\left[\frac{1}{4}x^4-\frac{2}{3}x^3-\frac{5}{2}x^2+6x\right]_1^2$$

$$=\left(\frac{1}{4}-\frac{2}{3}-\frac{5}{2}+6\right)-\left(\frac{15}{4}-\frac{14}{3}-\frac{15}{2}+6\right)$$

계산 주의

$$=\left(\frac{1}{4}-\frac{15}{4}\right)+\left(-\frac{2}{3}+\frac{14}{3}\right)+\left(-\frac{5}{2}+\frac{15}{2}\right)$$

$0\le x<1$에서는 함수 $y=f(x)$의 그래프가 x축보다 위에 있어.

$$=-\frac{7}{2}+4+5$$

$$=\frac{11}{2}$$

$$\therefore 2\lim_{n\to\infty}S_n=2\times\frac{11}{2}=11$$

💡 알아야 할 기본개념

정적분의 정의

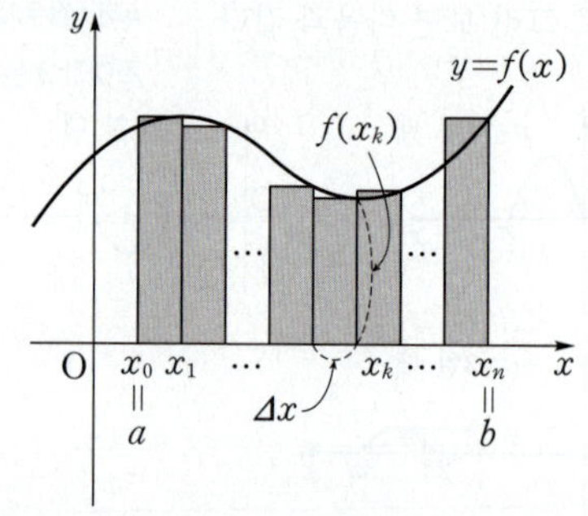

함수 $f(x)$가 닫힌구간 $[a, b]$에서 연속일 때, 닫힌구간 $[a, b]$를 n등분하여 양 끝점을 포함한 각 분점의 x좌표를 차례로 $x_0(=a)$, x_1, x_2, x_3, ⋯, $x_n(=b)$이라 하면

$$\lim_{n\to\infty}\sum_{k=1}^{n}f(x_k)\Delta x\ \left(\text{단, }\Delta x=\frac{b-a}{n},\ x_k=a+k\Delta x\right)$$

의 값이 존재한다. 이 값을 함수 $f(x)$의 a에서 b까지의 정적분이라 하고, 기호로 $\int_a^b f(x)dx$와 같이 나타낸다. 즉,

$$\int_a^b f(x)dx=\lim_{n\to\infty}\sum_{k=1}^{n}f(x_k)\Delta x$$

이때 a를 아래끝, b를 위끝이라 한다.

046 [정답률 90%]

정답 ①

닫힌구간 $[0,\ 4]$에서 정의된 함수

$$f(x)=2\sqrt{2}\sin\frac{\pi}{4}x$$

→ 최댓값 : $2\sqrt{2}$, 주기 : $\dfrac{2\pi}{\frac{\pi}{4}}=8$

의 그래프가 그림과 같고, 직선 $y=g(x)$가 $y=f(x)$의 그래프
위의 점 $A(1,\ 2)$를 지난다.

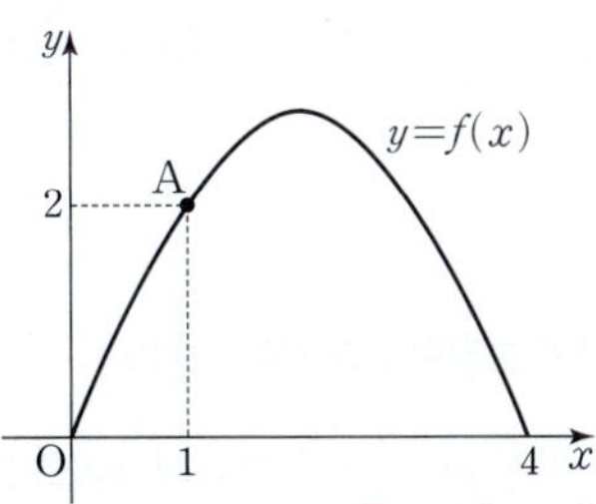

→ 문제에 주어진 그래프에 직선 $y=g(x)$를 그린 후, 구하는 넓이를 확인해!

직선 $y=g(x)$가 x축에 평행할 때, 곡선 $y=f(x)$와 직선
$y=g(x)$에 의해 둘러싸인 부분의 넓이는? (3점)

① $\dfrac{16}{\pi}-4$ ② $\dfrac{17}{\pi}-4$ ③ $\dfrac{18}{\pi}-4$

④ $\dfrac{16}{\pi}-2$ ⑤ $\dfrac{17}{\pi}-2$

Step 1 함수 $g(x)$의 식을 구하고 두 함수 $y=f(x)$와 $y=g(x)$의
그래프의 교점의 x좌표를 구한다. → 색분 구간을 실정하기 위하여 두 그래프의 교점의 x좌표를 알아야 해.

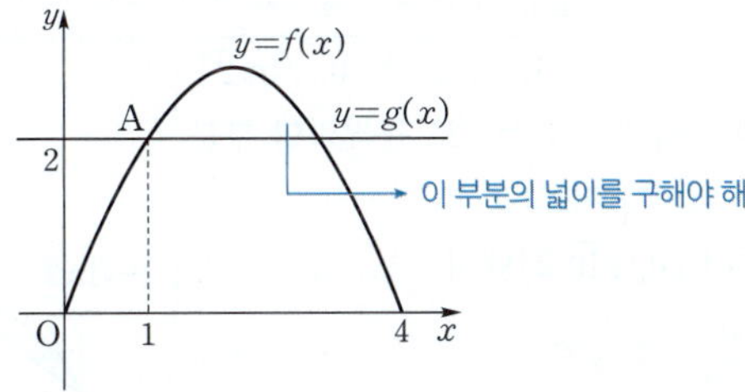

위의 그림과 같이 직선 $y=g(x)$가 점 $A(1,\ 2)$를 지나고 x축에
평행하므로 $g(x)=2$

두 함수 $f(x)=2\sqrt{2}\sin\dfrac{\pi}{4}x$와
$g(x)=2$의 그래프의 교점의 x좌표
를 구하면

$$2=2\sqrt{2}\sin\frac{\pi}{4}x$$

$$\sin\frac{\pi}{4}x=\frac{1}{\sqrt{2}}$$ → $0\le x\le 4$이므로 $0\le\dfrac{\pi}{4}x\le\pi$

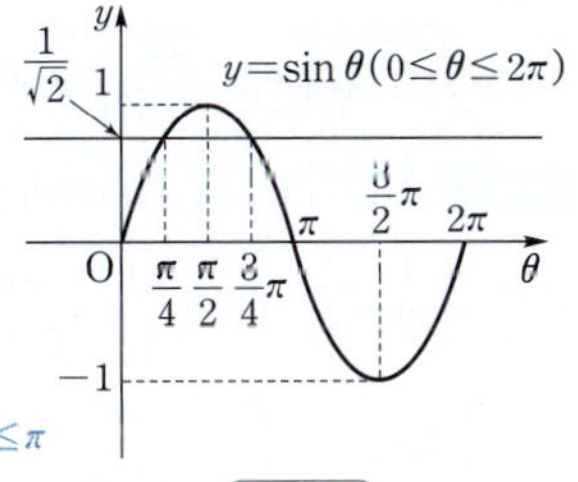

$$\frac{\pi}{4}x=\frac{\pi}{4}\ \text{또는}\ \frac{\pi}{4}x=\frac{3}{4}\pi$$ → $0\le\theta\le\pi$에서

$$\therefore\ x=1\ \text{또는}\ x=3$$

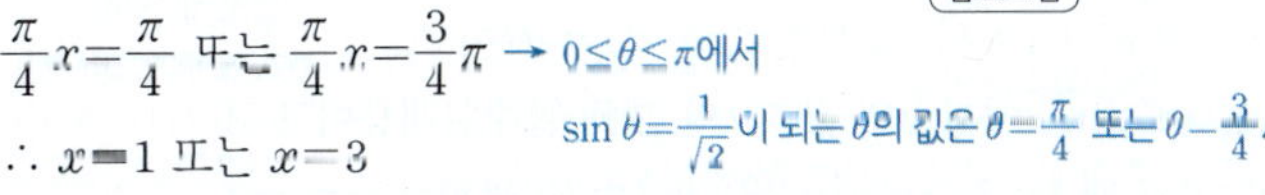

Step 2 두 함수 $y=f(x)$와 $y=g(x)$의 그래프로 둘러싸인 부분의 넓이
를 정적분으로 나타내고 답을 구한다.

곡선 $y=f(x)$와 직선 $y=g(x)$로 둘러싸인 부분의 넓이를 S라 하면

$$S=\int_1^3\{f(x)-g(x)\}\,dx$$ → $1<x\le 3$에서 $f(x)\ge g(x)$야.

$$=\int_1^3\left(2\sqrt{2}\sin\frac{\pi}{4}x-2\right)dx$$

→ 적분을 맞게 했는지 확신이 없다면 적분한 식을 다시 미분해서 원래 식이 나오는지 확인해 봐.

$$=\left[-\frac{4}{\pi}\times 2\sqrt{2}\cos\frac{\pi}{4}x-2x\right]_1^3$$

→ $\displaystyle\int\sin ax\,dx=-\frac{1}{a}\cos ax+C$ (a는 상수, C는 적분상수)

$$=\left(-\frac{8\sqrt{2}}{\pi}\cos\frac{3}{4}\pi-6\right)-\left(-\frac{8\sqrt{2}}{\pi}\cos\frac{\pi}{4}-2\right)$$

$$=\left(\frac{8}{\pi}-6\right)-\left(-\frac{8}{\pi}-2\right)$$

$$=\frac{16}{\pi}-4$$

❂ 다른 풀이 사인함수의 그래프의 특징을 이용한 풀이

Step 1 사인함수의 그래프의 특징을 이용하여 두 함수 $y=f(x)$와
$y=g(x)$의 그래프의 교점의 x좌표를 구한다.

닫힌구간 $[0,\ \pi]$에서 정의된 함수 $y=\sin x$의 그래프는 다음 그림
과 같이 직선 $x=\dfrac{\pi}{2}$를 기준으로 대칭이다.

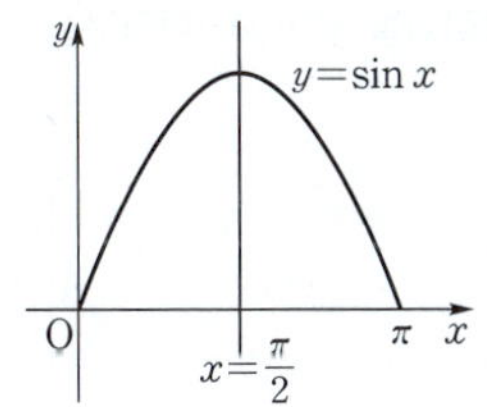

이와 같이 닫힌구간 $[0,\ 4]$에서 정의된 함수 $y=2\sqrt{2}\sin\dfrac{\pi}{4}x$의

그래프는 다음 그림과 같이 직선 $x=2$를 기준으로 대칭이다.

→ 대칭의 성질을 이용하여 두 곡선 $y=f(x)$와 $y=g(x)$의 점 A 이외의 다른 교점의 x좌표를 구하고 있어.

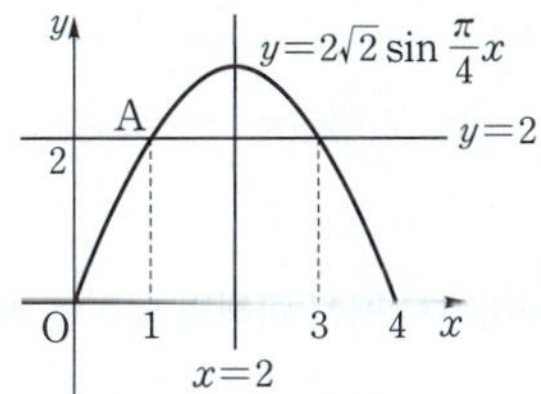

따라서 점 $(1,\ 2)$를 지나고 x축에 평행한 직선 $y=g(x)$,
즉 $y=2$와 함수 $y=f(x)$의 그래프의 또 다른 교점의 x좌표는
대칭되는 성질에 의하여 $4-1=3$이다.

Step 2 동일

047 [정답률 89%] 정답 ①

곡선 $y=\dfrac{3}{x-1}$ $(x>1)$이 두 직선 $y=1$, $y=3$과 만나는 점을 각각 A, B라 하자. 곡선 $y=\dfrac{3}{x-1}$ $(x>1)$과 직선 AB로 둘러싸인 부분의 넓이는? (3점)

① $4-3\ln 3$ ② $3-3\ln 2$ ③ $4-2\ln 3$
④ $3+3\ln 2$ ⑤ $3+3\ln 3$

Step 1 두 점 A, B의 좌표를 각각 구한다.

두 점 A, B의 좌표를 구하기 위해 $y=\dfrac{3}{x-1}$에 $y=1$, $y=3$을 각각 대입하면

$1=\dfrac{3}{x-1}$에서 $x=4$ $\quad\therefore A(4,\ 1)$

$3=\dfrac{3}{x-1}$에서 $x=2$ $\quad\therefore B(2,\ 3)$

Step 2 직선 AB의 방정식을 구한 후, 정적분을 이용한다.

직선 AB의 방정식은

$y-1=\dfrac{1-3}{4-2}(x-4)$

$\therefore y=-x+5$

따라서 구하는 도형의 넓이는

$\displaystyle\int_2^4\left(-x+5-\dfrac{3}{x-1}\right)dx$

$=\left[-\dfrac{1}{2}x^2+5x-3\ln|x-1|\right]_2^4$

$=(-8+20-3\ln 3)-(-2+10-3\ln 1)=4-3\ln 3$

❖ 다른 풀이 직선 AB의 방정식을 구하지 않는 풀이

Step 1 동일

Step 2 사다리꼴의 넓이에서 곡선 아래의 넓이를 빼서 주어진 도형의 넓이를 구한다.

두 점 A, B에서 x축에 내린 수선의 발을 각각 C, D라 하면 사다리꼴 ABDC의 넓이는

$\dfrac{1}{2}\times(\overline{BD}+\overline{AC})\times\overline{CD}=\dfrac{1}{2}\times(3+1)\times2=4$

이므로 구하는 도형의 넓이는

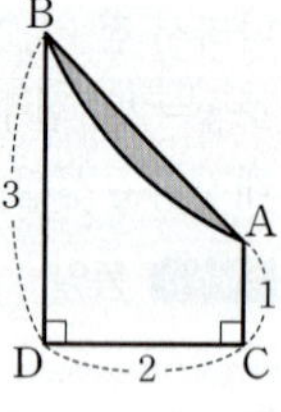

$4-\displaystyle\int_2^4\dfrac{3}{x-1}dx=4-\left[3\ln|x-1|\right]_2^4=4-3\ln 3$

048 [정답률 29%] 정답 ①

좌표평면에서 곡선 $y=\dfrac{xe^{x^2}}{e^{x^2}+1}$과 직선 $y=\dfrac{2}{3}x$로 둘러싸인 두 부분의 넓이의 합은? (3점)

두 함수의 그래프의 개형을 먼저 그려보고 구하고자 하는 넓이가 무엇인지 알아내야 해!

① $\dfrac{5}{3}\ln 2-\ln 3$ ② $2\ln 3-\dfrac{5}{3}\ln 2$

③ $\dfrac{5}{3}\ln 2+\ln 3$ ④ $2\ln 3+\dfrac{5}{3}\ln 2$

⑤ $\dfrac{7}{3}\ln 2-\ln 3$

Step 1 곡선과 직선의 교점의 x좌표를 구한다.

곡선 $y=\dfrac{xe^{x^2}}{e^{x^2}+1}$과 직선 $y=\dfrac{2}{3}x$의 교점의 x좌표를 구하면

$\dfrac{xe^{x^2}}{e^{x^2}+1}=\dfrac{2}{3}x$

$x\left(\dfrac{e^{x^2}}{e^{x^2}+1}-\dfrac{2}{3}\right)=0$

통분하면 $\dfrac{3e^{x^2}-2(e^{x^2}+1)}{3(e^{x^2}+1)}=\dfrac{e^{x^2}-2}{3(e^{x^2}+1)}$

$x\left(\dfrac{e^{x^2}-2}{e^{x^2}+1}\right)=0$

즉, $x\left(\dfrac{e^{x^2}}{e^{x^2}+1}-\dfrac{2}{3}\right)=x\left\{\dfrac{e^{x^2}-2}{3(e^{x^2}+1)}\right\}=0$

$e^{x^2}=2$에서 $x^2=\ln 2$

이때 양변에 3을 곱해주면 $x\left(\dfrac{e^{x^2}-2}{e^{x^2}+1}\right)=0$

$\therefore x=0$ 또는 $x=\pm\sqrt{\ln 2}$

Step 2 구하는 넓이를 정적분으로 나타낸다. $f(-x)=-f(x)$

곡선 $y=\dfrac{xe^{x^2}}{e^{x^2}+1}$, 직선 $y=\dfrac{2}{3}x$는 각각 원점에 대하여 대칭이다.

즉, 구간 $[-\sqrt{\ln 2},\ 0]$과 $[0,\ \sqrt{\ln 2}]$에서 곡선과 직선으로 둘러싸인 부분의 넓이가 서로 같고, 구간 $[0,\ \sqrt{\ln 2}]$에서

$\dfrac{xe^{x^2}}{e^{x^2}+1}\le\dfrac{2}{3}x$

이므로 구하는 넓이를 S라 하면

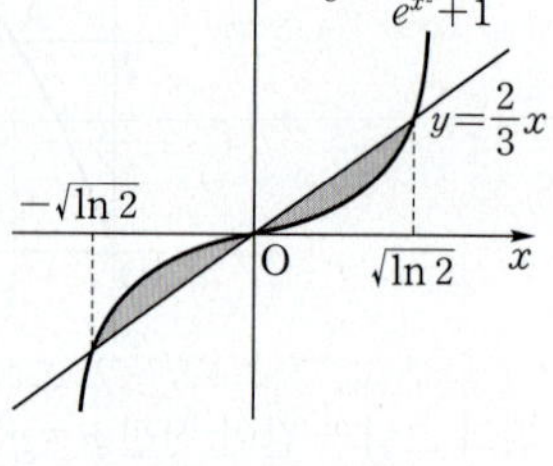

$S=\displaystyle\int_{-\sqrt{\ln 2}}^{\sqrt{\ln 2}}\left|\dfrac{xe^{x^2}}{e^{x^2}+1}-\dfrac{2}{3}x\right|dx$

$=2\displaystyle\int_0^{\sqrt{\ln 2}}\left(\dfrac{2}{3}x-\dfrac{xe^{x^2}}{e^{x^2}+1}\right)dx$

$\dfrac{(-x)\times e^{(-x)^2}}{e^{(-x)^2}+1}=\dfrac{-xe^{x^2}}{e^{x^2}+1}$, $\dfrac{2}{3}(-x)=-\dfrac{2}{3}x$

Step 3 치환적분법을 이용하여 정적분의 값을 구한다.

정적분의 성질에 의해 $2\displaystyle\int_0^{\sqrt{\ln 2}}\dfrac{2}{3}x\,dx-2\displaystyle\int_0^{\sqrt{\ln 2}}\dfrac{xe^{x^2}}{e^{x^2}+1}dx$ 로 쓸 수 있어.

$S=\dfrac{4}{3}\left[\dfrac{1}{2}x^2\right]_0^{\sqrt{\ln 2}}-2\displaystyle\int_0^{\sqrt{\ln 2}}\dfrac{xe^{x^2}}{e^{x^2}+1}dx$

$=\dfrac{2}{3}\ln 2-2\displaystyle\int_0^{\sqrt{\ln 2}}\dfrac{xe^{x^2}}{e^{x^2}+1}dx$

여기서 $e^{x^2}+1=t$로 놓으면 $2xe^{x^2}dx=dt$이고, $0\le x\le\sqrt{\ln 2}$에서 x의 값과 t의 값은 일대일대응이고

치환할 때 범위의 변화에 주의해야 해!

$x=0$일 때 $t=2$, $x=\sqrt{\ln 2}$일 때 $t=3$이므로

$e^0+1=2$ $e^{\ln 2}+1=3$

$S=\dfrac{2}{3}\ln 2-\displaystyle\int_2^3\dfrac{1}{t}\,dt$

$\displaystyle\int\dfrac{1}{x}dx=\ln|x|+C$ (단, C는 적분상수)

$=\dfrac{2}{3}\ln 2-\left[\ln|t|\right]_2^3$

$=\dfrac{2}{3}\ln 2-\ln 3+\ln 2$

$=\dfrac{5}{3}\ln 2-\ln 3$

049 [정답률 84%]　　　　　정답 ①

자연수 n에 대하여 곡선 $y=\dfrac{2n}{x}$과 직선 $y=-\dfrac{x}{n}+3$의
두 교점을 A_n, B_n이라 하자.

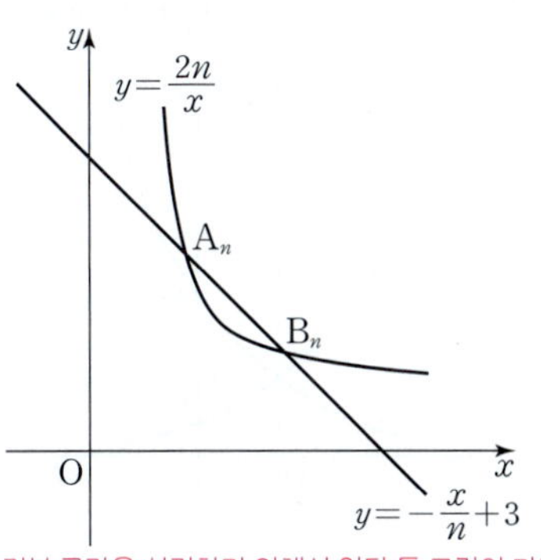

→ 적분 구간을 설정하기 위해서 일단 두 교점의 좌표부터 구해.

곡선 $y=\dfrac{2n}{x}$과 직선 $y=-\dfrac{x}{n}+3$으로 둘러싸인 부분의
넓이를 S_n이라 할 때, $S_{n+1}-S_n$의 값은? (4점)

① $\dfrac{3}{2}-2\ln 2$　　② $1-\ln 2$　　③ $\dfrac{3}{2}-\ln 2$

④ $1+\ln 2$　　⑤ $\dfrac{3}{2}+2\ln 2$

Step 1 주어진 곡선과 직선의 두 교점 A_n, B_n의 좌표를 구한다.

곡선 $y=\dfrac{2n}{x}$과 직선 $y=-\dfrac{x}{n}+3$의 교점의 x좌표를 구하면

→ 양변에 nx를 곱해주었어.

$\dfrac{2n}{x}=-\dfrac{x}{n}+3$ (단, $x\neq 0$, n은 자연수)

$2n^2=-x^2+3nx$, $x^2-3nx+2n^2=0$

$(x-n)(x-2n)=0$

$\therefore x=n$ 또는 $x=2n$

즉, 주어진 곡선과 직선의 두 교점은 $A_n(n, 2)$, $B_n(2n, 1)$이다.

Step 2 정적분을 이용하여 S_n을 구한다.

→ 그래프를 보면 $n\leq x\leq 2n$에서 직선 $y=-\dfrac{x}{n}+3$이

$n\leq x\leq 2n$에서 $\dfrac{2n}{x}\leq -\dfrac{x}{n}+3$이므로

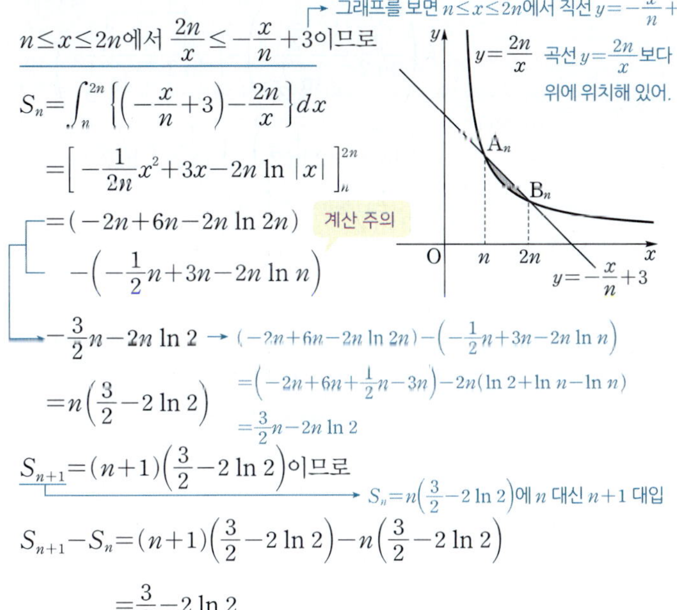

$S_n=\displaystyle\int_n^{2n}\left\{\left(-\dfrac{x}{n}+3\right)-\dfrac{2n}{x}\right\}dx$

$=\left[-\dfrac{1}{2n}x^2+3x-2n\ln|x|\right]_n^{2n}$

$=(-2n+6n-2n\ln 2n)$　[계산 주의]

　$-\left(-\dfrac{1}{2}n+3n-2n\ln n\right)$

$-\dfrac{3}{2}n-2n\ln 2$ → $(-2n+6n-2n\ln 2n)-\left(-\dfrac{1}{2}n+3n-2n\ln n\right)$

$=n\left(\dfrac{3}{2}-2\ln 2\right)$　$=\left(-2n+6n+\dfrac{1}{2}n-3n\right)-2n(\ln 2+\ln n-\ln n)$

$\qquad\qquad =\dfrac{3}{2}n-2n\ln 2$

$S_{n+1}=(n+1)\left(\dfrac{3}{2}-2\ln 2\right)$이므로

→ $S_n=n\left(\dfrac{3}{2}-2\ln 2\right)$에 n 대신 $n+1$ 대입

$S_{n+1}-S_n=(n+1)\left(\dfrac{3}{2}-2\ln 2\right)-n\left(\dfrac{3}{2}-2\ln 2\right)$

$\qquad\qquad =\dfrac{3}{2}-2\ln 2$

---

x^n의 부정적분

n은 실수이고 C는 적분상수일 때

(1) $\displaystyle\int x^n\,dx=\dfrac{1}{n+1}x^{n+1}+C$ (단, $n\neq -1$)

(2) $\displaystyle\int \dfrac{1}{x}\,dx=\ln|x|+C$

두 곡선으로 둘러싸인 부분의 넓이

(1) 두 함수 $y=f(x)$, $y=g(x)$가 닫힌구간 $[a, b]$에서 연속일 때,
두 곡선 $y=f(x)$, $y=g(x)$ 및 두 직선 $x=a$, $x=b$로 둘러싸인
부분의 넓이 S는

$$S=\int_a^b |f(x)-g(x)|\,dx$$

(2) 두 함수 $x=f(y)$, $x=g(y)$가 닫힌구간 $[c, d]$에서 연속일 때,
두 곡선 $x=f(y)$, $x=g(y)$ 및 두 직선 $y=c$, $y=d$로 둘러싸인
부분의 넓이 S는

$$S=\int_c^d |f(y)-g(y)|\,dy$$

050 [정답률 66%]　　　　　정답 ①

곡선 $y=\ln(x+1)$과 두 직선
$x=0$, $y=a$로 둘러싸인
부분의 넓이와 곡선
$y=\ln(x+1)$과 두 직선
$x=e-1$, $y=a$로 둘러싸인
부분의 넓이가 서로 같을 때,
실수 a의 값은? (3점)

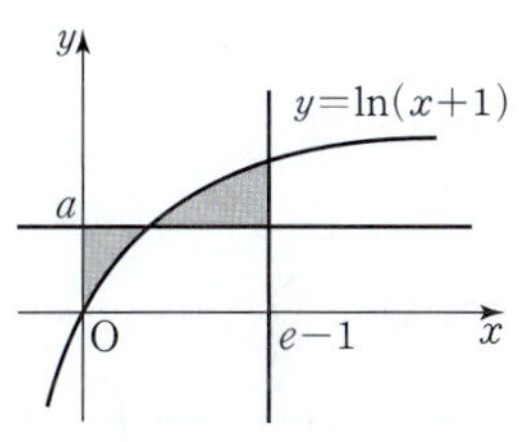

① $\dfrac{1}{e-1}$　　② $\dfrac{2}{e-1}$　　③ $\dfrac{2}{e}$

④ $\dfrac{1}{e+1}$　　⑤ $\dfrac{2}{e+1}$

Step 1 두 부분의 넓이가 같음을 이용해 식을 세운다.

색칠한 두 부분의 넓이가 같으므로 다음 그림과 같이 가로의 길이가
$e-1$이고, 세로의 길이가 a인 직사각형의 넓이와

$\displaystyle\int_0^{e-1}\ln(x+1)dx$의 값이 같음을 알 수 있다.

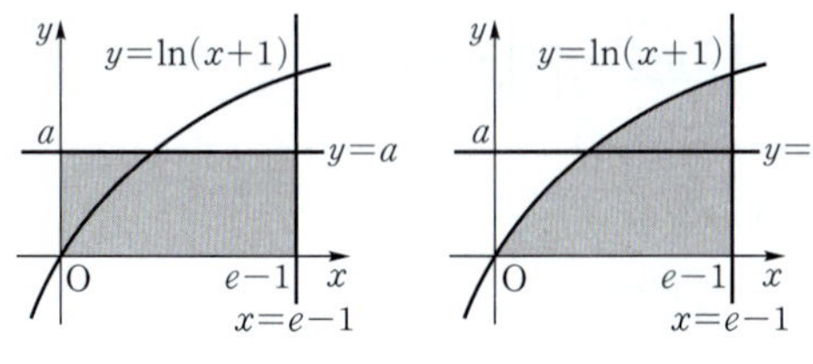

$\therefore a(e-1)=\displaystyle\int_0^{e-1}\ln(x+1)dx$　　…… ㉠

Step 2 $\int_0^{e-1} \ln(x+1)\,dx$의 값을 구하여 실수 a의 값을 구한다.

$\int_0^{e-1} \ln(x+1)\,dx$에서 $x+1=t$로 놓으면 $dx=dt$이고

$x=0$일 때 $t=1$, $x=e-1$일 때 $t=e$이므로

$\int_0^{e-1} \ln(x+1)\,dx = \int_1^e \ln t\,dt$

> **주의** 치환적분을 할 때에는 치환한 변수에 맞게 꼭 적분 구간을 바꿔 주어야 해.

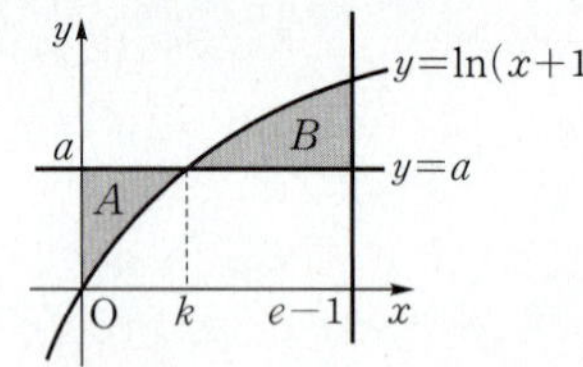
$f(t)=\ln t,\ g'(t)=1$로 놓고 부분적분법을 이용

$= \left[t\ln t \right]_1^e - \int_1^e \dfrac{1}{t} \times t\,dt$

$=e \ln e - 1 \times \ln 1 = e \times 1 - 1 \times 0 = e$

$= e - \left[t \right]_1^e$

$= e - (e-1) = 1$

㉠에서 $a(e-1)=1$

$\therefore a = \dfrac{1}{e-1}$

★ 다른 풀이 넓이가 같음을 이용하는 풀이

Step 1 닫힌구간 $[0,\ e-1]$에서 연속인 곡선 $y=\ln(x+1)$과 직선 $y=a$로 둘러싸인 도형의 넓이를 이용한다.

곡선 $y=\ln(x+1)$과 직선 $y=a$의 교점의 x좌표를 k라 하자.

곡선 $y=\ln(x+1)$과 두 직선 $x=0$, $y=a$로 둘러싸인 영역의 넓이를 A라 하면

$A = \int_0^k \{a - \ln(x+1)\}\,dx$

곡선 $y=\ln(x+1)$과 두 직선 $y=a$, $x=e-1$로 둘러싸인 영역의 넓이를 B라 하면

$B = \int_k^{e-1} \{\ln(x+1) - a\}\,dx$

$A=B$이므로

$\int_0^k \{a - \ln(x+1)\}\,dx = \int_k^{e-1} \{\ln(x+1) - a\}\,dx$

$\int_0^k \{\ln(x+1) - a\}\,dx + \int_k^{e-1} \{\ln(x+1) - a\}\,dx = 0$

$\therefore \int_0^{e-1} \{\ln(x+1) - a\}\,dx = 0$

Step 2 $\int_0^{e-1} \{\ln(x+1) - a\}\,dx = 0$임을 이용하여 실수 a의 값을 구한다.

$\int_0^{e-1} \ln(x+1)\,dx - \int_0^{e-1} a\,dx$

$\quad \downarrow x+1=t,\ dx=dt$

$= \int_1^e \ln t\,dt - \left[ax \right]_0^{e-1}$

$= \left[t\ln t \right]_1^e - \int_1^e \dfrac{1}{t} \times t\,dt - \{a(e-1)-0\}$

$\qquad\qquad\qquad\qquad\qquad \downarrow = a \times 0$

$= (e \times \ln e - 1 \times \ln 1) - \left[t \right]_1^e - a(e-1)$

$\qquad\quad \downarrow =1 \qquad \downarrow =0$

$= e - (e-1) - a(e-1)$

$= 1 - a(e-1) = 0$

즉, $a(e-1)=1$이므로

$a = \dfrac{1}{e-1}$

---

051 [정답률 77%] 정답 ④

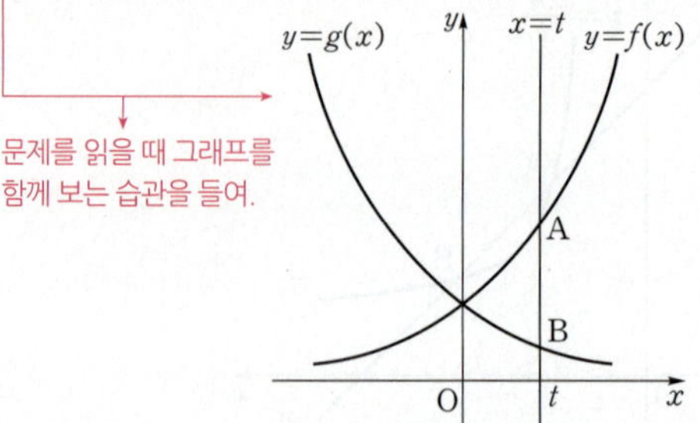

좌표평면에 두 함수 $f(x)=2^x$의 그래프와 $g(x)=\left(\dfrac{1}{2}\right)^x$의 그래프가 있다. 두 곡선 $y=f(x)$, $y=g(x)$가 직선 $x=t\ (t>0)$과 만나는 점을 각각 A, B라 하자.

문제를 읽을 때 그래프를 함께 보는 습관을 들여.

$t=1$일 때, 두 곡선 $y=f(x)$, $y=g(x)$와 직선 AB로 둘러싸인 부분의 넓이는? (3점) → 정적분을 이용

① $\dfrac{5}{4\ln 2}$ ② $\dfrac{1}{\ln 2}$ ③ $\dfrac{3}{4\ln 2}$

④ $\dfrac{1}{2\ln 2}$ ⑤ $\dfrac{1}{4\ln 2}$

Step 1 구하는 넓이를 정적분의 형태로 나타낸다.

두 곡선 $y=f(x)$, $y=g(x)$와 직선 $x=1$로 둘러싸인 부분의 넓이는

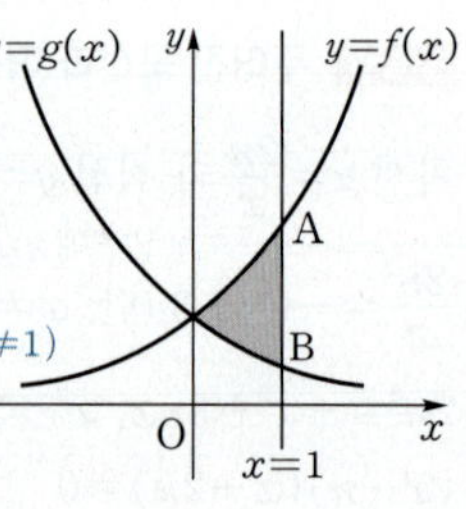

$\int_0^1 \{f(x) - g(x)\}\,dx$

$= \int_0^1 \left\{ 2^x - \left(\dfrac{1}{2}\right)^x \right\} dx$

$(a^x)' = a^x \ln a\ (a>0,\ a \neq 1)$임을 이용하는 거야.

Step 2 정적분의 값을 구한다.

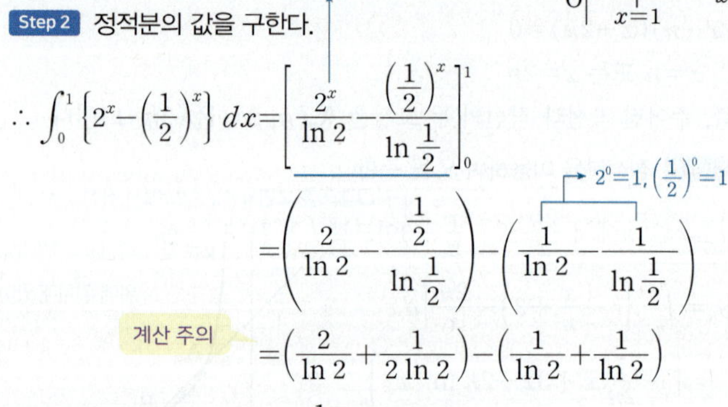

$\therefore \int_0^1 \left\{ 2^x - \left(\dfrac{1}{2}\right)^x \right\} dx = \left[\dfrac{2^x}{\ln 2} - \dfrac{\left(\dfrac{1}{2}\right)^x}{\ln \dfrac{1}{2}} \right]_0^1$

$\quad \rightarrow 2^0 = 1,\ \left(\dfrac{1}{2}\right)^0 = 1$

$= \left(\dfrac{2}{\ln 2} - \dfrac{\dfrac{1}{2}}{\ln \dfrac{1}{2}} \right) - \left(\dfrac{1}{\ln 2} - \dfrac{1}{\ln \dfrac{1}{2}} \right)$

계산 주의

$= \left(\dfrac{2}{\ln 2} + \dfrac{1}{2\ln 2} \right) - \left(\dfrac{1}{\ln 2} + \dfrac{1}{\ln 2} \right)$

$= \dfrac{1}{2\ln 2}$

052 [정답률 74%]   정답 ④

두 곡선 $y=(\sin x)\ln x$, $y=\dfrac{\cos x}{x}$ 와 두 직선 $x=\dfrac{\pi}{2}$, $x=\pi$로 둘러싸인 부분의 넓이는? (4점)

① $\dfrac{1}{4}\ln \pi$ ② $\dfrac{1}{2}\ln \pi$ ③ $\dfrac{3}{4}\ln \pi$

④ $\ln \pi$ ⑤ $\dfrac{5}{4}\ln \pi$

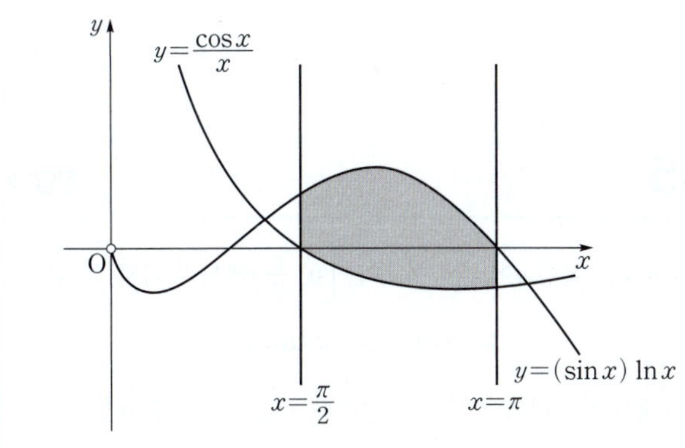

Step 1 구하는 넓이를 정적분을 이용하여 나타낸다.

두 곡선 $y=(\sin x)\ln x$, $y=\dfrac{\cos x}{x}$ 와 두 직선 $x=\dfrac{\pi}{2}$, $x=\pi$로 둘러싸인 부분의 넓이는

$$\int_{\frac{\pi}{2}}^{\pi}\left\{(\sin x)\ln x-\dfrac{\cos x}{x}\right\}dx$$

    → 문제에 주어진 그림에서 $\dfrac{\pi}{2}<x\leq\pi$일 때 $(\sin x)\ln x>\dfrac{\cos x}{x}$임을 알 수 있어.

Step 2 부분적분법을 이용한다.

$$\int_{\frac{\pi}{2}}^{\pi}\left\{(\sin x)\ln x-\dfrac{\cos x}{x}\right\}dx$$

    → $\int u'v\,dx=uv-\int uv'dx$에서 $u'=\sin x$, $v=\ln x$로 놓고 부분적분법을 이용!

$$=\int_{\frac{\pi}{2}}^{\pi}(\sin x)\ln x\,dx-\int_{\frac{\pi}{2}}^{\pi}\dfrac{\cos x}{x}\,dx$$

$$=\left\{\Big[(-\cos x)\ln x\Big]_{\frac{\pi}{2}}^{\pi}-\int_{\frac{\pi}{2}}^{\pi}(-\cos x)\dfrac{1}{x}\,dx\right\}-\int_{\frac{\pi}{2}}^{\pi}\dfrac{\cos x}{x}\,dx$$

$$=\Big[(-\cos x)\ln x\Big]_{\frac{\pi}{2}}^{\pi}+\int_{\frac{\pi}{2}}^{\pi}\dfrac{\cos x}{x}\,dx-\int_{\frac{\pi}{2}}^{\pi}\dfrac{\cos x}{x}\,dx$$

$$=(-\cos \pi)\ln \pi-\Big(-\cos \dfrac{\pi}{2}\Big)\ln \dfrac{\pi}{2} \quad\longrightarrow\text{상쇄}$$

$$=\ln \pi \quad\longrightarrow -(-1)=1 \quad \longrightarrow =0$$

053 [정답률 80%]   정답 ②

그림과 같이 두 곡선 $y=2^x-1$, $y=\left|\sin \dfrac{\pi}{2}x\right|$ 가 원점 O와

   → $0\leq x\leq 1$에서 정적분해주면 돼.

점 $(1,\ 1)$에서 만난다. 두 곡선 $y=2^x-1$, $y=\left|\sin \dfrac{\pi}{2}x\right|$로 둘러싸인 부분의 넓이는? (3점)

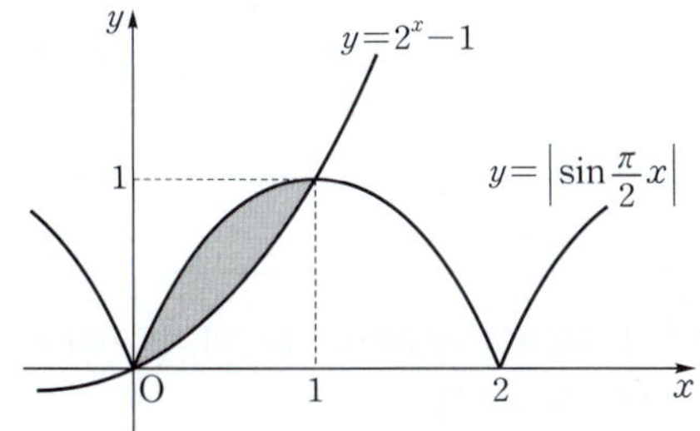

① $-\dfrac{1}{\pi}+\dfrac{1}{\ln 2}-1$ ② $\dfrac{2}{\pi}-\dfrac{1}{\ln 2}+1$

③ $\dfrac{2}{\pi}+\dfrac{1}{2\ln 2}-1$ ④ $\dfrac{1}{\pi}-\dfrac{1}{2\ln 2}+1$

⑤ $\dfrac{1}{\pi}+\dfrac{1}{\ln 2}-1$

Step 1 두 곡선 $y=2^x-1$, $y=\left|\sin \dfrac{\pi}{2}x\right|$로 둘러싸인 부분의 넓이를 정적분을 이용하여 나타낸다.

두 곡선 $y=2^x-1$, $y=\left|\sin \dfrac{\pi}{2}x\right|$ 가 두 점 $(0,\ 0)$, $(1,\ 1)$에서 만나고,

$0\leq x\leq 1$에서 $\left|\sin \dfrac{\pi}{2}x\right|\geq 2^x-1$이므로 두 곡선으로 둘러싸인 부분의 넓이는

   → 주어진 그림을 통해 쉽게 확인할 수 있어!

$$\int_0^1\left\{\left|\sin \dfrac{\pi}{2}x\right|-(2^x-1)\right\}dx$$

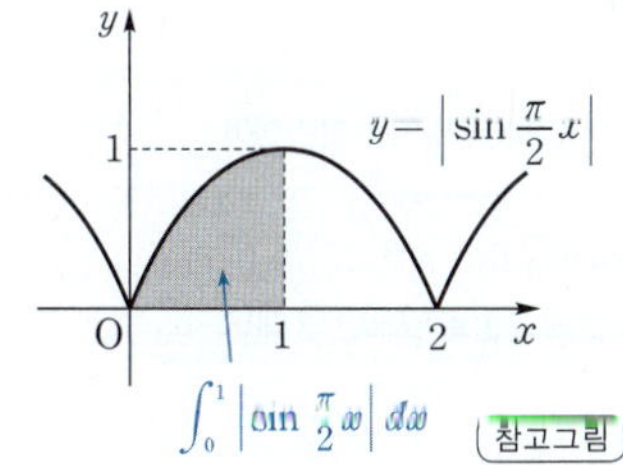

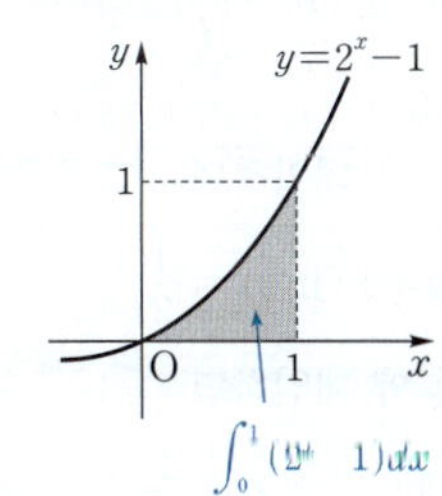

참고그림

Step 2 정적분의 값을 구한다.

$0\leq x\leq 1$에서 $\left|\sin \dfrac{\pi}{2}x\right|=\sin \dfrac{\pi}{2}x$이므로

$$\int_0^1\left\{\left|\sin \dfrac{\pi}{2}x\right|-(2^x-1)\right\}dx \quad\longrightarrow \because \sin \dfrac{\pi}{2}x\geq 0\ (0\leq x\leq 1)$$

$$=\int_0^1\left(\sin \dfrac{\pi}{2}x-2^x+1\right)dx$$

$$=\left[-\dfrac{2}{\pi}\cos \dfrac{\pi}{2}x-\dfrac{2^x}{\ln 2}+x\right]_0^1$$

   암기 $\int a^x\,dx=\dfrac{a^x}{\ln a}+C$ ($a>0$, $a\neq 1$, C는 적분상수)

$$=\Big(-\dfrac{2}{\ln 2}+1\Big)-\Big(-\dfrac{2}{\pi}-\dfrac{1}{\ln 2}\Big)$$

$$=\dfrac{2}{\pi}-\dfrac{1}{\ln 2}+1$$

054 [정답률 69%] 정답 ②

두 함수 $f(x)=ax^2 \, (a>0)$, $g(x)=\ln x$의 그래프가 한 점 P에서 만나고, 곡선 $y=f(x)$ 위의 점 P에서의 접선의 기울기와 곡선 $y=g(x)$ 위의 점 P에서의 접선의 기울기가 서로 같다. 두 곡선 $y=f(x)$, $y=g(x)$와 x축으로 둘러싸인 부분의 넓이는? (단, a는 상수이다.) (4점)

① $\dfrac{2\sqrt{e}-3}{6}$　　② $\dfrac{2\sqrt{e}-3}{3}$　　③ $\dfrac{\sqrt{e}-1}{2}$

④ $\dfrac{4\sqrt{e}-3}{6}$　　⑤ $\sqrt{e}-1$

Step 1 두 함수의 그래프의 교점에서의 접선의 기울기가 서로 같음을 이용하여 상수 a의 값을 구한다.

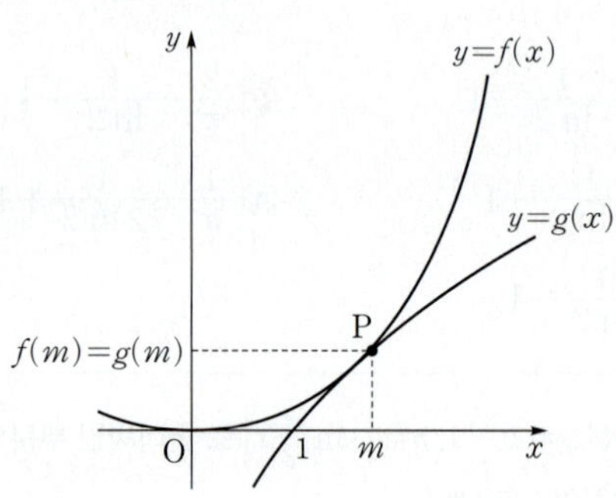

그림과 같이 두 함수 $y=f(x)$, $y=g(x)$의 그래프가 만나는 점 P의 x좌표를 m이라 하자.

$f(m)=am^2$, $g(m)=\ln m$이고, 두 값이 같아야 하므로

$am^2=\ln m$ ······ ㉠　← 모두 점 P의 y좌표를 의미해.

$f'(x)=2ax$, $g'(x)=\dfrac{1}{x}$이고 점 P에서의 접선의 기울기가 서로 같아야 하므로 ← $x=m$에서의 미분계수

$f'(m)=g'(m)$에서 $2am=\dfrac{1}{m}$

$\therefore 2am^2=1$ ······ ㉡

㉡에 ㉠을 대입하면　← ㉠에서 이 값이 $\ln m$임을 확인했어.

$2\ln m=1$, $\ln m=\dfrac{1}{2}$　$\therefore m=\sqrt{e}$ $\left(=e^{\frac{1}{2}}\right)$

이를 ㉡에 대입하면　← $\ln$이 밑이 e인 로그임을 잊으면 안 돼!

$2ae=1$　$\therefore a=\dfrac{1}{2e}$

Step 2 두 곡선 $y=f(x)$, $y=g(x)$와 x축으로 둘러싸인 부분의 넓이를 구한다.

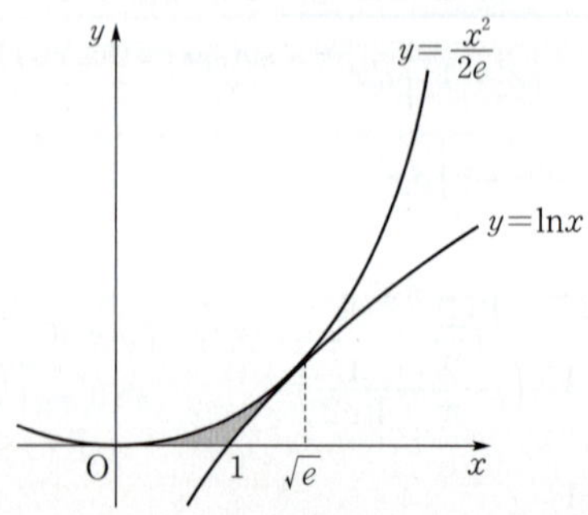

따라서 두 곡선 $y=f(x)$, $y=g(x)$와 x축으로 둘러싸인 부분의 넓이는

$\displaystyle \int_0^{\sqrt{e}} \dfrac{x^2}{2e}\,dx - \int_1^{\sqrt{e}} \ln x\,dx$　→ 적분 구간 주의!

$= \left[\dfrac{x^3}{6e}\right]_0^{\sqrt{e}} - \left\{ \left[x\ln x\right]_1^{\sqrt{e}} - \int_1^{\sqrt{e}} \left(x\times\dfrac{1}{x}\right)dx \right\}$　← $\ln x$ 미분

$= \left[\dfrac{x^3}{6e}\right]_0^{\sqrt{e}} - \left[x\ln x\right]_1^{\sqrt{e}} + \left[x\right]_1^{\sqrt{e}}$　$= \dfrac{(\sqrt{e})^3}{6e} = \dfrac{e\sqrt{e}}{6e} = \dfrac{\sqrt{e}}{6}$

$= \left(\dfrac{\sqrt{e}}{6}-0\right) - \left(\dfrac{\sqrt{e}}{2}-0\right) + (\sqrt{e}-1)$

$= \dfrac{2\sqrt{e}-3}{3}$

055 정답 ②

$0<a<1$인 실수 a에 대하여 구간 $\left[0, \dfrac{\pi}{2}\right)$에서 정의된 두 함수

$$y=\sin x, \quad y=a\tan x$$

의 그래프로 둘러싸인 부분의 넓이를 $f(a)$라 할 때, $f'\left(\dfrac{1}{e^2}\right)$의 값은? (4점)

① $-\dfrac{5}{2}$　　② -2　　③ $-\dfrac{3}{2}$

④ -1　　⑤ $-\dfrac{1}{2}$

Step 1 두 함수의 그래프의 교점을 구하고 넓이를 정적분으로 나타낸다.

두 함수 $y=\sin x$, $y=a\tan x$의 그래프의 교점의 x좌표를 구하면

$\sin x = a\tan x$에서 $\sin x = a\times\dfrac{\sin x}{\cos x}$　→ $\tan x$

즉, $\sin x=0$ 또는 $\cos x=a$이므로 $\cos x=a$를 만족시키는 x의 값을 $k\left(0\le k<\dfrac{\pi}{2}\right)$라 하면 두 교점의 x좌표는 0, k이다.

따라서 두 함수의 그래프로 둘러싸인 부분의 넓이는

$f(a)=\displaystyle\int_0^k (\sin x - a\tan x)\,dx$

Step 2 치환적분법을 이용하여 $f(a)$를 구한다.

$\cos x=t$라 하면 $-\sin x\,dx=dt$이고, $x=0$일 때 $t=1$, $x=k$일 때 $t=a$이다.　→ $\cos k=a$

$\therefore f(a)=\displaystyle\int_0^k (\sin x - a\tan x)\,dx$

$=\displaystyle\int_0^k \sin x\,dx + a\int_0^k (-\tan x)\,dx$

$=\left[-\cos x\right]_0^k + a\int_0^k \left(-\dfrac{\sin x}{\cos x}\right)dx$

$=-\cos k - (-1) + a\int_1^a \dfrac{1}{t}\,dt$

$=-a+1+a\left[\ln t\right]_1^a$　→ 적분 구간도 같이 바꿔준다.

$=-a+1+a\ln a$

Step 3 $f'\left(\dfrac{1}{e^2}\right)$의 값을 구한다.

$f(a)=-a+1+a\ln a$에서 $f'(a)=-1+\ln a+1=\ln a$이므로

$f'\left(\dfrac{1}{e^2}\right)=\ln\dfrac{1}{e^2}=-2$　$\left(=\ln e^{-2}\right)$

056 [정답률 60%]

정답 ⑤

먼저 접선 l의 방정식을 구해.

점 $(1, 0)$에서 곡선 $y=e^x$에 그은 접선을 l이라 하자. 곡선 $y=e^x$과 y축 및 직선 l로 둘러싸인 부분의 넓이는? (3점)

└→ 그런 다음 정적분을 이용

① $\dfrac{1}{2}e^2-2$　　② $\dfrac{1}{2}e^2-1$　　③ e^2-3

④ e^2-2　　⑤ e^2-1

Step 1 접선 l의 방정식을 구한다.

점 $(1, 0)$에서 곡선 $y=e^x$에 그은 접선의 접점의 x좌표를 t라 하면 접점의 좌표는 (t, e^t)이고 접선의 기울기는 e^t이므로

접선 l의 방정식은　기울기가 m이고 점 (a, b)를 $\quad y=e^x$에서 $\dfrac{dy}{dx}=e^x$

$\underline{y-e^t=e^t(x-t)}$　지나는 직선의 방정식은

$y-b=m(x-a)$　　　$x=t$를 대입하면 $\dfrac{dy}{dx}=e^t$

이때 직선 l은 점 $(1, 0)$을 지나므로

$0-e^t=e^t(1-t),\ -1=1-t$

$\therefore t=2$　양변을 e^t으로 나눠 주었어.

따라서 접선 l의 방정식은

$y=e^2x-e^2$이고 접점의 좌표는 $(2, e^2)$이다.

Step 2 곡선과 y축 및 직선 l로 둘러싸인 부분의 넓이를 구한다.

곡선 $y=e^x$과 y축 및 직선 l로 둘러싸인 부분은 다음 그림의 색칠된 부분과 같다.

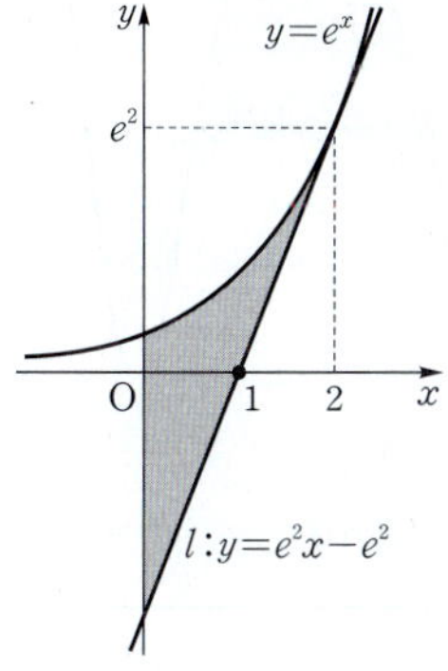

따라서 구하는 넓이는

$$\int_0^2 \{e^x-(e^2x-e^2)\}\,dx = \int_0^2 (e^x-e^2x+e^2)\,dx$$
$$= \left[e^x-\frac{1}{2}e^2x^2+e^2x\right]_0^2$$
$$= e^2-1$$

057

정답 ③

곡선 $y=e^{\frac{x}{3}}$과 이 곡선 위의 점 $(3, e)$에서의 접선 및 y축으로 둘러싸인 도형의 넓이는? (3점)

① $\dfrac{e}{2}-1$　　② $e-2$　　③ $\dfrac{3}{2}e-3$

④ $2e-4$　　⑤ $\dfrac{5}{2}e-5$

Step 1 곡선 $y=e^{\frac{x}{3}}$ 위의 점 $(3, e)$에서의 접선의 방정식을 구한다.

$y=e^{\frac{x}{3}}$에서 $y'=\dfrac{1}{3}e^{\frac{x}{3}}$이므로　$(e^{ax})'=ae^{ax}$

점 $(3, e)$에서의 접선의 기울기는 $\dfrac{1}{3}e^{\frac{3}{3}}=\dfrac{1}{3}e$

따라서 점 $(3, e)$에서의 접선의 방정식은

$y=\dfrac{1}{3}e(x-3)+e$

$\therefore y=\dfrac{e}{3}x$　　└→ 기울기가 m이고 점 (a, b)를 지나는 직선의 방정식은 $y=m(x-a)+b$

Step 2 곡선과 접선 및 y축으로 둘러싸인 도형의 넓이를 구한다.

곡선 $y=e^{\frac{x}{3}}$과 직선 $y=\dfrac{e}{3}x$ 및 y축으로 둘러싸인 도형의 넓이는

$$\int_0^3 \left(e^{\frac{x}{3}}-\frac{e}{3}x\right)dx = \left[3e^{\frac{x}{3}}-\frac{e}{6}x^2\right]_0^3$$

$\displaystyle\int e^{ax}\,dx$

$=\dfrac{1}{a}e^{ax}+C$　　$=\left(3e-\dfrac{3}{2}e\right)-3$

(단, a는 상수, C는 적분상수)　$=\dfrac{3}{2}e-3$

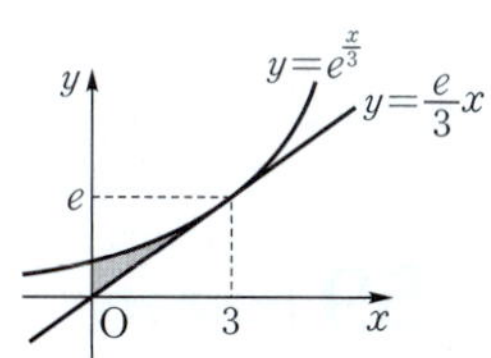

058 [정답률 57%]

정답 27

곡선 $y=3\sqrt{x}$의 그래프를 x축의 방향으로 9만큼 평행이동한 곡선이야.

곡선 $y=3\sqrt{x-9}$와 이 곡선 위의 점 $(18, 9)$에서의 접선 및 x축으로 둘러싸인 영역의 넓이를 구하시오. (4점)

$(\sqrt{x})'=\dfrac{1}{2\sqrt{x}}\left(\because (\sqrt{x})'=(x^{\frac{1}{2}})'=\dfrac{1}{2}\times x^{-\frac{1}{2}}=\dfrac{1}{2\sqrt{x}}\right)$

Step 1 점 $(18, 9)$에서의 접선의 방정식을 구한다.

$y=3\sqrt{x-9}$에서　　함수 $f(x)$가 $x=a$에서 미분가능할 때, 곡선 $y=f(x)$ 위의 점 $(a, f(a))$에서의 접선의 방정식은 $y=f'(a)(x-a)+f(a)$

$y'=3\times\dfrac{1}{2}\times\dfrac{1}{\sqrt{x-9}}=\dfrac{3}{2\sqrt{x-9}}$

곡선 $y=3\sqrt{x-9}$ 위의 점 $(18, 9)$에서의 접선의 기울기는

$x=18$일 때, $y'=\dfrac{3}{2\sqrt{18-9}}=\dfrac{3}{2\times3}=\dfrac{1}{2}$　→ $y'=\dfrac{3}{2\sqrt{x-9}}$에 $x=18$ 대입

따라서 점 $(18, 9)$에서의 접선의 방정식은

$y-9=\dfrac{1}{2}(x-18)$ → $y=\dfrac{1}{2}(x-18)+9=\dfrac{1}{2}x-9+9=\dfrac{1}{2}x$

$\therefore y=\dfrac{1}{2}x$

Step 2 구하고자 하는 영역의 넓이를 계산한다.

곡선 $y=3\sqrt{x-9}$ 위의 점 $(18, 9)$에서 접하고 원점을 지나는 직선

따라서 접선 $y=\dfrac{1}{2}x$, 곡선 $y=3\sqrt{x-9}$ 및 x축으로 둘러싸인 부분의 넓이는 오른쪽 그림의 색칠한 부분이므로

$$\frac{1}{2} \times 18 \times 9 - \int_9^{18} 3\sqrt{x-9}\,dx$$
$\overset{=\overline{OQ}}{}\quad\overset{=\overline{PQ}}{}$
$$=81 - \int_9^{18} 3(x-9)^{\frac{1}{2}}\,dx$$
$$=81 - \left[3 \times \frac{2}{3} \times (x-9)^{\frac{3}{2}}\right]_9^{18}$$
$$=81 - (2 \times 27 - 2 \times 0)$$
$$=81 - 54$$
$$=27$$

$= (18-9)^{\frac{3}{2}}$
$= 9^{\frac{3}{2}} = 3^{2 \cdot \frac{3}{2}}$
$= 3^3 = 27$

→ 접점을 P라 하고, 점 P에서 x축에 내린 수선의 발을 Q라 하면, 점 P의 좌표는 P(18, 9), 점 Q의 좌표는 Q(18, 0)이 돼. 이때 구하려고 하는 넓이는 (삼각형 POQ의 넓이) − (곡선 $y=3\sqrt{x-9}$, x축 및 직선 $x=18$로 둘러싸인 부분의 넓이) 와 같아.

$$\therefore \frac{1}{2} \times \overline{OQ} \times \overline{PQ} - \int_9^{18} 3\sqrt{x-9}\,dx$$

$$=\frac{1}{2}e^2 - e\left[x\ln x - x\right]_1^e$$

부분적분법
$$\int_a^b f'(x)g(x)\,dx$$
$$= \left[f(x)g(x)\right]_a^b - \int_a^b f(x)g'(x)\,dx$$

주어진 함수가 로그함수, 다항함수, 삼각함수, 지수함수일 때 앞쪽일수록 $g(x)$, 뒤쪽일수록 $f'(x)$로 놓고 공식을 적용하면 돼. 이 문제에서는 $g(x)=\ln x$, $f'(x)=1$로 하면 되겠지.

$$=\frac{1}{2}e^2 - e\{(e\underset{=1}{\ln e} - e) - (0-1)\}$$
$$=\frac{1}{2}e^2 - e$$

따라서 $a = \frac{1}{2}$, $b = 1$이므로
$$100ab = 100 \times \frac{1}{2} \times 1 = 50$$

$$\int_1^e e\ln x\,dx = e\int_1^e 1 \times \ln x\,dx = e\left(\left[x\ln x\right]_1^e - \int_1^e x \times \frac{1}{x}\,dx\right)$$
$$= e\left(\left[x\ln x\right]_1^e - \left[x\right]_1^e\right) = e\left[x\ln x - x\right]_1^e$$

---

k의 값을 모르지만 문제를 읽으면서 그래프의 개형은 그릴 수 있어야 해. 직선 $y=x$를 좌표평면 위에 먼저 나타낸 뒤 점 $(1, 0)$을 지나고 직선 $y=x$에 접하도록 곡선 $y=k\ln x$의 개형을 그려.

059 [정답률 74%] 　　　　　　 정답 50

양의 실수 k에 대하여 곡선 $y=k\ln x$와 직선 $y=x$가 접할 때, 곡선 $y=k\ln x$, 직선 $y=x$ 및 x축으로 둘러싸인 부분의 넓이는 $ae^2 - be$이다. $100ab$의 값을 구하시오. (단, a와 b는 유리수이다.) (4점)

암기 함수 $y=f(x)$가 $x=a$에서 미분가능할 때, 곡선 $y=f(x)$ 위의 점 $(a, f(a))$에서의 접선의 방정식은
$$y = f'(a)(x-a) + f(a)$$

Step 1 곡선 $y=k\ln x$와 직선 $y=x$가 접함을 이용하여 실수 k의 값을 구한다.

곡선 $y=k\ln x$ 위의 임의의 점 $(t, k\ln t)$ (t는 실수)에서의 접선의 기울기를 구하면 $(k\ln x)' = \frac{k}{x}$ ($x \neq 0$)에서 $\frac{k}{t}$이므로 접선의 방정식은 $y = \frac{k}{t}(x-t) + k\ln t$, 즉 $y = \frac{k}{t}x - k + k\ln t$

$(k\ln x)' = \frac{k}{x}$ ($x \neq 0$)에 $x=t$ 대입.

이 직선이 $y=x$와 같으므로
$$\frac{k}{t} = 1, \quad -k + k\ln t = 0$$

$k\ln t = k$, $\ln t = 1$
$\therefore t = e^1 = e$

$k = k\ln t$에서 $t=e$이고 $\frac{k}{t}=1$이므로 $k=e$ → $t=e$ 대입

Step 2 곡선 $y=e\ln x$와 직선 $y=x$ 및 x축으로 둘러싸인 부분의 넓이를 구한다.

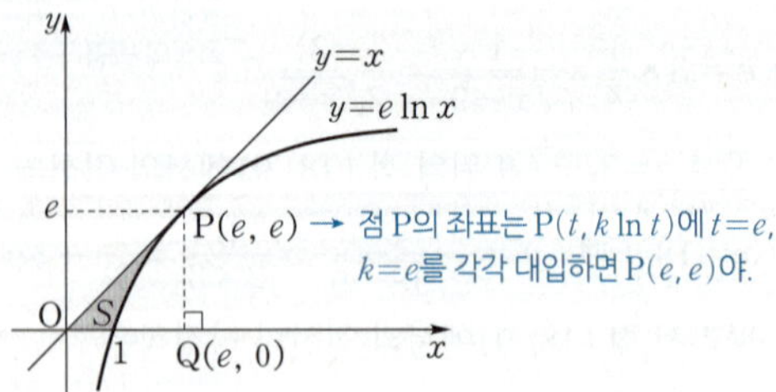

→ 점 P의 좌표는 P($t, k\ln t$)에 $t=e$, $k=e$를 각각 대입하면 P(e, e)야.

곡선 $y=e\ln x$와 직선 $y=x$ 및 x축으로 둘러싸인 부분은 위 그림의 어두운 부분과 같다.

이때 곡선 $y=e\ln x$와 직선 $y=x$의 접점을 P, 점 P에서 x축에 내린 수선의 발을 Q라 하고, 이 부분의 넓이를 S라 하면

$$S = (\text{삼각형 OQP의 넓이}) - \int_1^e e\ln x\,dx$$
$= \overline{OQ} \times \overline{PQ}$
$$= \frac{1}{2}e^2 - \int_1^e e\ln x\,dx$$

---

060 [정답률 84%] 　　　　　　 정답 ①

연속함수 $f(x)$의 그래프가 x축과 만나는 세 점의 x좌표는 0, 3, 4이다. 그림과 같이 곡선 $y=f(x)$와 x축으로 둘러싸인 두 부분 A, B의 넓이가 각각 6, 2일 때, $\int_0^2 f(2x)\,dx$의 값은? (3점)

t로 치환하여 식을 변형

$\int_0^3 f(x)\,dx = 6$
$\int_3^4 f(x)\,dx = -2$
$\therefore f(x) \geq 0\ (0 \leq x \leq 3)$
$f(x) \leq 0\ (3 < x \leq 4)$

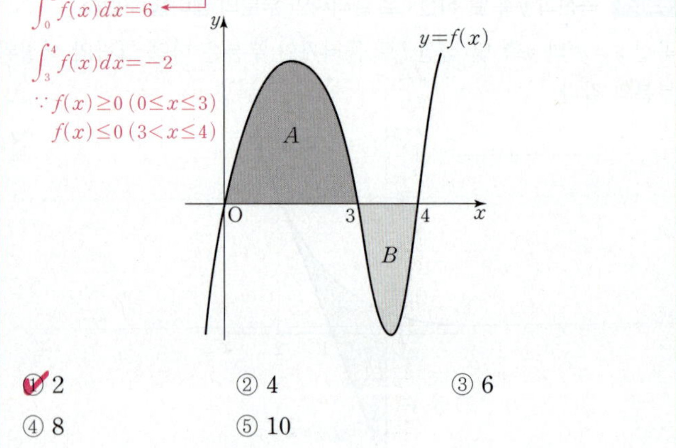

① 2　　　② 4　　　③ 6
④ 8　　　⑤ 10

Step 1 $2x=t$로 치환하여 $\int_0^2 f(2x)\,dx$를 정리한다.

$\int_0^2 f(2x)\,dx$에서 $2x=t$로 놓으면 $2\,dx = dt$
$$\therefore dx = \frac{1}{2}dt$$

$x=0$일 때 $t=0$, $x=2$일 때 $t=4$이므로

x	$0 \to 2$
t	$0 \to 4$

$$\int_0^2 f(2x)\,dx = \int_0^4 f(t) \times \frac{1}{2}\,dt = \frac{1}{2}\int_0^4 f(t)\,dt$$

Step 2 넓이를 이용하여 $\int_0^4 f(t)\,dt$의 값을 구한다.

$$A = \int_0^3 |f(x)|\,dx = \int_0^3 f(x)\,dx,\quad \because f(x) \geq 0\ (0 \leq x \leq 3)$$
$$B = \int_3^4 |f(x)|\,dx = -\int_3^4 f(x)\,dx\text{이므로}\quad \because f(x) \leq 0\ (3 < x \leq 4)$$
$$\int_0^4 f(x)\,dx = \underset{=6}{\int_0^3 f(x)\,dx} + \underset{=-2}{\int_3^4 f(x)\,dx}$$
$$= A - B = 6 - 2 = 4$$
$$\therefore \int_0^2 f(2x)\,dx = \frac{1}{2}\int_0^4 f(t)\,dt \quad →\ \textbf{Step 1}\text{에서 정리해둔 식이야.}$$
$$= \frac{1}{2} \times 4 = 2$$

061 [정답률 79%] 정답 7

실수 전체의 집합에서 도함수가 연속인 함수 $f(x)$에 대하여
$f(0)=0$, $f(2)=1$이다. 그림과 같이 $0\leq x\leq 2$에서 곡선
$y=f(x)$와 x축 및 직선 $x=2$로 둘러싸인 두 부분의 넓이를
각각 A, B라 하자. $A=B$일 때, $\displaystyle\int_0^2(2x+3)f'(x)dx$의
값을 구하시오. (4점)

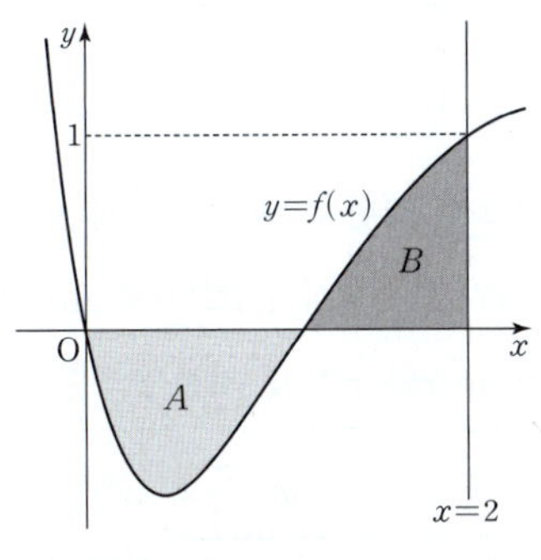

Step 1 $\displaystyle\int_0^2 f(x)dx$의 값을 구한다.

$0\leq x\leq 2$에서 곡선 $y=f(x)$와 x축 및 직선 $x=2$로 둘러싸인
두 부분의 넓이가 서로 같으므로

$$\int_0^2 f(x)dx=0$$

Step 2 부분적분을 이용한다.

$$\int_0^2\underbrace{(2x+3)}_{u}\underbrace{f'(x)}_{v'}dx=\left[\underbrace{(2x+3)}_{u}\underbrace{f(x)}_{v}\right]_0^2-\int_0^2\underbrace{2}_{u'}\underbrace{f(x)}_{v}dx$$
$$=\{7f(2)-3f(0)\}-0$$
$$=7\times1-3\times0$$
$$=7$$

수능포인트

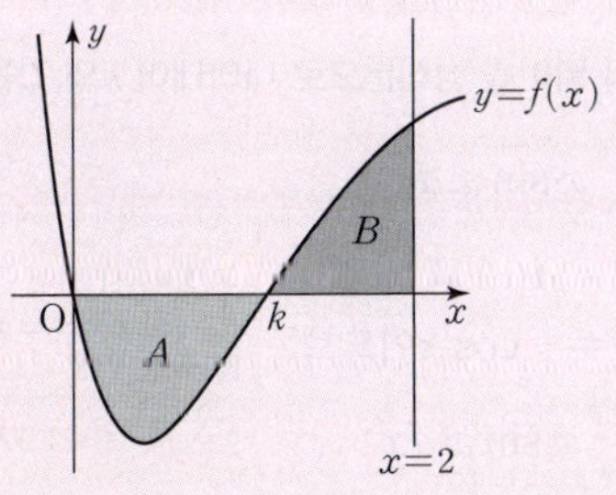

그림과 같이 함수 $y=f(x)$의 그래프와 x축이 만나는 점의 x좌표를
$k\,(0<k<2)$라 하면

$$\int_0^k f(x)dx=-A,\ \int_k^2 f(x)dx=B$$

$$\therefore\int_0^2 f(x)dx=\int_0^k f(x)dx+\int_k^2 f(x)dx$$
$$=-A+B=0$$

062 [정답률 50%] 정답 ⑤

연속함수 $f(x)$의 그래프는 그림과 같다. 이 곡선과 x축으로
둘러싸인 두 부분 A, B의 넓이가 각각 α, β일 때,
정적분 $\displaystyle\int_0^p xf(2x^2)dx$의 값은? $\left(단,\ p>\dfrac{1}{2}\right)$ (4점)

$2x^2=t$로 치환하여 치환
적분법을 이용해야겠다는
생각이 들어야 해.
$2x^2=t$로 놓으면
$4x\,dx=dt$인데 마침
$f(2x^2)$ 앞에 x도 있어!

$\alpha=\displaystyle\int_0^p|f(x)|dx$
$=\displaystyle\int_0^p f(x)dx$
$\beta=\displaystyle\int_p^{2p^2}|f(x)|dx$
$=-\displaystyle\int_p^{2p^2}f(x)dx$

① $\dfrac{1}{2}(\alpha+\beta)$ ② $\dfrac{1}{2}(\alpha-\beta)$ ③ $\alpha+\beta$

④ $\dfrac{1}{4}(\alpha+\beta)$ ⑤ $\dfrac{1}{4}(\alpha-\beta)$

Step 1 넓이 A, B를 정적분의 형태로 표현한다.

곡선 $y=f(x)$와 x축으로 둘러싸인 두 부분 A, B의 넓이가 각각
α, β이므로

$p<x\leq2p^2$에서 $f(x)\leq0$이고 β는 넓이라서 양수이어야 하니까
음수의 부호를 붙여.

$$\int_0^p f(x)dx=\alpha,\ -\int_p^{2p^2}f(x)dx=\beta \quad\cdots\cdots \ ㉠$$

Step 2 치환적분법을 이용하여 정적분의 값을 구한다.

$\displaystyle\int_0^p xf(2x^2)dx$에서 $2x^2=t$로 놓으면

$4x\,dx=dt$이고 $x=0$일 때 $t=0$,

$x=p$일 때 $t=2p^2$이므로

x	$0 \to p$
t	$0 \to 2p^2$

$$\int_0^p xf(2x^2)dx=\int_0^{2p^2}\frac{1}{4}f(t)dt$$

$$=\frac{1}{4}\int_0^{2p^2}f(t)dt$$

$$=\frac{1}{4}\left\{\int_0^p f(t)dt+\int_p^{2p^2}f(t)dt\right\}$$

$$=\frac{1}{4}(\alpha-\beta)\ (\because ㉠)$$

> **치환적분법을 이용한 정적분**
> $x=g(t)$라 할 때
> $a=g(\alpha)$, $b=g(\beta)$이면
> $$\int_a^b f(x)dx$$
> $$=\int_\alpha^\beta f(g(t))g'(t)dt$$

수능포인트

중요 이 문제에서 $f(2x^2)$과 앞에 있는 x를 보고 바로 치환적분법을 이용할
수 있는 안목이 필요합니다. 일반적인 적분에 대해서는 그 함수의 모양
을 보고 어떤 적분을 이용해서 문제를 풀지가 결정되기 때문에 항상 함
수의 그래프를 보고 파악하는 습관을 들여야 합니다. 이 문제에서
$2x^2=t\,(x>0)$로 치환할 때 적분이 t에 대한 새로운 식으로 바뀌었지만
그 적분이 의미하는 위치가 중요하기 때문에 기존에 주어진 넓이를 통
해서 부호를 조정해 정적분의 값을 유추할 수 있습니다.

063

→ 일단 곡선 $y=\dfrac{1}{x}$과 x축 및 $x=1$, $x=8$로 둘러싸인 넓이를 구할 수 있어. 넓이를 구한 후에 이등분된 넓이가 얼마인지 차근차근 알아봐.

정답 ④

그림과 같이 곡선 $y=\dfrac{1}{x}$과 x축 및 두 직선 $x=1$, $x=8$로 둘러싸인 도형의 넓이를 직선 $x=a$가 이등분할 때, 상수 a의 값은? (2점)

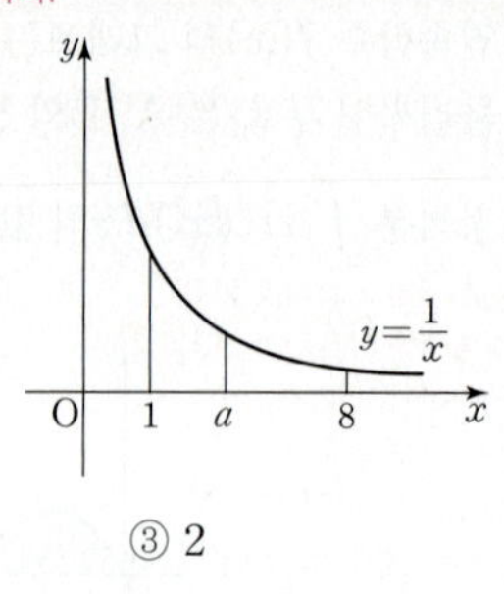

① $\sqrt{2}$ ② $\sqrt{3}$ ③ 2
④ $2\sqrt{2}$ ⑤ 3

→ 곡선 $y=f(x)$와 x축 및 두 직선 $x=a$, $x=b$로 둘러싸인 도형의 넓이(S)는 $S=\displaystyle\int_a^b |f(x)|\,dx$

Step 1 곡선 $y=\dfrac{1}{x}$과 x축 및 두 직선 $x=1$, $x=8$로 둘러싸인 도형의 넓이를 구한다.

곡선 $y=\dfrac{1}{x}$과 x축 및 두 직선 $x=1$, $x=8$로 둘러싸인 도형의 넓이는

$\displaystyle\int_1^8 \dfrac{1}{x}\,dx=\Big[\ln |x|\Big]_1^8=\ln 8$

$\displaystyle\int \dfrac{f'(x)}{f(x)}\,dx=\ln |f(x)|+C$

Step 2 직선 $x=a$가 도형의 넓이를 이등분함을 이용하여 a의 값을 구한다.

직선 $x=a$가 도형의 넓이를 이등분하므로

곡선 $y=\dfrac{1}{x}$과 x축 및 두 직선 $x=1$, $x=a$로 둘러싸인 도형의 넓이는

→ 두 직선 $x=a$, $x=8$로 둘러싸인 도형의 넓이도 $\dfrac{1}{2}\ln 8$이 돼.

$\displaystyle\int_1^a \dfrac{1}{x}\,dx=\Big[\ln |x|\Big]_1^a=\ln a=\dfrac{1}{2}\ln 8$

$\therefore a=\sqrt{8}=2\sqrt{2}$

즉, $\displaystyle\int_a^8 \dfrac{1}{x}\,dx=\Big[\ln |x|\Big]_a^8=\dfrac{1}{2}\ln 8$ 이 성립해!

064 [정답률 82%]

정답 ③

그림과 같이 곡선 $y=x\sin x\left(0\le x\le\dfrac{\pi}{2}\right)$에 대하여 이 곡선과 x축, 직선 $x=k$로 둘러싸인 영역을 A, 이 곡선과 직선 $x=k$, 직선 $y=\dfrac{\pi}{2}$로 둘러싸인 영역을 B라 하자. A의 넓이와 B의 넓이가 같을 때, 상수 k의 값은?

$\left(\text{단, } 0\le k\le\dfrac{\pi}{2}\right)$ (4점)

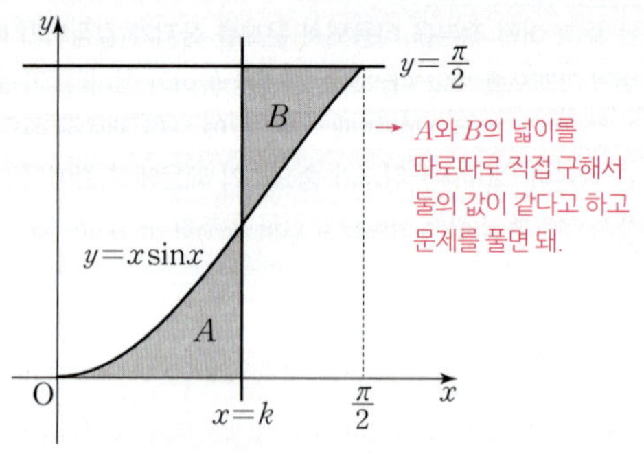

→ A와 B의 넓이를 따로따로 직접 구해서 둘의 값이 같다고 하고 문제를 풀면 돼.

① $\dfrac{\pi}{4}-\dfrac{1}{\pi}$ ② $\dfrac{\pi}{4}$ ③ $\dfrac{\pi}{2}-\dfrac{2}{\pi}$
④ $\dfrac{\pi}{4}+\dfrac{1}{\pi}$ ⑤ $\dfrac{\pi}{2}-\dfrac{1}{\pi}$

Step 1 두 영역 A, B의 넓이를 정적분의 성질과 부분적분법을 이용하여 각각 구한다.

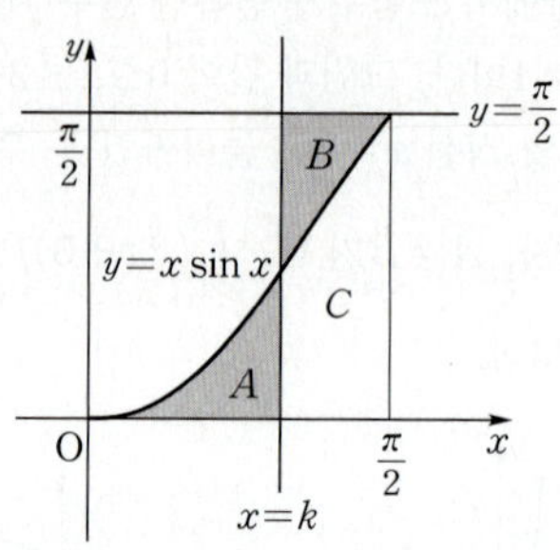

곡선 $y=x\sin x$와 x축, 직선 $x=k$, $x=\dfrac{\pi}{2}$로 둘러싸인 영역을 C라 하면 위 그림에서 A와 B의 넓이가 같으므로 $A+C=B+C$이다.

따라서 곡선 $y=x\sin x$와 x축 및 직선 $x=\dfrac{\pi}{2}$로 둘러싸인 부분의 넓이와 세 직선 $x=k$, $x=\dfrac{\pi}{2}$, $y=\dfrac{\pi}{2}$와 x축으로 둘러싸인 직사각형의 넓이가 같다. 즉,

(가로의 길이) $=\dfrac{\pi}{2}-k$, (세로의 길이) $=\dfrac{\pi}{2}$

$\displaystyle\int_0^{\frac{\pi}{2}} x\sin x\,dx=\left(\dfrac{\pi}{2}-k\right)\dfrac{\pi}{2}$ ······ ㉠

→ 부분적분법에서 $f(x)$는 미분하기 쉬운 함수로 놓는다.
(로그함수, 다항함수, 삼각함수, 지수함수 순으로 미분하기 쉽다.)

$\displaystyle\int_0^{\frac{\pi}{2}} x\sin x\,dx$에서 $f(x)=x$, $g'(x)=\sin x$로 놓으면

$f'(x)=1$, $g(x)=-\cos x$이므로

$\displaystyle\int_0^{\frac{\pi}{2}} x\sin x\,dx=\Big[-x\cos x\Big]_0^{\frac{\pi}{2}}-\displaystyle\int_0^{\frac{\pi}{2}}(-\cos x)dx$

$\qquad=-\dfrac{\pi}{2}\cos\dfrac{\pi}{2}+\Big[\sin x\Big]_0^{\frac{\pi}{2}}=\sin\dfrac{\pi}{2}=1$

Step 2 두 도형의 넓이가 같음을 이용하여 k의 값을 구한다.

㉠에서 $\left(\dfrac{\pi}{2}-k\right)\dfrac{\pi}{2}=1$이므로

$\dfrac{\pi}{2}-k=\dfrac{2}{\pi}$ $\therefore k=\dfrac{\pi}{2}-\dfrac{2}{\pi}$

$\displaystyle\int \cos x\,dx=\sin x+C$
$\displaystyle\int \sin x\,dx=-\cos x+C$
$\displaystyle\int \tan x\,dx=-\ln |\cos x|+C$

★ 다른 풀이 적분 구간을 k를 기준으로 나누어 계산하는 풀이

Step 1 A와 B의 넓이를 정적분으로 나타내어 k의 값을 구한다.

$(A\text{의 넓이})=\displaystyle\int_0^k x\sin x\,dx$

$f(x)=x$, $g'(x)=\sin x$로 놓으면
$f'(x)=1$, $g(x)=-\cos x$이므로

곡선 $y=f(x)$와 두 직선 $x=a$, $x=b$및 x축으로 둘러싸인 도형의 넓이 S는 $S=\displaystyle\int_a^b |f(x)|\,dx$

$(A\text{의 넓이})=\displaystyle\int_0^k x\sin x\,dx$

$\qquad=\Big[-x\cos x\Big]_0^k-\displaystyle\int_0^k(-\cos x)dx$

$\qquad=-k\cos k+\Big[\sin x\Big]_0^k$

$\qquad=-k\cos k+\sin k$ ······ ㉠

$(B\text{의 넓이})=\displaystyle\int_k^{\frac{\pi}{2}}\left(\dfrac{\pi}{2}-x\sin x\right)dx$

두 곡선 $y=f(x)$, $y=g(x)$와 두 직선 $x=a$, $x=b$로 둘러싸인 도형의 넓이 S는 $S=\displaystyle\int_a^b |f(x)-g(x)|\,dx$

$\qquad=\displaystyle\int_k^{\frac{\pi}{2}}\dfrac{\pi}{2}dx-\displaystyle\int_k^{\frac{\pi}{2}} x\sin x\,dx$

$\qquad=\Big[\dfrac{\pi}{2}x\Big]_k^{\frac{\pi}{2}}-\left(\Big[-x\cos x\Big]_k^{\frac{\pi}{2}}+\displaystyle\int_k^{\frac{\pi}{2}}\cos x\,dx\right)$

$$-\frac{\pi}{2}\left(\frac{\pi}{2}-k\right)-k\cos k-\Big[\sin x\Big]_{k}^{\frac{\pi}{2}} \longrightarrow \cos\frac{\pi}{2}=0,\ \sin\frac{\pi}{2}=1$$

$$=\frac{\pi}{2}\left(\frac{\pi}{2}-k\right)-k\cos k-1+\sin k \quad\cdots\cdots\ \text{ⓛ}$$

Step 2 A와 B의 넓이가 같음을 이용하여 k의 값을 구한다.

㉠=ⓛ이므로

$$-k\cos k+\sin k=\frac{\pi}{2}\left(\frac{\pi}{2}-k\right)-k\cos k-1+\sin k$$

$$\frac{\pi}{2}\left(\frac{\pi}{2}-k\right)-1=0,\ \frac{\pi}{2}-k=\frac{2}{\pi}$$

$$\therefore\ k=\frac{\pi}{2}-\frac{2}{\pi}$$

$\longrightarrow \frac{\pi}{2}\left(\frac{\pi}{2}-k\right)=1$의 양변에 $\frac{2}{\pi}$를 곱해주면 $\frac{\pi}{2}-k=\frac{2}{\pi}$가 돼.

⭐ **다른 풀이** 역함수의 성질을 이용하는 풀이

Step 1 함수 $y=x\sin x$의 역함수를 $g(x)$라 하고 적분식을 세운다.

$\longrightarrow$ 함수 $y=x\sin x$와 $y=g(x)$는 직선 $y=x$에 대해 서로 대칭인 관계야.

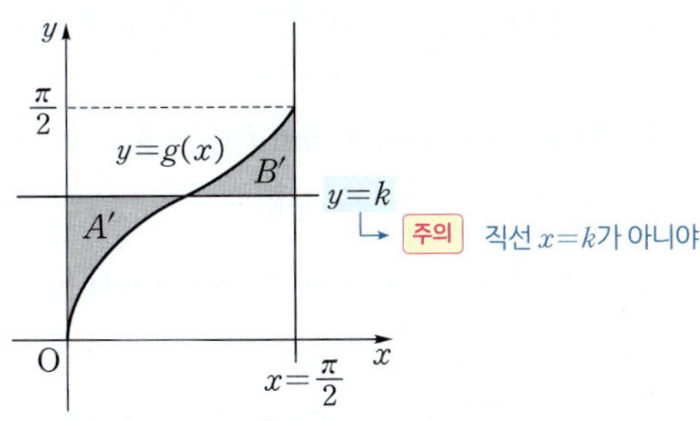

$y=x\sin x$의 역함수를 $y=g(x)$라 하면 위 그림과 같이 영역 A의 넓이는 영역 A'의 넓이와 같고, 영역 B의 넓이는 영역 B'의 넓이와 같다.

$\longrightarrow$ 영역 A와 A', 영역 B와 B'은 각각 서로 직선 $y=x$에 대하여 대칭이기 때문이야.

따라서 $A'=B'$이므로

$$\int_{0}^{\frac{\pi}{2}}\{g(x)-k\}\,dx=0$$

Step 2 정적분을 계산하여 k의 값을 구한다.

$\longrightarrow$ 가로의 길이 $\frac{\pi}{2}$, 세로의 길이 $\frac{\pi}{2}$인 정사각형의 넓이

$$\int_{0}^{\frac{\pi}{2}}g(x)\,dx=\left(\frac{\pi}{2}\right)^{2}-\int_{0}^{\frac{\pi}{2}}x\sin x\,dx$$이므로

$$\int_{0}^{\frac{\pi}{2}}\{g(x)-k\}\,dx=\int_{0}^{\frac{\pi}{2}}g(x)\,dx-\int_{0}^{\frac{\pi}{2}}k\,dx$$

$$=\left(\frac{\pi}{2}\right)^{2}-\int_{0}^{\frac{\pi}{2}}x\sin x\,dx-\frac{\pi}{2}\times k=0$$

$\longrightarrow \Big[kx\Big]_{0}^{\frac{\pi}{2}}=k\left(\frac{\pi}{2}-0\right)$

$$\therefore\ \int_{0}^{\frac{\pi}{2}}x\sin x\,dx=\frac{\pi}{2}\left(\frac{\pi}{2}-k\right)$$

$$\int_{0}^{\frac{\pi}{2}}x\sin x\,dx=\Big[-x\cos x\Big]_{0}^{\frac{\pi}{2}}-\int_{0}^{\frac{\pi}{2}}(-\cos x)\,dx$$

$$=\Big[\sin x\Big]_{0}^{\frac{\pi}{2}}=1$$

부분적분법
$\int_{a}^{b}u'v\,dx=\Big[uv\Big]_{a}^{b}-\int_{a}^{b}uv'\,dx$
에서 $v=x,\,u'=\sin x$이고 $v'=1,\,u=-\cos x$야.

따라서 $1=\frac{\pi}{2}\left(\frac{\pi}{2}-k\right)$이므로

$$k=\frac{\pi}{2}-\frac{2}{\pi}$$

065

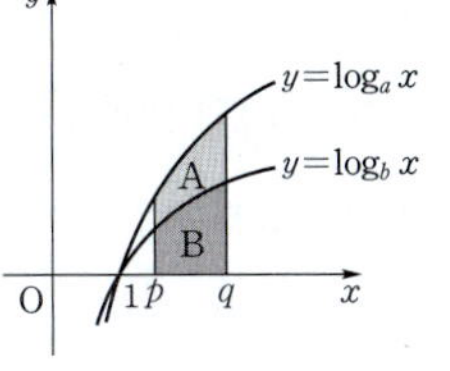

정답 ③

그림과 같이 두 직선 $x=p$, $x=q$와 x축 및 곡선 $y=\log_a x$로 둘러싸인 부분을 곡선 $y=\log_b x$가 두 부분 A와 B로 나눈다. A와 B의 넓이를 각각 α, β라 할 때, $\dfrac{\alpha}{\beta}$의 값은?

(단, $1<a<b$, $1<p<q$) (3점)

① $\left(\dfrac{b}{a}-1\right)(q-p)$　　　② $\dfrac{a}{b}-1$

③ $\log_a b-1$ ✓　　　④ $\log_b a-1$

⑤ $(q-p)\log_b a$

$\longrightarrow$ 문제에서 미지수 a,b,p,q를 구할 만한 조건은 주지 않았기 때문에 α,β를 직접 구할 수는 없어. 식을 잘 정리하여 $\dfrac{\alpha}{\beta}$를 나타내.

Step 1 A의 넓이는 A+B의 넓이에서 B의 넓이를 뺀 값과 같음을 이용한다.

$\longrightarrow$ 로그의 밑의 변환 공식
$\log_a b=\dfrac{\log_c b}{\log_c a}$
(단, $a>0,\,a\neq 1,\,b>0,\,c>0,\,c\neq 1$)

$$\beta=\int_{p}^{q}\log_b x\,dx=\frac{1}{\ln b}\int_{p}^{q}\ln x\,dx$$

$$\alpha=\int_{p}^{q}\log_a x\,dx-\beta=\frac{1}{\ln a}\int_{p}^{q}\ln x\,dx-\beta$$

이때 $\int_{p}^{q}\ln x\,dx=k\ (k\neq 0$인 실수$)$라 하면

$\longrightarrow$ 어차피 이 값을 구할 수 없어.

$$\beta=\frac{k}{\ln b},\ \alpha=\frac{k}{\ln a}-\beta$$

$\longrightarrow \alpha,\beta$ 두 식 모두 $\int_{p}^{q}\ln x\,dx$를 공통으로 갖고 있으니 0이 아닌 임의의 실수 k로 두고 식을 간단히 해보는 거야.

$$\therefore\ \frac{\alpha}{\beta}=\frac{\dfrac{k}{\ln a}}{\dfrac{k}{\ln b}}-1=\frac{\ln b}{\ln a}-1=\log_a b-1$$

$\longrightarrow$ 선지에 이런 모양이 없다고 당황하면 안 돼! 밑의 변환 공식을 이용하여 $\log_a b$로 변환할 수 있어야겠지!

💡 **알아야 할 기본개념**

두 곡선으로 둘러싸인 부분의 넓이

(1) 두 함수 $y=f(x)$, $y=g(x)$가 닫힌구간 $[a,b]$에서 연속일 때, 두 곡선 $y=f(x)$, $y=g(x)$ 및 두 직선 $x=a$, $x=b$로 둘러싸인 부분의 넓이 S는

$$S=\int_{a}^{b}|f(x)-g(x)|\,dx$$

(2) 두 함수 $x=f(y)$, $x=g(y)$가 닫힌구간 $[c,d]$에서 연속일 때, 두 곡선 $x=f(y)$, $x=g(y)$ 및 두 직선 $y=c$, $y=d$로 둘러싸인 부분의 넓이 S는

$$S=\int_{c}^{d}|f(y)-g(y)|\,dy$$

Ⅲ
2. 정적분의 활용

066

정답 ①

그림은 함수 $f(x)=xe^x\,(0\le x\le 1)$의 그래프이다.

함수 $f(x)$의 역함수를 $g(x)$라 할 때, 정적분 $\displaystyle\int_0^e g(x)dx$의 값은? (3점)

→ 두 함수의 그래프가 직선 $y=x$에 대하여 서로 대칭

→ 주어진 정적분을 함수 $f(x)$를 이용하여 바꿔 봐.

① $e-1$ ② $e-2$ ③ $\dfrac{3}{2}e-1$

④ $2e-1$ ⑤ $2e-2$

Step 1 $\displaystyle\int_0^e g(x)dx$를 $f(x)$로 표현한다.

함수 $f(x)=xe^x\,(0\le x\le 1)$의 역함수가 $g(x)$이므로 함수 $y=f(x)$와 $y=g(x)$의 그래프는 직선 $y=x$에 대하여 대칭이다.

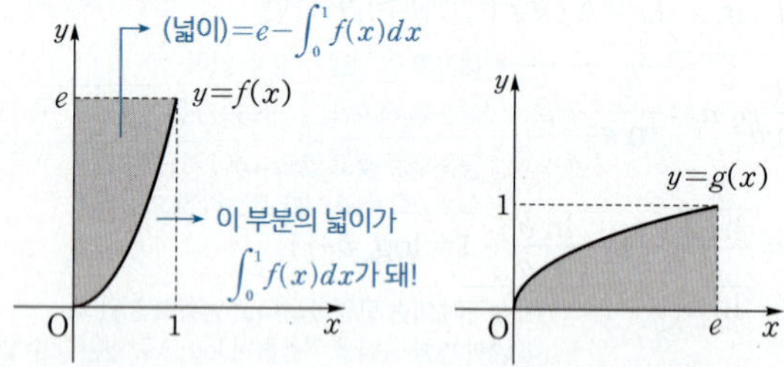

따라서 두 그림에서 어두운 부분의 넓이가 같고, 이 넓이가 $\displaystyle\int_0^e g(x)dx$를 의미한다.

→ 이와 같이 역함수의 성질을 이용하면 주어진 값을 다른 형태의 식으로 바꾸어 나타낼 수 있어!

어두운 부분의 넓이는 가로의 길이가 1, 세로의 길이가 e인 직사각형의 넓이에서 $\displaystyle\int_0^1 f(x)dx$를 뺀 것과 같다. 즉,

$$\int_0^e g(x)dx=(1\times e)-\int_0^1 f(x)dx=e-\int_0^1 xe^x\,dx$$

Step 2 부분적분법을 이용하여 정적분의 값을 구한다.

$$\int_0^1 xe^x\,dx=\Big[\,xe^x\,\Big]_0^1-\int_0^1 e^x\,dx$$

암기 $\displaystyle\int u'(x)v(x)dx$ $=u(x)v(x)-\displaystyle\int u(x)v'(x)dx$
이 문제에서는 $u'(x)=e^x$, $v(x)=x$라고 놓고 풀어 봐.

$$=e-\Big[\,e^x\,\Big]_0^1=e-(e-1)=1$$

$$\therefore \int_0^e g(x)dx=e-\int_0^1 xe^x\,dx$$
$$=e-1$$

---

067 [정답률 28%]

정답 26

세 상수 a, b, c에 대하여 함수 $f(x)=ae^{2x}+be^x+c$가 다음 조건을 만족시킨다.

(가) $\displaystyle\lim_{x\to-\infty}\dfrac{f(x)+6}{e^x}=1$

(나) $f(\ln 2)=0$

함수 $f(x)$의 역함수를 $g(x)$라 할 때,

$\displaystyle\int_0^{14} g(x)dx=p+q\ln 2$이다. $p+q$의 값을 구하시오.

(단, p, q는 유리수이고, $\ln 2$는 무리수이다.) (4점)

Step 1 $f(x)$의 식을 완성한다.

조건 (가)에서 (분모)$\to 0$이고 극한값이 존재하므로 (분자)$\to 0$이어야 한다. ← $\displaystyle\lim_{x\to-\infty}e^x=0$

즉, $\displaystyle\lim_{x\to-\infty}\{f(x)+6\}=\lim_{x\to-\infty}(ae^{2x}+be^x+c+6)=c+6$

에서 $c+6=0$ $\therefore c=-6$ ← 모두 0으로 수렴

$\displaystyle\lim_{x\to-\infty}\dfrac{ae^{2x}+be^x}{e^x}=\lim_{x\to-\infty}(ae^x+b)=1$에서 $b=1$

조건 (나)에서 $f(\ln 2)=0$이므로

$f(\ln 2)=ae^{2\ln 2}+e^{\ln 2}-6=4a+2-6=4a-4$

← $ae^{2\ln 2}=ae^{\ln 4}$ $=a\times 4^{\ln e}$ $=4a$

에서 $4a-4=0$ $\therefore a=1$

따라서 $f(x)=e^{2x}+e^x-6$이다.

Step 2 구하는 정적분에 해당하는 부분을 그림으로 파악한다.

$f(x)=0$에서 $e^{2x}+e^x-6=0$

$(e^x-2)(e^x+3)=0$ ← $e^x>0$이므로 $e^x+3=0$은 될 수 없다.

따라서 $e^x=2$에서 $x=\ln 2$

$f(x)=14$에서 $e^{2x}+e^x-6=14$

$e^{2x}+e^x-20=0$ ← $e^x>0$이므로 $e^x+5=0$은 될 수 없다.

$(e^x-4)(e^x+5)=0$

따라서 $e^x=4$에서 $x=2\ln 2$

즉, 두 함수 $y=f(x)$, $y=g(x)$의 그래프를 그려보면 다음과 같다.

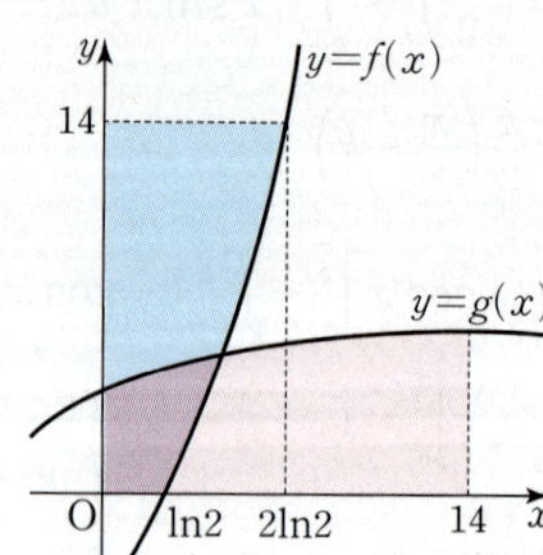

Step 3 정적분의 값을 구한다.

$$\int_0^{14} g(x)dx=2\ln 2\times 14-\int_{\ln 2}^{2\ln 2} f(x)dx$$
$$=28\ln 2-\int_{\ln 2}^{2\ln 2}(e^{2x}+e^x-6)dx$$
$$=28\ln 2-\Big[\tfrac{1}{2}e^{2x}+e^x-6x\Big]_{\ln 2}^{2\ln 2}$$

$$=28 \ln 2 - \left(\frac{1}{2}e^{4\ln 2} + e^{2\ln 2} - 12 \ln 2\right)$$
$$\qquad\qquad + \left(\frac{1}{2}e^{2\ln 2} + e^{\ln 2} - 6 \ln 2\right)$$
$$=28 \ln 2 - (8+4-12 \ln 2) + (2+2-6 \ln 2)$$
$$=34 \ln 2 - 8$$

따라서 $p=-8$, $q=34$이므로 $p+q=26$

$$\therefore 12\int_3^7 |f(x)-x|\,dx$$
$$=12\int_3^7 \{f(x)-x\}\,dx$$
$$=12\int_3^7 f(x)\,dx - 12\int_3^7 x\,dx$$
$$=12\left\{\int_1^7 f(x)\,dx - \int_1^3 f(x)\,dx\right\} - 12\int_3^7 x\,dx \quad \left[\begin{matrix}\int_b^c f(x)\,dx \\ =\int_a^c f(x)\,dx - \int_a^b f(x)\,dx\end{matrix}\right.$$
$$=12\times(27-5) - 12\times\left[\frac{1}{2}x^2\right]_3^7 \ (\because \㉠, \text{조건 (다)})$$
$$=12\times 22 - 12\times\frac{1}{2}\times(7^2-3^2)$$
$$=264-240$$
$$=24$$

068 [정답률 41%] 정답 24

연속함수 $f(x)$와 그 역함수 $g(x)$가 다음 조건을 만족시킨다.

> (가) $f(1)=1$, $f(3)=3$, $f(7)=7$
> (나) $x\neq 3$인 모든 실수 x에 대하여 $f''(x)<0$이다.
> → $x\neq 3$일 때 함수 $y=f(x)$의 그래프는 위로 볼록해.
> (다) $\displaystyle\int_1^7 f(x)\,dx=27$, $\displaystyle\int_1^3 g(x)\,dx=3$

$12\displaystyle\int_3^7 |f(x)-x|\,dx$의 값을 구하시오. (4점)

Step 1 조건에 맞게 함수 $y=f(x)$의 그래프를 그리고, 정적분의 값을 넓이를 이용하여 나타낸다.

조건 (가), (나)를 만족시키는 함수 $y=f(x)$의 그래프를 그려보면 다음 그림과 같다. → $x\neq 3$일 때 $f''(x)<0$이므로 함수 $y=f(x)$의 그래프는 $x\neq 3$일 때 위로 볼록해.

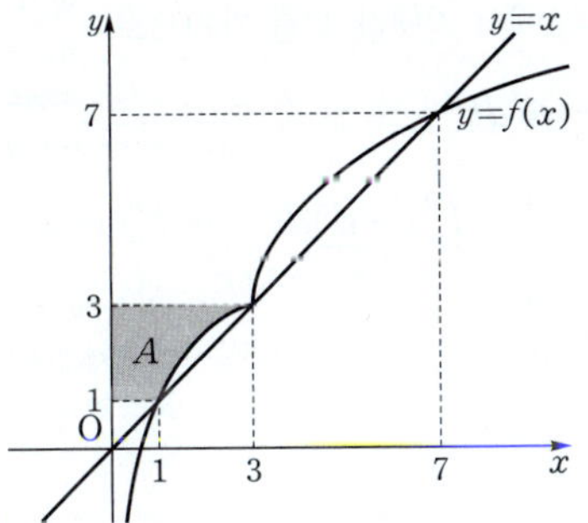

→ 한 변의 길이가 3인 정사각형의 넓이

이때 위 그림의 A의 넓이는 $\displaystyle\int_1^3 g(x)\,dx$와 같으므로

→ 조건 (다)에서 $\displaystyle\int_1^3 g(x)\,dx=3$

$$\int_1^3 f(x)\,dx = 3\times 3 - 1\times 1 - \int_1^3 g(x)\,dx = 9-1-3=5 \quad \cdots\cdots ㉠$$

→ 한 변의 길이가 1인 정사각형의 넓이

Step 2 $12\displaystyle\int_3^7 |f(x)-x|\,dx$의 값을 구한다.

$3\leq x\leq 7$일 때 $f(x)\geq x$이므로 $f(x)-x\geq 0$

$\therefore |f(x)-x|=f(x)-x$

→ 0 또는 양의 값을 가지므로 절댓값을 취해도 그 값은 같아.

069 [정답률 64%] 정답 ⑤

2 이상의 자연수 n에 대하여 곡선 $y=(\ln x)^n$ $(x\geq 1)$과 x축, y축 및 직선 $y=1$로 둘러싸인 도형의 넓이를 S_n이라 하자. [보기]에서 옳은 것만을 있는 대로 고른 것은? (4점)

> **[보기]**
> ㄱ. $1\leq x\leq e$일 때, $(\ln x)^n \geq (\ln x)^{n+1}$이다.
> ㄴ. $S_n < S_{n+1}$ → S_n을 구하는 식에서 n 대신 $n+1$을 대입한 식이야.
> ㄷ. 함수 $f(x)=(\ln x)^n$ $(x\geq 1)$의 역함수를 $g(x)$라 하면 $S_n=\displaystyle\int_0^1 g(x)\,dx$이다. → 역함수 관계인 두 함수의 그래프가 직선 $y=x$에 대하여 대칭

① ㄱ ② ㄱ, ㄴ ③ ㄱ, ㄷ
④ ㄴ, ㄷ ⑤ ㄱ, ㄴ, ㄷ

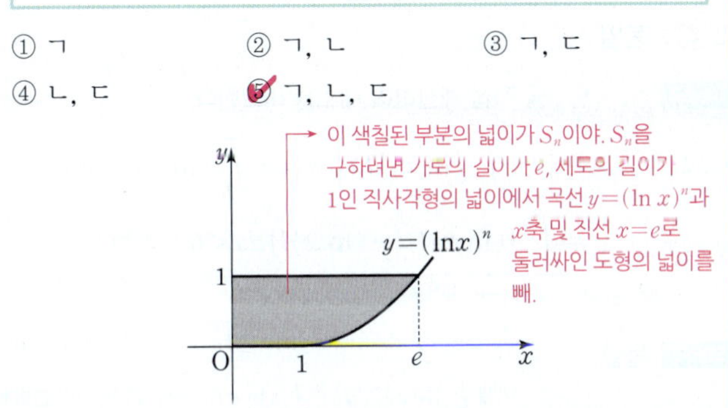

→ 지수함수 $y=a^x$은 a의 값의 범위에 따라 증가함수이거나 감소함수의 그래프를 갖게 돼. 즉, $0<a<1$이면 함수 $y=a^x$의 그래프는 감소함수, $a>1$이면 증가함수의 그래프를 갖게 돼.

Step 1 $\ln x$의 값의 범위를 확인하여 ㄱ의 참, 거짓을 판단한다.

ㄱ. $1\leq x\leq e$일 때, $0\leq \ln x\leq 1$이므로 $(\ln x)^n \geq (\ln x)^{n+1}$ (참) 지수함수의 그래프의 성질

Step 2 $g(x)<f(x)$이면 $\displaystyle\int_a^b g(x)\,dx < \int_a^b f(x)\,dx$임을 이용하여 ㄴ의 참, 거짓을 판단한다.

ㄴ. $S_n = e - \int_1^e (\ln x)^n dx$ 이고, → 곡선 $y=(\ln x)^n$과 x축 및 직선 $x=e$로 둘러싸인 도형의 넓이

(직사각형의 넓이)=(가로의 길이)×(세로의 길이)=$e×1=e$

ㄱ에서 $1<x<e$일 때, $(\ln x)^{n+1}<(\ln x)^n$이므로

$$\int_1^e (\ln x)^{n+1} dx < \int_1^e (\ln x)^n dx$$ → 부등식의 양변에 -1을 곱하면 부등호의 방향이 바뀌게 돼.

$$e - \int_1^e (\ln x)^n dx < e - \int_1^e (\ln x)^{n+1} dx$$

$$\therefore S_n < S_{n+1} \text{ (참)}$$

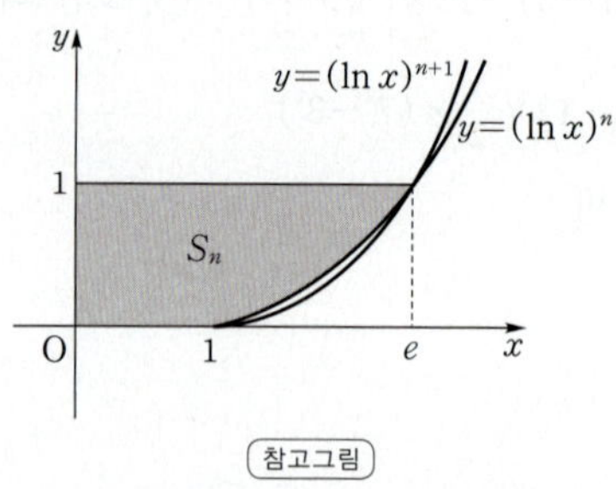

Step 3 역함수의 그래프를 이용하여 $\int_0^1 g(x)dx$의 값을 확인한다.

ㄷ. 함수 $f(x)=(\ln x)^n$의 그래프와 $f(x)$의 역함수 $y=g(x)$의 그래프는 직선 $y=x$에 대하여 대칭이므로 다음 그림과 같다.

중요 → 역함수 관계인 두 함수의 그래프는 직선 $y=x$에 대하여 대칭이고 두 함수의 그래프의 교점이 있는 경우 직선 $y=x$ 위에 존재해.

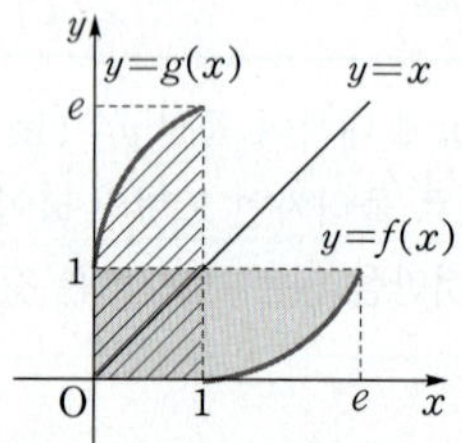

$$\therefore S_n = \int_0^1 g(x)dx \text{ (참)}$$ → 두 수의 대소 비교를 하는 방법에는 지금처럼 두 수를 빼는 방법이 있고 두 수를 나누는 방법이 있어. 즉, $b>0$이고 $\frac{a}{b}<1$일 때 $a<b$가 돼.

따라서 옳은 것은 ㄱ, ㄴ, ㄷ이다.

★ 다른 풀이 $a<b$일 때 $a-b<0$임을 이용한 풀이

Step 1 동일

Step 2 $S_n - S_{n+1}$을 직접 계산하여 대소를 비교한다.

ㄴ. $S_n - S_{n+1} = \left\{ e - \int_1^e (\ln x)^n dx \right\} - \left\{ e - \int_1^e (\ln x)^{n+1} dx \right\}$

$= \int_1^e \left\{ (\ln x)^{n+1} - (\ln x)^n \right\} dx < 0 \ (\because \text{ㄱ})$

$\therefore S_n < S_{n+1}$ (참) → 정적분의 성질에 의하여

$\int_1^e \{ (\ln x)^{n+1} - (\ln x)^n \} dx = \int_1^e (\ln x)^{n+1} dx - \int_1^e (\ln x)^n dx$ 이때 $\int_1^e (\ln x)^{n+1} dx < \int_1^e (\ln x)^n dx$이므로 위 식이 성립해.

Step 3 동일

🔅 알아야 할 기본개념

지수함수 $y=a^x (a>0, a≠1)$의 그래프

(ⅰ) $a>1$

(ⅱ) $0<a<1$

지수함수는 $a>1$이면 증가함수이고 $0<a<1$이면 감소함수이다.

즉, (ⅰ)에서 $x_1>x_2$일 때 $a^{x_1}>a^{x_2}$이고,

(ⅱ)에서는 $x_1>x_2$일 때 $a^{x_1}<a^{x_2}$이다.

수능포인트

ㄱ에서 묻고 있는 $\ln x$의 n제곱의 경우에는 지수함수에서의 n제곱과 똑같이 해석할 수 있고, 닫힌구간 $[1, e]$에서 $0≤\ln x≤1$이기 때문에 n제곱을 했을 때 n의 값이 더 커질수록 더 작은 함숫값을 갖는다는 것을 응용한 문제입니다. 따라서 n의 값의 변화에 따른 S_n의 함수를 보면 n의 값이 증가할 때 로그함수의 함숫값이 감소하며, 이때 넓이는 로그함수 위쪽의 영역이므로 그 값이 증가하여 S_n이 증가함수라는 것을 알 수 있습니다.

070 [정답률 67%]

주어진 식의 양변을 x에 대하여 미분하여 문제를 해결해!

정답 96

양수 a에 대하여 함수 $f(x)=\int_0^x (a-t)e^t dt$의 최댓값이 32이다. 곡선 $y=3e^x$과 두 직선 $x=a$, $y=3$으로 둘러싸인 부분의 넓이를 구하시오. (4점)

$\frac{d}{dx}\int_a^x f(t)dt = f(x)$

Step 1 $f(x)$가 극대일 때 최대가 됨을 이용하여 a의 값을 구한다.

$f(x)=\int_0^x (a-t)e^t dt$의 양변을 x에 대하여 미분하면

$f'(x)=(a-x)e^x$

→ $e^x>0$이므로 $x<a$이면 $a-x>0$ $\therefore f'(x)>0$ / $x>a$이면 $a-x<0$ $\therefore f'(x)<0$

$f'(a)=0$이고, $f'(x)$의 부호는 $x<a$에서 양수, $x>a$에서 음수

이므로 $f(x)$는 $x=a$에서 극댓값을 가진다. → $x=a$의 좌우에서 $f'(x)$의 부호가 양($+$)에서 음($-$)으로 바뀌면 $f(x)$는 $x=a$에서 극대이고, 극댓값 $f(a)$를 가져.

즉, $f(x)$는 $x=a$에서 최댓값 32를 가지므로

$f(a)=\int_0^a (a-t)e^t dt$

정적분의 부분적분법

$= \left[(a-t)e^t \right]_0^a - \int_0^a (-e^t)dt$ → $=-1×e^t$

$\int_a^b f'(t)g(t)dt = \left[f(t)g(t) \right]_a^b - \int_a^b f(t)g'(t)dt$ 이 문제에서는 $g(t)=a-t, f'(t)=e^t$으로 놓고 공식을 적용했어.

$=-a+\left[e^t \right]_0^a$

$=e^a-a-1=32$

$\therefore e^a-a=33$ ······ ㉠

Step 2 구한 a의 값을 이용하여 곡선과 두 직선으로 둘러싸인 부분의 넓이를 구한다. → 정확한 a의 값을 구하지는 않았지만 Step 1에서 ㉠과 같이 a에 대한 식을 알았으니까 이를 활용

곡선 $y=3e^x$과 두 직선 $x=a$, $y=3$으로 둘러싸인 부분은 오른쪽 그림의 색칠한 부분과 같으므로

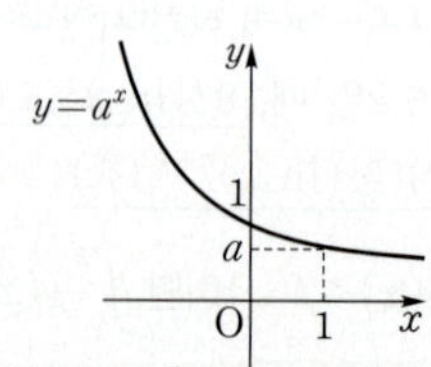

$\int_0^a (3e^x-3)dx = \left[3e^x-3x \right]_0^a$

$=3(e^a-a)-(3-0)$

$=3×33-3 \ (\because ㉠)$

$=96$ → 정확한 a의 값을 구하지 못했다고 당황하지 말고 끝까지 풀면 문제를 풀 수 있어!

071 [정답률 46%]　　정답 ⑤

함수 $f(x)=e^{-x}$과 자연수 n에 대하여 점 P_n, Q_n을 각각 $P_n(n,\ f(n))$, $Q_n(n+1,\ f(n))$이라 하자. 삼각형 $P_nP_{n+1}Q_n$의 넓이를 A_n, 선분 P_nP_{n+1}과 함수 $y=f(x)$의 그래프로 둘러싸인 도형의 넓이를 B_n이라 할 때, [보기]에서 옳은 것을 모두 고른 것은? (4점)

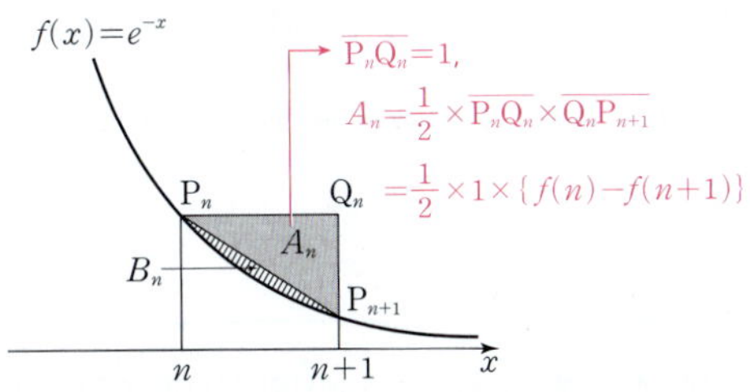

[보기]

ㄱ. $\displaystyle\int_n^{n+1}f(x)dx=f(n)-(A_n+B_n)$

　→ 정적분과 도형이 주어져 있을 때는 값을 도형에 대하여 생각할 수 있어야 해! 즉 $f(n)$은 위 그림에서 가로의 길이가 1, 세로의 길이가 $f(n)$인 직사각형의 넓이를 의미해.

ㄴ. $\displaystyle\sum_{n=1}^{\infty}A_n=\dfrac{1}{2e}$

ㄷ. $\displaystyle\sum_{n=1}^{\infty}B_n=\dfrac{3-e}{2e(e-1)}$

① ㄱ　　② ㄱ, ㄴ　　③ ㄱ, ㄷ

④ ㄴ, ㄷ　　⑤ ㄱ, ㄴ, ㄷ

Step 1　ㄱ, ㄴ, ㄷ의 주어진 식을 n에 대한 식으로 나타내고 등비급수를 이용하여 정리한다.

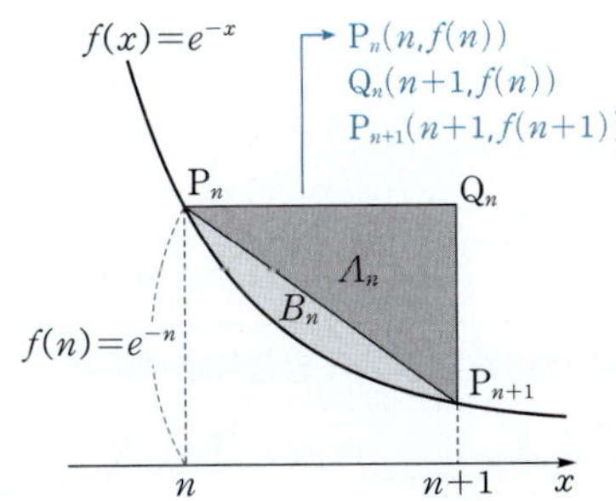

ㄱ. $\displaystyle\int_n^{n+1}f(x)dx$

$=$(가로, 세로의 길이가 각각 1, $f(n)$인 직사각형의 넓이)$-A_n-B_n$

$=1\times f(n)-(A_n+B_n)$

$=f(n)-(A_n+B_n)$ (참)

ㄴ. $A_n=\dfrac{1}{2}\times\overline{P_nQ_n}\times\overline{Q_nP_{n+1}}$

→ 함수 $f(x)=e^{-x}$에 x 대신 n을 대입한다.

$=\dfrac{1}{2}\times1\times\{f(n)-f(n+1)\}$

→ 함수 $f(x)=e^{-x}$에 x 대신 $n+1$을 대입한다.

$=\dfrac{1}{2}\{e^{-n}-e^{-(n+1)}\}$

$\therefore \displaystyle\sum_{n=1}^{\infty}A_n=\dfrac{1}{2}\left\{\sum_{n=1}^{\infty}e^{-n}-\sum_{n=1}^{\infty}e^{-(n+1)}\right\}$

$=\dfrac{1}{2}\left(\dfrac{e^{-1}}{1-e^{-1}}-\dfrac{e^{-2}}{1-e^{-1}}\right)$

→ 등비급수의 합 $\displaystyle\sum_{n=1}^{\infty}ar^{n-1}=\dfrac{a}{1-r}$ (단, $|r|<1$)

$=\dfrac{\dfrac{1}{e}-\dfrac{1}{e^2}}{2\left(1-\dfrac{1}{e}\right)}$

→ 분모, 분자에 각각 e^2을 곱하면 $\dfrac{e-1}{2(e^2-e)}=\dfrac{e-1}{2e(e-1)}=\dfrac{1}{2e}$이 돼.

$=\dfrac{1}{2e}$ (참)

ㄷ. $B_n=1\times f(n)-\displaystyle\int_n^{n+1}f(x)\,dx-A_n$

$=f(n)-\displaystyle\int_n^{n+1}e^{-x}\,dx-A_n$

→ 지수함수의 부정적분
(i) $\displaystyle\int e^x\,dx=e^x+C$
(ii) $\displaystyle\int e^{-x}\,dx=-e^{-x}+C$
(iii) $\displaystyle\int a^x\,dx=\dfrac{a^x}{\ln a}+C\ (a>0,a\neq1)$
단, 정적분일 때는 적분상수 C를 쓰지 않아.

$=e^{-n}-\left[-e^{-x}\right]_n^{n+1}-A_n$

$=e^{-n}+e^{-(n+1)}-e^{-n}-A_n$

$=e^{-(n+1)}-A_n$

$\therefore \displaystyle\sum_{n=1}^{\infty}B_n=\sum_{n=1}^{\infty}e^{-(n+1)}-\sum_{n=1}^{\infty}A_n$

$=\dfrac{e^{-2}}{1-e^{-1}}-\dfrac{1}{2e}$ ($\because$ ㄴ)

$=\dfrac{\dfrac{1}{e^2}}{1-\dfrac{1}{e}}-\dfrac{1}{2e}$

→ 분모, 분자에 각각 e^2을 곱하면 $\dfrac{1}{e^2-e}=\dfrac{1}{e(e-1)}$이 돼.

$=\dfrac{3-e}{2e(e-1)}$ (참)

따라서 옳은 것은 ㄱ, ㄴ, ㄷ이다.

❂ 다른 풀이　급수의 성질을 이용한 풀이

Step 1　급수 내에서 같은 항이 서로 상쇄됨을 이용하여 급수의 합을 구한다.

ㄱ. 동일

→ $=\displaystyle\sum_{n=1}^{\infty}e^{-1}\times e^{-(n-1)}$이므로 첫째항이 e^{-1}, 공비가 e^{-1}인 등비급수의 합

ㄴ. $\displaystyle\sum_{n=1}^{\infty}A_n=\dfrac{1}{2}\left\{\sum_{n=1}^{\infty}e^{-n}-\sum_{n=1}^{\infty}e^{-(n+1)}\right\}$

$=\dfrac{1}{2}\displaystyle\sum_{n=1}^{\infty}\left(\dfrac{1}{e^n}-\dfrac{1}{e^{n+1}}\right)$

→ $=\displaystyle\sum_{n=1}^{\infty}e^{-2}\times e^{-(n-1)}$이므로 첫째항이 e^{-2}, 공비가 e^{-1}인 등비급수의 합

$=\dfrac{1}{2}\left\{\left(\dfrac{1}{e}-\dfrac{1}{e^2}\right)+\left(\dfrac{1}{e^2}-\dfrac{1}{e^3}\right)+\left(\dfrac{1}{e^3}-\dfrac{1}{e^4}\right)+\cdots\right\}$

$=\dfrac{1}{2e}$ (참)

→ $=\displaystyle\lim_{n\to\infty}\left(\dfrac{1}{e}-\dfrac{1}{e^{n+1}}\right)=\dfrac{1}{e}$

Step 2　B_n을 구하고 등비급수의 합 공식을 이용하여 $\displaystyle\sum_{n=1}^{\infty}B_n$의 값을 구한다.

ㄷ. $B_n=\dfrac{1}{2}\times1\times\{f(n)+f(n+1)\}-\displaystyle\int_n^{n+1}f(x)\,dx$

$=\dfrac{e^{-n}+e^{-(n+1)}}{2}-\left[-e^{-x}\right]_n^{n+1}$

$=\dfrac{e^{-n}+e^{-(n+1)}}{2}+\{e^{-(n+1)}-e^{-n}\}$

$=\dfrac{3e^{-(n+1)}-e^{-n}}{2}$

$=\left(\dfrac{3}{2e^2}-\dfrac{1}{2e}\right)\times\dfrac{1}{e^{n-1}}$

→ 첫째항이 $\dfrac{3}{2e^2}-\dfrac{1}{2e}$, 공비가 $\dfrac{1}{e}$인 등비수열이야.

$\therefore \displaystyle\sum_{n=1}^{\infty}B_n=\dfrac{\dfrac{3}{2e^2}-\dfrac{1}{2e}}{1-\dfrac{1}{e}}=\dfrac{3-e}{2e(e-1)}$ (참)

→ 분모, 분자에 각각 $2e^2$을 곱하면 $\dfrac{3-e}{2e^2-2e}=\dfrac{3-e}{2e(e-1)}$가 돼.

072 [정답률 54%]　　　　　　정답 ②

닫힌구간 $\left[0, \dfrac{\pi}{2}\right]$에서 정의된 함수 $f(x)=\sin x$의 그래프
위의 한 점 $\mathrm{P}(a, \sin a)\left(0<a<\dfrac{\pi}{2}\right)$에서의 접선을 l이라 하자.
곡선 $y=f(x)$와 x축 및 직선 l로 둘러싸인 부분의 넓이와
곡선 $y=f(x)$와 x축 및 직선 $x=a$로 둘러싸인 부분의
넓이가 같을 때, $\cos a$의 값은? (4점)

→ $f'(a)=\cos a=$(접선 l의 기울기)

① $\dfrac{1}{6}$　　　② $\dfrac{1}{3}$　　　③ $\dfrac{1}{2}$

④ $\dfrac{2}{3}$　　　⑤ $\dfrac{5}{6}$

Step 1 주어진 두 부분의 넓이를 a에 대한 식으로 나타낸다.

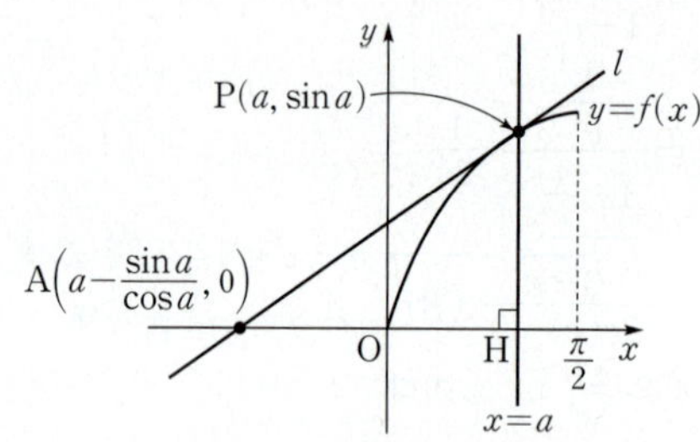

함수 $f(x)=\sin x$의 양변을 x에 대하여 미분하면
$f'(x)=\cos x$　　→ $x=a$에서의 접선의 기울기
따라서 $f'(a)=\cos a$이므로
점 $\mathrm{P}(a, \sin a)$에서의 접선 l의 방정식은
$y=\cos a(x-a)+\sin a$
이때 직선 l이 x축과 만나는 점을 A라 하면
$\mathrm{A}\left(a-\dfrac{\sin a}{\cos a},\ 0\right)$　→ 직선 l의 x절편이니까 직선 l의 방정식에 $y=0$을 대입
점 P에서 x축에 내린 수선의 발을 H라 하면 $\mathrm{H}(a, 0)$
곡선 $y=f(x)$와 x축 및 직선 l로 둘러싸인 부분의 넓이를 S_1,
곡선 $y=f(x)$와 x축 및 직선 $x=a$로 둘러싸인 부분의 넓이를 S_2라
하면

$S_1=\dfrac{1}{2}\times\dfrac{\sin a}{\cos a}\times\sin a-\displaystyle\int_0^a \sin x\, dx$

→ 삼각형 PAH의 넓이　$=f(x)$

$S_2=\displaystyle\int_0^a \sin x\, dx$

Step 2 $S_1=S_2$임을 이용하여 $\cos a$의 값을 구한다.

두 부분의 넓이가 같으므로 $S_1=S_2$에서　암기　$\sin^2 a+\cos^2 a=1$에서

$\dfrac{1}{2}\times\dfrac{\sin a}{\cos a}\times\sin a-\displaystyle\int_0^a \sin x\, dx=\displaystyle\int_0^a \sin x\, dx$　$\sin^2 a=1-\cos^2 a$

$\dfrac{\sin^2 a}{2\cos a}=2\displaystyle\int_0^a \sin x\, dx,\ \dfrac{1-\cos^2 a}{2\cos a}=-2\cos a+2$

$1-\cos^2 a=-4\cos^2 a+4\cos a,\ 3\cos^2 a-4\cos a+1=0$

$(3\cos a-1)(\cos a-1)=0$　→ $=\Big[-\cos x\Big]_0^a$

$\therefore \cos a=\dfrac{1}{3}$ 또는 $\cos a=1$　$=-\cos a+\cos 0$
　　　　　　　　　　　　　　　$=-\cos a+1$

이때 $0<a<\dfrac{\pi}{2}$이므로 $\cos a=\dfrac{1}{3}$

→ $0<\cos a<1$

073 [정답률 77%]　　　　　　정답 ①

실수 전체의 집합에서 미분가능한 함수 $f(x)$가 $f(0)=0$이고
모든 실수 x에 대하여 $f'(x)>0$이다. 곡선 $y=f(x)$ 위의 점
$\mathrm{A}(t, f(t))\ (t>0)$에서 x축에 내린 수선의 발을 B라 하고,
점 A를 지나고 점 A에서의 접선과 수직인 직선이 x축과
만나는 점을 C라 하자. 모든 양수 t에 대하여 삼각형 ABC의
넓이가 $\dfrac{1}{2}(e^{3t}-2e^{2t}+e^t)$일 때, 곡선 $y=f(x)$와 x축 및 직선
$x=1$로 둘러싸인 부분의 넓이는? (4점)

① $e-2$　　　② e　　　③ $e+2$

④ $e+4$　　　⑤ $e+6$

Step 1 점 A를 지나고 점 A에서의 접선과 수직인 직선의 방정식을
구한 후 점 C의 좌표를 구한다.

곡선 $y=f(x)$ 위의 점 $\mathrm{A}(t,\ f(t))$에서의 접선의 기울기는 $f'(t)$
이다.
점 A를 지나고 점 A에서의 접선과 수직인 직선을 l이라 하자.
직선 l의 기울기를 k라 하면
$k\times f'(t)=-1$이므로
$k=-\dfrac{1}{f'(t)}$　→ 두 직선이 서로 수직이므로 기울기의 곱이 -1이어야 해.

따라서 직선 l의 방정식은　→ 기울기가 $-\dfrac{1}{f'(t)}$이고 점 $\mathrm{A}(t, f(t))$를 지나는 직선이야.

기울기　$y=-\dfrac{1}{f'(t)}(x-t)+f(t)$　……㉠

→ 점 A의 y좌표　→ 점 A의 x좌표

㉠에 $y=0$을 대입하면

$0=-\dfrac{1}{f'(t)}(x-t)+f(t)$　→ 점 C는 x축 위의 점이므로 y좌표가 0이야.

$\dfrac{1}{f'(t)}(x-t)=f(t)$

$x-t=f(t)f'(t)$

$\therefore x=f(t)f'(t)+t$

따라서 점 C의 좌표는 $(f(t)f'(t)+t,\ 0)$이다.

Step 2 삼각형의 넓이를 이용하여 방정식을 세운다.

→ 직선 l이 x축과 만나는 점

$\mathrm{A}(t, f(t)),\ \mathrm{B}(t, 0),$
$\mathrm{C}(f(t)f'(t)+t,\ 0)$이므로

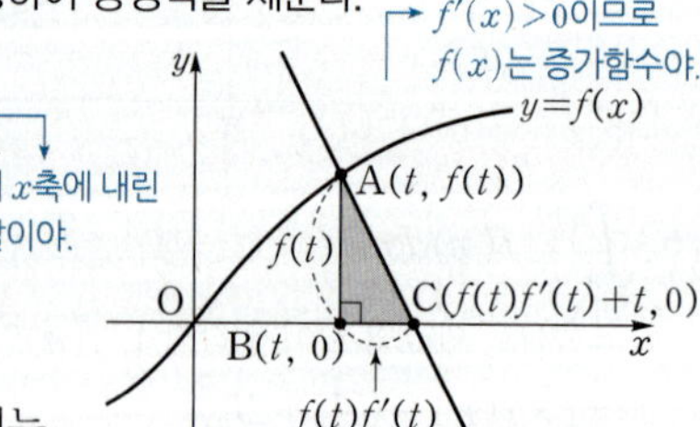

→ $f'(x)>0$이므로 $f(x)$는 증가함수야.

$\overline{\mathrm{AB}}=f(t),$
→ 점 A에서 x축에 내린 수선의 발이야.

$\overline{\mathrm{BC}}=\{f(t)f'(t)+t\}-t$
　　$=f(t)f'(t)$

따라서 삼각형 ABC의 넓이는

$\dfrac{1}{2}\times\overline{\mathrm{AB}}\times\overline{\mathrm{BC}}=\dfrac{1}{2}\times f(t)\times f(t)f'(t)$

$=\dfrac{1}{2}\{f(t)\}^2 f'(t)$

즉, $\dfrac{1}{2}\{f(t)\}^2 f'(t)=\dfrac{1}{2}(e^{3t}-2e^{2t}+e^t)$이므로

→ 문제에서 주어진 삼각형 ABC의 넓이야.

$\{f(t)\}^2 f'(t)=e^{3t}-2e^{2t}+e^t$　……ⓛ

Step 3 ⓛ의 양변을 적분하여 $f(t)$를 구한다.

ⓛ의 양변을 t에 대하여 적분하면

$$\int \{f(t)\}^2 f'(t)\,dt = \int (e^{3t} - 2e^{2t} + e^t)\,dt$$

$f(t) = x$로 놓으면 $f'(t)\,dt = dx$이므로

$$\int \{f(t)\}^2 f'(t)\,dt = \int x^2\,dx$$

> dx로 바꿔 줘.
> x로 바꿔 줘.

$$= \frac{1}{3}x^3 + C_1 \text{ (단, } C_1\text{은 적분상수)}$$

> x를 다시 $f(t)$로 바꿔 줘.

$$= \frac{1}{3}\{f(t)\}^3 + C_1$$

또한

> $\int e^{at}\,dt = \frac{1}{a}e^{at} + C$ (단, C는 적분상수)

$$\int (e^{3t} - 2e^{2t} + e^t)\,dt = \frac{1}{3}e^{3t} - 2 \times \frac{1}{2}e^{2t} + e^t + C_2 \text{ (단, } C_2\text{는 적분상수)}$$

$$= \frac{1}{3}e^{3t} - e^{2t} + e^t + C_2$$

이므로

> $= \int \{f(t)\}^2 f'(t)\,dt$

$$\frac{1}{3}\{f(t)\}^3 + C_1 = \frac{1}{3}e^{3t} - e^{2t} + e^t + C_2$$

> $= \int (e^{3t} - 2e^{2t} + e^t)\,dt$

$$\frac{1}{3}\{f(t)\}^3 = \frac{1}{3}e^{3t} - e^{2t} + e^t + C_2 - C_1$$

> C로 바꿔 줘.

$$\{f(t)\}^3 = e^{3t} - 3e^{2t} + 3e^t + 3(C_2 - C_1)$$

$$= e^{3t} - 3e^{2t} + 3e^t + C \text{ (단, } C = 3(C_2 - C_1))$$

이때 $f(0) = 0$이므로

> 문제에서 주어진 조건이야.

$$\{f(0)\}^3 = e^{3 \times 0} - 3e^{2 \times 0} + 3e^0 + C \text{에서}$$

$$0 = 1 - 3 + 3 + C$$

> 위 식에서 t에 0을 대입해.

$$\therefore C = -1$$

> $\{f(0)\}^3 = 0$

따라서

$$\{f(t)\}^3 = e^{3t} - 3e^{2t} + 3e^t - 1$$

$$= (e^t)^3 - 3(e^t)^2 + 3e^t - 1$$

$$= (e^t - 1)^3$$

> $e^t = x$로 놓으면
> $(e^t)^3 - 3(e^t)^2 + 3e^t - 1$
> $= x^3 - 3x^2 + 3x - 1$
> $= x^3 - 3 \times x^2 \times 1 + 3 \times x \times 1^2 - 1^3$
> $= (x-1)^3$
> $= (e^t - 1)^3$

이므로 $f(t) = e^t - 1$

Step 4 $\displaystyle\int_0^1 f(x)\,dx$의 값을 구한다.

곡선 $y = f(x)$와 x축 및 직선 $x = 1$로 둘러싸인 부분의 넓이는 오른쪽 그림에 의하여

$$\int_0^1 f(x)\,dx = \int_0^1 (e^x - 1)\,dx$$

> $= e^x - 1$

$$= \left[e^x - x \right]_0^1$$

$$= (e^1 - 1) - (e^0 - 0)$$

$$= (e - 1) - 1$$

$$= e - 2$$

> $e^x - x$에 $x = 0$을 대입
> $e^x - x$에 $x = 1$을 대입

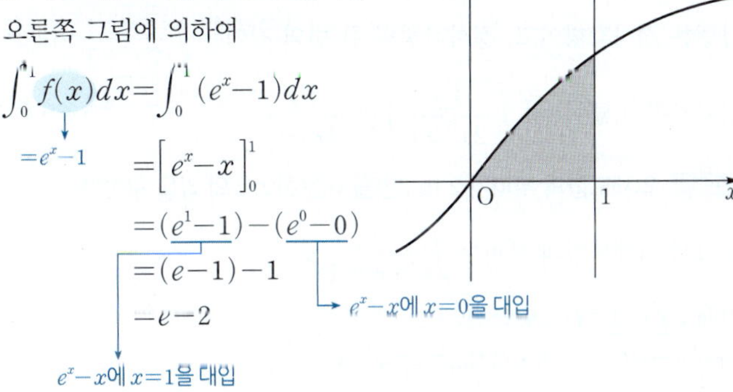

---

074 [정답률 4/%]　　정답 ④

함수 $f(x) = \sin \dfrac{x^2}{2}$에 대한 설명으로 옳은 것만을 [보기]에서 있는 대로 고른 것은? (4점)

[보기]

ㄱ. $0 < x < 1$일 때, $x^2 \sin \dfrac{x^2}{2} < f(x) < \cos \dfrac{x^2}{2}$이다.

ㄴ. 구간 $(0, 1)$에서 곡선 $y = f(x)$는 위로 볼록하다.

> 이계도함수 $f''(x)$의 부호를 확인해.

ㄷ. $\displaystyle\int_0^1 f(x)\,dx \leq \dfrac{1}{2} \sin \dfrac{1}{2}$

① ㄱ　　② ㄴ　　③ ㄱ, ㄴ
④ ㄱ, ㄷ　　⑤ ㄴ, ㄷ

> 이 값이 $\dfrac{1}{2}f(1)$과 같음을 이용해.

Step 1 $0 < x < 1$일 때 $0 < \dfrac{x^2}{2} < \dfrac{1}{2} < \dfrac{\pi}{4}$임을 이용한다.

ㄱ. $0 < x < 1$일 때, $0 < x^2 < 1$이고

$0 < \sin \dfrac{x^2}{2} < 1$이므로 $x^2 < 1$의 양변에 $\sin \dfrac{x^2}{2}$을 곱하면

$$x^2 \sin \dfrac{x^2}{2} < \sin \dfrac{x^2}{2} \quad \cdots\cdots ㉠$$

> $0 < x < 1$일 때 $\sin \dfrac{x^2}{2}$은 0보다 크니까 부등호의 방향은 그대로야!

또 $0 < x < 1$일 때, $0 < \dfrac{x^2}{2} < \dfrac{1}{2} < \dfrac{\pi}{4}$이므로

> $\pi = 3.1415\cdots$

$$\sin \dfrac{x^2}{2} < \cos \dfrac{x^2}{2} \quad \cdots\cdots ㉡$$

> $0 < \theta < \dfrac{\pi}{4}$일 땐 $\sin\theta < \cos\theta$야!

㉠, ㉡에서 $x^2 \sin \dfrac{x^2}{2} < \sin \dfrac{x^2}{2} < \cos \dfrac{x^2}{2}$

$$\therefore x^2 \sin \dfrac{x^2}{2} < f(x) < \cos \dfrac{x^2}{2} \text{ (참)}$$

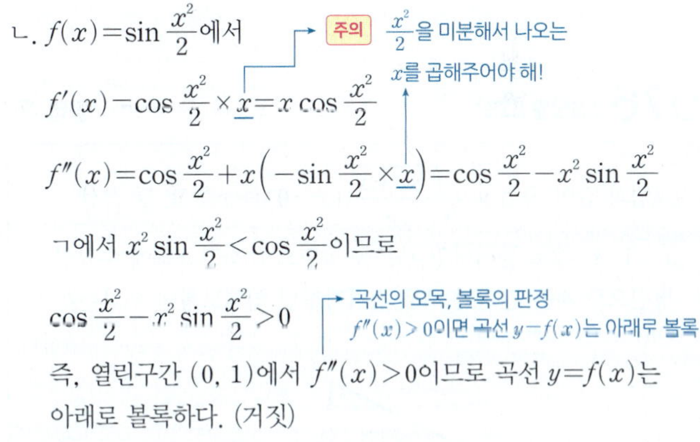

Step 2 $f''(x)$를 구해서 곡선 $y = f(x)$의 오목·볼록을 확인한다.

ㄴ. $f(x) = \sin \dfrac{x^2}{2}$에서

> **주의** $\dfrac{x^2}{2}$을 미분해서 나오는 x를 곱해주어야 해!

$$f'(x) = \cos \dfrac{x^2}{2} \times x = x \cos \dfrac{x^2}{2}$$

$$f''(x) = \cos \dfrac{x^2}{2} + x\left(-\sin \dfrac{x^2}{2} \times x \right) = \cos \dfrac{x^2}{2} - x^2 \sin \dfrac{x^2}{2}$$

ㄱ에서 $x^2 \sin \dfrac{x^2}{2} < \cos \dfrac{x^2}{2}$이므로

$$\cos \dfrac{x^2}{2} - x^2 \sin \dfrac{x^2}{2} > 0$$

> 곡선의 오목, 볼록의 판정
> $f''(x) > 0$이면 곡선 $y = f(x)$는 아래로 볼록

즉, 열린구간 $(0, 1)$에서 $f''(x) > 0$이므로 곡선 $y = f(x)$는 아래로 볼록하다. (거짓)

Step 3 그래프의 개형을 이용하여 대소를 비교한다.

ㄷ. 오른쪽 그림에서 $\overline{OA} = 1$, $\overline{AB} = \sin \dfrac{1}{2}$

$$\dfrac{1}{2} \sin \dfrac{1}{2} = \dfrac{1}{2} \times 1 \times \sin \dfrac{1}{2}$$은

삼각형 OAB의 넓이이고, 곡선 $y = f(x)$는 구간 $(0, 1)$에서 아래로 볼록하므로 $\displaystyle\int_0^1 f(x)\,dx$는 어두운 부분의 넓이이다.

$$\therefore \int_0^1 f(x)\,dx \leq \dfrac{1}{2} \sin \dfrac{1}{2} \text{ (참)}$$

> $f(1) = \sin \dfrac{1}{2}$

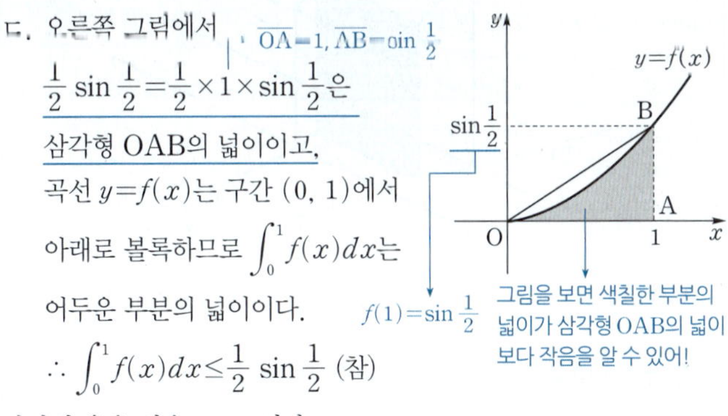

> 그림을 보면 색칠한 부분의 넓이가 삼각형 OAB의 넓이보다 작음을 알 수 있어!

따라서 옳은 것은 ㄱ, ㄷ이다.

075 [정답률 88%]   정답 ③

그림과 같이 곡선 $y=\dfrac{2}{\sqrt{x}}$ 와 x축 및 두 직선 $x=1$, $x=4$로 둘러싸인 부분을 밑면으로 하고 x축에 수직인 평면으로 자른 단면이 모두 정사각형인 입체도형의 부피는? (3점)

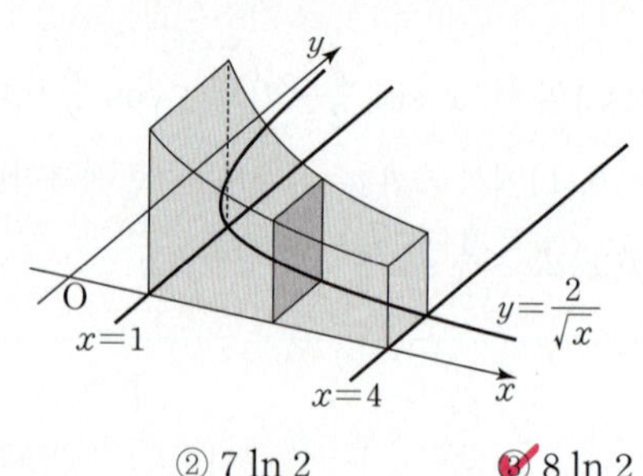

① $6 \ln 2$ ② $7 \ln 2$ ③ $8 \ln 2$
④ $9 \ln 2$ ⑤ $10 \ln 2$

Step 1 정적분을 이용하여 입체도형의 부피를 구한다.

x좌표가 $t\ (1\le t\le 4)$인 점을 지나고 x축에 수직인 평면으로 자른 단면의 넓이를 $S(t)$라 하면 $S(t)=\left(\dfrac{2}{\sqrt{t}}\right)^2=\dfrac{4}{t}$

따라서 입체도형의 부피는 → 한 변의 길이가 $\dfrac{2}{\sqrt{t}}$ 인 정사각형

$$\int_1^4 S(t)dt=\int_1^4 \frac{4}{t}dt=\left[4\ln t\right]_1^4=8\ln 2$$

→ $=4\ln 4-4\ln 1=4\ln 2^2-0$

076 [정답률 83%]   정답 ②

그림과 같이 곡선 $y=\sqrt{\dfrac{3x+1}{x^2}}\ (x>0)$과 x축 및 두 직선 $x=1$, $x=2$로 둘러싸인 부분을 밑면으로 하고 x축에 수직인 평면으로 자른 단면이 모두 정사각형인 입체도형의 부피는?

(3점)

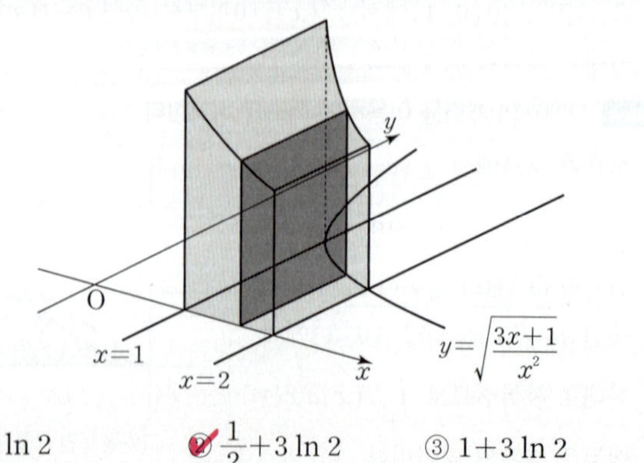

① $3\ln 2$ ② $\dfrac{1}{2}+3\ln 2$ ③ $1+3\ln 2$
④ $\dfrac{1}{2}+4\ln 2$ ⑤ $1+4\ln 2$

Step 1 x축에 수직인 평면으로 자른 단면의 넓이를 구한다.

x좌표가 $t\ (1\le t\le 2)$인 점을 지나고 x축에 수직인 평면으로 자른 단면은 한 변의 길이가 $\sqrt{\dfrac{3t+1}{t^2}}$ 인 정사각형이므로 단면의 넓이를 $S(t)$라 하면

→ $y=\sqrt{\dfrac{3x+1}{x^2}}$ 에서 $x=t$일 때의 y좌표가 한 변의 길이야.

$$S(t)=\left(\sqrt{\frac{3t+1}{t^2}}\right)^2=\frac{3t+1}{t^2}$$

따라서 입체도형의 부피는

$$\int_1^2 S(t)dt=\int_1^2 \frac{3t+1}{t^2}dt=\int_1^2\left(\frac{3}{t}+\frac{1}{t^2}\right)dt$$
$$=\left[3\ln|t|-\frac{1}{t}\right]_1^2$$
$$=\left(3\ln 2-\frac{1}{2}\right)-(0-1)=\frac{1}{2}+3\ln 2$$

→ $\int\dfrac{1}{t^2}dt=\int t^{-2}dt$

$=-t^{-1}+C$

$=-\dfrac{1}{t}+C$

(단, C는 적분상수)

077 [정답률 83%]   정답 ③

그림과 같이 양수 k에 대하여 곡선 $y=\sqrt{\dfrac{kx}{2x^2+1}}$ 와 x축 및 두 직선 $x=1$, $x=2$로 둘러싸인 부분을 밑면으로 하고 x축에 수직인 평면으로 자른 단면이 모두 정사각형인 입체도형의 부피가 $2\ln 3$일 때, k의 값은? (3점)

→ 한 변의 길이만 구하면 된다.

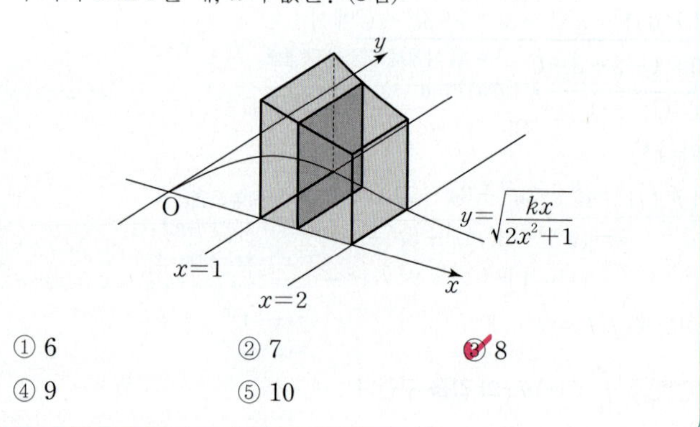

① 6   ② 7   ③ 8
④ 9   ⑤ 10

Step 1 정사각형의 넓이를 구한다.

단면은 정사각형이고, 정사각형의 한 변의 길이는 $\sqrt{\dfrac{kx}{2x^2+1}}$ 이므로 정사각형의 넓이는 $\left(\sqrt{\dfrac{kx}{2x^2+1}}\right)^2=\dfrac{kx}{2x^2+1}$

→ 함숫값과 같다.

Step 2 입체도형의 부피가 $2\ln 3$임을 이용하여 k의 값을 구한다.

따라서 입체도형의 부피는 $\displaystyle\int_1^2 \frac{kx}{2x^2+1}dx$

이때 $2x^2+1=t$로 놓으면

$4x\,dx=dt$ → 적분식이 까다로우므로 치환을 이용

따라서 $x=1$일 때 $t=3$, $x=2$일 때 $t=9$이므로 주어진 식은

$$\int_3^9\left(\frac{k}{4}\times\frac{1}{t}\right)dt=\frac{k}{4}\int_3^9\frac{1}{t}dt$$
$$=\frac{k}{4}\left[\ln t\right]_3^9$$
$$=\frac{k}{4}(\ln 9-\ln 3)$$
$$=\frac{k}{4}\ln 3=2\ln 3$$

→ $\ln\dfrac{9}{3}=\ln 3$

→ $\dfrac{k}{4}=2$

$\therefore k=8$

078 [정답률 87%] 정답 ④

그림과 같이 곡선 $y=2\sqrt{x}\,e^{-x^2}$과 x축 및 두 직선 $x=\dfrac{1}{2}$, $x=1$로 둘러싸인 부분을 밑면으로 하는 입체도형이 있다. 이 입체도형을 x축에 수직인 평면으로 자른 단면이 모두 정사각형일 때, 이 입체도형의 부피는? (3점)

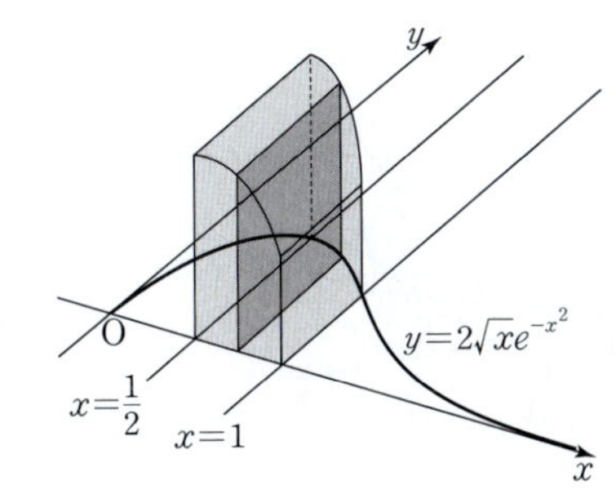

① $e^{-1}-e^{-2}$ ② $e^{-\frac{1}{2}}-e^{-1}$ ③ $e^{-\frac{1}{2}}-2e^{-2}$

④ $e^{-\frac{1}{2}}-e^{-2}$ ⑤ $2e^{-\frac{1}{2}}-e^{-2}$

Step 1 치환적분법을 이용하여 입체도형의 부피를 구한다.

직선 $x=t\left(\dfrac{1}{2}\le t\le 1\right)$를 포함하고 x축에 수직인 평면으로 입체도형을 자른 단면의 넓이를 $S(t)$라 하면 → 정사각형

$$S(t)=\left(2\sqrt{t}\,e^{-t^2}\right)^2=4te^{-2t^2}$$

따라서 입체도형의 부피는 $\displaystyle\int_{\frac{1}{2}}^{1}S(t)\,dt=\int_{\frac{1}{2}}^{1}4te^{-2t^2}\,dt$

$-2t^2=s$라 하면 $-4t=\dfrac{ds}{dt}$이고 $t=\dfrac{1}{2}$일 때 $s=-\dfrac{1}{2}$, $t=1$일 때 $s=-2$이므로

$$\int_{\frac{1}{2}}^{1}S(t)\,dt=\int_{-\frac{1}{2}}^{-2}(-e^s)\,ds=\int_{-2}^{-\frac{1}{2}}e^s\,ds$$
$$=\Big[e^s\Big]_{-2}^{-\frac{1}{2}}=e^{-\frac{1}{2}}-e^{-2}$$

→ $\displaystyle\int_a^b f(x)\,dx=-\int_b^a f(x)\,dx$

079 [정답률 75%] 정답 ③

그림과 같이 곡선 $y=\sqrt{(1-2x)\cos x}\left(\dfrac{3}{4}\pi\le x\le\dfrac{5}{4}\pi\right)$와 x축 및 두 직선 $x=\dfrac{3}{4}\pi$, $x=\dfrac{5}{4}\pi$로 둘러싸인 부분을 밑면으로 하는 입체도형이 있다. 이 입체도형을 x축에 수직인 평면으로 자른 단면이 모두 정사각형일 때, 이 입체도형의 부피는? (3점)

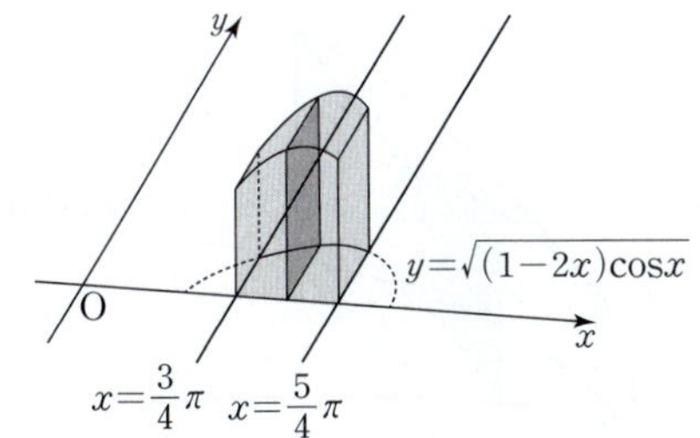

① $\sqrt{2}\pi-\sqrt{2}$ ② $\sqrt{2}\pi-1$ ③ $2\sqrt{2}\pi-\sqrt{2}$

④ $2\sqrt{2}\pi-1$ ⑤ $2\sqrt{2}\pi$

Step 1 정적분을 이용하여 입체도형의 부피를 구한다.

$x=t\left(\dfrac{3}{4}\pi\le t\le\dfrac{5}{4}\pi\right)$일 때 입체도형을 x축에 수직인 평면으로 자른 단면은 한 변의 길이가 $\sqrt{(1-2t)\cos t}$인 정사각형이므로 단면의 넓이는 $(1-2t)\cos t$이다.

따라서 입체도형의 부피는

→ 부분적분법 이용

$$\int_{\frac{3}{4}\pi}^{\frac{5}{4}\pi}(1-2t)\cos t\,dt$$
$$=\Big[(1-2t)\sin t\Big]_{\frac{3}{4}\pi}^{\frac{5}{4}\pi}-2\int_{\frac{3}{4}\pi}^{\frac{5}{4}\pi}(-\sin t)\,dt$$
$$=\left\{\left(1-\dfrac{5}{2}\pi\right)\times\left(-\dfrac{\sqrt{2}}{2}\right)-\left(1-\dfrac{3}{2}\pi\right)\times\dfrac{\sqrt{2}}{2}\right\}-2\Big[\cos t\Big]_{\frac{3}{4}\pi}^{\frac{5}{4}\pi}$$
$$=2\sqrt{2}\pi-\sqrt{2}$$

$$=\cos\dfrac{5}{4}\pi-\cos\dfrac{3}{4}\pi$$
$$=-\dfrac{\sqrt{2}}{2}-\left(-\dfrac{\sqrt{2}}{2}\right)=0$$

080 [정답률 51%]

정답 340

그림과 같이 두 곡선 $y=2\sqrt{2x}+1$, $y=\sqrt{2x}$와 y축 및 직선 $x=2$로 둘러싸인 도형을 밑면으로 하는 입체도형이 있다. 이 입체도형을 x축에 수직인 평면으로 자른 단면이 모두 정사각형일 때, 이 입체도형의 부피를 V라 하자. $30V$의 값을 구하시오.

(4점)

$y=2\sqrt{2x}+1$
$y=\sqrt{2x}$

Step 1 $x=t$에서의 단면의 넓이를 $S(t)$라 하고 $S(t)$를 t에 대한 식으로 나타낸다.

입체도형을 직선 $x=t$ $(0\le t\le 2)$에서 x축에 수직인 평면으로 자른 단면의 넓이를 $S(t)$라 하면

$$S(t)=\{(2\sqrt{2t}+1)-\sqrt{2t}\}^2$$

$x=t$에서 자른 단면은 한 변의 길이가 $(2\sqrt{2t}+1)-\sqrt{2t}=\sqrt{2t}+1$인 정사각형이야.

$$=(\sqrt{2t}+1)^2$$
$$=2t+1+2\sqrt{2t}$$

Step 2 정적분을 이용하여 입체도형의 부피를 구한다.

구하는 입체도형의 부피는

$$V=\int_0^2(2t+1+2\sqrt{2t})\,dt$$

$2\sqrt{2t}=2\sqrt{2}\sqrt{t}$로 놓으면 실수를 줄일 수 있어.

$$=\left[t^2+t+\frac{4\sqrt{2}}{3}t\sqrt{t}\right]_0^2$$

$$=\left(4+2+\frac{16}{3}\right)-0$$

$\left(2^2+2+\dfrac{4\sqrt{2}}{3}\times 2\sqrt{2}\right)-0$
$=4+2+\dfrac{4\times 2\times 2}{3}$

$$=\frac{34}{3}$$

$=6+\dfrac{16}{3}=\dfrac{34}{3}$

$$\therefore 30V=30\times\frac{34}{3}=340$$

081 [정답률 83%]

정답 ③

그림과 같이 양수 k에 대하여 함수 $f(x)=2\sqrt{x}\,e^{kx^2}$의 그래프와 x축 및 두 직선 $x=\dfrac{1}{\sqrt{2k}}$, $x=\dfrac{1}{\sqrt{k}}$로 둘러싸인 부분을 밑면으로 하고 x축에 수직인 평면으로 자른 단면이 모두 정삼각형인 입체도형의 부피가 $\sqrt{3}(e^2-e)$일 때, k의 값은?

(4점)

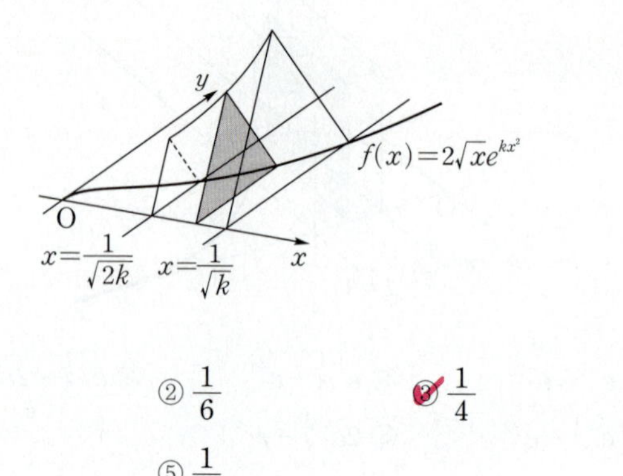

① $\dfrac{1}{12}$ ② $\dfrac{1}{6}$ ❸ $\dfrac{1}{4}$

④ $\dfrac{1}{3}$ ⑤ $\dfrac{1}{2}$

Step 1 주어진 입체도형의 부피를 정적분으로 나타낸다.

$\dfrac{1}{\sqrt{2k}}\le t\le\dfrac{1}{\sqrt{k}}$인 실수 t에 대하여 직선 $x=t$를 포함하고 x축에 수직인 평면으로 입체도형을 자른 단면의 넓이를 $S(t)$라 하면

$$S(t)=\frac{\sqrt{3}}{4}\times\{f(t)\}^2=\frac{\sqrt{3}}{4}\times(2\sqrt{t}\,e^{kt^2})^2$$

$$=\sqrt{3}\,t\,e^{2kt^2}$$

정삼각형의 한 변의 길이

따라서 주어진 입체도형의 부피는

$$\int_{\frac{1}{\sqrt{2k}}}^{\frac{1}{\sqrt{k}}}\sqrt{3}\,t\,e^{2kt^2}\,dt$$

Step 2 치환적분법을 이용하여 양수 k의 값을 구한다.

$$\int_{\frac{1}{\sqrt{2k}}}^{\frac{1}{\sqrt{k}}}\sqrt{3}\,t\,e^{2kt^2}\,dt=\sqrt{3}\int_{\frac{1}{\sqrt{2k}}}^{\frac{1}{\sqrt{k}}}t\,e^{2kt^2}\,dt$$

$\sqrt{3}$을 정적분 앞으로 빼줄 수 있어.

이때 $t^2=u$로 치환하고 양변을 u에 대하여 미분하면

$$2t\times\frac{dt}{du}=1\qquad\therefore du=2t\times dt$$

$t=\dfrac{1}{\sqrt{2k}}$일 때 $u=\dfrac{1}{2k}$, $t=\dfrac{1}{\sqrt{k}}$일 때 $u=\dfrac{1}{k}$이므로

$$\sqrt{3}\int_{\frac{1}{\sqrt{2k}}}^{\frac{1}{\sqrt{k}}}t\,e^{2kt^2}\,dt=\sqrt{3}\int_{\frac{1}{2k}}^{\frac{1}{k}}\frac{1}{2}e^{2ku}\,du$$

$=\dfrac{1}{2}\times e^{2kt^2}\times 2t\,dt$

$$=\sqrt{3}\times\left[\frac{1}{4k}e^{2ku}\right]_{\frac{1}{2k}}^{\frac{1}{k}}$$

$$=\sqrt{3}\times\left(\frac{1}{4k}e^2-\frac{1}{4k}e\right)$$

$$=\frac{\sqrt{3}}{4k}(e^2-e)$$

입체도형의 부피가 $\sqrt{3}(e^2-e)$이므로

$$\frac{\sqrt{3}}{4k}(e^2-e)=\sqrt{3}(e^2-e)$$

$$4k=1\qquad\therefore k=\frac{1}{4}$$

082 [정답률 65%]　　정답 ④

그림과 같이 함수

$$f(x)=\begin{cases} e^{-x} & (x<0) \\ \sqrt{\ln(x+1)+1} & (x\geq0) \end{cases}$$

$$\lim_{x\to0-}e^{-x}=1 \qquad \lim_{x\to0+}\sqrt{\ln(x+1)+1}$$
$$=f(0)=1$$

의 그래프 위의 점 $P(x,\ f(x))$에서 x축에 내린 수선의 발을 H라 하고, 선분 PH를 한 변으로 하는 정사각형을 x축에 수직인 평면 위에 그린다. 점 P의 x좌표가 $x=-\ln 2$에서 $x=e-1$까지 변할 때, 이 정사각형이 만드는 입체도형의 부피는? (4점)

$x=0$을 기준으로 범위를 나누어 구해.

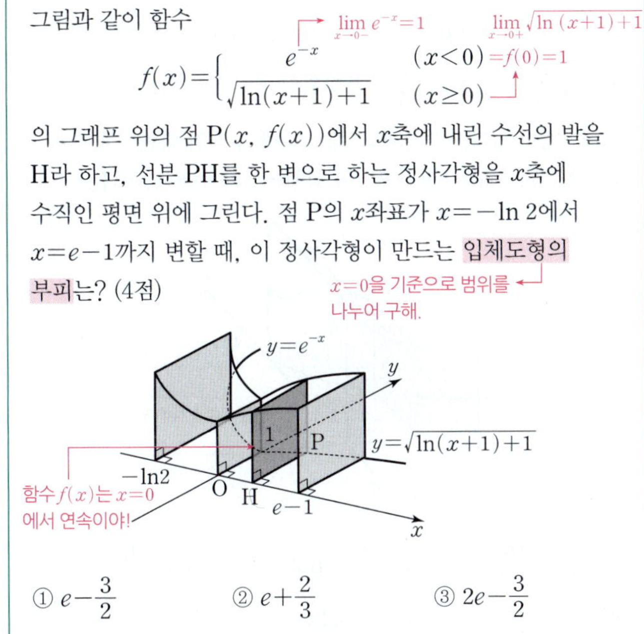

① $e-\dfrac{3}{2}$　　② $e+\dfrac{2}{3}$　　③ $2e-\dfrac{3}{2}$

④ $e+\dfrac{3}{2}$　　⑤ $2e-\dfrac{2}{3}$

Step 1 x의 값에 따른 **입체도형의 단면의 넓이를 구한다.**

함수 $f(x)$가

입체도형의 단면은 정사각형이므로 한 변의 길이를 알면 그 넓이를 구할 수 있어

$$f(x)=\begin{cases} e^{-x} & (x<0) \\ \sqrt{\ln(x+1)+1} & (x\geq0) \end{cases}$$

이므로

$x<0$일 때, $\overline{PH}=e^{-x}$

$x\geq0$일 때, $\overline{PH}=\sqrt{\ln(x+1)+1}$

이때 선분 PH를 한 변으로 하는 정사각형의 넓이는

각 식에서 양변을 제곱한 거야.

$x<0$일 때 $\overline{PH}^2=e^{-2x}$　　…… ㉠

$x\geq0$일 때 $\overline{PH}^2=\ln(x+1)+1$　　…… ㉡

Step 2 $x=-\ln 2$에서 $x=0$까지 점 P의 x좌표가 변할 때의 입체도형의 부피를 구한다.

구하는 입체도형의 부피를 V라 하면 ㉠, ㉡에서

$$V=\int_{-\ln 2}^{0} e^{-2x}\,dx+\int_{0}^{e-1}\{\ln(x+1)+1\}\,dx$$

이때 $V_1=\displaystyle\int_{-\ln 2}^{0} e^{-2x}\,dx$, $V_2=\displaystyle\int_{0}^{e-1}\{\ln(x+1)+1\}\,dx$라 하고, V_1, V_2의 값을 각각 구해 보면 다음과 같다.

$$V_1=\int_{-\ln 2}^{0} e^{-2x}\,dx$$

$(e^{-2x})'=(-2x)'\times e^{-2x}=-2e^{-2x}$ 임을 이용한 거야.

$$=\left[-\frac{1}{2}e^{-2x}\right]_{-\ln 2}^{0}$$

$e^0=1$

$$=-\frac{1}{2}\times 1-\left(-\frac{1}{2}\times e^{2\ln 2}\right)$$

$$=-\frac{1}{2}+\frac{1}{2}\times 4 \qquad e^{2\ln 2}=e^{\ln 4}=4^{\ln e}=4$$

$$=\frac{3}{2}$$

Step 3 $x=0$에서 $x=e-1$까지 점 P의 x좌표가 변할 때의 입체도형의 부피를 구한다.

$$V_2=\int_{0}^{e-1}\{\ln(x+1)+1\}\,dx$$에서

$x+1=t$로 치환하면 $dx=dt$이고

$x=0$일 때 $t=1$, $x=e-1$일 때 $t=e$이므로

치환적분법

$$V_2=\int_{1}^{e}(\ln t+1)\,dt$$

$u=\ln t+1$, $v'=1$이라 하면 $u'=\dfrac{1}{t}$, $v=t$이므로

부분적분법

$$V_2=\int_{1}^{e}(\ln t+1)\,dt \rightarrow \int uv'\,dt=uv-\int u'v\,dt$$

$$=\left[t(\ln t+1)\right]_{1}^{e}-\int_{1}^{e}\left(t\times\frac{1}{t}\right)dt$$

$$=e(\ln e+1)-1\times 1-\int_{1}^{e}1\,dt \rightarrow \left[t\right]_{1}^{e}=e-1$$

$$=2e-1-(e-1)=e$$

따라서 구하는 입체도형의 부피는

$$V=V_1+V_2=e+\frac{3}{2}$$

083 [정답률 84%]　　정답 ③

그림과 같이 곡선 $y=\sqrt{(5-x)\ln x}$ $(2\leq x\leq4)$와 x축 및 두 직선 $x=2$, $x=4$로 둘러싸인 부분을 밑면으로 하는 입체도형이 있다. 이 입체도형을 x축에 수직인 평면으로 자른 단면이 모두 정사각형일 때, 이 입체도형의 부피는? (3점)

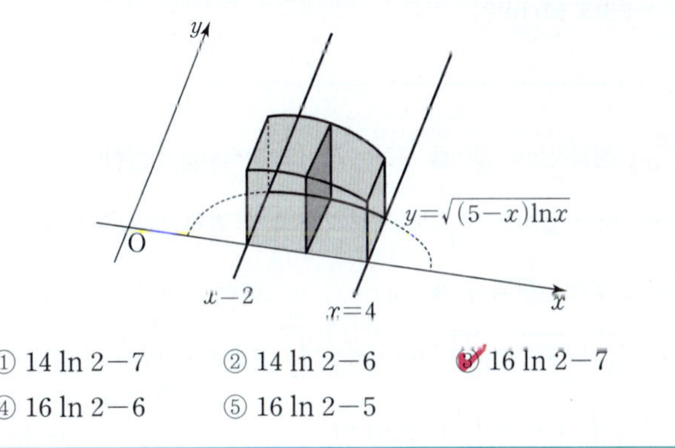

① $14\ln 2-7$　　② $14\ln 2-6$　　③ $16\ln 2-7$

④ $16\ln 2-6$　　⑤ $16\ln 2-5$

Step 1 x축에 수직인 평면으로 자른 단면의 넓이를 구한다.

x좌표가 $t(2\leq t\leq4)$인 점을 지나고 x축에 수직인 평면으로 자른 단면은 한 변의 길이가 $\sqrt{(5-t)\ln t}$인 정사각형이므로 단면의 넓이를 $S(t)$라 하면

$$S(t)=\left(\sqrt{(5-t)\ln t}\right)^2=(5-t)\ln t$$

Step 2 부분적분법을 이용하여 부피를 구한다.

따라서 구하는 부피는

$$\int_2^4 S(t)\,dt \quad\rightarrow\quad \int u'v\,dt = uv - \int uv'\,dt \text{에서 } u' = 5-t,\ v = \ln t \text{로 놓고}$$

부분적분법을 이용 $\left(5t - \frac{1}{2}t^2\right) \times \frac{1}{t}$

$$= \int_2^4 (5-t)\ln t\,dt$$

$$= \left[\left(5t - \frac{1}{2}t^2\right)\ln t\right]_2^4 - \int_2^4 \left(5 - \frac{1}{2}t\right)dt$$

$$= (12\ln 4 - 8\ln 2) - \left[5t - \frac{1}{4}t^2\right]_2^4$$

$\rightarrow = 24\ln 2$

$$= 16\ln 2 - (16 - 9) = 16\ln 2 - 7$$

---

084 [정답률 86%] 정답 ①

그림과 같이 곡선 $y = \sqrt{x + x\ln x}$와 x축 및 두 직선 $x=1$, $x=2$로 둘러싸인 부분을 밑면으로 하는 입체도형이 있다. 이 입체도형을 x축에 수직인 평면으로 자른 단면이 모두 정삼각형일 때, 이 입체도형의 부피는? (3점)

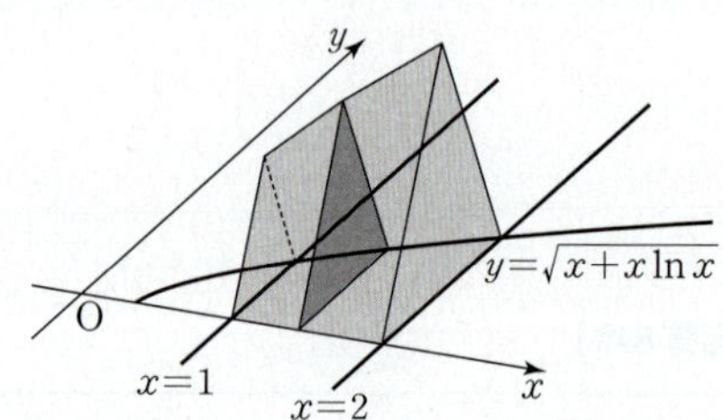

① $\dfrac{\sqrt{3}(3 + 8\ln 2)}{16}$

② $\dfrac{\sqrt{3}(5 + 12\ln 2)}{24}$

③ $\dfrac{\sqrt{3}(1 + 12\ln 2)}{16}$

④ $\dfrac{\sqrt{3}(1 + 2\ln 2)}{4}$

⑤ $\dfrac{\sqrt{3}(1 + 9\ln 2)}{12}$

Step 1 정삼각형의 넓이를 구하는 공식과 정적분을 이용한다.

$$(\text{정삼각형의 넓이}) = \frac{\sqrt{3}}{4} \times (\text{정삼각형의 한 변의 길이})^2 \text{이므로}$$

(구하는 입체도형의 부피)

$$= \int_1^2 \frac{\sqrt{3}}{4}(\sqrt{x + x\ln x})^2\,dx = \frac{\sqrt{3}}{4}\int_1^2 (x + x\ln x)\,dx$$

부분적분법

$v = \ln x,\ u' = x$ 라 하면 $v' = \frac{1}{x},\ u = \frac{1}{2}x^2$

$$= \frac{\sqrt{3}}{4}\left(\int_1^2 x\,dx + \int_1^2 x\ln x\,dx\right)$$

$\int_1^2 vu'\,dx = \left[vu\right]_1^2 - \int_1^2 v'u\,dx$ 이므로

$$= \frac{\sqrt{3}}{4}\left(\int_1^2 x\,dx + \left[\frac{1}{2}x^2\ln x\right]_1^2 - \int_1^2 \frac{1}{2}x\,dx\right)$$

$\int_1^2 x\ln x\,dx = \left[\frac{1}{2}x^2\ln x\right]_1^2 - \int_1^2 \frac{1}{2}x\,dx$

$$= \frac{\sqrt{3}}{4}\left(\int_1^2 \frac{1}{2}x\,dx + 2\ln 2\right) = \frac{\sqrt{3}}{4}\left(\left[\frac{1}{4}x^2\right]_1^2 + 2\ln 2\right)$$

$\int_1^2 x\,dx - \int_1^2 \frac{1}{2}x\,dx = \int_1^2 \frac{1}{2}x\,dx$

$$= \frac{\sqrt{3}}{4}\left(\frac{3}{4} + 2\ln 2\right) = \frac{\sqrt{3}(3 + 8\ln 2)}{16}$$

---

085 [정답률 72%] 정답 ④

그림과 같이 곡선 $y = \sqrt{\sec^2 x + \tan x}\ \left(0 \le x \le \dfrac{\pi}{3}\right)$와 x축, y축 및 직선 $x = \dfrac{\pi}{3}$로 둘러싸인 부분을 밑면으로 하는 입체도형이 있다. 이 입체도형을 x축에 수직인 평면으로 자른 단면이 모두 정사각형일 때, 이 입체도형의 부피는? (3점)

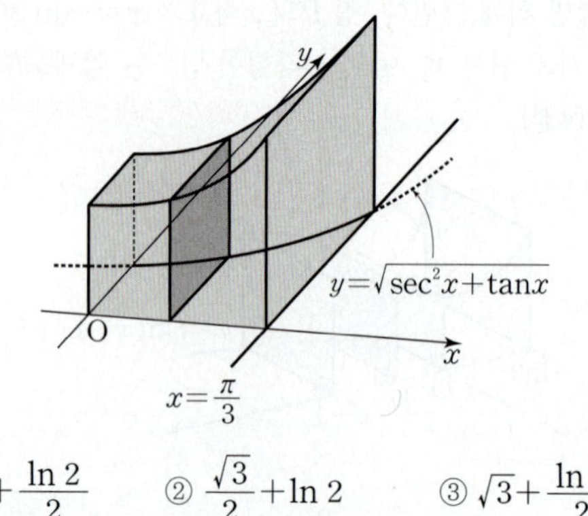

① $\dfrac{\sqrt{3}}{2} + \dfrac{\ln 2}{2}$

② $\dfrac{\sqrt{3}}{2} + \ln 2$

③ $\sqrt{3} + \dfrac{\ln 2}{2}$

④ $\sqrt{3} + \ln 2$

⑤ $\sqrt{3} + 2\ln 2$

Step 1 입체도형의 부피를 정적분을 이용하여 나타낸다.

입체도형을 x축에 수직인 평면으로 자른 단면의 넓이는

$$(\sqrt{\sec^2 x + \tan x})^2 = \sec^2 x + \tan x$$

따라서 입체도형의 부피를 V라 하면

$$V = \int_0^{\frac{\pi}{3}} (\sec^2 x + \tan x)\,dx = \left[\tan x - \ln|\cos x|\right]_0^{\frac{\pi}{3}}$$

$$= \left(\tan\frac{\pi}{3} - \ln\left|\cos\frac{\pi}{3}\right|\right) - (\tan 0 - \ln|\cos 0|)$$

$\rightarrow = 0 \qquad \rightarrow = \ln 1 = 0$

$$= \sqrt{3} - \ln\frac{1}{2} = \sqrt{3} + \ln 2$$

$\rightarrow = -\ln 2$

$\tan x = \dfrac{\sin x}{\cos x}$ 이므로

$$\int \tan x\,dx = \int \frac{\sin x}{\cos x}\,dx = -\ln|\cos x| + C$$

(C는 적분상수)

---

086 [정답률 82%] 정답 ③

그림과 같이 곡선 $y=2x\sqrt{x\sin x^2}\ (0\le x\le\sqrt{\pi})$와 x축 및 두 직선 $x=\sqrt{\dfrac{\pi}{6}}$, $x=\sqrt{\dfrac{\pi}{2}}$로 둘러싸인 부분을 밑면으로 하는 입체도형이 있다. 이 입체도형을 x축에 수직인 평면으로 자른 단면이 모두 반원일 때, 이 입체도형의 부피는? (3점)

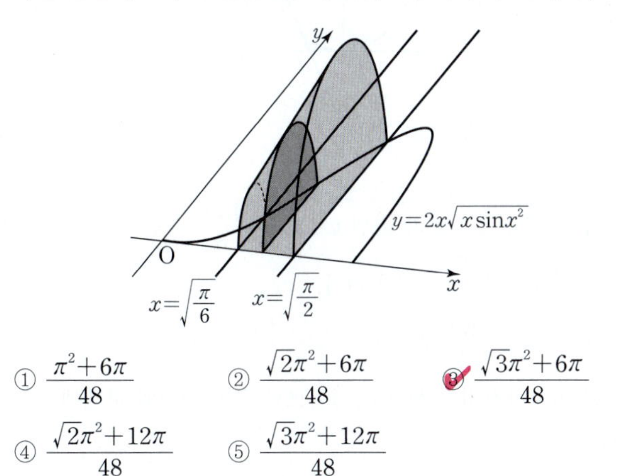

① $\dfrac{\pi^2+6\pi}{48}$ ② $\dfrac{\sqrt{2}\pi^2+6\pi}{48}$ ③ $\dfrac{\sqrt{3}\pi^2+6\pi}{48}$

④ $\dfrac{\sqrt{2}\pi^2+12\pi}{48}$ ⑤ $\dfrac{\sqrt{3}\pi^2+12\pi}{48}$

Step 1 주어진 입체도형의 단면의 넓이를 구한다.

입체도형을 x축에 수직인 평면으로 자른 단면의 넓이를 $S(x)$라 하면

$$S(x)=\frac{1}{2}\times\pi\times(x\sqrt{x\sin x^2})^2=\frac{\pi}{2}x^3\sin x^2$$

└→ 단면의 지름의 길이는 $2x\sqrt{x\sin x^2}$

Step 2 치환적분법을 이용하여 입체도형의 부피를 구한다.

따라서 구하는 입체도형의 부피는

$$\int_{\sqrt{\frac{\pi}{6}}}^{\sqrt{\frac{\pi}{2}}} S(x)dx=\int_{\sqrt{\frac{\pi}{6}}}^{\sqrt{\frac{\pi}{2}}}\frac{\pi}{2}x^3\sin x^2\,dx$$

$x^2=t$라 하면 $2x\,dx=dt$이고

$x=\sqrt{\dfrac{\pi}{6}}$일 때 $t=\dfrac{\pi}{6}$, $x=\sqrt{\dfrac{\pi}{2}}$일 때 $t=\dfrac{\pi}{2}$이므로

$$\int_{\sqrt{\frac{\pi}{6}}}^{\sqrt{\frac{\pi}{2}}}\frac{\pi}{2}x^3\sin x^2\,dx$$

┌→ $u=t,\ v'=\sin t$라 하면 $u'=1,\ v=-\cos t$

$$=\frac{\pi}{4}\int_{\frac{\pi}{6}}^{\frac{\pi}{2}}t\sin t\,dt$$

┌→ $=\dfrac{\pi}{4}\int_{\frac{\pi}{6}}^{\frac{\pi}{2}}\cos t\,dt$

$$=\frac{\pi}{4}\times\left[-t\cos t\right]_{\frac{\pi}{6}}^{\frac{\pi}{2}}+\frac{\pi}{4}\int_{\frac{\pi}{6}}^{\frac{\pi}{2}}(\cos t)\,dt$$

$$=\frac{\pi}{4}\times\left\{0-\left(-\frac{\pi}{6}\times\frac{\sqrt{3}}{2}\right)\right\}+\frac{\pi}{4}\times\left[\sin t\right]_{\frac{\pi}{6}}^{\frac{\pi}{2}}$$

$$=\frac{\sqrt{3}}{48}\pi^2+\frac{\pi}{4}\times\left(1-\frac{1}{2}\right)$$

$$=\frac{\sqrt{3}}{48}\pi^2+\frac{\pi}{8}=\frac{\sqrt{3}\pi^2+6\pi}{48}$$

087 [정답률 83%] 정답 ①

그림과 같이 곡선 $y=\sqrt{\dfrac{x+1}{x(x+\ln x)}}$과 x축 및 두 직선 $x=1$, $x=e$로 둘러싸인 부분을 밑면으로 하는 입체도형이 있다. 이 입체도형을 x축에 수직인 평면으로 자른 단면이 모두 정사각형일 때, 이 입체도형의 부피는? (3점)

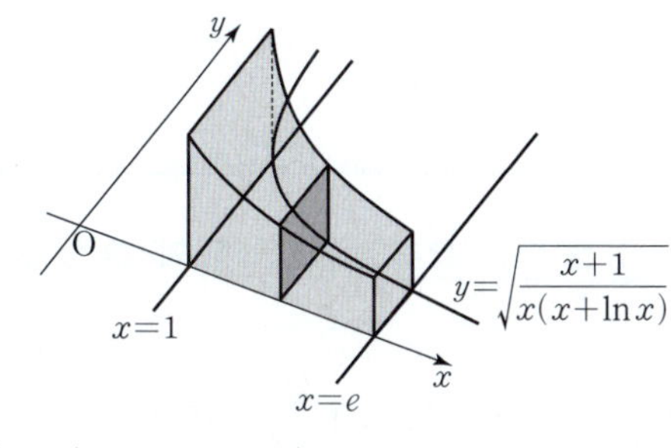

① $\ln(e+1)$ ② $\ln(e+2)$ ③ $\ln(e+3)$

④ $\ln(2e+1)$ ⑤ $\ln(2e+2)$

Step 1 $x=t\ (1\le t\le e)$에서의 입체도형의 단면의 넓이를 구한다.

입체도형을 x축 위의 $x=t\ (1\le t\le e)$에서 x축에 수직인 평면으로 자른 단면의 넓이를 $S(t)$라 하면

$$S(t)=\left\{\sqrt{\frac{t+1}{t(t+\ln t)}}\right\}^2=\frac{t+1}{t(t+\ln t)}$$

Step 2 치환적분법을 이용하여 입체도형의 부피를 구한다.

구하는 입체도형의 부피는

$$\int_1^e S(t)\,dt=\int_1^e\frac{t+1}{t(t+\ln t)}\,dt=\int_1^e\frac{1+\frac{1}{t}}{t+\ln t}\,dt$$

┌→ 분모, 분자를 모두 t로 나누었다.

$t+\ln t=s$로 치환하면 $1+\dfrac{1}{t}=\dfrac{ds}{dt}$이고

$t=1$일 때 $s=1$, $t=e$일 때 $s=e+1$이므로

$$\int_1^e S(t)\,dt=\int_1^e\frac{1+\frac{1}{t}}{t+\ln t}\,dt=\int_1^{e+1}\frac{1}{s}\,ds$$

$$=\left[\ln s\right]_1^{e+1}=\ln(e+1)-\ln 1=\ln(e+1)$$

└→ $=0$

088
정답 ④

좌표평면 위를 움직이는 점 P의 시각 t에서의 위치 (x, y)가
$x=\dfrac{3}{2}t^2$, $y=\dfrac{4}{3}t^3$으로 나타내어진다. $t=0$에서 $t=1$까지 점
P가 움직인 거리는? (4점) $\to$ $\displaystyle\int_0^1 \sqrt{\left(\dfrac{dx}{dt}\right)^2+\left(\dfrac{dy}{dt}\right)^2}\,dt$의 값이므로
x와 y의 식을 t에 대하여 미분해야 해.

① $\dfrac{23}{12}$　　② $\dfrac{47}{24}$　　③ 2

④ $\dfrac{49}{24}$　　⑤ $\dfrac{25}{12}$

Step 1 $\dfrac{dx}{dt}$, $\dfrac{dy}{dt}$를 각각 구한 후 점 P가 움직인 거리를 정적분으로
나타낸다.

$x=\dfrac{3}{2}t^2$에서 $\dfrac{dx}{dt}=3t$, $y=\dfrac{4}{3}t^3$에서 $\dfrac{dy}{dt}=4t^2$이므로

$t=0$에서 $t=1$까지 점 P가 움직인 거리를 s라 하면

$s=\displaystyle\int_0^1 \sqrt{\left(\dfrac{dx}{dt}\right)^2+\left(\dfrac{dy}{dt}\right)^2}\,dt$

$=\displaystyle\int_0^1 \sqrt{9t^2+16t^4}\,dt$ $\to$ $\dfrac{dx}{dt}=3t$, $\dfrac{dy}{dt}=4t^2$을 대입

$=\displaystyle\int_0^1 t\sqrt{9+16t^2}\,dt$ $\to$ 적분하기 어려울 때에는 치환을 이용해.
제곱근 때문에 적분이 어려우니,
제곱근 안의 식 $9+16t^2$을 u로 치환해봐.

Step 2 치환적분법을 이용하여 움직인 거리를 구한다.

$9+16t^2=u$라 하면 $t=0$일 때 $u=9$, $t=1$일 때 $u=25$이고

$9+16t^2=u$의 양변을 t에 대하여 미분하면 $\to$ u를 t의 함수로 생각하고 각 항을
t에 대하여 미분하면 돼.

$32t=\dfrac{du}{dt}$, 즉 $dt=\dfrac{1}{32t}\,du$이므로

$s=\displaystyle\int_0^1 t\sqrt{9+16t^2}\,dt$

$=\displaystyle\int_9^{25} t\sqrt{u}\left(\dfrac{1}{32t}\,du\right)$ ← **주의** 치환적분법을 이용할 때에는 적분하는
범위도 바뀐 변수에 맞게 조정해야 해.

$=\dfrac{1}{32}\displaystyle\int_9^{25} \sqrt{u}\,du$

$=\dfrac{1}{32}\left[\dfrac{2}{3}u^{\frac{3}{2}}\right]_9^{25}$ $\to$ **중요** n이 실수일 때, $\displaystyle\int x^n\,dx=\dfrac{1}{n+1}x^{n+1}+C$
$(n\neq-1, C$는 적분상수$)$

$=\dfrac{1}{32}\left\{\dfrac{2}{3}(125-27)\right\}=\dfrac{1}{48}\times 98$ $\to$ $=9^{\frac{3}{2}}=\left(9^{\frac{1}{2}}\right)^3=3^3$

$=\dfrac{49}{24}$ $\to$ $=25^{\frac{3}{2}}=\left(25^{\frac{1}{2}}\right)^3=5^3$

089
[정답률 55%]
정답 ①

좌표평면 위를 움직이는 점 P의 시각 t $(t>0)$에서의 위치가
곡선 $y=x^2$과 직선 $y=t^2x-\dfrac{\ln t}{8}$가 만나는 서로 다른 두 점의
중점일 때, 시각 $t=1$에서 $t=e$까지 점 P가 움직인 거리는?
(3점)

① $\dfrac{e^4}{2}-\dfrac{3}{8}$　　② $\dfrac{e^4}{2}-\dfrac{5}{16}$　　③ $\dfrac{e^4}{2}-\dfrac{1}{4}$

④ $\dfrac{e^4}{2}-\dfrac{3}{16}$　　⑤ $\dfrac{e^4}{2}-\dfrac{1}{8}$

Step 1 점 P의 시각 t에서의 위치를 구한다.

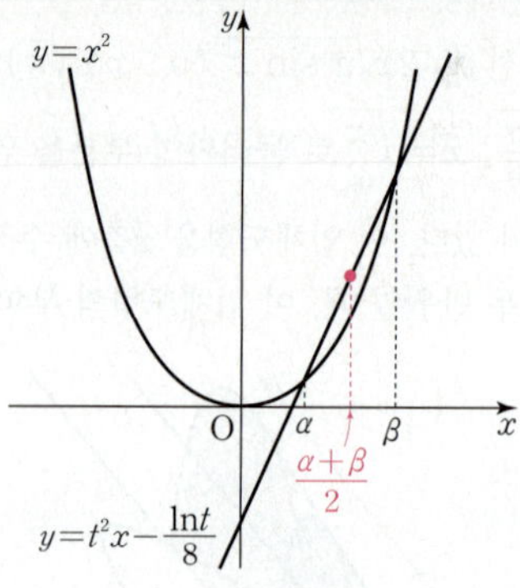

그림과 같이 곡선 $y=x^2$과 직선 $y=t^2x-\dfrac{\ln t}{8}$가 만나는 서로 다른
두 점의 x좌표를 각각 α, β라 하자.

방정식 $x^2=t^2x-\dfrac{\ln t}{8}$에서 $x^2-t^2x+\dfrac{\ln t}{8}=0$

x에 대한 이차방정식의 해가 α, β이므로 근과 계수의 관계에
의하여

$\alpha+\beta=-\dfrac{-t^2}{1}=t^2$

이때 두 점의 중점의 x좌표는 $\dfrac{\alpha+\beta}{2}=\dfrac{1}{2}t^2$

중점은 직선 $y=t^2x-\dfrac{\ln t}{8}$ 위의 점이므로 중점의 y좌표는

$y=t^2\times\dfrac{1}{2}t^2-\dfrac{\ln t}{8}=\dfrac{1}{2}t^4-\dfrac{\ln t}{8}$

따라서 점 P의 시각 t에서의 위치는

$\begin{cases}x=\dfrac{1}{2}t^2\\[2mm] y=\dfrac{1}{2}t^4-\dfrac{\ln t}{8}\end{cases}$

Step 2 점 P가 움직인 거리를 구한다.

$\dfrac{dx}{dt}=t$, $\dfrac{dy}{dt}=2t^3-\dfrac{1}{8t}$이므로 시각 $t=1$에서 $t=e$까지 점 P가
움직인 거리는 $\to$ $(\ln t)'=\dfrac{1}{t}$

$\displaystyle\int_1^e \sqrt{\left(\dfrac{dx}{dt}\right)^2+\left(\dfrac{dy}{dt}\right)^2}\,dt$

$=\displaystyle\int_1^e \sqrt{t^2+\left(2t^3-\dfrac{1}{8t}\right)^2}\,dt$

$=\displaystyle\int_1^e \sqrt{t^2+\left(4t^6-\dfrac{1}{2}t^2+\dfrac{1}{64t^2}\right)}\,dt$

$=\displaystyle\int_1^e \sqrt{4t^6+\dfrac{1}{2}t^2+\dfrac{1}{64t^2}}\,dt$

$=\displaystyle\int_1^e \sqrt{\left(2t^3+\dfrac{1}{8t}\right)^2}\,dt$

$=\displaystyle\int_1^e \left(2t^3+\dfrac{1}{8t}\right)dt=\left[\dfrac{1}{2}t^4+\dfrac{1}{8}\ln|t|\right]_1^e$

$=\left(\dfrac{e^4}{2}+\dfrac{1}{8}\right)-\left(\dfrac{1}{2}+0\right)=\dfrac{e^4}{2}-\dfrac{3}{8}$

090 [성답률 75%] 정답 ⑤

좌표평면 위를 움직이는 점 P의 시각 t $(0 \le t \le 2\pi)$에서의
위치 (x, y)가

$$x = t + 2\cos t, \quad y = \sqrt{3}\sin t$$

일 때, [보기]에서 옳은 것만을 있는 대로 고른 것은? (4점)

> [보기]
>
> ㄱ. $t = \dfrac{\pi}{2}$일 때, 점 P의 속도는 $(-1, 0)$이다.
>
> ㄴ. 점 P의 속도의 크기의 최솟값은 1이다.
>
> ㄷ. 점 P가 $t = \pi$에서 $t = 2\pi$까지 움직인 거리는 $2\pi + 2$
> 이다.

① ㄱ ② ㄷ ③ ㄱ, ㄴ

④ ㄴ, ㄷ ⑤ ㄱ, ㄴ, ㄷ

Step 1 점 P의 속도를 구한다.

좌표평면 위를 움직이는 점 P의 시각 t에서의 위치 (x, y)가
$x = t + 2\cos t$, $y = \sqrt{3}\sin t$
이므로 점 P의 속도는
(중요한 개념이니까 꼭 기억해.)

$$\left(\frac{dx}{dt}, \frac{dy}{dt} \right) = (1 - 2\sin t, \sqrt{3}\cos t)$$

→ x, y의 식을 각각 t에 대하여 미분해주있어.

Step 2 평면운동의 개념을 이용하여 [보기]의 참, 거짓을 판별한다.

ㄱ. $t = \dfrac{\pi}{2}$일 때, 점 P의 속도는

$$\left(1 - 2\sin\frac{\pi}{2}, \sqrt{3}\cos\frac{\pi}{2} \right) = (-1, 0) \text{ (참)}$$

→ $\sin\dfrac{\pi}{2} = 1, \cos\dfrac{\pi}{2} = 0$

ㄴ. 점 P의 속도의 크기는

$$\sqrt{(1 - 2\sin t)^2 + (\sqrt{3}\cos t)^2}$$
$$= \sqrt{1 - 4\sin t + 4\sin^2 t + 3\cos^2 t}$$
$$= \sqrt{\sin^2 t - 4\sin t + 4}$$
$$= \sqrt{(\sin t - 2)^2}$$
$$= |\sin t - 2|$$
$$= 2 - \sin t$$

→ $\sin^2 t + \cos^2 t = 1$임을 이용

$-1 \le \sin t \le 1$이니까 $\sin t - 2 < 0$

따라서 $\sin t = 1$, 즉 $t = \dfrac{\pi}{2}$일 때 속도의 크기의 최솟값은
1이다. (참)

ㄷ. 점 P가 $t = \pi$에서 $t = 2\pi$까지 움직인 거리는

$$\int_{\pi}^{2\pi} (2 - \sin t)\,dt$$
$$= \left[2t + \cos t \right]_{\pi}^{2\pi}$$
$$= (4\pi + \cos 2\pi) - (2\pi + \cos \pi)$$
$$= 2\pi + 2 \text{ (참)}$$

→ $\cos 2\pi = 1$, $\cos \pi = -1$

따라서 옳은 것은 ㄱ, ㄴ, ㄷ이다.

091 [정답률 63%] 정답 56

좌표평면 위의 곡선 $y = \dfrac{1}{3}x\sqrt{x}$ $(0 \le x \le 12)$에 대하여
$x = 0$에서 $x = 12$까지의 **곡선의 길이**를 l이라 할 때, $3l$의 값을
구하시오. (3점)

→ 곡선 $y = f(x)$ $(a \le x \le b)$
의 길이는 $\displaystyle\int_a^b \sqrt{1 + \{f'(x)\}^2}\,dx$

Step 1 곡선의 길이 공식을 이용하여 l의 값을 구한다.

$y = \dfrac{1}{3}x\sqrt{x}$에서 $y' = \dfrac{1}{2}\sqrt{x}$이므로

$$l = \int_0^{12} \sqrt{1 + (y')^2}\,dx = \int_0^{12} \sqrt{1 + \left(\frac{1}{2}\sqrt{x}\right)^2}\,dx = \int_0^{12} \sqrt{1 + \frac{x}{4}}\,dx$$

$\sqrt{1 + \dfrac{x}{4}} = t$로 놓으면   (치환적분법)

$$1 + \frac{x}{4} = t^2$$

적분의 형태가 복잡한 경우 치환적분법 또는 부분적분법을 이용

위 식의 양변을 t에 대하여 미분하면 $\dfrac{1}{4} \times \dfrac{dx}{dt} = 2t$, $dx = 8t\,dt$

$x = 0$일 때 $t = \sqrt{1 + \dfrac{0}{4}} = 1$, $x = 12$일 때 $t = \sqrt{1 + \dfrac{12}{4}} = \sqrt{4} = 2$이므로

$$l = \int_0^{12} \sqrt{1 + \frac{x}{4}}\,dx = \int_1^2 t \times 8t\,dt$$
$$= \int_1^2 8t^2\,dt = \left[\frac{8}{3}t^3 \right]_1^2 = \frac{64}{3} - \frac{8}{3} = \frac{56}{3}$$

$$\therefore 3l = 56$$

→ 치환적분법을 통해 복잡한 직접분이 간단한 다항함수의 적분으로 바뀌었어.

092 [정답률 38%] 정답 78

$x = 0$에서 $x = 6$까지 곡선 $y = \dfrac{1}{3}(x^2 + 2)^{\frac{3}{2}}$의 길이를
구하시오. (4점)

→ $\displaystyle\int_0^6 \sqrt{1 + \left(\frac{dy}{dx}\right)^2}\,dx$의 값을 구해.

Step 1 $\dfrac{dy}{dx}$를 구한 후 곡선의 길이를 구한다.

함수 $f(x)$가 미분가능할 때
$[\{f(x)\}^n]' = n\{f(x)\}^{n-1}f'(x)$

$y = \dfrac{1}{3}(x^2 + 2)^{\frac{3}{2}}$에서

$$\frac{dy}{dx} = \frac{1}{3} \times \frac{3}{2}(x^2 + 2)^{\frac{1}{2}} \times 2x$$
$$= x(x^2 + 2)^{\frac{1}{2}}$$

> **곡선의 길이**
>
> $x = a$에서 $x = b$까지 곡선
> $y = f(x)$의 길이 l은
> $$l = \int_a^b \sqrt{1 + \left(\frac{dy}{dx}\right)^2}\,dx$$
> $$= \int_a^b \sqrt{1 + \{f'(x)\}^2}\,dx$$

따라서 $x = 0$에서 $x = 6$까시 곡선의 길이는

$$\int_0^6 \sqrt{1 + \left(\frac{dy}{dx}\right)^2}\,dx = \int_0^6 \sqrt{1 + x^2(x^2 + 2)}\,dx$$

$\dfrac{dy}{dx} = x(x^2 + 2)^{\frac{1}{2}}$을 대입

$$= \int_0^6 \sqrt{(x^2 + 1)^2}\,dx$$

$1 + x^2(x^2 + 2)$
$= 1 + x^4 + 2x^2$
$= (x^2 + 1)^2$

$$= \int_0^6 (x^2 + 1)\,dx \ (\because x^2 + 1 > 0)$$
$$= \left[\frac{1}{3}x^3 + x \right]_0^6$$
$$= \frac{216}{3} + 6 = 78$$

실수 x에 대하여 항상 $x^2 \ge 0$이야.
따라서 항상 $x^2 + 1 > 0$

093 [정답률 51%]   정답 ①

$x=-\ln 4$에서 $x=1$까지의 곡선 $y=\dfrac{1}{2}(|e^x-1|-e^{|x|}+1)$

의 길이는? (3점)

$\rightarrow$ $x<0$, $x\geq0$으로 나누어 생각한다.

① $\dfrac{23}{8}$ ② $\dfrac{13}{4}$ ③ $\dfrac{29}{8}$

④ 4   ⑤ $\dfrac{35}{8}$

Step 1 $\dfrac{dy}{dx}$ 를 구한다.

$$y=\begin{cases} -\dfrac{e^x+e^{-x}}{2}+1 & (x<0) \\ 0 & (x\geq0) \end{cases} \text{에서} \quad \dfrac{dy}{dx}=\begin{cases} -\dfrac{e^x-e^{-x}}{2} & (x<0) \\ 0 & (x\geq0) \end{cases}$$

$1+\dfrac{e^{2x}-2+e^{-2x}}{4}=\dfrac{e^{2x}+2+e^{-2x}}{4}$

$x<0$일 때 $1+\left(\dfrac{dy}{dx}\right)^2=1+\left(-\dfrac{e^x-e^{-x}}{2}\right)^2=\left(\dfrac{e^x+e^{-x}}{2}\right)^2$이므로

$$\sqrt{1+\left(\dfrac{dy}{dx}\right)^2}=\sqrt{\left(\dfrac{e^x+e^{-x}}{2}\right)^2}=\left|\dfrac{e^x+e^{-x}}{2}\right|=\dfrac{e^x+e^{-x}}{2}$$

$\rightarrow e^x>0,\ e^{-x}>0$

$x\geq0$일 때 $1+\left(\dfrac{dy}{dx}\right)^2=1+0=1$이므로 $\sqrt{1+\left(\dfrac{dy}{dx}\right)^2}=\sqrt{1}=1$

Step 2 $-\ln 4\leq x\leq1$에서의 곡선의 길이를 구한다.

따라서 $-\ln 4\leq x\leq1$에서의 곡선의 길이는

$$\int_{-\ln 4}^{1}\sqrt{1+\left(\dfrac{dy}{dx}\right)^2}\,dx$$

$$=\int_{-\ln 4}^{0}\dfrac{e^x+e^{-x}}{2}\,dx+\int_0^1 1\,dx$$

$$=\left[\dfrac{e^x-e^{-x}}{2}\right]_{-\ln 4}^{0}+\left[x\right]_0^1$$

$$=\left(\dfrac{e^0-e^0}{2}-\dfrac{e^{-\ln 4}-e^{\ln 4}}{2}\right)+(1-0)$$

$e^{-\ln 4}=e^{\ln 4^{-1}}=e^{\ln\frac{1}{4}}=\dfrac{1}{4},\ e^{\ln 4}=4^{\ln e}=4^1$

$$=\left(0-\dfrac{\frac{1}{4}-4}{2}\right)+1=\dfrac{23}{8}$$

094   정답 ④

매개변수 t로 나타내어진 곡선
$$x=e^t\cos(\sqrt{3}t)-1,\quad y=e^t\sin(\sqrt{3}t)+1 \quad (0\leq t\leq\ln 7)$$
의 길이는? (3점)

① 9   ② 10   ③ 11

④ 12   ⑤ 13

Step 1 $\dfrac{dx}{dt},\ \dfrac{dy}{dt}$ 를 각각 구한다.

$$\dfrac{dx}{dt}=e^t\cos(\sqrt{3}t)-\sqrt{3}e^t\sin(\sqrt{3}t)$$

$\rightarrow$ 곱의 미분법을 이용했어.

$$=e^t\{\cos(\sqrt{3}t)-\sqrt{3}\sin(\sqrt{3}t)\}$$

$$\dfrac{dy}{dt}=e^t\sin(\sqrt{3}t)+\sqrt{3}e^t\cos(\sqrt{3}t)$$

$$=e^t\{\sin(\sqrt{3}t)+\sqrt{3}\cos(\sqrt{3}t)\}$$

Step 2 곡선의 길이를 구한다.

따라서 구하는 길이는

$$\int_0^{\ln 7}\sqrt{\left(\dfrac{dx}{dt}\right)^2+\left(\dfrac{dy}{dt}\right)^2}\,dt$$

$\rightarrow \cos^2(\sqrt{3}t)-2\sqrt{3}\cos(\sqrt{3}t)\sin(\sqrt{3}t)+3\sin^2(\sqrt{3}t)$

$$=\int_0^{\ln 7}\sqrt{e^{2t}\{\cos(\sqrt{3}t)-\sqrt{3}\sin(\sqrt{3}t)\}^2+e^{2t}\{\sin(\sqrt{3}t)+\sqrt{3}\cos(\sqrt{3}t)\}^2}\,dt$$

$\rightarrow \sin^2(\sqrt{3}t)+2\sqrt{3}\sin(\sqrt{3}t)\cos(\sqrt{3}t)+3\cos^2(\sqrt{3}t)$

$$=\int_0^{\ln 7}\sqrt{e^{2t}\times4\{\sin^2(\sqrt{3}t)+\cos^2(\sqrt{3}t)\}}\,dt$$

$\rightarrow \sin^2 x+\cos^2 x=1$

$$=\int_0^{\ln 7}\sqrt{e^{2t}\times4}\,dt=2\int_0^{\ln 7}e^t\,dt$$

$\rightarrow (2e^t)^2$

$$=2\left[e^t\right]_0^{\ln 7}=2\times 6=12$$

$\rightarrow e^{\ln 7}-e^0=7-1=6$

095 [정답률 26%]   정답 ②

함수 $y=\dfrac{2\pi}{x}$의 그래프와 함수 $y=\cos x$의 그래프가 만나는

점의 x좌표 중 양수인 것을 작은 수부터 크기순으로 모두

나열할 때, m번째 수를 a_m이라 하자.

$\displaystyle\lim_{n\to\infty}\sum_{k=1}^{n}\{n\times\cos^2(a_{n+k})\}$의 값은? (4점)

① $\dfrac{3}{2}$ ② 2   ③ $\dfrac{5}{2}$

④ 3   ⑤ $\dfrac{7}{2}$

Step 1 두 함수 $y=\dfrac{2\pi}{x}$, $y=\cos x$의 그래프를 그려본다.

방정식 $\dfrac{2\pi}{x}=\cos x$의 근이 a_m이므로 $\dfrac{2\pi}{a_m}=\cos a_m$

이를 이용하면 $n\times\cos^2(a_{n+k})=n\times\left(\dfrac{2\pi}{a_{n+k}}\right)^2$이다.

두 함수 $y=\dfrac{2\pi}{x}$, $y=\cos x$의 그래프를 그리면 다음과 같다.

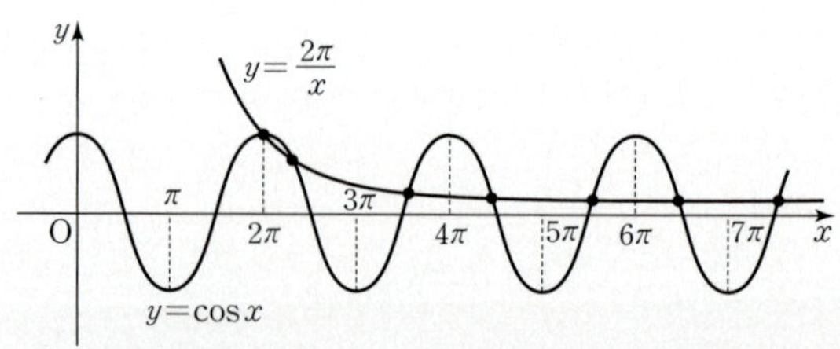

위와 같이 $a_1=2\pi$이고 $m>1$에서 $m\pi<a_m<(m+1)\pi$이므로

$$\frac{1}{(m+1)\pi}<\frac{1}{a_m}<\frac{1}{m\pi}$$

→ 그래프를 이용하여 규칙을 확인할 수 있다.

각 변에 2π를 곱한다.

$$\frac{2}{m+1}<\frac{2\pi}{a_m}<\frac{2}{m}$$

각 변을 제곱한 후 m 대신 $n+k$ 대입

$$\left(\frac{2}{n+k+1}\right)^2<\left(\frac{2\pi}{a_{n+k}}\right)^2<\left(\frac{2}{n+k}\right)^2$$

$$\therefore\ n\times\left(\frac{2}{n+k+1}\right)^2<n\times\left(\frac{2\pi}{a_{n+k}}\right)^2<n\times\left(\frac{2}{n+k}\right)^2$$

$n\times\cos^2(a_{n+k})$

Step 2 수열의 극한의 대소 관계를 이용한다.

$$\lim_{n\to\infty}\sum_{k=1}^{n}\left\{n\times\left(\frac{2}{n+k}\right)^2\right\}=\lim_{n\to\infty}\sum_{k=1}^{n}\left\{n\times\left(\frac{\frac{2}{n}}{1+\frac{k}{n}}\right)^2\right\}$$

$$=\lim_{n\to\infty}\sum_{k=1}^{n}\left\{\frac{1}{n}\times\left(\frac{2}{1+\frac{k}{n}}\right)^2\right\}$$

$1+\dfrac{k}{n}=x$ 라 하면 $\dfrac{1}{n}\to dx$

$$=\int_{1}^{2}\frac{4}{x^2}dx$$

$$=\left[-\frac{4}{x}\right]_{1}^{2}=2$$

$$\lim_{n\to\infty}\sum_{k=1}^{n}\left\{n\times\left(\frac{2}{n+k+1}\right)^2\right\}=\lim_{n\to\infty}\sum_{k=1}^{n}\left\{n\times\left(\frac{\frac{2}{n}}{1+\frac{k+1}{n}}\right)^2\right\}$$

$$=\lim_{n\to\infty}\sum_{k=1}^{n}\left\{\frac{1}{n}\times\left(\frac{2}{1+\frac{k+1}{n}}\right)^2\right\}$$

$$=\int_{1}^{2}\frac{4}{x^2}dx=2$$

$1+\dfrac{k+1}{n}=x$라 하면 $\dfrac{1}{n}\to dx$

따라서 수열의 극한의 대소 관계에 의하여

$$\lim_{n\to\infty}\sum_{k=1}^{n}\left\{n\times\left(\frac{2\pi}{a_{n+k}}\right)^2\right\}=2$$이므로

$$\lim_{n\to\infty}\sum_{k=1}^{n}\{n\times\cos^2(a_{n+k})\}=\lim_{n\to\infty}\sum_{k=1}^{n}\left\{n\times\left(\frac{2\pi}{a_{n+k}}\right)^2\right\}=2$$

---

096 [정답률 31%]   정답 ②

> 실수 전체의 집합에서 미분가능한 함수 $f(x)$의 도함수 $f'(x)$가
> $$f'(x)=-x+e^{1-x^2}$$
> 이다. 양수 t에 대하여 곡선 $y=f(x)$ 위의 점 $(t,\,f(t))$에서의 접선과 곡선 $y=f(x)$ 및 y축으로 둘러싸인 부분의 넓이를 $g(t)$라 하자. $g(1)+g'(1)$의 값은? (4점)
>
> ① $\frac{1}{2}e+\frac{1}{2}$　　②✔ $\frac{1}{2}e+\frac{2}{3}$　　③ $\frac{1}{2}e+\frac{5}{6}$
>
> ④ $\frac{2}{3}e+\frac{1}{2}$　　⑤ $\frac{2}{3}e+\frac{2}{3}$

Step 1 함수 $y=f(x)$의 그래프의 개형을 파악한다.

$f'(x)=-x+e^{1-x^2}$에서 $f''(x)=-1-2xe^{1-x^2}$

$f'(1)=-1+e^{1-1}=0$이고, $x<1$에서 $f'(x)>0$, $x>1$에서 $f'(x)<0$이므로 함수 $y=f(x)$는 $x=1$에서 극댓값을 갖는다.

또한 $x>0$일 때 $f''(x)<0$이므로 함수 $y=f(x)$의 그래프는 $x>0$에서 위로 볼록하다.

Step 2 적분을 이용하여 t에 대한 함수 $g(t)$와 그 도함수 $g'(t)$를 구한다.

점 $(t,\,f(t))$에서의 접선의 방정식은 $y=f'(t)(x-t)+f(t)$

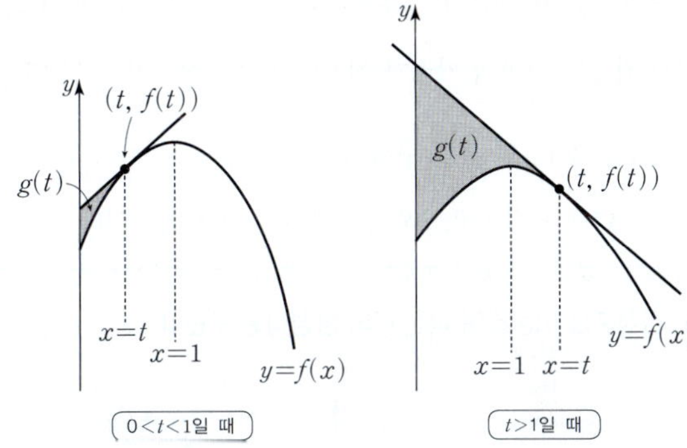

$$g(t)=\int_{0}^{t}\{f'(t)(x-t)+f(t)-f(x)\}dx$$

$$=\int_{0}^{t}\{f'(t)x-tf'(t)+f(t)-f(x)\}dx$$

$$=\left[\frac{1}{2}f'(t)x^2-tf'(t)x+f(t)x\right]_{0}^{t}-\int_{0}^{t}f(x)dx$$

$$=-\frac{1}{2}t^2f'(t)+tf(t)-\int_{0}^{t}f(x)dx$$

$\dfrac{d}{dt}\left(\displaystyle\int_{0}^{t}f(x)dx\right)=f(t)$

$$g'(t)=-tf'(t)-\frac{1}{2}t^2f''(t)+f(t)+tf'(t)-f(t)=-\frac{1}{2}t^2f''(t)$$

Step 3 $g(1)+g'(1)$의 값을 구한다.

$f'(1)=0,\ f''(1)=-3$이므로

부분적분법에 의하여 $\left[xf(x)\right]_{0}^{1}-\displaystyle\int_{0}^{1}xf'(x)dx$

$$g(1)+g'(1)=-\frac{1}{2}f'(1)+f(1)-\int_{0}^{1}f(x)dx-\frac{1}{2}f''(1)$$

$$=f(1)-\left[xf(x)\right]_{0}^{1}+\int_{0}^{1}xf'(x)dx+\frac{3}{2}$$

$\left[xf(x)\right]_{0}^{1}=f(1)$

$$= \int_0^1 (-x^2 + xe^{1-x^2})\,dx + \frac{3}{2}$$

$$= \left[-\frac{1}{3}x^3 - \frac{1}{2}e^{1-x^2} \right]_0^1 + \frac{3}{2}$$

$$= -\frac{1}{3} - \frac{1}{2} - \left(-\frac{1}{2}e \right) + \frac{3}{2}$$

$$= \frac{1}{2}e + \frac{2}{3}$$

$\int_0^1 xe^{1-x^2}dx$에서 $x^2 = v$로 치환하면

$2x\,dx = dv$

$\int_0^1 \frac{1}{2}e^{1-v}\,dv = \left[-\frac{1}{2}e^{1-v} \right]_0^1$

즉, $\left[-\frac{1}{2}e^{1-x^2} \right]_0^1$

097 [정답률 11%] 　　　　　　　　정답 109

좌표평면에서 곡선 $y = x^2 + x$ 위의 두 점 A, B의 x좌표를 각각 s, t $(0 < s < t)$라 하자. 양수 k에 대하여 두 직선 OA, OB와 곡선 $y = x^2 + x$로 둘러싸인 부분의 넓이가 k가 되도록 하는 점 (s, t)가 나타내는 곡선을 C라 하자. 곡선 C 위의 점 중에서 점 $(1, 0)$과의 거리가 최소인 점의 x좌표가 $\frac{2}{3}$일 때, $k = \frac{q}{p}$이다. $p + q$의 값을 구하시오.

(단, O는 원점이고, p와 q는 서로소인 자연수이다.) (4점)

Step 1 정적분을 이용하여 곡선 C의 방정식을 구한다.

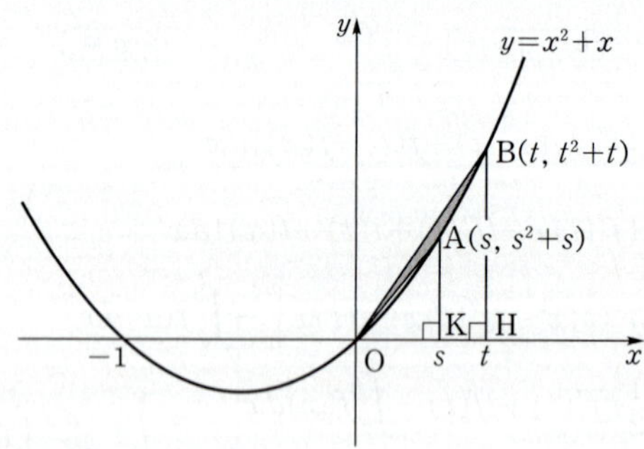

위의 그림과 같이 두 점 A, B에서 x축에 내린 수선의 발을 각각 K, H라 하면

(색칠한 부분의 넓이)

도형 AKHB에서 선분 AB가 아니라 곡선 AB이기 때문에 이 도형은 사다리꼴이 아니야.

$= (\triangle OHB의 넓이) - (\triangle OKA의 넓이) - (도형 \, AKHB의 넓이)$

$$= \frac{1}{2}t(t^2+t) - \frac{1}{2}s(s^2+s) - \int_s^t (x^2+x)\,dx$$

$$= \frac{t^3}{2} + \frac{t^2}{2} - \frac{s^3}{2} - \frac{s^2}{2} - \left[\frac{x^3}{3} + \frac{x^2}{2} \right]_s^t$$

$$= \frac{t^3}{2} + \frac{t^2}{2} - \frac{s^3}{2} - \frac{s^2}{2} - \left(\frac{t^3}{3} + \frac{t^2}{2} - \frac{s^3}{3} - \frac{s^2}{2} \right)$$

계산 주의

$$= \frac{t^3}{6} - \frac{s^3}{6} = k$$

따라서 $\frac{t^3 - s^3}{6} = k$에서 $t^3 - s^3 = 6k$이므로

점 (s, t)가 나타내는 곡선 C는 → s 대신 x, t 대신 y 대입

$y^3 = x^3 + 6k$ (단, $x > 0$) ······ ㉠

Step 2 곡선 C 위의 점과 점 $(1, 0)$ 사이의 거리를 식으로 표현한다.

곡선 C 위의 점 (x, y)와 점 $(1, 0)$ 사이의 거리를 d라 하면

$$d^2 = (x-1)^2 + y^2 = (x-1)^2 + (x^3+6k)^{\frac{2}{3}} \ (\because ㉠)$$

$d = \sqrt{(x-1)^2 + (y-0)^2} = \sqrt{(x-1)^2 + y^2}$

이고 d가 최소일 때, d^2도 최소이다.

Step 3 d^2을 $f(x)$라 하면 $x = \frac{2}{3}$에서 최솟값을 가지므로 $f'\left(\frac{2}{3} \right) = 0$임을 이용한다.

$f(x) = (x-1)^2 + (x^3+6k)^{\frac{2}{3}}$으로 놓으면 문제의 조건에서 $x = \frac{2}{3}$일 때 d가 최소이므로 $x = \frac{2}{3}$일 때 함수 $f(x)$는 극소이면서 최솟값을 갖는다. 즉, $f'\left(\frac{2}{3} \right) = 0$이므로

합성함수의 미분법
$\{ f(g(x)) \}' = f'(g(x))g'(x)$

$$f'(x) = 2(x-1) + \frac{2}{3}(x^3+6k)^{-\frac{1}{3}} \times 3x^2$$에서

$$f'\left(\frac{2}{3} \right) = 2\left(\frac{2}{3} - 1 \right) + \frac{2}{3}\left(\frac{8}{27} + 6k \right)^{-\frac{1}{3}} \times \frac{4}{3} = 0$$

$$\frac{8}{9}\left(\frac{8}{27} + 6k \right)^{-\frac{1}{3}} = \frac{2}{3}$$

$$\left(\frac{8}{27} + 6k \right)^{-\frac{1}{3}} = \frac{3}{4}$$

양변을 세제곱 해주었어.

$$\left(\frac{8}{27} + 6k \right)^{-1} = \frac{27}{64}$$

지수법칙
$a > 0$이고 m, n이 실수일 때
(i) $a^m \times a^n = a^{m+n}$
(ii) $(a^m)^n = a^{mn}$
(iii) $\dfrac{a^m}{a^n} = a^{m-n}$

$$\frac{8}{27} + 6k = \frac{64}{27}, \ 6k = \frac{56}{27}$$

$$\therefore k = \frac{28}{81}$$

따라서 $p = 81$, $q = 28$이므로

$$p + q = 81 + 28 = 109$$

✪ 다른 풀이 접선의 기울기를 이용한 풀이

Step 1 동일

Step 2 곡선 C 위의 점 중에서 x좌표가 $\frac{2}{3}$인 점을 P라 할 때, 점 P에서의 접선과 점 P와 점 $(1, 0)$을 이은 직선이 서로 수직임을 이용한다.

곡선 C 위의 점 중 x좌표가 $\frac{2}{3}$인 점을 P라 할 때, 그림과 같이 거리가 최소일 때는 점 P에서의 접선과 점 P와 점 $(1, 0)$을 이은 직선이 서로 수직이다. 중요

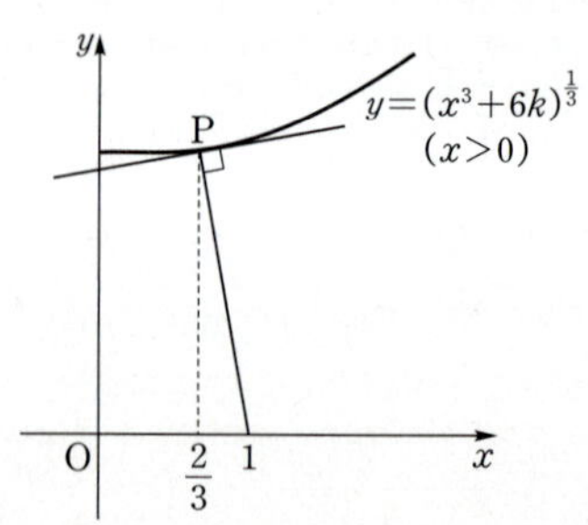

$y^3 = x^3 + 6k\,(x > 0)$에서 $y = (x^3 + 6k)^{\frac{1}{3}}$

함수 $f(x)$를 $f(x) = (x^3 + 6k)^{\frac{1}{3}}$이라 하면

$$f'(x) = \frac{1}{3}(x^3 + 6k)^{-\frac{2}{3}} \times 3x^2$$
$$= x^2(x^3 + 6k)^{-\frac{2}{3}}$$

합성함수의 미분법에 의하여
$$\left\{(x^3 + 6k)^{\frac{1}{3}}\right\}'$$
$$= \frac{1}{3}(x^3 + 6k)^{-\frac{2}{3}} \times (x^3 + 6k)'$$
$$= \frac{1}{3}(x^3 + 6k)^{-\frac{2}{3}} \times 3x^2$$

점 P에서 그은 접선의 기울기는 $f'\!\left(\frac{2}{3}\right)$이므로

$$f'\!\left(\frac{2}{3}\right) = \left(\frac{2}{3}\right)^2\!\left\{\left(\frac{2}{3}\right)^3 + 6k\right\}^{-\frac{2}{3}}$$
$$= \frac{4}{9}\left(\frac{8}{27} + 6k\right)^{-\frac{2}{3}}$$

곡선 $y = f(x)$ 위의 한 점 $(a, f(a))$에서의 접선의 기울기는 $f'(a)$

점 P의 좌표를 $\mathrm{P}\!\left(\frac{2}{3},\ \left(\frac{8}{27} + 6k\right)^{\frac{1}{3}}\right)$이라 하면
점 P와 점 $(1, 0)$을 이은 직선의 기울기는

$$\frac{0 - \left(\frac{8}{27} + 6k\right)^{\frac{1}{3}}}{1 - \frac{2}{3}} = \frac{-\left(\frac{8}{27} + 6k\right)^{\frac{1}{3}}}{\frac{1}{3}} = -3\left(\frac{8}{27} + 6k\right)^{\frac{1}{3}}$$

두 점 $(x_1, y_1), (x_2, y_2)$를 잇는 직선의 기울기는 $\dfrac{y_2 - y_1}{x_2 - x_1}$

이때 두 직선이 서로 수직이므로

$$\left\{\frac{4}{9}\left(\frac{8}{27} + 6k\right)^{-\frac{2}{3}}\right\} \times \left\{-3\left(\frac{8}{27} + 6k\right)^{\frac{1}{3}}\right\} = -1$$

$$-\frac{4}{3}\left(\frac{8}{27} + 6k\right)^{-\frac{1}{3}} = -1$$

x축, y축과 평행하지 않은 두 직선이 서로 수직일 때, 두 직선의 기울기의 곱은 -1이다.

$$\left(\frac{8}{27} + 6k\right)^{-\frac{1}{3}} = \frac{3}{4}$$
$$\left(\frac{8}{27} + 6k\right)^{\frac{1}{3}} = \frac{4}{3}$$

양변을 (-1)제곱해주었어.

$$\frac{8}{27} + 6k = \frac{64}{27},\ 6k = \frac{56}{27}$$

$$\therefore k = \frac{28}{81}$$

따라서 $p = 81$, $q = 28$이므로
$p + q = 81 + 28 = 109$

💡 알아야 할 기본개념

함수의 최대와 최소

(1) 함수의 최댓값과 최솟값

정의역에서 함수 $f(x)$의 값 중에서 가장 큰 값을 최댓값, 가장 작은 값을 최솟값이라 한다. 또한 함수 $f(x)$가 닫힌구간 $[a, b]$에서 연속이면 최대·최소의 정리에 의해 그 구간에서 반드시 최댓값과 최솟값을 갖는다.

함수 $f(x)$가 닫힌구간 $[a, b]$에서 연속이면 함수 $f(x)$는 이 구간에서 반드시 최댓값과 최솟값을 가져.

(2) 함수의 최댓값과 최솟값 구하기

함수 $y = f(x)$의 그래프가 닫힌구간 $[a, b]$에서 다음 그림과 같을 때, 함수 $f(x)$의 극댓값, 극솟값, $f(a)$, $f(b)$ 중 가장 큰 값이 최댓값이 되고 가장 작은 값이 최솟값이 된다.

주의 항상 극댓값이나 극솟값이 최댓값이나 최솟값인 건 아니야!

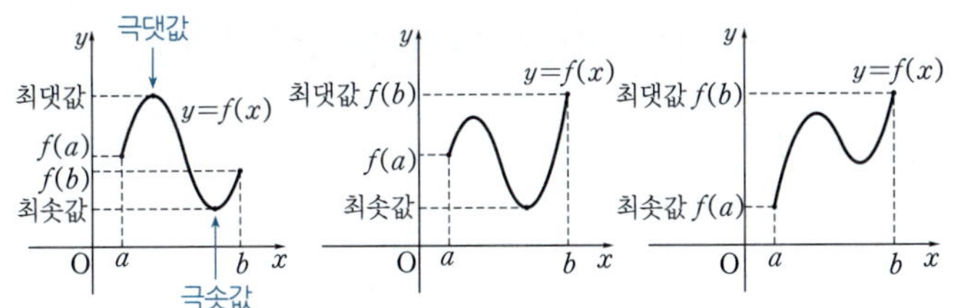

098 [정답률 39%]

정답 54

$f(1) = 1$인 이차함수 $f(x)$와 함수 $g(x) = x^2$이 다음 조건을 만족시킨다.

함수 $y = f(x)$의 그래프는 y축에 대하여 대칭이야.

(가) 모든 실수 x에 대하여 $f(-x) = f(x)$이다.

(나) $\displaystyle\lim_{n \to \infty} \frac{1}{n} \sum_{k=1}^{n}\left\{f\!\left(\frac{k}{n}\right) - g\!\left(\frac{k}{n}\right)\right\} = 27$

두 곡선 $y = f(x)$와 $y = g(x)$로 둘러싸인 부분의 넓이를 구하시오. (4점)

Step 1 조건 (가)를 이용하여 두 함수 $y = f(x)$, $y = g(x)$의 그래프의 교점의 x좌표를 구한다.

두 곡선으로 둘러싸인 부분의 넓이를 구하는 거니까 교점의 좌표를 알아야 해.

$f(1) = 1$이고 함수 $g(x) = x^2$에서 $g(1) = 1^2 = 1$이므로
$f(1) = g(1) = 1$
조건 (가)에 의하여 $f(-1) = f(1) = 1$이고
$g(-1) = (-1)^2 = 1$이므로 $f(-1) = g(-1) = 1$
따라서 두 함수 $y = f(x)$, $y = g(x)$의 그래프의 두 교점의 x좌표는
$-1, 1$이다.

두 그래프가 접하거나 (교점 1개) 만나지 않는다면(교점 0개) 둘러싸인 부분이 없어.

두 곡선으로 둘러싸인 부분의 넓이

(1) 두 함수 $y = f(x)$, $y = g(x)$가 닫힌구간 $[a, b]$에서 연속일 때, 두 곡선 $y = f(x)$, $y = g(x)$ 및 두 직선 $x = a$, $x = b$로 둘러싸인 부분의 넓이 S는

$$S = \int_a^b |f(x) - g(x)|\,dx$$

(2) 두 함수 $x = f(y)$, $x = g(y)$가 닫힌구간 $[c, d]$에서 연속일 때, 두 곡선 $x = f(y)$, $x = g(y)$ 및 두 직선 $y = c$, $y = d$로 둘러싸인 부분의 넓이 S는

$$S = \int_c^d |f(y) - g(y)|\,dy$$

Step 2 조건 (나)를 이용하여 두 곡선 $y=f(x)$와 $y=g(x)$로 둘러싸인 부분의 넓이를 구한다.

조건 (나)에서 → 이 문제의 핵심이야. 급수를 정적분으로 표현할 수 있어야 해.

$$\lim_{n\to\infty}\frac{1}{n}\sum_{k=1}^{n}\left\{f\left(\frac{k}{n}\right)-g\left(\frac{k}{n}\right)\right\}$$
$$=\int_0^1\{f(x)-g(x)\}dx=27 \quad\cdots\cdots\text{㉠}$$

이므로 $0\le x\le 1$에서 $f(x)\ge g(x)$이다. → ㉠을 계산한 값이 양수이기 때문이야.

두 함수 $y=f(x)$, $y=g(x)$의 그래프가 y축에 대하여 대칭이므로 함수 $y=f(x)-g(x)$의 그래프도 y축에 대하여 대칭이다.

두 곡선 $y=f(x)$, $y=g(x)$로 둘러싸인 부분의 넓이는

$$\int_{-1}^{1}|f(x)-g(x)|\,dx=\int_{-1}^{1}\{f(x)-g(x)\}dx$$

→ 절댓값의 적분값을 구해.

$$=2\int_0^1\{f(x)-g(x)\}dx$$
$$=2\times 27=54\ (\because \text{㉠})$$

따라서 구하는 넓이는 54이다.

$h(x)=f(x)-g(x)$라 하면
$h(-x)=f(-x)-g(-x)$
$\quad=f(x)-g(x)=h(x)$
따라서 두 함수 $y=f(x)$, $y=g(x)$의 그래프가 y축에 대하여 대칭이면 함수 $y=f(x)-g(x)$의 그래프도 y축에 대하여 대칭이야.

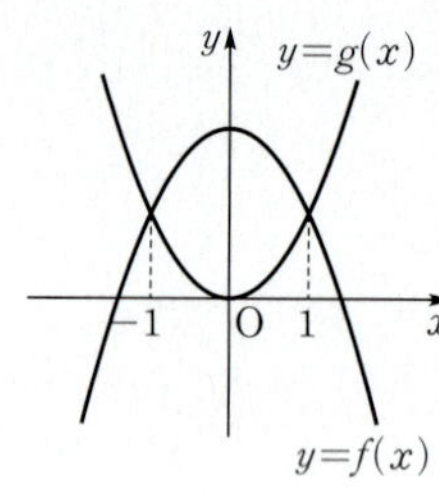

참고그림

✪ **다른 풀이** $f(x)$를 직접 구하는 풀이

Step 1 $f(x)=ax^2+b$로 놓고 a, b의 값을 각각 구한다.

조건 (가)에서 이차함수 $f(x)$의 그래프가 y축에 대하여 대칭이므로 $f(x)=ax^2+b\ (a\ne 0,\ a,\ b$는 상수)라 하자.

조건 (나)에서 → 모든 실수 x에 대하여 $f(-x)=f(x)$이면 곡선 $y=f(x)$는 y축에 대하여 대칭이고 $f(-x)=-f(x)$이면 곡선 $y=f(x)$는 원점에 대하여 대칭이야.

$$\lim_{n\to\infty}\frac{1}{n}\sum_{k=1}^{n}\left\{f\left(\frac{k}{n}\right)-g\left(\frac{k}{n}\right)\right\}=\int_0^1\{f(x)-g(x)\}dx=27$$이므로

$$\int_0^1\{f(x)-g(x)\}dx=\int_0^1(ax^2+b-x^2)dx$$

→ $g(x)=x^2$으로 문제에서 주어졌어.

$$=\left[\frac{1}{3}ax^3+bx-\frac{1}{3}x^3\right]_0^1=27$$

$$\frac{1}{3}a+b-\frac{1}{3}=27$$
$$\therefore \frac{1}{3}a+b=\frac{82}{3} \quad\cdots\cdots\text{㉠}$$

또한 $f(-1)=f(1)=1$이므로 $a+b=1 \quad\cdots\cdots\text{㉡}$

㉠, ㉡을 연립하여 풀면 $a=-\frac{79}{2}$, $b=\frac{81}{2}$

→ 조건 (가)에서 $f(-1)=f(1)$이야.

$$\therefore f(x)=-\frac{79}{2}x^2+\frac{81}{2}$$

Step 2 두 곡선 $y=f(x)$, $y=g(x)$로 둘러싸인 부분의 넓이를 구한다.

따라서 두 곡선 $y=f(x)$, $y=g(x)$로 둘러싸인 부분의 넓이는

$$\int_{-1}^{1}|f(x)-g(x)|\,dx=\int_{-1}^{1}\{f(x)-g(x)\}dx$$
$$=2\int_0^1\left(-\frac{79}{2}x^2+\frac{81}{2}-x^2\right)dx$$
$$=2\int_0^1\left(-\frac{81}{2}x^2+\frac{81}{2}\right)dx$$

$$=2\left[-\frac{27}{2}x^3+\frac{81}{2}x\right]_0^1$$
$$=2\left(-\frac{27}{2}+\frac{81}{2}\right)$$
$$=54$$

✪ **다른 풀이** 이차방정식의 실근을 이용하는 풀이

Step 1 이차방정식 $f(x)-1=0$의 실근이 $x=1$ 또는 $x=-1$임을 이용한다.

조건 (가)에 의하여 $f(1)=f(-1)=1$에서 $f(1)-1=f(-1)-1=0$이므로 이차방정식 $f(x)-1=0$의 실근은 $x=1$ 또는 $x=-1$이다.

따라서 이차식 $f(x)-1$은 $x-1$과 $x+1$을 인수로 가져야 하므로 $f(x)-1=a(x-1)(x+1)=ax^2-a$라 하면 $f(x)=ax^2-a+1$ → $f(x)$의 최고차항의 계수는 아직 모르므로 임의로 a로 둔 거야.

Step 2 조건 (나)를 이용하여 $f(x)$를 구한다.

조건 (나)에서

$$\lim_{n\to\infty}\frac{1}{n}\sum_{k=1}^{n}\left\{f\left(\frac{k}{n}\right)-g\left(\frac{k}{n}\right)\right\}=\int_0^1\{f(x)-g(x)\}dx$$
$$=\int_0^1\{(ax^2-a+1)-x^2\}dx$$
$$=\int_0^1\{(a-1)x^2-a+1\}dx$$
$$=\left[\frac{a-1}{3}x^3-ax+x\right]_0^1$$
$$=\frac{-2a+2}{3}=27 \quad\rightarrow =\frac{a-1}{3}-a+1$$

$$-2a+2=81,\ -2a=79 \quad \therefore a=-\frac{79}{2}$$

$$\therefore f(x)=-\frac{79}{2}x^2+\frac{81}{2}$$

(이하 동일)

---

099 [정답률 11%]   정답 127

양의 실수 전체의 집합에서 감소하고 연속인 함수 $f(x)$가 다음 조건을 만족시킨다.

→ 이 두 조건을 보고, 함수 $y=f(x)$의 그래프의 개형이 떠올라야 해.

(가) 모든 양의 실수 x에 대하여 $f(x)>0$이다.

(나) 임의의 양의 실수 t에 대하여 세 점 $(0,0)$, $(t, f(t))$, $(t+1, f(t+1))$ 을 꼭짓점으로 하는 삼각형의 넓이가 $\dfrac{t+1}{t}$이다.

→ 이 두 점은 함수 $y=f(x)$의 그래프 위의 점이야.

(다) $\displaystyle\int_1^2 \frac{f(x)}{x}dx=2$

$\displaystyle\int_{\frac{7}{2}}^{\frac{11}{2}} \frac{f(x)}{x}dx=\frac{q}{p}$라 할 때, $p+q$의 값을 구하시오.

(단, p와 q는 서로소인 자연수이다.) (4점)

Step 1 삼각형의 넓이를 t에 대한 식으로 나타낸다.

함수 $f(x)$가 양의 실수 전체의 집합에서 감소하고 $f(x)>0$이므로 $y=f(x)$의 그래프를 다음 그림과 같이 나타낼 수 있다.

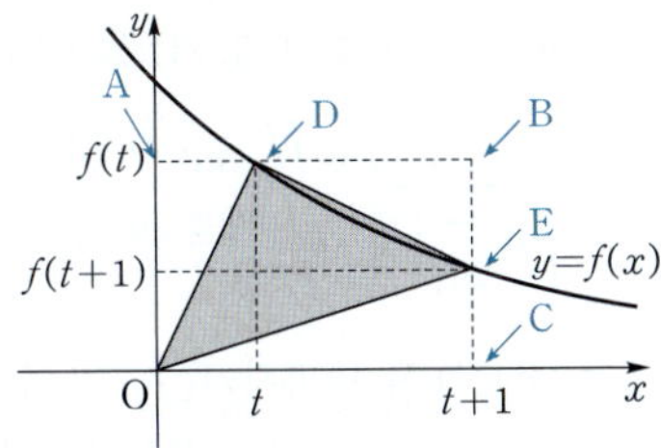

임의의 양의 실수 t에 대하여 세 점 $(0, 0)$, $(t, f(t))$, $(t+1, f(t+1))$을 꼭짓점으로 하는 삼각형의 넓이를 구하면

$(t+1)f(t)-\dfrac{1}{2}tf(t)-\dfrac{1}{2}(t+1)f(t+1)$
→ 삼각형 EOC의 넓이
→ 삼각형 AOD의 넓이
→ 직사각형 AOCB의 넓이
$\qquad -\dfrac{1}{2}(t+1-t)\{f(t)-f(t+1)\}$
→ 삼각형 DEB의 넓이

$=\dfrac{1}{2}tf(t)+\dfrac{1}{2}f(t)-\dfrac{1}{2}tf(t+1)=\dfrac{t+1}{t}$

$\therefore \dfrac{1}{2}\{(t+1)f(t)-tf(t+1)\}=\dfrac{t+1}{t}$ ...... ㉠

Step 2 $g(t)=\dfrac{f(t)}{t}$라 하고 $g(t)$에 대한 식을 구한다.

→ $g(t+1)=\dfrac{f(t+1)}{t+1}$

㉠의 양변에 $\dfrac{2}{t(t+1)}$를 곱하면

$\dfrac{f(t)}{t}-\dfrac{f(t+1)}{t+1}=\dfrac{2}{t^2}$

$\dfrac{1}{2}\times\dfrac{2}{t(t+1)}\{(t+1)f(t)-tf(t+1)\}$
$=\dfrac{t+1}{t}\times\dfrac{2}{t(t+1)}=\dfrac{2}{t^2}$

$g(t)=\dfrac{f(t)}{t}$라 하면

즉, $\dfrac{1}{t(t+1)}\{(t+1)f(t)-tf(t+1)\}=\dfrac{2}{t^2}$

$g(t)-g(t+1)=\dfrac{2}{t^2}$

$\therefore g(t+1)-g(t)=-\dfrac{2}{t^2}$ ...... ㉡

Step 3 부정적분을 이용하여 $\displaystyle\int_{\frac{7}{2}}^{\frac{11}{2}}\dfrac{f(x)}{x}dx$의 값을 구한다.

→ 부정적분을 이용할 때는 적분상수에 유의해야 해.

$G(t)=\displaystyle\int g(t)\,dt$라 하고 ㉡의 양변을 적분하면

$G(t+1)-G(t)=\displaystyle\int\left(-\dfrac{2}{t^2}\right)dt=\dfrac{2}{t}+C$ (단, C는 적분상수)

→ $\displaystyle\int x^n dx=\dfrac{1}{n+1}x^{n+1}+C$ ...... ㉢

조건 (다)에서 $\displaystyle\int_1^2\dfrac{f(x)}{x}dx=\int_1^2 g(x)dx=G(2)-G(1)=2$

㉢의 양변에 $t=1$을 대입하면

$G(2)-G(1)=2+C=2$에서 $C=0$

$\therefore G(t+1)-G(t)=\dfrac{2}{t}$

$\displaystyle\int_t^{t+1}\dfrac{f(x)}{x}dx=\dfrac{2}{t}$ ...... ㉣

$\displaystyle\int_{\frac{7}{2}}^{\frac{11}{2}}\dfrac{f(x)}{x}dx=\int_{\frac{7}{2}}^{\frac{9}{2}}\dfrac{f(x)}{x}dx+\int_{\frac{9}{2}}^{\frac{11}{2}}\dfrac{f(x)}{x}dx$

㉣에 $t=\dfrac{7}{2}$을 대입하면 $\displaystyle\int_{\frac{7}{2}}^{\frac{9}{2}}\dfrac{f(x)}{x}dx=\dfrac{2}{\frac{7}{2}}=\dfrac{4}{7}$, → $\displaystyle\int_a^b f(x)dx$ $=\displaystyle\int_a^c f(x)dx+\int_c^b f(x)dx$

㉣에 $t=\dfrac{9}{2}$를 대입하면 $\displaystyle\int_{\frac{9}{2}}^{\frac{11}{2}}\dfrac{f(x)}{x}dx=\dfrac{2}{\frac{9}{2}}=\dfrac{4}{9}$ 이므로

$\displaystyle\int_{\frac{7}{2}}^{\frac{11}{2}}\dfrac{f(x)}{x}dx-\int_{\frac{7}{2}}^{\frac{9}{2}}\dfrac{f(x)}{x}dx+\int_{\frac{9}{2}}^{\frac{11}{2}}\dfrac{f(x)}{x}dx$ 계산 주의

$=\dfrac{4}{7}+\dfrac{4}{9}=\dfrac{64}{63}$

따라서 $p=63$, $q=64$이므로 $p+q=127$

★ 다른 풀이 삼각형의 넓이 공식을 이용한 풀이

Step 1 삼각형의 넓이 공식을 이용한다.

세 점 $(0, 0)$, $(t, f(t))$, $(t+1, f(t+1))$을 꼭짓점으로 하는 삼각형의 넓이는 → 알아야 할 기본 개념 (1)에 $x_1=t+1, y_1=f(t+1), x_2=t, y_2=f(t)$를 대입한 거야.

$\dfrac{1}{2}|(t+1)f(t)-tf(t+1)|=\dfrac{t+1}{t}$

→ 양변에 $\dfrac{2}{t(t+1)}$를 곱해 준 거야.

$\left|\dfrac{f(t)}{t}-\dfrac{f(t+1)}{t+1}\right|=\dfrac{2}{t^2}$

이때 함수 $f(x)$가 양의 실수 전체의 집합에서 감소하므로

$f(t)>f(t+1)$에서 $\dfrac{f(t)}{t}>\dfrac{f(t+1)}{t}$

이때 $\dfrac{f(t+1)}{t}>\dfrac{f(t+1)}{t+1}$이므로 → t가 양의 실수이기 때문에 성립하는 부등식의 성질이야.

$\dfrac{f(t)}{t}>\dfrac{f(t+1)}{t+1}$, $\dfrac{f(t)}{t}-\dfrac{f(t+1)}{t+1}>0$

따라서 $\left|\dfrac{f(t)}{t}-\dfrac{f(t+1)}{t+1}\right|=\dfrac{f(t)}{t}-\dfrac{f(t+1)}{t+1}=\dfrac{2}{t^2}$에서

$\dfrac{f(t+1)}{t+1}=\dfrac{f(t)}{t}-\dfrac{2}{t^2}$ → 절댓값 안의 값이 양수이므로 부호가 바뀌지 않았어.

(이하 동일)

→ 조건 (가)에서 $f(t+1)>0$이므로 $\dfrac{f(t+1)}{t}>\dfrac{f(t+1)}{t+1}$

💡 알아야 할 기본개념

삼각형의 넓이

(1) 삼각형의 한 꼭짓점이 원점 O일 때 세 점 $O(0, 0)$, $A(x_1, y_1)$, $B(x_2, y_2)$를 꼭짓점으로 하는 삼각형 OAB의 넓이 S는

$S=\dfrac{1}{2}|x_1y_2-x_2y_1|$

(2) 삼각형의 세 꼭짓점의 좌표를 알 때 세 점 $A(x_1, y_1)$, $B(x_2, y_2)$, $C(x_3, y_3)$을 꼭짓점으로 하는 삼각형 ABC의 넓이 S는

$S=\dfrac{1}{2}|(x_2-x_1)(y_3-y_1)$

$\qquad -(x_3-x_1)(y_2-y_1)|$

※ (2)의 경우 점 A가 원점 O가 되도록 삼각형 ABC를 평행이동하고, 세 점 A, B, C가 이동된 점을 각각 A′, B′, C′이라 하면 $A'(0, 0)$, $B'(x_2-x_1, y_2-y_1)$, $C'(x_3-x_1, y_3-y_1)$이 되어 (1)의 공식을 이용하면 된다.

100 [정답률 71%]   정답 ⑤

함수 $f(x)=e^{-x}\int_0^x \sin(t^2)dt$ 에 대하여 [보기]에서 옳은

것만을 있는 대로 고른 것은? (4점)

→ 적분 구간에 x가 있을 때에는 미분해.

[보기]

ㄱ. $f(\sqrt{\pi})>0$

ㄴ. $f'(a)>0$을 만족시키는 a가 열린구간 $(0,\sqrt{\pi})$에
　　적어도 하나 존재한다.

ㄷ. $f'(b)=0$을 만족시키는 b가 열린구간 $(0,\sqrt{\pi})$에
　　적어도 하나 존재한다. → 사잇값의 정리를 이용해.

① ㄱ   ② ㄷ   ③ ㄱ, ㄴ

④ ㄴ, ㄷ   ⑤ ㄱ, ㄴ, ㄷ

Step 1 $y=\sin(x^2)$의 그래프를 이용하여 ㄱ, ㄴ의 참, 거짓을 판별한다.

함수 $y=\sin(x^2)$의 그래프를 그려 보면 다음과 같다.

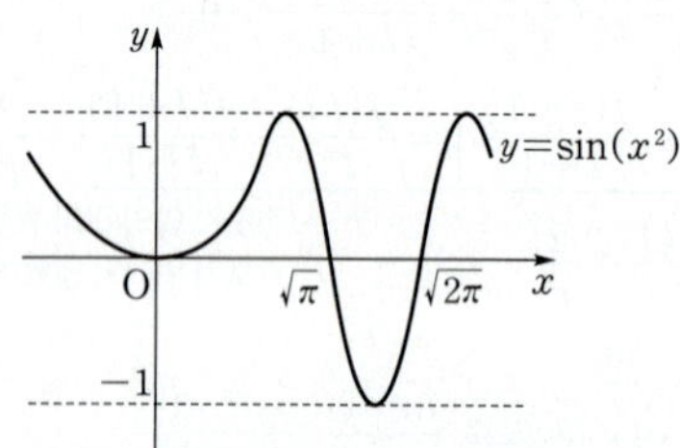

ㄱ. 열린구간 $(0,\sqrt{\pi})$에서 $\sin(x^2)>0$이므로

$$\int_0^{\sqrt{\pi}} \sin(x^2)dx>0 \rightarrow y=\sin(x^2)\text{의 그래프가 }x\text{축 위에 존재해.}$$

$$\therefore f(\sqrt{\pi})=e^{-\sqrt{\pi}}\int_0^{\sqrt{\pi}} \sin(t^2)dt>0 \text{ (참)}$$

$e^{-\sqrt{\pi}}>0$

ㄴ. 함수 $f(x)=e^{-x}\int_0^x \sin(t^2)dt$에서

$\{f(x)g(x)\}' = f'(x)g(x)+f(x)g'(x)$

$$f'(x)=-e^{-x}\int_0^x \sin(t^2)dt+e^{-x}\sin(x^2)$$

$$=e^{-x}\left\{\sin(x^2)-\int_0^x \sin(t^2)dt\right\}$$

이 식에 $x=1$을 대입하면 → 넓이와 함숫값의 비교니까 그래프를 이용

$$f'(1)=e^{-1}\left\{\sin 1-\int_0^1 \sin(t^2)dt\right\}$$

$\sin 1=1\times \sin 1$

이때 $\sin 1$, $\int_0^1 \sin(t^2)dt$가 나타내는 영역을 좌표평면 위에

나타내면 다음과 같다.

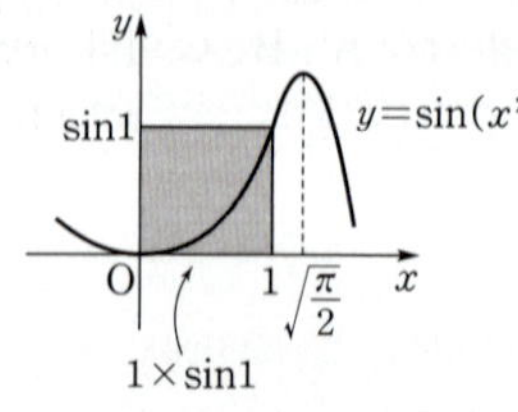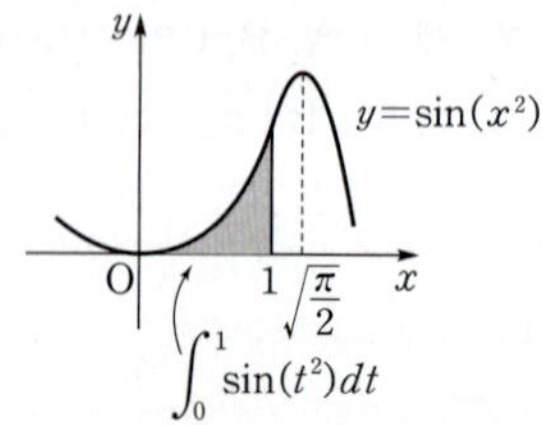

따라서 $\sin 1>\int_0^1 \sin(t^2)dt$임을 알 수 있다.

$$\therefore f'(1)=e^{-1}\left\{\sin 1-\int_0^1 \sin(t^2)dt\right\}>0$$

그러므로 이를 통해 $f'(a)>0$을 만족시키는 a가 열린구간
$(0,\sqrt{\pi})$에 적어도 하나 존재함을 알 수 있다. (참)

→ 사잇값의 정리 활용
함수 $f(x)$가 닫힌구간 $[a,b]$에서 연속이고 $f(a)f(b)<0$이면
$f(c)=0$인 c가 열린구간 (a,b)에 적어도 하나 존재한다.

Step 2 사잇값의 정리를 이용하여 ㄷ의 참, 거짓을 판별한다.

ㄷ. $f'(\sqrt{\pi})=e^{-\sqrt{\pi}}\left\{\sin((\sqrt{\pi})^2)-\int_0^{\sqrt{\pi}} \sin(t^2)dt\right\}$

$(\sqrt{\pi})^2=\pi$이므로 $\sin((\sqrt{\pi})^2)=0$

$$=-e^{-\sqrt{\pi}}\int_0^{\sqrt{\pi}} \sin(t^2)dt<0$$

따라서 ㄴ에서 $f'(a)>0$을 만족시키는 a가 열린구간 $(0,\sqrt{\pi})$
에 존재하고, $f'(\sqrt{\pi})<0$이므로 사잇값의 정리에 의하여
$f'(b)=0$을 만족시키는 b가 열린구간 $(a,\sqrt{\pi})$에 적어도 하나
존재한다. (참)

따라서 옳은 것은 ㄱ, ㄴ, ㄷ이다.

❋ **다른 풀이** 평균값 정리를 이용하는 풀이

Step 1 평균값 정리를 이용하여 ㄴ의 참, 거짓을 판별한다.

ㄴ. $f(\sqrt{\pi})>0$, $f(0)=0\left(\because \int_0^0 \sin(t^2)dt=0\right)$이므로

평균값 정리에 의하여 $\dfrac{f(\sqrt{\pi})-f(0)}{\sqrt{\pi}-0}=f'(a)>0$을

만족시키는 a가 열린구간 $(0,\sqrt{\pi})$에 적어도 하나 존재한다.

(이하 동일)

평균값 정리
함수 $f(x)$가 닫힌구간 $[a,b]$에서 연속이고, 열린구간 (a,b)에서
미분가능할 때, $\dfrac{f(b)-f(a)}{b-a}=f'(c)$인 c가 열린구간 (a,b)에
적어도 하나 존재한다.

101 [정답률 7%]   정답 80

그림과 같이 길이가 2인 선분 AB 위의 점 P를 지나고 선분
AB에 수직인 직선이 선분 AB를 지름으로 하는 반원과
만나는 점을 Q라 하자.
$\overline{AP}=x$라 할 때, $S(x)$를 다음과 같이 정의한다.
$0<x<2$일 때 $S(x)$는 두 선분 AP, PQ와 호 AQ로
둘러싸인 도형의 넓이이고, $x=2$일 때 $S(x)$는 선분 AB를
지름으로 하는 반원의 넓이이다.

$$\int_{\frac{\pi}{4}}^{\frac{3}{4}\pi} \{S(1+\sin\theta)-S(1+\cos\theta)\}d\theta=p+q\pi^2$$

일 때, $\dfrac{30p}{q}$의 값을 구하시오. (단, p와 q는 유리수이다.)

(4점)

$\dfrac{1}{2}\times\overline{AB}\times\overline{PQ}=1$

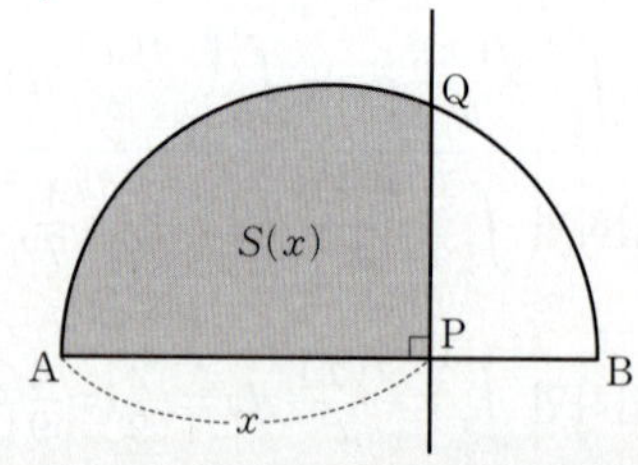

Step 1 함수 $S(x)$의 식을 구한다.

점 A를 원점으로 하고 선분 AB가 가로축 위에 오도록 반원을 좌표평면 위에 나타내면 오른쪽 그림과 같다.

호 AB의 방정식은 $y=\sqrt{1-(t-1)^2}$ 이므로

$S(x)=\displaystyle\int_0^x \sqrt{1-(t-1)^2}\,dt$

> 반원의 중심이 $(1,0)$이므로
> 호 AB의 방정식은 $(t-1)^2+y^2=1\ (y\geq 0)$

Step 2 $f(\theta)=S(1+\sin\theta)-S(1+\cos\theta)$로 놓고 함수 $f(\theta)$의 식을 구한다.

$S(x)=\displaystyle\int_0^x \sqrt{1-(t-1)^2}\,dt$의 양변을 x에 대하여 미분하면

$S'(x)=\sqrt{1-(x-1)^2}$

> θ에 대하여 미분하면 $S'(1+\sin\theta)\times(1+\sin\theta)'$
> $-S'(1+\cos\theta)\times(1+\cos\theta)'$이고
> $(\sin\theta)'=\cos\theta,\ (\cos\theta)'=-\sin\theta$야.

$f(\theta)=S(1+\sin\theta)-S(1+\cos\theta)$라 하면

$f'(\theta)=\cos\theta\,S'(1+\sin\theta)+\sin\theta\,S'(1+\cos\theta)$

> $S'(x)=\sqrt{1-(x-1)^2}$ 에 $x=1+\sin\theta$, $x=1+\cos\theta$를 각각 대입

$=\cos\theta\sqrt{1-\sin^2\theta}+\sin\theta\sqrt{1-\cos^2\theta}$

$=\cos\theta|\cos\theta|+\sin\theta|\sin\theta|$

> $\sin^2\theta+\cos^2\theta=1$이고 $\sqrt{a^2}=|a|$임을 이용

θ의 값의 범위를 나누어 절댓값 기호를 없애면

> $\cos\theta,\ \sin\theta$의 부호가 양인지 음인지 파악

(i) $0\leq\theta<\dfrac{\pi}{2}$일 때

$f'(\theta)=\cos^2\theta+\sin^2\theta=1$이므로 $f(\theta)=\theta+C_1\ (C_1$은 적분상수$)$

이때 $f(0)=S(1)-S(2)$에서 $f(0)=-\dfrac{\pi}{4}$

> $=S(1+\sin 0)-S(1+\cos 0)$
> $\because$ $S(1)$은 반지름의 길이가 1인 원의 사분원의 넓이이고 $S(2)$는 반지름의 길이가 1인 원의 반원의 넓이야.

$\therefore f(\theta)=\theta-\dfrac{\pi}{4}$

> $f(\theta)=\theta+C_1$에 $\theta=0$을 대입하면 $C_1=-\dfrac{\pi}{4}$

(ii) $\dfrac{\pi}{2}\leq\theta<\pi$일 때

$f'(\theta)=-\cos^2\theta+\sin^2\theta=-\cos 2\theta$이므로

$f(\theta)=-\dfrac{1}{2}\sin 2\theta+C_2\ (C_2$는 적분상수$)$

이때 $f\left(\dfrac{\pi}{2}\right)=S(2)-S(1)$에서 $f\left(\dfrac{\pi}{2}\right)=\dfrac{\pi}{4}$

$\therefore f(\theta)=-\dfrac{1}{2}\sin 2\theta+\dfrac{\pi}{4}$

> $=S\left(1+\sin\dfrac{\pi}{2}\right)-S\left(1+\cos\dfrac{\pi}{2}\right)$

그러므로 (i), (ii)에 의하여 구간 $\left[\dfrac{\pi}{4},\ \dfrac{3}{4}\pi\right]$에서의 함수 $y=f(\theta)$의 그래프를 그리면 다음과 같다.

> $f(\theta)=-\dfrac{1}{2}\sin 2\theta+C_2$에 $\theta=\dfrac{\pi}{2}$를 대입하면 $C_2=\dfrac{\pi}{4}$

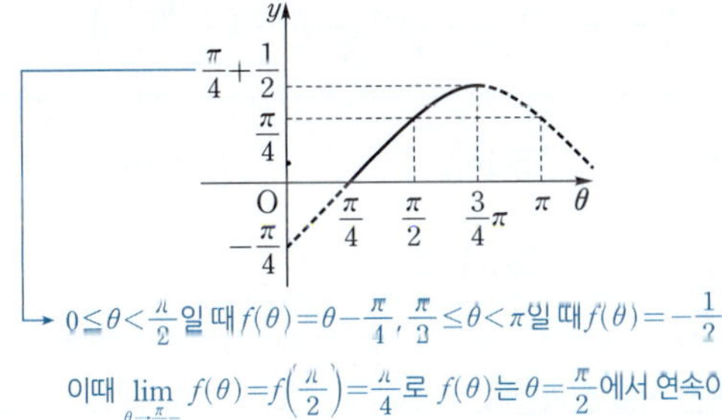

> $0\leq\theta<\dfrac{\pi}{2}$일 때 $f(\theta)=\theta-\dfrac{\pi}{4}$, $\dfrac{\pi}{2}\leq\theta<\pi$일 때 $f(\theta)=-\dfrac{1}{2}\sin 2\theta+\dfrac{\pi}{4}$

이때 $\displaystyle\lim_{\theta\to\frac{\pi}{2}-}f(\theta)=f\left(\dfrac{\pi}{2}\right)=\dfrac{\pi}{4}$로 $f(\theta)$는 $\theta=\dfrac{\pi}{2}$에서 연속이야.

Step 3 구간을 나누어 정적분을 계산한다.

$\displaystyle\int_{\frac{\pi}{4}}^{\frac{3}{4}\pi} f(\theta)\,d\theta=\int_{\frac{\pi}{4}}^{\frac{\pi}{2}} f(\theta)\,d\theta+\int_{\frac{\pi}{2}}^{\frac{3}{4}\pi} f(\theta)\,d\theta$

$\qquad=\displaystyle\int_{\frac{\pi}{4}}^{\frac{\pi}{2}}\left(\theta-\dfrac{\pi}{4}\right)d\theta+\int_{\frac{\pi}{2}}^{\frac{3}{4}\pi}\left(-\dfrac{1}{2}\sin 2\theta+\dfrac{\pi}{4}\right)d\theta$

$=\left[\dfrac{1}{2}\theta^2-\dfrac{\pi}{4}\theta\right]_{\frac{\pi}{4}}^{\frac{\pi}{2}}+\left[\dfrac{1}{4}\cos 2\theta+\dfrac{\pi}{4}\theta\right]_{\frac{\pi}{2}}^{\frac{3}{4}\pi}$

$=\dfrac{1}{4}+\dfrac{3}{32}\pi^2$

> $=\left(\dfrac{1}{4}\cos\dfrac{3}{2}\pi+\dfrac{3}{16}\pi^2\right)-\left(\dfrac{1}{4}\cos\pi+\dfrac{\pi^2}{8}\right)$
> $=\dfrac{3}{16}\pi^2+\dfrac{1}{4}-\dfrac{\pi^2}{8}$
> $=\dfrac{\pi^2}{16}+\dfrac{1}{4}$

$\therefore p=\dfrac{1}{4},\ q=\dfrac{3}{32}$

$\therefore \dfrac{30p}{q}=\dfrac{30\times\frac{1}{4}}{\frac{3}{32}}=80$

> $=\left\{\dfrac{1}{2}\left(\dfrac{\pi}{2}\right)^2-\dfrac{\pi}{4}\left(\dfrac{\pi}{2}\right)\right\}-\left\{\dfrac{1}{2}\left(\dfrac{\pi}{4}\right)^2-\dfrac{\pi}{4}\left(\dfrac{\pi}{4}\right)\right\}$
> $=\dfrac{\pi^2}{8}-\dfrac{\pi^2}{8}-\dfrac{\pi^2}{32}+\dfrac{\pi^2}{16}$
> $=\dfrac{\pi^2}{32}$

102

정답 ③

함수 $f(x)=e^{x^2}$에 대하여 $\displaystyle\lim_{n\to\infty}\sum_{k=1}^{n}\dfrac{k}{n^2}f\left(\dfrac{k}{n}\right)$의 값은? (3점)

① $\dfrac{1}{4}e-\dfrac{1}{2}$ ② $\dfrac{1}{4}e-\dfrac{1}{4}$ ③ $\dfrac{1}{2}e-\dfrac{1}{2}$

④ $\dfrac{1}{2}e-\dfrac{1}{4}$ ⑤ $\dfrac{3}{4}e-\dfrac{1}{4}$

Step 1 주어진 식을 정적분으로 변환한다.

$\displaystyle\lim_{n\to\infty}\sum_{k=1}^{n}\dfrac{k}{n^2}f\left(\dfrac{k}{n}\right)=\int_0^1 xf(x)\,dx=\int_0^1 xe^{x^2}\,dx$

$x^2=t$라 하면 $2x\,dx=dt$이고, $x=0$일 때 $t=0$, $x=1$일 때 $t=1$이므로

> $\dfrac{k}{n}=x,\ \dfrac{1}{n}=dx$

$\displaystyle\int_0^1 xe^{x^2}\,dx=\dfrac{1}{2}\int_0^1 e^t\,dt=\dfrac{1}{2}\left[e^t\right]_0^1=\dfrac{1}{2}e-\dfrac{1}{2}$

> $e^1-e^0=e-1$

103

정답 ②

함수 $f(x)=\dfrac{x+1}{x^2}$에 대하여 $\displaystyle\lim_{n\to\infty}\dfrac{1}{n}\sum_{k=1}^{n}f\left(\dfrac{n+k}{n}\right)$의 값은?

(3점)

① $\dfrac{1}{2}+\dfrac{1}{2}\ln 2$ ② $\dfrac{1}{2}+\ln 2$ ③ $1+\dfrac{1}{2}\ln 2$

④ $1+\ln 2$ ⑤ $\dfrac{3}{2}+\dfrac{1}{2}\ln 2$

Step 1 주어진 급수를 정적분으로 나타낸다.

$\displaystyle\lim_{n\to\infty}\dfrac{1}{n}\sum_{k=1}^{n}f\left(\dfrac{n+k}{n}\right)=\lim_{n\to\infty}\dfrac{1}{n}\sum_{k=1}^{n}f\left(1+\dfrac{k}{n}\right)$

$\qquad=\displaystyle\lim_{n\to\infty}\sum_{k=1}^{n}f\left(1+\dfrac{k}{n}\right)\dfrac{1}{n}$

에서 $x_k=\dfrac{k}{n}$라 하면 $\varDelta x=\dfrac{1}{n}$

$\therefore \displaystyle\lim_{n\to\infty}\sum_{k=1}^{n}f\left(1+\dfrac{k}{n}\right)\dfrac{1}{n}$

> $k=1$일 때 $\displaystyle\lim_{n\to\infty}x_1=\lim_{n\to\infty}\dfrac{1}{n}=0$, $k=n$일 때 $\displaystyle\lim_{n\to\infty}x_n=\lim_{n\to\infty}\dfrac{n}{n}=1$이므로 적분구간의 아래끝은 0이고 위끝은 1이다.

$\qquad=\displaystyle\int_0^1 f(1+x)\,dx=\int_1^2 f(t)\,dt$

> $1+x=t$로 놓고 치환한 것이다.

$\qquad=\displaystyle\int_1^2 \dfrac{t+1}{t^2}\,dt=\int_1^2\left(\dfrac{1}{t}+\dfrac{1}{t^2}\right)dt$

$$=\left[\ln t-\frac{1}{t}\right]_1^2$$
$$=\left(\ln 2-\frac{1}{2}\right)-(0-1)=\frac{1}{2}+\ln 2$$

104

정답 ④

함수 $f(x)=\ln x$에 대하여 $\displaystyle\lim_{n\to\infty}\sum_{k=1}^{n}\frac{1}{n+k}f\left(1+\frac{k}{n}\right)$의 값은? (4점)

① $\ln 2$ ② $(\ln 2)^2$ ③ $\dfrac{\ln 2}{2}$

④ $\dfrac{(\ln 2)^2}{2}$ ⑤ $\dfrac{(\ln 2)^2}{4}$

Step 1 주어진 식을 변형하여 정적분의 꼴로 나타낸다.

$1+\dfrac{k}{n}=x$라 하면 $\dfrac{1}{n}\longrightarrow dx$이므로

$$\lim_{n\to\infty}\sum_{k=1}^{n}\frac{1}{n+k}f\left(1+\frac{k}{n}\right)=\lim_{n\to\infty}\sum_{k=1}^{n}\frac{1}{1+\frac{k}{n}}f\left(1+\frac{k}{n}\right)\times\frac{1}{n}$$

$$=\frac{1}{n\left(1+\frac{k}{n}\right)}=\int_1^2\frac{1}{x}f(x)dx$$

$$=\frac{1}{\left(1+\frac{k}{n}\right)}\times\frac{1}{n}=\int_1^2\frac{\ln x}{x}\,dx$$

$f(x)$ 대신에 $\ln x$ 대입

Step 2 치환적분법을 이용하여 식을 계산한다.

$\ln x=t$라 하면 $\dfrac{1}{x}dx=dt$이고,

$x=1$일 때 $t=0$, $x=2$일 때 $t=\ln 2$이다.

$$\therefore \lim_{n\to\infty}\sum_{k=1}^{n}\frac{1}{n+k}f\left(1+\frac{k}{n}\right)=\int_0^{\ln 2}t\,dt=\left[\frac{1}{2}t^2\right]_0^{\ln 2}$$
$$=\frac{(\ln 2)^2}{2}$$

치환적분법을 이용했으니 적분 구간도 바꿔줘야 해.

105

정답 ①

함수 $f(x)=x^2 e^{x^2-1}$에 대하여
$\displaystyle\lim_{n\to\infty}\sum_{k=1}^{n}\frac{2}{n+k}f\left(1+\frac{k}{n}\right)$의 값은? (3점)

① e^3-1 ② $e^3-\dfrac{1}{e}$ ③ e^4-1

④ $e^4-\dfrac{1}{e}$ ⑤ e^5-1

Step 1 주어진 식을 변형하여 정적분의 꼴로 나타낸다.

$1+\dfrac{k}{n}=x_k$라 하면 $\Delta x=\dfrac{1}{n}$이므로

$$\lim_{n\to\infty}\sum_{k=1}^{n}\frac{2}{n+k}f\left(1+\frac{k}{n}\right)=\lim_{n\to\infty}\sum_{k=1}^{n}\frac{2}{1+\frac{k}{n}}f\left(1+\frac{k}{n}\right)\times\frac{1}{n}$$

$$=\frac{2}{n\left(1+\frac{k}{n}\right)}=\int_1^2\frac{2}{x}f(x)dx$$

$$=\frac{2}{1+\frac{k}{n}}\times\frac{1}{n}=\int_1^2 2xe^{x^2-1}dx$$

$f(x)=x^2 e^{x^2-1}$ 대입

Step 2 치환적분법을 이용하여 식을 계산한다.

$x^2-1=t$라 하면 $2x\,dx=dt$

$x=1$일 때 $t=0$, $x=2$일 때 $t=3$이므로

$$\lim_{n\to\infty}\sum_{k=1}^{n}\frac{2}{n+k}f\left(1+\frac{k}{n}\right)=\int_1^2 2xe^{x^2-1}dx$$

$$=\int_0^3 e^t dt$$ 구간에 주의한다.

$$=\left[e^t\right]_0^3=e^3-1$$

106

정답 ②

$\displaystyle\lim_{n\to\infty}\sum_{k=1}^{n}\frac{1}{n+3k}$의 값은? (3점)

① $\dfrac{1}{3}\ln 2$ ② $\dfrac{2}{3}\ln 2$ ③ $\ln 2$

④ $\dfrac{4}{3}\ln 2$ ⑤ $\dfrac{5}{3}\ln 2$

Step 1 주어진 식을 정적분을 이용하여 나타낸다.

$$\lim_{n\to\infty}\sum_{k=1}^{n}\frac{1}{n+3k}=\lim_{n\to\infty}\sum_{k=1}^{n}\frac{1}{1+\frac{3k}{n}}\times\frac{1}{n}$$

$$=\lim_{n\to\infty}\sum_{k=1}^{n}\frac{1}{1+\frac{3k}{n}}\times\frac{3}{n}\times\frac{1}{3}$$

$\dfrac{3k}{n}$ 때문에 변형시켰어.

$$=\frac{1}{3}\int_1^4\frac{1}{x}dx$$

$$\lim_{n\to\infty}\sum_{k=1}^{n}f\left(a+\frac{bk}{n}\right)\times\frac{b}{n}=\int_a^{a+b}f(x)dx$$

$$=\frac{1}{3}\left[\ln|x|\right]_1^4=\frac{1}{3}\ln 4$$

$\ln 2^2=2\ln 2$

$$=\frac{2}{3}\ln 2$$ $\dfrac{1}{3}(\ln 4-\ln 1)$

107

정답 ③

다음의 극한값을 구하면? (4점)

더해지는 값들의 규칙을 파악해서 $\sum$를 포함한 식으로 바꿔!

$$\lim_{n\to\infty}\left(\frac{1^2}{n^3+1^3}+\frac{2^2}{n^3+2^3}+\frac{3^2}{n^3+3^3}+\cdots+\frac{n^2}{n^3+n^3}\right)$$

① $2\ln 2$ ② $\ln 2$ ③ $\dfrac{1}{3}\ln 2$

④ $\dfrac{1}{2}\ln 2$ ⑤ $3\ln 2$

Step 1 주어진 식을 정리한다.

$$\lim_{n\to\infty}\left(\frac{1^2}{n^3+1^3}+\frac{2^2}{n^3+2^3}+\frac{3^2}{n^3+3^3}+\cdots+\frac{n^2}{n^3+n^3}\right)$$

$1, 2, 3, \cdots$으로 값이 1씩 커짐을 파악할 수 있어!

$$=\lim_{n\to\infty}\sum_{k=1}^{n}\frac{k^2}{n^3+k^3}$$

분모, 분자를 n^3으로 나누었어.

$$=\lim_{n\to\infty}\frac{1}{n}\sum_{k=1}^{n}\frac{\left(\frac{k}{n}\right)^2}{1+\left(\frac{k}{n}\right)^3}\quad\cdots\cdots\ \bigcirc$$

Step 2 정적분과 급수의 관계를 이용하여 ㉠을 정적분으로 바꾼다

$\dfrac{k}{n}=x_k$, $\dfrac{1}{n}=\Delta x$라 하면 정적분의 정의에 의하여

$$\lim_{n\to\infty}\frac{1}{n}\sum_{k=1}^{n}\frac{\left(\dfrac{k}{n}\right)^2}{1+\left(\dfrac{k}{n}\right)^3}=\int_0^1\frac{x^2}{1+x^3}\,dx$$

$k=1$일 때 $\lim\limits_{n\to\infty}\dfrac{1}{n}=0$,

$k=n$일 때 $\lim\limits_{n\to\infty}\dfrac{n}{n}=1$

Step 3 치환적분법을 이용하여 정적분의 값을 구한다.

$1+x^3=t$로 놓으면 $3x^2\,dx=dt$이고,

$x=0$일 때 $t=1$, $x=1$일 때 $t=2$이므로

적분 구간 바꿔주기!

$$\int_0^1\frac{x^2}{1+x^3}\,dx=\int_1^2\frac{1}{3t}\,dt=\frac{1}{3}\int_1^2\frac{1}{t}\,dt$$

$$=\frac{1}{3}\Big[\ln|t|\Big]_1^2=\frac{1}{3}(\ln 2-\ln 1)=\frac{1}{3}\ln 2$$

$\ln 1=0$

중요 여기서 $1+x^3$을 x에 대하여 미분하면 $3x^2$임을 이용하여 치환하지 않고 바로
$\int_0^1\dfrac{x^2}{1+x^3}\,dx=\dfrac{1}{3}\Big[\ln|1+x^3|\Big]_0^1$로 계산할 수도 있어!

108

정답 ③

$x\geq 0$에서 정의된 함수 $f(x)=\dfrac{4}{1+x^2}$의 역함수를 $g(x)$라 할

때, $\lim\limits_{n\to\infty}\dfrac{1}{n}\sum\limits_{k=1}^{n}g\left(1+\dfrac{3k}{n}\right)$의 값은? (4점)

↳ 먼저 이 식을 정적분의 형태로 바꿔.

① $\dfrac{\pi-\sqrt{3}}{3}$ ② $\dfrac{\pi+\sqrt{3}}{3}$ ③ $\dfrac{4\pi-3\sqrt{3}}{9}$

④ $\dfrac{4\pi+3\sqrt{3}}{9}$ ⑤ $\dfrac{2\pi-\sqrt{3}}{3}$

Step 1 함수 $y=f(x)$의 그래프의 개형을 구한다.

↳ 함수 $f(x)$의 도함수를 이용!

함수 $f(x)=\dfrac{4}{1+x^2}$에서

$$f'(x)=\frac{-4\times 2x}{(1+x^2)^2}=\frac{-8x}{(1+x^2)^2}$$

$x>0$에서 $f'(x)<0$이므로 함수 $f(x)$
는 감소함수이다.

↳ $f'(x)$에서 $x>0$일 때
(분모)>0, (분자)<0

이때 $f(0)=4$,

$\lim\limits_{x\to\infty}f(x)=\lim\limits_{x\to\infty}\dfrac{4}{1+x^2}=0$이므로 함수

$y=f(x)$의 그래프는 오른쪽 그림과 같다.

주어진 함수는 $x\geq 0$에서
정의되었어.

Step 2 주어진 급수를 정적분으로 나타낸다.

$\lim\limits_{n\to\infty}\dfrac{1}{n}\sum\limits_{k=1}^{n}g\left(1+\dfrac{3k}{n}\right)$에서

$x_k=1+\dfrac{3k}{n}$, $\Delta x=\dfrac{3}{n}$이라 하면 정적분의 정의에 의하여

$$\lim_{n\to\infty}\frac{1}{n}\sum_{k=1}^{n}g\left(1+\frac{3k}{n}\right)=\frac{1}{3}\lim_{n\to\infty}\frac{3}{n}\sum_{k=1}^{n}g\left(1+\frac{3k}{n}\right)$$

$$=\frac{1}{3}\int_1^4 g(x)\,dx$$

주의 적분 구간을 정할 때
조심하도록!

이 부분을 $\dfrac{3}{n}$으로 만들기 위해
앞에 $\dfrac{1}{3}$을 곱했어!

Step 3 $y=f(x)$의 그래프를 이용하여 $\dfrac{1}{3}\int_1^4 g(x)\,dx$를 $f(x)$에 대한

정적분으로 나타낸다.

$y=f(x)$와 $y=g(x)$는 서로 역함수
관계이므로 함수 $y=g(x)$의 그래프는
함수 $y=f(x)$의 그래프를 직선 $y=x$에
대하여 대칭이동하여 오른쪽 그림과 같고,

$\int_1^4 g(x)\,dx$의 값은 어두운 부분의 넓이와
같다.

대칭이동은 그래프를 직접
그려서 생각하는 것이 좋아.

이 넓이를 $y=f(x)$의 그래프에 나타내면
오른쪽 그림과 같다.

두 함수가 서로 역함수 관계이고
$f(0)=4$, $f(\sqrt{3})=1$이므로

$$\frac{1}{3}\int_1^4 g(x)\,dx=\frac{1}{3}\left\{\int_0^{\sqrt{3}}f(x)\,dx-\sqrt{3}\times 1\right\}$$

어두운 두 부분의
넓이가 같아!

어두운 부분 아래의
직사각형의 넓이

어두운 부분의 넓이를
식으로 나타내야 해!

Step 4 $\dfrac{1}{3}\left\{\int_0^{\sqrt{3}}f(x)\,dx-\sqrt{3}\right\}$의 값을 구한다.

$$\frac{1}{3}\left\{\int_0^{\sqrt{3}}f(x)\,dx-\sqrt{3}\right\}=\frac{1}{3}\left\{\int_0^{\sqrt{3}}\frac{4}{1+x^2}\,dx-\sqrt{3}\right\}$$

이때 $\int_0^{\sqrt{3}}\dfrac{4}{1+x^2}\,dx$에서

$x=\tan\theta\left(0\leq\theta<\dfrac{\pi}{2}\right)$로 놓으면 $dx=\sec^2\theta\,d\theta$이고

$x=0$일 때 $\theta=0$, $x=\sqrt{3}$일 때 $\theta=\dfrac{\pi}{3}$이므로

암기

$y=\sin x \to y'=\cos x$
$y=\cos x \to y'=-\sin x$
$y=\tan x \to y'=\sec^2 x$

$$\int_0^{\sqrt{3}}\frac{4}{1+x^2}\,dx=\int_0^{\frac{\pi}{3}}\left(\frac{4}{1+\tan^2\theta}\times\sec^2\theta\right)d\theta$$

$$=\int_0^{\frac{\pi}{3}}4\,d\theta\ (\because\ 1+\tan^2\theta=\sec^2\theta)$$

$$=\Big[4\theta\Big]_0^{\frac{\pi}{3}}=\frac{4}{3}\pi$$

↳ 삼각함수 사이의 관계는 외워 두는 게 좋아.
참고로 $\sin^2\theta+\cos^2\theta=1$이라는 것도
기억해!

$$\therefore\ \lim_{n\to\infty}\frac{1}{n}\sum_{k=1}^{n}g\left(1+\frac{3k}{n}\right)=\frac{1}{3}\left\{\int_0^{\sqrt{3}}f(x)\,dx-\sqrt{3}\right\}$$

$$=\frac{1}{3}\left(\frac{4}{3}\pi-\sqrt{3}\right)$$

$$=\frac{4\pi-3\sqrt{3}}{9}$$

♦ 다른 풀이 치환을 이용한 풀이

Step 1 주어진 식을 정적분의 형태로 정리한다

$\lim\limits_{n\to\infty}\dfrac{1}{n}\sum\limits_{k=1}^{n}g\left(1+\dfrac{3k}{n}\right)$에서 → 본 풀이의 **Step 2**와 같은 내용이야.

$x_k=1+\dfrac{3k}{n}$, $\Delta x=\dfrac{3}{n}$이라 하면 정적분의 정의에 의하여

$$\lim_{n\to\infty}\frac{1}{n}\sum_{k=1}^{n}g\left(1+\frac{3k}{n}\right)=\frac{1}{3}\lim_{n\to\infty}\frac{3}{n}\sum_{k=1}^{n}g\left(1+\frac{3k}{n}\right)$$

$$=\frac{1}{3}\int_1^4 g(x)\,dx$$

Step 2 $x=f(t)$로 놓고 $\dfrac{1}{3}\int_1^4 g(x)\,dx$를 t에 대한 식으로 정리한다.

$f(0)=\dfrac{4}{1+0^2}=4$, $f(\sqrt{3})=\dfrac{4}{1+(\sqrt{3})^2}=\dfrac{4}{1+3}=1$이므로

$x=f(t)$로 놓으면 $dx=f'(t)dt$에서

$$\frac{1}{3}\int_1^4 g(x)\,dx=\frac{1}{3}\int_{\sqrt3}^0 g(f(t))f'(t)\,dt$$

적분 구간이 변하는 것에 주의해야 해.

$g(x)$는 $f(x)$의 역함수이므로 $g(f(t))=t$야.

$$=-\frac{1}{3}\int_0^{\sqrt3} tf'(t)\,dt$$
$$=-\frac{1}{3}\Big[tf(t)\Big]_0^{\sqrt3}+\frac{1}{3}\int_0^{\sqrt3} f(t)\,dt$$
$$=-\frac{\sqrt3}{3}+\frac{1}{3}\int_0^{\sqrt3}\frac{4}{1+t^2}\,dt$$

Step 3 $\dfrac{1}{3}\displaystyle\int_1^4 g(x)\,dx$의 값을 구한다.

$\tan 0=0,\ \tan\dfrac{\pi}{3}=\sqrt3$

$t=\tan\theta$로 놓으면 $dt=\sec^2\theta\,d\theta$에서

$$\frac{1}{3}\int_0^{\sqrt3}\frac{4}{1+t^2}\,dt=\frac{1}{3}\int_0^{\frac{\pi}{3}}\left(\frac{4}{\sec^2\theta}\times\sec^2\theta\right)d\theta$$

$1+\tan^2\theta=\sec^2\theta$

$$=\frac{1}{3}\int_0^{\frac{\pi}{3}}4\,d\theta$$
$$=\frac{4}{3}\times\frac{\pi}{3}=\frac{4\pi}{9}$$
$$\therefore\ \frac{1}{3}\int_1^4 g(x)\,dx=-\frac{\sqrt3}{3}+\frac{4\pi}{9}=\frac{4\pi-3\sqrt3}{9}$$

$g(t)$는 직선 $y=t$와 곡선 $y=f(x)$가 만나는 점의 x좌표이므로

$t=\dfrac{1}{2}\{\ln g(t)\}^2+\ln g(t)$에서 $\{\ln g(t)\}^2+2\ln g(t)-2t=0$

$\ln g(t)=-1-\sqrt{1+2t}$이므로 $g(t)=e^{-1-\sqrt{1+2t}}$ → $\ln g(t)$에 대한 이차방정식이라고 생각한다.

곡선 $y=g(x)$와 x축, y축 및 직선 $x=\dfrac{3}{2}$으로 둘러싸인 부분의 넓이를 S라 하면

$\ln g(t)=-1\pm\sqrt{1+2t}$에서 두 값 중 작은 값을 $g(t)$ 하기로 했으므로 $\ln g(t)=-1-\sqrt{1+2t}$

$$S=\int_0^{\frac{3}{2}}|e^{-1-\sqrt{1+2x}}|\,dx=\int_0^{\frac{3}{2}}e^{-1-\sqrt{1+2x}}\,dx$$

$\sqrt{1+2x}=u$로 놓으면 $\dfrac{1}{\sqrt{1+2x}}=\dfrac{du}{dx}$이고 $x=0$일 때

$u=1$, $x=\dfrac{3}{2}$일 때 $u=2$

$$\therefore\ S=\int_1^2(e^{-1-u}\times u)\,du=\Big[-ue^{-1-u}\Big]_1^2+\int_1^2 e^{-1-u}\,du$$ → 부분적분법 이용

$$=-\frac{2}{e^3}+\frac{1}{e^2}-\Big[e^{-1-u}\Big]_1^2$$
$$=-\frac{2}{e^3}+\frac{1}{e^2}-\frac{1}{e^3}+\frac{1}{e^2}=\frac{2e-3}{e^3}$$

따라서 $a=2,\ b=-3$이므로 $a^2+b^2=4+9=13$

109

정답 13

양의 실수 전체의 집합에서 정의된 함수 $f(x)$가 다음 조건을 만족시킨다.

> (가) 모든 양의 실수 x에 대하여 $f'(x)=\dfrac{\ln x+k}{x}$이다.
>   → $x>0$
> (나) 곡선 $y=f(x)$는 x축과 두 점 $\left(\dfrac{1}{e^2},\,0\right)$, $(1,\,0)$에서 만난다.

$t>-\dfrac{1}{2}$인 실수 t에 대하여 직선 $y=t$가 곡선 $y=f(x)$와 만나는 두 점의 x좌표 중 작은 값을 $g(t)$라 하자. 곡선 $y=g(x)$와 x축, y축 및 직선 $x=\dfrac{3}{2}$으로 둘러싸인 부분의 넓이는 $\dfrac{ae+b}{e^3}$이다. a^2+b^2의 값을 구하시오.

(단, k는 상수이고, a, b는 유리수이다.) (4점)

Step 1 함수 $f(x)$의 식을 구한다.

조건 (가)에서

$$f(x)=\int\frac{\ln x+k}{x}\,dx=\int\left(\frac{\ln x}{x}+\frac{k}{x}\right)dx$$
$$=\frac{1}{2}(\ln x)^2+k\ln x+C\ \text{(단, }C\text{는 적분상수)}$$

$\ln 1=0$이므로

조건 (나)에서 $f\left(\dfrac{1}{e^2}\right)=0$, $f(1)=0$이므로 $f(1)=\frac{1}{2}\times0^2+k\times0+C$에서 $C=0$

$2-2k+C=0,\ C=0,\ k=1$

$\ln\dfrac{1}{e^2}=\ln e^{-2}=-2$이므로

$$\therefore\ f(x)=\frac{1}{2}(\ln x)^2+\ln x$$

$f\left(\dfrac{1}{e^2}\right)=\frac{1}{2}\times(-2)^2+k\times(-2)+C$에서 $2-2k+C=0$

Step 2 곡선 $y=g(x)$와 x축, y축 및 직선 $x=\dfrac{3}{2}$으로 둘러싸인 부분의 넓이를 구한다.

110

정답 ①

곡선 $y=e^{-x}$과 두 직선 $x=1$, $y=e^{-4}$으로 둘러싸인 부분의 넓이는? (3점)

① $\dfrac{1}{e}-\dfrac{4}{e^4}$ ② $\dfrac{1}{e}-\dfrac{3}{e^4}$ ③ $\dfrac{1}{e}-\dfrac{2}{e^4}$

④ $\dfrac{2}{e}-\dfrac{4}{e^4}$ ⑤ $\dfrac{2}{e}-\dfrac{3}{e^4}$

Step 1 곡선 $y=e^{-x}$과 직선 $y=e^{-4}$의 교점의 x좌표를 구한다.

곡선 $y=e^{-x}$과 직선 $y=e^{-4}$의 교점의 x좌표를 구하면 $e^{-x}=e^{-4}$에서 $x=4$

따라서 구하는 넓이는 → $-x=-4$

$$\int_1^4(e^{-x}-e^{-4})\,dx=\Big[-e^{-x}-e^{-4}x\Big]_1^4$$

상수임에 주의한다.

$$=-e^{-4}-4e^{-4}-(-e^{-1}-e^{-4})$$
$$=\frac{1}{e}-\frac{4}{e^4}$$

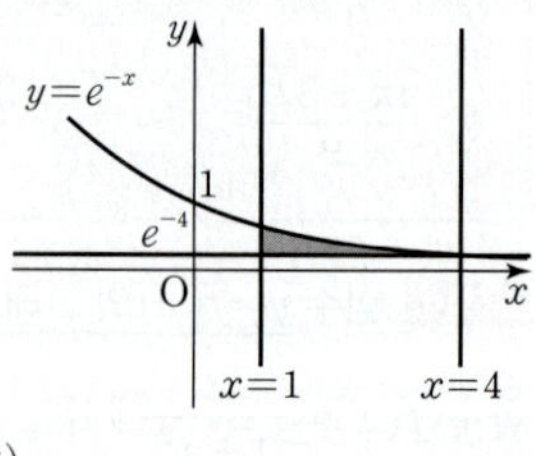

111

정답 ⑤

실수 전체의 집합에서 연속인 함수 $f(x)$가 모든 실수 x에 대하여

$$\int_0^x(x-t)f(t)\,dt=e^{2x}-2x+a$$

를 만족시킨다. 곡선 $y=f(x)$ 위의 점 $(a,\,f(a))$에서의 접선을 l이라 할 때, 곡선 $y=f(x)$와 직선 l 및 y축으로 둘러싸인 부분의 넓이는? (단, a는 상수이다.) (4점)

① $2-\dfrac{6}{e^2}$ ② $2-\dfrac{7}{e^2}$ ③ $2-\dfrac{8}{e^2}$

④ $2-\dfrac{9}{e^2}$ ⑤ $2-\dfrac{10}{e^2}$

Step 1 주어진 식을 이용하여 $f(x)$를 구한다.

$$\int_0^x (x-t)f(t)dt = e^{2x} - 2x + a \qquad \cdots\cdots ㉠$$

㉠의 양변에 $x=0$을 대입하면 $0=1+a$ $\quad \therefore a=-1$

㉠에서 $x\int_0^x f(t)dt - \int_0^x tf(t)dt = e^{2x}-2x-1$ $\quad \int_a^a g(x)dx=0$

양변을 x에 대하여 미분하면

$$\int_0^x f(t)dt + xf(x) - xf(x) = 2e^{2x}-2$$

$$\therefore \int_0^x f(t)dt = 2e^{2x}-2$$

양변을 x에 대하여 미분하면 $f(x)=4e^{2x}$

Step 2 곡선 $y=f(x)$와 직선 l 및 y축으로 둘러싸인 부분의 넓이를 구한다.

$f(x)=4e^{2x}$에서 $f'(x)=8e^{2x}$

$\therefore f'(-1)=8e^{-2}=\dfrac{8}{e^2}$ → 곡선 $y=f(x)$ 위의 점 $(a, f(a))$에서의 접선의 기울기

접선 l의 방정식은 → $f(-1)=4e^{-2}$

$$y=\frac{8}{e^2}(x+1)+\frac{4}{e^2}=\frac{8}{e^2}x+\frac{12}{e^2}$$

따라서 곡선 $y=f(x)$와 직선 l 및 y축으로 둘러싸인 부분의 넓이는

$$\int_{-1}^0 \left(4e^{2x}-\frac{8}{e^2}x-\frac{12}{e^2}\right)dx$$ → $f(x)-$(직선 l의 방정식)

$$=\left[2e^{2x}-\frac{4}{e^2}x^2-\frac{12}{e^2}x\right]_{-1}^0 = 2-\frac{10}{e^2}$$

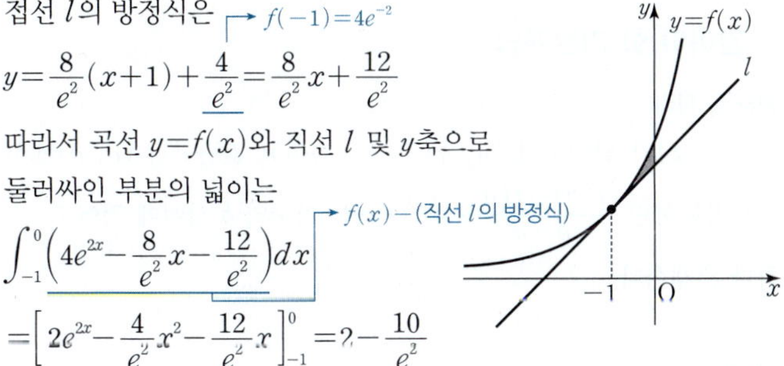

Step 1 S_1과 S_2 사이의 관계를 이용하여 식을 세운다.

곡선 $y=\sin\dfrac{\pi}{2}x$는 직선 $x=1$에 대하여 대칭이므로 곡선

$y=\sin\dfrac{\pi}{2}x$와 직선 $y=k$로 둘러싸인 부분의 넓이 S_2는 직선 $x=1$에 의해 이등분된다.

따라서 직선 $x=1$과 $y=k$, 곡선 $y=\sin\dfrac{\pi}{2}x$로 둘러싸인 부분의

넓이는 $\dfrac{1}{2}S_2$이므로 S_1과 같다. → 문제에 주어진 조건이야.

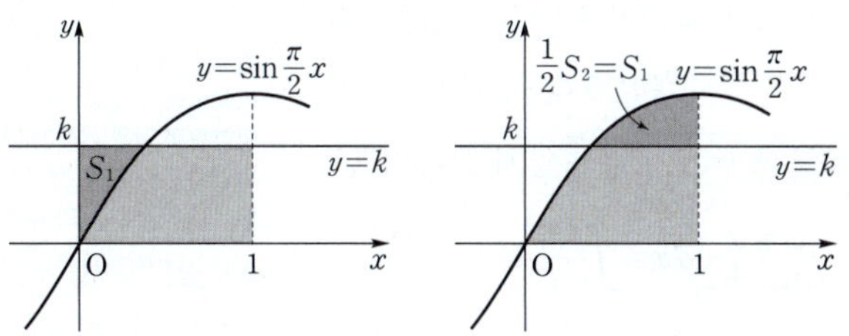

그러므로 그림과 같이 가로의 길이가 1이고 세로의 길이가 k인 직사각형의 넓이와 $\int_0^1 \sin\dfrac{\pi}{2}x\,dx$의 값이 같다. (가로의 길이) × (세로의 길이)

$\therefore k=\int_0^1 \sin\dfrac{\pi}{2}x\,dx$

Step 2 k의 값을 구한다.

$$k=\int_0^1 \sin\frac{\pi}{2}x\,dx = \left[-\frac{2}{\pi}\cos\frac{\pi}{2}x\right]_0^1$$

$$=-\frac{2}{\pi}\left(\cos\frac{\pi}{2}-\cos 0\right)=\frac{2}{\pi}$$

$\cos\dfrac{\pi}{2}=0$ $\qquad \cos 0=1$

$\int \sin x\,dx=-\cos x+C$
$\int \cos x\,dx=\sin x+C$
$\int \tan x\,dx=-\ln|\cos x|+C$

112

정답 ④

그림과 같이 곡선 $y=\sin\dfrac{\pi}{2}x$ $(0\le x\le 2)$와 직선

$y=k$ $(0<k<1)$가 있다. 곡선 $y=\sin\dfrac{\pi}{2}x$와 직선 $y=k$,

y축으로 둘러싸인 부분의 넓이를 S_1, 곡선 $y=\sin\dfrac{\pi}{2}x$와 직선

$y=k$로 둘러싸인 부분의 넓이를 S_2라 하자. $S_2=2S_1$일 때,

상수 k의 값은? (3점)

$\dfrac{2\pi}{\left|\frac{\pi}{2}\right|}=4$를 주기로 반복되므로 함수

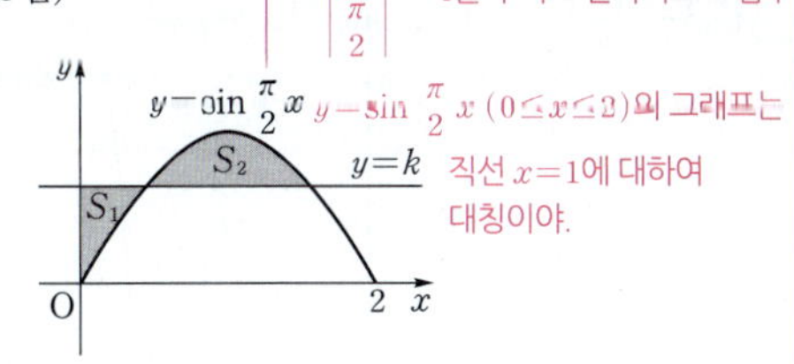

① $\dfrac{1}{2\pi}$ ② $\dfrac{1}{\pi}$ ③ $\dfrac{3}{2\pi}$

④ $\dfrac{2}{\pi}$ ⑤ $\dfrac{5}{2\pi}$

113

정답 ③

$0\le x\le\pi$에서 정의된 함수 $f(x)=\dfrac{\cos x}{\sin x+2}$에 대하여 곡선

$y=f(x)$와 x축, y축으로 둘러싸인 부분의 넓이를 S_1, 곡선

$y=f(x)$와 x축 및 직선 $x=\pi$로 둘러싸인 부분의 넓이를 S_2라

하자. S_1+S_2의 값은? (4점)

① $\ln\dfrac{3}{2}$ ② $\ln\dfrac{4}{3}$ ③ $2\ln\dfrac{3}{2}$

④ $2\ln\dfrac{4}{3}$ ⑤ $4\ln\dfrac{3}{2}$

Step 1 곡선 $y=f(x)$와 x축이 만나는 점의 x좌표를 구한다.

$f(x)=\dfrac{\cos x}{\sin x+2}=0$에서

→ 정적분을 이용해 도형의 넓이를 구하려면 함수의 그래프의 개형을 일단 알아야 해!

$\cos x=0$ $(\because -1\le\sin x\le 1)$

$\therefore x=\dfrac{\pi}{2}$ $(\because 0\le x\le\pi)$

→ 문제의 조건으로 주어져 있어.

Step 2 그래프의 개형을 통해 $S_1 = S_2$임을 확인한다.

또한, $f(x) + f(\pi - x) = 0$이므로
함수 $y = f(x)$의 그래프는
점 $\left(\dfrac{\pi}{2}, 0\right)$에 대하여 대칭이다.

$\therefore S_1 = S_2$

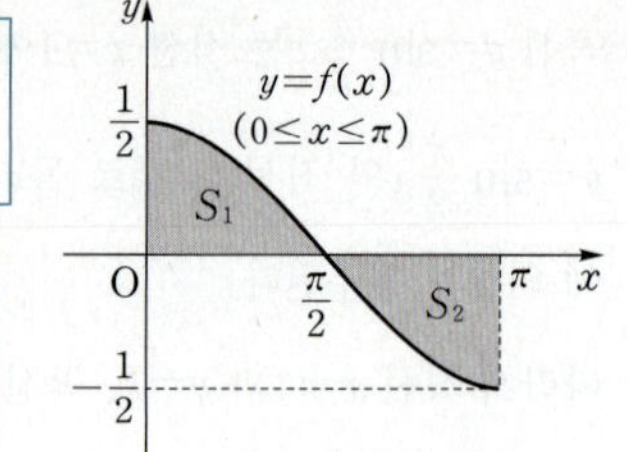

Step 3 $S_1 + S_2$의 값을 구한다.

$S_1 = \displaystyle\int_0^{\frac{\pi}{2}} f(x)\,dx$이므로

$S_1 + S_2 = 2\displaystyle\int_0^{\frac{\pi}{2}} f(x)\,dx = 2\displaystyle\int_0^{\frac{\pi}{2}} \dfrac{\cos x}{\sin x + 2}\,dx$

$\sin x + 2 = t$로 놓으면 $\cos x\,dx = dt$이고,

$x = 0$일 때 $t = 2$, $x = \dfrac{\pi}{2}$일 때 $t = 3$이므로

$\displaystyle\int_0^{\frac{\pi}{2}} \dfrac{\cos x}{\sin x + 2}\,dx = \displaystyle\int_2^3 \dfrac{1}{t}\,dt$

$\therefore S_1 + S_2 = 2\displaystyle\int_0^{\frac{\pi}{2}} \dfrac{\cos x}{\sin x + 2}\,dx = 2\displaystyle\int_2^3 \dfrac{1}{t}\,dt$

$\qquad = 2\Big[\ln|t|\Big]_2^3 = 2(\ln 3 - \ln 2) = 2\ln\dfrac{3}{2}$

점 $\left(\dfrac{a}{2}, 0\right)$에 대해 대칭인 함수식
(i) $f(0+x) + f(a-x) = 0$
(ii) $f\left(\dfrac{a}{2}+x\right) = -f\left(\dfrac{a}{2}-x\right)$
위의 식에서 (i)은 원점에서 양의 방향으로, 점 $(a, 0)$에서는 음의 방향으로 같은 거리에 있는 값에서의 함숫값이 서로 절댓값은 같고 부호만 다르다는 의미야.
(ii)는 점 $\left(\dfrac{a}{2}, 0\right)$을 기준으로 좌우로 같은 거리에 있는 값에서의 함숫값이 절댓값은 같고 부호만 다르다는 의미야.

Step 3 치환적분법을 이용하여 넓이를 구한 후 참, 거짓을 판별한다.

ㄷ. 함수 $f(x)$의 그래프와 x축으로 둘러싸인 부분의 넓이는

$\displaystyle\int_0^{\frac{\pi}{2}} \left|\dfrac{\sin 2x}{1+\sin x}\right|dx = \displaystyle\int_0^{\frac{\pi}{2}} \dfrac{2\sin x \cos x}{1+\sin x}\,dx$

$\quad \sin 2x = \sin(x+x) = 2\sin x \cos x$

$\left(\because 0 \leq x \leq \dfrac{\pi}{2}\text{에서 } \dfrac{\sin 2x}{1+\sin x} \geq 0\right)$

$\quad$보기 ㄱ에 의하여 성립

에서 $\sin x = t$로 놓으면 $\cos x\,dx = dt$이고,

주의 $x = 0$일 때 $t = 0$, $x = \dfrac{\pi}{2}$일 때 $t = 1$이므로

삼각함수의 미분법
(i) $(\sin x)' = \cos x$
(ii) $(\cos x)' = -\sin x$
(iii) $(\tan x)' = \sec^2 x$

$\displaystyle\int_0^{\frac{\pi}{2}} \dfrac{2\sin x \cos x}{1+\sin x}\,dx = \displaystyle\int_0^1 \dfrac{2t}{1+t}\,dt$

$\qquad = \displaystyle\int_0^1 \left(2 - \dfrac{2}{1+t}\right)dt$

$\qquad = \Big[2t - 2\ln|1+t|\Big]_0^1$

$\qquad = 2 - 2\ln 2$ (참)

따라서 옳은 것은 ㄱ, ㄴ, ㄷ이다.

$\displaystyle\int \dfrac{f'(x)}{f(x)}\,dx = \ln|f(x)| + C$

💡 알아야 할 기본개념

평균값 정리

함수 $f(x)$가 닫힌구간 $[a, b]$에서 연속이고 열린구간 (a, b)에서 미분가능하면 $\dfrac{f(b)-f(a)}{b-a} = f'(c)$인 c가 a와 b 사이에 적어도 하나 존재한다.

114
정답 ⑤

닫힌구간 $\left[0, \dfrac{\pi}{2}\right]$에서 정의된 함수 $f(x) = \dfrac{\sin 2x}{1+\sin x}$에 대하여 옳은 것만을 [보기]에서 있는 대로 고른 것은? (4점)

[보기]

ㄱ. $f(x) \geq 0$

ㄴ. $f'(c) = 0$인 c가 열린구간 $\left(0, \dfrac{\pi}{2}\right)$에 존재한다.

ㄷ. 함수 $f(x)$의 그래프와 x축으로 둘러싸인 부분의 넓이는 $2 - 2\ln 2$이다.

① ㄱ $\qquad$ ② ㄴ $\qquad$ ③ ㄱ, ㄴ

④ ㄱ, ㄷ $\qquad$ ⑤ ㄱ, ㄴ, ㄷ

닫힌구간 $\left[0, \dfrac{\pi}{2}\right]$에서 $0 \leq \sin x \leq 1$이므로
$1 \leq 1+\sin x \leq 2$가 성립해.

Step 1 $\sin 2x$, $1+\sin x$의 값의 범위를 이용하여 참, 거짓을 판별한다.

ㄱ. 닫힌구간 $\left[0, \dfrac{\pi}{2}\right]$에서 $1+\sin x > 0$, $\sin 2x \geq 0$이므로

$\quad f(x) = \dfrac{\sin 2x}{1+\sin x} \geq 0$이다. (참)

주기가 $\dfrac{2\pi}{|2|} = \pi$인 함수이므로
닫힌구간 $\left[0, \dfrac{\pi}{2}\right]$에서 $0 \leq \sin 2x \leq 1$

Step 2 평균값 정리를 이용하여 참, 거짓을 판별한다.

ㄴ. 함수 $f(x)$는 구간 $\left[0, \dfrac{\pi}{2}\right]$에서 연속이고, 열린구간 $\left(0, \dfrac{\pi}{2}\right)$에서

미분가능하다. 또한 $f(0) = f\left(\dfrac{\pi}{2}\right) = 0$이므로 평균값 정리에

의하여 $f'(c) = 0$인 c가 열린구간 $\left(0, \dfrac{\pi}{2}\right)$에 존재한다. (참)

115
정답 ③

절댓값의 위치에 따라 정적분 값의 의미가 어떻게 달라지는지 알아야 해.

함수 $f(x)$를

$$f(x) = \int_0^x |t\sin t|\,dt - \left|\int_0^x t\sin t\,dt\right|$$

라 할 때, [보기]에서 옳은 것만을 있는 대로 고른 것은? (4점)

[보기]

ㄱ. $f(2\pi) = 2\pi$

ㄴ. $\pi < \alpha < 2\pi$인 α에 대하여 $\displaystyle\int_0^{\alpha} t\sin t\,dt = 0$이면 $f(\alpha) = \pi$이다.

ㄷ. $2\pi < \beta < 3\pi$인 β에 대하여 $\displaystyle\int_0^{\beta} t\sin t\,dt = 0$이면 $\displaystyle\int_{\beta}^{3\pi} f(x)\,dx = 6\pi(3\pi - \beta)$이다.

① ㄱ $\qquad$ ② ㄱ, ㄴ $\qquad$ ③ ㄱ, ㄷ

④ ㄴ, ㄷ $\qquad$ ⑤ ㄱ, ㄴ, ㄷ

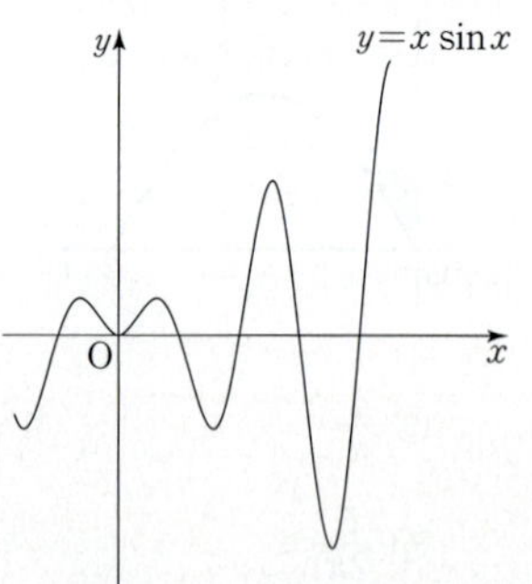

Step 1 $f(2\pi)$의 값을 구하다.

ㄱ. 오른쪽 그림과 같이 색칠한 부분의 넓이를 각각 S_1, S_2라 하자.

$$f(2\pi)$$
$$=\int_0^{2\pi}|t\sin t|\,dt$$
$$\quad-\left|\int_0^{2\pi}t\sin t\,dt\right|$$
$$=(S_1+S_2)-(S_2-S_1)$$
$$=2S_1$$

$\underrightarrow{\quad}$ $S_1<S_2$이기 때문이야.

$$=2\int_0^\pi t\sin t\,dt=2\left(\Big[-t\cos t\Big]_0^\pi+\int_0^\pi\cos t\,dt\right)$$

$\underrightarrow{\quad}$ 부분적분법

$$=2\left(\Big[-t\cos t\Big]_0^\pi+\Big[\sin t\Big]_0^\pi\right)=2\pi\ (참)$$

$\underrightarrow{\quad}=\pi\qquad \underrightarrow{\quad}=0$

Step 2 $\int_0^\alpha t\sin t\,dt=0$을 만족시키는 경우를 생각한다.

ㄴ. 오른쪽 그림과 같이 $\pi<\alpha<2\pi$인 α에 대하여 색칠한 부분의 넓이를 각각 S_1, S_α라 하면

$$\underline{\int_0^\alpha t\sin t\,dt=0}$$이므로 $S_1=S_\alpha$

$\underrightarrow{\quad}=S_1-S_\alpha$

이다.

$$f(\alpha)=\int_0^\alpha|t\sin t|\,dt$$
$$\quad-\left|\int_0^\alpha t\sin t\,dt\right|$$
$$=(S_1+S_\alpha)-0=2S_1$$
$$=2\pi\ (거짓)$$

$\underrightarrow{\quad}$ ㄱ에서 $2S_1=2\pi$였어.

Step 3 $\beta\le x\le 3\pi$일 때, $f(x)$를 구한다.

ㄷ. 오른쪽 그림과 같이 $2\pi<\beta<3\pi$인 β와 $\beta\le x\le 3\pi$인 x에 대하여 색칠한 부분의 넓이를 각각 S_1, S_2, S_β, S_x라 하면

$$\int_0^\beta t\sin t\,dt=0$$이므로

$$S_1-S_2+S_\beta=0 \qquad\cdots\cdots\ \text{㉠}$$

$\underrightarrow{\quad}$ 구하는 $f(x)$의 적분의 적분 구간이 $[\beta,3\pi]$이므로 $\beta\le x\le 3\pi$라고 가정했어.

$$f(x)=\int_0^x|t\sin t|\,dt-\left|\int_0^x t\sin t\,dt\right|$$
$$=(S_1+S_2+S_\beta+S_x)-|S_1-S_2+S_\beta+S_x|$$

$\underrightarrow{\quad}=0\qquad\underrightarrow{\quad}S_x>0$

$$=(S_1+S_2+S_\beta+S_x)-S_x$$
$$=S_1+S_2+S_\beta$$

ㄱ에서 $2S_1=2\pi$이므로

$$S_1=\pi \qquad\cdots\cdots\ \text{㉡}$$

$$S_2=\left|\int_\pi^{2\pi}t\sin t\,dt\right|=\left|\Big[-t\cos t\Big]_\pi^{2\pi}+\int_\pi^{2\pi}\cos t\,dt\right|$$

$$=\left|\Big[-t\cos t\Big]_\pi^{2\pi}+\Big[\sin t\Big]_\pi^{2\pi}\right|$$

$$=3\pi \quad\underrightarrow{\quad}=-3\pi\qquad\underrightarrow{\quad}=0 \qquad\cdots\cdots\ \text{㉢}$$

㉠에 ㉡, ㉢을 대입하면 $S_1-S_2+S_\beta=\pi-3\pi+S_\beta=0$

$$\therefore S_\beta=2\pi \qquad\cdots\cdots\ \text{㉣}$$

$\underrightarrow{\quad}$ $\pi<x<2\pi$일 때, 함수 $y=x\sin x$의 그래프는 x축보다 아래에 있지만 넓이는 양수여야 해.

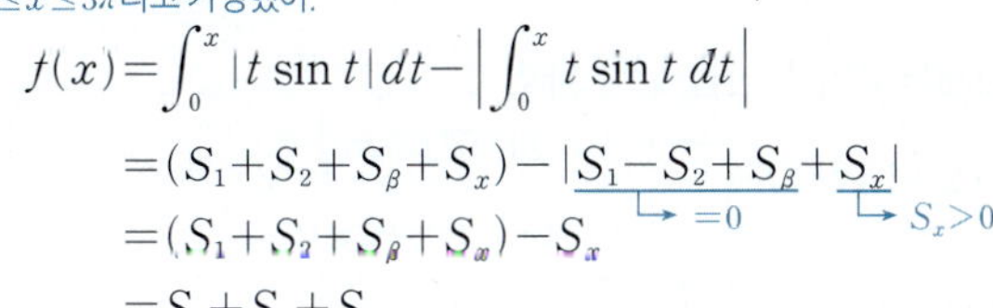

따라서 ㉡, ㉢, ㉣에 의하여 $f(x)=6\pi$이므로

$\underrightarrow{\quad}S_1+S_2+S_\beta=\pi+3\pi+2\pi$

$$\int_\beta^{3\pi}f(x)\,dx=\int_\beta^{3\pi}6\pi\,dx=\Big[6\pi x\Big]_\beta^{3\pi}=6\pi(3\pi-\beta)\ (참)$$

그러므로 옳은 것은 ㄱ, ㄷ이다.

116 정답 ②

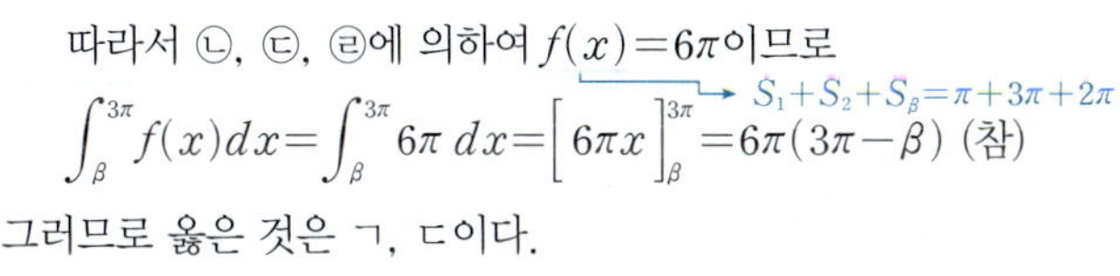

그림과 같이 곡선 $y=\dfrac{1}{\sqrt{x\ln x}}$ $(\sqrt{e}\le x\le e)$와 x축 및 두 직선 $x=\sqrt{e}$, $x=e$로 둘러싸인 부분을 밑면으로 하는 입체도형이 있다. 이 입체도형을 x축에 수직인 평면으로 자른 단면이 모두 정삼각형일 때, 이 입체도형의 부피는? (3점)

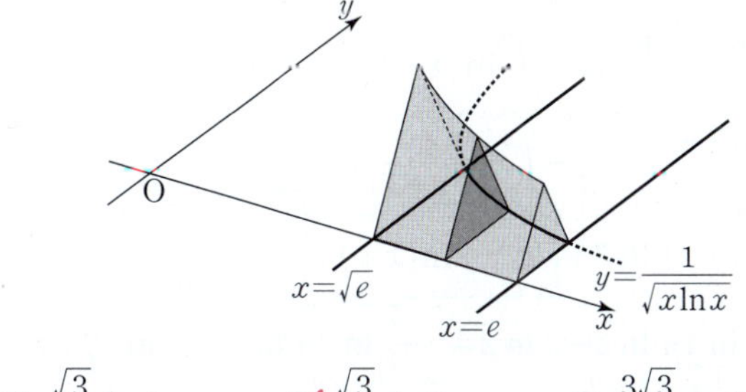

① $\dfrac{\sqrt3}{8}\ln 2$ ② $\dfrac{\sqrt3}{4}\ln 2$ ③ $\dfrac{3\sqrt3}{8}\ln 2$

④ $\dfrac{\sqrt3}{2}\ln 2$ ⑤ $\dfrac{5\sqrt3}{8}\ln 2$

Step 1 정삼각형의 넓이 공식을 이용하여 입체도형의 부피를 식으로 나타낸다.

x좌표가 t $(\sqrt{e}\le t\le e)$인 점을 지나고 x축에 수직인 평면으로 자른 단면의 넓이를 $S(t)$라 하면

$$S(t)=\frac{\sqrt3}{4}\left(\frac{1}{\sqrt{t\ln t}}\right)^2=\frac{\sqrt3}{4}\times\frac{1}{t\ln t}$$

따라서 입체도형의 부피를 V라 하면

$$V=\int_{\sqrt{e}}^e S(t)\,dt=\frac{\sqrt3}{4}\int_{\sqrt{e}}^e\frac{1}{t\ln t}\,dt$$

$\underrightarrow{\quad}$ 한 변의 길이가 a인 정삼각형의 넓이는 $\dfrac{\sqrt3}{4}a^2$

Step 2 V의 값을 구한다.

$\ln t=s$라 하면 $\dfrac{1}{t}dt=ds$

$\underrightarrow{\quad}=\ln e^{\frac12}$

$t=\sqrt{e}$일 때 $s=\ln\sqrt{e}=\dfrac12$, $t=e$일 때 $s=\ln e=1$이므로

$$V=\frac{\sqrt3}{4}\int_{\sqrt{e}}^e\frac{1}{t\ln t}\,dt=\frac{\sqrt3}{4}\int_{\frac12}^1\frac{1}{s}\,ds$$

$$=\frac{\sqrt3}{4}\Big[\ln s\Big]_{\frac12}^1=\frac{\sqrt3}{4}\left(\ln 1-\ln\frac12\right)=\frac{\sqrt3}{4}\ln 2$$

$\underrightarrow{\quad}=0-(-\ln 2)$

117

정답 ④

그림과 같이 곡선 $y=\dfrac{\sqrt{\ln(x+1)}}{x}$ $(x>0)$과 x축 및

두 직선 $x=1$, $x=3$으로 둘러싸인 부분을 밑면으로 하는
입체도형이 있다. 이 입체도형을 x축에 수직인 평면으로 자른
단면이 모두 정사각형일 때, 이 입체도형의 부피는? (3점)

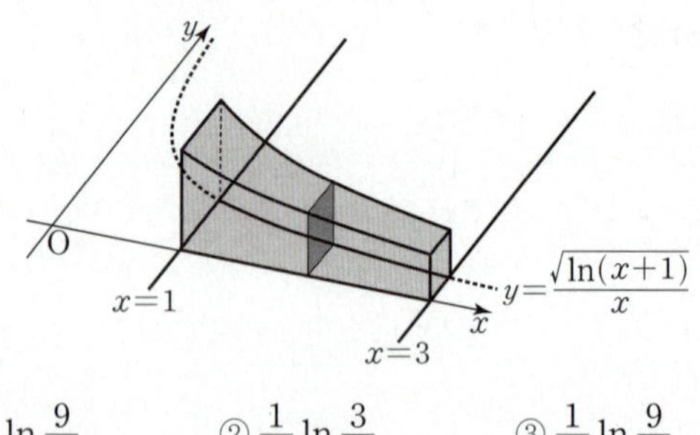

① $\dfrac{1}{3}\ln\dfrac{9}{8}$　　② $\dfrac{1}{3}\ln\dfrac{3}{2}$　　③ $\dfrac{1}{3}\ln\dfrac{9}{2}$

④ $\dfrac{1}{3}\ln\dfrac{27}{4}$　　⑤ $\dfrac{1}{3}\ln\dfrac{27}{2}$

Step 1 정적분을 이용하여 입체도형의 부피를 구한다.

입체도형을 x축에 수직인 평면으로 자른 단면의 넓이가

$\left(\dfrac{\sqrt{\ln(x+1)}}{x}\right)^2=\dfrac{\ln(x+1)}{x^2}$이므로 입체도형의 부피는

$V=\displaystyle\int_1^3 \dfrac{\ln(x+1)}{x^2}dx=\int_1^3 \ln(x+1)\times x^{-2}dx$

$=\left[-\dfrac{\ln(x+1)}{x}\right]_1^3+\displaystyle\int_1^3 \dfrac{1}{x(x+1)}dx$　$\rightarrow =\dfrac{1}{x}-\dfrac{1}{x+1}$

$=-\dfrac{1}{3}\ln 4+\ln 2+\Big[\ln x-\ln(x+1)\Big]_1^3$　$\rightarrow =(\ln 3-\ln 4)-(\ln 1-\ln 2)$

$=-\dfrac{4}{3}\ln 4+\ln 3+2\ln 2=-\dfrac{2}{3}\ln 2+\ln 3=\dfrac{1}{3}\ln\dfrac{27}{4}$

$\quad\rightarrow =2\ln 2$　　　　　　　$\rightarrow =\dfrac{1}{3}(3\ln 3-2\ln 2)=\dfrac{1}{3}\times(\ln 3^3-\ln 2^2)$

118

정답 ④

그림과 같이 곡선 $y=\ln\dfrac{1}{x}$ $\left(\dfrac{1}{e}\le x\le 1\right)$과 직선 $x=\dfrac{1}{e}$,

직선 $x=1$ 및 직선 $y=2$로 둘러싸인 도형을 밑면으로 하는
입체도형이 있다. 이 입체도형을 x축 위의

$x=t\left(\dfrac{1}{e}\le t\le 1\right)$인 점을 지나고 x축에 수직인 평면으로 자른

단면이 한 변의 길이가 t인 직사각형일 때, 이 입체도형의
부피는? (3점)

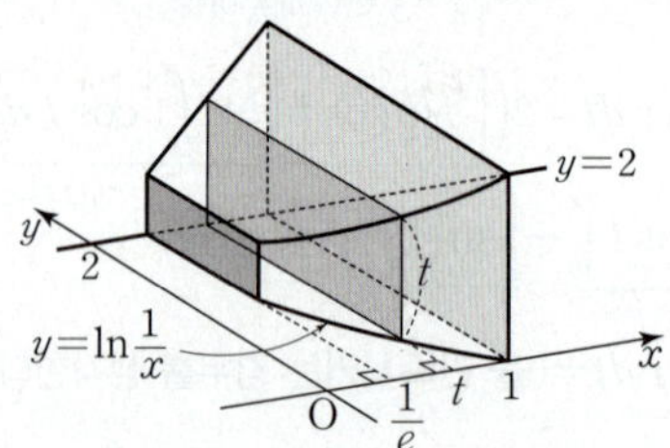

① $\dfrac{1}{2}-\dfrac{1}{3e^2}$　　② $\dfrac{1}{2}-\dfrac{1}{4e^2}$　　③ $\dfrac{3}{4}-\dfrac{1}{3e^2}$

④ $\dfrac{3}{4}-\dfrac{1}{4e^2}$　　⑤ $\dfrac{3}{4}-\dfrac{1}{5e^2}$

Step 1 $x=t$에서의 단면의 넓이를 $S(t)$라 하고 $S(t)$를 t에 대한
식으로 나타낸다.

입체도형을 x축 위의 $x=t$에서 x축에 수직인 평면으로 자른
단면의 넓이를 $S(t)$라 하면

$S(t)=\left(2-\ln\dfrac{1}{t}\right)\times t=t(2+\ln t)$

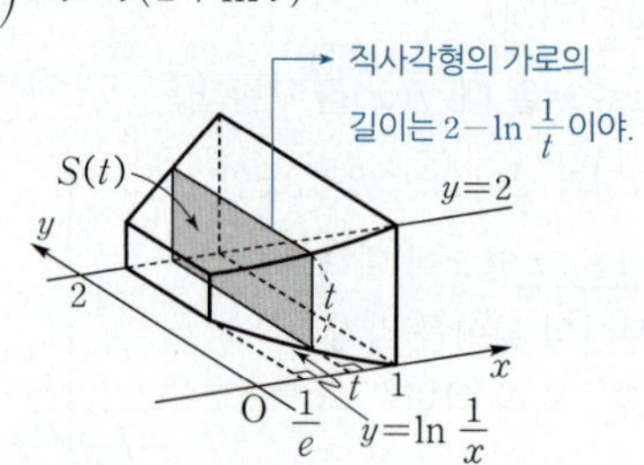

Step 2 $\displaystyle\int_a^b f'(x)g(x)dx=\Big[f(x)g(x)\Big]_a^b-\int_a^b f(x)g'(x)dx$임을

이용한다.

주어진 입체도형의 부피를 V라 하면

$V=\displaystyle\int_{\frac{1}{e}}^1 t(2+\ln t)dt$　$\rightarrow f'(t)=t$라 하면 $f(t)=\dfrac{1}{2}t^2$,

$\qquad\qquad\qquad\qquad\quad g(t)=2+\ln t$라 하면 $g'(t)=\dfrac{1}{t}$

$=\left[\dfrac{1}{2}t^2(2+\ln t)\right]_{\frac{1}{e}}^1-\displaystyle\int_{\frac{1}{e}}^1\left(\dfrac{1}{2}t^2\times\dfrac{1}{t}\right)dt$

$=1-\dfrac{1}{2e^2}-\left[\dfrac{1}{4}t^2\right]_{\frac{1}{e}}^1$　$\rightarrow =\dfrac{1}{2}\times 1^2\times(2+\ln 1)-\dfrac{1}{2}\times\left(\dfrac{1}{e}\right)^2\times\left(2+\ln\dfrac{1}{e}\right)$

$\qquad\qquad\qquad\qquad\qquad =\dfrac{1}{2}\times 2-\dfrac{1}{2e^2}\times 1=1-\dfrac{1}{2e^2}$

$=1-\dfrac{1}{2e^2}-\left(\dfrac{1}{4}-\dfrac{1}{4e^2}\right)$

$=\dfrac{3}{4}-\dfrac{1}{4e^2}$　$\rightarrow =1-\dfrac{1}{4}-\dfrac{1}{2e^2}+\dfrac{1}{4e^2}=\dfrac{3}{4}-\dfrac{1}{4e^2}$

따라서 구하는 입체도형의 부피는 $\dfrac{3}{4}-\dfrac{1}{4e^2}$이다.

119

정답 ④

그림과 같이 곡선 $y=(1+\cos x)\sqrt{\sin x}\left(\dfrac{\pi}{3}\leq x\leq\dfrac{\pi}{2}\right)$와 x축 및 두 직선 $x=\dfrac{\pi}{3}$, $x=\dfrac{\pi}{2}$로 둘러싸인 부분을 밑면으로 하는 입체도형이 있다. 이 입체도형을 x축에 수직인 평면으로 자른 단면이 모두 정사각형일 때, 이 입체도형의 부피는? (3점)

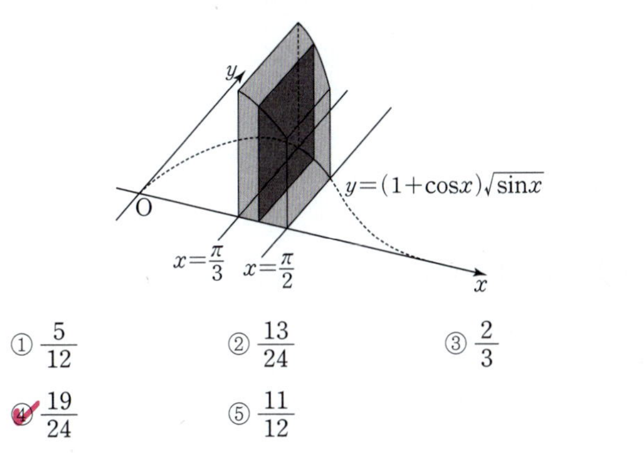

① $\dfrac{5}{12}$　　② $\dfrac{13}{24}$　　③ $\dfrac{2}{3}$

④ $\dfrac{19}{24}$　　⑤ $\dfrac{11}{12}$

Step 1 단면의 넓이를 구한다.

입체도형을 x축에 수직인 평면으로 자른 단면의 넓이를 $S(x)$라 하면 이 단면은 한 변의 길이가 $(1+\cos x)\sqrt{\sin x}$인 정사각형이므로
$$S(x)=(1+\cos x)^2\sin x$$

Step 2 입체도형의 부피를 구한다.

따라서 구하는 입체도형의 부피는
$$\int_{\frac{\pi}{3}}^{\frac{\pi}{2}}S(x)dx=\int_{\frac{\pi}{3}}^{\frac{\pi}{2}}(1+\cos x)^2\sin x\,dx \qquad \cdots\cdots \bigcirc$$

$\bigcirc$에서 $\cos x=t$로 놓으면 $-\sin x\,dx=dt$이고, $x=\dfrac{\pi}{3}$일 때

$t=\dfrac{1}{2}$, $x=\dfrac{\pi}{2}$일 때 $t=0$이므로

$$\int_{\frac{\pi}{3}}^{\frac{\pi}{2}}(1+\cos x)^2\sin x\,dx$$
$$=-\int_{\frac{1}{2}}^{0}(1+t)^2dt=\int_{0}^{\frac{1}{2}}(1+t)^2dt$$
$$=\left[\dfrac{1}{3}(1+t)^3\right]_{0}^{\frac{1}{2}}=\dfrac{1}{3}\left(\dfrac{27}{8}-1\right)$$
$$=\dfrac{1}{3}\times\dfrac{19}{8}=\dfrac{19}{24}$$

120

정답 ④

그림과 같이 두 곡선 $y=\dfrac{3}{x}$, $y=\sqrt{\ln x}$와 두 직선 $x=1$, $x=e$로 둘러싸인 도형을 밑면으로 하는 입체도형이 있다. 이 입체도형을 x축에 수직인 평면으로 자른 단면이 모두 정사각형일 때, 이 입체도형의 부피는? (4점)

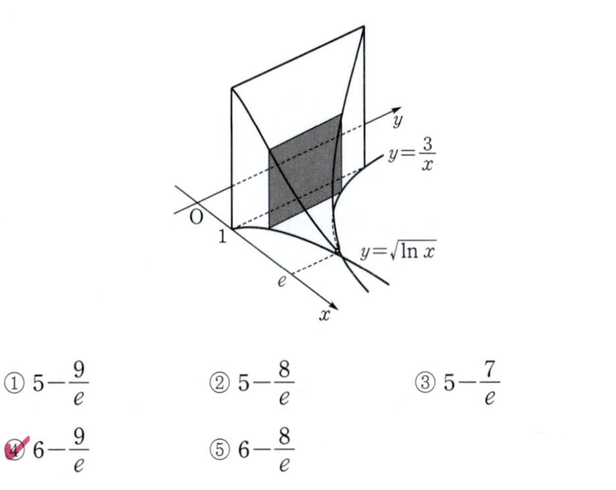

① $5-\dfrac{9}{e}$　　② $5-\dfrac{8}{e}$　　③ $5-\dfrac{7}{e}$

④ $6-\dfrac{9}{e}$　　⑤ $6-\dfrac{8}{e}$

Step 1 정적분을 이용하여 입체도형의 부피를 구한다.

구하고자 하는 입체도형을 x축에 수직인 평면으로 자른 단면은 $1\leq x\leq e$인 x에 대하여 한 변의 길이가 $\dfrac{3}{x}-\sqrt{\ln x}$인

정사각형이므로 입체도형의 부피는

$$\int_{1}^{e}\left(\dfrac{3}{x}-\sqrt{\ln x}\right)^2dx$$
$$=\int_{1}^{e}\left(\dfrac{9}{x^2}-\dfrac{6}{x}\sqrt{\ln x}+\ln x\right)dx$$
$$=\left[-\dfrac{9}{x}-4(\ln x)^{\frac{3}{2}}+x\ln x-x\right]_{1}^{e}$$
$$=\left\{-\dfrac{9}{e}-4(\ln e)^{\frac{3}{2}}+e\ln e-e\right\}-\left\{-\dfrac{9}{1}-4(\ln 1)^{\frac{3}{2}}+1\times\ln 1-1\right\}$$
$$=6-\dfrac{9}{e}$$

여기서 $\dfrac{d}{dx}(x\ln x-x)=\ln x+x\times\dfrac{1}{x}-1=\ln x$, $e\ln e-e=0$, $\ln 1=0$

121

정답 9

함수 $f(x)=-xe^{2-x}$과 상수 a가 다음 조건을 만족시킨다.

> 곡선 $y=f(x)$ 위의 점 $(a,\ f(a))$에서의 접선의 방정식을 $y=g(x)$라 할 때, $x<a$이면 $f(x)>g(x)$이고, $x>a$이면 $f(x)<g(x)$이다.
> $g(x)=f'(a)(x-a)+f(a)$

곡선 $y=f(x)$와 접선 $y=g(x)$ 및 y축으로 둘러싸인 부분의 넓이는 $k-e^2$이다. k의 값을 구하시오. (4점)

Step 1 조건을 만족하는 a의 값을 구한다.

함수 $f(x)$와 $g(x)$가 조건을 만족시키기 위해서는 다음 그림과 같이 점 $(a,\ f(a))$가 곡선 $y=f(x)$의 변곡점이어야 한다.

> 변곡점이란 위로 볼록인 상태에서 아래로 볼록인 상태로, 또는 아래로 볼록인 상태에서 위로 볼록인 상태로 변하는 점을 의미해. 그리고 이 변곡점 부근의 곡선은 이 변곡점에 그은 접선의 양쪽에 있게 돼!

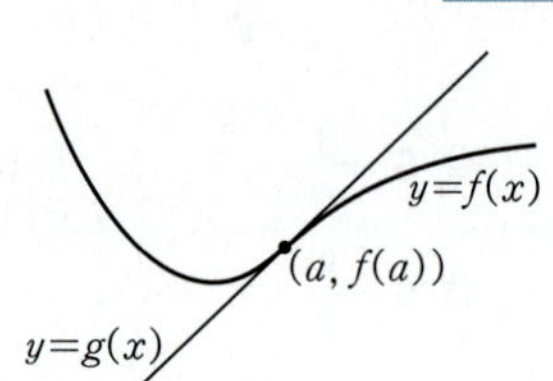

$f(x)$의 이계도함수를 구하면

$f(x)=-xe^{2-x}$에서

$f'(x)=-e^{2-x}+xe^{2-x}=e^{2-x}(x-1)$

$f''(x)=-e^{2-x}(x-1)+e^{2-x}=e^{2-x}(2-x)$

> 지수함수의 미분
> (i) $(e^x)'=e^x$
> (ii) $(e^{-x})'=-e^{-x}$
> (iii) $(a^x)'=a^x\times \ln a\ (a>0,\ a\neq 1)$

$f''(x)$의 부호는 $x=2$의 좌우에서 $(+)$에서 $(-)$로 바뀌므로 점 $(2,\ f(2))$는 곡선 $y=f(x)$의 변곡점이다.

$\therefore a=2$

Step 2 $g(x)$를 구한다.

점 $(2,\ f(2))$에서 그은 접선의 방정식에서 $f(2)=-2$, $f'(2)=1$ 이므로 $g(x)$는 점 $(2,\ -2)$를 지나고 기울기가 1인 직선이다.

$\therefore g(x)=x-4 \qquad g(x)=1\cdot (x-2)-2=x-4$

Step 3 함수 $y=f(x)$의 그래프의 개형을 확인하고 구하고자 하는 넓이를 계산한다.

> **주의** $f'(x)=0$이라 해서 $f(x)$가 항상 극값을 갖지는 않아. $f'(x)=0$이 되는 x의 좌우에서 $f'(x)$의 부호가 변하는지도 같이 봐야해!

함수 $f(x)$의 증가와 감소를 표로 나타내면 다음과 같다.

x	$\cdots$	1	$\cdots$	2	$\cdots$
$f'(x)$	$-$	0	$+$	$+$	$+$
$f''(x)$	$+$	$+$	$+$	0	$-$
$f(x)$	$\searrow$	극소	$\nearrow$	변곡	$\nearrow$

따라서 함수 $y=f(x)$와 $y=g(x)$의 그래프는 오른쪽 그림과 같으므로 구하는 넓이는

$u=-x,\ v'=e^{2-x}$
$u'=-1,\ v=-e^{2-x}$

$\displaystyle \int_0^2 \{-xe^{2-x}-(x-4)\}dx$

$\displaystyle =\int_0^2 (-xe^{2-x})dx-\int_0^2 (x-4)dx$

$\displaystyle =\Big[xe^{2-x}\Big]_0^2-\int_0^2 e^{2-x}dx-\Big[\frac{1}{2}x^2-4x\Big]_0^2$

$\displaystyle =2+\Big[e^{2-x}\Big]_0^2-(2-8)$

$=2+1-e^2+6$

$=9-e^2$

$\therefore k=9$

부분적분법 $\displaystyle \int_0^2 uv'dx=\Big[uv\Big]_0^2-\int_0^2 u'vdx$에 의하여

$\displaystyle \int_0^2 (-x\times e^{2-x})dx$

$\displaystyle =\Big[(-x)(-e^{2-x})\Big]_0^2-\int_0^2 (-1)(-e^{2-x})dx$가 돼.

💡 알아야 할 기본개념

두 곡선 사이의 넓이

두 함수 $f(x)$, $g(x)$가 구간 $[a,\ b]$에서 연속일 때, 두 곡선 $y=f(x)$, $y=g(x)$와 두 직선 $x=a$, $x=b$로 둘러싸인 도형의 넓이 S는

$$S=\int_a^b |f(x)-g(x)|\,dx$$

> **함수의 실수배, 합·차의 정적분**
> 두 함수 $f(x)$, $g(x)$가 구간 $[a,\ b]$에서 연속일 때
> ① $\displaystyle \int_a^b kf(x)dx=k\int_a^b f(x)dx$ (단, k는 실수)
> ② $\displaystyle \int_a^b \{f(x)\pm g(x)\}dx=\int_a^b f(x)dx\pm\int_a^b g(x)dx$ (복호동순)

122

정답 ④

매개변수 t로 나타내어진 곡선
$$x=2t-\sin 2t \cos 2t, \quad y=\sin^2 2t$$
에 대하여 $0\le t\le \dfrac{3}{8}\pi$에서 이 곡선의 길이는? (3점)

① $2-\dfrac{\sqrt{2}}{2}$ ② 2 ③ $2+\dfrac{\sqrt{2}}{2}$

④ $2+\sqrt{2}$ ⑤ $2+\dfrac{3\sqrt{2}}{2}$

Step 1 $\dfrac{dx}{dt}$, $\dfrac{dy}{dt}$ 를 각각 구한다.

$$\dfrac{dx}{dt}=2-2\cos^2 2t+2\sin^2 2t$$
$$=2(1-\cos^2 2t)+2\sin^2 2t=4\sin^2 2t$$
$$\underset{=\sin^2 2t}{}$$
$$\dfrac{dy}{dt}=2\sin 2t \times 2\cos 2t=4\sin 2t \cos 2t$$

Step 2 곡선의 길이를 구한다.

따라서 $0\le t\le \dfrac{3}{8}\pi$에서 이 곡선의 길이는

$$\int_0^{\frac{3}{8}\pi}\sqrt{\left(\dfrac{dx}{dt}\right)^2+\left(\dfrac{dy}{dt}\right)^2}\,dt$$
$$=\int_0^{\frac{3}{8}\pi}\sqrt{16\sin^4 2t+16\sin^2 2t\cos^2 2t}\,dt$$
$$=\int_0^{\frac{3}{8}\pi}\sqrt{16\sin^2 2t(\sin^2 2t+\cos^2 2t)}\,dt$$
$$\underset{=1}{}$$
$$=\int_0^{\frac{3}{8}\pi}4\sin 2t\,dt=\Big[-2\cos 2t\Big]_0^{\frac{3}{8}\pi}$$
$$=-2\cos\dfrac{3}{4}\pi+2\cos 0=2+\sqrt{2}$$
$$\underset{=-\frac{\sqrt{2}}{2}}{}$$

$0\le t\le \dfrac{3}{8}\pi$에서 $\sin 2t\ge 0$이므로
$\sqrt{16\sin^2 2t}=4\sin 2t$

1회 미적분 기출 미니모의고사

01	③	02	②	03	⑤	04	③	05	①
06	①	07	15	08	17				

01 [정답률 93%]

정답 ③

$\displaystyle\lim_{n\to\infty}\dfrac{\sqrt{9n^2+4n+1}}{2n+5}$ 의 값은? (2점)

① $\dfrac{1}{2}$ ② 1 ③ $\dfrac{3}{2}$

④ 2 ⑤ $\dfrac{5}{2}$

Step 1 분자, 분모를 각각 n으로 나누어 극한값을 구한다.

주어진 극한의 분자, 분모를 각각 n으로 나누면

$$\lim_{n\to\infty}\dfrac{\sqrt{9n^2+4n+1}}{2n+5}=\lim_{n\to\infty}\dfrac{\sqrt{9+\dfrac{4}{n}+\dfrac{1}{n^2}}}{2+\dfrac{5}{n}}$$

근호 안에 들어갈 때는 n^2으로 나눠줘야 해.
$\displaystyle\lim_{n\to\infty}\dfrac{5}{n}=0$

$$=\dfrac{\sqrt{9+0+0}}{2+0}$$
$$=\dfrac{\sqrt{9}}{2}=\dfrac{3}{2}$$

02 [정답률 91%]

정답 ②

$\displaystyle\int_1^e \ln\dfrac{x}{e}\,dx$의 값은? (3점)

바로 적분하기 어려우니, 식을 변형해.

① $\dfrac{1}{e}-1$ ② $2-e$ ③ $\dfrac{1}{e}-2$

④ $1-e$ ⑤ $\dfrac{1}{2}-e$

Step 1 부분적분법을 이용하여 자연로그의 정적분의 값을 구한다.

$\ln\dfrac{x}{e}=\ln x-\ln e=\ln x-1$이므로

$\ln\dfrac{x}{e}$를 적분하기 쉬운 형태로 바꿔주었어.

$$\int_1^e \ln\dfrac{x}{e}\,dx=\int_1^e(\ln x-1)\,dx$$
$$=\int_1^e \ln x\,dx-\int_1^e 1\,dx$$

$\displaystyle\int_1^e \ln x\,dx=\int_1^e 1\cdot\ln x\,dx$로 놓고 부분적분법을 이용하면

$\ln x$는 미분하기 쉽고, 1은 적분하기 쉬워.

$$\int_1^e 1\cdot\ln x\,dx=\Big[x\ln x\Big]_1^e-\int_1^e 1\,dx$$

$\ln x$의 적분은 자주 등장하니 공식처럼 외우면 시간 절약에 도움이 돼.

$$=e\ln e-\Big[x\Big]_1^e$$
$$=e-(e-1)=1$$

$\therefore \displaystyle\int_1^e \ln\dfrac{x}{e}\,dx=\int_1^e \ln x\,dx-\int_1^e 1\,dx$

계산 실수에 주의

$$=1-\Big[x\Big]_1^e=1-(e-1)=2-e$$

03 [정답률 93%]　　　　　정답 ⑤

함수 $f(x) = \dfrac{\ln x}{x^2}$에 대하여 $\displaystyle\lim_{h \to 0} \dfrac{f(e+h)-f(e-2h)}{h}$의 값은? (3점)

　→ 미분계수의 정의를 이용해!

① $-\dfrac{2}{e}$　　② $-\dfrac{3}{e^2}$　　③ $-\dfrac{1}{e}$

④ $-\dfrac{2}{e^2}$　　⑤ $-\dfrac{3}{e^3}$

Step 1 $f'(e)$의 값을 구한다.

함수 $f(x) = \dfrac{\ln x}{x^2}$를 미분하면

$$f'(x) = \dfrac{\dfrac{1}{x} \times x^2 - \ln x \times 2x}{(x^2)^2}$$

→ $(\ln x)' \times x^2 - \ln x \times (x^2)'$

$$= \dfrac{x - 2x \ln x}{x^4}$$

→ $= x(1 - 2\ln x)$

$$= \dfrac{1 - 2\ln x}{x^3}$$

→ $\ln e = 1$

$$\therefore f'(e) = \dfrac{1 - 2\ln e}{e^3} = -\dfrac{1}{e^3}$$

Step 2 $\displaystyle\lim_{h \to 0} \dfrac{f(e+h)-f(e-2h)}{h}$의 값을 구한다.

$$\lim_{h \to 0} \dfrac{f(e+h)-f(e-2h)}{h}$$

$f(e)$를 한 번씩 더하고 빼주었어.

$$= \lim_{h \to 0} \dfrac{\{f(e+h)-f(e)\} - \{f(e-2h)-f(e)\}}{h}$$

$$= \lim_{h \to 0} \left\{ \dfrac{f(e+h)-f(e)}{h} + 2 \times \dfrac{f(e-2h)-f(e)}{-2h} \right\}$$

$$= f'(e) + 2f'(e)$$

$$= 3f'(e) = -\dfrac{3}{e^3}$$

04 [정답률 89%]　　　　　정답 ③

등비수열 $\{a_n\}$에 대하여 $\displaystyle\lim_{n \to \infty} \dfrac{3^n}{a_n + 2^n} = 6$일 때, $\displaystyle\sum_{n=1}^{\infty} \dfrac{1}{a_n}$의 값은? (3점)

① 1　　② 2　　③ 3

④ 4　　⑤ 5

Step 1 등비수열 $\{a_n\}$의 공비가 3임을 알아낸다.

등비수열 $\{a_n\}$의 일반항을 $a_n = ar^n$이라 하면

$$\lim_{n \to \infty} \dfrac{3^n}{a_n + 2^n} = \lim_{n \to \infty} \dfrac{3^n}{ar^n + 2^n}$$

→ 분모, 분자를 각각 3^n으로 나누었어.

$$= \lim_{n \to \infty} \dfrac{1}{a\left(\dfrac{r}{3}\right)^n + \left(\dfrac{2}{3}\right)^n}$$

$$= \lim_{n \to \infty} \dfrac{1}{a\left(\dfrac{r}{3}\right)^n} = 6$$

→ $\displaystyle\lim_{n \to \infty} \left(\dfrac{2}{3}\right)^n = 0$

$$\therefore \lim_{n \to \infty} a\left(\dfrac{r}{3}\right)^n = \dfrac{1}{6}$$

→ 이 값이 1이 되어야만 $\dfrac{1}{6}$로 수렴해.

따라서 $r = 3$이고, $a = \dfrac{1}{6}$이므로

$$\sum_{n=1}^{\infty} \dfrac{1}{a_n} = \sum_{n=1}^{\infty} \dfrac{1}{ar^n} = 6\sum_{n=1}^{\infty} \left(\dfrac{1}{3}\right)^n = 6 \times \dfrac{\dfrac{1}{3}}{1 - \dfrac{1}{3}} = 3$$

05 [정답률 74%]　　　　　정답 ①

그림과 같이 중심이 O, 반지름의 길이가 1이고 중심각의 크기가 $\dfrac{\pi}{2}$인 부채꼴 OAB가 있다.

자연수 n에 대하여 호 AB를 $2n$등분한 각 분점(양 끝점도 포함)을 차례로 $P_0(=A)$, P_1, P_2, $\cdots$, P_{2n-1}, $P_{2n}(=B)$라 하자.

→ 각 점이 호 AB의 $2n$등분점이니까, 이를 이용하면 각 $P_{n-k}OP_{n+k}$의 크기도 n과 k를 이용하여 나타낼 수 있어.

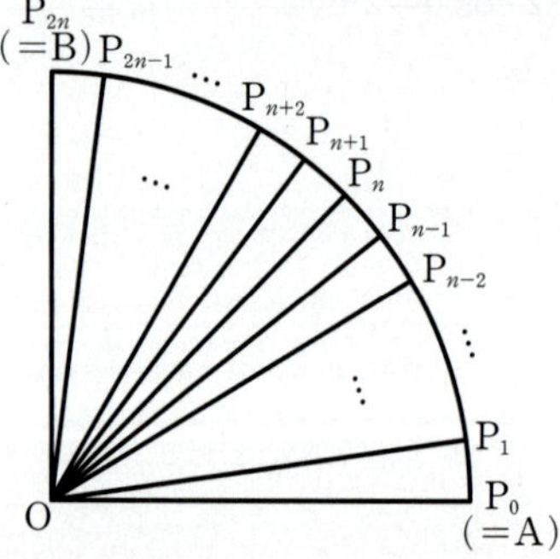

주어진 자연수 n에 대하여 S_k $(1 \le k \le n)$을 삼각형 $OP_{n-k}P_{n+k}$의 넓이라 할 때, $\displaystyle\lim_{n \to \infty} \dfrac{1}{n} \sum_{k=1}^{n} S_k$의 값은?

→ 주의 부채꼴이 아니라 '삼각형'이야!

→ 주어진 극한을 정적분을 이용하여 나타내! (3점)

① $\dfrac{1}{\pi}$　　② $\dfrac{13}{12\pi}$　　③ $\dfrac{7}{6\pi}$

④ $\dfrac{5}{4\pi}$　　⑤ $\dfrac{4}{3\pi}$

Step 1 호 AB를 $2n$등분했음을 이용해 삼각형 $OP_{n-k}P_{n+k}$의 넓이 S_k를 구한다.

→ 두 변의 길이가 a, b이고 그 끼인각의 크기가 θ인 삼각형의 넓이는 $\dfrac{1}{2}ab\sin\theta$

$$\angle P_{n-k}OP_{n+k} = \dfrac{\pi}{2} \times \dfrac{1}{2n} \times 2k = \dfrac{k\pi}{2n}$$이므로

$$S_k = \dfrac{1}{2} \times 1 \times 1 \times \sin\left(\dfrac{k\pi}{2n}\right) = \dfrac{1}{2}\sin\left(\dfrac{k\pi}{2n}\right)$$

Step 2 정적분과 급수의 관계를 이용하여 $\lim\limits_{n\to\infty}\dfrac{1}{n}\sum\limits_{k=1}^{n}S_k$의 값을 구한다.

$$\therefore \lim_{n\to\infty}\frac{1}{n}\sum_{k=1}^{n}S_k=\lim_{n\to\infty}\frac{1}{2n}\sum_{k=1}^{n}\sin\left(\frac{k\pi}{2n}\right)$$

이 부분이 $\dfrac{\pi}{2n}$가 되어야 해!

$$=\frac{1}{\pi}\lim_{n\to\infty}\frac{\pi}{2n}\sum_{k=1}^{n}\sin\left(\frac{k\pi}{2n}\right)$$

$$=\frac{1}{\pi}\lim_{n\to\infty}\sum_{k=1}^{n}\sin\left(\frac{k\pi}{2n}\right)\times\frac{\pi}{2n}$$

$x_k=\dfrac{k\pi}{2n}$, $\varDelta x=\dfrac{\pi}{2n}$라 하면 정적분의 정의에 의하여

$$\lim_{n\to\infty}\frac{1}{n}\sum_{k=1}^{n}S_k=\frac{1}{\pi}\int_{0}^{\frac{\pi}{2}}\sin x\,dx$$

$k=1$일 때 $\lim\limits_{n\to\infty}\dfrac{\pi}{2n}=0$

$k=n$일 때 $\lim\limits_{n\to\infty}\dfrac{n\pi}{2n}=\dfrac{\pi}{2}$이니까

$$=\frac{1}{\pi}\left[-\cos x\right]_{0}^{\frac{\pi}{2}}=\frac{1}{\pi}$$

위끝이 $\dfrac{\pi}{2}$, 아래끝이 0인 정적분으로 바꿀 수 있어!

암기

$\displaystyle\int \sin x\,dx=-\cos x+C$

$\displaystyle\int \cos x\,dx=\sin x+C$

(단, C는 적분상수)

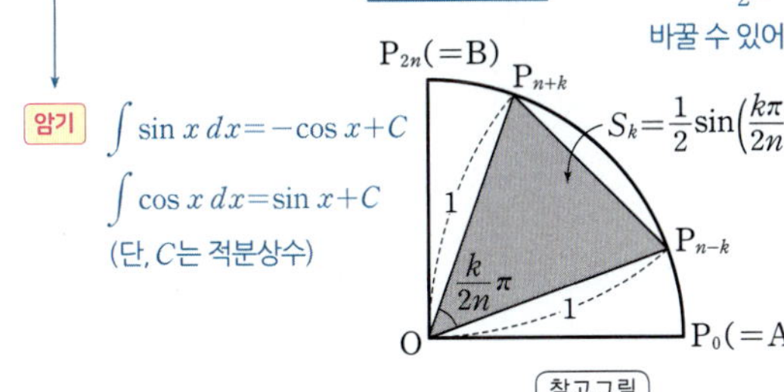

---

06 [정답률 60%]　　　　　　　　**정답 ①**

그림과 같이 $\overline{AB}=2$이고 $\angle ABC=2\angle BAC$를 만족하는 삼각형 ABC가 있다. 선분 AC를 지름으로 하는 원과 직선 AB가 만나는 점 중 A가 아닌 점을 P, 점 P를 지나고 선분 BC에 평행한 직선이 선분 AC와 만나는 점을 Q라 하자. $\angle BAC=\theta$라 할 때, 삼각형 APQ의 넓이를 $S(\theta)$라 하자. $\lim\limits_{\theta\to 0+}\dfrac{S(\theta)}{\theta}$의 값은? $\left(\text{단, } 0<\theta<\dfrac{\pi}{4}\right)$ (4점)

$\angle APC=\dfrac{\pi}{2}\to\overline{AB}\perp\overline{CP}$

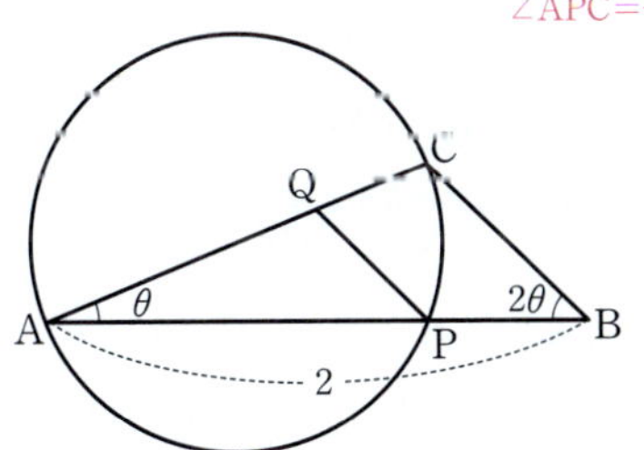

① $\dfrac{16}{27}$　　　② $\dfrac{17}{27}$　　　③ $\dfrac{2}{3}$

④ $\dfrac{19}{27}$　　　⑤ $\dfrac{20}{27}$

Step 1 $S(\theta)$를 구한다.

원의 지름이 선분 AC이고 점 P는 원 위의 점이므로 원주각의 성질에 의하여 $\angle APC=\dfrac{\pi}{2}$

반원에 대한 원주각의 크기는 $\dfrac{\pi}{2}$야.

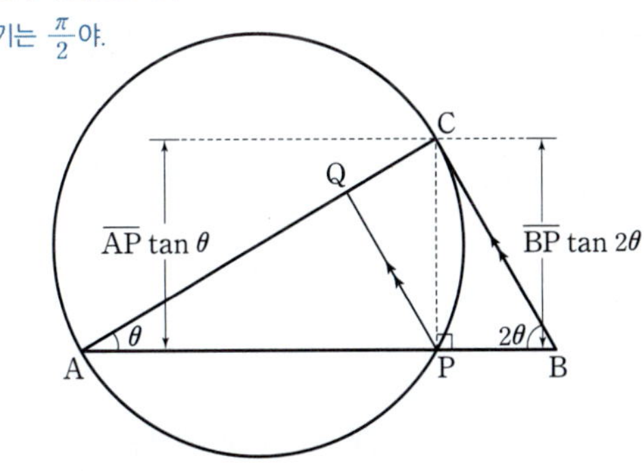

직각삼각형 APC에서

$\tan\theta=\dfrac{\overline{PC}}{\overline{AP}}$　$\therefore \overline{PC}=\overline{AP}\tan\theta$　　……⊙

직각삼각형 BPC에서

$\tan 2\theta=\dfrac{\overline{PC}}{\overline{BP}}$　$\therefore \overline{PC}=\overline{BP}\tan 2\theta$　　……ⓛ

⊙, ⓛ에서 $\overline{AP}\tan\theta=\overline{BP}\tan 2\theta$　　……ⓒ

이때 $\overline{AP}+\overline{BP}=\overline{AB}=2$이므로 $\overline{BP}=2-\overline{AP}$

이를 ⓒ에 대입하면 $\overline{AP}\tan\theta=(2-\overline{AP})\tan 2\theta$

$\overline{AP}에 대한 식으로 정리$

$\overline{AP}(\tan\theta+\tan 2\theta)=2\tan 2\theta$

$$\therefore \overline{AP}=\frac{2\tan 2\theta}{\tan\theta+\tan 2\theta}\quad\cdots\cdots ⓔ$$

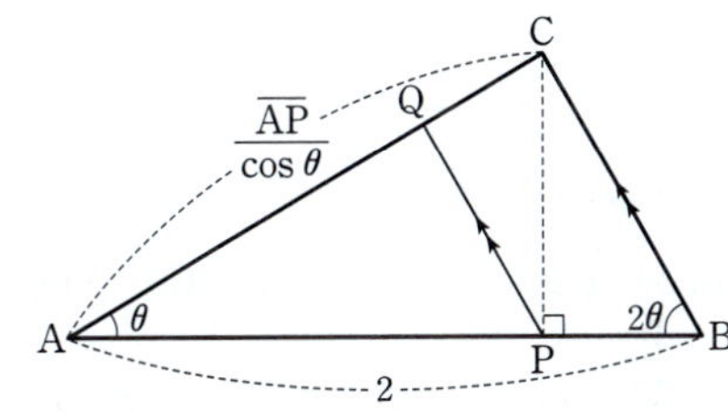

두 선분 BC, PQ가 서로 평행하므로 두 삼각형 ABC, APQ는 서로 닮음이다.

따라서 $\overline{AP}:\overline{AB}=\overline{AQ}:\overline{AC}$이므로

비례식의 외항의 곱과 내항의 곱이 서로 같음을 이용한 거야.

$\overline{AB}\times\overline{AQ}=\overline{AP}\times\overline{AC}$　　……ⓜ

이때 $\overline{AB}=2$이고 직각삼각형 APC에서 $\cos\theta=\dfrac{\overline{AP}}{\overline{AC}}$이므로

$$\overline{AC}=\frac{\overline{AP}}{\cos\theta}$$

이를 ⓜ에 대입하면 $2\overline{AQ}=\dfrac{\overline{AP}^2}{\cos\theta}$

$\overline{AB}$

$$\therefore \overline{AQ}=\frac{\overline{AP}^2}{2\cos\theta}$$

따라서 삼각형 APQ의 넓이는

$$S(\theta)=\frac{1}{2}\times\overline{AP}\times\overline{AQ}\times\sin\theta$$

(삼각형의 넓이) $=\dfrac{1}{2}ab\sin\alpha$

$$=\frac{1}{2}\times\overline{AP}\times\frac{\overline{AP}^2}{2\cos\theta}\times\sin\theta$$

$$=\frac{1}{4}\times\overline{AP}^3\times\tan\theta\quad\left(=\frac{\sin\theta}{\cos\theta}\right)$$

$$=\frac{1}{4}\times\left(\frac{2\tan 2\theta}{\tan\theta+\tan 2\theta}\right)^3\times\tan\theta\ (\because ⓔ)$$

Step 2 $\displaystyle\lim_{\theta\to 0+}\frac{S(\theta)}{\theta}$ 의 값을 구한다.

$$\lim_{\theta\to 0+}\frac{S(\theta)}{\theta}=\lim_{\theta\to 0+}\left\{\frac{1}{4}\times\left(\frac{2\tan 2\theta}{\tan\theta+\tan 2\theta}\right)^3\times\frac{\tan\theta}{\theta}\right\}$$

↳ 분모의 θ가 여기에!

$$=\lim_{\theta\to 0+}\left\{\frac{1}{4}\times\left(\frac{\dfrac{2\tan 2\theta}{\theta}}{\dfrac{\tan\theta}{\theta}+\dfrac{\tan 2\theta}{\theta}}\right)^3\times\frac{\tan\theta}{\theta}\right\}$$

$$=\frac{1}{4}\times\left(\frac{4}{1+2}\right)^3\times 1$$ → $\displaystyle\lim_{x\to 0}\frac{\tan ax}{x}=a$임을 이용한 거야.

$$=\frac{1}{4}\times\frac{64}{27}=\frac{16}{27}$$

★ 다른 풀이 닮은 도형의 길이의 비를 이용하여 $S(\theta)$를 구하는 풀이

Step 1 삼각형 ABC의 넓이를 선분 AC의 길이와 θ를 이용하여 나타낸다.

↳ 원의 지름에 대한 원주각의 크기는 $\frac{\pi}{2}$야.

선분 AC가 원의 지름이므로 원주각의 성질에 의하여 $\angle\mathrm{APC}=\dfrac{\pi}{2}$

따라서 삼각형 APC는 직각삼각형이므로 $\overline{\mathrm{AC}}=k$라 하면

$\overline{\mathrm{AP}}=k\cos\theta,\ \overline{\mathrm{CP}}=k\sin\theta$

따라서 삼각형 ABC의 넓이는

$\dfrac{1}{2}\times\overline{\mathrm{AB}}\times\overline{\mathrm{CP}}=\dfrac{1}{2}\times 2\times k\sin\theta=k\sin\theta$

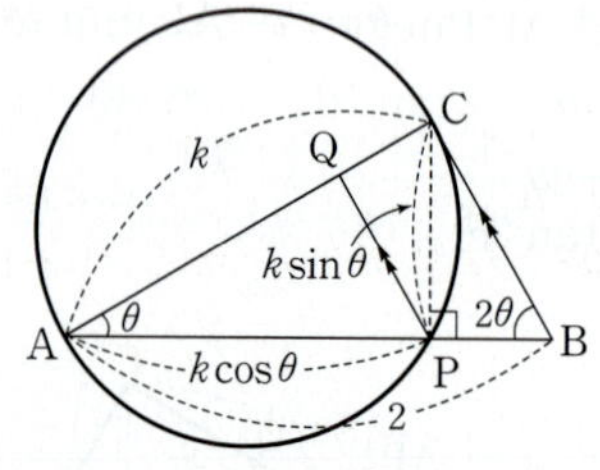

Step 2 $S(\theta)$를 구한다.

두 선분 PQ, BC가 평행하므로 두 삼각형 ABC, APQ는 서로 닮음이다.

따라서 두 삼각형 ABC, APQ의 넓이의 비는 대응하는 선분의 길이의 제곱의 비와 같으므로

중요한 성질이니 꼭 기억해. ←

$\triangle\mathrm{ABC}:\triangle\mathrm{APQ}=\overline{\mathrm{AB}}^2:\overline{\mathrm{AP}}^2$

$k\sin\theta:S(\theta)=2^2:(k\cos\theta)^2$

$4S(\theta)=k\sin\theta\times k^2\cos^2\theta$

$\therefore S(\theta)=\dfrac{k^3\sin\theta\cos^2\theta}{4}$ ...... ㉠

이때 삼각형 BCP에서 $\tan 2\theta=\dfrac{\overline{\mathrm{CP}}}{\overline{\mathrm{BP}}}$이므로

$\overline{\mathrm{BP}}=\dfrac{\overline{\mathrm{CP}}}{\tan 2\theta}=\dfrac{k\sin\theta}{\tan 2\theta}$

또한 $\overline{\mathrm{AP}}+\overline{\mathrm{BP}}=2$이므로 $k\cos\theta+\dfrac{k\sin\theta}{\tan 2\theta}=2$

$k\left(\cos\theta+\dfrac{\sin\theta}{\tan 2\theta}\right)=2,\ k\times\dfrac{\cos\theta\tan 2\theta+\sin\theta}{\tan 2\theta}=2$

$\therefore k=\dfrac{2\tan 2\theta}{\cos\theta\tan 2\theta+\sin\theta}$

따라서 ㉠에 이 식을 대입하면

$S(\theta)=\left(\dfrac{2\tan 2\theta}{\cos\theta\tan 2\theta+\sin\theta}\right)^3\times\dfrac{\sin\theta\cos^2\theta}{4}$

Step 3 $\displaystyle\lim_{\theta\to 0+}\frac{S(\theta)}{\theta}$ 의 값을 구한다.

$$\lim_{\theta\to 0+}\frac{S(\theta)}{\theta}$$

$$=\lim_{\theta\to 0+}\frac{\left(\dfrac{2\tan 2\theta}{\cos\theta\tan 2\theta+\sin\theta}\right)^3\times\dfrac{\sin\theta\cos^2\theta}{4}}{\theta}$$

↳ 여기로 이동!

$$=\lim_{\theta\to 0+}\left\{\left(\dfrac{2\tan 2\theta}{\cos\theta\tan 2\theta+\sin\theta}\right)^3\times\dfrac{\sin\theta\cos^2\theta}{4\theta}\right\}$$

$$=\lim_{\theta\to 0+}\left\{\left(\dfrac{2\times\dfrac{\tan 2\theta}{\theta}}{\cos\theta\times\dfrac{\tan 2\theta}{\theta}+\dfrac{\sin\theta}{\theta}}\right)^3\times\dfrac{\sin\theta}{4\theta}\times\cos^2\theta\right\}$$

$\displaystyle\lim_{\theta\to 0+}\cos^2\theta=\cos^2 0=1$

$$=\left(\dfrac{2\times 2}{1\times 2+1}\right)^3\times\dfrac{1}{4}\times 1^2$$

암기 $\displaystyle\lim_{\theta\to 0+}\frac{\tan a\theta}{\theta}=a$

$$=\left(\dfrac{4}{3}\right)^3\times\dfrac{1}{4}$$

$$=\dfrac{64}{27}\times\dfrac{1}{4}=\dfrac{16}{27}$$

---

07 [정답률 44%] 　　　　　　　　　　　　　　　　　　　　　　　**정답 15**

> 양수 a와 두 실수 b, c에 대하여 함수
> $f(x)=(ax^2+bx+c)e^x$은 다음 조건을 만족시킨다.
>
> → $f'(-\sqrt{3})=f'(\sqrt{3})=0$
>
> (가) $f(x)$는 $x=-\sqrt{3}$과 $x=\sqrt{3}$에서 극값을 갖는다.
> (나) $0\le x_1<x_2$인 임의의 두 실수 x_1, x_2에 대하여
> 　　$f(x_2)-f(x_1)+x_2-x_1\ge 0$이다.
>
> → $f(x_2)-f(x_1)\ge -x_2+x_1,\ \dfrac{f(x_2)-f(x_1)}{x_2-x_1}\ge -1$
>
> 세 수 a, b, c의 곱 abc의 최댓값을 $\dfrac{k}{e^3}$라 할 때, $60k$의
> 값을 구하시오. (4점) → 위의 조건을 이용하여 함수 $f(x)$를 구하고 세 수 a, b, c를 알아내.

Step 1 $f(x)$를 미분하여 a, b, c의 관계식을 구한다.

$f(x)=(ax^2+bx+c)e^x$에서

$f'(x)=(2ax+b)e^x+(ax^2+bx+c)e^x$

　　　$=\{ax^2+(2a+b)x+b+c\}e^x$ → 곱의 미분법을 이용하여 미분한 후 e^x으로 묶어준거야.

$f'(x)=0$에서

$ax^2+(2a+b)x+b+c=0$ ...... ㉠

조건 (가)에서 방정식 ㉠의 두 근이 $-\sqrt{3}$, $\sqrt{3}$이므로 이차방정식의

근과 계수의 관계에 의하여 → $f'(-\sqrt{3})=f'(\sqrt{3})=0$인데 e^x은 0이 될 수 없으므로 $x=-\sqrt{3}$ 또는 $x=\sqrt{3}$일 때 $ax^2+(2a+b)x+b+c=0$ 을 만족해야 해. 즉, (두 근의 합) $=-\sqrt{3}+\sqrt{3}=0$이고 (두 근의 곱) $=-\sqrt{3}\times\sqrt{3}=-3$에서 이차방정식의 근과 계수의 관계를 이용해.

$-\dfrac{2a+b}{a}=0,\ \dfrac{b+c}{a}=-3$

$\therefore b=-2a,\ c=-a$

$\therefore f(x)=(ax^2-2ax-a)e^x$

Step 2 평균값 정리를 이용하여 abc의 최댓값을 구한다.

조건 (나)에서

$0 \leq x_1 < x_2$일 때,

$f(x_2) - f(x_1) + x_2 - x_1 \geq 0$이므로 양변을 $x_2 - x_1$로 나누면
> $x_1 < x_2$이므로 $x_2 - x_1 > 0$이야. 양변을 $x_2 - x_1$로 나누어도 부등호 방향은 그대로겠지.

$$\frac{f(x_2) - f(x_1)}{x_2 - x_1} + 1 \geq 0 \ (\because x_2 - x_1 > 0)$$
> 함수 $f(x)$가 다항함수와 지수함수의 곱이기 때문에 실수 전체에서 연속이고, 미분가능해.

이때 함수 $f(x)$는 닫힌구간 $[x_1,\, x_2]$에서 연속이고, 열린구간 $(x_1,\, x_2)$에서 미분가능하므로 평균값 정리에 의하여

$$\frac{f(x_2) - f(x_1)}{x_2 - x_1} = f'(t)$$인 t가 x_1과 x_2 사이에 존재한다.

따라서 임의의 양수 t에 대하여 $f'(t) + 1 \geq 0$이 성립하므로

$f'(x) = (ax^2 - 3a)e^x$에서
> $f'(x) = (2ax - 2a)e^x + (ax^2 - 2ax - a)e^x$
> $\qquad = (ax^2 - 3a)e^x$

$x > 0$일 때, 부등식 $(ax^2 - 3a)e^x + 1 \geq 0$이 항상 성립한다.
> a가 양수이므로 부등호의 방향이 그대로

$$\therefore (x^2 - 3)e^x \geq -\frac{1}{a} \ (\because a > 0) \ \cdots\cdots \ \text{ⓛ}$$

$g(x) = (x^2 - 3)e^x$이라 하면

$$g'(x) = 2xe^x + (x^2 - 3)e^x \quad \rightarrow \text{곱의 미분법 이용}$$
$$= (x^2 + 2x - 3)e^x \quad \rightarrow \text{인수분해}$$
$$= (x + 3)(x - 1)e^x$$

함수 $g(x)$의 증가와 감소를 표로 나타내면 다음과 같다.

x	(0)	$\cdots$	1	$\cdots$
$g'(x)$		$-$	0	$+$
$g(x)$		↘	극소	↗

$g'(x) = 0$에서 $x = -3$ 또는 $x = 1$이므로 $x > 0$일 때, 함수 $g(x)$는 $x = 1$에서 최솟값을 갖는다.
> $x = 1$의 좌우에서 $g'(x)$의 부호가 음에서 양으로 바뀌기 때문에 $x = 1$에서 최솟값을 가져.

$g(1) = -2e$이므로 부등식 ⓛ이 $x > 0$에서 항상 성립하려면
> $g(x) \geq -\frac{1}{a}$이 항상 성립하려면 $g(x)$의 최솟값이 $-\frac{1}{a}$ 이상이면 되므로 $-2e \geq -\frac{1}{a}$

$-2e \geq -\frac{1}{a}$이다.

즉, $a \leq \frac{1}{2e}$이므로

$abc = a \times (-2a) \times (-a) = 2a^3 \quad \rightarrow \ b = -2a,\, c = -a$를 대입

$$\leq 2 \times \left(\frac{1}{2e}\right)^3 = \frac{1}{4e^3} \quad \rightarrow \text{즉, } abc \leq \frac{1}{4e^3} \text{인 거야.}$$

따라서 abc의 최댓값은 $\dfrac{1}{4e^3}$이므로

$$k = \frac{1}{4}$$
> $\frac{1}{4e^3} = \frac{k}{e^3}$이므로 $k = \frac{1}{4}$이 되는 거야.

$$\therefore 60k = 60 \times \frac{1}{4} = 15$$

---

08 [정답률 33%]

> 함수가 복잡해보이지만 당황하지 말고 $e^x = t$로 치환하여 $g(t)$에 대한 식으로 만들어 봐. 치환할 때는 범위에 주의해야 해!

두 연속함수 $f(x)$, $g(x)$가

$$g(e^x) = \begin{cases} f(x) & (0 \leq x < 1) \\ g(e^{x-1}) + 5 & (1 \leq x \leq 2) \end{cases}$$

를 만족시키고, $\displaystyle\int_1^{e^2} g(x)dx = 6e^2 + 4$이다.

$\displaystyle\int_1^e f(\ln x)dx = ae + b$일 때, $a^2 + b^2$의 값을 구하시오.

(단, a, b는 정수이다.) (4점)

Step 1 주어진 함수에서 $e^x = t$로 치환하여 $g(t)$에 대한 식을 만든다.

주어진 함수 $g(e^x) = \begin{cases} f(x) & (0 \leq x < 1) \\ g(e^{x-1}) + 5 & (1 \leq x \leq 2) \end{cases}$에서

$e^x = t$로 놓으면 $x = \ln t$이므로
> 로그의 정의야.
> $a^x = N \Longleftrightarrow x = \log_a N$
> $(a > 0,\, a \neq 1,\, N$은 임의의 양수$)$

$$g(t) = \begin{cases} f(\ln t) & (0 \leq \ln t < 1) \\ g(e^{\ln t - 1}) + 5 & (1 \leq \ln t \leq 2) \end{cases}$$
> $e^{\ln t - 1} = e^{\ln t} \times e^{-1} = \frac{t}{e}$

$$= \begin{cases} f(\ln t) & (1 \leq t < e) \\ g\left(\dfrac{t}{e}\right) + 5 & (e \leq t \leq e^2) \end{cases}$$
> t의 범위 주의
> 로그부등식 이용.
> $e > 0$이므로 $0 \leq \ln t < 1$,
> $\ln e^0 \leq \ln t < \ln e^1$이면 $1 \leq t < e$이고,
> 마찬가지로 $1 \leq \ln t \leq 2$,
> $\ln e^1 \leq \ln t \leq \ln e^2$이면 $e \leq t \leq e^2$이야.

$$\therefore g(x) = \begin{cases} f(\ln x) & (1 \leq x < e) \\ g\left(\dfrac{x}{e}\right) + 5 & (e \leq x \leq e^2) \end{cases}$$

Step 2 x의 값의 범위에 따라 $\displaystyle\int_1^{e^2} g(x)dx$를 두 개의 정적분으로 나눈다.

따라서

$$\int_1^{e^2} g(x)dx = \int_1^e g(x)dx + \int_e^{e^2} g(x)dx$$
$$= \int_1^e f(\ln x)dx + \int_e^{e^2} \left\{ g\left(\frac{x}{e}\right) + 5 \right\} dx$$
$$= 6e^2 + 4 \quad \cdots\cdots \ \text{ⓘ}$$

Step 3 정적분을 계산하고, 주어진 조건을 이용해 $\displaystyle\int_1^e f(\ln x)dx$의 값을 구한다.

$\displaystyle\int_e^{e^2} \left\{ g\left(\frac{x}{e}\right) + 5 \right\} dx$에서 다시 $\dfrac{x}{e} = s$로 놓으면 $\dfrac{1}{e}dx = ds$이고
> $dx = e\,ds$
> $\frac{1}{e}dx = ds$

$x = e$일 때 $s = 1$, $x = e^2$일 때 $s = e$이므로

x	$e \rightarrow e^2$
s	$1 \rightarrow e$

$$\int_e^{e^2} \left\{ g\left(\frac{x}{e}\right) + 5 \right\} dx = \int_1^e \{ g(s) + 5 \} e\,ds$$
> 치환적분법

$$= e\int_1^e g(s)ds + e\int_1^e 5\,ds \quad \rightarrow \text{변수 } s\text{에 대한 적분이므로 } e\text{는 상수!}$$
$$= e\int_1^e g(s)ds + e\Big[5s \Big]_1^e$$
$$= e\int_1^e f(\ln s)ds + 5e(e - 1)$$
> $1 \leq s < e$에서 $g(s) = f(\ln s)$

위의 식을 ⓘ에 대입하면
> $\displaystyle\int_e^{e^2} g(x)dx$

$$\int_1^e f(\ln x)dx + e\int_1^e f(\ln s)ds + 5e(e - 1) = 6e^2 + 4$$
> $\displaystyle\int_1^e f(\ln s)ds = \int_1^e f(\ln x)dx$

$$(1 + e)\int_1^e f(\ln x)dx + 5e^2 - 5e = 6e^2 + 4$$
> 우변으로 이항

1회 미니모의고사

$$(1+e)\int_1^e f(\ln x)\,dx = e^2 + 5e + 4$$

$$(1+e)\int_1^e f(\ln x)\,dx = (e+1)(e+4)$$ → 양변을 $1+e$로 나눠.

$$\therefore \int_1^e f(\ln x)\,dx = e + 4$$

따라서 $a=1$, $b=4$이므로

$$a^2 + b^2 = 1^2 + 4^2 = 17$$

★ 다른 풀이 정적분의 성질을 이용하는 풀이

Step 1 $e^x = t$로 놓고 $g(t)$를 정리한다.

$g(e^x) = \begin{cases} f(x) & (0 \le x < 1) \\ g(e^{x-1})+5 & (1 \le x \le 2) \end{cases}$ 에서

$g(e^x) = f(x)$ $(0 \le x < 1)$에 x 대신 $x-1$을 대입하면

$g(e^{x-1}) = f(x-1)$ $(0 \le x-1 < 1)$이므로

$g(e^x) = \begin{cases} f(x) & (0 \le x < 1) \\ f(x-1)+5 & (1 \le x \le 2) \end{cases}$

$e^x = t$로 놓으면 $x = \ln t$이므로 → 양변에 자연로그를 씌워 준 거야.

$g(t) = \begin{cases} f(\ln t) & (1 \le t < e) \\ f(\ln t - 1)+5 & (e \le t \le e^2) \end{cases}$ → $\ln 1 = 0$, $\ln e = 1$, $\ln e^2 = 2$

Step 2 $\int_1^{e^2} g(x)\,dx = 6e^2 + 4$를 이용한다.

→ 적분구간을 e를 기준으로 나누었어.

$$\int_1^{e^2} g(x)\,dx = \int_1^e f(\ln x)\,dx + \int_e^{e^2} \{f(\ln x - 1)+5\}\,dx$$

$$= \int_1^e f(\ln x)\,dx + \int_e^{e^2} \left\{ f\left(\ln \frac{x}{e}\right)+5 \right\}\,dx$$

$\dfrac{x}{e} = s$로 놓으면 $dx = e\,ds$

$x = e$일 때 $s=1$이고 $x = e^2$일 때 $s = e$이므로

$$\int_1^{e^2} g(x)\,dx = \int_1^e f(\ln x)\,dx + \int_1^e \{f(\ln s)+5\}e\,ds$$

$$= (e+1)\int_1^e f(\ln x)\,dx + 5e(e-1)$$

$$= 6e^2 + 4$$

$$(e+1)\int_1^e f(\ln x)\,dx = 6e^2 + 4 - 5e(e-1) = e^2 + 5e + 4$$

$$\int_1^e f(\ln x)\,dx = \frac{e^2 + 5e + 4}{e+1} = e+4$$

따라서 $a=1$, $b=4$이므로 → $e^2 + 5e + 4 = (e+1)(e+4)$

$$a^2 + b^2 = 1^2 + 4^2 = 1 + 16 = 17$$

수능포인트

이 문제는 우선 $\int_a^b h(x)\,dx = \int_a^c h(x)\,dx + \int_c^b h(x)\,dx$라는 성질을 이용해서 적분구간을 원하는 구간으로 분리하고 그 후에는 변수에 대해서 정리를 해 주는 것이 중요합니다.

특히 $\int_a^b h(x)\,dx = \int_a^b h(t)\,dt = \int_a^b h(y)\,dy$와 같은 성질을 헷갈리지 않는 것이 중요합니다. 변수에 상관없이 적분구간만 같다면 근본적으로 적분값이 같다는 것을 명심해야 합니다.

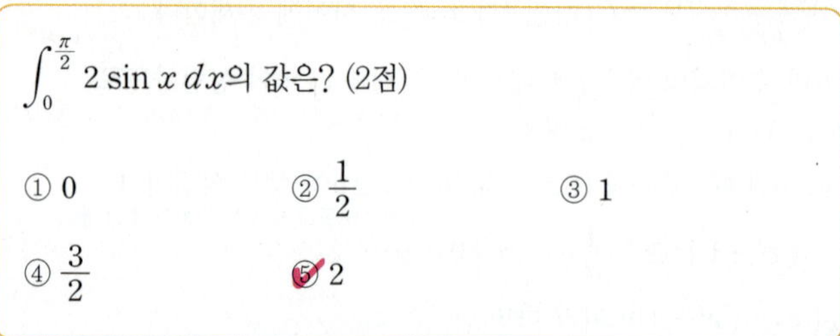

미적분
기출 미니모의고사

01	⑤	02	③	03	②	04	②	05	③
06	③	07	120	08	35				

01 [정답률 94%] 정답 ⑤

$$\int_0^{\frac{\pi}{2}} 2\sin x\,dx \text{의 값은? (2점)}$$

① 0 ② $\dfrac{1}{2}$ ③ 1

④ $\dfrac{3}{2}$ ⑤ 2

Step 1 삼각함수의 정적분을 이용한다.

$$\int_0^{\frac{\pi}{2}} 2\sin x\,dx = \Big[-2\cos x\Big]_0^{\frac{\pi}{2}}$$ → $\int \sin x\,dx = -\cos x + C$ (C는 적분상수)

$$= -2\left(\cos \frac{\pi}{2} - \cos 0\right)$$

$$= 2$$

→ $\cos \dfrac{\pi}{2} = 0$, $\cos 0 = 1$이므로

$\cos \dfrac{\pi}{2} - \cos 0 = 0 - 1 = -1$이야.

02 [정답률 93%] 정답 ③

실수 전체의 집합에서 미분가능한 두 함수 $f(x)$, $g(x)$가 있다. $f(x)$가 $g(x)$의 역함수이고 $f(1)=2$, $f'(1)=3$이다. 함수 $h(x) = xg(x)$라 할 때, $h'(2)$의 값은? (3점)

① 1 ② $\dfrac{4}{3}$ ③ $\dfrac{5}{3}$

④ 2 ⑤ $\dfrac{7}{3}$

Step 1 $g(2)$, $g'(2)$의 값을 구한다.

$f(x)$가 $g(x)$의 역함수이므로

$f(1)=2$에서 $g(2)=1$

$f'(1)=3$에서 $g'(2) = \dfrac{1}{f'(1)} = \dfrac{1}{3}$

Step 2 $h'(2)$의 값을 구한다.

함수 $h(x) = xg(x)$에 대하여

$h'(x) = g(x) + xg'(x)$

$\therefore h'(2) = g(2) + 2g'(2)$

→ $g(f(x)) = x$에서 $g'(f(x))f'(x) = 1$이므로

$g'(f(x)) = \dfrac{1}{f'(x)}$

$\therefore g'(f(1)) = g'(2) = \dfrac{1}{f'(1)}$

→ $\dfrac{d}{dx}\{f(x)g(x)\} = f'(x)g(x) + f(x)g'(x)$

$$= 1 + 2 \times \frac{1}{3}$$

$$= \frac{5}{3}$$

03 [정답률 90%]　　　　　　　　　정답 ②

함수

$$f(x)=\lim_{n\to\infty}\dfrac{2\times\left(\dfrac{x}{4}\right)^{2n+1}-1}{\left(\dfrac{x}{4}\right)^{2n}+3}$$

에 대하여 $f(k)=-\dfrac{1}{3}$을 만족시키는 정수 k의 개수는? (3점)

① 5　　　　② 7　　　　③ 9
④ 11　　　⑤ 13

Step 1 x의 값의 범위를 나누어 $f(x)$의 식을 구한다.

x의 값의 범위를 나누어 함수 $f(x)$의 식을 구해보면 다음과 같다.

(ⅰ) $-4<x<4$일 때

$-1<\dfrac{x}{4}<1$이므로 $\lim\limits_{n\to\infty}\left(\dfrac{x}{4}\right)^{2n}=0$

따라서 함수 $f(x)$의 식은 → $\lim\limits_{n\to\infty}\left\{\left(\dfrac{x}{4}\right)^2\right\}^n$

$$f(x)=\lim_{n\to\infty}\dfrac{2\times\left(\dfrac{x}{4}\right)^{2n+1}-1}{\left(\dfrac{x}{4}\right)^{2n}+3}=-\dfrac{1}{3}$$

$\dfrac{0-1}{0+3}=-\dfrac{1}{3}$

(ⅱ) $x=-4$ 또는 $x=4$일 때

$\dfrac{x}{4}=-1$ 또는 $\dfrac{x}{4}=1$이므로 $\lim\limits_{n\to\infty}\left(\dfrac{x}{4}\right)^{2n}=1$

따라서 함수 $f(x)$의 식은 $\left(\dfrac{x}{4}\right)^2=1$

$$f(x)=\lim_{n\to\infty}\dfrac{2\times\left(\dfrac{x}{4}\right)^{2n+1}-1}{\left(\dfrac{x}{4}\right)^{2n}+3}$$

$$=\dfrac{2\times\dfrac{x}{4}-1}{1+3}=\dfrac{1}{8}x-\dfrac{1}{4}$$

(ⅲ) $x<-4$ 또는 $x>4$일 때

$\lim\limits_{n\to\infty}\left(\dfrac{x}{4}\right)^{2n}=\infty$이므로 함수 $f(x)$의 식은

$$f(x)=\lim_{n\to\infty}\dfrac{2\times\left(\dfrac{x}{4}\right)^{2n+1}-1}{\left(\dfrac{x}{4}\right)^{2n}+3}=\dfrac{2\times\dfrac{x}{4}}{1}=\dfrac{1}{2}x$$

Step 2 $f(k)=-\dfrac{1}{3}$을 만족시키는 정수 k의 개수를 구한다.

이때 (ⅱ), (ⅲ)에서 $f(k)=-\dfrac{1}{3}$을 만족시키는 정수 k는 존재하지 않는다.

따라서 (ⅰ)~(ⅲ)에서 $f(k)=-\dfrac{1}{3}$을 만족시키는 정수 k는 -3, -2, -1, 0, 1, 2, 3으로 7개이다.

→ (ⅱ)에서 $x=-4$이면 $f(-4)=-\dfrac{3}{4}$,
$x=4$이면 $f(4)=\dfrac{1}{4}$

(ⅲ)에서 $\dfrac{1}{2}x=-\dfrac{1}{3}$　∴ $x=-\dfrac{2}{3}$

이때 $-\dfrac{2}{3}>-4$이므로 주어진 범위를 만족시키지 못해.

04 [정답률 92%]　　　　　　　　　정답 ②

그림과 같이 양수 k에 대하여 곡선 $y=\sqrt{\dfrac{e^x}{e^x+1}}$ 과 x축, y축 및 직선 $x=k$로 둘러싸인 부분을 밑면으로 하고 x축에 수직인 평면으로 자른 단면이 모두 정사각형인 입체도형의 부피가 $\ln 7$일 때, k의 값은? (3점)

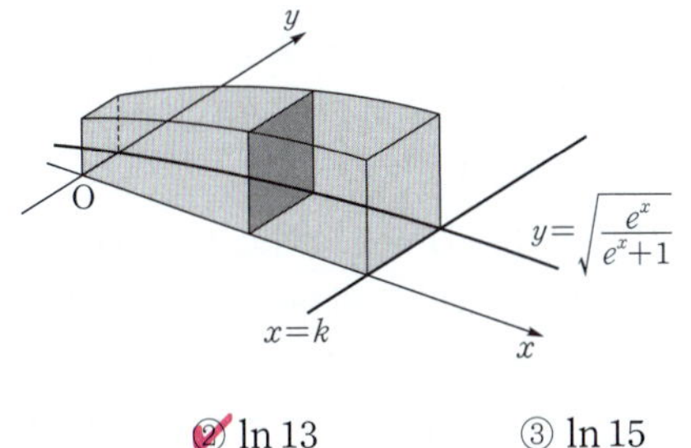

① $\ln 11$　　　② $\ln 13$　　　③ $\ln 15$
④ $\ln 17$　　　⑤ $\ln 19$

Step 1 x축에 수직인 평면으로 자른 단면의 넓이를 구한다.

x축에 수직인 평면으로 자른 정사각형의 단면의 넓이를 $S(x)$라 하면 → 정사각형의 한 변의 길이는 함숫값과 같아.

$$S(x)=\left(\sqrt{\dfrac{e^x}{e^x+1}}\right)^2=\dfrac{e^x}{e^x+1}$$

Step 2 입체도형의 부피가 $\ln 7$임을 이용한다.

입체도형의 부피는 → 치환적분법을 이용

$$\int_0^k S(x)dx=\int_0^k \dfrac{e^x}{e^x+1}dx$$

이때 $e^x+1=t$라 하면 $e^x dx=dt$이고,
$x=0$일 때 $t=2$, $x=k$일 때 $t=e^k+1$이므로

$$(부피)=\int_2^{e^k+1}\dfrac{1}{t}dt=\Big[\ln t\Big]_2^{e^k+1}$$

$$=\ln(e^k+1)-\ln 2=\ln 7$$

$$\ln\dfrac{e^k+1}{2}=\ln 7,\ \dfrac{e^k+1}{2}=7$$

∴ $k=\ln 13$　　→ $e^k+1=14$, $e^k=13$

05 [정답률 60%]　　　　　　　　　　　정답 ③

그림과 같이 $\overline{A_1B_1}=4$, $\overline{A_1D_1}=1$인 직사각형 $A_1B_1C_1D_1$에서 두 대각선의 교점을 E_1이라 하자.

→ 색칠된 삼각형이 이등변삼각형이다.

$\overline{A_2D_1}=\overline{D_1E_1}$, $\angle A_2D_1E_1=\dfrac{\pi}{2}$이고 선분 D_1C_1과 선분 A_2E_1

이 만나도록 점 A_2를 잡고, $\overline{B_2C_1}=\overline{C_1E_1}$, $\angle B_2C_1E_1=\dfrac{\pi}{2}$이고 선분 D_1C_1과 선분 B_2E_1이 만나도록 점 B_2를 잡는다.

두 삼각형 $A_2D_1E_1$, $B_2C_1E_1$을 그린 후 ⋀⋀ 모양의 도형에 색칠하여 얻은 그림을 R_1이라 하자.

그림 R_1에서 $\overline{A_2B_2}:\overline{A_2D_2}=4:1$이고 선분 D_2C_2가 두 선분 A_2E_1, B_2E_1과 만나지 않도록 직사각형 $A_2B_2C_2D_2$를 그린다.

그림 R_1을 얻은 것과 같은 방법으로 세 점 E_2, A_3, B_3을 잡고 두 삼각형 $A_3D_2E_2$, $B_3C_2E_2$를 그린 후 ⋀⋀ 모양의 도형에 색칠하여 얻은 그림을 R_2라 하자.

이와 같은 과정을 계속하여 n번째 얻은 그림 R_n에 색칠되어 있는 부분의 넓이를 S_n이라 할 때, $\lim\limits_{n\to\infty}S_n$의 값은? (3점)

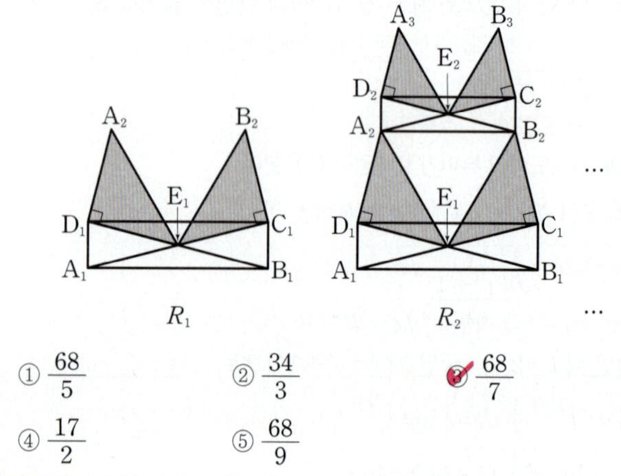

① $\dfrac{68}{5}$　　　② $\dfrac{34}{3}$　　　✓③ $\dfrac{68}{7}$

④ $\dfrac{17}{2}$　　　⑤ $\dfrac{68}{9}$

Step 1 S_1의 값을 구한다.

직각삼각형 $A_1B_1D_1$에서 $\overline{B_1D_1}=\sqrt{\overline{A_1B_1}^2+\overline{A_1D_1}^2}=\sqrt{4^2+1^2}=\sqrt{17}$

사각형 $A_1B_1C_1D_1$은 직사각형이므로 $\overline{D_1E_1}=\dfrac{1}{2}\overline{B_1D_1}=\dfrac{\sqrt{17}}{2}$

$\therefore S_1=2\triangle A_2D_1E_1=2\times\left(\dfrac{1}{2}\times\dfrac{\sqrt{17}}{2}\times\dfrac{\sqrt{17}}{2}\right)=\dfrac{17}{4}$

→ 두 대각선은 서로 이등분하므로 $\overline{A_2D_1}=\overline{D_1E_1}$ $\overline{D_1E_1}=\overline{B_1E_1}$

Step 2 선분 A_2B_2의 길이를 구한다.

직각삼각형 $D_1B_1C_1$에서 $\angle C_1D_1B_1=\theta$라 하면 $\sin\theta=\dfrac{1}{\sqrt{17}}$

두 점 A_2, B_2에서 선분 D_1C_1에 내린 수선의 발을 각각 H_1, H_2라 하자. → $\dfrac{\overline{B_1C_1}}{\overline{D_1B_1}}$

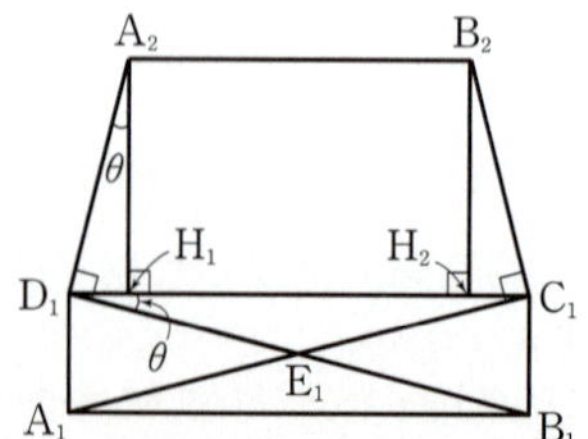

$\angle D_1A_2H_1=\angle C_1D_1B_1=\theta$이므로 직각삼각형 $A_2D_1H_1$에서

$\overline{D_1H_1}=\overline{A_2D_1}\sin\theta=\dfrac{\sqrt{17}}{2}\times\dfrac{1}{\sqrt{17}}=\dfrac{1}{2}$

→ $\angle A_2D_1H_1=\dfrac{\pi}{2}-\angle C_1D_1B_1=\dfrac{\pi}{2}-\theta$, $\angle D_1A_2H_1=\dfrac{\pi}{2}-\angle A_2D_1H_1=\dfrac{\pi}{2}-\left(\dfrac{\pi}{2}-\theta\right)$

$\overline{C_1H_2}=\overline{D_1H_1}=\dfrac{1}{2}$이므로 → $\sin(\angle D_1A_2H_1)$

$\overline{A_2B_2}=\overline{H_1H_2}=\overline{D_1C_1}-2\overline{D_1H_1}=4-2\times\dfrac{1}{2}=3$

Step 3 $\lim\limits_{n\to\infty}S_n$의 값을 구한다.

$\overline{A_1B_1}:\overline{A_2B_2}=4:3$이므로 길이의 비는 $\dfrac{3}{4}$, 넓이의 비는 $\dfrac{9}{16}$이다.

$\therefore \lim\limits_{n\to\infty}S_n=\dfrac{\dfrac{17}{4}}{1-\dfrac{9}{16}}=\dfrac{68}{7}$

→ 첫째항이 a이고 공비가 r인 등비급수의 합 : $\dfrac{a}{1-r}$ (단, $|r|<1$)

→ 첫째항이 $\dfrac{17}{4}$, 공비가 $\dfrac{9}{16}$인 등비급수이다.

06 [정답률 45%]　　　　　　　　　　　정답 ③

열린구간 $(0,\ 2\pi)$에서 정의된 함수 $f(x)=\cos x+2x\sin x$가 $x=\alpha$와 $x=\beta$에서 극값을 가진다.

→ $f'(\alpha)=f'(\beta)=0$

[보기]에서 옳은 것만을 있는 대로 고른 것은? (단, $\alpha<\beta$)　　　(4점)

[보기]

→ $=\tan\alpha$

ㄱ. $\tan(\alpha+\pi)=-2\alpha$

ㄴ. $g(x)=\tan x$라 할 때, $g'(\alpha+\pi)<g'(\beta)$이다.

→ $=g'(\alpha)=\sec^2\alpha$

ㄷ. $\dfrac{2(\beta-\alpha)}{\alpha+\pi-\beta}<\sec^2\alpha$

① ㄱ　　　② ㄷ　　　✓③ ㄱ, ㄴ

④ ㄴ, ㄷ　　　⑤ ㄱ, ㄴ, ㄷ

Step 1 함수 $f(x)$를 미분하고, $\tan x$의 주기성을 이용하여 ㄱ의 참, 거짓을 판별한다.

ㄱ. 함수 $f(x)=\cos x+2x\sin x$를 미분하면　　→ 곱의 미분법 이용!

$f'(x)=-\sin x+2\sin x+2x\cos x=\sin x+2x\cos x$

함수 $f(x)$가 $x=\alpha$와 $x=\beta$에서 극값을 가지므로

$f'(\alpha)=\sin\alpha+2\alpha\cos\alpha=0$　　→ 극값을 가지면 미분계수가 0

$\sin\alpha=-2\alpha\cos\alpha$, $\dfrac{\sin\alpha}{\cos\alpha}=-2\alpha$

$\therefore \tan\alpha=-2\alpha$　　　　　$\cdots\cdots$ ㉠

같은 방법으로 $f'(\beta)=0$에서 $\tan\beta=-2\beta$　　$\cdots\cdots$ ㉡

이때 함수 $y=\tan x$는 주기가 π인 주기함수이므로

$\tan(\alpha+\pi)=\tan\alpha$　　→ $\tan(x+\pi)=\tan x$가 성립!

$\therefore \tan(\alpha+\pi)=-2\alpha$ ($\because$ ㉠) (참)

Step 2 함수 $y=\tan x$의 그래프와 직선 $y=-2x$의 위치관계를 이용하여 ㄴ의 참, 거짓을 판별한다.

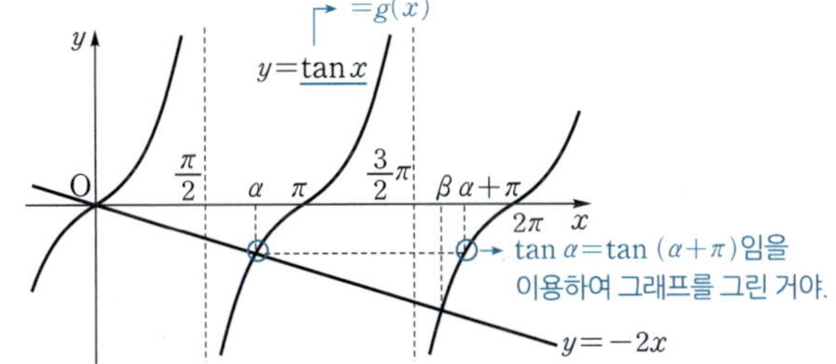

ㄴ. ㉠, ㉡에 의하여 열린구간 $(0,\ 2\pi)$에서 두 함수 $y=\tan x$, $y=-2x$의 그래프의 교점의 x좌표는 각각 α, β이다. 이때 $g(x)=\tan x$이므로 $x=\alpha+\pi$에서의 접선의 기울기와 $x=\beta$에서의 접선의 기울기를 비교해 보면 $x=\beta$에서의 접선의 기울기가 더 큼을 알 수 있다.

$\therefore g'(\alpha+\pi)<g'(\beta)$ (참)

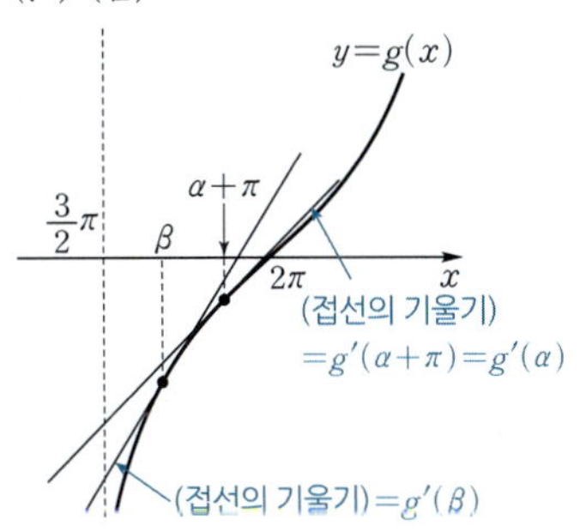

Step 3 두 점을 이은 직선의 기울기와 접선의 기울기를 비교하여 ㄷ의 참, 거짓을 판별한다.

ㄷ. $g(x)=\tan x$에서
$g(\alpha+\pi)=\tan(\alpha+\pi)=-2\alpha$ ($\because$ ㉠)
$g(\beta)=\tan\beta=-2\beta$ ($\because$ ㉡)
$\therefore \dfrac{2(\beta-\alpha)}{\alpha+\pi-\beta}=\dfrac{-2\alpha+2\beta}{(\alpha+\pi)-\beta}=\dfrac{g(\alpha+\pi)-g(\beta)}{(\alpha+\pi)-\beta}$

$g(x)=\tan x$를 미분하면 $g'(x)=\sec^2 x$ → 직선의 기울기라고 생각해.
$\therefore g'(\alpha)=g'(\alpha+\pi)=\sec^2\alpha$

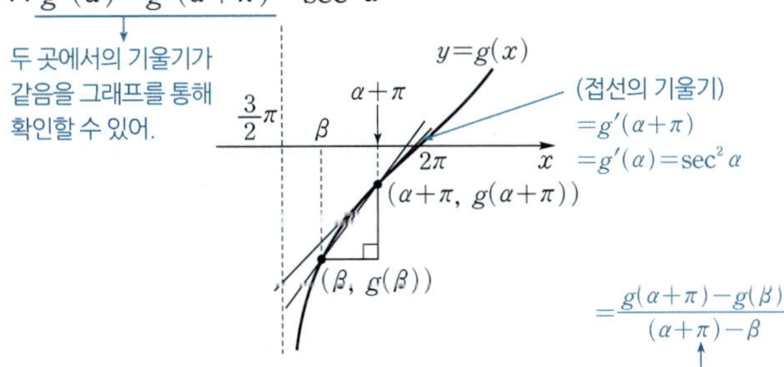

이때 두 점 $(\alpha+\pi,\ g(\alpha+\pi))$, $(\beta,\ g(\beta))$를 이은 직선의 기울기가 $x=\alpha+\pi$에서의 접선의 기울기보다 큼을 알 수 있다. → $g'(\alpha+\pi)=g'(\alpha)=\sec^2\alpha$

$\therefore \dfrac{2(\beta-\alpha)}{\alpha+\pi-\beta}>\sec^2\alpha$ (거짓)

그러므로 옳은 것은 ㄱ, ㄴ이다.

★ **다른 풀이** 식의 변형과 평균값 정리를 이용하는 풀이

Step 1 동일

Step 2 $g'(\alpha+\pi),\ g'(\beta)$의 식을 변형하여 ㄴ의 참, 거짓을 판별한다.

ㄴ. 함수 $g(x)=\tan x$에 대하여

$g'(x)=\sec^2 x=1+\tan^2 x$이므로
$g'(\alpha+\pi)=1+\tan^2(\alpha+\pi)$ → 삼각함수 사이의 관계를 이용!
$\qquad=1+\tan^2\alpha$ → $\tan x$는 주기가 π이므로 $\tan(\alpha+\pi)=\tan\alpha$야.
$\qquad=1+(-2\alpha)^2$
$\qquad=1+4\alpha^2$
$g'(\beta)=1+\tan^2\beta$
$\qquad=1+(-2\beta)^2$
$\qquad=1+4\beta^2$
이때 $\alpha<\beta$이므로 $1+4\alpha^2<1+4\beta^2$
$\therefore g'(\alpha+\pi)<g'(\beta)$ (참)

Step 3 평균값 정리를 이용하여 ㄷ의 참, 거짓을 판별한다.

ㄷ. 함수 $g(x)=\tan x$는 주기가 π인 주기함수이므로
$g'(\alpha)=g'(\alpha+\pi)$
$g(x)=\tan x$에서
$g(\alpha+\pi)=\tan(\alpha+\pi)=-2\alpha$
$g(\beta)=\tan\beta=-2\beta$
$\therefore \dfrac{2(\beta-\alpha)}{\alpha+\pi-\beta}=\dfrac{-2\alpha+2\beta}{(\alpha+\pi)-\beta}=\dfrac{g(\alpha+\pi)-g(\beta)}{(\alpha+\pi)-\beta}$

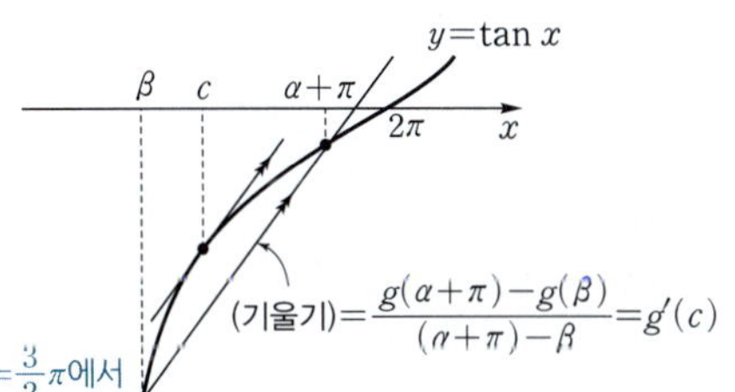

주의 $\tan x$는 $x=\dfrac{3}{2}\pi$에서 함숫값을 갖지 않아.

$\dfrac{3}{2}\pi<\beta<\alpha+\pi<2\pi$이므로 함수 $g(x)$는 닫힌구간 $[\beta,\ \alpha+\pi]$에서 연속이고, 열린구간 $(\beta,\ \alpha+\pi)$에서 미분가능하므로 평균값 정리에 의하여
$\dfrac{g(\alpha+\pi)-g(\beta)}{(\alpha+\pi)-\beta}=g'(c)$
인 c가 열린구간 $(\beta,\ \alpha+\pi)$에 적어도 하나 존재한다.

이때 함수 $y=\tan x$의 그래프는 열린구간 $\left(\dfrac{3}{2}\pi,\ 2\pi\right)$에서 위로 볼록하므로 함수 $g(x)=\tan x$에 대하여 도함수 $g'(x)$는 열린구간 $\left(\dfrac{3}{2}\pi,\ 2\pi\right)$에서 감소한다. → 그래프의 개형을 통해 쉽게 알 수 있는 내용이야.

따라서 $g'(\alpha+\pi)<g'(c)<g'(\beta)$이므로
$g'(\alpha)<g'(c)$ → $\beta<c<\alpha+\pi$이고 $g'(x)$가 감소함수임을 이용한 거야.
$\sec^2\alpha<\dfrac{g(\alpha+\pi)-g(\beta)}{(\alpha+\pi)-\beta}$
$\therefore \dfrac{2(\beta-\alpha)}{\alpha+\pi-\beta}>\sec^2\alpha$ (거짓)

그러므로 옳은 것은 ㄱ, ㄴ이다.

07 [정답률 18%]   정답 120

> 그림과 같이 길이가 4인 선분 AB를 지름으로 하고 중심이
> O인 원 C가 있다. 원 C 위를 움직이는 점 P에 대하여
> $\angle PAB=\theta$라 할 때, 선분 AB 위에 $\angle APQ=2\theta$를
> 만족시키는 점을 Q라 하자. 직선 PQ가 원 C와 만나는 점 중
> P가 아닌 점을 R이라 할 때, 중심이 삼각형 AQP의 내부에
> 있고 두 선분 PA, PR에 동시에 접하는 원을 C'이라 하자. 원
> C'이 점 O를 지날 때, 원 C'의 반지름의 길이를 $r(\theta)$, 삼각형
> BQR의 넓이를 $S(\theta)$라 하자. $\displaystyle\lim_{\theta\to 0+}\frac{S(\theta)}{r(\theta)}=a$일 때, $45a$의
> 값을 구하시오. $\left(\text{단, } 0<\theta<\dfrac{\pi}{4}\right)$ (4점)
>
> 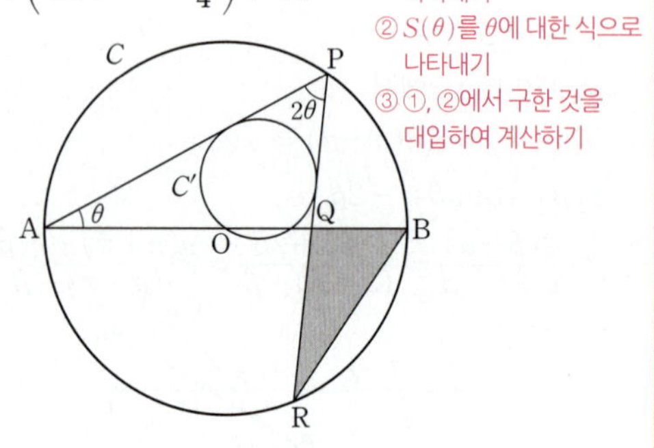

Step 1 $\overline{OP}=\overline{O'O}+\overline{O'P}$임을 이용하여 $r(\theta)$를 구한다.

원 C'의 중심을 O', 원 C'과 선분 PA가 만나는 점을 M이라 하자.

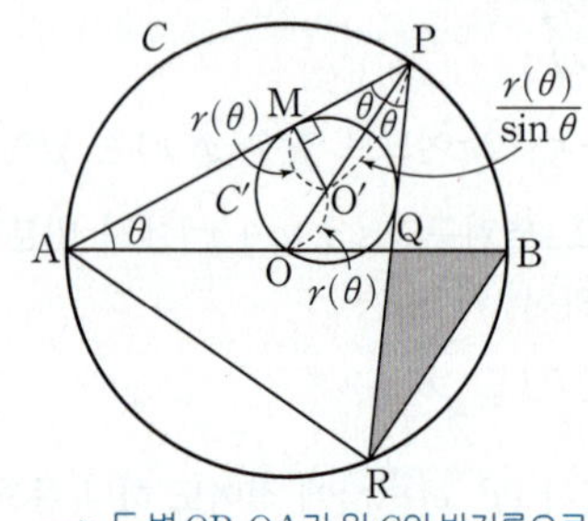

삼각형 OPA가 이등변삼각형이므로

$\angle OPA=\theta$

$r(\theta)=\overline{O'O}=\overline{O'M}$이므로 직각삼각형 O'PM에서

$\overline{O'P}=\dfrac{r(\theta)}{\sin\theta}$

이때 $\overline{OP}=\overline{O'O}+\overline{O'P}$이므로

$\overline{OP}=r(\theta)+\dfrac{r(\theta)}{\sin\theta}=\left(1+\dfrac{1}{\sin\theta}\right)r(\theta)=2$

$\therefore r(\theta)=\dfrac{2\sin\theta}{1+\sin\theta}$

Step 2 사인법칙을 이용하여 선분 QB의 길이를 θ에 대하여 나타낸다.

$\angle PRB$는 호 BP의 원주각이므로

$\angle PRB=\theta$이고, $\angle RBA$는

호 AR의 원주각이므로 $\angle RBA=2\theta$

선분 AB가 원 C의 지름이므로

삼각형 ARB는 $\angle ARB=\dfrac{\pi}{2}$인

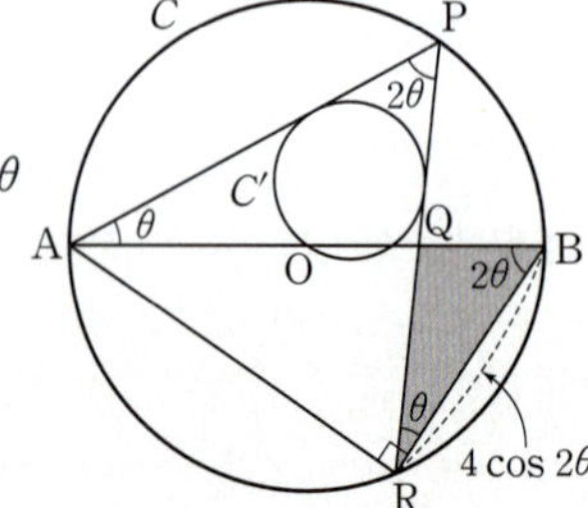

직각삼각형이고, $\overline{RB}=4\cos 2\theta$이다.

삼각형 BQR에서 사인법칙에 의하여

$\dfrac{\overline{RB}}{\sin(\angle BQR)}=\dfrac{\overline{QB}}{\sin(\angle QRB)}$

$\dfrac{4\cos 2\theta}{\sin(\pi-3\theta)}=\dfrac{\overline{QB}}{\sin\theta}$

$\therefore \overline{QB}=\dfrac{4\sin\theta\cos 2\theta}{\sin 3\theta}$

따라서 삼각형 BQR의 넓이는

$S(\theta)=\dfrac{1}{2}\times\overline{RB}\times\overline{QB}\times\sin 2\theta=\dfrac{8\sin\theta\sin 2\theta\cos^2 2\theta}{\sin 3\theta}$

Step 3 $\displaystyle\lim_{\theta\to 0+}\frac{S(\theta)}{r(\theta)}$의 값을 구한다.

$\displaystyle\lim_{\theta\to 0+}\frac{S(\theta)}{r(\theta)}=\lim_{\theta\to 0+}\frac{\dfrac{8\sin\theta\sin 2\theta\cos^2 2\theta}{\sin 3\theta}}{\dfrac{2\sin\theta}{1+\sin\theta}}$

$=\displaystyle\lim_{\theta\to 0+}\frac{4\sin 2\theta\cos^2 2\theta(1+\sin\theta)}{\sin 3\theta}$

$=4\times\displaystyle\lim_{\theta\to 0+}\frac{\sin 2\theta}{\sin 3\theta}\times\lim_{\theta\to 0+}\{\cos^2 2\theta(1+\sin\theta)\}$

$=4\times\dfrac{2}{3}\times 1=\dfrac{8}{3}$

따라서 $a=\dfrac{8}{3}$이므로 $45a=45\times\dfrac{8}{3}=120$

08 [정답률 11%]   정답 35

> 실수 전체의 집합에서 연속인 함수 $f(x)$가 다음 조건을
> 만족시킨다.
>
> (가) $x\leq b$일 때, $f(x)=a(x-b)^2+c$이다.
>   (단, a, b, c는 상수이다.)
>
> (나) 모든 실수 x에 대하여 $f(x)=\displaystyle\int_0^x\sqrt{4-2f(t)}\,dt$
> 이다.
>
> $\displaystyle\int_0^6 f(x)dx=\dfrac{q}{p}$일 때, $p+q$의 값을 구하시오.
>
>   (단, p와 q는 서로소인 자연수이다.) (4점)

Step 1 조건 (나)의 식을 이용하여 함수 $f(x)$에 대한 정보를 파악한다.

조건 (나)에서 모든 실수 x에 대하여

$f(x)=\displaystyle\int_0^x\sqrt{4-2f(t)}\,dt$ ……⊙

⊙에 $x=0$을 대입하면 $f(0)=0$

㉠의 양변을 x에 대하여 미분하면 정적분으로 표시된 함수의 미분

$$f'(x)=\sqrt{4-2f(x)} \quad \cdots\cdots ㉡$$

이때 $\sqrt{4-2f(x)}\geq 0$이므로 $f'(x)\geq 0$이고 → 모든 실수 x에 대하여 함수 $f(x)$는 증가한다는 거야!

$4-2f(x)\geq 0$이어야 하므로 $f(x)\leq 2$이다. → 근호 안의 값은 0 이상이어야 한다.

Step 2 $x\leq b$일 때 함수 $f(x)$의 식을 구한다.

조건 (가)에서 $x\leq b$일 때 함수 $f(x)=a(x-b)^2+c$이므로

→ 모든 실수 x에 대하여 $f(x)$의 함숫값이 2를 넘지 않는다는 거야.

$x<b$일 때 $f'(x)=2a(x-b)$이다.

두 식을 ㉡에 대입하여 정리하면 → $f'(x)=\sqrt{4-2f(x)}$에 $f(x)=a(x-b)^2+c$, $f'(x)=2a(x-b)$ 대입

$$2a(x-b)=\sqrt{4-2a(x-b)^2-2c}$$

양변을 제곱하면 계산 주의

$$4a^2(x-b)^2=-2a(x-b)^2+4-2c$$

위 등식이 $x<b$인 모든 x에 대하여 성립하려면 x에 대한 항등식이어야 하므로 $4a^2=-2a$, $4-2c=0$이어야 한다.

→ $c=2$

→ $2a(2a+1)=0$에서 $a=0$ 또는 $a=-\dfrac{1}{2}$

$a=0$, $c=2$인 경우 조건 (가)에서 $f(x)=a(x-b)^2+c=c=2$이지만 조건 (나)에서

$$f(x)=\int_0^x \sqrt{4-2f(t)}\,dt=\int_0^x 0\,dt=0$$

이므로 모순이다. → $f(x)=2$이면 $4-2f(x)=4-2\cdot 2=0$

따라서 $a=-\dfrac{1}{2}$, $c=2$이므로 $x\leq b$일 때

$$f(x)=-\frac{1}{2}(x-b)^2+2 \quad \cdots\cdots ㉢$$

Step 3 b의 값을 구한다.

(i) $b<0$인 경우 $f(b)=2 \ (\because ㉡)$ → Step 1에서 $f'(x)=\sqrt{4-2f(x)}\geq 0$

이때 함수 $f(x)$에 대하여 $f'(x)\geq 0$이므로 $f(0)\geq 2$이어야 하지만 $f(0)=0$이므로 모순이다.

Step 1에서

$$f(0)=\int_0^0 \sqrt{4-2f(t)}\,dt=0$$

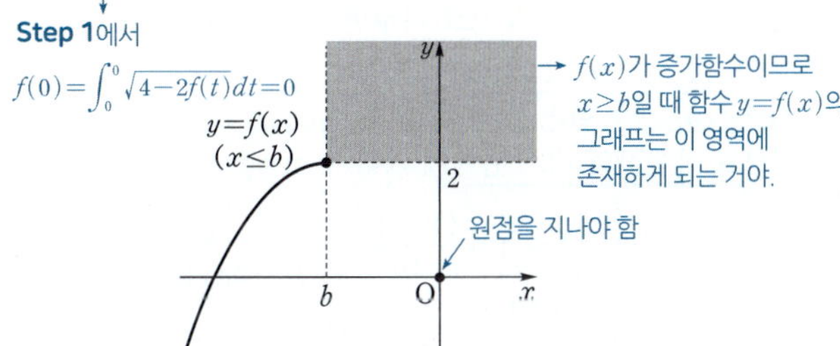

(ii) $b\geq 0$인 경우 $f(b)=2$

이때 $f(0)=-\dfrac{1}{2}(0-b)^2+2=0$이므로

$$\frac{1}{2}b^2=2, \ b^2=4$$

→ $-\dfrac{1}{2}b^2+2=0$

$\therefore b=2 \ (\because b\geq 0)$ → 즉, 조건 (가)의 내용을 다시 정리하면 $x\leq 2$일 때, $f(x)=-\dfrac{1}{2}(x-2)^2+2$

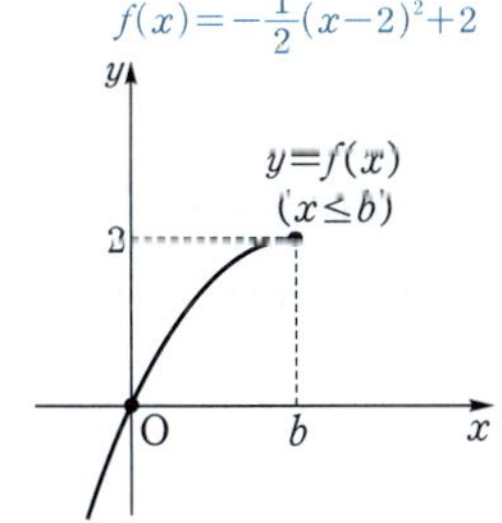

Step 4 $x>2$일 때의 $f(x)$를 구한다.

함수 $f(x)$가 $f(2)=2$이고, 두 조건 $f'(x)\geq 0$, $f(x)\leq 2$를 만족시키기 위해서는 $x>2$일 때 $f(x)=2$이어야 한다.

→ $f(x)$의 최댓값이 2이므로, 2보다 큰 함숫값을 가질 수 없는 거야.

→ 즉, $x>2$일 때 함수 $f(x)$는 상수함수의 형태를 띤다는 거야!

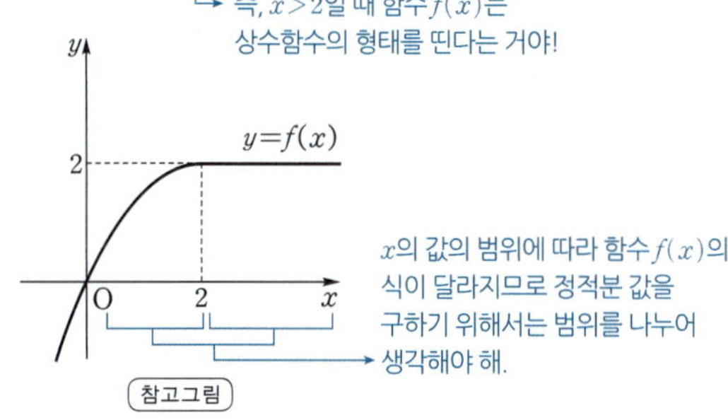

→ x의 값의 범위에 따라 함수 $f(x)$의 식이 달라지므로 정적분 값을 구하기 위해서는 범위를 나누어 생각해야 해.

Step 5 $\displaystyle\int_0^6 f(x)\,dx$의 값을 구한다.

따라서 함수 $f(x)$가

$$f(x)=\begin{cases} -\dfrac{1}{2}(x-2)^2+2 & (x\leq 2) \\ 2 & (x>2) \end{cases}$$

→ $=-\dfrac{1}{2}x^2+2x$

이므로

$$\int_0^6 f(x)\,dx=\int_0^2\left(-\frac{1}{2}x^2+2x\right)dx+\int_2^6 2\,dx$$

$$=\left[-\frac{1}{6}x^3+x^2\right]_0^2+\Big[2x\Big]_2^6$$

$$=\frac{8}{3}+8=\frac{32}{3}$$

→ $2\times 6-2\times 2=12-4=8$

→ $-\dfrac{1}{6}\times 2^3+2^2=-\dfrac{4}{3}+4=\dfrac{8}{3}$

따라서 $p=3$, $q=32$이므로

$$p+q=3+32=35$$

3회 미적분
기출 미니모의고사

01	①	02	②	03	⑤	04	①	05	④
06	①	07	12	08	6				

01 [정답률 95%] 정답 ①

함수 $f(x)=7+3\ln x$에 대하여 $f'(3)$의 값은? (2점)

① 1 ② 2 ③ 3
④ 4 ⑤ 5

Step 1 로그함수의 도함수를 구한다.

$f(x)=7+3\ln x$에서 → 함수 $\ln x$의 도함수는 $\dfrac{1}{x}$이야.

$f'(x)=\dfrac{3}{x}$

$\therefore f'(3)=1$

02 [정답률 87%] 정답 ②

$\displaystyle\sum_{n=1}^{\infty}\frac{2}{n(n+2)}$의 값은? (3점)

① 1 ② $\dfrac{3}{2}$ ③ 2
④ $\dfrac{5}{2}$ ⑤ 3

Step 1 부분분수를 이용하여 주어진 식을 전개한다.

$\displaystyle\sum_{n=1}^{\infty}\frac{2}{n(n+2)}$

$=\displaystyle\sum_{n=1}^{\infty}\left(\frac{1}{n}-\frac{1}{n+2}\right)$ → $\dfrac{1}{AB}=\dfrac{1}{B-A}\left(\dfrac{1}{A}-\dfrac{1}{B}\right)$임을 이용해 전개

$=\displaystyle\lim_{n\to\infty}\left\{\left(1-\frac{1}{3}\right)+\left(\frac{1}{2}-\frac{1}{4}\right)+\left(\frac{1}{3}-\frac{1}{5}\right)+\cdots\right.$ → $\displaystyle\sum_{n=1}^{\infty}a_n=\lim_{n\to\infty}\sum_{k=1}^{n}a_k$ 이용!

각 항이 서로 상쇄되어 사라져.

$\left.+\left(\frac{1}{n-1}-\frac{1}{n+1}\right)+\left(\frac{1}{n}-\frac{1}{n+2}\right)\right\}$

$=\displaystyle\lim_{n\to\infty}\left(1+\frac{1}{2}-\frac{1}{n+1}-\frac{1}{n+2}\right)$

$=1+\dfrac{1}{2}=\dfrac{3}{2}$

03 [정답률 77%] 정답 ⑤

연립방정식 $\begin{cases}y=x^2-(n+1)x+a_n\\ y=0\end{cases}$의 해가 1개 이상이어야 하므로 판별식 $D\geq0$이어야 한다.

수열 $\{a_n\}$에 대하여 곡선 $y=x^2-(n+1)x+a_n$은 x축과 만나고, 곡선 $y=x^2-nx+a_n$은 x축과 만나지 않는다. $\displaystyle\lim_{n\to\infty}\frac{a_n}{n^2}$의 값은? (3점) → 연립방정식 $\begin{cases}y=x^2-nx+a_n\\ y=0\end{cases}$의 해가 존재하지 않으므로 판별식 $D<0$이어야 한다.

① $\dfrac{1}{20}$ ② $\dfrac{1}{10}$ ③ $\dfrac{3}{20}$
④ $\dfrac{1}{5}$ ⑤ $\dfrac{1}{4}$

Step 1 이차함수와 이차방정식의 관계를 이용한다.

곡선 $y=x^2-(n+1)x+a_n$이 x축과 만나므로 이차방정식 $x^2-(n+1)x+a_n=0$의 실근이 존재한다. → 이차방정식 $ax^2+bx+c=0\ (a\neq0)$ 에서 $D=b^2-4ac$

따라서 이차방정식 $x^2-(n+1)x+a_n=0$의 판별식을 D_1이라 할 때, $D_1\geq0$ $\cdots\cdots$ ㉠ $\therefore D_1=(n+1)^2-4a_n$

곡선 $y=x^2-nx+a_n$은 x축과 만나지 않으므로 이차방정식 $x^2-nx+a_n=0$의 실근은 존재하지 않는다.

따라서 이차방정식 $x^2-nx+a_n=0$의 판별식을 D_2라 할 때, $D_2<0$ $\cdots\cdots$ ㉡ $\therefore D_2=n^2-4a_n$

Step 2 부등식을 계산한 후 수열의 극한값의 대소 관계를 이용한다.

㉠, ㉡에서 $D_1=(n+1)^2-4a_n\geq0$이고 $D_2=n^2-4a_n<0$이므로

$\dfrac{n^2}{4}<a_n\leq\dfrac{(n+1)^2}{4}$ → 수열의 극한값의 대소 관계를 이용하기 위하여 좌변과 우변의 극한값이 수렴하도록 각 변을 n^2으로 나누어야 해.

위 부등식의 각 변을 n^2으로 나누면

$\dfrac{n^2}{4n^2}<\dfrac{a_n}{n^2}\leq\dfrac{(n+1)^2}{4n^2}\ (\because n^2>0)$

이므로 극한값의 대소 관계에 의하여 → 이차방정식 $ax^2+bx+c=0\ (a\neq0)$의 판별식을 D라 할 때 $D>0$이면 실근이 2개 $D=0$이면 실근이 1개 (중근) $D<0$이면 실근이 존재하지 않는다.

$\displaystyle\lim_{n\to\infty}\frac{n^2}{4n^2}\leq\lim_{n\to\infty}\frac{a_n}{n^2}\leq\lim_{n\to\infty}\frac{(n+1)^2}{4n^2}$

$\displaystyle\lim_{n\to\infty}\frac{n^2}{4n^2}=\lim_{n\to\infty}\frac{(n+1)^2}{4n^2}=\frac{1}{4}$이므로

$\displaystyle\lim_{n\to\infty}\frac{a_n}{n^2}=\frac{1}{4}$

💡 알아야 할 기본개념

수열의 극한값의 대소 관계

두 수열 $\{a_n\}$, $\{b_n\}$이 수렴할 때

• 모든 자연수 n에 대하여 $a_n<b_n$ (또는 $a_n\leq b_n$)이면 $\displaystyle\lim_{n\to\infty}a_n\leq\lim_{n\to\infty}b_n$이다.

• 수열 $\{c_n\}$이 모든 자연수 n에 대하여 $a_n<c_n<b_n$ (또는 $a_n\leq c_n\leq b_n$)을 만족시키고, $\displaystyle\lim_{n\to\infty}a_n=\lim_{n\to\infty}b_n=\alpha$ (α는 상수)이면 $\displaystyle\lim_{n\to\infty}c_n=\alpha$이다.

04 [정답률 89%] 정답 ①

곡선 $y=e^{2x}$과 y축 및 직선 $y=-2x+a$로 둘러싸인 영역을 A, 곡선 $y=e^{2x}$과 두 직선 $y=-2x+a$, $x=1$로 둘러싸인 영역을 B라 하자. A의 넓이와 B의 넓이가 같을 때, 상수 a의 값은? (단, $1<a<e^2$) (3점)

① $\dfrac{e^2+1}{2}$ ② $\dfrac{2e^2+1}{4}$ ③ $\dfrac{e^2}{2}$

④ $\dfrac{2e^2-1}{4}$ ⑤ $\dfrac{e^2-1}{2}$

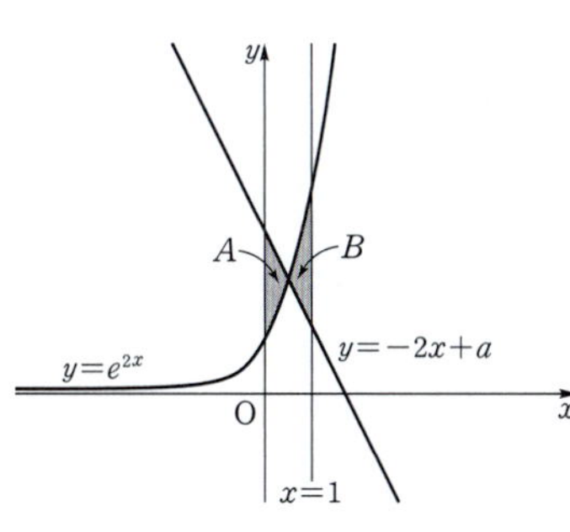

Step 1 닫힌구간 $[0,1]$에서 연속인 곡선 $y=e^{2x}$과 직선 $y=-2x+a$로 둘러싸인 도형의 넓이를 이용한다.

곡선 $y=e^{2x}$과 두 직선 $y=-2x+a$, $x=0$으로 둘러싸인 영역 A의 넓이를 S_1이라 하고 곡선 $y=e^{2x}$과 두 직선 $y=-2x+a$, $x=1$로 둘러싸인 영역 B의 넓이를 S_2라 하면 $S_1=S_2$이므로

$$\left|\int_0^1 \left\{e^{2x}-(-2x+a)\right\}dx\right|=|S_1-S_2|=0$$

닫힌구간 $[0,1]$에서 곡선 $y=e^{2x}$과 직선 $y=-2x+a$의 교점의 x좌표를 k라 놓으면

$$S_1=\int_0^k \{(-2x+a)-e^{2x}\}dx,$$
$$S_2=\int_k^1 \{e^{2x}-(-2x+a)\}dx$$

즉, $\displaystyle\int_0^1 \left\{e^{2x}-(-2x+a)\right\}dx=0$이므로

$$\int_0^1 (e^{2x}+2x-a)dx=\left[\frac{1}{2}e^{2x}+x^2-ax\right]_0^1$$

$|a|=0 \Longleftrightarrow a=0$

참고로

$\displaystyle\int_0^1 |e^{2x}-(-2x+a)|\,dx$
$=S_1+S_2$야.

$$=\left(\frac{1}{2}e^2+1-a\right)-\frac{1}{2}e^0$$

$e^0=1$

$$=\frac{e^2+1}{2}-a$$
$$=0$$

$$\therefore a=\frac{e^2+1}{2}$$

05 [정답률 84%] 정답 ④

실수 전체의 집합에서 연속인 함수 $f(x)$의 도함수 $f'(x)$가

$$f'(x)=\begin{cases}2x+3 & (x<1)\\ \ln x & (x>1)\end{cases}$$

정적분을 이용하면 $f(x)$를 구할 수 있을 거야.

이다. $f(e)=2$일 때, $f(-6)$의 값은? (3점)

① 9   ② 11   ③ 13

④ 15   ⑤ 17

Step 1 도함수 $f'(x)$를 이용하여 함수 $f(x)$를 구한다.

$$f'(x)=\begin{cases}2x+3 & (x<1)\\ \ln x & (x>1)\end{cases}$$

이므로 함수 $f(x)$를 구하면

각각의 적분상수가 다르다는 것에 주의해야 해.

$$f(x)=\begin{cases}x^2+3x+C_1 & (x<1)\\ x\ln x-x+C_2 & (x>1)\end{cases}$$

(단, C_1, C_2는 적분상수)

암기 $\displaystyle\int \ln x=x\ln x-x+C$ (C는 적분상수)

Step 2 적분상수의 값을 구한다.

$f(e)=e\ln e-e+C_2=2$이므로 $C_2=2$

$e\ln e=e\times 1=e$이므로 $e\ln e-e+C_2=e-e+C_2=C_2=2$

함수 $f(x)$가 실수 전체의 집합에서 연속이므로

$$\lim_{x\to 1+}f(x)=\lim_{x\to 1-}f(x)=f(1)$$

$x\ln x-x+C_2=x\ln x-x+2$에 $x=1$을 대입하면 $-1+2=1$

$$\lim_{x\to 1+}f(x)=1, \quad \lim_{x\to 1-}f(x)=1+3+C_1$$

x^2+3x+C_1에 $x=1$을 대입!

따라서 $1+3+C_1=1$에서 $C_1=-3$

$$\therefore f(x)=\begin{cases}x^2+3x-3 & (x\le 1)\\ x\ln x-x+2 & (x>1)\end{cases}$$

$$\therefore f(-6)=(-6)^2+3\times(-6)-3=36-18-3=15$$

06 [정답률 75%] 정답 ①

자연수 n에 대하여 중심이 원점 O이고 점 P$(2^n, 0)$을 지나는 원 C가 있다. 원 C 위에 점 Q를 호 PQ의 길이가 π가 되도록 잡는다. 점 Q에서 x축에 내린 수선의 발을 H라 할 때, $\displaystyle\lim_{n\to\infty}(\overline{OQ}\times\overline{HP})$의 값은? (4점)

원의 반지름의 길이=2^n

주의 n이 무한대로

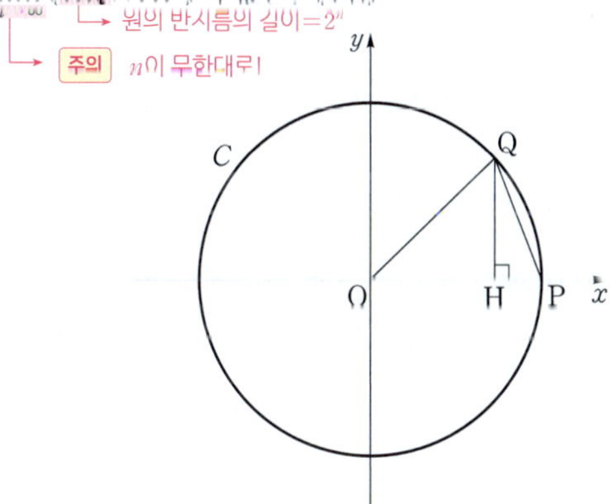

① $\dfrac{\pi^2}{2}$ ② $\dfrac{3}{4}\pi^2$ ③ π^2

④ $\dfrac{5}{4}\pi^2$ ⑤ $\dfrac{3}{2}\pi^2$

Step 1 $\overline{\text{OQ}}$, $\overline{\text{HP}}$를 n에 대한 식으로 나타낸다.

원 C의 반지름의 길이가 2^n이므로 $\overline{\text{OQ}}=\overline{\text{OP}}=2^n$

→ 점 P의 x좌표가 2^n임을 이용!

$\angle\text{POQ}=\theta$라 하면 부채꼴 POQ에서 호 PQ의 길이가 π이므로

$\pi=2^n\times\theta$ $\quad\therefore\ \theta=\dfrac{\pi}{2^n}$

→ 부채꼴의 반지름의 길이가 r, 중심각의 크기가 θ이면 호의 길이 $l=r\theta$

직각삼각형 QOH에서 $\cos\theta=\dfrac{\overline{\text{OH}}}{\overline{\text{OQ}}}$

$\therefore\ \overline{\text{OH}}=\overline{\text{OQ}}\cos\theta=2^n\cos\dfrac{\pi}{2^n}$

$\therefore\ \overline{\text{HP}}=\overline{\text{OP}}-\overline{\text{OH}}$

$\qquad=2^n-2^n\cos\dfrac{\pi}{2^n}$

$\qquad=2^n\left(1-\cos\dfrac{\pi}{2^n}\right)$

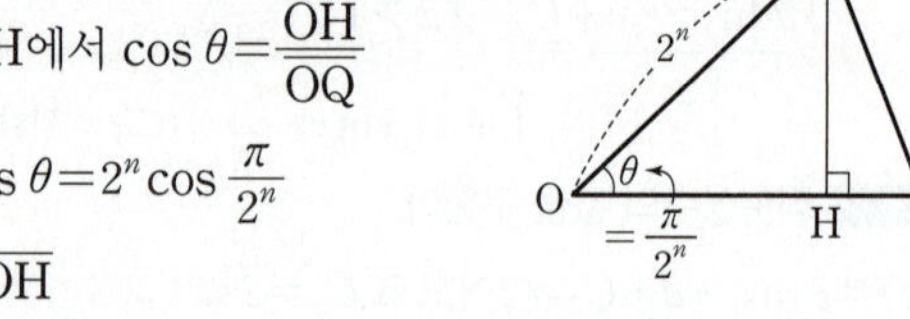

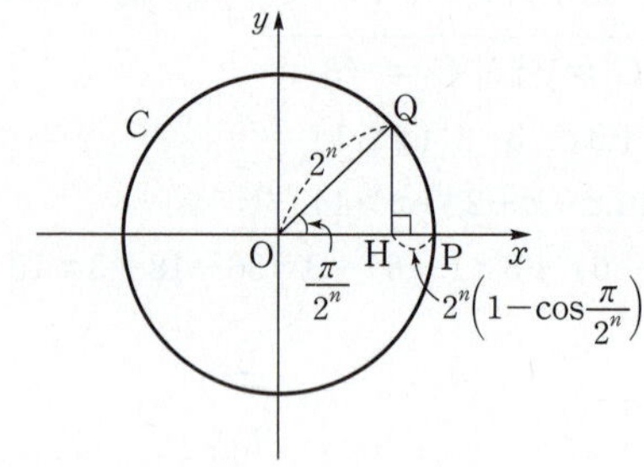

Step 2 $\dfrac{\pi}{2^n}=t$로 치환하여 $\displaystyle\lim_{n\to\infty}(\overline{\text{OQ}}\times\overline{\text{HP}})$의 값을 구한다.

$\displaystyle\lim_{n\to\infty}(\overline{\text{OQ}}\times\overline{\text{HP}})=\lim_{n\to\infty}\left\{2^n\times2^n\left(1-\cos\dfrac{\pi}{2^n}\right)\right\}$

→ $2^n=\dfrac{\pi}{t}$가 돼.

이때 $\dfrac{\pi}{2^n}=t$로 치환하면 $n\to\infty$일 때 $t\to0+$이므로

$\displaystyle\lim_{n\to\infty}\left\{2^n\times2^n\left(1-\cos\dfrac{\pi}{2^n}\right)\right\}=\lim_{t\to0+}\left\{\dfrac{\pi}{t}\times\dfrac{\pi}{t}(1-\cos t)\right\}$

$\qquad=\displaystyle\lim_{t\to0+}\dfrac{\pi^2(1-\cos t)}{t^2}$

$\qquad=\displaystyle\lim_{t\to0+}\dfrac{\pi^2(1-\cos t)(1+\cos t)}{t^2(1+\cos t)}$

→ $=1-\cos^2 t$ $=\sin^2 t$

$\qquad=\displaystyle\lim_{t\to0+}\dfrac{\pi^2\sin^2 t}{t^2(1+\cos t)}$

$\qquad=\displaystyle\lim_{t\to0+}\left(\pi^2\times\dfrac{\sin^2 t}{t^2}\times\dfrac{1}{1+\cos t}\right)$

$\qquad=\pi^2\times1^2\times\dfrac{1}{1+1}$

→ $\displaystyle\lim_{\triangle\to0}\dfrac{\sin\triangle}{\triangle}=1$임을 이용!

$\qquad=\dfrac{\pi^2}{2}$

Step 1 두 함수 $f(t)$, $g(t)$가 서로 역함수 관계임을 확인한다.

함수 $F(x)=\displaystyle\int_0^x\{t-f(s)\}ds$에 대하여

함수 $F(x)$가 $x=\alpha$에서 최댓값을 가지므로 $F'(\alpha)=0$이어야 한다.

함수 $F(x)$의 양변을 x에 대하여 미분하면

$F'(x)=t-f(x)$

→ $x=\alpha$에서 극대이어야 해.

이때 $F'(\alpha)=0$에서 $t-f(\alpha)=0$

$\therefore\ f(\alpha)=t$

→ **주의** 함수 $F(x)$의 식에서 t는 상수로 취급!

이때 실수 α의 값이 $g(t)$이므로 $f(g(t))=t$ ...... ㉠

따라서 두 함수 $f(t)$, $g(t)$는 서로 역함수 관계임을 알 수 있다.

Step 2 주어진 정적분의 식을 정리한다.

㉠의 양변을 t에 대하여 미분하면

$f'(g(t))g'(t)=1$ $\quad\therefore\ f'(g(t))=\dfrac{1}{g'(t)}$ ...... ㉡

→ 합성함수의 미분 이용!

함수 $f(x)$의 양변을 x에 대하여 미분하면 $f'(x)=e^x+1$

따라서 $f'(g(t))=e^{g(t)}+1$이므로

$\displaystyle\int_{f(1)}^{f(5)}\dfrac{g(t)}{1+e^{g(t)}}\,dt=\int_{f(1)}^{f(5)}\dfrac{g(t)}{f'(g(t))}\,dt$

→ ㉡을 대입했어.

$\qquad=\displaystyle\int_{f(1)}^{f(5)}g(t)g'(t)\,dt$

Step 3 정적분의 값을 구한다.

$g(t)=u$라 하고 양변을 t에 대하여 미분하면

$g'(t)=\dfrac{du}{dt}$ $\quad\therefore\ dt=\dfrac{du}{g'(t)}$

이때 $t=f(1)$이면 $u=g(f(1))=1$, $t=f(5)$이면 $u=g(f(5))=5$

이므로

→ 역함수의 성질을 이용!

$\displaystyle\int_{f(1)}^{f(5)}g(t)g'(t)\,dt=\int_1^5 ug'(t)\times\dfrac{du}{g'(t)}$

$\qquad=\displaystyle\int_1^5 u\,du$

$\qquad=\left[\dfrac{1}{2}u^2\right]_1^5$

$\qquad=\dfrac{1}{2}\times(5^2-1^2)=12$

07

정답 **12**

함수 $f(x)=e^x+x-1$과 양수 t에 대하여 함수

$$F(x)=\int_0^x\{t-f(s)\}ds$$

가 $x=\alpha$에서 최댓값을 가질 때, 실수 α의 값을 $g(t)$라 하자. 미분가능한 함수 $g(t)$에 대하여 $\displaystyle\int_{f(1)}^{f(5)}\dfrac{g(t)}{1+e^{g(t)}}dt$의 값을 구하시오. (4점)

08 [정답률 5%]

정답 **6**

함수 $f(x)=\ln(e^x+1)+2e^x$에 대하여 이차함수 $g(x)$와 실수 k는 다음 조건을 만족시킨다.

함수 $h(x)=|g(x)-f(x-k)|$는 $x=k$에서 최솟값 $g(k)$를 갖고, 닫힌구간 $[k-1,\ k+1]$에서 최댓값 $2e+\ln\left(\dfrac{1+e}{\sqrt{2}}\right)$를 갖는다.

→ $h(k)=g(k)$

$g'\left(k-\dfrac{1}{2}\right)$의 값을 구하시오. $\left(\text{단, }\dfrac{5}{2}<e<3\text{이다.}\right)$ (4점)

Step 1 $g(k)$의 값을 구한다.

함수 $h(x)$의 최솟값이 $g(k)$이므로

$$h(k)=|g(k)-f(k-k)|$$
$$=|g(k)-f(0)|=g(k)$$

→ 절댓값을 풀어 경우를 확인해.

에서 $g(k)-f(0)=g(k)$ 또는 $g(k)-f(0)=-g(k)$

이때 $f(0)=\ln(e^0+1)+2e^0=\ln2+2\ne0$이므로

$$g(k)-f(0)=-g(k)$$
$$2g(k)=f(0)$$
$$\therefore g(k)=\frac{f(0)}{2}=\frac{\ln2+2}{2}$$
$$=\frac{1}{2}\ln2+1$$
$$=\ln\sqrt{2}+1$$

이때 $g(x)=f(x-k)$가 되어
$h(x)=|g(x)-f(x-k)|=|0|=0$
이기 때문!

Step 2 $g'(k)$의 값을 구한다.

함수 $y=g(x)-f(x-k)$의 그래프가 x축과 만나면 함수 $h(x)$의 최솟값은 0이다. 그러나 **Step 1**에서 구한 함수 $h(x)$의 최솟값 $g(k)=\ln\sqrt{2}+1\ne0$이다. 따라서 $y=g(x)-f(x-k)$의 그래프는 x축과 만나지 않는다.

두 함수 $g(x)$, $f(x-k)$는 모두 연속함수이므로 $y=g(x)-f(x-k)$ 또한 연속함수이고 그래프가 x축과 만나지 않으므로 $g(x)-f(x-k)>0$ 또는 $g(x)-f(x-k)<0$이다.

Step 1에서 $x=k$일 때 $g(x)-f(x-k)$의 값이 음수 $-g(k)$이므로 $g(x)-f(x-k)<0$임을 알 수 있다. → $g(k)-f(0)=-g(k)$

따라서 $h(x)=|g(x)-f(x-k)|=f(x-k)-g(x)$이므로

$$h'(x)=f'(x-k)-g'(x)$$

$x=k$에서 $h(x)$가 최소이니까 극솟값을 가져.

$$h'(k)=f'(0)-g'(k)=0$$에서

$$g'(k)=f'(0)=\frac{e^0}{e^0+1}+2e^0=\frac{1}{2}+2=\frac{5}{2}$$

$f'(x)=\dfrac{e^x}{e^x+1}+2e^x$에 $x=0$을 대입해.

Step 3 이차함수 $g(x)$의 이차항의 계수의 부호를 정한다.

$g(x)$는 이차함수이므로 $g(x)=ax^2+bx+c\ (a\ne0)$로 놓으면 $g'(x)=2ax+b$이므로

$$g(k)=ak^2+bk+c=\ln\sqrt{2}+1 \quad\cdots\cdots\ \text{㉠}$$
$$g'(k)=2ak+b=\frac{5}{2} \quad\cdots\cdots\ \text{㉡}$$

모든 실수 x에 대하여 $f'(x)=\dfrac{e^x}{e^x+1}+2e^x>0$이므로 함수 $f(x)$는 증가함수이다.

따라서 이를 평행이동한 함수 $f(x-k)$ 또한 증가함수이다.

이때 $g(x)$의 이차항의 계수의 부호에 따라 경우를 파악해 보면 다음과 같다.

→ 함수 $f(x)$를 x축의 방향으로 k만큼 평행이동한 함수야.

(i) $g(x)$의 이차항의 계수가 양수일 때

함수 $y=g(x)$의 그래프는 이레고 블록하므로 적어도 한 점에서 두 함수 $y=f(x-k)$, $y=g(x)$의 그래프가 만난다.

따라서 $g(x)-f(x-k)<0$을 만족시키지 않는다.

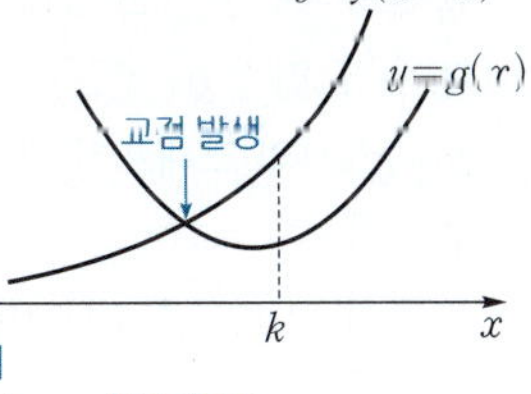

$x\to-\infty$일 때 $f(x)\to0,\ g(x)\to\infty$임을 이용!

(ii) $g(x)$의 이차항의 계수가 음수일 때

함수 $y=g(x)$의 그래프는 위로 볼록하므로 오른쪽 그림과 같은 경우 두 함수 $y=f(x-k)$, $y=g(x)$의 그래프가 만나지 않는다.

따라서 $g(x)-f(x-k)<0$을 만족시킨다.

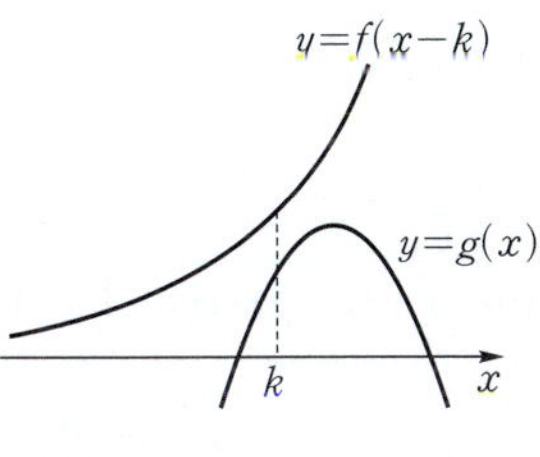

(i), (ii)에서 $g(x)$의 이차항의 계수는 음수이므로 $a<0$이다.

Step 4 닫힌구간 $[k-1,\ k+1]$에서 $h(x)$가 최댓값을 가질 수 있는 x의 값을 구한다.

$$f'(x)=\frac{e^x}{e^x+1}+2e^x$$에서

$$f''(x)=\frac{e^x(e^x+1)-e^x\times e^x}{(e^x+1)^2}+2e^x=\frac{e^x}{(e^x+1)^2}+2e^x>0$$이므로

$f'(x)$는 증가함수이다. → 몫의 미분법

따라서 이를 평행이동한 함수 $f'(x-k)$ 또한 증가함수이다.

이때 $g'(x)=2ax+b$는 일차항의 계수가 음수인 일차함수이므로 두 함수 $y=f'(x-k)$, $y=g'(x)$의 그래프는 다음과 같다.

Step 3에서 $a<0$임을 알았어.

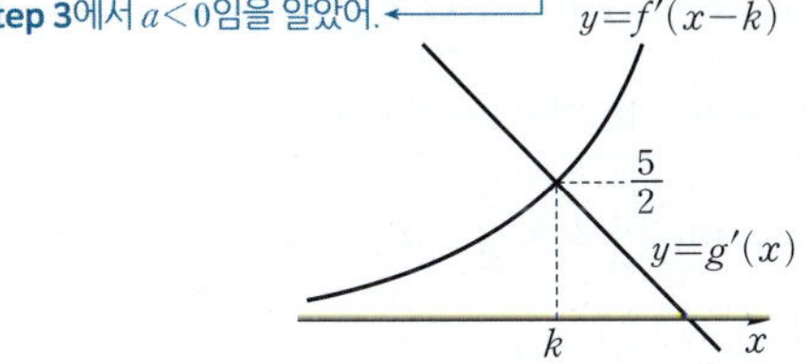

이를 이용하여 함수 $h(x)=f(x-k)-g(x)$의 증가와 감소를 표로 나타내면 다음과 같다.

x	$\cdots$	k	$\cdots$
$h'(x)$	$-$	0	$+$
$h(x)$	$\searrow$	$\frac{1}{2}\ln2+1$	$\nearrow$

따라서 함수 $h(x)=f(x-k)-g(x)$는 닫힌구간 $[k-1,\ k+1]$에서 $x=k-1$ 또는 $x=k+1$일 때 최댓값을 갖는다.

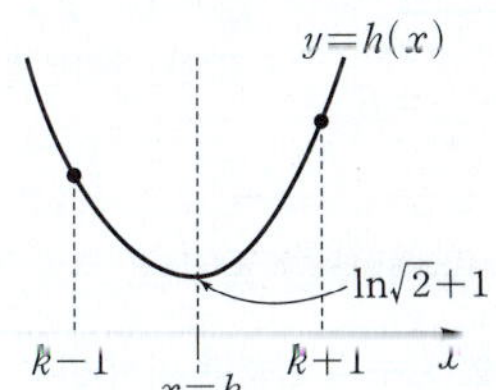

Step 5 $h(k+1)$, $h(k-1)$의 값의 크기를 비교한다.

이때 두 값 $h(k+1)$, $h(k-1)$의 크기를 비교해 보면

$$h(k+1)=f(1)-g(k+1)$$
$$=\ln(e+1)+2e-\{a(k+1)^2+b(k+1)+c\}$$
$$h(k-1)=f(-1)-g(k-1)$$
$$=\ln\left(\frac{1}{e}+1\right)+\frac{2}{e}-\{a(k-1)^2+b(k-1)+c\}$$

에서

$$h(k+1)-h(k-1)$$
$$=\ln(e+1)+2e-\{a(k+1)^2+b(k+1)+c\}$$
$$-\left[\ln\left(\frac{1}{e}+1\right)+\frac{2}{e}-\{a(k-1)^2+b(k-1)+c\}\right]$$
$$=\ln(e+1)-\ln\left(\frac{e+1}{e}\right)+2e-\frac{2}{e}-(4ak+2b)$$

→ ㉡에 의하여 $4ak+2b=5$

$=\ln(e+1)+\ln\left(\dfrac{e}{e+1}\right)+2\left(e-\dfrac{1}{e}\right)-5$

$=\underset{=1}{\underline{\ln e}}+2\left(e-\dfrac{1}{e}\right)-5=2\left(e-\dfrac{1}{e}\right)-4$ → $=\ln\left\{(e+1)\times\dfrac{e}{e+1}\right\}=\ln e$

이때 $\dfrac{5}{2}<e<3$이므로 $\dfrac{1}{3}<\dfrac{1}{e}<\dfrac{2}{5}$이고, → 문제에서 주어졌어. $\dfrac{5}{2}<e<3$

$\dfrac{21}{10}<e-\dfrac{1}{e}<\dfrac{8}{3}$이므로 $2\left(e-\dfrac{1}{e}\right)-4>0$

따라서 $h(k+1)-h(k-1)>0$에서 $h(k+1)>h(k-1)$이므로
닫힌구간 $[k-1,\ k+1]$에서 함수 $h(x)$는 $x=k+1$일 때 최댓값을
갖는다.

Step 6 $g'\left(k-\dfrac{1}{2}\right)$의 값을 구한다.

즉, 함수 $h(x)$는 $x=k+1$에서 최댓값 $2e+\ln\left(\dfrac{1+e}{\sqrt{2}}\right)$를 가지므로

$h(k+1)=f(1)-g(k+1)$

$\qquad=\ln(e+1)+2e-\{a(k+1)^2+b(k+1)+c\}$

$\qquad=\ln(e+1)+2e-\{(ak^2+2ak+a)+(bk+b)+c\}$

$\qquad=\ln(e+1)+2e-\{(ak^2+bk+c)+(2ak+b)+a\}$

$\qquad=\ln(e+1)+2e-\left\{(\ln\sqrt{2}+1)+\dfrac{5}{2}+a\right\}\ (\because\ \boxdot,\ \boxdot)$

$\qquad=\ln(e+1)+2e-\ln\sqrt{2}-1-\dfrac{5}{2}-a$

$\qquad=\ln(e+1)-\ln\sqrt{2}+2e-\dfrac{7}{2}-a$

$\qquad=\ln\left(\dfrac{e+1}{\sqrt{2}}\right)+2e-\dfrac{7}{2}-a$

$\qquad=2e+\ln\left(\dfrac{e+1}{\sqrt{2}}\right)$

즉, $-\dfrac{7}{2}-a=0$에서

$a=-\dfrac{7}{2}$ → 실제로 k는 상수가 아니라 어떤 값이든지 상관없이 상쇄되어 사라지는 값임을 알 수 있어.

$\therefore\ g'\left(k-\dfrac{1}{2}\right)=2a\left(k-\dfrac{1}{2}\right)+b=2ak-a+b$

$\qquad\qquad=(\underline{2ak+b})-a=\dfrac{5}{2}-\left(-\dfrac{7}{2}\right)$

$\qquad\qquad=\dfrac{5}{2}+\dfrac{7}{2}=6$ → $\boxdot$에서 $\dfrac{5}{2}$임을 알 수 있어.

✪ 다른 풀이 $k=0$을 대입하는 풀이

Step 1 $k=0$을 대입한 경우의 상황을 파악한다.

함수 $h(x)=|g(x)-f(x-k)|$에서 k의 값이 결정되면 그 값에 맞
게 상황이 바뀌므로 문제를 간단히 하기 위해 k에 임의의 수를
대입할 수 있다.
주어진 문제의 상황에서 $k=0$을 대입하면
함수 $h(x)=|g(x)-f(x)|$는 $x=0$에서 최솟값 $g(0)$을 갖고,
닫힌구간 $[-1,\ 1]$에서 최댓값 $2e+\ln\left(\dfrac{1+e}{\sqrt{2}}\right)$를 갖게 된다.

Step 2 $g(0),\ g'(0)$의 값을 구한다. → 이때 구하는 답은 $g'\left(k-\dfrac{1}{2}\right)$에 $k=0$을 대입한 $g'\left(-\dfrac{1}{2}\right)$

함수 $h(x)=|g(x)-f(x)|$가 $x=0$에서 최솟값 $g(0)$을 가지므로
$h(0)=|g(0)-f(0)|=g(0)$ → 이 경우에는 $f(0)=0$이어야 해.
따라서 $g(0)-f(0)=g(0)$ 또는 $f(0)-g(0)=g(0)$이다.
이때 $f(0)=\ln(e^0+1)+2e^0=\ln2+2\neq0$이므로
$f(0)-g(0)=g(0),\ 2g(0)=f(0)$

$\therefore\ g(0)=\dfrac{f(0)}{2}=\dfrac{1}{2}(\ln2+2)=\dfrac{1}{2}\ln2+1$ $\qquad\cdots\cdots\ \boxdot$

함수 $h(x)=|g(x)-f(x)|$의 최솟값이 $g(0)$이고

$g(0)=\dfrac{1}{2}\ln2+1>0$이므로 → 두 함수 $y=f(x),\ y=g(x)$의 그래프가 만나지 않게 돼.

$h(x)=0$을 만족시키는 x의 값은 존재하지 않는다.

따라서 $g(x)-f(x)=0$을 만족시키는 x의 값 또한 존재하지 않으
므로 모든 실수 x에 대하여 $g(x)-f(x)>0$ 또는 $g(x)-f(x)<0$
이다.

이때 $g(0)=\dfrac{f(0)}{2}<f(0)$에서 $g(x)-f(x)<0$이므로 → 절댓값 안의 값이 0보다 작으니 부호가 바뀌어.

$h(x)=|g(x)-f(x)|=f(x)-g(x)$이다.

두 함수 $f(x),\ g(x)$는 실수 전체의 집합에서 미분가능하므로
함수 $h(x)=f(x)-g(x)$가 $x=0$에서 최솟값을 가지려면
$h'(0)=0$이어야 한다. → $x=0$에서 극소이기도 해!

$h'(x)=f'(x)-g'(x)$에서 $h'(0)=f'(0)-g'(0)$

이때 $f'(x)=\dfrac{e^x}{e^x+1}+2e^x$에서

$f'(0)=\dfrac{e^0}{e^0+1}+2e^0=\dfrac{1}{2}+2=\dfrac{5}{2}$이므로

$h'(0)=\dfrac{5}{2}-g'(0)=0$

$\therefore\ g'(0)=\dfrac{5}{2}$ $\qquad\cdots\cdots\ \boxdot$

Step 3 이차함수 $y=g(x)$의 그래프가 위로 볼록함을 확인한다.

모든 실수 x에 대하여 $f'(x)=\dfrac{e^x}{e^x+1}+2e^x>0$이므로

함수 $f(x)$는 증가함수이다.
이때 $g(x)$의 이차항의 계수의 부호에 따라 경우를 파악해 보면
다음과 같다.
(ⅰ) $g(x)$의 이차항의 계수가 양수일 때

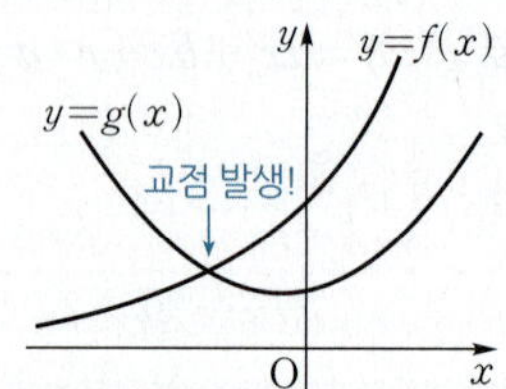

함수 $y=g(x)$의 그래프는 아래로 볼록하므로
적어도 한 점에서 두 함수 $y=f(x),\ y=g(x)$의 그래프가 만난
다. → $x\to-\infty$일 때 $f(x)\to0,\ g(x)\to\infty$임을 이용!
따라서 이 경우 $g(x)-f(x)<0$을 만족시키지 않는다.

(ⅱ) $g(x)$의 이차항의 계수가 음수일 때
함수 $y=g(x)$의 그래프는 위로
볼록하므로 오른쪽 그림과 같은
경우 두 함수 $y=f(x)$,
$y=g(x)$의 그래프가 만나지
않는다.
따라서 $g(x)-f(x)<0$을 만족
시킨다.

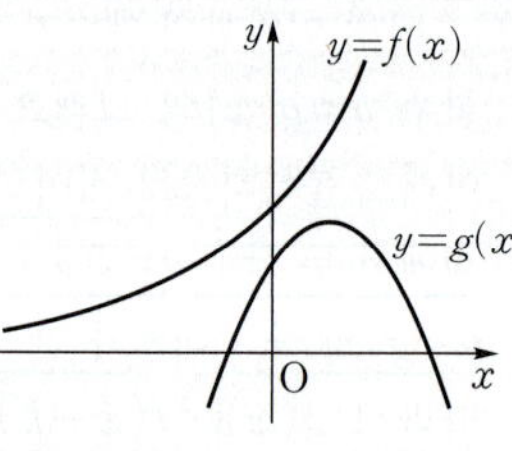

(ⅰ), (ⅱ)에서 $g(x)$의 이차항의 계수는 음수이므로
$g(x)=ax^2+bx+c\ (a\neq0)$라 하면 $a<0$이다.

Step 4 닫힌구간 $[-1, 1]$에서 $h(x)$가 최댓값을 가질 수 있는 x의 값을 구한다.

$f'(x)=\dfrac{e^x}{e^x+1}+2e^x$에서

$f''(x)=\dfrac{e^x(e^x+1)-e^x\times e^x}{(e^x+1)^2}+2e^x=\dfrac{e^x}{(e^x+1)^2}+2e^x>0$이므로

$f'(x)$는 증가함수이다. → 몫의 미분법 이용!

이때 $g'(x)=2ax+b$는 일차항의 계수가 음수인 일차함수이므로 두 함수 $y=f'(x)$, $y=g'(x)$의 그래프는 다음과 같다.

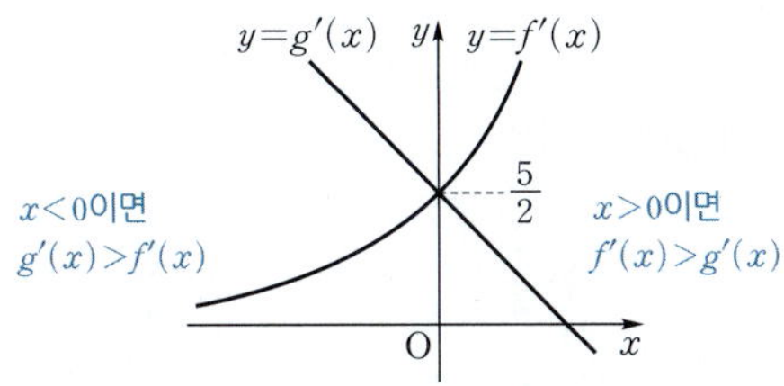

이를 이용하여 함수 $h(x)=f(x)-g(x)$의 증가와 감소를 표로 나타내면 다음과 같다.

x	$\cdots$	0	$\cdots$
$h'(x)$	$-$	0	$+$
$h(x)$	$\searrow$	$\dfrac{1}{2}\ln 2+1$	$\nearrow$

따라서 함수 $h(x)=f(x)-g(x)$는 닫힌구간 $[-1, 1]$에서 $x=-1$ 또는 $x=1$일 때 최댓값을 갖는다.

$x=-1$, $x=1$일 때의 함숫값을 비교해 보면 언제 최대인지 알 수 있다.

$$y=h(x)$$
$$\dfrac{1}{2}\ln 2+1$$

두 점에서의 $h(x)$의 값을 비교!

Step 5 $h(1)$, $h(-1)$의 값의 크기를 비교한다.

ⓒ을 $g(x)=ax^2+bx+c$에 대입하면

$g(0)=c=\dfrac{1}{2}\ln 2+1$

ⓐ을 $g'(x)=2ax+b$에 대입하면 $g'(0)=b=\dfrac{5}{2}$

$\therefore g(x)=ax^2+\dfrac{5}{2}x+\dfrac{1}{2}\ln 2+1$ $\quad\cdots\cdots$ ⓜ

이때 두 값 $h(1)$, $h(-1)$의 크기를 비교해 보면

$h(1)=f(1)-g(1)=\ln(e+1)+2e-\left(a+\dfrac{5}{2}+\dfrac{1}{2}\ln 2+1\right)$

$h(-1)=f(-1)-g(-1)$

$\qquad=\ln\left(\dfrac{1}{e}+1\right)+\dfrac{2}{e}-\left(a-\dfrac{5}{2}+\dfrac{1}{2}\ln 2+1\right)$

에서

$h(1)-h(-1)$

$=\ln(e+1)+2e-\left(a+\dfrac{5}{2}+\dfrac{1}{2}\ln 2+1\right)$

$\qquad\quad -\left\{\ln\left(\dfrac{1}{e}+1\right)+\dfrac{2}{e}-\left(a-\dfrac{5}{2}+\dfrac{1}{2}\ln 2+1\right)\right\}$

$=\ln(e+1)-\ln\left(\dfrac{e+1}{e}\right)+2e-\dfrac{2}{e}-5$

중요 $-\ln a=\ln\dfrac{1}{a}$

$=\ln(e+1)+\ln\left(\dfrac{e}{e+1}\right)+2\left(e-\dfrac{1}{e}\right)-5$

$\quad -\ln\left(\dfrac{e+1}{e}\right)=\ln\left(\dfrac{e}{e+1}\right)$

$\quad =\ln\left\{(e+1)\times\dfrac{e}{e+1}\right\}=\ln e$

$=\ln e+2\left(e-\dfrac{1}{e}\right)-5=2\left(e-\dfrac{1}{e}\right)-4$

이때 $\dfrac{5}{2}<e<3$이므로 $\dfrac{1}{3}<\dfrac{1}{e}<\dfrac{2}{5}$이고, → 대소 관계를 파악하기 위해 문제에서 주어진 조건 $\dfrac{5}{2}<e<3$을 이용!

$\dfrac{21}{10}<e-\dfrac{1}{e}<\dfrac{8}{3}$이므로 $2\left(e-\dfrac{1}{e}\right)-4>0$

따라서 $h(1)-h(-1)>0$에서 $h(1)>h(-1)$이므로 닫힌구간 $[-1, 1]$에서 함수 $h(x)$는 $x=1$일 때 최댓값을 갖는다.

Step 6 $g'\left(-\dfrac{1}{2}\right)$의 값을 구한다.

$h(1)=f(1)-g(1)=2e+\ln\left(\dfrac{1+e}{\sqrt{2}}\right)$에서 → 문제에서 함수 $h(x)$의 최댓값이라 알려주었어.

$\ln(e+1)+2e-g(1)=2e+\ln\left(\dfrac{1+e}{\sqrt{2}}\right)$

$\therefore g(1)=\ln(e+1)-\ln\left(\dfrac{1+e}{\sqrt{2}}\right)=\ln(e+1)+\ln\left(\dfrac{\sqrt{2}}{e+1}\right)$

$\qquad=\ln\sqrt{2}=\dfrac{1}{2}\ln 2$

이를 ⓜ에 대입하면

$g(1)=a+\dfrac{5}{2}+\dfrac{1}{2}\ln 2+1=\dfrac{1}{2}\ln 2$, $a+\dfrac{7}{2}=0$

$\therefore a=-\dfrac{7}{2}$

따라서 $g(x)=-\dfrac{7}{2}x^2+\dfrac{5}{2}x+\dfrac{1}{2}\ln 2+1$에서

$g'(x)=-7x+\dfrac{5}{2}$이므로

$g'\left(-\dfrac{1}{2}\right)=-7\times\left(-\dfrac{1}{2}\right)+\dfrac{5}{2}=6$

다항함수의 식 세우기

> 이차함수 $f(x)$에 대하여
> $$f(k-1)=11, \ f(k)=6, \ f'(k)=7$$
> 일 때, $f(k+2)$의 값을 구하시오.

이 문제를 풀기 위해 다음과 같은 방법을 생각해 볼 수 있다.

주어진 조건이 3개이므로

① $f(x)=ax^2+bx+c\,(a, b, c$는 상수)로 놓는다.

② 각각의 조건을 대입하여 a, b, c와 k에 대한 식을 구한다.

③ $f(k+2)$의 값을 구한다.

물론 이렇게 풀어도 답을 구할 수 있지만, 계산이 매우 복잡하다. 이때 다음과 같이 이차함수의 식을 평행이동하는 방법을 이용하면 쉽게 답을 구할 수 있다.

① $f(x)=a(x-k)^2+b(x-k)+c$로 놓는다.

$\quad f'(x)=2a(x-k)+b$

② 각각의 조건을 대입한다.

$\quad$ (i) $f(k-1)=a-b+c=11$

$\quad$ (ii) $f(k)=c=6$

$\quad$ (iii) $f'(k)=b=7$

$\quad \therefore a=12, \ b=7, \ c=6$

③ 따라서 $f(x)=12(x-k)^2+7(x-k)+6$이므로

$\quad f(k+2)=48+14+6=68$

이와 같이 $x=k$ 주위에서의 값이 주어진 경우, 이차함수의 식을 ax^2+bx+c 대신 $a(x-k)^2+b(x-k)+c$로 놓으면 계산을 훨씬 빠르고 쉽게 할 수 있다.

이를 이용하면 문제에서 구한 조건인

$$g(k)=\ln\sqrt{2}+1, \ g'(k)=\frac{5}{2}$$

를 통해 식을 $g(x)=a(x-k)^2+b(x-k)+c$라고 세운 후

$$g(k)=c=\ln\sqrt{2}+1, \ g'(k)=b=\frac{5}{2}$$

로 $g(x)$의 각 항의 계수를 간단하게 나타낼 수 있다.

4회 미적분 기출 미니모의고사

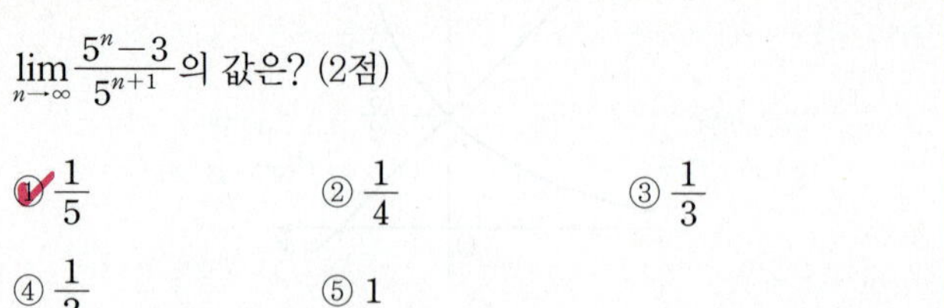

01 [정답률 91%]　　　정답 ①

> $\displaystyle\lim_{n\to\infty}\frac{5^n-3}{5^{n+1}}$ 의 값은? (2점)
>
> ① $\dfrac{1}{5}$　　　② $\dfrac{1}{4}$　　　③ $\dfrac{1}{3}$
>
> ④ $\dfrac{1}{2}$　　　⑤ 1

Step 1 분모, 분자를 각각 5^n으로 나눈다.

$$\lim_{n\to\infty}\frac{3}{5^n}=0$$

$$\lim_{n\to\infty}\frac{5^n-3}{5^{n+1}}=\lim_{n\to\infty}\frac{1-\dfrac{3}{5^n}}{5}=\frac{1-0}{5}=\frac{1}{5}$$

분모와 분자를 각각 5^n으로 나누어 주었어.

02 [정답률 93%]　　　정답 ②

> 곡선 $y=e^{2x}$과 x축 및 두 직선 $x=\ln\dfrac{1}{2}$, $x=\ln 2$로 둘러싸인 부분의 넓이는? (3점)
>
> ① $\dfrac{5}{3}$　　　② $\dfrac{15}{8}$　　　③ $\dfrac{15}{7}$
>
> ④ $\dfrac{5}{2}$　　　⑤ 3

Step 1 정적분을 이용한다.

곡선 $y=e^{2x}$과 x축 및 두 직선 $x=\ln\dfrac{1}{2}$, $x=\ln 2$로 둘러싸인 부분의 넓이를 구하면

$$\int_{\ln\frac{1}{2}}^{\ln 2} e^{2x}\,dx=\left[\frac{1}{2}e^{2x}\right]_{\ln\frac{1}{2}}^{\ln 2}$$

$$=\frac{1}{2}\left(e^{2\ln 2}-e^{2\ln\frac{1}{2}}\right)$$

$a\ln b=\ln b^a$ (단, $b>0$)

$$=\frac{1}{2}\left(e^{\ln 4}-e^{\ln\frac{1}{4}}\right)$$

$e^{\ln c}=c^{\ln e}=c$

$$=\frac{1}{2}\left(4-\frac{1}{4}\right)$$

$$=\frac{1}{2}\times\frac{15}{4}=\frac{15}{8}$$

03 [정답률 85%] 정답 ①

곡선 $e^x - e^y = y$ 위의 점 (a, b)에서의 접선의 기울기가 1일 때, $a+b$의 값은? (3점)
$e^a - e^b = b$

① $1 + \ln(e+1)$　② $2 + \ln(e^2+2)$　③ $3 + \ln(e^3+3)$
④ $4 + \ln(e^4+4)$　⑤ $5 + \ln(e^5+5)$

Step 1 음함수의 미분법을 이용하여 a와 b 사이의 관계식을 구한다.

점 (a, b)가 곡선 $e^x - e^y = y$ 위의 점이므로

$e^a - e^b = b$ …… ㉠ → 곡선의 식에 $x=a, y=b$ 대입

$e^x - e^y = y$의 양변을 x에 대하여 미분하면

$$e^x - e^y \cdot \frac{dy}{dx} = \frac{dy}{dx}, \quad \frac{dy}{dx}(e^y + 1) = e^x$$

$$\therefore \frac{dy}{dx} = \frac{e^x}{e^y + 1}$$

점 (a, b)에서의 접선의 기울기가 1이므로

$$\frac{e^a}{e^b + 1} = 1 \qquad \rightarrow x=a, y=b \text{일 때 } \frac{dy}{dx}\text{의 값}$$

$e^a = e^b + 1$

$$\therefore e^a - e^b = 1 \quad \cdots\cdots ㉡$$

Step 2 $a+b$의 값을 구한다.

㉠, ㉡에서 $b = 1$

이를 ㉡에 대입하면 $e^a - e = 1$

$e^a = e + 1 \qquad \therefore a = \ln(e+1)$
→ 양변에 자연로그를 취해주었어.

$$\therefore a + b = 1 + \ln(e+1)$$

04 [정답률 83%] 정답 ③

삼차함수 $y = f(x)$의 그래프가 그림과 같고, $f(x)$는

$$\int_a^b f(x)dx = 3, \quad \int_a^c f(x)dx = 0$$

을 만족시킨다. 함수 $f(x)$의 한 부정적분을 $F(x)$라 할 때, 옳은 것만을 [보기]에서 있는 대로 고른 것은? (3점)

$F'(x) = f(x)$,
$F''(x) = f'(x)$
임을 기억!

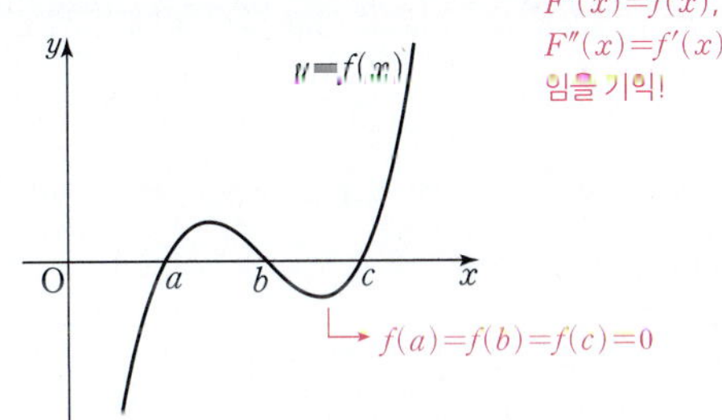

$f(a) = f(b) = f(c) = 0$

[보기]

ㄱ. $F(b) = F(a) + 3$ → 먼저 $F''(c) = 0$을 만족해.
ㄴ. 점 $(c, F(c))$는 곡선 $y = F(x)$의 변곡점이다.
ㄷ. $-3 < F(a) < 0$이면 방정식 $F(x) = 0$은 서로 다른 네 실근을 갖는다. → 곡선 $y = F(x)$와 x축의 교점의 개수를 확인해!

① ㄱ　　② ㄴ　　③ ㄱ, ㄷ
④ ㄴ, ㄷ　　⑤ ㄱ, ㄴ, ㄷ

비법 정적분의 정의를 이용하여 문제에서 주어진 $\int_a^b f(x)dx$, $\int_a^c f(x)dx$를 $F(x)$에 대한 식으로 정리해 참, 거짓을 판단한다.

ㄱ. $\int_a^b f(x)dx = \left[F(x) \right]_a^b = F(b) - F(a) = 3$
　　$\therefore F(b) = F(a) + 3$ (참) 　정적분의 정의

→ 곡선 $y = f(x)$ 위의 $x = c$인 점에서의 접선의 기울기가 양수이므로 $f'(c) > 0$

ㄴ. $y = F(x)$에서 $F'(x) = f(x)$, $F''(x) = f'(x)$ 주어진 그래프에서 $x = c$일 때, $F''(c) = f'(c) > 0$이므로 점 $(c, F(c))$는 곡선 $y = F(x)$의 변곡점이 아니다. (거짓)

ㄷ. $\int_a^c f(x)dx = \left[F(x) \right]_a^c = F(c) - F(a) = 0$
　　$\therefore F(c) = F(a)$

→ 중요 $f(x)$가 삼차함수이니까, $F(x)$는 사차함수임을 이용하여 그래프를 그려봐.

$-3 < F(a) < 0$이면 ㄱ에서
$0 < F(b) < 3$, $-3 < F(c) < 0$

한편, $F'(x) = f(x)$이므로 $y = f(x)$의 그래프로부터 $y = F(x)$의 그래프의 개형을 그리면 다음과 같다.

$f(a) = f(b) = f(c) = 0$이고 $x = a, x = b, x = c$의 좌우에서 $f(x)$의 부호가 바뀌므로 함수 $y = F(x)$의 그래프는 $x = a, x = b, x = c$에서 극값을 가져.

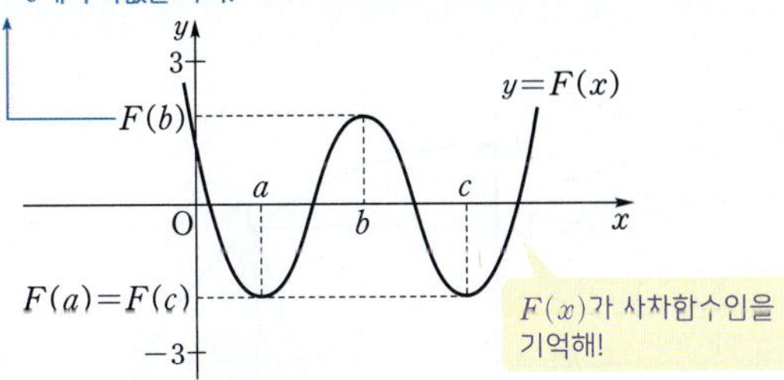

위의 그림에서 함수 $y = F(x)$의 그래프와 x축이 서로 다른 네 점에서 만나므로 방정식 $F(x) = 0$은 서로 다른 네 실근을 갖는다. (참)
→ (방정식의 실근의 개수) = (x축과 만나는 점의 개수)

따라서 옳은 것은 ㄱ, ㄷ이다.

💡 알아야 할 기본개념

정적분의 정의

함수 $f(x)$가 닫힌구간 $[a, b]$에서 연속이고, $F(x)$가 $f(x)$의 한 부정적분이면

$$\int_a^b f(x)dx = \left[F(x) \right]_a^b = F(b) - F(a)$$

05 [정답률 68%]

정답 ②

그림과 같이 중심이 O, 반지름의 길이가 1이고 중심각의 크기가 $\frac{\pi}{2}$인 부채꼴 OA_1B_1이 있다. 호 A_1B_1 위에 점 P_1, 선분 OA_1 위에 점 C_1, 선분 OB_1 위에 점 D_1을 사각형 $OC_1P_1D_1$이 $\overline{OC_1} : \overline{OD_1} = 3 : 4$인 직사각형이 되도록 잡는다. 부채꼴 OA_1B_1의 내부에 점 Q_1을 $\overline{P_1Q_1} = \overline{A_1Q_1}$,

$\angle P_1Q_1A_1 = \frac{\pi}{2}$가 되도록 잡고, 이등변삼각형 $P_1Q_1A_1$에 색칠하여 얻은 그림을 R_1이라 하자.

그림 R_1에서 선분 OA_1 위의 점 A_2와 선분 OB_1 위의 점 B_2를 $\overline{OQ_1} = \overline{OA_2} = \overline{OB_2}$가 되도록 잡고, 중심이 O, 반지름의 길이가 $\overline{OQ_1}$, 중심각의 크기가 $\frac{\pi}{2}$인 부채꼴 OA_2B_2를 그린다.

그림 R_1을 얻은 것과 같은 방법으로 네 점 P_2, C_2, D_2, Q_2를 잡고, 이등변삼각형 $P_2Q_2A_2$에 색칠하여 얻은 그림을 R_2라 하자. 이와 같은 과정을 계속하여 n번째 얻은 그림 R_n에 색칠되어 있는 부분의 넓이를 S_n이라 할 때, $\lim\limits_{n\to\infty} S_n$의 값은?

(3점)

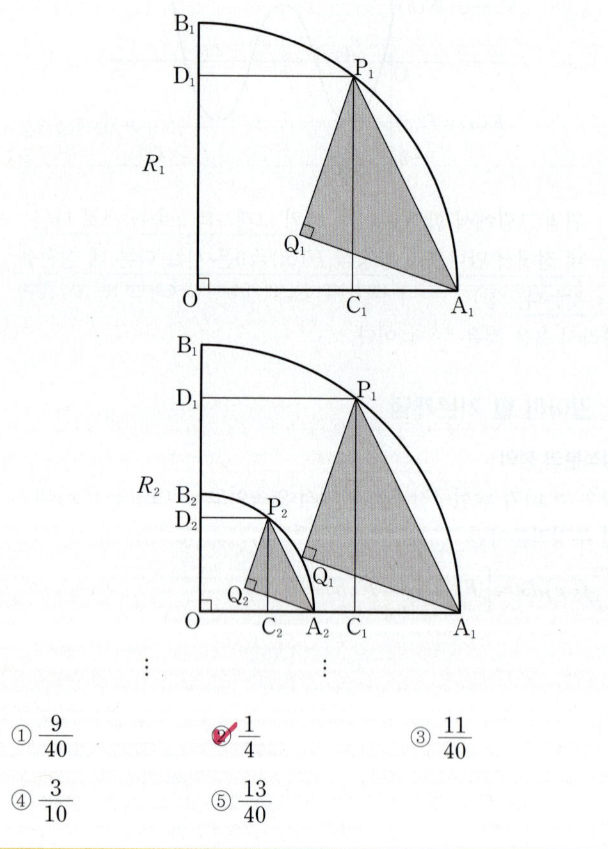

① $\frac{9}{40}$　　② $\frac{1}{4}$　　③ $\frac{11}{40}$

④ $\frac{3}{10}$　　⑤ $\frac{13}{40}$

 S_1의 값을 구한다.

선분 OP_1은 부채꼴 OA_1B_1의 반지름이므로 $\overline{OP_1} = 1$

이때 $\overline{OC_1} : \overline{OD_1} = 3 : 4$이므로 $\overline{OC_1} = \frac{3}{5}$, $\overline{OD_1} = \frac{4}{5}$

따라서 $\overline{C_1A_1} = 1 - \frac{3}{5} = \frac{2}{5}$

그러므로 직각삼각형 $P_1C_1A_1$에서

$$\overline{P_1A_1} = \sqrt{\left(\frac{4}{5}\right)^2 + \left(\frac{2}{5}\right)^2} = \sqrt{\frac{20}{25}} = \frac{2\sqrt{5}}{5} \qquad \overline{OD_1} = \overline{C_1P_1} = \frac{4}{5}$$

이때 삼각형 $P_1Q_1A_1$은 직각이등변삼각형이므로

$$\overline{P_1Q_1} = \overline{Q_1A_1} = \frac{2\sqrt{5}}{5} \times \frac{1}{\sqrt{2}} = \frac{\sqrt{10}}{5}$$

$$\therefore S_1 = \frac{\sqrt{10}}{5} \times \frac{\sqrt{10}}{5} \times \frac{1}{2} = \frac{1}{5}$$

 새로 색칠되는 도형의 넓이가 이루는 등비수열의 공비를 구한다.

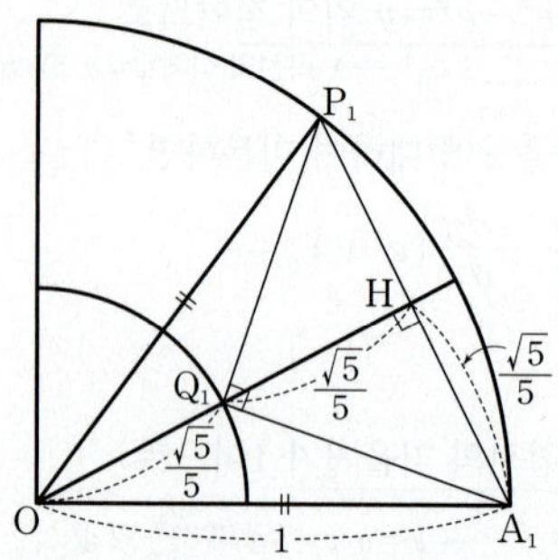

삼각형 P_1OA_1은 $\overline{P_1O} = \overline{OA_1}$인 이등변삼각형이다.

이때 점 O에서 선분 A_1P_1에 내린 수선의 발을 H라 하면

$$\overline{A_1H} = \frac{\sqrt{5}}{5}, \quad \overline{Q_1H} = \frac{\sqrt{5}}{5}$$

이때 직각삼각형 HOA_1에서

$$\overline{OH} = \sqrt{\overline{OA_1}^2 - \overline{A_1H}^2} = \sqrt{1 - \left(\frac{\sqrt{5}}{5}\right)^2} = \frac{2\sqrt{5}}{5}$$

$$\therefore \overline{OQ_1} = \overline{OH} - \overline{Q_1H} = \frac{\sqrt{5}}{5}$$

즉, R_2에서 새로 그린 부채꼴의 반지름의 길이가 $\frac{\sqrt{5}}{5}$이므로

도형의 넓이의 비는 $1 : \left(\frac{\sqrt{5}}{5}\right)^2 = 1 : \frac{1}{5}$이다.

 $\lim\limits_{n\to\infty} S_n$의 값을 구한다.

$$\lim_{n\to\infty} S_n = \frac{\frac{1}{5}}{1 - \frac{1}{5}} = \frac{1}{4}$$

06 [정답률 47%]   정답 ④

2 이상의 자연수 n에 대하여 실수 전체의 집합에서 정의된 함수

함수식이 복잡하니까 미분할 때 계산실수하지 않도록 주의해!

$$f(x)=e^{x+1}\{x^2+(n-2)x-n+3\}+ax$$

가 역함수를 갖도록 하는 실수 a의 최솟값을 $g(n)$이라 하자. $1\leq g(n)\leq 8$을 만족시키는 모든 n의 값의 합은? (4점)

① 43   ② 46   ③ 49
④ 52   ⑤ 55

우선 $g(n)$을 구하고 나서 $1\leq g(n)\leq 8$을 만족시키는 n의 값을 구해.

중요 역함수를 가지려면 증가함수이거나 감소함수이어야 해!

Step 1 함수 $f(x)$가 역함수를 가질 조건을 생각한다.

함수 $f(x)$가 역함수를 가지려면 $f(x)$가 일대일대응이어야 한다.
즉, 함수 $f(x)$는 증가함수이거나 감소함수이다. **중요**
따라서 함수 $f(x)$는 모든 실수 x에서 $f'(x)\geq 0$ 또는 $f'(x)\leq 0$을 만족해야 한다.

일대일대응이려면 증가함수이거나 감소함수이어야 해.

Step 2 $f'(x)$를 구한다. → $f'(x)\geq 0$ 또는 $f'(x)\leq 0$을 만족하도록 식을 세우기 위해서는 $f'(x)$를 구해.

함수 $f(x)$를 x에 대하여 미분하면

$$f'(x)=e^{x+1}\{x^2+(n-2)x-n+3\}+e^{x+1}(2x+n-2)+a$$
$$=e^{x+1}(x^2+nx+1)+a$$

곱의 미분법
$\{g(x)h(x)\}'=g'(x)h(x)+g(x)h'(x)$

양의 무한대이므로 이때 $\lim\limits_{x\to\infty}f'(x)=\infty$이므로

모든 실수 x에서 $f'(x)\leq 0$을 만족하는 실수 a의 값은 존재하지 않는다.
따라서 $f'(x)\geq 0$을 만족해야 한다. → 즉, 함수 $f(x)$가 증가함수라는 거야.

Step 3 $y=f'(x)$의 그래프의 개형을 파악한다.

$f'(x)=e^{x+1}(x^2+nx+1)+a$에서

곱의 미분법 이용

$$f''(x)=e^{x+1}(x^2+nx+1)+e^{x+1}(2x+n)$$
$$=e^{x+1}\{x^2+(n+2)x+n+1\}$$
$$=e^{x+1}(x+1)(x+n+1)$$

인수분해

$f''(x)=0$에서 $x=-n-1$ 또는 $x=-1$

$f''(x)=0$인 x의 값에서 $f'(x)$의 부호가 바뀌게 되면 극대 또는 극소

이를 이용하여 함수 $f'(x)$의 증가와 감소를 나타낸 표는 다음과 같다.

x	$\cdots$	$-n-1$	$\cdots$	-1	$\cdots$
$f''(x)$	$+$	0	$-$	0	$+$
$f'(x)$	↗	극대	↘	극소	↗

또, $\lim\limits_{x\to-\infty}f'(x)=\lim\limits_{x\to-\infty}\{e^{x+1}(x^2+nx+1)+a\}=a$이므로 $y=f'(x)$의 그래프는 직선 $y=a$를 점근선으로 갖는다.

이를 이용하여 함수 $y=f'(x)$의 그래프를 그려 보면 오른쪽 그림과 같다.

$$=\lim_{x\to-\infty}\{e^{x+1}(x^2+nx+1)\}+\lim_{x\to-\infty}a$$
$$=0+a=a\ (\because \lim_{x\to-\infty}e^x=0\text{이기 때문이야.})$$

Step 4 $g(n)$을 구한다.

함수 $f'(x)$의 최솟값은 $f'(-1)$이고
$$f'(-1)=(1-n+1)+a$$
$$=2-n+a$$

이때 $f'(-1)\geq 0$이므로

$2-n+a\geq 0$ → $f'(x)\geq 0$을 만족하기 위해서는 $f'(x)$의 최솟값인 $f'(-1)=2-n+a\geq 0$을 만족하면 돼.

$\therefore a\geq n-2$

따라서 $f(x)$가 역함수를 갖도록 하는 a의 최솟값은 $n-2$이다.

$\therefore g(n)=n-2$ → 이제 구한 $g(n)$을 $1\leq g(n)\leq 8$에 적용

Step 5 $1\leq g(n)\leq 8$을 만족시키는 모든 n의 값의 합을 구한다.

$1\leq g(n)\leq 8$에서 $1\leq n-2\leq 8$ → $g(n)=n-2$를 대입
$\therefore 3\leq n\leq 10$ → 각 변에 2를 더해준 거야.

따라서 구하는 모든 n의 값의 합은
$$3+4+5+\cdots+10=52$$

→ $3\leq n\leq 10$을 만족하는 자연수 n의 값을 모두 더해야겠지.

→ 3부터 10까지의 자연수를 직접 더해도 되지만

$$\sum_{n=1}^{10}n-(1+2)=\frac{10\times 11}{2}-3=55-3=52$$

로 풀 수도 있지.

💡 알아야 할 기본개념

함수의 증가 · 감소 조건

함수 $f(x)$가 어떤 구간에서 미분가능하고 그 구간에서
(1) $f(x)$가 증가함수이면 그 구간에서 $f'(x)\geq 0$
(2) $f(x)$가 감소함수이면 그 구간에서 $f'(x)\leq 0$

---

07 [정답률 48%]   정답 14

그림과 같이 사다리꼴 $ABCD$에서 변 AD와 변 BC가 평행하고 $\angle B=2\theta$, $\angle C=3\theta$, $\overline{BC}=2\sin\theta$, $\overline{AD}=\sin\theta$ 이다. 사다리꼴 $ABCD$의 넓이를 $S(\theta)$라 할 때,

$$\lim_{\theta\to 0+}\frac{S(\theta)}{\theta^3}=\frac{q}{p}$$

이다. $p+q$의 값을 구하시오.

$\left(\text{단, }0<\theta<\dfrac{\pi}{6}\text{이고, }p\text{와 }q\text{는 서로소인 자연수이다.}\right)$ (4점)

$S(\theta)=\dfrac{1}{2}\times(\overline{AD}+\overline{BC})\times(\text{높이})$ 이므로 높이를 구하려면 선분 AD 위의 한 점에서 밑변 BC에 수선의 발을 내려야 해.

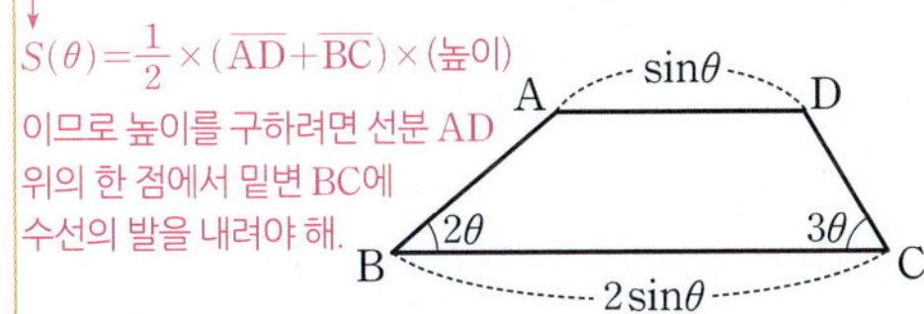

Step 1 사다리꼴 $ABCD$의 높이를 θ에 대한 식으로 나타낸 다음 $S(\theta)$를 구한다.

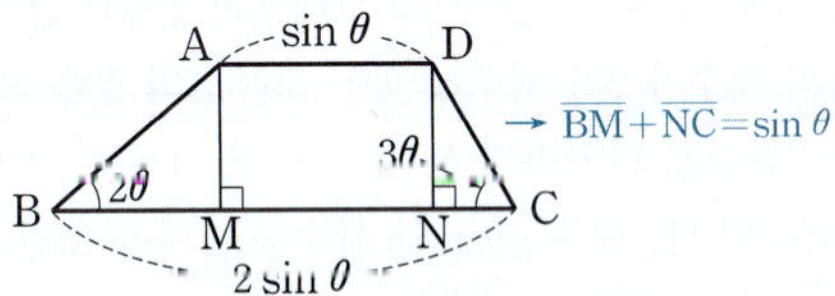

위의 그림과 같이 두 점 A, D에서 선분 BC에 내린 수선의 발을 각각 M, N이라 하자.

두 직각삼각형 ABM, DCN에서

$$\tan 2\theta=\frac{\overline{AM}}{\overline{BM}},\ \tan 3\theta=\frac{\overline{DN}}{\overline{CN}}$$

→ $\overline{BM}$과 $\overline{CN}$을 구하는 게 너 편할 수 있기 때문에 탄젠트함수를 사용했어.

$$\therefore \overline{BM}=\frac{\overline{AM}}{\tan 2\theta},\ \overline{CN}=\frac{\overline{DN}}{\tan 3\theta}$$

이때 $\overline{BM}+\overline{MN}+\overline{CN}=2\sin\theta$이므로

$\overline{BM}+\overline{CN}=\sin\theta\ (\because \overline{MN}=\overline{AD}=\sin\theta)$

$$\frac{\overline{AM}}{\tan 2\theta}+\frac{\overline{DN}}{\tan 3\theta}=\sin\theta$$

→ 사다리꼴의 높이

$$\frac{\overline{AM}}{\tan 2\theta}+\frac{\overline{AM}}{\tan 3\theta}=\sin\theta\ (\because \overline{AM}=\overline{DN})$$

$\overline{AM}\left(\dfrac{1}{\tan 2\theta}+\dfrac{1}{\tan 3\theta}\right)=\sin\theta$

$\therefore \overline{AM}=\dfrac{\sin\theta}{\dfrac{1}{\tan 2\theta}+\dfrac{1}{\tan 3\theta}}$ → 복잡해서 어려워 보여도 우리가 배운 삼각함수의 극한을 통해 문제를 풀 수 있게 출제되니 겁먹지 말고 차근차근 풀어!

$\therefore \underline{S(\theta)}=\dfrac{1}{2}\cdot(\overline{AD}+\overline{BC})\cdot\overline{AM}$

θ에 대한 함수로 정리.

$\quad =\dfrac{1}{2}\cdot(\sin\theta+2\sin\theta)\cdot\dfrac{\sin\theta}{\dfrac{1}{\tan 2\theta}+\dfrac{1}{\tan 3\theta}}$

$\quad =\dfrac{3}{2}\sin^2\theta\cdot\dfrac{1}{\dfrac{1}{\tan 2\theta}+\dfrac{1}{\tan 3\theta}}$

Step 2 $\displaystyle\lim_{\theta\to 0+}\dfrac{S(\theta)}{\theta^3}$의 값을 구한다.

암기 삼각함수의 극한

① $\displaystyle\lim_{\theta\to 0}\dfrac{\sin\theta}{\theta}=1$ ② $\displaystyle\lim_{\theta\to 0}\dfrac{\tan\theta}{\theta}=1$

$\displaystyle\lim_{\theta\to 0+}\dfrac{S(\theta)}{\theta^3}=\lim_{\theta\to 0+}\left\{\dfrac{3}{2}\cdot\dfrac{\sin^2\theta}{\theta^2}\cdot\dfrac{1}{\theta\left(\dfrac{1}{\tan 2\theta}+\dfrac{1}{\tan 3\theta}\right)}\right\}$

이 두 값이 각각 동일해야

$\quad =\displaystyle\lim_{\theta\to 0+}\left\{\dfrac{3}{2}\cdot\dfrac{\sin^2\theta}{\theta^2}\cdot\dfrac{1}{\dfrac{1}{2}\cdot\dfrac{2\theta}{\tan 2\theta}+\dfrac{1}{3}\cdot\dfrac{3\theta}{\tan 3\theta}}\right\}$

$\displaystyle\lim_{\theta\to 0}\dfrac{\tan\theta}{\theta}=1$ 임을 이용할 수 있어.

$\quad =\dfrac{3}{2}\cdot 1^2\cdot\dfrac{1}{\dfrac{1}{2}+\dfrac{1}{3}}$

$\displaystyle\lim_{x\to 0}\dfrac{\sin bx}{ax}=\dfrac{b}{a},\ \lim_{x\to 0}\dfrac{\tan bx}{ax}=\dfrac{b}{a}$

$\quad =\dfrac{3}{2}\cdot\dfrac{6}{5}=\dfrac{9}{5}$

따라서 $p=5$, $q=9$이므로

$p+q=5+9=14$

---

08 [정답률 8%] 정답 16

실수 a와 함수 $f(x)=\ln(x^4+1)-c\ (c>0$인 상수$)$에 대하여 함수 $g(x)$를

→ $y=f(x)$의 그래프의 개형을 이용하여
→ $y=g(x)$의 그래프의 개형을 그려.

$$g(x)=\int_a^x f(t)dt$$

라 하자. 함수 $y=g(x)$의 그래프가 x축과 만나는 서로 다른 점의 개수가 2가 되도록 하는 모든 a의 값을 작은 수부터 크기순으로 나열하면 $a_1,\ a_2,\ \cdots,\ a_m\ (m$은 자연수$)$이다. $a=a_1$일 때, 함수 $g(x)$와 상수 k는 다음 조건을 만족시킨다.

(가) 함수 $g(x)$는 $x=1$에서 극솟값을 갖는다.

→ $g'(1)=f(1)=0$

(나) $\displaystyle\int_{a_1}^{a_m}g(x)dx=ka_m\int_0^1|f(x)|dx$

$mk\times e^c$의 값을 구하시오. (4점)

Step 1 함수 $y=g(x)$의 그래프의 개형을 파악한다.

함수 $g(x)=\displaystyle\int_a^x f(t)dt$에서 양변을 x에 대하여 미분하면

$g'(x)=f(x)=\ln(x^4+1)-c$ $\quad\cdots\cdots$ ㉠ → $g'(1)=f(1)=0$

이때 조건 (가)에서 함수 $g(x)$가 $x=1$에서 극솟값을 가지므로

$g'(1)=\ln(1^4+1)-c=\ln 2-c=0$

$\therefore c=\ln 2$ → 미분가능한 함수 $h(x)$가 $x=\alpha$에서 극값을 가질 때, $h'(\alpha)=0$임을 이용한 거야.

따라서 $f(x)=\ln(x^4+1)-\ln 2$이므로

$f(x)=0$에서 $\underline{\ln(x^4+1)-\ln 2=0}$

$x^4+1=2,\ x^4=1$ → 진수 부분끼리 비교

$\therefore x=\pm 1$

그러므로 함수 $y=f(x)$의 그래프는 다음 그림과 같다.

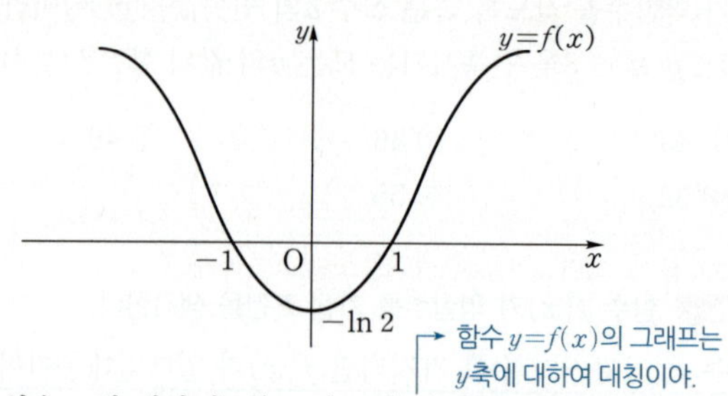

함수 $y=f(x)$의 그래프는 y축에 대하여 대칭이야.

이때 모든 실수 x에 대하여 $f(-x)=f(x)$이므로 함수 $y=g(x)$의 그래프는 점 $(0,\ g(0))$에 대하여 대칭이다.

그러므로 함수 $y=g(x)$의 그래프는 다음 그림과 같다.

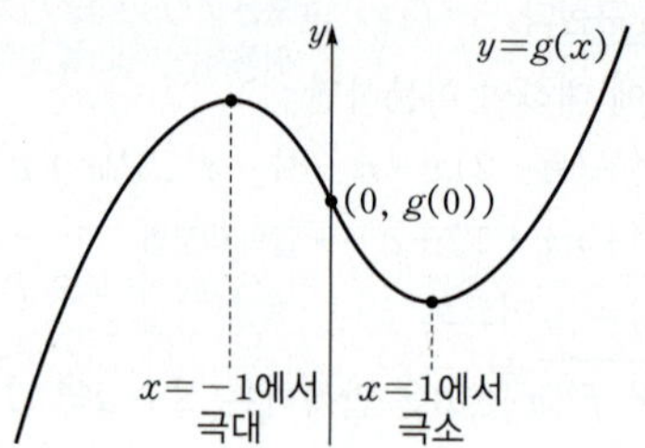

Step 2 m의 값을 구한다.

이때 함수 $y=g(x)$의 그래프가 x축과 만나는 서로 다른 점의 개수가 2가 되는 경우는 다음과 같다.

(i) $y=g(x)$의 그래프가 $x=1$에서 x축에 접하는 경우

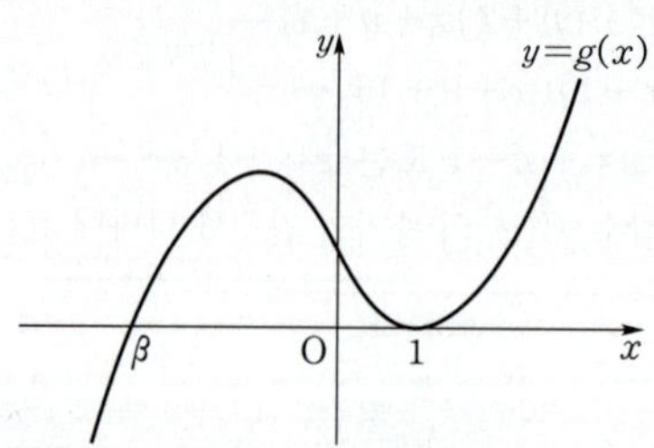

위 그림과 같이 $y=g(x)$의 그래프가 x축과 $x=\beta$, $x=1$에서 만나므로

$g(\beta)=0,\ g(1)=0$

이때 $g(x)=\displaystyle\int_a^x f(t)dt$에서 $g(a)=0$이므로 a가 될 수 있는 값은 β, 1이다.

→ $\displaystyle\int_a^a f(t)dt=0$

(ii) $y=g(x)$의 그래프가 $x=-1$에서 x축에 접하는 경우

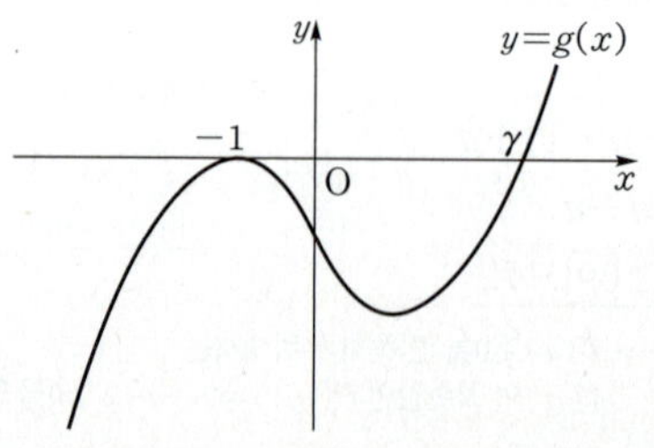

위 그림과 같이 $y=g(x)$의 그래프가 x축과 $x=-1$, $x=\gamma$에서 만나므로 $g(-1)=0$, $g(\gamma)=0$

따라서 a가 될 수 있는 값은 -1, γ이다.

(i), (ii)에서 a의 값을 작은 수부터 크기순으로 나열하면 $\alpha_1=\beta$, $\alpha_2=-1$, $\alpha_3=1$, $\alpha_4=\gamma$이므로 $m=4$이다.

Step 3 함수 $y=g(x)$의 그래프의 대칭성을 이용하여 k의 값을 구한다.

$a=\alpha_1$일 때, 함수 $y=g(x)$의 그래프는 다음 그림과 같다.

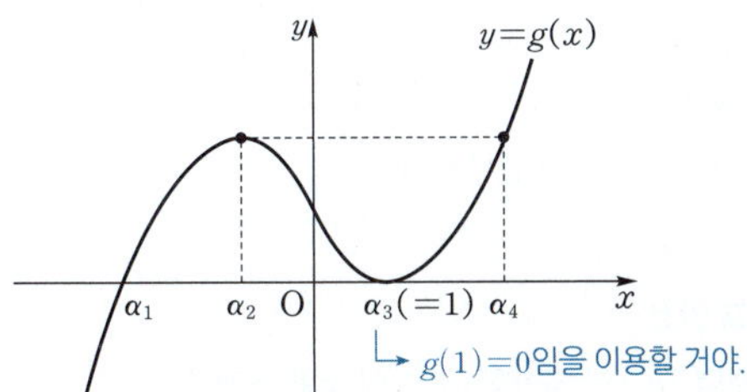

닫힌구간 $[0,\ 1]$에서 $f(x)\leq 0$이므로 $|f(x)|=-f(x)$

$$\therefore \int_0^1 |f(x)|dx=\int_0^1 \{-f(x)\}dx$$
$$=\int_0^1 \{-g'(x)\}dx \ (\because \text{㉠})$$
$$=-\int_0^1 g'(x)dx$$
$$=-\Big[g(x)\Big]_0^1$$
$$=-g(1)+g(0)$$
$$=g(0) \qquad \cdots\cdots \text{㉡}$$

함수 $y=g(x)$의 그래프는 점 $(0,\ g(0))$에 대하여 대칭이므로

$g(\alpha_2)+g(\alpha_3)=2g(0)$
$g(\alpha_1)+g(\alpha_4)=2g(0)$

이때 $g(\alpha_3)=g(\alpha_1)=0$이므로
$g(\alpha_4)=g(\alpha_2)=2g(0)$

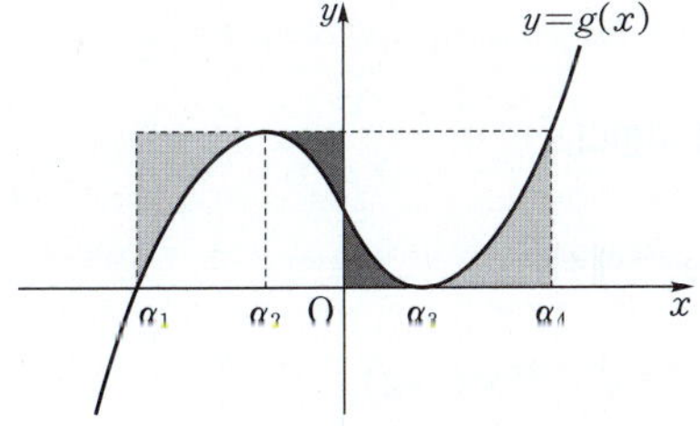

또한 위 그림과 같이 같은 색이 색칠된 두 부분의 넓이가 각각 서로 동일하므로 $\int_{\alpha_1}^{\alpha_4}g(x)dx$에 해당하는 부분을 다음과 같이 바꿀 수 있다.

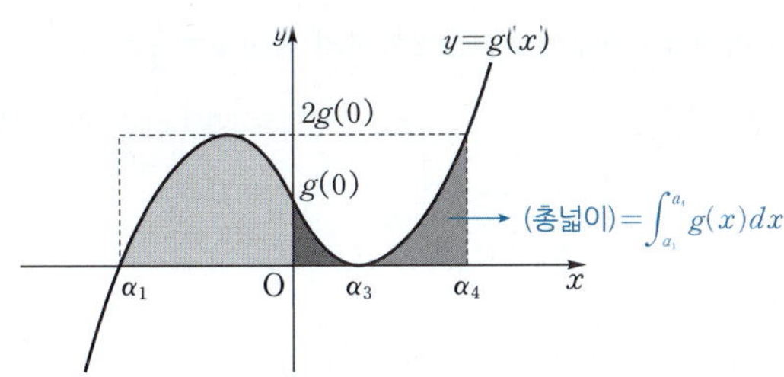

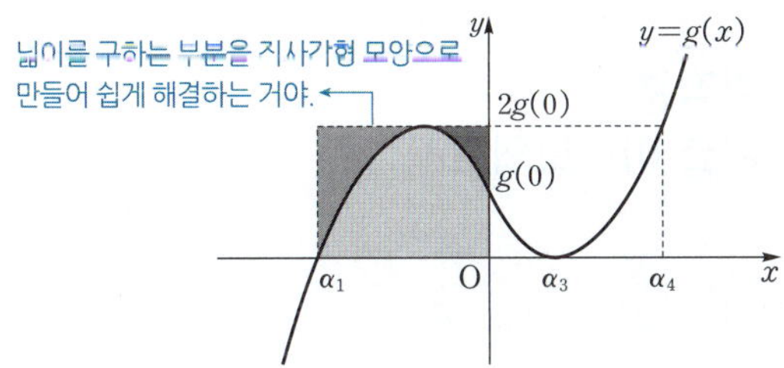

$$\therefore \int_{\alpha_1}^{\alpha_4}g(x)dx=2g(0)\times(-\alpha_1)$$
$$=2g(0)\times\alpha_4$$
$$=2\alpha_4\int_0^1 |f(x)|dx \ (\because \text{㉡})$$

따라서 조건 (나)에서 $k=2$이다.

Step 4 $mk\times e^c$의 값을 구한다.

$$\therefore mk\times e^c=4\times 2\times e^{\ln 2}=8\times 2^{\ln e}=16$$

⭐ **다른 풀이** 함수 $y=f(x)$의 그래프의 대칭성을 이용한 풀이

Step 1 동일

Step 2 함수 $y=f(x)$의 그래프의 대칭성을 이용한다.

이때 함수 $y=g(x)$의 그래프가 x축과 만나는 서로 다른 점의 개수가 2가 되는 경우는 다음 [그림 1], [그림 2] 중 하나와 같다.

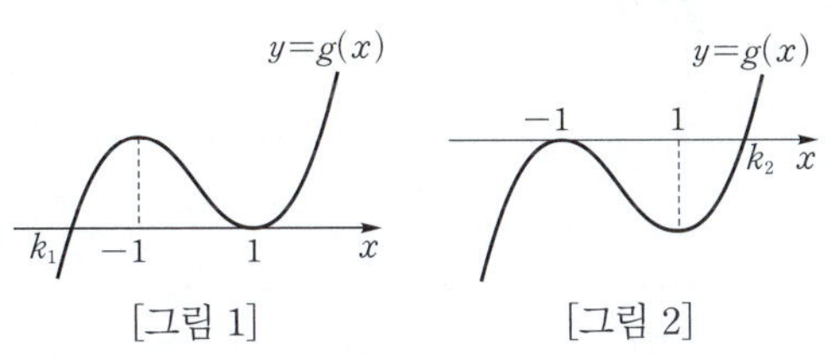

[그림 1]　　　　　[그림 2]

$g(a)=\int_a^a f(t)dt=0$이므로 [그림 1]의 경우 $a=k_1\ (k_1<-1)$ 또는 $a=1$이고, [그림 2]의 경우 $a=-1$ 또는 $a=k_2\ (k_2>1)$이다.

이때 $g(x)=\int_a^x f(t)dt$에서 $a=k_1$이라 하면 $g(1)=0$이므로

$$g(1)=\int_{k_1}^1 f(t)dt=\int_{k_1}^{-1}f(t)dt+\int_{-1}^1 f(t)dt=0 \qquad \cdots\cdots \text{㉠}$$

$a=-1$이라 하면 $g(-1)=0$이므로

$$g(k_2)=\int_{-1}^{k_2}f(t)dt=\int_{-1}^1 f(t)dt+\int_1^{k_2}f(t)dt=0 \qquad \cdots\cdots \text{㉡}$$

㉠에서 $\int_{k_1}^{-1}f(t)dt=-\int_{-1}^1 f(t)dt$이고,

㉡에서 $\int_1^{k_2}f(t)dt=-\int_{-1}^1 f(t)dt$이므로

$$\int_{k_1}^{-1}f(t)dt=\int_1^{k_2}f(t)dt$$이다.

이때 함수 $y=f(x)$의 그래프가 y축에 대하여 대칭이므로
$k_2=-k_1$

따라서 조건을 만족시키는 모든 a의 값을 작은 수부터 크기순으로 나열하면 $\alpha_1=k_1$, $\alpha_2=-1$, $\alpha_3=1$, $\alpha_4=-k_1=-k_1$

$\therefore m=4$

(이하 동일)

5회 미적분 기출 미니모의고사

| 01 | ③ | 02 | ① | 03 | ③ | 04 | ⑤ | 05 | ③ |
| 06 | ① | 07 | 15 | 08 | 27 | | | | |

01 [정답률 89%] 정답 ③

$\lim\limits_{n\to\infty}\dfrac{7n^2-n}{2n^2+3}$의 값은? (2점)

↳ 분모, 분자를 각각 n^2으로 나눈다.

① $\dfrac{5}{2}$ ② 3 ③ $\dfrac{7}{2}$

④ 4 ⑤ $\dfrac{9}{2}$

Step 1 n^2으로 분모, 분자를 각각 나누어 $\lim\limits_{n\to\infty}\dfrac{1}{n}=0$임을 이용한다.

$$\lim_{n\to\infty}\frac{7n^2-n}{2n^2+3}=\lim_{n\to\infty}\frac{7-\dfrac{1}{n}}{2+\dfrac{3}{n^2}}$$

$\lim\limits_{n\to\infty}\dfrac{1}{n}=0,\ \lim\limits_{n\to\infty}\dfrac{3}{n^2}=0$

$$=\frac{7-0}{2+0}=\frac{7}{2}$$

02 [정답률 93%] 정답 ①

$\cos(\alpha+\beta)=\dfrac{5}{7}$, $\cos\alpha\cos\beta=\dfrac{4}{7}$일 때, $\sin\alpha\sin\beta$의 값은? (3점)

삼각함수의 덧셈정리를 이용하여 값을 구해.

① $-\dfrac{1}{7}$ ② $-\dfrac{2}{7}$ ③ $-\dfrac{3}{7}$

④ $-\dfrac{4}{7}$ ⑤ $-\dfrac{5}{7}$

↳ $\cos(\alpha+\beta)=\cos\alpha\cos\beta-\sin\alpha\sin\beta$

Step 1 삼각함수의 덧셈정리를 이용하여 $\sin\alpha\sin\beta$의 값을 구한다.

$$\cos(\alpha+\beta)=\cos\alpha\cos\beta-\sin\alpha\sin\beta=\frac{5}{7}$$

이때 $\cos\alpha\cos\beta=\dfrac{4}{7}$이므로

$$\frac{4}{7}-\sin\alpha\sin\beta=\frac{5}{7}$$

$$\therefore\ \sin\alpha\sin\beta=-\frac{1}{7}$$

03 [정답률 73%] 정답 ③

등비급수 $\sum\limits_{n=1}^{\infty}\left(\dfrac{2x-3}{7}\right)^n$이 수렴하도록 하는 정수 x의 개수는?

↳ 등비급수의 수렴 조건을 반드시 알고 있어야 해. (3점)

① 2 ② 4 ③ 6

④ 8 ⑤ 10

Step 1 등비급수의 수렴 조건을 이용한다.

$$\sum_{n=1}^{\infty}\left(\frac{2x-3}{7}\right)^n=\sum_{n=1}^{\infty}\frac{2x-3}{7}\left(\frac{2x-3}{7}\right)^{n-1}$$

따라서 급수 $\sum\limits_{n=1}^{\infty}\left(\dfrac{2x-3}{7}\right)^n$은 첫째항과 공비가 모두 $\dfrac{2x-3}{7}$인 등비급수이고, 이 등비급수가 수렴하기 위한 필요충분조건은

$$-1<\frac{2x-3}{7}<1$$ 이다.

$\sum\limits_{n=1}^{\infty}ar^{n-1}$인 등비급수가 수렴하려면 $a=0$이거나 $-1<r<1$을 만족해야 한다.

$$-7<2x-3<7,\ -4<2x<10$$

$$\therefore\ -2<x<5$$

따라서 정수 x는 $-1,\ 0,\ 1,\ 2,\ 3,\ 4$의 6개이다.

수능포인트

등비수열 $\{a_n\}$의 일반항 ar^{n-1}의 수렴 조건은 $a=0$ 또는 $-1<r\le1$이고,

등비급수 $\sum\limits_{n=1}^{\infty}ar^{n-1}$의 수렴 조건은 $a=0$ 또는 $-1<r<1$입니다.

04 [정답률 73%] 정답 ⑤

$x=0$에서 $x=\ln2$까지의 곡선 $y=\dfrac{1}{8}e^{2x}+\dfrac{1}{2}e^{-2x}$의 길이는?

↳ $\dfrac{dy}{dx}=\dfrac{1}{4}e^{2x}-e^{-2x}$ (3점)

① $\dfrac{1}{2}$ ② $\dfrac{9}{16}$ ③ $\dfrac{5}{8}$

④ $\dfrac{11}{16}$ ⑤ $\dfrac{3}{4}$

Step 1 $\dfrac{dy}{dx}$를 구한다.

$y=\dfrac{1}{8}e^{2x}+\dfrac{1}{2}e^{-2x}$에서

$$\frac{dy}{dx}=\frac{1}{8}e^{2x}\times2+\frac{1}{2}e^{-2x}\times(-2)$$

$$=\frac{1}{4}e^{2x}-e^{-2x}$$

Step 2 $x=0$에서 $x=\ln2$까지의 곡선 $y=\dfrac{1}{8}e^{2x}+\dfrac{1}{2}e^{-2x}$의 길이를 구한다.

따라서 $x=0$에서 $x=\ln2$까지의 곡선 $y=\dfrac{1}{8}e^{2x}+\dfrac{1}{2}e^{-2x}$의 길이는

$$\int_0^{\ln2}\sqrt{1+\left(\frac{dy}{dx}\right)^2}\,dx$$

암기 $x=a$에서 $x=b$까지의 곡선 $y=f(x)$의 길이는 $\int_a^b\sqrt{1+\{f'(x)\}^2}\,dx$

$$=\int_0^{\ln2}\sqrt{1+\left(\frac{1}{4}e^{2x}-e^{-2x}\right)^2}\,dx$$

$$=\int_0^{\ln2}\sqrt{1+\left(\frac{1}{16}e^{4x}-\frac{1}{2}+e^{-4x}\right)}\,dx$$

$2\times\left(\dfrac{1}{4}e^{2x}\right)\times(e^{-2x})$

$$=\int_0^{\ln2}\sqrt{\frac{1}{16}e^{4x}+\frac{1}{2}+e^{-4x}}\,dx$$

$$= \int_0^{\ln 2} \sqrt{\left(\frac{1}{4}e^{2x} + e^{-2x}\right)^2}\,dx$$

$0 \le x \le \ln 2$에서
$\frac{1}{4}e^{2x} + e^{-2x} \ge 0$

$$= \int_0^{\ln 2} \left(\frac{1}{4}e^{2x} + e^{-2x}\right)dx$$

$$= \left[\frac{1}{8}e^{2x} - \frac{1}{2}e^{-2x}\right]_0^{\ln 2}$$

$e^{2\ln 2} = e^{\ln 4} = 4^{\ln e} = 4$

$$= \left(\frac{1}{8}e^{2\ln 2} - \frac{1}{2}e^{-2\ln 2}\right) - \left(\frac{1}{8} - \frac{1}{2}\right)$$

$e^{-2\ln 2} = e^{\ln \frac{1}{4}} = \left(\frac{1}{4}\right)^{\ln e} = \frac{1}{4}$

$$= \left(\frac{1}{8} \times 4 - \frac{1}{2} \times \frac{1}{4}\right) + \frac{3}{8}$$

$$= \left(\frac{4}{8} - \frac{1}{8}\right) + \frac{3}{8}$$

$$= \frac{3}{8} + \frac{3}{8} = \frac{3}{4}$$

05 [정답률 45%]   정답 ③

좌표평면에서 곡선

$$y = \cos^n x \left(0 < x < \frac{\pi}{2},\ n = 2, 3, 4, \cdots\right)$$

의 변곡점의 y지표를 a_n이리 할 때, $\lim\limits_{n\to\infty} a_n$의 값은? (3점)

① $\dfrac{1}{e^2}$　　② $\dfrac{1}{e}$　　③ $\dfrac{1}{\sqrt{e}}$

④ $\dfrac{1}{2e}$　　⑤ $\dfrac{1}{\sqrt{2e}}$

이때 주의할 점은 문제에서 구하는 답이 '변곡점의 y좌표'의 극한값이라는 것이야. $y''=0$이 되는 x의 값을 구하지 못한다고 당황하지 마.

Step 1 y', y''을 구하여 $y''=0$이 되는 $\cos x$의 값을 구한다.

$$y' = n\cos^{n-1} x \cdot (-\sin x)$$
$$= -n\sin x \cos^{n-1} x$$

$y = \{f(x)\}^n$ (n은 정수)이면 $y' = n\{f(x)\}^{n-1} \cdot f'(x)$

$$y'' = -n\{\cos x \cos^{n-1} x + \sin x \cdot (n-1)\cdot \cos^{n-2} x \cdot (-\sin x)\}$$
$$= -n\cos^{n-2} x\{\cos^2 x - (n-1)\sin^2 x\}$$

$y''=0$에서 $0 < x < \frac{\pi}{2}$이므로 → $\cos^{n-2}x=0$인 x는 이 범위에 포함되지 않는다.

$$\cos^2 x - (n-1)\sin^2 x = 0$$

$\sin^2 x + \cos^2 x = 1$에서 $\sin^2 x = 1 - \cos^2 x$

$$\cos^2 x - (n-1)(1 - \cos^2 x) = 0$$
$$n\cos^2 x - (n-1) = 0$$
$$\cos^2 x = \frac{n-1}{n}$$
$$\therefore \cos x = \left(\frac{n-1}{n}\right)^{\frac{1}{2}}$$

$\cos x = \left(\frac{n-1}{n}\right)^{\frac{1}{2}}$인 x의 값의 좌우에서 y''의 부호가 변하는지 확인한다.

Step 2 $\lim\limits_{n\to\infty} a_n$의 값을 구한다.

$y = \cos^n x$이고 변곡점의 y좌표가 a_n이므로

$$a_n = \left(\frac{n-1}{n}\right)^{\frac{n}{2}}$$

$\cos x = \left(\frac{n-1}{n}\right)^{\frac{1}{2}}$인 x의 값에서 변곡점을 가지므로 이 x의 값을 $y = \cos^n x$에 대입하면

$a_n = \cos^n x = \left\{\left(\frac{n-1}{n}\right)^{\frac{1}{2}}\right\}^n = \left(\frac{n-1}{n}\right)^{\frac{n}{2}}$

$$\therefore \lim_{n\to\infty} a_n = \lim_{n\to\infty}\left(\frac{n-1}{n}\right)^{\frac{n}{2}}$$
$$= \lim_{n\to\infty}\left(1 - \frac{1}{n}\right)^{-n\cdot\left(-\frac{1}{2}\right)}$$

자연로그 e의 정의
$$\lim_{n\to\infty}\left(1 + \frac{1}{n}\right)^n = e$$

$$= e^{-\frac{1}{2}} = \frac{1}{\sqrt{e}}$$

$$y'' - n\cos^{n-2} x\{\cos^2 x - (n-1)\sin^2 x\} = -n\cos^{n-2} x\{n\cos^2 x - (n-1)\}$$에서 $0 < x < \frac{\pi}{2}$이므로 $-n\cos^{n-2} x < 0$이다. 따라서 $\cos x = \left(\frac{n-1}{n}\right)^{\frac{1}{2}}$인 x의 값의 좌우에서 $\{n\cos^2 x - (n-1)\}$의 부호가 변하는지만 확인해주면 된다. 이때 $g(x) = n\cos^2 x - (n-1)$이라 할 때 함수 $y = g(x)$의 그래프는 다음과 같다. (∵ n은 2 이상의 자연수이므로 함수 $y = g(x)$의 그래프는 아래로 볼록한 곡선)

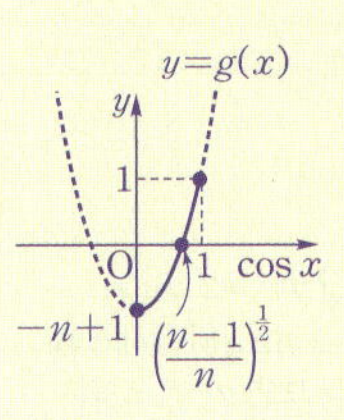

$\cos \alpha = \left(\frac{n-1}{n}\right)^{\frac{1}{2}}$이라 할 때,

$0 < x < \alpha$일 때 $\cos x > \cos \alpha = \left(\frac{n-1}{n}\right)^{\frac{1}{2}}$이므로 $g(x) > 0$

$\alpha < x < \frac{\pi}{2}$일 때 $\cos x < \cos \alpha = \left(\frac{n-1}{n}\right)^{\frac{1}{2}}$이므로 $g(x) < 0$

따라서 함수 $g(x)$는 $x = \alpha$의 좌우에서 $g(x)$의 값의 부호가 변하므로 $\cos x = \left(\frac{n-1}{n}\right)^{\frac{1}{2}}$인 x의 값의 좌우에서 y''의 부호가 변한다.

수능포인트

이 문제는 주어진 구간에서 이계도함수가 0이 되게 하는 x의 값을 찾아야 합니다. 그런데 삼각함수의 특성상 x의 값을 바로 구하는 것이 어렵기 때문에 $\cos x$가 어떤 값을 가질 때 $y''=0$이 되는지를 구해준 다음, 그 값을 다시 본래의 y에 대입해주면 변곡점의 y좌표를 구할 수 있습니다.

06 [정답률 58%]   정답 ①

함수 $f(x)$를

설냇값이 포함된 식은 설냇값 기호 안의 식의 값이 0이 될 때를 기준으로 범위를 나누어 생각해야 해!

$$f(x) = \begin{cases} |\sin x| - \sin x & \left(-\frac{7}{2}\pi \le x < 0\right) \\ \sin x - |\sin x| & \left(0 \le x \le \frac{7}{2}\pi\right) \end{cases}$$

라 하자. 닫힌구간 $\left[-\frac{7}{2}\pi, \frac{7}{2}\pi\right]$에 속하는 모든 실수 x에 대하여 $\int_a^x f(t)dt \ge 0$이 되도록 하는 실수 a의 최솟값을 α, 최댓값을 β라 할 때, $\beta - \alpha$의 값은?

범위 주의

함수 $y = f(x)$의 그래프를 그린 후, 이 식의 의미를 생각해 봐.

$\left($단, $-\frac{7}{2}\pi \le a \le \frac{7}{2}\pi\right)$ (4점)

① $\dfrac{\pi}{2}$　　② $\dfrac{3}{2}\pi$　　③ $\dfrac{5}{2}\pi$

④ $\dfrac{7}{2}\pi$　　⑤ $\dfrac{9}{2}\pi$

Step 1 함수 $y = f(x)$의 그래프의 개형을 파악한다.

주어진 함수

$$f(x) = \begin{cases} |\sin x| - \sin x & \left(-\frac{7}{2}\pi \le x < 0\right) \\ \sin x - |\sin x| & \left(0 \le x \le \frac{7}{2}\pi\right) \end{cases}$$

를 $\sin x$의 부호에 따라 나누어 보면 다음과 같다. → 함수 $f(x)$는 x의 범위에 따라 식이 달라지므로 주의해야 해!

(i) $-\frac{7}{2}\pi \le x < 0$일 때

$-\frac{7}{2}\pi \le x \le -3\pi$, $-2\pi \le x \le -\pi$

$\sin x \ge 0$이면 $f(x) = 0$

$\sin x < 0$이면 $f(x) = -2\sin x$ → $-3\pi < x < -2\pi$, $-\pi < x < 0$

(ii) $0 \le x \le \dfrac{7}{2}\pi$일 때

$\sin x \ge 0$이면 $f(x)=0$ → $0 \le x \le \pi,\ 2\pi \le x \le 3\pi$

$\sin x < 0$이면 $f(x)=2\sin x$

따라서 (i), (ii)에서 함수 $f(x)$는   → $\pi < x < 2\pi,\ 3\pi < x \le \dfrac{7}{2}\pi$

$$f(x)=\begin{cases} 0 & \left(-\dfrac{7}{2}\pi \le x \le -3\pi\right) \\ -2\sin x & (-3\pi < x < -2\pi) \\ 0 & (-2\pi \le x \le -\pi) \\ -2\sin x & (-\pi < x < 0) \\ 0 & (0 \le x \le \pi) \\ 2\sin x & (\pi < x < 2\pi) \\ 0 & (2\pi \le x \le 3\pi) \\ 2\sin x & \left(3\pi < x \le \dfrac{7}{2}\pi\right) \end{cases}$$

일단 $y=-2\sin x$, $y=2\sin x$의 그래프를 그려 보면 $y=f(x)$의 그래프도 그릴 수 있을 거야.

이므로 함수 $y=f(x)$의 그래프는 다음 그림과 같다.

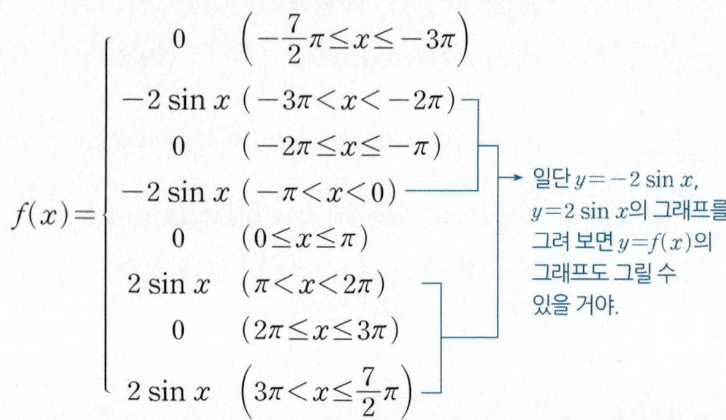

Step 2 a와 x의 값에 따라 경우를 나누어 조건을 만족시키는 a의 값의 범위를 구한다.

(i) $a \le x$인 경우 $-\dfrac{7}{2}\pi \le a \le -\dfrac{5}{2}\pi$일 때

닫힌구간 $\left[a,\ \dfrac{7}{2}\pi\right]$에 속하는 모든 실수 x에 대하여

$$\int_a^x f(t)\,dt \ge 0$$

이 성립한다.

함수 $y=f(x)$의 그래프와 x축 사이의 영역에서 x축보다 위에 있는 영역이 아래에 있는 영역보다 더 넓을 조건을 찾는 거야.

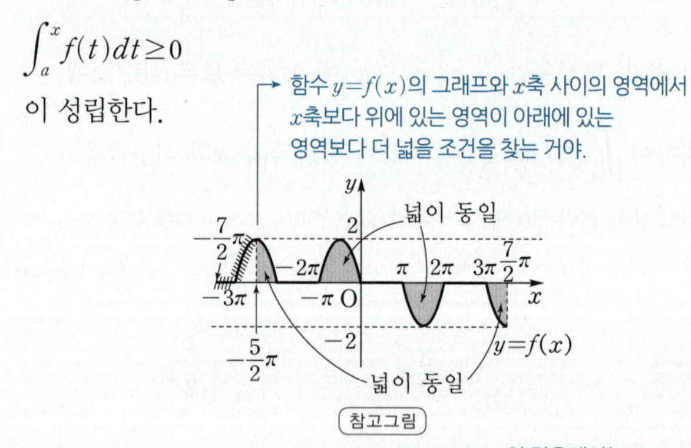

$a > x$인 경우에서는, $\displaystyle\int_a^x f(t)\,dt = -\int_x^a f(t)\,dt$인 성질을 이용하여 생각하면 돼.

(ii) $a > x$인 경우 $-\dfrac{7}{2}\pi \le a \le -3\pi$일 때

구간 $\left[-\dfrac{7}{2}\pi,\ a\right]$에 속하는 모든 실수 x에 대하여

$$\int_a^x f(t)\,dt \ge 0$$

이 성립한다.

Step 3 $\beta - \alpha$의 값을 구한다.

(i), (ii)에서 닫힌구간 $\left[-\dfrac{7}{2}\pi,\ \dfrac{7}{2}\pi\right]$에 속하는 모든 실수

x에 대하여 $\displaystyle\int_a^x f(t)\,dt \ge 0$이 되도록 하는 a의 값의 범위는

$-\dfrac{7}{2}\pi \le a \le -3\pi$이므로 최솟값 $\alpha = -\dfrac{7}{2}\pi$, 최댓값 $\beta = -3\pi$이다.

$$\therefore\ \beta - \alpha = -3\pi - \left(-\dfrac{7}{2}\pi\right) = \dfrac{\pi}{2}$$

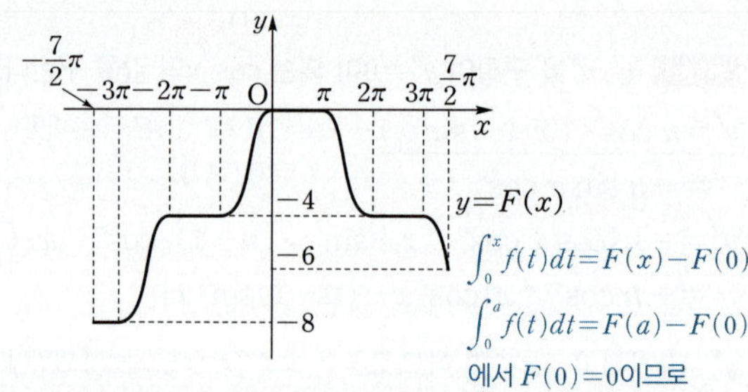

❂ **다른 풀이**   함수 $f(x)$의 부정적분을 이용하는 풀이

Step 1 동일

Step 2 함수 $f(x)$의 한 부정적분 $F(x)$의 그래프의 개형을 구한다.

함수 $f(x)$의 부정적분 중 $F(0)=0$을 만족시키는 부정적분 $F(x)$를 구해 보면

적분상수가 0인 경우를 말하는 거야! $F(x)=\displaystyle\int_0^x f(t)\,dt$

$$F(x)=\begin{cases} -8 & \left(-\dfrac{7}{2}\pi \le x \le -3\pi\right) \\ 2\cos x - 6 & (-3\pi < x < -2\pi) \\ -4 & (-2\pi \le x \le -\pi) \\ 2\cos x - 2 & (-\pi < x < 0) \\ 0 & (0 \le x \le \pi) \\ -2\cos x - 2 & (\pi < x < 2\pi) \\ -4 & (2\pi \le x \le 3\pi) \\ -2\cos x - 6 & \left(3\pi < x \le \dfrac{7}{2}\pi\right) \end{cases}$$

→ $y=2\cos x$, $y=-2\cos x$의 그래프를 y축의 방향으로 평행이동해가며 그래프를 그려 보면 쉬워!

이므로 함수 $y=F(x)$의 그래프는 다음 그림과 같다.

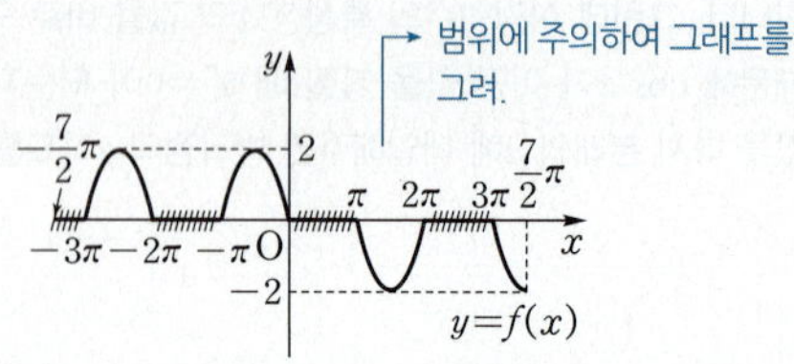

Step 3 주어진 조건을 만족시키는 a의 값의 범위를 구한다.

$$\int_a^x f(t)\,dt = \int_0^x f(t)\,dt - \int_0^a f(t)\,dt = F(x) - F(a)$$이므로

닫힌구간 $\left[-\dfrac{7}{2}\pi,\ \dfrac{7}{2}\pi\right]$에 속하는 모든 실수 x에 대하여

$F(x) - F(a) \ge 0$, 즉 $F(x) \ge F(a)$를 만족시키려면 $F(a)$의 값이 함수 $F(x)$의 최솟값이어야 한다.

따라서 주어진 조건을 만족시키는 실수 a의 값의 범위는

$-\dfrac{7}{2}\pi \le a \le -3\pi$이다.   → $-\dfrac{7}{2}\pi \le x \le -3\pi$에서 최솟값 -8을 가지는 것을 그래프를 통하여 알 수 있어.

Step 4 $\beta - \alpha$의 값을 구한다.

최솟값 $\alpha = -\dfrac{7}{2}\pi$, 최댓값 $\beta = -3\pi$이므로

$$\beta - \alpha = -3\pi - \left(-\dfrac{7}{2}\pi\right) = \dfrac{\pi}{2}$$

07 [정답률 32%]　　　　정답 15

양의 실수 전체의 집합에서 이계도함수를 갖는 함수 $f(t)$에 대하여 좌표평면 위를 움직이는 점 P의 시각 $t(t \geq 1)$에서의 위치 (x, y)가

$$\begin{cases} x = 2\ln t \\ y = f(t) \end{cases}$$

이다. 점 P가 점 $(0, f(1))$로부터 움직인 거리가 s가 될 때 시각 t는 $t = \dfrac{s + \sqrt{s^2 + 4}}{2}$이고, $t = 2$일 때 점 P의 속도는 $\left(1, \dfrac{3}{4}\right)$이다. 시각 $t = 2$일 때 점 P의 가속도를 $\left(-\dfrac{1}{2}, a\right)$라 할 때, $60a$의 값을 구하시오. (4점)

→ $x = 0$일 때 $2\ln t = 0$, 즉 $t = 1$이기 때문이야.
→ $t = 2$일 때 $\left(\dfrac{dx}{dt}, \dfrac{dy}{dt}\right)$
→ $t = 2$일 때 $\left(\dfrac{d^2x}{dt^2}, \dfrac{d^2y}{dt^2}\right)$

Step 1 주어진 조건을 식으로 정리한다.

$\begin{cases} x = 2\ln t \\ y = f(t) \end{cases}$ 에서 $\begin{cases} \dfrac{dx}{dt} = \dfrac{2}{t} \\ \dfrac{dy}{dt} = f'(t) \end{cases}$ 이므로

→ $y = \ln x (x > 0)$일 때 $y' = \dfrac{1}{x}$

점 P가 시각 1부터 t까지 이동한 거리 s는

$$s = \int_1^t \sqrt{\left(\dfrac{dx}{dt}\right)^2 + \left(\dfrac{dy}{dt}\right)^2}\, dt$$

$$= \int_1^t \sqrt{\dfrac{4}{t^2} + \{f'(t)\}^2}\, dt$$

또한, $t = \dfrac{s + \sqrt{s^2 + 4}}{2}$에서 $t^2 - st - 1 = 0$

$2t = s + \sqrt{s^2 + 4}$
$2t - s = \sqrt{s^2 + 4}$
$4t^2 - 4st + s^2 = s^2 + 4$
$t^2 - st - 1 = 0$

$\therefore\ s = \dfrac{t^2 - 1}{t}$

$\therefore\ \int_1^t \sqrt{\dfrac{4}{t^2} + \{f'(t)\}^2}\, dt = \dfrac{t^2 - 1}{t}$　……㉠

Step 2 ㉠의 양변을 미분하여 $f'(t)$를 구하고, $f'(t)$를 미분하여 $f''(t)$를 구한다.

㉠의 양변을 t에 대하여 미분하면

$$\sqrt{\dfrac{4}{t^2} + \{f'(t)\}^2} = \dfrac{2t \times t - (t^2 - 1)}{t^2} = \dfrac{t^2 + 1}{t^2}$$

$$\{f'(t)\}^2 = \dfrac{(t^2 + 1)^2}{t^4} - \dfrac{4}{t^2} = \dfrac{(t^2 - 1)^2}{t^4}$$

$\left\{\dfrac{p(x)}{q(x)}\right\}' = \dfrac{p'(x)q(x) - p(x)q'(x)}{\{q(x)\}^2}$ (단, $q(x) \neq 0$)

$t = 2$일 때 점 P의 속도가 $\left(1, \dfrac{3}{4}\right)$이므로 $f'(t) > 0$이다.

$\therefore\ f'(t) = \dfrac{t^2 - 1}{t^2}$

→ $f'(t) = \pm \dfrac{t^2 - 1}{t^2}$

이 식의 양변을 t에 대하여 미분하면

$$f''(t) = \dfrac{2t \times t^2 - \{(t^2 - 1) \times 2t\}}{t^4} = \dfrac{2t}{t^4} - \dfrac{2}{t^3}$$

Step 3 점 P의 가속도를 구하여 a의 값을 구한다.

$\begin{cases} \dfrac{d^2x}{dt^2} = -\dfrac{2}{t^2} \\ \dfrac{d^2y}{dt^2} = f''(t) \end{cases}$ 이고, $t = 2$일 때의 점 P의 가속도가 $\left(-\dfrac{1}{2}, a\right)$이므로

$\left(\dfrac{1}{p(x)}\right)' = \dfrac{-p'(x)}{\{p(x)\}^2}$ (단, $p(x) \neq 0$)

$a = f''(2) = \dfrac{2}{2^3} = \dfrac{1}{4}$

$\therefore\ 60a = 60 \times \dfrac{1}{4} = 15$

---

08 [정답률 6%]　　　　정답 27

→ 주어진 조건을 놓치지 마.　　→ $g(x)$를 미분

최고차항의 계수가 6π인 삼차함수 $f(x)$에 대하여 함수 $g(x) = \dfrac{1}{2 + \sin(f(x))}$이 $x = \alpha$에서 극대 또는 극소이고, $\alpha \geq 0$인 모든 α를 작은 수부터 크기순으로 나열한 것을 α_1, α_2, α_3, α_4, α_5, $\cdots$라 할 때, $g(x)$는 다음 조건을 만족시킨다.

> (가) $\alpha_1 = 0$이고 $g(\alpha_1) = \dfrac{2}{5}$이다.
>
> (나) $\dfrac{1}{g(\alpha_5)} = \dfrac{1}{g(\alpha_2)} + \dfrac{1}{2}$

$g'\left(-\dfrac{1}{2}\right) = a\pi$라 할 때, a^2의 값을 구하시오.

→ 주어진 조건을 놓치지 마.

$\left(\text{단, } 0 < f(0) < \dfrac{\pi}{2}\right)$ (4점)

Step 1 조건 (가)를 이용하여 $f(0)$, $f'(0)$의 값을 구한다.

조건 (가)에서 $g'(0) = 0$, $g(0) = \dfrac{2}{5}$

→ $x = \alpha_1 = 0$에서 극대 또는 극소이므로 $g'(\alpha_1) = g'(0) = 0$이어야 해. 이때 $g(\alpha_1) = g(0) = \dfrac{2}{5}$

$g(0) = \dfrac{1}{2 + \sin(f(0))} = \dfrac{2}{5}$

$\therefore\ \sin(f(0)) = \dfrac{1}{2}$

→ 양변에 역수를 취해주면 $2 + \sin(f(0)) = \dfrac{5}{2}$, $\sin(f(0)) = \dfrac{1}{2}$

이때 $0 < f(0) < \dfrac{\pi}{2}$이므로

$f(0) = \dfrac{\pi}{6}$

→ $0 < \theta < \dfrac{\pi}{2}$에서 $\sin\theta = \dfrac{1}{2}$을 만족하는 θ의 값은 $\dfrac{\pi}{6}$뿐이야.

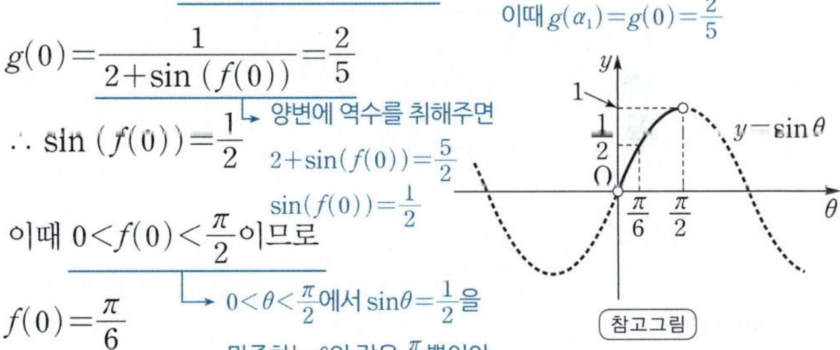

함수 $g(x)$를 미분하면

→ 합성함수의 미분법을 이용한 거야.

$$g'(x) = \dfrac{-\cos(f(x)) \cdot f'(x)}{\{2 + \sin(f(x))\}^2}$$　……㉠

$g'(0) = 0$이므로 $g'(0) = \dfrac{-\cos(f(0)) \cdot f'(0)}{\{2 + \sin(f(0))\}^2} = 0$

$\{2 + \sin(f(0))\}^2 \neq 0$이므로 $\cos(f(0)) = 0$ 또는 $f'(0) = 0$

$f(0) = \dfrac{\pi}{6}$이므로 $\cos\dfrac{\pi}{6} \neq 0$이므로 $f'(0) = 0$

$\therefore\ f(0) = \dfrac{\pi}{6}$, $f'(0) = 0$

→ $\dfrac{\sqrt{3}}{2}$

Step 2 $f(0) = \dfrac{\pi}{6}$, $f'(0) = 0$임을 이용하여 삼차함수 $f(x)$의 식을 세운다.

$f(0) = \dfrac{\pi}{6}$, $f'(0) = 0$이므로 삼차함수 $f(x)$는

$$f(x) = 6\pi x^2(x - p) + \dfrac{\pi}{6}$$　……㉡

→ 최고차항의 계수가 6π라고 문제에서 주어졌어.

조건 (나)에서

→ $\dfrac{1}{g(\alpha_2)}$

$2 + \sin(f(\alpha_5)) = 2 + \sin(f(\alpha_2)) + \dfrac{1}{2}$

$\dfrac{1}{g(\alpha_5)}$

$\sin(f(\alpha_5)) - \sin(f(\alpha_2)) = \dfrac{1}{2}$　……㉢

한편 ㉠에서 $g'(x) = 0$이려면 $f'(x) = 0$ 또는 $\cos(f(x)) = 0$

$\cos(f(x)) = 0$에서 이를 만족하는 $f(x)$의 값은

$f(x) = \dfrac{2n - 1}{2}\pi$ (n은 정수)이므로

$\sin(f(x)) = \pm 1$

$x=\alpha_2$, $x=\alpha_5$가 모두 $f'(x)=0$을 만족하면 삼차함수 $f(x)$의
극값이 3개이므로 모순이다. ▸ 이 경우 $f(x)$는 $x=0$, α_2, α_5에서 극값을 갖게 돼.
$x=\alpha_2$, $x=\alpha_5$가 모두 $\cos(f(x))=0$을 만족하면
ⓒ에서 $\sin(f(\alpha_5))-\sin(f(\alpha_2))$의 값으로 가능한 것은 -2, 0, 2
이므로 조건 (나)를 만족하지 않는다. ▸ $1-1=0$, $1-(-1)=2$, $-1-(-1)=0$, $-1-1=-2$
따라서 $\cos(f(\alpha_5))=0$, $f'(\alpha_2)=0$ 또는
$\cos(f(\alpha_2))=0$, $f'(\alpha_5)=0$이어야 한다.

Step 3 경우를 나누어 $f(x)$의 식을 구한다.

(i) $\cos(f(\alpha_5))=0$, $f'(\alpha_2)=0$일 때

$f'(\alpha_2)=0$이려면 ▸ $f(\alpha_2)=\dfrac{\pi}{6}$이면 $\alpha_1=\alpha_2=0$이 돼.

$-\dfrac{\pi}{2}\leq f(\alpha_2)<\dfrac{\pi}{6}$ ▸ $f(\alpha_2)<-\dfrac{\pi}{2}$가 되면 $\cos(f(x))=0$을 만족하는 $f(x)$가 $f(\alpha_1)$과 $f(\alpha_2)$ 사이에 존재하여 α_2에서 두 번째 극대 또는 극소라는 것에 모순이 돼.

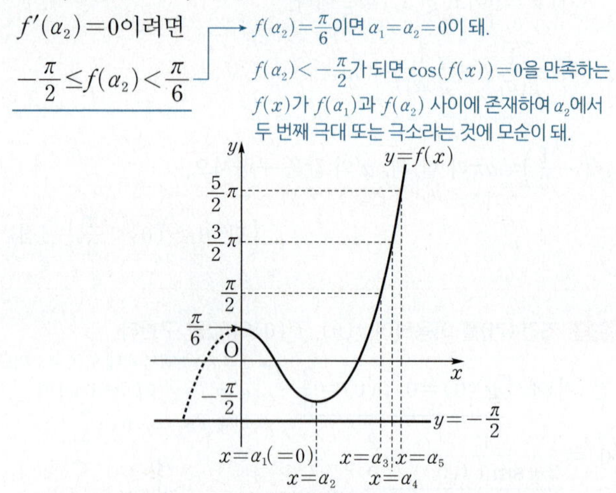

위 그림과 같이 $f(\alpha_5)=\dfrac{5}{2}\pi$이므로

ⓒ에서 $\sin\dfrac{5}{2}\pi-\sin(f(\alpha_2))=\dfrac{1}{2}$

$\therefore \sin(f(\alpha_2))=\dfrac{1}{2}$ ▸ $1-\sin(f(\alpha_2))=\dfrac{1}{2}$ $\therefore \sin(f(\alpha_2))=\dfrac{1}{2}$

$-\dfrac{\pi}{2}\leq f(\alpha_2)<\dfrac{\pi}{6}$에서

$\sin(f(\alpha_2))=\dfrac{1}{2}$인
$f(\alpha_2)$는 존재하지 않는다.
따라서 조건을 만족하지 않는다.

(ii) $\cos(f(\alpha_2))=0$, $f'(\alpha_5)=0$일 때

$f'(\alpha_5)=0$이고 $\cos(f(\alpha_2))=0$이므로

$f(\alpha_2)=-\dfrac{\pi}{2}$ ▸ 다음 그림과 같이 $\cos(f(x))=0$을 만족하는 0이 아닌 α의 값 중 가장 작은 수 α_2의 함숫값은 $-\dfrac{\pi}{2}$야.

즉, $\dfrac{2n-1}{2}\pi$(n은 정수)이고 $\dfrac{\pi}{6}$보다 작은 수 중 가장 큰 값이 $f(\alpha_2)$의 값이 돼.

ⓒ에서 $\sin(f(\alpha_5))-\sin\left(-\dfrac{\pi}{2}\right)=\dfrac{1}{2}$ ▸ -1

$\therefore \sin(f(\alpha_5))=-\dfrac{1}{2}$

$-\dfrac{7}{2}\pi\leq f(\alpha_5)<-\dfrac{5}{2}\pi$에서 $\sin(f(\alpha_5))=-\dfrac{1}{2}$인
$f(\alpha_5)$의 값은 $-\dfrac{17}{6}\pi$이다.

ⓛ에서

$f'(x)=12\pi x(x-p)+6\pi x^2=18\pi x^2-12\pi px=6\pi x(3x-2p)$

$f'(x)=0$에서 $x=0$ 또는 $x=\dfrac{2p}{3}$

$\therefore \alpha_5=\dfrac{2p}{3}$ ▸ $f'(\alpha_5)=0$이야.

$f(\alpha_5)=-\dfrac{17}{6}\pi$이므로 $f\left(\dfrac{2p}{3}\right)=-\dfrac{17}{6}\pi$ ▸ $f(x)=6\pi x^2(x-p)+\dfrac{\pi}{6}$에 $x=\dfrac{2p}{3}$ 대입

$6\pi\left(\dfrac{2p}{3}\right)^2\left(\dfrac{2p}{3}-p\right)+\dfrac{\pi}{6}=-\dfrac{17}{6}\pi$, $-\dfrac{8\pi}{9}p^3=-3\pi$, $p^3=\dfrac{27}{8}$

$p=\dfrac{3}{2}$ ▸ $6\pi\times\dfrac{4p^2}{9}\times\left(-\dfrac{p}{3}\right)=-\dfrac{17}{6}\pi-\dfrac{\pi}{6}$, $-\dfrac{8\pi}{9}p^3=-3\pi$

$\therefore f(x)=6\pi x^2\left(x-\dfrac{3}{2}\right)+\dfrac{\pi}{6}$

Step 4 $g'\left(-\dfrac{1}{2}\right)$의 값을 구한다. ▸ $f(x)=6\pi x^2\left(x-\dfrac{3}{2}\right)+\dfrac{\pi}{6}$에 $x=-\dfrac{1}{2}$을 대입

$f\left(-\dfrac{1}{2}\right)=6\pi\times\left(-\dfrac{1}{2}\right)^2\times(-2)+\dfrac{\pi}{6}=-\dfrac{17}{6}\pi$

$f'\left(-\dfrac{1}{2}\right)=6\pi\times\left(-\dfrac{1}{2}\right)\times\left\{3\times\left(-\dfrac{1}{2}\right)-3\right\}=\dfrac{27}{2}\pi$

$g'\left(-\dfrac{1}{2}\right)=\dfrac{-\cos\left(f\left(-\dfrac{1}{2}\right)\right)\cdot f'\left(-\dfrac{1}{2}\right)}{\left\{2+\sin\left(f\left(-\dfrac{1}{2}\right)\right)\right\}^2}$ ▸ $f'(x)=6\pi x(3x-2p)$이고 $p=\dfrac{3}{2}$이므로 $f'(x)=6\pi x(3x-3)$임을 알 수 있어.

$=\dfrac{-\cos\left(-\dfrac{17}{6}\pi\right)\cdot\dfrac{27}{2}\pi}{\left\{2+\sin\left(-\dfrac{17}{6}\pi\right)\right\}^2}$ ▸ $-\dfrac{\sqrt{3}}{2}$

$=\dfrac{-\left(-\dfrac{\sqrt{3}}{2}\right)\cdot\dfrac{27}{2}\pi}{\left\{2+\left(-\dfrac{1}{2}\right)\right\}^2}$ ▸ $-\dfrac{1}{2}$

$=\dfrac{\dfrac{27\sqrt{3}}{4}\pi}{\dfrac{9}{4}}=3\sqrt{3}\pi$

따라서 $a=3\sqrt{3}$이므로
$a^2=(3\sqrt{3})^2=27$

Ⅰ. 수열의 극한

1. 수열의 극한
문제편 p.4 해설편 p.2

번호	답	번호	답	번호	답	번호	답	번호	답
001	4	002	④	003	①	004	④	005	①
006	②	007	⑤	008	④	009	③	010	④
011	①	012	③	013	③	014	⑤	015	④
016	①	017	③	018	④	019	①	020	①
021	②	022	③	023	②	024	②	025	②
026	②	027	④	028	②	029	⑤	030	①
031	③	032	②	033	③	034	②	035	④
036	①	037	110	038	50	039	10	040	①
041	2	042	③	043	④	044	②	045	④
046	④	047	⑤	048	3	049	⑤	050	②
051	⑤	052	①	053	③	054	①	055	②
056	⑤	057	②	058	⑤	059	③	060	⑤
061	④	062	④	063	④	064	33	065	18
066	④	067	④	068	②	069	③	070	④
071	③	072	28	073	③	074	90	075	④
076	21	077	4	078	⑤	079	12	080	②
081	③	082	7	083	6	084	12	085	33
086	①	087	③	088	21	089	⑤	090	⑤
091	③	092	③	093	⑤	094	②	095	②
096	③	097	①	098	①	099	④	100	③
101	①	102	5	103	②	104	④	105	①
106	④	107	④	108	②	109	④	110	③
111	①	112	④	113	③	114	②	115	2
116	④	117	④	118	③	119	④	120	①
121	②	122	⑤	123	④	124	5	125	①
126	④	127	12	128	270	129	2	130	③
131	16	132	①	133	④	134	20	135	①
136	⑤	137	④	138	⑤	139	①	140	5
141	③	142	192	143	13	144	80	145	③
146	②	147	③	148	②	149	②	150	①
151	③	152	⑤	153	③	154	⑤	155	24
156	3	157	①	158	20	159	84	160	⑤
161	25	162	⑤	163	10	164	13	165	5
166	25	167	9	168	②	169	50	170	25
171	⑤	172	50	173	①	174	⑤	175	②
176	9	177	30	178	⑤				

2. 급수
문제편 p.52 해설편 p.76

번호	답	번호	답	번호	답	번호	답	번호	답
001	③	002	③	003	⑤	004	③	005	②
006	21	007	⑤	008	5	009	③	010	②
011	②	012	②	013	①	014	④	015	②
016	①	017	4	018	④	019	②	020	④
021	1	022	14	023	②	024	③	025	①
026	①	027	④	028	①	029	①	030	9
031	⑤	032	⑤	033	④	034	⑤	035	②
036	③	037	10	038	57	039	27	040	③
041	⑤	042	①	043	②	044	④	045	32
046	③	047	16	048	19	049	④	050	24
051	16	052	③	053	①	054	①	055	②
056	⑤	057	16	058	②	059	②	060	①
061	④	062	⑤	063	③	064	①	065	②
066	③	067	15	068	97	069	91	070	②
071	④	072	②	073	③	074	③	075	⑤
076	③	077	④	078	②	079	④	080	②
081	①	082	③	083	⑤	084	②	085	⑤
086	②	087	③	088	②	089	④	090	①
091	②	092	③	093	③	094	④	095	②
096	⑤	097	③	098	②	099	③	100	③
101	③	102	25	103	109	104	686	105	24
106	162	107	138	108	12	109	15	110	120
111	①	112	②	113	③	114	①	115	⑤

Ⅱ. 미분법

1. 지수함수와 로그함수의 미분
문제편 p.92 해설편 p.147

번호	답	번호	답	번호	답	번호	답	번호	답
001	⑤	002	④	003	③	004	①	005	②
006	③	007	③	008	①	009	⑤	010	②
011	②	012	②	013	②	014	①	015	⑤
016	③	017	③	018	②	019	②	020	①
021	③	022	③	023	④	024	④	025	②
026	④	027	②	028	③	029	②	030	②
031	③	032	③	033	①	034	①	035	②
036	⑤	037	③	038	③	039	④	040	①
041	⑤	042	④	043	③	044	②	045	①
046	①	047	⑤	048	④	049	④	050	①
051	②	052	⑤	053	①	054	④	055	④
056	⑤	057	④	058	④	059	⑤	060	10
061	4	062	①	063	④	064	⑤	065	②
066	③	067	①	068	107	069	③	070	②
071	23								

2. 삼각함수의 덧셈정리
문제편 p.110 해설편 p.170

번호	답	번호	답	번호	답	번호	답	번호	답
001	②	002	⑤	003	①	004	④	005	③
006	49	007	7	008	26	009	④	010	99
011	①	012	⑤	013	④	014	②	015	①
016	⑤	017	11	018	15	019	②	020	①
021	④	022	④	023	④	024	32	025	③
026	①	027	①	028	④	029	32	030	③
031	⑤	032	⑤	033	④	034	5	035	20
036	③	037	④	038	⑤	039	⑤	040	②
041	18	042	61	043	⑤	044	①	045	25
046	79	047	9	048	11	049	18	050	②

3. 삼각함수의 미분
문제편 p.126 해설편 p.191

번호	답	번호	답	번호	답	번호	답	번호	답
001	③	002	③	003	①	004	⑤	005	⑤
006	③	007	2	008	20	009	8	010	④
011	①	012	①	013	⑤	014	③	015	④
016	③	017	14	018	④	019	⑤	020	②
021	③	022	①	023	②	024	④	025	③
026	③	027	③	028	④	029	③	030	③
031	③	032	②	033	③	034	⑤	035	③
036	③	037	30	038	④	039	2	040	③
041	⑤	042	30	043	60	044	④	045	50
046	②	047	④	048	6	049	③	050	②
051	③	052	④	053	②	054	④	055	④
056	9	057	18	058	②	059	④	060	③
061	④	062	②	063	④	064	③	065	①
066	25	067	③	068	②	069	②	070	②
071	4	072	20	073	23	074	①	075	①
076	①	077	④	078	15	079	②	080	①
081	100	082	①	083	④	084	①	085	③
086	2	087	⑤	088	④	089	②	090	⑤
091	②	092	⑤	093	③	094	135	095	25
096	②	097	20	098	41	099	①	100	11
101	40	102	②	103	④	104	8	105	③
106	20	107	49	108	④	109	⑤	110	②
111	②	112	5	113	⑤				

4. 여러 가지 미분법
문제편 p.168 해설편 p.256

번호	답	번호	답	번호	답	번호	답	번호	답
001	③	002	12	003	②	004	②	005	③
006	①	007	①	008	16	009	①	010	8
011	②	012	③	013	④	014	②	015	②
016	49	017	6	018	③	019	12	020	3
021	③	022	2	023	1	024	1	025	8
026	28	027	3	028	48	029	③	030	2
031	①	032	①	033	④	034	4	035	④
036	②	037	⑤	038	③	039	④	040	④
041	①	042	②	043	10	044	①	045	⑤
046	④	047	③	048	⑤	049	③	050	④
051	83	052	④	053	②	054	⑤	055	①
056	③	057	④	058	⑤	059	3	060	60
061	①	062	③	063	②	064	17	065	25
066	⑤	067	②	068	⑤	069	5	070	②
071	①	072	④	073	①	074	④	075	①
076	①	077	①	078	④	079	⑤	080	2
081	③	082	⑤	083	④	084	⑤	085	③

086	④	087	②	088	②	089	⑤	090	4
091	④	092	④	093	①	094	4	095	①
096	④	097	③	098	①	099	③	100	②
101	②	102	5	103	①	104	①	105	③
106	④	107	5	108	④	109	③	110	10
111	11	112	④	113	32	114	45	115	40
116	②	117	15	118	70	119	48	120	①
121	③	122	③	123	①	124	④	125	11
126	①	127	③	128	30				

5. 도함수의 활용
문제편 p.200 해설편 p.303

001	④	002	④	003	①	004	13	005	①
006	②	007	⑤	008	①	009	③	010	④
011	③	012	16	013	①	014	32	015	50
016	10	017	④	018	④	019	④	020	③
021	②	022	②	023	①	024	④	025	③
026	③	027	16	028	26	029	⑤	030	①
031	4	032	15	033	3	034	⑤	035	①
036	⑤	037	②	038	②	039	②	040	⑤
041	③	042	②	043	①	044	③	045	③
046	⑤	047	①	048	①	049	④	050	②
051	①	052	③	053	⑤	054	②	055	17
056	④	057	②	058	①	059	③	060	①
061	③	062	⑤	063	96	064	④	065	3
066	②	067	①	068	⑤	069	④	070	2
071	①	072	③	073	③	074	④	075	⑤
076	⑤	077	③	078	②	079	①	080	11
081	③	082	③	083	④	084	③	085	④
086	④	087	②	088	④	089	④	090	34
091	90	092	②	093	⑤	094	18	095	②
096	④	097	③	098	③	099	③	100	⑤
101	⑤	102	③	103	⑤	104	②	105	④
106	⑤	107	21	108	③	109	②	110	⑤
111	4	112	④	113	8	114	③	115	4
116	④	117	⑤	118	⑤	119	6	120	①
121	⑤	122	⑤	123	⑤	124	⑤	125	③
126	17	127	④	128	②	129	91	130	⑤
131	②	132	①	133	③	134	②	135	②
136	24	137	④	138	55	139	①	140	④
141	72	142	⑤	143	40	144	64	145	43
146	②	147	8	148	71	149	30	150	11
151	④	152	③	153	72	154	16	155	5
156	208	157	50	158	216	159	25	160	129
161	31	162	①	163	⑤	164	①	165	9
166	77	167	95	168	29	169	331	170	9
171	③	172	4	173	25	174	6	175	④
176	30	177	⑤	178	③	179	15	180	74
181	64	182	③	183	49	184	6	185	②

Ⅲ. 적분법
1. 여러 가지 적분법
문제편 p.262 해설편 p.432

001	13	002	④	003	②	004	②	005	④
006	③	007	23	008	②	009	①	010	①
011	②	012	6	013	①	014	①	015	④
016	①	017	④	018	②	019	①	020	12
021	①	022	⑤	023	②	024	④	025	⑤
026	③	027	①	028	②	029	⑤	030	④
031	③	032	⑤	033	④	034	②	035	4
036	③	037	①	038	④	039	②	040	③
041	⑤	042	⑤	043	④	044	3	045	④
046	②	047	①	048	②	049	⑤	050	51
051	④	052	②	053	④	054	12	055	⑤
056	325	057	12	058	①	059	①	060	③
061	⑤	062	⑤	063	②	064	2	065	②
066	④	067	②	068	③	069	①	070	④
071	⑤	072	④	073	④	074	④	075	72
076	④	077	③	078	6	079	②	080	①
081	③	082	31	083	12	084	④	085	②
086	①	087	64	088	②	089	③	090	①

091	9	092	④	093	④	094	⑤	095	④
096	⑤	097	③	098	③	099	③	100	①
101	③	102	④	103	①	104	①	105	⑤
106	④	107	④	108	①	109	②	110	④
111	⑤	112	125	113	24	114	25	115	144
116	72	117	①	118	93	119	⑤	120	②
121	⑤	122	36	123	14	124	②	125	④
126	⑤	127	②	128	12	129	48	130	②
131	③	132	④	133	16	134	21	135	②
136	⑤	137	143	138	⑤	139	350	140	283
141	125	142	128	143	115	144	586	145	49
146	83	147	26	148	25	149	12	150	①
151	16	152	⑤	153	④	154	④	155	8
156	⑤	157	②	158	⑤	159	19	160	④

2. 정적분의 활용
문제편 p.314 해설편 p.516

001	②	002	①	003	③	004	4	005	⑤
006	③	007	①	008	④	009	242	010	①
011	12	012	19	013	①	014	⑤	015	①
016	②	017	5	018	①	019	①	020	④
021	②	022	③	023	④	024	⑤	025	⑤
026	14	027	②	028	②	029	③	030	④
031	10	032	③	033	32	034	⑤	035	④
036	②	037	②	038	⑤	039	③	040	④
041	②	042	④	043	③	044	100	045	11
046	①	047	①	048	①	049	①	050	①
051	④	052	④	053	②	054	②	055	②
056	⑤	057	③	058	27	059	50	060	①
061	7	062	②	063	④	064	③	065	③
066	①	067	26	068	24	069	⑤	070	96
071	⑤	072	②	073	①	074	④	075	④
076	②	077	③	078	④	079	③	080	340
081	③	082	④	083	④	084	①	085	④
086	③	087	①	088	④	089	①	090	②
091	56	092	78	093	①	094	④	095	②
096	②	097	109	098	54	099	127	100	①
101	80	102	①	103	②	104	④	105	①
106	②	107	③	108	③	109	13	110	①
111	⑤	112	①	113	④	114	④	115	⑤
116	②	117	④	118	④	119	④	120	④
121	9	122	④						

미니모의고사

1회
문제편 p.354 해설편 p.579

01	③	02	②	03	⑤	04	③	05	①
06	①	07	15	08	17				

2회
문제편 p.357 해설편 p.584

01	⑤	02	③	03	②	04	②	05	③
06	③	07	120	08	35				

3회
문제편 p.360 해설편 p.590

01	①	02	②	03	⑤	04	①	05	④
06	①	07	12	08	6				

4회
문제편 p.363 해설편 p.596

01	①	02	②	03	①	04	③	05	②
06	④	07	14	08	16				

5회
문제편 p.366 해설편 p.602

01	③	02	①	03	③	04	⑤	05	③
06	①	07	15	08	27				

빠른 정답표 QR
QR 코드를 스캔하시면
정답표 PDF를 다운로드하실 수 있습니다.